Die Chronik der Erde

FELIX R. PATURI

Die Chronik der Erde

unter Mitarbeit von
Friedrich Strauch und Michael Herholz

Chronik Verlag

Abbildungen auf dem Schutzumschlag

Vorderseite (oben links beginnend)
Fossiles Krokodil aus der Grube Messel in Hessen
Wüstenbildung durch Sandschliff und Temperatursprengung
Schwefelpyrit
Brachiosaurus, ein pflanzenfressender Dinosaurier der Ordnung Saurischia
Mexikanischer Kaktus
Urvogel Archaeopteryx aus dem Oberjura
Korallenachat
Tyrannosaurus-Skelett
Fossile Seesterne aus dem Oberjura von Solothurn
Wüstenluchs, ein Fleischfresser aus der Familie der Katzen
Skelett eines Rüsseltiers der Gattung Gomphotherium
Geysir auf Island
Latimeria chalumnae, der einzige heute noch vorkommende Quastenflosser
Felsmalerei aus der Höhle Lascaux in der Dordogne
Passionsblumengewächs
Ammonit der Gattung Dactylioceras aus dem Oberen Lias von Holzmaden
Lavasee, ein in der Erdfrühzeit häufiges Phänomen

Buchrücken (oben beginnend)
Schädel eines Frühmenschen aus Steinheim
Versteinerte Seelilienkolonie im Anfangsstadium
Deinonychus, ein 3 bis 4 m langer fleischfressender Saurier
Tropischer Laubfrosch der Gattung Dendrobates

Rückseite (oben links beginnend)
Durch Brandrodung verwüstetes Regenwaldgebiet
Gepanzerter Dinosaurier der Gattung Sauropelta
Stechapfelblüte
Ureinwohner Australiens mit einem Didgideroo
Trilobit aus dem Mittelkambrium
Malachit aus Zaïre
Atombombentest auf dem Mururoa-Atoll
Mücke
Berggorilla, der größte heute noch vorkommende Menschenaffe
Die »Schleierdame«, ein Rutenpilz aus Thailand
Die »Venus von Laussel«, vor etwa 18 000 Jahren entstandenes Flachrelief
Diictodon, ein Wirbeltier mit Reptil- und Säugetiermerkmalen
Bizarre Gesteinsformationen, entstanden durch Fließwassererosion
Die Wasserfälle von Iguaçu an der brasilianisch-argentinischen Grenze
Jungtierskelett eines Hadrosaurus vor nachgebildetem Nest

2., überarbeitete Auflage 1991

Lektorat: Ursula Behrendt-Roden (verantwortlich), Christiane Lege, Karen Watermann
Fachlektorat: Dr. Michael Herholz, Prof. Dr. Friedrich Strauch
Illustrationen: Roman Necki
Bildredaktion: Klaus zu Klampen
Herstellung: Barbara Reppold-Hinz, Gerlinde Wermeier-Kemper
Satz: Druck und Litho Reichenberg GmbH, Bocholt
Druck: Fabrieken Brepols n.V., Turnhout/Belgien

ISBN 3-611-00 196-1

»Chronik«-Ausgaben erscheinen
in folgenden Verlagen:

Belgien
Chronique Diffusion S. A.,
Lüttich

Deutschland
Chronik Verlag Harenberg,
Dortmund

Finnland
Gummerus Kustannus Oy,
Helsinki

Frankreich
Jacques Legrand S. A., International
Publishing, Paris

Griechenland
Publications Four Epsilon,
Athen

Großbritannien
Chronicle Communications Ltd.,
London

Italien
Arnoldo Mondadori Editore,
Mailand

Niederlande
Agon Uitgeversmaatschappij,
Amsterdam

Norwegen
J.W.Cappelens Forlag A/S,
Oslo

Österreich
Chronik Verlag Harenberg,
Wien

Polen
Wydawnictowo Kronika,
Warschau

Schweden
Bonnier Fakta Bokförlag AB,
Stockholm

Schweiz
Chronik Verlag Harenberg,
Olten

Spanien
Plaza & Janés,
Esplugues de Llobregat

Ungarn
Officina Nova,
Budapest

USA
Ecam Publications Inc.,
Mount Kisco N. Y.

Kanada
Chronicle Publications,
Montreal

Japan
Kodansha Ltd.,
Tokio

Südkorea
Dong-Joo Yang
Center for North Pacific Affairs,
Leonia

Taiwan
Chin Show Cultural Enterprise,
Taipei

Australien
Chronicle Australasia Pty Ltd.,
Ringwood

Inhalt

Vorwort

Erkenntnisse in der Physik und Chemie sowie in den technischen Disziplinen, die diese Ergebnisse umsetzen, haben in den letzten Jahrzehnten die materiellen und sozialen Lebensbedingungen weltweit verändert. Auf ihrer Grundlage entwickelten sich neue Forschungsrichtungen, wie z. B. im Bereich der Biologie und Medizin.

Die Wissenschaften, die sich mit der festen Erde befassen, standen dagegen nur dann im Brennpunkt, wenn es darum ging, der Menschheit neue Rohstoffvorkommen zu erschließen. Historische Disziplinen der Geowissenschaften galten daher als Steckenpferd einer kleinen Elite, deren Erkenntnisse scheinbar ohne Relevanz für den Alltag des modernen Menschen waren. Erst nachdem sich zeigte, daß man nicht schad- und straflos seinen Planeten nur zum Nutzen einiger weniger Generationen ausbeuten und plündern darf, begann sich diese Haltung zu verändern.

Anlaß für diesen Meinungswandel waren Ereignisse wie der »Ölschock«, bedrohliche Naturkatastrophen und die Bevölkerungsexplosion. Aber auch die Thesen des »Club of Rome« über die Endlichkeit der Ressourcen weckten die öffentliche Aufmerksamkeit für Fragen zum »System Erde«, an das der Fortbestand der Menschheit gekoppelt ist. Damit wuchs auch das Interesse an den Geowissenschaften.

Die Erde ist unsere Heimat. Der Mensch ist Produkt dieser Erde und ein Teil ihrer Geschichte. Der heutige Zustand der Erde ist nur aus dem gestrigen verständlich und ihre Zukunft – und damit unser Schicksal – nur aus der Geschichte heraus prognostizierbar. Wir müssen die Erde verstehen lernen, um sie zukünftigen Generationen lebenswert erhalten zu können.

Dieses Buch soll dazu beitragen, die oft rätselhafte Geschichte unseres Planeten einem interessierten Publikum zugänglich zu machen. Die Materie ist schwierig, doch hat es der Autor F. R. Paturi – losgelöst von den Zwängen des zunehmend auf Einzelprobleme fixierten Forschers – verstanden, den Stoff in eine auch dem Außenstehenden zugängliche Form umzusetzen. Daß aber trotzdem an den Leser besondere Anforderungen gestellt werden, ist dem Autor, dem wissenschaftlichen Beirat und der Redaktion bewußt, denn Überlieferungsmöglichkeiten und Zeiträume dieser Chronik überschreiten die üblichen menschlichen Vorstellungen und gängigen Erfahrungen.

Urkunden und Zeugnisse der Erdgeschichte, wie z. B. die Gesteine, können wir greifen und nutzen, als Findlinge zieren sie unsere Vorgärten, als Baumaterial dienen sie unserem Schutz. Wir umgeben uns mit ihnen, sie sind uns räumlich nah, dabei zeitlich fern zugleich wie der Quarzitbrocken am Wegesrand, der vor 3,8 Mrd. Jahren in Westgrönland entstanden ist. Solche Zeugnisse dokumentieren das Werden unseres Planeten. Sie sind Teil der Lithosphäre, der Erdkruste, zugleich aber auch Informationsträger, die den Einfluß der Hydro-, Atmo- und Biosphäre vergangener Zeiten als Spuren der Veränderung speichern. Aufgabe des Wissenschaftlers ist es, diese Spuren wie Schriftzeichen zu entschlüsseln und zu interpretieren.

Das Werden und Vergehen von Kontinenten mit ihren Gebirgen läßt sich rekonstruieren. Nicht wiederholbar aber ist die einmalige Entwicklung des Lebens auf unserem Planeten. Diese Unumkehrbarkeit der Evolution des Lebens, seine auf Zusammenwirken beruhende Weiterentwicklung, gibt dem Chronisten eine Skalierung an die Hand, die zugleich die Geschichte des Lebens ist. Allerdings müssen wir zweierlei beachten: Die Entwicklung des Lebens lief langsam an, um immer rascher zu komplizierteren Strukturen zu finden. Das chronologische Gerüst der Frühzeit umfaßt daher sehr große Zeiträume. Erst mit zunehmender Annäherung an die Gegenwart entstand eine feinere Gliederung einer auch immer differenzierteren Umwelt.

Zugleich wird der Leser erfahren, daß zerstörende und verändernde Prozesse Zeugnisse weiter zurückliegender Zeitepochen stärker verändern oder gar eliminieren konnten als jüngere, so daß also das historische Auflösungsvermögen älterer Zeitdokumente der Erde wesentlich geringer ist. Aus beiden Prozessen ergibt sich, daß die Chronologie mit Annäherung an die Gegenwart immer enger und detaillierter wird.

Die Verantwortlichen dieses Buches hoffen und wünschen, daß die innige Verflechtung der Entwicklung von Geosphäre und Biosphäre einen breiten Leserkreis findet. Geologie und Paläontologie sind heute in der Lage, die einzigartige Rolle der Entwicklung des Lebens und der Lebensräume darzustellen und zugleich auch zu zeigen, daß unsere heutigen Ökosysteme nur aus ihrer Geschichte heraus verstanden werden können. Schließlich belegt der jüngste Abschnitt, daß die erdgeschichtlich formenden Prozesse noch heute tätig und mit globalen Auswirkungen verbunden sind, auf die wir uns einstellen müssen, die wir aber auch beeinflussen können.

Der Mensch ist nicht nur zunehmend fähig, seine Umwelt zum Nachteil künftiger Generationen zu verändern, er kann ebenso seinen Beitrag zur Bewahrung unserer Erde leisten und sich damit seiner unvergleichlichen Verantwortung stellen.

Münster, September 1991 — Prof. Dr. Friedrich Strauch

So nutzen Sie »Die

Unter dem Stichwort »Streitfrage« lernt der Leser offene Fragen der Erdgeschichtsforschung kennen und erhält Einblick in den neuesten Stand der Diskussion. Um das Auffinden dieser Texte zu erleichtern, sind sie gelb unterlegt.

Die Jahreszahlen am oberen äußeren Rand jeder Seite zeigen an, welchen Zeitraum der Erdgeschichte Sie gerade aufgeschlagen haben.

374 Rekonstruktionszeichnungen, Karten und Grafiken wurden nach neuesten wissenschaftlichen Erkenntnissen eigens für die »Chronik der Erde« angefertigt.

Bildzeilen beschreiben nicht nur den Bildinhalt, sondern bieten zusätzliche Informationen zu den Themen der Einzelartikel.

Viele der 1200 meist farbigen Abbildungen sehen Sie in der »Chronik der Erde« zum ersten Mal. Bedeutende paläontologische Museen des In- und Auslands haben die einmalige Zusammenstellung ermöglicht.

270–250 Mio.

Streitfrage:

Suche nach den Vorfahren der Vögel

Bereits im Zechstein treten Reptilien auf, die den Gleitflug beherrschen, besonders Arten der Gattung Coelurosauravus (→ S. 188). Andere Reptilien erlernen diese Art der Fortbewegung in der Trias, etwa Kuehneosaurus oder die säugetierähnlichen Thecodontia (→ 250–243 Mio./S. 201) der Gattung Sharovipteryx. Fraglich ist, ob diese Reptilien als Vorfahren jenes voll flugfähigen »Urvogels« Archaeopteryx verstanden werden können, der vor ungefähr 160 Jahrmillionen lebte.

Einige Paläontologen, besonders die Vertreter eines konsequenten Darwinismus, gehen davon aus, daß es – vor etwa 250 Mio. Jahren – ein Tier gegeben haben müsse, das eine Übergangsform von den frühen Gleitfliegern zum Urvogel bildete. Andere Wissenschaftler vertreten demgegenüber die Auffassung, daß die Evolution in Form makroevolutionärer Schübe (→ S. 95) durchaus zu größeren Entwicklungssprüngen in der Lage sei und daß deshalb gleitende Übergänge von den Reptilien zu den Vögeln fehlen können.

Zwar galt lange Zeit Archaeopteryx als dieses verbindende Glied, vereint er doch eindeutige Reptilienmerkmale (Zähne, lange Schwanzwirbelsäule, lange Fingerknochen etc.) mit eindeutigen Vogelcharakteristika (Federn, leichte Röhrenknochen etc.). Doch zu groß ist der entwicklungsgeschichtliche Abstand zwischen den gleitfliegenden Reptilien und Archaeopteryx, denn jene beherrschen keineswegs den aktiven Flug, während dieser zum Auftrieb verschaffenden – aktiven – Flügelschlag befähigt ist. Auch zeigen die gleitfliegenden Reptilien nicht einmal ansatzweise eine Entwicklung zum Federkleid. Ebenso ungeklärt ist, ob sich das Flugvermögen von Archaeopteryx aus dem Gleitflug von baumbewohnenden Reptilien entwickelt oder vielmehr aus den unterstützenden »Flatterbewegungen« der vorderen Gliedmaßen bei einem zweifüßigen Rennen und Springen auf den Hinterbeinen.

Der hypothetische »Proavis«, jenes vermittelnde Glied zwischen Reptilien der kleinen Gruppe Pseudosuchia und den Urvögeln, von dessen mutmaßlicher Existenz gegen Ende des Zechsteins die strengen Darwinisten ausgehen, besitzt nach ihren Vorstellungen einen schnabellosen Kopf mit voll bezahntem Maul. Seine vorderen Extremitäten sollen noch nicht zu Flügeln umgewandelt sein, doch sollen sich an den Kanten der Gliedmaßen die für die Reptilien typischen Schuppen bereits in Federn umgebildet haben, um einen kurzen Gleitflug oder einen verlängerten Sprung zu ermöglichen. In »Proavis« wird also noch kein Vogel vermutet, sondern ihr kletternder oder springender Urvorfahr. Manche Vertreter der Theorie, der Vogelflug habe sich nicht aus dem Gleitflug, sondern aus weiten Sprüngen beim Laufen entwickelt, sehen in den Federn zunächst nicht einmal Gleithilfen. Sie sind der Auffassung, die leichten umgebildeten Schuppen dienen primär der Temperaturisolierung, also dem Kälte- bzw. Wärmeschutz.

△ So könnte der hypothetische Urvogel »Proavis« ausgesehen haben, der vermutlich vor rund 250 Mio. Jahren lebte.

◁ Zu den ersten Gleitfliegern unter den Wirbeltieren Europas gehört dieses baumbewohnende Reptil der Art Weigeltisaurus jackeli aus dem Oberperm.

Therapsida breiten sich weltweit aus

270–250 Mio. Die im vorausgehenden Unterperm erstmals auftretende Ordnung Therapsida breitet sich jetzt schnell und artenreich über die ganze Welt aus. Es handelt sich um höher entwickelte Reptilien, die bereits zahlreiche Säugetiermerkmale aufweisen und als die Vorfahren der Säuger gelten.

In Osteuropa lebt Phthinosuchus, eine Gattung, von der nur Schädelreste überliefert sind. Die Paläontologen halten diese noch primitiven Therapsiden für ein Bindeglied zwischen den Pelycosauriern (→ 310–255 Mio./S. 167) und den eigentlichen Therapsiden.

In Afrika ist Titanosuchus zu Hause, ein Raubtier mit scharfen Schneidezähnen und dolchförmigen Eckzähnen im vorderen Teil der Kiefer und weiter hinten gelegenen Reißzähnen. Neben den Moschops-Arten, pflanzenfressenden Therapsiden, sind sie mit einer Körpergröße von 5 m die größten Reptilien der Permzeit. Die sehr kompakten Tiere leben in Herden.

Ebenfalls in Afrika ist das 1 m große Lycaenops zu Hause. Dieses »Wolfsgesicht« ist ein sehr agiles, langbeiniges und leicht gebautes Raubtier. Verwandt ist es mit ähnlichen Räubern derselben Unterordnung (Gorgonopsia) in Südafrika und in Osteuropa. Vermutlich jagt Lycaenops in Rudeln.

Eine Gruppe nur rund 30 cm kleiner eidechsenförmiger Reptilien stellt die Gattung Galechirus, die auf dem afrikanischen Kontinent vorkommt und sich von Insekten ernährt. Die Therapsiden-Unterordnung Dicynodontia, durchweg Fleischfresser, gilt als die unmittelbare Vorstufe der Säuger. Sie zeichnet sich durch stark vergrößerte Schläfenfenster am Schädel aus. In Südafrika ist sie durch Robertia vertreten, einen knapp halbmetergroßen Pflanzenfresser mit sehr spezialisiertem Gebiß. Ebenfalls in Südafrika lebt die Gattung Cistecephalus mit nur etwa 30 cm großen Arten, die teils amphibisch, teils in Nadelwäldern vorkommen und entfernt einem Maulwurf ähneln. Sie graben nach Erdinsekten und Würmern. In Südafrika und Tansania entwickelt sich schließlich das 1,2 m große Dicynodon mit auffällig starken Eckzähnen im Oberkiefer. Wahrscheinlich gräbt es damit Wurzeln als Nahrung aus.

»Chronik der Erde«

Die »Chronik der Erde« ist in 35 Kalendarien unterteilt. Hier finden Sie in Kurzfassung die wichtigsten Ereignisse einzelner Zeitabschnitte bis in unsere Gegenwart. Die meisten Kalendarien sind mit großformatigen Weltkarten ausgestattet, die einen Überblick über die jeweilige Verteilung der Kontinente geben.

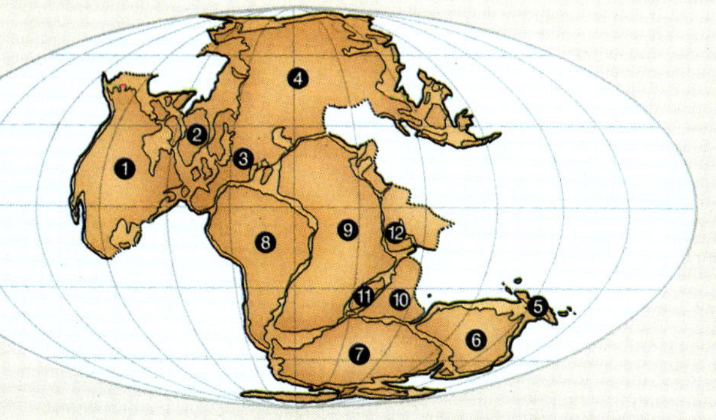

Im Vergleich mit den geographischen Verhältnissen im Unterperm läßt sich in der Untertrias eine weitere Tendenz zur kompakten Verdichtung des alle Landmassen umfassenden Großkontinents Pangaea beobachten. Er verengt sich sowohl in Westost- wie in Nordsüdrichtung. So ist das Südpolargebiet jetzt festlandfrei. Dieses enge Zusammenrücken der Landmassen wird auf Zentrifugalkräfte durch die Erdrotation zurückgeführt. Den einzelnen Regionen des Großkontinents entsprechen heute: Nordamerika (1), Grönland (2), Europa (3), Asien (4), Südamerika (8), Afrika (9), Arabien (12), Madagaskar (11), Indien (10), Antarktis (7), Australien (6), Neuguinea (5).

250–243 Mio.
Der Buntsandstein

Um 250 Mio. Innerhalb der Bärlappgewächse (Lycopodiales) entwickelt sich die neue Unterordnung Pleuromeiacea. Die einzige Familie (Pleuromeia) umfaßt ca. fünf Gattungen. In ihrem Aussehen stehen sie zwischen den Schuppenbäumen (Lepidodendrales) und den Brachsenkräutern (Isoetales). → S. 197

250–243 Mio. Mit der beginnenden Aufspaltung des Südkontinents Gondwana entstehen Riftsysteme, Risse zwischen den Kontinentalschollen mit neuen Krustenbildungen. Durch diese tiefreichenden Störstellen in der Erdkruste treten großflächig Plateaubasalte, dünnflüssige Laven, oft gemischt mit ausgeworfenen Lockermassen, aus. → S. 194

Die Meere ziehen sich in Europa, Nordamerika und Asien weitgehend aus den für das Perm (290–250 Mio.) typischen flachen epikontinentalen Becken zurück. Die Festlandflächen weiten sich aus.

Bei den Sedimenten der Zeit handelt es sich auf den Nordkontinenten und auch in Südafrika vorwiegend um kontinentale Erosionsablagerungen, aufgrund des warmen und trockenen Klimas meist in Form von Rotsedimenten (Buntsandstein). → S. 195

Die geologischen Verhältnisse begünstigen die Entstehung von bedeutenden Goldlagerstätten. → S. 194

Im Germanischen Becken, aber auch in Nordamerika und Afrika, versteinern im sogenannten Fährten- oder Chirotheriensandstein Fußspuren von mutmaßlichen Vertretern der Ordnungen Thecodontia und Therapsida. → S. 196

Die Pflanzenwelt wird durch Wüstenbildung in weiten Teilen der Erde (besonders des Nordkontinents) bestimmt. In der Buntsandstein-Flora spezialisieren sich daher viele Arten auf aride Standorte (z. B. Dünen). → S. 197

Die baumförmigen Bärlappe und Schachtelhalme sterben aus, die Zahl der Farnsamer nimmt drastisch ab. Mit den Cycadeen, Ginkgos und Koniferen setzen sich die Samenpflanzen in Gestalt der Nacktsamer durch. → S. 196

Die Brachsenkräuter (Isoetales) entwickeln sich. → S. 197

In der Tierwelt zeichnet sich nach einem umfangreichen Aussterben von Arten und höheren systematischen Einheiten gegen Ende des Perms (290–250 Mio.) ein bedeutender Zuwachs neuer Formen ab (»Makroevolution«). → S. 197

Die Unterklasse Euechinoidea der Seeigel entwickelt sich. Sie umfaßt den Großteil der modernen Seeigel. Im Buntsandstein entstehen innerhalb dieser Unterklasse zunächst nur »reguläre« (radialsymmetrische) Formen. → S. 198

Mit der Ordnung Anura (Frösche, Kröten) tritt erstmals die Amphibien-Unterklasse Lissamphibia in Erscheinung. → S. 199

Die einzige noch heute vertretene Unterklasse der Seelilien und Haarsterne, Articulata, läßt sich erstmals nachweisen. Ihre Arten besitzen im Normalfall sehr kleine Körper mit flexiblen Kelchdecken und können gestielt oder ungestielt sein.

Neu in den Flachmeeren ist die Steinkorallenunterklasse der Hexakorallen (Scleractinia). Sie besiedeln in Kolonien die Küstenareale tropischer Meere bis in 20 m Wassertiefe und bei Temperaturen um 25 bis 29 °C. Einzelne nicht riffbildende Arten gedeihen auch bis in 6000 m Wassertiefe. Während die Individuen (Coralliten) meist nur wenige Zentimeter groß werden, umfassen die Kolonien (Coralla) oft mehrere Meter.

Im Stamm der Schwämme (Porifera) tritt die Ordnung Lychniskida aus der Klasse Hyalospongea neu auf, die sich durch eine ausgeprägte Trichter- oder Vasengestalt auszeichnet.

Unter den »Höheren Krebsen« (Malacostraca) erscheint die Ordnung der Zehnfüßer (Decapoden) mit Formen wie den Garnelen und Hummern. Im Buntsandstein treten zunächst nur Formen mit gut entwickeltem Hinterleib und kräftigen, breit gefächerten Schwänzen auf. Später kommen die Decapoden mit verkümmertem Hinterleib und Schwanz hinzu. → S. 198

Mit dem Auftreten der Reptilienunterordnungen Mixosaurida und Shastasaurida setzt die Entwicklung der Fischsaurier (Ichthyosauria) sowie der gesamten Reptilien-Unterklasse Ichthyopterygia ein. → S. 200

In den Flachmeeren ist die Ammonitenordnung Phylloceratida verbreitet. Die spiraligen Gehäuse dieser Kopffüßer sind in der Regel glatt oder nur schwach skulpturiert. In der Oberkreide (97–66 Mio.) sterben die Phylloceratida wieder aus. → S. 198

Die Dinosaurier (»Herrscher-Reptilien«) bevölkern artenreich die Erde. Eine große Formenvielfalt entwickeln zu dieser Zeit die Thecodontier. → S. 201

250–210 Mio. In der Antarktis gedeiht eine reiche Flora (Cycadophyten, Farnsamer etc.). → S. 198

In Arizona (USA) verkieseln im trockenwarmen Klima zahlreiche Bäume zum »Petrified Forest«. Der Höhepunkt dieser Entwicklung liegt im Keuper (230–210 Mio.). → S. 196

Die ersten Schildkröten (Amphibienunterordnung Testudines) entwickeln sich. Sie sind Landbewohner. → S. 199

In Mitteleuropa (besonders im »Hauselgebirge« der Ostalpen), in England, Irland, Frankreich, Spanien, Portugal, Nordafrika u. a. lagern sich in großen Mengen Steinsalz, Kalisalze und Gips ab. → S. 194

Von Nevada bis zur Alaska-Range sind große Meeresriffe verbreitet. → S. 195

Ausgehend von einem bereits im Perm (290 – 250 Mio.) bestehenden Meer in den Südalpen bildet sich die alpine Geosynklinale, die unter Einbeziehung der Nordalpen zur triassischen Geosynklinalen wird. → S. 195

250–140 Mio. Vermutlich vom Buntsandstein bis zum Oberjura (160–140 Mio.) besteht die Nadelholzfamilie Protopinaceae mit Vorfahren der Kiefern, Fichten u. a.

Lediglich in der Trias (250–210 Mio.) und im Jura (210–140 Mio.) sind die Nesseltiere der Hohltierordnung Spongiomorphida vertreten, die in großen Kolonien vorkommen.

250–66 Mio. Der Höhepunkt in der Entwicklung besonders großer Reptilien zeigt global warmes Klima an.

Um 245 Mio. In Südafrika und der Antarktis lebt Lystrosaurus, ein Reptil mit Säugetiermerkmalen.

Auf Madagaskar findet sich Triadobatrachus massinoti, der älteste bekannte, noch primitive Frosch. Sein Schädel gleicht bereits dem der modernen Frösche, von denen er sich in erster Linie durch eine größere Anzahl Rückenwirbel unterscheidet. → S. 199

Ein häufig überliefertes Reptil in Mitteleuropa ist der langhalsige Nothosaurus procerus, ein Reptil mit etwa 3 m Körperlänge.

Um 243 Mio. Die Nesseltierunterklasse Conulata, z. T. über 20 cm lange koloniebildende Hohltiere von Pyramiden- bis Kelchform, stirbt aus. Vertreter dieser Gruppe erschienen erstmals im Kambrium (590–500 Mio.).

Die Kopffüßerordnung Orthocerida (→ 420–410 Mio./S. 109) mit langgestreckten Gehäusen überlebt die Untertrias nicht.

Die Foraminiferenunterordnung Fusulinina (→ 500–243 Mio./S. 79) stirbt aus. Ihre Vertreter, komplex gekammerte Einzeller, wurden bis zu mehreren Zentimetern lang und besaßen kalkig perforierte Gehäuse. Als äußerst artenreiche Unterordnung lieferten die Fusulinen viele wichtige Leitfossilien.

Herausragende Entwicklungen werden ausführlich in Wort und Bild beschrieben. Ein Pfeil und die Seitenzahl am Ende eines Eintrags im Kalendarium zeigen an, daß Sie im Textteil noch mehr über wichtige neue Formen im Tier- und Pflanzenreich, einschneidende Veränderungen des Klimas oder bedeutende geologische Phänomene erfahren.

In 954 Einzelartikeln werden alle wichtigen Ereignisse und Entwicklungen aus vier Milliarden Jahren Erdgeschichte dargestellt. So ist die erstaunliche Vielfalt des Lebens auf unserem Planeten bis zu ihren Ursprüngen zurückzuverfolgen.

Außerdem in der »Chronik der Erde«

Übersichtsartikel
Vor Beginn jeder erdgeschichtlichen Periode werden Sie mit einer zweiseitigen Überblicksdarstellung in die Thematik eingeführt. Sie erhalten grundlegende Informationen über Klima, Tier- und Pflanzenwelt sowie über wichtige geologische Phänomene.

Anhang
Wenn Sie nicht genau wissen, wann der Himalaja entstanden ist oder wann die Dinosaurier ausstarben, sehen Sie in den Zeittafeln nach. Wollen Sie erfahren, wie sich die Entwicklung eines Organismenreichs vollzieht, bieten Ihnen Stammbäume einen Überblick. Wichtige Fachbegriffe und ihre Erklärung finden Sie im Glossar. Das Register ermöglicht einen schnellen Zugriff auf Informationen zu bestimmten Ereignissen oder Phänomenen.

Geburt des Universums und Entstehung der Erde

Die ersten Stunden

Die derzeit gängige wissenschaftliche Auffassung von der Entstehung des Universums als Heimat aller Himmelskörper – und somit auch der Erde – beruht auf der sogenannten Urknalltheorie. Diese in sich durchaus konsistente Lehrmeinung gründet sich auf bestimmte Interpretationen wichtiger astrophysikalischer Phänomene. Obwohl einige Indizien dafür sprechen, daß sie tatsächlich zutrifft, ist sie nicht unumstritten, wobei die abweichenden Meinungen jeweils andere Interpretationen derselben Beobachtungen zugrundelegen. Die Urknalltheorie ist jedoch nach wie vor das mehrheitlich anerkannte Modell der Entstehung des Universums.
Um diese Theorie zu verstehen, ist ein Exkurs in die Struktur der Materie erforderlich. Wir wissen heute, daß etwa 75 % der derzeit existierenden kosmischen Materie aus Wasserstoff besteht; weitere 24 % sind Helium. Alle anderen chemischen Elemente zusammen bilden nur 1 % der kosmischen Materie. Berücksichtigt man des weiteren, daß Helium und alle schwereren Elemente aus Wasserstoff entstanden sind, so läßt sich die Kernfrage nach der Schöpfung des gesamten Universums auf die Frage nach der Entstehung des Wasserstoffs reduzieren.
Das Wasserstoffatom besteht aus einem positiv geladenen Kern, dem Proton, und aus einer Hülle, die ein einzelnes, negativ geladenes Elektron enthält. Der Austausch von masselosen, aber energiereichen Strahlungsteilchen (Photonen) bewirkt eine anziehende elektromagnetische Kraft zwischen Proton und Elektron. Das Proton selbst setzt sich aus noch kleineren Partikeln, den Quarks zusammen. Zwei Typen kommen heute in der Natur vor: Sogenannte up-Quarks (u) und down-Quarks (d), wobei ein Proton jeweils aus zwei- u- und einem d-Quark besteht. Ist die Elementarladung (e) des Elektrons gleich - 1, dann beträgt die des u-Quarks + 2/3, die des d-Quarks -1/3. Die Ladung des Protons ist damit gleich + 1. Demgegenüber bestehen die Neutronen aus jeweils einem u- und zwei d-Quarks, sind also elektrisch neutral.
Im Gegensatz zu anderen Elementarteilchen kommen die Quarks niemals einzeln vor. Ihre gegenseitige Bindung im Proton oder Neutron ist so stark, daß sie sich selbst mit Hilfe der in Energie umgewandelten gesamten Materie eines Protons nicht aufbrechen ließe. Analog zu dem Austausch von Photonen, der die Protonen und Elektronen im Atom zusammenhält, läßt sich (bisher allerdings nur theoretisch) auch die sehr große Kraft, die die Quarks im Proton oder Neutron miteinander »verschweißt«, als Teilchenaustausch auffassen. Die entsprechenden Partikel werden Gluonen (engl. glue = Kleber) genannt und haben etwas mit einer zweiten, nichtelektrischen Ladung der Quarks zu tun, die man bildlich als »Farbe« bezeichnet.
Wie man heute weiß, gibt es zu jedem Teilchen ein Antiteilchen (aus sogenannter Antimaterie). Treffen ein Teilchen und ein entsprechendes Antiteilchen aufeinander, dann wandeln sie sich vollständig in Energie um (nach Albert Einsteins Formel $E = m \cdot c^2$). Das Antiteilchen zum Elektron heißt Positron; die Strahlungsenergie, die bei der Begegnung eines Elektrons und eines Positrons entsteht, wird als zwei Photonen beschrieben.
Eine in diesem Zusammenhang besonders interessante Kombination stellen die Mesonen dar, die jeweils aus einem Quark und einem Antiquark bestehen. Diese Verbindung ist natürlich extrem instabil: Quark und Antiquark löschen sich sofort gegenseitig aus, und das Ergebnis sind wiederum zwei Photonen. Der Prozeß, bei dem Materie und Antimaterie einander unter Freisetzung von Energie auslöschen, ist umkehrbar. So können aus zwei Photonen ein Elektron und ein Positron oder ein Quark und ein Antiquark entstehen.
Die Tatsache, daß sowohl ein Elektron und ein Positron wie auch ein Quark und ein Antiquark einander unter Freisetzung von jeweils zwei Photonen aufheben, führte zu der Vermutung, daß Elektronen und Quarks grundsätzlich gleicher Natur, unterschiedliche Manifestationen derselben Urkraft sein könnten. Wichtig sind hier außerdem noch die Neutrinos, sehr leichte, vielleicht sogar masselose Elementarteilchen ohne elektrische Ladung. Elektron, Neutrino u. a. werden als Leptonen bezeichnet. Vieles weist darauf hin, daß sich Quarks in Leptonen verwandeln lassen und umgekehrt, und zwar durch die – bis heute nur hypothetische – sogenannte X-Wechselwirkung: Man nimmt an, daß der Austausch eines X-Teilchens den Umwandlungsprozeß bewirkt. Dieses Teilchen wurde als sehr schwer berechnet, weshalb es nicht verwundert, daß seine Erzeugung in Atomforschungsanlagen nicht gelang. Auch dem X-Teilchen entspricht ein Antiteilchen, das als $\overline{X}$ bezeichnet wird. Man vermutet nun, daß nur etwa 10^{-40} Sekunden nach dem Urknall aus einer unvorstellbar dichten und heißen Energiewolke eine gewaltige Anzahl von X- und $\overline{X}$-Teilchen entstanden ist, wobei allerdings rätselhaft bleibt, wie es zum Urknall selbst kam. Die X- und $\overline{X}$-Teilchen sind instabil; sie zerfallen unmittelbar nach ihrer Entstehung in jeweils zwei Quarks bzw. ein Quark und ein Elektron. Je $X/\overline{X}$-Paar entstehen also insgesamt drei Quarks und ein Elektron. Die Quarks verbinden sich zu einem Proton; das Ergebnis sind demnach die Bestandteile des Wasserstoffatoms. Andererseits können die X- und $\overline{X}$-Teilchen aber auch jeweils in ein Antiquark und ein Positron bzw. in zwei Antiquarks zerfallen, also in die Komponenten eines Wasserstoffatoms aus Antimaterie. Es spricht nun vieles dafür, daß die beiden Zerfallsvarianten nicht gleich häufig sind, sondern die erstgenannte geringfügig überwiegt. So geht man davon aus, daß sich bei diesem Prozeß jeweils 10 Mrd. Quarks und Antiquarks gegenseitig auslöschen, während ein einzelnes überschüssiges Quark erhalten bleibt. Aus diesen bescheidenen Resten baut sich die gesamte Materie des Universums auf.
Etwa 10^{-6} Sekunden nach dem Urknall war die Temperatur von über 10^{32} K (K = Kelvin) auf rund 10^{14} K gesunken. Dadurch konnten sich die zunächst freien Quarks zu Nukleonen (Protonen und Neutronen) zusammenfinden, den späteren Atomkernen. Die gesamte kosmische Materie bestand ungefähr eine Sekunde nach dem Urknall aus Nukleonen, Elektronen und Neutrinos. Nach 100 Sekunden – die Temperatur der rasch expandierenden Urmateriewolke betrug »nur» noch 1 Mrd. K – formierten sich erste komplexe Atomkerne in einem heißen Plasma; nach reichlich 2,5 Stunden bildeten sich erste Atome. Dieser jeder Vorstellungskraft weit überschreitende Prozeß

spielte sich vor etwa 20 Mrd. Jahren ab. Die Zahl läßt sich berechnen, seit die Astrophysiker die relative Fluchtgeschwindigkeit der Galaxien, d. h. die Ausdehnungsgeschwindigkeit des Weltalls kennen. Davon ausgehend, muß sich rein rechnerisch alle heute im Universum vorhandene Materie vor genau dieser Zeit am selben Punkt befunden haben.

Strukturen im Raum

Erst etwa 1 Mio. Jahre nach der Entstehung der ersten Materie fanden sich die Atome zu größeren Strukturen zusammen, zu kosmischen Nebeln, zu Sternen und Galaxien. Wie das geschah, läßt sich in manchen Bereichen des Universums beobachten, in denen noch heute Sterne entstehen. Solche Prozesse spielen sich in interstellaren Wolken ab, gegenwärtig z. B. in der Mittelebene der Spiralarme unserer Milchstraße. Diese Wolken bestehen aus Wasserstoffatomen in einer Dichte von nur 10 bis 1000 Atomen pro cm^3. Das ist ein extrem geringer Wert, der sich auf der Erde nicht einmal im Labor als Hochvakuum erzeugen läßt. Trotz ihrer äußerst geringen Dichte liegt die Gesamtmasse derartiger Wolken bei 100 bis 1 Mio. Sonnenmassen. Die Temperatur der Wolken schwankt zwischen 10 und 10 000 K. Sehr vereinzelt finden sich auch feste Staubpartikel, die aber insgesamt nur wenige Prozent der Wolkenmasse ausmachen. Zwischen diesen winzigen Teilchen und natürlich auch zwischen den Wasserstoffatomen wirken Gravitationskräfte, die die Wolken langsam zusammenziehen, bis sie eine Dichte von etwa 1000 bis 1 Mio. Atome pro cm^3 erreichen. Dann beginnen sich Moleküle zu bilden. In diesem dichteren Nebel kollabieren – wiederum durch die Gravitationskraft – einzelne Bereiche zu Sternen, deren Zentralregion durch die fortgesetzte Kontraktion stark aufgeheizt wird. Die weitere Entwicklung der Sterne hängt vor allem von ihrer Anfangsmasse ab. Häufig wird – wie z. B. bei der Sonne – durch die ansteigendew Temperatur schließlich eine Kernreaktion in Gang gesetzt, wobei zugleich die Kontraktion zumindest vorläufig zum Stillstand kommt. Bei einem anderen, sehr massereichen Sternentyp dagegen setzt sich die Verdichtung kontinuierlich fort, bis die gewaltige Anziehungskraft zu einem Gravitationskollaps führt, der sich als Supernova-Explosion beobachten läßt. Die dabei ausgeworfene Materie vereint sich mit den umgebenden Bereichen der interstellaren Wolke, die sich durch Gravitation wieder verdichten können. Manchen Hypothesen zufolge stammen schwere Elemente, wie sie z. T. auf der Erde vorkommen, von solchen Supernovae.

Die Materiezusammenballungen, also die Sterne und Planeten, sind keineswegs gleichmäßig im Kosmos verteilt, sondern konzentrieren sich auf Galaxien. Deren Verteilung im Universum wiederum ist – anders als man lange glaubte – ebenfalls nicht gleichmäßig. Vielmehr schließen sich die Galaxien zu Haufen oder gar Superhaufen zusammen. Der galaktische Haufen, zu dem unsere Milchstraße gehört, ist verhältnismäßig klein; er umfaßt rund ein Dutzend Galaxien. »Nur« etwa 60 Mio. Lichtjahre entfernt – im Sternbild der Jungfrau – befindet sich der Virgo-Haufen, der mehrere tausend Galaxien enthält. Der etwa 500 Mio. Lichtjahre entfernte Coma-Haufen setzt sich sogar aus rund 3000 Galaxien zusammen. Neben diesen Zusammenballungen zahlreicher Galaxien existieren aber auch sehr große völlig galaxienfreie Räume. Für diese inhomogene Verteilung der kosmischen Materie gibt es bisher noch keine Erklärung.

Die Entstehung der Planeten

Während sichdie Sternenentstehung heute noch direkt beobachten läßt, sind die Astrophysiker hinsichtlich der Bildung der Sonnensysteme mit einem Zentralgestirn und um dieses kreisenden Planeten auf Hypothesen angewiesen. An entsprechenden Theorien fehlt es seit langem nicht. Sie lassen sich in zwei große Gruppen unterteilen. Die Evolutionstheorien betrachten die Entwicklung von Sonnensystemen als einen kosmisch normalen Prozeß. Die zweite Gruppe umfaßt Katastrophentheorien, die davon ausgehen, daß die Entstehung unseres Sonnensystems als einmaliger oder fast einmaliger »Unfall« aufzufassen ist. So soll ein riesiger Komet bei einem Zusammenstoß mit der Sonne die Planeten aus dieser herausgebrochen und zugleich die Sonne in Rotation versetzt haben. Favorisiert werden heute generell die Evolutionstheorien. Sie umfassen zahlreiche Modelle so prominenter Naturwissenschaftler wie Pierre Simon de Laplace, Bertrand Russell, Fred Hoyle, Kristian Birkeland, Hannes Alfvén und Carl Friedrich von Weizsäcker.

Aus den verschiedenen, sich z. T. überschneidenden Hypothesen kristallisierte sich in jüngster Zeit eine Art Standardauffassung heraus. Danach ist der Ablauf der Planetenbildung etwa folgender: Ein um die zunächst entstandene Sonne rotierender kosmischer Gas- und Staubnebel verformte sich durch Gravitationswirkung und Fliehkräfte infolge zunehmender Rotationsgeschwindigkeit zu einer flachen, diskusförmigen Scheibe aus Gas und Staub. Gasdruck undZentrifugalkraft verhinderten, daß diese Scheibe auf die Sonne stürzte, so daß ein stabiles dynamisches System entstand. Die schwereren, festen Partikel wanderten zur Mittelebene der Scheibe, wo sich die Staubteilchen durch gegenseitige Anziehung zu Planetenkernen zusammenballten. Die größeren Kerne (jene von Jupiter, Saturn, Uranus und Neptun) fingen zusätzlich größere Gasmengen aus dem Urnebel ein. Zuerst entstanden durch Gravitationsinstabilitäten im Bereich der Planetenkerne meter- bis kilometergroße Planetesimale. Sie zogen weiteres Material an, und nicht selten prallten auch Planetesimale zusammen und vereinten sich. Auf diese Weise wuchsen sie schließlich zur Planetengröße heran. Das geschah aber nicht gleichförmig, da zwei Vorgänge miteinander konkurrierten. Dem Massengewinn durch Anlagerung stand eine Massenverlust durch Auswurf von Materie bei Zusammenstößen gegenüber. Zunächst – bei nur geringen Relativgeschwindigkeiten der Planetesimale untereinander – überwog die Massenanlagerung. Durch die wechselseitigen Störungen wichen aber die Umlaufbahnen um die Sonne immer mehr voneinander ab. Exzentrizität und Bahnneigungen nahmen zu. Die Zusammenstöße wurden folglich heftiger und führten zu starker Kraterbildung. Der Effekt des Massenauswurfs baute in erster Linie kleinere Planetesimale ab, während größere das ausgeworfene Material einfingen und weiter wuchsen. Schließlich war die freie Materie so weitgehend aufgebraucht, daß die entstandenen Planeten nicht mehr bedeutend an Masse zunahmen.

In diesem Modell der Planetenentstehung haben zwei recht unterschiedliche Lehrmeinungen Platz. Die Zusammenballung der Staubteilchen könnte homogen oder heterogen erfolgt sein. Das homogene Modell geht davon aus, daß zur Zeit der Bildung der Planeten die chemische Zusammensetzung der Staubteilchen nur von der Temperatur und vom Druck des homogenen Urnebels abhing. Natürlich waren beide Größen nicht im gesamten Nebel gleich, sondern nahmen mit zunehmender Entfernung von der Sonne ab. So sollte die Temperatur von 1400 K in der Nähe des späteren Merkur auf etwa 100 K im Bereich des späteren Pluto abfallen, der Druck von 1000 auf 0,1 Pascal. Nach diesem Modell hätte jeder Planet bei seiner Entstehung eine einheitliche chemische Zusammensetzung gehabt, die lediglich von seinem Sonnenabstand abhängig war. Die terrestrischen Planeten (Venus, Erde und Mars) sollen sich bei einigen 100 °C gebildet haben; ihre erste Zusammensetzung hätte etwa den als kohligen Chondriten bekannten Meteoriten entsprochen.

Das zweite Modell geht davon aus, daß sich die Staubteilchen unmittelbar nach ihrer eigenen Entstehung durch Kondensation aus dem Urnebel zu Planetesimalen und Planeten zusammengeballt haben. Während der Planetenbildung kühlte der Urnebel weiter ab und lieferte auf diese Weise stets unterschiedliche Kondensationsprodukte. So wären keine homogenen, sondern von Anfang an sphärisch differenzierte Planeten entstanden. Gleich bei ihrer Bildung hätten sie danach z. B. einen schweren, zuerst kondensierenden metallischen Eisenkern mitbekommen.

In jüngster Zeit nehmen einige Wissenschaftler an, daß sowohl das homogene wie das heterogene Modell die Dinge unzulässig vereinfachen. Sie gehen von weitaus komplexeren Vorgängen aus, die sich auf umfangreiche Mischungsprozesse und Wechselwirkungen im planetaren Urnebel zurückführen lassen. Durchzusetzen scheint sich eine Auffassung, die sich im weitesten Sinn als Variante des heterogenen Modells betrachten läßt. Danach bestand der Urnebel aus zwei verschiedenen Komponenten, eine etwa innerhalb der späteren Marsbahn und eine andere, die außerhalb dieser Bahn lag. In der Anfangsphase der Planetenentstehung haben nur relativ heiße und chemisch stark reduzierte Bestandteile der inneren Komponente zur Planetenbildung beigetragen. Später gerieten die Planeten durch die immer stärkere Exzentrizität ihrer Bahnen auch in den Bereich der äußeren Komponente, und erst dann war auch diese an ihrem Massenzuwachs beteiligt. Diese zweite, kühlere Komponente sei vollständig oxidiert gewesen und hätte einen weitaus höheren Anteil leichtflüchtiger Bestandteile, darunter auch Wasser, umfaßt. Für den Mars wird das Massenverhältnis der inneren zur äußeren Komponente auf 60:40, für die Erde auf 85:15 geschätzt. Die Richtigkeit dieses Modells würde bedeuten, daß der innere Bereich der Erde (der Kern und Teile des Mantels) im wesentlichen wasserfrei wäre und aus hoch reduziertem Material bestünde.

Die Planeten schmelzen

Bereits während ihrer Entstehung und auch noch in der ersten Zeit nach ihrer Bildung haben sich die Planeten mit Sicherheit sehr stark erhitzt. Alles feste Material ist geschmolzen. Dabei trugen verschiedene Faktoren zu der kräftigen Temperaturerhöhung bei: Die Gravitationsenergie, die Kompressionsenergie, die Gezeitenenergie und – in erster Linie – die radioaktive Zerfallsenergie. Daneben kam grundsätzlich auch elektromagnetische Aufheizung in Frage, diese allerdings – wenn überhaupt – nur für sehr kleine Körper (Planetesimale bzw. Asteroiden). Die Gravitationsenergie wirkte auf doppelte Weise erhitzend, durch Kernbildung und durch die Aufprallenergie angezogener Planetesimale. Bei der Kernbildung, die nur im Falle der homogenen Planetenentstehungshypothese eine Rolle spielt, wanderten im Laufe von Schmelzvorgängen die schweren Elemente und Mineralien in Richtung Erdmittelpunkt und setzten dabei eine beachtliche kinetische Energie frei, die sich in Wärme umwandelte. Beim Aufprall von Meteoriten oder Planetesimalen ist zwischen kleinen und großen Körpern zu unterscheiden. Die durch kleine Teilchen freigesetzte Aufprallenergie wurde mehr oder weniger schnell wieder abgestrahlt. Größere Massen, die tiefe Krater schlugen, erhitzten die Gesteine, und das zurückfallende Auswurfmaterial bildete eine Isolierschicht gegen die Wärmeabstrahlung.

Die Wärmezufuhr durch Kompressionsenergie ist vergleichbar mit der Erhitzung des zündfähigen Gasgemischs im Zylinder eines Dieselmotors bei der Verdichtung. Beim Anwachsen der Planeten nahmen ihre Gravitation und damit auch ihre Dichte zu. Man schätzt, daß die Kompression der Gesteine die Erde im Kern um einige hundert, große Planeten um fast 1000 Grad erwärmt haben könnte. Diese Wärmequelle war damit im Vergleich zu anderen eher unbedeutend.

Die Erwärmung durch Gezeitenenergie bezieht sich natürlich nicht auf Ebbe- und Flutmechanismen in Meeren, sondern in Gesteinen, die ja auch gewisse Fließeigenschaften besitzen. Noch ausgeprägter ist sie, wenn die Gesteine aufgeschmolzen sind. Die Gezeitenenergie trug zwar kaum zur Erwärmung der Planeten, wohl aber zur Aufheizung ihrer kleinen Monde bei. Heute dürfte sie noch beim Jupitermond Io und beim Uranusmond Miranda eine Rolle spielen.

Die sicher wichtigste Aufheizenergie wurde aus kernphysikalischen Prozessen frei. Neutronen, die auf instabile Atomkerne (z. B. des Isotops Uran 235) prallen, können diese spalten. Dabei werden wiederum Neutronen freigesetzt. Hat die spaltbare Materie eine nur geringe Dichte, dann ist die Chance, daß die neuen Neutronen ebenfalls Atomkerne treffen, relativ gering. Es bleibt bei einzelnen Kernspaltungen. Mit zunehmender Dichte – z. B. während des Prozesses der Planetenbildung – wächst die Trefferwahrscheinlichkeit. Wird die kritische Grenze, bei der auf jedes kernspaltende Neutron ein neues, wiederum »erfolgreiches« Neutron kommt, überschritten, dann ereignet sich eine explosionsartige Vermehrung der Neutronen: Es kommt zur nuklearen Kettenreaktion. Im Kernreaktor wird durch geeignete Steuerungsmaßnahmen das Neutronenvermehrungsverhältnis immer bei eins gehalten. Die Kettenreaktion verläuft daher unbeschleunigt. In der explodierenden Atombombe schaukelt sie sich dagegen in Sekundenbruchteilen auf. Kettenreaktionen beider Arten waren auf den frühen Planeten häufig, denn der Gesamtanteil an radioaktiven Materialien lag wesentlich höher als heute.

Die Zeit, die zum völligen Aufschmelzen der terrestrischen Planeten nötig war, wird auf 1 Mrd. Jahre geschätzt.

Endphase der Planetenbildung

Die Aufschmelzung der Planeten ermöglichte eine chemisch-physikalische Fraktionierung ihrer Bestandteile. Die schwereren Substanzen wanderten, der Gravitationskraft folgend, ins Innere, die leichteren schwammen oben auf. Sehr früh separierten sich auf diese Weise Kern, Mantel und Kruste der Planeten. Im Kern sammelten sich vor allem Eisen und Nickel an, während die erste – noch primitive – Kruste aus leichteren Silikaten bestand (z. F. Feldspate). Sie schwamm als dünne Haut auf einem flüssigen globalen Magmaozean. Etwa in dieser Phase befand sich die Erde vor rund 4 Mrd. Jahren.

In den Spiralnebeln oder Spiralgalaxien wie z. B. unserer Milchstraße entstehen immer wieder neue Sterne.

Erstarrte Erdkruste bildet die ersten Kontinente

Die zeitliche Gliederung

Der Erdurzeit, die etwa mit der Bildung einer festen Erdkruste zu Ende geht, folgt die Frühzeit der Erde, das Präkambrium (lat. prae = vor, also vor dem Kambrium). Sie setzt vor rund 4 Mrd. Jahren ein, zu einer Zeit, als die Erdoberfläche auf Temperaturen unter 100 °C abgekühlt ist, Wasserdampf also zu flüssigem Wasser kondensieren kann. Auf das Ende des Präkambriums haben sich die Wissenschaftler noch nicht genau geeinigt. Häufig wird es mit 570 Mio. Jahren vor heute angegeben, neuere Datierungen gehen von 590 Mio. Jahren aus. Es umfaßt also rund 3400 Jahrmillionen. Das ist fast das Sechsfache der gesamten Erdgeschichte nach dieser Ära und zugleich fast das Sechsfache der vor dieser Ära liegenden Erdurzeit. Anders gesagt: Das Präkambrium umfaßt knapp drei Viertel der gesamten Erdgeschichte. In diesen gigantischen Zeitraum fällt sowohl die Entstehung der ersten Kontinente als auch die Entstehung einzelligen, pflanzlichen und tierischen Lebens. Aber dieser in ferner Vorzeit liegende Abschnitt der Entwicklung unseres Planeten läßt sich nur sehr schwer und in vielfacher Hinsicht überhaupt nicht erforschen. Zum einen war die frühe Erdkruste schon während des Präkambriums selbst vielfachen Umwandlungen unterworfen, zum anderen haben natürlich auch spätere Zeiten die Zeugen jener Ära umgewandelt oder zerstört.

Ist es schon schwer, das Präkambrium in der Erdgeschichte zeitlich als Ganzes zu fixieren, so stellt die Untergliederung den Erdgeschichtsforscher vor noch größere Probleme. An Versuchen fehlte es nicht. Manche nannten und nennen einzelne Abschnitte Katarchaikum, Archaikum und Algonkium, andere sprechen vom Azoikum oder Abiotikum, der frühen Phase, in der man noch keinerlei Leben auf der Erde vermutete, und vom Archaeozoikum oder Kryptozoikum mit frühen, z. T. aber verborgenen Lebensformen. Seitdem es gelungen ist, das Alter zahlreicher präkambrischer Gesteine radiometrisch zu bestimmen (s. Anhang), folgen neuere zeitliche Gliederungsversuche des Präkambriums geologischen Phänomenen, besonders gestaltenden Kräften in der Erdkruste. Man unterscheidet sieben große, weltweite Gebirgsbildungsepochen:

- ▷ 3100-2900 Mio.: Weltweite laurentische Gebirgsbildung (die Zeit davor nennt man Katarchaikum)
- ▷ 2700-2370 Mio.: Kenorische oder algomische Gebirgsfaltung in Nordamerika, saamidische Faltung in Europa, Aldan-Faltung in Asien, Anshan-Sangkan-Faltung in China, Dharwar-Faltung in Indien und Shamwa-Faltung in Afrika
- ▷ 2200-2000 Mio.: Belomoridische oder marealpidische Gebirgsbildung in Europa; weitere Faltungen in Amerika, Asien, Indien und Afrika
- ▷ 1960-1580 Mio.: Weltweite hudsonische oder karelische Gebirgsbildung
- ▷ 1480-1250 Mio.: Gebirgsbildungsphase, zu der die elsonische Faltung in Nordamerika und die gotidische Faltung in Europa zählen
- ▷ 1150-850 Mio.: Grenvillische Faltung in Nordamerika, dalslandische Faltung in Europa, Aravalli-Satpura-Gebirgsbildung in Indien und Karagwe-Ankole-Gebirgsbildung in Afrika
- ▷ Um 600 Mio.: Assyntische Faltung in Nordamerika und Europa, katangische Faltung auf dem Südkontinent.

Weitere radiometrische Untersuchungen sollen helfen, eine vollständige Gliederung des Präkambriums zu erarbeiten. Bis dahin benutzen die meisten Erdgeschichtsforscher eine vereinfachte Zeitskala, die vier Abschnitte umfaßt:

Archaikum	(4000-2500 Mio.)
Unterproterozoikum	(2500-1700 Mio.)
Mittelproterozoikum	(1700- 900 Mio.)
Oberproterozoikum	(900- 590 Mio.)

Ältere Autoren setzen die Zeitspannen allerdings ganz anders: Sie datieren das Unterproterozoikum auf die Zeit zwischen 2600 und 1900 Jahrmillionen, das Mittelproterozoikum auf 1900 bis 1600 Jahrmillionen und das Riphäikum auf 1600 bis 570 Jahrmillionen. Die zum Teil großen Differenzen zeigen, wie problematisch genaue Datierungen noch sind.

Urkontinente entstehen

Zu Beginn des Präkambriums umhüllt eine erstarrte Kruste den glutflüssigen Erdmantel. Stabil ist sie keineswegs. Sie läßt sich als ein Handtuch vorstellen, das auf einer zähen Flüssigkeit treibt. Teile des Handtuchs sinken in Falten ab und bilden Tröge, die man Geosynklinalen nennt. Andere Gebiete des Handtuchs falten sich durch Querkräfte, die von Bewegungen in der zähen Flüssigkeit herrühren, hoch: Die Erdkruste bildet Faltengebirge; man spricht von Orogenese (die griechische Vorsilbe »oro« bezeichnet Gebirge, und »Genese« bedeutet Entstehung, Entwicklung). Entstehende Geosynklinalen und Faltengebirge zerren an flachen Teilen der Erdkruste und reißen sie auf. Flüssiges Material quillt aus dem Erdmantel empor und erstarrt zu neuer Kruste. Bei diesem Wandel des Gesichts der festen Erdkruste entstehen in den Gebirgsregionen relativ stabile Schollen. Sie bilden die Kerne späterer Kontinente. An sie lagern sich durch weitere Gebirgsbildungen immer neue »versteifte« Partien an. Derartige kontinentale Schollen oder »Schilde« nennt der Geologe Kratone.

Während des Präkambriums entstehen mehrere Urkratone, von denen wir heute noch fünf anhand ihrer Reste lokalisieren können: Den auch als Laurentia bekannten Kanadischen Schild; den Baltisch-Russischen Schild, auch Fennosarmatia genannt, der sich über fast ganz Skandinavien erstreckt und in Europa bis zum Ural reicht; den Sibirischen Schild Angaria; den Chinesichen Schild Sinia; und auf der Südhalbkugel den Mammutschild Gondwana, in dem große Teile der späteren Kontinente und Subkontinente Südamerika, Afrika, Indien, Australien und der Antarktis vereint sind.

Wie sich diese Urkratone auf der Erde verteilen, wissen wir allerdings nicht.

Urerde, Urmeer, Uratmosphäre

Wie das Festland im Präkambrium aussah, bestimmten einerseits tektonische Kräfte, also Kräfte, die von den Bewegungen in der Erdkruste herrühren, andererseits verwitterungsmechanische und zum Teil auch chemische Vorgänge. Dort, wo die Erdkruste aufriß, entstanden durch Abkühlung des heraufquellenden glutflüssigen Magmas reichlich vulkanische Gesteinsmassen (Vulkanite). Daneben bildeten sich auch schon Gesteine durch Sedimentation (Ablagerung). Diese frühesten Sedimente enthielten Eisenerze (Magnetite), Pyroxene (griech. pyr = Feuer, xenos = fremd) und Basalte, die durch Verwitterung aus magmatischen Gesteinen entstanden. Dazu kamen durch chemische Prozesse gebildete, kieselige Sedimente, später auch echte Grauwacken, also quarz-und feldspatreiche, dunkelgraue sandsteinartige Sedimentgesteine mit einem großen Anteil eingelagerter Gesteinsbruchstücke.
Gerieten die vulkanischen oder sedimentären Gesteine unter den Einfluß hoher Drücke oder hoher Temperaturen, wenn sie mit Teilen der Erdkruste in Geosynklinalen abtauchten oder an Auffaltungen beteiligt waren, dann konnte sich ihre Kristallstruktur umwandeln (Metamorphose); das Ergebnis sind sogenannte Metamorphgesteine oder Metamorphite. Sie erscheinen als kristalline Schiefer. Solche Metamorphite entstehen auch, wenn glutflüssiges Magma durch die dünne Erdkruste aufsteigt und benachbartes Gestein stark erhitzt (Kontaktmetamorphose). Erstarrte das Magma unter hohem Druck in größerer Tiefe der Erdkruste, dann entstanden sogenannte Plutonite (benannt nach Pluto, dem griechischen Gott der Unterwelt). Das sind grobkristalline Gesteine, im Präkambrium vor allem Granite (lat. granum = Korn).
Die frühe Erdkruste setzte sich also aus Vulkaniten, Plutoniten, deren Verwitterungssedimenten sowie außerdem aus metamorphen Gesteinen zusammen. Die Atmosphäre besaß einen hohen Anteil an Kohlensäure. Sie war deshalb in der Lage, Urgesteine chemisch anzugreifen. Die oft wasserlöslichen Produkte wurden in großen Mengen in die Meere getragen und neutralisierten schon in der zweiten Hälfte des Archaikums die im Wasser der Ozeane gelösten Säuren vulkanischen Ursprungs. Die Meere wurden dadurch zu großen Sammelbecken von Chloridlösungen
Durch verschiedenartige Prozesse reicherten sich im Laufe der Zeit Stickstoff und Sauerstoff in der Atmosphäre an. Diese Gase lösten sich auch im Meerwasser und wandelten es in Chloridcarbonatwasser um. Aus diesem Wasser konnten sich in der Folgezeit neuartige Sedimente abscheiden: Die ersten Carbonatgesteine und andere chemische Sedimente wie Eisenjaspilite oder Itabirite.
Zahlreiche neue Geosynklinalen entstanden. Sedimente füllten sie; die tiefen, mit Gesteinsmassen aufgefüllten Tröge hoben sich aus dem glutfüssigen Erdmantel heraus und falteten sich zu neuen Gebirgen auf, die sich schon vor dem Riphäikum zu großen Plattformen, den Urkratonen, zusammenschlossen. Im Riphäikum selbst liegt auch der Beginn sämtlicher heute noch existierenden großen Geosynklinalgebiete und Faltenzonen der Erde.
Eine neue Kraft trug schon im Unterproterozoikum dazu bei, das Gesicht des Festlandes zu gestalten: Gletscher. In Nord- und Südamerika sowie Südafrika zermalmten solche Eisströme Gestein zu Lehm und mehr oder weniger feinem Blockwerk oder Geröll (Moränen).

Erstes Leben entwickelt sich

Über die Lebewesen des Präkambriums wissen wir sehr wenig. Das rührt einmal daher, daß kaum Versteinerungen entstanden, denn von den Mikroorganismen und weichen, weil zunächst noch schalenlosen Meerestieren blieb in den Gesteinen natürlich kaum Körpersubstanz in der ursprünglichen Form erhalten, und auch Negativabdrücke sind die seltene Ausnahme. Allenfalls chemische Spuren (Kohlenwasserstoffe), die Rückschlüsse auf Leben zulassen, finden sich im Unteren Präkambrium. Zum anderen wandelten sich die meisten Gesteine der Erdfrühzeit bis heute metamorph um, wobei natürlich Fossilien zerstört wurden.
Die ersten körperlichen Fossilien fand man in den sogenannten Onverwacht-Schichten (älter als 3,2 Mrd.) und in den Figtree-Sedimenten, die immerhin etwa 3,1 Mrd. Jahre alt sind. Es sind die Überreste länglicher und kugelförmiger Einzeller, die an Bakterien erinnern. Dann, vor etwa 2,8 Mrd. Jahren, fossilisieren als große, schalige Gesteinsknollen erstmals Stromatolithen. Ihre Urheber waren Cyanobakterien (früher auch Blau-Grün-Algen genannt), die wahrscheinlich bereits die Fähigkeit zur Photosynthese besaßen, also Kohlendioxidgas in Kohlenstoff und Sauerstoff aufspalten und mit dem Kohlenstoff organische Substanz aufbauen konnten.
Im Unterproterozoikum werden die Fossilien schon zahlreicher. Dutzende von Arten sind heute aus dieser Zeit bekannt. Die meisten bestehen aus einzelnen Zellen oder mehr oder weniger gegliederten Zellfäden. Die Zellen sind vermutlich noch kernlos (prokaryotisch), was sich allerdings nicht mit letzter Sicherheit sagen läßt, da Zellkerne nicht versteinert erhalten bleiben.
Aus etwa 900 Jahrmillionen alten Schichten kennen die Wissenschaftler schon sehr vielfältige Kleinlebewesen, darunter höchstwahrscheinlich auch bereits Rotalgen und Pilze. Zum ersten Mal lassen sich außerdem mit Sicherheit Organismen mit Zellkernen (Eukaryoten) nachweisen, z. B. Grünalgen. Vielleicht sind diese aber auch schon älter. Aus ihnen entwickeln sich später alle vielzelligen Pflanzen und Tiere, letztlich also auch der Mensch.
Im jüngsten Präkambrium lebt schließlich beinahe überall auf der Welt schon eine Vielzahl mehrzelliger Tiere mit organisierten Zellstrukturen, über deren Entwicklung wir aber kaum etwas wissen: Quallenartige Wesen (Ediacaria und Mawsonites), grazile »Seefedern« (sie gehören zu den Oktokorallen), frühe Stachelhäuter (Verwandte der Seeigel und Seesterne) und vielleicht auch schon Ringelwürmer (Annelida).
Gegen Ende des Präkambriums treten schließlich die ersten winzigen Organismen auf, die als Vorformen eines Skeletts organische Hartteile entwickeln.
Eines gibt zu denken: Zu Beginn des Kambriums sind bereits alle wichtigen Gruppen der wirbellosen Tiere vertreten. Da die Wirbeltiere auch heute noch zahlen- und artenmäßig den kleinsten Teil der Tierwelt ausmachen, existieren also zur Wende vom Präkambrium zum Kambrium schon die allermeisten Tierstämme. Das weist darauf hin, daß ihre grundlegenden Baupläne wahrscheinlich bereits gegen Ende des Präkambriums entwickelt waren. Vielleicht bringen zukünftige Fossilienfunde Aufschluß darüber. Daß bisher aus präkambrischen Zeiten nur relativ wenige Fossilien überliefert sind, liegt nicht an einer damals geringen Zahl von Lebewesen, sondern viel eher daran, daß diese Periode zeitlich so weit zurückliegt.

4000–2500 Mio.

Das Archaikum

Um 4000 Mio. Die Schalenstruktur der Erde bildet sich. Die sich langsam verfestigende Erdkruste gibt den größten Teil der in ihr enthaltenen Gase an die Uratmosphäre der Erde ab. → S. 16

Aus dem Weltall geht unaufhörlich ein Hagel von kleinen und großen Meteoriten auf die Erde nieder und schmilzt durch die Aufprallenergie die junge Erdkruste immer wieder auf. → S. 16

Die Bildung einer ersten, einfach strukturierten Kruste des Erdmondes ist in etwa abgeschlossen. → S. 17

4000–3000 Mio. Auf dem Mond herrscht heftiger Vulkanismus (in den heute dunkleren Gebieten, den Maria). Die heute helleren Gebiete entsprechen der frühen Erstarrungskruste des Erdtrabanten. → S. 17

4000–2500 Mio. Aus vielfach umgewandelten Gesteinen (Gneise, Granite und Grüngesteine) bauen sich erste massive Festlandkerne, sogenannte Urkratone auf. → S. 17

4000–590 Mio. Die Gesteine, die sich im Präkambrium durch Erstarren bilden, sind anfangs fast ausschließlich vulkanische Ergußmassen (Vulkanite) und Magmen, die in der Tiefe der Erdkruste erkalten (Plutonite). Daneben entstehen sogenannte Metamorphgesteine. → S. 18

3850–3000 Mio. In dieser Zeit entstehen die ältesten heute noch erhaltenen Gesteine. → S. 17

In den Tiefen der Erdkruste kommt es in Ansammlungen radioaktiver Elemente zu nuklearen Kettenreaktionen (Kernspaltung). Die freigesetzte Hitze schmilzt das Gestein um, und es entstehen mächtige Granitdome. → S. 19

3850–590 Mio. Bereits in den ältesten bekannten Gesteinen der Erde in Grönland, Südafrika und Australien sind Eisenerze nachzuweisen. → S. 20

Um 3800 Mio. In sauerstoffloser Umgebung entsteht auf der Erde erstes Leben. Es handelt sich um kernlose Einzeller. → S. 23

Die vulkanischen Grünsteingürtel, die auffallendsten Gesteinsbildungen der frühen Erdkruste, entstehen. → S. 18

3800–3400 Mio. In Grönland und Südafrika leben wahrscheinlich erste kernlose Einzeller: Isuasphären und Ramsaysphären. → S. 24

3760 Mio. In Krustengesteinen auf Grönland lagern sich erstmals Kupfererze ab. → S. 21

3750–3500 Mio. Zu den ersten Erzlagerstätten gehören Chromitanreicherungen, gelegentlich in Verbindung mit Platinmetallen. → S. 20

3650–3350 Mio. In Nordamerika und Nordeuropa setzt Granitisation ein, eine Umwandlung älterer Gesteine in Granit, die bis heute andauert. → S. 19

3600 Mio. In Australien fossilisieren erstmals Mikroorganismen, die möglicherweise bereits die Fähigkeit zur Photosynthese besitzen. → S. 26

3500 Mio. Als Onverwacht-Schichten in Südafrika und als Warawoona-Schichten in Australien lagern sich auf der Erde vermehrt Sedimente ab, die noch heute erhalten sind. → S. 22

3500–3400 Mio. In der Nähe des australischen North Pole bilden sich mächtige Sedimentschichten, die beachtliche Barytvorkommen (Schwerspat) einschließen. → S. 29

3500–3100 Mio. In Australien und Rhodesien treten erstmals sogenannte Stromatolithen auf, knollenförmige Gebilde aus Kalk, an deren Entstehung Mikroorganismen (Blaualgen) beteiligt sind. → S. 22

3400–3200 Mio. In Südafrika (Onverwacht- und Figtree-Gesteinsgruppen) bildet sich erstmals Hornstein. Dabei handelt es sich um eine grau bis gelb gefärbte knollige dichte Kieselausscheidung. → S. 24

3200 Mio. Erste Gebirgsbildungen durch Auffaltung von Erdkrustenmassen spielen sich ab: Die sogenannte pilbarische, luanysche und uivakische Orogenese. → S. 29

Zu Beginn der ersten Faltengebirgsbildung entstehen riesige Gräben am Meeresgrund. Diese Tröge, die sich allmählich mit Sedimenten auffüllen, nennt man Geosynklinale. → S. 29

3100–2500 Mio. Die bedeutendsten Goldlagerstätten der Welt im Witwatersrand-Becken (Südafrika) entstehen. → S. 25

3000–2700 Mio. In der Sudan-Iron-Formation in Minnesota (USA) entwickeln sich erste photosynthetisch aktive Mikroorganismen. → S. 25

3000–2500 Mio. Eine erste große Phase der Bildung von Nickel- und Kupfererzen setzt ein. Sie ist an die zahlreichen Vulkanzonen der Erde gebunden. → S. 21

3000–2100 Mio. Die ersten mächtigen Goldlagerstätten des Archaikums entwickeln sich. → S. 20

3000–2000 Mio. Die typische kontinentale Erdkruste von 30 bis 35 km Mächtigkeit entwickelt sich.

2900–2800 Mio. Im Grünsteingürtel von Südafrika entsteht eine der größten Antimonlagerstätten der Erde. Das Vorkommen wird von Zinnober (Quecksilbererz, HgS) begleitet. → S. 21

2700 Mio. Erstmals entwickeln sich vereinzelt Kalkschichten und Dolomite. → S. 25

2600–2000 Mio. Die bedeutendsten Eisenerzlager der Welt (»Superior-Typus«) entstehen.

Erdkruste verfestigt sich

Um 4000 Mio. In sehr alten Partien der Erdkruste finden sich sogenannte Komatiite, dunkle Ergußgesteine von basaltartigem Aussehen, jedoch mit einer Zusammensetzung, wie man sie von manchen Meteoriten kennt. Das Gestein schmilzt bei sehr hohen Temperaturen, um 1650 °C. Kühlt es langsam ab, dann stellt sich eine charakteristische Kristallfolge ein, in der als letztes vor allem aluminium-, kalzium- und natriumreiche Silikate entstehen. Diese Gesteine sind leichter als die ursprüngliche Schmelze und schwimmen auf der Oberfläche, während die zuerst erstarrten Materialien absinken und wieder aufschmelzen können. Man nennt diesen Prozeß Kristallisationsdifferentiation.

Vulkanische Ausgasungen liefern Gase zum Aufbau der Atmosphäre.

Wenn die äußerste Erdschale vor mehr als 4 Mrd. Jahren schmelzflüssig war, was viele Geologen annehmen, dann läßt sich die allmähliche Entstehung ihrer Kruste leicht durch eine derartige Kristallisationsdifferentiation erklären, denn die genannten leichteren Silikate entsprechen recht genau der Zusammensetzung der Erdkruste.

Bei der Entstehung dieser primären Erdkruste bildete sich auch die Uratmosphäre unseres Planeten. Nach letzten Erkenntnissen gab die abkühlende Gesteinsschmelze etwa 80% Wasserdampf, 17% Kohlendioxid, 1,7% Salzsäuredampf und Chlorgas, 0,2% Stickstoff und Spuren anderer Gase ab.

Meteorhagel aus dem All

Um 4000 Mio. Mit einer Geschwindigkeit von etwa 15 km/s treffen herabstürzende Meteoriten von bis zu 100 km Durchmesser die Erde. Die Einschlagshäufigkeit erreicht in dieser Zeit vermutlich ein Maximum. In jeder Jahrmillion schlägt der Meteorhagel bis zu 1 Mio. Krater von mehr als 1 km Durchmesser und rund 1000 Krater von mehr als 10 km Durchmesser. Auch Einschlagsbecken von über 1000 km Durchmesser kommen vor.

Die Aufprallenergie der größten kosmischen Gesteinsmassen, sogenannte Planetesimalen, liegt beim 1000-Milliardenfachen einer Atombombe. Um die erstarrende Erdoberfläche zumindest lokal wieder aufzuschmelzen, genügt die Gesamtenergie aller kosmischen Geschosse. Erst die Apollo-Missionen in den 60er Jahren des 20. Jahrhunderts erlauben die Bestimmung der Einschlagshäufigkeit von Meteoriten in der Frühzeit unseres Planeten.

Meteorkrater wie dieser alttertiäre Einschlagstrichter in Arizona entstehen in der Erdurzeit wesentlich häufiger als heute. Die Energie des auf die Erde aufprallenden Meteorhagels heizt die Kruste stark auf und bringt sie lokal zum Schmelzen.

Weiträumiger Vulkanismus auf dem Mond

4000–3000 Mio. Die Phase einer ersten Krustenbildung des Mondes ist abgeschlossen. Vergleichbar mit der Krustenbildung auf der Erde entstand auch hier durch die sogenannte Kristallisationsdifferentiation (→ S. 16) eine primäre Kruste. Sie besteht vorwiegend aus Kalziumfeldspat und setzt sich später als helle Hochlandpartien von den dunkleren Gesteinsflächen, den »Maria« (Mondmaren) ab. Im Grenzbereich von jüngerer Kruste und glutflüssigem Mantel sammeln sich u. a. schwere radioaktive Elemente an, die durch ihre Strahlungsenergie die Kruste immer wieder großflächig anschmelzen. Damit tragen sie zu einem weiträumigen Mondvulkanismus bei, der durch Aufreißen der Kruste bei Meteoriteneinschlägen noch gefördert wird. Mit dem Vulkanismus, der sein Maximum vor 3,8 bis 3 Mrd. Jahren erreicht, geht eine zweite Phase der Gesteinsdifferentiation auf dem Mond einher, deren Ergebnis die basaltischen Maria sind. Dieses dunklere Gestein bildet Decken bis zu mehreren Kilometern Mächtigkeit.

Die hellen Partien des Erdtrabanten sind Hochlandregionen. Sie bestehen aus vulkanischem Material, das in der Zeit des Archaikums aufquoll.

Festlandschollen durch Faltung

4000–2500 Mio. Die sich verfestigende Erdkruste bildet durch Faltungsprozesse (→ S. 14) Kerne von Urkontinenten, die aus dem Meer aufragen. Diese Art Festlandschollen nennt man Urkratone. Es handelt sich dabei um solche Partien der Erdkruste, die dick genug sind, um in der weiteren Erdgeschichte in sich stabil zu bleiben. Je nachdem, wie eng man den Begriff Kern faßt, unterscheiden die Geologen sieben (→ S. 14) oder 19 Kratone.

Die Kratone im Archaikum

1. Der Nordatlantische Kraton (Südgrönland und Nordostlabrador)
2. Superior Provinz (NO-Nordamerika)
3. Slave Provinz (N-Nordamerika)
4. Wyoming Provinz (zentrales Nordamerika)
5. Guayana Kraton
6. São Francisco Kraton (NO-Südamerika)
7. Kapvaal Kraton (S-Afrika)
8. Simbabwe Kraton
9. Zentralafrikanischer Kraton
10. Westafrikanischer Kraton (NW-Afrika)
11. Indischer Kraton
12. Antarktischer Kraton
13. Yilgarn Block (O-Australien)
14. Pilbara Block (O-Australien)
15. Baltischer Schild
16. Ukrainischer Schild
17. Anabar Block (N-Sibirien)
18. Aldan Kraton (O-Asien)
19. Nordchinesischer Kraton.

Älteste Gesteine der Erde entstehen auf Urkontinenten

3850–3000 Mio. Die ersten nachweisbaren Grundgesteine bilden sich in den Kernbereichen der Urkontinente, die aus dem Meer ragen, den sogenannten Urkratonen (s. o.) während des Archaikums. Anzunehmen ist allerdings, daß erste Gesteinsbildungsprozesse bereits in einer Zeit vor mehr als 3850 Mio. Jahren eingesetzt haben. Der Petrologe nennt diese Zeit, aus der keine Gesteine überliefert sind, das Hadeum, die Urzeit der Gesteine.

Während des Archaikums unterliegt die noch junge Erdkruste (→ S. 16) einem stetigen Wandel. Partien tauchen als tiefe Tröge in den glutflüssigen Erdmantel hinab und füllen sich mit Meeressedimenten. Andere Regionen werden gestaucht und falten sich zu hohen Gebirgszügen auf. Bei diesen Prozessen geraten die ersten Erstarrungsgesteine immer wieder unter hohen Druck und hohe Temperatur. Sie verändern ihre kristalline Struktur. Solche Umwandlungsgesteine (Metamorphite) lassen sich an ihrem vollkristallinen und zugleich sehr kompakten Aufbau, den großen Kristallen und ihrer häufig schieferartigen Struktur erkennen. Zu diesen archaischen Umwandlungsgesteinen gehören fast ausschließlich Gneise (→ S. 19), schiefrige, feldspatführende Gesteine. Wo in die feste Erdkruste von unten glutflüssiges Magma aus dem Erdmantel eindringt, dann langsam abkühlt und erstarrt, bilden sich Dome aus Tiefengesteinen oder »Plutoniten« (benannt nach Pluton, dem griechischen Gott der Unterwelt). Sie sind ebenfalls vollkristallin mit großen Kristallen. Letztere sind aber nicht durch gerichteten Druck in einer Ebene angeordnet, so daß diese Gesteine nicht schiefrig wirken. Bei den archaischen Plutoniten handelt es sich um Granite (→ S. 19).

Eine dritte wichtige Gruppe der archaischen Urgesteine stellt der graugrüne, sehr zähe Grünstein dar. Er entsteht durch geringfügige Umwandlung aus untermeerisch ausgeflossenem vulkanischem Lavagestein (Diabas) der Basaltgruppe.

Stricklava (wie hier auf Island) bedeckt in der Erdfrühzeit weite kontinentale Flächen. Sie erstarrt aus besonders dünnflüssigem Magma.

Blauer Granit, ein kristallines Tiefengestein (Plutonit)

Heftige Vulkanausbrüche erschüttern die Erdkruste

△ *Die Lavafontäne auf der jungen Vulkaninsel Surtsey vor Island gemahnt an die Zeiten der Entstehung der festen Erdkruste. Wie hier quellen vor Jahrmilliarden an vielen Orten dünnflüssige Magmen aus dem Erdmantel empor.*

◁◁ *Häufig sind in der Erdfrühzeit Lavaseen anzutreffen, die – aus der Tiefe ständig aufgeheizt – jahrelang flüssig bleiben oder sich nur zeitweise mit einer sehr dünnen festen Kruste überziehen.*

◁ *Wenn ein Vulkan explosiv große Gasmengen ausstößt, dann werden immer auch glutflüssige Lavafetzen sowie glühende Steinchen und Aschen mit hochgeschleudert.*

4000–590 Mio. Zwischen den ältesten starren Teilen der Erdkruste, den Urkratonen (→ S. 17), erstrecken sich weite Gebiete sogenannter mobiler Zonen. In ihnen und besonders an den Rändern der Kratone kommt es auf der ganzen Welt zu kräftigem Vulkanismus.

Die mobilen Zonen der Erdkruste sind noch wenig erforscht. Sie bestehen aus Gesteinen, die sich bei hohen Temperaturen und bei großem Druck in ihrer kristallinen Struktur verändern. Diese sogenannten hochmetamorphen Gesteine bewirken eine ständige Umgestaltung der Erdkruste, die noch sehr dünn ist und sich deshalb leicht verformen kann. Derartige strukturelle Veränderungen haben nicht nur einen Motor. Drei Kräfte spielen in der Hauptsache zusammen: Einschläge großer Meteoriten (→ S. 16), Kernreaktionen, die in Ansammlungen radioaktiver Elemente Wärmeenergie liefern und Strömungsbewegungen im glutflüssigen Material des Erdmantels. Die Kernreaktionen haben ihre Ursache darin, daß in der Erdurzeit der Anteil des spaltbaren Materials im Gestein noch wesentlich höher ist als heute.

Welchen Grund die Strömungen im Erdmantel haben, ist noch umstritten. Sicher sind es aber mehrere Faktoren: Wärmekonvektion, also durch thermische Kräfte hervorgerufene Vertikalströmungen, die Gravitationskraft, die schwere und leichtere Bestandteile der Schmelze zu entmischen versucht, vielleicht auch geomagnetische Kräfte (→ 590–556 Mio./S. 55), die durch Wirbelströme direkt in den thermischen Haushalt des Erdmantels eingreifen. Zur Folge haben all diese Kräfte immer wieder ein Aufreißen der Erdkruste in den mobilen Zonen.

Wo die Erdkruste Risse bildet, quellen große Mengen glutflüssiger Magma empor. Oft geschieht das auf den Böden der Ozeane, denn die mobilen Zonen zwischen den Festlandkratonen liegen ja zum allergrößten Teil im Meer.

Die ausfließenden Laven unterscheiden sich in ihrer Zusammensetzung vom Grundmaterial des flüssigen Erdmantels. Sie setzen sich hauptsächlich aus dessen leichteren Bestandteilen zusammen, was auch verständlich ist, da sie die Erdanziehung überwinden müssen, um aufsteigen zu können. Diese Laven haben basischen Charakter. In großen Gürteln breiten sie sich um die Risse in der Erdkruste auf den Meeresböden aus, wo sie unter anderen Bedingungen erstarren als Lavaströme, die von Festlandvulkanen kommen. Zum einen herrscht in der Tiefsee hoher Druck, zum anderen erstarrt die flüssige Masse nur langsam, denn das Wasser ist ein guter thermischer Isolator, zumal es um die glühende Lava einen Dampfmantel bildet. Das Ergebnis sind große Basaltkissen und mächtige Grünsteingürtel.

Nicht selten erreichen die submarin austretenden Lavamassen eine solche Mächtigkeit, daß sie über die Wasseroberfläche hinaustreten. Über den Erdkrustenrissen entstehen dann Ketten vulkanischer Inseln. Auf ihnen speien die Feuerberge weiteres vulkanisches Material aus. Zusammen mit den Gesteinsschmelzen treten dabei auch gewaltige Gasmengen aus. Sie verändern die Zusammensetzung der Uratmosphäre nicht wesentlich, da sie weitgehend aus den gleichen Komponenten bestehen (→ 1800 Mio./S. 38). Neben Wasserdampf (H_2O), Kohlenmonoxid (CO), Kohlendioxid (CO_2), Salzsäuredampf (HCl), Chlorgas (Cl_2) und geringen Mengen Stickstoff (N_2) liegen in Spuren vor allem Schwefelwasserstoff (H_2S), Schwefeldioxid (SO_2), Fluorwasserstoff (HF), Wasserstoff (H_2), Methan (CH_4), Ammoniak (NH_3) und das Edelgas Argon (Ar) vor. Mit dem Entstehen vulkanischer Inselketten kommt es natürlich auch zu deren Abtragung durch Verwitterung. Meeresbrandung und heftige Stürme nagen an den jungen Gesteinen, und zugleich greift das saure Meerwasser die basischen Vulkanite chemisch an. So sind in die mächtigen Grünsteingürtel (»greenstone-belts«) während dieser Zeit oft Sedimentschichten eingelagert.

Kösseine-Granit aus dem Fichtelgebirge

Labrador-Granit (Larvikit), Norwegen

Grau-roter Gerais-Granit aus Braslien

Grobkörniger roter Granit aus Finnland

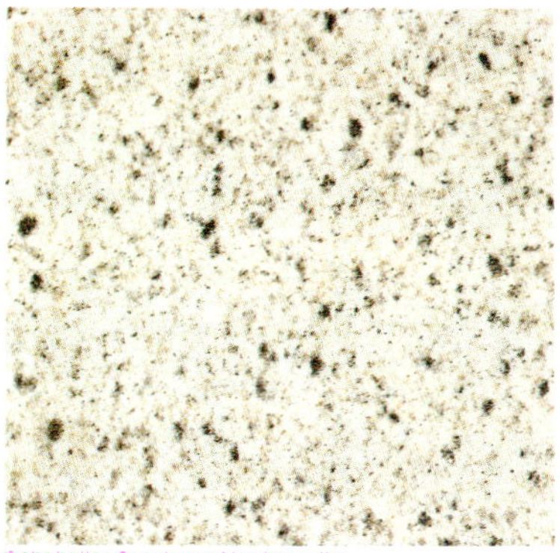
Sehr heller Granit aus Nordamerika

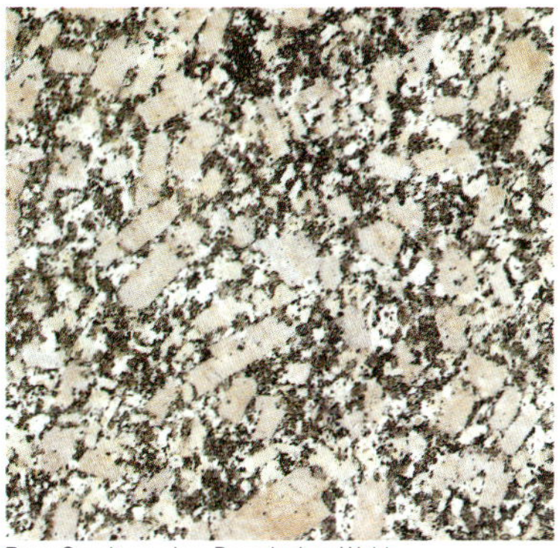
Rosa Granit aus dem Bayerischen Wald

Rotenberg-Granit aus dem Schwarzwald

Lachsroter Granit aus Brasilien

Nukleare Kettenreaktionen schmelzen Grünsteindecken

3850–3000 Mio. Tief im Innern der Erdkruste bilden sich durch Erstarren glutflüssiger Massen aus dem Erdmantel Plutonite. Im Gegensatz zu den Vulkaniten, Gesteinen, die durch Erkalten an der Erdoberfläche austretender glutflüssiger Laven entstehen (→ S. 18), verfestigt sich bei der Bildung von Plutoniten Magma tief unterhalb der Erdoberfläche. Dieser Prozeß setzt das Bestehen einer festen Kruste voraus. Plutonite sind deshalb nicht die ersten entstandenen Gesteine. Voraus gingen ihnen die vulkanischen Grünsteindecken. Unterhalb dieser Decken häufen sich lokal ungewöhnlich große Ansammlungen radioaktiver Elemente. Es kommt zu nuklearen Kettenreaktionen, die große thermische Energiemengen freisetzen. Diese schmelzen die Grünsteindecken von unten her an, und in den glutflüssig gewordenen, tief unterirdischen Glocken kann durch thermische Umwälzung ein Materialaustausch mit dem Magma des Erdmantels stattfinden. Dadurch klingen die Kernreaktionen ab, das neu in die untere oder sogar obere Erdkruste eingedrungene Magma kühlt langsam ab und erstarrt zu Plutoniten. Viele der alten Grünsteingürtel sind deshalb dicht mit derartigen Plutonitglocken durchsetzt.

Die Hauptvertreter der Tiefengesteine sind – mit abnehmendem Silicium-Gehalt – der Granit, der etwas dunklere Diorit, der fast schwarze Gabbro und der dunkle, meist grünliche Peridotit. Granit ist das im Archaikum am weitesten verbreitete Tiefengestein und bildet riesige Dome. Wie man heute weiß, entsteht er nicht nur aus abkühlendem Magma, sondern u. a. auch beim Erstarren in der Tiefe aufgeschmolzener Krustengesteine. Chemisch setzt er sich aus einer Reihe verschiedener Oxide von Silicium, Titan, Aluminium, Eisen, Mangan, Calcium, Natrium und Kalium zusammen. Mineralogisch gesehen baut er sich zum größten Teil aus Feldspaten und außerdem Quarz, Biotit, Muskovit sowie etwas Apatit und Erzen auf. Granitbildung spielt sich während der gesamten Erdgeschichte ab. In der Erdfrühzeit ist sie besonders intensiv. Aber auch in dieser Ära gibt es lokal wie zeitlich ausgesprochene Höhepunkte.

In der Tiefe wandeln sich Gesteine um

Umwandlungsgesteine oder Metamorphite (→ S. 17), die in tieferen Schichten der Erdkruste unter hohem Druck und hoher Temperatur oder in der Nähe von Magmadomen durch große regionale Erhitzung entstehen, können sehr unterschiedlicher Natur sein.

Entscheidend ist nicht nur das jeweilige Ausgangsgestein (im Archaikum kommen praktisch nur Granit und Grünstein bzw. Basalt und deren Sedimente in Frage), wichtig ist auch, in welcher Tiefe sich die Metamorphose abspielt. Man unterscheidet die Epizone in acht bis zehn km Tiefe, die Mesozone zwischen 18 und 20 km und die Katazone in 30 bis 35 km Tiefe. Die entsprechenden Temperaturen in diesen drei Zonen liegen bei 300 bis 400 °C, 500 bis 600 °C und 700 bis 800 °C, die Drücke bei 300, 500 und 800 Megapascal (1 Megapascal entspricht ungefähr 10 Atmosphären). Entscheidend für die Gesteinsumwandlung ist die Kombination von Druck und Temperatur, wobei unterschiedliche Gneise entstehen.

Dieser Gneis aus der Gegend von Råbäck in Schweden ist ein authentisches Gestein aus dem Präkambrium, also über 600 Mio. Jahre alt. Gneis ist neben Granit ein typisches Tiefengestein (Plutonit).

Hämatit oder Eisenglanz, ein gebändertes Eisenerz aus einer hydrothermalen Lagerstätte in England

Bändereisenerz aus Australien: Charakteristisch ist auch hier die Rotfärbung durch Eisen-3-Oxid.

Erste Eisenerze auf dem Meeresboden

3850–590 Mio. In den ältesten bekannten Gesteinsserien der Erde in Grönland, im Kapvaal Kraton (Südafrika) und im Pilbara Block (Australien; → S. 29) finden sich bereits Eisenerze. Im gesamten weiteren Verlauf der Erdgeschichte entstehen sie immer wieder, aber im Präkambrium sind sie besonders häufig.

Bedeutung erlangt ein Eisenerzlagerstättentyp, der das Archaikum prägt, nämlich die sogenannten Bändereisenerze (»banded iron formation«), die nur in diesem Zeitabschnitt der Erdgeschichte (3100–2000 Mio.) auftreten. Es handelt sich um großräumig anzutreffende, sehr dichte, mikrokristalline, feingebänderte Eisenerze und eiseneinschüssige Kieselgesteine in dichter Wechsellagerung. Der Eisenanteil kann bis zu 35% ansteigen. Charakteristisch ist das Vorherrschen von oxidischen Mineralien wie Eisenglanz und Roteisen sowie das Auftreten von Eisenkarbonaten und Eisensilikaten. Diese Komponenten bewirken die rote Färbung der Erze.

Die Entstehung der Bändereisenerze ist unmittelbar an das Vorkommen freien Sauerstoffs gebunden, meist mit submarinem Vulkanismus verknüpft. Durch Ausströmen vulkanischer Dämpfe und Gase (Exhalation) gelangen Ionen des leicht löslichen zweiwertigen Eisens in das Meerwasser, wo sie sich in einem noch sauerstofffreien Milieu anreichern können. Erst nachdem dann vor wenig mehr als 3000 Mio. Jahren durch die Photosynthese der im Meerwasser lebenden Cyanobakterien freier Sauerstoff produziert wird (→ S. 26) und so das Eisen zum dreiwertigen Eisen oxidieren kann, fällt Eisen als unlösliches feinkörniges Oxid aus und bildet das Bändereisenerz.

Die dauerhaftesten Gesteine der Welt

3800–2710 Mio. Die ältesten nachweisbaren Gesteine entstehen im nordatlantischen Protokontinent (im Bereich der Nordost-Appalachen, Labradors, Nord- und Südwest-Grönlands und Nordwest-Schottlands) sowie auf der zur osteuropäischen Plattform gehörenden Halbinsel Kola. Die Ära ihres Entstehens wird Katarchaikum genannt.

Diese frühen Gesteinsdecken sind 3000 m (nordatlantische Scholle) bis 4000 m (Kola) mächtig und bauen sich aus basischen Vulkaniten (→ S. 18) mit eingeschalteten Verwitterungssedimenten aus denselben Gesteinen auf.

In der Isua-Formation (Westgrönland) lassen sich die mit 3800 Mio. Jahren frühesten Sedimentgesteine nachweisen. Möglicherweise noch älter sind die Gesteine, die im nordatlantischen Gebiet, im sogenannten Amtsoq- oder Godthaab-Gneis liegen, allerdings haben diese Gesteine vor etwa 3790 Mio. Jahren vermutlich eine sogenannte Rejuvenation (Verjüngung; → 1150–300 Mio./S. 43) durchgemacht. Sie haben sich bei vorübergehender Temperaturerhöhung geringfügig verändert, was ein späteres Entstehungsalter vortäuscht.

Chromit und Platin im Magma

3750–3500 Mio. Bei Fiskenaesset in Grönland entwickeln sich vor rund 3750 Mio., bei Selukwe in Simbabwe vor rund 3500 Mio. Jahren die ersten Chromitlagerstätten der Welt. Regional weisen die Vorkommen auch einen stark erhöhten Platinmetallgehalt auf. Zu den Platinmetallen gehören neben dem Edelmetall Platin selbst auch Palladium, Ruthenium, Rhodium, Osmium und Iridium; es handelt sich um durchweg schwere bis sehr schwere Metalle.

Lagerstätten dieser Art entstehen in untermeerischen Lavaergüssen, bei denen extrem basische Magmen gefördert werden. Es bilden sich dunkel gefärbte Silikate, sogenannte mafische Erstarrungsgesteine, die sich meist aus Glimmer, Pyroxen, Amphibol und Olivin aufbauen und oft reich an Mangan und Eisen sind.

Gediegenes Platin mit Chromit aus der Gegend von Nishnij Tagil im Ural; Chromit kommt in magmatischen Lagerstätten oft in Gesellschaft von Platin und seinen Verwandten, z. B. Palladium oder Iridium, vor.

Goldlagerstätten entstehen

3000–2100 Mio. Vor 3 Mrd. Jahren entwickeln sich die ersten bedeutenden Goldlagerstätten, wobei zwischen 2750 und 2100 Mio. Jahren die Hauptphase anzunehmen ist.

Größere Goldlager sind immer sogenannte sekundäre Lagerstätten. Gold ist zunächst ein typischer Begleiter der archaischen Grünsteingürtel (→ S. 17), in geringen Mengen tritt es auch zusammen mit gebänderten Eisenerzen (s. o.) und in Lösungsprodukten silikatreicher (mafischer) vulkanischer Gesteine auf. Werden derartige Ursprungsgesteine unter hohem Druck und hoher Temperatur umkristallisiert, dann wird das in ihnen enthaltene Gold bei dieser Umwandlung in überhitztem Wasserdampf (hydrothermal) mobilisiert und reichert sich in strukturell geeigneten Gesteinsschichten an. Solche archaischen Goldlagerstätten treten meist als Gold-Quarzgänge von unterschiedlicher Mächtigkeit in Erscheinung. Oftmals sind diese von Antimon-, Arsen-, Wismut-, Wolfram- und Quecksilbermineralien begleitet, die ebenfalls aus hydrothermal mobilisierten Voranreicherungen in Grünsteingürteln stammen.

»Tom's Baby« heißt dieses riesige Gold-Nugget aus Nordamerika.

Etwa 2200 Mio. Jahre alt ist diese Kupferkiesprobe aus schichtgebundenen Erzlagern der sogenannten Mount-Isa-Formation in Australien. Voraussetzung für das Entstehen des Erzes ist das Eindringen von Magma in Grünstein.

Antimonit oder Antimonglanz, ein für das Archaikum typisches Erz

Frühe Kiesbildung in Grünsteingürteln

3000–2500 Mio. Die ersten Kupfererze entstehen schon vor mindestens 3800 Jahrmillionen in den Steinen der sogenannten Isua-Formation auf Grönland (→ S. 20). Allerdings setzt die früheste Hauptentstehungsphase von Kupfer- und Nickelerzen erst vor 3000 Jahrmillionen ein und endet vor rund 2500 Mio. Jahren. Sie ist an die jungarchaische Grünsteingürtel-Entwicklung vor allem im sogenannten Yilgarn-Block Australiens und in Simbabwe gebunden. Diese Erze haben sulfidischen Charakter und werden als Kiese bezeichnet. Sie entstehen innerhalb von Grünsteingürteln dort, wo strukturelle Unregelmäßigkeiten wie Schollengrenzen, Grenzen der Gesteinszusammensetzung und ähnliche markante Zonen (sogenannte Lineamente) auftreten. In solchen vulkanischen Bereichen dringen in Gesteinsspalten und Rissen magmatische Massen ein. Der Geologe sagt, sie intrudieren (hineindrängen). Diese intrusiven Körper haben oft eine besondere chemische Zusammensetzung, was mit dem spezifischen Gewicht, der Schmelztemperatur und damit auch der Zähigkeit der für das Eindringen geeigneten Massen zusammenhängt.

Kupfererzvorkommen auch auf Grönland

3760 Mio. Die ersten Kupfererzlager der Welt entstehen im Südwesten Grönlands. Sie werden hier insbesondere aus Quarzit (→ S. 22) aufgebaut und begleiten als sogenannte Isua-Formation regelmäßig die Bändereisenvorkommen.

Möglicherweise sind diese frühen Lagerstätten sogar noch älter, denn Gesteine bilden sich nicht gleichsam in einem Zuge, sondern in geologischen Zyklen. In der Isua-Formation liegen Sedimente vor, die bei Bewegungen in der Erdkruste aufrissen und von unten mit granitischen Gesteinsschmelzen des glutflüssigen Erdmantels durchdrängt wurden. Dieser Vorgang ist ein thermisches Ereignis und setzt die geologische Zeitmessung, die auf den Zerfallsspuren radioaktiver Elemente im Gestein aufbaut, wieder auf Null. Nur das magmatische Ereignis läßt sich chronologisch bestimmen, und die ermittelten Zahlen gelten als das geologische Alter. Im Falle der Isua-Formation, bei der sich das Auftreten eines solchen Prozesses eindeutig nachweisen läßt, deutet deshalb alles auf ein ursprünglich noch höheres Alter der betroffenen Sedimente dieser Serie hin, vielleicht auf 3,8 Mrd. Jahre. In dieser Zeit hätten sich dann wahrscheinlich auch bereits die ersten Kupfervorkommen gebildet.

Kupfer kann zwischen steilstehenden präkambrischen Ablagerungen gelegentlich auch in gediegener Form vorkommen.

Gediegenes Kupfer findet sich in der Natur ausgesprochen selten. Wie dieses Stück aus Sta. Rita, New Mexico (USA), ist es meist bäumchenförmig und sehr flach: Es bildet sich in engen Spalten und Rissen, wo es von eindringenden Kupfersalzlösungen abgeschieden wird.

Nur vorübergehend: Antimonitlager

2900–2800 Mio. Das Antimonit des Archaikums reichert sich als Haupterzmineral in thermalen Quarzgängen an. Gelegentlich kommt es auch in Verbindung mit Gold-, Quarz- (→ S. 20), Blei- und Silbererzgängen vor. Außerdem begleitet es im tiefen Unterbau von Vulkanen Gold- und Silbererze. Fast immer aber bildet sich Antimonit in sekundären Lagerstätten, die nicht bei der ursprünglichen Gesteinsentstehung, sondern bei nachträglichen Umwandlungen durch überhitzten Wasserdampf zustandekommen.

Die Hauptphase der Bildung von Antimonlagerstätten setzt erst vor etwa 500 Jahrmillionen ein. Vorübergehend besteht aber auch schon 2400 Jahrmillionen früher ein geologisches Bildungspotential für solche Vorkommen. Antimon setzt sich aus verschiedenen – z. T. radioaktiven – Isotopen zusammen. Die wichtigsten Modifikationen sind das stabile graue Antimon, ein silberweißes, sehr sprodes Metall, und das unbeständige schwarze Antimon. Daneben kommt gelbes Antimon vor, das Wasserstoff enthält. In den archaischen Lagerstätten tritt Antimon in Form von Antimonit in Erscheinung. Dieses Mineral fällt durch langgestreckte, prismatische Kristallnadeln von bleigrauem Glanz auf. Oft vereinen sich diese Nadeln zu strahligen Aggregaten, nicht selten sind sie schwach gebogen oder gekrümmt und manchmal auch längs gestreift.

Charakteristisch für Kalkgesteine, die von Stromatolithen aufgebaut sind, ist ihre knollige Struktur. Dieses Stück stammt aus dem Unterperm.

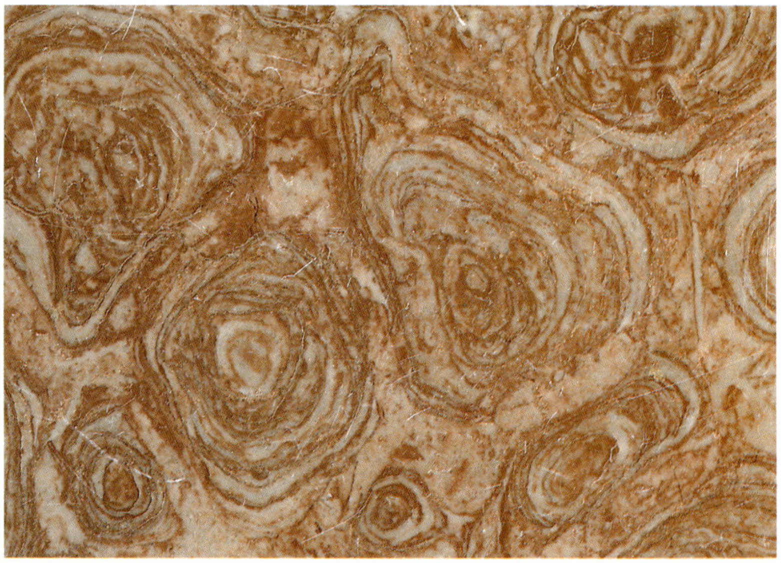

Im Schliff zeigen diese präkambrischen Stromatolithenkalke aus China besonders deutlich ihren schaligen Aufbau (Naturmuseum Coburg).

Bakterien-Kolonien bauen knollenförmigen Kalk auf

3500–3100 Mio. Vor etwa 3500 Jahrmillionen finden sich in der Warawoona-Gesteinsgruppe in Australien und vor etwa 3100 Jahrmillionen auch in der Bulawayo genannten Gesteinsserie Rhodesiens erstmals in kleinerem Umfang sogenannte Stromatolithen. Massenhaft treten diese knollenförmigen Gebilde aus Kalk-Ton-Lagen vor 2300 bis 750 Mio. Jahren auf.

Lange hielten die Geologen die Stromatolithenkalke für rein anorganische Bildungen, heute weiß man, daß sie die Folge der besonderen Lebensweise einfacher früher Cyanobakterien-Kolonien sind. Es handelt sich mit ziemlicher Sicherheit um Rasen von Organismen, die man früher als Blau- oder Grünalgen bezeichnete, die aber keine echten Algen sind. Die Stromatolithen sind brotlaibartige bis halbkugelige Gebilde von wenigen Zentimetern bis zu einigen Metern Größe. Sie sind schalig aufgebaut, zeigen also im Querschnitt eine oberflächenparallele Bänderung.

Die Kalkabscheidung erfolgt durch die Photosynthese der Cyanobakterien (→ S. 26) an der Oberfläche ihrer Zellfäden in ähnlicher Weise wie bei den echten Algen, von denen allein die Rotalgen im Inneren ihrer Zellen Calciumcarbonat abscheiden. Beim Substanzaufbau mit Hilfe des Sonnenlichts entziehen sie dem Wasser Kohlendioxid (CO_2). Dieses stammt aus dem reichlich vorhandenen leicht wasserlöslichen primären Calciumcarbonat [$Ca(HCO_3)_2$]. Als Reste bleiben Wasser und das schwerlösliche sekundäre Calciumcarbonat ($CaCO_3$), also Kalk, übrig. Der Kalk lagert sich im ruhigen Wasser am Boden küstennaher flacher Meeresbecken an Ort und Stelle, also unmittelbar auf den Cyanobakterienrasen ab.

Das läßt die Organismen zunächst absterben, während sich über diesen in einer weiteren Lage ein neuer Rasen entwickelt, der wiederum eine dünne Kalkschicht aufbaut. So entsteht die schalige Struktur der Stromatolithen.

Erste Sedimentgesteine entstehen auf der Südhalbkugel

3500 Mio. Die ersten heute noch existierenden Sedimentgesteine bilden sich als sogenannte Onverwacht-Sedimente in Südafrika (Swasiland) und als Warawoona-Sedimente in Australien. Im Unterschied zu den aus schmelzflüssigen Magmaströmen aus dem Bereich des Erdmantels erstarrenden Magmatiten gehen die Sediment- oder Absatzgesteine aus der Zerstörung von anderen Gesteinen innerhalb der Erdkruste hervor.

Die ältesten Gesteine dieser Art entstehen in küstennahen Meeresgebieten und gleichen in ihrer Zusammensetzung jüngeren Sandsteinen, Quarziten und Grauwacken. Quarzite bauen sich aus Quarz (SiO_2) auf; Grauwacken sind graue bis graugrüne Sandsteine mit hohem Anteil an Quarz, Feldspat und Glimmer, in die zahlreiche Gesteinsbruchstücke eingelagert sind. Zum Teil sind diese Sedimente metamorph verändert, also unter hohem Druck bei hoher Temperatur umstrukturiert. Weil es sich bei ihnen generell um Abtragungsprodukte handelt, die sich lagenweise am Meeresboden anhäufen, lassen sie auf eine weit ältere feste Erdkruste schließen, die in den entsprechenden Regionen existiert haben muß. Experten schätzen, daß die Krustenbildung in einem Zeitraum von 100 bis 300 Mio. Jahren vor dem Entstehen der ersten Sedimentlager erfolgt ist.

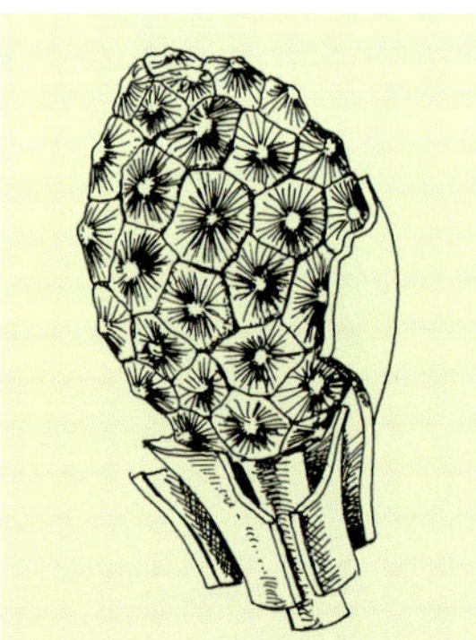

Mikrofossil aus den Sedimentgesteinen der Onverwacht-Gruppe, »Megasphäre«

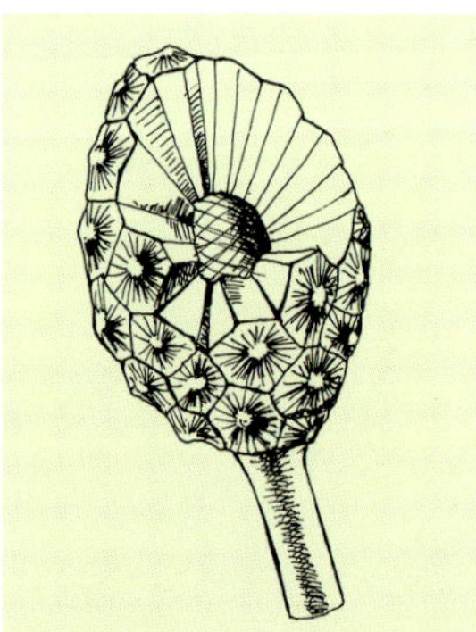

Die Innenstruktur setzt sich aus sogenannten Tetrafibrillen zusammen.

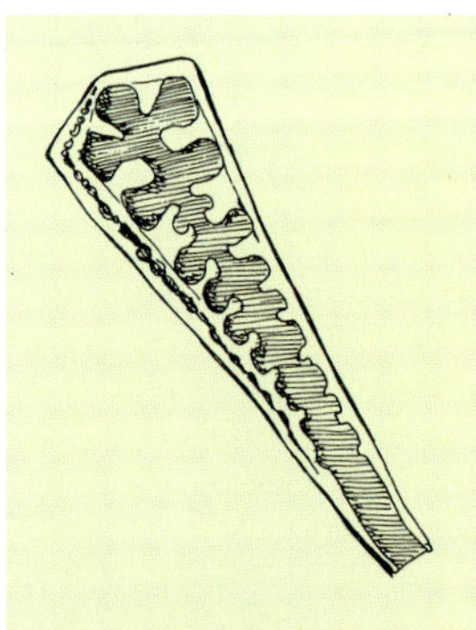

Der Längsschnitt durch eine einzelne Tetrafibrille zeigt ihre Feinstruktur.

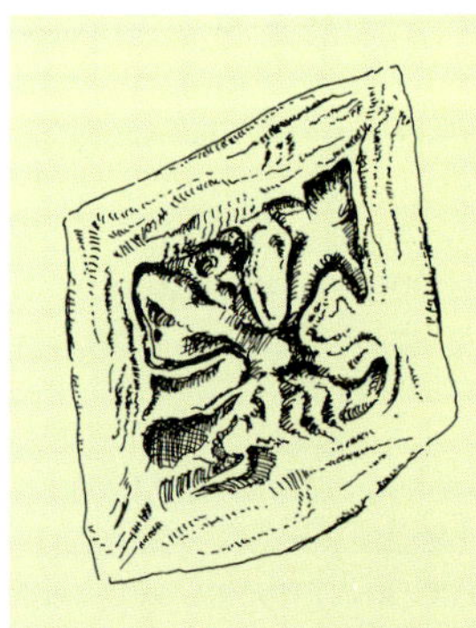

Der Querschnitt läßt einen polyedrischen Aufbau erkennen.

Streitfrage:

Ungelöste Rätsel um die Entstehung des Lebens

Seit der Entstehung der Erde vor etwa 4,8 Mrd. Jahren bis zum gesicherten Auftreten erster Mikroorganismen vergingen nicht viel mehr als 1 Mrd. Jahre. Dieser gewiß sehr lange Zeitraum erscheint manchen Wissenschaftlern indes nicht ausreichend für die komplizierte Entstehung erster lebender Zellen zu sein. Sie nehmen an, daß die Keime des Lebens vor 3,8 bis 3,5 Mrd. Jahren aus dem Weltall auf die Erde kamen. In der Tat konnte man in meteoritischem Gestein wiederholt organische Verbindungen und höher organisierte, strukturierte molekulare Gebilde finden. Andererseits aber gilt als belegt, daß diese Materie niemals Berührung mit flüssigem Wasser hatte. Sie könnte also allenfalls als Vorstufe des Lebens auf die Erde gelangt sein. Dies aber erscheint unbedeutend, denn gleichartige Vorstufen könnten ebenso mit großer Wahrscheinlichkeit auch auf der Erde selbst entstanden sein.

Wo sich auf der Erde erstes Leben entwickelt haben könnte, ist ebenfalls umstritten: In der »Ursuppe«, also in Gewässern mit chemischen Anreicherungen organischer Verbindungen, oder in den durch Vulkanismus und Meteoriteneinschläge stauberfüllten Wolken der sich abkühlenden frühen Atmosphäre, in der zahlreiche Gewitter für Energieentladung sorgten? Denkbar wären auch unterseeische vulkanische Quellen, an deren Rand sich die ersten Keimzellen des Lebens gebildet haben könnten.

Eine heute gängige Theorie setzt sich aus einer Folge schlüssiger Hypothesen zusammen: Zu den sechs häufigsten chemischen Elementen im Universum zählen neben den Edelgasen Helium und Neon die vier biologisch wichtigsten Elemente: Wasserstoff, Sauerstoff, Kohlenstoff und Stickstoff. Die sogenannten Bioelemente bildeten bei Temperaturen um 20 °C zunächst eine primäre Atmosphäre, die sich aus Wasserstoff (H_2), Wasserdampf (H_2O), Ammoniak (NH_3) und Methan (CH_4) zusammensetzt. Danach entstand eine sekundäre Atmosphäre, die neben Wasserdampf, Ammoniak und Methan vor allem Kohlenmonoxid (CO), Kohlendioxid (CO_2) und Stickstoff (N_2) aus vulkanischen Ausgasungen enthielt. Sollten sich diese sehr kleinen Moleküle (gleich ob in der Atmosphäre oder gelöst in Oberflächengewässern) miteinander zu größeren Komplexen verbinden, so erforderte das Energiezufuhr. Die stand auch reichlich zur Verfügung: Durch Sonneneinstrahlung, vor allem durch das ultraviolette Licht, das die ursprüngliche Atmosphäre gut durchdringen konnte, durch natürliche radioaktive Prozesse, die in der Urzeit der Erde dreimal soviel Energie lieferten wie zur heutigen Zeit durch die Hitze vulkanischer Laven und durch elektrische Entladungen.

Jüngere Laborexperimente bestätigen, daß sich unter Energiezufuhr in der Tat aus den einfachen Komponenten der frühen Atmosphäre kompliziertere organische Verbindungen synthetisieren lassen: Aus Methan und Wasser entwickelt sich Formaldehyd (H_2CO) und Wasserstoff; aus Methan und Ammoniak entsteht Blausäure (HCN) und Wasserstoff; Formaldehyd plus Blausäure und Ammoniak ergibt unter Wärmeeinwirkung Aminoacetonitril [CH_2 (NH_2)-CpN] und Wasser und bei weiterer Wärmeeinwirkung unter zusätzlicher Wasserzufuhr Glycin [$CH_2(NH_2)$-COOH] und Ammoniak. Das Glycin ist die einfachste Aminocarbonsäure. Zahlreiche Laborversuche beweisen, daß sich bei Energiezufuhr aus den Komponenten der Uratmosphäre regelmäßig höhere organische Verbindungen aufbauen, in erster Linie Aminosäuren, daneben aber auch Substanzen wie Milchsäure, Harnstoff, Adenin oder Amine. Beachtlich und noch nicht ausgewertet ist die Tatsache, daß diese komplizierten Prozesse von den Abermilliarden theoretisch möglicher Substanzen nur einige wenige bevorzugen, und zwar solche, die besonders gut in die chemischen Baupläne lebender Organismen passen.

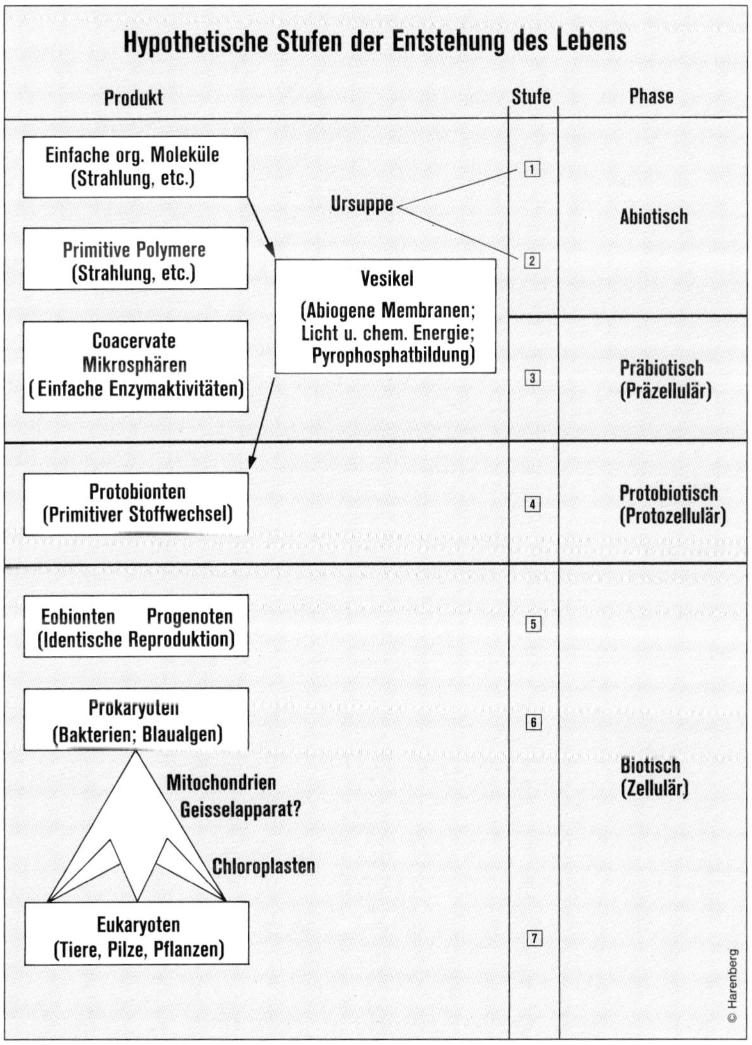

Unbelebte Makromoleküle entstehen (abiotisch) von selbst, schließen sich (präbiotisch) zu Einheiten zusammen, nehmen (protobiotisch) Stoffwechsel auf und beginnen sich (biotisch) zu reproduzieren.

Ungelöst ist allerdings noch eine wichtige Frage: Die organischen Kohlenstoffverbindungen, darunter alle Aminosäuren mit Ausnahme des Glycins, können in zwei einander entsprechenden, spiegelbildlich aufgebauten Molekularstrukturen vorkommen. Bei den Laborexperimenten waren beide Spielarten jeweils zu gleichen Teilen gemischt; in lebenden Organismen kommt aber stets nur eine Form, die sogenannte D- oder die L-Form vor. Das ist wichtig für die Entstehung lichtsensibler Zellen. Man nimmt an, daß auch bei den beschriebenen Prozessen in der Urzeit jeweils beide Komponenten gleich häufig waren, dann aber durch heute noch unbekannte organische Selektionsmechanismen sortiert wurden.

In einer zweiten Phase schließen sich die verschiedenen Aminosäuren unter Wärmeeinwirkung bis etwa 200 °C zu Kondensationsprodukten zusammen, zu eiweißartigen polymeren Großmolekülen. Auch das läßt sich im Laborversuch nachweisen. Dann allerdings geschieht etwas Erstaunliches: Insbesondere bei der Abkühlung wäßriger Lösungen dieser Proteinoide spielen sich Prozesse der Selbstorganisation zu bestimmten übermolekularen Strukturen ab. Biologischen Zellen ähnliche Kügelchen, sogenannte Mikrosphären, und andere Gebilde entstehen, die sich mit einer Art Zellhaut umgeben, wie sie für Stoffwechselprozesse wichtig ist. Völlig ungeklärt ist außerdem, wie diese Vorformen von Zellen einen genetischen Code erwerben.

Winzige Lebewesen in sauerstoffloser Atmosphäre

3800–3000 Mio. Wie immer das Leben begonnen haben mag (→ S. 23), es entstand in sauerstofffreiem Milieu. Die Vorformen lebender Zellen wären in Gegenwart von Sauerstoff oxidiert und damit zugrunde gegangen. Auch auf die ersten lebenden Zellen trifft das zu. Das bedeutet aber zugleich, daß diese ersten Organismen ihren Energiebedarf nicht durch Verbrennung gedeckt haben können, denn dazu wäre Sauerstoff erforderlich gewesen. Als Nahrung dienen den winzigen Einzellern in der »Ursuppe« zunächst jene organischen Substanzen, die sich aus Wasserstoff, Wasser, Ammoniak und Methan durch Strahlungs- und Wärmeenergiezufuhr abiotisch aufgebaut haben.
Den allerersten Lebewesen steht also durchaus bereits organische Nahrung zur Verfügung. Organismen, die auf derartige Nahrung angewiesen sind, nennt man heterotroph. Sie decken ihren Energie- und Kohlenstoffbedarf durch Vergärungsprozesse oder durch Schwefelatmung. Bei der Vergärung werden organische Substanzen in Bruchstücke aufgespalten, etwa Traubenzucker in Milchsäure. Dabei wird Energie frei. Bei der Schwefelatmung wandeln sich organische

3,8 Mrd. Jahre alt ist diese Probe des ältesten fossilienführenden Gesteins. Sie stammt aus der sogenannten Isua-Serie in Südwestgrönland.

Das Alter des hier abgebildeten Quarzits aus der Isua-Formation wird ebenfalls auf ungefähr 3,8 Jahrmilliarden geschätzt.

Verbindungen in Gegenwart von Schwefel in erster Linie in Kohlendioxid und Schwefelwasserstoff um, wobei allerdings im Vergleich zur Gärung bei gleichen Nahrungsmengen nur ein Zehntel an nutzbarer Energie anfällt.
Diese Heterotrophen können sich in der »Ursuppe« nicht beliebig vermehren, da sie relativ rasch den sich nur langsam erneuernden Vorrat an organischen Molekülen aufbrauchen. »Relativ rasch« steht allerdings möglicherweise für einige hundert Jahrmillionen. In dieser Zeit müssen sich sogenannte Autotrophe entwickelt haben; das sind Lebewesen, die nicht auf organische Nahrung angewiesen sind. Sie ernähren sich durch Schwefelreaktionen, wobei sich unter Energieabgabe Schwefel mit Wasserstoff zu Schwefelwasserstoff verbindet, oder durch Methanbildung, indem Kohlendioxid mit Wasserstoff reagiert und dabei neben Methan Wasser entsteht.
Eine grundsätzlich neue Lebensqualität gewinnen die frühen Mikroorganismen dadurch, daß sie lernen, von der sogenannten Chemoautotrophie (der Versorgung durch rein chemische Vorgänge) auf die sogenannte Photoautotrophie überzuwechseln. Bei dieser Stoffwechselweise ist es ihnen möglich, Kohlendioxid und Schwefelwasserstoff oder Kohlendioxid und Wasser unter Zuhilfenahme der Lichtenergie in Glukose umzusetzen.

Frühe Mikroorganismen in Südafrika

Um 3400 Mio. In der sogenannten Onverwacht-Gesteinsgruppe im Barberton-Bergland in Südafrika fossilisieren erstmals Lebewesen, deren Überreste bis heute erhalten geblieben sind. Wegen ihrer Kugelform nennt man sie Ramsaysphären. Ihre kieselig-kalkigen Rundkörper sind 0,5 bis 5 mm groß und haben bereits eine organische Innenstruktur, ein räumliches Gitterwerk.
Die Ramsaysphären leben wohl heterotroph, sind also wahrscheinlich auf organische Nahrung angewiesen, und bilden im flachen Wasser größere schleimige Kolonien. Die vorliegenden Versteinerungen weisen eindeutig auf Wachstum und Teilung, also Vermehrung, dieser Organismen hin. Einlagerungen von Kalkspat und Kieselsäuren lassen sich als Schlacken ihres primitiven Stoffwechsels deuten.
Am selben Ort fossilisieren in der sogenannten Figtree-Gesteinsserie vor rund 3200 Jahrmillionen noch andere frühe Organismen, die wegen ihrer bakterienartigen Struktur als Eobakterien bezeichnet werden, sowie mikroalgenartige Lebensformen (Archaeosphaeroides).
Entsprechende frühe Mikroorganismen leben auch in 3300 Mio. Jahre alten Schichten gebänderter Eisenerze in der Nähe von Odessa. Aufgrund dieser Funde scheint es sicher, daß im Präkambrium über längere Zeiträume Lebensvorformen und echte Lebewesen nebeneinander existieren, wenn auch nicht unter örtlich gleichen Umweltbedingungen.

In diesem über 3 Mrd. Jahre alten gebänderten Eisenerz aus Südafrika sind vereinzelt Fossilien von Mikroorganismen enthalten.

Hornsteinlager entwickeln sich

3400–3200 Mio. In denselben Gesteinsfolgen im südafrikanischen Barberton-Bergland, in denen sich erstmals reale Rückstände von Lebewesen finden (s. links), entsteht eine geologische Neuheit: Hornstein. Dabei handelt es sich generell um knollige, dichte Kieselausscheidungen. Das Siliciumdioxid, aus dem er sich zum allergrößten Teil zusammensetzt (Chalzedon ist reines SiO_2, Opal ein festes Gel aus SiO_2 und Wasser), ist wahrscheinlich vulkanischer Herkunft. Während sich Hornstein in einem späteren Erdzeitalter (im Phanerozoikum) zumeist in Carbonatgesteinen bildet und deshalb typischerweise in Kalken und Kreiden vorkommt, entwickelt er sich hier oft in Verbindung mit Erzgängen.

Kalke und Dolomite als Zeugen klimatischer Verhältnisse

2700 Mio. Gegen Ende des Archaikums nimmt die Bildung von Kalk- und Dolomitsedimenten in Meeresgebieten zu. Vereinzelt treten sie schon vor über 2700 Mio. Jahren auf, eine bedeutende Zunahme findet ab etwa 2000 Jahrmillionen statt. Die Gesteinsbänke erreichen dann lokal eine Mächtigkeit von einigen hundert Metern.
Soweit die Sedimente nur geringe Mächtigkeit besitzen, lassen sie nicht unbedingt Rückschlüsse auf die klimatischen Bedingungen zu, unter denen sie entstanden. Mächtige Kalk- oder Dolomitlagen deuten aber auf Wassertemperaturen hin, bei denen sich z. B. Kalkalgen, wie sie im Präkambrium existieren, lebhaft vermehren können. Mit Sicherheit herrschen vor etwa 2000 Jahrmillionen in weiten Teilen der Erde warme Klimate. Für die Endzeit des Archaikums ist eine derartige Aussage aber äußerst unsicher, da sich geringe organogene Kalkmengen auch in kalten Meeren ablagern. Kalkstein ($CaCO_3$)-Lager können sich im Meer rein anorganisch chemisch, aber auch biochemisch bilden. Daß sich in den jungarchaischen Kalksedimenten häufig Algenreste (→ 1700–900 Mio./S. 40) finden, läßt hier auf eine biochemische Entstehung schließen.
Dolomitbänke [$CaMg(CO_3)_2$] werden niemals direkt von lebenden Organismen aufgebaut. Sie entstehen in der Regel sekundär aus Kalklagern, die sich in Gegenwart von manganhaltigem Meerwasser chemisch verändern. Sie dolomitisieren. Enthalten sie Fossilien, die ebenfalls dolomitisiert sein können, dann sind auch das Hinweise auf entsprechendes Meeresleben.

Dolomitdruse. Die Art der Dolomitisierung in Kristallform spricht nicht für eine biochemische, sondern für eine rein anorganische Entstehung dieses Stückes. Durch die umgebende, bereits feste Gesteinshülle isoliert, konnten sich die Dolomitkristalle im Innern der Druse ungestört ausbilden. Den hier mineralisch auftretenden Dolomit nennt man auch Dolomitspat.

Urkalk aus dem Präkambrium. Der Anschliff zeigt den feinkörnigen Aufbau dieses sogenannten Svecofenniden Marmors. Die vorliegende Gesteinsprobe stammt aus Geröllgeschieben vom Ostseeufer in der Gegend von Brodten bei Travemünde. Hierher wurde es wahrscheinlich in erdgeschichtlich späteren Zeiten durch Gletscher transportiert.

Dieser präkambrische Algenkalk stammt aus Michigan, USA.
Das Handstück läßt gut erkennen, wie kompakt derartige Kalke sein können. Die »Algen«, um die es sich bei den kalkabscheidenden Organismen dieser Zeit handelt, sind nicht mit den späteren höheren Algen zu verwechseln. Es handelt sich vielmehr um bakterienartige Mikroorganismen, die sich in warmen Flachmeeren ungemein lebhaft vermehren und dabei auf den Böden dichte geschlossene Teppiche bilden. An der Oberfläche dieser »Teppiche« wird der Kalk abgeschieden und tötet damit die Mikroorganismen ab. Unmittelbar auf der dünnen Kalkschicht wächst aber ein neuer Algenrasen heran. So entstehen mit der Zeit mächtige Kalklager.

Erste Mikrofloren entstehen

3000–2700 Mio. In der Sudan-Iron-Formation in Minnesota (USA) existieren erste Gesellschaften von photosynthetisch aktiven Mikroorganismen. Im Gegensatz zu vereinzelten älteren Spuren von Mikroorganismen (→ S. 24) oder von den nicht näher bekannten Urhebern der ersten Stromatolithen (→ S. 22) lassen sich in der Sudan-Iron-Formation regelrechte Gemeinschaften verschiedener Arten nachweisen, die sich am besten als sogenannte Blau-Grün-Algen deuten lassen. Das sind den Bakterien nahestehende Formen, die man wegen ihrer Farbe als Cyanobakterien bezeichnet. Sie bewirken auch die Bildung der Stromatolithen.
Da diese Organismen höhere, verzweigte Kohlenwasserstoffe (Isopronoide, Alkane usw.) aufbauen, die nicht unter biochemischen Bedingungen entstehen können, müssen sie bereits über relativ hochentwickelte Enzyme, also organische Verbindungen, die den Stoffwechsel beeinflussen, verfügen.

Mächtige Goldvorkommen

3100–2500 Mio. Im Witwatersrandbecken in Südafrika entstehen die bedeutendsten Goldlagerstätten der Erde. Aus ihnen wird heute rund die Hälfte der Weltgoldproduktion gefördert. Die Lager erreichen eine Gesamtmächtigkeit von 15 km.
Ort des Geschehens ist ein flaches Meeresbecken von über 600 x 250 km Ausdehnung. Es füllt sich mit gold- und uranreichen Sedimenten, wobei das Gold offensichtlich aus benachbarten Grünsteingürteln (→ S. 18) stammt, die durch Erosion abgetragen werden. Die Lösungsprozesse im Ursprungsgestein setzen eine sauerstofffreie Atmosphäre voraus, weswegen sich die Bildung dieser Art Goldlagerstätten in einem begrenzten Zeitraum vollzieht.
Nicht aus Grünsteingürteln stammen die Uranbestandteile (Uranit) der Erzlager. Ihre Herkunft geht auf archaische Granite zurück. Die hohe Konzentration der Schwermineralien deutet auf eine mehrfache Umlagerung hin, bei der Schwerkraftsortierung eine Rolle spielt.

Sonnenlicht als Lebensquelle und Sauerstofflieferant

3600 Mio. Die Lebensweise der ersten Stromatolithen (→ S. 22) erzeugenden Mikroorganismen läßt bereits auf deren Fähigkeit zur Photosynthese schließen. Auch die anderen, nach ihnen auftretenden algenartigen Cyanobakterien beherrschen diesen optisch-chemischen Mechanismus. Er erlaubt es, mit größtmöglichem Gewinn an Kohlenstoff, dem Grundbaustein aller organischen Verbindungen in lebenden Organismen, das beinahe allgegenwärtige Kohlendioxid und das ebenso reichlich vorhandene Wasser miteinander unter Abgabe von Sauerstoff zu Kohlenstoffhydroxid (CH_2O) zu verbinden, dem Grundbaustein der Kohlehydrate. Diese Fähigkeit besitzen nur Lebewesen und unter ihnen ausschließlich Cyanobakterien und Pflanzen.

Wie kam es dazu? Die Organismen müssen über lichtsensible Körpersubstanzen verfügen, die in der Lage sind, dem Sonnenlicht chemisch nutzbare Strahlungsenergie zu entziehen. Das setzt voraus, daß ihre Eiweißkörper nur eine von zwei chemisch möglichen Arten von Aminosäuren besitzen, nämlich sogenannte L-α-Aminosäuren. Ihre Moleküle bestehen genau aus den gleichen Atomen bzw. Atomgruppen wie die der mit ihnen verwandten D-α-Aminosäuren, nur sind sie in der Molekülstruktur exakt spiegelbildlich aufgebaut. Organismen, die beide Formen zu gleichen Teilen enthielten, wären optisch nicht aktiv. Optische Aktivität setzt die Anwesenheit nur einer, z. B. der L-Form, voraus. Solche einseitig aufgebauten Eiweißkörper haben die Fähigkeit, die Ebene geradlinig polarisierten Lichtes – und das ist Sonnenlicht – zu drehen. Bei der Entstehung des Lebens aus unbelebten organischen Vorstufen (→ S. 23) müssen sich jeweils beide Molekülformen in gleichen Mengen gebildet haben. In der unbelebten Natur gibt es asymmetrische Kräfte wie das polarisierte Himmelslicht oder bei radioaktivem Beta-Zerfall auftretende polarisierte Elektronen, die in geringem Umfang eine der beiden Molekülformen zerstören können. Ist dieser Prozeß aber erst einmal eingeleitet, dann können die in die Überzahl geratenen Moleküle, also etwa jene der L-Form, die Moleküle der anderen Form beseitigen, z. B. in einer übersättigten Lösung ausfällen; dies geschieht durch komplizierte chemische Prozesse.

Damit ist eine der wichtigsten Voraussetzungen für den Aufbau optisch aktiver organischer Substanzen gegeben. Photosynthese (s. u.) ist grundsätzlich in einer Umgebung möglich, die reich an Kohlendioxid und Schwefelwasserstoff ist, und ebenso in einer Umgebung, in der neben Kohlendioxid reichlich Wasser vorhanden ist. Der in der Natur bei weitem überwiegende Fall ist der zweite. Bei dieser Art der Photosynthese werden große Mengen an Sauerstoff freigesetzt. In der bisherigen Erdatmosphäre und Hydrosphäre liegt der Sauerstoff nur chemisch gebunden vor. Wäre genügend freier Sauerstoff vorhanden, so würden sich beispielsweise Pyritseifen zu Eisenoxid (Fe_2O_3) umwandeln.

Was aber geschieht mit dem Sauerstoff, der durch die Photosynthese freigesetzt wird? Er reichert sich noch nicht in der Atmosphäre an, sondern wird chemisch gebunden: Sauerstoffhaltige Sulfate entstehen, die sich in den archaischen Sedimenten wiederfinden, und zweiwertiges Eisen (Fe^{++}) oxidiert zu Fe_2O_3, es »rostet« also. Dieses Eisenoxid lagert sich in den Sedimenten als gebändertes Eisenerz (→ 2500–2000 Mio./S. 34) ab, was darauf hinweist, daß die Photosynthese der Organismen Sauerstoff lange vor der Zeit liefert, zu der sich die Atmosphäre mit Sauerstoff anreichert, was erst vor 2300 Jahrmillionen einsetzt. Bis das chemische Sauerstoffdefizit (Reduktionspuffer) der Ozeane gedeckt ist und der von den einfachen photosynthetisierenden Bakterien freigesetzte Sauerstoff auch in die Atmosphäre gelangt, vergehen wohl rund 1,5 Mrd. Jahre.

Licht wird zu chemischer Energie

Die Photosynthese ist im Grunde die Umkehrung der Sauerstoffatmung. Unter Einwirkung der Sonnenenergie werden Kohlendioxid und Wasser zu Glukose zusammengesetzt, wobei Sauerstoff frei wird. Dieser Prozeß folgt der chemischen Reaktionsgleichung $6CO_2 + 6H_2O$ + Lichtenergie = $C_6H_{12}O_6 + 6O_2$. Ein ähnlicher, wenngleich weitaus seltenerer Photosynthesevorgang spielt sich bei manchen in einer schwefelwasserstoffhaltigen Atmosphäre lebenden Organismen ohne Zellkern (Prokaryoten) ab: $6CO_2 + 12H_2O$ + Lichtenergie = $C_6H_{12}O_6 + 6H_2O$. Auch er baut also mit Hilfe des Lichts Glukose auf.

Die Photosynthese verläuft in zwei Schritten: Bei der Lichtreaktion absorbieren bestimmte optisch aktive Pigmentsysteme (→ S. 26) Lichtquanten, deren Bewegungsenergie Wasser aufspaltet. Dabei werden Sauerstoff und Wasserstoff frei. In der Zelle bilden sich daraufhin der chemische Energiespeicher Adenosin (ATP) und Nikotinamid-adenindenucleotid-Phosphat (NADP), das eine Rolle als Wasserstoffüberträger spielt.

Bei der anschließenden Dunkelreaktion wird Kohlendioxid zusammen mit körpereigenen Zuckern (Pentose) unter Verwendung von ATP und NADP in das Endprodukt Glukose überführt.

Stärketest: Keine Photosynthese bei 24 Stunden Verdunkelung

Photosynthese: Energie- und Stoffbilanz

Von der Energiebilanz aus gesehen ist die Photosynthese ein beeindruckend »wirtschaftlicher« Prozeß: Zum Aufbau von 1 kg Traubenzucker benötigt die grüne Pflanze nur rund 4,4 kWh. Das ist etwa die Leistung, die ein Farbfernsehgerät an fünf Abenden bei täglich dreistündigem Betrieb verbraucht. In diesem Kilogramm Traubenzucker sind 400 g reiner Kohlenstoff gebunden, der aus 0,75 m³ reinem Kohlendioxidgas gewonnen wurde. Das ist der CO_2-Gehalt von 2250 m³ heutiger atmosphärischer Luft.

Heute binden die Landpflanzen jährlich weltweit 17 200 Mio. t, die Wasserpflanzen sogar 25 000 Mio. t Kohlenstoff aus dem Kohlendioxid der Luft und des Wassers. Zusammen sind das 42 200 Mio. t Kohlenstoff, die in 105 500 Mio. t Traubenzucker festgelegt sind. Das entspricht einem randvoll beladenen Güterzug von 50 Mio. km Länge. Er wäre 130mal so lang wie die Strecke Erde–Mond. Bei der Assimilation durch Photosynthese werden heute jährlich 467 000 Mrd. kWh Lichtleistung aufgenommen. Das ist größenordnungsmäßig das Hundertfache der Welterzeugung an elektrischer Energie. 189 500 Mrd. kWh verbrauchen die Pflanzen der Erde davon jährlich wieder als Energieeigenbedarf (durch Verbrennen von organischer Substanz). 17 100 Mio. t Kohlenstoff gelangen dabei zurück in die Atmosphäre. Aber 25 100 Mio. t bleiben in fester Materie gebunden, dazu 37 800 Mio. m³ Wasser. Für diesen Stoffwechsel gigantischen Ausmaßes setzen die Pflanzen jedes Jahr 79 Billionen m³ Kohlendioxid um. 32 Billionen wandern zurück in die Atmo- bzw. Hydrosphäre, 47 Billionen bleiben gebunden. Dafür werden ebenfalls 47 Billionen m³ reinen Sauerstoffes freigesetzt. Daß diese Bilanz nicht in wenigen Jahrzehnten zur Kohlendioxid-Verknappung und damit zum Hungertod allen Lebens führt, ist dadurch gewährleistet, daß Tiere und vor allem Mikroorganismen den mit der Nahrungsaufnahme erhaltenen Kohlenstoff wieder zu Kohlendioxid verbrennen.

Die Atmosphären der anderen Planeten

Der sogenannte Große Rote Fleck (GRF) in der Jupiter-Atmosphäre ist ein nahe dem 75. Längengrad ortsfester, ständiger gewaltiger Tiefdruckwirbelsturm. Das Falschfarbenfoto überbetont die Rot- und Blautöne.

4000 Mio. Die Planeten des Sonnensystems entstanden alle zur gleichen Zeit aus gleichartiger kosmischer Materie. Dennoch unterscheiden sich ihre Atmosphären bereits im Präkambrium voneinander, heute differieren sie erheblich. Selbst die Atmosphären der einander benachbarten, sogenannten »terrestren« Planeten Venus, Erde und Mars ähneln einander nicht. Nur die Stoffzusammensetzung der Gashüllen von Venus und Mars haben eines gemeinsam: nämlich etwa 95 Volumenprozent Kohlendioxid.
Neben den genannten Gasen (s. Tabelle) enthält die ursprüngliche Erdatmosphäre Spuren von Schwefelwasserstoff (H_2S), Schwefeldioxid (SO_2), Fluorwasserstoff (HF), Wasserstoff (H_2), Kohlenmonoxid (CO), Methan (CH_4) und Ammoniak (NH_3). Die Werte der Tabelle und die heutigen Oberflächentemperaturen der drei terrestren Planeten (480 °C für die Venus, 15 °C für die Erde und -60 °C für den Mars) geben Hinweise auf die frühen Atmosphären auch unserer Nachbarplaneten.

Treibhausklima auf der Venus

Bei der Venus spielt gegenüber der Erde zunächst die geringere Entfernung zur Sonne eine Rolle. Sie führt zu einer stärkeren Erwärmung der Venusoberfläche, weswegen von Anfang an der Wasserdampf, der in der Urzeit reichlich vorhanden gewesen sein muß, nicht kondensieren konnte. Damit entstand kein CO_2-lösendes flüssiges Wasser. Die Atmosphäre bleibt also im Präkambrium und auch später dicht, was einen »Treibhauseffekt« fördert, der zur weiteren Erhitzung führt. Das CO_2 bleibt deshalb in hohem Maße in der Atmosphäre erhalten. Ungeklärt ist aber noch die Frage, wie – offenbar schon in präkambrischen Zeiten – der Großteil des Wasserdampfes aus der Venusatmosphäre entweichen konnte.

Dünne Atmosphäre des Mars

Die schon vor 4000 Jahrmillionen recht dünne Atmosphäre des Mars läßt sich dadurch erklären, daß auch dieser Planet in seiner Urzeit wärmer war. Die Moleküle seiner Lufthülle waren – der Wärmeenergie wegen – in schneller Bewegung und konnten deshalb zum großen Teil das Schwerefeld des relativ kleinen Planeten verlassen. Aus den gleichen Gründen entwickelten der noch kleinere Merkur und auch der Erdmond gar keine Atmosphäre.

Die kalten Nachbarplaneten

Die weiter außen – also jenseits des Mars – im Sonnensystem gelegenen Planeten Jupiter, Saturn, Uranus, Neptun und Pluto sind bereits so weit vom zentralen Gestirn entfernt, daß die Sonne sie nicht mehr wesentlich erwärmt. Man könnte sie heute als tiefgefroren bezeichnen. So herrschen beispielsweise auf dem Jupiter Temperaturen von ungefähr - 150 °C. Dieser Planet besitzt eine sehr dichte Atmosphäre mit deutlicher äquatorparalleler Streifengliederung. Die äußeren Schichten enthalten Methan und Ammoniak und eventuell auch Wasserstoff.
Äußerlich gleicht die Atmosphäre des Saturns der des Jupiters. Auch sie ist sehr dicht und zeigt eine streifige Struktur mit ähnlich niedrigen Temperaturen.
Uranus ist noch kälter. Die Temperatur seiner Atmosphäre, die nachweislich Wasserstoff enthält, liegt ungefähr bei - 170 °C.
Über die Atmosphäre Neptuns weiß man bis heute lediglich, daß sie mit - 200 °C noch kälter ist als die der Nachbarplaneten.
Auf Pluto ist es mit etwa - 230 °C am kältesten. Bei dieser Temperatur liegen fast alle Gase bereits in flüssigem Zustand vor. Eine Atmosphäre gibt es deshalb praktisch nicht.
Durch diese atmosphärischen Unterschiede bedingt, kann auf keinem anderen Planeten Leben in der gleichen Form wie auf Erden entstehen.

Zusammensetzung der Atmosphären im Vergleich zur Erde

Chem. Element	Erde im Präkambrium	Erde heute	Venus heute	Mars heute
Wasserdampf (H_2O)	80%	0–4%	0,1%	0,03%
Kohlendioxid (CO_2)	17%	0,03%	95–98%	95,3%
Sauerstoff (O_2)	–	21%	Spuren	0,13%
Stickstoff (N_2)	0,2%	78,1%	2–5%	2,7%
Salzsäuredampf (HCl)	1,7%	–	?	?
Argon (Ar)	Spuren	0,93%	Spuren	1,6%

◁ Auch auf anderen Planeten ist Leben theoretisch denkbar, jedoch nicht in der von der Erde bekannten Gestalt. Die Wesen müßten an die Physik und Chemie der Atmosphäre angepaßt sein. Wie auf diesem Bild könnten Organismen aussehen, die in einer jupiterähnlichen Atmosphäre schweben.

◁ Während die »Schweber« (obere Abb.) ihren Stoffwechselbedarf direkt aus der Atmosphäre decken könnten, sind in einer jupiterartigen Gashülle auch »Jäger« denkbar, die sich von den Schwebern ernähren. Als Räuber müßten sie im Gegensatz zu den Schwebern aktiv beweglich sein.

Stabile Krusten-Schollen als Vorläufer der Kontinente

3100–2500 Mio. Gegen Ende des Archaikums setzen grundlegende Veränderungen in der geologischen Erdgeschichte ein. Die tektonischen (also die die Erdkruste formenden und bewegenden) Mechanismen weichen deutlich von den bisherigen ab. Damit bleiben aber auch die geochemischen Prozesse in der Erdkruste nicht dieselben. Dieser Wandel beginnt vor etwa 3100 Mio. Jahren in Südafrika und endet weltweit vor rund 2500 Mio. Jahren.
Der Grund für diesen Einschnitt ist der, daß die Erdkruste so stark geworden ist, daß extrem großräumige Lavadeckenbildungen direkt aus dem glutflüssigen Material des Erdmantels nun keine bedeutende Rolle mehr spielen. Damit unmittelbar verbunden ist das Ausklingen der archaischen Grünsteinentwicklung (→ S. 17) und der damit zusammenhängenden Entstehung charakteristischer Erzlagerstätten. Die archaischen Bändereisenerze (→ 2500 bis 2000 Mio./S. 34) weichen einem neuen Bändereisenerztypus, der keine Beziehung mehr zu vulkanischem Gestein hat. Zugleich schließen sich die bereits bestehenden Grünsteingürtel, Granitareale und Gneisregionen (→ S. 19) zu Schollen (Kratonen) mit dicker, stabiler kontinentaler Kruste zusammen.
Diese mechanisch stabilen Kratone folgen anderen Gesetzmäßigkeiten als die zuvor dünne Erdkruste. Auf einwirkende Kräfte reagieren sie nicht durch mehr oder weniger elastische Verformung oder durch Aufreißen; sie brechen, bilden tiefe Gräben (Riftsysteme) und Spalten mit deutlichen Rändern, längs derer sie sich gegeneinander verschieben können. Vulkanische Phänomene beschränken sich jetzt vorwiegend auf diese Rifts. Auf den Kratonen entstehen langzeitig absinkende mächtige Becken, die sich mit riesigen Flachwasserseen oder -meeren füllen. Hier lagern sich neuartige Flachwassersedimente ab. Auch festländische klastische (durch mechanische Zerstörung älterer Gesteine entstandene) Sedimente bilden sich in verstärktem Maße.
Zu den Folgen für die Lagerstättenbildung gehört, daß die archaischen Goldlagerstätten (→ S. 25) in Grünsteingürteln durch sedimentäre und dann verfestigte Goldanreicherungen ersetzt werden. Außerdem geht die Entstehung von Kieslagerstätten (→ 2000 Mio./S. 34) zurück.

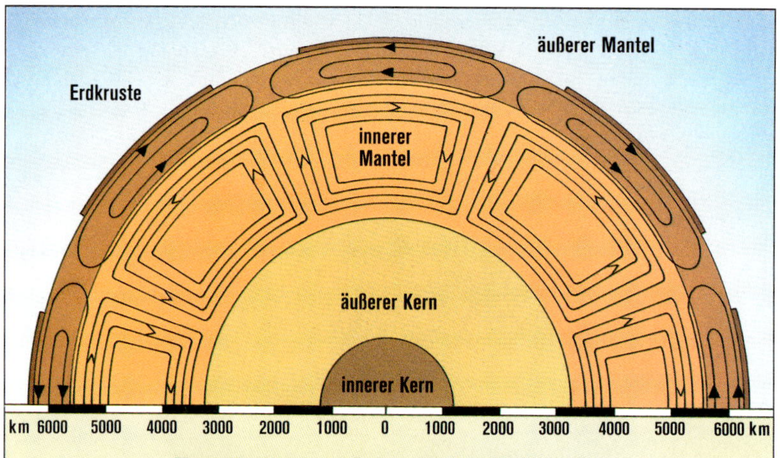

Hypothetisches Schema des Erdinneren
Konvektionsbewegungen im inneren und äußeren Erdmantel liefern auf die Kruste wirkende Kräfte.

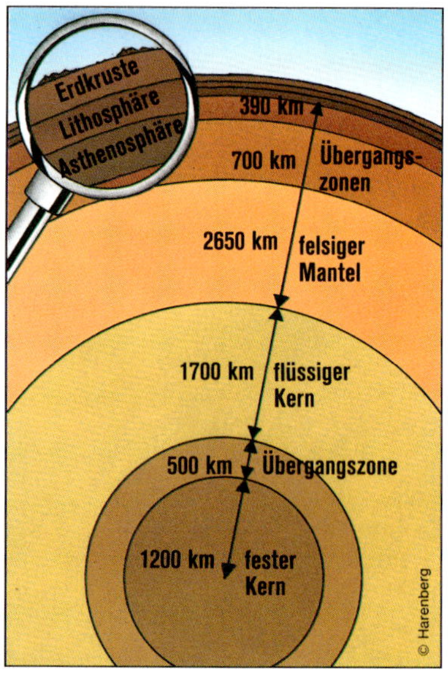

Etwa wie dieses Lavafeld (Lanzarote) sah das archaische Festland aus.

Auch vulkanische Lockermassen wie hier auf Island prägten die Landschaft.

Früheste Kontinentalgebiete Europas

3000–1900 Mio. Im Zuge der Bildung stabiler, erdgeschichtlich später nicht mehr grundlegend veränderter Schollenteile, sogenannter kontinentaler Kerne (→ S. 17), entstehen in Europa ausgedehnte Kontinentalgebiete. Es handelt sich um die Region zwischen dem Inari-See im Norden Finnlands und dem Weißen Meer, um den Ostteil der Kola-Halbinsel sowie um die Wolynisch-Podolische Platte im Nordwesten der Ukraine und die Donez-Platte im heutigen Donez-Becken.
Den alten Kernen Europas schließen sich an ihren Rändern bald weitere feste Krustenteile an, so daß sich zwei große Schilde bilden: Der Baltische Schild um die beiden nördlichen Kerne und der weitaus kleinere Ukrainische Schild um die südlichen Platten.

Der kanadische Schild bildet sich heraus

2590–2390 Mio. Im nördlichen Teil Nordamerikas entstehen weitere Kerngebiete der Erdkruste südwestlich, südlich und südöstlich der Hudson Bay, die von den Geologen gemeinsam als Superior bezeichnet werden. Etwa zeitgleich (vor 2550 bis 2390 Mio.) kommt es auch zur Bildung der als Slave bekannten Gebiete im Nordwesten Kanadas, in der Gegend des heutigen Great Slave Lake. Beide Regionen gehören zum Kanadischen Schild, dem sich bis vor etwa 800 Mio. Jahren noch zahlreiche andere geologische Provinzen angliedern.
Die Bildungsprozesse sind hier z. T. äußerst verwickelt. Jede der Provinzen ist der Schauplatz mehrerer sogenannter tektonischer Zyklen, während derer jeweils neue Gebirgsketten entstehen.

Geologische Kräfte bauen Hochgebirge auf

3200 Mio. Weltweit entstehen die ersten Gebirge, deren Wurzeln tief in die Erdkruste reichen.
Wie sich Gebirge im Laufe Hunderter von Jahrmillionen dauernder Zyklen aufbauen, ist relativ gut bekannt (s. u.). Weniger gut erforscht sind die treibenden Kräfte.
Grundsätzlich lassen sich zwei Arten unterscheiden: Horizontale Kräfte, die Gebirge zu Falten regelrecht hochquetschen, und vertikale, die einfache Hebungsmechanismen verursachen. Für beide liefert die Geophysik zahlreiche Anhaltspunkte, immer aber handelt es sich um Hypothesen. Frühe Lehrmeinungen gingen von rein vulkanischen Hebungskräften durch aufsteigende Magmen, die die Kruste empordrücken, oder von einer gleichmäßig durch Abkühlung zusammenschrumpfenden Erde aus, deren feste Kruste Falten wirft. Beide Modelle lassen noch Fragen offen. Sie können die lokale Verteilung der Gebirge auf der Erde nicht erklären. Dennoch sind derartige Phänomene an den komplizierten Gebirgsbildungsmechanismen mitbeteiligt.
Andere Forscher vertraten Theorien, die davon ausgehen, daß die Erde pulsiert, sich also abwechselnd zusammenzieht und ausdehnt. Für die Ausdehnung spräche z. B. die nach neueren Ergebnissen der Schwerkraftforschung angenommene allmähliche Abnahme der Gravitationskonstanten.
Bislang am schlüssigsten ist die Hypothese, daß Kräfte direkt aus dem Erdmantel auf die Erdkruste wirken. Sie geht von großräumigen Massenbewegungen aus, die sich langsam im zähflüssigen Erdmantel abspielen und ihre Strömungskräfte auch auf die Erdkruste übertragen. Zu vernachlässigen sind sicher auch nicht die aus der Erdrotation stammenden Trägheits- und Fliehkräfte.

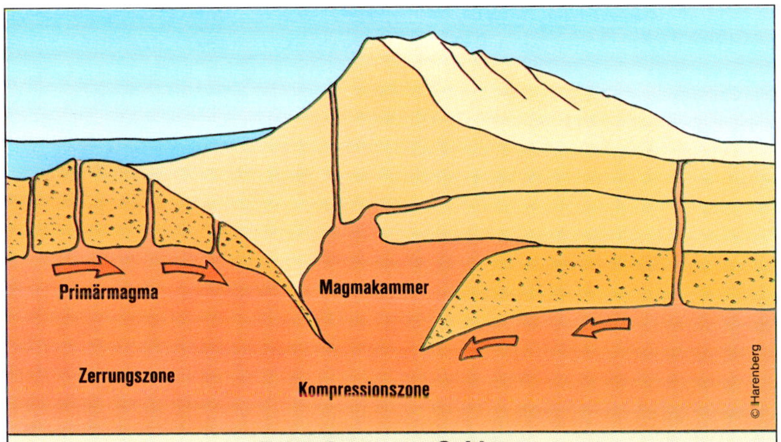

Entstehung von Gebirgen
Von beiden Seiten wirkende Schubkräfte pressen ein Faltengebirge in die Höhe. Begleitet sind solche Prozesse oft von Vulkanismus.

In Bereichen der Erdkruste, in denen sich zwei Platten aufeinander zubewegen, werden Krustenpartien seitlich gestaucht und aufgewölbt.

Gebirgsbildung im Archaikum

Die Geologen unterteilen die Gebirgsbildungen des Archaikums in einzelne Abschnitte:

- ▷ 3200–2700 Mio.: Die ersten großen Gebirgsbildungen der Erde sind als pilbarische, luanysche, saanische und uivakische Orogenesen (griech. oro = Berg, Gebirge; Genese = Entstehung) bekannt. Diese tektonischen Vorgänge erstrecken sich über alle Krustenteile.
- ▷ 2700–2600 Mio.: Die nächste Phase globaler Gebirgsbildung beginnt. Sie umfaßt die kenorische, die laurentinische und die wanipigowische Orogenese.
- ▷ 2700–2200 Mio.: Die auf dem baltischen Schild entstehenden Gebirge faßt man (nach dem Volksstamm der Lappen oder Saamen) als Saamiden zusammen.
- ▷ 2600–2200 Mio.: Rund 100 Jahrmillionen später spielen sich die algomische, die charische und die unatacische Gebirgsbildung ab.

Tiefe Gräben strukturieren Erdkruste

3200 Mio. Zu Beginn jeder Faltengebirgsbildung, wie sie erstmals zu dieser Zeit einsetzt, steht eine Vorbereitungszeit, in der sich zunächst ein über 1000 km langer und oft Hunderte von km breiter Streifen des Meeresbodens, meist unmittelbar am Außenrand eines Festlandblocks, absenkt. Einen solchen Graben nennt man Geosynklinale.
Der Senkungsvorgang dauert viele Jahrmillionen, oft sogar länger als 100 Mio. Jahre. Die Absenkung erfolgt so langsam, daß sich der Graben allmählich von oben her mit Sedimenten auffüllt. Das sind in Flachwasserzonen im allgemeinen Ablagerungen von sandigem und karbonatischem Charakter, in tieferen Meeresgebieten feinsandige und tonige Erosionsprodukte.
Besonders zu Beginn der Geosynklinalzeit spielen auch untermeerische Lavaergüsse und Ascheneruptionen in den Störzonen eine Rolle. Magmatische Gesteine füllen oft den tiefsten zentralen Streifen einer Geosynklinale. Dieses Gebiet heißt Eugeosynklinale und ist der »Mutterschoß« eines künftigen Hochgebirges. Es beginnt sich nämlich als erste Region zu heben, wenn die gesteinsgefüllte Geosynklinale soweit abgetaucht ist, daß starke seitliche Quetschdrücke auf sie wirken.
Während die Eugeosynklinale über das Meeresniveau aufzusteigen beginnt, bilden sich zu beiden Seiten parallel von ihr sogenannte Miogeosynklinalen, die sich mit dem Abtragungsschutt des sich zentral auffaltenden Rückens füllen.

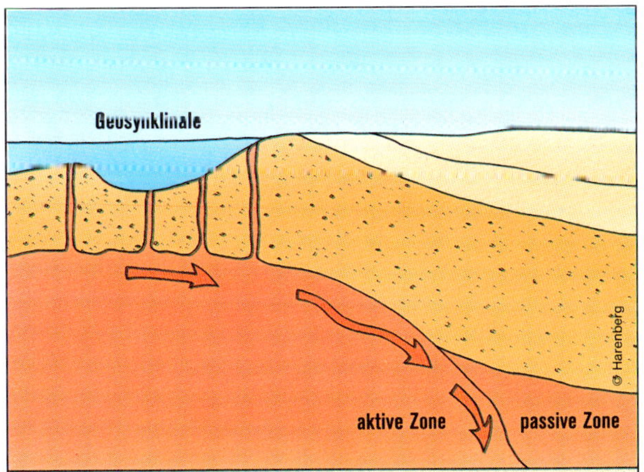

Schema der Geosynklinalbildung
Wo im Grenzbereich von Mantel und Kruste Material unter eine angrenzende Scholle absinkt, entstehen Geosynklinalgräben.

Beim Aufeinanderzurücken zweier Platten der Erdkruste kann sich die eine (aktive) unter die andere (passive) schieben. Dieser Vorgang heißt Subduktion. Durch Zerrungskräfte in der Kruste entsteht dabei im Vorfeld der Subduktionszone ein tiefer Meeresgraben, eine sogenannte Geosynklinale.

Mikroorganismen erzeugen Schwefel

3500–3400 Mio. Im sogenannten Pilbara-Block der Warrawoona-Gesteinsgruppe nahe North Pole (Australien) lagert sich eine etwa 30 m mächtige Sedimentschicht aus Gips und Kieselsintern ab, die beachtliche Barytvorkommen (Baryt oder Schwerspat ist Bariumsulfat, $BaSO_4$) und möglicherweise erste Bleianreicherungen enthält. Gips (Calciumsulfat) und Baryt weisen auf eine Oxidation von Schwefel in einer sauerstofffreien Umgebung hin. Das läßt den Schluß zu, daß photosynthetisch (→ S. 26) tätige Organismen für das Entstehen dieser rein geomechanisch »unzeitgemäßen« Sedimente, die in flachen Meeresgebieten oder an der Oberfläche tiefer Gewässer existieren, mitverantwortlich sind. Sie benutzen für ihren Stoffwechsel Kohlendioxid und Schwefelwasserstoff.

2500–1700 Mio.
Das Unterproterozoikum

2500 Mio. Die Erdatmosphäre kühlt sich so weit ab, daß erstmals Frosttemperaturen erreicht werden und damit Eisbildung möglich ist. → S. 37

2500–2000 Mio. Die Gesteine der Witwatersrand-Formation in Südafrika weisen durch ihre Zusammensetzung auf eine immer noch weitgehend sauerstofffreie bzw. -arme Atmosphäre hin.

In Kanada herrscht die sogenannte Huronische Eiszeit. → S. 37

Wie schon im Archaikum entstehen Chromit-Lagerstätten, oft vergesellschaftet mit Platinmetallen. → S. 35

Bleierze bilden sich in Sedimenten und aus heißen Lösungen auf sogenannten hydrothermalen Gängen. Weit verbreitet tritt der schwefelhaltige Bleiglanz auf. Besonders am Mt. Isa (Australien) entsteht Bleiglanz in Verbindung mit einem sulfidischen Zinkerz (Zinkblende oder Sphalerit). → S. 34

Wie im ganzen Proterozoikum kommt es besonders häufig zur Entstehung von Quarzgesteinen (u. a. Quarzit). → S. 34

In Geröllsedimenten Südafrikas (möglicherweise handelt es sich um Gletschermoränen) sammeln sich durch Schwerkraftsortierung bedeutende Goldvorkommen. Häufig finden sich in den Verwitterungsschuttmassen auch Pyrit und Uraninit. → S. 37

2500–1800 Mio. In kontinentalen Bruch- und Grabensystemen kommt es zur Bildung neuartiger Erzlagerstätten. Sie enthalten u. a. Chrom, Platinmetalle, Gold, Kupfer und Nickel, Eisen, Titan, Vanadium, Strontium, Barium, Uran und Diamanten. → S. 30

2500–900 Mio. Große Teile Nordamerikas (arktische Inseln, Great Plains, Central Plains, Labrador) entstehen. → S. 31

2500–590 Mio. Weltweit bilden sich große flache Meeresbecken, die sich mit teilweise sehr mächtigen Flachwassersedimenten und vom Festland her eingetragenen Abtragungsschutt auffüllen. → S. 32

2300 Mio. In allen Randmeeren der Festlandmassen (Urkontinent) kommt es zu einer explosionsartigen Entwicklung der Cyanobakterien, einfacher Mikroorganismen (Blaualgen), die durch Assimilation Sauerstoff freisetzen. → S. 33

Die Hauptphase der Bildung gebänderter Eisenerze (»banded iron formation«) spielt sich ab. → S. 34

Um 2200 Mio. Die karelischen, moranischen und blezardischen Faltengebirgssysteme entstehen. → S. 31

2200–1640 Mio. Die penokeischen, eburianischen und stanovoischen Faltengebirge entstehen. → S. 31

2100–1800 Mio. In der Hydrosphäre (Meerwasser) und der Atmosphäre reichert sich Sauerstoff an. Pyrit und Uraninit werden vom Sauerstoff zersetzt. Allerdings entspricht der Sauerstoffgehalt der Luft nur etwa 1% des heutigen Wertes. → S. 38

2000 Mio. Zunehmende Ozonbildung in der höheren Erdatmosphäre (Stratosphäre) schafft allmählich die Voraussetzung für die Abschirmung lebensfeindlicher UV-Strahlen von der Sonne.

Erste sogenannte Rotsedimente – die Rotfärbung rührt von Eisen-2-Oxid her – entstehen auf den Kontinenten. Sie sind eine Folge von oxidativer Verwitterung. → S. 35

2000–1800 Mio. Den östlichen Teil des Baltischen Schildes überfluten ausgedehnte Flachmeere.

2000–590 Mio. Neue Lagerstättentypen mit großer Erzkonzentration entstehen in Meeres- und Festlandsedimenten. Als sogenannten Kiese (Sulfid-Lagerstätten) enthalten sie vor allem Buntmetalle und Uran. → S. 34

Um 1900 Mio. Die riesige Kupferlagerstätte Udokan in Sibirien entsteht.

In Südafrika herrschen weiträumige Vereisungen (Griquatown). → S. 37

1900–1100 Mio. Es herrschen geologische Verhältnisse, die die Bildung von Titan-Lagerstätten begünstigen. In Tongesteinen lagern sich vielerorts auch Blei-, Zink-, Silber- und Kupfererze ab. → S. 35

1850–1550 Mio. Im Norden Europas kommt es zu neuen Festland-Bildungen. Dazu gehören der größte Teil Finnlands und Schwedens, der baltische Landrücken, die mittelrussische Platte und die Wolgaplatte. → S. 30

1800 Mio. Die roten Waterberg-Schichten in Transvaal (Südafrika) zeigen Regentropfen-Eindrücke, die ältesten fossilen Spuren von Regen auf der Erde. → S. 36

Der Einschlag eines gewaltigen Meteoriten bei Sudbury (Kanada) führt zur Entstehung der größten Nickellagerstätte der Welt. → S. 33

Die Höhenstruktur der Atmosphäre ist weitgehend stabil. Dichte und Druck entsprechen bereits den heutigen Verhältnissen. Die chemische Zusammensetzung unterscheidet sich allerdings von der heutigen: Während der Sauerstoffgehalt noch wesentlich geringer ist, liegt ein höherer Kohlendioxidanteil vor. → S. 38

Um 1750 Mio. Die geologischen Verhältnisse begünstigen die Bildung von Nickelsulfid-Lagerstätten mit Kupfer- und Platinmetallerzen. → S. 35

1700 Mio. Die Bildung des Kalahari-Kratons (Südafrika) ist praktisch abgeschlossen. Unter Kratonen versteht man die festen Kerne der Kontinentalschollen.

Landschaft in Schwedisch-Lappland. Das heutige Gebiet Nordschwedens entstand als Kontinentalscholle bereits im frühen Proterozoikum.

Nordeuropa weitet sich aus

1850–1550 Mio. Neue Festlandmassen lagern sich an die bereits im Archaikum entstandenen Kontinente (→ 4000–2500 Mio./S. 17). Im Norden Europas schließen sich folgende Festlandteile an die Kerne des Baltischen Schildes (→ 3000–1900 Mio./S. 28): Der größte Teil Finnlands, Schweden mit Ausnahme seines äußersten Südens und Südwestens, der baltische Landrücken, die mittelrussische Platte und die Wolgaplatte.

Die Festlandbildungen vollziehen sich in drei tektonischen Zyklen, dem svekofennidisch-karelidischen, dem Kriwoi-Rog- und dem wolhynischen Zyklus, die ihre Namen geographischen Räumen verdanken.

Mit den Kareliden erscheinen in Europa erstmals eindeutige Flachmeersedimente. Das weist darauf hin, daß vor 2000 bis 1800 Jahrmillionen ausgedehnte Flachmeere große Teile im Osten des Baltischen Schildes überflutet haben müssen.

Erzlager in Grabenzonen

2500–1800 Mio. In den kontinentalen Krustengebieten beginnen Bruch- und Grabensysteme aufzureißen. Solche Schwachstellen ziehen das Eindringen von Magmen nach sich, die zu Gesteinen erstarren. Derartige »Intrusionen« sind reich an Mineralien. Sie enthalten u. a. Chrom, Edelmetalle, Kupfer und Nickel, Eisen, Titan sowie Vanadium in lagig ausgebildeten Vorkommen. In alkalischen Komplexen findet sich der Phosphorrohstoff Apatit neben Nadeleisenerzen, Zirkonium, Hafnium und Titan. Außerdem sind Karbonatgesteine mit Phosphor, Titan, Niob, Eisen, Zirkon, Hafnium, Strontium, Barium, Kupfer und Uran nachweisbar. In Südafrika bilden sich ferner sogenannte Kimberlite, das sind Gesteinstrümmermassen in der Nähe vulkanischer Durchschlagsröhren, in denen Diamanten entstehen.

Rund 30 km lange Grabenbruchzone im heutigen Island. Auch hier zeigen sich Magma-Intrusionen.

Schroffe Hochgebirgszüge entstehen auf der ganzen Welt

2200–1640 Mio. Zahlreiche Faltengebirgssysteme entstehen weltweit. Nach jüngeren Forschungsergebnissen unterscheiden die Wissenschaftler zwischen fünf verschiedenen Gebirgsbildungsphasen in diesem Zeitraum, von denen sich vor etwa 1900 Mio. Jahren drei Phasen etwa zeitgleich, aber in verschiedenen Gebieten der Erde abspielen. In dem langen Zeitraum spielt aber auch die Verwitterungsabtragung eine große Rolle. So entstehen weltweit nicht nur Faltengebirge, sie werden durch die Kräfte der Erosion auch auf vielfältige Weise in ihrem Ausgehen umgeprägt.

Der gesamte Werdegang eines Faltengebirges ist ein erdgeschichtlicher, sogenannter orogener Zyklus, der sich über mehr als 100 Jahrmillionen erstrecken kann. Er wird stets von magmatischen Ereignissen begleitet, die für seine einzelnen Phasen bezeichnend sind. Ein derartiger magmatischer Zyklus von 100 bis 200 Mio. Jahren umfaßt eine sogenannte tektonische Ära. Am Anfang steht stets die Bildung einer Geosynklinale (→ 3200 Mio./S. 29), d. h. eines oft weit über 1000 km langen und nicht selten mehr als 100 km breiten gesteinsgefüllten Troges in der Erdkruste, der bei kontinuierlicher Absenkung mehrere 1000 m mächtige Sedimentfüllungen aufnehmen kann. Bereits gegen Ende der Geosynklinalzeit beginnt sich das zentrale Gebiet zu heben. Das geschieht teils aufgrund seitlich ansetzender, quetschender Schubkräfte, teils ist es durch den Auftrieb der leichteren Gesteinsmassen im Erdmantelmaterial bedingt.

Wandert diese Auffaltung aus dem Kernbereich der Geosynklinale nach außen, in den Bereich der später entstandenen Randgeosynklinalen, dann setzt die sogenannte Orogenzeit ein. Im Laufe vieler Jahrmillionen faltet sich der gesamte Geosynklinalbereich hoch, während zu seinen beiden Seiten große Mengen von Abtragungssedimenten (sog. Molassen) der schon hohen zentralen Gebirge anfallen. Entsprechend der Entstehungsgeschichte der Geosynklinalen bauen sich die zentralen Partien großer Faltengebirge im allgemeinen aus freigelegten kristallinen Kernen, die äußeren Regionen dagegen aus Sedimentgesteinen, etwa mächtigen Kalkriffen, auf.

Das Ende dieser Gebirgsbildungsphase ist dadurch angezeigt, daß sich das Faltensystem im orogenen Gestein nicht mehr verändert. Jetzt beginnt die Hochgebirgszeit des Orogenzyklus', während der sich das Gebirge nur noch als Ganzes durch Auftrieb gegenüber dem Erdmaterial hebt. In dieser letzten Phase nimmt die Verwitterung und Abtragung der immer höher aufragenden Gipfel zu, die dadurch schroffe Formen erhalten.

Die Landmassen im arktischen Nordamerika (im Bild Spillars Cove, Cape Bonavista in Neufundland) gehören heute zu den ältesten der Erde.

Neue Festlandmassen in Nordamerika

2500–900 Mio. Den nordamerikanischen archaischen Kontinentalkernen (→ 4000–2500 Mio./S. 17) gliedern sich umfangreiche neue Festlandmassen an: Die Arktischen Inseln, das Gebiet der Great Plains, die Central Plains und Labrador.

Nordamerika folgt bei seinem Größenwachstum merkwürdigerweise einem anderen geologischen Schema als die frühen nord- und osteuropäischen Gebiete der osteuropäischen Plattform. Weist diese nämlich, soweit heute untersucht, eher einen rasterförmigen Aufbau auf, so erweitert sich Nordamerika zonenweise: Die archaischen Kerne werden hier von immer neuen geologischen Provinzen umgeben. Die Mobilzone, d. h. das Gebiet momentaner Sedimentanhäufung, Faltenbildung, Gesteinsmetamorphose (→ 3850–3000 Mio./S. 17) und Granitisierung (→ 1200–950 Mio./S. 43) wandert also kontinuierlich von innen nach außen. Weil sich aber in jeder Region nacheinander mehrere tektonische Zyklen (→ 3200Mio./S. 29) abspielen, sind die Zusammenhänge wesentlich komplexer.

Streitfrage:

Mechanik der Gebirgsbildung

Charakteristisch für die Entstehung eines Faltengebirges ist eine mit der Heraushebung der Geosynklinalen (→ 3200 Mio./S. 29) verbundene seitliche Einengung der bewegten Gesteinsmassen auf etwa ein Drittel der ursprünglichen horizontalen Ausdehnung. Dadurch entsteht zunächst die typische Auffaltung in zueinander parallelen Gebirgsketten. Reicht dieser Mechanismus nicht aus, um alles Material aufzunehmen, dann tritt eine für Faltengebirge charakteristische Deckenbildung auf: Gesteinspakete mit einer Mächtigkeit von Kilometern und Oberflächen von Hunderten oder Tausenden von Quadratkilometern werden aus dem Zentrum des Gebirges abgequetscht, nach außen verfrachtet, über das Vorland geschoben und gelegentlich in mehreren Lagen übereinander geschichtet oder aufgestapelt. Dieses Phänomen erschien den Geologen lange Zeit als völlig unverständlich, und seine Mechanik ist weiterhin umstritten.

Baltischer Schild von Rissen und Vulkanismus gezeichnet

1850–1500 Mio. Die bedeutendste unterproterozoische Gebirgsbildungsphase in Europa bringt die Entstehung der größten Teile des Baltischen Schildes mit sich. Er erstreckt sich von Ost-Skandinavien bis zur Halbinsel Kola. Zum Ende dieser Periode ist die Scholle von Sedimenten bedeckt. Durch Schollendehnungen kommt es zu kontinentalen Rissen und an diesen Stellen zu Spaltenvulkanismus.

Wo sich heute östlich von Finnland ausgedehnte Sumpf-, Moor- und Seelandschaften in einem weiten Flachland erstrecken, in Karelien, faltet sich während des Unterproterozoikums ein mächtiges Gebirge auf.

Ein Flachmeeressediment ist der schwedische »Hälleflint«, feuersteinähnlich verbackene vulkanische Aschen.

Große Flachmeeresgebiete entstehen

2500–590 Mio. Mit dem Beginn des Proterozoikums setzt weltweit die Bildung großer Flachmeeresgebiete ein, in denen sich häufig mächtige Sedimentschichten ablagern. Diese Flachmeere sind maximal ungefähr 200 m tief, oft aber erheblich seichter und reichen weit in die kontinentalen Bereiche hinein. Sie umrahmen entweder die Festlandschollen an ihren Rändern als sogenannte Schelfgebiete, oder sie legen sich als epikontinentale Flachmeere über den Kontinent. Erst an ihren äußeren Rändern fallen die Schelfe steil zur Tiefsee ab (sog. Kontinentalabfall), während Epikontinentalmeere nicht selten weitgehend von Festland umschlossene flache Meeresbecken bilden. Schelfgebiete können zwar Erhebungen und Senken aufweisen und manchmal auch von Cañons durchfurcht sein, in der Regel sind sie aber durch Meeresbewegungen und Sedimentablagerungen weitgehend geglättet und fast eben. Ihre mittlere Neigung liegt heute bei nur 0° 07', während der Kontinentalabfall vergleichsweise mit etwa 4° zur Tiefsee überleitet.

Die Entstehung von Flachmeeren geht mit erdgeschichtlichen Phasen sogenannter Transgression einher, d. h. mit dem Vordringen der Meere auf bisherige Festlandbereiche. Das kann verschiedene Ursachen haben: Entweder kommt es in der betroffenen Region zu Senkungsprozessen, die sich auf Auf- und Abwärtsbewegungen der festen Erdkruste zurückführen lassen (sog. Epirogenese), oder es sind sogenannte eustachische Meeresspiegelschwankungen, die bei der Entstehung der Flachmeere eine Rolle spielen. Solche Niveauschwankungen können eintreten, wenn sich Meeresgebiete mit Sedimenten auffüllen oder Krustengebiete unter dem Meeresspiegel absenken und dadurch Wasser verdrängt wird. Auch die zusätzlichen Wassermengen, die beim Abschmelzen der großen Inlandvereisungen durch Klimaschwankungen freigesetzt werden, beeinflussen die Schwankungen des Meeresspiegels. Im Proterozoikum dürfte vor allem die erstgenannte Ursache für das Entstehen der Flachmeere in Frage kommen. In den meisten dieser Meere lagern sich mächtige Sedimentschichten ab.

Meerwasser ohne Salz

Die Zusammensetzung des Meerwassers im Unterproterozoikum ist nicht genau bekannt. Sicher ist aber, daß es sich bezüglich seines Mineralstoffgehalts wesentlich vom heutigen unterscheidet.

Das Meer vor rund 2,5 Mrd. Jahren enthält noch extrem wenig solcher mineralischer Bestandteile, die erst durch Festlanderosion bzw. chemische Abtragung von Festlandgesteinen mit den Flüssen in die Ozeane geschwemmt werden. Es fehlen also gelöste Natrium- (und damit Kochsalz), Kalium-, Magnesium- und Calciumsalze. Hingegen sind mit hoher Wahrscheinlichkeit diejenigen Elemente in großer Zahl vorhanden, die intensivem Vulkanismus entstammen: Chlor, Brom, Jod und Schwefelverbindungen.

Was den Sauerstoffgehalt des Meerwassers betrifft, so ist mit Sicherheit davon auszugehen, daß das Meerwasser im frühen Proterozoikum reduzierend wirkt, d. h. es treibt Sauerstoff aus chemischen Verbindungen aus. Erst vor rund 2,3 Jahrmilliarden reichert sich das Meer mit diesem Gas an, weil eine regelrechte Explosion photosynthetisch aktiver (→ S. 26) Mikroorganismen große Mengen von Sauerstoff in den Flachmeeren produziert.

Dolomitsedimente breiten sich aus

2500 Mio. Zu Beginn des Unterproterozoikums setzt rasch eine erhebliche Produktion dolomitischer Gesteine in den sich ausweitenden Flachmeeren (s. links) ein. Oft besitzen diese Lagen eine Mächtigkeit von mehreren tausend Metern.

Dolomit ist ein Calcium-Magnesium-Carbonat [$CaMg(CO_3)_2$]; und es ist sicher, daß sich dieses Gestein nur in Ausnahmefällen aus dem Meerwasser abscheiden kann, etwa durch Schwankungen in der chemischen Zusammensetzung oder durch Temperaturverschiebungen. Es entsteht in der Regel aus Kalksedimenten, und diese gehen größtenteils auf das Einwirken lebender Organismen zurück. Im Proterozoikum führt die plötzliche starke Zunahme der Photosynthese betreibenden (→ S. 26) Organismen in ihren Lebensräumen, den Flachmeeren, zu einem erheblichen Verbrauch an Kohlendioxid. Diese Kohlensäure spielt bei der Lösung von Kalk eine wichtige Rolle; wenn sie abnimmt, fällt fester Kalk aus, womit eine Voraussetzung der Produktion dolomitischer Gesteine gegeben ist. Bei der charakteristischen Wasserzusammensetzung der frühen Flachmeere dolomitisiert der Kalk. Das geschieht besonders leicht, wenn er als Aragonit (Kalk in rhombischer Kristallisationsform) vorliegt. Bei diesem Prozeß wird die Kristallstruktur beibehalten, jedoch Calcium z. T. durch Magnesium ersetzt.

Dieser kristalline Dolomit stammt aus dem Gebiet von St. David's in Ontario (Kanada).

Uranlagerstätten wandeln ihren Charakter

1800–1500 Mio. Die Ausbreitung großer flacher Meeresbecken und das Auftreten von Sauerstoff im Meerwasser durch die sprunghafte Zunahme der photosynthetisch (→ S. 26) tätigen Organismen bewirken eine grundlegende Änderung der Uranlagerstätten. Bisher entstanden an der Festlandoberfläche in den archaischen Kernen (→ 4000 bis 2500 Mio./S. 17) stabile Uranvererzungen, die bei mechanischer Abtragung als Sedimente in die Meere gelangten und sich dort durch Schwerkraftsortierung und andere Prozesse als sogenannte Seifen anreicherten. Vor etwa 2 Mrd. Jahren beginnen diese Uranverbindungen, vor allem in den Flachmeeren, zu oxidieren und können sich so im Wasser lösen. Als gelöstes Uran wandert es mit Meeres- oder auch Grundwasserströmungen. In manchen Gebieten fällt es allerdings wieder in Form fester Erze aus. Das ist besonders in solchen Zonen der Fall, in denen auf sehr alten Meeresböden oder in graphitführenden Scherzonen Verhältnisse bestehen, die zu einer Reduzierung des Sauerstoffgehaltes des Wassers führen. Da solchen Orten durch die Strömung stets neues gelöstes Uran zugeführt wird, das dann in festes umgewandelt wird, bilden sich hier sehr große Uranlagerstätten mit hohen Anreicherungen dieses Metalls. Beispiele bieten das Athabasca-Becken in Kanada und das Northern Territory in Australien.

Dieser neuartige Typ hochwertiger Uranlagerstätten läßt Rückschlüsse auf die gewaltige Ausbreitung photosynthetisch tätiger Mikroorganismen und Algen zu, denn er ist ja zumindest in der ersten Bildungsphase mit dem Verbrauch großer Sauerstoffmengen verbunden.

Das abgebildete Uranerz Uranophanit (auch als Uranotil bekannt) stammt aus einer Mine bei Menzenschwand im Schwarzwald. Bei diesem Mineral handelt es sich um das häufigste Uranylsilikat. Es enthält Urandioxid-Bausteine in seinen Molekülen.

Riesenmeteorit stürzt auf Kanada

1800 Mio. Beim heutigen Sudbury (Kanada) stürzt ein Riesenmeteorit von mehreren Kilometern Durchmesser auf die Erde und schlägt dort einen mächtigen Krater.

Der Sudbury-Meteorit zertrümmert bei seinem Aufprall nicht nur lokales Gestein der äußeren Erdkruste, er zerstört die Kruste bis zum glutflüssigen Erdmantel hin, was dort zu einer plötzlichen Druckentlastung führt. Zugleich wird durch die gewaltige Aufprallenergie sehr zähflüssiges Gesteinsmaterial des oberen Erdmantels weiter aufgeschmolzen; es wird dünner und dringt in das ebenfalls aufgeschmolzene Krustenmaterial. Das Ergebnis ist eine Mischmagma, die nach dem Einschlag lagenweise erstarrt. Dabei kommt es in manchen Lagen zur Anreicherung von Sulfiden, vor allem Nickelmagnetkies-Erzen. Auf diese Weise entsteht die bedeutendste Nickel-Lagerstätte der Erde. Zur Zeit des Einschlags ist die ursprünglich viel höhere Meteoriteneinschlagsrate (→ um 4000 Mio./S. 16) auf Werte gesunken, die den heutigen entsprechen. Danach ist etwa alle 250 000 Jahre mit der Entstehung eines vergleichbar riesigen Meteoritenkraters zu rechnen.

Neue Bakterien betreiben Photosynthese im Meer

2300 Mio. In allen Randmeeren der wahrscheinlich zu einem Urkontinent vereinten Kratone tauchen einzellige Bakterien, sogenannte Schizomycetes oder Spaltpilze auf, die sich sofort explosionsartig vermehren. Sie sind photosynthetisch (→ S. 26) tätig und entziehen auf diese Weise dem Meerwasser CO_2. Bei diesem Prozeß wird Carbonat ausgeschieden. Sie sind also an der Bildung neuartiger organogener (also unter Mitwirkung von Lebewesen entstehender), oft mächtiger Sedimente beteiligt. Der bei der Photosynthese als Abfallstoff von diesen Bakterien freigesetzte Sauerstoff wird aber im reduzierend wirkenden Wasser der frühen Meere anderweitig wieder gebunden, also nicht an die Atmosphäre abgegeben.

Die frühen Bakterienstämme sind hinsichtlich ihres Aufbaus den Cyanobakterien (Cyanophyta) sehr ähnlich, also jenen Mikroorganismen, die schon seit mehr als 1 Mrd. Jahren auf der Erde existieren (→ 3600 Mio./S. 26). Beiden gemeinsam ist, daß ihre Zellen noch keine eigentlichen Zellkerne besitzen, wie sie sonst bei allen anderen Lebewesen mit Ausnahme der Viren vorhanden sind. Derartige Organismen ohne echten Zellkern nennt man Prokaryoten (im Gegensatz zu den Eukaryoten, die einen Zellkern besitzen).

Die prokaryotische Zelle ist sehr einfach aufgebaut und wesentlich kleiner als die eukaryotische. Sie mißt im Durchschnitt nur 1 μm (1/1000 mm). Umgeben ist sie von einer einfachen Zellmembran. In ihrem Inneren befindet sich ein ringförmiges DNA-Molekül (Desoxyribonukleinsäure), das sämtliche genetische Informationen (Genome) enthält und als Vorstufe eines Zellkerns (Nukleoid) aufgefaßt werden kann. Häufig sind Einstülpungen der äußeren Zellmembran in der Art innerer schlauchförmiger Gebilde oder innere Membransysteme. Erstere sind vermutlich der Sitz vieler Enzyme (Stoffwechselhilfsstoffe), letztere der Sitz der für die Photosynthesefähigkeit erforderlichen Substanzen. Außen verfügen die prokaryotischen Bakterien über Geißeln, dünne, röhrenförmige Gebilde, die aus gleichartigen Eiweißen wie die Zellmembran aufgebaut sind und einerseits der Fortbewegung, andererseits dem Herbeistrudeln von Nahrungspartikeln dienen.

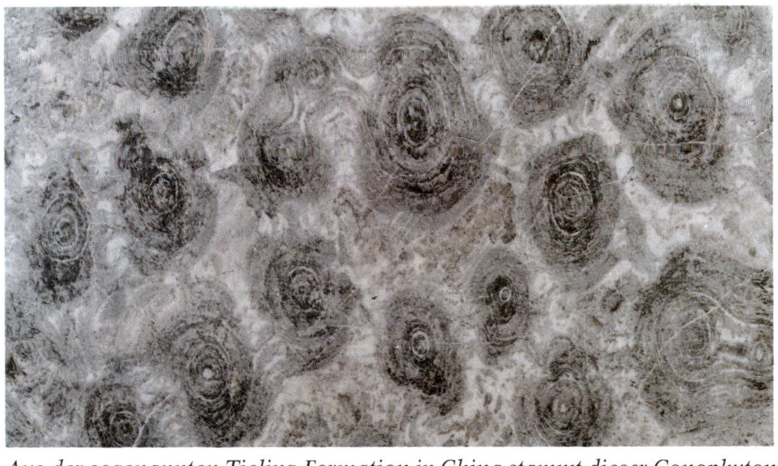

Aus der sogenannten Tieling-Formation in China stammt dieser Conophyton genannte photosynthetisch aktive Mikroorganismus. Er gehört zu den Cyanophyta (»Blaualgen«). Das abgebildete Fossil ist etwa 1205 Mio. Jahre alt.

Große Anzahl von Metallmineralien

2000 Mio. Nachdem vor rund 2300 Jahrmillionen eine intensive Versorgung der Ozeane mit Sauerstoff (→ S. 26) erst begonnen hat, ist dieses oxidierende Gas jetzt überall in den Flachmeeren vertreten. In späteren Zeiten entweicht es aus diesen z. T. in die Atmosphäre.
Immerhin reicht der im Meerwasser vorhandene Sauerstoff, um zumindest regional eine grundlegend neue Situation für die Bildung von Sedimenten, vor allem für die Bildung von Mineralerzlagern zu schaffen. In großem Umfang wird das im Wasser gelöste Eisen oxidiert und dadurch ausgefällt.
In noch sauerstoffärmeren Meeresgebieten bilden sich mächtige Lager sulfidischer Erze (Kieslagerstätten) mit Buntmetallen in verschiedenartigen sedimentären Trümmergesteinen, etwa in Tonen, Karbonaten oder in bituminösen Sedimenten. Gute Bedingungen herrschen vor allem für die Entstehung von Blei-, Zinn-, Gold-, Kupfer-, Uran-, Chromit- und Platinlagerstätten. Vor rund 1,8 Mrd. Jahren herrscht sogar weltweit ein erdgeschichtliches Maximum bei der Bildung von lagigen Blei-Zinn-Gold-Kupfer-Vorkommen, das dann im Mittelproterozoikum stark zurückgeht.

Bleiglanz: *Galenit oder Bleiglanz ist ein schwefelhaltiges Bleimineral (PbS) vom spezifischen Gewicht 7,2 bis 7,6. Es ist das geologisch wichtigste Bleierz und kommt nicht nur, wie im Proterozoikum häufig, in Sedimenten, sondern auch auf hydrothermalen Erzgängen vor. Solche Gänge bilden sich, wenn sich vulkanisch überhitztes Wasser mit einem hohen Anteil gelöster Mineralien abkühlt und sich bei diesem Vorgang die Erze ausscheiden.*
Bleiglanzkristalle sind würfelig (kubisch) oder oktaedrisch und zeichnen sich durch starken Metallglanz aus. Ihre Farbe ist bleigrau mit einem Stich ins Rötliche.

Blei-Zinkerz: *Ein Zinkerz sulfidischer Natur (ZnS) ist die Zinkblende, auch Sphalerit genannt. Es kann farblich von gelb über braun bis schwarz variieren und bildet hexagonal tetraedrische Kristalle.*
Zinkblende ist das am meisten verbreitete Zinkerz. Das hier abgebildete Mineral ist ein Mischerz mit Blei und Zink. Solche Mischformen neigen nur selten zur Ausbildung größerer Kristalle. Meist sind es fein- bis grobkörnige Aggregate von zwei Mineralen. Das Metall Zink kommt oft vergesellschaftet mit anderen Metallen vor, neben Blei hauptsächlich mit Eisen, aber auch mit Gold und gelegentlich Kupfer.

Quarzit: *Quarzgesteine wie Quarzite oder Hornstein sind im Proterozoikum besonders häufig. Quarzit ist ein sehr fester Quarz-Sandstein ohne Bindemittel. Seine Farbe spielt zwischen weiß und hellgrau. Er entsteht durch Wachstum der einzelnen Quarzkörner unter erhöhtem Druck in bestimmtem chemischen Milieu, bis das Porenvolumen voll ausgefüllt ist. Oben abgebildet ist ein metamorphisierter Quarzit.*
Tritt Quarz (SiO_2) in feinstkristalliner (kryptokristalliner) Form auf, dann heißt er Chalzedon. Eine Spielart davon ist der gebänderte und oft verschiedenfarbige Achat, der sich in Hohlräumen abscheidet.

Über 90 Prozent der irdischen Eisenerze entstehen

2500–2000 Mio. Die Bildung der gebänderten Eisenformationen (»banded iron formation«) gipfelt in ihrer Hauptphase in der Entwicklung des sogenannten Superior-Typus. Diese Phase setzt langsam und z. T. zeitlich überlappend ein und erreicht ihren Höhepunkt vor etwa 2,3 bis 2 Mrd. Jahren, vereinzelt reicht sie noch bis 1,8 Mrd. Jahren.
Der Grund dieses Übergangs ist die Entstehung freien Sauerstoffs, der bei der jetzt gegebenen Photosynthese der Bakterien anfällt. Das im Meerwasser in großen Mengen gelöste zweiwertige Eisen wird durch den Sauerstoff zum dreiwertigen Eisen oxidiert. Dieses ist unlöslich und setzt sich ab. Auf diese Weise bilden sich die mächtigsten Eisenerzlager der Welt, die später noch durch Sedimentumlagerungen konzentriert werden. Sie enthalten durchschnittlich 30% reines Eisen. Ihre weltweite Masse wird auf größenordnungsmäßig 10^{15} t geschätzt.
Am Ende des Archaikums (2800 bis 2500 Mio.) reicherten sich langfristig gelöstes (chemisch zweiwertiges) Eisen und Kieselsäure im Meerwasser an. Dieser Vorgang setzt sich auch im Unterproterozoikum (2500 bis 1700 Mio.) noch fort. Man schätzt Gehalte von 10 g Eisen pro Kubikmeter Wasser. Bei der Bildung der gebänderten Eisenerze wird zunächst das Eisen im Schelfbereich ausgefällt. Im jahreszeitlichen Rhythmus gelangt aber auch Tiefenwasser in die Flachmeerzonen und führt weitere Vorräte an gelöstem Eisen zu. Erst wenn das zweiwertige Eisen verbraucht ist, kann der Sauerstoff allmählich in die Atmosphäre eintreten und sich hier anreichern.

Limonit oder Brauneisenstein (die Probe mit Quarz stammt aus Australien) ist ein Verwitterungsprodukt fast aller Eisenminerale. Seine Entstehung setzt freien Sauerstoff voraus. Chemisch handelt es sich bei diesem Erz um Eisenhydroxid.

Titanerz: *Günstige Entstehungsbedingungen finden im Proterozoikum auch Titanerze. Der Schwerpunkt ihrer Bildung liegt im Zeitraum vor 2000 bis 1200 Mio. Jahren.*
Im Gegensatz zu vielen für die Zeit charakteristischen Lagerstätten sind die Titanerzvorkommen wohl nicht von der Umstellung der Atmosphäre, d. h. von der Zunahme des Sauerstoffgehalts, betroffen. Sie begleiten die sich in dieser Zeit erstmals bildenden Riftzonen (→ um 217 Mio./ S. 208) und sind aus magmatischen Ursprüngen entstanden.
Titanerze sind Rutil und Anatas (TiO_2), Titanit [Ca $TiO(SiO_4)$] und Ilmenit (Titaneisen $FeTiO_3$).

Chromit: *Chromitlagerstätten treten in der frühen Erdgeschichte sehr selten auf, besitzen jedoch zwei kurzzeitige Bildungsphasen vor etwa 2,5 Mrd. und vor 2 Mrd. Jahren. Meist sind sie mehr oder minder mit Platinerzen vergesellschaftet.*
Bei Chromit handelt es sich um Chromeisenoxid ($FeCr_2O_4$). Das meist körnige, derbe Massen bildende und nur selten grobkristalline Mineral ist braunschwarz bis schwarz. Es ist das wichtigste Chromerz. Wie die Titanerze entsteht es nicht durch atmosphärische Einwirkung auf Ursprungsgestein, sondern bildet sich aus flüssigen Magmen in Riftgebieten (→ um 217 Mio./S. 208).

Rückzugsmineral Pyrit: *Während in dieser Zeit zahlreiche neue Mineraltypen entstehen, werden zugleich durch die Zunahme des Sauerstoffs in der Atmosphäre zahlreiche ältere Minerale, etwa auch der Schwefelbzw. Eisenkies oder Pyrit (Eisensulfid FeS_2) oder der Uraninit (UO_2) durch Oxidation angegriffen und zerstört. Pyrit geht dabei unter Schwefelabspaltung in das Eisenoxid Fe_2O_3, einen charakteristischen Bestandteil der neuen Rotsedimente (→ s. u.), über.*
Andererseits entsteht im Gebiet der Riftsysteme (→ um 217 Mio./S. 208) beim Eindringen von Magmen in Tiefengesteinen z. T. neuer Pyrit.

Nickelerz: *Vor 1,8 Mrd. Jahren kommt es zu einer kurzen Phase der Bildung von Nickelsulfid-Lagerstätten, meist verbunden mit Kupfererzen und Platinmetallen. Gehäuft treten derartige Erze auch bereits in der Zeit vor etwa 2,8 bis 2,5 Jahrmilliarden auf. Hatten sie sich in dieser archaischen Epoche ausschließlich in untermeerischen Lavaergüssen angereichert, so entstehen sie jetzt in den Zonen der neuen großen festländischen Bruch- und Grabenstrukturen in magmatischen Lagerstätten.*
Als wichtigstes Nickelerz bildet sich das rötlichgelbe bis gelbbraune Pentlandit oder Eisennickelkies [$(Fe,Ni)_9S_8$].

Erste Rotsedimente auf dem Festland

Die Rotfärbung dieses vom Wind erodierten Sandsteins ist auf Eisen-3-Oxid zurückzuführen.

2000 Mio. Die Eisenvorräte auf dem Festland beginnen zu oxidieren. In großen Mengen entsteht das Eisenoxid Fe_2O_3 (vergleichbar mit dem Rost), das den Sedimenten eine charakteristische ziegelrote Farbe verleiht. Zugleich oxidiert das in der Erde reichlich vorhandene Aluminium zu Al_2O_3. Die Bildung dieser Rotsedimente wird durch die Anreicherung der Atmosphäre mit Sauerstoff verursacht. Denn zu dieser Zeit übersteigt die pflanzliche Sauerstofffreisetzung erstmals den Sauerstoffverbrauch in den Ozeanen (→ 2500–2000 Mio./S. 32), so daß dieses Gas rasch in die Atmosphäre entweichen kann.

Ausgeprägte Rotsedimente und Laterite können sich heute nur unter bestimmten klimatischen Bedingungen entwickeln. Die Jahresdurchschnittstemperatur muß über 16 °C und der Jahresniederschlag über 1000 mm liegen. In kalten Klimaten reichern sich pflanzliche Humusschichten an, deren Huminsäuren die im Erdreich existierende Kieselsäure binden. Damit es zur Entstehung der meist rot gefärbten Laterite kommt, muß die Kieselsäure und damit das reichlich vorhandene Quarzmaterial (SiO_2) fast vollständig abwandern können. Die Verhältnisse im Unterproterozoikum fördern die Laterit-Bildung insofern, als es noch keine Landpflanzen und damit wenig Kieselsäure gibt.

Trockenes, vegetationsloses Land in der südlichen Namib-Wüste: Im Hintergrund türmen sich 200 m hohe rote Dünen. Wo der Boden frei von Sand ist (im Vordergrund), tritt ein teilweise durch Gips verfestigter Lateritboden in Erscheinung.

Regenspuren als Zeugen des irdischen Wasserkreislaufs

1800 Mio. In den Rotsedimenten (→ S. 35) der Waterberg-Schichten in Transvaal (Südafrika) fossilisieren die Spuren großer Regentropfen. Es sind die ältesten überlieferten Zeugnisse von Regen auf der Erde.

Natürlich regnet es schon länger, denn flüssiges Wasser gibt es bereits seit dem Beginn des Archaikums (4 Mrd.). Dieses entstammt zum allergrößten Teil den Niederschlägen aus der hoch mit Wasserdampf angereicherten Atmosphäre, die die Urerde umgab (→ S. 38) und bei deren Abkühlung kondensierte. Im Unterproterozoikum (2500–1700 Mio.) aber entspricht der irdische Wasserkreislauf bereits weitgehend dem der heutigen Zeit – vom jetzigen Wasserspeicher in den Landpflanzen und ihrem Bodensubstrat einmal abgesehen.

Die Erde nimmt im Planetensystem eine einzigartige Sonderstellung ein. Sie befindet sich in einer so günstigen Entfernung von der Sonne, nämlich rund 150 Mio. km, daß das Wasser in allen drei Formen – fest, flüssig und als Gas – vorkommt. Lediglich in einem nur etwa 2% vom Radius des Sonnensystems betragenden schmalen Streifen ist diese Möglichkeit gegeben. Das Vorkommen flüssigen und gasförmigen Wassers aber ist die Voraussetzung des uns bekannten organischen Lebens. Mars und Venus liegen dicht an den beiden äußeren Rändern der sehr schmalen Wasserzone.

Insgesamt gibt es auf der Erde eine Wassermenge von 1,3 Mrd. km³. Etwa 98% (heute 97,2%) davon befinden sich im Proterozoikum im Weltmeer (zu Beginn des Archaikums waren es kaum mehr als 10%). Ein Großteil des Restes ist in Eisdecken gebunden, wohl weniger als 0,5% macht das Wasser in der Erdatmosphäre, in Flüssen und Seen sowie das Grundwasser aus. Von dieser geringen Teilmenge befinden sich 99% als Grundwasser unter der Erdoberfläche, davon etwa die Hälfte in einer Tiefe bis zu 800 m, während die andere Hälfte – 8 bis 10 Mio. km³ – noch darunter liegt.

Im Gegensatz zu diesen Wasserreserven nimmt sich die Menge des in der Troposphäre, der eigentlichen Wetterschicht also, vorhandenen Wassers und Wasserdampfes außerordentlich bescheiden aus: Sie beträgt nur etwa 0,001% des Wassertotals der Erde, nämlich 15 000 km³

Wasserverdunstung und der atmosphärische Wasserkreislauf spielen schon in der Erdfrühzeit eine große Rolle.

(das ist das 300fache der Wassermenge des Bodensees). Dieser Zahl stehen weltweit jährliche Niederschläge von etwa 500 000 km³ gegenüber. Das bedeutet, daß sich der Wasseranteil der Troposphäre etwa 30mal pro Jahr erneuern muß.

Im Durchschnitt dauert also ein weltweiter Wasserkreislaufzyklus größenordnungsmäßig zehn Tage. Beeindruckend klein sind die geometrischen Dimensionen, in denen sich dieser Kreislauf abspielt: Die eigentliche Wetterschicht (die Troposphäre) hat eine Höhe von 12 bis 13 km. Der Erddurchmesser beträgt etwas weniger als 13 000 km. Die Troposphäre hat also nur eine Mächtigkeit, die einem Tausendstel des Erddurchmessers entspricht!

Jegliches Wettergeschehen auf der Erde wird durch die von der Sonne gelieferte Energie ermöglicht. Wegen großräumiger atmosphärischer Verunreinigungen (vor allem vulkanischer Schwebestaub) betrug diese Einstrahlung im Archaikum vermutlich nur etwa 70% des heutigen Wertes, im Unterproterozoikum mag sie sich dem heutigen Wert von täglich weltweit 3 x 10^{15} kWh schon weitgehend genähert haben. Die Verdunstung eines Liters Wasser erfordert 0,7 kWh. Eine normale Gewitterwolke enthält etwa 100 000 t Wasser; die hierfür benötigte Verdunstungsenergie beträgt also 70 Mio. kWh! Berücksichtigt sind hierbei nicht die noch größeren Energiemengen, die als Wind im Bereich des Gewitters frei werden, oder die erforderliche Energie, die eine solch große Wassermasse in die für Gewitterwolken typischen Höhen von ca. 8000 m transportiert.

Fossile Tropfen im Sand Südafrikas

1800 Mio. Die ersten erhaltenen Regentropfenabdrücke stammen aus den Waterberg-Schichten in Transvaal (Südafrika). Treffen große Regentropfen auf Sand oder feuchten Schlamm, dann hinterlassen sie kraterförmige, rundliche Eindrücke. Besonders gut bleiben sie in trockenen Klimazonen erhalten, in denen sie heiße Winde schnell aushärten lassen.

Die Größe der fossilen Tropfenspuren ist dieselbe, wie sie bei heutigen Niederschlägen in Tropengebieten beobachtet wird: 5 bis 6 mm. Das ist ein Hinweis darauf, daß auch die Dichte der Atmosphäre mit den heutigen Gegebenheiten vergleichbar ist.

Regenwolken transportieren Wasser aus Meeresgebieten in das Binnenland und geben es in Bergregionen, wo es zu Steigungsregen kommt, wieder ab.

Erste Eiszeiten verändern das Gesicht der Erdoberfläche

2500–1900 Mio. Die Luft- und Bodentemperatur auf der Erde ist so weit gesunken, daß Wasser zu Eis erstarren kann. Zu den Ursachen dieses Temperaturabsinkens gehören nicht zuletzt die veränderte Zusammensetzung der Atmosphäre und das damit in Zusammenhang stehende geänderte Strahlungsgleichgewicht. In Kanada setzen weiträumige Vereisungen ein (»Huronische Eiszeit«), die bis vor etwa 2 Mrd. Jahren andauern. Vor rund 1,9 Mrd. Jahren deuten kennzeichnende Gesteinsablagerungen (Tillite) auf eine weitere Vereisung in Südafrika hin. Außerdem weisen auch Schleifspuren auf Gesteinen, die durch die Fließbewegung von Gletschern eingekritzt worden sind, auf Vereisungen hin. Und schließlich entstehen während bedeutender Vereisungen noch die sogenannten Warvite oder Warvenschiefer als weitere Zeugen dieser Kälteperiode. Diese glazialen Bändertone sind sehr regelmäßige, fein geschichtete Sedimente aus hellen Feinsand- und dünneren dunklen Tonlagen, die sich in Schmelzwasserseen vor der Gletscherstirn ansammeln. Sie lassen sich oft zu geologischen Altersbestimmungen heranziehen, denn je eine dunklere (Winter-) plus eine hellere (Sommer-) Schicht von zusammen bis zu 10 mm Stärke entsprechen den Ablagerungen eines Jahres (= eine Warve).

All diese Klimahinweise finden sich gemeinsam in der nordamerikanischen Gowganda-Gesteinsserie, der sogenannten Cobalt-Gruppe des Huron. Diese geologische Provinz läßt sich vom Huron-See über Cobalt und Noranda bis zum Chibougama-See verfolgen, erstreckt sich also über ein Gebiet von mehr als 800 km Ausdehnung. Die bezeichnenden Gesteinshorizonte sind hier teilweise mehrere hundert Meter mächtig. Damit ist die Huronische Eiszeit eine der ganz großen Eiszeiten der Erdgeschichte.

Etwa zeitgleich mit dieser kontinentalen Vereisung bilden sich sehr wahrscheinlich auch in Südafrika – im Witwatersrand-Gebiet – große Vergletscherungen. Im Gebiet von Transvaal (Südafrika) sind vor etwa 1900 Mio. Jahren die sogenannten Griquatown-Tillite weit verbreitet. Zusammen mit den hier vorkommenden gekritzten Geschieben deuten sie ebenfalls auf eine großräumige Vereisung hin. Allerdings wird diese wohl zeitlich kürzer gewesen sein als die Huronische Eiszeit.

Merkmale der Tillite

Tillite sind verfestigte Moränengesteine, wie sie Gletscher transportieren. Typisch ist für sie, daß die Gesteinsbrocken, aus denen sie sich zusammensetzen, weder eine Größensortierung noch Anzeichen einer Schichtung zeigen. Zusammen mit anderen ungeschichteten und unklassierten Sedimenten werden sie von den Geologen als Diamiktite bezeichnet. Innerhalb dieser sind sie oft nur schwer eindeutig zu bestimmen. Auf ihre Herkunft durch Gletschereinwirkung weisen u. a. Kantenrundungen und Kritzspuren vom Transport über festen Untergrund hin, wie es für »Gletschergeschiebe« üblich ist. Gelegentlich zeigen sie Facettenform.

Erstmals ist es so kalt auf der Erde, daß Wasser zu Eis erstarrt. Damit entsteht eine neue geologische Komponente: Umfangreiche Eisbildung läßt den Meeresspiegel sinken, Eis verfrachtet Gesteine und Sedimente und formt in charakteristischer Weise die Erdoberfläche. Auch die Wärmeabstrahlung verändert sich.

Bei niedrigen Temperaturen bedeckt Gletschereis das Festland

Bizarre Gebilde des »Pfannkucheneises« treiben auf dem Meer.

Goldbrocken im Gletscherschutt

2500–2000 Mio. *In Südafrika enthält die Witwatersrand-Formation Sedimente mit Tillit-Charakter. Diese ungeordneten Gesteinsverbände bilden fest verbackene Zusammenballungen von Brocken verschiedener Größe und verschiedenen Materials. Sie sind wegen ihrer abbauwürdigen Goldvorkommen berühmt.*

Zugleich kommen sogenannte Seifen vor. Das sind örtliche Anhäufungen von spezifisch schweren oder besonders widerstandsfähigen Mineralmassen in Sedimenten aus Verwitterungsmaterial. Durch Sortierung bei Stofftransporten (z. B. in Gletscherflüssen) werden sie angereichert. In Südafrika führen sie Pyrit und Uraninit.

Die Wanderung der Gletscher

2500–1900 Mio. *Die Bewegungsrichtung der unterproterozoischen Gletscher – und damit das Fortschreiten der Vereisungen in einzelnen Eisvorstößen dieses Zeitraums – läßt sich nicht leicht bestimmen. Wichtig sind die Richtung der Gletscherschrammungen des Untergrundes und der Längsachsen länglicher Geschiebebestandteile. Beide verlaufen zumindest im Zentrum großer Gletscher meist parallel zur Strömungsrichtung; in den Randgebieten können sie auch senkrecht dazu orientiert sein. Aus verschiedenen Schrammenrichtungen im Gletscheruntergrund darf man aus diesem Grund nicht unbedingt auf mehrere unterschiedlich alte Vereisungen schließen.*

Wenig Sauerstoff und Ozon in der Erdatmosphäre

1800 Mio. Form und Größe der ersten erhalten gebliebenen Regentropfenabgüsse in Transvaal (→ S. 36) deuten darauf hin, daß Dichte und Druck der Atmosphäre bereits den heutigen Verhältnissen entsprechen. Allerdings gibt es in der chemischen Zusammensetzung insofern bedeutende Unterschiede, als der Sauerstoffanteil noch wesentlich geringer und dafür der Kohlendioxidgehalt größer ist. Zudem fehlt in hohen Schichten weitgehend Ozon, was zur Folge hat, daß lebensfeindliches UV-Licht die Atmosphäre leichter durchdringt. Aus diesem Grund können Organismen vorläufig nur im Schutz des UV-Licht filternden Wassers existieren.

Aufgrund verschiedenen physikalischen Verhaltens teilen Geophysiker die Gesamtatmosphäre grob in die Troposphäre (Wetterzone, bis ca. 16 km Höhe), die Stratosphäre (ca. 16 bis 50 km Höhe), die Mesosphäre (ca. 50 bis 80 km Höhe), die Thermosphäre oder Ionosphäre (ca. 80 bis 140 km) und ab deren Obergrenze die Exosphäre ein.

Die gesamte Masse der Atmosphäre beträgt 5,1 x 10^{15} t (5,1 Billiarden t); das ist nicht ganz ein Millionstel der Masse des Erdkörpers. In 1 cm^3 Luft am Erdboden befinden sich rund 27 Trillionen Gasmoleküle. Wären sie in regelmäßigen Abständen angeordnet, so kämen auf 1 cm Länge 3 Mio. Sie liegen aber keineswegs ruhig – das wäre erst beim absoluten Temperaturnullpunkt der Fall –, sondern bewegen sich regellos durcheinander. Dabei erreichen sie Geschwindigkeiten bis zu 500 m/s, was der Geschwindigkeit von Geschossen entspricht. Doch liegt ihre Weglänge im Durchschnitt bei nur etwa 1/100 000 cm, dann stoßen sie mit einem anderen Molekül zusammen und können ihre Richtung ändern. Pro cm^3 Luft und Sekunde kommt es zu 5 Mrd. Zusammenstößen. Die mittlere freie Weglänge, die ein Gasmolekül zwischen zwei aufeinander folgenden Zusammenstößen mit anderen Molekülen zurücklegt, beträgt in 100 km Höhe 2 cm, in 300 km Höhe 1 km, und von etwa 400 km Höhe ab ist sie so groß, daß nach oben fliegende Atome oft überhaupt kein anderes Atom mehr treffen. Überschreitet ihre Geschwindigkeit dann die sogenannte Entweichgeschwindigkeit von der Erde (11 km/s), was bei leichten Atomen (z. B. Wasserstoff) vorkommt, gehen sie der Erde verloren. Diese Grenzzone nennt man deshalb Exosphäre. An ihrem äußeren Rand besteht sie aus Wasserstoff.

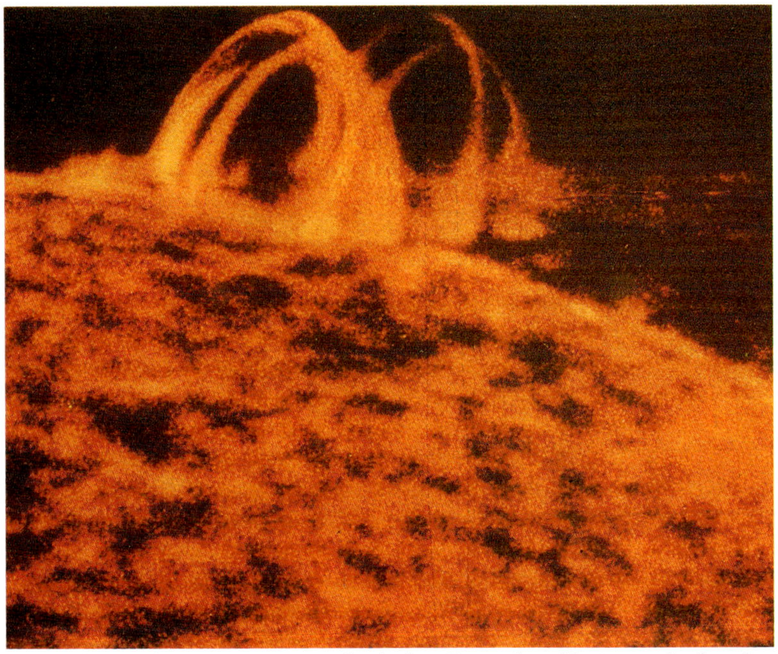

UV-Licht von der Sonne – atmosphärisches Ozon absorbiert es weitgehend.

Luftdruck auf der Erde

Der Luftdruck auf die Erdoberfläche beträgt rund 1 kg/cm^2 (= 1 bar = 1000 Hektopascal). Wäre die Luft in allen Höhen gleich dicht, dann entspräche das einer Mächtigkeit der Atmosphäre von 8000 m; denn die Dichte der Luft auf Meereshöhe liegt bei einer Temperatur von 0 °C bei 1,29 g/l. Da die unteren Luftschichten aufgrund der über ihnen liegenden Luftmassen aber wesentlich dichter sind als die höheren, gibt es in der Realität keine homogene Atmosphäre. Als Faustformel gilt: Der Luftdruck verringert sich pro 5 km Höhe jeweils auf die Hälfte.

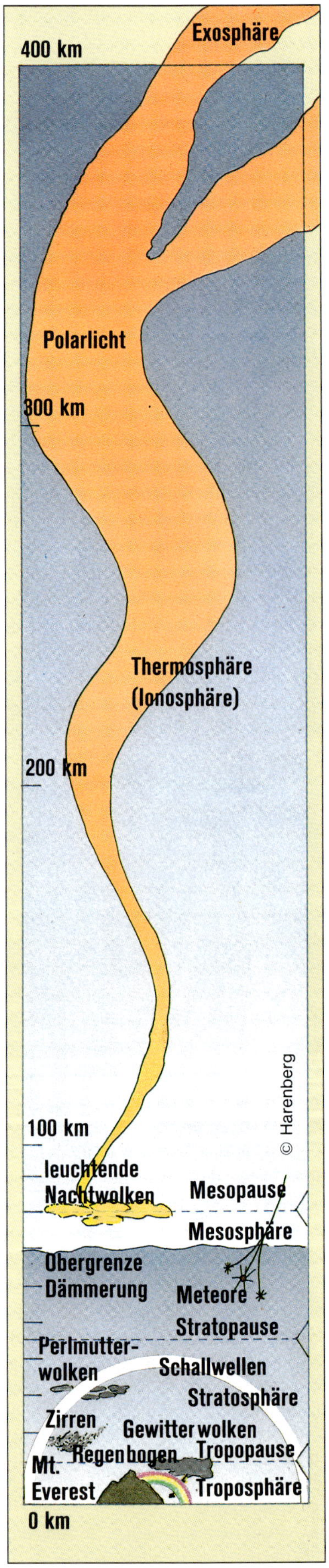

Streitfrage:

War es in der Erdfrühzeit wärmer oder kälter als heute?

Für die Temperaturverhältnisse in der Atmosphäre ist u. a. die Intensität der Sonneneinstrahlung entscheidend. Sie beträgt heute an der Atmosphärenobergrenze im Mittel 1,36 kW/m^2. Darüber, ob dieser Wert seit dem Präkambrium bis heute gleich geblieben ist, gehen die Lehrmeinungen erheblich auseinander. Pascual Jordan (1966) und andere setzen aufgrund der von Paul A. M. Dirac gelehrten zeitlichen Abnahme der Gravitationskonstante (g) eine langsame Abkühlung der Sonne voraus. Andere Geophysiker wie Alfred E. Ringwood (1961) und E. J. Öpik (1965, 1969) nehmen dagegen eine langsame Zunahme der Sonnenstrahlung an. Im ersten Fall ließe sich also für das Präkambrium ein wärmeres Klima als heute erwarten, im zweiten Fall ein kühleres mit großräumigen Vereisungen. Jakob Steiner (1967) hat die Hypothese von Jordan/Dirac mit der Rotation der Milchstraße kombiniert und nimmt für periodisch ca. alle 280 Mio. Jahre eine besonders kleine Gravitationskonstante und eine entsprechend geringe Sonnenstrahlungsintensität an. Diesem zeitlichen Abstand entsprechen in der Tat etwa die irdischen Eiszeitalter (Oberproterozoikum, Permokarbon, Quartär).

1700–900 Mio.
Das Mittelproterozoikum

1700 Mio. Die Bildung des Westafrikanischen Kratons und des Kongo-Kratons ist abgeschlossen. Kratone sind starre Schollen im Bereich der Erdkruste.

In der Gunflint-Gesteinsformation am Oberen See und in der Belcher-Gesteinsgruppe im Gebiet der Hudson-Bay (beide Nordamerika) fossilisieren zahlreiche Mikroorganismen. → S. 40

1700–1100 Mio. Die geologischen Verhältnisse begünstigen die Entstehung von Eisen-Titan-Vanadium-Lagerstätten. → S. 44

1700–900 Mio. Wie schon im Unterproterozoikum entstehen in aller Welt sogenannte pegmatitische Lagerstätten. Pegmatite sind großkörnige magmatische Gesteine, die aus einer an flüchtigen Bestandteilen reichen Restschmelze glutflüssigen Tiefengesteins erstarren. Ihre wichtigsten Erzbestandteile sind u. a. Zinn, Tantal und Niobium. → S. 44

Infolge der Assimilation von Mikroalgen erhöht sich der Sauerstoffgehalt der Atmosphäre. Gegen Ende des Mittelproterozoikums entspricht er allerdings erst etwa 0,1% des heutigen Wertes von 20,95% Volumenanteilen. → S. 40

1650–1500 Mio. Bei Dehnungsprozessen in der Erdkruste kommt es in Europa wiederholt zu kräftigem Spaltenvulkanismus.

1600 Mio. Die Bildung des Raumes Nordschottlands mit den Hebriden als Inselgruppe und einem schmalen Festlandstreifen im äußersten Nordwesten ist abgeschlossen. → S. 42

1570–1260 Mio. Die Faltengebirge der Gotiden entstehen im äußersten Südwesten des Fennoskandischen Schildes. → S. 42

Um 1500 Mio. Verschiedene Gebirgsbildungsphasen spielen sich ab: Die uyborgianische, elsonische, kilarneische und die hudsonische. → S. 42

Existierten bisher nur Organismen mit Zellen ohne Zellkern (Prokaryota), so treten im Mittelproterozoikum erstmals Lebewesen mit einem Kern (Eukaryota) auf. Er enthält die genetische Information. Damit tritt die geschlechtliche Fortpflanzung neben die Vermehrung durch Abschnürung und Knospung. Fortan entstehen nicht nur Tochtergenerationen mit stets gleichbleibendem Erbgut, sondern die Erbanlagen beider Elternteile können sich in unterschiedlicher Weise miteinander kombinieren. Die Weiterentwicklung des Lebens erhält auf diese Weise einen bedeutenden Impuls. →S. 39

Als erste Vertreter von Organismen, die wahrscheinlich den Schwämmen (Porifera) zuzuordnen sind, erscheinen in Ostsibirien, Nordamerika (Grand Canyon), Zentralafrika und wahrscheinlich auch in der Bretagne kieselige Schwammnadeln. → S. 41

1500–1150 Mio. Der Südwesten Schwedens sowie westöstlich orientierte Gebiete im europäischen Teil der Sowjetunion entstehen. → S. 42

1400 Mio. Die sogenannten prikameischen Faltengebirge entstehen.

1300–700 Mio. Die geologischen Verhältnisse begünstigen in vielen Gebieten der Erde die Entstehung von Kupferlagerstätten in Sedimentgesteinen. → S. 44

1200–950 Mio. Auf allen Kontinenten spielt sich eine intensive Umwandlung von vulkanischen, plutonischen und Sedimentgesteinen in Granit (Granitisation) ab. → S. 43

1150 Mio. In Finnland fossilisiert ein als Corycium enigmaticum bekannter Organismus. Möglicherweise handelt es sich um eine Algenart.

1150–450 Mio. Im äußersten Westafrika sowie westlich, südlich und östlich des Kongogebietes kommt es zu Faltengebirgsbildungen. → S. 43

1150–300 Mio. Zwischen den nord- und mittelafrikanischen Kontinentalschollen sowie im Osten Afrikas und auf Madagaskar spielen sich bedeutende Gesteinsumwandlungen durch Einwirkung von Wärme und/oder hohen Drücken ab. Das Gestein wird dabei scheinbar »verjüngt« (sog. Rejuvenation). → S. 43

1100–900 Mio. Das Gebiet um den Njemen (nördlich der Pripjet-Sümpfe) sowie das südlichste Norwegen entstehen. → S. 42

1100–600 Mio. Die Gebirge der Riphäiden in West- und Mitteleuropa sowie in Sibirien entstehen. → S. 42

Um 1000 Mio. In Zaire und Sambia bilden sich im sogenannten Kupfergürtel bedeutende Lagerstätten mit Kobalt, Kupfer und Uran. →S. 44

Der ursprünglich hohe Kohlendioxidgehalt der Atmosphäre ist in etwa auf seinen heutigen Wert abgesunken. → S. 40

Es kommt erneut zu einer Phase bedeutender Faltengebirgsbildungen. Die sogenannten kibaranischen, grenvillischen und elzevitinischen Gebirgsketten entstehen. → S. 42

900 Mio. In den Sedimenten der Bitter-Springs-Formation in Südaustralien fossilisieren nicht weniger als 50 verschiedene Arten von Kleinlebewesen, darunter zahlreiche mit echtem Zellkern. → S. 40

Wahrscheinlich entwickeln sich bereits gegen Ende des Mittelproterozoikums erste einfache Nesseltiere. Sie werden unter der Gattung Brooksella zusammengefaßt. Früheste Abdrücke dieser Tiere finden sich in präkambrischen Gesteinen Nordamerikas. Mit Sicherheit belegt sind sie vor etwa 800 Mio. Jahren → S. 41

Erste Organismen mit Kern

1500 Mio. Die ersten sogenannten Eukaryoten (griech. karion = Nuß, Kern), also Lebewesen mit echten Zellkernen, entwickeln sich. Im Gegensatz zu den bisherigen sogenannten Prokaryoten oder anderen Blau-Grünalgen (→ S. 40) und Bakterien (→ 2300 Mio./S. 33), deren Zellorganismen keinen Zellkern besitzen, deren genetische Substanz also nicht durch eine Kernmembran vom Zytoplasma (Zellflüssigkeit) getrennt ist, entstehen so Organismen mit völlig neuen Zellstrukturen. Zunächst sind das noch Einzeller. Aber ihr Zellbauplan ist die Basis aller vielzelligen Organismen. Die eukaryotische Zelle besitzt ein etwa 100mal so großes Volumen und einen wesentlich komplizierteren Aufbau als die kernlose Zelle (→ 2300 Mio./S. 33). Ihre gesamte genetische Information (Genom) basiert auf einer Vielzahl von Chromosomen (DNA-Stränge).
Im Unterschied zu den Prokaryoten befindet sich im Zytoplasma der Eukaryoten eine Reihe von Membransystemen und von einfachen oder sogar doppelten Membranen umgebenen sogenannten Organellen. Das sind Räume für spezielle Stoffwechselleistungen (u.a. auch der Sitz des Atmungssystems, bei Pflanzen des Photosyntheseapparates und der Stärkebildner). Sie belegen eine erheblich höhere Arbeitsteiligkeit der eukaryotischen gegenüber der prokaryotischen Zelle.

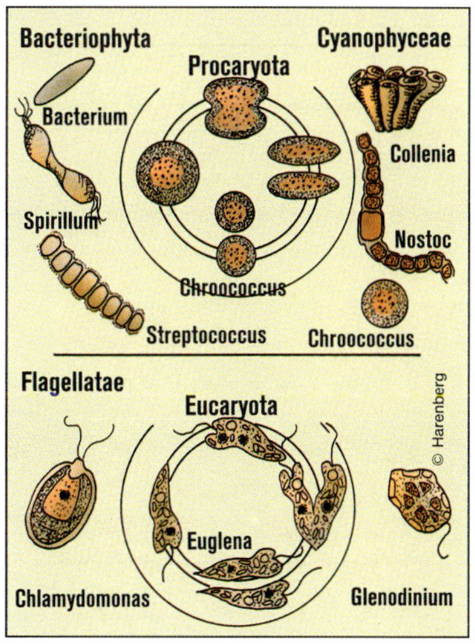

Die sexuelle Vermehrung

1500 Mio. Mit dem Auftreten der ersten Organismen mit echtem Zellkern (Eukarioten, s. o.) sind zum ersten Mal die Voraussetzungen für die sexuelle Fortpflanzung der Lebewesen und damit auch eine der wichtigsten Grundlagen der Evolution (→ S. 95) gegeben.
Die sexuelle Vermehrung ist deshalb das biologisch bedeutendste Phänomen innerhalb der belebten Welt, weil durch sie das Erbgut der Individuen ständig neu gemischt wird und sich in den Nachkommen neu kombinieren kann. Damit ist die genetische Veränderbarkeit der Nachkommenschaft gesichert.
Statt der üblichen Teilung des Zellkerns (Mitose) teilt sich zu diesem Zweck der normale doppelte Chromosomensatz (diploid) auf zwei Tochterzellen mit jeweils einfachem (haploiden) Chromosomensatz auf (Meiose). Diese reduzierten Geschlechtszellen sind bei höher entwickelten Organismen in »männliche« Spermatozoiden und »weibliche« Eizellen differenziert. Bei der Befruchtung verschmelzen zunächst ihre Plasmakörper, dann als ganz wichtiges Ereignis die beiden Geschlechtskerne. Diese vereinen sich zu einem sogenannten Zygotenkern, der jetzt wieder in einem doppelten (diploiden) Chromosomensatz sowohl den vollständigen Satz der Vater- wie der Mutterzelle enthält. Dieser befruchtete Eikern besitzt damit beide Erbanlagensätze, aber nicht jeden vollständig, sondern in bezug auf die genetischen Merkmale neu kombiniert.

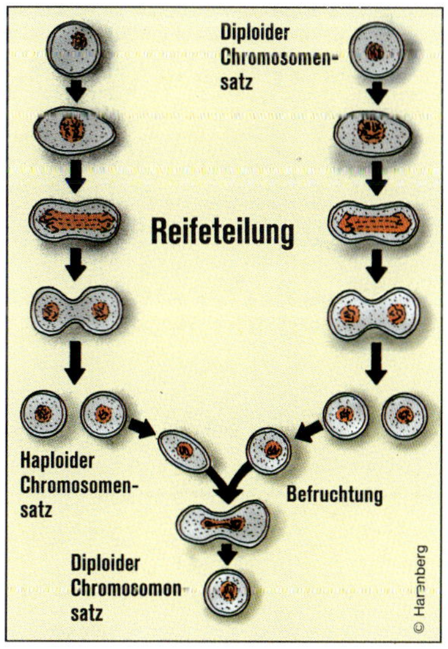

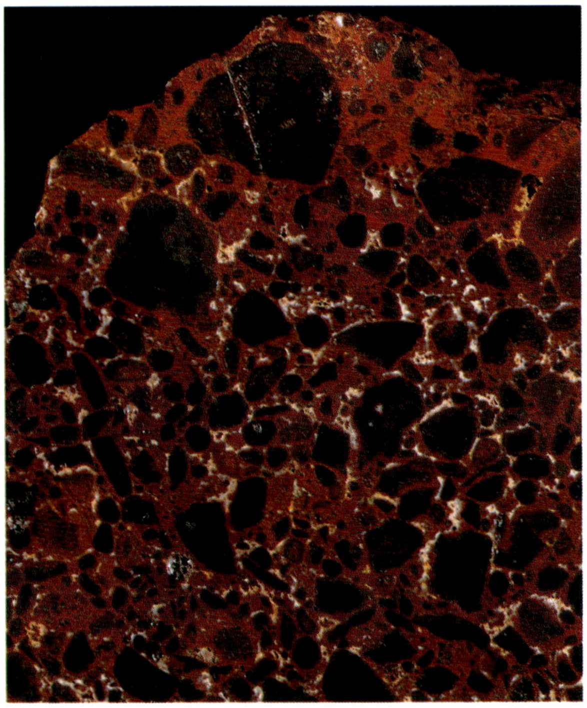
1700 Mio. Jahre altes Eisenerz aus der Gunflint Formation

Stromatolith aus der Bitter-Springs-Formation (Australien)

Weltweit zahlreiche neue Kleinlebewesen

1700–900 Mio. Beruhte die Welt der Organismen bisher nur auf wenigen Bauplänen der Natur, so setzt mit der Möglichkeit geschlechtlicher Vermehrung (→ S. 39) ein sprunghafter Anstieg der Variationsmöglichkeiten ein. Damit verbunden ist eine Ausweitung der Artenvielfalt und die Eroberung weiterer Lebensräume.

Heute sind aus dem mittleren Proterozoikum mehrere Dutzend Fundplätze von Lebewesen in aller Welt bekannt. Zu den bedeutendsten Gebieten gehören zunächst die Gunflint Formation am Oberen See und die Belcher-Gruppe der Hudson Bay (beide Nordamerika).

Hier mögen die ersten Vorstufen zur Entwicklung eukaryotischer Zellen (→ S. 39) zu suchen sein. Vermutlich waren das große, ohne Sauerstoff lebende kernfreie Zellen, die in Symbiose mit kleineren, zur Photosynthese (→ S. 26) fähigen Zellen lebten oder bei Sauerstoffzufuhr solche lebenden kleineren Zellen in sich aufgenommen haben.

Zu der artenreichsten Fundstelle des Mittelproterozoikums gehört die Bitter-Springs-Formation in Südaustralien. Sie ist rund 900 Mio. Jahre alt und enthält bereits ca. 50 verschiedene Arten von Kleinlebewesen, neben kernlosen Blau-Grünalgen (Cyanobakterien) auch Grünalgen und möglicherweise Rotalgen, vielleicht sogar bereits einfache Pilze. Daneben kommen fadenförmige, photosynthetisch nicht aktive Bakterien vor. Im Gegensatz zu den ältesten Formationen lassen sich in den Grünalgen dieser Region schon zahlreiche spätere Formen erkennen. Man kann sie bereits als moderne Algengemeinschaft ansehen.

Zur Bitter-Springs-Zeit existieren vermutlich auch bereits die allerersten vielzelligen Tiere (Metazoen).

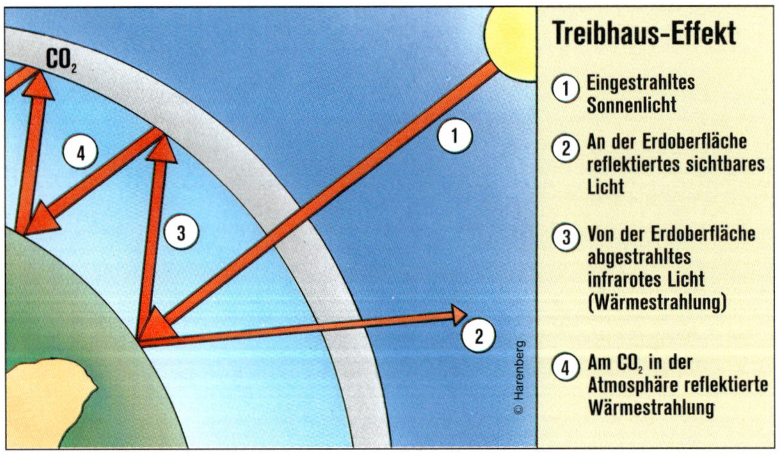

Kohlendioxidpegel erheblich gesunken

1000 Mio. Das Kohlendioxid, dessen Anteil an der Atmosphäre zu Beginn des Archaikums (4000–2500 Mio.) noch sehr hoch war, hat sich im Verlauf von 3 Mrd. Jahren zum großen Teil im Wasser der Meere gelöst oder ist dort weitere chemische Verbindungen eingegangen. Auch die rapide zunehmenden photosynthetisch tätigen (→ S. 26) Organismen bewirken einen, wenn auch vergleichbar geringfügigen CO_2-Abbau. Vor rund 1 Mrd. Jahren erreicht der Kohlendioxidpegel bereits in etwa den heutigen Wert von 0,03 Volumen- bzw. 0,04 Gewichtsprozent. Das sichert neben anderen Faktoren ein für das Leben relativ günstiges Klima. Ein weitaus höherer CO_2-Gehalt würde zum »Treibhauseffekt« führen, wie etwa auf der 470 °C heißen Venus.

Sauerstoff in der Atmosphäre

Der heutige Sauerstoffgehalt der Atmosphäre liegt bei 20,95% Volumen- bzw. 23,15% Gewichtsanteil. Vor etwa 2 Mrd. Jahren betrug der Sauerstoffanteil nur 0,1%. Durch photosynthetisch tätige Organismen (→ S. 26) stieg er in der Folgezeit rasch an: Am Ende des Mittelproterozoikums, also vor rund 900 Mio. Jahren, lag er schon bei fast 1% des heutigen Wertes, und bis zum Ende des gesamten Proterozoikums, vor 590 Jahrmillionen, dürften etwa 20% überschritten worden sein.

Dem atmosphärischen Sauerstoff kommt für das Leben eine dreifache Bedeutung zu: Zum einen ist er zunächst durch seine oxidierende Wirkung eine tödliche Gefahr für jede Zelle, gegen die Schutzmechanismen entwickelt werden müssen. Weiter ist er maßgeblich am Stoffwechselgeschehen beteiligt, und außerdem erweist er sich als effizienter Strahlenschutz, weil er als einziges Gas der Atmosphäre die auf Organismen tödlich wirkenden ultravioletten Strahlen (UV) abschirmt. Letzteres gilt besonders für die energiereiche Sauerstoffvariante Ozon (O_3), die sich vor allem in einer atmosphärischen Schicht zwischen 20 und 30 km Höhe anreichert. Bevor sich dieser Schutzschild entwickelte, war Leben meist nur in Wassertiefen ab rund 10 m möglich.

In sauerstoffreicher Umgebung wird organische Substanz oxidiert, bei Lebewesen also zur Energiegewinnung veratmet oder verwest. Die Möglichkeit zur Atmung und Verwesung (aerober Stoffwechsel) ist gegeben, sobald die Sauerstoffkonzentration das sogenannte Pasteur-Niveau (etwa 1% des heutigen Wertes) übersteigt. Diese Voraussetzung traf allmählich im Laufe der zweiten Hälfte des Proterozoikums (1200–590 Mio.) ein. Organismen, die den aeroben Stoffwechsel beherrschen, sind den Anaerobien überlegen, u. a. weil sie mehr energiereiche Phosphate durch den oxidativen Abbau des Traubenzuckers gewinnen.

Frühformen tierischen Lebens erscheinen

1500 Mio. Als frühe Formen tierischen Lebens sind Fossilien aus dem Stamm der Schwämme nachweisbar. Das sind marine, festsitzende mehrzellige Tiere, deren Bauplan auf das Hereinstrudeln und Aufnehmen kleinster Nahrungspartikel ausgerichtet ist. So findet man in Ostsibirien und im Gebiet des nordamerikanischen Grand Canyon (Colorado) einfache kieselige Schwammnadeln (Gattung Tyrkanispongia). Sie sind wahrscheinlich die allerersten Formen des noch heute vertretenen Stammes der Parazoa und existieren vielleicht schon Hunderte von Millionen Jahren, bevor im Paläozoikum (ab 590 Mio.) die rapide Differenzierung des tierischen Lebens einsetzt. Typisch für die zelluläre Organisation der Schwammnadeln und auch späterer Schwämme ist, daß sich die am Meeresboden festsitzenden Tiere ohne weiteres aus Teilstücken regenerieren und daß mehrere Einzeltiere zu einem einzigen verschmelzen können.

In zentralafrikanischen Gebieten derselben Ära existieren Organismen, die große Ähnlichkeit mit den heutigen Kalkschwämmen zeigen, und in der Bretagne kommen kalkige Nadeln vor, die sich wohl der sehr alten Gattung Eospicula zuordnen lassen. Neben den genannten Parazoa gehören noch die Mesozoa und die Eumetozoa als Gruppen zu dem Reich der mehrzelligen Tiere (Metazoa). Die äußerst einfach aufgebauten winzigen Mesozoa, die nur wenige verschiedene Zelltypen besitzen, lassen sich fossil nicht nachweisen. Ihr erstes Auftauchen ist also nicht bekannt. Eumetazoa sind höher entwickelte Tierformen mit differenziertem Gewebe.

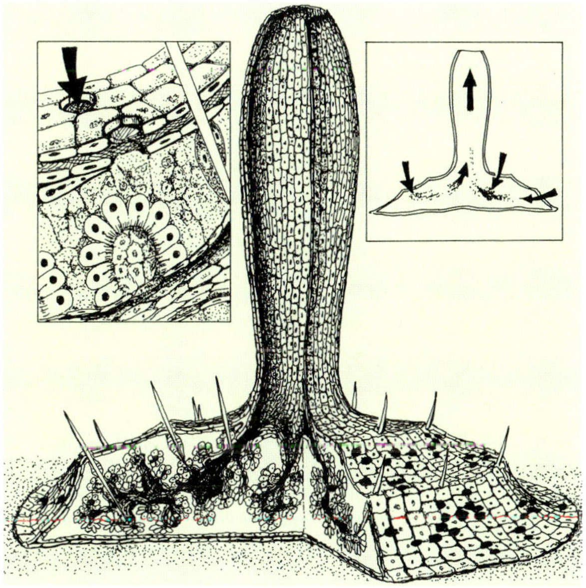

Schematische Darstellung eines Schwammes. Das Bild in der Mitte zeigt den Körper mit seinem zentralen Hohlraum. Links oben: Schnitt durch die Wandung des Hohlkörpers mit zwei Poren oder Einströmöffnungen (Pfeil). Rechts oben: Darstellung des Atemwasserstroms von den Poren bis zur Ausströmöffnung.

Kieselnadeln, die Skeletturformen

Die weichen Zellaggregate der Schwämme werden durch ein äußerst einfach gebautes Innenskelett gestützt. Es besteht aus einzelnen kalkigen oder kieseligen Schwammnadeln (Megaskleren), die sich zu netzartigen Strukturen zusammenschließen können. Außerdem enthält der Körper bei einzelnen Gruppen weitere, wesentlich kleinere Nadeln (Mikroskleren). Solche Stützelemente lassen sich als erste Form einer Skelettbildung auffassen.

Nach dem Tod der Organismen fallen die Nadeln, die frei im Körper sitzen, auseinander. Die ursprüngliche Körperform wird so in der Regel nicht fossil überliefert, es sei denn, die einzelnen Nadeln verwachsen miteinander zu einem starren Skelett. Typische Unterschiede bestehen im Material: Es gibt kieselige Nadeln, Calcitnadeln und Fasern aus Spongin, einer festen organischen Substanz.

Erste einfache Nesseltiere leben in den Weltmeeren

900 Mio. Die ersten einfachen Formen der Nesseltiere entwickeln sich. Fossil sind sie mit Sicherheit vor 800 bis 700 Mio. Jahren belegt (→ S. 59). Die frühesten Abdrücke finden sich in den präkambrischen Gebieten Nordamerikas.

Die Nesseltiere (Cnidaria) sind ein Unterstamm der sogenannten Hohltiere (Coelenterata), zu denen u. a. auch die Korallen gehören. Ihre Eigenart ist die Ausbildung von Nesselzellen (Cniden oder Nemotocysten) in ihrer Außenhaut, die dem Schutz und dem Beutefang dienen.

Die Nesseltiere leben untermeerisch einzeln oder in Kolonien. Grundsätzlich können sie sich ungeschlechtlich (durch Kolonienbildung) oder geschlechtlich vermehren. Bei der geschlechtlichen Fortpflanzung zeigen sie einen sogenannten Generationswechsel, d. h. zwei verschiedene Erscheinungsformen wechseln miteinander ab: Jene von festsitzenden Polypen mit jener frei im Wasser schwebender Medusen (Quallen). Bei verschiedenen Nesseltierklassen ist die Polypen- oder Medusenform stärker ausgebildet, bei manchen fehlt die eine oder andere Form ganz. Von den primitiven Nesseltieren, die schon im Präkambrium auftauchen, sind nur Abdrücke der Medusenform bekannt, scheibenförmige, tentakellose Schirme. Man hat die Funde dieser Art unter der Gattung Brooksella in der als Protomedusae (»Vormedusen«) eingestuften Klasse der Nesseltiere zusammengefaßt. Nach dieser sehr frühen Form tauchen die eigentlichen Nesseltiere mit den Klassen Scyphozoa und Hydrozoa (→ 590 Mio./S. 62) erst im Kambrium (590–500 Mio.), mit der Klasse Anthozoa erst im Ordovizium (500–440 Mio.) auf. Im Vergleich zu den Schwämmen, die zu den Parazoa (→ 590 Mio./S. 59) gehören, sind selbst die einfachsten Medusen wesentlich höher entwickelte Organismen. Sie verfügen schon über einen Verdauungsschlauch und einige auf bestimmte Funktionen spezialisierte Zellgruppen, also echte Organe.

Medusen sind fossil nur selten erhalten: Hier eine Qualle (Rhizostomites admirandus) aus dem Oberjura.

Auch dieser versteinerte Abdruck eines Hohltieres stammt aus dem Oberjura von Solnhofen.

Neue Gebirgsketten von Nordamerika bis Sibirien

1570–600 Mio. Wiederholt kommt es zu Phasen intensiver Faltengebirgsbildung (Orogenese, → S. 29). Während des ersten der vier Hauptabschnitte heben sich im äußersten Südwesten des fennoskandischen Schildes die Gebirgsketten der Gotiden empor. Sie bauen sich aus Gneisen (→ S. 19), Quarziten (→ 2000 Mio./S. 34), Grauwacken (→ 460–440 Mio./S. 90) und anderen – z. B. karbonatischen – Gesteinen auf, die vielfältig von erstarrten magmatischen Massen durchsetzt sind.

Im zweiten Abschnitt kommt es zu Auffaltungen vor allem in Nordamerika (Grenville), auf der osteuropäischen Plattform, im östlichen Mitteleuropa, in Sibirien und in China.

In der dritten Phase setzen sich die Gebirgshebungen in Nordamerika (Grenville) fort, und zugleich spielen sich Orogenesen im nordatlantischen, osteuropäischen, nordwest- und mitteleuropäischen (Erzgebirgsgruppe) sowie ostsibirischen Raum ab. Vor 1,1 bis 0,6 Jahrmilliarden falten sich die Gebirge der »Riphäiden« in West- und Mitteleuropa und in Sibirien auf.

Entstehungsarten und Formenvielfalt der Faltengebirge

Bei den weitaus meisten Gebirgssystemen, wie sie im Mittelproterozoikum und zahlreichen anderen Epochen der Erdgeschichte entstehen, handelt es sich um das Ergebnis von Heraushebungen oder Auffaltungen von Krustenteilen und die gleichzeitig damit einsetzende Zerstörung durch mechanische und chemische Abtragungsprozesse. Diesem Gebirgstyp stehen nur die vulkanischen Bergländer gegenüber, die als einzige nur aus primären Gesteinen bestehen. Beide Gebirgstypen zeichnen sich durch beeindruckende Formenvielfalt aus: Vulkanische Berggruppen bilden einzeln stehende Kegel, komplex aufgebaute Stratovulkane, flache weit ausladende Schildvulkane, Vulkanreihen, weitläufig übereinandergestapelte Basaltplateaus usw. (→ 250–210 Mio./S. 194). Faltengebirge entstehen dagegen aus dem Wechselspiel zwischen Faltung, verbunden mit tektonischer Hebung, und fortwährender Abtragung der Gebirgsmassen. Der Formenreichtum ergibt sich aus der Art der Auffaltung, Deckenüberschiebungen, einfacher Hebung ohne Faltung, Intensität und Dauer der Hebung, Landschaftsform vor der Hebung usw. Daneben ist das Erscheinungsbild u. a. abhängig von der Art der gehobenen Gesteine, der erreichten Höhe und der Klimazone.

Eine Einteilung der Gebirge kann in verschiedener Weise erfolgen. Am häufigsten ist wohl die in Hoch- und Mittelgebirge. Bei ihr spielt die absolute Höhe eine untergeordnete Rolle, wichtig ist der Gegensatz der Formen und damit der Unterschied der relativen Höhe zwischen Gebirgsfuß und Gipfelregion. Liegt er (in gemäßigten Breiten) unter etwa 1000 m, dann hat das Gebirge meist Mittelgebirgscharakter mit abgerundeten Gipfeln und breiten, gewölbten Rücken. Bei größeren relativen Höhen wächst die abtragende sogenannte Reliefenergie, es zeigen sich Hochgebirgsformen mit schmalen Graten und schroffen Gipfeln. Ragen die Hochgebirge über die Grenze des ewigen Schnees auf, dann prägen Schnee, Eis und Gletscher das Steilrelief zusätzlich, und es entwickelt sich ein Hochgebirgs-Formenschatz.

Nach der Gestalt der Gipfelregionen unterscheidet man Kammgebirge, Kuppen- und Plateaugebirge. Nach ihrem inneren Aufbau stehen den Kettengebirgen die Massengebirge gegenüber. Sind die ersteren durch Auffaltung und Deckenüberschübe entstanden, so spielen bei den letzteren nur mehr oder weniger vertikale Schollenbewegungen, Brüche oder Verwerfungen und S-förmige Schichtenverbiegungen (Flexuren) eine Rolle. Resultat sind sogenannte Bruch- und Schollengebirge.

Neben einem Landstreifen Nordwestschottlands entstanden die Hebriden.

Die Festlandmasse Südschwedens bildete sich vor etwa 1550 Mio. Jahren.

Bildung der Hebriden abgeschlossen

1600 Mio. Während die Gebiete des osteuropäischen Schildes erdgeschichtlich sehr früh entstanden, existiert West- und Mitteleuropa zu dieser Zeit zum allergrößten Teil noch gar nicht. Das gilt für den gesamten Bereich westlich der Linie Ostpreußen–westliches Schwarzmeer mit Ausnahme Schleswig-Holsteins, Dänemarks, Südwestschwedens und des südlichsten Norwegen. Die letztgenannten Gebiete werden vor 1500 bis 1150 Mio. Jahren Festland. Während das restliche Norwegen, die Britischen Inseln und Island noch fehlen, ist aber vor rund 1600 Jahrmillionen die Bildung des Raumes Nordwestschottlands mit der Inselgruppe Hebriden sowie eines schmalen Festlandstreifens im äußersten Nordwesten bereits abgeschlossen.

Skandinaviens Festlandentwicklung

1500–1150 Mio. Die östlichen Gebiete der skandinavischen Landmasse sowie die Region Finnlands existieren bereits. Reicht die Bildung der nördlichen Gebiete von Kola bis weit in das Archaikum hinein, so entstanden die südwestlichen erst vor rund 1550 Jahrmillionen. Diese skandinavische Festlandentwicklung setzt sich bis ins Mittelproterozoikum fort: In Schweden entstehen das westliche Gotland, in Norwegen in etwa das ganze Gebiet südlich von Oslo, also Rogaland, Vest-Agder, Telemark und Østfold. Gleichzeitig heben sich die dänisch-schleswig-holsteinische Halbinsel und die dänischen Inseln als geschlossene Landmasse aus dem Meer. Im Südosten der Ostsee erhebt sich ein Festlandstreifen, der vom Baltikum bis zum Ural reicht.

Granitbildung auf der ganzen Welt

1200–950 Mio. Überall auf der Welt spielen sich Umwandlungsprozesse ab, bei denen Gesteine in ihrem Mineralbestand und ihrem Gefüge granitähnlich werden.
Granite (→ 3850–3000 Mio./S. 19) können aus flüssigem Magma entstehen, das in die Erdkruste eingedrungen, langsam abgekühlt und dabei grob kristallin erstarrt ist. Sie können sich aber auch innerhalb des festen Gesteins bilden (Granitisation). Dabei kommen verschiedene Mechanismen in Frage:

▷ Die Metasomatose, bei der ein ganzes Gestein oder Teile davon im Austausch durch ein neues Gestein ersetzt werden. Das neue Gestein bildet sich meist durch die chemische Reaktion des Ursprungsgesteins mit einer gelösten Komponente, die durch Wasser oder etwa Heißdampf zugeführt wird.
▷ Aufschmelzen und Umkristallisieren durch benachbarte thermische Prozesse
▷ Die Migmatisation, bei der Gesteine unter hohem Druck und hoher Temperatur in eine breiartige Masse übergehen und auch Stoffe aus ihnen herausgelöst werden können. Danach erfolgt eine Neukristallisation.

Finnischer Granit; man nennt diese sphärische Ausbildung »orbikular«. Sie zeigt deutlich, daß sich der Vorgang der Granitisation durch Aufschmelzen und Umkristallisieren bei langsamer Abkühlung abspielte, so daß sich die einzelnen Mineralkomponenten voneinander trennen konnten.

Alte Gesteine verjüngen sich

1150–300 Mio. Zwischen den nord- und mittelafrikanischen Kontinentalmassen (Kratonen) sowie im Osten Afrikas und auf Madagaskar kommt es zu Gesteins-»Verjüngungen« (sog. Rejuvenationen).
Als Alter eines Gesteins bestimmt der Geologe jenen Zeitpunkt, zu dem dieses aus einer glutflüssigen Schmelze (Magma oder Lava) durch Abkühlen erstarrt ist. In dieser Phase nämlich beginnt eine mit Mitteln der Geochronologie (s. Anhang) erfaßbare kernphysikalische »Uhr« im Gestein zu laufen. Wird das Gestein zu einem späteren Zeitpunkt über eine kritische Temperatur hinaus erhitzt, so wird diese innere Uhr gleichsam wieder auf Null gesetzt, denn mit der Aufschmelzung ändert sich die Struktur. Das Gestein erscheint dann dem Wissenschaftler jünger, als es in Wirklichkeit ist.
Eine großräumige Phase derartiger Rejuvenationen beginnt im Mittelproterozoikum in weiten Räumen Nord-, Zentral- und Ostafrikas und setzt sich bis ins Oberkarbon (um 300 Mio.) hinein fort. Zu der erforderlichen kontinentweiten Erhitzung kommt es allenthalben an den Bruchzonen, an denen sich Teilschollen gegeneinander bewegen.

Tektonische Unruhen auf dem afrikanischen Kontinent

1150–450 Mio. Die gleichen tektonischen Ursachen, die vor ca. 1150 Jahrmillionen dazu führen, in weiten Zonen Afrikas und auf Madagaskar Gesteine zu »verjüngen« (s. o.), leiten um dieselbe Zeit die Bildung mehrerer neuer Gebirgssysteme, aber auch neuer Geosynklinalen (→ 3200 Mio./S. 29) ein.
Die gesamte afrikanische Scholle besteht aus drei oder vier alten Blöcken (Kratonen, → S. 17), deren Gesteine sich zum Teil bereits vor 3,4 Mrd. Jahren bildeten. Im einzelnen handelt es sich um den westafrikanischen Kraton, der von der Südgrenze Marokkos bis zur Nordküste des Golfes von Guinea reicht, den Nil-Kraton mit Schwerpunkt in der Libyschen Wüste, den Kongo-Kraton und den ganz Südafrika einnehmenden Kalahari-Kraton. Diese Blöcke müssen etwa gegen Ende des Archaikums ein zusammenhängendes Ganzes gebildet haben, das dann in mehrere Teilschollen zerfiel. Dieser Prozeß setzt sich auch gegen Ende des Proterozoikums und weit darüber hinaus noch fort. Zum Teil kommt es aber auch bereits zur Auffaltungsphase (→ S. 31), die sich an die Geosynklinalphase anschließt. Mächtige Faltengebirgssysteme entstehen vor allem am Westrand des Westafrikanischen Kratons (Südwestmarokko, Mauretanien, Senegal), an den westlichen und südlichen Rändern Zentral- und Südafrikas, außerdem zwischen Kongo- und Kalahari-Kraton sowie im Gebiet von Simbabwe.

Tektonische Prozesse führen oft zu Verwerfungen und Auffaltungen in der Erdkruste. Hier haben sich ursprünglich flach liegende Sedimente in einer steilen Falte aufgewölbt.

Landschaft in den Hombori-Bergen (Mali) im Gebiet des Westafrikanischen Kratons. So ähnlich könnte diese Region auch während des Proterozoikums ausgesehen haben.

Malachit aus Zaïre; dieses grünliche Kupfermineral entsteht in der Oxidationszone von Kupfererzen.

Kupferlagerstätten in Zaïre und Sambia

1000 Mio. Im Gebiet von Zaïre und Sambia entstehen ausgedehnte, sehr reiche Erzlagerstätten mit Kupfer, Kobalt und Uran. Geologen sprechen vom »Kupfergürtel«.

Die Kupfervorkommen dieser Region sind an bestimmte Sedimentgesteine gebunden. Es handelt sich um sogenannte diagenetische Erzvorkommen. Unter Diagenese versteht man die Umbildung lockerer Sedimente zu festen Gesteinen durch Einwirkung von Druck, hoher Temperatur, chemischer Lösung und Abscheidung usw. Verbunden mit dem Zusammenpressen der Sedimente sind meist das Auspressen von Wasser und Bodenluft.

Die Sedimente, um die es sich im »Kupfergürtel« Afrikas handelt, sind sogenannte Evaporite. Unter Evaporation versteht man Verdampfung, und die hier vorliegenden Gesteinsschichten entstanden in heißem trockenem Klima durch Eindampfen wässriger Minerallösungen. Die Evaporite Zaïres und Sambias sind in erster Linie Gips und Anhydrit. Sie bildeten sich zusammen mit tonigen Sedimenten und Dolomit (→ 2700 Mio./S. 25) vor dem Entstehen der verschiedenen Erzlagerstätten. Die großräumigen Sedimentbecken sanken kontinuierlich ab und wurden zugleich durch feinkörnige, karbonatreiche Tonsedimente wieder aufgefüllt. An den Beckenrändern kam es aufgrund des Absinkens der beachtlichen Sedimentmassen zu Verwerfungen. Wahrscheinlich erfolgt die Metallzufuhr, die für die Entstehung der bedeutenden Erzlager verantwortlich ist, an eben diesen Verwerfungszonen.

Bewegung an den Schollenrändern

1700–1100 Mio. Das tektonisch im Mittel- und Oberproterozoikum so instabile Afrika entwickelt in bestimmten zeitlichen Abschnitten dieser Epoche immer wieder besondere Erzlagerstätten, die direkt mit den Bewegungen an den Schollenrändern zusammenhängen. In diesem Zeitraum sind es besonders Eisen-, Titan- und Vanadiumanreicherungen, die sich in Kalkfeldspat-(Anorthit-)Komplexen ansammeln. Derartige Lagerstätten sind häufig an Riftzonen (→ um 217 Mio./ S. 208), also an Großgräben zwischen den Kontinentalschollen, gebunden. Solche Gräben reichen nicht selten bis in die tiefsten Schichten der Erdkruste, wo es zu Einbrüchen von glutflüssigen Magmen aus dem Erdmantel kommt. In erstarrten Magmalagen finden sich die erwähnten Erzanreicherungen.

Manche besonders heftige Magmadurchbrüche erzeugen regelrechte Durchschlagsröhren (»pipes«). Weil das einen plötzlichen Druckverlust mit sich bringt, kommt es zu Implosionen, die große Mengen Erdkrustengesteine zertrümmern können. Dieses Zertrümmerungsgestein nennt man Kimberlit. Da während der Explosion Temperaturen von über 1600 °C und gleichzeitig Drücke von mehr als 50 kbar auftreten, kann Kohlenstoff als Diamant kristallisieren. In den südafrikanischen Kimberliten sind diese Edelsteine deshalb relativ häufig.

Zinn, Tantal, Niobium, Cäsium – Metalle aus der Tiefe

1700–900 Mio. Im Gegensatz zu erzbildenden Prozessen, die an bestimmte tektonische oder sedimentbildende Vorgänge gebunden sind, gibt es Lagerstättentypen, die sich praktisch zu allen Zeiten, also auch während des ganzen Proterozoikums, in mehr oder weniger gleichem Umfang bilden. Dazu gehören Erzvorräte, die an sogenannte Pegmatite gebunden sind. Das sind groß- bis riesenkörnige Gesteine, die als letzte aus abkühlendem Magma (→ 4000–590 Mio./S. 18) erstarren. Pegmatite bilden sich demnach aus Restschmelzen. Diese enthalten eingesprengt oft zahlreiche Erze. Vertreten sind u. a. solche von Zinn, Tantal, Niobium, Wolfram, Beryllium, Lithium oder Cäsium.

Zinn
In Pegmatiten kommt Zinn (Sn) oft als Zinnoxid (SnO_2), auch Kassiterit, Zinnstein oder Zinnerz genannt, vor. Das Mineral ist schwarz, braun oder gelblich und dabei undurchsichtig bis leicht durchscheinend.

Tantal
Tantal und Niobium verbinden sich mit Eisen oder Mangan zu oxidischen Erzen $(Fe,Mn)(Nb,Ta)_2O_6$. Man faßt diese Minerale – Tantalit und Niobit – als Columbit zusammen, da sie einander nahe verwandt sind.

Niobium
Je nach Zusammensetzung, die auch gemischt sein kann, variieren die Tantal-Niobiumerze im spezifischen Gewicht zwischen 5,2 und 8,1. Auch die Kristallstruktur ist verschieden: Rhombisch, säulig oder dicktafelig.

900–590 Mio.

Das Oberproterozoikum

Um 900 Mio. Allmählich bildet sich der Mechanismus der Plattentektonik heraus, der noch heute das Bild der Kontinente bestimmt. → S. 45

Erstmals treten nachweisbar tierische Einzeller (Protozoa) in Erscheinung. Sie gehören zur Klasse der Wurzelfüßer (Rhizopoda). Vertreter dieser Klasse leben noch heute. → S. 49

900–590 Mio. Erste – noch unbedeutende – Erdöllager entstehen in den Meeressedimenten. → S. 48

In weiten Teilen der Erde bilden sich – unter Beteiligung von Organismen – Kalke und Dolomite. Sie sind Zeugen warmen Klimas. → S. 46

Verbreitet sind Rotsedimente (erstmals treten sie in geringem Umfang bereits vor rund 2000 Mio. Jahren auf). Sie finden sich z. B. in Schottland, Schweden und Vorderindien. Wie die Kalke und Dolomite weisen sie auf warmes, zugleich aber meistens auch auf trockenes Klima hin. → S. 46

In Westafrika, Sibirien, Australien und Nordamerika entstehen in trockenheißen Klimaten Salzlager von bis zu 350 m Mächtigkeit. → S. 46

In Namibia fossilisieren erste mehrzellige Tiere (Metazoa) in Gesteinen der sogenannten Nama-Gruppe. Ähnliche Organismen finden sich in Brasilien im Bereich der La-Tinta-Gruppe. → S. 49

Einen unsicheren Hinweis auf das Auftreten mehrzelliger Tiere geben erste kleine Phosphoritlagerstätten, die sich aus den organischen Überresten der betreffenden Organismen gebildet haben könnten. →S. 48

Als frühe wirbellose Tiere treten solche in Erscheinung, die von einigen Autoren zu den Strahlentierchen (Radiolarien) und Ringelwürmern (Annelida) gerechnet werden.

900–500 Mio. Zwischen den nordischen Kontinentalkernen der Erdkruste und einem großen Südkontinent senkt sich ein Meeresgraben (Geosynklinale) ein, der sich nach und nach mit Sedimenten füllt. → S. 48

850–600 Mio. In den Meeren leben zahlreiche unter dem Begriff »Stromatolithen« zusammengefaßte Cyanophyceen, das sind einzellige bis fadenförmige »Blaualgen« mit der Fähigkeit zur Photosynthese. Sie wachsen in rasenförmigen Kolonien und bauen durch Kalkausfällung knollige Sedimente auf. Daneben kommen Schwämme verschiedener Gattungen und wahrscheinlich schon frühe Vertreter der Hohltiere (Coelenteraten) vor. → S. 49

800 Mio. Erste primitive Gliederfüßer (Arthropoda) treten möglicherweise bereits zu dieser Zeit auf. → S. 50

Im Gebiet des heutigen Bundesstaats der USA, Montana, leben erstmals Armfüßer (Brachiopode); allerdings sind entsprechende Befunde noch unsicher. → S. 50

Eine Phase intensiver Faltengebirgsbildung (Satpura-Orogenese) spielt sich ab. Als sogenanntes Rumpfgebirge ist die Satpura-Kette noch heute in Mittelindien zu finden. → S. 48

800–590 Mio. Weiträumige Vereisungen setzen vor allem auf der Nordhalbkugel der Erde ein. Man nennt die Periode großflächiger Vereisung »eokambrische Eiszeit«. → S. 47

700 Mio. Erstmals lagern sich in trocken-warmen Regionen große Mengen von Gips und Anhydrit und ähnlicher Sulfate ab. Derartige Lagerstätten bilden sich auch in fast allen späteren erdgeschichtlichen Zeiträumen.

In Vulkanregionen sind günstige Voraussetzungen für die Bildung von sogenannten Kieslagerstätten gegeben. Das sind Vorkommen von Metallsulfiden, etwa mit Kupfer, Zink, Blei, Silber und Gold. Solche Erzbildungen kommen während der gesamten weiteren Erdgeschichte vor.

750–700 Mio. In Australien herrscht die Sturt- oder Moonlight-Vereisung.

750–650 Mio. Weite Teile der Erde (Europa, Arktis, Westsahara, Katanga, Südwest-Afrika, China) sind von Gletschern bedeckt. → S. 47

700–600 Mio. In Australien gedeihen in der sogenannten Ediacara-Fauna in Flachmeeresgebieten zahlreiche mehrzellige Tiere. → S. 50

700–590 Mio. Auf allen Kontinenten entsteht durch Gesteinsumwandlung infolge hoher Temperatur und/oder hoher Drücke Granit (sogenannte Granitisation).

700–570 Mio. In Australien herrscht die Marionan- oder Egan-Vereisung, zusammen mit der Sturt-Vereisung (750–700 Mio.) eine Epoche der sogenannten Adelaide-Zeit. → S. 47

670–570 Mio. Wie die Fossilien in geologisch einander entsprechenden Sedimenten in weltweit 20 Regionen beweisen, ähnelt sich die Flachmeerfauna überall auf der Erde weitestgehend.

Um 650 Mio. Die katanganische und die avalonische Gebirgsbildungen spielen sich ab. → S. 48

620–500 Mio. Die norwegischen Hochgebirge entstehen. → S. 48

610–590 Mio. Erste Tiere mit einem Außenskelett, einer röhrenförmigen Schale aus organischem bis mineralischem Material, lassen sich nachweisen. → S. 51

600–590 Mio. Im erdgeschichtlichen Kalender, der anhand von Gesteinsschichten vorliegt, entsteht eine Lücke, da in der zeitlichen Abfolge der Sedimente Schichten aus dieser Zeit fehlen. → S. 51

Erdkruste ändert Baustil

900 Mio. Nach einem in seiner Ursache noch ungeklärten thermischen Ereignis im Erdinnern gehen die Bewegungen der Erdkruste allmählich in den Baustil der Plattentektonik über, der bis heute die Vorgänge in der Kruste steuert.

Manche Geologen nehmen an, daß bis gegen Ende des Mittelproterozoikums die Festlandschollen der Erdkruste wuchsen, aber in der Regel an Ort und Stelle blieben. Dann erst soll durch Veränderungen in der Grenzschicht zwischen Erdkruste und Erdmantel eine größere Mobilität der Krustenteile eingetreten sein. Diese sogenannte Asthenosphäre liegt unmittelbar unter der etwa 70 bis 100 km dicken, starren Lithosphäre. Sie ist zähflüssig bis plastisch, von geringer Elastizität und bildet mit 100 bis 200 km Mächtigkeit den oberen Bereich des Erdmantels. In dieser Zone setzen möglicherweise dann erst Wärmeströmungen von interkontinentalen Dimensionen ein, die die festen Krustenteile mit Geschwindigkeiten von schätzungsweise 5 mm pro Jahr (gegenwärtig sind es 5 cm pro Jahr) mitnehmen. Insgesamt neun Großplatten werden auf diese Weise an der Erdoberfläche bewegt: Eurasia, Afrika, Indien, Australien, Antarktika, Nordamerika, Südamerika, Nordpazifik, Südpazifik. Sie setzen sich jeweils aus einer Reihe kleinerer Platten (Mikroplatten) zusammen.

Die großen Schollen können sich gegeneinander auf dreierlei Weise bewegen:

▷ Zwei Schollen driften auseinander, zwischen ihnen reißt der Erdmantel auf, neues flüssiges Material erstarrt hier und bildet eine erdbebenaktive Schwelle.

▷ Zwei Schollen driften aneinander vorbei, ohne daß neue Schollen entstehen oder alte Schollen abgebaut werden.

▷ Zwei Schollen bewegen sich aufeinander zu und schieben sich übereinander, wobei die untere nach unten tief in den Erdmantel hinabgepreßt wird. Dabei können abtauchende Kontinentalränder eingeschmolzen werden, es können sich an den Plattenrändern aber auch mächtige Faltengebirgssysteme aufbauen.

Streitfrage:

Plattentektonik weiterhin ungeklärt

Als Motor für die Plattentektonik werden großräumige Strömungsbewegungen im zähflüssigen bis plastischen Oberbereich des Erdmantels angenommen. Zwar wird dieses Modell heute von den Geophysikern übereinstimmend akzeptiert, doch es bleiben immer noch Fragen zu den Ursachen der Plattentektonik offen.

Ältere Forschungsarbeiten machten andere Antriebskräfte für die sich gegeneinander verschiebenden Großschollen der Erdkruste verantwortlich: Sie sahen sie darin, daß die leichteren Massen der Kontinente wie Eisschollen auf einem schwereren glutflüssigen Untergrund schwimmen und lediglich durch horizontale Kräfte (Westdrift durch die Trägheit gegenüber der Erddrehung, Polflucht durch den Zentrifugaleffekt bei der Erddrehung) bewegt werden. Diese Kontinentalverschiebungstheorie (Epeirophorese) wurde 1912 von Alfred Wegener begründet und erlebt heute bei den Theoretikern der Plattentektonik mit neuen Akzentuierungen eine Renaissance. Zwar reichen die von Wegener beschriebenen mechanischen Kräfte nicht aus, um das ganze Phänomen der globalen Bewegung der Erdkruste zu erklären, doch gehören diese Kräfte zweifellos zum Argumentationsgerüst für die Plattentektonik-Hypothese. Neue Forschungsergebnisse aus Untersuchungen der Ozeanböden bestätigen, daß die moderne Theorie der Plattentektonik auf dem richtigen Weg ist. Doch nicht alle Wissenschaftler glauben, daß der beschriebene Mechanismus die frühe Erdkruste noch nicht betraf. Unklarheiten bestehen auch hinsichtlich der Gebirgsbildungsprozesse (→ S. 29): Sicher können gegeneinander gerichtete Plattenbewegungen zu Auffaltungen führen, aber muß deswegen generell jeder geotektonische Zyklus (→ S. 31) ausschließlich auf plattentektonischen Prozessen beruhen?

Zwei unterschiedliche Klimazonen beherrschen die Welt

Die Klimageschichte unseres Planeten ist in ihren »Anfängen« – und das bedeutet rund 80% der Erdgeschichte – kaum bekannt. Nur wenige, nicht exakt datierbare Zeugen (z. B. gletschergeprägte Gesteine) deuten auf Vereisungen im Proterozoikum (→ S. 47) hin. Relativ sicher ist nur, daß vor rund zwei Jahrmilliarden die »moderne« Klimageschichte unseres Planeten einsetzt, als nämlich die Atmosphäre in ihrem physikalischen Aufbau (→ 1800 Mio./S. 38) weitgehend der heutigen entspricht. Ab dieser Zeit herrscht eine meteorologisch gesehen mit dem heutigen Klima vergleichbare Situation.

900–590 Mio. In verschiedenen Gebieten der Welt herrschen unterschiedliche Klimate. So ist es während des Oberproterozoikums in Nordamerika, Schottland, Südschweden, Vorderindien, Sibirien und im australischen Amadeus-Becken zeitweise gemäßigt bis warm, seit etwa 750 Mio. Jahren bis über das Ende des Oberproterozoikums hinaus aber in vielen Gebieten der Erde zeitweilig ausgesprochen kalt. Dies gilt insbesondere für Ostgrönland, Spitzbergen, Mittel- und Nordskandinavien, Nordosteuropa, Nordwest- und Südwestafrika, nördliches Indien, südöstliches China und Zentralaustralien.

Diese punktuellen Zeugen warmer Klimate genügen nicht, um ganze Klimagürtel rekonstruieren zu können. Auch ist ihre genaue zeitliche Zuordnung noch problematisch. In Frage kommen verschiedene Anhaltspunkte: Im Oberproterozoikum sind Kalke und Dolomite (→ 2700 Mio./S. 25) verbreitet. Soweit solche Gesteinslagen nur eine geringe Mächtigkeit besitzen, spricht das nicht unbedingt für ein ausgesprochen warmes Klima, denn auch in kühlen Meeren setzt sich in geringem Umfang Kalk ab. Die Kalke des Oberproterozoikums, die häufig Algenreste enthalten (Stromatolithen, → 3500–3100 Mio./S. 22) und in der Form kleinen Riffen ähneln, erreichen mancherorts allerdings eine Mächtigkeit von mehreren hundert Metern, etwa in der amerikanischen Belt-Formation. Sie weisen auf günstige Lebensbedingungen der Algenpopulation und damit auf warmes Wasser hin. Interessanterweise wechseln solche Kalk- und Dolomitlager in Nordamerika z. T. mehrfach mit typisch eiszeitlichen Sedimentschichten. Hier muß das Klima im Oberproterozoikum also periodisch gewechselt haben.

Auch Rotsedimente (→ 2000 Mio./S. 35) sind ein Hinweis auf warme Klimate. Sie finden sich im Oberproterozoikum etwa im Torridon-Sandstein Schottlands, im Dala- und Jotnischen Sandstein in Schweden oder in Vindhyan in Vorderindien. In Westafrika, Sibirien, im australischen Amadeus-Becken und in der nordamerikanischen Belt-Formation sind aus dieser Zeit auch Salzablagerungen von z. T. beachtlicher Mächtigkeit (bis zu 350 m) erhalten geblieben. Sie sind Zeugen eines heiß-trockenen Klimas.

Vor etwa 800 bis 750 Jahrmillionen erscheinen plötzlich zahlreiche Tillite (→ 2500–1900 Mio./S. 37) und Gletscherschliffe auf felsigem Untergrund. Sie sprechen deutlich für großräumige oberproterozoische Vereisungen (→ S. 47).

Kalkablagerungen im Meer als Zeugen hoher Temperaturen

900–590 Mio. In mächtigen Schichten lagern sich Kalk und Dolomit im Meer ab. Diese Sedimente sprechen für warmes Gewässer, denn die Auflösung und Ablagerung von Kalk hängt weitgehend vom Kohlendioxidgehalt des Wassers ab. Kaltes Wasser löst mehr Kohlendioxid (CO_2) und infolgedessen auch mehr Kalk ($CaCO_3$). Daraus folgt, daß sich mächtige Kalksedimente vor allem in warmem Wasser und dort besonders in Flachmeeren bilden. Im Flachwasser nämlich werden durch die Wellen immer wieder feinste Mineralkörner vom Meeresboden aufgewirbelt, die als Kristallisationskeime für das mit Kalk übersättigte Wasser dienen.

Im Wasser kalter Meeresströmungen und in der Tiefsee bildet sich in der Art und Weise kein Kalk. Manche Steinkorallen sind allerdings in der Lage, auch in kaltem Wasser Kalkskelette aufzubauen, doch diese kommen einerseits im Oberproterozoikum noch nicht vor, andererseits bilden sie keine Riffe, sondern allenfalls flache Kalkrasen. Wo immer Karbonatgesteine in Form von mächtigen Ablagerungen entstehen, kann man davon ausgehen, daß warmes Klima herrscht. Wahrscheinlich ist auch, daß es sich vorwiegend um trockene Wärme handelt, denn neben Evaporiten (Eindampfungssedimenten) weisen u. a. rote Sande auf Wüstenklimate hin.

Dolomitberge in den Brenta-Dolomiten. Auch diese erdgeschichtlich wesentlich jüngeren Bildungen entstanden in einem warmen Meer zunächst als Kalksedimente. Deutlich erkennt man noch die horizontale Schichtung.

Auf dem Festland dürfte es während des Oberproterozoikums regional so ausgesehen haben: Wärme und Dürre bestimmen die wüstenhafte Landschaft. Flache Gewässer trocknen rasch aus und hinterlassen Salzkrusten.

Verdunstung schafft Gestein

In trockenheißem Klima, in dem mehr Wasser verdunsten kann, als die Niederschläge zuführen, kommt es oft zur Abscheidung von im Wasser gelösten Stoffen, die dann gesteinsbildend als sogenannte Evaporite (auch Evaporate genannt) auftreten.

Zuerst scheiden sich schwer lösliche Verbindungen, dann Carbonate und Sulfate, Chloride und schließlich sogenannte Doppelsalze unter den Chloriden aus. Auf dem Festland unterscheidet man Salzausblühungen und Salzkrusten, die durch kapillaren Grundwasseraufstieg und Verdunstung an der Oberfläche ausgeschieden werden, ferner Salzsümpfe und Salzpfannen sowie Salzseen, die eine Lösungszufuhr durch Flüsse aus benachbarten feuchten Klimagebieten erhalten; schließlich gibt es noch Salzseen im Küstenbereich.

Wegen der großen Unterschiede in der Zusammensetzung des Verwitterungsgutes, aus dem die Lösungen stammen, weichen die Evaporite von Ort zu Ort und manchmal auch zeitlich in ihrem chemischen Aufbau erheblich voneinander ab.

Große Festlandvereisungen zeichnen sich weniger durch Talgletscher als durch geschlossene Eisdecken aus.

Vereisungen breiten sich weltweit aus

800–590 Mio. Neben regional begrenzten warmen Klimaten kommt es zu lang anhaltenden, sehr ausgedehnten Vereisungen. Problematisch ist die genaue zeitliche und räumliche Abgrenzung dieser extremen Kälteperioden, weil sich die Zeugen für Eisklimate – in erster Linie Tillite (→ 2500–1900 Mio./S. 37) – nicht immer eindeutig identifizieren lassen. Die auf Gletschererosion zurückzuführenden, in ihrer Größe unsortierten Tillite (Gletscherschutt) gehören zur großen Klasse der Diamiktite, die alle ungeschichteten und unklassierten Sedimente umfaßt. Solche Diamiktite sind im Oberproterozoikum generell äußerst häufig anzutreffen, z. B. als Gleitmassen aus den Gebirgen, als Gesteinsmassen, die nach starkem Regen durch plötzliche große Wasserfluten angeschwemmt werden (sog. Fanglomerate) oder als Gesteinsmassen, die vulkanisch ausgelöste Schlammfluten mitreißen (Laharite); auch vulkanische oder tektonische Zertrümmerungsgesteine (Brekzien) kommen vor. Weitaus nicht alle oberproterozoischen Diamiktite lassen sich deshalb als echte Tillite, also Gesteine aus Gletschermoränen, ansprechen. Doch berücksichtigt man »nur« die mit Sicherheit identifizierten Tillite, dann ergibt sich auch daraus ein Bild der Vereisungen.

In Nord- und Mitteleuropa sind das skandinavische Hochgebirge und die Fischer-Halbinsel betroffen, daneben die Hochgebirge der Hebriden und NW-Irland, vermutlich auch die Normandie. In der Arktis sind Spitzbergen und Nordostland sowie Ost- und Nordgrönland vereist. In Nordamerika sind Neufundland, das Südufer des Oberen Sees, das Yukon Territory, SO-British Columbia, NW-Idaho, NO-Washington, Utah und SW-Mexiko von der Vereisung betroffen, in Südamerika Brasilien. Nordafrika bis zum Hoggar, Ghana, Angola und der Nieder-Kongo, das Kongo-Becken und Südafrika liegen unter Eis. Gletscher bedecken in Australien den Süden, das Zentrum und die Kimberley-Region, daneben Tasmanien und das King Island. Vorderindien, die chinesische Provinz Nantung und Südchina sowie das östliche Tienshan sind von der Eiszeit erfaßt. Und schließlich bedecken Eispanzer das europäische Rußland, das sowjetische Mittelasien, außerdem Kasachstan sowie Ostsibirien.

Wo das Gelände starkes Gefälle aufweist, geraten die Eismassen in Bewegung und formen in vielfacher Weise den Untergrund um. Im Vordergrund steht dabei die abschleifende, einebnende Wirkung.

Eiszeiten des Präkambriums

In der Fachliteratur finden sich zahlreiche – z. T. sich überlappende – Bezeichnungen verschiedener Autoren für präkambrische Vereisungen:

Huronische Eiszeit (2500–1900 Mio.): Weite Gebiete des kanadischen Schildes sind von den großflächigen Vereisungen dieser erdgeschichtlichen Epoche betroffen.

Eokambrium oder Infrakambrium: Zeitlich nicht näher präzisierte globale Vereisungsepoche vor Beginn des Kambriums. Sie ist gleichzusetzen mit den zeitlich bekannten weltweiten jungpaläozoischen Vereisungen, wurde jedoch von ihren Autoren (Broegger, Menchikoff, Pruvost) als kürzere Klimaphase angenommen.

Vendium: Bezeichnung für das Eokambrium in Rußland, heute aber allgemein für diesen Zeitabschnitt in Gebrauch.

Epi-Proterozoikum: Bezeichnung des Erdgeschichtlers Salop für die jungpaläozoische Vereisung.

Varanger-Vereisung: Nach dem Varangerfjord benanntes, über 1400 km zu verfolgendes oberproterozoisches Vereisungsgebiet im skandinavischen Hochgebirge vom Mjoesen-See über den Tana- und Varangerfjord bis zur Fischer-Halbinsel (N-Murmansk).

Lappländische Glazialepoche: Andere Bezeichnung für die Varanger-Vereisung.

Prä-Nama- bzw. Prä-Damara-Vereisung (ca. 720 bis 700 Mio.): Vereisung zwischen dem Oranje und dem Kunene-Fluß in Südwestafrika am West- und Nordrand der Nama-Plattform.

Nama- bzw. Damara-Vereisung (Vor ca. 650 Mio.): Vereisung zwischen dem Oranje und dem Kunene-Fluß in Südwestafrika.

Moonlight Valley-Vereisung (ca. 750 bis 670 Mio.): Vereisung in NW-Australien in der Kimberley-Region.

Sturt- und Marionan-Vereisungen: Vereisungsphasen um 750 bis 740 und um 700 bis 650 Mio. in Südaustralien, zusammengefaßt als Adelaide-Zeit.

Früheste Erdöllager in Meeressedimenten

900–590 Mio. Vereinzelt und in geringem Umfang bilden sich bereits Erdölvorkommen. Erdöl- und Erdgasansammlungen gehen in ihrer Substanz auf organische Überreste zurück. Aus diesem Grund bilden sie sich meist in erdgeschichtlichen Zeiten, in denen bereits zahlreiche Lebewesen existieren.
Es gibt kaum ein Gebiet der Geologie, über das so viele und sich widersprechende Meinungen publiziert worden sind wie über die Entstehung von Erdöl. Die Bildung aus organischen Substanzen entspricht zwar den Tatsachen, aber auch für sie gibt es bis heute keine einheitliche Theorie. Manche Autoren (Engler u. a.) nehmen tierische Zersetzungsprodukte als Ausgangsmaterial an, wobei große Mengen tierischer Fette unter Luftabschluß und günstigen Temperatur- und Druckverhältnissen in Erdöl umgewandelt worden sein sollen. Dies erklärt aber auf keinen Fall die Erdöllager des Oberproterozoikums, in dem es an entsprechenden Tiermengen noch fehlt. Andere Autoren (Höfer u. a.) gehen von einer Ölentstehung aus pflanzlichen Resten unter Luftabschluß aus. Hier kommen also vor allem Meeresalgen in Frage. Wieder andere Geologen erwägen, ob vielleicht feste organische Substanzen, etwa Kohlen oder kohlige Verbindungen, in Gegenwart von Katalysatoren mit freiem Wasserstoff verflüssigt (hydriert) worden sein können. Selbst an Versuchen, die Entstehung von Erdöl rein anorganisch zu erklären, fehlt es nicht.
Keine dieser Theorien kann bisher allein die Erdölentstehung enträtseln, zumal es sehr unterschiedliche Erdöle und Erdöllagerstätten gibt.
Bekannt sind indes die Begleitumstände der Bildung: Der größte Teil der Erdölvorkommen ist an Meeres- oder Brackwassersedimente gebunden. Dabei bewirken tonige Sedimente einen dichten Abschluß der organischen Anreicherungen und begünstigen die Bildung von Kohlenwasserstoff. Der durch zunehmende Überlagerung steigende Druck und die erhöhte Temperatur beschleunigen die Erdölbildung. Dauert allein die Ablagerung des organischen Materials in ausreichender Menge mehrere Millionen Jahre, so sind einige weitere 10 Mio. Jahre nötig, um daraus Öl zu bilden.

In den frühen Erdöllagern durchtränken die flüssigen Kohlenwasserstoffe oft feinkörnige Sedimente, ähnlich wie in den Athabasca-Ölsanden (Kanada).

Neue Gebirge im Oberproterozoikum

800–500 Mio. Wie in früheren erdgeschichtlichen Epochen ereignen sich auch zu dieser Zeit Faltengebirgsbildungen (→ 3200–2200 Mio./S. 29). Vor rund 800 Mio. Jahren spielt sich die Orogenese (Gebirgsauffaltung) von Satpura ab, vor rund 650 Mio. Jahren die avalonische und die katanganische, und vor 620 bis 500 Mio. Jahren entstehen die Kerne der norwegischen Hochgebirge.
Die Satpura-Kette ist als Rumpfgebirge noch heute in Mittelindien zu finden. Sie erstreckt sich östlich des Golfes von Cambay (zwischen Bombay und Ahmadabad) in Westostrichtung quer durch rund zwei Drittel des Subkontinents.
Das Avalon-Gebirge entsteht im Osten der heutigen Insel Neufundland, und im Großraum des heutigen Mitumba-Gebirges im Süden von Zaïre erheben sich die katanganischen oder panafrikanischen Berge. Gegen Ende des Zeitraums kommt es dann in Nordwest- und Mitteleuropa sowie gleichzeitig in Ostsibirien neuerlich zu einer Faltengebirgsbildungsphase, allerdings zu einer von geringerem Umfang. Es ist die sogenannte cadomische bzw. assyntische bzw. baikalische Orogenese, während der sich u. a. in China das Chengchiang-Gebirge bildet.

Erste Phosphoritlagerstätte

900–590 Mio. Einen der ersten Hinweise auf mehrzellige Tiere (Metazoa) geben kleine Phosphoritlagerstätten, die sich vor der Wende vom Präkambrium zum Paläozoikum bilden. Sie entstehen wohl aus den Hartteilen der Vielzeller.
Phosphorit ist ein mineralisches Gemenge von Apatit (Calciumphosphat), der als solcher auch in magmatischen Gesteinen und Umwandlungsgesteinen (Metamorphiten, → 3850–3000 Mio./S. 17) vorkommt, und anderen Phosphaten, die eindeutig auf organischen Ursprung hinweisen. Phosphorit ist stets sedimentärer Natur und von dichtem Gefüge, das die winzigen Kristalle, aus denen es sich aufbaut, nicht mit bloßem Auge erkennen läßt (kryptokristallin). Phosphorit entsteht bei der Verwitterung von harten Organismenresten wie Knochen, Zähnen, Gräten oder Schalen, aber auch aus Exkrementen (Guano). Im Oberproterozoikum ist an eine Herkunft aus einfachsten Schalenteilen zu denken.

Phosphate wie Phosphorit bilden oft, bedingt durch ihre Wachstumsart, knollenförmige Gebilde.

Großkontinent zerbricht

900–500 Mio. Wo immer auf der Erdoberfläche die einzelnen großen Kontinentalschollen entstanden sein mögen, im Proterozoikum bilden sie offenbar einen einzigen großen Verbund. Dieser alle Landmassen der Welt vereinende Megakontinent beginnt jetzt, in zwei große Blöcke zu zerbrechen: Zwischen den nordischen Kratonen und dem Südkontinent bildet sich ein System von Geosynklinalen (→ 3200 Mio./S. 29). Diese großen Geosynklinalgürtel sind es, die bei späteren Auffaltungen u. a. zum Entstehen der europäischen Mittelgebirge, aber auch des Ural, der mediterranen Gebirge, der Alpen und der Hochgebirge Zentral- und Südasiens führen. Bei ihrem Entstehen trennen sie einen großen Landblock, den Südkontinent (Gondwana), der das mittlere und südliche Afrika, das südliche Indien, das westliche Australien sowie große Teile Südamerikas und der Antarktis umfaßt, von denjenigen Nordkontinenten, die sich im wesentlichen aus den eurasischen Landmassen, Nordamerika und Grönland zusammensetzen.

Die hellen Quarzadern heben im dunklen basaltischen Gestein tektonische Verfaltungen hervor.

Einzellige Urtiere entstehen im Wasser

900 Mio. Etwa während dieser Zeit treten erstmals nachweisbare tierische Mikroorganismen auf.
Gemeinsam ist diesen Urtierchen oder Protozoen, daß sie sich zwar nur aus einer einzigen tierischen Körperzelle mit Zellkern aufbauen, daß dieser einen Zelle aber die Bedeutung eines selbständigen Individuums zukommt. Einzelne Teile ihrer Zelle haben sich zu Organellen entwickelt, die ganz bestimmte Funktionen übernehmen: Bewegung, Ernährung, Ausscheidung, Atmung, Schutz, Reizaufnahme und Reizleitung. Die Fortpflanzung geschieht geschlechtlich (→ S. 39) unter Kernverschmelzung oder ungeschlechtlich durch Zellteilung in zwei oder mehrere Tochterzellen. In der Regel wechseln beide Formen der Vermehrung miteinander ab. Manche Protozoen – wie die Wurzelfüßer und die Radiolarien – bilden kalkige oder kieselsaure Stütz- und Schutzskelette aus, z. T solche mit ungewöhnlich filigranem Aufbau.
Alle Protozoen leben im Wasser, kommen aber wegen ihrer meist winzigen Dimensionen (im Durchschnitt 2µm bis knapp 1 mm) selbst mit geringsten Wassermengen aus. Ihre Nahrung nehmen die Wurzelfüßer durch formveränderliche Fortsätze (Pseudopodien) auf.

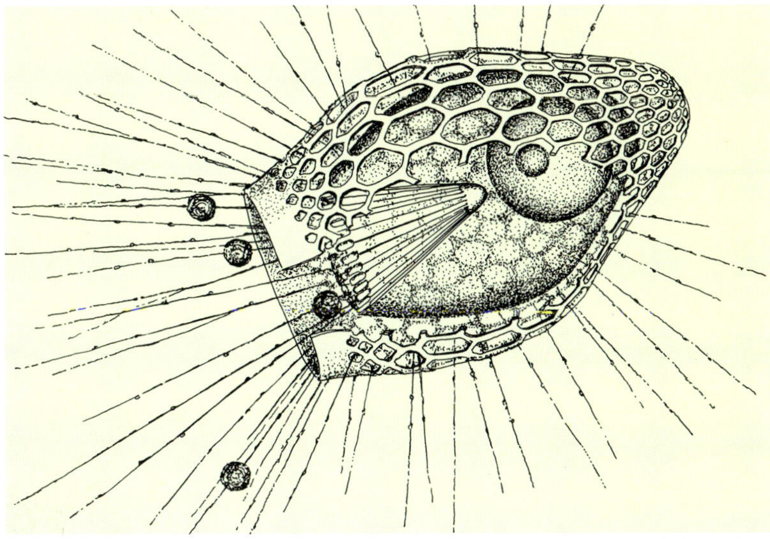

Das einzellige Urtierchen Cyrtocalpis urceolus zeigt bereits eine recht komplexe Struktur. Im geöffneten Zellinneren erkennt man rechts den Kern.

Systematische Einteilung der Lebewesen am Ende des Präkambriums

Die Großeinteilung der Lebewesen unterscheidet zwischen den Überreichen der Prokaryoten (auch Prokaryonten oder Anukleobionten), winzigen Einzellern ohne Zellkern und den Eukaryoten (Eukaryonten oder Nukleobionten), also Lebewesen mit Zellkernen (→ 1500 Mio./ S. 34). Die Eukaryoten gliedern sich in die Reiche der Einzeller (Protista), der Pilzartigen (Fungimorpha), der Pflanzen (Plantae) und der Tiere (Animalia). Die jetzt entstehenden Urtiere gehören zu den Protista und dort zum Unterreich der Protozoa, vorwiegend von organischer Substanz lebender (heterotropher) Einzeller. Dieses Unterreich gliedert sich wiederum in zahlreiche Gruppen, nämlich Stämme, Klassen und Unterordnungen. Davon sind im Oberproterozoikum möglicherweise die Wurzelfüßer (Rhizopoda) und die Radiolarien vertreten.

Pflanzliche Zelle, tierische Zelle

Pflanzliche Zellen ernähren sich durch Eigensynthese (autotroph), tierische Zellen durch bereits synthetisierte organische Bausteine (heterotroph). Während die tierische Zelle nur von einer dünnen Zellmembran begrenzt ist, die das Protoplasma (Zelleiweiß) umschließt, besitzt die pflanzliche Zelle eine aus vier Schichten bestehende stabile Zellwand.
Nur die tierische Zelle verfügt über ein Zentralkörperchen (Zentriol) in der Nähe des Zellkerns, das eine Funktion bei der Kernteilung ausübt, und den Golgi-Apparat, ein winziges Membransystem, das der Ausscheidungsleistung der Zelle dient. Ausschließlich bei pflanzlichen Zellen finden sich Organellen, die von zwei eigenen Membranen umgeben sind und eine eigene DNS haben (Plastiden). Sie unterteilen sich in noch nicht spezialisierte Plastiden (Protoplastiden), Chlorophyll enthaltende und in der Regel zur Photosynthese (→ S. 26) befähigte Chloroplasten, Leukoplasten und schließlich Chromoplasten.

Mehrzellige Tiere versteinern in Namibia und Australien

900–590 Mio. In Namibia, in der sogenannten Nama-Gesteinsgruppe, fossilisieren erste überlieferte mehrzellige tierische Organismen (Metazoen). Ähnliche Organismen existieren um dieselbe Zeit im Bereich der La-Tinta-Gruppe Brasiliens. Vor etwa 700 bis 600 Jahrmillionen leben mehrzellige Tiere auch in der sogenannten Fauna von Ediacara in Australien. Die Tatsache, daß die Algenmatten auf den Böden der Flachmeere größer werden, läßt auf eine Sauerstoffanreicherung des Wassers in bodenfernen Zonen schließen. Daneben zeigt sich aber ein Absinken des Sauerstoffpegels in den Bodenregionen selbst, da die absterbenden Algen den Sauerstoff durch Abbauprozesse wieder aufbrauchen. Aus beiden Phänomenen resultiert die Möglichkeit, neue Lebensräume zu erschließen, sich also vom Boden zu lösen und in freies Wasser vorzudringen. Das gelingt einer Reihe sich neu entwickelnder, vielzelliger tierischer Organismen.
In der Nama-Gruppe entwickeln sich neben frei beweglichen auch vorwiegend seßhafte (sessile) Arten (Petalonamae), die aber bereits hochwachsende Trichterkolonien aus gesetzmäßig verzweigten Röhrchen bilden. Manche dieser an Nesseltiere (→ 900 Mio./S. 41) erinnernden Tiere können sich wahrscheinlich kriechend fortbewegen.
Die Ediacara-Organismen weisen u. a. stärker bewegliche, an Ringelwürmer (Annelida) erinnernde Formen (Spriggina und Dickinsonia) auf. Sie entwickeln wassergefüllte Gewebeschläuche, die unter Druck stehen, als Stützelemente. Dieses Konstruktionsprinzip weist darauf hin, daß die Ediacara- und Nama-Vielzeller nichts mit den im Kambrium (590–500 Mio.) auftretenden vielzelligen Tieren zu tun haben.

Die Art Spriggina floundersi stammt aus der Ediacara-Fauna in Australien.

Dickinsonia minima, ebenfalls ein Organismus der Ediacara-Fauna

Eine seltene medusenartige Form von Ediacara: Medusinites asteroides

Rangea schneiderhöhni, eine präkambrische Art des Nama-Systems (Namibia)

Rasche Fortschritte in der Entwicklung des Tierreichs

800 Mio. In der älteren paläontologischen Literatur wird vielfach betont, daß sich zur Zeitwende zwischen Präkambrium und Paläozoikum, also vor rund 590 Jahrmillionen, ein »Faunenschnitt« ereignet. D. h., daß die Urformen tierischen Lebens, wie sie etwa in der Ediacara-Fauna (→ 900–590 Mio.) erscheinen, zum Ende des Präkambriums rasch aussterben, während mit dem Beginn des Paläozoikums schlagartig eine Vielfalt neuer tierischer Lebensformen auftritt, deren Nachfahren sich großenteils bis heute erhalten. Dieser Lehrmeinung ist mit Skepsis zu begegnen.

Einerseits zeigte sich in jüngster Vergangenheit, daß die Ediacara-Fauna keineswegs nur auf einen Fundort (Ediacara-Hügel) in Südaustralien beschränkt ist, sondern daß Ediacara-Organismen mit rund 25 verschiedenen Arten an vielen Stellen der Erde verbreitet waren, daß also eine massive und keine nur sporadische Entwicklung mehrzelliger Tiere (Metazoen) bereits im Oberproterozoikum einsetzt. Zum anderen rechnen einige Wissenschaftler mehrere Vertreter späterer, u. a. für das Kambrium als typisch geltender Faunen durchaus ebenfalls schon zum Ende des Oberproterozoikums um 590 Mio., darunter verschiedene Hohltiere (Coelenteraten, → 900 Mio./S. 41), Armfüßer (Brachiopoden, → 590 Mio./S. 61) und auch schon Gliederfüßer (Arthropoden, → 590 Mio./S. 61). Eine sehr frühe, allerdings äußerst unsichere Vorform der Hohltiere aus der Klasse Protomedusae erscheint sogar bereits im Mittelproterozoikum in Nordamerika: Brooksella canyonensis. Von manchen Autoren wird das präkambrische Alter dieser Einzelvorkommen sogar bezweifelt. Das zeigt, wie schlecht sich die wenigen Sedimentprofile am Übergang zwischen Präkambrium und Kambrium heute noch in ihrer Schichtenfolge wie auch zeitlich auflösen lassen. Gelingt dies, dann wird sich wohl zeigen, daß von einer scharfen Zäsur im Sinne eines abrupten Faunenschnittes ohnehin nicht die Rede sein kann, sondern von einem langfristigen Übergang. Im Kambrium selbst stellen sich dann erstmals alle Gruppen der wirbellosen Tiere ein.

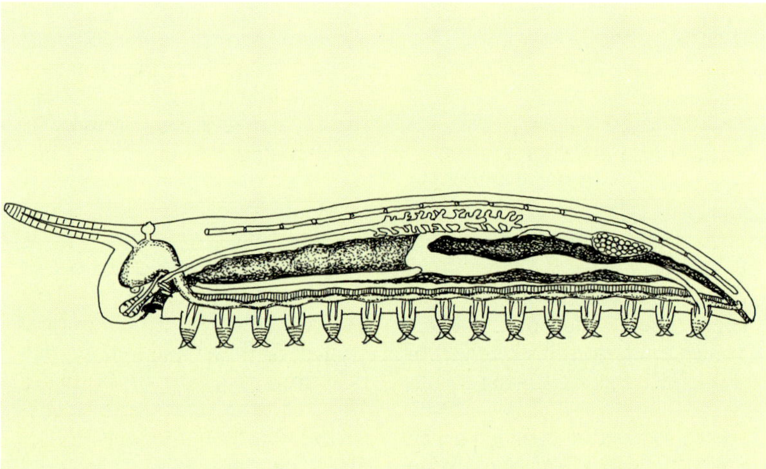

Schema eines Onychophoren (Stamm Protarthropoda), eines Tieres, das systematisch zwischen den Ringelwürmern und Gliederfüßern steht

Die Tiere des Meeres werden mobiler

590 Mio. Als verbindliche Vertreter der Stammgruppe Gliedertiere (Articulata) erscheinen Mitglieder eines Stammes (Protarthropoda), der wohl als Übergangsform zwischen den Ringelwürmern (Annelida, → S. 60) und den echten Gliederfüßern (Arthropoda) anzusehen ist. Genau genommen handelt es sich um Mitglieder der Gattungen Aysheaia, die vor allem dem Mittelkambrium (545 bis 520 Mio.) des nordamerikanischen Burgess-Schiefers zuzuordnen sind, und Xenusion, einer Gattung aus dem Stamm der Protarthropoda, die im kambrischen Sandstein Skandinaviens zu finden ist. Beide sind die Vorfahren jenes Tierstammes, der heute mit über 1 Mio. lebender Arten als weitaus artenreichster überhaupt gilt. Zu ihm zählen u. a. die Spinnen, Skorpione, Krebse, Tausendfüßer und Insekten.

Von den Ringelwürmern haben die Protarthropoda den gegliederten Aufbau ihres Körpers, die Fähigkeit zum Wachstum durch Segmentbildung und die Art ihres Nervensystems übernommen. Von ihnen stammt auch die typisch langgestreckte Körperform. Neu entwikkelt haben sie aber erstmals in der Tierwelt ein reguläres Außenskelett in Form eines Chitinpanzers. Da sich dieser weder elastisch dehnen kann noch mitwächst, müssen sich die Tiere bei ihrer Größenzunahme mehrfach häuten. Wegen ihres Außenskeletts können sich die Protarthropoda nicht wie die Ringelwürmer zusammenziehen und wieder ausdehnen. Sie sind auf eine andere Art der Fortbewegung angewiesen: Eine Vielzahl seitlich an den Körpersegmenten ansetzender Beinpaare gestattet ihnen erstmals eine schnellere Fortbewegung. Im Gegensatz zu den eigentlichen Gliederfüßern besitzen sie noch keinen deutlich abgesetzten Kopf.

Komplizierte Muskelsysteme der Armfüßer

800 Mio. In Flachwassersedimenten Montanas versteinert eine ovale Klappe, die als erstes Zeugnis eines Armfüßers (Brachiopoda) gilt. Man schreibt diese Klappe der Gattung Lingulella zu. Ihr Alter ist allerdings noch nicht gesichert.

Die Armfüßer zählen zu den frühesten Gruppen wirbelloser Tiere. Diese Brachiopoden (griech. brachion = Arm; podos = Fuß, Bein) sind zweiseitig symmetrische Meerestiere mit einem zweiklappigen harten Gehäuse aus Kalzit oder einer hornig-chitinhaltigen Substanz. Zwischen beiden Klappen bzw. durch ein eigenes Loch in der unteren, sogenannten Stielklappe tritt ein fleischiger Stiel aus, mit dem die Brachiopoden festgewachsen sind. Lingulella gehört zu jener Gruppe, die in weichen untermeerischen Böden eine senkrechte Röhre gräbt. Beide Klappen, die Stiel- (oder Ventral-) Klappe und die Arm- (oder Dorsal-) Klappe, lassen sich gegeneinander öffnen und schließen. Das setzt die Ausbildung eines recht komplizierten Muskelsystems voraus. Unterschiedliche Muskelgruppen wirken zusammen bzw. gegeneinander: Schließmuskeln (Adductores), Öffnermuskeln (Diductores), Stielmuskeln (Adjustores) zum Bewegen des Gesamtorganismus, zwei Muskelgruppen (Protractores und Retractores) für leichte Gleitbewegungen der Klappen gegeneinander und eine Gruppe (Rotatores) für Drehbewegungen der Klappen. Die drei letztgenannten Muskelgruppen sind nur bei der Unterklasse Inarticulata der Armfüßer vertreten, zu der auch Lingulella gehört. Sie besitzt keine »Articulation«. Dagegen ist die Unterklasse Articulata mit einem Klappenschloß aus zwei Zähnen an der Stiel- und zwei Zahngruben an der Armklappe versehen, die ineinandergreifen.

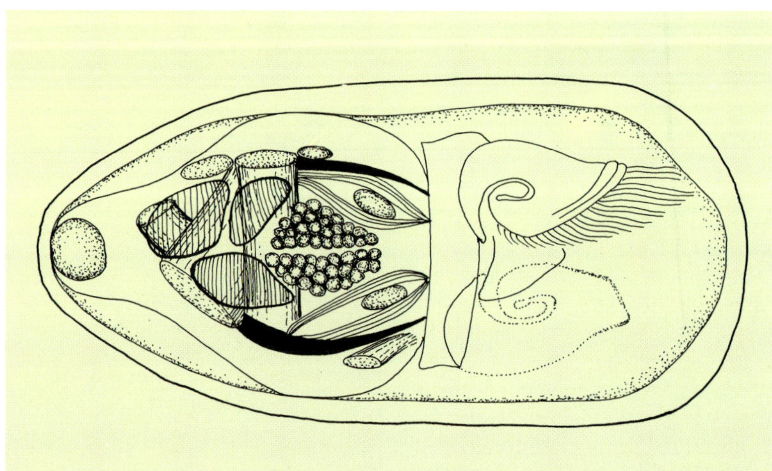

Der Schnitt durch einen Armfüßer (Brachiopode) der Ordnung Lingulida zeigt den bereits recht komplexen Aufbau dieser frühen Tierklasse.

Neben wurmförmigen Organismen mit Skelettröhren entwickeln vor 590 Mio. Jahren auch andere Tiere Außenskelette, wie z. B. der Armfüßer Lingulella.

Schalenskelette dienen dem Überleben

610–590 Mio. Tierische Mehrzeller mit einem Außenskelett treten in den Meeren auf. Sie besitzen Schalen in Röhrenform aus organischer Substanz, der mineralische Fremdbestandteile oder Calziumphosphat eingelagert sind. Es handelt sich um wurmförmige Organismen unsicherer systematischer Stellung von wenigen Zentimetern Größe, die in einer kleinen Wohnröhre leben.

Wie auch andere erste Träger von Außenskeletten haben sie sich im Kampf ums Überleben, also in der Evolution, durch Selektion (→ S. 95) einen Vorteil verschafft: Zum einen schirmt ihre Wohnröhre schädliche ultraviolette Strahlen ab (→ S. 38), zum anderen ist sie ein Schutz gegen Verletzungen der Weichteile bei Brandung und Wellenschlag oder durch Überhitzung und Wasserverlust bei vorübergehender Trockenheit (Ebbe). Außerdem bewähren sich Außenskelette als Ansatzpunkte für Muskeln und bieten damit Entwicklungsmöglichkeiten für neuartige Bewegungsmechanismen.

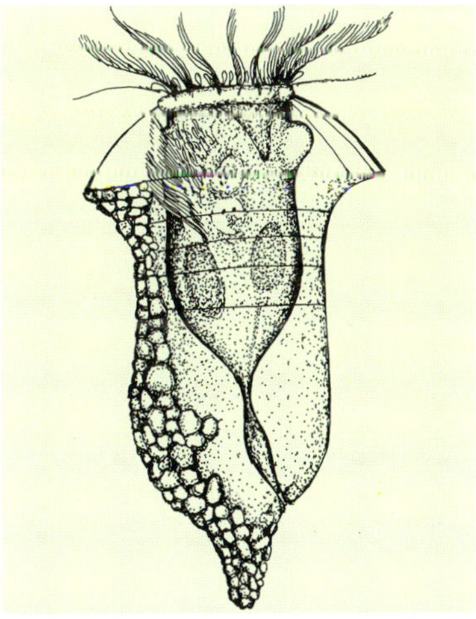

Tintinnopsis mit einem Gehäuse (Lorica) aus einzelnen Partikeln

Streitfrage:

Rätselhafte Kalenderlücke

Der erdgeschichtliche Kalender liegt in Form von Gesteinsfolgen vor. Ganz gleich, auf welche Art die Erdgeschichtsforscher das Alter geologischer Ereignisse oder biologischer Entwicklungen bestimmen, ohne zu untersuchendes Material geht es nicht. Dieses Material sind Gesteinsschichten. Fatalerweise aber gibt es Zeiträume, z. T. sogar solche von beachtlicher Dauer, aus denen kaum Gesteinsschichten erhalten sind. Aufgrund dieser Gegebenheiten werden dann nicht selten Sprünge in der vermutlich kontinuierlich verlaufenden Entwicklung vor allem im Bereich der Lebewesen vorgetäuscht.

Die Wissenschaftler sprechen von stratigraphischen Lücken. Eine besonders ausgeprägte Lücke dieser Art klafft zwischen den typisch stark gefalteten Schichten des Archaikums (4000–2500 Mio.) und den nahezu ungestörten (konkordant) darüberliegenden Schichten des Unterkambriums (590–545 Mio.). Erstaunlicherweise besteht diese Lücke nicht lokal begrenzt auf der Erde, sie tritt fast überall auf. Mit ziemlicher Wahrscheinlichkeit ist sie durch Erosion entstanden, denn es gibt keine plausible Erklärung dafür, daß sich in einer mehrere Jahrmillionen umfassenden erdgeschichtlichen Periode keine Gesteine gebildet haben sollten. Man nimmt an, daß die obersten – also die jüngsten – proterozoischen Schichten, die nicht mehr so stark von geologischen Umwälzungen betroffen waren wie die darunter liegenden stark gefalteten, an vielen Orten abgetragen wurden und eine erdgeschichtliche Überlieferungslücke hinterließen.

Zeugen sind selten

Die stratigraphische Lücke zwischen dem Oberproterozoikum und dem Unterkambrium ist insofern besonders schmerzlich, als hier die Zeugen eines der vermutlich interessantesten Kapitel der gesamten Geschichte unseres Planeten außerordentlich rar sind. Das gilt sowohl in geologischer Hinsicht, denn ganz offensichtlich trat genau in dieser Zeit ein Wandel zwischen intensiver Gebirgsbildung durch Auffaltungen (→ S. 29) und vorwiegend ruhiger Sedimentation ein, wie vor allem in biologischer Hinsicht, denn gerade die kaum überlieferten Schichten bergen die interessanten Faunen des Übergangs vom Oberproterozoikum zum Kambrium.

Warum diese Schichten bis auf wenige Ausnahmen, die das sogenannte Riphäikum bzw. das Vendium mit der Ediacara- und Namafauna belegen, so rar sind, läßt sich schwer sagen. Auf jeden Fall muß in ihnen der Schlüssel zum vermuteten Faunenschnitt (→ S. 50) liegen, in dem manche Paläontologen einen Evolutionssprung sehen. Diese großenteils unauffindbaren Schichten dürften eine Fülle früher fossiler Formen all jener tierischer Organismen enthalten, die sich im anschließenden Kambrium nicht nur voll entwickelten, sondern vermutlich auch in quantitativ großer Zahl vorhanden waren.

Was immer sich in dem für unser Zeitempfinden zwar langen, erdgeschichtlich aber gleichwohl relativ kurzen Zeitraum ereignet haben mag, hier – und nicht erst, wie oft behauptet, zu Beginn des Kambriums – liegt die Wurzel der Entstehung neuer Gruppen von Organismen, und die uns heute geläufigen Stämme der Wirbellosen bildeten sich zu dieser Zeit. Im Gegensatz zur Weiterentwicklung bestehender Arten durch die als Evolution (→ S. 95) beschriebenen natürlichen Ausleseprozesse ereignete sich hier also etwas, was die moderne Paläontologie gern als Makroevolution bezeichnet. Ihr kennzeichnendes Merkmal ist nicht die »Verbesserung« bestehender organischer Baupläne, keine bloße Anpassung an gegebene oder sich ändernde Lebensräume, ihr Merkmal ist die Abänderung von Bauplänen in gleichzeitig so vielen Punkten, daß neue Baupläne entstehen. Solche Phasen der Makroevolution sind in der Erdgeschichte mehrfach aufgetreten. Jene zwischen Präkambrium und Kambrium wird sich vermutlich nie völlig ergründen lassen.

Algen und erste wirbellose Tiere leben in den Meeren

Die zeitliche Gliederung

Das Kambrium ist das älteste System des Paläozoikums, also des Erdaltertums. Seinen Namen hat es von der altrömischen Bezeichnung Cambria für Nordwales. Dort nämlich beschrieb der Engländer Adam Sedgwick 1833 erstmals fossilienführende Schichten.

Die Untergrenze des Kambriums ist durch das generelle Auftreten skeletttragender Tiergruppen – von vereinzelten frühen Vorformen im späten Oberproterozoikum (Vendium) abgesehen – definiert. Radiometrische Messungen ergaben Werte zwischen 590 und 570 Mio. Jahren. Weit verbreitet in der Fachliteratur ist der Wert 570, neuerdings neigen Paläowissenschaftler eher zu 590 Mio. Als unterster Abschnitt des Kambriums wird gelegentlich das sogenannte Tommot ausgegliedert, in dem zwar schon zahlreiche typisch kambrische Tiergattungen und Arten (Archaeocyathen, Hyolithen, Gastropoden) auftreten, noch nicht aber die für die Gliederung des Kambriums so außerordentlich bedeutenden Dreilapperkrebse (Trilobiten). Über die Obergrenze des Kambriums sind sich die Experten noch nicht generell einig. Meist wird sie an die Basis des sogenannten Tremadoc, eine durch das Auftreten bestimmter Graptolithen gekennzeichnete Zone, gestellt. Danach liegt sie bei 500 Mio. Jahren.

Unterteilt wird das Kambrium in drei Abteilungen:

Unterkambrium	(590–545 Mio.)
Mittelkambrium	(545–520 Mio.)
Oberkambrium	(520–500 Mio.)

International ist allerdings auch diese Gliederung des Kambriums noch nicht generell anerkannt. Die Zonenunterteilung wurde aufgrund verschiedener kennzeichnender Trilobiten-Vergesellschaftungen vorgenommen, die sich in Schichten von Skandinavien fanden.

Um Dauer und Lage des Kambriums in der gesamten Erdgeschichte zu veranschaulichen, sei folgender Vergleich erwähnt: Denkt man sich die gesamte rund 4,6 Mrd. Jahre lange Erdgeschichte auf die 365 Tage eines Jahres komprimiert, dann entspräche die Dauer des Kambriums dem Zeitabschnitt vom 15. bis 21. November.

Geographische Verhältnisse

Das Kambrium beginnt mit weiträumigen Überflutungen der Kontinentalschollen. Die meisten Randgebiete der im Präkambrium (4000–590 Mio.) entstandenen Kontinente werden vom vordringenden Meer unter Wasser gesetzt (diesen Vorgang bezeichnet man als Transgression). Dadurch entstehen sehr weiträumige Flachmeere auf den Kontinenten (Epikontinentalmeere), die für das sich lebhaft entwickelnde marine Leben neue Lebensräume bieten. Der Höhepunkt dieser Meeresvorstöße liegt im Mittelkambrium.

Die Meeresvorstöße im Unter- und Mittelkambrium gehen von mächtigen Senkungsräumen (Geosynklinalen, → S. 29) aus, die für diese Zeit charakteristisch sind. Der Ursprung der Geosynklinalentwicklung lag schon im Oberproterozoikum (900–590 Mio.). Zwischen Gondwana, das praktisch alle Südkontinente umfaßt, und Laurasia, das die Nordkontinente einschließt, öffnet sich jetzt verstärkt im meerischen Bereich ein System tiefer Geosynklinaltröge. Dominierend sind die großen Geosynklinalgürtel der nord-, west- und mitteleuropäischen Kaledoniden und Varisziden, des Protoatlantiks, des Urals, der Urtethys (»Urmittelmeer«) und ihrer Fortsetzungen nach Zentral- und Südasien. Die kaledonische Geosynklinale hat ihr Zentrum dort, wo sich heute das norwegische Hochgebirge erstreckt. Ihr westlicher Rand schließt noch Ostgrönland ein, das zusammen mit Nordamerika zu dieser Zeit nahe bei Nordeuropa liegt. Sie setzt sich in Nordamerika in einem Trog fort, der dort liegt, wo später die Appalachen aufragen. Die variszische (oder herzynische) Geosynklinale verläuft durch ganz Eurasien und das westliche Nordamerika. In Europa umfaßt sie, ausgehend vom französischen Zentralplateau, in heute nordwestlicher Richtung die Bretagne und Südwestengland und in nordöstlicher bis östlicher Richtung weite Teile Frankreichs, Deutschlands, Oberschlesiens und der Mährischen Senke. Insbesondere schließt sie die meisten der heutigen Mittelgebirge ein (Rheinisches Schiefergebirge, Harz, Pfälzer Wald, Odenwald, Spessart, Ruhla, Kyffhäuser, Erzgebirge, Vogesen, Schwarzwald, Böhmische Masse) sowie Teile der Karnischen Alpen und der Montagne Noire. Die Geosynklinale der Urtethys hat ihren Raum in den späteren mittelmeerischen Gebirgen, den Alpen und als Fortsetzung in Kasachstan, Altai-Sajan, Tienschan usw.

Die Geosynklinalmeere stehen während des Kambriums weitgehend miteinander in Verbindung. Zeitlich und räumlich wechselnd greifen sie auf die angrenzenden Tafelgebiete über, in deren Zentren sich große festländische Schollen- und Abtragungsgebiete befinden. Als bedeutende Meereseinheiten sind besonders eine ozeanische Verbindung von Ostasien über den Osten Australiens bis zur Antarktis sowie die nord- und südamerikanischen Randmeere mit Verbindungen über Grönland und die Arktis zum nördlichen Europa hervorzuheben. Wenigstens zeitweise stehen beide Meeressysteme über die Antarktis auch miteinander in Verbindung.

Sedimente und Vulkanismus

In den sich ständig weiter absenkenden Geosynklinalen häufen sich mächtige Sedimente an. Mindestens 2 km mächtig sind sie in den inneren Gebieten der Tröge, etwa in Wales (kaledonische Geosynklinale). Zunächst sind es meist geröllführende Ablagerungen und oft quarzithaltige Sandsteine, wie sie als Erosionssedimente von küstennahen Gebieten in Flachmeere eingetragen werden. Dann folgen in küstenfernen tieferen Bereichen der Geosynklinalen mächtige tonige Schichten und Grauwacken (graugrüne Sandsteine vor allem aus Quarz, Feldspat, Glimmer, Chlorid mit einem hohen Anteil an Gesteinsbruchstücken) mit zahlreichen Fossilien. Am Rande der Sen-

kungsräume finden sich neben Quarziten vor allem mächtige Riffkalke, die im Unter- und Mittelkambrium von altertümlichen, den späteren Korallen nahestehenden Archaeocyathiden aufgebaut werden. Im Oberkambrium läßt sich dann anhand der Sedimente wieder eine deutliche Verflachung der meisten Geosynklinalmeere feststellen.
Während besonders das Unter-, aber auch noch das Mittelkambrium von teilweise mächtigen Kalkablagerungen gekennzeichnet sind, entstehen im Oberkambrium z. T. gewaltige Schichten vulkanischer Ergußgesteine. Hauptsächlich an den Rändern inzwischen mehrere tausend Meter tief abgesunkener geosynklinaler Sedimentfüllungen kommt es zu Rissen in der Erdkruste, durch die Magmen bis zur Erdoberfläche aufsteigen können und dort heftigen Vulkanismus auslösen. Die ausfließenden Laven haben basischen Charakter (d. h., sie sind SiO_2-arm) und sind wesentlich dünnflüssiger als saure Laven, die in geosynklinalen Ablagerungen völlig fehlen. Aus diesem Grund zerfließen die Laven des Oberkambriums leicht und bilden weiträumige flache Decken.

Klimatische Verhältnisse

Herrschte bis gegen Ende des Präkambriums (um 590 Mio.) weltweit kühles bis sehr kaltes Klima, so zeichnet sich das gesamte Kambrium – und darüber hinaus auch das Ordovizium (500–440 Mio.), das Silur (440–410 Mio.) und das Devon (410–360 Mio.) – durch ausgesprochen warmes Klima aus. Vergletscherungen sind in großem Maße nur von den Südkontinenten bekannt. Für die warmen Gebiete gibt es verschiedenartige Klimazeugen, neben rein anorganischen wie Rotsedimenten und Evaporiten (Eindampfungssedimente) erstmals auch organische, denn die Artenvielfalt und die absolute Zahl der Lebewesen wachsen rasch.
Zunächst fällt auf, daß bis weit in nördliche Breiten ausgedehnte Riffgürtel entstehen, die insbesondere durch intensive Kalkbildung hervortreten. In Schlesien, Sardinien und im Antiatlas z. B. bilden sich mehrere 100 m mächtige Kalklager, in den nordamerikanischen Kordilleren (z. B. in British Columbia) bis nach Alaska und Grönland kommen Kalke und Dolomite geradezu gebirgsbildend vor. In Australien bauen kambrische Archaeocyathiden-Kalke Lager von fast 1000 m Mächtigkeit auf einer Länge von über 600 km. Kambrische Riffkalke lagern sich auch in Antarktika ab; im Gebiet des Ross-Eises zwischen Byrd- und Nimrod-Gletscher ist die sogenannte Shackleton-Limestone-Serie nicht weniger als 4000 m mächtig! Derart intensive Riffbildung ist immer ein typisches Kennzeichen für tropisch warmes Meereswasser.
Für heißes, meist sogar ausgesprochen trockenheißes Klima im Kambrium sprechen aber auch typische Festlandsedimente. So entstehen beispielsweise in Südaustralien mächtige Rotsedimente (→ S. 35), z. T. mit Einlagerungen von Steinsalz und anderen Evaporiten (→ S. 44). Stark entwickelt sind die Evaporite besonders in Sibirien (Jenessei, Lena) und in Vorderindien (»salt range«), aber auch in Marokko, Australien und in Nordwestkanada.
Paläomagnetische Messungen deuten darauf hin, daß im Kambrium Nordamerika südlich des Äquators liegt. Daraus resultieren vorherrschende Winde aus östlicher bis südöstlicher Richtung im Gebiet der großen Seen, ein Faktum, das sich heute auch anhand der Bodenstruktur (versteinerte windgeformte Dünen) rekonstruieren läßt.

Pflanzen- und Tierwelt

Auch im Kambrium gibt es noch keine Landlebewesen. Die Pflanzenwelt beschränkt sich weiterhin ausschließlich auf marine Algen und eventuell niedere Pilze. Die in den Flachmeergebieten vorkommenden Algen bieten der sich jetzt stark entwickelnden Tierwelt ein reiches Nahrungsangebot. Häufig sind sowohl die kalkabscheidenden Algen wie auch einzellige planktische Algen überliefert.
Gemäß der Verbreitung der Algen spielt sich das tierische Leben ausschließlich im flachen Meerwasser, also sicherlich nicht auf dem Festland und wahrscheinlich auch nicht im Süß- oder Brackwasser ab. Die Zahl der Fossilien wächst sprunghaft. Das hat drei Gründe: Zum einen gibt es mehr Organismen als in früheren Zeiten, zum zweiten trägt die intensive ruhige Sedimentation zu besonders guter Konservierung der Organismen selbst, ihrer Abdrücke, aber auch ihrer Kriech- und Freßspuren sowie ihrer Grab- und Wohnbauten bei. Und schließlich sind die gegenüber dem Proterozoikum wesentlich späteren Fossilien bis heute besser erhalten geblieben.
Die Tiere leben fast ausschließlich in den Küstengebieten der Weltmeere und in den Epikontinentalmeeren, also noch nicht im freien Ozean. Ihre Lebensweise ist benthisch; so bezeichnet der Biologe ein Dasein im Bodenbereich des Wassers im Gegensatz zur Existenz in den freien Wasserschichten.
Geradezu kennzeichnend für das Kambrium ist das plötzliche Auftreten einer großen Artenzahl von Dreilapperkrebsen oder Trilobiten, einer bereits im Perm (290–250 Mio.) wieder aussterbenden Tierklasse. Typisch ist die Entwicklung von festen, weitgehend geschlossenen Außenskeletten, regelrechten Panzern, die die wirbellosen Tiere schützend umgeben. Sie fallen besonders auch bei den Trilobiten (griech. tri lobós = drei Lappen) ins Auge. Ihr Name weist auf die deutliche Dreiteilung ihres Rückenpanzers hin. Er besteht aus Kopfschild (Cephalon), Rumpfschild (Thorax) und Schwanzschild (Pygidium). Der Thorax ist wiederum in verschiedene Quersegmente unterteilt. Kopfschild, Rumpfsegmente und Schwanzschild sind gelenkig miteinander verbunden. Weil sich die Trilobiten während ihres Wachstums mehrfach häuten, kann ein und dasselbe Tier mehrere Versteinerungen liefern. Die verschiedenen Formen der Trilobiten unterscheiden sich zeitlich voneinander, so daß sie sich hervorragend zur Gliederung des kambrischen Systems und der übrigen Epochen des Erdaltertums eignen. Die kambrischen Formen zeichnen sich fast durchweg noch durch kleine Augen und einen kleinen Schwanzschild aus. Schon die kambrischen Formen erreichen z. T. beachtliche Größen. Mit annähernd 0,5 m Länge sind sie die größten Tiere dieses Zeitraums. Die Trilobitenarten belegen auch klar, daß es bereits zwei, gegen Ende des Kambriums sogar drei sich auseinanderentwickelnde Faunenprovinzen im Bereich der kontinentalen Randmeere gibt.
Weitere bezeichnende Tiere dieser Formation sind die riffbildenden Archaeocyathiden. Darüber hinaus erscheinen im Laufe des Kambriums alle wesentlichen Gruppen der wirbellosen Tiere. Daneben tauchen schließlich auch neue tierische Einzeller auf, etwa die Lochträger (Foraminiferen) und verschiedene neue Kiesel- und Kalkschwämme. Als Leitfossilien haben neben den zahlreichen Trilobitenarten verschiedene Armfüßer (Brachiopoden), z. B. Lingula und Orthis, die kleinwüchsigen Kopffüßer Volborthella und die den Schnecken nahestehenden Hyolithen eine Bedeutung.

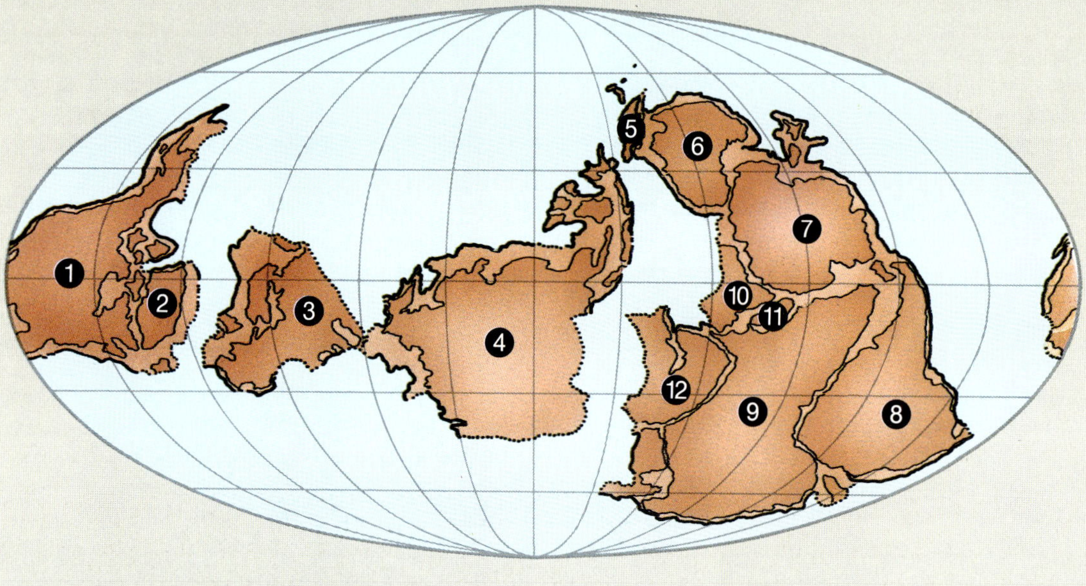

Im Unterkambrium sind die Landmassen der Erde im großen und ganzen auf den Bereich zwischen dem 60. nördlichen und dem 60. südlichen Breitengrad konzentriert. Auf der Westhemisphäre gibt es sogar nur wenig Festland jenseits 30 Grad nördlicher und südlicher Breite. Die bedeutendsten Landmassen liegen bei 40 bis 160 Grad Ost. Sie vereinen die späteren Südkontinente (Gondwana). Die folgenden Landmassen der heutigen Kontinente lassen sich bereits lagemäßig lokalisieren: Nordamerika (1) mit Grönland (2), Europa (3), Asien (4), Neuguinea (5) mit Australien (6) und Antarktika (7) nördlich von Indien (10), Madagaskar (11) sowie Arabien (12), Afrika (9) und Südamerika (8).

590–545 Mio.

Das Unterkambrium

590 Mio. Die Landmassen der Erde bilden fünf große Kontinentalschollen (Kratone): Laurentia, den Europäischen Kraton, den Sibirischen Kraton, den Ostasiatischen Kraton und den riesigen Südkontinent Gondwana.

Meerestiere lagern zunehmend mineralisierte Hartteile als Stützelemente in ihre Zellverbände ein. Zugleich beginnen einzelne Tiere, Calciumcarbonat (Kalk) zum Bau von Stütz- und Schutzskeletten zu verwenden. Geologisch setzt mit dieser »Biokalzifikation« in großem Maßstab die Riffbildung ein. → S. 57

Als erste Vertreter der Foraminiferen, einer Klasse einzelliger Urtiere, die noch heute weit verbreitet ist, erscheinen die bis zu mehrere Zentimeter langen Fusuliniden mit kompliziert aufgebauten spindelförmigen Gehäusen. Viele Arten der Foraminiferen stellen im Unterkambrium und auch in späteren Erdzeitaltern wichtige Leitfossilien. → S. 57

Die frühesten Vertreter der Chordatiere treten auf; diese fischähnlichen Lebewesen, deren auffälligstes Skelettmerkmal das Fehlen eines Gesichtsschädels ist, gehören zur Überklasse der Kieferlosen (Agnatha). → S. 63

Die Erdatmosphäre enthält rund 2% freien Sauerstoff (heute 21%). Während die Entfaltung der Meeresfauna dadurch gefördert wird, reicht dieser Anteil für die Entwicklung von Leben auf dem Festland nicht aus. → S. 56

Kalkalgen mit echten Zellkernen treten vermehrt auf. Die Kalkabscheidung geschieht entweder innerhalb der Zellwände (organische Kalkbildung) oder an der Oberfläche der Pflanze (Übersättigungskalk). Bei den frühen im Meerwasser lebenden Kalkalgen dominiert der erste Mechanismus.

In den Schichten des Burgess-Schiefers im südlichen Britisch-Kolumbien (Kanada) fossilisieren einfache Vor- oder Frühformen der Gliederfüßer in Gestalt der Onychophora. Es sind wurmförmige Meeresbewohner mit stummelförmigen Scheinfüßchen, die bis zu 25 cm lang werden. Verwandte Arten leben noch heute im Unterholz tropischer Wälder.

590–556 Mio. Es herrscht eine geomagnetische Periode, während der die Magnetpole der Erde gegenüber den heutigen Verhältnissen vorwiegend verkehrt (revers) liegen. → S. 55

590–545 Mio. Aus einem wenig differenzierten »Urmollusk« entwickeln sich die verschiedenen Weichtiergruppen (Mollusken). Im Unterkambrium sind sie sicher bereits mit drei Klassen vertreten: Den Schnecken, den Muscheln und der primitiven Klasse Monoplacophora (»Einplattenträger«). Alle drei Klassen besitzen feste Schalen. Fossil sind die Monoplacophoren bis ins Perm (vor rund 245 Mio.) nachgewiesen. → S. 58

Die Schwämme (Porifera) sind mit drei Klassen (Gemeinschwämme oder Demospongea, Hyalospongea und Kalkschwämme oder Calcispongea), zu denen insgesamt bereits neun Ordnungen zählen, in den Meeren vertreten. In Europa und Kanada treten massenhaft Meeresschwämme der Ordnung Lyssakida (Klasse Hyalospongea) mit Skelettnadeln aus Kieselsäure auf. → S. 59

Weit verbreitet sind in den Meeren die einzelligen Strahlentierchen (Radiolarien) mit den Unterordnungen Spumellina und Nassellaria. Sie treten in so großen Mengen auf, daß ihre fragilen Kieselsäureskelette größere Gesteinsablagerungen (Radiolarite) bilden. → S. 57

Aus der Ordnung der Würmer bevölkern neben den schon im Oberproterozoikum (900–590 Mio.) aufgetretenen Ringelwürmern (Annelida) jetzt auch Pfeilwürmer (Chaetognatha) und Spritzwürmer (Sipunculida) die Meere. Alle stellen eigene Stämme mit zahlreichen Arten dar. Sie leben im weichen Bodensubstrat und hinterlassen oft vielfältige fossile Kriechspuren. Die Ringelwürmer sind besonders zahlreich durch die Klasse der Meeresborstenwürmer (z. B. Familie Serpulidae) vertreten. → S. 60

Erste Stachelhäuter (frühe Verwandte der Seeigel und Seesterne) entwickeln sich. Zunächst erscheint der Unterstamm Echinozoa. Er umfaßt später die Seeigel, um diese Zeit aber fünfstrahlig symmetrische, scheibenförmige bis hochgewölbte Organismen. → S. 60

Drei Unterstämme der Gliederfüßer entwickeln sich: Trilobitenförmige (Trilobitomorpha), Fühlerlose (Chelicerata) und Krebse (Crustacea). Wohl gegen Ende des Unterkambriums erscheinen die Schwertschwänze (Xiphosura), eine Unterklasse der Fühlerlosen. – Innerhalb der Überklasse Trilobitomorpha entstehen die eigentlichen Trilobiten (Dreilapper), die bereits im Erdaltertum rund 1500 Gattungen mit weit über 100 000 verschiedenen Arten ausbilden. Viele von ihnen gelten als wichtige Leitfossilien. → S. 61

In den Meeren leben möglicherweise bereits jetzt erste einfache Formen von Steinkorallen, Vertreter der Nesseltier-Unterklasse Zoantharia. Im weiteren Verlauf des Kambriums entwickeln sie sich zu bedeutenden Riffbildnern. → S. 59

Die Armfüßer (Brachiopoden) entwickeln sich rasch. In den Meeren treten bereits sechs verschiedene Ordnungen auf, von denen eine das Kambrium nicht überlebt und je eine im Ordovizium (500–440 Mio.), Devon (410–360 Mio.) und Perm (290–250 Mio.) ausstirbt.

Im Stamm der Hohltiere (Coelenterata) erscheinen große Medusen (Klasse Scyphozoa) mit heute bis zu zwei Metern Schirmdurchmesser. Fossil nachgewiesen sind die Quallen vor allem aus dem Gebiet Mitteleuropas. Zum selben Stamm gehört die Klasse der Hydrozoa, die allerdings erst im Mesozoikum vor 250 Jahrmillionen überlieferungsfähige Skelette herausbildet. → S. 62

Während des Unterkambriums nehmen die Zahl und die Größe mineralischer Lagerstätten, die durch Mitwirkung von Lebewesen entstanden sind (sie sind »organogen«), explosiv zu. → S. 56

590–500 Mio. In den Meeren der Normandie, Sardiniens, der Sierra Morens Spaniens, der Sahara und Marokkos, Chinas, Sibiriens, Nordamerikas und Australiens leben Mitglieder des eigenständigen Tierstammes der Archaeocyathiden mit meist konischen, becherförmigen Kalkskeletten. Sie sehen aus wie Übergangsformen zwischen Schwämmen und Korallen und können gesteinsbildend wirken. → S. 62

Eine Phase der Faltengebirgsbildung, die sogenannte assyntische Orogenese, spielt sich ab. Sie umfaßt Gebirge in Sibirien, West- und Mitteleuropa. → S. 62

590–270 Mio. Verbreitet sind in flachen Meeresgebieten die sogenannten Calyptoptomatida, eine Klasse bilateral symmetrischer Tiere mit konischem Kalkgehäuse von meist dreieckigem Querschnitt. Sie stehen den Weichtieren nahe. Sie sterben im Perm (290–250 Mio.) aus.

590–210 Mio. In den Meeren leben Vertreter des Tierstammes der Conodontentiere, dessen systematische Verwandtschaft ungeklärt ist. Fossil erhalten sind von ihnen die Conodonten, zahn- bis kammförmige Gebilde, die wohl lediglich die Kopfregion des Tieres darstellen und möglicherweise zu einem Kiemenapparat gehören. → S. 62

585–575 Mio. Die sogenannte baikalische oder cadomische Gebirgsbildung in Nordfrankreich ereignet sich. → S. 56

556–540 Mio. Es herrscht eine geomagnetische Periode mit vorwiegend »normaler« (also den heutigen Verhältnissen entsprechender) Polung. → S. 55

Um 550 Mio. Erste fragmentarische Funde weisen darauf hin, daß mit der Klasse der zu den Kieferlosen (Agnatha) gehörenden Pteraspidomorpha, einfachen Fischen, bereits erste Wirbeltiere in den Meeren leben. Sie zeichnen sich u. a. durch einen kräftigen Kopfpanzer und meist paarige äußere Nasenöffnungen aus. → S. 63

Südliches Polarlicht, aufgenommen mit einer 35-mm-Kamera aus dem Weltall im Rahmen einer geophysikalischen Forschungsmission von Spacelab 3

Südliche Aurora borealis über der Forschungsstation Halley in der Antarktis. Solche Lichtschleier bewegen sich sehr rasch am Himmel.

Magnetischer Ursprung des Polarlichts

590–556 Mio. Auf der Erde ist die magnetische Polung meist entgegengesetzt zu der heute herrschenden: Der Erdsüdpol befindet sich auf der heutigen Nordhalbkugel, der Nordpol hingegen auf der Südhalbkugel. Der Geologe bezeichnet diese Erscheinung als Periode geomagnetisch vorwiegend reverser Polung.

Solche Phänomene der Polumkehr (Reversion) sind erdgeschichtlich häufig zu beobachten. Nachweisen lassen sie sich ab Beginn des Paläozoikums anhand der vorherrschenden Magnetisierungsrichtung in magnetischen Gesteinen, die sich in der jeweiligen Epoche bilden. Dabei wird das Magnetfeld durch kleine, in der erstarrten Schmelze fixierte Magnetitkristalle überliefert.

Das Magnetfeld der Erde gehört zu den Forschungsgebieten, auf denen noch viele Fragen offen sind. U. a. ist es für pulsierende Gasentladungen in der hohen Atmosphäre verantwortlich, die sich in Form von Polarlichtern zeigen. Der Entstehungsmechanismus des Erdfeldes ist heute in groben Zügen bekannt: Ein Dynamo bewirkt die Umwandlung von mechanischer Energie (Drehbewegung) in elektromagnetische Energie. Der einfachste Dynamo dieser Art ist der Scheibendynamo, bei dem durch die Drehung einer Metallscheibe in einem Magnetfeld zwischen Achse und Rand der Scheibe eine Spannung erzeugt wird. Greift man diese Spannung ab, so kann man einen Strom so durch eine Drahtschleife fließen lassen, daß ein dem ursprünglichen Magnetfeld entsprechendes Feld erzeugt wird. Da der Strom proportional zur Drehgeschwindigkeit wächst, gibt es eine kritische Rotationsgeschwindigkeit, oberhalb derer ein selbsterregender Dynamo möglich wird. Bei langsamer Drehung der Scheibe ist das erzeugte Magnetfeld schwächer als das ursprünglich vorgegebene. Wird aber die kritische Rotationsrate überschritten, dann wird dadurch das erzeugte Magnetfeld so stark, daß es selbst nach dem Abschalten des ursprünglichen Feldes zu einem Anwachsen des Stromes kommt.

Ganz ähnlich erfolgt die Umwandlung von mechanischer Energie in magnetische Energie durch den Geodynamo im metallischen Inneren der Erde. Zwischen dem festen inneren Kern und dem Erdmantel gibt es einen viel größeren äußeren Kern, der aus flüssigem Eisen besteht. Hier sind etwa 10 bis 20% leichtere Elemente beigemischt. Ihr langsames Aufsteigen liefert mechanische Energie, die wahrscheinlich die wesentliche Energiequelle für den Geodynamo bildet.

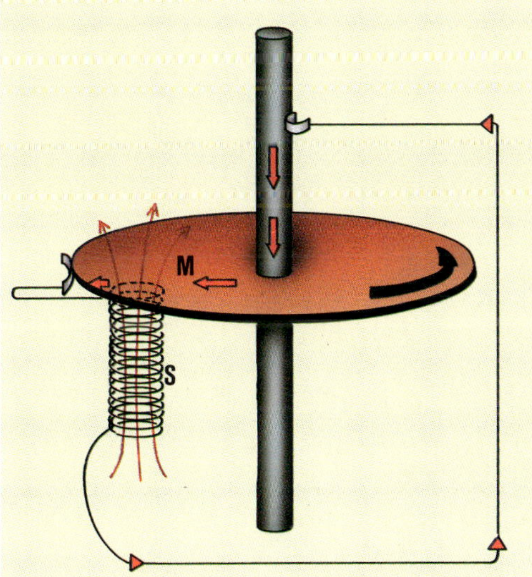

Geomagnetismus

Das Dynamomodell erklärt die Hypothese der Selbsterregung: Die stromdurchflossene Spule S erzeugt ein Magnetfeld M, das in der rotierenden Scheibe wiederum einen Strom induziert. Die Energie stammt aus der Rotation.

Streitfrage:

Wie kommt es zur Polumkehrung?

Mathematische Berechnungen beweisen, daß ein magnetisches Feld, das symmetrisch um eine Achse angeordnet ist, durch einen Dynamoprozeß nicht entstehen kann. Nun besitzt die Erde in der Tat kein solches, sondern ein recht kompliziertes Feld, das von einem idealen magnetischen Zweipol ziemlich weit entfernt ist. Neuere Computerrechenmodelle ergeben, daß sich sehr unterschiedliche Feldformen einstellen können, unter denen ein grob zweipoliges Feld nur eine von zahlreichen Möglichkeiten darstellt. Ebensogut wäre z. B. ein vierpoliges Magnetfeld denkbar. Die Theorie kann bisher nicht erklären, warum die Erde und andere Planeten das zweipolige Feld bevorzugen. Geht man aber von diesem Feld als Faktum aus, dann ergeben die Berechnungen, daß die dazu führenden Gleichungssysteme immer zwei Lösungen haben, bei denen jeweils Nord- und Südpol miteinander vertauscht sind. Ein Wechsel der magnetischen Pole ist demnach durch ein Zusammenbrechen des alten und den Neuaufbau eines umgekehrt gepolten Systems denkbar.

Gediegenes Kupfer; das abgebildete Metallstück stammt aus Michigan (USA). Seine Entstehung geht auf das Algonkium zurück, den erdgeschichtlich letzten Abschnitt des Präkambriums vor 2500 bis 590 Mio. Jahren.

Zahlreiche neue Lagerstätten entstehen

590 Mio. Die große Zeit der Lagerstättenbildung setzt ein und erreicht später nie wieder diese Ausmaße. Starker Magmatismus und Vulkanismus führten zu einer großen Mannigfaltigkeit an Gesteinsbildungen. Daneben bringt jetzt – und das setzt sich bis heute fort – die rapide Differenzierung der Lebewesen zahlreiche, völlig neue Lagerstättentypen mit sich, nämlich jene aus Biomasse. Das sind z. B. Kohlenwasserstoffe und Phosphorverbindungen. Organischen Ursprungs sind aber auch Kalkablagerungen.
Einige archaische Lagerstättentypen leben in gleicher oder etwas veränderter Art erneut auf. Die erdumspannenden Faltengürtel mit der größten Häufung von Lagerstätten bauen sich an den alten Plattengrenzen an. Dabei vergrößert das Wiederaufarbeiten alter Krustenteile durch Verwitterung, Abtragung und Sedimentation in großen Sammelbecken Zahl und Mannigfaltigkeit lagerstättenbildender Prozesse.

Lagerstätten des Paläozoikums

▷ Chromitlager in untermeerischen basischen Magmen (Ophiolithen) in den Geosynklinalen
▷ Kupferkies-Pyrit-Lagerstätten in Ophiolithen
▷ Kieslagerstätten mit Flußspat und Baryt aus vulkanisch überhitzten Dampfquellen
▷ Wolfram-, Zinn-, Arsen-, Wismut-, Molybdän-, Quecksilber-, Goldlager usw. aus vulkanisch überhitzten Dampfquellen
▷ Porphyrische Kupfer-, Molybdän-, Goldlager usw.; das sind Lager in der Nähe von Plutonen (magmatische Tiefengesteine), die durch einzelne größere Kristalle in einer ansonsten feinkörnigen Grundmasse vorliegen.
▷ Plutonische (Tiefengesteins-)Lagerstätten mit Buntmetallen, Zinn, Wismut, Tantal und Niob
▷ Gold-Quarzgänge
▷ Blei-Zinn-Lagerstätten in Karbonatgesteinen
▷ Kupfer- und Uranlagerstätten in Sedimenten
▷ Sedimentäre Eisen- und Manganlager
▷ Phosphoritlagerstätten
▷ Evaporitlagerstätten, also Eindampfungsrückstände (Salze, Gips, Anhydrit)
▷ Verwitterungslagerstätten auf dem Festland
▷ Kohle-, Erdöl- und Erdgaslager.

Kupferkies-Kristalle mit Pyrit-Kristallen (Schwefelkies) aus dem Harz; solche sulfidischen Erze entstehen u. a. magmatisch im Meer (Ophiolithe).

Gebirgsbildungen im Unterkambrium

590–500 Mio. Die assyntische Gebirgsbildung, die bereits im Oberproterozoikum (→ 900–590 Mio./S. 48) begonnen hatte, setzt sich fort. Etwa fünf bis 20 Mio. Jahre später spielt sich die cadomische oder baikalische Gebirgsbildung im Norden Frankreichs ab.
Die assyntische Faltung ist nach dem Assynt-Distrikt in Nordschottland benannt. Sie umfaßt Gebirge in West- und Mitteleuropa und vor allem in Sibirien. Der jungassyntische Abschnitt und die cadomische Phase gehen gleitend ineinander über und sind in wesentlichen Abschnitten miteinander identisch.
Mit der assyntischen Ära geht der erste von vier großen gebirgsbildenden Prozessen der Erdgeschichte, die sich in zeitlichen Abständen von rund 150 Jahrmillionen abspielen, zu Ende. Gegenüber den folgenden (kaledonische, variszische und alpidische) Orogenesen ist sie von geringerer Bedeutung. Die einzelnen Gebirgsbildungszyklen sind durch erdgeschichtlich ruhige Phasen voneinander getrennt. In diesen Zwischenzeiträumen kommt es stets nur zu sedimentären Prozessen.

Mehr Sauerstoff in der Atmosphäre

590 Mio. Der Sauerstoffgehalt der Atmosphäre ist auf rund 2% des heutigen Wertes angestiegen. Das entspricht einem Anteil von etwa 0,4 Volumen- bzw. 0,46 Gewichtsprozenten an freiem Sauerstoff. Damit ist eine für den Calzium-Stoffwechsel wichtige Schwelle überschritten, und es kommt vermehrt zur Bildung tierischer Skelette, die in großen Mengen überliefert sind. Doch zunächst bezieht sich diese Zunahme nur auf das Leben im Wasser. Denn während der Sauerstoff im Wasser bereits ausreicht, um eine schnelle Entwicklung tierischer Organismen zu erlauben, ist das in der atmosphärischen Luft und damit für ein Leben auf dem Lande noch nicht der Fall. Je höher die Organisation eines Tieres, desto größer ist sein relativer Sauerstoffverbrauch. Außerdem ist die Bildung einer Ozonschicht in der Atmosphäre noch nicht so weit fortgeschritten, daß sie die für Lebewesen gefährliche UV-Strahlung ausreichend filtern könnte.

Foraminiferen aus dem Unterperm

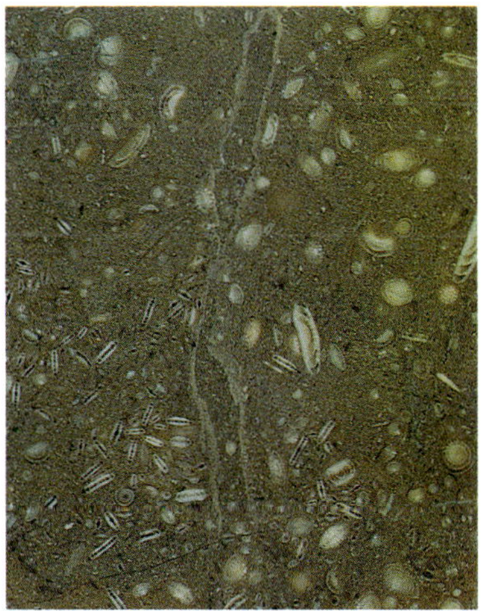

Nummuliten-Kalk (Unteres Eozän)

Tertiäre Foraminiferen (Ägypten)

Foraminiferen aus der Oberkreide

Meerestiere mit Kalkgehäusen als Umweltindikatoren

590 Mio. Erstmals tritt die zweifellos am weitesten verbreitete Ordnung der Urtiere (einzellige Tiere, Protozoa) auf, die Foraminiferen oder »Kammerlinge«. Als erste Unterordnung erscheinen die Textulariidae, die noch z. T. mikroskopisch kleine Formen bilden. Großformen von einigen Millimetern Länge sind ab Karbon (360 Mio.) bekannt, und schließlich stellen sie im Alttertiär (65–35 Mio.) mit bis zu 100 mm Größe die größten einzelligen Tiere überhaupt. Die Foraminiferenzelle besitzt in der Regel einen oder mehrere Zellkerne. Von der Zelle gehen dünne Plasmafäden, sogenannte Scheinfüßchen (Pseudopodien), aus. Die ganze Zelle umschließt ein vielgestaltiges Gehäuse, das manchmal Fremdpartikel aus Chitin oder Kalk enthält. Bei einigen Arten hat das Gehäuse nur eine große Öffnung, bei anderen zahlreiche kleine Löcher, aus denen die Fortsätze herausragen. Je nach Unterordnung und Art können die Gehäuse der Foraminiferen aus einfachen kugel-, linsen-, röhren-, stern- oder spiralförmigen Kammern bestehen oder aber sich aus zahlreichen einzelnen Kammern zusammensetzen.

Die Foraminiferen leben in den Küstenbereichen der Meere, spätere Formen auch als Plankton in den oberen Wasserzonen der Hochsee. Ein Großteil der Arten ist extrem abhängig von den Umgebungsbedingungen, vor allem vom Salzgehalt des Wassers, von der Wassertemperatur, der Tiefe und der Beschaffenheit des Meeresbodens. Jede Art ist also an einen ganz bestimmten Lebensraum gebunden. Deshalb liefern die fossilen Foraminiferen wichtige Hinweise auf die früheren Umweltgegebenheiten. Darüber hinaus entwickeln die Foraminiferen im Laufe der weiteren Erdgeschichte zahlreiche, z. T. sehr typische Arten. Sie sind daher als Leitfossilien von großer Bedeutung.

Strahlentierchen bilden Gestein

590 Mio. Die Radiolarien, eine Unterklasse der Strahlentierchen (Actinopoda), vermehren sich rapide und bilden zahlreiche neue Arten. Vereinzelt traten diese einzelligen Urtierchen schon im Oberproterozoikum (→ 900 Mio./S. 49) auf, konnten stratigraphisch aber nicht genau zugeordnet werden. Nun verbreiten sie sich über alle Meere und beginnen bereits, umfangreiche kieselige Ablagerungen, sogenannte Radiolarite, aufzubauen. Dieses Gestein entsteht durch Verfestigung von Radiolarienschlämmen, die sich durch Ansammlung von Gehäusen dieser Strahlentierchen auf dem Grund der Meere bilden. Manche dieser Radiolarite sind vor allem durch Eisenverbindungen lebhaft gefärbt, z. B. rot, gelb oder grün.

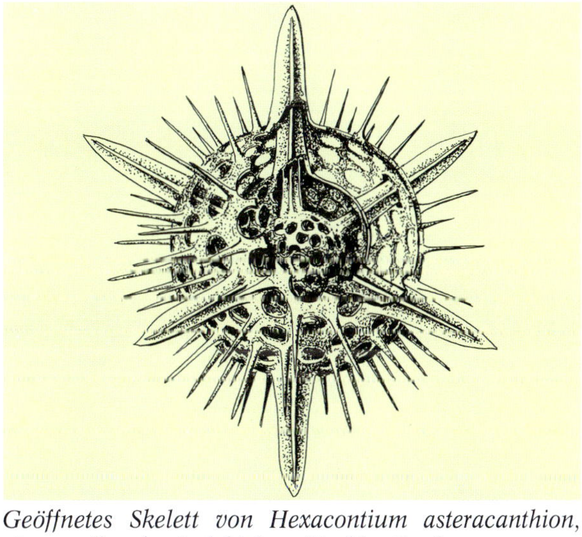

Geöffnetes Skelett von Hexacontium asteracanthion, einem mikroskopisch kleinen Strahlentierchen

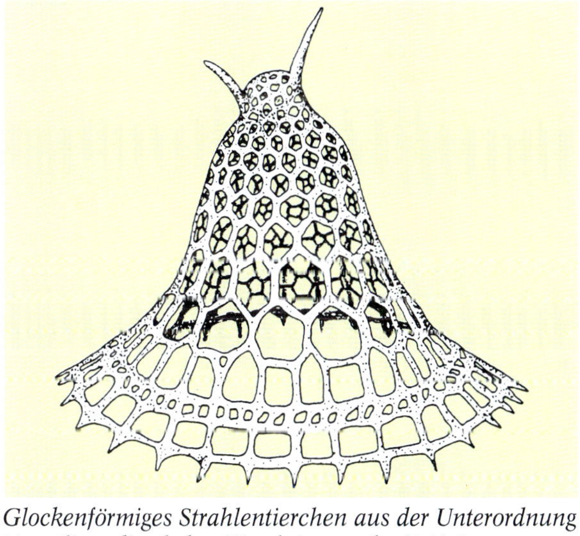

Glockenförmiges Strahlentierchen aus der Unterordnung Nasselina, die ab dem Kambrium verbreitet ist

Die Körperzellen der Radiolarien sind typisch zweischalig konzentrisch aufgebaut. Im Inneren befindet sich Zellplasma (Endoplasma), das von einer kugel-, ei- oder linsenförmigen kieseligen Kapsel eingeschlossen ist. Diese feste zentrale Hülle umgibt ein äußeres Zellplasma (Ektoplasma). Die meisten Radiolarien-Arten (heute gibt es rund 5000 verschiedene) sind zwischen 0,1 und 0,5 mm groß. Sie unterscheiden sich in erster Linie durch die z. T. ungewöhnlich reizvollen Formen ihrer oftmals strahlig-symmetrischen Skelette.

Alle Radiolarien leben planktisch, also als Mikroorganismen frei im Wasser schwimmend und nicht auf dem Bodenbereich. Im Kambrium wahrscheinlich noch an die nährstoffreichen Küstenregionen gebunden, erobern sie später vor allem die offenen Meere als Lebensraum. Radiolarien kommen bis in etwa 100 m Wassertiefe vor, wobei sich je nach Tiefenzone Vergesellschaftungen bestimmter Arten beobachten lassen.

Man gliedert die Radiolarien in die Ordnungen Acantharia, Phaeodaria, Spumellaria und Nassellaria, von denen nur die beiden letzten bereits im Unterkambrium auftauchen. Acantharia erscheint im Eozän (55–36 Mio.), Phaeodaria in der Kreide (140–66 Mio.).

Weichtiere entwickeln sich aus einfachem Urmollusk

590–545 Mio. Aus einem noch wenig differenzierten, auf Flachmeeresböden vorkommenden Urmollusk (»Urweichtier«) entwickeln sich rasch und fast gleichzeitig die fünf Haupttypen der noch ausschließlich im Wasser lebenden Weichtiere: Käferschnecken, Schnecken, Muscheln, Kopffüßer und Grabfüßer.

Die Weichtiere (Stamm Mollusca) haben einen nicht in Segmente unterteilten Körper, bei dem in der Regel Kopf, Rumpf mit Eingeweidesack, Mantel und ein auf der Unterseite (ventral) gelegener muskulöser Fuß mehr oder weniger ineinander übergehen. Der Mantel ist eine von der Rückseite (Dorsalseite) ausgehende Hautfalte, die den Rumpf umgibt. Zwischen Rumpf und Mantel entsteht so eine Mantelhöhle, in der sich bei den meisten Formen eine oder mehrere Kiemen befinden. Der Mund kann mit einem schnabelartigen Kiefer ausgestattet sein; am Beginn des Schlundes befindet sich meist eine Reibeplatte (Radula). Die Rückseite des Körpers und der Mantel scheiden bei den meisten Mollusken eine mehrschichtige Kalkschale als äußeres Skelett ab.

Je nach Ausbildung der Nerven, der Kiemen und der Schale sowie dem Vorhandensein oder Fehlen der Reibeplatte teilt man die Weichtiere systematisch ein. Der erste Unterstamm umfaßt die Urmollusken (Amphineura), das sind zweiseitig symmetrische Weichtiere, deren Körper nur eine stachelige sogenannte Cuticula und gegebenenfalls zusätzliche Kalkplatten schützen. Dazu gehören altertümliche Wurmschnecken (Aplacophora), die fossil nicht überlieferungsfähig sind.

Zum zweiten Unterstamm, Schalenträger (Conchifera), gehören als erste Klasse die »Einplattenträger« (Monoplacophora), die bereits im Unterkambrium auftreten. Sie besitzen mützenförmige bis planspiralig eingerollte Kalkgehäuse und sind streng zweiseitig (bilateral) symmetrisch ausgebildet.

Die zweite Klasse bilden die Schnecken (Gastropoda). Ihre Kennzeichen sind ein normalerweise asymmetrischer Körper und ein spiralig oder schraubenförmig gewundenes Gehäuse aus Kalk. Man kann drei Unterklassen unterscheiden: Vorderkiemer (Prosobranchia), Hinterkiemer (Opisthobranchia) und Lungenschnecken (Pulmonata), von denen die zweite und dritte erst Ende des Paläozoikums (vor etwa 250 Mio.) auftreten. Die dritte Klasse, die Kahn- oder Grabfüßer (Scaphopoda), besitzt spitzkonische, röhrenförmig langgestreckte Gehäuse, mit denen die Tiere schräg im weichen Bodensediment der Meere stecken. Sie sind selten nachzuweisen und besonders ab Karbon (ab 360 Mio.) vertreten.

Die vierte Klasse umfaßt die Muscheln (Bivalvia), die zunächst ganz vereinzelt mit nicht immer sicheren Formen auftreten. Sie sind im allgemeinen zweiseitig symmetrisch. Der Kopf fehlt, den Weichkörper umschließt eine zweiklappige Kalkschale. Die fünfte, vereinzelt ab Oberkambrium (520–500 Mio.) vorkommende Klasse stellen die Kopffüßer (Cephalopoda). Ihre Entwicklung setzt im wesentlichen aber erst im Ordovizium (500–440 Mio.) ein (→ S. 73). Die sechste Klasse, Rostroconchia, erscheint im Unterkambrium und stirbt im Perm (290–250 Mio.) wieder aus. Sie umfaßt zweiklappige Weichtiere ohne elastisches Band (Ligament). Die siebte Klasse, Cricoconarida, erscheint erst im Ordovizium; die achte Klasse schließlich, Calyptoptomatida, bis zu 15 cm lange Weichtiere mit konischem Gehäuse, existiert vom frühen Kambrium bis ins Perm.

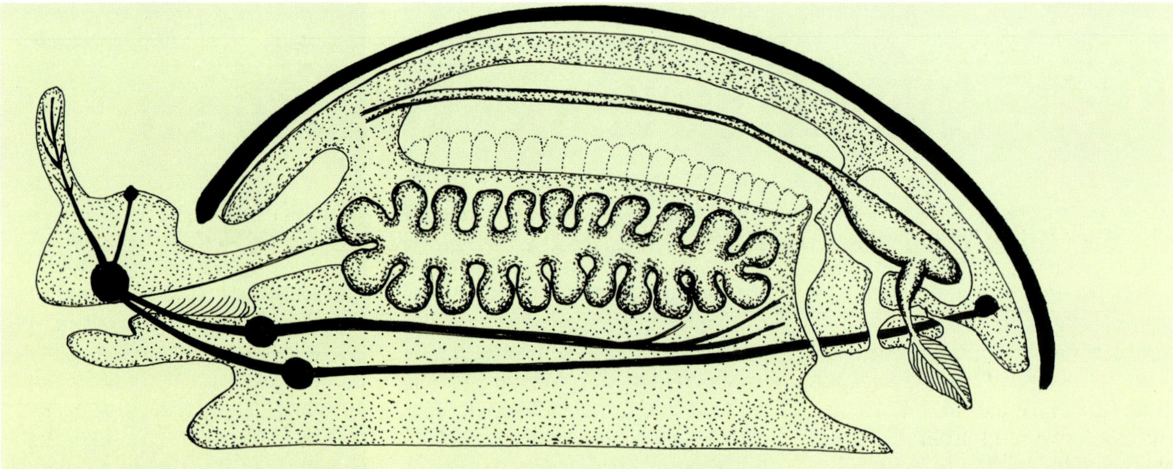

Idealisierte Urschnecke: Nervenbahnen, Verdauungstrakt, Höhlen mit Geschlechtsdrüsen und Herz (von u. nach o.)

Propiline meramecensis aus dem Ordorvizium Italiens

Monoplacophora

Die Weichtierklasse der Monoplacophora oder »Einplattenträger« wurde erst 1957 eingeführt, nachdem sich 1952 in 3570 m Wassertiefe vor der Westküste von Costa Rica im Schleppnetz noch heute lebende Vertreter (die Art Neopilina galatheae) dieser Klasse fanden. Zuvor hatte man fossile Exemplare als Schnecken betrachtet. Allen Monoplacophora gemeinsam ist das mützenförmige Gehäuse.

Meeresschnecke mit Korallenbewuchs aus dem Silur

Gastropoda

Als gemeinsame Merkmale der Weichtierklasse der Schnecken (Gastropoden) gelten ein normalerweise asymmetrischer Körper, ein oder zwei Paare von Fühltentakeln am Kopf sowie eine Reibeplatte (Radula) im Mundraum. Der Fuß ist meist als breite Kriechsohle ausgebildet. Häufig ist ein spiralig gewundenes Kalkgehäuse. Die Gastropoden sind heute mit etwa 150 000 Arten vertreten.

Gattung Phestia aus dem Unterkarbon von Arkansas

Bivalvia

Im Gegensatz zu den Schnecken sind die Muscheln (Weichtierklasse Bivalvia) normalerweise bilateralsymmetrisch aufgebaut. Der zweilappige Mantel umhüllt die seitlichen Kiemenhöhlen und den kopflosen Rumpf. Den Weichkörper der Tiere umgibt eine zweiklappige Schale, die von einem Schloß zusammengehalten wird. Alle Muscheln leben im Wasser, in der Regel im Meer.

Der Stamm der Schwämme hat sich in den Meeren bis heute erhalten. Das Bild zeigt eine rezente Art aus dem Mittelmeer neben Röhrenwürmern.

Schwämme weit verbreitet

590 Mio. Der Stamm der Schwämme (Porifera oder Porenträger) ist in den Meeren bereits mit zahlreichen Klassen und innerhalb dieser mit vielen Ordnungen vertreten. Vereinzelt kamen Schwämme schon im Oberproterozoikum (→ 900–590 Mio./S. 49) vor, jetzt aber treten sie mit einer großen Artenvielfalt in Erscheinung.

Diese mehrzelligen Tiere besitzen weder Nerven- noch Muskelgewebe. Ihr Bauplan ist durch Einlaß- und Öffnungsporen auf das Hereinstrudeln und Aufnehmen kleinster Nahrungspartikel ausgerichtet. Durch Knospung bilden sie neue Individuen aus, die jedoch meist zu einem Schwammkörper vereinigt bleiben. Dieser Körper ist an der Basis festgewachsen und wird durch ein aus Fasern oder Nadeln (Sklerite) bestehendes Skelett gestützt. Es besteht aus Spongin (ein seidenähnliches, biegsames Protein), Kieselsäure, Aragonit oder Calcit.

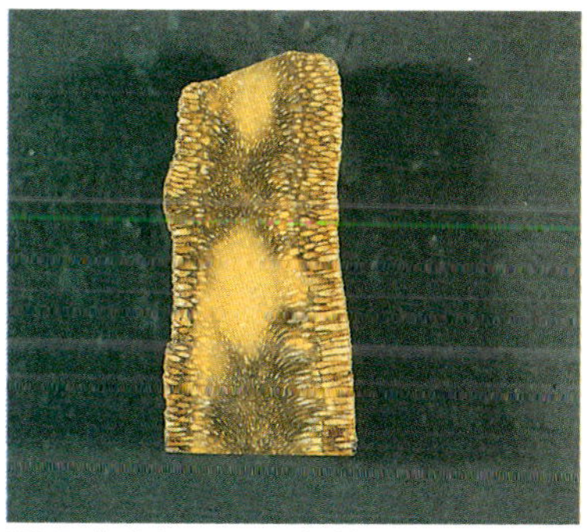

Der fossile Schwamm aus der Klasse Sclerospongiae stammt aus dem Perm.

Ein versteinerter Schwamm der Gattung Astylospongia aus der Zeit Ordovizium/Silur

Schwammgattung Hydnoceras (ab Devon)

Je nach Substanz von Skelett und Struktur unterscheidet man mindestens vier Klassen: Demospongea (mit meist badeschwammartigem Spongin- oder Kiesel-Skelett), Hexactinellida oder Hyalospongea (mit bestimmt geformtem kieseligem Skelett), Calcispongea (Kalkschwämme mit einem Skelett aus Calcit oder Aragonit) und Sclerospongea (koralline Schwämme). Die ersten drei Klassen sind bereits im Unterkambrium vertreten.

Auch die Unterklasse der Steinkorallen hat vom Kambrium bis heute überlebt: Hier ein modernes Exemplar der Gattung Madrepora.

Korallen mit Kalkskelett

Um 545 Mio. Eine Klasse im Stamm der Nesseltiere (Cnidaria) sind die Blumentiere oder Korallentiere (Anthozoa). Erste einfache Formen von ihnen lebten möglicherweise bereits im Mittelproterozoikum in der Ediacara-Fauna (→ 1700–900 Mio./S. 41); im Kambrium ist ihr Auftreten mit der Unterklasse Steinkoralle (Zoantharia) erstmals in größeren Kolonien nachweisbar.

Die Polypen der Steinkorallen können einzeln leben oder sich zu großen Kolonien zusammenfinden. Nicht alle produzieren ein Kalkskelett. Aber sofern ein solches auftritt, ist es meist ein Außenskelett. Das Skelett eines einzelnen Polypen nennt man Corallit, das einer ganzen Polypenkolonie Corallum. Benachbarte Coralliten eines Corallums sind bei den modernen Formen durch ein kalkiges Zwischengewebe (Coenostium) miteinander verbunden. Die röhrenförmigen Coralliten sind im Inneren durch feine kalkige Scheidewände (Septen) unterteilt, die oft wie die Speichen eines Rades angeordnet sind. Nach Aufbau und Anordnung dieser Septen unterscheidet man verschiedene Überordnungen der Steinkorallen. Nur die riffbildende Ordnung Rugosa tritt schon im Kambrium auf.

Im Gegensatz zu anderen Nesseltieren, bei denen jeweils eine Generation frei schwimmender Medusen (Quallen) mit einer Generation seßhafter Polypen abwechselt, ist bei allen Blumentieren nur die Polypengeneration vorhanden.

Koralle (Ordnung Tabulata, Familie Syringophyllidae) aus dem Ordovizium

Aus Einzeltieren wie diesem aus dem Silur bauen sich großflächige Korallenkolonien auf

Koralle (wahrscheinlich Tryplasma) aus Gotland

Wurmspuren im Meeressand

590 Mio. Zahlreiche Tiere von wurmförmiger Gestalt und Bewegungsart treten in Erscheinung. Diese sogenannten Würmer (Vermes) mit den Stämmen der Plattwürmer (Plathelmintha), Schlauch- oder Rundwürmer (Nemathelmintha), Fadenwürmer (Nematoida), Schnurwürmer (Nemertini), Ringelwürmer (Annelida), Pfeilwürmer (Chaetognatha) usw. sind entwicklungsgeschichtlich nicht miteinander verwandt. Ihre Ordnung ist künstlich geschaffen. Gemeinsam ist ihnen allenfalls, daß es sich um langgestreckte, zweiseitig symmetrische wirbellose Tiere handelt. Aber das trifft auf viele andere (z. B. Insektenlarven) auch zu.

Bereits im Unterkambrium zeigen sich Vertreter mehrerer verschiedenartiger Stämme bzw. Klassen der Wurmartigen: Ringelwürmer (Annelida), Chaetognatha und Sipunculoida lassen sich nachweisen, die ersteren sehr häufig, die beiden letzteren als Raritäten.

Es mag überraschen, daß sich überhaupt fossile Hinweise auf Würmer erhalten können, denn die Tiere verfügen bis auf einige Ringelwürmer über kein festes Skelett. Dennoch: In feinkörnigen Sedimenten, die sich aus Schlamm bilden, finden sich ihre Abdrücke; allerdings liefern sie in der Regel praktisch keine Information über die Anatomie der weichen Körper. Häufig sind es nur die Kriech- oder Weidespuren von Würmern sowie ihre Wohnbauten als Systeme röhrenförmiger Gänge, die erhalten bleiben. Im Gegensatz zu den Fossilien der meisten anderen Tiere ist deshalb eine systematische Auswertung kaum möglich.

Für die Paläontologie sind die verschiedenen Wurmabdrücke und Wurmspuren aber gleichwohl von Interesse, denn sie liefern Informationen hinsichtlich der Lebensweise der Erzeuger und damit der Paläoökologie, also der Ökosysteme in vergangenen Erdzeitaltern. In den Burgess-Tonschiefern in British Columbia (Kanada) fossilisieren besonders im Mittelkambrium (→ 545–520 Mio./S. 67) sogar perfekt erhaltene vollständige Körper von vielen skelettlosen Tieren wie Ringelwürmern, z. B. Canadia, den Pfeilwürmern (Amiskwia) und den sogenannten Gephyreen. Viele Ringelwürmer existieren noch heute in praktisch unveränderter Form.

Abdruck eines Wurmes (l.) und seiner Kriechspur, die in den feinkörnigen Sedimenten aus dem Oberjura in Solnhofen gut erhalten blieb

Explosionsartige Entwicklung bei den Stachelhäutern

590 Mio. Zahlreiche Klassen aus dem Tierstamm der Stachelhäuter (Echinodermata) – heute vor allem durch die Seesterne und Seeigel bekannt – bilden sich. Da die Skelettelemente dieser wirbellosen Tiere nur durch die Haut miteinander verbunden sind, zerfallen sie nach dem Absterben der Tiere schnell und sind deshalb nur schwer nachweisbar. Dennoch sind einige dieser Bewohner flacher Meeresgebiete wie die Klasse der Edrioasteroidea, die mit ihren 30 Arten bereits im Oberkarbon (310–290 Mio.) wieder ausstirbt, aus dieser Zeit belegt.

Es sind scheibenförmige bis hochgewölbte Wesen mit fünfstrahliger Symmetrie, deren Skelett aus einzelnen Platten besteht. Sie sitzen meist festgewachsen auf den Gehäusen anderer Tiere. Auch die Klasse Helicoplacoidea erscheint zu dieser Zeit. Ihr Skelett (Theka) besteht aus spiralig angeordneten, nicht fest miteinander verbundenen Platten. Sie überleben das Kambrium nicht. Zu ihren Zeitgenossen gehören noch zahlreiche andere Stachelhäuter, die sich keiner der bekannten Klassen zuordnen lassen und die ebenfalls bald wieder aussterben, wie die Homalozoa, deren Form an altertümliche Panzerfische erinnert.

Aus den zahlreichen, explosionsartig entstandenen Gruppen der Echinodermata scheiden zuerst diejenigen wieder aus, die über weniger gut angepaßte Baupläne verfügen als ihre Artgenossen.

Zum Unterstamm Homalozoa (Gattung Cothurnocystis) gehört dieser schottische Seeigel.

Die frühe Stachelhäutergattung Echinosphaerites mit angeschliffenem Calcit (Ordovizium)

Ein Stachelhäuter (Carneyelle pileus) aus der Klasse Edrioasteroidea aus dem Ordovizium

Pioniere der Gliederfüßer

590 Mio. Explosionsartig entwickelt sich eine große Formenvielfalt der Gliederfüßer (Arthropoda). Die Ursprünge dieses Stammes liegen allerdings noch im Verborgenen. Auf das Erdaltertum (590–250 Mio.) beschränkt sich die bedeutende Überklasse Trilobitomorpha (»Trilobitenförmige«) mit den Klassen Trilobitoidea und Trilobita (→ 545–520 Mio./S. 66). Ihr deutscher Name »Dreilapperkrebse« ist insofern irreführend, als sie mit den Krebsen nicht näher verwandt sind. Mit etwa 1500 Gattungen und wahrscheinlich weit über 100 000 Arten ist die Überklasse der Trilobitomorpha ungeheuer artenreich. Durch ihre mehr oder weniger stark mineralisierten Panzer sind sie gut erhaltungsfähig. Aufgrund dieser Eigenschaften, ihrer relativ leichten Bestimmbarkeit und raschen Entwicklung stellen sie viele Leitfossilien.

Sao hirsuta, eine typische Trilobitenart aus dem Mittelkambrium

Trilobit Ptychoparia striata aus dem tschechischen Mittelkambrium

Trilobit Holmia kjerulfi aus dem Unterkambrium aus Norwegen

Während ihrer Entwicklung durchlaufen die Trilobiten nach dem Schlüpfen aus dem Ei bis zu 30 Larvenstadien, denen jeweils eine Häutung folgt. Mit diesen Häutungen geht eine Vermehrung vor allem der gegeneinander beweglichen mittleren Segmente sowie eine Veränderung des Kopf- und Schwanzschildes einher, bis schließlich die endgültige Form des erwachsenen Tieres erreicht ist.

Manche frühen Ordnungen (z. B. Agnostida) haben nur zwei bis drei Rückensegmente, andere (z. B. Redlichiida) besitzen eine große Zahl davon. Am formenreichsten ist die im gesamten Erdaltertum vertretene Ordnung Ptychopariida.

Die Trilobiten leben zum größten Teil am Boden sauerstoffreicher Flachmeere. Blinde Formen wühlen wahrscheinlich in lockeren Sedimenten. Sie fressen kleine pflanzliche und tierische Reste.

Einen weiteren Unterstamm der Gliederfüßer, der bereits im Unterkambrium erscheint, bilden die Fühlerlosen (Chelicerata), zu denen u. a. die noch heute lebenden Schwertschwänze oder Pfeilschwanzkrebse (Xiphosura) gehören. Ihr von einem schaufelartigen Panzer bedeckter Körper kann je nach Art zwischen 5 und bis zu 60 cm groß werden, wobei etwa die Hälfte auf den Schwanzstachel entfällt. Ebenfalls schon im Unterkambrium erscheint auch der Unterstamm Mandibulata (Kieferträger); die Tiere dieses Stammes besitzen ein oder zwei Paar Antennen am Kopf und stellen heute die artenreichste Abteilung der Gliederfüßer (u. a. Krebstiere, Tausendfüßer, Insekten). In der folgenden Zeit entwickeln sich innerhalb dieses Stammes erste im Wasser lebende Krebse, und zwar schon alle drei Unterklassen: Muschelkrebse (Ostracoda), Rankenfüßer (Cirripedia) und Höhere Krebse (Malacostraca).

Xenusion averswaldae, eine Protarthropoda-Gattung des Unterkambriums

Paterina ornatella, eine mittelkambrische Armfüßerart

Der Armfüßer Resserella elegantula ist eine Art aus dem Silur.

Armfüßer breiten sich aus

590 Mio. Im Tierstamm der Armfüßer (Brachiopoden), der sich bereits im Oberproterozoikum (→ 900–590 Mio./S. 50) entwickelt hat, erscheinen jetzt drei Ordnungen. Während des gesamten Paläozoikums erleben die Armfüßer eine große Blütezeit. Bis heute überleben insgesamt nur vier Ordnungen. Das ist insofern nicht erstaunlich, als die Armfüßer im Gegensatz etwa zu den später verbreiteten Muscheln weniger anpassungsfähig sind.

Sie kommen praktisch in allen Meeren vor. Wegen ihrer großen Artenhäufigkeit in frühen erdgeschichtlichen Zeiträumen (mehrere tausend gegenüber etwa 260 heute) gelten sie als wichtige Leitfossilien. Die Brachiopoden leben benthisch, d. h. auf dem Meeresboden, sind auf diesem festgewachsen und ernähren sich von Schwebeteilchen. Um die Nahrungspartikel aus dem Wasser herauszufiltern, erzeugen sie mit rhythmisch schlagenden Wimpern, die auf Tentakeln des Armgerüstes im vorderen Raum zwischen ihren Klappen sitzen, einen Strudel, der das Wasser durch die Klappen strömen läßt. Die Tentakelwimpern filtern auch die Nahrungsteilchen heraus, die dann über eine Rinne in den zwei tentakeltragenden Armen zum Mund gelangen. Der Name Armfüßer beruht darauf, daß frühere Überlegungen davon ausgingen, daß ihre »Arme« wie bei den Muscheln »Füße« seien. Aufgrund einer gewissen Ähnlichkeit mit etruskischen Lampen werden die Brachiopoden im Volksmund auch »Lampenmuscheln« genannt.

Gewöhnlich werden die Armfüßer in zwei Unterklassen unterteilt, die Inarticulata und die Articulata, je nachdem, ob die Tiere eine »Artikulation«, also eine Art Schloß zur gegenseitigen Verzahnung ihrer beiden Schalenklappen besitzen oder nicht. Bei den – zuerst erscheinenden – Inarticulata besteht die Schale meist aus organischer Substanz mit eingelagertem Calciumphosphat. Alle Articulata besitzen dagegen Schalen aus Calciumcarbonat.

Zahnartige Gebilde geben Rätsel auf

590–210 Mio. Vom Unterkambrium bis zur Obertrias (235–215 Mio.) fossilisieren in den Meeren eigenartige, nur 0,14 bis 4 mm lange zahnförmige Gebilde, die Conodonten, die man dem unsicheren Tierstamm der Conodontophorida zuordnet. Sie können die Form von Einzelzähnen besitzen oder wie Zahnreihen auf einer blatt- oder astförmigen Basis sitzen. Ab dem Ordovizium (500–440 Mio.) treten auch sogenannte Plattform-Conodonten auf, bei denen die zahnähnlichen Gebilde auf einer Basisplatte fußen.

Die Conodonten wachsen, indem sich um einen Kern herum Lamellen anlagern. Mit ziemlicher Sicherheit handelt es sich bei diesen erhaltenen Fossilien nur um die widerstandsfähigen Teile eines größeren Organismus, der bis heute unbekannt ist, aber wahrscheinlich den wurmförmigen Chordatieren nahesteht. Sein Weichkörper muß die Conodonten umgeben, denn an manchen Exemplaren haben sich abgebrochene Teile regeneriert. Die Conodonten treten in einzelnen oder mehreren Paaren innerhalb der Conodontentiere als spiegelbildlich symmetrische »Conodontenapparate« zusammen, wie Einzelfunde belegen.

Kegelförmige Tiere bilden Meeresriffe

590–500 Mio. In den Flachmeeresgebieten der Normandie, der spanischen Sierra Morena, Nordafrikas, Sibiriens, Chinas, Nordamerikas und Australiens leben Vertreter eines Tierstammes, den manche Wissenschaftler zu den Schwämmen, andere zu den Hohltieren stellten, der heute aber als selbständiger Stamm gilt: Archaeocyatha.

Diese Organismen besitzen ein zylindrisch bis kegelförmiges, doppelwandiges Kalkskelett und werden 2,5 bis 15 cm groß. Zwischen beiden Skelettwänden besteht ein System aus fast kubischen Kammern, die aus radial verlaufenden vertikalen Septen und zueinander parallelen horizontalen Böden gebildet sind. Das gesamte Skelett des Archaeocyatha ist von Poren durchlöchert, durch die möglicherweise Wasser in den inneren, an Schwämme erinnernden Hohlraum strömen kann.

Die Archaeocyathiden leben in Küstennähe auf dem Meeresboden und sind dort fest verankert. Sie treten in großen Massen auf, und ihre Skelette bilden ganze Riffe. Weil sie ausschließlich im Unter- bis Oberkambrium vorkommen (590–500 Mio.), gelten sie als zuverlässige Leitfossilien für diese Zeit.

Streitfrage:

»Sprunghafte« Entwicklung des Lebens?

Gewiß ist das Kambrium, besonders das Unterkambrium (590 bis 545 Mio.), eine Ära, während der sich eine gewaltige Entwicklung im Bereich der Tierwelt aufgrund der Fossilienfunde rekonstruieren läßt. Eine große Fülle tierischer Organismen bevölkert »plötzlich« die Flachmeere, und die große Fülle bezieht sich sowohl auf die Zahl der Arten wie auf die Gesamtzahl der Individuen. Doch nicht nur neue Arten entstehen. Eine Vielfalt neuer Familien, Ordnungen, Klassen und sogar Tierstämme tritt erstmals in dichter Folge in Erscheinung. Nicht selten wird deshalb in der Literatur von einer »sprunghaften« Entwicklung der Tierwelt im Unterkambrium gesprochen.

Dabei muß man sich aber vergegenwärtigen, daß allein das Unterkambrium mit rund 45 Jahrmillionen Dauer etwa zwei Drittel so lang ist wie die gesamte Erdneuzeit (Tertiär plus Quartär), daß also allenfalls von einer »schnellen«, sicher aber von keiner »sprunghaften« Entwicklung die Rede sein kann. Dazu kommt, daß diese Entwicklung wahrscheinlich schon lange vor dem Unterkambrium einsetzte, nur sind uns aus dem vorausgehenden Präkambrium keine Makrofossilien mit mineralischen Skeletten erhalten geblieben. Derartige Organismen existierten noch nicht. Die Vielzeller der präkambrischen Ediacara- und Nama-Faunen (→ 900-590 Mio./S. 49) repräsentieren nur Vorläufergruppen, die sich nicht eindeutig mit den Tierstämmen des Kambriums identifizieren lassen. Im Unterkambrium erscheint im wesentlichen erst die Vielfalt der bis in die Gegenwart fortbestehenden Baupläne. Eine wichtige Voraussetzung ist dabei die Errungenschaft der Skelettbildung, die eine große Variationsbreite hinsichtlich der Körperformen und der Bewegungsmechanismen gestattet. Zugleich sorgt sie für eine wesentlich bessere Konservierung für die Nachwelt in Form von Fossilien.

Völlig neu sind im Unterkambrium eigentlich nur die massenhaft auftretenden Trilobiten (→ S. 61). Diese sogenannten Dreilapperkrebse verkörpern tatsächlich einen gänzlich neuartigen Bauplan.

Medusen und Polypen im Wechsel der Generationen

590 Mio. Zwei neue Klassen der Hohltiere treten auf, die Scyphozoa und die Hydrozoa. Beide sind noch heute in den Meeren vertreten.

Scyphozoa sind vierstrahlig symmetrische Tiere, die im Generationswechsel Polypen und Medusen hervorbringen, wobei die Medusenform gegenüber der Polypenform (→ S. 59) bei weitem überwiegt. Manchmal treten gar keine Polypen in Erscheinung. Da weder die großwüchsige Medusengeneration noch die immer kleinwüchsige Polypengeneration Hartteile ausbilden, erhalten sich nur sehr wenige Scyphozoen fossil, und wenn das geschieht, dann handelt es sich immer nur um Formen von Körperabdrücken. Die nur 1 bis 7 mm großen Polypen sind fossil überhaupt nicht überliefert.

Die Medusengeneration tritt in gewaltigen, bis zu 15 km ausgedehnten Schwärmen auf, die im oberflächennahen Gewässer schwimmen. Aus ihren befruchteten Eizellen entstehen zunächst Schwimmlarven, die sich am Meeresboden festsetzen und sich dort zu Scyphopolypen weiterentwickeln.

Zu den modernen Vertretern der Scyphomedusen (Schirmquallen), die einen Durchmesser bis zu 2 m erreichen können, gehören u. a. die Ohrenquallen, die Kompaßquallen und die Leuchtquallen.

Die Hydrozoa bilden meist Kolonien winziger Polypen, die kalkige Skelette besitzen und bedeutende Riffe aufbauen können. Sie sind im Unterkambrium erst in bescheidenem Maße vertreten. Ihre große Blütezeit in Zahl und Artenvielfalt beginnt in der Kreide.

Versteinerte Qualle (Rhizostomites) aus dem Oberjura, Solnhofen

Spatangopsis, ein Hohltier aus dem schwedischen Unterkambrium

Protolyella, ein Hohltier aus dem Unterkambrium von Västergötland

Erste Chordatiere in Brack- und Süßwasser verbreitet

Die Kieferlosen sind heute noch durch die Klasse der Rundmäuler – im Bild das Bachneunauge – vertreten.

590 Mio. Wahrscheinlich treten zu dieser Zeit frühe Formen von Chordatieren (s. u.) auf. Sie gehören zur Klasse Pteraspidomorpha der sogenannten Kieferlosen (Agnatha). Wirklich gesichert ist ihre Existenz allerdings erst im Oberkambrium (520–500 Mio.).
Diese frühen Vertreter der Chordatiere sterben bereits im Devon (410 bis 360 Mio.) wieder aus. Aber der Stamm der Agnathen ist noch heute mit anderen Formen, nämlich der Klasse der Rundmäuler, darunter die Neunaugen, vertreten. Es sind fischähnliche Wesen, deren auffälligstes Skelettmerkmal das Fehlen des Kiefers ist. Deswegen besitzen sie auch keinen Gesichtsschädel. Ihr Körper gleicht oft dem der Aale. Die Haut der heutigen Formen ist nackt und drüsenreich. Paarige Flossen besitzen sie nicht, denn im Gegensatz zu den Wirbeltieren haben sie noch keine paarigen Extremitäten. Obwohl den Agnatha die Kiefer fehlen, besitzen sie doch einen Mund. Er ist als Saugorgan ausgebildet und enthält hornige, aus Oberhautverhärtungen entstandene Zähne. Das Innenskelett der Kieferlosen besteht nicht aus Knochen, sondern aus Knorpelgewebe. Zusätzlich besitzen die jetzt ausgestorbenen Pteraspidomorphen und die verwandte Gruppe der Cephalaspidomorphen ein knöchernes Außen- oder sogenanntes Hautskelett.
Die Agnathen verfügen bereits über ein differenziertes Gehirn mit acht oder zehn Hirnnervenpaaren. Sie haben mehr oder weniger gut entwickelte Augen und als Gleichgewichtsorgan ein Labyrinth mit einem oder zwei Bogengängen. Ihr Herz besitzt eine Vor- und eine Hauptkammer und führt nur venöses Blut, das in einem Kiemenkorb mit fünf bis zwölf inneren Kiemenbogenpaaren mit Sauerstoff angereichert wird. Wie auch bei den eigentlichen Fischen wechselt die Körpertemperatur der Kieferlosen. Sie paßt sich der Temperatur des umgebenden Wassers an. Zu dieser Zeit leben sie im Brack- und Süßwasser.
Die Hauptverbreitung der Kieferlosen reicht vom Ordovizium bis ins Mitteldevon, umfaßt also etwa den Zeitraum von 500 bis 375 Mio. Jahren. Danach werden die frühen Kieferlosen durch die kiefertragenden Panzerfische, die Placodermen (→ 440–410 Mio./S. 99), verdrängt.

Neuer Bauplan des Lebens als Basis der höheren Tiere

Mit den Agnathen (s. o.) tritt erstmals ein neuer Bauplan in der Tierwelt auf, der allen sogenannten höheren Tieren (Fische im weitesten Sinn, Amphibien, Reptilien, Vögel und Säugetiere) gemein ist: Ein Stützelement, das sich wie ein biegsames Rohr durch die gesamte Längsachse des Tieres erstreckt. Es verläuft oberhalb des Eingeweidesackes und unterhalb des zentralen Nervensystems. Dieses Bauelement heißt Chorda.
Die Chorda, genauer gesagt die Chorda dorsalis, ist ein elastischer nicht segmentierter Stab, der aus blasigen, durch hohen Innendruck stark aneinandergepreßt liegenden Zellen (Chordazellen) besteht. Bei den am höchsten entwickelten Chordatieren, den Vertebraten (Wirbeltieren), existiert die Chorda nur im Embryonalstadium. Während des Wachstums wird sie mehr und mehr reduziert und dabei durch die entstehende Wirbelsäule ersetzt. Während diese mit einer Knochenbrücke das Rückenmark als Nervenzentrum umwachst, liegt es bei der Chorda noch frei über diesem Stützorgan.
Neben dem Auftreten der Chorda bilden sich noch mehrere andere Merkmale heraus, die allen Chordatieren oder Chordaten gemein sind: Die Gesichts-, Gehör-, Geruchs-, Geschmacks- und Gleichgewichtssinne befinden sich bei allen im vordersten Körperbereich, in der Nähe des Mundes oder des Gehirns.
Heftig umstritten ist die Frage nach dem biologischen Ursprung der Chordaten und damit aller höheren Tiere. Es ist ungeklärt, aus welcher Gruppe der Wirbellosen (Invertebraten) sie sich entwickelten und zu welcher Zeit (wahrscheinlich schon im Unterkambrium oder früher) das geschah. Manche Wissenschaftler betrachteten die Ringelwürmer (Annelida, → S. 60), andere die Gliederfüßer (Arthropoda, → S. 61) als nächste Verwandte der Chordaten. Heute distanziert sich die Wissenschaft von diesen Annahmen; zu groß sind die Unterschiede in den anatomischen Bauplänen. Statt dessen weisen Embryonalstudien (an Larven) darauf hin, daß die Chordaten sehr wahrscheinlich mit den Stachelhäutern (Echinodermata, → S. 60) eine gemeinsame Wurzel haben. Zudem finden sich vom Kambrium bis zum Mitteldevon (390–375 Mio.) möglicherweise vermittelnde Formen: Vertreter der Klasse Stylophora, Tiere mit abgeflachtem Körper ohne fünfstrahlige Symmetrie, die aus zwei deutlich voneinander getrennten Abschnitten aufgebaut sind und einen langen dreigeteilten »Schwanz« besitzen. Stylophora weist anatomische Merkmale sowohl der Stachelhäuter wie der Chordaten auf und besitzt einen plattenbewehrten Körper. Das kleine, nicht weit entwickelte Gehirn befindet sich in einer definierten Kopfregion. Es ist bereits mit den Nerven verbunden, die ihrerseits mit den Sinnesorganen verknüpft sein können.
Die Chordatiere bilden im Verlauf der Erdgeschichte drei Unterstämme aus: Die Manteltiere, die Schädellosen und die Wirbeltiere. Die ersten besitzen nur im Larvenstadium eine Chorda im Schwanz. Die Schädellosen sind durch die Agnathen repräsentiert, deren Chorda zeitlebens nicht verknöchert, während sie sich bei den Wirbeltieren zur knorpeligen oder meist knöchernen Wirbelsäule wandelt.

545–520 Mio.

Das Mittelkambrium

545 Mio. Die Kragentiere (Hemichordata oder Branchiotremata) entwickeln sich. Es sind Meerestiere mit einem inneren Kiemenkorb. Nachgewiesen sind sie vom Mittelkambrium bis ins Unterkarbon (545–325 Mio.) und von der Unterkreide (140–97 Mio.) bis heute. → S. 66

545–520 Mio. Mit dem Einsetzen der Plattentektonik (→ S. 45) kommt es an den Plattengrenzen zur Entstehung vulkanischer Inselbögen und zu untermeerischem Vulkanismus. Hier bilden sich vielfältige Lagerstätten in Tiefengesteinen (Plutoniten) und in hydrothermalen Zonen, vorwiegend an den Rändern von Meeresgräben (Geosynklinalen), die in dieser Zeit als Gürtel weitgehend miteinander in Verbindung stehen. → S. 65

In Südaustralien lagern sich mächtige Rotsedimente, örtlich zusammen mit Steinsalz, ab. Es ist ein Beweis für heißes trockenes Klima. Ebenso entwickeln sich in Sibirien (Jenessei, Lena) und Vorderindien mächtige Evaporitlager (Eindampfungsgesteine). → S. 64

Auf der Nordhalbkugel sind in den Regionen Schlesien, Sardinien, Antiatlas, Nordamerika bis Alaska, Grönland und Sibirien umfangreiche Kalkdecken nachzuweisen. → S. 65.

In der Antarktis bilden sich Riffkalke bis zu 4000 m Mächtigkeit. Australische Riffe sind bis zu 1000 m mächtig. Dies deutet darauf hin, daß ein warmes Klima vorherrscht (sogenanntes Riffklima). → S. 65

Die Meeresflora baut sich generell aus Algen auf. Dazu gehören mehrere Ordnungen, die sich im botanischen System heute noch nicht mit Sicherheit einordnen lassen. → S. 66

Arten der Stachelhäuterklasse Edrioasteroidea bevölkern die Meere. Diese Verwandten der Seeigel werden 6 bis 60 mm groß und besitzen scheibchenbis kissenförmige Körper, die von zahlreichen unregelmäßigen Platten bedeckt sind. Außerdem tritt der Unterstamm Blastozoa auf. → S. 66

In Europa weit verbreitet ist u. a. der Trilobit Ptychoparia striata. Im Bodenschlamm der mitteleuropäischen Flachmeere findet sich erstmals der kleinere Ellipsocephalus hoffi. Die Gattung Paradoxides ist über Europa und Nordamerika verbreitet. → S. 66

Erstmals tritt der Tierstamm der Protarthropoda in Erscheinung, zu dem die sogenannten Bärtierchen (Tardigrada) und die Onychophora zählen. Es handelt sich um gleichmäßig segmentierte Wirbellose, die Übergangsformen zwischen den Ringelwürmern und den Gliederfüßern (Arthropoda, → 590 Mio./S. 61) darstellen.

Die Unterklassen der Krebse, Muschelkrebse (Ostracoda), Rankenfüßer (Cirripedia) und Höheren Krebse (Malacostraca), die bereits seit dem Unterkambrium (→ 590–545 Mio./S. 66) nachweisbar sind, entwickeln eine große Artenvielfalt. → S. 67

In British Columbia (Kanada) sedimentiert das berühmte Fossilvorkommen des Burgess-Schiefers. Über 100 verschiedene Tiergattungen sind in diesen Schichten erhalten. → S. 67

545–410 Mio. Im Stamm der Stachelhäuter entwickelt sich die Klasse Eocrinoidea mit mehr oder weniger rundem Körper aus regelmäßig angeordneten Platten und einfachen Armen weiter. → S. 66

545–375 Mio. In der Prager Mulde, im Südwesten von Prag, lagern sich Schiefergesteine und Kalke (Formation Barrandium) ab. Sie führen zahlreiche Trilobiten-Fossilien. → S. 67

545–360 Mio. Vertreter der Armfüßerordnung Pentamerida leben in den Meeren. Sie besitzen kalkige, perforierte (impunctate) Schalen, die mit einem Schloß versehen sind. Zu der Ordnung Pentamerida zählen lediglich die beiden Gattungen Conchidium und Pentamerus.

Der Unterstamm Homalozoa der Stachelhäuter entwickelt sich. Er bleibt auf die Zeit bis zum Devon (410–360 Mio.) beschränkt und umfaßt bereits spezialisierte Formen, denen die sonst bei Stachelhäutern vielfach zu beobachtende radiale Symmetrie fehlt. Neuerdings werden manche von ihnen (Calcichordaten) in die systematische Nähe der Wirbeltiere gestellt.

Die Trilobitenordnung Odontopleurida entwickelt sich. Es handelt sich um stark bestachelte, nur wenige Zentimeter lange Dreilapper, die im Meer leben. Der Brustabschnitt dieser Tiere besteht aus acht bis zehn Segmenten.

545–325 Mio. Die Graptolithen, koloniebildende Tiere mit einem aus Skleroprotein bestehenden Außenskelett, besiedeln die Flachmeere. Das Baumaterial ist ein Gerüsteiweiß von ähnlicher Zusammensetzung wie das Chitin etwa des Insektenpanzers. → S. 66

545–243 Mio. In den Meeren leben Arten der Nesseltier-Unterklasse Conulata. Sie sind 6 bis 10 cm groß, vierstrahlig symmetrisch aufgebaut und besitzen spitzkonische, meist fein gestreifte Gehäuse mit dünner, chitinigphosphatischer Schale.

540–510 Mio. In diesem Zeitraum herrscht eine geomagnetische Periode mit vorwiegend reverser (umgekehrter) Polung, d. h. der magnetische Nord- und der Südpol der Erde sind gegenüber den heutigen Verhältnissen meistens vertauscht.

520 Mio. Die Ordnung Redlichiida, eine der ersten Trilobiten- oder Dreilapper-Ordnungen (→ S. 66), stirbt aus. Ihre Vertreter besaßen lange Wangenstacheln und etwa halbkreisförmige Augen. Zu der Ordnung zählten u. a. die Gattungen Paradoxides, Ellipsocephalus und Holmia.

Hitze schafft Salzlager

545–520 Mio. Während das Kambrium durch die noch ausklingende sogenannte eokambrische Eiszeit (→ S. 37) weltweit mit kühlem Klima beginnt, wird es – besonders ab dem Mittelkambrium – im Laufe der Zeit zunehmend wärmer und in großen Gebieten ausgesprochen trocken. Besonders in Sibirien (Jenessei, Lena) und Indien (»Salt« Range) herrschen Wüstenklimate, was sich an der starken Bildung von Salzlagerstätten (Evaporite, → S. 46) in diesen Regionen zeigt. Auch in Europa, Nordamerika und Australien finden sich vereinzelt Evaporite. Die Wüstenregionen Sibiriens gehören einem nördlichen Trockengürtel an, der sich in den folgenden Erdzeitaltern noch stärker ausprägt. In Australien, Indien und Europa leiten Trockenzonen die Ausbildung eines südlichen Evaporitgürtels ein. Alle drei Regionen liegen im Kambrium südlich des Äquators.

Paläomagnetische Messungen deuten darauf hin, daß auch Nordamerika mit seinen Trockengebieten im Bereich der großen Seen während des Kambriums noch auf der Südhalbkugel liegt. Dafür spricht zugleich, daß hier östliche bis südwestliche Winde vorherrschen, was eindeutig aus Geländestrukturen (z. B. versteinerten Dünen) hervorgeht. Nordamerika liegt wahrscheinlich im Bereich der Südostpassate.

Große Riffbildungsgebiete (→ S. 65) auf der Nord- und Südhalbkugel weisen auf weite ozeanische Warmgebiete hin. Diese umfassen Europa (Schlesien, Sardinien), Nordafrika (Antiatlas), die nordamerikanischen Kordilleren bis Alaska, Grönland, Sibirien, Australien (besonders den Süden) und Antarktika. Im Süden Australiens sprechen auch mächtige Rotsedimente mit Steinsalzbildung für trockenwarmes Klima. Kühle Regionen sind dagegen Afrika und Südamerika, die beide in Polargebieten liegen. Südamerika ist möglicherweise vereist, in Afrika gibt es Vereisungen von der Zentralsahara bis in das Tafelberggebiet bei Kapstadt. Geologen sprechen von der Sahara- und der Pakhuis- oder Tafelberg-Vereisung, die sich weit über das Kambrium hinaus fortsetzt. Deutliche Spuren hinterlassen die Gletscher vor allem im Hoggar-Gebiet sowie vereinzelt noch bis ins heutige große Sandmeer des Erg Occidental und im Osten bis hin zum Djado-Plateau.

Die Stufe von kristallinem Steinsalz (Halit) konnte in Ruhe aus übersättigter Lösung entstehen.

In weiten Verdunstungspfannen – wie hier im Schott el Djerid im heutigen Tunesien – lagern sich im Laufe der Zeit mächtige Salzsedimente ab.

Das Große Barriereriff vor der Ostküste Australiens zeugt auch heute von warmem Wasser in diesem Gebiet.

Riffkorallen als neuartige Klimazeugen

545–520 Mio. Durch die rasch fortschreitende Entwicklung der Tierwelt gesellen sich zu den bisher dominierenden anorganischen Klimazeugen (Evaporite, Rotsedimente, Gletschermoränen usw.) mehr und mehr organische Klimazeugen. Im Mittelkambrium treten sie bereits in großem Umfang in Erscheinung. Ein bedeutender Hinweis auf das in den meisten Teilen der Welt herrschende warme Klima (→ S. 64) sind dabei die Riffgürtel.

Diese Gürtel besonders starker Kalksedimentation in den Flachmeeren erstrecken sich beiderseits des Äquators bis in hohe Breiten. Bedeutende Kalk- und Dolomitablagerungen (→ 2700 Mio./S. 25) finden sich in Sibirien, im ganzen Westen Nordamerikas, wo sie viele 100 m Mächtigkeit aufweisen, vereinzelt in Europa und im äußersten Norden Afrikas. In Australien sind diese Sedimente regelrecht gebirgsbildend. So lagern sich im Süden des Kontinents im Laufe des Unter- und Mittelkambriums Archaeocyathiden-Kalke (→ 590–520 Mio./S. 62) von fast 1000 m Mächtigkeit auf einem Streifen von mehr als 600 km Länge ab. Ein Riff dieser Ausmaße läßt sich durchaus mit dem heutigen Großen Barriereriff vor der australischen Ostküste vergleichen.

Mächtige Riffe sind im allgemeinen Zeugen für warmes Klima. Heute sind die wichtigsten Riffbildner die Stein- oder Riffkorallenarten, von denen die meisten Wassertemperaturen über 21 °C verlangen. Deshalb beschränken sich eigentliche Korallenriffe derzeit auf Küstengebiete zwischen 30 °N und 30 °S. Nur wenige Steinkorallen gedeihen in kühlerem Wasser (bei Temperaturen bis 6 °C). Sie bilden aber keine eigentlichen Riffe, sondern nur artenarme Kalkrasen. Die massigen fossilen Riffe lassen sich also durchaus als Warmwasseranzeiger betrachten. Sie gehen aber keinesfalls ausschließlich auf Korallen zurück.

Die ausgedehnten mittelkambrischen Korallenriffe lassen sich sowohl hinsichtlich ihrer Größe wie ihres strukturellen Aufbaus durchaus mit den großen Riffen unserer Zeit vergleichen. Das Barriereriff vor Australien (Bild) repräsentiert insofern also einen Meereslandschaftstypus, wie er vor mehr als 520 Mio. Jahren entstand. Jetzt wie einst wachsen solche Riffe oben weiter, während sie als Ganzes langsam absinken.

Vulkanismus auf dem Boden der Tiefsee

545–520 Mio. Wie schon im Unterkambrium (590–545 Mio.) kommt es auch in dieser Zeit häufig zu untermeerischen Vulkanausbrüchen. Ursache dieser Erscheinung sind die tektonischen Bewegungen in der Erdkruste. Geosynklinalen (→ S. 29), tiefe Tröge, die langsam immer weiter absinken und sich dabei sukzessive mit Sedimenten auffüllen, schwimmen als mächtige Gesteinsmassen auf dem schwereren glutflüssigen Material des Erdmantels. An sie grenzen dünnere Krustenpartien, in denen es durch das Absinken der benachbarten Tröge zu Rissen und Brüchen kommt. So entstehen längs der Geosynklinalenränder regelrechte Feuergürtel.

Die meisten Ausbrüche von Magmen durch die Risse spielen sich untermeerisch ab, führen zur Entstehung von Basaltdecken und Erzlagern auf den Tiefseeböden und verursachen gelegentlich Seebeben. Zugleich kommt es zu einer starken Aufheizung von Tiefenwasser. Das Wasser in der Nähe der Meeresböden ist in hohem Maße mit gelösten organogenen Stoffen angereichert, denn alle im Meer sterbenden Organismen werden in der Tiefsee bis in einfachste organische Verbindungen zersetzt. Quillt dieses nährstoffreiche Wasser durch thermische Prozesse zur Oberfläche herauf, so bietet es wegen seines Phosphatgehaltes eine ideale Basis für die Entstehung neuer Nahrungsketten.

Untermeerisch ausgeflossene Kissenlava aus dem Kambrium

Dreilapper: Bodenbewohner küstennaher Flachmeere

545–520 Mio. Die schon im Unterkambrium vertretenen Dreilapper (→ 590–545 Mio./S. 61) vermehren sich sowohl hinsichtlich ihrer Artenzahl wie auch ihrer absoluten Zahl erheblich. Der ganz auf das Erdaltertum beschränkte Gliederfüßer-Unterstamm der Dreilapperartigen (Trilobitomorpha) läßt sich in zwei Klassen aufteilen: Die echten Dreilapper (Trilobita) und die Dreilapperähnlichen (Trilobitoidea). Beiden gemeinsam ist die Ausbildung von paarigen Anhängen: Einem oder zwei Antennenpaaren vor dem Mund, zahlreichen Beinpaaren unter bzw. hinter dem Mund.

Die Dreilapperähnlichen, die den echten Trilobiten weitgehend ähneln und sich von diesen nur in für den Fachmann interessanten Körperdetails unterscheiden, stammen mit wenigen Ausnahmen (im Unterdevon) alle aus Meeresgebieten des Mittelkambriums. Sie leben in Gemeinschaften, die uns durch besonders günstige Erhaltungsbedingungen im Burgess-Schiefer British-Columbias (→ S. 67) überliefert worden sind. Alle Arten sind gepanzert, aber ihre Außenskelette unterscheiden sich oft erheblich voneinander: Sie reichen vom hufeisenförmigen Panzer, der seitlich und nach hinten in kräftige Stacheln ausläuft, bis zum schildförmigen, Kopf und Rumpf gemeinsam bedeckenden Panzer. Bei manchen Arten ist der Rückenpanzer in einzelne Glieder, die beweglich miteinander verbunden sind, aufgelöst.

Arionnelus alicephalus, ein charakteristischer Trilobit des Mittelkambriums aus Jince (Tschechoslowakei)

Rekonstruktion mittelkambrischer Trilobiten Europas: Ptychoparia striata (l.) und Conocoryphe sulzeri

Bei den echten Dreilappern ist der Rumpfpanzer stets gegliedert. Er besteht bei ihnen aus einer zentralen Spindel, an die sich seitlich Platten anschließen. Mit zunehmender Entwicklung verschmelzen allmählich die hinteren Rumpfabschnitte zu einem einheitlichen Schwanzschild.

Die Entwicklung des Dreilapper-Panzers erfolgt in drei Stufen. Die Jungtiere schlüpfen aus Eiern und bilden nach einigen Häutungen einen zunehmend gegliederten Panzer, der zunächst (Protaspis-Stadium) noch nicht beweglich ist. Erst später (Meraspis-Stadium) entwickelt sich ein Gelenk zwischen Kopf- und Rumpfschild. Danach bilden sich mit jeder der etwa 30 Häutungen immer mehr Körperabschnitte (Holaspis-Stadium). Auch in dieser letzten Phase kann der Trilobit noch wachsen. Je nach Art wird er zwischen etwa 5 mm und 75 cm groß.

Stachelhäuter in Europa und Amerika

545–520 Mio. In den küstennahen Flachmeeren Europas und Nordamerikas lebt eine Klasse der Stachelhäuter (→ 590 Mio./S. 60), die vereinzelt schon im Unterkambrium (590–545 Mio.) vertreten ist, im Mittelkambrium aber mehrere Gattungen mit zahlreichen Arten entwickelt: Edrioasteroidea. Wenn die Klasse im Oberkarbon (um 290 Mio.) wieder ausstirbt, zählt sie nicht weniger als 30 Gattungen. Es sind Tiere mit scheibenförmigen bis hoch gewölbten Körpern von einigen Zentimetern Größe. Ihre Oberfläche ist durch zahlreiche Platten so getäfelt, daß eine Fünfstern-Symmetrie entsteht. Zusammengehalten werden diese Skelettplatten nur durch die sie umgebende Haut. Mund und After liegen beide auf der Körperoberseite. Manche Arten dieser seßhaften Tiere können sich wenigstens zeitweise frei bewegen.

Neue Tierklassen mit Beutelformen

545 Mio. Die Stachelhäuter (Echinodermata, → 590 Mio./S. 60) entwickeln einen weiteren Unterstamm, die Blastozoa, der zunächst mit nur einer Klasse (Eocrinoidea) in Erscheinung tritt.

Die Körper der Blastozoa sind beutel- oder kugelförmig mit kurzen, unverzweigten Armen (Brachiolen). Meist ist der eigentliche Körper (Theka) mit einem Stiel am Meeresboden festgewachsen, manchmal sitzt er auch direkt auf. Umgeben ist die Theka von zahlreichen vieleckigen Platten (meist Sechsecke). Die Blastozoa sind strahlensymmetrisch aufgebaut und treten nur selten in den Meeren auf.

Im Ordovizium (500–440 Mio.) kommt die Klasse der Beutelstrahler (Cystoidea), im Silur (440–410 Mio.) die der Knospenstrahler (Blastoidea) hinzu. Das Erdaltertum überlebt dieser Unterstamm nicht.

Algen – die ältesten Pflanzen der Welt

545–520 Mio. Die Meeresflora beschränkt sich zu dieser Zeit auf zahlreiche Algenarten.

Der Begriff Algen umschreibt allerdings keine natürliche Pflanzengruppe im biologischen System. Er umfaßt sehr unterschiedliche autotroph (also von anorganischer Materie) lebende ein- und mehrzellige Organismen. Früher wurden hierzu auch die Eisenbakterien und Cyanobakterien (als sogenannte Blaualgen oder Blaugrünalgen) gerechnet, die schon im Mittelproterozoikum (→ 1700–900 Mio./S. 40) auftraten. Im Kambrium bevölkern zunehmend höhere Algen die Meere: Rotalgen (Rhodophyta), Grünalgen (Chlorophyta) und andere Mehrzeller. Es sind die ältesten Pflanzen der Welt. Und sie müssen bereits in großen Mengen vertreten sein, denn sie bilden die Grundlage für das schon sehr artenreiche tierische Leben.

Kleine Kragentiere bilden Kolonien

545 Mio. Die Kragentiere oder Hemichordata (auch Branchiotremata) bilden einen Stamm von ungefähr 100 verschiedenen Arten.

Der Körper dieser 1 mm bis 2,5 m großen Meerestiere gliedert sich in drei Abschnitte. Typisch für sie ist ein dem Rückenmark vergleichbares Zentralnervensystem und ein zweiseitig symmetrischer Körper. Drei Klassen lassen sich unterscheiden, von denen nur letztere zu dieser Zeit nachgewiesen ist: Die Eichelwürmer (Enteropneusta), die Flügelkiemer (Pterobranchia) und die Graptolithen (Graptolithina).

Die Graptolithen sind sehr kleine, koloniebildende Kragentiere. Als Einzeltiere befinden sie sich in langen, röhren- bis schüsselförmigen Kammern aus einer chitinartigen Substanz. Sie leben entweder am Meeresboden oder frei schwebend in tieferem Gewässer.

Weit verbreitet: Meereskrebsarten

545–520 Mio. Die drei wichtigsten Unterklassen der Krebse (Crustacea) erscheinen erstmals zwar schon im Unterkambrium (→ 590 Mio./S. 61), entwickeln sich zu dieser Zeit aber mit größerer Artenfülle zu marinen Kosmopoliten. Alle drei Unterklassen existieren noch heute. Im einzelnen handelt es sich um die Muschelkrebse (Ostracoda), die Rankenfüßer (Cirripedia) und die sogenannten Höheren Krebse (Malacostraca). Die Muschelkrebse sind kleine, meist nur 0,3 bis 5 mm, selten auch bis 30 mm lange Krebse mit einer zweiklappigen, muschelähnlichen Schale, die den ganzen Körper einschließt. Beide Klappen, die im wesentlichen aus Calcit bestehen, sind mit einem elastischen Band miteinander verbunden und lassen sich öffnen und schließen.
Die Rankenfüßer – zu ihnen gehören bereits Verwandte der bekannten »Entenmuscheln« – sind wie wenige andere Ausnahmen seßhafte Gliederfüßer. Es sind kleine, von einem ein- oder mehrteiligen Kalkskelett umgebene Krebse.
Die Höheren Krebse zeichnen sich durch eine außerordentlich große Formenvielfalt aus (Krabben, Garnelen, Hummer, aber auch etwa Einsiedlerkrebse oder Asseln).

Nahecaris stuertzi, ein Krebs der Unterklasse Malacostraca. Das Exemplar stammt aus dem Devon.

Berühmte kambrische Fossillagerstätten

545–520 Mio. Zwei Fossillagerstätten sind durch ihre besondere paläontologische Bedeutung gegenüber den sonstigen Fossilvorkommen des Mittelkambriums hervorzuheben: Der Burgess-Schiefer in British-Columbia (Kanada) und die Schiefer und Kalke des Barrandium in der Prager Mulde, südwestlich von Prag.
Im kanadischen Burgess-Schiefer sind über 100 verschiedene Tiergattungen, oft mit jeweils mehreren Arten, überliefert. Die Schicht feinkörnigen, schwarzgrauen Schiefers liegt zwischen Kalkablagerungen und läßt auf ruhige Sedimentation am Kontinentalrand eines Ozeans in über 100 m Wassertiefe, also unterhalb des Einflußbereichs der Wellen, schließen. Hier liegen optimale Erhaltungsbedingungen für abgestorbene Meerestiere vor. Häufig finden sich Ringelwürmer (Annelida, → S. 60), Gliederfüßer (→ S. 61), verschiedene Schwämme (→ S. 59), sogenannte Tentaculata, Kragentiere (→ S. 66), Stachelhäuter (→ S. 60), Hohltiere (→ S. 41) und Weichtiere (→ S. 58). Ihre Überreste und Abdrücke gehören zu den besten Fossilien der kambrischen Fauna, und die hier repräsentierte Fauna zeichnet sich durch großen Artenreichtum aus. Gut erhalten sind vor allem auch Tiere, die kein mineralisches Stützskelett besitzen.
Zahlreiche Arten der im Burgess-Schiefer erhaltenen Gliederfüßer, Stachelhäuter und Meereswürmer lassen sich systematisch nicht einordnen und sind in ihrer Gestalt oft sehr unterschiedlich. Man könnte hieraus die Folgerung ableiten, daß die Evolution im Bereich der frühen Vielzeller schon eine sehr lange Geschichte hat.
Dem Burgess-Schiefer verwandte, aber weniger bedeutende Fossilvorkommen sind in den Schiefern der Emu Bay in Südaustralien, in der Kinzen-Formation in Pennsylvania (USA) und bei Orsten in Schweden aufzufinden.
Die fossilienführenden Schichten des Barrandium zeichnen sich weniger durch eine große Artenvielfalt aus. Ihre Schiefer und Kalke des Kambriums sind besonders wegen ihrer Vielzahl gut erhaltener Trilobiten berühmt.

In den Schiefer- und Kalkschichten des Barrandium der Prager Mulde sind in erster Linie zahlreiche Vertreter verschiedener Arten der Gliederfüßerklasse Trilobita (echte Dreilapper) gut fossil erhalten. Aus der Gegend von Skryje stammt das oben abgebildete Exemplar der Art Paradoxis gracilis. Es handelt sich um ein typisches Leitfossil dieser Schichtenfolge. Eine weitere hier häufig vertretene Gattung ist Ellipsocephalus, charakterisiert durch 12 bis 14 Rumpfsegmente (l.).
Weit verbreitet ist auch die Trilobitenart Conocoryphe sulzeri (u.). Eine merkwürdige Besonderheit ist bei diesem etwa 3,5 cm langen Tier hervorzuheben: Es ist blind.

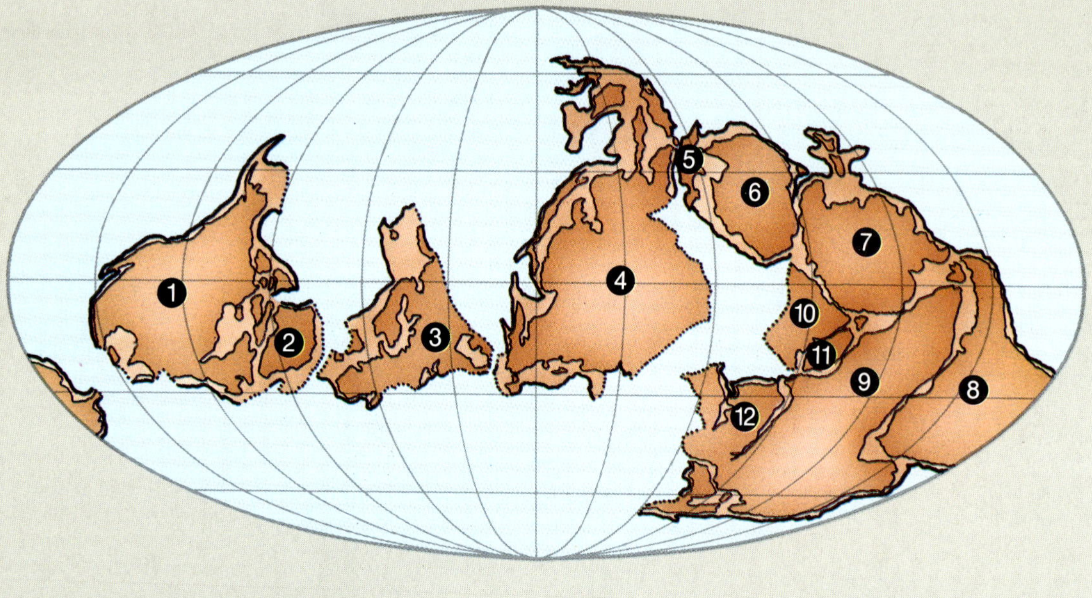

Im Oberkambrium haben sich die Landmassen gegenüber ihrer Verteilung im Unterkambrium generell nach Osten verschoben, und zwar durchschnittlich um 30 Grad. Damit wird das Übergewicht der Kontinente auf der Osthalbkugel noch größer als bisher. Hier finden sich als mehr oder weniger kompakter Block zwischen 60 und 180 Grad die Vorläufer der heutigen Kontinente bzw. Subkontinente Neuguinea (5), Australien (6), Antarktis (7), Indien (10), Madagaskar (11), Arabien (12), Afrika (9) und Südamerika (8). Westlich davon, durch einen Ozean von Süden her getrennt, folgt Asien (4). Auf der Westhemisphäre liegen im Bereich der Tropen Nordamerika (1), Grönland (2) und Europa (3).

520–500 Mio.

Das Oberkambrium

520–500 Mio. Das Oberkambrium ist eine Zeit mit intensiven Plattenbewegungen (Plattentektonik) im Bereich der Erdkruste. Sechs große und mehrere kleine starre Platten bewegen sich gegeneinander. Es kommt dabei zu bedeutenden Horizontalverschiebungen, zur Bildung von Geosynklinalen (→ S. 29), zu Gebirgsfaltungen und lokal zu heftigen vulkanischen und magmatischen Erscheinungen. Weite neue Ozeandecken entstehen, und vielfältige Minerallagerstätten bilden sich. → S. 70

Folgende Mineralien sind in den Lagerstätten des Oberkambriums besonders häufig vertreten: Chromit, Kupferkies, Pyrit, Flußspat, Baryt, Wismut-, Antimon-, Arsen-, Wolfram- und Molybdänerze, Quecksilber, Gold, Erze von Zinn, Blei, Tantal und Niobium sowie Evaporite wie Gips, Anhydrit und verschiedene andere Salze. → S. 69

Das »seafloor-spreading«, die Ausweitung der Meeresböden, setzt ein. Aufgrund dieser Ausweitung erfolgt noch heute ein Auseinanderdriften Europas und Afrikas einerseits sowie Nord- und Südamerikas andererseits. Diese Meeresbodenspreizung kommt dadurch zustande, daß sich im Gebiet eines längs durch das Meer verlaufenden Grabens, dem mittelozeanischen Rift, neuer Ozeanboden bildet. Dieser staut sich beidseitig des Grabens an und faltet sich zunächst zu einem mittelozeanischen (Doppel-)Rücken auf. Zu beiden Seiten davon verflacht der Meeresboden wieder. Hier gleitet das neue Krustenmaterial in Richtung auf die Meeresränder hin ab. – Da die alten Meeresböden teilweise an den Rändern der Ozeane in den Erdmantel eintauchen, weiten sich die Meere insgesamt jedoch weniger aus, als es der Meeresbodenspreizung entspricht.

Die Festlandflächen der Randzonen Nordamerikas (Rocky Mountains, Küstenkordilleren-Gebiete, Appalachen, Mississippi-Becken, Florida) sowie Mittelamerikas nehmen in ihrer Ausdehnung zu. → S. 70

Die Südkontinente sind zum größten Teil in einer einzigen Festlandmasse, dem mächtigen Kontinent Gondwana, zusammengeschlossen. → S. 72

Große Flachmeeresgebiete überfluten weite Teile der Kontinentalschollen. Diese Vorherrschaft des Meeres nennt man Thalattokratie. → S. 72

In den europäischen Flachmeeresgebieten erhebt sich eine in Westostrichtung langgestreckte alemannisch-böhmische Insel.

Viele erdgeschichtlich jüngere Faltengebirge (etwa die herzynischen Gebirge Mittel- und Westeuropas, → 97–66 Mio./S. 285) bereiten sich in Form von Sedimenttrögen (Geosynklinalen, → S. 29) vor. Große Geosynklinalgürtel stehen weltweit miteinander in Verbindung. Sie bestimmen u. a. die Ausbreitung und Verteilung der verschiedenen Meeresgebiete. → S. 72

Das Gebiet der USA liegt südlich des Äquators. Dafür sprechen einerseits paläomagnetische Messungen und andererseits Klimazeugen. Der Bereich liegt nämlich in der Zone des Südost-Passates.

Klimabedingt kommt es zur Bildung großer Salzvorkommen in Sibirien und Indien. Diese Eindampfungsgesteine (Evaporite), die sich bereits im Mittelkambrium bildeten (→ 545–520 Mio./S. 64), zeugen von Hitze und Trockenheit. Sie entstehen in erster Linie in Gebieten, in denen große flache Meeresbecken existieren, die zwar weitgehend geschlossen sind, aber dennoch Verbindung zum offenen Ozean haben, so daß der Nachschub an salzreichem Meereswasser garantiert.

In Meeressedimenten sind kleine runde, meist aus Kalk bestehende Körperchen möglicherweise pflanzlichen Ursprungs, sogenannte Ooide, nachweisbar. Sie besitzen einen schaligen Aufbau und entstehen offenbar in sehr flachem Wasser in Küstennähe. Da sie in großen Mengen manche Sedimente vollständig aufbauen, nennt man die entsprechenden Gesteine Oolithe. → S. 73

Als neue Unterordnung der Foraminiferen (»Kammerlinge«), einzelliger Meerestiere mit ein- oder mehrkammrigem Gehäuse, entwickeln sich die Allogromiina. Ihre Schalen bestehen aus Tektin, einem stickstoffhaltigen organischen Material, das der Hornsubstanz ähnelt.

Im Unterstamm Urmollusken (Amphineura) der Weichtiere sind zwei Klassen in den Flachmeeren verbreitet: Wurmschnecken und Käferschnecken (Polyplacophora). Die Vertreter der letzteren Klasse sind augenlos und haben keine Tentakeln. Dagegen befinden sich auf ihrer Schalenoberfläche Sinnesorgane für Lichtreize, Geschmack und Geruch. Von den Polyplacophora lebt heute noch die Gruppe der Chitonen, die erstmals in der Kreide (vor ca. 140 Mio. Jahren) auftreten. → S. 73

Unter den Meeresschnecken finden die Vorderkiemer (Prosobranchia) weite Verbreitung. Ihre Entwicklung setzt sich bis in die Gegenwart fort. Diese Unterklasse umfaßt Schnecken (Gastropoda) mit nach vorn gerichteten Kammkiemen (Ctenidien) und gekreuzten Nervenbahnen. Vorderkiemer sind auch heute noch die wichtigsten Schnecken der Meere. → S. 73

520–440 Mio. Die erste Kopffüßer-Ordnung (Ellesmerocerida) erscheint. Sie gehört zur Unterklasse Nautiloidea. Diese Meerestiere stammen möglicherweise von frühen Formen im Unterkambrium (590–545 Mio.) ab. Sie leiten eine Entwicklung ein, die nach dem Kambrium zu bis zu 10 000 Kopffüßerarten führt, zu denen später u. a. die Tintenfische zählen. → S. 73

520–410 Mio. Gegen Ende des Kambriums geht die sogenannte kaledonische Geosynklinalphase (d. h. die Phase der Meerestrogbildung und die Auffüllung diese Troges mit Sedimenten) in die kaledonische Faltungsphase über, in deren Verlauf weltweit zahlreiche Kettengebirge entstehen. In Europa sind das Gebirge in Irland, Wales, Schottland, Westskandinavien, Brabant sowie die Ardennen, die Lausitz und Teile der Sudeten. In Nordafrika sind es die »Delhi«-ähnlichen »Sahariden«, in Südamerika die »Brasiliden«. Große Faltengebirgszüge erheben sich auch in Australien. → S. 70

520–375 Mio. In den Meeren leben die fischartigen Heterostraci (Pteraspidomorphi). Sie bilden eine Unterklasse der sogenannten Kieferlosen (Agnatha), einfachen Frühformen der Fische. Bei ihnen stecken der kieferlose Kopf und der Vorderkörper gemeinsam in einem Panzer aus Aspidin-Platten. Aspidin ist eine dem Zahnbein (Dentin) verwandte Skelettsubstanz, die u. a. auch bei den Haien vorkommt und keine Knochenzellen enthält. → S. 73

520–250 Mio. Spitzbergen, Nowaja Semlja, der Ural, das Gebiet nördlich des Kaukasus und der größte Teil Anatoliens, deren erste Ursprünge in das Unterkambrium (um 590 Mio.) zurückreichen, wachsen als kontinentale Landmassen weiter. → S. 70

Der größte Teil Norwegens, die Britischen Inseln, ganz Mittel- und Westeuropa (mit Ausnahme der Karpaten, der Alpen, der Pyrenäen und der Sierras Beticas in Spanien) sowie Kalabrien und große Teile des Balkans, die sich von Nordwest nach Südost bereits seit dem Unterkambrium (590–545 Mio.) an den alten Kern der europäischen Kontinentalscholle anzulagern begannen, dehnen sich in dieser Zeit weiter aus. → S. 70

Um 510 Mio. Im Gebiet von Delhi (Vorderindien) und Moçambique (Südafrika) bilden sich Faltengebirge. Etwa zur gleichen Zeit ereignen sich die sogenannte panafrikanische und die carirische Gebirgsbildung.

510–460 Mio. Es herrscht eine geomagnetische Periode mit häufig wechselnder Polung, d. h. Nord- und Südpol vertauschen mehrfach ihre Lage.

500 Mio. Die Dreilapper- oder Trilobitenordnung Corynexochida stirbt aus. Zu ihren Vertretern gehörte u. a. die Gattung Ogygopsis.

Große Vielfalt der geologischen Lagerstättenbildung

520–500 Mio. Die lebhaften Bewegungen der Erdkruste (→ S. 28) führen dazu, daß sich geologische Prozesse entwickeln, die mit der Bildung vielfältiger Lagerstätten in größtem Ausmaß einhergehen. Die sechs großen und mehrere kleinere starre Platten der Erdkruste entfernen sich voneinander oder kollidieren miteinander (→ 4000–2500 Mio./S. 17). Sie können sich übereinander schieben, wobei die untere Platte absinkt (Subduktion) und aufgeschmolzen wird, sie gleiten aneinander vorbei oder bilden neue Krustenteile. Bei solchen Vorgängen kommt es zu großräumigen horizontalen Bewegungen, zur Bildung von Geosynklinalen (→ S. 29) und Orogenen (→ S. 14).

△ *Die tektonisch besonders aktiven Zonen der Erde sind im Oberkambrium wie auch später in der Erdgeschichte (im Bild Surtsey) oft durch junge vulkanische Inselbögen geprägt. Ihre Vulkane liefern neben Aschen nicht selten große Massen dünnflüssiger, basischer Laven, die flach zerfließen.*

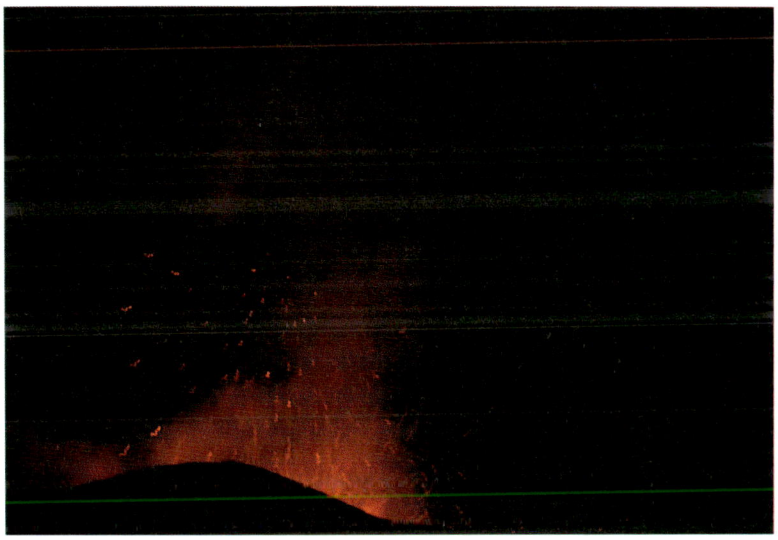

◁ *Wo in dünner Erdkruste tiefe Risse existieren, die bis in die oberen Schichten des Erdmantels hinabreichen, entstehen häufig sogenannte Feuerspalten. Auch heute noch gibt es diese Art des Vulkanismus (in Grabenbruchzonen), wie hier am zentralafrikanischen Spaltenvulkan Kriasungarva.*

Lagerstätten des Erdaltertums

- ▷ Chromitlager in Magmadecken auf den Meeresböden
- ▷ Kupferkies-Pyrit-Lager in ozeanischen Magmadecken
- ▷ Kieslagerstätten mit Flußspat und Baryt als Ausscheidung vulkanisch überhitzter Gewässer (hydrothermale Lagerstätten)
- ▷ vulkanisch-hydrothermale Lagerstätten mit Wismut, Antimon, Arsen, Wolfram, Quecksilber usw.
- ▷ porphyrische Lagerstätten (das sind Gesteinsgefüge aus Magmen mit einzelnen größeren Kristallen in feinkörniger dichter oder glasiger Grundmasse) mit Kupfer, Molybdän, Gold usw.
- ▷ plutonische Lagerstätten mit Buntmetallen, Zinn, Wolfram, Tantal, Niobium usw.
- ▷ Gold-Quarzgänge
- ▷ Blei-Zink-Lagerstätten in Carbonatgesteinen und Metapeliten (mittelfeinem Trümmergestein)
- ▷ Kupfer- und Uranlagerstätten in Sedimentgesteinen
- ▷ sedimentäre Eisenerze und Manganlagerstätten
- ▷ Phosphoritlagerstätten
- ▷ Evaporitlagerstätten (→ S. 46) mit Gips, Anhydrit und verschiedenartigen Salzen
- ▷ Verwitterungslagerstätten im Festlandbereich

Oft sind derartige Prozesse mit heftigen Erdbeben verbunden. Auch tritt weltweit an den Plattenrändern und hier besonders in den Räumen zwischen sich voneinander entfernenden Platten erneut starker Magmatismus (→ S. 18) auf, wie er im Rahmen der Krustenbildung schon in der Zeit des Archaikums (4000–2500 Mio.) herrschte. Ein intensives Wechselspiel zwischen Lithosphäre, Hydrosphäre und Atmosphäre findet statt. In den Meeresbecken, die sich durch Auseinanderdriften von Platten erweitern, entstehen weite neue Ozeanböden als ausgedehnte magmatische Decken (Ophiolithe).

Verbunden ist mit all diesen tektonischen Prozessen auch die Entstehung zahlreicher Sedimentgesteine. Entsprechend vielfältig sind die mineralischen Lagerstätten dieser Zeit. Für das Archaikum bezeichnende Lagerstättentypen treten mit einigen Abänderungen erneut auf, und die aus dem Proterozoikum (2500 bis 590 Mio.) bekannten Carbonatbildungen und selbst Kimberlite (→S. 44) mit ihren charakteristischen Lagerstätten erscheinen in verstärktem Maße. Daneben kommt es zu einer Vielzahl neuartiger magmatischer Lagerstättentypen. Diese entstehen in erster Linie durch Umwandlung von Sedimenten unter hohem Druck und bei sehr hoher Temperatur.

Besonders an den Plattengrenzen, an denen sich weltumspannende Faltengürtel herausbilden, tritt die größte Vielzahl geologischer Lagerstätten aller Zeiten in Erscheinung. Dabei werden oft ozeanische und kontinentale Krustenbereiche wieder aufgearbeitet.

Häufig sind solche tektonisch besonders aktiven Regionen durch neu entstehende, lange vulkanische Inselbögen gekennzeichnet. Demgegenüber kommt es an den Kontinentalrändern selbst zu ausgesprochen lebhaftem Magmatismus.

In späteren Abschnitten des Erdaltertums bilden sich Kohle-, Erdöl- und Erdgaslagerstätten. Darüber hinaus entstehen in der Tiefsee Manganknollen (→ um 97 Mio./S. 286) mit Mangan, Eisen, Kupfer, Nickel und Kobalt.

Die großen Chromitlager in den ozeanischen Magmadecken signalisieren den erdgeschichtlichen Beginn eines Prozesses, den Geologen als »seafloor-spreading« (Meeresbodenspreizung) bezeichnen. Dieser Vorgang spielt sich auch heute noch im Atlantik ab.

Kontinente weiten sich aus

520–500 Mio. Die plattentektonisch bedingten erdumspannenden Prozesse (→ S. 69), die sich generell im Erdaltertum wie in der jüngeren Erdgeschichte abspielen, bringen auch vielerorts neue Kontinentalbildungen hervor. Daran sind Hebungen und Auffaltungen sowie vulkanische Gebirgsbildung beteiligt. Im Zuge der sich ausbreitenden Vorherrschaft des Meeres (→ S. 72) entstehen durch Überflutung der Kontinentalränder Flachmeere.

Nordamerika
Von einem lang anhaltenden Bildungsprozeß sind die Randzonen Nordamerikas betroffen. Er setzt mit dem Beginn des Kambriums (590 Mio.) ein und ist auch heute noch nicht völlig abgeschlossen. Der Mechanismus ist hier ein anderer als etwa bei den Südkontinenten, auf denen die alten präkambrischen – großenteils archaischen – Kerne überwiegen. Er unterscheidet sich auch vom kontinentalen Wachstum Eurasiens, das einem eigenen Muster folgt. In Nordamerika lagern sich rund um die präkambrischen Schilde herum immer jüngere geologische Provinzen an. Die Mobilzonen, also die Regionen, in denen sich Sedimentanhäufungen, Faltungen, Gesteinsumwandlungen und Granitisierung (→ S. 43) abspielen, wandern erdgeschichtlich von innen nach außen. Im Erdaltertum entstehen hier geologische Provinzen im Gebiet von Alaska und Neufundland, der heutigen Rocky Mountains, vor allem aber im Bereich der Appalachen, des Mississippi-Beckens, Floridas und des nördlichen Mittelamerika.

Europa
Das chronologische Bauschema des alten Europa zeigt andere Merkmale als jenes Nordamerikas. Hier schreitet die Angliederung neuer Landmassen in etwa von Nordost nach Südwest fort. Während des Erdaltertums entstehen hier der größte Teil Norwegens, die Britischen Inseln, ganz Mittel- und Westeuropa mit Ausnahme der Karpaten, der Alpen, der Pyrenäen, der spanischen Sierras Beticas, dazu Sardinien und der überwiegende Teil Korsikas, Kalabrien, das südliche Alpenvorland bzw. die nördliche Poebene und schließlich große Teile des östlichen Balkans. Die Halbinsel Italien (außer Kalabrien), Sizilien, die östlichen Küstengebiete der Adria und der Peloponnes fehlen noch. Neu entsteht im Erdaltertum auch ein weites Gebiet westlich des nördlichen Kaspischen Meeres und nördlich des Kaukasus. Im äußersten Norden bilden sich die Landmassen von Spitzbergen und Nowaja Semlja, die möglicherweise über die Barents-Plattform miteinander verbunden sind.

Asien
Die bedeutendsten Faltungszonen des Erdaltertums liegen in Asien. Hier sind der überwiegende Teil Anatoliens betroffen und in etwa der gesamte Großraum zwischen dem Ural im Westen, der Linie Kaspisches Meer – Tienschan – Südrand der Wüste Gobi im Süden, Jenessei – Baikalsee – Amur – Mandschurei im Norden und Osthimalaya im Südosten. Dazu kommen ein schmaler Küstenstreifen im Osten Chinas sowie ein hufeisenförmiges Gebiet im Bereich von Werchojansk.

Australien
Der weitaus größte Teil Australiens ist bereits im Präkambrium (4000 bis 590 Mio.) entstanden. Im Erdaltertum kommen nur Gebiete im Südosten hinzu. Diese Region ist von der Ostküste begrenzt; im Landesinneren verläuft ihre Grenze grob von Adelaide im Süden, östlich der Flinders Range nach Norden, knickt dann etwa zur Main Barrier Range nach Südosten ab, verläuft weiter in sichelförmigem Bogen zunächst nach Nordosten und dann nach Norden, wobei sie in etwa der Grey Range und dann dem Westrand der Great Dividing Range folgt, um schließlich noch den Osten der Cape York Halbinsel einzugrenzen.

Südamerika
Die Südkontinente sind generell arm an Landmassen aus dem Erdaltertum. Der größte Teil Australiens und Südamerikas, ganz Afrika (außer dem Atlas-Gebirge), Indien und Antarktika gehen auf die Erdurzeit zurück. In Südamerika entsteht im Paläozoikum (590–250 Mio.) lediglich der äußerste Südosten, und zwar in etwa der argentinische Bereich (also nicht die Kordillere längs der Westküste) südlich des Golfo S. Matías bis zur Magellanstraße, so wie die Falklandinseln.

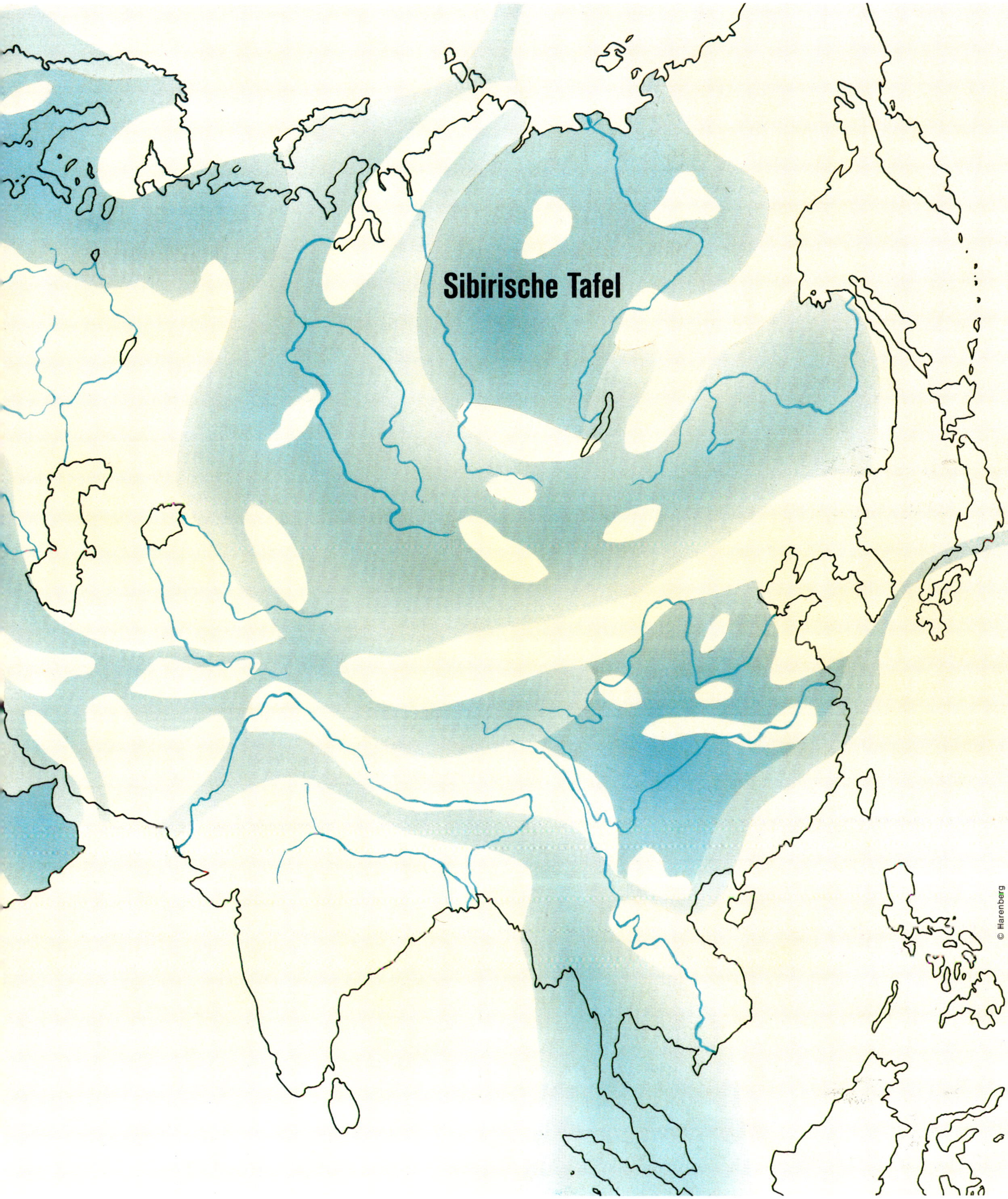
Sibirische Tafel
© Harenberg

Vorherrschaft des Meeres in vielen Teilen der Welt

520–500 Mio. Während des größten Teils des Erdaltertums (vom Kambrium bis zum Unterkarbon: 590–360 Mio.) überflutet das Meer weite kontinentale Gebiete in aller Welt. Der Geologe spricht von Thalattokratie (griech. thálatta = Meer; krateó = herrschen). Den Prozeß des Vordringens von Flachmeeren über Festlandgebiete bezeichnet man als Transgression. Als Ergebnis entstehen weite, flache sogenannte Epikontinentalmeere.

Thalattokratie herrscht meist in klimatisch warmen Zeiten, denn dann ist wenig Wasser als Eis gebunden, und der Meeresspiegel liegt – oft um weit mehr als 100 m – höher als in Perioden mit ausgedehnten kontinentalen Vereisungen. Entscheidend ist oft aber auch die Verteilung der Landmassen und das Fassungsvermögen der Ozeanbecken. In Epochen mit ausgeprägter Bildung hoher Gebirge häuft sich die Erdkrustenmasse in manchen Regionen, während weite Gebiete als flaches Tafelland vorliegen, das sich bei hohem Wasserstand leicht vom Meer überfluten läßt. Zu diesen Epikontinentalmeeren treten die ebenfalls meist flachen Geosynklinalmeere. In plattentektonisch besonders aktiven Zeiten (wie im Erdaltertum, → S. 69) bilden sich nicht nur in verstärktem Maß Gebirge, es entstehen auch Geosynklinaltröge (→ S. 29), die sich kontinuierlich mit Meeressedimenten auffüllen.

Die Thalattokratie begünstigt im Erdaltertum unmittelbar die rasche Entwicklung der tierischen Lebensvielfalt, denn mit den ausgedehnten weiten Flachmeeren stehen sehr große, ideale Lebensräume zur Verfügung. Noch gibt es ja keine Landlebewesen, die Entwicklung ist also auf geeignete große Gewässer angewiesen. Sind diese zu tief, dann fehlt es an Pflanzenwachstum.

In Europa liegen gegen Ende des Kambriums weite Teile unter Wasser: Süd- und Ostspanien, Südwest- und Nordfrankreich, der Süden und der Norden der Britischen Inseln, Italien und große Teile des Balkans sowie Osteuropa. Hier handelt es sich um Geosynklinalmeere. Die betroffenen Gebiete sinken mehr und mehr ab, während die Sedimentschichten hier wachsen. Weite Teile Südskandinaviens und ein Streifen zwischen dem Baltikum und dem Ural wird von einem Epikontinentalmeer überflutet.

Wo das Meer in kontinentale Räume eindringt, »ertrinken« oft alte Gebirge. Die Küsten sind reich gegliedert.

Gondwana: Mächtiger Kontinent im Süden

520–500 Mio. Gegen Ende des Kambriums sind zumindest die Südkontinente in dem Superkontinent Gondwana vereint. Dieser Kontinent umfaßt als in sich geschlossene Landmasse Südamerika, ganz Afrika, die Arabische Halbinsel, Madagaskar, Indien und Sri Lanka, Australien und Antarktika, aber auch Florida, Mexiko mit Yucatán, Honduras und splitterartige Teile Südeuropas. Der Südpol liegt vermutlich irgendwo weit außerhalb der Nordküste Afrikas.

Wie es zur Bildung dieses geologisch weitgehend aus präkambrischen Gesteinen aufgebauten Superkontinentes gekommen ist, läßt sich nicht mit Sicherheit sagen. Sehr wahrscheinlich besteht er schon seit langer Zeit. Fraglich ist besonders, ob während des Präkambriums (4000–590 Mio.) auch die übrigen Kontinentalmassen der Erde mit Gondwana zu einem einzigen Großkontinent zusammengefaßt waren. Manche Geologen vermuteten, daß zum Ende des Präkambriums alle großen und kleinen Schilde (Kratone) der Erdkruste einen einzigen Kontinent – »Megagäa« – bildeten. Dies ist aber wenig wahrscheinlich. Ziemlich sicher ist, daß gegen Ende des Kambriums Gondwana von den übrigen Landmassen (im wesentlichen also Nordamerika und dem größten Teil Eurasiens) getrennt ist. Erst im Perm (vor rund 290 Mio. Jahren) schließen sich Gondwana und die zu Laurasia vereinten Nordkontinente vorübergehend (wieder) zu einer einzigen Landmasse, Pangaea, zusammen, die ein einziges Weltmeer, Panthalassa, umgibt.

Soweit heute bekannt, existieren gegen Ende des Kambriums fünf große Festlandkomplexe: Laurentia, das Nordamerika, Grönland, Spitzbergen und Teile von Schottland, Irland und des westlichen Norwegens umfaßt; der Europäische Kraton mit seinem Kern Fennosarmatia, zu dem Teile von Nordamerika (Neuengland) und Neufundland gehören; der Sibirische Kraton zwischen dem Ural und Kamtschatka; der Ostasiatische Kraton mit den chinesischen Grundgebirgsmassiven mit Vietnam und den heutigen südostasiatischen Inseln und schließlich der große Südkontinent Gondwana. Mit Sicherheit bewegen sich diese Kontinente im Laufe der weiteren Erdgeschichte nicht nur relativ zueinander, sie verschieben sich auch gegenüber dem Erdmantel.

Ab dem Kambrium kommt der Verteilung der Landmassen eine große biologische Bedeutung zu. In einzelnen, voneinander getrennten epikontinentalen Meeren auf den verschiedenen Kratonen können sich Floren- und vor allem Faunenprovinzen weitgehend unabhängig voneinander herausbilden.

Sagenumwobenes Land der Gonden

Gondwana ist nach einem vorderindischen Volksstamm, den Gonden, benannt und bedeutet soviel wie »Land der Gonden«. Der Begriff bezeichnet nicht nur die große Landmasse der vereinten Südkontinente im Erdaltertum, er wird auch für einen viel späteren kleinen Brückenkontinent zwischen Südafrika und Madagaskar bis Vorderindien gebraucht, der nach Auffassung von P. L. Sclater gegen Ende der Trias (250–210 Mio.) durch den Zerfall des großen Südkontinents entstanden sein soll. Diese schwer belegbare Landbrücke im Bereich des westlichen Indischen Ozeans soll die Verbreitung der heutigen Halbaffen (Lemuren) erklären und wird daher gelegentlich auch als »Lemuria« bezeichnet.

Eine heutige Käferschnecke der Gattung Chiton. Diese Klasse existiert schon im Kambrium.

Oolithisches Eisenerz aus der Prager Mulde. Es stammt aus dem Kambrium oder Ordovizium.

Fossile Panzerplatte eines Heterostracen aus dem Old-Red-Sandstone, Mitteldevon

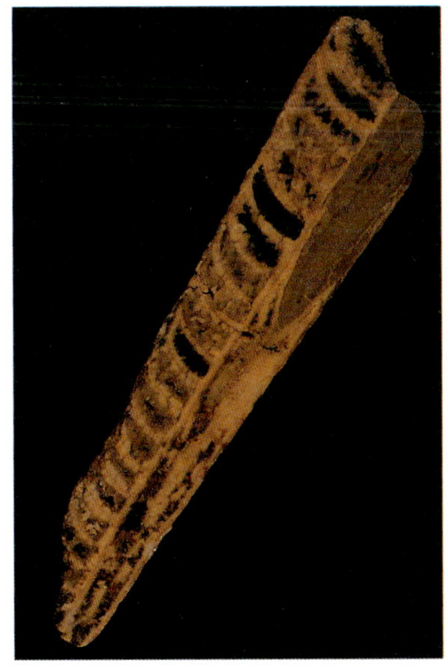

Ellesmeroceras-Art (angeschliffen) aus dem Ordovizium von Halverstad auf Öland in Südschweden

Neue Vielfalt der Meeresschnecken

520 Mio. Neue Klassen der Weichtiere, die es bereits seit dem Unterkambrium (→ 590–545 Mio./S. 58) als Stamm gibt, entstehen. Im Unterstamm der Urmollusken (Amphineura) erscheinen die Käferschnecken (Polyplacophora), deren flache Körper auf der Rückenseite durch eine Schale aus meist acht (manchmal nur sieben) einander wie Dachziegel leicht überdeckenden Platten aufgebaut ist. Seitlich faßt ein stacheliger oder schuppiger Kalkgürtel diese Schale ein. Auf der Unterseite besitzen die Tiere einen zentralen Fuß, auf dem sie kriechen können, sowie mehrere paarig angelegte Kiemen.
Die Vorderkiemer (Prosobranchia), eine Unterklasse der Schnecken, treten mit der neuen Ordnung Archaeogastropoda in Erscheinung. Sie zeichnen sich durch eine oder zwei Kiemen aus. Ihre Kalkgehäuse sind in der Regel gut entwickelt und auf der Innenseite stets mit einer Porzellanschicht ausgekleidet. Von der Vielzahl der heute existierenden Arten dieser Ordnung sind bereits die Napfschnecke (Patella), die im Gezeitengebiet auf Felsen aufsitzt, und das Seeohr (Haliotis), das in der Gastronomie als Abalone bekannt ist, vertreten. Während diese beiden Arten das Aufrollen der Schale zu einem typischen »Schnecken«-Gehäuse nur undeutlich erkennen lassen, ist der schraubige Aufbau bei anderen Archaeogastropoden sehr deutlich ausgeprägt.

Runde Körper in marinen Sedimenten

520–500 Mio. Irgendwann im Laufe des Kambriums tauchen in den marinen Sedimenten sogenannte Ooide auf, kleine kugelige bis eiförmige, meist aus Kalk bestehende Körperchen. Die rhythmische Gliederung ihrer Schalen weist auf einen Wechsel von Ruhe und Bewegung bei ihrer Entstehung in sehr flachem Wasser (Wassertiefe unter 2 m) hin. Sedimente, die eine mehr oder weniger große Anzahl dieser kleinen Kügelchen enthalten, werden als Oolithe bezeichnet.

Streitfrage:

Rätsel um kleine Kugeln im Meer

Fest steht, daß die kugelförmigen Ooide in besonders salzhaltigem, mit gelöstem Kalk übersättigtem Meerwasser entstehen. Das sind Voraussetzungen, unter denen kalkschalige Lebewesen zurücktreten und sich submarine Wüsten bilden. Umstritten ist der Ursprung der Ooide. Manche Forscher machen Cyanobakterien (→ 3500–3100 Mio./S. 22) oder Algen für ihre Entstehung verantwortlich, andere sind von einer anorganischen Bildung überzeugt. Sie glauben, daß sich um einen anorganischen Kern sphärisch Kalkschichten anlagern.

Schwanzflosse steuert Bewegung

520 Mio. Frühe Formen der Wirbeltiere sind mit der Unterklasse Heterostraci (griech. ostrakon = Scherbe, Panzer) innerhalb der Klasse der fischförmigen Kieferlosen (Agnatha) durch einzelne Skelettfragmente in nicht-meerischen Sedimenten vertreten. Die Kieferlosen sind nicht die Vorfahren der echten Fische und anderer kieferbesitzender Wirbeltiere (Gnathostomata), sondern stammen zusammen mit diesen von gemeinsamen Ahnen ab. Beide Klassen spezialisieren sich in verschiedenen Richtungen.
Die Heterostraci zeichnen sich dadurch aus, daß ihr Kopf und Vorderkorper von einem Panzer aus Aspidin-Platten umgeben ist. Aspidin ist eine dem Zahnbein ähnliche Skelettsubstanz, wie sie u. a. auch bei Haien vorkommt. Sie enthält keine echten Knochenzellen, dafür aber zahlreiche Fasern aus Bindegewebe (sogenannte Skarpeysche Fasern). Die Aspidin-Platten können flache Hautzähne (schuppenförmige Hautanhängsel) tragen. Typisch für die Heterostraci ist darüber hinaus das runde, unterkieferlose Maul und das Fehlen paariger Flossen. Das einzige der Fortbewegung dienende Organ ist eine nach unten gezogene Schwanzflosse. Sie dient sowohl dem Vortrieb der Tiere wie als Steuerorgan für vertikale und seitliche Bewegungen, die der relativ starre Körper selbst nur in sehr geringem Umfang unterstützt.

Erste Vertreter der Kopffüßer

520–500 Mio. Von möglichen frühen Formen im Unterkambrium abgesehen (→ 590–545 Mio./S. 58), setzt zu dieser Zeit die Entwicklung der Kopffüßer, der höchst organisierten Weichtiere, ein. Als erste Vertreter zeigen sich Mitglieder der Unterklasse Nautiloidea, und innerhalb dieser wiederum solche der Ordnung Ellesmerocerida. Die heute noch lebenden 400 Kopffüßerarten sind nur ein kleiner Rest der weltweit über 10 000 Arten, die nach dem Oberkambrium kontinuierlich die Ozeane bevölkern. Erst das Ende der Kreide-Zeit (vor etwa 65 Mio.) bringt mit dem Aussterben der Ammoniten eine deutliche Zäsur. Bis dahin sind sie Leitfossilien.
Benannt sind die Kopffüßer (Cephalopoden) nach ihrem Fuß, der zum Teil in einen den Mund umgebenden Kranz von sehr beweglichen Tentakeln umgebildet ist und sowohl dem Beutefang wie der Fortbewegung dient. Der übrige Teil des Fußes hat die Form eines Trichters, der sich rhythmisch entspannen und zusammenziehen kann, was dem Tier einen Vortrieb nach dem Prinzip des Rückstoßes gibt.
Fast alle Kopffüßer besitzen eine harte innere oder äußere Schale, die meist in einzelne Kammern unterteilt ist. Die ersten Nautiloiden sind noch sehr einfache Formen mit geradem oder leicht gebogenem Außengehäuse. Später differenzieren sich die Gehäusestrukturen stark.

Erster bescheidener Aufschwung der Wirbeltiere

Die zeitliche Gliederung

Den Begriff Ordovizium prägte 1879 der britische Geologe und Paläontologe Charles Lapworth. Er leitete das Wort von den Ordoviziern ab, einem keltischen Volksstamm, der in Nord- und Ostwales lebte. Zunächst galt das Ordovizium lediglich als eine geologische Schichtenfolge, die man entweder zum Kambrium oder zum Silur zählte und gelegentlich – zweigeteilt – sogar beiden zurechnete. Lapworth selbst sah im Ordovizium aber bereits ein eigenständiges erdgeschichtliches System von rund 60 Jahrmillionen Dauer. Die spätere geologische und paläontologische Forschung gab ihm recht.
Die Datierung der Unter- und Obergrenze des Ordoviziums gilt heute als recht zuverlässig. Noch nicht generell akzeptiert ist die Gliederung des Ordoviziums in Abteilungen. Gelegentlich wird lediglich ein Unter- und ein Oberordovizium unterschieden, gängiger ist die folgende Dreiteilung:

Unterordovizium	(500–480 Mio.)
Mittelordovizium	(480–460 Mio.)
Oberordovizium	(460–440 Mio.)

In Europa unterscheidet man im Ordovizium folgende, zeitlich aufsteigende Stufen: Tremadoc, Arenig, Llanvirn, Llandeilo, Caradoc und Ashgill, von denen der Reihe nach je zwei zum Unter-, zum Mittel- und zum Oberordovizium gehören. Diese Zoneneinteilung baut in erster Linie auf dem Vorkommen bestimmter Graptolithenarten (→ 545 Mio./S. 66) auf. Daneben werden zur relativen Datierung Brachiopoden-, Trilobiten- und Conodonten-Gesellschaften herangezogen. Neuerdings sucht man auch Anhaltspunkte für die Stufeneinteilung im Bereich des pflanzlichen Planktons.

Geographische Verhältnisse

Noch ausgeprägter als schon das Kambrium (590–500 Mio.) ist das Ordovizium eine Zeit bedeutender Überflutungen (Thalattokratie). Dabei lösen Meeresüberflutungen (Transgressionen) und Meeresrückzüge (Regressionen) einander mehrfach ab. Einen Höhepunkt erreichen die Transgressionen im Cardoc, also zu Beginn des Oberordoviziums. Die stärksten Regressionen ereignen sich im Ashgill gegen Ende des Oberordoviziums. Auch die schon im Kambrium herrschende tektonische Unruhe steigert sich im Ordovizium noch erheblich. Immer wieder kommt es zu intensiven vulkanischen Prozessen, zu großräumigen Plattenabsenkungen, Grabenbrüchen und Gebirgsauffaltungen. Ihren Höhepunkt erreicht die Gebirgsbildung in der sogenannten takonischen Orogenese gegen Ende des Ordoviziums. Der Schwerpunkt liegt im Gebiet der Appalachen. Im Zusammenhang mit solchen tektonischen Prozessen stehen vielfach magmatische Vorgänge in der Tiefe der Erdkruste. Grundlegende Änderungen der geographischen Bedingungen treten gegenüber dem Kambrium nicht ein. Insbesondere die Ablagerungsräume sind regional sehr ähnlich verteilt. Was die Gesteinsbildung betrifft, lassen sich drei Bereiche deutlich voneinander unterscheiden: Vulkanogene Gesteine in Geosynklinalbereichen, ozeanische Stillwassersedimente und sandig-mergelig-kalkige Flachwassersedimente. Die vulkanischen Ablagerungen zeigen verständlicherweise keine oder nur eine äußerst geringe Zahl von Fossilien. Bei den Stillwassersedimenten handelt es sich hauptsächlich um dunkle Tongesteine, die im Tiefwasser abgesetzt werden. Sie führen in erster Linie – und fast ausschließlich – fossile Graptolithen. Die Flachwassersedimente sind dagegen reich an Fossilien von Tierarten, die auf dem Meeresboden des Schelfes leben.
Das geographische Bild der Erde ist von zwei großen kontinentalen Massen geprägt, dem mehr oder weniger zusammenhängenden Laurasia im Norden und dem kompakten Gondwana im Süden. Getrennt werden beide Großkontinente von einem etwa in Ostwestrichtung verlaufenden Tiefenozean, der Paläotethys. Der Nordpol liegt im späteren Pazifik, der Südpol im Norden des heutigen Nordafrika. Von der Antarktis über Sibirien zu den heutigen Polargebieten Nordamerikas verläuft in etwa der Äquator.
Land und Meer sind ähnlich verteilt wie schon im vorausgehenden Kambrium. In Europa liegt Großbritannien im Bereich einer breiten – der kaledonischen – Geosynklinale, im Norden durch den Norddeutschland einschließenden Hebriden-Schild, im Süden (Mittelengland) durch den sogenannten Midland-Kraton begrenzt. In dieser Geosynklinale sedimentieren während des Ordoviziums Schichtfolgen von 3000 bis 10 000 m Mächtigkeit. Im Osten reicht der Trog weit in norwegisches Gebiet hinein. Als Festlandkomplexe treten in Europa Südengland und das Kanalgebiet, das Gebiet der Pyrenäen, eine größere Landmasse, die von Südnorwegen über die östliche Ostsee und Norddeutschland bis nach Oberschlesien reicht, und zwei große Inseln im Bereich des oberen und mittleren Donaubeckens hervor. Die zwischen diesen Gebieten und südlich davon gelegenen Regionen nimmt die Paläotethys-Geosynklinale ein, östlich der Festlandstreifen erstreckt sich ein Geosynklinalmeer über eine Tafelrandsenke, dem sich weiter nach Osten ein ausgedehntes Epikontinentalmeer über der Baltosarmatischen Platte anschließt. Dieses Flachmeer bedeckt Öland, Gotland, das Baltikum, Nordostpolen und Belorußland. Der schmale geosynklinalartige Trog am Südwestrand der überfluteten Osteuropäischen Tafel erstreckt sich von der Nordsee bis zur Dobrutscha.
Im mitteleuropäischen geosynklinalen Meeresbereich kommt es besonders in den Gebieten von Brabant, im Rheinischen Schiefergebirge und den Ardennen, im Harz, in Thüringen, Sachsen, in den Westsudeten und in Böhmen zu bedeutenden Ablagerungen. In den Ostalpen herrscht zum Teil kräftiger untermeerischer Vulkanismus. Vor allem in der Bretagne, der Normandie, auf der Iberischen Halbinsel und auf Sardinien lagern sich Sedimente ab, besonders Sandstein und Tonschiefer. Zu sehr ähnlichen Ablagerungen kommt es auch in Nordafrika im Bereich des Antiatlas und der Nordsahara.
In Nordamerika entstehen mächtige Gesteinsfolgen in den stark gegliederten Geosynklinaltrögen der Appalachen, der

Kordilleren im Westen und auf der präkambrischen Nordamerikanischen Tafel. Diese Ablagerungsgebiete stehen mit solchen in der Arktis in Verbindung.
In Südamerika fallen Sedimente besonders im Kordillerenraum an. Auch in weiten Teilen Asiens (Ural- und Angara-Geosynklinale, Zentralkasachstan, Salair, Sajan, Sibirische und Chinesische Tafel, Himalaja, Indochina und Südchina) kommt es im Ordovizium zu teilweise mächtigen Ablagerungen, oft in Form von Meeressedimenten, manchmal vulkanischen Ursprungs.

Klimatische Verhältnisse

Das Klima ähnelt weitgehend jenem im vorausgehenden Kambrium. Mit Ausnahme Südamerikas und vor allem Afrikas ist es weltweit warm und größtenteils recht trocken. Vor allem die Nordkontinente weisen bis in höhere Breiten sehr mildes, zum Teil sogar ausgesprochen tropisches Klima auf. Das beweist der Riffgürtel, der sich weit nach Nordamerika und bis nach Grönland erstreckt. Sehr warm ist es auch in Australien und der Antarktika einerseits, in Sibirien und im Bereich der Russischen Tafel andererseits.
In Afrika streben die großen Vereisungen, die bereits gegen Ende des Kambriums einsetzten, langsam einem Höhepunkt zu, der zeitlich gegen Ende des Ordoviziums oder zu Beginn des anschließenden Silur liegt. Nachgewiesen ist diese großräumige Vereisung mit Sicherheit in der Sahara und in Südafrika. Paläoklimatologisch gibt diese Erscheinung noch Rätsel auf, denn beide Vereisungsgebiete liegen um etwa 50 ° auseinander. Wenn es sich um getrennte Eisregionen handelt, dann können nicht beide Polargebiete sein. Aus paläomagnetischen Daten geht indes hervor, daß der Südpol zu Beginn des Ordoviziums in einem Gebiet zwischen der Nordwestküste Marokkos und dem zentralen Westalgerien liegt, während er im Unterkarbon – also nur 140 Mio. Jahre später – in Südafrika zu suchen ist. Möglicherweise ist die rasche Polwanderung für die beiden bedeutenden afrikanischen Vereisungen verantwortlich. Eine wahrscheinlichere Erklärung liegt aber in einer noch viel weiträumigeren Vereisung mit Schwerpunkt in Zentralafrika. Die Gletschergebiete Nord- und Südafrikas wären dann als deren Ausläufer anzusehen.

Pflanzen- und Tierwelt

Das Pflanzenreich wird wie schon im Kambrium noch vollkommen von Algen beherrscht. In manchen Gebieten, etwa im Baltikum und in England, treten sie als Kalkalgen gesteinsbildend in Erscheinung. Die Kalkalgen dieser Zeit weisen eine beachtliche Entfaltung neuer Formen auf. Skelettlose Algenarten sind auch an der Bildung des estnischen Brandschiefers (sog. Kukkersit) beteiligt.
In der Tierwelt bestimmen in großer Überzahl noch die Wirbellosen (Invertebraten) das Bild. Ihre Artenzahl wie auch die Gesamtzahl ihrer Individuen nimmt stark zu. Daneben vermehren sich auch die schon im späten Kambrium vertretenen frühen Wirbeltiere in Gestalt der fischähnlichen Kieferlosen (Agnatha). In den dunklen Tonsedimenten der tieferen, stillen Meeresregionen fossilisieren in erster Linie Graptolithen, koloniebildende Kragentiere (→ S. 66), in großem Umfang. Zu ihrer schon im Kambrium vorkommenden Ordnung der Dendroidea gesellt sich bereits die neue Ordnung Graptoloidea, die im gesamten Ordovizium und im Silur wichtige Leitfossilien liefert. Zunächst dominieren buschig verzweigte Arten, doch schon gegen Ende des Unterordoviziums kommen doppelt bis achtfach verzweigte einreihige Formen vor, die vermutlich nicht mehr allein auf dem Meeresboden festgewachsen sind, sondern auf im Wasser treibenden Objekten – z. B. auf Tangen – sitzen. Im Oberordovizium kommen dann noch unverzweigte Graptolithen dazu, die in Büscheln an einer Art Schwimmblase hängen und auf diese Weise frei im Wasser schwebend – also planktonisch – leben. Die Anhäufung von Graptolithen-Fossilien im Sedimentationsbereich des ruhigen Tiefenwassers besagt nicht, daß diese Organismen auch in Tiefwasserregionen lebten. Diese schlecht mit Sauerstoff versorgten, küstenfernen Meeresgebiete sind ein Sammelplatz der Skelette abgestorbener Graptolithen, also ein »Begräbnisraum«, kein Lebensraum. In den hier entstehenden typischen Graptolithenschiefern finden sich nur selten Überreste anderer Tiere.
Die sandig-mergelig-kalkigen Sedimente weisen auf eine große Vielfalt der in den Gezeitenregionen und Flachmeeren lebenden Tiere hin. Von herausragender Bedeutung für das Ordovizium sind – wie schon für das Kambrium – zahlreiche verschiedene Trilobiten (→ S. 66). Die neuen Arten fallen durch höher entwickelte Augen und durch eine geringere Zahl von Rumpfgliedern auf. Sie haben einen größeren Schwanzschild, und manche von ihnen besitzen erstmals die Fähigkeit, sich einzurollen. Neben glatten Panzern kommen jetzt solche mit Knoten oder Stacheln vor. Andere für das Ordovizium stratigraphisch wichtige Gliederfüßer sind die Ostracoden, winzige Tiere mit einer in zwei Klappen geteilten Schale.
In Kalkablagerungen fossilisieren Vertreter verschiedener Weichtierklassen, von denen die Kopffüßer (Cephalopoden) die bezeichnendsten sind. Unter ihnen erleben die schon im späten Kambrium auftretenden Nautiliden, daneben aber auch die neuen Endoceraten, eine erste Blütezeit. Zu den zunächst gestreckten Formen treten bald solche mit teilweise oder vollkommen eingerollten Gehäusen. Meeresschnecken und Muscheln entwickeln sich gegenüber den im Kambrium lebenden Unterklassen weiter fort. Bei den Armfüßern (Brachiopoden) treten zu den bisher meist schloßlosen Formen mit hornigen Schalen solche mit Schloß und Kalkschalen. Einige von ihnen erleben zugleich mit ihrem ersten Auftreten ihre Blütezeit.
Noch selten sind in den Ozeanen die Korallen, doch entstehen im Mittel- und besonders im Oberordovizium die ersten Korallenriffe. Ferner erreichen die Kieselschwämme eine große Vielfalt, und die Conodonten (→ 590–210 Mio./S. 62) erleben eine Phase weitgehender Spezialisierung. Moostierchen und Stachelhäuter nehmen an Arten- und Individuenzahl erheblich zu. Neu unter den Stachelhäutern sind vor allem die Beutelstrahler. Großer Formenreichtum entwickelt sich auch beim Meeresplankton. Umfangreiche Untersuchungen der planktonischen Mikrofossilien des Ordoviziums in jüngster Zeit gestatten, die zeitliche Gliederung aufgrund von Graptolithen und Trilobiten erheblich zu präzisieren.
Einen Aufschwung hinsichtlich ihrer Artenzahl und ihrer körperlichen Entwicklung erleben schließlich ebenfalls die Agnathen, jene fischähnlichen ersten Wirbeltiere, deren Anfänge mit Sicherheit ins Oberkambrium zurückreichen. Besonders im nordamerikanischen Raum fossilisieren in ordovizischen Sedimentserien deltaischer Räume zahlreiche Knochenplatten von Astraspis, dem ersten häufigen Vertreter dieser noch sehr primitiven Kieferlosen.

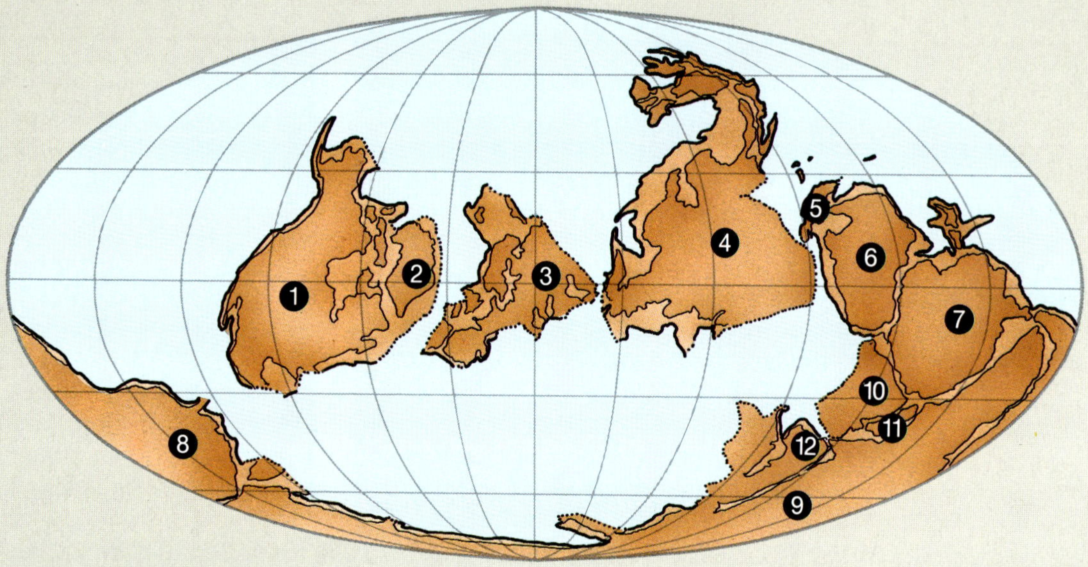

Das Unterordovizium zeigt gegenüber dem Oberkambrium eine weitere deutliche Ostverschiebung aller Landmassen. Gleichzeitig ist der große geschlossene Block aus Neuguinea (5), Australien (6), Antarktika (7), Indien (10), Madagaskar (11), Arabien (12), Afrika (9) und Südamerika (8) nach Süden gewandert. Erstmals ist das Südpolargebiet landfest. Hier liegt das heutige Afrika. Nordamerika (1) mit Grönland (2) und Europa (3) gruppieren sich als getrennte Landmassen schwerpunktmäßig um den Äquator. Asien (4) liegt gegenüber seiner heutigen Lage um etwa 90 Grad verdreht größtenteils auf der Nordhalbkugel, und zwar zwischen 30 und 90 Grad Ost.

500–480 Mio.

Das Unterordovizium

Um 500 Mio. Dinoflagellaten, mikroskopische Algen mit einer Chitinhülle, lassen sich erstmals fossil in Sedimenten nachweisen (nach manchen Quellen erst ab dem Silur). Sie leben im Plankton der Meere und bewegen sich mit meist zwei Geißeln fort. Neben der beweglichen Form bilden sie als Dauerformen unbewegliche Zysten. In der Regel sind nur diese Zysten fossil überliefert. → S. 82

Die sogenannte sardische Faltengebirgsbildung spielt sich ab. Sie ist auch als »böhmische Phase« der kaledonischen Orogenese bekannt. → S. 79

500–480 Mio. Im Tierstamm der Schwämme (Porifera) entwickelt sich neu die Klasse Sclerospongiae mit kalkigem Basisskelett und z. T. verkieselten Teilen. Zu dieser Klasse zählen auch die früher als Korallen betrachteten Chaetetida. Neu unter den Schwämmen ist in der Klasse Hyalospongea ebenfalls die Ordnung Dictyida, deren Skelette aus regelmäßig angeordneten sechsstrahligen Elementen (Triaxonen) aufgebaut ist, die zu einem festen Gitterwerk verschmolzen sind. → S. 81

Der Unterstamm Asterozoa oder Stelleroidea der Stachelhäuter (Echinodermata) bildet sich heraus. Zu ihm gehören alle sternförmigen Stachelhäuter (Seesterne, Schlangensterne) und die Somasteroidea (einfache Seesterne mit wenig ausgeprägten Armen). Die frei beweglichen Tiere besitzen eine flache Zentralscheibe mit fünf von dieser ausgehenden mehr oder weniger langen Armen. → S. 77

Die Seelilien und Haarsterne (Klasse Crinoidea des Unterstammes Crinozoa der Stachelhäuter) entwickeln sich. Dabei handelt es sich um vorwiegend seßhaft lebende Stachelhäuter mit meist fünfstrahliger Symmetrie. Von ihrem becherförmigen Körper gehen kurze schwere bis lange dünne Arme zum Heranstrudeln von Nahrung aus. Sie sind meist mit einem gegliederten Stiel am Merresboden festgewachsen. Einige Arten leben aber auch freischwimmend. → S. 77

Unter den Stachelhäutern bildet sich die Klasse der Seeigel (Echinoidea) heraus. Sie sind kugel- bis scheibenförmig und besitzen keine Arme (wie etwa die mit ihnen verwandten Seesterne). Ihr Gehäuse besteht aus meist fest miteinander verbundenen, regelmäßig angeordneten Calcittafeln. Die Seeigel stammen wahrscheinlich von den Edrioasteroidea (→ 590 Mio./S. 60) ab. → S. 78

Im Stamm Chlorophyta (Grünalgen), der sich im Kambrium (590–500 Mio.) – wahrscheinlich schon in präkambrischen Zeiten – entwickelte, tritt neu die Familie Codiaceae auf. Sie zeichnet sich dadurch aus, daß sie Kalk abscheidet. Besonders im Unterkarbon (360–325 Mio.) erreicht sie Massenvorkommen und wird dann zu einem wichtigen Kalkbildner. →S. 82

Die niedere Ordnung Wirtelalgen (Dasycladaceae) im Stamm der Chlorophyta (Grünalgen) bildet sich heraus. Die Individuen zeichnen sich durch quirlige Abzweigungen der Körperzelle aus. Sie sind in der Lage, Kalk abzuscheiden und werden in der alpinen Trias (250–210 Mio.) zu bedeutenden Kalkbildnern. → S. 82

Erste Mitglieder der Rhodophyta-(Rotalgen-)Familie Solenoporaceae treten in Erscheinung. Besonders im Oberjura (160–140 Mio.) sind sie wichtige Riffbildner. Ihr Chlorophyll ist durch einen roten Farbstoff (Phykoerythrin) überdeckt. Sie können noch in 250 m Wassertiefe leben, wo sie das schwache, in diese Tiefe vordringende blaue Licht zur Photosynthese nutzen. →S. 82

Erstmals läßt sich mit Sicherheit die Stachelhäuter-Klasse der Seewalzen oder Seegurken (Holothuroidea) nachweisen, die sich aber möglicherweise bereits im Unterkambrium (590–545 Mio.) entwickelte. Ihr griechischer Name weist darauf hin, daß man sie früher als Wesen zwischen Pflanze und Tier betrachtete. Es sind meist gurkenförmige, an beiden Enden spitz zulaufende Tiere mit einem Kranz von Tentakeln um den Mund. → S. 77

Fossil nachweisbare Moostierchen (Bryozoa) sind erstmals mit den Unterklassen Stenolaemata und Gymnolaemata, die beide in den Meeren leben, vertreten. Entwickelt haben sie sich möglicherweise bereits im Kambrium (590–500 Mio.). Es sind kleine koloniebildende Tierchen mit kalkigem – manchmal auch nur chitinigem – Außenskelett. → S. 80

Die Weichtierklasse der Grab- oder Kahnfüßer (Scaphopoda) entwickelt sich. Diese auch als »Rohrschnecken« bezeichneten Meerestiere besitzen ein an beiden Enden offenes röhrenförmiges Gehäuse aus kalkigem Material. Ihnen fehlen sowohl Kiemen wie Augen. Sie leben halb im Sand vergraben, wobei das engere Röhrenende ins freie Wasser ragt. → S. 81

Die Hohltiere (Coelenterata, → 900 Mio./S. 41) entwickeln sich weiter. Zahlreiche neue Arten treten in Erscheinung. Typisch für diese mehrzelligen Vertreter der Gruppe Eumetazoa ist der einfache, zentrale Hohlraum, der durch eine Öffnung, die gleichzeitig Mund und After ist, mit der Außenwelt in Verbindung steht. Zu ihren wichtigsten Vertretern gehören die Steinkorallen.

500–440 Mio. Drei neue Armfüßer-(Brachiopoden-)Ordnungen treten auf: Strophomenida, Spiriferida und Rhynchonellida. Während Spiriferida nur bis in den Jura (210–140 Mio.) nachzuweisen ist, gehört letztere bis heute zu den Bewohnern des Meeres. → S. 80

500–360 Mio. Weit verbreitet in den Meeren sind Beutelstrahler (Cystoidea). Sie bilden eine Klasse der Stachelhäuter und sind damit entfernte Verwandte der Seegurken, Seeigel und Seesterne. Sie sind von rundlicher Gestalt. → S. 77

Aus der Klasse der Dreilapper oder Trilobiten erscheinen u. a. die neuen Ordnungen Phacopida und Lichida. Insbesondere letztere ist mit oft außerordentlich großen Exemplaren vertreten. So erreicht z. B. die Gattung Uralichas eine Länge von 75 cm.

500–325 Mio. Vertreter der Kopffüßer-Unterklasse Actinocerida bevölkern die Weltmeere. Das Gehäuse dieser Tiere, die bereits im Karbon (360–290 Mio.) wieder aussterben, ist langkegelig und gerade gestreckt. → S. 81

500–300 Mio. In den Meeren leben Receptaculita, systematisch schwer zuzuordnende Organismen, die kugel- bis eiförmige Kolonien bilden und vielleicht mit den Schwämmen verwandt sind. In jüngerer Zeit werden sie von den Paläobiologen aber meistens als Kalkalgen interpretiert. → S. 80

500–250 Mio. Bei den Seelilien und Haarsternen bildet sich die Unterklasse Camerata heraus. Diese Tiere zeichnen sich dadurch aus, daß alle ihre Kelchplatten fest miteinander verbunden sind. Im Rotliegenden (290–270 Mio.) sterben sie wieder aus. → S. 77

In den Meeren leben Seeskorpione (Eurypterida). Diese Tiere bilden eine Unterklasse der »Fühlerlosen«. Mit einer Körperlänge bis weit über 2 m stellen einige Arten die größten bekannten Gliederfüßer aller Zeiten dar (»Gigantostracen«). Im Perm (290–250 Mio.) sterben sie wieder aus. → S. 79

500–243 Mio. Vier neue Kopffüßerordnungen der Unterklasse Nautiloidea erscheinen: Orthocerida, Ascocerida, Oncocerida und Tarphycerida. Daneben entwickeln sich zwei neue Unterklassen mit länglich kegelförmigen Gehäusen: Endocerida und Actinocerida.Sie leben meist frei beweglich auf dem Meeresboden. → S. 81

Eine neue Foraminiferen-Unterordnung, die Fusulinina, bildet sich heraus, die sich durch eine ungewöhnlich große Formenvielfalt auszeichnet. Die Fusulinen werden bis zu mehreren Zentimetern lang und besitzen vielkammerige, kompliziert aufgebaute, kalkige Gehäuse. Sie leben in uferfernen Meeresregionen in seichtem, klarem Wasser und wirken gesteinsbildend. → S. 79

Fossile Armkrone eines Schlangensterns aus der Gattung Furcaster

Sechs versteinerte Exemplare von Furcaster

Schlangenstern Geocoma carinata aus dem Jura-Plattenkalk von Solnhofen

Die Schlangensterngattung Parisauguiocrinus

Encrinus ist eine der Seeliliengattungen, deren Vertreter mit langen Stielen am Boden festsitzen.

Zu den Beutelstrahlern gehört Glyptocystella.

Seelilien und Seesterne, schlankarmige Stachelhäuter

500 Mio. Eine Vielfalt neuer Stachelhäuterformen (Echinodermata) entsteht. Dieser stets im Meer lebende Tierstamm entstand bereits im Unterkambrium (590–545 Mio.). Neu sind jetzt folgende Klassen:

▷ Im Unterstamm Blastozoa die Beutelstrahler (Cystoidea)

▷ im Unterstamm Crinozoa die Klasse der Seelilien und Haarsterne (Crinoidea)

▷ im Unterstamm Asterozoa die altertümliche Seesterne umfassende Unterklasse Somasteroidea, die Unterklasse Seestern (Asteroidea), die Unterklasse Schlangensterne (Ophiuroidea)

▷ im Unterstamm Echinozoa die Seeigel (Echinoidea, → S. 78), die Ophiocistioidea mit altertümlichen Verwandten der Seeigel und die Klasse der Seewalzen oder Seegurken (Holothuroidea).

Die Beutelstrahler sterben im Devon (410–360 Mio.) wieder aus. Ihre Theka, der eigentliche kugel-, birnen- oder beutelförmige Körper, kann bis zu etwa 45 cm groß werden. Sie ist von Kränzen fünfeckiger, sechseckiger oder unregelmäßiger Plättchen umgeben. Je nach Anordnung der Poren, die diese Plättchen aufweisen, lassen sich verschiedene Ordnungen unterscheiden. Mund und After befinden sich beide an der Oberseite der Theka.

Die Seelilien und Haarsterne sind sowohl nach Artenzahl wie nach ihrer Häufigkeit eine besonders vielfältige Gruppe der Stachelhäuter. Nicht selten bilden ihre Überreste sogar ganze Sedimentschichten, die man als Encrinite oder Trochitenkalke bezeichnet. Die Tiere bauen sich aus drei deutlich voneinander abgesetzten Teilen auf, dem Kelch (Theka oder Calyx), den Armen (Brachia), die der Nahrungsaufnahme dienen, und dem Stiel (Columna), mit dem die Seelilien am Meeresboden verankert sind. Dieser Stiel besteht aus zahlreichen übereinanderliegenden Gliedern, deren Querschnitt von Art zu Art unterschiedlich ist (kreisrund, elliptisch, quadratisch, fünfeckig, sternförmig). Am unteren Ende ist der Stiel wurzelförmig verzweigt. Der Kelch besteht aus mehreren Reihen fünfeckiger Platten. Er beherbergt die inneren Körperorgane.

Die Somasteroiden besitzen eine große Zentralscheibe, an der die Arme ansetzen. Sie ähneln den echten Seesternen und haben auffällig breite Arme. Die Seesterne und Schlangensterne, die derselben Klasse (Stelleroidea, sternförmige Stachelhäuter) angehören, sind fünfstrahlig symmetrisch. Bei beiden setzen die Arme direkt an der Zentralscheibe an. Ein wesentlicher Unterschied zwischen ihnen besteht darin, daß die Arme der Seesterne eine breite, die der Schlangensterne eine schmale Basis besitzen. Alle Stelleroideen sind frei beweglich, sind also nicht mit Stielen ausgestattet.

Der Körper der Seeigel ist vollkommen in ein Gehäuse aus zahlreichen regelmäßigen Calcittäfelchen eingeschlossen. Er kann kugelig, halbkugelig, kegel- oder scheibenförmig sein. Der Aufbau ist entweder fünfstrahlig (pentamer) oder zweiseitig (bilateral) symmetrisch.

Die Seewalzen bzw. Seegurken schließlich besitzen eine sackförmige Theka, in deren lederartige Haut einzelne, sehr unterschiedlich geformte Calcitplättchen lose eingelagert sind.

Die Seeigel – artenreiche Klasse der Stachelhäuter

500 Mio. Die Seeigel (Echinoidea) bilden einen außerordentlich vielgestaltigen Unterstamm der Stachelhäuter. Ihre Formenvielfalt betrifft sowohl die Gestalt des kompakten Körpers, der kugel-, kegel-, scheiben- oder herzförmig sein kann, als auch die Varianten ihrer Stacheln. Sie können lang und spitz oder etwa kurz und biegsam, aber auch keulen- oder lanzenförmig sein. Manche enthalten in ihren Spitzen Gifte. Immer sind sie gelenkig am Stützskelett angebracht und können von eigenen Muskeln in alle Richtungen bewegt werden.

Die radial-symmetrischen Seeigel haben einen komplizierten Kieferapparat (bekannt als »Laterne des Aristoteles«) mit scharfen, nach innen gerichteten Zähnen. Mit ihm schaben die Tiere Algenbewuchs von Felsen als Nahrung ab. Was die Seeigel fressen, hängt weitgehend von der Umgebung ab, in der die jeweiligen Arten leben. Manche sind Allesfresser, andere Pflanzenfresser, wieder andere leben räuberisch. Sie fangen ihre Beute mit den Füßchen, kleinen schlauchförmigen Fortsätzen, die in großer Zahl aus dem Skelett heraustreten, in winzigen Saugnäpfen enden und als primitive Atemorgane zugleich dem Gasaustausch dienen. Es gibt auch Arten, die den Sand des Meeresbodens nach winzigen Kieselalgen und Wurzelfüßern durchsuchen.

Einige Arten – z. B. solche in der Ordnung der Herzseeigel – betreiben Brutpflege. Sie tragen ihre Eier mit sich, bis daraus Larven schlüpfen.

Seeigel bewohnen im allgemeinen Meeresböden bis in 200 m Wassertiefe. Vereinzelt gibt es aber auch Tiefseearten. So wurden Vertreter der Gattung Pourtalesia in 7000 m Tiefe gefunden. Die sogenannten Regularia, jene Seeigel mit streng fünfstrahliger Radialsymmetrie, leben auf felsigem Untergrund. Im Gegensatz zu ihnen bevorzugen Mitglieder der Gruppe Irregularia mit zweiseitiger Symmetrie schlammige oder sandige Meeresböden. Insofern liefern die Fossilien der unterschiedlichen Arten für den Paläontologen wichtige Hinweise auf die Beschaffenheit früherer Meeresböden. Zahlreiche Seeigelarten dienen auch als Leitfossilien, da sie an bestimmte Zeiträume gebunden sind. Fossil erhalten sind allerdings immer nur das Calcitgehäuse (Corona) und/oder die Stacheln.

Im Gegensatz zu den seit dem Unterordovizium vorkommenden Regularia treten die Irregularia erst im Lias (210–184 Mio.) auf und erreichen während der Kreide-Zeit (140–66 Mio.) ihre größte Vielfalt. Die Regularia erleben ihre eigentliche Blütezeit in der Trias (250–210 Mio.) mit der Ordnung der Lanzenseeigel, die vielen der heute lebenden Seeigel sehr ähnlich ist. Stammesgeschichtlich gehen die Seeigel vermutlich auf cystoideenartige Formen (→ S. 77) zurück.

Seeigel der Gattung Galerites aus dem Flintgestein von Schleswig-Holstein. Fossilien aus der Oberkreide

Seeigel der Gattung Phymosoma aus der Oberkreide; der radial-symmetrische Stachelhäuter versteinerte im Klint der dänischen Insel Møn.

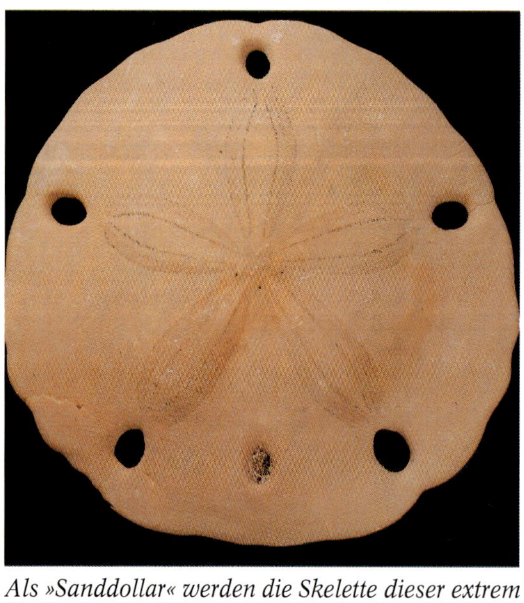

Als »Sanddollar« werden die Skelette dieser extrem flachen Seeigelgattung an Nordamerikas Küsten (Exemplar aus Florida) heute bezeichnet.

Zur Gattung Micraster gehört dieser fossile Seeigel aus dem Flintgeschiebe bei Ahrensburg. Das Exemplar stammt aus der Oberkreide.

Winzige Kalkspindeln bauen Sedimente

500–243 Mio. Die einzelligen Wurzelfüßer (Rhizopoda, → S. 49), die mit der Ordnung Foraminiferen (»Kammerlinge«) bereits im Kambrium (590–500 Mio.) weit verbreitet sind, treten mit der neuen Unterordnung Fusulinina in Erscheinung. »Fusus« bedeutet im Lateinischen »Spindel«, und spindelförmig ist das Calcitgehäuse vieler Fusulinen. Es kommen aber auch Arten mit kugel- und linsenförmigen Gehäusen vor. Je nach Art werden die Fusulinen 0,5 mm bis 10 cm groß.
Ihre Gehäuse haben einen recht komplizierten inneren Aufbau, sie bestehen aus zahlreichen kleinen Kammern. Mehrere ineinandergeschachtelte Drehellipsoide mit gegenseitig in etwa gleichem Wandabstand werden radial von dünnen Kalkwänden (Septen) auf Distanz gehalten. Diese Septen sind aber nicht einfach glatte Zwischenwände, sondern kompliziert gefaltete und in Schlangen gelegte Gebilde. Zusammen mit den Wänden der Ellipsoide bilden sie lange Röhren mit rechteckigem – nahezu quadratischem – Querschnitt. Diese Röhren wiederum sind von Kalkplättchen (Septulen) in regelmäßigen Abständen in zahlreiche einzelne Kammern unterteilt. Besonders komplex ist die äußerste Wand (Spirotheka) der Fusulinen aufgebaut. Sie besteht einmal aus der Summe der Außenwände aller an die Körperoberfläche grenzenden Kammern. Diese verwachsen zu einer einheitlichen Schicht. Über der Schicht liegt bei vielen Arten eine dünne äußere Schicht und bei kompliziert aufgebauten Formen noch eine zusätzliche Außenschicht. Bei späteren Fusulinen kommt unmittelbar vor der Außenschicht noch eine helle Zwischenschicht hinzu.
Die Fusulinen leben am Boden seichter uferferner klarer Gewässer. Manche Arten kommen in so großen Mengen vor, daß ihre Calcitskelette (bis zu 50000 Gehäuse kleinwüchsiger Arten wiegen 1 g) mächtige Gesteinslager bilden.

Fusulinen, zusammen mit Calcisphären, wahrscheinlich Grünalgen

Fusulinen-Kalk von Westspitzbergen aus dem Permokarbon

Neue Gebirge falten sich auf

500 Mio. Die sogenannte sardische Gebirgsbildung setzt etwa zu Beginn des Ordoviziums ein. Sie ist die erste Stufe der großen kaledonischen Orogenese (→ S. 120), die im Bereich Mitteleuropas und des angrenzenden Mittelmeerraumes drei Phasen umfaßt: Die sardische, die takonische (Silur) und die ardennische (Devon), wobei erstere auch als »böhmische Phase« bekannt ist. Von der Gebirgsbildung betroffen ist ein Großraum südlich der Alemannisch-Böhmischen Insel, die im Kambrium noch zur geosynklinalen (→ S. 29) Schichtenfolge des Urkontinents gehörte. Meist handelt es sich bei den entstehenden Massiven um Sandsteine und Tonschiefer, in die nicht selten Eisenerzlager eingeschaltet sind. Ganz ähnliche Ausbildungen entstehen etwa zeitgleich auch am Nordrand der Afrikanischen Tafel. Auch hier handelt es sich um die Auffaltung geosynklinaler Sedimente von sehr großer (1200–3000 m) Mächtigkeit.

Giganten unter den Gliederfüßern: Meeresskorpione

500–250 Mio. Ein Unterstamm der Gliederfüßer sind die seit dem Unterkambrium (um 590–545 Mio.) bekannten Fühlerlosen (Chelicerata, → S. 61), zu denen später u. a. die Spinnen und die Skorpione gehören. Im Ordovizium tritt erstmals ihre Unterklasse Seeskorpione (Eurypterida) in Erscheinung.
Manche Arten bleiben relativ klein, andere werden bis weit über 2 m groß und übertreffen damit noch ihre unmittelbaren Verwandten, die Schwertschwänze (Xiphosura, → S. 61), die im Silur (440–410 Mio.) und Devon (410–360 Mio.) fast ähnliche Dimensionen erreichen. Sie gehören damit zu den größten Gliederfüßern aller Zeiten. Nicht zu unrecht bezeichnet man sie gelegentlich als »Gigantostracen«.
Der Körper der Seeskorpione ist langgestreckt, ihr Rumpf ist aus zwölf einzelnen Segmenten aufgebaut. Der vom Rumpf abgesetzte Kopfschild läßt deutlich zwei seitliche Augen und darüber hinaus zwei weitere Lichtsinnesorgane (Ocelli) erkennen. Aus der Körperunterseite entspringen sechs Extremitätenpaare. Das vordere dient dem Ergreifen der Nahrung, wobei kräftige Scheren die Überwältigung auch größerer Beutetiere ermöglichen; die anderen vier Paare sind als Laufbeine oder als Schwimmfortsätze ausgebildet, haben also die Funktion von Flossen. Bei manchen Arten hat nur das hintere Extremitätenpaar die Gestalt von Schwimmbeinen, während die drei mittleren Paare regelrechte Laufbeine sind. Das hinterste Segment des schwanzförmig verjüngten Rumpfes ist entweder abgerundet oder in einen langen, schlanken Stachel umgestaltet.
Die zeitlich ersten Seeskorpione leben ausschließlich im Meer.

Eurypterus fischeri aus dem Silur von Oesel. Die Gliederfüßer-Unterklasse der Eurypterida oder Seeskorpione erscheint erstmals im Ordovizium. Das abgebildete Fossil zeigt deutlich die scharfe Trennung zwischen Kopfschild und Rumpf sowie die Unterteilung des Rumpfes in einzelne Segmente.

Moostierchen bilden Kolonien im Meer

500 Mio. Als Verwandte der Armfüßer (→ 590 Mio./S. 61) tauchen erstmals die Moostierchen oder Bryozoen auf. Sie leben meist seßhaft am Meeresboden in Wassertiefen bis über 8000 m. Die Formenvielfalt der Moostierchen ist außerordentlich groß. Am arten- und individuenreichsten sind sie in Flachmeeren, und dort wiederum in Wassertiefen von 20 bis 80 m. Viele haben einen sehr engen Lebensraum, d. h. sie kommen nur bei einem ganz bestimmten Salzgehalt oder in einer ganz bestimmten Tiefenzone vor. Die Wuchsform zahlreicher Arten paßt sich dem jeweiligen Lebensraum an: In flachem, bewegtem Wasser kann sie krustenförmig mit kurzen Tentakeln, in tiefem, ruhigem Wasser dagegen zierlich verzweigt mit langen Tentakeln sein. Immer aber bilden sie Kolonien. Dabei sind die festen hinteren Körperteile (Cystid) der Einzeltiere miteinander verwachsen. Die Oberhaut der Moostierchen besteht aus einer organischen Substanz (Proteine und Kohlehydrate), in die Kalk – meist mit einem hohen Magnesiumanteil – eingelagert ist. Auf diese Weise bilden sich Gehäuse, in die sich der weichhäutige Vorderkörper (Polypid) und die zusammengefaltete Tentakelkrone (Lophophor) vollständig zurückziehen können.

Das Einzeltier nennt man Zooid, die gesamte Kolonie Zooarium. So ein Zooarium kann je nach Lebensraum krustenförmig erscheinen oder die Gestalt von Blättern, Lappen, Knollen, verästelten Bäumchen oder Trichtern haben und mehrere Zentimeter hoch werden. Innerhalb eines Zooariums herrscht Arbeitsteilung, d. h. es gibt verschiedenartige Zooide mit unterschiedlichen Aufgaben wie Ernährung oder Fortpflanzung. Sogenannte Autozooiden mit nur einer eigenständigen Aufgabe stehen sogenannten Heterozooide gegenüber, die eine für das gesamte Zooarium wichtige Funktion, etwa die Befestigung oder Reinigungsaufgaben, übernehmen.

Systematisch werden die Bryozoen entweder als eigener Stamm oder als Tierklasse gewertet und dem Stamm der Tentaculata zugeordnet; das sind zweiseitig symmetrische Tiere (Bilateria), deren Mund von einem bewimperten Tentakelkranz umgeben ist, mit dem sich diese Tiere ihre Nahrung zufächern.

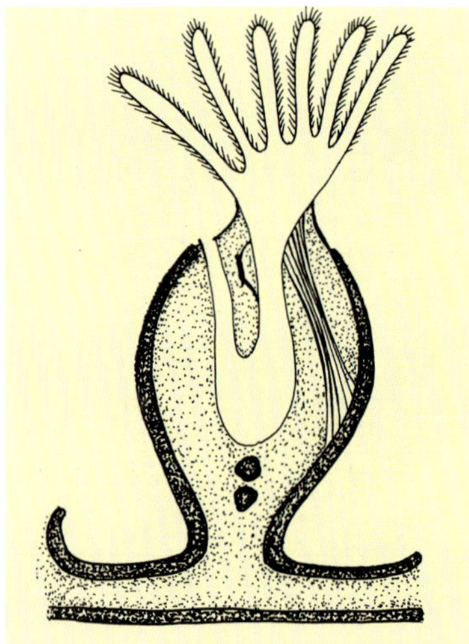

Das Schema zeigt die Anatomie eines Moostierchens: Unter den Tentakeln der Verdauungstrakt.

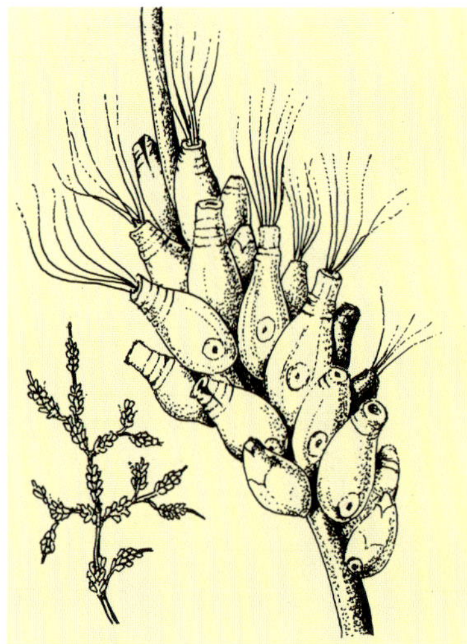

Zahlreiche individuelle Moostierchen (hier: Bowerbankia) treten zu einer Kolonie zusammen.

Neue Armfüßer mit Schloßgehäuse

500–440 Mio. Neue Ordnungen der Armfüßer (Brachiopoden, → 590 Mio./S. 61) erscheinen und breiten sich rasch aus: Die Strophomenida im Unterordovizium, die Spiriferida und Rhynochonellida im Mittelordovizium, wobei letztere bis heute existieren. Zwar treten erste Ordnungen dieser auf dem Meeresboden lebender Tiere möglicherweise schon im Präkambrium (4000–590 Mio.) auf, doch setzt nun unverkennbar eine erste Blütezeit ein, die bis ins Karbon (360–290 Mio.) reicht. Eine zweite Blütezeit erreichen die Armfüßer im Jura (210–140 Mio.). Heute sind sie nur noch mit wenigen Arten vertreten.

Alle drei neuen Ordnungen gehören zur Klasse der Articulata, d. h. ihre beiden Klappen werden nicht nur durch Muskeln zusammengehalten, wie bei den Inarticulata, die bereits im Kambrium (590–500 Mio.) ihre Blütezeit erleben, sondern sie besitzen auf der Stielklappe zwei symmetrisch rechts und links angeordnete Zähne, denen auf der Armklappe zwei Schloßgruben entsprechen. Während die Gehäuseform der Strophomenida meistens konvex-konkav (eine Klappe konvex, die zweite konkav) ist, sind die Vertreter der beiden anderen neuen Ordnungen durchweg bikonvex aufgebaut.

Schwammähnliche Organismen lassen Fragen offen

500–300 Mio. In den Meeren treten erstmals eigentümliche kugel- bis eiförmige Koloniengebilde auf, deren Versteinerungen Receptaculiten genannt werden (lat. receptaculum = Behälter; die Endung »it« bezeichnet allgemein versteinerte Lebewesen im Gegensatz zu den heute lebenden Formen). Biologisch lassen sie sich zur heutigen Zeit noch nicht systematisch zuordnen.

Die Receptaculiten gleichen rein äußerlich manchen Kalkschwämmen. Sie haben Durchmesser von mehreren Zentimetern. Ihre Skelettelemente (Merome) bestehen aus eng aneinandergefügten sechseckigen Kalkplatten, von denen jede auf der Innenseite einen kurzen Schaft trägt, der wiederum an seinem Ende zwei einander kreuzende Bälkchen aufweist. Die Ebene, in der diese Bälkchen liegen, liegt parallel zu der jeweiligen äußeren Kalkplatte.

Fossile Receptaculites-Art aus dem Ordovizium von Schulau bei Hamburg. Die Versteinerung läßt deutlich den schwammähnlichen Aufbau erkennen.

Receptaculit der Gattung Ischadites im Querschnitt (Ordovizium, USA)

Auch die Art Receptaculites occidentalis stammt aus dem Ordovizium.

Die kugeligen, manchmal auch zylindrischen oder schüsselförmigen Gesamtgebilde haben – wie die Schwämme – einen allseitig geschlossenen Körper mit einem inneren Hohlraum. Viele Wissenschaftler siedelten sie deshalb auch systematisch in der Nähe der Schwämme an. Andere stellen sie in die Nähe der Archaeocyathiden. Neuerdings sehen die meisten Autoren in ihnen aber überhaupt keine tierischen Organismen, sondern halten sie für den Dasycladaceen und Cyclocriniten nahestehende Kalkalgen (Chlorophyta oder Grünalgen).

Die Receptaculiten leben festgewachsen auf dem Meeresboden in ruhigen Flachwassergebieten. Sie sind im Mittleren Paläozoikum relativ häufig, sterben aber im Devon (410–360 Mio.), möglicherweise auch erst im Laufe des Karbons (360–290 Mio.) wieder aus.

Mit 13 cm Länge ist dieser im Glimmerton der Trias gefundene Kahnfüßer der Gattung Dentalium ein besonders großer Vertreter dieser Klasse.

Kopfüber im Meeresboden: Kahnfüßer zeigen sich von hinten

500 Mio. *Als Verwandte der Schnecken und Muscheln bilden sich im Stamm der Weichtiere (Mollusca, → 590–545 Mio./S. 58) die Kahn- oder Grabfüßer heraus. Die Zoologen nennen diese Tierklasse Scaphopoda. Ihr Körper ist stark in die Länge gestreckt, und der für alle Weichtiere typische Mantel scheidet ein spitzkonisches, röhrenförmiges, leicht gekrümmtes Gehäuse aus Aragonit ab, aus dem wenig mehr als der Grabfuß und der Kopf herausragen. Den Kopf umgeben zwei Büschel von Fangfäden. Über das Sediment am Meeresboden reicht allenfalls das hintere offene Ende des Gehäuses hoch. Fuß, Kopf und Fangfäden befinden sich im lockeren Sediment, in dem sie mit den Fangfäden die dort lebenden Foraminiferen (→ 590 Mio./S. 57) erbeuten.*

Heutige Schwämme im Erdaltertum

500 Mio. Der Tierstamm der Schwämme (Porifera), der bereits im Kambrium (→ 590–500 Mio./S. 59) drei verschiedene Klassen umfaßte, erweitert sich um eine neue Klasse (Sclerospongiae) und – innerhalb der Klasse Hyalospongea (Hexactinellida) – um die Ordnung Dictyida. Damit sind alle auch heute bekannten Schwammklassen vertreten. Bei Sclerospongiae handelt es sich um Schwämme, deren Skelett nicht aus Nadeln, sondern aus Kalkröhrchen von unterschiedlichem Durchmesser (0,1–1,2 mm) und unterschiedlichen Querschnittsformen besteht. Im Inneren sind die Röhrchen durch horizontale Täfelchen unterteilt. Bei manchen Arten tragen die Wände Stacheln. Vertreter der Klasse wachsen knollig oder polster- bis mattenförmig in den Sedimenten wärmerer Flachwassergebiete.

Die Systematik der Schwämme
Das biologische System der Schwämme bereitet noch manches Kopfzerbrechen. Bei einigen Gruppen ist noch nicht einmal die Zugehörigkeit zu den Schwämmen geklärt. Heute unterscheidet man vier Klassen:

▷ Die Klasse Demospongea (Gemeine Schwämme) mit acht Ordnungen, darunter die Steinschwämme (Lithistida). Sie umfaßt skelettlose Schwämme und solche mit einem Skelett aus Spongin, einem der Seide ähnlichen elastischen Protein, das außerdem kieselige Nadeln ausbilden kann.

▷ Die Klasse Hyalospongea (auch Hexactinellida), die dreiachsige Kieselnadeln aufbaut. Sie wird in die Unterordnungen Lyssakida (ab Unterkambrium) und Dictyida (ab Ordovizium) unterteilt.

▷ Die Klasse Calcispongea (auch Calcarea, Kalkschwämme). Die Skelette ihrer Vertreter bestehen aus Calcit oder Aragonit. Zwei ihrer drei Ordnungen sind seit dem Kambrium bekannt, eine dritte erscheint im Karbon (360–290 Mio.). Diese Klasse wird inzwischen nur in zwei Ordnungen unterteilt, allerdings nach Kriterien, die sich bei fossilen Arten nicht untersuchen lassen.

▷ Die erst 1970 definierte Klasse Sclerospongiae mit kalkigem Basisskelett.

Zahl der Kopffüßerarten steigt sprunghaft

500–243 Mio. Die Kopffüßer oder Cephalopoden (→ 520–500 Mio./S. 73) entwickeln sich geradezu sprunghaft. Dabei entsteht eine große Zahl neuer Arten und höherer systematischer Einheiten, von denen allerdings kaum eine das Erdaltertum überlebt. In der Unterklasse Nautiloidea erscheinen die Ordnungen Orthocerida, Ascocerida, Oncocerida und Tarphycerida.

Mit Endocerida und Actinocerida erscheinen sogar zwei neue Unterklassen, die jedoch spätestens im Karbon (360–290 Mio.) wieder aussterben. Nur die Nautiloidea sind noch mit der Ordnung Orthocerida bis in die Trias (250–210 Mio.) vertreten. Rein äußerlich unterscheiden sich die verschiedenen Unterklassen und Ordnungen in erster Linie durch die Form ihrer Gehäuse:

▷ Bei den Orthocerida sind sie hochkegelig bis langstabförmig und gerade bis schwach gekrümmt.

▷ Die Ascocerida haben in der Jugend geradgestreckte, im Alter aufgeblähte und leicht gekrümmte Gehäuse.

▷ Die Oncocerida besitzen kurzkegelförmige, leicht gekrümmte Gehäuse mit stark aufgeblähter Endwohnkammer.

▷ Die Tarphycerida leben in langgestreckten, im Jugendstadium vollkommen in einer Ebene aufgerollten Gehäusen.

▷ Die Endocerida und die Actinocerida weisen langkegelige, gerade gestreckte Gehäuse auf.

Die meisten neuen Formen leben benthisch, d. h. zwar frei beweglich, aber an den Meeresboden gebunden. Nur die ausgewachsenen Ascocerida und bis zu einem gewissen Grad auch die Orthocerida haben eine nektonische Lebensweise, schwimmen also unabhängig von Meeresströmungen frei im Wasser.

Lituites lituus heißt dieser Kopffüßer aus der Unterklasse der Nautiloidea. Die Gattung ist im Ordovizium verbreitet. Das abgebildete fossile Exemplar stammt von der Insel Öland in Schweden.

Grünalgen scheiden Kalksedimente ab

500 Mio. In Flachwasserriffen erscheint die Grünalgenfamilie der Codiaceae. Sie wachsen kugelförmig bis zylindrisch und sind aus dicht miteinander verfilzten, ungefähr gleich dicken verästelten Zellschläuchen aufgebaut. Diese im Inneren durch Abbau der trennenden Zellwände nicht weiter unterteilten Schläuche besitzen zahlreiche im Plasma verstreute Zellkerne. Da die Zellschläuche Kalk anlagern können, erscheinen die Codiaceen an den Stellen, wo sie in Massen auftreten, als Gesteinsbildner. Das ist im Ordovizium noch nicht in hohem Maße der Fall, wohl aber im Unterkarbon (360–325 Mio.), einer Blütezeit dieser Algenfamilie.
Man unterscheidet rund ein Dutzend verschiedener Gattungen, von denen im Ordovizium Dimorphosiphon mit ellypsenförmigen Einzelexemplaren und Hedstroemia mit kalkigen Krusten und Knollen von besonderer Bedeutung sind.
Vertreter anderer Gattungen erscheinen sukzessive in verschiedenen Erdzeitaltern, u. a. im Silur und Karbon, die letzten erst in der Kreide und im Eozän. Die Familie ist noch heute vertreten.
Auffällig ist, daß verschiedene Mitglieder der Codiaceen an bestimmte Meeresböden gebunden sind.

Mikroorganismen mit Chitinhüllen

500 Mio. Im Plankton der Meere tauchen zum Stamme Pyrrhophyta (Algen) gehörende, nur 5 bis 2000 µm große Mikroorganismen auf, die Dinoflagellaten. Es sind einzellige Lebewesen mit Geißeln, die der Fortbewegung dienen.
Weil sie von einer Chitinhülle umgeben sind, fossilisieren sie gut. In der späteren Erdgeschichte werden sie zu exzellenten Leitfossilien (→ 440–410 Mio./S. 100).

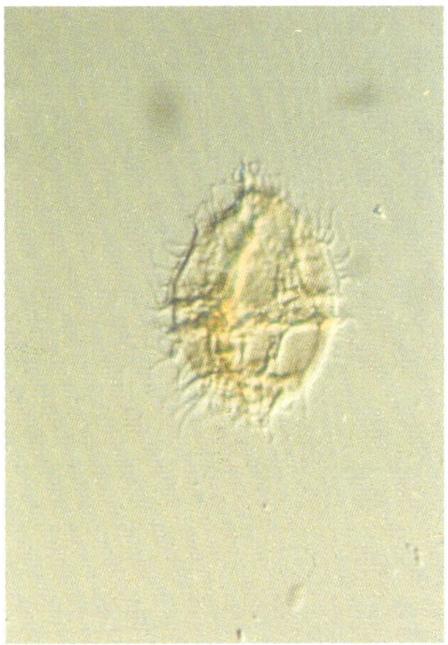

Fossiler Dinoflagellat; die Abbildung zeigt eine Art aus dem deutschen Unteren Oligozän.

Zellfäden bilden Geflechte im Meer

500–55 Mio. Erstmals tritt eine Pflanzenfamilie in Erscheinung, die die Meere noch bis ins älteste Tertiär besiedelt: Solenoporaceae. Die Paläontologen rechnen diese Familie zum Stamm Rhodophyta (Rotalgen) und damit zu den niederen Pflanzen. Unsicher ist aber noch, ob es sich bei dieser Gruppe von Lebewesen eindeutig um Algen handelt, oder ob es nicht auch tierische Mikroorganismenreste sein könnten.
In mancher Hinsicht erinnern die Solenoporaceen an die Codiaceen (→ S. 82). Auch sie bilden Kolonien, die dicht aneinander schließende Geflechte bilden. Sie können krustenförmige, knollige oder auch grobästige Stöcke bilden. Die Zellfäden setzen sich bei ihnen aus einzelnen Zellen zusammen, die zu verschiedenen Zeiten unterschiedlich dicke Zellwände entwickeln. Schleift man die fossilen Kolonien an, dann lassen sich aus diesem Grund konzentrische helle und dunkle Zonen erkennen. In den hellen Regionen sind die Zellwände dünner.
Wie bei den Codiaceen besitzen auch die Zellen der Solenoporaceen die Fähigkeit, Kalkkrusten einzulagern. Während der Zeit ihrer besonderen Massenentfaltung – im Jura – treten die Solenoporaceen sogar als Riffbildner in Erscheinung.

Winzige Algen treten als Gesteinsbildner auf

500 Mio. Nahe mit den Codiaceen (s. o.) verwandt ist die Mikroalgenfamilie Dasycladaceae (Wirtelalge), die ebenfalls erstmals im Ordovizium auftritt. Sie lebt in Flachmeeren bis etwa 100 m Tiefe und gehört zu den bedeutendsten Kalkgesteinsbildnern der Erdgeschichte. Bekannt sind heute rund 40 verschiedene Gattungen mit oft mehreren Arten. Typisch für die Familie ist, daß eine gleichsam als Achse dienende Stammzelle ringsum zahlreiche einfache oder verzweigte Seitenäste trägt. Den freien Raum zwischen diesen Ästchen füllt eine gallertige Masse aus, in der sich Kalk abscheidet. So entsteht ein fester, von den Seitenästchen durchsetzter Kalkmantel. Nach dem Absterben des Organismus bleibt ein axialer Hohlraum in dem Kalkkörper zurück, von dem radial ausstrahlende »Poren« ausgehen, die von den Seitenästchen herrühren. Die Formenvielfalt ist dabei erstaunlich groß. Sie reicht von Stab- oder Keulengestalt zu gestielten Kugeln, Perlenschnüren oder Schirmchen, um nur einige zu nennen. Die kleinen Bäumchen erreichen eine Größe von mehreren Zentimetern.

Das fossile Coelosphaeridium ist eine Wirtelalge der Unterfamilie Cyclocrineae. Es stammt aus dem Untersilur nahe bei Hamburg-Harburg.

Der Trilobit Onnia ornata, ein typisches Fossil dieser Zeit

Leitfossilien des Ordoviziums

500–440 Mio. Wichtige Fossilien des Ordoviziums sind Trilobitenarten (→ 545–520 Mio./S. 66). Gegenüber ihren kambrischen Vorfahren haben sie höher entwickelte Augen, weniger Rumpfglieder, einen größeren Schwanzschild und können sich einrollen.
Von großer Bedeutung für die Bestimmung der räumlichen und zeitlichen Abfolge von Gesteinsschichten sind die Ostracoden, zweiklappige Mikrofossilien, die zum Stamm der Gliederfüßer, nämlich der Krebse, gehören. Für die kalkigen Schichten sind vor allem die Kopffüßer (→ S. 73) bezeichnend, die mit den Nautiliden und Endoceraten eine erste Blüte erreichen. Typisch sind auch Meeresschnecken (Gastropoden, → S. 58), die jetzt eine höhere Entwicklungsstufe zeigen, sowie verschiedene Muscheln (→ S. 58).
Die Armfüßer (Brachiopoden, → S. 61) treten mit typischen schloßtragenden Formen mit Kalkschalen in Erscheinung. Charakteristisch sind daneben Kieselschwämme, verschiedene Moostierchen (→ S. 80) und Stachelhäuter (→ S. 77), außerdem Kleinlebewesen wie die Conodonten (→ S. 62) im marinen Plankton. Wichtig sind schließlich die ersten Wirbeltiere, die in der Form primitiver kieferloser Fischartiger auftreten.

480–460 Mio.

Das Mittelordovizium

480–460 Mio. Die geologischen Verhältnisse begünstigen die Bildung von Chromitlagerstätten mit Platinmetallen sowie von Wolfram- und Antimonlagerstätten. Diese günstigen Bedingungen bleiben auch in der weiteren Erdgeschichte bestehen. → S. 86

Erstmals entstehen weltweit in größerem Umfang Erdöl- und Erdgaslager sowie Kohlevorkommen. → S. 85

Wie schon seit Beginn des Ordoviziums (500 Mio.) setzt sich weltweit die kaledonische Gebirgsbildung fort. Ihre Geosynklinalphase (→ S. 29) geht in die Faltungsphase über, die vor rund 380 Mio. Jahren abgeschlossen ist.

In vielen Gebieten der Welt kommt es zur Ablagerung charakteristischer Sedimente, die im gesamten Ordovizium (500–440 Mio.) vorherrscht. So lagern sich in Nordamerika und Grönland besonders Kalke und Dolomite ab.

In Australien sowie im thüringischen Raum häufen sich Sedimente aus Graptolithenschiefer, Grauwacken (graue bis graugrüne Sandsteine aus Quarz, Feldspat, Glimmer, Chlorit etc.) und Vulkaniten. Auch im Saharabecken herrscht starke Sedimentbildung, und in Südamerika entstehen mächtige Lager aus Erosionsmassen.

Die Muscheln (Bivalvia) nehmen sowohl an Arten- wie an Individuenzahl stark zu. Neu sind die Unterklassen Cryptodonta, Palaeoheterodonta, Heterodonta und Anomalodesmata sowie die Ordnungen Arcoida und Pterioida. Sie unterscheiden sich in erster Linie im Aufbau ihrer Gehäuseschlösser. → S. 87

Die Armfüßerordnung Rhynchonellida tritt erstmals auf. Ihr häufig dreilappiges Gehäuse zeichnet sich durch kräftige Rippen aus. → S. 88

Generell sind die Armfüßer (Brachiopoden) weit verbreitet. Das betrifft sowohl ihre Arten- wie ihre Individuenzahl. In der bis zum Devon (410–360 Mio.) reichenden Blütezeit dieser Tiere leben rund 3000 verschiedene Arten in den Meeren. → S. 88

Nur im Mittelordovizium leben Vertreter der Stachelhäuter-Klasse Paracrinoidea. Sie besitzen kelchförmige Körper aus unregelmäßig angeordneten Platten. → S. 88

Im Tierstamm der Schwämme entwickelt sich neu die Ordnung Dictyida. Ihre Arten besitzen ein mehr oder weniger kubisches Skelettgitter. → S. 87

Das Klima ist generell warm. Neben feuchtwarmen Gebieten gibt es weltweit auch zahlreiche trockenheiße Regionen. Vereiste Gebiete gibt es dagegen auf dem afrikanischen Kontinent. → S. 83

480–440 Mio. Der Südpol liegt etwa in Zentralafrika östlich des Golfes von Guinea. Der Äquator verläuft demnach durch Nordamerika/Europa.

Die Zeit ist thalattokratisch, d. h. das Meer dominiert durch weite Überflutung der Kontinentalschollen über das Festland. → S. 84

Zwischen Nordamerika und Schottland einerseits sowie England, Wales und Teilen Europas andererseits erstreckt sich der Iapetus-Ozean, auch Ur- oder Protoatlantik genannt. → S. 84

In Europa kommt es auf der osteuropäischen Tafel zu weitreichenden Überflutungen und damit zur Bildung flacher sogenannter Epikontinentalmeere, aber auch die größten Teile Mitteleuropas und der Iberischen Halbinsel liegen unter Wasser. → S. 84

480–375 Mio. Im Stamm der Stachelhäuter existiert die Klasse Cyclocystoidea. Sie umfaßt kleine flache, scheibenförmige Tiere, deren zentraler Teil von kleinen Plättchen bedeckt ist, während sie am Rand von einem flexiblen Ring aus größeren, perforierten Plättchen umgeben sind. → S. 88

480–360 Mio. In den Meeren leben »Tentakuliten«, Vertreter einer zu den schalentragenden Weichtieren gehörenden Tierklasse. Sie sind 15 bis 30 mm groß und von einem spitzkonischen, umringelten Kalkgehäuse umgeben, das in einer glatten Spitze ausläuft. Der vordere Gehäuseteil ist gekammert. Besonders im Devon (410–360 Mio.) treten sie regional in ungeheuren Mengen auf. → S. 87

Mit Phacopida und Lichida erscheinen zwei neue Ordnungen der Dreilapper (Trilobiten, → 590 Mio./S. 61), die im Gegensatz zu den älteren Arten Gesichtsnähte aufweisen. Die Ordnung Lichida bringt besonders große Exemplare hervor, die eine Länge von bis zu 70 cm erreichen. Kopf und Schwanzschild der Tiere sind mit Dornen oder Zacken versehen. → S. 87

Die Kopffüßerordnung Discosorida ist weit verbreitet. Kurzkegelige Gehäuse kennzeichnen ihre Vertreter.

480–250 Mio. In den Meeren leben Vertreter der Steinkorallen-Unterordnung Tabulata. Es sind meist koloniebildende Organismen, die sich in Form zahlreicher Kalkröhrchen zusammenfinden. → S. 87

Bei den Seelilien und Haarsternen existiert die im Perm (290–250 Mio.) aussterbende Unterklasse Flexibilia. Ihr charakteristisches Merkmal ist, daß die unteren Armglieder beweglich in die Körperkapsel einbezogen sind.

Um 470 Mio. Im Gebiet der Tschechoslowakei bevölkern kleine Armfüßer der Art Aegiromena aquila die Böden der Flachmeere. → S. 88

Möglicherweise entwickeln sich zu dieser Zeit erste Landpflanzen, sogenannte Nacktpflanzen oder Psilophytales. Allerdings ist das Datum ihres ersten Auftretens unter Paläobiologen umstritten. → S. 83

Wo kalte Meeresströme warme Landmassen umspülen – wie hier in Namibia –, kommt es selbst über der Wüste regelmäßig zu starker Nebelbildung.

Klima bleibt weiterhin mild

480–460 Mio. Wie schon im Kambrium (590–500 Mio.) und im Unterordovizium (500–480 Mio.) ist das Klima in den meisten Teilen der Welt auch in diesem Zeitraum warm und häufig auch trocken.

Auf der Nordhalbkugel spricht besonders in Nordamerika bis nach Grönland eine sehr starke Kalk- und Dolomitbildung in den Flachmeeren für tropische Klimaverhältnisse. Das nordamerikanische und das nordeuropäische Festland werden weitgehend von trocken-heißer Witterung beherrscht.

In Antarktika wird es jedoch gegenüber dem ausgeprägt warmen Kambrium etwas kühler. Hier läßt die Riffbildung deutlich nach bzw. kommt ganz zum Erliegen. Weiterhin warm ist es in Australien.

Kühl bleibt es nach wie vor in Südamerika. Auch das bedeutet also keine grundlegende Änderung.

Da der Südpol in Zentralafrika nahe der Westküste liegt, ist der afrikanische Kontinent weiträumig vereist. Die Grenzen der Gletscher reichen im Norden bis in die zentrale Sahara, im Süden umfassen sie wohl das gesamte Festland. Möglicherweise greift die Vereisung auch bis in den Osten des benachbarten südamerikanischen Teils des Gondwana-Kontinents hinüber.

Über die klimatischen Verhältnisse in Asien ist relativ wenig bekannt. Der Süden scheint kalt-, das Zentrum warm-temperiert zu sein, und im heutigen hohen Norden, im Osten und besonders Nordosten herrscht wahrscheinlich tropisches Klima.

Streitfrage:

Rätsel um die ersten Landpflanzen

Das erste Auftreten von Landpflanzen ist unter den Paläobiologen umstritten. Im allgemeinen wird heute die Auffassung vertreten, es gehe auf das Obersilur (um 415 Mio.) zurück. Andere Autoren glauben, daß es auch bereits früher Landpflanzen gegeben habe (u. a. S. Lado, der Funde aus dem Unterordovizium angibt). Derartige, zeitlich völlig isoliert stehende Funde sind in der Forschung aber völlig ungesichert.

Auf jeden Fall handelt es sich bei den ersten Landpflanzen um sogenannte Nacktpflanzen oder Psilophytales. Einige Paläobiologen fassen sie als eigenen Stamm auf, andere sehen in ihnen eine willkürliche Zusammenfassung anatomisch ähnlicher Pflanzen. Sie haben noch keinerlei Blätter und auch keine Wurzeln, wohl aber bereits echte Gefäßbündel und Spaltöffnungen (Stomata). Am Ende ihrer Triebe befinden sich Sporenbehälter für die Fortpflanzungszellen.

Weltweit bestimmt Vorherrschaft des Meeres das Leben

480–460 Mio. Wie schon das vorhergehende Kambrium ist auch diese Zeit thalattokratisch geprägt, d. h. es besteht eine deutliche Vorherrschaft der Meere. Die Kontinentalschollen sind großräumig von flachen Randmeeren überflutet, breite Schelfgebiete umgürten die Festlandkerne, bevor der Kontinentalabfall zur Tiefsee überleitet. Diese Vorherrschaft des Meeres ist einerseits aus einem klimatisch bedingten, relativ hohen Stand des Meeresspiegels zu erklären; denn außer auf dem afrikanischen Kontinent fehlt es an weiträumigen Vereisungen. Zum anderen ist die Bildung der weiten Epikontinentalmeere auch dadurch bedingt, daß in dieser Zeit große Gebiete der Kontinentalschollen flaches, unter den Meeresspiegel geratenes Tiefland sind.

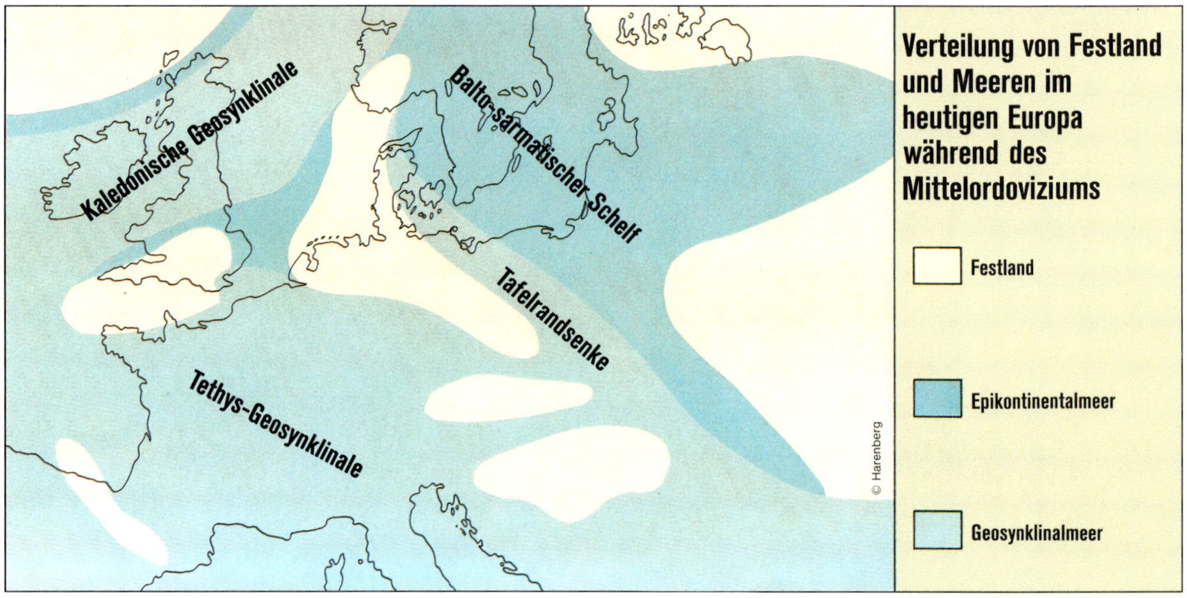

Ihren Höhepunkt erreichen die weltweiten Überflutungen im sogenannten Cardoc, also im frühen Oberordovizium (460–440 Mio.). Danach herrscht Regression, d. h. das Meer zieht sich wieder zurück. Paläoökologisch bestehen in den weiten flachen Gewässern ideale Voraussetzungen für eine reiche Entfaltung der marinen Tierwelt. Schon im Kambrium kam es dabei zu einer deutlichen geographischen Abgrenzung verschiedener Faunenprovinzen. Diese Erscheinung hält auch noch während des gesamten Mittelordoviziums an, wogegen es zum Ende des Oberordoviziums (um 440 Mio.) durch den flacher werdenden Japetus-Ozean teilweise zu Faunenvermischungen und gegenseitigem Durchdringen der Lebensräume kommt. Dieser Uratlantik ist ein schmaler, langgestreckter Ozean, der sich während des Ordoviziums zwischen Nordamerika und Schottland auf der einen und England und Wales auf der anderen Seite erstreckt. In den Flachwassergebieten an beiden Küsten leben auf den Meeresböden unterschiedliche Faunen. Selbst im freien Wasser beheimatete und bis in Tiefseebereiche abgelagerte Graptolithen (→ S. 90) können diesen Ozean nur in seltenen Fällen überqueren. So kommt es zur Entstehung einer ausgeprägten atlantischen und pazifischen Faunenprovinz. Erst gegen Ende des Oberordoviziums ändern sich dann diese Verhältnisse: Der Japetus-Ozean wird schmaler, nur etwa 1000 bis 2000 km breit. Diese Distanz können zunehmend sogar die freischwimmenden oder im Wasser treibende Larven der am Meeresboden lebenden Tierformen überwinden. Die Welt der Faunen wird zu dieser Zeit einheitlicher.

Das ganze Ausmaß der ordovizischen Überflutungen ist gut in Europa zu erkennen. Festland gibt es nur im Nordwesten Schottlands, in der südlichen Irischen See, im Südwesten Englands und im Gebiet des Ärmelkanals, in einem dreieckigen Bereich mit Endpunkten in Südnorwegen, den westlichen Niederlanden und in Oberschlesien, im Bereich der Pyrenäen, im böhmischen und im ungarischen Raum.

In großen Gebieten der Erde wachsen die Sedimente

480–460 Mio. Bedingt durch die weiträumigen Überflutungen des Festlandes kommt es in weiten Gebieten der Welt zu intensiver mariner Sedimentbildung. Gefördert wird diese Erscheinung noch durch das weiträumig milde Klima, das die Bildung organischer Kalkablagerungen in den großen Riffgebieten der Meere ermöglicht.

▷ In Südschottland, Südwales und Westirland erreichen die ordovizischen Sedimente Mächtigkeiten von 3000 bis 10 000 m. Hier lagern sich vor allem Kalke, Grauwacken (→ S. 90) und Sandsteine ab.

▷ Mächtige Schieferablagerungen – bis zu 6000 m – fallen auch in Norwegen an. Auf der überfluteten osteuropäischen Tafel lagern sich Karbonate, Mergelgesteine, Ton- und Sandsteine ab, hier aber in geringeren Schichtstärken.

▷ In Mitteleuropa kommt es vor allem im rheinischen Schiefergebirge, im Harz, in Thüringen, Sachsen, in den Westsudeten und in Böhmen zu Sedimentbildungen. Doch sind sie im Vergleich zu anderen Gebieten hier eher lückenhaft. Nur in Franken, Thüringen, Sachsen und den Westsudeten kommt es zu Schichten über 2000 m Mächtigkeit.

Plattenquarzit aus dem Ordovizium der Oberpfalz. Hier wurde Sandstein unter hohem Druck in Quarzit umgewandelt und dabei zugleich gefaltet.

▷ In den Ostalpen finden sich neben Flachwassersedimenten vulkanische Einschaltungen.

▷ In West- und Südeuropa sowie Nordafrika lagern sich meist Sandsteine und Tonschiefer, oft zusammen mit Eisenerzvorkommen, ab. Ihre größte Mächtigkeit erreichen sie im Saharabecken mit rund 3000 m.

▷ Bedeutend sind auch die ordovizischen Sedimentfolgen Amerikas. In Nordamerika gibt es drei größere Sedimentationsbecken: Den Raum der Appalachen im Osten, den der Kordilleren im Westen und den der nordamerikanischen Tafel im Norden.

Faltungsphase geht zu Ende

465 Mio. Die sardische Gebirgsfaltungsphase (→ 500 Mio./S. 79), die erste große Faltung im Rahmen der kaledonischen Orogenese (→ S. 120), kommt zum Abschluß. Eine zweite Phase, die takonische, setzt gegen Ende des Ordoviziums (um 440 Mio.) ein, eine dritte an der Wende vom Silur zum Devon (um 410 Mio.). Insgesamt umfassen die kaledonischen Gebirge Massive, die von Norwegen über Nordengland, Schottland, Irland, Spitzbergen und Grönland bis nach Neufundland und zu den Appalachen reichen. Außerdem zählen in Mitteleuropa noch das Brabanter Massiv sowie in Asien Faltenzüge um den sibirischen Schild dazu.

Die erste Phase der bedeutenden kaledonischen Gebirgsbildung, die sardische, findet ihren Abschluß. Sie hat unter anderem Gebirgsmassive auf der namengebenden Mittelmeerinsel Sardinien aufgefaltet. Heute ist das Gestein dieser Berge weitestgehend verwittert. Die abgebildete Granitlandschaft liegt im Norden der Insel.

Verstärkte Bildung von Erdöl, Erdgas und Steinkohle

480 Mio. Kam es schon früher vereinzelt zu Erdöl- und Erdgasbildungen (→ 900–590 Mio./S. 48), so setzt im Ordovizium eine verstärkte Entstehung und zugleich die erste nachweisliche Bildung von Kohle ein.

Erdöl ist ein Gemisch aus Hunderten verschiedener Kohlenwasserstoffe. In manchen Ölen finden sich daneben kompliziert aufgebaute Harze und Asphaltene. Der Prozeß der Erdölbildung ist umstritten. Die gängigste Theorie ist die: Pflanzliche und/oder tierische Überreste lagern sich in Meeresschlämmen ab und unterliegen dort einem Sauerstoffentzug. Dabei zerbrechen (cracken) die großen organischen Moleküle, und die entstehenden Teilstücke fügen sich z. T. zu neuen Verbindungen zusammen. Beim Überdecken und Absenken der Sedimente werden diese verdichtet; Wasser und die gebildeten Kohlenwasserstoffe werden ausgepreßt und wandern in überlagernde, »hangende« poröse Speichergesteine ab, wo sie verbleiben, wenn ein weiterer Aufstieg durch abdichtendes Gestein nicht möglich ist. Dabei erfolgt eine Trennung zwischen den kleinsten gecrackten Molekülen der gasförmigen Phase und dem flüssigen Öl. Es erfolgt eine weitere Reifung durch zunehmenden Gebirgsdruck und steigende Temperatur. Die entstandenen festen Phasen (Kerogene) verbleiben in der Regel im »Muttergestein«.

An zwei Stellen dieser Ereigniskette gibt es eine Gasbildung: Einmal in der biochemischen Phase in den noch lockeren Sedimenten, zum anderen in einigen tausend Metern Tiefe. Kohle entsteht durch Inkohlung, eine Umbildung organischer Substanz unter biochemischer Anreicherung von Kohlenstoff unter Wärme- und Druckwirkung.

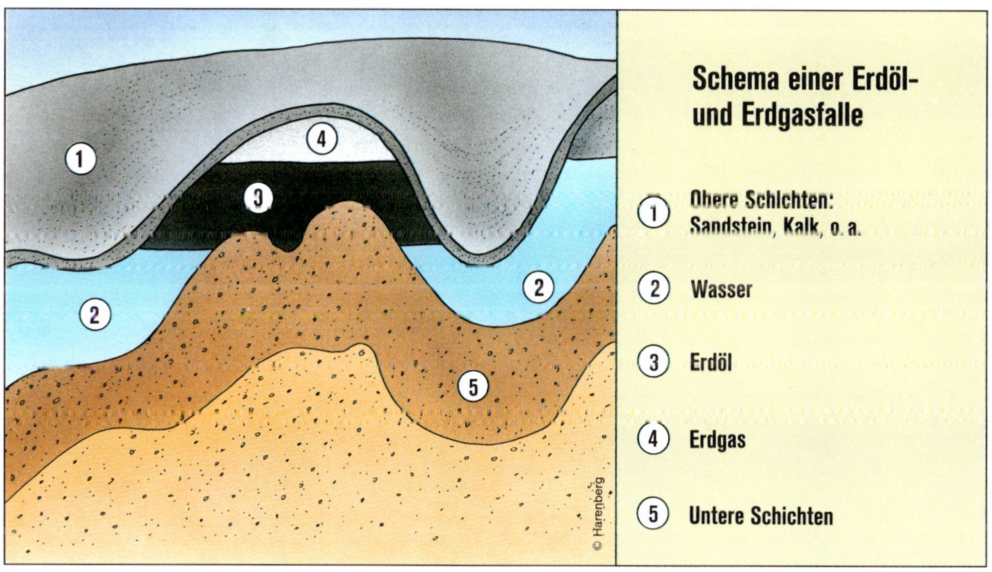

Sogenannte Erdöl- und Erdgasfallen sind praktisch immer an Verwerfungen gebunden. Wichtig ist, daß die domförmigen Lagerstätten oben durch eine dichte Sedimentlage begrenzt werden.

◁ Whewellit oder Kohlenspat ($Ca[C_2O_4] \cdot H_2O$) ist eines der seltenen natürlichen organischen Minerale. Er kommt in kleinen weißen Kristallen in Steinkohlen- und Erdöllagerstätten vor. Das abgebildete Exemplar stammt aus der Nähe von Schlema im Erzgebirge.

Das Mineral Antimonit weist eine strahlig-kristalline Struktur auf.

Wolframit oder Eisenmanganwolframat ist ein sprödes Mineral, das selten kristallisiert.

Brandschiefer oder Kuckersit, ein kohlenhaltiges, brennbares Gestein des Ordoviziums

Antimonlager im Meer

480 Mio. Abgesehen von einer frühen Phase vor etwa 3 Mrd. Jahren, in der sich vorübergehend in verstärktem Maß Antimonlager bildeten (→ S. 21), setzt die Entstehung größerer Antimonlagerstätten im Laufe des Ordoviziums ein.

Maßgeblich beteiligt sind hydrothermale Prozesse im Bereich der Meeresböden. In die vulkanisch erhitzte Erdkruste dringt Meerwasser ein, heizt sich auf, ändert dabei seine chemische Zusammensetzung und wird zu einer heißen Säure, die aus den umgebenden Gesteinen Metallionen herauslösen kann. Mit Temperaturen von fast 400 °C wird es dann wieder als »hydrothermales« Wasser ausgestoßen. Es kühlt sich im umgebenden kalten Meereswasser ab, wobei die gelösten Stoffe – größtenteils als Sulfide – wieder ausfallen. Auf diese Weise entstehen u. a. große Mengen von Antimonit oder Antimonglanz (Sb_2S_3).

Wolfram aus Vulkanen

480 Mio. Vorkommen von Wolfram, Molybdän und Zinn gab es wie die Lager von Antimon bereits im Archaikum (4000–2500 Mio.), doch auch für sie setzt die große Epoche ihrer Bildung erst etwa zu dieser Zeit ein. Zum einen entstehen sie wie die Antimonlager durch hydrothermale Prozesse, zum anderen aber bilden sie sich als sogenannte porphyrische Lagerstätten meist zusammen mit Kupfer, Molybdän, Gold, aber auch Silber, Zinn, Blei, Zink usw. Diese Lagerstätten enthalten nicht selten mehrere Milliarden Tonnen Erze, meist aber hoch verdünnt mit niedrigen Metallgehalten. Porphyrische Lagerstätten entstehen im tiefen Unterbau von Vulkanen (etwa in vulkanischen Inselbögen), als saure (SiO_2-reiche) Intrusivkörper, wenn in langsamer Auskristallisation befindliche magmatische Schmelzen in kühlere Umgebungen transportiert werden.

Brandschieferbildung

480 Mio. In den weiten epikontinentalen Flachmeeren, wie sie für das Erdaltertum (590–250 Mio.) typisch sind, gibt es zahlreiche mehr oder weniger abgeschnürte Becken, in denen kaum Meeresströmungen herrschen. In ihren Stillwasserzonen lagern sich feine Tone ab, die bei Überdeckung zusammengepreßt werden und zu schieferartigen Gesteinen verfestigen. Sie enthalten zerfallene pflanzliche Gewebe (Detritus), die sich in Kohle verwandeln. Das Resultat ist Brandschiefer, ein mit Kohlesubstanz durchsetzter Schieferton. Oft erscheint er auch als Folge dünner Schiefertonlagen und Kohlestreifen. Nicht verwechselt werden darf der kohlentragende Brandschiefer mit dem Faulschlamm (Sapropel), da sich Inkohlungsprozesse hier unter völligem Sauerstoffabschluß abspielen und ganz anders verlaufen als bei der Bitumenbildung.

Verschiedene Sedimente in unterschiedlicher Wassertiefe

Die Bildung von Sedimenten in den im Ordovizium weit verbreiteten Flachmeeren hängt wie in der gesamten Erdgeschichte entscheidend von der jeweiligen Wassertiefe und vom Sauerstoffgehalt ab. Großräumiger Wasseraustausch, der sich durch Strömungen oder – bei geringerer Tiefe – durch Turbulenzen ausdrückt, prägt die Korngrößen und den chemischen Aufbau der Sedimente. Zusammen mit Bedingungen wie dem Nahrungshaushalt steuert dieser die Zusammensetzung des Benthos, d. h. der am Meeresboden lebenden Tiere und Pflanzen, und entscheidet außerdem auch über den Sauerstoffgehalt des Wassers.

Im Kontakt mit der Luft nimmt das Wasser Sauerstoff auf, der zur Oxidation abgestorbener organischer Substanzen und zu Ausfällungsreaktionen führt. Bei guter Wasserdurchmischung ist das bis zum Meeresboden der Fall. Tierische und pflanzliche Substanzen (Kohlehydrate, Eiweiße, Fette usw.) werden auf einfachste Grundbausteine zurückgeführt: Kohlendioxid, Ammoniak, Nitrate, lösliche Phosphate, Sulfate usw. Fehlt die Wasserdurchmischung, ist also das Wasser in Bodennähe sauerstofffrei, dann fehlt die Oxidation, und es bildet sich dort Faulschlamm. Aus den Eiweißen entsteht Schwefelwasserstoff. Dabei sind »desulfurierende« (entschwefelnde) Bakterien beteiligt. Die Fäulnisprozesse führen zur Bildung von Bitumen, aus dem Erdöl entstehen kann (→ S. 85). Ist das Meerwasser reich an gelösten Metallen, dann verbindet sich der freigesetzte Schwefel mit den Metallionen zu nicht wasserlöslichen Sulfiden (z. B. FeS_2). Erzlagerstätten (z. B. Kupferschiefer) entstehen bei diesem Prozeß.

In dem schwefelwasserstoffhaltigen Wasser in Bodennähe können höhere Lebewesen nicht existieren. Hier gedeihen nur noch anaerobe Bakterien. Unmittelbar über dieser lebensfeindlichen Schicht siedelt sich – an der Grenze zu gut durchlüftetem Wasser – eine schwimmende Lage von aeroben Schwefelbakterien an, die Schwefelwasserstoff zu elementarem Schwefel oxidieren, wobei schweflige Säure anfällt. Zugleich sinken die absterbenden Schwefelbakterien, die den Schwefel in ihren Körpern speichern, zu Boden und bewirken die Bildung großer Lagerstätten elementaren Schwefels. Vorkommen dieser Art sind heute wirtschaftlich abbauwürdig.

Ist das Wasser bis zum Boden gut durchmischt, reicht die Sauerstoffzone also bis zur Oberfläche des Bodensediments, so daß die organischen Stoffe dort z. T. noch verwesen, führt dies zur Bildung von Halbfaulschlämme oder Gyttjen. Dort, wo besonders der Wellenschlag den Boden erreicht, lagern sich vor allem chemisch resistente Stoffe und Sande ab.

Artenzuwachs bei den Weichtieren

Um 480 Mio. Zahlreiche neue Weichtiere bevölkern die Meere der Erde. Das trifft nicht nur auf einzelne Arten, sondern auf Familien, Ordnungen und ganze Unterklassen zu. Besonders vielseitig ist diese Entwicklung bei den Muscheln (Bivalvia, → 590–545 Mio./S. 58). Schließlich entsteht sogar eine völlig neue Klasse, die »Tentakuliten«.

Muscheln eignen sich für die Untersuchung paläontologischer Lebensräume besonders gut. Unter ihnen gibt es eine große Vielzahl von Spezialisten, die sich an ganz bestimmte Ökosysteme angepaßt haben. Weil die Muscheln zum überwiegenden Teil im Schelfbereich leben, lassen sie sich gut unmittelbar beobachten. Und weil darüber hinaus viele Familien heute lebender Muscheln fossilen Formen sehr nahestehen, lassen ihre Lebensumstände recht gut auf ökologische Gegebenheiten in den erdgeschichtlich alten Flachmeeren schließen. Das setzt eine sorgfältige funktionelle Untersuchung der Muschelorganismen voraus. Dies ist auch bei fossilen Muscheln deshalb möglich, weil sich die Lage der – nicht versteinerten – Weichteile größtenteils aus der Gestalt der Schale, durch Muskelansatz- oder Fußaustrittsstellen und den Ansatzstellen von Schließ-, Mantel-, und Fußmuskeln im Gehäuseinnern rekonstruieren läßt. Man unterscheidet Muschelunterklassen und -ordnungen in erster Linie nach der Schalenstruktur (Gehäusemorphologie) und dem Aufbau des Klappenschlosses.

Zu den neuen Unterklassen der Muscheln gehören Cryptodonta, Heterodonta und Anomalodesmata, ferner in der Unterklasse Pteriomorphia die Ordnungen Arcoida und Pterioida. Sie unterscheiden sich im wesentlichen durch den verschiedenen Aufbau ihres Klappenschlosses, vor allem durch die Zahl, Ausbildung und Gestalt der ineinandergreifenden Schloßzähne.

Bei der neuen Klasse der Tentakuliten (Tentaculitoidea) handelt es sich um Weichtiere (oder weichtierähnliche Lebewesen) mit einem nur 2 bis 30 mm langen spitzkonischen, geraden oder schwach gekrümmten, kalkigen Gehäuse. Es hat einen kreisrunden Querschnitt und ist meist quergeringelt. Es gibt relativ dünnschalige Formen, die wahrscheinlich frei im Wasser schweben und dickschalige, die vielleicht frei beweglich auf dem Meeresboden leben. Das Hauptvorkommen der Tentakuliten fällt ins Silur (ab 440 Mio.) und Devon (bis 360 Mio.). Zwar spricht manches für ihre Zugehörigkeit zum Stamm der Weichtiere, doch ist diese nicht unumstritten.

Tentakuliten der Art Tentaculites acuarius aus dem Unterdevon von Daun in der Eifel. Ihre spitzkonischen Gehäuse sind deutlich quergeringelt.

Aus dem böhmischen Silur stammt diese Art: Cardiola interrupta, eine Muschel der seit dem Ordovizium existierenden Unterklasse Cryptodonta. Ein zurückgebildetes Schloß kennzeichnet die Vertreter dieser Unterklasse, die vereinzelt auch heute noch vorkommen.

Aus Gotland in Schweden stammt dieser fossile Tentakulit der Gattung Dicricoconus. Er lebte im Silur. Neben dieser Gattung und der Gattung Tentaculites umfaßt die Weichtierklasse der Tentakuliten u. a. auch die Gattungen Nowakia und Styliolina, die im Silur und Devon z. T. in Massen auftreten.

Trilobiten mit Dornen und Zacken

480–360 Mio. Während gegen Ende des Ordoviziums eine der ältesten Trilobitenordnungen (Agnostida), die im Unterkambrium (590–545 Mio.) auftauchte, bereits wieder ausstirbt, erscheinen zwei Ordnungen neu: Phacopida und Lichida. Die Vertreter beider Ordnungen zeichnen sich durch charakteristische Gesichtsnähte aus, die vom Vorderende des Kopfschildes über den Augenhügel entlang der Innenseite der Facettenaugen verlaufen. Entlang dieser Nähte kann der Kopfschild bei der Häutung zerfallen. Form und Verlauf der Gesichtsnaht sind von Art zu Art so unterschiedlich, daß sie zur systematischen Klassifizierung der Trilobiten herangezogen werden. Die Ordnung Lichida umfaßt mittelgroße bis sehr große Tiere. Einige Arten messen bis zu 70 cm. Ihr Kopf- (Cephalon) und Schwanzschild (Pygidium) aus miteinander verschmolzenen Segmenten trägt oft starre Dornen oder Zacken.

Steinkorallen oder Schwämme?

480–250 Mio. Weltweit tauchen in den warmen Flachmeeren auf den Meeresböden festsitzende Tierkolonien auf, die Tabulata, die im allgemeinen zu den Steinkorallen (Zoantharia, → um 590 Mio./S. 59) gerechnet werden. Allerdings sind manche Tabulaten wahrscheinlich bei den Schwämmen einzustufen.

Die aus zahlreichen Kalkröhrchen aufgebauten Kolonien können einige Zentimeter oder auch mehrere Meter groß werden. Sie sind knollenförmig bis kugelig, bei manchen Arten auch krustenbildend, scheiben-, netz- oder bäumchenförmig. Die Einzelröhren, aus denen sie sich zusammensetzen, messen meist nur 1 bis 5 mm. Nur selten werden die Tabulaten bis ca. 2 cm groß. Sie sind durch Poren untereinander verbunden und in Längsrichtung durch Böden (»Tabulae«, worauf der Name hinweist) unterteilt.

Besonders im Silur (440–410 Mio.) und im Devon (410–360 Mio.) sind die Tabulaten arten- wie individuenmäßig so stark vertreten, daß sie ganze Kalkriffe bilden. Nach einem ersten Niedergang im Oberdevon (375–360 Mio.) sterben sie zum Ende des Perms (um 250 Mio.) aus.

Nachfahre der ordovizischen Armfüßer: Dieser Brachiopode der Gattung Rhynchonella stammt aus dem Oberjura von der Schwäbischen Alb.

Der Armfüßer Obolus appolinis aus dem Unterordovizium von Estland gehört zur Unterklasse Inarticulata. Seine Schale besteht aus organischer Substanz mit Calcit.

Armfüßer erobern neue Lebensräume

480–460 Mio. Zunehmend breitet sich jene Unterklasse der Armfüßer oder Brachiopoden (→ 590 Mio./ S. 61) aus, die zu den Articulata gehören. Das sind Armfüßer, deren Schalen aus Kalk bestehen und durch ein Schloß (lat. articulus = Gelenk) miteinander verbunden sind. Dagegen gehörten die kambrischen Formen vorwiegend zur Gruppe der Inarticulata; sie besitzen kein Schloß, und ihre chintinig-phosphatischen Schalen werden nur durch Muskeln zusammengehalten. Allerdings sind die Articulata schon länger vertreten: Mit den Ordnungen Orthida bereits seit dem Unterkambrium (590–545 Mio.) und mit der Ordnung Pentamerida bereits im Mittelkambrium (545–520 Mio.).

Im Ordovizium kommen die Ordnungen Strophomenida, Rhynchonellida und Spiriferida hinzu. Sie unterscheiden sich voneinander vor allem durch den Schalenaufbau, die Gehäuseform, die Ausbildung des Schlosses, die Muskelansatzstellen und darin, ob sie ein Brachidium besitzen oder nicht. Dieses Brachidium ist ein kalkiges Armgerüst, das bei den Strophomenida völlig fehlt. Auch bei den Rhynchonellida ist es noch nicht vorhanden, doch besitzen diese schon sogenannte Cruren, das sind stielförmige Ansatzstellen für die Arme. Bei den Spiriferida dagegen sind als Armskelette kalkige Spiralkegel ausgebildet.

Mit der Entwicklung des Klappenschlosses und der Differenzierung der Gehäuseform werden die Armfüßer widerstandsfähiger gegen äußere mechanische Kräfte, was ihnen ermöglicht, neue Lebensräume, z. B. solche im Wellenbereich, zu erobern. Damit vollziehen sie jetzt auch eine Anpassung an das Leben im Bereich der Meeresriffe.

Über viertausend Seelilienarten

480–460 Mio. Die Seelilien und Haarsterne (Klasse Crinoidea, → 500 Mio./S. 77) entwickeln in dieser Zeit rasch eine überwältigende Formenvielfalt. Ihre ersten Vertreter erschienen erst im Unterordovizium (500–480 Mio.). Von allen ordovizischen Unterklassen umfassen die Camerata etwa 2500, die Inadunata etwa 1750 und die Flexibilia etwa 300 verschiedene Arten.

Die Unterschiede zwischen den einzelnen Unterklassen beruhen auf dem Grad der Biegsamkeit von Rückenkapsel und Kelchdeckel, auf der jeweiligen Ausformung der Kelchbasis und des Stieles. Außerdem ist von Bedeutung, ob die Arme verzweigt und wie sie im Detail aufgebaut sind.

Die Röntgenaufnahme einer fossilen »Stürmer«-Seelilie zeigt auch feinste Details der Arakrone.

Unauffällige Verwandte von Seeigeln und Seesternen

480–380 Mio. Im gesamten Ordovizium entwickeln sich in dem artenreichen Stamm der Stachelhäuter (Echinodermata, → S. 77) einige kleine Klassen, zu denen meist sehr seltene Stachelhäuter zählen:

- ▷ Bereits im Unterordovizium (500–480 Mio.) tauchen die Ophiocystoidea auf, eine Gruppe mit fünfstrahlig-symmetrischen, niedrig-helmförmigen Körpern aus großen, festgefügten Calcitplatten. Auf ihrer Unterseite haben sie große, mit Calcitplättchen armierte Tentakel. Sie sterben im Mitteldevon (390–375 Mio.) wieder aus.
- ▷ Nur während des Mittelordoviziums kommen Mitglieder der Klasse Paracrinoidea vor. Ihr Körper ist mit vielen unregelmäßig angeordneten Platten armiert. Allerdings ist diese Gruppe noch zu wenig bekannt, um sichere Merkmale aufstellen zu können.
- ▷ Vom Mittelordovizium bis zum Mitteldevon leben Vertreter der Klasse Cyclocystoidea. Sie sind scheibenförmig und haben wahrscheinlich einen flexiblen Körper, der sich aus vielen, z. T. konzentrisch angeordneten Kalzitplättchen zusammensetzt, die nach dem Absterben leicht auseinanderfallen.

Ordovizischer Cystoideenkalk aus Schweden. Deutlich sind die kugelförmigen Körperchen zu erkennen.

Regulaccystis pleurocystoides, ein entfernter Seeigelverwandter aus dem Hunsrückschiefer

460–440 Mio.
Das Oberordovizium

460–440 Mio. In Mitteleuropa und im Ostalpenbereich, einem Gebiet, das weiterhin unter Wasser liegt, klingt auch bis gegen Ende des Oberordoviziums der starke untermeerische Vulkanismus nicht ab. Er ist an die Ränder von Meereströgen (Geosynklinalen) gebunden, an denen sich Risse bilden, die bis in den glutflüssigen Erdmantel reichen. → S. 90

In Südamerika – besonders in Argentinien, Bolivien, Peru und Kolumbien – setzt sich die Ablagerung mächtiger klastischer Sedimente als Abtragungsprodukte früher Gebirge weiter fort. Dabei lassen sich je nach Größe feinstklastische, mittel- und grobklastische Gesteine unterscheiden. → S. 91

Auf der Nordhalbkugel der Erde falten sich hohe Gebirge auf. Diese Gebirgszüge gehören zur sogenannten kaledonischen Orogenese. Im Zusammenhang mit ihrer Entstehung werden die Landmassen Nordeuropas, Grönlands und Nordamerikas zusammengeschweißt. → S. 90

Die geologischen Verhältnisse begünstigen die Entstehung vielfältiger Lagerstättentypen wie Urananlager, Blei-Zink-Silber- (Kupfer-) Lagerstätten in Tongestein, Blei-Zink-Lagerstätten in Karbonatgestein, Kupferlagerstätten in Sedimentgesteinen sowie vulkanische Kieslager mit Kupfer, Zink und z. T. auch Blei, Silber und Gold. Durch magmatische Erzbildungen entstehen in der Tiefe Porphyr-Lagerstätten mit Kupfer, Molybdän und Gold. Auch Chromitlagerstätten mit Platinmetallen sowie Wolfram- und Antimonlagerstätten lassen sich nachweisen.

Zu den wichtigsten Leitfossilien dieser Zeit gehören die Armfüßerarten (Brachiopoden, → 590 Mio./S. 61), die in allen Weltmeeren vertreten sind. Sie zählen zur Stammgruppe der »Kranzfühler« (Tentaculata), mehrheitlich festsitzende Tiere, die alle eine zentrale Leibeshöhle aufweisen. → S. 92

In ungewöhnlich großen Mengen kommen in allen Weltmeeren Graptolithen vor, koloniebildende Tiere mit einem Außenskelett aus Skleroprotein, einer harten chitinartigen Substanz. Die höher entwickelten Tiere schweben frei im Wasser. Aus den Gehäusen der absterbenden Graptolithen entstehen mächtige Gesteinslager (Graptolithenschiefer). → S. 90

Alle höheren Meerestiere dieser Zeit decken ihren Sauerstoffbedarf durch Kiemenatmung. Die niederen Organismen nutzen dafür die Hautatmung. → S. 94

Weltweit setzt ein großes Artensterben ein. Dabei verschwinden auch ganze höhere systematische Einheiten, z. B. die Kopffüßer-Ordnungen Endoceraida, die Kopffüßer-Ordnung Ellesmerocerida und die Trilobiten-Ordnung Agnostida. → S. 95

460–430 Mio. Es herrscht eine geomagnetische Periode mit vorwiegend normaler Polung, d. h. der magnetische Nord- und der magnetische Südpol der Erde entsprechen in ihrer Lage den heutigen Verhältnissen. → S. 91

460–420 Mio. Ein großer Teil der Sahara – etwa das Gebiet des Hoggar und des Westlichen Großen Erg – ist vereist. Das Zentrum der Vereisung liegt in der Südsahara oder noch weiter südlich, wie die von Süden nach Norden gerichtete Fließrichtung der mächtigen Eismassen beweist. Vereinzelt stoßen die Gletscher bis nach Südmarokko und Nordmauretanien vor. Im Osten reichen sie bis zum Djado-Plateau. → S. 91

460–410 Mio. Auf allen Kontinenten findet Granitisation (→ S. 43) statt, d. h. Granite entstehen durch Aufschmelzungsprozesse unter hohem Druck und/oder hoher Temperatur aus anderen Gesteinen. Die Gründe für die verstärkte Umwandlung von anderen Gesteinen, z. B. Sedimenten oder Vielkamiten, in Granit besonders in dieser Zeit sind darin zu suchen, daß diese Epoche durch besondere tektonische Unruhen in weiten Teilen der Welt gekennzeichnet ist. In ihrer Folge geraten bereits existierende Gesteine in tiefere Regionen der Erdkruste und damit in den Einflußbereich entsprechender physikalischer Kräfte.

460–210 Mio. Wie schon seit dem Beginn des Kambriums (ab 590 Mio.) fossilisieren in den Meeressedimenten häufig sogenannte Conodonten. Dabei handelt es sich um die Hartteile unbekannter Conodontentiere. Sie gehören zu den Leitfossilien des Ordoviziums. → S. 93

Um 450 Mio. Als einer der wichtigsten Trilobiten des Ordoviziums erscheint Onnia ornata, der sich bei Gefahr zusammenrollen kann. Dieses Verhalten weist auf die Existenz größerer räuberischer Meerestiere hin. In Betracht kämen hier Vertreter aus der Klasse der Kopffüßer (Cephalopoda), die als Fleischfresser räuberisch leben. → S. 93

Durch verschiedene Phänomene wie die Auffaltung von Gebirgen, die Eintragung von Verwitterungsschutt durch die Flüsse in küstennahe Meeresgebiete oder Meeresspiegelschwankungen kommt es zu einer vielfältigen Untergliederung der Küstenlandschaften. Dadurch verändern sich maritime Lebensräume: Während einige durch Austrocknung, Erhöhung der Salzkonzentration im Wasser oder durch Verbracken verschwinden, entstehen neue Lebensräume in Meeresbuchten, neuartig strukturierten Gezeitenzonen etc. → S. 93

Um 440 Mio. Global kommt es zunächst zu einem allgemeinen Rückzug der Meere von den Kontinenten (Regression), d. h. die flachen Epikontinentalmeeresbecken verlanden. Unmittelbar auf diesen Meeresrückzug erfolgt ein erneutes Vorstoßen des Meeres auf die Festlandbereiche (Transgression). → S. 95

Drei Großräume in Europa

460–440 Mio. Gegen Ende des Ordoviziums setzt in gewissem Umfang ein Meeresrückzug (Regression) ein. Drei große Bereiche lassen sich in Europa unterscheiden.

Im Westen Europas befindet sich die von den nordamerikanischen Appalachen bis nach Spitzbergen reichende kaledonische Geosynklinale (→ S. 29), wobei die Kontinentalkerne Nordamerikas und Europas direkt benachbart liegen. In ihr sammeln sich die von den präkambrischen Tafeln (Fennosarmatia und Laurentia, → S. 72) stammenden Schuttmassen zu mächtigen Sedimenten. Östlich der kaledonischen Geosynklinalen erstreckt sich über weite Teile der osteuropäischen Tafel der Balto-Sarmatische Schelf, ein flaches Epikontinentalmeer mit geringerer Sedimentbildung.

Zwischen diesen beiden Großräumen (Großfazies) liegt der mitteleuropäische Raum. Neben tiefen Geosynklinaltrögen gibt es hier auch flache Sedimentationsbecken. Deshalb wechseln in diesem Bereich starke und schwache Sedimentation miteinander ab.

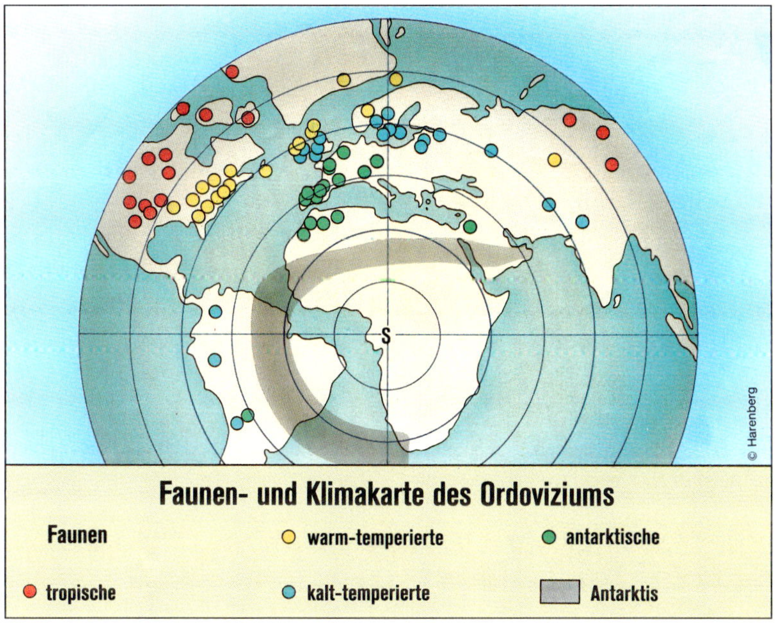

Faunen- und Klimakarte des Ordoviziums

Kalkriffe und Dolomitenlager

460–440 Mio. Das milde Klima fördert wie schon im Unter- und Mittelordovizium in weiten Teilen der Welt eine intensive Riffbildung. Der Riffgürtel liegt, gemessen an der heutigen Lage der Kontinente, weit nördlich. Er umfaßt den gesamten Großraum der USA und Kanadas, den Südwesten Grönlands, ganz Nord-, Mittel, Ost- und Südosteuropa sowie Asien nördlich der Linie östliches Mittelmeer – Persischer Golf – Himalaya und westlich der ostchinesischen und ostsibirischen Bergländer. Im Norden reicht er bis weit ins heutige Eismeer hinein.

Auf dem Festland herrscht in heute nördlichen Breiten intensive Evaporitbildung (→ S. 46). Der Evaporitgürtel umfaßt in etwa das nördliche Eurasien vom Baltikum bis Kamtschatka in einem halbmondförmigen Streifen, der in seinem Mittelteil weiter nach Süden reicht. Er erstreckt sich ferner über die asiatischen und kanadischen Polarmeere einschließlich der Region des Nordpols und reicht auf dem nordamerikanischen Kontinent bis in den mittleren Süden der USA hinein.

Im heutigen Äquatorialgebiet und auf der heutigen Südhalbkugel kommt es dagegen infolge kühleren Klimas weder zu nennenswerten Kalkablagerungen noch zur Bildung von Evaporiten.

Besonders mächtig sind die Karbonatserien in Nordamerika und im Gebiet der kanadischen arktischen Inseln bis hinauf nach Grönland, die teilweise dolomitisiert sind. Die Riffe von Beckmanstown, Chazy und Trenton sind besonders bekannt. Hier liegen Warmwassergebiete.

Meeresvulkanismus in den Ostalpen

460–440 Mio. Im Bereich der heutigen Ostalpen und des böhmischen Beckens herrscht heftiger Meeresvulkanismus, der bereits zu Beginn des Ordoviziums eingesetzt hatte. Im Alpenraum sind besonders die späteren Karnischen Alpen, die Karawanken, die Gurktaler Alpen und das Grazer Bergland betroffen. Die Vulkanausbrüche ozeanischen Ursprungs liefern vor allem basische Gesteinsmassen. Diese Laven sind besonders dünnflüssig und verbreiten sich zu ausgedehnten Decken, die neue Meeresböden bilden.
Entstehen die submarinen Eruptionen in Meerestiefen von 2000 m und mehr, dann ist der Wasserdruck so hoch, daß sich die aus dem Magma entweichenden Gase sofort im Wasser lösen. Es kommt zu keiner Explosion, sondern nur zu ruhig verlaufenden Ergüssen von Gesteinsschmelzen auf dem Meeresboden. Spielt sich die submarine Eruption aber in geringeren Tiefen ab, dann ereignet sich Spektakuläres: Explosionen setzen innerhalb kürzester Zeit weit mehr Energie frei als Vulkanausbrüche an der Erdoberfläche in freier Atmosphäre. Bedingt ist das vor allem durch sekundäre Explosionen, die Meerwasser in die Auswurfkanäle des Magma eindringen lassen, das bei der großen Hitze sofort verdampft und seinerseits nochmals die schon vorhandenen Gesteinstrümmer zersprengt. Neues Wasser kann eindringen und mit den glutheißen Massen in Kontakt kommen. Das führt erneut zur Verdampfung und zu neuen Explosionen. Wie bei einer Kettenreaktion folgt eine Explosion der anderen, manchmal in zeitlichen Abständen von nur einigen Zehntelsekunden. Dabei wird der Hauptteil der mit dem Magma eingetragenen Wärmeenergie in kinetische Energie des Wasserdampfes verwandelt, die eine derart zerstörerische Wirkung hat, daß die ausgeworfene Lava regelrecht zerstäubt wird. In vielen Fällen wird das fein zertrümmerte Gestein hoch über die Meeresoberfläche hinausgeschleudert.
Geologisch gesehen entstehen bei diesem Prozeß enorme Massen glasiger Lavabröckchen, die sich anschließend im Meerwasser chemisch verändern und den sogenannten Palagonittuff liefern.

Der Valsorda-Kessel in der Latemar-Gruppe in den Dolomiten läßt frühere vulkanische Aktivitäten erkennen. Im Dolomit eingelagert sind Magmagänge.

Große Gebirgszüge der Nordhalbkugel

460–440 Mio. Durch geodynamische Vorgänge in der Erdkruste falten sich auf der Nordhalbkugel mächtige Gebirgszüge auf. Dabei treffen Nordamerika, Grönland und Nordeuropa zusammen.
Mit der Auffaltung von Partien der Erdkruste setzt aber zugleich deren Abtragung ein. Gesteinsmassen bersten unter dem Einfluß von Hitze und Kälte und werden in der Atmosphäre chemisch verändert, d. h. sie verwittern. Durch Sturz und Transport werden sie immer weiter zerkleinert und durch Wasserläufe fortgetragen. In die im Zuge der Auffaltung immer kleiner werdenden Restmeere schieben sich große Flußdeltas vor. So entsteht eine reich gegliederte Küstenlandschaft. Neue und z. T. neuartige Lebensräume bilden sich, die u. a. die rapide Entwicklung der Artenvielfalt der Meerestiere begünstigt. Hier setzt nicht zuletzt die Entwicklung der Fische an. Andererseits werden die Meerestiere auch mit dem Austrocknen von Tümpeln und Lagunen konfrontiert, was wahrscheinlich zum Aussterben ganzer Arten führt. Vielleicht aber liegt hier zugleich ein erster Anreiz dafür, daß sich aus den Fischen Vierfüßer entwickeln.

Sedimente in Australien

460–440 Mio. Im Gebiet von Australien und Neuseeland lagern sich Sedimente ab, vor allem Graptolithenschiefer, Grauwacken und vulkanische Gesteinsmassen.

Graptolithen aus dem Silur. In großer Zahl bauen ihre Gehäuse den Graptolithenschiefer auf.

Die Schiefer bildenden Graptolithen (griech. graphein = schreiben, lithos = Stein) sind polypenähnliche, kolonienbildende Meerestiere. Ihre aus Halbringen bestehenden Wohnstöcke sind aus einem Gerüsteiweiß aufgebaut. Durch Knospung gehen die einzelnen Wohnkammern auseinander hervor, und nur die jeweils erste Zelle einer Kolonie entsteht geschlechtlich. Diese Kolonien (Rhabdosomen) können sehr unterschiedlich geformt sein: Ein- oder vielästig, gerade oder gebogen, manchmal auch spiralig aufgerollt. An ihnen reihen sich die Tochterwohnzellen wie die Zähne einer Laubsäge oder wie Schriftzeichen (daher »Graptho«lithen). Die primitiveren Arten leben festsitzend auf dem Meeresboden, höher entwickelte bilden ein Teil des im Meerwasser frei schwebenden Planktons. Im Ordovizium (500–440 Mio.), Silur (440–410 Mio.) und Unterdevon (410–390 Mio.) sind sie stellenweise so zahlreich vertreten, daß ihre Überreste die Schichtflächen füllen. Sie bilden die Graptolithenschiefer und sind noch in den Dünnschliffen dieser Sedimente in großer Zahl erkennbar. Wegen ihres Formenreichtums und ihrer raschen Entwicklung eignen sie sich für den Paläontologen dazu, bestimmte Faunenprovinzen altersmäßig gegeneinander abzugrenzen.
Die Grauwacken setzen sich hauptsächlich aus Erosionsprodukten der Festländer zusammen. Sie erscheinen als dunkelgraues, sandsteinartiges Gestein mit einem hohen Anteil an Gesteinsbruchstücken neben Quarz und Feldspat.

Der Mount Conner bei Curtin Springs liegt im heute wüstenhaften Herzen Australiens. Die Landmassen sind hier z. T. ordovizischen Ursprungs.

Wo heute die Vulkanmassive des Hoggar aufragen, bedeckt im Oberordovizium Eis das Land.

Mächtige Gletscher verändern die Landschaft: Sie fräsen breite, flachsohlige Täler aus.

Sahara und Kap-Provinz in Südafrika unter mächtigen Gletschern begraben

460–420 Mio. *Das Gebiet der Zentral- und Südsahara ist in einer Flächenausdehnung von mindestens 8 Mio. km² vereist. Das Zentrum, von dem die weiträumigen Gletscherströme ausgehen, liegt höchstwahrscheinlich im Süden dieses Gebietes.*

Der Südpol befindet sich vermutlich in der Nähe des Golfes von Guinea. Wie weit andere Teile des afrikanischen Kontinents von der frühpaläozoischen Vereisung betroffen sind, läßt sich schwer sagen (→ 2500–1900 Mio./S. 37). Sicher ist, daß zugleich mit der Sahara-Vereisung, die ihren Höhepunkt im Oberordovizium (460–400 Mio.) und im Untersilur (400–420 Mio.) erreicht, die Kap-Provinz in Südafrika unter Gletschern begraben ist.

Die deutlichsten Zeugnisse für die Sahara-Vereisung sind in der Gletscherbearbeitung des Untergrundes erhalten. So lassen sich im Umkreis des Hoggar-Gebirges Schrammen und Furchen im Fels, wie sie von Gletscherschliffen stammen, nicht selten über viele Kilometer verfolgen. Vereinzelt reichen solche Spuren, aus deren Längserstreckung die Bewegungsrichtung der Gletscher zu ersehen ist, im Westen bis nach Nordmauretanien/Südmarokko, im Norden in das Sandmeer des Grand Erg Occidental und im Osten bis zum östlichen Djado-Plateau. Sie erstrecken sich also über ein Gebiet von mehr als 2000 km Ausdehnung.

Neben Kritzungen findet man heute typische Gletscher-U-Täler, abgeschliffene Rundhöcker, »Drumlins« (langgestreckte, ellyptische Hügel von oft mehreren hundert Metern Länge, vorwiegend aus Grundmoränenmaterial) und vereinzelt sogar »Pingos«. Pingos gehen auf linsenförmige Eisansammlungen im Boden zurück, die Hügel bis zu einigen Dutzend Metern Höhe emporddrücken. Schmilzt das Eis, dann sackt der Hügel zusammen und bildet eine kreisrunde Bodensenke, die sich nicht selten mit Wasser füllt.

Schuttablagerungen bedecken Südamerika

460–440 Mio. Während sich in den warmen Teilen der Welt zu dieser Zeit vorwiegend Kalksedimente aus tierischen und pflanzlichen Zersetzungsprodukten bilden, ist das in Südamerika nur in bescheidenem Umfang der Fall. Dort dominiert eine klastische Entwicklung.

Unter klastischen Sedimenten (in Südamerika handelt es sich meist um sandige oder tonige Ablagerungen) versteht man Schichten, die sich nicht etwa wie Kalk durch chemische und/oder biologische Prozesse aufbauen, sondern die als Endprodukte von Verwitterungsprozessen entstehen. Das mechanisch zerstörte Trümmergestein unterteilt der Geologe je nach der vorherrschenden Größensortierung in feinstklastische Gesteine (Pelit), mittelklastische Gesteine (Psammit) und grobklastische Gesteine (Psephit). Zu den Peliten gehören Ton (0,002 mm) und Schluff (0,002 bis 0,063 mm), zu den Psammiten Fein-, Mittel- und Grobsande (0,063–2,0 mm). Die Psephite umfassen die Kategorien Kies und Steine. Feinkies hat Körnungen von 2,0 bis 6,3 mm, Mittelkies von 6,3 bis 20 mm, Grobkies von 20 bis 63 mm. Klastische Massen aus Steinen bestehen aus Stücken über 63 mm Größe. Bei wesentlich größeren Trümmern spricht man auch von Blockwerk.

Flüsse, die zeitweise Hochwasser führen, schaffen sich oft breite Betten, durch die sie sich während der Niedrigwasserzeit schlängeln (mäandrieren). Sie führen vor allem Psephite in großen Mengen mit.

Magnetpolung meistens normal

460–430 Mio. Bis ins Untersilur herrscht eine Periode mit vorwiegend normaler Polung.

Die geomagnetische Polung (→ S. 55) nennt man »normal«, wenn der Nordpol des Erdmagnetfelds in der Nähe des geographischen Nordpols und der Südpol des Erdmagnetfelds in der Nähe des geographischen Südpols liegen. Das war nicht immer so. Vor 590 bis 556 Mio. Jahren herrschte vorwiegend umgekehrte (reverse) Polung, anschließend bis vor 540 Mio. Jahren vorwiegend normale Polung. Bis vor 510 Jahrmillionen wieder vorwiegend reverse Polung, bis vor 460 Jahrmillionen wechselte dann die Polung meist sehr häufig. Der vorwiegend normalen Polung im Ordovizium und Frühsilur folgt vor 430 bis 420 Jahrmillionen eine Phase vorwiegend reverser Polung. Im Zeitraum vor 420 bis 410 Jahrmillionen wechselt die Polung ständig.

Große Vielfalt der Armfüßer in allen Meeren der Welt

460–440 Mio. Die Armfüßer oder Brachiopoden (→ S. 61) erleben zu dieser Zeit eine Periode höchster Artenvielfalt. Über 3000 verschiedene Arten sind allein in der 150 Mio. Jahre dauernden Spanne vom Unterordovizium (500–480 Mio.) bis zum Devon (410–360 Mio.) vertreten. Zusammen mit den koloniebildenden Moostierchen (Bryozoa, → 500 Mio./S. 80) und wenigen Arten der Hufeisenwürmer oder Phoronidea gehören die Armfüßer zur Stammgruppe der Tentaculata oder Lophophora (»Kranzfühler«). Alle drei Stämme sind »Leibeshöhlentiere«, denn sie besitzen alle eine zentrale Leibeshöhle. Gemeinsam ist der überwiegenden Mehrheit auch, daß es sich um festsitzende Tiere handelt, was einen weitgehenden Einfluß auf die Gestalt der Organe zur Folge hat. Das erschwert dem Systematiker, den Bauplan dieser Tiere in engere Beziehung zu anderen Tierstämmen zu setzen. Gleiche Lebensweise führt nur allzuoft zur Entwicklung einander sehr ähnlicher Körperorgane (z. B. bewimperten Tentakeln) auch bei einander sonst kaum nahestehenden Organismen (→ S. 296). Über die erdgeschichtliche Herkunft der Tentaculata läßt sich deshalb nicht gerade viel aussagen. Dazu kommt, daß von den rund 260 noch heute lebenden Brachiopodenarten kaum ein Dutzend anatomisch genau untersucht ist. Im Gegensatz zu diesem zoologischen Wissensdefizit sind die paläontologischen Erkenntnisse über die Armfüßer ausgezeichnet: Mehr als 1200 Gattungen und Untergattungen fossiler Brachiopoden sind bekannt, unter denen sich nur 65 noch heute lebende befinden.

Natürlich stellt ein fossiles Brachiopodengehäuse nur ein Außenskelett dar. Es liefert aber eine große Fülle von Anhaltspunkten, die auf den inneren Aufbau schließen lassen. So weisen die äußere Form, die Gestalt der Wirbel, des Stirnrandes, die Faltung der beiden Klappen, ihr Schloß, die Schalenstruktur und die Schalenstreifen auf Formänderungen während des individuellen Wachstums der Tiere hin. Vorhandensein oder Fehlen, Größe und Aussehen des Stielloches (→ S. 61) lassen Schlüsse auf den Stiel selbst zu, der keine Hartteile besitzt. Ein eventueller Verschluß des Stielloches, der Aufbau des Schloß- und Zahnapparates und vielfältiger verschiedener Stützelemente liefern wichtige Anhaltspunkte zur Beurteilung von Verwandtschaftsverhältnissen. Auch an klaren Hinweisen auf Aufbau und Funktion der Muskulatur fehlt es nicht. So zeigen die Innenseiten der Klappe oder deren Abdrücke, sogenannte Steinkerne (Hohlraumfüllungen), die Ansatzstellen der Muskeln und gelegentlich sogar Abformungen von Stiel-, Schließ- und Öffnungsmuskeln, vom Mantel, von Blutgefäßen, Geschlechtsorganen und sogar von den Armen. Bei manchen Arten ist insbesondere ein festes Armgerüst erhalten. Im großen und ganzen kann sich die Paläontologie heute also ein recht gutes Bild der fossilen Armfüßer und ihrer verwandtschaftlichen Verflechtungen machen.

Der Lebensraum der Armfüßer im Erdaltertum entspricht weitgehend dem der heute noch existierenden Arten; sie leben ausschließlich im Meer. Hauptsächlich kommen sie in mäßigen Tiefen, einzelne sogar im Gezeitensaum vor. Nur wenige zählen zu den Tiefseebewohnern bis 5000 m Wassertiefe.

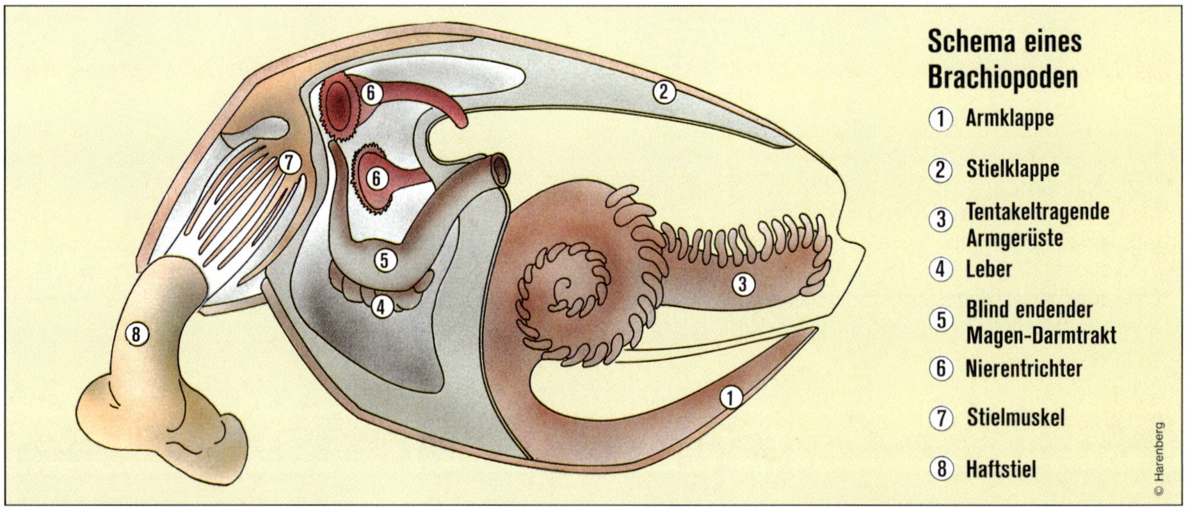

Im Devon von Waxweiler in der Eifel versteinerten diese Armfüßer mit strahlenförmiger Riefung der Ordnung Spiriferida (o.). Unten rechts blieb im selben Handstück ein Armfüßer der Gattung Meganteris erhalten.

Auch bei dieser Armfüßer-Art, Atrypa reticulata, handelt es sich um einen Vertreter aus dem Devon. Die angehäuften Fossilien fanden sich in den Ems-Schichten in der Nähe der Stadt Hagen in Westfalen.

Trilobiten rollen sich bei Gefahr ein

460–440 Mio. Einer der wichtigsten Trilobiten oder Dreilapper (→ 545–520 Mio./S. 66) dieser Zeit ist Onnia ornata. Das nur etwa 2 cm lange Tier gehört zur formenreichen, seit dem Unterkambrium (590–545 Mio.) vertretenen Ordnung Ptychopariida. Sein Kopfschild ist hufeisenförmig nach hinten gezogen und umgibt seitlich den ganzen Körper. An beiden Enden läuft er in lange Stacheln aus, die den Körper noch weit überragen. Wie auch einige andere Trilobiten des Ordoviziums hat es eine Fähigkeit erworben, die frühere Dreilapper nicht besaßen: Es kann sich bei Gefahr wie eine Assel zusammenrollen. Rumpf und Schwanzschild werden dabei längs der gelenkigen Rumpfsedimente zusammengebogen und unter dem Kopfschild verborgen.
Diese Fähigkeit war in früheren Zeiträumen offensichtlich noch nicht vorhanden, da die Trilobiten vielleicht noch nicht so viele Feinde besaßen. Mit der raschen Weiterentwicklung der Fauna im Ordovizium kommt es aber zunehmend auch zur Ausbildung räuberisch lebender Tiere, die größere Beutetiere fressen. Die ersten unter ihnen, die fischähnlichen Kieferlosen (Agnatha, → S. 73), existieren bereits seit dem Oberkambrium (520–500 Mio.) und ernährten sich zunächst wahrscheinlich von abgestorbenem tierischem und pflanzlichem Gewebe.

△ In zusammengerollter Körperhaltung versteinerte dieser Trilobit aus der Gattung Dalsanitina.

◁ Flexicalymene ist eine Trilobitengattung aus dem Oberordovizium. Das abgebildete Tier lebte in Ohio. Es konnte sich ebenfalls zusammenrollen.

Küstenlandschaft reich gegliedert

460–440 Mio. Nach einer seit dem Kambrium (590–500 Mio.) andauernden Epoche weltweiter Überflutungen durch das Meer (Transgression, → S. 32) beginnen die Flachmeere, sich lokal allmählich zurückzuziehen. Das führt zu einem Anpassungsdruck für die in den Meeren lebenden Organismen. Zum einen werden Meeresarme zu isolierten Lagunen und Seen, die z. T. völlig andere Lebensvoraussetzungen bieten als das offene Meer: Eindampfung und höherer Salzgehalt, Brackwassergebiete mit vermindertem Salzgehalt im Bereich von Flußmündungen, Änderung der Wassertemperatur usw. gehören zu den charakteristischen Merkmalen. Zum anderen entstehen durch das von Faltungsvorgängen der Erdrinde begleitete und meist auch verursachte Zurückweichen der Meere neue, z. T. reich gegliederte Küstenlandschaften, insbesondere im Äquatorgebiet. Durch die Tätigkeit großer Ströme bilden sich weite Deltas mit Abtragungsschutt. Besonders für die Tierwelt bedeuten die veränderten Lebensbedingungen eine Herausforderung, die zur Entstehung neuer Baupläne führt.

Streitfrage:

Erste Spuren auf der Suche nach den Conodontentieren

460–440 Mio. Die sogenannten Conodonten (→ 590–210 Mio./S. 62) erscheinen in großer Vielfalt. Erhalten sind sie als wenige Millimeter große Mikrofossilien, die wie spitze Zähnchen aussehen. Damit ähneln sie den Kieferteilen (Scolecodonten) von Borstenwürmern (Errantiden). Doch im Gegensatz zu dem chitinhaltigen und kieseligen Material dieser Kiefer bestehen die Conodonten aus Calciumphosphat.
Auch den Ringelwürmern (Anneliden) lassen sich die unbekannten »Conodontentiere«, von denen die Conodonten Teile sein sollen, nicht zuordnen. Manche Forscher sahen in ihnen Vertreter der Weichtiere, deren Kauwerkzeugen (Radula) sie ähneln oder hielten sie für Teile eines bisher völlig unbekannten Weichkörpertieres. Andere behaupteten, es seien Überreste von Gliederfüßern, etwa Kieferreste von Krebsen oder Teile ihres Außenskeletts. Und wieder andere betrachteten sie sogar als Hartteile primitiver Wirbeltiere und brachten sie mit Fischen in Zusammenhang. Erste wichtige Hinweise zur Bestimmung des Conodontentieres lieferte ein jüngerer Fund (um 1980) von einem fossilen, knapp 40 mm langen Tier mit Weichkörperabdruck und einem darin eingebetteten Conodonten-Apparat. Danach handelt es sich um ein wurmförmiges, noch skelettloses Chordatier (→ 590–545 Mio./S. 63). Doch die Funktion der Conodonten für das Conodontentier ist bisher immer noch nicht vollständig geklärt.

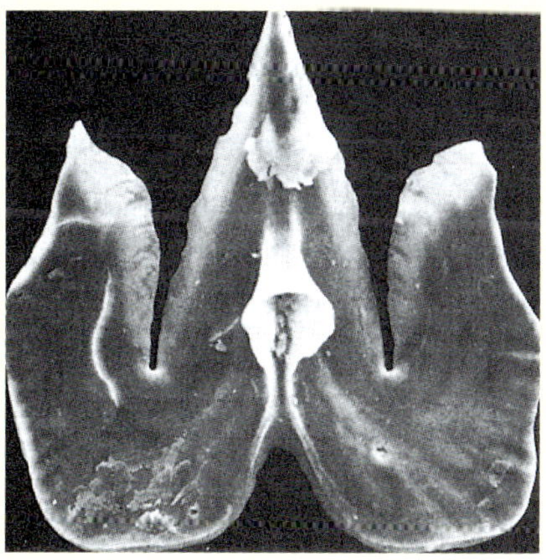

Der hier abgebildete Conodont ist nur eines von zahlreichen verschieden geformten Elementen, die z.T. sehr unterschiedlich aussehen können. Manchmal liegen derartige Conodonten-Elemente fossil in natürlichen Gruppierungen beieinander. Man spricht dann von Conodonten-Gruppen. Aus ihnen versucht man, komplette sogenannte Conodonten-Apparate zusammenzustellen, aus denen sich später vielleicht einmal deren Funktion rekonstruieren läßt.

Perfekte Anpassung der Atmungsorgane an das Milieu

460–440 Mio. Seit der ersten Entstehung des Lebens bewohnen noch alle Organismen das Wasser.

Alle höheren Lebewesen benötigen wie auch bereits viele Einzeller zur Verbrennung ihrer Nahrung Sauerstoff, den sie direkt aus dem Wasser entnehmen (→ S. 26). Dazu haben sie unterschiedliche Organe entwickelt, die bei einer Reihe von Tieren im Oberordovizium auch dann noch funktionieren, wenn – in der Gezeitenzone – vorübergehend das Wasser fehlt. Ihre Atmungsorgane werden durch besondere Vorrichtungen feucht gehalten. Dieselben Atmungsorgane gewährleisten auch die Abgabe des Verbrennungsrückstandes Kohlendioxid.

Das Watt ist ein Lebensraum, der prädestiniert erscheint, Meeresorganismen einen Ansporn zur Eroberung des Festlandes zu geben. Nur während der Flut von Wasser bedeckt, beherrschen viele Wattbewohner die Hautatmung.

Bei den Einzellern und zahlreichen einfach aufgebauten Vielzellern erfolgt die Atmung durch die Zell- bzw. Körperhaut (Hautatmung). Der Gasaustausch hängt dabei von dem Verhältnis der Körperoberfläche zur Körpermasse ab, und dieses wird um so ungünstiger, je größer die Tiere sind. Ab einer gewissen Größe und bei Tieren mit einer festen Körperdecke werden aus diesem Grund Hilfseinrichtungen für den Gasaustausch erforderlich. Bei im Wasser lebenden Tieren sind das Kiemen, also faden-, band- oder blattförmige Gebilde zur Vergrößerung der aktiven Oberfläche.

Ausschließlich Hautatmung findet sich außer bei sehr kleinen auch bei sehr flachen oder mehr oder weniger fadenförmigen Tieren, da hier der Sauerstoff zur Versorgung der Gewebe nur relativ kurze Diffusionsstrecken überwinden muß. Außer für Einzeller gilt das auch für Schwämme, Hohltiere, viele Würmer und einige Meeresnacktschnekken, in der späteren Erdgeschichte auch für die lungenlosen, vorwiegend nordamerikanischen Salamander der Familie Plethodontiden.

Die Kiemen der größeren Wassertiere sind zarthäutige, stark durchblutete Hautausstülpungen, die meist federartig zerteilt sind und deshalb besonders große Oberflächen haben. Viele Meeresborstenwürmer besitzen solche Federkiemen an den der Fortbewegung dienenden Parapodien, bei den Meeresschnecken und den Kopffüßern befinden sie sich in der Mantelhöhle. Die Kiemen der Muscheln haben die Form von Blättern, deren Oberflächen durch eine netzartige Struktur stark vergrößert sind. Bewegliche Wimpern an den Kiemen erzeugen einen Wasserwirbel, der diese Atmungsorgane ständig mit sauerstoffreichem Wasser versorgt und zugleich das Wasser, dem der Sauerstoff entzogen und das mit Kohlensäure angereichert ist, fortführt. Höhere Krebse (Dekapoden) besitzen büschelförmige Kiemen an der Basis der Brustbeine in einer vom Kopfbrustpanzer gebildeten Kiemenhöhle mit schmalen Ein- und Ausströmöffnungen. Die aus zahlreichen Plättchen zusammengesetzten Kiemen der Fische liegen außen an den Kiemenspalten des Schlundes. Das Atemwasser strömt durch das Maul ein und fließt entweder direkt oder hinter einem Kiemendeckel wieder ab.

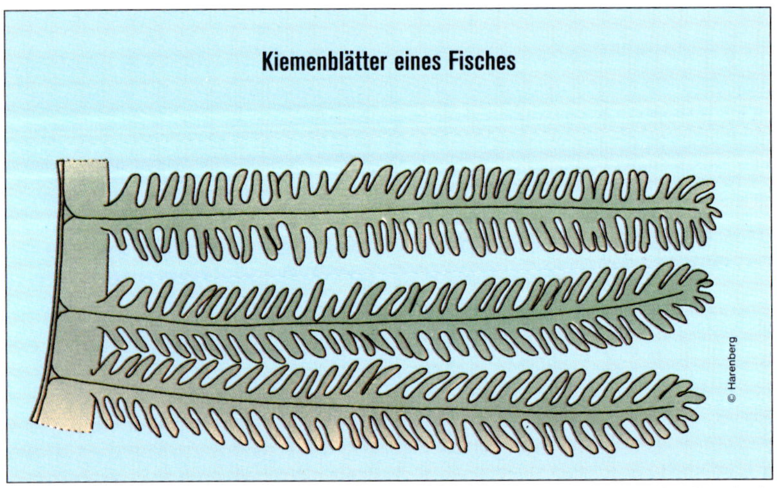

Kiemen sind zarthäutige, stark durchblutete Hautausstülpungen, die durch ihre federartige Zerteilung eine besonders große Oberfläche besitzen. Dadurch sorgen sie für einen großflächigen Kontakt zwischen dem Blutkreislauf und dem Atemmedium. Die Kiemenwände sind deshalb sehr gut durchblutet. Für den Sauerstoffaustausch durch die Aderwände ist Feuchtigkeit nötig, wobei die Lungenbläschen selbst auch feucht sind.

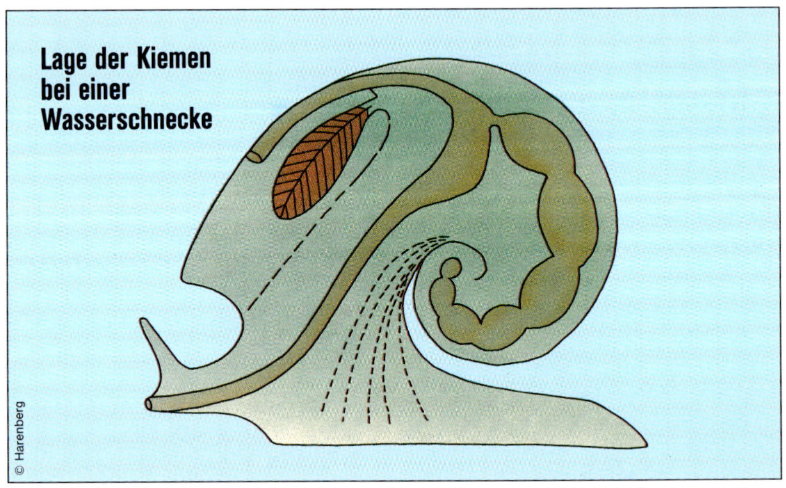

Die Kiemen der Wasserschnecke sind entstehungsgeschichtlich eine Bildung des Verdauungstraktes. Sie liegen im Inneren des Gehäuses und können dort auch noch lange Zeit feucht und damit funktionsfähig gehalten werden, wenn die Schnecke vorübergehend nicht von Wasser bedeckt ist. Das kann z. B. dann geschehen, wenn ihr Lebensraum im Gezeitenbereich liegt und sie während der Ebbe kurzfristig auf das Trockene gerät.

Weltweit erstes großes Artensterben

450–440 Mio. In der ganzen Welt sterben zahlreiche Formen tierischen Lebens aus. Das große Sterben beschränkt sich nicht nur auf einzelne Arten, sogar ganze Ordnungen und Unterklassen verschwinden, darunter die Kopffüßer-Unterklasse Endoceratoidea, die Kopffüßer-Ordnung Ellesmerocerida und die Trilobiten-Ordnung Agnostida. Zwar ist die hohe Aussterberate unumstritten, doch sind die Ursachen für diese einschneidenden Artenverluste noch nicht ausreichend geklärt.

Immer wieder sterben Tierarten aus. Normalerweise ist die Rate dieses Artensterbens aber – von statistischen Schwankungen abgesehen – in etwa konstant. Das gilt jedenfalls für in sich abgeschlossene geologische Systeme und innerhalb ökologisch homogener Gruppen von Tieren. Die normale Aussterberate liegt in der Erdneuzeit (abgesehen von den gegenwärtigen Eingriffen des Menschen in allerjüngster Zeit) bei 2% pro 1 Mio. Jahre. Man geht davon aus, daß sie im Kambrium (590–500 Mio.) bei 4,2% lag und seither kontinuierlich gesunken ist. Dagegen spricht die zunehmende Lückenhaftigkeit in der Kenntnis fossiler Tiere mit steigendem Alter. Sie scheint die angenommene höhere Aussterberate in früheren Erdzeitaltern zu kompensieren. Dieses in etwa konstante Artensterben wird durch mehrere Phasen großen Aussterbens unterbrochen.

Fünf dieser Episoden sind bekannt:
- ▷ Oberordovizium (460–440 Mio.)
- ▷ Oberdevon (375–360 Mio.)
- ▷ Grenze Perm/Trias (um 250 Mio.)
- ▷ Obertrias (230–210 Mio.)
- ▷ Grenze Kreide/Tertiär (um 66 Mio.).

Beobachtungen legten ein periodisches Wiederkehren von Epochen mit großem Artensterben nahe. Entsprechende Ereignisse spielen sich danach in Abständen von ca. 26 Mio. Jahren ab. Die immer präzisere Zeitmessung scheint dieser Spekulation zu widersprechen.

Ursachen des Artensterbens

1. Endogene Ursachen: Veränderungen im oberen Erdmantel, tektonische Ereignisse, Vulkanismus, Kontinentaldrift, Umpolung des Erdmagnetfeldes
2. Exogene Ursachen: Klimaänderungen, Änderung des Meeresspiegels, Meeresströmungen, Versalzung (Salinität), Ozeanvergiftung.
3. Extraterrestrische Ursachen: Kosmische Ereignisse wie Supernovae (Sterne mit plötzlicher extremer Helligkeitszunahme), Meteoriteneinschläge, Strahlung.

Zu den gegen Ende des Ordoviziums aussterbenden Tieren gehört u.a. die Trilobiten-Ordnung Agnostida. Das Bild zeigt einen kompletten Agnostus (rechts) neben einem Trilobiten der kambrischen Gattung Elrathina.

Europa weitgehend Flachmeeresgebiet

460–440 Mio. Seit Beginn des Ordoviziums sind weite Teile Europas noch immer von ausgedehnten Flach- bzw. Schelfmeeren überflutet. Die Britischen Inseln liegen außer dem hohen schottischen Norden und dem Südwesten Englands im Bereich der kaledonischen Geosynklinale (→ S. 29). Das trifft gleichermaßen für den größten Teil Norwegens zu. Die westliche Nordsee liegt unter einem Epikontinentalmeer (→ S. 72), das nach Süden zum Urmittelmeer (Paläotethys), einem weiteren Geosynklinalmeer, überleitet. Dieses wiederum bedeckt ganz Frankreich und die Iberische Halbinsel. Nur der Pyrenäenraum ragt als Insel daraus empor. Im Osten erstreckt sich das Meer weiter über Mittel- und Süddeutschland, die Alpenländer, Italien, Jugoslawien und den Balkan. Als große Insel hebt sich der Bereich Nordnorwegen, östliche Nordsee, Norddeutschland und ein Streifen längs der heutigen Flüsse Elbe und Oder heraus. Zwei etwas kleinere Inseln liegen im heutigen Stromgebiet der oberen (Ostbayern, Tschechoslowakei) und mittleren (Ungarn) Donau. Den Ostrand dieser drei Inseln säumt eine schmale Randsenke, die sich ebenfalls als geosynklinaler Meerestrog verstehen läßt. Ihr schließt sich im Nordosten unmittelbar ein Schelfmeer an, das in etwa Schweden, die Ostsee und weite Teile Nordrußlands bedeckt.

Streitfrage:

Mechanismen der Evolution sind weiterhin ungeklärt

Einer Ära erdgeschichtlichen Aussterbens (s. o.) folgt nachweisbar stets eine Phase rascher Weiterentwicklung. Verstärkt bilden sich weitgehend neue Baupläne. Ob diese wechselnden Phasen bestimmten Gesetzmäßigkeiten unterliegen, ist eine offene Frage.

Eine allgemeingültige Evolutionstheorie, in der sich Erkenntnisse der Paläontologen und der Biologen (Neontologen) widerspruchsfrei vereinen ließen, gibt es noch nicht. Allgemein geht man aber davon aus, daß die Entwicklung neuer Lebensformen durch ein Zusammenwirken zufälliger genetischer Mutationen und darauffolgender Selektion durch Umwelteinflüsse bestimmt wird. Auf einen Nenner gebracht ist das ein Prinzip, bei dem durch natürliche Auswahlmechanismen die für das Überleben am besten geeigneten Zufallsprodukte der Mutationen bevorzugt werden. Nichtbiologen unter den Naturwissenschaftlern (Physiker, Informatiker, Mathematiker) stehen dieser Auffassung z. T. sehr skeptisch gegenüber. Ihr Gegenargument: Zufällige Veränderungen eines größeren Datensatzes (des genetischen Materials) führen niemals zu höheren Ordnungsprinzipien, sondern zu immer strukturloseren Datenansammlungen. Daß in der Tat auch andere Faktoren in Betracht zu ziehen sind, legen neben paläontologischen auch allerneueste Erkenntnisse der Zugvogelforschung der Max-Planck-Gesellschaft nahe. Sie wiesen nach, daß genetische Mutationen wenigstens in einzelnen Fällen gezielt (und nicht statistisch) in Richtung Anpassung an veränderte Umweltbedingungen erfolgen, und dies schon innerhalb einiger weniger Generationen.

Dieses Ergebnis widerspricht auch der bisherigen Auffassung, daß Evolution ein sehr langwieriger Prozeß ist. Sie machte ein rasches Auftreten zahlreicher neuer Arten, Gattungen und Ordnungen in evolutionaren Schüben (Radiation) unverständlich. Man versuchte, diese als – im Prinzip unverstandene – »Makroevolution« von einem Mutations-Auswahlmechanismus, der »Mikroevolution«, zu trennen. Möglicherweise machen die Erkenntnisse der Max-Planck-Vogelforscher die Unterscheidung zwischen Mikro- und Makroevolution überflüssig, da eine viel raschere biologische Entwicklung gegeben zu sein scheint.

Pflanzen und Tiere erobern Süßwasser und Festland

Die zeitliche Gliederung

Den Begriff Silur verwendete erstmals der englische Paläontologe Murchison im Jahre 1835. Er leitete ihn vom Namen eines keltischen Volksstammes ab und verwendete ihn für Schichten, die vom mittleren Teil des heute als Ordovizium bezeichneten Systems (480–460 Mio.) bis zum Beginn des Devon (um 410 Mio.) reichen. 1879 revidierte sein Landsmann und Fachkollege Lapworth den Begriff, indem er insbesondere die weiter zurückliegenden Abschnitte des Systems als selbständiges »Ordovizium« abtrennte. Lange Zeit danach wurde das Silur auf den Bereich zwischen sogenannter Llandoverian-Untergrenze und Ludlovian-Obergrenze beschränkt. Diese Zuordnung von Sedimentationsfolgen entspricht dem Zeitraum vor 440 bis 415 Mio. Jahren. Später nahm man aufgrund von Sedimentbeschaffenheiten und der Tierwelt noch das Pridolian hinzu und kam auf diese Weise zur heute üblichen zeitlichen Definition des Silurs:

Untersilur	(440–420 Mio.)	Llandoverian	(440–425 Mio.)
		Wenlock	(425–420 Mio.)
Obersilur	(420–410 Mio.)	Ludlovian	(420–415 Mio.)
		Pridolian	(415–410 Mio.)

Verschiedene Wissenschaftler verstanden unter Silur auch den gesamten vordevonischen Abschnitt des Erdaltertums, also Ordovizium (500–440 Mio.) und heutiges Silur. Sie bezeichneten das jetzige Silur als Obersilur oder Gotlandium.
Die Obergrenze des Silur (410 Mio., nach manchen Autoren 400 Mio.) ist nach neuer internationaler Regelung dort gezogen, wo erstmals der Graptolith Monograptus uniformis als Leitfossil auftaucht. Die Untergliederung des Silur in die vier genannten Abschnitte erfolgt ebenfalls mit Hilfe von Graptolithen (→ S. 66), neuerdings bzw. lokal auch auf der Grundlage verschiedener Conodonten (→ S. 62), Ostracoden (Schalenkrebse, → S. 61) und Brachiopoden (Armfüßer, → S. 50).

Geographische Verhältnisse

Die Aufteilung der Erdoberfläche in Meere und Festland gleicht jener im Ordovizium. Kam es gegen Ende dieser Ära zu einem gewissen Meeresrückzug (Regression, → S. 107), so bewegt sich das Meer während des Silurs wieder in Richtung Festland (Transgression). Jedoch ist dieser Prozeß nicht überzubewerten, zumal das Meer regional auch wieder durch Gebirgshebungen zurückgedrängt wird. Solche Regressionen gibt es in größerem Ausmaß gegen Ende des Silurs.
Geographisch dominieren wie bereits im vorhergehenden Ordovizium zwei mächtige, in sich gegliederte große Kontinentalmassen, die Norderde (Laurasia) und die Süderde (Gondwana; → 520–500/S. 72). Der Südpol liegt im heutigen südwestlichen Afrika, der Nordpol ist seit dem Ordovizium vom heute mittleren in den heute nördlichen Pazifik gewandert. Vom Norden Australiens quer durch das »Urmittelmeer« (Tethys) nach Europa verläuft der Äquator und dort weiter etwa vom Schwarzen Meer bis zu den Britischen Inseln. Von hier erstreckt er sich über Grönland zur Amerikanischen Tafel.
Besonders gegen Ende des Silurs kommt es zur Auffaltung jener mächtigen Sedimentschichten, die sich während des Altpaläozoikums in Geosynklinalräumen (→ S. 29) gebildet haben, sowie zur schildförmigen Hebung schon früher erstarrter Erdkrustenbereiche. Diese großräumigen tektonischen Prozesse führen zu einer Umstellung des gesamten Bauplans der Erdkruste. Damit findet die sogenannte kaledonische Ära der Erdentwicklung ihr Ende.
Im einzelnen bestehen folgende geographische Verhältnisse: Wie in den meisten Regionen der Erde bleiben in Europa die regionalen Abgrenzungen zwischen Sedimentations- und Erosionsgebieten im großen und ganzen erhalten. Hier stehen sich die kaledonische Geosynklinale im Nordwesten der Osteuropäischen Tafel einerseits und das epikontinentale Flachmeer des Balto-Sarmatischen Schelfs als Großräume gegenüber. Mitteleuropa nimmt eine Sonderstellung ein: Nach einer Zeit von Meeresübergriffen hebt sich gegen Ende des Silurs das Kaledonische Gebirge heraus, das durch Zusammenpressen und Verfalten der mächtigen Sedimentpakete der Geosynklinalen in diesem Raum entsteht. Auf den Britischen Inseln ist die kaledonische Geosynklinale in mehrere Teiltröge gegliedert, in denen es zu marinen Ablagerungen kommt. Auffaltungen der gefüllten Geosynklinalräume spielen auch in Norwegen eine Rolle, hier allerdings vorwiegend im Untersilur und kaum im Obersilur. Ein Schelfmeer bedeckt die Osteuropäische Tafel wie im Ordovizium. Die mitteleuropäischen Verhältnisse – vorwiegend Geosynklinalmeer mit entsprechenden Ablagerungen – setzen sich nach Süd- und Westeuropa und bis nach Nordafrika fort. Weite Flachmeeresgebiete finden sich auch in Nord- und Südamerika, in Asien und Australien.

Starke Sedimentbildung – geringer Vulkanismus

Überwiegend sedimentäre Prozesse sind es, die im Silur gesteinsbildend wirken. Vulkanische und magmatische Vorgänge spielen dagegen eine untergeordnete Rolle und sind nur für das Ende des Silurs im Gebiet des Kaledonischen Gebirges (besonders in Mitteleuropa) nachzuweisen. In Verbindung mit der Auffaltung der Ketten dringen vor allem saure Gesteinsschmelzen aus der Tiefe in die Faltensysteme ein und bewirken dort durch die Zuführung von Wärmeenergie eine thermische Umwandlung besonders der Tiefengesteine. Sie unterstützen damit einen Prozeß, der ohnehin durch die mechanische Gesteinsbelastung im Rahmen der Faltung ausgelöst worden ist.
Ausgeprägte Riffbildungen, also die Entstehung von Kalkablagerungen, sind in weiten Gebieten der europäischen Meere zu verzeichnen; noch heute sind die zu dieser Zeit entstandenen Riffe Gotlands wegen ihrer Mächtigkeit berühmt. Reine Tonschiefer-Kieselschiefer-Abfolgen überwiegen in den Ostalpen, und in Frankreich sowie auf der Iberischen Halbinsel lagern sich neben Kalken und dunklen Graptolithenschiefern (→ S. 66) auch vereinzelt Sandsteine und Vulkanite ab.

In Nordamerika dringt das Meer über die im Ordovizium (takonisch) aufgefalteten Regionen wieder vor. Dort kommt es zunächst vor allem zur Ablagerung von grobem Erosionsschutt. Später folgen Sandsteine und Schiefer, auch feinere Erosionssedimente, danach mächtige Kalk- und Dolomitschichten. Als dann gegen Ende des Silurs das Meer wieder zurückweicht, bilden sich im trockenen heißen Klima festländische Gips- und Steinsalzlager.
Im kühleren Südamerika sind dagegen die Kalkbildungen in den Meeresgebieten unbedeutend. Hier lagern sich vor allem in Südperu, Bolivien und im westlichen Argentinien sandige Gesteine ab. In Asien – vom Ural bis in den Südosten des Kontinents – fallen in erster Linie graptolithenführende Tonsteine und Bänke von Riffkalk an. Mehrere 1000 m mächtig sind die silurischen Sedimente in Australien. Sie bestehen hier aus Ton-, Sand- und Kalkstein.

Klimatische Verhältnisse

Das Klima bleibt im großen und ganzen seit dem Kambrium gleich: Nordamerika und Europa, vor allem die heute nördlichen und arktischen Zonen, sind warm und – besonders gegen Ende des Silurs – trocken. Möglicherweise liegen aber die Trockenzonen Europas nördlich, diejenigen Nordamerikas (im Landessüden) südlich des Äquators. Wie im Ordovizium fehlen in Südamerika und Afrika (außer dem Gebiet nördlich der Sahara) Hinweise auf ein warmes Klima. Hingegen setzt sich zumindest im Bereich der Sahara und der Sahelzone sowie im Kap-Gebiet die großräumige Vereisung fort. Dauerfrost und Vereisung prägen möglicherweise auch den Osten Südamerikas (Brasilien). Australien und die Antarktis bleiben weiterhin im Bereich warmen, wahrscheinlich sogar tropischen Klimas. Besondere Klimazeugen für warme bis heiße Gebiete sind im Bereich der Meere die Riffe. Dieser Kalkgürtel umfaßt im Silur auf der Nordhalbkugel in besonders auffälliger Weise die schwedische Insel Gotland, die Riffe im östlichen und nordöstlichen Nordamerika (Niagara), im Westen Nordamerikas (Nevada), im Norden Asiens (Neusibirische Inseln, Werchojansk) und – gegen Ende des Silurs – Riffe in Nordwestpakistan. Auf der Südhalbkugel erstrecken sich bedeutende Korallenriffe von Queensland über mehr als 2500 km bis Tasmanien.
Ganz generell läßt das Klima im Verlauf des Silur einen Wandel erkennen: Ist es zu Beginn dieser Ära global feucht, so wird es gegen Ende eher trocken-warm.

Pflanzen- und Tierwelt

Pflanzen und Tiere beschränken sich zu Anfang des Silurs wie schon zuvor ausschließlich auf das Meer als Lebensraum. Begünstigt durch das warme Klima und die ausgedehnten Flachmeere entwickelt sich die Tierwelt rasch fort, und zwar sowohl im Hinblick auf die Arten- wie auf die Individuenzahl. Das führt zugleich zu einer starken Zunahme der Riffbildung. Die bei weitem wichtigste Tiergruppe stellen nach wie vor die Wirbellosen (Invertebraten). Ihnen gegenüber spielen die Wirbeltiere (Vertebraten) noch eine völlig untergeordnete Rolle, obwohl sie eine beachtliche anatomische Weiterentwicklung erfahren.
In den Flachwasserbereichen dominieren Armfüßer (Brachiopoden, → S. 50), Trilobiten (→ S. 66), verstärkt Mollusken und Korallen (→ S. 106); in den Tiefenwasserzonen herrschen die Graptolithen (→ S. 66) vor. Charakteristisch für die in landfernen Hochseeregionen lebenden Graptolithen ist eine auffällige Entwicklung zu immer einfacheren Formen. Die mehrästigen Formen sterben aus, und besonders im oberen Silur kommt es zu einer deutlichen Verringerung von Arten. Das betrifft wohl nicht nur die Graptolithen, sondern die Fauna generell. Bei den in sandig-mergelig bis kalkigen Schelfmeeresbereichen lebenden Trilobiten fällt auf, daß jüngere Exemplare mehr und mehr gekörnte Panzerstrukturen und eine oft intensive Bestachelung aufweisen.
Einige Tierarten entwickeln ein enormes Größenwachstum. So fallen unter den Gliederfüßern besonders die an den heutigen Molukkenkrebs erinnernden Riesenkrebse (Gigantostraken) auf. Einzelne Vertreter der Arten Eurypterus und Pterygotus erreichen weit über 1 m Länge. Im Verlauf des Silurs verlagern sie ihren Lebensraum in flachere Wasserzonen, zum Schluß in seichte Lagunen. Wichtig als Leitfossilien werden unter den Gliederfüßern in erster Linie verschiedene Schalenkrebse (Ostracoden), die zu dieser Zeit teilweise als spezialisierte Formen in Erscheinung treten. Auch verschiedene Armfüßergattungen (Brachiopoden, → S. S. 50) stellen wichtige Leitfossilien.
Sehr arten- und individuenreich sind die Schnecken und Muscheln. Aber gegenüber ihren Vorgängern im Ordovizium zeigen sie kaum irgendeine Weiterentwicklung. Weltweit stark verbreitet ist besonders die Cardiola cornucopiae, eine dünnschalige kleine Muschel mit hochgewölbten Klappen und zahnlosem Schloß.
Deutlich artenärmer als in der vorhergehenden Ära präsentieren sich dagegen die zu den Kopffüßern gehörenden Nautiliden. Ihre Schalenformen reichen von dickwandig-gestreckt über schwach gekrümmt bis halb oder vollkommen eingerollt.
Im Ordovizium noch relativ selten, gewinnen die Korallen (Anthozoen, → S. 59) rasch an Bedeutung, und das gleich in dreierlei Hinsicht: Ihr Formenreichtum wächst schnell, die Zahl der Individuen erhöht sich beträchtlich, und die regionale Ausbreitung ihrer Lebensräume schreitet fort. Von großer Bedeutung sind die sogenannten Bödenkorallen (Tabulaten) und die sogenannten Septenkorallen (Rugosen). Mit der Zunahme der Korallen treten in vielen Gebieten der Erde neuartig strukturierte Kalksedimente auf: Grobbankiges und ungeschichtetes Gestein. An seiner Bildung beteiligt sind neben den Korallen auch Moostierchen (Bryozoen, → S. 80), Schwämme (Spongien, besonders Stromatoporen, → S. 239) und Kalkalgen, in geringerem Umfang auch die Kalkschalen der Stachelhäuter (Echinodermaten, → S. 60). Besonders wichtig unter den gesteinsbildenden Stachelhäutern werden die Seelilien (→ S. 77), deren Stielglieder (Trochiten) zur Entstehung beachtlicher Gesteinsbänke (Trochitenkalk) führen.
Äußerst bemerkenswert ist die Weiterentwicklung der Fische. Neben den Kieferlosen (Agnathen, → S. 73) erscheinen gegen Ende des Silurs alle eigentlichen Fischklassen.
Der wohl bedeutendste evolutionäre Schritt besteht aber darin, daß das Leben im Obersilur beginnt, das Festland zu erobern. Zunächst sind es Nacktpflanzen (Psilophytales, → S. 108), die sich als Vorfahren aller Landpflanzen zeigen. Ihnen folgen rasch auch die ersten Tiere in den neuen Lebensraum, anfangs allerdings noch auf wassernahe Feuchtgebiete beschränkt. So gehen erste Gliederfüßer, von ihrem Panzer gegen Austrocknung geschützt und mit feucht gehaltenen Kiemen, an Land. Pflanzliches und tierisches Leben erobert auch die kleineren Inlandgewässer: Seen, Teiche, Tümpel und ruhige Flüsse.

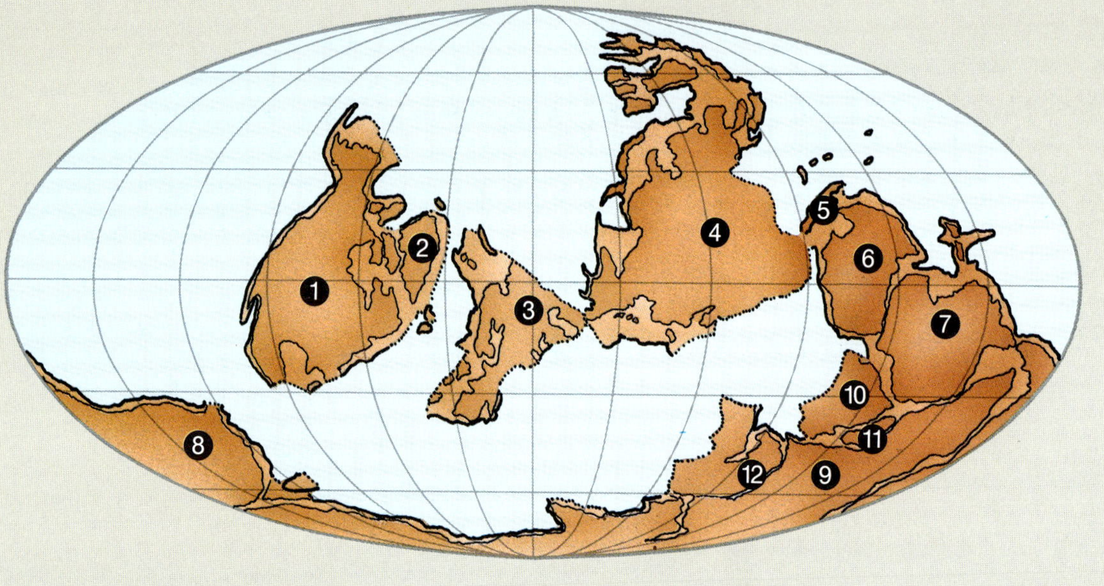

Die einzige auffällige Kontinentaldrift gegenüber dem Unterordovizium betrifft Europa (3), das sich um knapp 20 Grad im Gegenuhrzeigersinn gedreht hat und zugleich etwas nach Süden gewandert ist. Westlich davon gruppiert sich beidseitig des Äquators die Landmasse Nordamerikas (1) mit Grönland (2); östlich von Europa liegt – im wesentlichen auf der Nordhalbkugel – die asiatische Landmasse (4). Alle anderen kontinentalen Bereiche bilden einen langgestreckten, in Westostrichtung weltumspannenden Block, der sich größtenteils auf der Südhemisphäre befindet: Südamerika (8), Afrika (9), Arabien (12), Indien (10), Madagaskar (11), Neuguinea (5), Australien (6) und Antarktika (7).

440–420 Mio.

Das Untersilur

Um 440 Mio. Die makroskopischen Algen entwickeln sich weiter. Zu ihnen zählen Rotalgen (Solenoporaceen, Corallinaceen) und Grünalgen (Codiaceen, Dasycladaceen). Viele ihrer Arten sind in der Lage, Kalk abzuscheiden und wirken infolgedessen riffbildend. Bereits im frühesten Silur erreichen die makroskopischen Algen eine Evolutionsstufe, die sie auch heute noch einnehmen. → S. 100

Unter den Kieferlosen (Agnatha), frühen Verwandten der Fische, entwickelt sich neu die Klasse Cephalaspidomorpha, zunächst mit der Unterklasse Anaspida, die im Oberdevon (375–360 Mio.) wieder ausstirbt. Die Anaspida haben spindelförmige Körper, die von Längsreihen aus schmalen, hohen Aspidin-Platten umgeben sind. Aspidin ist eine Skelettsubstanz ohne Knochenzellen. Das Innenskelett der Anaspida ist knorpelig. → S. 99

Als wohl erste Klasse der echten Fische (Pisces) erscheinen die Stachelhaie (Acanthodii). Sie besitzen ein Außenskelett aus Knochensubstanz und sind wahrscheinlich die Vorfahren der Knochenfische. Ihre Hauptverbreitung fällt ins Unterdevon (410–390 Mio.). Im Perm (290–250 Mio.) sterben sie wieder aus. → S. 99

440–435 Mio. Die sogenannte takonische Gebirgsbildung, eine Phase der großen weltweiten kaledonischen Orogenese, geht zu Ende. Ihr verdanken u. a. die Gebirge Spitzbergens, der skandinavischen Hochregionen und Westeuropas (Irland, Schottland, Brabant), Grönlands, Neufundlands und der nördlichen Appalachen (Nordamerika) ihre Entstehung. → S. 106

440–430 Mio. In Nordafrika setzt sich die schon im Ordovizium (500–440 Mio.) eingetretene Vereisung fort. In Südafrika herrscht die Tafelberg- oder Pakhuis-Vereisung. Möglicherweise sind die beiden ausgedehnten Gletschergebiete in Form einer Vereisung, die auch Zentralafrika umfaßt, miteinander verbunden.

440–420 Mio. Die Fische sind bereits mit einzelnen Klassen vertreten und werden nacheinander spätestens bis zum Obersilur belegbar. Neben der seit dem Oberkambrium (520–500 Mio.) bekannten Klasse Pteraspidomorpha der fischartigen Kieferlosen (Agnatha) treten ab dem Silur die Cephalaspidomorpha mit den Unterklassen Osteostraci und Anaspida hinzu. Verbreitet im Untersilur sind auch bereits die sogenannten Stachelhaie (Acanthodii), einfach gebaute Fische mit einem verknöcherten Außenskelett. Sie sind keine echten Haie. → S. 99

Fossil lassen sich erstmals Flagellaten nachweisen; das sind 5 bis 2000 μm große pflanzliche oder tierische Einzeller mit meist zwei Geißeln. Vermutlich existieren sie schon seit dem Präkambrium (4000–590 Mio.). Zusammen mit den Dinoflagellaten bilden sie einen Teil der als »Stacheleier« (Hystrichosphäroideen) bezeichneten Zysten des Meeresplanktons. → S. 100

440–410 Mio. Leitfossilien des Silurs sind in erster Linie Korallen (Anthozoa), Armfüßer (Brachiopoda), die zu den Kopffüßern zählenden Nautiloidae, Trilobiten, Schalen- oder Muschelkrebse (Ostracoda) und besonders Graptolithen. → S. 106

Während des gesamten Silurs herrscht in vielen Gebieten der Welt kräftiger Vulkanismus, vor allem auch Plutonismus (Eindringen von glutflüssigen Magmen in tiefere Bereiche der Erdkruste). → S. 102

Im Meeresgebiet zwischen Queensland (Australien) und Tasmanien bilden sich mächtige Korallenriffe mit einer Gesamtlänge von über 2500 km, die mit dem heutigen Großen Barriereriff vergleichbar sind. → S. 101

Das Klima ist in den meisten Teilen der Welt feuchtwarm, in einzelnen Regionen auch trockenheiß. – Klimabedingt kommt es zu dieser Zeit in Nordamerika und Sibirien zur Entstehung bedeutender Salzlager. → S. 106

Das Silur ist von einer Vorherrschaft des Meeres über das Festland (Thalattokratie) geprägt. Erst gegen Ende dieser erdgeschichtlichen Ära zeigen sich Tendenzen eines Meeresrückzuges. Besonders in Nordamerika kommt es dabei zur Entstehung ausgeprägter Dürregebiete, in denen sich Gips- und Steinsalz ablagern.

Von starker Riffkalkbildung sind die schwedische Insel Gotland, Nordamerika (Niagara-Riffe), gegen Ende des Silurs auch der Norden Asiens und Nordwestpakistans geprägt. Die Schichten sind oft reich an Erdöllagern.

In Südamerika lagern sich in weiten Gebieten Sande ab, die sich zu Sandstein verfestigen.

In Asien kommt es weiträumig zu maritimen Ablagerungen (Graptolithen führende Tone, Korallen- und Brachiopodenkalke).

Auf der osteuropäischen Tafel setzt sich die schon im Ordovizium (500–440 Mio.) eingeleitete Schelfmeeresentwicklung fort, bei der sich flache Meerwassergebiete ausbilden.

Auf der russischen Tafel und in Sibirien kommt es infolge trockenheißen Klimas durch die Verdunstung gewaltiger Wassermassen in flachen Meeresbecken zur Ablagerung mächtiger Evaporitschichten, das sind salzhaltige Eindampfungsgesteine. → S. 106

440–390 Mio. Braunalgen (Phaeophyta), die sich von den heute lebenden Braunalgen wesentlich unterscheiden, besiedeln flache Meeresgebiete. Es sind meist festsitzende Lagerpflanzen, bei denen der braune Farbstoff Fucoxanthin das Chlorophyll überdeckt. Die auch im Devon (410–360 Mio.) vorkommenden Braunalgen (Prototaxitaceae) können erhebliche Größen erreichen und Stengel von mehr als 20 cm Stärke ausbilden. → S. 100

440–360 Mio. In den Meeren leben weit verbreitet Thelodontia. Sie repräsentieren eine Ordnung der fischähnlichen Kieferlosen (Agnatha). Der Körper der Thelodontia ist mit kleinen Schuppen besetzt. Fossil finden sich im Obersilur und Devon (410–360 Mio.) häufig die für sie typischen Hautzähne mit einer Krone aus Zahnbein (Dentin) und Zahnschmelz (Durodentin). Charakteristisch für die Thelodontia sind eine deutliche Abgrenzung von Kopf und Rumpf sowie eine asymmetrische Schwanzflosse.

440–250 Mio. Die Stachelhäuter der Klasse Knospenstrahler (Blastoidea) bevölkern die Meere. Die Körper dieser meist gestielten, am Boden festsitzenden Tiere bestehen aus 18 bis 21 kreisförmig angeordneten Platten. Im Perm (290 bis 250 Mio.) sterben die Knospenstrahler wieder aus.

Die Seelilien und Haarsterne (Crinoidea) haben ihre Hauptblütezeit und entwickeln eine Vielfalt neuer Formen. Gegen Ende des Perms (290–250 Mio.) geht die Verbreitung dieser zu den Stachelhäutern zählenden Meerestiere wieder zurück. → S. 101

430–420 Mio. Es herrscht eine geomagnetische Periode mit vorwiegend reverser Polung, d. h. die Lage der magnetischen Erdpole ist gegenüber den heutigen Verhältnissen meistens umgekehrt.

Um 420 Mio. Nur unwesentlich später als die Stachelhaie (Acanthodii) erscheinen mit den Knochenfischen (Osteichthyes) weitere Vertreter aus der Klasse der echten Fische, die sich ab dem Obersilur (420 Mio.) sprunghaft verbreiten. Sie gehören zu den Kiefermäulern (Gnathostomata), deren Vorfahren nicht die Kieferlosen (Agnatha) sind. → S. 99

Die ersten Spinnentiere (Arachnida) treten in Erscheinung. Sie gehören zu den Gliederfüßern (Arthropoda), besitzen einen deutlich zweigegliederten Körper und verfügen über acht Laufbeine. Die wohl frühesten Spinnentiere sind die räuberisch lebenden Meeresskorpione, die mitunter eine enorme Größe erreichen. → S. 100

Die Kopffüßer-Ordnungen Ascocerida und Tarphycerida, die beide seit dem Ordovizium (500–440 Mio) nachgewiesen sind, sterben aus.

Erste Fische leben in Flüssen, Seen und Weltmeeren

440–410 Mio. Die vier wichtigsten Klassen der Fische und Fischartigen sind in nennenswerter Anzahl vertreten. Sie sind nacheinander bis spätestens zum Obersilur (440–420 Mio.) nachweisbar. Damit treten neben die bereits seit dem Oberkambrium (520–500 Mio.) vertretenen fischähnlichen Kieferlosen (Agnatha, → S. 73), von denen jetzt die beiden Unterklassen Osteostraci und Anaspida neu erscheinen, die ersten »echten Fische« mit Kiefer auf.

Frühe Formen der Panzerfische (Placodermi) gehören zu den ältesten kiefertragenden Fischen. Ihr Gesamterscheinungsbild mit den stark verknöcherten Hautpartien ähnelt noch jenem der kambrischen Kieferlosen. Wahrscheinlich sind sie anfangs im Süßwasser entstanden, bevor sie später im Devon (410–360 Mio.) in größerer Artenzahl ins Meer vordringen konnten.

Im Obersilur (420–410 Mio.) erscheinen die Stachelhaie (Acanthodii), keine echten Haie, sondern relativ primitive Fische mit einem Außenskelett, das aus echten Knochen besteht. Auffällig ist ein kräftiger Stachel vor jeder Flosse. Sie sind vermutlich die Vorfahren der Knochenfische, haben ihre Blütezeit im Unterdevon (410–390 Mio.) und sterben bereits im Perm wieder aus.

Die sogenannten höheren Knochenfische (Osteichthyes) treten im Obersilur (420–410 Mio.) sehr plötzlich in Erscheinung. Man nimmt deshalb an, daß sich die ersten Stadien ihrer Entwicklung im Untersilur (440–420 Mio.) in den Oberläufen von Flußsystemen abspielen. Diese Gebiete sind in der Regel Erosionsregionen mit sehr schlechter Fossilienerhaltung. Die ersten Knochenfische zeichnen sich durch eine Art Lungensäcke aus, die als Ausstülpung des Vorderdarms angelegt sind. Diese »Lungen« existieren parallel zu einem Kiemenapparat (→ S. 94). Ihr Skelett ist meist gut verknöchert.

Als weitere Klasse erscheinen die Knorpelfische (Chondrichthyes), zu denen heute die Haie und Rochen zählen. Sie entwickeln kein Knochengewebe, weswegen sich fossile Reste oft nur auf die Zähne beschränken. Als große Gruppe machen sich die Knorpelfische im Devon bemerkbar, doch dürften sich ihre Ahnformen im Mittelsilur von den Panzerfischen ableiten.

Kieferlose oder Agnatha
Die ersten Wirbeltiere sind die fischähnlichen Kieferlosen. Sie umfassen verschiedene Ordnungen, darunter die Meterostraci, Galeaspida, Thelodonti, Osteostraci, Anaspida und Petromyzonta. Zu den Osteostraci gehört die hier rekonstruierte Gattung Dartmuthia, die im Obersilur in Europa (Estland) verbreitet ist. Der einzige fossil erhaltene und somit bekannte Körperteil ist der breite Kopfschild. Heute sind die Kieferlosen u. a. durch die Neunaugen und die Schleimfische vertreten.

Stachelhaie oder Acanthodii
Als erste kiefertragende Wirbeltiere treten die Stachelhaie (mit den echten Haien sind sie aber keineswegs verwandt) auf. Das abgebildete Exemplar vertritt die Gattung Climatius und ist von Obersilur bis ins Unterdevon in Europa (Großbritannien) und Nordamerika (Kanada) zu Hause. Vermutlich haben sich die Kiefer aus den ersten Kiemenbögen eines kieferlosen Fisches entwickelt und bestehen aus gelenkig miteinander verbundenen Knorpelstücken. Die meist sechs Kiemenspalten werden von besonderen Deckeln geschützt.

Knorpelfische mit Zähnen
Die ersten Wirbeltiere, die sowohl Kiefer wie Zähne besitzen, sind die Knorpelfische oder Chondrichthyes. Zu ihnen gehören heute die echten Haie, die Rochen und die Chimären. Die beiden ersteren werden als Elasmobranchii zusammengefaßt. Hierzu gehört die abgebildete Gattung Cladoselache, die besonders im Oberdevon Nordamerikas (Ohio) verbreitet ist, aber vereinzelt auch schon im Obersilur vorkommt. Vertreter dieser Ordnung besitzen Zähne mit mehreren Spitzen.

Erfolgreiche Knochenfische
Die weitaus lebenstüchtigsten frühen Wirbeltiere sind die Knochenfische oder Osteichthyes. Von ihren ersten Vorfahren stammen die meisten der heute lebenden Meeres- und Süßwasserfische ab. Gezeigt ist eine Moythomasia-Art aus dem Mitteldevon. Sie entwickelte sich als Süßwasserfisch wahrscheinlich aus Ahnenformen, die an der Wende Silur/Devon lebten und gehört zu den Strahlenflossern (Actinopterygii), die sich von den Fleischflossern durch Ganoidschuppen unterscheiden

Meeresskorpione als erste Spinnentiere

420 Mio. Als erste Vertreter der Spinnentier-Klasse (Arachnida) erscheinen die Meeresskorpione. Die Arachniden sind sogenannte Fühlerlose (Chelicerata: Scherenhörnler), zu denen u. a. auch die älteren Schwertschwänze (Xiphosura, → 590 Mio./S. 61) gehören. Ihr Körper ist deutlich zweigegliedert. Er besteht aus dem Prosoma, das in einer Einheit Kopf und Brust umfaßt, und dem Opisthosoma, dem Hinterleib. Eines der beiden vordersten Extremitätenpaare trägt Scheren (Chelae). Ein weiteres hat die Funktion von Tastern, die entwicklungsgeschichtlich zunächst der Fortbewegung dienten, bis sie sich weitgehend zu Greif-, Kau- oder Sinnesorganen umgewandelt haben. Die Arachnida besitzen acht Laufbeine. Ihr Hinterleib, von dem keine Gliedmaßen ausgehen, baut sich aus bis zu zwölf Segmenten auf. An seiner Unterseite liegen bei den luftatmenden Spinnentieren vier Paar Atemöffnungen oder Stigmen, die in die als Fächertracheen (→ S. 126) entwickelten Atmungsorgane führen. Der bewegliche Hinterleib der Skorpione umfaßt fünf Segmente, die gelenkig miteinander verbunden und fast schwanzartig stark verschmälert sind.

Die Meeresskorpione, die z. T. eine beachtliche Größe erreichen können, leben räuberisch. Sie ernähren sich von kleinen Beutetieren, sind getrenntgeschlechtlich und bringen lebendige Junge zur Welt, d. h. die vollständige Entwicklung der Eier vollzieht sich im Muttertier.

Für die Paläontologen sind die Spinnentiere von besonderer Bedeutung. Einer ihrer Vertreter, der Seeskorpion Palaeophonus nuncius, gilt als das erste tierische Lebewesen, das sich vom Wasser aus im Obersilur einen neuen Lebensraum erobert: Das Festland (→ S. 107).

◁ *Eine Klasse der Fühlerlosen (Chelicerata) sind die Merostomata. Zu ihnen gehört dieser Eurypterus. Die Eurypterida sind vom Ordovizium bis Perm mit zahlreichen Arten zwischen wenigen cm und 3 m Körpergröße vertreten.*

◁ *Gedrungen gebaute Fühlerlose der Unterklasse Xiphosura (Schwertschwänze) sind die Vertreter der Gattung Weinbergina (Bild: Weinbergina opitzi), die im Unterdevon besonders häufig sind. Fossil aus dem Hunsrück.*

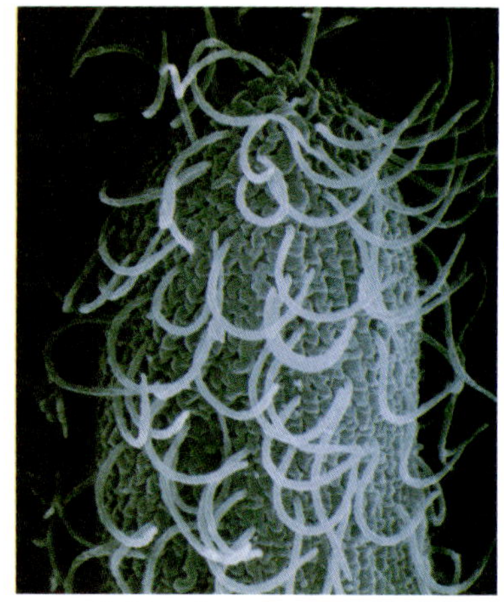

Pantoffeltierchen der Gattung Paramecium (Klasse Ciliata) unter dem Rasterelektronen-Mikroskop

Dinoflagellaten fossil gut überliefert

440–410 Mio. Erstmals sind fossile Einzeller, Dinoflagellaten, nachweisbar, die zu dieser Zeit einen Panzer u. a. aus Zellulose entwickelt haben. Sie leben überwiegend im Plankton der Meere und besitzen meistens zwei Geißeln, die der Fortbewegung im Wasser dienen. Dinoflagellaten existierten vermutlich schon viel früher als freischwimmende Körperchen (→ 500 Mio./S. 82). Doch besaßen sie in diesem Stadium noch Gehäuse aus andersartigen Substanzen. Die sogenannten Hystrichosphären (»Stacheleier«) des Silurs sind hart und fossil besonders gut überlieferbar.

Großwüchsige Algen erreichen höchste Entwicklungsstufe

440–420 Mio. Neben den einzelligen und winzigen Mikroalgen nehmen die größeren (makroskopischen) Algen in den marinen Lebensräumen zu. Bereits im frühen Silur erreichen sie die Evolutionsstufe, die sie auch heute einnehmen. Da keine Entwicklungslinien zu erkennen sind, liefern sie keine Hinweise darauf, wie die Pflanzen die Landmassen erobern (→ S. 107, 108).

Üblicherweise unterteilt man die Makroalgen in Grünalgen (Chlorophyceen), Braunalgen (Phaeophyceen) und Rotalgen (Rhodophyceen). Als Mikroorganismen sind alle drei schon seit dem Kambrium (590–500 Mio.) oder Präkambrium (4000 bis 590 Mio.) bekannt. Neu im Silur sind großwüchsige Formen, bei den Grünalgen z. B. die rasch weit verbreiteten Dasycladaceen. Sie lassen sich an ihrem quirligen Aufbau erkennen, dem sie auch die Bezeichnung »Wirtelalgen« verdanken. Auch unter den Rotalgen entwickeln sich im Silur Riffbildner, besonders die Solenoporaceen und Corallinaceen (auch als Nulliporen oder Korallenalgen bekannt). Sie bauen kugelige Gebilde auf, die sich unter dem Mikroskop als Zusammenschluß strahlenförmig auseinanderlaufender Zellfäden zeigen.

Bei der Braunalge Prototaxites bilden die Stengel ein Geflecht längsgerichteter Zellen.

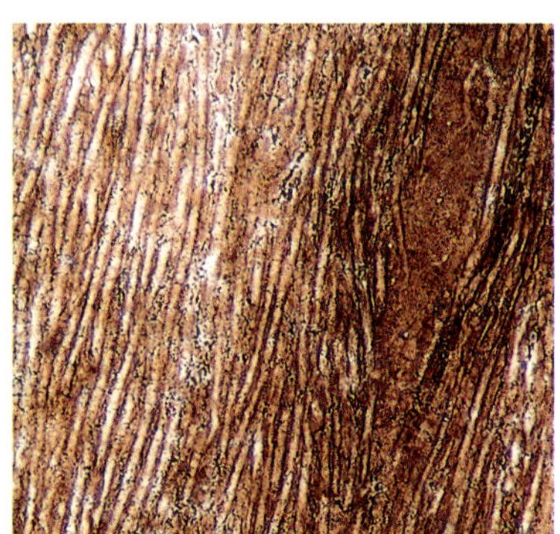

Die Mikroaufnahme dieser fossilen Prototaxites-Art aus dem Unterdevon zeigt Details der Haut.

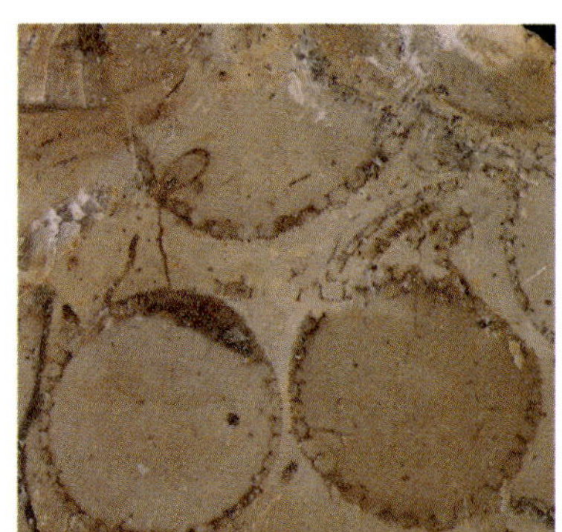

Querschnitt durch Sprosse einer Alge der Gattung Cyclocrinus aus dem deutschen Ordovizium

Das heutige Große Barriereriff, über das hier eine Sportmaschine fliegt, hat sowohl in seiner Lage als auch in seiner Größe Ähnlichkeit mit dem gewaltigen australischen Riff während des Silurs.

Korallenriff von mehr als 2500 km Länge entsteht vor Australiens Ostküste

440–410 Mio. *Mit der raschen Zunahme von Korallen bildet sich im Silur vor der Ostküste Australiens – von Queensland bis nach Tasmanien – mit mehr als 2500 km Länge ein neues gewaltiges Riffsystem. In den warmen Meeren um Australien kam es bereits im Kambrium (590–500 Mio.) zur Ablagerung bedeutender Kalkbänke organischen Ursprungs. So entstanden Archaeocyathinen-Kalke von teilweise fast 1000 m Mächtigkeit in Südaustralien auf einer Länge von 600 km.*

Riffe wie dieses sind nicht einfach Monokulturen kalkabscheidender Organismen, sondern äußerst komplexe Lebensräume, in denen die verschiedenen an der Riffbildung beteiligten Arten in vielfacher Weise aufeinander angewiesen und angepaßt sind. Solche Symbiosen sind besonders eng zwischen riffbildenden Korallen und einzelligen Algen. Diese Lebensgemeinschaft setzt gut durchlichtetes und möglichst auch warmes, also oberflächennahes Wasser voraus.

Blütezeit der Seelilien

440–250 Mio. Mit dem Silur setzt die Hauptblütezeit der zu den Stachelhäutern (Echinodermata) gehörenden Seelilien und Haarsterne (Crinoidea, → 500 Mio./S. 77) ein. Sie dauert bis zum Ende des Erdaltertums (um 250 Mio.). Im Gegensatz zu den wenigen heute existierenden Seelilien, die als Lebensraum das tiefere Wasser der Meere bevorzugen, kommen ihre Verwandten im Silur vor allem in den flachen Schelfmeeren vor. Diese Vorliebe teilen sie auch mit den heutigen ungestielten Haarsternen.

Zwar sind drei Unterklassen der Crinoidea (nämlich die Camerata, die Inadunata und die Flexibilia) bereits seit dem Ordovizium (500–440 Mio.) vertreten, und die vierte Klasse (Articulata) erscheint erst in der Trias (250–210 Mio.), doch entwickelt sich im Untersilur innerhalb der drei erstgenannten Klassen eine große Fülle neuer Formen. Vor allem aber steigt die Zahl der Individuen beträchtlich.

Die meisten Seelilien bleiben zeitlebens mit ihren Stielen am Meeresboden festgewachsen. Sie entwickeln dabei oft eine beachtliche Stiellänge: Seirocrinus im Oberlias (um 200 Mio.) erreicht z. B. 20 m und ist damit das größte wirbellose Tier aller Zeiten. Einige bilden zu Schwimmbögen umgewandelte Wurzelorgane. Demgegenüber sitzen die eigentlichen Haarsterne nur im Jugendstadium auf dem Boden fest.

Gelegentlich entstehen sogenannte Trochitenkalke, die sich fast ausschließlich aus zerlegten Skeletteilen der Crinoideen, insbesondere aus Stielgliedern, zusammensetzen.

Scyphocrinus, eine Seelilien-Gattung aus dem Silur. Das abgebildete Fossil stammt aus Böhmen. Die Scyphocriniten zeichnen sich durch einen hohen engen Kelch und einen Kranz verzweigter Arme aus.

Heftiger Vulkanismus in vielen Gebieten der Erde

440–410 Mio. In vielen Regionen der Erde herrscht heftiger Vulkanismus und besonders auch Plutonismus. Während bei Vulkanismus glutflüssige Tiefengesteine (Magmen) als Laven an die Erdoberfläche gelangen, erstarren diese beim Plutonismus im Inneren der Erdkruste als sogenannte Plutone.

Vulkanismus entsteht innerhalb bestimmter Zonen großer Brüche, die die Erdkruste durchziehen. Dabei lassen sich im wesentlichen zwei Typen von Vulkanismus unterscheiden: In den Hebungszonen der Kettengebirge herrscht stark explosiver Vulkanismus vor. Auf den schon verfestigten alten Sockeln und auf den Meeresböden dominiert dagegen Vulkanismus, der durch größtenteils ruhigen Ausfluß dünnflüssiger Lavamassen gekennzeichnet ist. Dieser Unterschied hat seine Ursache in zwei verschiedenen Magmatypen. Das sogenannte primäre Magma findet sich unmittelbar unter der Erdkruste. Es ist basisch (d. h. SiO_2-arm) und sehr heiß (1100 °C und mehr). Das andere, das sekundäre Magma, entsteht durch Aufschmelzen der Sedimente und der granitischen Erdkruste beim Eindringen von primärem Magma. Es kann auch eine Mischung aus dem primären Magma mit diesen Schmelzprodukten sein. Im allgemeinen ist es 100 bis 200 °C kälter und infolgedessen zähflüssiger als das primäre Magma. Denn bereits ein Temperaturabfall von 50 °C läßt die Zähigkeit des Magmas auf das Tausendfache steigen. Weil die aufgeschmolzenen Materialien vorwiegend Silicium und Aluminium enthalten, ist das sekundäre Magma sauer (d. h. SiO_2-reich). Weil aus dünnflüssiger Lava (Lava ist Magma, das die Erdoberfläche erreicht) bei der Druckentlastung in der Atmosphäre die gelösten Gase leicht entweichen können, quillt sie relativ ruhig, aber rasch aus dem Boden und verteilt sich oft über große Flächen. Dagegen lassen zähflüssige Laven die Gase nicht so leicht austreten. Im Inneren bilden sich immer größer werdende Gasblasen, die schließlich explosiv platzen und Lavamassen in große Höhen schleudern können (80 km beim Krakatau-Ausbruch 1883). Diese zähen Laven verbreiten sich selbst oft nicht weit, ihr Gas kann aber ganze Teile des Vulkans wegsprengen und zertrümmern oder sogar fein zerstäuben. Das Ergebnis ist ein oft große Gebiete erfassender Hagel aus vulkanischen Bomben, Blöcken und Lapilli (kleinere Steinchen). Dazu kommen nicht selten gewaltige Mengen von Asche, also den Rückständen der fein zerspratzten Laven. Die insgesamt geförderten Massen können viele Kubikkilometer umfassen.

Der Magmentyp bestimmt weitgehend auch die Gestalt der sich bildenden Vulkane. Sind die Laven extrem dünnflüssig, dann entstehen einfache Spaltenausbrüche. Aus Rissen in der Erde fließt die basaltische Lava fast wie Wasser aus, bildet Kaskaden und plätschernde Lavaseen. Die Ausbruchspalten verstopfen oft im Laufe von Jahrhunderten, und die Laven fließen dann nur noch an einzelnen Punkten aus, vor allem an Kreuzungsstellen von Spalten. Aus solchen Schloten fließt die Lava radial einige Dutzend Kilometer weit, und langsam entsteht ein flacher Kegel, ein sogenannter Schildvulkan. Im allgemeinen fördern basaltische Ausbrüche wenig Zertrümmerungsgestein. Man nennt diese Art des Vulkanismus »Hawaii-Typus«. Diesem steht der »Stromboli-Typus« gegenüber, der sich aufgrund seiner zäheren Massen durch hohe Explosivität auszeichnet. Er liefert die typischen Vulkankegel aus zertrümmertem, hochgeworfenem Gestein, aus Sanden und Aschen. Werden solche Berge sehr groß und verstopft zwischen zwei Ausbrüchen der zentrale Schlot, dann kann der Drucküberschuß vor einem Ausbruch den ganzen Berg anheben und seine Flanken aufreißen. Es kommt dann zu Flankenausbrüchen und im Lauf der Zeit zu größeren, vielschichtigen Vulkanmassiven (Stratovulkane).

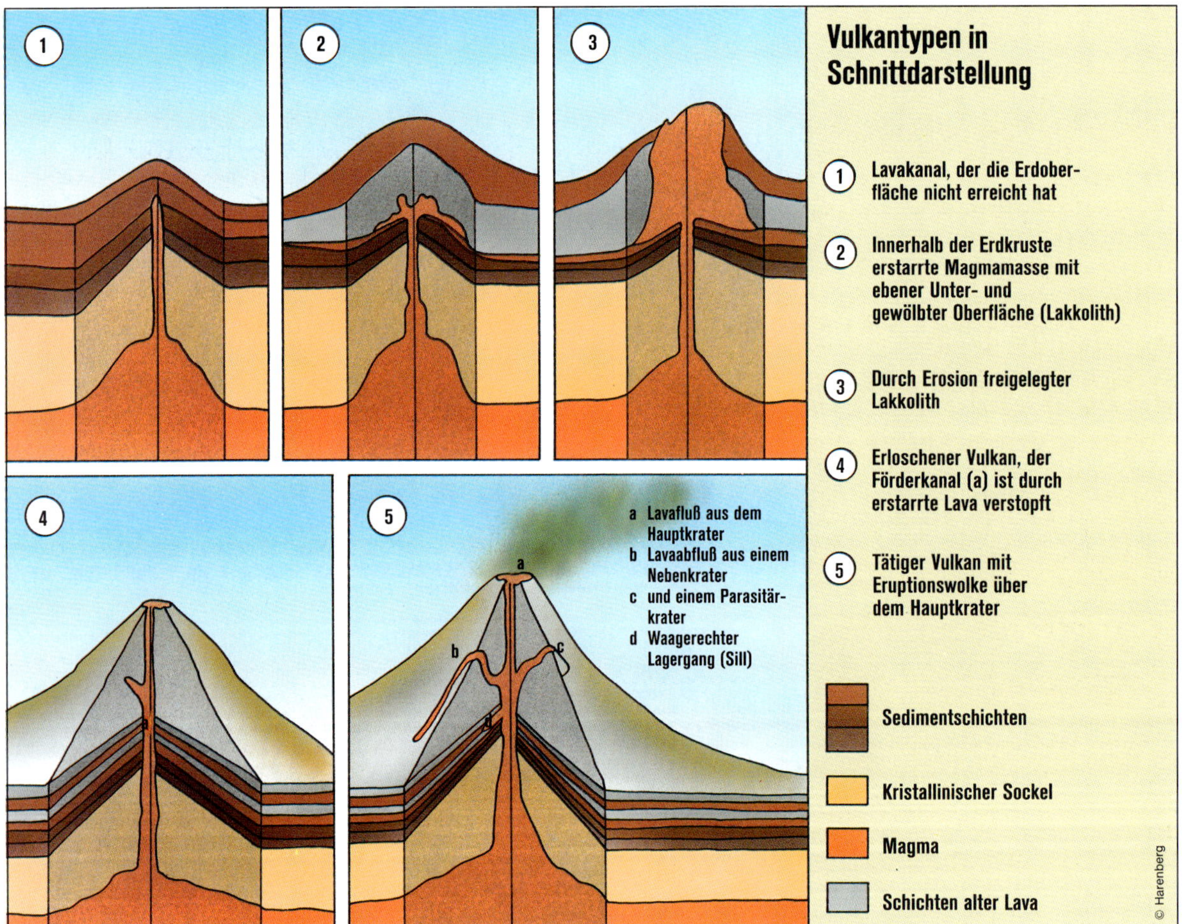

In aktiven Bereichen der Erdkruste entstehen Vulkane

Wo es im Bereich sich verformender Erdkruste zu tiefen Rissen oder Spalten kommt, kann, sofern diese Störstellen bis in den Bereich des glutflüssigen Erdmantels hinabreichen, Magma in die Erdkruste aufsteigen. Oft erreichen derartige Magmakanäle nicht die Erdoberfläche (1). Die Gesteinsschmelze erstarrt dann unterirdisch zu sogenannten Plutoniten.

Manchmal dehnen sich Plutonite linsenförmig aus, weil das Magma von seinem Kanal aus seitlich in lockere Gesteinsschichten eindringt oder diese anschmilzt. Solche plutonische Gesteinskörper nennt man Lakkolithe (2).

Mit fortschreitender Verwitterung kann das über einem Lakkolith liegende Gestein abgetragen werden. Der härtere Lakkolith wird dann als domförmige Kuppe in der Landschaft sichtbar (3).

Magma, das an der Erdoberfläche austritt, nennt man Lava. Ist sie zähflüssig genug, kann sie nach und nach einen Berg (Schicht- oder Stratovulkan) auftürmen (4). Wird der zentrale Förderkanal verstopft, kann ein Nebenkrater aufreißen, so daß Lava aus seinen aufgerissenen Flanken strömt (5) oder der Vulkan explodiert, wenn der Druck nicht anders entweichen kann.

Vulkankegel inmitten eines ausgedehnten Lavafeldes
Der im Bildhintergrund abgebildete Vulkan in der Montagna des Fuego (Feuergebirge) auf der Kanareninsel Lanzarote ist ein einfacher Kegel, der in seinem Zentrum einen weiten Krater besitzt. Dafür, daß er sein Material explosiv förderte, spricht der von ihm aufgeworfene Aschenkegel. Er steht inmitten eines weiten Lavafeldes, das von einem effusiven (ausfließenden) Ausbruch stammt, der große Lavamassen förderte. Eruptive und effusive Ausbrüche können aus benachbarten Vulkanen stammen oder abwechselnd aus ein und demselben.
Einfach aufgebaute Vulkane wie dieser Kegelvulkan haben erdgeschichtlich meist eine relativ kurze Lebensdauer. Dafür kommen in unmittelbarer Nachbarschaft fast immer weitere, gleichartige Feuerberge vor. Der Grund dafür liegt darin, daß sich hier eine dünne Erdkruste als Platte über einen sogenannten heißen Fleck (hot spot) über dem oberen Erdmantel bewegt. Dieser unterirdische Vulkanherd schickt immer dann, wenn der Druck in seinem Inneren wieder stark genug angestiegen ist, Magma nach oben. Wegen der Relativbewegung zwischen Erdkruste und hot spot geschieht das jedes Mal an einer anderen Stelle. Meitens sind Kegelvulkane über heißen Flecken deshalb in der Landschaft aufgereiht wie eine Perlenkette. Dabei folgen in gleichbleibender Richtung einander erdgeschichtlich immer jüngere Vulkane. Auf diese Weise entstehen u. a. die charakteristischen vulkanischen Inselbögen wie sie etwa für die Kanarischen Inseln (Abb.) oder den Malaiischen Archipel typisch sind. Daß solche Bildungen gerade in Meeresgebieten häufig sind, liegt daran, daß hier die Erdkruste meist besonders dünn und – an den Tafelrändern – meist auch besonders mobil ist.

Dünnflüssige Lava baut im Laufe der Zeit ausgedehnte Schildvulkane auf
Die Hekla auf Island (Bild) ist ein typisches Beispiel für einen Schildvulkan. Solche Feuerberge werden unmittelbar aus dem Magmavorrat des oberen Erdmantels gespeist. Dieses Magma ist basisch, sehr heiß und deshalb besonders dünnflüssig. Wenn es als Lava die Erdoberfläche erreicht, kann es leicht entgasen und dann als immer noch dünnflüssiger Strom rasch auseinanderfließen. Dabei füllt es zunächst Rinnen und Täler und ebnet so das Land ein. Danach baut es sehr flache (weil weiträumig zerlaufende) Kegel oder Schilde (daher die Bezeichnung Schildvulkan) auf. Werden solche Berge durch zahlreiche neue Lavaausbrüche aus dem Hauptkrater immer höher, dann wird der zentrale Schlund schließlich so lang, daß er bei einem Folgeausbruch nicht mehr einfach von dem Magma »freigespült« werden kann. Hoher Druck baut sich im Inneren des Berges auf, der schließlich explodiert und dabei große Mengen Asche (wie hier im Vordergrund) auswerfen kann. Solchen Explosionen, die den Schlot räumen, folgt meist wieder ein effusiver Ausbruch.

Mächtige Stratovulkane
Ganz anders als Schildvulkane entstehen Strato- oder Polyvulkane. Sie werden meist nicht direkt aus dem Erdmantel, sondern aus einer unterirdischen Magmakammer gespeist. Solche Kammern können ihrerseits mit dem Erdmantel in Verbindung stehen. Das geförderte Magma ist zäher und kann bei der Druckentlastung an der Erdoberfläche nicht so leicht entgasen. Heftige Explosionen sind die Folge. In der Regel zeichnen sich solche Bergstöcke durch gemischte Ausbrüche aus, bei denen Aschen, Gesteinsbrocken und Gase neben zähen Laven gefördert werden, und das oft in geringem zeitlichen oder räumlichem Abstand. Das geförderte Material zerfließt nicht gleichmäßig und weiträumig, sondern baut große komplexe Bergmassive auf. Außer dem Hauptkrater entstehen oft zahlreiche Nebenkrater. Flankenausbrüche sind besonders häufig, wenn die zentralen Schlote verstopft sind und sich die Lava bei großem Druck neue Ausgänge sucht.

In weitläufigen Vulkanlandschaften mit explosiven Kratern kann es gelegentlich auch zu Glutwolkenausbrüchen kommen, wenn das Magma zäh ist.

Wenn die Magmakammer unter einem mächtigen Stratovulkan leergeschossen ist, kann sie einstürzen: Ein großer Kessel (Caldera) ist die Folge.

Glutwolken rasen mit Orkangeschwindigkeit

Bei sauren, somit zur Bimsbildung neigenden Laven kann es vorkommen, daß der innere Gasdruck die Lava völlig in glühende Tröpfchen zersprengt, die in 900 bis 1000 °C heißem Gas schweben. Der plötzliche Übergang von der ursprünglich gasreichen Flüssigkeit zu einem tröpfchenbeladenen Gas läßt die Zähigkeit schlagartig um einen Faktor 1012 bis 1015 abnehmen. Die Massen sind dann 100- bis 10 000mal so dünnflüssig wie Wasser und deshalb ungeheuer beweglich. Als »Glutwolke« oder »Feuerwolke« bedecken sie mit Orkangeschwindigkeit Landstriche von mehreren hundert Quadratkilometern. Die sich aus solchen Glutwolken niederschlagenden Lockermassen verfestigen sich zu sogenannten Schmelztuffen oder Ignimbriten.

Berge aus Trümmergestein und Asche

Zähflüssige saure Magmen, die beim Erreichen der Erdoberfläche explodieren, reißen oft weite Krater in den Boden. Das ausgeworfene Trümmergestein, von Staub bis zu mächtigen Felsbrocken, häuft sich um den Kraterrand an und kann bereits während eines einzigen Ausbruchs einen hohen Berg bilden.

Im Laufe der Jahrhunderte kann durch nachfolgende Ausbrüche ein ganzer Komplex zusammengesetzter Vulkane (Stratovulkan) entstehen, die aus verschiedenen Lagen von Aschen, Gesteinsschutt (Tephra, Klasmatika, Pyroklastika) und ausgeflossenen Lavaströmen aufgebaut sind. Sie besitzen in ihrem Inneren nicht selten vielfältige Gangsysteme aus eingedrungenen erstarrten Magmen und haben nicht selten mehrere Krater.

Vulkanische Bomben und schwarzes Glas

Je nach Zähigkeit von Lavaströmen erstarren die Massen als Strick- oder Blocklava mit vielfältigen Übergängen. Hochgeschleuderte Lavabrocken drehen sich in der Luft und gehen erstarrt oft als spindelförmige »vulkanische Bomben« nieder. Schlagen sie vor der Erstarrung gegen Felswände (z. B. in Vulkanschloten), dann bleiben sie als »Schweißschlacken« haften.

Basische Laven, die rasch erstarren (und deshalb nicht auskristallisieren können) und die so dünnflüssig sind, daß gelöste Gase rasch entweichen können, liefern schwarzes vulkanisches Glas, den Obsidian. Saure Laven, die rasch erstarren, verhalten sich anders: Ihr Gas expandiert im Inneren zu einer Vielzahl winziger Bläschen. Es entsteht weißlich-graues Schaumglas, der extrem leichte und gleichzeitig hoch poröse Bimsstein.

△ Manchmal erstarrt Lava sehr rasch. Sie hat dann weder Zeit zu entgasen noch auszukristallisieren. Es entsteht eine sogenannte unterkühlte Schmelze in Gestalt eines vulkanischen Glases, genannt Obsidian. Das Bild zeigt einen Obsidianfluß auf der Insel Lipari (Italien).

◁ Je nachdem, wie zäh die Lava ist, erstarrt ihre Oberfläche glatt, faltig oder in großen Brocken. Das hier abgebildete Lavafeld auf Island baute sich aus sehr dünnflüssiger Lava auf. Wegen seiner Oberfläche, die aussieht wie dicht aneinandergelegte Seile, nennt man diesen Lavatyp auch Stricklava.

Kilometerlange Risse in der dünnen Erdkruste, aus denen unmittelbar Lavafontänen herausschießen, heißen Feuerspalten (Krafla auf Island).

Sehr zähflüssiges Magma hat sich als Staukuppe hochgeschoben, ist zu Säulen erstarrt und wurde später von der Verwitterung freigelegt.

Aus Feuerspalten schießen Lavafontänen

Große, weit verlaufende Lavafelder bilden sich oft aus den dünnflüssigen Magmen, die aus langen Feuerspalten ausfließen. Nicht selten schießen tagelang dicht an dicht Lavafontänen Dutzende Meter hoch aus Spalten von 20, 30 oder mehr Kilometer Länge. Sie können viele Kubikkilometer Laven fördern.

Diese Feuerspalten sind Risse, die durch die ganze Erdkruste verlaufen und in Verbindung mit den darunter befindlichen Magmen stehen. In ihrem Nahbereich können sich Hornitos bilden, kleine von Schweißschlacken umgebene Ausbruchskegel, die wie Schornsteine aussehen. Diese Schlundröhren entstehen, wenn sich wasserhaltige Sedimente in der Erdkruste erhitzen und Wasserdampf explosionsartig durch die flüssige Lavadecke bricht.

Staukuppen ragen wie Nadeln empor

Bleibt ein Lavaerguß an Ort und Stelle stecken, weil er so zäh ist, daß er nicht abfließen kann, dann entsteht ein sogenannter Domvulkan. Manchmal ist das an die Oberfläche gelangende Magma auch derartig zäh, daß es überhaupt nicht als Lava zerfließt. Es schiebt sich dann einfach als Staukuppe oder – wenn die Schlotfüllung herausgehoben wird – als sogenannte Nadel in die Höhe.

Andererseits kann im Unterbau eines großen Vulkans eine Magmakammer entstehen, deren Innendruck so groß werden kann, daß sie den Berg sprengt. Zurück bleibt ein riesiger Hohlraum. Wenn ein Teil des gesprengten Berggipfels in den Hohlraum zurückfällt, kann sich ein Einsturzkrater, eine sogenannte Caldera mit oft vielen Kilometern Durchmesser bilden.

△ Riesige Berge aus weißem oder hellgrauem Bimsstein entstehen dann, wenn an die Erdoberfläche gelangende Magmen sehr zäh sind, aber der Innendruck für eine Explosion nicht ausreicht. Das in ihnen enthaltene Gas dehnt sich unter der Druckentlastung aus und bläht das erstarrende Magma zu Schaumglas auf.

◁ Am Schlundrand eines Hornitos haben sich Schweißschlacken angelagert. Hornitos sind schlotartige Ausbruchröhren, durch die sich in mächtigen, noch glühenden Lavafeldern heiße Gase einen Weg ins Freie bahnen und dabei flüssige Lavafetzen mitschleudern.

In einem erloschenen Vulkankrater hat sich ein See gebildet. Weite Krater verdanken ihren Ursprung explosiven Eruptionen, wenn der zentrale Schlot eines Vulkans nach einem Ausbruch durch darin erstarrendes Magma oder durch hineingestürzte Lockermassen verstopft ist. Kommt es zu einem erneuten Ausbruch und läßt sich dabei der Schlot nicht durch ausgeworfenes Trümmergestein (Schlotfegungsbrekzie) freischießen, dann wird in vielen Fällen der ganze Berggipfel abgesprengt. Das hoch in die Luft geschleuderte Material fällt dann außerhalb des Zentrums der Explosion wieder zurück und erhöht den bestehenden Kraterrand.

Niagara-Riff zeugt von mildem Klima

440–420 Mio. Das Klima ändert sich im Untersilur gegenüber jenem im vorangegangenen Ordovizium weltweit kaum. Typisch ist, daß besonders die Nordkontinente bis in höchste Breiten ganzjährig warme und vielfach auch trockene Witterung aufweisen. Dafür sprechen auf dem Festland Zonen mit Evaporitbildung (→ S. 46), in den Gewässern solche mit ausgeprägten Riffen (→ S. 89). Die Riffgürtel erstrecken sich im Untersilur auf die heutigen Nordkontinente, auf Australien und die Antarktis. Der nördliche Gürtel umfaßt praktisch die gesamten USA (außer dem Nordwesten Alaskas) und Kanada einschließlich der vorgelagerten arktischen Inseln und Meeresgebiete, den Süden Grönlands, Europa außer der Iberischen Halbinsel, das östliche Mittelmeer und das ganze westliche und zentrale Asien. Nicht eingeschlossen sind zu dieser Zeit in den Riffgürtel Nordafrika, die Arabische Halbinsel, Indien und das östliche Asien von Kamtschatka bis zur Malayischen Inselwelt.
Der Evaporitgürtel reicht vom Baltikum nach Osten in einem breiter werdenden Keil über Nordsibirien und das nördliche Eismeer, schließt das nördliche Kamtschatka ein und verläuft weiter in einem breiten Streifen über Kanada bis ins Zentrum der USA.
Besonders mächtige Kalksedimente lassen Korallenriffe auf der schwedischen Insel Gotland und im östlichen und nordöstlichen Nordamerika entstehen. Zu ihnen gehören die berühmten Niagara-Riffe, die sich gegen Ende des Untersilurs bilden. Sie beginnen in Illinois und Indiana und reichen bis zu 75° nördlicher Breite. Ähnliche Riffkalke lagern sich in Nevada und in Sibirien (Neusibirische Inseln, Werchojansk) ab. Ein besonders ausgedehntes Korallenriff erstreckt sich über mehr als 2500 km vor der australischen Westküste von Queensland bis Tasmanien.
In Afrika liegt im frühen Untersilur der Höhepunkt der Sahara-Vereisung. Zur gleichen Zeit ist in Südafrika das Tafelberg-Gebiet vereist (Pakhuis-Vereisung). Weil der Südpol etwa im westlichen Südafrika liegt, könnten sich beide Vereisungen als Randgebiete einer weit größeren panafrikanischen Eiszeit deuten lassen. Weiterhin kühl ist auch das Klima Südamerikas.

»Schönwetterwolken« über der Wüste. Lockere Altocumulus-Bewölkung kündet hier keinen Regen an, sie ist nur Ausdruck der täglichen Thermik.

Gebirgszüge des Nordens entstehen

440–435 Mio. Die sogenannte takonische Faltungsphase, ein Abschnitt der großen kaledonischen Gebirgsbildung, geht zu Ende. Die kaledonische Ära umfaßt den gesamten Zeitraum von der Wende des Kambriums zum Ordovizium (um 500 Mio.) bis zur Wende vom Silur zum Devon (um 410 Mio.).
Während der kaledonischen Gebirgsbildung (Orogenese, → S. 29) entstehen die Gebirgszüge Spitzbergens, das skandinavische Hochgebirge und andere westeuropäische Teilstücke (u. a. das Brabanter Massiv, die Gebirge Irlands und Schottlands). Außerdem heben sich die Gebirgszüge Nord- und Ostgrönlands, Neufundlands und der nördlichen Appalachen. All diese Gebirge bilden eine in sich geschlossene geologische Einheit. Weitere Faltenstränge entstehen am Südrand der west- und ostsibirischen Tafel, in Alaska und im Osten Australiens. Im Devon (410–360 Mio.) bilden sich aus dem Abtragungsschutt der kaledonischen Massen weit verbreitet die rotfarbenen festländischen Sedimente des sogenannten Old Red Sandsteins. Ihre Mächtigkeit von oft mehreren tausend Metern spricht für eine Aufnahme in weiten Absenkungsräumen.

Wichtige Leitfossilien in den Meeressedimenten des Silurs

440–410 Mio. In den tiefen Meeresregionen leben unzählige Kolonien von Graptolithen (→ S. 90). Die röhrenförmigen Skelette dieser Kragentiere bieten dem Paläontologen aufgrund ihrer Formenvielfalt die Möglichkeit genauer Datierung und stellen so die wichtigsten Leitfossilien dieser Zeit. Auffällig ist die Entwicklung zu einzellig aufgebauten, einästigen Formen (Monograptiden), während die zwei- und mehrstämmigen (Diplograptus-)Arten spätestens gegen Ende des Untersilurs (um 420 Mio.) aussterben. Für die Zeit des Obersilurs (420–410 Mio.) läßt sich ein genereller Rückgang der Graptolithenarten verzeichnen.
In den küstennahen, flachen Meeresregionen (Schelfmeere) sind vor allem Trilobiten (→ S. 66, 67), Armfüßer (Brachiopoden, → S. 61), Weichtiere (Muscheln und Schnekken, → S. 58) sowie Korallenarten (→ S. 59) vertreten. Ihre Abdrücke in den sandig-mergelig bis kalkigen Sedimenten gehören ebenfalls zu den bedeutenden Leitfossilien dieser Zeit. Die deutlichen Veränderungen in der Formenvielfalt der Trilobiten, deren Panzer jetzt stark gekörnt oder mit Stacheln versehen sind, bieten Anhaltspunkte zur Datierung.

Graptolith als bedeutendes Leitfossil: Monograptus chimaera

Muschelkrebs aus dem Silur der Insel Gotland, Schweden

Armfüßer der Gattung Leptaena aus dem Silur von Gotland

420–410 Mio.

Das Obersilur

420–410 Mio. In Australien lagern sich mehrere tausend Meter mächtige Ton-, Sandstein- und Karbonatgesteinsschichten ab. Der Prozeß setzte bereits im Untersilur (440–420 Mio.) ein.

In Mittel-, West- und Südeuropa setzt sich die intensive Sedimentbildung in Flachwassermeeren (Schelfmeeren) fort, die im Untersilur (440–420 Mio.) begann.

Das Klima ist überwiegend warm bis heiß und in weiten Teilen der Welt trocken. Ausnahmen bilden nur der afrikanische Kontinent südlich des Atlasgebirges und der Osten Südamerikas. Sowohl in Afrika wie in Südamerika herrscht kaltes Klima, wenngleich die noch bis ins mittlere Untersilur (etwa bis 430 Mio.) reichenden Vereisungen in diesen Gebieten nicht fortbestehen. → S. 107

Die Festlandmassen der Erde verteilen sich auf zwei Großkontinente, einen Nord- und einen Südkontinent.

Mit blattlosen und ab Unterdevon (410–390 Mio.) auch sehr kleinblättrigen Formen fassen die Pflanzen auf dem Festland in größerem Umfang Fuß. Es handelt sich dabei um sogenannte Nacktpflanzen (Psilophytales), einfachste, nur wenige Dezimeter hohe Sporen erzeugende Kormophyten. → S. 108

Mit der Besiedlung des Festlandes durch Landpflanzen sind die Voraussetzungen für die ersten größeren (wirtschaftlich verwertbaren) Kohlelagerstätten gegeben. Sie bilden sich in küstennahen Becken mit oberflächennahem Grundwasserspiegel oder in Mooren. Vorstufe der Kohle ist der Torf. → S. 109

Als erstes tierisches Lebewesen verläßt der Skorpion Palaeophonus nuncius das Meer und lebt – zumindest zeitweise – auf dem Festland. Voraussetzung für sein Landleben ist die Besiedlung küstennaher Feuchtgebiete durch erste Landpflanzen. → S. 109

In den Meeren treten in großen Mengen Kopffüßer der Familie Orthoceras auf. Sie gehören zur seit dem Ordovizium (500–440 Mio.) verbreiteten Ordnung Orthocerida mit langkegeligem, gerade gestrecktem (orthoconem) bis schwach gekrümmtem (cyrtoconem) Gehäuse.

Ihre bedeutendste Blütezeit erleben unter den Kopffüßern die Nautilus-Arten, Verwandte des heute existierenden »Perlbootes«. → S. 109

Weit verbreitet ist die Seelilie Scyphocrinites excavatus aus dem Stamm der Stachelhäuter (Echinodermata). Ihr birnenförmiger Kelch kann eine Höhe von etwa 70 cm erreichen.

In den Meeren der warmen Zonen nimmt die Zahl der Korallen arten- und individuenmäßig sprunghaft zu. Sie binden in großen Mengen Kohlendioxid und produzieren Kalkstein. Zwar handelt es sich um heute ganz ausgestorbene Ordnungen, doch bricht die intensive Riffbildung durch Korallen bis heute nicht mehr ab.

Durch untermeerischen Vulkanismus und Plutonismus (→ S. 102) auf und in den Meeresböden kommt es zu umfangreichen Bildungen von Erzlagern und fossilen Kohlenwasserstoffen. Entsprechende Lagerstätten bilden sich in allen Erdzeitaltern mit kräftigem Geosynklinalvulkanismus oder in sogenannten Riftgebieten, wo neuer Ozeanboden entsteht. Auch Eintragungen von Erosionsmassen durch die vom Festland in das Meer strömenden Flüsse sind als weitere Ursache der vermehrten Lagerstättenbildung zu erkennen. → S. 110

Es herrscht eine geomagnetische Phase mit häufig wechselnder Polung, d. h. magnetischer Nord- und Südpol tauschen mehrfach ihre Positionen gegeneinander aus.

420–360 Mio. In den Meeren leben weit verbreitet Osteostraci. Sie repräsentieren eine Unterklasse der fischähnlichen Kieferlosen (Agnatha). Der Knochenpanzer, der ihren Kopf und den ganzen Vorderkörper bedeckt, trägt oberflächliche Zähnchen aus Zahnbein (Dentin) und Zahnschmelz (Durodentin). Der hintere Teil des Körpers ist von ziemlich großen, einander überlappenden Schuppen bedeckt.

420–300 Mio. Mit der Pflanzenordnung Archaeolepidophytales treten erste Mitglieder der Klasse der Bärlappgewächse (Lycopodiales) in Erscheinung.

420–250 Mio. Vertreter der Kopffüßer-Unterklasse Bactritoidea kommen in allen Flachmeeren der Welt vor. Sie nehmen eine systematische Zwischenstellung zwischen Nautiloideen (zu denen sie von manchen Paläozoologen gezählt werden) und den Ammoniten (Ammonoideen) ein. Die ersteren sind wahrscheinlich ihre Vorfahren, die letzteren stammen offenbar von ihnen ab.

Um 418 Mio. Das Gebirgssystem der Ardennen faltet sich auf. Damit findet die große kaledonische Gebirgsbildungsära ihren Abschluß. → S. 113

415–410 Mio. Das Meer zieht sich allenthalben vom Festland zurück. Große Flachmeeresgebiete (Schelf und Epikontinentalmeere) verlanden.

Um 410 Mio. An der Grenze Silur/Devon tritt erstmals die Mitteldeutsche Schwelle, ein sich hebender Landrücken im europäischen Geosynklinalmeer, in Erscheinung. → S. 113

Die seit dem Kambrium (590–500 Mio.) vertretene Klasse Eocrinoidea aus dem Stamm der Stachelhäuter (Echinodermata) stirbt aus. Es handelt sich um seßhafte, fünfstrahlig symmetrische Meerestiere mit einem runden Körper aus regelmäßig angeordneten Platten und einfachen Armen.

Klima gestaltet Landschaft

420–410 Mio. Das derzeitige Klima unterscheidet sich weltweit nicht wesentlich von jenem im Untersilur (→ 440–420 Mio./S. 106). Abgesehen von Afrika südlich des Atlasgebirges und von Teilen Südamerikas ist es generell warm bis heiß und großräumig trocken.

Auf dem Festland erklärt sich das trockene Klima nicht zuletzt aus der Verteilung der Landmassen. Sie sind in zwei Großkontinente zusammengefaßt, einem Nord- und einem Südkontinent. Das bedeutet große, küstenferne Inlandbereiche mit ausgeprägtem Kontinentalklima. Eines der Kennzeichen dieses Klimas ist seine Trockenheit. Für die Gestaltung des Landschaftsbildes ist im Obersilur aber auch von Bedeutung, daß es, von ersten Nacktpflanzen abgesehen (→ 410–390 Mio./S. 121), noch keine Landvegetation gibt. Wind und Oberflächengewässer, dazu die für Kontinentalklimate typisch krassen Temperaturgegensätze zwischen Tag und Nacht und in äquatorferneren Gebieten zwischen Sommer und Winter haben also ein leichtes Spiel, die Landschaft durch Erosion zu gestalten.

Wo Wasser fließt, hinterläßt es je nach Mächtigkeit seines Stromes tiefe Runsen und Rinnen, steilflankige tiefe Täler und enge Schluchten. Ungehindert trägt es große Mengen von Lockermaterial ab, das in großen Mengen zur Verfügung steht, denn die für trockenheiße Klimate typischen Temperaturwechselspannungen sprengen im Laufe der Zeit jeden Fels.

In den jungen Wüstengebirgen sind die Reliefs hart, kantig und bizarr. Ältere, schon weitgehend eingeebnete Gebirge bilden weite Hochflächen, die von cañonartigen Schluchten durchfurcht sind. Weiten sich diese Schluchten aus, dann bleiben schließlich Tafelberge mit steilen Flanken stehen, deren Basis weiträumige Schutthalden säumen. Wo es Sand gibt, trägt der Wind diesen zu Dünen zusammen. Je nach Konstanz der Windrichtung, Sandkörnung und Landschaftsform können dies Längs- oder Querdünen, Sichel- oder Sterndünen sein.

Die Flüsse, die meist nur selten – dann aber viel – Wasser führen, erreichen oftmals nicht das Meer. Sie schwemmen im Flachland vor den Gebirgen große Binnendeltas auf, in denen sie versickern. Typisch für diesen Landschaftstyp sind weiträumige flache Pfannen. Dort kann weit mehr Wasser verdunsten als Niederschläge und Flüsse zuführen. Nur die im Wasser gelösten Salze bleiben zurück.

Landflächen bieten neuen Lebensraum

Schon seit dem späten Ordovizium (um 440 Mio.), besonders aber im Obersilur (420–410 Mio.) entstehen Landschaftsformen, die den Übergang vom Leben im Wasser zum Leben auf dem Lande geradezu herausfordern: Mit dem Rückzug mancher Flachmeere kommt es verstärkt zur Bildung von Lagunen, küstennahen Teichen und Tümpeln, die durch weiteres Sinken des Grundwasserspiegels langsam austrocknen. Als Übergangsform findet sich vielerorts Sumpfland oder auch ein breiter Gezeitensaum, der oft lange trocken liegt.

Als zweiter, das Landleben begünstigender Faktor kommt hinzu, daß sich die UV-Strahlung der Sonne aufgrund des intensiver werdenden atmosphärischen Ozonschildes verringert.

In den neuen Feuchträumen gelingt es Pflanzen wie Tieren, sich an ein Leben auf dem Lande anzupassen. Dafür sind zahlreiche anatomische Voraussetzungen zu erfüllen: Die Pflanzen müssen eigene Saftleitungsbahnen, die Leitgefäßbündel, entwickeln, und sie müssen über neuartige Zellgewebe für die Wasseraufnahme und für die Wasserabgabe verfügen. Außerdem ist bei stärkerem Größenwachstum ein besonderes Stützgewebe erforderlich. Nötig werden zudem ein wirksamer Schutz gegen Verdunstungsverluste sowie ein Schutz gegen zu intensive Sonneneinstrahlung.

Auch die Tiere, die vom Wasser- zum Landleben übergehen, brauchen einen wirksamen Verdunstungs- und einen geeigneten Wärme- bzw. Kälteschutz. Zugleich aber müssen sie sich auf Luftatmung umstellen.

Sporenpflanzen verlassen das Wasser: Zosterophyllum rhenanum, Rhynia maior, Cooksonia sp. (v. l.). Alle diese Pflanzen sind Urfarne (Psilophyten).

Blattlose Pflanzen erobern das meeresnahe Festland

Um 410 Mio. Mit dem Auftreten der Urfarne (Psilophytales) endet die sogenannte Algenzeit, in der die Algen die einzigen pflanzlichen Lebewesen darstellen. Innerhalb der erdgeschichtlich kurzen Zeit von 30 Mio. Jahren entwickelt diese Ordnung der Nacktpflanzen eine beachtliche Formenvielfalt. Unsicher ist aber noch, ob sie wirklich die allerersten Pflanzen sind, die sich das feste Terrain erobern. Möglicherweise gingen ihnen schon weitaus früher andere Landpflanzen voraus, vielleicht Organisationsformen vom Typus der Flechten. Spurenfunde aus kambrischen Sedimenten Indiens (Punjab) und sogar präkambrischen Schiefers der Normandie bekräftigen diese Hypothese.

Auch der Zeitpunkt des Wechsels vom Wasser zum Land ist umstritten. Die meisten Autoren gehen heute vom obersten Silur (Pridoli-Zeit, um 410 Mio.) aus, einige sehen das Ereignis erst im Unterdevon (410–390 Mio.). Doch beziehen sich beide Positionen auf die Urfarne.

Von ihrem Aufbau her sind die Nacktpflanzen sehr einfach. Sie besitzen keine Laubblätter, sondern allenfalls kleine Schuppen. Meist fehlen ihnen auch differenzierte Wurzeln. Aufgrund der mangelhaften Verankerung im Boden und des noch nicht gut ausgebildeten Stützgewebes der Triebe bleiben sie meist wenige Zenti- bis Dezimeter klein. Das bei Wasserpflanzen vorhandene Zuggewebe, das die in der Strömung treibenden Sprosse reißfest macht, besteht aus toten Zellen und ist bei den Psilophytalen zu einem Festigungsgewebe umfunktioniert, das zugleich einen ausreichenden Wassertransport gewährleistet. Der Zugfestigkeitsstrang wird somit zum noch einfachen Wasserleitungsstrang, der Stele, umfunktioniert. Einen ähnlichen Funktionswechsel durchlaufen die Zellhaare, die allein der Befestigung der Pflanze am Untergrund dienten; jetzt werden sie zu Wasseraufnahmeorganen.

Weiterhin ist fraglich, ob und inwieweit sich alle Nacktpflanzen von einer einzigen Urlandpflanze ableiten lassen. Angenommen wurde als gemeinsamer Stammvater eine Form wie die verkieselte und deshalb gut erhaltene Rhynia maior. Sie ist ausgesprochen einfach gebaut und besteht nur aus Trieben mit rundem Querschnitt, die sich gelegentlich auch gabeln. An ihren Enden tragen diese Triebe Sporenanlagen (Sporangien).

Bekannt sind allerdings nur zwei Rhynia-Arten aus dem Mitteldevon (390–375 Mio.), viele vergleichbare, aber nicht eingekieselte, bereits aus dem Unterdevon (410–390 Mio.). Selbst im Obersilur (420–410 Mio.) finden sich – sehr unvollständige – Überreste einer ähnlich einfachen Landpflanze der Gattung Cooksonia. Nach ihr ist Drepanophycus eine der ältesten und am weitesten verbreiteten Urlandpflanzen. Sie ist mit dornartigen Anhängselgebilden bedeckt. Manche Autoren sehen in ihr einen Vorläufer der Bärlappgewächse. Im Unterdevon kommen außerdem verzweigte Formen mit winzigen Blättchen (Hyenia und Calamophyten) hinzu, in denen man zunächst erste Vertreter der Schachtelhalmgewächse sah, die aber bereits deutlich farnartige Wasserleitelemente aufweisen.

Das fossile Psilophyton aus dem Unterdevon zeigt die charakteristische gabelige Verzweigung seiner blattlosen Stengelchen.

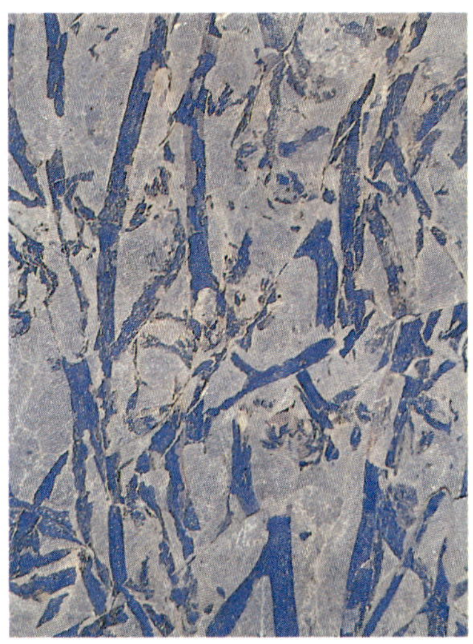

Aus dem Unterdevon von Alken an der Mosel stammt dieses Exemplar einer Psilophyton-Art. Die Pflanze ist nur wenige Zentimeter hoch.

Kohlenlager entstehen aus Überresten von Landpflanzen

420–410 Mio. Die frühen Landpflanzen (→ S. 108) treten wahrscheinlich bereits in derartigen Mengen auf, daß aus ihren abgestorbenen Überresten erste kleine Kohleflöze entstehen können. Zwar lassen sich lokale Einlagerungen von Kohle, Anthrazit und Graphit in marinen Sedimenten schon bis ins Archaikum (4000–2500 Mio.) zurückverfolgen, doch bilden sich größere Kohlenlagerstätten erst seit dem Auftreten der Landpflanzen im späten Silur.
Damit Kohle entsteht, müssen sehr große Mengen pflanzlicher Substanz in Sammelbecken zusammengeschwemmt werden, in die sonst nur wenig Abtragungsmaterial gelangt. Hier muß das abgestorbene Pflanzenmaterial rasch vor Verwesung geschützt, also vom Luftsauerstoff abgeschirmt werden. Das ist in Mooren oder in Becken mit oberflächennahem Grundwasserspiegel der Fall. Geeignete Becken finden sich im Obersilur in Küstennähe. Hier vertorft das Pflanzenmaterial zunächst. Dabei entstehen in einem komplizierten biochemischen Umwandlungsprozeß unter Mikrobenbeteiligung organische Säuren und Kohlenstoff. Im späteren Verlauf der sogenannten Inkohlung entweichen auf chemisch-physikalischem Wege Wasser, Methan und OH-Gruppen, und die Konzentration an reinem Kohlenstoff steigt weiter.

Die Sporenanlagen (Sporangien) der Wasserpflanze Taeniocrada decheniana. Ihre Sporen wurden in Kohlen des Obersilurs und Unterdevons gefunden.

Ein Exemplar von Taeniocrada decheniana aus dem Unterdevon von Alken an der Mosel. Die verzweigten Stengel wachsen flutend in Binnengewässern.

Geißelskorpion aus dem Oberkarbon: Prothelyphonus naufragus

Skorpione verlassen das nasse Element

420–410 Mio. Mit der Besiedlung des Festlandes durch erste Landpflanzen (→ S. 108), zugleich aber auch durch die klimatisch und tektonisch bedingte Existenz großer küstennaher Feuchträume sind auch die Voraussetzungen für tierisches Leben auf dem Festland gegeben. Als erste sicher nachgewiesene Tiere vollziehen die Skorpione Dolichophonus londonensis und Palaeophonus nuncius den Übergang zum Landleben.

Gehäuse bieten Schutz vor Feinden

420–410 Mio. Unter den Kopffüßern (Cephalopoda, → 520–500 Mio./S. 73) erscheint in der Unterklasse Nautiloidea die neue Ordnung Bactritoidea. Sie umfaßt Kopffüßer mit langkegelförmigen, geradgestreckten bis stark gekrümmten oder lose in einer Ebene eingerollten Gehäusen, die mit dem heute lebenden »Perlboot« verwandt sind. Ihre Gehäuse sind im Inneren durch Querwände in zahlreiche Kammern unterteilt. Das Tier lebt in der vordersten, der Wohnkammer, die sich gleich an die Gehäuseöffnung anschließt. Die übrigen Kammern sind mit Gas gefüllt, das dem Gehäuse Auftrieb verleiht und das Schwimmen ermöglicht.
Auf diese Weise schweben sie frei im Wasser oder kriechen mit ihren Fangarmen über den Boden, wobei sie das gasgetragene Gehäuse nicht nachschleifen müssen. Aus der Gehäuseöffnung ragt nur der Kopf mit den Fangarmen heraus. Zwar sind zu dieser Zeit Feinde der Kopffüßer schwer zu bestimmen – vielleicht gehören einige Fische dazu –, doch können sie bei Gefahr Kopf und Tentakeln völlig in die Wohnkammer zurückziehen und diese wahrscheinlich sogar mit einem Deckel abschließen. Auch das Gehäuse, das je nach Art vielfach mit verschiedenen Rippen, Höckern und Dornen besetzt ist, weist eine Zeichnung auf, die als Tarnung interpretiert werden kann: Häufig sind Zickzack-Muster, wie sie auch das Licht als Wellenmuster auf den flachen Meeresgrund zeichnet.
Die Ordnung Bactritoidea, die im Oberperm (270–250 Mio.) wieder ausstirbt, ist keineswegs die einzige Nautilus-Ordnung, deren Arten die Meere des Obersilurs bevölkern. Andere vertretene Ordnungen sind die Orthocerida (Ordovizium bis Trias, 500–250 Mio.), die Ascocerida und Tarphycerida (Ordovizium bis Silur, 500–440 Mio.), die Oncocerida und Actinoceratioidea (Ordovizium bis Karbon, 500–360 Mio.) sowie die Discosorida (Mittelordovizium bis Devon, 480–410 Mio.).

Zu der Nautilusordnung der Orthoceriden, die bereits seit dem Ordovizium existiert, gehört u. a. die Gattung Lituites. Ihre Kalkgehäuse sind stellenweise so häufig, daß sie kompakte Kalksedimente liefern. Der abgebildete Orthocerenkalk stammt aus Öland in Schweden.

Erzlager und fossile Kohlenwasserstoffe in den Ozeanen

420–410 Mio. Zu dieser Zeit reichern sich in zunehmendem Maße wie schon während des gesamten Erdaltertums in den Weltmeeren große Minerallager und Vorkommen fossiler Kohlenwasserstoffe an. Besonders ausgeprägt ist submariner Vulkanismus und Plutonismus (→ S. 102) auf und in den Meeresböden. In seiner Folge kommt es zu erzbildenden hydrothermalen Prozessen (→ S. 86). Wichtig sind auch Eintragungen von Erosionsmassen durch die vom Festland in das Meer strömenden Flüsse; bei diesen Vorgängen kommt es zu Anreicherungen durch Schwerkraftsortierung. In den Böden der Flachmeere bilden sich Erdöl und Erdgas (→ S. 48), und in den karbonatreichen Becken mit ihren mächtigen Rifformationen entstehen bedeutende Blei-Zink-Lagerstätten.

Lagerstättentypen

Im einzelnen lassen sich im Erdaltertum folgende submarine Lagerstättentypen unterscheiden:

▷ Auf sogenannten Aulacogenen (das sind langgestreckte, tiefreichende Tafelstrukturen alter kristalliner Plattformen, die unter Wasser geraten sind) lagern sich mächtige marine Sedimente ab. Oft sind das Evaporite (→ S. 46), die beim Eindampfen des Wassers entstehen. Sie führen Blei, Zink, Silber, Kupfer, Nickel, Kobalt, Molybdän, Uran, Eisen, Mangan und Phosphorite.

▷ In schmalen Ozeanbecken, dort, wo sich Ozeane durch das Einsetzen des Auseinanderdriftens von Kontinentalschollen zu bilden beginnen, sammeln sich Mangan, Eisen, Zink, Blei, Kupfer, Silber und Barium, Erdöl und Erdgas und an den Rändern dieser Zonen Phosphorite.

▷ Auch unter Schelfböden entstehen Erdöl- und Erdgaslager.

▷ Wo das Festland einen hohen Gehalt an Schwermetallen hat, wie etwa in Afrika, Australien und Indien, tragen die Flüsse große Mengen an entsprechenden Mineralien mit den Erosionsmassen ins Meer. Dabei kommt es ganz von selbst zu einer Auslese. Die schweren Teilchen sinken rascher ab und bleiben in Küstennähe liegen, die leichteren Partikel werden weiter hinausgeschwemmt. Die Folge sind schwermetallreiche Sandlager in der Nähe von Flußmündungen. Die Meeresforscher nennen sie Seifen oder Seifenerze. Vertreten sind hier besonders Erze stabiler Minerale wie Titan, Rutil, Zirkon und Chrom.

▷ Im Bereich sogenannter Transportströmungen, die in tieferen Meereszonen zu einer Sedimentschichtung führen, fallen Eisen-, Kupfer-, Zink-, Silber-, Blei- und Manganerze an.

▷ Schwermetall-, Kupfer- und Zinkerze finden sich nicht nur in küstennahen Gewässern. Auch dort, wo am Meeresgrund Vulkane tätig sind, kommen sie vor. Das ist ganz besonders in den ausgedehnten Bruchzonen der Erdkruste der Fall. Wo sie aufreißt, ergießt sich glutflüssiges Magma auf den Meeresboden. Seewasser dringt tief in die Spalten ein und laugt, stark erhitzt, das glühende Gestein aus. Als mineralhaltige Erzlösung tritt es wieder zutage und mischt sich mit dem Meerwasser. Dabei kühlt es stark ab, und die aufgenommenen Stoffe fallen wieder aus. So entstehen Erz-Solen und Erz-Schlämme. Die Solen bilden nicht selten regelrechte untermeerische »Salzseen«, die sich langsam über Hunderte von Quadratkilometern ausdehnen können und im Laufe der Zeit ihren Erzgehalt auf großen Flächen ausscheiden.

▷ Wo sich vor den Kontinentalrändern Tiefseegräben bilden, weil sich Platten der Erdkruste untereinanderschieben, spricht der Geologe von aktiven Kontinentalrändern. Hier fallen besonders Gold und Quecksilber, aber auch Chrom, Nickel-Platinmetalle, Mangan, Eisen und verschiedene Kieserze (Sulfide) an.

▷ In flachen Meeresbecken, die vor aktiven Kontinentalrändern als Lagunen in das Festland hineinreichen, kommt es zur Entstehung von Seifen – wie im Bereich der Flußmündungen – sowie (ab Devon, um 410 Mio.) von Kohlelagerstätten.

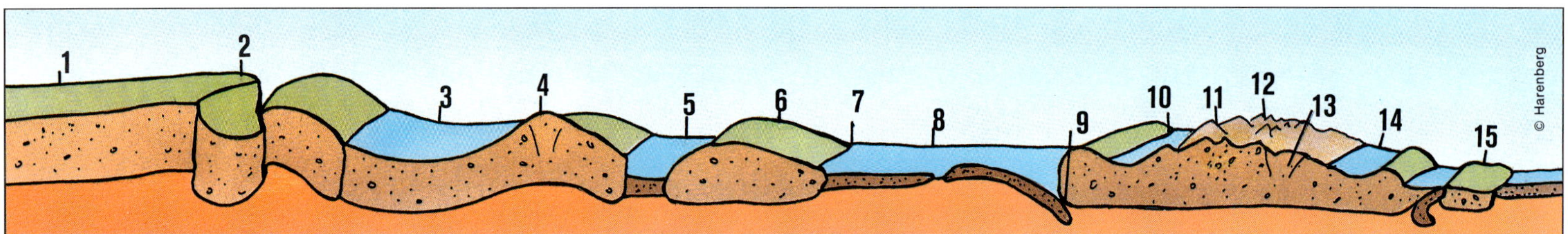

1 Lagige Intrusionen mit Cr, Ni-Cu-Platinmetalle-Au, Fe-Ti-V

2 Alkalikomplexe (P, Fe-Ti-V, Zr-Hf, F)
Karbonatite (Nb, P, Zr-Hf, Ba, F, Fe-Ti-V)
Kimberlite mit Diamanten

3 Pb-Zn-Ag-Cu
bituminöse Gesteine (erst im Phanerozoikum) mit U, Cu, Ni, Co, Mo usw., Kohle, Erdgas, Erdöl Evaporite, Phosphorite

4 Sn-Ta-Nb-W-F-Ba

5 Mn-Fe, Zn-Pb-Cu-Ag, Pb-Zn-Ba-F, an den Rändern Evaporite, Phosphorite (ab Phanerozoikum Erdöl, Erdgas)

6 Verwitterungslagerstätten (klima- und gesteinsabhängig): Bauxit (Al), Ni-Co, Fe, Mn, Tone; ab Phanerozoikum Kohle; Seifen (Sn, Au, Zr, Ti, Fe)

7 Schwermineralseifen (Fe, Ti, Zr-Hf, Sn, Au); Erdöl, Erdgas
ab Känozoikum Manganknollen und -krusten mit Mn, Fe, Ni, Co, Cu

8 Mn-Fe, Cr, Ni-Platinmetalle, Cu-Fe, Cu-Zn-Ag, Pb, Hg

9 Cr, Ni-Pt, Mn-Fe, Kieserze, Hg, Au

10 Seifenlagerstätten, ab Phanerozoikum Kohle

11 Porphyri- und Ganglagerstätten mit Cu, Mo, Au, Sn, W, Sb, Bi, As, Hg, Pb, Fe, Zn

12 Postorogene Intrusion: Sn, W, Ta, Nb, Li, Be, Cs, Au, Ba, F, As, Sb, Mo, Bi, Ni, Ag, U, Cu, Pb, Zn

13 Zn, Cu, Pb, Ag, Ba, F, Fe, Mn; W, Mo, Cu, Bi, Sb, As, Au, Be, P, F; Evaporite, Phosphorite; ab Phanerozoikum Erdöl und Erdgas

14 Seifenlagerstätten, ab Phanerozoikum Kohle

15 Porphyri- und Ganglagerstätten, vulkanogene Kieslagerstätten; Cu, Mo, Au, Ag, As, Sb, W, Hg, Zn, Pb

Als Stinkschiefer oder Stinkkalk (Anthrakonit) bezeichnet man bituminöse und daher übelriechende Tonschiefer. Er entsteht als knollige Abscheidung von Calciumcarbonat in und um größere Pflanzenreste. Nicht selten findet er sich in Braunkohlelagerstätten. Während des Erdmittelalters ist er noch weniger häufig. Zu dieser Zeit bildet er sich in küstennahen Sümpfen. Hier ist ein Trilobit des Oberkambriums in Stinkstein eingebettet.

Kuckersit aus dem Silur von Estland; dieses auch als Brandschiefer bekannte rotbraune, dünnschiefrige Gestein entsteht in faunenreichem marinem Halbfaulschlamm (Gyttja), in dem sich organische Substanzen bei gebremstem Sauerstoffzutritt und unter Mitwirkung bestimmter Bodenorganismen zersetzen. Das Produkt ist ein Bitumen, das den Kuckersit durchtränkt. Hier sind Bryozoen, Brachiopoden und Trilobiten in den Brandschiefer eingebettet.

Vom Rammelsberg bei Goslar (und zwar aus dem Mitteldevon) stammt dieses Kupfererz-Handstück. Es handelt sich dabei um sogenanntes Melierterz. Solche Kupfererze sind in ihrer Entstehung primär an untermeerischen Vulkanismus gebunden. Wo in Bruchzonen Meerwasser mit glutflüssigem Magma in Kontakt kommt, laugt es – stark erhitzt – dieses Gestein aus. Kühlt es sich später wieder ab, dann scheidet sich aus der mineralischen Lösung das Erz ab.

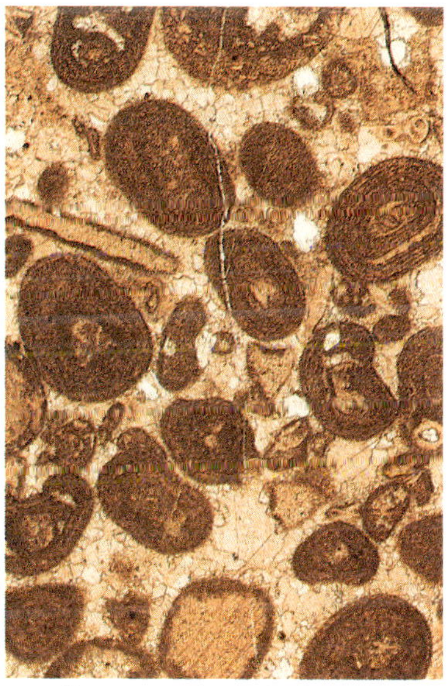

Bei diesen Ooiden (dunkle Körperchen) ist die konzentrische Struktur verhältnismäßig schlecht ausgeprägt. Die gesprenkelten Partikel sind Bruchstücke von Stachelhäuterskeletten.

Als Impsonit bezeichnen Lagerstättenkundler Korallenkalk, der mit natürlichem Asphalt – sogenanntem Pyrobitumen – imprägniert ist. Dieses Handstück stammt aus dem Devon von Bad Grund im Harz.

Salzlagerbildung durch starke Verdunstung in trockenheißem Klima läßt sich heute gut z. B. im Death Valley in Kaliforniens Wüste beobachten.

Der heutige Große Salzsee von Utah in den USA ist ein gutes Beispiel für die Verhältnisse, wie sie auch im Obersilur in Nordamerika herrschten.

Mächtige Steinsalzablagerungen in Amerika und Asien

420–410 Mio. Nach einer vorübergehenden Überflutung (Transgression, → S. 32) im vorausgehenden Untersilur bilden sich in Nordamerika bedeutende Salzlagerstätten (Evaporite, → 900–590 Mio./S. 46) durch Eindampfen weiter Meeresbecken. Ähnlich mächtige Salzbildungen sind in weiten Teilen der Russischen Tafel und Sibiriens nachzuweisen. Generell ist die Entstehung von Salzlagerstätten nach erdgeschichtlich bedeutenden Gebirgsbildungsphasen auffällig häufig, im Silur folgt sie der kaledonischen Gebirgsbildung (→ S. 120). In diesen Zeiträumen bilden sich Tafellandschaften, in denen genügend flache Wasserbecken für die Eindampfung zur Verfügung stehen. Als weitere Bedingung muß die zur Verdampfung des Wassers notwendige Wärme gegeben sein.

Im Zusammenhang mit der Entstehung von Salzlagerstätten sind noch keineswegs alle Fragen geklärt. So ist zunächst erstaunlich, daß die Salzbildung in Binnenseen und ozeanischen Räumen unterschiedlich zusammengesetzte Evaporite liefert. Beide Gewässer werden schließlich durch Verwitterungslösungen vom Lande aufgefüllt. Man nimmt deshalb an, daß den Ozeanen ein »Urbestand« von Salzen eigen ist. Eine andere ungelöste Frage betrifft die Größe der sich bildenden Evaporite. Es gibt Salzlager von vielen hundert, ja über 1000 m Mächtigkeit. Verdunstet ein 1000 m tiefes Meeresbecken, dann bleibt nur eine Salzschicht von 12,5 bis 15 m Stärke zurück. Ein gängiger Erklärungsversuch geht davon aus, daß sich in küstennahen Zonen der Meere flache Becken bilden. Durch Ablagerung von Dolomit und Anhydrit (Gips), die beim Eindampfen zuerst ausfallen, bauen sie ihre eigene Begrenzung gegenüber dem offenen Meer in Form von Schwellen auf. Zwischen Schwelle und Festlandküste entstehen auf diese Weise Becken, die die Dimension von Nebenmeeren annehmen können. In deren eingetiefter Bodenregion sammeln sich die schweren, während der Verdunstung angereicherten Kochsalzlösungen an. Bei Übersättigung fällt das Salz aus. Vom freien Ozean kann das Verdunstungsdefizit über die Schwelle hinweg immer wieder mit frischem Meerwasser aufgefüllt werden, und eventuell können auch Restlaugen in den Ozean zurückwandern. So können sich im Laufe längerer Zeiträume die beobachteten mächtigen Steinsalzlager bilden.

Viele Evaporite bestehen aber aus noch leichter löslichen Salzen, in erster Linie aus Kalisalz. Die Bildung reiner Kalilagerstätten läßt sich mit der Schwellen-Becken-Theorie nicht gut erklären. Unter den Geologen kontrovers diskutiert wird das Phänomen, daß sich die Vergesellschaftung verschiedener Salze regional in ihrer Zusammensetzung stark unterscheiden kann und daß die Abfolge unterschiedlicher Evaporite in den meisten Fällen nicht den theoretischen Vorstellungen entspricht, die man sich über das Auskristallisieren von Salzen beim Eindampfen von Meeresbecken macht.

Interessant ist auch die Tatsache, daß angesichts der immensen Salzabscheidung (einzelne Lager enthalten weit über 10 000 Mrd. t Steinsalz) während der Erdgeschichte der Salzgehalt der Ozeane immer in etwa konstant bleibt. In Erwägung gezogen wird, daß vulkanisch untermeerisch ausströmendes Chlorgas zusammen mit Natrium aus den Erosionssedimenten ständig neues Kochsalz aufbaut.

Zu den Eindampfungsgesteinen oder Evaporiten, wie sie für trockenheiße Klimate charakteristisch sind, gehört neben Steinsalz u. a. auch Gips. Das Bild zeigt ein Gipsvorkommen, das durch Fließbewegungen im umgebenden Salzgestein gefaltet worden ist. Es stammt aus dem Zechstein im Raum Elmshorn.

Die Mitteldeutsche Schwelle erscheint

410 Mio. Die Mitteldeutsche Schwelle tritt erstmals in Erscheinung. Sie erstreckt sich von Nordost nach Südwest und verläuft in etwa zwischen Harz und Thüringer Wald, Kellerwald und Frankenwald, Taunus und den oberrheinischen Gebirgen. Diese Schwelle stellt eine sogenannte Geantiklinale dar. Darunter versteht man im Gegensatz zur Geosynklinalen (→ S. 29) ein weitgespanntes aufgewölbtes Schwellengebiet, das bei starker Heraushebung zum Abtragungsgebiet werden kann. Oft wird es von Meeresgräben begleitet, die die Abtragungssedimente aufnehmen.

Bis zum Ende des Obersilurs befindet sich diese Schwelle allerdings noch in der Geosynklinalphase. Der zugehörige weiträumige Meeresgraben wird aber bereits durch die Mitteldeutsche Schwelle in einen rheinischen und einen thüringischen Sedimentationstrog untergliedert. Die Schwelle ist geologisch kein einheitliches Gebilde, sondern eher eine Aneinanderreihung mehrerer Einzelschwellen.

Auffaltung des Ardennen-Gebirges

418 Mio. Gegen Ende des Silurs spielt sich die letzte Phase der großen kaledonischen Gebirgsbildungsära ab, die sogenannte jungkaledonische bzw. ardennische oder erische Faltungsphase. Sie betrifft vor allem Gebirgsbildungen – z. B. jene der Ardennen – in Europa und ist in anderen Teilen der Erde kaum ausgeprägt. Entgegen früheren Annahmen sind einzelne Gebirgsbildungsphasen meist keine globalen Ereignisse wie die Kontinente überspannenden großen Gebirgsbildungsären, sondern können durchaus regionalen Charakter zeigen.

Kalksedimente des Devons in den Ardennen bei Durbuy an der Ourthe, Belgien: Während der variszischen Gebirgsbildung wurden sie verfaltet.

Im Zusammenhang mit der ardennischen Phase dringen meist saure magmatische Gesteinsschmelzen in die gefalteten Gesteinsserien ein. Sie bringen zusätzlich zu der durch die mechanischen Faltungskräfte bedingten Gesteinsumwandlung noch eine weitere, umfangreiche Umwandlung des bereits vorhandenen Gesteins mit sich. Es ereignen sich zum einen Metamorphosen, die nicht an der Erdoberfläche stattfinden und bei denen der feste Zustand der Gesteine erhalten bleibt. Auslösende Faktoren sind dabei hoher Druck, hohe Temperatur oder das Zusammenwirken beider Faktoren. Zum anderen kommt es im Kontaktbereich mit den magmatischen Gesteinsschmelzen auch zum lokalen Umschmelzen von Gesteinen oder zur Bildung von Mischungen mit den eindringenden Magmen.

Im Rahmen der ardennischen Gebirgsbildung läßt sich die sogenannte Regionalmetamorphose beobachten, die räumlich begrenzte Gebiete erfaßt.

Sandsteinlager in Südamerika

420–410 Mio. In Südamerika lagern sich bedeutende Sandsteinschichten ab.

Sand ist ein Verwitterungsprodukt mit Korndurchmessern von 0,02 bis 2 mm. Um in mehr oder weniger reinen Lagern vorzukommen, muß der Erosionsschutt zuvor sortiert werden. Das geschieht durch Fließwasser, durch Meeresströmungen, Gezeitenströmungen, Wellen- und Brandungsströmungen, oder auch durch die Kraft des Windes. Je nach Art der Kräfte entstehen unterschiedliche Sande: In Flußbetten Kies- und Grobsand, in Mündungsdeltas Sand-Ton- oder Sand-Schlick-Gemenge, in der Brandungszone Brandungsschutt mit Sand- und Geröllschichten, im Gezeitenbereich Sand-Schluff-Tongemenge, und bei strandnahen, kräftigen Brandungsströmungen (Rippströmungen) Dünen, Sandbänke und Nehrungen aus sauberem Feinsand. Windsortierung liefert reine Sanddünen oder Sandstaub. In Südamerika sind vor allem die sortierenden Kräfte im flachen Meerwasser wirksam.

Die weltberühmten Niagara-Fälle an der US-amerikanisch-kanadischen Grenze stürzen über devonische Riffkalke.

Bildung der Niagara-Riffe abgeschlossen

420–410 Mio. Die Riffbildung in Nordamerika ist weitgehend abgeschlossen. Zwar gibt es dort auch noch im Devon (410–360 Mio.) Kalkriffe, doch sind diese bei weitem nicht mehr so mächtig wie jene des vorausgehenden Obersilurs (420–410 Mio.).

Zu den mittelsilurischen Korallensedimenten Nordamerikas gehören in erster Linie die sogenannten Niagara-Riffe, die ihren Namen von der durch die gleichnamigen Wasserfälle berühmt gewordenen Stufe aus schwer zu erodierendem Gestein an der Grenze zwischen den USA und Kanada bekommen haben. Der Gürtel dieser harten Riffkalke beginnt im Norden auf der geographischen Breite der heute arktischen Perryinseln (75 °) und erstreckt sich im Süden bis etwa zum 40. Breitengrad, also in das Gebiet zwischen Illinois und Indiana. Er umfaßt damit praktisch ganz Kanada und in etwa die nördliche Hälfte der USA.

Pioniere des Luftraumes: Die Insekten erscheinen

Die zeitliche Gliederung

Das Devon ist nach der Grafschaft Devonshire in Südengland benannt. Die Bezeichnung wählten die englischen Paläontologen Murchison und Sedgwick 1839, als sie dieser zeitlichen Periode den Wert eines eigenen Systems zuwiesen. Sie grenzten es einerseits gegen das sehr fossilienreiche englische Silur (440–410 Mio.), andererseits gegen das durch seine bedeutenden Kohlenflöze gekennzeichnete Karbon (360–290 Mio.) in England ab. Besonders auf den Britischen Inseln mußte das Devon auffallen, denn hier hat es z. T. sehr mächtige typische Sedimente hinterlassen. In Schottland messen sie örtlich bis zu 7000 m. Typisch sind sie insofern, als sie dort ausgesprochen faunenarm und außerdem charakteristisch rot gefärbt sind. Man spricht von Old Red-Sedimenten und – da sie weit über die Britischen Inseln hinausreichend weite Teile der Nordhemisphäre umfassen – vom Old Red-Kontinent.
Gegenüber dem Silur wurde das Devon auf dem Internationalen Geologenkongreß zu Montreal 1972 aufgrund zweier als Leitfossilien dienlicher Graptolithen-Arten (→ S. 66) abgegrenzt. Schichten mit Monograptus transgrediens gelten als silurisch, solche, die Monograptus uniformis führen, als devonisch. Diese Abgrenzung war in Nordeuropa, wo der Begriff Devon geprägt wurde, insofern schwierig, als sich hier gerade zur Wende vom Silur zum Devon weiträumige Verlandungen abspielten, so daß sich kaum noch Fossilien wie die im offenen Meer lebenden Graptolithen finden. Die stratigraphisch wichtigen Profile des Devons liegen in Mitteleuropa, das noch weitgehend Meeresraum ist. Eine Abgrenzung zum Karbon fällt aufgrund der zu dieser Zeitwende schon häufigen vielgestaltigen Landfossilien wesentlich leichter.
Zeitlich umfaßt das Devon die Ära vor etwa 410 bis 360 Mio. Jahren; manche Autoren gehen auch von 405 bis 350 Jahrmillionen aus. Dieser Zeitraum wird zunächst grob dreigegliedert und zusätzlich in feinere Stufen unterteilt:

Unterdevon	(410–390 Mio.)	Gedinne	(410–402 Mio.)
		Siegen	(402–395 Mio.)
		Ems	(395–390 Mio.)
Mitteldevon	(390–375 Mio.)	Eifel	(390–382 Mio.)
		Givet	(382–375 Mio.)
Oberdevon	(375–360 Mio.)	Adorf	(375–372 Mio.)
		Nehden	(372–369 Mio.)
		Dasberg	(369–360 Mio.)

Die feinere Untergliederung in Stufen läßt schon an den Bezeichnungen deutlich erkennen, wo sie – geographisch gesehen – festgeschrieben wurde.

Geographische Verhältnisse

Im großen und ganzen sind die Meere und Kontinente im Devon ähnlich verteilt wie im Silur, doch sind die nördlichen und südlichen Landmassen einander nähergerückt. Bezogen auf die heutige Verteilung der Kontinente liegt der Äquator im Devon etwas nördlicher als im Silur. In Nordamerika verläuft er in etwa von Zentralkalifornien zur Labrador-Halbinsel, in Europa von Schottland zum Schwarzen Meer, und Australien streift er im äußersten Nordosten. Der Nordpol liegt fern von Europa etwa im heutigen nördlichen Pazifik, der Südpol irgendwo im südlichen Afrika.
Hinsichtlich der Überflutungen der Kontinente durch flache Epikontinentalmeere herrschen regional recht unterschiedliche Tendenzen. Während sich z. B. der Fennosarmatische Schild im Nordosten Europas senkt und damit zumindest partiell unter Wasser gerät, herrschen bei der Sibirischen Scholle Hebungstendenzen vor. Der alte Kontinent Laurentia (die Nordamerikanisch-Grönländische Plattform) hebt sich lediglich im Nordosten stärker. Eine besondere geographische Entwicklung durchläuft der Südkontinent Gondwana: Er beginnt sich in Teilkontinente aufzulösen. Am Südrand Afrikas zeigt sich eine Geosynklinale (→ S. 29), die sich trennend zwischen diesen Erdteil und die Antarktika schiebt. Auch an der dem Indischen Ozean zugekehrten Seite Australiens weisen marine Sedimente auf einen neuen Meeresgraben hin. Überflutet sind große Teile Nordwestafrikas und der Randgebiete des Guayana-Schildes bzw. Brasiliens. Auch die Landmassen Afrikas und Nordamerikas trennen also Meeresgebiete.
In Europa liefert die Verteilung Land/Meer im Oberen Devon etwa folgendes Bild: Praktisch ganz Skandinavien, die Hebriden, Wales und Mittelengland sowie eine Insel im Süden Schottlands sind Festland. Festland ist aber auch der gesamte Nordseeraum und jener Bereich der Nordsee, der nördlich der Linie Lübeck-Leningrad liegt. Der Bereich des nördlichen Atlantiks existiert zu dieser Zeit noch nicht. Dänemark, Schleswig-Holstein und ein norddeutsch-niederländischer Küstenstreifen ragen über den Meeresspiegel. Südlich bzw. südöstlich dieser größeren nordeuropäischen Landmassen liegen Geosynklinal- und Schelfmeere, die sich im Laufe des Devons lokal noch erweitern, d. h. große Inselgebiete überfluten. Zu diesen Inseln gehören die Mitteldeutsche Schwelle (→ S. 113), die schon im Silur auftauchte, ein Gebiet im nordöstlichen Polen, der Großraum der Beskiden sowie weite Regionen der Ukraine und des Schwarzen Meeres.

Geologische Zeugen

Global betrachtet ist das Devon eine Geosynklinalzeit zwischen zwei erdgeschichtlich bedeutenden Faltungsären, der kaledonischen und der variszischen. Beide Faltungsepochen reichen in das Devon hinein: Die Endphase der kaledonischen in den Anfang des Unterdevons, der Beginn der variszischen in das späte Oberdevon. Dazwischen prägen große Geosynklinalräume das Bild der Erde, Räume, die sich aus den gewaltigen Abtragungsschuttmassen der hohen und meist ausgeprägte Reliefs aufweisenden Kaledonischen Gebirge auffüllen. Die meist roten Sedimente (Old Red) sind lokal ungewöhnlich mächtig: 3000 bis 5000 m auf Spitzbergen und im Osten Grönlands, bis zu 7000 in Schottland. In den polnischen Mittelge-

birgen erreichen devonische Sedimente 1000 bis 2000 m und z. B. in Peru bis zu 3000 m Mächtigkeit.
Die geologischen Zeugen des Devons sind also in erster Linie klastische (Verwitterungs-) Sedimente, daneben aber auch aufgrund des noch immer warmen Klimas biogene carbonatische Sedimente, also solche, die in Flachmeeren der warmen Zonen unter Mitwirkung von Pflanzen und Tieren entstehen. In erster Linie sind das Riffkalke, wie die über 1000 m mächtigen fossilienreichen Ablagerungen in den Karnischen Alpen.
Der durch Mitteleuropa ziehende Geosynklinalraum hat im Devon die Gestalt eines nach Süden offenen Bogens von mehreren hundert Kilometern Breite. Seine Südufer liegen im Bereich der Böhmischen Masse, die zeitweilig ebenfalls überflutet ist. Von Norden her reichen kaledonische Faltengebirgsstränge in diesen Geosynklinalraum, etwa in Südengland und im Brabanter Massiv. Aufgefüllt wird die mächtige Geosynklinale vorwiegend von Norden her durch den Abtragungsschutt der Kaledonischen Gebirge.
Im Laufe des Devons verändert die mitteleuropäische Geosynklinale fortwährend ihr Relief. Schon im Obersilur entstand die Mitteldeutsche Schwelle, eine Aneinanderreihung mehrerer einzelner Aufwölbungsgebiete. Während es im Unterdevon noch zu Überflutungen von Teilgebieten dieser Schwelle kommt, verlandet dieser Bereich gegen Ende des Devons immer mehr. Auf der Hebungszone liegen u. a. die kristallinen Massive von Odenwald, Spessart, Ruhla und Kyffhäuser. Etwa zur selben Zeit verlandet auch die Böhmische Masse endgültig. Ab der stärkeren Heraushebung der Mitteldeutschen Schwelle ist die variszische Geosynklinale in zwei getrennte Sedimentationsbecken aufgeteilt, in das südöstliche Saxothuringikum und das nordwestliche Rhenoherzynikum. Im Oberdevon entwickelt sich das Rhenoherzynikum dann zu einer ausgesprochenen Vorsenke, denn es füllt sich von Südosten nach Nordwesten immer mehr mit Schuttsedimenten auf. In der südöstlichen Hälfte der Rheinischen Masse gewinnen die Sedimente eine Mächtigkeit von 2000 bis 3000 m. Meist sind es Quarzite und sandige Schiefer, z. T. auch Rotsedimente. Eingeschaltet sind kleinere Riffkomplexe und weniger bedeutende Massen von untermeerischen Vulkanausbrüchen. Viele der Kalke bewegen sich bei der einsetzenden tektonischen Unruhe im Oberdevon: Sie rutschen auf submarinen Hängen ab und liegen jetzt nicht mehr als gebankte Riffkalke, sondern als sogenannte Olistolithe, d. h. als Großblöcke, vor.
Zu Beginn des Oberdevons kommt es im Großraum der variszischen Geosynklinalen vorübergehend zu neuerlichen Übergriffen des Meeres auf Festlandgebiete. Geologisch spiegelt sich das in Grauwacken-Sedimenten (→ S. 90) wider.
Auf der Fennosarmatischen Tafel entstehen nach einer langen Sedimentationspause im Devon wieder mächtige Ablagerungen, besonders bedeutende Old Red-Schüttungen. Äußerst mächtige Old Red-Sedimente fallen auf Spitzbergen, in Ostgrönland und in Schottland an. In Südeuropa (Spanien, Südfrankreich, Balkan, Türkei) sind Kalksedimente häufig. In Nordamerika kommt es im Gebiet der Appalachen zu einer ähnlichen Geosynklinalentwicklung wie in Mitteleuropa.

Klimatische Verhältnisse

Wie schon in den vorausgegangenen 180 Mio. Jahren bleibt das Klima weltweit weiterhin mild bis heiß. Dafür sprechen u. a. ausgeprägte Riffbildungen. Bedeutende Riffe entstehen schon zur Wende Silur/Devon (um 410 Mio.) in Nordwestpakistan. Mächtige devonische Riffe bilden sich vor allem im mitteleuropäischen Mitteldevon (Ardennen, Rheinland, Harz), außerdem in Nordamerika (Helderberg, Gaspe, Onondaga). Auch in Nordafrika kommen devonische Kalke vor, wenn auch in geringerer Mächtigkeit. Auf der Südhalbkugel herrscht während des Mittel- und Oberdevons in Westaustralien Riffklima.
Zeugnisse trockener Hitze liefern die in die mächtigen Old Red-Schuttmassen Nordeuropas, Rußlands und Australiens eingeschalteten Evaporite (→ S. 44), nämlich Gips und Steinsalz. Besonders ausgeprägt sind solche Eindampfungsgesteine im Süden der Russischen Tafel, aber auch in Kanada.
In Südamerika und Afrika (außer Nordafrika) fehlen nach wie vor Zeugen für warmes Klima. Es finden sich aber auch keine Anhaltspunkte mehr für Vereisungen, wie sie vor allem für das Ordovizium (500–440 Mio.) und das Silur vorliegen. In diesen dem Südpol nahen Großräumen scheint aber zumindest während des Winters Schneefall zu herrschen.

Pflanzen- und Tierwelt

Große Faunenschnitte – etwa das Aussterben oder erstmalige Auftreten ganzer Tierklassen – gibt es während des Devons nicht. Dafür ist die Ära eine biologische Pionierzeit anderer Prägung: Es ist die große Epoche der Besiedlung des Festlandes durch Pflanzen und Tiere. Das allerdings bringt die revolutionierende Umgestaltung anatomischer Baupläne der entsprechenden Stammformen mit sich, und in diesem Sinne entstehen sehr wohl zahlreiche neue Pflanzen- und Tierklassen: Charophyten oder »Armleuchtergewächse« (das sind heute im Süßwasser, zur Devon-Zeit aber noch marin lebende Algen), Lycopodiinae oder Bärlappe, Articulaten oder Schachtelhalme, Filicophyta oder Farnartige, Amphibien u. a.
Als Leitfossilien haben die für die Grenzziehung zwischen Silur und Unterdevon wichtigen Monograpten später keine Bedeutung mehr; sie sterben aus. Als erstrangig erweisen sich dagegen die Armfüßer (Brachiopoden, → S. 50) mit den Spiriferen und die Kopffüßer (Cephalopoden, → S. 73) mit den Goniatiten und Clymenien. Gute Leitfossilien des Devons sind auch die Korallen und Stromatoporen in Riffgebieten, die Fische in den Randgebieten des Old Red-Kontinents und die Trilobiten in den Sedimenten der Schwellengebiete, welche die Randmeere von den Ozeanen abtrennen. Für die Einteilung der Schichten des Devons erweisen sich in jüngerer Zeit mehr und mehr auch Mikrofossilien als wertvoll. An erster Stelle sind das bestimmte Ostracoden (→ S.61) und Conodonten (→ S. 62).
In den Meeren ergibt sich folgendes Bild: Sehr häufig sind, wie schon im Silur, die Radiolarien (→ S. 49) und die Foraminiferen (→ S. 151), die zunehmend komplexe Formen zeigen. Ein ausgesprochenes Artenmaximum läßt sich bei den Brachiopoden beobachten. Muscheln und Schnecken sind weiterhin reichlich vertreten, zeigen aber kaum einen Formenwandel. Eine zweite – und letzte – Blütezeit erleben die Trilobiten (→ S. 66). Einmalig günstige Lebensbedingungen finden außerdem auch die Stachelhäuter (Echinodermata) vor, besonders die Seesterne und die Seelilien. Ab dem Mitteldevon tauchen in großer Zahl ammonitenartige Kopffüßer auf.
Die Fische entwickeln sich weiter, und unter ihnen erscheinen im Oberdevon die Crossopterygier mit Lungenmerkmalen und Vorformen von Fußgliedmaßen. Aus ihnen gehen vermutlich die Ichthyostega hervor, die ersten Amphibien im Oberdevon.

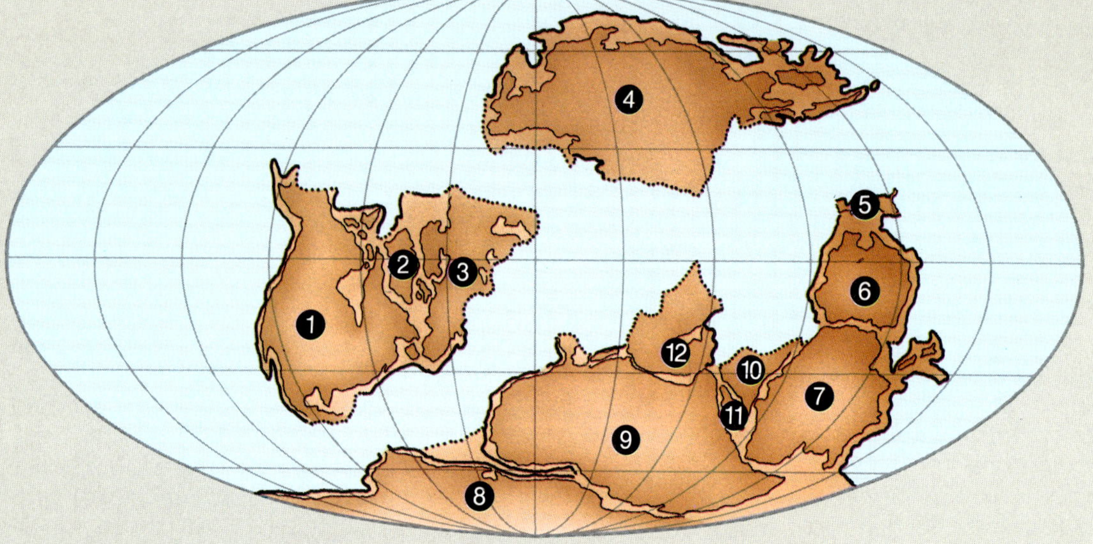

Gegenüber dem Untersilur sind die Landmassen erheblich gewandert. Sie bilden jetzt drei große Blöcke. An Nordamerika (1) und Grönland (2) hat sich Europa (3) angeschlossen. Dieser Block hat seinen Schwerpunkt auf dem Äquator. Asien (4) ist weit nach Norden gedriftet und befindet sich etwa im Bereich seiner heutigen geographischen Breite. Größtenteils auf der Südhalbkugel liegt der Riesenkontinent Gondwana. Er baut sich aus folgenden heutigen Landmassen auf: Neuguinea (5) und der Ostteil Australiens (6) reichen bis über den Äquator nach Norden. Im Süden folgen die Antarktis (7), Indien (10), Madagaskar (11), Arabien (12), Afrika (9) und Südamerika (8), das jetzt am Südpol liegt.

410-390 Mio.

Das Unterdevon

Um 410 Mio. Die zu den Knochenfischen zählenden Lungenfische (Oberordnung Dipnoi) entwickeln sich. → S. 124

Die Quastenflosser (Crossopterygii), eine Oberordnung der Knochenfische, treten artenreich in Erscheinung. Wegen ihres Körperbaus werden sie von Paläozoologen als Vorfahren oder aber zumindest als nahe Verwandte der ersten Amphibien und damit aller Vierfüßer betrachtet. → S. 124

In der Oberordnung Strahlenflosser der Knochenfische sind die Knorpelganoiden (Chondrostei) vertreten, deren Skelett sich aus Knorpel und Knochengewebe aufbaut. Die Knorpelganoiden sind meist sehr große Fische, zu denen heute die Störe zählen. → S. 124

Als Unterordnung der Knorpelfische erscheinen die Haiartigen (Elasmobranchii). Fossil sind hauptsächlich die Zähne erhalten.

Die Kopffüßer-Ordnung Nautilida, die die einzigen heute noch lebenden Vertreter der Unterklasse Nautiloidea (mit eingerolltem Gehäuse) umfaßt, entwickelt sich in den Weltmeeren. → S. 122

Unter den Kopffüßern tauchen erstmals sogenannte Tintenfische (Coleoidea) auf, die sich durch Ausstoßen einer dunklen Flüssigkeit (»Tinte«) der Sicht von Angreifern entziehen und zugleich deren Geruchssinn stören können. Diese ersten Tintenfische gehören der Ordnung Teuthoidea an. → S. 122

Die Ordnung Anarcestida vertritt als erste die Kopffüßer-Unterklasse Ammonoidea, zu der später zahllose wichtige Leitfossilien (bis vor ca. 66 Mio. Jahren) gehören und die gegen Ende der Kreide-Zeit ausstirbt.

Die Unterklasse Branchiopoda der Krebse tritt in Erscheinung. Sie umfaßt kleine Schalentiere mit gestrecktem, meist deutlich gegliedertem Körper und blattförmigen Körperanhängen. Zu ihr gehören heute fast durchweg Süßwasserarten, z. B. die »Wasserflöhe«. → S. 123

Mit den flügellosen »Urinsekten« (Apterygoten) ist erstmals die Überklasse Hexapoda (Insekten im weitesten Sinne) des Stammes der Gliederfüßer repräsentiert. Die Springschwänze (Collembolen), die als die ersten Vertreter dieser Überklasse fossilieren, ähneln den heute lebenden Silberfischen. → S. 123

Zum ersten Mal fossil belegt sind die Spinnen, die zur Gliederfüßer-Klasse Arachnida gehören. Sie leben auf dem Land und sind ab Karbon (→ ab 360 Mio./ S. 154) in großer Zahl im Gebiet der tropischen Wälder nachweisbar.

Die Asselspinnen (Pantopoda) bereichern den Gliederfüßer-Unterstamm der Fühlerlosen. Sie leben ausschließlich in den Meeren und erreichen meist eine Größe zwischen 1 und 10 mm. → S. 123

Mit der Klasse der Algenpilze (Phycomycetes), die zu den Schimmelpilzen zählt, lassen sich zum ersten Mal in der Erdgeschichte Pilze (Fungi) nachweisen. Unter Pilzbefall leiden höhere Landpflanzen. → S. 121

Erste Vertreter der Pflanzenklasse Schachtelhalmgewächse (Articulata, Calamitales) erscheinen. → S. 121

410–405 Mio. Mit der hibernischen, der ardennischen und der erischen Faltungsphase geht die große Ära der kaledonischen Gebirgsbildung zu Ende, die im Mittelkambrium (vor rund 545 Mio. Jahren) begann. → S. 120

410–390 Mio. Neben den Nacktpflanzen (Psilophytales) ohne Blätter oder mit nur sehr kleinen Schuppenblättchen treten auch solche mit kleinen und größeren Blättern (makrophylle Pflanzen) auf. Häufig sind dabei sogenannte Gabelblätter oder Gabelwedel. Dabei handelt es sich noch nicht um Blätter im eigentlichen Sinn, sondern um ungegliederte Sprossen, die sich gabelig verzweigen. Daraus entwickeln sich später die Blätter höherer Kormophyten. → S. 121

Weltweit bilden sich verschiedene Florenprovinzen: In Südafrika und Südamerika gedeiht zirkumpolar die sogenannte Bokkeveld-Flora, in Nordafrika und Mitteleuropa die äquatoriale Böhmische Flora. Daneben ist die sogenannte Hyenia-Flora verbreitet. → S. 121

In Südneuseeland und im Rheinischen Schiefergebirge lagern sich Spiriferensandsteine ab. Benannt sind sie nach der seit dem Mittelordovizium (480 – 460 Mio.) bekannten Armfüßerordnung Spiriferida, deren Mitglieder in dem betreffenden Sandstein in großen Mengen fossilisieren. → S. 120

Im Bergischen Land entsteht eine bedeutende Fossillagerstätte im Wahnbachtal. Kleine Meerestiere sowie zahlreiche Wasser- und Landpflanzen sind Zeugen von küstennahen Meeresablagerungen.

Etwa 50 km westlich von Aberdeen (Schottland) entsteht in verkieseltem Torf das bedeutende Fossilvorkommen Rhynie Chert Bed (Rhynie-Hornstein), in dem Nacktfarne (Psilophyten) vollständig überliefert sind.

Beschränkt auf das Unterdevon sind riesige Algen, die vermutlich zu den Braunalgen (Phaeophyceen) zu zählen sind. Ihre Stämme sind von beachtlichem Durchmesser, und sie entwickeln sehr wahrscheinlich große fächerförmige blattartige Organe. Bekannt sind diese Algen als Prototaxites und Nematophyta. → S. 122

410–376 Mio. Auf der Erde herrscht eine geomagnetische Periode mit vorwiegend gegenüber den heutigen Verhältnissen umgekehrter (reverser) Polung.

410–375 Mio. Ausschließlich auf die Zeit des Devons beschränkt, aber für diese sehr typisch, ist die verbreitete Fischklasse der Panzerfische (Placodermi). Der vordere Teil dieser kiefertragenden, meist kleinen oder mittelgroßen Tiere ist gepanzert. Dahinter verjüngt sich der Körper mit den paarigen Flossen.

410–360 Mio. Ausgesprochen wichtige Leitfossilien des Devons sind Korallen (Anthozoa), Armfüßer (Brachiopoden), Dreilapper (Trilobiten), Conodonten und ganz besonders die formenreichen Ammoniten.

Nur im Devon leben Vertreter des Stammes Algomycetes, der zwischen Algen und Pilzen angesiedelt ist. Diese einfachen Lagerpflanzen besitzen ein pilzähnliches Gewebe (Myzelium) und algenähnliche Sporenanlagen (Sporangien). → S. 122

Auf der Südhalbkugel beginnt die Auflösung des großen einheitlichen Blocks des Südkontinents Gondwana. Es kommt zum Zerbrechen der kontinentalen Scholle und zur Entwicklung von Binnenmeeren, die die einzelnen Südkontinente zunehmend voneinander trennen. → S. 120

Während des gesamten Devons besteht weltweit eine Vorherrschaft der Meere gegenüber dem Festland (Thalattokratie). Es kommt wiederholt zu weiträumigen Überflutungen (Transgressionen) der Kontinente. → S. 120

410–270 Mio. Die Zeit des sogenannten Pteridophytikums beginnt. Das bedeutet, daß höhere Sporenpflanzen die für diesen Zeitabschnitt charakteristischen Pflanzen sind. Diese Ära löst das vorangehende Algophytikum, das Zeitalter der Algen, ab, das seit Beginn der Fossilüberlieferung herrschte.

407–360 Mio. Im Süden der Russischen Tafel und im südlichen Kanada lagern sich Evaporitgesteine (salzhaltige Eindampfungsgesteine) ab.

Um 400 Mio. Der Tintenfisch Eoteuthis, der im Bundenbacher Schiefer (Pfalz) fossilisiert, entspricht in seinem Körperbau bereits weitgehend heute lebenden Formen (Alloteuthis). → S. 122

Um 390 Mio. Die Graptolithen-Ordnung Graptoloidea stirbt aus. Diese zu den Kragentieren gehörende Ordnung stellte besonders vom Ordovizium bis Silur (500–410 Mio.) Leitfossilien.

Wind und Wasser prägen das Gesicht der Landschaften

410 Mio. Abgesehen von vulkanischen und durch die Bewegung der Erdkruste hervorgerufenen Kräften sind die Landschaften zu Beginn des Devons vorwiegend durch mechanische Verwitterungs- und Erosionskräfte geformt. Erst später kommen mit der Entwicklung der Tier- und Pflanzenwelt auch die sogenannten biogenen Kräfte hinzu. Vor allem drei Faktoren prägen das Gesicht der Erde durch mechanische Verwitterungsprozesse: Wasser, Temperaturunterschiede und Wind. Die treibende Kraft der Flußerosion (fluviatile Erosion) ist das fließende Wasser; bei der marinen oder Meereserosion setzen Brandungswellen, Gezeiten- und Meeresströmungen entsprechende Energien frei; die glaziale oder Eiserosion ist an den Aggregatzustand des Wassers gebunden, während schließlich bei der Winderosion (äolische Erosion) die abtragende Wirkung von Luftströmen ausgeht.

Die Flußerosion zielt in ihrer Wirkung auf Ausfurchen und Einschneiden des festen Materials. Ihre Stärke hängt von verschiedenen Komponenten ab: Von der Strömungsgeschwindigkeit des Wassers, von der Mitführung abrasierenden Materials wie z. B. Quarzsand, von der Widerstandsfähigkeit der angegriffenen Gesteine und Sedimente in physikalischer und chemischer Hinsicht, von der allgemeinen Geländestruktur sowie vom Klima.
Durch Einschnitte in die Tiefe (Tiefenerosion) und Abtragung nach den Seiten (Seitenerosion) entstehen verschiedene Talformen vom tiefen, parallelwandigen Cañon über das typische V-Tal bis hin zu dem in der Ebene mäandrierenden Flußbett. An Prallhängen, etwa in Flußkrümmungen, wird das Steilufer am Außenbogen des Flusses infolge des Aufpralls der Strömung durch Auskolken und Unterhöhlung ständig angegriffen und auf diese Weise steil gehalten. Die gegenüberliegende Seite, der Gleithang, entwickelt sich dagegen zum sanft geneigten Ufer, an das sich infolge der langsameren Wasserbewegung größere Mengen anderenorts abgetragener Sedimente ablagern. An Gefälleknicken (Stromschnellen, Wasserfälle) ansetzend, arbeitet sich die Erosion talaufwärts voran.

Das Schluchtensystem des Barranco del Cobre (Kupferschlucht) im Nordwesten Mexikos ist mit seinen viele hundert Meter tiefen verzweigten Cañons ein beeindruckendes Beispiel für Fließwassererosion.

Die Gletschererosion schafft ebenfalls Täler; diese haben aber einen bezeichnenden Trogquerschnitt (U-Täler). Mit der Gletschererosion einher geht eine fluviale Erosion (Flußerosion). Sie wird bewirkt durch das unter den Gletschern abfließende Schmelzwasser oder durch das in Gletscherspalten hinabschießende Wasser, das im Untergrund oft tiefe Löcher (Gletschertöpfe) im Fels auskolkt. Typische Gletschererosionsspuren und -formen sind Schliffe und Schrammen im Untergrund sowie Rundhöcker. Im Bereich der Anhäufung von Gletscherschutt kommt es zu typischen Moränenlandschaften.
Thermische Prozesse wie Frostverwitterung und Frostabsprengung, bei denen das Material durch Temperaturschwankungen stark angegriffen wird, gehören auch zur Kategorie der glazialen Erosion.

Die Meereserosion, in erster Linie durch die Brandung ausgeübt, hat je nach Küstenform sehr unterschiedliche Wirkungen. An flachen Stränden wirkt sie auf die dort vorhandenen Sedimente abtransportierend bzw. umlagernd und auch sortierend, bei Steilküsten skulpturierend. Wichtig ist dabei die Imprägnation des Gesteins durch die Gischt des Meerwassers bis in größere Höhen. Sie erst führt zu Auswaschungen durch das herabströmende Wasser, zu Frostsprengungen, zu Salzerosion usw.

Die Winderosion kann ihre abtragende Wirkung nur in Verbindung mit mitgeführten Festkörpern (Staub, Sand, Schnee) ausüben. Typische Formen sind Sandschliff, Windschliff, Kannelierung und Wabenstrukturen in Felswänden.
Oft wirkt die Erosion selektiv. Sie trägt weiches Material ab und läßt härteres Gestein länger stehen. Dadurch entstehen tiefe Kolke, Pilzfelsen und Erdpyramiden, steilwandige Tafelberge, rippenförmig freipräparierte Sedimentschichten, Kissenerosion in Granit usw.

Erosion bewegt große Materialmengen

Welche beachtlichen Materialmengen durch erosive Prozesse abgetragen werden können, sei anhand einiger aktueller Beispiele belegt: Der Rhein und seine Nebenflüsse trugen im Verlauf der vergangenen 30 000 Jahre ihr gesamtes Einzugsgebiet um mindestens 1 m ab. Der Strom führt im Unterlauf jährlich 15 Mio. t gelöste Stoffe und 4 Mio. t schwebende Bestandteile (Schlamm) ins Meer. Der Mississippi befördert in derselben Zeit 100 Mio. t gelöste Stoffe und 370 Mio. t Schwebstoffe in den Ozean. Der Amazonas bewältigt jährlich sogar 600 Mio. t; das entspricht pro Minute 60 Güterwagen zu je 20 t! Weltweit trägt Wind- und Wassererosion das Festland im Lauf von nur 20 bis 40 Jahrtausenden um durchschnittlich 1 m ab.
Die Abtragungskräfte des Windes hängen stark von der Windgeschwindigkeit ab. Wind mit einer Geschwindigkeit von 7 bis 12 km/h trägt bereits Grobsand, und ein voller Orkan treibt Kies und im Extremfall 1000 g schwere Steine vor sich her.
Man schätzt, daß das heutige Festland im Laufe der ganzen Erdgeschichte insgesamt etwa fünfmal abgetragen und ins Meer verlagert worden ist.

In gebankte Sedimente schneiden Wasserläufe oftmals enge Schluchten mit fast senkrechten Wänden ein. Weichere Lagen werden zu Hohlkehlen.

Spitzkarren nennt man diese Verwitterungsform im Kalk, die sich in Karstgebieten findet. Hier spielt chemische Gesteinslösung eine Rolle.

Meereserosion wirkt weniger durch Gezeiten und Brandung als durch die von der Gischt feuchte Salzluft, die das Gestein zermürbt.

Flüsse fräsen in weiche Sedimente V-Täler. Manchmal bilden sie dabei Schleifen (Mäander), die im Laufe der Zeit durch die Verlagerung des Knies im Oberlauf immer enger werden. Schließlich durchbricht der Fluß die engste Stelle und begradigt so seinen Lauf. Zurück bleiben eine Altwasserschleife und in deren Zentrum ein Hügel.

▷ In den Gipfelregionen der Hochgebirge wirkt die Erosionskraft des Eises. Wasser dringt in Felsspalten und gefriert. Dabei dehnt es sich aus und sprengt Gesteinsbrocken ab. So entstehen die charakteristischen schroffen Formen.

Wo harte und weiche Sedimente einander ablösen, fressen Regenwasserströme zunächst tiefe Rinnen in die harte Deckschicht und waschen sodann verstärkt die weichere Schicht aus. Das Resultat sind oft bizarre Türme und Zinnen.

Bizarre sackähnliche Gebilde (u.) präpariert oft die »Wollsackverwitterung« aus Granit oder ähnlichen Massengesteinen heraus. Sie wird vor allem durch Temperaturspannungen und Frostsprengung erzeugt.

In trockenheißen Klimaten herrschen oft große Temperaturdifferenzen zwischen Tag und Nacht. Die dadurch im Gestein hervorgerufenen Temperaturspannungen zerreißen selbst Granit. Häufig sind Rundformen.

Bienenwabenerosion nennt der Geologe diese spezielle Form der Verwitterung, die meist in Sandstein auftritt. Ihr Urheber ist stets der Wind, der feine, wie Schleifpulver wirkende Sandkörnchen mitführt.

Die klassische Erosion in Gebirgswüsten ist die Temperatursprengung. Ist das betroffene Material nicht so kompakt wie im Bild darüber, dann fallen am Fuß der Felsmassive stets mächtige Schutthalden aus Blockwerk an.

Vorherrschaft des Meeres in Mitteleuropa

410–360 Mio. Auffaltungen im Süden Frankreichs und in Spanien schließen zu Beginn des Devons die große kaledonische Gebirgsbildungsepoche ab. Es folgt eine Geosynklinalzeit (→ S. 29), die langfristig die nächste bedeutende Gebirgsbildungsära, die variszische, einleitet. Ausgedehnte Meereströge entstehen, während die kaledonischen Gebirge verwittern und abgetragen werden. Das Meer stößt allenthalben auf Festlandgebiete vor.

Sehr ausgeprägt ist diese Entwicklung im mitteleuropäischen Raum, durch den sich eine mehrere hundert km breite Geosynklinale von Westen nach Osten in einem nach Süden offenen Bogen erstreckt. Die Südufer dieses Meeresgürtels umfassen große Teile der Böhmischen Masse, die zeitweise mit überflutet wird. Im Norden, besonders in Südengland und im Brabanter Massiv ragen Teile des kaledonischen Faltengebirges als Festland in das Geosynklinalmeer hinein.

Als besonders mobiler Teil der Erdkruste ändert das mitteleuropäische Meeresgebiet im Devon mehrfach seine Gestalt, wobei insbesondere die Mitteldeutsche Schwelle (→ S. 113) eine Rolle spielt.

Gegen Ende des Unterdevons (um 390 Mio.) kommt es weltweit zu einem allgemeinen Meeresrückzug, allerdings weitet sich die rheinische Geosynklinale noch aus. Diese Tendenz verstärkt sich im Mitteldevon.

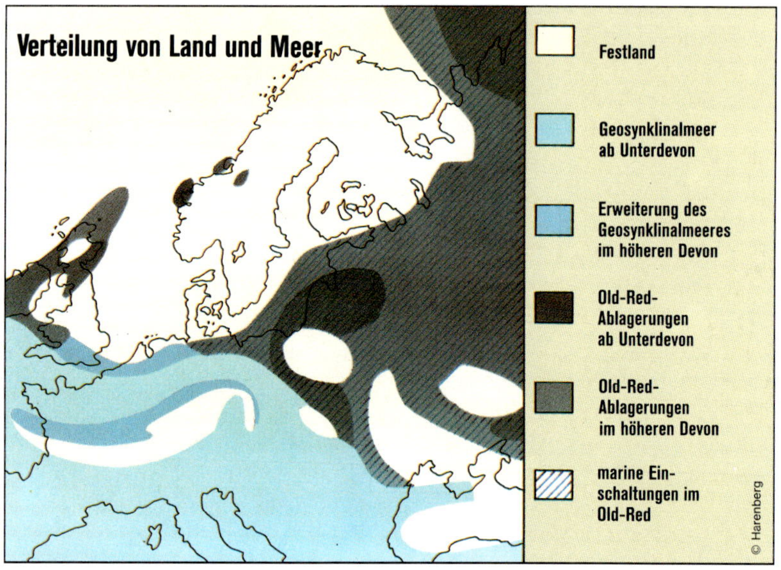

△ *Während des gesamten Devons sind die meisten Gebiete Mitteleuropas überflutet.*

◁ *In Südfrankreich und in Spanien falten sich während der Endphase der kaledonischen Orogenese hohe Gebirge auf. Das Bild zeigt das Montserrat-Massiv.*

Faltungsära geht ihrem Ende zu

410–405 Mio. Mit der sogenannten ardennischen und der erischen Phase geht in Europa eine große, auch andere Kontinente erfassende Ära zu Ende. Es handelt sich um die kaledonische Ära, die mit der Salair-Phase bereits im Mittleren Kambrium (vor etwa 540 Mio. Jahren) einsetzte. Sie untergliedert sich in zwei Hauptabschnitte, den altkaledonischen bis vor etwa 430 Jahrmillionen und den jungkaledonischen, der bis zum Unterdevon reicht.

Die kaledonischen Gebirge Europas liegen vor allem in Irland, Wales, Schottland, Westskandinavien, im Brabanter Massiv, den Ardennen, im Rheinischen Schiefergebirge, im Harz, in der Lausitz und in den Sudeten. In Asien umgeben kaledonische Faltengebirge den Sibirischen Schild. Andere Faltenzüge der kaledonischen Ära treten auf Spitzbergen und im Osten und Norden Grönlands in Erscheinung. In Nordamerika beschränken sie sich auf Alaska, Neufundland und die nördlichen Appalachen. Möglicherweise sind auch die südamerikanischen Brasiliden und die nordafrikanischen Sahariden kaledonischen Ursprungs. Schließlich finden sich auch in Australien – und zwar im Osten – kaledonische Faltenzüge.

Bereits zu Beginn des Devons sind einige der altkaledonischen Gebirgszüge durch Erosion weitgehend abgetragen.

Südkontinent Gondwana bricht auseinander

410–360 Mio. Der noch im Silur (440–410 Mio.) weitgehend einheitliche Block der Südkontinente, Gondwana (→ 520–500 Mio./S. 72), beginnt sich aufzulösen. Verantwortlich dafür ist neben dem weltweiten Vordringen der Meere auf Festlandgebiete (s. o.) die Entwicklung der Kontinentaldrift und der Meereströge (Geosynklinalen; → S. 29), die dieses Gebiet zunehmend durchziehen.

Neu ist vor allem eine Geosynklinale am Südrand Afrikas, die diesen Kontinent zumindest teilweise von Antarktika trennt. Das absinkende Meeresgebiet füllt sich mit Verwitterungsprodukten des Kapsandsteins auf. Eine ähnliche geosynklinale Entwicklung läßt sich im Gebiet der Falkland-Inseln erkennen. Auch an der dem Indischen Ozean zugewandten Seite Australiens entsteht ein Meerestrog, der die fortschreitende Trennung belegt.

Weite Teile Nordwestafrikas und der östlichen Randgebiete Brasiliens (im Bereich des Guayana-Schildes) sind ebenfalls überflutet.

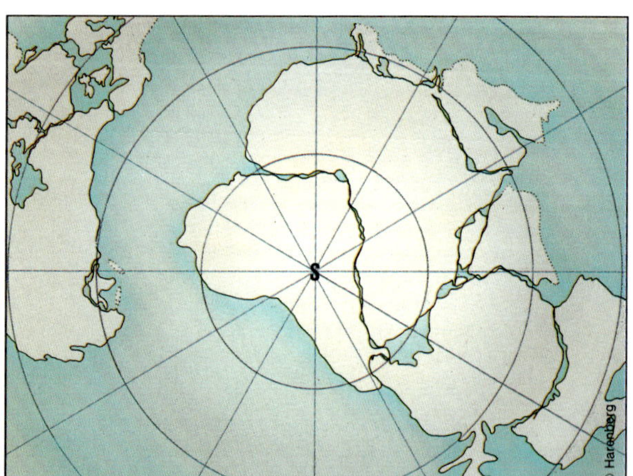

Gondwana erstreckt sich zwischen dem Südpol und etwa 30 ° Nord. Tiefe Grabenbrüche beginnen die Landmassen Südamerikas, Afrikas, Australiens und der Antarktis sowie Madagaskars, Indiens, Arabiens und Neuseelands zu trennen.

Sandsteinlager in Neuseeland

410–390 Mio. Im Süden Neuseelands lagern sich sogenannte Spiriferen-Sandsteine ab. Spiriferen sind eine Gruppe der Armfüßer (Brachiopoden, → S. 61), die vom Devon bis Perm (290–250 Mio.) weltweit verbreitet ist. Zum Teil kommen sie in so großen Mengen vor, daß ihre Schalen gesteinsbildend werden. So entstehen zur gleichen Zeit wie in Neuseeland etwa auch im Rheinischen Schiefergebirge Spiriferen-Sandsteine, die sich von den neuseeländischen kaum unterscheiden lassen.

Die explosive Entwicklung der meist breit flügelförmigen Spiriferen geht mit einer starken Zurückdrängung anderer Armfüßergattungen und ganzer Unterordnungen einher.

Erste Landpflanzen in größerer Zahl

410–390 Mio. Die Landpflanzen (Kormophyten) vermehren sich sowohl artenmäßig wie auch hinsichtlich ihrer Individuenzahl rasch. Dominierend ist die sogenannte Psilophytenflora. Die Psilophyten oder Nacktpflanzen entwickeln sich aus Wasserpflanzen (»Haliseriten«) mit bandförmigen, unregelmäßig verzweigten Stengeln, die von einem zentralen Leitgefäßbündel durchzogen werden. Ihr Körper wird noch nicht von einem verholzten Stamm (Kormus), sondern von speziellen Rindenzellen getragen. Die wichtigsten Funde dieser Pflanzen liegen in Schottland, Südwales, Westdeutschland und Belgien.

Schon im Unterdevon treten neben den blattlosen Nacktpflanzen mit einfachen, gabelig verzweigten Sprossen auch solche mit kleinen oder größeren epidermalen Anhängern, die an winzige Blätter erinnern (Mikrophylle), auf. Häufig sind dabei Gabelblätter oder Gabelwedel. Das sind noch keine eigentlichen Blätter, sondern wissenschaftlich als Telome bezeichnete, weitgehend ungegliederte Sprossen, die aus einem einfachen zentralen Leitgewebestrang, einem Rindenmantel aus Grundgewebe und einer Oberhaut aufgebaut sind und sich gabelig (dichotom) verzweigen. Erst im weiteren Verlauf der Erdgeschichte entwickeln sich aus ihnen die Blätter höherer Kormophyten. Darunter versteht man Pflanzen, die einen aus Wurzel, Sproßachse und Blattorganen zusammengesetzten Körper besitzen und die sich dadurch von den Lagerpflanzen oder Thallophyten (Algen und Flechten) unterscheiden. Bereits im Unterdevon gehen aus den einfachen Psilophyta frühe Bärlappgewächse (Lycophyta) und Schachtelhalmgewächse (Sphenopsida) hervor. Für all diese frühen Landpflanzen ist die Vermehrung durch Sporen typisch, die sich in Sporenbehältern am Ende der Sprosse oder in Verbindung mit Mikrophyllen entwickeln.

Fossilisierter Pilzbefall einer Laurophyllum-Pflanze aus dem Eozän

Zu den Vorläufern der Nacktpflanzen gehört die Wasserpflanze Haliserites dechenianus aus dem Unterdevon.

Sciadophyton steinmanni: Das Pflänzchen aus dem Unterdevon des Wahnbachtales wächst an Schlickstränden.

Neuer Nährboden für frühe Pilze

410–390 Mio. Mit dem vermehrten Auftreten von Landpflanzen entsteht neuer Nährboden für Pilze. Aus dem Unterdevon Schottlands ist erstmals ein derartiger Befall von Nacktpflanzen durch Urpilze (Archimycetes) bei Verkieselungsprozessen (→ S. 317) überliefert.

Erste fossile Belege bedeuten aber nicht auch erstes Auftreten. Die Paläontologen gehen davon aus, daß die ersten Pilze bereits im Präkambrium (4000–590 Mio.) lebten.

Das Reich der Pilze wird in vier Abteilungen untergliedert und stellt keine natürliche, systematisch-verwandtschaftliche Einheit dar.

Psilophyten der Gattung Taeniocrada

Swadonia ornata

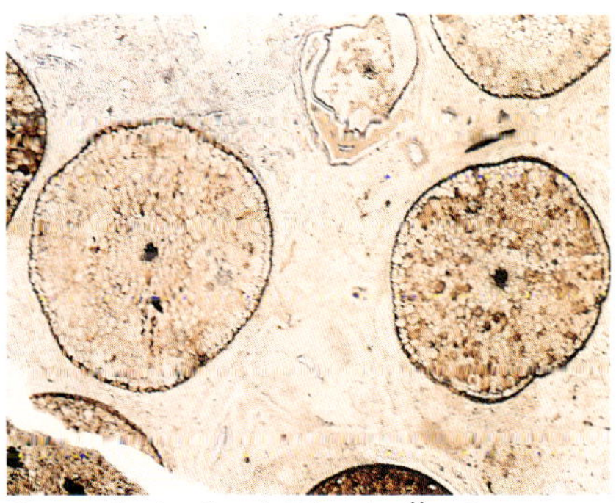

Querschnitt durch Rhynia-Ästchen

Drepanophycus-Art aus dem Wahnbachtal

Verschiedene Florenprovinzen breiten sich rasch über den ganzen Globus aus

410–390 Mio. Daß sich die Landpflanzen im Unteren Devon rasch ausbreiten, dafür sprechen die weltweit nachweisbaren unterschiedlichen Florenprovinzen. So existiert in Südafrika und Südamerika, also im zirkumpolaren Gebiet, die sogenannte Bokkeveld-Flora. Sie ist deutlich artenärmer als die allerdings nicht vollständig synchrone äquatoriale Böhmische Flora Nordafrikas, Süd- und Mitteleuropas. Auch die typische mitteldevonische Hyenia-Flora, die bereits im nördlichen Mitteleuropa, in Westeuropa, Nordamerika, Skandinavien, Spitzbergen, auf der Russischen Tafel und in weiten Teilen Asiens einsetzt, übertrifft die Bokkeveld-Flora deutlich an Arten. Besonders zahlreiche Landpflanzen fossilisieren an der Ostküste Kanadas, in Schottland und im Wahnbachtal bei Bonn.

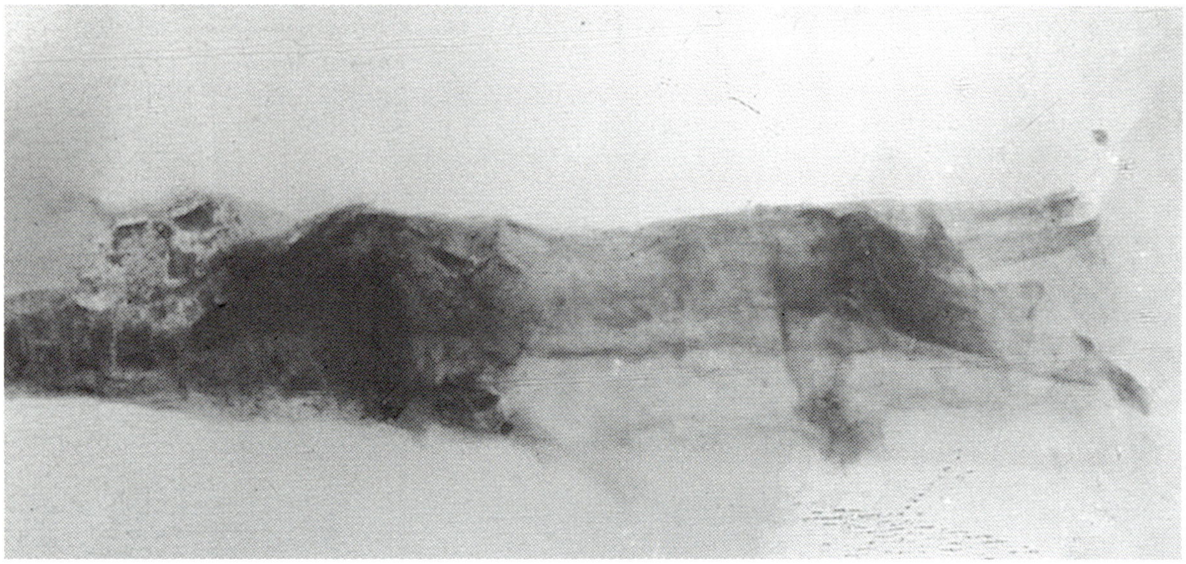

Im Unterdevon lagerten sich im Gebiet des Hunsrück mächtige Sedimente des Bundenbacher Schiefers ab. In ihnen versteinerten die Überreste eines Tintenfisches der Art Eoteuthis elfridae (Röntgenaufnahme).

Meeresbewohner mit Tinte und Tentakeln

410 Mio. In der Klasse der Kopffüßer (Cephalopoden, → S. 73) entsteht mit den Tintenfischen (Coleoidea oder Dibranchiata) eine neue Unterklasse. Wahrscheinlich besitzen sie wie die noch heute lebenden (rezenten) Exemplare ein Paar Kiemen und außer dem eigentlichen Herzen noch zwei Kiemenherzen, die allein der Durchblutung dieser Atemorgane dienen. Die Schale, die bei anderen Kopffüßern als stabförmiges oder einem Schneckengehäuse ähnelndes Außenskelett ausgebildet ist, reduziert sich auf ein meist schuhlöffel- oder kegelförmiges Gebilde, das in das Innere des Mantels verlegt ist.

Die einfacher organisierten rezenten Tintenfische gehören zu den Decabrachia, den Zehnarmigen. Sie besitzen acht Kopfarme und zwei längere Fangarme. Alle haben Saugnäpfe oder chitinhaltige Fanghäkchen, auf den Fangarmen sitzen sie in zwei oder vier parallel angeordneten Reihen an der Innenseite, auf den Kopfarmen büschelweise an der Spitze. Weil die äußere harte Schale fehlt, haben die Coleoidea andere Vorsorge gegen Angriffe getroffen. Sie können schnell schwimmen, also fliehen, und sie können eine dunkle Flüssigkeit, die sogenannte »Tinte« ausstoßen, die sie verbirgt und sehr wahrscheinlich auch das Geruchsempfinden des Angreifers stört. Möglicherweise verfügten auch Ammoniten über diesen Verteidigungsmechanismus. Viele Tintenfische sind darüber hinaus in der Lage, ihre Körperfarbe der Umgebung anzupassen und dadurch schwer erkennbar zu werden. Manche Tiefseeformen besitzen – in Symbiose mit Leuchtbakterien – Leuchtorgane oder können ein leuchtendes Sekret ausstoßen. Diese Biolumineszenz dient dazu, einen Partner zu finden oder Beute anzulocken. Von allen Weichtieren besitzen die Tintenfische das höchstentwickelte Nervensystem. Es liegt zentral und bildet eine Art Gehirn, das von einer knorpeligen Kapsel umschlossen ist. Besonders hochentwickelt sind auch die Augen.

Wie erfolgreich der neue Kopffüßer-Bauplan ist, zeigt sich u. a. darin, daß sich der vor rund 400 Mio. Jahren lebende Tintenfisch Eoteuthis (im Bundenbacher Schiefer) kaum vom heute lebenden Tintenfisch Alloteuthis unterscheidet.

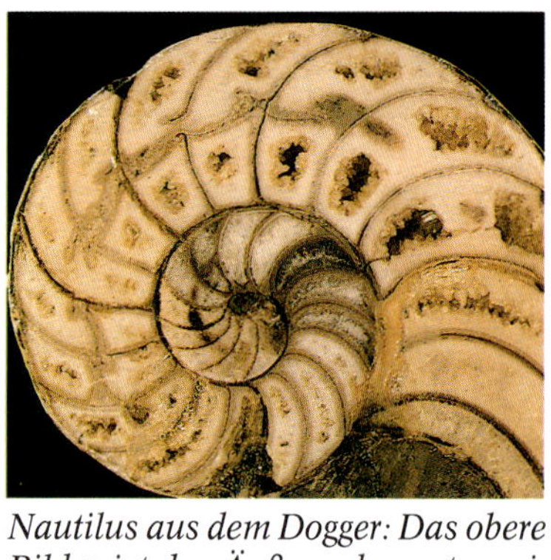

Nautilus aus dem Dogger: Das obere Bild zeigt das Äußere, das untere einen Gehäusequerschnitt.

U-Boot mit Rückstoßprinzip

410 Mio. Zu den Kopffüßern zählen Arten mit einem Innenskelett (Coleoidea, s. o.) und solche mit einem Außenskelett bzw. Gehäuse (Ectocochlia). Unter den letzteren tritt im frühen Devon neu die Ordnung Nautilida auf, die heute noch mit der Gattung »Perlboot« oder »Nautilus« vertreten ist. Das Gehäuse dieser Tiere ist in einer Ebene spiralig aufgerollt und im Inneren in einzelne Kammern untergliedert. Diese Kammern sind mit Ausnahme der vordersten, in der das Tier wohnt, mit Wasser oder einem luftähnlichen Gas gefüllt, das mehr Stickstoff als Sauerstoff enthält. Durch das veränderbare Volumenverhältnis von Wasser zu Gas kann das Tier sein spezifisches Gewicht regulieren und damit im Wasser aufsteigen oder absinken.

Wie die meisten Kopffüßer bewegen sich die Nautiliden nach dem Rückstoßprinzip, also mit einer Art Raketenantrieb, fort: Sie pressen Wasser durch einen beweglichen Trichter am Ausgang ihrer Mantelhülle.

Gewächse zwischen Algen und Pilzen

410–360 Mio. In den Devon-Sedimenten Nordamerikas fossilisieren Vertreter des Stammes Algomycetes, die sich als Zwischenformen zwischen Algen und Pilzen auffassen lassen. Die Algenmerkmale bestehen in einem für Lagerpflanzen (Thallophyten) typischen stiel- und blattlosen Körper, die Pilzmerkmale im Vorhandensein von Chitin in der Gerüstsubstanz des Zellgeflechtes. Auf schlammigem Boden wachsend, bilden die etwa zentimetergroßen Pflänzchen Sporen aus, die denen von Pilzen keineswegs ähneln, dafür aber an die Sporen primitiver Lebermoose erinnern.

Die Pflanzen selbst entwickeln sich aus einem fädigen Gewebe, das an die Mycelgeflechte von Pilzen gemahnt. Ihre Fruchtkörper sind meist kugelrund und äußerlich ungegliedert. Fossil erhalten bleiben die Algomyceten in den Devon-Sedimenten Nordamerikas.

Wasserpflanzen mit dicken Stämmen

410–390 Mio. Ausschließlich auf das Unterdevon beschränkt sind eigentümliche Wasserpflanzen (Prototaxites, Nematophycus) mit Stämmen, die z. T. einen Durchmesser von mehr als 30 cm erreichen. Allerdings zeigen mikroskopische Untersuchungen, daß es sich dabei nicht um Holz, sondern um eine Art Scheingewebe aus lauter gleichartigen schlauchförmigen Zellen handelt (Plektenchym). Diese Gewebe besitzen jedoch eine beachtliche Festigkeit. Wahrscheinlich gehören zu diesen Pflanzen große, fächerförmige blattartige Organe. Sie gelten als sehr großwüchsige Braunalgen.

Fossile Prototaxites-Art aus dem Unterdevon des Rheinlandes. Die Stämmchen sind außen verholzt.

Asselspinnen, die neuen Gliederfüßer auf dem Meeresgrund

410 Mio. Zu Beginn des Devons entwickeln sich recht unterschiedliche neue Gliederfüßerformen: Der Stamm der Asselspinnen (Pantopoda) und innerhalb der Krebse (Crustacea, → 545–520 Mio./S. 67) die Kiemenfüßer (Branchiopoda). Beide sind noch heute weitgehend unverändert in der Fauna vertreten.

Die Asselspinnen leben ausschließlich in Meeren und bleiben allgemein sehr klein. Der Körper der einzelnen Arten ist nur zwischen 1 und 10 mm lang. Eine Ausnahme bildet nur eine später auftretende Tiefseeform (Colossendeis colossa), die zwar ebenfalls nur einen 3 cm langen Körper besitzt, aber zusammen mit ihren dünnen Beinen bis zu 60 cm Länge erreicht.

Die meisten Asselspinnen leben auf Schwämmen, Korallen, Seeanemonen und ähnlichen Untergründen. Im Küstenbereich kommen sie auch unter Steinen vor. Ihr Körper ist oft stabförmig mit einem Saugrüssel am Vorderende und drei kurzen Gliedmaßenpaaren, von denen das vorderste zum Beutefang (kleine Hohl- und Weichtiere) meistens Scheren trägt. Dazu kommen außerdem vier bis sechs Paar spinnenbeinartig verlängerte Laufbeine.

Die Kiemenfüßer leben vorwiegend in süßen Binnengewässern. Nur wenige bewohnen die Meere. Auch sie bleiben recht klein. Die meisten Arten werden kaum größer als 5 mm, wenige Ausnahmen erreichen 65 mm Körpergröße. Nicht selten treten sie in Massenvorkommen auf. Es sind sehr primitive Krebse mit über 40 Körpersegmenten und einfachen, blattförmigen Gliedmaßen.

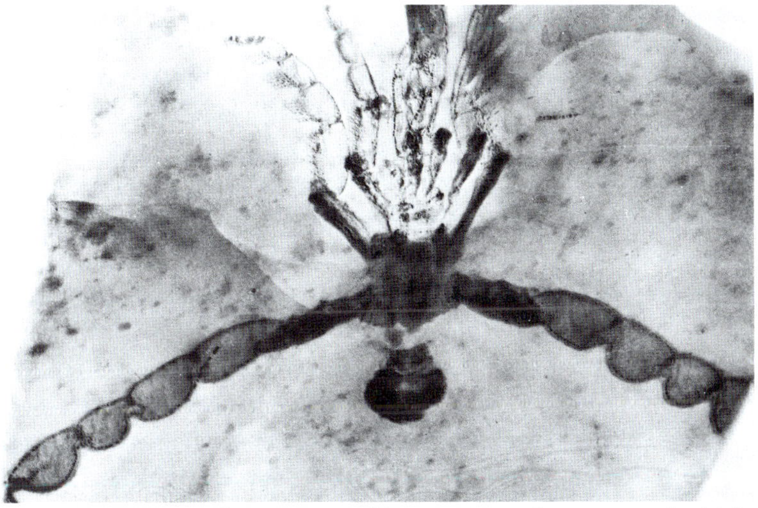

Die Asselspinnenart Palaeoisopus problematicus aus dem Hunsrückschiefer bei Bundenbach. Das Bild zeigt ein Fossil auf dem Röntgenschirm. Die Artbezeichnung »problematicus« weist u. a. darauf hin, daß die systematische Einordnung der Asselspinnen generell verschieden beurteilt wird.

Wie alle Asselspinnen hat auch dieses Exemplar der Gattung Phalangites aus dem Plattenkalk der Oberjuras von Solnhofen acht Extremitätenpaare: Je ein Paar Kieferfühler und sogenannte Pedipalpen, vier Paar lange dünne Laufbeine sowie ein Paar sogenannter Ovigera (Eierträger).

Flügellose Insekten in feuchtem Erdreich

410 Mio. Als erste Insekten im weiteren Sinne fossilisieren zu dieser Zeit die Springschwänze (Collembolen). Sie gleichen bereits weitgehend ihren heutigen Verwandten, z. B. den Silberfischchen. Es sind sogenannte Apterigoten, d. h. Flügellose, die zur Überklasse Hexapoda, also den »Sechsbeinigen«, gehören. Charakteristisch ist die geringe Differenzierung des segmentierten Körpers und der gabelige Schwanz. Die flügellosen Urinsekten (heute gibt es davon rund 4000 Arten) leben meistens auf oder in feuchtem Erdreich. Oft kommen sie in gewaltigen Mengen vor: Auf einem Quadratmeter humusreichen Bodens können bis zu 700 000 Springschwänze existieren. Sie sind besonders wichtig bei der Umwandlung abgestorbener Pflanzenreste in fruchtbare Erde.

Die Frage nach dem Ursprung der Springschwänze und der Insekten überhaupt ist ungelöst. Manche Wissenschaftler sehen als ihre Vorfahren die Trilobiten (→ S. 66, 67), andere die Schalentiere (Crustaceen), wieder andere die Ringelwürmer (Anneliden, → S. 60) an. Auch ihr erstes Auftreten ist fragwürdig, denn sie fossilisieren nur dort, wo feine Partikel schnell sedimentieren. In Kanada erscheinen um die gleiche Zeit die »Felsenspringer« als weitere Urinsekten.

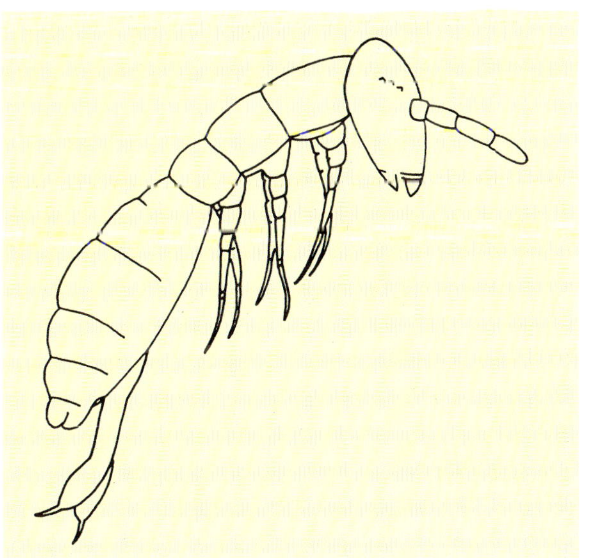

Das älteste bekannte Insekt ist Rhyniella praecursor aus dem Unterdevon von Rhynie, Schottland. Die Art gehört zur Ordnung der Springschwänze oder Collembolen und ist nur 1,5 mm lang. Die Rekonstruktionszeichnung von Dr. Jarzembowski (Booth-Museum, Brighton) zeigt das Urinsekt springend.

Was zeichnet die Insekten aus?

Die Insekten, auch Kerbtiere, Kerfe oder Hexapoden (»Sechsfüßer«) genannt, gehören zum Stamm der Gliederfüßer, dessen bei weitem größte Klasse sie vorstellen. Heute sind schätzungsweise rund 775 000 Arten bekannt. Trotz der enormen Formenfülle weisen sie alle drei deutlich voneinander abgrenzbare Körperabschnitte auf: Kopf, Brustabschnitt (Thorax) und Hinterleib (Abdomen). Der Kopf besteht aus sechs Segmenten und ist mit einem Paar Fühler, einem Paar Facettenaugen, einigen Punktaugen und einem Mundapparat ausgestattet. Die Brust besteht meist aus drei Segmenten mit je einem Beinpaar; die beiden letzten tragen oft auch je ein Flügelpaar. Der Hinterleib besteht aus neun bis zwölf Segmenten.

Fossiler Quastenflosser (Crossopterygier) aus der Gattung Macropoma: Das Tier versteinerte während der Zeit der Oberkreide im Libanon. Neben Kiemen besitzt dieser Fisch auch Lungen.

Lungenfische überleben auch im Schlamm

410 Mio. Zwei unterschiedliche Gruppen von Fleischflossern (Sarcopterygii), die Lungenfische (Dipnoi) und die Quastenflosser (Crossopterygii), sind aus dieser Zeit fossil nachweisbar. Zusammen mit den Strahlenflossern (Actinopterygii), zu denen die Mehrzahl der heute lebenden Fische gehört, bilden die Fleischflosser die große Klasse der Knochenfische (Osteichthyes, → 440–410 Mio./S. 99). Viele Forscher sehen jedoch jede dieser Gruppen wegen erheblicher Differenzen im Schädelbau als eigene Klasse an.

Die Lungenfische besitzen neben den Kiemen auch blutgefäßreiche Lungen. Damit sind sie in der Lage, Lebensräume im Süßwasser zu erobern, und zwar dort, wo Flüsse oder Seen zeitweise austrocknen, wie das im Devon nicht selten der Fall ist. Sie graben sich dann in den Schlamm ein und atmen durch eine enge Atemröhre.

Die Quastenflosser erreichen eine Länge von bis zu 1,8 m und leben in zahlreichen Arten in Süß- und Meeresgewässer. Ihr Zahnbau und die Anordnung der Schädelknochen stimmen weitgehend mit jenen der ersten Amphibien (→ 380 Mio./ S. 130) überein.

Große Fische mit Knochen und Knorpel

410 Mio. Aus der Klasse der Knochenfische erscheinen als ihre erste Vertreter die Chondrostei oder Knorpelganoiden, zu denen heute die Störe zählen. Sie gehören zu der großen Unterklasse der Strahlenflosser, die schon sehr bald weltweite Verbreitung findet.

Alle Knorpelganoiden sind Großfische. Sie tragen keine Schuppen, aber ihr Körper ist von fünf Reihen Knochenplatten bedeckt. Ihr Skelett setzt sich aus Knorpel und aus echten Knochen zusammen. Dieser Bauplan, der sowohl für Festigkeit wie für Elastizität sorgt, gestattet eine beachtliche Körpergröße. Der heute verbreitete Gemeine Stör z. B. kann bei einer Länge von 9 m ein Gewicht von rund 1 t erreichen.

Die Störe unserer Zeit sind riesige Knorpelganoidfische. Das Bild zeigt die Art Acipenser sturio. Die Knorpelganoiden oder Chondrostei gehören zur Klasse der Knochenfische (Osteichthyes) und treten bereits im Unterdevon als deren erste Vertreter in Erscheinung.

Streitfrage:

Quastenflosser – unsere Vorfahren?

Die im Unteren Devon auftretenden Quastenflosser wurden und werden von vielen Paläontologen als die Vorfahren der Vierfüßer und damit auch des Menschen angesehen. Diese Annahme bezieht sich zum einen darauf, daß ihr Zahnbild und der Aufbau ihres Schädels der Anatomie der ersten Amphibien entspricht; vor allem aber ähnelt der Aufbau des Schultergürtels und der Extremitäten-Knochen dem der primitiven Tetrapoden. Außerdem läßt sich ein blasiges Organ nachweisen, das als eine Art Lunge interpretiert wurde.

Lange Zeit nahm man an, daß die Quastenflosser vor etwa 60 Mio. Jahren ausgestorben seien. Doch 1938 fand man einen lebenden Quastenflosser (Crossopterygier). Ein zweites Tier dieser Art wurde 1952 gefunden, und seit Anfang 1987 beobachtete der deutsche Zoologe Hans Fricke per Tauchboot die noch lebenden Quastenflosser der Gattung Latimeria mehrfach in der Nähe der Komoren (Indischer Ozean) in Wassertiefen von 150 bis 800 m.

Die jüngere Forschung bestreitet die Hypothese, der Quastenflosser der Ordnung Coelacanthiformes sei ein direkter Vorfahr der vierfüßigen Landtiere. Genausogut kann er als blind endender Nebenast der Entwicklungslinie von den Fischen zu den Amphibien angesehen werden. Nur die allerdings im Paläozoikum wieder ausgestorbenen Quastenflosser-Ordnungen Porolepiformes und Osteolepiformes lassen sich lückenlos bis zu den Tetrapodengruppen verfolgen, die den Schritt an Land taten. Dabei haben in diesen beiden Gruppen die Anuren (Frösche) und die Urodelen (Molche, Salamander) ihre Wurzel. Bis ins Detail entsprechen Schädel- und Extremitätenbau dieser Quastenflosser den ersten primitiven Amphibien des Oberdevons, den sogenannten Ichthyostegalia, die auf Grönland gefunden worden sind.

Lebende Fossilien geben Auskunft über die Erdgeschichte

Der Quastenflosser (→ S. 124) gilt als »lebendes Fossil«. Die Paläontologen verstehen darunter Lebewesen, die erdgeschichtlich sehr lange Zeiträume in ihrer Gestalt unverändert überlebt haben. Für die Wissenschaft sind sie insofern von Bedeutung, als sie Zeugen sehr alter Stämme sind und damit Aufschluß über wichtige Fragen der Evolution bieten können.

Beispiele für lebende Fossilien sind neben dem Quastenflosser auch andere Fische, etwa der afrikanische Flösselhecht (Polypterus, seit dem Devon), Ereptoichthys, Amia (seit der Kreide) oder Chanida. Unter den höheren Wirbeltieren gelten z. B. die auf einigen Küsteninseln vor Neuseeland lebende Brückenechse (Sphenodon, seit der Trias) oder die südostasiatischen Spitzhörnchen (Tupaia, fossil noch nicht nachgewiesen) als lebende Fossilien. Zahlreicher sind extrem langlebige Formen unter den Wirbellosen. Als Beispiele seien hier nur die seit der Trias unveränderte Muschel Trigonia, die zuerst im Jura vorkommende Meeresschnecke Pleurotomaria, der Armfüßer Lingula (seit dem Unterkambrium) und die Pfeilschwanzkrebse (Xiphosuren, → 590 Mio./S. 61) genannt. Der primitive Krebs Triops canariformis ist als längstlebige bekannte Art seit der Trias nachzuweisen. Im Pflanzenreich gelten u. a. der Ginkgo (→ 360–325 Mio./S. 150), die Sequoia (seit dem Mittleren Jura) und die Araukarien (ab Trias) als lebende Fossilien.

Lebende Fossilien haben bei Veränderungen der Umweltgegebenheiten keine Anpassung oder Spezialisierung hervorgebracht; sie sind also extreme »Generalisten« im Sinne der sogenannten Effekt-Hypothese. Diese unterscheidet zwischen »Spezialisten«, die sich häufig und stark verändern und erfolgreich an sehr spezielle Lebensverhältnisse und Nahrungsangebote anpassen, und »Generalisten«, die sich trotz geänderter Lebensbedingungen kaum oder gar nicht verändern. Viele hoch spezialisierte Arten können dicht nebeneinander existieren. Groß ist bei ihnen die Gefahr des Aussterbens. Ihnen gegenüber können die Generalisten oft sehr unterschiedliche Lebensräume besiedeln, sind gegenüber den jeweiligen Spezialisten aber immer benachteiligt und deshalb von untergeordneter Bedeutung.

»Generalisten« überleben nicht nur in biologischen Nischen

Nicht selten wird in populärwissenschaftlichen Schriften der Eindruck vermittelt, erdgeschichtlich sehr langlebige Formen hätten große Zeiträume mehr oder weniger unverändert allein dadurch überbrücken können, daß sie sogenannte biologische Nischen gefunden hätten. Diese hätten ihnen ermöglicht, ohne großen Konkurrenzdruck als Art, Gattung usw. zu überleben. Solche Nischen haben den Charakter von »Inseln«, räumlich mehr oder weniger begrenzten Regionen mit ganz bestimmten Lebensvoraussetzungen, etwa Inseln, Hochgebirgsregionen, vulkanische Gebiete und Brackwasserzonen. Das aber trifft nicht ausschließlich zu, denn derartige Nischen sind selbst oft nicht über lange erdgeschichtliche Perioden stabil. Die in ihnen lebenden Individuen müssen hoch spezialisiert sein, gehen also mit dem Untergang der Nische in der Regel zugrunde. Sehr gute Überlebenschancen besitzen dagegen die »Generalisten«. Allerdings sind diese in ihrer Arten- und Individuenzahl meist sehr beschränkt.

1952 konnten Zoologen erstmals mit Sicherheit nachweisen, daß die Quastenflosser nicht wie vermutet vor etwa 60 Mio. Jahren ausstarben, sondern in der Tiefsee nahe der Komoren heute noch vorkommen. Seit 1987 werden sie dort regelmäßig beobachtet.

Der Brachiopode Lingula (l.) gehört zu den berühmtesten »lebenden Fossilien«. In Nordamerika ist der Pfeilschwanzkrebs Limulus polyphemus (Mitte l.) noch heute zu Hause. Zu den pflanzlichen »lebenden Fossilien« zählt die Araukarie, die in ihrem Gesamtbild der Ullmannia aus der Permzeit entspricht (Mitte r.). Auch der Ginkgo-Baum hat sich kaum verändert, wie das rezente Blatt und Laub aus dem Jura (r.) zeigen.

390–375 Mio.

Das Mitteldevon

Um 390 Mio. Die Tausendfüßer (Myriapoda) entwickeln sich. Als sogenannte Tracheentiere, zu denen auch die Insekten und Spinnen zählen, sind sie zum Leben auf dem Festland befähigt. → S. 126

Weltweit setzt eine Geosynklinalphase ein. In Europa kündigt sich so der Beginn der variszischen Ära an, in der es später durch Auffaltung der Geosynklinalen zu bedeutenden Faltengebirgsbildungen kommt. → S. 131

Die geologischen Gegebenheiten begünstigen die Bildung von Blei- und Zinklagerstätten in Karbonatgesteinen. Dieser Lagerstättentypus entsteht auch in praktisch allen späteren Erdzeitaltern. → S. 132

Aus dem Schelfmeeresbereich des rechtsrheinischen Schiefergebirges sind Massenkalke mit einer reichen fossilen Tierwelt bekannt. → S. 131

Bei Elberfeld sedimentiert küstennah ein 40 m mächtiges Grauwacken-Tonschiefer-Lager mit zahlreichen Pflanzen-Fossilien. Grauwacken sind meist dunkle, feinkörnige Sandsteine. → S. 128

390–375 Mio. Für die Panzerfische beginnt eine Blütezeit. → S. 130

Mehr und mehr Fische (Strahlenflosser) verlassen die Flachmeere und besiedeln auch die offenen Ozeane und deren Tiefwasserzonen. → S. 130

Auf dem Nordkontinent zeichnet sich eine rasche Fortentwicklung der Landpflanzen ab: Schachtelhalme (Equisetale), Bärlappgewächse (Lycopodiale) und erste Farngewächse breiten sich aus und bilden die typische Mitteldevon-Flora. → S. 128

390–360 Mio. Wie schon im Unterdevon (410–390 Mio.) lagern sich im mittleren Norwegen, auf Spitzbergen und Ostgrönland die meist durch Verwitterung erzeugten Sedimente des sogenannten Old Red ab. → S. 133

Zumindest auf der Nordhalbkugel ist das Klima gegenüber dem Unterdevon (410–390 Mio.) praktisch unverändert warm bis heiß und trocken. Aus diesem Grund kommt es häufig zu Salzablagerungen (Evaporite).

In den seit dem Unterdevon (410–390 Mio.) weit verbreiteten Geosynklinalgebieten herrscht kräftiger untermeerischer Vulkanismus. → S. 132

Im Ural und in Spanien kommt es zur Bildung bedeutender Bauxitlager.

In Mitteleuropa und Nordamerika setzt sich die intensive Riffkalkbildung weiterhin fort. Große Kalkriffe wachsen auch in Australien.

In Westaustralien werden die Meeressedimente zunehmend sandiger und weisen zugleich mehr und mehr Porphyriteinsprengungen (ein vulkanisches Ergußgestein) auf. → S. 132

Umfangreiche marine Ablagerungen sind in den Gebieten der Rheinischen Masse, der Polnischen Mittelgebirge, der Fennosarmatischen Tafel sowie in Wales, Südengland und der Bretagne nachweisbar. → S. 131

Im Harz (bei Rammelsberg) und im Sauerland (bei Meggen) bilden sich bedeutende Kieslagerstätten mit Blei-, Zink- und Kupfererzen. → S. 132

Auf der norwegischen Bäreninsel entstehen umfangreiche Kohlenlager.

Die Graptolithen, eine seit dem Unterordovizium (500–480 Mio.) verbreitete formenreiche Klasse aus dem Stamm der Kragentiere (Hemichordata bzw. Branchiotremata), stirbt aus. → S. 131

390–300 Mio. Die geologischen Verhältnisse begünstigen die Entstehung von Blei-, Zink-, Silber- und z. T. auch Kupfererzen in Tongesteinen. → S. 132

390–250 Mio. In der sogenannten variszischen Ära entsteht ein 500 km breiter Gebirgsgürtel vom französischen Zentralplateau über Mitteldeutschland bis in die Sudeten mit Ästen zum Polnischen Mittelgebirge und nach Südwest-England.

In den Meeren verbreitet ist die Kopffüßer-Ordnung Goniatitida. Sie zählt zu den Ammonitenartigen (Ammonoideen) und besitzt ein Gehäuse in der Form einer geschlossenen Planspirale.

390–210 Mio. Die nicht zu den Farnen zählende Pflanzenklasse der Farnlaubgewächse (Pteridospermae) ist weit verbreitet. Sie stirbt im Keuper (230–210 Mio.) – vielleicht auch erst später – wieder aus. → S. 128

Um 380 Mio. Ichthyostega, ein Tier mit Fischschwanz, verfügt bereits über vier Gliedmaßen, die es zum Übergang vom Wasser- zum Landleben befähigen. Es stellt das älteste sichere Amphibium in der Erdgeschichte dar und gehört so zu den sensationellsten Funden der Paläontologie. Im Oberdevon (375–360 Mio.) ist es weiter verbreitet. Gut erhaltene Fossilien finden sich insbesondere in Ostgrönland. → S. 130

380–375 Mio. Gegen Ende des Mitteldevons erfolgt die endgültige Verlandung der Böhmischen Masse sowie der Mitteldeutschen Schwelle mit den Gebirgen von Odenwald, Spessart, Ruhla und Kyffhäuser. → S. 132

376–320 Mio. Es herrscht eine geomagnetische Periode mit häufig wechselnder Polung, d. h. geomagnetischer Nord- und Südpol tauschen ihre Lage oft miteinander. → S. 133

Um 375 Mio. Die Stachelhäuter-Klassen Cyclocistioidea und Ophiocistioidea, scheibenförmige, armlose Tierchen, die seit dem Ordovizium (500–440 Mio.) zur Meeresfauna gehörten, sterben aus. → S. 131

Die Unterklasse Heterostraci (gepanzerte Kieferlose) stirbt aus.

Tausendfüßer gehen an Land

390 Mio. Mit der Eroberung des Festlandes durch die Pflanzen (→ S. 107, 108) bietet sich hier auch pflanzenfressenden Tieren ein neuer Lebensraum. Abgesehen von dem wohl frühesten, zumindest zeitweiligen Landgänger, dem Skorpion Palaeophonus nuncius (→ 420–410 Mio./S. 109), sind die wahrscheinlich ersten regulären Festlandtiere die spätestens jetzt (eventuell bereits im Obersilur) auftretenden Tausendfüßer (Myriapoda), daneben wohl auch bereits einige Milben- und Spinnenarten.

Der Nachweis des genauen Zeitraums dieses Landganges durch Gliedertiere ist schwierig, weil sich sowohl Milben und Spinnen als auch Tausendfüßer fossil nur schwer erhalten und weil zunächst nur wenige Arten an Land leben. Erst im Karbon (360–290 Mio.) setzt die große Entfaltung der Tausendfüßerarten ein. Die zoologische Systematik faßt die Tausendfüßer mit den Insekten zu den Tracheentieren zusammen. Diese Tracheen, feine, der Atmung dienende Luftröhrchensysteme, sind ein Hinweis auf das Landleben. Gemeinsam mit den Insekten ist den Tausendfüßern außerdem ein einziges Fühlerpaar (die Krebstiere besitzen deren zwei). Ihr Körper ist in zahlreiche Segmente unterteilt, von denen jedes ein oder zwei Beinpaare trägt.

Die Tausendfüßer bilden keine natürliche Einheit des Gliederfüßerstammes, sondern umfassen verschiedene Tiergruppen, die nicht näher miteinander verwandt sind. Im wesentlichen sind die Einpaarfüßer und die Doppelfüßer zu unterscheiden . Während die letzteren reine Pflanzenfresser – und damit wohl die früheren Landbewohner – sind, ernähren sich die Einpaarfüßer interessanterweise bereits ausschließlich räuberisch. Sie tragen am Kopf außer dem Fühlerpaar und den Mundgliedmaßen ein zu einer mächtigen Zange umgewandeltes erstes Beinpaar, das sogenannte Kieferfußpaar. Es steht mit einer Giftdrüse in Verbindung. Ihre Opfer sind Milben, kleine Spinnen und Tausendfüßer.

Im Gegensatz zu den räuberischen Einpaarfüßern, die bald beachtliche Größe aufweisen (Arthropleura wird im Karbon rund 2 m lang und über 25 cm breit), sind die Doppelfüßer harmlose Tiere, die an feuchten Orten, unter Steinen, in modrigem Pflanzensubstrat u. a. leben.

Tausendfüßer (Myriapoda) sind heute mit mehr als 10 000 Arten in feuchten Biotopen weltweit verbreitet. Manche Arten haben bis zu 340 Beinpaare.

Die Besiedlung des Festlandes nimmt ihren Ausgang in Flachwassergebieten. Geeignet für die langsame Anpassung an ein Leben unter atmosphärischen Bedingungen sind die Wattenregionen, die das Meer nur während der Flut überspült. Tiere, die hier die Zeit während der Ebbe überdauern, sind aber meist noch auf feuchte Haut oder nasse Kiemen angewiesen.

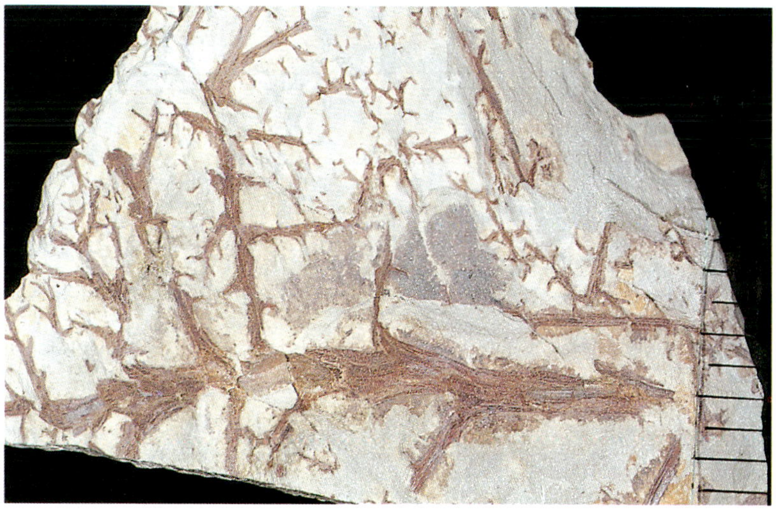

Protopteridium (im Bild die Art P. germanicum) ist eine der frühen Landpflanzen, die als Nacktpflanzen zusammengefaßt werden. Sie zeigt bereits ansatzweise kleine Laubblätter (Makroblätter), die schon an Farnlaub erinnern. Wichtig ist aber, daß auch die allerersten Landpflanzen schon vollständig entwickelte Gefäßsysteme für den Säftetransport besitzen.

Auch auf dem Festland ist kein Leben ohne Wasser möglich

Die Besiedlung des Festlandes durch Pflanzen (→ um 410 Mio./ S. 108, 121) und Tiere (→ S. 130) ist eng mit dem Wasserhaushalt der einzelnen Landgänger gekoppelt. Weil sich komplizierte Systeme zur sparsamen Wassernutzung erst langsam entwickeln, ist den ersten landlebenden Pflanzen und Tieren noch keine Existenz in ausgesprochenen Trockenzonen (Wüsten) möglich. Sie beschränken sich zunächst auf küstennahe Gebiete, auf die Uferregionen von Seen und Flüssen und auf Sumpfgebiete. Andererseits hängt die Entstehung festländischer Feuchträume ihrerseits mit der Ausbreitung des pflanzlichen Lebens an Land zusammen. Rein mineralische Böden speichern im allgemeinen nur wenig Wasser, während Humus oder Torf viel mehr Feuchtigkeit auf längere Zeit festhalten. Auch die Pflanzen selbst und die Lufträume in dichten Pflanzendecken halten Wasser zurück.

Alle Landorganismen sind auf Wasser angewiesen, denn alle lebenswichtigen Prozesse spielen sich in wäßriger Lösung ab. Neben dem Stoffgewinn durch Assimilation (→ S. 26) nehmen Pflanzen nur flüssige Nahrung auf, d. h. in Wasser gelöste Nährsalze. Ausschließlich von flüssiger Nahrung leben auch viele Tiere: Manche Fliegen, die Wanzen und Läuse, Zikaden, Mücken, Schmetterlinge, Bienen, viele Käfer, Milben und Spinnen; Saugwürmer, Fadenwürmer und Blutegel; Kolibris, Nektarvögel und andere Vögel; Fledermausarten usw.

Im Körperinneren von Pflanzen und Tieren ist Wasser das wichtigste organische Lösungs- und Transportmittel. Viele wasserlebende Tiere bestehen zu 90 bis 99% aus Wasser, Säugetiere immerhin noch zu 65 bis 70%. Das Wasser dient aber nicht nur der Nahrungsaufnahme, der Verdauung, der Ausscheidung und der Verteilung gelöster Stoffe über den Säftehaushalt. Der vom Wasser bestimmte Quellungszustand des Zellgewebes ist ebenfalls für viele Lebensvorgänge, etwa für die Arbeit der Muskeln, entscheidend. Auch bestimmt der Wasserhaushalt die Widerstandsfähigkeit gegen Hitze und Kälte. Höheres Leben ist nämlich oberhalb 42 bis 56 °C nicht möglich. Manche Tiere heißer Zonen bedienen sich deshalb regelrechter Verdunstungs-Wasserkühlsysteme, wie etwa die Oryxantilope, die ihren Blutstrom in einem Lamellenkühler temperiert.

Wasser, der Stoff, aus dem das Leben ist

Wasser ist eine der physikalisch wie chemisch eigenwilligsten Substanzen. Gerade diese Sonderstellung macht Wasser für das Leben so unentbehrlich.

Normalerweise zieht sich ein flüssiger Stoff zusammen, wenn er sich abkühlt. Tritt er in den festen Zustand über, zieht er sich noch weiter zusammen. Wasser aber beginnt sich bei der Abkühlung unter 4 °C wieder auszudehnen. Man spricht in diesem Zusammenhang von der sogenannten Anomalie des Wassers. Wenn es schließlich unter 0 °C gefriert, dehnt es sich noch weiter aus. Deshalb schwimmt gefrorenes Wasser auf flüssigem Wasser, und darum erstarren Gewässer von oben nach unten und nicht umgekehrt. Nur aus diesem Grund sind sie auch im Winter ein sicherer Lebensraum für Wassertiere. Wenn man Wasser mit anderen flüssigen Wasserstoffverbindungen vergleicht, dann müßte es eigentlich bei normaler Temperatur gasförmig sein, bei 90 °C flüssig werden und erst bei -100 °C gefrieren. Natürlich gäbe es unter diesen Umständen kein Leben auf Erden.

Es gibt eine weitere sehr bedeutende Regelwidrigkeit: Wasser bleibt am liebsten flüssig, und das bei möglichst gleicher Temperatur. Viel Energie ist umzusetzen, um es in Eis oder Dampf zu verwandeln oder um seine Temperatur zu ändern. Lebenden, zum großen Teil aus Wasser bestehenden Organismen, verleiht das eine weitgehende Temperaturresistenz.

Chemisch interessant ist, daß Wasser von allen Flüssigkeiten am meisten verschiedene Substanzen in sich zu lösen vermag und andererseits als Bestandteil einer Vielzahl chemischer Verbindungen vorliegt. In der Biologie führt das gelegentlich zu merkwürdig anmutenden Erscheinungen. Die Körpersäfte von Meeresfischen enthalten weniger Salze als das sie umgebende Wasser. Um das Konzentrationsgefälle auszugleichen, verlieren sie ständig (durch Osmose) Wasser über ihre Haut. Den Flüssigkeitsverlust ersetzen sie durch Trinken, wobei sie über eigene Trinkwasserentsalzungsmechanismen verfügen. Bei Süßwasserfischen verhält es sich umgekehrt. Sie nehmen fortwährend Wasser durch ihre Haut auf, weil ihre Körpersäfte mehr Salze enthalten als das Süßwasser. Sie brauchen nicht zu trinken, und sie scheiden mehr Wasser aus, als sie mit der Nahrung aufnehmen.

Die osmotischen Regulationsmechanismen heutiger Tiere geben uns deutliche Hinweise auf deren Entwicklungsräume, ob nämlich ihre Vorfahren im Süß- oder im Salzwasser lebten.

Landpflanzen verbreiten sich

390–210 Mio. Nach der ersten Eroberung des Festlandes durch Pflanzen (→ um 410 Mio./S. 107, 108) nehmen die Artenzahl und auch die Individuenzahl der Landpflanzen rasch zu. Zugleich werden die Landpflanzen größer. Farne treten auf, die z. T. Stämme beachtlichen Durchmessers und kräftige Wurzelstöcke (Rhizome) ausbilden. Außerdem entwickeln sich im Oberdevon (375–360 Mio.) die ersten Samenpflanzen, nämlich die Farnlaubgewächse (Pteridospermae), deren Blätter noch ganz denen der Farne entsprechen. Sie sterben im Keuper (230–210 Mio.), vielleicht auch erst später wieder aus. Daneben sind auch die Nacktpflanzen (→ 410–390 Mio./S. 121) im Unterdevon weiterhin vertreten. Sie werden wie die anderen Landpflanzen artenreicher, größer und von ihrem Bauplan her komplexer und vielgestaltiger.

Diese frühen Landpflanzen sind bereits Gefäßpflanzen, d. h. sie besitzen ein eigenes Leitgewebe für ihren Säftehaushalt. Es besteht aus Xylem und Phloëm. Das Xylem ist ein Gewebe aus toten, langgestreckten, verholzten Zellen. Es ist vorwiegend als sogenannte zentrale Stele angelegt, aus der sich durch Dickenwachstum das Holz entwickelt. In diesem Gefäßteil wird das von den Wurzeln aufgenommene Wasser mit den darin gelösten Nährstoffen sproßaufwärts geleitet. Das Phloëm (griech.; Rinde, Bart), auch Bastteil oder Siebteil genannt, besteht aus lebenden, langgestreckten, unverholzten Röhren mit siebartig durchbrochenen Querwänden (Siebplatten) und plasmareichen Zellen mit großen Zellkernen, den sogenannten Geleitzellen. Im Phloëm verläuft der Transport der in den grünen Sproßteilen (meist Blättern) gebildeten organischen Stoffe zu den Zentren des Verbrauchs.

Entsprechend diesem inneren Aufbau sind die Gefäßpflanzen äußerlich in Wurzelsystem, Sproßachse und – in ihrer weiteren Entwicklung – Blätter gegliedert. Diese Grundorgane können in vielfach abgewandelter Form (Metamorphosen) auftreten. Anatomisch bestehen neben dem Grundgewebe funktionsgebundene Dauergewebe (Leitgefäßsysteme, Festigungsgewebe, Abschlußgewebe usw.). Derart organisierte höhere Pflanzen werden als Kormophyten bezeichnet.

Pflanzenbiotop bei Elberfeld

Eine der reichhaltigsten Kormophytenfloren ist im Mitteldevon im Raum von Elberfeld überliefert. Es handelt sich um einen typisch küstennahen Biotop. Die hier wachsenden Pflanzen sind bereits sehr formenreich. Auch erste, wenige Meter hohe, baumförmige Pflanzen, treten auf. Neben verschiedenen Nacktpflanzen (Psilophyten, → 410–390 Mio./S. 121) als Vorläufer der Farne sind vor allem Schachtelhalme (Articulatae) und frühe Bärlappgewächse (Lycopodialen) vertreten. Die häufigste Pflanze dieses Biotops ist Asteroxylon elberfeldense, eine Nacktpflanze, die im Flachwasser wurzelt. Der Name bedeutet »Sternholz« und bezieht sich auf das im Querschnitt sternförmige Leitgewebe (Stele), das für die echten Farne charakteristisch ist. Ihre reich verzweigten Luftsprosse werden etwa 1 m hoch und sind bis zu 1 cm stark. Die unteren Sproßteile tragen kleine, schuppenförmige Blättchen. Auffällig bei den Asteroxylon-Arten ist, daß aus ihrem unregelmäßig verzweigten Wurzelstock außer den Wurzeln und dem eigentlichen Sproß noch eigentümlich zerschlitzte weitere Sprosse, offenbar Unterwassersprosse, hervorgehen. Die Gattung wäre damit als eine der vielen Übergangsformen zwischen Wasser- und Landpflanzen anzusehen. Ihr Bauplan prädestiniert sie für Verlandungsbiotope.

Weit verbreitet ist auch ein kleines Pflänzchen, Calamophyton primaevum, das bereits deutliche Merkmale der späteren Schachtelhalme zeigt. Der Art nahe steht Hyenia elegans. Die Gruppe der Bärlappe ist durch Protolepidodendron scharyanum vertreten, die Ähnlichkeit mit den heutigen Bärlappen besitzt. In das Verwandtschaftsfeld der Bärlappe gehört auch die eigentümliche Duisbergia mirabilis, ein 1 bis 2 m hohes Bäumchen mit unten keulenförmig verdicktem Stamm, der nur an seinem oberen Teil Blätter und Sporenanlagen trägt.

Frühe Farne sind durch mehrere Arten vertreten, u. a. mit dem vielleicht mannshohen Protopteridium germanicum; sie besitzen noch keine planen, flächigen Blätter. Daneben erscheinen mehrere eigentümliche farnähnliche Gattungen wie z. B. Cladoxylon, die vielleicht bereits die Metergrenze erreichen.

So ähnlich dürfte eine mitteleuropäische Sumpflandschaft zur Zeit des Mitteldevons aussehen. Links steht ein Bäumchen der Art Protopteridium germanicum von etwa 2 m Höhe mit fiedrigen Raumwedeln. Direkt unter ihm wächst ein Gebüsch von Hyenia elegans, einer Nacktpflanze mit beginnender Gliederung

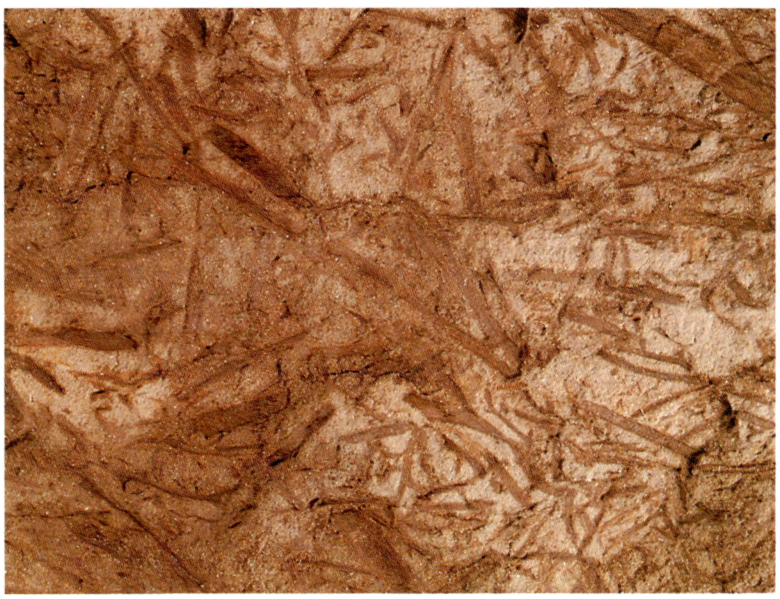

Pflanzenfossilien aus dem Devon aus der Gegend von Wuppertal; generell sind die Landpflanzen dieser Zeit noch blattlos oder recht kleinblättrig. Es handelt sich aber bereits um echte Gefäßpflanzen, die ein eigenes Leitgewebe für den Säftetransport in ihrem Innern besitzen.

des Stengels und Quirlstellung der Blätter wie bei den späteren Schachtelhalmen. Die schlanken Bäumchen sind Duisbergia mirabilis, möglicherweise Bärlappverwandte. Der nächste Baum ist ein Pseudosporochnus nodosus. Er wird 3 m hoch, hat bis zu 4 m lange Wedel und gehört zur Farnpflanzenklasse Cladoxylopsida. Ihm nahe verwandt ist Cladoxylon scoparium, das sich links im Teich spiegelt. Die beiden Pflanzen ganz rechts heißen Protolepidodendron scharyanum und Drepanophycus spinaeformis; sie könnten kleine Schuppenbaum-Vorläufer sein.

Ebenfalls in der Nähe von Wuppertal versteinerte dieses Exemplar von Protopteridium germanicum, eine bekannte Blattpflanze des Devons.

◁ Aus dem Mitteldevon von Elberfeld stammt dieses fossile Pflänzchen der Art Calamophyton primaevum. Es erinnert äußerlich an Schachtelhalme.

▷ Protolepidodendron scharyanum aus dem Mitteldevon der Eifel

Wirbeltier verläßt erstmals das Wasser

380 Mio. In Australien lebt ein Wassertier von über 1 m Länge, das als erstes Wirbeltier vier Gliedmaßen mit fünfstrahligen Enden (Finger beziehungsweise Zehen) besitzt und als frühestes Amphibium gilt: Ichthyostega. Es lebt noch vorwiegend im Wasser, worauf nicht zuletzt sein typischer Fischschwanz schließen läßt, kann aber bereits an Land gehen. Im Oberdevon (375–360 Mio.) ist es dann auf Grönland weiter verbreitet (→ S. 135). Dort sind seine Überreste wesentlich besser fossil erhalten.

In Ichthyostega sehen die Paläontologen ein Verbindungsglied zwischen den Fischen – nämlich bestimmten Verwandten der Quastenflosser (→ 400 Mio./S. 124) – und den Amphibien. Denn der Körperbau des Tieres weist eindeutig Merkmale sowohl der Fische wie auch der Amphibien auf. Fischartig sind bestimmte Schädelstrukturen, die Kiemendeckel, der Schwanz mit einem Flossensaum und das Seitenliniensystem. Amphibienmerkmale sind die fünfzehigen Extremitäten (Pentadactylie), die zweigeteilten Rippen und der vom Schädel getrennte Schultergürtel, so daß ein beweglicher Hals entsteht. Der jetzt fehlende Auftrieb des Wassers erfordert die Ausbildung von an der Wirbelsäule fixierten Schulter- und Beckengürteln als Widerlager für die Extremitäten.

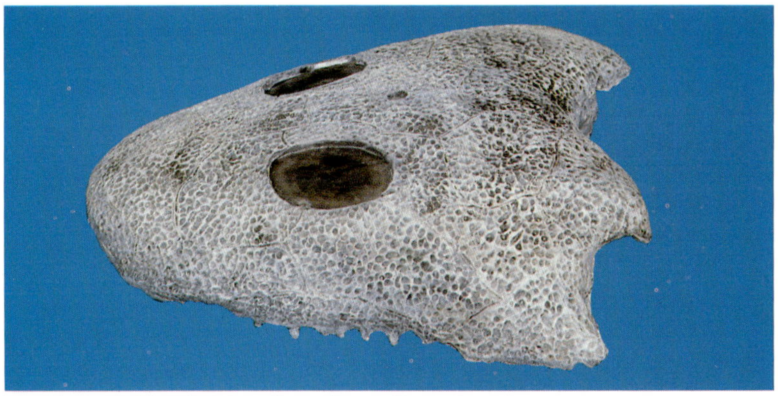

△ Das Schädelskelett von Ichthyostega aus dem Mitteldevon ist eine kompakte Knochenkalotte. Damit stehen sie der Amphibienordnung Temnospondyli nahe.

◁ Ichthyostega weist Merkmale von Wasser- und Landtieren auf. Rumpf und Beine erinnern schon an Amphibien, während Schwanz und Kopf noch fischähnlich sind

Strahlenflosser leben von Plankton

Um 390 Mio. Die zunehmende Besiedlung auch der offenen, küstenfernen Meeresgebiete setzt ein. Wo sich bislang nur die Cladoselachida, eine altertümliche Haigruppe, und die Acanthodida, die Stachelhaie, nachweisen ließen, sind jetzt die Strahlenflosser (Actinopterygii), eine bedeutende Unterklasse der Knochenfische, vertreten. Das Skelett ihrer paarigen Flossen ist soweit verkürzt, daß die Flossen nur noch aus von Flossenstrahlen getragenen Hautfalten bestehen.

Mit Ausnahme der Quastenflosser und der Lungenfische (→ 410 Mio./S. 124) gehören alle späteren Knochenfische zu den Strahlenflossern. Daß sie die offenen Meere besiedeln können, setzt dort die entsprechende Nahrungskette, ausgehend von planktonischen Organismen, voraus. Diese scheint sich – nach Ansicht vieler Paläontologen – ab dem Devon verstärkt zu entwickeln. Allerdings ist die Annahme spekulativ, weil es Tiefseesedimente aus der Devonzeit und damit entsprechende Überlieferungsmöglichkeiten praktisch nicht gibt. Doch abgesehen von der Frage, inwieweit vor dem Devon wirbellose Tiere in den küstenfernen Meeresregionen lebten, ist davon auszugehen, daß Knochenfische in größerer Anzahl erst später, im Mitteldevon, diese Gebiete besiedeln.

Panzerfische, gefährliche Räuber des Devonmeeres

390 Mio. Etwa ab dem Mitteldevon erleben die Panzerfische (Placodermi, → 440–410 Mio./S. 99) die Ära ihrer größten Artenvielfalt, die bis ins Unterkarbon (360–325 Mio.) hinein andauert.

Man unterscheidet drei Ordnungen: Arthrodira, Antiarchi und Rhenanida. Sie alle zeichnen sich durch einen äußeren Panzer aus symmetrisch angeordneten Platten aus echtem Knochengewebe aus. Dieser Panzer umschließt den Schädel und den vorderen Teil des Körpers. Nur der Schwanzabschnitt ist nackt oder mit Schuppen bedeckt.

Die interessantesten Panzerfische sind die Arthrodira. Ihr Körper ist zum großen Teil von einem mächtigen Schild bedeckt, der über eine Art Scharnier mit dem Schultergürtel verbunden ist. Als Zähne dienen ihnen große spitze Platten. Zu dieser Ordnung gehört der gefährlichste Raubfisch des Devons, Dinichthys (»Schreckensfisch«), den man in Ohio gefunden hat. Er erreicht eine Länge von bis zu 8 m. Die Antiarchi hingegen sind kleinere Süßwasserfische, und die Rhenanida ähneln entfernt den heutigen Rochen.

Nur etwa 20 bis 30 cm lang wird der räuberische Panzerfisch Bothriolepis, der im Mitteldevon in Kanada und im Oberdevon dann weltweit verbreitet ist. Er gehört zu den Antiarchi, den am stärksten gepanzerten Fischen.

Stachelhäuter verlieren Arten

Um 375 Mio. Drei Klassen der Stachelhäuter (Echinodermata, → 500 Mio./S. 77, 78), sterben aus: Die Cyclocistioidea, kleine, flache, scheibenförmige Tiere, die zuerst im Mittelordovizium (480–460 Mio.) auftreten, und die Ophiocistioidea mit mehr oder weniger scheibenförmigen, schwach gewölbten oder besonders großen »Füßchen«. Ebenso treten die vormals weit verbreiteten Beutelstrahler (Cystoidea, → 545 Mio./S. 66) nicht mehr in Erscheinung.
Auch die gepanzerten Formen der Kieferlosen (→ 590 Mio./S. 63), frühe Formen der Fische, sterben aus.

Die Graptolithen sterben aus

390–360 Mio. Irgendwann zu Beginn des Mitteldevons sterben die zu den Kragentieren (Branchiotremata oder Hemichordata) gehörenden, Kolonien bildenden Graptolithen (→ 460–440 Mio./S. 90) weitgehend aus. Die Graptolithen hatten sich seit dem Unterordovizium (500–480 Mio.) rasch entwickelt und traten seit dieser Zeit sehr formenreich auf. Sieben ihrer insgesamt acht Ordnungen gehen vollständig zugrunde, einzelne Vertreter der achten, der Dendroidea, leben noch bis ins frühe Karbon (360-325 Mio.).

Gut erhaltene Fossilien in der Eifel

390–375 Mio. Im Schelfmeeresbereich bei Gerolstein in der Eifel lagern sich Massenkalke ab, in denen eine reichhaltige Fauna fossilisiert. Berühmt sind die »Trilobitenfelder« bei Gees, die besonders viele Häutungsprodukte (Exuvien) von Trilobiten (→ S. 66, 67) aufweisen. Auch weniger harte Teile sind so ausgezeichnet erhalten, daß sogar die Facettenaugen mit Details, z. B. den Linsen, zu erkennen sind. Die grotesk bestachelten Trilobiten der Ordnung Lichida gehören zu den Attraktionen dieses Fundortes.
In den Gerolsteiner Kalken finden sich neben fossilen Korallen und zahlreichen Armfüßern (→ 590 Mio./S. 61) sowie Weichtieren vor allem auch Seelilienkelche (→ 500 Mio./S. 77).

Unter dem heutigen schottischen Hochland (im Bild: Rannoch Moor) liegt das kaledonische Hochgebirge des Devon.

Breite Meeresströge in Europa und Amerika

390–375 Mio. In weiten Gebieten der Erde setzt wieder verstärkt eine geosynklinale (→ S. 29) Phase ein, d. h. eine Zeit, in der die Erdkruste regional in Form von tiefen Meeresgräben absinkt, die sich gleichzeitig mit Sedimenten auffüllen. Diese Sedimentpakete werden später zu Faltengebirgszügen emporgepreßt. Die im Devon beginnende Geosynklinalbildung leitet als Vorstufe einer folgenden Gebirgsbildung die sogenannte variszische Ära ein. Diese geotektonische Epoche mit intensiven Bewegungen der Erdkruste umfaßt insgesamt rund 140 Mio. Jahre. Ihren Abschluß findet sie erst im Muschelkalk (243–230 Mio.). Zu ersten Gebirgsbildungen der variszischen Ära kommt es bereits gegen Ende des Mitteldevons und im Oberdevon (375–360 Mio.). In dieser Zeit entstehen die akadischen Gebirge, die Gebirge des Antler und Svalbard.
Durch Mitteleuropa erstreckt sich in West-Ostrichtung als weiter, nach Norden gekrümmter und nach Süden offener Bogen eine mehrere hundert km breite Geosynklinale. Im Norden ist sie durch die kaledonischen Gebirge Mittelenglands, ein Festlandgebiet im Bereich der heutigen Nordsee und Skandinaviens (einschließlich der nördlichen Ostsee) und den Baltischen Schild begrenzt. Die Südufer sind nicht genau bekannt; vermutlich wandern sie mehrfach, je nachdem, wie weit flache Meeresgebiete die Böhmische Masse überfluten. Aus dem Geosynklinalmeer ragen mehrere Inseln heraus. In Zentraleuropa ist das die Mitteldeutsche Schwelle (→ 410 Mio./S. 113) mit einer westlichen Verlängerung bis ins Gebiet der Gironde. In Osteuropa gehören die polnischen Gebiete östlich der Weichsel, die östliche Tschechoslowakei, die südliche Ukraine, ein lang gestrecktes Gebiet zwischen Dnejpr und Don, sowie das südliche Schwarze Meer dazu.
Von diesen Festlandgebieten, vor allem von der im Norden gelegenen Landmasse her, füllt sich die Geosynklinale infolge von Erosinsprozessen mit Abtragungsschutt auf. Dabei entstehen u. a. die stellenweise über 10 km mächtigen Sedimente der Rheinischen Masse, die bedeutenden Sedimente der Lausitz und jene der polnischen Mittelgebirge am Südwestrand der Sarmatischen Tafel mit 1000 bis 2000 m Mächtigkeit. Zu beachtlicher Sedimentbildung kommt es auch in Spanien, Südfrankreich, auf dem Balkan und in der Türkei.
Auffällig ist die Ähnlichkeit der nordamerikanischen Geosynklinalbildung mit jener in Mitteleuropa. In Nordamerika ist in erster Linie der Raum der Appalachen betroffen.

Mitteldevon-Fossil aus Gerolstein in der Eifel: Die Seelilie Cupressocrinites abbreviatus mit zylindrischem Kelch und becherförmiger Krone

Felsenmeer: Blocklandschaft im Odenwald

Mittelgebirge nicht überflutet

380–375 Mio. *Gegen Ende des Mitteldevons verlanden die Gebiete des Odenwaldes, des Spessarts sowie von Ruhla und Kyffhäuser endgültig. Das bedeutet, daß diese zur Mitteldeutschen Schwelle gehörenden Mittelgebirge im weiteren Verlauf der Erdgeschichte nicht mehr vom Meer überflutet werden. – Das Bild zeigt das »Felsenmeer« im westlichen Odenwald.*

Meeresvulkanismus südlich von Island

Vulkanismus unter dem Meer

410–360 Mio. *Durch tektonische Unruhen kommt es in Europa (→ S. 131) immer wieder zu heftigen untermeerischen Vulkanausbrüchen. – Das Bild zeigt ein vergleichbares Schauspiel bei der Entstehung von Surtsey, einer zwischen 1963 und 1965 entstandenen Vulkaninsel 33 km südlich von Island. Die Insel ist 2,8 km² groß und liegt 174 m über dem Meeresspiegel.*

Große Kalkriffe in Westaustralien

390–360 Mio. Im Gebiet Westaustraliens kommt es erneut zu einer kräftigen Riffbildung. Bereits im Kambrium (590–500 Mio.) hatten sich im Süden auf einem 600 km langen Streifen bis zu 1000 m mächtige Archaeocyathidenkalke (→ 590–520 Mio./S. 62) abgelagert, und im Silur (440–410 Mio.) war es im Bereich zwischen Queensland und Tasmanien zur Entstehung eines über 2500 km langen Riffs gekommen. Das Riffwachstum setzt sich auch im Oberdevon (375–360 Mio.) weiter fort.

Grundlegend geändert hat sich seit dem Kambrium die Zusammensetzung der riffbildenden Organismen. Handelte es sich zu Beginn des Erdaltertums bei den Archaeocyatha um Riffbildner, die den Schwämmen nahestehen, so sind während des Mittel- und Oberdevons vorwiegend Korallen am Aufbau der mächtigen Kalksedimente beteiligt.

Blei-, Zink- und Silberlagerstätten

390–300 Mio. Mit dem Mitteldevon setzt in weiten Gebieten der Welt eine intensive Bildung von Blei-, Zink- und Silberlagerstätten in Tongesteinen ein. Sie dauert bis gegen Ende des Karbons (etwa bis 290 Mio.) an. Nicht selten sind die Metalle auch mit Kupfererzen vergesellschaftet. Ähnlich ausgeprägt war dieser Lagerstättentypus bereits im vergleichsweise viel längeren Zeitraum vor etwa 1,9 bis 1,3 Mrd. Jahren. Die Entstehung der Blei- und Zinklagerstätten ist im Devon an carbonatreiche Meeresbecken gebunden und läßt sich lokal auch an Riffen oder im Riffschutt beobachten.

Häufig kommen die Erze zusammen mit größeren Anteilen von Baryt (Schwerspat) und Flußspat vor. Obwohl sie an bestimmte Schichten gebunden zu sein scheinen, entstehen sie nicht durch Sedimentationsprozesse. Sie sind diagenetisch abgelagert, d. h. durch die Umbildung lockerer Sedimente zu festen Gesteinen geworden, und zwar durch mehr oder weniger langzeitige Einwirkung von hohem Druck, hoher Temperatur, chemische Lösung und Ausscheidung usw.

Die Zink-Kupfer-Silber-Vererzungen des Devons sind dagegen hauptsächlich an Schwarzschiefer gebunden. Dabei handelt es sich um sogenannten Schieferton oder Tonschiefer; das sind dichte Stillwassersedimente aus sehr feinkörnigem Material mit einem im wesentlichen parallel gerichteten flachen Gefüge. Zu den devonischen Erzbildungen dieses Typus gehören die beiden großen deutschen Lagerstätten bei Rammelsberg im Harz (Pb, Zn, Cu) und bei Meggen im Sauerland (Zn, Pb). Die Erze sind sogenannte Kiese, d. h. Metall-Schwefelverbindungen (Sulfide). Günstig für ihre Bildung sind die Gebiete von Rammelsberg und Meggen deshalb, weil hier im Devon sauerstoffarme Meeresbecken existieren, in die die Ausgangssubstanzen für die Erzbildung als fein verteilte Schwebstoffe eingetragen werden. Die Stoffzufuhr erfolgt dabei mit großer Wahrscheinlichkeit mittels zirkulierender Tiefenwässer.

Das Gesteinskonglomerat von Ramsbeck im Sauerland vereint verschiedene Mineralien, wie sie für die marinen Erzlagerstätten seit dem Mitteldevon typisch sind: Bleiglanz, Zinkblende, Kupferkies als Gangerz. Unter Gangerz versteht man eine Spaltenfüllung in Festgesteinen aus mineralischem Material.

Verwandter des Basalts: Porphyrit

390–375 Mio. Im Umfeld der westaustralischen Riffe (s. o.) lagern sich auf dem Meeresboden im Laufe des Devons zunehmend sandiger werdende Sedimente ab, in die vielfach Porphyrite eingeschaltet sind. Das deutet auf untermeerischen Vulkanismus hin.

Porphyrit ist ein vulkanisches Ergußgestein, das sehr feinkörnig, z. T. auch glasig erstarrt und das weitgehend aus Feldspaten (Plagioklas) zusammengesetzt ist. Es ist mit den Basalten verwandt. Eingesprengt sind in den Porphyrit als kristalline Gesteinsbestandteile Biotit, Amphibol und Pyroxen.

Der Porphyrit erstarrt auf den Meeresböden je nach Dünnflüssigkeit in Form von Strömen, Decken oder Kuppen oder füllt Risse des Bodens in Form sogenannter Gänge aus. Im Prinzip entspricht er genau dem als Andesit bekannten vulkanischen Gestein der jüngeren Erdgeschichte. Gleichwohl unterscheiden ihn die Geologen von diesem, weil er im langen Zeitraum seit seiner Entstehung bis heute geringfügige chemische und strukturelle Umwandlungen durchmachte. Er wird neuerdings auch als Paläoandesit (»alter« Andesit) bezeichnet.

Die Rippelmarken sind bezeichnend für Sandsteine des Mitteldevons. Die verfestigten Sedimente werden »Old Red-Sandstein« genannt. Dieses Sedimentgestein (bei St. Finan's Bay/Frankr.) ist festländischen Ursprungs.

Rote Sandsteine in warmen Regionen

390–375 Mio. Das Mitteldevon liegt zeitlich im Zentrum der Entstehung des sogenannten Old Red-Sandsteins. Bereits gegen Ende des Silurs (um 410 Mio.) begann diese Entwicklung, die im Oberdevon (375–360 Mio.) abgeschlossen ist. Der Old Red-Sandstein entsteht aus Sanden und Trümmergesteinen (Silte) der kaledonischen Faltengebirge (→ 410–405 Mio./S. 120).
Diese Sedimente bilden sich nicht in Meeresbecken, sondern auf dem Festland am Fuß der Gebirge und besonders im Bereich von Flüssen, Seen und Sümpfen. Die Bezeichnung des Gesteins bezieht sich auf die vorwiegend rote, von Eisenverbindungen herrührende Färbung. Sehr ausgeprägt treten die Old Red-Sandsteine im Bereich der Britischen Inseln, auf Grönland, in Nordamerika, auf Spitzbergen und auf der Russischen Plattform in Erscheinung. Diese miteinander verbundenen Regionen bezeichnet man deshalb als Old Red-Kontinent. Die sogenannten red-beds werden in den Bereichen binnenländischer Senken bis zu mehreren tausend Metern mächtig. Ihr Verbreitungsgebiet fällt fast ausschließlich in jenen Klimagürtel der Erde, der sich im maritimen Bereich durch Riffbildung auszeichnet, also in die warmen bis heißen Regionen, die auf dem Festland meist zugleich Trockengebiete sind. Nicht selten sind daher in die red-beds durch Eindampfung entstandene Mineralien (Evaporite, → S. 46) wie etwa Gips oder Steinsalz eingelagert.
Die meisten red-beds sind sehr fossilienarm, nur gelegentlich kommt es zu regional begrenzten Anreicherungen mit Fossilien. Da die klimatischen Verhältnisse zu einer verstärkten Besiedlung des Festlands durch Pflanzen und Tiere führen, gehören zu den wichtigsten Versteinerungen frühe Landpflanzen, Gliederfüßer, im Süß- und Brackwasser Schalenkrebse, aber auch die im Devon besonders im marinen Milieu vorkommenden Kieferlosen (→ S. 63), Panzerfische (→ S. 99), Stachelhaie und Quastenflosser (→ S. 124).

Bei Caithness in Schottland steht Old Red-Sandstein aus dem Devon an. Das im Bild gezeigte, von Trockenrissen durchzogene Gestein entstand aus Erosionssanden des alten kaledonischen Faltengebirges.

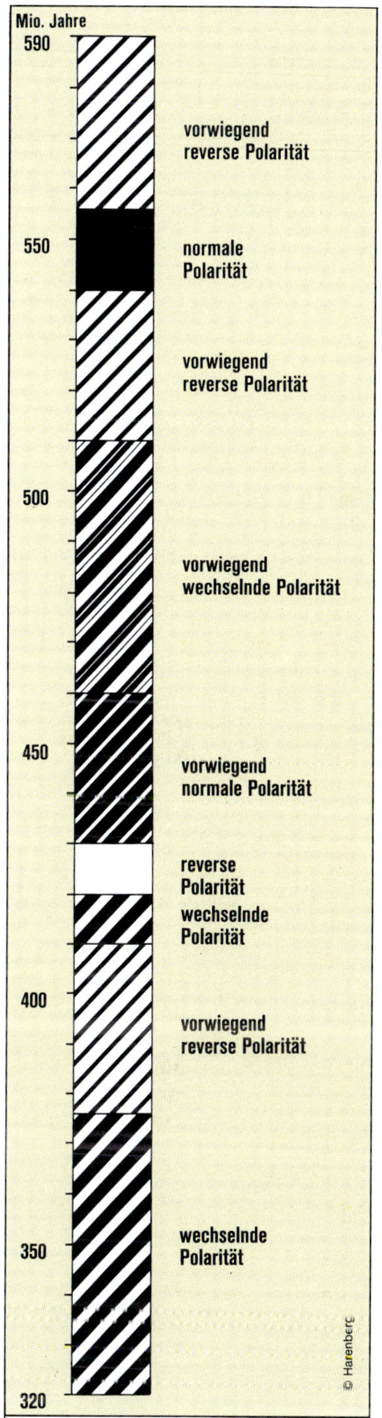

»Sprünge« der Magnetpole im Paläozoikum

Die Magnetpole wechseln häufig

376–320 Mio. *Gegen Ende des Mitteldevons setzt eine Periode häufigen Wechsels der Magnetpole der Erde (→ S. 55) ein.*
Die Abbildung zeigt das unterschiedliche Verhalten der Magnetpole seit Beginn des Erdaltertums (um 590 Mio.) bis zum Ende des Devons (360 Mio.). Für den Bereich vor diesem Zeitraum liegen keine wissenschaftlichen Erkenntnisse vor.

375–360 Mio.

Das Oberdevon

Um 375 Mio. In Nordamerika weit verbreitet ist der seit dem Unterdevon (um 410 Mio./S. 124) bekannte Quastenflosser Eusthenopteron foordi.

375–360 Mio. Vertreter der sogenannten Altfarne (Archaeopterides) treten ausschließlich in diesem Zeitraum in Erscheinung. Die Gruppe umfaßt verschiedene farnlaubige Pflanzen mit ausgesprochener Fächeraderung. Sie ist systematisch unsicher und umfaßt wohl größtenteils sogenannte Farnsamer (Pteridospermen), daneben aber auch einige echte Farne (Pteridophyten). → S. 137

Die geflügelten Insekten (Pterygoten) erscheinen und erobern als erste Lebewesen den Luftraum. Ihre Flügel sind Hautausstülpungen, deren Wände aus einer unteren und einer oberen Chitinlamelle bestehen. Zwischen beiden liegen Adern mit Tracheen (Atmungsröhrchen) und Nerven. Im Oberkarbon taucht eine große Vielzahl geflügelter Insekten ohne bekannte Vorformen auf. → S. 135

Die eigentliche Eroberung des Festlandes durch die Wirbeltiere beginnt. Als erste Vierfüßer (Tetrapoda) erscheinen an Land die Labyrinthodontia, eine Unterklasse der Amphibien, die in der Obertrias (um 220 Mio.) wieder ausstirbt. Ihren Namen verdanken sie einer faltenartigen (labyrinthodonten) Ausformung des Zahnschmelzes. Das älteste Amphibium der Welt, Ichthyostega (→ um 380 Mio./S. 130), gehört zu dieser Gruppe. Aus den Labyrinthodontiern entwickeln sich später alle Reptiliengruppen. → S. 135

Auf der norwegischen Bäreninsel wachsen Arten der Pflanzenordnung Pseudoborniales, die zur Klasse der Schachtelhalmgewächse (Equisetales) gehören. Sie werden 15 bis 20 m hoch und haben große, stark zerschlitzte Blätter. – Generell ist auf dieser Insel eine üppige, torfliefernde Landvegetation überliefert, die dann im Oberkarbon (vor etwa 300 Mio. Jahren) ihren Höhepunkt erreicht. → S. 137

Im Vorkommen von Scaumenac (Miguasha Park) nahe der Mündung des St.-Lorenz-Stromes fossilisieren zahlreiche Pflanzen und Fische in einem flachen Becken. Berühmte Fischfunde sind aus dieser Zeit auch aus dem Rheinischen Schiefergebirge bekannt.

Die Landpflanzen entwickeln zunehmend große (makrophylle), von einem Adersystem durchzogene Laubblätter, die die bisher meist zerschlitzten und noch nicht planen Blätter ersetzen. Sie werden damit unabhängiger von ufernahen Feuchträumen. Die Paläobotaniker sprechen von einer typischen Oberdevonflora. → S. 139

Die Samenpflanzen (Spermatophyten) sind durch die Gruppen der Samenfarne und die mit den Nadelbäumen verwandten Cordaitales vertreten. Es handelt sich um Nacktsamer, höhere Pflanzen, die zapfenartige Fruchtstände hervorbringen. → S. 137

Die geologischen Verhältnisse begünstigen die Entstehung sogenannter Porphyrit-Lagerstätten mit Kupfer, Molybdän und Gold. Das sind Erzlager in magmatischen Gesteinen mit größeren, meist gut ausgebildeten Kristallen in feinkörniger oder dichter Grundmasse. Dieser Lagerstättentypus ist auch in späteren Erdzeitaltern vertreten.

Auf allen Kontinenten herrscht ein gleichmäßig feuchtwarmes Klima. Ausgeprägte Florenprovinzen gibt es daher nicht. → S. 135

Das Oberdevon ist eine Epoche großen Artensterbens. Auch viele höhere systematische Einheiten verschwinden. Zu den betroffenen Tieren zählen u. a. die vormals sehr artenreichen Trilobiten-Ordnungen Phacopida, Lichida und Odontopleurida, die Kieferlosen-Klasse Thelodonti und die Kieferlosen-Unterklassen Osteostraci und Anapsida, die Armfüßer-Ordnung Pentamerida, der gesamte Stachelhäuter-Unterstamm Homalozoa und die Stachelhäuter-Klasse Beutelstrahler (Cystoidea), die »Tentakuliten« (eine Klasse schalentragender Weichtiere) sowie die Kopffüßer-Ordnung Discosorida. → S. 134

375–290 Mio. Die schon im Unterdevon (410–390 Mio.) auftretenden und bis heute in drei Arten erhaltenen Lungenfische (Dipnoi) haben ihre Hauptverbreitung. Sie gehören zur Klasse der Knochenfische (Osteichthyes) und innerhalb dieser zu den Fleischflossern (Sarcopterygii). Ihre noch einfache Lunge ist eine Ausstülpung des vorderen Darmabschnittes. Aus ihnen entwickelten sich aber nicht die Amphibien. → S. 136

375–270 Mio. Arten der in ihrer systematischen Stellung unsicheren Farnunterordnung Coenopteridae bereichern die Landflora.

375–250 Mio. Die Pflanzenordnung Keilblätter (Sphenophyllales) aus der Klasse der Schachtelhalmgewächse ist verbreitet. Typisch für sie sind meist sechszählige Quirle und umgekehrt keilförmige Blätter sowie Zentralbündel mit dreieckigem Querschnitt in den Stengeln. → S. 137

375–210 Mio. Zwei neue Kopffüßer-Ordnungen, Prolecanitida und Clymeniida, erscheinen. Die letztere lebt nur im Oberdevon. → S. 136

Um 371 Mio. Die ersten echten Haie (Cladoselachii) bevölkern die Meere. Sie gehören zur Klasse der Knorpelfische (Condrichthyes). Mit ihrem Auftreten ändert sich die Nahrungskette in den Meeren, denn die Haie sind gewandte Großraubfische. → S. 136

Um 370 Mio. Die Faltengebirgsbildungen von Svalbard, Antler und Acad spielen sich ab.

Um 360 Mio. Unter den Landpflanzen sterben die Nacktpflanzen (Psilophytalen) aus, die als erste das Festland besiedelt hatten.

Artensterben trifft Fauna

375–360 Mio. Im Verlauf des Oberdevons dezimiert ein großes Artensterben die Tierwelt; eine zweite, weniger bedeutende Epoche des Artensterbens macht sich zur Wende vom Devon zum Karbon (um 360 Mio.) bemerkbar. In der Erdgeschichte kommt es immer wieder zu Zeitabschnitten, in denen nicht nur Arten, sondern auch höhere Einheiten (Gattungen, Familien, Ordnungen) mehr oder weniger plötzlich aussterben. Eine derartige Phase spielte sich bereits im Oberen Ordovizium (→ 450–440 Mio./S. 95) ab. Weitere folgen an der Wende vom Perm zur Trias (um 250 Mio.), in der Obertrias (230–210 Mio.) und an der Wende von der Kreide zum Tertiär (um 66 Mio.).
Die Ursachen dieses jeweils bedeutenden Artensterbens sind im einzelnen nicht geklärt. Im Oberdevon, einer Periode mit häufig wechselnder geomagnetischer Polung, können das sich mehrfach ändernde geomagnetische Feld und die dadurch verstärkte Teilchenstrahlung eine bedeutende Rolle spielen. Dazu kommt die einsetzende Tendenz der Meere, sich vom Festland zurückzuziehen, was mit der Austrocknung der Schelfe und der damit verbundenen Einengung von Lebensräumen einhergeht.
Gerade in dieser erdgeschichtlichen Zeit kann aber noch eine ganz andere, evolutionäre Ursache zum Artensterben beitragen: Im Devon zeichnet sich eine intensive Weiterentwicklung der Organismen ab. Derartige evolutionäre Schübe gehen meist mit einer Einschränkung des Anpassungsvermögens der Organismen an den gleichzeitig stärker werdenden Prozeß der Auslese (Selektionsdruck) einher. Und schließlich läßt sich auch eine geologische Ursache für das große Artensterben im Oberdevon nicht ausschließen. Die Erde befindet sich in einer Geosynklinalphase (→ S. 29), die oft mit einem starken untermeerischen Vulkanismus verbunden ist. Dadurch verändern sich die Zusammensetzung und auch der Sauerstoffgehalt des Wassers, was für viele Organismen tödlich sein kann.

Inseltheorie: Lebensraum prägt Artenzahl

Daß evolutionäre Schübe nicht nur zur Entstehung neuer Arten und höherer systematischer Einheiten (Gattungen, Familien, Ordnungen, Klassen) führen, sondern zugleich auch zum Aussterben anderer Gruppen, beweist zumindest empirisch ein relativ junger Zweig der biologischen Populationsforschung, der sich mit der Besiedlung ökologischer Inseln befaßt.
Das zugrunde liegende Forschungsprinzip heißt Synergetik. Es ist ein interdisziplinäres, mit Hilfe mathematischer Methoden entwickeltes Modell zur Beschreibung »offener Systeme«. Die Synergetik erlaubt es, das kooperative Verhalten von vielen Einzelsystemen (z. B. Tierarten) zu behandeln, die zusammen ein offenes System bilden. Sie befaßt sich mit der Frage nach der Entstehung geordneter offener Systeme aus ungeordneten Phasen.
Ein biologisches Beispiel dafür ist die Besiedlung von »Inseln«. Darunter versteht man nicht nur Inseln im klassischen Sinne, sondern auch nach außen abgeschlossene Lebensräume, also z. B. Hochgebirgsregionen, isolierte Talkessel Moorgebiete und Wüstenoasen. Sowohl die Modelle der Synergetik wie entsprechende Artenzählungen haben erstaunlicherweise ergeben, daß bei abgeschlossener Besiedlung einer Insel die Artenzahl der dort lebenden Organismen im wesentlichen nur von einem einzigen Faktor abhängt, nämlich von der Größe der Insel. In einem 1 km^2 großen isolierten Sumpf finden sich genausoviele Arten zusammen wie auf einer 1 km^2 großen Meeresinsel oder in einer 1 km^2 großen Wüstenoase. Natürlich sind das jedesmal sehr unterschiedliche Arten, und auch deren Individuengröße kann stark voneinander abweichen. Aber diese verblüffende Erkenntnis, für die es noch keine ausreichende Erklärung gibt, weist darauf hin, daß mit dem evolutionären Auftreten neuer Arten in einem begrenzten Lebensraum andere Arten aussterben müssen.

Als erste Vierfüßer und zugleich erste Wirbeltiere verlassen die Ichthyostegalia, Wesen zwischen Fisch und Amphibium, das Wasser.

Vierfüßige Tiere erobern feuchtwarmes Festland

375–360 Mio. Im Oberdevon bleibt das Klima weltweit warm, ändert sich aber im Hinblick auf die Luftfeuchtigkeit. Gab es bisher ausgedehnte Trockenzonen, so herrscht jetzt auf dem Festland ein überwiegend feuchtwarmes Klima.

Das ist eine ideale Voraussetzung für die fortschreitende Besiedlung der Kontinente durch Pflanzen und Tiere (→ 410–390 Mio./S. 121, 380 Mio./S. 130). Wegen der weitgehenden Uniformität des Klimas zeigt die Pflanzenwelt (→ S. 138, 139) keine ausgeprägten Florenprovinzen, sondern entwickelt sich gleichmäßig auf allen Kontinenten.

In der Tierwelt kommt es möglicherweise zum ersten Auftreten geflügelter Insekten (Pterygota), die sich aus den flügellosen Urinsekten (Apterygota, → 410 Mio./S. 123) entwickeln. Doch ist das umstritten.

Ungleich bedeutsamer ist hingegen das Erscheinen vierfüßiger Wirbeltiere (Tetrapoda) auf dem Festland. Bereits aus dem späten Mitteldevon gibt es allererste Zeugnisse dafür, daß ein Zwischenwesen zwischen Fisch und Amphibium (Ichthyostega, → S. 130) in Australien lebte. Derartige Ichthyostegalia treten im Oberdevon ausgeprägt in Grönland in Erscheinung. Sie sind nach Auffassung einiger Paläontologen u. a. als die Vorfahren der Amphibien-Ordnung Anura anzusehen, andere Autoren sehen in ihnen eine entwicklungsgeschichtliche Sackgasse.

Ab der Grenze Devon/Karbon (um 360 Mio.) treten zahlreiche Amphibiengruppen auf. Eine besonders auffällige ist die der Labyrinthodontia. Ihren Namen haben sie von der ihnen eigenen Zahnform. Wirbelsäule sowie Schulter- und Beckengürtel gleichen jenen mancher Quastenflosser (→ 410 Mio./S. 124), ihr Körper ist vielfach beschuppt. Unterschieden werden zwei Ordnungen: Temnospondyli und Anthracosauria. Unter letzteren werden die Vorfahren der Reptilien gesucht. Beide Ordnungen überleben die Grenze Perm/Trias (um 250 Mio.) nicht.

Das fossile Actinodon aus dem Rotliegenden (Unterperm) (o.) sowie der gleichalte Sclerocephalus häuseri (u.); beide Tiere sind Mitglieder der Gattung Eryops und als solche Vertreter der Temnospondyli.

Die Nacktpflanze Protopteridium germanicum ist auch im Oberdevon noch weit verbreitet.

Die Lungenfische erleben ihre größte Verbreitung

375–290 Mio. Im Oberdevon setzt die Blütezeit der erstmals im Unterdevon auftretenden Lungenfische (Dipnoi, → 410 Mio./S. 124) ein, die bis zum Ende des Karbons (um 290 Mio.) anhält. Die Lungenfische werden aufgrund der Verknöcherung des Innenskeletts zu den Knochenfischen (Osteichthyes) und innerhalb dieser gemeinsam mit den Quastenflossern (→ 410 Mio./S. 124) zur Unterklasse Fleischflosser (Sarcopterygii) gezählt. Entwicklungsgeschichtlich gibt es allerdings keine Verbindungslinie zwischen beiden. Das besondere Merkmal der Lungenfische ist, daß sie sowohl mit Kiemen wie mit Lungen ausgestattet sind, weshalb man sie auch Lurchfische nennt. Als Lunge fungiert eine Ausstülpung des Vorderdarms. Ihre charakteristischen Zähne sind Zahnplatten mit erhabenen Kämmen, die sich fossil besonders häufig finden. Von den Quastenflossern unterscheiden sie sich ganz wesentlich durch die Anordnung der Deckknochen ihres Schädels. Gemessen an den im Unterdevon und Karbon zahlreichen Arten, die während dieser rund 85 Mio. Jahre langen Epoche die Weltmeere bevölkern, ist die Ordnung der Lungenfische heute ausgesprochen arm. Derzeit existieren nur noch drei Arten im Süßwasserbereich: Der afrikanische Molchfisch (Protopterus), der südamerikanische Schuppenmolch (Lipidosiren) und der australische Lungenfisch (Epiceratodus).

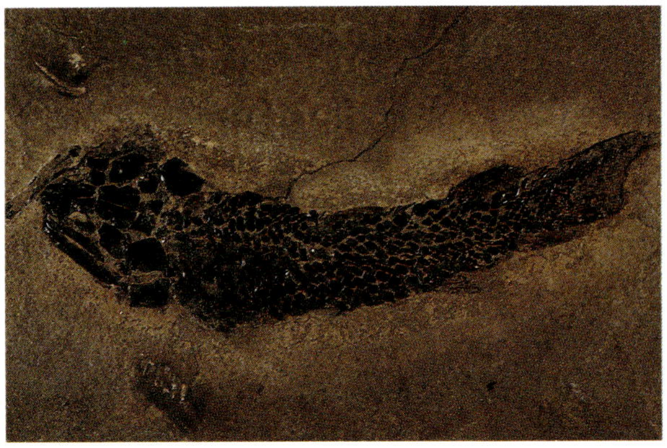

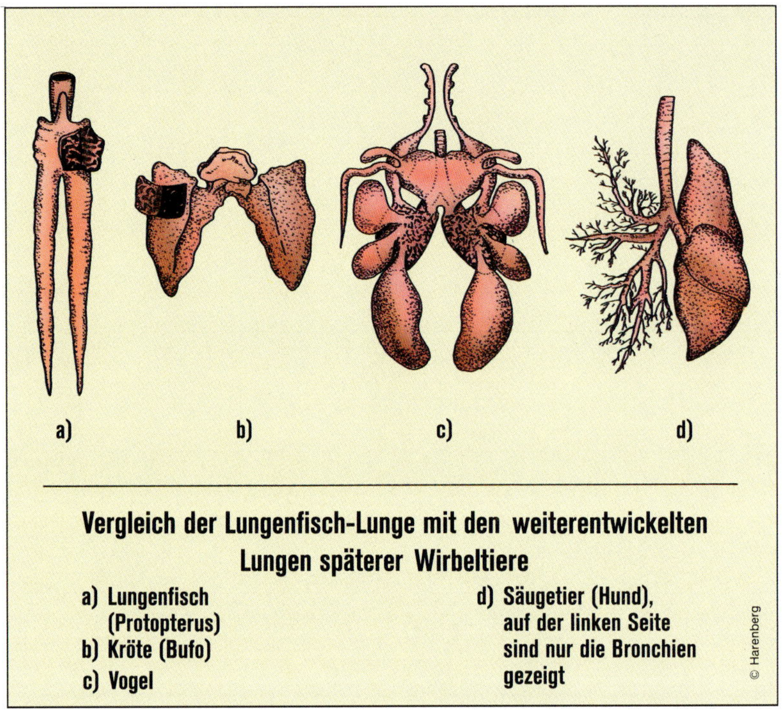

△◁ *Zur Fleischflosser-Infraklasse der Lungenfische (Dipnoi), die sich im Laufe ihrer Geschichte hoch spezialisieren, gehört im Devon u. a. die noch einfache Gattung Dipterus. Das abgebildete Exemplar dieser Gattung versteinerte in Schottland.*

△ *Im Gebiet der schottischen Orkney-Inseln fossilisierte, ebenfalls im Devon, der Fisch Osteolepis macrolepidotus. Er vertritt eine Ordnung der Quastenflosser und gehört zusammen mit den Lungenfischen zu den Fleischflossern. Die Gattung Osteolepis ist während des Mitteldevons weltweit verbreitet.*

◁ *Die Lungenfische (Dipnoi) sind als erste Lebewesen mit einer Lunge ausgestattet. Ihr Atmungsorgan, das aus einer Ausstülpung des vorderen Darmabschnittes besteht, ist noch sehr einfach schlauchförmig ausgebildet.*

Kleine Kopffüßer beleben die Meere

375 Mio. Zwei neue Ordnungen der Kopffüßer (→ S. 73) beleben die Flachmeere: Clymeniida, deren Vertreter sich ausschließlich auf das Oberdevon beschränken, und Prolecanitida, deren letzte Arten gegen Ende der Obertrias (um 210 Mio.) aussterben. Beide Ordnungen gehören zu den Ammonitenartigen (Ammonoidea), unter denen die berühmten (ab dem Jura vorkommenden) »Ammonshörner« (Ammoniten, → 210–140 Mio./S. 226) ebenfalls nur eine Ordnung darstellen. Als frühe Ammonoidea sind die Tiere mit wenigen Zentimetern Durchmesser meistens noch klein. Sie leben bodenbezogen oder lassen sich passiv durch die Weltmeere treiben.

Haie – Großraubfische mit spitzen Zähnen

371 Mio. Mit der Ordnung der Cladoselachii erscheinen im Oberdevon erstmals Haie in den Weltmeeren. Sie gehören zur Klasse der Knorpelfische (Chondrichthyes) und innerhalb dieser Klasse zu den Elasmobranchiern, die Haie, Rochen und Seekatzen umfassen.
Die Cladoselachii sind entwicklungsgeschichtlich wegen ihrer mit breiter Basis am Körper ansetzenden Flossen interessant. Diese können sich nicht um ihre eigene Achse drehen, wie das bei anderen Fischen der Fall ist, und bestehen nur aus einem parallel zum Körper nach hinten verlängerten Knorpelstück.

▷ *Süßwasserhai Orthacanthus senckenbergianus (Unterperm)*

Pflanzenwelt im Umbruch

375–360 Mio. Im Gegensatz zur frühen Landflora, wie sie sich im Unter- und Mitteldevon präsentiert (→ 410–375 Mio./S. 121, 128), zeigt die Pflanzenwelt des Oberdevons schon ausgeprägte Merkmale der reichhaltigen Karbonflora. Sie umfaßt zwar noch charakteristische Nachläufer der ersten Landpflanzen (etwa in den Gattungen Boegendorfia und Zimmermannia, die beide an frühe Schachtelhalme erinnern), doch treten in zunehmendem Maße großblättrige (makrophylle) farnähnliche Pflanzen auf. Dazu gehören »Altfarne« oder »Farnsamer« (Archaeopteriden). Das sind samentragende Gewächse mit farnartigen Wedeln, die möglicherweise die Vorfahren der Bedecktsamer darstellen. Daneben gibt es auch zahlreiche echte Farne.
Außerdem zeigen sich schon verschiedene echte Schachtelhalme (Calamiten innerhalb der Gattung Articulatae), vertreten durch die bisher nur auf der norwegischen Bäreninsel gefundende Gattung Pseudobornia. Sie besitzen verholzende hohle, markgefüllte Stämme, weisen schon ein sekundäres baumähnliches Dickenwachstum auf und erreichen bereits Baumgröße. Auch erste Keilblattgewächse (Sphenophyllen) erscheinen. Das sind mit den Schachtelhalmen verwandte Pflanzen, die auf das Erdaltertum beschränkt bleiben und meist sechszählige Quirle umgekehrt keilförmiger Blätter besitzen.
Dazu kommen die nur im Oberdevon lebenden Cyclostigmen, erste Vertreter der Schuppenbäume (Lepidodendrales), die die Größe kleiner Bäume erreichen. Ihre späteren Verwandten werden im Oberkarbon 30 m hoch und höher. Sie gehören zu den Bärlappgewächsen. Zahlreich sind sie vor allem in den Grauwacken (→ S. 90) des Harzes fossil überliefert.
Besonders auffällig in der Oberdevonflora sind dicke, verkieselte Stämme von Farnsamern des Archaeopteris Typs, deren Holz bereits an das der höheren Nacktsamer (Nadelbäume oder Verwandte) erinnert.

Der fossile Bärlappstamm aus der Gattung Pseudolepidendropsis hat oberdevonisches Alter. Die Pflanze gedieh im Westen von Spitzbergen und gilt als Ahnform späterer Bärlappformen wie Schuppen- und Siegelbäume.

Schuppenbäume
Die Familie der Schuppenbäume (Lepidodendraceae) umfaßt nach der heute üblichen Einteilung drei verschiedene Gattungen: Lepidodendron (s. Bild), Lepidophloios und Sublepidophloios. Beide ähneln sich stark. Ihre charakteristischen Stämme zeigen deutliche Schrägzeilen von oft stark vorspringenden Blattpolstern, deren Umriß Rhomben- oder Spindelform aufweist. Meist ist im oberen Bereich dieser Polster noch die Abbruchstelle der Blätter (die Blattnarbe) zu erkennen. In ihrem Oberteil sind die Schuppenbäume reich verzweigt, wobei gabelige Verzweigungen vorherrschen.

Pteridophyllen
Sphenopteris ist eine Formengattung der sogenannten Pteridophyllen. Das bedeutet, daß die zu ihr gehörenden Arten nicht unbedingt miteinander verwandt sein müssen, sondern sich nur äußerlich ähneln. Auch »Pteridophyllen« ist ein Sammelbegriff. Hierzu stellt man farnlaubige fossile Pflanzen ab dem Devon, die sich nicht eindeutig den echten Farnen, den Farnsamern oder den Progymnospermen (einer noch umstrittenen Abteilung des Pflanzenreichs, die farnähnliche Nacktsamer umfaßt) zuordnen lassen. Charakteristikum der Sphenopteris-Formen sind ihre Fiederblättchen.

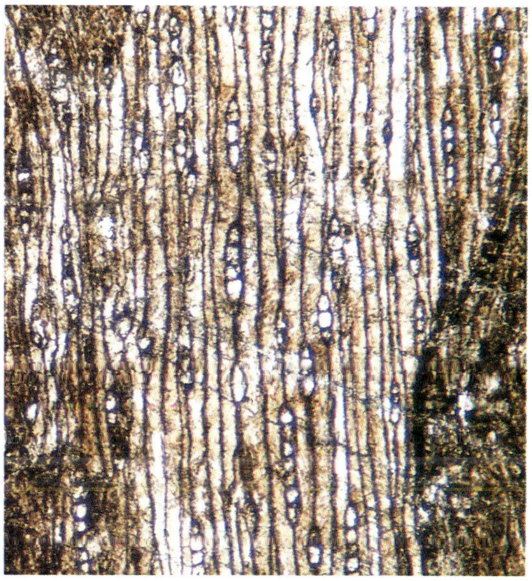

Farnsamer
Die große Gruppe der Farnsamer oder Pteridospermen gehört bereits zu den Samenpflanzen. Echte Farne dagegen bilden Sporen aus. Weil die Blätter der Pteridospermen denen der echten Farne durchweg ausgesprochen ähnlich sehen, gehen viele Paläobotaniker von gemeinsamen Vorfahren beider Gruppen aus. Andere Wissenschaftler wiederum nehmen aufgrund der Fruchtbildung an, daß die Farnsamer direkte Nachfahren der Nacktpflanzen (Psilophytalen) darstellen, von denen sich die echten Farne in vielfacher Hinsicht deutlich unterscheiden.

Pflanzen passen sich an: Erfolgsrezepte der Evolution

375–360 Mio. Die Besiedlung küstenferner Festlandgebiete durch die Landpflanzen (→ S. 137) bewirkt eine Vielzahl von physikalischen Anpassungsprozessen, die sich im Aufbau der Pflanze selbst abzeichnen. Vor allem ihr zunehmendes Größenwachstum erfordert Baupläne, die bei den Wasserpflanzen gar nicht und bei den ersten noch sehr kleinen Landpflanzen der Feuchtbiotope kaum nötig waren. Hochwüchsige Formen haben jetzt verstärkt mit der Schwerkraft, mit Winddruck und Schneelast zu kämpfen. Außerdem müssen bei der Versorgung des pflanzlichen Organismus im Pflanzenkörper selbst größere Strecken zurückgelegt werden, was nur mit einem leistungsfähigen Flüssigkeitstransportsystem möglich ist. Daneben wollen drastische Temperaturunterschiede zwischen Tag und Nacht, Sommer und Winter bewältigt werden. Die Lichteinstrahlung, vor allem auch jene des lebensgefährdenden UV-Lichts, ist weitaus intensiver als unter Wasser. Es gilt, Dürreperioden zu überleben und neue Lebensräume zu erobern. Gegen Ende des Unterdevons haben die Pflanzen die meisten jener Mechanismen entwickelt, die sie und ihre Nachfahren in allen Festlandbiotopen so erfolgreich machen. Folgende biotechnische Faktoren begründen die weitere Ausbreitung und Vielfalt der Landpflanzen in dieser und späteren erdgeschichtlichen Ären:

Flexible Architektur

Um großen, besonders baumförmigen Pflanzen, die oft auf schlanker Stammbasis viele Tonnen Masse tragen, die nötige Stabilität gegenüber der Schwerkraft, aber auch gegenüber periodisch auftretenden Kräften wie Winddruck oder Schneelast zu verleihen, bedarf es zahlreicher mechanischer Vorkehrungen. Zunächst ist eine solide Verankerung erforderlich. Sie paßt sich bei den Landpflanzen in nahezu perfekter Weise an die Eigenschaften des Bodens, an etwaige Hangneigungen und natürlich an Größe und Wuchsform des oberirdischen Pflanzenteils an. So entwickeln Bäume auf lockeren Böden meist tiefreichende Pfahlwurzeln, oft noch kombiniert mit einem Kranz weitreichender Flachwurzeln. Felsiges Blockwerk wird meist regelrecht umklammert, wobei sich das Wurzelholz an mechanisch besonders beanspruchten Stellen gezielt verstärkt. Es verdickt sich hier nicht nur, es ändert seine Zellstruktur so, daß sie Druck oder Zug besonders gut standhält. In Sumpfgebieten, an Küsten und in flachen Lagunen stockende Bäume bilden vielfach Wurzelbauten aus, die sich mit dem Unterbau eines Pfahlbaues vergleichen lassen. Besonders mächtige Urwaldriesen sichern ihre Basis nicht selten durch hoch an den Stämmen hinauflaufende Brettwurzeln.

Stämme und Äste sind auf besondere Weise gegen äußere Kräfte stabilisiert. Ihr Holz kann, wie im Wurzelbereich, lokal als Druckholz oder Zugholz ausgebildet werden, um besonderen einseitigen Belastungen (etwa bei schrägem Wuchs oder bei vorherrschendem Wind aus einer Richtung) Widerpart zu bieten. Von Bedeutung ist aber auch die Anordnung von verholzten Partien in ansonsten fleischigen Pflanzen wie etwa großen Säulenkakteen. Verholzte Konstruktionselemente sind immer genau dort zu finden, wo sie äußere Kräfte optimal aufnehmen können. Im Bereich der Blätter kommen andere stabilitätserhöhende Prinzipien zum Tragen, etwa das »Wellblechprinzip« beim zickzackförmig gefalteten Palmenblatt oder gefiederte und sogar ausgefranste Blattformen, die den Windwiderstand mindern. Die Wände krautiger hohler Stengel und Halme sind oft in äußerst stabiler »Sandwich-Bauweise« aufgebaut: Zwischen zwei festen Wänden liegt eine extrem leichte Bienenwabenstruktur.

Raffinierter Pumpmechanismus

Eine ausgewachsene Birke verdunstet mittels ihrer Blätter an einem warmen Sommertag rund 200 l Wasser in durchschnittlich 15 m Höhe. Das bedeutet, daß 200 kg Wasser 15 m hoch gegen die Schwerkraft gehoben werden müssen. Bei den größten Bäumen der Welt, die eine Höhe von mehr als 100 m erreichen und weit ausgedehntere Laubdächer haben, ist diese Energiebilanz noch wesentlich beeindruckender. Gefördert wird das Wasser im Stamm und in den Ästen und Zweigen fast ausschließlich vom Verdunstungssog, der an trockenen Sommertagen bei etwa 45% Luftfeuchte recht genau der Zugkraft entspricht, die in einem Seil von nur 3 mm Durchmesser auftritt, an dem ein 70 kg schweres Gewicht hängt. Das sind 100 Megapascal! Die Verdunstung zieht also das Wasser buchstäblich mit Gewalt aus den Blättern, und sie zieht das nachströmende Wasser in den Pflanzen empor. Die Reibungswiderstände in den feinen Leitungswegen für den Wassertransport sind aber so groß, daß sich von den 100 Megapascal Saugkraft in den Wurzeln nur noch 0,2 Megapascal oder weniger messen lassen. Nur durch die Aufteilung der »Wasserrohre« in eine gewaltige Zahl winziger Kapillaren von einigen μm Durchmesser gelingt aber das, was bisher keine vom Menschen geschaffene Saugpumpe vermag, das Heraufsaugen von Wasser in Höhen über 10 m. Längere hochgesaugte Wassersäulen in normalen technischen Rohren reißen unweigerlich ab.

Kampf mit dem Licht

Pflanzen benötigen Licht für die Photosynthese (→ S. 26), doch ist das Lichtangebot außerhalb des Wassers oft bei weitem zu groß, besonders in den Tropen und in größeren Höhen. Die Landpflanzen dieser Regionen haben zahlreiche Schutzeinrichtungen gegen zu starke Lichteinwirkung entwickelt. Mit der Lichtintensität veränderbare oberflächennahe Pigmentierungen vieler Blätter schirmen lichtempfindliche Zellen mehr oder weniger stark ab. Dichte Beläge aus feinen silbrigen Härchen reflektieren vor allem das harte kurzwellige UV-Licht. Die oft wie lackiert wirkenden, glänzenden Blätter vieler Tropenpflanzen werfen ebenfalls einen Großteil des Lichtes zurück. Daneben sorgen Bewegungsmechanismen dafür, daß sich die Blattoberflächen senkrecht oder parallel zum Lichteinfall stellen können. Die in Rippen oder Warzen aufgelösten Oberflächen sukkulenter Wüstenpflanzen sorgen dafür, daß Teile der grünen Außenhaut immer im Schatten liegen.

In lichtarmen Regionen (Felsspalten, Halbhöhlen, Unterholz der Urwälder) entwickeln dagegen viele Pflanzen die Fähigkeit, in ihren Bewegungen selbst dem schwächsten Lichtreiz zu folgen. Die äußerst lichtempfindliche Spitze eines Wikkenkeimlings kann bei absolut klarer Luft und völligem Dunkel theoretisch noch eine 100-Watt-Lampe in 70 km Entfernung feststellen und orten, d. h. sie reagiert auf eine Beleuchtungsstärke von 23 x 10^{-9} Lux.

Schutz gegen Hitze und Kälte

Strahlungswärme und Abstrahlungsverlusten begegnen Landpflanzen mit ähnlichen Einrichtungen wie jenen, die vor zu intensivem Licht schützen. Zu starker Erhitzung oder zu drastischer Abkühlung durch Wärmeleitung wird oft durch regelrechtes Isoliermaterial entgegengetreten, etwa in Form der Rinde (Korkeiche u. a.) oder durch geschlossenporige Dämmschichten, die sich mit technischen Wärmedämmplatten vergleichen lassen (z. B. Orangenschalen, die Temperaturschwankungen puffern).

Längerfristige Kälteperioden erfordern besondere Maßnahmen, z. B. die Winterruhe vieler Pflanzen. Manche werfen ihr Laub ab, nicht ohne diesem zuvor alle schwierig aufzubauenden organischen Substanzen entzogen und in Ästen und Stämmen für das kommende Frühjahr gespeichert zu haben (dadurch die Buntfärbung des Herbstlaubes). Große Hitze, besonders verbunden mit Trockenheit, führt zu verschiedenartigen Formen der Trockenruhe oder zum Anlegen von wasserspeichernden Organen (Zwiebeln, Wurzelknollen, Stamm- und Blattsukkulenz).

Eroberung von Neuland

Äußerst vielseitig sind die Einrichtungen, die einer Ausbreitung der Pflanzen auf dem Festland dienen. Meist handelt es sich um Transportmechanismen für die Samen. So gibt es Früchte, die durch Tiere über weite Strecken transportiert werden, sei es, daß sie sich mit Widerhaken ins Fell heften, sei es, daß sie gefressen werden und die Samenkörner selbst unverdaulich sind, also woanders wieder ausgeschieden werden. Andere Samen verfügen über raffinierte Segel- oder Gleitflugeinrichtungen (→ S. 293) und werden vom Wind und von thermischen Luftbewegungen forttransportiert. Schwimmsamen überwinden große Strecken in Flüssen oder Meeresströmungen. Und manche Pflanzen wie die Spritzgurke verschießen ihre Samen sogar mit regelrechten Katapulten oder Druckspritzen in weitem Umkreis.

Größe fordert Feinstrukturen

375–360 Mio. Baumförmige Vertreter der Landvegetation dieser Zeit erreichen Höhen von 30 m und mehr bei einer Masse von mehreren Tonnen. Derartig wuchtige Organismen können nicht einfach regellos wachsen. Sie müssen statisch stabil und ausgewogen sein, und der von ihnen eingenommene Raum muß – etwa zur optimalen Lichtausbeute – so sinnvoll wie möglich genutzt werden. Das setzt sehr feinfühlige Regelmechanismen voraus, die durch Steuerung des Wachstums von Wurzeln, Stamm, Ästen und Zweigen permanent alle Feinstrukturen der Pflanzen überwachen.
Neben der Lichtsteuerung, die für die Anordnung der Zweige und des Blattwerks sorgt, spielt vor allem die Schwerkraft eine Rolle. Dabei werden lokale Zelldruckschwankungen ausgewertet. Ein besonders wichtiges Regulativ sind Wachstumssteuerungshormone, die u. a. den Winkel bestimmen, unter dem Äste vom Stamm abstehen oder unter dem sich Ästchen verzweigen. Auch die Länge der Äste entwickelt sich stets so, daß die Pflanzen nicht einseitig übergewichtig werden. Winzige Wirkstoffmengen reichen aus, um den Wachstumsprozeß entsprechend zu steuern. Für das wohl wichtigste der beteiligten Wachstumssteuerungshormone, das Auxin, ließ sich nachweisen, daß 50 Mio. Keimspitzen mancher Pflanzen zusammen nur ein Tausendstel Gramm dieser Substanz enthalten.

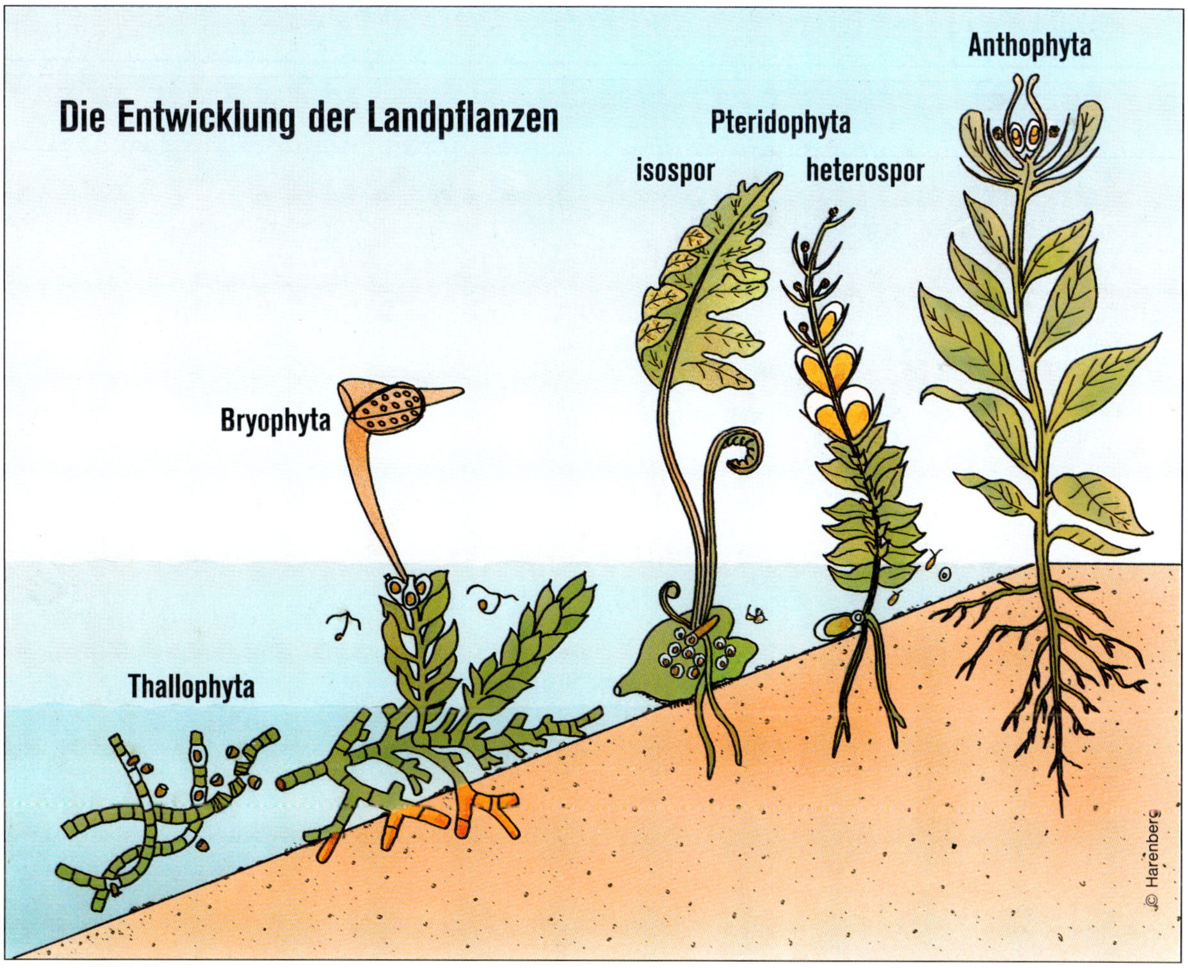

Die Entwicklung verschiedener Landpflanzen aus den Wasserpflanzen läßt sich anhand einer Vielzahl verschiedener Fossilienfunde heute recht gut rekonstruieren. Am Anfang aller Landpflanzenformen stehen die Thallophyten oder Lagerpflanzen, zu denen u. a. die Algen und Flechten gehören. Ihr Vegetationskörper ist nicht in Wurzel, Sproß und Blätter gegliedert. Der Pflanzenkörper (Thallus) ist ein- oder mehrzellig und besteht aus verzweigten oder unverzweigten Fäden. Aus den Thallophyten entwickeln sich zum einen die Bryophyta, die Moose. Sie besitzen weder echte Leitgefäße noch Siebröhren noch echte Wurzeln. Zu den höheren Pflanzen haben sie keine Verbindung. Aus den Thallophyta gehen aber auch die Pteridophyta, die farnartigen Pflanzen oder Gefäßkryptogamen hervor. Man unterscheidet isospore und heterospore Formen, je nachdem, ob sie nur einen oder zwei verschiedene Sporentypen entwickeln. Farnartige besitzen Wurzeln, Sprosse und Blätter. Neben den Bryophyta und Pteridophyta stammen von den Thallophyten schließlich auch die Anthophyta ab, die Samenpflanzen.

Von der Schuppe zum Laubblatt

375–360 Mio. Eines der auffälligsten Merkmale der Landpflanzen dieser Zeit ist die zunehmende Entwicklung von größeren Blättern. Entwicklungsgeschichtlich waren die ersten blattähnlichen Organe der einfachsten Nacktpflanzen (Psilophytalen) schuppenförmige Epidermisausstülpungen. Waren diese noch ein- bis wenigschichtig, nervenlos oder mit zarten Leitgewebesträngen versehen, so bilden die höher entwickelten Pflanzen Blätter mit Grundgewebe (Parenchym), Leitgewebe und meist auch mechanischem Gewebe aus. Die Leitgewebe sind als »Blattnerven« in das Grundgewebe eingebettet.

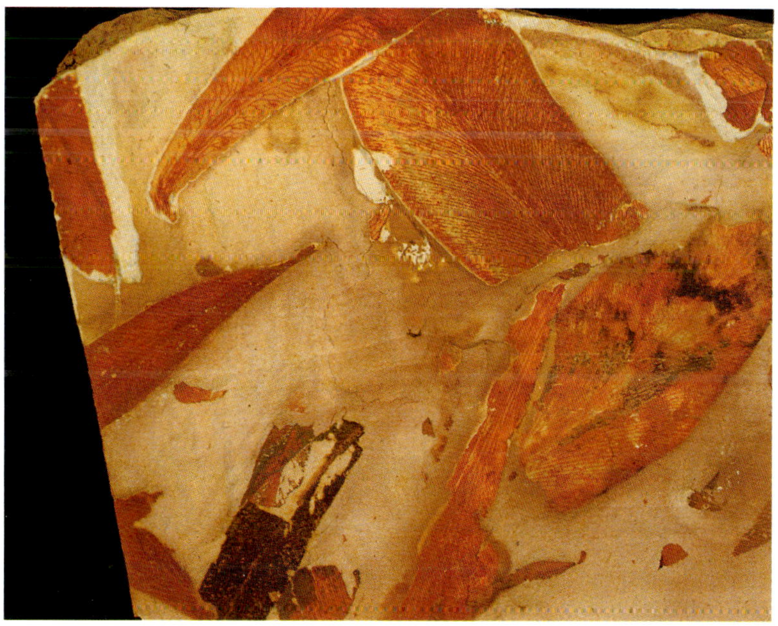

◁ Die Gattung Glossopteris (im Bild Glossopteris browniana) tritt zeitlich und geographisch auf Gondwana, dem Superkontinent der Südhalbkugel, so markant in Erscheinung, daß man von einer regelrechten Glossopteris-Flora spricht. Zeitlich fällt sie in das Permokarbon. In dieser Epoche sind große Laubblätter mit ausgeprägter Spreite schon allgemein verbreitet. Die Entwicklung dahin setzt aber bereits im Oberdevon ein. Die Blätter der Glossopteris-Arten zeigen noch immer einen relativ einfachen Aufbau: Die typische Mittelader späterer Laubblätter existiert noch nicht. Sie wird durch ein dichtes Bündel einzelner parallel angeordneter Adern ersetzt. Von diesem Bündel ausgehend, durchzieht ein feinmaschiges Geflecht von Blattnerven die Spreite.

Im warmen Sumpfland entstehen große Kohlenlager

Die zeitliche Gliederung

Das Karbon (lat. carbo = Kohle) hat seinen Namen von den in diesem Zeitalter der Erdgeschichte besonders häufigen Steinkohleablagerungen. Diese Bezeichnung ersetzt seit 1822 den älteren Begriff »Steinkohleformation« (»Coal Formation«), den 1808 der britische Paläontologe Jamson einführte.

Seit 1927 werden die Probleme der zeitlichen Gliederung des Karbons auf den internationalen Kongressen zur Stratigraphie und Geologie des Karbons diskutiert. Die auf dem ersten Kongreß zunächst beschlossene Gliederung in Unter- und Oberkarbon führte zu Verwirrungen, da sie sich ausschließlich an westeuropäischen Verhältnissen orientierte, während man in Osteuropa eine Dreigliederung in Unter-, Mittel- und Oberkarbon vornahm. Der vierte Kongreß 1958 beschloß daher, die Abteilungen Unter- und Oberkarbon in Dinant und Siles umzubenennen und das Dinant in die Stufen Tournai und Visé, das Siles in die Stufen Namur, Westfal und Stefan zu untergliedern. Da sich wahrscheinlich in Zukunft international eine Zweiteilung in Unter- und Oberkarbon mit einer Zäsur vor rund 325 Mio. Jahren durchsetzen wird, sind wir dieser Gliederung des Karbons gefolgt:

Unterkarbon/Dinant	(360-325 Mio.)	Tournai	(360-342 Mio.)
		Visé	(342-325 Mio.)
Oberkarbon/Siles	(325-290 Mio.)	Namur	(325-317 Mio.)
		Westfal	(317-297 Mio.)
		Stefan	(297-290 Mio.)

Auf dem sechsten Kongreß wurde vorgeschlagen, zwischen Westfal und Stefan als neue Unterstufe ein Cantabrian einzuschieben, da sich während dieser Zeit in Nordspanien Sedimente von mehreren tausend Metern Mächtigkeit ablagerten. Dieser regional begründete Vorschlag konnte aber nicht durchgesetzt werden.

Die Paläontologen in den USA gingen eigene Wege. Sie unterteilen das Karbon in Mississippian und Pennsylvanian, wobei die zeitliche Grenze dieser beiden Untersysteme etwa in die Mitte des Namur, also in den Zeitraum vor rund 325 Mio. Jahren fällt. Dieser Zeitpunkt ist identisch mit dem Ende des Unterkarbons nach osteuropäischer Auffassung. Dort existiert seit 1974 eine verbindliche Skala, die zum Unterkarbon das Tournai, das Vis und das Serpuchov stellt (zusammen rund 35 Mio. Jahre), zum Mittelkarbon das Baskir und das Moskau (zusammen rund 25 Mio. Jahre) und zum Oberkarbon das Ural (rund 10 Mio. Jahre).

Geographische Verhältnisse

Die Verteilung der Meere und Festlandmassen hat sich gegenüber jener im Devon (410–360 Mio.) nicht wesentlich verändert. Der Südpol liegt etwa im Zentrum der Antarktika, der Nordpol vor Kamtschatka im nördlichen Pazifik. Durch das »Urmittelmeer« Tethys und durch den Süden Nordamerikas verläuft der Äquator. Die Mitteldeutsche Schwelle zieht sich durch ganz Europa in westöstlicher Richtung vom Ärmelkanal bis zu den Sudeten. Sie unterteilt den ebenfalls in West-Ostrichtung durch Europa ziehenden Meeresgürtel in zwei Tröge: Den rhenoherzynischen (oder rhenisch-moravischen) im Norden und den saxothuringischen im Süden. Das nördliche dieser Geosynklinalmeere (→ S. 29) greift in einem flachen Vorfeld weit nach Norden aus, wo es das nordatlantisch-fennosarmatische Festlandgebiet begrenzt. Auch weite Gebiete der mittleren und südlichen Osteuropäischen Tafel sind von einem Flachmeer überflutet. Neben dem rhenoherzynischen Meerestrog bestehen vor allem im Unterkarbon in Europa mehrere kleinere Senken im Armorikanischen Massiv, in Lothringen und im Saarland.

Während sich der saxothuringische Trog zur Zeit des Karbons praktisch nicht verändert, greift der rhenoherzynische zumindest zeitweise auf sein Vorland über: Auf den Kellerwald, den Harz und Landstriche bis nach Magdeburg. Im Zuge des Absinkens dieses Troges verlagert sich die Hauptsenkungsachse immer weiter nach Norden. An seinem Südrand bildet sich dabei eine geosynklinalähnliche Randsenke heraus, die von Nordportugal über Irland und das nördliche Mitteleuropa bis nach Wolhynien reicht. Im Osten ist sie wahrscheinlich zeitweilig durch eine Meerenge mit der Pripjet- und Donez-Senke verbunden. Als größere Inselbereiche ragen im Westen das Wales-Brabanter Massiv und im Osten das Polnische Mittelgebirge aus diesem Meer heraus. Im Süden ist die Randsenke in eine Reihe einzelner Senkungszonen aufgelöst, die untereinander über Schwellenbereiche verbunden sind: Die Südwestenglische Senke, die Nordfranzösisch-Belgische Senke, die Westfälische Senke, die Mecklenburgisch-Pommersche Senke, die Oberschlesische Senke und die Lodz-Lubliner Senke.

Große Teile Südeuropas, des heutigen Mittelmeeres, Nordafrikas und Vorderasiens gehören nach wie vor zur Tethys-Geosynklinalen, die auch den Ost- und Südostalpenraum umfaßt und sich während des Karbons über Ungarn bis ins slowenische Erzgebirge ausweitet. Eine Meeresverbindung zwischen diesem »Urmittelmeer« und dem rhenisch-moravischen Trog besteht nicht oder nur zeitweilig infolge von Überflutungen der Flachmeergebiete.

Weite Bereiche der Osteuropäischen Tafel nimmt während des ganzen Karbons ein Flachmeer ein, das über die Ural-Geosynklinale, den Kaukasus und Mittelasien mit der Tethys in Verbindung steht. In Asien verlanden während des Karbons große Flachmeeresbecken, und zurück bleiben mehrere ausgedehnte innerkontinentale Senken: Das Kusnezker-Becken, das Tunguska-Becken, das Minussinsk-Becken und riesige Beckenlandschaften in Nordchina. Der Kaukasus und das Himalajagebiet bleiben als Geosynklinalregionen überflutet. Indes faltet sich im Oberkarbon die Ural-Geosynklinale auf und verbindet damit Europa und Asien endgültig miteinander. Ein Flachmeer überflutet weite Bereiche zwischen dem Baltischen Schild und Grönland; das Nordseebecken deutet sich bereits in dieser Zeit als flaches Meeresbecken an.

In Nordamerika falten sich die Appalachen auf; zugleich ent-

stehen im Bereich einer Randsenke wie in Europa und Asien große flache Becken, und zwar in Pennsylvania, Ohio, West Virginia, Kentucky und Tennessee. Im Bereich der Kordilleren kommt es teilweise zu Hebungen.
Auf der Südhalbkugel ist generell ein Rückzug der Meere von den Randgebieten der Kontinentalmassen zu verzeichnen.

Mächtige Gebirge entstehen

Ins Karbon fallen eine Reihe bedeutender Gebirgsbildungsphasen der sogenannten variszischen Ära. Es beginnt mit der bretonischen Phase unmittelbar an der Wende vom Devon zum Karbon, deren Bewegungen in Europa allerdings weitgehend bedeutungslos bleiben. Das Hauptereignis ist gegen Ende des Unterkarbons die sudetische Phase, in der ein regelrechter neuer Kontinentteil, das Variszische Gebirge, entsteht. Es reicht von den europäischen Mittelgebirgen im Norden bis zum Ufer der Tethys im Süden und erstreckt sich in zwei großen Bögen durch ganz West- und Mitteleuropa. Der armorikanische Bogen verläuft von Südirland über Südwest- und Südengland, Bretagne und Normandie bis zum französischen Zentralplateau. Das Variszische Gebirge im engeren Sinn zieht sich als zweiter Bogen vom zentralen Südfrankreich nach Nordosten durch die deutschen Mittelgebirge und biegt östlich der Elbe in südöstliche Richtung ab, um sich schließlich in die Sudeten und die polnischen Mittelgebirge aufzuteilen. Im Westen finden die Variszischen Gebirge Europas ihre Fortsetzung in den nordamerikanischen Appalachen, was insofern verständlich ist, als der Atlantik noch nicht existiert und Europa und Nordamerika aneinander grenzen.
Mit der erzgebirgischen und der asturischen Phase setzt sich die variszische Gebirgsbildungsära im Oberkarbon fort, die zur Entstehung hoher Faltengebirgsketten in den namensgebenden Regionen führen.
Im Zuge der mit den beginnenden Gebirgsauffaltungen verbundenen Bewegungen in der Erdkruste kommt es vor allem im Unterkarbon in den betroffenen Gebieten zu heftigem Vulkanismus, in Europa besonders im rhenoherzynischen Raum. Mit der sudetischen Gebirgsbildungsphase geht der Vulkanismus dann zugunsten eines weiträumigen kräftigen Plutonismus (bei dem die aufsteigenden Magmen nicht bis zur Erdoberfläche gelangen) zurück.

Weltweite Kohlebildung

Durch das Zusammenwirken mehrerer günstiger Faktoren kommt es in vielen Gebieten der Nordhalbkugel zu intensiver Steinkohlenbildung. Von Bedeutung in diesem Zusammenhang sind das Auftreten großer schnellwüchsiger Pflanzengemeinschaften, feuchtwarmen Klimas und das Vorhandensein weiträumiger flacher, sich langsam absenkender Becken bzw. Küstenlandschaften, in denen sich große Torfmoore entwickeln können. Viele der bedeutenden karbonischen Steinkohlenlagerstätten entstehen am Rande verlandender Flachmeeresbecken (sog. paralische Reviere). Einige sind weit über 5000 m mächtig. Zugleich bilden sich aber auch in binnenländischen Süßwasserbecken Kohlen (sog. limnische Reviere, z. B. im Saargebiet).
Die wichtigsten Vorkommen entstehen in Nordwest-, Mittel- und Osteuropa, in den weiten Beckenlandschaften Sibiriens und in Nordamerika.
Nicht selten sind die karbonischen Kohlenlagerstätten mit Erdgaslagerstätten vergesellschaftet, wobei sich das aus der Kohle entweichende Gas in darüber liegenden porösen Gesteinen ansammelt (z. B. in den Erdgaslagerstätten der Nordsee).

Klimatische Verhältnisse

Auf der Nordhalbkugel herrscht generell warmes bis heißes und weitgehend feuchtes Klima. Mitteleuropa liegt in einem gleichmäßig warmen, sehr niederschlagsreichen Gebiet ohne ausgeprägte Unterschiede zwischen Sommer und Winter. Es gehört damit zum tropisch-gemäßigten Gürtel, der bei grundsätzlich ähnlicher Verteilung der Klimazonen wie heute wesentlich breiter ist als in der Jetztzeit. Gegen Ende des Oberkarbons wird das Klima auf der Nordhemisphäre zunehmend trockener, eine Entwicklung, die sich im Unterperm (290-270 Mio.) noch fortsetzt.
Auf der Südhalbkugel herrscht im Unterkarbon kühles Klima mit örtlichen Vereisungen auf dem Gondwana-Kontinent, besonders in Südamerika. Im Oberkarbon stoßen die Eismassen auf der Südhemisphäre allenthalben vor. Es kommt zur umfassenden permokarbonischen Vereisung.

Pflanzen- und Tierwelt

Die Pflanzenwelt entwickelt sich sowohl arten- wie individuenmäßig in beeindruckendem Umfang weiter. Das gilt besonders für die Wende vom Unter- zum Oberkarbon (Grenze zwischen Visé und Namur um 325 Mio.). Um diese Zeit läßt sich ein regelrechter Florensprung beobachten. Dominierend sind unter den höheren Sporenpflanzen die Bärlappgewächse (Lycopodiales) mit den mächtigen Siegelbäumen (Sigillaria) und den etwas kleineren Schuppenbäumen (Lepidodendraceae). Unter den frühen Schachtelhalmen (Articulatae) fallen die stattlichen Asterocalamitaceae des Unterkarbons und die Calamitaceae des Oberkarbons sowie die Keilblattgewächse (Sphenophyllaceae) auf. Eine vielfältige Weiterentwicklung bezeugen auch die Farngewächse.
Die wohl wichtigste Entwicklung der Pflanzenwelt im Karbon betrifft den Übergang zur Samenbildung. Bedeutend in dieser Hinsicht sind die Farnsamer (Pteridospermae), die Cordaiten und gegen Ende des Oberkarbons die ersten Nadelbäume (Koniferen) mit der wichtigen Gattung Walchia.
Bei den Tieren dominieren noch immer die Meeresbewohner; viele von ihnen sind mit zahlreichen neuen Arten vertreten, die sich versteinert als gute Leitfossilien erweisen: Kopffüßer (besonders die Ammoniten), Muscheln, Schnecken, Korallen, Armfüßer (besonders die Productiden) und Trilobiten. Unter den Fischen zeichnen sich ein Rückgang der Panzerfische und eine Zunahme der Knorpelfische ab. Die im Devon aus den Quastenflossern hervorgegangenen Amphibien entfalten sich rasch weiter. Aus ihnen entwickeln sich die Reptilien.
Ein besonders starker Aufschwung kennzeichnet die Entwicklung der Insekten, unter denen z. T. Riesenformen mit bis zu 75 cm Flügelspannweite auftreten.
Im Bereich der Einzeller erleben die Foraminiferen einen ausgeprägten Höhepunkt; besonders mit den Fusulinen treten Großforaminiferen massenhaft in Erscheinung. Für die Datierung von kalkigen Flachmeersedimenten gewinnen sie große Bedeutung. Daneben kommt auch den Conodonten ein gewisses Gewicht für die Biostratigraphie des Karbons zu.

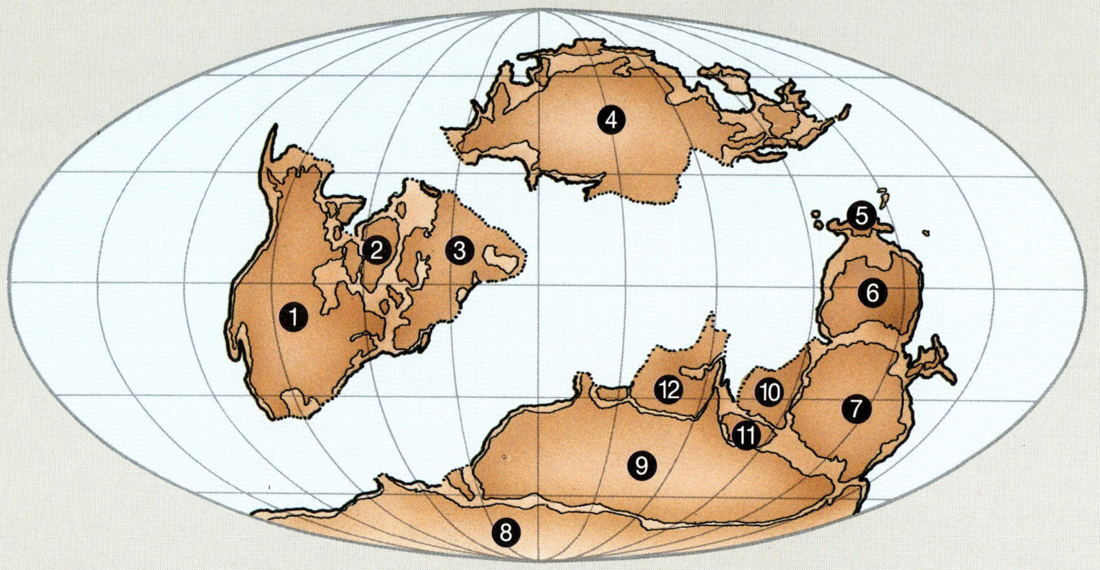

Im Unterkarbon gleicht die Lage der Kontinentalmassen weitestgehend jener des Unterdevons: In einem weltumspannenden Ozean liegen drei isolierte Festlandblöcke. Im Norden befindet sich etwa auf seiner heutigen Breite – aber weiter im Westen – Asien (4); vornehmlich auf der Südhalbkugel erstreckt sich der Superkontinent Gondwana, zusammengesetzt aus Neuguinea (5), Australien (6), Arabien (12), Indien (10), Madagaskar (11), Antarktika (7), Afrika (9) und Südamerika (8). Wie ein Keil fügt sich auf der Westhemisphäre die vereinte Landmasse Nordamerikas (1), Grönlands (2) und Europas (3), getrennt durch zwei breite Meeresarme, zwischen die beiden anderen Großkontinente.

360-325 Mio.

Das Unterkarbon

Um 360 Mio. An der Wende Devon/Karbon faltet sich die Hauptmasse der Appalachen (Nordamerika) auf. → S. 144

Große Bäume mit Ästen, Zweigen und schirmförmigen Kronen entwickeln sich sowohl unter den bärlappartigen Gewächsen (Lycopodialen) mit den Gattungen Lepidodendron und Sigillaria wie unter den Schachtelhalmen (Equisetalen) mit Gattungen wie Calamites. → S. 144

Mit der Klasse Lebermoose (Hepaticae) treten die ersten Vertreter des Pflanzenstammes Moose (Bryophyta) auf. → S. 148

Neu im Stamm der Schwämme sind zwei Ordnungen der Klasse Demospongea (skelettlose und hornige Schwämme) sowie eine Ordnung der Klasse Calcispongea (Kalkschwämme). → S. 150

360-340 Mio. Durch Mitteleuropa erstreckt sich in westöstlicher Richtung ein Meeresgürtel.

360-325 Mio. Während der variszischen Gebirgsbildungsära bilden sich zwei wichtige geologische Schichten gleichzeitig entstandener Steine (Lithofazieseinheiten) heraus: Der sandige Kulm prägt den mitteleuropäischen Raum östlich des Rheins; im Raum Velbert–Aachen–Belgien ist der Kohlenkalk typisch. → S. 143

In den nördlichen USA entstehen Gips- und Steinsalzlagerstätten.

Der Riffkorallengürtel liegt im wesentlichen zwischen 20 und 60 Grad nördlicher Breite. → S. 145

In den Meeren sind Vertreter der kurzlebigen Steinkorallen-Ordnung Heterocorallia nachweisbar. → S. 145

Weit verbreitet in den Meeren sind die schon seit dem Ordovizium (500–440 Mio.) oder Kambrium (590–500 Mio.) bekannten Grünalgen der Familie Codiaceae, die jetzt große Kalkablagerungen herbeiführen.

Die Unterklasse Subterbranchialia, heute noch vertreten durch die Chimären, die in Wassertiefen von 100 bis 1500 m leben, erscheint neu in der Klasse der Knorpelfische (Chondrichthyes). → S. 157

Erstmals fossil überliefert sind die Schlauchpilze (Klasse Ascomycetes), zu denen u. a. auch die Hefepilze zählen. → S. 148

360-320 Mio. In der UdSSR füllt sich das Donbass- oder Donezbecken mit bedeutenden fossilienreichen Steinkohlelagern.

360-290 Mio. Wegen des generell warmfeuchten Klimas kommt es weltweit zu Kohlenbildungen. Die Hauptmengen der Kohlen Nordamerikas und Europas entstehen. → S. 146

Weltweit herrscht Vulkanismus, vor allem auch kräftiger Plutonismus (→ S. 102). Bei Edinburgh (Schottland) entsteht die vulkanische Staukuppe »Arthur's Seat« mit ausgeprägten Basaltsäulen. → S. 156

Teile der Kordilleren-Geosynklinale werden zu Gebirgen aufgefaltet. → S. 144

In Europa und Nordamerika zeigen die Bäume fast durchweg keine Jahresringe, was auf frostfreie Winter schließen läßt.

Der Tasmanit oder »Schwefelregen«, ein Sedimentgestein, das fast nur aus Pflanzenpollen besteht, entsteht auf Tasmanien. → S. 144

Leitfossilien des Karbons sind Korallen (Anthozoa, Unterkarbon), Foraminiferen (Oberkarbon), Armfüßer (Brachiopoda), Conodontentiere und besonders Ammoniten. → S. 159

Die Fadenwürmer (Stamm Nematoida) und die Wurmklasse Oligochaeta lassen sich erstmals nachweisen. → S. 150

Die Foraminiferen, marine Urtierchen mit kalkhaltigem Gehäuse, bilden eine neue Unterordnung, Miliolina. → S. 151

Mit den Neunaugen (Petromyzontida) tritt eine neue Unterklasse der fischähnlichen Kieferlosen (Agnatha, → 590 Mio./ S. 63) in Erscheinung, die noch heute vertreten ist. → S. 157

Die Panzerfische, die seit dem Mitteldevon (→ 380 Mio./S. 130) nachweisbar sind, sterben aus.

Die Spinnen (zur Gliederfüßerklasse Arachnida gehörend), die erstmals ab dem Unterdevon (410–390 Mio.) nachweisbar sind, bevölkern in großer Zahl die feuchtwarmen tropischen Wälder. → S. 154

360-270 Mio. Die Unterordnung Schuppenbaumgewächse (Lepidophyta) der Pflanzenordnung Lycopodiales ligulatae (Bärlappgewächse) ist mit zahlreichen Arten weit verbreitet. → S. 147

360-250 Mio. Auf der Südhemisphäre herrscht das »permokarbonische Eiszeitalter«. → S. 145

Im Angara-Land, einem etwa mit Sibirien identischen Kontinent mit Landverbindungen zu Europa und China, entwickelt sich die sogenannte Angara-Flora, und im äquatorialen Raum (Europa, Nordamerika) wächst die sogenannte euramerische Flora. → S. 147

Auf dem Südkontinent Gondwana gedeiht die sogenannte Gondwana- oder Glossopteris-Flora. Glossopteris ist ein Farnsamer mit charakteristisch großen zangenförmigen Blättern. → S. 147

Mit der Klasse der Farnsamer (Pteridospermophyta) erscheinen erste Vertreter der Nacktsamer (Gymnospermae) und damit der Samenpflanzen (Spermatophyta) überhaupt. Daneben kommen erste Ginkgogewächse und Cycadeen, palmenähnliche tropische Pflanzen, vor. – In der Klasse der Cordaitenbäume (Cordaitales), die vermutlich im Rotliegenden (290–270 Mio.) ausstirbt, zeigen Bäume erstmals ein echtes Dickenwachstum. → S. 147

Eine große Formenfülle entwickeln die geflügelten Insekten (Unterklasse Pterygota). → S. 151

Unter den Meeresschnecken treten zum erstenmal Hinterkiemer auf. Allerdings sind die Gehäusemerkmale dieser Funde untypisch, so daß eine exakte Datierung nicht möglich ist.

Erste Reptilien erscheinen, Vertreter der bereits im Oberperm (270–250 Mio.) wieder aussterbenden Ordnung Protothyromorpha.

In gewässernahen Feuchträumen lebt die Amphibienordnung Aistopoda. Neben ihr treten weiter die Ordnungen der Microsauria, Nectridea und Lysorophia der Unterklasse Lepospondyli auf, einfache Vierfüßer mit Hülsenwirbeln. Außerdem kommen Vertreter der Amphibienordnungen Temnospondyli (»Schnittwirbler«) und Anthracosauria vor. → S. 158

360-140 Mio. Zahlreiche farnblättrige Pflanzen fossilisieren, deren systematische Verwandtschaft bis jetzt unklar ist. Hierunter können sich sowohl echte Sporenpflanzen (Farne) als auch farnlaubartige Samenpflanzen (Pteridospermen) verbergen. Sie alle sterben vermutlich im Oberjura (160–140 Mio.) aus.

360-66 Mio. Zwei neue Kopffüßer-Ordnungen erscheinen in den Meeren: Aulacocerida (bis Unterjura) und Belemnitida, die fossil als sogenannte »Donnerkeile« erhalten sind.

Um 350 Mio. Die Atmosphäre weist den heutigen Sauerstoffgehalt auf. → S. 145

340-290 Mio. Auf der Südhalbkugel ziehen sich die Flachmeere weitgehend von den Kontinentalrändern zurück (Regression).

Um 330 Mio. Die letzten Graptolithen, kolonienbildende Meerestierchen mit chitinigem Außenskelett, sterben aus. → S. 159

Um 325 Mio. Erste Exemplare der sogenannten »Stammreptilien« (Cotylosauria) erscheinen. → S. 159

Goldhaltiger Schiefer aus kieseligen Übergangsschichten zwischen Kohlenkalk und Kulm

Dunkler Kohlenkalk und Kulmsedimente

360–325 Mio. In den Meeresgebieten Mitteleuropas stehen sich zwei ausgedehnte Sedimentationsräume gegenüber, in denen es zu unterschiedlichen Ablagerungen kommt. In Großbritannien, Südirland, Nordfrankreich, Belgien und westlich des Rheins breitet sich ein relativ flaches Meer aus, in dem sich Kohlenkalk ablagert. Er entsteht hier in einem langsam absinkenden Schelfgebiet.

Kohlenkalk ist ein kalkreiches, dunkles Gestein mit einem hohen Anteil organischer Einlagerungen. Er läßt sich nicht scharf gegen den Kulm (Culm = alter englischer Name für unreine Kohle) abgrenzen, der im zweiten großen mitteleuropäischen Sedimentationsgebiet entsteht. Dieses Gebiet erstreckt sich von Devonshire und Cornwall über die rechtsrheinischen Schiefergebirge und den Harz bis zu den thüringisch-vogtländischen Schiefergebirgen, den Sudeten und dem Göry Swietokrzyskie in Polen.

Der ebenfalls an organischen Substanzen reiche Kulm ist überwiegend klastischen Ursprungs, d. h. er setzt sich aus Erosionsschutt zusammen. Entsprechend uneinheitlich ist sein Aufbau. Neben den klastischen Sedimenten finden sich im Kulm auch dunkle tonig-kieselige Gesteine, Kieselschiefer, untermeerische Vulkangesteine und verfestigtes vulkanisches Lockermaterial (Tuffe), zuweilen auch geringmächtige Kalklagen.

Die Kulmbildung, stellenweise schon im Oberdevon (375–360 Mio.) einsetzend und erst im Oberkarbon (325 - 290 Mio.) endend, sowie die Kohlenkalkbildung, sind im großen und ganzen für das Unterkarbon charakteristisch. Ob es zur Ablagerung von Kohlenkalk oder Kulm kommt, hängt von den Bewegungsverhältnissen des Untergrundes und von der Ablagerungstiefe der Sedimente ab. Beide Ablagerungstypen (Fazies) gehen zeitlich und geographisch ineinander über.

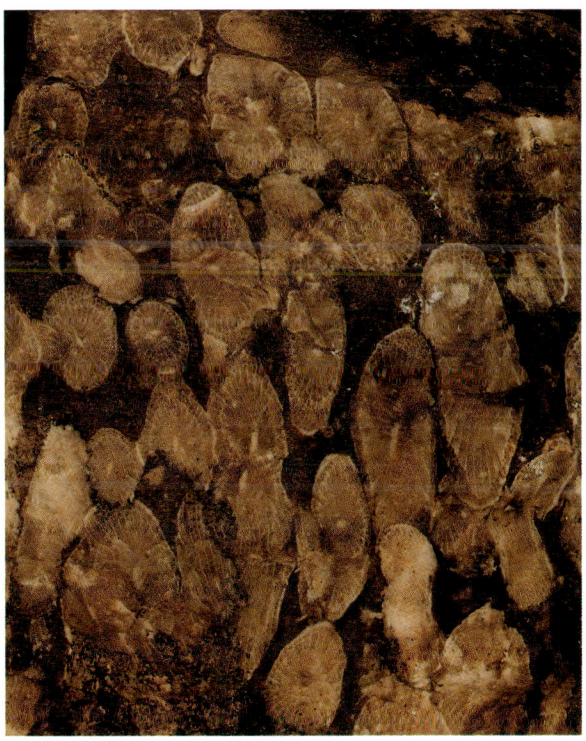

Im unteren Kohlenkalk Englands fossilisierte während des Unterkarbons dieser Stock einer Steinkorallenart. Versteinerte Einlagerungen von Meeresorganismen der Flachwasserzone finden sich im Kohlenkalk Mitteleuropas nicht selten. Besonders im kalkreichen, feinkörnigen Kohlenkalksediment sind die Versteinerungen häufig hervorragend konserviert und detailgetreu überliefert.

Unruhige Erdkruste in Mitteleuropa

360–290 Mio. Vom französischen Zentralmassiv über den Schwarzwald und die Vogesen bis nach Böhmen faltet sich ein mächtiges Gebirgssystem auf. Zu ihm gehören im nördlichen Bereich u. a. auch – in der sogenannten rhenoherzynischen Zone – die Ardennen, das Rheinische Schiefergebirge und der Harz. Im Zuge der mechanischen Beanspruchung der sich faltenden Massen kommt es allenthalben zu Rissen, in die aus dem Erdmantel glutzähe Gesteinsmassen eindringen, die noch im Erdinneren zu Plutoniten (magmatische Tiefengesteine) erstarren. Mächtige Granitplutone entstehen, z. B. der Brockengranit im Harz oder der Dartmoor-Granit in Südwestengland.

Die Zentralregionen der Faltengebirge, die sogenannten Interniden, sind bereits weitgehend stabil. Auf sie wirken – vor allem ab rund 320 Mio. Jahren – äußere tektonische Kräfte von den sich weiter hebenden Randgebieten (Externiden). Sie führen in den kompakten Interniden aber nicht nur zur Rißbildung, sondern verursachen Brüche. Da diese die Gesteinsmassen in ihrer gesamten Mächtigkeit durchziehen, können die von unten eindringenden Magmen hier bis zur Erdoberfläche gelangen und als Laven zutage treten. Lokal tritt Vulkanismus auf.

Weite Flachmeere im Herzen Europas

340–290 Mio. Trotz intensiver Faltengebirgsbildung im Herzen Europas bedecken Flachmeere weite Teile des Kontinents. Kleinere Becken erstrecken sich in Lothringen und im Saarland sowie im Nordwesten Frankreichs (Armorikanisches Becken), während große Teile der Osteuropäischen Tafel den Boden eines ausgedehnten Flachmeeres bilden. Und weite Regionen Südeuropas und des Mittelmeers gehören zur Tethys-Geosynklinale (→ S. 29). Dieses Geosynklinalmeer greift über Südeuropa hinaus nach Nordafrika und in den vorderasiatischen Raum hinein. Durch die aus kristallinen Gesteinen aufgebaute Böhmisch-Alemannische Insel ist es von der mitteleuropäischen Geosynklinale abgetrennt, in deren Bereich sich Orogenesen abspielen.

Appalachisches Gebirge faltet sich auf

360 – 290 Mio. An der Wende Devon/Karbon (um 360 Mio.) entsteht die Hauptmasse des Appalachischen Gebirges. Außerdem werden im gesamten Zeitraum des Karbons Teile der Kordilleren-Geosynklinale herausgehoben.
Die Auffaltung der Appalachen fällt in die sogenannte bretonische Phase der variszischen Gebirgsbildungsära und damit in deren Frühzeit. Ihren Namen hat sie von der Bretagne in Frankreich. Diese Phase wird von den Geologen in drei Schritte (marsische, nassauische und selkische) untergliedert. Die Bezeichnungen weisen auf europäische Regionen hin, und in der Tat sind die Entstehung der Appalachen und westeuropäischer variszischer Gebirge in engem Zusammenhang miteinander zu sehen, denn Europa und Nordamerika sind in dieser Zeit miteinander verbunden. Das Aufreißen des Atlantiks und das Auseinanderdriften des europäischen und amerikanischen Kontinents einerseits sowie des amerikanischen und des afrikanischen Kontinents andererseits setzt erst in jungmesozoischer Zeit (etwa in der Kreide, 140–66 Mio.) ein.

Landschaft im Great Smoky Mountain National Park (Tennessee). Hier werden Sedimente an der Wende Devon/Karbon zum Appalachengebirge aufgefaltet.

Bei der Auffaltung der Appalachen bleibt eine flache Randsenke bestehen, in der es zu marinen Ablagerungen kommt, die in ihren Randbereichen reich an Kohle sind. In diesem Gebiet liegen die Kohlenbecken von Pennsylvania, Ohio, West Virginia, Kentucky und Tennessee. Im Nordwesten greifen die kohleführenden Schichten auf den Kanadischen Schild über.
Im Gegensatz zu den Appalachen werden die Kordilleren im Karbon nur zum Teil emporgehoben.

Ein Sediment aus Pflanzenpollen

360–290 Mio. Im Gebiet von Tasmanien lagert sich Tasmanit (sog. »Schwefelregen«) ab, ein Sedimentgestein, das sich fast ausschließlich aus Sporen von Pflanzen mit wenigen tonigen Bindemitteln aufbaut.
Auch heute noch lassen sich im Frühjahr und Frühsommer in Regenpfützen gelegentlich schwefelgelbe Ränder beobachten. Das sind Ansammlungen von Milliarden winziger Pflanzenpollenkörner (heute meist von der Kiefer und von Kätzchenblütlern stammend). Während des Karbons versteinern diese Sporenansammlungen, wobei noch die ebenfalls durch den Wind fortgetragenen Sporen, etwa von Schachtelhalmgewächsen, Bärlappen und Farnen, überwiegen.
Neben dem Tasmanit entstehen zu dieser Zeit in anderen Regionen der Erde (Europa, Asien, Amerika) sogenannte Mattkohlen oder duritische Steinkohlen, die ebenfalls Sporen und Pollen enthalten.
Auch in Torf- und Braunkohlenlagern häufen sich, zumindest lagenweise, oft Blütenstaub und Sporen an. Diese zu Stein verdichteten Massen nennt man Fimmenit.

Älteste Flora des Karbons liebt feuchtwarmes Klima

360–350 Mio. Die Pflanzenwelt im Tournai (→ S. 140), der frühesten Epoche des Karbons, ist in weiten Gebieten der Welt relativ gleichförmig. Nach der etwa 20 Arten umfassenden Schuppenbaumgattung Lepidodendropsis, die erstmals schon im Mitteldevon (390–375 Mio.) vertreten ist, nennt man sie Lepidodendropsis-Flora. Sie ist in Europa, Amerika, Nord- und Mittelafrika, Australien, China, Kasachstan und im Angara-Land verbreitet. Das Angara-Gebiet ist ein in etwa mit Sibirien identischer Kontinent im Karbon und Perm (290–250 Mio.), der keine direkte Landverbindung nach Europa und China besitzt.
Zur Tournai-Flora dieser durchweg klimatisch gemäßigten bis warmen Regionen gehören vor allem auch die Gattung Triphyllopteris, baumförmige Samenfarne (→ S. 150) mit streng fiedrigen Wedeln; die Gattung Archaeocalamites, meterlange einfache Schachtelhalmgewächse; die Gattung Cyclopteris, Samenfarne mit kreis- bis zungenförmigen Blättchen; und die Gattung Cardiopteridium, Samenfarne mit mindestens zweimal gefiederten Wedeln.
Etwa zur gleichen Zeit entwickelt sich im Angara-Land, östlich an die Lepidodendropsis-Flora anschließend, die Angara-Flora, die dort während des gesamten Karbons und auch noch während des Perms gedeiht. Sie weist ebenfalls zahlreiche verschiedene Samenfarne auf und zeichnet sich durch zunehmende Artenfülle und Individuengröße bei den verschiedenen Schuppenbaumarten (Lepidodendrales) aus. Manche dieser mächtigen Bäume besitzen an der Basis rund 2 m starke Stämme, die eine reich verzweigte Krone tragen und eine Höhe von annähernd 40 m erreichen. Die Bezeichnung Schuppenbaum rührt von den schuppenförmigen Blattpolstern her, die spiralig die jüngeren Stammteile und Äste umgeben.

Archaeocalamites-Blätter aus dem Unterkarbon bei Herborn

Rinde eines Schuppenbaumes aus dem schlesischen Karbon

Blattwedel eines Lepidodendron aus der Schuppenbaum-Familie

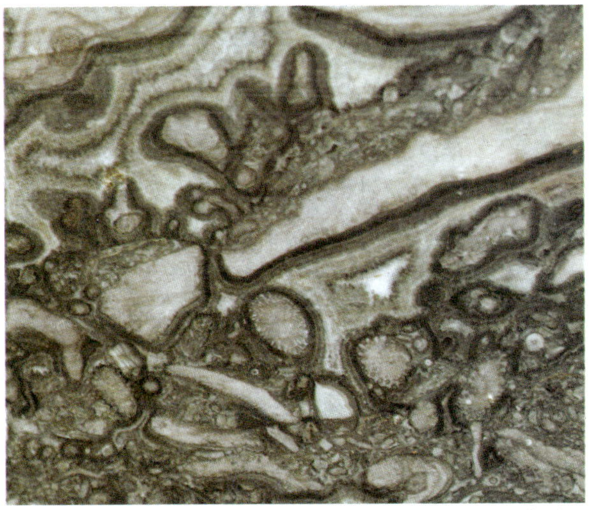

Korallen bauten diesen Massenkalk im Gebiet der Lahn bereits im Devon auf. Gleichartige Kalkablagerungen ereignen sich in den nördlichen Meeren des Karbons.

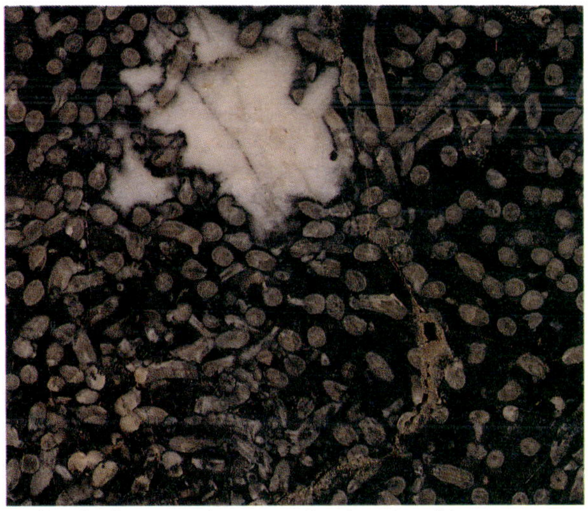

Kohlenkalk aus Belgien mit den fossilen Überresten von Syringopora, einem Siegelbaumgewächs. Das Exemplar stammt aus dem Unterkarbon.

Kalkablagerung in den nördlichen Meeren

360 – 325 Mio. Warme Meeresgebiete, in denen Kalksedimente größeren Ausmaßes zu finden sind, liegen vorwiegend auf der Nordhalbkugel im Bereich zwischen 20° und 60° nördlicher Breite. Dieser an warmes Wasser gebundene Gürtel bezeugt, daß das milde Klima bereits seit dem frühen Paläozoikum in etwa gleich geblieben ist.

Bis zu 700 m mächtige Kalke, z. T. Kohlenkalke (→ S. 143), lagern sich in den korallenreichen Gebieten Europas allein während des Unterkarbons ab. Betroffen sind von dieser Sedimentation vor allem Irland, England und Belgien. In den USA entstehen u. a. die Kalke des Bredford-Oolith und der Mammoth-Cave-Kalk in Kentucky, der Red-Wall-Kalkstein im Colorado-Cañon und andere mächtige Kalke.

Auf der weitaus kühleren Südhalbkugel sind Kalkablagerungen dagegen selten. Riffkalke kommen hier nur vereinzelt vor, etwa der Burindi-Kalk von New South Wales oder Kalke in Nordwestaustralien.

Zu den Korallen, die sich an der Kalkbildung beteiligen, gehört u. a. die nur aus dem Unterkarbon bekannte, zwei Gattungen umfassende Ordnung Heterocorallia. Die für ihre Skelette typischen Kalkscheidewände (Septen) bilden zunächst ein einfaches Achsenkreuz, dessen Arme sich dann nach außen hin mehrfach gabeln.

Als wichtige Kalkbildner treten im Unterkarbon auch die Codiaceen (→ S. 82) in Erscheinung. Zwar sind sie bereits seit dem Ordovizium (500–440 Mio.) bekannt, doch treten sie jetzt erstmals in großer Zahl auf. Diese kugelförmigen bis zylindrischen Organismen gehören zu den Grünalgen und leben in allen tropischen und gemäßigt-warmen Meeren. Sie sind wesentlich an der Entstehung der Kohlenkalke beteiligt und bilden kalkige Krusten, Knollen oder hohle Kugeln aus dicht gedrängten, verzweigten Schläuchen oder Fäden, zwischen denen Kalk eingelagert ist. Wichtigste Gattungen sind Mitcheldeania, Ortonella und Palaeocodium.

Im Norden warm, im Süden kühler

360–300 Mio. Das Klima in dieser Zeit setzt weltweit zunächst etwa die Verhältnisse fort, wie sie im vorausgehenden Devon herrschten: Nordamerika und Europa, vor allem die nördlichen und heute arktischen Anteile, sind warm und stellenweise ausgesprochen trocken; auf der Südhalbkugel, besonders in Südamerika und Afrika südlich der Sahara, fehlen auf Wärme hinweisende Klimazeugen fast völlig, dafür gibt es Hinweise auf Vereisungen (s. u.).

Im Verlauf des Unterkarbons wird das Klima auf der Südhalbkugel vermutlich noch zunehmend kälter, während sich auf den nördlichen Kontinenten eine Verschiebung zum Feuchten hin beobachten läßt. Schon gegen Ende des Unterkarbons fallen in Europa und Nordamerika, die bisher z. T. Trockengebiete waren, sehr große Niederschlagsmengen. Ausgedehnte Sümpfe und Moore entstehen.

Besonders warm ist das Unterkarbonklima in Schottland und im Moskauer Becken. An der Grenze zum Oberkarbon (um 300 Mio.) steigen mit der zunehmenden Feuchte in Nordamerika und ganz Mittel- und Osteuropa (von England und dem französischen Zentralmassiv bis ins Donezbecken) auch die Temperaturen noch weiter an.

Atmosphäre sauerstoffreich

Um 350 Mio. Seit der Entstehung der Erde sind rund 4,25 Mrd. Jahre vergangen, seit der Existenz erster, durch Photosynthese (→ S. 26) Sauerstoff freisetzender Lebewesen rund 3,25 Mrd. Jahre. Doch erst vor rund 350 Jahrmillionen hat der Sauerstoffgehalt der Erdatmosphäre seinen heutigen Wert erreicht.

▷ Vor etwa 2 Mrd. Jahren erreichte der Sauerstoffpegel wahrscheinlich etwa 1% des heutigen Wertes. In der Stratosphäre begann die Entwicklung von Ozon und damit die Entwicklung der wichtigsten Voraussetzung für das Leben, denn Ozon schirmt die lebensfeindliche UV-Strahlung ab.

▷ Von etwa 1 Mrd. bis 500 Mio. Jahren stieg der Sauerstoffpegel in der Atmosphäre nahezu exponentiell an. Die Zunahme steigerte sich noch, als vor etwa 700 Mio. Jahren Vielzeller und dann, vor rund 420 Mio. Jahren, Landpflanzen auftauchten.

▷ Zu Beginn des Karbons ist das Klima für die Vegetation sehr günstig. Üppige Sumpfwälder entstehen. Die Sauerstoffbilanz ist schnell optimal. Eine weitere Zunahme des atmosphärischen Sauerstoffgehalts erfolgt nicht mehr, denn zwischen den Produktionsraten der pflanzlichen Biomassen und dem pflanzlichen und tierischen Stoffwechsel besteht Gleichgewicht.

Eiszeit auf dem Südkontinent

360 – 250 Mio. Während auf der Nordhalbkugel feuchtwarmes Klima herrscht, deuten auf der Südhemisphäre Gletscherspuren (Moränen, Gletscherschliffe auf dem Untergrund usw.) auf eine großräumige Vereisung hin. Gondwana, der Südkontinent, zu dem neben weiten Teilen des heutigen Afrika vor allem die Antarktis, Südamerika, Australien, aber auch Vorderindien und die Arabische Halbinsel gehören, erlebt während des Karbons und des anschließenden Perms eine bedeutende Eiszeit. Bisher ist eine genaue Datierung nicht gelungen. Möglicherweise haben auch die Vereisungen in den verschiedenen Großregionen Gondwanas nicht genau das gleiche Alter. Wissenschaftler sprechen heute vorsichtig von »permokarbonischen« Vereisungen.

Die wichtigsten bis jetzt bekannten Gletschergebiete liegen im östlichen und mittleren Indien, in Arabien, in Südafrika, im Südosten des Kongo-Beckens, im südamerikanischen Paran-Becken, in den Anden, in der Antarktis u. a. zwischen Ross-Eis und Weddell-See sowie im Westen und Süden Australiens.

Das unterschiedliche Alter der Vereisungen, das besonders in Australien bis weit ins Perm (um 260 Mio.) hineinreicht, läßt sich mit dem Wandern des Südpols von Südamerika (im Unterkarbon) in Richtung Australien erklären.

Diese Steinkohle der Karbon-Zeit aus der Zeche Ewald Fortsetzung in Oer-Erkenschwick enthält den Teil eines fossilen Stammes einer Sigillaria-Art. Diese Siegelbäume gehören zu den Charakterpflanzen der Karbonwälder.

Vom Torfmoor zur Kohle

360–325 Mio. Auf der Nordhalbkugel setzt die intensive Bildung von Kohlenlagerstätten ein, denen das Karbon seinen Namen verdankt. In Europa beginnt diese Entwicklung während des Unterkarbons erst lokal und in geringerem Umfang, etwa in Schottland, im oberschlesischen Revier, im Lubliner Becken und in der innersudetischen Senke. Dagegen fällt die Hauptzeit der Steinkohlenbildung hier ins Oberkarbon (→ 325–290 Mio./S. 163). In Nordamerika jedoch entstehen große Steinkohlenlager in Pennsylvania, Ohio, West Virginia, Kentucky und Tennessee bereits ab dem Unterkarbon. Ausgangspunkt der Kohlenbildung sind die im Vorfeld der sich auffaltenden großen variszischen Gebirge (→ 390–375 Mio./S. 131) entstehenden Randsenken, die als flache Meeresbecken in Erscheinung treten und sehr langsam absinken. Zeitweise setzt dieses Absinken völlig aus oder geschieht so langsam, daß sich die Becken bis in die Nähe des Wasserspiegels mit Sedimenten füllen. Dann entwickelt sich eine üppige Sumpfvegetation, die durch das milde Klima noch begünstigt ist. Hochwüchsige Pflanzen wie die Schuppenbäume und Cordaiten (→ S. 147) liefern riesige Mengen von Biomasse, die die absinkenden Becken füllen. Bei weiterer langsamer Absenkung des Terrains geraten die Biomassen in den feuchten, sauerstoffarmen Boden, wo sie zunächst in Torf umgesetzt werden. Wachsen diese Torflager und sinken in die Tiefe, dann spielen sich in ihnen unter hohem Druck und erhöhter Temperatur die geochemischen Prozesse der Umwandlung von Torf zu verschiedenen Kohlearten ab, die sogenannte Inkohlung findet statt. Jene Kohlen, die sich in den verlandenden Randsenken der Gebirge bilden, nennt man »paralisch«, d. h. der Küste angehörend. Solche paralischen Kohlen zeichnen sich oft dadurch aus, daß den vorwiegend im Süß- und Brackwasser entstehenden Sedimenten durch zeitweilige Meeresüberflutungen immer wieder marine Horizonte zwischengeschaltet sind.

Annularia stellata, eine Schachtelhalmart aus dem böhmischen Karbon mit 4 cm langen Blättchen

△ Alethopteris, eine Farnsamer-Gattung, ist in den Kohlenmooren Ostasiens und Nordamerikas verbreitet.

◁ Auch Schachtelhalme (im Bild Annularia) gehören zu den Kohlenpflanzen des Karbons. Das gezeigte Stück stammt aus dem Gebiet von Dortmund.

Kännelkohle des Oberkarbons aus der Zeche Hansa in Dortmund; Kännelkohle bildet sich aus Faulschlamm (Sapropel) am Grunde stehender, sauerstoffarmer Gewässer. Sie besteht aus Sporen und Pollen.

Schuppenbäume und Cordaiten: Riesen des Karbonwaldes

360–325 Mio. Die Unterkarbonflora (→ S. 144), auch Kulm-Flora genannt, unterscheidet sich deutlich von der vorhergehenden oberdevonischen Flora. Fast alle älteren Formen werden von neuen Arten verdrängt. Insbesondere die Landpflanzen des Devons (→ 410–390 Mio./S. 121) sind stark dezimiert. Ausnahmen machen nur wenige Arten wie das einfach gebaute Schachtelhalmgewächs Eleutherophyllum mirabile, das sich im Aachener Raum, in Schlesien und in Bulgarien nachweisen läßt. Die meisten der neu auftretenden Pflanzen legen den Grund für neue Formen, die sich im Oberkarbon fortsetzen.
Zahlreich sind im Unterkarbon bereits die Lepidophyten-Arten, also die Schuppenbäume (→ S. 148), die vor allem mit der Familie Lepidodendraceae vertreten sind und riesenhafte Exemplare bis zu 30 m Höhe hervorbringen. Dazu kommen die im ganzen Karbon verbreiteten Articulaten (Schachtelhalmgewächse) mit speziellen Arten, darunter schon echten Calamariaceae. Hoch entwickelt zeigen sich Samenpflanzen mit farnartiger Beblätterung (Pteridospermen, → S. 150). Diesen Farnsamer lassen sich im Unterkarbon erstmals mit Sicherheit fossil nachweisen, obwohl ähnliche, aber einfachere Samenpflanzen sehr wahrscheinlich bereits im vorausgehenden Oberdevon existierten.
Auch andere Nacktsamer (→ S. 150) sind jetzt vertreten, darunter die hohen, verzweigten Cordaitenbäume oder unmittelbare Vorläufer davon. Allein die Blätter dieser Bäume erreichen z. T. Längen bis zu 1 m. Eine Weiterentwicklung zeigen auch gebüsch- bis baumartige Farne, unter denen beispielsweise die Zygopterideen mit ihren prägnanten Achsen hervortreten.

Lepidodendron, eine Versteinerung aus dem schlesischen Oberkarbon

Aus der Gondwana-Flora stammt der Bärlapp Lycopodiopsis derbyi.

Glossopteris-Art aus der Gondwana-Flora des heutigen Südafrika

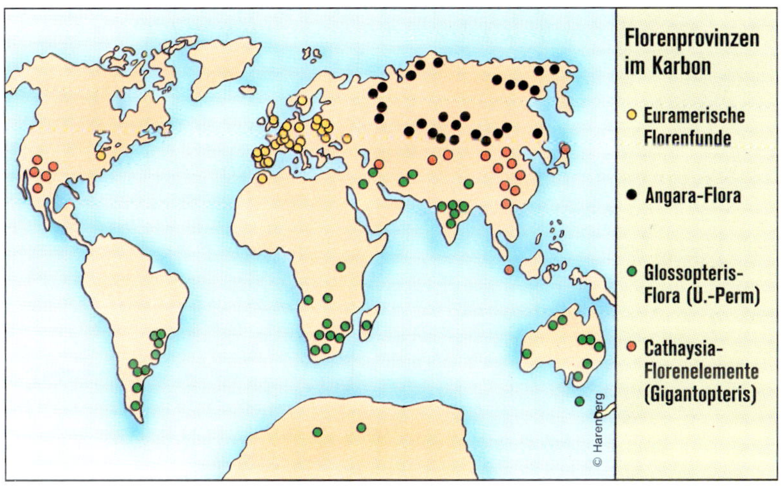

Unterschiedliche Florenprovinzen

360–325 Mio. Weltweit entstehen verschiedene Florenprovinzen. In Sibirien gedeiht die Angara-Flora mit einheimischen Formen wie Psygmophyllum, einer Gattung mit ginkgoähnlichen Fächerblättern. Im wesentlichen gleicht die Angara-Flora der Gondwana-Flora der Südhemisphäre, deren Hauptcharakteristikum die Arten von Glossopteris (»Zungenfarn«) und der verwandten Gattung Gangamopteris sind, weswegen man auch von »Glossopteris-Flora« spricht. In Europa und Nordamerika ist die sogenannte euramerische Flora heimisch. Typisch für sie sind Calamiten und Schuppenbäume (Lepidophyten) (→ S. 148).

Dichte tropische Regenwälder erobern die Kontinente

360 – 325 Mio. Mit dem Wechsel des Klimas auf der Nordhalbkugel von trockener zu feuchter Wärme entstehen Voraussetzungen für intensives Pflanzenwachstum. Riesige tropische Regenwälder erobern die Kontinente, ein Prozeß, der seinen Höhepunkt in den Steinkohlenwäldern des folgenden Oberkarbons findet. Aufgrund ihrer Lage am Rande von weiten flachen Seen und Sümpfen herrscht in den Regenwäldern stets eine hohe Luftfeuchtigkeit, was nicht nur dem Heranwachsen großer, laubreicher Pflanzen entgegenkommt, sondern zugleich die Entwicklung einer außergewöhnlichen Waldfauna fördert.
Besonders die Amphibien (→ S. 159) breiten sich in diesem neuen Lebensraum rasch aus. Die ersten Reptilien (→ S. 159) entstehen; bei den Insekten (→ 410 Mio./S. 123) entwickeln sich zahlreiche verschiedene Gruppen. Hauptpflanzen der Regenwälder sind riesige Farnsamer (→ S. 150) und Bärlappgewächse.

◁◁ Sphenopteris communis aus Alabama vertritt eine Formengattung farnlaubiger fossiler Pflanzen.

◁ Schachtelhalm-Blatt-Typ Asterophyllites; die Versteinerung stammt aus Zwickau.

Hohe Bäume mit schirmförmigen Kronen

360–325 Mio. Erstmals entwickeln sich in den Sumpfgebieten mächtige Bäume mit dichten, z. T. weit ausladenden Kronen. Diese Wachstumsformen sind weniger an eine bestimmte Pflanzenordnung als an klimatische Verhältnisse gebunden. Das feucht-warme Klima begünstigt das für das Karbon typische Größenwachstum.
Erste Riesen gibt es bei den Equisetalen (Schachtelhalmen) besonders in der Gattung Calamites und bei den Lycopodialen (Bärlappgewächsen) in der Gattung Lepidodendron (Schuppenbäume). Gegen Ende des Unterkarbons wachsen große Sigillaria (Siegelbäume).
Bei der Schachtelhalmgattung Calamites verläuft die Wurzel parallel zur Erdoberfläche und entwickelt eine ganze Reihe senkrecht aufstrebender Schößlinge, aus denen 20 bis 30 m hohe längsgerippte Stämme hervorgehen, die dichte Kronen tragen. Die Schuppenbäume zeichnen sich durch zylindrische Stämme aus, die sich oben in zwei Äste mit je einem Bündel schirmartig angeordneter Zweige teilen. Der gerade, bis zu 40 m hohe Stamm der Siegelbäume trägt an der Spitze lange, starre, fast zylindrische Blätter. In den etwas trockeneren Bergwäldern wachsen baumförmige Nacktsamer, vorwiegend Palmsamer; daneben erste Cordaiten, bis zu 40 m hohe frühe Koniferenverwandte, Ginkgo-Bäume und erste Cycadeen.

Rezentes Lebermoos (Hepatica), dessen Vorläufer im Karbon weite Verbreitung erreichen.

△ Die mitteleuropäischen Karbonlandschaften zeichnen sich durch eine Vielzahl äußerst charakteristischer Baumgestalten aus, die größtenteils auf Sumpfböden stocken. Ganz links im Bild ist – mit deutlich zweigeteilter Krone – eine Sigillaria zu sehen. Daneben befindet sich ein riesenhafter Lepidodendron (Schuppenbaum). Den Bodenbewuchs unter beiden bilden Sphenophyllum-Sträucher. Zwischen Lepidodendron und der rechts folgenden nächsten Sigillaria steht etwas im Hintergrund ein Lyginopteris-Baum. Etwas links von der Bildmitte wachsen zwei Baumfarne der Gattung Psaronius; genau in der Mitte der Abbildung stehen Galamitina. Es folgen ein Neuropteris-Baum und danach eine Gruppe keulenförmiger Stylocalamites. Ganz rechts stehen schließlich noch drei hohe Cordaiten-Bäume.

▷ Sigillaria germanica, der »Deutsche Siegelbaum«, ist eine weit verbreitete Pflanze im gesamten Karbon Mitteleuropas. Das Fossil stammt aus Dudweiler an der Saar.

Einzelne erste Moose treten auf

Um 360 Mio. In Schottland fossilisieren Lebermoose (Hepaticae). Die Funde sind zwar umstritten; da aber im Oberkarbon (→ 325–290 Mio.) die Lebermoose schon weiter verbreitet sind und die Moose zu den primitiven Pflanzen zählen, muß man ihre Ursprünge wohl spätestens im Unterkarbon suchen.
Heute sind die Lebermoose mit annähernd 10 000 Arten in der ganzen Welt verbreitet.

Schlauchpilze als Fossilien erhalten

360–325 Mio. Wann sich die fossilisierbaren Schlauchpilze (Ascomycetes, → S. 282) entwickelt haben, ist unsicher. Fossil treten sie in dieser Zeit erstmals in Erscheinung, und das gleich mit mehreren verschiedenen Formen: Hysterites, Rosselinites, Excipulites und anderen.
Grundsätzlich unterteilt man das Reich der Pilze in Algenpilze (Phycomycetes), Schlauchpilze und »Hutpilze« oder höhere Pilze (Basidiomycetes). Dazu kommen die »Fungi imperfecti«, eine künstliche, systematisch nicht einzuordnende Gruppe nicht sicher bestimmbarer fossiler Reste von Pilzorganismen.
Im Karbon vertreten sind neben den Schlauchpilzen Mitglieder der primitiveren Gruppe der Algenpilze, und zwar mit den Mucorites. Andere Algenpilze haben sicher schon devonisches Alter. Sie ließen sich im verkieselten Torf von Rhynie (Schottland) nachweisen.

Bäume, die verholzenden Giganten unter den Landpflanzen

360 – 325 Mio. Bereits die ersten Bäume zeigen die charakteristische Gliederung aller späteren Baumformen in Wurzelwerk, Stamm und Krone. Trotz dieser geringen Zahl von Grundelementen hat jede Baumart ihr eigenes, unverwechselbares Aussehen, und sogar jeder einzelne Baum besitzt ein einmaliges Gepräge. Es liegt nahe, den Grund dafür in einer unüberschaubaren Fülle verschiedenster Baupläne zu suchen, die eigens für jede Art die Konstruktion von Stamm, Krone und Wurzeln festlegt. Doch es sind nur einige wenige Grundprinzipien, welche die gesamte äußere Erscheinung eines Baumes bestimmen: Sie allerdings können je nach biologischer Art und nach Einzelschicksal verschieden zusammenwirken, was sich besonders bei freistehenden Bäumen bemerkbar macht.

Vier botanische Grundprinzipien bestimmen die charakteristische Entwicklung aller Baumarten:

- ▷ Der Stamm und die Äste bzw. Zweige eines Baumes unterscheiden sich weder im Aufbau noch in ihrer Funktion grundsätzlich voneinander.
- ▷ Das Längenwachstum des Stammes und der Äste vollzieht sich in jährlichen Abschnitten, den Trieben.
- ▷ Jedes Jahr entwickeln sich neue Triebe aus Triebknospen, die grundsätzlich nur an zwei Stellen auftreten können, an den vorjährigen Triebspitzen und in den Blattachseln.
- ▷ Aus allen Triebknospen können sich zwar neue Sprosse entwikkeln, müssen es aber nicht.

Am anschaulichsten verdeutlichen die Schachtelhalmbäume und manche heutige Nadelbäume (etwa die Fichte) diese botanischen Grundprinzipien. Sie setzen sich aus mehreren geraden Stammstücken zusammen, deren Abgrenzung gegeneinander jeweils ein Quirl kräftiger Äste bildet. Allerdings ist hier ein gravierender Unterschied zu den Laubbäumen zu erkennen: Die Schachtelhalme und Fichten legen in jeder Blattachsel eine Knospe an. Wie am obersten Stammtrieb sind im Prinzip auch die neuen Knospen an allen Zweigen verteilt, nur ordnen sie sich hier nicht immer gleichmäßig um die Längsachse an, sondern sprießen meist nur seitlich aus den Ästen. Der Grund dafür liegt in einer hormonellen Steuerung. Lange, zylindrische und dabei astlose Stämme entstehen oft dadurch, daß die Bäume ihre älteren – im Schatten liegenden – Äste absterben lassen und abwerfen. Sie »reinigen den Schaft«, wie die Forstfachleute sagen. Auf diese Weise differenzieren sich Stamm und Krone.

Das Material, dessen sich die Bäume bedienen, um bei der ihnen eigenen schlanken Wuchsform genügend Stabilität aufzuweisen, ist das Holz. Hier zeigen sich markante Unterschiede zwischen Schachtelhalmen, Bärlappgewächsen und etwa den späteren Palmen, Nadel- und Laubbäumen.

Im Gegensatz zu den Laubbäumen produzieren die anderen Bäume – abgesehen von den schmalen sogenannten Markstrahlen bei den Nadelbäumen – überhaupt nur einen einzigen Zelltyp im Holz, nämlich kurze, spindelförmige, in Achsrichtung verlaufende Gefäße (Tracheiden). Die Folge ist ein nur langsamer Säftefluß. Da Laubbäume in der Regel durch größere Blattoberflächen mehr Wasser verdunsten und somit transportieren müssen, verfügen sie über differenziertere Zelltypen, die einen raschen Wassertransport ermöglichen.

Zeigt der Baum echtes Dickenwachstum, dann bilden sich in Klimaten mit wechselnden Jahreszeiten Jahresringe im Holz. Sie rühren daher, daß im Frühjahr die Zellwände der Tracheiden besonders dünn sind.

Der riesige fossile Baumstumpf ist ein äußerst beeindruckendes Beispiel für ein Wurzelorgan-Fossil der Art Stigmaria ficoides aus dem Oberkarbon im englischen Yorkshire.

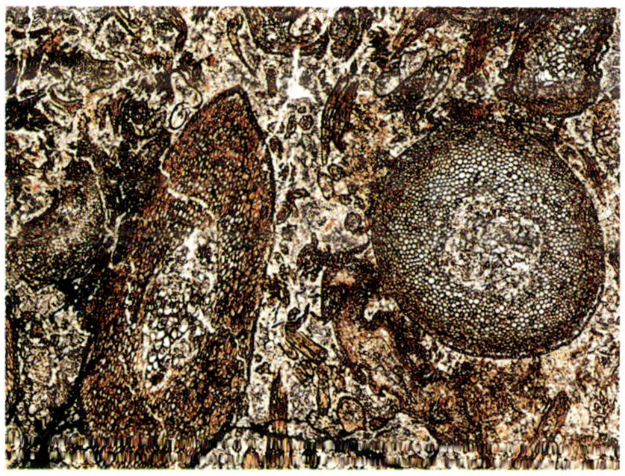

Stauropteris, stammbildende Farngattung aus dem Oberkarbon des Ruhrgebietes

Fruchtstand von Cordaianthus

»Rinde« eines Lepidodendron-Baumes aus dem Karbon von Waldenburg in Schlesien

Lepidodendron selaginoides, eine Schuppenbaumart: Das Fossil stammt aus dem tschechischen Oberkarbon.

Ebenfalls in der Tschechoslowakei wuchs dieses Asterophyllites longifolius, eine Calamiten-Art.

Der weltweite Siegeszug der Samenpflanzen beginnt

360–325 Mio. Abgesehen von den ersten unsicheren Spuren früher Farnsamer im vorausgehenden Oberdevon (→ 375–360 Mio./S. 137), treten jetzt zahlreiche derartige Pteridospermen in Erscheinung.

Farnsamer sind die ersten Samenpflanzen (Spermatophyten) überhaupt. Man nennt die Samenpflanzen auch Phanerogamen, höhere Pflanzen oder Blütenpflanzen, weil sie als einzige im Pflanzenreich Blüten hervorbringen. Samenpflanzen zeichnen sich wie die Sporenpflanzen durch einen Generationswechsel aus, d. h. die ins Auge fallenden eigentlichen Pflanzen (Sporophyten), die sich ungeschlechtlich aus der befruchteten Eizelle entwickeln, wechseln mit den stark reduzierten, unauffälligen Gametophyten, die ihrerseits geschlechtliche Fortpflanzungszellen entwickeln. Allerdings bilden die Samenpflanzen keine getrennten Sporophyten und Gametophyten wie die Farne mehr aus, sondern letztere verbleiben auf der Mutterpflanze.

Die einfachste Form der Samenpflanzen stellt die Unterabteilung Nacktsamer (Gymnospermen) dar, die entwicklungsgeschichtlich zwischen den Farnen und den Bedecktsamern steht. Es sind ausschließlich Holzgewächse mit getrenntgeschlechtlichen, windbestäubten Blüten, deren Samenanlagen offen an den Fruchtblättern sitzen. Die Farnsamer des Unterkarbons gehören ebenso zu den Nacktsamern wie die gleichfalls schon im Unterkarbon entstehenden Ginkgoceen oder Ginkgo-Gewächse mit ihren fächerförmig geteilten Blättern. Auch die Ordnung der Cordaiten, die bereits den Koniferen (»Zapfenträgern«) nahesteht, erscheint zu dieser Zeit. Diese Cordaiten sind 20 bis 30 m hohe Waldbäume.

△ *Das Endstück des Wedels einer Mariopteris-Art zeigt filigranen Aufbau. Das Pflänzchen versteinerte bei Karniná in der Tschechoslowakei.*

◁ *Die doppelte Gabelung der Wedel ist für Mariopteris charakteristisch, eine Gruppe von Farnen mit etwa 20 Arten, die in den Steinkohlenwäldern gedeihen. Auch dieser fossile Wedel stammt aus dem tschechischen Oberkarbon.*

Schwämme aus Eiweiß und Kalknadeln

Um 360 Mio. Der Stamm der Schwämme (Porifera, → 590 Mio./S. 59) gliedert sich in die Klassen Demospongea (»gemeine Schwämme«), Hexactinellida oder Hyalospongea, Calcispongea (Kalkschwämme) und Sclerospongea. Zwei Ordnungen der »Gemeinschwämme«, nämlich Keratosida und Choristida, lassen sich zu dieser Zeit erstmals fossil nachweisen. Beide besitzen wie der Badeschwamm Skelette aus leicht zersetzlichem jodhaltigem Eiweiß (Spongin).

Auch zwei Gruppen der Kalkschwämme, nämlich Thalamida (oder Sphinctozoa) und Dialytina, sind aus dieser Zeit fossil erhalten. Das Skelett der Dialytina besteht aus einzelnen Kalknadeln, die lose im Schwammkörper stecken. Nur die stets gekammerten Thalamida-Kalkskelette bleiben gewöhnlich besser erhalten, doch fällt ihre Hauptverbreitung erst in die Zeit nach dem Karbon. Vermutlich sind alle vier Ordnungen wesentlich älter. Sie könnten sogar auf das Kambrium (590–500 Mio.) zurückgehen, sind aber erst jetzt fossil belegt.

Verkieselter Schwamm der Gattung Ventriculites aus Sedimenten der norddeutschen Oberkreide

Trichterförmiger Kalkschwamm (vermutlich Raphiodonema) aus der polnischen Oberkreide (Coll. Lierl)

◁ *Die Kalkschwämme der Art Porosphaera globularis (globularis = kugelförmig) aus der Oberkreide werden ihrem Namen durchaus gerecht.*

Seltene Fossilien von Würmern

360–290 Mio. Im schottischen Unterkarbon sind gut konservierte fossile Fadenwürmer als Parasiten in einem Skorpion nachgewiesen. Im Oberkarbon Nordamerikas (Mazon Creek und Montana) sind ebenfalls völlig intakte Nematoiden (Fadenwürmer) erhalten. Würmer, insbesondere Fadenwürmer, lassen sich fossil nur unter äußerst günstigen Bedingungen und dementsprechend selten erhalten. Allerdings besitzen die betreffenden Formationen in Schottland und Nordamerika gute Voraussetzungen für das Fossilisieren von Weichteilen, also sehr feinkörnige, sich rasch unter Abschluß von Luft- und Sauerstoffzufuhr ablagernde Sedimente.

Aus dem Stamm der Ringelwürmer (Annelida, → 590 Mio./S. 60), zu dem u. a. die Regenwürmer gehören, kann im Karbon erstmals die Klasse Oligochaeta nachgewiesen werden. Die Vertreter dieses Wurmstammes besitzen einen Weichkörper und liegen daher ebenfalls nur äußerst selten in perfekter Erhaltung vor.

Mikroorganismen mit porzellanartigem Außenskelett

360–290 Mio. Die Foraminiferen (Lochträger), nachgewiesen bereits im Kambrium (→ um 590 Mio./ S. 57), aber bisher noch verhältnismäßig selten, erleben jetzt die Zeit ihrer maximalen Arten- und Individuenzahl. Seit ihrem ersten Auftreten haben sich diese Mikroorganismen erheblich weiterentwickelt.
Zu Beginn überwogen kleine Formen mit Schalen aus Fremdstoffen, meist Sand, verkittet mit einer eigenen organischen Substanz (Tektin). Im Laufe der Zeit kamen Calciumcarbonat und manchmal auch Kieselsäure als Zement hinzu.
Eine zweite Entwicklungslinie ist in der zunehmenden Einrollung und Kammerung zu sehen, die den Foraminiferen auch die Bezeichnung »Kammerlinge« eintrug. Frühen einkammerigen Formen folgten später mehrkammerige und in einer Ebene oder einer räumlichen Spirale aufgerollte Formen. Neben frei auf dem Meeresboden kriechenden Individuen entstanden auch ganze Kolonien auf dem Untergrund und aufeinander festgewachsener Foraminiferen, die regelrechte Miniaturriffe bildeten.
Im Karbon treten erstmals die Foraminiferen-Unterordnungen Miliolina und Rotaliina auf, deren Gehäuse außer einer Mündung keinerlei Poren besitzen, die also »imperforat« sind. Parallel zur Oberfläche des starkschaligen Gehäuses der Miliolina sind Kalkkristalle eingelagert, weshalb das Gehäuse bei diesen Formen nicht durchscheinend ist, sondern porzellanartig glänzt. Die Vertreter dieser Unterordnung nennt man deshalb auch Porzellanschaler (Porcellanea). Mit ihrem Gehäusetyp stehen sie am Ende einer Entwicklungslinie, die von den Sandschalern über die sogenannten Glaskalkschaler führte. Häufig sind die Porzellanschaler nicht vertreten. Auch im Karbon und später im Perm (290–250 Mio.) überwiegen die Sandschaler und Bautypen mit durchscheinendem Gehäuse. Unter den komplizierter aufgebauten Großforaminiferen sind nur die Fusulinen (→ 500–243 Mio./S. 79) mit Gehäusen aus perforierten Kalkschalen im Karbon und Perm häufiger. Sie stellen in dieser Zeit z. T. wichtige Leitfossilien.

Dicht an dicht liegen in Fossilvorkommen oftmals die Gehäuse von Foraminiferen nebeneinander. Im Karbon sind diese für Einzeller häufig beachtlich großen Lebewesen sehr arten- und individuenreich.

Neben größeren Foraminiferenarten kommen auch winzige Formen vor, die fossil erhalten sind.

Flügel mit 70 cm Spannweite

360–250 Mio. Nur im Karbon und Perm (290–250 Mio.) leben eine Reihe imposanter Fluginsekten mit nicht faltbaren, seitlich abstehenden Flügeln. Man nennt sie Urflügler (Palaeodictyopteroidea), eine Bezeichnung, die insofern irreführend ist, als diese Tiere sehr wahrscheinlich nicht die Stammgruppe der späteren flugfähigen Insekten, sondern eine frühe Seitenlinie repräsentieren. Viele von ihnen erreichen stattliche Größen und eine Flügelspannweite von bis zu 70 cm, wobei sich ihre Flügel allerdings nur in vertikaler Richtung bewegen lassen.
Die Oberordnung Urflügler gehört zur Unterklasse geflügelte Insekten (Pterygota), deren allererste Exemplare vielleicht schon im Oberdevon (375–360 Mio.) vorkamen. Zu den heutigen Vertretern dieser Gruppe gehören u. a. die Libellen.
Viele Urflügler besitzen einen schnauzenartigen Fortsatz (Rostrum) zum Saugen von Pflanzensaften, was sie in ihrer Existenz an eine entsprechende Vegetation bindet.

Ca. 38 mm lang sind die Flügel dieses Urgeradflüglers der Art Holasicia rasnitsyn aus dem frühen Oberkarbon. Anders als bei späteren Insekten lassen sich die seitlich abstehenden Flügel noch nicht zusammenlegen.

Eroberung des Luftraums durch Insekten

360–290 Mio. Neben den Urflüglern treten im Karbon auch schon zahlreiche andere flugfähige Insekten (Heuschrecken, Eintagsfliegenartige usw., → S. 152) auf.
Man nimmt an, daß sich das freie Fliegen generell aus dem Sprungflug entwickelt. Dieser besteht darin, daß durch eine fallschirmartige Verbreiterung der Körperoberfläche das Fallen verlangsamt wird. Alle Tiere, die den Sprungflug beherrschen, zeigen eine deutliche Verlagerung des Körperschwerpunkts nach vorn. Dadurch hebt sich infolge des Luftwiderstandes der leichtere hintere Körperteil im Flug etwas stärker an. Das wiederum bewirkt, daß statt eines senkrechten Falls ein schräges Gleiten zustande kommt.
Der Flug der Insekten differenziert sich bei den einzelnen Gruppen in unterschiedliche Richtungen. Bei den Insekten des Karbons haben sich am zweiten und dritten (bei den Urflüglern auch am ersten) Brustsegment Flügel aus Hautausstülpungen entwickelt, die bei den Urflüglern ständig seitlich abgespreizt sind und bei anderen Formen (Schaben usw.) in Ruhe bereits nach hinten geklappt werden können.
In den meisten Stammesreihen der Insekten bleibt diese Vierflügeligkeit erhalten. Ihre flugtechnischen Nachteile werden aber oft durch starke Verkleinerung der Hinterflügel (Hautflügler, Wanzen, Eintagsfliegen usw.) ausgeglichen. Auch die Verbindung von Vorder- und Hinterflügeln durch Häkchen wie bei Hautflüglern, Wanzen und Schmetterlingen bietet in dieser Hinsicht Vorteile. Bei anderen Formen, z. B. Libellen, schlagen die Vorder- und Hinterflügelpaare abwechselnd. Käfer, Schaben und Ohrwürmer haben die Vorderflügel in Flügeldecken (Elytren) umgebildet. Bei den Zweiflüglern schließlich sind die hinteren Flügel in sogenannte Schwingkölbchen (Halteren) umgewandelt.

Seit biblischen Zeiten sind Schwärme von Wanderheuschrecken eine gefürchtete Plage. Ihre Vorfahren entwickelten sich bereits in der Karbon-Zeit.

Schaben und Heuschrecken bewohnen Regenwälder

360–290 Mio. Neben den Urflüglern (→ 360–250 Mio./S. 151) treten auch schon andere geflügelte Insekten (Pterygoten) auf: Die Überordnungen der Schabenverwandten (Blattoidea), der Heuschrecken und deren Verwandten (Geradflügler oder Orthopteria), der Schnabelkerfe (Hemipteria), zu denen vor allem die Wanzen zählen, der Eintagsfliegenartigen (Ephemeria) und gegen Ende des Karbons auch der Libellenartigen (Odonatia).

Während die Schabenverwandten wahrscheinlich bereits im Oberdevon (375–360 Mio.) vertreten waren, erscheinen alle anderen genannten Überordnungen frühestens gegen Ende des Unterkarbons.

Wenngleich die Insekten heute rund drei Viertel aller Tierarten umfassen, so ist ihre paläontologische Bedeutung doch eher gering. Das liegt in erster Linie daran, daß ihre Chitinpanzer schlecht fossilisieren. Es bedarf sehr feiner Sedimente, die rasch und gleichmäßig absinken, um die Formen gut zu konservieren, bevor sich die organische Eiweißsubstanz zersetzt.

Weit verbreitet und in mehrere Gruppen aufgespalten sind im Karbon vor allem die Schabenverwandten. Sie leben bevorzugt in tropischen Urwäldern. Ihr Körper ähnelt den Wanderheuschrecken, ist aber oben und unten abgeflacht. Der Kopf trägt zwei große Augen und zwei lange peitschenförmige Fühler. Ihre Hinterbeine sind weit schwächer entwickelt als bei den Wanderheuschrecken, weswegen die Schaben nicht springen, wohl aber sehr schnell laufen können. Dafür sind sie generell noch recht dürftige Flieger. Manche Arten besitzen gar keine Flügel; die anderen beschränken sich auf Kurzflüge oder benutzen ihre Flügel lediglich zum Gleichgewichthalten. Generell leben die Schaben gesellig.

Die Geradflügler, Schnabelkerfe und Libellen entwickeln jeweils rasch eine große Formenfülle. Heute kennt man rund 12 000 Geradflüglerarten, etwa 40 000 Schnabelkerfearten und etwa 3500 Libellenarten. Eine relativ kleine Gruppe sind dagegen die Eintagsfliegen, die gegenwärtig noch sehr ursprüngliche Merkmale aufweisen.

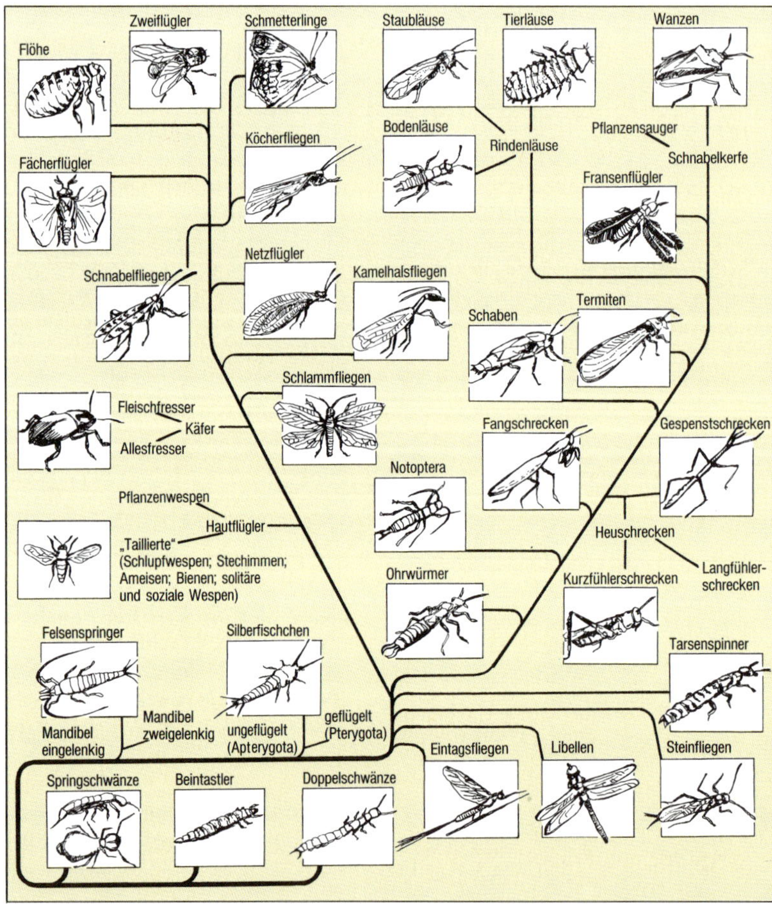

Unklarer Ursprung der Insektenfauna

Die Abstammung der Insekten ist nach wie vor umstritten. Manche Wissenschaftler sehen ihre Vorfahren in den Trilobiten (→ S. 66, 67), andere in den Krebsen (Crustaceen), wieder andere sehen eine Verbindung zu den Ringelwürmern (Anneliden, → S. 60) oder zu den Tausendfüßern (Myriapoden, → S. 126).

Gesichert ist nur, daß sich ungeflügelte (Apterygoten) und geflügelte Insekten (Pterygoten) bereits im Unterkarbon voneinander getrennt haben und auf gemeinsame Urformen zurückgehen, die allerdings nicht bekannt sind. Selbst die ersten bekannten Insekten überhaupt, die Springschwänze (Collembolen, → 410 Mio./S. 123) des Devons, sind in einem Entwicklungsstadium erhalten, das sich vom Spezialisierungsgrad heutiger Springschwänze praktisch nicht unterscheidet. Das läßt auf noch nicht entdeckte frühere Formen schließen.

Gut erhaltene Fossilien von Insekten aus dem Oberkarbon sind rar. Diese Eintagsfliege der Art Cronicus anamalus wurde erst zur Zeit des Eozäns im Bernstein der Samlandküste eingebettet. Grundsätzlich gehen die Eintagsfliegen (Ephemeroptera) jedoch bereits auf das Karbon zurück. Charakteristisch für diese Insekten ist der unpaare Schwanzfaden. Eintagsfliegen fühlen sich überall dort zu Hause, wo es Binnengewässer gibt.

Diese Wanze einer noch unbestimmten Art lebte vor rund 150 Mio. Jahren im Gebiet des Fränkischen Juras. Die Wanzen oder Heteroptera (Halbflügler) sind aber generell weitaus älter. Ihre ersten Vertreter erschienen wie die ersten Zikaden (Homoptera), mit denen zusammen sie die Oberordnung der Schnabelkerfe (Hemipteroida) bilden, bereits im Permokarbon.

Diese Schabe (Ordnung Blattodea) fand ihren Tod während des Eozäns in klebrigem Baumharz, das später zu Bernstein aushärtete. Die Überordnung der Schabenverwandten reicht entwicklungsgeschichtlich gleichfalls in die Zeit vor über 300 Jahrmillionen zurück.

Antennen und Facettenaugen als Kompaß

Wenngleich die Insekten paläontologisch von geringem Interesse sind, da sie einerseits fossil (außer später im Bernstein) selten und meist schlecht erhalten sind und andererseits ihre Stammesgeschichte im dunkeln liegt (→ S. 152), ist mit ihnen dennoch ein beachtlicher entwicklungsgeschichtlicher Fortschritt gegeben, und das gleich in mehrfacher Hinsicht. Zum einen erobern sie als erste Tiere die Luft (→ S. 151), zum anderen gehören sie zu den ersten extensiven tierischen Festlandbesiedlern, denn sie sind sehr mobil. Vor allem aber entwickeln sie phänomenale Sinnesleistungen. Besonders die fliegenden Tiere sind schließlich darauf angewiesen, sich in einem größeren räumlichen Umfeld zu orientieren und bestimmte Objekte fernorten zu können.

Das Auge der Insekten

Das Facettenauge der Insekten kontrolliert die oft raschen und komplizierten Flugmanöver. Es gibt die Meßimpulse für die Regelung und Steuerung von Flugrichtung, Fluggeschwindigkeit über dem Boden und Körperdrehungen. Gleichzeitig besitzt es Kompaßfunktion: Die Flugrichtung kann unabhängig von Bodenmarken nach dem Sonnenstand und dem von ihm abhängigen Polarisationsmuster am blauen Himmel eingehalten werden. Wohl ebenso hoch wie beim Menschen, wenngleich im Detail anders, ist das Farbsehen der Insekten entwickelt. Entsprechend groß sind die optischen Zentren im Insektengehirn. Sie umfassen bei manchen Arten rund zwei Drittel der gesamten Gehirnmasse. Dort werden die Daten von rund 40 000 Sehzellen (bei der Schmeißfliege) in einigen hunderttausend Nervenzellen in Sekundenbruchteilen ausgewertet. Gegenüber dem Säugetierauge sind diese Zahlen allerdings sehr klein. Weil Insekten zeitliche Bildwechsel aber viel rascher verarbeiten, ist die optische Gesamtinformation etwa gleichgroß.

Fernortung mit Antennen

Alle Insekten besitzen am Kopf ein Paar Fühler oder Antennen. Mit ihnen können sie Signale aus großer Entfernung empfangen und durch Richtpeilung auswerten. Manche Insekten kommunizieren untereinander durch direkten rhythmischen Antennenkontakt. Für die Fernorientierung besitzen die Antennen Kombinationen von einigen zehntausend Sinneszellen. Manche dieser Rezeptoren messen die Temperatur, andere die Luftfeuchtigkeit oder den Kohlendioxidgehalt der Luft. Sie steuern durch diese Klimamessung einen Regelkreis, der die Insekten zu klimaregulierenden Maßnahmen veranlassen kann. So kühlen etwa Bienen ihre Stöcke bei entsprechenden Meßdaten durch Wassereintragen oder Flügelfächeln.

Besonders wichtige Sinnesorgane der Antennen sind für das Erkennen von Duftstoffen eingerichtet. Der Seidenspinner, der in dieser Hinsicht am besten erforscht ist, kann sein Weibchen aufgrund eines von ihm abgesonderten Duftstoffes (ein Alkohol mit der Summenformel $C_{16}H_{30}O$) beispielsweise auf mehrere Kilometer Entfernung erkennen und räumlich exakt orten. Dazu genügt es, daß nur einzelne Moleküle des Duftstoffes die Fühler des Männchens erreichen. Bei anderen Insekten ist der Geruchssinn kein Fern-, sondern ein Nahsinn, etwa bei den Bienen, die mit ihren Fühlern örtliche Duftfelder (z. B. auf einer Blüte) regelrecht dreidimensional abtasten.

Antennen, die als Fernsinne arbeiten, wirken zugleich als Meßorgane für Windrichtung und Windstärke. Die Luftströmungen – auch beim eigenen Flug – verbiegen die Antennen in einem als Meßorgan aufgebauten Gelenk (Johnstonsches Organ).

Als Meßfühler eines Regelkreises stabilisieren die Antennen auch den Flugkurs der Insekten. Das ist z. B. bei einer Flügelverletzung besonders wichtig. Ein kürzerer Flügel würde ohne eine entsprechende ständige Korrektursteuerung zum permanenten Rundflug führen. Der Antennenregelkreis gibt in einem solchen Fall sofort Befehle zur Drosselung des zu stark arbeitenden Flügels und korrigiert auch dessen Anstellwinkel.

Beutejagd mit Gift und Netz

360–290 Mio. In den feuchtwarmen tropischen Wäldern leben die Webspinnen (Araneae) in großen Schwärmen. Sie gehören zur großen Gruppe der Spinnentiere, zu denen auch die Skorpione (→ 420–410 Mio./S. 109), Milben und Zecken, Asselspinnen (→ 410 Mio./S. 123), Tausend- und Hundertfüßer (Myriapoda, → 390 Mio./S. 126) und andere zählen. Fossil sind sie aufgrund ihres relativ zarten Körpers nur in seltensten Fällen belegt, obwohl sie vermutlich bereits seit dem Unterdevon (410–390 Mio.) existieren.
Wieviele Spinnenarten im Karbon tatsächlich leben, ist äußerst ungewiß. Heute kennt man weltweit rund 26 000, aber man vermutet, daß noch weit mehr existieren.
Spinnen ernähren sich entweder von Pflanzensäften oder räuberisch. In der Hauptsache fressen sie dann Insekten. Ihre charakteristische Fähigkeit besteht darin, Spinnfäden herzustellen (→ S. 155): Wann sie, erdgeschichtlich betrachtet, diese Fähigkeit erwerben, ist nicht bekannt. Für das Landleben sind sie mit Tracheen als Atmungsorgane ausgestattet: Röhrenartige Hautausstülpungen, die von den Atemöffnungen (Stigmen) ausgehen und den Gasaustausch ermöglichen.
Ihr Körper ist deutlich zweigeteilt, und zwar in ein Kopfbruststück und einen mehr oder weniger kugeligen Hinterleib. Am Stirnrand des Kopfbruststückes besitzen die Spinnen meist acht, seltener sechs Augen, deren Anordnung für die einzelnen Gattungen charakteristisch ist. Die Spinnen sind Achtfüßer, besitzen also im Gegensatz zu den sechsfüßigen Insekten vier Paar Laufbeine. Die Endglieder der Beine sind mit einer hakigen Trittklaue – für die Fortbewegung auf rauhem Untergrund – und zwei kammartigen Webeklauen – zum Erfassen glatter Gespinstfäden – ausgestattet. Am Kopfbruststück finden sich Kieferfühler (Cheliceren) mit einer kräftigen Endklaue, die sich wie die Klinge eines Taschenmessers einklappen läßt. An ihrer Spitze mündet außerdem der Ausführgang einer Giftdrüse (→ S. 155).
Ein weiteres Gliedmaßenpaar, die beinartigen Kiefertaster, schließen sich an die Kieferfühler an. Beim Männchen tragen sie an ihrem Endglied das Begattungsorgan mit dem Samenbehälter. Da die Geschlechtsdrüsen aber am Hinterleibende liegen, muß das Spinnenmännchen deshalb den Samenbehälter vor der Begattung selbst füllen. Dazu spinnt es ein kleines Netz, in das es einen zähflüssigen Samentropfen entleert. In diesen taucht es sodann die Kiefertaster und füllt so deren Samenbehälter.
Oft sind die Männchen wesentlich kleiner als die Weibchen, und nicht selten werden sie nach einem meist ausgiebigen Liebesspiel und der anschließenden Begattung vom Weibchen gefressen. Die Begattungstänze der Männchen sollen das auf Beute lauernde Weibchen darauf hinweisen, daß sich hier nicht ein normales Beutetier nähert, das nur allzuleicht sofort verzehrt werden könnte. Dem gleichen Zweck dient das Verhalten der Spinnenmännchen mancher Arten, dem auserwählten Weibchen bei der Annäherung eine Fliege zu überreichen (Pisaura), die dann als Ersatzbeute dient.
Ihre Opfer pflegen die Spinnen durch Gift zu lähmen oder zu töten, um sie sodann auszusaugen. Gelegentlich wird die Beute auch für eine spätere Mahlzeit mit Spinnstoff umwickelt, also regelrecht gefesselt und auf diese Weise lebendig frisch gehalten. Nicht alle Spinnen saugen ihre Beutetiere aus, es gibt auch Arten, die die Opfer zwischen ihren kräftigen Kieferzangen zermalmen und sie anschließend vollständig (also einschließlich des Chitinpanzers) auffressen.

Wichtige Spinnengruppen
Man unterteilt die Spinnen üblicherweise in mehrere Gruppen:
- ▷ »Gewöhnliche Spinnen« (Araneomorphae)
- ▷ Theridiidae, zu denen u. a. die bekannte Schwarze Witwe zählt
- ▷ Argiopidae, eine riesige Familie sehr großer Spinnen, darunter die Kreuzspinne
- ▷ Trichterspinnen (Agelenidae), zu denen die Hausspinne (Tegenaria domestica) zählt
- ▷ Lycosidae (Wolfsspinnen u. a.), die sehr artenreiche Gruppe der Krebsspinnen (Thomisidae)
- ▷ Springspinnen (Salticidae) mit meist tropischen Arten
- ▷ Baldachinspinnen (Liniphiidae), die vorwiegend in kalten Regionen leben.

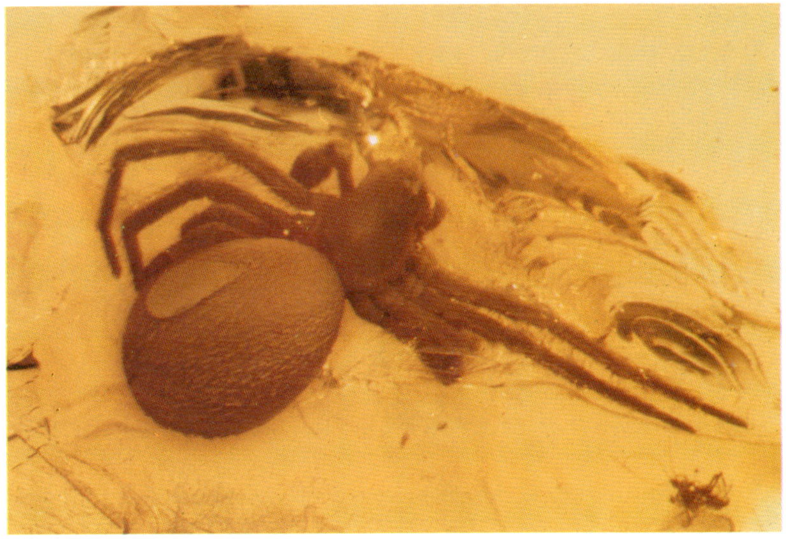

Im Bernstein der ostpreußischen Samlandküste blieb diese Spinne fossil erhalten. Sie lebte in der Zeit des Eozäns vor rund 50 Mio. Jahren.

Im Unteren Oberkarbon lebt in Mitteleuropa die Spinnentierart Eophrynus udus. Heute ist die gesamte Gruppe Eophrynus ausgestorben.

Ebenfalls ein Bernsteineinschluß aus dem Eozän der Samlandküste konservierte diesen Pseudoskorpion. Bei dem Insekt handelt es sich in Wirklichkeit um eine Spinne.

Spinnennetze: Reißfester als Stahlseile

Wie die Insekten (→ S. 153), so entwickeln auch die Spinnen zahlreiche Anpassungsmechanismen an das Landleben. Besonders beeindruckend ist ihre Fähigkeit, Fäden zu erzeugen. Ausgangsmaterial ist ein klebriger, an der Luft schnell erhärtender Spinnstoff, den die Spinnen in speziellen Spinndrüsen erzeugen und durch eine Vielzahl unter dem Hinterleib gelegener Spinnwarzen ausscheiden. Diese Warzen sind umgebildete Hinterleibsgliedmaßen. Der durch feine Röhrchen in den Spinnwarzen ausgepreßte Spinnstoffstrahl ist nur etwa 0,0004 mm stark. Durch Verschmelzen vieler derartig dünner Fädchen miteinander entsteht der eigentliche Spinnfaden. Er ist extrem elastisch und besitzt – bezogen auf den Querschnitt – eine wesentlich höhere Zugfestigkeit als ein Stahlseil.

Die Spinnfäden haben sehr verschiedene Funktionen. Sie dienen der Herstellung von Fangnetzen, zum Einspinnen von Beutetieren, zum Erzeugen von schützenden Kokons für die Spinneneier, aber auch der Fortbewegung. Mit den Fäden überwinden Spinnen durch Auf- und Abhangeln Hindernisse, und sie können mit ihrer Hilfe sogar durch die Luft fliegen: Verknäulte Spinnfäden, an denen sich winzige Spinnen festhalten, werden vom Wind über oft weite Strecken verschleppt (»Altweibersommer«).

Die wohl bekanntesten Fadenkonstruktionen sind die von den Kreuzspinnen und ihren nahen Verwandten erzeugten Radnetze. Bei ihrer Herstellung wirft die Spinne zunächst einen Faden aus, der im günstigsten Fall – durch den Wind fortgetrieben – mit seinem anderen Ende an irgendeiner geeigneten Stütze haften bleibt. Er wird zum Tragfaden, von dem ausgehend die Spinne einen größeren Rahmen konstruiert.

Anschließend zieht sie eine große Zahl radial verlaufender Fäden (»Speichen«), die im Mittelpunkt des Rahmens zusammenlaufen. Jede neu eingezogene Speiche wird durch einen Querfaden mit der benachbarten Speiche verbunden. So entsteht in der Netzmitte die »Warte«, in der die Spinne später auf Beute lauert. Anschließend wird ein Spiralfaden zwischen die Speichen gelegt, wobei die einzelnen Gänge dieser Hilfsspirale weite Abstände voneinander haben. Auf dieser Hilfsspirale läuft die Spinne von außen nach innen und verlegt – jetzt wesentlich enger – die feinen klebrigen eigentlichen Fangfäden, wobei sie die Fäden der Hilfsspirale zugleich wieder demontiert. Die Spinne frißt diese Fäden auf. Das gleiche geschieht mit zerstörten oder ausgedienten Netzen. Das Eiweißmaterial, aus dem die Spinnfäden bestehen, ist nämlich für die Spinne hochwertige, kalorienreiche Nahrung.

Altweibersommer in New England: Das Netz einer Radspinnenart

Diese Raubspinnenart wirft ihr Netz dem Opfer über den Körper.

Erfindungsreichtum der Fallensteller

Längst nicht alle Spinnen stellen zum Beutefang Radnetze her. Die Baldachinspinnen (Liniphiidae) bauen Netze, die aus einer leicht gewölbten, horizontalen Decke bestehen, über (und unter) der ein Gewirr von feinen Fäden angebracht ist. Insekten, die in dieses Fadenlabyrinth gelangen, fallen auf die Decke, auf der die Spinne lauert. Andere Arten (z. B. die Trichterspinne) bauen horizontale, dichte Netze, die an einer Stelle trichterartig eingezogen sind und in eine Röhre führen, in der die Spinne auf ihre Beute wartet.

Einige Arten benötigen überhaupt keine Netze zum Beutefang. So sitzen z. B. die Krabbenspinnen in Sträuchern auf der Lauer und fangen vorüberfliegende Insekten. Die Springspinnen, die ebenfalls keine Netze errichten, springen, wie der Name schon sagt, ihre Opfertiere aus mehreren Zentimetern Entfernung an. Wieder andere Spinnen (z. B. Pachylomerus-Arten) verschließen Vertiefungen im Erdboden mit fein gesponnenen und auf der Oberseite mit Sand, Erde u. a. getarnten stabilen Deckeln. Sie lauern unter ihnen, schnellen, sobald ein Insekt den Deckel berührt, heraus und ziehen die Beute in ihr Schlupfloch.

Wasserspinnen können luftdichte »Taucherglocken« spinnen, in denen sie ihre Beute verspeisen.

Kieferspinne, mit ihrer Beute in Bernstein konserviert

Lähmendes und tödliches Spinnengift

Als jägerische Landtiere, die nicht selten Beutetiere übermannen, die größer sind als sie selbst, haben viele Spinnen im Laufe der erdgeschichtlichen Evolution Giftstoffe entwickelt, die sie beim Beutefang einsetzen. Die Ausführgänge der Giftdrüsen münden an den Spitzen der beiden Kieferfühler in kräftigen Endklauen. Um ein Beutetier zu töten oder auch nur zu lähmen, schlägt die Spinne mit den Klauen eine Wunde, in die sie das Gift ein fließen läßt. Kleinere Tiere werden von dem starken Gift fast augenblicklich getötet.

Aber auch für größere Säugetiere kann das äußerst intensive Spinnengift sehr gefährlich werden, etwa jenes der Schwarzen Witwe, des Schwarzen Wolfes, der Tarantel oder der Malmignatte, in Europa besonders der Wasserspinne und des Dornfingers. Auch das Gift der Kreuzspinne wirkt als solches sehr stark, doch können die nur kurzen Giftklauen dieser Spinne die Säugetierhaut nicht völlig durchdringen. Indes enthalten der Hinterleib und die Eier der Kreuzspinne zusätzlich ein sehr starkes Gift. Es wurde errechnet, daß eine einzige Kreuzspinne in ihrem Körper genügend Gift enthält, um damit 1000 junge Katzen zu töten.

Eine besondere Fähigkeit mancher Spinnenarten besteht darin, ihre Beutetiere durch Nervengifte nicht zu töten, sondern nur zu lähmen. Durch anschließendes Einpacken der lebenden Opfer in ein dichtes Fadengespinst läßt sich auf diese Weise ein lebendiges Proviantlager anlegen, ohne daß die gefangenen Tiere sich bewegen, geschweige denn fliehen können. Derartig Gefangene leben in ihrer Giftstarre mitunter tagelang weiter.

Eine besonders starke Wirkung wird – vor allem in älterer Literatur – gelegentlich dem Gift der Tarantel zugeschrieben. Diese Art und ihre nahen Verwandten sind aber keineswegs gefährlicher als andere gleich große Spinnenarten. Ebenfalls ein reines Gerücht ist es, daß der Biß der Tarantel die sogenannte Tanzwut auslöse, einen bis zur völligen Erschöpfung führenden Bewegungszwang.

Schnecken verlegen ihre Atmungsorgane

360–325 Mio. Unter den Meeresschnecken treten erstmals sogenannte Hinterkiemer (Opisthobranchia) in Erscheinung. Sie atmen durch Kiemen, die hinter dem Herzen gelegen sind (daher ihr Name), in manchen Fällen sogar durch die Haut. Ihre Hauptverbreitungszeit setzt erst später, nämlich in der Kreide-Zeit (140–66 Mio.) ein.
Alle bisherigen Meeresschnecken (→ 520 Mio./S. 73) sind sogenannte Vorderkiemer (Prosobranchia), die als Unterklasse bereits seit dem Kambrium (590–500 Mio.) existieren und zu denen Tiere mit meist ausgeprägten Gehäusen (etwa die Napfschnecken, Seeohren, Turmschnecken, Porzellanschnecken, Stachel- und Purpurschnecken) gehören. Ihnen gegenüber ist bei den Hinterkiemern die Schale nur schwach ausgebildet, oder sie fehlt ganz. Während die Vorderkiemer in der Regel getrenntgeschlechtlich sind, zählen zu den Hinterkiemern ausschließlich Zwitter. Ein weiterer Unterschied besteht im Nervensystem: Bei den Vorderkiemern weist das aus zwei längs verlaufenden Hauptnervensträngen bestehende Nervensystem eine Überkreuzung in Form einer Acht auf. Bei den Hinterkiemern (die zusammen mit den späteren Lungenschnecken zu den »Geradnervern« oder Euthyneura gehören) verläuft das Nervensystem kreuzungslos und meist geradlinig.
Viele Hinterkiemer zeigen eine prachtvolle Färbung. Die Fadenschnecken (Aeolidia) zeichnen sich darüber hinaus durch verschiedenförmige Hautanhängsel aus, in denen wie bei den Nesseltieren als Verteidigungswaffen Nesselkapseln sitzen. Erstaunlicherweise bilden die Schnecken diese Kapseln nicht selbst aus. Sie stammen von gefressenen Nesseltieren. Die Nesselkapseln werden von den Schnecken nämlich nicht verdaut, sondern wandern vom Darm in die Körperanhängsel der Tiere, wo sie sich in der Haut festsetzen.
Zu den Hinterkiemern zählen auch die Flügelschnecken (Pteropoda), die früher als eigene Weichtierklasse angesehen wurden. Sie besitzen einen mit zwei Schwimmlappen versehenen flügelförmigen Fuß, den sie als Schwimmwerkzeug gebrauchen. Manche ihrer Arten stellen in den Nordmeeren die Hauptnahrung der Bartenwale.

Hinterkiemer-Meeresschnecke der Art Acteonella voluta: Die fossile Schale stammt aus der Oberkreide.

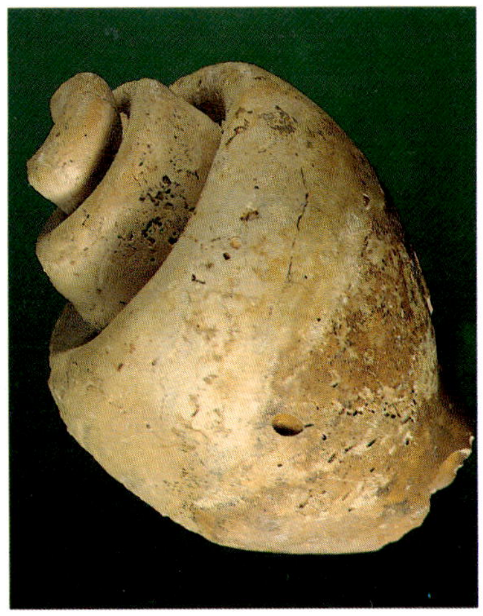

Hinterkiemer der Gattung Acteonella, von dem nicht die Schale (wie l.), sondern der Kern erhalten ist

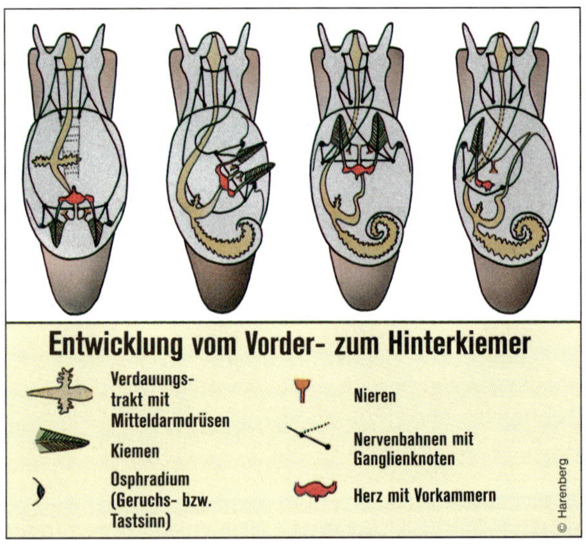

◁ Bei der Entwicklung vom Vorderkiemer zum erdgeschichtlich jüngeren Hinterkiemer verdreht sich der Eingeweidesack der Meeresschnecken. Dabei überkreuzen sich die beiden Hauptnervenbahnen, der Verdauungstrakt wird hinter, die Kiemen werden vor das Herz verlegt.

Im Holyrood Park in der Nähe von Edinburgh (Schottland) ragt die aus Basaltsäulen aufgebaute mächtige Staukuppe »Arthur's Seat« in den Himmel. Sie ist der Überrest eines Vulkans aus dem Unterkarbon.

Rätselhaftes Tullimonstrum

360–325 Mio. In den Sedimenten von Mazon Creek, im Becken von Illinois (USA), versteinern Tausende von Weichkörpern zwischen 8 und 34 cm Länge, die den Paläontologen Rätsel aufgeben. Bis heute ist ihre systematische Zuordnung nicht gelungen. Diese als Tullimonstrum gregarium bezeichnete Tierart besitzt einen länglichen Körper mit segmentiertem Brustteil (Thorax). Ihr Kopf ist mit einem langen Rüssel und mit zwei kleinen Kiefern ausgestattet. Zwischen Kopf und Rumpf zeichnet sich eine auffällige Querleiste ab, an deren beiden Enden möglicherweise Augen sitzen. Das Körperende läuft in einen mit Flossen besetzten Schwanz aus.
Sehr wahrscheinlich ist das Tullimonstrum ein Meeresbewohner. Da es sich in keinen der heute bekannten Tierstämme einordnen läßt, vermuten manche Paläontologen in ihm den letzten karbonischen Vertreter einer im frühen Paläozoikum verbreiteten und fossil nicht belegten Gruppe.

Mächtiger Vulkan in Ostschottland

360–325 Mio. In der Nähe von Edinburgh (Schottland) ist ein gewaltiger Vulkan tätig. Im Verlaufe mehrerer Ausbrüche kommt es u. a. zum Hochquellen und teilweise auch zum Ausfluß sehr großer basaltischer Lavamassen. Bei einem bedeutenden Magmaaufstieg bleiben in Schlotnähe mächtige basaltische Massen stehen, die unter einer Decke aus Lockermaterial (Tuff) nur sehr langsam und von außen nach innen gleichmäßig abkühlen und erstarren. Dabei treten Schrumpfungsrisse auf, die zu säuligen Strukturen in der vulkanischen Gesteinsmasse führen. Nach der Erosion des umgebenden Tuffmantels bleibt die aus zahlreichen, meist fünf- oder sechskantigen Basaltsäulen aufgebaute riesige Staukuppe als eindrucksvoller »Arthur's Seat« in der Landschaft stehen. In der Nähe seiner Oberfläche, wo sich die Abkühlung etwas rascher vollzog, sind die Säulen oft noch durch oberflächenparallele Risse unterteilt. Ähnliche Bildungen treten im Tertiär (66–1,7 Mio.) z. B. auch in Nordirland (Giant's Causeway) auf.

Bizarre Knorpelfische als frühe Formen der Chimären

360–325 Mio. Unter den Knorpelfischen (→ 440–410 Mio./S. 99) tritt eine neue Unterklasse auf, die Subterbranchialia. Im Gegensatz zur Unterklasse Elasmobranchii (Haie und Rochen), die schon im Obersilur (420–410 Mio.) auftauchte, liegt ihr Schultergürtel unmittelbar hinter dem Kopf. Auf diese Weise ragt der Kiemenkorb nicht über den Bereich der Schädelkapsel nach hinten heraus. Abweichend von allen anderen Knorpelfischen (Chondrichthyes) fehlt in den Brustflossen eine feste zentrale Achse. Nur eine Reihe Flossenstrahlen ist vorhanden. Wie bei allen Knorpelfischen ist bei den männlichen Tieren der hintere Teil der Bauchflosse zu einem Begattungsorgan umgebildet.
Die verschiedenen Subterbranchialia-Arten werden bis zu 1,5 m lang und besitzen meistens schlanke Körper und auffallend große Köpfe sowie lange, peitschenschnurartig verlängerte Hinterkorper. Sie ernähren sich hauptsächlich von höheren Krebsen, Muscheln und Schnecken, wobei ihre meist zu festen Platten miteinander verschmolzenen Zähne es gestatten, deren feste Schalen zu zermahlen.
Die bedeutendste Gruppe der Subterbranchialia sind die Holocephali oder Chimären, die mit ersten Formen im Unterkarbon auftreten und sich bis heute nur unwesentlich verändert haben. Umgangssprachlich sind die bizarren Fische auch als Seeratten, Seedrachen, Rattenfische oder Spöken bekannt.
Sie leben in 100 bis 1500 m Wassertiefe und sind heute noch mit rund 25 Arten vertreten. Mit Iniopterygia erscheint eine weitere besondere Gruppe im Unterkarbon. Sie fällt durch außerordentlich bizarre Körperformen auf und übertrifft damit noch die ebenfalls eigenartig geformten Chimären.

Die Unterklasse der Knorpelfische (Subterbranchialia) ist relativ formenreich: Links unten die Gattung Deltoptychius, darüber Cobelodus, in der Mitte Tristychius und rechts unten Stethacanthus; alle stammen aus dem Karbon.

Neunaugen: Parasiten der Meere und Brackgewässer

360–290 Mio. Die Kieferlosen (Agnatha, → S. 73), einfache fischartige Meerestiere, die schon seit dem Untersilur (440–420 Mio.) vertreten sind, erscheinen fossil mit einer neuen Unterklasse, den Petromyzonta. Ihre Gattungen (Mayomyzon und Hardistiella) sind bisher fossil nur aus dem Karbon bekannt, müssen aber zumindest in verwandten Arten auch in späteren Erdzeitaltern vorkommen, denn sie unterscheiden sich kaum von den heute lebenden Neunaugen.
Die zur Klasse »Rundmäuler« gehörenden Petromyzonten sind mit Ausnahme zweier Neunaugenarten, die auch in größeren Flüssen und Seen leben, Meerestiere. Nur zur Laichzeit ziehen sie in Flüsse und Bäche. Aus den Eiern schlüpfen zunächst blinde, zahnlose Larven, die vollkommen anders aussehen als die erwachsenen Tiere. Erst im vierten Jahr erfolgt die dann allerdings sehr rasche Umwandlung zum geschlechtsreifen Tier.
Die Petromyzonten werden je nach Art 12 bis 100 cm lang. Ihr Körper ist aal- oder wurmförmig. Als erwachsene Tiere ernähren sie sich parasitisch: Sie heften sich mit ihrem Saugmaul an Fische an und saugen deren Blut. Ihr Kopf weist beidseitig sieben Kiemenöffnungen, je eine Nasenöffnung und ein Auge auf, insgesamt also neun Körperöffnungen, was zu der Bezeichnung »Neunauge« führte. Charakteristisch sind das runde, kräftig bezahnte Saugmaul, zwei Rückenflossen und eine kleine Schwanzflosse.
Ein entfernter Verwandter der Petromyzonten ist der Inger (Myxine glutinosa), der ebenfalls zu den Rundmäulern zählt. Seine Entwicklungsgeschichte liegt im dunkeln, denn bisher sind nur seine gepanzerten frühen Verwandten fossil belegt.
Der Inger ernährt sich von Würmern und kleinen Mollusken. Daneben gehören auch tote und absterbende Fische zu seinem Speiseplan. Da er aus diesem Grunde häufig zusammen mit Fischen ins Netz von Anglern gerät, hielt sich lange der Verdacht, der Inger sei ein Schmarotzer. Eine Besonderheit zeigt der Inger auch in der Fortpflanzung. Die zwittrige Anlage des Fisches ist nicht vollständig zurückgebildet, so daß sich Männchen und Weibchen auch zur Reifezeit kaum voneinander unterscheiden lassen.

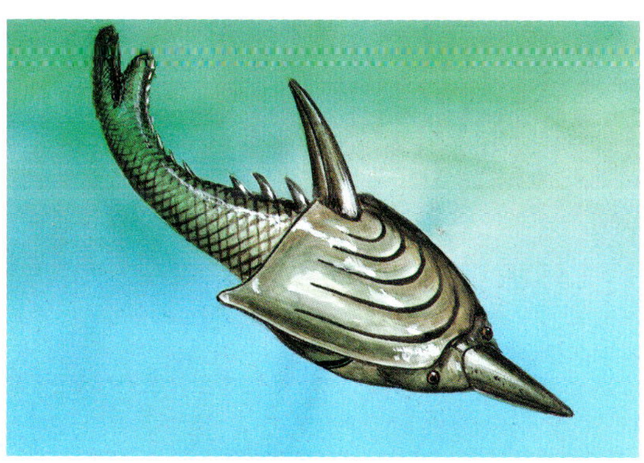

Verschiedene Gattungen der schon älteren Kieferlosen (Agnatha) aus dem Unterdevon: (v. l.) Drepanaspis, Pteraspis und Hemicyclaspis

Amphibien: Erste Schritte der Vierfüßer aufs Festland

360–250 Mio. Abgesehen von den z. T. noch an das Leben im Wasser gebundenen frühen Amphibien der Ordnung Ichthyostegalia (→ 380 Mio./S. 130), die in Ostgrönland bereits im Oberdevon lebte, setzt mit dem Karbon die eigentliche Entwicklung der Amphibien ein. Die neuen Arten sind ganz an das Landleben angepaßt, allerdings vollzieht sich die Ei- und Larvenentwicklung sowie die Begattung in der Regel noch im Wasser.

Als erste Gruppe besiedelt die Unterklasse Labyrinthodontia – zu der auch die Ordnung Ichthyostegalia zählt – das Festland. Ihr Name weist auf die komplizierte Verfaltung des Zahnschmelzes hin.

In Schottland ist besonders der 2 m lange Crassigyrinus verbreitet, ein Tier mit fischähnlichem Körper, langem, seitlich plattgedrücktem Schwanz und sehr kleinen, noch stark an Flossen erinnernden Gliedmaßen. Der ganze Körperbau läßt darauf schließen, daß dieses Tier zwar an das Landleben angepaßt ist, aber doch vorwiegend im Wasser lebt.

Gegen Ende des Unterkarbons, vor etwa 330 Mio. Jahren, entwickelt sich die Amphibienordnung Temnospondyli, deren erste Vertreter in Nordamerika heimisch sind. Die in manchen Arten 1,5 bis 2 m langen Tiere haben aalförmige Körper (Greerpeton) oder ähneln plumpen Krokodilen (Eryops) und suchen ihre Nahrung wohl noch größtenteils im Wasser. Die Temnospondyli entwickeln über einen Zeitraum von rund 120 Jahrmillionen zahlreiche Formen, werden aber schon ab dem Perm (290–250 Mio.) von säugetierartigen Reptilien (→ S. 167) weitestgehend ins Wasser zurückgedrängt und sterben schließlich gegen Ende der Trias (250–210 Mio.) aus.

An der Wende von Unter- und Oberkarbon (vor etwa 310 Mio.) bildet sich die Ordnung Anthracosauria heraus, vielgestaltige amphibische Wasserräuber, unter denen die Vorfahren der Reptilien zu suchen sind.

Um die gleiche Zeit und besonders im Oberkarbon entsteht die Unterklasse Lepospondyli mit zahlreichen Ordnungen. Sie umfaßt vorwiegend kleinere, insektenfressende Amphibien, die sich wie die Schlangen ohne Beine fortbewegen. Bereits im Unterkarbon ist diese Unterklasse durch die Ordnung Aistopoda vertreten.

Ein früher Labyrinthodontier ist das Amphibium der Gattung Eryops.

Aistopoda, schlangenähnliche kleine Amphibien des Permokarbons, die sich vorwiegend von Insekten ernähren

Wie ein Fisch mit kleinen Beinchen wirkt Crassigyrinus, ein schottischer Labyrinthodontier.

Wirbeltiere passen sich anatomisch an das Landleben an

Während die heute lebenden Amphibien größtenteils eine feuchte, schleimige Haut besitzen, die sie zu intensiver Hautatmung befähigt, haben die meisten frühen Formen des Karbons bis in die Trias (250 bis 210 Mio.) eine ledrige, z. T. auch schuppige und manchmal sogar gepanzerte Körperoberfläche. Eine derartige Haut schützt die aus Wassertieren hervorgegangenen frühen Amphibien vor zu starker Austrocknung, hat aber zugleich den Nachteil, daß ihre Körper schwerfällig und für die Fortbewegung an Land schlecht geeignet sind. Ihre Nahrung suchen die oft sehr großen frühen Amphibien deshalb noch zum größten Teil im Wasser.

Aus welchen Meeresbewohnern sich diese frühen Amphibien entwickelt haben, ist ungeklärt. Fest steht, daß ihre Vorfahren in den Quastenflossern (Crossopterygier, → 410 Mio./S. 124) zu suchen sind. Dabei gehen viele Forscher davon aus, daß die Hauptgruppen der Amphibien in den beiden Quastenflosser-Ordnungen Osteolepiformes und Porolepiformes wurzeln. Dagegen können die Lungenfische (Dipnoi, →375–290 Mio./S. 136) als Vorfahren mit Sicherheit ausgeschlossen werden.

Auch der Grund dafür, warum gewisse Fleischflosser an Land gehen, läßt sich nicht mit Bestimmtheit angeben. Manche Wissenschaftler vermuten ihn in Flachwasser-Lebensräumen, die zeitweise austrockneten. Andere gehen davon aus, daß die in Frage kommenden Vorfahren vor räuberischen Meeresbewohnern mit Hilfe ihrer kräftigen Flossen auf Sandbänke oder auf den flachen Strand flohen und dort dank ihrer Lungen zunächst vorübergehend überleben konnten. Im Schlamm oder in der dichten Ufervegetation fanden sie auch reichlich Nahrung in Form von Insekten, Würmern, Schnecken und anderen Wirbellosen. Dieses vorübergehende Anlandgehen – aus welchem Grunde auch immer – war die Voraussetzung für jene anatomischen Veränderungen der Fleischflosser, die zur Entwicklung der Amphibien führte. Wichtig war insbesondere die Stärkung des Skeletts, in erster Linie der Wirbelsäule, des Becken- und Schultergürtels und der Gliedmaßen.

Der Landgang der Fleischflosser begann im Devon mit Ichthyostega (→ vor etwa 380 Mio./S. 130) in Grönland und beschränkt sich auch während der folgenden rund 100 Mio. Jahre fast ausschließlich auf den euramerikanischen Kontinent, zu dem in dieser Zeit Grönland, Nordamerika und Europa gehören. Erst vor rund 270 Jahrmillionen, als sich der Südkontinent (Gondwana) mit Laurasia (Europa und Asien) zum Großkontinent Pangaea verbindet, gelingt es den Amphibien, sich in der ganzen Welt zu verbreiten.

Reptilien: Vom Leben im Wasser vollkommen unabhängig

Um 325 Mio. Aus der Amphibienordnung Anthracosauria (→ S.158) entwickeln sich erste Reptilien, die Cotylosauria, kleine Insektenfresser der Unterklasse Anapsida. Einer ihrer ältesten Vertreter, Hylonomus, ist im Oberkarbon (325–290 Mio.) verbreitet.

Die Reptilien sind im Gegensatz zu den Amphibien vollständig an das Landleben angepaßt. Dazu bedurfte es mehrerer organischer Veränderungen: Atmen die Amphibien über Kiemen, Lungen und Haut, so kennen die Reptilien nur noch die Lungenatmung. Ihr Atemmechanismus folgt dem Prinzip der Saugpumpe gegenüber dem Druckpumpenprinzip bei der Amphibienlunge. Im Gegensatz zu den Amphibien geht ihre Entwicklung ohne Gestaltänderung (Metamorphose) vonstatten. Am wichtigsten ist aber die Entwicklung eines völlig neuen, dotterreichen Eityps. Charakteristisch ist das Amnion, eine den Embryo zusammen mit einem flüssigkeitsgefüllten Raum umschließende Fruchthülle, die auch bei allen Vögeln und Säugetieren vorhanden ist. Sie schützt den Embryo vor dem Austrocknen. Insgesamt enthält das Reptilienei vier Membranen: Neben dem Amnion das Chorion, das Allantois und den Dottersack, die gemeinsam dazu beitragen, daß sich der Embryo unabhängig von der Umgebung entwickeln kann.

△ Im Rotliegenden, also vor 290 bis 270 Mio. Jahren, versteinerte dieses frühe Amphibium, ein Sclerocephalus häuseri, bei Jeckenback in der Pfalz. Heute liegt das Fossil im Paläontologischen Museum Nierstein. Verwandte Formen dieses Amphibiums lebten bereits im Karbon.

◁ In Nordamerika (Nova Scotia) ist im Oberkarbon das 20 cm lange Hylonomus zu Hause. Dieses frühe Reptil gilt als das erste vollkommen an das Leben auf dem Festland angepaßte Wirbeltier. Wahrscheinlich ernährt es sich von Insekten und anderen Wirbellosen.

Wichtige Leitfossilien der Karbon-Zeit

360–290 Mio. Die wichtigsten Leitfossilien für die Zonengliederung des Karbons und zugleich deren Grundlage sind die Ammoniten (→ S. 136). Häufig ziehen die Paläontologen für die Stratigraphie, also die Einteilung der Sedimentschichtenfolge, im Karbon auch die Armfüßer (Brachiopoden, → S. 61) und die Conodonten (→ S. 93) hinzu. Im Unterkarbon sind darüber hinaus die Korallen (Anthozoa, → S. 59), im Oberkarbon die Foraminiferen (→ S. 151) von Bedeutung.

In ihrem Vorkommen belegt, aber von untergeordnetem stratigraphischem Wert sind die Muscheln (Bivalvia, → S. 58), die Schnecken (Gastropoda, → S. 58), verschiedene Kopffüßerordnungen (Nautiloidea, Endoceratoidea, Actinoceratoidea), die Trilobiten (→ S. 66) und die Muschelkrebse (Ostracoda, → S. 67), im Unterkarbon auch die Graptolithen (→ S. 90). Ab dem späten Unterkarbon kommen auch gewisse Belemniten in Frage, Kopffüßer mit langkonischem Gehäuse. Fossile Pflanzen haben ebenfalls stratigraphischen Wert.

Zu den häufigsten Leitfossilien der Kulm-Schichten des Unterkarbons gehört die zu den Protocalamariaceen zählende Schachtelhalm-Verwandte Asterocalamites scrobiculatus, die in der älteren Literatur als Archaeocalamites radiatus bezeichnet wird.

Viele Bewohner der Meere sterben aus

Um 325 Mio. Zahlreiche Meerestiere überleben das Unterkarbon nicht. So sterben neben den Panzerfischen (→ 420 Mio./S. 99) vor allem die Graptolithen (→ 460–440 Mio./ S. 90) aus. In der Tierklasse der Kalkschwämme verschwindet die Ordnung Octactinellida, Schwammnadeln mit acht Strahlen.

Bei den Kopffüßern geht die gesamte Unterklasse Actinocerida unter, große, meist langgestreckte Formen mit kompliziertem Kalkskelett. Außerdem stirbt die Kopffüßerordnung Oncocerida aus, kurzkonische Formen mit aufgeblähter Endwohnkammer. Die Hemichordaten (→ 545 Mio./S. 66) sind vom Mittelkambrium (545–520 Mio.) bis zum Unterkarbon und später wieder ab der Kreide (140–66 Mio.) belegt.

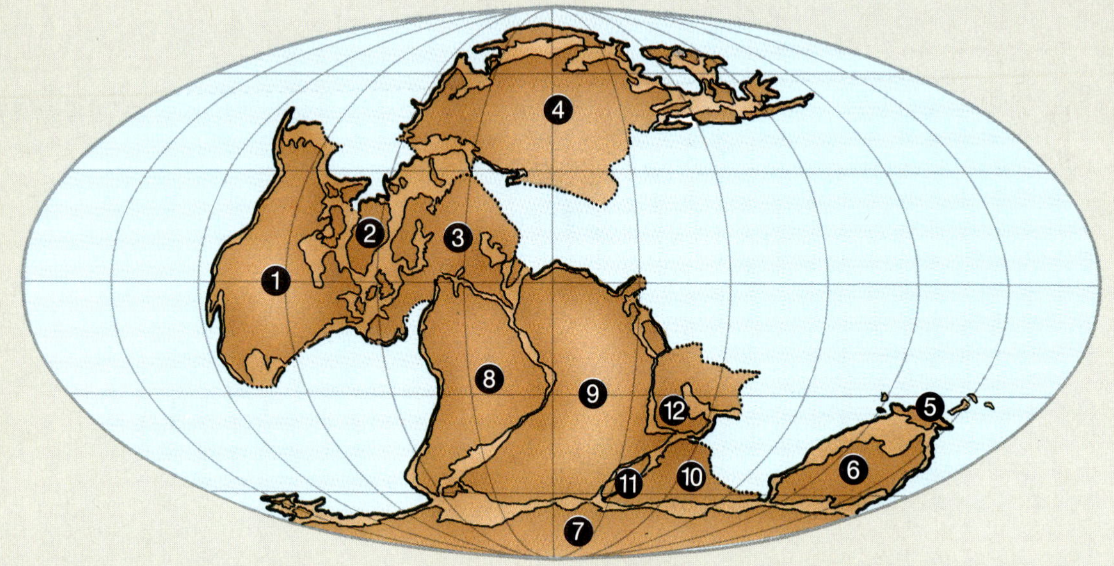

Im Oberkarbon hat sich das Bild der Erde grundlegend gewandelt. Gegenüber dem Unterkarbon hat sich der Südkontinent Gondwana um etwa 90 Grad im Uhrzeigersinn gedreht und damit Anschluß an das mit Nordamerika (1) und Grönland (2) vereinigte Europa (3) gefunden. Von Norden her besteht zu diesem neuen Großkontinent außerdem nun auch eine Landverbindung mit Asien (4). Auf diese Weise sind (mit Ausnahme von Inseln) alle Landmassen der Erde jetzt miteinander zusammengeschlossen. Das südlich des Äquators gelegene Festland entspricht den heutigen Gebieten von Südamerika (8), Afrika (9), Arabien (12), Madagaskar (11), Indien (10), Antarktis (7), Australien (6) und Neuguinea (5).

325–290 Mio.

Das Oberkarbon

Um 325 Mio. An der Wende Unter-/Oberkarbon verlanden aufgrund reicher Sedimentationstätigkeit sowie großräumiger Geländehebungen und Gebirgsfaltungen weite Geosynklinalmeere. → S. 161

Die Farne zeigen eine große Artenvielfalt. U. a. entwickeln sich die Ordnung Marattiales und die Unterordnung Hymenophyllaceae, die beide noch heute vertreten sind. Mit der Klasse Filicales treten die ersten »modernen« Farne auf. → S. 165

Die Unterordnung Equisetaceae aus der Ordnung Equisetales (eigentliche Schachtelhalmgewächse) bildet sich heraus. Auch die Calamiten haben ihre größte Verbreitung. → S. 165

Die Insektenoberordnung der Libellen erscheint mit ersten großwüchsigen Vertretern. → S. 168

325–290 Mio. In Europa beginnt die Endphase der sogenannten variszischen Gebirgsbildungsära. → S. 162

Weltweit besteht Geokratie, d. h. ein Vorherrschen der Festlandmassen gegenüber den Ozeanen. → S. 161

Der Südpol wandert aus der Nähe Südamerikas in die Nähe Australiens.

Das Klima in Europa und Nordamerika ist sehr niederschlagsreich. → S. 161

In Nordamerika und Europa bilden sich ausgedehnte Sumpfmoore, in denen Torf entsteht. In Nordwest- und Mitteleuropa entwickeln sich bedeutende Kohlenlagerstätten. → S. 163

325–270 Mio. Im gesamten Gebiet des zerbrochenen Gondwana-Kontinents leben Vertreter der Schachtelhalmunterordnung Phyllothecaceae mit Wirteln mehr oder weniger miteinander verschmolzener Blätter. → S. 165

325–250 Mio. Erstmals treten die Amphibienordnungen Nectridia und Microsauria, den Salamandern ähnliche kleine Amphibien, in Erscheinung. → S. 167

325–210 Mio. Neuere Funde in Südafrika und Nordamerika lassen den Schluß zu, daß zu dieser Zeit eidechsenartige Reptilien (Ordnung Eosuchia) leben.

325–185 Mio. Die Reptilienunterklasse Synapsida, Tiere, die einen Übergang zu den Säugern darstellen, ist mit dem frühesten Pelycosauria vertreten. → S. 167

Um 320 Mio. Die erzgebirgische Phase der variszischen Faltengebirgsbildung spielt sich ab. → S. 162

320–256 Mio. Es herrscht eine geomagnetische Periode mit vorwiegend reverser Polung. Die Magnetpole der Erde sind also gegenüber ihrer heutigen Position miteinander meist vertauscht. → S. 161

Um 310 Mio. Die Unterordnung Gabelfarne (Gleicheniaceae) der Farngewächse erscheint und erreicht in der Unterkreide (140–97 Mio.) ihre Blütezeit. Große Verbreitung findet darüber hinaus die Farnsamerordnung Pteridospermae mit Callipterides, Odontopterides und Neuropterides als Unterordnungen. Zu Leitfossilien werden Farnsamer der Ordnung Lyginopterideae.

310–270 Mio. Mit der Familie Lebachiaceae, die besonders im Rotliegenden weit verbreitet ist, entwickeln sich die ersten Nadelbäume (Koniferen). → S. 166

Um 300 Mio. In Mitteleuropa und Nordamerika sind Panzerlurche mit krokodilähnlichem Schädel verbreitet. → S. 167

Xenacanthus, ein kleiner primitiver Süßwasserhai, lebt in Tümpeln und Seen Europas. → S. 169

In West- und Mitteleuropa kommt die Riesenlibelle Meganeura monyi mit 70 cm Flügelspannweite vor. → S. 168

Die neue Unterordnung Lepidospermae der Bärlappgewächse (Lycopodiales) bildet sich heraus. → S. 165

Als Abzweig des Weltmeeres (Panthalassa) öffnet sich das sogenannte Urmittelmeer, die Tethys. → S. 161

300–290 Mio. Tausende von Fischen und Vierfüßern (Amphibien) fossilisieren in Ohio (Diamond Coal Mine) im Vorkommen »Linton«. → S. 164

Im Becken von Illinois versteinern in Sideritablagerungen Hunderte von Tier- und Pflanzenarten (Vorkommen Mazon Creek). → S. 164

In Nova Scotia (Kanada) entsteht in Kohlensumpfablagerungen das bedeutende Fossilvorkommen Joggins mit zahlreich erhaltenen Süßwasser- und Landtieren sowie Pflanzen. → S. 164

Steinkohlenflöze mit reicher Fossilführung in zahlreichen kleinen Becken lagern sich in Montceau-les-Mines (Massife central) ab. → S. 163

Das fossilienreiche Ruhrkohlenbecken entsteht. Die rund 85 abbauwürdigen Flöze bringen es auf eine Kohlenmenge von insgesamt etwa 214 Mrd. t. → S. 163

In der Arktis, in Osteuropa, im Uralgebiet sowie in Nordamerika wachsen mächtige Kalkriffe heran.

Im Park County (Indiana, USA) lagert sich die sogenannte Indiana-Papierkohle ab. Es handelt sich dabei um Faulschlammgestein mit oft gut erhaltenen tierischen und pflanzlichen Resten.

Große Anhydrit- und Gipslager entstehen bei sehr trockener Witterung in der Arktis.

300–280 Mio. In Westeuropa entsteht der Lothringen-Saar-Nahe-Trog, eine Senkung zwischen Bergmassiven, mit 4100 m mächtigen fossilienreichen Sedimenten. → S. 163

300–270 Mio. Das »Böhmische Becken« (zwischen Prag und Pilsen) mit fossilienführenden Schichten bildet sich. Im Vorkommen Nýrvany bei Pilsen entsteht ein Gaskohlenlager mit über 450 Vierfüßerresten. → S. 163

300–250 Mio. Es kommt zu den sogenannten permokarbonischen Vereisungen auf der Südhalbkugel mit Zentrum im nördlichen Transvaal/Simbabwe/Sambia. → S. 161

Die Flora der Nordhalbkugel gliedert sich in die euramerische, die Angara-(Sibiren) und die Cathaysia-Flora (besonders China); auf der Südhemisphäre gedeiht die antarktokarbonische oder Gondwana-Flora. → S. 165

300–184 Mio. In Südafrika, insbesondere im Karroo-Becken, lagert sich eine viele tausend Meter mächtige Abfolge kontinentaler Sedimente, das »Karroo-System«, ab. Es liefert wichtige Belege für Klimaveränderungen auf dem Südkontinent Gondwana. → S. 165

Um 295 Mio. Die Gebirge Asturiens (Spanien) bilden sich. → S. 162

Im Gebiet von Kansas (USA) baut sich die Stanton-Formation mit reicher fossiler Flora und Fauna des jüngsten Oberkarbons auf. → S. 164

Um 290 Mio. Der dem Südpol nächstgelegene Fundort fossiler Pflanzen (Gondwana-Flora mit zahlreichen Farnsamern) bei 87 Grad Süd, 153 Grad West entsteht.

Zwischen Südafrika und Paraguay/Uruguay öffnet sich eine Meeresbucht.

In Europa wird das Klima deutlich trockener (arider).

Die Panzerfische (Placodermi) sterben aus. Auch die letzten Vertreter der Stachelhäuterklasse Edrioasteroidea (→ S. 66) überleben die Karbon-Zeit nicht. → S. 169

Hinsichtlich der zeitlichen Gliederung des Karbons stellen im Bereich der Fauna insbesondere die Kopffüßer, die Muscheln und die Korallen wichtige Leitfossilien. Daneben sind noch einige Arten der Armfüßer und der Trilobiten typisch für diese Epoche. Zu den pflanzlichen Leitfossilien zählen im Karbon vor allem verschiedene Bärlappgewächse. → S. 169

Vergrößerung der Festlandfläche

325–290 Mio. Geographisch zeichnet sich die Zeit durch eine weitreichende Verlandung flacher Meeresbecken und infolgedessen durch eine Vergrößerung der Festlandmassen aus. Zurückzuführen ist das auf großräumige Geländehebungen und Gebirgsauffaltungen (→ S. 29), die eine Vergrößerung des Festlands auf Kosten der Meeresfläche bewirken. Die Folge ist eine reiche Sedimentationstätigkeit im Bereich der Schelfmeere, der küstennahen Lagunen und der flachen Epikontinentalmeeresbecken.

Große Gebirgszusammenhänge bestehen im Oberkarbon besonders zwischen Mittel- und Westeuropa einerseits und dem östlichen Nordamerika andererseits. Auch der afrikanische und der europäische Kontinent liegen einander nahe und sind nur durch ein schmales Geosynklinalmeer voneinander getrennt.

Erdmagnetfeld umgekehrt gepolt

320–256 Mio. Während dieses Zeitraums sind die geomagnetischen Pole der Erde gegenüber deren heutiger Lage meist miteinander vertauscht (→ S. 55).

Vor dieser Epoche herrschte – seit 376 Mio. Jahren vor heute – eine Zeit, in der die Polarität häufig wechselte und beide Polungsarten in etwa gleich häufig auftraten. Genau gleichartige Verhältnisse stellen sich auch nach der Epoche meist umgekehrter (reverser) Polung um 256 Mio. wieder ein. Wiederum kommt es zu häufigen sogenannten Polsprüngen, bei denen normale und reverse Polung einander vielfach ablösen, und wiederum sind beide Arten der Polung etwa gleich häufig vertreten. Diese Phase vorwiegend »gemischter« Polarität setzt sich bis etwa 228 Mio. fort und wird dann von einer Periode vorwiegend normaler Polarität abgelöst.

Das Urmittelmeer Tethys öffnet sich

Um 300 Mio. Als Abzweig des Weltmeeres (Panthalassa), das alle weitgehend in einem Superkontinent (Pangaea) vereinigten Landmassen umschließt, schiebt sich in tropischer bis subtropischer Breite ein schmaler Meeresast zwischen den Südkontinent Gondwana und den Nordkontinent Laurasia. Dieses sich zunächst als sehr schmaler Trog in Westostrichtung öffnende Meer ist das »Urmittelmeer« Tethys.

Ab der Trias (250–210 Mio.) gelangt die Tethys zu großer erdgeschichtlicher Bedeutung. Sie erweitert sich als Geosynklinalmeer (→ S. 29), aus dem sich später u. a. die Alpen und der Himalaja auffalten. Reste der Tethys sind im heutigen Mittelmeer, im Schwarzen und Kaspischen Meer und im Aralsee zu sehen. Zoologisch betrachtet wird die Tethys zum Lebensraum einer typischen, sogenannten mediterranen Fauna.

Feuchtwarmes Klima im Norden der Erde

325 – 290 Mio. Auf der Nordhemisphäre bleibt das Klima warm und, besonders zu Beginn des Oberkarbons, sehr niederschlagsreich. Erst gegen Ende dieser Epoche wird es etwas trockener.

Mächtige marine Kalkablagerungen, die für warmes Klima sprechen, entstehen vor allem in der heutigen Arktis (Spitzbergen, Ostgrönland, Alaska) sowie in Osteuropa, im Gebiet des südlichen Urals, in Zentral- und Ostasien und in Nordamerika (»Horseshoe-Atoll«).

Auf den Festlandgebieten der Nordhalbkugel belegen ausgedehnte Sumpfmoore die große Feuchtigkeit. Der Höhepunkt der Entfaltung einer überaus üppigen, torfliefernden Landvegetation liegt im Oberkarbon (besonders im sogenannten Westfal). In dieser Zeit entstehen auch bedeutende Steinkohlenlager (→ S. 163).

Besonders die Steinkohlen Europas und Nordamerikas bilden sich in warmfeuchtem Klima (im Gegensatz zu den Kohlen Asiens und Gondwanas, die im Perm in gemäßigtem Klima entstehen). Der feuchtwarme Kohlengürtel umfaßt vor allem das Zentrum Nordamerikas, die Appalachen, Schottland, England, Westfalen, Oberschlesien und das Donez-Becken. Salzhaltige Sedimente (Evaporite, → S. 44) fehlen in den Nordgebieten zunächst fast völlig, was in einem feuchten Klima nicht anders zu erwarten ist.

Gegen Ende des Oberkarbons treten dann aber auch in Europa Anzeichen für trockeneres Klima auf, in erster Linie Rotsedimente (→ 290–270 Mio./S. 173). Sie beginnen auf den Britischen Inseln bereits in der Mitte des Oberkarbons (Westfal, 314–307 Mio.) und wandern dann langsam nach Süden bis ins Saarland, nach Mittelschlesien (Waldenburg) und ins spanische Ocejo-Becken. Auf warmtrockene Klimate weisen gegen Ende des Oberkarbons auch in Nordamerika und Ostgrönland Rotsedimente hin, eine Entwicklung, die sich über das Karbon hinaus ins Perm (290–250 Mio.) fortsetzt und verstärkt.

Auffällig auf den Nordkontinenten ist das weitgehende Fehlen von Jahresringen bei den Bäumen, was auf frostfreie Wintermonate, nicht aber auf das Fehlen jahreszeitlichen Klimawechsels schließen läßt.

Schmelzwasser hat sich an der Oberfläche eines Gletschers ein Bachbett gegraben und schießt jetzt durch ein Schluckloch durch das Eis hinab (l.). Nach einigen hundert Metern mehr oder weniger freiem Fall durch Eisschächte prallt es zusammen mit Gesteinstrümmern auf den Gletscheruntergrund und bohrt Gletschertöpfe in den Fels (r).

Vereisungen auf der südlichen Halbkugel

325–290 Mio. Auf dem Südkontinent Gondwana herrscht kaltes Klima. Es kommt hier zu umfangreichen Vereisungen, die vor allem in Mittelindien und auf der Arabischen Halbinsel durch z. T. bedeutende Moränen belegt sind. Das Eis stößt in diesen Gebieten von Süden nach Norden vor.

Auch im südlichen Afrika bestehen umfangreiche Vergletscherungen, was die verfestigten Moränen (Tillite) bei Prince Albert im Bereich des Dwyka-Flusses beweisen. Die Moränen führende Formation erreicht im Süden der Kapprovinz über 1000 m Mächtigkeit. Vereist sind neben großen Teilen Süd- und Südwestafrikas auch das Sambesi-Gebiet sowie das östliche Kongobecken und Madagaskar.

Das Zentrum eines gewaltigen Eisschildes liegt wahrscheinlich im nördlichen Transvaal, in Simbabwe und Sambia. Andere Zentren sind im heutigen Indischen Ozean und in Namibia (Kaokoveld) nachzuweisen, von wo die Gletscher bis auf den südamerikanischen Kontinent reichen. Dort ist auch das über 1 Mio. km² große Paran-Becken vereist. Unter Eis begraben liegen weite Teile der Antarktis und Australiens.

Auffaltung bedeutender Gebirgszüge in Mitteleuropa

325–290 Mio. In Mitteleuropa setzt die Endphase der variszischen Gebirgsbildung ein.

Innerhalb der geotektonischen Entwicklung der Erdkruste ist die variszische Ära, die mit der Bildung der variszischen Geosynklinalen (→ S. 131) beginnt und mit der Auffaltung und Verwitterung großer Gebirgssysteme endet, eine bedeutende Epoche, die im Mitteldevon (um 390 Mio.) einsetzt und bis in die Trias (um 250 Mio.) hineinreicht, also insgesamt rund 140 Jahrmillionen umfaßt. Regional beginnt sie aber zeitlich recht unterschiedlich, und auch ihre Hauptfaltungsphasen variieren örtlich sehr stark. So setzen die bedeutendsten Gebirgsbildungen in Mitteleuropa im späten Unterkarbon (um 335 Mio.) mit der sogenannten sudetischen Phase ein und finden hier bereits im Laufe des Oberkarbons ihren Abschluß. Von größerem Umfang ist dabei u. a. die sogenannte erzgebirgische Phase vor 320 Jahrmillionen.

In einer mitteleuropäischen Hauptphase der variszischen Auffaltung entsteht das Variszische Gebirge, das sich von der mitteleuropäischen Kristallinzone (die heutigen Mittelgebirge) im Norden bis an den Rand des »Urmittelmeers« Tethys (→ 340–290 Mio./S. 143) im Süden erstreckt. Ausgenommen von dieser Faltung sind nur wenige isolierte Senkungszonen wie die Innersudetische Senke oder das Becken von Laval.

Zugleich mit der Auffaltung setzt die Abtragung des Variszischen Gebirges durch Erosion ein. Die Erosionsmassen (Molassen) sammeln sich in z. T. mächtigen Sedimenten in Flußsenken, z. B. in der Saar-Saale-Senke, in der Erzgebirgischen und der Zentralböhmischen Senke sowie in der Innersudetischen Senke.

Um 305 bis 295 Mio. kommt es zur asturischen Phase der variszischen Gebirgsbildung, in der sich Außenbereiche der variszischen Geosynklinalen auffalten. Hierbei entstehen Gebirgszüge in der namengebenden nordwestspanischen Provinz Asturien und im Armorikanischen Massiv im Nordwesten Frankreichs. Wo die variszische Auffaltung durch bereits vorhandene stabile Landmassen (etwa das Wales-Brabanter Massiv in Nordwestfrankreich und Belgien) gebremst wird, kommt es stellenweise zu Überschiebungen. In solchen Randgebieten dringen aber auch Tiefengesteine (Plutonite) in Form von Granitdomen nach oben (Brocken-Granit im Harz, Dartmoor-Granit in Südwestengland usw.). Das Oberkarbon ist auch die Hauptphase der Auffaltung der Ural-Geosynklinalen. Mit der Heraushebung dieses Gebirges wird der europäische mit dem sibirischen Kontinent verbunden.

In Asien schließlich verlanden durch tektonische Hebungen während der variszischen Hauptfaltung, die dort an der Wende vom Unter- zum Oberkarbon liegt, weite Teile der seit dem späten Präkambrium (ca. 700 Mio.) bestehenden Geosynklinalen. Diese Gebiete sinken dann aber wieder ab und bilden z. T. riesige Binnensenken, in denen es zu bedeutenden Kohleablagerungen kommt (Kusnezker Becken, Tunguska-Becken, Minussinsk-Becken, Nordchina).

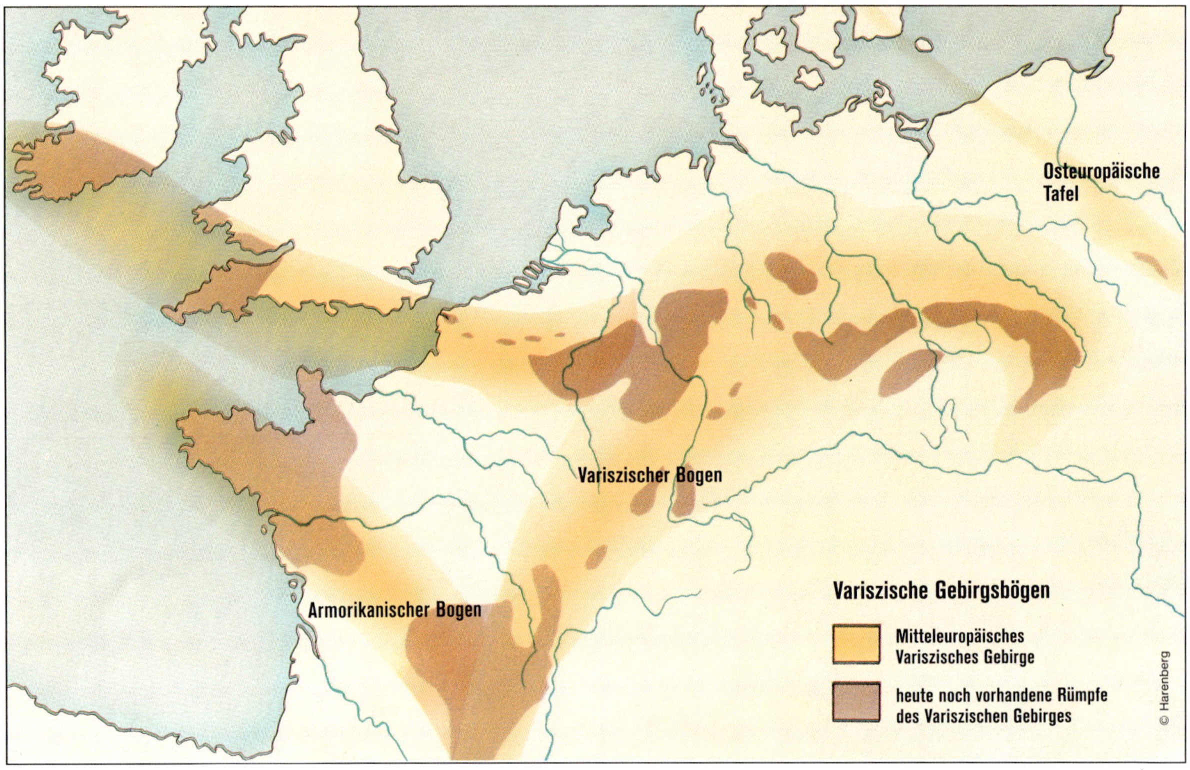

Das Variszische Gebirge durchzieht West- und Mitteleuropa in Form von zwei Gebirgsbögen. Der sogenannte armorikanische Bogen beginnt in der Gegend des Französischen Zentralplateaus und reicht über die heutige Küste der Normandie und Bretagne bis in den Südwesten Großbritanniens. Ein Nebenast dieses Bogens verläuft wahrscheinlich weit ausgreifend über die Biscaya und findet Anschluß an die variszischen Ketten der Iberischen Halbinsel. Der zweite Bogen, das Variszische Gebirge im engeren Sinne, verläuft von Südwestfrankreich nach Nordost, biegt östlich der Elbe nach Südosten ab und teilt sich in Sudeten und Polnische Mittelgebirge auf.

Im Steinbruch Langenberg bei Oker im Harz treten in einem künstlichen Aufschluß Gesteine aus der Zeit der variszischen Gebirgsbildung (Kimmeridge) zutage.

Aus dem Hunsrück stammt dieser Gesteinsbrocken. Es handelt sich um ein Gneisstück, das während der variszischen Gebirgsbildung verfaltet wurde.

Biotop entsteht im Böhmischen Becken

300–270 Mio. Das »Böhmische Becken«, eine weite Senke zwischen Böhmen und Pilsen, erstreckt sich im Inneren eines größeren Faltengebirgssystems.

In diesem von Gebirgszügen abgegrenzten Gebiet entsteht ein in sich geschlossener Biotop, in dem zahlreiche Pflanzen- und Tierarten fossil erhalten bleiben. Wichtige Vertreter der regionalen Flora sind u. a. Desmopteris, eine Gattung der Farnlaubgewächse mit zwei- oder mehrfach gefiederten Wedeln; Rhacopteris, eine etwa zehn Arten umfassende Farnlaubgattung mit einfach gefiederten Wedeln und rhombischen bis lanzettlichen Fiederchen; und Sphenophyllum cuneifolium, ein rankendes Keilblattgewächs (→ 375–360 Mio./S. 137) mit spreitigen Blättern.

Fossil sehr gut erhalten bleibt im »Böhmischen Becken« auch eine größere Anzahl verschiedener früher vierfüßiger Wirbeltiere (Tetrapoden), von denen etwa 450 Skelette bislang gefunden worden sind. Dabei handelt es sich um Amphibien, die in einer 30 cm mächtigen Bank aus feinschichtiger »Plattelkohle« bei Nýrvany eingelagert sind.

Fossillagerstätte im Saarland

300–280 Mio. Zwischen Rheinischem Schiefergebirge, Vogesen, Odenwald und der Marne besteht ein weites flaches Becken, der Lothringen-Saar-Nahe-Trog, in dem sich im angegebenen Zeitraum ca. 4100 m mächtige Sedimente ablagern. Sie werden von mäandrierenden Flüssen und als Anschwemmungen in Flußdeltas in flache Seen eingetragen. Dieses verlandende Flachwassergebiet bietet mit seinen ausgedehnten Moorbiotopen einen ausgezeichneten Lebensraum für Flora und Fauna. Hier fossilisieren zahlreiche verschiedene Pflanzen. Auch Pollen und Sporen bleiben gut erhalten. Die Tierwelt ist durch hervorragende Versteinerungen von Hohltieren, Ringelwürmern, Weichtieren, Krebsen, Insekten, Fischen und Amphibien sowie deren Fährten nahezu perfekt vertreten.

Insgesamt konnten bisher rund 300 verschiedene Pflanzen- und Tierarten nachgewiesen werden.

Süßwassermuschel Anthracosia lottneri in Tonschiefer der Karbon-Zeit aus einer Steinkohlengrube bei Aachen

Aus Mooren entstehen Steinkohleflöze

325–290 Mio. In Nordamerika und Nordwest- sowie Mitteleuropa bestehen ausgedehnte Sumpfmoore, in denen sich Torf und aus diesem bedeutende Steinkohlenflöze bilden. Im Oberkarbon (der Name Karbon weist auf die intensive Kohlenbildung hin) entstehen u. a. die acht wichtigsten europäischen Steinkohlevorkommen (→ 360–325 Mio./S. 146). In Großbritannien beträgt die kohleführende Fläche, die weite Teile des Landes umfaßt, etwa 20 000 km². Der gewinnbare Vorrat wird heute auf 17 Mrd. t geschätzt. Von besonderer Bedeutung sind hier die sogenannte Penninische Provinz mit bis zu 3000 m mächtigen oberkarbonischen Ablagerungen, die »Südwestprovinz« mit den Revieren von Wales, Bristol und Kent sowie die »Schottische Provinz« mit bedeutenden Kohlevorkommen im Firth of Forth. Im Brabanter Raum entstehen im Oberkarbon die umfangreichen französisch-belgischen und die niederländischen Steinkohlenreviere. Hier schwankt die Mächtigkeit der kohleführenden Sedimente zwischen einigen hundert und 2500 m. Der Kohleanteil liegt bei durchschnittlich 10% und ist auf rund 70 bedeutende Flöze in Frankreich und 60 bis 70 im Belgischen Becken verteilt.

In der Zeche Kaiserstuhl in Dortmund steht diese Streifenkohle aus dem Oberkarbon an. Die kohleführenden Schichten des Rheinisch-Westfälischen Reviers sind bis maximal 5000 m mächtig und bis in rund 2000 m Tiefe abbauwürdig. Im Karbon bestanden hier über Jahrmillionen weite Sumpfmoore.

Das Rheinisch-Westfälische Revier (Aachen, Ruhrgebiet, Ibbenbüren) umfaßt eine bis zu 5000 m mächtige Schichtenfolge mit lokal 1 bis 6% Kohleanteil. Die abbauwürdige Kohle wird hier bis in 2000 m Tiefe insgesamt auf rund 225 Mrd. t geschätzt, von denen die 80 bis 85 bauwürdigen Flöze an der Ruhr allein rund 214 Mrd. t umfassen. Im Oberschlesischen Revier entstehen im Oberkarbon rund 200 bedeutende Flöze mit Mächtigkeiten von 10 bis 25 m in einem über 7000 m umfassenden Paket aus Sedimenten. Hier schätzt man heute bis in 1200 m Tiefe den abbauwürdigen Kohlenvorrat auf mehr als 100 Mrd. t. Im Lubliner Becken in Polen entstehen 10 bis 20 abbauwürdige Flöze.

Alle bisher genannten Kohlevorkommen sind sogenannte paralische Reviere, d. h. in Küstennähe in brackwasserführenden Sedimentationsbecken mit marinen Einschüben entstanden. Ihnen stehen die limnischen Reviere gegenüber, die sich in reinen Süßwassermooren des Oberkarbons bilden. Bedeutend sind die weit über 100 Flöze im mehr als 5000 m mächtigen Sedimentationspaket der Saar-Senke mit 5,5 Mrd. t abbauwürdiger Kohle bis in 2000 m Tiefe, die Kohlenlager der Innersudetischen Senke, der Zentralböhmischen Senke und die – heute erschöpften – Flöze in der Erzgebirgs- und der Saale-Senke. Limnische Steinkohlenlager mit reicher Fossilienführung entstehen u. a. im französischen Zentralmassiv.

Vier bedeutende Fossillagerstätten in Nordamerika

300–290 Mio. In flachen kontinentalen Becken entstehen in verschiedenen Regionen Nordamerikas bei ruhiger Sedimentation feinkörnigen Materials mehrere bedeutende Lagerstätten pflanzlicher und tierischer Fossilien. Zu den wichtigen Lagerstätten gehören:

Diamond Coal Mine in Ohio
Hier bleiben im Vorkommen »Linton« Tausende von Fischen und Vierfüßern (Amphibien) erhalten. Die Wirbeltierreste liegen in einer etwa 30 cm mächtigen Schicht aus Kännelkohle, einer bitumenreichen, viele Pollen und Sporen enthaltenden feinkörnigen Faulschlamm-Kohle. Neben 26 vorwiegend im Wasser lebenden Amphibienarten finden sich die Überreste einiger landbewohnender Amphibien und Reptilien.

Mazon Creek in Illinois
Diese Fossillagerstätte entsteht im Becken von Illinois. Ähnliche Entwicklungen sind im Gebiet von Missouri, Kansas und Oklahoma zu finden. In ausgedehnten Deltasedimenten lagern sich hier neben Kohle besonders Toneisenstein-Knollen (Sideritgeoden) ab, in denen ca. 200 verschiedene Pflanzen- und über 250 Tierarten erhalten bleiben. Die Farnsamergattungen Pecopteris und Neuropteris sowie die zu den Keilblattgewächsen zählenden Sphenophyllum-Arten bleiben z. T. dreidimensional erhalten. Die Tierfossilien zeigen häufig sogar die Weichteile. Überliefert sind hier vor allem Weichtiere, Medusen, Krebse, Insekten, Tausendfüßer, Spinnentiere, Seegurken, Ringelwürmer, Hemichordaten, Kieferlose, Fische und Amphibienarten.

Joggins in Nova Scotia
Dieses bedeutende Fossilvorkommen entsteht in Kanada aus Kohlensumpfablagerungen. Erhalten bleiben Süßwasser- und Landtiere sowie eine reichhaltige Flora, darunter bis zu 9 m hohe Lycopodialenstümpfe (Gattung Sigillaria). In ihren Wurzelzonen finden sich die Überreste von bemerkenswerten Wirbeltieren: Mikrosaurier, Labyrinthodontia und Reptilien, darunter auch die Gattung Protoclepsydrops, der erste bekannte Pelycosaurier (→ S. 167).

Garnett in Kansas
Das Fossilvorkommen Garnett entsteht in der sogenannten Stanton Formation in Kansas. Es handelt sich um schiefrige Meeresablagerungen von nur 2 m Mächtigkeit, die 39 Pflanzenarten, zahlreiche Sporen, verschiedene Wirbellose, neun verschiedene Wirbeltierarten, insbesondere Reptilien, und auch Reptilienfährten konservieren. Besonders häufig ist der geologisch älteste Diapside Petrolacosaurus.

△ Die aufgeschlagene Toneisenstein-Knolle aus dem Karbon von Mazon Creek (Illinois) gibt den fossilen Wedel eines Pecopteris-Pflänzchens frei.

▽ Farnsamerfossilien der Gattung Pecopteris sind in den Mazon-Creek-Schichten besonders häufig und oft sogar körperlich erhalten.

△ Auch diese versteinerte Pflanze, Annularia sphenophylloides, stammt aus den Sedimenten von Mazon Creek. Die Gattung Annularia gehört zu den Schachtelhalmgewächsen.

◁ In der Joggins-Formation versteinern viele Kleinreptilien in Baumstämmen: Die Stümpfe toter, abgebrochener Bäume bleiben im rasch wachsenden Sediment stehen, werden hohl und wirken als Falle.

Mächtige Sedimentfolgen in Südafrika

300–184 Mio. In Südafrika, speziell im Karroo-Becken, lagert sich eine viele tausend Meter mächtige Abfolge kontinentaler Sedimente, die sogenannte Karroo-Serie, ab.

Die Sedimentation, die mit einem langsamen Absinken des kontinentalen Beckens einhergeht, setzt mit dem Oberkarbon ein und endet erst im Unterjura (210–184 Mio.). Vergleichbare Ablagerungen finden sich auch in anderen Gebieten des Südkontinents Gondwana.

Die Geologen gliedern die mächtige Sedimentabfolge in verschiedene Gruppen bzw. Folgen, in chronologischer Reihenfolge in Dwyka, Ecca, Beaufort und Stormberg. Sie sind wichtige Belege für die Klimaveränderungen im Gondwanagebiet, die sich mit der Verlagerung dieses Kontinents vom Südpol in Richtung Äquator erklären läßt. So führt die oberkarbonische Dwyka-Gruppe noch verfestigte Moränen (Tillite), die auf eine bedeutende Vereisung (→ S. 161) hinweisen, während in der unterpermischen (290–270 Mio.) Ecca-Gruppe bereits kohleführende Schichten vorkommen, die ihren Ursprung im gemäßigten Klima haben. In der oberpermischen (270–250 Mio.) bis untertriassischen (250–243 Mio.) Beaufort-Gruppe belegt dann eine reichhaltige Reptilienfauna feuchtgemäßigtes bis feuchtwarmes Klima. Und in den Trias-Jura-Schichten (243–184 Mio.) der Stormberg-Gruppe signalisieren schließlich die Ablagerungen Erwärmung.

Wo sich heute im Westen Südafrikas die weiten Ebenen und niedrigen Hügelketten der Karroo-Wüste ausdehnen, kam es im Oberkarbon, Perm, in der Trias und im Unterjura zu mächtigen kontinentalen Sedimentablagerungen.

Einzelne Provinzen im Pflanzenreich

Um 300 Mio. Zwischen Unter- und Oberkarbon kommt es in weiten Teilen des europäisch-amerikanischen Florengebietes zu einem Florensprung. Zahlreiche Arten verschwinden plötzlich, andere Formen treten neu auf.

Weltweit existieren um diese Zeit verschiedene Florenprovinzen. Auf der Nordhemisphäre gedeihen die euramerischen Floren Europas und Nordamerikas, in der zahlreiche Samenfarne dominieren; die Angara-Flora im Gebiet von Sibirien mit ebenfalls zahlreichen Samenfarnen und anderen Farnartigen, daneben aber besonders vielen Lepidodendron-Arten (Schuppenbaum-Gewächsen); und die Cathaysia- oder Gigantopteris-Flora im ehemals arktischen Bereich des heutigen Ostasiens. Die letztere ähnelt der euramerischen Flora, zeichnet sich aber durch viele einheimische Arten wie den Samenfarn Gigantopteris oder die zapfentragende farnartige Gattung Tingia aus.

Auf den Südkontinenten gedeiht die antarktokarbonische Gondwana-Flora mit Gattungen wie Glossopteris, Gangamopteris, Schizoneura und Cyclodendron.

Neue Nacktsamer: Bärlappgewächse

Um 300 Mio. Als neue Unterordnung der heterosporen (zweierlei Sporen besitzenden) Bärlappgewächse (Lycopodiales, → 390–210 Mio./S. 128) entwickeln sich die Lepidospermae. Sie bilden besondere Fruchtorgane aus, sind also Samenpflanzen (Nacktsamer).

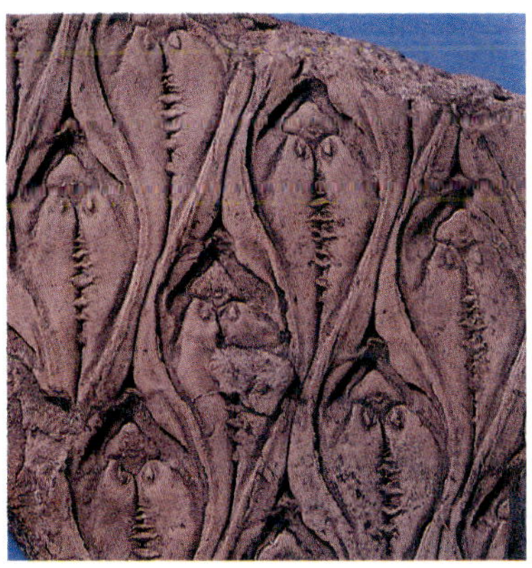

Ein Stück von der »Rinde« eines Lepidodendron-Stammes aus dem böhmischen Oberkarbon.

Artenreichtum bei Schachtelhalmen

Um 325 Mio. Im Rahmen der Pflanzenordnung Equisetales (eigentliche Schachtelhalmgewächse) entsteht neu die Unterordnung Equisetaceae mit zahlreichen Arten. Ihre Vertreter gleichen weitestgehend der heute noch existierenden Schachtelhalmgattung Equisetum.

Stammstück eines Schachtelhalms aus dem Oberkarbon von Dortmund (Zeche Minister Stein)

Anfänge moderner Farne

Um 325 Mio. Mit dem Auftreten der Pflanzenklasse Filicales (nach dem ein- bzw. mehrzellschichtigen Aufbau ihrer Sporangienwände werden sie in Lepto- und Eusporangiatae unterteilt) erscheinen die ersten »modernen« Farne, zu denen auch die heute noch existierenden Farnpflanzen gehören.

Echter Farn oder Farnsamer? Diese Frage stellt sich bei der Karbongattung Rhacopteris.

Die Untersuchung fossiler Filicales ist nicht unproblematisch, denn meist sind die filigran strukturierten und deshalb kaum fossilisierenden Fortpflanzungsorgane nicht überliefert. So läßt sich nicht eindeutig sagen, ob eine Pflanze mit farnblattrigem Laub wirklich zu den Filicales oder etwa zu den im System höher stehenden Farnsamern (Pteridospermen), also bereits zu den samentragenden Pflanzen, gehören. Aber auch dann, wenn die Zugehorigkeit zu den echten Farnen gesichert ist, etwa durch Sporenfunde, bereitet die systematische Zuordnung in vielen Fällen Schwierigkeiten. In der Mehrzahl der Fälle gehören die entsprechenden Pflanzen nämlich keiner heute noch existierenden Familie oder deren naher Verwandtschaft an, sondern es handelt sich um Einzelarten oder um Formengruppen, deren gegenseitige Beziehungen sich wegen ihres unvollkommenen Erhaltungszustandes nicht aufklären lassen.

Erste Nadelbäume erscheinen in Europa

310–270 Mio. Gegen Ende des Oberkarbons entwickeln sich in Europa die Nadelbäume. Diese Pflanzengruppe prägt ganz entscheidend das Landschaftsbild in den gemäßigten und subpolaren Breiten der Welt bis in die Gegenwart.

Erste Vertreter sind Arten der Gattung Walchia, die zu der Familie Lebachiaceen gehört. Insbesondere die Walchia piniformis ähnelt sehr der als »Zimmertanne« bekannten Araucaria excelsa und wurde deshalb auch lange als Araucaria angesehen. Die nicht sehr großen Nadelbäume bleiben recht schlank und haben schwach gekrümmte Nadeln, die manchmal kurz gegabelt sind.

Ein wichtiges Merkmal besteht darin, daß die Walchien bereits Zapfenträger (Koniferen) sind. Männliche und weibliche Zapfen wachsen an den Enden von Seitensprossen, sind beide länglich walzenförmig und gleichen einander äußerlich weitgehend. In den Achsen der weiblichen Zapfen befinden sich 6 bis 10 mm lange Kurztriebe, die sich aus einer Achse und einfachen, spiraligen, schuppenförmigen Blättern aufbauen. Eine der Schuppen auf der Innenseite des Kurztriebes ist fruchtbar und trägt an der Spitze einen Samen. Der Fruchttrieb läßt sich deshalb als Einzelblüte auffassen, der ganze Zapfen als Blütenstand. Dieses Prinzip gilt im Grunde für alle Koniferen. Bei den männlichen Zapfen tragen die Schuppen auf der Unterseite Pollensäcke.

Nicht nur hinsichtlich ihrer nadelförmigen Blätter und Zapfen sind die Walchien typische Koniferen. Auch ihr Holz entspricht dem der späteren Nadelbäume: Es zeichnet sich durch sekundäres Dickenwachstum aus, enthält im Gegensatz zum Holz der Laubbäume keine besonderen Leitgefäße, besitzt aber Harzzellen oder Harzgänge. Die in Zapfenform angeordneten Blüten sind eingeschlechtlich.

Im sogenannten Stefan (310–290 Mio.), der letzten Epoche des Oberkarbons, treten Walchien vereinzelt auf, im Rotliegenden (290 - 270 Mio.) bilden sie bereits große Bestände, die in Deutschland, Norwegen, England, Frankreich, Böhmen, Rumänien, Spanien und Kanada nachgewiesen sind.

Zwei Nadelbaumarten stehen am Anfang der Koniferenentwicklung: Walchia piniformis und Walchia filiciformis. Beide sind gegen Ende des Oberkarbons besonders in Thüringen häufig. Die Äste der weit verbreiteten ersten Art stehen in Etagen quirlig am Stamm und streben horizontal von diesem fort. Sie sind fiederartig verzweigt und über 50 cm lang. Walchia filiciformis ist ebenfalls von Nordamerika über Europa bis zum Ural verbreitet, aber weitaus seltener. Sie gleicht im Wuchs Walchia piniformis und unterscheidet sich von ihr in erster Linie durch stark sichelförmig gekrümmte Nadeln. Ihre weiblichen Zapfen sind mit 10 bis 20 cm rund doppelt so lang wie die der verbreiteteren Art, die männlichen sind kürzer (rund 2,5 cm) und entsprechen in etwa denen von Walchia piniformis.

Aus den Lebachiaceen entwickelt sich die an Arten und Individuen größte Nacktsamergruppe (Gymnospermen) der modernen Flora. Auf der Nordhalbkugel bildet sie heute einen fast geschlossenen Waldgürtel, während sie auf der Südhalbkugel weniger arten- und individuenreich verbreitet ist. Wichtige spätere Koniferenvertreter der Nordhemisphäre sind u. a. die Kiefern, Fichten, Tannen, Lärchen, Zypressen, Wacholder, Lebensbäume und Mammutbäume. Auf der Südhalbkugel sind heute vor allem die altertümlichen Araukariengewächse in vielen Gebieten zu Hause.

Zusammen mit der Gruppe der Cycadophytina (Palmfarne, Gnetum-, Ephedra- und Welwitschiagewächse) stellen die Coniferophytina die Unterabteilung Nacktsamer (Gymnospermae) der Samenpflanzen dar. Die Coniferophytina unterteilen sich in Ginkgogewächse (→ 360–325 Mio./S. 150) und Nadelhölzer. Die Nacktsamer bilden eine Übergangsstufe von den Farnsamern (→ 360–325 Mio./S. 150) zu den Bedecktsamern (→ 184–160 Mio./ S. 243). Sie spielen im späten Paläozoikum und auch im Mesozoikum (ab 250 Mio.) und Tertiär (66–1,7 Mio.) eine größere Rolle als heute.

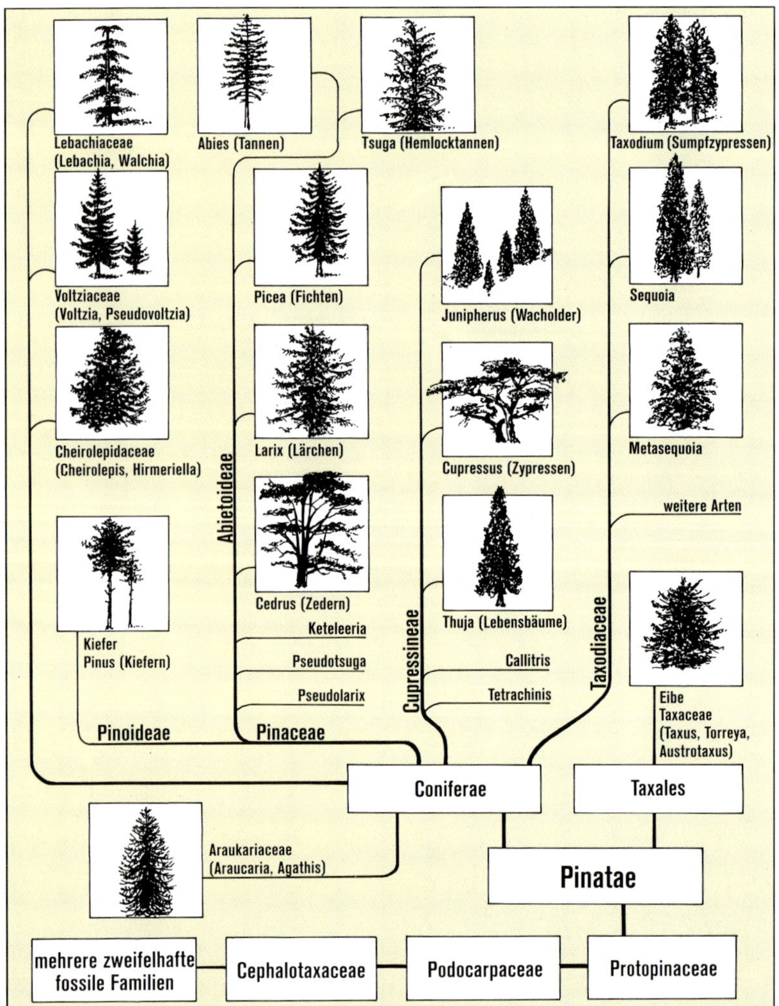

Walchia piniformis aus dem Rotliegenden des Thüringer Waldes

Ernestiodendron filiciforme, ein Nadelbaum der Lebachia-Familie

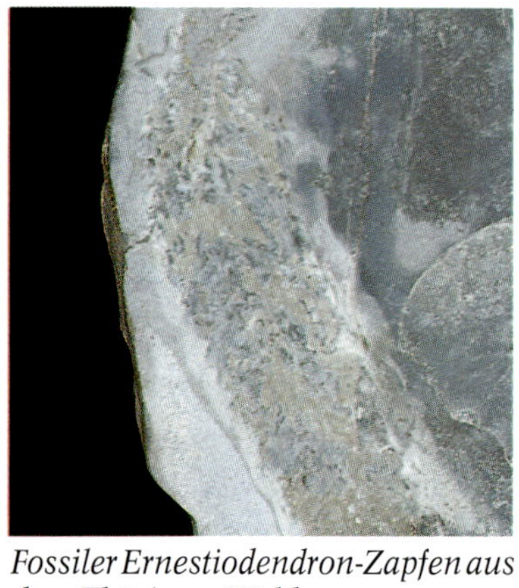
Fossiler Ernestiodendron-Zapfen aus dem Thüringer Wald

Konifere zweifelhafter Verwandtschaft: Ullmannia frumentaria

Zwischen Reptilien und Säugetieren

325–185 Mio. Mit den Pelycosauriern entwickelt sich eine neuartige Unterklasse von Reptilien, die Synapsiden oder säugetierähnlichen Reptilien. Als erste Ordnung treten die Ophiacodontia auf, schlanke Tiere, aus denen sich wenig später die Edaphosauria mit mächtigem Rückenkamm und die plumperen Sphenacodontia entwickeln. Die letzteren gelten als die frühesten Säugetiervorfahren. Die ersten zwei Ordnungen sterben im Perm (290–250 Mio.) aus, hinterlassen aber weiterentwickelte Formen; die Sphenacodontia erlöschen in der Untertrias (vor etwa 250 Mio.).

Im Unterschied zu anderen Reptilien, den Anapsida, aus denen später die Schildkröten hervorgehen, und den Diapsida, den Vorfahren der Eidechsen, Schlangen und Krokodile, besitzen die säugetierähnlichen Reptilien Schädelskelette mit tiefliegendem Schläfenfenster hinter den Augenhöhlen. Das gestattet möglicherweise die Entwicklung besonders kräftiger Kiefer und vor allem einer ausgeprägten Kiefermuskulatur. Sie sind erstmals mit drei unterschiedlichen Zahnarten ausgestattet: Mit Schneidezähnen zum Schneiden, Eckzähnen zum Reißen und Backenzähnen zum Kauen. Damit sind bei diesen Reptilien eindeutige Säugetiermerkmale gegeben.

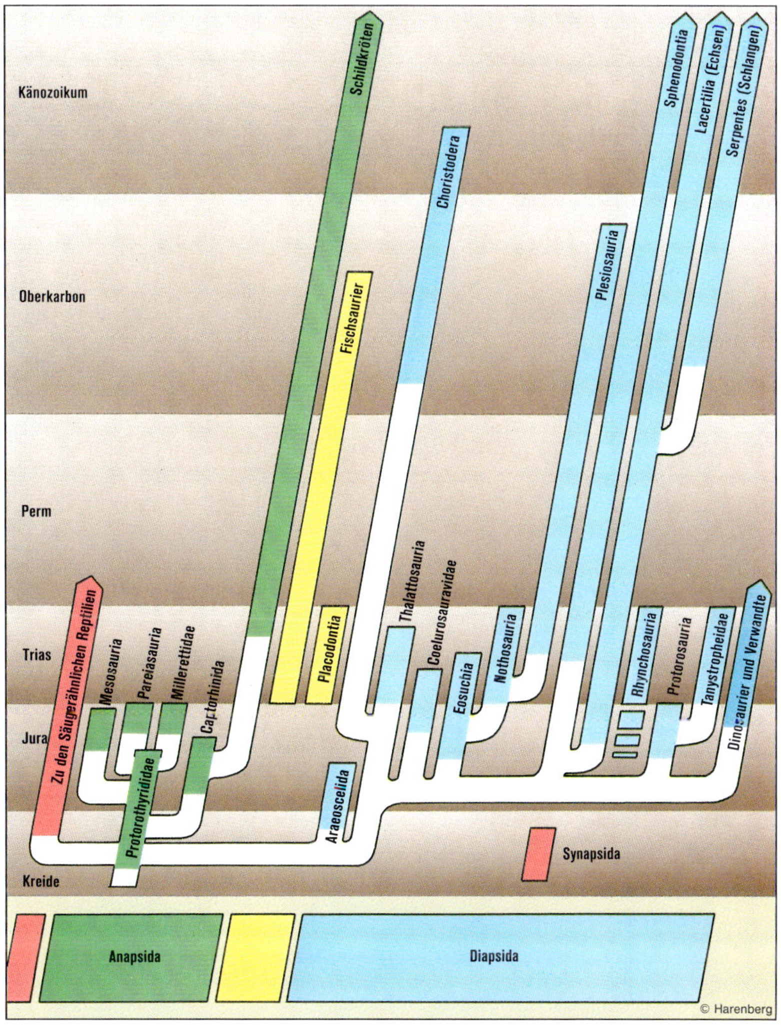

Schlangen- und Echsenvorfahren

325–290 Mio. Mit den eidechsenähnlichen Eosuchia, einer primitiven Reptilienordnung, die kleine, dünnbeinige Tiere umfaßt, erscheinen die ersten Vorfahren der meisten modernen Reptilien, u. a. der Echsen, der Schlangen, Brückenechsen und Krokodile, aber auch der Dinosaurier und Flugsaurier.

Erster Vertreter dieser zur Reptilienunterklasse Diapsida gehörenden Ordnung ist der Petrolacosaurus. Er lebt nur während des Oberkarbons in Nordamerika (Kansas) und ähnelt äußerlich sehr einer modernen Eidechse, fällt aber durch seine besonders langen Beine und seinen langen Schwanz auf.

Der 60 cm lange Thadeosaurus ist ein Diapside aus dem Oberperm.

Neue Panzerlurche bevölkern die Steinkohlensümpfe

325–290 Mio. In den Unterklassen Labyrinthodontia (→ 360–250 Mio./S. 158) und Lepospondyli (→ 290–270 Mio./S. 180) der Amphibien bilden sich neue Formen heraus.

In Mitteleuropa und Nordamerika leben rund halbmeterlange Panzerlurche (Stegocephale, Unterklasse Labyrinthodontia) mit kräftigen Gliedmaßen und einem langgestreckten dreieckigen Schädel, der an den eines Krokodils erinnert. Die in den Steinkohlensümpfen vorwiegend im Wasser lebenden Tiere stellen ein wichtiges Entwicklungsglied der Amphibien dar, denn in ihrer ganzen Erscheinung ähneln sie bereits sehr den Reptilien.

Neu unter den Lepospondyli, kleinen insektenfressenden Amphibien, die den heutigen Schlangen und Salamandern ähneln, ist das in Europa (Tschechoslowakei) und Nordamerika (Ohio) verbreitete Ophiderpeton. Es handelt sich dabei um ein schlangenähnliches Tier ohne jegliche Gliedmaßen und entsprechendem Skelettgürtel, der mit rund 230 Wirbeln ausgestattet ist. In derselben Ordnung (Aistopoda) erscheint in dieser Zeit auch das rund 1 m lange, dem Ophiderpeton ähnliche Phlegetonia.

Die neue Ordnung Nectridia, molchähnliche vierfüßige Amphibien mit seitlich abgeplatteten Schwimmschwänzen, ist in Europa und Nordamerika u. a. durch Sauropleura vertreten, ein schlankes Tier mit kurzem Schädel und sehr langem Schwanz, das in den kohlezeitlichen Sümpfen lebt.

Neu in der Unterklasse Lepospondyli der Amphibien ist im Oberkarbon der 15 cm lange Microsaurier Microbrachis.

Etwa 60 cm lang wird der Panzerlurch Diplovertebron punctatum, der in Mitteleuropas Sümpfen lebt.

Meganeura monyi ist mit 70 cm Spannweite eines der größten Insekten aller Zeiten. Sie lebt in den Sumpfgebieten und Mooren Mitteleuropas zusammen mit zahlreichen kleineren Insekten, die ihr als Nahrung dienen.

Riesenlibelle mit 70 cm Flügelspannweite

Um 300 Mio. Mit der Riesenlibelle Meganeura monyi tritt in West- und Mitteleuropa ein wahrer Gigant unter den Insekten in Erscheinung. Ihre Flügelspannweite von 70 cm wird nur von einer später im Perm (290 – 250 Mio.) lebenden nordamerikanischen Verwandten (Meganeuropsis) mit 75 cm Spannweite noch geringfügig übertroffen.

Meganeura gehört zur Gruppe Protodonata, die einen Übergang der heute ausgestorbenen geflügelten Insektengruppe Palaeodictyoptera zu den weltweit verbreiteten echten Libellen (Odonata) darstellt, die erstmals in der Trias (250–210 Mio.) auftreten. Zur Gattung Meganeura zählen neben den 0,75 m großen Exemplaren auch kleinere Insekten mit nur 2 cm Spannweite.

Wie bei den meisten Großlibellen bleiben bei Meganeura die vier starren, netzartig geäderten Flügel auch in der Ruhestellung seitlich horizontal vom Körper abgespreizt. Sie lassen sich nicht zusammenfalten und nur in vertikaler Richtung bewegen. Brust und Gliedmaßen dieses schnellen Fluginsektes sind recht primitiv gebaut. Der lange schlanke Hinterleib und der mächtige Kopf mit den großen Facettenaugen zeigen typische Libellenmerkmale. In warmen Sümpfen und Torfmooren leben sie zusammen mit zahlreichen anderen primitiven Insekten, wobei die kleineren ihnen als Nahrung dienen, die sie im Flug erbeuten. Über die Embryonalentwicklung ist nichts bekannt. Sehr wahrscheinlich spielt sie sich im Wasser der Sümpfe ab.

Streitfrage:

Erste Anzeichen für den Atlantik?

Um 290 Mio. Zwischen Südafrika und Südamerika (Paraguay/Uruguay) öffnet sich eine Meeresbucht, vielleicht eine erste Öffnung des späteren Atlantischen Ozeans. Indizien für die Existenz dieser Bucht sind Meeresfossilien in diesem Bereich. Die fossilführenden Schichten aus Meeressedimenten lassen sich unterschiedlich deuten. Mit der Wanderung des Südpols aus der Nähe Südamerikas in die Nähe Australiens um dieselbe Zeit kommt es zu großen wandernden Vereisungen (→ S. 161) auf dem Südkontinent. Der Meereseinbruch zwischen Südafrika und Südamerika kann deshalb auch isostatisch verstanden werden, d. h. daß eine mächtige Packlage von Gletschereis nach dem Abschmelzen eine tiefe Mulde zurückließ, die sich mit Meerwasser füllte. Handelt es sich indes bei der Meeresbucht in der Tat um ein erstes Anzeichen für den sich öffnenden Atlantik, dann müßten bereits im Oberkarbon die beiden Kontinente auseinanderzudriften beginnen. Dieses Ereignis setzt verstärkt erst in der Kreide (140–66 Mio.) ein.

Das Insektenauge – ein kompliziertes Orientierungs- und Kontrollinstrument

Was bei Meganeura (s. o.) und anderen frühen Libellen bereits deutlich auffällt, sind die ungewöhnlich großen Facettenaugen, wie sie für die meisten fliegenden Insekten charakteristisch sind.

Das Facettenauge ist vollkommen anders aufgebaut als das Auge der Wirbeltiere. Als typisches Beispiel läßt sich das Auge der heute noch bekannten Blauen Schmeißfliege beschreiben, das sich fast nur in der Größe und Zahl der Sehzellen von anderen Insektenaugen unterscheidet. Dieses Auge verfügt über 40 000 Sehzellen. Je sieben Zellen (bei anderen Insekten auch sechs oder acht) sind in einer Gruppe zusammengefaßt, die einer schlanken Tüte gleicht. Diese Tüte ist seitlich von einer undurchsichtigen Hülle eingeschlossen. Jede Sehzelle empfängt Licht nur über ihr eigenes Linsensystem.

Die Linsen jeweils einer Sehzellengruppe erscheinen an der Oberfläche des Gesamtauges als einzelne kleine Facette. Man nennt diese Sehzellengruppe einschließlich Linsensystemen und Hüllzellen Ommatidium (»kleines Auge«). Tausende solche Ommatidien (bei der Schmeißfliege rund 5500) stehen wie ein Stachelpolster dicht an dicht nebeneinander. Jede einzelne Sehzelle überwacht einen sehr engen Raumwinkel hinsichtlich der Helligkeit, Farbe (Wellenlänge) und Schwingungsebene (Polarisation) des Lichtes. Die verschiedenen (sechs bis acht) Sehzellen eines jeden Ommatidiums besitzen hierfür etwas unterschiedliche Eigenschaften. Jede Zelle reagiert auf eine andere Vorzugsrichtung bei der Polarisation des Lichtes, und einige von ihnen sprechen besonders stark auf bestimmte Lichtfarben an. So aktivieren unterschiedliche Lichtwellenlängen und unterschiedliche Schwingungsebenen verschiedene Gruppen von Sehzellen. Im ganzen Auge entsteht auf diese Weise ein Reizmuster. Dieses Muster wird von einigen hunderttausend hinter dem Auge gelegenen Nervenzellen in wenigen Hundertstelsekunden ausgewertet und zu Form und Farbe eines wahrgenommenen Objektes umgesetzt.

Zum anderen werden dem Sehzellenraster auch Polarisationsmuster und Informationen über die etwaige Bewegungsrichtung und Geschwindigkeit des gesehenen Gegenstands entnommen. Die Bewegungsabläufe werden vom Nervensystem aus Bildverschiebungen im Bereich des gesamten Auges rekonstruiert. Das macht das Insektenauge außerordentlich reaktionsschnell. Es kann Bewegungen innerhalb weniger Hundertstelsekunden auswerten, und das Tier kann in weniger als einer Zehntelsekunde darauf durch Flucht- oder etwa Fangreflexe reagieren. Verschmelzen für das menschliche Auge 20 oder mehr Lichtblitze pro Sekunde zu einem kontinuierlichen Lichteindruck, so geschieht das für das Insektenauge erst bei mehr als 200 Lichteindrücken pro Sekunde. Die an das Insektenauge anschließenden optischen Nervenzentren entsprechen in ihrer Datenverarbeitungsleistung einem modernen Computer.

Kleiner Hai in sumpfigen Binnenseen

Um 300 Mio. In Tümpeln und sumpfigen Seen Europas und Nordamerikas lebt ein erster kleiner Süßwasserhai, Xenacanthus (in der älteren Literatur als Pleuracanthus bekannt). Wie alle Haie gehört er zu den Knorpelfischen (→ 360–325 Mio./S. 157). Die Knorpel seines Skeletts sind durch Kalkprismen versteift. Auch sein Schädelskelett besteht fast ausschließlich aus Knorpel. Eine Ausnahme bilden nur die zahlreichen dreigespitzten Zähne. Jeder Zahn dieses räuberisch lebenden Fisches besitzt zwei große Spitzen, zwischen denen eine kleinere steht. Auffällig ist ein langer, dünner Stachel aus Zahnbein (Dentin), der vom Schädeldach aus schräg nach oben und hinten reicht und an dessen Hinterseite zwei sägezahnartige Zahnreihen stehen. Die Funktion dieses Fortsatzes ist unbekannt.

Der nur 50 bis 70 cm lange Hai besitzt einen schlanken, langgestreckten Körper mit einem ebenso schlanken, langen Schwanz, der wie bei den Knochenfischen unverkürzt ist. Mit nur einer kurzen Unterbrechung verläuft die Rückenflosse vom Kopf bis zum Schwanzende. Die Form der vorderen Bauchflossen ähnelt erstaunlicherweise denen heute in Australien lebender Lungenfische: Sie haben eine gegliederte Mittelachse, um die sich Seitenstrahlen ordnen.

In den sogenannten Jeckenbach-Schichten des Unteren Rotliegenden von Heimkirchen bei Kaiserslautern fand sich dieses Fossil eines Süßwasserhais der Art Orthacanthus senckenbergianus, der zu den Xenacanthiden zählt.

Stabiles Klima hält Artentod in Grenzen

Um 290 Mio. Zum Ende des Karbons sterben nur relativ wenige Pflanzen- und Tierarten aus. Das im großen und ganzen stabile Klima des Karbons unterstützt wahrscheinlich diese Entwicklung der Flora und Fauna.

Als ganze Tierklasse gehen allerdings die Edrioasteroidea zugrunde. Das sind seit dem Unterkambrium (→ 590–545 Mio./S. 60) existierende Stachelhäuter mit einem flexiblen, scheiben- oder sackförmigen Körper, deren fünf Skelettfelder aus einzelnen Platten aufgebaut sind, die nur von der Haut zusammengehalten werden. Die Tiere lebten überwiegend seßhaft auf dem Boden der küstennahen Flachmeere.

Mit den Panzerfischen (Placodermi, → S. 99), die im Obersilur (420–410 Mio.) erstmals auftraten und ihre Hauptverbreitung im Devon (410 bis 360 Mio.) hatten, stirbt noch eine zweite Tierklasse aus.

Fossilien liefern Zeitmarken zur Gliederung des Karbons

325 – 290 Mio. Wie andere erdgeschichtliche Ären weisen auch die geologischen Schichten des Karbons bestimmte Fossilien tierischer oder pflanzlicher Herkunft auf, die eine genaue Datierung des jeweiligen Sediments ermöglichen. Zu den geeigneten pflanzlichen Leitfossilien dieses Zeitraums gehören unter den höheren Sporenpflanzen insbesondere die Bärlappgewächse, die durch verschiedene Arten der hochwüchsigen Siegelbäume (Sigillaria, → 360–325 Mio./S. 148) sowie der kleineren Schuppenbäume (Lepidodendraceae, → 360–325 Mio./S. 147) vertreten sind.

Typisch für das gesamte Unterkarbon sind unter den Schachtelhalmen (Articulatae) die baumförmigen Asterocalamitaceae und bis hinein ins Perm die Calamitaceae, baumgroße Pflanzen von beträchtlicher Größe mit sekundärem Dickenwachstum der Stämme. Für dieselbe Ära sind die meistens lianenhaft rankenden Keilblattgewächse (Sphenophyllaceae, → 375–360 Mio./S. 137) bezeichnend. Ganz hervorragende Leitarten liefern während des gesamten Karbons auch die zahlreichen neuen Farngewächse (Filices).

In kalkhaltigen Meeressedimenten stellen in erster Linie die Algen als Gesteinsbildner bedeutende Leitfossilien.

Ein wichtiges Entwicklungsmerkmal ist der Übergang von der Vermehrung durch Sporen zur Samenbildung bei den Farnsamern (Pteridospermae, → 360–325 Mio./S. 150) und Cordaiten (→ S. 147), gegen Ende des Oberkarbons auch bei den ersten Nadelbäumen mit der Leitart Walchia (→ S. 166).

Im Bereich der Fauna bewähren sich die in großer Artenzahl mit z. T. sehr unterschiedlichen Formen auftretenden Kopffüßer als gute Altershinweise. Hervorragende Leitfossilien liefern die Muscheln. Besondere Bedeutung für die Klassifizierung der Kalksedimente kommt den Korallen zu. Unter den Armfüßern besitzen vor allem die Productiden, z. T. auch noch die Spiriferiden, den Charakter von Leitarten. Unter den Trilobiten finden sich noch markante Leitformen (Phillipsiae).

Bei den Landlebewesen sind die in zahlreichen neuen Arten auftretenden Insekten markant für verschiedene geologische Horizonte. Stratigraphisch wichtige Wirbeltiere sind die Panzer- und Knochenfische sowie die Amphibien, die viele neue Arten entwickeln. Im Oberkarbon kommen die Reptilien als neue Leitfossilien hinzu.

Schließlich eignen sich auch mehrere Einzeller als gute Bestimmungshilfe, allen voran Großforaminiferenarten (→ 360–290 Mio./S. 151), die jetzt mit den Fusulinen einen entwicklungsgeschichtlichen Höhepunkt erreichen.

Die Schachtelhalmart Sphenophyllum emarginatum ist eine charakteristische Pflanze für die Schichten des Oberkarbons. Fossil vom Piesberg bei Osnabrück

Die Goniatitengattung Gastrioceras stellt Leitfossilien für das Karbon. Sie gehören einer Ordnung der Ammonoidea an und werden auch »Altammoniten« genannt.

Trockene Hitze bestimmt das Gesicht der Welt

Die zeitliche Gliederung

Das Perm umfaßt einen Zeitraum von 40 Mio. Jahren, der nach dem heutigen Stand der paläontologischen Forschung vor 290 Mio. Jahren beginnt und vor 250 Mio. Jahren endet. Die ältere Literatur setzt das Perm 20 Mio. Jahre später an, und zwar von 270 bis 230 Mio. Jahren vor heute. Die Bezeichnung Perm geht – nach Murchison, 1841 – auf die russische Provinz gleichen Namens westlich des Urals zurück. 1859 und 1861 unternahmen die Paläontologen Marcou und Geinitz den Versuch, das Perm in »Dyas«, die »Zweigeteilte«, umzubenennen, doch setzte sich dieser Begriff nicht durch. Das Wort sollte auf die alte Zweiteilung in Rotliegendes und Zechstein hinweisen, Termini, die für die mitteleuropäischen Verhältnisse sinnvoll sind und im Mansfelder Kupferschieferbergbau seit Jahrhunderten gebräuchlich waren. Als »rotes totes Liegendes« bezeichneten die damaligen Bergleute den roten Sandstein, der oft unter dem von ihnen abgebauten Kupferschiefer lag. »Zechstein« nannten sie den Kalkstein, aus dem sie ihre Zechengebäude errichteten. Heute belegen Geologen mit diesen Begriffen die rote Sandsteinformation im Unterperm und die typischen Carbonat- und Salzsedimente im Oberperm.
Diese Zweiteilung ist für den größten Teil der Nordhemisphäre kennzeichnend und geht auf klimatische Ursachen zurück:

Rotliegendes	(290 – 270 Mio.)
Zechstein	(270 – 250 Mio.)

Geographische Verhältnisse

Paläomagnetische Messungen zeigen, daß sich die Lage der Ozeane, der Festlandblöcke und der großen Sedimentationsräume im Perm nicht wesentlich von jener im vorausgehenden Karbon unterscheidet. Der Nordpol liegt in unmittelbarer Nähe von Kamtschatka, der Südpol zentral in der Antarktika. Der Äquator verläuft durch das westliche »Urmittelmeer« (Tethys), durch das nordamerikanische Golfgebiet und durch Nordafrika. Im Westen der Tethys berühren Nord- und Süderde einander. Die Norderde ist ein in sich mehr oder weniger geschlossener Großkontinent aus Asien, Europa und Nordamerika. Wie im Karbon bilden die heutigen Landmassen Afrikas, Südamerikas, der Antarktis, Australiens sowie Indiens und Arabiens zusammen den Südkontinent Gondwana, in den sich nur ein schmaler epikontinentaler Meeresarm zwischen Südafrika und Südamerika schiebt.
Typisch für das Perm sind vor allem auf der Nordhalbkugel weite, flache Sedimentationsbecken, die im Zechstein größtenteils aufgrund des trockenen Klimas auf der Norderde zu Eindampfungsbecken werden. Besonders ausgedehnt ist in Europa das Mitteleuropäische Permbecken, das sich von Schottland bis zu den polnischen Mittelgebirgen erstreckt und im Zechstein überflutet ist. Kleinere Sedimentationsbecken liegen südlich dieses Zechsteinbeckens in großer Zahl im gesamten Gebiet von der Iberischen Halbinsel bis zum Balkan. Eine besonders ausgedehnte Beckenlandschaft erstreckt sich hier längs der südosteuropäischen Nordküste des permischen Mittelmeers von der Toskana bis auf den Balkan. Den Osten Europas nimmt das Russische Permbecken ein, das über die Osthälfte des europäischen Rußlands von Moskau bis zum Ural reicht. Im Inneren des heutigen Sibiriens, dem permischen Angara-Land, dehnen sich zwischen Bergketten die Becken von Kusnezk und Minussinsk, im Norden das Tunguska-Becken und im Südwesten das Becken der Kirgisischen Steppe aus. In Nordchina, im Cathaysia-Land des Perms, liegt das Schansi-Becken.
Zu einer mit der Ural-Vorsenke vergleichbaren Bildung kommt es in Nordamerika. Hier entwickelt sich die Appalachen-Vorsenke, die überflutet wird und sich zum Midcontinent-Becken ausweitet.
Die permischen Ozeane nehmen das Gebiet des heutigen Pazifiks und der heutigen Antarktis ein. Die Tethys, das permische Mittelmeer, reicht von den Pyrenäen entlang dem Gürtel der heutigen Alpen, Karpaten und des Himalaja bis nach Japan.

Gebirgsbildung und Vulkanismus

Während des Rotliegenden klingen regional die letzten Bewegungen der variszischen Gebirgsbildung (→ S. 162) aus, soweit sie – wie etwa in Europa – nicht schon im Oberkarbon ein Ende gefunden haben. Im Zusammenhang damit kommt es auf der Nordhalbkugel zu heftigem Vulkanismus. In den Kernen der aufgefalteten Gebirgsmassive dringen vom Erdmantel her magmatische Gesteinsmassen empor. Besonders im Rotliegenden gelangen sie nur selten bis an die Erdoberfläche. Sie erstarren im Inneren der Erdkruste langsam zu oft mächtigen Granitmassiven. Im Oberperm erreichen die glutflüssigen Massen häufig die Erdoberfläche oder zumindest oberflächennahe Regionen. Dort erstarren sie teils subvulkanisch als Granitporphyre, teils fließen sie als Laven in mächtigen Strömen in Gebirgstäler und Randsenken, oder sie überdecken als Flugaschen (Tuffe) weite Gebiete. Häufig kommt es auch zu umfangreicher Gesteinsneubildung in Form von Schmelz-Tuffen. Da die Gebirgsbildung nicht kontinuierlich, sondern in Schüben verläuft, spielen sich auch die vulkanischen Prozesse zeitweise mehr oder weniger intensiv ab. Beide Vorgänge bewirken eine bedeutende Umgestaltung des Erdreliefs auf den Nordkontinenten. Durch vulkanisch bedingte Massenverteilung kommt es lokal zu Senkungen. Zahlreiche kleine »vulkanotektonische« Becken bis zu 100 km² Größe entstehen. In tektonischen Gräben bilden sich sogenannte intramontane (zwischen den Bergen gelegene) Tröge bis zu 20 000 km² Größe wie der Saale-Trog oder der Saar-Nahe-Lothringen-Trog. Die größten permischen Beckenlandschaften sind ihrem Charakter nach variszische Vorsenken, die sich längs der aufgefalteten Gebirgsmassive erstrecken.

Klimatische Verhältnisse

Bereits gegen Ende des Oberkarbons wandelt sich das Klima auf der Nordhalbkugel von feuchtwarm zu trockenwarm, zum

ariden hin. Dieser Prozeß setzt sich im Verlauf des Perms im großen und ganzen fort, wird aber von größeren und kleineren zyklischen Klimaperioden mehrfach überlagert. Im Gebiet der Meere kommt es zu Klimaverlagerungen, was ein Wandern des Riffgürtels belegt. In West- und Mitteleuropa geht die Kalkbildung in den Meeren zurück, dagegen entstehen mächtige Riffe in der Arktis (Spitzbergen, Ostgrönland, Alaska), in Osteuropa bis zum Ural, in Zentral- und Südasien und in Nordamerika. Doch ist das Perm im allgemeinen kalkärmer als das Karbon.
Auf den Kontinenten der Nordhalbkugel kommt es regional zu großer Trockenheit, was sich in der Bildung von mächtigen Rotsedimenten und vor allem in den umfangreichen Salzablagerungen dieser Zeit ausdrückt. Zunächst schieben sich mehrfach noch feuchtere Perioden ein (Kohlenbildung), bis sich gegen Ende des Rotliegenden die Trockenheit definitiv durchsetzt. Ihren Höhepunkt erreicht die Salzbildung durch Eindampfung im gesamten Zechstein in Mitteleuropa, auf der Russischen Tafel und in weiten Bereichen Nordamerikas.
Obwohl der Südkontinent als Ganzes dem Äquator näherrückt, ändert sich das Klima auf der Südhalbkugel gegenüber dem des Karbons nicht grundsätzlich. Zwar wird es im Norden Gondwanas etwas wärmer, doch bestehen die weiten Vereisungen auf diesem Großkontinent fort. Lediglich die Hauptvereisungszentren verschieben sich infolge der Wanderung des Südpols. Unter Gletschern begraben liegen nach wie vor große Gebiete in Vorderindien, Südafrika, Südamerika, Australien und der Antarktis.

Bedeutende Lagerstätten entstehen

Aufgrund verschiedener Ursachen, vor allem klimatischer Besonderheiten, aber auch infolge des permischen Vulkanismus, kommt es zur Bildung umfangreicher Lagerstätten heute wirtschaftlich wichtiger Gesteine und Kohlenwasserstoffe.
In Mitteleuropa setzt sich bis zu einem gewissen Grad die Kohlenbildung fort. Größere permische Steinkohlenvorkommen entstehen in der Ural-Senke (bei Ufa und im Petschora-Gebiet), in Zentralsibirien (Kirgisisches Becken, Kusnezk- und Minussinsk-Becken, Tunguska-Becken) und im nordchinesischen Schansi-Becken. Vereinzelt kommt es auch auf dem Gondwana-Kontinent zu Steinkohlenbildung (Südafrika, Indien, Australien). Die permischen Kohlenvorkommen entstehen im Gegensatz zu den karbonischen nicht in tropisch-warmen Sumpfgebieten, sondern in Mooren gemäßigter Klimate, die sich periodisch – besonders im Rotliegenden – während der vorübergehenden regenreicheren Zeiträume bilden. Im Mitteleuropäischen Zechstein-Becken (bei Werra, Staßfurt, Leine und Nowa Sol), im Vorural-Becken (bei Solikamsk und in der Kaspischen Senke) sowie im nordamerikanischen Midcontinent-Becken (besonders in Texas) lagern sich mächtige Kali- und Steinsalzmassen ab.
Entstehungsgeschichtlich mit den Salzformationen verbunden ist im Lagunenbereich die Bildung bedeutender Kohlenwasserstofflagerstätten. So führt der mitteleuropäische Zechstein in schmalen Gürteln Bitumen; in Texas und ebenso in der Kaspischen Senke werden bedeutende Erdöl- und Erdgasmengen gespeichert.
Im Raum von Niedersachsen bis zum Südharz sowie in Thüringen sedimentiert Calciumsulfat, das heute wirtschaftlich als Gips in der Baubranche und als Chemierohstoff bei der Herstellung von Schwefelsäure eine Rolle spielt. Sein Ursprung liegt im Zechstein. In diesem Zeitraum bilden sich auch bedeutende Dolomitvorkommen in Europa.
In Grenzbereichen zwischen den sauerstoffarmen Wässern der Steinkohlensümpfe oder der eindampfenden Lagunen und den trockenen Zonen mit sauerstoffreichem Grundwasser werden in großem Umfang Sulfide ausgefällt. Hier kommt es besonders zur Entstehung von Kupfer-, Blei- und Zinkerzen. Bedeutende Lagerstätten dieser Art bilden sich auch als Kupferschiefer bzw. Kupfermergel im Osten Mitteldeutschlands (Mansfeld, Sangerhausen, Lausitz, Dolny-Stask), als »Sanderz« (Richelsdorf) und als Kupfersandstein in der Uralvorsenke. Ebenso entstehen die Uranerze Westsachsens.
Auch im Umfeld von untermeerischen Vulkanen kommt es zu lebhafter Bildung sulfidischer Erze. Hier spielen hydrothermale Prozesse eine Rolle, wobei Meerwasser in Heißzonen der Erdkruste eindringt, sich erhitzt und Gestein anlöst. Die spätere Abkühlung führt zu Übersättigung, und die Erze fallen aus.

Pflanzen- und Tierwelt

Die für das sogenannte Paläophytikum charakteristische Vorherrschaft der Schachtelhalmgewächse (Articulata), der Bärlappgewächse (Lycophyta) und der Baumfarne (Pteridophylla), die der Fachmann Pteridophyten-Flora nennt, erliegt schon während des Rotliegenden dem sich ändernden Klima, denn diese Pflanzengruppen vertragen die zunehmende Trockenheit schlecht. Zuletzt sind sie noch – bereits gemeinsam mit den in den Vordergrund tretenden Nacktsamern – an der Entstehung der unterpermischen Steinkohlenlager beteiligt. Kennzeichnend für die Weiterentwicklung der Nacktsamer ist vor allem die rasche Verbreitung der Nadelhölzer.
Unter den Einzellern setzt sich die schon im Karbon begonnene Blütezeit der Großforaminiferen (→ 360–290 Mio./S. 151) fort. Riesenformen wie die Fusulinen und Schwagerinen (→ S. 177) dominieren. Vor allem Schwämme (Spongia) und Korallen (Anthozoa) sind als riffbildende Organismen auf der Nordhalbkugel weit verbreitet, und zwar sowohl in Flachmeeren wie in den weiten permischen Lagunen. In ihrer Bedeutung als Riffbildner werden sie speziell in den Lagunenbereichen aber noch von den Moostierchen (Bryozoa) und besonders von Bakterien (Stromatolithen) übertroffen.
Muscheln und Schnecken sind weiterhin verbreitet, während die Armfüßer sich nicht weiterentwickeln und arten- wie individuenmäßig stark zurückgehen. Bei den Kopffüßern treten bereits jetzt die im ganzen Mesozoikum (250 – 66 Mio.) dominierenden Ammoniten in den Vordergrund. Eine untergeordnete Rolle spielen im Perm die Stachelhäuter (Echinodermata). Die Gliederfüßer (Arthropoden) bringen die letzten Trilobiten hervor; im Meer entwickeln sich dafür stärker die Decapoden, im Süßwasser die kleinen Krebse der Ordnung Conchostraca. Auf dem Festland sind Insekten häufig. Die Wirbeltiere sind mit zahlreichen Meeres-, Lagunen- und Süßwasserarten vertreten, aber auch in kontinentalen Räumen finden sich weiterentwickelte Amphibien und zunehmend an das Landleben angepaßte Reptilien.
An der Wende zum Zechstein kommt es zu weiträumigen Überflutungen und damit zur Entstehung ausgedehnter epikontinentaler Flachmeeresbecken. Dabei werden zahlreiche marine Tiere in diese neuen Meeresgebiete mit eingespült, die aber im Lagunenmilieu nicht lebensfähig sind und rasch absterben. Sie sind vielfach fossil belegt.

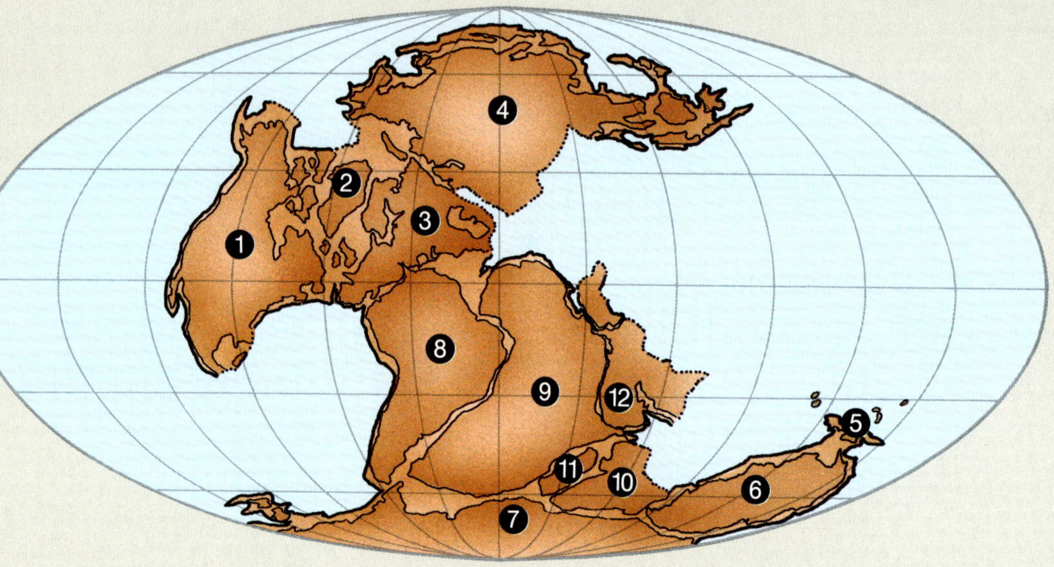

Der alle Landmassen der Erde umfassende Großkontinent (Pangaea), der seit dem Oberkarbon besteht, ist bemerkenswert stabil. Seit seiner Bildung ist er noch geringfügig kompakter geworden: Der Meeresarm, der breit zwischen Europa und Asien hineinreichte, hat sich inzwischen weitgehend geschlossen. Alle Kontinentalmassen liegen jetzt zwischen 120° West und 150° Ost, die meisten zwischen 60° West und 60° Ost. Die einzelnen Gebiete entsprechen folgenden heutigen Landmassen: Nordamerika (1), Grönland (2), Europa (3), Asien (4), Südamerika (8), Afrika (9), Arabien (12), Madagaskar (11), Indien (10), Antarktis (7), Australien (6), Neuguinea (5).

290–270 Mio.

Das Rotliegende

Um 290 Mio. Am Ostrand Europas verwandelt sich das geosynklinale Uralgebiet in eine flache Lagune. → S. 174

Im Reich der Insekten entwickeln sich Steinfliegen (Plecoptera), Schnabelfliegen (Mecoptera) und erste Netzflügler (Neuroptera). Auch die ersten Käfer (Coleoptera) erscheinen mit heute meist ausgestorbenen Gattungen. Daneben bevölkern Geradflügler (Orthoptera) wie Heuschrecken, Ohrwürmer usw. das Land. → S. 178

290–280 Mio. Im Döhlener Becken, einer Senke bei Dresden, lagern sich über 700 m mächtige Molasse-Sedimente (Brandschiefer, Steinkohle, Kalkstein) ab. Die Schichten führen zahlreiche Fossilien. In Manebach bei Ilmenau fossilisieren in den Molasse-Sedimenten des Saale-Troges über 60 Pflanzen- und 15 Tierarten.

290–270 Mio. Auf der Südhalbkugel entwickelt sich der Samenfarn Glossopteris. Die Farnunterordnung Königsfarne (Osmundaceae) ist dagegen auf den Nordkontinenten verbreitet. → S. 175

Wesentliche klimatographische und geographische Veränderungen treten ein: Nach einer langen Feuchtigkeitsperiode wird das Wetter im Unterperm – besonders auf der Nordhalbkugel – zunehmend trocken. Wüsten, Salzlagunen und Salzseen entwickeln sich. Es entstehen Steinsalz- und Kalilager. → S. 173

In Nordamerika und Ostgrönland, in Europa und Sibirien (Angara-Land) entstehen mächtige Roterde-Ablagerungen (Sandstein). → S. 173

Auf dem Angara-Kontinent (Sibirien) läßt sich deutlich ein Schwerpunkt der Kohlenbildung in gemäßigt warmen, feuchten Klimaten erkennen. – In Europa entstehen noch vereinzelt Kohlenlager in Süßwassermooren.

Es herrscht Geokratie, d. h. das Festland herrscht gegenüber dem Meer vor; das Meer hat sich weitgehend von den Kontinenträndern zurückgezogen.

Während die Karbon-Flora langsam ausstirbt, kommt es zu einem ersten Mengenauftreten von Koniferen (Gattung Walchia, → S. 175). Auch die sogenannte Kupferschiefer-Flora des Zechsteins kündigt sich bereits an.

Mit mehreren Gattungen treten erste Laubmoose (Musci) auf, was durch zahlreiche fossile Laubmoosfunde aus dem Perm Sibiriens belegt wird. → S. 175

Die seit dem Karbon (360–290 Mio.) bekannten Ginkgo-Gewächse entwickeln sich rasch weiter. Ihre weiteste Verbreitung erfahren sie aber erst vor 215 bis 115 Mio. Jahren.

Mit der Ordnung Cycadales, farn- bis palmförmige Pflanzen bis zu Baumgröße, entsteht die Klasse der cycadeenartigen Gewächse (Cycadophyta). → S. 175

Die ältesten, unzweifelhaften Vertreter der Nesseltierunterklasse Octocorallia sind erstmals im Perm sicher nachweisbar. Fossil überliefert sind ihre kalkigen Röhren oder ihr Stützskelett (Skleren).

Erstmals erscheint die Foraminiferenunterordnung Rotaliina, große Einzeller mit einer beachtlichen Formenvielfalt, die wertvolle Leitfossilien darstellen.

Neu im Stamm der Schwämme (Porifera) ist die Ordnung Pharetronida. Es handelt sich dabei um Kalkschwämme mit einem dickwandigen Skelett.

Die Familie Chaetangiaceae aus dem Stamm der Rotalgen (Rhodophyta) läßt sich erstmals nachweisen.

290–250 Mio. Hauptpflanzen in den Kohlenlagern Koreas bis Sumatras sind Vertreter der Farnsamerordnung Gigantopterides, riesige Pflanzen mit großen gegabelten oder gelappten Blättern.

Vertreter der Reptilienordnung Pareiasauria erscheinen. Einige Arten dieser großen Tiere mit kräftigen Gliedmaßen besitzen einen knöchernen Panzer.

Die Familie umfaßt wuchtig gebaute Pflanzenfresser mit schweren Gliedmaßen. Manche Arten werden bis zu 3 m lang. Die ersten Pareiasauria leben in Afrika, später wandern sie auch nach Europa und Asien aus (→ 270–250 Mio./ S. 188).

In Nordamerika entwickelt sich durch Überflutung des Midcontinent-Beckens von Süden her die Appalachen-Vorsenke. In Mitteleuropa lagern sich regional Kupferschiefer ab.

Die kühl-klimatischen Kohlengebiete Südafrikas rücken äquatorwärts vor und geraten damit in einen Klimawechsel. Das Wetter wird hier wärmer und zugleich trockener. → S. 173

Weltweit herrschen heftiger Plutonismus und Vulkanismus. Dabei kommen besonders oft sogenannte Glutwolkenausbrüche vor. → S. 174

290–210 Mio. Procolophonia, eine Unterordnung der Cotylosaurier mit zwei sehr unterschiedlichen kleinwüchsigen Reptilgruppen, sind in Europa und Südafrika – vermutlich aber sogar weltweit – verbreitet. In den Lagunen und Epikontinentalmeeren dieser Zeit leben Vertreter der Kopffüßerordnung Ceratitida. Diese Tiere mit planspiraligen Außengehäusen gehören zu den Ammonitenartigen. → S. 177

290–140 Mio. Vom Rotliegenden bis zum Oberjura (160–140 Mio.) treten des öfteren fossile Koniferen (Nadelbäume) auf, deren systematische Stellung bisher noch unsicher ist.

Vertreter der neuen Kopffüßerordnung Phragmotheutida bewohnen die Meere. Wesentliche Merkmale dieser Tiere sind ihre zehn Fangarme mit Häkchendoppelreihen sowie ihre dreiteilige Innenschale. Neben den Phragmotheutida sind in den Meeren dieser Zeit noch zwei weitere Kopffüßerordnungen mit Innenskelett vertreten, die Teuthoidea und die Aulacocerida. → S. 177

Um 288 Mio. Die saalische Gebirgsbildung, eine sehr späte Phase der variszischen Orogenese (→ 390–375 Mio./S. 131), spielt sich ab. → S. 174

Um 280 Mio. In Mitteleuropa leben reptilartige Amphibien der Art Chelydosaurus germanicus sowie Amphibien der Art Discosauriscus pulcherrimus.

In Nordamerika leben zahlreiche 3 bis 4 m große Echsen aus der Gruppe Pelycosauria (Arten Edaphosaurus pogonias, Dimetrodon incisivus u. a.). Daneben kommen kleine Raubreptilien der Art Varanosaurus acutirostris vor.

In Nordamerika leben primitive reptilartige Vierfüßer der Gattungen Diadectes und Seymouria. Diadectes ist vor allem in Texas verbreitet. Das Tier gehört mit rund 3 m Länge und einem massiven Körperbau zu den schwersten Vierfüßern des Unterperms. Auf Grund seiner Skelettbauweise ließe es sich als Reptil betrachten, doch widersprechen dieser Zuordnung gewisse Schädelmerkmale. Sein Gebiß läßt vermuten, daß Diadectes ein Pflanzenfresser ist. → S. 180

In Südafrika erscheint eine der ersten Wasserechsen (Mesosaurus tenuidens). Die 1 m langen fischfressenden Echsen stammen als Reptilien nicht von Wasser-, sondern von Landtieren ab. Sie stellen die ersten Lebewesen dar, die vom Land ins Wasser zurückkehren und sich anatomisch wieder an diesen Lebensraum anpassen, so z. B. durch einen sehr schlanken Körper.

Um 270 Mio. Gegen Ende des Unterperms geht die Vergletscherung in Australien und anderen Gebieten der Südhalbkugel zurück.

Zu den im Unterperm aussterbenden Tierordnungen gehören die Armfüßerordnung Orthida, die Moostierchenordnung Cryptostomata und die Reptilienordnung Pelycosauria. Auch die Calyptoptomatida, eine Klasse schalentragender Weichtiere mit konischen Gehäusen sowie die Steinkorallenordnungen Rugosa und Tabulata überleben das Perm nicht. → S. 177

Rotsedimente in der »painted desert«, der »bunten Wüste« in Arizona: Solche Ablagerungen sind typisch für trockene, vegetationsarme Regionen.

In den Sedimenten des Unteren Rotliegenden von Odernheim bei Bad Kreuznach versteinerte ein Fisch der Gattung Paramblypterus.

Rote Sedimente als Zeugnis pflanzenarmer Landschaft

290–270 Mio. Zwei Prozesse formen die Landschaften auf der Nordhalbkugel: Die schnell voranschreitende Zerstörung des Variszischen Gebirges (→ 390–375 Mio./S. 131) durch Verwitterung und die zunehmende Trockenheit. Das Land versteppt und verwüstet, und so ist der Abtragung durch Wind und durch die seltenen, aber heftigen Regenfälle der Weg geebnet. In den Erosionsgebieten kann die Vegetation nur schwer Fuß fassen, die biologischen Wasserspeicher fehlen, das Land trocknet weiter aus. Der Boden verhärtet, und gelegentliche Niederschläge fließen rasch ab.

Wie schon im Old Red-Kontinent des Devons (→ 410–360 Mio./S. 133) kommt es zu typisch rot gefärbten Verwitterungsprodukten. Denn die Humusschicht, die von den Pflanzen des Karbons (360–290 Mio.) aufgebaut wurde, ist oberflächlich abgetragen. Die in ihr enthaltenen Humussäuren hätten das Eisen mobilisiert, das jetzt wie im landpflanzenlosen Devon wiederum in den rein mechanisch zerfallenden Verwitterungsrinden erhalten bleibt und als Eisenoxid Hämatit (Fe_2O_3) den Sedimenten ihre typische rote Farbe verleiht. Der entstehende rote Sandstein des Rotliegenden oder »New Red« ist das Produkt pflanzenleerer und daher mehr oder weniger wüstenartiger Festländer. Die Mulden, Senken und das Vorland des Variszischen Gebirges füllen sich mit mächtigen Rotsedimentmassen. Zugleich beleben weitere Krustenbewegungen die Abtragung. Diese Prozesse führen jetzt aber kaum noch zu Einengungen und neuen Gebirgsauffaltungen. Statt dessen entstehen lange Bruchzonen, besonders Risse in Nordwest-Südost und Nordnordost-Südsüdwest-Richtung. An ihren Flächen beginnen sich größere Krustenstücke zu heben und zu senken, und gegen Ende des Rotliegenden – vor allem aber im folgenden Zechstein – dringt oft das Meer in diese Senken vor.

Aber auch in den frühpermischen Wüsten gibt es zeitweise Überflutungsgebiete, nämlich dort, wo Wüstenflüsse in abflußlose Becken münden, wo sich Oasen bilden. Immer wieder dampfen solche Pfannen ein und hinterlassen in den »New Red«-Sedimenten Salzhorizonte. Charakteristisch für das Rotliegende sind schließlich Erscheinungen, die für alle heißen Wüsten kennzeichnend sind: Große, flächenhafte Schuttströme mit unsortierten, wenig geschichteten Sedimenten; Verkieselungen, wie sie in versteinerten Wäldern des deutschen Rotliegenden besonders schön zum Ausdruck kommen; Kalkkrusten und große Regentropfeneindrücke, die im Sand oder trockenen Oberflächenlehmen versteinern.

Trockenheit und Hitze breiten sich aus

290–270 Mio. Fast im gesamten europäischen Raum – von England bis zum Uralvorland – unterscheidet sich das Klima drastisch von jenem des Karbons (360–290 Mio.). Auf eine Zeit großer Feuchtigkeit folgt eine Ära trockener Hitze. Regional wechseln zunächst noch mehrmals trockene mit feuchteren Perioden, bis sich dann ab etwa 280 Mio. Jahren die Trockenheit generell durchsetzt.

Eine vergleichbare Entwicklung vollzieht sich auch in weiten Gebieten Nordamerikas: Große Trockenheit herrscht besonders im Gebiet zwischen Kansas, Neu-Mexiko und Westtexas, aber auch im Osten und Westen der USA. Trockenheiß ist es außerdem in Grönland. Und in Asien erstreckt sich die ausgedehnte aride (lat. aridus = trocken) Zone vom Ural im Westen bis zum oberen Jangtsekiang und zum Hwangho in China.

Obgleich auf den Südkontinenten noch wie im Oberkarbon weiträumige Vereisungen herrschen, deutet sich hier eine ähnliche Entwicklung wie im Norden an. Auch hier wird es allgemein trockener. Das hat aber auf beiden Erdhemisphären unterschiedliche Ursachen. Während sich Nordamerika, Europa und Asien aus dem tropischen Feuchtraum in den polnäheren Trockengürtel bewegen, rücken die antarktischen Gebiete langsam äquatorwärts und gelangen damit allmählich in die wärmere aride Zone dieser Hemisphäre.

In einer nur gelegentlich feuchten Wüstenpfanne der Namib hat sich Gips abgelagert.

Auffällig ist – wie schon im Karbon – ein weit verbreiteter regelmäßiger Sedimentationsrhythmus von mehreren Metern Mächtigkeit, wobei mariner Schieferton und nichtmariner Schiefer, sandiger Schiefer, Sandstein und – im Karbon – Torf und Kohle einander ablösen. Diese Zyklen können klimatisch, möglicherweise aber auch tektonisch, etwa durch ruckweises Absinken, bedingt sein.

Heiße Gaswolken verteilten die feine schwarze Asche des Vulkans Teneguia 1971 über viele Quadratkilometer.

Weltweit zahlreiche Glutwolkenausbrüche

290–250 Mio. Mit dem Abschluß der variszischen Gebirgsbildung (→ 390–375 Mio./S. 131) geht ein Wechsel in den tektonischen Bewegungen der Erdkruste einher, der in weiten Teilen der Erde regional zu kräftigem Vulkanismus führt. Kontinentale Schollen drängen jetzt nicht mehr gegeneinander, weshalb sich kaum noch Gebirge auffalten (s. rechts), dafür aber bewegen sie sich scherend aneinander entlang, was zu Bruch- und Grabenbildungen führt. Diese Form der ausklingenden Bewegungen der variszischen Phase eröffnet vielerorts in der Erdkruste Zugänge zum glutflüssigen Erdmantel. Porphyrische (feinkörnige bis dichte) magmatische Massen dringen als Schmelzen nach oben in die Schuttsedimente ein und erstarren dort, oder sie ergießen sich als Laven auf die Landoberflächen.
Besonders häufig sind in dieser Zeit sogenannte Glutwolkenausbrüche. Dabei handelt es sich um mit großer Gewalt ausgestoßene sehr heiße Gasmassen, die glühende Blöcke, Steine und Splitter mitreißen. Infolge der plötzlichen Druckentlastung werden die in den Blöcken eingeschlossenen Gase ebenfalls frei, und es entsteht eine äußerst bewegliche Suspension von festem, teilweise glühendem Material unterschiedlicher Größe in den heißen, sich explosionsartig ausdehnenden Gasen. Diese Suspension ist so schwer, daß sie nicht aufsteigen kann, sondern sich mit rasanter Geschwindigkeit (500 km/h und mehr) in hoher Front auf dem Land um den Vulkan ausbreitet. Mit Temperaturen um 1000 °C und einer Gewalt, die jeden Orkan um ein Vielfaches übertrifft, vernichtet die Glutwolke nicht nur alles Leben, sondern zerstört selbst aufragende Felsformationen.

Gewaltige Vulkanausbrüche verändern die Landschaft nachhaltig. Nicht selten dringen noch Jahrhunderte später giftige Dämpfe und Gase aus dem immer noch heißen Boden. Man spricht von postvulkanischen Phänomenen. Hier scheidet sich aus einer Schwefelverbindungen fördernden Gasquelle kristalliner Schwefel ab.

Ausklingende Gebirgsbildung

290–250 Mio. Die variszische Gebirgsbildung klingt langsam und regional zu verschiedenen Zeiten aus. Gegen Ende dieser Ära kommt es nur noch vereinzelt zu unmittelbaren Gebirgsauffaltungen.
Abschließend spielt sich vor rund 288 Mio. Jahren die saalische Gebirgsbildung ab, wobei sich Randzonen des Saale-Troges heben.
Ihr folgen im Zechstein um 265–250 Mio. noch die Gebirgsbildungen von Sonoma, eine Teilhebung der Appalachen, die palatinische und die pfälzische Gebirgsbildung. Betroffen sind davon kleinere Regionen im Norden von San Francisco (das heutige Hügelgebiet Sonoma), in der Nähe Roms (Palatin-Hügel, einer der sieben Hügel Roms), ein Gebiet der Appalachen-Kette und eine Region im Westen Deutschlands (Pfälzer Bergland).
Von diesen regionalen Auffaltungen abgesehen, ist die Zeit durch ruhige Sedimentationsvorgänge gekennzeichnet (→ S. 173).

Randmeere auf dem Nordkontinent

290–270 Mio. Schon zu Beginn des Perms, intensiver dann aber im Zechstein (270-250 Mio.), kommt es auf dem Nordkontinent zur Bildung flacher Beckenlandschaften, zu Lagunen- und Seenbildung und vor allem zur Entstehung weiter flacher Randmeere infolge von großräumigen Geländeabsenkungen. Andererseits heben sich ehemalige Geosynklinalräume (→ S. 29). So wird die Ural-Geosynklinale im Verlauf des Rotliegenden zu einer flachen Lagune, und weite, bisher überflutete Regionen der Osteuropäischen Tafel verlanden. Auf diese Weise bahnt sich eine Verbindung zwischen dem europäischen Kontinent und dem alten sibirischen Angara-Land an.
Bedeutend ist diese Entwicklung vor allem für die Tier- und Pflanzenwelt, da viele Arten die seichte Lagune und die verlandeten Gebiete relativ leicht überwinden können. Insbesondere die – bisher getrennten – euramerische und die Angara-Flora (→ 360–350 Mio./S. 144) können jetzt in gegenseitigen Austausch treten und sich innerhalb des neuen Großraumes gemeinsam weiterentwickeln.

Zeit der mächtigen Königsfarne beginnt

290–270 Mio. Die Farnunterordnung Königsfarne (Osmundaceae) ist auf den Nordkontinenten verbreitet. Vertreter finden sich in Amerika (Pennsylvania) ebenso wie in Europa (Frankreich, Saarland, Rußland) oder in Kleinasien.
Gut erhalten bleiben während des Perms vor allem verkieselte Königsfarnstämme, doch ist diese Farnunterordnung möglicherweise schon älter. Sporangienfunde weisen darauf hin, daß sie vielleicht bereits im Unterkarbon (360–325 Mio.) durch Fossilien belegbar sind.
Die Königsfarne sind im allgemeinen große, büschelförmig wachsende Pflanzen. Sie besitzen einen kurzen Stamm und eine dichte Krone mit 2 m hohen und größeren Wedeln. Anatomisch zeichnen sich die Königsfarne besonders durch den hufeisenförmigen Querschnitt des Leitgefäßbündels im Blattstiel aus. Fossile Blattreste mit Sporangien sowie Stämme gehören zu den schönsten strukturzeigenden Versteinerungen. In ihrer weiteren Entwicklung bringen die Königsfarne nur relativ wenige Arten hervor. Bekannt sind 29 ausgestorbene und 14 heute vorkommende Arten, wobei man die permischen Vertreter in der Unterfamilie Thamnopterideae und alle späteren in der Unterfamilie Osmundideae zusammenfaßt. Interessant ist, daß die permischen Königsfarne marklose, massive Zentraltriebe besitzen, während die heutigen Arten zwar Mark aufweisen, aber als Keimlinge noch der marklosen Urform gleichen.

Fossiler Überrest von Osmundites schemnitzensis, einer Königsfarn-Pflanze, die während des Pliozäns bei Wölfersheim in Hessen gedieh; ihre Vorfahren reichen entwicklungsgeschichtlich bis ins Rotliegende zurück.

Laubmoosreste in Sibirien erhalten

Um 290 Mio. Bei Commentry in Mittelfrankreich fossilisieren Überreste einer Pflanze, die als Muscites polytrichacus bezeichnet wird. Die Versteinerung gestattet aber keine eindeutige systematische Zuordnung. Zu vermuten ist, daß es sich dabei um den ersten fossil bekannten Vertreter der Laubmoose (Musci) handelt, denn die Pflanze entspricht mit ihren sehr moosähnlichen Blättern und dem deutlichen, bei manchen Moosen so häufigen Polsterwuchs weitgehend den modernen Laubmoosen.
Eindeutig den Laubmoosen zuordnen lassen sich indes zahlreiche fossile Pflanzenreste aus dem Perm Sibiriens. Hier lassen sich sogar die Gattungen bestimmen: Intia, Uskatia, Polyssalevia, Bajdaievia, Salairia und Bachtia. Eine besondere Gruppe der Laubmoose sind die Torfmoose (Sphagnales), die zur Bildung von Sphagnum Torf führen. Auch sie sind wahrscheinlich schon im sibirischen Perm vorhanden.

Erste Cycadophyten im Schwarzwald

290–270 Mio. Mit Blattwedeln der Gattung Pterophyllum versteinern im Schwarzwald bei tropischen bis subtropischen Klimaverhältnissen erstmals Überreste cycadeenartiger Gewächse, die als Formenkreis besonders in der Trias (250–210 Mio.) zu überragender Bedeutung in der Flora gelangen. Sie umfaßt baumförmige Gewächse, die in ihrer Erscheinung sowohl Merkmale von Farnen wie solche von Palmen miteinander vereinen.
Ihre steifen Blattwedel mit lederartiger Oberfläche sind in der Jugend farnartig eingerollt oder wie bei den Palmen zusammengefaltet, besitzen eine Mittelader und zahlreiche Längsadern und sind meist einfach gefiedert. Die oft nur kurzen Stämme sind zylindrisch, nicht selten an der Basis knollenförmig verdickt und nur gelegentlich verzweigt. Sie zeigen sekundäres Dickenwachstum, und manche Arten bauen regelrechte Holzringe auf. Eine dicke Schicht abgestorbener Blätter umgibt den Fuß des Stammes. Die Blüten haben meist Zapfenform und sind eingeschlechtig, besitzen also Pollensäcke oder Samenanlagen.

Koniferen bilden Wälder

290–250 Mio. Die schon vereinzelt aus dem Oberkarbon bekannte erste Nadelbaumgattung Walchia aus der Familie Lebachiaceae (→ 310–270 Mio./S. 166) erscheint jetzt in großen Mengen und gruppiert sich zu lichten, niedrigen Wäldern. Sie ist dabei mit Callipteris-Arten, kleinen baumförmigen Farnsamern (→ 360–325 Mio./S. 150) mit bis zu 80 cm langen, doppelt gefiederten Wedeln, vergesellschaftet. Gelegentlich wird diese Pflanzengemeinschaft als Callipteris-Walchia-Assoziation bezeichnet. Beide Gruppen sind wichtige Leitfossilien des Rotliegenden.
Es fällt auf, daß beide Gruppen an der über das Karbon (360–290 Mio.) hinaus bis ins Perm reichenden Kohlenbildung unbeteiligt sind. Daraus ist zu schließen, daß diese lockeren Wälder auf trockeneren Böden und nicht in moorigen Biotopen stocken. Samenpflanzen können sich nämlich besser als Sporenpflanzen an geringe Luftfeuchte anpassen.

Im Donbass-Becken (UdSSR) versteinerte in den Schichten des Stefan A (vor etwa 325 Mio. Jahren) dieser Überrest eines Nadelbaumes der Art Lebachia piniformis. Die Lebachiaceen bilden in dieser Zeit gemeinsam mit anderen Bäumen (wie Callipteris) geschlossene Wälder.

Baumstämme und Zweige verkieseln

290–270 Mio. In der Nähe von Chemnitz verkieseln im heißen und zugleich trockenen Klima große Bestände von Baumstämmen und Zweigen, aber auch Stämme von großen Schachtelhalmen (Calamiten) und Farnen, und bilden einen regelrechten versteinerten Wald.
Die für den Vorgang der Verkieselung (→ 66–55 Mio./S. 317) erforderliche Kieselsäure (SiO_2) liefern dabei vulkanische Prozesse.
Zu den bekanntesten Fossilien dieses Fundortes gehören die sogenannten Starsteine, verkieselte, mit Struktur erhaltene Farnstämme mit Wedelteilen und Wurzelmantel. Sie sind Überreste der Formengattung Psaronius, die hier mit über 30 Arten verbreitet ist. Unterteilt werden die Psaronien in Formen mit spiralig gestellten Leitgefäßbündeln und Blättern (Psaronii polystichi), in Formen mit vier Blattzeilen (P. tetrastichi) und in Formen mit zwei Blattzeilen (P. distichi). Der Name Starsteine bezieht sich auf den Vogel Star, weil die Fossilien durch ihre im Querschnitt heller erscheinenden Leitgefäßbündel ebenso getüpfelt aussehen wie das Gefieder des Stars.

Mitteleuropäische Seenlandschaft zur Zeit des Unterperms; zahlreiche Fische bevölkern das Süßwasser: Ein Lungenfisch der Art Conchopoma gadiforme (o. l.), rechts unter ihm ein etwa 20 cm langer Schmelzschuppenfisch der Gattung Paramblyterus und rechts zwei Stachelhaie der Gattung Acanthodes.

Die Zeit der üppigen Karbonflora geht dem Ende zu

290–270 Mio. Das große Zeitalter der Pteridophyten, der farnartigen Pflanzen, geht langsam zu Ende. Es setzte mit dem Unterdevon (410–390 Mio.) ein, als diese Gruppe die Algen als höchstentwickelte Pflanzen ablöste (Algophytikum). Die farnartigen Pflanzen oder Gefäßkryptogamen (Kryptogamen sind Sporenpflanzen) dominierten während des gesamten Devons und Karbons (410–290 Mio.).

Danach gewinnen die Samenpflanzen zunehmend an Bedeutung; der Rückzug der farnartigen Pflanzen vollzieht sich jedoch so langsam, daß das Rotliegende noch zum Pteridophytikum zu rechnen ist.

Mit ihrem Rückzug erscheinen zugleich neue Formen wie z. B. erstmals die bisher nur aus dem Rotliegenden bekannten Callipteris-Arten (→ S. 175). Daneben verbreiten sich besonders die Walchien (→ 310–270 Mio./S. 166) als erste Nadelbäume. Eine große Rolle spielen noch immer die Calamiten, baumförmige Schachtelhalmgewächse (→ 360–325 Mio./S. 147), sowie die Keilblattgewächse (Sphenophyllen, → 375–360 Mio./S. 137). Unter den Schuppenbaumgewächsen (Lepidophyten, → 360–325 Mio./S. 147) kommt nur noch einzelnen Siegelbaumarten (Sigillaria, Gruppe Subsigillaria) eine gewisse Bedeutung zu. Die Farnsamer (Pteridospermen, → 360–325 Mio./S. 150) sind auch weiterhin sehr zahlreich vertreten. Gegen Ende des Rotliegenden sterben all diese bedeutenden karbonischen Pflanzengruppen nahezu vollständig aus oder hinterlassen nur noch äußerst bescheidene Spuren in der sich dann ankündigenden Kupferschiefer-Flora (→ 270–250 Mio./S. 186).

Als Sonderform der Rotliegend-Flora setzt sich auf dem Gondwana-Kontinent die dort schon im Karbon entwickelte Glossopteris-Flora (→ 360-325 Mio./S. 147) fort, und eine erkennbare Eigenständigkeit bewahrt auch die ebenfalls aus dem Karbon stammende ostasiatische Flora (Cathaysia-Flora).

Der Name dieser Farngruppe, Pecopteris, bedeutet »Kammfarn« und weist auf die typisch doppelkammförmige Gestalt seiner Wedel hin. Die Blättchen sind bei dieser Gruppe meist gerade und parallelrandig, manchmal aber auch dreieckig. (Exemplar aus dem Rotliegenden von Sobernheim)

Neue Kopffüßer leben in den Lagunen und Flachmeeren

290–250 Mio. Die zahlreichen flachen Meeresbecken des Perms, die den Charakter von Lagunen und Epikontinentalmeeren besitzen, sind ein idealer Lebensraum für die Kopffüßer. Neu sind u. a. die Ordnungen Phragmotheutida mit einem Innenskelett aus Kalk sowie Ceratitida, eine Ordnung der Ammonitenartigen mit kräftig skulpturierten planspiraligen Außengehäusen.

Generell lassen sich die Kopffüßer (Cephalopoda, → 520–500 Mio./S. 73) in Formen mit äußerem Gehäuse (Ectocochlia) und mit Innenskelett bzw. stark reduziertem Skelett (Endocochlia) unterteilen. Folgende Unterklassen mit Außenskelett sind in den Meeren des Perms vertreten:

▷ Nautiloidea mit langkonischen, geraden bis leicht gekrümmten Gehäusen (seit dem Ordovizium, 500–440 Mio.)

▷ Nautilida mit langkonischen, stark gekrümmten bis planspiralig eingerollten Gehäusen (seit dem Devon, 410–360 Mio.)

▷ Bactritoidea mit langkonischen, geraden, stark gekrümmten oder lose eingerollten Gehäusen (seit dem Obersilur, 420–410 Mio.)

▷ Ammonoidea mit langkonischen, meist zu einer geschlossenen Planspirale eingerollten, stark verfalteten Gehäusescheidewänden (seit dem Unterdevon, 410–390 Mio.).

Im Bereich der Ammonitenartigen spielt sich gegen Ende des Rotliegenden ein entscheidender Wandel ab: Die typischen altpaläozoischen Goniatiten mit ganzrandigen, nicht gezähnten Verwachsungslinien (Lobenlinien) zwischen den Kammerscheidewänden und der Außenwand ihres Gehäuses weichen bereits den für das ganze Mesozoikum (250–66 Mio.) charakteristischen Ammoniten mit stark gezackten Lobenlinien. Die Lobenlinien, die sich beim Tier selbst nur nach der Entfernung der Schale zeigen, sind bei den fossilen Steinkernen unmittelbar sichtbar und gelten als wichtige Artenkennzeichen.

Folgende Kopffüßerordnungen mit Innenskelett sind in den Meeren des Perms vertreten:

▷ Teuthoidea mit zehn Fangarmen und Saugnäpfen oder Häkchen, Tintenbeutel und Innenschale seit dem Devon

▷ Phragmotheutida mit zehn Fangarmen und Häkchen, Tintenbeutel und dreiteiliger Innenschale seit dem Rotliegenden

▷ Aulacocerida mit vermutlich zehn Fangarmen, Häkchen und einem Innenskelett in kalkiger Scheide seit dem Karbon.

Ceratites compressus, ein neuer Kopffüßer im Muschelkalk, versteinert neben einem Armfüßer. Die Ordnung Ceratitida ist seit dem Rotliegenden vertreten.

Im Gebiet des Hohen Meißner bei Kassel versteinerte dieses Leitfossil des Oberen Muschelkalks: Der Kopffüßer (Ammonit) Discoceratites dorsoplanus.

Aussterbende Organismen

290–270 Mio. Im Laufe des Rotliegenden sterben zahlreiche, vor allem baumförmige Sporenpflanzen aus, die besonders für das Karbon (360–290 Mio.) charakteristisch waren. Dabei findet die Pteridophyten-Flora ihr Ende (→ S.176).

Es verschwinden aber auch mehrere Tierarten. So stirbt die Moostierchenordnung (→ 500 Mio./S. 80) Cryptostomata aus, die sich erstmals im Ordovizium (500–440 Mio.) nachweisen ließ. Es handelt sich um meist kurze, schuhförmige Einzelindividuen, die netz- oder bäumchenförmige Kolonien bilden.

Zwei Steinkorallen-Ordnungen gehen ebenfalls Ende des Perms zugrunde: Rugosa (→ Um 545 Mio./S. 59) und Tabulata (→ 480–250 Mio./S. 87). Die erstere existierte seit dem Kambrium (590–500 Mio.) und stellte besonders im Silur und Devon (zwischen 440 und 360 Mio.) wichtige Riffbildner. Letztere war seit dem Mittelordovizium bekannt. Des weiteren geht eine ganze Klasse schalentragender Weichtiere unter, die Calyptoptomatida (→ 590–545 Mio./S. 58), Tiere mit bis zu 15 cm langen konischen Gehäusen. Wie die ebenfalls aussterbende Armfüßerordnung (→ 590 Mio./S. 61) Orthida bevölkert sie die Meere seit dem Kambrium. Und schließlich verschwindet die noch junge Reptilienordnung Pelycosauria (→ 310–255 Mio./S. 167).

Leitfossilien des Perms

290–250 Mio. Unter den Einzellern (Protozoa) gehören Fusulinen- und Schwagerinen-Arten zu den wichtigen Leitfossilien des Perms. Neben den Schwämmen und einigen Algen gelten bei den Hohltieren (Coelenteraten) Korallen als typisch für marine Sedimentfolgen. Charakteristisch für diesen Lebensraum sind auch Moostierchenarten (Bryozoa). Die Armfüßer (Brachiopoden) sterben zwar bis auf mehrere Formen, die noch bis in die Gegenwart fortbestehen, aus, liefern aber gerade durch ihr Fehlen gelegentlich stratigraphische Hinweise.

Wichtige Leitfossilien stellen die Kopffüßer, insbesondere durch den Übergang von den Goniatiten zu den Ammoniten (s. o.). Dabei treten in Perm und Trias (zwischen 290 und 210 Mio.) Übergangsformen auf, die als Mesoammoniten bezeichnet werden und im Perm besonders charakteristische Leitfossilien in marinen Sedimenten liefern (z. B. Medlicottia orbignyana).

Von den Stachelhäutern sind die Blastoideen besonders aus dem Perm von Timor bekannt.

Unter den maritimen Gliederfüßern sind die letzten, allerdings seltenen Trilobiten erdgeschichtlich relativ kurzlebig und deshalb für verschiedene Permschichten kennzeichnend. Weitere Leitfossilien finden sich besonders unter den Insekten, den Fischen, Amphibien und Reptilien.

Käfer – die erfolgreichsten Insekten der Erdgeschichte

290–270 Mio. Die umfangreichste Tiergruppe der Erde, die Insektenordnung Käfer, erscheint mit Vertretern der Unterordnung Cupedina. Sie gehört zu den Fluginsekten (Pterygota, → 360–250 Mio./S. 151), die schon bald nach der Besiedlung des Festlands durch Pflanzen entstanden und im Karbon (360–290 Mio.) eine größere Artenvielfalt entwickelten. Über die Entwicklungsgeschichte der Deckflügler oder Käfer (Coleoptera) ist relativ wenig bekannt. Nach ihrem ersten Auftreten im Rotliegenden erleben sie später, gegen Ende der Kreide (um 60 Mio.), vermutlich im Zusammenhang mit der explosiven Artenvermehrung und Ausbreitung der bedecktsamigen Blütenpflanzen, eine beachtliche Formenzunahme. Heute sind sie weltweit mit weit über 300 000 Arten vertreten und stellen 40% aller derzeit lebenden Insekten.

Der evolutionäre Vorteil, den die Käfer als die erfolgreichsten aller Insektenordnungen haben, liegt in der Ausbildung von derben, festen Vorderflügeln. Diese sogenannten Elytren schützen zusammen mit dem festen Halsschild den gesamten Körper. Außerdem zeigen sie sich so anpassungsfähig wie kaum eine andere Insektengruppe. Einige Formen passen sich einem Dasein unter der Erde an, sind blind und vollkommen unpigmentiert. Andere Arten leben im stehenden oder schnellfließenden Süßwasser und entsprechen durch einen stromlinienförmig flachen Körper und die Entwicklung von Ruderfüßen den Anforderungen ihrer Umgebung.

Die Ernährung der verschiedenen Käferarten ist außerordentlich unterschiedlich. Neben reinen Pflanzenfressern gibt es räuberische Arten und solche, die Aas oder sogar Exkremente fressen. Auch Parasiten kommen vor. Manche Arten leben im Stammholz der Bäume unter der Rinde und graben lange Tunnel mit vielen Nebengängen, was den ganzen Baum brüchig macht. Andere leben auf Baumwurzeln.

Die Käfer gehören zu den holometabolen Insekten, d. h. sie machen bei ihrer Entwicklung vom Ei zum geschlechtsreifen Tier (Imago) eine Entwicklung durch, während der die Larven (→ S. 179), die Puppen und das voll ausgereifte Insekt gänzlich verschieden aussehen. Dieser Art der Entwicklung stehen einerseits die ametabolen Insekten gegenüber, flügellose Formen, die ohne Verwandlungen (Metamorphosen) heranwachsen; andererseits die hemimetabolen Insekten, bei denen sich die Metamorphose auf die Ausbildung der Flügel beschränkt. Im vollausgereiften Stadium zeigen die Käfer einen für alle Arten typischen Körperbau: Der Kopf ist mit gut entwickelten Augen, einem Paar relativ langer und verschiedenartig geformter Fühler sowie einem kräftigen Kauapparat ausgestattet. Am Brustsegment des Körperpanzers setzen drei Beinpaare an, die der jeweiligen Fortbewegungsart (Kriechen, Laufen, Graben, Schwimmen usw.) ideal angepaßt sind. Von den drei Körpersegmenten ist das erste frei, die anderen beiden tragen je ein Flügelpaar. Die Flügel auf dem zweiten Körpersegment, die Deckflügel, bilden eine Art fester »Schale«, unter der sich in Ruhestellung das zweite, häutige Flügelpaar in relativ komplizierter Weise einfalten läßt. Unterteilt werden die Käfer in zwei Unterordnungen, die recht einfach gebauten Adephaga (Laufkäfer, Schwimmkäfer und Taumelkäfer) und die Polyphaga, die alle anderen Formen umfassen.

Den zunehmend belebten Luftraum teilen die Käfer zu dieser Zeit mit den Libellenartigen (Odonata), den Eintagsfliegen (Ephemera), Steinfliegenarten (Plecoptera) und mit den ersten Netzflüglern (Neuroptera), die bereits mit allen drei Gruppen, den Schlammfliegen, Kamelhalsfliegen und den Haften (darunter die Florfliegen) vertreten sind. Auch erste Schnabelfliegen (Mecoptera) leben im Perm. Mit flugunfähigen Insekten wie den Ohrwürmern und Heuschrecken aus der Gruppe der Geradflügler (Orthoptera) und den Schabenverwandten (Blattia) bewegen sie sich auf dem Festland. Insgesamt sind also zu dieser Zeit außer den Pflanzen- und Taillenwespen aus der Gruppe der Hautflüglerverwandten (Hymenoptera) und den Schmetterlingen, Zweiflüglern und Flöhen bereits alle großen Insektengruppen vorhanden.

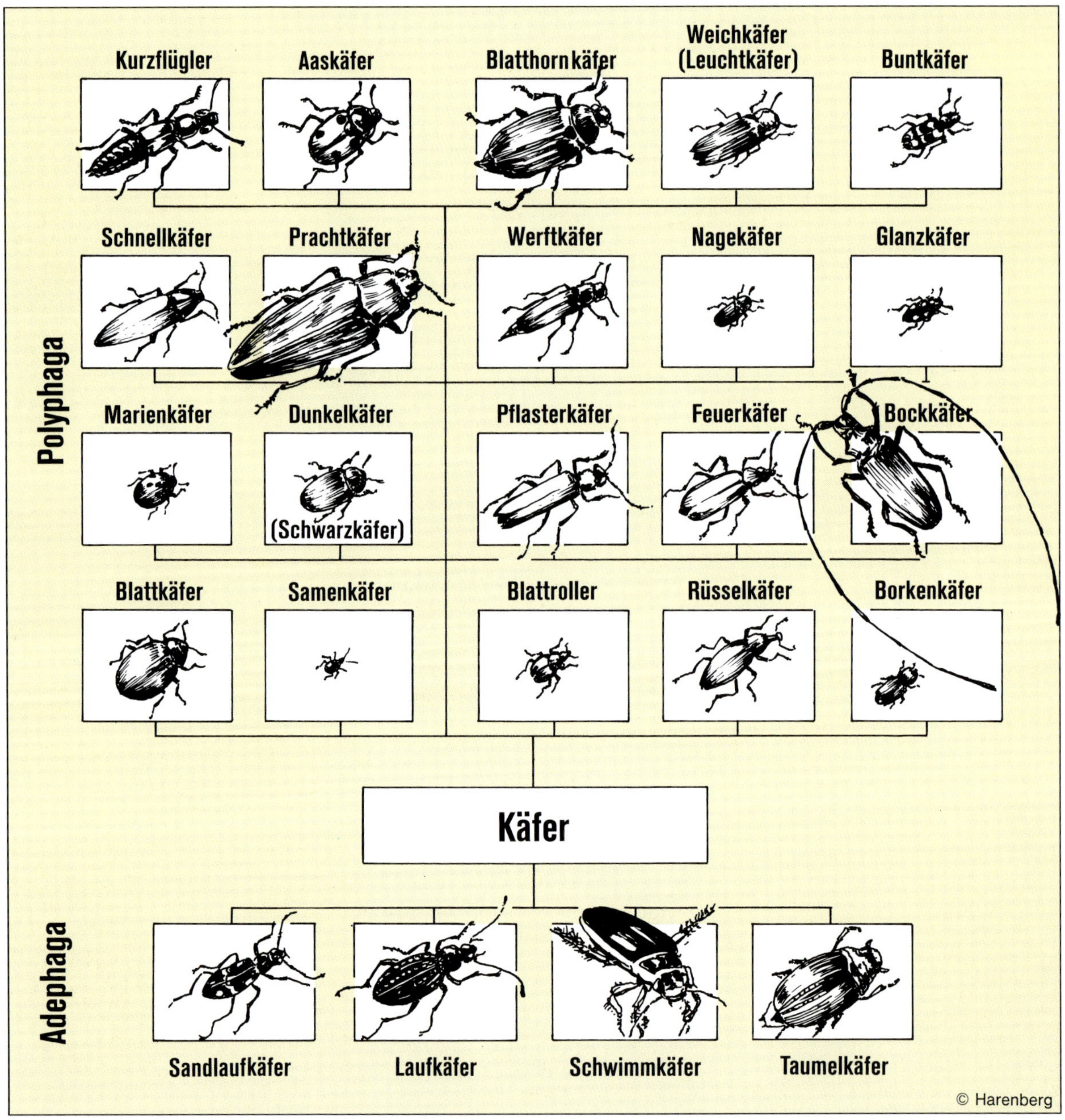

Der im Bernsteinharz der Samlandküste zu Tode gekommene Kurzflügelkäfer lebte im Eozän.

Ebenfalls ein ostpreußisches Bernsteinfossil aus der Zeit des Eozäns ist dieser Rüsselkäfer.

Unter den harten Deckflügeln des eozänen Laufkäfers ragen die eigentlichen Flugflügel hervor.

Vom Ei zum geschlechtsreifen Tier

Viele Tiere erreichen ihre endgültige Gestalt erst nach einer Reihe grundlegender Verwandlungen, die sich zwischen dem Ei und dem geschlechtsreifen Tier vollziehen. Die Biologen sprechen von einer indirekten Entwicklung oder Metamorphose. Derartige Entwicklungen gibt es in den verschiedensten Tiergruppen, besonders im Bereich der Wirbellosen.

Die so artenreichen Insekten entwickeln sich zum allergrößten Teil durch Metamorphose. Aus dem Ei geht zunächst eine Larve hervor, etwa eine Raupe, eine Made oder ein Engerling. Bei den meisten Insekten folgt diesem Larvenstadium noch ein Puppenstadium, ein Stadium der Ruhe ohne jede Nahrungsaufnahme. Wo dies der Fall ist, spricht man von einer vollkommenen Verwandlung, im Unterschied zur unvollkommenen Verwandlung bei fehlendem Puppenstadium. Eine vollkommene Verwandlung machen die Käfer, die Schmetterlinge, Fliegen, Hautflügler und andere Insekten durch.

Insekten mit unvollkommener Verwandlung sind z. B. die Heuschrecken. Sie zeigen in ihren äußeren Merkmalen zwischen Larve und erwachsenem Tier eine große Ähnlichkeit; die Larve wandelt sich sozusagen allmählich zum geschlechtsreifen Insekt, dem sogenannten Imago.

Ganz anders verhält es sich bei Formen mit vollkommener Verwandlung. Bei ihnen unterscheidet sich die Larve vom Imago ganz erheblich. Das bezieht sich nicht nur auf die äußere Gestalt, sondern auch auf die gesamte Lebensweise bzw. auf den Lebensraum. So leben die Larven zahlreicher fliegender Insekten etwa im Wasser oder im Erdboden. Sie sind an dieses Dasein durch spezielle – larvale – Organe besonders angepaßt. Manche Raupen z. B. besitzen neben sechs normalen Beinen vier bis sechs larvale Afterbeine, eine entsprechende Laufmuskulatur und zur pflanzlichen Ernährung geeignete kauende Mundwerkzeuge, während das ausgewachsene Tier sechs Beine, vier Flügel, eine vollkommen andere Muskulatur und auch andersartige Mundwerkzeuge aufweist.

△ Repichnien nennt man diese fossilen Insektenfährten aus dem Rotliegenden. – Ichnium ist der Ausdruck für eine versteinerte Laufspur.

◁ Im Bernstein des Eozäns blieb die Larve einer Zikadenart konserviert. Sie besitzt bereits die Saugwerkzeuge des erwachsenen Tiers, aber noch keine Flügel.

Die Raupe des Tagpfauenauges unterscheidet sich stark vom Falter …

… Erst aus der Puppe schlüpft der geschlechtsreife Schmetterling.

Discosauriscus pulcherrimus: Das Fossil des rechts nebenstehend als Rekonstruktion gezeigten Amphibiums stammt aus der Tschechoslowakei.

Der Gattungsname des Discosauriscus pulcherrimus spielt auf die scheibenförmige Verbreiterung seines abgesetzten Kopfes an.

Amphibien: Im Wasser wie auf dem Festland zu Hause

290–270 Mio. In Nordamerika leben zahlreiche Amphibienarten, darunter auch einige amphibische Saurier, die allerdings nicht mit den Dinosauriern des Mesozoikums (250–66 Mio.) verwechselt werden dürfen, denn letztere gehören zu den Reptilien. Zu den Ordnungen, die die wichtigsten Amphibiengattungen stellen, gehören:

Temnospondyli

Diese seit dem Unterkarbon (360–325 Mio.) existierende Ordnung bringt sehr große landbewohnende Formen hervor, von denen einige bereits im Rotliegenden wieder ins Wasser zurückkehren. Verbreitet in Nordamerika ist Eryops, eine Gattung 2 m langer, schwergliedriger, mit Knochen gepanzerter Tiere, die im Wasser wie auf dem Festland zu Hause sind. Ebenfalls in Nordamerika (Texas) leben die etwa 40 cm langen Vertreter der Gattung Cacops. Sie sind völlig an das Landleben angepaßt. Knochenplatten schützen ihre Körper. Eine andere nordamerikanische (Texas) Gattung ist Platyhystrix mit rund 1 m großen Tieren. Sie ist Cacops nahe verwandt, aber noch stärker gepanzert. Ihre Arten zeichnen sich durch große, zwischen Dornen aufgespannte Rückensegel aus. Wahrscheinlich sind diese mit einer gut durchbluteten Haut überzogen und dienen der Körperwärmeregulierung.

Anthracosauria

Auch diese Ordnung entstand bereits im Karbon. Sie stirbt schon nach dem Rotliegenden wieder aus. Verbreitet sind in Nordamerika (Texas) vor allem Arten der Gattung Seymouria, hervorragend an das Landleben angepaßte, etwa 60 cm große Wirbeltiere mit bereits zahlreichen Reptilienmerkmalen.

Aistopoda

Im Gegensatz zu den beiden letztgenannten Ordnungen, die zur Unterklasse Labyrinthodontia zählen, gehören diese und die folgenden Ordnungen zur Unterklasse Lepospondyli, vorwiegend kleinen, insektenfressenden Amphibien. Die Aistopoda treten erstmals im Unterkarbon auf und sind die am stärksten spezialisierten Amphibien. Ihre Gliedmaßen haben sie verloren und ähneln deshalb äußerlich den Schlangen, wie die im Rotliegenden verbreitete Gattung Phlegetonai.

Nectridia

Diese Ordnung umfaßt vierfüßige molchartige Amphibien mit langen, seitlich abgeplatteten Schwänzen. Sie existiert seit dem Oberkarbon (vor etwa 300 Mio.). Im Rotliegenden lebt in Nordamerika (Texas) die Gattung Diplocaulus, die durch einen flachen dreieckigen Kopf auffällt.

Microsauria

Die »kleinen Echsen« existieren seit dem Oberkarbon und umfassen sowohl zu Lande wie im Wasser lebende Formen mit kleinen Gliedmaßen und kurzen Schwänzen. Im Rotliegenden sind sie durch die Gattung Pantylus in Nordamerika (Texas) vertreten, 25 cm große Landechsen mit schuppigem Körper, die sich von Insekten ernähren.

Unsichere Ordnungen

Nicht näher zuordnen läßt sich die Gattung Diadectes, die im Rotliegenden Nordamerikas (Texas) 3 m große reptilienähnliche Amphibien hervorbringt. Möglicherweise sind die Vertreter dieser Gattung die ersten pflanzenfressenden Lurche.

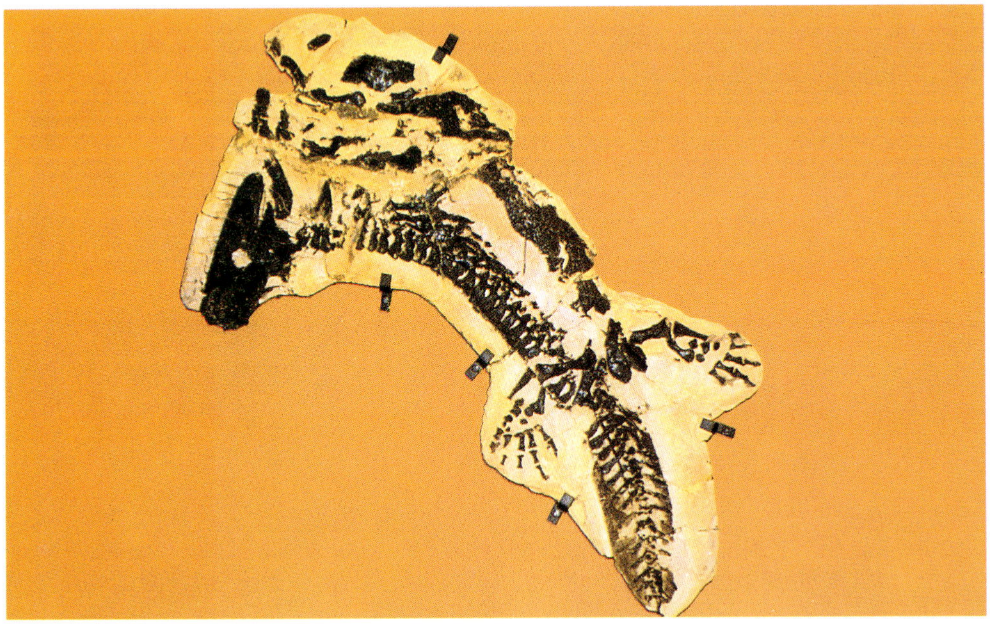

Als »Ur-Lurch« wird Sclerocephalus haenseri bezeichnet. Das Fossil (heute im Paläontologischen Museum von Nierstein) stammt aus dem Rotliegenden von Jeckenbach bei Meisenheim. Besonders gut sind bei diesem Exemplar die fünfgliedrigen hinteren Extremitäten und der flossenförmig gesäumte Schwanz zu erkennen.

Etwa 180 bis 230 cm lang ist das Reptil Diadectes phaseolinus, das vor ungefähr 260 Jahrmillionen in Nordamerika (Texas) zu Hause ist.

Auf die Nähe von Binnengewässern angewiesen ist auf Grund seiner Lebensweise das 120 cm lange europäische Amphibium Chelydosaurus germanicus.

Optimaler Energiehaushalt wechselwarmer Landtiere

Die Fische, Amphibien, Reptilien und Insekten sind durchweg wechselwarme Tiere. Ihre Körpertemperatur gleicht sich mehr oder weniger der herrschenden Umgebungstemperatur an.

Schon bei den Fischen spielen Temperaturschwankungen eine große Rolle. So verbraucht ein Knochenfisch pro Kilogramm Körpergewicht bei 10 °C täglich im Durchschnitt 700 cm^3 und bei 20 °C 2500 cm^3 Sauerstoff.

Viel drastischer wirken sich die Temperaturschwankungen auf dem Festland aus, da sie einerseits einen größeren Raum betreffen und sich andererseits schneller ändern. Dem begegnen die wechselwarmen (poikilothermen) Landtiere durch verschiedene Maßnahmen. Wichtig sind besondere Instinkte und Sinne, um die Sonnenwärme möglichst weitgehend auszunutzen. Die meisten Amphibien und Reptilien suchen soweit möglich eine erblich festgelegte Vorzugstemperatur auf, bei der ihr Stoffwechsel am rationellsten abläuft. Eine Steigerung der Temperatur um 10 °C beschleunigt dabei nach einer Faustformel (Van-'t-Hoffsche Regel) die biochemischen Vorgänge auf das Zwei- bis Dreifache. Manche wechselwarmen Tiere kommen nur während der wärmsten Tagesstunden aus ihren Schlupfwinkeln. Gewisse Insekten nehmen mit geöffneten Flügeln eine Stellung zur Sonne ein, die maximale Wärmeausnutzung ermöglicht.

Die eigene, beim Energiewechsel erzeugte Wärme fließt bei wechselwarmen Tieren normalerweise gut nach außen ab. Sehr große Tiere mit einem ungünstigen Verhältnis zwischen Körpervolumen und Körperoberfläche sorgen gelegentlich für gut durchblutete Kühlflächen, etwa in Form der mächtigen Rückensegel mancher größerer Amphibien (Platyhystrix u. a.).

Das große Rückensegel des Reptils Dimetrodon incisivus aus Nordamerika dient wahrscheinlich der Regulierung der Körpertemperatur.

Viele Echsen halten sich – wie diese beiden Varaniden – gerne in der Sonne auf, um ihren wechselwarmen Körper aufzuwärmen.

270–250 Mio.

Der Zechstein

270–250 Mio. Das Klima auf der Nordhalbkugel ist warm und z. T. ausgeprägt trocken. Dagegen ist der Südkontinent Gondwana von Vereisungen geprägt. → S. 185

In weiten Teilen Europas existieren große Sedimentationsbecken (Mitteleuropäisches Becken, Saar-Nahe-Trog, Innersudetisches Becken), in denen sich häufig rote Sandsteinformationen abscheiden. → S. 183

In den ausgedehnten permischen Beckengebieten Europas, Nordamerikas und Sibiriens entstehen die bedeutendsten Salzlager der Erdgeschichte. → S. 184

Das »Urmittelmeer« (Tethys), das sich bereits gegen Ende des Oberkarbons öffnete (→ um 300 Mio./S. 161), umfaßt inzwischen u. a. Persien, Afghanistan, Pamir, Karakorum und Kuenlun und reicht bis Sizilien. Dadurch wird der ursprüngliche Riesenkontinent Pangaea (s. rechts) noch deutlicher in zwei Großkontinente geteilt.

Asien, Europa und Nordamerika bilden den in sich geschlossenen Festlandblock der Norderde (Laurasia), wobei das permische Angara-Land in etwa dem heutigen Sibirien entspricht. Afrika, Südamerika, Antarktis, Australien, Indien und Arabien bilden den südlichen Subkontinent Gondwana. → S. 183

Die Kohlenmoore Europas und Nordamerikas verschwinden, neue entwickeln sich in den Beckenlandschaften Sibiriens, Chinas, Vorderindiens und allgemein auf der Südhalbkugel. → S. 185

Die geologischen Verhältnisse begünstigen die Bildung von Zinnlagerstätten. Außerdem sind an Karbonatite gebundene Lagerstätten von Niob, Phosphor, Eisen, Titan, Zirkonium, Barium, Kupfer usw. sowie Kimberlite (mit Diamanten) in großer Zahl anzutreffen. → S. 184

In Europa ist der sogenannte Kupferschiefer als Sediment häufig. Er tritt in Verbindung mit der Bildung von Faulschlamm in flachen Lagunen auf. → S. 184

Die Neopterygii, eine Oberordnung der Knochenfische, entwickeln sich. Sie gehören zu den Strahlenflossern und leben ausschließlich im Meer. → S. 187

Als neue Reptilienunterklassen erscheinen die Lepidosauria und Archosauria, und in Gestalt von Nothosauria (Ordnung Sauropterygia) sind erste Vertreter der Reptilien-Unterklasse Sauropterygomorpha nachweisbar. Nur im Oberperm leben Anomodontia, Mitglieder der Reptilien-Unterklasse Synapsida. → S. 188

Als höchstentwickelte Pflanzen sind die (Nacktsamer) Gymnospermen verbreitet. Repräsentiert sind sie u. a. durch die Nadelholzfamilie der Voltziaceae. → S. 186

In der Pflanzenwelt zeichnet sich eine deutliche namengebende Veränderung ab. Die bisherige sogenannte Rotliegend-Flora stirbt weitgehend aus, die neue Kupferschiefer-Flora (Zechstein-Flora) dominiert. → S. 186

270–230 Mio. Im südafrikanischen Karroo-Becken lagern sich die kontinentalen Rotsedimente der sogenannten Beaufort-Gruppe ab. Sie konservieren zahlreiche Fossilien, darunter wesentliche Entwicklungsstufen der säugerähnlichen Reptilien (Therapsida). → S. 185

270–210 Mio. Im Nordosten Schottlands lagern sich – im Vorkommen Elgin – festländische Sedimente ab, die reichlich Fossilien führen, darunter auch die ersten britischen Dinosaurier. → S. 187

270–100 Mio. In Sedimentsteinen ist die Bildung von Kupfererzen aufgrund des trocken-warmen Klimas häufig. → S. 184

Auf allen Kontinenten findet wie schon in früheren erdgeschichtlichen Zeiträumen ausgeprägte Granitbildung (Gra nitisation) statt. → S. 182

Um 263 Mio. Die Gebirgsbildung von Sonoma spielt sich ab. Sie erfaßt eine kleinere Region in Nordamerika unweit von San Francisco. → S. 183

Um 260 Mio. In Osteuropa finden sich Belege von Großechsen der Gattungen Sauroctonus und Scutosaurus mit breitem Schädeldach von beträchtlichem Ausmaß.

Die saalische Gebirgsbildung spielt sich im Mitteldeutschen Raum ab.

256–228 Mio. Es herrscht eine Periode mit häufig wechselnder geomagnetischer Polung. → S. 185

Um 250 Mio. Die Korallen der Ordnung Rugosa, die seit dem Ordovizium (500–440 Mio.) in den Meeren leben, sterben aus. → S. 187

Als weitere Meerestiere sterben die Blastozoa, eine Unterklasse der Stachelhäuter, die Seeskorpione und Stachelhaie (Acanthodii) aus. Auch die letzte Ordnung der Trilobiten, Ptychopariida, überlebt das Paläozoikum nicht. Bei den Seelilien und Haarsternen verschwinden mit dem Zechstein die Unterklassen Camerata und Flexibilia.

Aus dem Reich der Insekten verschwinden die für das Karbon (→ 360–250 Mio./S. 151) und Perm typischen Urflügler, die ersten primitiven Fluginsekten der Erdgeschichte.

Die meist kleinen Amphibien der Unterklasse Lepospondyli sterben aus. Aus der Unterklasse Labyrinthodontia verschwinden die Ordnungen Temnospondyli und Anthracosauria.

Die Reptilien der Unterordnungen Protothyromorpha und Pareiasauria überleben das Perm nicht.

Urpazifik umgibt Riesenkontinent

270–250 Mio. Der Riesenkontinent Pangaea hat seine größte Ausdehnung. Die gigantische Ansammlung der irdischen Landmassen durch Kontinentaldrift setzte etwa im Devon (410–360 Mio.) ein und führt im Zechstein zur Zusammenballung der Kontinente in einem gewaltigen Festlandblock, den der Urpazifik, der sogenannte Panthalassa, umgibt. Nur das »Urmittelmeer«, die Tethys (→ S. 143), greift in diesen Mammutkontinent hinein.
Weil große Teile Pangaeas in tropischer Breite liegen, ergibt sich ein gleichmäßiges kontinentales Klima, das im Oberperm (Rotliegendes, 290–270 Mio.) besonders durch große Trockenheit in Erscheinung tritt. Damit verbunden ist ein Rückgang der Schelfmeere und damit ein gewisses Aussterben der schelfbewohnenden marinen Fauna.

Wassereinbrüche formen das Land

270–250 Mio. Die schon im vorausgegangenen Rotliegenden begonnene Bildung weiter flacher Beckenlandschaften setzt sich im Zechstein verstärkt fort. In großem Ausmaß sinken weite Gebiete ab, die jetzt mehr und mehr unter das Niveau des Meeresspiegels gelangen. Weiträumige Meereseinbrüche in kontinentale Bereiche sind die Folge.
Große Lagunen und ausgedehnte flache Binnenseen entstehen. Manche Lagunen trocknen wiederholt ein, wobei gewaltige Salzmengen als Rückstände übrigbleiben.
Verstärkt wird die Transgression (Vordringen des Meeres) möglicherweise noch durch ein generelles Ansteigen des Meeresspiegels, was sich u. a. auf das Abschmelzen von riesigen Eismassen zurückführen läßt, die sich im Karbon auf der Südhemisphäre abgelagert haben.

Stürme und Temperaturwechsel haben diese Granitformation im Erongo-Gebirge, einer Region in der nördlichen Namib-Wüste, freipräpariert.

Granitbildung in aller Welt

290–210 Mio. Wie schon in früheren erdgeschichtlichen Zeiträumen spielt sich weltweit ein Prozeß ab, der als Granitisation (→ S. 43) bezeichnet wird.
Granit entsteht üblicherweise dadurch, daß plutonische Massen aus dem Erdmantel glutflüssig in die Erdkruste eindringen und dort so langsam abkühlen, daß die verschiedenen Komponenten auskristallisieren können. Bei der Granitisation fehlt dieses magmatische Stadium. Hierbei werden vorhandene Gesteine (Sedimente oder alte vulkanische Gesteine) aufgeschmolzen, so daß sie in ihrer mineralischen Zusammensetzung und in ihrem Gefüge bei der allmählichen Erkaltung granitartig werden. Das geschieht meist durch starke Temperaturerhöhung und hohen Druck infolge benachbarter magmatischer oder vulkanischer Prozesse. Dabei gehen Stoffe in Lösung, so daß sich eine den magmatischen Restschmelzen vergleichbare Schmelzlösung bilden kann, die dann granitisch erstarrt.

Weltweit entstehen riesige Sedimentationsbecken

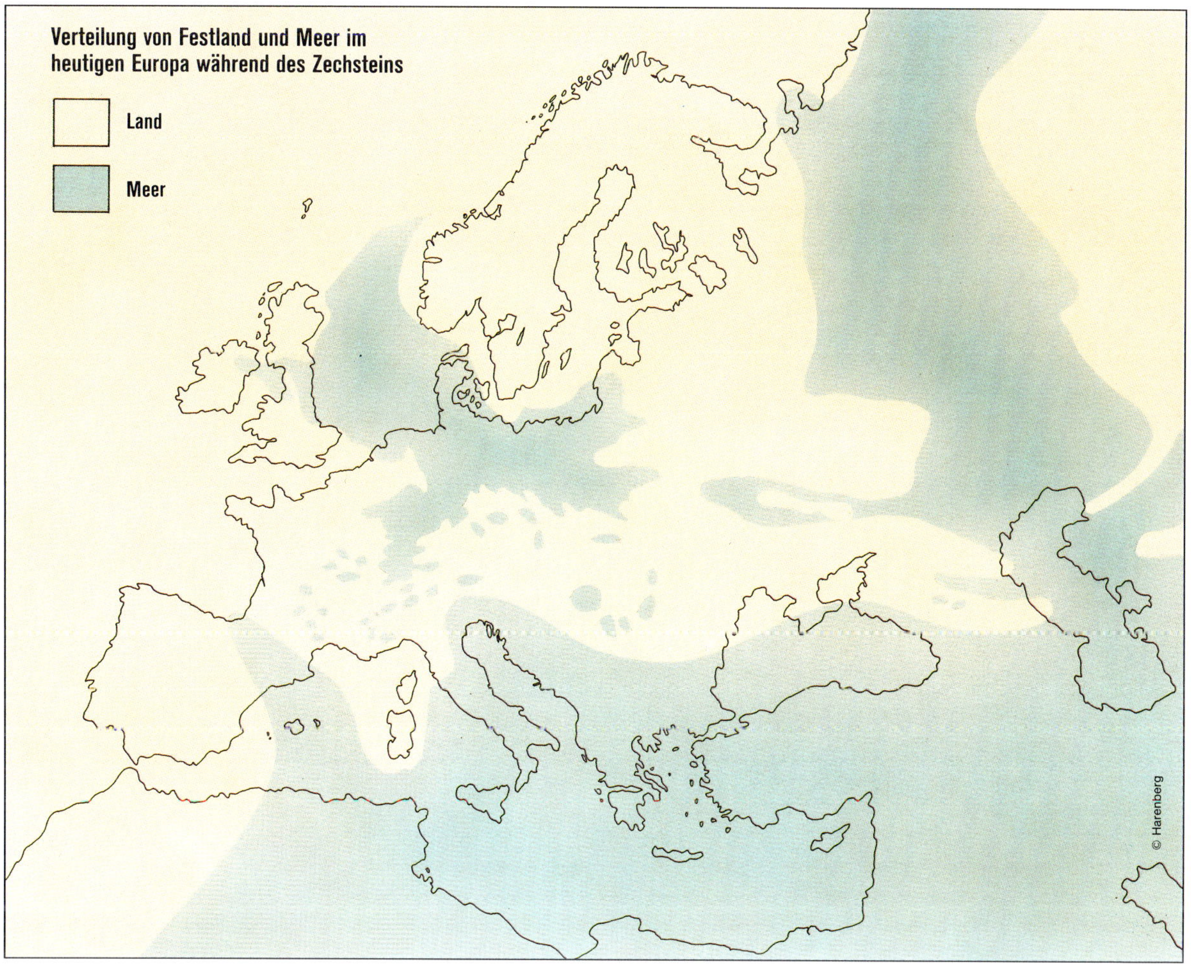

270–250 Mio. Weltweit entstehen große flache Beckenlandschaften, die zunehmend überflutet werden und riesige Sedimentationsbecken bilden. Damit setzt sich die bereits im vorausgegangenen Rotliegenden eingeleitete Entwicklung fort.

Nachdem die gewaltigen Tröge der variszischen Ära aufgefüllt und durch tektonische Prozesse aufgefaltet waren, lieferte – regional bereits im Karbon (360–290 Mio.) – die Abtragung des Variszischen Gebirgsmassivs große Erosionsmassen, bekannt als permische Molassen. Unter Molassen versteht man die Sedimente der Rand- und Innensenken von Faltengebirgen. Infolge der starken Senkungstendenzen solcher Gebiete entstehen, von den Senken ausgehend, weite flache Becken, in die bei gleichzeitig großräumigen Hebungen im Bereich der Gebirge (Orogene) durch permanente Abtragung der Berge gewaltige Schuttmassen eingetragen werden. Die Sedimente in derartigen Becken erreichen oft Mächtigkeiten von mehreren tausend Metern. Zwischengeschaltet sind den Sedimentlagern des Oberperms regional immer wieder Salzhorizonte, denn die weiten flachen Sedimentationsbecken sind aufgrund des heißen und ariden Klimas dieser Zeit zugleich auch Eindampfungsbecken.

Eine gewaltige Beckenlandschaft entwickelt sich ausgehend von der Ural-Vorsenke im Osten Europas. Von hier aus dringt das Meer weit nach Westen auf die sich absenkende Russische Tafel vor, und es entsteht das russische Permbecken zwischen Moskau und dem Ural (dort liegen auch die Stadt und Provinz Perm). In Verbindung damit steht das Donez-Becken. In beiden Becken wechseln Erosionsschuttablagerungen mit der Bildung von Salzlagern (Sulfat- und Steinsalzschichten auf der Russischen Tafel, Kalisalze im Donez-Becken) in wasserarmen Perioden ab. Schließlich verlandet die Region partiell, wobei sich eine reiche Vegetation einstellt, was zu Kohlenbildung führt.

Am Nordrand des europäischen Kontinents erstreckt sich ein ähnlich mächtiges Sedimentationsbecken, das Mitteleuropäische Becken, zwischen Schottland und den polnischen Mittelgebirgen. Es ist dem Variszischen Gebirge nördlich vorgelagert und führt mächtige Stein- und Kalisalze. In Sibirien entstehen ausgedehnte Sedimentationsbecken vor allem als Innensenken der Variszischen Gebirge: Die Becken von Kusnezk, Minussinsk, im Gebiet der Tunguska und in der Kirgisischen Steppe. Mit dem Becken von Shansi bildet sich ein weiteres asiatisches Großbecken.

In Nordamerika entsprechen die Verhältnisse im Vorfeld der Appalachen jenen am Ural: Von einer Vorsenke ausgehend überflutet das Meer von Süden her den größten Teil des Midcontinent-Beckens.

Ausklang einer Faltungsära

263–250 Mio. Gleichsam als Nachklang der großen variszischen Gebirgsbildungsära (→ 390–375 Mio./ S. 131), die bereits an der Wende vom Karbon zum Perm (um 290 Mio.) durch ein verändertes tektonisches Verhalten der Erdkrustenschollen abgelöst wurde, kommt es noch zur Auffaltung kleinerer, regional sehr begrenzter Gebirgszüge. Vor rund 263 Mio. Jahren ereignet sich die Gebirgsbildung von Sonoma, die eine kleinere Region in Nordamerika unweit von San Francisco erfaßt.

Gegen Ende des Perms und am Übergang zur Trias vor etwa 250 Jahrmillionen falten sich in Nordamerika noch Teile der Appalachen auf. Im Zusammenhang damit kommt es zur Entstehung einer Appalachen-Vorsenke, die vom Meer überflutet wird. Das Wasser breitet sich über den größten Teil des Midcontinent-Beckens aus.

Im großen und ganzen aber leitet die tektonische Entwicklung eine neue bedeutende Geosynklinalzeit ein, nämlich die alpidische (→ S. 285).

Schmales Meer der Mitte

270–250 Mio. Den fast geschlossen alle Kontinente der Welt umfassenden Festlandblock Pangaea (→ 270–250 Mio./S. 182) spaltet in westöstlicher Richtung ein schmaler Meeresarm, die Tethys, die sich bereits gegen Ende des Oberkarbons (→ um 300 Mio./S. 161) öffnete.

Wie weit dieses Meer im Osten und Westen genau reicht, läßt sich nicht mit Gewißheit sagen. Gut bekannt ist der zentrale Bereich, der den Raum von Persien, Afghanistan, Pamir, Karakorum und Kuenlun umfaßt, bis nach Sizilien reicht und Geosynklinalcharakter (→ S. 29) besitzt. Später werden sich daraus durch weiteres Zusammenrücken der Süd- und der Nordkontinente die mächtigen südasiatischen Gebirgsketten auffalten, die in etwa zeitgleich mit den Alpen entstehen und heute die bedeutendsten Gebirgsmassive der Welt umfassen.

Die sich ausweitende Tethys teilt Pangaea in den nördlichen Superkontinent Laurasia und in den südlichen Superkontinent Gondwana.

Kupfererze im Faulschlamm

270–250 Mio. In den im trockenwarmen Klima eindampfenden flachen Lagunen, die im Zechstein weit verbreitet sind, bestehen bedeutende sedimentäre Kupferschiefer-Lagerstätten, z. B. bei Mansfeld, in der Sangerhäuser Mulde, in der Schlesischen Bucht oder bei Richelsdorf. Bis zum Niederrhein sind Kupferschiefer-Funde nachweisbar. Ausschlaggebend für die Fixierung dieses Metalls und auch von Blei, Zink, Vanadium, Nickel, Molybdän u. a. ist hier die Bildung von Faulschlamm in den durch Nehrungen vom Wasseraustausch abgeschlossenen Becken. Fäulnisbakterien im sauerstoffarmen Wasser setzen das Redoxpotential herab, d. h. das oxidierende wird zum reduzierenden Milieu. Dabei entfaltet sich zusätzlich eine Schwefelmikrobengemeinschaft (Sulfuretum), die Sulfate zu Schwefelwasserstoff (H_2S) reduziert. Dadurch lassen sich Metallionen mit dem Schwefel verbinden und im Wasser als Sulfide ausfällen und konzentrieren.

Buntes Steinsalz, ein Eindampfungsrückstand aus dem warmen Staßfurt-Zechstein-Klima

Gips und Dolomitkalk: Zeugen des Zechsteinklimas in der norddeutschen Landschaft bei Elmshorn

Karbonatite und Diamanten

Um 270 Mio. Mit dem permischen Vulkanismus, der sich gegen Ende der variszischen Faltungsära (→ 390–375 Mio./S. 131) einstellt, setzt zugleich ein hohes Potential für die Bildung entsprechender magmatisch-vulkanischer Lagerstätten ein. Dabei entstehen vor allem Erze von Niob, Phosphor, Eisen, Titan, Zirkonium, Barium, Kupfer usw., sowie Kimberlite (→ S. 44) mit Diamanten.

Die magmatischen Lagerstätten der Zeit sind häufig an Riftzonen und Beckenrandverwerfungen gebunden, in denen die Metallzufuhr aus dem Erdmantel erfolgt. Oft kommen in solchen Zonen Alkaligesteine und Karbonatite vor. Erstere sind hinsichtlich ihres Calcium-, Kalium- und Natriumgehaltes charakteristisch, bei den letzteren handelt es sich um magmatische Gesteine, die im wesentlichen durch Aufschmelzen primärer Karbonate (Calcit, Dolomit) und auch Silikate (Feldspate usw.) entstehen. Sie sind oft reich an Blei- und Zinkerzen.

Verbreitet sind plutonische Erzgänge. Daneben kommen sogenannte Greisenlagerstätten vor, das sind durch magmatische Bestandteile umgewandelte Granite mit Zinnstein und Wolframit.

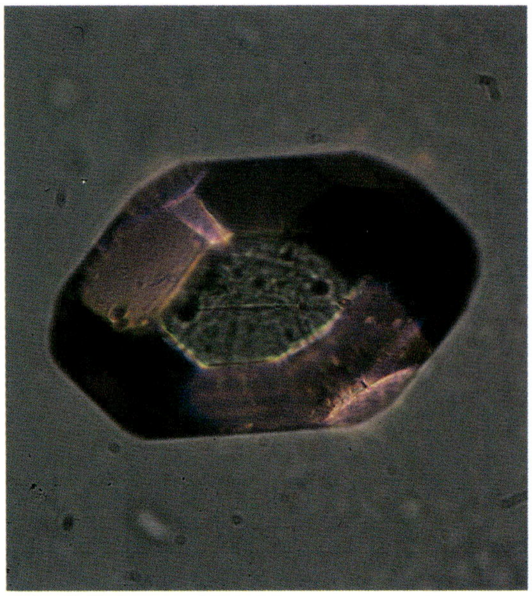

Zu den Edelsteinen, die aus unter Druck abkühlenden Magmen auskristallisieren, gehört auch der Zirkon, chemisch gesehen ein Zirkoniumsilikat.

Bedeutende Lagerstätten von Salz, Kohle und Erdöl

270–250 Mio. Im Gleichgewicht zwischen Zufluß und Verdunstung, zwischen Meeresüberflutungen, Eintrag von Festlanderosionsschutt und Eindampfung kommt es in den ausgedehnten permischen Beckengebieten Europas, Nordamerikas und Sibiriens bis in die Arktis zu den bedeutendsten Salzablagerungen (Evaporite, → S. 46) der Erdgeschichte. Genetisch verbunden ist mit diesen Evaporitformationen die Anhäufung von Kohlenwasserstoffen, nämlich Erdöl und Erdgas (→ S. 48).

Die Schwerpunkte dieser Lagerstättenbildung sind das europäische Zechstein-Becken, das russische Perm-Becken und das Midcontinent-Becken in Nordamerika (→ S. 183). Auf der Russischen Tafel, in Nordamerika sowie im Hamburger Raum setzte die salinische Sedimentation bereits im Rotliegenden (290–270 Mio.) ein; in Mitteleuropa und in der Arktis, vor allem im Salinar-Becken Nordkanadas, ist sie in der Regel auf die Zechstein-Zeit beschränkt. In den großen Lagerstätten des mitteleuropäischen Zechstein-Beckens (Werra, Staßfurt, Leine, Nowa Sol), im Vorural-Becken (Solikamsk, Kaspische Senke) und im nordamerikanischen Midcontinent-Becken (Texas) häufen sich vor allem Kalisalze und Steinsalz. Zuvor bildet sich großräumig Gips (Calciumsulfat).

Vor allem in Texas und in der Kaspischen Senke sind bedeutende Erdöl- und Erdgaslagerstätten in den Lagunenbereichen des Perms zu finden. In Mitteleuropa lagern sich – vor der eigentlichen salinären Phase – in schmalen Gürteln mit porösem Material größere Bitumenmengen ab, und die Zechsteinriffe im Nordseebereich sind wichtige Erdgasspeicher. Wo die Lagunen nicht ganz austrocknen, gedeiht zum Teil eine reiche Sumpf- und Moorvegetation, die zur Steinkohlenbildung beiträgt. So entstehen in Mitteleuropa zahlreiche kleine Steinkohlenbecken. Bedeutende Steinkohlenlager bilden sich in der Ural-Vorsenke, in den weiten Becken Zentralsibiriens und in Nordchina. Aber auch auf dem Gondwana-Kontinent lagert sich im permischen Becken Steinkohle ab, nämlich in Südafrika, Indien und Australien.

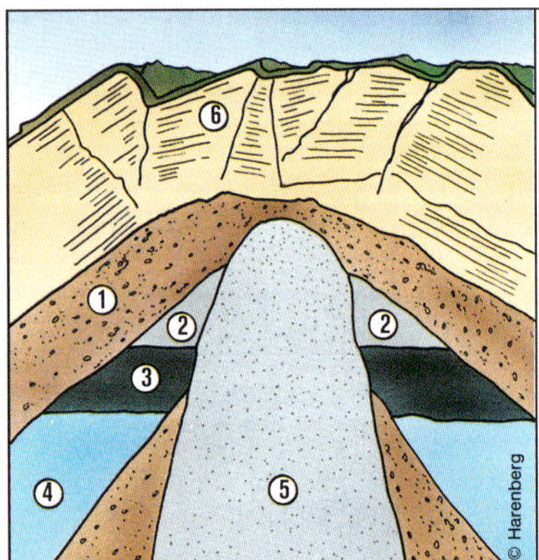

Lagerstätte an einem Salzdom

Durch periodische Aufwärtsbewegungen hat ein Salzstock (5) die überlagernden Schichten z. T. durchbrochen, hochgebogen und aufgewölbt. Auf diese Weise ist eine regelrechte Falle für Erdöl (3) und Erdgas (2) entstanden, denn für Öl und Gas undurchlässige Schichten (1) haben eine Kuppelform eingenommen, die die flüssigen und gasförmigen Kohlenwasserstoffe am seitlichen Entweichen hindert. Auch das Salz selbst ist für Erdöl und Erdgas undurchlässig. Unter den Kohlenwasserstoffen steht Tiefenwasser (phreatisches Wasser) (4) an, auf dem sie schwimmen. Sie können also auch nicht in tiefer liegendes Gestein hinabdiffundieren.

Klima weltweit trocken und überwiegend frostfrei

270–250 Mio. Bedingt durch die Zusammenballung praktisch aller Landmassen der Erde zu beiden Seiten des Äquators herrscht vorwiegend warmes bis gemäßigtes Klima. Besonders auf den Nordkontinenten ist es heiß und trocken. Trockenheit herrscht weitgehend auch auf der Süderde, wenngleich sich hier das Festland bis in höhere Breiten ausdehnt und deshalb kühlere Klimate und in manchen Gebieten (Australien) sogar noch Vereisungen vorherrschen.

Wie schon im vorausgegangenen Rotliegenden schreitet die zunehmende Trockenheit in den Gebieten Nordamerika, Grönland, Europa und Sibirien von Norden nach Süden immer weiter fort. Neben Salzablagerungen beweisen das z. B. Verkieselungen und typische Wüstenformen wie windgeschliffene Steine (Windkanter) oder Tafelberge, an deren Füßen sich mächtige Schutthalden bilden. Der Äquator verläuft durch Nordamerika und Europa, was zur Folge hat, daß die weiter nördlich und südlich gelegenen Festlandmassen zum größten Teil in den nördlichen und südlichen Trockengürtel der Welt fallen.

Diesem Bild entspricht auch die Verteilung der Winde auf den Nordkontinenten, die sich als Passate deuten lassen. So herrscht in Mitteldeutschland Südsüdwestwind vor. In England kommt der Wind dagegen vorwiegend aus östlichen Richtungen, und das große nordamerikanische Gebiet des Colorado-Plateaus, Wyomings und Utahs liegt im Einflußbereich von nordöstlichen und z. T. nördlichen Winden.

Die Klimate der Nordkontinente sind kontinental geprägt, was auf die große Landmassenanhäufung zurückzuführen ist, d. h. die Sommer sind heiß und trocken; die Winter sind zwar ebenfalls trocken, aber entgegen sonstigen Kontinentalklimaten nicht allzu streng. Generell sind sie frostfrei. Das trifft nicht nur auf den äquatorialen Bereich, sondern auch auf die gemäßigten Zonen zu, wie sich aus dem weitgehenden Fehlen von Jahresringen im Holz der Bäume erkennen läßt. Winterliche Fröste treten nur in den Hochlagen der Gebirge auf.

Auf der Südhalbkugel sind die großräumigen Gondwana-Vereisungen des Oberkarbons (um 300 Mio.) und der Rotliegend-Zeit (290 -270 Mio.) weitgehend abgeschmolzen. Fehlende Gletschermoränen, eine sich entwickelnde Vegetation und einsetzende Steinkohlenbildung weisen auf gemäßigtes Klima zumindest in Südamerika, Indien, Arabien und Antarktika hin. Südafrika folgt in seiner klimatischen Entwicklung sogar in etwa den Nordkontinenten.

Landschaften wie diese sind während des Zechsteins besonders auf den Nordkontinenten verbreitet, wo vielerorts trockenheißes Klima herrscht.

Charakteristische Wüstenerosion verwandelt selbst massives Granitgestein in bizarre Formen. Dem Zechstein-Klima fallen ganze Felsmassive zum Opfer.

Kohlenmoore auf der Südhalbkugel

270–250 Mio. Während die Kohlenbildung auf der Nordhalbkugel ihren Schwerpunkt im Karbon (360 –290 Mio.) hat, gedeihen jetzt kohlenproduzierende Moore auf dem Gondwana-Kontinent, vor allem in Südafrika, Indien und Australien.

Maßgeblich ist die Glossopteris-Flora, benannt nach der über 100 Arten umfassenden Gattung Glossopteris, »Zungenfarnen« mit flachen Wedeln, die allerdings zu den Nacktsamern (Samenfarnen) gehören. Große Bedeutung in den Steinkohlenwäldern Gondwanas kommt auch der verwandten Gattung Gangamopteris zu. Daneben sind sehr hohe verzweigte Bäume der Gattung Noeggerathiopsis vertreten, die mit den Cordaiten (→ 360–325 Mio./S. 147) der Nordhalbkugel verwandt ist. Auch die baumförmigen Schachtelhalme Schizoneura und Phyllotheca sind in den südlichen Kohlenmooren verbreitet.

Wechselnde Magnetpolung

256 Mio. Einer Epoche mit vorwiegend reverser (den heutigen Verhältnissen entgegengesetzter) Lage der Erdmagnetpole schließt sich eine solche mit häufig wechselnder Polung an, die bis vor 228 Jahrmillionen andauert.

Die Zahl der Erdfeldumpolungen in dieser Zeit ist besonders hoch, wobei manche Geologen einen Zusammenhang zwischen diesen zahlreichen »Polsprüngen« und sogenannten Paroxysmen in den Bewegungsmechanismen der Erdkruste (Tektonik) sehen. Unter Paroxysmen versteht man ein gesteigertes tektonisches Geschehen, das mit Grabenbildungen, Schollenverschiebungen oder Hebungen und Senkungen größerer Erdkrustenbereiche und natürlich mit Plutonismus verbunden ist.

Neben den häufigen Umpolungen herrscht im Perm auch eine besonders rasche Wanderung der Erdpole (Magnet- wie Achsenpole) in Relation zur Erdkugel.

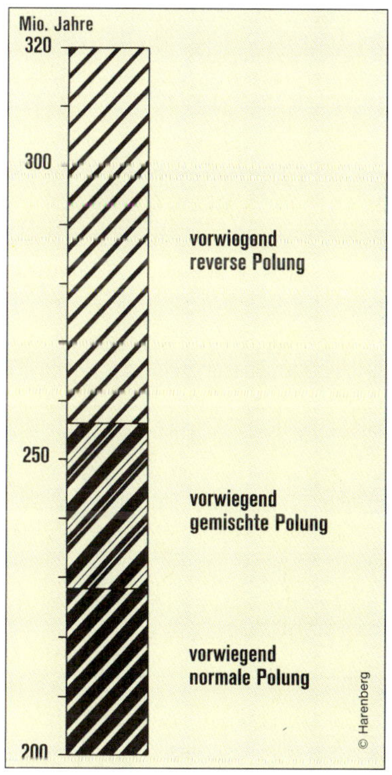

Rotsedimente im Süden Afrikas

270–230 Mio. Rotsedimente, wie sie im Rotliegenden der Nordkontinente (→ 290–270 Mio./S. 173) eine bedeutende Rolle spielen, lagern sich jetzt auch im südafrikanischen Karroo-Becken ab.

Die entsprechenden Schichten sind als Beaufort-Gruppe bekannt und weisen darauf hin, daß Südafrika in dieser Zeit eine klimatologisch und geologisch ähnliche Entwicklung nimmt wie die Nordkontinente rund 20 Jahrmillionen eher (s. o.).

In den Schichten der Beaufort-Gruppe ist die wichtigste Entwicklungsphase der Therapsida repräsentiert, höherentwickelter Reptilien der Unterklasse Synapsida (→ 310–255 Mio./S. 167). Sie sind die Vorfahren der Säugetiere und breiten sich rasch über die ganze Welt aus. In den trockenwarmen Gebieten Südafrikas leben die Gattungen Titanosuchus, Moschops, Lycaenops und Galechirus.

Neue Pflanzengemeinschaften durch Klimawechsel

270–250 Mio. Die Flora des Zechsteins unterscheidet sich auf den Kontinenten der Nordhalbkugel wesentlich von der des vorausgehenden Rotliegenden. Von den Pflanzengemeinschaften des Unterperms, die zum größten Teil noch späte Vertreter der Oberkarbon-Flora waren, sind allenfalls noch dürftige Nachläufer übrig: Eine kleine Callipterisart (→ 290–250 Mio./S. 175), wenige zu den Farnsamern gehörige Sphenopteriden und ganz selten auch Calamiten (→ 375–360 Mio./S. 137). Neue Nacktsamer herrschen vor und verleihen der Flora, besonders durch zahlreiche Koniferen, ein anderes Gesicht. Neben den Walchien (→ 310–270 Mio./S. 166), durch die die Koniferen bisher vor allem repräsentiert waren, erscheinen nun weitere Formen. Die Grenze zwischen Paläophytikum und Mesophytikum wird daher in diesen Zeitraum gelegt.

Besonders gut ausgeprägt ist die neue Pflanzengesellschaft im Bereich des Kupferschiefers (→ 270–250 Mio./S. 184). Ähnliche Pflanzengemeinschaften gedeihen im Kupferletten von Frankenberg in Hessen, im Grödener Sandstein der Südalpen usw. Die rasche Veränderung in der Pflanzenpopulation ist durch den Klimawechsel vom Feuchten zum Trockenen während des Rotliegenden mitverursacht. Auf der Südhalbkugel (Gondwana), auf der sich das Klima langsamer und erst später zum Trockenen hin wandelt, vollzieht sich der Florenwechsel kontinuierlicher.

Die meisten Nadelhölzer des Kupferschiefers gehören der Formengattung Ullmannia an. Ullmannien besitzen mehr oder weniger kurze, zungenförmige oder längliche, parallelrandige, dicht gestellte Blätter oder Schuppen. Die schuppenblättrigen Formen sind im Zechstein von Frankenberg den Bergleuten fossil als »Frankenberger Kornähren« bekannt. Neu ist auch die Koniferenfamilie Voltziaceae, die mit rund zehn Arten in Europa und Nordamerika verbreitet ist. Sie besitzt nadelförmige Blätter und Zapfen.

Aus dem Kupferschiefer von Mansfeld bei Eisleben stammt dieser Zweig eines Nadelbaumes der Formengattung Ullmannia, der die meisten Koniferen dieser Zeit angehören.

Ausschnitt eines versteinerten Fruchtschuppenkomplexes des Nacktsamers Pseudovoltzia liebeana aus dem oberhessischen Zechstein.

»Goldener Schnitt« als Ordnungsprinzip in der Natur

In den Formen der Pflanzenwelt kommt vielfach ein Ordnungsprinzip zum Ausdruck, das sowohl in der Mathematik wie in der Kunst als »Goldener Schnitt« bekannt ist. Diese überraschende geometrische Ordnung läßt sich etwa bei der Anordnung der Blattbasen an Cycadeen- und Palmenstämmen, an den Samen der Blütenstände der Korbblüter, aber auch an den Zapfen der Koniferen beobachten.

So sind beispielsweise die Schuppen der Koniferenzapfen in Zeilen angeordnet, die sich in beiden Drehrichtungen spiralig um den Zapfen herum winden, und zwar in einer Richtung steiler als in der anderen. Ein horizontal um den Zapfen gelegter Faden schneidet mehr Spiralen der einen Schräglage als solche der gegenläufigen Schräglage. Je nach Zapfengröße zählt man 2:3, 3:5, 5:8, 8:13 usw. Spiralzeilen, wobei die höhere Zahl jedes Verhältnisses immer die Summe der beiden Zahlen des nächstkleineren Verhältnisses ist. Je größer die Anzahl der Reihen, desto exakter entspricht ihr Verhältnis dem Goldenen Schnitt (1:1,61803... oder genau $1:(\frac{1+\sqrt{5}}{2})$).

Kiefernzapfen mit 8 im Uhrzeiger- und 13 im Gegenuhrzeigersinn nach außen laufenden Spiralen

Auf diesem Glied eines Feigenkaktus (Opuntia) erscheinen die Spiralzeilen zu Geraden flachgedrückt.

Der Opuntiensproß zeigt die unterschiedliche Steigung der Linien in Links- und Rechtsrichtung.

Auch die Dornenpolster dieser Pelecyphora folgen exakt Bilddiagonalen nach dem »Goldenen Schnitt«.

Schottische Dünen bergen Fossilfalle

270–210 Mio. Im Nordosten Schottlands werden größere Reptilien am Fuße hoher Dünen von Sand verschüttet. Dort fossilisieren sie in dem feinen Material in oft sehr guter Erhaltung. Während des Zechsteins ist das sowohl im Gebiet des Cutties Hillock Sandstone wie auch des Hopeman Sandstone der Fall. Im ersteren versteinern vor allem Vertreter der Therapsidengattungen (→ S. 190) Gordonia und Geikia sowie der Pareiasauria-Gattung Elginia und der Reptilienunterordnung Procolophonida. Dagegen bleibt im Hopeman Sandstone vor allem eine große Vielfalt von Reptilienfährten fossil konserviert.

Die Fossilfalle (→ S. 330) im Dünensand reicht noch weit über das Perm hinaus. Auch in der Obertrias (Keuper, 230–210 Mio.) fossilisieren – diesmal im Sandstein von Lossiemouth – zahlreiche Reptiliengattungen, darunter der älteste britische Dinosaurier (→ S. 201) Saltopus. Bekannt ist dieses bedeutende Fossilienvorkommen unter der Bezeichnung Elgin.

Nach strukturellen wie materiellen Änderungen im Aufbau ihres Skeletts sterben im Zechstein die Rugosa-Korallen aus. Fossil aus Spitzbergen

Artentod trifft Rugosa-Korallen

270–250 Mio. Die Korallenordnung Rugosa, einzeln lebende und koloniebildende Nesseltiere (Zoantharia, → S. 41), die vor allem im Silur (440–410 Mio.) und Devon (410–360 Mio.) als wichtige Riffbildner auftraten, sterben aus.

Kurz vor ihrem Untergang ändert sich offensichtlich noch Struktur und Material ihres Skeletts. Während die Skelette älterer Rugosa-Korallen durchweg aus Kalzit aufgebaut sind, bilden Vertreter dieser Ordnung im Perm offenbar zunächst ein Primärskelett aus Aragonit (der rhombischen Spielart des Calciumcarbonats $CaCO_3$) aus. Das könnte darauf hinweisen, daß die in der anschließenden Trias neu erscheinenden riffbildenden Steinkorallen der Unterklasse bzw. Überordnung der radiärsymmetrischen Scleractinia von ihnen abstammen.

Wie die Rugosa-Korallen sind auch die Scleractinia weltweit vor allem in den Küstengebieten der tropischen Meere zu Hause. Auch sie kommen einzeln lebend, meist aber in Kolonien vor.

Neue Knochenfischformen mit stabilem Innenskelett

Um 270 Mio. Mit der Gattung Acentrophorus leben erstmals Vertreter einer neuen Gruppe der Knochenfische (Osteichthyes, → 440–410 Mio./S. 99) in den Meeren, die Neopterygii. Diese Fische gehören zu den Strahlenflossern (Actinopterygii, → 410 Mio.), die seit dem Devon lediglich durch die sogenannten Knorpelganoidfische (Chondrostei bzw. Palaeopterygii) vertreten waren. Entwickelten sich jene im Süßwasser, so sind die Neopterygii reine Meeresfische.

Das Innenskelett der neuen Formen wird zunehmend stabiler und verknöchert, während die bisher starke äußere Panzerung immer mehr reduziert wird. Noch einige andere Merkmale unterscheiden die neueren Arten von den älteren: So treten an die Stelle rhombischer Schuppen eher kreisrunde Formen (Cycloidschuppen). Das Schuppenmaterial, das früher unterschiedlich sein konnte (Ganoin, Dentin oder Isopedin), ist jetzt fast durchweg die hornige Substanz Isopedin. Die Bauchflossen wandern wesentlich weiter nach vorne. Statt des gemeinsamen Auftretens von Kiemen und Lungen kommen nur noch Kiemen vor, wofür sich aber eine ausgeprägte Schwimmblase entwickelt.

Knochenfische – hier vier verschiedene fossile Exemplare aus dem Oberjura von Solnhofen in Bayern – bevölkern auch schon im Zechstein mit zahlreichen Arten die flachen warmen Meere Europas.

Die ersten Vertreter der Neopterygii gehören zur Abteilung Genglymodi, die neben der Gattung Acentrophorus später auch die Gattungen Lepidotus (Trias bis Kreide), Dapedius (Jura) und die noch heute in Nordamerika vorkommenden Knochenhechte (Lepisosteus) umfaßt. Fische dieser Abteilung leben in Afrika, Indien, Nordamerika und Europa. Ihr Körper ist stark verlängert, mehr oder weniger zylindrisch und noch mit Ganoidschuppen, also Schuppen aus einer perlmuttartig glänzenden Substanz, bedeckt. Die Fische verfügen über kräftige, sehr speziell geformte Zähne.

Ab der folgenden Trias (250–210 Mio.) entwickeln sich unter den Neopterygii auch die Teleostei, die heute fast alle Fische der Meere und des Süßwassers, u. a. die Karpfenartigen und die Welse, umfassen.

Die gigantische Ausbreitung der Reptilien beginnt

270–250 Mio. Mit dem trockneren Klima, das die Landlebewesen zu neuen Anpassungen zwingt, setzt weltweit eine erste rapide Entwicklung bei den Reptilien ein. Sie alle gehören zu dieser Zeit vier Klassen an: Den Anapsida, die erstmalig schon im Karbon auftraten (→ 310–255 Mio./S. 167), den Sauropterygomorpha, den Diapsida, die ebenfalls bereits im Karbon erschienen (→ 310–255 Mio./S. 167) und den Archosauria.

Anapsida

Gemeinsam ist den Anapsida ein schweres solides Schädelskelett, in dem nur Öffnungen für Augen und Nasenlöcher vorhanden sind. Das bedingt eine relativ schwach entwickelte Kiefermuskulatur. Zu dieser Unterklasse gehören heute noch die Schildkröten.

Die Anapsiden sind im Oberperm neben den schon im Karbon vertretenen Gattungen mit folgenden Formen präsent:

▷ Familie Pareiasauridae. Sie stellt die größten frühen Reptilien mit bis zu 3 m Körperlänge. Es sind plump wirkende Pflanzenfresser mit z. T. weit unter dem Körper ansetzenden Gliedmaßen, die ihnen einen an schwere Säuger erinnernden Gang verleihen. Ihre Gattung Pareiasaurus, bis zu 2,5 m große Pflanzenfresser, lebt in Süd- und Ostafrika sowie Osteuropa. Die Schädel dieser Tiere tragen dornen- und warzenförmige Fortsätze. Die Gattung Scutosaurus ist in Osteuropa zu Hause, wird ebenfalls bis 2,5 m groß und umfaßt besonders hochbeinige Arten. Die Gattung Elginia, die in Schottland verbreitet ist, bringt nur kleine, bis ca. 60 cm lange Reptilien mit teilweise recht abenteuerlich anmutendem Kopfputz – Dornen in beachtlicher Formenfülle und Vielzahl – hervor.

▷ Familie Millerettidae. Ihre Gattungen sind insofern eine Ausnahme unter den Anapsiden, als sie Schläfenfenster am Schädel besitzen. Doch haben sich diese offenbar unabhängig zu anderen Reptilienunterklassen entwickelt. Bei den Millerettiden handelt es sich um kleine – bis 60 cm große – eidechsenförmige Insektenfresser, die ausschließlich in Südeuropa bekannt sind.

Sauropterygomorpha

Die Sauropterygomorpha umfassen verschiedene Ordnungen von Meeresreptilien, die als gemeinsames Merkmal ein Schädel mit Öffnungen hinter den Augen bzw. unter der Stirn, den sogenannten Schläfenfenstern, verbindet. Ihre Gliedmaßen sind zu Ruderwerkzeugen umgebildet.

Die Unterklasse der Sauropterygomorpha ist im Oberperm erst durch zwei Familien vertreten:

▷ Familie Claudiosauridae. Sie ist auf Madagaskar zu Hause und lebt dort nur in einer einzigen Gattung. Claudiosaurus ist ein langhalsiges, bis 60 cm groß werdendes eidechsenförmiges Tier, lebt auf Küstenfelsen und sucht sich seine Beute – Tiere und Pflanzen – wohl im Wasser.

▷ Familie Nothosauridae. Die bis zu 3 m großen und im Oberperm noch seltenen Tiere leben an den Küsten Europas, Asiens und Nordafrikas. Es sind langgestreckte, hervorragende Schwimmer und Fischräuber mit scharfem Gebiß.

Diapsida

Die Diapsida besitzen ebenfalls charakteristische Schläfenöffnungen hinter den Augen, wobei ihre kräftigen Kiefermuskeln durch diese »Fenster« ziehen. Aus dieser Unterklasse gehen die meisten modernen Reptilien (Echsen, Schlangen, Brückenechsen, Krokodile) hervor. Neben den karbonischen Vertretern leben im Perm Mitglieder der folgenden Ordnungen:

▷ Ordnung Araeoscelida. Sie umfaßt bis zu 60 cm lange, echsenförmige Landtiere mit langem Hals und langen Laufbeinen, die in Nordamerika heimisch sind.

▷ Ordnung Eosuchia. Diese unmittelbaren Vorfahren der Echsen und Schlangen sind zunächst auf Madagaskar zu Hause. Die Gattung Thadeosaurus umfaßt extrem langgeschwänzte, bis 60 cm große Landtiere, die sehr schnell laufen können. Bei der Gattung Hovasaurus handelt es sich um ebenso langschwänzige, ungefähr halbmetergroße räuberische Wasserreptilien.

Ebenfalls auf Madagaskar lebt die Art Coelurosauravus, die sich bis jetzt zu keiner bestimmten Ordnung stellen läßt. Es sind kleine, nur rund 40 cm große Reptilien mit stark verlängerten Rippen, die von flügelförmigen Hautlappen bedeckt sind und die Tiere zu guten Gleitfliegern machen.

Archosauria

Die Archosaurier zählen bereits zu den Dinosauriern oder »Herrscherreptilien«. Ihr Schädel zeichnet sich durch zwei Schläfenfenster hinter den Augen aus. Auch die Ordnung der noch heute lebenden Krokodile (Crocodilia) gehört zu dieser Unterklasse.

Zunächst erscheinen die Archosauria in der Ordnung Thocodontia mit den Proterosuchia. Einige von ihnen leben wie Krokodile im Wasser, andere auf dem Festland. Diese Ordnung entwickelt ihre größte Formenvielfalt in der Trias.

△ Der rund 2,5 m lange Scutosaurus hat die charakteristischen Körpermerkmale der Familie der Pareiasauridae: Einen massigen Körper, Schädelfortsätze und einen Knochenpanzer. Der schwere Pflanzenfresser ist während des Oberperms in Osteuropa heimisch.

◁ Zur Unterklasse Archosauromorpha gehört dieser bis 2 m lange Protorosaurus, der erste Vertreter der Archosauria, von denen die Archosaurier im weiteren Sinne (Dinosaurier und Krokodile) abstammen.

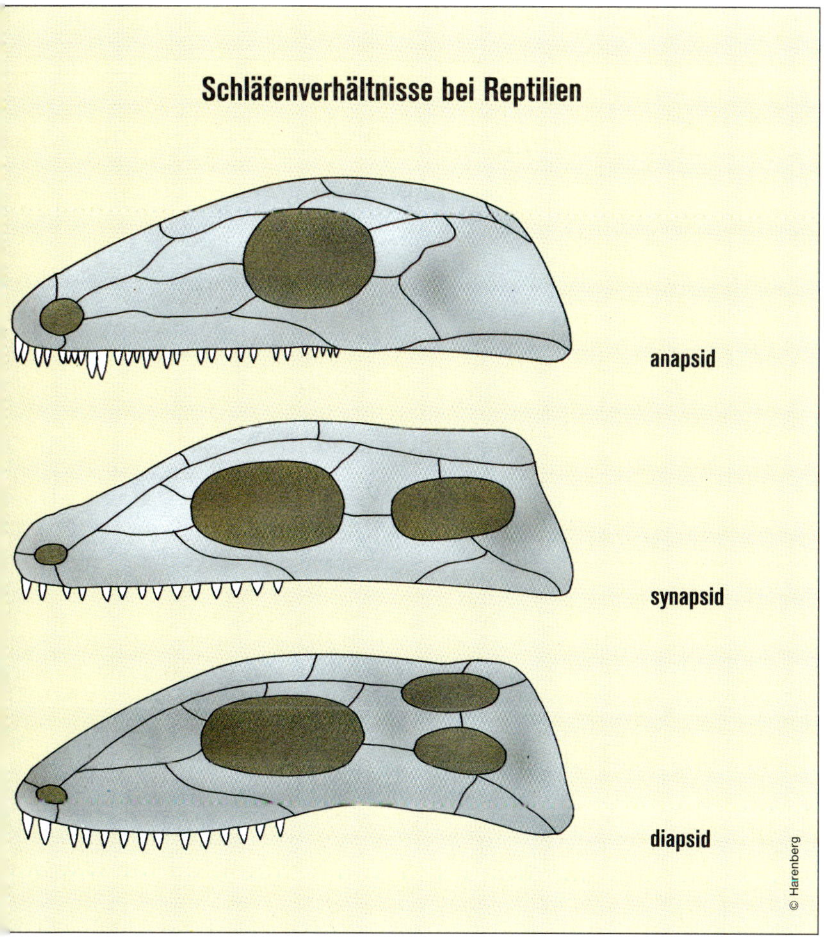

Mit Hauterhaltung versteinerte diese Amphibie der Formengattung Branchiosaurus bei Bad Kreuznach. Es handelt sich um eine kleine im europäischen Perm verbreitete Eidechse (zu den Labyrinthodontia gehörig) mit schwach verknöchertem Skelett und blattförmigen Wirbelknochen.

◁ Im Verlauf der Reptilienentwicklung verändert sich der Schädel in charakteristischer Weise. Das auffälligste Merkmal der einzelnen Entwicklungsstufen sind die sogenannten Schläfenfenster: Anapsida besitzen keine, Synapsida ein Paar und Diapsida zwei Paar derartige Öffnungen.

Nur unbedeutende Fortschritte bei den Amphibien

270 – 250 Mio. Wie bei einem weltweit vorwiegend trockenen Klima zu erwarten, zeigen sich bei den Amphibien keine größeren Entwicklungsfortschritte. Eher das Gegenteil ist festzustellen: Mehrere Formen sterben aus bzw. sind bereits im Rotliegenden ausgestorben. Beispielhaft können hier die Microsauria (→ 290–270 Mio./S. 180) und die Aistopoda (→ 325–290 Mio./S. 167) angeführt werden.

Weiter erhalten bleibt in der Unterklasse Lepospondyli (→ 290–270 Mio./S. 180) die in Nordamerika heimische Gattung Diplocaulus (Ordnung Nectridia, → 290–270 Mio./S. 180). Sie umfaßt molchähnliche Tiere.

In der Unterklasse Labyrinthodontia überleben Gattungen der Ordnung Temnospondyli (→ 375–360 Mio./S. 135), und zwar Eryops und Cacops in Nordamerika.

Neu erscheint – ebenfalls in der Ordnung Temnospondyli – die Gattung Peltobatrachus. Ihre Vertreter leben in Afrika im Gebiet von Tansania und erreichen eine Länge von etwa 70 cm lang. Peltobatrachus ist ein vollkommen auf dem Festland lebendes Lurchtier, welches sich nur relativ langsam fortbewegt. Der harte segmentierte Panzer dieses Amphibiums läßt es den heute lebenden Gürteltieren ausgesprochen ähnlich sehen.

Um 250 Mio. sterben die zu den Temnospondyli zählenden Eryops-Arten aus, doch zweigen von ihnen wahrscheinlich schon während dieser Ära die Capitosauridae und die Proanura ab, die Vorfahren der Froschlurche.

Amphibien in Deutschland

- ▷ Acanthostomatops: Döhlener Becken
- ▷ Actinodon: Saar-Nahe-Becken
- ▷ Archegosaurus: Saar-Nahe-Becken
- ▷ Branchierpeton: Döhlener Becken
- ▷ Branchiosaurus: Saar-Nahe-Beckken, Thüringer Wald, Döhlener Becken
- ▷ Discosauriscus: Döhlener Becken
- ▷ Micromelerpeton: Saar-Nahe-Becken
- ▷ Onchiodon: Döhlener Becken
- ▷ Phanerosaurus: Döhlener Becken
- ▷ Sclerocephalus: Saar-Nahe-Becken

Das fossile Schädelskelett des Dachschädellurchs Eocyclotosaurus lehmani aus der Untertrias von Rotfelden im Nordschwarzwald (heute im Museum für Naturkunde in Stuttgart). Zu seinen Vorfahren gehören Amphibien der Ordnung Temnospondyli, die im Perm in Deutschland lebten.

Streitfrage:

Suche nach den Vorfahren der Vögel

Bereits im Zechstein treten Reptilien auf, die den Gleitflug beherrschen, besonders Arten der Gattung Coelurosauravus (→ S. 188). Andere Reptilien erlernen diese Art der Fortbewegung in der Trias, etwa Kuehneosaurus oder die säugetierähnlichen Thecodontia (→ 250–243 Mio./S. 201) der Gattung Sharovipteryx. Fraglich ist, ob diese Reptilien als Vorfahren jenes voll flugfähigen »Urvogels« Archaeopteryx verstanden werden können, der vor ungefähr 160 Jahrmillionen lebte.
Einige Paläontologen, besonders die Vertreter eines konsequenten Darwinismus, gehen davon aus, daß es – vor etwa 250 Mio. Jahren – ein Tier gegeben haben müsse, das eine Übergangsform von den frühen Gleitfliegern zum Urvogel bildete. Andere Wissenschaftler vertreten demgegenüber die Auffassung, daß die Evolution in Form makroevolutionärer Schübe (→ S. 95) durchaus zu größeren Entwicklungssprüngen in der Lage sei und daß deshalb gleitende Übergänge von den Reptilien zu den Vögeln fehlen können.
Zwar galt lange Zeit Archaeopteryx als dieses verbindende Glied, vereint er doch eindeutige Reptilienmerkmale (Zähne, lange Schwanzwirbelsäule, lange Fingerknochen etc.) mit eindeutigen Vogelcharakteristika (Federn, leichte Röhrenknochen etc.). Doch zu groß ist der entwicklungsgeschichtliche Abstand zwischen den gleitfliegenden Reptilien und Archaeopteryx, denn jene beherrschen keineswegs den aktiven Flug, während dieser zum Auftrieb verschaffenden – aktiven – Flügelschlag befähigt ist. Auch zeigen die gleitfliegenden Reptilien nicht einmal ansatzweise eine Entwicklung zum Federkleid. Ebenso ungeklärt ist, ob sich das Flugvermögen von Archaeopteryx aus dem Gleitflug von baumbewohnenden Reptilien entwickelt oder vielmehr aus den unterstützenden »Flatterbewegungen« der vorderen Gliedmaßen bei einem zweifüßigen Rennen und Springen auf den Hinterbeinen.
Der hypothetische »Proavis«, jenes vermittelnde Glied zwischen Reptilien der kleinen Gruppe Pseudosuchia und den Urvögeln, von dessen mutmaßlicher Existenz gegen Ende des Zechsteins die strengen Darwinisten ausgehen, besitzt nach ihren Vorstellungen einen schnabellosen Kopf mit voll bezahntem Maul. Seine vorderen Extremitäten sollen noch nicht zu Flügeln umgewandelt sein, doch sollen sich an den Kanten der Gliedmaßen die für die Reptilien typischen Schuppen bereits in Federn umgebildet haben, um einen kurzen Gleitflug oder einen verlängerten Sprung zu ermöglichen. In »Proavis« wird also noch kein Vogel vermutet, sondern ihr kletternder oder springender Urvorfahr. Manche Vertreter der Theorie, der Vogelflug habe sich nicht aus dem Gleitflug, sondern aus weiten Sprüngen beim Laufen entwickelt, sehen in den Federn zunächst nicht einmal Gleithilfen. Sie sind der Auffassung, die leichten umgebildeten Schuppen dienen primär der Temperaturisolierung, also dem Kälte- bzw. Wärmeschutz.

△ So könnte der hypothetische Urvogel »Proavis« ausgesehen haben, der vermutlich vor rund 250 Mio. Jahren lebte.

◁ Zu den ersten Gleitfliegern unter den Wirbeltieren Europas gehört dieses baumbewohnende Reptil der Art Weigeltisaurus jackeli aus dem Oberperm.

Therapsida breiten sich weltweit aus

270–250 Mio. Die im vorausgehenden Unterperm erstmals auftretende Ordnung Therapsida breitet sich jetzt schnell und artenreich über die ganze Welt aus. Es handelt sich um höher entwickelte Reptilien, die bereits zahlreiche Säugetiermerkmale aufweisen und als die Vorfahren der Säuger gelten.
In Osteuropa lebt Phthinosuchus, eine Gattung, von der nur Schädelreste überliefert sind. Die Paläontologen halten diese noch primitiven Therapsiden für ein Bindeglied zwischen den Pelycosauriern (→ 310–255 Mio./S. 167) und den eigentlichen Therapsiden.
In Afrika ist Titanosuchus zu Hause, ein Raubtier mit scharfen Schneidezähnen und dolchförmigen Eckzähnen im vorderen Teil der Kiefer und weiter hinten gelegenen Reißzähnen. Neben den Moschops-Arten, pflanzenfressenden Therapsiden, sind sie mit einer Körpergröße von 5 m die größten Reptilien der Permzeit. Die sehr kompakten Tiere leben in Herden.
Ebenfalls in Afrika ist das 1 m große Lycaenops zu Hause. Dieses »Wolfsgesicht« ist ein sehr agiles, langbeiniges und leicht gebautes Raubtier. Verwandt ist es mit ähnlichen Räubern derselben Unterordnung (Gorgonopsia) in Südafrika und in Osteuropa. Vermutlich jagt Lycaenops in Rudeln.
Eine Gruppe nur rund 30 cm kleiner eidechsenförmiger Reptilien stellt die Gattung Galechirus, die auf dem afrikanischen Kontinent vorkommt und sich von Insekten ernährt. Die Therapsiden-Unterordnung Dicynodontia, durchweg Fleischfresser, gilt als die unmittelbare Vorstufe der Säuger. Sie zeichnet sich durch stark vergrößerte Schläfenfenster am Schädel aus. In Südafrika ist sie durch Robertia vertreten, einen knapp halbmetergroßen Pflanzenfresser mit sehr spezialisiertem Gebiß. Ebenfalls in Südafrika lebt die Gattung Cistecephalus mit nur etwa 30 cm großen Arten, die teils amphibisch, teils in Nadelwäldern vorkommen und entfernt einem Maulwurf ähneln. Sie graben nach Erdinsekten und Würmern. In Südafrika und Tansania entwickelt sich schließlich das 1,2 m große Dicynodon mit auffällig starken Eckzähnen im Oberkiefer. Wahrscheinlich gräbt es damit Wurzeln als Nahrung aus.

Reptilien – Konkurrenten der ersten Säugetiere

Die zeitliche Gliederung

Der Begriff Trias (»Dreiheit«) wurde 1834 von dem deutschen Geologen V. Alberti als zusammenfassender Terminus für die Schichtenfolgen von Buntsandstein, Muschelkalk und Keuper in Süddeutschland gewählt. Später übertrug man das Wort auf gleich alte Schichten in aller Welt. Auch die Dreiteilung in Buntsandstein, Muschelkalk und Keuper behielt man bei. Von manchen Autoren wird der Muschelkalk auch nur bis vor rund 234 Jahrmillionen angesetzt. Sie siedeln zwischen ihm und dem Keuper noch eine Ära an, die sie Lettenkohle nennen, die aber allgemein zum Keuper gerechnet wird. International werden die dem Buntsandstein, dem Muschelkalk und dem Keuper entsprechenden erdgeschichtlichen Abschnitte heute oft als Unter-, Mittel- und Obertrias bezeichnet:

Untertrias (250–243 Mio.)	Buntsandstein/Skyth		(250–243 Mio.)
Mitteltrias (243–230 Mio.)	Muschelkalk	Anis	(243–237 Mio.)
		Ladin	(237–230 Mio.)
Obertrias (230–210 Mio.)	Keuper	Karn	(230–225 Mio.)
		Nor	(225–218 Mio.)
		Rhät	(218–210 Mio.)

Zoologisch gesehen beginnt mit der Trias das Mesozoikum, das Erdmittelalter (250–66 Mio.).

Geographische Verhältnisse

Die Verteilung der Kontinente und des Weltmeers gleicht im großen und ganzen noch jener des vorausgehenden Perms (290–250 Mio.). Der Nordpol liegt bei Kamtschatka, der Südpol zwischen Antarktika und Australien. Der Äquator verläuft längs der Tethys, des »Urmittelmeers«, das die großen Landmassen von Nord- und Süderde weitgehend trennt. Am Malaiischen Archipel mündet die Tethys im Osten in den Pazifik. Dieser Ozean ist ein inselreiches Meer, das von einem Geosynklinalsystem (→ S. 29) umschlossen wird.

In Europa besteht das während des Perms entstandene große Sedimentationsbeckensystem fort. Meist als Germanisches Becken bezeichnet, gliedert es sich in zwei Teiltröge: Die von Westnordwest nach Ostsüdost verlaufende baltische Zone und die von Nordnordost nach Südsüdwest ausgerichtete rheinische Zone; beide stehen miteinander in Verbindung. Besonders in diesem Becken ist die für die Trias charakteristische Dreigliederung in Buntsandstein, Muschelkalk und Keuper gut ausgebildet. Das Becken ist im Buntsandstein und Keuper flaches Festland und während des Muschelkalks ein seichtes Binnenmeer.

Schon während des Buntsandsteins greift das Meer, ausgehend vom Südalpenraum, auch nach Ungarn hinein und bildet dort eine weite Lagune. In den Karpaten erstreckt sich – ebenfalls von der Tethys abzweigend – ein Geosynklinaltrog. Ein weiterer, größerer geosynklinaler Meeresarm umfaßt die Dinarischen Gebirge Jugoslawiens und den Apennin. Der Alpentrog stellt den Hauptteil dieser Geosynklinale dar.

Eine weitere bedeutende Geosynklinale durchzieht auch Nordamerika, und zwar im Gebiet der heutigen Kordilleren. Von ihr zweigt ein kleinerer, den Appalachen als Vorsenke folgender Meerestrog ab. Im Osten Nordamerikas entsteht eine Grabenzone, die sich als erstes Anzeichen für das Riftsystem auffassen läßt, das später Nordamerika und Europa trennt und sich zum Atlantischen Ozean ausweitet.

In allen Teilen der Süderde (Gondwana) weiten sich bereits seit dem Perm vorhandene Becken aus, und neue Becken entstehen.

Sedimente und Gebirgsbildungen

Von tektonischen Bewegungen im Osten Asiens, wo sich im Ladin besonders in Japan Gebirgszüge auffalten, und von Australien abgesehen, ist die Trias eine hinsichtlich der Erdkrustenbewegungen ruhige Periode. In erster Linie bilden sich Geosynklinalsysteme, in denen es zu kräftiger Sedimentation kommt. Diese triassischen Sedimente finden sich heute fast ausnahmslos in den erdgeschichtlich jüngeren Faltengebirgen wieder. In den Randgebieten der Geosynklinaltröge kommt es vereinzelt zu Vulkanismus, so im Südalpenraum und – ausgedehnter – in den Beskiden. Zum Teil starker Vulkanismus herrscht zeitweise auch in Argentinien und Nordamerika.

Die Sedimente des Buntsandsteins setzen sich – besonders im Germanischen Becken – vorwiegend aus Sandsteinen, Tonsteinen, Mergelsteinen und Sulfaten sowie Carbonaten zusammen, wobei sich die Abfolge in dieser Reihenfolge mehrfach zyklisch wiederholt. Dazwischen ist immer wieder auch Steinsalz und gelegentlich Anhydrit eingelagert. Ähnliche Sedimente finden sich in anderen Becken der Nordkontinente.

Im Binnenmeer des Muschelkalks scheiden sich vorwiegend Kalksteine im Inneren und Dolomite in den Küstengebieten des Germanischen Beckens ab, wobei die unteren Muschelkalkschichten vorwiegend aus sogenanntem Wellenkalk (Mergelkalke, körnige Kalksteinbänke und Kalkplatten) aufgebaut sind, die mittleren aus Dolomiten, Kalksteinen, Tonsteinen und z. T. Anhydrit und Steinsalz bestehen und sich die oberen (Hauptmuschelkalk) aus körnigen Kalken und Mergelsteinen zusammensetzen.

Im Keuper dehnt sich der europäische Sedimentationsraum noch weiter aus. Hier lagern sich vor allem rote Mergelsteine, Sandstein und dolomitische Kalke unter Festlandbedingungen ab, bis gegen Ende dieser Ära (Rhät) von den Britischen Inseln bis in den Süden Deutschlands erneut ein Flachmeer vorstößt. Die kontinentalen Ablagerungen in anderen Gebieten der Norderde gleichen weitgehend jenen in Mitteleuropa. Auf der Süderde treten an die Stelle der grauen Sedimente des Perms in der Trias bunte und vor allem rote Gesteine aus Erosionsschutt.

Viele der triassischen Gesteine werden heute wirtschaftlich genutzt. So liefern Konglomerate des Buntsandsteins aus dem Germanischen Becken Schotter. Gröbere Sedimente dieser Zeit werden gebrochen und lassen sich als Natursteine, Bausand oder Zementzuschlagstoffe nutzen. Die Gesteine des Keupers liefern Gips und Zuschlagstoffe für Baumaterialien. Als Ziegeleirohstoffe verwendet man häufig die Tonsteine des Buntsandsteins und Keupers. Wellenkalke sind wertvolle Zementrohstoffe und Baukalke. Daneben wird auch das Steinsalz des Muschelkalks und Keupers (in Deutschland und Frankreich) wirtschaftlich genutzt. Speziell im triassischen Wettersteinkalk Österreichs und Jugoslawiens finden sich Blei-Zink-Erze. Verwandte Erze führt auch der Dolomit des Muschelkalks in Polen. In Jugoslawien und Ungarn liegen in Carbonaten der Trias ausgedehnte Bauxitlager. Manche Sandsteine und Carbonate aus Brackwasserlagunen stellen gute Speichergesteine für Erdöl und Erdgas dar.

Klimatische Verhältnisse

Mit der Trias beginnt ein klimatisch weitgehend uniformer Abschnitt der Erdgeschichte. Das liegt zum einen an der Ausweitung der Landflächen bei meist geringen Höhen, die großräumig ungehinderten Luftaustausch zuläßt. Zum anderen beeinflußt eine globale Meeresströmung das Klima (→ S. 203). Generell ist das Klima in der Trias weltweit warm. Selbst die Pole sind nicht vereist. Der Riffgürtel in den Meeren, ein Indiz für warme Klimate, reicht in weit höhere Breiten als etwa heute. Bedeutende Riffkalkbildungen der Trias finden sich z. B. in den Südtiroler Dolomiten, im Dachsteinkalk und ganz generell in den Nördlichen Kalkalpen, außerdem auf der Balkanhalbinsel, in Südfrankreich, Spanien und auf Sardinien. Kalkreich sind auch die Triasmeere im Tethysbereich Südasiens (bis Indonesien und Japan).
Auf dem europäischen Festland belegen die Buntsandsteinsedimente, die weitgehend dem roten Sandstein des Rotliegenden (Unterperm, 290–270 Mio.) entsprechen, daß hier wie in jener Epoche warmes und überwiegend trockenes Klima herrscht. Ganz ähnliche Verhältnisse bestehen in England, wo man jetzt vom »New Red« spricht, in Südfrankreich, Westsardinien, auf den Balearen, in Ostspanien, im Atlasgebiet Nordafrikas und im westlichen Ural, während das östliche (russische) Europa eher feuchtwarmes Klima aufweist. Besonders in den Ostalpen sind Steinsalzlager häufig und oft mächtig, etwa im »Haselgebirge« des Salzkammergutes (Hallein, Hallstatt usw.). Daneben finden sich bedeutende Salzlager, die hohe Verdunstungsraten und damit trockenes Klima signalisieren, im Oberen Buntsandstein, im Mittleren Muschelkalk und im Mittleren Keuper besonders in England, Irland und Südfrankreich (Kalisalze in den Voralpen). In Spanien und Marokko sind vor allem die Keupersedimente salzreich.
In Nordamerika weisen typische Rotsedimente (»red-beds«) vor allem in den Rocky Mountains auf ähnlich trockenwarmes Klima hin wie in Europa. Auch im Süden Nordamerikas, in Utah, Colorado und Arizona, ist es trocken, hier besonders in der Untertrias. Die Obertrias bringt vor allem im Osten der USA trockene Klimate bei vorherrschenden Westwinden.
Trockener und wärmer als während des vorausgehenden Perms wird es auf der Südhalbkugel, womit sich das Wetter dem der Nordhemisphäre angleicht. In wenigstens halbtrockenen Zonen entsteht im Süden Kohle. Der afrikanische Kontinent gehört gleich zwei Trockengürteln an: Während die Atlasländer in derselben (nördlichen) Trockenzone liegen wie Europa, gehören zentral- und südafrikanische Gebiete zur Trockenzone südlich des Äquators. In Südafrika signalisierte die Karroo-Formation bereits im Perm trocken-gemäßigtes bis trocken-warmes Klima, ein Trend, der sich in der Trias generell fortsetzt, wobei sich allerdings jetzt auch feuchtere Zeitabschnitte einschieben.
Den sehr warmen Riffgürteln der Meere und den kontinentalen Trockengürteln stehen im hohen Norden und im extremen Süden die kühleren sogenannten borealen Zonen gegenüber. Hier fehlen in den Meeren die Riffe. Auch diese Zonen sind aber weitaus wärmer als die borealen Zonen unserer Zeit (vor allem die nördliche Nadelwaldzone). Sie sind frostfrei. Auf der Nordhalbkugel beginnt die boreale Zone der Trias im nördlichen Nordamerika und im nördlichen Europa. Auf der Südhemisphäre umfaßt sie neben den südlichen Anden, dem Graham-Land und den Seymour-Inseln vor allem Australien.

Pflanzen- und Tierwelt

Bezüglich der Flora läßt sich gegenüber dem Perm eine ruhige Weiterentwicklung beobachten. In den Meeren treten weiterhin kalkabscheidende Algen – jetzt vorwiegend in den alpinen Riffen – in Erscheinung (Dasycladaceen → S. 82; Wirtelalgen usw.). Die Festlandvegetation zeigt eine für trockene Klimate typische Artenarmut. Vor allem großblättrige Formen fehlen weitgehend. Weiterhin vertreten sind Schachtelhalmgewächse, Schizoneura (→ S. 165) und Koniferen, vor allem Voltzien (→ S. 186). Daneben entwickeln sich innerhalb der einzelnen Familien verstärkt sukkulente (wasserspeichernde) Formen. Erst gegen Ende der Mitteltrias (in der Lettenkohle) kündigt sich ein Wandel in der Flora an, der im Rhät, also gegen Ende der Obertrias, dann ausgeprägt zum Ausdruck kommt. Die typische Rhätflora wird von zahlreichen Farnen (Marattialen, Osmundalen, Matoniaceen, Dipteridaceen), von Cycadeen, Nilssonia-Arten und Bennettitalen bestimmt. Weit verbreitet sind in der ganzen Trias-Flora auch Ginkgo-Gewächse und noch immer Farnsamer. Auf dem Gondwana-Kontinent besteht weitgehend die Glossopteris-Flora des Perms fort. Hier sind aber auch die zu den Caytoniales (→ S. 222) gehörenden Dicoridium-Arten häufig.
Unter den Einzellern treten in den Alpen besonders gegen Ende der Trias verstärkt die Foraminiferen (→ S. 79) mit neuen Formen auf. Die Korallen sind in erster Linie durch radialsymmetrische Hexakorallen, Astraiden und Thamnastraiden, vertreten. Zugleich erscheinen zahlreiche neue röhrenbildende Meereswürmer. Die häufigsten Tiere des Meeresbodens sind jedoch Muscheln und Armfüßer (Brachiopoden, → S. 61). Unter den Gliederfüßern drängen sich im Wasser vor allem Muschelkrebse (Ostracoden, → S. 61, Conchostraken) und zehnfüßige Krebse (Decapoden) in den Vordergrund, auf dem Festland die Käfer (→ S. 178). Weite Verbreitung finden nach wie vor die Meeresschnecken.
In der Obertrias sterben die letzten langgestreckten Nautiliden (Orthocerida, S. 199) aus. Ihre Stelle nehmen die Dibranchiaten ein, die »zweikiemigen Tintenfische« im engeren Sinne. Wichtig werden unter den Kopffüßern auch die Ammoniten. Unter den Fischen treten erstmals Flugfische (Knochenfischarten) auf. Bei den Amphibien spielen nur die Labyrinthodonten (→ S. 158) eine – zudem eher bescheidene – Rolle. Dafür entstehen aber zahlreiche neue Reptilienformen, u. a. verschiedene Sauriergruppen, die Schildkröten und die Krokodile. Paläozoologisch am bedeutendsten ist aber das Auftreten erster, wenngleich nur rattengroßer Säugetiere (→ S. 202).

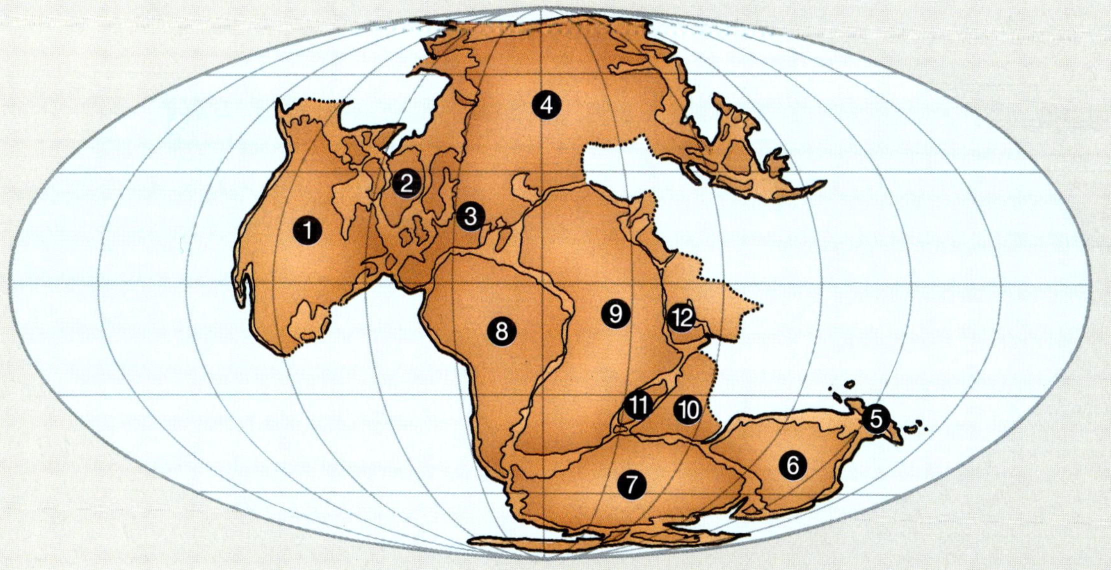

Im Vergleich mit den geographischen Verhältnissen im Unterperm läßt sich in der Untertrias eine weitere Tendenz zur kompakten Verdichtung des alle Landmassen umfassenden Großkontinents Pangaea beobachten. Er verengt sich sowohl in Westost- wie in Nordsüdrichtung. So ist das Südpolargebiet jetzt festlandfrei. Dieses enge Zusammenrücken der Landmassen wird auf Zentrifugalkräfte durch die Erdrotation zurückgeführt. Den einzelnen Regionen des Großkontinents entsprechen heute: Nordamerika (1), Grönland (2), Europa (3), Asien (4), Südamerika (8), Afrika (9), Arabien (12), Madagaskar (11), Indien (10), Antarktis (7), Australien (6), Neuguinea (5).

250–243 Mio.

Der Buntsandstein

Um 250 Mio. Innerhalb der Bärlappgewächse (Lycopodiales) entwickelt sich die neue Unterordnung Pleuromeiacea. Die einzige Familie (Pleuromeia) umfaßt ca. fünf Gattungen. In ihrem Aussehen stehen sie zwischen den Schuppenbäumen (Lepidodendrales) und den Brachsenkräutern (Isoetales). → S. 197

250–243 Mio. Mit der beginnenden Aufspaltung des Südkontinents Gondwana entstehen Riftsysteme, Risse zwischen den Kontinentalschollen mit neuen Krustenbildungen. Durch diese tiefreichenden Störstellen in der Erdkruste treten großflächig Plateaubasalte, dünnflüssige Laven, oft gemischt mit ausgeworfenen Lockermassen, aus. → S. 194

Die Meere ziehen sich in Europa, Nordamerika und Asien weitgehend aus den für das Perm (290–250 Mio.) typischen flachen epikontinentalen Becken zurück. Die Festlandflächen weiten sich aus.

Bei den Sedimenten der Zeit handelt es sich auf den Nordkontinenten und auch in Südafrika vorwiegend um kontinentale Erosionsablagerungen, aufgrund des warmen und trockenen Klimas meist in Form von Rotsedimenten (Buntsandstein). → S. 195

Die geologischen Verhältnisse begünstigen die Entstehung von bedeutenden Goldlagerstätten. → S. 194

Im Germanischen Becken, aber auch in Nordamerika und Afrika, versteinern im sogenannten Fährten- oder Chirotheriensandstein Fußspuren von mutmaßlichen Vertretern der Ordnungen Thecodontia und Therapsida. → S. 196

Die Pflanzenwelt wird durch Wüstenbildung in weiten Teilen der Erde (besonders des Nordkontinents) bestimmt. In der Buntsandstein-Flora spezialisieren sich daher viele Arten auf aride Standorte (z. B. Dünen). → S. 197

Die baumförmigen Bärlappe und Schachtelhalme sterben aus, die Zahl der Farnsamer nimmt drastisch ab. Mit den Cycadeen, Ginkgos und Koniferen setzen sich die Samenpflanzen in Gestalt der Nacktsamer durch. → S. 196

Die Brachsenkräuter (Isoetales) entwickeln sich. → S. 197

In der Tierwelt zeichnet sich nach einem umfangreichen Aussterben von Arten und höheren systematischen Einheiten gegen Ende des Perms (290–250 Mio.) ein bedeutender Zuwachs neuer Formen ab (»Makroevolution«). → S. 197

Die Unterklasse Euechinoidea der Seeigel entwickelt sich. Sie umfaßt den Großteil der modernen Seeigel. Im Buntsandstein entstehen innerhalb dieser Unterklasse zunächst nur »reguläre« (radialsymmetrische) Formen. → S. 198

Mit der Ordnung Anura (Frösche, Kröten) tritt erstmals die Amphibien-Unterklasse Lissamphibia in Erscheinung. → S. 199

Die einzige noch heute vertretene Unterklasse der Seelilien und Haarsterne, Articulata, läßt sich erstmals nachweisen. Ihre Arten besitzen im Normalfall sehr kleine Körper mit flexiblen Kelchdecken und können gestielt oder ungestielt sein.

Neu in den Flachmeeren ist die Steinkorallenunterklasse der Hexakorallen (Scleractinia). Sie besiedeln in Kolonien die Küstenareale tropischer Meere bis in 20 m Wassertiefe und bei Temperaturen um 25 bis 29 °C. Einzelne nicht riffbildende Arten gedeihen auch bis in 6000 m Wassertiefe. Während die Individuen (Coralliten) meist nur wenige Zentimeter groß werden, umfassen die Kolonien (Coralla) oft mehrere Meter.

Im Stamm der Schwämme (Porifera) tritt die Ordnung Lychniskida aus der Klasse Hyalospongea neu auf, die sich durch eine ausgeprägte Trichter- oder Vasengestalt auszeichnet.

Unter den »Höheren Krebsen« (Malacostraca) erscheint die Ordnung der Zehnfüßer (Decapoden) mit Formen wie den Garnelen und Hummern. Im Buntsandstein treten zunächst nur Formen mit gut entwickeltem Hinterleib und kräftigen, breit gefächerten Schwänzen auf. Später kommen die Decapoden mit verkümmertem Hinterleib und Schwanz hinzu. → S. 198

Mit dem Auftreten der Reptilienunterordnungen Mixosaurida und Shastasaurida setzt die Entwicklung der Fischsaurier (Ichthyosauria) sowie der gesamten Reptilien-Unterklasse Ichthyopterygia ein. → S. 200

In den Flachmeeren ist die Ammonitenordnung Phylloceratida verbreitet. Die spiraligen Gehäuse dieser Kopffüßer sind in der Regel glatt oder nur schwach skulpturiert. In der Oberkreide (97–66 Mio.) sterben die Phylloceratida wieder aus. → S. 198

Die Dinosaurier (»Herrscher-Reptilien«) bevölkern artenreich die Erde. Eine große Formenvielfalt entwickeln zu dieser Zeit die Thecodontier. → S. 201

250–210 Mio. In der Antarktis gedeiht eine reiche Flora (Cycadophyten, Farnsamer etc.). → S. 198

In Arizona (USA) verkieseln im trocken warmen Klima zahlreiche Bäume zum »Petrified Forest«. Der Höhepunkt dieser Entwicklung liegt im Keuper (230–210 Mio.). → S. 196

Die ersten Schildkröten (Amphibienunterordnung Testudines) entwickeln sich. Sie sind Landbewohner. → S. 199

In Mitteleuropa (besonders im »Haselgebirge« der Ostalpen), in England, Irland, Frankreich, Spanien, Portugal, Nordafrika u. a. lagern sich in großen Mengen Steinsalz, Kalisalze und Gips ab. → S. 194

Von Nevada bis zur Alaska-Range sind große Meeresriffe verbreitet. → S. 195

Ausgehend von einem bereits im Perm (290 – 250 Mio.) bestehenden Meer in den Südalpen bildet sich die alpine Geosynklinale, die unter Einbeziehung der Nordalpen zur triassischen Geosynklinalen wird. → S. 195

250–140 Mio. Vermutlich vom Buntsandstein bis zum Oberjura (160–140 Mio.) besteht die Nadelholzfamilie Protopinaceae mit Vorfahren der Kiefern, Fichten u. a.

Lediglich in der Trias (250–210 Mio.) und im Jura (210–140 Mio.) sind die Nesseltiere der Hohltierordnung Spongiomorphida vertreten, die in großen Kolonien vorkommen.

250–66 Mio. Der Höhepunkt in der Entwicklung besonders großer Reptilien zeigt global warmes Klima an.

Um 245 Mio. In Südafrika und der Antarktis lebt Lystrosaurus, ein Reptil mit Säugetiermerkmalen.

Auf Madagaskar findet sich Triadobatrachus massinoti, der älteste bekannte, noch primitive Frosch. Sein Schädel gleicht bereits dem der modernen Frösche, von denen er sich in erster Linie durch eine größere Anzahl Rückenwirbel unterscheidet. → S. 199

Ein häufig überliefertes Reptil in Mitteleuropa ist der langhalsige Nothosaurus procerus, ein Reptil mit etwa 3 m Körperlänge.

Um 243 Mio. Die Nesseltierunterklasse Conulata, z. T. über 20 cm lange koloniebildende Hohltiere von Pyramiden- bis Kelchform, stirbt aus. Vertreter dieser Gruppe erschienen erstmals im Kambrium (590–500 Mio.).

Die Kopffüßerordnung Orthocerida (→ 420–410 Mio./S. 109) mit langgestreckten Gehäusen überlebt die Untertrias nicht.

Die Foraminiferenunterordnung Fusulinina (→ 500–243 Mio./S. 79) stirbt aus. Ihre Vertreter, komplex gekammerte Einzeller, wurden bis zu mehreren Zentimetern lang und besaßen kalkig perforierte Gehäuse. Als äußerst artenreiche Unterordnung lieferten die Fusulinen viele wichtige Leitfossilien.

Große Salzlager entstehen in vielen Regionen Europas

250–210 Mio. Wie schon im vorausgegangenen Zechstein kommt es auch während der Trias zu bedeutenden Ablagerungen von Steinsalz, Kalisalzen, Gips und anderen Salzen in weiten Gebieten Europas, so in Deutschland, Frankreich, Holland, England, der Schweiz, Österreich, Nordspanien und Portugal, aber auch im benachbarten Nordafrika. Vor allem in den Ostalpen ist – im sogenannten Haselgebirge – Steinsalz sehr häufig.
Schauplätze der Salzbildung sind die Flachmeere, in denen sich durch Verdunstung Salze abscheiden. Sie können durchaus Wassertiefen von einigen hundert Metern besitzen. Notwendige Voraussetzung der Entstehung von Salzlagern ist, daß in den Meeresbecken stets mehr Wasser verdunstet, als durch Regen oder einmündende Flüsse ergänzt werden kann. Allein aus dem offenen Ozean erfolgt die Wasserergänzung, und zwar über Untiefen (Barre) hinweg. Dabei kommt es abwechselnd immer wieder zur Hebung dieser Barren, zum Eintrocknen des dann abgeschnittenen Binnenmeeres und zur Wiederauffüllung mit salzhaltigem Meerwasser. Steigende Salzkonzentrationen und -ablagerungen sind die Folge. Jahrmillionen dauert es, bis sich jene mächtigen Salzschichten bilden, die aus Perm (290–250 Mio.) und Trias bekannt sind. Denn pro 100 m Höhe des eingedampften Meerwassers fallen nur rund 1,5 m Salzsedimente aus.
Auffällig ist, daß die gelösten Salze der Weltmeere in ihrer Relation zueinander nicht jenen in den eingedampften Salzlagern entsprechen. Die besser löslichen Salze, vor allem Kali- und Magnesiumsalze, z. T. aber auch das Kochsalz, sind in letzteren durchweg unterrepräsentiert. Das erklärt sich daraus, daß beim Nachfließen von ozeanischem Wasser über die Barre in die Meeresbucht zugleich auch ein Rückfluß aus der Bucht in das offene Meer als bodennahe Unterströmung stattfindet. Dieses Wasser bewegt sich deshalb in Bodennähe, weil es eine höhere Salzkonzentration enthält und daher schwerer ist. So kommt es in den Evaporitlagern (→ S. 46) zu einem Defizit an den leichter löslichen Kali- und Magnesiumsalzen.
Bei ungestörten Verhältnissen (d. h. bei fehlenden Meeresströmungen im Sedimentationsbecken und bei nicht zu stark wechselnden Temperaturen) kann man von folgenden Verdampfungsverhältnissen ausgehen: Nach Abdampfung von ca. 47% des Seewassers beginnt das erste Salz, Calciumcarbonat, auszufallen. Die letzten $CaCO_3$-Mengen scheiden sich erst ab, wenn 81% des Wassers verdampft sind. Anschließend beginnt der Ausfall von Gips ($CaSO_4$), der nach dem Abdampfen von 97% des Wassers abgeschlossen ist. Schon bei 90% beginnt zugleich die Ausscheidung von Kochsalz, die bis zur fast vollkommenen Wasserverdampfung anhält. Etwa gleichzeitig fallen Magnesiumsulfat und Magnesiumchlorid aus.
In den durch Eindampfen Salze liefernden Meeresbecken sind in der Praxis aber weniger ideale Verhältnisse gegeben, zumal sich die Prozesse durch Hebung und Senkung der Barre zyklisch abspielen. Typisch ist hier etwa diese Sedimentationsfolge: Basis-Salzton, Calcium- und Magnesiumsulfat, Natrium- und Calciumchlorid sowie anschließend ein rückläufiger Übergang mit Natriumchlorid, Calciumsulfat (Anhydrit) und Ton zum nächsten Zyklus.

Wo sich während der Trias in flachen Meeresbecken durch Eindampfung bedeutende Salzlager bildeten, wird dieses Material häufig bergmännisch abgebaut. Das Bild zeigt die riesigen Abraumhalden einer Kaligrube in der näheren Umgebung von Magdeburg.

Feste mineralische Rohstoffe gebildet

250–210 Mio. In zahlreichen Sedimentfolgen bilden sich Gesteine von heute wirtschaftlicher Bedeutung. Von den 18 Folgen der Trias Ostdeutschlands z. B. befinden sich derzeit elf als feste mineralische Rohstoffe im Abbau.
Im Germanischen Becken entstehen bedeutende Lager von Schottern und Sanden, aber auch von wertvollen Natursteinen. Die sogenannte Salinarrot-Folge, die Anhydrit-Folge und der Obere Gipskeuper liefern Gips und Bausteine. Im Buntsandstein und Keuper sedimentiert u. a. besonders reiner Ton, der sich als Rohstoff für die Ziegelindustrie eignet. Rohstoffe für die Zementherstellung fallen besonders in der Wellenkalk-Folge der Mitteltrias und generell im Muschelkalk an.

Plateaubasalte weit verbreitet

250 – 210 Mio. Der Südkontinent Gondwana beginnt, in einzelne große Schollen zu zerbrechen. Zwischen den auseinanderstrebenden Kontinenten entstehen Riftsysteme, aus denen gewaltige vulkanische Massen ausfließen. Es handelt sich um Laven und z. T. auch eruptiv ausgestoßenes Lockermaterial (Tuffe), die zusammen sehr weiträumige Ergußdecken bilden, sogenannte Plateaubasalte. Überdeckt wird z. B. das rund 800 000 km² große Paraná-Becken Südamerikas in einer Schichtdicke von durchschnittlich 1500 m. In Südafrika fallen die ebenfalls rund 1500 m mächtigen Drakensberg- und Karroo-Vulkanite an. Reste von riesigen Zentralvulkanen zeugen noch heute von den Ausbruchszentren.

Rückzug der Meere von den Landmassen

250–243 Mio. Trotz der global herrschenden hohen Temperaturen, der infolgedessen fehlenden Vereisung der Polkappen und eines entsprechend hohen Meerwasserstandes ist der Beginn der Trias – von einzelnen gelegentlichen Überflutungen abgesehen – eine weitgehend geokrate Zeit, d. h. eine Zeit, in der sich die Meere von den Landmassen zurückziehen. Das liegt vor allem daran, daß praktisch keine Gebirgsbildung stattfindet und sich die alten Massive mehr und mehr einebnen. Flache Landschaften überwiegen, die hoch genug liegen, um über den Meeresspiegel hinauszureichen. Daneben entstehen aber auch enge Meereströge und tiefe Ozeanbecken, die große Meerwassermassen in sich aufnehmen.

Goldvorkommen in Schwarzschiefer

250–210 Mio. Mit dem Vulkanismus – besonders auf der Südhalbkugel – entwickeln sich u. a. in Schwarzschiefern bedeutende Vorkommen an Gold und anderen seltenen Metallen. Schwarzschiefer sind dunkelgraue bis schwarze, bituminöse, sulfidreiche geschichtete marine Sedimente mit 5 bis 15% organischem Kohlenstoff. Kommt es in ihrem Bereich infolge von tektonischen Unruhen zu vulkanischer Materialzufuhr aus dem Erdmantel, dann ergibt sich daraus ein saures (reduzierendes) Milieu, was zu Anreicherung von Gold führen kann.
Gold enthaltende, vulkanisch beeinflußte Sedimente sind oft zusätzlich mit Kupfer, Blei, Zink, Molybdän, Silber und Platinmetallen in tonigem Trägergestein angereichert.

Vom Gipfelplateau des Hochkönig in den nördlichen Kalkalpen überblickt man das »Steinerne Meer« in Berchtesgaden. Die ausgedehnten Kalkmassive dieser Region sind ehemalige Korallenriffe aus der Trias-Zeit.

Korallen bauen mächtige Kalkriffe auf

250–210 Mio. In den warmen Meeresgebieten Europas, aber auch anderenorts lebt eine umfangreiche Gesellschaft riffbildender Organismen, vor allem in Gestalt von Korallen (Hexakorallen: Astraeiden, Thamnastraeiden). Sie bauen mächtige Kalkriffe auf.

Die marine Kalkproduktion der Zeit geht daneben besonders auch auf Muscheln zahlreicher Gattungen und Armfüßer zurück.

Der Kalkgürtel Europas reicht, klimatisch bedingt, weit nach Norden, ist aber von den geographischen Voraussetzungen her besonders an die alpine Geosynklinale gebunden. Das nördlichste Riffkorallenvorkommen liegt im Gebiet der Britischen Inseln. Die mächtigsten untertriassischen Riffe aber entstehen im Bereich der Südtiroler Dolomiten (u. a. die heute so bekannten Sedimente der Sella, des Langkofel-Massivs, der Brenta und anderer berühmter Gebirgsstöcke), im Dachsteinkalk der Salzburger Alpen oder im Gebiet des Hohen Göll. Die Korallenriffe der Nördlichen Kalkalpen und der Steiermark sowie der Balkan-Halbinsel schließen sich zeitlich an und reichen bis in die Obertrias. Ausgedehnte Kalkformationen bilden sich auch in der außeralpinen Trias in Deutschland, Südfrankreich, Spanien und auf Sardinien.

Großer Meerestrog im Alpenraum

250–210 Mio. Bereits gegen Ende des vorausgehenden Perms existierte im Südalpenraum ein Meeresbecken, das jetzt zur Keimzelle eines bedeutenden Meerestroges wird. Diese Geosynklinale (→ S. 29) greift auch auf den Nordalpenraum über. Sie gliedert sich in ein südalpines Becken, einen zentralalpinen Rücken und ein nordalpines Becken. In den Becken lagern sich Sedimente von rund 3000 m Mächtigkeit ab, auf dem zentralalpinen Rücken dagegen etwa 1000 m mächtige Schichten.

Einer vorwiegend aus Erosionsprozessen hervorgehenden Sedimentation folgt gegen Ende der Untertrias die Bildung von Kalken und Dolomiten (→ S. 25).

Das Übergreifen des Meeres vom Südalpenbereich nach Norden setzt bereits vor etwa 250 Mio. Jahren (Unterskyth) ein. Den zentralalpinen Rücken überwinden die Wassermassen aber erst gegen Ende der Untertrias (Buntsandstein). Ihren Höhepunkt erreichen die Überflutungen dann gegen Ende der Mitteltrias (Ladin). Zwischenzeitlich fallen zu Beginn der Obertrias (Karn) weite Teile des alpinen Meeres wieder trocken, bis es anschließend im folgenden Nor erneut zu einem Überflutungshöhepunkt kommt. Eine Verflachung des Geosynklinalmeeres setzt erst wieder in der letzten Phase der Trias, dem Rät, ein.

Roter Sandstein prägt die Sedimente der warmen Gebiete

250–213 Mio. Die wegen ihrer roten Farbe als »Buntsandstein« bezeichneten Sedimente Mitteleuropas, die während der gleichnamigen erdgeschichtlichen Epoche in Form mächtiger Bänke gebildet werden, sind prinzipiell ähnliche Sedimente, wie sie schon für das »Rotliegende« (290–270 Mio.) bezeichnend waren. Der Grund dafür liegt im weitgehend ähnlichen, nämlich trockenwarmen Klima beider Ären.

Die Sedimente entstehen durch Zusammenschwemmen vorwiegend tonig sandiger roter Verwitterungsmassen aus angrenzenden Gebieten in abflußlosen Senken oder übersalzenen Lagunen und Flachmeeren. Weil in diesen Räumen gleichzeitig starke Verdunstung herrscht, sind diesen Rotsedimenten immer wieder Salzhorizonte (→ 250–210 Mio./S. 194) von z. T. beachtlicher Mächtigkeit zwischengeschaltet.

Auf dem nordamerikanischen Kontinent erreichen die Rotsedimente (red-bed-Ablagerungen) sehr große Mächtigkeit, z. B. in den Rocky Mountains. Charakteristisch sind ebenfalls die roten Sandsteine der Moenkopi-Formation in Utah, Colorado und Arizona. Im südlichen Afrika weist die Karroo-Formation Rotsedimente in der Untertrias auf.

Das Schädelskelett einer für die Zeit typischen »Dachschädler« – Amphibie (Stegocephale) aus Helgoland

Versteinerte Rippelmarken von der Küste des Buntsandsteinmeers bei Helgoland

Equisetites, Aethophyllum, Neuropteridium, Schizoneura, Anomopteris, Pleuromeia, Voltzia, Yuccites und Voltzia (v. l.)

Nacktsamerflora auf dem Siegeszug

Um 250 Mio. Zu Beginn des Zechsteins (270–250 Mio.), spätestens aber mit der Trias setzt die Vorherrschaft der Nacktsamer (Gymnospermen) unter den Pflanzen ein.

Auf der Nordhalbkugel setzen sich die Nadelbäume bzw. Koniferen, die Ginkgo-Gewächse und die Cycadeen durch. Unter den Koniferen (→ 250–243 Mio./S. 198) treten neu die ersten Araukarien (Araucariaceae), die Zypressengewächse (Cupressaceae) und die Sumpfzypressen mit verwandten Formen (Taxodiaceae) auf. Erste Vertreter des Ginkgos sind bereits für das Oberkarbon (um 300 Mio.) nachweisbar. Jetzt aber wird diese Ordnung weitaus formenreicher. Die Cycadeen oder »Palmfarne« gibt es bereits seit dem Keuper (→ 290–270 Mio./S. 175); sie entwickeln zahlreiche neue Arten.

Auf der Südhalbkugel geht mit der weiteren Erwärmung und zunehmender Trockenheit auf den Gondwana-Kontinenten ein Wandel auch in der Pflanzenwelt einher. Dabei erobern auch hier die Nacktsamer mit auf der Nordhemisphäre heimischen Formen das Terrain. Dagegen sterben die baumförmigen Bärlappgewächse (Lycopodialen, → 360–325 Mio./S. 148) und Schachtelhalme (Equisetalen, → 360–325 Mio./S. 148) während der Trias aus; auch Farnsamer (Pteridospermen, → 360–325 Mio./S. 150) und Glossopteris-Flora (→ 360–325 Mio./S. 147) gehen zurück.

Versteinerter Wald in rotem Sandstein

250–210 Mio. In Arizona verkieseln unter der Einwirkung trockenheißen Klimas zahlreiche Nadelbäume, baumförmige Schachtelhalme und Farngewächse sowie Bennettiteen. Daneben fossilisieren auch Wirbeltiere: Lungenfische, Amphibien (Gattung Metoposaurus), Pseudosuchier (→ S. 190), Phytosaurier (→ 250–243 Mio./S. 201) sowie Fährten von Dinosauriern und säugetierähnlichen Reptilien (Therapsiden, → 270–250 Mio./S. 190).

Das heutige National Monument heißt Petrified Forest und umfaßt Versteinerungen der gesamten, in erster Linie aber der Oberen Trias.

Dieses versteinerte Nadelholz aus dem Petrified Forest National Monument in Arizona gehörte zu einem Baum der Gattung Araucarites.

»Handtiere« hinterlassen überraschende Spuren im Sand

250–243 Mio. In den Sanden weiter flacher Flußbetten und an den Ufern von Gewässern des Germanischen Beckens (→ 243–230 Mio./S. 204) hinterlassen wahrscheinlich Vertreter der Ordnungen Thecodontia (→ S. 201) und Therapsida (→ 270–250 Mio./S. 190) Fährten, die in diesen Sedimenten des späteren Buntsandsteins fossilisieren. Sichtbar sind 3 bis 35 cm lange Hinterfußabdrücke, die einer umgekehrten menschlichen Hand ähneln. Die Vorderfußabdrücke sind kleiner. Eine exakte Zuordnung zu den Urhebern dieser Spuren steht noch aus. Die Anordnung der Spuren läßt auf einen aufrechten Gang (im Gegensatz zum Schiebkriechen bei Reptilien) dieser »Handtiere« schließen.

Verbreitet ist dieser »Fährtensandstein« oder Chirotherien-Sandstein in Thüringen, Franken, Hessen und Niedersachsen. Wichtige Vorkommen gibt es bei Hildburghausen und Jena sowie bei Kulmbach und Karlshafen. Manche Schichten weisen sogar mehr als 600 Fußabdrücke pro m² auf.

Als Chirotherium barthi beschriebene Tierspuren im thüringischen Buntsandstein (Naturmuseum Coburg).

Ebenfalls aus Thüringen, aus der Gegend von Kahla, stammen diese fossilen Fährten eines »Handtieres«.

Streitfrage:

Evolutionsschub unter Fachleuten kontrovers diskutiert

Um 250 Mio. An der Wende Perm/Trias, die zugleich die Grenze zwischen Paläozoikum und Mesozoikum darstellt, sterben zahlreiche Tierarten aus. Andere Gruppen, die nicht aussterben, lassen eine deutliche Zäsur durch Ausbildung völlig neuer Formen erkennen. Gleichzeitig entsteht eine Vielzahl neuer Arten, Gattungen, Familien und sogar Tierordnungen.
Dieses Phänomen – und es gibt in der Erdgeschichte weitere vergleichbar beachtliche Innovationsschübe – löst unter Paläontologen häufig Kontroversen aus. Grundsätzlich bilden sich zwei Lager. Einerseits betonen die Vertreter eines strengen Darwinismus, daß sich generell alle Entwicklungen als gleitende Übergänge im Sinn einer lückenlosen, kontinuierlichen Evolution erklären lassen. Sie begründen die Faunensprünge mit der lückenhaften Dokumentation durch Fossilien und gehen von einer zu manchen Zeiten schnelleren, aber im Prinzip nicht andersartigen Evolution, die sich in einer Vielzahl kleiner Schritte vollzieht, aus. Hiermit läßt sich freilich weder das Massenaussterben noch das ungemein zahlreiche gleichzeitige Auftreten höherer systematischer Einheiten (Familien, Ordnungen, Klassen) zufriedenstellend erklären.
Diesen Exponenten stehen die Vertreter von verschiedenen Makroevolutionstheorien gegenüber, die von zwei verschiedenen Evolutionsprozessen ausgehen, einem mikroevolutionären, der den Gedankengängen des klassischen Darwinismus – Artenentwicklung durch Genmutation und natürliche Auslese – folgt, und einem makroevolutionären, der Entwicklungsschübe liefert, die zu grundsätzlich neuen Formen und Bauplänen führen.
Der Mechanismus dieser Makroevolution ist indes noch Gegenstand von Spekulationen.
Verschiedene Theorien versuchen, diese Makroevolution zu erklären, so die Typostrophentheorie von Schindewolf (1947) oder die sehr ähnliche Neomorphose-Theorie von Beurlen (1933). Beide gehen von größeren Entwicklungszyklen der Organismen aus, wobei einer Phase der Typenentstehung (Begründung von Bauplänen) eine solche der Breitenentfaltung von Arten paralleler Entwicklungslinien folgt. Dieser schließt sich eine Phase des Typenabbaus bzw. der Überspezialisierung an, die schließlich zur Existenzunfähigkeit führt. Beim Typenabbau kommt es aber zugleich zu einer genetischen »Verjüngung« im Sinne einer Vereinfachung. Dafür entstehen undifferenzierte Formen auf einer höheren Organisationsebene als Wurzeln zahlreicher neuer Baupläne.
Der Nachteil solcher rein theoretischer Erwägungen liegt darin, daß sie sich weder experimentell beobachten noch paläontologisch nachweisen lassen.

Aussterbende Tierarten
(Ende Perm)
Trilobiten
Stachelhäuter-Unterstamm Blastozoa
Urflügler (Palaeodictyopteroidea)
Kopffüßerunterklasse Bactritoidea
Unterklassen der Seelilien und Haarsterne (Camerata und Flexibilia)
Seeskorpione
Stachelhaie (Acanthodii)
Amphibienunterklasse Lepospondyli
Amphibienordnung Temnospondyli
Reptilienunterordnung Protothyromorpha und Pareiasauria
Anthracosauria

Neue Tierarten
(Trias)
Schwammordnung Lychniskidia
Steinkorallenordnung Scleractinia
Zehnfüßerkrebse (Decapoden)
Seelilienunterklasse Articulata
Seeigelunterklasse Euechinoidea
Amphibienordnung Anura (Frösche und Kröten, inkl. Urfrosch Triadobatrachus massinoti)
Reptilienordnung Testudines (Schildkröten)
Fischsaurier (Ichthyosaura)
Flugsaurier
Erste Säugetiere

Trockenheiße Klimate zwingen Pflanzen zur Anpassung

250–243 Mio. Die große Wärme und Trockenheit auf den meisten Kontinenten schafft Lebensbedingungen, denen viele bisherige Pflanzenformen nicht gewachsen sind. Wenn sie aber von neuen Formen besiedelt werden, ist von diesen fossil nur wenig überliefert. Zudem sind versteinerte Reste größtenteils auf einzelne, lokal begrenzte Fundorte beschränkt. Sehr wahrscheinlich liegen die meisten Pflanzenvorkommen in Oasen oder Randgebieten größerer Wüsten. Für das Wüstenklima spricht nicht zuletzt die Art der Pflanzenerhaltung: Sie verkieseln (→ S. 317).
Zu den Pflanzenfamilien, die sich an das trockenheiße Klima anpassen, gehören in Mitteleuropa die Koniferen (meist Voltzia heterophylla, → S. 186), die breitblättrigen Albertia-Arten und die Art Yuccites vogesiacus, ein baum- oder strauchförmiges Gewächs mit langstreifigen Blättern. Außerdem kommen verschiedene Farne (Neuropteridium und größere Wedel von Anomopteris) vor.
Besonders interessant ist die jetzt erstmals nachweisbare Gattung Pleuromeia, die mit der zur gleichen Zeit auftauchenden Gattung der Brachsenkräuter sehr wahrscheinlich zur selben Familie (Isoetinae, Brachsenkräuter) zu rechnen ist. Pleuromeia bildet bis 10 cm dicke und 2 m hohe unverzweigte Stämme, die einen an Yuccas erinnernden Blätterschopf tragen. An dem knollenförmigen, vierlappigen Wurzelstock sitzen lange Wurzelfäden (»Appendices«). Die Blätter sind wie ein Nadelpolster angeordnet, um ein Minimum von direkter Sonnenbestrahlung zu bekommen. Außerdem besitzen sie eine lederartige Haut oder sind sehr hart und zäh, um die Verdunstung zusätzlich zu verringern. Die Schließöffnungen der Blätter (Stomata) liegen ebenfalls zu diesem Zweck vertieft und sind in ihrer Anzahl reduziert.
Die meisten Wüstenpflanzen sind niedrige Gewächse mit wasserspeichernden Stämmchen oder Blättern (Sukkulenz) oder sich gegenseitig beschattenden Blattrosetten.

Das Polsterpflänzchen Anabasis aretioides gedeiht auch noch in der Vollwüste des Tafilalet im trockenheißen Süden Marokkos.

In den regenlosen Bergwüstenregionen der Namib lebt die seltene Stammsukkulente Hoodia ausschließlich von spärlichem Tau.

Sparriges, stacheldrahtdürres, fast blattloses Gesträuch und saftige, wasserspeichernde Früchte: Die Wüstenmelone »Naru«

Hemicidaris, eine Seeigel-Gattung aus der Unterklasse Euechinoidea (Fossil aus dem Mitteljura)

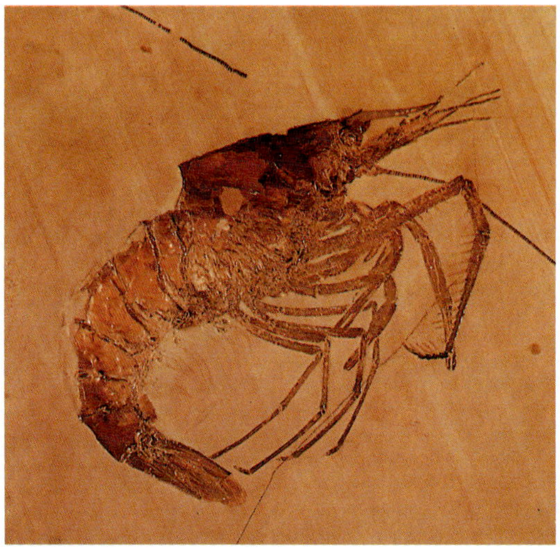

Ein Zehnfüßer (Decapode) der Krebsgattung Aeger, versteinert im Jurakalk von Solnhofen (Bayern)

Verschiedene Ammoniten der Gattung Harpoceras, die im Unterjura weit verbreitet ist

Starres Skelett der Seeigel

250–243 Mio. Während die meisten paläozoischen Seeigelformen (→ 500 Mio./S. 78) aussterben bzw. zum Ende des Perms (290–250 Mio.) ausgestorben sind, läßt sich die neue Unterklasse Euechinoidea jetzt erstmals fossil belegen.

Das Skelett der Euechinoidea ist starr und aus verschiedenen Großplatten zusammengesetzt, die in fünf radialen, wie Segmente aneinandergefügten Feldern angeordnet sind. Dieser Unterklasse gehören mit Ausnahme der schon seit dem Devon (410–360 Mio.) existierenden Cidaroida, einer Seeigelordnung mit hohem, fast kegelförmigem Gehäuse und wohl entwickeltem Kauapparat, alle modernen Seeigel an. Das gilt für »reguläre«, also fünfstrahlig radiär-symmetrisch aufgebaute Seeigel ebenso wie für »irreguläre«, die bilateralsymmetrisch sind. Die regulären Seeigel leben durchweg auf dem Meeresgrund, die irregulären dagegen immer im weichen Bodensediment. In der Trias treten allerdings nur die ersteren auf.

Zehnfüßer unter den Krebsen

250–243 Mio. Mit großer Artenzahl erscheint die neue Krebsordnung der Zehnfüßer (Decapoda). Sie gehört zur Unterklasse »Höhere Krebse« (Malacostraca, → 545–520 Mio./S. 67) aus der Klasse der Krebse (Crustacea).

Bei den Decapoden sind die drei vorderen der acht an den Brustsegmenten ansetzenden Gliedmaßenpaare (Thorakopoden) in »Kieferfüße« umgewandelt, während nur die fünf hinteren Gliedmaßenpaare die Gestalt von Schreitbeinen besitzen (daher »Zehnfüßer«) und der Fortbewegung dienen. Das vierte Thoracopodenpaar ist meist mit kräftigen Scheren ausgestattet.

Die ersten Decapoden besitzen einen kräftig ausgebildeten Hinterleib und lange Schwänze mit ausgeprägten Schwanzfächern. Zu ihnen zählen u. a. die Garnelen und die Hummer. Zu Beginn des Juras entwickeln sich dann auch mehrfach kurzschwänzige Decapoden mit mehr oder weniger reduziertem Hinterleib und verkümmertem Schwanz.

Formwandel bei Ammoniten

250–243 Mio. Nachdem die Unterklasse Ammonoidea der Kopffüßer (→ 520–500 Mio./S. 73) gegen Ende des Perms (290–250 Mio.) bis auf wenige Gattungen ausgestorben ist, entwickelt sie jetzt beinahe sprunghaft zahlreiche neue Formen, darunter die Ordnung Phylloceratida mit häufig nicht völlig zu einer Spirale aufgerollten, nur schwach skulpturierten Gehäusen.

Ammoniten sind generell weit verbreitete Meerestiere, die nicht nur in einer Vielzahl von Fossilien gut erhalten bleiben, sondern sich zudem durch eine hohe Entwicklungsgeschwindigkeit auszeichnen. Viele von ihnen sind deshalb hervorragende Leitfossilien. Die hochspezialisierten Schelfbewohner (in Wassertiefen von meist 50 bis 300 m) unter ihnen sind bei Umweltveränderungen äußerst gefährdet. Sobald sich ihnen jedoch ein neuer Lebensraum bietet, entwickeln sich aus den Überlebenden schnell neue Arten, und das meist in großer Vielfalt.

Neue Koniferen-Familien

250–243 Mio. Bisher prägten Walchien (→ S. 166) und Voltzien (→ S. 186) die festländischen Floren; jetzt bereichern neue Koniferen-Familien dieses Spektrum. Die Araukarien fallen durch ihre quirlig angeordneten Äste auf. Die Cupressaceae oder Zypressengewächse erscheinen erst selten. Ihnen verwandt sind die Taxodiaceae oder Sumpfzypressen.

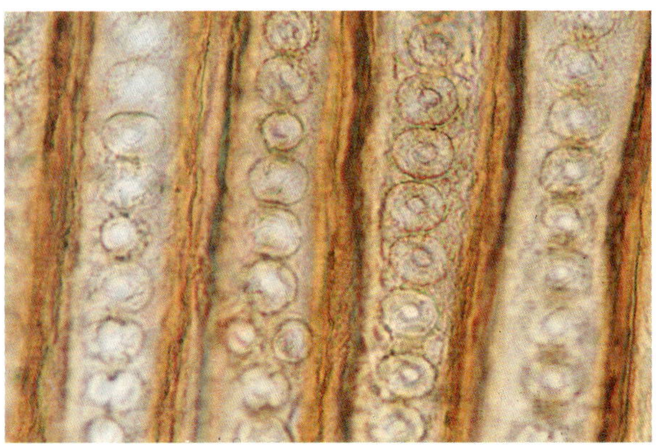

Der Längsschliff zeigt unter dem Mikroskop den zellulären Aufbau eines fossilen Protopinaceenholzes. Die Formengruppe Protopinaceae umfaßt viele mesozoische Nadelhölzer unbekannter Verwandtschaft.

Reiche Flora der Antarktis

250–210 Mio. Im Gegensatz zu den ausgesprochen armen Florengebieten in vielen trockenheißen Regionen der Welt besteht eine bemerkenswert reiche Pflanzengesellschaft in den feuchteren polnahen Regionen. Im antarktischen Süd-Victoria-Land z. B. gedeiht eine üppige Vegetation mit zahlreichen Cycadophyten und Farnsamern der Gattung Dicroidium. Die Cycadophyten sind ein Unterstamm der Samenpflanzen, der neben den Cycadeen u. a. die Bennettiteen (→ S. 210) umfaßt und als Nacktsamer den Coniferophytina (→ 310–270 Mio./S. 166) mit Ginkgo-Arten, Cordaiten und Koniferen gegenübersteht. Sie haben Farn- bis Palmengestalt und bilden teilweise stattliche Bäume.

Dicroidium (Fossil aus Südafrika) gehört zu den Helmsamern (Corystospermales), einer Gruppe kleiner Pflanzen mit Fiederblättern.

Erste Vertreter der Schildkröten auf dem Festland

250–210 Mio. Über die Ahnen der Schildkröten ist kaum etwas bekannt. Vielleicht spalten sie sich in der frühen Trias von den Anapsiden (→ 310–255 Mio./S. 167), einer Unterklasse der Reptilien (→ S. 215), ab.

In der Obertrias lebt die älteste nachweisliche Schildkrötengattung, Proganochelys. Der Panzer dieses Landbewohners ist bis zu 65 cm lang und etwa 17 cm hoch. Körperbau und Kopf entsprechen schon weitestgehend den späteren Schildkröten, doch kann dieses Tier Kopf und Schwanz noch nicht unter seinen Panzer zurückziehen. Solche Formen entstehen erst im Jura (210–140 Mio.). Dabei treten zwei Entwicklungslinien auf: Die »Halsberger« (Cryptodira) ziehen den Kopf durch eine S-förmige Vertikalkrümmung des Halses zurück, die »Halswender« (Pleurodira) biegen den Hals seitlich und bringen den Kopf so unter ihren Panzer.

Allgemein gehört die Ordnung der Schildkröten (Testudines oder Chelonia) als einzige zur Unterklasse Chelonomorpha, das sind Reptilien, deren kurzer Rumpf von einem gewölbten Rückenschild (Carapax) und einer flachen Bauchplatte (Plastron) geschützt ist. Diese Schilde bauen sich aus von der Haut gebildeten (dermalen) Knochenplatten (Theka) auf. Sie werden äußerlich durch Hornplatten abgedeckt, die aber ein anderes Muster als die Knochenplatten bilden. Ein harter Hornschnabel ersetzt die Zähne.

△ Vor etwa 215 Mio. Jahren setzt die Entwicklung der Schildkröten-Unterordnung Proganochelydia ein. Aus diesen schwer gepanzerten Landformen gehen wahrscheinlich die heute lebenden Schildkröten hervor. Die Rekonstruktion zeigt die etwa 1 m große Stammgattung (Proganochelys) der Unterordnung, die in Deutschland beheimatet ist.

◁ Eurysternum ist eine Schildkrötengattung, die im Jura in Mitteleuropa sehr weit verbreitet ist. Aufgrund ihrer spezifischen Form wird Eurysternum volkstümlich »Breite Brust« genannt. Das hier abgebildete Fossil stammt aus den Plattenkalken von Solnhofen in Bayern.

Ältester Frosch der Welt auf Madagaskar

Um 245 Mio. Triadobatrachus, der älteste bekannte Frosch der Welt, lebt auf Madagaskar. Der Beckengürtel des Tiers weist darauf hin, daß es durch Stöße seiner Hinterbeine schwimmt. Sein Schädel sieht bereits aus wie der eines modernen Frosches. Allerdings hat das Tier 14 Rückenwirbel (gegenüber 24 bei anderen Amphibien), während die heutigen Frösche nur noch fünf bis neun Rückenwirbel besitzen.

Triadobatrachus wird von den Paläontologen in die eigene Ordnung Proanura gestellt, aus der sich im Unterjura (210–184 Mio.) die Ordnung Anura (Frösche und Kröten) entwickelt. Als ganzes geht diese Entwicklungslinie sehr wahrscheinlich aus den landbewohnenden Temnospondyli, Amphibien der Unterklasse Labyrinthodontia (→ S. 158), hervor, und innerhalb dieser möglicherweise aus der Familie Eryopidae (→ 290–270 Mio./S. 180). Charakteristisch für die Froschlurche ist ihre Entwicklung vom Ei über die pflanzenfressende Kaulquappe zum fertigen insektenfressenden Tier. (Metamorphose, → S. 179).

So sieht der etwa 10 cm große älteste bekannte Frosch der Welt nach einer Rekonstruktion aus. Gegenüber modernen Fröschen ist sein Körper recht langgestreckt, und am hinteren Ende läuft er konisch zu.

Tierordnungen sterben aus

Um 243 Mio. Nachdem zum Ende des Perms vor etwa 250 Mio. zahlreiche Tierformen von der Erde verschwunden sind und dafür schon während des Buntsandsteins viele neue Arten erschienen (→ S. 197), sterben zum Ende dieser Epoche nur wenige weitere Gruppen aus. Unter den Nesseltieren verschwindet die schon weitgehend dezimierte Unterklasse Conulata nunmehr völlig. Auch die Kopffüßerordnung Orthocerida (→ 420–410 Mio./S. 109) geht unter. Auffällig ist außerdem das Aussterben der Fusulinen (→ 500–243 Mio./S. 79).

Reptilien sind mit zahlreichen neuen Formen vertreten

250–243 Mio. In der Untertrias setzt sich die vielfältige Entwicklung der Reptilien, die schon im Perm (→ 290–270 Mio./S. 180) eine große Zahl von Arten hervorbrachte, fort. Neue Ordnungen entstehen nur in geringem Umfang, etwa die Placodontia, im Meer lebende Formen mit z. T. schildkrötenähnlichem Aussehen, die zwischen den Thecodontiern (→ 250–243 Mio./S. 201) und den Dinosauriern angesiedelte Unterordnung Ornithosuchia oder verschiedene Fischsaurier (→ S. 228). Neue Arten entstehen in der Entwicklungslinie der säugetierähnlichen Reptilien (→ 310–255 Mio./S. 167).

Die Ordnung Placodontia umfaßt zahlreiche, nur während der Trias lebende Arten, die als relativ schlechte Schwimmer die seichten Küstengewässer des »Urmittelmeers« (→ S. 143) bevölkern. Manche tragen flache schildkrötenähnliche Panzer. Speziell die Vertreter der Familie Placontidae halten sich sowohl auf dem Festland wie in seichten Gewässern auf. Verbreitet im Muschelkalk Mitteleuropas ist der 2 m lange Placodus, der »Pflasterzahnsaurier«. Unter den Diapsiden (→ S. 167) entwickeln sich in Europa und Nordamerika erste Arten der Ordnung Thalattosauria, einer Gruppe von Reptilien, die nur zur Eiablage aus dem Meer an Land kommen. Es sind sehr schlanke, um 2 m lange Tiere mit fast riemenförmigen Schwänzen, die sich eher schlängelnd als rudernd fortbewegen.

Viele neue Gattungen erscheinen auch bei den säugetierähnlichen Reptilien (→ S. 190). Kannemeyeria z. B. ist ein in Südafrika, Indien und Argentinien heimischer ochsengroßer Pflanzenfresser mit mächtigem Schädel. Lystrosaurus lebt in Südafrika, Antarktika, China, Indien und Europa. Er ähnelt entfernt einem nur 1 m großen Flußpferd und teilt auch dessen Lebensweise. Ericiolacerta wird nur rund 20 cm groß und gehört zu den eidechsenähnlichen Insektenfressern. Trinaxodon und Cynognathus, 50 bzw. 100 cm große Cynodontia (→ S. 202), leben auf der Südhalbkugel.

Fleischfressende Meeresbewohner mit Lungenatmung

250–243 Mio. Als am stärksten spezialisierte Reptilien bilden sich in dieser Zeit die Fischsaurier oder Ichthyosauria heraus. Diese Fleischfresser, die sich von kleineren Fischen ernähren, ähneln in Form und Größe den heutigen Thunfischen. Obgleich sie Wassertiere und als solche ausgezeichnete schnelle Schwimmer sind, verfügen sie als Reptilien über Lungenatmung. Im Gegensatz zu den ebenfalls im Wasser lebenden Nothosauriern (→ 270–250 Mio./S. 188) paddeln sie nicht mit ihren Gliedmaßen, sondern verschaffen sich mit einem fischähnlichen Schwanz Vortrieb.

Während die meisten Reptilien Eier legen, bringen die Fischsaurier lebendige Junge zur Welt. Anders als andere im Meer lebende Saurier bewohnen sie die offenen Ozeane. Wahrscheinlich stammen sie von den Captorhinomorpha ab, das sind einfache Cotylosaurier, wie sie ab dem Oberkarbon existieren.

Als älteste Familie der Ichthyosaurier finden sich in der Untertrias Japans und Chinas die noch eher aalförmigen Shastasauridae.

Über 6 m lang wird der räuberische Meeressaurier Nothosaurus: Der hervorragende Schwimmer bewegt sich im Gegensatz zu den Fischsauriern noch durch paddelnde Bewegungen mit den Gliedmaßen fort.

Fischechsen oder Ichthyosaurier erscheinen entwicklungsgeschichtlich bereits in der Untertrias, sind aber besonders in den Jurameeren weit verbreitet. Hier zwei Fossilien aus dem Oberjura von Holzmaden: Stenopterygius quadriscissus (oben) und Stenopterygius crassicostatus (mit Embryonen im Bauch)

Warme Weltmeere als Klimaausgleich

Das Klima unterscheidet sich nicht grundsätzlich von jenem des vorausgehenden Zechsteins. Weltweit ist es warm und auf den Kontinenten größtenteils trocken. Vereisungen fehlen selbst in den Gebieten der Polkappen.

Ausschlaggebend für das Wetter ist nach wie vor der weitgehende Zusammenhang aller großen Landmassen der Erde mit dem Äquator im Zentralgebiet. Daraus ergeben sich fast überall auf dem Festland milde bis heiße Kontinentalklimate, was die allgemeine Trockenheit erklärt. Selbst von den Weltmeeren herbeigeführte feuchtere Luftmassen regnen sich nur selten ab, da es weitgehend an hohen Gebirgen fehlt. Die Landflächen haben fast durchweg die Gestalt ausgedehnter Becken, die keinen ausgeprägten Steigungsregen auslösen.

In dieser Beziehung wirkt auch die Existenz der westöstlichen Meeresverbindung zwischen Südeuropa und Südasien in Form des »Urmittelmeeres« Tethys (→ S. 161) ausgleichend auf die Temperaturen ein. Diese Wirkung der Weltmeere ist nicht zuletzt darauf zurückzuführen, daß ihr Wasser durchweg wesentlich wärmer ist als heute. So liegen die Temperaturen im Gebiet Schottlands um 20 °C, gegenüber derzeit 7 bis 13 °C. Für den Südalpenraum schätzt man Meerestemperaturen zwischen 20 und 30 °C.

Erythrosuchus lebt während der Untertrias in Südafrika. Der 4,5 m lange Archosaurier und weitere (bis 5 m lange) Angehörige seiner Familie gehören weltweit zu den größten Fleischfressern des Festlandes.

Ebenfalls in Südafrika sind die nur 60 cm langen Euparkeria zu Hause. Sie gehören zur Unterordnung Ornithosuchia, einem Bindeglied zwischen den vierbeinigen Thecodontiern und den zweibeinigen Dinosauriern.

Mesosaurus tumudus aus dem Perm von Para in Brasilien; das Fossil liegt heute im Natur-Museum Coburg.

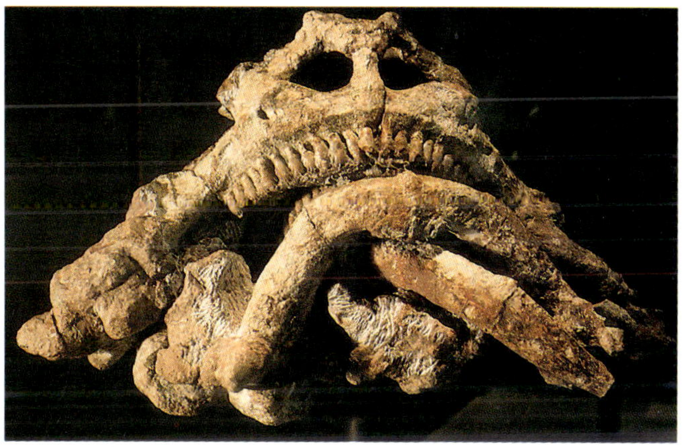

Zur Unterklasse der anapsiden Reptilien, also primitiver Formen ohne Schläfenfenster, gehört die Gattung Pareiasaurus. Gegen Ende des Perms versteinerte dieser Schädel in Südafrika.

Im Mittleren Buntsandstein bei Höhn im Kreis Coburg wurde dieses fossilisierte Exemplar von Koiloskiosaurus coburgensis gefunden.

Urahnen der Dinosaurier bevölkern Land und Flüsse

250–243 Mio. Alle Dinosaurier, Flugsaurier und Krokodile, die die Fauna des Jura so unnachahmlich prägen, gehen auf eine Reptilienordnung zurück. Es sind die Thecodontier, die zu dieser Zeit eine große Formenvielfalt entwickeln, bevor sie gegen Ende der Trias aussterben und das Feld den gewaltigen Nachkommen überlassen. Die Thecodontier gehören zur großen Überordnung der Archosaurier.

In Südafrika und China taucht als einer der ersten Vertreter der Thecodontier-Ordnung der 2 m große Chasmatosaurus auf. Er ähnelt weitgehend einem Krokodil und lebt bevorzugt in Flüssen, wo er als geschickter Schwimmer Fische jagt.

Ein anderer Thecodontier dieser Zeit ist in Südafrika zu Hause, der bis 4,5 m lange Erythrosuchus. Er und nahe Verwandte sind die größten Landraubtiere der Unter- und Mitteltrias. Die gewaltigen Tiere mit ihrem großen, robusten Kopf und ihren scharf bezahnten Kiefern bewirken offenbar »Schutzmaßnahmen« bei anderen Thecodontiern, etwa den Unterordnungen Aetosaurier (Obertrias) und Phytosaurier, die als schwer gepanzerte Reptilien erscheinen.

Die Phytosaurier werden bis zu 5 m lang und haben einen krokodilähnlichen Körper. Sie leben in den Flüssen der Nordhemisphäre. Dort sind sie u. a. durch das 3 m lange Rutiodon vertreten, das mit seiner verlängerten Schnauze an einen heutigen Gavial erinnert.

Als Übergangsform zwischen den vierbeinigen Thecodontiern und den auf zwei Beinen aufrecht gehenden Dinosauriern erscheint die Unterordnung Ornithosuchia, zunächst mit der bis 60 cm großen panzerlosen afrikanischen Gattung Euparkeria und der asiatischen Gattung Longisquama, die nur 15 cm groß wird. Bei Euparkeria handelt es sich um ein schlankes, langbeiniges Tier von Echsengestalt mit einem etwa 9 cm langen Schädel. Longisquama verfügt über ein Schuppenkleid und einen Kamm besonders großer, hoch aufragender Schuppen auf dem Rücken.

Schläfenöffnungen: Charakteristisches Merkmal der Saurier

Die Archosaurier, zu denen die Thecodontier als die Vorfahren der Dinosaurier gehören, zeichnen sich durch ein typisches Merkmal aus: Sie besitzen einen Schädel mit jeweils zwei Schläfenfenstern hinter einem Auge. Schläfenöffnungen spielen bei den Reptilien eine bedeutende Rolle. Die frühesten Reptilien besaßen keine Schläfenfenster. Man nennt ihre Schädel »anapsid« (»ohne Gewölbe«) und faßt sie als Anapsida (→ S. 167) zusammen. Ihnen stehen die säugerähnlichen Reptilien (→ S. 167) gegenüber, deren Schädel auf jeder Seite ein Schläfenfenster besitzt. Man spricht von einem »synapsiden« Schädel. Von diesen Synapsiden stammen die Säugetiere ab. Als dritte Reptiliengruppe treten Formen mit zwei Paar Schläfenfenstern auf. Man nennt sie Diapsiden. Sie umfaßen neben frühen Formen die Dinosaurier, die Krokodile und die Brückenechsen (Sphenodontia). Aus den Diapsiden entwickeln sich später die Echsen und Schlangen, aber auch die Vögel.

Erste Schritte auf dem Weg zum Säugetier

250–210 Mio. Irgendwann zu Beginn der Trias spaltet sich von der Reptilienunterordnung Cynodontia ein Entwicklungszweig ab, der unmittelbar zu den Säugetieren führt. Erst gegen Ende der Trias sind zwar die ersten bekannten Säuger, kleine krallentragende Tiere, die den heutigen Spitzmäusen ähneln, fossil belegt, doch treten sie zu dieser Zeit bereits weltweit verbreitet auf, müssen sich also schon früher entwickelt haben. Sie gehören zur Ordnung Triconodonta, die sich bereits durch ein im wesentlichen säugetiertypisches Gebiß auszeichnet und sind Mitglieder der Unterklasse Prototheria (»erste Säuger«).

Wie kommt es zur Entwicklung dieser frühen Säuger? Schon die erstmals im vorausgegangenen Oberperm aufgetretenen Cynodontia besitzen zahlreiche Säugetiermerkmale. So setzen sich die Unterkiefer typischer Reptilien aus mehreren Knochen zusammen, während die Unterkiefer der Säugetiere aus nur einem einzigen Knochen bestehen. Bei Cynodontia ist die Zahl der Unterkieferknochen bereits reduziert und der mittlere Knochen besonders groß. Er zeigt sogar schon eigene Kiefergelenke. Auch die Kronen der Backenzähne erinnern mit ihren breiten Kauflächen und ihren komplexen Strukturen bereits an jene der Säugetiere.

Möglicherweise können die Cynodontier auch schon ihre Körpertemperatur regeln, während die Reptilien ansonsten wechselwarme Tiere (→ S. 181) sind. Besonders die im frühen Trias lebenden Formen dieser Unterordnung entwickeln deutliche Säugetiermerkmale. So läßt das afrikanische Thrinaxodon wie kein Wirbeltier vor ihm klar eine Brust- und eine Lendenregion seines Körpers unterscheiden. Dabei markieren Rippen, die nur an der Brustwirbelsäule ansetzen, die Grenze. Ein regelrechter Brustkorb schützt bereits Herz und Lunge. Auch ist dieser Brustkorb sehr wahrscheinlich durch ein Zwerchfell gegen den Bauchraum abgeschlossen. Die Bewegungen des Zwerchfells gestatten, die Lungen sehr rasch mit Luft zu füllen bzw. wieder zu entleeren, was für die Regulierung des Gasstoffwechsels und damit der Körpertemperatur von großer Bedeutung ist.

Wichtig ist auch das erstmalige Vorhandensein eines sekundären Munddaches, das als Gaumensegel Atemwege und Schlund voneinander trennt. Kauen und Schlucken werden damit unabhängig von der Atmung, was die Verdauung beschleunigt und ein kontinuierliches Atmen ermöglicht. Auch das weist darauf hin, daß Thrinaxodon bereits ein Warmblüter ist.

Bei einem anderen Cynodontier der Zeit, Cynognathus, besteht fast der gesamte Unterkiefer nur noch aus einem einzigen Knochen, dem Dentale, das jetzt auch bereits differenzierte Zähne, nämlich Schneide-, Eck- bzw. Reißzähne und Backenzähne trägt. Über einen Fortsatz ist dieses Dentale neben anderen Unterkieferknochen im Schädel eingelenkt. Auch das ist ein Säugetiermerkmal.

Diictodon, ein Wirbeltier an der Schwelle von den Reptilien zu den Säugetieren; die Rekonstruktion nach Fossilfunden aus der Untertrias Südafrikas zeigt ein recht plump wirkendes Reptil der Ordnung Therapsida.

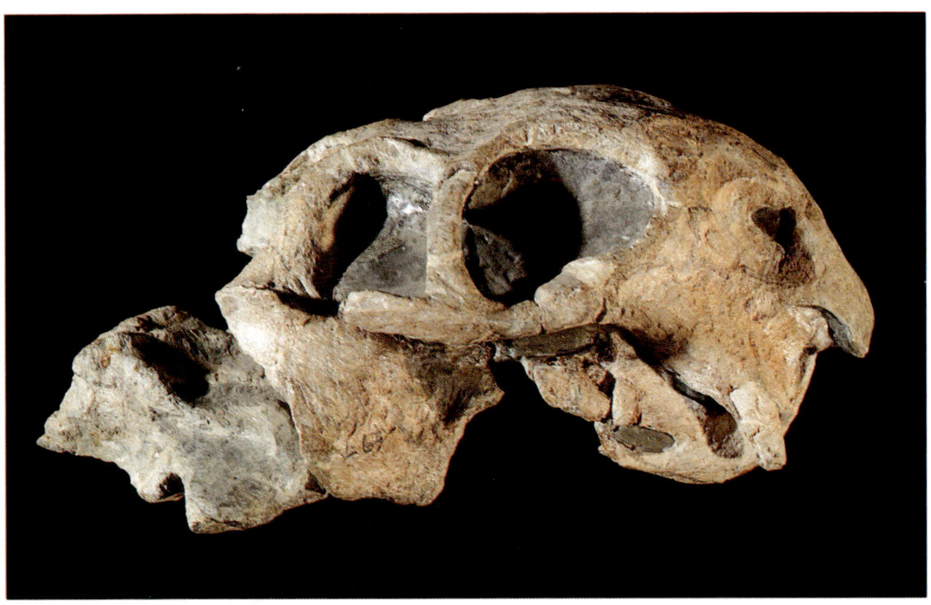

Vor rund 230 Mio. Jahren ist in Südafrika und Antarctica das säugetierähnliche Reptil Lystrosaurus murrayi zu Hause. Es gehört zu den Therapsiden, aus denen sich verschiedene Säugetierlinien ableiten lassen. Innerhalb dieser Ordnung ist es ein Vertreter der Dicynodontia, die sich durch einen relativ langen Schädel mit breitem Hinterhaupt und kurzem Hals auszeichnen. Sie stellen die am weitesten verbreitete Gruppe der Therapsiden.

Muschelkalk-Leitfossil aus Helgoland: Reptilienzähne von Placodus

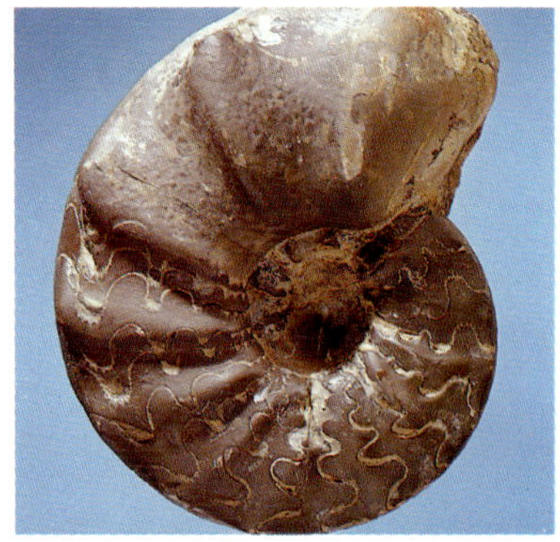

Der Kopffüßer Ceratites nodosus ist typisch für den Muschelkalk.

Neue Leitformen bei Ammoniten

250–210 Mio. Wichtige Leitfossilien im Buntsandstein, Muschelkalk und Keuper bringen zunächst die marinen Kalkalgen mit der Gattung Diplopora hervor. Unter den Farnartigen (Filicophyten) eignet sich Cladophlebis remota gut zur Schichtenbestimmung. Als Riffbewohner zeichnen sich verschiedene der neu auftretenden Hexakorallen als Leitfossilien aus. Andere bedeutsame Arten finden sich unter den Armfüßern (Brachiopoden, → S. 61), so z. B. Coenothyris vulgaris. Daneben sind zahlreiche Crustaceen und Muscheln wichtig, vor allem Myophoria-Arten.

Die Ammoniten sind besonders bezeichnend, denn ihre Formen sind oft kurzlebig und zugleich zahlreich. Sehr wichtig ist für die germanische Trias der Ammonit Ceratites, während im Bereich des »Urmittelmeers« (→ S. 161) andere Ammoniten-Gattungen leitend sind.

Unter den Wirbeltieren sind erste Flugfische sowie verschiedene Lungen- und Knorpelfische (Haie) bezeichnend, daneben natürlich zahlreiche Reptilien und – gegen Ende der Trias – erste kleine Säuger.

243–230 Mio.

Der Muschelkalk

243–240 Mio. Von der südalpinen Geosynklinalzone dringt das Meer nach Norden vor und überschreitet in dieser Zeit den zentralalpinen Rücken.

243–239 Mio. Im Germanischen Becken lagert sich der sogenannte Wellenkalk ab. Dabei handelt es sich um kalkige bis mergelige Gesteine von oft welliger Struktur. → S. 204

243–235 Mio. In den nördlichen Vogesen fossilisieren zahlreiche Organismen in Flußdelta-Ablagerungen und flachen Lagunen im sogenannten Voltzien-Sandstein. → S. 205

243–210 Mio. In verschiedenen Teilen Europas entstehen große Erdgaslager. → S. 205

Das Klima ist weltweit weiterhin warm und größtenteils trocken. Selbst die Polargebiete sind eisfrei. Auch auf der Südhalbkugel wird es zunehmend trockener. → S. 203

Der warmes Klima anzeigende Riffgürtel der Meere reicht im Norden bis in das Gebiet der Britischen Inseln. Besonders intensiv ist die Riffbildung in der alpinen Geosynklinalen (→ S. 29).

Vor der nordamerikanischen Westküste fließt von Süden nach Norden ein kalter »Kalifornien-Strom«.

In etwa 30° Nord verläuft von Osten nach Westen ein weltumspannender Meeresstrom. Auf weiten Strecken fließt er durch das »Urmittelmeer« (Tethys). Dieses trennt die nördlichen von den südlichen Landmassen. → S. 203

Längs des Äquators erstreckt sich das Geosynklinalmeer Tethys von den Alpen über den Kaukasus, Iran und Zentralasien bis zum Malaiischen Archipel.

Die frühe Phase des alpinen tektonischen Zyklus' (Gebirgsbildungszyklus) spielt sich in Form einer weltweiten Entwicklung von Geosynklinalsystemen (→ S. 29) ab.

In den Geosynklinalgebieten (→ S. 29) und besonders an deren Rändern ist Vulkanismus häufig. Vor allem in Spaltenergüssen (Lineareruptionen) fließen gewaltige Basaltmassen aus. Hierdurch werden große Gebiete von Sibirien, Afrika und Nord- sowie Südamerika mit sogenannten Plateaubasalten bedeckt. → S. 205

Im Gebiet von Apennin und Dinarischen Alpen liegt eine großadriatische Geosynklinale (→ S. 29). Auch im slowakischen Erzgebirge entsteht eine breite Geosynklinale.

Ein großes, flaches, an die Kordilleren-Geosynklinale angrenzendes Becken sowie ein den Appalachen folgender Meerestrog existieren in Nordamerika.

In Australien, Sibirien und Südostasien bilden sich in Moorgebieten Kohlenlager. Das deutet auf lokal feucht-gemäßigtes Klima hin. → S. 205

Zu flachmeerischen Ablagerungen kommt es in Mitteleuropa. Während kurzer Trockenperioden schieben sich dabei immer wieder saline Sedimenthorizonte dazwischen.

Viele der sich sedimentär bildenden Gesteine sind wertvolle und vielseitig nutzbare Rohstoffe (Sandsteine, Kalksteine einschließlich Marmor, Zementrohstoffe, Salz usw.). → S. 204

In allen Teilen der Gondwana-Kontinente erweitern sich vorhandene oder bilden sich neue weite Beckenregionen.

Die zur Ordnung Sauropterygia gehörende Reptilien-Unterordnung Plesiosauria erscheint. Diese Meeresbewohner zeichnen sich durch lange Hälse und ruderförmige Gliedmaßen aus. → S. 206

Mit der ausschließlich in der Mitteltrias lebenden Unterordnung Placodontoidea sowie der Unterordnung Cyanodontoidea tritt erstmals die Reptilienunterklasse Placodontomorpha in Erscheinung. → S. 206

In Europa ist das den Meeresschildkröten ausgesprochen ähnlich sehende Reptil Henodus chelyops fossil überliefert. → S. 206

Ein früher Fischsaurier der Gattung Mixosaurus lebt in Europa. → S. 206

Die schon seit dem Ordovizium (500–420 Mio.) existierende marine Algenfamilie Dasycladaceae tritt jetzt als wichtige Kalkbildner besonders stark in Erscheinung.

Die Muschelkalk-Flora beschränkt sich vielfach auf Wüsten- und Steppenpflanzen, die fossil nur in sehr bescheidenem Umfang erhalten bleiben.

Am Monte San Giorgio in den Tessiner Kalkalpen fossilisieren verschiedene Reptilien.

239–235 Mio. Im Germanischen Becken lagert sich eine sogenannte salinare Folge ab, das sind Sedimente, die sich hauptsächlich aus Dolomit, Kalkstein, Mergel, Tonsteinen sowie aus Anhydrit und Salz zusammensetzen. → S. 204

235–232 Mio. Sogenannte Ceratiten-Schichten, Mergel und Plattenkalk mit zahlreichen fossilen Formen der zu den Ammoniten zählenden Ceratiten, bilden sich in Mitteleuropa. → S. 205

235–230 Mio. Im Germanischen Becken lagern sich vorwiegend körnige Kalke und Mergel ab. → S. 204

235–210 Mio. Im Ladin (237 - 230 Mio.) kommt es zu allerersten Gebirgsauffaltungen im Rahmen der alpinen Gebirgsbildung. Hier hebt sich eine Zone des Tethys-Troges, des sogenannten Urmittelmeers. Starke Auffaltungen von Gebirgen setzen in Japan ein. Bis auf diese tektonischen Aktivitäten ist die Trias eine ruhige Periode der Erdkrustenbewegungen.

Über der Namibwüste zieht im Sommer fast jeden Nachmittag Nebel vom Meer aus weit ins Landesinnere. Die hohe Luftfeuchtigkeit stammt von dem kalten Meeresstrom vor der Westküste, dessen Wasser in der Hitze verdunstet.

Weltweite Meeresströmung

243–66 Mio. Während des ganzen Mesozoikums herrscht eine erdumspannende Meeresströmung in Ostwestrichtung bei ungefähr 30° nördlicher Breite. In etwa diesem Areal trennt zunehmend das »Urmittelmeer« Tethys (→ 340–290 Mio./S. 143) die Nord- und Südkontinente voneinander. Außerhalb der Tethys nähert sich der Meeresstrom mehr dem Äquator.
Wo dieser ozeanische Ostweststrom auf die Ostöffnung der Tethys stößt, teilt er sich in drei Äste: Der mittlere strömt in die Tethys, einer zweigt nach Norden, ein anderer nach Süden ab, und beide letzteren berühren die Landmassen entlang der Ostküsten. Längs der Westküsten der Nord- und Südkontinente fließen ozeanische Strömungen aus höheren Breiten in Richtung Äquator und vereinigen sich dort mit dem weltumspannenden Ostweststrom. Auf den Kontinenten bedeutet das eine maritime Erwärmung der Ostküsten bis in hohe nördliche und südliche Breiten und eine Abkühlung der Westküsten. Dies trifft jedoch nicht für Breiten über etwa 55° zu, wo westöstliche Strömungen herrschen, die beim Aufprall auf die Westküsten einen Abzweig in Richtung auf den jeweiligen Pol bilden.

Polargebiete weiterhin eisfrei

243–210 Mio. Aufgrund des weltweit milden Klimas bleiben die Pole – wie seit Trias-Beginn – eisfrei. Der Nordpol liegt in dieser Zeit nördlich des heutigen Ochotskischen Meeres im Nordosten Sibiriens. Der Südpol liegt im Pazifik weit außerhalb von Antarktika, und zwar vor Dronning Maud Land. Dabei driftet der Nordpol in (heute) etwa nordwestliche Richtung, während sich der Südpol auf einer gekrümmten Bahn befindet, die ihn – wieder in bezug auf die heutigen Erdkoordinaten – in der Untertrias nach Osten führte, während er ab der Mitteltrias eher nach Nordwesten driftet.

Bildung großer Geosynklinalen

240–230 Mio. Im Anschluß an die ausgeklungene variszische Ära (→ S. 131), die sich von der Zeit der Geosynklinalentwicklung (→ S. 29) bis zur Auffaltung letzter Bergzüge über 140 Mio. Jahre (380–240 Mio.) erstreckte, setzt jetzt weltweit eine neue Geosynklinalphase ein, die den Beginn eines neuen tektonischen Zyklus markiert. Diesem sogenannten alpinen Zyklus ist die Entstehung praktisch aller heutigen Hochgebirge der Welt zu verdanken. Er wird üblicherweise in eine frühe (240–60 Mio.), eine mittlere (60–20 Mio.) und eine späte (seit 20 Mio.) Phase unterteilt.

Im Germanischen Becken lagern sich große Kalkmengen ab

243–230 Mio. Die Muschelkalksedimente, die sich im Bereich des Germanischen Beckens ablagern, sind marinen Ursprungs, denn ein weites Binnenmeer füllt dieses Becken aus, das zu dieser Zeit Verbindungen zum »Urmittelmeer«, der Tethys, besitzt.

Zu Beginn der Muschelkalk-Epoche bildet sich bevorzugt der sogenannte Wellenkalk. Diese Folge besteht vorwiegend aus grauen, teils eben geschichteten, teils welligen (daher der Name) oder flasrigen (»flasrig« bezeichnet ein linsig verzahnendes Gesteinsgefüge) Mergelkalken (Ton-Kalk-Gemengen). Bei Berlin und in Randgebieten des Germanischen Beckens hat der Wellenkalk den Charakter von Oolith-Kalk (griech. Oolith = Eierstein). Er ist hier aus konzentrisch-schaligen oder radial-faserigen bis erbsengroßen kugelförmigen Körperchen (Ooide) aufgebaut, die durch ein mineralisches Bindemittel verkittet sind. Sie entstehen, wenn sich Kalk aus einer übersättigten Lösung an winzigen Keimen, z. B. Sandkörnchen, ausscheidet. Daneben kommt es häufig zur Bildung von sogenanntem Schaumkalk, der durch seine poröse Struktur auffällt.

Marine Kalksedimente aus dem Gebiet des »Urmittelmeeres« (Tethys) finden sich in mächtigen Lagern u. a. in den Dolomiten. Heute sind sie herausgehoben. In der Sella-Gruppe (Bild) erkennt man noch die horizontale Bankung.

Die mittleren Schichten des Muschelkalks sind als salinare Folge bekannt. Sie bauen sich aus Dolomiten (→ 2700 Mio./S. 25), dolomitischen Kalksteinen, Kalksteinen, Dolomitmergelsteinen, Tonsteinen und z. T. auch aus Anhydrit und Steinsalz auf und liefern wichtige mineralische Rohstoffe (»Natursteine« u. a.). Die Muschelkalksalze kennzeichnen besonders die zentralen Teile des Germanischen Beckens.

Der obere Teil des Muschelkalks, der sogenannte Hauptmuschelkalk, besteht im wesentlichen aus körnigen Kalken und Mergelsteinen. Besonders zu Beginn seiner Bildung tritt er häufig als Trochitenkalk auf. Das ist ein Kalk mit unzähligen Überresten von Seelilien (Crinoiden), insbesondere von deren Stielgliedern. Danach folgen sogenannte Ceratitenschichten, benannt nach der Ammonitengattung Ceratites.

Calcit oder Calciumcarbonat kristallisiert aus übersättigten Kalklösungen aus. Dabei können sich unterschiedliche Kristallformen ausbilden.

Die drei bedeutenden Gesteinsfolgen in der Trias-Zeit

Buntsandstein: Bröckelschiefer, darüber Sandsteinschüttungen und zunehmend marine Sedimente mit Einschaltungen von Steinsalz, Sulfaten und Carbonaten.

Muschelkalk: In den unteren Schichten Wellenkalk; darüber Dolomit, Kalkstein und Ton mit Salz; im Hauptmuschelkalk körnige Kalke und Mergelsteine.

Keuper: Meist terrestrische Ablagerungen von Letten, darüber Gips, Sandstein und Mergel, und schließlich fossilienreiche brackisch-marine Sedimente.

Muschelkalkstein und Marmor

243–230 Mio. Mit ihren Kalksedimenten liefert diese Zeit zahlreiche wirtschaftlich nutzbare »Natursteine«. Unter den Kalksteinen sind der fränkische und der Würzburger Kalkstein sowie der Freyburger Schaumkalk heute von kommerzieller Bedeutung. Sie sind leicht zu bearbeiten und wetterbeständig.

Wirtschaftlich wertvoll sind die triassischen Marmorvorkommen Südeuropas, allen voran der weiße Carrara-Marmor aus der Toskana. Eine ganz ähnliche Lagerstätte ist die von Prilep in Makedonien (Jugoslawien), wo im kristallinen Massiv der Pelagoniden ein ganzer Gebirgszug aus Marmor besteht. Der weiße Marmor, den die griechischen Bildhauer des Altertums verwandten, stammt aus der Trias der griechischen Inseln Paros und Naxos.

Marmor ist ein kristalliner körniger Kalkstein. Er entsteht aus gewöhnlichem, sehr dichtem Kalkstein durch spätere Umwandlung (Metamorphose) unter hohem Druck und/oder hoher Temperatur.

Erdgasfallen in Mitteleuropa

243–230 Mio. Die dichten Sedimente des Muschelkalks legen sich über die porösen Sandsteine des Buntsandsteins und schließen sie und die Dolomite des Zechsteins nach oben hin ab. Auf diese Weise entstehen Fallen für die aus den Kohlen des Karbons und Unterperms austretenden Gase, die sich jetzt in den porösen Ablagerungen des Zechsteins und Buntsandsteins ansammeln. Man spricht von Erdgasfallen. Entsprechende Erdgaslager entstehen im Thüringer Becken bei Mühlhausen und Langensalza, im Bereich des Dollart und besonders im Nordseebecken.

Kohlenlager auf der Südhalbkugel

243–210 Mio. In Australien entstehen bedeutende – heute bauwürdige – Kohlenflöze, im Süden bei Leigh Creek und in Queensland bei Ipswich. Die Kohlenbildung (→ S. 146) setzt auf der Südhalbkugel wesentlich später ein als im Norden der Erde. Während auf den Nordkontinenten das Wetter in der Trias bereits zu trocken für eine üppige, Kohle liefernde Sumpfvegetation ist, fallen in Australien, das jetzt ebenfalls ein warmes Klima aufweist, noch starke Niederschläge.
Auch auf der Nordhemisphäre entstehen – wie schon im Perm (290–250 Mio.) – noch vereinzelt Steinkohlenlagerstätten, nämlich in Sibirien und im Südosten Asiens.

Formenreiche Ammonitenordnung

235–220 Mio. In Mitteleuropa lagert sich weit verbreitet sogenannter Ceratitenkalk in den Flachmeeren ab. Er heißt so aufgrund der gewaltigen Menge von Gehäuseüberresten von Angehörigen der Ammonitenordnung Ceratitida, die sich zu dieser Zeit sprunghaft entwickelt. Sie zeichnen sich durch eine teilweise reich skulpturierte Gehäuseoberfläche aus. Erste Arten erscheinen bereits im Oberperm (Zechstein, 270–250 Mio.). Besonders ab der Mitteltrias nehmen sie stark zu, um dann mit dem Ende der Trias bis auf eine kleine, sich von ihnen ablösende Gruppe auszusterben.

Basaltergüsse bedecken das Land

243–210 Mio. Wie schon seit der Untertrias (250–243 Mio.) herrscht in den Geosynklinalgebieten und besonders an deren Rändern häufiger Vulkanismus. Vor allem in Sibirien, Amerika und Afrika führt das zunehmend zu mächtigen, weite Flächen überdeckenden Basaltergüssen.
Bei dem zugrundeliegenden Typ Vulkanismus handelt es sich um sogenannte Linearausbrüche, d. h., daß hier keine einzelnen Vulkanschlote tätig sind, sondern daß die – sehr dünnflüssigen – Laven aus oft viele Kilometer langen Spalten in der Erdkruste herausquellen. Meist dient eine solche Spalte dem Magmaaufstieg nur ein einziges Mal und »friert« danach »ein«. Der nächste Ausbruch erfolgt aus einer neu aufreißenden Spalte.
In manchen Regionen der Erde ereignen sich Tausende solcher verfließender (effusiver) Linearausbrüche nacheinander. Auf diese Weise entstehen Lavadecken von 2000 bis 3000 km Länge und der Ausdehnung ganzer Länder. Nicht selten sind sie bis zu 3000 m mächtig. Dabei handelt es sich nicht nur um unzählige übereinandergeflutete Lavaströme, sondern auch um Lavagänge oder Sills, flache Schichten, die zwischen bereits vorhandene Decken eindringen.
Die basaltischen Flächen nennt man Plateaubasalte, Flutbasalte oder auch Trappbasalte (wegen der treppenförmigen Hänge von Erosionstälern in solchen Basaltdecken). Die einzelnen Decken des Basaltplateaus können von wenigen Metern bis zu mehr als 100 m mächtig sein. Allein die brasilianischen Plateaubasalte, die ab Ende der Mitteltrias bis in die Jura-Zeit (210–140 Mio.) entstehen, bedecken mehr als 750 000 km².

Basaltergüsse, die in großen kompakten Massen ausfließen, kühlen wegen ihrer schlechten Wärmeleitung oft sehr langsam ab. Dabei bilden sich Schrumpfrisse, die das homogene Gestein in Polyedersäulen zergliedern.

Fossillagerstätte in nördlichen Vogesen

243–230 Mio. In einem Mündungsdelta am Rande eines Flachmeeres im Gebiet der nördlichen Vogesen lagern sich feinkörnige Sedimente ab, sogenannter Voltzien-Sandstein.
Diese Schichten konservieren eine große Zahl pflanzlicher und tierischer Organismen. Benannt ist der Voltzien-Sandstein nach dem gleichnamigen Nadelbaum (→ 270–250 Mio./S. 186). Daneben enthält er in den pflanzenführenden Sandsteinlinsen zahlreiche Farne, Schachtelhalmgewächse, aber auch Amphibien (Temnospondyli, → 360–250 Mio./S. 158). In tonigen Sedimenten brackischer Gewässer führt er eine vorzüglich erhaltene Lagunen- und Teichfauna, besonders Armfüßer und Fische. Foraminiferen und Meerestiere, vor allem Muscheln, sind in dolomitischen Lagen konserviert.

Voltziensandstein aus dem Saarland von der Zeitgrenze Buntsandstein/Muschelkalk

Fossil aus dem Elsaß: Dieser Nadelbaum, Voltzia heterophylla, wuchs vor etwa 243 Mio. Jahren.

Neue Reptilien im Wasser und an Land

243–210 Mio. In der Reptilienüberordnung Archosaurier, frühen Verwandten der Dinosaurier, entwickeln sich neue Arten, darunter auch erste Krokodile.

Verbreitet in der Schweiz ist der 3 m lange Ticinosuchus, der zur Unterordnung Rauisuchia der krokodilähnlichen Thecodontier (→ S. 250–243 Mio./S. 201) zählt. Die Unterordnung umfaßt räuberische Landbewohner und ist während der Mitteltrias in Amerika, Ostafrika und Europa verbreitet. Bei Ticinosuchus sind Rücken und Schwanz leicht mit Knochenplatten gepanzert. Seine Beine sind an das Leben auf dem Festland angepaßt, insbesondere durch die Entwicklung eines Fersenbeines. In der Unterordnung Ornithosuchia lebt in Argentinien der Lagosuchus, ein nur 30 cm langer Thecodontier, der als direkter Vorfahre aller Dinosaurier gilt. Er besitzt lange schlanke Hinterbeine mit überlangen Unterschenkeln, die ihn zu schnellem zweibeinigem Laufbefähigen. Sein Körper ist leicht gebaut, aber wie bei allen Krokodilen gepanzert. Lagosuchus jagt vermutlich kleine Echsen, denen er äußerst behende nachstellt.

Dem Lagosuchus äußerlich ungemein ähnlich ist der ebenfalls in Argentinien beheimatete Gracilisuchus, der systematisch aber zu den Krokodilen gehört. Auch Gracilisuchus läuft aufrecht auf langen schlanken Hinterbeinen und entspricht deshalb dem Bild der heutigen Krokodile nicht. Nur der Bau des langen, massiven Schädels, der Halswirbel und der Fußgelenke verrät eindeutig die Zugehörigkeit zu den Krokodilen, und zwar zu der auf die Mittel- und Obertrias beschränkten Unterordnung Sphenosuchia.

Zeitgleich mit den frühen Verwandten der Dinosaurier entwickeln sich zahlreiche andere Reptilien, so das in Mitteleuropa lebende schildkrötenähnliche Henodus chelyops, verschiedene Fischsaurier der Gattung Mixosaurus, mehrere zwischen 60 cm und 4 m lange Arten von Nothosaurus, die in den Meeren Europas und Asiens zu Hause sind, und das in Frankreich und Deutschland verbreitete 3 m lange Meeresreptil Pistosaurus. Es stellt einen Übergang zwischen den Nothosauriern (→ 270–250 Mio./S. 188) und den Plesiosauriern (→ 210–184 Mio./S. 229) dar.

△ *Askeptosaurus ist eine mitteltriassische Gattung von etwa 2 m langen Meeresreptilien aus der Ordnung Thalattosauria. Mit ihrem schlanken, fast die halbe Körperlänge ausmachenden Schwanz schlängeln sie sich durch das Wasser wie Aale. Doch auch ihre Gliedmaßen, die mit Schwimmhäuten ausgestattet sind, dienen der Fortbewegung.*

◁ *Während der Unter- und Mitteltrias ist im Alpenraum Placodus gigas verbreitet. Die Ordnung Placodontia umfaßt vielplattig gepanzerte, meeresbewohnende Reptilien, deren verwandtschaftliche Zugehörigkeit noch ungeklärt ist. Die Tiere ernähren sich von Muscheln.*

Nicht von Meerestieren, sondern von landbewohnenden Reptilien stammen die Vertreter der Familie Mixosauridae ab. Das Bild zeigt einen Mixosaurus carnalius, der in der Mitteltrias lebte. Sein ganzer Körper und besonders die Extremitäten sind an das Wasserleben angepaßt.

Henodus ist keine Wasserschildkröte, sondern ein Reptil aus der Ordnung Placodontia. Der Rumpf dieses Meerestieres ist oben und unten von Knochenpanzern umgeben. Henodus wird 1 m lang und lebt – vorwiegend in der Obertrias – in den seichten Küstengewässern der Tethys.

Formenvielfalt der Dinosaurier

Seit der Entwicklung der ersten Reptilien im Karbon (360–290 Mio.) haben sich zahlreiche Formenkreise herausgebildet. Drei große Gruppen sind zu unterscheiden: Die Anapsiden (→ S. 201), die Synapsiden und die Diapsiden, daneben die in dieses Schema nicht einzuordnenden Placodontier und die Fischsaurier.

Die Anapsiden sind weitgehend zum Ende des Perms, vor etwa 250 Jahrmillionen, ausgestorben. Nur der neue Zweig der Schildkröten entwickelt sich – vermutlich bereits seit dem Perm (290–250 Mio.) – und ist in der Trias mit ersten frühen Formen, in der Obertrias (230–210 Mio.) dann mit belegbaren echten Schildkröten vertreten.

Die Diapsida sind durch Thalattosauria (→ S. 200), Eosuchia (→ S. 188), Nothosauria (→ S. 188), Plesiosauria (→ S. 229), Sphenodontia, Lacertilia (Echsen, → S. 255), Rhynchosauria und Tanystropheidae repräsentiert. Daneben gehören zu ihnen die Vorformen der Dinosaurier (s. links). Zu den Synapsida zählen in der Mitteltrias viele säugetierähnliche Reptilien (→ S. 167).

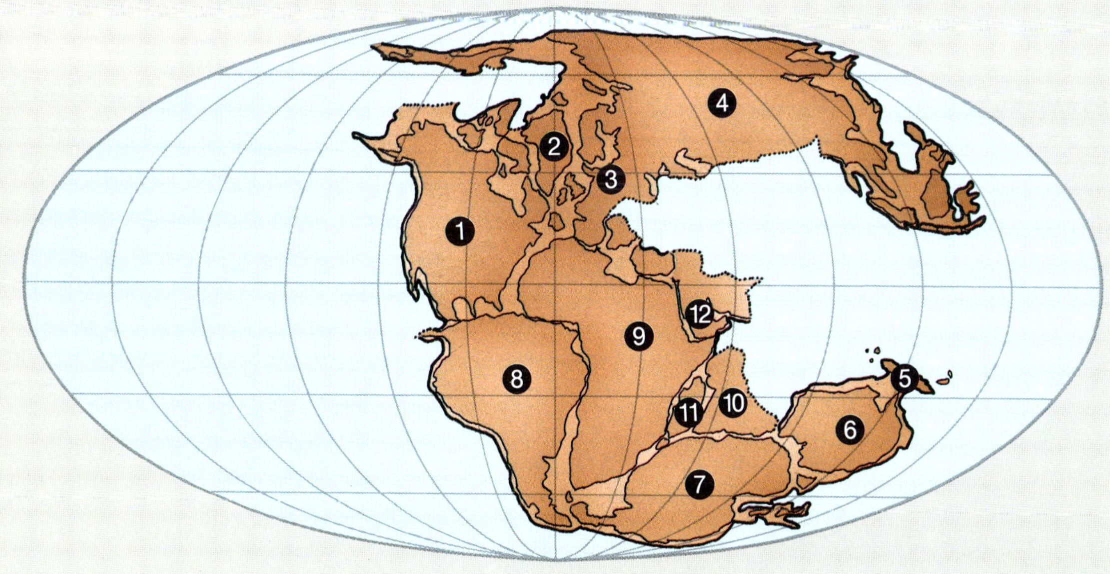

In der Obertrias ist der Großkontinent Pangaea gebietsweise nach Osten gedriftet und hat sich dabei gegenüber der Untertrias in sich verformt. Während Südamerika (8) und Afrika (9) mit Arabien (12) und Madagaskar (11) weitgehend ortsfest geblieben sind und auch Indien (10), Antarktika (7), Australien (6) und Neuguinea (5) sich nur geringfügig verlagert haben, ist Nordamerika (1) mit Grönland (2) um etwa 30 ° nach Osten und zugleich etwas nach Norden gerückt. Europa (3) ist ebenfalls nach Osten gewandert. Es dehnt sich über rund 50 Breitengrade aus. Einen Ruck nach Osten erlebte auch Asien (4). Es reicht rund 60 Längengrade weiter nach Osten als in der Untertrias.

230–210 Mio.

Der Keuper

Um 230 Mio. In Thüringen entstehen in Sumpfgebieten die sogenannten Lettenkohlen, wirtschaftlich unbedeutende Flöze von nicht mehr als 20 cm maximaler Mächtigkeit mit zahlreichen fossilisierten Pflanzen der Lettenkohlen-Flora (Schachtelhalme, Farne, Cycadeen usw.). → S. 209

Die Unterordnungen Matoniaceae und Dipteridaceae der Farngewächse entwickeln sich. Erstere ist durch sternförmig um einen Zentralpunkt angeordnete Sporangien (Sporenanlagen) gekennzeichnet, letztere durch ringförmig angelegte Sporangien. Beide sind heute weitgehend ausgestorben.

230–218 Mio. Im Osten der großen kontinentalen Landmassen falten sich im Rahmen der sogenannten kimmerischen Gebirgsbildung regional mehrere Gebirgssysteme auf. → S. 208

230–210 Mio. Die säugetierähnlichen Reptilien (Therapsida, → 310–255 Mio./S. 167) sind nur noch durch die Unterordnungen Cynodontia und Dicynodontia vertreten. Letztere überleben die Obertrias nicht. Nur die Cynodontia, aus denen sich die Säuger entwickeln, bestehen noch bis weit in den Jura (210–140 Mio.) fort.

Wie schon in den vorhergehenden Epochen der Trias bleibt das Wetter in den meisten Gebieten der Erde weiterhin warm und meist trocken. → S. 208

In Nordamerika hinterlassen Regentropfen, deren Fallrichtung auf vorherrschende Passatwinde hinweist, fossile Eindrücke.

Klimabedingt kommt es auf der Nordhalbkugel in etwas feuchteren Regionen lokal zur Bildung von Kohleablagerungen mit eingestreuten Salzsedimenten.

Die Sedimente Europas sind im Gegensatz zu denen des vorhergehenden Muschelkalks (243–230 Mio.) größtenteils festländische Ablagerungen.

Der Großkontinent Pangaea, der alle Landmassen der Welt umfaßt, beginnt zu zerbrechen. Neben der Nordsüdteilung durch die Tethys, das »Urmittelmeer«, zerteilen Riftsysteme vor allem den Südkontinent Gondwana. → S. 208

In den östlichen Kalkalpen lagert sich der sogenannte Hallstätter Kalk ab, der neben einer großen Vielfalt an Ammoniten auch zahlreiche andere gut erhaltene Fossilien (Conodonten, Schnecken, Muscheln usw.) führt. → S. 209

Die Amphibien verlieren zahlreiche Arten und ziehen sich im wesentlichen vor ihren Feinden, den säugerähnlichen Reptilien, auf ein Leben im Wasser zurück. Sie sind vertreten durch Paracyclotosaurus, Gerrothorax und Mastodonsaurus (das größte Amphibium aller Zeiten). → S. 214

Die Krokodilgattung Terrestrisuchus erscheint mit schlanken, hochbeinigen Tieren in Europa (Wales). → S. 214

Mit Ausnahme der Schlangen und der Choristodera umfaßt der Stammbaum der Reptilien bereits alle bekannten Ordnungen. → S. 215

In Italien erscheinen die ersten Flugsaurier und damit die ersten aktiv fliegenden Wirbeltiere. Sie gehören zur Ordnung Rhamphorhynchoidea. → S. 216

Für die Flora charakteristisch sind Pflanzen der Lettenkohle, Vorläufer der Jura-Flora sowie neue Nacktsamer.

228 Mio. Es setzt eine geomagnetische Periode mit meist normaler (den heutigen Verhältnissen entsprechender) Polung ein. Sie löst eine Epoche mit häufig wechselnder Polung ab. → S. 208

Um 226 Mio. Erstmals lassen sich Coccolithophoriden nachweisen. Das sind überwiegend marine kugelförmige Geißeltierchen (Flagellaten) mit gallertigen Körpern, denen kleine Kalkplatten aufsitzen. Nur wenige Arten leben im Brack- oder Süßwasser. Die Kalkkörperchen oder Coccolithen sind wichtige Gesteinsbildner und für die Entstehung der späteren Schreibkreide (→ 140–66 Mio./S. 272) von großer Bedeutung.

Um 220 Mio. Im Germanischen Becken sedimentiert der sogenannte Schilfsandstein. Er ist fälschlich nach dem Massenvorkommen von Schachtelhalmstämmen so benannt. → S. 209

Eine neuartige Nacktsamer-Gruppe, die baumförmigen, mit den Cycadeen verwandten Bennettiteen, entwickelt sich. Sie zeigt bereits mehrere Übergangsmerkmale zwischen Nackt- und Bedecktsamern. → S. 210

Mit der Gruppe der wohl baumförmigen Nilssoniales erscheinen weitere Verwandte der Cycadeen. Die schmalblättrigen Pflanzen sind weltweit verbreitet, aber bei weitem nicht so gut erforscht wie die Bennettiteen. → S. 210

In Afrika und Europa lassen sich erstmals kleine Säugetiere nachweisen. Sie stammen von der säugetierähnlichen Reptilien-Ordnung Cynodontia ab und gleichen äußerlich kleinen Nagern. Vertreten sind sie durch Megazostrodon aus der Ordnung Triconodonta und Haramiya aus der Ordnung Multituberculata. Während die genannten Tiere noch Eier legen, treten mit der Ordnung Kuehneotherium auch bereits erste lebendgebärende Säugetiere auf. → S. 216

220–215 Mio. Im Gebiet der Anden (Südamerika) breitet sich das sogenannte Norische Meer aus.

218–210 Mio. Die Nadelbäume (Koniferen) entwickeln neue Formenkreise, darunter die Familien Cheirolepidaceae, Protopinaceae und Pinaceae. → S. 211

218–200 Mio. Im Nordosten der Kalkalpen entstehen große Höhlensysteme. → S. 212

Um 217 Mio. Ein Riftsystem bricht zwischen den Südkontinenten auf. Durch diese tektonische Bewegung trennt sich Indien von Afrika. → S. 208

Um 215 Mio. In Europa leben eidechsenartige Reptilien mit krokodilähnlichem Knochenbau (Saltoposuchus longipes).

Die Nacktsamer-Klasse Caytoniales entwickelt sich. Ihre Gattung Caytonia steht den Cycadophyten (→ S. 175) nahe. Ihr Fruchtknoten zeigt Ähnlichkeiten mit den Fruchtknoten mancher Bedecktsamer.

Die Ginkgogewächse (→ 360–325 Mio./S. 150) entwickeln sich hinsichtlich ihrer Arten- und ihrer Individuenzahl weltweit zu einer bedeutenden Pflanzengruppe, die die Flora von Trias und Jura entscheidend mitprägt.

In Mitteleuropa leben primitive Schildkröten (→ 250–210 Mio./S. 199) der Art Triassochelys dux. Sie verfügen bereits über acht Halswirbel, obgleich primitive Reptilien sonst nicht mehr als fünf besitzen.

Um 210 Mio. Zu den aussterbenden Reptilien gehört die Unterordnung Eolacertilia, die Unterklasse Placodontimorpha mit den Unterordnungen Cyanodontoidea und Henodontoidea sowie die Ordnung Procolophonia. Letztere umfaßt eidechsenähnliche Tiere. Auch die Reptilien-Unterordnung Nothosauria mit Exemplaren bis zu 7 m Länge überlebt die Trias nicht. → S. 216

Von den Fischsauriern sterben die Unterordnungen Mixosauridae und Shastasauridae aus. → S. 206

Die meeresbewohnenden Conodontentiere (→ S. 93) sterben aus.

Von den Seelilien und Haarsternen ist die Unterklasse Inadunata in den weiteren erdgeschichtlichen Abschnitten nicht mehr überliefert. Seit dem Ordovizium (500–440 Mio.) entwickelte allein diese Unterklasse 1750 Arten.

Von den Kopffüßern sterben die Ordnungen Prolecanitida und Ceratitida aus. Diese Schelfmeerbewohner gehören zur Unterklasse Ammonoidea und sind seit dem Oberdevon (375–360 Mio.) fossil überliefert.

Trockenheit breitet sich weiter aus

230–210 Mio. Das Klima unterscheidet sich weltweit nicht wesentlich vom Wetter in den vorhergehenden Epochen der Trias. Es bleibt warm und trocken, und die Trockenheit greift mehr und mehr auch auf die Südkontinente über.

Starke Riffbildung zeigt in der Regel warme Gewässer an. Bezeichnend für hohe Temperaturen ist daher die Riffbildung im südlichen Nordeuropa und in Mitteleuropa. Bedeutende Korallenriffe entstehen besonders in den nördlichen Kalkalpen und in der Steiermark sowie auf dem Balkan. Ein Schwerpunkt liegt dabei im Rhät (218–200 Mio.). Auch sind große Gebiete des südlichen asiatischen Kontinents bis nach Indonesien von starker Riffbildung geprägt. Warm ist insbesondere das Meer um Japan, zumal dort wahrscheinlich schon zu dieser Zeit ein warmer Kuro-Schio-Meeresstrom vorbeizieht. Erstaunlich kalkarm sind während der gesamten Trias die Meeresgebiete Nordamerikas. Stärkere Riffbildung findet sich hier nur von Nevada bis zur Alaska Range.

Auch in Europa zeugen festländische Sedimente für warmes und trockenes Klima. So setzen sich – insbesondere in den Ostalpen – die schon im Perm (290–250 Mio.) begonnenen Steinsalzablagerungen fort. Sehr ausgeprägt ist das im Mittelkeuper, dem sogenannten Gipskeuper (225–218 Mio.), der Fall. In England und Irland erreichen salz- und gipsführende Mergelgesteine bis zu 900 m Mächtigkeit. Im Süden reicht die Evaporitzone (→ S. 46) bis in die Atlasregion Marokkos.

Auf Wärme und Trockenheit weisen im kontinentalen Nordamerika Rotsedimente hin, die in der Newark-Formation und zwischen Virginia und New York sehr ausgeprägt sind. Auch auf der Südhalbkugel treten häufig Red-bed-Sedimente auf und zeigen Trockenheit an.

Sehr reiner Gips fällt nicht amorph, sondern kristallin aus der eindampfenden Lösung aus. Er erscheint dann oft als Fasergips.

Vorwiegend normale magnetische Polung

228–200 Mio. Es herrscht eine Periode, in der die Lage der geomagnetischen Pole vorwiegend der heutigen entspricht. Sie löst eine Periode ab, in der die Magnetpolung häufig wechselte.

Mit dem Einsetzen des Auseinanderdriftens der Kontinente (s. rechts) kommt den »Polsprüngen«, also der Umpolung des erdmagnetischen Feldes, eine erdhistorisch große Bedeutung zu. Da sich die Ozeane vom jeweiligen zentralen ozeanischen Rücken her nach beiden Seiten ausweiten und dabei fortwährend neuer ozeanischer Boden entsteht, sind die Bodenbereiche vom Rift bis zu den Kontinentalrändern erdgeschichtlich immer älter. Hier liefern nun die Polsprünge eine regelrechte Zeitskala, denn das jeweilige Erdfeld ist in der Lage, einzelne Mineralien der neu erstarrenden Erdkruste dauerhaft zu magnetisieren. Man kann also durch paläomagnetische Messungen feststellen, welche Partien des Ozeanbodens während welcher Polungsperiode entstanden sind.

Gebirge entstehen im Osten der Erde

230–180 Mio. Vor allem in Ost- und Südostasien, in Australien, auf dem Inselzug Neuseeland-Tonga-Fidschi und im Süden Rußlands (Krim-Halbinsel) bilden sich regional neue Gebirgssysteme. Man faßt sie meist als »mesozoische Tektogene« zusammen und nennt die Gesamtära ihrer Bildung (von der Geosynklinalphase bis zur Faltungsphase, → S. 29) kimmerische Ära (nach der Kimmerischen Halbinsel, dem Ostzipfel der Krim). Sie wird auch als die erste oder frühe Phase der alpidischen Gebirgsbildung (→ S. 285) gewertet und »alt-alpidische Phase« genannt, obwohl sie lange vor dieser einsetzt.

Zu den im ost- und südostasiatischen Raum entstehenden Faltengebirgen gehören das Werchojansker Gebirge, die Falten des Sichote-Alin und Gebirgszüge in Yünnan, Burma und auf der Halbinsel Malakka, die bis nach Kalimantan (Borneo) reichen. Diese Faltungen kreuzen an verschiedenen Stellen kaledonische und variszische Strukturen.

Vorderindien von Afrika getrennt

Um 217 Mio. Zwischen dem Nordosten und dem Südwesten der Gondwana-Landmasse, also der Südkontinente, bricht im Zusammenhang mit der Aufspaltung des Großkontinents Pangaea (s. rechts) ein Riftsystem auf. Dabei bleiben im Nordwesten die großen Landmassen Afrikas und Südamerikas zunächst noch miteinander verbunden. Nur ein Grabenbruch markiert ihre spätere Trennlinie längs des sich erst im Jura öffnenden Südatlantiks. In ihm entstehen in dieser Zeit nur kleinere Binnenmeere.

Im Osten schließt sich an Afrika noch – über Madagaskar als Brücke – Vorderindien an. Das teilende Riftsystem verläuft als Meeresgraben von Patagonien über Südostafrika bis zur Ostküste Vorderindiens. Südlich dieser Trennlinie hängen Antarktika im Westen und Australien im Osten noch aneinander.

Der indische Subkontinent ist nur noch mit seiner heutigen Südwestküste mit der afrikanisch-madagassischen Landmasse verbunden.

Der Großkontinent Pangaea zerbricht

230–192 Mio. Der zumindest seit dem Perm existierende Superkontinent Pangaea (→ 290–250/S. 182), der in sich alle Landmassen der Erde vereint und in den auch zu Beginn der Obertrias nur das schmale »Urmittelmeer« Tethys von Osten her als lange Meeresbucht hineinragt, beginnt auseinanderzufallen.

Besonders in ihrem Ostteil weitet sich die Tethys immer stärker aus und trennt zunächst den Großkontinent Laurasia im Norden von dem Großkontinent Gondwana im Süden. Aber auch diese beiden Blöcke bekommen Risse und zerfallen. Treibende Kraft ist dabei offenbar eine durch die kompakte Vereinigung aller Landmassen hervorgerufene Störung im Rotationsgleichgewicht der Erde. Aus ihr resultiert die Tendenz, die kontinentalen Blöcke aufzuspalten und die Erde im Sinne einer Stabilisierung mehr oder weniger gleichmäßig mit Kontinentalschollen auszulasten.

Die einzelnen, sich ausgehend von sogenannten Riftzonen voneinander entfernenden Landmassen bewegen sich nicht etwa einfach geradlinig voneinander fort. Meist ist ihre Fluchtbewegung noch von einer Drehbewegung überlagert. Auch spielen sich die Zerfallsvorgänge der Landmassen keineswegs gleichzeitig und mit gleicher Intensität auf der ganzen Erde ab.

Zunächst bilden sich längs alt angelegter Schwächezonen innerhalb des Riesenkontinents einzelne interkontinentale Gräben heraus. In diesen Gebieten dehnt sich sodann die Erdkruste, und die einzelnen Schollen beginnen, voneinander fortzudriften. Im weiteren Verlauf, etwa ab dem Mittleren Jura (184–160 Mio.), erweitern sich diese Riftzonen und führen damit mehr und mehr zu einem Zerfall der Landmassen, der bis heute noch nicht abgeschlossen ist. Dabei bleiben zunächst noch einzelne Landbrücken – insbesondere im Gebiet der Gondwana-Kontinente – bestehen. Ausgehend von den sich ausweitenden Riften öffnen sich schließlich Ozeane, und die Rifte selbst werden zu mittelozeanischen Schwellen, so daß gegen Ende der Kreidezeit (um 66 Mio.) die geographische Verteilung der Landmassen schon in etwa der heutigen Verteilung der Kontinente entspricht.

Keine Schilfstengel, sondern Überreste der Schachtelhalmart Equisetites arenaceus kennzeichnen diesen Schilfsandstein aus dem Keuper von Thüringen.

Schilfsandstein durchzieht erweitertes Germanisches Becken

Um 220 Mio. *Das Germanische Becken (→ S. 204) erweitert sich und erstreckt sich jetzt von den Britischen Inseln bis nach Süddeutschland. Im gesamten Bereich lagert sich in dieser Zeit der sogenannte Schilfsandstein ab. Diese Sedimente bestehen aus roten und grauen Sandsteinen sowie Tonsteinen. Namengebend sind in der etwa 30 m mächtigen Schicht, die sich allerdings über mehr als 500 000 km² erstreckt, reichlich vorhandene Pflanzenreste. Meist sind das aber keine fossilen Schilf-Überreste.*

Fossillagerstätte im Hallstätter Kalk

230 – 210 Mio. Im Bereich des »Urmittelmeers« Tethys (→ S. 161) lagert sich in den Kalkalpen, z. B. in Berchtesgaden oder im Salzkammergut, der sogenannte Hallstätter Kalk ab. Es handelt sich dabei um bunte, mergelige und auch tonige Kalke, die örtlich gewaltige Mengen von Fossilien in sich einschließen. Insbesondere die Ammoniten des Hallstätter Kalks sind heute die Grundlage der stratigraphischen Einteilung der Obertrias im Tethys-Gebiet.

Zu der ungewöhnlichen Konzentration gut erhaltener Fossilien kommt es durch die sehr langsame Sedimentation bei gleichzeitiger Frachtsonderung, d. h. Zusammenspülung der tierischen Überreste. Neben einer Vielzahl von Ammoniten versteinern im Hallstätter Kalk auch Conodonten (→ S. 93), verschiedene Meeresschnecken und sehr viele Muscheln. Letztere treten mit den Megalodontiden oft sogar als mächtige Bänke in Erscheinung. Am Rande des Hallstätter Kalks baut sich der Dachsteinkalk mit teilweise über 1000 m mächtigen Riffen aus Hohltieren und Kalkschwämmen auf.

Lockergesteine enthalten viele Pflanzenabdrücke

Um 230 Mio. Der unterste Abschnitt des Keupers heißt aufgrund seiner feinen tonigen Lockergesteine (Letten) Lettenkeuper. Zu Beginn des Lettenkeupers lagern sich die sogenannten Kohlenletten und darauf der Lettenkohlensandstein in einigen Regionen des Germanischen Beckens, besonders in Thüringen bei Apolda, ab. In den Letten bzw. im feinkörnigen Sandstein sind hier sehr unreine und mit maximal 20 cm Stärke wenig mächtige Kohlenflöze eingelagert. Die Kohlen entstehen in sumpfigen Regionen. Schon gegen Ende des Lettenkeupers ist die gesamte Region erneut von einem Flachmeer überspült, was die weitere Kohlenbildung verhindert.

In der Lettenkohle finden sich zahlreiche Abdrücke von Pflanzen. Verbreitet sind solche von verschiedenen Farnen, Schachtelhalmen und Cycadeen (→ 290–270 Mio./S. 175).

Die häufigste Art ist der Schachtelhalm Equisetites aramaceus. Er besitzt zylindrische Schäfte von nur etwa 15 cm Durchmesser bei 6 m Höhe. Ihre Oberflächen sind glatt und zeigen nur angedeutete, ringförmig umlaufende Knoten, an denen grannenförmige Blättchen sitzen. Die Schäfte sind nur knapp über dem Erdboden verzweigt und astlos. Sporenanlagen bilden sie nur in ihrem obersten Teilstück. Sie wachsen in dichten Gruppen aus einem im Boden liegenden Rhizom.

Eine zweite Schachtelhalmgattung der Lettenkohle sind die rund 2 m hohen Neocalamites mit bis zu 12 cm langen Blättern, die sich quirlig um die Knoten anordnen.

Auch Farne kommen regional sehr häufig vor. Ihre größte Art, die Marattiacee Danaeopsis, besitzt über 1 m lange, einfach gefiederte Wedel. Sehr zahlreich vertreten sind auch die Cycadeen. Daneben fehlt es nicht an Koniferen, doch sind sie seltener als Schachtelhalmgewächse und Farne, da sie trockene Standorte bevorzugen.

Aus der Obertrias von Stuttgart stammt dieser Blattwedel von Lepidopteris stuttgardiensis. Die Gattung Lepidopteris gehört zu den Farnsamern und umfaßt u. a. Leitfossilien.

Ziemlich große Wedel zeichnen die Farngattung Clathropteris (im Bild die Art Clathropteris menicoides) aus. Das Fossil stammt aus dem fränkischen Rhäto-Lias.

Neue Kosmopoliten der Pflanzenwelt

Um 220 Mio. Im Mittelkeuper erscheint eine bisher unbekannte Pflanzengruppe, die den Cycadeen (→ S. 175) nahesteht und sich bald über die ganze Erde verbreitet. Im Rhät, der obersten Epoche des Keupers, tritt sie dann bereits kosmopolitisch auf, und bis in die Unterkreide (140 - 97 Mio.) behauptet sie diese Stellung. In der Oberkreide (97 - 66 Mio.) stirbt sie schließlich aus. Es handelt sich um die Bennettiteen, Bäume mit meist unverzweigtem Stamm und einer Krone aus mächtigen, gefiederten Blättern. Die Blüten erscheinen unmittelbar am Stamm (sie sind »stammbürtig«) und sind bei manchen Arten getrenntgeschlechtlich, bei anderen zwitterig. Oft besitzen sie eine sehr gut entwickelte Blütenhülle (Perianth).

Die Bennettiteen (Bennettitales) lassen sich ihrerseits in mehrere Gruppen unterteilen, nämlich in die Cycadeoidea-Gruppe, die Williamsonia-Gruppe, die Wielandiella-Gruppe und eine Reihe von weiteren Bennettiteen, die sich bisher nur schwer einer dieser Gruppen zuordnen lassen.

In vielen Merkmalen, so etwa in der gesamten äußeren Erscheinung, gleichen die Bennettiteen den Cycadeen, doch unterscheiden sich Struktur, Bau der Spaltöffnungen und Blätter sowie vor allem der Bau der Blüte deutlich von diesen. Interessanterweise weicht der Bau der Blüten aber nicht nur von dem der Cycadeen, sondern von dem aller anderen Nacktsamer (Gymnospermen) entscheidend ab. Er weist Merkmale auf, die bereits sehr an die Blüten von Bedecktsamern (Angiospermen) erinnern, so die schon weitgehende Umwachsung der Samenanlagen durch die Samenblätter. Allerdings bringen sie noch reine Gymnospermen-Samen hervor. Auch die Zweigeschlechtlichkeit mancher Blüten und die Anordnung ihrer Blütenorgane erinnert an Bedecktsamer.

Andererseits zeigt die Gesamtheit der Staubblätter noch farnhaften Charakter, während der Pollen wiederum dem der Cycadeen ähnelt. Auch die Anatomie der Blätter, insbesondere der Aufbau der Spaltöffnungen aus drei Zellen, von denen die mittlere die Schließzelle bildet, nähert sich dem der Bedecktsamer. Eigentümlichkeiten der weiblichen Blüten erinnern bereits an die Bedecktsamerreihe der Polycarpiacae oder Ramales, und hier besonders an die Magnolien- und die Hahnenfußgewächse.

Bennetticarpus wettsteinii nennen Paläobotaniker diese fossile Frucht einer Bennettiteen-Art aus Linz. Das Stück ist dem Rhäto-Lias zuzuordnen, also jener nicht genau datierbaren Grenze zwischen Trias und Jura.

Pterophyllum-Blatt aus der Gegend von Linz, Wende Trias/Jura

Harzreiche Gewächse mit langen gefiederten Blättern

Um 220 Mio. Als nahe Verwandte der palmfarnähnlichen Cycadophyten, zu denen die Paläobotaniker sowohl die Cycadeen (→ 290–270 Mio./S. 175) wie die Bennettiteen (s. oben) zählen, erscheinen ebenfalls im Mittelkeuper die Nilssonien (Nilssoniales) mit langgestreckten gefiederten Blättern, die schopfartig zusammenstehen.

Die Blattspreite kann entweder völlig unzerteilt (das Blatt also geradrandig) sein, sie kann sich aber auch mehr oder weniger unregelmäßig in schmalere oder breitere Lappen unterteilen. Auffällig ist, daß sich beide Hälften der Blattspreite oberhalb der Blattachse gegenseitig berühren, so daß man die Blattachse selbst auf der Oberseite des Blattes gar nicht sehen kann. Was die Blätter der Nilssonien besonders von den Cycadophyten-Blättern unterscheidet, sind einige Harzkanäle in der Nähe des Blattrandes. Überhaupt sind die Pflanzen wohl recht harzreich. Ihr Holz ist zwar nicht gut überliefert, aber selbst die Samen enthalten knotige Verdickungen von Harzkörpern. Die Samen sind in zweisamigen Früchten vereint, die als Schuppen eines locker aufgebauten »Zapfens« erscheinen.

Der Nilssonia-Gruppe ordnen manche Paläontologen auch Blattreste zu, die speziell im Rhät in Südschweden und im Osten Grönlands zahlreich vertreten sind und als Ptilozamites bekannt wurden. Es handelt sich dabei um meist einfach gegabelte Blätter, die zart längsgeadert sind und merkwürdig dickzellige Spaltöffnungen zeigen.

Wie die Bennettiteen sind auch die Nilssonien schon gegen Ende des Keupers (im Rhät) weltweit verbreitet und erscheinen insbesondere im Jura (210–140 Mio.) mit einer größeren Reihe von Arten. Letzte Nachläufer in der Oberkreide (97–66 Mio.) finden sich auf der Nordhalbkugel, vor allem in Grönland, Japan, Böhmen, auf der Halbinsel Sachalin und in Alaska.

Das schlanke Blatt einer Nilssonia polymorpha aus der Gegend von Bayreuth ist etwa 210 Mio. Jahre alt.

Die Nilssonien sind im Jura weltweit verbreitete Pflanzen; zuerst erscheinen sie im Mittleren Keuper.

Stattliche Pinaceen mit langen Ästen beleben die Flora

218–210 Mio. Im Rhät-Lias treten wenigstens drei neue Nadelbaumfamilien in Erscheinung: Die Cheirolepidaceae, die Protopinaceae und die Pinaceae. Während die erste – je nach dem, wie weit man diese Familie faßt – nur im Rhät oder bis spätestens in der Unterkreide (140–97 Mio.) vorkommt und die nicht als systematische Einheit aufzufassenden Protopinaceen heute ebenfalls ausgestorben sind, gehören zu den Pinaceen die meisten der heute bekannten Nadelholzgattungen und -arten: Abies, Keteleeria, Pseudotsuga (seit Tertiär, ab 66 Mio.), Tsuga oder Hamlock-Tanne (seit Tertiär), Picea oder Fichte (seit Oberkreide, ab 97 Mio.), Pseudolarix, Larix oder Lärche (seit Tertiär), Cedrus oder Zeder und Pinus oder Kiefer (vor der Oberkreide).

Die Familie Cheirolepidaceae ist besonders mit der Art Cheirolepis münsteri im Raum von Nürnberg nachgewiesen, wo ihre Reste kohlig erhalten sind. Als ihr nahe wird die Gattung Hirmeriella beschrieben, doch handelt es sich wahrscheinlich bei beiden Gattungen um die gleichen Pflanzen, nur fanden sich Zapfen unterschiedlichen Alters. Zu den Exemplaren der Cheirolepis-Arten gehören größere Bäume mit vermutlich scheinquirlig gestellten Ästen. Mit heutigen Koniferen sind sie nicht näher verwandt.

Die Protopinaceen umfassen nicht näher bestimmbare fossile Koniferenarten, von denen vor allem die Hölzer, aber oft keine Nadeln, Blüten oder Zapfen bekannt sind.

Die Pinaceen sind fossil dagegen gut und reichhaltig belegt. Es sind meist stattliche Bäume mit langen Ästen. Die Blätter haben Nadelform und sind meist spiralig gestellt. Ihre holzigen Fruchtzapfen setzen sich aus vielen spiralig (→ S. 186) angeordneten Deckschuppen zusammen, die an der Basis Fruchtschuppen tragen. Man kennt zwei Unterfamilien, die Abietoideen und die Pinoideen, die sich hinsichtlich der Anordnung der männlichen Blüten und im Bau der Zapfen-Deckschuppen unterscheiden. Zu den letzteren gehören nur die Kiefern. Sicher nachweisen lassen sich die Pinaceen zwar seit dem Rhät, doch finden sich nicht ganz sichere Pinaceenreste (Pollenkörner, Samen, Nadeln und Zweige) sogar bereits im Zechstein (270–250 Mio.).

Die beiden versteinerten Zapfen einer Kiefernart stammen aus dem italienischen Tertiär. Sie zeugen von einem frühen Vertreter der Nadelbaumfamilie Pinaceae, zu der die meisten heutigen Koniferen gehören.

Das Zweigstück von Pagiophyllum kurri aus dem ältesten Jura (Unterlias) von Holzmaden verkörpert eine mesophytische Nadelbaumgruppe unsicherer Zugehörigkeit. Vielleicht ist sie mit den Araucarien verwandt.

Cheirolepis münsteri, ein Nadelbaum des Keupers, ist besonders in Franken verbreitet. Das Fossil stammt aus dem Bayreuther Raum.

Zu den in dieser Zeit häufigen Koniferen gehören auch noch die schon älteren Voltzien. Die Abbildung zeigt Voltzia heterophylla.

Manche Paläobotaniker stellen die verwandschaftlich umstrittene Nadelholzgattung Arthrotaxites zu den Zypressengewächsen.

In Keuper-Sedimenten des Fossilvorkommens Herrenherchtheim bei Würzburg fand sich auch das fossile Holz vom Stamm einer nicht näher bekannten Nadelbaumart. Vielleicht handelt es sich um eine Pinaceae.

Eine noch heute mit etwa 15 Arten vertretene Gruppe archaischer Nadelbäume sind die Araucarien (im Bild ein benadelter Zweig). Die hohen Bäume mit quirlig stehenden Ästen sind vorwiegend auf der Südhalbkugel beheimatet.

In Karstlandschaft entstehen große Höhlensysteme

218–200 Mio. Im Dachsteinkalk der nordöstlichen Kalkalpen bilden sich in z. T. ausgedehnten Karstlandschaften größere Höhlensysteme. Sie können nicht einstürzen, wie das bei Höhlen aus dem Erdmittelalter und früheren Epochen üblicherweise der Fall ist; denn in ihrem Inneren lagern sich später feine Sedimente ab, die diese Höhlen stabilisieren. Man spricht bei dieser Art der Konservierung von fossilen Höhlen. Sie entstehen im sogenannten Hierlatz-Kalk, einem Crinoidenkalk (→ 500 Mio./S. 77) des Mittleren Lias. Die ostalpinen Karsthölen der spätesten Trias (Rhät) und des untersten Juras zeigen eine große Formenvielfalt vom offenen Schacht bis zur Klufthöhe. Im Inneren der Höhlen entsteht oft ein reichhaltiger Sinter-Formenschatz.

Saures Wasser löst Kalkgestein auf

Grundsätzlich entstehen die Höhlen der Zeit in Kalkgestein, gleichartige Prozesse können sich aber ebensogut in Dolomit (→ S. 25) abspielen. Voraussetzung ist, daß sich das Gestein, in dem sich die Höhlen bilden, löslich ist.

Kalkgestein ist von Natur aus brüchig. Oberflächlich bilden sich häufig feine Risse. In sie dringt Wasser ein. Im Winter kommt es dann nicht selten zu Erweiterung durch Frostsprengungen. Das Wasser kann tiefer einsickern. Gelöst sind im Wasser Gase aus der Luft, u. a. Kohlendioxid (CO_2). Meist ist die bodennahe Luft sogar besonders reich an Kohlendioxid, denn dieses entsteht bei der Zersetzung pflanzlicher und tierischer Überreste. Das mit dem Wasser in den Kalkstein gelangende CO_2 kann diesen lokal anlösen, und zwar nach der chemischen Gleichung $Ca(CO_3) + H_2O + CO_2 = Ca(HCO_3)_2$ (Calciumcarbonat + Wasser + Kohlendioxid = Calciumhydrogencarbonat). Das entstehende Produkt ist wasserlöslich und wird ausgespült.

Reine Luft aus der freien Atmosphäre enthält etwa 0,03% CO_2, und in ihrer Gegenwart kann Wasser 80 mg Kalk pro Liter lösen. Das Wasser im Bereich der besonders kohlendioxidreichen Luft enthält jedoch ein Vielfaches an CO_2 und kann entsprechend pro Liter 200 bis 400 mg Kalk lösen. Da das Wasser durch die Spalten rasch nach unten fließt, übt es seine auflösende Funktion besonders an der tiefsten Stelle der Spalten aus, also im Inneren des Gesteins. So entsteht langsam ein Hohlraum im Kalk. Irgendwann wird er so groß, daß das Wasser daraus abfließen kann, sei es durch benachbarte Hohlräume, oder weil eine wasserdurchlässige Schicht – am Hang – das Freie erreicht hat.

Der Vorgang der rein chemischen Gesteinsabtragung heißt – im Gegensatz zur mechanischen Erosion – Korrosion. Korrosion steht grundsätzlich am Anfang der Höhlenbildung in Kalk und Dolomit.

Ein von der Höhlendecke herabgestürzter Felsbrocken hat sich im Höhlengang verkeilt und ist im Laufe der Jahrtausende mit Sinter überwachsen.

Unterschiedliche Entwicklungsstadien

Die Höhlen fressen sich nicht von oben nach unten in den Berg hinein. Sie entstehen – erst durch Korrosion, dann durch Erosion und Korrosion gemeinsam – im Inneren des Gesteins. Solange die Höhlenbildung durch bloße Erweiterung von Fugen und Ritzen im Hohlraum vonstatten geht, spricht man von einem jungen Höhlensystem.

Haben sich genügend große Querschnitte gebildet, durch die das Wasser fließen kann, dann schafft die Erosion oft tiefe Schluchten und enge steilwandige Cañons unter Tage. Wo das Wasser in weitgehend ebenen Abschnitten langsamer strömt oder sogar fast stillsteht, bilden sich nicht selten Gangquerschnitte, die einem umgekehrten (oben engen und unten weiten) Schlüsselloch entsprechen. Zugleich werden die Wände der Höhlengänge vielfach durch wirbelndes Wasser mit seinem Feststoffballast ausgekolkt. Dieser Abschnitt der Formenbildung wird als Reifephase der Höhle bezeichnet.

Inzwischen hat aber auch die umliegende Landschaft ihr Gesicht verändert. Dort, wo der Abfluß der unterirdischen Wasserläufe einst als Höhlenbach zutage trat, ist ein tiefes Tal entstanden. Durch die bisherigen Höhlengänge strömt kein Wasser mehr. Sie sind trocken. Das Greisenalter der Höhle beginnt. Bald stürzen Partien der Decken ein und es kommt auf den Böden zu großen Block- und Verbruchhalden. Auch die Wände brechen stellenweise zusammen. Große Hallen oder Dome entstehen. Nicht selten bricht die gesamte Decke durch. Der Höhlenschacht erreicht dann die Erdoberfläche, und somit ist eine steilwandige sogenannte Einsturzdoline ist entstanden.

Erosion gestaltet die Höhlenräume

Hat das von oben durch korrosiv erweiterte Spaltensysteme eindringende Wasser erst einmal einen Abfluß gefunden, dann strömen bei jedem Regen bald größere Wassermengen durch die Spalten. Jetzt setzt die Wirkung der Erosion ein. Mitgeführter feiner Sand, Lehm und andere Schmirgelstoffe erweitern die noch sehr schmalen Höhlen. Das geschieht besonders an Stellen, an denen sie ohnehin schon einen etwas weiteren Querschnitt aufweisen, wo also das Wasser frei fließen kann. Im Inneren des Gesteins vereinigt sich das einsickernde Wasser aus zahlreichen feinen Spalten.

Je weiter die unterirdischen Wasserläufe werden, desto größere Mengen Gesteinsmaterial kann das Wasser in ihnen befördern und desto heftiger verläuft die weitere Erosion. Dabei treten oft viel größere Kräfte als in oberirdischen Wasserläufen auf, denn das Wasser fließt unter der Erde nicht einfach bergab. Es wird nicht selten von einer hohen darüber stehenden Wassersäule unter mächtigem Druck durch Düsen und Siphons gepreßt. In derartigen Strömungen kann es vorkommen, daß – wie im Schweizer Hölloch beobachtet – kopfgroße Geröllbrocken durch einen Schacht von 5 m^2 Querschnitt mehrere Meter senkrecht emporgeschleudert werden. Durch derartige Bewegungsenergien werden Felsvorsprünge abgeschliffen, Wände ausgekolkt, Felsen zertrümmert. Eindeutige Merkmale solcher Erosionsvorgänge sind rund ausgeschliffene Mulden und Töpfe (Erosionskolke) im Gestein, die durch schuttbeladene Wasserwirbel oder Wasserwalzen hervorgerufen werden. Im Zentrum dieser Wirbel fehlt die abtragende Kraft, weshalb in der Mitte der Erosionskolke nicht selten Felszapfen gleichsam als Drehachsen der Wirbel stehenbleiben.

Erosions- und Korrosionsprozesse vergrößern die Höhle gemeinsam, wobei Erosion regelmäßig für die bizarren Formen im Profil der Höhlengänge sorgt.

Heliktiten oder Exzentriker nennen die Höhlenforscher Tropfsteine, die nicht der Schwerkraft folgen, sondern in wirren Formen in den Raum hineinwachsen. Ihre Entstehung ist umstritten.

Baldachinförmige Wandversinterung mit Draperien in Gestalt von »Tabakblättern«

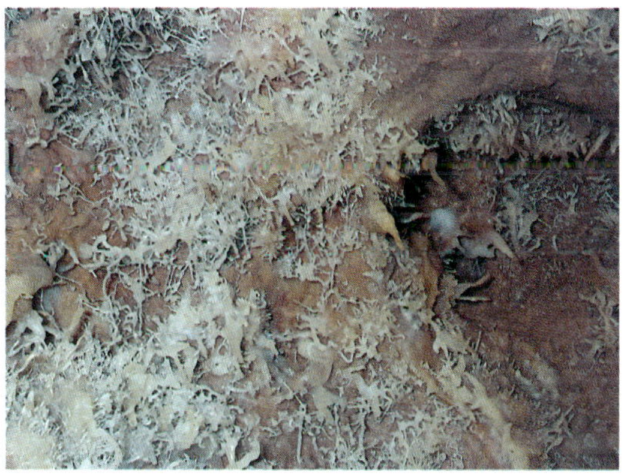

Ein Wirrwarr feiner »Wurzelstalaktiten« wächst an dieser Decke einer südfranzösischen Höhle.

Auf dem Boden sehr hoher Höhlendome entstehen gelegentlich die sehr seltenen Palmstammstalagmiten.

Kalkausscheidung produziert formenreiche Tropfsteingebilde unter der Erde

Die Höhlen im Dachsteinkalk der Nordalpen sind Tropfsteinhöhlen. In ihrem Inneren wachsen vielgestaltige, zum Teil recht bizarre Sintergebilde heran.

Der Entstehungsmechanismus der Versinterung ist folgender: Das gleiche Wasser, das durch Korrosion (→ S. 212) zur Höhlenbildung im Inneren des Gesteins führte, nämlich sehr CO_2-reiches Erdoberflächenwasser mit bis zu 400 mg gelöstem Kalk pro Liter, sickert auch weiterhin durch die Spalten des Karstes in das Gestein. Dort findet es aber jetzt einen großen luftgefüllten Raum vor, die Höhle. Weil die Höhlenluft in ihrer Zusammensetzung ziemlich genau der atmosphärischen Luft entspricht, stimmt das Gleichgewicht zwischen Luft-CO_2-Gehalt und im Wasser gelöstem Calciumhydrogencarbonat nicht mehr (→ S. 212). Für die neuen Verhältnisse ist das Wasser mit Kalk übersättigt. Der Überschuß an Kalk fällt in fester Form aus. An der Höhlendecke, dort wo das Wasser eindringt, entsteht eine kleine Kalk- oder Sinterkruste. Fließt oder tropft stets an derselben Stelle mit Kalk übersättigtes Wasser nach, dann wächst langsam ein zapfenförmiger Tropfstein (ein Stalaktit) von der Decke herab. Das überschüssige Wasser tropft ab und trifft auf den Boden. Dort verweilt es länger und gibt hier den größeren Teil seines Kalküberschusses ab. Vom Boden aus wächst dem Stalaktiten ein – breiterer – Bodenzapfen (ein Stalagmit) entgegen.

Tropft das Wasser nicht frei durch den Raum, sondern fließt an der Höhlenwand herab, dann entwickeln sich im Laufe der Zeit Wandversinterungen. Das kann in Gestalt von flächigen Auflagen geschehen oder aber in Form von Leisten, an deren Kanten das Wasser herabrieselt und die deshalb wie Draperien immer weiter in den Höhlenraum hineinwachsen. Dringen größere kalkübersättigte Wassermengen in die Höhle ein und bilden auf dem Boden Becken, dann umgeben sich diese mit Sinterrändern.

Die Formen der Tropfsteine sind überaus vielfältig. Neben massiven Stalaktiten kommen gelegentlich bei feinporösem Deckengestein große Mengen wenige Millimeter dünner und meterlanger hohler Sinterröhrchen vor. Man bezeichnet sie als »Maccaroni« oder, in der Fachsprache, mit dem französischen Ausdruck Fistuleuses. Manche Deckenzapfen folgen unerklärlicherweise nicht der Schwerkraft, sondern ragen wie bizarr verschlungenes Wurzelwerk in die Höhle hinein. Sie heißen Exzentriker (Excentriques) oder Heliktiten. Auch die Stalagmiten können recht unterschiedlich aussehen. Am häufigsten sind baumkuchenförmige Gebilde mit ausgeprägter Querrippung. Daneben gibt es oft breitkonische, oben abgeflachte Sinterberge oder – seltener – »Palmstammstalagmiten«, bei denen das aus großer Höhe herabtropfende Wasser beim Aufprall zerspratzt und die Kalksinterteilchen Etage für Etage radial nach außen gespritzt werden.

Vielfach zeichnen sich die Tropfsteine und anderen Sintergebilde durch intensive Farben aus. Das rührt davon her, daß in dem sie nährenden Wasser nicht nur Kalk, sondern auch andere Mineralien in übersättigter Lösung vorliegen. Fast immer sind das Metallverbindungen. Zum Beispiel färbt Eisenoxid den Sinter intensiv rot. Manganverbindungen liefern violette, Silberverbindungen bläuliche Töne.

Manche Plagiosaurier, eine Unterordnung der Labyrinthodontier, können ständig im Wasser leben. Sie besitzen zeitlebens noch äußere Kiemen.

Amphibie Gerrothorax als Lebendrekonstruktion mit deutlich erkennbaren Kiemenpaaren hinter dem Kopf; links ist ihr fossiles Skelett zu sehen.

Bedrohte Amphibien flüchten zurück in die Gewässer

230–210 Mio. Die Amphibien, die sich ab dem Devon (→ 410–360 Mio./ S. 130) artenreich entwickelten und das Festland mit zahlreichen Formen besiedelten, sind stark durch die räuberischen Landreptilien bedroht. Besonders die säugetierähnlichen Reptilien (→ S. 167), denen sie zur leichten Beute werden, sind gefährliche Konkurrenten. Sämtliche Amphibien der Gruppe Lepospondyli (→ S. 180) sind bereits im Perm (290–250 Mio.) ausgestorben, desgleichen die Anthracosaurier unter den Labyrinthodontiern (→ S. 180). Neben der starken Verringerung der Arten gibt die Bedrohung durch die fleischfressenden Reptilien auch den Anstoß zu einer Flucht zurück ins Wasser, wo ihnen besonders die Dicynodontier und Cynodontier (→ S. 202) nicht nachstellen. Eine verstärkte Anpassung an das Leben im Wasser ist die Folge.

Unter den Temnospondyli (→ S. 158) erscheint in Australien neu der Paracyclotosaurus, ein mit 2,3 m Länge stattlicher Wasserbewohner, der äußerlich grob gesehen einem Krokodil ähnelt. Damit folgt er einer Tendenz vieler Wasserbewohner der Trias: Sein Körper ist in Vertikalrichtung abgeflacht. Übermäßig groß ist mit fast 60 cm Länge der schwere Kopf. Kiefergelenk und Hals stehen annähernd auf derselben Höhe, weshalb Paracyclotosaurus sein Maul sehr weit öffnen kann.

Ein sowohl hinsichtlich seines Körperbaus wie in bezug auf die Lebensweise recht eigenwilliges Amphibium lebt in Europa (Schweden): Gerrothorax. Es ist fast linsenförmig breit und flach, besitzt einen kurzen, spitz zulaufenden Schwanz und einen vom Rumpf abgesetzten flachen Kopf, der wesentlich breiter ist als lang und seitlich in zwei spitze Lappen ausläuft. Beide Augen stehen in der Mitte des vorderen Kopfteils und sind genau nach oben gerichtet. Aufgrund dieser Augenstellung und des gesamten Körperbaus ist anzunehmen, daß Gerrothorax flach auf dem sandigen oder kiesigen Gewässerboden lebt und dort reglos auf Beute lauert. Da diese Art ihre jugendlichen Kiemen bis ins Erwachsenenalter bewahrt, kann sie ständig im Wasser leben.

Mastodonsaurus gigantaeus

Riesenamphibie mit Stummelschwanz

Um 220 Mio. Das wohl größte Lebewesen dieser Zeit ist das in Mitteleuropa lebende Amphibium Mastodonsaurus gigantaeus mit rund 3 m Länge. Es ähnelt einem gigantischen Frosch mit kleinem Rumpf, kurzen Beinen und sehr kurzem Stummelschwanz. Sein dreieckiger Kopf erinnert allerdings an ein Krokodil.

Krokodile besiedeln erstmals Europa

230–210 Mio. Ein mit dem südamerikanischen Gracilisuchus (→ 243–230 Mio./S. 206) der Mitteltrias nahe verwandtes frühes Krokodil der Gattung Terrestrisuchus lebt jetzt nachweisbar in Europa im Gebiet von Wales. Es handelt sich dabei um ein sehr zierlich gebautes Reptil von 50 cm Länge. Der relativ kurze schlanke Rumpf ist mit einem ungewöhnlich schlanken Schwanz verbunden, der doppelt so lang ist wie Kopf und Rumpf zusammen.

Das leichte Tier ist ausgesprochen hochbeinig gebaut. Die Beine weisen stark verlängerte Unterschenkelknochen auf. Dieser Körperbau prädestiniert das kleine behende Krokodil, besonders in den steppen- und wüstenartigen Ebenen seiner Heimat sehr schnell zu laufen. Die Anatomie seiner Beine läßt vermuten, daß sich Terrestrisuchus normalerweise vierfüßig fortbewegt, vorübergehend aber auch nur auf den Hinterbeinen rennt, um seine Geschwindigkeit noch zu steigern.

△ Krokodilknochen aus der Lettenkohle (um 230 Mio.) von Neidenfels bei Crailsheim

◁ Der flinke südamerikanische Gracilisuchus gehört trotz seines aufrechten Ganges zu den Krokodilen.

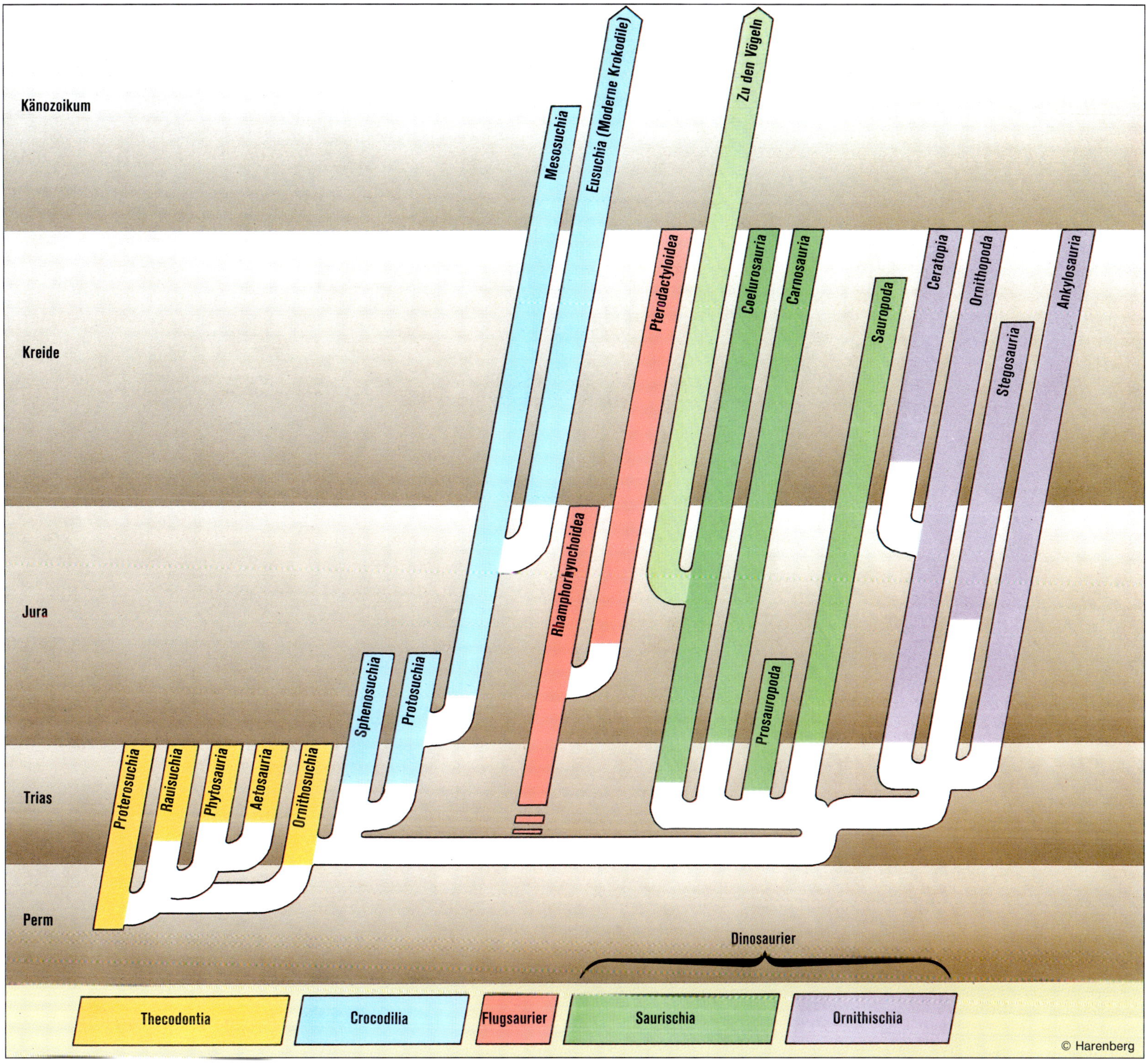

Stammbaum der Reptilien mit Ausnahme weniger Ordnungen bereits vollständig

230–210 Mio. In der Obertrias ist der Stammbaum der Reptilien bereits weitgehend vollkommen. Es fehlen noch die Schlangen (Serpentes) und die im Tertiär (Eozän, 55–36 Mio.) wieder aussterbenden krokodilähnlichen Choristodera, die sich beide in der Unterkreide (140–97 Mio.) entwickeln. Ansonsten sind alle Ordnungen vorhanden bzw. bereits wieder erloschen.

Die Reptilien entwickelten sich im Oberkarbon aus den Amphibien (→ S. 130). Zunächst erschienen die anapsiden Reptilien (→ S. 167) mit der Familie Hylonomidae. Sie ließ sich bereits zu Beginn der Trias (um 250 Mio.) nicht mehr nachweisen, und dennoch muß eine Verbindung fortbestehen, denn irgendwann in der Trias tauchen als Nachfahren die Schildkröten (→ S. 199) auf, die spätestens in der Obertrias eindeutig mit der Gattung Proganochelys belegt sind. Aus der Ordnung Cotylosauria spalteten sich aber bereits im Oberkarbon (um 300 Mio.) und im Perm (290–250 Mio.) mehrere andere Gruppen ab: Zunächst die Diapsida (→ S. 201) mit zahlreichen Ordnungen. Ausgestorben ist davon schon vor der Trias allein die Gattung Protorosaurus. Sie wiederum haben gemeinsame Vorfahren mit den Dinosauriern. Diese traten als eigene Ordnung gegen Ende des Perms auf und umfassen neben den zuerst erschienenen Archosauriern und den Krokodilen später auch die Flugsaurier und die große Vielzahl der pflanzen- und fleischfressenden Dinosaurier im engeren Sinne.

Parallel zu den Anapsiden und Diapsiden entwickelten sich aus gemeinsamen anapsidischen Vorfahren bereits während des Oberkarbons die ersten säugetierähnlichen Reptilien (Synapsiden, → S. 167).

Nur knapp 50 cm lang ist Massetognathus, ein säugetierähnliches Reptil der Unterordnung Cynodontia.

Erste Säugetiere leben in Afrika und Europa

Um 220 Mio. In Afrika (Lesotho) und Europa (England und Deutschland) lassen sich erstmals Säugetiere der Unterklasse Prototheria nachweisen. Ihre Vorfahren haben sich vermutlich schon in der Untertrias (250–243 Mio.) von den säugetierähnlichen Reptilien der Ordnung Cynodontia (→ S. 202) abgespalten.
Als erste Ordnung der Prototheria treten die Triconodonta auf. Sie leben in wüstenartigen Regionen und gehören mit nur 12 cm Körperlänge zu den kleinsten Säugetieren überhaupt. In Afrika ist ihre Gattung Megazostrodon zu Hause. Die kleinen Tierchen ähneln äußerlich den heutigen Spitzmäusen, besitzen aber auch noch zahlreiche Merkmale von Cynodontia. Ihr Gebiß ist ein typisches Säugergebiß mit Schneide-, Eck- und Backenzähnen, wobei die letzteren dreihöckerig (»triconodont«) sind. Die Triconodonten sind Fleischfresser und ernähren sich von Insekten und kleinen Reptilien.
Als erste Pflanzenfresser unter den Säugetieren erscheinen ebenfalls bereits in der Obertrias, vor allem aber im Jura (210–140 Mio.) und in der Unterkreide Vertreter der Ordnung Multituberculata. Sie sehen wie Nagetiere aus und haben Maus- bis Bibergröße. Besonders auffällig sind ihre großen Schneidezähne und die vielhöckrigen Mahlzähne. Verbreitet ist in der Obertrias in Europa nur die Multituberculata-Gattung Haramiya, 12 cm kleine wühlmausähnliche Tierchen.
Ein wichtiges Merkmal der Säugetiere sind, wie der Name schon sagt, die der Brutpflege dienenden Milchdrüsen der Weibchen. Durch die Milchfütterung bleiben die Elterntiere während der Brutpflegezeit relativ unabhängig. Das Muttertier produziert die Nahrung für die Jungen im eigenen Körper, während es selbst auf Nahrungssuche gehen kann. Die Jungen wiederum brauchen sich lange Zeit nicht um die Nahrungssuche zu kümmern und können deshalb Energie sparen und sehr schnell heranwachsen.
Kein sicheres Unterscheidungsmerkmal gegenüber den säugetierähnlichen Reptilien ist in der meist sehr dichten Körperbehaarung der Säugetiere zu sehen. Dieses Fell ist als Temperaturschutz erforderlich, denn alle Säuger sind Warmblüter. Das aber traf sehr wahrscheinlich auch bereits auf einige Reptilien zu. Das Vorhandensein einer konstanten Körpertemperatur macht jedoch die Säugetiere – und später auch die Vögel – weitgehend von ihrer Umgebung unabhängig.

Haramiya ist eine Gattung früher Säugetiere aus der Ordnung Multituberculata. Sie ist während der Obertrias und noch im Unterjura in Deutschland und England zu Hause. Die Rekonstruktion erfolgte lediglich aufgrund von Zahnfunden, wie sie für einen kleinen Pflanzenfresser typisch sind.

Aussterbende Tiere in der Trias-Zeit

Um 210 Mio. Gegen Ende der Trias sterben mehrere Tiergruppen aus. Der Stamm der Conodontentiere (→ 460–440 Mio./S. 93) und die Unterklasse Inadunata der Seelilien und Haarsterne (→ 480–460 Mio./S. 88) erlischt. Auch die Kopffüßerordnungen Prolecanitida und Ceratitida (→ 290–270 Mio./S. 177) sterben aus. Neben dieser überleben auch zahlreiche Reptilien das Ende der Trias nicht: Die Ordnung Placodontia (→ S. 200) mit den Unterordnungen Cyanodontoidea und Henodontoidea und damit zugleich die Reptilienunterklasse Placodontimorpha; die Ordnung Procolophonia; die Unterordnung Nothosauria; die Unterordnung Eolacertilia. Unter den Fischsauriern gehen die Unterordnungen Mixosauridae (→ S. 206) und Shastasauridae zugrunde.

Flugsaurier mit langen Schwänzen

230–210 Mio. Mit dem langschwänzigen Eudimorphodon lebt in Norditalien erstmals ein Flugsaurier. Es ist zugleich das erste Wirbeltier, das sich dem Leben in der Luft angepaßt hat. Eudimorphodon gehört zur ältesten bekannten Flugsaurierordnung, Rhamphorhynchoidea, und diese wiederum zur Ordnung Pterosauria.
Die »Flügel« dieser Tiere bestehen aus Haut, die durch den stark verlängerten vierten Finger aufgespannt wird und zwischen Oberarm, Rumpf und Oberschenkel am Körper angewachsen ist. Auch zwischen der Handwurzel, dem Arm und der Halsbasis spannt sich eine schmale Flughaut.
Eudimorphodon hat bei 70 cm Körperlänge eine Spannweite von 75 cm. Der Rumpf und der Hals sind sehr kurz, denn etwa die Hälfte der Körperlänge macht der schlanke, knochige, starre Schwanz aus. Er wirkt als Gegengewicht zum Kopf. Dieser ist zwar groß, aber dank des diapsidischen (→ S. 201) Schädels mit seinen zwei großen Schläfenfenstern sehr leicht. Die relativ kurzen Kiefer tragen vorn lange und spitze, hinten kurze und breite Zähne.
Wie die Vögel kann das Tier nicht nur gleitfliegen, sondern aktiv mit den »Flügeln« schlagen und sich dabei Auftrieb verschaffen.

Saurier beherrschen die Meere, das Land und die Luft

Die zeitliche Gliederung

Die Bezeichnung Jura wählte Alexander von Humboldt 1795 für den Kalk des Schweizer Juragebirges. Eigentlich ist der Name keltischen Ursprungs und bedeutet Waldgebirge. Der französische Geologe Alexandre Brongniart erweiterte den Begriff 1829 auf dessen heutige Bedeutung. Um die Mitte des 19. Jahrhunderts gliederten L. von Buch, F. A. Quenstedt und A. Oppel das System in Schwarzen (Unteren), Braunen (Mittleren) und Weißen (Oberen) Jura. Diese bis heute beibehaltene Gliederung wird oft auch mit den aus der Sprache englischer Steinbrucharbeiter stammenden Begriffen Lias (engl. layers = Schichten), Dogger und Malm bezeichnet. Die Feingliederung der einzelnen Jura-Epochen erfolgt anhand von Ammoniten-Fossilzonen:

Unterjura (210 - 184 Mio.)	Hettang	(210 - 201 Mio.)
Schwarzer Jura/Lias	Sinemur	(201 - 195 Mio.)
	Pliensbach	(195 - 189 Mio.)
	Toarc	(189 - 184 Mio.)
Mitteljura (184 - 160 Mio.)	Aalen	(184 - 177 Mio.)
Brauner Jura/Dogger	Bajoc	(177 - 172 Mio.)
	Bathon	(172 - 166 Mio.)
	Callov	(166 - 160 Mio.)
Oberjura (160 - 140 Mio.)	Oxford	(160 - 154 Mio.)
Weißer Jura/Malm	Kimmeridge	(154 - 145 Mio.)
	Tithon	(145 - 140 Mio.)

Geographische Verhältnisse

Bereits gegen Ende der Obertrias (im Rät) begann das Meer, auf die Kontinente vorzudringen. Diese Entwicklung setzt sich im Jura zunächst verstärkt fort. Es bilden sich weite epikontinentale Flachmeere, die als riesige Sedimentationsbecken überliefert sind. Zugleich breitet sich das »Urmittelmeer« Tethys (→ S. 161) aus und vertieft die Tethys-Geosynklinale (→ S. 29), während es im Bereich der den Pazifik umfassenden Geosynklinalsysteme teilweise zu Auffaltungen kommt.
Der Atlantik weitet sich zu einem breiten Ozean aus. Das Vordringen der Meere, das in einzelnen Schüben erfolgt, wird mit den sogenannten altkimmerischen Bewegungen gegen Ende der Trias eingeleitet und kommt mit den nevadisch-jungkimmerischen Bewegungen gegen Ende des Juras zum Abschluß. Beides sind Phasen tektonischer Gebirgsauffaltungen, vorwiegend im asiatisch-pazifischen Raum. Große Gebiete Europas liegen im Jura unter Wasser. Unmittelbar vor dem Südwestrand der Osteuropäischen Tafel liegt ein großes Flachmeeresgebiet, dessen Zentrum die Mitteleuropäische Senke ist. Sie steht in direkter Verbindung mit der Dänisch-Polnischen, der Norddeutsch-Polnischen und der England-Nordsee-Senke. Im Westen schließen sich das englische Flachmeer, das Pariser Becken, im Süden die Süddeutsche Senke an.
Auch die osteuropäische Tafel ist zum großen Teil überflutet (Moskauer Becken). Begrenzt wird das ausgedehnte Sedimentationsgebiet im Norden vom Baltischen Schild, im Westen durch das Armorikanische Massiv und im Südosten durch das Böhmische Massiv. In seinem Inneren erheben sich mehrere alte Massive über den Meeresspiegel, darunter das Ardennisch-Rheinische Massiv, das London-Brabanter Massiv und das Zentralfranzösische Massiv. Diese Festlandgebiete werden durch verschiedene Meereströge voneinander getrennt. Zwischen dem Ardennisch-Rheinischen und dem Böhmischen Massiv verläuft die Hessische Straße, zwischen dem Baltischen Schild und dem Böhmischen Massiv die Baltische Straße.
Im Süden hat das europäische Epikontinentalmeer Verbindung zur Tethys-Geosynklinalen mit den ihr angegliederten Trögen. Der Nordalpine Geosynklinaltrog setzt sich im Südosten in die Karpaten-Geosynklinale fort, der Südalpine findet seine Fortsetzung in der Dinariden-Geosynklinalen. Ein Meerestrog erstreckt sich auch im Gebiet des nördlichen und mittleren Apennin. Im Kaukasus verläuft die Absenkung der Geosynklinalen so rasch, daß sich hier während des Juras über 15 000 m mächtige Sedimente ablagern. In Asien gibt es weitere große Meereströge im Bereich der innerpersischen Bergketten, im Pamir und im Himalaja mit Fortsetzung in das ostindische Inselgebiet. Die Sibirische Tafel ist weitgehend von einem Flachmeer bedeckt. In Nordwestafrika setzt sich die Tethys-Geosynklinale nach Westen in den Atlas-Trog fort. Ostsibirien liegt im Bereich des den Pazifik umfassenden Geosynklinalgürtels. Hier erstreckt sich zum Teil ein Meerestrog, zum Teil kommt es aber auch schon zu Auffaltungen, verbunden mit heftigem Vulkanismus und Plutonismus (→ S. 102). Der zirkumpazifische Geosynklinalgürtel berührt auch die nordamerikanische Westküste im Bereich des Kanadischen Schildes. Hier sind untermeerische Lavaausschüttungen überliefert.
Von den Südkontinenten ist die Westflanke Südamerikas Geosynklinalgebiet. Bei Madagaskar greift über Zentralarabien hinweg ein Flachmeer auf den Gondwana-Kontinent über. Gegen Ende des Juras beginnt sich im Gondwana-Raum der Indische Ozean herauszubilden.

Das Jurameer

Die epikontinentalen Flachmeere des Juras sind größtenteils Warmwassergebiete, in denen sich regional unterschiedlich - verschiedene sehr arten- und individuenreiche Faunen entwickeln. Zugleich sind sie bedeutende Sedimentationsräume. Im europäischen Jurameer fallen im Lias überwiegend tonige Sedimente an, im Dogger hauptsächlich sandig-tonig-kalkige und im Malm carbonatische Sedimente, darunter auch Riffe. Dagegen kommt es in der Norddeutsch-Polnischen Senke besonders im Lias im flachen Wasser zu ausgeprägter Faulschlammbildung (Sapropel), wobei bituminöse Massen entstehen. Sie werden später zum Muttergestein für Erdöl- und Erdgaslagerstätten (→ S. 48) in Norddeutschland. Im Dogger nehmen im selben Gebiet sandige Sedimente zu, die größtenteils vom nördlich vorgelagerten Cimbrischen Festland stammen. Sie erweisen sich später als ideale Speichergesteine für die

aus den liassischen Bitumenschiefern unter Druck freigesetzten Kohlenwasserstoffe.
Gegen Ende des Doggers (im Callov) erreicht das europäische Jurameer seine größte Ausdehnung. Zu dieser Zeit besteht eine Verbindung mit dem Flachmeer des Moskauer Beckens, und so kommt es zu einem Faunenaustausch beider Großräume. Im Malm wird das Wasser flacher, und schließlich kommt es sogar wieder zur Bildung von Brackwasser-Sedimenten. Wird das Wasser abgeschnürt, entstehen Gesteinskomplexe, die überwiegend aus Salzgesteinen bestehen.

Klimatische Verhältnisse

Wie die Trias ist auch der Jura weltweit eine ausgeprägte Warmzeit. Im Lias herrschen in Mitteleuropa Temperaturmittel von 20 bis 25 °C, im etwas kühleren Dogger solche von 13 bis 18 °C, und der Malm ist mit 20 bis 27 °C wieder deutlich wärmer. Allerdings gehen die Trockenzonen zurück. Das Klima wird feuchter. In den warmen Jurameeren herrscht folgerichtig eine intensive Kalkbildung. Zwar sind im Lias die mitteleuropäischen Meeresgebiete kalkärmer als während der Trias, doch entstehen mächtige Kalke im Apennin und im Norden Afrikas. Sehr kalkreich ist dann wieder der Mittel- und vor allem der Oberjura in Süddeutschland, in Westeuropa von Südfrankreich bis Portugal und im Norden bis hinauf nach Schottland. Riffkalkbildungen sind auch in den warmen Meeren des südlichen Asiens (Tethysbereich) verbreitet. Fast über die ganze Länge der Japanischen Inseln erstreckt sich eine Riffkette.
Neben ausgeprägten Kalkbildungen zeugen auch ausgedehnte Salzlagerstätten von den hohen Temperaturen auf der Erde. In Europa nehmen solche salinaren Bildungen auf dem Festland zwar wegen der wachsenden Feuchtigkeit ab, doch in Nordamerika und Asien herrschen noch trockene Klimate. So lagern sich im Unterjura in den USA verbreitete Rotsedimente ab (Arizona, New Mexico, Utah u. a.), und auch Gips ist hier wie schon in der Trias (250 - 210 Mio.) noch weit verbreitet. Viele hundert Meter mächtige Anhydrit- und Steinsalzschichten fallen besonders im hohen Jura an, so etwa im Kaukasus, im Hissar-Gebirge und in Turkestan. In Vorderindien weist die Panchet-Formation mit ihren Rotsedimenten im Unteren Jura auf trocken-heißes Klima hin.
Extrem trocken und heiß ist das Wetter – zumindest ab dem Oberjura – in Südamerika. Der hier sedimentierende Botucatú-Sandstein enthält viele Windkanter, das sind durch Winderosion geformte Steine, die nur in Wüsten entstehen.
In Nordafrika herrschen Klimaverhältnisse wie in Europa. Neben den warmen bis heißen Regionen besteht – vor allem ab dem Oberen Dogger – aber auch eine feuchtgemäßigte Klimazone. Sie umfaßt u. a. Nord- und Nordosteuropa sowie das nördliche Asien. Diese kühlere, »boreale« Provinz erstreckt sich auch auf das nördliche Nordamerika und auf Grönland. Eine entsprechende Klimazone entwickelt sich gegen Ende des Juras auf der Südhemisphäre im Bereich der südlichen Anden, des Graham-Landes und der Seymour-Insel.

Pflanzen- und Tierwelt

In den warmen Jurameeren sind unter den Pflanzen vor allem Algen verbreitet. Besonders die Braunalgen entwickeln im Malm einige sehr große Formen wie Goniolina und Triploporella. Die Landvegetation bietet ohne überraschende Veränderungen weiter das aus der Trias gewohnte Bild. Vorherrschend sind Nacktsamer (Gymnospermen) und höhere Sporenpflanzen (Pteridophyten) vertreten. Im einzelnen dominieren neben Schachtelhalmen und Farnen zahlreiche Koniferen und Ginkgo-Arten. Neu unter den Nadelbäumen sind die Zypressen und die Araukarien. Im asiatischen Raum entwickelt sich eine intensive Wald- und Sumpfflora, die zur Grundlage ausgedehnter Kohlenlager wird.
Die Tierwelt des Jura gehört zu den am besten überlieferten und reichsten Faunen der Erdgeschichte. Zu den marinen zählen die Foraminiferen (→ S. 57), die mit neuen, erdgeschichtlich sehr langlebigen Gattungen (Dentalina, Lenticulina, Vaginulina, Bolivina u. a.) in Erscheinung treten. An den offenen Oberflächen der Geosynklinalmeere leben Radiolarien (→ S. 57) in derart großen Mengen, daß ihre Rückstände in den Tiefseesedimenten Kieselschiefer (Radiolarit) aufbauen. Schwämme, Korallen und Moostierchen (Bryozoa) kommen vorwiegend in Flachmeeren, dort aber – aufgrund der Wärme – äußerst zahlreich vor. Die Stachelhäuter sind durch Seeigel, Seelilien, See- und Schlangensterne vertreten. Ausgesprochen rückläufig ist die Entwicklung der Armfüßer (Brachiopoden), von denen allenfalls noch Rhynchonellen- und Terebratel-Arten in größerer Zahl vorkommen. Von besonderer Häufigkeit sind in den flachen Jurameeren Muscheln, von denen einige in den sogenannten Schillbänken im Dogger sogar gesteinsbildend auftreten. Formenreich und weit verbreitet sind u. a. die Austern. Auch die Schnecken kommen zahlreich vor, und zwar sowohl im Salz- wie im Süßwasserbereich. Im Süßwasser treten oft große Ansammlungen von Lungenschnecken auf.
Eine ungeheuer beschleunigte Entwicklung zeigt sich bei den Ammoniten, wobei die meisten Vertreter zur Ordnung Ammonitina zählen. Ihre Gehäusestrukturen übertreffen in ihrem differenzierten Aufbau alle vorherigen Formen. Eine andere gut repräsentierte Kopffüßer-Gruppe sind die Belemniten (»Donnerkeile«). Von einigen wenigen Vorläufern in der Trias abgesehen, beginnt jetzt ihre eigentliche Entwicklung.
Das große Reich der Insekten wird durch Schmetterlinge und Zweiflügler ergänzt. Bei den Krebsen treten die kleinen Muschelkrebse in den Vordergrund, die in zahlreichen Formen sowohl im Meer wie im Brack- und Süßwasser leben.
Besonders im höheren Jura schreitet die Entwicklung der Wirbeltiere rasch voran. Viele Belege bleiben in bedeutenden Fossilvorkommen (Solnhofen in Süddeutschland, Tendaguru in Ostafrika, Morrison Formation in Nordamerika) ausgezeichnet erhalten. Eine ausgesprochene Blütezeit erleben die Reptilien. Sie warten u. a. mit eindrücklichen Spezialisierungen auf. So sind die Ichthyosaurier und Sauropterygier hervorragend an das Leben im Wasser, die Pterosaurier an die Beherrschung des Luftraums angepaßt. Zu regelrechter Hochform gelangen die landlebenden zwei- und vierbeinigen Dinosaurier. Einer ihrer gewaltigsten Vertreter im Jura ist Brachiosaurus brancai aus dem Oberen Malm von Tendaguru in Tansania. Der im Jura bedeutendste Entwicklungsschritt bei den Wirbeltieren zeigt sich im Auftreten des Urvogels Archaeopteryx. Dieses Übergangsglied zwischen Reptilien und echten Vögeln besitzt schon ein Federkleid und die Anlage der für die Vögel typischen leichten hohlen Knochen. Die Amphibien sind im großen und ganzen selten überliefert. Neu entwickeln sich unter ihnen die Frösche. In den Jurameeren tummeln sich neben den Knorpelfischen und haiähnlichen auch weiterentwickelte Formen der Knochenfische.

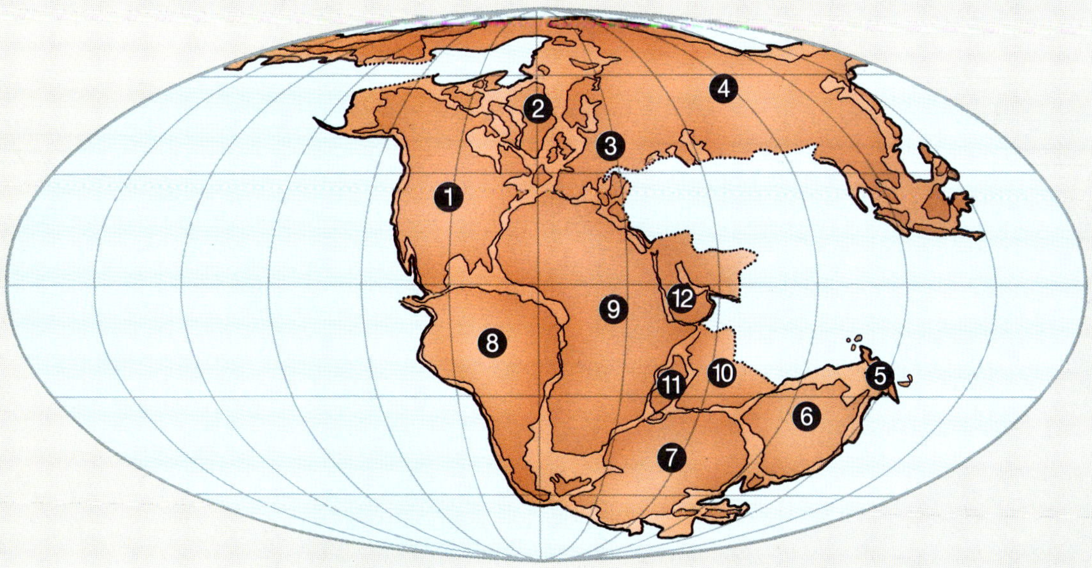

Große Änderungen in der Landmassenverteilung gibt es gegenüber den Verhältnissen in der Obertrias nicht. Innerhalb des Superkontinents Pangaea zeichnet sich aber durch tiefe Grabenbrüche bereits der spätere Zerfall des Blocks ab, der alles Festland der Erde vereint. Im Osten des Superkontinents existiert ein riesiger Meeresgolf von 60 ° Nordsüd-Erstreckung. Ein zweiter, schmalerer Golf drängt sich im Nordwesten in die Kontinentalmasse. Die einzelnen Regionen entsprechen folgenden heutigen Festlandgebieten: Nordamerika (1), Grönland (2), Europa (3), Asien (4), Südamerika (8), Afrika (9), Arabien (12), Madagaskar (11), Indien (10), Antarktis (7), Australien (6), Neuguinea (5).

210–184 Mio.

Der Lias

Um 210 Mio. Erste Zweiflügler (Diptera), also Mücken und Fliegen, darunter auch zahlreiche Kohlschnaken, entwickeln sich. Die Diptera gehören zu den artenreichsten Insekten-Ordnungen. → S. 232

An der Küste »Vaches Noires« am französischen Atlantik fossilisieren in marinen Ablagerungen (heute Küstenniveau) zahlreiche Tiere, ein Prozeß, der dort bis vor rund 66 Mio. Jahren anhält.

Im Süßwasser sind Algen der Ordnung Charales weit verbreitet. Sie sind am Aufbau von »Kalktuffen« (Süßwasserkalke) beteiligt. Die auch als »Armleuchteralgen« bekannten Gewächse bilden einen Stengel mit quirlförmig angeordneten Ästen aus. Erstmals traten sie bereits in marinen Sedimenten des Silurs (440–410 Mio.) auf. Zu dieser Zeit wirkten sie jedoch noch kaum gesteinsbildend.

Das Meer im heutigen Alpenbereich weist Wassertemperaturen zwischen 17 und 32 °C auf.

210–184 Mio. In Nordamerika lagern sich farbenprächtige Sandsteine (Navajo Sandstone, Nugget Sandstone u. a.) ab, was auf trocken-warmes Klima hinweist. → S. 221

Weltweit herrscht, wie schon während der vorhergehenden Trias (250–210 Mio.) warmes Klima, wie Rotsedimente und Salzablagerungen bezeugen. Die Polarregionen sind weiterhin eisfrei. → S. 221

Mitteleuropa ist größtenteils von einem flachen Epikontinentalmeer überflutet. → S. 226

Südlich von Salzburg lagert sich der »Adneter Marmor« ab, ein roter, fossilienreicher Kalkstein.

Im Tierreich entwickeln sich zahlreiche neue Formen. → S. 222

Eine besonders artenreiche Entwicklungsphase erleben die Ammoniten, wobei die einzelnen Formen oft relativ kurzlebig sind. Daraus ergeben sich ausgezeichnete Leitfossilien. → S. 226

Neue Ordnungen (Lychniskida und Lebetida) erscheinen bei den Kiesel- und Kalkschwämmen. Ihr Lebensraum ist das ruhige warme Flachwasser in Tiefen zwischen 4 und 18 m. → S. 226

Erstmals sind Schnurwürmer (Nemertea) fossil belegt. → S. 226

In den Jurameeren tauchen Federkiemer (Pterobranchia) auf, eine Klasse der Kragentiere (Branchiotremata), die erstmals im Ordovizium (500–440 Mio.) nachzuweisen, seitdem aber fossil nicht mehr belegt war. → S. 226

Unter den Insekten tritt die – allerdings noch selten vertretene – Ordnung der Ohrwürmer (Dermaptera) neu auf. Typisch für diese Tiere ist u. a. der lange, zangenbewehrte Hinterleib. → S. 234

In den Flachmeeren leben Vertreter mehrerer Familien von Fischsauriern und anderer meeresbewohnender Reptilien. → S. 228

Aus der Ordnung der Flugsaurier (Pterosauria) erscheint neu die Art Dimorphodon macronyx. Er besitzt eine Flügelspannweite von 1,60 m und ist etwa 1 m lang.

Unter den Krokodilen entwickeln sich über Zwischenformen im Vergleich mit den kleinen hochbeinigen Exemplaren der Trias jetzt »moderne« Formen, also solche, die den heute lebenden Krokodilen ähneln. → S. 229

Nach einer scheinbaren Entwicklungslücke von rund 30 Mio. Jahren seit dem Froschvorgänger Triadobatrachus (→ S. 199) in der Untertrias (250–243 Mio.) treten jetzt erste echte Frösche (Ordnung Anura) in Erscheinung. → S. 230

In Ostgrönland gedeiht eine artenreiche Flora mit Farnen, Palmfarnen, Ginkgo-Gewächsen, Nadelbäumen und der eigentümlichen Pflanzengruppe der Caytoniales. → S. 222

Weit verbreitet sind unter den Pflanzen vor allem Cycadeen (→ S. 175) und Koniferen, daneben auch Bennettiteen (→ S. 210). → S. 224

Die Pflanzenordnung Pentoxylales erscheint, in der manche Paläobotaniker die Ahnform der Einkeimblättrigen (Monokotylen, → S. 243) sehen.

In den Meeren sind erstmals Diatomeen (»Kieselalgen«) verbreitet. Sie gehören zum Stamm der Chrysophyta. → S. 222

Innerhalb der Farne entwickelt sich neu die später ungeheuer artenreiche Familie der Tüpfelfarne mit zahlreichen heute noch lebenden Vertretern. → S. 223

Neu bei den Nadelbäumen sind die Familien der Podocarpaceen und der Taxodien. Artenreich weiterentwickelt sind die Araukarien und Podozamiten. Zugleich bilden die Koniferen erstmals im Stammholz in ihrer Mehrzahl Jahresringe aus. Früher (im Permokarbon, 290–270 Mio.) war das nur sehr vereinzelt der Fall. Jahresringe sind ein Zeichen für unterschiedliche Dickenwachstumsphasen der Baumstämme innerhalb eines Jahres. Sie weisen auf eine Kälteruhe (»Winterschlaf«) oder auch auf eine Trockenruhe hin. → S. 224

In der Lombardei und im Apennin lagern sich verschiedentlich rote Knollenkalke (»Ammonitico rosso«) ab, die reich an Fossilien (meist Ammoniten) sind.

210–170 Mio. Zwischen Nord- und Südamerika besteht eine Landbrücke, die im Dogger (184 - 160 Mio.) überflutet wird.

210–160 Mio. In den Becken von Irkutsk und Kansk entstehen Lagerstätten von Stein- und Sapropelkohlen. Sapropelkohlen entstehen in Faulschlamm, also in einem sauerstoffarmen oder sauerstofflosen Milieu.

210–140 Mio. Nach tiefgreifenden Rißbildungen (Rifts) in den Festlandblocks der Nord- und Südhemisphäre beginnen jetzt die einzelnen Kontinente zeitlich versetzt auseinanderzudriften. → S. 220

Im Zusammenhang mit heftigem untermeerischen Vulkanismus in den Riftzonen entstehen durch magmatische und hydrothermale Prozesse sulfidische Erzlagerstätten, insbesondere solche von Nickel und Eisen. → S. 220

In Randgebieten der den Pazifik säumenden Landmassen kommt es vereinzelt zu Gebirgsauffaltungen. → S. 220

200–171 Mio. Es herrscht eine geomagnetische Phase, in der die Polarität häufig wechselt. → S. 221

Um 194 Mio. Im Bereich des Golfes von Mexiko beginnt sich ein Grabenbruch (Riftsystem) zu öffnen.

189–184 Mio. In Süddeutschland (bei Holzmaden) lagern sich in einem Flachwassergebiet des Jurameeres sogenannte Posidonienschiefer ab. Diese feinkörnigen, dunklen, bituminösen (öl- und harzhaltigen) Gesteine konservieren in großer Zahl und in ausgezeichnetem Zustand Meerestiere, darunter Seelilien, Ammoniten, Fische und Meeressaurier. In vielen Fällen bleiben sogar die Weichteile hervorragend erhalten. → S. 227

Um 184 Mio. In Westeuropa sind langhalsige Reptilien der Gattung Plesiosaurus (über 90 Arten) verbreitet. Diese marinen Fischräuber erreichen eine Länge bis zu 14 m. Die Armfüßer-Ordnungen Spiriferida und Strophomenida überleben den Lias nicht. → S. 234

Von den Kopffüßern (Cephalopoda) stirbt die Ordnung Aulacocerida aus.

Mit dem Verschwinden der Unterordnung Theriodontia gibt es keine säugetierähnlichen Reptilien (Synapsida) mehr. Im Oberperm (270–250) traten sie erstmals auf. Über 300 Gattungen dieser Unterordnung lebten weltweit. → S. 234

Die erst seit der Obertrias (230–210 Mio.) verbreiteten langschwänzigen Flugsaurier (Rhamphorhynchoidea) sterben aus. → S. 234

Zerfall der großen Landmasse Pangaea beschleunigt sich

210–140 Mio. Eine weltweite Entwicklung, die sich – besonders auf den Südkontinenten des Gondwana-Blocks – bereits im Perm (290–250 Mio.) mit ersten Grabenbrüchen ankündigte, verläuft jetzt beschleunigt weiter: Der Zerfall der großen Landmasse Pangaea. Dieser Prozeß setzt sich dann intensiv auch in der Kreide (140–66 Mio.) fort und ist bis heute noch nicht abgeschlossen.

Bereits im Verlauf des Juras wird aus dem Atlantik, der sich in der vorausgehenden Trias erst als schmale Öffnung abzeichnet, ein breiter Ozean; gegen Ende des Juras bildet sich der Indik (Indischer Ozean) heraus.

Hypothesen über Ursachen und Mechanismen der Drift kontinentaler Platten der Erdkruste, sogenannte geotektonische Hypothesen, wurden vor allem im Verlauf des 20. Jahrhunderts in größerer Zahl aufgestellt. Sie alle befassen sich hauptsächlich mit den tektonischen Antriebsmechanismen, die meist in verschiedenartigen Kräften in der unter der starren, bis 100 km mächtigen Lithosphäre (Erdkruste) gelegenen zähflüssigen Asthenosphäre (in 100 bis 360 km Tiefe) oder in der noch unter dieser liegenden begrenzt fließfähigen Mesosphäre (in 360 bis 700 km Tiefe) gesucht werden.

Heute hat sich als allgemein akzeptiertes Modell die sogenannte Neue Globaltektonik durchgesetzt, die ein Konzept der Ozeanboden-Spreizung mit einem solchen der Plattentektonik verbindet. Danach verlaufen Prozesse wie jene im Atlantik und Indik nach folgendem mehrstufigen Schema: Zunächst kommt es in einer »embryonalen Stufe« (Riftstadium) zur Grabenbildung im Bereich großer Kontinente, und zwar im Bereich alter Plattengrenzen. Diese Gräben oder Rifts markieren die Linien, längs derer sich die einzelnen kontinentalen Schollen im zweiten Stadium, der »jungen Stufe« (Rotes-Meer-Stadium) dann voneinander zu entfernen beginnen. Während des Juras ist dieses Stadium vielfach besonders im Gondwana-Bereich anzutreffen. Es folgt die »reife Stufe« (Atlantik-Stadium), bei der bereits ein trennender Ozean zwischen zwei Kontinenten existiert. Die ihn begrenzenden kontinentalen Platten driften mit Geschwindigkeiten von größenordnungsmäßig 1 bis 5 cm pro Jahr auseinander. Im Zentrum des Ozeans bildet sich durch aus dem Erdmantel (aus wenigstens 12 bis 14 km Tiefe) aufquellendes Material permanent neuer Ozeanboden. Jährlich können hier mehrere km^3 neuer Erdkruste entstehen.

Breiten sich zwischen den Kontinenten Ozeane aus, so müssen – bei gleichbleibendem Erdumfang – woanders auf der Welt Ozeane schrumpfen. Im Jura wird die alte Panthalassa, der Pangaea umgebende Ur-Pazifik, eingeengt. In dieser »absinkenden Stufe« (Pazifik-Stadium) werden Ozeanböden unter die angrenzenden Kontinentalschollen geschoben und dort wieder aufgeschmolzen (Subduktion). Später folgen schließlich noch die »weitgehend geschlossene« und die »geschlossene Stufe« (Mittelmeer-Stadium und Himalaja-Stadium), bei denen Ozeane eingeengt werden und sich endlich ganz schließen.

Nord- und Südamerika heute (Satellitenaufnahme); im Jura bereiten Grabenbrüche ihre Trennung vor.

Grabenbrüche wie der heutige St.-Andreas-Graben (Bild) zerreißen im Jura die große Landmasse Pangaea.

Nickelsulfid-Lagerstätten

210–140 Mio. Im Zusammenhang mit den unterseeischen vulkanischen und magmatischen Prozessen, die sich besonders dort abspielen, wo sich neue Ozeanböden bilden (s. oben), entstehen magmatische Erzlager oder auch hydrothermale (→ S. 86) Erzgänge. Hier entstehen u. a. bedeutende Nickelsulfid-Lagerstätten, oft gepaart mit dem Vorkommen von Kupfererzen und Platinmetallen.

Als wirklich wichtigstes Nickelerz bildet sich Pentlandit oder Eisen-Nickelkies $(Fe, Ni)_9S_8$, chemisch gesehen Nickeleisensulfid. Das ist ein metallisch glänzendes, bronzegelbes Erz mit einem spezifischen Gewicht von 4,5 bis 5,0 und einer Mohshärte von $3^1/_2$ bis 4. Es kristallisiert kubisch, aber die Kristalle sind selten gut ausgebildet, meist tritt es in körnigen Aggregaten auf. Nicht selten ist der Pentlandit mit Magnetkies (FeS) verwachsen.

Nickelmagnetkies, ein Nickeleisenerz aus Evje in Norwegen

Gebirge am Pazifik-Rand

210–140 Mio. Die altkimmerische Gebirgsbildung, die bereits in der Trias begann (→ 230–180 Mio./ S. 208), setzt sich fort und geht gegen Ende des Juras, z. T. sogar bis in die nachfolgende Kreide hinein, in die jungkimmerische Phase über.

Betroffen sind neben dem Sichote-Alin und den Gebirgszügen in Yünnan, Burma, Malakka und auf Kalimantan (Borneo) auch Teile der Ostasiatischen Plattform und das Werchojansker Gebirge. Sein Nordteil umfaßt einen noch älteren, z. T. bereits im Mittelkarbon (um 325 Mio.) vorgefalteten Geosynklinalbereich. Im Westen begleitet eine 2000 km lange Randsenke das Gebirgsmassiv. Sie füllt sich im Oberjura und in der Unterkreide mit Erosionssedimenten auf.

Das Werchojansker Gebirge umfaßt auch das Kolyma-Massiv. In diesem Bereich werden durch die Auffaltung paläozoische Gesteine gehoben. Der Sichote-Alin hingegen baut sich aus relativ rasch geschütteten sandigtonigen Meeressedimenten (Flysch) und vulkanischen Massen auf, die teils noch aus dem späten Paläozoikum stammen, teils triassischen und oberjurassischen Alters sind. Weitere Faltengebirge entstehen in Australien, im Bereich Neuseelands sowie auf Tonga und den Fidschi-Inseln.

Die Ursache für diese Gebirgsbildungen liegt in der einsetzenden Verkleinerung des Pazifiks (s. oben), wobei ozeanische Schwellen gegen kontinentale Schwellen drängen und diese auffalten.

Erdmagnetpole häufig wechselnd

200–171 Mio. Einer Phase vorwiegend normaler (d. h. den heutigen Verhältnissen entsprechender) Lage der Magnetpole, die von 228 bis 200 Mio. Jahren andauerte, folgt jetzt eine solche mit vorwiegend gemischter Polarität.

Gemischte Polung bedeutet, daß die häufigen »Polsprünge« dieser Zeit keine bestimmte Richtung des Erdfeldes bevorzugen, was eine elektromagnetische Instabilität ausdrückt. Dementsprechend ereignen sich Polwechsel in dieser Epoche relativ häufig. Manche Geophysiker bringen das mit den lebhaften plattentektonischen Ereignissen der Zeit in Zusammenhang; denn diese könnten den »Geodynamo« beeinflussen.

Red-bed-Sedimente bauen z. T. auch die Wände des Grand Cañon auf.

Trockenrisse wie hier in Arizona zeigen sich fossil auch in red-beds.

Farbiger Sandstein zeugt vom Wüsten-Klima Nordamerikas

210–184 Mio. *In Nordamerika sind im Unterjura wie schon zuvor in der Trias (250–210 Mio.) sogenannte Red-bed-Ablagerungen weit verbreitet, die auf trockenwarmes Klima hinweisen. Zu den bekanntesten gehören der farbenprächtige Navajo Sandstone in Arizona bis Neu Mexiko sowie der Nugget Sandstone in Utah und anderen Staaten.*

In diesen Sandstein-Formationen finden sich gelegentlich auch Salz-Einschaltungen (Steinsalz und Gips), die ebenfalls für ein wüstenartiges Klima sprechen. Höchstwahrscheinlich liegen die betroffenen Gebiete in der Passat-Zone, wie fossile Regentropfeneindrücke an ihren Aufprallrichtungen (Nordostwinde) erkennen lassen.

Pole der Erde bleiben weiterhin eisfrei

210–184 Mio. Die schon seit Beginn des Mesozoikums (vor rund 250 Mio.) herrschende weltweit warme Witterung setzt sich auch im Jura fort. Wichtige Klimazeugen sind in diesem Zusammenhang die kalkbildenden Organismen der warmen Meere. In Europa liegt die Nordgrenze der Riffkorallen während des Unterjuras in Mittelengland bis Südschottland und damit rund 30 Breitengrade weiter nördlich als heute.

Auch in Nordamerika spielt die Kalkbildung im Jura eine wichtige, doch keine ganz so bedeutende Rolle wie in Europa. Besonders längs der Westküste kommt es überhaupt kaum zu Riffbildungen, was auf einen dort herrschenden kalten Meeresstrom (»Kalifornien-Strom«) schließen läßt. Sehr kalkreich sind dagegen der Süden und der Südosten Asiens bis nach Indonesien.

Weit verbreitete Zeugen warmtrockenen Klimas sind Rotsedimente und Salzablagerungen. Sie erscheinen in Nordamerika ebenso häufig wie in Europa und weiten Teilen Asiens. Auch auf der Südhalbkugel sind solche Red-bed-Ablagerungen verbreitet. Als ausgesprochen trocken erweisen sich weite Gebiete Südamerikas. Hier herrschen im Norden nördliche und nordöstliche Passatwinde, im Süden westliche und westsüdwestliche Winde vor. In Afrika sind es vor allem der Norden und das Zentrum (Tansania, Gabun), die sich durch Trockenheit auszeichnen.

Die Gebiete außerhalb der marinen und kontinentalen Warmzonen beginnen im Norden Nordamerikas, Grönlands und Europas, im Süden in den Südanden und etwa im Graham-Land und reichen bis zu den jeweiligen Polen. Ihr Klima ist aber keinesfalls arktisch, sondern noch wärmer als in den heutigen gemäßigten Regionen. Auch die Pole selbst bleiben weiterhin eisfrei.

Das typische Geäder weist diesen Insektenflügel aus dem Unterjura der Insektenordnung Homoptera oder Gleichflügler zu. Sie umfaßt so bekannte Gattungen wie die Blattläuse, die Schildläuse und die Zikaden, die sich besonders in warmen Klimaten wohlfühlen.

Evolutionsschub führt zu zahlreichen neuen Tierformen

210–140 Mio. Nach einem größeren Artensterben gegen Ende der Trias beginnt mit dem Jura die rasche Entwicklung (Makroevolution, → S. 197) einer Vielzahl neuer Tierformen, die z. T. mit neuen Bauplänen erscheinen. Hintergrund dieses Evolutionsschubes im Tierreich ist zweifellos die Entwicklung einer reichen Flora zu Beginn des Juras.

Das reiche vegetarische Nahrungsangebot bietet der Tierwelt günstige Lebensbedingungen. Durch die zunehmende Zahl der Pflanzenfresser erhöht sich ebenfalls die Zahl der Beutetiere für Raubtiere, so daß auch in dieser Gruppe neue Arten entstehen. Verständlich, daß gerade jetzt pflanzenfressende Reptilien von 30 m Länge und 100 t Gewicht sowie fleischfressende bis zu 10 m Länge und 4 m Höhe als die größten Landtiere aller Zeiten auftreten. Daneben beherrschen neuartige Flugsaurier und im Oberjura (160–140 Mio.) bereits erste Vögel den Luftraum. Mit den Pflanzen entwickeln sich die Insekten, zu denen bereits die direkten Vorfahren der heutigen Fliegen, Mücken, Schmetterlinge und Wespen zählen.

Schon gegen Ende der Trias erschienen erste Säugetiere der Ordnung Docodonta. Auch aus ihnen entwickeln sich im Verlauf des Juras zahlreiche neue Formen, darunter – ab Mitteljura – die Pantotherier; das sind kleine Säuger, die sich von den späteren Säugetieren u. a. durch eine deutlich größere Anzahl Zähne unterscheiden.

Doch der Evolutionsschub beschränkt sich nicht auf das Festland. Er ist auch im Bereich der Meere nachzuvollziehen. Neu in den Jurameeren sind zunächst die sogenannten Jungammoniten (Neoammoniten), die sich durch extrem komplizierte Gehäusestrukturen von den Vorgängern unterscheiden. Auch die Foraminiferen (→ 360–290 Mio./S. 151) erscheinen mit zahlreichen neuen Formen. Riffbildende Arten, die gebietsweise mächtige Kalksedimente aufbauen, bringen die Schwämme hervor. Wie auf dem Festland erzeugt das Leben auch im Meer Riesenformen, so die mit bis zu 20 m Länge größten Seelilien (Crinoidea) aller Zeiten. Die Seeigel beginnen, neben den bisherigen »regulären« jetzt sogenannte »irreguläre« Formen hervorzubringen, bilateral symmetrische Tiere, bei denen der After in die Nähe des Mundes rückt. Erstmals lassen sich Knochenfische (Teleostei) mit vollständig verknöcherter Wirbelsäule und ebensolchem Schädel nachweisen. Bei den Meeresreptilien nimmt die Zahl der Fischsaurier und Krokodile explosionsartig zu.

Typische Unterjura-Vegetation: Baiera muensteriana, Hirmeriella muensteri, Weltrichia-Art, Padozamites lanceolatus, Phlebopteris muensteri (Bodenbewuchs), Clathropteris meniscoides, Nilssonia acuminata, Todites princeps, Sagenopteris nilssoniana, Neocalamites lehmannianus, Equisetites muensteri (v. l.)

Reichhaltige Flora im Osten Grönlands

210–184 Mio. Im Osten Grönlands gedeiht eine reichhaltige Pflanzengesellschaft, die hier noch unmittelbar an die Rhätflora gegen Ende der Trias anknüpft.

Verbreitet sind unter zahlreichen Palmfarnen, Ginkgo-Bäumen, Nadelbäumen und Farnen zunächst Lepidopteris- und später Thaumatopteris-Arten. Thaumatopteris gehört zu den Farnen. Leptopteris ist ein Vertreter der Caytoniales, einer sonderbaren, systematisch isoliert stehenden Pflanzengruppe mit eingeschlossenem Samen (wie bei den Bedecktsamern) und farnartigen, dicken Blättern. Benannt ist diese Gruppe nach der Cayton-Bay im südlichen Yorkshire, wo sie im Unterjura ebenfalls vertreten ist. Daneben findet sie sich aber auch in Mitteleuropa und – in großen Mengen – in Südafrika.

Neue gesteinsbildende Organismen

210–184 Mio. In den Meeren treten erstmals sogenannte Kieselalgen auf, Diatomeen oder Bacillariophyceae aus dem Stamm der Chrysophyta. Der Name ist insofern irreführend, als es sich bei den Diatomeen nicht um Algen im eigentlichen Sinne, sondern um Einzeller handelt.

Die meist 20 bis 200 μm großen Lebewesen besitzen keine Geißeln und zeichnen sich durch ein Gehäuse (Frustula) aus Pektin aus, einem gallertigen, der Zellulose nahestehenden Kohlehydrat. Äußerlich ist dieses Gehäuse mit einem festen Panzer aus Kieselsäure umgeben.

Dicht an dicht liegen Diatomeengehäuse (aus dem Miozän) beisammen.

Die Vermehrung der Diatomeen geschieht primär durch Zellteilung, wobei die Gehäuse durch fortgesetzte Teilung immer kleiner werden. Beim Unterschreiten einer Mindestgröße sterben die Einzeller schließlich ab. Um rechtzeitig die Normalgröße wieder herzustellen, werden aber gelegentlich sogenannte Auxo- oder Wachstumssporen mit mehrfacher Normalgröße erzeugt, die miteinander kopulieren.

Es gibt zwei Diatomeen-Unterklassen: Die planktisch lebenden Centricae mit zentrisch aufgebautem Gehäuse und strahliger Schalenstruktur; und die überwiegend auf dem Meeresboden lebenden Pennatae mit langgestreckten Gehäusen und fiedrigen Schalen.

Moderner Tüpfelfarn Polypodium phyllitidis, ein Nachfahre der Polypodiaceen aus dem Unterjura

Auch diese rezente Rippenfarnart (Blechnum spicant) gehört zu den Tüpfelfarnen.

Der Grünstielige Streifenfarn (Asplenium viride) ist ein Tüpfelfarn mit besonders breiten Blattfiedern.

Tüpfelfarngewächse breiten sich aus

210–184 Mio. Mit dem ersten Auftreten der Tüpfelfarngewächse (Polypodiaceae) erscheint die bedeutendste aller Familien der Farne. Bereits wenig später erlangt sie weltweite Verbreitung. Heute umfaßt die Familie rund 7000 überwiegend tropische Arten. Viele davon leben epiphytisch (Hochpflanzen). Die bekanntesten der 170 Gattungen sind der Adlerfarn, Frauenhaarfarn, Geweihfarn, Schildfarn, Tüpfelfarn und der Wurmfarn.

Die Blätter der Tüpfelfarngewächse sind meist einfach gefiedert, fiederteilig oder ganzrandig. Ihre Sporangiengruppen (Sporenbehälter) sind fast immer klein und rund.

Die Tüpfelfarnfamilie ist erdgeschichtlich die jüngste Farnfamilie und damit wohl auch die am höchsten entwickelte. Im Unterjura ist zunächst die Gattung Davallia verbreitet. Eine wichtige Form ist die der heutigen Gattung Onychium ähnliche Art Onychiopsis psilotoides, die in der Unterkreide (140–97 Mio.) zu einem bedeutenden Leitfossil wird. Innerhalb der Farne gehören die Tüpfelfarne zu den sogenannten Filicales leptosporangiatae, d. h. zu den Formen mit einer mehrzellschichtigen Sporangiumwand. Ihnen steht die Klasse der Eusporangiaten gegenüber, deren Sporangien sich durch einzellschichtige Wände auszeichnet. Die Leptosporangiaten lassen sich meist recht gut an einem Ring um die Sporangien erkennen.

Von der Spore zur Pflanze: Entwicklungsschritte der Farne

Die Polypodiaceen, zu denen u. a. die heutigen Waldfarne gehören, bilden an der Unterseite ihrer Wedel (d. h. der Blätter) Sporen. Wie auch bei den Moosen sind alle Sporen untereinander gleich (Isosporie). Sie sind mikroskopisch klein und einzellig.

Sind die Sporen reif, so fallen sie von der Pflanze ab, und innerhalb weniger Wochen entwickelt sich aus ihnen ein millimetergroßes herzförmiges grünes Gebilde, das flach dem Erdboden anliegt. Man nennt es Gametophyt. Dieser Gametophyt ist bereits eine selbständige Pflanze, die auf ungeschlechtliche Weise, nämlich durch Abteilung von der ursprünglichen Farnpflanze entstanden ist. Entwicklungsgeschichtlich steht sie auf derselben Stufe wie die Moospflanze. Ihre Zellen besitzen nur den halben Chromosomensatz; man sagt, sie sind haploid.

Der ausgewachsene Gametophyt wird auch als Prothallium bezeichnet. Er entwickelt an seiner Unterseite männliche (Antheridien) und weibliche (Archegonien) Geschlechtsorgane. Die reifen Antheridien wiederum entlassen die frei beweglichen, meist mit zahlreichen Geißeln ausgestatteten Spermatozoiden. Sie werden von den Archegonien durch chemische Stoffe angelockt und befruchten die dort angelegten Eizellen. Die befruchtete, jetzt einen doppelten (diploiden) Chromosomensatz enthaltende Eizelle nennt man Zygote. Diese beginnt sich zu teilen und bildet, eingebettet in das Prothallium, zunächst einen unselbständigen Embryo.

Bald entwickelt der Embryo einen Sproß, kleine einfache Primärwedel und Wurzeln. Ist das geschehen, dann stirbt das Prothallium ab, der junge diploide »Sporophyt« wächst selbständig weiter und bildet schließlich eine neue Farnpflanze. Der Sporophyt läßt sich entwicklungsgeschichtlich mit der unselbständigen sogenannten Seta der Moose vergleichen. Schließlich bildet die ausgewachsene Farnpflanze an der Unterseite ihrer Wedel punkt- oder strichförmige Sporangienstände (Sori) aus, in denen sich eine große Zahl gestielter Sporangien befindet. In deren Inneren wiederum entstehen durch Reduktionsteilung (d. h. Teilung unter Halbierung des Chromosomensatzes) die Sporen. Sind sie reif, dann fallen sie nicht einfach aus, sondern werden durch einen sinnvollen Schleudermechanismus bei geeigneter Witterung abgesprengt. Aus ihnen entwickeln sich erneut Gameten.

Die Form der Sporangien (Sporenanlagen) von Polypodium nigrescens verrät, warum man die Polypodiaceae auf Deutsch »Tüpfel«-Farne nennt. Sie stehen in kleinen tüpfelförmigen Haufen zusammen.

Sequoia gigantea, der Mammutbaum, gehört zu den Taxodiaceae, die erstmals im Jura erscheinen.

Auch die Blaufichte, Picea pungens glauca, hat Vorfahren, die schon im Unterjura wachsen.

Die Familie Pinaceae (im Bild die Waldkiefer Pinus sylvestris) ist im Unterjura bereits gut etabliert.

Nadelbäume und Verwandte breiten sich weiter aus

210–184 Mio. Die in dieser Zeit erfolgreichsten Nacktsamer gehören zwei Unterstämmen an, den Coniferophytina und den Cycadophytina. Zu den letzteren zählen die Cycadeen (→ 290–270 Mio./S. 175) und Bennettiteen (→ 220 Mio./S. 210), die schon in der Trias (250–210 Mio.) weite Verbreitung fanden und jetzt noch zahlreiche neue Formen entwickeln. Zu den Coniferophytina gehören die Cordaiten, die ebenfalls weiterhin verbreitet sind, die Ginkgophyten und die Koniferen.

Die Ginkgos, erstmals im Karbon (360–290 Mio.) vertreten, erleben jetzt ihre Blütezeit. In ihrem Formenkreis entstehen zahllose Arten, von Bäumen mit »typischen« Ginkgo-Blättern bis hin zu solchen mit sehr fein gegliedertem Laub. Unter den Koniferen entwickeln zunächst die in der Obertrias (230–210 Mio.) nur vereinzelt aufgetretenen Araucariaceae zahlreiche Arten, beschränken sich dabei aber hinfort ausschließlich auf die Südkontinente. Neu erscheint die Familie der Podocarpaceen. Sie umfaßt Gattungen mit schuppen- oder nadelförmigen oder auch lanzettartigen bis hin zu ovalen, ziemlich großen Blättern. Nur wenige Podocarpaceen-Arten bilden Zapfen aus. Die Früchte sind von einer ledrigen Haut umgeben.

Neu im Jura sind auch die Taxodiaceen, zu denen später u. a. die Sumpfzypressen, die Sequoias oder Mammutbäume und andere Baumgiganten zählen.

Im Oberjura tauchen dann die ersten Mitglieder der Zypressenfamilie (Cupressineae) auf und wahrscheinlich auch schon erste Formen der Unterfamilie Abietineae, zu der die heutigen Weißtannen zählen.

Im Unterjura weit verbreitet ist noch eine andere, wohl zu den Koniferen zählende Baumfamilie, die Podozamiten, die vereinzelt auch schon im Keuper (230–210 Mio.) auftrat. Sie bilden Zapfen aus und fallen durch sogenannte dimorphide Blätter auf, d. h. sie bilden zwei verschiedene Blattformen aus, die zweizeilig und spiralig angeordnet sind.

Jahresringe zeugen von jahreszeitlichem Temperaturwechsel

Das Holz der Nadelbäume weist zu dieser Zeit erstmals regelmäßig Jahresringe auf.

Erdgeschichtlich sind Jahresringe keineswegs ein Novum. Bereits im Permokarbon fanden sich Bäume mit sehr ausgeprägten Jahresringen, doch stellten sie in dieser Epoche Ausnahmen dar. Es wird angenommen, daß sich diese Erscheinung auf Exemplare beschränkte, die im Hochgebirge wuchsen, wo es stärkere jahreszeitliche Temperaturschwankungen gab.

Jahresringe weisen auf Schwankungen des Dickenwachstums der Baumstämme im Verlauf eines Jahres hin und erscheinen im Stammquerschnitt als konzentrische Ringe. Bei günstigem Klima mit raschem Dickenwachstum der Bäume entsteht Holz mit großen Zellen, sogenanntes Frühholz, das breite Jahresringe erkennen läßt; sind die Temperaturen ungünstiger, verlangsamt der Baum sein Dickenwachstum, und es entsteht »Spätholz« mit kleinen Zellen, das nur schmale Jahresringe ausbildet. Auch Feuchtigkeitsunterschiede (Regenzeit und Trockenruhe) bewirken Wachstumsschwankungen.

Die Tatsache, daß im Jura erstmals die große Mehrzahl der Nadelbäume Jahresringe aufweist, deutet also zumindest auf jahreszeitliche Wachstumsschübe und Ruheperioden in dem weltweit überwiegend gemäßigten Klima hin.

Jahresringe sind besonders gut bei verkieseltem Holz überliefert. Bei diesem Prozeß der Versteinerung werden die Zellen des Baumstammes mit wasserhaltigem, opalhaltigem Kieselsäuregel durchtränkt, das zunehmend seinen Wassergehalt verliert und verhärtet. Auf diese Weise bleiben die Strukturen des Holzes deutlich sichtbar erhalten.

Die männliche Blüte der Waldkiefer (Pinus sylvestri) produziert, wie die der anderen Nadelbäume auch, ungeheure Mengen staubfeinen Pollens.

Die Eibe gehört zu den wenigen Nadelbäumen, die keine Zapfen hervorbringen. Die Gattung Taxus (Ordnung Taxales) vertritt neben den Koniferen eine eigene Nadelholzklasse (Taxopsida). Ihre beerenähnlichen Früchte bleiben fossil nicht erhalten. Die Gattung Taxus ist für das nördliche Europa bereits im Jura nachweisbar.

Die noch jungen Zapfen der Fichte (Picea abies) stehen aufrecht. Ausgereift werden sie herabhängen.

Borke der »red pine« (Pinus resinosa), einer heute im Westen Nordamerikas häufig anzutreffenden Kiefer

Koniferen-Pollen reisen mit dem Wind

210–140 Mio. Die weite Verbreitung der Nadelbäume im Jura und anderen erdgeschichtlichen Epochen ist nicht zuletzt dem Wind zu verdanken. Sowohl bei der Befruchtung (Bestäubung) wie bei der Verbreitung ihrer Früchte sind die Koniferen auf den Wind angewiesen. Dabei haben sie bemerkenswerte Eigenschaften entwickelt.

Die Blütenpollen der meisten Nadelbäume haben einen Durchmesser von nur etwa 0,02 bis 0,1 mm. Einige zehntausend oder gar hunderttausend wiegen nur 1 g. Sie sind so leicht, daß sie bei einem freien Fall aus 6000 m Höhe in absolut ruhiger Luft rund drei Tage lang unterwegs wären, bevor sie am Boden ankommen. (Bei den noch viel kleineren Sporen mancher Sporenpflanzen würde das einen halben Monat dauern.) Aber die Luft ist normalerweise nicht unbewegt. Aufsteigende Warmluft kann Koniferenpollen ohne Schwierigkeiten in Höhen von 2000 m und mehr transportieren. Von dort trägt ihn bereits ein schwacher Wind, der gerade die Blätter zittern läßt (Windstärke 3, Windgeschwindigkeit etwa 18 km/h) im Gleitschwebeflug rund 400 km weit, bevor er zu Boden fällt bzw. eine weibliche Blüte befruchtet. Bei gutem »Flugwetter« sind Pollenflüge in 6000 m Höhe und mehr nicht außergewöhnlich. Nun ist es zwar kein großes Problem, Staub (bei Pollen spricht man ja schließlich auch von »Blütenstaub«) durch den Wind transportieren zu lassen. Man muß aber die unvorstellbare physiologische Leistung bedenken, daß jedes winzige Körnchen dieses Staubes ein höchst komplexer Datenspeicher ist, der das gesamte genetische Material einer in vielen Jahrmillionen der Erdgeschichte entwickelten Pflanze enthält.

Ein Meisterwerk der Meß- und Regeltechnik vollbringt dabei der Baum selbst. Er wertet die Luftfeuchtigkeit, Windgeschwindigkeit und Lufttemperatur so aus, daß er den Pollen bevorzugt zu solchen Zeiten freigibt, in denen mit dem günstigsten Aufwind zu rechnen ist. Das ist im allgemeinen in den frühen Nachmittagsstunden der Fall.

Auch die Früchte der meisten Nadelbäume werden vom Wind verbreitet. Sie sind mit einer großflächigen, extrem leichten Flughaut ausgestattet, die im Zapfen als Schuppen mitangelegt ist. Zwar können sie bei weitem nicht so weit fliegen wie der Pollen, aber weit genug, um aus dem Nahfeld ihres Mutterbaumes zu gelangen, in dessen Licht- und Regenschatten sie nur schlechte Entwicklungschancen hätten. Auch die Flugsamen werden nur zu windgünstigen und regenfreien Zeiten entlassen. Dazu verfügen die holzigen Zapfen über eine regelrechte Hydraulik, die ihre Deckschuppen schließt, wenn die Luft für einen Windtransport zu feucht erscheint.

Ständiger Sturm mit vorherrschender Windrichtung hat diesen Kiefern an der nordamerikanischen Westküste ihre schräge Wuchsform verliehen.

Die Flugsamen der Nadelbäume sind asymmetrisch so gebaut, daß sie beim Fall wie kleine Propeller rotieren. Damit erhöht sich ihre scheinbare Tragfläche gegenüber der tatsächlichen Flügelfläche auf ein Vielfaches (→ S. 293). Die dadurch erzeugte Fallverlangsamung genügt, daß ein Windhauch der Stärke 4 einen solchen Flugsamen von einem 10 m hohen Baum bis zu 100 m weit forttragen kann.

Mitteleuropa weitgehend überflutet

210–184 Mio. Schon gegen Ende der vorausgehenden Obertrias drang das Meer von Norden nach Süden auf den europäischen Kontinent vor. Jetzt bedeckt es als Jurameer bereits weite Gebiete Mitteleuropas.

Im Nordosten grenzt das Jurameer an die Landmasse von Fennoscandia. Die Küstenlinie verläuft von Nordnorwegen in südöstliche Richtung durch Südschweden und die Insel Bornholm bis ins nördliche Polen (Pommern) und schwenkt dort in etwa östliche Richtung. Südlich dieser Festlandgrenze ragen bis zum »Urmittelmeer« Tethys (→ 300 Mio./S. 161), das vom Süden her bis in die Alpen reicht, nur große Inseln aus dem Flachmeer. Die bedeutendste ist das Böhmische Massiv, das etwa das Dreieck Kempten-Dresden-Krakau einnimmt. Seinen südwestlichen Teil bildet in Oberbayern die Vindelizische Schwelle. Im Süden sind dem Böhmischen Massiv mehrere langgestreckte Inseln vorgelagert. Eine weitere Insel liegt im Nordosten des Massivs zwischen Breslau und Warschau. Etwa an der Nordflanke des Berner Oberlandes ragt die Alemannische Schwelle aus dem Meer. Im Norden bilden das London-Brabanter Massiv, die Rheinische Masse zwischen Nahe und Ruhrgebiet und das Fünenhoch im südlichen Dänemark drei größere Inselbereiche. Und im Südwesten erhebt sich das französische Zentralmassiv über das Wasser.

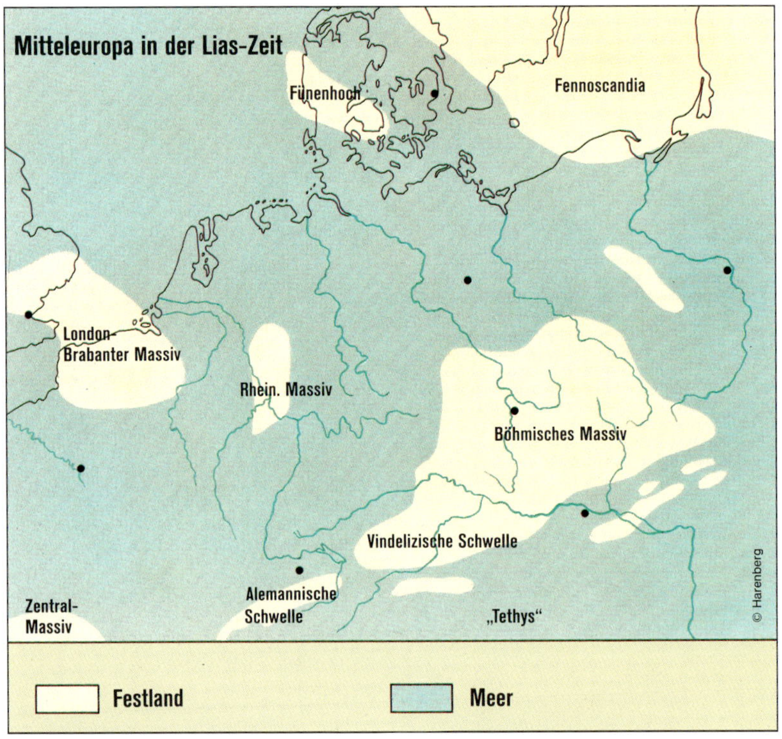

Weit verbreitet sind Ammoniten

210–184 Mio. Zu den häufigsten Bewohnern des Jurameeres gehören die zu den Kopffüßern zählenden Ammoniten (»Ammonshörner«). Aufgrund ihrer ungeheuren Artenvielfalt liefern sie im ganzen Jura – und auch in der nachfolgenden Kreide – hervorragende Leitfossilien und bilden so die Grundlage der zeitlichen Gliederung des Jura.

Die meisten Ammoniten besitzen ein spiralförmig in einer Ebene eingerolltes Gehäuse, das wie alle derartige Kopffüßergehäuse innen gekammert ist. In der vordersten Kammer wohnt das Tier, die anderen sind vielleicht mit Wasser, die innersten mit Gas gefüllt, wodurch sich der Auftrieb im Wasser steuern läßt. Die Grenzen dieser Kammerwände mit der Schalenaußenwand ergeben z. T. äußerst komplizierte Strukturen (Lobenlinien). Die Größe der Ammonitenarten des Unterjuras schwanken von wenigen Millimetern bis zu rund 1 m Gehäusedurchmesser. Häufig finden sich regelrechte Ammonitenbänke, in denen die Gehäuse toter Tiere zusammengeschwemmt sind.

Harpoceras falcifer ist ein häufig anzutreffender Lias-Ammonit.

Ammoniten im Lias von Digne in Südfrankreich (ca. 185 Mio.)

Neue Ordnungen bei den Schwämmen

210–184 Mio. Im Jurameer bilden sich zwei neue Ordnungen der Schwämme heraus: In der Klasse der Kieselschwämme oder Hexactinellida (→ 360 Mio./S. 150) die Ordnung Lychniskida, in der Klasse Kalkschwämme oder Calcispongea (→ S. 150) die Ordnung Lebetida.

Die Lychniskida besitzen ein Parenchymalskelett, d. h. ein Bindegewebeskelett mit einer inneren und einer äußeren festen Deckschicht, die sich aus Skelettnadeln (Skleren) aufbauen, wobei die Skleren der äußeren Schichten verdickt sind. Diese Nadeln sind rechtwinklig miteinander verschmolzen und an den Kreuzungsknoten als sechsstrahlige, laternchenförmige »Lychnisken« ausgebildet.

Bei den Lebetida baut sich das Skelett aus einem engen Geflecht aus Kalkfasern auf, die zu Kalkwänden zusammentreten.

Den Schwämmen kommt im warmen Jurameer regional eine ebenso große Bedeutung als Riffbildner zu wie den Korallen.

Fossile Belege der Schnurwürmer

210–184 Mio. Erstmals fossilisieren Vertreter der Würmerstämme Nemertea (Schnurwürmer) und Nemathelminthes (Schlauchwürmer). Ersterer steht den Plattwürmern nahe und umfaßt schnurförmige, seltener auch abgeflachte Arten, von denen jedoch fast alle nur aus der heutigen Fauna bekannt sind. Die meisten Arten sind auffällig gefärbt oder gemustert und leben an Meeresküsten, z. T. auch in Süßwasser oder feuchter Erde.

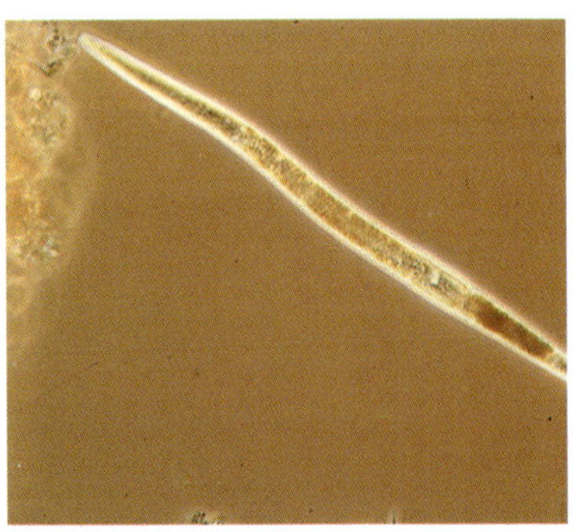

Ein Fadenwurm (Stamm Nemathelminthes) unter dem Mikroskop

Federkiemer als Versteinerungen

210–184 Mio. Seit dem Ordovizium (500–440 Mio.), in dem sie sich erstmals nachweisen ließen, gab es keine fossilen Belege von Federkiemern (Pterobranchia) mehr. Jetzt erscheinen Vertreter dieser zu den Kragentieren (Branchiotremata, → 545 Mio./S. 66) zählenden Tierklasse wieder als Versteinerungen. Es handelt sich um kleine bis sehr kleine Meerestierchen, die auf dem Untergrund aufsitzen und zu Kolonien zusammentreten. Die Einzeltiere besitzen jeweils eine fleischige Basis (Lophophor), von der zahlreiche Tentakeln ausgehen. Kiemenspalten sind nur angedeutet.

Die Individuen scheiden ein chitiniges Außenskelett (Coenoecium) ab. Es hat die Form einer kleinen freien Röhre von etwa 3 mm Länge. An ihrer Basis sind diese Röhrchen mit dem Untergrund verwachsen. Der basale und der untere Teil des freien Röhrchens bauen sich aus halbkreisförmigen Zuwachsstreifen auf, die miteinander durch zickzack-förmige Nähte verbunden sind.

Wissenschaftler im Museum Hauff in Holzmaden rekonstruierten dieses Lebensbild aus dem Lias-Meer in ihrer Forschungsregion …

… Heute suchen sie in den einstigen Meeressedimenten nach Versteinerungen. Sie graben an einer der bedeutendsten Jura-Fossillagerstätten.

Schiefer birgt Fossilien

189–184 Mio. In Süddeutschland entsteht in der Nähe von Holzmaden am Rande der Schwäbischen Alb unter besonderen Verhältnissen am Meeresboden ein außergewöhnliches Fossillager. Am Meeresboden kommt wegen eines riesigen Wasserwirbels (sogenannter Drehkreis) keine reguläre Strömung zustande. Daher setzt sich feinster Schlamm hier sehr ruhig ab und verdichtet sich im Laufe der Zeit zu Schiefer. Dieses sehr homogene Sedimentgestein schließt in hervorragender Erhaltung zahlreiche Fossilien von Meerestieren ein, darunter in vielen Exemplaren die kleine Muschel Posidonomya bronni. Nach ihr heißt es Posidonienschiefer.

Die erstaunlich gute Detailtreue vieler Holzmadener Fossilien ist darauf zurückzuführen, daß der Bodenschlamm des Jurameeres hier oft Faulschlamm (Sapropel) ist. Wegen seiner Sauerstoffarmut können die Tierleichen kaum verwesen, weshalb auch ihre Weichteile erhalten bleiben, die der sehr wasserreiche Feinschlamm sorgfältig konserviert. Das ganze Schichtpaket des Posidonienschiefers gliedert sich in scharf gegeneinander abgegrenzte Horizonte. Die unterste Schicht ist nur 18 cm mächtig und heißt Fleins. Darüber liegt der »Untere Schiefer« mit bis zu 8% Bitumengehalt. Er enthält die besterhaltenen Fossilien, darunter Ichthyosaurier mit Weichteilen und besonders schöne Fische. Auf dem Unteren Schiefer liegt ein feinkörniger, harter Kalk, der »Untere Stein«, in dem vor allem prächtige Schmelzschuppenfische eingelagert sind. Darüber folgt eine dem »Unteren Schiefer« ähnliche, aber festere Schicht. Sie führt vor allem imposante Steneosaurier, die Seelilienart Seirocrinus briareus und zum Teil auch Wirbellose wie Ammoniten (→ S. 226).

Sehr regelmäßig ausgebildet ist der nächstjüngere »Obere Stein« von durchweg ziemlich genau 17 cm Mächtigkeit. Darüber wird das allgemeine Bild der Schichten unruhiger. Vor allem die Schichtstärken schwanken beträchtlich. Hier liegen u. a. weiche Schiefer von sattblauer Farbe, die an der Luft leicht zu Mergel zerfallen. Sie sind erstaunlich arm an Wirbeltieren, in manchen Lagen aber reich an Ammoniten.

△ Fossiler Schmelzschuppenfisch der Art Lepidotes elvenis mit hervorragend erhaltenem Schuppenkleid.

◁ Hier wird im Museum Hauff in mühevoller Arbeit eine Steneosaurus-Versteinerung aus dem Posidonienschiefer freigelegt.

Fossiler Belemnit Passaloteuthis paxillosa mit Muskeln und Tinte

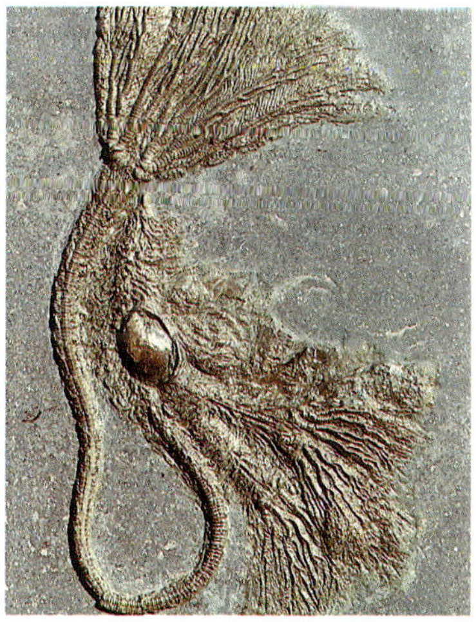

Anfangsstadium einer Seelilienkolonie (Seirocrinus subangularis)

Ein Holzmadener Schmelzschuppenfisch der Art Dapedium punctatum

Große Fischsaurier bevölkern das Jurameer Europas

210–140 Mio. Mehrere Familien der Ordnung Ichthyosauria (wörtlich übersetzt »Fischechsen«) erscheinen in dieser Zeit zum ersten Mal. Frühe Vertreter lebten bereits in der Trias (→ 250–243 Mio./S. 200). Neu sind jetzt die Familien Ichthyosauridae, Stenopterygiidae und Leptopterygiidae, die zusammen die große Mehrzahl der Fischsaurier umfassen und alle im Jura (z. T. noch in der nachfolgenden Kreide) ihre Blütezeit haben.

Die Ichthyosaurier zeichnen sich durch einen haiähnlichen stromlinienförmigen Körper mit einer stabilisierenden Rückenflosse und einem halbmondförmigen Schwanz aus, der dem Schwanz von Fischen ähnelt. Ihre Schwanzwirbelsäule ist durch Kugelgelenke zwischen den einzelnen Wirbeln sehr beweglich, weshalb sich der Schwanz als hervorragendes Antriebsorgan beim Schwimmen eignet. Da ihr Körperbau an das Leben im Wasser angepaßt ist, sind ihre vier Gliedmaßen stark verkürzt und haben die Gestalt und Funktion von stabilisierenden Tragflächen.

Die in Europa (England und Deutschland), Grönland und Nordamerika (Alberta) verbreiteten Exemplare werden bis zu 2 m lang. Sie leben als Räuber hauptsächlich von Fischen, aber auch etwa von Kopffüßern wie Belemniten.

Im Oberjura tritt neben die Gattung Ichthyosaurus in derselben Familie auch die Gattung Ophtalmosaurus, die bis zu 3,5 m große Arten umfaßt und außer in Europa und Nordamerika in Südamerika heimisch ist.

Zeichnen sich die Ichthyosauriden durch kurze, breite, paddelförmige Gliedmaßen mit bis zu neun Fingern und Zehen aus, so besitzen die Stenopterygiiden lange, schlanke Extremitäten mit jeweils fünf Fingern bzw. Zehen. Ansonsten ähneln sie den ersteren. Stenopterygius wird bis zu 3 m groß.

Wie die Stenopterygiiden besitzen auch die Leptopterygiiden schlanke lange Gliedmaßen mit fünf Fingern und Zehen. Vertreten sind sie in England und Deutschland durch den bis zu 9 m großen Temnodontosaurus, der sich von größeren Tintenfischen und Ammoniten ernährt, und in Deutschland außerdem durch den nur 2 m großen Eurhinosaurus. Der letztere erinnert stark an einen Schwertfisch.

Etwa 4 m lang ist dieser Ichthyosaurier aus der Lias-Formation von Holzmaden. Ähnliche Exemplare blieben in dem feinkörnigen Posidonienschiefer in größerer Zahl in ausgezeichnetem Zustand fossil überliefert.

Dieser Fischsaurier, ein Vertreter der Art Stenopterygius quadridiscus, ist offenbar nur kurze Zeit vor der Geburt seiner Jungen gestorben, wie aus der Versteinerung deutlich zu ersehen ist.

Die Lebendrekonstruktion der oben fossil gezeigten Ichthyosaurierart Stenopterygius quadridiscus ist sehr zuverlässig, denn die zahlreichen erhaltenen Versteinerungen zeigen oft nicht nur das Skelett, sondern auch die Weichteile dieser Tiere. Ihr Körperbau erinnert – vom spitzen, schnabelförmigen Maul abgesehen – stark an Delphine, dennoch handelt es sich bei ihnen um Reptilien. Die Identität von Lebensraum und Lebensweise schafft hier durch die evolutionäre Anpassung gleiche Formen.

Die Familie der Stenopteryiidae wird von jener der Ichthyosauridae getrennt geführt. Beide gehören natürlich zur selben Ordnung, den Ichthyosauria. Die Unterschiede zwischen den Vertretern der beiden Familien liegen vor allem in den Gliedmaßen: Während die Stenopterygiiden lange, schlanke fünfzehige Extremitäten besitzen, haben die Ichthyosauriden breite Paddel mit bis zu neun Zehen.

Meeresbewohnende Riesenreptilien

210–184 Mio. Neben den Fischsauriern (→ S. 228) erscheinen in dieser Zeit auch andere meeresbewohnende Reptilien, die zu den bedeutendsten Meerestieren des Erdmittelalters (Mesozoikum) gehören. Es sind Vertreter der Ordnung Plesiosauria. Sie bewegen sich grundsätzlich anders fort als die Ichthyosaurier, denn sie haben keinen halbmondförmigen, sondern einen spitz auslaufenden Schwanz. Den Vortrieb beim Schwimmen erzeugen sie durch eine Art Flügelschlag mit ihren abgeflachten großen Gliedmaßen. Die Weibchen der oft sehr großen Tiere müssen zur Eiablage mühsam an Land kriechen, weshalb ihre Rippen die Körperunterseite besonders gut schützen. Auch darin unterscheiden sich die Plesiosauria von den Fischsauriern, die lebend gebären. Typisch sind der lange Hals und der für einen geschickten Schwimmer gedrungene Rumpf.

Ein Bewohner des Jurameeres ist das 2,8 m lange Reptil Plesiosaurus brachypterygius. Das Fossil aus Holzmaden läßt sehr deutlich die flossenförmigen Extremitäten und den langen, schlanken Körper des Tieres erkennen.

Zu unterscheiden sind zwei Überfamilien: Die Plesiosauroidea mit dem in England und Deutschland weit verbreiteten 2,3 m langen Plesiosaurus und die Pliosauroidea mit dem in England beheimateten 4,5 m langen Macroplata. Beide Familien entwickeln im Oberjura und in der Kreide (140–66 Mio.) Riesenformen mit z. T. weit über 10 m Länge (Elasmosaurus, 14 m; Liopleurodon, 12 m; Kronosaurus, 13 m).

Krokodile entwickeln »moderne« Formen

210–184 Mio. Erinnerten die ersten echten Krokodile in der Trias (→ 243–230 Mio./S. 206) äußerlich noch gar nicht an heute lebende Formen, so tauchen ab dem Unterjura mit Vertretern der Unterordnungen Protosuchia und vor allem Mesosuchia Krokodile mit »modernen« Körperformen auf.

Die in Nordamerika heimische Gattung Protosuchus zeigt Übergangsformen zwischen den Krokodilen der Trias und den modernen Krokodilen. Der etwa 1 m große Protosuchus ist noch immer ein landbewohnendes, relativ langbeiniges und flinkes Tier, das äußerlich eher einer großen Eidechse ähnelt. Seine nahen Verwandten sind im Unterjura weltweit verbreitet. Der Schädel der Protosuchia ist allerdings schon wesentlich krokodilähnlicher als jener, aus der vorausgehenden Trias bekannte Sphenosuchier.

Die Unterordnung Mesosuchia entwickelt sich wahrscheinlich während des Unterjuras aus den Protosuchiern. Bis ins Miozän (vor rund 15 Mio.) bringt sie in rund 70 Gattungen die meisten aller fossilen Krokodilarten hervor. Die Mesosuchia sind fast alle an das Landleben angepaßt, halten sich aber teils auf dem Land, teils im Wasser auf. Sie sind Raubtiere. Dagegen bildet die ebenfalls im Unterjura in Europa (Frankreich) vorkommende Gattung Teleosaurus insofern eine Ausnahme, als sie ausschließlich im Wasser lebt. Die 3 m langen Tiere ähneln sehr den Gavialen, die heute in indischen Flüssen zu Hause sind, bewohnen aber noch das Meer. Teleosaurus hat einen langen schlanken Körper, dessen kräftig gepanzerter Rücken dem der heutigen Krokodile gleicht. Ungewöhnlich lang und schmal sind seine Kiefer.

Zur Ordnung der echten Krokodile zählt der 2,7 m lange Steneosaurus bollensis aus dem Lias, den manche Autoren auch der Gattung Mystriosaurus zurechnen. Wie alle Krokodile leiten sich die Steneosaurier von den Thecodontia ab. In der Evolution so erfolgreich sind die Krokodile u. a. deshalb, weil sie gleichzeitig fressen und atmen können, was ihnen besonders als Wassertieren zugute kommt.

Brutkästen im ufernahen Sand

Als Beschützer ihrer Brut stellen manche Krokodile eine Ausnahme unter den Reptilien dar. Sie vergraben ihre Eier an sandigen Ufern etwa 30 cm tief und suchen dazu gezielt Plätze aus, die nicht den ganzen Tag der Sonne ausgesetzt sind. Häufig bedecken sie das Gelege noch mit schattierenden Halmen. Bei großer Hitze befeuchtet das Mutterkrokodil diese Deckschicht. Bei modernen Krokodilen maßen Zoologen in solchen Eikammern Temperaturen zwischen 30 und 35 °C, wobei die Schwankungen innerhalb von 24 Stunden unter 3° blieben, während sich in derselben Zeit die Außentemperatur um fast 30° änderte.

Das Muttertier bewacht das Gelege während der Brutzeit. Vor dem Schlüpfen, das sich durch ein Quäken der Jungen ankündigt, schiebt das Weibchen die sandige Deckschicht mit ihrem Bauch vorsichtig zur Seite.

Andere Krokodilarten bauen Bruthöhlen aus faulendem Pflanzenmaterial, das Gärungswärme freisetzt.

Der erste echte Frosch läßt sehr lange auf sich warten

210–184 Mio. Eine der rätselhaftesten Entwicklungslücken klafft in der Evolution der Frösche. Erst rund 30 Jahrmillionen nach dem Auftreten des ersten froschähnlichen Tiers, Triadobatrachus (→ S. 199) in der Untertrias (250–243 Mio.) finden sich jetzt Belege für eine weitere, entwicklungsgeschichtlich höher stehende Froschart. Es handelt sich um Vieraella, den ersten echten Frosch. Sein Körperbau entspricht vollkommen dem der heutigen Frösche, vor allem in Hinsicht auf den typischen Beckengürtel, der in seiner Gestalt einer dreizinkigen Gabel ähnelt. Vieraella ist 3 cm lang und lebt in Südamerika (Argentinien).
Die Tatsache, daß auch Triadobatrachus auf der Südhalbkugel zu Hause war, nämlich in Madagaskar, ist nur ein schwaches Indiz dafür, daß er als Vorfahr von Vieraella zu gelten hat. Nur mangels anderer Übergangsformen zwischen vortriassischen Amphibien und den modernen Fröschen scheint Triadobatrachus in diese entwicklungsgeschichtliche Lücke zu passen. Weitgehend überein stimmen die Paläozoologen heute darin, daß die Frösche von den Temnospondyli (→ 360–250 Mio./ S. 158) abstammen, landbewohnenden Amphibien der Unterklasse Labyrinthodontia (→ S. 158). Als Favorit für die Urahnenschaft der Frösche gilt hierbei die Familie Eryopidae, die im Oberkarbon und im Oberperm (ca. 300–270 Mio.) in Nordamerika mit bis zu 2 m großen Arten verbreitet war.
Mit den entwicklungsgeschichtlich nicht wesentlich jüngeren Kröten faßt man die Frösche zur Amphibienordnung der Froschlurche (Anura oder Salientia) zusammen. Als nächster Vertreter erscheint nach Vieraella im Oberjura der Frosch Notobatrachus. Beide gemeinsam werden als Urfrösche (Ascaphidae) bezeichnet. Ihnen gesellen sich, ebenfalls im Oberjura, die Scheibenzüngler (Discoglossidae) mit Eodiscoglossus und die Palaeobatrachidae mit Neusibatrachus zu. Beide leben in Spanien. In der Kreide (140–66 Mio.) treten dann noch die Zungenlosen (Pipidae) und die Kröten (Pelobatidae) auf, die von Anfang an weit verbreitet sind (Israel, Mongolei, Nordamerika).
Gemeinsam ist allen Anura der typische Körperbau mit einer gedrungenen Kopf-Rumpf-Partie bis hin zum Becken. Vor allem die Schädelknochen sind im Vergleich zu anderen Amphibienordnungen stark reduziert. Der Unterkiefer ist meist zahnlos. Vor dem Kreuzbein (präsakral) haben die Anura nur fünf bis zehn Wirbel. Die Rippen sind zu Querfortsätzen der Wirbel zurückgebildet. Und die Schwanzwirbel sind miteinander zu einem kurzen sogenannten Coccyx oder Urostyl verwachsen. Die auf diese Weise charakteristisch veränderten Körpermerkmale entsprechen in sehr spezieller Anpassung der springenden Fortbewegung der Froschlurche. Diese Bauform wird noch ergänzt durch besondere Bildung der Extremitäten: So sind Elle und Speichenknochen bzw. Schien- und Wadenbein jeweils miteinander verschmolzen. Zwei Fußwurzelknochen sind wesentlich verlängert und bilden so eine Art zusätzlichen Unterschenkel, was eine wesentliche Streckung der Extremitäten bewirkt. All diese besonderen Skelettbildungen sind bereits bei den Fröschen der Jura-Zeit vorhanden, weshalb diese Ordnung in entwicklungsgeschichtlicher Hinsicht von allen anderen Amphibien relativ getrennt stehend erscheint.

Triadobatrachus massinoti lebte in der Untertrias. Ob er der Ahne der echten Frösche ist, ist ungewiß.

Als echter Frosch ist Eopelobates ein Vertreter der Ordnung Anura aus dem Mittleren Eozän Deutschlands.

Nur 3 cm lang ist Vieraella, der erste bekannte echte Frosch, der rund 30 Mio. Jahre nach Triadobatrachus in Argentinien erscheint. Die Ordnung Anura oder Froschlurche, die alle heute lebenden Frösche und Kröten umfaßt, läßt sich generell nur schwer einordnen. Es scheint wahrscheinlich, daß sie von Temnospondyli, einer der beiden Ordnungen der Labyrinthodontia, abstammen, doch ist fraglich, von welcher Temnospondylengruppe. In Erwägung gezogen werden die Eryopidae, die im Oberkarbon und im Perm lebten. Diese Familie bestand jedoch mit bis zu 2 m großen Vertretern aus – im Vergleich zu den Fröschen – wahren Riesen. Ihr Lebensraum war sowohl das Wasser wie das Land.

Farbwechsel, Tarn- und Warnfarben

Zahlreiche Amphibien, besonders viele Frösche und Kröten (→ S. 230), passen sich in ihrer Körperfarbe und Zeichnung hervorragend der Umgebung an, um von Verfolgern unentdeckt zu bleiben. Im Gegensatz zu Warmblütern können sie dabei ihre Farben teilweise aktiv verändern, eine Fähigkeit, die sie aber mit vielen Insekten, Krebsen, Tintenfischen, Fischen und Reptilien teilen.

Ein sehr schneller Farbwechsel (innerhalb von Sekunden) kommt dabei meist durch direkte nervöse Ansteuerung der Farbzellen zustande, wodurch sich Droh- und Schreckfarben erzeugen lassen. Diese Fähigkeit besitzen z. B. manche Tintenfische (→ 410 Mio./S. 122).

Der etwas langsamere Farbwechsel bei Froschlurchen, Fischen und Krebsen, der einer Anpassung an die Farben der Umgebung dient, wird dagegen durch Hormone allein oder in Verbindung mit Nerven, manchmal aber auch durch die direkte Einwirkung von Licht, von Feuchtigkeit oder Temperatur auf die Farbzellen (Chromatophoren) ausgelöst. Eine Farbänderung kommt meistens durch eine Wanderung von Farbkörnchen innerhalb der Zellen zustande. Dabei spielt oft ein durch Erregung gesteuerter Unterschied im elektrischen Potential eine Rolle, durch den die Farbkörperchen in einem Kraftfeld entweder zum Zentrum hingezogen oder in alle Fortsätze der Zelle gedrückt werden.

Besonders auffällig ist der Farbwechsel bei manchen landlebenden Reptilien. In ihrer Unterhaut liegen verschiedene Schichten von Farbzellen (z. B. gelb, weiß, schwarz). In der Haut selbst liegen Zellen mit braunschwarzem Farbstoff. Alle vier Zellarten können vielfältig und komplex zusammenwirken, um verschiedene Farbeffekte zu erzeugen. Die Steuerung erfolgt wie auch bei manchen Fischen nervös vom Gehirn aus.

Bei den Amphibien wird der Farbwechsel in erster Linie durch ein Verdunklung auslösendes Hormon der Hirnhangdrüse, durch das aufhellend wirkende Adrenalin des Nebennierenmarks und das ebenfalls aufhellende Melatonin der Zirbeldrüse (Epiphyse) bewirkt.

Eine besonders markante Zeichnung ist für viele tropische Froscharten charakteristisch. Der abgebildete Dendrobates histrionicus lebt in lichtem Strauchwerk, wo ihn seine Zeichnung im Wechselspiel von Schatten und Lichtreflexen außerordentlich gut tarnt.

Die mit dem nebenstehend gezeigten Frosch nahe verwandte Art Dendrobates azureus erinnert in Farbe und Musterung an schäumendes Wasser. Auch ihre Körperzeichnung hat Tarnfunktion. Blau ist eine bei Wirbeltieren relativ seltene Farbe.

Ein weiterer tropischer Laubfrosch derselben Gattung, Dendrobates lehmanni, zeichnet sich durch eine markante Querstreifenmusterung aus. Er kommt in Ufernähe von Sümpfen und anderen Urwaldgewässern vor, in einem Lebensraum also, in dem schmalblättrige Pflanzen mit lederartig glänzendem Laub nicht selten sind. Bereits in einer Entfernung von nur 1 m ist dieser Frosch in seiner natürlichen Umgebung kaum noch zu erkennen – zumindest, wenn er sich nicht gerade bewegt. Die meiste Zeit über verharrt er jedoch völlig regungslos, um Beuteinsekten aufzulauern.

Der gelbe Bauch von Bombina variegata verhalf ihr zu ihrem deutschen Namen: Gelbbauchunke. Die Farbe dieses Tiers hat eine Schreck- oder Warnfunktion.

Der kleine Baumsteigerfrosch lebt auf Madagaskar, der Heimatinsel des Urfrosches Triadobatrachus. Seine Tüpfelzeichnung soll natürliche Feinde irritieren: Sie täuscht auch bei Bewegung des Tiers einen Schwarm viel kleinerer Lebewesen vor.

Im eozänen Bernstein der Samlandküste wurde u. a. diese Tanzfliege der Gattung Empis eingeschlossen. Das einstige Harz, in dem sie kleben blieb, sorgte dafür, daß das sich zu Tode zappelnde Insekt mit ausgebreiteten Flügeln konserviert wurde. Deutlich ist die feine Äderung des Flügelpaars zu erkennen.

Eine ausgesprochen filigrane Äderung zeigt dieser fossile Insektenflügel aus den Lias-Sedimenten von Haverlah-Wiese bei Salzgitter. Form und Struktur lassen eher an eine Libelle als an die frühen Zweiflügler denken, deren Zeitgenosse der Besitzer des Flügels war.

Erste Mücken und Fliegen

Um 210 Mio. Unter den Insekten erscheinen die ersten Zweiflügler (Ordnung Diptera). Diese Ordnung läßt sich in zwei Unterordnungen aufteilen, die Mücken (Nematocera) und die Fliegen (Brachycera).

Mit der großen Zahl verschiedener Mücken und Fliegen zählen die Zweiflügler heute zu den umfangreichsten Insektenordnungen. Die Vielfältigkeit bezieht sich dabei nicht nur auf äußere Formen, sondern auch auf Habitus und Lebensräume. Das charakteristischste Merkmal, anhand dessen sich die Zweiflügler leicht von allen anderen Insekten unterscheiden lassen, liegt – wie schon ihr Name sagt – in der Ausbildung von nur zwei Flügeln. Es sind die Vorderflügel, die als häutiges Flügelpaar entwickelt werden und die ein typisches reduziertes und nur gering verzweigtes Flügelgeäder aufweisen. Die Hinterflügel sind zu kleinen Gebilden in Form winziger Trommelschlägel umgewandelt. Man nennt sie Schwingkölbchen oder Halteren. Diese Kölbchen sind zum einen mechanische Sinnesorgane, die es den Zweiflüglern gestatten, Informationen über die Schwerkraft und damit über die Lage ihres Körpers im Raum wahrzunehmen. Zum anderen dienen sie als sogenannte Selbstreizungs- oder Stimulationsorgane, denen die Aufgabe zufällt, das Nervensystem in einen gewissen Erregungszustand zu versetzen, der für die einwandfreie Beherrschung des Bewegungsapparates erforderlich ist. Die von den Halteren ausgehenden Erregungen halten das Nervensystem dauernd in Erregung, die sich der Muskulatur mitteilt und diese in einen Spannungszustand (Tonus) versetzt.

Es gibt, wenn auch nur sehr wenige, Ausnahmen unter den Zweiflüglern, nämlich Insekten, denen die Flügel völlig fehlen.

Die Mundorgane der Zweiflügler sind zum Stechen und/oder Saugen eingerichtet. Bei zahlreichen Fliegen (etwa der heutigen Stubenfliege) sind die Mundteile als regelrechte Saugrüssel ausgebildet. Dieser Rüssel endet in einer deutlich zweigeteilten Saugscheibe, in deren Mitte sich die Mundöffnung befindet. Typisch stechende Mundteile treten sowohl bei Fliegenarten wie auch bei den Stechmücken auf. Dabei sind die stark verlängerten Ober- und Unterlippen zu einer dünnen Röhre zusammengewachsen, innerhalb derer sich die zu Stechborsten umgewandelten anderen Mundteile wie eine kleine Säge auf- und abbewegen lassen.

Die Verwandlung (Metamorphose, → S. 179) der Zweiflügler ist eine vollkommene. Bei der Entwicklung zum ausgereiften Insekt schlüpfen aus den Eiern zunächst fußlose Larven. Die Puppen lassen entweder als »Mumienpuppen« bereits die Hauptabschnitte des fertigen Insekts (Imago) erkennen, oder sie haben – bei den Fliegen – die Gestalt von sogenannten Tönnchen.

Mücken: Grazile Zweiflügler

Die Mücken zeichnen sich durch einen besonders feinen Körperbau, durch lange Beine und lange, gegliederte Fühler aus. Ihre Larven lassen einen deutlichen Kopfabschnitt erkennen, der bereits Fühler und Augen trägt. Sehr große, aber nicht stechende Formen sind die Schnaken (Tipulidae), darunter die bekannten langbeinigen Kohlschnaken, die in zahlreichen Arten ebenfalls bereits im Oberjura vorkommen. Wesentlich kleiner und meist etwas kompakter sind die Stechmücken (Culicidae) mit zahlreichen verschiedenen Gattungen. Die Larven der Gallmücken (Cecidomyidae) leben in Pflanzen und erzeugen dort Zellwucherungen (»Gallen«) und andere Mißbildungen. Die im Wasser lebenden, sehr beweglichen Larven der Zuckmücken (Chironomidae) sind deutlich rot gefärbt, denn ihr Blut enthält den bekannten Blutfarbstoff Hämoglobin. Weit verbreitet ist auch die Familie der Kriebelmücken (Simuliidae).

Fliegen weltweit verbreitet

Die teils von pflanzlicher, teils von tierischer Nahrung lebenden Fliegen sind wesentlich gedrungener gebaut als die Mücken. Typisch sind die sehr kurzen, dreigegliederten Fühler. Ihre als Maden bekannten Larven sind beinlos und zeigen keinen besonderen Kopfabschnitt. Je nachdem, ob das ausgereifte Insekt die charakteristische Tönnchenpuppe entlang einer T-förmigen Bruchlinie oder einer bogenförmigen Naht sprengt, unterscheidet man zwischen Orthorhapha und Cyclorhapha. Heute sind mehr als 50 000 Fliegenarten bekannt.

Hochbeinigkeit ist ein Charakteristikum der Mükkenarten. Den feingliedrigen Insekten gestattet dieser Körperbau, ihren Saugrüssel in eine stechbereite, senkrechte Position zu bringen.

Die Fleischfliege Sarcophaga carnaria in Frontansicht. Alle Zweiflügler zeichnen sich durch recht große Facettenaugen aus. Unter ihnen sind die komplizierten Mundwerkzeuge der Fliege zu erkennen.

Die Große oder Gemeine Stubenfliege (Musca domestica) ist etwa 1 cm lang. Charakteristisches Merkmal des heute weltweit verbreiteten Insekts sind vier dunkle Längsstreifen auf dem Rücken.

Vielseitig spezialisierte Gliedmaßen bei den Insekten

Mit dem Auftreten der Zweiflügler (→ S. 232) zeigt sich in Form der zu Schwingkölbchen umgewandelten Hinterflügel eine erstaunliche neue Spezialisierung von Gliedmaßen. Aber auch die übrigen Gliedmaßen der Insekten sind in vielfacher Hinsicht bemerkenswert.

Im Gegensatz zu anderen Gliederfüßern trägt der als einheitliche Kapsel ausgebildete Insektenkopf ein Paar Fühler und drei Paar Mundgliedmaßen. Die letzteren bestehen aus einem Paar Oberkiefer (Mandibeln), einem Paar Unterkiefer (erste Maxillen) und der sogenannten Unterlippe (zweite Maxillen oder Labium). An die sehr unterschiedliche Ernährungsweise der verschiedenen Insektenformen passen sich die Mundwerkzeuge durch außerordentlich vielfältige Bildungen an: Als beißende, stechende, saugende oder leckende Organe.

Die Brust trägt den Bewegungsapparat der Insekten, der aus drei Beinpaaren und ein oder zwei Flügelpaaren (in seltenen Fällen auch gar keine) besteht.

Typisch ist die Gliederung der Beine, wobei man die einzelnen Abschnitte in Anlehnung an die Anatomie höherer Tiere als Hüfte (Coxa), Schenkelring (Trochanter), Schaufel (Femur), Schiene (Tibia) und Fuß (Tarsus) bezeichnet. Der Fuß setzt sich meist aus fünf Fußgliedern zusammen, deren Endglieder zwei bewegliche Klauen tragen. Je nach Lebens- und Fortbewegungsart können die Beine als Lauf-, Sprung-, Schwimm-, Grab-, Raubbeine usw. ausgebildet sein. Die Flügel sind flächig entwickelte Hautausstülpungen. Sie bestehen jeweils aus zwei miteinander verklebten Häuten, die von stark chitinisierten Adern oder Rippen aufgespannt werden. In diesen Rippen fließt nicht nur das Blut, hier verlaufen auch die dem Gasaustausch dienenden Tracheen und die Nerven. In Zusammenhang mit der großen Beweglichkeit der Flügel ist die Muskulatur der Insekten hoch entwickelt und vielfach gegliedert. Die Flugmuskeln setzen selten direkt an den Flügelwurzeln an. Eine Ausnahme bilden z. B. die Libellen, die über sogenannte direkte Flugmuskeln verfügen. Bei den meisten Insekten sind die Flugmuskeln dagegen »indirekte« Muskeln, d. h. sie durchziehen den Brustabschnitt und bewegen die Flügel dadurch, daß sie die Brust zusammendrücken.

Dem komplexen Bewegungsapparat entspricht ein sehr hoch entwickeltes Nervensystem. Es ist ein typisches sogenanntes Strickleiternervensystem aus Hirn und zwei Bauchmarksträngen. Das Bauchmark gliedert sich meist in zahlreiche Nervenknoten (Ganglien).

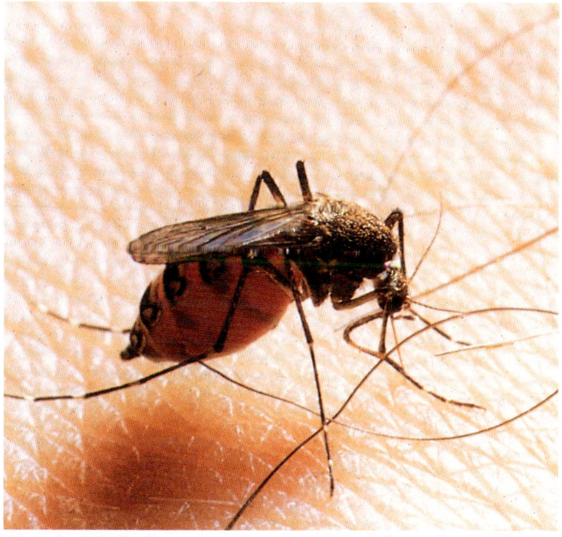

Nur die Weibchen der Gemeinen Stechmücke, Culex pipiens, sind Blutsauger. Die Männchen sind Vegetarier. Sie nehmen Wasser und Pflanzensäfte zu sich.

Fossiler Insektenflügel aus dem Lias von Salzgitter, der im Tagebergbau gefunden wurde; die Äderung läßt vermuten, daß es sich um einen Libellenflügel handelt.

Ohrwürmer mit komplizierten Faltflügeln

210–184 Mio. Erstmals erscheinen unter den Insekten die Ohrwürmer. Sie bilden die neue Ordnung Dermaptera. Allerdings sind entsprechende Funde im Lias noch selten.
Typisch für die Ohrwürmer sind die verkürzten Vorderflügel, unter denen die Hinterflügel auf komplizierte Weise längs- und quergefaltet verborgen werden können. Von ihrem Flugvermögen machen die Ohrwürmer allerdings nur selten Gebrauch. Manche Arten sind auch völlig flügellos. Charakteristisch ist außerdem der lange Hinterleib, der durch eine deutliche Gliederung in eine größere Zahl von Segmenten auffällt und in zwei kräftigen Zangen (Ceri) endet. Die Brustpartie ist zweigeteilt, und zwar in einen hinteren, die Segmente mit den Flügelpaaren und den beiden hinteren Beinpaaren tragenden Abschnitt und einen schildförmigen vorderen Abschnitt, dem das vordere Beinpaar entspringt. Die am Kopf ansetzenden Fühler sind seitlich nach hinten gebogen und sehr lang. Meist reichen sie bis zum Ansatz des Hinterleibs. Sie sind deutlich gegliedert.
Als dämmerungs- und nachtaktive Tiere verbergen sich die Ohrwürmer tagsüber meist – zuweilen in größeren Ansammlungen – unter Steinen und Holzstücken oder hinter der Rinde von Bäumen usw. Die Ohrwürmer gehören zu den Insekten, die, obwohl nicht staatenbildend, intensive Brutpflege betreiben. Dabei bewachen die Weibchen nicht nur ihre Eier, sie kümmern sich auch um die ersten Larvenstadien.

Ohrwurm-Larve aus dem eozänen Bernstein: Schon an der Larve läßt sich der Körperbau des späteren, geschlechtsreifen Insekts (Imago) erkennen. Das vordere Flügelpaar ist in eine Flügeldecke umgeformt, unter die die hinteren Flügel eingefaltet werden. Die schwanzähnlichen Fortsätze sind in Schwanzzangen von unbekannter Funktion umgebildet.

Chitinpanzer als Körperschutz

Die Insekten (→ S. 232/233 und links) bauen die äußere Schicht ihres Körpers aus Chitin auf. Seiner chemischen Zusammensetzung nach ist das ein stickstoffhaltiges Kohlehydrat (Aminopolysaccharid), das sehr widerstandsfähig gegen Verdauungssäfte (Enzyme) ist.
Dieses Chitin wird von den Deckgewebszellen der Insekten als geschlossene Schicht nach außen abgeschieden. Das kann in Form dünner und zarter Häute geschehen. Die Schicht kann aber auch in mehreren Lagen, also geschichtet, ausgebildet sein und auf diese Weise eine beträchtliche Stärke erreichen.
Man nennt derartige Schutzpanzer Cuticula. Dieser Cuticula, bei den Insekten also dem Chitinpanzer, kommt einmal die Funktion der Festigung des Körpers beim Fehlen eines inneren Skeletts zu, gleichzeitig ist sie aber auch ein Schutz der weichen inneren Organe.

Ammoniten und andere Leitfossilien

210–140 Mio. Viele der bedeutendsten Leitfossilien des Juras sind Meerestiere, denn das Meer spielt in dieser Zeit als Lebensraum weiterhin eine große Rolle. Wichtig sind zunächst einmal die Foraminiferen (→ 360–290 Mio./S. 151) und die Ostracoden mit zahlreichen neuen Arten. Stratigraphisch aussagekräftig sind auch die Muscheln mit Gattungen wie Posidonia, Gryphaea und Trigonia. Nach Posidonomya bronni ist z. B. der Posidonienschiefer (→ 188–184 Mio./S. 227) benannt. Die Muschel Meleagrinella echinata tritt im Dogger (184–160 Mio.) gesteinsbildend auf. Zahlreiche charakteristische Formen zeigen die Austern (Ostreidae). Unter den Schnekken bewähren sich die Nerineen wegen ihres raschen Gestaltwandels als Leitfossilien. Daneben sind die durch ihre Größe und Dickschaligkeit auffallenden Pterocera oceani und Harpagodes charakteristisch.
Die bei weitem wichtigsten der Leitfossilien des Jura sind unter den Ammoniten zu suchen. Ihre sogenannten jungen Formen entwickeln in dieser Zeit einen ungeheuren Artenreichtum mit starker zeitlicher Bindung zahlreicher Skulpturelemente ihrer Gehäuse.
Gleichfalls bedeutend ist die Kopffüßergruppe der Belemniten, besonders die im Unter- und Mitteldogger verbreitete Art Megatheutis giganteus mit bis zu 1,5 m großen Rostren (den keulenförmigen Innenskelettüberresten).
Unter den Wirbeltieren sind vor allem die Meeressaurier und Fischsaurier sowie die Dinosaurier und Flugsaurier bezeichnend.
Ein wichtiges Fossil ist der Urvogel Archaeopteryx (→ 150 Mio./S. 263).

Ammonit der Gattung Arietites aus dem Unterjura: Die Gattung liefert für diese Zeit eine Reihe zuverlässiger Leitfossilien.

Aussterbende Tierordnungen

Um 184 Mio. Gegen Ende des Lias stirbt eine Reihe von Tierordnungen und -unterordnungen aus. Unter den Armfüßern verschwinden die Ordnungen Spiriferida (→ S. 80) und Strophomenida (→ S. 80), die sich beide für das Ordovizium nachweisen lassen.
Die Kopffüßer werden um die Ordnung Aulacocerida ärmer. Sie gehörten zur Unterklasse der Coleoidea, zu der heute noch die Sepien sowie Oktopusarten zählen und die im Jura vor allem durch die Belemniten vertreten sind. Die Aulacocerida waren sehr primitive Formen und glichen äußerlich den Belemniten.
Mit dem Aussterben der Unterordnung Theriodontia erlöschen zugleich die Ordnung Therapsida (→ 270–250 Mio./S. 190) und die Unterklasse Synapsida, also die säugetierähnlichen Reptilien. Auch die erst Ende der Trias erschienenen langschwänzigen Flugsaurier (Rhamphorhynchoidea, → 230–210 Mio./ S. 216) überleben das Ende des Lias nicht. Sie werden durch kurzschwänzige Flugsaurier abgelöst.

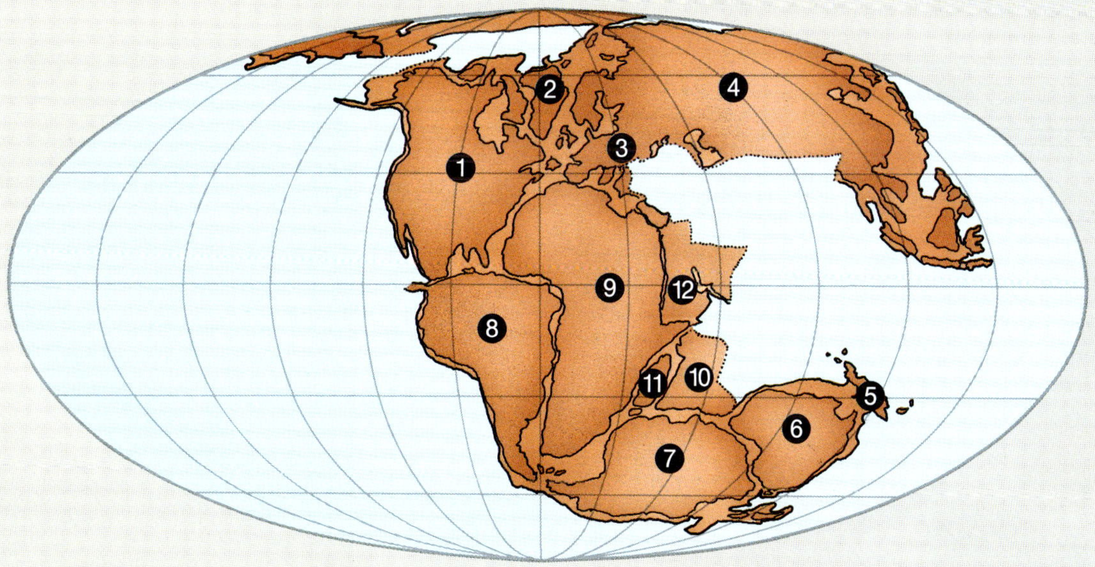

Äußerlich noch immer geschlossen, ist der Großkontinent Pangaea innerlich stark zerrissen. Das trifft in besonderem Maße auf die südlichen Landmassen zu. Bedeutende Grabenbruchsysteme öffnen sich vor allem dort, wo Südamerika (8), Afrika (9) und Antarktika (7) zusammenstoßen, zum anderen im Grenzbereich von Nordamerika (1), Afrika und Europa (3). Auch zwischen Afrika und Madagaskar (11) mit Indien (10) sowie Madagaskar/Indien und Australien (6) bereiten sich Trennungen vor. Fest verbunden bleiben zunächst noch Australien mit Neuguinea (5), Arabien (12) mit Afrika, Grönland (2) mit Nordamerika und Europa mit Asien (4). Im Norden sind arktische Inseln von Pangaea getrennt.

184-160 Mio.

Der Dogger

184–160 Mio. Das Klima ist weltweit ausgeglichen und mild. Auch die Polargebiete sind eisfrei. → S. 236

Weltweit bestimmen ausgedehnte Geosynklinalen (→ S. 29) die Gestalt der Erdkruste. Zwei folgenreiche Systeme werden durch sie gebildet: Das der Tethys (»Urmittelmeer«, S. 161) und ein Gürtel aus Sedimentströgen, der den West- und Ostrand des Pazifiks umgibt. Bedeutende Meereströge befinden sich im Alpen-Atlas-Mittelmeerbereich, im Himalaja, im Gebiet der Ostindischen Inseln und im Inneren Persiens. → S. 237

Die Südkontinente, bis auf die Trennung von Südamerika und Afrika noch weitgehend im Gondwana-Komplex zusammengefaßt, driften bei gleichzeitiger geringer Drehung im Uhrzeigersinn leicht südwärts. → S. 237

Intensive Sedimentbildung herrscht in den Jurameeren des asiatischen Raums. Dies betrifft vor allem die Sibirische Tafel und den Kaukasus; in diesen Regionen lagern sich mehrere Kilometer mächtige Schichten ab. → S. 237

In Südjakutien und in den Becken von Irkutsk und Kamsk bilden sich große Lager von Stein- und Sapropelkohle. → S. 238

Eine reichhaltige Florengemeinschaft gedeiht in der Antarktis im Gebiet von Graham-Land. Nadelbäume und Farne bestimmen die üppige Vegetation dieser südlichen Erdregion ebenso wie die der nördlichen Hemisphäre. Hierdurch zeichnet sich eine weltweite Entwicklung hin zu einem einheitlichen Charakter der Flora ab. → S. 242

Erstmals läßt sich die Existenz von Bedecktsamern nachweisen. Aus der Jurazeit überlieferte Pollen dienen als Beweis für das Vorkommen dieser Gewächse, die mit einem Fruchtknoten, der die Samen einschließt, ausgestattet sind. → S. 243

Dinoflagellaten oder Peridineen, planktonisch lebende Einzeller aus dem Stamm Monadophyta, leben in Mengen im Süß- und besonders im Salzwasser. Die 8 bis 450 µm großen Organismen besitzen eine Panzerung aus Zellulose-, Kalk- oder Kieselplatten. → S. 244

Mit Vertretern der Ordnung Eupantotheria erscheinen frühe Säugetiere, die als Vorfahren der meisten modernen Säuger wie auch der Beuteltiere gelten. → S. 244

In den Meeren sind Arten der Moostierchenordnung Cheilostomata verbreitet. Ihre Vertreter, kleine Organismen mit kalkigem oder chitinigem Skelett, leben in Kolonien auf dem Meeresboden. → S. 244

184–150 Mio. Ein frühes, noch sehr primitives Säugetier, Triconodon mordax (Ordnung Triconodonta), von nur 4,5 cm Länge lebt in Westeuropa. Die winzigen, 10 bis 20 g leichten Triconodonta sind nach ihren typischen Zähnen so benannt. Ihre Zahnstruktur besteht aus drei Kegeln oder Konen: Einem Hauptkegel und vor und hinter diesem jeweils einem Nebenkegel von geringerer Höhe. In der Unterkreide (140–97 Mio.) sterben die Triconodonten – wahrscheinlich ohne Nachkommen – aus. → S. 245

184–140 Mio. Das Meer dehnt sich in Form weiter flacher Binnenmeere und Lagunen über große Gebiete der Kontinente aus. Ein besonders großes Epikontinentalmeer greift vom Urmittelmeer Tethys auf Zentralarabien und Madagaskar über. Das europäische Epikontinentalmeer untergliedert sich in mehrere großräumige Senkungszonen. Besonders bedeutend ist die Norddeutsch-Polnische Senke.

Der südliche Atlantik entwickelt sich von einer breiten Grabenzone zu Beginn des Juras zu einem weiten Ozean. Die Konsequenz ist ein Auseinanderdriften Afrikas und Südamerikas.

Das Meer bei Schottland hat Oberflächen-Wassertemperaturen von 17 bis 23 °C. An Frankreichs Westküste liegen die Werte bei 20 bis 21 °C.

In weiten Teilen Europas (besonders in Südfrankreich, im Harzvorland, in Ungarn und im Ural) bilden sich z. T. bedeutende Bauxitlager. Bauxit, ein Aluminiumerz, ist als Tonerdehydrat ein Produkt extremer allitischer Verwitterung auf dem Festland. Als allitisch bezeichnet man Verwitterungsprozesse in halbfeuchtem (semihumidem) bis halbtrockenem (semiaridem) Klima. → S. 238

Gips und Salz (Evaporite) lagern sich in den Anden ab. Das spricht für ein ausgeprägt trockenes und heißes Klima in dieser lagunären Region. Bedeutende Steinsalzablagerungen bilden sich ebenfalls durch trockene Hitze bedingt in Ostafrika (Tansania).

Eine sehr ausgedehnte Riffkette begleitet die japanischen Inseln auf fast ihrer gesamte Länge. Sie baut sich weniger aus Korallenkalken als aus den Kalkskeletten von Stromatoporen, einer Schwammgruppe, auf. Der Kalkreichtum dieses Meeresgebietes zeugt von warmem Wasser, das durch einen vom Äquator nordwärts streichenden Meeresstrom mitgeführt wird. → S. 239

In den Schelfmeeren entwickeln sich – wie schon seit Beginn des Juras – sogenannte Hartgründe in Form von Carbonatplattformen. Sie entstehen weniger durch Riffbildung als durch Absatz und Verfestigung von zerriebenem Kalk und Schlämmen zu meist feinkörnigen, lagigen Bänken aus Kalkgestein. Diese Verfestigung unter dem Druck immer neuer Sedimentschichten geht bisweilen mit einem starken Volumenverlust einher.

Im Kaukasus lagern sich Sedimente von vielen Kilometern Mächtigkeit ab. In Lias, Dogger und Malm zusammengenommen entstehen hier mit rund 15 km Stärke die mächtigsten Jurasedimente der Welt. Mehrere Kilometer mächtige Sedimente entstehen auf der Sibirischen Platte und an vielen anderen Stellen der Welt.

Weltweit ist – im Bereich der Randgebiete von Sedimenttrögen (Geosynklinalen) – schwacher Vulkanismus zu verzeichnen. Ausgeprägter sind plutonische Erscheinungen, bei denen die glutzähen Magmen zwar von unten in die Erdkruste eindringen, diese aber nicht durchstoßen. Damit verbunden sind regional – in der Nähe heißer Magmaherde – hydrothermale Erzbildungen (→ S. 86) auf den Meeresböden. Heftiger Vulkanismus herrscht dagegen im Taurus-Gebirge und im Westen Nordamerikas.

Der Alpenraum und die Karpaten weisen eine ausgeprägte Feingliederung in Becken und Schwellen auf.

In den typischen Plattenkalk-Ablagerungen der in Süddeutschland verbreiteten Lagunen bilden sich häufig Dendriten. Diese anorganischen Niederschläge von Mangan- und Eisenoxiden und -hydroxiden auf Schichtflächen und Klüften sehen durch ihre feine bäumchenförmige Verästelung Fossilien von Moosen u. ä. täuschend ähnlich und werden von Laien oft für Fossilien gehalten. → S. 238

180 Mio. Aus dieser Zeit stammen die ältesten heute noch existierenden Meeresböden. → S. 240

171–162 Mio. Es herrscht eine geomagnetische Periode mit vorwiegend normaler, d. h. den heutigen Verhältnissen entsprechender Polung.

170–160 Mio. Weiträumige Geländehebungen bilden sich im Bereich der heutigen Nordsee, der dänischen Inseln und der südlichen Ostsee, wobei das sogenannte Kimbrische Festland aus dem Jurameer auftaucht. Darüber hinaus entsteht eine Verbindung zwischen dem Moskauer Becken und dem mitteleuropäischen Jurameer. → S. 236

166–160 Mio. Geländesenkungen in den Ostalpen führen zu einer Nivellierung der bisher in verschiedene Becken und Schwellen untergliederten Region. → S. 237

166–154 Mio. Im Südwesten Englands sedimentiert im Oberjura der sogenannte Oxford Clay, ein feinkörniges toniges und z. T. bituminöses (fett- und harzhaltiges) Gestein, in dem zahlreiche Fossilien von Meeresreptilien und Fischen erhalten bleiben. → S. 239

Juralandschaft in Mitteleuropa. Neben Flachmeeren und ihren sandigen Gestaden gibt es in den ausgedehnten Ebenen im Herzen des Kontinents weite Sumpf- und Waldlandschaften. Häufig sind in die dichten Wälder kleinere und größere Süßwasserseen eingesprengt. Bevölkert wird diese Florenwelt mit ihren charakteristischen Baumarten vorwiegend von Insekten, Amphibien, Reptilien unterschiedlichster Größenordnungen und primitiven Säugern. Den Luftraum bewohnen Flugsaurier und Urvögel. Die Gewässer schließlich sind reich an Fischen und wirbellosen Tieren.

Subtropische Pflanzen in hohen geographischen Breiten

184–160 Mio. Eine globale klimatische Entwicklung, die bereits gegen Ende der Trias (Rhät, 218–210 Mio.) begann, setzt sich fort: Das Klima wird immer ausgeglichener.
Warm war es schon seit Beginn des Mesozoikums vor 250 Jahrmillionen auf der Erde. Aber es herrschten dennoch ausgeprägte Klimazonen. Im äquatorialen Bereich bestanden tropische Verhältnisse; in den Polarregionen hatte das Klima borealen Charakter, d. h. es war kühl und feucht, wenngleich frei von Vereisungen. Zwischen diese beiden Bereiche schob sich sowohl auf der Nord- wie auf der Südhalbkugel jeweils ein breiter Trockengürtel mit ausgeprägtem Wüstenklima. Diese Dreiteilung verschwimmt im Jura zunehmend, und während des Doggers ist das Klima weltweit bereits stark ausgeglichen. Dabei fällt besonders auf, wie weit eine subtropisch-gemäßigte Flora in hohe geographische Breiten vorstößt. Im Dogger von Graham-Land (heute 63 ° Süd) beispielsweise gedeiht eine Pflanzengemeinschaft mit zahlreichen Farnarten, Cycadophyten und Koniferen, ganz ähnlich der, die man zur selben Zeit etwa in Australien, Indien oder England findet.
Die klimatische Ausgeglichenheit hängt aber nicht etwa damit zusammen, daß die milden nördlichen und südlichen Gebiete eine niedrigere geographische Breite besitzen als heute. In Europa und Nordamerika ist sogar das Gegenteil der Fall.

Ausdehnung des Jurameers in Deutschland

170–160 Mio. Gegen Ende des Mitteljuras sind Hebungen im Bereich der heutigen Nordsee, der Dänischen Inseln und der südlichen Ostsee nachweisbar. Das sogenannte kimbrische Festland taucht auf. Mit diesem Prozeß sind auch andere Veränderungen im Jurameer verbunden. Im östlichen Norddeutschland weitet es sich nach Osten aus. Die zuvor trockene Baltische Senke verwandelt sich in eine Wasserstraße und schafft eine Verbindung des mitteleuropäischen Jurameers mit dem Moskauer Becken. In Süddeutschland entsteht die sogenannte Regensburger Meeresstraße und trennt die Vindelizische Schwelle (→ 210–184 Mio./S. 226) vom Böhmischen Massiv ab.
Vor rund 160 Jahrmillionen hebt sich das Mitteldeutsche Land und taucht aus dem Flachmeer auf. Spessart, Rhön und Thüringer Wald werden dabei zu Festlandgebieten. Die gesamte aufsteigende Region erstreckt sich vom Pfälzer Wald im Westen fast bis zum Böhmischen Massiv im Osten.

An die Gestade des Jurameers schließen sich in der flachen Landschaft oft ausgedehnte Sumpflandschaften an, vergleichbar mit den Sumpfgebieten der Everglades (Bild) in Florida. Da sich auch die klimatischen Verhältnisse ähneln, gedeiht hier wie dort üppige Sumpfwaldflora.

Gondwanakomplex wandert südwärts

184–160 Mio. Gegenüber den geographischen Verhältnissen im Unterjura (210–184 Mio.) läßt sich eine Südverschiebung der Gondwana-Kontinente beobachten.
Verlief noch im Unterjura der Äquator etwa durch den südlichen Persischen Golf, so liegt jetzt bereits der gesamte Persische Golf südlich des Äquators.
Eine gleichzeitige Drehbewegung der Landmassen sorgt allerdings dafür, daß die zuvor äquatoriale Region von Panama jetzt etwas nach Norden wandert. Dafür verschieben sich die östlichen kontinentalen Platten Gondwanas aber deutlich nach Süden, vor allem Madagaskar, Vorderindien, Antarktis und Australien sowie Neuseeland und Neuguinea, und zwar – je nach Region – um 10 bis 20 Breitengrade.

Geländesenkung in den Ostalpen

166–160 Mio. Während im Unter- und Mitteljura (210–160) der Alpenraum stark untergliedert ist, sich also in zahlreiche Becken und Schwellen aufteilt, beginnt jetzt eine großräumige und kräftige Einsenkung in den Ostalpen. Diese Nivellierung der Niveauunterschiede erfaßt bald auch die Südalpen.
Hatten bisher mächtige sandig-tonig-karbonatische (sogenannte terrigene) Sedimente die Becken in den Alpen gefüllt, und waren auf den Schwellen vor allem geringmächtige Brachiopoden- und Crinoidenkalke und z. T. auch Riffe angewachsen, so setzt jetzt in den Ost- und Südalpen eine bevorzugte Bildung von sogenannten »Radiolariten« ein. Radiolarit ist als Sediment für tiefere Meeresgebiete charakteristisch, was also durchaus den alpinen Geländesenkungen in dieser Zeit entspricht. Es ist ein kieseliges Sediment, das sich aus den strahligen Skeletten unzähliger im Plankton der offenen Meere lebenden »Strahlentierchen« oder Radiolarien (→ 590 Mio./S. 57) aufbaut.

Sedimentbildung im asiatischen Raum

184–160 Mio. In verschiedenen Gebieten der Jurameere herrscht besonders intensive Sedimentbildung. Das trifft vor allem auf den asiatischen Raum zu und hier wiederum in erster Linie auf den Kaukasus und auf die Sibirische Tafel. In beiden Regionen setzten die Ablagerungen bereits im Lias (210–184 Mio.), z. T. sogar schon in der Trias (250–210 Mio.) ein.
Der Kaukasus selbst weist mit über 15 km Mächtigkeit die gewaltigsten aller Juraprofile der Erde auf. Dabei wechseln zunächst marine Folgen mit Festlandsedimenten im Dogger (Grestener Fazies) ab. In dieser Zeit existieren flache Sümpfe im Kaukasus, in denen eine reiche Vegetation gedeiht, denn es kommt hier auch zur Entstehung von Kohlenflözen.
Auf der Sibirischen Tafel setzt sich die Meeressedimentation aus der Trias und dem Lias ungestört fort. Hier lagern sich in einem weiten Epikontinentalbecken mehrere tausend Meter mächtige Schichten ab, die besonders im Dogger ebenfalls ausgedehnte Kohleflöze führen. Dazu gehören im Süden die Kohlenbecken von Irkutsk und Kansk mit Stein- und Sapropelkohlen (Sapropel = Faulschlamm) und die südjakutischen Kohlenbecken mit bedeutenden Steinkohleflözen in sandig-tonigen kontinentalen Formationen. Diese Kohlenbildungen weisen darauf hin, daß zumindest in den genannten Regionen auch das Flachmeer zeitweise weitgehend ausgetrocknet ist, so daß sich in sehr flachen Lagunen und Brackwasserzonen oder in Sümpfen vorübergehend eine reiche Vegetation ansiedeln und es zu Vermoorungen mit Torfbildung kommen kann.

Bedeutende Sedimentablagerungen auf der Sibirischen Tafel stammen aus der Jura-Zeit.

Das warme Jurameer dehnte sich einst dort aus, wo sich heute die weite sibirische Tundra erstreckt.

Überflutungen in Norddeutschland

184–160 Mio. Die sogenannte Norddeutsch-Polnische Senke ist innerhalb des weiten mitteleuropäischen Jurameers von zentraler Bedeutung. Während der vorausgehenden Obertrias war das Land hier flach und besaß den Charakter ausgedehnter Flußdelta-Landschaften und seichter Lagunen.
Schon gegen Ende der Trias (Rät) brach das Meer in diese Senke ein, die jetzt eine Wasserverbindung vom Pariser Becken und Englischen Becken bis zum Tethys-Geosynklinalmeer (→ S. 143) im Süden herstellt. Sein Maximum erreicht dieser Meereseinbruch erst mit dem Beginn des Doggers. Zu dieser Zeit ist auch der Südteil der Dänisch-Polnischen Senke überflutet. Jetzt kommt es zu lokalen Bewegungen des Untergrundes, die nicht tektonischer Natur sind, sondern sich als Folge des Dichteunterschieds von permischen Salzlagern und Deckgebirge im Boden oder durch Unterschiede im hydrostatischen Druck zwischen benachbarten Teilen eines Salzlagers erklären lassen.

Meeresträge sind weltweit verbreitet

184–160 Mio. Zwei bedeutende Geosynklinalsysteme (→ S. 29) bestimmen weltweit das Bild der Erde: Das System der Tethys (des »Urmittelmeers«) und der Geosynklinalgürtel rings um den Pazifik. Die Tethys-Geosynklinale schließt sich im Süden an die Flachmeere auf der europäisch-asiatischen Landmasse an. Gegenüber dem vorhergehenden Lias hat sich dieser Meerestrog noch wesentlich erweitert. Er reicht jetzt bis in den westlichen Mittelmeerraum und bezieht das südspanische und nordafrikanische sowie das Pyrenäengebiet mit ein. Im Südosten setzt er sich zunächst in der Karpaten- und der Dinariden-Geosynklinalen fort. Weiter schließen sich die Meeresträge des Kaukasus, des Taurus-Gebirges, der verschiedenen innerpersischen Gebirge, des Pamir, des Himalaya und des ostindischen Inselgebiets an.
Das pazifische Geosynklinalsystem umfaßt einen Meerestrog am Ostrand der Sibirischen Tafel, einen weiteren längs der Westküste des Kanadischen Schildes und einen vor der südamerikanischen Westküste.

Wo Kontinentalplatten auseinanderdriften, ist die Erdkruste dünn und in Bewegung. In Gebieten, in denen sie kollidieren, kommt es – wie hier im pazifischen Feuergürtel – zu heftigem Vulkanismus. So ist der Geosynklinalgürtel um den Pazifik zugleich eine Zone häufiger Vulkanausbrüche.

Bauxitvorkommen reichen von Frankreich bis in den Ural

184–140 Mio. In verschiedenen Gebieten Europas entstehen bedeutende Bauxit-Lager, so in Südfrankreich, im Harzvorland, in Ungarn, der Herzogowina und im Ural. Bauxit, chemisch gesehen das Aluminiumoxid Al_2O_3, bildet sich in tropischem Klima, vor allem bei jährlichem Wechsel von ausgeprägten Trocken- und Regenzeiten. Oft kommt es zusammen mit Eisen-Mangan-Verwitterungslagerstätten und Bohnerzen – das sind kleine schalig-knollige Brauneisenerzkonkretionen – vor. Werden Kalk oder Kieselsäure durch chemische Verwitterung aus einem Gestein gelöst, so bleiben Eisen, Mangan, Tonerde, Nickel usw. als Oxide oder Hydroxide und z. T. auch als wasserhaltige Silikate an der Oberfläche zurück. Auf diese Weise entstehen Verwitterungslagerstätten von mehreren Metern Mächtigkeit, wobei das Erz nach unten meist in das Ausgangsgestein übergeht.

Im Bezirk von Belgorod in der UdSSR wird heute im Tagebergbau Bauxit gewonnen. Die bedeutenden Lagerstätten entstanden im Mittel- und Oberjura.

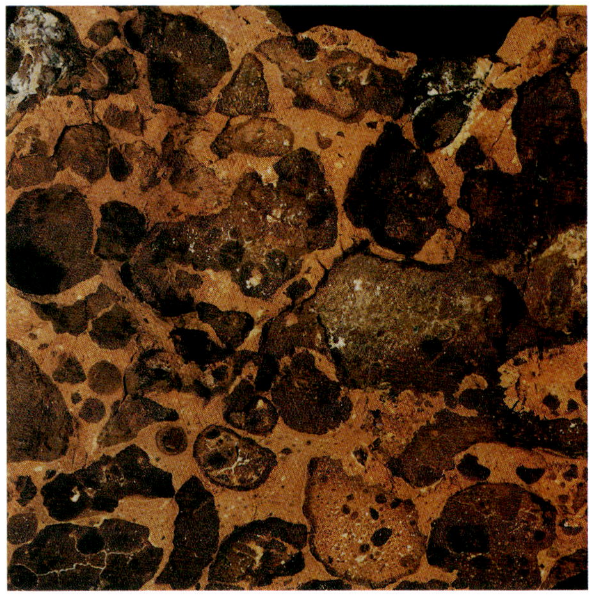

Bauxit aus Surinam; während des tropischen Klimas der Jura-Zeit entstanden die riesigen Aluminiumoxid-Lager, die seit 1916 abgebaut werden.

Unter Geologen umstritten ist die Frage nach der Entstehung von Bauxit. Viele hielten – und halten z. T. auch heute noch – die Bauxitlagerstätten auf Kalk, wie sie etwa in Südfrankreich (Les Baux) vorkommen, für solche Rückstände chemischer Kalkverwitterung. Nun enthält aber der als Ausgangsgestein in Frage kommende Kalk in der Regel nur so geringe Mengen an Tonerde (und Eisenoxid), daß diese als Lösungsrückstände nicht die tatsächlichen Bauxitlager (mit Ausnahme einiger Kalkbauxite) liefern können. Zudem finden sich in vielen Bauxiten u. a. Chrom und Nickel als Spurenelemente, und diese kommen im Kalk nicht vor. Die Bauxite entstehen also schwerlich durch chemische Verwitterung aus Kalk.

Man hält sie heute im allgemeinen für Verwitterungsprodukte von silikatischen Gesteinen mit hohem Mineralienanteil. Fortgespült von ihrem Entstehungsort lagern diese sich in den zerklüfteten Karstformen einer erodierten Kalkoberfläche ab und werden dort bei höherem pH-Wert zu Bauxit hydrolisiert. Als Silikatgestein kommen dabei je nach Region durchaus verschiedene Gesteine in Frage: Vulkanische Lockermassen (Tuffe), Serpentinite oder Schiefer benachbarter Gebirge bzw. Ablagerungsräume.

Moosähnliche Scheinversteinerungen

184–140 Mio. Auf den Schicht- und Kluftflächen der plattenförmigen Sedimente im Jura Süddeutschlands finden sich häufig pflanzen-, vor allem moosähnliche dunkle Gebilde, sogenannte Dendriten (griech. dendros = Baum). Sie wurden in der Anfangszeit der Paläontologie – und von Laien auch heute noch – aufgrund ihres täuschend ähnlichen Aussehens gelegentlich für Fossilien gehalten. Dendriten sind aber rein anorganische Bildungen aus Mangan- und Eisenoxiden und -hydroxiden. Sie entstehen als auf Fugen wachsende bäumchenförmige Mineralabsätze zu allen Zeiten der Erdgeschichte. Mit der Geometrie der Dendriten befaßt sich die junge Wissenschaft der Chaos-Forschung. Sie entwickelt Erklärungsmodelle für das Zustandekommen systematisch beschreibbarer Formen aus ungeordneten dynamischen Systemen. Grundlage für die Entstehung der jeweiligen Dendriten-Form ist aus der Sicht der Chaos-Forscher ein sogenanntes Fraktale. Es handelt sich hierbei um eine Struktur, wie sie in der Natur häufig durch regellose Anlagerung kleinster Teilchen an ein auf diese Weise wachsendes System entsteht. Beispiele dafür sind Ablagerungen von Metallen in elektrolytischen Zellen oder die sogenannten Lichtenberg-Figuren elektrischer Entladungsmuster (z. B. Blitze).

Wie versteinertes Moos sehen diese Dendriten aus den Solnhofener Plattenkalken aus.

Charakteristisch ist u. a. auch, daß ihre Formen nach außen offen – also nicht etwa durch Bogenstrukturen geschlossen – sind. Bei gesteigertem Wachstumsdruck gehen die entstehenden fraktalen Muster in sogenannte dendritische Muster über. Bei diesem Vorgang bilden sich an den Ästchen der Fraktalen dicht an dicht zusätzliche feine Verzweigungen, die das moosähnliche Bild der Dendriten erzeugen.

Steinkohlenlager in Südjakutien

184–160 Mio. In Südjakutien entstehen ausgedehnte Steinkohlenlager. Ihre Bildung spielt sich in großen flachen Sedimentationsbecken mit sogenannten parageosynklinalem Charakter ab. Parageosynklinal nennen Geologen regionale, aber gleichwohl bedeutende Senkungsvorgänge innerhalb einer Kontinentalscholle. Hier kommt es zu erheblichen Sedimentablagerungen. Auf diese Weise entstehen in Jakutien innerhalb des gesamten Juras mehrere tausend Meter mächtige Sedimente, in denen immer wieder Kohlenflöze eingelagert sind.

Das gesamte System reicht weit über Südjakutien hinaus. Bereits vor 210 Jahrmillionen entstehen in den Kohlenbecken von Irkutsk und Kansk große Kohlenlager, die sich auch im Dogger weiter auffüllen. Gegen Ende des Doggers (um 160 Mio.) setzt dann in der Wiljui-Senke eine bedeutende Steinkohlenbildung ein.

Gewaltige Riffkette begleitet die Japanischen Inseln

184–140 Mio. Eine ausgedehnte Riffkette begleitet die Japanischen Inseln auf fast ihre gesamte Länge. In ihren Ausmaßen ist sie dem Großen Barriereriff vor dem heutigen Australien vergleichbar, doch unterscheidet sie sich im Aufbau von diesem. Wird das Riff vor Australien in erster Linie von Korallenbänken gebildet, so setzt sich das Riff längs der Japanischen Inseln vorwiegend aus den Kalkskeletten von Schwammgruppen (Stromatoporen) zusammen. Die Skelette der Individuen dieser Schwammordnung bestehen aus parallel und senkrecht zur Oberfläche angeordneten Elementen (Laminae und Pilae) und zusätzlich aus Röhrchen, Kanälen und Höckern. In Kolonien treten sie zu Stöcken bis 1 m Dicke und 2 m Durchmesser auf. Die Form dieser Kalkgebilde ist massig, knollig, pilzförmig oder lamellar sowie ästig verzweigt.

Wie die Korallen lieben auch die Stromatoporen warmes Wasser und liefern damit einen Hinweis auf tropisches Meeresklima. Solches Klima herrscht in dieser Zeit generell in der Tethys, dem »Urmittelmeer«, und ihren Randgebieten. Der Osten liegt wahrscheinlich schon während des Juras im Bereich eines warmen Kuro-Schio-Meeresstromes.

△ Das rezente Korallenriff im Meer vor Okinawa (l. oben) könnte hier auch schon vor mehr als 150 Jahrmillionen existiert haben, denn auch im Jura begleiteten Riffe Japans Inseln. – Die Unterwasseraufnahme (r. oben) aus dem selben Riffgebiet zeigt die Farbenpracht der organogenen Kalklandschaft im Ozean.

◁ Bei der Violetten Hornkoralle, die zur Ordnung Gorgonacea gehört, breiten sich die Fächer mit zunehmendem Wachstum nur in einer Ebene aus. Diese Korallenordnung ist allerdings erst seit der Kreide-Zeit sicher bekannt.

Fossile Meeresfaunareste

166–154 Mio. Im Südwesten Englands lagert sich im Oberjura der sogenannte Oxford Clay ab. Es handelt sich dabei um schlammige Sedimente, die zu tonigen und z. T. bituminösen Gesteinen verbacken. Insbesondere der untere Oxford Clay im Gebiet von Peterborough in Cambridgeshire ist reich an Fossilien von Meeresreptilien und Fischen. Unter den Reptilien sind u. a. Sauropterygier, Ichthyosaurier und Meereskrokodile vertreten.

Die fossilen Reste bleiben bei den speziellen Sedimentationsbedingungen sehr gut erhalten. Der Faulschlamm am Boden des Flachwassers ist sauerstofffrei, so daß keine Verwesung der Weichteile und der Haut eintritt.

Schon im frühen 19. Jahrhundert ist der Oxford Clay, das verfestigte Schlammsediment aus dem Jura, wegen seiner zahlreichen Fossilien ein beliebtes Forschungsobjekt der britischen Gelehrten, wie das zeitgenössische Bild beweist.

Globigerinen bilden Kalk

Um 172 Mio. In den temperierten Meeren, etwa zwischen 30 und 60° nördlicher und südlicher Breite, treten in Massen Globigerinen (lat. globus = Kugel, gerere = tragen) auf. Es sind im oberflächennahen Plankton lebende Foraminiferen (→ 360–290 Mio./S. 151) mit einem gekammerten Kalkskelett.

Die einzelnen Kammern sind mehr oder weniger kugelförmig und besitzen dünne, meist grob perforierte Wände. Sie reihen sich spiralig aneinander, wobei mit fortschreitendem Wachstum die einzelnen Kammern rasch an Größe zunehmen. Die Globigerinen sind stenohalin, d. h. in ihrer Existenz auf die Einhaltung eines engen Spielraums der Salzkonzentration im Meerwasser angewiesen.

Die zu Boden sinkenden Gehäuse abgestorbener Globigerinen bilden am Grund der Ozeane zunächst sogenannte Globigerinenschlämme und bei Verfestigung der Sedimente Globigerinenkalk, der zuweilen in großer Mächtigkeit abgelagert wird. Zur Foraminiferen-Oberfamilie Globigeriniacea zählt neben der Gattung Globigerina auch die weit verbreitete, nahe verwandte Gattung Globigerinoides, die ab dem Tertiär nachgewiesen ist.

Wie drei Kugeln geformt ist dies Exemplar der Gattung Globoconusa (Pfeil zeigt auf die Mundöffnung).

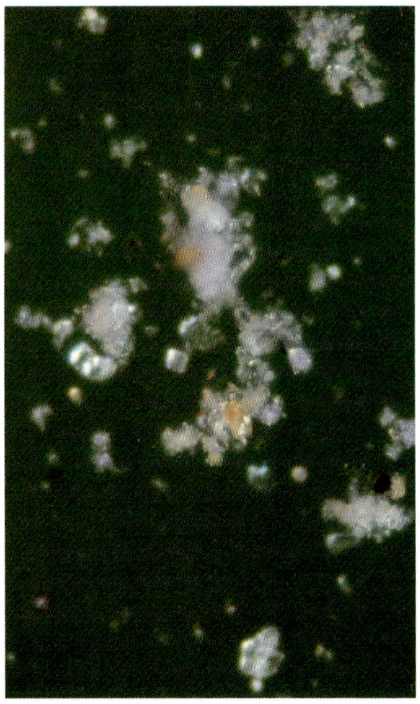
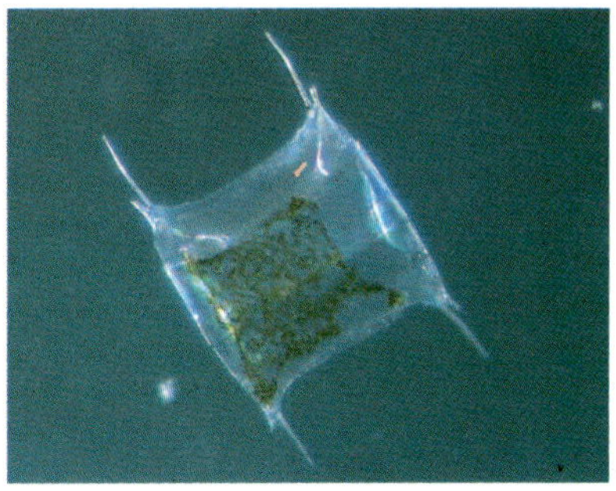
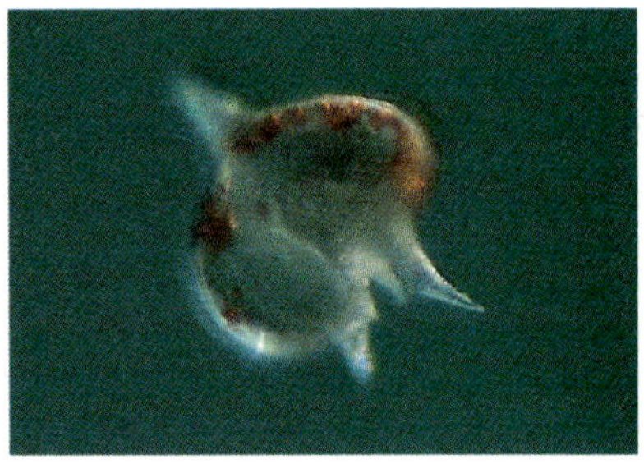
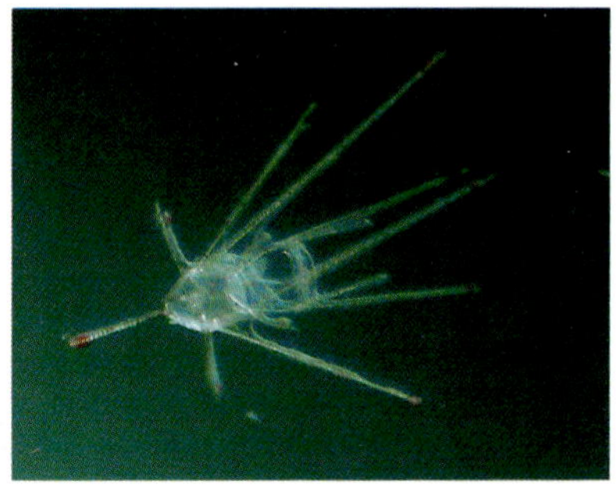

Meeresplankton setzt sich aus einer gewaltigen Vielzahl unterschiedlicher Mikroorganismen zusammen, von denen die obenstehenden Abbildungen nur eine sehr bescheidene Auswahl darstellen. Viele dieser Kleinstlebewesen sind noch nicht einmal so weit erforscht, daß sie im biologischen System einen festen Platz gefunden haben. Planktisch lebende Organismen finden sich auch keineswegs nur in oberflächennahen Gewässern. Manche von ihnen leben in der Tiefsee und dort sogar im Bereich der Meeresbödenneubildung unter hydrosphärischen Extrembedingungen. Die Tiefseeforschung der jüngsten Vergangenheit erbrachte Beweise von der Existenz von Kleinstlebewesen z. B. in unmittelbarer Nähe untermeerischer Vulkane in heißem, säurereichem und fast sauerstofflosem Wasser. Andere Organismen fanden sich sogar im Inneren hydrothermaler Erzlager am Ozeanboden.

In der Tiefsee bilden sich neue ozeanische Krusten

180 Mio. Die ersten noch heute erhaltenen Böden mit ozeanischer Kruste entstehen. Wie durch viele Tiefbohrungen in den Böden der Ozeane bekannt ist, gibt es heute weltweit keinen Meeresboden, der älter als 180 Jahrmillionen ist. Das mag zunächst überraschen, weil sich somit die insgesamt 360 Mio. km² umfassende ozeanische Kruste in dieser erdgeschichtlich relativ kurzen Zeit gebildet haben muß. Da sich die Erde in dieser Zeitspanne sicher nicht so drastisch ausgedehnt hat, daß die neuen Ozeanböden dadurch Platz fanden, müssen zuvor andere Krustenteile verschwunden sein, um den neuen Platz zu machen. Die gängige These geht von einem »Recycling« der Ozeanböden aus.

Im Zentrum der Ozeane, im Bereich der mittelozeanischen Rücken ist die Erdkruste besonders dünn. Das rührt daher, daß sich die Ozeanböden hier ständig ausweiten. Unmittelbar unter dieser dünnen Kruste liegt die Asthenosphäre, eine Zone geringer Materialfestigkeit im oberen Erdmantel. Durch die dort herrschenden hohen Temperaturen von über 1200 °C wölbt sich der feste Meeresgrund oben auf und bildet die mittelozeanischen Rücken. Diese Rücken reißen in ihrer Kammlinie auf. Es entstehen Zentralgräben von meist 25 bis 65 km Breite und 1000 bis 3000 m Tiefe. In den Gräben und zahlreichen parallelen Furchen kommt es zu intensivem basaltischen Vulkanismus. Große Lavenmengen strömen hier aus und bilden fortwährend neuen Meeresboden. Diese neuen Gesteinsschichten gleiten von den mittelozeanischen Rücken beidseits nach außen in tiefere Gewässer, bis sie – meist am Rande der Meere – in die Absink- oder Subduktionszonen gelangen, wo sie sich unter angrenzende Kontinentalschollen schieben und im Bereich des Erdmantels wieder aufgeschmolzen werden. Die Subduktionszonen liegen meist am Rande der Kontinente oder von Inselbögen. Hier entstehen Tiefseegräben von 7000 bis 11 000 m Wassertiefe. Darüber liegt sogar der Meeresspiegel 10 bis 20 m unter Normalnull, denn die Erdanziehung ist hier geringer als normal.

Das Absinken geschieht nicht kontinuierlich, sondern als Lösung von Spannungen, die sich in der Lithosphäre immer wieder aufbauen. Das macht sich als Erdbeben bemerkbar. Bei jedem Beben sinkt der Meeresgrund einige Dezimeter oder auch einige Meter tiefer in den Erdmantel hinein, wo er wieder aufgeschmolzen wird. Wahrscheinlich sinkt das schwere Lithosphärenmaterial als Sediment bis auf den Grund des Erdmantels in etwa 700 km Tiefe. Andererseits gelangen mit der ozeanischen Lithosphäre auch kontinentale Meeresbodensedimente in die Meerestiefe.

Diese Lockermassen sind oft bis in mehrere km Tiefe mit Meerwasser durchtränkt, was ihren Schmelzpunkt drastisch herabsetzt. Schon in 80 bis 100 km Tiefe verflüssigt sich dieses Gestein und sinkt dann nicht weiter ab, sondern wird als Magma wieder nach oben befördert. Dort speist es Vulkane, die sich vor den Subduktionsfronten aufreihen, so beispielsweise in Mittelamerika, den Anden, Indonesien oder auch in Japan.

Kontinuierliche Ausdehnung

Je nach der Aktivität der Mittelozeanischen Rücken entfernen sich von ihnen die neu entstehenden Meeresböden nach beiden Seiten um jährlich mehrere cm voneinander. Der jährliche Durchschnitt liegt bei 3 cm, Maximalwerte bei 18 cm. Das Alter eines Meeresbodens, der 150 m nach einer Seite vom Rücken entfernt ist, entspricht nach diesen Durchschnittswerten 10 000 Jahre. Demnach wäre ein 180 Mio. Jahre alter Ozeanboden 2700 km vom Mittelozeanischen Rücken entfernt.

Ozeane bedecken über zwei Drittel der Erdoberfläche

70,8% der Erdoberfläche sind heute vom Weltmeer bedeckt. Zieht man die wechselnde Ausdehnung von epikontinentalen Flachmeeren, die im Jura besonders groß sind, nicht in Betracht, so entspricht dieser heutige Wert dem im Jura bereits ziemlich genau. Zwar ist die Verteilung der Kontinente damals noch eine andere, aber die Größe der Kontinentalschollen gleicht ihrer heutigen Größe. Auch die Verteilung der Meere entspricht schon weitgehend der Neuzeit: Knapp 61% der Nordhemisphäre und knapp 81% der Südhemisphäre sind Meeresgebiete.

Dimensionen der Weltmeere

Gemessen an der horizontalen Ausdehnung der Weltmeere ist ihre Wassertiefe äußerst gering. Die mittlere Tiefe der Ozeane liegt bei 3800 m.
Breite zu Tiefe stehen also größenordnungsmäßig zueinander in einem Verhältnis von 10000:1. Ein 2 m breites maßstäbliches Modell eines 7500 km weiten Ozeans wäre demnach im Durchschnitt nur 1 mm seicht. In dieser 1 mm dünnen Wasserschicht müßten (heute) im Sommer Temperaturunterschiede zwischen Boden und Oberfläche von rund 20 ° auftreten, und je nach Tiefe würden sich die Strömungsrichtungen des Wassers mehrfach umkehren. Zudem würden maximal 2,9 μm hohe »Wellenberge« die Oberfläche des Modells kräuseln. Da geometrisch ähnliche Nachbildungen von Ozeanen kaum aussagefähig sind, ist es auch heute noch schwierig, viele physikalische ozeanische Prozesse wissenschaftlich korrekt zu erklären.

Bestandteile des Wassers

Die Weltmeere bestehen durchschnittlich zu rund 96,5% aus reinem Wasser (H_2O). Der Rest sind in erster Linie gelöste Salze. Dieser Betrag von durchschnittlich 3,5% schwankt jahreszeitlich und regional z. T. erheblich.
Die Herkunft der im Meer gelösten Salze ist nicht völlig geklärt. Wissenschaftler nehmen an, daß Chlor, Brom, Jod und Schwefelverbindungen zunächst durch intensiven Vulkanismus in die Atmosphäre oder durch submarinen Vulkanismus direkt in das Meer gelangten. Durch Niederschläge ausgewaschen wurden diese Stoffe im ersten Fall ins Meer gespült. Die mineralischen Bestandteile des Meerwassers, vor allem Natrium, Kalium, Magnesium und Kalzium, wurden aus festländischen Materialien gelöst und durch Flüsse in die Meere eingetragen.
Im Laufe der Erdgeschichte hat sich im Meer ein Lösungsgleichgewicht herausgebildet, das bestimmt im Jura, wahrscheinlich aber bereits wesentlich früher, dem heutigen entspricht und in allen Meeren der Welt in etwa gleich ist.

Im Meerwasser gelöste Salze

Kochsalz (NaCl)	77,7%
Chlormagnesium ($MgCl_2$)	10,9%
Magnesiumsulfat ($MgSO_4$)	4,7%
Gips ($CaSO_4$)	3,6%
Kaliumsulfat (K_2SO_4)	2,5%
Calciumcarbonat ($CaCO_3$)	0,3%
Magnesiumbromid ($MgBr_2$)	0,2%
Spurenelemente	0,1%

Neben den gelösten Salzen enthält das Meerwasser absorbierte Gase. Sie werden an der Wasseroberfläche aus der Luft aufgenommen. Während in der Atmosphare das Verhältnis Stickstoff zu Sauerstoff zu Kohlendioxid bei 78:21:0,03 liegt, ist es im Meerwasser bei 10 °C und 35% Salzgehalt auf 63:34:1,6 verschoben. Lokal können aber erhebliche Abweichungen durch biologische Prozesse vorkommen.
Der Kohlendioxidgehalt des Oberflächenwassers steht mit dem der Atmosphäre in Gleichgewicht und ist für die Kalklöslichkeit im Wasser von Bedeutung.
Im Gegensatz zu Süßwasser liegt das Dichtemaximum des Meerwassers bei -3,53 °C statt bei +4 °C. Der Gefrierpunkt ist von 0 °C auf -1,91 °C verschoben. Meerwasser friert deshalb wesentlich später als Süßwasser, vor allem weil der Wärmeaustausch mit tieferen Schichten nicht bei Unterschreiten von +4 °C abbricht. Die Ozeane stellen daher in mittleren und höheren Breiten ein gewaltiges Wärmereservoir dar. Von Bedeutung ist auch die Verschiebung des osmotischen Drucks. Für Süßwasser liegt er bei 0, für durchschnittliches Meerwasser bei 23 bar. Das beeinflußt die Verbreitung der Lebewesen im Meer, weil der osmotische Druck stark von der Salzkonzentration abhängt. Können sich Tiere oder Pflanzen nicht an wechselnde Druckverhältnisse anpassen, dann bleibt ihr Lebensraum auf Zonen mit ganz bestimmter Salzkonzentration beschränkt.

Durch die Gezeitenbewegungen löst der Ozean Salze aus dem Fels, die sich im Meerwasser sammeln. Das dunklere Gestein markiert die Flutobergrenze.

Schwer- und Fliehkraft bewirken lokale Bewegungen

Das Wasser der Meere strömt nicht nur über große Distanzen, es bewegt sich auch lokal und zwar sowohl periodisch als auch unperiodisch. Beide Bewegungsarten überlagern sich.
Die auffälligsten langperiodischen Wasserbewegungen der Meere sind die Gezeiten. Sie resultieren aus den Gravitations- und Fliehkräften von Sonne, Mond und Erde. Global betrachtet sind diese Kräfte miteinander im Gleichgewicht, aber regional kommt es auf der Erde zu Unterschieden. Diese lokalen Restkräfte würden auf einer ruhenden Erde zwei stehende Flutberge erzeugen. Wegen der Erdrotation folgen diese Flutberge aber dem scheinbaren Gang der Himmelskörper. Wäre die Erde gleichmäßig mit Wasser bedeckt, dann würden sie die Flutberge im strengen 24-Stunden-Rythmus umwandern.
Aber die komplizierten Tiefen- und Küstenverteilungen der Meere einerseits und die Trägheit der Wassermassen andererseits führen zu anderen Rhythmen. Innerhalb der Meere kann es außerdem Resonanzschwingungen geben, die zu besonders hohen Gezeitenhüben führten. Im offenen Ozean erreichen die Gezeitenhübe nur wenige Dezimeter, in ausgeprägten Resonanzgebieten 10 m und mehr. Generell sind die Gezeiten extrem lange Wellen von Hunderten oder gar 1000 km Länge. Im Unterschied zu den meisten Meereswellen und Strömungen reichen die Gezeitenströme bis zum Boden der Epikontinentalmeere. Hier bewirken sie gelegentlich erhebliche Sedimenttransporte und erzeugen sogenannte furchenartige Rippelfelder mit bis zu 10 m hohen »Dünenbergen«. Luftdruck- und Windänderungen können in mehr oder weniger abgeschlossenen Meeresgebieten zu Eigenschwingungen der Wassermassen führen, die man Seiches nennt und die oft Wellenberge von mehreren m Höhe aufbauen. Wellen von maximal 30 m Höhe mit Perioden von 10 bis 20 Minuten sind die sogenannten Tsunamis. Sie gehen von untermeerischen Erdbebenzentren aus.
Im Gegensatz zu den bisher erwähnten Wellenarten gehen Trägheits- und interne Wellen nicht mit Wasserstandsschwankungen einher, sondern äußern sich als Strömungen. Ihre Perioden können wenige Minuten bis viele Wochen betragen, ihre Amplituden im Inneren der Meere Höhen von 250 m und mehr erreichen. Für ihr Entstehen ist ein Zusammenwirken von Erdrotation, Winden und Gezeiten verantwortlich.

Aus dem Gebiet von Yorkshire, in dem eine ähnliche Flora wie in der Antarktis gedeiht, stammt dieses fossile Blatt eines Ginkgo digitata. Die hohen Bäume sind vor allem vom Jura bis zum Tertiär weit verbreitet.

Reiche Antarktis-Flora

184 – 160 Mio. Im antarktischen Graham-Land gedeiht eine üppige Flora bis in eine Breite 63 ° Süd (Hope Bay, Kap Flora), die sich in erster Linie aus Farnen, palmenähnlichen Cycadophyten und Koniferen zusammensetzt. Offenbar besitzt sie enge Beziehungen zur Vegetation Indiens und Australiens.

Um dieselbe Zeit finden sich sehr ähnliche Gewächse auch im Gebiet von Yorkshire, was auf entsprechende Landbrücken schließen läßt.

Noch in der Karbon- und Permzeit wiesen die Floren der nördlichen und der südlichen Hemisphäre ausgeprägte Gegensätze auf. Während der Trias entwickelte sich die Flora der Südkontinente dann weitgehend unabhängig von jener der Nordhemisphäre weiter, was sich insbesondere durch das Aussterben verschiedener Formen bemerkbar machte. Im Jura tritt dann aber zunehmend eine intensive Vermischung der Floren beider Hemisphären ein.

In keiner anderen Epoche zeichnet sich die Flora durch einen weltweit derart einheitlichen Charakter aus wie im Jura. Das hat seinen Grund aber nicht allein in den zu dieser Zeit existierenden Landbrücken, über die eine weltweite Verbreitung möglich war. Maßgeblich beteiligt sind auch die klimatischen Verhältnisse, d. h. vor allem in hohen Breiten wesentlich milderes Wetter, als es z. B. heute dort herrscht.

In der antarktischen Region des Grahamlandes, wo heute Tafeleisberge das Bild der Küstenlandschaft prägen, gedeiht während der Jura-Zeit eine üppige subtropische Baumflora. Sie hat nahe Verwandte in den meisten Gebieten der Erde, z. B. in Indien und Australien, aber auch auf der Nordhalbkugel.

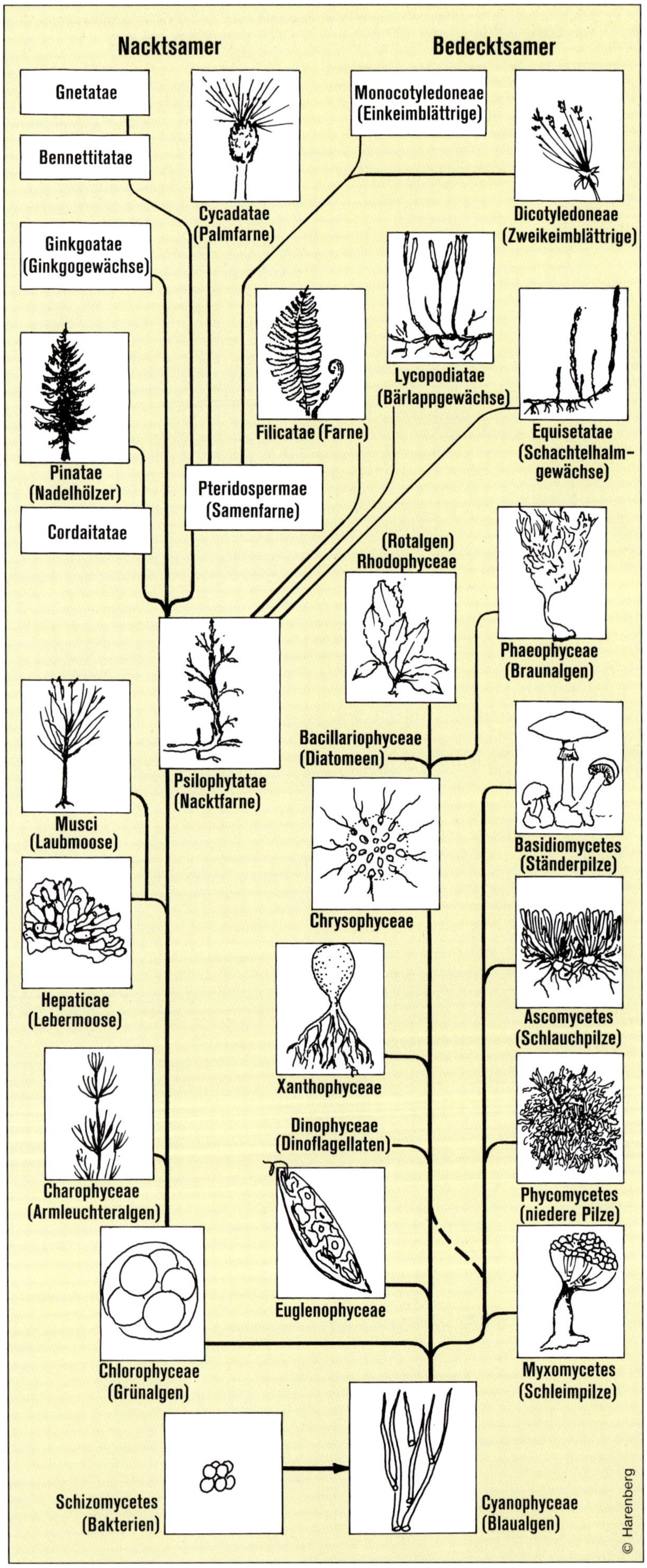

Pollenfunde lassen erstmals auf Bedecktsamer schließen

Bedecktsamer bestimmen heute vorwiegend die Flora. Familien wie die Caesalpiniaceae (ab Miozän) entstehen zwar erst später, aber ihre Ahnen leben im Jura.

Die Blüten weisen die Caesalpinien (Johannisbrotbaumgewächse) als Unterfamilie der Leguminosen aus. Diese Familie reicht mit einigen Arten bis in die Kreide zurück.

184 – 160 Mio. Erste Hinweise für das Vorkommen von Bedecktsamern geben die in dieser Zeit zahlreich erhaltenen Pollen, die den Charakter von Bedecktsamerpollen besitzen. Organisch zeichnen sich die Bedecktsamer (Angiospermen) dadurch aus, daß ihre Samenanlagen in einen durch Verwachsung der Fruchtblätter entstandenen Fruchtknoten eingeschlossen sind. Dieses Phänomen zeigte sich in sehr ähnlicher Form bereits bei den Caytoniales (→ 210 – 184 Mio./S. 222) aus dem Rhät der Obertrias, die man zunächst auch für Bedecktsamer hielt.

Die Frage nach der Entwicklung der Bedecktsamer ist weitgehend ungeklärt. Im allgemeinen geht man davon aus, daß sie von den Farnsamern (Pteridospermen, → 360 – 325 Mio./S. 150) abstammen und sich wahrscheinlich schon in der Perm-Trias-Zeit (etwa vor 290 – 210 Mio.) in den Bergregionen der damaligen Tropengebiete entwickelt haben. Eine markante Formenentwicklung erleben sie aber erst ab dem Ende der Unterkreide (Alb, 108 – 95 Mio.).

Betrachtet man die bereits in der Kreide (insbes. frühe Oberkreide, um 97 Mio.) ungemein vielfältigen fossilen Überreste der reichhaltigen Bedecktsamerflora, dann versetzt das »plötzliche« Auftreten dieser Flora in Erstaunen. Verschiedene Paläobotaniker versuchen, dieses Phänomen folgendermaßen zu erklären: Die Bedecktsamer entwickelten sich bereits vor dem Jura in tropischen Gebirgsregionen und bilden während des Juras Formen heraus, die sich an die verbreiteten trockenen Standorte dieser Zeit anpassen. Erst während der folgenden Unterkreide wandern sie dann in torfbildende Pflanzengemeinschaften ein. Das erklärt, warum aus der Zeit vom Perm über die Trias bis in den Jura praktisch keine Großreste von Bedecktsamern erhalten sind, denn in diesen Epochen ist der Lebensraum klassisches Abtragungs- und nicht Sedimentationsgebiet. Hier entstehen keine Fossilien.

Hingegen sind aus dem Mittel-(und z. T. auch bereits aus dem Unter-)jura zahlreiche typische Bedecktsamerpollen überliefert. Dieser Pollentyp kommt heute ausschließlich bei Bedecktsamern vor, und es ist anzunehmen, daß er auch im Jura nicht bei anderen Pflanzenformen vertreten ist. Andererseits finden sich angiospermenähnliche Pollen gelegentlich sogar bereits im Karbon (360 – 290 Mio.). Dennoch ist es äußerst unwahrscheinlich, daß im Karbon Bedecktsamer existierten, denn in dieser Zeit wären sie wohl fossil erhalten geblieben.

Überliefert aus dem Jura sind auch Blatt- und Holzreste, die an Bedecktsamer erinnern. Manche dieser Hölzer ähneln dem gefäßlosen Holz von Magnoliaceen, andere – schlecht erhaltene – dem von zweikeimblättrigen Bäumen mit Gefäßen. Bei diesen Funden kann es sich aber auch um das Holz von Bennettiteen (→ 220 Mio./S. 210) handeln.

Im allgemeinen gilt die Bedecktsamerreihe Ranales als die ursprünglichste aller Bedecktsamer. Mit Sicherheit ist die zu ihr gehörende Familie der Magnoliaceen eine der ältesten Bedecktsamerfamilien. Manche Paläobiologen halten dagegen die Weidengewächse (Salicaceae) für die Urform der Bedecktsamer. Auch sie sind nachweislich sehr alt und in der Kreide (149 – 66 Mio.) bereits weltweit verbreitet.

Fruchtknoten bieten neue Verbreitungs- und Lebenschancen

Während die Nacktsamer heute ausschließlich Holzgewächse (Cycadophytina und Coniferophytina) umfassen, zählen zu den Bedecktsamern neben holzigen auch krautige Pflanzen. Die Bedecktsamer unterteilen sich in die Klassen der Einkeimblättrigen (Monokotyledonen) und Zweikeimblättrigen (Dikotyledonen), die etwa gleich alt sein dürften.

Im Unterschied zu den Nacktsamern, deren Samenanlage offen auf den Fruchtblättern sitzen und deren Samen demgemäß nicht in einen Fruchtknoten eingeschlossen sind, sind die Samenanlagen der Bedecktsamer generell von den miteinander verwachsenen Fruchtblättern umhüllt. Während die Samen reifen, bilden sich die zu einem Fruchtknoten verwachsenen Fruchtblätter zu einer Frucht um. Dieses dem Schutz des Samens dienende Prinzip sichert den Bedecktsamern gegenüber den Nacktsamern weitaus größere Überlebens- und Verbreitungschancen. Die Vielzahl der verschiedenen Früchte gestattet einmal die optimale Versorgung der heranreifenden Sämlinge (z. B. als Feuchtigkeitsspeicher, Temperaturwechselschutz, Nährsubstrat), andererseits eröffnet die Gestalt der Früchte neue Transportmöglichkeiten. So gibt es u. a. Schwimmfrüchte, Flugapparate, Früchte, die sich in Tierfellen verhaken oder deren Fleisch von Vögeln gefressen wird, während die Samen unverdaut bleiben.

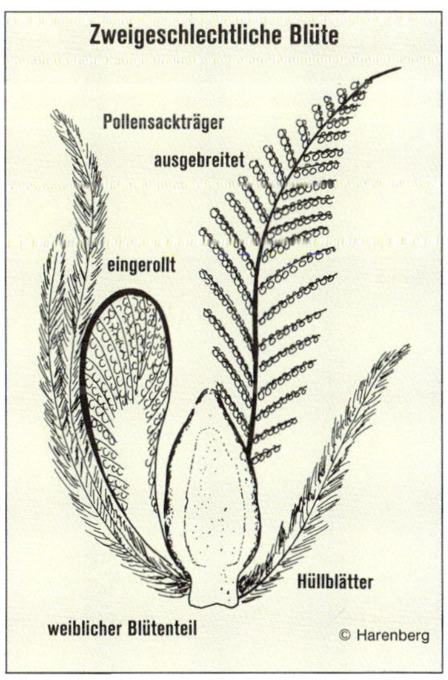

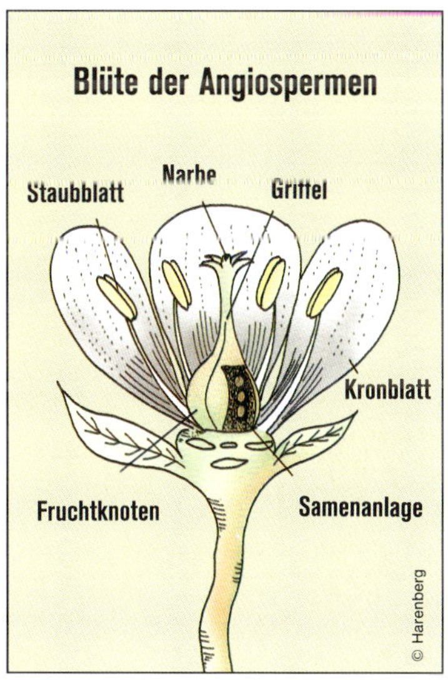

◁ Die am höchsten entwickelten Formen im Stammbaum der Pflanzen sind die Nackt- und Bedecktsamer.

Vorfahren der meisten modernen Säugetierfamilien

184 – 160 Mio. Mit der Ordnung der vier Familien umfassenden Eupantotheria erscheinen die ersten gemeinsamen Vorfahren der meisten modernen Säugetiere. Sie gehören zur Unterklasse Theria der Säugetiere und innerhalb dieser zur Infraklasse Pantotheria (→ S. 324).

Die Theria waren in der Obertrias (230 – 210 Mio.) erst durch eine Ordnung, Kuehneotherium (Infraklasse Trituberculata) vertreten. Jetzt erscheint in Europa als erstes Mitglied der Ordnung Pantotheria das kleine, wohl entfernt einem Eichhörnchen ähnelnde (aber mit diesem nicht verwandte) Amphitherium.

Von den frühen Pantotheria (so auch von der in der Unterkreide folgenden Gattung Crusafontia) ist selten mehr erhalten geblieben als Zähne und Skeletteile. Sicher ist, daß die Pantotheria kleine, etwa 10 cm große Tiere sind, die ab dem Mitteljura bis in die Unterkreide in Europa (Portugal, Spanien, Britische Inseln), Nordamerika (Wyoming, Colorado) und Afrika (Tendaguru) leben. Sie haben lang gestreckte Oberkiefer und bereits sehr differenzierte Backenzähne mit zu drei Ecken angeordneten Höckern, wie sie auch noch für viele moderne Säuger typisch sind.

Aus der Unterklasse Theria entwickeln sich in der Kreide (140 – 66 Mio.) die beiden großen Infraklassen der Beuteltiere (Marsupialia) und Plazentatiere (Eutheria oder Placentalia), zu denen außer den Kloakentieren alle modernen Säugetiere zählen. Die Kloakentiere (Prototheria) haben wiederum gemeinsame Vorfahren mit den Theria. Sie entwickelten sich bereits gegen Ende der Trias (→ um 220 Mio./S. 216), bringen aber auch im Jura noch neue Ordnungen hervor, z. B. die Ordnung Triconodonta, deren Vertreter einen langgestreckten Schädel besitzen.

Crusafontia ist eine Pantotheria-Gattung, die an der Wende Jura/Kreide in Westeuropa (Portugal) auftritt und etwa 10 cm groß wird.

◁ *Das etwa katzengroße Säugetier Triconodon mordax lebt vor etwa 170 bis 150 Mio. Jahren in Westeuropa. Sein Unterkiefer mißt ca. 4,5 cm.*

Rezente Moostierchen aus Indonesien; die Abbildung zeigt sie etwa in Originalgröße.

Kolonien von Moostierchen gut erhalten

184–160 Mio. *Gut durch Fossilien belegt sind ab dieser Zeit Vertreter der Moostierchenordnung (Bryozoa, → 500 Mio./S. 80) Cheilostomata. Ihre Hauptverbreitungszeit fällt in die Oberkreide (97 – 66 Mio.) und in das Tertiär (66 – 1,7 Mio.), wo sie mit rund 390 Gattungen vorkommen. Die Einzelorganismen sind kompakt gebaut und schuh-, krug- oder kastenförmig; sie haben oft verkalkte Wände und treten zu Kolonien zusammen, die sich matten-, scheiben-, knollen-, band- oder bäumchenförmig ausdehnen. Die Cheilostomata gelten als die am höchsten entwickelten und am stärksten differenzierten Moostierchen. Sie leben auf dem Boden der Meere, wo sie nicht selten gesteinsbildend auftreten.*

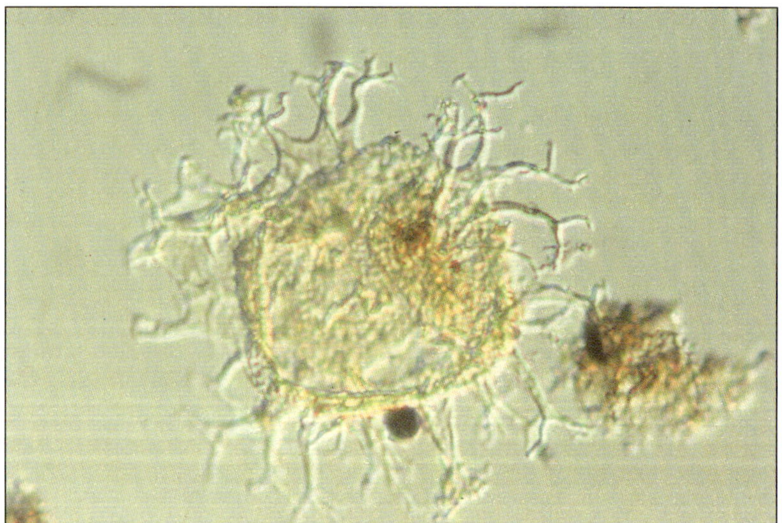

Unter dem Mikroskop werden die Geißeln des Dinoflagellaten Acritarch gut sichtbar.

Zahlreiche Einzeller leben im Plankton

184–160 Mio. *Planktonisch lebende Einzeller aus dem Stamm der Monadophyten treten massenhaft vornehmlich in den Meeren, aber auch im Süßwasser auf: Dinoflagellaten oder Peridineen. Verbreitet sind vor allem die Gattungen Lithodinia, Ctenodinium und Nannoceratopsis. Die 8 bis 450 µm großen Organismen sind ei- oder kugelförmig, seltener sind sie abgeflacht. Ihrer Fortbewegung dienen zwei feine Geißeln und ihrem Schutz Panzerplatten aus Zellulose, Kalk oder Kiesel. Diese Panzerplatten ermöglichen den fossilen Nachweis der Einzeller. Verschiedentlich finden sich auf der Körperoberfläche rillenförmige Skulpturen und auch stachel- oder flügelförmige Fortsätze.*

Baupläne des Lebens für unterschiedlichste Lebensräume

Im Jura bereitet sich eine große Veränderung der belebten Welt vor. Auf dem Festland treten erste Bedecktsamer (→ 184 – 160 Mio./S. 243) auf den Plan, und die Vorformen der Vögel erscheinen. Schließlich beginnt die erfolgreichste aller Tierklassen, die Säuger, einen Bauplan zu entwickeln, der so ungemein wandlungsfähig ist, daß er ihnen die Anpassung an die unterschiedlichsten Lebensräume erlaubt.

Große Formenvielfalt des Körperbaus

Die Entwicklung der Formenvielfalt der Säugetiere geht Hand in Hand mit der Besiedlung neuer Lebensräume. Die Säuger erobern weite Steppen und Wüsten, sie werden im Unterholz wie in den Wipfelregionen tropischer Urwälder heimisch, dringen in Hochgebirgsregionen vor, lernen am und im Wasser zu leben und erobern sogar bis zu einem gewissen Grad den Luftraum. Dies alles ist nur durch entsprechende anatomische Anpassung möglich. Und genau diesen Anpassungen wird der generelle Bauplan aller Säuger gerecht.

Aus den noch als primitiv anzusprechenden Gliedmaßen mit je fünf Fingern bzw. Zehen entwickeln sich u. a. die muskulösen Beine der Raubtiere mit Pranken zum Reißen, Festhalten und Zerfleischen der Beute, die langen und schlanken behuften Beine der Weidetiere, Hand- und Fußorgane zum Kriechen, Wühlen, Graben, Greifen und Klettern oder Fliegen, aber auch flossenartig modifizierte Extremitäten. Die Finger und Zehen tragen Nägel, Krallen oder Hufe.

Hoch entwickelt sind generell das Gehirn und das gesamte Nervensystem, denn das überaus aktive Leben der meisten Säuger erfordert ein komplexes Kontroll- und Steuerungsorgan, das seinerseits mit schnellen und leistungsfähigen Sinnesorganen zusammenarbeitet.

Grundnahrung Milch

Die in den Milchdrüsen der weiblichen Tiere erzeugte Muttermilch setzt sich unterschiedlich zusammen. Generell enthält sie zwischen 82 und 87 % Wasser, daneben emulgiertes Milchfett, kolloides Milcheiweiß und in echter Lösung Milchzucker, anorganische Salze und wasserlösliche Vitamine (B_1, B_2, B_6, B_{12} und C).

Die wichtigsten in der Milch enthaltenen Mineralstoffe sind Phosphate von Kalium und Calcium, Zitrate sowie Chloride.

Ein Vertreter der Pflanzenfresser unter den Säugetieren: Das Gnu, ein ostafrikanisches Weidetier

Die Raubtiere unter den Säugern sind nicht selten Einzelgänger wie dieser Sibirische Tiger.

Wege der Fortpflanzung bei Säugern

Sehr komplex sind Entwicklung und Geburt der Jungen bei den Säugern. Das ist nicht zuletzt eine Folge ihrer Warmblütigkeit (→ S. 202), denn bereits die Jungtiere sind zur Aufrechterhaltung ihrer Körpertemperatur auf ein sehr intensives Stoffwechselgeschehen angewiesen.

Grundsätzlich lassen sich drei verschiedene Arten der Heranreifung und Geburt unterscheiden: Die jungen Säuger können aus Eiern schlüpfen (bei den Prototheria) oder als Embryonen geboren werden und dann in einem Beutel, an einer Milchzitze angeschlossen, aufwachsen (bei den Metatheria). Im dritten Fall reifen sie im Inneren des mütterlichen Uterus (Gebärmutter) bis zur Geburt als weitgehend selbständiges Tier heran (bei den Eutheria). Allen gemeinsam ist das Angewiesensein auf Muttermilch in den ersten Wochen oder Monaten nach der Geburt.

Säugende Leierantilope; Muttermilch hat nicht nur Nährfunktionen. Neuere Forschungen haben erwiesen, daß sie beruhigende Stoffe enthält (besonders die sogenannte Vormilch), die stimulierend auf das Immunsystem wirkt

Vielseitige Gebisse

Auch der Grundtyp der Säugetiergebisse ist ausgesprochen wandelbar, da die Zähne – je nach Lebensweise der Tiere – pflanzliche Nahrung pflücken oder abreißen, tierische Beute zerteilen und die verschiedenartigste Nahrung zerkleinern können müssen.

Im Laufe ihres Lebens entwickeln die Säugetiere zwei Gebisse, ein Milchgebiß unmittelbar nach der Entwöhnung, dann, nach der Phase des schnellsten Wachstums, ein Dauergebiß. Bei den noch nicht spezialisierten, primitivsten Säugern umfaßt das Gebiß 44 Zähne: In jeder Kieferhälfte befinden sich drei Schneidezähne (Inzisiven), ein Eckzahn (Caninus), vier Vorderbackenzähne (Vormahlzähne, Prämolaren) und drei Backenzähne (Mahlzähne, Molaren).

Demgegenüber fehlen bei den angepaßten Säugetierformen einzelne Zähne und vielfach sogar vollständige Zahngruppen, während sich andere zu sehr speziellen Zähnen (etwa zu Stoßzähnen, Reißzähnen oder Säbelzähnen) weiter entwickeln können.

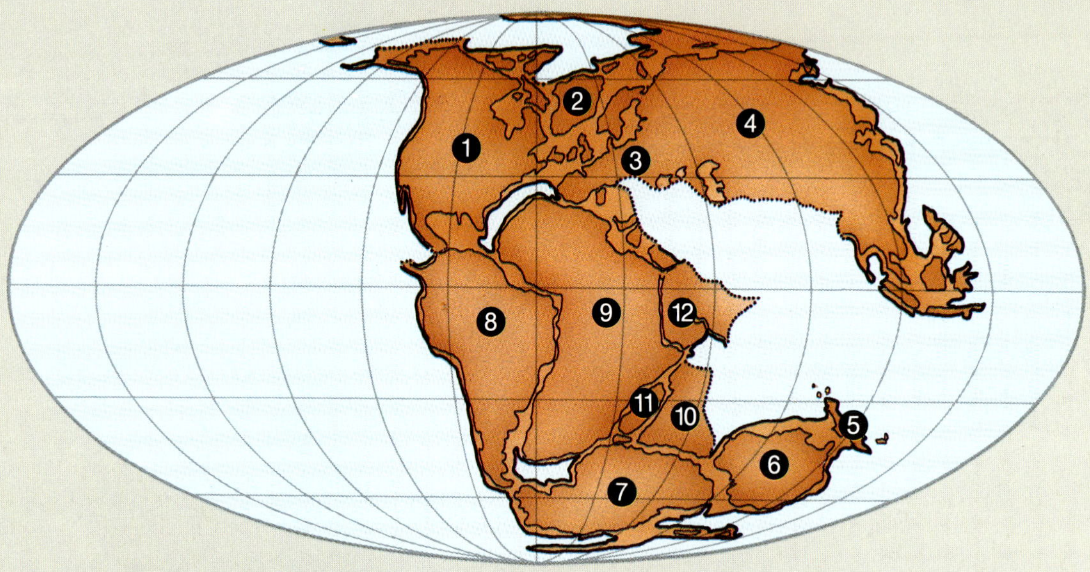

Wirkte Pangaea im Dogger trotz innerer Bruchbildungen äußerlich noch geschlossen, so ändert sich dieses Bild jetzt. Zwischen Nordamerika (1) und dem Nordwesten Afrikas (9) öffnet sich als Binnenmeer der Uratlantik. Ein zweites Meeresbecken ist östlich der Südspitze Südamerikas (8), südlich von Südafrika und nordwestlich von Antarktika (7) entstanden. Von Norden her drängt sich eine Meeresbucht zwischen Nordamerika und Grönland (2). Und im Osten wird der Indisch-Pazifische Ozean immer breiter, der als Doppelkeil im Norden Europa (3) mit Asien (4) von Afrika mit Arabien (12), im Süden Madagaskar (11) mit Indien (10) von Australien (6) mit Neuguinea (5) abdrängt.

160–140 Mio.

Der Malm

160–140 Mio. Neue Meeresgebiete öffnen sich auf der Südhemisphäre. Ein Meerestrog erfaßt auch den Golf von Mexiko. → S. 247

In Süddeutschland und im Alpenraum, in Westeuropa (Südfrankreich bis Portugal) und auf den Britischen Inseln bilden sich mächtige Kalksedimente.

Die zu den Rotalgen zählenden Solenoporaceen treten in warmen Meeren in so großen Mengen auf, daß sie mit ihren kalkigen Zellwand-Einlagerungen maßgeblich an der Riffbildung beteiligt sind. → S. 249

Scyphomedusen, jene Nesseltiere, zu denen alle heute lebenden Quallen zählen, sind in den Meeren weit verbreitet. Sie bleiben – aufgrund der speziellen Sedimentationsbedingungen in einzelnen Gebieten des Jurameeres – z. T. auch fossil in Abdrücken erhalten. → S. 249

Die Knochenfische (Teleostei) entwickeln sich zu den sogenannten modernen Fischen weiter. → S. 265

In Europa, Afrika und Asien sind fliegende Reptilien mit Spannweiten um 1 m verbreitet. Sie gehören zur Unterordnung Rhamphorhynchoidea der Ordnung Pterosauria (→ S. 253). Gegen Ende dieser Zeit werden sie von den größeren Vertretern der Unterordnung Pterodactyloidea derselben Ordnung abgelöst. → S. 262

Zahlreiche Eidechsenarten (Unterordnung Lacertilia) entwickeln sich. Es sind die ersten Vertreter dieser Reptilienunterordnung. Gegenüber den frühen insektenfressenden Echsen haben sie einen verbesserten Gehörsinn, der die Jagd auf Beutetiere erleichtert. → S. 255

Dutzende kleiner bis riesengroßer pflanzenfressender Dinosaurier sind weltweit verbreitet, darunter so bekannte Giganten wie Diplodocus (26 m) und Apatosaurus (früher Brontosaurus, 21 m). Zu den kleineren, bis 2 m langen Gattungen zählen u. a. die Hypsilophodontiden und die Iguanodonten. → S. 258

In Europa weit verbreitet sind die Plesiosaurier, eine Ordnung gedrungener, kurzschwänziger meeresbewohnender Reptilien, die eine Körperlänge von bis zu 14 m erreichen. → S. 255

Die Blütezeit in der Entwicklung der fleischfressenden Dinosaurier beginnt. Die räuberischen Tiere gehören alle der Unterordnung Theropoda an und gliedern sich in die kleineren Coelurosaurier und die gewaltigen Carnosaurier. → S. 260

In Deutschland und Frankreich sind Compsognathus-Arten zu Hause, kleine wendige Saurierechsen (Coelurosauria), die als Fleischfresser leben. → S. 255

Die Entwicklung der frühen Säugetiere zeigt entscheidende Fortschritte. Neu sind die maus- bis bibergroßen Multituberculata, die als Pflanzenfresser leben. Erstmals sind auch die primitiven Allesfresser Docodenta und die den Spitzmäusen ähnlichen Symmetrodonta vertreten. → S. 266

160–125 Mio. Das Auseinanderdriften der Gondwana-Kontinente führt zum Ausströmen gewaltiger Lavamassen. Vor allem auf der südlichen Halbkugel entstehen dadurch riesige Plateau- oder Deckenbasalte, die zum Teil eine Mächtigkeit von bis zu 2000 m erreichen. → S. 247

160–97 Mio. In Südamerika erstreckt sich die zu dieser Zeit größte Wüste der Welt, die Botucatu-Wüste. In derselben Zeit entstehen auch in anderen Gebieten der Erde Wüsten. → S. 250/251

Phosphoritlager entwickeln sich im Nordwesten Europas. Sie bilden sich aus gelösten Tiefseemineralien, die mit aufquellendem Tiefenwasser in die Höhe befördert worden sind.

In Asien und Norddeutschland kommt es als Folge der weltweiten Erwärmung zur Bildung von Steinsalz und Anhydrit.

Tintinniden, kalkige Foraminiferen (→ 360 – 290 Mio./S. 151) mit becherförmigen Gehäusen, sind häufig vertreten und werden zu wichtigen Leitfossilien dieses Zeitraums, insbesondere im Bereich des »Urmittelmeers«, der Tethys. → S. 249

In den Meeren ist die Kopffüßerordnung Ancyloceratida weit verbreitet. Sie gehört zur Unterklasse Ammonoidea.

Um 157 Mio. Zahlreiche Seesterne, Schlangensterne und Dekapoden sowie andere Bewohner des Flachmeeresbodens werden im Schweizer Kanton Solothurn im Verlauf eines heftigen Sturmes durch aufgewirbelte feine Meeressedimente verschüttet. Sie bleiben hervorragend fossil erhalten. → S. 249

154–145 Mio. In Südfrankreich, westlich von Lyon, fossilisieren zahlreiche Pflanzen, Fische und Reptilien in den sogenannten Cerin-Schichten. Diese sauerstoffarmen verfestigten Kalkschlämme bieten gut Konservierungsmöglichkeiten. → S. 248

Von Montana bis New Mexico, v. a. in Colorado, versteinern in rund 100 m mächtigen Süßwassersedimenten Tausende von Reptilienknochen und z. T. auch komplette Skelette, darunter Dinosaurier von gigantischen Ausmaßen. Die Ablagerungen sind als Morrison Formation bekannt. → S. 254

In den Plattenkalken von Solnhofen, feinkörnigen Meeressedimenten in Niederbayern, fossilisieren in oft perfekter Erhaltung auch der Weichteile Tausende von Meerestieren, Insekten, Reptilien und Pflanzen. → S. 252

In Guimarota bei Leiria (Portugal) versteinern in einem bedeutenden Fossilvorkommen zahlreiche Amphibien, Reptilien und vor allem Säugetiere der Ordnung Docodonta, Multituberculata und Eupantotheria. → S. 266

Auch im entfernten Tansania fossilisieren in Tendaguru-Schichten Hunderte von Dinosauriern verschiedener Gattungen, darunter Brachiosaurus, Allosaurus und Ceratosaurus. → S. 266/267

Um 150 Mio. Madagaskar beginnt sich von Afrika zu trennen. Die von einem Flachmeer bedeckte madagassische Erdscholle driftet dabei nach Osten. Gleichzeitig lagern sich hier für den Jura charakteristische Kalksedimentfolgen ab. → S. 247

Im Gebiet von Indien liegen die Temperaturen des oberflächennahen Meerwassers bei 18 bis 19 °C. Im Gebiet von Nevada kommt es in einer letzten Phase der kimmerischen Gebirgsbildung, der sogenannten Nevada-Faltung, zur Entstehung von Faltengebirgen. → S. 248

Die ersten Vögel (Aves) erscheinen in der Form von Urvögeln (Archaeopteryx). Mehrere Exemplare bleiben fossil sehr gut in den Plattenkalken von Solnhofen erhalten. Sie besitzen erstmals in der Entwicklungsgeschichte der Wirbeltiere Federn; um 140 Jahrmillionen sterben sie wieder aus. → S. 263

Zu den geologisch jüngeren Fischsauriern gehört der in den Meeren Westeuropas lebende Nannopterygius antheciodon. In den offenen Meeren ist ein Plesiosaurus, Cryptocleidus oxoniensis, weit verbreitet. → S. 255

Die Schnecken-Unterklasse der Lungenschnecken (Pulmonata) entwickelt sich. Damit sind die Schnecken befähigt, nunmehr auch das feste Land zu besiedeln. → S. 264

145–140 Mio. Das Meer zieht sich vielerorts vom Festland zurück (Regression).

Um 140 Mio. Die Kopffüßer-Ordnung Phragmoteuthida stirbt aus. → S. 265

Die Säugetierordnung Morganucodonta, die an der Wende Trias /Jura weltweit verbreitet war, erlischt. → S. 265

Zahlreiche Dinosauria-Gattungen und -Familien sterben aus, darunter die gigantischen pflanzenfressenden Brachiosauridae und Dilodocidae. → S. 265

Die Unterordnung Rhamphorhynchoidea der Flugsauria (Ptreosauria) stirbt aus. → S. 265

Deckenbasalte überziehen große Festlandflächen

160 – 125 Mio. Auf der Südhalbkugel kommt es immer wieder zum Ausfließen gewaltiger Lavamassen, hervorgerufen durch das Auseinanderdriften der Gondwana-Kontinente (→ S. 208). Dadurch bilden sich Plateau- oder Deckenbasalte (→ S. 194), die im südbrasilianischen Paraná-Becken eine Fläche von 1 Mio. km² und kaum weniger große Regionen im Amazonas-Becken und in Südwestafrika (Drakensberge) überlagern. Nicht selten sind diese Decken bis zu 2000 m mächtig.

Die vulkanischen Vorgänge laufen in Schüben über Jahrmillionen immer nach einem in etwa gleichartigen Schema ab. Zunächst reißt während eines heftigen Erdbebens eine Spalte auf. An vielen Stellen brechen vulkanische Gase durch und räumen dabei Schlote frei. Aus diesen Schloten fließen, begleitet von Lavawürfen und Fontänen glutflüssiger Lava, gewaltige Mengen dünnflüssiger Laven aus. Sie überfluten weite Gebiete und erstarren zu geschlossenen Basaltdecken. In dieser Aktivität ist der Höhepunkt des sogenannten effusiven (ausfließenden) Vulkanismus zu sehen.

Rezente Deckenbasalte aus dem Süden der Vulkaninsel Island

Mächtige Plateaubasalte aus der Jurazeit überdecken weite Gebiete Südamerikas. Das heutige Landschaftsbild zeigt die Iguaçu-Wasserfälle.

Unmittelbar nach dem Lavaerguß findet infolge der Druckentlastung im Erdinneren eine erhöhte Entgasung statt, die rhythmische Schlacken- und Lavawürfe verursacht. Bei besonders heftigen Auswürfen häufen sich die Schlacken zu weiten Ringwällen, bei schwächeren Auswürfen bilden sich steile kleine Schlackenkegel. Diese Phase endet mit leichten Aschen- und Steinchenwürfen (Lapilli), die die Spalten bis tief in den Untergrund leeren. Danach steigt manchmal neues Magma aus der Tiefe auf und bildet innerhalb der Krater und Ringwälle Lavaseen von oft mehreren hundert Metern Durchmesser. Sie erhitzen sich oberflächlich rasch durch austretende verbrennende Gase und werden dadurch sehr dünnflüssig.

Weitere Ausdehnung der Meeresgebiete

160 – 140 Mio. Der Zerfall der Gondwana-Kontinente, die bisher hauptsächlich nur durch tiefe Grabenbrüche voneinander getrennt sind (→ S. 208), schreitet fort. Dabei weitet sich zunächst die Entwicklung von Geosynklinalen aus und erfaßt u. a. den Golf von Mexiko. Vor 157 bis 155 Jahrmillionen setzt die Trennung von Ost- und Westgondwana ein. Außerdem zerfallen vor 150 bis 140 Jahrmillionen auch die östlichen Teile Gondwanas, und der Indische Ozean bildet sich heraus. Nord- und Südamerika sind aber durch eine Landbrücke verbunden.

Zugleich schreitet die Überflutung Arabiens und Ostafrikas fort, die erstmals schon gegen Ende des Unterjuras (189 – 184 Mio.) einsetzte und im Mitteljura (172 – 166 Mio.) einen ersten Höhepunkt erreichte. Im Oberjura findet vor allem auf der Arabischen Halbinsel eine bedeutende Kalksedimentation statt, und etwa in seiner zweiten Hälfte entstehen im Persischen Golf jene Dolomite, die dort zu den wichtigsten Ölträgern werden. Die Flachmeere Ostafrikas (Tendaguru) wechseln verschiedentlich ihren Wasserstand. Zeitweise besitzen sie lagunären Charakter oder führen Brackwasser. Hier entsteht ein dicht besiedelter Lebensraum, in dem u. a. die größten Lebewesen aller Zeiten wie Brachiosaurus und Gigantosaurus mit Längen von weit über 20 m vorkommen (→ S. 258).

Das Gebiet der Arabischen Halbinsel und des Persischen Golfs (oben Mitte im Bild) ist ein erdgeschichtlich wichtiger Schauplatz des Oberjuras: Kalk sedimentiert, und der Trägerdolomit des Golf-Erdöls entsteht.

Madagaskar trennt sich von Afrika

Um 150 Mio. Im Zusammenhang mit dem Zerfall der Gondwana-Kontinente (s. links) löst sich Madagaskar vom afrikanischen Kontinent und driftet nach Osten.

Die madagassische Festlandscholle liegt zu dieser Zeit unter Wasser. Sie wird von einem Flachmeer bedeckt, und es lagern sich hier charakteristische kalkige Jurasedimentfolgen ab. Noch während der Trias war Madagaskar Festland, was zahlreiche Fossilien beweisen. Im Oberperm (270 – 250 Mio.) und der Untertrias (250 – 243 Mio.) bildete sich hier die sogenannte Sakamena-Formation, die in feinschichtigen Kalkknollen sehr zahlreich Pflanzen der Glossopteris-Flora (→ 360 – 325 Mio./S. 147), Wirbellose und Wirbeltiere konserviert. Vertreten waren zunächst u. a. Reptilien der Gruppe Eosuchia (→ 270 – 250 Mio./S. 188), Vorläufer der Sauropterygia (→ S. 188) und der Gleitflieger Coelurosauravus (→ S. 188). Gegen Ende der Trias fossilisierte aber bereits eine äußerst reiche Fischfauna.

Fossilienführende Plattenkalke im Süden Frankreichs

154–145 Mio. Im südlichen Juragebirge, westlich von Lyon (Südfrankreich), lagern sich im Flachmeer feinkörnige Plattenkalke ab. Diese Sedimente, die unter der Bezeichnung Cerin bekannt sind, entstehen durch Verfestigung aus kalkigen Schlämmen, die z. T. mit bituminösen Substanzen durchsetzt sind. Sie eignen sich aufgrund ihrer Feinkörnigkeit, ihrer ruhigen Sedimentation und der Sauerstoffarmut ihres Milieus hervorragend zum Konservieren absterbender Organismen. Neben vielen Wirbellosen sind hier vor allem Fische erhalten.

»Les Clues de Barle« heißt diese Schlucht des Flüßchens Barle in den französischen Seealpen. Die Erosionsarbeit des Wassers hat in eindrucksvoller Weise die gelben Kalksedimente aufgeschlossen, die hier während der Zeit des Oberjuras abgelagert wurden. Sie liegen auf Molassen (Erosionsmaterial) aus dem Oligozän. Die gesamte Region ist äußerst reich an fossiler Fauna und Flora aus dem jüngeren Jurameer, was dazu führte, daß französische Paläontologen und Geologen hier im Jahre 1984 ein 75000 ha großes Schutzgebiet, das »Réserve Géologique des Alpes et de l'Haute Provence« (AHP) eingerichtet haben.

Fische im Cerin

▷ Knorpelfische der Gattung Corysodon und Spathobates
▷ Knochenganoide der Gattungen Lepidotes, Macrosemius, Caturus
▷ Knochenfische der Gattungen Belonostomus und Microdon
▷ Flösselhechte der Gattung Holophagus.

Da die Plattenkalke von Cerin in unmittelbarer Küstennähe in einer tropischen Lagune entstehen, ist es nicht verwunderlich, daß sich neben fossilen Meerestieren auch Reptilien- und Pflanzenreste finden. Schildkröten (Testudines), Brükkenechsen (Sphenodontia; vor allem mit den Gattungen Homoeo-, Pleuro- und Sapheosaurus) und Krokodile (Crocodylia) gehören zu den häufigsten Reptilienfunden. Besonders charakteristisch sind Fossilien des spezialisierten fischfressenden Mesosuchiers Crocodileimus. Seltener kommen Überreste von Flugsauriern (Pterosaurier) und Fährten von Dinosauriern vor.
Die Pflanzenwelt ist in diesem Gebiet durch zahlreiche Nadelbäume (Coniferae) sowie durch Cycadeen, Farnsamer (Pteridospermen) und Bennettiteen (vor allem die Gattung Zamites) vertreten.
Zahlreiche Fossilien des Cerin finden sich in gleichen oder ähnlichen Arten auch in dem berühmten süddeutschen Plattenkalkvorkommen von Solnhofen (→ S. 252), das vor etwa 148 Mio. Jahren entsteht. Das ist ein Beweis dafür, daß einerseits die klimatischen Verhältnisse ähnlich sind, und daß andererseits ein Faunenaustausch zwischen Mittel- und Südeuropa stattfindet. Das Jurameer schafft also zu dieser Zeit eine Meeresverbindung über den europäischen Kontinent hinweg.

Auch die Sedimente im Küstengebiet der Algarve in Südportugal stammen aus dem Oberjura.

Wo sich heute im Südwesten Frankreichs und im Osten Spaniens die Gebirgslandschaft der Pyrenäen erstreckt, lagern sich im Jurameer mächtige Sedimente ab, die dann erst im Tertiär hochgefaltet werden.

Die Gebirge, die vor rund 150 Mio. Jahren in Nevada aufgefaltet wurden, sind heute weitgehend von der Erosion zerfressen (im Bild: »Elephant Rock«).

Gebirgsbildung im Gebiet von Nevada

Um 150 Mio. Als eine der letzten Phasen der kimmerischen Orogenese (→ S. 208) spielt sich in dieser Zeit die Nevada-Faltung ab. Es ist die letzte erwähnenswerte Gebirgsbildung jener Ära, während der sich nach dem weltweiten variszischen Zyklus (→ S. 131) mit dem alpidischen Zyklus (→ S. 285) vorwiegend im Osten und Südosten Asiens, auf den Pazifischen Inseln und gegen Ende auch im Westen Nordamerikas erste alpische Gebirgssysteme bilden. Die oberjurassischen Faltungen werden mit einer beginnenden Einengung des Pazifiks in Verbindung gebracht.

Algen bilden Riffkalkmassive

160 – 140 Mio. Die zum Stamm der Rotalgen (Rhodophyta) gehörende Familie Solenoporaceae tritt in so großen Mengen auf, daß sie – oft gemeinsam mit Scleractinier-Korallen – bedeutende Kalkriffe in warmen Meeren aufbaut. Im Gegensatz zu den kalkablagernden Grünalgen erfolgt bei den Solenoporaceen die Kalkabscheidung nicht an der Oberfläche, sondern in den Zellwänden. Dabei entstehen krustenförmige, knollige oder verästelte Kalkstöcke aus dicht aneinander schließenden Zellfäden.
Im Schliffbild zeigen sich konzentrisch dunkle und helle Zonen, wobei die Wände der Zellen in den hellen Bereichen dünner sind als in den dunklen. Im Querschnitt sind die Zellen meist rundlich, im Längsschnitt länglich und bei manchen Gattungen auf der Oberseite konkav. Die Querwände der Zellfäden sind von Poren durchsetzt und haben Bedeutung für die Systematik. Allerdings ist noch keineswegs sicher, ob alle Solenoporaceen zu den Rotalgen zu zählen sind. Möglicherweise finden sich hier auch Vertreter anderer Organismenstämme.
Erstmals traten die Solenoporaceen im Ordovizium (500 – 440 Mio.), vielleicht auch schon im vorhergehenden Kambrium, auf. Auffällig ist lediglich ihre massenhafte Verbreitung im Oberjura. Im ältesten Tertiär sterben sie dann aus.

Verschüttungslagerstätte in Solothurn

Um 157 Mio. Im Schweizer Kanton Solothurn entsteht ein Fossilienvorkommen ganz besonderer Natur. Hier bleiben zahllose Seesterne, Schlangensterne (→ 500 Mio./S. 77) und Zehnfüßerkrebse (Decapoden) komplett erhalten. Das ist insofern sehr ungewöhnlich, als besonders Schlangensterne nach ihrem Ableben rasch zerfallen. Die einzelnen Skeletteile lösen sich nach dem Verwesen der Haut und der Weichteile leicht voneinander.
Verantwortlich für die exzellente Erhaltung der Solothurner Stachelhäuter ist die ungewöhnlich schnelle Überdeckung der noch lebenden Tiere durch ein Sediment, das durch heftige Wasserbewegung infolge eines Sturmes aufgewirbelt wird und sich erneut absetzt. Man nennt eine derartige Ansammlung von Fossilien Verschüttungs- oder Obrusionslagerstätte.
Gute fossile Konservierungen kompletter empfindlicher Organismen sind nicht selten. Außer durch Obrusion kommen sie gelegentlich durch rasches Einsinken in das konservierende Medium (Bernstein, Erdwachs, Asphalt, Torf u. ä.) zustande, oder dann, wenn keine Zersetzung der Organismen erfolgt, weil das Medium lebensfeindlich (abiotisch) oder sauerstofffrei (anaerob) ist. Schließlich ist noch eine Einbettung in sich direkt nach der Sedimentation rasch verfestigende Sedimentknollen möglich.

Noch lebend wurden diese Seesterne der Art Pentasteria longispina im Oberjura von Solothurn von Meeressedimenten überdeckt und in hervorragendem Zustand konserviert. Der Grund für diese plötzliche Verschüttung: Ein Sturm, der das Wasser bis zum Boden aufpeitschte

Quallen bevölkern Meere

160 – 140 Mio. Die Scyphomedusen, die erstmals wohl schon im Unterkambrium (590 – 545 Mio.) erscheinen und zu denen alle heute lebenden Quallen gehören, sind auch in den Meeren des Oberjuras nicht nur weit verbreitet, sie finden dazu in bestimmten Sedimentationsräumen beste Überlieferungsbedingungen. Das ist insofern erstaunlich, als weder die großwüchsige Medusengeneration (→ 900 Mio./S. 41) noch die kleinwüchsige Polypengeneration der Scyphomedusen Hartteile besitzen. Die meisten fossilen Medusen des Oberjuras sind in den Solnhofener Plattenkalken unter den dort herrschenden außergewöhnlich guten Erhaltungsbedingungen (→ S. 252/253) belegt. Auch dort sind sie als Abdrücke erhalten.

Zeitgenössische Qualle (Scyphomeduse) aus dem westlichen Mittelmeer

Leitfossilien der Jura-Zeit

210–140 Mio. Die Fauna der Jurazeit wird bestimmt von sehr großen Wirbeltieren, besonders Dinosauriern, Ichthyosauriern, Pterosauriern und Fischen, unter denen die Knochenfische dominieren. Außerdem sind zahlreiche wirbellose Meerestiere für die verschiedenen Schichten des Juras typisch.
Unter den einzelligen Mikroorganismen sind die Foraminiferen von stratigraphischer Bedeutung, auch wenn es sich um z. T. erdgeschichtlich langlebige Gattungen handelt, weil deren Entwicklung häufig im Jura beginnt. In Tiefseesedimenten der Geosynklinalmeere bewähren sich Radiolarien, in Flachmeeren u. a. Korallen und Moostierchen (Bryozoa). Unter den Stachelhäutern finden sich typische Seeigel, Seelilien, See- und Schlangensterne. Bezeichnend für die Schichten von Lias und Dogger sind hier u. a. die Gelenkglieder der Seeliliengattung Pentacrinaus. Mehrere Muschelgattungen (Meleagrinella, Camptonectes, Posidonia, Trigonia u. a.) liefern ebenfalls gute Leitarten.
Die Armfüßer sind in ihrer Entwicklung im Jura eher rückläufig, doch ist Rhynchonella variasus bezeichnend für den Dogger. Gut bestimmbar und häufig in jurassischen Schichten zu finden sind diverse Ammoniten- und Belemnitenarten. Im Malm bewähren sich darüber hinaus Schwammarten. Unter den Pflanzen sind vor allem Baiera muensteriana (ein Ginkgo-Gewächs) für den Lias und Goniolina geometrica (eine Dasycladaceae) bezeichnend.

Ausgedehnte Wüsten gruppieren sich um Wendekreise

160–97 Mio. In verschiedenen Gebieten der Erde bilden sich große Wüstenlandschaften. Die zu dieser Zeit größte Wüste ist zugleich eine der ausgedehntesten aller Paläo-Wüsten nach Eroberung des Festlandes durch die Pflanzen. Mit 2 Mio. km² ist sie jedoch weitaus kleiner als die 9 Mio. km² große Sahara unserer Zeit. Sie nimmt zwischen etwa 15 ° und 34 ° südlicher Breite den Ostteil Südamerikas ein, liegt also im südlichen Trockengürtel der Erde.

Zum größten Teil ist die Botucatú-Wüste eine Sandwüste, deren Dünen sich später als Botucatú-Sandstein verfestigen. Aus der Gestalt der heute fossilen Dünen lassen sich die im Oberjura und in der Unterkreide vorherrschenden Windrichtungen ableiten: Im Norden des Gebietes dominieren Nord- und Nordostpassatwinde, im Süden Winde aus westlicher bis südwestlicher Richtung. Diese Windverhältnisse entsprechen bereits im großen und ganzen den heutigen, obwohl zu dieser Zeit der Atlantik allenfalls erst als schmale Meeresspalte existiert und die ausschlaggebende Land-Wasser-Verteilung damit eine andere ist.

Etwa zur gleichen Zeit entsteht im Trockengürtel Nordamerikas eine ebenfalls sehr ausgedehnte Wüste auf dem Colorado-Plateau, in der sich während ihrer gesamten Lebensdauer bis zu 600 m mächtige Sandsteinformationen ablagern. Eine weitere Wüste bildet sich im Bereich der heutigen Sahara in Nordafrika, also auch im nördlichen Trockengürtel. In Asien entstehen Wüstenregionen im Gebiet der heutigen Wüste Gobi.

Sowohl die Wüsten der Nord- wie die der Südhalbkugel gruppieren sich um die jeweiligen Wendekreise. Der Grund dafür liegt zum einen in der Kugelgestalt der Erde, zum anderen darin, daß ihre Drehachse gegenüber der Himmelsachse um 23 ° 27' geneigt ist. Die Erde wird daher während ihrer jährlichen Wanderung um die Sonne nicht gleichmäßig bestrahlt. Im Sommer der Nordhalbkugel steht die Sonne über dem nördlichen, im Sommer der Südhalbkugel über dem südlichen Wendekreis im Zenit, also senkrecht. Zwischen den Wendekreisen heizt sie die Erdoberfläche im Verlauf des Jahres am stärksten auf. Das erklärt, warum nördlich und südlich der Wendekreisgebiete keine Hitzewüsten existieren.

Aber auch die Äquatorgegend ist frei von Wüsten. Das wiederum liegt an den Luftdruckverhältnissen: Die am Äquator besonders stark erhitzten Luftmassen steigen in dieser Region im allgemeinen auf und sorgen für atmosphärischen Tiefdruck. Anschließend kühlen sich die Luftmassen ab und verlieren dabei durch Kondensation alle Feuchtigkeit. Deshalb ist die Tropenregion sehr regenreich. In großer Höhe wandert die trockene kühle Luft in höhere Breiten und sinkt im Bereich der Wendekreise wieder ab. Dabei erwärmt sie sich erneut, was einerseits hohen Druck und andererseits noch größere Trockenheit der Luft mit sich bringt. Dieser Prozeß schafft ideale Voraussetzungen für die Entstehung großer Wüstenregionen. Von den Wendekreisen polwärts schließen sich dann wieder Zonen mit vorwiegend steigender Luft und niedrigem Luftdruck an. Diese Luft wandert in großen Höhen polwärts.

Trockenes Klima und klarer Himmel bewirken große Temperaturunterschiede zwischen Tag und Nacht. Temperaturspannungen sprengen das Gestein. Zunächst umgeben sich Bergstöcke mit riesigen Geröllsockeln. Einzelne Felsbrocken werden von Sandstürmen abgeschliffen und zerschmirgelt. Am Ende steht schließlich die völlige Einebnung der Wüste.

Regenarmut und trockene Hitze in vielen Regionen der Erde

Nicht nur die Sonneneinstrahlung und die weltweiten vertikalen Luftströmungen tragen zur Wüstenbildung bei. Auch die Drehung der Erde, die die Luft- und Wassermassen in Bewegung setzt, beeinflußt diesen Prozeß.

In den Weltmeeren entstehen dadurch große, kreisförmige Strömungen, die weite Bereiche der Ozeane umfassen (→ 250–66 Mio./S. 203). Kaltwasserströme aus hohen Breiten streichen dabei hauptsächlich an den Westrändern der Kontinente äquatorwärts. Vorherrschende Westwinde müssen diese kalten Wassermassen überqueren. Dabei kühlt die Luft aus und kann bei weitem nicht mehr soviel Wasserdampf aufnehmen wie Warmluft. Streicht die Luft dann über das heiße Festland, so heizt sie sich auf, und die relative Luftfeuchtigkeit sinkt rapide. Zu Niederschlägen im Hinterland kommt es in solchen Gebieten oft jahre- oder gar jahrzehntelang nicht. Ausgedehnte Küstenwüsten wie die Atacama oder die Namib entstehen auf diese Weise.

Durch Fließwasser geprägtes Wüstental: Seltene Regengüsse formen bizarre Türme und Flußbetten.

Vom Meer kommende warme Winde können durch küstennahe Gebirge zum Aufstieg gezwungen werden, wobei sich die Luftmassen abkühlen und deshalb die ihnen eigene Feuchtigkeit nicht mehr halten können. Es kommt zu Steigungsregen. Auf der dem Wind abgewandten Seite der Gebirgsketten, also der Lee-Seite, sind die Luftmassen dann nicht nur feuchtigkeitsärmer, sie fallen an den Gebirgsflanken auch wieder in tiefere Regionen und erwärmen sich. Die relative Luftfeuchte sinkt weiter. Damit sind die von Bergketten umgebenen Zonen für die Entstehung von Wüsten prädestiniert.

Daß gerade im Oberjura vielerorts eine intensive Wüstenbildung einsetzt, läßt sich daraus erklären, daß zuvor weite Flachmeere die kontinentalen Ebenen überfluteten, die jetzt trockenfallen und der Wüstenausbreitung keine Wasserreserve mehr entgegenstellen.

Salzpfannen und Steinlandschaften

Wüstenlandschaften erschöpfen sich keineswegs in riesigen Dünengebieten. Die Vielfalt der Wüstenreliefs ist mindestens ebenso groß wie die jedes anderen Kontinentalraumes. Allerdings sind Sandwüsten wie die Botucatú-Wüste im Oberjura besonders häufig. Der Grund dafür ist in ihrer Vorgeschichte zu suchen: Wüsten der späten Jura- und der Kreide-Zeit bilden sich oft dort, wo zuvor ausgedehnte Flachmeere weite kontinentale Bereiche überdeckten. Zunächst kommt es zur Austrocknung dieser Becken durch Eindampfung des Wassers. Zurück bleiben große flache Salzpfannen, die sich in der kühleren Jahreszeit sogar vorübergehend wieder mit Wasser füllen können. Solche nur selten wasserführenden Salzseen bezeichnet man mit dem arabischen Ausdruck »Schotts«, der wie die meisten Begriffe der Wüstenmorphologie aus der Sahara stammt; die oft Dutzende von Kilometern weiten Salzflächen heißen »Sebkhas«.

Das ausgetrocknete Meer läßt aber nicht nur Salze, sondern überwiegend feinkörnige Sedimente (Sandstein) zurück. Durch die Trockenheit zerfallen die bindenden Silt- und Tonanteile, der Wind trägt den feinen Staub fort, und zurück bleibt reiner Sand, den er zu Dünen aufhäuft. Je nach Windrichtung und -intensität sowie nach Beschaffenheit des Sandes entstehen dabei sehr unterschiedliche Dünenformen und -größen. Eine reine Sandwüste bezeichnet man mit dem arabischen Begriff »Erg«.

Wo sich die Meeressedimente nicht aus Sandstein, sondern aus Kalk oder Schiefer zusammensetzen, bil den sich steinige, öde Hochflächen (Hamada). Temperaturspannungen, die das Gestein sprengen, Winderosion sowie das nach gelegentlichen Regenfällen auf dem nackten Boden schnell abfließende und Geröll mitführende Wasser reißen tiefe Cañons in die Ränder dieser Hochflächen. Umgeben von mächtigen Geröllsockeln, bleiben in der jetzt tieferen Plateaulandschaft lediglich einzelne Tafelberge stehen.

Am Ende der Wüstenbildung steht immer eine »Vollwüste«. Das ist entweder eine vegetationslose Sandwüste oder eine strukturlose Ebene mit Ausmaßen von bis zu mehreren tausend Kilometern.

Erosion hat diese Steinwüste oder Hamada schon vollkommen eingeebnet. In den Felsritzen gestattet das bodennahe Mikroklima spärlichen Pflanzenwuchs.

Die Struktur dieser Bergwüste zeugt von ehemals reichlichen Niederschlägen, die tiefe Täler in die Fläche geschnitten haben. Jetzt wird sie allmählich verflachen.

Am Ende der Wüstenentwicklung steht oft die reine Sandwüste, deren wellenförmige Konturen vom Wind geprägt werden.

Wo sich harte Gesteine – wie hier Basaltkuppen – der Erosion widersetzen, entstehen mächtige Felsdome, die weit über die Ebene hinausragen.

Große Dünenfelder wie dieses sind entgegen geläufiger Vorstellungen eher die Ausnahme als die Regel in Wüstenlandschaften.

Wüstenstürme haben das verwitterte Urgestein in Sand gebettet, der es vorübergehend vor weiterer Erosion schützt. Nur oberflächlich fräst es der Sand ab.

Wo es an Sand fehlt, zeigt das Endstadium der Wüstenbildung kein weites Dünenmeer, sondern eine triste, vollkommen strukturlose Ebene.

Viele Schildkröten sind in Solnhofen fossil erhalten, wie auch dieses Exemplar der Art Eurysternum wagleri, das vermutlich im Meer oder Brackwasser gelebt hat.

Die feinkörnigen Sedimente des Solnhofener Kalks bilden auch sehr zarte Details gut ab wie bei dieser Garnele Aeger tipularius.

Ein aufgrund seiner perfekten Erhaltung recht seltenes Fossil ist diese Armkrone eines Tintenfisches der Art Acanthoteuthis speciosa.

Perfekt konservierte Organismen im Kalk von Solnhofen

Um 150 Mio. Zwischen den Flußmündungen des Lechs und der Altmühl, im Bereich nördlich der Donau, lagern sich feinkörnige Sedimente ab. Die in einer flachen Lagune entstehenden Ablagerungen erreichen regional eine Mächtigkeit zwischen 15 und 60 Metern. Sie sind als Solnhofener Schichten bekannt und setzen sich abwechselnd aus karbonatischen Lagen, die man Flinze nennt, und feinen tonigen grauen Zwischenlagen, den sogenannten Fäulen, zusammen.

Die einzelnen Flinze sind maximal 30 cm mächtig und bestehen zu 97 bis 99% aus Calciumcarbonat ($CaCO_3$), die Fäulen haben nur 70 bis 90% Calciumcarbonat, der Rest besteht aus Tonmineralien. Die Fäulen sind dünner als die Flinze und treten manchmal nur als sehr feine Blättchen in Erscheinung. Je nach ihrer Dicke werden die kalkigen Lagen als Schiefer, Plattenkalke oder Bankkalke bezeichnet. Insgesamt enthalten die Sedimente etwa 250 Flinze, in denen z. T. eine große Anzahl Tiere perfekt versteinert. Dieses deutet darauf hin, daß die Flinze sehr rasch entstehen.

Insgesamt sind es nicht weniger als 755 verschiedene Tier- und Pflanzenarten, die in den Solnhofener Plattenkalken erhalten geblieben sind. Planktonische Organismen, Tange und Algen, aktive Schwimmer (Kopffüßer, viele Krebse, Fische, Reptilien usw.), bewegliche Bodentiere (Krebse, Stachelhäuter, Würmer, Muscheln, Schnecken usw.) geben einen guten Einblick in das marine Leben dieser Zeit. Aber auch das Leben auf dem Festland ist durch die Fossilien zahlloser Landbewohner (Pflanzen, Insekten, Dinosaurier und Flugsaurier sowie anderer Reptilien und Urvögel) gut belegt. Damit gehört diese Fundstelle zu den bedeutendsten der Erde.

Wie alle hier abgebildeten Fossilien lebte auch der sogenannte Mondfisch (Gyrodus hezagonus) im Oberjura von Solnhofen. Heute sind die meisten Funde im Bürgermeister-Müller-Museum in Solnhofen und im Jura-Museum Eichstätt aufbewahrt.

Fossil und Abdruck lassen sich im Solnhofener Kalk oft gut in die liegende und die hangende Platte trennen. Dieser Homoeosaurus maximiliani, der zur Unterklasse Lepidosauria gehört, lebte auf dem Festland.

Beidseitiger Abdruck eines Jura-Ammoniten der Gattung Lithacoceras: Nach dem Verschwinden des Ammonitenkörpers selbst haben sich in der »Negativform« feine glitzernde Kalkspat-Kristalle abgeschieden.

Zu den selteneren Solnhofen-Versteinerungen gehören Haie. Das abgebildete Fossil ist ein kleiner Squatina alifera aus der Familie der Engelhaie (Squatinidae), volkstümlich auch »Meerengel« genannt.

Frühe fliegende Reptilien

160 – 140 Mio. In Europa, Afrika und Asien sind fliegende Reptilien von etwa 1 m Spannweite verbreitet. Sie gehören zur Ordnung Pterosauria und innerhalb dieser zur Unterordnung Rhamphorhynchoidea.

Als ihr erster Vertreter erschien schon in der Obertrias (230 – 210 Mio.) in Italien die Gattung Eudimorphodon (→ 230 – 210 Mio./ S. 216) mit 75 cm Spannweite. Im Unterjura (210 – 184 Mio.) lebte dann in England die Gattung Dimorphodon mit 1,2 m Spannweite. Diese Tiere konnten auf dem Boden laufen, im Geäst von Bäumen klettern und noch recht ungeschickt flatternd fliegen.

Im Oberjura erscheinen zahlreiche neue Rhamphorhynchoideen-Gattungen. Mit 1 m Flügelspannweite ist jetzt in Europa (Deutschland) und Afrika (Tansania) Rhamphorhynchus zu Hause. Diese Gattung ist mit inzwischen ausgezeichneten Fliegern in Solnhofen (s. l.) gut fossil belegt. Ebenfalls in Europa leben der etwa gleich große Scaphognathus (England) mit auffällig großem Gehirn und der Anurognathus (Deutschland) mit nur 30 cm Spannweite, einem schmalen hohen Kopf und einem sehr kurzen Schwanz. In Asien (Kasachstan) ist der 50 cm große Sordes verbreitet, der möglicherweise ein dichtes Fell trägt, was auf einen Warmblüter hinweist (→ S. 262).

Am küstennahen Solnhofener Jurameer lebten Insekten wie die Libelle Aeschnogomphus intermedius.

Seinem Namen gerecht wird der im Meer lebende Langarmkrebs Mecochirus longimanatus.

▷ Kein Vogel, sondern ein Flugsaurier ist Pterodactylus kochi, von den Solnhofener Fachwissenschaftlern leger »Flugfinger« genannt. In der Tat zeichnet sich dieses fliegende Reptil durch je einen extrem langen Finger an seinen beiden vorderen Extremitäten aus, der zum Aufspannen der Flughäute des Tieres dient. Pterodactylus ist ein recht ausdauernder Flieger, der weite Exkursionen über das Meer unternimmt und dabei Fische fängt.

Die Seelilie Pterocoma pennate gehört zu den eher seltenen freischwimmenden Seelilienarten. Die meisten dieser feingliedrigen Stachelhäuter sind am flachen Meeresboden mit einem Stiel festgewachsen.

▷ Ein anderes Flugreptil des Juras ist der Saurier Dimorphodon macronyx mit einer Flügelspannweite von 160 cm. Er gehört zu den langschwänzigen Rhamphorhynchoidea wie alle frühen Flugsaurier. Diese Unterordnung entwickelte sich bereits während der Obertrias und ist im gesamten Jura weltweit verbreitet, bevor sie gegen Ende des Oberjuras ziemlich plötzlich ausstirbt. In dieser Zeit wird sie durch die kurzschwänzigen Pterodactyloidea ersetzt.

Oberjurassische Landschaft im nordamerikanischen Morrison-Gebiet von Utah: Aus der weiten flußdurchströmten Ebene ragen nur hier und da vereinzelte Vulkanmassive heraus. Die Vegetation verrät ausgesprochen warmes und zugleich feuchtes Klima. Mächtige Dinosaurier sind hier zu Hause: Den Flußarm (l. im Vordergrund) durchqueren zwei Vertreter der Gattung Diplodocus, langhalsige Pflanzenfresser. Auf dem seichten sandigen Uferstreifen (Bildmitte) stehen ein Brachiosaurus (groß) und ein Ceratosaurus (klein), beide ebenfalls Pflanzenfresser.

Fossilienlager in den USA

154 – 145 Mio. Beachtliche Ton-, Silt-, Sandstein- und Konglomeratsedimente bilden sich in weiten Süßwasserbecken im Gebiet von Montana bis New Mexiko und schwerpunktmäßig in Colorado. Diese als »Morrison Formation« bekannten Ablagerungen in Flüssen, Flußdeltas und Seen erreichen eine Mächtigkeit von bis zu 100 m.

Beachtlich ist die Vielzahl der u. a. in Wyoming, Colorado und Utah konservierten Dinosaurier. Vor allem Gattungen der riesigen Sauropoden (Apatosaurus, Brachiosaurus, Barosaurus, Camarasaurus, Diplodocus u. a.) sind hier fossil erhalten. Einzelne von ihnen sind weit über 20 m lang und dürften über 20 t schwer sein. Daneben finden sich zahlreiche Theropoden (Allosaurus, Ceratosaurus usw.; → S. 260) und Ornithischia (Camptosaurus, Dryosaurus, Stegosaurus usw.), gepanzerte, bis 10 m lange Pflanzenfresser. Außerdem sind seltenere Krokodile, Schildkröten und Gattungen aller wichtigen Säugetierordnungen der Zeit vertreten, die letzteren besonders bei Como Bluff in Wyoming. Die erhaltenen Dinosaurier entsprechen erstaunlich genau den gleich alten Fossilien in Tendaguru (→ S. 247) in Tansania.

Das aus fossilen Knochen montierte Skelett eines Diplodocus läßt seine gigantische Größe erkennen. Im Hintergrund steht ein Iguanodon.

Steneosaurus, eine Gattung von Meereskrododilen; das abgebildete Tier lebte vor rund 185 Mio. Jahren (Oberlias) im Gebiet der heutigen Schwäbischen Alb bei Ohmden/Holzmaden.

Zur Unterordnung Mesosuchia gehört das 3 m lange Meereskrokodil Metriorhynchus. Es lebt im Mittel- und Oberjura in Europa und im westlichen Südamerika.

Meereskrokodile im Westen Europas

Um 150 Mio. Im Westen Europas ist das 2,5 m lange Salzwasserkrokodil Metriorhynchus brachyrhynchus weit verbreitet. Meereskrokodile erscheinen erstmals im Unterjura (210 – 184 Mio.). Die frühen Arten gingen an Land, um dort ihre Eier abzulegen (→ S. 229). Doch Metriorhynchus ist so stark an das Leben im Meer angepaßt, daß es sich aufgrund seiner paddelartigen Flossen gar nicht an Land bewegen kann. Dafür ist es ein exzellenter Schwimmer. Außerdem fehlt ihm der für fast alle Krokodile so typische Knochenpanzer. Der kräftige Schwanz des Tieres endet in einer sichelförmigen Schwanzflosse.

Erste echte Eidechsen leben auf den Nordkontinenten

160 – 140 Mio. Eine Vielzahl von Echsenarten entwickelt sich rasch. Bereits im Oberperm (270 – 250 Mio.) lebten in Südafrika frühe Echsen der Unterordnung Eolacertilia. Aus ihnen bildeten sich in der Obertrias (230 – 210 Mio.) sehr spezialisierte Gleitflieger (Kuehneosaurus in Europa, → 250 Mio./S. 190; Icarosaurus in Nordamerika).
In welcher Beziehung sie mit den modernen Eidechsen (Lacertilia) stehen, ist ungewiß, doch wie diese gehören sie zur Reptilienordnung Squamata. Das sind Diapsiden (→ S. 201), die sich durch eine besondere Weiterentwicklung des Kauapparates auszeichnen. Die untere Knochenspange, die bei den Diapsiden bisher die untere Schläfenöffnung abgrenzte, fehlt ihnen, was mehr Platz für eine kräftige Kaumuskulatur schafft. Zusätzlich besitzt ihr Schädelskelett noch ein Scharniergelenk, was den Kiefern größere Beweglichkeit ermöglicht. Zu den Squamata kommen neben den Eolacertilia und den Lacertilia in der Kreide noch die Schlangen (Ophidia; → 140 – 80 Mio./S. 278).

Fossile Eidechse (Unterordnung Lacertilia) aus dem Ölschiefer der Grube Messel bei Darmstadt; Vorfahren dieses Tieres, das im frühen Mittleren Eozän lebte, finden sich bereits zur Zeit des Oberjuras auf den Nordkontinenten.

Heute ist in Europa die Zauneidechse, Lacerta agilis, weit verbreitet. Sie sieht dem Ardeosaurus, einem Gecko aus der Oberkreide, auf den ersten Blich ziemlich ähnlich, doch ist dessen Kopf deutlich vom Rumpf abgesetzt.

Im Oberjura erscheinen erstmals die echten Eidechsen (Lacertilia) und sind sofort mit Angehörigen fast aller Gruppen vertreten: Den Gekkota (Geckos), Iguania (Leguane), Scincomorpha (Skinks) und Platynota (Warane u. a.). Nur die Anguimorpha (Schleichen) folgen erst in der Oberkreide.

Waren die frühesten Echsen (Eolacertilia) kleine Insektenfresser, so zeichnen sich die Lacertilia durch einen verbesserten Gehörsinn und verbesserte Gelenkoberflächen aus, was sie zu erfolgreicheren Jägern macht. Sie sind in der Lage, auch größere Beutetiere, darunter andere Reptilien, zu fangen. Die meisten Gattungen bleiben zunächst noch relativ klein (wie etwa der 20 cm große Gecko Ardeosaurus in Deutschland), doch entwickeln speziell die Warane schon bald Arten von mehreren Metern Körperlänge. Auch die im Wasser lebenden Mosasaurier erreichen vergleichbare Körpergrößen.

Saurier mit langen Hälsen und Paddeln

160 – 140 Mio. Weit verbreitet in den europäischen Meeren des Oberjuras sind die Plesiosauria, eine Ordnung meeresbewohnender Reptilien, die z. T. eine Länge von 14 m erreichen. Ihre Gliedmaßen sind zu Paddelflossen reduziert, ihre Finger und Zehen besitzen bis zu zehn Knochen und sind entsprechend breit. Der Körper ist recht gedrungen und abgeflacht, der Schwanz auffallend kurz.
Zu unterscheiden sind zwei Überfamilien, wobei offenbar die zweite von der ersten abstammt: Die Plesiosauroidea und die Pliosauroidea. Mit einzelnen Gattungen traten beide bereits im Unterjura (210 – 184 Mio.) auf (Plesiosaurus und Macroplata, beide in Europa), doch nimmt ihre Arten- und Individuenzahl im Oberjura beachtlich zu. Charakteristisch ist für die Plesiosauroidea ein ungewöhnlich langer und schlanker Hals mit 28 Wirbeln, der oft länger als Rumpf und Schwanz zusammen sein kann. Der Hals der Pliosauroidea ist mit 13 Wirbeln weitaus kürzer und breiter, dafür haben diese Tiere riesige, torpedoförmige Köpfe.

In den Jurameeren leben Ichthyosauria und Plesiosauria. Während die Ichthyosauria gedrungene Körper, dreieckige Rückenflossen und fischähnliche Schwanzflossen besitzen (im Bild Ophthalmosaurus) ...

... haben die Plesiosauria (im Bild die Gattung Muraenosaurus) einen langgestreckten Rumpf, einen langen, schlanken Hals, einen spitz zulaufenden, fast drehrunden Schwanz und lange, paddelförmige Extremitäten.

Vogelähnliche Saurierechsen

160 – 140 Mio. In Deutschland und Frankreich sind Angehörige der Dinosaurierfamilie Compsognathidae zu Hause. Die Familie gehört zu den Coelurosauria (→ S. 260) und besteht nur aus einer einzigen Gattung. Compsognathus ist ein graziles, 60 cm langes und nur etwa halb so hohes Tier, das kaum über 3,6 kg schwer sein dürfte. Es läuft auf seinen muskulösen Hinterbeinen aufrecht. Die Arme sind kurz, und die Hände bestehen nur noch aus zwei bekrallten Fingern. Die hinteren Extremitäten besitzen drei nach vorne gerichtete Zehen und eine kleine nach hinten gerichtete. Sowohl der Hals wie auch der Schwanz des Compsognathus sind lang und schlank. Die ganze Anatomie des Tieres erinnert stark an den ersten Vogel, Archaeopteryx (→ S. 263). Auch besitzt es wie dieser sehr leichte, hohle Knochen. Beide bewohnen denselben Lebensraum, nämlich bewaldete Inseln und Küstenstreifen der Lagunen. Compsognathus ist ein flinker Räuber, der sich von kleinen Beutetieren ernährt.

Zu den Riesen unter den pflanzenfressenden Sauropoden gehören die etwa 21 m langen und 30 t schweren Apatosaurier, die auch unter der Bezeichnung Brontosaurier bekannt sind. Die Rekonstruktion zeigt Exemplare dieser Gattung auf einer überfluteten Lichtung im Cycadeenwald Colorados.

Pflanzenfressende Dinosaurier bevölkern die ganze Welt

160 – 140 Mio. Dutzende kleiner bis riesengroßer pflanzenfressender Dinosaurier sind über die ganze Erde verbreitet. Sie verteilen sich auf zwei Ordnungen: Saurischia (Echsenbecken-Dinosaurier) und Ornithischia (Vogelbecken-Dinosaurier). Während die erste mit den Theropoden auch Fleischfresser (→ S. 260) umfaßt, zählen zur zweiten ausschließlich Pflanzenfresser.

Die pflanzenfressenden Saurischia sind in der Unterordnung Sauropodomorpha zusammengefaßt. Sie wiederum teilt sich in zwei Infraordnungen, die Prosauropoda und die Sauropoda. Die ersten Prosauropoda erschienen bereits in der Obertrias (230 - 210 Mio.), im Unterjura (210 - 184 Mio.) und starben dann wieder aus. Eine einzige Gattung, Staurikosaurus, lebte sogar schon in der Mitteltrias (243 - 230 Mio.). Manche Prosauropoda bewegten sich nur auf ihren kräftigen Hinterbeinen, andere liefen auf vier Füßen. Die meisten waren mit Längen um 2 m nicht allzu groß, doch gab es – unter den Melanorosauridae – auch bis zu 10 m lange Riesen. Als wahre Giganten tauchten im Unterjura die ersten Sauropoda auf. Zu den Vorreitern zählte der 15 m lange Barapasaurus aus der Familie Cetiosauridae in Indien. Die meisten dieser Riesen erscheinen aber erst im Oberjura. Zu ihnen gehören der 23 m lange Brachiosaurus (Nordamerika und Afrika), der bis 18 m lange Camarasaurus (Nordamerika), der 26 m lange Diplodocus (Nordamerika), der über 21 m lange Apatosaurus (Nordamerika), der früher als Brontosaurus bezeichnet wurde, der 22 m lange Mamenchisaurus (Asien, Mongolei) oder die Titanosauridae der Kreidezeit. All diese Sauropoda besitzen extrem lange Hälse, kleine Köpfe und einen langen, sehr massigen Körper. Der Schwanz ist dick, lang und spitz. Das Skelett zeigt zwei Besonderheiten: In den Wirbeln gibt es Hohlräume, um ohne Festigkeitsverlust das Gewicht zu reduzieren. Vier der fünf Kreuzbeinwirbel sind fest mit dem Beckengürtel verbunden.

Die Ordnung Ornithischia gliedert sich in vier Unterordnungen:

▷ Die Ornithopoda (»Vogelfüßer«), die sich wie Vögel auf zwei Beinen fortbewegen und möglicherweise die Vorfahren aller anderen Ornithischia sind

▷ Stegosaurier mit mächtigen Knochenplatten auf dem Rücken

▷ Ancylosaurier mit gepanzertem Rücken und keulenförmigen Dornengebilden an den Schwanzenden

▷ Horndinosaurier oder Ceratopia mit Hörnern auf dem Kopf und knöchernen Nackenpanzern.

Als erste erschienen mit der Familie Pisanosaurus die Ornithopoda bereits in der Obertrias in Argentinien. Doch ihre Blütezeit beginnt im Oberjura, vor allem mit der Familie der Hypsilophodontiden, die zahlreiche Arten zwischen 1,4 und 7,5 m Länge hervorbringt. Mit ihren leichten Körpern und ihren langen muskulösen Laufbeinen sind sie ungemein wendig. Von ihnen stammen bereits im Mitteljura die Familie der Iguanodontidae und in der Oberkreide jene der Hadrosauridae (»Entenschnabelsaurier«) ab. Die Iguanodonten bewegen sich teils zweibeinig, teils auf allen Vieren fort. Am gewaltigsten ist mit 9 m die Art Iguanodon, die in der Unterkreide (140 – 97 Mio.) in Europa, Nordamerika und Asien verbreitet ist. Die Unterordnung Stegosaurier erscheint im Oberjura mit imposanten Panzersauriern bis zu 9 m Länge.

Im Denver Museum of Natural History steht dieses montierte Skelett eines Stegosaurus aus dem Oberjura von Colorado. Das riesige Tier mit dem winzigen Kopf gilt als Nationalfossil des US-Bundesstaates Colorado. Mit 9 m Länge stellt diese Gattung die größten Vertreter der Familie Stegosauridae.

Mit etwa 3 t Lebendgewicht ist der 7,6 m lange, schwer gepanzerte Ancylosaurier der Gattung Sauropelta aus dem Westen Nordamerikas ein wahrer Koloß. Er erscheint vor ungefähr 140 Mio. Jahren zu Beginn der Kreide.

Apatosaurus excelsus (früher als Brontosaurus bekannt) ist ein etwa 21 m langer nordamerikanischer Gigant aus der Familie Diplodocidae. Im Verhältnis zu seiner Körpergröße hat er unter allen Wirbeltieren das kleinste Gehirn.

Zu den pflanzenfressenden Dinosauriern gehört die Art Mamenchisaurus hochuanensis aus der Familie Diplodocidae. Sie ist 22 m lang und lebt in Asien.

Muskulöse Giganten mit belastbarer Skelettkonstruktion

160–140 Mio. Die Familien der Brachiosauridae und der Diplodocidae stellen die größten Landtiere aller Zeiten, die schwersten gehören mit Sicherheit zu den Brachiosauridae.

Diplodocus ist im Mittel 26 m lang, und große Exemplare erreichen 30 m; doch der schlanke Riese wird auf »nur« 10 t geschätzt. Sein naher Verwandter, Apatosaurus (= Brontosaurus) ist mit etwas über 20 m Körperlänge zwar kleiner, aber mit wahrscheinlich etwa 30 t wesentlich massiger. Der ungemein wuchtige Brachiosaurus ist zwar ebenfalls im Durchschnitt immerhin 23 m lang (und 12,5 m hoch), wird aber auf bis zu 80 t Körpermasse geschätzt. Damit wiegt er das Zwölffache eines afrikanischen Elefantenbullen!

Jüngste Funde in den USA (in den 70er Jahren) und Mexiko (1986), die noch nicht offiziell ausgewertet sind, brachten Knochen dreier Sauropoden ans Licht, die provisorisch als Supersaurus, Ultrasaurus und Seismosaurus bezeichnet werden. Ihre Körperlängen werden auf 30 bis 40 m geschätzt. Über ihr Gewicht wagt man noch keine Spekulationen anzustellen. U. a. fanden sich ein Schulterblatt von 2,4 m und ein Wirbelknochen von 1,5 m Länge. Vermutlich gehören diese Giganten zu den Brachiosauriern, möglicherweise sind es aber auch Diplodociden, oder sie repräsentieren sogar eine eigene Familie.

Die Skelette insbesondere der Brachiosaurier sind vom technischen Standpunkt aus betrachtet ausgesprochen ingeniös konstruiert. Die mächtigen Wirbelknochen sind statisch wie dynamisch hoch belastbar. Ein großer Teil dieser Knochen baut sich aus dünnen Plättchen und feinen Verstrebungen auf. Einer großen Belastung müssen die Gelenke zwischen den Wirbeln gewachsen sein. Äußerst massive Schulter- und Beckengürtel, die fest mit der Wirbelsäule verbunden sind, übertragen das Gewicht des wuchtigen Körpers auf die säulenförmigen Extremitäten. Allein der Oberarmknochen von Brachiosaurus ist über 2 m lang. Arme, Beine und die sie tragenden Knochengürtel besitzen große Ansatzflächen für eine leistungsfähige, gewaltige Muskulatur, die wegen der langen Knochen enorme Hebelkräfte bewältigen muß.

Zunächst gingen die Paläontologen davon aus, diese Pflanzenfresser hätten den größten Teil ihres Lebens im Wasser zugebracht und damit den riesigen Leib durch Auftrieb entlastet. Das war aber sicher nicht der Fall, denn in über 5 m Wassertiefe, wo sich, gemessen an der gesamten Körpergröße, der Rumpf der Giganten befunden haben müßte, herrscht bereits ein so hoher Druck, daß das Atmen kaum möglich gewesen wäre. Interessant sind die Schädelöffnungen, die mit den Nasenlöchern korrespondieren. Sie sind bei einigen Arten derart groß, daß manche Paläontologen in Erwägung zogen, daß die Tiere ähnlich den Elefanten einen Rüssel besessen hätten. Andere Forscher nehmen an, daß die Nase mit einem feuchten Kühlapparat zur Abkühlung des zum Gehirn strömenden Blutes ausgestattet war. Das Klima, in dem die Giganten leben, ist schließlich generell warm bis sehr heiß.

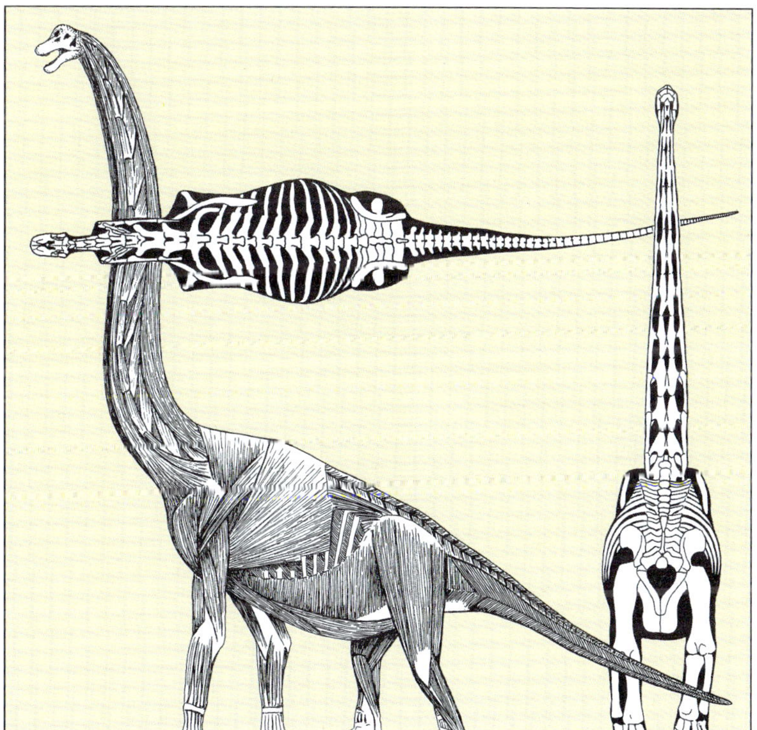

Anhand der Skelettfunde ließ sich die Muskulatur von Brachiosaurus rekonstruieren, die den in etwa 80 t schweren Körper bewegt.

Fleischfressende Riesen

160–140 Mio. Der Oberjura ist die Blütezeit der großen fleischfressenden Dinosaurier. Diese räuberisch lebenden Reptilien gehören durchgängig zur Unterordnung Theropoda der Dinosaurier-Ordnung Saurischia (→ S. 258).

Neben den gigantischen Carnosauriern umfassen die Theropoden auch die kleineren Coelurosaurier. Beide Infraordnungen ernähren sich von Insekten, Vögeln, Amphibien und nicht selten sogar von kleineren pflanzenfressenden Sauriern. Von den Coelurosauriern sind die meisten Familien erst in der Oberkreide (97–66 Mio.) fossil nachweisbar, doch ist im Oberjura Afrikas bereits die Familie Ornithomimidae (»Vogelnachahmer«) vertreten. Ihr gehören wendige Zweifüßer von Straußengröße bei etwa gleichen Körperproportionen an. Sie sind zahnlos, besitzen einen schmalen Kiefer mit hornigem Schnabel und außergewöhnlich große Augen.

Die Carnosaurier (»Fleischechsen«) erscheinen in dieser Zeit vor allem mit riesigen Mitgliedern der Familie Allosauridae (bis 12 m) und Ceratosauridae (bis 6 m). Noch größere Carnosaurier wie der bekannte 15 m lange Tyrannosaurus rex bleiben der Oberkreide vorbehalten.

Zwar sind alle Carnosaurier mit äußerst scharfen, dolchartig gebogenen gesägten Zähnen, gewaltigen Kiefern und scharfen Krallen an den Extremitäten ausgestattet, die sie prinzipiell zu gefährlichen Beutejägern machen; doch ist fraglich, wie gut sie sich bei ihrer Körpermasse als ausdauernde Läufer bewähren. Vielleicht sind gerade die größten und schwerfälligsten unter ihnen teilweise auch Aasfresser.

Wendige Jäger sind aber wohl die »kleineren« Arten. Wie alle Carnosaurier laufen sie nur auf den Hinterbeinen. Obgleich auch diese Tiere im Durchschnitt immerhin eine Körpergröße von 5 bis 6 m erreichen, ist ihr Knochenbau jedoch leicht und elastisch, ihre Muskulatur äußerst kräftig. Zudem verfügen sie über ein wesentlich größeres Gehirn als ihre pflanzenfressenden Verwandten (→ S. 258), sind also in der Lage, ihren Körper viel besser zu beherrschen.

Der etwa 1,8 m lange Fleischfresser Velociraptor ist u. a. durch vollständige Skelettfunde aus der Inneren Mongolei und aus China belegt.

Ein trotz 3 bis 4 m Länge besonders schneller und wendiger Räuber ist der nordamerikanische Deinonychus, ein Nachfahre der Coelurosaurier.

Der wissenschaftliche Name Baryonyx (»schwere Kralle«) bezieht sich auf die bis 30 cm lange gebogene Kralle am Vorderfuß dieses 6 m langen Tieres, die ihm bei der Jagd als Waffe dient.

In Deutschland und Frankreich ist der Compsognathus beheimatet, der nur eine Länge von etwa 60 cm erreicht. Der Körperbau dieses Dinosauriers erinnert an den »Urvogel« Archaeopteryx.

Dolchscharf und leicht gekrümmt sind die Zähne des 8,5 m langen Daspletosaurus, der als gefährlicher Räuber in der Oberkreide Nordamerika (Alberta) unsicher macht. Hier jagt er einen Styracosaurus.

Trotz seiner 6 m Länge ist der in Nordamerika heimische Dilophosaurus nicht schwerfällig gebaut. Er besitzt sehr leichte Knochen. Die Kämme auf dem Kopf sind wahrscheinlich nur beim männlichen Tier ausgebildet.

Kosmopoliten des Erdmittelalters

160–140 Mio. Sowohl die pflanzen- wie die fleischfressenden Dinosaurier sind Kosmopoliten. Das allgemein ausgeglichene Klima und die Existenz kontinentaler Wanderwege führen zu ihrer weltweiten Verbreitung. Außerdem existieren auf nahezu allen Erdteilen ausgedehnte Flachwassergebiete, an deren Ufern eine reiche Vegetation gedeiht. Wo sich zahlreiche große Pflanzenfresser einfinden, ist auch für Fleischfresser der Tisch reich gedeckt. Besonders die riesigen pflanzenfressenden Dinosaurier stellen eine gewaltige Nahrungsquelle dar, denn zusätzlich zu ihren individuellen Körpervolumen sind die Pflanzenfresser Herdentiere. Der größte Fleischfresser dieser Zeit ist der von Nordamerika bis Afrika und Australien verbreitete 12 m lange Allosaurus. Sofern er kein Aasfresser ist, mag er in der Lage sein, die riesigen Vegetarier allein zu erbeuten. Kleine räuberische Dinosaurier wie Ceratosaurus jagen wahrscheinlich in Rudeln.

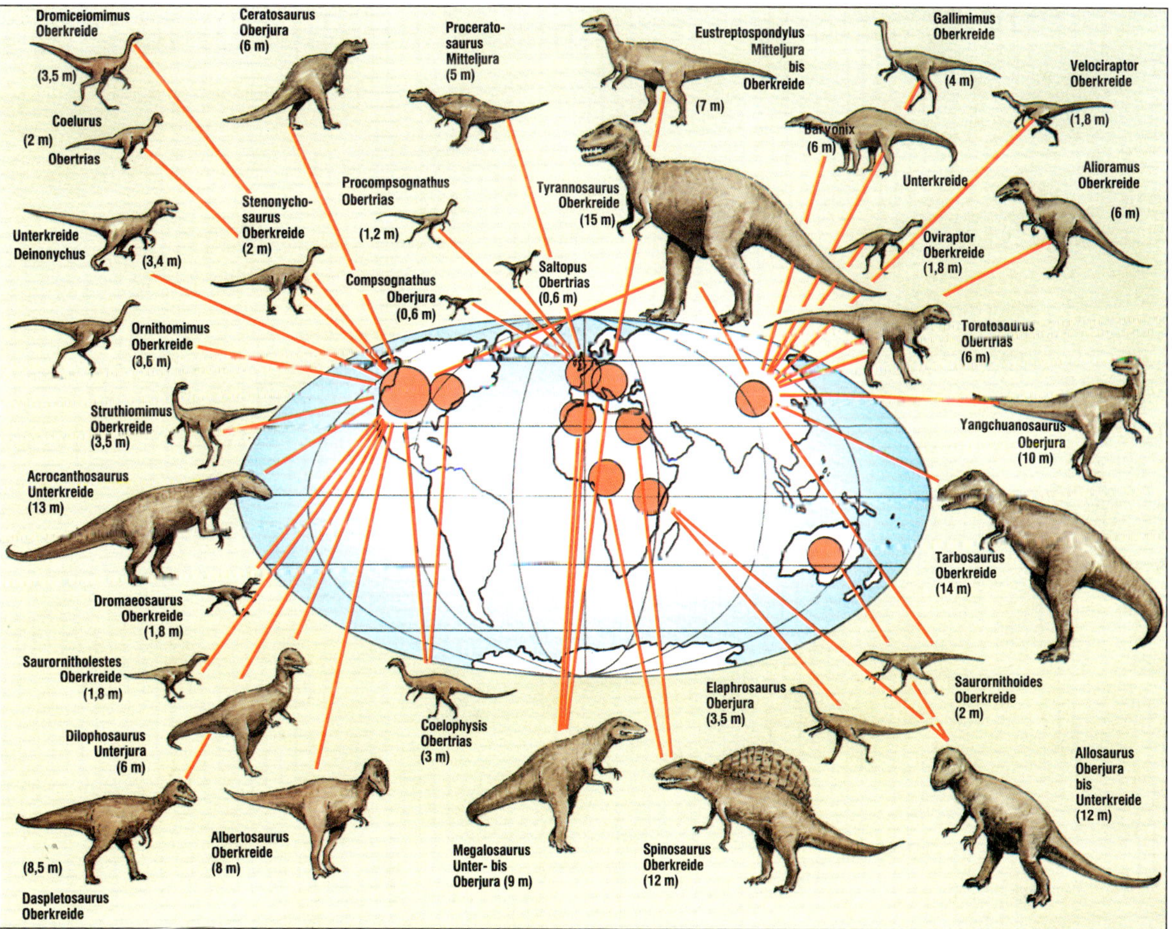

Der Flugsaurier Pterodactylus antiquus ist nur 10 bis 15 cm lang. Besonders auffällig sind sein sehr kurzer Schwanz und sein langer Schnabel.

Die Gattung Pterodaustro gehört ebenfalls zur Flugsaurier-Unterordnung Pterodactyloidea. Ihr Schnabel funktioniert wie eine Fangreuse.

Rhamphorhynchus gemmingi gehört zu den älteren langschwänzigen Flugsauriern. Das 40 bis 50 cm lange Tier lebt in West- bis Mitteleuropa.

Kurzschwänzige Flugsaurier mit reusenartigem Gebiß

160 – 140 Mio. Die erstmals in der Obertrias (230 – 210 Mio.) erschienenen langschwänzigen Flugsaurier der Unterordnung Rhamphorhynchoidea (→ S. 216) entwickeln jetzt noch mehrere neue Gattungen (Sordes, Rhamphorhynchus und Scaphognathus), bevor sie gegen Ende des Oberjuras aussterben. Dafür erobern neue fliegende Reptilien der Unterordnung Pterodactyloidea den Luftraum. Beide Unterordnungen gehören derselben Reptilienordnung, den Pterosauria, an.

Die Pterodactyloiden leben bis weit in die Kreidezeit (140 – 66 Mio.) hinein, doch überleben sie deren Ende nicht. Im großen und ganzen gleicht ihr Körperbau jenem der Rhamphorhynchoiden, doch fehlt ihnen der ausgeprägt lange Schwanz. Statt dessen haben sie nur einen kurzen, hinten zugespitzten Stummel. Dafür sind Hals und Kopf dieser Flugsaurier länger als bei den Rhamphorhynchoiden. Der lange Schnabel erinnert bei manchen Arten an den eines Pelikans. Neben einigen kleinen Formen zählen zu den Pterodactyloiden auch die größten flugfähigen Tiere aller Zeiten.

Weit verbreitet ist im Oberjura die Gattung Pterodactylus. Sie kommt in Europa (Britische Inseln, Frankreich und Deutschland) ebenso vor wie in Afrika (Tansania). Bekannt sind zahlreiche verschiedene Pterodactylus-Arten, die vor allem in der Größe und in der Kopfform variieren. Ihr messerscharfes Gebiß weist sie alle als Fleischfresser aus. Neben dem vierten Finger ist bei diesen Arten auch der Mittelhandknochen stark verlängert, um das Ausbreiten der Flügel bis zu 75 cm Spannweite zu erleichtern.

In Südamerika (Argentinien) kommt zur selben Zeit die Gattung Pterodaustro vor. Die Tiere sind mit 1,2 m Spannweite größer als die Pterodactylus-Arten. Typisch für sie sind die überaus langen Kiefer des an sich mit 23 cm Länge nicht allzu großen Kopfes. Ihre zahlreichen Zähne sind schmal und lang und stehen dicht wie die Elemente einer Reuse aneinandergereiht. Vermutlich ernährt sich Pterodaustro, indem er im Tiefflug über die Gewässer gleitet und mit aufgesperrtem Schnabel immer wieder Wasser aufnimmt. Das siebartige Gebiß filtriert das Wasser, und die Bestandteile des eiweißreichen Planktons bleiben im Schnabelinneren zurück.

Weitaus größere Pterodactyloidea-Gattungen erscheinen erst in der Kreide, besonders in der Oberkreide, darunter Cearadactylus (Unterkreide, Südamerika), Dsungaripterus (Unterkreide, China), Pteranodon (Oberkreide, Europa) und Quetzalcoatlus (Oberkreide, Nordamerika, Texas). Die Vertreter der letzteren Gattungen sind behaart und erreichen möglicherweise eine Flügelspannweite bis zu 12 m.

In den Plattenkalken von Solnhofen versteinerte dieses Skelett des Flugsauriers Rhamphorhynchus muensteri. Das Fossil zeigt deutlich die überlangen Finger, mit denen Flieger wie dieser ihre Flughaut aufspannten.

Flügelspannweiten der Saurier

Rhamphorhynchoidea

▷ Eudimorphodon (Obertrias, Italien): 0,75 m
▷ Dimorphodon (Unterjura, England): 1,2 m
▷ Ramphorhynchus (Oberjura, Deutschland und Tansania): 1 m
▷ Scaphognathus (Oberjura, England): 1 m
▷ Sordes (Oberjura, Kasachstan): 0,5 m
▷ Anurognathus (Obertrias, Deutschland): 0,3 m

Pterodactyloidea

▷ Pterodactylus (Oberjura, Mitteleuropa und Tansania): 0,75 m
▷ Pterodaustro (Oberjura, Argentinien): 1,2 m
▷ Cearadactylus (Unterkreide, Brasilien): 4 m
▷ Dsungaripterus (Unterkreide, China): 3 m
▷ Pteranodon (Oberkreide, England und Kansas): 7 m
▷ Quetzalcoatlus (Oberkreide, Texas): um 12 m.

Über dem Jurameer kreisen erste Vertreter der Vögel

Um 150 Mio. In den Plattenkalken von Solnhofen (→ S. 252) fossilisieren die ersten Vögel in Gestalt von Archaeopteryx lithographicus (griech. pteryx = Flügel), dem sogenannten Urvogel. Archaeopteryx ist eine Gattung, zu der möglicherweise verschiedene Arten gehören. Die Gattung zählt zur Wirbeltierklasse Vögel (Aves) und stellt ihre primitivste Form dar. Zwischen den ersten und den modernen Vögeln sind noch die Zahnvögel der Kreidezeit (140–66 Mio.) einzuordnen.

Der Urvogel ist etwa taubengroß und vereinigt in sich Reptilienmerkmale mit Vogelmerkmalen. Eindeutig zu den Vögeln zu rechnen ist Archaeopteryx aufgrund seiner Federn und wegen des für Vögel typischen Gabelbeines (Furcula), eines Knochengebildes aus zwei miteinander verwachsenen Knochen des Schultergürtels, die anatomisch dem Schlüsselbein der Säugetiere entsprechen. Dieses Gabelbein belegt als Ansatzfläche gut entwickelter Flugmuskulatur, daß Archaeopteryx den aktiven Ruderflug beherrscht. Sein sehr wahrscheinlich nach hinten gerichtetes Schambein (Pubis) wird als weiteres typisches Vogelmerkmal gewertet.

Jüngere Urvogelfunde lassen annehmen, daß Archaeopteryx nicht, wie bisher vermutet, von den Thecodontiern der Trias abstammt, sondern von den Dinosauriern.

Rekonstruktion des Urvogels Archaeopteryx lithographica. Der älteste bekannte Vogel lebt vor rund 150 Mio. Jahren in Bayern. Von Schnabel bis Schwanz mißt er etwa 40 cm. Da das Tier nur kleine, schwache Zähne besitzt, ist nicht bekannt, wovon es sich ernährt. Die Krallen an den Flügeln könnten aber zum Fassen von Beute dienen.

◁◁ Einige der bedeutendsten Archaeopteryx-Fossilien befinden sich heute im Bürgermeister-Müller-Museum in Solnhofen, also in unmittelbarer Nähe ihres Fundortes. Dieses Exemplar aus dem bayerischen Oberjura versteinerte mit weit ausgebreiteten Flügeln.

◁ Der bisher jüngste Fund (1987) eines Archaeopteryx im Gebiet von Solnhofen ist ein hervorragend erhaltenes vollständiges Fossil des Urvogels, das den Experten Detailuntersuchungen gestattet.

Reptilienmerkmale

- ▷ Zähne im Ober- und Unterkiefer; langer Schwanz aus 20 (22) Wirbeln
- ▷ bewegliche, bikonkave Rückenwirbel
- ▷ freie Finger mit Krallen
- ▷ freie Halsrippen, Rippen ohne nach hinten gerichteten Fortsatz; reptilhaftes Gehirn
- ▷ weitgehend offene Schädelnähte; kleines flaches Brustbein (Sternum)
- ▷ lockeres, wenig verknöchertes Becken
- ▷ Scham- und Sitzbein nicht der Länge nach verwachsen
- ▷ freie Mittelhandknochen
- ▷ nicht völlig miteinander verwachsene Mittelfußknochen
- ▷ Schädel von Reptilgepräge
- ▷ V-förmige Bauchrippen

Vogelmerkmale

- ▷ Verlängertes, nach hinten gerichtetes Schambein
- ▷ zu einem Gabelbein verwachsene Schlüsselbeine
- ▷ in Opposition zu den anderen Zehen stehende erste Zehe
- ▷ Vorhandensein von Federn (Warmblütigkeit)
- ▷ ansatzweise lufthaltige Knochen (Röhrenknochen)

Vogelfedern: Die kompliziertesten Hautgebilde der Wirbeltiere

Die Federn haben sich auf bisher ungeklärte Weise aus den Reptilienschuppen entwickelt. Sie sind die kompliziertesten Hautgebilde der Wirbeltiere. Ihre Normalform ist die sogenannte Konturfeder, also jene Feder, die weitgehend die Umrisse eines Vogels bestimmt.

Deck-, Schwung- und Schwanzfedern sind solche Konturfedern. Sie bestehen aus einem Schaft und zwei Fahnen, die sich aus zahlreichen aufwärts gerichteten Federästen zusammensetzen. Diese Äste tragen auf der zur Federspitze weisenden Seite Hakenstrahlen, auf der zur Federbasis gerichteten Seite sogenannte Bogenstrahlen. Beide greifen ineinander, so daß die Fahne damit zu einer dichten und elastischen Fläche wird.

Wie bei einem Klettverschluß verhaken sich die Federstrahlen wieder von selbst, wenn zwei Federäste einmal auseinandergerissen und dann wieder zusammengebracht werden. Am unteren Federteil, den die Nachbarfedern überdecken, sind die Strahlen länger und besitzen keine Haken. Hier bilden sich deshalb Luftzwischenräume, die den warmblütigen Vögeln als Wärmeisolierung dienen.

In der Grube Messel bei Darmstadt fand sich das abgebildete Teilskelett eines Vogels aus dem Mittleren Eozän. Das Fossil zeichnet sich durch die besonders gut konservierten Federn aus.

Gegenüber einer Flughaut, wie sie etwa die Flugsaurier (→ S. 262) besitzen, bieten die Schwungfedern entscheidende Vorteile: Sie sind wesentlich leichter und weniger empfindlich. Die Flughaut bedarf bei einer Verletzung einer langen Heilungszeit. Defekte Federn werden als tote Horngebilde einfach abgestoßen. Außerdem ist die ausgebreitete gut durchblutete Flughaut für beachtliche Wärmeverluste verantwortlich. All diese Merkmale sichern den Vögeln gegenüber den Flugsauriern Vorteile beim Leben im Luftraum.

Im Wasser und auf dem Land zu Hause

Um 150 Mio. Die Schneckenunterklasse der Lungenschnecken (Pulmonata), die mit einigen Arten bereits im Karbon/Perm vertreten war, erlebt jetzt eine erste große Blütezeit. Neben frühen Formen, die im Süß- und Salzwasser leben, besiedeln die meisten Lungenschnecken jetzt auch das Festland.

Anatomisch verlief die Entwicklung der Lunge so, daß sich das Dach der Mantelhülle (→ S. 58) erweiterte und mit vielen Ein- und Ausstülpungen bei gleichzeitiger Durchflechtung mit Blutgefäßen ein großflächiges Organ für den Gasstoffwechsel bildete. Die Kiemen verschwanden. Die Lungenschnecken untergliedern sich in Wasserlungenschnecken (Basommatophora) und Landlungenschnecken (Stylommatophora). Bei den ersteren sitzen die Augen an der Basis der Fühler; bei den letzteren bilden sie deren äußerstes Ende. Die Gehäuse der Landlungenschnecken sind meist dünnwandig. Nicht selten sind sie aber auch weitgehend reduziert oder fehlen völlig (Nacktschnecken). Besonders ab der Oberkreide (97–66 Mio.) entwickeln viele Landlungenschnecken Anpassungsformen an ganz bestimmte Kleinklimagebiete.

△ Die Hain-Bänderschnecke (Cepaea nemoralis) ist eine heute in Europa sehr häufig anzutreffende Landschneckenart. Wie alle Landschnecken gehört sie zur Überordnung der zwittrigen Lungenschnecken, die im Oberjura eine erste große Blütezeit erleben.

◁ Die dünnschalige Schlammschnecke (Lymnea stagnalis) ist an den seichten Uferzonen europäischer Binnengewässer weit verbreitet. Auch diese vorwiegend im Wasser lebende Lungenschnecke stammt aus dem Oberjura.

Zwitterpaarung der Lungenschnecken mit »Amorpfeilen«

Die meisten Lungenschnecken (z. B. die Weinbergschnecke) durchlaufen eine andere Entwicklung vom Ei zum ausgewachsenen Tier als die Kiemenschnecken. Bei den letzteren kann sich ein Larvenstadium (Wimperkranzlarven) dazwischenschalten. Dagegen entwickeln sich die Lungenschnecken stets ohne Verwandlung. Viele Lungenschnekken sind Zwitter und befruchten sich wechselseitig. Die Begattung vollzieht sich dabei unter merkwürdigen Liebesspielen. Besonders eigenartig ist der Gebrauch eines sogenannten Liebespfeiles bei manchen Arten (Heliciden). Das ist ein stilettartiger und für die einzelnen Schneckenarten charakteristisch geformter Kalkkörper, der dem Partner in die Haut gestoßen wird.

Die Rote Wegschnecke (Arion rufus) besitzt kein Gehäuse, ist also eine Nacktschnecke. Das Bild zeigt zwei Tiere bei der Kopulation.

Weinbergschnecke (Helix pomatia) bei der Eiablage in ein Erdloch.

Gleitmittel für die Fortbewegung

Um ihre mühsame Fortbewegung auf einer sehr großen Fußsohle durch wellenförmige Muskelbewegungen zu erleichtern, sondern die Landlungenschnecken permanent Schleim ab. Mit ihm vermindern sie die Gleitreibung auf dem Boden und gleichen kleine Unebenheiten aus, besonders auch feine Spitzen und scharfe Kanten, die den weichen Fußmuskel beim Darübergleiten aufreißen könnten. Zugleich schützt der Schleim die Schnecken vor Flüssigkeitsverlust durch Verdunstung.

Schleim (Mucus) ist im Tierreich weit verbreitet. Er wird nicht nur – wie bei den Schnecken – äußerlich abgesondert, sondern auch im Körperinneren erzeugt und hat sehr verschiedenartige Aufgaben. Einmal dient er generell als Gleit- und Transportmittel. Für die Fortbewegung der Schnecken oder zur Herabsetzung der Wasserreibung bei manchen Fischen ist das Sekret ebenso notwendig wie bei der reibungslosen Bewegung von Wirbeltiergelenken, in denen es als Gelenkschmiere auftritt.

Im Speichel oder als Sekret der Darmschleimhaut läßt Schleim aber auch die Nahrung besser durch den Verdauungskanal gleiten. Zugleich besitzt er eine vielfältige Schutzfunktion. Mechanischen Verletzungen empfindlicher Oberflächen (Schleimhäute) beugt er ebenso vor, wie er vor dem Austrocknen, aber auch vor aggressiven chemischen Substanzen schützt. So ist z. B. die Magenwand mit Schleim überzogen und damit vor der fleischverdauenden Magensalzsäure sicher.

Schleim ist aber nicht nur ein Gleit- und Schutz-, sondern auch ein Haftmittel. So können Schnecken auf ihrem Schleimteppich z. B. an senkrechten Glasscheiben hinaufkriechen. Chemisch gesehen besteht tierischer Schleim aus Muzinen. Das sind zähe von besonderen Schleimzellen abgesonderte Stoffe, die Glykoproteide, Mukoproteide und Mukopolysaccharide enthalten.

Phosphorite in Nordwesteuropa

160 – 97 Mio. Im Nordwesten Europas bilden sich Phosphorit-Lager. Phosphorit ist eine Sammelbezeichnung für feinstkristalline (kryptokristalline) sedimentäre Phosphor-Rohstoffe (Apatite) in erdiger, krustiger, knolliger oder zellenförmiger Ausbildung. Chemisch gesehen genügen die Apatite der Formel $Ca_5[(F,OH)/(PO_4)_3]$, stellen also eine ganze Familie von verschiedenen Mineralien dar.
Die nordwesteuropäische Phosphoritbildung steht wahrscheinlich im Zusammenhang mit der beginnenden Öffnung der Atlantikspalte. Hier quillt kaltes Tiefenwasser auf, und das ist für diesen Lagerstättentypus eine Voraussetzung. Der Phosphoranteil geht nämlich auf Sedimente am Ozeanboden zurück, in die er durch absinkende organische Substanzen eingetragen wurde. Am häufigsten sind deshalb Phosphoritvorkommen im Aufquellbereich vor den kontinentalen Westküsten.

Zahlreiche Arten werden verdrängt

Um 140 Mio. Bereits gegen Ende des Juras kündigt sich ein großer Wechsel in der Fauna an, der sich in der Oberkreide durchsetzt.
Etliche Tiergruppen sterben schon jetzt aus. So verschwinden z. B. unter den Weichtieren die Kopffüßerordnung Phragmoteuthida und unter den Wirbeltieren die Säugetierordnung Morganucodonta.
Gravierender ist allerdings das Aussterben bei den Dinosauriern. Viele Arten werden von erfolgreicheren Reptilien verdrängt.
Unter den Fleischfressern (→ S. 260) überleben u. a. die Familien Compsognathidae, zahlreiche Megalosauridae-Gattungen und die Ceratosauridae den Oberjura nicht.
Von den Pflanzenfressern (→ S. 258) verschwinden Anchisaurus, alle Cetisauridae, die Brachisauridae und die Diplodocidae sowie viele der agilen Fabrosauridae.
Die Unterordnung Rhamphorhynchoidea (→ 230–210 Mio./S. 216) der Flugsaurier (Pterosauria) stirbt ebenfalls aus, und desgleichen kommt schließlich auch der soeben erst erschienene Urvogel Archaeopteryx (→ S. 263) in der nachfolgenden Kreide-Zeit nicht mehr vor.

Der größte Raubfisch des Jurameeres (Lias) ist Pachycormus bollensis, ein bereits »moderner« Knochenfisch.

Kugelzahnfisch oder »Rundzahn« Gyrodus hexagonus aus dem Oberjura von Solnhofen

Ebenfalls aus den Solnhofener Plattenkalken bei Eichstatt stammt dieser Knochenfisch der Art Ophiopsis procera.

Der Knochenfisch Macrosemius rostratus aus der Fossillagerstätte von Solnhofen ist volkstümlich als »Langfahne« bekannt.

Dieser Schnabelfisch der Art Aspidorhynchus acutirostris lebte im Oberjura von Blumenberg

Verbreitung moderner Knochenfische

160–140 Mio. In den Meeren leben zahlreiche höher entwickelte Knochenfische (der Ordnung Teleostei, → um 270 Mio./S. 187), die in ihrem Körperbau weitgehend der Mehrzahl der heute existierenden Fische entsprechen. Die Teleostei erleben bereits etwa in der Mitteltrias (243–230 Mio.) eine Evolutionsphase, deren Produkt die »modernen Knochenfische« sind. Ihre Entwicklung aus den Urknochenfischen erfolgte mit gleitenden Übergängen. Im Oberjura sind sie bereits eine mit zahlreichen Gattungen wie Leptolepis und Thrissops etablierte, klar abzugrenzende Gruppe.
Die ersten modernen Teleostei waren kleine, heringsähnliche Fische mit symmetrischen Schwanzen und beweglichen Kiefern. Verbreitet in Europa (England und Deutschland) ist im Oberjura vor allem noch die Gattung Hypsocormus. Dieser schnell schwimmende Raubfisch steht noch an der Schwelle zwischen den Urknochenfischen und den modernen Teleostei. So besitzt er u. a. noch einen schweren »altmodischen« Körperpanzer aus dicken rechteckigen Schuppen und sehr weit hinten liegende Brustflossen.
Zur selben Zeit ist aber in Ostafrika, Mittel-, Ost- und Südeuropa sowie in Südamerika bereits die Gattung Pholidophorus verbreitet, die eindeutig zu den modernen Teleostiern gehört. Diese heringsähnlichen Fische haben eine symmetrische Schwanzflosse, paarige Brust- und Bauchflossen sowie eine Afterflosse in Schwanznähe. Die Pholidophorus-Arten sind schnelle Schwimmer. Doch auch diese Gattung zeigt mit ihren Schmelzschuppen und der nicht völlig verknöcherten Wirbelsäule noch einige primitive Merkmale; die im Oberjura lebenden Teleostier, z. B. Leptolepis und Thrissops, fehlen. Deren Wirbelsäule besteht vollkommen aus Knochen.

Fossile Wirbeltierskelette

Skelett von Brachiosaurus brancai aus den Tendaguru-Schichten

Um 150 Mio. In zwei – geographisch voneinander weit entfernten und auch geologisch sehr unterschiedlichen – Sedimentschichten bleiben zahlreiche Wirbeltierskelette und Knochen in oft sehr gutem Zustand erhalten: In Guimarota bei Leiria (Portugal) und in den Tendaguru-Schichten (Tansania).
Die Fossillagerstätte Guimarota befindet sich heute in 60 m Tiefe in einem stillgelegten Kohlebergwerk. Neben Amphibien und Reptilien versteinern in Portugal vor allem Säugetiere der Ordnungen Docodonta, Multituberculata (s. unten) und Eupantotheria.
Hunderte von Dinosauriern fossilisieren in Tansania. Den größten Anteil haben die Sauropoden (→ S. 258) Dicreosaurus, Tornieria, Barosaurus und Brachiosaurus, daneben Ornithischier (→ S. 258) sowie die fleischfressenden Theropoden (→ S. 260) Allosaurus und Ceratosaurus.

In der Oberkreide der Mongolei lebt Zalambdalestes, ein etwa 20 cm langes Säugetier, das den heutigen Rüsselspringern ähnelt. Erste Vorfahren hat es über 50 Mio. Jahre früher in den Eupantotheria des Juras gegeben.

Mausgroße Pflanzenfresser

160–140 Mio. Die Entwicklung der Säugetiere geht keinesfalls schnell vonstatten. Seit ihrem ersten Auftreten sind bis zum Oberjura rund 60 Mio. Jahre vergangen. Neu erscheinen jetzt die Multituberculata mit der Unterordnung Plagiaulacoidea, maus- bis bibergroße Pflanzenfresser mit vielhöckrigen Mahlzähnen.
Neu sind auch die Docodonta, noch sehr primitive kleine Allesfresser, die sich indes von den ersten Prototheria (→ um 200 Mio./S. 216), den Morganucodonta, dadurch unterscheiden, daß in ihrem Kiefergelenk ein Knochen fehlt, der bei den frühen Prototheria noch verhanden war und bei den Reptilien im Gelenk die Hauptfunktion hatte.
Schließlich tritt im Oberjura auch eine neue Theria-Ordnung auf, die zu den Trituberculaten (→ um 97 Mio./S. 283) gehörenden spitzmausähnlichen Symmetrodonta.

Das nur etwa 12 cm lange Megazostrodon zählt zu den ältesten bekannten Säugern. Es gehört zur Ordnung Triconodonta, die sich in der Obertrias entwickelte und mit einigen Arten noch bis in die Unterkreide reicht.

Das rund 50 cm lange Säugetier Ptilodus der Ordnung Multituberculata ist während des Paläozäns im gesamten Westen Nordamerikas verbreitet. Seine ersten Vorfahren entwickelten sich zur Zeit des Oberjuras.

Stammbaum der Säugetiere

160–140 Mio. Von den insgesamt sieben Säugetier-Infraklassen leben zu dieser Zeit bereits vier.
Zu unterscheiden sind die Unterklassen der Prototheria (erste, noch primitive Säuger) und der Theria, die die große Vielzahl aller Säugetiere umfaßt. Die Prototheria entwickelten sich in der Obertrias (230–210 Mio.) aus den Cynodontiern (→ 250–210 Mio./S. 202), säugetierähnlichen Reptilien. Sie umfassen die Eotheria, kleine Säuger, die erstmals in der Obertrias auftauchen und zu denen u.a. die Ordnung Triconodonta (→ S. 202) zählt. Außerdem gehören zu ihnen die Allotheria mit der Ordnung Multituberculata (s. l.) und die Prototheria im engeren Sinne, die mit ihrer einzigen Ordnung, den Kloakentieren oder Monotremata fossil nicht bekannt sind.
Vier Infraklassen bilden die Unterklasse Theria: Die Trituberculata (→ um 97 Mio./S. 283), die ebenfalls bereits in der Obertrias erscheinen; die Pantotheria, kleine Fleisch- oder Allesfresser, die vom Mitteljura bis zur Oberkreide (um 184–66 Mio.) verbreitet sind; die Metatheria mit der Ordnung der Beuteltiere (→ S. 279), die in der Unterkreide (140–97 Mio.) erscheinen; und die Eutheria oder Plazentatiere mit 30 Ordnungen, deren erste in der Kreide leben.

Lange Entwicklung von den Reptilien zu den Säugetieren

160–140 Mio. Seit der Entstehung der ersten säugetierähnlichen Therapsiden bis zum Oberjura, in dem späte Cynodonten und frühe Säuger noch nebeneinander existieren, sind mehr als 100 Mio. Jahre vergangen, seit dem Auftreten der ersten säugetierähnlichen Reptilien, der Pelycosaurier im Oberkarbon, sogar rund 140 Mio. Vier der erdgeschichtlich insgesamt sieben Säugetier-Infraklassen (→ S. 266) sind zum Ende des Juras vertreten.

Bereits im Perm (vor rund 270 Mio. Jahren) spalteten sich von den Pelycosauriern (→ 310–255 Mio./S. 167) die Therapsiden (→ 270–250 Mio./S. 190) ab, eine Ordnung ungewöhnlich vielgestaltiger Reptilien, die in allen Entwicklungslinien einige säugetiertypische Merkmale aufwiesen. Drei dieser sechs Linien (Dinocephalia, Eotitanosuchia und Gorgonopsia) überlebten das Perm nicht. Zwei weitere (Therocephalia und Dicynodontia) starben in der Trias (250–210 Mio.) aus. Nur aus der Linie der Cynodontia (→ 250–210 Mio./S. 202) fanden die Säugetiere ihren Ursprung.

Haizahn (Oberkreide; Marokko)

Zahn eines Lungenfisches (Ordnung Dipnoi)

Zähne des Reptils Machimosaurus aus dem Malm von Zarnylaff

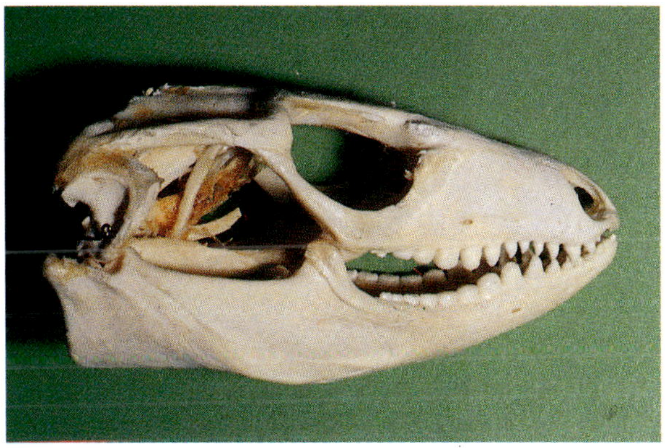
Gebiß eines rezenten Reptils der Art Tupinambis teguixin aus Südamerika

Reptiliengebiß des säugetierähnlichen Cynognathus crateronostus

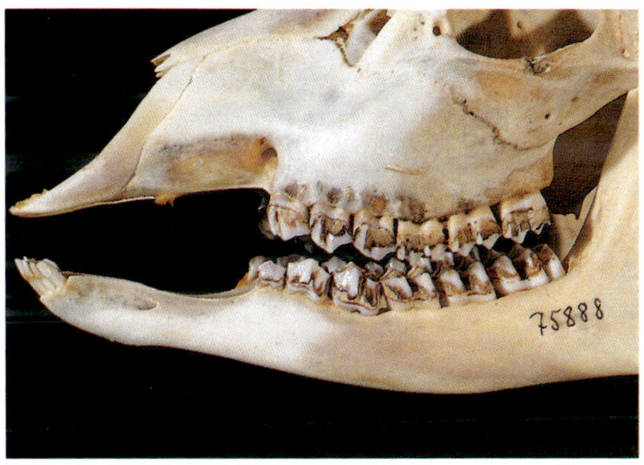
Gebiß des Pflanzenfresser Reh (Capreolus capreolus)

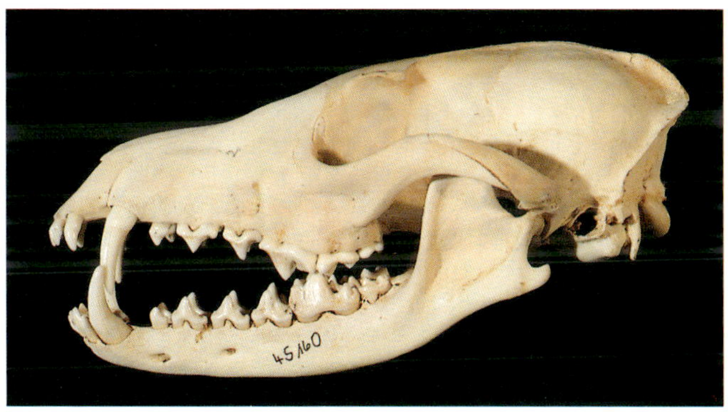
Spezialisiertes Fleischfressergebiß eines Echten Fuchses (Vulpes)

Während die Zähne bei Fischen und Reptilien zwar auf Nahrungstypen spezialisiert sind (Schneide-, Knackzähne bzw. Festhalte-, Reißzähne), gibt es noch keine Differenzierung innerhalb des Gebisses wie bei den Säugern.

Charakteristika der Säuger

Per Definition unterscheiden sich zumindest die heute lebenden Säugetiere von den jetzigen Reptilien durch folgende Merkmale:

▷ Sie ernähren ihre Jungen mit Milch.
▷ Sie legen mit Ausnahme der Eierleger oder Kloakentiere (Monotremata, → S. 244) keine Eier, sondern bringen ihre Jungen lebendig zur Welt.
▷ Sie tragen Haare.
▷ Sie sind »warmblütig« oder besser innenwarm (endotherm), können also in erheblichem Maße ihre Körpertemperatur regeln.
▷ Sie besitzen ein aus vier Kammern bestehendes Herz.

Bei den zahlreichen, sich getrennt entwickelnden Säugetiermerkmalen verschiedener Therapsiden-Linien fällt die Abgrenzung zwischen diesen und den Säugetieren schwer. Noch weitaus schwieriger ist die Differenzierung innerhalb der durchgehenden Entwicklungslinien. Wo hört das Reptil auf, wo beginnt das Säugetier?

Die Definition einer Abgrenzung ist nicht frei von Willkür. Keines der oben genannten Säugetiermerkmale läßt sich direkt an Versteinerungen beobachten. Nur mittelbar kann man schließen, daß schon die frühen Säuger diese Eigenschaften besitzen. Aus diesem Grund hält man sich an eine Abgrenzungsdefinition, die zwar fossil nachweisbar, zugleich aber etwas fragwürdig ist, weil sie entwicklungsgeschichtlich nicht exakt fixiert werden kann: Der Unterkiefer der Pelycosauria (→ 310–255 Mio./S. 167) bestand noch aus sechs Deckknochen (darunter das Dentale) und einem Ersatzknochen (Articulare). Zwei Knochen, das Quadratum und das Articulatum, bildeten das primäre Kiefergelenk. Im Laufe der Entwicklungsgeschichte nahm das Dentale ständig an Größe zu, während die anderen Elemente verkürzt wurden. Schließlich erreichte das Dentale das Schuppenbein (Squamosum) des Schädeldaches und bildete mit ihm ein sekundäres Gelenk.

Bei der Gattung Probainognathus in der Mitteltrias existierten primäres und sekundäres Kiefergelenk parallel zueinander. Bei den Säugetieren finden sich die Knochen des primären Kiefergelenks umgewandelt im Innenohr als Hammer-Amboß-Gelenk wieder. Dieser Entwicklungsprozeß findet allerdings erst sein Ende, als man bereits von Säugetieren spricht. Die Grenze zwischen den Reptilien und den Säugern ist fließend.

Wegen der außerordentlich schwierigen Abgrenzung zwischen Reptilien und Säugetieren lassen sich heute weder die genaue Vorfahrenlinie der Säuger, noch der genaue Zeitpunkt, ab dem statt von Reptilien von Säugetieren zu sprechen ist, festlegen. Die Prototheria der Obertrias und des Juras als Säugetiere zu bezeichnen, läßt sich insofern als Ergebnis einer relativ willkürlichen wissenschaftlichen Definition betrachten.

Erste Bedecktsamer begründen neue Pflanzenwelt

Die zeitliche Gliederung

Die Bezeichnung Kreide für die entsprechende geologische Epoche leitete 1815 der deutsche Geologe Karl Georg von Raumer aus dem Wort »Schreibkreide« als Begriff für helle mürbe Kalksteine her. Derartige Gesteine sind vor allem in der Oberkreide der Nordhalbkugel verbreitet. 1820 untergliederten englische Geologen die Kreidezeit in Unter- und Oberkreide. Weitere Unterteilungen nahmen zwischen 1838 und 1857 französische und zwischen 1840 und 1926 deutsche Wissenschaftler vor. Die untere Grenze der Kreide ist nicht allgemein verbindlich festgelegt. Sie wird unterschiedlich datiert, je nachdem, ob das sogenannte Berrias (140 - 135 Mio.) zur Unterkreide oder noch zum Oberjura gerechnet wird. Auch die Obergrenze der Kreide war lange Zeit nicht eindeutig geregelt. Im allgemeinen wurde sie auf das Ende des sogenannten Maastricht (also vor 66 Mio. Jahren) gelegt. Manche Wissenschaftler zählten zur Oberkreide aber auch noch das Dan (66 - 60 Mio.), das man heute bereits zum Tertiär rechnet. Die Gliederung der Kreide folgt hier dem heute üblichen Schema:

Unterkreide	Berrias	(140 - 135 Mio.)
(140 - 97 Mio.)	Valendis	(135 - 130,5 Mio.)
	Hauterive	(130,5 - 124,5 Mio.)
	Barrême	(124,5 - 115 Mio.)
	Apt	(115 - 108 Mio.)
	Alb	(108 - 97 Mio.)
Oberkreide	Cenoman	(97 - 91 Mio.)
(97 - 66 Mio.)	Turon	(91 - 89 Mio.)
	Coniac	(89 - 88 Mio.)
	Santon	(88 - 83 Mio.)
	Campan	(83 - 71,5 Mio.)
	Maastricht	(71,5 - 66 Mio.)

Gelegentlich werden die Stufen Berrias bis Barrême der Unterkreide begrifflich zu Neokom zusammengefaßt, und die Zeitabschnitte Abt und Alb tragen auch die gemeinsame Bezeichnung Gault. Abweichungen in der Terminologie gibt es ebenfalls für die Oberkreide. Statt der letztgenannten vier Stufen findet sich bei manchen Autoren auch eine Gliederung in Emscher (89 - 83 Mio. oder früher) und Senon (83 Mio. oder früher bis 66 Mio.).

Geographische Verhältnisse

War das Erdmittelalter bisher eine geologisch und auch geographisch eher ruhige Zeit, so ist die Kreide eine Epoche starken Wandels. Weiträumige Überflutungen verändern das Bild beinahe aller Kontinente. Die während des Juras (210–140 Mio.) »rissig« gewordene globale Landmasse Pangaea (Urkontinent) zerfällt jetzt vollends, und die einzelnen Kontinentalschollen driften auf dem Erdmantel auseinander. Afrika, Madagaskar, Vorderindien, Australien und Südamerika zeigen vor Ende der Kreide schon weitgehend ihre heutigen Konturen. Ähnliches gilt für Nordamerika und Grönland nach der Öffnung des Atlantiks. Mächtige Gebirgssysteme beginnen sich aufzufalten, u. a. Bereiche der Alpen, die Anden und die Rocky Mountains. Eine der größten Überflutungen der gesamten Erdgeschichte bahnt sich vor rund 105 Jahrmillionen (im Alb) an und erreicht ihre Höhepunkte einmal vor etwa 92 Mio., zum anderen vor etwa 71 Mio. Jahren. Weite Gebiete Europas geraten dabei unter Wasser. Schon die erste große Überflutung vereint die bisherigen Flachmeeresgebiete im nördlichen Mitteleuropa zu einem großen Meeresgebiet, das vom Pariser Becken im Westen über Mittel- und Südengland und das Nordwestdeutsch-Polnische Becken bis weit hinein nach Westasien reicht. Nach Süden trennt nur noch eine Inselkette dieses riesige Flachmeer von dem »Urmittelmeer« (Tethys) im Alpenraum. Die bedeutenden Meeresvereinigungen bringen einen lebhaften Austausch der jeweiligen Faunen mit sich. Auf der Osteuropäischen Plattform stehen weite Senken im Bereich von Dnjepr, Donez, dem Kaspischen Meer, dem Moskauer Becken und dem Petschora-Becken unter Wasser. Auch diese Meere sind untereinander und mit der Tethys verbunden.

Große Tröge entstehen im Alpenraum: Der subalpine, der kalkalpine und der ultrahelvetische Trog. Der subalpine Trog umfaßt die französischen Voralpen, die äußeren französischen und Schweizer Alpen sowie Vorarlberg und das Allgäu. Der kalkalpine Trog liegt im Gebiet der nördlichen Kalkalpen und der ultrahelvetische Trog im Bereich der nördlichen Zentralalpen. Vor etwa 90 Mio. Jahren verschmelzen diese drei Meeresströge zu einem Großbecken, während sich das Meer im Norden von der Osteuropäischen Plattform zurückzieht.

Die Tethys-Geosynklinale hat zwar eine Westost-Ausdehnung von Mittelamerika im Westen über Marokko, die Südalpen, den Kaukasus und den Himalaja bis zum Nordrand Australiens, doch beginnt sie, sich zunehmend regional in Nordsüdrichtung einzuengen. Im sibirisch-chinesischen Raum um die Sibirische Plattform existieren Festländer, auf denen sich weite kontinentale Becken erstrecken. In der Oberkreide dringt das Meer im Westen dieses Blocks von Süden nach Norden vor und bedeckt weite Gebiete Westsibiriens.

Den Pazifik umgibt noch immer ein Gürtel von Geosynklinalen (→ S. 29), auf der Nordhalbkugel östlich der Sibirischen und westlich der Laurentischen (Nordamerikanisch-Grönländischen) Plattform. Auf der Südhalbkugel umfassen sie die auseinanderdriftenden Gondwana-Kontinente. Dort trennen sich Australien, Indien, Madagaskar und Südafrika voneinander. In der Oberkreide überflutet das Meer auch in diesen Gebieten weite Festlandflächen. Die gesamte Sahara bis zum Hoggar-Gebirge wird von einem Flachmeer bedeckt. Das gleiche gilt u. a. für Äthiopien, Somalia und Moçambique. Etwa mit dem Beginn der Oberkreide setzt sich die Loslösung Südamerikas von Südafrika fort.

Faltengebirge und Vulkane

Im Verlauf der Kreide beginnt in den meisten Geosynklinalen (→ S. 29) eine starke Auffaltung der Sedimente, die sich wäh-

rend der Trias (250 – 210 Mio.) und besonders während des vorausgehenden Juras hier abgelagert haben. Gebirgsbildungen dieser Art sind vor allem in Südeuropa, Südasien sowie in Nord- und Südamerika ausgeprägt. Im Bereich der Tethys und in Teilen der pazifikumgreifenden Geosynklinalen beginnt damit die sogenannte alpidische Orogenese (→ S. 272). In ihrer austrischen Phase, etwa zur Wende von der Unter- zur Oberkreide, entstehen die Walliser Alpen und die Dinarischen Gebirge. Zugleich falten sich die Karpaten und die Gebirge Transkaukasiens und Südchinas auf. In Nordamerika erheben sich die Kordilleren, in Südamerika die Anden.
Gegen Ende der Kreide – und noch in das Tertiär (66–1,7 Mio.) hineinreichend – spielt sich die laramische Orogenese ab, in deren Verlauf sich die Rocky Mountains Nordamerikas, die Hochgebirge der Antillen und auch noch Gebiete in den Anden auffalten. Damit verbunden ist ein Meeresrückzug in manchen Regionen der Nordhalbkugel.
Besonders früh setzt die Gebirgsbildung auf der Sibirischen Plattform ein. Hier gliedert sich an der Wende Jura/Kreide die entstehende Faltengebirgszone von Werchojansk-Tschukotsk an. Zugleich bilden sich die Bergländer von Sichote Alin und im mongolisch-ochotskischen Gebiet.

Kreide, Eisenerz und Kohle

Unter den oft mächtigen Riffkalken, brackischen und Süßwassersedimenten wie Mergeln und Sanden sowie Vulkaniten entstehen in der Kreide eine Reihe wirtschaftlich interessanter Lagerstätten. Wichtig sind in erster Linie die Eisenerze. Ein bedeutendes Vorkommen von Eisenerzkonglomeraten bildet sich im Rahmen der Hebung des Harzes während der Unterkreide in der Umgebung von Salzgitter. Hier werden in Toneisenstein-Verfestigungen rund 1 Mrd. t Erz deponiert. Vor rund 95 Jahrmillionen entstehen in einem marinen Becken bei Amberg in der Oberpfalz Eisenerzlager. Etwa 10 Mio. Jahre später bilden sich unter ähnlichen Voraussetzungen die sandigen Brauneisenerzkonglomerate von Ilsede und Lengede im Nordwestdeutschen Becken.
Geradezu typisch für die Kreide ist die Sedimentation von sehr feinkörnigem weißen Kalk, der »Schreibkreide«, die besonders im Campan (83 – 71,5 Mio.) entsteht. Ihr Schwerpunkt liegt in Nordeuropa zwischen England und Dänemark. Das Nordufer dieses Kreidemeeres liegt in Südschweden und Bornholm. Die Kreidefelsen von Rügen mit ihren interessanten Feuerstein-Einlagerungen entstehen um 70 Mio. in einer Meeresstraße zwischen Mittelschweden und dem Harz innerhalb der sogenannten Niederländisch-Baltischen Rinne.

Klimatische Verhältnisse

In der Unterkreide tritt gegenüber dem vorausgehenden Jura eine merkliche Wetterverschiebung ein. Es wird kühler und regenreicher. Während der Oberkreide wird es dann wieder wärmer. Die durchschnittlichen Wassertemperaturen in Mitteleuropa liegen ähnlich jenen im Jura etwa zwischen 15 und 22 °C. In Mitteleuropa herrscht zu dieser Zeit subtropisches Klima. Doch auch die kühlere Unterkreide ist keineswegs als kalt zu bezeichnen. Auch während dieser Zeit sind selbst die Polargebiete eisfrei.
In Nordamerika gehen schon während der Unterkreide die Rotsedimente, vor allem aber die dort für den Jura typischen Salzablagerungen, stark zurück, was für sinkende Temperaturen spricht. Hingegen nehmen entsprechende Formationen in Mittelasien und Vorderindien eher zu.
Auf der Südhalbkugel herrschen zumindest in der Unterkreide vielfach Trockenheit und Wärme. Hier besteht ein ausgeprägter Evaporit-Gürtel (→ S. 44) u. a. zwischen Gabun und Angola.

Pflanzen- und Tierwelt

Wie schon im Perm (290 – 250 Mio.) mit dem Auftreten der Landpflanzen, erlebt die Flora auch in der Kreide einen grundlegenden Wandel. Während in der Unterkreide die Pflanzenwelt noch weitgehend jener des Juras entspricht, endet mit Beginn der Oberkreide das sogenannte Mesophytikum (die »Mittelzeit der Pflanzen«). Ihre Neuzeit, das Känophytikum, setzt ein. Bereits in der Unterkreide treten die Baumfarne, die Cycadales und Bennettitales in den Hintergrund, und die meisten ihrer Arten sterben völlig aus. Von großer Bedeutung ist das Auftreten der Bedecktsamer (Angiospermen), die schon im Apt und Alb mit ersten Exemplaren erscheinen. Sie sind die frühesten Verwandten der modernen Laubgewächse. Bald bieten insbesondere die Wälder ein uns heute vertrautes Bild mit Birke, Buche, Platane, Ahorn, Eiche usw. Zugleich ändert sich die Algenflora der Meere gründlich.
Im Tierreich gelangen unter den Einzellern die Foraminiferen zu einem neuen Höhepunkt ihrer Entwicklung. Statt der bisher führenden Nodosarien-Arten treten zunächst die Rotaliidea in den Vordergrund. Eine ausgesprochen rasche Entwicklung findet auch bei den Kalk- und Kieselschwämmen statt, deren Nadeln in der Schreibkreide zu den häufigsten organischen Resten gehören. Die Korallen zeigen sich eher rückläufig, sind aber als Leitfossilien von Bedeutung. Besonders in der Oberkreide häufig sind die Moostierchen (Bryozoen). Die Armfüßer (Brachipoden) entwickeln sich gegenüber dem Jura nur unbedeutend zurück.
Einen entscheidenden Einschnitt erfahren die Weichtiere in ihrer Entwicklung gegen Ende der Kreide. Zahlreiche Formen, darunter die Ammoniten und Belemniten, sterben dann aus. Allerdings erleben sie zuvor noch eine beachtliche Formenvielfalt. Viele wertvolle Leitfossilien liefern während der ganzen Kreide die Muscheln. Bei den Schnecken entwickeln sich bereits Merkmale typisch tertiärer Formen.
Während unter den Stachelhäutern die Seelilien stark in den Hintergrund treten, erscheinen bei den Seeigeln in großer Fülle neu die sogenannten irregulären, bilateral-symmetrischen Formen, bei denen Mund und After auf einer Seite liegen. Unter den Wirbeltieren erleben die Fische einen Entwicklungsschub: Sie treten (als Teleosteer) erstmals in größeren Schwärmen auf. Die Amphibien bleiben selten, fallen aber durch die ersten Molche auf. Bei den Reptilien entwickeln die Dinosaurier mit dem räuberischen Tyrannosaurus, dem Flugsaurier Pteranodon und Pflanzenfressern wie Brontosaurus etc. ihre gewaltigsten Formen, bevor sie zum Ende der Kreide sehr rasch aussterben. Im Wasser leben Meeresschildkröten und große Saurier. Die Vögel sind durch zahntragende Arten (Hesperornis) vertreten.
Der Untergang der Reptilien kündigt zugleich eine neue zoologische Ära an: Die große Entfaltung der Säugetiere, die in der Oberkreide mit Beuteltieren und Insektenfressern ihre fortschrittlichsten Formen zeigen.

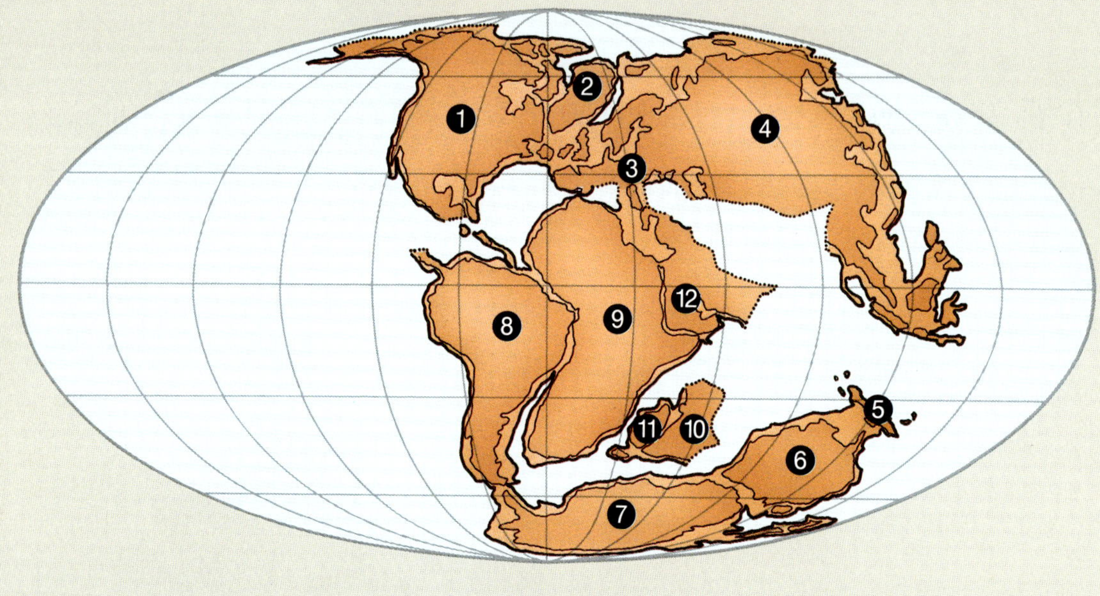

Der ehemals alle Landmassen der Erde im Urozean Panthalassa zusammenfassende Superkontinent Pangaea existiert nicht mehr. Übrig geblieben sind einzelne Festlandblöcke, die nur noch hier und da durch meist schmale Landbrücken miteinander in Verbindung stehen. Relativ geschlossen ist noch die Norderde von Nordamerika (1) über Grönland (2) bis Europa (3) und Asien (4). Locker verbunden ist dieses Gebiet mit Afrika (9), an dem noch Arabien (12) hängt. Südamerika (8) ist bis auf eine Landbrücke zur Antarktis (7) selbständig. Madagaskar (11) bildet zusammen mit Indien (10) eine große Insel. Australien (6) ist zusammen mit Neuguinea (5) noch mit der Antarktis verbunden.

140–97 Mio.

Die Unterkreide

140–97 Mio. Das Klima ist wie in den vorhergehenden Epochen des Mesozoikums weiterhin weltweit mild und global ausgeglichen. Die Flora ist deshalb auf der ganzen Erde weitgehend einheitlich. → S. 271

In Angola bis Gabun bilden sich bei sehr trockenem und warmem Klima mächtige Lager von Steinsalz und Carnallit. → S. 271

Mitteleuropa ist landschaftlich durch weite Meeresgebiete, unterbrochen von großen Inseln und Festlandschwellen, geprägt. → S. 272

Erste Mitglieder der Rhodophyta-Familie Corallinaceae (Korallenalgen, Nulliporen) lassen sich fossil nachweisen.

Aus dieser Zeit stammen erste Überlieferungen von einzelligen sogenannten Wimpertierchen (Ciliata) sowie von Vertretern der Strahlentierchen-Unterordnung Phaeodaria. Die Oberfläche der ersteren ist ganz oder teilweise mit feinen Wimpern bedeckt, die der Bewegung der Tiere dienen. Phaeodaria besitzen hohle Skelettelemente und sind daher nur mit wenigen Arten fossilisiert erhalten.

Wie in geringem Ausmaße bereits im Jura entstehen – jetzt besonders mächtige – marine Sedimente von Schreibkreide (→ S. 272), vor allem im nördlichen Mitteleuropa. Zu dieser Formation gehören u. a. die Kreidefelsen von Rügen und das Klint auf der dänischen Insel Møn.

Porzellanschnecken (Überfamilie Cypraeacea) erscheinen erstmalig in den warmen (kalkreichen) Meeren. → S. 274

In Europa, Nordamerika, Asien, Afrika und sogar in Antarktika leben zahlreiche Iguanodon-Arten. Dabei handelt es sich um pflanzenfressende Dinosaurier, die zu den Ornithopoden (»Vogelfüßigen«) zählen und in Herden leben. → S. 277

Im Nordosten Brasiliens setzen sich Sedimentgesteine von Knollenalgen mit zahlreichen Wirbeltierfossilien im Vorkommen Chapada do Araripe ab.

Die Farngewächse bringen mehrere neue Formen hervor, darunter die Gruppe der in Sand wachsenden Weichseliaceae, ferner die in ihrer Belaubung an gewisse Ginkgogewächse erinnernde Gattung Acrostichopteris und die Unterordnung Schizaeaceae. Weit verbreitet sind in dieser Zeit die tropischen kletternden Farne der Unterordnung Gleicheniaceae. → S. 280

Erstmals erscheinen die Brachsenkräuter (Isoëtineae). Sie sind mit den Schuppenbäumen (Lepidophyten) verwandt. → S. 280

Im Rahmen der langsam anlaufenden Artenvermehrung der Bedecktsamer entstehen einige Familien der Reihen Sumpflilien-Gewächse (Helobiae) und der Schraubenbaumgewächse (Pandanales). Es handelt sich um krautige Pflanzen wie z. B. bei den Helobiae die Froschlöffelgewächse (Alismataceae) und – um 97 Mio. – die Laichkräuter (Potamogetonaceae). Die ersten Pandanales sind die in Japan verbreiteten Rohrkolben (Typhaceae). → S. 281

Bedecktsamer sind auch unter den Bäumen verbreitet. Sie gehören zu zwei Reihen, den Ranales mit Magnolie, Anona, Sassafras und Zimtbaum, und den Weidengewächsen (Salicales) mit Weiden und Pappeln. → S. 281

In den Wäldern sind die sogenannten echten oder höheren Pilze weit verbreitet. Ihr erstes erdgeschichtliches Auftreten ist nicht gesichert. → S. 282

140–80 Mio. Erste Schlangen (Serpentes oder auch Ophidia) entwickeln sich. Ihr ältester bekannter Vertreter ist Pachyrhachis, ein 1 m langes wasserbewohnendes Reptil, das in Israel nachgewiesen ist. → S. 278

140–66 Mio. Das Wasser in der Tiefsee ist etwa 15 °C warm gegenüber 2 °C heute. → S. 271

Die Driftbewegung der Südkontinente voneinander fort, die sich im vorausgehenden Jura bereits durch innerkontinentale Grabenbrüche ankündigte (→ S. 247), verstärkt sich. Dies führt jetzt zum raschen Auseinanderfallen des Gondwana-Gebietes. → S. 273

In den Meeren Nordeuropas sind Coccolithen, kleine kalkige Skelettplättchen der sogenannten Coccolithophoriden, derart häufig, daß sie kreidige Kalksedimente bilden. Die Coccolithophoriden gehören zu den Flagellaten. → S. 272

Leitfossilien sind u. a. Foraminiferen-Arten, Korallen, verschiedene Kopffüßer und Armfüßer sowie besonders Muscheln. → S. 273

Milleporen und Stylasteriden, kleine kolonienbildende marine Nesseltiere (Hydrozooen), sowie die ebenfalls in Kolonien lebenden Moostierchen der Unterklasse Cheilostomate sind in den Meeren weit verbreitet und erstmals fossil gut belegt. → S. 275

Kieselige Skelette von Silicoflagellaten lassen sich erstmals in Meeressedimenten nachweisen. Die heute noch verbreiteten einzelligen Organismen leben im Plankton. → S. 280

Nachfahren der in der Unterkreide lebenden Urvögel sind die »neuen Vögel« (Neornithes), eine Unterklasse der Vögel (Aves), zu der alle heute lebenden Vögel gehören. Je nach Lebensraum kommen laufende und schwimmende Formen ohne oder mit verkümmerten Flügeln sowie fliegende Neornithes vor. → S. 279

In zahlreichen Gruppen des Tierreiches kommt es zu Riesenwuchs. Dieses Phänomen ist u. a. bei Muscheln, Ammoniten und Belemniten, Flugsauriern und vielen Dinosauriern zu beobachten. Die Ursachen hierfür sind nicht bekannt. → S. 275

Als neue Nadelhölzer erscheint die Familie Podocarpaceae, die heute vorwiegend auf der Südhemisphäre verbreitet ist. Neu unter den Koniferen sind auch drei Gattungen der Kieferngewächse (Pinaceae). Es handelt sich dabei um die Fichte (Picea), die Lärche (Larix) und die Zeder (Cedrus). → S. 280

Um 130 Mio. Die Indische Tafel beginnt, sich von Antarktika zu lösen. Dieses Auseinanderdriften läßt Antarktika weiter nach Süden wandern. → S. 273

Um 100 Mio. Viele Geosynklinalgebiete, vor allem in Südeuropa, Südasien und Amerika, engen sich ein und beginnen sich aufzufalten. Faltengebirge entstehen hierdurch im Alpenraum, in den Dinariden, den Karpaten, in Transkaukasien und Südchina sowie im Westen Nord- und Südamerikas. → S. 272

100–66 Mio. In Nord- und Südamerika entwickeln sich die ersten Beuteltiere (Marsupialia) in Form der sogenannten Rattenbeutler (Unterordnung Didelphoidea). Zu ihnen gehört das noch heute in Südamerika beheimatete Opossum. → S. 279

Um 97 Mio. In Südfrankreich (Aix-en-Provence), den USA (Two Medicine Formation) und in der chinesisch-mongolischen Wüste Gobi fossilisieren Dinosaurier-Gelege. Sie umfassen jeweils 18 bis 24 Eier und sind in regelmäßigen Spiralen abgelegt. Die Anlage der Gelege weist auf Nest- und Brutpflege hin. → S. 276

Die Klasse der Calpionellidea, das sind einzellige glockenförmige Organismen, stirbt aus. → S. 283

Zahlreiche Dinosaurier-Arten überleben die Unterkreide nicht. Dazu gehören die großen fleischfressenden Allosaurier, die Mehrzahl der Iguanodons und viele Hypsilophodontiden, außerdem alle Stegosaurier. → S. 283

Mehrere frühe Säugetierordnungen verschwinden. Zugleich gehen mit ihnen ganze Infraklassen zugrunde. Die aussterbenden Infraklassen sind die Pantotheria, die Eotheria und die Trituberculata. Zu den erlöschenden Ordnungen zählen Eupantotheria, Tricodonta, Symmetrodonta und Multituberculata. → S. 283

Unveränderte Flora bei weltweit gleichförmigem Klima

140–97 Mio. Wie im vorausgehenden Jura ist es auch in dieser Zeit weltweit warm. Selbst die Polarregionen sind weiterhin eisfrei. In den Meeren hält bis in relativ hohe Breiten die Kalkbildung an, die Kreide-Kalke auf Rügen entstehen z. B. bei Wassertemperaturen um 20 °C. Noch immer herrscht im Inneren der Kontinente in vielen Regionen große Trockenheit.

Die weltweit relativ einheitliche Vegetation zeigt wie schon im Jura, daß das Klima auf der ganzen Erde recht gleichförmig ist. Zumindest die sogenannte Neokom- und Wealdenflora (140 – 116 Mio.) gleicht sowohl in Europa, Nord- und Südamerika, Südafrika, Ostasien und Australien noch weitestgehend der jurassischen Flora (→ S. 242).

Erst vor rund 160 Mio. Jahren (zum Ende des Wealden) zeichnet sich das Ende der sogenannten mesophytischen Flora (also der Floren des botanischen Erdmittelalters) generell ab. Das Auftreten bestimmter neuer Arten und Pflanzen ist hierfür Indiz. Auch setzt die Blütezeit der Bedecktsamer jetzt ein. Bei vielen anderen Florenelementen ist dagegen gegenüber dem Jura ein deutlicher Rückgang festzustellen.

Mitteleuropäische Landschaft im Oberjura: Der Biotop zeigt einen der zahllosen flachen, vom Ufer her verlandenden Seen. Links im Vordergrund wächst eine Cycadee mit palmähnlichen Wedeln und kurzem dickem Stamm, aus dem die Blüten hervorgehen. Rechts vorne stehen ein junger sowie ein hochstämmiger Baumpalmfarn (Williamsonia). Am Ufer liegt ein Steneosaurus, und weiter hinten durchquert ein Dinosaurier den See.

Steinsalzserien im Trockengürtel Afrikas

140–97 Mio. Im Westen Afrikas, in Gabun und Angola, besteht ein Klimagürtel, in dem sich aufgrund großer Trockenheit und Hitze in ausgeprägter Weise Eindampfungssedimente (Evaporite, → S. 46) ablagern. Diese Zone gehört zum südlichen Trockengürtel (→ S. 250) der Erde, der sich im Osten Afrikas, im südlichen Tansania, schon seit dem Jura durch die Ablagerung bedeutender Steinsalzserien bemerkbar macht.

Bei den westafrikanischen Evaporiten dieser Zeit handelt es sich vorwiegend um Steinsalz und Carnallit. Steinsalz, nämlich kubisch auskristallisiertes Kochsalz (NaCl), tritt in oft mächtigen Lagerstätten auf. Es hat ein spezifisches Gewicht von 2,1 bis 2,2 und ist relativ weich.

Carnallit ist ebenfalls ein Salzmineral und kommt in zwei Varianten vor: Chlorcarnallit ist eine lockere Verbindung von KCl mit MgC_{12} und $6H_2O$; Bromcarnallit eine solche von Br mit $MgBr_2$ und $6H_2O$. Er ist farblos bis rötlich und von nichtmetallischem Glanz. Sein spezifisches Gewicht liegt bei 1,6, seine Härte (nach der Mohsschen Härteskala) bei 1 bis 2. Chlorcarnallit ist ein Kalisalz. Sowohl Steinsalz wie Carnallit entstehen durch Eindampfen flacher Meereslagunen oder abflußloser Binnenseen in Wüstensenken über lange Zeiträume hinweg, in denen immer wieder Salzwasser zugeführt wird.

In der flachen Salzpfanne einer heutigen Wüste entsteht durch Eindampfen eine Salzkruste.

Hier fiel Steinsalz in einem übersättigten Salzsee dicklagig aus und wurde vom Regen ausgewaschen.

Warmes Wasser auch in der Tiefsee

140–66 Mio. Warme Meere herrschen auch in der Kreidezeit vor. In Europa liegen die Temperaturen des oberflächennahen Wassers bei durchschnittlich 20 °C. Generell scheint sich im Verlauf der Unterkreide zunächst (ca. 140–110 Mio.) im mitteleuropäischen Bereich eine Abkühlung von etwa 21 °C auf 19 °C durchzusetzen. Im Anschluß daran (bis ca. 100 Mio.) folgt eine Erwärmung auf rund 24 °C, bevor die Temperaturen erneut sinken.

Es läßt sich rekonstruieren, daß die Tiefseetemperatur in dieser Zeit zumindest im äquatorialen Pazifik bei 15 °C liegt. Dies entspricht vermutlich auch der Tiefseetemperatur in höheren Breiten, da das Tiefenwasser von dort herbeiströmt. Seit dem Pliozän (5–1,7 Mio.) liegt dieser Wert nur noch bei 2 °C.

Meere und Festland bestimmen Gesicht Mitteleuropas

140–97 Mio. Abwechselnde Meeresrückzüge und -vorstöße prägen das Bild Mitteleuropas in dieser Zeit. Großräumig betrachtet lassen sich von Norden nach Süden drei verschiedene Bereiche unterscheiden: Den Norden bestimmt ein Flachmeeresgebiet, das sich in mehrere Becken aufgliedert. Das Zentrum, etwa von der Linie Rotterdam – Braunschweig – Niederschlesien – Krakau bis zur Linie Reims – Straßburg – Landshut – Linz – Brünn – Krakau, ist Festland, das sich aus dem Mitteldeutschen Festland und der Böhmischen Masse aufbaut. Südlich davon schließt sich das »Urmittelmeer« (Tethys) an.

△ *Wo Meer die Kontinente bedroht, widersteht ihm selbst massives Urgestein nicht.*

▷ *Altes Festland südlich des Nordseebeckens*

Das nördliche Meeresgebiet ist durch zahlreiche Inseln und Schwellen untergliedert. In die z. T. mit Brack- und Süßwasser gefüllten Senken, die in diesem Bereich bestehen, strömt von der Nordsee her zu Beginn der Unterkreide Meerwasser ein. Bereits vor etwa 130 Mio. Jahren kommt es jedoch wieder zu einem Meeresrückzug.

Im Westen liegt das eigentliche Nordseebecken. Ihm schließt sich, abgetrennt durch eine Inselkette, südlich das Niedersächsische Becken an. Im Osten dieses Beckens liegt, wiederum durch Inseln getrennt, ein die Altmark und Brandenburg umfassendes Meeresbecken. Dies geht nach Osten – nur unterbrochen von der großen sogenannten Berliner Insel – in das ausgedehnte Polnische Becken über. Von diesem zweigt in nordwestliche Richtung das Flachmeer der Dänisch-Polnischen Furche ab. Dieses Flachmeer ist vom Nordseebecken durch zwei zusammenhängende Festlandschollen, die Ringkobing-Fynen-Schwelle im Nordwesten und die Pompeckjsche Schwelle im Südosten getrennt. Gegen Ende der Unterkreide ändert sich die Gliederung im Norden Mitteleuropas. Insbesondere dehnt sich das Nordseebecken weiter aus.

Im süddeutschen Bereich zog sich bereits gegen Ende des Juras durch eine Hebung des Mitteleuropäischen Festlands die Tethys nach Süden zurück. In der Unterkreide stößt das Meer erneut bis zur Höhe von Landshut vor.

Einzeller bilden mächtige Kalkschichten

140–66 Mio. In den Meeren Nordeuropas nehmen die Coccolithophoriden in einem solchen Maße zu, daß ihre winzigen Kalkgehäuse sedimentbildend wirken. Besonders gegen Ende der Oberkreide bauen sie mächtige Gesteinsschichten aus feinem, sehr weißem Kalk, der sogenannten Schreibkreide, auf.

Die Coccolithophoriden (»Träger von Coccolithen«) sind im Plankton lebende, mehr oder weniger kugelförmige Einzeller. Sie gehören zu den Geißeltierchen oder Flagellaten (→ 440–410 Mio./S. 100) und haben gallertige Körperchen, auf denen kleine Kalkplättchen, die Coccolithen, aufsitzen. Bekannt sind sie seit der Obertrias (230–210 Mio.). Die Schreibkreide des nördlichen Mitteleuropas, die z. B. in den Kreidefelsen von Rügen (Oberkreide) oder der Normandie aufgeschlossen ist, besteht zum größten Teil aus den 0,002 bis 0,01 mm großen Coccolithen.

Elektronenoptisch lassen sich zwei Gruppen unterscheiden: Die kleineren Holococcolithen aus nach dem Tode rasch zerfallenden Calcit-Kristallen und die größeren Heterococcolithen, die sich aus scheibchen-, plättchen- und stäbchenförmigen Elementen zusammensetzen. Nach ihrem ersten Erscheinen erreichen die Coccolithophoriden bereits im Jura eine große Artenvielfalt. Ihre eigentliche Blütezeit liegt jedoch in der Oberkreide.

Die imposanten Kalkfelsen bei Etretat an der Küste der Normandie bauen sich zum größten Teil aus Schreibkreide und damit aus Coccolithen auf.

Ältere Sedimente werden aufgefaltet

Um 100 Mio. Die meisten Sedimentationströge (Geosynklinalen), vor allem in Südeuropa, Südasien und Amerika, beginnen sich zu verengen, und die Sedimente, die sich in früheren Epochen des Mesozoikums angehäuft haben, werden aufgefaltet. Damit setzt die alpidische Gebirgsbildung (→ S. 285) ein.

Erste Auffaltungen spielen sich im Bereich des »Urmittelmeers« (Tethys) und in Teilen der zirkumpazifischen Mobilzone ab. In der austrischen Phase entstehen die Walliser Alpen, die nördlichen Ostalpen und die Dinariden. Dieselbe Bewegung erfaßt auch die Karpaten, Transkaukasien und Südchina. Die zeitgleiche oregonische Phase betrifft die nordamerikanischen Kordilleren und die Anden.

Verbunden mit diesen tektonischen Bewegungen in der Erdkruste ist ein intensiver Plutonismus und Vulkanismus, besonders rings um den Pazifischen Ozean.

Die Südkontinente bewegen sich

Die Indische Tafel ist eine uralte Kontinentalscholle, die sich erst in der Kreide-Zeit von der Antarktika löst. Heute werden ihre alten Granite – wie hier östlich von Bangalore – oft kommerziell abgebaut.

140–66 Mio. Im Gegensatz zur vorausgehenden, erdgeschichtlich recht ruhigen Periode vom Mittelpaläozoikum bis zum Jura setzt in dieser Zeit eine Epoche z.T. erheblicher geographischer Veränderungen ein. In der frühen Unterkreide weitet sich der Südatlantik immer schneller aus, und Afrika sowie Südamerika rücken immer weiter auseinander. Auch Australien und Antarktika lösen sich jetzt von dem zuvor einheitlichen Gondwana-Komplex. Gegen Ende der Unterkreide und vor allem in der Oberkreide weitet sich auch der Atlantik gegenüber den Verhältnissen im Jura stark aus. Erstmals lassen sich die Umrisse von Nordamerika und Grönland deutlich erkennen. Zum ersten Mal entsteht auch eine Meeresverbindung zwischen Nord- und Südatlantik, womit sich – abgesehen vom nördlichsten Abschnitt – die endgültige Trennung der Alten Welt (Eurasien/Afrika) von der Neuen Welt (Nord- und Südamerika) vollzieht.

Der Pazifik weitet sich durch Ozeanbodenspreizung in dieser Zeit ebenfalls aus. Im Indischen Ozean findet das Abdriften Madagaskars von Afrika (→ um 150 Mio./S. 247) ein Ende. Andererseits beginnt die Indische Tafel, sich von Antarktika zu lösen und rasch zu entfernen.

Durch das Auseinanderlaufen der Südkontinente kommt es auf dieser Hemisphäre während der Kreide rasch zu einer wesentlich weitläufigeren Verteilung der Kontinente. Zwar bleibt Australien mit Neuguinea noch südlich des 30. Breitengrades und damit in der Nähe von Antarktika, doch wandert sein Schwerpunkt von etwa 100° nach etwa 140° östlicher Länge. Der vorderindische Subkontinent verschiebt sich im Grunde bei gleichzeitig leichter Drehung im Gegenuhrzeigersinn nur unbedeutend nach Osten, während Antarktika als Ganzes nach Süden wandert. Lag seine Nordgrenze im Oberjura noch bei etwa 45° südlicher Breite, so befindet sie sich in der Oberkreide bei 60 bis 65°. Afrika vollzieht eine Drehung im Gegenuhrzeigersinn von rund 20 Winkelgraden. Südamerika, das sich geringfügig im Uhrzeigersinn dreht, wandert indessen nach Westen. Lag sein Schwerpunkt im Oberjura in etwa bei 15° westlicher Länge, so befindet er sich in der Oberkreide bei 30°. Weder Afrika noch Südamerika verschieben sich nordsüdlich.

Wichtige Fossilien zur Gliederung der Kreide-Zeit

140–66 Mio. Weltweit spielen während dieser Zeit – ganz besonders in der Oberkreide – die Hippuriten und die Inoceramen, zwei Gruppen der Muscheln, eine überragende Rolle als Leitfossilien. Die Foraminiferen (→ 590 Mio./S. 57) bilden zahlreiche neue Formen und erreichen damit einen Höhepunkt ihrer Entwicklung. Typisch für die Oberkreide ist die Foraminiferengattung Globotruncana, die an der Grenze Kreide/Tertiär wieder ausstirbt. Hoch zu bewerten ist auch die fazielle Aussagekraft einzelner Korallenarten und vor allem der Moostierchen (Bryozoa, → 500 Mio./S. 80). Die Weichtiere kennzeichnen mit ihren Entwicklungstrends gut die Grenze Kreide/Tertiär. Das trifft vor allem auf die Kopffüßer zu. Bei den Wirbeltieren sind vor allem zahlreiche Fische, Reptilien und Säugetiere für diese Zeit charakteristisch.

Leitfossilien der Kreidezeit: Die Ammonitengattung Hoplites (Unterkreide, Aptien), die Belemnitenart Neohibolites minimus (Unterkreide, Helgoland), die Muschel Inoceramus crippsi (Oberkreide, Cenoman) sowie aus der Oberkreide eine Rudistenkolonie der Art Hippurites resectus (v. l.)

Lebende Porzellanschnecke der Gattung Cypraea; ihr Gehäuse ist fast völlig vom Mantel bedeckt.

Schneckengehäuse der Harpa ventricosa

Porzellanschnecke der Art Cypraea talpa

Aus Asien stammen die Gehäuse von Cypraea clandestina.

Cypraea cribraria mit Tigermuster

Gehäuse von Cypraea depressa

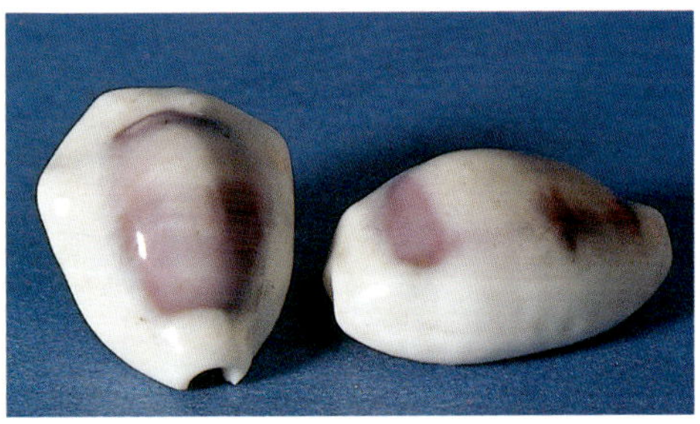

Kleine Kaurischnecken der Art Cypraea moneta

Diese Porzellanschnecke Palaeocypraea spirata stammt aus der Oberkreide von der dänischen Insel Faxö.

Schneckengehäuse der Cypraea mauritana von den Karolinen

Erste Porzellanschnecken

140–97 Mio. In dieser Zeit erscheint in den warmen Meeren vereinzelt die Überfamilie Cypraeacea der Meeresschnecken mit wenigen Arten. Diese sogenannten Porzellanschnecken zeichnen sich durch Gehäuse aus porzellanartig dichtem Material aus, deren Gewindegänge von der Endwindung eiförmig umhüllt werden. Innen und außen ist das Gehäuse mit einer dünnen Porzellanschicht ausgekleidet. Oft ist die eiförmige äußere Schale der Porzellanschnecken stark gemustert und beim lebenden Tier von einem fleischigen Lappen verdeckt, der sich um das Gehäuse hochwölbt. Diese Lappen gehören zum Mantel und fördern die Hautatmung der Tiere. Die Mündung des Gehäuses ist schlitzförmig und von einem gezähnten Rand abgeschlossen.

Bereits seit dem Ordovizium (500–440 Mio.) existiert die Ordnung Mesogastropoda, zu der auch die Porzellanschnecken als Unterfamilie gehören.

Mesogastropoda umfaßt Vorderkiemer (Prosobranchier, → 520 Mio./ S. 73) mit einer nur einseitig mit Kiemenblättchen besetzten Kieme. Generell herrschen unter den Vorderkiemern in der Kreide die Breitzüngler (Unterordnung Taenioglossa) vor. Sie sind neben den Porzellanschnecken auch durch die Seenadelschnecken (Cerithiidae), die Strandschneckenartigen (Überfamilie Littorinoidea), die Nabelschnekkenartigen (Überfamilie Naticoidea) und die Rostellarien (Rostellaria) vertreten.

Neben den Breitzünglern entfalten sich in der Kreide auch die Schmalzüngler oder Neuschnecken (Unterordnung Neogastropoda) immer stärker. Unter den Altschnecken (Unterordnung Diotocardia) erscheinen in der Kreide Napfschnekken und Meerohren.

Komplizierte Architektur der Gehäuse

Die Schneckengehäuse entstehen als Ausscheidung der Schleimhaut des Mantels (→ S. 58). Sie setzen sich aus drei verschiedenen Schichten zusammen. Die äußerste Schicht ist eine dünne hornige Oberhaut (das Periostracum). Sie bleibt relativ weich. Es folgt nach innen eine Kalkschicht, die den größten Teil des Gehäuses ausmacht. Sie wird vom Mantelrand ausgeschieden. Man nennt sie auch Prismenschicht (Ostracum) oder Porzellanschicht. Die Prismenschicht verdankt ihren Namen ihrem Aufbau: Sie setzt sich aus dicht stehenden, meist senkrecht zur Gehäuseoberfläche ausgerichteten Kalkspatprismen zusammen. Ihr schließt sich im Inneren noch eine Perlmuttschicht (Hypostracum) an, die von der gesamten Manteloberfläche gebildet wird.

Das gewundene Schneckengehäuse beginnt mit dem Larvalgehäuse und wächst mit immer weiter werdenden Windungen, die in einer engeren oder weiteren Mündung enden. Im Schnitt zeigt sich in der Mitte eine Spindel, die vom eingesenkten Nabel des Gehäuses bis zum Scheitel reicht und die Drehachse der Windungen darstellt. Betrachtet man ein Schneckengehäuse mit Blick auf den Scheitel, dann entfernen sich die immer weiter werdenden Wendelgänge von diesem spiralig im allgemeinen im Uhrzeigersinn (rechtsdrehend). Linksdrehende Gehäuse sind seltener, kommen aber sowohl als Ausnahmeerscheinungen innerhalb sonst rechtsdrehender Arten wie auch als Charakteristikum mancher Gruppen ebenfalls vor.

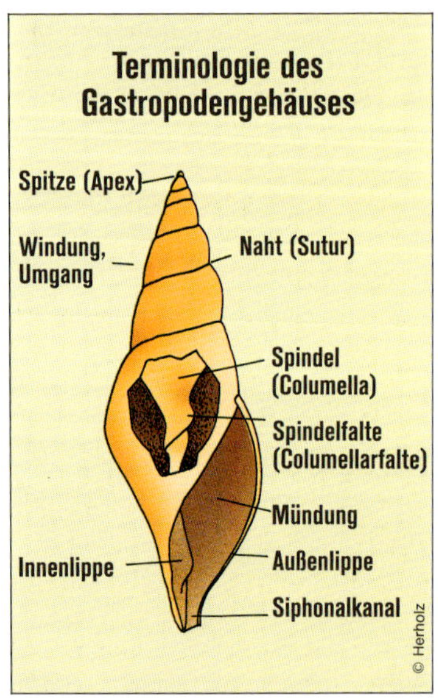

Kleine Formen von Kolonienbildnern

140–66 Mio. In den Gewässern lassen sich einige Formen kleiner koloniebildender Tiere z.T. erstmals nachweisen. Sie gehören sehr unterschiedlichen Tierstämmen an. Unter den Nesseltieren (Cnidaria, → 900 Mio./S. 41) sind das zwei Hydrozoa-Ordnungen: Milleporen (Milleporina) und Stylasterina. Bei den Tentakulaten (→ 460–440 Mio./ S. 92) entfaltet sich die Moostierchenordnung Cheilostomata, die vereinzelt bereits im Oberjura auftrat, stark. Die Milleporen (lat. mille = tausend; griech. poros = Durchgang) bilden massive kalkige Stöcke. Sie sind ab der Oberkreide besonders verbreitet und stellen auch heute noch wichtige Riffbildner dar. Die Skelette der einzelnen Organismen besitzen eine Vielzahl winziger Öffnungen, worauf der Name hinweist. Stylasterinen sind den Milleporen nicht unähnlich, aber weitaus unbedeutender als Gesteinsbildner.

»Hamburger Bryozoen-Kammerchor« wird diese fossile Moostierchen-Kolonie der Oberkreide scherzhaft genannt.

Cheilostomata sind die am stärksten differenzierten Moostierchen. Die Körper der Einzelorganismen sind kurz und krug- bis kastenförmig. Sie sitzen dicht an dicht nebeneinander und sind durch Löcher in ihren Wandungen miteinander verbunden. Viele Gattungen und Arten sind sehr gute Leitfossilien.

Neben den Cheilostomata sind auch viele andere Moostierchen in der Kreide vertreten, darunter die Art Murinopsia francqua, deren Weichkörper ein festes Kalkskelett (Zooecium) umgibt. Die winzigen Einzeltierchen sind maximal 1 mm lang und 0,5 mm breit und an ihren Basen miteinander zu Kolonien verschmolzen. Ihre Überreste sind besonders in der Schreibkreide der Oberkreidezeit reichlich vertreten.

Riesenwuchs bei zahlreichen Gruppen des Tierreiches

140–66 Mio. Schon im vorausgehenden Oberjura bahnt sich bei einzelnen Tierformen eine Steigerung der Körpergröße bis zu riesigen Dimensionen an. Diese Tendenz setzt sich jetzt weiter fort und erfaßt vor allem immer mehr Gruppen. Am auffälligsten sind die gigantischen pflanzenfressenden Dinosaurier (→ 160–140 Mio./S. 258) mit Exemplaren von 25 m Länge und mehr. Der Flugsaurier Quetzalcoatlus hat wahrscheinlich 12 m Spannweite.

Aber auch Muscheln, Ammoniten und Belemniten zeigen bei vielen Arten Riesenwuchs. Sie alle treten mit Formen von mehr als Metergröße auf. Der größte bekannte Ammonit, Parapuzosia seppenradis, muß rund 2,5 m groß sein. Ein versteinert erhaltenes Rudiment hat 1,8 m Durchmesser. Selbst bei Einzellern ist diese Entwicklung zu beobachten. So erscheinen in der Kreide z. B. Riesenforaminiferen von 15 cm.

Der Grund für dieses allgemeine Riesenwachstum ist nicht bekannt. Grundsätzlich ist unter Paläontologen die Auffassung vertreten, daß innerhalb von evolutionären Zweigen mit fortschreitender Entwicklung eine Tendenz zu zunehmender Größe besteht. Zunächst bringt die Größenzunahme den Organismen Vorteile: Sie sind schwerer zu erbeuten und besitzen u. a. ein günstigeres Verhältnis von Körperoberfläche zu Körpervolumen in bezug auf den Wärmehaushalt. Dies hat allerdings seine Grenzen, denn mit wachsender Körperlänge erhöht sich das Volumen – und damit das Gewicht – in der dritten Potenz. Die Grenze der Zweckmäßigkeit ist vor allem dort zu sehen, wo der jeweilige Bauplan ein so stabiles Skelett erfordert, daß dessen Eigengewicht in Relation zum Gesamtgewicht unwirtschaftlich groß wird. So bereitet die Steuerung der riesigen Leiber ein weiteres Problem. Bei den gigantischen Formen der pflanzenfressenden Dinosaurier ist beispielsweise ein zweites gehirnähnliches Nervenzentrum in der Gegend des Beckengürtels erforderlich, um den Weg der Nervenimpulse zu verkürzen.

Ein Exemplar der Art Parapuzosia seppenradensis (r.) ist der größte bekannte Ammonit der Welt. Als versteinertes Rudiment hat er noch 1,8 m Durchmesser. Das lebende Tier wird auf 2,3 bis 2,5 m geschätzt.

Es wurde gelegentlich angenommen, daß der Riesenwuchs kennzeichnend für die Endphase von Entwicklungslinien sei und schließlich zu deren Aussterben führe. Das aber ist zweifelhaft, denn Riesenwuchs läßt sich stets nur bei einigen Zweigen eines Entwicklungsastes feststellen. So sind nicht alle Dinosaurier Giganten, und dennoch stirbt der gesamte Ast aus.

Dinosaurier legen ihre Eier in dreischichtigen Spiralen

140–66 Mio. Als Reptilien legen die Dinosaurier Eier, aus denen ihre Jungen schlüpfen. Fossil lassen sich – besonders in der Kreide, vereinzelt aber auch schon in der Obertrias (230 - 210 Mio.) – über 30 Fundorte von Sauriergelegen nachweisen, vor allem in Europa (Frankreich), Nord- wie Südamerika, Afrika und Asien. Zu den bedeutendsten Fundorten gehören die Djadochta Formation in der Wüste Gobi, Aix-en-Provence in Südfrankreich und die Two Medicine Formation in Montana, USA.

In den französischen und amerikanischen fossilen Gelegen der Oberkreide finden sich vor allem Eier von Ornithopoden, Hadrosauriern und Hypsilophodontiden (→ 160–140 Mio./S. 258). Diese Nester enthalten bis zu 24 Eier. In der Wüste Gobi in der Inneren Mongolei und der Volksrepublik China verteilen sich die fossilen Reste von Dinosauriereiern über einen längeren Zeitraum. Ergiebig sind hier besonders die Ablagerungen der Unterkreide mit der sogenannten Khukhteks Formation und Sedimenten des Apt bis Alb (115 - 97 Mio.) mit Ornithopoden (→ S. 258), Theropoden (→ S. 260), Dromaeosauriden und Ornithomimiden (→ S. 260).

Auch in der Oberkreide bleiben hier viele Dinosauriereier, aber auch zahlreiche Säugetiere, fossil konserviert. Gelege sind vor allem von Protoceratops erhalten, einem primitiven Horndinosaurier (→ 160–140 Mio./S. 258). In den Nestern des bis zu 2,7 m großen Tieres liegen maximal 18 Eier. Sie sind wurstförmig, ungefähr 20 cm lang und haben eine nur wenige Millimeter dicke, faltige Schale. Das Muttertier legt die Eier sorgfältig in dreischichtigen Spiralen in das Nest.

Zwar wurde von verschiedenen Paläontologen angenommen, die Dinosauriereier lägen offen auf dem Erdboden, doch ist das äußerst unwahrscheinlich. Die exakte Erhaltung der fossilen Gelege spricht dafür, daß die Muttertiere die Eier in den Sand eingraben.

Außerordentlich unterschiedlich ist die Wandstärke der Kalkschalen bei den einzelnen Arten. Sehr wahrscheinlich besitzen die Eier zahlreicher Dinosaurierarten überhaupt keine mineralischen Schalen, sondern nur eine feste, lederartige Haut aus organischem Material. Meist sind die Dinosauriereier kleiner als 20 cm, bei einem Fund sollen allerdings 50 cm gemessen worden sein.

Zu den kleineren Dinosauriern gehören die maximal 1,20 m langen Hypsilophodonten. Ihre Gelege, die aus einer Anzahl spiralig angeordneter Eier bestehen, lassen auf sorgfältige Brutpflege schließen.

Nestpflege in Brutkolonien

Die außerordentlich sorgfältige Anlage der Dinosauriergelege weist darauf hin, daß die Muttertiere Brut- und Nestpflege betreiben. Auch scheint es wahrscheinlich, daß viele Dinosaurier ihre Gelege gemeinsam in Brutkolonien anlegen und diese Kolonien über längere Zeiträume unterhalten.

Da bereits von primitiveren Reptilien (etwa den Krokodilen, → 243–230 Mio./S. 206) bekannt ist, daß sie ihre Gelege sorgfältig temperieren, ist dies mit ziemlicher Gewißheit auch von den Dinosauriern anzunehmen. Gleiches ist auch in bezug auf die Fürsorge für die frisch geschlüpften Jungen wahrscheinlich.

Eine Frage wird sich wohl schwerlich lösen lassen, nämlich jene, ob zumindest einige Dinosaurier-Gattungen ihre Eier bebrüten. Das nämlich würde voraussetzen, daß es sich bei ihnen um Warmblüter handelt, was noch immer umstritten ist. Besonders jüngere Forschungsarbeiten gehen davon aus, daß auch einzelne Dinosaurier – wie die Vögel und die Säugetiere – ihre Körpertemperatur konstant halten, wenngleich auf einem niedrigeren Temperaturniveau. Den Dinosauriern fehlt thermische Isolation in Form von Federn oder einem Fell. Andererseits ist ihre wärmeabstrahlende Körperoberfläche im Verhältnis zum Körpervolumen recht klein.

Paläontologen des Tyrell-Museums in Alberta (USA) montierten dieses Skelett aus den fossilen Knochen eines Baby-Hadrosaurus vor der Nachbildung eines Nestes derselben Dinosaurier-Art.

Ebenfalls aus dem Tyrell-Museum stammt diese Rekonstruktion eines gerade aus dem Ei schlüpfenden Jungen von Triceratops. Die Gattung ist während der Oberkreide in Nordamerika von Colorado bis Saskatchewan verbreitet.

Iguanodons leben von Pflanzenkost

140–97 Mio. In Europa, Nordamerika, Afrika, Asien, Australien und der heutigen Arktis sind zahlreiche Arten der Dinosaurierfamilie Iguanodontidae verbreitet. Diese Pflanzenfresser gehören zu den Ornithopoden (→ 160–140 Mio./S. 258).
Abgesehen von wenigen frühen Vertretern im vorausgehenden Mittel- und Oberjura sind die Iguanodons typische Tiere der Unterkreide. Im Gegensatz zu ihren Vorfahren, den kleineren und sehr agilen Hypsilophodontiden (→ S. 258) sind sie keine schnellen Läufer. Ihr Körper ist wesentlich massiger und ungelenker. Zwar können die meisten Arten auf zwei Beinen laufen, doch bewegen sie sich – trotz der kürzeren Vordergliedmaßen – wahrscheinlich hauptsächlich auf allen Vieren. Ihr gesamter Körperbau deutet darauf hin, daß sie vorwiegend die niedrige Vegetation abweiden.
Verbreitet in der Unterkreide ist in weiten Teilen Mitteleuropas, in Nordamerika (Utah), Nordafrika (Tunesien) und Asien (Mongolei) vor allem die 9 m lange und 5 m hohe Gattung Iguanodon. Ihre Mitglieder leben in kleinen Herden. Besonders interessant sind die Vordergliedmaßen dieser Tiere. Einerseits besitzen sie drei hufartige Nägel, die diese Gliedmaßen für die Fortbewegung geeignet machen, andererseits ist der kleine Finger so beweglich, daß die Tiere damit Blätter abreißen und zum Maul führen können. Der Daumen ist dolchförmig zugespitzt.
Speziell in England lebt die kleinere, nur 4 m große Gattung Vectisaurus, nahe Verwandte der Gattung Iguanodon, in der manche Paläontologen die Vorfahren der Ornithischia (→ S. 258) sehen. Sehr andersartig in seinem Aussehen ist der im Niger lebende 7 m lange Ouranosaurus, der besonders durch ein mächtiges Rückensegel auffällt, mit dem er wahrscheinlich die Körpertemperatur regulieren kann. In Australien ist der 7,3 m große Muttaburrasaurus zu Hause, einer der wenigen Dinosaurier dieses Kontinents überhaupt. Und in China schließlich kommt gegen Ende der Unterkreide der 6 m lange Probactrosaurus vor, einer der letzten Iguanodontiden, der aber ein Vorläufer der sogenannten Entenschnabeldinosaurier (Hadrosauridae, → S. 258) der Oberkreide sein könnte.

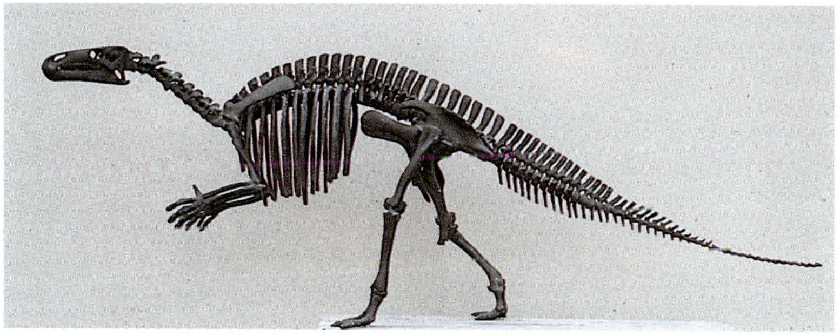

◁△ Versteinerte Fährten eines Iguanodons aus der Kreide von Obernkirchen bei Bückeburg

△ Die Dermoplastik eines Iguanodons läßt gut dessen Körperhaltung beim zweibeinigen Gehen erkennen.

◁ Die Skelettmontage des gleichen Tieres zeigt, wie lang dessen hintere Extremitäten sind.

Herdenleben bietet mehr Schutz vor Feinden

140–97 Mio. Die Iguanodontiden leben – wie zahlreiche pflanzenfressende Dinosaurier – in kleinen Herden. Rudel bilden auch manche Fleischfresser.
Das Zusammenschließen zu Herden bringt zahlreiche Vorteile mit sich. Zum einen können Raubtiere Herden viel schwerer angreifen als einzeln lebende Tiere. Das ist nicht nur auf die gemeinsame Verteidigung zurückzuführen, sondern auch darauf, daß einzelne Tiere Wächterfunktionen übernehmen können, während die anderen ungestört weiden. In größeren Gruppen können sich die Tiere auch besser um ihre Gelege und Jungen kümmern. Schließlich machen sich Herden die Lebenserfahrung älterer Leittiere zunutze.
Bei Fleischfressern haben Rudel ähnliche Vorteile. Dazu kommt, daß sie in Gruppen auch größere Beutetiere überwältigen oder besonders schnelle Beutetiere in einer Treibjagd hetzen können.

Der klassische Lebensraum für Herdentiere ist die Steppe. Doch auch in ausgedehnten Wäldern leben große Pflanzenfresser oft in Herden. Die Rekonstruktion zeigt einen Wald der Unterkreide in Nordamerika (Utah) mit einer Gruppe Iguanodons.

Schlangen: Langgestreckte Reptilien ohne Extremitäten

140–80 Mio. In Israel lebt Pachyrhachis, ein 1 m langes wasserbewohnendes Reptil, das als erste bekannte Schlange oder zumindest als unmittelbarer Vorfahre der Schlangen zu betrachten ist. Pachyrhachis hat einen typisch schlangenförmigen Körper, aber einen relativ breiten Kopf, der eher dem eines Warans gleicht. Gliedmaßen besitzt das Tier nicht, und auch der Schultergürtel ist verschwunden. Im Gegensatz zu den meisten modernen Schlangen sind aber noch Rudimente des Beckengürtels vorhanden.

Die erste »echte« Schlange erscheint wenig später in Südamerika, vor etwa 80 Jahrmillionen, also schon in der Oberkreide. Sie zeigt bereits viele Merkmale der heute lebenden Schlangen, vor allem die beachtliche Verlängerung des Körpers (es gibt Schlangen mit über 450 Wirbeln), außerdem das Fehlen der Gliedmaßen und des Schulter- und Beckengürtels. Bei manchen Arten (Riesenschlangen) sind noch Beckenreste vorhanden. Auch die Knochenbrücken über den zwei unteren Schädelöffnungen fehlen. Das gibt Raum für eine besonders kräftige Kiefermuskulatur und eine sehr große Beweglichkeit der Kiefer.

Die Schlangengattung Pachyrhachis ist während der Unterkreide in Israel mit etwa 1 m langen Tieren vertreten.

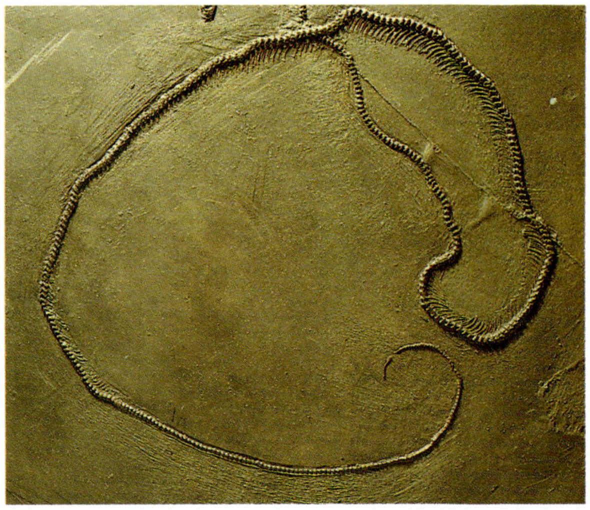

Versteinerte Baumschlange aus dem Mittleren Eozän. Das Fossil fand sich in der Grube Messel bei Darmstadt.

Die Abstammung der Schlangen ist noch weitgehend ungeklärt. Manche Paläontologen sehen verwandtschaftliche Beziehungen zu den Platynota, einer Infraordnung der Echsen (→ 160–140 Mio./S. 255). Die Platynota lebten erstmals im Oberjura und sind auch heute noch durch die Warane vertreten. Zu ihnen gehören die in der Oberkreide lebenden Gattungen Platecarpus und Plotosaurus. Diese Meeresbewohner haben zu Flossen reduzierte Gliedmaßen und lange Schwänze.

Bemerkenswert ist, daß das völlige Verschwinden der Gliedmaßen in der Kreide nicht nur bei den Schlangen nachweisbar ist, sondern auch innerhalb der Unterordnung Echsen (Lacertilia). Hier entwickelt sich wohl an der Grenze Unterkreide/Oberkreide die neue Infraordnung Anguimorpha (»Aalgestaltige«). Sie umfaßt die Schleichen, bei denen einige Arten noch über wohl ausgebildete Gliedmaßen verfügen, andere, wie die Blindschleiche besitzen überhaupt keine.

Bei den Vipern – im Bild die Avicenna-Viper Cerastes vipera – ist die schlängelnde Art der Fortbewegung ganz besonders augenfällig.

Fortbewegung durch seitliches Krümmen

Der Verlust der Gliedmaßen bei den Schlangen geht mit einer von den schlangenähnlichen Lurchen bereits im Paläozoikum entwickelten Form der Fortbewegung einher, dem Schlängeln.

Schlangen bewegen sich durch rhythmisch von vorne nach hinten über den ganzen Körper verlaufende seitliche Krümmungen. Auch sind sie in der Lage, etwa auf Bäume zu kriechen, was sich auf die besondere Form ihrer Rippen zurückführen läßt. Alle Rippen sind frei beweglich und stehen mit den Bauchschildern in Verbindung, wodurch diese aufgerichtet werden können. Dadurch wirken sie ähnlich wie Krallen.

»Grubenorgane« orten Wärmestrahlung

Obwohl die ersten »echten« Schlangen bereits in der Oberkreide erscheinen, entwickeln sich die meisten heute lebenden Schlangen erst im Miozän, also vor etwa 20 Jahrmillionen. Wann bei den Schlangen erstmals ein im ganzen Tierreich einzigartiges Organ, das sogenannte Grubenorgan oder »Wärmeauge«, auftaucht, ist ungewiß. Heute verfügen darüber nur die Riesenschlangen der Familie Pythonidae und die Klapperschlangen, Crotalidae. Dieses Organ ist das präziseste in der Natur bekannte Wärmemeßinstrument.

Um Wärme- oder Infrarotstrahlung (Wellenlängen zwischen 1,5 und 15 nm) mit unserer Haut wahrnehmen zu können, bedarf es eines Vielmillionenfaches der Strahlungsleistung gegenüber einer vom menschlichen Auge erkannten Lichtquelle. Die Grubenorgane der Schlange sind dagegen in der Lage, Temperaturdifferenzen von nur etwa 3/1000 °C wahrzunehmen und ihre Quelle im Raum zu orten.

Die paarigen Grubenorgane sitzen beidseitig am Kopf zwischen Auge und Nasenöffnung. Es sind, wie ihr Name sagt, grubenartige Vertiefungen mit einem rundum über die Grube ragenden Rand. Der hintere Grubenraum ist durch eine nur etwa 15 μm dünne Membran abgeteilt. Dieses Häutchen hat aufgrund seiner äußerst geringen Masse eine sehr kleine Wärmekapazität, kann sich also schnell aufwärmen oder abkühlen. Es ist dicht von vielfach verästelten Nervenenden durchsetzt, die auf Temperaturerhöhungen mit starker Steigerung der Impulsfolge reagieren. Damit sind die mit Grubenorganen ausgestatteten Schlangenarten in der Lage, sowohl warmblütige Beutetiere (kleine Säuger) wie kalte Beute (etwa nasse Frösche) vor einem gleichmäßig temperierten Hintergrund selbst bei völliger Dunkelheit anzupeilen.

Kreide-Vögel mit Kiefer und Zähnen

140–66 Mio. In dieser Zeit entwickeln sich die sogenannten Neornithes, die »neuen Vögel«. Zu den Neornithes gehören alle heute lebenden Arten. Die »neuen Vögel« beginnen sich während der Unterkreide an unterschiedliche Lebensräume anzupassen. Flug-, Lauf- und Schwimmvögel existieren nebeneinander. Die Unterklasse gliedert sich in drei Superordnungen, die alle bereits in der Kreide auftreten: Odontognathae (Zahnvögel), Palaeognathae und Neognathae.
Die vor allem in der Oberkreide nachgewiesenen Zahnvögel umfassen z. T. ausgezeichnete Flieger (Ichthyornithiformes), z. T. flügellose Taucher und Schwimmer (Hesperornithiformes). Beide besitzen Kiefer mit hornigen Zähnen. Die noch seltenen Palaeognathae sind meist sehr große, zahnlose, flugunfähige Laufvögel. Fast allesamt sehr gute Flieger sind dagegen die Neognathae, zahnlose Vögel mit keilförmigem Brustbein. Ihre Hauptentwicklungszeit setzt erst im Miozän/Pliozän (um 5 Mio.) ein, aber es gibt schon Vorfahren in der Kreide.

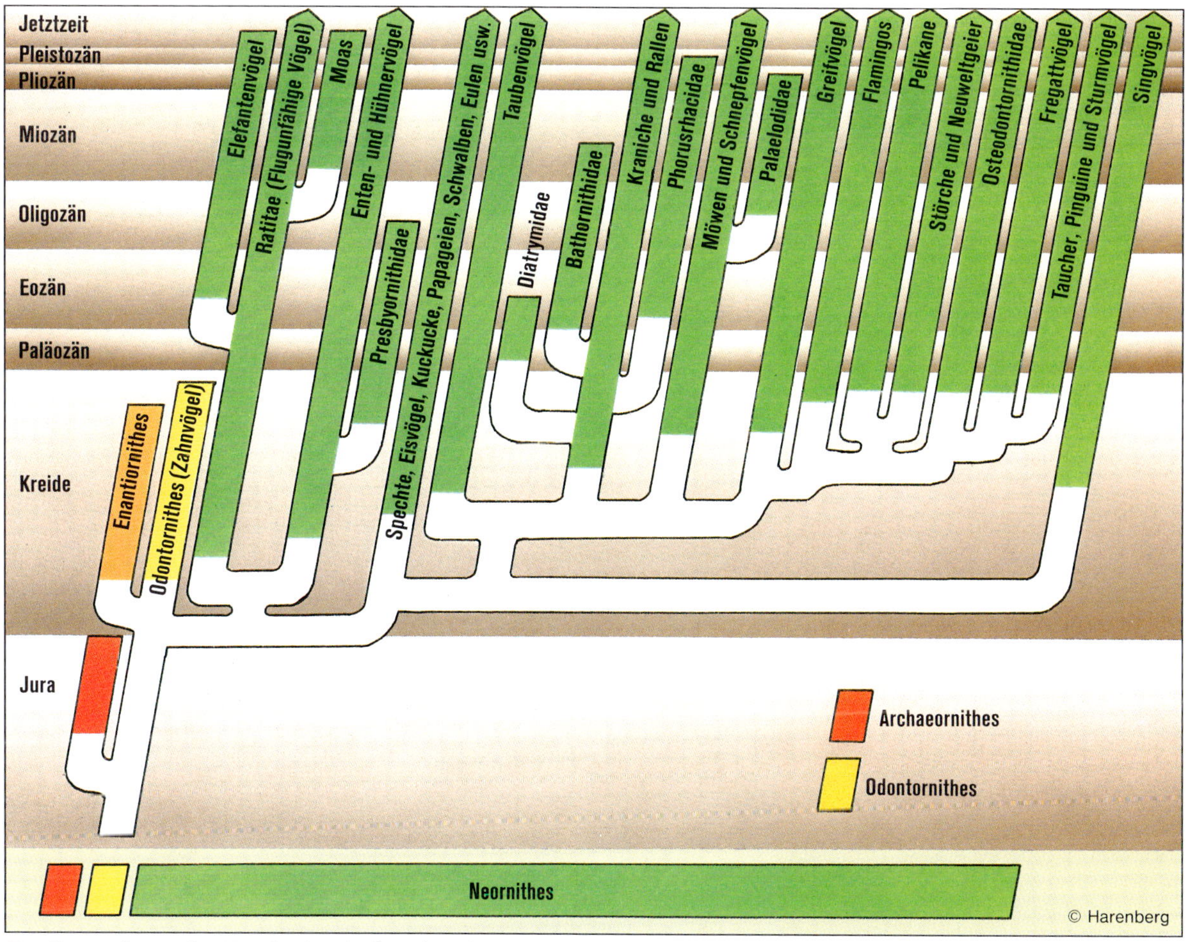

Der Stammbaum der Vögel zeigt eine reiche, aber großenteils noch ungeklärte Verzweigung in der Kreidezeit.

Beuteltiere bieten Nachwuchs ganz besonderen Schutz

100–66 Mio. Erste Beuteltiere (Säugetierordnung Marsupialia) leben bereits in Amerika, und zwar in Form der sogenannten Rattenbeutler (Unterordnung Didelphoidea). Zu ihnen gehört das heutige Opossum. Die Hauptentwicklung der Beuteltiere vollzieht sich aber erst im Paläozän (66–55 Mio.) und im Oligozän (36–24 Mio.). In diesen Epochen erscheinen fünf weitere Unterordnungen, die ihrerseits alle von den Didelphiden abstammen und die heute lebenden Känguruhs und Koalas umfassen.
Die Beuteltiere stammen von den Pantotheria (→ S. 244), frühen kleinen Säugetieren des Juras (210 – 140 Mio.) ab, die selber auch noch in der Unterkreide vertreten sind. Im Gegensatz zu den Plazentatieren, deren Embryonen sich zunächst über eine Plazenta im Inneren der Gebärmutter des Muttertieres bis zum lebensfähigen Jungen entwickeln, werden die kleinen Beuteltiere bereits in einem späten Embryonalstadium geboren. Sie wandern danach sofort selbständig in einen Beutel an der Bauchseite des Muttertieres und saugen sich dort an einer Milchzitze fest.
Die ersten Beuteltiere entwickeln sich in Nord- und Südamerika. Im Laufe ihrer weiteren Stammesgeschichte wandert eine Gruppe über Antarktika nach Australien, eine andere erreicht – ebenfalls bereits in der Oberkreide – von Nordamerika aus Europa. Im Tertiär (66 – 1,7 Mio.) erleben dann beide Gruppen in den jetzt weitgehend isolierten Landmassen Südamerikas und Australiens ausgeprägte Blütezeiten. Die nach Europa eingewanderten Didelphiden breiten sich im Oligozän (36 – 24 Mio.) auch über Nordafrika und Zentralasien aus.

Nur etwa 30 cm lang ist das urtümliche Beuteltier Alphadon aus der nordamerikanischen Oberkreide. Es ist ein Allesfresser und guter Kletterer.

Fossile Beutelratte aus der Familie der Didelphiden, die heute noch durch 65 Arten vertreten ist; sie gilt als älteste Beuteltiergruppe.

Weltweit neue Formen bei Farngewächsen

140–97 Mio. In dieser Zeit entwickeln sich mehrere neue Farnpflanzen. Besonders bemerkenswert ist die Gruppe der Weichseliaceae. Im Gegensatz zu anderen Farnen gedeiht sie im Dünensand. Ihre Fossilien finden sich u. a. im Neokomsandstein des Harzrandes.
Weichselia hat zweifach gefiederte Wedel mit meist schräg aufgerichteten Blättchen von lederartiger Beschaffenheit. Einzigartig unter allen Farnen ist der Lauf ihrer Leitgefäßbündel; sie bilden ein Gitterwerk.
Neu in der Unterkreide und bezeichnend für diese ist auch die Farngattung Acrostichopteris. Sie ist in Nordamerika, Portugal, der UdSSR und Japan nachgewiesen und erinnert in ihrer Belaubung entfernt an Sphenobaiera, Ginkgo-Gewächse des Unterperms (290–270 Mio.) bis zur Unterkreide.
Eine Zeit größter Verbreitung erlebt jetzt die schon im Oberkarbon (um 300 Mio.) bekannte Farnunterordnung Gleicheniaceae. Sie bringt kletternde Farne hervor, die in tropischen Regionen leben. Wahrscheinlich neu ist schließlich die Unterordnung Schizaeaceae mit unterschiedlichen subtropischen Arten.

△ *Farngewächse im Urwald Kaliforniens umwachsen einen gestürzten Mammutbaum.*

◁ *Ein tropischer Farn der Gattung Gleichenia wächst sparrig hoch über das ihn umgebende Gebüsch hinaus.*

Geißeltierchen mit kieseligem Skelett

140–66 Mio. Erstmals lassen sich in marinen Sedimenten die kieseligen Skelette von Silicoflagellaten nachweisen, einer Unterordnung der »Geißeltierchen« (Stamm Monadophyta). Diese Einzeller leben im Plankton und bestehen typischerweise aus einem zweischaligen System miteinander kommunizierender Röhren. Dabei sind die konkaven Seiten der beiden Hälften einander zugekehrt. Die Silicoflagellaten sehen also aus wie winzige Stimmgabeln mit etwas zueinander gebogenen hohlen Zinken.
Auch heute noch sind die Silicoflagellaten mit z. T. höher entwickelten, komplexeren Formen in den Meeren gegenwärtig. Vor allem aber die fossilen Formen sind ein auffälliger Bestandteil praktisch aller kieseligen Meeressedimente. Als erste Gattungen dieser Unterordnung erscheinen in der Kreide Corbisema, Lyramula und Vallacerta. Nur die erstgenannte überlebt diese erdgeschichtliche Epoche.

Fichten, Lärchen und Zedern

140–66 Mio. Die Familie der Kieferngewächse (Pinaceae, → 218–210 Mio./S. 211) vergrößert sich: Neu erscheinen die Fichten (Gattung Picea), die Lärchen (Gattung Larix) und die Zedern (Gattung Cedrus).
▷ Fichten sind immergrün und besitzen einzeln stehende, spiralig um den Zweig gestellte Nadeln und hängende Zapfen.
▷ Lärchen sind sommergrün, ihre Nadeln stehen an Langtrieben spiralig zerstreut und an Kurztrieben in dichten Büscheln.
▷ Zedern sind immergrüne Bäume mit unregelmäßiger Krone und an den jungen Bäumen glatter, an den älteren schuppiger Borke. Der Stand ihrer Nadeln entspricht dem der Lärchen.

Die bunte Herbstfärbung der Lärchen zeigt, daß diese Gattung zu den wenigen Nadelbäumen gehört, die im Winter ihre Nadeln abwerfen.

Nadelholzfamilie in höheren Breiten

140–66 Mio. Mit der Familie der Podocarpaceae erscheint weit verbreitet eine Gruppe von Nadelhölzern, die möglicherweise schon im Jura (210 - 140 Mio.) Vorläufer besaß. Zu dieser Familie gehören Gattungen mit schuppen- oder nadelförmigen sowie auch lanzettlichen bis ovalen, ziemlich großen Blättern. Typisch ist für sie, daß die weiblichen Fruchtblätter nur jeweils eine einzige Samenanlage in Verbindung mit einem Auswuchs des Fruchtblattes besitzen. Podocarpus und verwandte Gattungen sind in kühleren Regionen zu Hause.

Zedern sind heute rar geworden. Diese alten Bäume gehören zu einem Bestand in Südfrankreich.

Kleine Kräuter am Grund von Teichen

140–97 Mio. Die Brachsenkräuter (Isoëtineae), Verwandte der Schuppenbaumgewächse (Lepidophyten, → 360–325 Mio./S. 147), sind aus dieser Zeit erstmals überliefert. Es sind meist kleine Kräuter mit kurzen Stämmchen, an denen schopfartig schmale lineare Blätter sitzen. Die sehr anpassungsfähigen Pflanzen leben teils im Wasser, teils in Uferregionen, sind aber auch auf dem trockenen Festland zu finden.
Heute sind die Brachsenkräuter noch durch Isoëtes lacustris vertreten, die ausschließlich auf dem Grund flacher Gewässer vor allem von kühlen Bergseen, wächst.

Die Fruchtstände des Igelkolbens (Sparganium erectum) lassen sich in Europa und Nordamerika fossil bis in die Kreide-Zeit zurückverfolgen.

Auch der Froschlöffel (Alisma plantago-aquatica) gehört zu einer Bedecktsamerfamilie, die bereits in der Kreide-Zeit gut belegt ist.

Das Pfeilkraut (Sagittaria sagittifolia), das zu den Alismataceae zählt, ist wie der Froschlöffel ein Vertreter der frühen krautigen Bedecktsamerfamilien.

Bedecktsamer: Vorboten einer Revolution im Pflanzenreich

140–97 Mio. Verschiedene Bedecktsamer (→ 184–160 Mio./S. 243) entwickeln sich als Vorläufer einer großen Veränderung der weltweiten Flora (→ S. 288 ff), die in der Oberkreide einsetzt. Die meisten frühen Arten sind von sehr feuchten Böden, teiweise sogar aus dem Wasser überliefert, vielleicht, weil sie hier leichter fossilisieren konnten als in trockenen Regionen.

Zu den frühesten bedecktsamigen Blütenpflanzen gehören neben baumförmigen Arten (s. unten) Pflanzen aus der Reihe der Sumpfliliengewächse (Helobiae). So finden sich in der Kreide Böhmens vermutlich Butomaceaeen. In Portugal und Virginia lassen sich erste Froschlöffelgewächse (Familie Alismataceae) nachweisen, darunter das Pfeilkraut (Gattung Sagittaria). Wenig später, zu Beginn der Oberkreide, wachsen in Europa auch die Laichkräuter (Familie Potamogetonaceae). In Südamerika sind die Sumpfliliengewächse durch die Familie Aponogetonaceae vertreten. Schon in der Unterkreide erscheinen auch Mitglieder der Reihe Schraubenbaumgewächse (Pandanales), darunter in Japan die Rohrkolben (Typhaceae).

Baumweiden und Magnolien

140–97 Mio. Die allerersten Bedecktsamer (→ S. 243) sind verholzende Gewächse wie Magnolien, Weiden und Pappeln. Alle krautigen Bedecktsamer (s.o.) erscheinen wohl erst wenig später.

Pappeln: Pionierpflanzen unter den verholzenden Bedecktsamern

In der Unterkreide sind in Europa und Nordamerika Magnolien verbreitet, deren erste Vorläufer bereits im Mitteljura (184–160 Mio.) u. a. in Schottland blühten. Sie gehören zur Bedecktsamerreihe Ranales. Innerhalb dieser bilden sich während der Kreide auch andere Familien heraus: In Nord- und Südamerika und in Europa wachsen Anonaceae, Bäume, die heute durch ihre exotischen Früchte (Anonas) in Europa bekannt sind. Dagegen kommt die Familie der Sassafras-Bäume nur in Nordamerika vor. Sie sind heute vor allem durch ihr sogenanntes Fenchelholz bekannt. Auch die Zimtbäume (Cinnamomum) gedeihen bereits in der Kreide.

Mit den Weidengewächsen (Salicales), die möglicherweise ebenfalls bis in den Jura zurückreichen, steht noch eine zweite Reihe ganz am Anfang der Bedecktsamer. Während der Kreide-Zeit sind sie durch die beiden Gattungen Salix (Weiden im engeren Sinne) und Populus (Pappeln) vertreten.

Eukalyptusblüten: Fossil belegt schon in der böhmischen Kreide

Salix alba, die Silberweide, hat ebenfalls Verwandte in der Kreide.

Auch Einkeimblättrige (z. B. Gräser) reichen in die Kreide zurück.

Butomus umbellatus, die Schwanenblume, ist gleichfalls sehr alt.

Ein Vertreter der Bauchpilze, der »Flaschenbovist« oder »Flaschenstäubling« Lycoperdon perlatum

In Thailand gedeiht die Dictyophora, einer der schnellstwachsenden Rutenpilze.

Der Hutpilz Cantharellus cibarius ist als Pfifferling oder Eierschwamm allgemein bekannt.

Hutpilze gedeihen in den Wäldern der warmen Regionen

140–97 Mio. In kohligen Sedimenten lassen sich die Myzelien von Pilzen nachweisen. In einzelnen Fällen sind sogar die »Hüte« höherer Pilze (Hymenien) teilweise erhalten, insbesondere jene von Baumpilzen.

Das Reich der Pilze (Fungi) ist wohl ebenso alt wie das der Pflanzen, auf die die Pilze in ihrer Existenz als Eukaryota (→ S. 39) direkt oder indirekt (auf dem Umweg über das Tier) angewiesen sind.

Zu unterscheiden sind vier Abteilungen:

▷ Schleimpilze (Myxomycota)

▷ Algenpilze (Oomycota)

▷ Flagellatenpilze (Chytridiomycota)

▷ »echte« oder höhere Pilze (Eumycota).

Während die Zellwände von Schleim- und Algenpilzen aus Zellulose sind, besitzen die anderen Abteilungen solche aus Chitin. Wann die Hutpilze als »echte« Pilze entwicklungsgeschichtlich zum ersten Mal in Erscheinung getreten sind, ist ungewiß, denn sie bleiben fossil nur äußerst selten erhalten. Zwar sind Myzelien, also die fadenförmigen Keimschläuche (→ S. 283) schon aus dem Keuper (230–210 Mio.) in der Thüringischen Lettenkohle nachzuweisen, doch sind diese Funde unsicher. Sehr formenreich sind in der Kreide und dann besonders im folgenden Tertiär wohl Arten, die im Inneren von Hölzern wuchern (Polyporaceen). Aus der Kreide läßt sich in Schweden der Pilz Trametes pini nachweisen, der die »Wurzelfäule« der Kiefer verursacht.

Die Hutpilze oder Basidiomycetes, möglicherweise bereits im Karbon (360–290 Mio.) oder früher existent, aber nicht mit Sicherheit nachgewiesen, unterteilen sich – zumindest hinsichtlich ihrer heutigen Arten – in vier Ordnungen: Die Hutpilze (Blätter-, Fächer-, Stoppel-, Rinden- und Korallenpilz), die Bauchpilze (Boviste, Hartboviste, Nestling), die Rutenpilze (Stinkmorchel) und die Gallertpilze (Gallertträne). Neben den Hutpilzen existieren die nahe verwandten Ascomycetes als weitere Form der höheren Pilze. Sie sind nicht mit Hüten, sondern mit Sporenanlagen in Schlauchform (Ascus) ausgestattet und seit dem Karbon bekannt. Zu ihnen gehören die Scheibenpilze (Discomycetales), darunter die Morcheln und Becherpilze sowie die Arten der Trüffelpilze (Tuberales).

Zu den Schlauchpilzen oder Ascomycetes zählen u. a. die verschiedenen »Keulen«, also höhere Pilze der Gattung Clavaria, wie diese Clavaria fusiformis.

Die Stinkmorchel (Phallus impudicus) ist eine europäische Verwandte der tropischen »Schleierdame« (Dictyophora, auf dem Bild o. Mitte).

Trametes versicolor oder Schmetterlingsporling heißt dieser Baumpilz mit ledrig-zähen Hüten.

Der Orangebecherling Peziza aurantia repräsentiert mit seinen aufplatzenden Hohlkugeln eine Gattung der Bauchpilze.

Explosives Größenwachstum nach warmem Sommerregen

Wie die Sporenpflanzen vermehren sich auch alle Pilze nicht über Samen, sondern über Sporen, einzelligen Gebilden von nur etwa 10 µm Durchmesser. Sie entstehen bei den höheren Formen an Fruchtkörpern, die nach einem Sexualakt gebildet werden. Sexualität ist aber auch den niederen Pilzen eigen. Wenn eine Spore keimt, was meist innerhalb weniger Stunden nach ihrer Freisetzung der Fall ist, treibt ihr Inhalt einen Keimschlauch, vergleichbar mit der Keimwurzel eines Samens. Mit zunehmender Länge gliedert er sich bei den höheren Pilzen durch Querwände und verzweigt sich zugleich nach allen Seiten. Solche Pilzfäden nennt man Hyphen. Ein Hyphengeflecht heißt Myzelium. Es breitet sich üblicherweise ring- bzw. kugelförmig auf dem oder im Nährmedium aus. Im Waldboden, in dem organische Nährstoffe nicht gleichmäßig verteilt sind, entstehen weniger dichte Myzelien. Ihre einzelnen Hyphen kriechen durch alle feinen Ritzen zwischen den Bodenkrumen und folgen dabei chemischen Reizen. Myzelien können jahrelang weiterwachsen. Während die ältesten Teile absterben, schieben sich die jungen Hyphen am Rand immer weiter nach außen.

Die Myzelien sind die eigentlichen Vegetationskörper der Pilze. An diesen bilden sich – meist jedes Jahr – bei den höheren Pilzen die Fruchtkörper. Das geschieht, nachdem männliche und weibliche Myzel-Zellen im Sinne einer Kopulation miteinander verschmelzen, dadurch, daß sich das Myzel an irgendeiner Stelle der Wachstumszone beträchtlich verdichtet. Dabei nehmen die Hyphen eine bestimmte Gestalt und gegenseitige Anordnung an. Auf diese Weise bauen sie die Organe des Fruchtkörpers auf: Stiel, Hut und Fruchtschichtträger. Der gesamte Fruchtkörper wird zunächst sehr klein und kompakt – etwa in der Größe einer Erbse – angelegt. In dieser Größe verharrt er wochen- oder gar monatelang unverändert, bis ausreichende Wärme und Feuchtigkeit die Voraussetzungen für erfolgreiche Vermehrung bieten. So setzt z.B. nach einem warmen Sommerregen ein explosives Größenwachstum der winzigen Fruchtkörper und schließlich die Entfaltung des Fruchtkörpers ein. Am Ende der die Fruchtkörper aufbauenden Hyphen bilden sich – unter Reifeteilung der Zellen – neue Sporen.

Der Körper des »Kartoffelbovists« (Scleroderma vulgare) ist prall angefüllt mit dunkelbraunen Sporen, die wie Staub verfliegen.

Zahlreiche Arten der Saurier sterben aus

Um 97 Mio. Zum Ende der Unterkreide sterben zahlreiche Dinosaurier und Säugetierarten und damit sogar mehrere Ordnungen aus. Daneben verschwindet die komplette Klasse der Calpionellidea, einzellige glockenförmige Organismen von 50 bis 200 µm Größe, deren kalkige Skelette besonders in der Unterkreide sedimentbildend wirkten.

Unter den fleischfressenden Dinosauriern stirbt die nordamerikanische Gattung Deinonychus aus. Die 3 bis 4 m großen Exemplare gehörten zu den schnellen, sehr wendigen Räubern des Juras. In Europa geht die Familie Baryonychidae zugrunde, die ohnehin nur eine einzige Art, den 6 m großen Baryonyx, hervorbrachte. Der einst weltweit verbreitete Allosaurus (→ 160–140 Mio./ S. 260), überlebt ebenfalls die Unterkreide nicht.

Bei den langhalsigen Pflanzenfressern (→ 160–140 Mio./S. 258) verschwindet die Gattung Euhelopus in China. Die meisten anderen Giganten unter den Pflanzenfressern sterben bereits zum oder vor dem Beginn der Unterkreide aus. So überleben die kräftig gepanzerten Stegosaurier mit ihren dornenbewehrten Schwänzen (→ S. 258) ebenfalls die Kreide-Zeit nicht.

Auch kleinere pflanzenfressende Dinosaurier gehen zugrunde: Dazu gehören das 60 cm große Echinodon, ein graziler Fabrosaurus (→ 140 Mio./S. 265), mehrere Hypsilophodontiden-Gattungen (→ S. 258) sowie schließlich ein Großteil aller Iguanodons (→ S. 258), die noch zu Beginn der Unterkreide weltweit verbreitet waren.

Unter den frühen Säugetieren erlischt die Ordnung Eupantotheria (→ 184–160 Mio./S. 244) und damit zugleich die gesamte Infraklasse Pantotheria. Außerdem verschwindet die Ordnung Tricodonta und mit dieser zugleich die Infraklasse Eotheria, denn die außerdem zu ihr zählenden Ordnungen Morganucodonta und Docodonta lebten schon in der Unterkreide nicht mehr. Schließlich stirbt auch die Ordnung Symmetrodonta aus, mit der wiederum die ganze Infraklasse Trituberculata (→ 160–140 Mio./S. 266) erlischt. Innerhalb der Ordnung Multituberculata (→ S. 266) überlebt die Unterordnung Plagiaulacoidea die Unterkreide nicht.

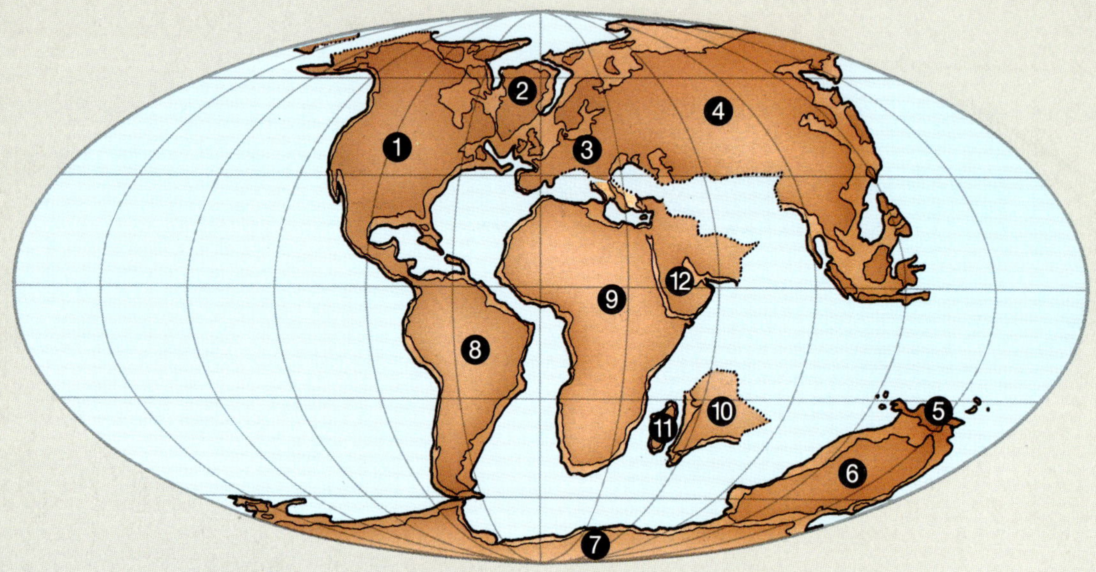

In der Oberkreide läßt sich das heutige Bild der Erde – mit einigen Ausnahmen – bereits ahnen. Nordamerika (1) und Südamerika (8) stehen in etwa in der bekannten Relation zueinander, Südamerika auch zur Antarktis (7), zu der aber noch eine Landbrücke besteht. Allerdings liegt der amerikanische Doppelkontinent noch rund 30 ° weiter östlich als heute und ist im Norden noch über Grönland (2) mit Europa (3) und damit mit Asien (4) verbunden. Afrika (9) mit Arabien (12) befindet sich weiter im Süden als heute. Indien (10) allerdings liegt noch bei 30 ° Süd neben Madagaskar (11), und Australien (6) mit Neuguinea (5) schließt – 30 ° südlicher als heute – an die Antarktis an.

97–66 Mio.

Die Oberkreide

Um 97 Mio. Weltweit setzt eine Phase der Granitisation, d. h. einer Granitbildung durch Gesteinsumwandlung, ein, die bis heute anhält. → S. 285

In der Tiefsee beginnt die Entstehung eines neuen Lagerstättentyps. Es bilden sich sogenannte Manganknollen, die reich an Mangan, Eisen, Nickel, Kupfer und Kobalt sind. → S. 286

Die tektonischen Verhältnisse beginnen (wie schon im Mittelproterozoikum, 1700 – 1100 Mio.) die Entstehung von Titanlagerstätten zu begünstigen. → S. 286

97–83 Mio. Am Mount Libanon bei Beirut fossilisieren zuerst in kalkigen, später in ausgeprägt kreidigen Sedimenten verschiedene Meerestiere. → S. 299

97–70 Mio. Es herrscht eine geomagnetische Periode, in der die Lage der Erdmagnetpole meist der heutigen entspricht. → S. 285

97–60 Mio. In vielen Gebieten der Welt falten sich große Gebirgssysteme auf. Dies geschieht in mehreren Phasen: Der austrischen (um 97 Mio.), der subherzynischen (um 87–80 Mio.) und der laramischen (um 67–60 Mio.). → S. 285

In Kreidesedimenten, die vor allem im nördlichen Europa reichlich anfallen, werden lagenweise Feuersteinknollen (Flint) als Kieselausscheidungen aufgebaut. → S. 286

Im Einzeller-Stamm Monadophyta lassen sich erstmals fossil verkieselte Organismen der Gattung Archaeomonas nachweisen. → S. 291

Unter den einkeimblättrigen Bedecktsamern erscheinen erstmals sowohl Süßgräser (Gramineae) wie auch Sauer- oder Riedgräser (Cyperaceae). Damit entstehen, zunächst in Feuchträumen, die ersten Wiesen. → S. 288

In Binnengewässern entwickeln sich zahlreiche Arten von im Wasser lebenden (ganz oder teilweise untergetauchten) krautigen Bedecktsamern, u. a. Froschlöffel- und Seerosengewächse. Eigentümliche kleine Wasserfarne (Hydropterides) sehr unterschiedlicher Familien wachsen ebenfalls in den Binnengewässern. → S. 289

In Mittel- und Osteuropa, Grönland, Nordamerika, Nordafrika, Indien usw. sind erstmals Palmen weit verbreitet. Sie zählen zu den Einkeimblättrigen unter den Bedecktsamern. → S. 290

In der Sahara stocken ausgedehnte Wälder. Ihr Holz bleibt z. T. verkieselt erhalten, darunter erste Muskatnuß-Bäume. Eines der bedeutendsten Fossilholz-Vorkommen entsteht im algerischen Tidikelt. → S. 291

In Nordamerika und Grönland erscheinen erste Geißblattgewächse. Sie sind durch die Gattungen Schneeball (Viburnum) und Geißblatt (Lonicera) vertreten. → S. 291

Auf allen Kontinenten treten in großer Artenzahl Laubbäume auf, darunter bereits so moderne Gruppen wie die Ahorne, Buchsbaumgewächse, Ölbäume, Birken, Buchen, Eichen, Eukalypten, Platanen, Robinien oder Aralien. Mit ihrem Erscheinen kommt es zur ersten Ausbreitung von Laub- und Nadel-Laub-Mischwäldern. → S. 292–295

In den bedeutenden Wüstengebieten Nordamerikas, dem Great Basin und der Mohave-Wüste, herrscht ausgeprägt feuchtwarmes Klima. Hier gedeiht eine artenreiche tropische Baumvegetation.

Mit zahlreichen Arten erscheinen geographisch weit verbreitet holzige Sträucher, darunter Oleander, Immergrün, Erika- und Rhododendronarten, Rebengewächse, Brom-, Erd- und Himbeeren, Pfeffersträucher, Lorbeer, Efeu und Proteas. → S. 296

Die ersten Wolfsmilchgewächse (Euphorbiaceae) entwickeln sich sowohl in den Tropen und Subtropen als auch den gemäßigten bis kühlen Klimazonen der Erde. → S. 296

Unter den relativ wenigen aus dieser Zeit belegbaren krautigen Stauden finden sich Schmetterlingsblütler (Leguminosen-Unterfamilie) und Wunderblumengewächse (Nyctaginaceae). Besonders häufig wachsen einkeimblättrige Arten wie Lilien, Kalmus, Canna und Sumpfliliengewächse (Heliobae). Daneben sind Doldengewächse (Umbelliferae) vertreten. → S. 297

Bei Aix-en-Provence in Südfrankreich versteinern in der sogenannten Rogniacien-Formation ganze Gelege verschiedener Dinosaurier der Gruppe Saurischia. → S. 299

Nach wenigen Vorläufern in der vorausgehenden Unterkreide setzt in dieser Zeit die Hauptverbreitung der Zahnvögel (Odontornithes) ein. Sie bilden z. T. große Kolonien an den Meeresküsten bzw. auf Vogelinseln. → S. 300

Unter den Schwanzlurchen (Urodela) treten zahlreiche neue Formen auf, aus denen die meisten modernen Salamander und Lurche hervorgehen. → S. 301

Mit der Säugetierordnung Leptictida erscheinen erste, spitzmausähnliche Insektenfresser (Insectivora → S. 302). Von ihnen leiten sich sowohl die Raubtiere als auch die ganze Ordnung der Primaten (Herrentiere) ab. → S. 303

Unter den Echsen (Lacertilia) erscheinen als Großformen die Warane (Varanidae). Sie gehören mit Exemplaren von mehreren Metern Länge auch noch heute zu den größten aller Landechsen und leben meist in Wassernähe. → S. 301

Gigantische Meeresechsen (Mosasauria) sind vor den Küsten Nordamerikas und Europas verbreitet. Diese Großechsen treten die Nachfolge der Meereskrokodile an und bevölkern ausschließlich in der Oberkreide die Meere Europas und Nordamerikas. → S. 304

Die Meeresschildkröten treten – mit Riesenformen der Familie Protostegidae – erstmals in Erscheinung. → S. 305

Unter den pflanzenfressenden Dinosauriern sind Entenschnabel-Dinosaurier (Hadrosauridae), Horndinosaurier (Ceratopia) und die schwer gepanzerten Stegosauria verbreitet. → S. 305

89–83 Mio. In Nordamerika (USA) sedimentiert die sogenannte Niobrara-Formation aus kalkigen und tonigen Meeressedimenten. In ihr fossilisieren neben verschiedenen Wirbellosen zahlreiche Wirbeltierarten, besonders Meeresbewohner und Zahnvögel. → S. 299

83–66 Mio. Im Zentrum des Münsterländer Kreidebeckens fossilisieren in sandigen Kalksteinen und Mergelsandsteinen zahlreiche Meerestiere, darunter besonders Fische und die größten bekannten Ammoniten. → S. 299

Um 80 Mio. In Nordamerika lebt ein großer Flugsaurier (Pteranodon ingens) mit etwa 8 m Flügelspannweite. → S. 300

80–70 Mio. Im Gebiet der heutigen Wüste Gobi lebt ein kleines, systematisch schwer einzuordnendes Säugetier. Bei diesem sogenannten Deltatheridium pretrituberculare scheint es sich um einen Insektenfresser mit ersten Raubtiermerkmalen zu handeln. → S. 302

80–66 Mio. Die größten aller Fleischfresser (bis 15 m) sind durch die Tyrannosaurier vertreten. → S. 304

76–66 Mio. Verschiedene kontinentale Sedimentformationen bilden sich in Flußgebieten Kanadas. Hierbei wird in der Oldman-Formation und der St.-Mary-River-Formation eine beachtliche Vielfalt von Dinosaurier-Überresten fossil erhalten. Im US-amerikanischen Bundesstaat Wyoming bleiben in Sedimenten ebenfalls zahlreiche Dinosaurierarten konserviert. → S. 299

Um 66 Mio. Einem großen Artensterben unter den Tieren (Faunenschnitt) fallen die letzten Dinosaurier, verschiedene Kopffüßerordnungen (darunter Ammoniten und Belemniten), die Muschelgruppen der Inoceramen und Rudisten u. a. typische Tiergruppen des Mesozoikums zum Opfer. → S. 306

Gebirgs-Giganten entstehen: Atlas, Pyrenäen, Apennin

97–66 Mio. Nach ersten Vorläufern im vorausgehenden Jura und in der Unterkreide setzt jetzt verstärkt die weltweite alpidische Gebirgsbildungsära ein, die auch heute noch nicht völlig abgeschlossen ist. In der Oberkreide unterscheidet man drei Faltungsphasen: Die austrische (um 97 Mio.), die subherzynische (um 87–80 Mio.) und die laramische (um 67–60 Mio.), die noch in das Tertiär hineinreicht. Zusammen mit den altkimmerischen (um 205 Mio.) und den jungkimmerischen (um 145 Mio.) Faltungsphasen des Juras spricht man von mesozoischen Faltungen oder von laramischen Faltungen im weiteren Sinne.

Gebirgsbildung in Eurasien

- ▷ **3000–1900 Mio.:** Saamidischer, belomoridischer, Dnjepr- und Bug-Podolien-Zyklus
- ▷ **1850–1550 Mio.:** Svekofennidisch-karelidischer Zyklus, Kriwoi- Rog- und wolhynischer Zyklus
- ▷ **1500–1150 Mio.:** Gotidischer Zyklus bzw. eine entsprechende magmatische Periode, Owrutsch-Zyklus
- ▷ **1100–900 Mio.:** Svekonorwegische Periode
- ▷ **600–250 Mio.:** Kaledonischer und variszischer Zyklus
- ▷ **100 Mio.–0:** Alpidischer Zyklus

Im Rahmen der austrischen Phase entstehen Gebirgsmassive in den nördlichen Kalkalpen, in den Ostalpen, den Karpaten und auf dem Balkan. Weiter östlich tauchen die Gebirgszüge unter und setzen sich über die Krim im Großen Kaukasus fort, tauchen erneut unter und erscheinen östlich des Kaspisees wieder im Kopet-Dag, um dann in den Pamir einzumünden. Ein anderer Zug greift über das nördliche Anatolien zum Kleinen Kaukasus und zum Elbrus über. Ihm gliedern sich im Süden Faltengebirge in der Südwesttürkei an. Im Westen Europas entstehen erste Teile bzw. Faltenkerne der Pyrenäen und die spanischen Sierras Beticas. Im Süden bilden sich der größte Teil des Apennin sowie die Gebirge Jugoslawiens und Griechenlands. Zur gleichen Zeit faltet sich der Atlas in Nordafrika auf. Im fernen Asien, in Südchina, Amerika, den Kordilleren und im Andenraum kommt es zu Gebirgsbildungen. Typisch für die alpidischen Faltungen ist, daß nicht alle ihre Gebirge aus Geosynklinalen (→ S. 29) hervorgehen.

△ *Noch heute zeigt sich die Landschaft in den zentralen Pyrenäen hochalpin. Das mächtige Kettengebirgssystem faltete sich im Rahmen der alpidischen Orogenese vor fast 100 Mio. Jahren auf.*

◁ *Etwa zur gleichen Zeit wie in Europa die Pyrenäen werden im Nordwesten Afrikas die Gebirgsketten des Atlas aufgefaltet, der sich aus mehreren einzelnen Faltengebirgssystemen zusammensetzt. Am höchsten ragt noch heute mit Gipfeln um 4000 m der Hohe Atlas in Marokko auf. Am Südrand dieser Gebirgskette hat der Dades Fluß tiefe Schluchten ausgewaschen.*

Epochen der Granitisation

Um 97 Mio. Etwa mit dem Anfang der Oberkreide beginnt erneut eine Epoche weltweiter Granitisationen (→ S. 43). Dabei vollzieht sich eine Umwandlung von Sedimentgesteinen in ein Material mit granitähnlichem Gefüge und Mineralbestand, ohne daß magmatische Stadien vorkommen. Solche Epochen gehen Hand in Hand mit intensiven Verformungen der Erdkruste, etwa durch Gebirgsbildungsprozesse (s. links). Die Vorgänge spielen sich nicht zu allen erdgeschichtlichen Zeiten ab. Seit dem erneuten Einsetzen weltweiter Granitisation etwa zu Beginn der Oberkreide hat dieser Prozeß bis in die heutige Zeit hinein kein Ende gefunden.

Granitisationsperioden

- ▷ **3600–3400 Mio.:** Nordamerika und Nordeuropa
- ▷ **3200–3000 Mio.:** Afrika, Nordeuropa
- ▷ **2850–2550 Mio.:** Alle Kontinente
- ▷ **1900–1600 Mio.**, mit Unterbrechungen: Alle Kontinente
- ▷ **1500–1350 Mio.:** Alle Kontinente
- ▷ **1150–950 Mio.:** Alle Kontinente
- ▷ **700–545 Mio.:** Alle Kontinente
- ▷ **460–410 Mio.:** Alle Kontinente
- ▷ **360–250 Mio.:** Alle Kontinente
- ▷ **100–0 Mio.:** Alle Kontinente

Seltene Wechsel der Magnetpolung

97–70 Mio. Es herrscht eine Periode, in der die Lage der Erdmagnetpole meist der heutigen entspricht. Ihr voraus ging eine Zeit mit wechselnder Polarität (162–119 Mio.), und eine ebensolche schließt sich ihr an (bis 5 Mio.). In der Oberkreide ereignen sich mehrfach sogenannte Events (»Ereignisse«), erdmagnetische Anomalitäten, bei denen die Pollage kurzfristig (für jeweils rund 100 000 Jahre) umspringt. Derartige Unregelmäßigkeiten ereignen sich vor 114, 83, 5, 74,5, 67 und 66,3 Mio. Jahren.

Rätselhafte Manganknollen entstehen auf Tiefseeböden

Um 97 Mio. Durch Funde sogenannter Manganknollen läßt sich auf den Böden der Weltmeere erstmals die Entstehung einer neuen Art von Erzlagerstätten nachweisen. Manganknollen sind haselnuß- bis faustgroße schwarze Gebilde mit einer Oberfläche, die an riesige Brombeeren erinnert. Ihre chemische Analyse ergibt einen hohen Prozentsatz an Manganeisen. Im Querschnitt weisen sie einen konzentrisch-schaligen Aufbau auf, was auf schichtenweise Anlagerung um ein Kristallisationszentrum hinweist, d. h. die Knollen bilden sich durch langsames Wachsen. Mehr ist über ihre Entstehung bisher nicht bekannt. Auch weiß man nicht, ob die Neubildung von Manganknollen heute abgeschlossen ist, oder sich weiter fortsetzt. Ausgesprochen rätselhaft ist außerdem die Art ihres Vorkommens. Sie liegen z. T. dicht an dicht auf dem schlammigen Grund der Tiefseebecken.

In Form und Größe sind die schwarzen Gebilde unterschiedlich. Neben kugeligen Formen treten Eier- bis Keulengestalten auf, und auch geschlossene Krusten kommen vor. Niemals lagern die Knollen übereinander. Obwohl sie schwer sind, sinken sie nicht in den Tiefseeboden ein, auf den sie gebettet sind. Merkwürdig ist auch, daß sich die Knollen offenbar bewegen, manchmal langsam, manchmal schneller. An der Art ihres schalenförmigen Aufbaus läßt sich das eindeutig feststellen. Dieses Phänomen ist unerklärlich; denn am Boden der Tiefseebecken vieler Fundgebiete gibt es keine Meeresströmungen.

Noch andere Fragen sind offen: Warum sind die pazifischen Knollen immer wesentlich kleiner als die atlantischen? Was bedingt die Oberflächenformen? Bei vollkommen gleicher chemischer Zusammensetzung sehen die Knollen nämlich äußerlich oft verschieden aus, während sich solche mit unterschiedlichen Stoffgehalten gelegentlich gleichen wie ein Ei dem anderen.

Geklärt ist dagegen der chemische Aufbau der Manganknollen: Typische pazifische Knollen enthalten durchschnittlich 27% Mangan (daher der Name), 8% Eisen, 1,4% Nickel, 1,3% Kupfer und 0,2% Kobalt. Allein die pazifischen Vorkommen haben heute einen Erzgehalt von schätzungsweise 1700 Mrd. Tonnen. Sie enthalten 150mal soviel Kupfer, 1500mal soviel Nickel, 5000mal soviel Kobalt und 4000mal soviel Mangan wie sämtliche kontinentalen Vorkommen der Welt zusammen. Südlich und südöstlich von Hawaii, von 20° nördlicher Breite bis zum Äquator und von der amerikanischen Westküste bis 170° westlicher Länge, birgt an manchen Stellen jeder Quadratmeter des Meeresgrundes in rund 5000 m Wassertiefe 15 bis 25 kg Erze. Im Südpazifik gibt es Vorkommen mit einer Erzdichte von 40 bis 45 kg pro Quadratmeter und an einigen Stellen sogar zwischen 50 und 75 kg. Die genauen Fundstellen werden von den sowjetischen, amerikanischen, japanischen, französischen und deutschen Erzprospektoren aufgrund wirtschaftlichen Interesses bisher geheim gehalten.

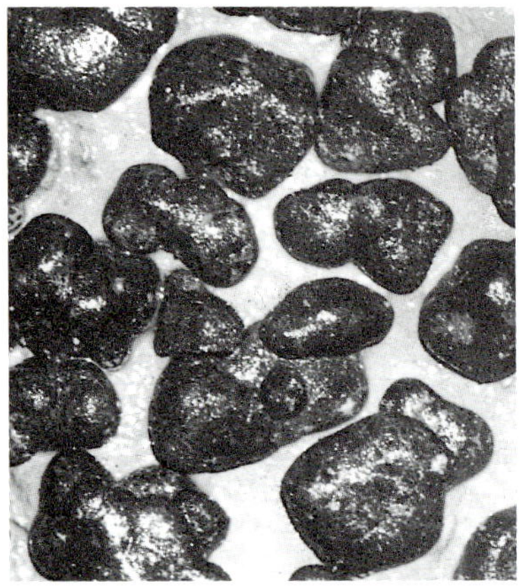

Dicht an dicht liegen die Manganknollen auf dem Meeresboden.

Im Querschnitt zeigen die Knollen aus der Tiefsee schalige Struktur.

Projekte zum Tiefseebergbau
Während der 70er Jahre unternahmen mehrere internationale Firmengruppen in vielen bedeutenden Industrienationen Prospektionsfahrten mit Forschungsschiffen (von deutscher Seite z. B. Forschungsschiff »Sonne«) und entwickelten Konzepte für einen Tiefseebergbau, d. h. eine Förderung und Verhüttung der Manganknollen. Angesichts der sehr hohen Kosten derartiger Vorhaben wurde bisher noch keines der zahlreichen Projekte realisiert.

Flintknollen in Schreibkreide-Schichten

97–66 Mio. Die mächtigen Schreibkreide-Sedimente (→ S. 272), die sich in dieser Zeit vor allem in Nordeuropa ablagern, werden immer wieder von Lagen knolliger kieseliger Gebilde unterbrochen. Es handelt sich um Flint oder Feuerstein.

Der Flint (das germanische Wort ist mit dem Wort »Flinte« verwandt, denn man verwendete den Flint früher im Gewehrbau zum Funkenschlagen) entsteht dadurch, daß bei der Umbildung lockerer Sedimente zu festen Gesteinen (Diagenese) Kieselsäure von ehemaligen Kieselschwämmen freigesetzt wird. Diese Säure bildet zunächst unkristallisierten Opal, der dann zu feinstkristallinem Quarz oder Chalzedon umgewandelt wird. Nicht selten schließen Flintknollen Kalkfossilien ein. Typisch für den Feuerstein ist, daß er sich mit einer hellgrauen kalkigen Kruste umgibt und damit einen allmählichen Übergang zum umgebenden Sediment aufzeigt.

Feuerstein baut sich aus feinsten Kristallen auf, die einzeln für das bloße Auge unsichtbar sind. Man nennt ihn deshalb auch kryptokristallin (»versteckt kristallin«). Charakteristisch für derart homogene Materialien ist ihr muscheliger Bruch.

Erneut Bildung von Titanlagerstätten

Um 97 Mio. Die Bewegungen der Erdkruste schaffen zum zweiten Mal in der Erdgeschichte besonders gute Voraussetzungen für die Entwicklung von Titanerzlagerstätten. Eine erste Epoche dieser Art lag vor etwa 1700 bis 1100 Mio. Jahren.

Titanerze sind magmatischen Ursprungs und deshalb an tektonisch unruhige Epochen gebunden. Das Titan ist oft mit Eisen vergesellschaftet, etwa im Titaneisen (Ilmenit), $FeTiO_3$, einem wichtigen Titanerz, oder im Titanit, $CaTiO(SiO_4)$. Oft kommt es auch als Titanoxid, als Rutil oder Anatas, TiO_2, vor. Die Titanerze haben hohe Schmelzpunkte und scheiden sich bei der Erstarrung von Magma als erste ab.

Klima weiterhin gemäßigt warm

97 – 66 Mio. Wie vor allem die weltweit ziemlich einheitliche Vegetation dieser Zeit beweist, ist das Klima auf der ganzen Erde noch immer recht mild. Sogar die Polarregionen sind weiterhin eisfrei. Zudem ist das Klima ausgeglichen, es zeigen sich also keine großen Unterschiede zwischen den äquatorialen und polaren Regionen.

Allgemein macht sich dennoch eine gewisse Klimaveränderung mit niedrigeren Temperaturen und vor allem höherer Feuchtigkeit bemerkbar, wie besonders das Zunehmen von Sümpfen, Torfmooren und Kohlenbildungen belegt. Auch die Nordgrenze des Kalkgürtels in den Ozeanen verschiebt sich nach Süden.

Außer der kontinentalen Drift dürften die Ursachen für die Klimaänderungen auch in Veränderungen der kontinentalen Oberfläche zu suchen sein, vor allem in Gebirgsbildungen (→ S. 285), die mit Steigungsregen einhergehen.

Kreidezeitliche Vegetation in Mitteleuropa: Ganz links im Bild stehen hochstämmige Kiefern, die sich wahrscheinlich in der Oberkreide gerade entwickeln; rechts daneben wächst eine palmenähnliche Williamsonia. Links im Vordergrund sieht man Mantonodium-Farne. Etwas links der Bildmitte blüht im Vordergrund eine Cycadea; weit hinter ihr steht ein etwa 20 m langer Apatosaurus. Schmalblättrige Nathorstinia-Stauden wachsen vorne am Seeufer, und ganz rechts gedeihen jenseits des Wassers Nadelbäume der Gattung Spenolepis.

Herbstlaub: Bäume stellen sich auf kalte Jahreszeit ein

97–66 Mio. Während die entwicklungsgeschichtlich älteren Bäume immergrüne Gewächse sind wie die Schuppen- und Siegelbäume (→ 360–325 Mio./S. 148), die Palmfarne (→ 310–270 Mio./S. 166) oder die meisten Nadelbäume (→ S. 166), reagieren viele der in dieser Zeit erscheinenden Laubbäume (→ S. 292) und auch krautige Bedecktsamer auf die kalte Jahreszeit mit Laubabwurf. Genauso verhält sich die in der Kreide erstmals auftretende Lärche (→ S. 280).

Zuvor beschränkte sich die jahreszeitliche Anpassung der Bäume lediglich auf unterschiedliche Wachstumsphasen, was sich u. a. in der Struktur des Holzes (Jahresringe, → S. 224) zeigt. Der herbstliche (oder etwa auch während einer Trockenruhe eintretende) Laubabwurf signalisiert nicht nur ein Entbehrlichwerden der Blätter in den Wachstumspausen. Vielmehr beginnen diese eigentlichen Motoren des Energiehaushalts für den Baum gefährlich zu werden. Denn wenn er während der Winter- oder Trockenruhe seine Stoffwechselvorgänge auf ein Minimum einschränkt, dann würden ihm die großen Flächen des Laubes durch ihre Verdunstung zuviel Feuchtigkeit entziehen, die von den Wurzeln nicht mehr nachgeliefert werden kann. Deshalb trennt sich der Baum von seinen Blättern auf eine sehr ähnliche Weise, wie er jedes Jahr auch überschüssig gewordene Kurztriebe abwirft. Zuerst entzieht er dem Laub die wichtigsten, besonders die am schwersten aufzubauenden Nährstoffe, wobei er auch das chemisch sehr wertvolle Chlorophyll (→ S. 26), das für die Grünfärbung der Blätter verantwortlich ist, abbaut. Das geht, nach einem genauen Zeitplan gesteuert, in verschiedenen Etappen vor sich. Nach und nach werden die unterschiedlichen Substanzen aus den Blättern in lösliche Salze verwandelt und abtransportiert. Das Laub verfärbt sich, und damit legt der Wald sein farbenprächtiges Herbstkleid an. Die dabei sichtbar werdenden Farben sind je nach dem chemischen Aufbau der Blätter von Art zu Art verschieden. So verfärben sich Birkenblätter fast chromgelb, die Blätter der Espen zeigen ein sattes Orange, die Kirschen und viele Beerensträucher werden scharlachrot bis violett.

Die Herbstfärbung des Eichenlaubes verrät, daß der Baum die wertvollsten biochemischen Stoffe aus den Blättern in den Stamm zurückgezogen hat.

Wenn die ersten Herbststürme die für den Baum nutzlos gewordenen bunten Blättern von den Zweigen fegen, dann sind die Blattknospen für das nächste Jahr schon längst angelegt. In ihnen lagert ein guter Teil der Nährstoffe aus dem abgestorbenen Laub. An der Abbruchstelle der toten Blätter hat sich bis zu diesem Zeitpunkt bereits Kallus gebildet, so daß es weder Saftverluste gibt noch eine Infektionsgefahr für den Baum besteht.

In Feuchtgebieten wachsen erste Gräser

97–66 Mio. An den Ufern von Flüssen, Seen und Tümpeln, in Sümpfen und Mooren wachsen die ersten Gräser. Die Reihe der Grasgewächse (Glumiflorae) umfaßt die Familien der Süßgräser (Gramineae) und der Sauergräser oder Riedgräser (Cyperaceae), die sich beide in dieser Zeit entwickeln.

Zu den Süßgräsern gehören die meisten der bekannten Wiesengräser und auch so großwüchsige Gattungen wie die Bambusgräser (die bereits in der Oberkreide gedeihen). Die Riedgräser sind grasartige Kräuter mit meist deutlich dreikantigen, selten durch Knoten gegliederten Stengeln und schmalen Blättern wie das Wollgras, die Seggen oder das Sumpfried. Sowohl die Süß- wie die Riedgräser gehören zu den einkeimblättrigen Pflanzen, die in der Oberkreide auch schon durch mehrere andere Familien (Palmen, Canna, Lilien usw.) vertreten sind.

Der Blütenbau der Gräser ist im ganzen Pflanzenreich einmalig. Bei den ersten Gräsern ist der Stempel noch mit drei Fruchtblättern ausgestattet. Heutige Arten besitzen dagegen ein einheitliches Organ ohne irgendwelche Verwachsungsspuren der Fruchtknoten. Die sehr kurzen Griffel (meist zwei) enden in federförmigen Narben. Auf sehr dünnen, durch ein Gelenk mit dem Staubbeutel verbundenen Fäden sitzen die Staubgefäße. Bei den meisten Gräsern lassen sich die Staubbeutel an diesen Fäden frei im Wind bewegen, was der Verbreitung der Pollen entgegenkommt. Die Blüten der frühen Gräser haben sechs Staubgefäße, die der heutigen Arten meist nur drei. Stempel und Staubgefäße sitzen zwischen je einer äußeren und einer inneren Spelze. Die äußere ist durch das Verschmelzen zweier Blütenblätter entstanden, die innere aus einem Stützblatt.

Etwas Besonderes in den Grasblüten sind die Schwellkörper (Lodiculae), die bei der Reife von Pollen und Narben die Spelzen auseinanderdrücken, so daß sich die Blüte öffnet. Meist sind es zwei, manchmal auch drei Schwellkörper. Üblicherweise treten die Grasblüten in Ährchen zusammen.

Beachtlich ist die Stabilität der Grashalme wie überhaupt ihre Konstruktion. Bei der jungen Pflanze sind die hohen Stengel teleskopartig ineinandergesteckt. Beim Wachsen schieben sie sich auseinander heraus. In bezug auf das Gewicht ist der Grashalm, dessen Wände unter dem Mikroskop im Querschnitt eine regelrechte Sandwich-Bauweise zeigen, von ungeheuer großer Festigkeit. Bei den meisten Gräsern werden die Hohlräume im Halm durch Knoten unterbrochen. Diese wirken wie Stehaufmechanismen, denn durch Hagel oder Fließwasser umgelegte Halme können sich an den Knotenstellen krümmen und ab diesen wieder in die Vertikale streben.

Riedgras (Familie Cyperaceae) zeichnet sich durch kantige, nur selten gegliederte Stengel aus.

Die Riedgräser lieben besonders feuchte Standorte. Manche wachsen sogar direkt im Flachwasser.

Der heutige Waldteich in der Nähe von Schwerin ähnelt als Biotop in seinem Gesamtanblick durchaus mitteleuropäischen Landschaften zur Zeit der Oberkreide. Am Ufer gedeihen Gräser und andere Bedecktsamer.

Der unscheinbar wirkende Fruchtstand eines Riedgrases ist im Detail sehr komplex aufgebaut.

Wiese als neuer Lebensraumtypus

Mit dem Erscheinen der Gräser bildet sich ein neuer Lebensraumtypus: Die Wiese. Zweifellos sind die ersten Wiesen Sumpfwiesen, etwa an verlandenden Seeufern, und nicht gerade Trockenwiesen wie die Steppe. Letztere sind erst im Tertiär ab Miozän (24 – 5 Mio.) von Bedeutung.

Die meisten Gräser sind Pflanzen mit hoher Bodenbedeckung. Deshalb stellen sie auch den größten Anteil an der Wiesenvegetation. Das rührt u. a. von ihrer Fähigkeit her, Horste mit zahllosen Halmen zu bilden und davon, daß sie durch unterirdische Ausläufer rasch größere Flächen besiedeln können.

Hat sich erst einmal eine dichte Graspopulation ausgebreitet, dann entsteht damit automatisch ein neues, bodennahes Kleinklima. Das Erdreich ist besser durchlüftet und gewinnt zugleich durch die Biomassenproduktion der Gräser eine vegetationsfreundlichere Struktur und Zusammensetzung. Regenwasser fließt nicht so leicht ab wie auf festem Boden, sondern versickert im Erdreich und wird dort oberflächennah gespeichert. Die Luftfeuchtigkeit im dichten Wald der Halme ist weitaus höher als über freiem Boden, und zugleich ist es hier weitgehend windstill. Der so geschaffene neuartige Lebensraum bietet auch anderen krautigen Landpflanzen ideale Existenzbedingungen. Insbesondere können solche Gewächse leichter aufkommen, die nicht oder nur in geringem Umfang die Möglichkeit zur vegetativen Vermehrung besitzen. Ihre Samen finden ideale Keimbedingungen und die empfindlichen Keimlinge Schutz vor Wind und Trockenheit. Schon daraus wird verständlich, daß auch die meisten der frühen bedecktsamigen Kräuter in der Oberkreide Feuchträume besiedeln, denn hier gedeihen sie in Lebensgemeinschaft mit den Gräsern. Ein idealer Lebensraum entsteht auf diese Weise auch für Bodenorganismen aller Art und für Insekten.

Sumpflilien und Seerosen erobern die Binnengewässer

97–66 Mio. Zahlreiche bedecktsamige Wasser- und Sumpfpflanzen sind erstmals nachweisbar. Dazu gehören die zur Reihe Sumpflilliengewächse (Helobiae, → S. 281) zählenden Froschlöffelgewächse (Alismataceae), die Najadaceae und Laichkräuter (Potamogetonaceae). Letztere erscheinen mit einigen Arten wohl schon in der vorausgehenden Unterkreide.
Neu präsentiert sich die Bedecktsamerreihe Scitamineae mit den ebenfalls feuchtigkeitsliebenden Zingiberaceen und Cannaceen. All diese Gewächse zählen zu den Einkeimblättrigen. Aber auch zweikeimblättrige Wasserpflanzen entwickeln sich, etwa die Seerosen (Nymphaeaceae) in der Reihe Ranales.

Seerosen (Nymphaea), Wasserlilien, Schilf (Phragmites) und Riedgräser, wie sie diesen Teich beleben, gedeihen bereits während der Oberkreide in Grönland und Mitteleuropa.

Fossil erhalten blieb in den Ölschiefern der Grube Messel bei Darmstadt im Mittleren Eozän diese Blüte einer Seerosenart (Nymphaea).

Der Wasserfarn Salvinia auriculata schwimmt oft frei im Wasser.

Kleine Farne mit Schwimmblättern

97 – 66 Mio. In dieser Zeit erscheinen vielfach eigentümliche winzige Farnpflänzchen unterschiedlichen Aussehens, die schwimmend im Wasser leben. Man faßt sie als Hydropterides zusammen und unterscheidet bei den heute lebenden Arten die Familien Marsiliaceae und Salviniaceae, die aber nicht miteinander verwandt sind.
Die Wasserfarne zeichnen sich wie zahlreiche ursprüngliche Landfarne durch Heterosporie aus, d. h. sie entwickeln zwei unterschiedliche Sporenarten (Makrosporen und Mikrosporen), die fossil häufig belegt sind. Die Salviniaceen bilden auch zwei unterschiedliche Blattformen, Schwimm- und Tauchblätter, aus.

Spezielle Baupläne der Wasserpflanzen

Die frühen Bedecktsamer sind Pflanzen, die teilweise oder sogar vollständig unter Wasser wachsen. Damit ihnen dies als höheren Pflanzen überhaupt möglich ist, bedarf es zahlreicher Anpassungen. So unterscheiden sie sich in ihrem Bauplan in mancher Hinsicht stark von den Landpflanzen. Zunächst sind auch sie auf das Kohlendioxid in ihrer Umgebung angewiesen. Ihre Stengel, Wurzeln und Blätter besitzen deshalb im Inneren ein Gewebe mit vielen Zwischenzellräumen und Kanälen, ein sogenanntes Luftgewebe oder Aerenchym. Dieses dient als »Gasleitung« und verleiht den Pflanzenteilen darüber hinaus Auftrieb, so daß sie im Wasser schweben oder – wie etwa die Seerosenblätter – auf diesem schwimmen können.
Auch die Wurzeln haben andere Funktionen als jene der Landpflanzen. Bei vielen Wasserpflanzen besitzen sie Chlorophyll und betreiben wie die Blätter Photosynthese. Der mechanischen Verankerung dienen sie nicht immer, oft treiben sie frei im Wasser, und manchmal fehlen sie völlig.
Die Blätter sind anatomisch meist einfacher gebaut als bei den Landpflanzen; ihre Haut ist ebenso reduziert wie ihre Gefäßbündel. Blätter, die an der Wasseroberfläche treiben, sind auf der Oberseite mit einem Wachsüberzug ausgestattet, der das Wasser rasch abperlen läßt. Bei ihnen sitzen im Gegensatz zu den Blättern der Landpflanzen alle aktiven Atemöffnungen auf der Blattoberseite, also im Bereich der Luft.
Typisch für viele Wasserpflanzen ist die Heterophylie, die Ausbildung verschiedenartiger Blätter. Untergetauchte (submerse) Blätter sind oft tief geschlitzt und/oder faden- oder bandförmig, um der Wasserströmung standzuhalten. Schwimmblätter sind meist ledrigzäh und mechanisch sehr stabil, gelegentlich auch durch kräftige elastische Rippen versteift. Die aus dem Wasser ragenden (emersen) Blätter sehen oft grundsätzlich anders aus und gleichen in ihren Eigenschaften eher dem Laub der Landpflanzen. Oft entwickeln Wasserpflanzen Schwimmsamen oder leicht abbrechende schwimmende Pflanzenteile, die mit der Strömung transportiert werden können und so die vegetative Vermehrung ermöglichen.

Die Kehrseite eines Blattes der tropischen Seerose Victoria amazonica zeigt eine kräftige Rippenverstrebung als Anpassung an Wasserkräfte.

▷ Auch die Gattung Myriophyllum (Tausendblatt) stellt Spezialisten für das Leben im Wasser.

Myriophyllum

Viele Wasserpflanzen entwickeln unter Wasser und über Wasser unterschiedliche Laubblätter.

Die riesigen Blätter der Palmen (auf den Seychellen) sind meist tief geschlitzt, um Wind und Tropenregen keine geschlossenen Angriffsflächen zu bieten.

In Europa, Asien, Amerika und Afrika wachsen Palmen

97–66 Mio. Erste sichere fossile Zeugnisse von Palmen sind aus dieser Zeit vor allem aus Grönland, Nordamerika, Mitteleuropa, der Sowjetunion, Nordafrika und Indien überliefert. Die weltweite Verbreitung drängt die Vermutung auf, die Palmen müßten sich schon früher entwickelt haben. Bis heute gibt es dafür aber keine zuverlässigen fossilen Belege. Zwar fanden sich aus der Trias (250–210 Mio.) von Colorado versteinerte Blätter, die an Palmblätter erinnern; aber die systematische Stellung der als Sanmiguelia lewisii beschriebenen Pflanzen ist völlig ungeklärt. Ferner gibt es noch eine Fließspur von einem fossilen Pflanzenteil aus dem französischen Lias (210–184 Mio.) sowie ein Abdruck, der von einer Sabal-Palme stammen könnte.

Erst ab der Oberkreide sind Funde fossiler Palmen eindeutig. Meist liegen Blätter, oft auch strukturzeigende verkieselte oder inkohlte Stammreste vor. Am häufigsten sind Blattreste von Fächer- und Fiederpalmen vertreten. Fossile Blüten sind selten. Gelegentlich finden sich auch strukturzeigende Wurzeln im Zusammenhang mit Stämmen. Ganz vereinzelt sind Palmfrüchte fossil belegt, so eine kokosnußartige Frucht aus dem Cenoman (97–91 Mio.) Frankreichs sowie als Nipadites bezeichnete Palmfrüchte aus Frankreich, Belgien, Südengland und Nordafrika. Einige der Fossilien sind mit Sicherheit keine Überreste von Palmen, sondern gehören zu anderen, nicht näher bekannten einkeimblättrigen Pflanzen.

Calamus rotang, die Rotang- oder Rattan-Palme, vertritt eine Palmengattung, die sich wohl erst im Tertiär entwickelt. Fossile Überreste von Calamus-Arten finden sich häufig in der Braunkohle. Heute ist die Gattung wegen ihrer reißfesten und elastischen Fasern bekannt.

Palmen – wie diese Kokospalmen – wachsen zwar oft im Sand, benötigen aber viel Grundwasser.

Arten- und Formenvielfalt der Palmen (hier eine Fächerpalme) entwickeln sich im Tertiär weiter.

Die »Schraubenpalmen« (Pandanaceae) sind keine Palmen, erscheinen aber ebenfalls in der Kreide.

Die Palmen (Familie Palmae) gehören zur Reihe Principes der einkeimblättrigen Bedecktsamer. Es sind holzige Bäume, Sträucher oder auch Lianen, deren bis zu 30 m hohe Stämme kein sekundäres Dickenwachstum zeigen. Das bedeutet, daß eine junge Palme schon den gleichen Stammdurchmesser besitzt wie später ein großer Palmbaum.

Die Blätter der Palmen sind meist langgestielt und wachsen bei baumförmigen Arten in einem endständigen Schopf, bei anderen Formen sind sie wechselständig angeordnet. Sie haben fast immer große, fächer- oder fiederförmige Spreiten. Die Blüten – oft auch die ganzen Bäume – sind meistens getrenntgeschlechtlich. Als Früchte bilden die Palmen Beeren oder Steinfrüchte aus.

Für ihr Gedeihen benötigen die Palmen warmes (subtropisches bis tropisches) Klima, ihr fossiles Vorkommen signalisiert also jeweils entsprechende Paläoklimate. Sie vertragen Hitze und Lufttrockenheit, vorausgesetzt sie können genug Wasser aus dem Boden aufnehmen.

Kokosnüsse für lange Seereisen geeignet

Die offenbar rasante Verbreitung einiger Palmen über weite Gebiete der Erde in der Oberkreide ist nicht zuletzt auf den Bau ihrer Früchte zurückzuführen. Viele Arten bringen ausgesprochene Schwimmfrüchte hervor wie etwa die Kokosnuß. Sie ist in der Lage, sich mit der Strömung von Insel zu Insel über Meeresbuchten und Golfe, ja sogar über ganze Ozeane treiben zu lassen, um neue Lebensräume zu erobern. Die Frucht schwimmt nach dem Ponton-Prinzip als Hohlkörper.
Die bekannte harte Schale umschließt wasserdicht einen weitgehend luftgefüllten Raum und ist ihrerseits in einen dicken Mantel aus zähem, hoch elastischem und doch lockerem Fasermaterial eingebettet. Er ist so leicht, daß er allein schon die Kokosnuß über Wasser halten könnte. Nach außen schützt ihn eine glatte Schale vor allzu leichter Verletzung. Wird diese in der Brandung beim Reiben an Sand und Gestein zerstört, dann verhindern die wegen ihrer Strapazierfähigkeit bekannten Kokosfasern den Abrieb. Auf diese Weise kann die Frucht selbst mehrmonatige Seereisen unbeschadet überstehen. Kommt sie irgendwo an, dann findet sie in den seltensten Fällen feuchten fruchtbaren Boden, sondern eher irgendeine salzige Lagune vor. Trotzdem kann sie keimen, denn Süßwasser – in Form der »Kokosmilch« – ist als Proviant ebenso »an Bord« wie nahrhaftes Gewebe mit reichlichen fetten Ölen und viel Eiweiß. Manche dieser schwimmfähigen Früchte können sogar in Brackwasser keimen.

Die schwimmfähige Frucht der Kokospalme ist ihren Aufgaben entsprechend ausgestattet. Eine dicke Faserhülle schützt sie beim Fall vom Baum ebenso wie bei harten Stößen in der Brandung. Eine Hartholzschale bewahrt den Samen vor dem Eindringen von Meerwasser.

Baumstämme ohne Dickenwachstum

Daß die Stämme der Palmen zu keinem Dickenwachstum fähig sind, ist eine Folge ihrer speziellen Leitgefäßbündel. Während nämlich die nacktsamigen und die zweikeimblättrigen Bäume offene Leitgefäßbündel besitzen, sind jene der Einkeimblättrigen – und damit die der Palmen – geschlossen. Dieses macht eine radiale Anlagerung von neuem Holzgewebe unmöglich.
Auch die Anordnung der Leitbündel im Sproß ist bei den Einkeimblättrigen eine andere. Während sie bei Zweikeimblättrigen und Nacktsamern unmittelbar hinter der Rinde liegen und dort einen Zylindermantel bilden, besitzen die Palmen keinen sogenannten Zentralzylinder, sondern eine Vielzahl primärer Leitbündel (typische Palmholzstruktur).
Anhand dieser Unterschiede und Details lassen sich fossile Hölzer systematisch zuordnen. Die Palmstämme wiederum unterscheiden sich von den Stämmen zahlreicher anderer Einkeimblättriger, etwa denen der baumförmigen Aloe-, Jucca- und Pandanusarten (»Schraubenpalme«).

Verkieselter Baumstamm in der algerischen Sahara westlich von In Salah

Nadelwälder in der Sahara

97–66 Mio. Im Herzen der Sahara, besonders im Gebiet des Tidikelt westlich von In Salah, gedeihen ausgedehnte Wälder. Zum Teil handelt es sich um Nadelgehölze, verbreitet ist aber auch der zur Familie der Myristicaceae gehörende Muskatnußbaum, ein bis zu 15 m hoher Baum, der warme Klimate liebt.
Viele Stämme bleiben fossil als Verkieselungen erhalten. Das geschieht durch Eindringen von Kieselsäure (SiO_2) in echter molekularer Lösung (kolloidale Kieselsäure kann nicht eindringen) in die Zellzwischenräume des Holzes, in denen die Kieselsäure zunächst als wasserhaltiger Opal ausfällt und dann mit der Zeit in Chalzedon und Quarz übergeht. Bei diesem Versteinerungsprozeß wird nicht die ganze organische Substanz ersetzt. Ein kleiner Teil davon bleibt an der Stelle der ansonsten zu Stein werdenden Pflanzenzellwände erhalten und färbt diese durch verbleibende organische Rückstände dunkel. Durch Oxidation können diese geringen organischen Reste später auch noch verschwinden, oder sie werden durch sekundär eindringende andere Minerallösungen ersetzt. Auf jeden Fall sorgt die Dunkelfärbung dafür, daß sich bei dem fossilen Holz die Struktur meist sehr gut erkennen läßt. Manchmal sind die Jahresringe sogar regelrecht durch unterschiedliche Farbintensität hervorgehoben.

Erste Schneebälle gedeihen im Norden

97–66 Mio. In Nordamerika und Grönland erscheinen erstmals Geißblattgewächse (Familie Caprifoliaceae) und damit zugleich erste Vertreter der Bedecktsamerreihe Plantiginales. Mit Sicherheit sind fossile Mitglieder der Gattung Viburnum belegt, Sträucher oder kleine Bäumchen, die umgangssprachlich als »Schneeball« bezeichnet werden. Sehr wahrscheinlich kommen aber auch bereits Mitglieder der Gattung Geißblatt (Lonicera) vor, während der zur selben Familie gehörende Holunder (Sambucus) nicht sicher nachgewiesen ist.

Verkieselte Zysten fossil konserviert

97–66 Mio. In der Oberkreide und bis ins Miozän (24-5 Mio.) hinein bleiben einzellige Organismen der Gattung Archaeomonas fossil erhalten, meist in Form verkieselter Zysten. Wie die Silicoflagellaten (→ 140–66 Mio./S. 280) gehören sie zum Stamm Monadophyta und hier zur Unterordnung Euchrysomonadineae. Das sind kugelige bis eiförmige Organismen mit oft verkieseltem Gehäuse aus Zellulose. Neben einzelligen, im Plankton lebenden Formen treten in der Unterordnung auch Arten auf, die kompakte oder lockere Zellkolonien bilden.

Ein typischer Pionierbaum ist die Hängebirke, Betula pendula.

Bevor die Eiche waldbildend auftritt, müssen andere Bäume den Weg geebnet haben. Aus der Oberkreide sind verschiedene Eichenarten bekannt.

Die Würgefeige, Ficus kurzii, klettert an andern Bäumen empor.

Laubbäume erobern rasch alle Kontinente der Erde

97–66 Mio. Die Bedecktsamer (→ S. 243) erleben eine geradezu explosive Entwicklung neuer Arten. Zahlreiche Reihen treten jetzt erstmals in Erscheinung. Viele davon bringen Laubbäume hervor, die rasch zur beherrschenden Vegetation der Erde werden. Meist sind es sehr langlebige Pflanzen.

Im Gegensatz zu den Nadelhölzern (→ 310–270 Mio./S. 166) zeichnen sich die bedecktsamigen Laubbäume durch breitflächige (spreitige) Laubblätter aus, wobei man nach der jeweiligen Beschaffenheit des Randes insgesamt 15 Blattformen unterscheidet. Die Samen der Laubbäume sind durch vollständiges Verwachsen der einhüllenden Samenblätter in Früchte eingeschlossen, aus denen sie sich später im Verlauf der Reifezeit lösen.

Die meisten Laubbäume entwickeln mehr oder weniger weit ausladende Kronen (→ S. 295). Je nach der Klimazone, in der sie wachsen, sind sie immergrün, oder sie werfen zu bestimmten Jahreszeiten (Winter, Trockenruhe) ihr Laub vollständig ab (→ S. 287).

Das grüne Blattgewebe baut sich aus einer oberen und einer unteren geschlossenen einschichtigen Lage von Zellen auf, der Epidermis. Sie erscheint farblos, weil sie kein Chlorophyll besitzt. Unter der Epidermis der Blattoberseite liegen lange, schmale, dicht aneinandergelegte sogenannte Parenchymzellen. Die Oberfläche dieser Zellschicht erinnert an die Struktur eines Palisadenzaunes und wird deshalb Palisadenparenchym genannt. Darunter liegt ein unregelmäßig strukturiertes, mit Luftlücken durchsetztes Schwammparenchym. Alle Parenchymzellen enthalten reichlich Chlorophyll (→ S. 27) und sind deshalb für die Grünfärbung der Blätter verantwortlich. Während das Parenchym gut gasdurchlässig ist, haben die Epidermislagen korkartige Außenschichten (Kutikula). Kohlensäure und Sauerstoff treten durch sie an bestimmten Stellen, den Spaltöffnungen, hindurch. Sie befinden sich bei den Bäumen meist nur auf der Blattunterseite. Das Blattgewebe (Mesophyll) wird durch Rippen, die von Art zu Art unterschiedlich angelegt sind, mechanisch gefestigt.

Zu den neu erscheinenden Bedecktsamern gehören auch mehrere sehr häufige Florenelemente wie die Crednerien, die wichtige Leitfossilien bilden, aber nicht mit rezenten Formen verwandt sind.

Ulmen – hier Ulmus glabra – sind erst ab dem Oligozän bekannt.

Die Birke verbreitet ihre leichten Flugsamen durch den Wind.

◁ *Welches die ersten Laubbäume überhaupt sind, ist umstritten. In die engste Auswahl gehören in dieser Hinsicht auf jeden Fall die Weiden und die Magnolien. Die Abbildung zeigt eine fossile Magnolienfrucht aus dem Mittleren Eozän. Seit der Oberkreide mit Sicherheit nachgewiesen, scheinen bereits Pollen aus dem Mitteljura von Magnolien zu stammen. Manche Paläobotaniker sehen verwandtschaftliche Beziehungen dieser frühen Bedecktsamer mit den Bennettiteen und betrachten sie damit als Mittler zwischen diesen und allen zu späterer Zeit auftretenden Bedecktsamern.*

Laubbäume der Oberkreide

- ▷ Reihe Sapindales:
  Familie Aceraceae (Ahorne)
  Familie Buxaceae (Buchsbäume)
- ▷ Reihe Contortae:
  Familie Oleaceae (Ölbäume)
- ▷ Reihe Pandanales:
  Familie Pandanaceae (Schraubenbäume)
- ▷ Reihe Fagales:
  Familie Betulaceae (Birken)
  Familie Fagaceae (Buchen, Eichen u. a.)
- ▷ Reihe Ebenales:
  Familie Ebenaceae (Ebenholzbäume)
  Familie Sapotaceae (Seifenbäume)
- ▷ Reihe Myrtiflorae:
  Familie Myrtaceae (Eukalyptus, Myrte, Guajavabaum u. a.)
- ▷ Reihe Rosales:
  Familie Hamamelidaceae (Zaubernüsse)
  Familie Platanaceae (Platanen)
  Familie Rosaceae (Apfel, Birne, Quitte, Mispel, Eberesche u. a.; Pflaume, Mandel, Kirsche u. a.)
  Familie Leguminosae (Hülsenfrüchtler wie Robinie u. a.)
- ▷ Reihe Ranales:
  Familie Myristicaceae (Muskatbäume)
  Familie Lauraceae (Lorbeerbäume)

Die Familie der Ahorne (Aceraceae) ist während der Oberkreide in Nordamerika und auf Grönland verbreitet. Das Bild zeigt den Ahornbestand in der Eng.

Aerodynamische Flugsamen bewirken weite Verbreitung

Viele der ersten Laubbäume erzeugen Früchte, die in irgendeiner Weise – wie die Samen vieler Nadelhölzer – geflügelt sind, etwa die Ahorne, Birken, Ulmen oder die Linden. Als Pionierbaumarten sind sie damit in der Lage, in kurzer Zeit größere Flächen zu besiedeln, denn der Wind unterstützt sie bei der Verbreitung. Die meisten dieser Flugsamen sind aerodynamisch perfekt »konstruiert« und sehr leicht. Dünne Häute, auf feine und feinste Versteifungsrippen gespannt, bieten dem Wind allein schon eine recht große Angriffsfläche bei geringem Gewicht. Außerdem sind die Früchte als regelrechte Drehflügler aufgebaut, so daß sie beim freien Fall in der Luft rotieren. Auf diese Weise hat eine nur rund 1/8 g schwere trockene Ahornfrucht zwar nur reichlich 2 cm^2 Oberfläche, als rotierender Flügel überstreicht sie aber eine Fläche von immerhin mehr als 25 cm^2.
Doch die Ahornfrucht stellt nur eines von zahllosen Flugprinzipien von Laubbaumsamen dar. Es gibt symmetrische, in sich verdrallte Drehflügler wie bei der Esche, Scheibenflieger wie bei der Birke und »Federballflieger«. Auch Gleitflieger, bei denen der Samen zentral zwischen zwei ausgespannten Flügeln sitzt, gehören zum Konstruktions-Repertoire der Natur.

▷ Die Langzeitbelichtung zeigt die schraubig gewundene Flugbahn eines herabfallenden Ahorn-Samens. Das Prinzip gleicht dem Sinkflug eines Helikopters, dessen Rotor den Fall bremst.

▷▷ Ahorn-Früchte im Gegenlicht; die einzelne Frucht ist technisch gesehen als asymmetrisches Propellerblatt konstruiert, das beim freien Fall von selbst rotiert.

Vom lichten Birkenwald zum dunklen Buchen-Eichenwald

97–66 Mio. Die Vielzahl neuer Laubbäume (→ S. 292) schafft neuartige Lebensräume. Mit den Laubbäumen kommt eine völlig neue Dynamik in den Wald. Die im Winter ihr Laub abwerfenden Waldbäume der gemäßigten Breiten sorgen jahreszeitlich für sehr unterschiedliche Durchlichtungsverhältnisse. Außerdem wird das Kleinklima innerhalb der Waldregion durch die vom Laub bewirkten hohen Verdunstungsraten wesentlich stärker beeinflußt, als das etwa beim Nadelwald der Fall ist. Auch die produzierten Biomassen sind beim Laubwald größer, und entsprechend schneller baut sich im Boden Humus auf.

Die von Anfang an gewaltige Vielfalt von Laubbäumen mit z. T. sehr unterschiedlichen Umweltansprüchen sorgt für eine ebenso große Vielfalt von Waldtypen, zumal sich sofort auch Mischwälder aus Laub- und Nadelhölzern einstellen. So gibt es u. a. typische Bruchwälder, Schluchtwälder, Bergwälder und Galeriewälder. Je nach Zusammensetzung des Bestandes spricht man vom Buchen-Eichenwald, vom Birken-Bruchwald, vom Ahorn-Eschenwald, vom Perlgras-Rotbuchenwald usw.

Laub- und Mischwälder sind beileibe keine stabilen Lebensgemeinschaften. Besonders bei der Besiedlung von Neuland lösen verschiedene Waldformen einander ab. Die ersten Einwanderer in baumlose Steppen sind meist Birken und Kiefern, die durch drei Eigenschaften geradezu als Pionierbäume prädestiniert sind: Durch ihren Lichthunger, die Häufigkeit und Menge ihrer Samenproduktion sowie die leichte großflächige Verbreitung ihrer Flugsamen durch den Wind. Solche Pionierwaldgesellschaften sind nicht von Dauer. Ihre Ausbreitung führt zu Kleinklimaveränderungen. Im wettergeschützten Milieu rücken bald Eichen, Ulmen und Linden vor. Auch sie sind Lichtbäume. Aber ihr Laubdach ist dichter als das der Birken und Kiefern. Im Schatten ihrer Kronen können die Pioniere von einst nicht mehr nachwachsen. Jetzt finden Buchen eine Chance. Wie kaum eine andere Waldbaumart besitzen sie die Fähigkeit, jahrzehntelang als kümmerliche Pflänzchen im Schatten dahinzuvegetieren, bis eine altersschwache mächtige Eiche stürzt und ein Loch in das dichte Walddach reißt. Düstere Buchen-Eichenmischwälder entstehen, in deren Schatten allenfalls noch Eiben hochkommen. Häufig greifen Naturkatastrophen wie Waldbrände in diese Abfolgen ein und geben Lichtbaumarten eine Chance.

Unter den Nadelbäumen ist die Waldkiefer (Pinus pine) ein typischer Pionierbaum, der viel Licht liebt und gern freies Land besiedelt.

Die Stieleiche (Quercus robor) läßt im Schatten ihres Laubdaches kaum andere Bäume hochkommen. Allenfalls Buchen setzen sich durch.

Auch die Rotbuche (Fagus sylvatica) verdunkelt mit ihren dichten Kronen den Waldboden und duldet wenig Konkurrenz. Nur im Frühjahr gedeiht Bodenbewuchs.

Birken sind ausgesprochene Lichtbäume. Da sie zugleich wenig Schatten werfen, werden sie auf die Dauer oft von anderen Hölzern verdrängt.

Laub fordert neue Wasserleitungen

97–66 Mio. Mit der Entwicklung großflächiger, feiner Laubblätter bei den Bäumen, wie es sie bisher allenfalls andeutungsweise (etwa bei den Gigantopteriden oder Ginkgo-Gewächsen, → 360–325 Mio./S. 150) gab, ändert sich zwangsläufig der Wasserhaushalt der Bäume.

Nur auf den ersten Blick ähnelt sich das Holz durchgesägter Nadel- und Laubbäume. Was bei beiden ins Auge fällt, sind die Jahresringe (→ S. 224), die das jährliche Dickenwachstum markieren. Aber unter dem Mikroskop zeigen sich deutliche Unterschiede. Die Nadelbäume produzieren – abgesehen von den schmalen sogenannten Markstrahlen – überhaupt nur einen einzigen Zelltyp im Holz, nämlich kurze, spindelförmige, in Achsrichtung verlaufende Gefäße, die »Tracheiden«. Im Frühjahr, wenn der neue Saftstrom einsetzt, entstehen diese Zellen mit besonders dünnen Wänden als weite Hohlzylinder. Durch sie steigt das Wasser im Stamm hinauf und muß dabei von Tracheide zu Tracheide den Widerstand der halbdurchlässigen Zellwände überwinden. Deshalb verläuft der Wassertransport der Nadelbäume langsam.

Die Laubbäume kämen mit einer so einfachen Holzstruktur nicht aus. Eine derartige Wasserleitung wäre viel zu träge, um dem großen Verdunstungssog des Blätterdaches gerecht zu werden. Deshalb haben die Laubbäume verschiedene Zelltypen im Holz entwickelt. Auch sie bilden Markstrahlen, die aber wesentlich breiter ausgelegt und deren Zellen von derben, holzigen Membranen umgeben sind. Diese Gewebe werden im Herbst vor dem Laubabwurf mit großen Stärkemengen gefüllt und dienen so als Materialspeicher. Daneben aber treten Gefäßzellen auf, die miteinander zu meterlangen Röhren, den Tracheen, verschmelzen, um dem größeren Wassertransportvolumen gerecht zu werden.

Das Blatt der Bergulme (Ulmus glabra) zeigt die für Laubbäume typischen kräftigen Blattadern.

Auch der Ulmensamen – hier in Zersetzung begriffen – läßt die dichte Innervierung erkennen.

Das Holz von Laubbäumen baut sich im Gegensatz zum Nadelholz aus verschiedenen Zelltypen auf.

Verzweigungen führen zu weit ausladenden Kronen

Die Laubbäume, die in dieser Zeit in großer Artenzahl erscheinen, unterscheiden sich schon äußerlich stark von allen bisherigen Bäumen (die Cordaiten und Kiefern ausgenommen): Sie bilden weit ausladende Kronen, während die baumförmigen Schachtelhalme und Schuppenbäume sowie die Koniferen zumeist schlanke Zylinder- oder Pyramidenformen zeigten.

Dieser Unterschied ist zunächst einmal auf die Blattstellung zurückzuführen. Bei vielen Laubbäumen ist sie »dekussiert«, d. h. je zwei Blätter stehen einander auf gleicher Höhe gegenüber. Das nächste Blattpaar entfaltet sich genau rechtwinklig dazu. Diesen Typus vertritt z. B. der Ahorn. Die Ulmen, Linden, Weiden u. a. treiben wechselweise einzelne Blätter längs des Haupttriebes, die zwar in der Achsenrichtung gegeneinander versetzt sind, aber ansonsten ebenfalls in ihrer Wuchsrichtung einander genau gegenüberstehen. Weil bei den Laubbäumen wie bei den Koniferen die Äste jeweils aus den Blattachseln des Vorjahres treiben, bewirkt allein schon diese besondere Blattstellung die Entwicklung eines ganz anderen Kronenbildes als bei den Nadelbäumen.

Während der ersten Jahre zeigen Laubbäume mit gegenständigen Blättern eine vierstrahlige, Laubbäume mit wechselständigen Blättern eine zweistrahlige Symmetrie. Später verwischen Unregelmäßigkeiten im Wuchs dieses Bild. Bald tritt nämlich eine Erscheinung hinzu, die es unter den Nadelbäumen nur bei den Kiefern gibt, die Polykormie. Sie ist – vereinfacht gesagt – ein Ausfall jener hormonellen Steuerung, die dafür sorgt, daß der Haupttrieb immer genau nach oben wächst und die Äste unter einem je nach Art unterschiedlichen Winkel von diesem abstehen. Fällt diese Steuerung aus, dann richtet sich irgendein kräftiger Ast ohne erkenntlichen Grund auf und konkurriert mit dem Stamm. Äußerlich sieht das so aus, als hätte sich der Stamm gegabelt. Eine solche Vermehrung der Hauptachsen durch Äste, die aus ihrer angestammten Rolle ausbrechen, kann wiederholt auftreten, und zwar bis in den Bereich der Zweige hinein. Auf diese Weise entsteht eine weit ausladende Krone.

△ Großflächige Laubblätter wie dieses aus der Darmstädter Messel-Grube sind in Form und Anordnung innerhalb der Baumkrone wichtige Bausteine des Energiestoffwechsels.

◁ Diese alte Eiche zeigt die sogenannte sympodiale Verzweigung: Hauptäste verkümmern, während Seitenäste erstarken. Die Krone wird sparrig.

Neue Formen von Unterholz wachsen in den Laubwäldern

97–66 Mio. Die Entwicklung neuer Vegetationsformen zieht meistens weitere Veränderungen im Pflanzen- und Tierreich nach sich. So bilden sich mit dem Erscheinen der Bedecktsamer in der Kreidezeit auch andere Baupläne der Natur heraus. Ein neues Charakteristikum in der Oberkreide ist das Auftreten einer reichhaltigen Strauchvegetation, die mit der Bildung der ersten Laubwälder (→ S. 294) einhergeht. Sie stellen den Sträuchern zahlreiche verschiedene ökologische Nischen zur Verfügung und schaffen so die Voraussetzung für ihre Existenz.

◁△ Der Efeu Hedera helix ist selbst erst seit dem Oligozän nachzuweisen, doch die Familie der Araliaceae, deren Vertreter er ist, reicht bis in die Kreide zurück.

△ Auch die Familie Ericaceae hat ihren Ursprung wahrscheinlich in der Oberkreide. Zu ihr gehören neben den Erika- auch die Rhododendron-Arten (Abb.).

◁ Calluna vulgaris, das Gemeine Heidekraut, ist eine weitere Ericacea. Auch sie hat nahe kreidezeitliche Verwandte, unter denen sich hohe Sträucher befinden.

Sträucher und Lianen

▷ Reihe Contortae
Familie Apocynaceae (Hundsgiftgewächse wie Immergrün, Oleander; tropische Lianen)
Familie Bignoniaceae (Bignonie oder Kreuzrebe)
▷ Reihe Ericales
Familie Ericaceae (Erika, Rhododendron u. a.)
▷ Reihe Rhamnales
Familie Vitaceae (Rebengewächse wie Doldenrebe, Weinrebe, Klimme; meist Lianen)
▷ Reihe Rosales
Familie Rosaceae (Brombeere, Himbeere, Erdbeere, Heckenrose u. a.)
Familie Leguminosae (Mimosen u. a.)
▷ Reihe Piperales
Familie Piperaceae (Pfeffergewächse; Kletterpflanzen oder Sträucher)
▷ Reihe Ranales
Familie Lauraceae (Lorbeer u. a.)
▷ Reihe Proteales
Familie Proteaceae (Proteas)
▷ Reihe Umbelliflorae
Familie Araliaceae (Efeu u. a.)

Zum einen gedeihen die Sträucher gut in lichten Laubwäldern, etwa vom Typ Eichen-Elsbeeren-Wald. Zum anderen entwickeln sie sich besonders im Frühjahr, wenn das Laub der Waldbäume noch ausgesprochen klein und zart ist, sowie auch in den meisten anderen Mischwaldkategorien. In erster Linie aber säumen sie die Waldränder und größere Lichtungen.
Außerdem bieten die Laubbäume Lianen einen ausgezeichneten Lebensraum. Im Frühjahr haben die jungen Pflanzen genug Licht für einen kräftigen Wachstumsschub, und bald klettern sie an den Stämmen der Waldbäume bis zu deren Wipfeln hinauf. Man unterscheidet je nach Kletterweise Spreizklimmer, Wurzelkletterer, Ranken- und Schlingpflanzen.

Flexible Bedecktsamer spezialisieren sich

97–66 Mio. Wie ungemein anpassungsfähig die Baupläne von Bedecktsamern sein können, zeigt das Beispiel der in dieser Zeit neu auftretenden Familie der Wolfsmilchgewächse (Euphorbiaceae). Ihre Arten besiedeln die Tropen und Subtropen ebenso wie die gemäßigten und kühlen Zonen. Es gelingt ihnen, sich sowohl an extrem trockene Wüstenklimate anzupassen, wie an schattigen Standorten im Unterholz der Wälder oder sogar auf feuchten Auen zu gedeihen. Zu ihnen gehören äußerlich so unterschiedliche Arten wie die Zypressenwolfsmilch und die bekannten Zierpflanzen Christusdorn und Passatstern.
Daneben gibt es dornenbesetzte sukkulente Kandelaberformen (z. B. Euphorbia candelabrum), die, wenn sie nicht gerade blühen, Säulenkakteen zum Verwechseln ähneln, bis hin zu hochsukkulenten, tennisballgroßen Kugeln (z. B. Euphorbia obesa), die an ein Leben in trocken-heißen Zonen angepaßt sind. Neben krautigen Arten kommen auch strauchförmige verholzende Euphorbien vor, in der Oberkreide etwa in Form der südafrikanischen Paraphyllanthoxylon- oder Securinegoxylon-Arten.

Wie flexibel die Baupläne der Bedecktsamerfamilien sind, zeigen diese beide Wolfsmilchgewächse (Euphorbiaceae): Links eine hochsukkulente Form aus der Westsahara, rechts die europäische Zypressenwolfsmilch.

Die Platterbse Lathyrus vernus ist ein Hülsenfrüchtler. Ihre Familie stammt aus der Oberkreide.

Von der Hundsrose (Abb.: Rosa canina) bis zum Pflaumenbaum reicht die Vielfalt der Rosaceae.

Fossiles Blatt einer nicht näher bestimmten Rosenart aus dem deutschen Oberen Pliozän

Versteinerte Stauden als seltene Zeugen der Vegetation

97–66 Mio. Unter den Bedecktsamern erscheinen neben zahlreichen Bäumen und Sträuchern auch erste mehrjährige Stauden. Zu ihnen gehören Familien der Wolfsmilchgewächse (Euphorbiaceae, → S. 296), der Wunderblumengewächse (Nyctaginaceae) und wahrscheinlich auch der Familie der Hülsenfrüchtler (Leguminosae) mit den Schmetterlingsblütlern (Fabaceae). Besonders aus den letzteren gehen in der Folgezeit zahlreiche heutige Kulturpflanzen hervor, u. a. Klee, Luzerne, Esparsette, Lupine, aber auch Erbse, Linse, Bohnenarten und Erdnuß.

Viele Nachkommen der kreidezeitlichen Hülsenfrüchtler sind heute Nutzpflanzen wie die Feldbohne.

Im arktischen Raum wachsen in der Oberkreide Hamamelis, die »Zaubernuß«, und nahe verwandte Arten.

Verbreiteter in der Oberkreide – und zugleich sicherer nachzuweisen – sind Stauden im Bereich der einkeimblättrigen Bedecktsamer, darunter zahlreiche am und im Wasser lebende Pflanzen wie Froschlöffelgewächse (→ S. 289), aber auch Lilienarten (Liliaceae). Sie sind u. a. mit der Gattung Smilax vertreten, die rankende Liliengewächse umfaßt.

Stauden sind zwar ausdauernde Pflanzen, aber sie verholzen nicht. Meist entwickeln sie kräftige unterirdische Sproßorgane. Diese dienen als Speicher für die Zeiten (Winter oder Trockenruhe), in denen die oberirdischen Sproßsysteme (Laub und Blütensprosse) ganz oder teilweise absterben. Bei manchen Formen (Geophyten) existieren in diesen Ruhezeiten nur noch die unterirdischen Pflanzenteile, bei anderen (Hemikryptophyten) überleben überirdisch nur bodennahe Teile, etwa flache Blattrosetten. So fehlt es an typischen Fossilien; denn Hölzer liegen ja nicht vor, und fossile Wurzelsysteme lassen oft keine eindeutige Bestimmung zu. Fossile Blätter sind insofern ebenfalls oft unsicher, als sie vielfach familientypische Formen besitzen und dann auch verholzenden Arten zugeschrieben werden können. Außerdem produzieren Stauden wie einjährige Kräuter keine vergleichbar große Biomasse, wie sie durch das Laub der Holzgewächse anfällt. Aufgrund dieser Eigenschaften sind die Stauden unter den Bedecktsamern gegenüber den verholzenden Arten fossil stark unterrepräsentiert.

Im großen und ganzen scheint es so, daß in der Oberkreide unter den Staudenpflanzen in erster Linie noch entwicklungsgeschichtlich ältere Formen dominieren: Farne, krautige Schachtelhalme (die keine Baumgröße mehr erreichen) und Bärlappe. Die Farne sind vor allem durch Gleichenia-Arten und Schizaeaceen vertreten. Verbreitet sind eigentümliche Farne des Typus Matonidium, die der Familie Matoniaceae nahestehen.

Symbiose mit Bakterien verbessert die Qualität des Bodens

Die mit holzigen und krautigen Arten vertretenen Hülsenfrüchtler (Leguminosen) sorgen auf eine besondere Art und Weise für die Verbesserung der Bodenqualität. Sie leben in Symbiose mit Bakterien der Gattung Rhizobium. Im allgemeinen existieren diese Bakterien frei im Erdboden und ernähren sich von toter organischer Substanz. Im Falle des Zusammenlebens mit den Hülsenfrüchtlern besiedeln sie jedoch deren Wurzeln und entziehen diesen die für sie notwendigen Nährstoffe. Das allerdings ist kein einseitiges parasitäres Verhältnis, denn die Bakterien sind in der Lage, gasförmigen Stickstoff aus der Bodenluft chemisch zu binden. Die wasserlöslichen Stickstoffverbindungen können dann von den Wurzeln der Leguminosen aufgenommen werden.

Bekannt sind die symbiotischen Rhizobium-Arten als »Knöllchenbakterien«, weil sie an den Wurzeln der Hülsenfrüchtler kleine Knoten (»Knöllchen«) bilden. Auch andere luftstickstoffbindende Mikroorganismen kommen an den Wurzeln höherer Pflanzen vor, z. B. Cyanobakterien (Blaualgen) bei manchen Palmfarnen oder Strahlenpilze bei Erlen und Sanddorn.

Doldengewächse, die Stammformen der Küchenkräuter

97–66 Mio. In der Bedecktsamerreihe Umbelliflorae erscheinen neben Bäumen (Familien Araliaceae und Cornaceae) auch Stauden und Kräuter. Sie gehören zur Familie der Doldengewächse (Umbelliferae). Fossil lassen sie sich, wie bei krautigen Pflanzen nicht anders zu erwarten, meist äußerst schwer nachweisen. Im allgemeinen sind nur Früchte überliefert, und auch diese können in der Regel nicht mit Sicherheit bestimmten Gattungen oder gar Arten zugeordnet werden.
Interessant sind die Umbelliferen weniger paläontologisch als vielmehr als erste Vorläufer zahlreicher Küchenkräuter und Gewürzsamenpflanzen. Etwa 300 Gattungen, die weltweit in außertropischen Gebieten vorkommen, existieren heute. Gemeinsam sind ihnen die hohlen, meist gerillten und knotig verdickten Stengel mit wechselständigen Blättern und die in einfachen oder zusammengesetzten Dolden erscheinenden, meist kleinen Blüten. Zu dieser Familie gehören heute u. a. Sellerie, Fenchel, Anis, Kümmel, Mohrrübe und Liebstöckel.

◁△ Liebstöckel, auch bekannt als Maggikraut, ein heute viel angebautes Doldengewächs

△ Auch der Gartenfenchel (Gattung Foeniculum vulgare) gehört zur Familie der Doldengewächse.

◁◁ Einige Doldengewächse (Kümmel) sind beliebte Gewürzpflanzen…

◁ …andere (Möhre) werden heute wegen ihrer Wurzeln geschätzt.

Knolle: Stärkevorrat für trockene Zeiten

Um längere klimatisch ungünstige Perioden zu überbrücken, entwickeln manche Bedecktsamer spezielle Organe, etwa die Knollen. Knollen finden sich vor allem bei krautigen Formen wie z. B. vielen Doldengewächsen (s. o.); denn diese können keine Wintervorräte im Holz speichern wie die Bäume. Mit Hilfe der Knollen wird es selbst Formen, deren krautiger oberirdischer Sproß sonst nur ein einjähriges Leben haben würde, möglich, viele Jahre zu überdauern.
Bei den Knollen der Doldengewächse handelt es sich um sogenannte Hypokotylknollen. Das Hypokotyl ist der Sproßteil zwischen Wurzelhals und Keimblättern. Dieser Teil wird zu einem kugeligen oder rübenförmigen Speicher für Leukoplasten erweitert. Das sind farblose, photosynthetisch inaktive Zellbestandteile (Organellen), die speziell im Grundgewebe (Parenchym) der Pflanzen gebildet werden. Sie sind in der Lage, Zucker in Stärke zu verwandeln und diese zu speichern.
Außer den Hypokotylknollen können auch andere Pflanzenteile zu Knollen umgebildet werden. Ist es der Primärsproß (wie beim Kohlrabi oder bei der Kartoffel), dann spricht man von Sproßknollen; ist es die Wurzel (wie bei der Dahlie), dann nennt man das Wurzelknollen. Im Gegensatz zu den Zwiebeln (s. rechts), sind die Knollen in ihrem Inneren strukturlos.

Wurzelknollen der Yamsbohne

Zwiebeln dienen als Speicherorgane

Im Gegensatz zu den zweikeimblättrigen krautigen Pflanzen, die als Überwinterungsorgane zuweilen Knollen (s. links) ausbilden, überbrücken Einkeimblättrige (z. B. die Liliengewächse) den Winter oder andere kurzfristigere Trockenzeiten oft mit Zwiebeln als Speicherorganen.
Die Zwiebel (Bulbus) ist ein meist unterirdisch wachsender gestauchter Sproß mit abgeflachter Sproßachse, die am Zwiebelboden Wurzeln besitzt. Oberhalb des Bodens setzen stark verdickte, stoffspeichernde Blattorgane an. Diese können verschiedenen Ursprungs sein: Entweder handelt es sich um Niederblätter (z. B. bei den Tulpen), die sich schuppenförmig überdecken, oder um die Blattscheiden abgestorbener Laubblätter (z. B. bei der Küchenzwiebel und anderen Laucharten).
Wie die Knollen dienen die Zwiebeln nicht nur der Speicherung von Substanzen, sie fungieren zugleich auch als Organe für die vegetative Vermehrung. Ein und dieselbe Pflanze kann nämlich mehrere Tochterknollen bzw. Tochterzwiebeln produzieren, aus denen dann nach der Ruhezeit selbständige Pflanzen hervorgehen. Bei einigen Lilien, aber auch einigen Hahnenfußgewächsen, entstehen sogar in den Achseln der Blätter aus Seitenknospen sogenannte Brutzwiebeln, die später abfallen, sich bewurzeln und neue Pflanzen bilden. Man nennt solche Brutzwiebeln Bulbillen.

Fossile Zwiebel aus dem Miozän

Letzte Zeugnisse von Massenvorkommen der Dinosaurier

89–66 Mio. In Nordamerika entsteht zu dieser Zeit eine Reihe bedeutender Fossillagerstätten.
Zu nennen ist zunächst die Niobrara-Formation (89–83 Mio.) in Kansas, Nebraska, Dakota und Wyoming. Hier versteinern in kalkigen und tonigen Meeressedimenten, die mitunter der Schreibkreide (→ S. 286) ähneln, neben verschiedenen Wirbellosen zahlreiche Wirbeltierarten. Besonders eindrucksvoll sind Fische, speziell Knochenfische (→ 440–410 Mio./S. 99) verschiedener Ordnungen, und die bis zu 5 m langen Ichthyodectiformes. Unter den Reptilien kommen Mosasaurier (→ S. 304) und Pterosaurier (→ S. 262) vor. Daneben finden sich Zahnvögel (→ S. 279) der Gattung Hesper- und Ichthyornis.
In der Oldman-Formation, der Judith-River-Formation und der St.-Mary-River-Formation (alle drei 76 – 73 Mio.) in Kanada bleibt mit 30 Gattungen die bisher vielfältigste bekannte Dinosaurierfauna fossil erhalten. Speziell in der Oldman-Formation, die sich über 34 x 16 km am Red Deer River erstreckt, fanden sich Überreste von 310 Tieren, darunter Tyrannosaurus (→ S. 304), Ankylosauria, Ceratopsia und Hadrosauridae. Auch andere Reptilien, beispielsweise Schildkröten, sind hier fossil belegt.

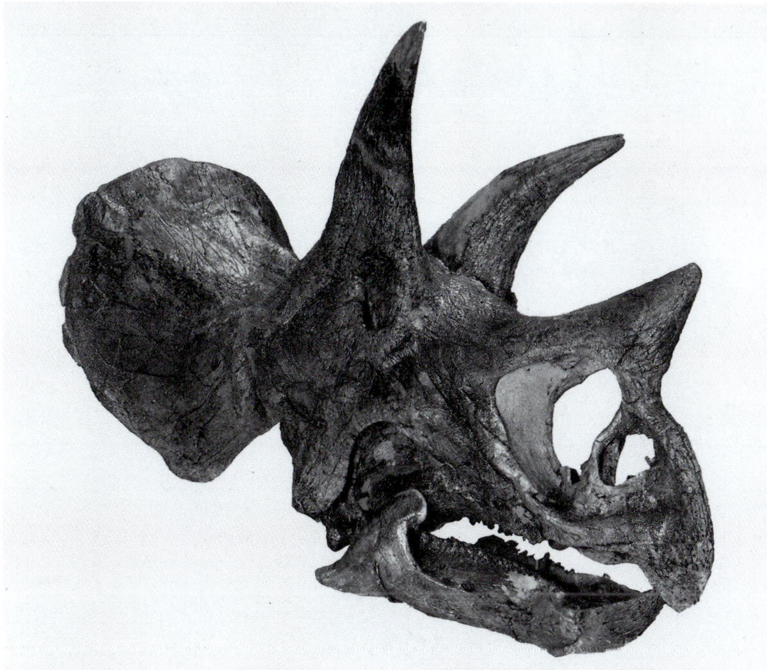

Das Schädelskelett von Triceratops prorsus aus der Oberkreide von Hell Creek gehört zu den erdgeschichtlich letzten Dinosaurierrelikten.

In der Lance-Formation (75 – 66 Mio.) in Wyoming und ähnlichen kontinentalen Sand- und Siltablagerungen in Montana, Dakota, Colorado und New Mexico finden sich mit insgesamt 19 fossilen Gattungen die letzten Nachweise für ein Dinosaurier-Massenvorkommen.
Allein die Gattung Triceratops ist mit ca. 15 Arten belegt. Auch Fischgattungen (Süßwasserarten), Amphibien, Reptilien und Säugetiere sind hier versteinert.
In Montana liegt auch die Hell-Creek-Formation (75–66 Mio.). Wie die Lance-Formation geht sie aus kontinentaler Sedimentation in einem Flußgebiet hervor. Sie konserviert Fragmente der letzten zwölf Dinosaurierarten (→ S. 306, 307) und dokumentiert damit den Übergang zum Tertiär. Hier fossilisieren neben den Dinosauriern auch andere Wirbeltiere der Oberkreide: Säugetiere, darunter Multituberculata (→ 220 Mio./S. 216), und Beuteltiere (→ S. 279). Außerdem kommen erste Säuger mit paläozänen Merkmalen vor: Urhuftiere (Condylarthren, → S. 333) und ein Primat (→ S. 303).

Fossilisierte Meeresfauna

97–66 Mio. Zwei bedeutende Fossillagerstätten entstehen zu dieser Zeit im Mittelmeerraum.
In einem Sedimentationsbecken bei Aix-en-Provence (Südfrankreich) lagern sich graue und rote Tone (Rogniacien-Formation) ab, in denen versteinerte Dinosauriereier verschiedener Gruppen der Saurischia und Ornithischia (→ S. 258) erhalten bleiben. Am Mittelmeerabhang des Mount Libanon, nordöstlich von Beirut, entstehen Ablagerungen von feinschichtigen Kalksteinen (97–91 Mio.) und von kreidigem Gestein (86–83 Mio.). In beiden Formationen fossilisieren Meeresfaunen. Besonders häufig sind hier zahlreiche Knochenfischgattungen (→ S. 99). Daneben finden sich auch Crustaceen (→ S. 67) und Octopoden (→ S. 321).

»Le Vélodrome« nennen französische Geologen scherzhaft den kreidezeitlichen Meeresgolf mit fossilführenden Sedimenten in den Seealpen.

Fische im Münsterland

83 – 66 Mio. Im Zentrum des Münsterländer Kreidebeckens bei Sendenhorst lagern sich sandige Kalksteine und Mergelsandsteine ab. Fossil bleiben in ihnen vor allem Fische erhalten. Neben Elasmobranchiern (→ 371 Mio./S. 136), einer Unterklasse der Knorpelfische, sind vor allem »Echte Knochenfische« (Teleostei, → S. 265) mit zahlreichen Gattungen vertreten. Auch Crustaceen und Schwämme sowie andere wirbellose Meerestiere sind hier – besonders in den unteren Tonschichten – belegt.
In erster Linie stammen die versteinerten Organismen aus dem Lebensraum des gut durchlichteten Flachwassers, allenfalls noch aus Tiefen bis 200 m. Allerdings kommen häufig auch Hochseeformen vor, also Tiere, die zweifellos ursprünglich nicht in dem Gebiet, in dem sie versteinern, gelebt haben. Ihre Überreste werden von Meeresströmungen in den Küstenbereich verfrachtet, wo sie dann in die Sedimente eingebettet werden.
Bei Seppenrade im Münsterländer Becken sind speziell auch große Ammoniten fossil belegt. Vor etwa 83–77 Mio. Jahren versteinert hier u. a. ein Exemplar der Art Parapuzosia seppenradensis, das heute als der größte bekannte Ammonit der Welt gilt. Die gefundenen Gehäuseüberreste haben einen Durchmesser von 2,1 m, was auf eine Lebensgröße von ca. 2,55 m schließen läßt. Die Art gehört zu den Pachydisciden, die in der Oberkreide in der ganzen Welt verbreitet sind.

Im Fossilvorkommen Seppenrade fand sich dieser Riesenammonit der Art Parapuzosia seppenradensis.

Ichthyornis victor, ein 20 cm großer Seevogel Nordamerikas

Der Wasservogel Hesperornis regalis wird über 1 m groß.

Vögel mit kleinen Zähnen

97–66 Mio. Die Verbreitung der Neornithes, der »Neuen Vögel«, setzt ein. Diese von dem Urvogel »Archaeopteryx« (→ 150 Mio./S. 263) zu unterscheidenden Vögel sind bereits in der vorausgehenden Unterkreide vereinzelt fossil belegt, doch jetzt sind sie durch die Superordnung der Zahnvögel (Odontornithes) zahlreich vertreten.
Sie ähneln schon weitgehend den heutigen Vögeln, besitzen aber kleine Zähne. Alle anatomischen Voraussetzungen für einen ausdauernden, gewandten Flug sind bereits vorhanden. In Ausnahmefällen ist diese Fähigkeit sogar schon wieder zurückgebildet, z. B. bei den flugunfähigen exzellenten Schwimmern der Ordnung Hesperornithiformes. Diese Schwimmvögel werden z. T. sehr groß, z. B. der in Nordamerika (Kansas) verbreitete Hesperornis regalis mit 1,8 m Höhe. Er bewegt sich im Wasser sehr schnell durch kräftige Schläge seiner breiten, weit hinten ansetzenden Schwimmfüße und jagt wahrscheinlich Fische und Tintenfische. Mit seinem zahnbewährten Schnabel lassen sich glitschige Beutetiere gut fassen.
Eine zweite, ebenfalls in Nordamerika verbreitete Ordnung sind die Ichthyornithiformes, vor allem vertreten durch den nur etwa 20 cm großen Ichthyornis dispar (Kansas und Texas). Er hat das Aussehen einer großen Seeschwalbe mit überdimensioniertem Kopf und Schnabel. Ob Ichthyornis – wie bisher üblich – wirklich zu den Zahnvögeln gehört, ist letztlich ungewiß, denn bisher fanden sich keine Kiefer in Verbindung mit Schädelfossilien.

Seevögel leben in Kolonien

Die taubengroßen Seevögel der Art Ichthyornis victor bewohnen in großen Scharen kleine Inseln und einzelne Vogelfelsen Nordamerikas. Von dort aus unternehmen sie weite Beuteflüge hinaus auf das offene Meer.
Wie Ichthyornis leben auch andere Seevögel in großen Kolonien. Der Grund dafür liegt hauptsächlich in dem ungeheuer reichen Nahrungsangebot ihres Lebensraumes. In den Küstengebieten insbesondere der kühleren Meere gedeihen große Mengen Plankton, das seinerseits die Basis für eine bedeutende Nahrungskette darstellt. Solche Gewässer sind sehr fischreich. In flachen Wattenregionen leben aber auch zahlreiche andere Tiere, die für Seevögel eine ideale Beute sind, z. B. Röhrenwürmer, Weichtiere und kleine Krebse. Ein solcher Biotop kann sehr viele Seevögel ernähren.
Andererseits ist aber ihr eigentlicher Nistraum, der ja an festes Land gebunden ist, wesentlich kleiner als ihr Jagdrevier. Es ist daher nicht verwunderlich, daß gerade Seevögel zum großen Teil in dichten Kolonien leben. Diese Kolonien bringen zugleich Vorteile bei der Brutpflege. Die Jungen der Seevogelarten sind meist Nestflüchter und werden innerhalb der Kolonien von der Generation der Altvögel oft gemeinschaftlich betreut. Auch lassen sich die Brutkolonien gut gegen Nesträuber verteidigen. Nicht selten sind sogar die Kolonien verschiedener Seevogelarten gemischt. Andererseits bietet der extrem dicht besiedelte Lebensraum kaum ökologische Nischen für neue Arten. Deshalb gehören die Seevögel zwar entwicklungsgeschichtlich zu den ersten Vögeln überhaupt, treten aber in der weiteren Erdgeschichte in weitaus weniger Arten auf als die Landvögel. Heute leben knapp 300 Seevogel- und über 8300 Landvogelarten.

Seevögel leben oft in großen Kolonien in geeigneten Brutgebieten.

Flugsaurier von mächtiger Größe

Um 80 Mio. In Nordamerika (Kansas, Oregon) lebt einer der größten Flugsaurier, Pteranodon ingens. Seine Flügelspannweite beträgt rund 8 m. Wie der heutige Albatros versteht Pteranodon die Luftströmungen als guter Segelflieger auszunutzen. Er kann sich auf der Jagd nach Fischen sehr weit vom Festland entfernen. Dagegen bewegt er sich auf dem Boden mit seinen sehr kurzen Beinen nur unbeholfen.
Wie die Seevögel brütet er in Kolonien. Seine sehr kleinen Jungen füttert er wahrscheinlich, ähnlich wie die Pelikane, mit Beutevorräten, die er in einem Halssack sammelt.

8 m Flügelspannweite erreicht ein ausgewachsener Flugsaurier Pteranodon ingens. Er lebt in Nordamerika.

Der nordamerikanische Quetzalcoatlus ist mit 12 m Spannweite das größte fliegende Tier aller Zeiten.

Salamander und Molche verbreitet

97–66 Mio. Einen Entwicklungsschub erleben in dieser Zeit die Schwanzlurche oder Urodela (auch Caudata). Ihre Herkunft ist noch nicht geklärt. Möglicherweise stammen sie von den Mikrosauriern (→ 290–270 Mio./S. 180) ab, müßten sich von diesen dann aber bereits im Karbon (360 – 290 Mio.) abgeleitet haben. Ihr ältester bekannter Vertreter, ein salamanderähnliches, 20 cm großes Tier der Gattung Karaurus, lebt im Oberjura (160 – 140 Mio.) in Asien (Kasachstan).
Die meisten modernen Schwanzlurche (Salamander und Molche) bilden sich jedoch in der Oberkreide heraus. In dieser Zeit ist entwicklungsgeschichtlich auch die sogenannte Neotenie von Bedeutung. Darunter versteht man das Einsetzen der Geschlechtsreife bereits im Larvenstadium, was dazu führt, daß erwachsene (adulte) Tiere ihre äußeren Kiemen behalten, die Lungen aber fehlen.
Man unterscheidet verschiedene Unterordnungen:

▷ Cryptobranchoidea, zu denen die primitiven Schwanzlurche gehören (fossil ab Paläozän)
▷ Salamandroidea (ab Oberkreide) mit den »typischen« Salamandern und Molchen
▷ Sirenoidea (ab Oberkreide), die mit langen Körpern an eine Mischung aus Larven und Erwachsenenformen erinnern.

Etwa 1 m langer fossiler Salamander der Gattung Palaeopleurodeles aus dem Mittleren Miozän der Schwäbischen Alb

Die Vorfahren des Bergmolches (Triturus alpestris) stammen aus der Oberkreide. Mit der auffälligen Färbung und Musterung, durch die sich die Männchen auszeichnen, ist er der farbenprächtigste Schwanzlurch.

◁ Die Amphibienordnung der Schwanzlurche (Urodela) erschien erstmals bereits im Oberjura, also unmittelbar vor der Kreide. Vertreten war sie zu dieser Zeit u. a. durch die hier als Rekonstruktion abgebildete der Gattung Karaurus (Familie Karauridae), die in Asien (Kasachstan) beheimatet war. Karaurus gilt als ältester bekannter Schwanzlurch. Das Amphibium gleicht bereits weitgehend seinen heutigen Verwandten. Erst für die Zeit der Oberkreide, also 60 Mio. Jahre später, ist eine starke artenmäßige Aufsplitterung der Schwanzlurche nachgewiesen.

Warane: Wendige Riesenechsen mit gespaltener Zunge

97–66 Mio. Die Reptilienunterordnung Lacertilia (→ 160–140 Mio./S. 255), zu der heute u. a. die Eidechsen gehören, bringt mit den Waranen (Varanidae) eine neue Familie der Echsen hervor.
Warane sind bis heute die größten aller Landechsen. Seit ihrem ersten Auftreten in der Oberkreide verändern sie sich kaum. Es sind sehr schwere, aber dennoch äußerst bewegliche Tiere. Ein australischer Waran der Gattung Megalania aus dem Pleistozän (1,7 Mio.–10 000) ist 8 m lang. Der heutige Komodowaran wiegt bei 3 m Länge über 160 kg! Ihre Beutetiere entdecken die Warane mit ihrer gespaltenen Zunge, die ihnen als Geruchsorgan dient.
Diese Riesenechsen unterscheiden sich von den übrigen Lacertilien durch ihre Beschuppung, durch die Form ihrer Zunge sowie durch Anlage und Gestalt der Zähne. Ihr Kopf ist verhältnismäßig länger als der anderer Echsen; er erinnert eher an den Kopf von Schlangen. Als Lebensraum wählen Warane meist Wassernähe, sei es eine Meeresküste oder das Ufer eines Binnengewässers. Sie sind sehr gute Schwimmer, als Echsen aber auch auf dem Lande recht beweglich.
Neben den wasserliebenden Arten zählen zu diesen Riesenechsen auch reine Landtiere, nämlich Erd- oder Wüstenwarane. Sie unterscheiden sich von den schwimmenden Arten hauptsächlich durch einen runden, ungekielten Schwanz, durch rundliche, nicht eiförmige Schuppen und durch kleine breite Schneidezähne.

Zu den Waranen gehört diese versteinerte Echse Saniwa feisti, ein Fossil aus der Grube Messel bei Darmstadt aus dem Mittleren Eozän.

Erste nachtaktive Insektenfresser ähneln Spitzmäusen

97–66 Mio. In Europa erscheinen mit der Säugetierordnung Leptictida frühe Insektenfresser. Gemeint sind damit nicht Insektenfresser im üblichen Sprachgebrauch (zu denen man auch etwa Meisen oder Fledermäuse zählt), sondern speziell die Säugetierüberordnung Insectivora. Diese ernähren sich keineswegs ausschließlich von Insekten, sondern fressen auch kleine Säugetiere, Amphibien und Reptilien, Fische, Würmer und Weichtiere, Vögel und z. T. sogar Pflanzen. Gerade aufgrund ihrer nicht spezialisierten Ernährungsweise verfügen die meisten ihrer Arten über ein ziemlich vollständiges Säugetiergebiß.

Fast alle Insektenfresser sind sehr kleine dämmerungs- oder nachtaktive Säugetiere mit ausgesprochen gutem Gehör- und Geruchssinn. Zu ihnen gehören heute die Familien Schlitzrüßler, Borstenigel, Otterspitzmäuse, Goldmulle, Igel, Spitzmäuse, Maulwürfe und Rüsselspringer. Viele Spitzmäuse beherrschen wie die Fledermäuse die Fähigkeit der Echoortung (→ S. 342) ihrer Beute. Besonders groß ist der Nahrungsbedarf bei den Insektenfressern, denn sie zeichnen sich durch eine überdurchschnittlich hohe Stoffwechselrate aus.

Leptictidium audierense, ein Insektenfresser aus dem Mittleren Eozän, bewegt sich mit Hilfe seiner langen Hinterbeine und mit vorgebeugtem Oberkörper springend fort.

◁ Das 75 cm lange Leptictidium aus Messel ist wesentlich weiter entwickelt als seine spitzmausähnlichen Ahnen.

Der in der Oberkreide lebende Vorfahr aller erdgeschichtlich jüngeren Insektenfresser, Leptictidium, ist etwa 75 cm lang und ähnelt den heute in Afrika verbreiteten Rüsselspringern. Was ihn von diesen aber grundsätzlich unterscheidet, sind ein ungemein langer schlanker Schwanz und sehr lange Hinterbeine. Leptictidium läuft nämlich aufrecht auf den Hinterbeinen. Weil sich das Tier mit weit vorgebeugtem Oberkörper fortbewegt, dient der extrem lange Schwanz als Gewichtsausgleich. Sehr kurz sind die vorderen Extremitäten des Tieres. Mit ihnen kann Leptictidium eine Beute greifen und festhalten.

Ursprünglich wohl in Mitteleuropa (Deutschland) zu Hause, verbreitet sich die Ordnung Leptictidia im Paläozän rasch auch über Nordamerika, Asien und Afrika.

Rätselhaftes Säugetier lebt in zentralasiatischer Wüste

80–70 Mio. Deltatheridium pretrituberculare heißt ein kleines, nur etwa mausgroßes Säugetier, das in dem sehr trockenen Gebiet der Wüste Gobi (China) lebt.

Systematisch läßt sich das Tier nur schwer zuordnen. Sein Schädel und besonders sein Kieferbau erinnern einerseits an Insektenfresser (s. o.) aus der Verwandschaft der Spitzmäuse, andererseits an noch sehr primitive Raubtiere (→ S. 303) aus dem Umfeld der Creodonten. Es könnte sich aber auch um ein räuberisch lebendes kleines Beuteltier handeln. Über die Lebensweise des Deltatheridiums ist ebenfalls kaum etwas bekannt. Vermutlich jagt es kleine Säuger, kleine Reptilien und Insekten. Es scheint ein dämmerungsaktiver Bewohner trockener Regionen zu sein.

All diese Annahmen sind insofern ungewiß, als selbst das oberkreidezeitliche Alter von Deltatheridium noch nicht gesichert ist.

Die Abstammung von Deltatheridium, einem nur etwa 3,5 cm langen Wüstentier, gibt Rätsel auf.

Spezialisierung auf Trockenheit und hohe Temperaturen

Wüstentiere, zu denen auch das Deltatheridium höchstwahrscheinlich zählt, leben in Regionen, die die Existenz in doppelter Hinsicht erschweren: Sie sind äußerst trocken und – tagsüber – meist extrem heiß. Diesen beiden Faktoren muß der Organismus Rechnung tragen.

Die meisten Wüstentiere sind nachtaktiv, setzen sich also weder der größten Hitze noch extrem niedriger relativer Luftfeuchte aus. Das erfordert sehr gut ausgeprägte Sinne. Aber nicht nur deshalb haben Wüstentiere oft besonders große äußere Ohren. Die dünnen, auf der Innenseite gut durchbluteten Ohrmuscheln dienen auch als Kühlflächen. Manche Wüstentiere (z. B. Antilopenarten) kühlen speziell das zum Gehirn strömende Blut auch in den feuchten Lamellenapparaten ihrer Nüstern ab. Diese ausgesprochenen Verdunstungskühler liegen besonders günstig im Luftzug der Atemluft.

Zur Rationalisierung des Wasserhaushaltes vermögen kleine Wüstensäuger oftmals ihren eigenen Urin und die Feuchtigkeit in ihrem Kot weiter zu verwerten. Sie entziehen ihm vor der Abgabe fast das gesamte Wasser.

In den Weiten der Wüste Namib müssen die Oryxantilopen bei Temperaturen um 50 °C oft tagelang ohne Schatten auskommen. Sie schaffen das durch ein Blutkühlsystem in ihrem Nasenraum.

Monoclonius nasicornus, ein 5,4 m langer Horndinosaurier, lebt in Montana und Alberta.

Horndinosaurier mit massigen Köpfen

85–66 Mio. *Als letzte Gruppe der sogenannten Vogelbecken-Dinosaurier (Ornithischia, → 160–140 Mio./S. 258) entwickeln sich in Nordamerika und Asien die Horndinosaurier (Unterordnung Ceratopsia), 60 cm bis 9 m große, plumpe Pflanzenfresser. Fast allen gemeinsam ist ein massiger Kopf mit Hörnern über der Schnauze. Manche Gattungen zeichnen sich außerdem durch einen schweren knöchernen Nackenschild aus, und viele besitzen Kiefer, die an einen Papageienschnabel erinnern.*

Zu unterscheiden sind mehrere Familien. Die Psittacosauridae (»Papageien-Dinosaurier«) leben in Ostasien und besitzen außer dem »Papageienschnabel« noch nicht die genannten ausgeprägten Merkmale anderer Horndinosaurier. Sie scheinen die unmittelbaren Vorläufer der eigentlichen Horndinosaurier zu sein und leben bereits in der späten Unterkreide (140 – 97 Mio.). Die Familie Protoceratopsidae umfaßt kleinere ebenfalls noch primitive Formen, von denen manche noch kein Horn besitzen. Zur Familie Ceratopsidae gehören die meisten großen Pflanzenfresser der Oberkreide (97 – 66 Mio.) im westlichen Nordamerika. Sie bringen stattliche Exemplare von 5 bis 9 m Länge hervor, u. a. Triceratops.

Aus Insektenfressern entwickeln sich im Eozän die »Urraubtiere« (im Bild ein Sarkastodon).

Kräftiger Kauapparat für Fleischnahrung

Um 66 Mio. *Insektenfresser (→ S. 302) der Gruppe Palaeoryctidae spezialisieren sich auf Fleisch als Hauptnahrung. Dazu ist eine Reihe physiologischer Veränderungen erforderlich: Ihr Geruchssinn verbessert sich wesentlich, und ein Paar Backenzähne entwickeln sich zu scherenförmig ineinandergreifenden Reißzähnen. Der Unterkiefer erhält ein straffes Scharniergelenk und eine besonders kräftige Kiefermuskulatur. Aus diesen Spezialisten gehen die »Urraubtiere« (Ordnung Creodonta) hervor.*

»Echte« Raubtiere (Ordnung Carnivora) erscheinen erstmals im Paläozän. Zu ihnen gehört u. a. auch die Art Parodectes feisti aus dem Mittleren Eozän, ein etwa 50 cm langes Tier, das äußerlich an heutige Ginsterkatzen erinnert und sich vermutlich von kleinen Wirbeltieren ernährt. Das abgebildete Fossil stammt aus der Grube Messel.

Spitzhörnchen repräsentieren frühen Primatentypus

Um 75 Mio. Aus den Insektenfressern (→ S. 302) leiten sich Spitzhörnchen (Scandentia) ab, die als frühe Form von Primaten gelten. Fossil sind diese Tiere jedoch noch nicht sicher nachgewiesen.

Unter Primaten oder »Herrentieren« versteht man eine Säugetierordnung, die die heutigen Halbaffen, Affen und Menschen umfaßt.

Der Weg zum Primaten führt offensichtlich über die Aufnahme einer Lebensweise auf Bäumen, bei gleichzeitigem Beibehalten primitiver Säugetiermerkmale, insbesondere im Bereich der Extremitäten. Anpassungen an den neuen Lebensraum liegen vor allem in der Entwicklung von Greifhänden (und Greiffüßen), in der Ausbildung eines Tastliniensystems an den Innenflächen von Hand und Fuß und in der Entwicklung des räumlichen (stereoskopischen) Sehens. Letzteres bedingt ein Zusammenrücken der Augen mit Blick nach vorne. Die Großhirnrinde entfaltet sich zunehmend und ermöglicht eine außerordentliche Hirnentwicklung. Der Geruchssinn geht zurück. Und die Zahl der Schneidezähne so wie der Prämolaren (das sind die vorderen Backenzähne mit Vorgängern im Milchgebiß) verringern sich gegenüber jenen der Insektenfresser. Letztere besitzen in den Kieferhälften je drei Schneidezähne (Inzisiven), je einen Eckzahn (Caninen), je vier Prämolaren und je drei mehrwurzelige Mahlzähne (Molaren).

Dieses Messel-Fossil aus dem Eozän bestimmten Paläozoologen eindeutig als die Hand eines frühen Primaten.

▷ Plesiadapis ist ein früher Halbaffe. Er lebt während des Paläozäns und Eozäns in Nordamerika und Europa.

Tyrannosaurus (r. sein Skelett im Denver Museum of Natural History) greift einen pflanzenfressenden Anatosaurus an.

Tyrannosaurus, der größte Fleischfresser aller Zeiten

80–66 Mio. *In dieser Zeit entwickeln sich die größten aller fleischfressenden Dinosaurier (→ 160–140 Mio./S. 260): Die Tyrannosauridae (»Tyrannenechsen«). Diese Familie mit nur knapp einem Dutzend Gattungen stellt zugleich die größten landbewohnenden Fleischfresser aller Zeiten. Ihre Vertreter leben in Asien und im westlichen Nordamerika. Charakteristisch sind der massive Körperbau, ein kurzer Rumpf, ein großer Kopf und ein langer kräftiger Schwanz. Die säulenartigen Hinterbeine tragen das gesamte Körpergewicht, denn die Tyrannenechsen gehen nur auf diesen zwei Beinen. Ihre Füße besitzen drei gespreizte Zehen, auch die Hände haben nur drei, manchmal lediglich zwei Finger. Zu den bekanntesten Vertretern dieser Riesenechsen zählen die Gattungen Tyrannosaurus mit bis zu 15 m großen Individuen, Albertosaurus (8 m), Alioramus (6 m), Daspletosaurus (8,5 m) und Tarbosaurus (14 m).*

Verwandte der Warane füllen eine ökologische Nische

97–66 Mio. Eine ökologische Nische, die gegen Ende des Juras durch das Verschwinden der Meereskrokodile (→ 150 Mio./S. 254) frei wird, besiedeln jetzt die Mosasaurier, Verwandte der Warane (→ S. 301). Diese Großechsen haben sich völlig an das Leben im küstennahen Meer angepaßt. Sie sind ausschließlich während der Oberkreide verbreitet und bevölkern die Meere Europas (Belgien, Niederlande) und Nordamerikas (Alabama, Colorado, Kansas und Mississippi).

Eine noch vergleichsweise kleine Gattung ist der etwa 4,3 m lange Platecarpus. Er lebt vor ungefähr 75 Mio. Jahren. Auffällig ist sein besonders langer, seitlich abgeplatteter Schwanz, der oben und unten einen Flossensaum trägt. Die Extremitäten sind sehr kurz und paddelförmig breit und dienen beim Schwimmen nur zur Stabilisierung, nicht zur Fortbewegung. Den Vortrieb erzeugt das Tier durch schlängelnde Bewegungen. Platecarpus ist ein Räuber und ernährt sich vermutlich von Fischen und Tintenfischen. Seine langen, spitz zulaufenden Kiefer sind mit zahlreichen konischen, aber sehr scharfen Zähnen bewehrt. Damit ist er durchaus in der Lage, selbst hartschalige Kopffüßer zu knacken. So finden sich in den Mägen fossiler Exemplare öfter Schalen von Ammoniten.

Wesentlich größer – etwa 10 m – sind die Exemplare der Gattung Plotosaurus, die nur in Nordamerika (Kansas) überliefert ist. Die Wirbelsäule dieser Riesen umfaßt rund 100 Wirbel, von denen sich etwa die Hälfte auf Hals und Rumpf verteilt, die anderen gehören zum Schwanz. Wie bei Platecarpus ist der Schwanz seitlich abgeplattet, trägt aber nur an seinem hinteren Teil oben und unten einen breiten Flossensaum, was auf »Heckantrieb« durch kräftige Schwanzschläge schließen läßt. Auch bei Plotosaurus sind die Gliedmaßen zu kurzen, breiten Paddeln reduziert, wobei die vorderen Extremitäten länger sind und auch mehr Knochen besitzen als die hinteren (Hyperphalangie). Ähnlich den Schlangen und den Waranen besitzt auch Plotosaurus eine mit Schuppen besetzte Haut.

Vor rund 70 Mio. Jahren lebt in den westeuropäischen Meeren Mosasaurus mosasauroides, ein naher Verwandter des amerikanischen Tylosaurus. Der gewaltige Räuber erreicht eine Körperlänge von 12 m und bewegt sich mit Hilfe der Paddelfüße fort. Meist hält er sich nahe der Wasseroberfläche auf, wo er Jagd auf Fische macht.

Edmontosaurus annectus stammt aus Alberta (Nordamerika).

Entenschnabel-Saurier

97–66 Mio. *Zu den größten Pflanzenfressern dieser Zeit gehören die Entenschnabel-Dinosaurier (Familie Hadrosauridae). Sie stammen wohl aus Zentralasien, sind aber auf der ganzen Nordhalbkugel verbreitet. Typisch für sie ist das breite, schnabelförmige Maul. Der abgebildete Edmontosaurus annectus, von dem Exemplare in Alberta (Nordamerika) gefunden wurden, erreicht eine Körperlänge von 13 m.*

Zu den wohl bekanntesten Dinosauriern gehört der dreifach gehörnte Triceratops.

Hornbewehrte Zehntonner

97–66 Mio. *Die Gattung Triceratops stellt mit 9 m langen und bis zu 10 t schweren Tieren nicht nur die wuchtigsten, sondern die bekanntesten Exemplare der artenreiche Familie der Horndinosaurier (→ S. 303). Triceratops, der zugleich das jüngste Glied in der Gruppe der gehörnten Dinosaurier ist, hat wie viele seiner Verwandten einen »Papageienschnabel«, mit dem er Blätter und Zweige von Bäumen abschneidet. Er trägt – wie sein Name schon sagt – gleich drei Hörner; sie sind zur Verteidigung und für Kämpfe während der Paarungszeit geeignet.*

Edmontonia (Panoplosaurus), der bekannteste Ancylosaurier

Gepanzerte Giganten

97–66 Mio. *Auch die gepanzerten Dinosaurier (Familien Stegosauridae und Ancylosauridae, → 160–140 Mio./S. 258) erleben mit der Entwicklung besonders großer Formen kurz vor ihrem Aussterben nochmals einen Höhepunkt. Exemplare von 10 m Länge und 3,5 t Masse sind keine Seltenheit. Zu den bekanntesten Ancylosauriern gehört Edmontonia (Panoplosaurus), der in Nordamerika lebt.*

Riesige Meeresschildkröten in Nordamerika verbreitet

97–66 Mio. Mit der Familie Protostegidae erscheinen die größten Meeresschildkröten aller Zeiten. Die Familie gehört zur Schildkröten-Unterordnung Cryptodira, also zu den Halsbergern. Diese zeichnen sich dadurch aus, daß sie grundsätzlich ihren Kopf durch eine vertikale S-förmige Halsbewegung in ihren Panzer zurückziehen können. Den Meeresschildkröten ist diese Fähigkeit aber verlorengegangen.

Im Gegensatz zu allen früheren Schildkröten und auch zu allen späteren Landschildkröten zeigen die Protostegiden erstmals zwei Merkmale, die fortan für alle Meeresschildkröten typisch bleiben: Die Finger und Zehen der Gliedmaßen verlängern sich und werden in breite Schwimmflossen umgestaltet. Außerdem wird die Rückenpanzerung wesentlich dünnwandiger.

Die zur Familie Protostegidae gehörende Gattung Archelon lebt in Nordamerika (Kansas und South Dakota). Ihre Vertreter werden etwa 4 m lang und besitzen statt eines Panzers wenig mehr als eine Reihe von Querverstrebungen, die ihren anatomischen Ursprung in den knöchernen Rippen haben. Überzogen sind sie wohl nicht von Hornplatten, sondern von einer sehr festen lederartigen Haut. Die Unterordnung Cryptodira erhält in der Oberkreide noch weiteren Zuwachs, u. a. in Gestalt der Landschildkrötenfamilie Meiolaniidae, die sowohl in Australien als auch in Ozeanien verbreitet ist und Vertreter von immerhin 2,5 m Länge aufzuweisen hat.

Ebenfalls noch dem nassen Element verbunden ist die fossile Sumpfschildkröte der Art Alaeochelys crassesculptata aus dem Mittleren Eozän.

Im deutschen Mittleren Eozän lebt auch diese Schildkröte: Trionyx messelianus. Mit 35 cm Länge ist sie wesentlich kleiner als die nordamerikanischen Riesenschildkröten der Oberkreide.

Dinosaurier räumen den Schauplatz der Erdgeschichte

Um 66 Mio. Etwa mit dem Ende der Kreide-Zeit gehen die Dinosaurier-Populationen zugrunde. So zutreffend diese Aussage auch ist, hat sie doch immer wieder zur Verfestigung eines nicht ganz korrekten Bildes beigetragen.
Zunächst sind es nicht die Dinosaurier schlechthin, sondern die letzten bis dahin noch überlebenden Dinosaurier, die zu dieser Zeit aussterben. Ihr Untergang ist durchaus kein plötzliches Ereignis, sondern zieht sich über rund 150 Jahrmillionen hin. Bereits zu Beginn des Unterjuras (210–184 Mio.) verschwand die gesamte Infraordnung Coelurosauria mit ihren mittelgroßen, aber leicht gebauten Vertretern. Zahlreiche der großen fleischfressenden Carnosauria überlebten den Oberjura (160–140 Mio.) nicht. Frühe pflanzenfressende Dinosaurier von 2 bis 10 m Größe sowie viele Familien der Unterordnung Sauropodomorpha und der Vogelbeckensaurier (Ordnung Ornithischia) erlöschen ebenfalls bereits im Jura. Auch die klobigen Iguanodons und die gepanzerten Dinosaurier (Unterordnung Stegosauria) kamen nicht über die Unterkreide (140–97 Mio.) hinaus.

Einen entwicklungsgeschichtlichen Schnitt stellt das Ende der Kreide also nur insofern dar, als etwa zu dieser Zeit auch die letzten Dinosaurier zugrunde gehen. Dabei ist die Formulierung »etwa zu dieser Zeit« durchaus wichtig. Denn jüngere Forschungen haben für Südfrankreich, New Mexico, das Gebiet um den Titicaca-See in Südamerika und für die chinesische Wüste Gobi ergeben, daß dort noch im ältesten Paläozän (66–55 Mio.) Dinosaurier leben!
Gründliche Untersuchungen liegen für die letzten europäischen Dinosaurier, die vegetarischen Hypselosaurus-Arten, vor. Sie leben zuletzt gemeinsam mit fleischfressenden Megalosaurus-Arten und vier weiteren Dinosaurier-Gattungen an den Ufern von Lagunen und Flußsystemen im Süden Frankreichs sowie im Osten Spaniens. Der rund 12 m lange Hypselosaurus ist deshalb besonders gut erforscht, weil von ihm im Gegensatz zu den anderen zeitgenössischen Gattungen zahlreiche Gelege überliefert sind. Die Schalenreste finden sich in Sedimenten von insgesamt rund 1000 m Mächtigkeit, belegen also eine lange Anwesenheit der Gattung, bevor sie relativ plötzlich verschwindet. Interessanterweise zeigen die letzten Eier krankhafte Veränderungen: Einige Eier sind mehrschalig (»ovum in ovo«) aufgebaut. Da die kristallinen Bausteine der zweiten Wand die Porenkanäle der ersten Wand größtenteils verstopfen, führt dies zum Ersticken der Embryonen. Die Mehrzahl der Eier weist aber zu dünne Kalkschalen auf (1,1 bis 1,8 mm statt normalerweise 1,9 bis 2,6 mm). Das wiederum hat den Tod der noch nicht geschlüpften Saurier durch Austrocknen zur Folge. Beide Eimißbildungen haben hormonelle Ursachen (→ S. 307) und liefern zumindest für das Aussterben dieser Dinosaurier-Gattung eine schlüssige Erklärung.

Doppelwandige Eier der Hypselosaurier (hier von Hypselosaurus priscus aus Bassin des Aix) führen zu Sauerstoffmangel bei den Embryonen.

Das dänische Stevnsklint: Zwischen Oberster Kreide und Unterstem Tertiär liegt eine dunkle Sedimentschicht. Manchen Autoren zufolge zeugen solche relativ scharfen Grenzen von Naturkatastrophen und damit vom Saueriersterben.

Zahlreiche Arten gehen zugrunde

Um 66 Mio. Viele der für das Erdmittelalter typischen Arten überleben diese Ära nicht. Doch setzt dieser Populationsrückgang nicht schlagartig ein, sondern ist als »Wendemarke« an der Grenze zum Tertiär zu verstehen, an der jeweils auch die letzten Vertreter der alten Formen verschwinden.
Mit den kurzschwänzigen Flugsauriern (Pterodactyloidea, → S. 300) stirbt zugleich die Ordnung Pterosaurier und damit die gesamte Reptilien-Unterklasse Pterosauromorpha aus.
In der Klasse der Kopffüßer erlöschen die bisher so bedeutenden Ammoniten. Ähnlich wie die Dinosaurier ist diese Unterklasse kurz vor dem Untergang mit Riesenformen vertreten (→ S. 275). Daneben stirbt mit den keilförmigen Belemniten (→ 210–140 Mio./S. 234) auch eine in der Kreide-Zeit besonders artenreich vorkommende Ordnung der Kopffüßer aus.

Um das Aussterben der Dinosaurier zum Ende der Kreide ranken sich viele Spekulationen. Einige Autoren glauben an den Einschlag eines Riesenmeteoriten.

Streitfrage:

Ungelöste Rätsel um das Aussterben der Dinosaurier

Die zahlreichen Spekulationen, die sich mit dem angeblich so plötzlichen (→ S. 306) Aussterben der Dinosaurier befassen, sind nur z. T. als seriöse Überlegungen von Experten ernstzunehmen. Viele gehören zu äußerst phantastischen Theorien fachlicher Laien. Einige der populärsten Hypothesen seien im folgenden vorgestellt, wobei sich ihre Unhaltbarkeit in den meisten Fällen von selbst ergibt.

Klimahypothesen

Manche Spekulationen gehen davon aus, die Dinosaurier seien an atmosphärischen Veränderungen zugrunde gegangen. So soll es durch verstärkte Vulkantätigkeit in aller Welt zu einer plötzlichen Sauerstoffanreicherung in der Atmosphäre gekommen sein, was bei den nicht angepaßten Tieren zu einer Sauerstoffvergiftung geführt haben soll. Dagegen spricht, daß in der Oberkreide die vulkanische Tätigkeit weltweit keineswegs intensiver war als in vorhergehenden Epochen.

Anderen Theorien zufolge soll ein plötzlicher Sauerstoffüberschuß von dem Auftreten der Bedecktsamer mit ihren großen Laubblättern hergerührt haben, die wesentlich intensiver assimiliert haben sollen als die bis dahin verbreiteten Nadelhölzer. Aber schon im Jura (210–140 Mio.) existierte eine dichte Flora von ebenfalls großblättrigen Cycadeen und Farnen.

Andere Autoren machen plötzliche drastische Wetterverschlechterungen für den Tod der Dinosaurier verantwortlich. Solche krassen Klimaveränderungen lassen sich jedoch weder im Pflanzen noch im Tierreich allgemein nachweisen.

Katastrophentheorien

Weit verbreitet sind Hypothesen, die das Dinosauriersterben auf große weltweite Katastrophen zurückführen. Zunächst wird wieder der Vulkanismus als Erklärungsansatz bemüht. Plötzliche mächtige Ausbrüche hätten demzufolge die Atmosphäre derart mit feinen Aschenteilchen überfrachtet, daß sich global das Klima über Jahrzehnte hinaus verschlechterte. Die Sonne wurde verdunkelt. Als Folge davon wurde es eiszeitlich kalt oder – nach Ansicht anderer Autoren – aufgrund des Treibhauseffektes unerträglich heiß. Nun läßt sich zwar in der Tat gegen Ende der Oberkreide in vielen Sedimentationsräumen der Erde eine dünne helle Schicht, vergleichbar mit einer Aschenschicht, finden. Oberhalb dieser Schicht gibt es keine Dinosaurierfossilien mehr. Aber zum einen fehlen Hinweise auf drastische Klimaveränderungen, zum anderen sind nicht sämtliche Dinosaurier innerhalb eines kurzen Zeitraums ausgestorben. Und wenn eine derartige Katastrophe wirklich nur die letzten Familien betroffen haben würde, warum hat sie dann nicht andere, ähnliche Reptilien, z. B. die Krokodile, oder auch die frühen Säugetiere umgebracht?

Entsprechende Einwände entkräften auch andere Katastrophentheorien wie die Hypothese vom Einschlag eines mächtigen Meteoriten, der durch die dabei freigesetzte Energie große Teile der Erde verwüstet haben soll, oder die Hypothese von einer Supernova, die mit tödlichen Dosen kosmischer Strahlung in Erdnähe einhergegangen sei.

Tod durch Hormonstörungen

Manche Autoren führen das Aussterben der Dinosaurier auf ihr ungeheuer gesteigertes Größenwachstum zurück, das durch Änderungen im Hormonhaushalt der Tiere gesteuert wurde. Die Giganten seien einfach nicht mehr lebensfähig gewesen. Doch auch dieses Argument befriedigt nicht, denn keineswegs waren alle Dinosaurier extrem große Tiere.

Allerdings können krankhafte Veränderungen im Hormonhaushalt in der Tat für das Aussterben mindestens einer der letzten Sauriergattungen, der Hypselosaurier, verantwortlich gemacht werden (→ S. 306). Was diese Hormonstörungen auslöste, ist wiederum Gegenstand von Spekulationen. Eine Kostumstellung könnte vielleicht die Ursache gewesen sein. Bezeichnenderweise geht nämlich mit dem Aussterben der letzten Arten in deren Lebensräumen eine Vegetationsumstellung von vorherrschendem Palmenwuchs auf eine Dominanz von Nadelhölzern einher.

Auch hoher Populationsdruck bei gleichzeitigem Kleinerwerden der – austrocknenden – Biotope kann, etwa durch Streßphänomene, hormonelle Auswirkungen gehabt haben.

Große Ära der Säuger beginnt mit der Erdneuzeit

Die zeitliche Gliederung

Die Bezeichnung Tertiär ist schon aus dem Jahr 1760 überliefert: Der Italiener Arduino bezeichnete die relativ lockeren Sedimente Norditaliens als »Montes tertiarii«, weil er sie damit als jünger charakterisieren wollte als die Ablagerungen des »Sekundärs«, also des Mesozoikums. 1846 führte der Deutsche Hanns B. Geinitz für die Eiszeit und die Nacheiszeit den Begriff Quartär ein und trennte diese Ära vom Tertiär ab. Die beiden ungleichen Perioden bilden zusammen die Erdneuzeit, die seit 1840 mit dem Begriff Känozoikum benannt wird. Der Franzose Charles Lyell nahm bereits 1833 eine Untergliederung des Tertiärs vor, wobei er von Prozentsätzen der heute noch lebenden Tierarten ausging. Er prägte die Begriffe Eozän, Miozän und Pliozän. 1854 schob der Deutsche Heinrich E. Beyrich nach Studien der norddeutschen Fossilfauna zwischen Eozän und Miozän noch das Oligozän ein. Zwanzig Jahre später, 1874, definierte sein Landsmann Wilhelm P. Schimper das Paläozän, das er als ältesten Teil vom Eozän abtrennte. Doch es gab auch Zusammenfassungen: 1853 zog Hoernes das Pliozän und das Miozän zum Neogen zusammen, und 1866 vereinte Naumann das Eozän mit dem Oligozän zum Paläogen. Diese Bemühungen um eine Untergliederung des Tertiärs in Abteilungen gingen Hand in Hand mit Vorschlägen für eine noch feinere Unterteilung der Stufen. Die definierten Stufen konnten lange nicht mit den Abteilungen zufriedenstellend in Einklang gebracht werden. Das ließ sich erst während der 70er Jahre des 20. Jahrhunderts anhand von Untersuchungen an planktonischen Foraminiferen und Coccolithineen bewerkstelligen, doch ist diese Feingliederung auch heute in manchen Punkten noch nicht international anerkannt. Derzeit bietet sich in etwa das folgende Datierungs-Schema an:

Paläozän	Unteres Paläozän/Dano-Mont	(66 - 60 Mio.)
(66 - 55 Mio.)	Oberes Paläozän/Thanét	(60 - 55 Mio.)
Eozän	Unteres Eozän/Ypres	(55 - 50 Mio.)
(55 - 36 Mio.)	Mittleres Eozän/Lutet u. Barton	(50 - 40 Mio.)
	Oberes Eozän/Priabon	(40 - 36 Mio.)
Oligozän	Unteres Oligozän/Lattorf	(36 - 33 Mio.)
(36 - 24 Mio.)	Mittleres Oligozän/Rupel	(33 - 30 Mio.)
	Oberes Oligozän/Chatt	(30 - 24 Mio.)
Miozän	Unteres Miozän/	(24 - 16,5 Mio.)
(24 - 5 Mio.)	Aquitan u. Burgdigal	
	Mittleres Miozän/Langh u.Serraval	(16,5 - 10,5 Mio.)
	Oberes Miozän/Torton u. Messin	(10,5 - 5 Mio.)
Pliozän	Unteres Pliozän/Zancl	(5 - 3,5 Mio.)
(5 - 1,7 Mio.)	Oberes Pliozän/Piacent	(3,5 - 1,7 Mio.)

Geographische Verhältnisse

Während der rund 65 Jahrmillionen des Tertiärs nähert sich die Gestalt der Erdoberfläche mehr und mehr den heutigen Verhältnissen. Das geschieht allerdings nicht gleichmäßig und kontinuierlich, sondern in zahlreichen Schüben. So gibt es immer wieder Meeresvorstöße und -rückzüge, wobei die Meere die Kontinente nie mehr so weit überfluten wie etwa während des Juras (210–140 Mio.) oder der Kreide (140–66 Mio.). Auch die Bewegungen der Großplatten und die Spreizung der Ozeanböden verläuft in einzelnen Phasen intensiver als in anderen. Damit einher gehen Perioden der Gebirgsbildung. Überhaupt ist das Tertiär – wie das Karbon (360 - 290 Mio.) und Perm (290 - 250 Mio.) – von geotektonischen Aktivitäten geprägt. Wie im jüngeren Paläozoikum (360 - 250 Mio.) kommt es weltweit auch zur Bildung ähnlicher Lagerstätten, vor allem von Kohlengestein, Erdöl und Erdgas sowie Salzgesteinen.

Die Bewegung der Großplatten bewirkt während des ganzen Tertiärs – und darüber hinaus bis heute – eine ständige Ausweitung ozeanischer Böden, vor allem im Bereich des Atlantiks, des Indischen Ozeans und des östlichen Pazifiks. Dabei öffnet sich der Atlantik besonders im Nordosten weit und erreicht gegen Ende des Unteren Eozäns einen Zusammenschluß mit dem Arktischen Ozean. In diesem Zusammenhang kommt es hier zu heftiger vulkanischer Tätigkeit. Über Ostgrönland, Island, die Färöer, den Norden und Westen der Britischen Inseln und das vorgelagerte Schelfgebiet ergießen sich weiträumig mächtige Plateaubasalte. Die Basalte füllen die ozeanische Narbe so hoch, daß ein festländischer Basaltriegel während des gesamten Tertiärs den nördlichsten Atlantik in zwei Teilbecken trennt. Und zur Wende zwischen Paläozän und Eozän wird fast der gesamte Nordseeraum von vulkanischen Lockermassen (Tuffen) überschüttet.

Parallel zur Ausweitung von Atlantik, Indik und Pazifik bricht das Grabensystem des »Urmittelmeers« (Tethys) zusammen. Bedingt ist das einerseits durch die Nordwestdrift der Afrikanisch-Arabischen Platte, die schon in der Mitte der Oberkreide (um 80 Mio.) einsetzte. Zugleich (von rund 77 - 53 Mio.) wandert die Vorderindische Platte mit großer Geschwindigkeit (17 - 18 cm/Jahr) nach Norden und kollidiert mit der Asiatischen Platte. Auch Australien bewegt sich nordwärts. Zu Beginn des Eozäns löst es sich völlig von der Antarktika. Alle nach Norden drängenden Platten engen zunächst die Tethys ein und lassen sie schließlich in ihrem östlichen Bereich völlig verschwinden. Indien verschweißt mit Asien, und im Mittleren Miozän verbindet sich die Afrikanisch-Arabische Platte mit dem eurasischen Kontinent. Damit ist der Atlantik vom Pazifik abgetrennt. Im Westen der Tethys bleibt zunächst noch das europäische Mittelmeer erhalten, und zwar als Randmeer des Atlantiks, mit dem es bis zum Beginn des Oberen Miozäns durch eine Meeresstraße verbunden ist. In der Folgezeit schließt und öffnet sich diese Meerenge mehrmals, und wiederholt trocknet das Mittelmeer als Folge der Trennung vom Atlantik vollkommen aus, wobei mächtige Salzlager zurückbleiben. Das Zusammenrücken der Kontinente in Nordsüd-Richtung hat aber nicht nur die Schließung der Tethys zur Folge, sondern auch eine bedeutende Auffaltung von Sedimenten zu großen Gebirgen. Eine erdumspannende sogenannte alpidische Gebirgsbildung vollendet in Nordafrika die Atlasketten, in Europa u.a. die Pyrenäen, die Apeninnen, die Alpen und die Karpaten, in Asien die kleinasiatischen, kaukasischen, iranischen und afghanischen Faltengebirge sowie die Massive des Himalajas. In Amerika, insbesondere in Südamerika, werden die großen westlichen Faltengebirge an ihren Ostflanken durch neue Auffaltungen ergänzt. Diese weltweite Gebirgsbildung vollzieht sich in mehreren ausgeprägten Phasen: Der laramischen an der Wende Kreide/Tertiär, der pyrenäischen an der Wende Eozän/Oligozän, der savischen an der Wende Oligozän/Miozän, der steirischen im Mittleren Miozän und der attischen im Oberen Miozän. Eine noch jüngere Phase setzt im Pliozän ein und ist bis heute nicht abgeschlossen. Die gewaltigen Schubkräfte, die die alpidischen Gebirge auffalten, führen lokal nicht nur zu Faltungen, sondern zu derartigen Einengungen der ehemaligen Sedimentationsräume, daß die hochgewölbten Falten umkippen und sich als gewaltige Deckenstapel gebietsweise übereinanderschieben. Im Alpenraum verschieben sich solche herausgerissenen Decken z. T. um 100 km und mehr nach Norden.

Hand in Hand mit der Ausweitung der Ozeanböden und dem Zusammenschieben der Tethys spielt sich noch eine weitere tektonische Entwicklung von erdumfassendem Ausmaß ab: Neue große Grabensysteme reißen auf. In Europa ist das der Rhône-Rhein-Graben, in Asien das Baikal-Grabensystem, in Afrika ein Grabensystem, das im Roten Meer beginnt und sich von Norden nach Süden durch fast ganz Ostafrika erstreckt.

Ganz Nord- und Osteuropa bildet während des gesamten Tertiärs ein in sich geschlossenes Festlandgebiet, das bis zum Ende des Tertiärs durch die basaltische Thule-Landbrücke mit Nordamerika verbunden ist. Dafür fehlt eine Festlandbrücke nach Asien hin, denn bis zur Wende Eozän/Oligozän verbindet eine breite osturalische Meeresstraße, die Turgaistraße, den Arktik mit der noch vorhandenen Tethys. Erst im Oligozän kommt es zur Verschmelzung beider Kontinente über die dann ausgetrocknete Westsibirische und die Turgai-Senke. Ein weiterer großer Festlandblock, der während des gesamten Tertiärs besteht, umfaßt den Süden Europas. Er erstreckt sich von der Iberischen Halbinsel über das Tyrrhenische oder Korso-Sardische Massiv, Teile Südfrankreichs, Deutschland und das Böhmische Massiv bis nach Südpolen und in die Ukraine. Die beiden großen europäischen Festlandblöcke sind während der ersten Hälfte des Tertiärs (Paläogen) langzeitig durch Meeressenken (Nordsee-Senke, Mitteleuropäische Senke, Dnjepr-Donez-Senke) vollkommen voneinander getrennt. Erst im Neogen zieht sich das Meer aus der Dnjepr-Donez- und der Mitteleuropäischen Senke endgültig zurück.

Klimatische Verhältnisse

Zu Beginn des Tertiärs ist es weltweit noch wesentlich wärmer als heute. Global herrscht eine durchschnittliche Temperatur von mehr als 20 °C. Die Polargebiete sind eisfrei, und die subtropischen Breiten liegen auf der Nordhalbkugel etwa 10 bis 15 Breitengrade nördlicher, auf der Südhalbkugel etwa 5° (Australien) bis 10° (Südamerika) südlicher als heute. Außerdem reichen die gemäßigten Zonen noch weiter polwärts; denn die nördliche Baumgrenze liegt z. B. 20 bis 30° nördlicher als in unserer Zeit. Generell ist das Klima ausgeglichener, d. h. die Temperaturunterschiede zwischen den Polen und dem Äquator sind wesentlich kleiner als heute.

Diese Verhältnisse bleiben aber nicht so. Im Laufe des Tertiärs tritt weltweit eine wesentliche Abkühlung ein. Diese erfolgt nicht allmählich und gleichförmig, sondern verläuft in Schwankungen. Gegen Ende des Tertiärs gleichen die Klimaverhältnisse in vielen Teilen der Welt etwa den heutigen. Abweichungen davon ergeben sich in manchen Gebieten u. a. durch unterschiedliche Meeresverbindungen und damit Meeresströmungen sowie durch lokale Ausprägungen des kontinentalen Reliefs. So dürften insbesondere die Schließung der Tethys und die damit erfolgende Beendigung der weltumspannenden Tethys-Meeresströmung für die angrenzenden Gebiete erhebliche Folgen haben. Das Einsetzen einer ostantarktischen Vereisung vor etwa 12 Mio. Jahren sehen manche Paläoklimatologen im Zusammenhang mit der fortschreitenden Trennung Australiens von der Antarktika, das Austreten einer grönländischen Inlandvereisung vor rund 3 Mio. Jahren erklären sie mit dem Erscheinen der Landbrücke von Panama.

Tier- und Pflanzenwelt

Den Schritt vom Erdmittelalter zur Erdneuzeit haben die Pflanzen durch das Auftreten der Bedecktsamer in der Kreide schon früher vollzogen als die Tiere. Während deshalb das sogenannte Känozoikum, die Neuzeit der Tiere, mit dem Tertiär beginnt, spricht man bereits in der Kreide vom Känophytikum, der Neuzeit der Pflanzen. Die Tertiär-Flora gleicht schon weitgehend der heutigen Flora. Für die Datierung und Rekonstruktion erdgeschichtlicher Prozesse interessant ist aber der mehrfache Wandel der Florengesellschaften in verschiedenen Gebieten der Erde, vor allem in West- und Mitteleuropa. Er läßt auch Rückschlüsse auf das klimatische Geschehen zu.

Der Schritt der Tierwelt in die Erdneuzeit (Känozoikum/ 66 Mio. – heute) beginnt mit dem Aussterben der für das Erdmittelalter typischen Formen. Zahlreiche Kopffüßer wie Ammoniten und Belemniten, bedeutende Muschelgruppen wie die Inoceramen und die Rudisten sind zum Ende der Kreide ausgestorben. Durch das völlige Verschwinden der Dinosaurier, der Flugsaurier und der Ichthyosaurier hat die Dominanz der Reptilien unter den Wirbeltieren ein Ende gefunden. Aber auch die großen Meeresechsen haben die Kreide nicht überlebt. Statt dessen beginnt die Blütezeit der Säugetiere, die bereits in der Kreide durch vielfältige Vorläufer eine Basis für ihre Entwicklung gefunden haben. Schon im Paläozän sind 15 Säugetierordnungen vorhanden, darunter Insektenfresser, Raubtiere, Affen und Nagetiere. Im Eozän sind bereits alle heutigen Ordnungen repräsentiert.

Die Entwicklung der Säuger verläuft auf den einzelnen Kontinenten unterschiedlich. Im isolierten Australien fehlen die plazentalen Säuger. In Südamerika, das seit der Wende Kreide/ Tertiär bis zum Pliozän von Nordamerika abgeschnitten ist, entwickeln sich zunächst ebenfalls nur Beutel-, daneben aber auch primitive Huftiere. Später wandern von Norden neuartige Raubtiere und Huftiere in Südamerika ein. Eine eigenständige Entwicklung der Säugetierwelt gibt es in Europa zwischen dem Unteren Eozän, als die Landbrücke zu Nordamerika zerstört wird, und der Wende Eozän/Oligozän, als es zu einer Landverbindung mit Asien kommt.

Neben den Säugern erleben auch die Fische einen bedeutenden Artenzuwachs, besonders die Rundschupper unter den Knochenfischen sowie die Haie. Unter den Wirbellosen zeigen die Schnecken einen deutlichen Zuwachs an Gattungen.

Als Leitfossilien bewähren sich neben den Wirbeltieren vor allem Mikroorganismen wie Großforaminiferen, Coccolithineen, Radiolarien, Silicoflagellaten und Dinoflagellaten.

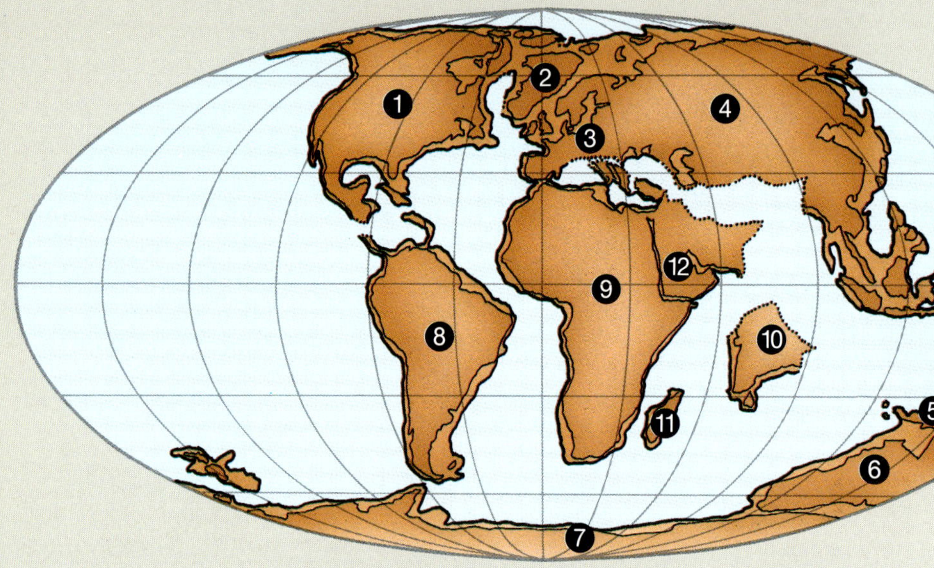

Seit der Oberkreide hat sich einiges verändert: Nordamerika (1) und Südamerika (8) sind jetzt voneinander getrennt. Indien (10) ist von Madagaskar (11) weg weit nach Nordosten gedriftet. Das »Urmittelmeer« (Tethys), das Europa (3) mit Asien (4) von Afrika (9) mit Arabien (12) trennt, wird deutlich enger. Und schließlich erweitert sich in Form eines Meeresarmes zwischen Nordamerika und Grönland (2) der Atlantik nach Norden. Australien (6) mit Neuguinea (5) ist unwesentlich nach Osten gewandert, bleibt aber mit der Antarktis (7) verbunden. Ortsfest geblieben ist der eurasische Doppelkontinent, der – mit Ausnahme Indiens – schon weitestgehend seine heutige Position einnimmt.

66–55 Mio.

Das Paläozän

Um 66 Mio. Der Stamm der Diatomeen (→ 210–184 Mio./S. 222) erlebt einen explosionsartigen Aufschwung und erlangt große Bedeutung als wichtiger Gesteinsbildner.

Ab Beginn des Tertiärs vollziehen sich im Bereich der Landflora keine wesentlichen evolutionären Schritte mehr. Es finden nur geographische und klimatographische Veränderungen bzw. Spezialisierungen in der Pflanzenwelt statt. → S. 317

Seltene Fossilien belegen die Existenz von Octopoden (»Kraken«) in den Weltmeeren. → S. 321

Erstmals ist die Wirbeltierordnung der Blindwühlen fossil belegt. Blindwühlen sind tropische Verwandte der Frösche sowie der Salamander; sie haben einen schlangenförmigen Körper. → S. 321

Mit der Unterordnung Protogomorpha erscheinen frühe Stammformen der Nagetiere (Rodentia).

Erste Hasenartige (Lagomorpha) treten auf, bleiben aber aufgrund ihres Lebensraumes – sie leben nicht in Feuchtgebieten – fossil nur spärlich erhalten.

Mit der Infraordnung Tarsiiformes, zu der die heutigen Koboldmakis Südostasiens zählen, beginnt die Entwicklung der Primaten-Unterordnung Haplorhini (→ 55–36 Mio./S. 345).

66–55 Mio. Europas Küsten stehen erstmals unter dem Einfluß des Golfstroms, der warmes Wasser aus den Tropen nach Norden führt. Ein anderer warmer Strom, der Kurio Schio, beeinflußt die Temperaturen an der Pazifikküste Nordamerikas. Bis zur Höhe Alaskas gedeihen Palmen. Vor den Küsten Südafrikas verlaufen ein warmer Agulhas-Strom (im Osten) und ein kalter Benguela-Strom (im Westen).

Klimatisch bedingt bilden sich in Trockenzonen vor allem der Nordhalbkugel (Nordamerika und Eurasien) regional bedeutende Salzlager.

Die ersten bedeutenden tertiären Braunkohlenlager entstehen in Europa, Asien und Nordamerika. → S. 319

Auf der Nordhalbkugel gedeiht zirkumpolar eine reichhaltige sogenannte arktotertiäre Flora.

Im Gebiet von Kairo verkieseln Bäume als »versteinerter Wald«. Ein ähnlicher Prozeß spielt sich auch im südamerikanischen Patagonien ab. → S. 317

Die Palmen erreichen die weiteste Verbreitung ihrer gesamten Entwicklungsgeschichte. Im Norden reicht die Palmengrenze bis ins nördliche Grönland hinein. → S. 317

In den subtropischen Gebieten Mitteleuropas und Nordamerikas gedeihen baumförmige Liliengewächse, in Europa die Drachenbäume, in Amerika hochwüchsige Agavenarten. → S. 319

Die ausgesprochen seltene Farnunterordnung Ophioglossales ist in Italien erstmals fossil belegt. → S. 319

In den Meeren sind noch keine der heute lebenden Weichtierarten (Muscheln, Schnecken, Kopffüßer usw.) vorhanden, wohl aber gleiche Gattungen.

Mit der Gattung der Palaeanodonten erscheinen in Nordamerika erste Schuppentiere (Pholidota). → S. 322

In Nordamerika sind einige Arten katzengroßer Säugetiere heimisch. Die mit einer Flughaut ausgestatteten Gleitflieger gehören zur Ordnung Riesengleiter (Dermoptera). → S. 323

Aufgrund des warmen Klimas sind Krokodile im Norden bis nach New Jersey, England und der Mongolei, im Süden bis nach Patagonien verbreitet.

In Nordamerika und Eurasien ist die Säugetierordnung Pantodonta vertreten. Sie umfaßt mittlere bis sehr große Tiere mit fünfzehigen Extremitäten und einem noch sehr ursprünglichen, vollständigen Säugetiergebiß. Diese Tiere lassen sich entwicklungsgeschichtlich von den Condylarthra (→ S. 333) herleiten. Im Mittleren Oligozän (um 30 Mio.) sterben sie aus.

Großwüchsige pflanzen- oder allesfressende Säugetiere der Ordnung Dinocerata leben in Asien und Nordamerika. Charakteristisch für diese Parallelgruppe zu den Pantodonta sind hornartige Fortsätze am Schädel.

Eine isolierte Säugetierordnung (Taeniodonta) ungeklärter Herkunft ist in Nordamerika mit einer Familie (Stylodontidae) vertreten. Die Tiere sind ratten- bis bärengroß; ihr Körper gleicht dem eines Erdferkels, ihr Kopf dem eines Schweines.

In Nordamerika leben Vertreter der Säugetierordnung Tillodontia, Tiere mit fünfzehigen bekrallten Extremitäten, die die Größe von Braunbären erreichen. Es sind Allesfresser oder Pflanzenfresser, die wahrscheinlich von den Condylarthra (→ S. 333) abstammen und ohne Nachfahren im Eozän (55–36 Mio.) wieder aussterben.

66–40 Mio. In den Flachwassergebieten aller warmen Meere sind sogenannte Nummuliten, eine artenreiche Gruppe der Großforaminiferen, verbreitet, deren linsenförmige Kalkgehäuse gesteinsbildend wirken. → S. 320

66–36 Mio. Das überwiegend feuchtwarme Klima begünstigt auf fast allen Kontinenten das Wachstum tropischer Regenwälder. → S. 318

Im Nordosten Mitteleuropas produzieren Nadelbäume der Gattung Pinus aufgrund einer krankhaften Veränderung des Holzes große Mengen Bernsteinharz. → S. 320

66–15 Mio. Im Zusammenhang mit der Verschiebung der Kontinente verändert sich auch das System der Meeresströmungen. → S. 316

66–1,7 Mio. Bedingt durch die rasche Drift der Kontinente kommt es vielerorts zu Rissen in der Erdkruste und damit verbunden zu heftigem Vulkanismus. Dabei fließen z. T. großflächig sogenannte Plateaubasalte aus. → S. 311

Die Auffaltung der Alpen und anderer Faltengebirge der alpinen Faltungsära, etwa des Himalaja, setzt ein. Zugleich beginnt die Abtragung der neu entstehenden Gebirge. → S. 312

Um 63 Mio. Während sich die Indische Tafel an den asiatischen Kontinent anschließt, löst sich die Inselgruppe der Seychellen von Indien. → S. 316

Um 60 Mio. Die mittelamerikanische Landbrücke wird überflutet. Damit setzt in Südamerika eine isolierte Weiterentwicklung vor allem der Säugetiere bis gegen Ende des Miozäns (vor ca. 5 Mio. Jahren) ein. Auf diesem Subkontinent gibt es mit Ausnahme einiger Beuteltiere keine Raubtiere, so daß die zahlreichen Pflanzenfresser ungestört Formen ausbilden können, die wahrscheinlich weder in Nordamerika noch in der Alten Welt überlebensfähig wären. → S. 325

Mit der Überfamilie Miacidea ist erstmals die Unterordnung Landraubtiere (Fissipedia) der Ordnung »echte« Raubtiere (Carnivora) vertreten. Die Miacidea, eine künstliche Gruppe nicht näher miteinander verwandter Arten, sind überwiegend kleine Waldbewohner von etwa 20 cm Länge und ähneln in etwa den Baummardern, deren Lebensraum sie auch teilen. Unter ihnen sind wahrscheinlich die Stammformen aller Landraubtiere zu suchen. Im Eozän (55 – 36 Mio.) sterben die Miacidea aus.

60–55 Mio. Sowohl in Amerika als auch in China entwickeln sich erste Gürteltiere (Cingulata). → S. 322

In Südamerika, dem Stammgebiet der Beuteltiere, beginnt die Radiation dieser Säugetierordnung. Zwei neue Unterordnungen, die Raubbeutler (Borhyaenoidea) und die Opossummäuse (Caenolestoidea), bilden sich heraus. → S. 323

In Südamerika erscheinen frühe, noch primitive Huftiere. → S. 325

Das heutige europäische Mittelmeer ist ein bescheidener Rest der einstigen Tethys. Ihrem Engerwerden verdankt der heutige Ätna seine Existenz.

Wo gewaltige unterirdische Magmakammern bei Rieseneruptionen weitgehend geleert werden, entstehen ausgedehnte Einsturzgebiete: Calderen.

Weltweit Zeugen von Vulkanismus

66–1,7 Mio. In vielen Gebieten der Erde kommt es zu heftigen Vulkanausbrüchen. Bedingt ist das vor allem durch eine rasche Drift der Kontinente, das damit verbundene Schließen des »Urmittelmeer«-Systems (Tethys) und die immer weitere Spreizung der Ozeanböden.

Im Raum von Ostgrönland bis Nordirland erstrecken sich die Plateaubasalte aus einer besonders aktiven Region der mittelatlantischen Riftzone. Ein Gebiet von 600 000 km² im Nordwesten Europas ist von basaltischen Aschentuffen bedeckt. Es reicht von den Shetland-Inseln und dem Londoner Becken über Nordholland und Jütland bis nach Norddeutschland. Die Ausbruchszentren liegen wohl im westschottischen Raum und im Skagerrak.

Zu Vulkanismus kommt es auch in Zentralfrankreich, in Deutschland, Ungarn und der Slowakei, aber auch in Südostasien und im Malaiischen Archipel. Vor etwa 65 bis 60 Jahrmillionen fließen in Vorderindien im Deckanplateau auf einer Fläche von mehr als 300 000 km² bis zu 2000 m mächtige Basaltdecken aus. Lebhafter Vulkanismus ergreift auch den Golf von Kalifornien. In Afrika kommt es besonders in Äthiopien und Kenia zunächst zu gewaltigen Ausflüssen von Plateaubasalten und gegen Ende des Tertiärs zum Aufbau großer Stratovulkane (s. rechts). Auch in Australien und auf Neuguinea zeugen tertiäre Basalte von lebhaftem Vulkanismus.

Stratovulkane aus Lava- und Lockermassen

Neben verbreiteten Plateaubasalt-Ausflüssen (→ S. 194) tritt der tertiäre Vulkanismus auch durch den Aufbau riesiger sogenannter Stratovulkan-Massive in Erscheinung. Unter Stratovulkanen versteht man polygene, also durch unterschiedliche Ausbruchsmechanismen entstandene Vulkanberge. Sie bauen sich abwechselnd aus Lavaströmen und ausgeworfenen Lockermassen auf. Die einfachste Form eines Stratovulkans ist ein Kegelberg, der an seiner Spitze einen Krater besitzt, aus dem die Ausbrüche erfolgen. Wird ein solcher Berg zu hoch und dadurch der zentrale Schlot zu lang, bricht dieser ein und verstopft. Kann ein folgender Ausbruch den Schlot nicht mehr freifegen, hebt sich der gesamte Berg. Radialspalten brechen auf halber Höhe oder gar am Fuß des Berges auf und bewirken Flankenausbrüche, bei denen die heiße Lava nach außen dringt. Auf den Außenhängen des Vulkans siedeln sich zahlreiche »parasitäre« Kegel an, die z. T. sehr groß werden können. Bei zäheren Laven entstehen statt der Schlackenkegel solche aus Aschen und kleinen Steinchen (Lapilli); und bei sehr zähen Magmen reißen Sprengtrichter auf, die sich mit Bimssteinwällen umgeben. In solchen Trichtern können sich Staukuppen aus nicht zerfließendem zähem Material aufbauen.

Auch die Hauptkrater von Stratovulkanen verändern häufig ihr Aussehen. Stark explosive Ausbrüche erweitern und vertiefen die Krater, spätere ruhige Lavaausflüsse und Schlackenwürfe sowie abstürzende Kraterwände füllen sie wieder auf oder überhöhen sie sogar im Zentrum.

Besonders explosive Ausbrüche, die nicht nur den Schlot ausräumen, sondern auch den oberen Teil des magmatischen Herdes, der den Vulkan speist, freischießen, führen dazu, daß der zentrale Teil des Vulkans seinen Halt verliert und in den unterirdisch entstandenen Hohlraum einstürzt, der oft enorme Ausmaße hat. Solche kesselartigen Einsturzkrater nennt man Calderen. Eine Caldera kann einen Durchmesser von vielen Kilometern haben. Im Laufe der Zeit entstehen in ihrem Inneren meist neue kegelförmige Vulkane.

In der Kraterwand eines Stratovulkans erkennt man typische Gänge (l.). Charakteristisch sind auch die sogenannten Parasitärkrater (o.)

Aufgefaltete Schiefergesteine (wie im Ötztal) liefern keine schroffen Hochgebirgsformen.

Sanft gerundet sind heute die höchsten Alpengipfel (Montblanc). Sie ragten über die Eiszeitvergletscherung hinaus.

Schroffe, aber nicht vertikale Bergflanken kennzeichnen aufgetürmtes Granitgestein.

Gebirgsketten der Alpen beginnen sich aufzufalten

66 –1,7 Mio. Etwa mit dem Beginn des Tertiärs setzt die Auffaltung der Alpen ein. Ihren Höhepunkt erreicht diese Faltung, die sich aufgrund eines Vordringens der Afrikanischen Platte nach Norden abspielt, im Oligozän (36–24 Mio.). Gegen Ende des Tertiärs sind die Alpen dann durch Erosion bereits wieder zu einer Art Mittelgebirge eingeebnet, werden aber während der Eiszeit im nachfolgenden Quartär nochmals emporgehoben.

Der den Alpen zugrunde liegende Geosynklinaltrog war in verschiedene Teiltröge gegliedert. Dazwischen erhoben sich Schwellen. Diese bleiben bei der schon in der Obersten Kreide (75–66 Mio.) beginnenden Zusammenschiebung der Geosynklinalsedimente als Widerlager an Ort und Stelle (autochthon). Sie bauen im Verlauf späterer Auffaltungen mit ihren magmatischen und metamorphen Gesteinen die Zentralalpen (Montblanc, Aare- und Gotthardmassiv) auf. Zwischen ihnen quetschen sich die Sedimente des »Helvetikums« (Kalke und Dolomite) hoch. Sie werden infolge des nach Norden gerichteten Drucks teilweise über weite Strekken (ca. 100 km) transportiert und auf schon gefaltete Schichten als sogenannte Decken aufgeschoben.

Entsprechend ihrer Herkunft unterscheidet man ostalpine, penninische und helvetische Deckensysteme: Die ostalpinen Decken bilden heute hauptsächlich die Triaskalke der Nördlichen Kalkalpen. Vor allem den südlichen Teil der Schweizer Alpen formen die penninischen Decken. Sie bestehen vorwiegend aus metamorphen Gesteinen und stammen ursprünglich vom Alpensüdrand. Die helvetischen Decken bleiben auf den nördlichen Teil der Schweizer Alpen sowie die französischen Voralpen beschränkt.

Pflanzen passen sich Bergklima an

Die Bedecktsamer (→ 184–160 Mio./S. 243) zeigen bald zahlreiche Anpassungserscheinungen an die klimatischen Bedingungen im Hochgebirge. In der Ewig-Schnee-Stufe unterbrechen oft nur wenige Tage oder Wochen andauernde Vegetationsperioden den ewigen Winter. Hochalpinen Blütenpflanzen gelingt es, innerhalb eines einzigen Monats die schon angelegten Knospen aus der Erde zu schieben, zu wachsen, zu blühen und Früchte anzusetzen sowie diese zur Reife zu bringen. Zahlreiche Vorkehrungen gewährleisten das Überleben der Pflanzen:

▷ Stark entwickelt ist das Wurzelsystem als geschützter Speicher für produzierte Stoffe.

▷ Die Wasserabgabe wird verringert, denn bei Frost können die Pflanzen kein neues Wasser aufnehmen. So finden sich häufig Nadelblätter, Rollblätter, Faltblätter, filzige Behaarung, Blätter mit ledriger Oberhaut und auch sukkulente Formen.

▷ Ausdauernde Pflanzen herrschen vor, einjährige treten zurück; denn die Reproduktionszeit – vom Samen bis zur Blüte und wieder zur Samenreife in 1 bis 3 Monaten – ist für die meisten einjährigen Pflanzen wesentlich zu kurz.

▷ Viele Hochgebirgspflanzen überwintern mit großen Blättern, um auch im Winter an schneefreien Tagen assimilieren zu können.

▷ Zahlreiche Pflanzen bilden ihre Blütenknospen schon im Herbst voll aus, um sie unmittelbar nach der Schneeschmelze austreiben und öffnen zu können.

▷ Fast die Hälfte aller heutigen Schneepflanzen sind sogenannte Wintersteher, deren Samenreife bis in den Winter verlängert ist.

▷ Die Widerstandsfähigkeit wird durch spezielle Wuchsformen erhöht (Polster, flache bodennahe Rosetten, kriechende Sprosse, Zwergwuchs). Niedriger Wuchs schützt vor allem vor den eisigen und austrocknenden Hochgebirgsstürmen.

▷ Wegen der Seltenheit von Insekten sind viele Hochgebirgspflanzen Selbstbestäuber und vertrauen ihre Flugsamen dem Wind an, oder sie vermehren sich vegetativ.

Soldanella alpina, das Echte Alpenglöckchen, blüht jeweils unmittelbar im Anschluß an die Schneeschmelze.

Sempervivum tectorum, die »Echte« Hauswurz: Diese Pflanze übersteht den Bergwinter mit Hilfe eines Wasserspeichers.

Himalaja-Faltung wird eingeleitet

66–1,7 Mio. Bereits zur Wende Kreide/Tertiär erreicht die nach Norden driftende Indische Platte den asiatischen Kontinent und engt dort das Gebiet des »Urmittelmeers« (Tethys) mit ihren mächtigen Sedimenten zunächst auf einen schmalen Indus-Trog ein. Gleichzeitig setzen am nördlichen Rand dieses Troges erste Gebirgsauffaltungen ein. Zum Ausgang Eozän/Oligozän (55 - 24 Mio.) schließt sich das Restmeer völlig, und seine Sedimente werden hoch herausgehoben.

Wie im Alpenbereich erfolgt die Entstehung des Himalajas ebenfalls in einzelnen Schüben. Auch heute noch hebt sich das höchste Massiv der Welt. Der Himalaja entsteht zwar in etwa zeitgleich mit den Alpen (→ S. 312), und die seine Auffaltung bewirkenden Kräfte sind gleicher Natur, aber es gibt dennoch Unterschiede im Aufbau der beiden Gebirge. Aus vier parallelen Gebirgsketten setzt sich der Himalaja zusammen: Aus dem Siwalikgebirge im Süden, dem Vorderhimalaja, dem Hohen Himalaja und dem Transhimalaja. Dazwischen liegen breite Täler und weite Hochbecken. Auch das aufgefaltete Material ist anders zusammengesetzt. In den Alpen bestehen nur die zentralen Massive aus magmatischen und metamorphen Gesteinen. Der große Rest sind vorwiegend Sedimente aus dem Jura (210–140 Mio.) und der Kreide (140–66 Mio.). Dagegen baut sich der Himalaja überwiegend aus Metamorphiten auf.

△ Aus ungewohnter Perspektive zeigt die Kamera in der Raumkapsel Gemini V den südöstlichen Bereich des Himalaja-Gebirges. Aus dieser Höhe betrachtet, wird der Faltengebirgscharakter des heute höchsten Massivs der Welt deutlich. Es baut sich aus einer Reihe in Westostrichtung parallel zueinander verlaufender Ketten auf.

◁ Himalaja-Landschaft mit dem Gosainkundsee in Nepal; zu Beginn des Tertiärs trifft die Indische Platte auf den asiatischen Kontinent und beginnt, den Himalaja aufzufalten. Auch heute ist dieser Vorgang noch nicht abgeschlossen. Trotz der Erosion wächst das Gebirge weiter.

Tierwelt stellt sich auf den harten Überlebenskampf in der Hochgebirgswelt ein

Mit dem weltweiten Entstehen hoher Gebirge (s. o.) erhält auch die sich während des Tertiärs sehr artenreich entwickelnde Säugetierfauna Impulse, sich an das Leben im Hochgebirge anzupassen. Das gleiche gilt auch für die Vögel und bedingt für Kriechtiere und Lurche. Daneben gelingt es außerdem zahlreichen Insektenarten, Lebensräume bis hinauf in große Höhen zu erobern.

Am schwersten fallen die Anpassungen an das Hochgebirgsklima natürlich den Warmblütern, also den Vögeln und den Säugetieren. Dennoch entwickeln sich nur wenige spezifische Gebirgsarten. Diese ähneln dann weitgehend polaren Tieren und fallen oft durch ihre Fähigkeit auf, ihre Federn oder Haare durch Mauserung bei Beginn der verschiedenen Jahreszeiten nicht nur zu wechseln, sondern zugleich umzufärben. So ist das Sommerkleid vieler reiner Hochgebirgsarten meist mehr oder weniger erdfarben, das Winterkleid hingegen weiß. Natürlich ist das keine Anpassung an Klimaverhältnisse, sondern eine Schutzmaßnahme, eine Tarnfarbe, um von Beutejägern unentdeckt zu bleiben.

Die meisten Hochgebirgstiere kommen aber mit den gleichen oder nahe verwandten Arten auch im Flachland vor. Ihre Anpassungen an den neuen Lebensraum sind also bei weitem nicht so grundsätzlicher Natur wie jene der Pflanzen (→ S. 312). Es genügen Umstellungen, die oftmals in wenigen Generationen, manchmal innerhalb einer einzigen möglich sind. So paßt sich die Zahl der roten Blutkörperchen an den mit der Höhe abnehmenden Luftsauerstoff bereits innerhalb weniger Tage an, die Lungenkapazität innerhalb einiger Generationen. Das Fell oder Federkleid wird schnell deutlich dichter.

Auch das Verhalten der Tiere ändert sich erstaunlich rasch. Gebirgstiere müssen ja mit zahlreichen Gefahren fertig werden, die es im Flachland nicht gibt: Lawinen, Stein- und Geröllschlag, nur dürftig überfirnte Gletscherspalten, plötzliche Wetterstürze usw. Die meisten schärfen innerhalb kurzer Zeit ihre Instinkte derart, daß sie diese Gefahren an geringsten Anzeichen erkennen.

Weitgehend einheitlich sind die akustischen Äußerungen der Gebirgsvögel und -säuger: Sie pfeifen, da dieser Laut in felsiger Umgebung weithin hörbar ist.

Festungsähnliche Felsbastionen mit senkrechten Wänden präpariert die Erosion wie hier in den Dolomiten aus gebanktem Dolomit heraus.

Breite Gletscherstöme fräsen, weitgehend unabhängig vom Untergrund, U-förmige Täler in die Berglandschaft. Oft ist das Eis mehrere 100 m dick.

Frost und Gletscherwanderung prägen Gebirgsmassive

66–1,7 Mio. Die zahlreichen während des Tertiärs entstehenden Faltengebirge (→ S. 29) erhalten ihre meist schroffen Hochgebirgsformen keineswegs allein durch Auffaltungsprozesse. Sie entstehen primär als gerundete Falten- bzw. Deckengebirge. Ihr markantes Gesicht verleiht ihnen erst die Erosion, und die setzt zeitgleich mit der Auffaltung ein. Es sind zahlreiche verschiedene Kräfte, die hier wirksam werden.

Kristalline Gesteine verwittern vorwiegend durch Frostsprengung. Dagegen halten sie Windschliff und Erosion durch Fließwasser relativ gut stand. Klotzige Felsmassive mit gewaltigen, aber nur selten steilen Bergwänden zeugen von Frosteinwirkung oder Temperaturspannungen bei ausgeprägtem Strahlungsklima mit tag-nächtlichen Temperaturunterschieden von 50 °C und mehr. Gestein sammelt sich als z. T. grobes Blockwerk an den Wandfüßen in weiten Schuttkarren. Entsprechende Formen finden sich heute z. B. im Gotthardmassiv der Alpen. Ganz anders verwittert Sedimentgestein, etwa Kalk oder Dolomit. Seine Erosionsprodukte sind viel feiner. Ebenfalls durch Frostsprengung entstehen steile Felstürme, schlanke Nadeln und Zinnen (wie in den Dolomiten), zu deren Füßen sich kegelstumpfförmige Halden kleinkörnigen Schüttmaterials bilden. Regen und Schmelzwasser schwemmen das Lockermaterial weiter bergab. Auf den Hochflächen der Kalkgebirge entstehen durch Kalklösung (Korrosion, → S. 212) nicht selten ausgedehnte graue Karstgebiete, sogenannte Karrenfelder. Tuffe und Sandsedimente bringen teilweise sanfte und rundliche Erosionsformen hervor.

Eine besonders große Bedeutung bei der Formung der Hochgebirge kommt den Gletschern zu. Diese Eismassen haben ihren Ursprung in sogenannten Nährgebieten, jenen Hochgebirgsregionen, in denen sich während eines Jahres mehr Eis bildet als abschmilzt. Die Gletscher werden hier also durch Verdichten des Schnees erst zu Firn (verhärteter, kristalliner Altschnee) und dann – unter Auspressen der Luft – zu Eis. Allmählich werden sie immer mächtiger, bis sie so schwer sind, daß sie sich in langsamer Fließbewegung zu Tal wälzen. Dabei führen sie große Gesteinsmassen mit. Zum einen fällt durch Frostsprengung Trümmergestein auf sie herab, das sie auf ihrer Oberfläche als Deckmoräne mitführen. Da dieses Material von den Felsflanken also ständig fortbefördert wird, entwickeln sich oberhalb von Gletschern auch im kristallinen Gestein oft schroffe Formen. Zu beiden Seiten und unter sich fräsen die zu Tal schiebenden Eismassen den Felsen aus. So entstehen breite U-förmige Gebirgstäler mit in der Regel verhältnismäßig geringem Gefälle.

Überfließen Gletscher Geländestufen, ebnen sie im Laufe der Zeit Unregelmäßigkeiten im Untergrund ein und schieben das abgetragene Material als Grundmoräne weiter. Gelangt das Geröll an den Rand des Gletschers, bleibt es als Seiten- oder als Stirnmoräne liegen, wobei das Stirnmoränenmaterial oft vom Gletscherbach fortgeschwemmt wird. Im »Zehrgebiet« des Gletschers, wo mehr Eis schmilzt als neu hinzukommt, bleiben schließlich auch die mitgeführten Deckmoränen liegen.

Während die Gletscher U-förmige Trogtäler in den Untergrund einschleifen, über deren steile Kanten oft Wasserfälle herabschießen, wäscht das fließende Wasser tiefe Spülrinnen, sogenannte Runsen, in den Boden. Hierdurch werden schließlich charakteristische V-förmige Täler ausgefräst.

Das Reliefbild des zentralen Himalaja, aufgenommen aus dem Space Shuttle Columbia, zeigt eindrucksvoll die Arbeit des Wassers. Anders als das fließende Eis der Gletscher schleift Wasser V-förmige Täler aus. Dabei entsteht ein flächendeckendes Labyrinth von Verästelungen, das sich im Kleinen wie im Großen gleicht. Von den ursprünglich gerundeten Höhen bleiben nur scharfe Grate stehen. Weitere Wassererosion schafft erst dann neue Formen, wenn das Gebirge stark verflacht.

Kleinformen der Gesteinserosion

66–1,7 Mio. Neben Großformen der Erosion, die den tertiären Hochgebirgen ihr Gesamterscheinungsbild verleihen, sind die abtragenden Kräfte auch im Detail wirksam und schaffen z. T. bizarre Kleinformen. Wo Wasser, in dem abrasiv wirkendes Material wie Sand, Kies oder Geröll mitgeführt wird, mit großer Wucht immer an derselben Stelle auf Gestein einwirkt, entstehen Hohlformen. Sehr ausgeprägt ist dieser Effekt am Boden von Gletschern, wo eine Spalte im Eis bis auf den festen Untergrund herabreicht. Durch solche trotz des Fließens der Gletscher lokal bleibenden Spalten schießen oft Schmelzwässer von der Oberfläche des Gletschers Hunderte von Metern in die Tiefe. Dabei reißen sie Material von der Deckmoräne mit sich, das in den festen Fels des Untergrundes im Laufe der Zeit tiefe, meist zylindrische Löcher – Gletschertöpfe oder Gletschermühlen – vortreibt.

Wo Gletscher abrupt an Hochtal-Abbrüchen enden (Hängegletscher), fräst das aus ihnen abfließende Schmelzwasser zusammen mit dem Material der Grundmoränen enge, tiefe Täler mit nahezu senkrechten oder überhängenden Wänden (Klamm) in das Gestein, oder es entstehen oft bizarr gewundene Abzugskanäle (Tobel).

Regenwasser wäscht großflächig weiche Moränen aus, wird aber dort nicht aktiv, wo in diesen Moränen große schützende Felsbrocken oder Reste alter fester Deckschichten liegen. Unter ihnen bleibt ein Sockel des Lockermaterials stehen. Das Ergebnis sind Erdpyramiden.

Andere Kleinformen der Erosion liefert die Korrosion in Form der Karstphänomene (→ S. 212).

Die Frostsprengung schafft besonders eigenwillige Kleinformen in Granit. Sie ist in der Lage, massive Granitdecken dem Verlauf der Kluftung entsprechend erst in einzelne, eng benachbarte Türme zu zerlegen und diese dann horizontal in sogenannte »Wollsäcke« zu untergliedern. Auf ähnliche Weise freigelegte Sandsteine greift oft der Wind an und schleift aus ihnen durch mitgeführten Sand und Staub tiefe Zellen aus, zwischen denen enge, härtere Stücke stehenbleiben. Dieses Verwitterungsphänomen nennt man Bienenwabenerosion.

Bei der Entstehung dieser Gebirgslandschaft im Grenzgebiet von Irak und Iran spielten der Aufbau der Sedimente, tektonische Kräfte und das Erosionsgeschehen gemeinsam gleichbedeutende Rollen. Die marinen Sedimente sind deutlich parallel geschichtet. Während ihrer Auffaltung im Rahmen der Gebirgsbildung wurden diese Schichten dann schräggestellt. Die Erosion brauchte die einzelnen Lagen nur noch freizupräparieren.

Wo steil zu Tal fließendes Wasser viel Geröll mitführt, ist seine Schleifwirkung besonders ausgeprägt. Selbst in Granit frißt es dann tiefe Schluchten und engkurvige Tobel wie den Trümmelbach in der Schweiz.

Besonders bizarre Formen der Gebirgserosion bringt gelegentlich das Wüstenklima hervor. Hier – im südlichen Hohen Atlas – zerkerbten in erster Linie Temperaturwechselspannungen das an sich homogene Gestein.

Sandstein ist meistens horizontal geschichtet und bekommt durch Druck, Temperatur o. ä. (Diagenese) einen festen inneren Verbund. Wo er durch Erosion seitlich angegriffen wird, wie hier auf den Orkneys vom Meer, lösen sich oft größere zusammenhängende Trümmer und bilden grobes Blockwerk.

Wo einzelne Felsbrocken darunterliegendes weiches Material schützen, entstehen sogenannte Erdpyramiden (am Ritten bei Bozen).

Kontinent-Verschiebung verändert Meeresströmungen

66–15 Mio. Die schnellen Veränderungen in der Lage der Kontinente und der damit verbundene Einfluß auf die Weltmeere und Meeresarme prägen auch die Meeresströmungen großräumig. Das wiederum hat Auswirkungen auf das Klima.
Zunächst besteht eine breite Meeresverbindung zwischen dem Mittelmeer und dem Indischen Ozean, durch die wahrscheinlich eine warme Meeresströmung in das Mittelmeer eindringt. Angetrieben wird sie vermutlich durch den Nordostpassat. Zugleich existiert in Mittelamerika, wo die Landbrücke zwischen beiden Kontinenten überflutet wird, eine Verbindung zwischen Atlantik und Pazifik. Es herrscht also anfangs noch eine weltumgreifende, ostwestlich gerichtete Meeresströmung. Diese verliert aber zunehmend in dem Ausmaß an Bedeutung, in dem das »Urmittelmeer« (Tethys) durch die Nordwärtsdrift Afrikas mit Arabien und Vorderindien eingeengt wird. Durch die Verschweißung des afrikanisch-arabischen mit dem europäischen Block im Mittleren Miozän (vor etwa 15 Mio.) wird diese weltweite Meeresströmung völlig unterbrochen. Dafür treten andere Meeresströmungen in den Vordergrund, besonders im Atlantik, der sich immer weiter öffnet und im Norden vor rund 50 Mio. Jahren mit dem Arktik verbindet. Die Thule-Basaltbrücke trennt jedoch den nördlichen Teil in zwei Becken. Durch das Nordwärtsdriften Australiens wird schließlich der Weg für eine in Westostrichtung die Antarktis umkreisende Meeresströmung frei.
West- und Nordeuropa stehen nach dem Verschluß der mittelamerikanischen Straße unter dem Einfluß eines warmen Golfstroms. Dieser floß vorher als ein zunehmend kleiner werdender Ast durch die mittelamerikanische Meeresverbindung in den Pazifik ab, bevor sich an dieser Stelle gegen Ende des Tertiärs die Landbrücke schließt. Die pazifische Küste Nordamerikas wird von einem Kuro-Schio-Strom berührt, der noch wärmer ist als der heutige. Der nordamerikanische Westen ist deshalb bis in höhere Breiten so warm, daß in Alaska Palmen gedeihen.
Südafrikas Ostküste passiert ein warmer Agulhas-Strom, der seinen Ursprung in äquatornahen Regionen des Indiks hat, während die südafrikanische Westküste im Einflußbereich eines kalten Benguela-Stroms liegt. Dieser wird teils aus antarktischem Wasser, teils aus den abgekühlten Wässern einer Strömung (Brasil-Strom) genährt, die vor der südamerikanischen Ostküste nach Süden fließt.
Kalte Wassermassen strömen auch an der Westküste Südamerikas nordwärts. Klimatisch hat das zur Folge, daß im Westen Südamerikas und im Westen Südafrikas extrem trockene Küstenwüsten liegen (Atacama und Namib). Wegen der dort vorherrschenden Westwinde gerät kalte, feuchtigkeitsarme Meeresluft ins Landesinnere, wo sie sich erwärmt und weiter austrocknet.

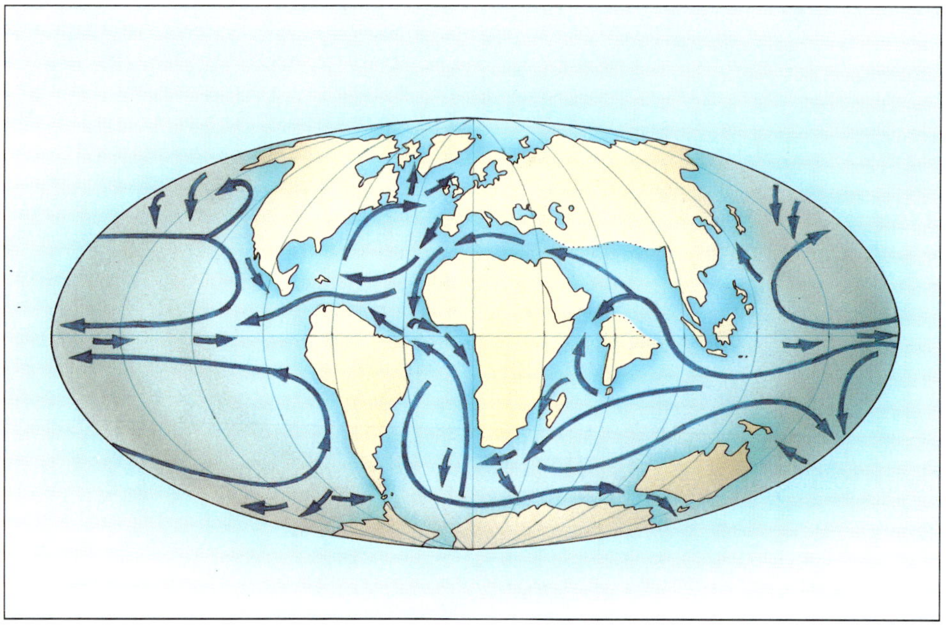

Das weltweite System der Meeresströmungen wird zu Beginn des Paläozäns in erster Linie von einer Meeresverbindung bestimmt, die zwischen dem Äquator und etwa 30 ° nördlicher Breite die gesamte Welt umspannt. Noch ist das »Urmittelmeer« Tethys in seinem östlichen Bereich nicht geschlossen, und die mittelamerikanische Landbrücke ist überflutet. Durch die Erdrotation kommt es zu einer ostwestlichen Strömung um den ganzen Globus.

Reste der Tethys bilden Mittelmeer

66–15 Mio. Die Nordwärtsdrift Afrikas mit der Arabischen und der Vorderindischen Tafel führt in dieser Zeit zur weitgehenden Schließung der bisher miteinander verbundenen Meeresbecken der Tethys (»Urmittelmeer«). Übrig bleibt nur das europäische Mittelmeer.
Dieses Meeresbecken wird nach seinem östlichen Abschluß durch die Arabische Halbinsel mehrfach auch im Westen abgeschlossen, indem sich die Meerenge von Gibraltar schließt. Während derartiger Perioden trocknet es völlig aus. Durch dieses mehrfache Eindampfen werden bis zu 2000 m mächtige Salzsedimente ausgefällt. Die hohe Verdunstung und Salzabscheidung binden erhebliche Wärmemengen aus der Atmosphäre.

So präsentieren sich die Koralleninseln der Seychellen heute. Einst waren sie ein Festlandsteil im Westen der Indischen Tafel.

Inselreich der Seychellen löst sich von Indischer Tafel

Um 63 Mio. *In welchem Maße die Erdkruste im Bereich des Indischen Ozeans in Bewegung ist, zeigt sich daran, daß nicht nur die Indische Tafel nach Norden driftet und Anschluß an den asiatischen Kontinent erreicht, sondern daß sich erst um diese Zeit die Inselgruppe der Seychellen von Indien loslöst. Heute liegen die gebirgigen Eilande und flachen Koralleninseln dieses Archipels nicht weit nordöstlich von Madagaskar. Im frühen Paläozän existiert folglich der gesamte Meeresraum zwischen der indischen Westküste und den Seychellen noch nicht. Das heute benachbarte Madagaskar hingegen gehörte ursprünglich zur afrikanischen Kontinentalscholle, von der es sich bereits im späten Mesozoikums loslöste (→ um 150 Mio./S. 247).*

Palmen von Alaska bis zur Antarktis

66–55 Mio. In dieser Zeit erreichen die Palmen die weiteste Verbreitung ihrer gesamten Entwicklungsgeschichte. Sie wachsen in Alaska bis hinauf zum 62. Breitengrad, in Europa noch in Spitzbergen und in Sibirien bis über den 70. Breitengrad hinaus.

Auch im Gebiet Grönlands finden sich Palmen. Auf der Südhemisphäre reicht ihr Lebensraum bis in die Antarktis. Das gestattet Rückschlüsse auf das Klima in dieser Zeit, denn Palmen sind typische Pflanzen warmer Regionen. Fast alle heutigen Formen – und sie unterscheiden sich nicht wesentlich von jenen des Paläozäns – verlangen während der kältesten Zeit des Jahres Durchschnittstemperaturen über 8 °C und eine Jahresmitteltemperatur von wenigstens 19 °C. Nur vereinzelt gedeihen Palmen in sehr ausgeglichenem Klima auch bei jährlichen Durchschnittstemperaturen von 12 °C, etwa auf Neuseeland.

Daß die Palmen nicht schon zu früheren Zeiten so weit verbreitet waren wie im Paläozän, hat seinen Grund darin, daß diese Pflanzenfamilie noch nicht alt ist. Sie entstand erst in der Oberkreide (→ 97–66 Mio./S. 290). Im Laufe des Tertiärs ziehen sich die Palmen aufgrund fortschreitender globaler, für sie ungünstiger Veränderungen des Klimas zunehmend in südlichere Breiten zurück.

Als Klimazeugen weisen die Palmen übrigens keineswegs auf trockenheiße Gebiete hin. Es sind typische Tropengewächse, und als solche brauchen sie viel Wasser. Zwar werden sie heute oft als charakteristische Wüstenpflanzen gesehen, aber dieser Eindruck trügt. Sie können nicht einmal in reinen Savannen überleben, wenn kein sehr hoher Grundwasserspiegel für ausreichendes Wasser sorgt. In Wüsten beschränken sie sich deshalb auf wasserreiche Oasen. Große Lufttrokkenheit hingegen vertragen sie gut. Fossil bleiben von den Palmen vor allem das typische, ziemlich faserige Holz ohne Jahresringe und die charakteristischen gestielten Blätter mit strahliger oder fiedernerviger Spreite erhalten, daneben aber auch die hartschaligen Früchte. Versteinerungen von Blüten sind weitaus seltener. Häufig finden sich fossilisierte Palmenreste in Braunkohlenlagerstätten (→ S. 319), die ihrerseits einen Hinweis auf feuchtwarme Klimate darstellen.

Zu den entwicklungsgeschichtlich frühesten Palmengattungen gehören die Sabalpalmen. Das Fossil ist ein Blatt von Sabal major aus dem Alttertiär Tirols.

Wie heute im Vallee-de-Mai auf der Seychelleninsel Praslin zeugten im Alttertiär Palmen auch im Herzen Europas von subtropischem bis tropischem Klima.

Nordgrenzen der Palmen

- ▷ Paläozän: Zentrales bis nördliches Grönland
- ▷ Eozän: Spitzbergen, in Sibirien etwa der Polarkreis
- ▷ Beginn des Oligozäns: Nordkap bis nördliches Kamtschatka
- ▷ Ende des Oligozäns: Südschweden, Altaigebirge, Insel Sachalin
- ▷ Miozän: Deutschland, nördliches Kaspisches Meer, Insel Hokkaido
- ▷ Pliozän: Nördliche Adria, südliches Kaspisches Meer, Insel Honschu
- ▷ Beginn des Quartärs: Gibraltar, Apulien, Iran, Nordindien, Insel Honschu

Landpflanzen in einer Übergangszeit

66–55 Mio. Die Flora dieser Zeit zeigt noch zahlreiche Arten, die für die vorausgehende Oberkreide typisch waren. Daneben finden sich aber auch solche, die ihre Hauptblütezeit erst in der späteren Tertiärflora erleben. Gute Belege dafür sind aus Nordwestgrönland erhalten.

Aus der Oberkreide haben sich u. a. Dewalqueen (baumförmige Hahnenfußgewächse) und Dryophyllen (Kastanieneichen) herübergerettet. Gut vertreten sind Metasequoia, Macclintockia (an den Zimtbaum erinnernd) und Cercidiphyllum (ein baumförmiger Hahnenfußverwandter). Daneben finden sich Quercophyllum (eine Verwandte der Eiche) und andere Buchen- sowie Lorbeergewächse. Weit verbreitet sind Palmen (s. o.) und Kautschukbäume.

Fossile Wälder in Nord und Süd

66–55 Mio. *Wie schon während der Oberkreide in der Zentralsahara (→ 97–66 Mio./S. 291), bleiben durch Verkieselungsprozesse in dieser Zeit zahlreiche Holzüberreste von ausgedehnten Wäldern im Gebiet von Kairo, aber auch in Patagonien erhalten.*

Während die Konservierung des versteinerten Waldes in Ägypten auf gleiche Weise geschieht wie im Tidikelt der Sahara, bettet am Rio Deseado kieselsäurehaltiges vulkanisches Lockermaterial (Tuff) die Baumstämme ein. Außer zahlreichen Araukarienresten finden sich auch Zapfen von einigen anderen Nadelbäumen.

◁ In der ägyptischen Wüste liegen noch heute verkieselte Hölzer aus dem Paläozän.

Feuchtwarmes Klima läßt tropische Regenwälder gedeihen

Selbst auf Spitzbergen herrscht mildes Klima: Die fossilen Blätter und Abwurfzweige einer Metasequoia sprechen für Herbsttage in einer gemäßigten Zone.

In Mitteleuropa gedeiht weiträumig tropischer Regenwald. In den Sumpfmooren entstehen regional Braunkohlen, in denen Baumstümpfe wie dieser erhalten bleiben.

66–36 Mio. In dieser Zeit gedeihen in vielen Teilen der Erde tropische Regenwälder. Ein Grund dafür ist sicherlich das ausgesprochen feuchtwarme Klima, das in diesen Gebieten herrscht. Die mit dem Tertiär einsetzende Gebirgsbildung hat die meisten großen Faltengebirgszüge in aller Welt erst zu relativ geringer Höhe aufgefaltet, so daß fast überall feuchte Meeresluft ins Innere der Kontinente gelangen kann.

Mitteleuropa – besonders Deutschland – erlebt bis ins Mittlere Eozän hinein ausgiebige Niederschläge. Besonders regenreich ist in Europa auch Rußland, speziell das Gebiet der Ukraine. Hier gedeihen immergrüne tropische und subtropische Regen- und Moorwälder. In Nordamerika sind sogar die Gebiete der heutigen innermontanen Wüsten – besonders das Great Basin und die Mohave-Wüste – Feuchträume mit einer reichen Waldvegetation.

Auch in den heutigen Steppengebieten Innerasiens gedeihen in dieser Zeit bei hohen Niederschlägen ausgedehnte Regenwälder. Selbst in Australien fällt wesentlich mehr Regen als heute. Hier wachsen weit verbreitet sommergrüne Laubwälder.

Wichtig für die Entstehung und Ausbreitung der großen tropischen Regenwälder dieser Zeit ist nicht nur das feuchtwarme Klima mit Jahresniederschlägen von 2000 mm und auch wesentlich mehr. Im Gegensatz zu früheren erdgeschichtlichen Wäldern setzen sich die Regenwälder zum allergrößten Teil aus bedecktsamigen Bäumen zusammen, die ein sehr dichtes Laubdach besitzen. Im Inneren dieser Wälder ist es immer windstill. Damit scheiden Windbestäubung und eine Verbreitung der Arten durch Flugsamen (→ S. 293) aus. Die Bestäubung der blühenden Bäume übernehmen jetzt in erster Linie die Vögel, die sich zeitgleich mit den Regenwäldern in ihrer Artenzahl explosiv vermehren. Für die Verbreitung der Samen sorgen aber auch Insekten, deren Formenvielfalt ebenfalls mit der Ausweitung der Regenwälder zunimmt.

Reiches Spektrum von Flora und Fauna

Mit der Entwicklung der großen tropischen Regenwälder in vielen Regionen der Erde entstehen die artenreichsten Florengebiete überhaupt. Auf einem einzigen Hektar Regenwald sind heute mehr als 100 verschiedene Arten hoher Bäume keine Seltenheit. Man schätzt, daß auf einem Hektar der südamerikanischen Regenwälder bis zu 40 000 Insekten- und niedere Tierarten zusammenleben.

Ungewöhnlich groß ist aber nicht nur die Artenzahl, sondern auch die Formenvielfalt der Pflanzen und Tiere. Das rührt daher, daß innerhalb des Regenwaldes auf engem Raum in der Vertikalen ganz unterschiedliche Klimate und vor allem Lichtverhältnisse herrschen. Während der Bodenraum ständig in Dämmerlicht gehüllt und triefend naß ist, bildet der Stammraum eine mäßig durchlichtete, windstille Zone. In diesen mittleren Bereich dringt selten heftiger Regen, dafür aber andauernd leichter Sprühregen. Dem gleißenden Sonnenlicht sowie heftigen Regengüssen ausgesetzt sind dagegen die Baumkronen. Und die vereinzelten Baumriesen, die hoch über das allgemeine Kronendach hinausragen, recken ihre Häupter in einen Raum, der wesentlich lufttrockener, vollsonnig und oft ausgesprochen windig ist. So findet sich in den verschiedenen »Stockwerken« des Regenwaldes eine sehr unterschiedliche Flora, die von Farnen, Moosen und Flechten über langbärtige oder horstförmige Epiphyten und schnellwüchsige Lianen bis zu ausgeprägten Baumwürgern und den berühmten »Urwaldriesen« reicht.

Gigantisch ist die Biomassenproduktion tropischer Regenwälder, die praktisch keine Jahreszeiten kennen. Absterbende Organismen werden in kurzer Zeit abgebaut und erneut in den Lebenskreislauf als Nahrung eingespeist. Der sehr schnelle Stoffumsatz hat zur Folge, daß die Böden der tropischen Regenwälder meist ausgesprochen nährstoff- und humusarm sind. Weit über 90 % aller Nährstoffe dieses Lebensraums sind ständig in der Biomasse selbst angelegt.

△ Im Eozän von Messel versteinerte dieses Blatt eines Rautengewächses (Rutacea) der Gattung Toddalia. Die ausgezogene Blattspitze gibt einen Hinweis darauf, daß die Pflanze in regenreichem Klima wuchs. Als Träufelspitze gewährleistet sie einen guten Wasserablauf.

◁ Wo sich heute auf Westspitzbergen der Longyear-Gletscher erstreckt, grünen im Alttertiär dunkle Regenwälder. Die Platte mit versteinerten Blättern, Metasequoienzweigen und Schachtelhalmen hat eozänes Alter.

Bildung mächtiger Braunkohlenflöze in Europa und Asien

66–55 Mio. In Zentraleuropa und in einigen Gebieten Asiens (Sibirien und Mongolei) bilden sich Torfmoore, aus deren organischen Ablagerungen Braunkohle entsteht. Diese Entwicklung ist vor allem auf langsame, mehr oder weniger langfristige Bodenabsenkungen sowie auf die besonderen klimatischen Verhältnisse in dieser Zeit – Wärme mit abwechselnden Regen- und Trockenzeiten – zurückzuführen. Beide Faktoren verstärken sich im weiteren Verlauf des Tertiärs und erreichen ab der Mitte des Eozäns (vor etwa 45 Mio.) eine Hauptphase, die bis ins Miozän (24–5 Mio.) anhält.
Der Mechanismus der Braunkohlenbildung war lange umstritten. Entgegen früherer Auffassung geht man heute davon aus, daß sich der Braunkohlentorf zunächst nicht unter, sondern über dem Grundwasserspiegel ablagert, dann aber durch Bodensenkung bald unter den Grundwasserspiegel gerät. Die Braunkohlenvegetation ist keine einheitliche Pflanzengesellschaft, sondern eine Folge von Pflanzengemeinschaften. Sie beginnt im allgemeinen mit der Riedgraspopulation (→ S. 288) verlandender Seen und setzt sich dann über Bruchwaldtypen bis zu einer »Schlußgemeinschaft«, meist in Form eines Sequoia-Waldes, fort. Aber auch diese Abfolge gilt nicht generell. So kann es bei raschem Bodenabsinken mitunter gar nicht zur Ausbildung eines Sequoia-Waldes kommen, die Bruchwaldphase wird stark verlängert, und schließlich erscheint durch relatives Ansteigen des Grundwassers vorübergehend wieder eine offene Wasserfläche. Zahllose unterschiedliche Abfolgen sind möglich, die sich jeweils mehrfach wiederholen, bis es zur Bildung mächtiger Braunkohlenflöze kommt.
Liegen im Torf die ursprünglichen Pflanzenbestandteile Zellulose und Lignin vor, so wird die weitere Kohlenstoffanreicherung (Inkohlung) von komplizierten physikalisch-chemischen Reaktionen bestimmt. In der Braunkohle ist die Zellulose dann bereits zersetzt.

Braunkohlen im Tertiär

- ▷ Unterpaläozän: Becken von Mons und Nassenheider Schichten im östlichen Deutschland
- ▷ Unterpaläozän bis Mittleres Eozän: Harzvorland
- ▷ Paläozän bis Oligozän: Felsengebirge im Westen Nordamerikas
- ▷ Eozän: Afrika (Südvictoria)
- ▷ Mittleres Eozän: Geiseltal (→ 48–45 Mio./S. 331) bei Merseburg
- ▷ Eozän bis Miozän: Dnjepr-Donez-Becken, Mitteleuropäischer Archipel
- ▷ Miozän: Niederrheinische Bucht
- ▷ Oberes Oligozän bis Mittleres Miozän: Lausitz und Polen
- ▷ Oligozän bis Pliozän: Turgai-Senke und Südkasachstan, Sibirien (Lena-Senke, Ost-Baikal-Senke, Amur-Senke) und Mongolei; Kalimantan (Borneo), Sumatra

Moore – hier das Schnakenmoor bei Hamburg – sind eine Vorstufe bei der Entstehung von Braunkohle. Mit zunehmender Verlandung verschwindet das freie Wasser. Mächtige Torflager bilden sich, sinken ab und können sich unter Sedimentdruck weiter in Braunkohle verwandeln.

◁ Heute werden die tertiären Braunkohlen in Deutschland z. T. kommerziell im Tagebau abgebaut. Die Luftaufnahme zeigt die Grube Fortuna im Rheinischen Kohlenrevier.

Verbreitung baumförmiger Liliengewächse

66–55 Mio. In subtropischen Floren Mitteleuropas und Nordamerikas gedeihen verholzende Liliengewächse, die z. T. sehr groß werden und mit der Sträucher und Lianen ausbildenden Gattung Smilax in Alaska bereits Vorläufer in der Oberkreide hatten. Erstmals erscheint auch die Gattung der Agaven, u. a. mit Drachenbaumarten (Dracaena). Während fast alle Agaven in Amerika zu Hause sind, bleiben die Drachenbäume auf Europa beschränkt. Heute umfassen sie rund 150 Arten.
Die meisten Drachenbäume (im frühen Tertiär die Arten Dracaena brongniarti und Dracaena narbonnensis) haben verzweigte Stämme. Obwohl es sich wie bei den Palmen (→ S. 317) um einkeimblättrige Bedecktsamer handelt, zeigen ihre Stämme ein Dickenwachstum, das aber nicht mit dem normalen Dickenwachstum der Koniferen und der zweikeimblättrigen Bäume zu verwechseln ist. Die Drachenbäume entwickeln kein zusätzliches Holz. Das teilungsfähige Bildungsgewebe (Kambium), das bei anderen Bäumen nach innen Holzzellen und nach außen Bastzellen produziert, liefert bei den baumförmigen Liliengewächsen nur zusätzliches Bastgewebe. Das betrifft sowohl den Stamm als auch die Wurzeln.
Die Verzweigungen der Stämme finden bei den Drachenbäumen meist erst in großer Höhe statt, so daß sich eine – grob gesprochen – »trugdoldenförmige« Krone entwickelt, deren einzelne Äste jeweils an ihren oberen Enden einen agavenähnlichen Schopf langer, schmaler und sehr zäher Blätter tragen.

Der Drachenbaum Dracaena draco wächst heute auf den Kanaren.

Seltene Farne wachsen in Italien

66–55 Mio. Als Rarität unter den Farnen findet sich in dieser Zeit in Italien die Ophioglossales, eine eigentümliche neue Unterordnung. Sie ist bis heute nur durch eine einzige Familie (Ophioglossaceae) vertreten. Was sie von anderen Farnen unterscheidet, ist die Unterteilung der Wedel in einen spreitigen und einen sporangientragenden Teil. Die Sporangien (→ S. 283) sitzen an den Seitenteilen des einfach gefiederten Wedels. Demgegenüber sind die sterilen Wedel zungenförmig oder einbis mehrfach gefiedert.
Ältere Angaben, denen zufolge diese Farne bereits in der Oberkreide (97–66 Mio.), mit Vorläufern sogar im Permo-Karbon, vertreten waren, erwiesen sich als Irrtümer.

Linsenförmige Gesteinsbildner

66–40 Mio. In dieser Zeit sind in allen warmen Meeren im Flachwassergebiet sogenannte Nummuliten verbreitet. Dabei handelt es sich um eine sehr artenreiche Gruppe von Großforaminiferen (→ 360–290 Mio./S. 151), die einen Durchmesser von mehreren Zentimetern erreichen können. Sie leben in maximal 150 m Wassertiefe auf dem Meeresboden und bevorzugen kalkigen und sandigen Grund. Ihr Gehäuse besteht aus Kalk und hat eine flache Linsenform. Die Außenwand ist aus zwei Lagen aufgebaut und windet sich spiralig um eine Mittelachse. Dabei wächst sie mit jedem Umlauf weiter nach außen. Im Inneren ist das Gehäuse durch kalkige Scheidewände (Septen) in zahlreiche Kammern unterteilt, die durch kleine Öffnungen miteinander verbunden sind.

Ausgeprägt ist bei den Nummuliten ein sogenannter Dimorphismus (Zweigestaltigkeit): Eine megalosphäre (»großkugelige«) und eine mikrosphäre (»kleinkugelige«) Generation lösen einander jeweils ab. Die erstere Form zeichnet sich durch eine größere Anfangskammer und ein ansonsten kleineres Gehäuse, die letztere durch eine kleine Anfangskammer und ein größeres Gehäuse aus.

Im Paläozän und im Eozän (55–36 Mio.) sind die Nummuliten in derart großen Massen in den Meeren verbreitet, daß sie gesteinsbildend wirken. Die Kalkbänke, die sie aufbauen, heißen Nummulitenkalk.

Entdeckung der Nummuliten

Bekannt sind fossile Nummuliten mindestens seit dem Altertum. Die Römer bezeichneten die flachen linsenförmigen Gebilde als nummulites, was soviel wie »Münzensteine« bedeutet. In der Antike hielten Besucher der ägyptischen Pyramiden die Nummuliten für versteinerte Linsen, für Überreste der Mahlzeiten der am Bau der Pyramiden beteiligten Sklaven. Tatsächlich wurden die Pyramiden aus alttertiärem Kalk gebaut, und die Sphinx besteht vollkommen aus Nummulitenkalk.

Wie ein stark verkleinertes, in der Ebene aufgerolltes Seil wirkt dieser fossile Nummulit aus dem Eozän von Clairoy im Département Oise in Frankreich.

Wo die linsenförmigen Einzeller in großer Zahl auftreten, wirken ihre Gehäuse gesteinsbildend. Der abgebildete Nummulitenkalk stammt ebenfalls aus Clairoy.

Kranke Nadelbäume liefern große Mengen Bernsteinharz

66–36 Mio. Im nordöstlichen Mitteleuropa, besonders im Gebiet der Samland- und der sogenannten Bernsteinküste, aber auch etwa in Mitteldeutschland, Rumänien, der Dominikanischen Republik und Nordamerika erzeugen bestimmte Nadelbäume infolge pathologischer Veränderungen große Harzmengen. Sie fossilisieren als Bernstein.

Die Bernsteinharz liefernden Koniferen, von denen einige möglicherweise bereits aus der vorausgehenden Oberkreide stammen, gehören zur Gattung Pinus (Kiefern) der Nadelbäume. Vermutlich handelt es sich um Vertreter der Kiefernuntersektionen Parrya und Balfouria der Sektion Paracembra.

Im Gegensatz zu den forstwirtschaftlich gepflegten Wäldern unserer Zeit leiden die Waldbäume des frühen Tertiärs bei dem herrschenden feuchtwarmen Klima wesentlich stärker unter zahlreichen Schädlingen, in erster Linie unter Pilzen. An fossilen Bernsteinbäumen läßt sich beobachten, daß der allergrößte Teil dieser Pflanzen krankhafte Veränderungen des Holzes aufweist. Eine ganze Reihe dieser pathologischen Erscheinungen führt zu starkem Harzerguß. Das Harz bildet sich vorwiegend in der Rinde, aber auch im Holz in besonderen, als »Harzgänge« bezeichneten Zellkomplexen. Manche der krankhaften Veränderungen der Bernsteinbäume bewirken, daß die Bäume außer den normalen zusätzlich abnorme Harzgänge ausbilden, was die Harzproduktion weiter steigert.

Bei der Fossilisation dickt das Bernsteinharz unter Wasserentzug zu einem festen amorphen Gestein ein, dem Bernstein oder Succinit, der u. a. 3 bis 8% Bernsteinsäure, Schwefel und ätherische Öle enthält. Er ist hellgelb bis schwarzbraun (in seltenen Fällen blau) und undurchsichtig bis durchsichtig. Zuweilen findet sich Bernstein auch fein verteilt oder in großen Stücken in der Braunkohle (→ S. 319). Man nennt ihn dann Retinit. Stammt der deutsche Bernstein generell von Pinaceen, so geht er in anderen Gebieten der Erde z. T. auch auf die Harze anderer Bäume zurück, darunter weitere Koniferen, aber auch Hamamelisbäume, Leguminosen, Dipterocarpaceen und Anacardiaceen.

Häufig sind im Bernstein und in ähnlichen Harzen (z. B. Kopal) Insekten, manchmal auch Pflanzenteile eingeschlossen. Von der organischen Substanz dieser Objekte geht im Lauf der Zeit der allergrößte Teil verloren. Er diffundiert durch das Harz nach außen. Zurück bleibt aber ein Hohlraum, der in seiner Form die Oberfläche des ursprünglichen Einschlusses bis in die feinsten Details wiedergibt, bei Insekten z. B. auch einzelne Härchen, bei Laubblättern sogar die Spaltöffnungen.

Vor etwa 40 Mio. Jahren starb die 0,7 mm lange Zwergwespe der Familie Mymaridae im Bernsteinharz…

… Zur gleichen Zeit verfing sich ein Tausendfüßer (Familie Polyxenidae) im baltischen Bernstein.

Amphibienordnung der Blindwühlen durch Fossil belegt

Um 66 Mio. Lediglich ein einziger Wirbelknochen, der in Südamerika entdeckt wird, belegt fossil die Existenz der Amphibienordnung Blindwühlen (Apoda oder Gymnophiona) zu dieser Zeit.
Die Ordnung umfaßt kleine, mehr oder weniger blinde grabende Verwandte der Frösche und Kröten einerseits sowie der Salamander und Molche andererseits. Sie leben in den Tropen und sind einer Existenz unter der Erde, im Schlamm, im Sand oder im Wasser angepaßt. Charakteristisch sind ihr verlängerter zylindrischer Körper, ein kurzer dicker Kopf und ein kurzer Schwanz. Gliedmaßen fehlen ihnen völlig. Im Gegensatz zu den ähnlichen Würmern sind sie Wirbeltiere und besitzen Kiefer und Augen. Wie bei den Ringelwürmern (Regenwurm u. a.) ist der Körper durch Ringe in viele einzelne Segmente unterteilt. Ihre Länge schwankt je nach Art zwischen einigen Zentimetern und 1,5 m. Verbreitet sind die Blindwühlen heute in Wäldern und Sumpfgebieten des äquatorialen Amerikas, Afrikas und Asiens.

In feuchten äquatorialen Wäldern leben heute rund 165 Blindwühlenarten. Abgebildet ist die Ichthyophis caeruleus. Das Foto läßt die Querringelung des Körpers, die an Würmer erinnert, gut erkennen.

Octopoden leben in den Weltmeeren

Um 66 Mio. An der Wende Oberkreide/Paläozän lassen sich erstmals fossil Octopoden (auch Octobrachia) nachweisen. Diese Kopffüßerordnung versteinert äußerst selten bzw. bleibt nur als Abdruck erhalten. Grund dafür ist, daß sie keinerlei festes Skelett ausbildet.
Die Octopoden, umgangssprachlich auch als Kraken bekannt, besitzen nur acht Fangarme (im Gegensatz zu zehn bei anderen verwandten Kopffüßerordnungen). Fossil bekannt ist die Gattung Palaeoctopus aus dem Libanon. Heute sind die Kraken und die ihnen nahestehenden Argonauten (»Papierboote«) über viele Weltmeere verbreitet. Sie leben räuberisch oder als Aasfresser vom Flachmeer bis hin zu einer Wassertiefe von 5400 m und wahrscheinlich noch mehr. Manche Tiefseearten besitzen statt der sonst typischen Saugnäpfe an ihren Armen gekrümmte Tastfäden (Cirren). Ihre Arme sind untereinander durch dünne Zwischenhäute verbunden, die insgesamt einen großen Fangtrichter bilden.

Steinwälle bieten den Weichtieren Schutz vor Feinden

Als skelettlose Weichtiere sind die Octopoden auf einen äußeren Schutz gegen Angreifer angewiesen. Sie ziehen sich deshalb gern in Felsspalten oder kleine Meereshöhlen zurück.
Wenn natürliche Versteckmöglichkeiten fehlen, bauen einige Arten regelrechte »Burgen« aus Stein oder »vermauern« zu weite Höhleneingänge. Die Tiere tragen Steine aus der Umgebung zusammen und türmen daraus einen Ringwall auf, in dessen Mitte sie sich niederlassen. Als Baumaterial kommen auch größere Schneckenhäuser oder Krebspanzer in Frage. Erstaunlich groß ist die Gesamtlast der verbauten Gegenstände. So wurde z. B. ein nur 10 cm langer Krake beim Transport von insgesamt 350 g schweren Steinen beobachtet (wobei allerdings die Gewichtsentlastung im Wasser durch Auftrieb zu berücksichtigen ist). Größere Kraken schleifen manchmal Steine von mehreren Kilogramm Masse über den Meeresboden. Die künstlich geschaffenen Behausungen haben verschiedene Funktionen. Zum einen dienen sie als Unterschlupf, zum anderen verbergen sie den auf Beute lauernden Kraken.
Ähnliche Wälle und Schutzburgen errichten auch andere Meeresbewohner. Unter den Muscheln baut vor allem die Feilenmuschel mit Steinen. Bei den Fischen tragen die Neunaugen (→ 360–290 Mio./S. 157) Steine zu Ringwällen zusammen, Kieferfische mauern Wohnröhren aus Stein, und manche Welse laichen in eigens aufgetürmten Steinhaufen.

Auf Beute lauernd, sitzt Octopus vulgaris, der Gemeine Krake, umgeben von einem flachen Steinwall in Küstennähe auf dem Grund des Mittelmeeres.

Erstes Auftreten der Schuppentiere

60–55 Mio. In Gestalt der Palaeanodonten treten erste Schuppentiere (Pholidota) in Nordamerika auf. Fossil ist diese Säugetierordnung, die sich von den Insektenfressern ableitet, schlecht belegt. In Europa finden sich erste gute Versteinerungen der Gattung Eomanis im Mittleren Eozän in Messel (→ 50–40 Mio./S. 328), während zugleich in Nordamerika die Familie Metacheiromyidae erscheint. Vorgeschichte und Verwandtschaft der Schuppentiere, die heute noch mit einer einzigen Familie (Manidae) in Afrika und Südasien vorkommen, sind weitgehend unbekannt.

Bemerkenswert ist, daß die Körperoberseite und der Schwanz der Schuppentiere mit dachziegelartig angeordneten Hornschuppen bedeckt sind, zwischen denen sich nur spärlich Haare befinden. Die Schuppentiere sind zahnlos und ernähren sich von Insekten (die rezenten Arten von Ameisen und Termiten). Ihre Körperform ist der Ernährungsweise angepaßt, Beutetiere aus der Erde zu graben. Dies kommt besonders in den an Schaufeln erinnernden Gliedmaßen zum Ausdruck.

Erstmals fossil belegt sind die Schuppentiere (Pholidota) in Gestalt der Gattung Eomanis aus Messel. Erst im Oligozän erscheinen sie in Amerika.

Das Schuppentier Eomanis, nach Messelfunden rekonstruiert

Eomanis waldi, Fossil aus der Grube Messel (Mittleres Eozän)

Gürteltiere leben in Amerika und China

60–55 Mio. In Südamerika und Teilen Nordamerikas erscheinen die Gürteltiere (Cingulata) als erste Vertreter der Säugetierordnung Zahnarme (Xenarthra), zu denen später (ab dem Oligozän bzw. Miozän) auch die Faultiere (Pilosa) und die Ameisenfresser (Vermilingua) gehören. In ihrer weiteren Entwicklungsgeschichte auf Südamerika und Teile Nordamerikas beschränkt, treten die frühen Formen auch in China, im Eozän (55–36 Mio.) ausnahmsweise in Europa auf.

Kopf, Rumpf und Schwanz der Gürteltiere sind von einem schweren Panzer aus knöchernen Platten und Hornschuppen umhüllt. Während die Zahl der Zähne bei den meisten Zahnarmen reduziert ist, besitzen manche Gürteltiere bis zu 100 Zähne. Sie ernähren sich wie die Schuppentiere (s. o.) von Insekten.

Im Pleistozän (1,7–0,01 Mio.) erscheint die Familie Glyptodontidae mit bis zu 4 m großen Riesengürteltieren verschiedener Gattungen.

Peltephilus, ein 6 m langes Gürteltier, ist vom Oligozän bis zum Miozän in Patagonien verbreitet. Erste Vorfahren lebten vor 60 Mio. Jahren in Argentinien.

Heute leben die Gürteltiere – im Bild das »Neunbinden-Gürteltier« Dasypus novemcinctus aus Brasilien – ausschließlich in Südamerika.

Panzerung aus totem Zellgewebe

Die Panzer der Schuppen- und Gürteltiere bestehen aus Hornschuppen bzw. Horn- oder Knochenplatten. Trotz des z. T. unterschiedlichen Materials sind sie im Prinzip gleichen Ursprungs. Sie werden unterhalb der Epidermis (Oberhaut) vom Bindegewebe der Lederhaut (Corium) gebildet. Damit unterscheiden sie sich grundsätzlich nicht von den Körperpanzern anderer Wirbeltiere wie z. B. der Panzerfische des Silurs (330 – 410 Mio.), der Krokodile und vieler Dinosaurier.

Bei den Wirbeltieren wird die Epidermis während ihrer Entwicklung mehrschichtig, und die äußeren Zellagen sind mehr oder weniger stark verhornt. Die stärkste Differenzierung zeigen die Säugetiere, bei denen die einzelnen Schichten eine unterschiedliche Struktur aufweisen. Auf der deutlich abgesetzten Lederhaut liegt eine Schicht teilungsfähiger Zellen (»Keimschicht«), die für den kontinuierlichen Nachschub der sich abschilfernden verhornten Außenzellen sorgt. Zwischen Keim- und Hornschicht liegen Zonen zunehmender Verhornung, das körnige »Stratum granulosum« und das glasige »Stratum lucidum«. Die verhornte Außenschicht (»Stratum corneum«) besteht aus flachen abgestorbenen Zellen.

Die Panzerung der Säuger, die ebenfalls totes, verhorntes oder gar knochiges Zellgewebe darstellt, wird jedoch nicht von der Keimschicht ausgebildet, welche die tote Hornschicht aufbaut. Sie geht von der Lederhaut aus, die unter der Keimschicht und damit unter der gesamten Epidermis liegt. Die Lederhaut besteht aus Bindegewebe, enthält Gefäße und Nerven sowie an vielen Stellen auch glatte Muskulatur. Sie ist in der Lage, hornige Auswüchse verschiedenster Form hervorzubringen, u. a. die Haare der Säugetiere oder die Federn der Vögel. Insofern stellen die Körperpanzer der Schuppen- und Gürteltiere den Haaren verwandte Gebilde dar.

Fleischfressende Beutler

66–55 Mio. In Südamerika bilden sich zwei neue Unterordnungen der Beuteltiere (Marsupialia, → 100–66 Mio./S. 279) heraus, die Raubbeutler (Borhyaenoidea) und die Opossummäuse (Caenolestoidea). Die letzteren besiedeln später auch die Antarktis. Raubbeutler erreichen Ratten- bis Bärengröße und gehören zu den imposantesten Raubtieren ihrer Zeit. Äußerlich ähneln verschiedene Arten großen Raubkatzen, mit denen sie jedoch nicht verwandt sind.

Im Paläozän sind die Raubbeutler durch die Gattung Eobrasilea vertreten. Später erscheinen u. a. Formen mit ausgeprägten Säbelzähnen, die die Stelle der Eckzähne einnehmen und kontinuierlich nachwachsen. Die kurzen Gliedmaßen der Raubbeutler lassen vermuten, daß sie ihre Beute, vor allem südamerikanische Huftiere (→ S. 325), nicht erjagen, sondern ihr auflauern. Möglicherweise sind einige Raubbeutler auch Aasfresser.

Die Opossummäuse sind kleine spitzmausähnliche insektenfressende Beuteltiere.

Cladosictis, ein fleischfressender Beutler aus dem Oligozän

Die oligozäne Beuteltiergattung Borhyaena ähnelt rezenten Bären.

Das fossile Amphiperatherium ist eine Beutelrattenart und gehört damit zu den Didelphidae. Heute leben in Südamerika etwa 65 verwandte Arten.

Entwicklung im schützenden Brutbeutel

Die Weibchen der Beuteltiere besitzen an der Bauchseite ihres Körpers einen Brutbeutel, der aus zwei Hautfalten besteht. In ihm befinden sich an der Bauchwand die Milchdrüsen mit den gut ausgebildeten Zitzen. Zwei sogenannte Beutelknochen, die auf dem Beckenknochen ruhen, stützen den Brutbeutel. Diese Beutelknochen sind auch im Skelett der männlichen Tiere ausgebildet, obwohl diesen der Beutel selbst fehlt.

In der Regel wird bei der Embryonalentwicklung der Beuteltiere keine Plazenta ausgebildet. Die jungen Tiere kommen noch weitgehend unentwickelt zur Welt. Auf sich allein angewiesen, wären sie noch nicht lebensfähig, aber sie sind meist bereits in der Lage, selbständig in den Brutbeutel der Mutter zu kriechen. Dort saugen sie sich an den Milchzitzen fest. Milch wird ihnen mit Hilfe eines speziellen Muskels von der Mutter aus den Zitzen in den Mund gespritzt. Die ursprünglichen Beuteltiere, die Beutelratten (Didelphidae, → 100–66 Mio./S. 279) der Kreide und die Opossummäuse des Paläozäns (s. links), bringen 12 bis 14 Junge im unentwickelten Embryonalstadium zur Welt, die alle gemeinsam im mütterlichen Beutel heranreifen.

Beim heutigen Riesenkänguruh beträgt die Tragzeit nur 39 Tage. Danach kommt ein etwa maikäfergroßer, blinder und haarloser Embryo mit kaum erkennbaren Beinen auf die Welt. Das Muttertier erfaßt ihn vorsichtig mit den Lippen und hilft ihm in den Beutel, wo er zu seiner weiteren Entwicklung die folgenden acht bis neun Monate zubringt. Während zweier zusätzlicher Monate hält sich das Jungtier teils innerhalb, teils außerhalb des Beutels auf.

Häufig trägt das Muttertier ihr Junges auch noch lange Zeit auf dem Rücken herum.

Die bekanntesten heutigen Beuteltiere sind die Känguruhs. Ihr Lebensraum, Australien, muß früher über einen Landweg mit Südamerika verbunden gewesen sein.

Gleitflieger von der Größe einer Katze

66–55 Mio. In Nordamerika (u. a. Ellesmere Island) leben wenige Arten etwa katzengroßer Säugetiere der Ordnung Dermoptera, die eine den gesamten Körper umhüllende Flughaut besitzen. Sie leben auf Bäumen, sind gute Gleitflieger und ernähren sich vegetarisch. Ein heutiger Verwandter, Cynocephalus, ist in Südostasien zu Hause.

▷ Planetetherium ist ein 25 cm großer Pelzflatterer (Dermoptera) aus dem Paläozän Nordamerikas.

Entwicklung der Säugetierordnungen

Mit dem Tertiär setzt eine erhebliche Vermehrung der Säugetierordnungen ein. Die bereits seit der Trias (250 – 210 Mio.) vertretenen eierlegenden Säugetiere (Prototheria) bleiben erhalten. Gleiches gilt für die Beuteltiere (Marsupialia), die sich während der Kreide (140 – 66 Mio.) aus den jurassischen Pantotheria entwickelten. Gleichfalls schon in der Kreide gingen aus den Pantotheria erste Primaten und die Insektenfresser (Insectivora) hervor. Aus letzteren entwickeln sich im Paläozän die Fledermäuse.
Unmittelbare tertiäre Nachfahren der Pantotheria sind die Raubtiere. Parallel dazu entwickeln sich im Eozän (55–36 Mio.) die Wale und Delphine. Ein anderer Ast der Pantotheria bringt im Paläozän die südamerikanischen Huftiere (Notoungulata) und die Nagetiere (Rodentia) hervor. Von den letzteren spalten sich im Eozän die Hasenartigen (Lagomorpha) ab.
Ebenfalls im Eozän entstehen die Rüsseltiere und Seekühe, ferner die einander nahestehenden Unterordnungen der Ceratomorpha (Tapire und Nashörner), der im Pleistozän (1,7–0,01 Mio.) aussterbenden Ancylopoda und der Hippomorpha (Pferdeartigen). Auch die Schweineartigen (Suina) und die Kamele (Tylopoda) entwickeln sich im Eozän. Als letzte folgt im Miozän (24 – 5 Mio.) die Unterordnung Ruminantia (Hirsche, Giraffen und Rinder).

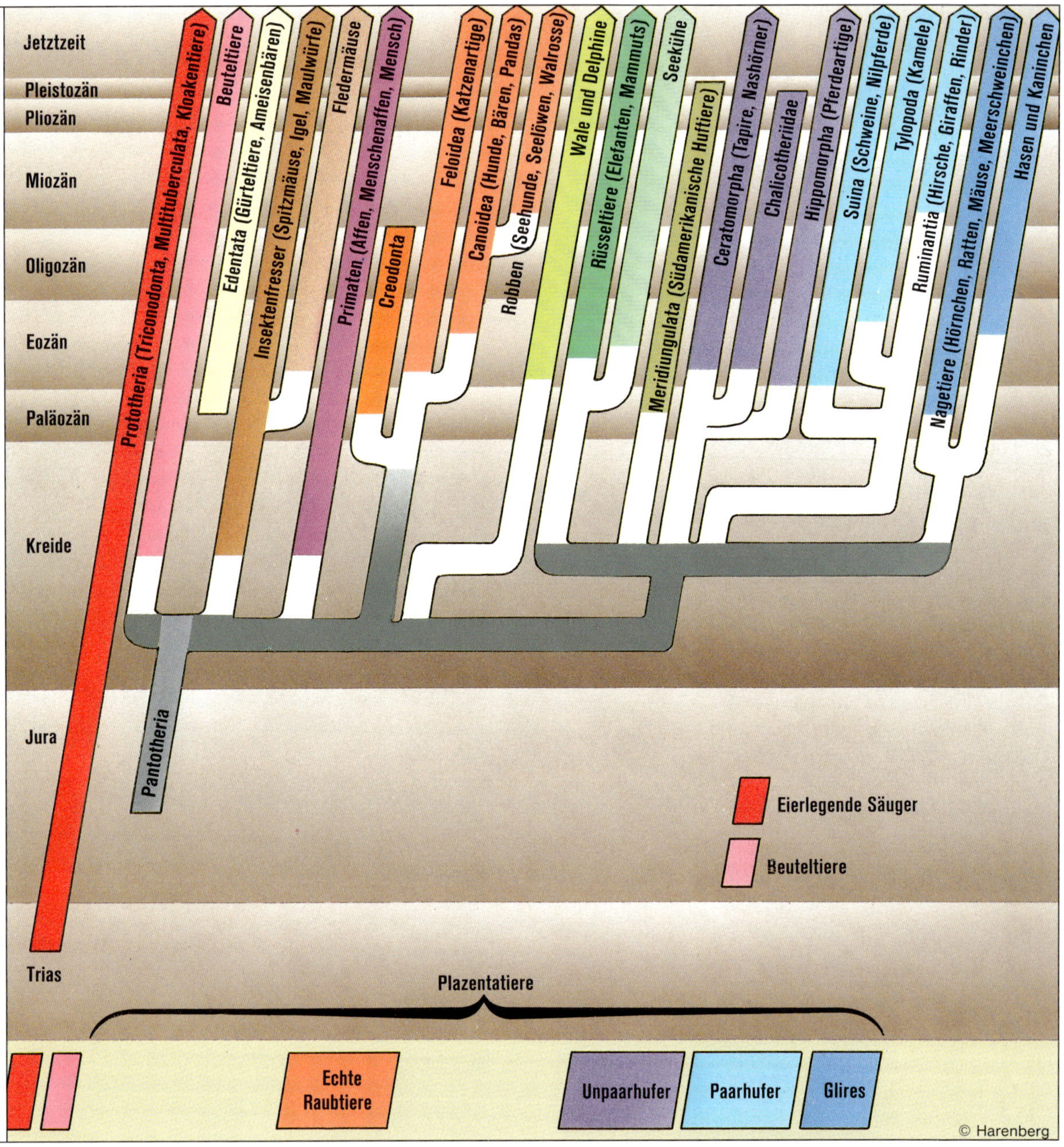

Rasche Evolution in großen Schritten

66–55 Mio. Zu Beginn des Tertiärs ist eine rasche Entfaltung, eine sogenannte Radiation, der plazentalen Säugetiere zu verzeichnen. Diese Unterklasse der Säuger, deren stammesgeschichtlicher Ursprung bei den Insektenfressern liegt, bringt ihre Jungen im Gegensatz zu den Eierlegenden und den Beuteltieren voll lebensfähig auf die Welt.
Während aus der Zeit der Kreide (140 – 66 Mio.) nur sehr wenige Vertreter der Insektenfresser oder ihnen entwicklungsgeschichtlich nahestehender Gruppen bekannt sind, bilden sich im ältesten Tertiär in sehr rascher Folge zahlreiche neue Ordnungen heraus, die in ihrem Bauplan z. T. stark voneinander abweichen. Einige dieser Ordnungen sterben bald wieder aus. Aber auch die meisten modernen Gruppen sind in dieser Zeit schon vertreten (s. o.). Unmittelbare Vorfahren dieser Ordnungen lassen sich in den seltensten Fällen als Fossilien nachweisen. Das bestärkt die Annahme einer sogenannten Makroevolution (→ S. 197). Ein besonders eindrucksvolles Beispiel hierfür ist die etwa zur Wende Paläozän/Eozän plötzlich auftauchende Säugetiergruppe der Fledermäuse. Im Ölschiefer des Mittleren Eozäns in Messel (→ S. 328) bei Darmstadt sind zahlreiche vollständige Skelette belegt, die sich kaum vom Bauplan heutiger Fledermäuse unterscheiden. Ähnliche Fossilien finden sich im Unteren Eozän Nordamerikas. Vor dieser Zeit aber gibt es keinerlei Spuren einer kontinuierlichen Entwicklung dieses Bauplans oder irgendwelcher Übergangsformen von den Insektenfressern zu den Fledermäusen.
Auch innerhalb niedrigerer systematischer Einheiten läßt sich ähnliches beobachten, etwa bei dem Auftreten neuer Gattungen innerhalb einer Familie. So werden z. B. aus ursprünglich zwei Gattungen einer Gruppe ausschließlich fossil belegter Nagetiere (Eomyidae) im Unteren Oligozän plötzlich sieben.

Leitfossilien für tertiäre Schichten

66–1,7 Mio. Zahlreiche Großforaminiferen (→ 360–290 Mio./S. 151), besonders Nummuliten (→ S. 320), stellen wichtige Leitfossilien des Tertiärs dar. Auch Schnecken und Muscheln spielen eine große Rolle. Auf dem Festland liefern die Säuger aufschlußreiche Leitfossilien. So lassen sich z. B. vom Eozän an verschiedene Schichten auch aus Entwicklungsstufen von Stoßzähnen und Rüsseln bei Gattungen der Elefantenartigen bestimmen. Darüber hinaus besitzen die Handskelette von mehreren Gattungen der Huftiere eine große stratigraphische Aussagekraft.

Säugetiergruppen Südamerikas werden isoliert

60–5 Mio. Zu Beginn des Tertiärs wird die mittelamerikanische Landbrücke überflutet. Damit setzt eine Trennung Südamerikas von Nordamerika und allen anderen Landmassen ein. Während Nordamerika durch eine Landbrücke (Thule-Brücke) mit der Alten Welt verbunden ist und mit dieser neu entwickelte Säugetiere austauscht, bleibt Südamerika fast im gesamten Tertiär isoliert, vergleichbar dem Zustand des heutigen Australiens. Auf dem Subkontinent existieren in dieser Zeit nur drei Säugetiergruppen als Ausgangsformen der Evolution. Dazu zählen die Beuteltiere (→ S. 323), einige gebietsweise begrenzte Huftierformen (Notoungulata) sowie die Zahnarmen, die mit den Gürteltieren beginnen und im Verlauf des Tertiärs die Ameisenbären und Faultiere entwickeln.

Die meisten dieser Säugetierformen sind Pflanzenfresser (mit Ausnahme einiger Beuteltiere) oder Insektenfresser, die sich in ihrer Entwicklung gegenseitig nicht gefährden. Die frühen Huftiere besitzen z. T. Merkmale, die an primitive Urraubtiere (Creodonten) erinnern, ernähren sich jedoch vegetarisch.

Scarrittia ist ein südamerikanisches Huftier der Familie Leontiniidae und lebt im Oligozän.

Notostylops, ein kaninchenähnliches Tier aus dem argentinischen Eozän, ähnelt den Huftieren noch wenig.

◁◁ Entfernt an ein Warzenschwein erinnert die untereozäne Gattung Thomashuxleya aus Argentinien. Im Unterschied zu diesem ist das 1,3 m lange primitive Huftier aber ein Zehengänger.

◁ Das 1 m lange Rhynchippus ist während des Oberen Oligozän in Südamerika zu Hause. Es hat durchaus eine gewisse Ähnlichkeit mit den Pferden, ist mit ihnen jedoch in keiner Weise verwandt. Wie diese lebt es in freiem Grasland.

Huftiere mit Hauerzähnen

60–55 Mio. Ohne eindeutig bestimmbare Vorfahren taucht in Südamerika eine Ordnung früher Huftiere auf, die Astrapotheria. Einige dieser Tiere erreichen Nashorngröße und besitzen einen kurzen Rüssel. Die Ordnung umfaßt zwei verschiedene Familien, die Astrapotheriidae und die Trigonostylopidae. Erstere sind etwa 2,5 m lang und haben einen ziemlich kurzen, im Stirnteil koppelartig gewölbten Kopf, der wahrscheinlich einen Rüssel trägt. Die vier Eckzähne sind zu langen Hauern umgebildet. Der verhältnismäßig lange Rumpf des Tiers wird von schwachen Beinen getragen, was dafür spricht, daß diese Huftierfamilie vorwiegend im Wasser lebt. Die Füße besitzen jeweils fünf Finger mit Hufen.

Ebenso wie die Astrapotheriidae ist die Familie Trigonostylopidae durch Hauerzähne gekennzeichnet. Von diesen wesentlich kleineren Tieren sind bisher nur Schädelfunde aus Argentinien bekannt. Insofern ist es nicht einfach, Aussehen und Lebensweise zu rekonstruieren. Möglicherweise besteht eine Verwandtschaft zu den Litopterna, ebenfalls schon im Paläozän vorkommenden südamerikanischen Huftieren, die ihrerseits von der primitivsten Huftierordnung (Condylarthra) abstammen. Letztere kam erstmals in der Oberkreide (97–66 Mio.) Südamerikas vor und steht den Urraubtieren (→ 66 Mio./S. 303) nahe.

Fossiles Skelett von Kopidodon, einem Urhuftier aus dem deutschen Eozän

Stylinodon ist ein etwa 1,3 m langer früher Huftierverwandter aus dem nordamerikanischen Eozän.

Trogosus aus der den frühen Huftieren nahestehenden Familie Esthonychidae lebt im Eozän Wyomings.

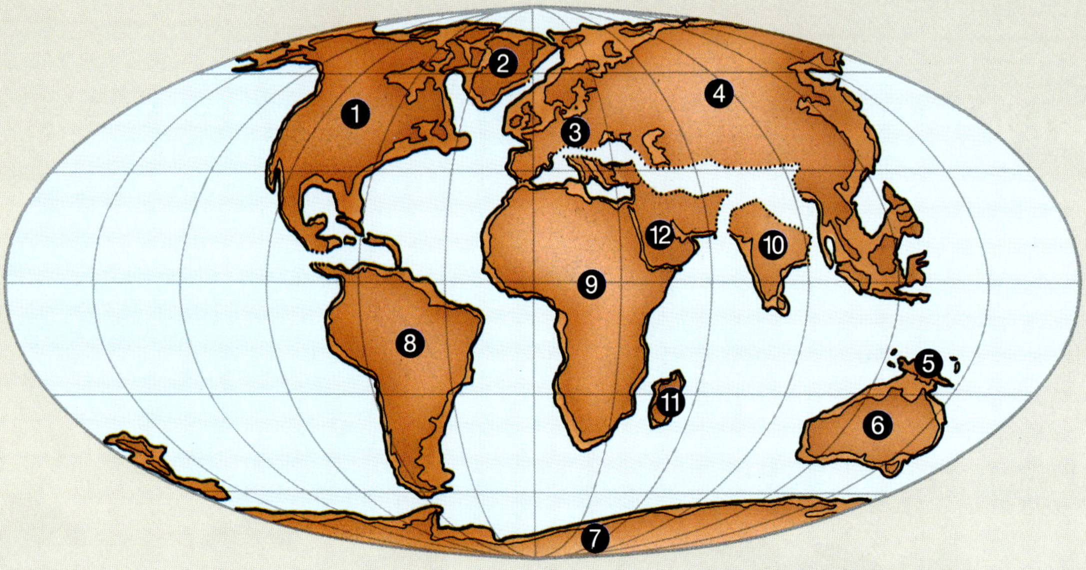

Seit dem Paläozän haben sich drei große Veränderungen im Weltbild ereignet: Der Atlantik ist weiter geworden und hat einen neuen Ast zwischen Grönland (2) und Europa (3) geschoben. Indien (10) ist ungewöhnlich rasch weiter nach Norden gedriftet und liegt jetzt nördlich des Äquators. Australien (6) mit Neuguinea (5) hat sich von der Antarktis (7) gelöst und ist ebenfalls nordwärts gewandert. Nordamerika (1), Südamerika (8), Asien (4) und die Antarktis haben sich ebenfalls geringfügig verschoben. Als einzige große Landmasse machte Afrika eine leichte Drehung, die Madagaskar (11) nach Norden drückt, Arabien (12) Eurasien näherbringt und so das »Urmittelmeer« (Tethys) verengt.

55-36 Mio.

Das Eozän

55–50 Mio. In vielen Faunen Amerikas und Europas stellen die »Urhuftiere« oder Condylarthra mit zahlreichen Arten rund 25% aller Säugetiere. Aus ihnen entwickeln sich die beiden großen Gruppen der Huftiere (Ungulaten): Die Paarhufer (Artiodactyla, → S. 334) und die Unpaarhufer (Perissodactyla, → S. 335). Erstere sind zunächst durch die Schweineartigen und frühen Kamele vertreten, letztere durch Flußpferdeartige (Hippomorpha), Ancyclopoda und Ceratomorpha. → S. 333

In Nordamerika leben erstmals Verwandte der Spitzmäuse. Die Spitzmausartigen (Soricomorpha) gehören zu den Insektenfressern, die zwar den Mäusen ähneln, mit diesen aber nicht verwandt sind. Heute kommen sie u. a. noch mit der winzigen Etruskerspitzmaus vor, den wohl kleinsten rezenten Säugetieren. → S. 340

Mit Formen, die zu aktivem Steigflug in der Lage sind, erobern die Säugetiere den Luftraum. Als erste Fledertiere (Chiroptera) erscheinen die Fledermäuse (Microchiroptera) in Nordamerika und Europa mit Formen, die den heute lebenden Arten schon weitgehend ähneln. → S. 342

55–36 Mio. Das Klima ist auf der ganzen Erde ausgeglichen. Weltweit bleibt es warm, wird aber zunehmend feuchter. Die globale Durchschnittstemperatur liegt bei 20 °C, vor allem in den hohen Breiten deutlich darüber. Die Palmennordgrenze reicht bis hinauf nach New Jersey und in die Mongolei. → S. 327

Die Ausdehnung der Ozeanböden, vor allem des Atlantik, setzt sich beschleunigt fort. Außerdem beginnt die Norddrift Australiens, die die spätere Gestalt des Indischen Ozeans maßgeblich beeinflußt. → S. 332

Mehrere hervorragende Fossillagerstätten entstehen in Nordamerika, darunter die Fundstätten von Fossil Butte in Wyoming und John Day Fossil Beds in Oregon. Neben Wirbellosen und einer reichen Flora versteinern hier vor allem zahlreiche Fische, Frösche, Schildkröten, Echsen, Schlangen, Krokodile, Vögel und verschiedene Säugetiere. → S. 330

Am Monte Bolca bei Verona in Norditalien bildet sich eine der bedeutendsten Lagerstätten fossiler Meeresfische. Zum größten Teil handelt es sich um tropische Arten. → S. 330

Die erste Entwicklungsexplosion (Radiation) der Landraubtiere (Fissipedia), einer Unterordnung der »echten« Raubtiere (Carnivora), setzt in Nordamerika, Europa und Asien ein. Die Tiere leiten sich von den Insektenfressern ab. → S. 336

In Afrika und Asien erscheinen erste Rüsseltiere. Sie entstehen vermutlich aus primitiven Huftieren, die in Indien leben. → S. 338

In diese Zeit fällt eine bedeutende Weiterentwicklung der Säugetierordnung Nagetiere (Rodentia). Dabei erscheinen drei neue Unterordnungen. → S. 340

In der Alten und Neuen Welt kommen in Gestalt von Halbaffen zahlreiche frühe Primatenarten vor. → S. 345

Als Verwandte früher Huftiere erscheint die Säugetierordnung Hyracoidea. Dabei handelt es sich um pflanzenfressende Tiere unterschiedlicher Gestalt und Größe, als deren späte Nachfahren die Schliefer bzw. Klippschliefer Afrikas und des Mittleren Ostens zu betrachten sind. → S. 340

Mit drei Unterordnungen treten in Nordamerika und Europa erste Unpaarhufer (Perissodactyla) auf. → S. 335

Die Säugetiere entwickeln Formen, die sich dem Leben im Meer anpassen. Erste Wale (Cetacea) sind Vertreter der Gattung Pakicetus, die zu den Urwalen (Archaeoceti) zählen. → S. 339

In den weit verbreiteten tropischen Wäldern dieser Zeit leben erstmals Termiten (Isoptera). → S. 341

Begünstigt durch die weltweit vorhandenen tropischen Urwälder, setzt eine bedeutende Weiterentwicklung der Vögel sowohl hinsichtlich der Artenzahl (Radiation) als auch der Individuenzahl ein. Dabei erscheinen auch zahlreiche Spezialformen (Laufvögel, Schwimmvögel, Greifvögel usw.). → S. 343

Die Unterklasse Hinterkiemer (Opisthobranchia) der Meeresschnecken bringt mehrere neue Ordnungen hervor, darunter Formen mit einem zweiklappigen Gehäuse (Sacoglossa). → S. 344

Erstmals sind die Einzellerunterordnungen Discoasterineae und Euglenineae fossil belegt. → S. 344

Mit einer Vielzahl von Gattungen und Individuen tritt die Ordnung Volvocales auf, ölbildende Einzeller vom Stamm Chlorophyta. → S. 344

Die Bedecktsamer erleben einen bedeutenden Zuwachs neuer Arten. → S. 346

Um 50 Mio. In einem ersten Kollisionsstoß trifft der nach Norden driftende vorderindische Subkontinent mit Asien zusammen. Etwa zeitgleich rückt auch die Afrikanisch-Arabische Tafel gegen Eurasien vor. → S. 332

50–40 Mio. In Messel bei Darmstadt verlandet ein tropischer Urwaldsee. In seinen sauerstofffreien Bodensedimenten fossilisiert neben vielen Pflanzen vor allem eine Fülle von Tieren in hervorragender Konservierung. Von besonderer Bedeutung sind die hier erhaltenen Urpferdchen, Fledermäuse, zahlreiche Insektenfresser sowie Urraubtiere und »echte« Raubtiere (Carnivoren). → S. 328

Eine Unterordnung der Zahnarmen (Xenarthra), die Ameisenfresser (Vermilingua), lebt in Mitteleuropa (Deutschland). Sie ist hier mit der Familie der Ameisenbären (Myrmecophagidae) vertreten, die sonst nur in Südamerika heimisch ist. → S. 341

50–36 Mio. Erste Vertreter der Paarhufer (Artiodactyla) entwickeln sich aus den Urhuftieren. → S. 334

48–45 Mio. Im Geiseltal bei Halle an der Saale entsteht in einer tropischen Sumpfwaldregion eine der bedeutendsten Fossillagerstätten der Welt. Hervorzuheben sind die hervorragend – z. T. farbig – versteinerten Prachtkäfer, daneben viele andere Wirbellose, Tausende fossiler Fische und Hunderte von Landwirbeltieren. Besonders häufig finden sich fossile Amphibien und Reptilien sowie Vögel tropischer Feuchtbiotope. → S. 331

45–40 Mio. Mächtige Kalksedimente (»Calcaire grossier«) lagern sich in einem flachen Warmwassermeer im Pariser Becken ab und schließen z. T. gut erhaltene Wirbeltierfossilien zahlreicher Arten ein. → S. 327

Um 40 Mio. Tausende von Landwirbeltieren, meist Säugetiere, geraten bei Egerkingen in der Schweiz in eine Fossilfalle. Sie kommen in einer Karstspalte ums Leben und fossilisieren in großer Zahl. Vertreten sind u. a. Pferde- und Tapirvorfahren sowie Paarhufer, Fleischfresser und Primatenarten. → S. 330

40–30 Mio. Südwestlich von Kairo entsteht in der Fayum-Senke eine Fossillagerstätte von besonderem entwicklungsgeschichtlichen Interesse. Zu den Fayum-Fossilien gehören erste Rüsseltiere, frühe Huftiere, erste Wale, Fleischfresser und Reptilien. Auch erste Primatenüberreste versteinern hier. → S. 330

Im westschweizerischen Kanton Glarn lagert sich der sogenannte Glarner Fischschiefer ab, in dem zahlreiche Fische verschiedener Gattungen vor allem der Knochenfische fossilisieren. → S. 330

Um 36 Mio. In dieser Zeit sind in der Tiefsee sogenannte Sedimentationslücken, d. h. Ausfälle von Ablagerungsschichten, weit verbreitet. → S. 332

Eine große Welle des Artensterbens betrifft besonders stark die Säugetierfauna Westeuropas. Zugleich erscheinen zahlreiche neue Säugetierfamilien. Dieser sogenannte Faunenschnitt ist als »Grande Coupure« (französisch: »Großer Schitt«) bekannt. → S. 344

Feuchtwarmes Klima begünstigt tropische Flora und Fauna

55–36 Mio. Wie im vorausgehenden Paläozän bleibt es weltweit warm, und das Klima ist auf der ganzen Erde weitgehend ausgeglichen. Die globale Durchschnittstemperatur liegt bei 20 °C oder darüber.
Während sich die klimatischen Verhältnisse bis zum Ende des Mesozoikums (250–66 Mio.) nur relativ grob rekonstruieren lassen, sind für die Tertiär-Zeit bereits zeitlich und räumlich präzisere Angaben möglich. Die Voraussetzung dafür bilden vor allem Entwicklungen in der Tier- und Pflanzenwelt, die in dieser Zeit schon zahlreiche auch heute bekannte Formen aufweisen. Dies gilt in höchstem Maße für die Bedecktsamer. Mit der Ermittlung von Florenprovinzen lassen sich auch Klimazonen rekonstruieren.
Während in der Äquatorialgegend im Eozän ähnliche oder geringfügig niedrigere Temperaturen herrschen als heute, ist es in den höheren nördlichen und südlichen Breiten deutlich wärmer. In den heute gemäßigten Bereichen finden sich noch zahlreiche Insekten und Pflanzengemeinschaften mit ausgesprochen tropischem Charakter. Die wärmeliebenden Araukariengewächse z. B. sind in Australien bis hinunter nach Tasmanien vorhanden. Heute reicht ihre Südgrenze nur bis ins nördliche Neu-Süd-Wales.
In Argentinien und Patagonien, wo die Temperaturen wesentlich höher liegen als heute, kommen Krokodile vor. Auf der Nordhalbkugel läßt sich diese Reptilienordnung mit fünf Gattungen in Deutschland nachweisen. Die wärmeliebenden Tiere sind außerdem auch in England verbreitet, sind in Nordamerika bis hinauf nach New Jersey nachweisbar und finden sich ebenso in der zentralasiatischen Mongolei. Heute liegt die Nordgrenze für die Krokodile im nördlichen Florida, im Norden Afrikas und im nördlichen Indien.
Zeugen für warme Klimate stellen auch die roten Verwitterungsbildungen dar. Entsprechende Böden gibt es u. a. in der Schweiz, in Hessen und im Nordsauerland. Das Klima in den heute gemäßigten Breiten der Nordhalbkugel ist jedoch nicht nur warm, sondern zugleich zunehmend regenreich. Darauf weisen vor allem die während des Eozäns immer ausgeprägteren Braunkohlenbildungen (→ S. 319) hin, die auf Moore zurückgehen.

Sümpfe und Sumpfwälder sind während des Eozäns eine weit verbreitete Landschaftsform auf der Nordhalbkugel. Zu den Charakterpflanzen dieser Biotope gehören die Sumpfzypressen oder Taxodien (links und Bildmitte), die schlanken Wasserfichten der Gattung Chamaecyparis (zwischen den Taxodien), Sabalpalmen (rechts im Hintergrund) und Laubbäume der Gattung Nyssa (rechts im Vordergrund). Auf dem Ast klettert ein Halbaffe (Europolemur).

△ Zur Flora Mitteleuropas gehören zahlreiche Koniferen. Das Bild zeigt fossile Zapfen von Mastixia, Polliopora, Ganitrocera, Pinus, Sequoia (v. l.).

◁ In den Kalken des Pariser Beckens finden sich fossile Weichtiere wie die Schneckenart Athleta spinosa.

Kalkablagerung im Pariser Becken

45–40 Mio. Im Pariser Becken erstreckt sich ein flaches Warmwassermeer. Hier existieren u. a. kalkbildende Arten, darunter Nummuliten (→ S. 320) und Miliolidae. Beides sind Großforaminiferen, die Kalksteinsedimente (»Calcaire grossier«) aufbauen. Dieser Kalkstein findet sich heute in vielen Pariser Bauwerken, u. a. der berühmten Notre Dame, wieder.
Eingelagert in die Sedimente sind zahlreiche, z. T. sehr gut erhaltene Fossilien, die besonders eine reichhaltige tropisch geprägte Fischfauna dokumentieren. Vereinzelt finden sich auch Überreste von Säugetieren, so z. B. von der Ordnung der Nagetiere oder von den Unpaarhufergattungen Palaeotherium und Lophiodon. Bei letzteren handelt es sich um tapir- bzw. rhinozerosähnliche Tiere, die in dieser Zeit in Europa (Frankreich, Schweiz, Deutschland) mit zahlreichen verschiedenen Arten vertreten sind.

Fossilien aus dem Regenwaldbiotop von Messel (v.l.): Große Fledermaus (Archaeonycteris), Ameisenbär (Eurotamandua) und ein Lorbeerblatt (Laurophyllum)

Verlandeter See als Schaufenster der Erdgeschichte

55–40 Mio. In einem verlandenden See in der Nähe von Messel entsteht eine der wichtigsten Fossillagerstätten des europäischen Untertertiärs. In den feinkörnigen Sedimenten bleiben neben einer Fülle von Pflanzenteilen mehr als 2000 Insektenarten und zahlreiche Wirbeltierfossilien erhalten.

Das Spektrum des vielseitigen und dichten Bewuchses im Bereich des Seeufers und des angrenzenden tropischen Regenwaldes zeichnet sich in zahlreichen Pflanzenfossilien ab. Palmenholz, Reste von Koniferen sowie Blätter, Samen und Früchte verschiedener Pflanzen erlauben fundierte Aussagen über Vegetation und Klima. Zu den hervorragend erhaltenen Details gehören Blüten von Palmen, Linden-, Ulmen-, Magnolien- und Seerosengewächsen, die z. T. sogar mit Blütenstaubbeuteln konserviert sind.

Berühmt ist der fossile Regenwaldbiotop Messel aber weniger wegen seiner Pflanzenfunde, sondern vor allem wegen der großen Anzahl ausgezeichnet erhaltener Wirbeltierreste. Überliefert sind nicht nur vollständige Skelette, sondern auch deren Haut, Haare oder Federn. Da bei einigen Tieren selbst Magen- und Darminhalt erhalten geblieben sind, besteht die Möglichkeit, deren Nahrungsgewohnheiten im Detail kennenzulernen.

Als eine Art Markenzeichen der Lagerstätte gilt das Messeler »Urpferdchen«. Von den grazilen Tieren mit einer Schulterhöhe von nur 35 bzw. 50 cm bei einer Gesamtlänge von 50 bzw. 100 cm sind hier zwei Arten nachgewiesen: Propalaeotherium parvulum und das größere Propalaeotherium hassiacum. Beide Arten, die bereits im Oberen Eozän wieder aussterben, wiesen schon einige Übereinstimmungen mit den heutigen Pferden auf. Der seltene Fund eines Exemplars mit komplettem Mageninhalt belegt, daß diese Messeler Unpaarhufer allerdings noch keine Gras-, sondern Blätterfresser sind. Ebenfalls in ihren Mägen in großen Mengen nachgewiesene Weintraubenkerne zeigen, daß Beeren zu ihrer Nahrung gehören.

Ungewöhnlich für Europa ist der Fund eines versteinerten Ameisenbären (Familie Myrmecophagidae), der mit seinem spitz zulaufenden Schädel und dem 35 cm langen Schwanz den heutigen Ameisenbären äußerlich sehr ähnlich ist. Er überrascht vor allem deshalb, weil die gesamte Ordnung der Zahnarmen, zu denen neben den Ameisenbären die Gürtel- und Faultiere gehören, sonst ausschließlich aus Südamerika bekannt ist, das zu dieser Zeit bereits von allen übrigen Kontinenten isoliert ist. Möglicherweise existierten Ameisenbären also bereits auf dem riesigen Kontinent Gondwana, bevor der Block der Südkontinente im Devon vollends auseinanderbrach (→ 410–360 Mio./S. 120).

Zu den bedeutendsten Versteinerungen im Ölschiefer der Fundstelle gehören die »Messel-Pferdchen«, Urpferde mit nur 35 bis 50 cm Schulterhöhe. Das abgebildete Propalaeotherium hassiacum ist ungefähr 1 m lang.

Wirbeltiere in Messel

▷ Insektenfresser (Insectivora): Z. B. Macrocranion tupaiodon, das den heutigen Spitzhörnchen (Tupaia) ähnelt; Leptictidium audernse und Leptictidium nasatum (→ 97–66 Mio./S. 302), die sich durch zweibeinigen Gang auszeichnen; Pholidocerus hassiacus, dessen Rücken mit drahtigen Haaren ausgestattet ist. Er ist mit den Igeln verwandt.

▷ Fledermäuse: Z. B. Palaeochiropteryx tupaiodon, die weitgehend modernen Formen ähneln.

▷ Schuppentiere (Pholidota): Sie galten lange Zeit als die ältesten Belege von Schuppentieren überhaupt.

▷ Raubtiere: »Urraubtiere« wie Proviverra edingeri, »echte« Raubtiere wie der etwa 50 cm große Parodectes feisti, der an heutige Ginsterkatzen erinnert; Miacis kessleri, der dem Baummarder ähnelt.

▷ Huftiere: Kopidodon macrognathus; »Ur-Pferde« Propalaeotherium parvulum, Propalaeotherium hassiacum; Tapirverwandte der Art Hyrachius minimus; frühe Paarhufer wie Messelobunodon schaeferi und Masillabune martini.

▷ Andere Wirbeltiere: Viele Fische, u. a. der Knochenhecht Atractosteus, der Schlammfisch Amia sowie Alligatoren und Krokodile; ferner der Riesenlaufvogel Diatryma.

Der Knochenhecht Atractosteus strausi gehört mit verschiedenen Schlammfischen und anderen wärmeliebenden Süßwasserfischarten zur Fauna des Messeler Regenwaldsees.

Eine der vier Messeler Krustenechsen ist der Alligator Diplocynodon darwini. Auch »Echte Krokodile« kommen vor.

Das außerordentlich feine Korn des Ölschiefers, gepaart mit dem sauerstofflosen Konservierungsmilieu, liefert hervorragend erhaltene Fossilien: Dieser versteinerte Singvogel läßt alle Einzelheiten seiner Flügelfedern und seines Brustgefieders ganz genau erkennen. Sogar die Orange-Färbung des Schnabels ist an dem nach rechts gerichteten Kopf noch deutlich sichtbar. Bei den modernen Konservierungsmethoden bleibt die Färbung noch sehr lange erhalten.

Der im feuchten Zustand dunkle und feingeschichtete Ölschiefer ist von Klüften durchzogen. Diese sind durch Eisenoxidausfällungen rötlich verfärbt. Dicht unter der Grasnarbe zeigt der Schiefer Verwitterungsspuren.

Biographie einer Fossillagerstätte

Die erstaunlich gute Erhaltungsqualität der Messeler Versteinerungen ist in erster Linie auf die besondere Art ihrer Einbettung zurückzuführen. Im Urwaldsee versinkende Tierkadaver und Pflanzenreste geraten in Bodennähe in extrem sauerstoffarme Wasser- und mächtige Faulschlammschichten, die durch den sauerstoffzehrenden Abbau der Algenteppiche an der Wasseroberfläche entstehen. Gleichzeitig werden sie von feinen Tonsedimenten bedeckt, die mit weiterem organischem Material von den einmündenden Bächen und Flüssen in den See eingeschwemmt werden. Der staubfeine Ton zeichnet sich durch Teilchengrößen unter 0,063 mm aus, daher zeigen die in ihm eingebetteten Fossilien selbst kleinste Details.

Durch Sauerstoffabschluß wird verhindert, daß sich die organischen Teile durch Verwesung rasch zersetzen. Schwefelwasserstoff, Kohlendioxid und Methan, die beim Abbau der organischen Schwebfracht entstehen, machen es auch Aasfressern unmöglich, sich der Tierleichen anzunehmen. So bleiben neben den Skelettresten Weichteile wie Haut und innere Organe, Haare und Federn, sogar Embryonen von Säugetieren erhalten.

Die sich im Laufe der Zeit zu Stein verfestigenden Sedimente erreichen stellenweise eine Mächtigkeit von 190 m. Die organische Substanz des tiefschwarzen bis grünlich-grauen bituminösen Tonsteins stammt hauptsächlich von fetthaltigen Algen und ist durch Lösungsmittel kaum zu extrahieren. Erst durch Erhitzung auf 900 °C gelingt es, etwa ein Drittel des Öls freizusetzen. Zwischen 1886 und 1962 gewann man den Messeler Ölschiefer im Tagebau und verschwelte ihn in Destillationsanlagen. Insgesamt wurden auf diese Weise rund 20 Mio. t Ölschiefer abgebaut und 1 Mio. t Öl gewonnen. Die Gewinnung von Öl erreichte in den 20er Jahren ihren Höhepunkt, als die Grube Messel allein 40% des im Deutschen Reich verbrauchten Rohöls produzierte. Gegen die Konkurrenz erbohrten Öls konnte sich die sowohl aufwendige und kostenintensive als auch wenig umweltfreundliche Ölschieferdestillation jedoch nicht behaupten; 1971 wurde der Abbau endgültig eingestellt.

Den rund 100jährigen Tagebau begleiteten seit 1875, als man in den Braunkohleschichten von Messel Teile eines Krokodils entdeckte, zahlreiche Fossilienfunde. Seit der Jahrhundertwende wurden sie konsequent gesammelt. Forschungsinstitute des In- und Auslands begannen 1966, die fossilführenden Schichten unter naturwissenschaftlichen Aspekten zu untersuchen.

Seit den 70er Jahren geriet die Grube wegen Vorbereitungen zur Errichtung einer Mülldeponie in die Schlagzeilen der Tagespresse.

Fossilien in Nordamerika

55–36 Mio. In Nordamerika sind in dieser Zeit zwei der zahlreichen Fossillagerstätten von herausragender Bedeutung: Das Fossil Butte National Monument bei Kemmerer in Wyoming und das John Day Fossil Beds National Monument bei John Day in Oregon.

In Fossil Butte führen Sedimente der sogenannten Green-River-Formation zahlreiche Versteinerungen. Die Ablagerungen entstehen unter subtropischen Klimaverhältnissen zwischen dem Oberen Paläozän und dem Unteren Eozän (etwa 60–50 Mio.). Innerhalb eines Systems von drei Seen (Lake Uinta, Fossil Lake, Lake Gosiute) erstrecken sie sich über ca. 65 000 m^2. Die verschiedenen Horizonte enthalten neben Überresten von Wirbellosen und einer reichen Flora besonders häufig fossile Fischreste, die z. T. in großen Mengen zusammengeschwemmt sind.

Als weitere Versteinerungen der Green-River-Formation sind neben Fröschen und Limnofregata (eine Pelikanvogelgattung) untenstehende Wirbeltierordnungen vertreten.

Von besonderem Interesse sind die Überreste der frühesten echten Fledermaus (Icaronycteris) sowie des Uintatheriums. Letzteres ist ein schwer gebautes Säugetier von Nashorngröße mit zwei mächtigen paarigen Knochenauswüchsen auf dem Nasenrücken.

Die Lagerstätte John Day Fossil Beds befindet sich im oberen John-Day-River-Becken. Dort sind zahlreiche tierische und pflanzliche Überreste in drei Komplexen, die insgesamt einen Zeitraum von etwa 45 bis 50 Mio. Jahren abdecken, vorwiegend in vulkanische Lockersedimente eingebettet. Die Schichten decken einen wesentlichen Zeitraum in der Gesamtentwicklung der Säugetiere ab. In den untersten Horizonten (ca. 45–30 Mio.), der sogenannten Clarno-Formation, ist vor allem die Unpaarhufergattung Hyrachyus als direkter Vorfahr der Tapire und vielleicht auch der Rhinocerosarten von großem Interesse. Als Versteinerungen finden sich hier aber auch die nashornähnlichen Brontotherien, frühe Raubtiere (Creodontier), Pferde (Equidae) und auf Nordamerika beschränkte Paarhufer.

Reptilien

▷ Schuppenkriechtiere (Squamata)
▷ Schildkröten (Testudines)
▷ Krokodile (Crocodylia)

Säugetiere

▷ Fleischfresser (Carnivora)
▷ Herrentiere (Primaten)
▷ Unpaarhufer (Perissodactylen)
▷ Fledertiere (Chiroptera)
▷ Dinocerata

△ Besonders reich an Versteinerungen sind im John Day Fossil Beds National Monument in Oregon die Sedimentschichten der Clarno-Formation aus dem Mittleren Eozän bis Unteren Oligozän. Die Erosion hat sie stellenweise gut aufgeschlossen, wie diese Felsmassive (»Palisades«) deutlich zeigen.

◁ In der Green-River-Formation des Fossil Butte National Monument bei Kemmerer in Wyoming versteinerte vor 50 bis 45 Mio. Jahren eine Vielzahl von Seetieren, unter denen sich die nebenstehend abgebildeten Überreste einer Schildkröte (o.), eines Stachelrochens (u.) sowie der Fische Priscacara (M.) und Notogoneus (l.) befanden.

Lagerstätte früher Säugetierformen

40–30 Mio. In der Fayum-Senke, einem flachen Becken südwestlich von Kairo, bleiben zahlreiche Säugetiere und Fische mit ihren ältesten Formen als Versteinerung erhalten. So finden sich in der Fossillagerstätte z. B. Überreste der ersten Rüsseltiere (Proboscidea) mit den Gattungen Moeritherium, Barytherium und Palaeomastodon. Fossilien der Huftierordnung Embrithopoda (Gattung Arsinoitherium) kommen ebenfalls vor.

Daneben gibt es erste versteinerte Wale (Cetacea mit den Gattungen Eocetus und Prozeuglodon), Fleischfresser und Reptilien. Schließlich erscheinen hier bereits die Hominoiden Aegypto- und Proliopithecus sowie andere Primatengattungen aus den Gruppen Oligopithecus, Apidium und Simonsium.

Versteinerungen tropischer Fische

55–36 Mio. Eines der wichtigsten Vorkommen fossiler Fische entsteht am Monte Bolca bei Verona. Das Gebiet umfaßt eine flache Meeresbucht und enthält Versteinerungen von über 200 marinen Fischarten in z. T. hervorragender Konservierung. Viele bleiben sogar farbig erhalten. Es handelt sich durchweg um tropische Arten, wie sie heute in ähnlicher Vergesellschaftung im Indischen Ozean leben. Neben unterschiedlichen Haiartigen (Elasmobranchii) kommen moderne Knochenfische (Teleostei) vor, darunter vor allem Muränenarten. Besonders typische Knochenfischgattungen sind Mene, Eolates, Eoplatax und Pycnodus.

Außer den zahlreichen Fischen fossilisieren in der Lagune von Monte Bolca auch Krokodile, Insekten und eine reichhaltige Küstenflora.

Fossilfalle in tiefen Karstspalten

Um 40 Mio. Bei Egerkingen in der Schweiz entsteht wie in der Schwäbisch-Fränkischen Alb ein Fossilvorkommen seltener Art. Es handelt sich dabei um eine Fossilfalle, in der Tausende von Landwirbeltieren, darunter etwa 50 verschiedene Säugetiergattungen, zugrundegehen und versteinern. Vertreten sind u. a. Primatenarten und Fleischfresser. Besonders häufig finden sich frühe Huftiere (Pferde- und Tapirvorfahren sowie Paarhufer).

Bei dem Egerkinger Vorkommen handelt es sich um eine sogenannte Spaltenfüllung. Diese Art von Fossillagerstätte kommt dadurch zustande, daß die Tiere in Trockenperioden verstärkt die Nähe von Unterschlüpfen aufsuchen, in diesem Fall von Karstspalten (→ S. 212) in Jurakalken. Nicht selten stürzen sie dabei ab und verenden.

Überreste reicher Meeresfischfauna

40–30 Mio. Im Kanton Glarn in der Westschweiz lagert sich der sogenannte Glarner Dach- oder Fischschiefer ab. Er besteht aus Flysch. Dieses Gestein setzt sich aus marinen, oft glimmerreichen Sandsteinen, Mergeln, Schiefertonen und Kalken des Tiefwassers zusammen und ist im allgemeinen recht arm an Fossilien. Dabei bildet der Fischschiefer allerdings, wie schon der Name sagt, eine Ausnahme.

Besonders in der Umgebung von Engi schließt er in guter Erhaltung eine reichhaltige tropische Meeresfischfauna ein. Wichtige Fossilien sind hier Gattungen der Heringe (Clupeidae), einer Ordnung der Knochenfische, die vielfach als Stammgruppe der modernen Knochenfische (→ 160–140 Mio./S. 265) betrachtet wird. Der Ursprung der Clupeidae liegt bei den Holostei.

Sumpfiger Urwaldbiotop im Herzen von Mitteleuropa

48–45 Mio. Eine der bedeutendsten Fossillagerstätten der Welt entsteht im Geiseltal bei Halle an der Saale, einer sumpfigen Urwaldregion tropischen Gepräges. Ihre Tier- und Pflanzenwelt gleicht derjenigen von Messel (→ S. 328), geht aber in ihrem Reichtum an fossil belegten Arten weit über Messel hinaus. Neben Wirbellosen finden sich hier Tausende fossiler Fische und Hunderte von Landwirbeltieren.

Kerbtiere

Über 100 Käferarten sind im Geiseltal konserviert. Besonders beeindruckend sind die tropischen Prachtkäfer, deren versteinerte Flügeldecken häufig farbig erhalten sind. Daneben kommen zahllose Libellen, Heuschrecken, Schaben, Termiten und Eintagsfliegen vor. Außer Insekten sind auch Tausendfüßer und Spinnen belegt.

Amphibien

Das Geiseltal ist eine der wenigen Fossillagerstätten mit gut erhaltenen Überresten von Amphibien wie z. B. grün gefärbten Fröschen. Des weiteren sind spezielle »Geiseltal-Olme« (Palaeoproteus klatti) vertreten, 25 cm lange Tiere mit spitzen Schädeln, die vermutlich mit dem Maul im Schlamm wühlen, um ihre Nahrung zu finden.

Reptilien

Besonders reichhaltig ist die Reptilienfauna, wobei Schildkröten dominieren, und zwar sowohl Sumpf- als auch Fluß- und Landschildkröten. Die größten Exemplare der Landschildkröte Geochelone eocaenica werden bis zu 1 m lang.
Zahlreiche Krokodilarten leben in den Sümpfen und den sie umgebenden Wäldern. Neben dem 4 m langen Asiatosuchus germanicus kommt die Art Diplocynodon hallense vor, die nur 1,5 m lang wird und den heutigen Alligatoren ähnelt. Verbreitet ist auch die Krokodilgattung Allognathosuchus, die mit ihrer schmalen Schnauze und ihren knopfartigen Zähnen wahrscheinlich auf hartschalige Nahrung spezialisiert ist. Exemplare der Gattung Pristichampsus fallen durch ihre hufartigen Zehen auf, eine Art auch durch gepanzerte Füße. Große Echsen sind im Geiseltal u. a. durch räuberische Warane (Eosaniwa koehni), fußlose Schleichen und Panzerschleichen vertreten. Außerdem finden sich erstaunlich häufig Fossilien von Schlangen, darunter viele mit vollständig erhaltenem Skelett.

Vögel

Zu den überlieferten Vögeln gehört u. a. ein über 2 m hoher Laufvogel der Gattung Diatryma, die auch in Messel vorkommt. Daneben sind kondorähnliche Großraubvögel der Art Eocathartes robustus und der Nashornvogel Geiseloceros robustus vertreten. Die ebenfalls belegten Gattungen Ornithocnemus und Palaeotis erinnern an heutige Rallen bzw. Kraniche.

Säugetiere

Säuger kommen im Geiseltal in großer Anzahl vor. Dabei gibt es ausgesprochene Exoten wie die auf Bäumen lebende Beutelratte Peratherium giselense. Stark vertreten sind Insektenfresser, die sich als Vorfahren von Primaten ansehen lassen (Ceciliolemur, Microtarsoides, Leptictidium u. a.). Des weiteren findet sich eine Vielzahl von Fledermäusen (Cecilionycteris, Matthesia). Als Baumbewohner leben auch Halbaffen (Nannopithex, Europolemur u. a.) im Geiseltal. Seltener ist Ailuravus picteti, möglicherweise ein Vorfahr der Waschbären.
Fast 20% der rund 40 bekannten Geiseltal-Säugetiere gehören zu den Ur-Raubtieren und echten Raubtieren. Daneben lebt im Geiseltal eine Vielzahl von Huftieren, vom kleinen Messelobunodon, dem Vorfahren der Paarhufer, bis zu frühen Pferde- und Tapirartigen.

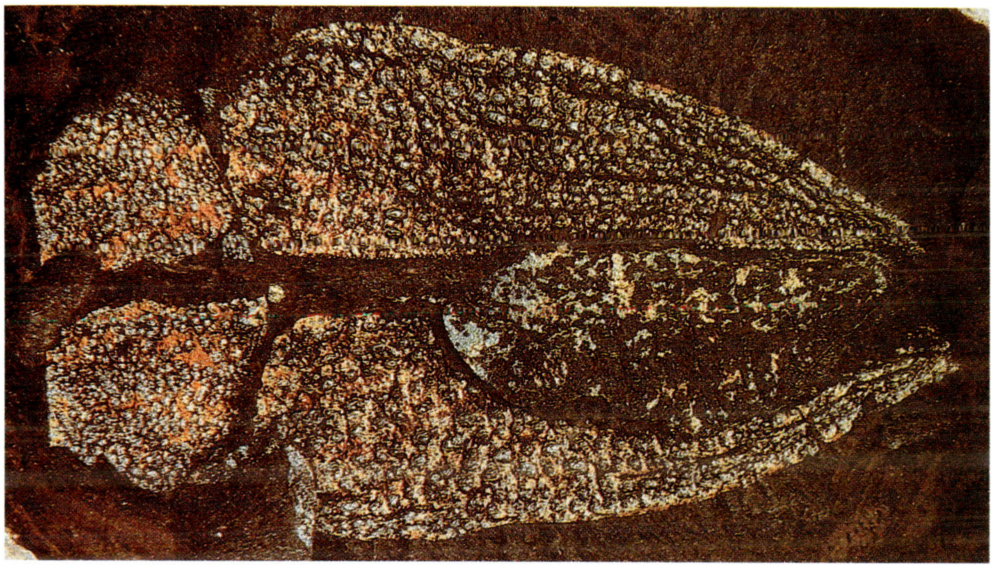

Die Fossilien des Geiseltales zeichnen sich nicht nur durch eine hervorragende Konservierung selbst feinster Details, sondern oft auch durch sehr gut erhaltene Farben aus, wie die Deckflügel dieses 2 cm langen Prachtkäfers Eochalcophora abbreviata (»Goldkäfer«) aus der Braunkohle beweisen.

Als »Affenhaar« bezeichnen die Bergleute des Geiseltals die fossilen Milchsaftschläuche von Wolfsmilchgewächsen (Euphorbien).

Bei diesem fossilen Aaskäfer (Silphidae) der Art Eosilphites decoratus aus der Blätterkohle des Geiseltals blieb sogar das Chitin substantiell erhalten. Die farbigen Flügeldecken des etwa 2 cm langen Kerbtiers weisen durch Interferenzen die ursprünglichen Strukturfarben auf.

Schichtlücken in Sedimenten der Tiefsee

Um 36 Mio. In der Tiefsee sind sogenannte Sedimentationslücken (»Hiatus«) weit verbreitet. Darunter versteht man den Ausfall von Ablagerungsschichten, eine Erscheinung, die meist durch Bewegungen in der Erdkruste hervorgerufen wird. Dabei kann es sich z. B. um ein zeitweiliges Herausheben der betroffenen Gebiete über den eigentlichen Sedimentationsbereich handeln. Für die spätere Beurteilung der Schichten bzw. Horizonte ergibt sich auf diese Weise eine ungleich gerichtete Lagerung (Diskordanz). An diesen Stellen bestehen häufig Schichtlücken.

Verstärkt oder auch vollkommen ersetzt werden kann dieser Effekt noch dadurch, daß abtragende Kräfte wirksam werden, die schon vorhandene Sedimentschichten entfernen. Damit erhöht sich der Ausfall von Ablagerungshorizonten, es entstehen sogenannte Abtragungs- oder Erosionslücken.

Wie es in dieser Zeit zu den weltweit verbreiteten Sedimentationslücken in der Tiefsee kommt, ist im einzelnen nicht geklärt. Fest steht aber, daß sich im Eozän verschiedentlich geophysikalische Verhältnisse im Bereich der Tiefseeböden ändern. So findet bereits vor etwa 45 Mio. Jahren ein deutlicher Richtungswechsel bei der Ausbreitung der Böden des Pazifischen Ozeans statt, vor allem im nördlichen Bereich dieses Weltmeeres.

◁ *Aus den Tiefen des Ozeanbodens stammt dieses basaltische Gesteinsstück. Es wurde im Rahmen geologischer Meeresbodenforschung im Marianengraben erbohrt. Dabei setzte der Hohlbohrer in 4200 m Wassertiefe an und arbeitete sich 280 m tief in den Untergrund hinein. Der Basalt zeigt, daß der Meeresboden primär magmatischen Ursprungs ist. In das Gesteinsstück eingeschlossen ist eine kleine Quarzdruse.*

▽ *Alle Ozeanböden sind ursprünglich hauptsächlich aus basaltischen Magmen aufgebaut und werden später weiträumig von Ablagerungen überdeckt. Die Karte zeigt die Verteilung der heute häufigsten Meeresbodensedimente.*

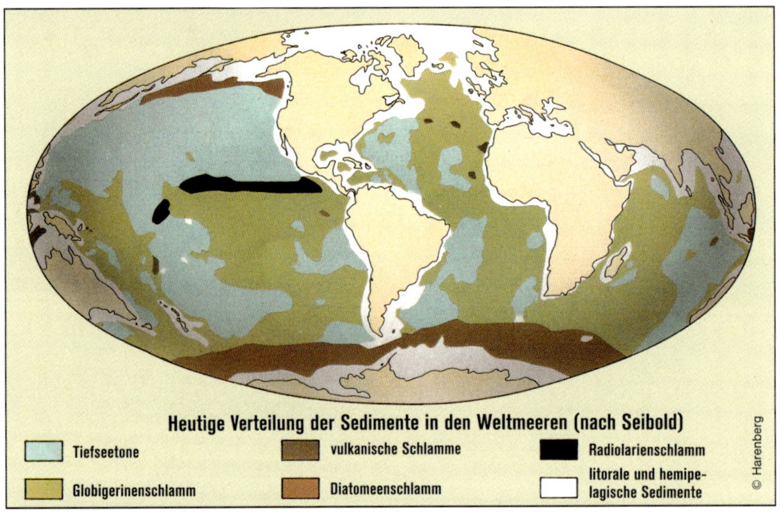

Heutige Verteilung der Sedimente in den Weltmeeren (nach Seibold)

Indien kollidiert mit Südasien

Um 50 Mio. Die nach Norden driftende Indische Tafel, ehemals ein Teil des großen zusammenhängenden Südkontinents Gondwana (→ S. 72), erreicht unter Drehung im Gegenuhrzeigersinn den asiatischen Kontinent und lagert sich diesem an. Etwa zeitgleich stößt auch die mit Afrika vereinte Arabische Tafel auf Eurasien. Dieser Tafel ist östlich ein großes Festlandgebiet angegliedert, partiell getrennt durch den vermutlich schon vorhandenen Persischen Golf. Das Gebiet umfaßt den heutigen südlichen Iran sowie große Teile von Afghanistan und Pakistan. Im Osten erhält diese Landmasse Anschluß an den Nordwesten der Indischen Tafel, etwa im Bereich des heutigen Indus-Beckens.

Weltmeere weiten sich aus

55–36 Mio. Die Ozeanböden des Atlantiks, des östlichen Pazifiks und des Indischen Ozeans dehnen sich weiter aus (Ozeanbodenspreizung, → 210–140 Mio./S. 220).

Bereits im Paläozän, vor etwa 60 Jahrmillionen, stieß der Nordatlantik in das Gebiet zwischen Grönland und dem nordwesteuropäischen Kontinentalschelf vor. Dieses Weltmeeresgebiet weitet sich jetzt beschleunigt aus. Dabei kommt es neueren Hypothesen zufolge allerdings nicht zu einer Verbindung zwischen Atlantik und Arktik.

Der Ausdehnungsprozeß verläuft keineswegs ruhig. Im Zusammenhang mit den Bewegungen der den sich öffnenden Nordatlantik begrenzenden Tafeln, vor allem der Grönländischen und der Europäischen, kommt es in Ostgrönland, im Norden und Nordwesten der Britischen Inseln sowie in den vorgelagerten Schelfgebieten zu heftigem magmatischem und vulkanischem Geschehen. Gewaltige Massen von Basalten fließen in diesen Regionen aus und bauen vermutlich die Thule-Landbrücke auf.

Vor 55 Jahrmillionen setzt eine intensive Nordwärtsbewegung Australiens ein. Zusammen mit der Norddrift Indiens (s. links) führt sie dazu, daß der sich noch ausweitende Indische Ozean im folgenden Oligozän (36–24 Mio.) in etwa seine heutige Gestalt erreicht.

Die Meeresbodenspreizung im östlichen Pazifik hat keine geographische Ausdehnung dieses Meeres insgesamt zur Folge.

Streitfrage:

Landbrücken und Meeresstraßen

55–36 Mio. In der Entwicklung der Säugetiere dieser Zeit zeigen sich große Übereinstimmungen zwischen den Arten verschiedener Kontinente, so z. B. zwischen europäischen und nord-, z. T. aber auch südamerikanischen Spezies. Entsprechend kommen etwa in Europa lebende Krokodile mit gleichen Gattungen auch in China vor, südamerikanische Beuteltiere der Oberkreide gelangen nach Australien.

Im Zusammenhang mit diesem Phänomen sind die Landverbindungen der Kontinente untereinander zu betrachten. So wird z. B. bereits zur Wende Kreide/Tertiär (ca. 66 Mio.) die Landbrücke zwischen Nord- und Südamerika überflutet. Südamerika bleibt bis zum Pliozän (ca. 4 Mio.) zumindest nach Norden isoliert.

Vor etwa 55 Mio. Jahren zerbricht auch die Verbindung zwischen Südamerika und Antarktika sowie zwischen Antarktika und Australien. Die Stammformen der Beuteltiere müssen also bereits im vorausgehenden Paläozän von Südamerika über die Antarktis bis nach Australien gelangt sein.

Die früher für das älteste Tertiär angenommene Landverbindung zwischen Europa und Amerika über das Barents-Schelf, Spitzbergen und Nordgrönland existiert nach neuesten Untersuchungen nicht. Dafür besteht aber wahrscheinlich fast während des gesamten Tertiärs eine Thule-Landbrücke von den Britischen Inseln über die Färöer, Island, Grönland und Ellesmere-Insel. Diese Verbindung ist aus der gewaltigen Produktion von Basalten eines sogenannten hot spot (eine Zone, in der die Erdkruste besonders dünn ist) im Bereich von Island aufgebaut.

Von Asien trennt Europa die Turgai-Straße östlich des Urals, die sich erst im Oligozän (36 – 24 Mio.) schließt. Damit ist Europa dann auch über Asien und die Bering-Landbrücke mit Amerika verbunden.

Urtümliche Huftiere in Amerika und Europa beheimatet

55–50 Mio. Die »Urhuftiere« oder Condylarthra stellen in vielen Faunen Amerikas und Europas rund 25% der Säugetiere.
Manche Condylarthren erscheinen bereits in der Oberkreide (97–66 Mio.), andere im vorausgehenden Paläozän. Die Tiere werden wiesel- bis bärengroß, wobei manche an frühe Raubtiere erinnern. Alle verfügen über ein vollständiges Säugetiergebiß und treten mit der gesamten oder fast gesamten Fußsohle auf. Ihre jeweils fünf Finger und Zehen enden in Krallen oder Hufen. Entwicklungsgeschichtlich sind drei Familien von Bedeutung, die alle bereits seit dem Paläozän bestehen und jetzt weit verbreitet sind.
Die Mesonychidae bilden wahrscheinlich die Stammgruppe der Paarhufer (Artiodactyla, → S. 334) sowie der Wale (Cetacea, → S. 339).
Die Phenacodontidae sind in Nordamerika und Europa am häufigsten mit Phenacodus vertreten. Diese Gattung hat zwar Hufe, gleicht jedoch weitgehend einem Fleischfresser. Ihr kleiner Verwandter, Tetraclaenodon aus Nordamerika, besitzt noch Krallen und gilt als Vorläufer der Unpaarhufer (→ S. 335).
Die Familie der Didolodontidae ist auf Südamerika beschränkt. Mit verwandten Familien typisch südamerikanischer Huftierordnungen (z. B. Notoungulata, Litopterna) entwickelt sie sich bis ins Mittlere Miozän (16–12 Mio.) isoliert weiter.

◁△ In Nordamerika (Wyoming) ist im Unteren Eozän der 130 bis 160 cm lange Säuger Phenacodus primaevus verbreitet, ein »Urhuftier«, das Fleischfressern ähnelt.

△ Um die gleiche Zeit lebt ebenfalls in Nordamerika die auch als Eohippus bekannte Huftierart Hyracotherium venticolum. Die Exemplare sind nur etwa 60 cm lang.

◁ Das europäische Urpferdchen der Art Propalaeotherium messelense versteinert im deutschen Eozän bei Darmstadt. Es ist etwa 50 cm lang und hat 35 cm Schulterhöhe.

Neue Ordnungen spezialisierter Pflanzenfresser mit Hufen oder Klauen entstehen

55–36 Mio. In dieser Zeit entwickeln sich aus den Urhuftieren die Ordnungen der Paarhufer und der Unpaarhufer (→ S. 334/335). All diese »Huftiere« (»Ungulaten«) umfassen zahlreiche voneinander unabhängige Linien mit gleichen Entwicklungstendenzen, die sich besonders im Gebiß und im Bewegungsapparat äußern. Die Zehenglieder der mittelgroßen bis großen Pflanzenfresser sind von Hufen oder hufartigen Gebilden (Klauen) umgeben. Bei einer Reihe von primitiven, frühen Formen kommen auch noch Krallen vor.
Die Paarhufer sind 0,4 bis 4 m lange, zu Lauftieren spezialisierte Pflanzenfresser. Ein wichtiges Merkmal dieser Tiere (mit Ausnahme der Flußpferde) bilden die verstärkten dritten und vierten Zehen der Vorder- und Hinterextremitäten. Die Endglieder dieser Zehen umgibt eine hufförmige Hornmasse (Klaue), die dem Auftreten dient. Die Paarhufer sind also Zehenspitzengänger. Man unterscheidet drei Unterordnungen: Nichtwiederkäuer, Wiederkäuer und Schwielensohler. Sie erscheinen zuerst im Unteren Eozän und sind heute mit insgesamt knapp 200 Arten weltweit verbreitet.
Die Unpaarhufer treten ebenfalls erstmals im Eozän auf. Im Miozän (24–5 Mio.) vermehren sich die Arten der großen bis sehr großen nichtwiederkäuenden Pflanzenfresser erheblich. Charakteristisch für die Unpaarhufer ist eine ungerade Anzahl von Zehen mit deutlicher Tendenz zur Verstärkung oder alleinigen Ausbildung der dritten (mittleren) Zehe. Heute sind die Unpaarhufer nur noch mit 17 Arten (darunter die Pferde, die Nashörner und die Tapire) vertreten.

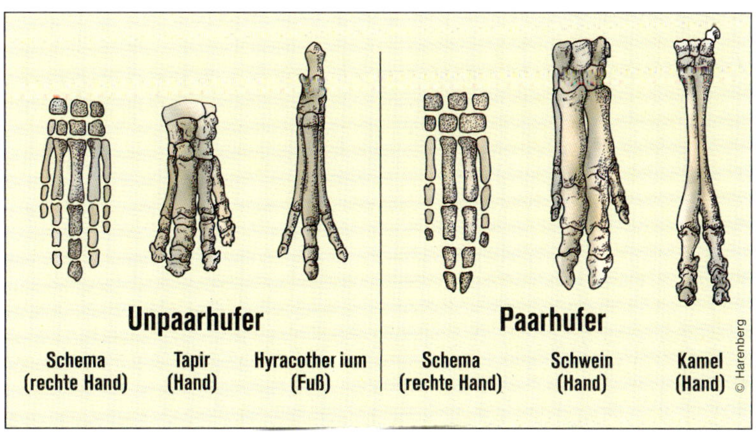

Die Familie Entelodontidae entwickelt sich im Oberen Eozän. Eine miozäne Gattung dieser Tiere repräsentiert das 2,60 lange Archaeotherium aus Nordamerika.

Zur Familie der Kamele zählt das 50 cm große Protylopus. Es lebt in Nordamerika und ist wohl kein direkter Vorfahre späterer Kamele.

Die Cainotheriidae sind eine primitive Familie der Schwielensohler. Das abgebildete kaninchengroße Cainotherium kommt im Oligozän in Spanien vor.

Die ersten Paarhufer: Kamele und Schweineartige

50–36 Mio. Aus den Urhuftieren (→ S. 333) entwickeln sich erste Paarhufer (Artiodactyla). Ihre zwei oder vier Zehen pro Fuß sind halbkreisförmig angeordnet und von einer kräftigen Nagelscheide umgeben, was das typische Bild eines gespaltenen Hufs ergibt.

Mit Ausnahme der Schweineartigen (Unterordnung Suina), die als erste Paarhufer vor etwa 50 Jahrmillionen erscheinen, sind alle Mitglieder dieser Ordnung Wiederkäuer. Ihr Magen ist in drei oder vier Kammern unterteilt. Die verschluckte Nahrung gelangt zunächst in den Pansen und sodann in den Netzmagen. In beiden Mägen wird sie mit Hilfe von Bakterien vergoren. Danach wird der Speisebrei hochgewürgt und nach nochmaligem Kauen erneut verschluckt. Sodann passiert er den säugetierüblichen Verdauungskanal. Durch dieses spezielle System können die Wiederkäuer z. B. auch die sonst für Säuger unverdauliche Zellulose verwerten.

Schweineartige

Die Schweineartigen gelten als die primitivste Unterordnung der Paarhufer. Das läßt sich u. a. an ihrem nahezu vollständigen Säugetiergebiß erkennen (→ S. 245). Auch ihr Verdauungsapparat ist noch wenig spezialisiert, obwohl bei manchen Arten bereits eine Unterteilung in zwei bis drei verschiedene Magenkammern besteht.

Im Unteren Eozän erscheint zunächst die Familie Dichobunidae. Diese Tiere ähneln äußerlich eher den Kaninchen als den Huftieren. Da viele ihrer Arten mit fünfzehigen Füßen ausgestattet sind, bilden sie eine Ausnahme unter den Paarhufern, werden aber dennoch dieser Ordnung zugerechnet. Grund dafür ist, daß sie die Stammform aller übrigen Paarhufer darstellen. Aus dieser Familie ist im Unteren Eozän vor allem die Gattung Diacodexis verbreitet. Sie kommt in Europa (Frankreich), Nordamerika (Wyoming) und Asien (Pakistan) vor. Ob der nur etwa 50 cm lange Diacodexis überhaupt schon Hufe besitzt, ist ungeklärt. Von den fünf Fingern bzw. Zehen sind allerdings – wie auch bei den späteren Paarhufern – die dritte und vierte am längsten. Das Tier lebt im dichten Unterholz tropischer Wälder.

Als weitere Suina-Familie erscheinen die Anthracotheriidae (»Kohlentiere«). Der Name erklärt sich daraus, daß viele ihrer Mitglieder versteinert aus der Braunkohle bekannt sind. Die artenreiche Familie ist etwa ab dem Oberen Eozän hauptsächlich in Asien zu Hause, kommt aber auch in Europa und Nordamerika vor. Die Anthracotheriiden sind wahrscheinlich mit den Flußpferden verwandt und leben wie diese vorwiegend im Wasser. Weit verbreitet ist die Gattung Elomeryx, etwa 1,5 m lange flußpferdähnliche Tiere mit kurzen, stämmigen Beinen. Verbreiterte Füße erlauben ihnen, bequem im Sumpf zu waten.

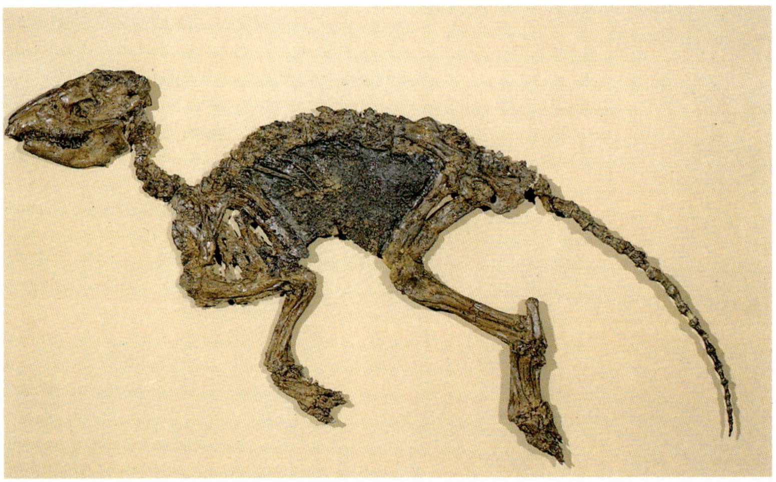

△ Der abgebildete Paarhufer der Gattung Aumelasia versteinerte im Ölschiefer der Grube Messel. Auffällig an diesem Tier sind seine kurzen Vorderbeine.

◁ Kopf von Messelobunodon, einem frühen mitteleuropäischen Paarhufer aus der Gruppe der Dichobuniden

Schwielensohler

Die Schwielensohler oder Tylopoda umfassen zahlreiche Familien, die entwicklungsgeschichtlich vermutlich zwischen den Schweineartigen und den Ruminantia (Giraffen, Hirsche, Rinder u. a.) angesiedelt sind.

Als erste Tylopodafamilie erscheinen vor rund 40 Jahrmillionen die Kamele (Camelidae), und zwar zunächst in Utah und Colorado mit der klein bleibenden Gattung Protylopus. Die nur kaninchengroßen Tiere leben im Wald. Ihre Vorderbeine sind kürzer als die Hinterbeine. Obgleich alle Extremitäten vier Zehen haben, wird das gesamte Körpergewicht nur von der dritten und vierten getragen. Protylopus ist wahrscheinlich nicht der Ahne der späteren Kamele.

Schon im Oberen Eozän leben Nashörner in Nordamerika. Im Oligozän ist die abgebildete Gattung Trigonias in Montana und Frankreich verbreitet.

In Eurasien entsteht im Eozän die Unpaarhuferfamilie der Chalicotheriidae. Nachfahren existieren noch im 5. Jahrhundert v. Chr.

Weit verbreitet in Asien, Europa und Nordamerika ist während des Unteren Eozäns das nur 20 cm hohe, sehr behende Pferdchen der Gattung Hyracotherium.

Messelfossil eines Unpaarhufers der Gattung Lophiodon; das Tier lebt außer in Deutschland auch in Frankreich und der Schweiz.

Aus dem Alttertiär von Fayum, einer Fossillagerstätte im Großraum Kairo, stammt das Schädelskelett dieses Arsinoitheriums. Die Vertreter der Gattung haben ein nashornähnliches Aussehen und sind über 3 m lang. Allein der Schädel der Tiere mißt in der Höhe mehr als 1 m. Auf dem Nasenrücken tragen sie ein Paar gewaltiger Knochenzapfen, die vermutlich mit Haut oder Hornsubstanz überzogen sind. Verwandte Gattungen des Arsinoitheriums leben in Europa (Rumänien und Türkei).

Artenreiche Unpaarhufer

55–36 Mio. Vor rund 55 Jahrmillionen erscheinen in Nordamerika und Europa die ersten Unpaarhufer (Perissodactyla, → S. 333). Mehr noch als bei den Paarhufern passen sich ihre Gliedmaßen einer schnellen Fortbewegungsart an. Die drei Unterordnungen Hippomorpha, Ancylopoda und Ceratomorpha treten alle im Unteren Eozän auf.

Hippomorpha

Als erstes pferdeartiges Tier ist im Unteren Eozän in Nordamerika, Europa und Asien die Gattung Hyracotherium weit verbreitet. Dieser Unpaarhufer hat nur 20 cm Schulterhöhe, wird 60 cm lang und gilt als Stammform der Pferde sowie der mit diesen verwandten Palaeotheriden. Das Tier hat vorne vier und hinten drei Zehen. Nächster Pferdeartiger ist das ebenfalls noch primitive Palaeotherium, ein langhalsiges Waldtier mit ca. 75 cm Schulterhöhe und kurzem Rüssel.

Die Familie der Bronthoteriiden (»Donnertiere«) erscheint vor rund 50 Jahrmillionen in Nordamerika und Ostasien zunächst mit kleinen Tieren, die den frühen Pferden ähneln. Obwohl die gesamte Familie nur etwa 15 Jahrmillionen überdauert, bringt sie in dieser Zeit fast 40 verschiedene Formen hervor. Alle sind langsam in ihren Bewegungen und ernähren sich von weichen Waldpflanzen. Manche Tiere besitzen kräftige Eckzähne und oft grotesk wirkende hornförmige Kopfauswüchse. Im Eozän sind in Nordamerika und Asien Eotitanops mit 45 cm Schulterhöhe verbreitet, in Nordamerika Dolichorhinus mit 1,2 m Schulterhöhe.

Ancylopoda

Längere Vorderbeine lassen die Rückenlinie dieser bizarren Tiere stark nach hinten abfallen. Ungleich anderen Huftieren besitzen sie keine Hufe, sondern kräftige Krallen. Die Ancylopoda sind Waldtiere mit zwei bekannten Familien. Davon treten die Eomoropidae, die anderen frühen Unpaarhufern ähneln, zuerst auf. Bei der Familie Chalicotheriidae handelt es sich um Waldtiere, die wahrscheinlich rund 50 Jahrmillionen fast unverändert überleben. Sibirische Gräber aus dem 5. vorchristlichen Jahrhundert schmücken Tiergestalten, die stark an Chalicotheriiden erinnern.

Ceratomorpha

Vor etwa 55 Jahrmillionen tauchen in Nordamerika die ersten Tapire auf, kräftige Pflanzenfresser, die dem Leben in Tropenwäldern angepaßt sind. Zunächst erscheint das nur 1 m lange Heptodon mit noch wenig ausgeprägtem Rüssel. Vertreter der eigentlichen Familie Tapiridae folgen erst gegen Ende des Eozäns.

Die Nashörner entwickeln sich ebenfalls erst im Oberen Eozän, zuerst in Nordamerika und Europa mit der dem Heptodon ähnlichen Form Hyrachyus. Bei diesen Tieren handelt es sich vermutlich um die gemeinsame Stammform der Tapire und Nashörner. Die Überfamilie Rhinocerotoidea umfaßt bald Dutzende Gattungen.

Vom Eozän bis Miozän ist die Raubtierfamilie Amphicyonidae über Europa, Asien, Afrika und Nordamerika verbreitet. Man nennt ihre Vertreter auch Bärenhunde, weil sie Merkmale sowohl der Bären (Sohlengänger, Körperform) wie der Hunde (Gebiß) aufweisen.

Das Raubtier Parodectes feisti ist ein kleiner gewandter Kletterer und ähnelt wahrscheinlich den heutigen Ginsterkatzen. Er lebt auf Urwaldbäumen und ernährt sich von Insektenfressern, Nagern usw.

Landraubtiere in Alter und Neuer Welt

55–36 Mio. Aus der kleinen Gruppe der Miacidae, die bereits im Oberen Paläozän (etwa 60 Mio.) in Europa erschienen, entwickeln sich jetzt zahlreiche Familien der Landraubtiere. Diese sogenannten Fissipedia bilden die Unterordnung der »echten« Raubtiere (Carnivora).

Die Miaciden sind nur etwa 20 cm große Tiere, deren Aussehen und wohl auch deren Lebensweise an Baummarder erinnert. Sie besitzen noch ein vollständiges, 44 Zähne umfassendes Säugetiergebiß. Im Eozän entwickeln sich aus ihnen zunächst die Marderartigen (Mustelidae), schlanke Jäger mit gestrecktem Körperbau, die heute durch Wiesel, Hermelin, Dachs, Skunk und Otter vertreten sind. Sie bewohnen meist die gemäßigten Breiten Europas. Zur Wende Eozän/Oligozän (ca. 36 Mio.) erscheint die Familie Procyonidae in Europa, Nordamerika und Asien. Es sind langschwänzige Baumbewohner mit den typischen Reißzähnen der Raubtiere. Die heute lebenden Arten (Kleinbären wie die Waschbären, Pandas und Nasenbären) besitzen diese Reißzähne allerdings nicht mehr. Sie ernähren sich als Allesfresser.

Vor rund 50 Mio. Jahren breiten sich Mitglieder der Familie Amphicyonidae über Europa, Nordamerika, Asien und Afrika aus. Sie bilden eine Gruppe sehr unterschiedlicher großer Räuber, die in ihrem Aussehen sowohl an Hunde wie Bären erinnern und deshalb auch »Bärenhunde« genannt werden. Ihre Lebensweise entspricht in etwa der der heutigen Braunbären. Sie sterben gegen Ende des Miozäns (24–5 Mio.) aus.

Als erste hundeartige Tiere (Familie Canidae) leben im Oberen Eozän vor rund 40 Jahrmillionen kurzbeinige Raubtiere, die eher an Schleichkatzen erinnern als an die heutigen Füchse, Schakale, Kojoten, Wölfe und Hunde. Ihre Verbreitung beschränkt sich im wesentlichen auf Nordamerika. Zur Wende Eozän/Oligozän zählen sie fünf Gattungen.

Zu den ältesten echten Raubtieren gehört die Familie Viverridae. Sie entwickelt sich in Eurasien und Afrika. Ihre ersten Vertreter lebten hier vielleicht sogar schon im Unteren Paläozän vor rund 60 Mio. Jahren. Im Eozän existieren bereits zahlreiche Arten. Heute zählen zu ihnen Schleichkatzen, Ginsterkatzen, Mungos und Ichneumons.

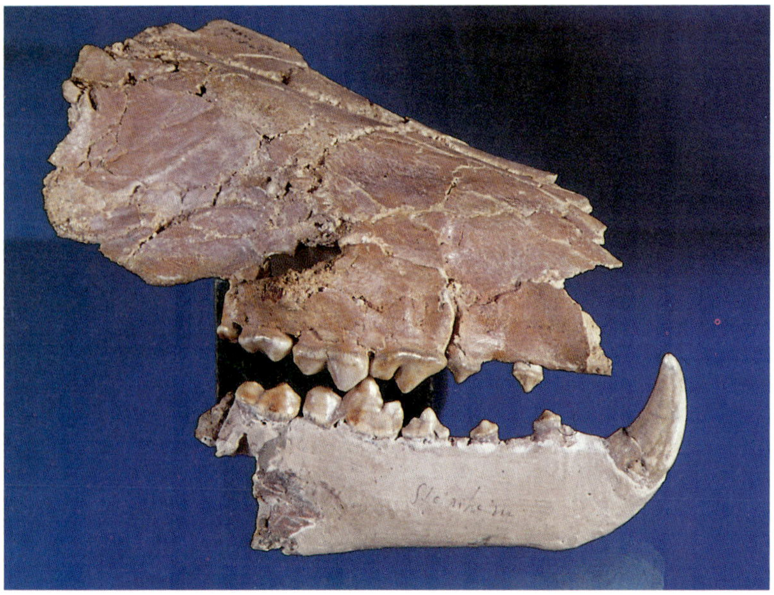

Das fossile Schädelskelett eines Bärenhundes (Amphicyon) aus dem Mittleren Miozän von Steinheim am Albuch zeigt die an ein Hundegebiß erinnernden Zähne dieses etwa 2 m langen Großraubtieres.

An der Wende Eozän/Oligozän erscheinen erste Kleinbären (Procyonidae) wie dieser Plesictis.

Vorfahren im Eozän hat die Mardergattung Otter, die mit Potamotherium im Miozän erscheint.

Oxyaena lupina ist eine Creodontenart von 1 m Körperlänge, die etwa zu Beginn des Eozäns in Nordamerika erscheint und im Unterschied zu echten Raubtieren ein Sohlengänger ist.

Vor 43 bis 38 Mio. Jahren streifen gewaltige, 4 m lange »Urraubtiere« durch die Mongolei. Die abgebildete Art ist Andrewsarchus mongolensis. Mit 84 cm Länge ist sein seitlich etwas abgeflachter Schädel viermal so lang wie der eines Wolfes.

Spezialisierung des Gebisses auf dem Weg zum Raubtier

Beide Ordnungen der Raubtiere, die sogenannten Urraubtiere (Creodonta, → um 66 Mio./S. 302) und die »echten« Raubtiere (Carnivora, → S. 336), leiten sich wahrscheinlich von den insektenfressenden Säugetieren der Kreidezeit (→ 97–66 Mio./S. 302) ab. Der Wechsel zu einer Lebensweise als Fleischfresser geht mit zahlreichen Spezialisierungen einher. Besonders betroffen ist davon das Gebiß, bei dem sich bei den verschiedenen Arten alle möglichen Übergangsformen nachweisen lassen. Zum Fressen von Fleisch sind schneidende Zähne erforderlich. Folgerichtig besitzen die Fleischfresser im Vorderteil des Gebisses kleine scharfe Schneidezähne. Außerdem bildet bei vielen Arten ein Paar hoch spezialisierter Backenzähne (Reißzähne) eine regelrechte Schere. Bei verschiedenen Carnivorengruppen variiert die Lage dieser Brechschere. Mit den Zähnen verändert sich der Bau der Kieferknochen. Speziell der Unterkiefer wird massiger und erhält ein straff sitzendes, quer verlaufendes und hoch belastbares Scharniergelenk als Träger einer kräftigen Kaumuskulatur.

Nicht alle Fleischfresser sind »echte« Raubtiere im Sinne der Ordnung Carnivora. Andererseits sind nicht alle Carnivoren ausschließlich Fleischfresser. Es gibt auch Gemischtköstler und einige Spezialisten, die sich rein pflanzlich ernähren, wie etwa die heutigen Pandabären. Die Unterordnung der Robben (Pinnipedia, → S. 354), die sich wahrscheinlich im Oberen Oligozän (ca. 30 Mio.) entwickelt und ebenfalls zu den Carnivoren gezählt wird, spezialisiert sich auf Fische als Nahrung und verliert die sonst raubtiertypischen Reißzähne völlig.

Die wissenschaftliche Einteilung der Raubtiere in Familien orientiert sich am Bau der Gehörregion. Unterschieden werden die Unterordnungen Fissipedia (Landraubtiere) und Pinnipedia (Robben). Innerhalb der Landraubtiere findet eine Einteilung in folgende Überfamilien statt:

▷ Miacidea (Vorfahren aller Landraubtiere), Paläozän bis Eozän
▷ Arctoidea (Marderartige, Kleinbären, Bären, Bambusbären u. a.), ab Eozän
▷ Cynoidea (Hundeartige), Vorformen ab Oberem Eozän
▷ Aeluroidea (Katzenartige, Schleichkatzen, Hyänen), ab Oberem Eozän.

Die Robben werden in drei Familien unterteilt:

▷ Otariidae (Ohrenrobben), ab Unterem Miozän
▷ Odobenidae (Walrosse), ab Miozän
▷ Phocidae (Seehunde), ab Miozän.

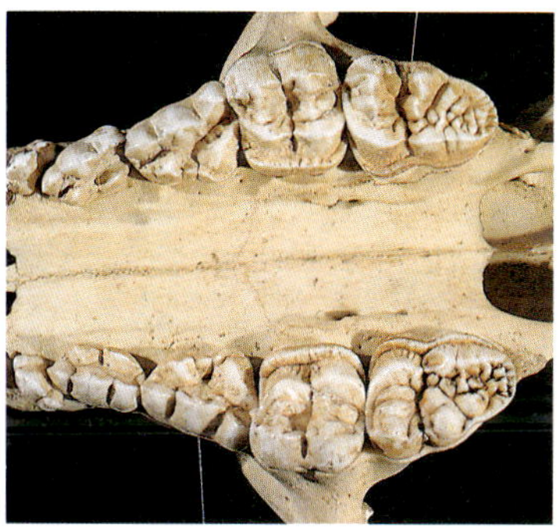

Das Gebiß des rezenten Bambusbären oder Großen Pandas (Ailuropoda melanoleuca) zeigt die breiten Kauflächen eines Pflanzenfressers. Obgleich ein Verwandter der Raubtiere, frißt er Bambus.

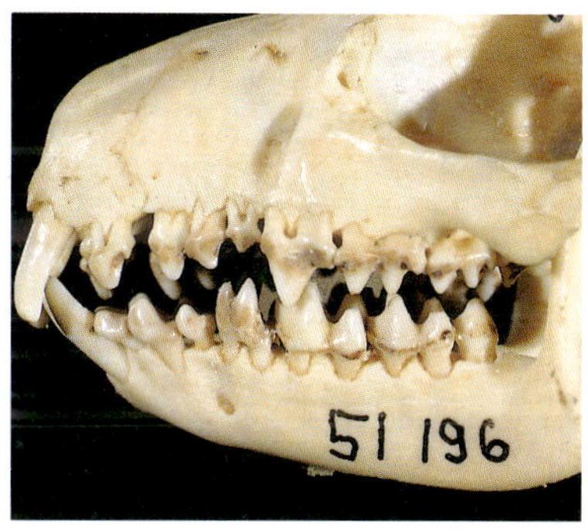

Der Igel (Erinaceus) ernährt sich vorwiegend von Insekten, aber auch von Weichkost wie Würmern und Schnekken. Sein Gebiß eignet sich sowohl zum Knacken von Chitinpanzern wie zum Schneiden.

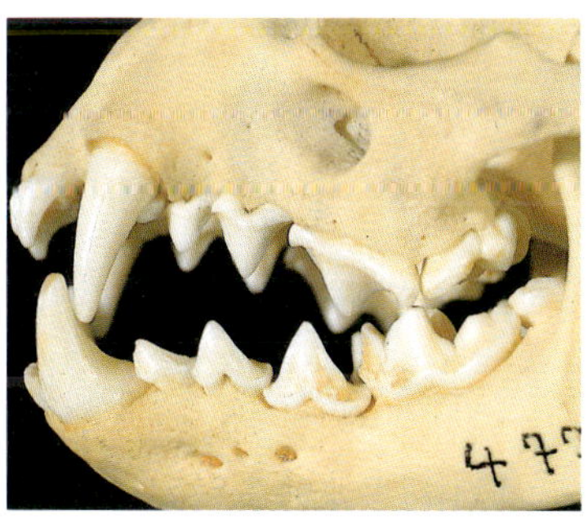

Das Gebiß des Otters (Lutra lutra) zeigt vorn die charakteristische Raubtierschere, mit der er seine Hauptbeutetiere, Fische, fängt und tötet. Ausgeprägt sind aber auch die Backenzähne.

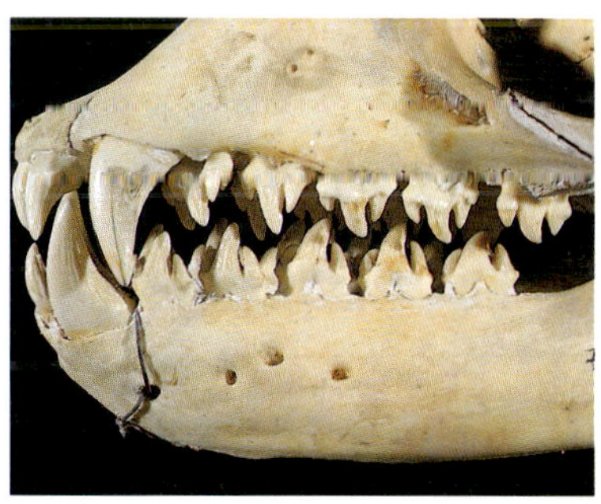

Ebenfalls von Fischen ernährt sich die Gattung Hydrurga, eine Robbe aus der Familie der Seehunde. Auch ihr typisches Raubtiergebiß besitzt die für den Beutefang erforderliche kräftige Schere.

Erste Vertreter der Rüsseltiere in Asien und Afrika

55–36 Mio. Vermutlich im nördlichen Indien gehen aus primitiven Huftieren (→ S. 333) die ersten Rüsseltiere hervor. Sie sind keinesfalls so groß wie die späteren Mastodonten, Mammute oder Elefanten, sondern erreichen allenfalls die Ausmaße eines Schweines. Auch Stoßzähne besitzen sie noch nicht.

Sie gehören der Unterordnung Moeritherioidea an. Dieser Gruppenname bezieht sich auf die altgriechische Bezeichnung »Moeris« für einen See in der ägyptischen Fayum-Senke (→ S. 330), in der man die ersten fossilen Moeritherien entdeckte. Im Eozän ist das heutige Wüstengebiet eine bewaldete Küstenebene.

Die Gattung Moeritherium, die im Oberen Eozän nicht nur in Ägypten, sondern auch in Mali und im Senegal verbreitet ist, ähnelt eher einem kleinen Tapir oder einem jungen Flußpferd als einem Elefanten. Mit nur 60 cm Schulterhöhe bleiben die Tiere relativ klein. Ihr Rüssel ist noch nicht sehr lang. Möglicherweise besitzen sie auch erst eine breite, verdickte Oberlippe, die sie dazu befähigt, in der Sumpfvegetation nach Nahrung zu stöbern. Die Masse des plump gebauten Tieres schätzt man auf 200 kg. Der ganze Körperbau mit den gegenüber späteren Rüsseltieren noch relativ dünnen Beinen und den weit oben liegenden Augen und Ohren legt die Vermutung nahe, daß Moeritherium ebenso wie die heutigen Flußpferde in Flüssen und Süßwasserseen lebt.

◁ Aus der Gegend von Sahabi in der Libyschen Wüste stammt dieser fossile Unterkiefer eines alttertiären Rüsseltieres der Art Stegotetrabelodon lybicus. Der gewaltige Backenzahn ist vor allem dadurch gekennzeichnet, daß er verhältnismäßig wenige Querrippen besitzt und die Zahnkrone relativ flach ist.

▽ Trotz seines massig wirkenden Körperbaus ist Moeritherium lyonsi mit etwa 70 cm Körperlänge ein recht kleines Rüsseltier, das vor 45 bis 40 Mio. Jahren in Nordafrika lebt. Überreste sind in Fayum bei Kairo erhalten geblieben.

Die den Moeritherien nachfolgende Unterordnung Elephantoidea der Rüsseltiere umfaßt die Familien Gomphoteriidae, Mammutidae und Elephantidae. Mit Gomphotherium (Bild) erscheint sie vor etwa 35 Mio. Jahren.

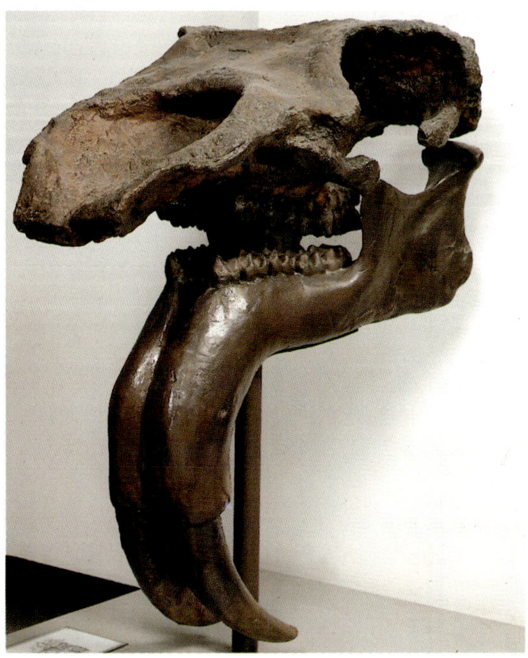

Rund 25 Mio. Jahre nach den ersten Rüsseltieren entsteht im Unteren Miozän in Afrika die Unterordnung Deinotherioidea. Die Deinotherien (auch Dinotherien) sind mit einer Körperhöhe um 4 m sehr große Elefanten. Ihre Unterkieferstoßzähne sind steil abwärts gebogen. Schon im Verlauf des Miozäns breiten sie sich auch über Süd- und Mitteleuropa und über Asien aus. Im Pliozän ziehen sich die Deinotherien nach Afrika zurück und sterben vor etwa 2 Mio. Jahren aus.

Die erdgeschichtlich ersten Wale mit deutlich sichtbaren Hinterbeinen gehören zur Unterordnung Archaeoceti, ihr erster, 1,8 m langer Vertreter zur Gattung Pakicetus (Bild). Er lebt im Unteren Eozän in Pakistan.

Vor 43 bis 38 Mio. Jahren ist in Alabama (USA) der Wal Basilosaurus cetoides zu Hause. Dieses Tier besitzt bereits die für moderne Wale typische Heckflosse; die Hinterbeine sind äußerlich nicht mehr erkennbar.

Kleine Wale mit vier Beinen

55–36 Mio. In den Weltmeeren leben verschiedene Arten von Walen (Ordnung Cetacea), die sich entwicklungsgeschichtlich wahrscheinlich von den im Paläozän vorkommenden frühen landbewohnenden Huftieren ableiten. Als erste Wale erscheinen Vertreter der Gattung Pakicetus der Unterordnung Urwale (Archaeoceti) im Süden Asiens. Die Tiere sind nur 1,8 m lang und besitzen vier Beine, die sie zu einem amphibischen Leben befähigen, sind also noch an das Leben auf dem Festland angepaßt.

Anders verhält es sich bei Protocetus, einem 2,5 m langen Verwandten von Pakicetus, der in den Meeren vor Afrika und Asien zur Zeit des Mittleren Eozäns (ca. 45–40 Mio.) lebt. Sein Körper ist bereits stromlinienförmiger, die Hinterbeine sind zu paddelähnlichen Flossen reduziert, und am Schwanzende hat er wahrscheinlich schon die für alle späteren Wale typische horizontale Flosse. Seine Nahrung sind Fische.

Ebenfalls in der Unterordnung Archaeoceti erscheinen noch im Eozän an der nordamerikanischen Atlantikküste der 6 m lange Zygorhiza, der den heutigen Walen schon ähnelt, aber noch einen deutlichen Halsabsatz erkennen läßt, und der bis zu 25 m lange Basilosaurus.

Als zweite Unterordnung formieren sich im Oberen Eozän die Zahnwale (Odontoceti), zu denen die meisten heute lebenden Wale (Pottwal, Schnabelwal, Tümmler, Narwal, Delphine u. a.) gehören. Ihre ersten Arten besitzen noch ein vollständiges Säugetiergebiß (→ S. 245), spätere Arten weisen eine starke Vermehrung der Zähne (bis zu mehreren hundert) auf. Die erste Zahnwalfamilie bilden die Agorophiidae.

Die dritte Unterordnung der Wale, die Bartenwale (Mysticeti), erscheint erst zu Beginn des Oligozäns, also vor etwa 35 Jahrmillionen, im Gebiet von Neuseeland und kurz darauf auch in Deutschland. Zu ihr gehören heute die Familien der Grauwale, der Glattwale und der Furchenwale.

△ In der Fayum-Senke bei Kairo fanden sich zahlreiche Fossilien früherer Wale, so auch der abgebildete versteinerte Schädel einer Basilosaurus-Art aus dem Oberen Eozän. Dieser Wal besaß noch einen rudimentären Beckengürtel.

▷ Dieses Gebiß eines urtümlichen Delphins zeigt den Zahntypus der Zahnwale, die sich wohl im Oberen Eozän aus den Archaeoceti entwickeln. Die Zähne sind reißverschlußartig angeordnet.

Nachwachsende Schneidezähne bei Nagern

55–36 Mio. Aus jenen Insektenfressern (Insectivoren, → um 66 Mio./S. 302), die den Primaten nahestehen, entwickeln sich die ersten Nagetiere (Ordnung Rodentia), meist kleine Tiere, die im Laufe ihrer Geschichte eine ungeheure Formenvielfalt entwickeln. Ihr wesentlichstes gemeinsames Merkmal besteht darin, daß die Schneidezähne (Incisiven), von denen sie in jeder Kieferhälfte nur einen besitzen, zeitlebens nachwachsen (Nagezähne). Die Eckzähne fehlen völlig. Als Gruppe genommen sind die Nagetiere außer in ihrem Schädelskelett nicht besonders spezialisiert. Dagegen zeigen einzelne Arten sehr wohl ausgeprägte Spezialisierungen.
Als erster Rodentier und zugleich als Stammform entwickelt sich Paramys, der bereits die charakteristischen Merkmale der Ordnung besitzt. Noch im Eozän gehen aus ihm die Unterordnungen Sciuromorpha (Hörnchenverwandte), Glirimorpha (Bilche, Haselmäuse, Schlafmäuse u. a.), Myomorpha (Mäuseverwandte) und Hystricomorpha (Stachelschweinverwandte) hervor.
Zu den ältesten Nagetieren gehört der Hörnchenverwandte Ischyromys. Er wird bis zu 60 cm lang, lebt auf Bäumen und ist wohl der höchstentwickelte Kletterer seiner Zeit. Unter den Stachelschweinen steht in Asien (Pakistan) das 30 cm lange Birbalomys der Stammform (Paramys) noch sehr nahe.

In der Grube Messel blieben zahlreiche frühe Nagetiere so perfekt erhalten, daß sich sogar die Einzelheiten des Fells erkennen lassen.

Die möglicherweise früheste Nagetiergattung ist Birbalomys.

Kvabebihyrax, ein pliozäner Schliefer

Frühe Vorgänger der Schliefer

55–36 Mio. *Als Verwandte früher Huftiere (→ S. 333) bildet sich eine Ordnung pflanzenfressender Säuger, die Hyracoidea, heraus, die zur Wende Eozän/Oligozän sehr arten- und individuenreich vertreten ist. Manche ähneln Tapiren, andere Pferden. Die meisten bleiben klein, einige erreichen Schweinegröße. Heute ist die Ordnung durch die Klippschliefer Afrikas und des Mittleren Ostens präsent.*

Verwandte der Spitzmäuse leben in Nordamerika

55–50 Mio. In dieser Zeit lassen sich spitzmausartige Säugetiere nachweisen. Sie gehören zu den Insektenfressern.
Je nach systematischer Einordnung werden die Insektenfresser (Insectivora) als Überordnung oder als Ordnung der Säugetiere geführt. Im ersten Fall rechnet man die Spitzmausverwandten zusammen mit den Igeln, Maulwürfen, Goldmullen u. a. zur Ordnung Lipotyphla. Im zweiten Fall wird eine eigene Unterordnung Soricomorpha (Spitzmausartige) ausgewiesen, die neben den Spitzmäusen die Maulwürfe und die Schlitzrüßler umfaßt. Unzweifelhaft sind die Spitzmäuse aber keinesfalls mit den Mäuseartigen verwandt, wie der Name annehmen lassen könnte.
Wahrscheinlich tauchen die Spitzmausverwandten mit der Gattung Diacodon sogar schon im Paläozän (66–55 Mio.) auf, denn diese ist im Eozän neben verschiedenen anderen Formen (z. B. die Familien Apatemyidae und Mixodectidae) bereits sehr weit verbreitet.

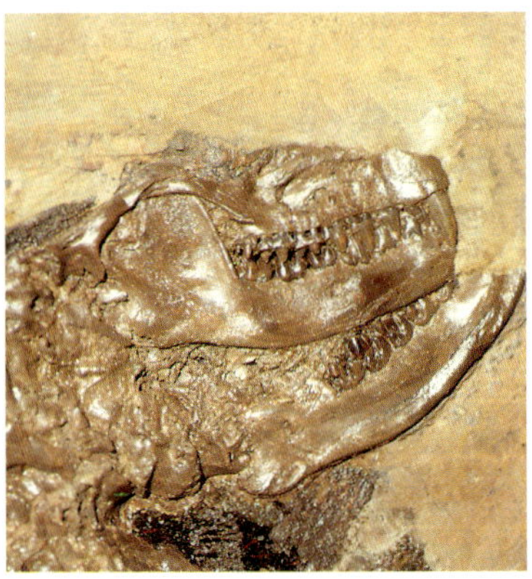

◁ Nicht jeder Vertreter der Insektenfresser ernährt sich tatsächlich von Insekten. Im Magen eines fossilen Buxolestes (Bild) aus Messel fanden sich z. B. Überreste von Fischen. Seine Lebensweise glich eher der eines Fischotters.

▽ Ebenfalls zu den Insektenfressern gehört der etwa 25-30 cm lange Pholidocercus hassiacus. Das abgebildete Fossil mit Erhaltung des Weichkörpers stammt aus dem Ölschiefer der Grube Messel.

Gut bekannt ist vor allem die Gattung Palaeoryctes, die in Nordamerika (New Mexico) zu Hause ist. Das 12,5 cm lange Tierchen sieht unserer heutigen Spitzmaus bereits sehr ähnlich. Es ist schlank und hat eine spitze Schnauze mit scharfen Zähnen, die sich hervorragend dazu eignen, die Chitinpanzer von Insekten zu zerbeißen.
Entwicklungsgeschichtlich betrachtet sind die Spitzmäuse (Soricidae) relativ wenig spezialisierte Tiere und gehören doch zu den erfolgreichsten Familien der Insektenfresser. Sie bewohnen heute mit 290 Arten vor allem die nördlichen Breiten. Die meisten leben auf dem Festland, manche sind typische Wühltiere, einige leben auch im Wasser. Zu den Spitzmäusen gehört u. a. das wohl kleinste aller heutigen Säugetiere, die Etruskerspitzmaus (Suncus etruscus), die einschließlich Schwanz nur 35 mm lang wird. Auch die Europäische Wasserspitzmaus (Neomys fodiens), ein ausgezeichneter Schwimmer, ist ein Zwerg von nur 40 mm Länge.

Ameisenfresser in Deutschland

50–40 Mio. Die Familie der Ameisenbären (Myrmecophagidae), die sich ausschließlich von Ameisen und Termiten ernährt, lebt zu dieser Zeit in Deutschland (→ S. 328). Das ist insofern erstaunlich, als die Zahnarmen sonst erdgeschichtlich und auch rezent nur aus Südamerika bekannt sind. Allerdings sind Ameisenfresser (Vermilingua), die eine Unterordnung der Zahnarmen (Xenarthra, → 60–55 Mio./S. 322) bilden, generell nicht gut fossil belegt. Die Ameisenfresser zeichnen sich durch eine lange, röhrenförmige Schnauze, durch zahnlose Kiefer und eine lange klebrige Zunge aus, mit der sie ihre Beutetiere fangen. Ihre Vorderbeine sind mit langen kräftigen Krallen ausgestattet.

Während des Mittleren Eozäns lebt in Mitteleuropa (Deutschland) der etwa 90 cm lange Ameisenbär Eurotamandua.

In der Grube Messel blieb die Art Eurotamandua joresi versteinert erhalten. Der Fossilfund galt in Fachkreisen als Sensation, denn Ameisenbären waren zuvor nur aus Südamerika bekannt.

In den tropischen Wäldern bauen Termiten ihre Burgen

55–36 Mio. Als entwicklungsgeschichtlich sehr junge Insekten erscheinen in dieser Zeit die ersten Termiten (Isoptera). Es sind staatenbildende Insekten, deren nächste Verwandte nicht etwa bei den Ameisen (diese Hautflügler gibt es seit der Unterkreide), sondern bei den Schaben und Fangheuschrecken zu suchen sind.
Die lichtscheuen Termiten, die heute mit rund 2000 Arten in den Tropen und z. T. auch in den Subtropen zu Hause sind, legen ihre manchmal riesigen Nester meist unterirdisch oder in Holz an. Mit zunehmendem Alter werden die Nester vergrößert und zu teilweise steinharten Bauten bis zu etwa 6 m Höhe aufgemauert. Das Baumaterial bilden zerkautes Holz, mit Speichel vermischter Sand bzw. Erde oder Kotteilchen. Im Inneren der Bauten liegen zumeist konzentrisch um einen zentralen Wohnraum der »Königin« (s. rechts) angeordnete Kammern für Eier, Larven und Pilzgärten. Diese Pilzgärten sind eine Spezialität der Termiten. Sie legen sie an und pflegen sie als Nahrungsquelle.

Dieser Termitenbau in Pilzform zeigt nur einen Teil der Gesamtanlage. Ein wenigstens ebensogroßer Lebensraum liegt unter der Erde.

Termiten-Soldaten bewachen einen Ausgang der aus festem Lehm aufgebauten Termitenstadt.

Der »Kiefersoldat«, eine Termite aus dem dominikanischen Bernstein, ist ca. 35 Mio. Jahre alt.

Vier-Klassen-System regelt Arbeitsteilung

Wie andere Insekten (Ameisen, Bienen usw.) bilden die Termiten Staaten. Das zeigt sich nicht nur im Bau großer Nestanlagen, sondern auch in einer ausgeprägten Arbeitsteilung, die so weit geht, daß sich sehr verschiedene Tierformen herausbilden.
Die primären Geschlechtstiere (Königin und König) sind für einen kurzen Hochzeitsflug einmal im Jahr vorübergehend geflügelt. Danach gründen sie zusammen eine neue Kolonie. Nach der Begattung und der Eiablage ziehen sie die ersten Larven auf, die dann als Helfer tätig sind. Königin und König bleiben zusammen und erzeugen auch alle weiteren Koloniemitglieder. Als zweite Form gibt es Ersatzgeschlechtstiere mit kurzen oder gar keinen Flügelanlagen, die bei Verlust der primären Geschlechtstiere aus Arbeiterlarven nachgezogen werden. Eine dritte Form, die Arbeiter, sind stets ungeflügelte, fortpflanzungsunfähige Weibchen und Männchen. Sie bilden die Mehrzahl des Volkes und übernehmen alle Arbeiten. Eine vierte Form bilden die Soldaten, ebenfalls zeugungsunfähige Weibchen und Männchen, die den Bau schützen.

Fledertiere – aktive Flieger unter den Säugetieren

55–50 Mio. Zu dieser Zeit bilden die Fledertiere (Ordnung Chiroptera) als einzige Säugetiere Formen heraus, die in der Lage sind, sich gleich Vögeln mit aktivem Schwingenschlag Auftrieb zu verschaffen. Zwar hatten schon die ersten Säuger im Paläozän gelernt, sich mit aufgespannten Flughäuten durch die Luft zu bewegen (Dermoptera, → 66–55 Mio./S. 323), aber sie beherrschten nur den Gleitflug, nicht den aktiven Steig- und Ruderflug.
Ihre besonderen Flugfähigkeiten verdanken die Fledertiere den zu regelrechten Flügeln umgebildeten Vordergliedmaßen. Zwischen den Armen, vier stark verlängerten Fingern und dem Rumpf spannt sich eine geschmeidige dünne Flughaut auf.
Zu unterscheiden sind zwei Unterordnungen, die zuerst erscheinenden kleineren Fledermäuse (Microchiroptera) und die erst im Oligozän auftauchenden größeren Flughunde (Megachiroptera, → 36–24 Mio./S. 356) mit Flügelspannweiten bis zu 1,5 m. Verbreitet ist im Unteren Eozän in Nordamerika (Wyoming) die Fledermausgattung Icaronycteris mit etwa 14 cm Köperlänge und 37 cm Spannweite. Trotz einiger noch primitiver anatomischer Merkmale wie kurze und breite Flügel und ein Gebiß, das noch stark an das der Insektenfresser (→ 97–66 Mio./S. 302) erinnert, sieht Icaronycteris den heutigen Fledermäusen schon sehr ähnlich. Kleinere Unterschiede gibt es dennoch: So besitzt diese Gattung noch einen langen Schwanz, der nicht wie bei den rezenten Arten über eine Flughaut mit den Hinterbeinen verbunden ist, und außer am Daumen haben diese Tiere auch noch am ersten Finger jeweils eine Kralle. In ihrer Lebensweise gleicht Icaronycteris den heutigen Fledermäusen. Sie ernährt sich von Insekten, z. B. nachtaktiven Schmetterlingen, die sie vorwiegend im nächtlichen Flug erbeutet. Wie die modernen Fledermäuse ruht diese Gattung kopfunter, indem sie sich mit den Daumenkrallen in Baumkronen oder an Höhlendecken aufhängt.
Außer den frühen amerikanischen Fledermäusen tauchen im Mittleren Eozän auch in Europa (Deutschland) sehr ähnliche Arten auf, die u. a. in Messel (→ S. 328) und im Geiseltal (→ S. 331) fossil hervorragend erhalten bleiben.

△ In der Grube Messel fossilisierte diese europäische Eozän-Fledermaus: Palaeochiropteryx tupaiodon.

◁△ Icaronycteris, eine Fledermaus von 37 cm Flügelspannweite, lebt im Unteren Eozän in Nordamerika.

◁ Wie zahlreiche Versteinerungen in den feinkörnigen Ölschiefersedimenten von Messel zeigt auch dieses Fledermausfossil Weichteile, hier in Form des Hautumrisses.

Nachtflüge mit Ultraschall-Echolot als »Radarsystem« möglich

Bereits die ersten Fledermäuse besitzen wie die heute lebenden Arten ein Ultraschall-Ortungssystem. Entwicklungsgeschichtlich läßt sich das anhand der Ohrenanatomie der Messeler Exemplare (→ S. 328) nachweisen, deren Mageninhalte zudem aus Nachtfalterresten bestehen.

Das »Radar-System« erfordert erhebliche anatomische Veränderungen nicht nur der Ohren, sondern auch des Kehlkopfes, der Nase und des Gehirns. Die Tiere senden Ultraschall-Peillaute aus, deren Frequenz je nach Art zwischen 30 und 100 kHz (Hörvermögen eines erwachsenen Menschen: ca. 50 Hz bis 15 kHz) liegen. Erzeugt werden diese Töne in einem hoch spezialisierten Kehlkopf, bei manchen Flughunden auch durch Zungenschlag. Abgestrahlt wird der Schall durch den geöffneten Mund, bei den Hufeisennasen speziell durch die Nase als Richtstrahler. Dieser Richtstrahler läßt sich durch Muskeln vom Nahbereich durch starke Bündelung zur Fernortung umstellen. Die Peildauer liegt im Bereich von einigen bis zu 100 Millisekunden.
Der Schalldruck in 10 cm Entfernung vom Kopf liegt bei dem eines Preßlufthammers. Ausgewertet wird das Echo von ortsfesten Gegenständen oder von bewegten Beutetieren bezüglich der Richtung, der Entfernung und der Bewegungsgeschwindigkeit. Dabei können millimetergroße Objekte von 0,001 g Masse noch in 50 cm Entfernung geortet werden.

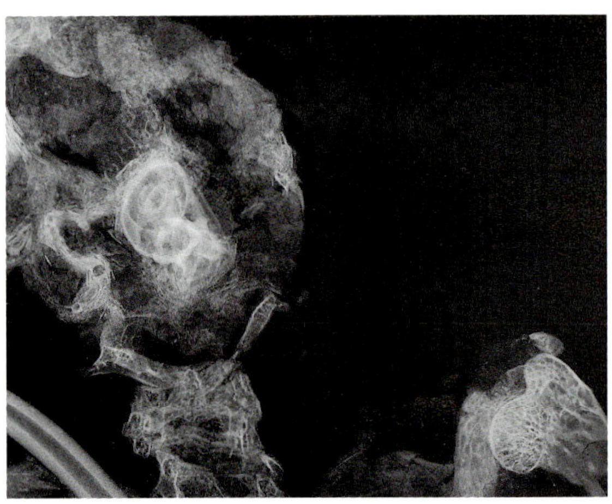

Ein sensationeller Fossilfund ist diese Gehörschnecke einer Fledermaus (Palaeochiropteryx tupaiodon) aus Messel. Sie beweist nämlich, daß bereits die eozänen Fledermäuse über ein Echolot-Ortungssystem verfügten.

Explosionsartiger Entwicklungsschub

55–36 Mio. In aller Welt sind vielfältige Arten »moderner« Vögel verbreitet. Alle Vogelordnungen sind bereits seit der Oberkreide (97 – 66 Mio.) vertreten. Während sich aber in der Kreide im allgemeinen jeweils erste und oft fossil nur schlecht belegte Frühformen entwickelten, spielt sich im Alttertiär die erdgeschichtlich wohl größte Entwicklungsexplosion (Radiation) der »modernen« Vögel ab.

Alttertiäre Vogelordnungen

Überordnung Ratitae (Flachbrustvögel)
▷ Dinorthiformes

Überordnung Carinatae (Kielbrustvögel)
▷ Seetaucher (Gaviiformes)
▷ Lappentaucher (Podicipediformes)
▷ Fischvögel (Ichthyornithiformes; flugunfähige Laufvögel)
▷ Röhrennasen oder Sturmvögel (Procellariiformes)
▷ Pinguine (Sphenisciformes)
▷ Schreitvögel (Ciconiiformes)
▷ Flamingos (Phoenicopterygiformes)
▷ Gänsevögel (Anseriformes)
▷ Greifvögel (Falconiformes)
▷ Hühnervögel (Galliformes)
▷ Kranichvögel (Gruiformes), vertreten durch die Familien Bathornithidae und Phorus racidae
▷ Diatrymiformes
▷ Wat- und Möwenvögel (Charadriiformes)
▷ Taubenvögel (Columbiformes)
▷ Papageien (Psittaciformes)
▷ Kukucksvögel (Cuculiformes)
▷ Eulen (Strigiformes)
▷ Nachtschwalben (Caprimulgiformes)
▷ Schwirrflügler (Apodiformes)
▷ Mausvögel (Coliiformes)
▷ Nageschnäbler (Trogoniformes)
▷ Rackenvögel (Coraciiformes)
▷ Spechte (Piciformes)
▷ Singvögel (Passeriformes)

Zu den Kranichartigen gehört Bathornis, der vor 40 Mio. Jahren an den Seen Wyomings verbreitet ist. Der etwa 45 cm hohe Vogel ist wahrscheinlich Fischfresser.

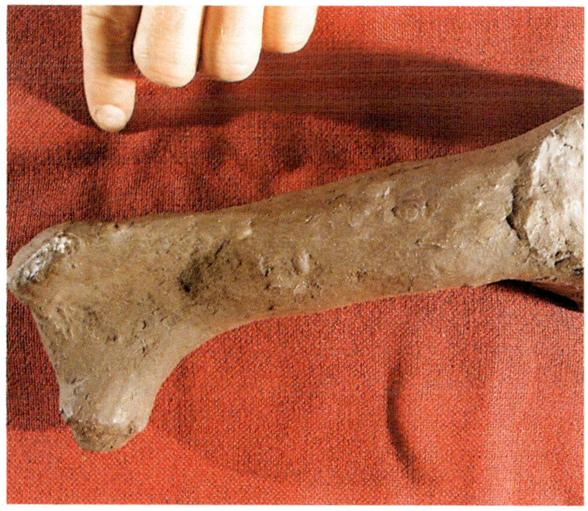

Der Größenvergleich mit der menschlichen Hand zeigt eindrucksvoll, wie gewaltig der fossile Oberarm- bzw. Flügelknochen (Humerus) des Laufvogels Diatryma ist.

Versteinerter Rackenvogel (Ordnung Coraciiformes) aus der Grube Messel; die Racken sind Singvögel und Höhlenbrüter und besitzen meist ein sehr buntes Federkleid.

Mit etwa 2,15 m Körperhöhe ist der flugunfähige Laufvogel Diatryma, der vor 55 bis 50 Mio. Jahren in Nordamerika (Wyoming) sowie in Westeuropa lebt, ein Gigant.

Je nach Wahl des Systems unterteilt man die Klasse der Vögel (Aves) in verschiedene Unterklassen. Ein System trennt die Unterklasse Archaeornithes (Urvögel) von den Neornithes, die sich wiederum in die Superordnungen Zahnvögel (Odontognathae), Straußenvögel im weiteren Sinne (Palaeognathae) und »moderne« Vögel (Neognathae) gliedern. Ein anderes System kennt die Unterklassen Sauriurae (Urvögel), Odontoholcae (Zahnvögel, »Kreidevögel«) und Ornithurae (»eigentliche« Vögel). Hier ist die Rede von den Ornithurae, die also im erstgenannten System neben den Neognathae (im zweiten System die Überordnung Carinatae oder Kielbrustvögel) auch die Palaeognathae (im zweiten System die Ratitae oder Flachbrustvögel) umfassen.

Die Entwicklung der Vögel von den Urvögeln (Archaeopteryx, → um 150 Mio./S. 263) zu den modernen Vögeln führt über die Zahnvögel (→ 140–66 Mio./S. 279) der Kreidezeit und eine weitere kreidezeitliche Gruppe, die Enantiornithes, die in Argentinien entdeckt wurde und über die nur wenig bekannt ist. Von allen anderen Vögeln unterscheidet sie sich durch bestimmte Skelettmerkmale (an den Beinen, Oberarmknochen und am Schultergürtel). Die weitere Entwicklung läßt sich paläontologisch bis jetzt kaum nachvollziehen.

Allen modernen Vögeln gemeinsam ist der komplizierte Aufbau ihres knöchernen Munddaches. Daraus wurde die Hypothese abgeleitet, daß alle Formen auf einen gemeinsamen Ahnen zurückgehen müssen. Interessanterweise behalten die modernen Vögel während ihrer gesamten Stammesgeschichte trotz vielfältiger Varianten im Maßstab und in den Proportionen im wesentlichen denselben Skelettbau bei. Allerdings ist es aufgrund der seltenen guten Fossilienfunde – die fragilen Vogelknochen bleiben in der Regel nicht intakt erhalten – oftmals sehr schwer, die stammesgeschichtlichen Verwandtschaften zu rekonstruieren. Zur Klärung greifen die Wissenschaftler hier in jüngster Zeit auf die Ähnlichkeit von genetischem Material (DNS-Stränge) zurück, das aus den Zellen lebender Vögel stammt.

Meeresschnecken mit zwei Klappen

55–36 Mio. In der Unterklasse Hinterkiemer (Ophistobranchia, → 360–325 Mio./S. 156) der Meeresschnecken bilden sich neue Ordnungen heraus. Auf Schwämmen und ähnlichen Bodenbewohnern setzen sich Vertreter von Notaspidea mit runden, flach kegelförmigem, nicht gewundenem Gehäuse fest. Die Ordnung Sacoglossa bringt mit Gattungen wie Berthelina merkwürdige Schnecken hervor, die – wie die Muscheln – ein zweiklappiges Gehäuse produzieren. Durch gewundene, spitze bis röhrenförmige Gehäuse zeichnet sich die Ordnung Thecosomata aus.

Mehrstrahlige neue Einzeller

55–36 Mio. In dieser Zeit lassen sich erstmals zwei neue Einzellerunterordnungen nachweisen: Discoasterineae und Euglenineae. Die ersteren sind mikroskopisch kleine, sternförmige drei- bis neunstrahlige kalkige Gebilde oder radial geriefte Scheiben, die sich häufig in Kalksedimenten, stets gemeinsam mit Coccolithen (→ 140–66 Mio./S. 272) finden. Im Pliozän (5–1,7 Mio.) stirbt diese Unterordnung möglicherweise aus. Die Euglenineen sind im Gegensatz zu den Discoasterineen Süßwasserformen, die auch heute noch existieren. Die Körperhülle ist je nach Gattung (z. B. Phacus, Trachelomonas) mehr oder weniger stark skulpturiert.

Mikroorganismen bilden Öllager

55–36 Mio. Die zum Stamm Chlorophyta gehörige Einzellerordnung Volvocales tritt in sehr großen Mengen auf. Diese erdgeschichtlich weit zurückreichenden Organismen gewinnen jetzt insofern an Bedeutung, als sie sich an der Bildung von Öllagerstätten beteiligen. So tritt die Gattung Botryococcus in Europa, Nordamerika und Australien mit ölbildenden Kolonien auf. Auch im Ölschiefer von Messel (→ S. 328) sind Volvocales zu finden. Bereits im Karbon (360 - 290 Mio.) wirkten derartige Organismen bei der Bildung sehr bitumenreicher Kohlen (Boghead-Kohle) mit.

Konkurrenz für Europas Säugetiere aus Asien

Um 36 Mio. An der Grenze zwischen Oberem Eozän und Unterem Oligozän ist, wie schon an der Wende von der Kreide zum Tertiär (→ 66 Mio./S. 306), ein größeres Artensterben zu verzeichnen. Waren damals in erster Linie Kopffüßerordnungen und Dinosaurier betroffen, so sind es diesmal vor allem die Säugetiere, und das besonders in Westeuropa. Zugleich aber treten zahlreiche neue Säugerfamilien auf. Dieser sogenannte Faunenschnitt ist in die paläontologische Literatur unter der französischen Bezeichnung »Grande Coupure« (Stehlin 1909) eingegangen. Vom Aussterben betroffen sind einige Primaten, vor allem aber zahlreiche Familien der Urraubtiere (Creodonta, → 66 Mio./S. 303) und der Unpaarhufer (Perissodactyla, → S. 333). Neu erscheinen dafür 13 Familien und 20 Gattungen unter den Säugetieren. Die Gesamtbilanz sieht so aus: Rund 60% der eozänen Säugetiergattungen sind im europäischen Oligozän ausgestorben, und rund zwei Drittel der europäischen Säugetiergattungen des Oligozäns existieren im Eozän noch nicht.

Die Ereignisse, die diese »Grande Coupure« herbeiführen, sind – wie die Probleme des Artensterbens (→ S. 95) und der Makroevolution (→ S. 197) generell – nicht unumstritten, doch scheint sich speziell in diesem Fall eine Erklärung anzubieten. Um diese Zeit entsteht über die bisherige Turgai-Meeresstraße hinweg durch Austrocknung eine Landverbindung zwischen Europa und Asien. Diese Meeresstraße hatte im Bereich des östlichen Urals das Nordmeer bisher mit dem »Urmittelmeer« (Tethys) verbunden und Europa isoliert. Jetzt können asiatische Tiere nach Europa einwandern und hier Veränderungen auslösen. Zum einen erklärt sich daraus unmittelbar die Arten- (und Familien-) Zunahme, denn die asiatischen Säuger finden in Europa z.T. andersartige Lebensbedingungen und dadurch Anreize, durch Anpassung neue Formen zu entwickeln. Zum anderen aber stellen sie für die ursprünglichen europäischen Arten natürlich eine beachtliche Konkurrenz im Kampf um den Lebensraum dar, in dem viele der einheimischen Wettbewerber unterliegen.

Natürlich wurden auch in Zusammenhang mit der »Grande Coupure« wie mit anderen Faunenschnitten zahlreiche Katastrophentheorien ins Feld geführt. Aber weder sind große Meteoriteneinschläge noch überragende vulkanische Ereignisse nachzuweisen. Sie könnten auch nicht das so zahlreiche Auftreten neuer Arten und Familien erklären.

Zwar lassen sich Zusammenhänge, die das Artensterben zu erdgeschichtlichen Zeitpunkten betreffen, nur hypothetisch behandeln; möglich ist aber die Untersuchung von Mechanismen, die zum Aussterben von Gattungen und Familien in historischer Zeit geführt haben. Und hier ergibt sich, daß große Katastrophen niemals eine ausschlaggebende Rolle spielen, sondern daß es sich primär um Phänomene wie Konkurrenzdruck und langsame Biotop- bzw. Klimaveränderungen handelt. Dazu kommt als Selektionsfaktor gelegentlich sogar eine »Prosperitäts-Situation«, die zunächst zu rascher Individuenvermehrung und erst infolgedessen zum Zusammenbruch ganzer Populationen führt.

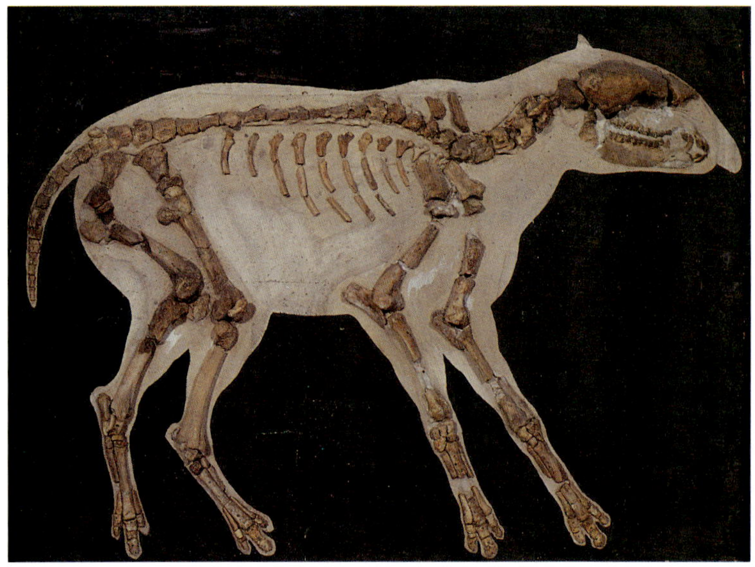

Kleinere Säugetiere wie das Pferdchen Plagiolophus können sich zunächst noch gegen die einwandernde Konkurrenz behaupten. Diese Gattung stirbt erst etwa 2 Mio. Jahre nach dem Faunenschnitt aus.

Die Urraubtiere oder Creodonten – im Bild ein Schädel der Gattung Hyaenodon – verlieren während der »Grande Coupure« zahlreiche Arten.

Halbaffen bevölkern Nordamerikas und Europas Wälder

55–36 Mio. In der Alten wie in der Neuen Welt erscheinen in dieser Zeit zahlreiche frühe Primaten-Arten der Unterordnung Halbaffen (Prosimii).
Eine urtümliche Form, die Gattung Plesiadapis (Familie Plesiadapidae), entwickelte sich bereits im vorausgehenden Paläozän und ist bis vor ca. 50 Mio. Jahren in Nordamerika (Rocky Mountains) und Europa (Frankreich) weit verbreitet. Wahrscheinlich sind diese Tiere bereits im Paläozän, als eine bewaldete Landbrücke Amerika über Grönland und Island mit Europa verband, in Europa eingewandert.
Eine erstmals im Eozän auftretende Familie sind die Adapidae, die im Miozän (vor etwa 10 Mio.) aussterben. Sie sind wendiger als die Plesiadapis-Arten und können die Daumen bzw. Großzehen den anderen Fingern bzw. Zehen gegenüberstellen. Deutlich verkürzt ist ihre Schnauze, womit sie einen wesentlichen Schritt in Richtung zum typischen Primatengesicht zeigen. Zugleich rücken die Augen näher zusammen und ihr Gehirnvolumen nimmt in beachtlichem Maß zu. Besonders bekannt ist die Gattung Notharctus, 40 cm große Tiere, die den heutigen Lemuren ähneln. Vermutlich sind es die letzten nordamerikanischen Primaten.
Die Adapidae faßt man mit einer anderen Primatenfamilie aus dem Eozän, den Lemuridae, zu den Strepsirhini (verdrehte Nasen) zusammen. Dieser Name bezieht sich darauf, daß ihre Nasen sowohl vertikal wie horizontal geteilt sind. Die Lemuridae sind grundsätzlich den Adapidae ähnlich, sie unterscheiden sich aber durch ihre Gebißform. Beheimatet sind die Lemuridae schon vor rund 50 Mio. Jahren in Nordamerika, Europa und Afrika. Heute sind sie durch die Lemuren, einige Makis, Indris, Kattas und Fingertiere Madagaskars vertreten.
Als Haplorhini (»Ganznasen«) bilden sich im Mittleren Eozän in Westeuropa die Koboldmakiartigen (Omomyidae) heraus, deren Nachfolger heute auf einige südostasiatische Inseln beschränkt sind. Im Mittleren und Oberen Eozän sind sie u. a. durch die Gattung Necrolemur vertreten, ein nur 25 cm langes Tier mit großen Augen und Ohren, das ganz offensichtlich nachtaktiv ist und Insekten frißt.

Die eozäne Koboldmaki-Gattung Necrolemur ist in Westeuropa durch viele Fossilien belegt.

Im Unteren bis Mittleren Eozän Nordamerikas ist der lemurenähnliche, etwa 40 cm große Notharctus zu Hause. Die Gattung stellt sehr wahrscheinlich die letzten Primaten, die in der Neuen Welt leben.

Auf Madagaskar lebt noch heute die Familie der Lemuridae mit den Maus-, Wiesel-, Katzen- und Halbmakis sowie den Echten Makis (Katta u. ä.). Vor 50 Mio. Jahren waren sie in Afrika, Europa und Nordamerika verbreitet.

Einer der berühmtesten Fossilfunde aus den Ölschiefern der Grube Messel bei Darmstadt sind diese Primaten-Gliedmaßen. Die im Bild linke Hand läßt erkennen, daß der Daumen den Fingern gegenübergestellt ist.

Tiere der Nacht und Dämmerung

Viele Arten der eozänen Säugetiere, vor allem Insektenfresser, Nagetiere und Halbaffen, sind Dämmerungs- oder Nachttiere. Der Grund dafür ist im Klima zu suchen. Es ist generell sehr warm, und deshalb setzen sich vor allem wechselwarme Tiere im allgemeinen ungern den hohen Temperaturen während der Tagesstunden aus. Kleine Reptilien, Amphibien, vor allem aber eine Vielzahl von Insekten werden erst in der Dämmerung aktiv. Sie aber sind die wesentlichen Beutetiere der genannten Säuger. Das Leben im Halbdunkel oder fast völligem Dunkel macht Anpassungen erforderlich. Insbesondere die Sinnesorgane werden verbessert. Dabei gibt es zwei Wege. In einem Fall wird das Sehvermögen ganz erheblich gesteigert. Diesen Weg gehen u. a. die bevorzugt dämmerungsaktiven Halbaffen. Im zweiten Fall werden besonders der Geruchs- und Gehörsinn geschärft. Das trifft besonders auf die Tiere mit ausgesprochen nachtaktiver Lebensweise zu, z. B. viele Nagetierarten. Zugleich kann es zur Entwicklung besonderer Sinnesorgane wie der Ultraschall-Echoortung bei den Fledermäusen (→ S. 342) kommen.

Im eozänen Bernstein der Samlandküste eingeschlossene Blüte

Der Fruchtstand einer Theaceen-Art aus dem Messeler Eozän

Dieses eozäne Blatt stammt von einem Rautengewächs (Rutaceae).

Fossile Spaltöffnungen einer Theaceen-Art aus dem Eozän

Kleine krautige Blütenpflanzen in bunter Vielfalt

55–36 Mio. Während die Bedecktsamer (→ 184–160 Mio./S. 243) in dem vorausgehenden Zeitraum von Oberkreide bis Paläozän in erster Linie einkeimblättrige Wasserpflanzen und Gräser sowie zweikeimblättrige Holzgewächse (Bäume und Sträucher) hervorbrachten, erscheint jetzt eine ungeheure Fülle vor allem kleiner krautiger Pflanzen, die umgangssprachlich meist als »Blumen« bezeichnet werden. Auffällig ist dabei die Ausbildung einer gewaltigen Vielfalt neuer Blütenformen. Von den Dutzenden neuer Familien mit Hunderten neuer Arten seien hier nur solche Familien angeführt, die sich im Eozän erstmals nachweisen lassen und die sich mit gut bekannten Gattungen auch heute noch in der Flora vor allem in Mitteleuropa finden:

Cucurbitales: Diese Reihe umfaßt die Familie der Kürbisgewächse (Cucurbitaceae) mit Kürbis-, Gurken- und Zaunrübenarten.

Contortae: Neben der Familie der Rauhblattgewächse (Boraginaceae) mit dem Scharfkraut, der Sonnenwende u. a. Arten gehören hierzu auch die Nachtschattengewächse (Solanaceae), heute bekannt durch Nutzpflanzen wie die Kartoffel und die Tomate, aber auch Wildformen wie Bocksdorn, Tollkirsche, Bilsenkraut oder Judenkirsche. Ferner finden sich in dieser Reihe die Eisenkrautgewächse (Verbenaceae).

Rhoeadales: Hierzu zählen die Mohngewächse (Papaveraceae) mit dem Schöllkraut und den verschiedenen Mohnarten, außerdem die Kreuzblütler (Capparidaceae) mit den verschiedenen Kressearten, Schaumkräutern u. a.

Plantaginales: In der Familie Rötegewächse (Rubiaceae) dieser Reihe sind die Labkräuter- und Waldmeisterarten am bekanntesten.

Geraniales: Zu dieser Reihe zählen zahlreiche Familien. Bekannt sind die Leingewächse (Linaceae) mit den Leinarten, dem Flachs und den vielfältigen Geranien. Hierher gehören u. a. aber auch Rautengewächse (Rutacea) wie die Weinraute oder der Diptam, die Bittereschengewächse (Simaroubaceae) mit dem exotischen Götterbaum und die Kreuzblumengewächse (Polygalaceae) mit den Kreuzblumenarten.

Myrtiflorae: Diese Reihe umfaßt zu dieser Zeit bereits mehrere tropische Familien. In Europa ist vor allem die Familie der Nachtkerzengewächse (Onagraceae) verbreitet, zu der außer den ursprünglich amerikanischen Nachtkerzen die Weidenröschen zählen.

Farinosae: Auch dieser Reihe gehören Familien der tropischen Regionen an. Bekannt sind heute vor allem als Zimmerpflanzen die Bromelien (Bromeliaceae, → S. 348).

Parietales: Hierzu zählt zunächst die Familie der Pfingstrosengewächse (Dilleniaceae) mit den bekannten Paeonien. Tropische Blütenpflanzen umfassen die Familie Flacourtiaceae und die Kakteen (Cactaceae, → S. 349). Wahrscheinlich erscheint in dieser Reihe im Eozän auch bereits die Familie der Zistrosengewächse (Cistaceae).

Urticales: Hierher gehören die Brennesselgewächse (Urticaceae), die neben den zahlreichen Brennesselarten auch die Glaskräuter einschließen.

Santalales: Diese Reihe ist durch die Familie der Leinblattgewächse (Santalaceae) vertreten.

Die Vielzahl der neu erscheinenden Blütenpflanzen besiedelt z. T. sehr unterschiedliche Biotope. Eine große Anzahl wächst auf den immer weiter verbreiteten Wiesen, die vor allem im Flachland und im niedrigen Hügelland gedeihen, aber erst selten Trockenwiesencharakter (Steppen) zeigen. Es sind in erster Linie Sumpfwiesen, Auwiesen und feuchte Almen. Wo es Übergänge zu arideren Klimazonen gibt, zeichnen sich allenfalls Baumgraslandschaften ab. Viele der neuen Blütenpflanzen sind auch Waldbodenbewohner, die vor allem in den feuchten Laubwäldern der gemäßigten Breiten zu Hause sind. Besonders gegen Ende des Eozäns rücken sie allmählich weiter nach Süden vor.

Die Familie der Nachtschattengewächse (Solanaceae; im Bild die rezente Art Solanum dulcamara, Bittersüßer Nachtschatten) gehört zur Reihe Contortae. Wie andere Familien dieser Ordnung ist auch sie bereits für die Zeit des Eozäns nachgewiesen. Fruchtreste fanden sich in den Londonton-Schichten.

Dictamnus albus, der Diptam, erscheint erstmals im französischen und japanischen Pliozän, hat jedoch eozäne Vorfahren.

Der Stachelmohn (Papaver-Art) ist ein rezenter Nachfahre eozäner Mohngewächse.

Die Datura-Arten gehören zu den Solanaceen, gehen also auf das Eozän zurück.

Daß der Waldstorchschnabel (Geranium sylvaticum) ebenfalls bereits nahe Verwandte im Eozän besitzt, belegen Pflanzenreste, die im Bernstein eingebettet blieben.

Das eozäne Alter der Kakteen ist umstritten. Ein unsicheres Opuntien-Fossil stammt aus Utah.

Der Borretsch, ein Vertreter der Boraginaceae, ist selbst unbekannten Alters, hat aber alttertiäre Verwandte.

Neben den Opuntien gehören die Säulenkakteen (Cereen) zu den älteren Kakteenformen.

Meisterhafte Anpassung an ausgefallene Biotope

55–36 Mio. Manche der neu erscheinenden Bedecktsamerfamilien (→ S. 346) entwickeln Baupläne, die es ihnen gestatten, Extremräume zu besiedeln. Auch innerhalb der Familie bringen sie Arten hervor, die sehr unterschiedliche Biotope bewohnen können. Eine der Familien, die das am ausgeprägtesten beherrscht, sind die Bromeliengewächse (Bromeliaceae).

Bromelien wachsen im feuchtheißen Tropenurwald bei ständiger Tropfnässe und ständigem Dämmerlicht ebenso wie als Hartlaubgewächse (Xerophyten) in Wüstengebieten bei gleißender Sonne und extremer Trockenheit. Außerdem gibt es zahlreiche Arten, die sogar in äußerst lufttrockenen Regionen auf jeglichen Erdboden verzichten und als Hochpflanzen (Epiphyten) etwa auf einem Säulenkaktus (in unserer Zeit sogar auf Telegraphendrähten) gedeihen. Ihre Wurzeln haben dann nur noch die Aufgabe der Verankerung, nicht mehr die der Wasseraufnahme.

Im Falle der Bromelien (zu denen u. a. die Ananasarten und die zahlreichen als exotische Zierpflanzen bekannten Tillandsien-Arten gehören) liegt das Erfolgsrezept eines äußerst vielseitig anpassungsfähigen Bauplans vor allem in der Form und Oberflächenstruktur ihrer Blätter. Sie sind schmal, lang und lederartig zäh. Das bewährt sich ebenso bei hoher Luftfeuchtigkeit wie in Wüstenklimaten: Zuviel Regen perlt an den festen Blättern ab; andererseits setzt sich an ihnen kaum Staub fest, der ebenfalls die Assimilation behindern würde, und schließlich hält das Hartlaub den Wasserverlust durch Verdunsten in Grenzen.

Das biotechnische Meisterwerk liegt aber in der Fähigkeit, Feuchtigkeit unmittelbar aus der Luft aufzunehmen. Viele Bromelien besitzen dazu winzige Schuppen auf ihren Blättern, die – dicht an dicht stehend – dem bloßen Auge als hellgraue Streifen erscheinen. Diese runden Gebilde von nur 1/4 mm Durchmesser oder weniger haben die Gestalt von winzigen flachen Trichtern, die in ihrer Mitte tief in das Blatt eingesenkt sind. Ihre Ränder sind nicht mit dem Blatt verwachsen, sie liegen ihm frei an und überlappen sich vielfach gegenseitig. Die Trichter bestehen jeweils aus vielen einzelnen Zellen. Deren Durchmesser liegt bei 1/100 mm. Man könnte sie als die kleinsten Saugpumpen der Welt bezeichnen. Es sind hohle, bei Trockenheit eingefallene Gebilde, deren Wände, sobald sie befeuchtet werden, stark quellen und sich straffen. Die ganze Zelle dehnt sich dabei aus, und im Inneren entsteht ein Unterdruck, der sich auf die Umgebung als aktiver Sog auswirkt. So kann sich die Zelle mit der vorhandenen Luftfeuchtigkeit vollpumpen. Bedingt durch die verschieden hohe Konzentration der Zellsäfte zum Inneren des Blattes hin wird das einmal festgehaltene Wasser in das Blatt hinein weitergeleitet. Durch die oft außerordentliche Dichte der Saugschuppen summiert sich die aufgenommene Wassermenge beträchtlich. Trockene Schuppen saugen ganze Wassertropfen auf. Manche Bromelien, wie Tillandsia usneoides, die auf Urwaldbäumen wächst, sind in trockenem Zustand so leicht, daß sie schwimmen. Doch wenn man sie auf Wasser legt, pumpen sich ihre Schuppen in kürzester Zeit derart voll, daß die Pflanzen rasch untergehen.

Die Pflanzenfamilie der Bromeliaceae zeichnet sich durch äußerst anpassungsfähige Gattungen aus. So gedeiht z. B. diese Aechmea als Epiphyt (Überpflanze) auf Urwaldbäumen und besitzt im Zentrum ein eigenes Wasserreservoir.

In der trockenen Wüste Niederkaliforniens (USA) wächst die abgebildete Tillandsien-Art. Sie lebt unabhängig vom Erdboden auf dürren Ästen und kommt sogar auf Telegraphendrähten vor.

Die hellen Streifen mancher Bromelien bestehen aus Saugschuppen, die Luftfeuchtigkeit aufnehmen.

Überlebenskünstler in Wüstenregionen

55–36 Mio. Sehr wahrscheinlich in dieser Zeit wachsen erstmals Kakteen. Nachgewiesen sind sie durch einen – nicht ganz zuverlässigen – Fund eines fossilen Opuntienteils. Da die Opuntien (»Feigenkakteen« u. a.) eine schon fortgeschrittene Unterfamilie der Kakteen darstellen, ist davon auszugehen, daß zumindest Vorformen (Pereskien) im Paläozän (66–55 Mio.) existierten. Kakteen haben einen Bauplan entwickelt, der in seiner Anpassungsfähigkeit und anatomischen Vielfalt den der Bromelien (→ S. 348) noch bei weitem übertrifft. Die primitivsten Kakteen (die Pereskien) sehen noch entfernt aus wie Brombeerranken mit leicht verdickten Blättern. Bei der Besiedlung trockenerer Areale kommt es zunächst zu einer Umwandlung der Blätter in Dornen, wobei die Blattspreiten den eigentlichen Dorn (ein nadelartig zusammengerolltes Blatt) bilden und die Blattstiele zu einem Wasserspeicher (dem »Podarium«) verdickt werden. In dieser Entwicklungsphase bestehen die Opuntien aus einem mehr oder weniger verzweigten Gesträuch dünner bis fleischig dicker und zylindrischer oder seitlich abgeflachter Äste, die von trockenen Dornen besetzt sind.

Mit zunehmender Trockenheit wird der Haupttrieb in seinem Wachstum gehemmt und wirkt gestaucht (Unterfamilie Echinocactaceae). Säulen- und Kugelformen entstehen, aber auch am Boden dahinkriechende »Würste«. Charakteristisch ist die Oberflächenausprägung dieser jetzt immer hochsukkulenten Formen. Sie baut sich aus einer Vielzahl einzelner Warzen auf. Diese Warzen entstehen aus den ehemaligen Blattstielen, es sind also Podarien. Ist die Pflanze so gebaut, daß zahlreiche Warzen rund um den Sproß spaltenweise eng übereinander stehen, dann können sie zu charakteristischen Kakteenrippen verwachsen. Zum einen ist die Pflanze jetzt so strukturiert, daß fast immer ein relativ großer Teil der Oberfläche im – eigenen – Schatten liegt. Zum anderen hat der Körper eine regelrechte »Ziehharmonikaform«, was ihn dazu befähigt, in langen Trockenperioden einzuschrumpfen und sich bei plötzlichen intensiven Regenfällen innerhalb weniger Stunden wieder mit Wasser vollzutanken.

Entwicklungsgeschichtlich junge Formen schaffen es, in gemäßigte Klimate und sogar in den Regenwald zurückzuwandern, indem ihre Triebe bis in eine Ebene abgeflacht und zu dünnen laubförmigen Gebilden werden, die aber keine Blätter sind, sondern Sproßteile. Solche Kakteen (Phyllokakteen u. a.) wachsen epiphytisch auf Regenwaldbäumen.

Mächtige Wasserspeicher sind die Kandelaber der Säulenkakteen (Cereen) amerikanischer Wüsten.

Die widerhakigen Glieder dieser Cylindropuntia brechen leicht ab und werden durch Tiere verbreitet.

Kakteen (hier Echinocereus) blühen farbenkräftig, um die seltenen Wüsteninsekten anzulocken.

Gleiche Umweltbedingungen führen zu ähnlichen Formen im Pflanzenreich

Nicht nur die Kakteen (s. o.) »lernen« es, auf extreme Trockenheit mit der Entwicklung von Säulen- oder Kugelformen zu reagieren. Das gelingt z. B. auch den Wolfsmilchgewächsen (Euphorbiaceae, → 97–66 Mio./S. 296). Völlig unabhängig voneinander bringen die Kakteen und die Euphorbien Arten hervor, die kein Laie unterscheiden kann.

Beide zeigen schlanke vielarmige Kandelaber mit zahlreichen Sprossen. Diese können sowohl unmittelbar über dem Boden verzweigt sein und dichte Gruppen bilden als auch in großer Höhe Seitentriebe entwickeln und regelrechte Kronen tragen. Die einen wie die anderen kennen auch unverzweigte tonnenförmige Arten, und beide Familien bringen u. a. etwa tennisballgroße, fast vollkommen kugelrunde Arten hervor. Wolfsmilchgewächse entwickeln außerdem ebenso Dornen und fleischige Rippen mit ledriger Oberhaut wie die Kakteen. Derartige parallele Entwicklungen nennt man konvergent. Im Fall der beiden genannten Familien bilden sich die bis ins Detail verblüffend konvergenten Formen sogar in voneinander getrennten Kontinenten heraus, die Kakteen in Amerika, die sukkulenten Euphorbien besonders in Afrika und im Mittleren Osten.

Ähnliche Konvergenzerscheinungen kommen auch bei anderen Bewohnern extremer Biotope vor: Etwa flache, tellerförmige Blätter vom Seerosentypus bei verschiedensten Wasserpflanzen, eng am Boden anliegende Rosetten bei Hochgebirgsfamilien oder harte, halbkugelige Polsterformen bei Pflanzen, die häufig schneidendem Wind ausgesetzt sind.

Daß gleiche Umweltbedingungen zu fast identischen Formen im Pflanzenreich führen können, beweisen die südamerikanische Kakteenart Neoraimondia gigantea (l.) und das Wolfsmilchgewächs Euphorbia canariensis.

36–24 Mio.
Das Oligozän

36–30 Mio. In Afrika leben erste Rüsselspringer (Macroscelidea). Die Lebensweise dieser sehr spezialisierten Insektenfresser entspricht in etwa jener der Springmäuse. → S. 356

Die Familie der echten Nashörner (Rhinocerotidae) entwickelt sich und besiedelt Nordamerika, Europa, Asien und Afrika. → S. 360

In der Gruppe der Tapirartigen (Tapiroidea) erscheinen erstmals Formen, die weitgehend den modernen Tapiren ähneln. → S. 361

In dieser Zeit spaltet sich die Primaten-Unterordnung Haplorhini in Neuweltaffen (Platyrrhini) und Altweltaffen (Catarrhini) auf (→ S. 364). Unter den letzteren finden sich in Ägypten erste Vorfahren von Menschenaffen in Gestalt von Aegyptopithecus. → S. 365

36–24 Mio. Das Klima wird langsam kühler. Entsprechend verschiebt sich z. B. die Palmennordgrenze während des Oligozäns in Europa vom Nordkap bis auf die Höhe Stockholms. → S. 350

Tektonische Ereignisse führen zur Einengung des »Urmittelmeeres« Tethys. Im asiatischen Bereich schließt es sich völlig, in Europa beginnt der Zerfall in zwei getrennte Meereströge. → S. 350

Weite Teile Deutschlands, vor allem der Norden und der Süden, liegen unter dem Meeresspiegel. → S. 351

In den heutigen Badlands in South Dakota (USA) entsteht eine bedeutende Fossillagerstätte. → S. 353

Bei Florissant in Colorado (USA) versteinern u. a. Sequoia-Baumstümpfe bis zu 3,4 m Höhe und 3 m Durchmesser. Berühmt sind aber vor allem die unzähligen verschiedenen fossilen Insekten dieser Lagerstätte. → S. 353

Die Seekühe oder Sirenen, die einzigen im Meer lebenden pflanzenfressenden Säugetiere, entwickeln sich. → S. 354

Die Nagetiere bilden zwei neue Unterordnungen heraus, die Biberartigen (Castorimorpha) und die Dornschwanzhörnchen (Anomaluromorpha). → S. 356

An den Küsten des nördlichen Pazifiks leben Desmostylia, eine Ordnung verschiedengestaltiger primitiver Säugetiere von z. T. stattlicher Größe. → S. 356

In der Ordnung Insektenfresser (Insectivora) erscheint die artenarme Gruppe der Dimyliden, am Wasser lebende kleine Igelverwandte. → S. 356

Die Fledertiere (Chiroptera) entwickeln neben den bisher existierenden Fledermäusen (Microchiroptera) jetzt auch größere Formen. Zu diesen sogenannten Flederhunden (Megachiroptera) zählt u. a. die Familie der Flughunde (Pteropidae). → S. 356

Zahlreiche Säugetierarten zeichnen sich durch Riesenwuchs aus. → S. 359

In Gestalt des hirschähnlichen Protoceras leben in Nordamerika erste Hornträger. → S. 360

Die Litopterna, pferdeähnliche Huftiere, sind in Südamerika verbreitet. Sie nehmen als Steppenbewohner viele Entwicklungsmerkmale der echten Pferde vorweg. → S. 361

In Nordamerika leben erste Hundeartige (Familie Canidae). → S. 363

Ausgedehnte Waldlandschaften sind die für diese Zeit charakteristische Vegetationsform Europas (→ S. 366). An den Küsten gedeihen Mangrovenwälder, im Nordosten lichte Bernsteinwälder. → S. 368

In den Trockengürteln Nord- und Südamerikas breiten sich Baumsavannen aus. → S. 369

Unter den bedecktsamigen Kräutern erscheinen viele neue Gattungen und Arten, die sich auf bestimmte Lebensräume und neue Ernährungsweisen spezialisieren. → S. 370

Um 35 Mio. Unter den Walen erscheinen erstmals die Plankton fressenden Bartenwale (Mysticeti). → S. 355

Erste Faultiere (Unterordnung Pilosa der Zahnarmen oder Xenarthra) leben in Südamerika. Im Gegensatz zu den heutigen Faultierarten, die auf Bäumen leben, sind es Bodenbewohner von z. T. sehr beachtlicher Größe. → S. 356

35–24 Mio. Sowohl in Nordamerika als auch in Europa erscheint eine erste Familie der Katzenartigen, die Nimravidae. Ihre Vertreter zeichnen sich vor allem durch markante Säbelzähne aus. → S. 362

Um 30 Mio. In den Meeren der Nordhemisphäre erscheinen erstmals Meeresraubtiere, die Carnivoren-Unterordnung Pinnipedia. Diese Gruppe umfaßt neben fossilen Familien die heutigen Ohrenrobben, Seebären und Seelöwen, die Walrosse, Hundsrobben und Seehunde. → S. 354

30–24 Mio. Die Pferdeartigen werden größer. Nach bisher nur etwa 20 cm hohen Tieren erscheinen jetzt Pferdchen von Windhundgröße in Nordamerika. Es handelt sich um Vertreter der Gattungen Mesohippus, Anchitherium und – gegen Ende des Oligozäns – Parahippus. → S. 357

Um 25 Mio. Eine tropisch-subtropische Urwald- und Seenlandschaft befindet sich bei Hennef im Siebengebirge. In den feinkörnigen Bodensedimenten der ausgedehnten Seen fossilisieren neben Bäumen und Kräutern vor allem zahlreiche Frösche, Reptilien sowie verschiedene Säugetiere in hervorragender Erhaltung. → S. 352

Um 24 Mio. Verschiedene frühe Säugetiere sterben gegen Ende des Oligozäns aus. Dies betrifft z. B. die rüsseltragenden Pflanzenfresser Pyrotheria in Südamerika. → S. 374

Zunehmend kühleres Klima

36–24 Mio. Zwar zeichnet sich das gesamte Oligozän weltweit noch durch ein recht mildes Klima aus, doch gehen die Temperaturen besonders in den hohen Breiten während dieser Zeit merklich zurück. Herrschte zu Beginn des Eozäns (vor 55 Mio. Jahren) ein Jahrestemperaturmittel von 25 °C noch am 46. nördlichen Breitengrad, gilt dies zu Beginn des Oligozäns nur noch am 35., zum Ende des Oligozäns am 27. nördlichen Breitengrad.
Mit den generell sinkenden Temperaturen nehmen in dieser Zeit die Niederschläge in vielen Gebieten deutlich zu. So wird insbesondere Mitteleuropa von einer relativ trockenen zu einer ausgesprochen feuchten Region. Die Temperatur der Tiefenwasser in den Ozeanen sinkt von fast 15 °C in der Kreide (140 – 66 Mio.) auf 10 °C ab.
Dem Klimawandel entsprechen auch geographische Veränderungen in der Tier- und Pflanzenwelt. So liegt z. B. die Palmengrenze in Europa vor 36 Jahrmillionen noch etwa am Nordkap, vor 24 Jahrmillionen jedoch bereits auf der Höhe Stockholms. Die bisher tropischen und subtropischen Wälder weichen Nadel-Laub-Mischwäldern, enthalten allerdings noch immer viele immergrüne subtropische Gattungen und Sumpfzypressen-Moore.
Zu den Fischfaunen Westeuropas zählen noch vor 36 Jahrmillionen etwa 12 % rein tropische und 45 % tropische bis subtropische Formen. Gegen Ende des Oligozäns fehlen die rein tropischen Fische völlig.

Im Oberrheingraben zeigen die Schichten aus dem Oberen und Mittleren Muschelkalk Störungen, die durch Senkungen im Oligozän hervorgerufen wurden.

Urmittelmeer wird eingeengt

36–24 Mio. Gleich zu Beginn dieses Zeitraums spielen sich verschiedene Bewegungen der Erdkruste ab, die das Gesicht des »Urmittelmeeres« Tethys stark verändern. Im Osten findet die Indische Tafel durch einen erneuten Nordwärtsschub (→ um 50 Mio./S. 332) endgültig Anschluß an den asiatischen Kontinent, so daß sich die Tethys hier schließt. Im arabisch-eurasischen Kollisionsgebiet wird sie stark eingeengt. Schließlich falten sich zu dieser Zeit im Westen die Pyrenäen auf, wodurch in diesem Bereich die geosynklinale Entwicklung der Tethys ein Ende findet. Entsprechendes gilt für den Alpenraum, der allerdings erst gegen Ende des Oligozäns ausgeprägten Gebirgscharakter annimmt.
Die beschriebenen Vorgänge führen im europäischen Bereich zum Zerfall der Tethys in zwei Meereströge, die im Miozän (24–5 Mio.) durch ein Festland getrennt sind, das von den Alpen über die Karpaten bzw. Dinariden, den Balkan, den mittleren Iran und Afghanistan bis zum Himalaja verläuft (→ S. 395). Das Kernstück des nördlichen, als Paratethys bezeichneten Stranges ist eine Molasse-Senke (→ S. 351), die sich vom Rhônetal über das Alpen-, Karpaten- und Krim-Kaukasus-Vorland bis in den Raum von Aralsee und Kaspischem Meer erstreckt. Der südliche Strang, die eigentliche Tethys, verläuft nur noch von Gibraltar über das heutige Mittelmeer bis nach Mesopotamien.

Deutschland liegt weitgehend unter dem Meeresspiegel

36 – 24 Mio. Mit der einsetzenden Hebung der Süd- und Zentralalpen beginnt auch deren Erosion. Das abgetragene Material lagert sich in dem tiefen Meerestrog ab, der im Gebiet der heutigen nördlichen Kalkalpen liegt. Dieser Trog, der kontinuierlich weiter absinkt, füllt sich zunehmend mit Sedimenten auf und dehnt sich zugleich unter Verflachung nach Norden bis ins Gebiet der Donau aus. Zeitweilig fällt er regional trocken und dient dann in diesen Bereichen als Ablagerungsraum für Flüsse und Seen. Die Schuttmassen, die das sich bildende Faltengebirge in dieses Meeresbecken einträgt, nennt man Molasse. Der Begriff hat sich auch für entsprechende Ablagerungen anderenorts und in anderen Erdzeitaltern eingebürgert.
Die Auffaltung der Alpen bewirkt im weiteren Umfeld Bruchbildungen in der Erdkruste, sogenannte Suturen, die bis in die oberen Regionen des Erdmantels reichen. Als Folge dieser Vorgänge kommt es in Deutschland, im Westerwald, im Siebengebirge, in der Rhön und im Schwarzwald zu heftigem Vulkanismus.
Eine ausgeprägte Bruchzone stellt der rasch absinkende Oberrheingraben dar. Durch ihn dringt von Süden her das Meer bis in das Rhein-Main-Gebiet vor. Das Meer bedeckt im Oligozän auch ganz Norddeutschland bis zur Höhe Oberhessens. Einem kurzen Meeresrückzug etwa an der Grenze vom Unteren zum Mittleren Oligozän folgt ein weiterer Meeresvorstoß, diesmal besonders vom Norden her. Er schafft eine Verbindung des Nordmeers mit dem Meeresgebiet im nördlichen Alpenvorraum über die Wetterau-Senke und den Oberrheingraben. Diese Meeresstraße ist etwa 50 km breit und verläuft von Basel in nordnordöstlicher Richtung bis in die Gegend von Kassel.
Wo der alte, vor über 300 Jahrmillionen entstandene Saar-Nahe-Trog den Oberrheingraben kreuzt, erstreckt sich das Mainzer Becken. Dieser Flachmeeresraum, der in manchen Abschnitten des Oligozäns Brackwasser führt, beheimatet eine reiche subtropische bis fast tropische Fauna. Hier lagern sich in erster Linie feinkörnige Sedimente ab, zuerst vor allem Tone, dann Sande sowie schließlich Mergel und Kalke, in denen zahlreiche Fossilien von Meerestieren erhalten bleiben.

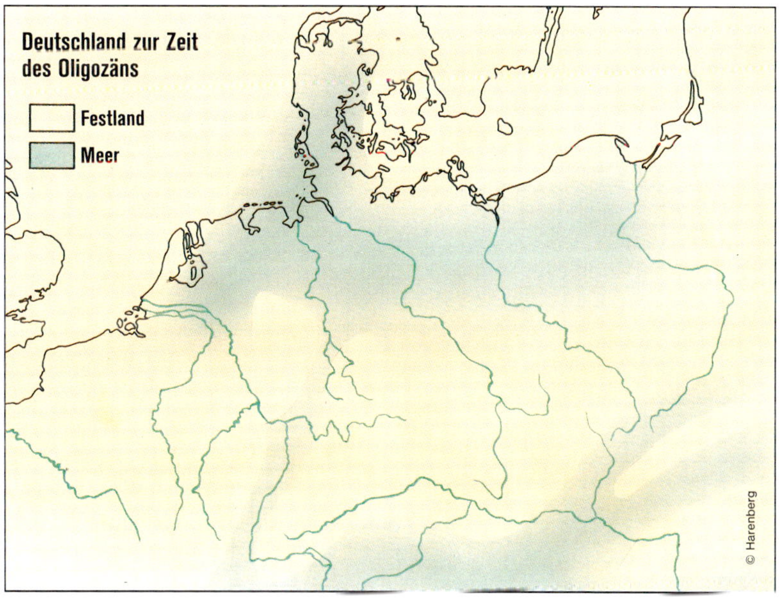

△ In der norddeutschen Sandgrube Steigerberg hat der Abbau von Sand und Kies eine Küstenregion aus der Zeit des Mittleren Oligozäns aufgeschlossen. Der hier freigelegte Kies bzw. das grobe Geröll sind Produkte der Erosion. Entstanden sind diese Gesteine ursprünglich im Rotliegenden (Oberperm). Durch Verwitterung in kleinere Brocken zerlegt, gelangte das Material in der Zeit bis zum Oligozän in eines jener Flachmeere, die vor 36 bis 24 Mio. Jahren Mitteleuropa bedeckten. Die Meeresbrandung und bis auf den Grund hinunterreichende Wellenbewegungen rundeten die Geröllstücke ab. Die runden Formen sind ein Charakteristikum für Fluß- und Meeresufergerölle. Gletscherschutt z. B. ist durch schiebenden Transport kantig geschliffen.

In der oben abgebildeten Sandgrube Steigerberg finden sich in den mitteloligozänen Schichten u. a. zahlreiche fossile Austernschalen (Ostrea).

Oligozäne Meeressedimente treten auch in der Umgebung von Neumühle bei Alzey zutage. Sie führen als Fossilien vor allem große Mengen von Haizähnen.

Zeugnisse des Lebens in einer subtropischen Region

Um 25 Mio. Ein Seenbecken in flacher Landschaft bei Hennef im Siebengebirge, innerhalb des heute Rott genannten Gebiets, wird während des Oberen Oligozäns zu einer bedeutenden Fossillagerstätte. Die Bedingungen dafür sind günstig: In dem See herrscht eine recht stabile Wasserschichtung mit sauerstoffreichem Wasser in den flachen und fast sauerstofffreiem Wasser in den tiefen Regionen. Dadurch ist der See einerseits lebhaft besiedelt, andererseits zersetzen sich die zu Boden sinkenden abgestorbenen Organismen kaum. Die Sedimente, die sich am Boden des Sees bzw. der Seen bilden, umfassen eine insgesamt rund 25 m mächtige Folge aus Blätterkohle, feinkörnigem Polierschiefer und ähnlichen kieseligen Gesteinen.

Das Seebecken liegt in einer warmen, subtropischen bis tropischen Region und ist von Sumpfwald mit Tupelobäumen und Sumpfzypressengewächsen umgeben. Nach außen schließt sich ein lichter Auwald mit Palmen, aber auch Weiden- und Birkengewächsen an. Wo in größerer Entfernung zum offenen Gewässer der Boden trockener wird, stocken dichte Wälder mit Ahorn, Buche und Engelhardia-Bäumen sowie Hartlaubwälder mit Lorbeerbäumen und Magnolien.

Tierische Bewohner besonders der feuchteren, ufernahen Wälder sind neben zahlreichen Insekten Frösche und Reptilien. Außerdem kommen verschiedene Säugetiere vor, darunter Nashörner und das sogenannte Kohlenschwein Microbunodon. Der Vulgärname des letzteren rührt daher, daß es fossil ausschließlich in der Blätterkohle vorkommt.

In den weiten verlandenden Uferzonen des Rott-Seenbeckens gedeihen Sauergräser und Binsen, im Flachwasserbereich kommen Seerosen vor. Neben vielfältigen Wasserinsekten leben hier nachweislich auch vier Fischarten, zwei charakteristische Wasserfrösche, eine Wasserschildkröte und mindestens eine Krokodilart. Nicht alle der fossil überlieferten Wassertiere stammen aber aus dem See selbst. Insekten wie die Schwimm- und Hakenkäfer oder auch die ebenfalls gefundenen Riesensalamander bewohnen üblicherweise rasch fließende Gewässer. Ihre Überreste werden wahrscheinlich von Bächen und Flüssen in den See hineingetragen.

Die Krokodilgattung Diplocynodon (fossiler Fuß) signalisiert für Rott feuchtwarmes Klima.

Ein für dieses Gebiet charakteristischer fossiler Pflanzenrest aus der Gattung Sideroxylon.

Ein typischer Süßwasserfisch aus dem Seenbecken von Rott ist die Art Leuciscus papyraceus.

Wie auch in anderen wichtigen Fossillagerstätten – etwa jener von Holzmaden in der Schwäbischen Alb oder der Grube Messel bei Darmstadt – sind die Ablagerungen im See von Rott (es handelt sich um Faulschlamm) ausgesprochen feinkörnig und können auf diese Weise selbst kleinste Details der Fossilien konservieren. Für die Qualität der Versteinerungen wirkt sich außerdem positiv aus, daß die Tiere und Pflanzen meist unzersetzt erhalten bleiben, denn im sie umgebenden Faulschlamm (auch Sapropel) fehlt es an Sauerstoff. Sie können deshalb nicht verwesen. So zeigt denn auch dieser fossile Hase aus dem Rott-See eine sehr gute Erhaltung seiner Haut.

Die fossile Libellenlarve gibt einen Hinweis auf den Biotop: Rott war ein Flachseengebiet.

Der Wasserfrosch Palaeobatrachus diluvianus lebt in der Uferregion des Rott-Sees.

Mit Körbchen zum Pollensammeln und Flügeln bleibt diese Rott-Biene fossil erhalten.

Fossillagerstätte in South Dakota

36–24 Mio. Zahlreiche Säugetiere fossilisieren in den heutigen Badlands von South Dakota (USA).
Die Bezeichnung Badlands charakterisiert ein Erosionsgebiet, in dem ein bereits völlig verändertes Relief aus einem Gewirr kleiner Schluchten und sich verändernder kleiner Kämme entstanden ist. Voraussetzung dafür sind u. a. wenig verfestigte Sedimente im Untergrund, die aus dem Oligozän stammen. Zur Zeit ihrer Bildung ist das Klima hier relativ trocken, die Landschaft ist also der heutigen sehr ähnlich: Lichter Wald bis Steppe bilden den Lebensraum.
In den Badlands bleiben Überreste vieler Tiere in Sandstein erhalten, darunter verschiedene Brontotherien, Metamynodon, Protoceras, Mesohippus, Merycoidodon und das wüstenfuchsähnliche Säbelzahn-Raubtier Nimravus. Die nashornähnlichen wuchtigen Brontotherien (→ S. 359), die sich ausschließlich von weichen Wasserpflanzen ernähren, sind durch die Gattung Brontops mit bis zu 2,5 m Schulterhöhe sowie noch größere Titanotherium-Arten vertreten. Metamynodon wird bis zu 4 m lang, ähnelt einem Flußpferd und lebt wie dieses in Binnengewässern.
Durch drei Paar knöcherne Auswüchse auf Nase, Stirn und oberer Schädeldecke fällt Protoceras auf, ein graziles, hirschähnliches Tier, das aber an seinen Beinen nach wie vor Zehen trägt. Die ebenfalls belegte Gattung Mesohippus ist ein leicht gebautes Pferdchen von etwa Windhundgröße mit noch dreizehigen Füßen. Verwandtschaftlich vermutlich zwischen den Schweinen und den Hirschen angesiedelt, gleicht schließlich Merycoidodon äußerlich einem Schwein oder Pekari mit verlängertem Körper.

Wo heute in Dakota weite Weizenfelder wogen, erstreckte sich zur Zeit des Oligozäns eine ausgedehnte Steppenlandschaft. Hier lebten Brontotherien, Huftiere wie das Pferd Mesohippus und der wüstenfuchsähnliche Nimravus.

Versteinerte Neuweltinsekten in perfekter Erhaltung

36–24 Mio. Bei Florissant in Colorado (USA) erstreckt sich der Lake Florissant, ein großer Binnensee mit flachen, bis in weite Umgebung sumpfigen Ufern. In den Sedimenten des Sees bleiben Überreste der Pflanzen und Tiere dieses Gebietes z. T. hervorragend konserviert. Bei dem fossilienführenden Gestein handelt es sich um feinkörnigen Schiefer, der später von vulkanischen Massen bedeckt und in dieser Verbindung überliefert wird.
Berühmt ist das heute als Florissant Fossil Beds National Monument ausgewiesene Gebiet vor allem wegen der hier versteinerten Insekten, darunter alle fossil bekannten Schmetterlinge (Lepidoptera) der Neuen Welt sowie die im folgenden aufgelisteten Ordnungen:

▷ Netzflügler (Neuroptera)
▷ Köcherfliegen (Trichoptera)
▷ Käfer (Coleoptera)
▷ Geradflügler (Orthoptera, darunter die Heuschrecken)
▷ Schnabelkerfe (Hemiptera, darunter die Wanze)
▷ Hautflügler (Hymenoptera; Bienen, Ameisen, Wespen)
▷ Zweiflügler (Diptera; Fliegen, Mücken)

Die fossile Fauna von Florissant umfaßt jedoch nicht nur Insekten. Mit den Gattungen Kahlhecht (Amia), Amyzon, Trichophanus und Rhineastes sind Fische vertreten. Die Anwesenheit von Vögeln belegen fossile Federn und Skelettreste von Palaeospiza, einem Sperlingsvogel. Zu der hier lebenden Säugetierfauna gehören z. B. das schweineähnliche Merycoidodon und das Pferdchen Mesohippus, die auch in den Badlands von South Dakota (s. o.) vorkommen.
Die Flora der Uferregionen des Lake Florissant ist mit 140 verschiedenen Arten belegt, darunter Sequoia-Stümpfe bis zu 3,4 m Höhe.

Bei Cereste, einer berühmten Fossillagerstätte in der Provence (Frankreich), fand sich das hier abgebildete Oligozän-Fossil. Dabei handelt es sich um einen Süßwasserfisch der Gattung Prolebias. Wie im europäischen Bereich, existiert zu dieser Zeit auch in Nordamerika eine ausgesprochen vielfältige Süßwasserfauna.

Pflanzenfressende Meeressäugetiere

36–24 Mio. Aus primitiven Vorfahren des Mittleren Eozäns (Gattung Prorastomus vor ca. 45 Mio. Jahren) entwickeln sich die Seekühe oder Sirenen. Es sind die einzigen pflanzenfressenden Säugetiere, die sich vollständig dem Leben im Wasser anpassen. Während Prorastomus noch vier plumpe Beine besaß und damit auch auf dem Festland leben konnte, sind bei den oligozänen Sirenen die Vordergliedmaßen bereits zu Paddeln umgebildet. Ein waagrecht liegender flacher Schwanz gibt den Tieren im Wasser langsam Vortrieb. Ihr Körper ist massig und plump-tonnenförmig.

Die Seekühe sind auf große Wasserpflanzenvorkommen angewiesen, die in den warmen Meeren des Mitteltertiärs in Form riesiger schwimmender Pflanzenteppiche bestehen. Diese Teppiche aus Seegras u. a. bilden die Hauptnahrungsquelle der großen Säuger, die schon jetzt mit 5 bis 6 m Länge gegenüber dem 1,5 m langen Prorastomus stattliche Ausmaße erreichen.

Die Herkunft von Prorastomus ist ungeklärt. Manche Paläontologen gehen von einem gemeinsamen Vorfahren mit den Elefanten aus. Heute unterscheidet man zwei Sirenen-Gattungen, Manatus und Dugong.

Zur Ordnung der Sirenen gehört Prorastomus aus der Karibik (Jamaika).

An den Küsten Frankreichs lebt im Oberen Oligozän dieser Vertreter der Sirenen, der bis zu 6 m lange Rytiodus, ein Dugong.

In Flonheim bei Alzey in Rheinhessen fand sich in oligozänen Schichten das fossile Skelett von Halitherium schinzi, einer etwa 1,6 m langen Seekuh. Seekühe dieser Gattung waren in dieser Zeit in Deutschland weiträumig verbreitet. Überreste derselben Art fanden sich außer im Mainzer Becken z. B. auch im Großraum Bamberg und in der Leipziger Bucht. Auffälligerweise fehlen sie in der Kasseler Bucht. Paläozoologen nehmen als möglichen Grund an, daß den Seekühen in dieser Region nicht mehr genügend Seegras, ihre Hauptnahrung, zur Verfügung stand.

Raubtiere besiedeln die Ozeane der Nordhemisphäre

Um 30 Mio. Die Wasserraubtiere oder Pinnipedia treten auf. Wie die Katzen, Hunde und Bären des Festlandes gehören sie zur Ordnung der Carnivoren (→ S. 336), innerhalb derer sie eine eigene Unterordnung bilden. Neben mehreren fossilen Familien umfassen sie heute die Ohrenrobben, Seebären und Seelöwen (Familie Otariidae), die Walrosse (Familie Odobenidae) sowie die Hundsrobben und Seehunde (Phocidae). Alle Formen sind dem Leben im Meer hervorragend angepaßt: Ihr Rumpf hat Stromlinienform, die Gliedmaßen sind zu Flossen umgebildet. Man nimmt heute an, daß alle Pinnipedia von einem gemeinsamen Vorfahren abstammen, der den Marderartigen zuzuordnen ist.

Als erste Pinnipedia-Familie entwickeln sich im Oberen Oligozän aus einem otterartigen Tier die Seehunde. Sie erscheinen zunächst in den europäischen Meeren, verbreiten sich aber im Miozän (24–5 Mio.) rasch über die Weltmeere.

Zur Wende Oligozän/Miozän bzw. im Unteren Miozän erscheinen in Gestalt der heute ausgestorbenen Enaliarctidae erste Ohrenrobben. Aus diesen Tieren leiten sich die heutigen Seelöwen, die Seebären und die Walrosse ab. Im Verlauf des Miozäns (vor etwa 18 Mio. Jahren) geht aus diesem Formenkreis auch die heute ausgestorbene Robbenfamilie Desmatophocidae hervor, primitive Seelöwen, die aber sowohl äußerlich wie in ihren Anpassungsstrategien den eigentlichen Seehunden ähneln.

Die anderen Seelöwen, Seebären, Walrosse sowie der Seeleopard (Hydrurga laptonyx) entwickeln sich ebenfalls ab dem Miozän.

Die Familie der Seehunde entwickelt sich im Oberen Oligozän. Acrophoca (Bild) stammt aus dem peruanischen Pliozän.

▷ Phoca vitulina, ein heutiger junger Nordsee-Seehund

Spezialisten unter den Walen nutzen Planktonvorkommen

Um 35 Mio. Während zwei Unterordnungen der Wale (Cetacea) bereits seit dem vorausgehenden Eozän die Meere besiedeln (→ S. 339), erscheinen in dieser Zeit erstmals die Bartenwale oder Mysticeti. Sie leben zunächst bei Neuseeland.

Die Entwicklung dieser Meeresriesen, zu denen heute die Blauwale, Grauwale, Glattwale und Furchenwale gehören, wird vermutlich von der allgemeinen Abkühlung der südlichen Meere ausgelöst, die wiederum mit einer immensen Zunahme mikroskopisch kleiner Organismen im Plankton einhergeht. Die Bartenwale sind darauf spezialisiert, diese ungemein reichhaltige Nahrungsquelle zu nutzen. Anstelle der Zähne besitzen sie sogenannte Barten, feine Platten aus einer faserigen, hornigen Substanz, die beidseitig vom Oberkiefer herabhängen und ein reusenartiges Sieb bilden. Damit filtern die Wale gewaltige Wassermengen und seihen die Lebewesen des Planktons heraus. In erster Linie ist das der Krill, in ungeheuren Mengen auftretende kleine garnelenartige Krebstierchen.

Die frühen Bartenwale sind den heutigen Grauwalen aus dem Nordpazifik äußerlich sehr ähnlich, erreichen aber mit 4 m Länge nur rund ein Drittel ihrer Körpergröße.

△ Cetotherium, eine Gattung der Mysticeti oder Bartenwale, ist während des Mittleren und Oberen Miozäns in Europa verbreitet. Fossile Überreste des Meeressäugers fanden sich in Belgien und der UdSSR. Entstanden ist der Verwandtschaftskreis dieses etwa 4 m langen Wals bereits im Oberen Oligozän.

◁ Die Barten sind das namengebende Merkmal der Unterordnung Mysticeti (Bartenwale). Mit ihnen sieben die großen Meeressäuger planktische Organismen als Nahrung aus dem Meerwasser.

Vollkommene Anpassung der gigantischen Säuger an das Leben im Wasser

Unter den Walen finden sich die größten aller Säugetiere, Arten, die 20 bis 30 m Länge erreichen. Als einzigen Säugern ist es den Walen gelungen, sich so perfekt an das Leben im Wasser anzupassen, daß sie es überhaupt nicht mehr verlassen müssen. Allerdings bietet auch nur das Meer solchen schwer gebauten Riesenformen eine angemessene Bewegungsfreiheit, da der Auftrieb durch das Wasser die Körpermasse tragen hilft. Außerdem findet sich lediglich im Meer genügend schnell nachwachsende Nahrung, um die Giganten zu versorgen.

Sowohl in ihrer äußeren Gestalt wie im Aufbau ihres Skeletts haben sich die Wale in ähnlicher Weise wie die Fische dem Wasserleben angepaßt. Ihr fischartiger Körper endet in einer horizontal gestellten Schwanzflosse, auf deren Rückenfläche sich häufig noch eine Fettflosse befindet. Aus den vorderen Gliedmaßen haben sich kurze flossenartige Ruderplatten entwickelt, während die Hintergliedmaßen äußerlich nicht mehr zu erkennen sind. Sie werden jedoch embryonal als Vorsprünge angelegt und finden sich ebenso wie das Becken in unbedeutenden Skelettresten noch beim erwachsenen Tier. Die Knochen der Wale sind leicht und haben eine schwammige Struktur. Unmittelbar unter der nackten Haut liegt eine mächtige Speckschicht, die die Warmblüter vor Abkühlung schützt. Zugleich verleiht sie den Kolossen Auftrieb und erleichtert ihnen damit das Schwimmen. Für Auftrieb sorgen auch die großen Lungen, die wie die Schwimmblasen der Fische im Körper weit nach hinten reichen und sich als druckausgleichender Apparat bewähren. Mit Luft gefüllt, erlauben sie den Walen, sehr lange, oft mehr als 15 Minuten, unter Wasser zu bleiben. Die Nasenöffnungen liegen an der höchsten Stelle des Kopfes und ragen beim an der Wasseroberfläche schwimmenden Tier über den Meeresspiegel hinaus.

Die jungen Wale sind Nestflüchter, die bereits sehr weit entwickelt zur Welt kommen. Geboren werden sie mit dem Schwanz voran. Das erlaubt ihnen, mit dem Kopf noch im Mutterleib den Gebrauch der Schwanzflosse zu erlernen.

Während die Wale der Unterordnung Archaeoceti, die im Unteren Eozän erschienen, noch einen drehrunden, flossenlosen Schwanz besaßen, ist ein Merkmal aller weiter entwickelten Formen die breite, horizontal gestellte Schwanzflosse.

Nager in neuen Lebensräumen

36–24 Mio. Die Nagetiere (Rodentia, → 55–36 Mio./S. 340) entwickeln neue Formen und erobern z. T. neue Lebensräume. Bei den Hörnchenartigen (Unterordnung Sciuromorpha, → S. 340) treten weitere Familien auf. Daneben erscheinen mit jeweils mehreren Arten die Biberartigen (Castorimorpha) und die Dornschwanzhörnchen (Anomaluromorpha).

Neben Gattungen wie den Eichhörnchen, die in Baumwipfelregionen leben, finden sich bei den Hörnchenartigen auch Bewohner unterirdischer Bereiche, z. B. die Erdhörnchengattungen der Ziesel, Präriehunde und Murmeltiere.

Verschiedene Hörnchenartige beherrschen den Gleitflug. Sie spannen ihre Gleitschirme zwischen dem Körper und einem Knochensporn am Handgelenk aus. Gute Gleitflieger sind auch manche Dornschwanzhörnchen; ihre Flughaut wird zwischen Rumpf und einem Knorpelstab am Ellenbogen gespreizt. Demgegenüber spezialisieren sich die Biberartigen vollständig auf das Leben am und im Wasser.

Desmostylus gehört zu Nachfahren altertümlicher Huftiere.

Amphibische Küstenbewohner

36–24 Mio. *An den Küsten des nördlichen Pazifiks erscheinen Vertreter der Desmostylia, einer formenarmen Ordnung primitiver Säugetiere. Sie leben teils an Land, teils im küstennahen Wasser und erreichen nahezu die Größe von Flußpferden. Charakteristisch sind ihre Backenzähne mit zahlreichen kegelförmigen Höckern auf den Kauflächen.*

Die Abstammungsverhältnisse dieser Tiere sind nicht geklärt. Man nimmt aber an, daß sie mit den Subungulata verwandt sind. Diese Gruppe faßt eine Reihe von Säugetierordnungen afrikanischen Ursprungs zusammen, zu denen man in der Regel die Rüsseltiere, die Klippschliefer, die Sirenen und die wuchtigen Embrithopoden Ägyptens zählt. Gegen Ende des Miozäns (24–5 Mio.) sterben die Desmostylia aus.

Metacheiromys zählt wie die Faultiere zu den Zahnarmen (Xenarthra).

Faultiere leben am Boden

Um 35 Mio. *Erste Faultiere (Unterordnung Pilosa) treten in der Säugetierordnung der Zahnarmen (Xenarthra, → S. 322) auf. Diese Tiere sehen allerdings noch ganz anders aus als die heutigen baumbewohnenden Faultiere Mittel- und Südamerikas und haben als Bodenbewohner auch einen anderen Lebensraum. Viele der frühen Faultierarten sind so groß und schwer, daß sie schon deshalb nicht in der Lage wären, auf einen Baum zu klettern. In ihrer Gestalt ähneln die Pilosa dieser Zeit den Bären, sind jedoch verglichen mit diesen in ihren Bewegungen ausgesprochen langsam und schwerfällig. Sie ernähren sich ausschließlich vegetarisch. Das wohl größte Faultier aller Zeiten, das 6 m lange Megatherium, lebt im Pleistozän (1,7-0,6 Mio.) in Patagonien, Bolivien und Peru.*

Kleine Verwandte der Igelartigen

36–24 Mio. In der Säugetierordnung der Insektenfresser (Insectivora, → 97–66 Mio./S. 302) entwickelt sich die artenarme Gruppe Dimylidae, kleine Tiere, die vermutlich mit den Igelartigen (Erinaceomorpha) nahe verwandt sind. Sie leben am und im Wasser und haben sich in ihrer Ernährung auf Weichtiere spezialisiert. Bereits im Pliozän (5–1,7 Mio.) sterben sie wieder aus.

Für die Unsicherheit hinsichtlich der genauen systematischen Einordnung dieser Gruppe lassen sich zwei Gründe anführen. Zum einen sind alle Igelartigen ebenso wie die Spitzmausartigen (Unterordnung Soricomorpha) schlecht fossil belegt. Zu den Ausnahmen gehören die eozänen Messel-Fossilien (→ S. 328). Zum anderen sind alle Insektenfresser der genannten Unterordnungen (zusammengefaßt zu den Lipotyphla) kleine bis mittelgroße Vierfüßer mit fünf Zehen und Fingern sowie mit vollständigem Säugetiergebiß (→ S. 245). Ihr Körperbau ist also mehr oder weniger primitiv.

Insektenfresser mit Rüssel

36–30 Mio. In Afrika treten erstmals die Rüsselspringer (Macroscelidea) in Erscheinung, eine Ordnung hoch spezialisierter kleiner Insektenfresser. Die schnellen Renner und Hüpfer gleichen in ihrer Lebensweise in etwa den Springmäusen. Wie diese leben sie in Steppen, Halbwüsten und Wüsten. Die Schnauze der 10 bis 30 cm langen langschwänzigen Tiere ist röhrenförmig zu einem biegsamen, beweglichen Rüssel verlängert. Obwohl die Tiere überwiegend tagaktiv sind, haben sie auffallend große Augen und Ohren.

Die systematische Stellung der Gattung Anagale, kaninchenähnlicher grabender Säuger, wird heute noch diskutiert. Einige Wissenschaftler stellen sie zu den Rüsselspringern, andere sehen in ihnen unteroligozäne Verwandte der Nager und Hasentiere. Verbreitet sind die Vertreter dieser Gattung in der Mongolei.

Die Fledertiere werden größer

36–24 Mio. Zu den schon seit dem Untereozän existierenden Fledermäusen (Microchiroptera, → S. 342) gesellen sich jetzt innerhalb derselben Insektenfresserordnung (Chiroptera, »Handflügler«) die Flederhunde oder Megachiroptera. Sie erreichen Flügelspannweiten von 25 cm bis zu 1,5 m. Wie alle Chiroptera beherrschen sie neben dem Gleitflug den Flug mit Auftrieb durch aktiven Schwingenschlag.

Die 6 bis 40 cm langen Tiere mit den hundeähnlichen Köpfen sind Pflanzenfresser. Sie ernähren sich von Früchten, Nektar oder Blüten. Ihre Hauptsinnesorgane sind die großen Augen, die ihnen ermöglichen, sich auch bei Nacht zu orientieren. Sie haben keine Ultraschallorgane wie die Fledermäuse. Ebenfalls im Gegensatz zu den Fledermäusen besitzen sie am zweiten Finger keine Kralle. Die Flederhunde umfassen heute etwa 150 Arten, die fast alle in den Tropen und Subtropen leben. Am bekanntesten ist die Familie der Flughunde (Pteropidae).

Windhundgroße Pferde ohne Hufe in Nordamerika

30–24 Mio. In Nordamerika ist seit Beginn dieser Zeitspanne das Pferdchen Mesohippus weit verbreitet. Mit 60 cm Schulterhöhe und etwa 120 cm Körperlänge ist es bereits wesentlich größer als seine ersten Vorgänger im Eozän (→ 55–36 Mio./S. 335). Diese Hyracotherien hatten nur etwa 20 cm Schulterhöhe. Mesohippus hat noch immer keine Hufe, sondern drei Zehen, von denen die mittlere aber schon deutlich größer ist als die beiden anderen. Im Gebiß beginnen sich die Vorderbackenzähne (Prämolaren) in ihrer Form an die Hinterbackenzähne (Molaren) anzugleichen, was sich daran bemerkbar macht, daß ihre Kauflächen größer werden. Allerdings bleiben alle Backenzähne noch niedrigkronig. Die Kiefer sind deshalb relativ flach, die Kopfform ist entsprechend niedrig, aber lang. Vor etwa 25 Mio. Jahren erscheint in Nordamerika das Pferdchen Anchitherium. Es sieht Mesohippus sehr ähnlich, ist ungefähr genauso groß und hat ebenfalls drei Zehen. Sowohl Mesohippus wie Anchitherium ernähren sich noch nicht von Gras, sondern von Blättern, wie man an den flachkronigen Zähnen erkennen kann.

Anchitherium ist der am weitesten verbreitete Vertreter der Familie Equidae (Pferde) in dieser Zeit. Über die Landbrücke zwischen Alaska und Sibirien gelangt das Pferdchen im Miozän (24 - 5 Mio.) nach Asien und Europa, wo es sich weiträumig vermehrt und noch bis zum Ende des Miozäns, also bis vor rund 5 Jahrmillionen, überlebt. In seiner ursprünglichen Heimat wird es aber bereits vor etwa 15 Jahrmillionen von den ersten grasfressenden Pferden verdrängt, die im zunehmend trockeneren Klima mit den harten Steppenpflanzen vorlieb nehmen.

An der Grenze vom Oligozän zum Miozän erscheint, wiederum in Nordamerika, Parahippus mit bereits 1 m Schulterhöhe. In seiner Gesamterscheinung ähnelt es noch den beiden kleineren Arten, mit denen es auch die drei Zehen gemeinsam hat. Allerdings sind seine Mahlzähne bereits wesentlich kräftiger und breitkroniger und besitzen Schmelzleisten sowie einen Außenüberzug aus sehr reibfestem Zement. Parahippus kann also wohl schon das Waldland verlassen und sich von Präriegräsern ernähren.

△ *Das kleine Pferdchen der Gattung Anchitherium mit etwa 60 cm Schulterhöhe lebt im Unteren bis Oberen Miozän in Nordamerika und kommt später auch in Asien und Europa vor. Das dreizehige Tier ähnelt dem Pferd Mesohippus, stellt aber einen entwicklungsgeschichtlichen Seitenzweig dar, der vor etwa 5 Mio. Jahren ausstirbt. Die letzten Exemplare leben vermutlich in China.*

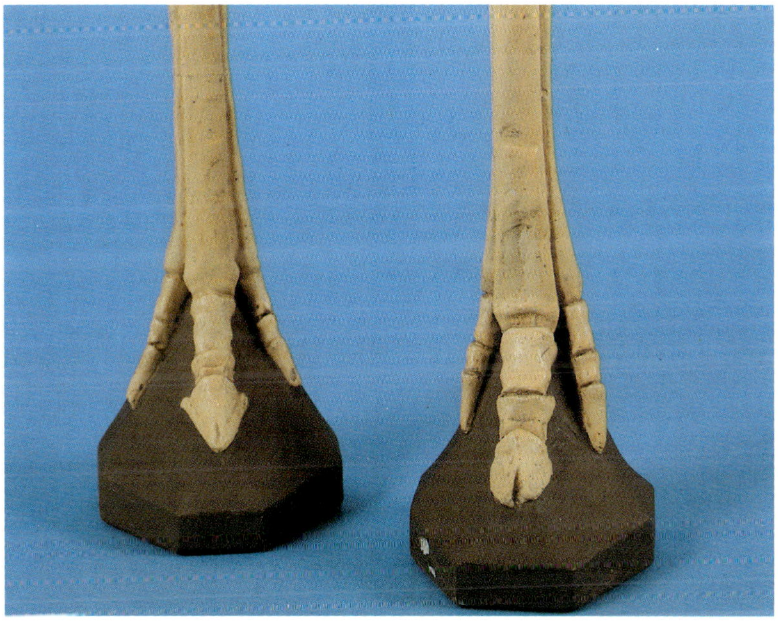

◁ *Die dreizehigen Füße der Pferdegattung Mesohippus aus dem Mittleren Oligozän sind schon leichter gebaut als die seiner Vorfahren, obwohl Mesohippus diese Verwandten deutlich an Körpergröße übertrifft. Die mittlere Zehe ist wesentlich stärker entwickelt als die beiden anderen. Mesohippus zählt wie Anchitherium zu den Unpaarhufern.*

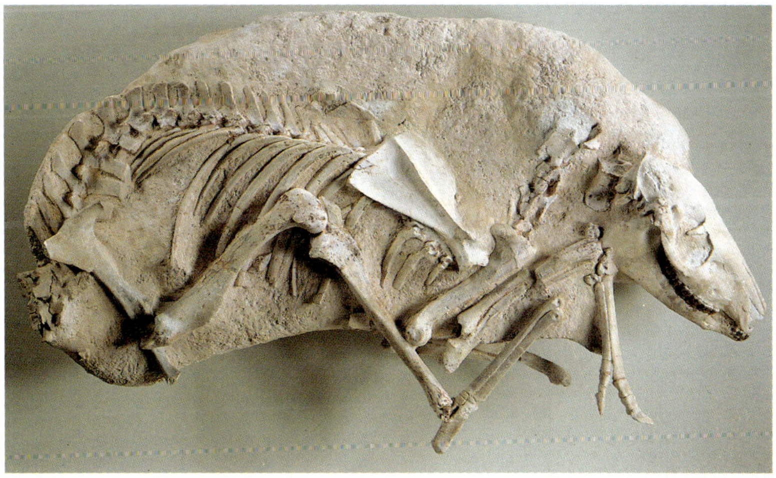

◁ *Fossiles Mesohippus bairdi aus den Badlands von Nord-Dakota; die gesamte Versteinerung mißt 60 x 38 cm. Diese relativ kleinen Maße gehen auf die verkrümmte Haltung des verendeten Kleinpferdes zurück. In natura hat Mesohippus eine Körperlänge von etwa 120 cm. Das Pferdchen ist dank seiner in Relation zu den Oberschenkeln langen schlanken Unterschenkel ein außerordentlich flinker Bewohner des nordamerikanischen Baumgraslandes. Sein Gebiß mit den deutlich vergrößerten Reibflächen der allerdings noch niedrigkronigen Backenzähne weist bereits in Richtung Hartlaub als Nahrung.*

8 m lang wird das Nashorn Indricotherium aus der Familie Hyracodontidae.

Das nordafrikanische Arsinoitherium zitteli erreicht 3 m Körperlänge.

Streitfrage:

Entwicklung von Größenwachstum als Auswahlmechanismus

36–24 Mio. In unterschiedlichen Säugetierfamilien entwickeln einige Arten ausgesprochenen Riesenwuchs (→ S. 358). Nicht selten begleiten hornförmige Auswüchse auf dem Nasenrücken oder auf der Stirn diese Erscheinung.

Viele Paläontologen gehen davon aus, daß eine allgemeine Steigerung der Körpergröße zum Regelfall jeder stammesgeschichtlichen Evolution gehört. So begann etwa die Entwicklung der Pferde und der Kamele mit nur hasengroßen Tieren. Dabei sind die größeren Mitglieder ein und derselben Tierfamilie zunächst meist die erfolgreicheren im Kampf um das Dasein. Allerdings kennt dieser »Regelfall« auch gravierende Ausnahmen, z. B. die Entwicklung der Kolibris, bei denen sich eine Abnahme der Körpergröße vorteilhaft auswirkt.

Faßt man das zunehmende Größenwachstum als eine Anpassungserscheinung im Sinne einer natürlichen Auswahl der lebenstüchtigeren Formen auf, dann stellt sich die Frage, ob es eine Art »Überanpassung« gibt: Mit dem Erreichen einer gewissen Körpergröße ist zwar eine optimale Überlebenschance verbunden, doch bei weiterem Größenwachstum wirkt die Körpermasse zunehmend hinderlich. Hier wäre das Einsetzen von Auswahlmechanismen zu erwarten, die dem Riesenwuchs entgegenwirken. Statt dessen behalten jedoch einmal eingeschlagene Entwicklungslinien mit starker Wachstumssteigerung diesen Trend fast immer solange bei, bis die betroffene Linie ausstirbt. Gleiches gilt für die Entwicklung von überdimensionierten Panzerungen, Hörnern, Geweihen, Säbelzähnen usw.

Ein Erklärungsversuch für dieses Phänomen geht davon aus, daß die Größenzunahme eines einzelnen, der Verteidigung dienenden Körperteils oder auch des gesamten Organismus als besonders augenfälliges Merkmal A genetisch an ein anderes, unscheinbares oder sogar unsichtbares Merkmal B gekoppelt sein könnte. B bietet dabei seinerseits einen hohen Selektionsvorteil. Beide Merkmale bilden sich zunächst so weit aus, bis A ein Anpassungsoptimum erreicht hat. Begünstigt die Selektion auch weiterhin das Merkmal B, so wird das mit B gekoppelte Merkmal A zwangsweise über sein Anpassungsoptimum hinausgeführt. Sein Träger bleibt nach dieser Theorie im Existenzkampf trotzdem zunächst lebensfähig, weil der Selektionsvorteil von B den Nachteil einer übermäßigen Ausbildung von A ausgleicht. Eine solche genetische Kopplung von Merkmalen nennt man Polygenie.

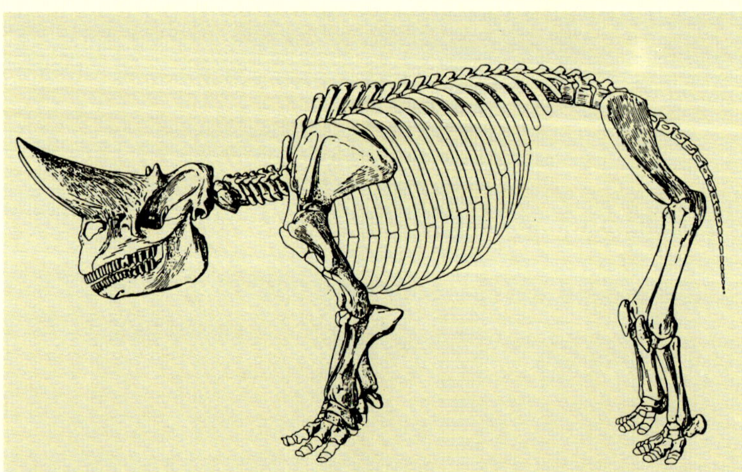

Die Skelettrekonstruktion des vor etwa 37 bis 32 Mio. Jahren lebenden Arsinoitheriums zeigt deutlich den sehr kräftigen Knochenbau der Gattung.

Brontotherium platyceras ist vor 38 bis 32 Mio. Jahren in Nordamerika zu Hause. Der 4,3 m lange Säuger lebt in Herden im buschreichen Grasland.

Ausbreitung von Riesensäugern

36–24 Mio. Eines der größten fleischfressenden Landsäugetiere aller Zeiten stellt mit 4 m Länge die schon gegen Ende des vorausgehenden Eozäns erscheinende Gattung Andrewsarchus.

Ebenfalls riesige Ausmaße hat das Arsinoitherium aus Ägypten. 3,5 m lang und 1,8 m hoch ist das nashornähnliche Tier mit den zwei gewaltigen kegelförmigen und den zwei kleinen Schädelzapfen. Noch weitaus größer ist das in Nordamerika beheimatete »Donnertier« Brontotherium. Die Vertreter dieser Gattung sind 5 m lang und 2,5 m hoch. Weitere gigantische Säugetiere finden sich u. a. innerhalb der Überfamilie der Nashornartigen (Rhinocerotoidea). So erreicht z. B. das in Nordamerika und Asien verbreitete Metamynodon, ein wasserbewohnender, flußpferdähnlicher Pflanzenfresser, eine Länge von 4 m. Die nahe verwandten Formen Indricotherium in China und Baluchitherium in Pakistan gehören wie der Andrewsarchus zu den größten Landsäugern aller Zeiten. Bei einer Länge von etwa 8 m werden die Tiere auf 30 t Masse geschätzt.

Zu den großwüchsigen Säugetieren gehört das Riesennashorn Baluchitherium parvum, das eine Körperhöhe von etwa 8 m erreicht. Es ist im Oligozän in Mittelasien (Mongolei, China) beheimatet und lebt vor allem in trockenen grasreichen Gebieten mit lichtem Baumbewuchs. Der lange Hals, die hohen Beine und die kräftigen Schneidezähne legen die Vermutung nahe, daß es sich wie die heute lebenden Giraffen von Blättern und Zweigen der Bäume ernährt hat. Zoologen zählen es zu den Rhinocerotoidea.

In Nordamerikas Bergwäldern leben erste Hornträger

36–24 Mio. In höher gelegenen Waldgebieten South Dakotas ist das grazile hirschähnliche Tier Protoceras zu Hause, ein früher Vertreter der Familie Protoceratidae. Wörtlich läßt sich dieser Name mit »erste Hornträger« übersetzen, und »Hörner« sind in der Tat das herausragende Merkmal aller etwa zehn Gattungen der Familie. Anders als die Hörner der späteren Rinder besitzen sie noch keine Hornscheide; es handelt sich eher um knöcherne Auswüchse. Einige Arten haben nur knotige Höcker, andere dagegen sogar mehrfach gegabelte Formen.

Vor allem die männlichen Tiere tragen derartige »Hörner«, die vermutlich mit Haut überzogen sind. Die weiblichen Tiere besitzen keine oder nur stark reduzierte Hörner. Damit beginnt unter den Paarhufern eine stärkere äußere Differenzierung der Geschlechter.

Die Entwicklung der Hörner ist vermutlich vor dem Hintergrund zunehmender Versteppung in Nordamerika zu betrachten: Die Pflanzenfresser geraten unter Konkurrenzdruck. Manche entwickeln sich zu Wiederkäuern (→ S. 333), zu denen auch die Protoceratiden gehören. Ihren Lebensraum, aber auch ihre Weibchen und die Nachkommenschaft müssen sie Rivalen gegenüber effektiv verteidigen.

Die Gattung Protoceras weist gleich drei Paar Knochenauswüchse auf: Ein Paar unmittelbar unter den Nasenlöchern, ein zweites oberhalb der Augen und ein drittes oben auf dem Schädel. Die Weibchen besitzen nur stark reduzierte Ansätze der oberen Zapfen. Diese Knochenzapfen spielen vermutlich nicht nur bei der Verteidigung, sondern auch für das Imponiergehabe während der Brunft der Böcke eine Rolle.

Ihrer Entwicklung nach stehen die Protoceratiden den Kamelen näher als den Hirschen. Obgleich sie Paarhufer sind, besitzen sie noch vier Zehen. Die ersten, praktisch noch hornlosen Formen im vorausgehenden Obereozän besaßen noch obere Schneidezähne, die bei Protoceras bereits verlorengegangen sind.

Die Gattung Protoceras umfaßt 1 m lange hirschähnliche Tiere, die im Oberen Oligozän bis Unteren Miozän in höher gelegenen Waldgebieten Nordamerikas leben.

Die Versteinerung aus dem Mittleren Miozän von Steinheim am Albuch zeigt Euprox, einen primitiven Hirschen, der zur Gattung Dicrocerus zählt.

Artenreiche Nashornfamilie

36–30 Mio. Von einigen frühen Ausnahmen im vorausgehenden Obereozän abgesehen, entwickeln sich erst jetzt die echten Nashörner, die Mitglieder der Familie Rhinocerotidae. Sie besiedeln Nordamerika, Asien, Europa und Afrika und passen sich z. T. sehr unterschiedlichen Lebensräumen an. Manche fressen die weichen Blätter der Laubwälder, andere hartes Steppengras. Im späteren Pleistozän (1,7–0,01 Mio.) entwickeln einige Formen eine dichte Körperbehaarung. Nicht alle Arten besitzen die als charakteristisch geltenden »Hörner« aus dicht miteinander verklebten Haaren, die fossil nicht erhalten bleiben, sondern sich nur aus dem Schädelskelett rekonstruieren lassen.

△ Hyrachyus minimus (Fossil aus Messel) wird von manchen Paläozoologen als Rhinozeros (Rhinocerotoidea), von anderen als Tapir (Tapiroidea) angesehen. Wahrscheinlich ist er eine Stammform beider Entwicklungszweige.

▷ Prosantorhinus ist eine Nashorngattung, die während des Unteren Miozäns in Europa heimisch ist. Der fossile Schädel läßt erkennen, an welcher Stelle über dem Nasenraum die Basis des Nasenzapfens liegt. Das Horn selbst besteht nicht aus Knochensubstanz und ist somit fossil nicht erhalten.

Tapire entwickeln moderne Formen

36–30 Mio. Die primitivsten Vertreter der Unpaarhufer (Perissodactyla, → S. 335) sind die Tapirartigen (Tapiroidea). Im Vergleich z. B. zu den Pferden erreicht ihr Gehirn einen niedrigeren Entwicklungsstand. Nach einfachen, aber sehr vielfaltigen frühen Formen im vorausgehenden Eozän, die weder den typischen Rüssel noch das charakteristische Gebiß der heute lebenden Formen besitzen, erscheinen jetzt die ersten modernen Tapire. Zu dieser eigentlichen Familie Tapiridae gehören auch die rezenten Arten.
Als erster moderner Tapir läßt sich Protapirus in Eurasien und Nordamerika nachweisen. Er zeigt bereits alle typischen Merkmale der Familie: Einen massigen Körper, große Beine, einen kurzen Schwanz, einen kurzen Hals sowie einen breiten Kopf mit gedrungener beweglicher Schnauze. Mit dieser Körperform sind die Tapire dem Leben in dichten Tropenwäldern sehr gut angepaßt. Einen in etwa gleichen Bauplan entwickeln unabhängig von ihnen z. B. auch die Nabel- und die Wasserschweine, die ebenfalls tropische Wälder bewohnen. Bis zum Ende des Pleistozäns vor etwa 10 000 Jahren leben die Tapire auf der Nordhemisphäre in den warmen Gebieten Europas, Asiens und Nordamerikas. Danach finden sie sich nur noch auf der Südhalbkugel.

Der oligozäne Palaeotapirus helveticus West- und Mitteleuropas steht den heute lebenden Tapiren bereits so nahe, daß manche Paläozoologen in ihm gar keine eigene Gattung sehen, sondern ihn zu der rezenten Gattung Tapirus stellen. Wie die heutigen Tapire lebt Palaeotapirus in feuchtwarmen, sumpfigen Urwäldern.

◁ Die nebenstehende Abbildung zeigt einen fossilen Oberkiefer von Palaeotapirus von unten gesehen. Hinsichtlich des Gebisses unterscheidet sich die Gattung von den alttertiären Tapiren: Die Prämolaren (Vorderbackenzähne) haben die gleiche Form wie die Molaren (Backenzähne), ein Merkmal der später auftretenden Tapire.

Pferdeähnliche Huftiere in Südamerika weit verbreitet

36–24 Mio. Schon kurz vor dem Oligozän spalten sich die frühen südamerikanischen Huftiere Litopterna in zwei klar voneinander abgegrenzte Familien auf. Die Proterotheriidae und die Macraucheniidae, die vermutlich gemeinsam von den paläozänen Condylarthra (→ S. 333) abstammen, besiedeln jetzt in großer Zahl die sich ausbreitenden offenen Graslandschaften.
Das Gebiß der Litopterna ist einfacher als das der meisten anderen Huftiere und unvollständig. Die sonst ausgeprägte Lücke zwischen den vorderen und hinteren Zähnen ist kaum entwickelt.
Im Vergleich zu den Proterotheriiden, die äußerlich stark an Pferde erinnern, sehen die Macraucheniiden recht ungewöhnlich aus. Während ihre Füße denen eines Nashorns ähneln, erinnert der lange Hals an Kamele oder gar Giraffen. Die lange Nase endet in einem Rüssel, dessen Länge vermutlich etwa der des schlanken Kopfes entspricht. Mit rund 2 m Länge (im Pleistozän 3 m) und 1,8 m Schulterhöhe sind diese Tiere wesentlich größer als die Proterotheriiden, die nur etwa 70 bis 120 cm lang werden.

Macrauchenia, ein pleistozäner Vertreter der Litopterna

Beide Litopterna-Familien vertreten in Südamerika Entwicklungstendenzen, wie sie sonst von den Pferden und den Kamelen bekannt sind. Letztlich nehmen sie deren Charakteristika z. T. sogar vorweg, weil Graslandschaften in Südamerika die geschlossenen Wälder schon eher verdrängen als auf den Landmassen der Nordhalbkugel. Besonders die Beine und Füße mancher Litopterna-Arten ähneln erstaunlich denen der Unpaarhufer. Wie etwa bei den Pferden, den Tapiren und Nashörnern sind die Oberschenkel verkürzt und die Unterschenkel verlängert, was die Tiere zu schnellen Läufern macht. Die Macraucheniidae besitzen an jedem Fuß drei Zehen, und die Proterotheriidae entwickeln im Oligozän Formen mit nur einer funktionsfähigen Zehe. Bei der grazilen Gattung Thoatherium (Miozän) ist die Reduktion der Seitenzehen weiter fortgeschritten als bei den modernen Pferden.
Es gibt allerdings auch Unterschiede gegenüber den Pferden: Elle und Speiche sowie Schien- und Wadenbein sind nicht miteinander verschmolzen und die Fußgelenke weniger kompliziert aufgebaut. Letzteres bedingt den Namen Litopterna: »Einfache Ferse«.

Innerhalb der Katzenfamilie Felidae entwickelt die Unterfamilie Nimravinae einen Zweig mit Säbelzähnen. Zu ihm gehört das Raubtier Dinictis felina, das vor 35 bis 25 Mio. Jahren in Nordamerika lebt.

Die Unterfamilie Nimravinae bildet neben den Arten mit Säbelzähnen auch einen Zweig aus, der eher modernen Großkatzen ähnelt. In verschiedenen Tierfamilien bestehen Arten sowohl mit Säbelzähnen wie ohne.

Katzen mit Säbelzähnen

35–24 Mio. Vor etwa 35 Mio. Jahren erscheint in Europa und Nordamerika Nimravidae, die erste Katzenfamilie. Mit seinem schlanken Rumpf ähnelt der 1,2 m lange Nimravus einem heutigen Wüstenluchs, während sein gedrungener Kopf dem moderner Raubkatzen gleicht. Auffällig sind die zu scharfen Säbeln verlängerten Eckzähne, die Nimravus auch die Bezeichnung Scheinsäbelzahntiger eingetragen haben.

Noch weit längere obere Eckzähne zeichnen die echten Säbelzahnkatzen (umgangssprachlich auch »Säbelzahntiger«) aus, die zur Familie der Katzen im engeren Sinne, also zu den Felidae, zählen. Die ersten Feliden treten ebenfalls im Oligozän auf. Im Gegensatz zu ihren heutigen Vertretern (Löwen, Tiger, Leoparden, Geparden, Hauskatzen usw.) töten die frühen Feliden ihre Opfer nicht mit einem Biß ins Genick, der die Wirbelsäule bricht, sondern schlagen ihnen mit ihren Säbelzähnen tiefe Wunden und lassen sie verbluten. Von allen Landraubtieren besitzen die Katzen das reduzierteste Gebiß. Zur Entstehung von Säbelzahnkatzen kommt es in verschiedenen Linien: Hoplophoneus und Eusmilus im Obersten Eozän und Oligozän, Machairodus im Miozän.

Die Gattung Eusmilus gehört wie Dinictis zu den Säbelzahnformen der Felidae, ist aber mit etwa 2,5 m Körperlänge mehr als doppelt so lang wie Dinictis. Verglichen mit modernen Großkatzen hat Eusmilus kurze Beine.

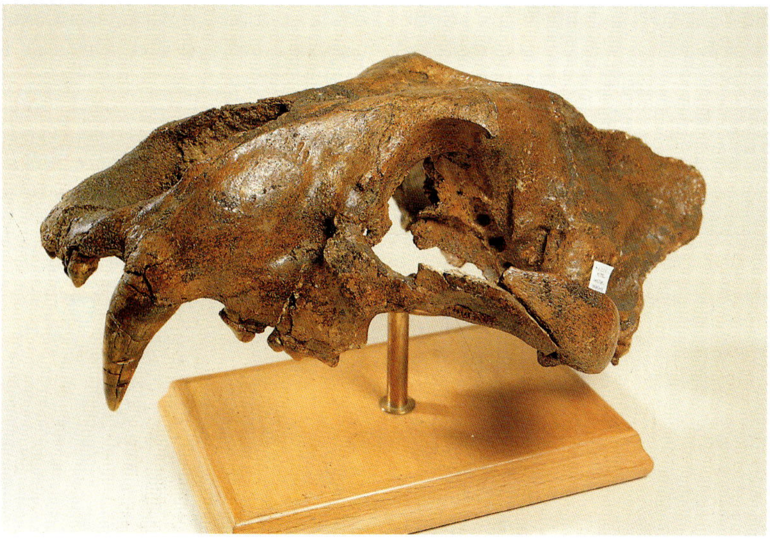

Neben der Unterfamilie Nimravinae entwickelt sich im späten Oligozän die Unterfamilie Felinae, zu der auch rezente Katzen wie die Löwen, Tiger, Geparden und Hauskatzen zählen. Der fossile Oberkiefer stammt von einem Löwen.

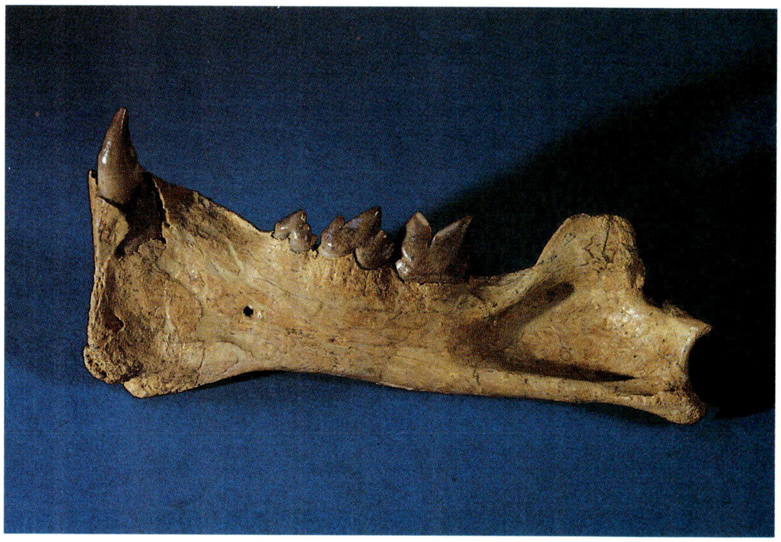

Prosansanosmilus, eine im Oberen Eozän bis zum Oberen Oligozän in Nordamerika, Europa und Asien verbreitete Gattung, gehört zu den Säbelzahnkatzen. Das Bild zeigt die Hälfte eines fossilen Unterkiefers.

Hundeartige Raubtiere in unterschiedlicher Gestalt

36–24 Mio. Die ersten Hundeartigen (Familie Canidae) lebten in Nordamerika schon kurz vor dieser Zeitspanne. Mit ihren kurzen Beinen ähnelten sie allerdings eher Schleichkatzen (Ichneumons) als heutigen Hunden. Vor etwa 35 Jahrmillionen existieren fünf, gegen Ende des Oligozäns bereits mindestens 20 Gattungen. Ihre größte Artenvielfalt erleben die Hundeartigen im anschließenden Miozän (24–5 Mio.), danach setzt ihr Niedergang ein. Heute umfaßt die Familie nur noch die Füchse, die Schakale, die Koyoten, die Wölfe und die Hunde.

Zur Ausbreitung der Caniden im Oligozän/Miozän tragen maßgeblich ihr Gebiß und ihre große Schnelligkeit bei. Mit den kräftigen spitzen Eckzähnen als Reißzähne können sie ihre Beute rasch überwältigen; die starken Backenzähne zerschneiden oder zerreiben verschiedenste Kost – von Fleisch und Knochen bis zu Insekten und Früchten. Als Zehengänger mit langen Beinen sind die Hundeartigen leise, schnelle und zugleich ausdauernde Jäger, die im Gegensatz zu den Katzen ihrer Beute nicht auflauern, sondern sie – meist in Rudeln – hetzen.

Einer der ersten Caniden ist das etwa 80 cm lange Hesperocyon, bei dem nur der Aufbau der Ohrknöchelchen und des Gebisses beweisen, daß es sich um einen Hundeartigen handelt. Ansonsten erinnert es noch stark an die Ichneumons. Hesperocyon lebt im Unteren Oligozän bis Oberen Miozän in Nebraska. Im selben Gebiet erscheint im Oberen Oligozän Cynodesmus, ein 1 m langes Tier, das bereits den heutigen Hunden ähnelt. Er sieht etwa so aus wie ein moderner Koyote, hat aber eine kürzere Schnauze und einen buschigen Schwanz. An den Füßen trägt Cynodesmus noch fünf Zehen.

An der Grenze Oligozän/Miozän erscheint schließlich, wiederum in Nebraska, Phlaocyon. Dieser sehr primitive Hundeartige gleicht trotz eindeutiger Canidenmerkmale äußerlich einem Waschbären und besitzt auch etwa dessen Größe.

Hesperocyon gregarius erreicht mit 1,5 m Körperlänge eine für ein hundeartiges Raubtier beachtliche Größe. Die Art lebt vor 35 bis 32 Mio. Jahren in Nordamerika.

Vor etwa 8 Mio. Jahren erscheinen die Borophaginen oder »Urgroßhunde«, Aasfresser mit einem wuchtigen Kopf. Zu ihnen gehört die Gattung Osteoborus (Bild).

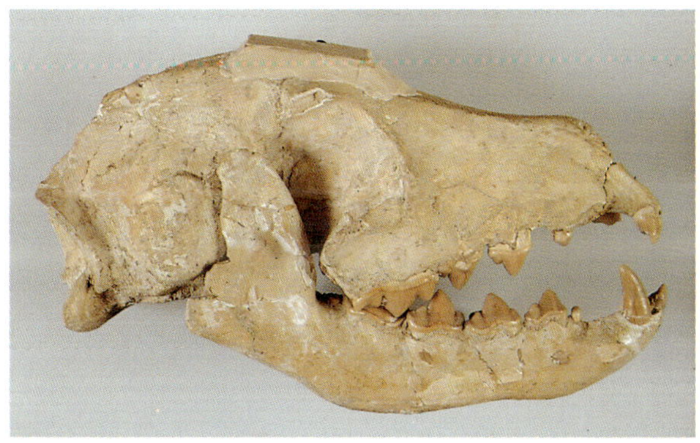

Unterpliozäner Schädel und Unterkiefer von Ictitherium robustum. Diese zu den Katzenartigen gehörende Waldhyäne weist Ähnlichkeiten mit den Hundeartigen auf.

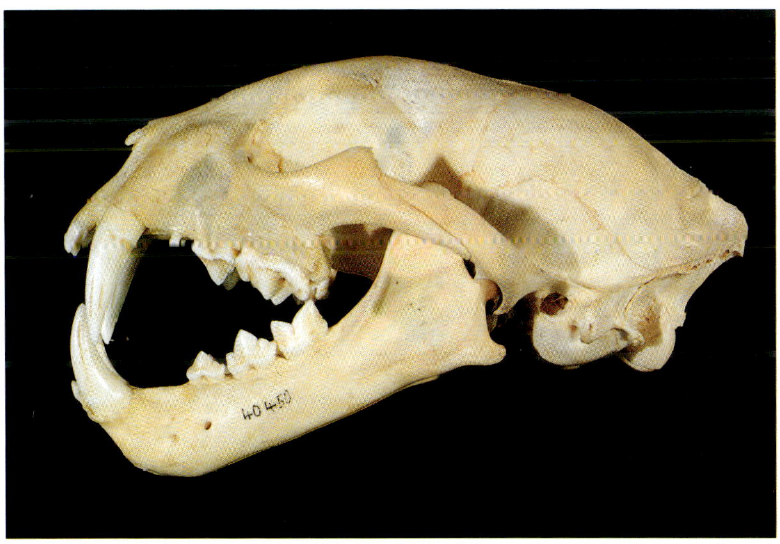

Die beiden hier nebeneinander stehenden rezenten Schädel verdeutlichen die Unterschiede in Kopfform und Gebißtyp charakteristischer Katzen- und Hundeartiger. Die moderne Großkatze Neofelis nebulosa …

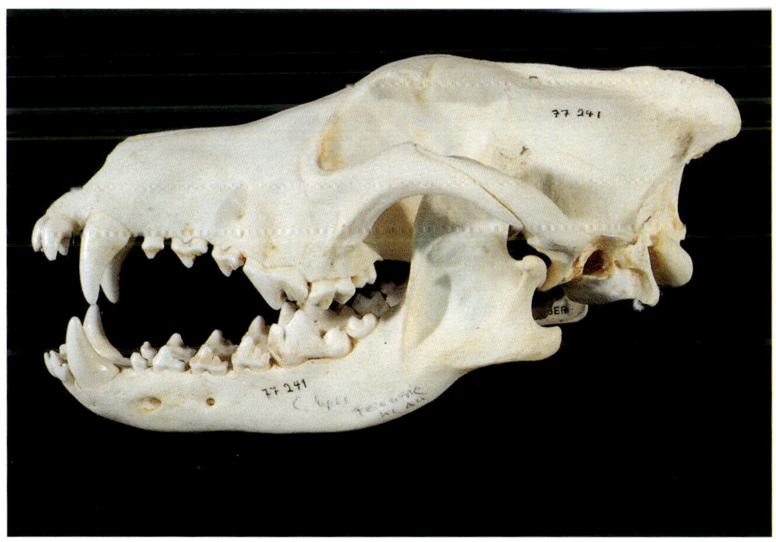

… und der Wolf, Canis lupus. Klar zum Ausdruck kommen u. a. die eher rundliche Form des Katzenkopfes gegenüber dem langgestreckten Hundeschädel sowie der im Vergleich deutlich kürzere Katzen-Unterkiefer.

In Ägypten leben erste Vorfahren der Menschenaffen

36–24 Mio. Die Unterordnung Haplorhini (»Ganznasen«, → S. 345) der Primaten (Halbaffen und Affen) teilt sich in Neuweltaffen (Platyrrhini oder Breitnasen) und Altweltaffen (Catarrhini oder Schmalnasen) auf (→ S. 365). Beide Entwicklungslinien trennen sich zu der Zeit voneinander, als die Landbrücke zwischen Nord- und Südamerika verschwindet. Die Neuweltaffen entwickeln sich zunächst in Südamerika. Ihr vermutlich erster Vertreter im Unteren Oligozän ist Branisella aus Bolivien. Die Zähne des etwa 40 cm langen Tiers sind ziemlich primitiv und erinnern noch stark an Koboldmakiartige. Im Oberen Oligozän erscheint in Argentinien der 1 m lange Tremacebus, der den heutigen Neuweltaffen (Brüllaffen, Klammeraffen, Kapuzineraffen usw.) schon sehr ähnlich sieht.

In der Alten Welt tritt im Oberen Oligozän Ägyptopithecus auf. Dieser Vertreter der Schmalnasen ist vermutlich in den Linien sowohl der Menschenaffen (Pongidae) als auch der Menschenartigen (Hominidae) als eine Vorform zu betrachten. Das Tier erreicht etwa die Größe eines heutigen Gibbons. Die ihm sehr nahestehende, wesentlich kleinere Gattung Propliopithecus lebt ebenfalls im Oberen Oligozän in Ägypten. Manche Paläontologen betrachten sie anstelle von Ägyptopithecus als Frühform der Hominoiden (Menschenaffen und Menschenartige). Dagegen spricht allerdings, daß Propliopithecus besonders in bezug auf das Gebiß nicht so viele Hominoiden-Merkmale aufweist wie Ägyptopithecus: Letzterer läßt nämlich in seinem Skelett bereits sehr deutliche Zusammenhänge mit den Gattungen Proconsul und Dryopithecus (→ S. 380) des Miozäns (24–5 Mio.) erkennen, die sowohl zu den großen afrikanischen Menschenaffen wie zu den Hominiden führen. Da Propliopithecus etwas älter ist als Ägyptopithecus, kommt er möglicherweise als dessen Vorfahr in Frage.

Die beiden beschriebenen Formen sind nicht die einzigen Altweltaffen Ägyptens. Vor ihnen (im Oberen Eozän und im Unteren Oligozän) leben hier u. a. die Gattungen Parapithecus, Apidium und Oligopithecus. Die Zahnformeln vor allem der beiden ersteren weisen auf genetische Beziehungen zu den Halbaffen hin. Parapithecus und Apidium scheinen mit der Gattung Amphipithecus verwandt zu sein, die während des Oberen Eozäns auf Birma lebte und möglicherweise die Stammform der ägyptischen Affen des Oligozäns darstellt. Oligopithecus betrachtet man als Stammform der späteren Meerkatzenartigen (Überfamilie Cercopithecoidea).

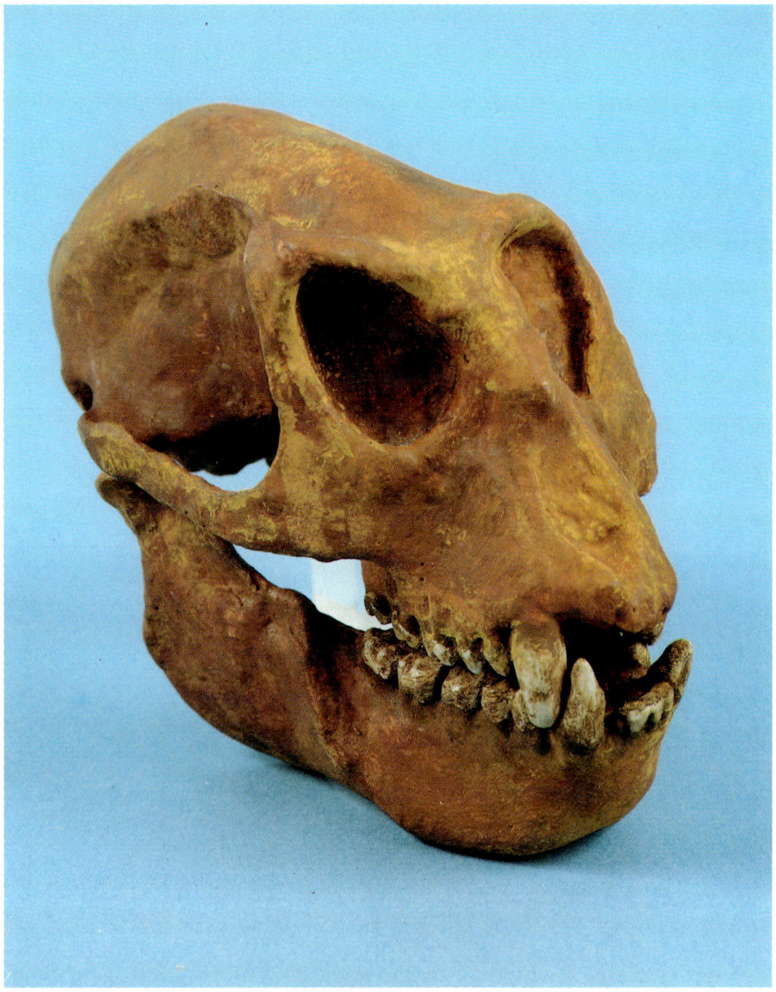

In Pikermi bei Athen fand sich der fossile Schädel von Mesopithecus pentelici, ein Meerkatzenartiger, der im Oberen Miozän bis Pliozän lebte.

Eine charakteristische Altweltaffen-Gattung des Mittleren Oligozäns ist Propliopithecus. Das etwa 40 cm große Tier lebt wie ein Gibbon in den Wipfeln der tropischen Waldbäume des unteren Niltals.

In Bolivien ist während des Unteren Oligozäns die Neuweltaffen-Gattung Branisella beheimatet. Das 40 cm große Tier sieht den heutigen Makaken ähnlich und ist vermutlich ein Vorfahr der rezenten Languren.

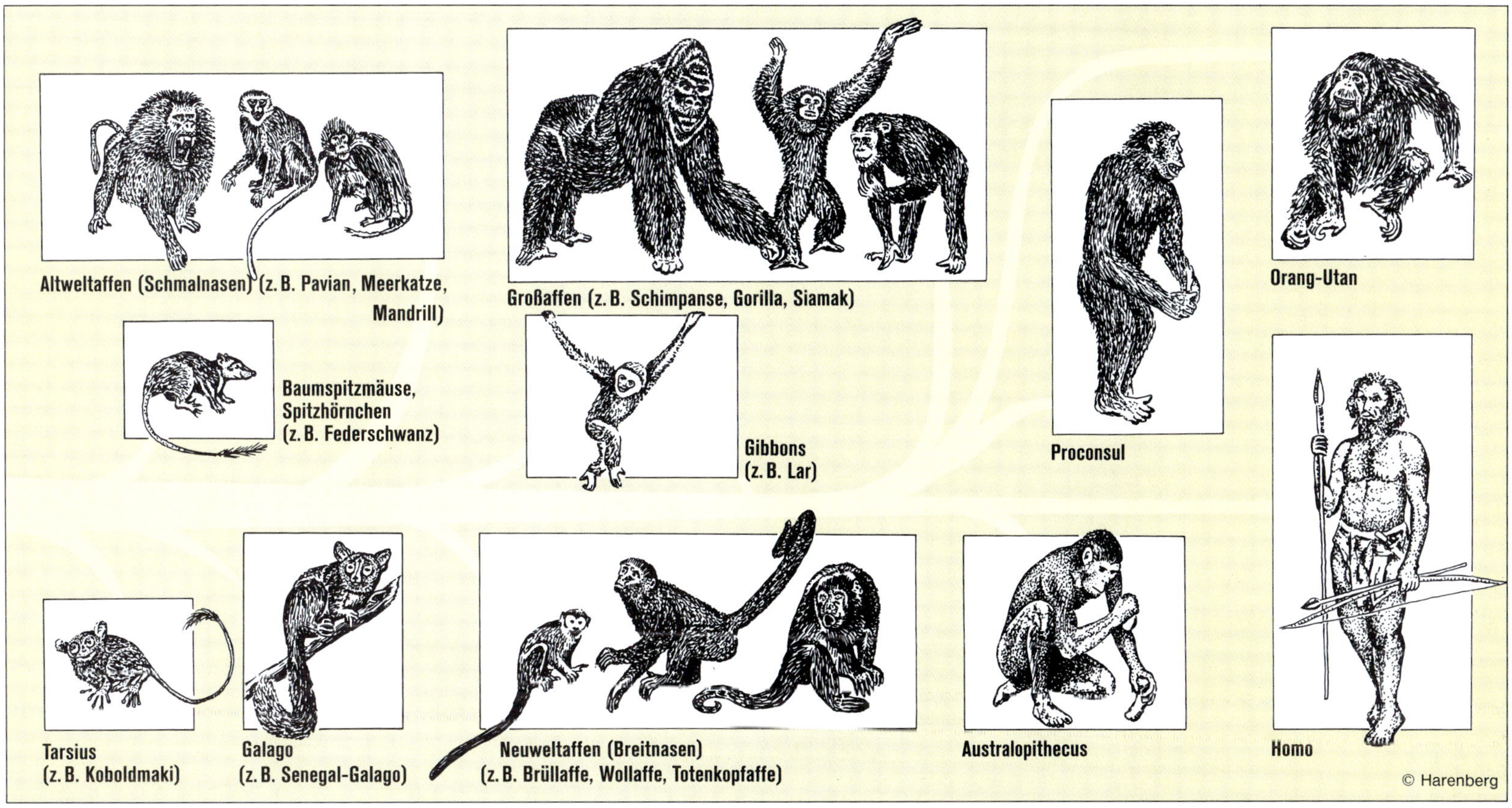

△ Von der Entwicklungslinie der Haplorhini (»Ganznasen«), die u. a. zum Menschen führt, spalten sich zuerst die Altweltaffen, dann die Neuweltaffen und schließlich die Gibbons und die anderen Menschenaffen ab.

◁ Sehr wertvoll ist die abgebildete Versteinerung eines Unterkiefers von Propliopithecus aus Fayum (Ägypten). Nach diesem Fossil wurde die Gattung errichtet. Das Typstück befindet sich heute in Stuttgart.

◁▽ Schädelskelett mit Unterkiefer eines Altweltaffen der Familie Cercopithecidae (Hundsaffen), die seit dem Oberen Pliozän bis heute in Afrika vertreten ist. Die Hundsaffen sind die primitivste Catarrhinen-Gruppe.

▽ Im Gesichtsbereich zeigt das Schädelskelett eines rezenten Neuweltaffen, des Klammeraffen Ateles geoffroyi, die Ansätze des Nasenbeins, die erkennen lassen, daß die Nase der Neuweltaffen nach vorn gerichtet ist. Das Gebiß weist das zusätzliche Prämolarenpaar auf.

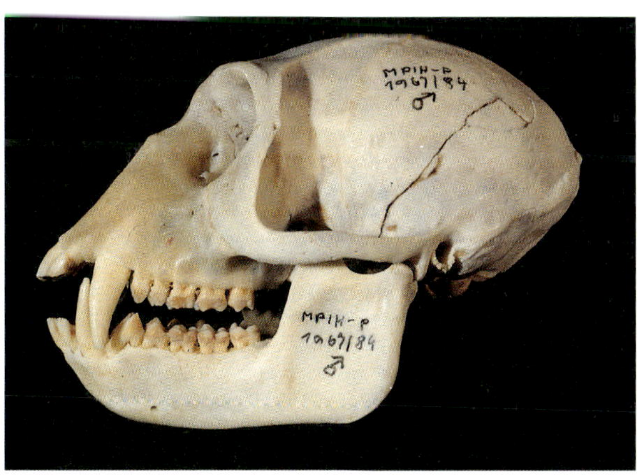

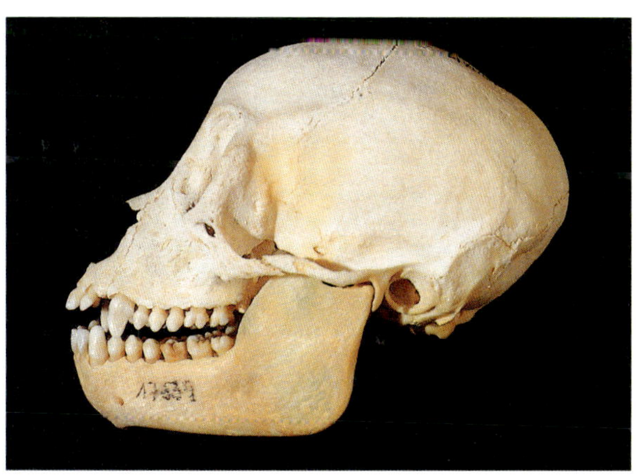

Neuweltaffen — Altweltaffen

Die Neuwelt- und Altweltaffen, die sich während dieser Zeit evolutionär trennen (→ S. 364), unterscheiden sich anatomisch durch ihre Nasenlöcher, den Gehörgang und die Backenzähne. Erstere haben weit auseinanderstehende Nasenlöcher, die eher nach außen als nach unten gerichtet sind. Sie heißen deshalb auch Breitnasen oder Platyrrhini. Dagegen stehen die Nasenlöcher der letzteren nahe beieinander und sind nach unten gerichtet. Wegen der geringen Breite ihrer Nasen werden sie Schmalnasen oder Catarrhini genannt.

Während beide Formen zwei hintere Backenzähne (Molaren) haben, verfügen die Breitnasen zusätzlich über einen Vorderbackenzahn (Prämolar) je Kieferhälfte. Eine weitere anatomische Besonderheit, die bei den Altweltaffen nie auftritt, ist der Greifschwanz, den manche Neuweltaffen gleichsam als »fünfte Gliedmaße« besitzen. Der Schwanz der Altweltaffen ist oft stark reduziert.

Aus dem Miozän stammt diese Engelhardtia-Frucht. Die Gattung gehört zu den Juglandaceen und umfaßt hohe Bäume, die ab Oligozän in Europa wachsen.

Fossiles Blatt von Fagus grandifolia (Pliozän von Willershausen); die Fagaceen oder Buchen gehen möglicherweise bereits auf die Kreide-Zeit zurück.

Ausgedehnte Waldlandschaften bedecken Europa

36–24 Mio. Die düsteren schwülen tropischen Sumpfwälder, wie sie im vorausgehenden Eozän die Landschaft in Mitteleuropa prägten (→ S. 331), gehen mit den leicht sinkenden Temperaturen in subtropische Mischwälder über. Wegen der allgemein zunehmenden Niederschläge haben auch sie vor allem in den zahlreichen weiten Tallagen Sumpf- oder Bruchwaldcharakter. Häufig finden sich große Waldseenlandschaften. Wo der Boden trockener ist, wie z. B. an der Ostseeküste, überwiegen die Nadelbäume. Zugleich wird der Wald lichter und zeigt wie die Bernsteinwälder dieser Zeit nahezu Savannencharakter.

Die typischen Sumpf- und Bruchwälder, wie sie etwa im Rott (→ S. 352) des Siebengebirges stocken, sind überaus artenreich. Zu den vorkommenden Nadelbäumen gehören Taxodiaceen wie die Sequoia, Taxodium und Glyptostrobus, sowie die Zypressengewächse Libocedrus und Tetrachinis. Verschiedene Kiefernarten gedeihen ebenfalls in diesen Wäldern. Außerdem finden sich hier noch einkeimblättrige Bäume wie z. B. verschiedene Palmenarten, die in den späteren Mischwäldern Europas fehlen.

Die überwiegende Mehrzahl der Bäume sind Bedecktsamer. Neben zahlreichen Arten, deren Verwandte heute ausschließlich in den Subtropen und Tropen leben, finden sich auch fast alle Baumgattungen unserer heutigen Mischwälder. Interessanterweise kommen viele von ihnen hier in einem Lebensraum vor, den sie heute als zu warm meiden.

Die Waldlandschaften sind sehr reich an Unterholz und Bodenbewuchs. In den feuchten Zonen finden sich zahlreiche einkeimblättrige Sträucher und Kräuter, darunter viele verschiedene Süß- und Sauergräser (→ 97–66 Mio./S. 288) sowie Binsengewächse (Juncaceae). Die Zweikeimblättrigen sind in einer vermutlich weit größeren Fülle vertreten als in heutigen mitteleuropäischen Auwäldern.

Bedecktsamige Bäume

▷ Weidenartige (Salinaceae)
▷ Walnußgewächse (Juglandaceae), oft dominierend
▷ Engelhardtia (heute noch in den Monsungebieten Asiens)
▷ Hainbuche (Carpinus)
▷ Buchen (Fagaceae)
▷ Birken (Betulaceae)
▷ Erlen (Alnus)
▷ Eichen (Quercus)
▷ Ulmen (Ulmaceae)
▷ Feigengewächse (Ficus)
▷ Magnolien (Magnoliaceae)
▷ Lorbeergewächse (Lauraceae), darunter Zimtbäume
▷ Liquidamber-Bäume
▷ Platanen (Platanaceae)
▷ baumförmige Rosengewächse (Rosaceae) mit zahlreichen Arten
▷ baumförmige Schmetterlingsblütler (Ordnung Fabales bzw. Leguminosae)
▷ Anacardiaceen wie die Pistazien-Bäume
▷ Stechpalmen (Ilex)
▷ Ahorne (Aceraceae)
▷ Rhamnaceen (heute nur in den Tropen und Subtropen)
▷ Weinlaubgewächse (Vitaceae)
▷ Baumheide-Arten (Ericaceae)
▷ Bignonia-Bäume
▷ Linden (Tiliaceae)
▷ Oleander (Oleaceae)

Bei Sahabi in Libyen steht mitten in der Wüste dieser mächtige fossile Baumstumpf aus dem Tertiär. In dieser Zeit ähnelt die nordafrikanische Waldflora der mitteleuropäischen. Noch herrscht hier feuchtwarmes Klima.

Im Pliozän von Willershausen versteinern diese Blütenkätzchen einer Eichenart (Gattung Quercus). Eichen sind im Tertiär weit verbreitet.

Ebenfalls aus dem Pliozän stammt dieses Blatt einer Liriodendron-Art. Die Gattung gehört zu den Magnolien und reicht in die Kreide zurück.

Im Miozän von Münzenberg fanden sich die abgebildeten fossilen Steinkerne einer Carya-Art. Diese bis zum Ende des Tertiärs in Europa heimischen Bäume der Familie Juglandaceae haben heute noch nahe Verwandte in Nordamerika. Daß sie in Europa nicht bis heute überleben konnten, ist eine Folge der pleistozänen Vereisungen.

Von den dichten tertiären Wäldern bei Bengasi in Libyen zeugen heute nur noch die zahlreichen verkieselten Baumstämme in dieser Region.

Materialbilanz des Mischwaldes

Eine gesunde, artenreiche Mischwaldgesellschaft, wie sie die oligozänen Wälder Deutschlands darstellen, weist eine charakteristische Materialbilanz auf.

Ziemlich genau die Hälfte der wasserfreien Substanz, der sogenannten Trockenmasse aller im Wald lebenden Pflanzen und Tiere, besteht aus reinem Kohlenstoff, etwa 200 t pro Hektar oder 20 kg pro Quadratmeter. Davon stellen die Baumstämme den Hauptanteil, während die Blätter nur 2 bis 4%, die Äste rund 10% und die Wurzeln 15 bis 25% ausmachen. Ein Sumpfwald baut je nach Standort pro Hektar Fläche jährlich etwa 20 bis 40 t lebende Trockenmasse auf.

Von den rund 800 t organischer Trockenmasse pro Hektar insgesamt sind ca. 300 t bereits abgestorben und liegen als sogenannte Waldstreu auf der Erde oder als Humus in den oberen Bodenschichten. Die Masse der Bodenvegetation spielt in dieser Statistik kaum eine Rolle. Die pflanzliche Nahrung ist im Bereich unmittelbar über dem Erdboden knapp, in diesem Lebensraum existieren daher ausgesprochen wenige Tiere. Anders verhält es sich in den Baumkronen, die Nahrung in Fülle bieten. Hier leben die meisten fliegenden Waldinsekten, die Vögel, die sich von diesen Insekten ernähren, sowie zahlreiche Kleinnagetiere. Weitaus die meisten Tiere finden sich jedoch im Erdboden bzw. im Sumpf.

Zwei große Nahrungsketten gibt es im Wald. Eine davon setzt bei der lebenden Pflanze an und reicht über die Pflanzenfresser und die primären Fleischfresser bis zu den sekundären Fleischfressern. Interessanterweise fällt dieser Nahrungskette nur knapp 1% der freßbaren lebenden Substanzproduktion zum Opfer.

99% der Pflanzen sterben ab, bevor sie zur Grundlage der zweiten Nahrungskette werden, die im Waldboden ihren Ausgang nimmt. Aufgrund des Umfangs der hier vorhandenen Trockenmasse ist sie von weitaus größerer Bedeutung als die erste Nahrungskette: Allein die Trockenmasse der Würmer in einem feuchten Waldboden übertrifft jene der auf der gleichen Fläche lebenden Säugetiere um etwa das Zehnfache. Noch weitaus massereicher sind die Bodeninsekten und ihre Larven, die Asseln, Nematoden, Milben, Springschwänze sowie vor allem einzellige, die Waldstreu zersetzende Winzlinge. Bis zu 100 Millionen dieser Kleinstlebewesen können in einem einzigen Gramm Humusboden enthalten sein. Ihre Masse pro Flächeneinheit übertrifft jene der Würmer um den Faktor 100. Damit kommen auf jedes 10 kg schwere Waldsäugetier etwa 10 t Kleinstlebewesen im Waldboden.

Mangrovensümpfe in Ägypten und Europa

36–24 Mio. In flachen Küstenzonen Ägyptens und Südeuropas, z. T. vermutlich auch am Niederrhein und am Rand der nordalpinen Meere, gedeihen Mangrovenwälder. Aus der Familie der Mangrovegewächse (Rhizophoraceae) ist in Ägypten zumindest das Holz von Gynotrochoxylon belegt. Des weiteren kommen in dieser Zeit auch die Gattungen Bruguiera und Ceriops vor.

Wie weit die im flachen Salz- und Brackwasser lebenden tropischen Gewächse erdgeschichtlich zurückreichen, läßt sich heute noch nicht mit Sicherheit sagen. Manche Autoren sehen in den Mangroven eine weit verbreitete Vegetation bereits des europäischen Kreidemeeres, doch liegen aus dieser Zeit nur sehr zweifelhafte Pollenfunde vor. Für kreidezeitliche Vorkommen der Mangrovegewächse in Europa spricht allerdings die große Ähnlichkeit der Flysch-Sedimente dieser Zeit in den Küstengebieten Südeuropas mit Sedimenten der heutigen tropischen Mangrovengürtel. Der Flysch ist ein fossilarmes dunkles feinkörniges Gestein, das sich aus Sandstein und Mergel aufbaut.

Für das Oligozän sind Mangrovegewächse nachgewiesen; sie finden sich vermutlich auch schon im vorausgehenden Eozän in Ägypten, Südeuropa und Mittelamerika (Trinidad). Im kühleren Miozän (24–5 Mio.) lassen sie sich in Europa und Nordamerika nicht mehr belegen. Auch heute gedeihen sie ausschließlich in den Tropen.

Rhizophora mangle, der sogenannte Rote Mangrovebaum, hat Vorfahren in der Tertiär-Zeit, als flache warme Lagunen auf der Nordhalbkugel besonders in Südeuropa und Nordafrika weit verbreitet sind.

Rezentes Mangrovegebüsch an der Westküste der Cortez-See (Baja California); die gut 3 m hohen Sträucher stocken hier im weichen sauerstoffarmen Sandboden einer kaum mehr als knietiefen Meeresbucht.

Hochelastische Atemwurzeln

Der Lebensraum der Mangrovegewächse verlangt eine Spezialisierung ihrer Wurzeln. Zum einen stocken diese Pflanzen auf weichem Boden und sind oft zugleich den Kräften der Gezeiten ausgesetzt. Sie müssen also gut verankert sein. Zum anderen ist der Boden sehr sauerstoffarm und daher für tiefreichendes Wurzelwerk kaum geeignet. Manche Arten – wie auch andere Bäume desselben Lebensraums – besitzen deshalb hochelastische Stelzwurzeln, die zunächst bogenförmig nach außen ausgreifen, um erst dann nach unten in den Boden zu wachsen. Das ermöglicht eine sowohl statisch wie dynamisch äußerst stabile Verankerung. Zugleich fungieren die Wurzeln als »Atemwurzeln« (Pneumatophoren), da sie sich zu einem großen Teil über dem Boden bzw. sogar über dem Wasserspiegel befinden.

Mangrovegewächse besitzen hochspezialisierte Wurzeln.

An Ostpreußens Küsten gedeiht eine subtropische Flora

36–30 Mio. Im Gegensatz zum schon sehr feuchten Oberen Oligozän ist diese Zeit auf der Nordhalbkugel noch relativ niederschlagsarm und zugleich wärmer. Wo nicht gerade stagnierende Nässe die Böden der weiten europäischen Beckenlandschaften durchdringt, gedeihen lichte Trockenwälder, so u. a. im Bereich der ostpreußischen Bernsteinwälder. Daß diese Wälder subtropischen Charakter besitzen, läßt sich u. a. aus der Gegenwart von Termiten schließen.

Neben immergrünen Eichen und Buchen wachsen hier auch Palmen, lorbeerartige Gewächse und Magnolien sowie Taxodien, Thujas und andere Zypressenverwandte. Verbreitet sind die sogenannten Bernsteinbäume (→ S. 320). Dabei handelt es sich im wesentlichen um vier Kiefernarten (Pinus silvatica, Pinus baltica, Pinus banksianoides, Pinus cembrifolia) sowie eine Fichte (Picea engleri). Die Bernsteinwälder sind sehr reich an tierischem Leben. Vor allem existieren hier Hunderte von Insektenarten, darunter viele, die im und vom Holz der umgestürzten alten Bäume leben (z. B. Borken- und Bockkäfer). Windbruch ist in dieser Landschaft häufig.

Wie lange diese Bernsteinwälder in Ostpreußen und Gebieten des Baltikums bereits existieren, ist ungeklärt. Ein Ende bereitet ihnen schließlich der Einbruch des Meeres.

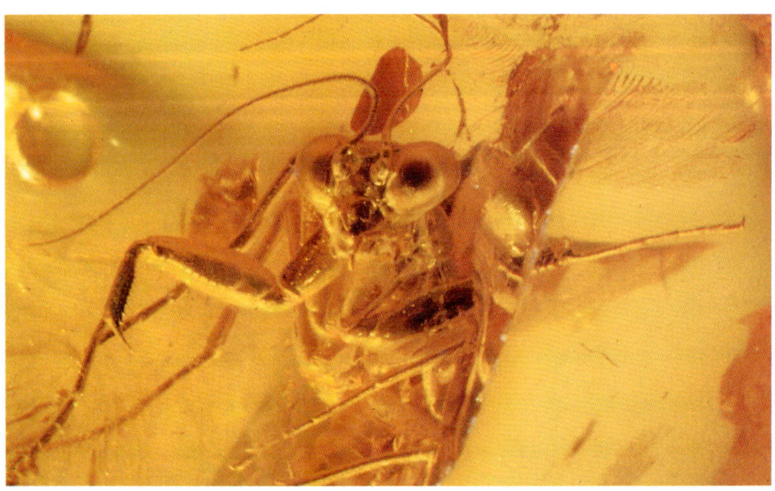

In den Bernsteinwäldern Ostpreußens, an der Samlandküste, verfing sich vor etwa 36 Mio. Jahren diese Gottesanbeterin im Baumharz.

Weite Savannen in Trockengebieten

36–24 Mio. Ausgedehnte Baumsavannen erstrecken sich in den trockenen Gebieten besonders Nord- und Südamerikas, die durch die hohen Gebirge im Westen vor feuchten Winden geschützt sind. Inwieweit es diesen Landschaftstyp bereits im Oligozän auch in Europa gibt, ist schwer zu sagen. Manche Paläontologen sehen auch in den Bernsteinwäldern Ostpreußens (→ S. 368) Savannenwälder. Die Bäume dieser Lebensräume bilden keine geschlossenen Wälder; eher ließe sich von lichten Parklandschaften reden. Allerdings sehen die bizarren Hölzer der Savannen nicht gerade wie typische Parkbäume aus. Drei Grundformen herrschen vor: Weit ausgreifende Schirme, sparrige Büsche und fast astlose Kandelaber- oder Peitschengestalten. Während die ersten beiden meist knochendürr oder ledrigzäh wirken, speichern die letzteren in ihrem weichen Gewebe große Wassermengen, um lange Trockenzeiten zu überleben.

Weite Savannenlandschaften wie das heutige Baumgrasland der Serengeti in Ostafrika sind für das Oligozän Nord- und Südamerikas charakteristisch. Typische Bäume solcher Regionen zeigen flache, schirmförmige Kronen.

Wo der Grundwasserspiegel hoch liegt, sind Palmen verbreitet.
All diese Bäume stocken in lockeren Beständen, häufig an trockenen Flußläufen und in flachen Senken. Ihre Wurzeln reichen dann fast immer bis ins Grundwasser hinab. Verbreitet sind Zypressenarten sowie die sehr trockenheits- und hitzeresistenten Akazien, letztere besonders mit Schirmformen. Nicht selten ist das Holz der Savannenbäume im Gegensatz zu dem schwammigen Körpermaterial sogenannter sukkulenter Pflanzen ausgesprochen trocken und steinhart. Zahlreiche Formen sowohl der Bäume wie der Sträucher haben Stacheln, die in diesem ohnehin schon produktionsarmen Lebensraum vermutlich dem Schutz vor Wildverbiß dienen. Die Blätter sind kleinspreitig und oft hartlaubig; sie erscheinen z. T. nur während der kurzen Regenzeiten.

Der heutige Eukalyptus-Wald in Ostaustralien repräsentiert einen Waldtyp, wie er im Oligozän z. B. in Nord- und Südamerika vorkommt. Die Entwicklungsgeschichte des Eukalyptus ist weitgehend unbekannt.

Urwälder (Nationalpark Bayerischer Wald) sind keine immer konstanten Lebensgemeinschaften. Windbruch, Seuchen, Blitzschlag usw. sorgen oft für große Lichtungen, in denen sich neue Pflanzengesellschaften entwickeln.

Große Formenvielfalt der Wälder außerhalb der Tropen

36–24 Mio. Neben den mitteleuropäischen Sumpfwäldern (→ S. 366) mit tropischem bis subtropischem Charakter, neben Mangroven-, Bernstein- und Savannenwäldern sind in dieser Zeit des Klimawechsels von trocken zu feucht, von warm zu gemäßigt bis kühl auch andere Wälder verbreitet. Sie wachsen in besonders großer Formenvielfalt in den klimatischen Übergangsgebieten, in den Subtropen und in den gemäßigten Zonen.
Letztere liegen in dieser Zeit z. T. jenseits der heutigen polaren Baumgrenze, etwa auf Island, Grönland, Spitzbergen oder im nördlichsten Nordamerika. Hier gedeihen zahlreiche Arten der heutigen gemäßigten und kühlen Breiten, z. B. Taxodien, Kiefern, Tannen, Pappeln, Birken, Weiden und Haselnußstauden sowie häufig auch Sequoia und Metasequoia. Regional sind Magnolien, Ahorne und Sassafras sowie Liquidamber und Nyssa verbreitet. In tieferen Lagen stocken aufgrund der hohen Luftfeuchtigkeit und der häufigen sommerlichen Niederschläge Regen- und Nebelwälder.
Ähnliche Waldgesellschaften gedeihen in der Antarktis, z. B. auf der heute vereisten Seymour-Insel. Hier sind u. a. Araucarien und Nothofagus-Arten charakteristische Pflanzen. Der antarktische Kontinent ohne Inlandeis und mit einer reichen Vegetation hat für die Ausbreitung der Pflanzen und Tiere auf der Südhalbkugel große Bedeutung.

Neue wasserspeichernde und kletternde Gewächse

36–24 Mio. Die Vielfalt der Waldformen (→ S. 366-369) dieser Zeit, vor allem das Zunehmen auch lichter, locker bestockter Wälder, bringt nicht nur eine reichhaltige Entwicklung neuer Baumarten mit sich. Es entstehen auch zahlreiche neue Sträucher und großwüchsige Kräuter. Mehr als bisher passen sich nicht wenige dieser Pflanzen neuen Lebensräumen wie etwa der Savanne an oder spezialisieren sich auf ökologische Nischen. Bei letzteren handelt es sich um Schmarotzer oder um sogenannte Epiphyten, die nichtparasitär auf anderen Pflanzen wachsen.

Besonders hervorzuheben ist die Vielzahl der neu erscheinenden kletternden Pflanzen. Sie sind im allgemeinen typisch für dichte tropische und subtropische Wälder mit hoher Feuchtigkeit und entsprechend dichtem Laubdach, in denen ein ständiger Kampf um das Licht herrscht. Während die Mistel hier als Schmarotzer hoch in Baumkronen lebt, arbeiten sich die tropischen Lardizabalaceen und Pittosporaceen kletternd nach oben. In lichteren Wäldern oder an Waldrändern erscheinen aber auch verholzende Rankgewächse wie die Clematisarten oder kletternde Knöterichformen.

Eine eigenartige Spezialisierung zeigt sich bei manchen Schmerwurz oder Jamswurzelgewächsen (Dioscoreaceae). Einige dieser einkeimblättrigen schlingenden oder kletternden Sträucher oder Kräuter entwickeln flache, kugelige oder sehr gedrungen tonnenförmige Sproßknollen bzw. Stammstücke mit z. T. ausgesprochen grober Rinde. Diese Teile der Pflanzen sitzen unmittelbar auf dem Erdboden auf und können lange Trockenperioden überdauern. Sie bringen schließlich dünne, lange und locker belaubte rankende Triebe hervor.

In ganz anderer Weise spezialisieren sich die Wollbaumgewächse (Bombacacea), eine Pflanzenfamilie der Zweikeimblättrigen mit heute rund 200 Arten in 28 Gattungen, auf das Überleben längerer Trockenzeiten in Savannenwäldern. Die z. T. riesigen Bäume mit tonnenförmigen Stämmen (sog. Flaschenbäume) besitzen überwiegend weiches, wasserspeicherndes Gewebe, so z. B. der Affenbrotbaum oder Baobab (Gattung Adansonia).

Trollius europaeus, die Trollblume der Alpen, besitzt bereits im Oligozän erste Verwandte aus der Hahnenfuß-Familie.

Zur Familie der Zingiberaceen aus der Reihe Seitamineae gehört u. a. auch der Wilde Ingwer, Nicolaia speciosa, aus Asien.

Einen weit verbreiteten Vertreter der Rosaceen-Unterfamilie Spiraeoideae stellt das Waldgeißblatt, Aruncus dioicus, dar.

Der Deutsche Enzian, Gentiana germanica, vertritt die Familie Gentianaceae. Von dieser gibt es zweifelhafte fossile Blattreste im deutschen und arktischen Tertiär und sichere tertiäre Samenfunde.

Die Familie Saxifragaceae (im Bild der Rosensteinbrech Saxifraga decipiens) ist u. a. aus dem nordamerikanischen Tertiär und dem rheinischen Miozän mit mehreren Gattungen beschrieben. Sie vertritt die Reihe Rosales mit kleinen Formen.

Neue Sträucher und Bäume

Reihe Sapindales:
▷ Sumachgewächse (Anacardiaceae), Bäume und Sträucher wie der Essigbaum
▷ Coriariaceae, meist tropische Sträucher
▷ Cyrillaceae, immergrüne Sträucher und Bäume der Braunkohle
▷ Pentaphylacaceae, Sträucher und Bäume des Bernsteinwaldes
▷ Aquifoliaceae wie Ilex und verwandte Sträucher und Bäume

Reihe Liliiflorae:
▷ Binsengewächse (Junaceae)
▷ Schmerwurzgewächse (Dioscoreaceae), vielfach kletternde Pflanzen

Reihe Malvales:
▷ Affenbrotbaum und Verwandte (Bombaceae)

Reihe Polygonales:
▷ Knöterichgewächse (Polygonaceae), Stauden, Sträucher und Kletterpflanzen

Reihe Ranales:
▷ Sauerdorn- und Berberitzengewächse (Berberidaceae)
▷ Lardizabalaceae, meist tropische Lianenarten

Reihe Scitamineae:
▷ Zingiberaceae, tropische Blattpflanzen, heute als Ziergewächse verbreitet
▷ Cannaceae, tropische Blattpflanzen, heute als Ziergewächse verbreitet
▷ Marantaceae, tropische Blattpflanzen, heute als Ziergewächse verbreitet

Reihe Santalales:
▷ Loranthaceae, Mistelgewächse
▷ Santalaceae, Leinblattgewächse, auf den Wurzeln anderer Pflanzen lebende Halbschmarotzer

Reihe Rosales:
▷ Pittosporaceae, sehr harzreiche, oft kletternde Sträucher und Bäume
▷ Cunoniaceae, tropische Sträucher und Bäume
▷ Rosaceae mit Spiersträuchern (Spiraea) und Pflaumengewächsen (Prunoidea)

Reihe Scitamineae:
▷ Bananengewächse (Musaceae), gigantische, bis baumgroße Kräuter

Bizarre Blüten und Insektenfallen

36–24 Mio. Die bedecktsamigen Kräuter und Stauden dieser Zeit weisen eine große Zahl beeindruckender Spezialisierungen auf. So gibt es z. B. fleischfressende Pflanzen wie den Sonnentau oder die Venusfliegenfalle. Über eine regelrechte Kesselfalle verfügen die Aronstabgewächse: In ihrer Blüte halten sie Insekten zur Befruchtung vorübergehend gefangen (→ S. 372). Andere Blüten, wie jene mancher Asclepiadaceen oder der Rafflesia-Arten, riechen intensiv nach verwesendem Fleisch und produzieren eigens dazu entsprechende organische Verbindungen (s. u.). Auf diesem Weg locken sie Aasfliegen zur Bestäubung an. Diesen Pflanzen ist auch die größte Blüte der Welt zuzuordnen, jene der Riesenrafflesie mit 1 m Durchmesser und 6 kg Masse.

Die neuen oligozänen Bedecktsamer stellen einige der bizarrsten und zugleich farbenprächtigsten aller Blüten. Dazu zählen z. B. bei den Asclepiadaceen die grazilen Ampelblütchen mancher Ceropegien oder die fünfzipfeligen fleischigen Blüten der Huernien, Carallumas und Stapelien.

Die Passifloraceae oder Passionsblumengewächse umfassen heute rund 600 Arten in 12 Gattungen, die meisten im tropischen Amerika.

Rafflesia arnoldii, eine schmarotzende Aasblume ohne Laub, besitzt die größte Blüte der Welt.

Die wichtigsten neuen Kräuter und Stauden

Reihe Ranales:
▷ Hahnenfußgewächse (Ranunculaceae)
Reihe Centrospermae:
▷ Gänsefußgewächse (Chenopodiaceae)
Reihe Aristolochiales:
▷ Osterluzeigewächse (Aristolochiaceae)
Reihe Rosales:
▷ Podostemonaceae
Reihe Sarraceniales:
▷ Sonnentaugewächse (Droseraceae)
Reihe Spathiflorae:
▷ Wasserlinsengewächse (Lemnaceae)
▷ Aronstabgewächse (Araceae)
Reihe Parietales:
▷ Passionsblumengewächse (Passifloraceae)
Reihe Contortae:
▷ Enziangewächse (Gentianaceae)
▷ Schwalbenwurzgewächse (Asclepiadaceae)

Unter den einem Leben als Schwimmpflanzen angepaßten Wasserlinsen (→ S. 373) finden sich mit nur 2 bis 3 mm Größe die winzigsten Blütenpflanzen der Welt. Einen besonders merkwürdigen Lebensraum haben die Podostemonaceen gewählt. Sie wachsen ausschließlich auf Felsen in tropischen Wasserfällen. Dagegen spezialisieren sich manche Arten der Gänsefußgewächse (Chenopodiaceae) auf Salzböden. Diese Kräuterfamilie ist heute u. a. durch die Gattungen Gänsefuß, Melde, Runkelrübe und Spinat vertreten.

Aasgeruch und dunkle Farben locken Schmeißfliegen an

Unter den Blütenpflanzen dieser Zeit, die sich in vielfältiger Weise auf Insektenbestäubung einrichten, gibt es zunehmend Arten, die sich auf ganz bestimmte Insektengruppen spezialisieren und diese gezielt anlocken. Diese Auswahl ist insofern möglich, als die Insektenfauna der vorherrschenden Wald- und Savannenfloren im Vergleich zu früheren Zeiträumen der Erdgeschichte besonders arten- und individuenreich ist.

Während leuchtend gelbe oder weiße Blüten vorwiegend Schmetterlinge, besonders farbenprächtige in erster Linie Bienen und Hummeln anlocken, spezialisieren sich umgangssprachlich als Aasblumen bezeichnete Arten auf Schmeißfliegen (Aasfliegen). Dabei handelt es sich keineswegs nur um Vertreter einer einzigen Pflanzenfamilie. Rafflesia-Arten gehören ebenso dazu wie die große Vielfalt der Schwalbenwurzgewächse (Asclepiadaceae), die heute wegen ihrer bizarr schönen Blüten in vielen botanischen Gärten zu bewundern sind.

Um die Schmeißfliegen anzulocken, ahmen die Aasblumen in Farbe, Geruch und oft auch Form verwesende Kadaverbrocken nach. Matt glänzendes gebrochenes Dunkelbraun und düstere Schwarz-rot-Nuancen herrschen vor, und der Geruch nach faulem Fleisch oder zersetztem Eiweiß macht die Täuschung perfekt

Huernia zebrina, ein Aasblumengewächs mit 7,5 cm großer Blüte aus den Wüsten Südafrikas

16 Gattungen sukkulenter Aasblumen umfaßt die Familie Asclepiadaceae (Schwalbenwurz).

Stapelia gigantea aus Natal besitzt bis zu 40 cm große, nach Aas riechende Blüten.

Piaranthus pulcher aus der Kapprovinz bringt oft ganze Dolden übelriechender Blüten hervor.

Leuchtende Farben setzen Signale

Der auffällige Rundblättrige Sonnentau, Drosera rotundifolia, ist eine fleischfressende Art, deren Blättchen Klebhaare besitzen.

Die leuchtende Blütenfahne des Aronstabes (Arum) lockt Insekten in eine Kesselfalle.

36–24 Mio. Viele der neu erscheinenden Blütenpflanzen sind auf unterschiedlichste Weise darauf spezialisiert, aus den Insekten Nutzen zu ziehen, die in dieser Zeit besonders arten- und individuenreich vorkommen. In den meisten Fällen geht es um die Anlockung zur Befruchtung bzw. Bestäubung, seltener auch darum, sich durch tierische Beute Eiweiß zu beschaffen (s. u.).

Hinsichtlich der Insektenbestäubung entwickeln die Pflanzen verschiedene Methoden: Zum einen signalisieren die Blüten stärker als in vergangenen Epochen durch leuchtende Farben und/oder auffallende Kronblattflächen schon von weitem ihren Standort. Besonders auffällig ist das etwa bei den Passionsblumengewächsen, den Osterluzeigewächsen, den Aronstabgewächsen, bei den Enzianen, vielen Hahnenfußgewächsen und Schwalbenwurzarten. Viele von ihnen verströmen zusätzlich einen intensiven Duft.

Als weiteres Lockmittel für die Insekten produzieren zahlreiche Pflanzenarten eine süße Substanz. Daneben besteht eine dritte Methode in einer äußerst präzisen Abstimmung mit den Lebensgewohnheiten der Insekten. So öffnen etwa die Königskerzen (Verbascum) oder der Mohn (Papaver, ab Oberem Eozän) ihre Blüten nur zu jenen Zeiten, an denen sie mit Insektenbesuch rechnen können.

Fleischfressende Bedecktsamer stellen Fallen auf

36–24 Mio. In dieser Zeit erscheinen vermutlich die ersten fleischfressenden Pflanzen. Belegte Vertreter sind die Sonnentaugewächse (Droseraceae) mit Gattungen wie dem Sonnentau und den Venusfliegenfallen. Wann die ebenfalls fleischfressenden tropischen Kannenpflanzen (Nepenthes) zum ersten Mal erscheinen, ist nicht bekannt.

Um ihre Opfer zu fangen, bedienen sich die Fleischfresser unter den Pflanzen verschiedener Methoden. Die Sonnentaugewächse locken die Beute mit glänzenden Tropfen an, die auf kleinen Härchen sitzen und wie winzige Tautröpfchen aussehen: Insekten, die hier trinken oder Nektar saugen wollen, bleiben sofort haften, da die Tröpfchen aus einer klebrigen Substanz bestehen.

Ist das Opfer gefangen, sorgen je nach Pflanzenart verschiedene Mechanismen dafür, es sicher festzuhalten. Bei manchen Gewächsen senken sich nach und nach zahlreiche langstielige Blattauswüchse auf das Tier, die alle an ihrem Ende Tröpfchen der klebrigen Flüssigkeit tragen. Eine andere Methode bedient sich des sogenannten Turgormechanismus: Das Blatt klappt, gesteuert durch eine Art innerer Hydraulik, längs eines Scharniers blitzartig zusammen. Seine gezähnten Ränder greifen ineinander und schließen die gefangene Beute ein. Verdauungssäfte lösen anschließend den Insektenkörper mit Ausnahme des harten Chitinpanzers auf und werden von der Pflanze aufgenommen.

Unter den über 500 heute bekannten Arten fleischfressender Pflanzen wenden viele die sogenannte Kesselfalle an. Dieses Fangprinzip wird erstmals im Oligozän von den Osterluzeigewächsen und den Aronstabgewächsen praktiziert, wobei diese allerdings ihre »Gefangenen« nicht verdauen. Sie halten sie nur für den Befruchtungsvorgang eingeschlossen. Bei der Kesselfalle wird die Aufmerksamkeit des Insekts durch ein hochgestelltes Blütenblatt erregt. Der Aronstab, eine der wenigen Pflanzen, die eine von der Umgebung unterschiedliche Körpertemperatur besitzen, sendet sogar Wärmestrahlen als Lockreiz aus. Krabbelt ein Insekt in das Blüteninnere, dann wird ihm der Rückweg durch reusenartig gestellte Haare verbaut. Es bleibt oft tagelang gefangen, bis die Blüte verwelkt ist.

Die ähnlich aufgebauten Blüten der fleischfressenden Kannenpflanze haben so glatte Innenwände, daß die Insekten daran keinen Halt finden können. Am Boden der Blüte befindet sich Verdauungssaft.

Manche der im Oligozän erstmals nachgewiesenen Schwalbenwurzgewächse besitzen in den Nektargrübchen ihrer Blüten eine Klemmvorrichtung, die den saugenden Insektenrüssel festhält und ihm ein Pollensäckchen anklebt.

In den Blütenkannen der tropischen Kesselfallenpflanze Nepenthes dorrmaniana erwartet ein zersetzender Verdauungssaft die eindringenden Insekten.

Die geöffnete Blüte des Gefleckten Aronstabes, Arum maculatum, zeigt die in ihrem Inneren gefangenen Insekten, die zwar nicht gefressen werden, dafür aber oft tagelang gefangen bleiben.

Die Blätter der Venusfliegenfalle, Dionaea muscipula, klappen blitzartig zusammen, wenn sich ein Insekt auf sie setzt. Das gefangene Tier wird verdaut.

Wasserpflanzen entwickeln hoch spezialisierte Formen

36–24 Mio. Auch im Wasser tritt in dieser Zeit eine Reihe neuer Pflanzenfamilien mit zahlreichen bekannten Arten auf, darunter z. B. die Froschbißgewächse (Wasserpest, Krebsschere, Froschbiß usw.) oder die Fieberkleegewächse (Seekanne u. a.). Dabei erscheinen jetzt gegenüber den bedecktsamigen Süßwasserpflanzen früherer Epochen (→ 97–66 Mio./S. 289), die meist lediglich allgemein dem Leben im Wasser angepaßt waren, zahlreiche ausgesprochene Spezialisten.

Neue Wasserpflanzen

▷ Wassernußgewächse (Trapaceae)
▷ Wasserlinsengewächse (Lemnaceae)
▷ Fieberkleegewächse (Menyanthaceae)
▷ Tausendblattgewächse (Haloragaceae)
▷ Froschbißgewächse (Hydrocharitaceae)
▷ unter den Knöterichgewächsen (Polygonaceae) der Wasserknöterich
▷ unter den Hahnenfußgewächsen (Ranunculaceae) die Wasserhahnenfußarten
▷ Podostemonaceae

Wahrscheinlich stammen auch die ersten Laichkräuter (Potamogetonaceae) und die Tannenwedelgewächse (Hippuridaceae) aus dem Oligozän.

In ihrer Anpassung an das Wasserleben gehen Pflanzen wie die Wasserpest, der flutende Hahnenfuß, der Tannenwedel oder die Tausendblattgewächse sehr weit. Obwohl z. T. nicht verwandt, besitzen sie erstaunlich ähnliche Züge. Ihr Unterwasserlaub besteht aus fadenförmig geteilten oder gegabelten Blättchen, die im ruhigen Wasser schweben oder in der Strömung treiben. Sie setzen an oft mehrere Meter langen, feinen, dünnen, völlig elastischen Trieben an. Manche von ihnen sind nur unter Wasser lebensfähig; andere, wie der flutende Hahnenfuß, wachsen auch über die Wasseroberfläche hinaus und entwickeln dort vollkommen andere Laubblätter.

Ungewöhnlich ist die Lebensweise der Krebsschere. Sie gleicht äußerlich einer frei im Wasser schwimmenden schlankblättrigen Aloe und ragt nur während der Blütezeit zu etwa zwei Drittel aus dem Wasser. Danach taucht sie zu den Blattspitzen hinab und sinkt in der kalten Jahreszeit bis auf den Gewässergrund. Die Krebsschere verändert also gezielt ihr spezifisches Gewicht.

Zu den reinen Schwimmpflanzen gehören u. a. die Wasserlinsen, deren Organe auf ein Minimum reduziert sind: Der ganze Körper besteht nur aus einem einzigen winzigen Blättchen sowie einem kleinen Bündel von Fadenwürzelchen. Manche Arten haben auch nur eine einzige derartige Wurzel. Ein Staubgefäß und ein Fruchtknoten bilden die gesamte Blüte der Wasserlinsen.

Schwimmblätter des Wasserknöterichs (Polygonum amphibium)

Trapa natans, die Wassernuß, bildet harte Früchte aus, die auf dem Gewässergrund überwintern. Im Bild eine rezente (l.) neben einer fossilen Nuß.

Streng getrennte Lebensräume verschiedener Arten

Die meisten Wasserpflanzen halten sich eng an ihren Lebensraum. Im flachsten Wasserbereich, wo gerade der Boden dauerhaft überflutet ist, herrscht die Röhrichtzone. Hier sind meist Sauergräser (→ 97–66 Mio./S. 288) vertreten. Von den Neulingen des Oligozäns finden sich hier u. a. der Fieberklee, Hahnenfuß- und Knötericharten sowie die Binsen. Vom Ufer weg folgt die Schwimmblattgewächszone mit Wassertiefen bis etwa 1 m. Hier gedeihen neben Binsen und Froschlöffelgewächsen Pflanzen mit auf der Wasseroberfläche treibenden Blättern: Seerosen, Seekannen, einige Knöterich- und Hahnenfußarten, Tannenwedel und schwimmende Laichkräuter.

Auf diesen Bereich folgt die Tauchblattzone mit völlig unter der Wasseroberfläche (submers) lebenden Pflanzen wie den Tausendblattarten, der Wasserpest oder der Wasserfeder. Als letztes schließt sich die Zone der Schwimmdecken an. Hier gedeihen frei an der Oberfläche treibende Pflanzen wie die Wasserhyazinthe (Eichhornia, ab Oberem Eozän), die Wasserlilie oder die Krebsschere (Stratiotes).

Der Wasserhahnenfuß, Ranunculus aquatilis, bedeckt oft große Binnengewässerflächen mit einem Teppich kleiner weißer Blüten.

In Fließwasser gedeiht der Flutende Hahnenfuß, Ranunculus fluitans.

Künstlich angelegter Gartenteich mit einer ausgeprägten, naturnahen Röhrichtzone

Pflanzen wachsen in den Dünen der Meeresstrände

36–24 Mio. Am Südufer des norddeutschen Meeres, also etwa auf der Höhe von Köln-Kassel-Dresden, gedeiht in Dünenregionen eine artenreiche Strandvegetation.
Die im Sand wachsenden Pflanzen bleiben im allgemeinen fossil schlecht erhalten, doch sind aus dieser Zeit vereinzelt Bedecktsamer überliefert, die eindeutig auf einen entsprechenden Lebensraum schließen lassen und aus älteren Schichten von Dünensedimenten nicht bekannt sind. Zu ihnen zählen die Sandsegge (Carex arenaria), das Habichtskraut (Hieracium pilosella), Wacholderarten (Juniperus), das Salzkraut (Salsola kali) und andere Gänsefußgewächse (Chenopodiaceae).
Gegen die beständigen und austrocknenden Winde sowie gegen die starke mechanische Beanspruchung in den Dünen wissen sich die meist sehr ausgreifend wurzelnden Pflanzen durch entsprechende Anpassungsmechanismen zu schützen: So liegen die unterseitigen Spaltöffnungen der typischen Rollenblätter in tiefen Furchen, wo sie vor zu starker Wasserabgabe geschützt sind. Auch Wachsschichten oder filzige, dichte Haarüberzüge helfen den Pflanzen Wasser sparen, und ein starkes, äußerst festes Gewebe schützt sie vor Zug, Druck sowie Beschädigungen durch Sandschliff.

◁△ Die Strandnelke, Limonium vulgare, gehört zur Familie der Grasnelkengewächse oder Plumbaginaceae. Sie stellt einen rezenten Vertreter der Dünenflora dar.

△ Auch die Strand-Grasnelke, Armeria maritima, wächst heute in der Dünenzone. Mit Sicherheit fossil nachgewiesen ist diese Gattung erst im Pleistozän Polens.

◁ Die Sandsegge, Carex arenaria, wird heute zum Befestigen von Dünen gepflanzt. Bekannt ist die Gattung durch fossile Fruchtreste seit dem Oberen Oligozän.

Spezialisierung auf salzhaltige Böden

Eine Reihe von Dünenpflanzen, wie die im Oligozän erstmals nachzuweisenden Gänsefußgewächse (s. o.), haben gelernt, auf salzigen Böden zu gedeihen. Salz – bekannt als Konservierungsmittel – ist in höherer Konzentration lebenstötend. Auch die Salzpflanzen oder Halophyten benötigen Süßwasser für ihren Stoffwechsel. Das beschaffen sich manche Arten durch Ausscheidung von Salz über die Blätter.
Alle Halophyten schränken natürlich ihre Wasserabgabe soweit wie irgend möglich ein, um das Salz in den Körpersäften nicht noch weiter zu konzentrieren. Ihre Blätter sind deshalb klein, oft mit feinen Haaren bedeckt und häufig auch sukkulent. Bei manchen Arten der Gänsefußgewächse, z. B. bei der Gattung Salicornia, sind die Blätter völlig unterdrückt. Die Pflanzen haben sukkulente Sprosse, die zusammengefügt erscheinen wie die Glieder eines Miniaturkaktus. Jedes Sproßglied umschließt das nächstfolgende teilweise. Außer der Sukkulenz zeigen die Gänsefußgewächse und andere Halophyten auch weitere typische Merkmale von Xerophyten (Pflanzen trockener Gebiete): Eine verdickte Epidermis, Wachs- und Harzüberzüge und z. T. Zwergwuchs (Nanismus). Auch der innere Aufbau gleicht dem von Wüstenpflanzen.

Auf salzhaltigen Böden, meist in Küstenzonen, gedeiht der abgebildete Queller Salicornia europaea, ein Gänsefußgewächs (Chenopodiaceae). Die Familie ist bereits im Oligozän bekannt.

Frühe Säugetiere gehen zugrunde

Um 24 Mio. Mit dem Ende des Oligozäns stirbt die Ordnung Pyrotheria aus, große pflanzenfressende Huftiere Südamerikas, die mit ihrem Rüssel an Elefanten erinnern. Auch die Moeritheroidea, die, obwohl ihre Vertreter keine Rüssel besitzen, systematisch zu den Rüsseltieren zählen, erlöschen ohne Nachfolger. Die z. T. gewaltigen Pantodonta, eine Ordnung archaischer Säuger Nordamerikas und Eurasiens, verschwinden ebenfalls. Bei den Nagetieren geht die Unterordnung Theridomorpha zugrunde. Die Kamelartigen (Tylopoda) verlieren die Überfamilie Xiphodontoidea, auch als Metapodien bekannte Paarhufer mit zweizehigen Extremitäten. Außerdem überlebt die Paarhuferfamilie Anoplotheroidea das Oligozän nicht. Sie umfaßte kleine bis mittelgroße Tiere Europas.

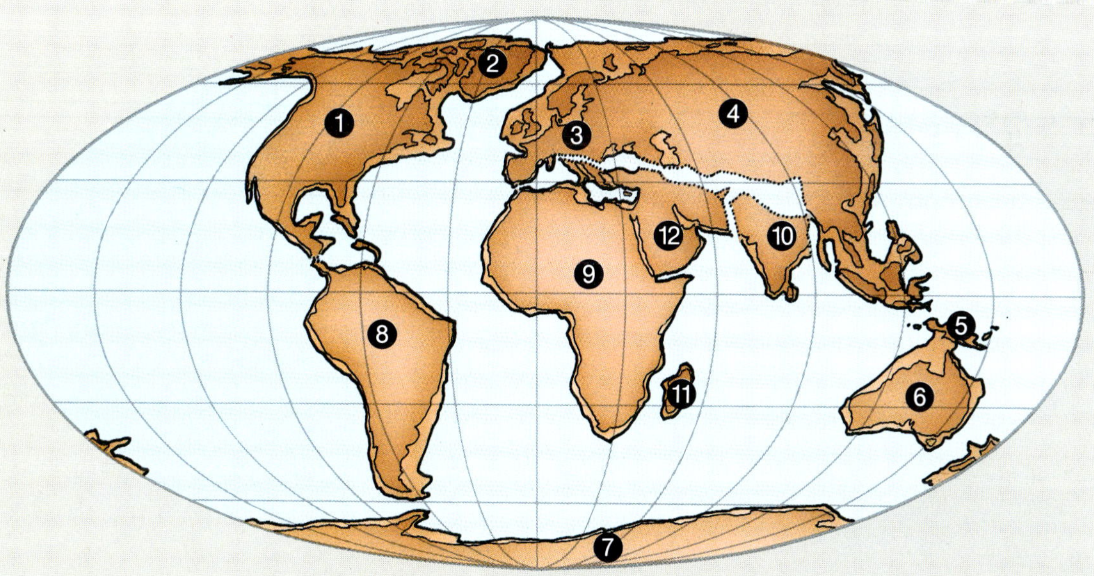

Die schon etwa seit Beginn des Tertiärs verlaufenden Hauptbewegungen haben sich seit dem Eozän fortgesetzt: Australien (6) ist weiter von der Antarktis (7) weggedriftet und beginnt, sich von Neuguinea (5) zu trennen. Indien (10) rückt noch immer nach Norden vor. Im Nordosten der Indischen Tafel kommt es zu ersten Kontakten mit Asien (4). Der Golf von Aden öffnet sich zwischen Arabien (12) und Afrika (9). Madagaskar (11) rückt noch geringfügig nach Norden weiter. Europa (3) mit Asien (4) bleiben ortsstabil, während die westlichen Kontinente – Nordamerika (1) mit Grönland (2) sowie Südamerika (8) – weiter nach Westen rücken und sich so der Atlantik weiter öffnet.

24–5 Mio.

Das Miozän

24–15 Mio. In Nebraska (USA) lagern sich die Sedimente der Harrison-Formation ab. Sie schließen die bedeutende Fossillagerstätte Agate Fossil Beds ein, in der teilweise sehr seltene Großsäugergattungen (eine Rhinozerosart, Chalicotherien und viele andere) erhalten bleiben. → S. 389

24–5 Mio. Das Klima wird weltweit weiterhin kühler. In der Antarktis kommt es zu ausgedehnten Vereisungen. Die Niederschlagstätigkeit ist stark wechselhaft. So ist das Miozän in Europa anfangs trocken, dann ausgesprochen feucht, später erneut trocken und gegen Ende wiederum feucht (→ S. 376). Hand in Hand mit dem klimatischen Geschehen (Vereisungen), aber auch mit Gebirgsauffaltungen gehen Schwankungen des Meeresspiegels (→ S. 377). Zeugen für die generelle Abkühlung auch der Meere sind zurückweichende Korallen und zahlreiche andere Meerestiere. → S. 390

In Nordamerika, Europa und Asien dehnen sich weite Steppengebiete aus. Auf die Entwicklung der Fauna haben diese Biotope einen stark selektiven Einfluß. Sie fördern die Entwicklung von Huftieren, die sich von Hartgräsern ernähren und in Herden leben. → S. 378

Große Menschenaffen (Pongidae) leben in Afrika, Asien und Europa. Vertreten sind sie mit den Gattungen Dryopithecus, Sivapithecus, Gigantopithecus und Ramapithecus. Ferner leben in diesen Regionen auch andere Affengattungen, darunter Oreopithecus, Pliopithecus und Dendropithecus. → S. 379

Bei verschiedenen Primatengattungen wie Proconsul, Dryopithecinen und Ramapithecus zeigen sich erste hominide Merkmale. Erster bekannter Vorfahre dieser Entwicklungslinie mit Attributen der Menschenartigen ist Aegyptopithecus aus dem Unteren Oligozän (34–32 Mio.). → S. 381

Huftiere besiedeln in großer Artenvielfalt die Steppen Nordamerikas, darunter mehrere Pferdeartige, Kamele und erste Giraffen (→ S. 382). Sie zeigen eine zunehmende Anpassung an harte pflanzliche Nahrung und einen Lebensraum in weiten offenen Biotopen. Ferner leben auch in Feuchträumen neue, diesen Gebieten angepaßte Formen, u. a. Nashornartige, erste Flußpferde und Nabelschweine. → S. 383

Die Rüsseltiere bilden zahlreiche Arten von bedeutender Körpergröße aus und besiedeln mit Ausnahme Australiens und der Antarktis alle Kontinente der Erde. Miozäne Vertreter sind u. a. Deinotherien, Gomphotherien und erste Mammutartige. → S. 386

Von Europa nach Nordamerika und weiter bis Mexiko und Paraguay wandern die Ameisenbären. Auch in Afrika und Asien erscheinen diese Tiere vorübergehend. → S. 388

Die Insektenfresser (Insectivora) bringen zwei neue Unterordnungen hervor: Die maulwurfähnlichen Goldmulle (Crysochlorida) und die teilweise an Spitzmäuse erinnernden Borstenigel (Tenrecomorpha). → S. 388

In Afrika entwickelt sich die formenreiche Säugetierordnung der Röhrenzähner (Tubulidentata). Erste Vertreter sind die Erdferkel (Orycteroptidae). Im Mittleren Miozän wandern die Erdferkel auch nach Europa. → S. 388

Zu der gesamten Meeresfauna des Miozäns gehören bereits mit 20 bis 40% Weichtierarten (Mollusken), die bis in die Gegenwart überleben. → S. 390

Die Familie der Hornblattgewächse (Ceratophyllaceae), völlig an das Leben unter Wasser angepaßte Seerosenarten, erscheint erstmals. Andere neue Bedecktsamerfamilien sind die in den Tropen beheimateten strauch- oder lianenförmigen Hernandiaceae, die kautschukhaltigen Eucommiaceae, die Wintergrüngewächse (Pyrolaceae) und die einkeimblättrigen Schwertliliengewächse (Iridaceae). → S. 393

In verschiedenen Regionen Mittel- und Osteuropas (vor allem Deutschlands und Rußlands) entstehen in ausgedehnten Sumpf- und Moorgebieten z. T. bedeutende Braunkohlenlager. → S. 394

Die Auffaltung der Alpen erreicht ihre Spätphase mit einzelnen Faltungsschüben. Hierzu zählen: 1. savische Phase vor etwa 24 Mio., 2. steirische Phase vor etwa 13 Mio. und 3. attische oder attikanische Phase vor etwa 7 Mio. Zugleich erreicht die Faltung des Himalajas seine Hauptphase. → S. 395

In vielen Gebieten Europas, besonders im Bereich der jungen Faltengebirge, setzt sich die Ausbreitung der Karstlandschaften fort. → S. 396

22–19 Mio. Storchen- oder flamingoähnlich ist der in Westeuropa (Frankreich) lebende Watvogel Palaeolodus. Das Tier erreicht eine Schulterhöhe von ca. 40 cm. → S. 392

Verschiedene Arten von flugunfähigen straußenähnlichen Schlangenstörchen von 1,5 bis 3 m Größe sind in Patagonien heimisch. Sie gehören zur Gattung Phorusrhacus innerhalb der Ordnung der Kranichartigen (Gruiformes). → S. 392

Um 15 Mio. Die nach Norden driftenden Erdkrustentafeln Afrikas und Arabiens verbinden sich mit der Eurasischen Tafel. → S. 395

14,9 Mio./14,7 Mio. Ein Meteorit von über 500 m Durchmesser stürzt nahe der heutigen Stadt Nördlingen auf die Erde. Es entsteht der 23 km weite Ries-Krater. Ca. 200 000 Jahre später läßt ein erneuter Meteoriteneinschlag in Süddeutschland das 3,5 km weite Steinheimer Becken entstehen. → S. 398

Um 14,5 Mio. Im Großraum von Öhningen am Bodensee und in der Nordschweiz fossilisieren in bis zu 300 m mächtigen Sedimenten zahlreiche Fische. Darunter befinden sich Hechte, Rotaugen, Steinbeißer, Meergrundel. Neben Riesensalamandern und Reptilien versteinern ferner Paarhufer, Rüsseltiere, Nagetiere und andere Säuger. → S. 389

14–5 Mio. Ohrenrobben, Walrosse und erste, noch recht primitive Seelöwen besiedeln als neue Vertreter der Meeresraubtiere (Pinnipedia) die Küsten der Ozeane. → S. 391

Um 10 Mio. Das Rote Meer und der Golf von Aden beginnen sich zu öffnen. Hier entsteht ein Riftsystem, das sich vom Orontes-Graben im Libanon (Bekaa-Ebene) und Syrien bis zum ostafrikanischen Grabenbruchsystem erstreckt und den Beginn einer Geosynklinalentwicklung einleitet. → S. 395

10–5 Mio. Nahe der griechischen Stadt Pikermi fossilisieren in Süßwassersedimenten zahlreiche Steppentiere, u. a. Pferde, Deinotherien und Mastodonten. → S. 389

Eine reiche Fischfauna bleibt im Mittelmeer in den Gebieten von Sizilien (Messina) und Nordalgerien (Oran) fossil erhalten. Von besonderem paläontologischem Interesse sind dabei die vielen – sonst eher raren – Versteinerungen zahlreicher Arten in der Tiefsee lebender Fische. → S. 391

5,5–5 Mio. Das Mittelmeer ist im Osten und neuerdings auch im Westen von den Weltmeeren abgeschlossen und trocknet aus. Dabei verdunstet eine Wassermenge von 3,7 Mio. km^3, und es bleiben bis zu 2000 m mächtige Salzsedimente zurück. → S. 395

Um 5 Mio. Mehrere Säugetiergruppen sterben aus. Darunter befinden sich die großen südamerikanischen pflanzenfressenden Huftiere Astrapotheria, die nordpazifischen Desmostylia (primitive amphibisch lebende Huftiere), die Cainotheroidea (hasenähnliche Tiere Europas), die Paarhufer-Unterordnung Palaeodonta und die Urwale (Archaeoceti). Für dieses Säugetiersterben gibt es verschiedene Ursachen. Zum einen spielt sicher die globale Abkühlung eine Rolle. Daneben wirkt sich aber auch aus, daß manche durchsetzungsstarke Arten über neu entstehende interkontinentale Landbrücken in andere Lebensräume einwandern und mit den dort lebenden Arten in Konkurrenz treten. → S. 377

Starker Temperaturrückgang in den höheren Breiten

24–5 Mio. Zu Beginn des Miozäns liegt die Jahresdurchschnittstemperatur bei 40° nördlicher Breite noch geringfügig über 20 °C, bis sie gegen Ende des Miozäns auf weniger als 15 °C absinkt. Die Abkühlung verläuft zeitlich nicht gleichmäßig. Zum einen gibt es charakteristische Klimaschwankungen. Zum anderen wird es auch räumlich gesehen nicht gleichmäßig kälter auf der Erde. Das Sinken der Temperatur betrifft die hohen nördlichen und südlichen Breiten viel stärker als die Äquatorialgegend. So ist vor 20 Mio. Jahren bereits die gesamte Antarktis mit Eis bedeckt, und gegen Ende des Miozäns reicht die südpolare Eisfront sogar etwa 400 km weiter nach Norden als heute.

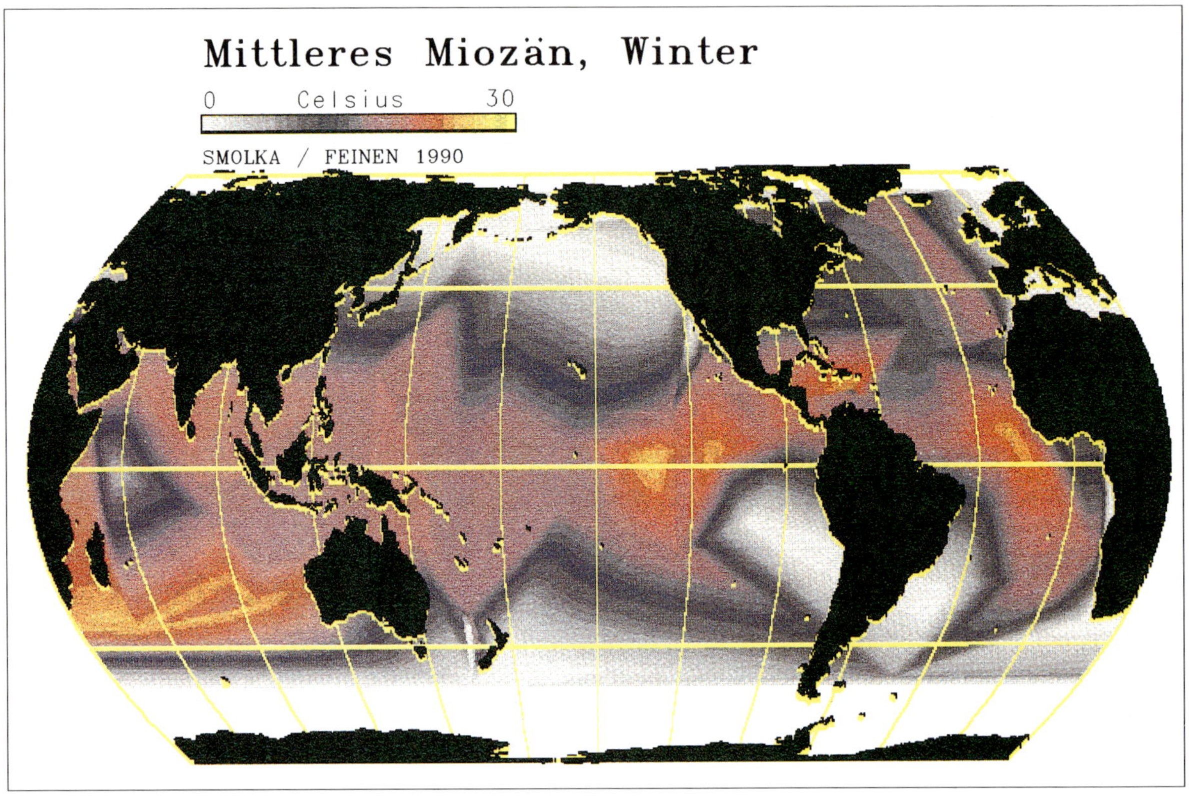

Sehr wechselhaft ist die Niederschlagstätigkeit in Europa. Nach einem ausgesprochen feucht endenden Oligozän (36–24 Mio.) tritt zunächst eine Phase größerer Trockenheit ein, in der sich viele bisherige Waldgebiete zu Steppen entwickeln. Besonders die innerkontinentalen Gebiete leiden unter Trockenheit. Gegen Mitte des Miozäns nehmen die Niederschläge wieder stark zu, und es wird vorübergehend wohl noch feuchter als im Oberen Oligozän. Danach wird es wiederum trockener, wenn auch nicht mehr im gleichen Maße wie im ersten Drittel des Miozäns. Und schließlich steigen die Niederschläge erneut. Gegen Ende dieser Zeit ist das Wetter generell feucht-gemäßigt bis kühl.

Über die jahreszeitlichen Klimaschwankungen geben Daten Auskunft, die für Nordamerika rekonstruiert wurden. Die durchschnittliche Jahrestemperatur im Mittleren Miozän liegt hier bei 14 °C, wobei die Durchschnittstemperatur der sechs heißesten Wochen bei 18 °C und die der zwei kältesten Wochen bei 7 °C liegen. Damit ist das Wetter ausgeglichener als heute. Hier die Vergleichswerte für Nordamerika: Jahresdurchschnitt 10 °C, heißeste sechs Wochen 22 °C, kälteste zwei Wochen -2,5 °C. Frostfrei sind im Miozän jährlich etwa 230 Tage (heute 141), und der durchschnittliche Jahresniederschlag liegt bei 889 mm (heute 305 mm). Überhaupt verläuft die Klimaänderung in Nordamerika anders als in Europa. Weltweit wird es kontinuierlich trockener. Die Jahresniederschläge nehmen von anfänglich etwa 1270 auf etwa 635 mm zum Ende des Miozäns ab.

Zu Beginn des Miozäns setzt in vielen Gebieten der Erde, vor allem im Inneren der nördlichen Kontinente, eine Periode trockenen Klimas ein, die allgemein zur Steppenbildung (im Bild Monument Valley) führt.

Die heutigen ausgedehnten Steppen um den Kilimandscharo im Süden Kenias vermitteln einen recht guten Eindruck davon, wie die Landschaft in weiten Teilen der Erde während des Unteren Miozäns ausgesehen hat.

Vereisungen auf der Südhalbkugel

20–5 Mio. Schon gegen Ende des Eozäns (vor etwa 40 Mio.) setzte in der Antarktis offenbar zumindest regional eine Vergletscherung ein, die im Laufe der Jahrmillionen größere Eisflächen schuf. Vor etwa 20 Jahrmillionen ist wahrscheinlich der größte Teil der Antarktis mit Eis bedeckt, und gegen Ende des Miozäns reicht die Eisdecke wenigstens 400 km weiter nach Norden als heute. Dafür sprechen u. a. eistransportierte Ablagerungen im Antarktischen Ozean. Andererseits herrschen in Patagonien offenbar noch relativ gemäßigte Klimaverhältnisse.

Wo sich heute in Patagonien Kältesteppen ausbreiten, ist das Land vor etwa 20 Mio. Jahren von einer mächtigen Inlandeisschicht bedeckt.

Die Abkühlung bis zu Temperaturen, die zur dauerhaften känozoischen Vereisung führen, setzt in der Antarktis offenbar eher ein als in der Arktis. Auf Island, Grönland und Spitzbergen gedeiht noch eine artenreiche Flora, wenngleich die mittlere Januartemperatur hier bei etwa 0 °C liegt. Die Jahrestemperaturmittel sind allerdings auch hier schon auf ungefähr 9 °C (Island und Grönland) bis 6 °C (Spitzbergen) gesunken.
Zwar nicht in Form von Inlandvereisungen, wohl aber in Form von Gebirgsgletschern findet sich auch in höheren Breiten der Nordhalbkugel in dieser Zeit dauerhaftes Eis. Das bezeugen Moränen vor allem auf Island und ab dem folgenden Pliozän dann auch im Alpenraum. Eine jungtertiäre Vergletscherung ist in der Region des Kaukasus und des Altai nicht auszuschließen.
Weil in der Antarktis große Wassermassen als Eis gebunden sind, sinkt weltweit der Meeresspiegel. Vor etwa 20 Jahrmillionen fällt die Beringstraße zwischen Alaska und Sibirien trocken. Das hat natürlich beachtliche Auswirkungen auf die weitere Entwicklung vor allem der Säugetiere auf der Nordhalbkugel. Die Tiere können von Asien in die Neue Welt gelangen und umgekehrt. Im Miozän kommt auch eine Landbrücke zwischen Afrika und Eurasien im Bereich Arabiens zustande. Bedingt ist das teils durch den weltweit sinkenden Meeresspiegel, z. T. aber auch durch das weitere Vorrücken Afrikas und Arabiens gegen Norden. So wird auch ein Austausch von Faunen- und Florenelementen zwischen Afrika und Eurasien möglich. Vor etwa 14 bis 12 Jahrmillionen fällt die Meerenge von Gibraltar ebenfalls trocken. Auch dieses Ereignis erklärt sich sowohl aus dem Sinken des Meeresspiegels wie aus Bewegungen der Erdkruste. Zwar bestehen über Marokko und Südwestspanien zunächst noch Verbindungen zwischen dem Mittelmeer und dem Atlantik, doch trocknen diese vor etwa 10 Jahrmillionen aus.

Inlandsvereisungen, wie sie während ausgeprägter Kaltzeiten große kontinentale Flächen überdecken, unterscheiden sich von den typischen Hochgebirgsvergletscherungen. Sie fließen nicht in weiten, tiefen Betten zu Tal, sondern ebnen die Landschaftsstrukturen regelrecht ein. Der norwegische Jostdalsbreen (Abb.) ist ein Überrest aus der letzten pleistozänen Eiszeit.

Säugetierordnungen werden verdrängt

Um 5 Mio. Eine ganze Reihe von Säugetierordnungen überlebt das Ende des Miozäns nicht. Schuld daran ist teilweise der große Konkurrenzdruck sich neu entwickelnder Arten. Vor allem aber spielen die neu entstandenen Landverbindungen zwischen Nordamerika und Asien, zwischen Afrika und Eurasien, zwischen Nord- und Südamerika eine bedeutsame Rolle, denn hierdurch können Tiere interkontinental wandern und erfolgreichere Formen den einheimischen Arten den Lebensraum streitig machen. Auch die fortwährende Klimaverschlechterung wirkt sicher selektiv. Zu den untergehenden Säugetiergruppen gehört einmal die Ordnung Astrapotheria. Das sind besonders große amphibisch lebende pflanzenfressende Huftiere Südamerikas, die höchstwahrscheinlich einen Rüssel besitzen.

Fossil von Protocetus atavus, dem ältesten Archaeoceten (Urwal); seine Schädelform erinnert noch an landbewohnende Säuger.

Im Raum des nördlichen Pazifiks waren seit dem Oligozän (36–24 Mio.) andere, marin amphibisch lebende primitive Huftiere, die Desmostylia (→ 36–24 Mio./S. 356), beheimatet. Auch diese Ordnung stirbt aus. Unter den Paarhufern überleben die Cainotherioidea das Miozän nicht, kleine an Hasen erinnernde Tiere, die seit dem Eozän in Europa lebten. Und auch die Paarhufer-Unterordnung Palaeodonta stirbt aus. Sie umfaßte eine Gruppe von sechs nicht näher miteinander verwandten Familien mit teils archaischen und teils bereits auf eine weitgehende Spezialisierung hinweisenden Merkmalen und war auf der Nordhalbkugel zu Hause. Die Urwale (Archaeoceti) fallen wahrscheinlich den drastisch veränderten Meeresverhältnissen auf der Nordhalbkugel (s. o.) zum Opfer.

Bereits im Unteren Miozän setzt auch in Süddeutschland eine Auflockerung der Wälder ein, die später zur Versteppung führt. Noch finden sich in den offenen Partien häufig Sümpfe, Buschmoore und Riedbereiche, die aber mehr und mehr verlanden. Wo noch Hochwald gedeiht, besteht er zum allergrößten Teil aus Laubgehölzen.

Vom Monsunwald zur Vollwüste

Die Steppe kann viele Gesichter haben. Der Vorgang der Versteppung verläuft etwa so:

▷ 800–2000 mm Jahresniederschlag, drei bis fünf trockene Monate: Monsunwälder und Feuchtsavannen mit Hochgras, regengrünen oder halbimmergrünen lichten Wäldern oder immergrünen Galeriewäldern im Bereich von zeitweise wasserführenden Flüssen oder trockenen Flußbetten mit hohem Grundwasserspiegel

▷ 500–1200 mm Jahresniederschlag, sechs trockene Monate: Trockensavannen, laubabwerfende lichte Trockenwälder, Savannen mit mittelhohem bis niedrigem Graswuchs, ohne immergrüne Galeriewälder

▷ 250–750 mm Jahresniederschlag, acht bis zehn trockene Monate: Dornstrauchsteppen, Dorngehölz und Sukkulentenstrauchvegetation, trockene dornenreiche Grasflora

▷ Unter 500 mm Jahresniederschlag, neun bis elf trockene Monate, in manchen Jahren gar keine Niederschläge: Halbwüsten bis Vollwüsten; viel vegetationsloser Boden, dünne, niedrige und nicht geschlossene Hartgrasdecken, vereinzelt niedriger Dornbusch, Polsterpflanzen und Sukkulenten.

Trockenzonen in Europa und Amerika

24–5 Mio. In verschiedenen Gebieten Europas und in weiten Teilen Amerikas bilden sich ausgedehnte Steppen. Für das Untere Miozän lassen sich Steppen z. B. in Rheinhessen, im Oberrheingebiet bis Schaffhausen und im nördlichen Karpatenvorland nachweisen. Im Oberen Miozän breiten sich Steppen u. a. in Spanien und Italien, in der Nordschweiz und im Wiener Becken aus. Wahrscheinlich erklären sich diese Trockenzonen aus vorübergehender Nordverschiebung des subtropischen Trockengürtels, zugleich aber auch durch den Windschatten der sich auffaltenden Gebirge (Pyrenäen, Alpen, Karpaten) und durch den Meeresrückzug (→ S. 377). Gegen Ende des Miozäns stellen sich auch im zunächst noch feuchten Osteuropa (Ukraine) Steppenbiotope ein. Der Wandel hängt hier vermutlich eng mit der paläogeographischen Entwicklung Osteuropas zusammen: Die osturalische Meeresstraße ist trockengefallen, das Klima wird kontinentaler.

In Nordamerika schirmen die sich auffaltenden Gebirge im Westen mehr und mehr feuchte ozeanische Luftmassen ab. Hier weicht in höheren Breiten der sommergrüne Laubwald während des Miozäns dem Nadelwald, und in den Central Plains sowie im Süden stellen sich lichter Savannenwald und Steppen ein. Steppen dehnen sich auch über weite Gebiete Südamerikas aus.

In Afrika sind in dieser Zeit Steppenbiotope vor allem im Norden und Osten zu finden.

Hartes Gras und kalte Nächte: Überleben in der Steppe

24–5 Mio. Steppen sind klimatisch durch Wärme und – vor allem – durch lange Trockenperioden charakterisiert. Zugleich gibt es hier oft große Temperaturunterschiede zwischen Tag und Nacht. Diese Gegebenheiten wirken zunächst sehr selektiv auf die Flora. Hartlaubgewächse, niedriger Dornbusch, harte Gräser, Polsterpflanzen, z. T. auch Sukkulenten oder zwergwüchsige Formen herrschen vor. Wegen des häufigen heftigen Windes sind die Pflanzen zäh und widerstandsfähig im Grundgewebe, wegen der Trockenheit zusätzlich durch eine dicke Oberhaut vor Wasserverlusten geschützt.

Wo in Steppen der Grundwasserspiegel relativ hoch steht, gedeihen auch die durch ihr Hartlaub an warme trockene Luft sehr gut angepaßten Palmen. Das Bild zeigt den fossilen Wedel einer Sabalpalme, die in den warmen Gebieten Amerikas heimisch ist.

Großspreitige Blätter gibt es gar nicht, und die Biomassenproduktion ist recht gering.

All das sind Gegebenheiten, mit denen die bisher auf der Nordhalbkugel weit verbreiteten typischen Waldtiere nicht zurecht kommen. Neue Eigenschaften bewähren sich: Die Fähigkeit, hartes Gras zu fressen, d. h. zu zerkleinern und zu verdauen; die Fähigkeit, weit und ausdauernd zu wandern oder gar zu rennen; die Fähigkeit, mit dem Wasser haushalten zu können. Entsprechend setzt eine große Zeit für Huftiere einerseits und für gewandte Räuber andererseits ein.

Der Berggorilla, Gorilla gorilla beringei, ist der größte heute noch lebende Pongide. Er besiedelt die Berg-Urwälder Zentralafrikas von Ostzaïre bis Westuganda und ist vom Aussterben bedroht.

In den Urwäldern Südostasiens lebt heute noch der Weißhandgibbon, Hylobates lar. Sechs weitere rezente Gibbonarten sind ebenfalls in Südasien verbreitet.

Der Orang-Utan, Pongo pygmaeus, befindet sich heute in den Regenwäldern Borneos und Sumatras. Seine besonderen Kennzeichen sind kurze Beine und extrem lange Arme mit einer Spannweite bis zu 2,25 m.

Große Menschenaffen leben in Afrika, Asien und Europa

24–5 Mio. In Frankreich und Griechenland, Pakistan, Indien und China, im Kaukasus sowie in Kenia erscheinen mehrere Gattungen der Familie Pongidae, der Menschenaffen, die auch die heute lebenden Schimpansen, den Gorilla und den Orang-Utan umfassen.

Die ältesten Vertreter der im Miozän viel artenreicheren Familie entwickeln sich unmittelbar zu Beginn dieses Zeitalters. Zu ihnen gehört die Gattung Dryopithecus (→ S. 380). Im Mittleren Miozän folgt in Südosteuropa, Asien und Afrika der Sivapithecus, ein 1,5 m großer Affe mit einem orang-utan-ähnlichen Gesicht und schimpansenähnlichen Füßen. Mit seinen drehbaren Handgelenken ist er schon in der Lage, auf Bäume zu klettern, und steht wahrscheinlich am Übergang vom Leben auf dem Boden zum Leben in den Baumwipfeln. Seine kräftigen Eckzähne mit einer dicken Schmelzschicht weisen auf die Savanne als Lebensraum hin. Er ist in der Lage, hartschalige Früchte und auch Hartlaub, Zweige und Wurzeln zu kauen. Das steht im Einklang mit der Ausbreitung der Baumgras- und Grasländer dieser Zeit (→ S. 378). Benannt ist der Sivapithecus nach dem Hindugott Schiwa.

Etwa um die gleiche Zeit wie der Sivapithecus erscheint in Indien, Pakistan und China der gewaltige Gigantopithecus, ein Menschenaffe von 3 m Größe, der rund 300 kg schwer ist. Er ist mit dem Sivapithecus nahe verwandt, lebt auf dem Erdboden und ähnelt einem mächtigen Gorilla. Doch ist sein Unterkiefer kürzer als bei diesem. Gigantopithecus überlebt mit Sicherheit bis ins Obere Pleistozän. Und es gibt sogar Thesen, er habe sich als »Yeti« im Himalaja bis in unsere Zeit hinübergerettet.

Ein weiterer Zeitgenosse von Sivapithecus und Gigantopithecus ist der in Pakistan und Indien gefundene Ramapithecus (benannt nach dem Hindugott Rama). Auch er ist mit dem Sivapithecus nahe verwandt und wird von den meisten Paläontologen diesem sogar zugeordnet. Er ist etwas kleiner und lebt auf dem Erdboden. Sein kräftiges Gebiß weist darauf hin, daß er sich von harten Savannen- oder Steppengewächsen ernährt. Wie die heutigen Schimpansen beherrscht Ramapithecus den aufrechten Gang. Er kann also über das hohe Gras der Steppe hinaussehen und Flüsse durchwaten. Diese Fortbewegungsart erlaubt ihm zugleich, die Hände anders als zum Laufen zu verwenden. Es ist nicht auszuschließen, daß er bereits natürliche Werkzeuge verwendet. Neben rein affenartigen zeigt sein Gebiß auch menschenähnliche Merkmale, so daß man ihn früher bereits für das erste Glied der Entwicklungsreihe der Menschenähnlichen ansah. Jüngere genetische Untersuchungen ergaben aber eine erst spätere Trennung beider Linien (→ S. 380).

Seitenlinien der Primaten

24–5 Mio. Neben der Familie der Menschenaffen (Pongidae) erscheinen in dieser Zeit noch andere Affenfamilien. Vor etwa 14 Mio. Jahren lebt in der Toscana ein 1,2 m großer Bergaffe, der Oreopithecus, der in einigen Merkmalen an den Menschen erinnert. Er hat ein relativ flaches Gesicht und menschenähnliche Backenzähne. Seine starken Augenwülste erinnern an jene der Pongiden. Sehr wahrscheinlich handelt es sich bei der Familie Oreopithecidae um einen entwicklungsgeschichtlichen Seitenzweig.

Eine andere Familie, die Pliopithecidae, ist mit mehreren Gattungen im Unteren, Mittleren und Oberen Miozän in Kenia, Ägypten und Europa (Frankreich und Tschechoslowakei) vertreten. Die Gattung Dendropithecus bewohnt Waldgebiete und wird etwa 60 cm groß. Die Gattung Pliopithecus hat mit etwa 1,2 m die Größe von Gibbons und ähnelt diesen in der Lebensweise: Die langarmigen Tiere hangeln von Ast zu Ast. Propliopithecus ist nur 40 cm groß und lebt in den Wäldern des Ur-Nildeltas. Alle diese Pliopithecinen sind mit einem kleinen Schädel, einer verlängerten Schnauze und einem Schwanz ausgestattet, der den Pongiden fehlt.

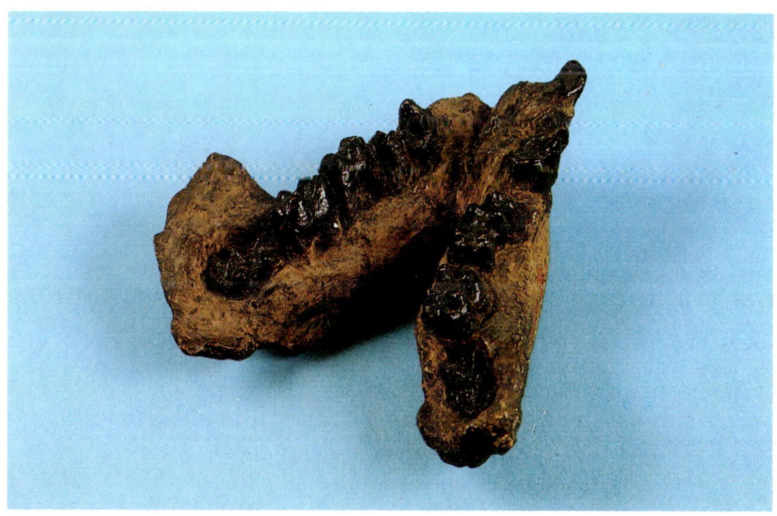

Am Monte Bamboli in der Toskana fand sich in Schichten des Unteren Pliozäns dieser fossile Unterkiefer von Oreopithecus bambolii.

Primaten auf dem Weg zu den Menschenartigen

12–5 Mio. Der nur etwa 60 cm große Affe Dryopithecus steht stammesgeschichtlich in der Linie sowohl der modernen Menschenaffen wie der Menschen. Das schimpansenähnliche Tier entwickelt sich zunächst in Ostafrika und besiedelt von dort aus auch Europa (Frankreich und Griechenland) und Asien (Kaukasus). Vor allem in den Gebieten östlich des Mittelmeeres ist es zahlreich vertreten. Obwohl Dryopithecus auf allen Vieren läuft, kann er sich auf die Hinterbeine stellen. Er lebt in Gruppen auf Bäumen, ist ein sehr gewandter Kletterer und ernährt sich von Früchten.

Lange ging man davon aus, die Linien der Menschenaffen und der Hominiden liefen vor etwa 20 bis 15 Mio. Jahren auseinander und Dryopithecus stünde schon am Anfang der Hominidenlinie. Demgegenüber führen neuere biochemische Untersuchungen sowohl genetischer wie immunologischer Art zu einer anderen Auffassung. Nach diesen Befunden spalten sich die Gibbons erst vor etwa 10 Mio. Jahren von der zuvor gemeinsamen Entwicklungslinie der Menschenaffen und Menschenartigen ab, und der Orang-Utan sogar noch etwas später. Entgegen allen früheren Annahmen reicht die gemeinsame Linie der Pongiden und Hominiden aber sehr wahrscheinlich zeitlich noch weiter. So sollen sich die Schimpansen und Gorillas erst vor 8 bis 5 Mio. Jahren von der Entwicklungslinie zum Menschen trennen.

Diese Erkenntnisse stellen Dryopithecus durchaus noch in die gemeinsame Vorfahrenlinie der Menschenaffen und der Affen, und auch Sivapithecus (→ S. 379), der bisher ebenfalls oft als Stammform der Hominiden angesehen wurde, lebt noch vor der Aufspaltung in Pongiden und Menschenartige. Das ist erstaunlich, weil Sivapithecus sich in seinem Gebiß deutlich von allen anderen Pongiden unterscheidet und betont menschenähnliche Merkmale aufweist. Der Bau und die gegenseitigen Proportionen der Mahlzähne stimmen mit dem Gebiß späterer Formen überein, die in die Entwicklungslinie des Menschen fallen. Das gegenseitige Größenverhältnis der Schneide- und Backenzähne und die V-Form des Zahnbogens sind mit denen des Menschen weitestgehend identisch.

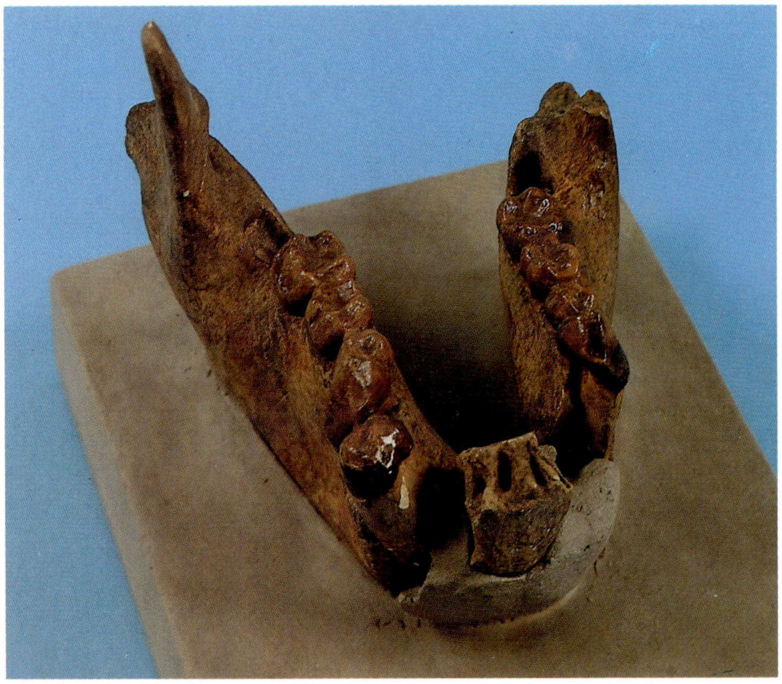

Fossilfunde zweier verschiedener Hominoiden aus Mitteleuropa: Das linke Bild zeigt den Oberschenkelknochen (Femur) einer Dryopithecus-Art (beschrieben als Paidopithex rhenanus), der in den Deinotheriensanden von Eppelsheim in Rheinhessen entdeckt wurde. Die rechte Abbildung gibt einen im Miozän von St. Gaudens (Frankreich) gefundenen Unterkiefer (Abguß des Originals) der Art Dryopithecus fontani wieder.

Die Lebendrekonstruktion zeigt Dryopithecus als einen schimpansenähnlichen Baumbewohner mit den für diesen Lebensraum charakteristischen Hangelarmen. Er kann sich auch auf den Hinterbeinen aufrichten.

Streitfrage:

Stammvater der Menschenaffen

Im allgemeinen wird heute Aegyptopithecus als unmittelbarer Vorläufer der Hominoiden – also sowohl der Hominiden wie der Menschenaffen – angesehen. Manche Paläanthropologen wollen dagegen in der älteren Gattung Propliopithecus die Vorfahren der Hominoiden erkennen.

Beide Ansichten stehen einander allerdings nicht besonders fern, zumal die in Frage kommende Gattungen miteinander verwandt sind.

Für Aegyptopithecus als direkten Vorläufer spricht, daß er bereits Skelettmerkmale aufweist, wie sie für die Gattungen Proconsul und Dryopithecus charakteristisch sind. Insbesondere sein Gebiß mit fünfhöckrigen Backenzähnen (Molaren) zeigt deutlich hominoide Züge. Andere Merkmale des Aegyptopithecus wie z. B. sein Schwanz, dessen Gestalt allerdings unbekannt ist, finden sich bei Hominoiden nicht.

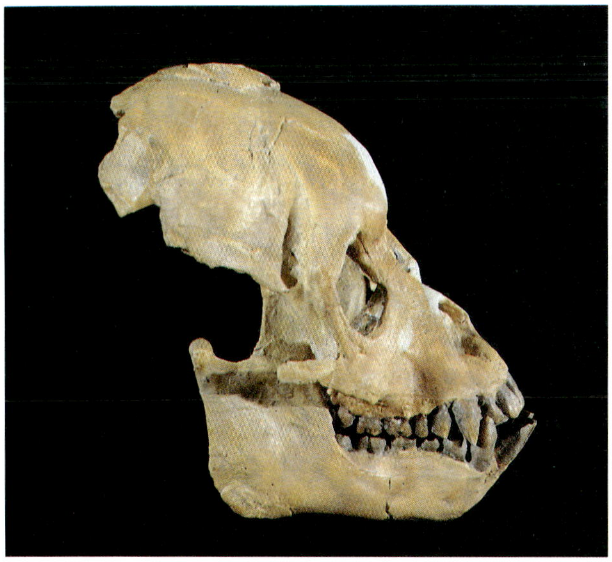

Der fossile Schädel des frühen Pongiden Proconsul läßt die charakteristischen Merkmale gut erkennen: Schwache Überaugenwülste und schmale, weit vorgeschobene Kiefer.

Bezahntes fossiles Unterkieferfragment des Sivapithecus (Keniapithecus) wickeri aus dem Oberen Miozän von Fort Ternau im Westen Kenias

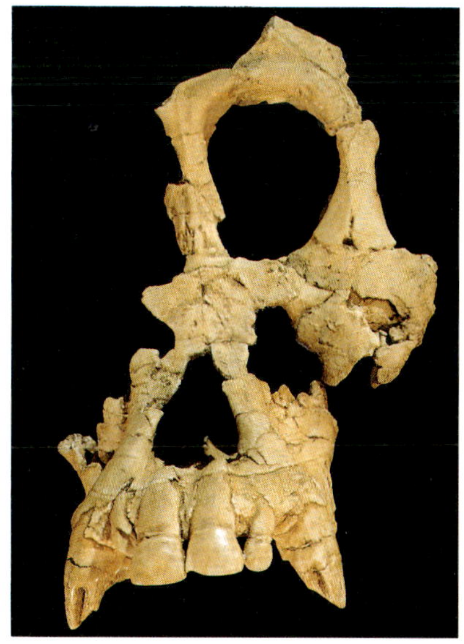

Das Gesichtsschädel-Fragment eines Sivapithecus zeigt die ausgeprägten, kräftigen Eckzähne der Gattung.

Mehrere Entwicklungslinien führen von den Affen weg

24–5 Mio. Sicher ist der erste bekannte Vorfahre der zu den Menschenaffen und den Hominiden führenden Entwicklungslinie der Aegyptopithecus (→ 36–24 Mio./ S. 364) aus dem Unteren Oligozän (vor 34–32 Mio.). Erst aus der Zeit vor 24 bis 20 Jahrmillionen ist mit Proconsul ein weiteres Glied dieser Entwicklungsreihe überliefert. Er lebt in Ostafrika am Victoriasee. Zur Gattung Proconsul rechnet man drei Arten, die sich vor allem durch ihre Körpergröße voneinander unterscheiden: P. nyanzae, P. africanus und P. maior. Alle drei Arten besitzen gemeinsame Merkmale: An ihrem Schädel sind die Überaugenwülste nur schwach ausgebildet, ihre Kiefer sind schmal und weit vorgeschoben. Die Schnauze ist also noch wesentlich spitzer als die moderner Menschenaffen. Die unteren Backenzähne weisen fünf Höcker mit der Andeutung einer Y-förmigen Furche auf, wie sie etwas später bei den Dryopithecinen (→ S. 380) ausgeprägt erscheint.

Diesen in Richtung Hominiden führenden Merkmalen steht u. a. das sogenannte Affengrübchen gegenüber, ein typisches Merkmal aller rezenten Menschenaffen, das der Verstärkung des Unterkiefers dient. Andererseits weist die Fußsohle von Proconsul bestimmte anatomische Züge auf, die die Entwicklung zur menschlichen Fußsohle denkbar erscheinen lassen. Dennoch ist die Entwicklung derartiger »hominider« Merkmale nicht unbedingt als Hinweis auf eine geradlinige Entwicklung zu den Menschenartigen hin zu bewerten. Viele derartige Merkmale erscheinen in mehreren Entwicklungslinien unabhängig voneinander. So bleibt Proconsul auf seiner Evolutionsstufe bis in eine Zeit stehen, in der schon höhere hominoide Formen auftreten, etwa bei dem ihm nahe verwandten Dryopithecus und beim Ramapithecus (→ S. 380).

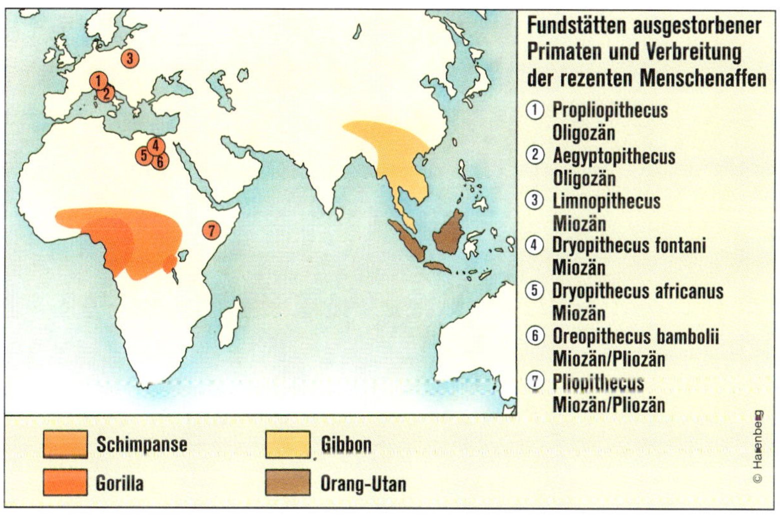

Im Norden der Serengeti-Steppe schneidet sich in das flache Land die Olduwai-Schlucht tief ein. Hier lebten einige Jahrmillionen hindurch verschiedene frühe Pongiden und frühe Hominiden (Australopithecus, Homo habilis u. a.) nebeneinander.

Wirrwarr der Gattungsnamen

Unter den Bezeichnungen der frühen Menschenaffengattungen gibt es eine Reihe von Synonymen. Hier die wichtigsten:

▷ Udabnopithecus, gefunden bei Udabno in Grusinien, ist eine Dryopithecus-Form.
▷ Hungaropithecus, gefunden in Ungarn, gehört ebenfalls zu den Dryopithecinen.
▷ Giganthropus ist ein altes Synonym für Gigantopithecus.
▷ Sivapithecus gigantius aus Nordindien ist wesentlich größer als die anderen Sivapithecus-Arten und wahrscheinlich eine Übergangsform zu Gigantopithecus.

Die Tatsache, daß es vor allem in der ersten Hälfte des 20. Jahrhunderts häufig zu Doppelbenennungen von Gattungen und sogar Familien kam, läßt sich daraus erklären, daß die meisten Funde keine kompletten Schädel oder Skelette sind, sondern nur einzelne Knochen. Dabei machen selbst Kieferknochen die Abgrenzung von Gattungen nicht immer leicht.

Aus Knochenresten des Mittleren Miozäns von Steinheim am Albuch rekonstruierten Paläozoologen das Skelett von Micromeryx und aus diesem wiederum das vollständige Tier. Micromeryx gehört zur Familie der Moschustiere und zeichnet sich durch lange Reißzähne im Oberkiefer aus.

Muntiacus ist ein miozäner Hirsch, der etwa 80 cm Schulterhöhe erreicht. Das hier abgebildete Fossil wurde in Höwenegg in Südbaden gefunden.

Pferde, Kamele und Giraffen besiedeln die Steppen

24–5 Mio. Der Wandel im Vegetationsbild vieler Regionen besonders der nördlichen Hemisphäre vom Wald zur offenen Steppe zieht zahlreiche neue Säugetierformen nach sich, die sich diesem neuen Lebensraum anpassen. Dominierend sind hierbei die Huftiere.

Neue Pferdegattungen erscheinen in Nordamerika, Europa, Asien und Afrika. Als Seitenzweig ist im Miozän das kleine (60 cm Schulterhöhe) Anchitherium weit verbreitet. Es ähnelt dem oligozänen Mesohippus (→ 30–24 Mio./S. 357) und ist noch ein Blätterfresser.

Das amerikanische Parahippus ist mit 1 m Schulterhöhe etwas größer und kann aufgrund seiner kräftigen Backenzähne bereits Präriegräser weiden. Als das erste Pferd, das sich ausschließlich von Gras ernährt, ist das in Herden lebende amerikanische Merychippus bekannt. Es lebt in den Prärien Nebraskas und besitzt erstmals hochkronige Zähne. Da diese Zähne im Kiefer viel Platz benötigen, hat das Tier bereits die typische Kopfform moderner Pferde mit ausladenden Kiefern.

Wenig später erscheint Hipparion, das bis auf seine drei Zehen, von denen allerdings nur eine einzige den Boden berührt, den heutigen Pferden weitgehend ähnelt.

Unter den Paarhufern entwickeln vor allem die Kamele (Camelidae) zahlreiche Anpassungen an Steppen und Halbwüsten. Auch sie entstehen zunächst in Nordamerika und entwickeln im Verlauf des Oberen Eozäns (vor ca. 40 Mio.) im Wald lebende Frühformen, bis sie schließlich vor ungefähr 10 Mio. Jahren ihre Blütezeit erreichen. Das 1,5 m lange Procamelus aus Colorado ist wohl der direkte Vorfahre der heutigen Kamele. Seine den modernen Kamelen ähnliche schwielige Fußausbildung befähigt es zum Gehen auf weichem Sandboden. Gegen Ende des Miozäns erscheinen einige besonders großwüchsige, langhalsige Seitenlinien der Kamele, etwa Oxydactylus oder das giraffenähnliche Aepycamelus. Auch allererste Giraffen (Giraffidae) sind für diese Zeit in Gestalt des in Libyen heimischen Prolibytherium nachweisbar. Diese Gattung ähnelt wahrscheinlich dem heutigen Okapi.

Das rund 1 m hohe Pferdchen Merychippus ist im Mittleren bis Oberen Miozän in Nebraska zu Hause. Als erstes Pferd ernährt es sich ausschließlich von Gras. Das erfordert hochkronige Zähne sowie einen längeren Hals als bei den Vorgängern, um sich zur Nahrung herabbeugen zu können.

◁ Trotz seines giraffenartig langen Halses ist Alticamelus latus ein Kamel. Es tritt nur mit den Zehen (und Fingern) auf, lebt vor 15 bis 9 Mio. Jahren im nordamerikanischen Baumgrasland und weidet das Laub der Bäume ab.

Huftiere auch in feuchten Zonen

24–5 Mio. Auch außerhalb der neuen Steppenlandschaften (→ S. 382) entwickeln sich neue Huftierformen. Sie leben in feuchten Wäldern, Sümpfen und z. T. sogar im Wasser. Unter den Unpaarhufern ist es vor allem das in Nebraska (Nordamerika) beheimatete, bis 4 m lange Teleoceras, das zu den Nashornartigen (Rhinocerotidae) gehört und mit seinem massigen Rumpf und gedrungenen Beinen einem riesigen Flußpferd ähnelt. Ungleich diesem trägt es jedoch ein kurzes, breit-konisches Horn auf der Nase.

Auch die Flußpferde selbst (Familie Hippopotamidae) erscheinen in dieser Zeit. Vermutlich stammen sie von den Nabelschweinen (Familie Tayassuidae) ab, die sich mit frühen Formen im nordamerikanischen Oligozän (36 – 24 Mio.) entwickelten und im Miozän auch Eurasien und Afrika besiedeln. Diese Nabelschweine oder Pecaris, die den echten Schweinen verwandtschaftlich sehr nahestehen, sind außerordentlich anpassungsfähig und können in den unterschiedlichsten Lebensräumen – vom tropischen Regenwald bis zur Wüste – leben.

Die Hippopotamus-Arten besiedeln hingegen den Sumpf als ökologische Nische. Teils leben sie auf dem Land und teils im Wasser (semiaquatisch). Nur wenige bevorzugen die Wälder. Heute sind sie nur noch durch zwei Arten, nämlich durch das Zwergflußpferd und das Nilpferd vertreten. Die Flußpferde aus dem Miozän ähneln dem modernen Hippopotamus amphibicus (also dem Nilpferd) bis auf die Körpergröße und anatomische Details außerordentlich. Mit bis zu 4,3 m Länge sind sie aber ungleich größer. Auffällig sind auch die auf periskopartig emporstehenden Stielen sitzenden Augen, die es den Tieren erlauben, selbst dann noch über die Wasseroberfläche zu blicken, wenn fast der ganze Kopf untergetaucht ist.

Auch unter den schweineähnlichen Merycoidodontidae Nordamerikas bilden sich jetzt Formen heraus, die im Sumpf leben, z. B. das 1 m lange Promerycochoerus, das wie die Flußpferde wahrscheinlich semiaquatisch in den Sümpfen Oregons vorkommt. Sein Körper ist wie bei den meisten Tieren dieses Lebensraums auffallend lang und ruht auf kurzen, gedrungenen Beinen.

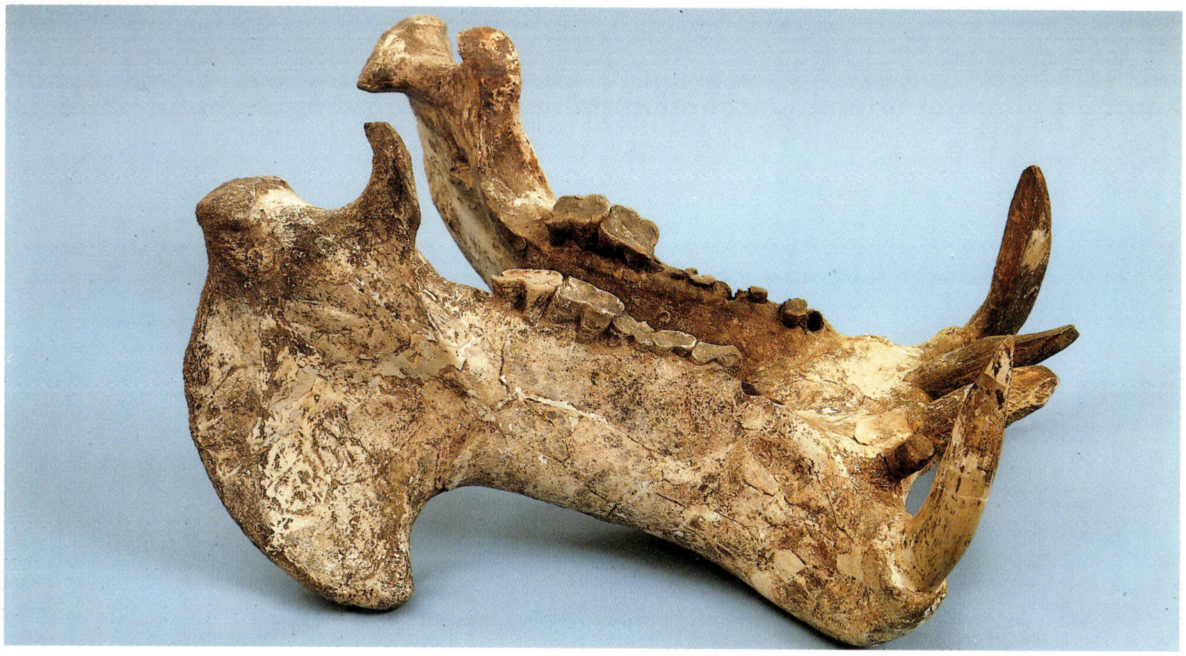

△ Aus dem älteren Pleistozän stammt dieser fossile Unterkiefer eines Flußpferdes der Art Hippopotamus amphibius. Er fand sich in Sedimenten bei Issoire (Frankreich).

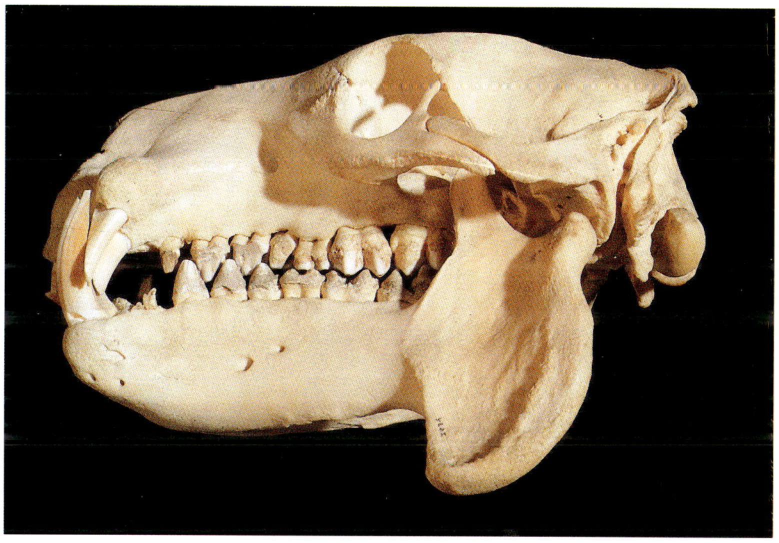

◁ Der Schädel des Flußpferdes der Gattung Hexaprotodon (früher als Choeropsis bezeichnet) zeigt ein Pflanzenfressergebiß, das sich gleichermaßen zum Abreißen wie zum Zerreiben der Nahrung eignet.

▽ Hippopotamus gorgops ist ein pleistozäner Nachfahre der obermiozänen afrikanischen Flußpferde. Das wuchtige Tier erreicht eine Länge von 4,3 m und gleicht sonst bereits rezenten Flußpferden.

Stenomylus verkörpert eine gazellenähnliche Seitenlinie der Kamele. Das 90 cm lange Tier lebt im Unteren Miozän in den Savannen Nebraskas.

Ein giraffenähnliches Kamel mit langem Hals und langen Beinen ist Oxydactylus, das in der nordamerikanischen Baumsavanne lebt und Laub frißt.

Schnelligkeit macht das Leben in der Savanne sicherer

24–5 Mio. Das beste Mittel der großen in den weiten Savannen dieser Zeit lebenden Grasfresser, ihren Feinden zu entgehen, ist die Flucht. Die Extremitäten der primitiven Huftiere (Ungulata, → 55–36 Mio./ S. 333), die noch an ein Leben im Wald gewöhnt waren, sind meist kurz, gedrungen und fünfzehig. Die Tiere treten mit der ganzen Fußsohle auf. Dieser Bauplan ändert sich gründlich. Durch Steilstellung des Mittelfußes entwickelt sich ein Fuß, der nur noch mit den Zehen auftritt. Im weiteren Verlauf der Evolution berühren nur noch die Zehenspitzen den Boden. Bei schnellen Läufern werden darüber hinaus der Mittelfuß und die Unterschenkelknochen stark verlängert.

All diese Merkmale betreffen jeweils auch die vorderen Gliedmaßen. Bei den Unpaarhufern werden der mittlere, bei den Paarhufern der dritte und vierte Zeh einschließlich der zugehörigen Mittelfußknochen verstärkt. Die übrigen Zehen bilden sich zurück. Häufig werden auch das Wadenbein und die Elle reduziert. Ursprünglich getrennte Fuß- bzw. Handwurzelknochen können miteinander verwachsen.

Huftiere mit großem Körpergewicht entwickeln besonders kräftige, säulenartige Gliedmaßen. Das führt aber nicht zu schnellen Tieren, sondern häufig zu langsamen Sumpfbewohnern. Bei ihnen sind die Oberschenkel länger als die Unterschenkel, und auch ihre Mittelfußknochen sowie die Zehen sind kurz.

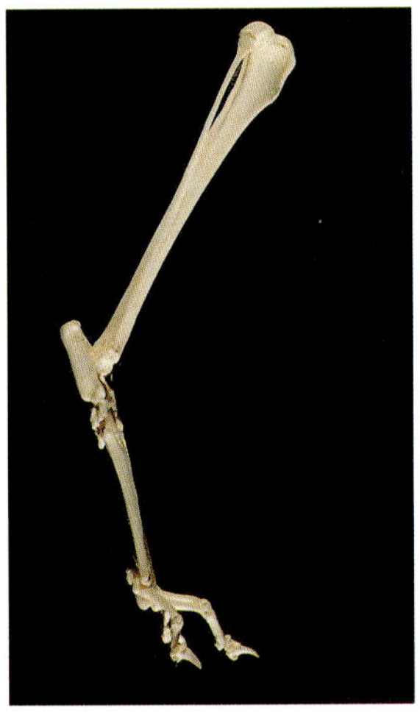

Hinterbein des Rotfuchses (Vulpes vulpes), eines Zehenspitzengängers

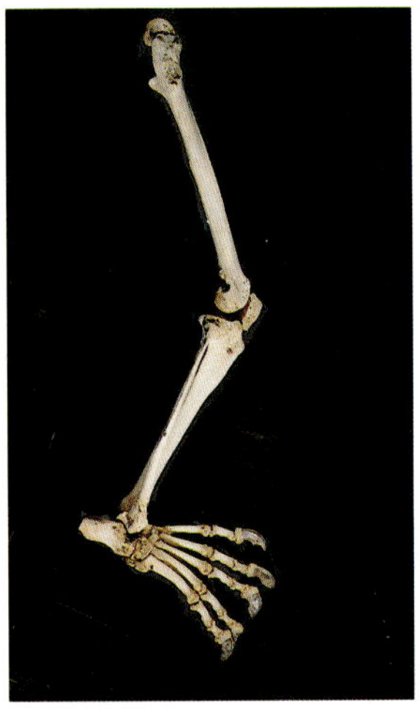

Dieses Hinterbein gehört zu einem Sohlengänger, dem Eisbären (Ursus arctos).

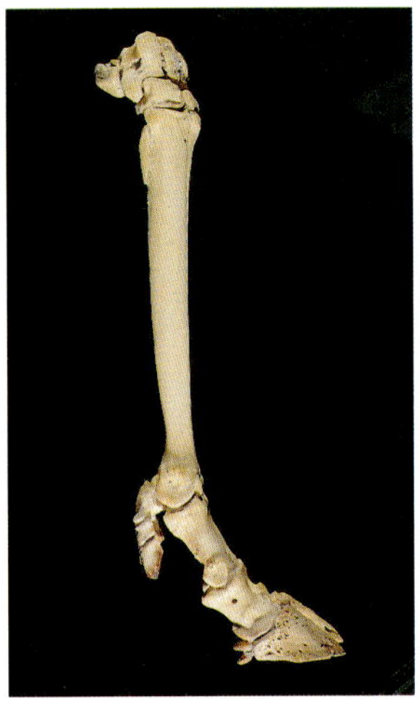

Um einen Paarhufer handelt es sich bei dem Hirsch Cervus elaphus.

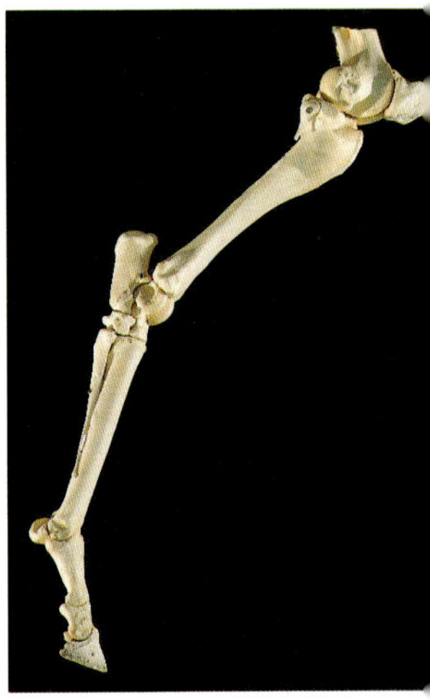

Das Pferd, Equus caballus, besitzt das Hinterbein eines typischen Unpaarhufers.

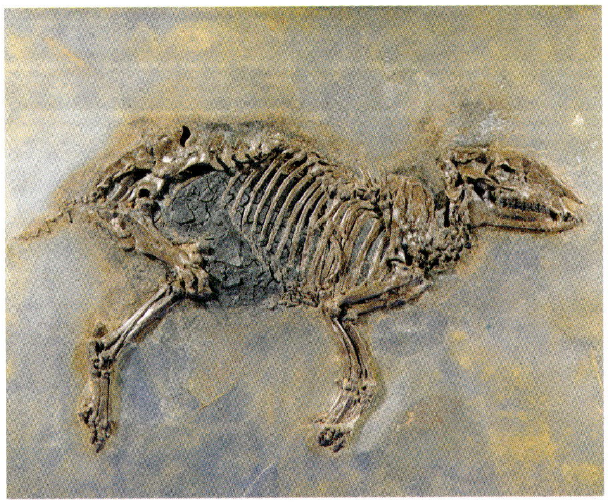

Einen noch im Waldland lebenden Unpaarhufer stellt das fossile Urpferdchen der Art Propalaeotherium parvulum aus dem Ölschiefer von Messel bei Darmstadt dar.

Die Gattung Messelobunodon lebte ebenfalls noch vor der Savannenbildung in Mitteleuropa. Sie umfaßt Paarhufer aus der Gruppe der Dichobuniden.

Das miozäne Dinohyus aus Nebraska und Süd-Dakota ist mit 3 m Körperlänge der größte Vertreter der schweineähnlichen Familie Entelodontidae.

An der Schwelle zwischen den laubfressenden und den rein grasfressenden Pferdearten steht das untermiozäne nordamerikansiche Pferd Parahippus.

Umstellung des Huftiergebisses

24–5 Mio. Während die primitiven Huftiere (Ungulaten) noch über ein vollständiges Säugetiergebiß (→ S. 245) verfügen, passen sich die Gebisse der Savannenbewohner an die harte, faserreiche Kost der Steppe an. Durch Verlängerung der Kiefer entstehen zwischen Schneidezähnen, Eckzähnen und Vorderbackenzähnen jeweils große Lücken. Die Schneidezähne (Inzisiven) verlieren ihre Schneidefunktion und dienen jetzt dem Abreißen der Pflanzen. Dabei können die oberen Inzisiven völlig verschwinden und durch ein hornartiges Polster ersetzt werden, gegen das die unteren Inzisiven arbeiten. Die funktionslos gewordenen Eckzähne bilden sich zurück oder verschwinden ganz. Sie können aber auch in der unteren Reihe die Form und Funktion der Schneidezähne mitübernehmen.
Deutlich verstärkt werden die Backenzähne. Um der größeren Kauleistung gerecht zu werden, vergrößert sich ihre Kaufläche, und ihre mechanische Resistenz wächst. Letzteres wird einmal durch den vierhöckrigen Aufbau sowie durch Basalwülste und Verstärkungspfeiler erreicht, zum anderen durch eine Fältelung des Schmelzes. Außerdem dient die Bildung eines widerstandsfähigen Zahnzements der weiteren Stabilisierung.
Die ausgesprochenen Grasfresser entwickeln hochkronige Zähne, die erst im Alter Wurzeln ausbilden. Zuvor wachsen sie kontinuierlich.

◁ Der fossile Mammutzahn ist ein Musterbeispiel für die sogenannte Hochkronigkeit. Ein »normaler«, ursprünglicher Säugetierzahn hat nur ein begrenztes Wachstum, und seine Krone ist niedrig. Bei vielen Steppentieren, deren wichtigste Nahrung – und oftmals das einzige Futter überhaupt – aus hartem Gras besteht, würden sich diese Zähne rasch abnutzen. Das Tier könnte nichts mehr fressen und müßte verhungern. Steppenbewohner haben deshalb meist Zähne, deren Wurzel sich erst im Alter schließt. Dadurch wächst die Krone stets von unten nach, während sie von oben her abgenutzt wird. Man nennt solche Zähne hochkronig oder hypsodont. Der Mammutzahn ist gleichzeitig durch sehr engstehende harte Lamellen vor schnellem Abrieb geschützt. Hochkronigkeit von Zähnen führt zu größeren Kiefern.

◁ Dieser Mammutzahn gehört zu einer Art, die während des Pleistozäns in warmen Regionen lebte und ein relativ weiches Nahrungsangebot (Laub) vorfand. Seine Lamellen stehen wesentlich weiter auseinander als bei dem oben gezeigten Zahn. Zugleich ist dieses Exemplar niederkronig oder brachyodont. – Fossile Zähne liefern unterschiedliche Informationen: Frisch durchgebrochene Molaren liefern aufgrund der Gesamtform (der Topologie) ihrer Krone Hinweise auf verwandtschaftliche Beziehungen, während sich aus dem Facettenmuster der Zahnleisten Schlüsse hinsichtlich der Ernährungsart (Fleisch- oder Allesfresser, weiche oder harte pflanzliche Kost) ziehen lassen.

Manche Rüsseltiere erreichen imposante Körpergrößen

24–5 Mio. Die ersten wahrhaft gigantischen Rüsseltiere entwickeln sich. Vermutlich ging die Ordnung der Rüsseltiere (Proboscidea, → 55–36 Mio./S. 330) aus primitiven Huftieren während des Eozäns (55–36 Mio.) in Indien hervor. Die ersten Arten waren meist nicht mehr als schweinegroß, hatten nur einen kurzen oder fast gar keinen Rüssel und besaßen auch noch keine Stoßzähne. Eine Ausnahme machte die Gattung Phiomia, die im Unteren Oligozän in Ägypten mit 2,5 m hohen Tieren vertreten war und bereits flache Stoßzähne im Unterkiefer besaß.

Im Miozän erscheinen mit Ausnahme der Antarktis und Australiens in aller Welt große bis sehr große Rüsseltiere. Die Unterordnung Deinotherioidea entsteht vermutlich in Afrika, breitet sich aber rasch auch über Mittel- und Südeuropa sowie Südasien aus. Sie überlebt bis vor etwa 2 Mio. Jahren. Die bis zu 4 m hohen Giganten besitzen sehr eigenartige Stoßzähne. Sie sind im Unterkiefer fixiert und steil nach unten gekrümmt.

Eine formenreichere Unterordnung ist die der Elephantoidea. Sie umfaßt drei Familien: Die Gomphotheriidae oder Mastodonten, die Elephantidae und die Mammutidae. Die Gomphotherien erscheinen erstmals mit der Gattung Phiomia im Unteren Oligozän. Im Miozän sind sie in Europa (Frankreich), Afrika (Kenia), Asien (Pakistan) und Nordamerika (Nebraska) mit der Gattung Gomphotherium vertreten. Diese 3 m großen Tiere besitzen in Unter- und Oberkiefer je zwei gewaltige Stoßzähne und haben einen langen Rüssel sowie einen fast gleichlangen Unterkiefer.

Verwandt mit dem Gomphotherium sind das etwas kleinere nordamerikanische Amebelodon mit Schaufelzähnen und das in der Alten Welt beheimatete Platybelodon. Letzteres ist mit einem flachen Rüssel und breiten Stoßzähnen in einem schaufelförmigen Unterkiefer ausgestattet, auf dem die Oberkieferstoßzähne aufliegen.. Weit verbreitet in Europa und Asien ist auch Anancus mit kurzem Rüssel und 3 bis 4 m langen Unterkieferstoßzähnen.

Auch ein erster Vertreter der Familie Mammutidae, das 3 m hohe wollige nordamerikanische Mammut, erscheint im Oberen Miozän.

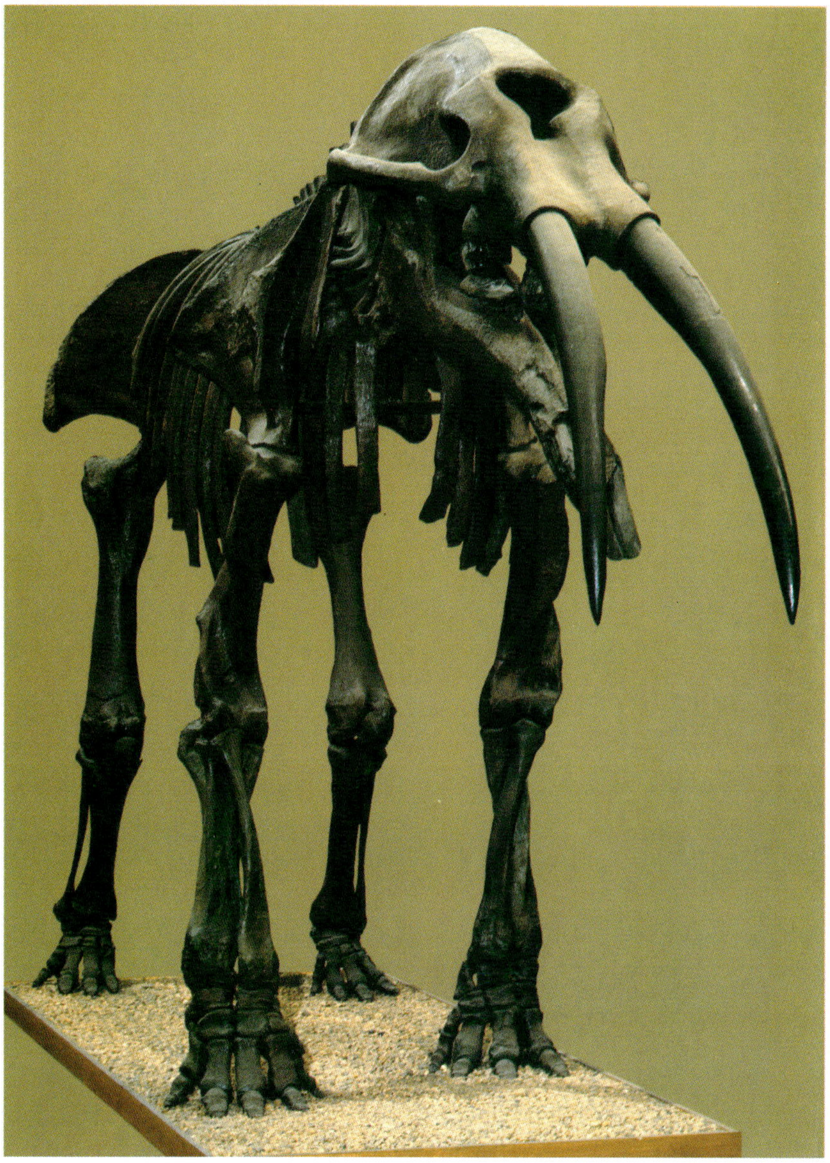

◁ *Gomphotherium ist ein wahrer Gigant unter den Rüsseltieren. Die Gattung zählt zur Familie Gomphotheriidae, die wiederum zur Unterordnung Elephantoidea der Rüsseltiere gerechnet wird. Der etwa 3 m hohe Riese ist trotz seiner gewaltigen Körpermasse offenbar recht erfolgreich, denn er ist im Unteren Miozän bis zum Unteren Pleistozän weit verbreitet. Überreste fand man sowohl in Europa (Frankreich, Deutschland) wie in Afrika (Kenia), Asien (Pakistan) und Nordamerika (Nebraska). Da die Funde natürlich unabhängig voneinander erfolgten, wurde die Gattung zunächst unter verschiedenen Bezeichnungen beschrieben, u. a. Trilophodon und Tetrabelodon.*

▽ *Die Gattung Platybelodon gehört ebenfalls zur Familie Gomphotheriidae. Auch sie bringt im Oberen Miozän Giganten von 3 m Körperhöhe hervor. Zu Hause ist Platybelodon in Europa (Kaukasus), Asien (Mongolei) und Afrika (Kenia). Zusammen mit der nahe verwandten nordamerikanischen Gattung Amebelodon bezeichnet man Platybelodon als »Schaufelzähner«, denn die Unterkieferstoßzähne beider Gattungen sind flacher und breiter als die Oberkieferstoßzähne. Der schaufelförmige Unterkiefer hat seitliche Einbuchtungen, in die sich die oberen Stoßzähne bei geschlossenem Maul hineinschmiegen.*

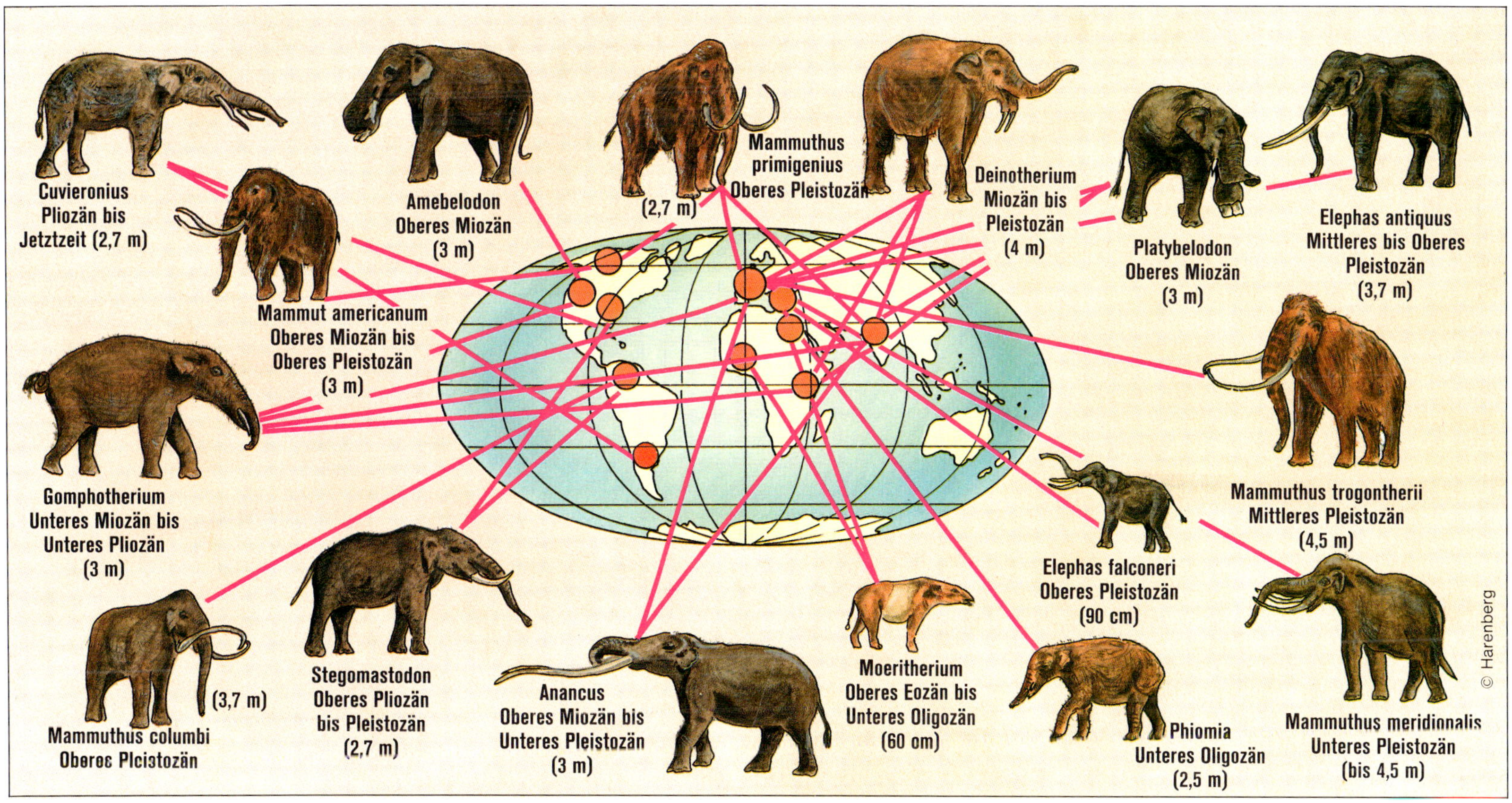

Heute ist die einst umfangreiche Ordnung der Rüsseltiere nur noch durch die Elefanten vertreten und in ihrer geographischen Ausbreitung auf Zentral- und Südafrika einerseits und Indien andererseits beschränkt. Entwickelt hat sich diese Ordnung vermutlich in Nordindien, und zwar aus primitiven Huftieren, die auch die Vorfahren der heutigen Schliefer und Seekühe sind. Ursprünglich – wahrscheinlich während des Eozäns (vor 55–36 Mio. Jahren) – nur knapp schweinegroß, sind aus ihnen im späten Miozän bis zu 4 m hohe Riesen geworden, und sie haben sich über vier Kontinente ausgebreitet. Ihre große Zeit reicht bis ins Pleistozän, in dessen Verlauf sie ihre wahrscheinlich größte Ausbreitung und ihren größten Artenreichtum erreichen. In Europa sind die Rüsseltiere zu dieser Zeit ebenso zu Hause wie in Sibirien, Südasien, ganz Afrika, Nordamerika und dem nördlichen Südamerika.

Wie sich die Hauptformen voneinander unterscheiden

Die drei Unterordnungen der Rüsseltiere lassen sich durch typische Körpermerkmale unterscheiden.

▷ Unterordnung Moeritherioidea: Mittelgroße Tiere mit Rüssel und verlängertem Rumpf. Die einzige bekannte Gattung, Moeritherium, lebt amphibisch (Eozän bis Unteres Oligozän).

▷ Unterordnung Elephantoidea: Artenreichste Gruppe. Die Höcker der Backenzähne sind in Querreihen angeordnet und miteinander zu Jochen verbunden. Die Schneidezähne sind als permanent wachsende Stoßzähne ausgebildet.

Die Familie Gomphotheriidae (Mastodontidae) hat Backenzähne, deren stumpfe Höcker noch weitgehend voneinander isoliert sind. Die unteren Stoßzähne verschwinden.

Die Familie Elephantidae umfaßt Abkömmlinge der Gomphotheriidae, deren Backenzähne aus vielen quer gestellten Lamellen aufgebaut sind. In dieser Familie entwickeln sich drei Hauptlinien: Mammuthus, Loxodonta und Elephas.

Die Familie Mammutidae faßt zygodonte Formen mit Backenzähnen zusammen, bei denen die Höcker der Kronen zu Leisten oder Kämmen miteinander verbunden sind. Die Querjoche sind gratartig scharf. Zurückgebildet sind die unteren Stoßzähne. Nachfahren sind die Stegodontidae.

▷ Unterordnung Deinotherioidea: Mittelgroße bis sehr große Rüsseltiere mit mächtigen, steil abwärts gekrümmten Stoßzähnen im Unterkiefer. Im Unterschied zu allen anderen Rüsseltieren besitzen sie im Oberkiefer keine Schneidezähne. Die Backenzähne sind niederkronig, und ihre Höcker sind miteinander zu Leisten verbunden.

Deinotherium repräsentiert die Rüsseltiere mit den mächtigsten Ausmaßen: Die Tiere werden bis zu 4 m hoch. Das besondere Kennzeichen der Gattung, die zugleich eine eigene Unterordnung (Deinotherioidea) der Rüsseltiere darstellt, sind die nach unten gebogenen unteren Stoßzähne. Vielleicht dienten sie zum Schälen von Bäumen oder zum Ausgraben von Knollen.

Ameisenbären wandern von Europa nach Amerika

24–5 Mio. Über die Entwicklungsgeschichte der Ameisenbären oder Ameisenfresser (Myrmecophagidae) ist wenig bekannt. Lange Zeit hatte man geglaubt, sie stammten ursprünglich aus Amerika, bis in Messel (→ S. 328) die fossile Art Eurotamandua aus dem Mittleren Eozän gefunden wurde. Im Miozän sind die Ameisenbären in Europa offenbar bereits ausgestorben; dafür erscheint in Amerika die Art Protamandua, die sich ausschließlich von Ameisen und Termiten ernährt. Das Tier ähnelt weitgehend der modernen Form Tamandua.

Die zu den Zahnarmen (Xenarthra, → 60–55 Mio./S. 322) gehörenden Ameisenbären haben als einzige Familie dieser Ordnung überhaupt keine Zähne. Mit ihren starken Klauen reißen sie die Nester von Ameisen und Termiten auseinander und stecken ihre wurmförmige, klebrige Zunge in das Nest, an der die Insekten haften bleiben. Dieser Ernährungsweise kommt auch das röhrenförmig verlängerte Maul entgegen.

Bewohner der Tropenwälder Mexikos und Paraguays sind die heute lebenden vier Ameisenbärenarten. Es ist sicher, daß Mitglieder der Familie im Laufe des Miozäns Nordamerika erreichen, und zwar sehr wahrscheinlich über Asien und die Landbrücke nach Alaska. Vermutlich wandern sie gegen Ende des Miozäns auch bereits nach Südamerika.

Heute sind Myrmecophagiden u. a. durch den Großen Ameisenbären (Myrmecophaga tridactyla) in Südamerika vertreten.

Der rezente Kleine Ameisenbär oder Tamandua (Tamandua tetradactyla) lebt ebenfalls in Südamerika.

Die Ordnung der Zahnarmen (Xenarthra) umfaßt drei Unterordnungen: Cingulata (Gürteltiere), Myrmecophaga (Ameisenbären) und Pilosa (Faultiere). Zu den Faultieren wiederum gehört u. a. die Familie Megatheriidae und zu dieser die abgebildete Gattung Hapalops. Sie ist im Unteren bis Mittleren Miozän in Patagonien heimisch. Mit rund 1 m Körperlänge ist Hapalops gegenüber später auftretenden Faultieren noch klein. Der Kopf ist auffällig kurz, und der Rumpf wirkt im Verhältnis zu den relativ langen schlanken Beinen recht gedrungen.

Borstenigel und Goldmulle

24–5 Mio. Mit den Goldmullen (Chrysochlorida) und den Borstenigeln (Tenrecomorpha) entwickeln sich zwei neue Unterordnungen der Insektenfresser (Insectivora, → 97–66 Mio./S. 302).

Die Goldmulle sind dem Maulwurf ähnliche Tiere mit Backenzähnen, deren Kronen die Form eines V haben (zalambdodontes Gebiß). Sie besitzen einen walzenförmigen Körper und leben in Afrika.

Zu den Borstenigeln gehören spitzmausähnliche, aber auch otterähnliche Tiere. Ihr Gebiß ist ebenfalls zalambdodont. Charakteristisch sind ihr meist borstiges bis stacheliges Fell und die rüsselartig verlängerte Schnauze. Sie leben in Afrika und auf Madagaskar.

Das Schädelskelett des Borstenigels (Tenrec ecaudatus) läßt deutlich die schlanke, nach vorn zugespitzte Kopfform des Tieres erkennen. Auch die charakteristischen V-förmigen Backenzähne sind bei diesem Exemplar gut erhalten.

Erdferkel mit Röhrenzähnen

24–5 Mio. In Afrika erscheinen die ersten Vertreter der formenreichen Säugetierordnung der Röhrenzähner (Tubulidentata) mit der Familie der Erdferkel (Orycteropidae). Die bis zu 1,4 m großen Tiere ernähren sich von Insekten, und ähnlich den Ameisenbären ist ihre Schnauze röhrenförmig verlängert. Hervorragend entwickelt ist ihr Geruchssinn.

In ihrem Gebiß fehlen sowohl Schneide- wie Eckzähne, und die Backenzähne sind durchweg gleichförmig und schmelzlos, wachsen aber zeitlebens weiter. Ihr stabiler Zementmantel weist darauf hin, daß sie wohl harte Insekten (Ameisen, Termiten) zerbeißen. Im Mittleren Miozän wandern die Erdferkel auch nach Eurasien.

Die einzelnen Zähne der Röhrenzähner setzen sich aus einer großen Zahl dicht nebeneinanderstehender Röhren zusammen. Am Schädelskelett des Erdferkels (Orycteropus afer) fällt das Fehlen der Schneide- und Eckzähne auf.

Fossillagerstätte am Bodensee

Um 14,5 Mio. Bei Öhningen, in der Nähe von Schienberg am Bodensee und in der Nordschweiz fossilisieren in einem Küstengebiet in Mergeln, Tonen, Süßwasserkalken und bituminösen Sedimenten von bis zu 300 m Mächtigkeit über 1000 Tier- und Pflanzenarten. Besonders zahlreich sind Fische der Gattungen Hecht (Esox), Rotauge (Leuciscus), Steinbeißer (Cobitis) und Meergrundel (Gobius), daneben der Riesensalamander Andrias sowie Reptilien. Zu den wichtigsten Fossilien dieser Region gehören ferner Paarhufer, Rüsseltiere, Nagetiere und andere Säuger des Mittleren Miozäns.

In den Sedimenten der Süßwassermolasse von Öhningen blieben auch Insekten fossil gut erhalten, darunter dieser Käfer (Cleonus).

Bei diesem Blattkäfer (Galeruca aemula) sind selbst die Flügeldecken (Elytren) überliefert.

Versteinerungen in Griechenland

10–5 Mio. In Pikermi in der Nähe von Athen (Griechenland) entsteht eine wichtige Fossillagerstätte im Süßwasserbereich.

Hier werden in Flußsedimenten in einer flachen Landschaft vor allem Säugetiere überliefert, die ganz offensichtlich zu einer ausgeprägten Steppenfauna gehören. Erhalten bleiben Knochenreste von frühen Pferden (Hipparion, → S. 382), Deinotherium (→ S. 387) und von Mastodonten (→ S. 386). Ähnliche Fossilien lagern sich auch im Gebiet der Insel Samos ab.

Palaeolagus ist eine frühe Gattung der Ordnung der Hasenartigen (Lagomorpha). Im Oligozän waren diese einem heutigen Kaninchen ähnlichen Tiere bereits in Nordamerika verbreitet. Das nebenstehend abgebildete fossile Skelett mit den kräftigen Sprungbeinen fand sich ebenfalls in den Öhninger Molassesedimenten.

Knochenüberreste belegen Paarhufer

24–15 Mio. In der Harrison-Formation, Sandsteinsedimenten im Tal des Niobrara River in Nebraska (USA) versteinern in großer Zahl Säugetierreste. Die Fossillagerstätte ist als Agate Fossil Beds National Monument bekannt.

Die Fossillage ist zwar nur etwa 1 m mächtig, aber sehr reich an Knochen. Dabei sind z. T. bemerkenswerte Gattungen erhalten, etwa das Nashorn Menocerus oder der 2 m lange Moropus, ein Unpaarhufer (→ 55–36 Mio./S. 335).

Etwa 3 m lang sind die hier belegten schweineähnlichen Entelodontiden der Gattung Dinohyus. Auch Paarhufer finden sich, u. a. Stenomylus, ein nur etwa 90 cm langes gazellenähnliches Tier, das eine Seitenlinie der Kamele repräsentiert.

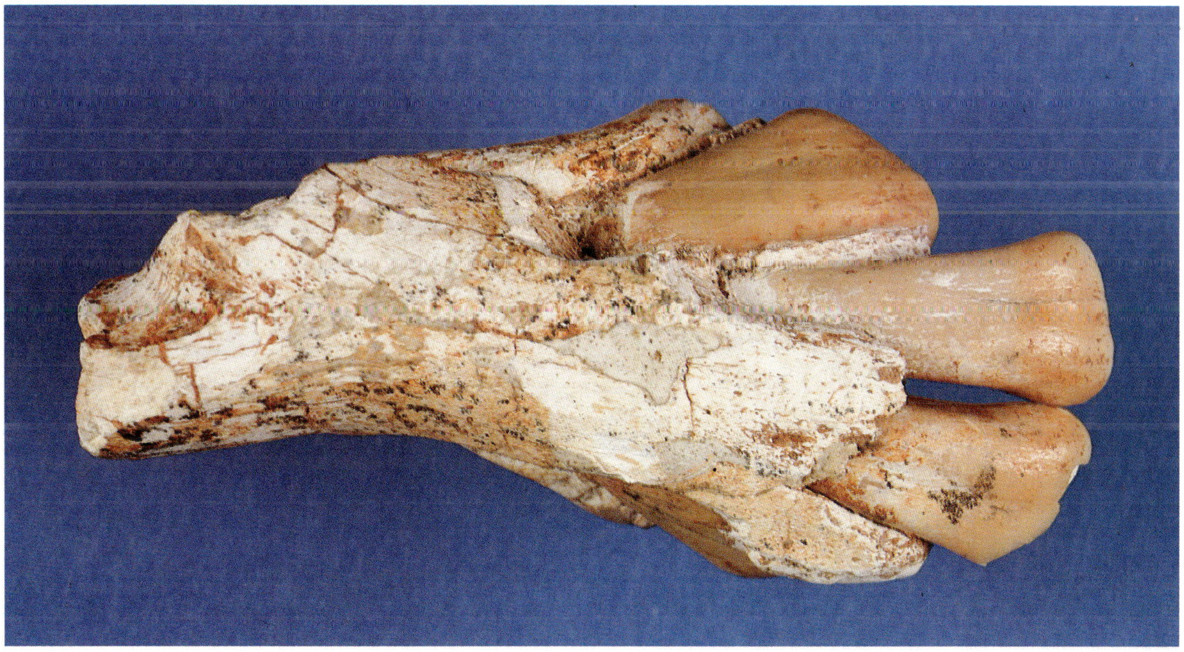

Aus der Fossillagerstätte Pikermi bei Athen stammt dieser infolge einer Mißbildung nicht artgerechte Unterkiefer eines Hipparion mediterraneum: Das Tier hat nur drei statt der normalen vier Zähne.

Korallenriffe verschieben sich weiter zum Äquator

24–5 Mio. Auch in dieser Zeit wandern sowohl der kontinentale Salzgesteinsgürtel wie der marine Korallenkalkgürtel kontinuierlich weiter in Richtung äquatorialer Breiten. Diese Entwicklung ist eine Folge globaler Klimaverschiebungen und hält schon seit rund 450 Jahrmillionen an. Besonders ausgeprägt ist sie auf der Nordhalbkugel, wo sich der kontinentale Trockengürtel aus polnahen Regionen bis auf die Höhe der heutigen nordamerikanischen, nordafrikanischen, arabischen und zentralasiatischen Wüstengebiete verschiebt. Entsprechend bewegen sich die Riffzonen in den Meeren.

Fischfauna bezeugt weltweite Abkühlung

Zahlreiche marine Klimazeugen belegen die Abkühlung der Meere in dieser Zeit. So sind z. B. zu Beginn des Miozäns unter den Fischfaunen Westdeutschlands noch rund 16% tropisch-subtropischer Arten vertreten, von denen im Oberen Miozän keine einzige mehr hier vorkommt. Dagegen vermehren sich die Arten, die kühle Klimate lieben, in dieser Zeit von etwa 9 auf 14%. Ein ganz ähnliches Bild bieten die Meeresweichtiere der pazifischen Küste Nordamerikas. Allerdings lassen sie zugleich deutlich erkennen, daß die Wassertemperaturen während des Miozäns Schwankungen aufweisen. Eine ausgeprägte Schwankung läßt sich hier im Mittleren Miozän, vor etwa 16 bis 10 Mio. Jahren, nachweisen. In dieser Zeit ist es zumindest in dem genannten geographischen Raum vorübergehend deutlich wärmer. Die einzelnen Meeresfaunenzonen reichen im Pazifik entsprechend weiter nach Norden. Das betrifft auch die Ausweitung von Korallenkalken.

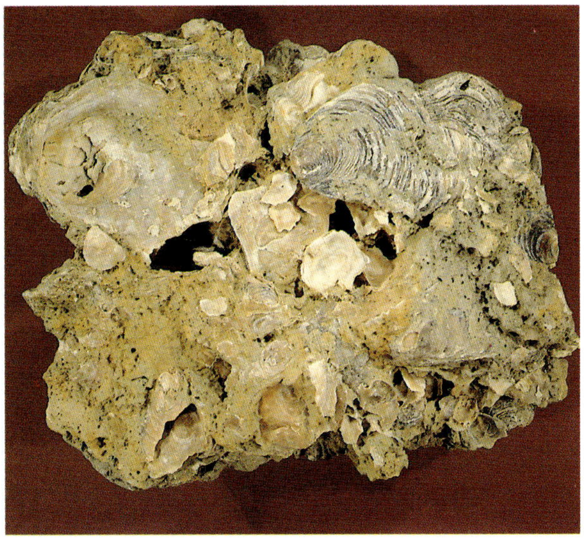

Aus dem Pliozän Griechenlands stammt dieser fossile Muschelschill. Er baut sich aus einer Vielzahl von zusammengespülten Austernschalen auf.

Muscheln der Gattung Mactra und Meeresschnecken der Gattung Bullia bilden diesen jungtertiären fossilen Schill aus der Gegend von Nexing bei Wien.

Etwas andere Werte ergeben sich für die Südhalbkugel. Hier herrscht ein Meerestemperaturmaximum bereits im vorausgehenden Oligozän, während die Temperaturen im gesamten Miozän relativ gleichmäßig abnehmen. Für Australien gelang es, anhand mariner Muscheln einen Temperaturrückgang von etwa 17 °C zu Beginn des Miozäns auf rund 11 °C an der Wende Miozän/Pliozän nachzuweisen. Die Messung stützt sich dabei auf die sogenannte Sauerstoff-Isotopen-Methode, die modernste Methode der Paläoklimatologie. Sie ergibt direkte Temperaturwerte (s. Beitrag über Geochronologie, im Anhang). Die für Australien auf diese Weise ermittelten Werte streuen für verschiedene Muschelarten maximal bis zu fünf Grad, bezeugen aber bei jeder einzelnen Art die allgemeine Tendenz abnehmender Wassertemperatur.

Aus festgewachsenen Schneckengehäusen (Gattung Vermetus) und Kalkalgen besteht dieses sogenannte Vermetidenriff. Es markiert die äußerste Grenze der Riffbildung, wo keine Korallen mehr existieren.

Die Rote Edelkoralle (Corallium rubrum) ist wie die meisten Korallenarten ein Klimaindikator: Sie benötigt warmes Wasser.

Entwicklung der Meeresweichtiere

In dieser Zeit haben bis heute überlebende marine Molluskenarten bereits einen Gesamtanteil von 20 bis 40% an der Meeresfauna. Diese statistische Angabe ist insofern charakteristisch für das Miozän, als der Zeitraum aufgrund dieses Zahlenwertes als geologische Einheit definiert ist. Entsprechendes gilt für alle anderen geologischen Serien des Tertiärs (66–1,7 Mio.). So liegt der Anteil heute lebender Molluskenarten an der Gesamtmeeresfauna im Paläozän noch bei 0% und im Eozän erst bei 1 bis 5%. Im Oligozän erreicht er 10 bis 15%. Erst im Neogen, das die Serien Miozän und das folgende Pliozän umfaßt, nimmt dieser Anteil stärker zu. Nach den genannten 20 bis 40% für das Miozän erreicht er während des Pliozäns schließlich 50 bis 90%. Zur Gliederung des Tertiärs arbeitet man auch mit Leitfossilien.

Ohrenrobben und erste Walrosse

24–5 Mio. Unter den meeresbewohnenden Raubtieren (Pinnipedia, → 30 Mio./S. 354) entwickeln sich vor etwa 23 Mio. Jahren an der nordamerikanischen Pazifikküste die Ohrenrobben (Familie Enaliarctidae). Sie gleichen äußerlich sowohl Ottern wie Seelöwen. Typische Seelöwenmerkmale sind die großen Augen und die langen Spürhaare im Gesicht. Die Lebensweise der Ohrenrobbe entspricht wahrscheinlich jener des Seeotters.

Vor etwa 18 Mio. Jahren entwickelt sich aus den Enaliarctiden die Familie Desmatophocidae, primitive Seelöwen, die den Seehunden ähneln. Anders als diese können sie jedoch ihre Hinterfüße nach vorne stellen und sich aufrichten. Die bis zu 1,7 m langen Tiere leben an Nordamerikas Westküste und in Japan.

Ebenfalls aus Enaliarctiden-Formen gehen vor etwa 15 Jahrmillionen die Walrosse (Familie Odobenidae) hervor. Während ihre Vorgänger vorwiegend Fische fressen, ernähren sie sich hauptsächlich von Muscheln. Die oberen Eckzähne sind Stoßzähne, mit denen sie im Meeresboden nach ihrer Beute stochern.

Ein weiterer Zweig der Enaliarctiden führt ab Oberem Miozän zu den Entwicklungslinien der modernen Ohrenrobben, der modernen Seelöwen und der Seebären.

Robben sind gesellige Tiere: Wie hier im Westen Namibias leben sie in z. T. sehr großen Kolonien von einigen Zehntausend Mitgliedern. Um den gewaltigen Nahrungsbedarf zu decken, sind reiche Fischbestände notwendig.

Zur Familie der Walrosse (Odobenidae) gehört Imagotaria, eine pazifische Gattung aus dem Oberen Miozän.

Desmatophoca ist ein primitiver Seelöwe, der im Mittleren Miozän an den Küsten Japans und Kaliforniens lebt.

Miozäne Meeressäugetiere mit vielen Arten

24–5 Mio. Neben der Unterordnung der Meeresraubtiere (Pinnipedia) leben in dieser Zeit drei Säugetierordnungen im Meer, die Desmostylia, die Seekühe oder Sirena (→ 36–24 Mio./S. 354) und die Wale (Cetacea, → 55–36 Mio./S. 339). Während die Desmostylia zur Wende Oligozän/Miozän neu erscheinen, sind die anderen Ordnungen schon früher aufgetreten, entwickeln jetzt aber zahlreiche neue Gattungen. Die Herkunft und Lebensweise der Desmostylia (auch »sea-horses« genannt) sind weitgehend ungeklärt.

Zu den wichtigsten Meeressäugergattungen der Zeit gehören:

▷ Carnivoren-Unterordnung Pinnipedia:
Enaliarctos; an der nordamerikanischen Pazifikküste lebende, 1,5 m lange otterähnliche frühe Ohrenrobbe
Desmatophoca; an den Pazifikküsten Nordamerikas und Japans vorkommender, 1,7 m langer primitiver Seelöwe, der noch einen kurzen Schwanz besitzt und sich bereits durch paddelförmige Füße auszeichnet
Imagotaria; ein den Seelöwen ähnelndes frühes Walroß von 1,8 m Länge, das an Nordamerikas Pazifikküste lebt

▷ Ordnung Desmostylia:
Desmostylus; ein wahrscheinlich amphibisch lebendes wuchtiges Tier, das im Küstengewässer paddelt und mit seinen Stoßzähnen Muscheln von den Felsen löst

▷ Ordnung Sirenia:
Rytiodus; eine im französischen Raum lebende, bis 6 m lange Seekuh, die – von ihrer gewaltigen Körpergröße abgesehen – den heutigen Dugongs ähnelt

▷ Ordnung Cetacea:
Prosqualodon; eine schon seit dem Oligozän bestehende Gattung von Zahnwalen bis zu 2,3 m Länge, die im Raum von Australien, Neuseeland und Südamerika verbreitet ist. Prosqualodon und seine Verwandten sind wahrscheinlich die Vorfahren aller späteren Zahnwale (Odontoceti). Äußerlich ähnelt die Gattung den heutigen Delphinen.
Cetotherium; ein etwa 4 m langer Vertreter der Bartenwale (Mysticeti, → 35 Mio./S. 355), der in Europa (Belgien bis Rußland) lebt.

Formenreichtum im Mittelmeer

10–5 Mio. Im Raum von Süditalien, Sizilien und Nordalgerien, besonders im Gebiet von Messina, bleibt eine artenreiche Fischfauna mit zahlreichen Formen fossil erhalten. Die meisten sind Tiefseearten, daneben finden sich aber auch Fische, die in oberflächennahen Hochseegewässern leben. Seltener sind Fische aus dem Küstenbereich, z. B. die Makrelen (Gobius).

Zu den überlieferten Tiefseefischen gehören Arten mit Leuchtorganen, z. B. die Gruppe der Laternenfische (Myctophiformes) mit Gattungen wie Myctophyum und Diaphus. Eine zweite Gruppe (Stomiiformes) umfaßt die Leuchtfische, Anglerfische und Beilfische, meist schlanke Tiere wie die Leuchtsardine (Maurolicus muelleri). Aus höheren Wasserschichten stammen Sprottenarten (Spratelloides) und z. B. Seenadeln (Syngnathus).

Wat- und Laufvögel in Europa und Feuerland verbreitet

22–19 Mio. Zwei unterschiedliche Landschaftsformen sind in weiten Gebieten der Welt anzutreffen: Subtropisches Sumpfland und ebensolche Steppen. In beiden Biotopen leben charakteristische Vogelarten. Verbreitet sind hier wie dort u. a. sehr langbeinige Vögel, im Sumpfgebiet in der Gestalt von Watvögeln, in den Savannen in der Gestalt großer Laufvögel, die z. T. das Fliegen verlernt haben. Neben solchen Spezialisten findet sich – vor allem in den subtropischen und tropischen Waldgebieten – eine Vogelwelt, deren große Formenfülle in etwa der heutigen entspricht.

In flachen Gewässern Westeuropas (Frankreich) lebt Palaeolodus ambiguus, möglicherweise ein Vorfahr der Flamingos, vielleicht aber auch ein Verwandter der Storchenvögel. Palaeolodus ist etwas kleiner und noch graziler gebaut als die heutigen Flamingos, und er ähnelt in seiner Körperform eher einem Storch. Insbesondere ist sein Schnabel nicht so charakteristisch gebogen wie bei den rezenten Flamingos. Er ist dicker, kegelförmig und spitz.

Der Lebensraum von Palaeolodus sind seichte Tümpel und flache, breite, mit Sandbänken durchsetzte Flußläufe. Während die heutigen Flamingos mit ihren gebogenen Schnäbeln das Wasser durchseihen und dabei Insekten und Wasserweichtiere aussieben, genießt die miozäne Art wahrscheinlich eine reichhaltigere Kost. Vermutlich jagt sie auch kleine Wirbeltiere wie Frösche und Fische, teilt also den Speisezettel der heutigen Störche. Wie bei vielen Vögeln unterscheiden sich Männchen und Weibchen stark voneinander, insbesondere ist das Weibchen des Palaeolodus wesentlich kleiner als das Männchen. Der männliche Palaeolodus hat eine Schulterhöhe von etwa 40 cm.

Die heutigen Flamingos sind möglicherweise Nachfahren von Palaeolodus ambiguus aus dem Unteren Miozän, der auch ihren Lebensraum teilt: Flache Lagunen, sandige Flußdeltas, seichte Flußläufe und Tümpel.

In Patagonien leben um dieselbe Zeit Schlangenstörche der Gattung Phorusrhacus. Die 1,5 bis 3 m hohen Tiere ähneln den Straußen und haben wie diese stark verkümmerte Flügel. Von den Straußen unterscheidet sie aber u. a. ein gewaltiger, bis 60 cm langer wuchtiger Schnabel, dessen Oberteil vorne hakenförmig nach oben gekrümmt ist. Phorusrhacus ist ein ausdauernder und schneller Läufer und jagt kleinere Reptilien und Säugetiere. Verwandte dieser Gattung sind die heute noch in den Grasgebieten Südamerikas lebenden Seriema-Arten, die allerdings recht klein sind und fliegen können. Wie Phorusrhacus gehören sie zur Ordnung der Kranichartigen (Gruiformes).

Rätsel um den Zug der Vögel

Gleich, ob Palaeolodus (s. o.) eine Frühform der Flamingos oder der Storchenvögel verkörpert, sowohl die modernen Vögel der einen wie der anderen Gruppe sind Zugvögel. Inwieweit auch Palaelodus bereits ein Zugverhalten besitzt, ist ungewiß. Unwahrscheinlich ist es nicht, da während des Miozäns in seinem Lebensraum (Frankreich) ausgeprägte Jahreszeiten herrschen. Es ist also denkbar, daß Palaeolodus verschiedene Brut- und Winterquartiere hat. Manches hat die Forschung der letzten Jahre hinsichtlich des Vogelzuges aufgeklärt. So weiß man heute, daß die einzelnen Zugvogelarten nicht – wie früher vermutet – schmale »Zugstraßen« einhalten, sondern in sehr breiter, mehr oder weniger lockerer Formation Länder und Meere überqueren und sich nur grob an markanten geographischen Richtmarken (Küsten, Flüsse, Gebirge) orientieren. Die Steuerungsfaktoren für den Beginn des Vogelzuges sind wahrscheinlich hormoneller Natur und werden durch Stoffwechsel- oder Lichtstärkeänderungen ausgelöst.

Der fossile Flamingo der Art Juncitarsus merkeli lebte an Mitteleuropas flachen Seen.

Die Art Phorusrhacus inflatus aus dem Unteren bis Mittleren Miozän Patagoniens stellt nicht die größten Vertreter dieser Gattung. Sie wird nur 1,5 m hoch. Typisch ist der wuchtige Kopf mit dem mächtigen Schnabel.

Eigentümliche Seerosengewächse

24–5 Mio. Ihre Zugehörigkeit zur Ordnung der Seerosengewächse (Nymphaeales) sieht man den Hornblattgewächsen (Ceratophyllaceae), die sich in dieser Zeit erstmals in Europa nachweisen lassen, nicht an. Durch ihre extreme Anpassung an das Leben unter Wasser gleichen sie weitestgehend Vertretern ganz anderer Ordnungen, etwa den Tausendblattgewächsen aus der Ordnung Haloragales oder der zu den Primelgewächsen (Primulaceae) gehörenden Wasserfeder (Hottonia). Die feinen, bis 2 m langen hochelastischen Stengel der Hornblätter tragen in Quirlen fadenförmiges Laub. Das Hornblatt (es gibt nur eine Gattung) wächst in stehenden und langsam fließenden Gewässern völlig untergetaucht und gedeiht auch in tieferem Wasser, wo es oft große Bestände bildet.

Der Flutende Hahnenfuß (Ranunculus fluitans) aus der Ordnung Ranales ähnelt den Hornblattgewächsen nur aufgrund der Anpassung an denselben Lebensraum.

◁ Weitgehend ähnliche Formen finden sich bei einer Vielzahl miteinander z. T. nicht verwandter Unterwasserpflanzen. Dieser ausgesprochen fein gefiederte Zweig gehört zu einer Tausendblattart (Myriophyllum).

Auffällige Vertreter der Bedecktsamer

24–5 Mio. Nach einer intensiven Phase der Entwicklung neuer Bedecktsamer-Formen im vorausgehenden Oligozän (→ 36–24 Mio./ S. 371) erscheinen jetzt nicht mehr so viele neue Familien. Einige allerdings sind recht auffällig.

In tropischen Waldgebieten leben erstmals die Hernandiaceen, eine zur Reihe Ranales gehörende kleine Familie mit baumförmigen und strauchförmigen Arten, unter denen auch Lianenwuchs nicht selten ist. Nahe verwandt sind sie mit den Monimiaceen des ozeanischen Raumes, die auf Madagaskar, in Polynesien und Australien wachsen. Für beide Familien sind ausgeprägte Säfte charakteristisch. Während die Hernandiaceen in ihren Blättern ölgefüllte Zellen besitzen, produzieren die Monimiaceen reichlich Harzstoffe, die bei den modernen Arten einen sehr aromatischen Duft ausströmen.

Durch besondere Körpersäfte zeichnet sich auch die Familie Eucommiaceae aus. Sie gehört zur Reihe Rosales und ist im Oberen Miozän weit verbreitet. Fossile Reste sind sowohl im Frankfurter Raum und in Skandinavien erhalten wie am Asowschen Meer, in Nordamerika und Japan. Heute existiert noch eine einzige Art, Eucommia ulmoides, in China. Die Mitglieder dieser Familie besitzen Milchsaftschläuche, die Kautschuk (s. rechts) enthalten.

Unter den kleineren Zweikeimblättrigen ist im Miozän die Familie der Wintergrüngewächse (Pyrolaceae) erstmals anzutreffen, die zu den Ericales gehört. Sie ist u. a. aus dem Raum von Öhningen (→ S. 389) nachgewiesen, wo sie auf Waldwiesen und im feuchten Moos gedeiht. Vermutlich ebenfalls im Miozän erscheint noch eine andere Familie der Ericales-Reihe: Rhododendron in Europa und Ostasien.

Auch die einkeimblättrigen Bedecktsamer sind im Miozän mit neuen Formen vertreten: In der Reihe Liliiflorae erscheinen jetzt die Schwertliliengewächse (Iridaceae), eine Familie, die neben Schwertlilienarten (Iris) auch die Krokusse (Crocus), die Grasschwertel (Sisyrinchium) und die Gladiolen (Gladiolus) umfaßt. Auch die Iris ist im Oberen Miozän von Öhningen belegt. In Mitteleuropa existieren mit Spirematospermum erste Vorläufer der Bananen (Musaceae).

Im Miozän hat Pyrola media, das Mittlere Wintergrün, erste fossil nachweisbare Verwandte.

Die Sibirische Schwertlilie, Iris sibirica, ist eine heute auch in Mitteleuropa heimische Pflanze.

Naturgummi in Milchröhren

Wie auch manche andere Pflanzen, besonders tropische Bäume, führen die Arten der im Miozän weit verbreiteten Familie Eucommiaceae (s. links) in speziellen Milchröhren einen Milchsaft (Latex), der eine Emulsion von Kautschuktröpfchen ist. Diese Milchröhren sind die größten bei Pflanzen bekannten Exkretionssysteme. Sie entstehen durch schlauchförmige Verlängerung von Zellen oder auch durch Zellverschmelzung und sind bei den Latex liefernden Bäumen in die Rinde eingebettet.

Bei den Eucommiaceae wie auch beim heute wirtschaftlich genutzten »Kautschukbaum« Hevea brasiliensis enthält der Milchsaft bis zu 35% Kautschukbestandteile. Chemisch gesehen handelt es sich dabei um eine polymere organische Verbindung, nämlich Kettenmoleküle von cis-1,4-Polyisopren mit jeweils 3000 bis 5000 aneinandergereihten Isopreneinheiten. Isopren ist eine Kohlenwasserstoffverbindung, bei der an einer C-CH-Gruppe zwei CH_2 Gruppen und eine CH_3 Gruppe angehängt sind.

Braunkohlenbecken in vielen Regionen Deutschlands

24–5 Mio. Durch regionale Bodenhebungen und -senkungen werden in mehreren Gebieten Mitteleuropas – vor allem Deutschlands – Bedingungen geschaffen, die ideale Voraussetzungen für die Bildung von Braunkohle darstellen. So führen schon an der Wende Oligozän/Miozän Hebungen im südlichen Randgebiet der Mitteleuropäischen Senke zu einem Meeresrückzug in dieser Region. Flaches Festland im Raum Halle-Berlin-Wołow-Lezno ist die Folge. In diesem Feuchtgebiet entwickeln sich weite Moorlandschaften und Sumpfwälder, deren Pflanzendecke erst vertorft und später zu Kohle wird (→ S. 146).

In der Dnjepr-Donez-Senke entstand das für die Braunkohlenmoore ideale Sumpfland in Bruchzonen und in Form von Auslaugungssenken bereits im Eozän (55–36 Mio.). Die Kohlenbildung in diesem Raum hält bis ins Miozän noch an. Auch im Grabenbruchgebiet des Niederrheins entwickeln sich – in Lagunen und Seen unweit der Meeresküste – ausgedehnte Sumpfwälder, Busch- und Riedmoore mit einer Vegetation, die an die heutigen subtropischen Sümpfe Südgeorgias und Floridas (Okefenokee Swamp u. a.) erinnert. Hier wie dort zählen neben anderen Bäumen Sumpfzypressen (Taxodien) und Sequoien zu den charakteristischen Pflanzen. Die Sumpfwälder Floridas gehören zu den wenigen Gebieten der Erde, in denen sich noch heute rezente Braunkohlenbildung unmittelbar beobachten läßt. Die aus dem Torf der miozänen Moore des Rheinlands in der Ville und im Rur- und Erftgraben zwischen Köln und Düren entstehenden Braunkohlenflöze erreichen eine Mächtigkeit bis zu 100 m und gehören zu den bedeutendsten Braunkohlenvorkommen der Erde. Weitere miozäne Braunkohlenlagerstätten entstehen im Flußsystem der Ur-Naab, die wohl in der Nähe von Regensburg in das Meer mündet. Die sumpfigen Flußniederungen reichen im Norden bis in das Gebiet von Schwandorf und Wackersdorf. An der Bildung dieser Kohle sind die letzten in Deutschland wachsenden Palmen beteiligt.

Diese fossilen Früchte aus der miozänen Braunkohle von Düren stammen von verschiedenen Gattungen der Familie Hartriegelgewächse (Cornaceae). Nahe Verwandte haben sie heute u. a. noch in der Gattung Mastixia in Südasien.

Aus der Braunkohlengrube Mariaweiler bei Düren stammt auch dieser fossile Zypressenzweig.

Miozäne Moorlandschaft des heutigen rheinischen Braunkohlereviers

Vor der Braunkohle bildet sich das Moor

Neben Wäldern und Steppenlandschaften sind für das Miozän in Deutschland auch Moore charakteristisch, in denen sich reiche Torflager – und aus diesen Braunkohle – (s. o.) bilden. Braunkohlenmoore zeigen unterschiedliche Landschaftsgesichter:

Eine relativ wenig Torf liefernde Form ist das baumlose Riedmoor. Es zeichnet sich durch offene Wasserflächen aus und entsteht entweder durch das Verlanden von Seen oder durch langsame Überflutung sich senkender Böden. Hier gedeihen vor allem Schilfröhricht und Großseggen.

Weitaus produktiver in bezug auf die Torfbildung ist der Sumpfwald der subtropischen und z. T. auch der tropischen Regionen mit Beständen hoher Sumpfzypressen (Taxodien) und anderer großer Bäume. Er entsteht ähnlich wie das Riedmoor, doch erst bei fortgeschrittener Verlandung oder in den Randgebieten dauerhaft bestehender Flachwasserlagunen.

Ein typisches Verlandungsmoor mit geringermächtigem Torfkörper ist das Buschmoor, im Miozän meist mit Gagelsträuchern (Myricaceen) und Cyrillaceen.

Als weiterer Moortyp liefert auch das Waldmoor Torf, ein bruchwaldähnlicher, nicht ganzjährig flutend nasser Wald mit Sequoien als charakteristischer Pflanzentyp.

Im rheinischen Revier wird der größte Schaufelradbagger der Welt eingesetzt.

Alpenkette und Himalajagebirge falten sich weiter auf

24–5 Mio. Lebhafte Veränderungen der Erdkruste im Bereich des sich immer mehr einengenden »Urmittelmeers« (Tethys, → S. 143) führen zu weiteren Gebirgsfaltungen. Im Himalaja setzt vor ca. 22 Mio. Jahren die Hauptfaltungsphase ein. Die Spätphase der Gebirgsfaltung konzentriert sich auf den Alpenraum und seine Umgebung. Hier lassen sich verschiedene konkrete Phasen unterscheiden:

▷ Vor etwa 24 Mio. Jahren die savische Faltungsphase
▷ vor etwa 13 Mio. Jahren die steirische Faltungsphase
▷ vor etwa 7 Mio. Jahren die attische Faltungsphase.

Betroffen ist von diesen Bewegungen auch die Tethys selbst, die spätestens im Mittleren Miozän nur noch in Restmeeren westlich des arabisch-eurasischen Raumes besteht. Hier war das »Urmittelmeer« schon im frühen Tertiär durch die Iberisch-Tyrrhenische Halbinsel, die Bethisch-Rifeische Insel und den Alpen-Karpaten-Balkan-Archipel deutlich gegliedert. Während der letztere Archipel jetzt weiterhin aufgefaltet und herausgehoben wird, brechen die Bethisch-Rifeische Insel und der Ostteil der Iberisch-Tyrrhenischen Halbinsel ein und werden vom Meer überflutet.

Bereits durch die alttertiäre pyrenäische Faltung begann der Zerfall der Tethys in einen nördlichen und einen südlichen Meeresstrang, eine Entwicklung, die jetzt durch die savische Faltung abgeschlossen wird. Die nördliche sogenannte Paratethys wird zum Sedimentationsraum für Erosionsprodukte aus den Alpen. Ihr Westteil ist vor 8 Mio. Jahren verlandet.

Wie das Balearenbecken sinken auch andere Beckengebiete der südlichen mediterranen Tethys im Unteren Miozän tiefer. Trotzdem falten sich die randlich gelegenen Apenninen Betiden und die nordafrikanischen Rifeiden in den spätalpinen Faltungsschüben noch weiter auf.

Die Bergzüge des Peloponnes in Griechenland – im Bild eine Landschaft bei Kardamyli – falten sich wie zahlreiche andere Gebirgsketten im südlichen Europa etwa zeitgleich auf. Ursache dafür ist das Vorrücken der afrikanischen Kontinentalmasse nach Norden, die auch das Mittelmeer (Tethys) zunehmend einengt.

Afrika mit Europa und Asien vereint

15–5 Mio. Vor etwa 15 Mio. Jahren verschweißt die nach Norden drängende Afrikanisch-Arabische Platte mit der Eurasischen Tafel. Es kommt damit zu einer Landbrücke zwischen den Kontinentalmassen.

In der Zeit vor etwa 14 bis 12 Jahrmillionen fällt auch die Meerenge von Gibraltar durch Meeresspiegelsenkungen und tektonische Hebungen trocken. Das Mittelmeer bleibt in diesem Raum zunächst noch über das marokkanische Riftgebiet und wohl auch über Südwestspanien mit dem Atlantik verbunden, doch reißt vor etwa 10 bis 5 Mio. Jahren diese Verbindung ab. Damit ist das Mittelmeer vorübergehend von den Weltmeeren abgeschlossen (s. rechts). In der Folgezeit öffnet und schließt sich die Meerenge von Gibraltar mehrmals, und das Mittelmeer trocknet aus. Auf diese Weise entstehen für den Faunen- und Florenaustausch Landverbindungen vor allem auf der Höhe von Arabien und Gibraltar sowie in der Region von Tunesien/Sizilien. Das übrige Gebiet besteht aus Salzsümpfen.

Das Mittelmeer trocknet aus

5,5–5 Mio. Infolge der neuen Landverbindungen im Westen und Osten des Mittelmeeres (s. links) trocknet dieses mehrfach aus. Zurück bleiben nur Salzsümpfe, in denen sich bis zu 2000 m mächtige Salzsedimente ablagern.

Diese Entwicklung läßt verschiedene, einander aber teilweise widersprechende Schlüsse zu. Zum einen verdunsten im Mittelmeerbereich in dieser Zeit 3 700 000 km³ Wasser, die natürlich anderenorts wieder erscheinen müssen. Sie bewirken einen weltweiten Anstieg des Meeresspiegels um etwa 10 m. Auf der anderen Seite werden dem Meerwasser durch die gewaltigen Salzablagerungen im Mittelmeerraum derartige Salzmassen entzogen, daß der Gefrierpunkt des Ozeanwassers sinkt. Manche Wissenschaftler sehen in dieser sogenannten »Salinity Crisis« (»Salzkrise«) eine Ursache für die antarktische Vereisung. Diese wiederum führt durch Bindung von großen Wassermassen zu einer Senkung des Meeresspiegels.

Gipsgestein mit Gipskristallen (Marienglanz) auf Kreta zeugt von der obermiozänen »Salzkrise«…

… Dieser heute teilweise gelöste Gips diente u. a. als Baumaterial für das minoische Knossos.

Das Rote Meer und der Golf von Aden

Golf von Aden

Um 10 Mio. *Das Rote Meer und der Golf von Aden beginnen sich zu öffnen. Das hier infolge der tektonischen Bewegungen im Tethysraum entstehende Bruchsystem beginnt im Norden zwischen dem Libanon und Syrien und setzt sich im Süden im äthiopischen Grabensystem fort. Dieses Riftsystem ist der Beginn eines zukünftigen interkontinentalen Ozeans.*

Das Gipfelmeer im weiten Umfeld der Zugspitze ist eine hochalpine Karstlandschaft. Hier hat Erosion schroffe Formen mit schmalen Graten und steilen Wänden geschaffen.

Karst in den Südalpen (Brenta): Die Dolomithochebene ist stark zerklüftet und zeigt tiefe Rinnen.

Einsetzende Verkarstung in Spanien bei Cuenca: Wo das Wasser einen Weg durch das festere Deckgestein gefunden hat, formt es im Untergrund tiefe Schluchten.

In vielen Gebieten Europas entstehen Karstlandschaften

24–5 Mio. Wo in Europa aufgrund der Einengung des »Urmittelmeeres« Tethys und der Heraushebung seiner Sedimente hohe Faltengebirge entstehen, setzt mit der Erosion auch die Korrosion ein, die chemische Abtragung des Gesteins. Im Kalk und im Dolomit bilden sich durch Auflösung des Gesteins Karstlandschaften (→ S. 212). Diese sind nach dem slowenischen Gebirge Karst zwischen Rijeka (Jugoslawien) und Gorizia (Italien) benannt, das durch seine weiß leuchtenden Kalkflächen auffällt.

Karstlandschaften sind auf der Welt weit verbreitet. Man schätzt, daß sie etwa ein Fünftel der gesamten kontinentalen Oberflächen unseres Planeten bedecken. Dabei wechselt ihr Aussehen von Ort zu Ort, besonders von Klimazone zu Klimazone, z. T. erheblich. Das Alter der Karstlandschaften ist sehr unterschiedlich. In zahlreichen Etappen der Erdgeschichte hat es Phasen mit ausgeprägter Karstbildung gegeben, nämlich immer dann, wenn Kalkgebirge entstanden.

Bei weitem nicht alle heutigen europäischen Kalkmassive entstehen im Tertiär, doch liegen die Ursprünge vieler der ausgeprägtesten heutigen europäischen Karstlandschaften in dieser Zeit. Dabei liefern oft auch ältere Kalke (z. B. der Juragebirge) in erdgeschichtlich jüngeren Zeiten das geeignete Ausgangsmaterial. Die bis heute anhaltende europäische Karstbildung setzt im wesentlichen im Miozän ein.

Zu den bedeutendsten Karstgebieten Europas gehören die weiten, nackten, zerklüfteten Kalkfelder (Karrenfelder) der Alpen, insbesondere der Ostalpen. Darunter sind Regionen, deren Namen bereits auf die z. T. lebensfeindliche Struktur dieser Karstlandschaften schließen lassen: Steinernes Meer, Totes Gebirge, Höllengebirge oder Plaine Morte. Ausgeprägter Karst findet sich auch im mediterranen Bereich Jugoslawiens, in den südfranzösischen Hochflächen der Causses, im Trockental der Schwäbischen Alb, den Mittelgebirgen des Schweizer und Französischen Jura oder in den weiten unwirtlichen Ebenen Irlands.

Der Ursprung der Loue im französischen Jura ist eine Karstquelle, deren starke Schüttung zum Antrieb eines kleinen Kraftwerkes genutzt wurde.

Auch die (älteren) grünen Hügellandschaften Englands oder die grünen Flächen von Burgund und der Champagne sind Karstgebiete.

Auf der Landkarte erkennt man Karstregionen meist an den Lücken im Gewässernetz. Oberirdische Flüsse fehlen hier völlig bzw. weitgehend. Das bedeutet allerdings nicht, daß diese Regionen abflußlos wären; die Karstlandschaften entwässern unterirdisch. Dabei folgen die Gewässer den Spalten der wasserlöslichen Gesteine, die sich unter der Wirkung des im Wasser enthaltenen Kohlendioxids erweitern und zu Gerinnen und Höhlen werden (→ S. 450). Fugen gibt es zwar auch in anderen Gesteinen als Kalk, Dolomit und Gips; diese Felsarten sind jedoch nicht wasserlöslich und erweitern sich nicht zu klaffenden Spalten, sondern werden durch den mitgeführten Lehm verstopft.

Charakteristisch für die unterirdische Entwässerung der Karstlandschaften sind zum einen die zahlreichen Versickerungen oder »Schlucklöcher«, international unter den Bezeichnungen »Ponor« oder »Katavothre« bekannt. In ihnen verschwinden nicht nur kleine Rinnsale, sondern ganze Bäche und Flüsse. Daneben finden sich Karstquellen, denen gelegentlich mehrere tausend Kubikmeter Wasser pro Stunde entströmen.

Erdgeschichtlich ältere Karste, bei denen die Gesteinszersetzung weitestgehend zum Stillstand gekommen ist, nennt man fossilen Karst.

Eine ausgedehnte Karstlandschaft nahe der irischen Westküste ist das Bergmassiv des Burren. Es hat die tief zerklüftete Gestalt eines sogenannten Karrenfeldes.

Als Spitzkarren bezeichnet man Karstformen mit steilstehendem, stark senkrecht gerieftem Gestein.

Eines der größten Karstgebiete der Nördlichen Kalkalpen mit oft recht bizarren Formen befindet sich im südlichen Berchtesgaden (»Steinernes Meer« u. a.).

Bewachsenes oder nacktes Gestein

Neben dem grauen Karst, der so heißt, weil die von ihm geprägte Landschaft meist durch graues, bloßes Gestein ins Auge fällt, gibt es den grünen Karst. Er ist besonders für die Tropen charakteristisch, wo das Karstland von Vegetation bedeckt ist.

Grüner Karst setzt hohe Luftfeuchtigkeit und vor allem häufige Niederschläge voraus. Auch hier geschieht die Entwässerung unterirdisch. Während dieser Vorgang in gemäßigten Breiten meist zu Versteppungen führt, gedeiht in den Tropen dichter Urwald auf Karstboden. In diesen Gebieten ist der allergrößte Teil der Nährstoffe in der lebenden Pflanzensubstanz und nicht im Boden festgelegt. Der rasche Kreislauf aus Werden und Vergehen sorgt für eine intensive Produktion von Humussäuren in der Erdkrume. Diese Säuren werden vom Sickerwasser aufgenommen und in den Untergrund eingetragen, wo sie eine noch wesentlich schnellere Gesteinsauflösung bewirken als in den Gebieten des grauen Karsts in den gemäßigten Breiten.

Eine Zwischenform zwischen grauem und grünem Karst findet sich gelegentlich in den mittelhohen Regionen der Alpen. Hier bedecken anspruchslose Koniferen die Kalkfläche.

Zahlreiche tiefe, steilwandige Dolinen von teilweise weit über hundert Metern Durchmesser finden sich in der Umgebung der spanischen Stadt Cuenca. Diese großen Einsturztrichter werden regional als Torcas bezeichnet.

Tiefe Klüfte und messerscharfe Grate

24–5 Mio. Die typischen Oberflächenformen des Karsts, wie sie in dieser Zeit in zahlreichen Kalkregionen Europas entstehen, sind wie die Karsthöhlen eine Folge der Wasserlöslichkeit des Gesteins.

Die kleinsten Karstformen sind die stets gehäuft auftretenden Karren. Regen und Schneeschmelzwasser schneiden in den Kalkfels bizarre Kannellierungen, Rinnen, Näpfe und tiefe Klüfte ein und lassen dazwischen teils messerscharfe Grate, teils breite Tafeln stehen. Spalten erweitern sich zu sogenannten Karrenbrunnen oder auch zu ausgeprägten Schachthöhlen, die mehrere hundert Meter tief in den Untergrund reichen können.

Größere Karstformen sind die Dolinen, trichterartige Einsenkungen, die meist durch Auflösung des Untergrundes entstehen. Der Durchmesser von Dolinen ist selten größer als 50 m, in Jugoslawien und in Spanien (die »Torcas« bei Cuenca) erreichen sie ausnahmsweise auch 200 m und mehr. Weitaus seltener sind Einsturzdolinen, die entstehen, wenn oberflächennahe Höhlen einbrechen. Sie sind deutlich steilwandiger als andere Dolinen.

Die größten Karsthohlformen sind die Poljen. Es sind unterirdisch entwässerte langgestreckte und geschlossene Bodensenken, die besonders in den Dinariden und Helleniden sowie vereinzelt im südlichen Apennin auftreten. Sie erreichen Größen zwischen 10 und 50 km². Ihre Entstehung entspricht der von Dolinen, geht aber oft nicht allein auf Lösungsprozesse zurück, sondern zum großen Teil auf das Fortschwemmen weicheren Materials durch die unterirdischen Gerinne und Höhlenflüsse der umgebenden, höher gelegenen Karstgebiete.

Ein Meteorit von mehr als 500 m Durchmesser hob den 23 km weiten Rieskrater aus. Die Energie, die der Einschlag freisetzte, entspricht der von 7500 Wasserstoffbomben. 50 bis 100 km³ Gesteinsmaterial wurden ausgeworfen, 2 bis 3 km³ (sowie der Meteorit selbst) verdampft und weitere 5 km³ aufgeschmolzen.

Riesenmeteoriten schlagen gewaltige Krater in die Erde

14,9 und 14,7 Mio. Zwei große Meteoriten stürzen im Abstand von etwa 200 000 Jahren auf Süddeutschland nieder. Der erste hinterläßt bei seinem Aufprall zwischen Schwäbischer und Fränkischer Alb einen kreisrunden Krater von 23 km Durchmesser, das Ries. Der zweite verursacht die Entstehung des Steinheimer Beckens mit einem Durchmesser von 3,5 km.

Wissenschaftliche Rekonstruktionen ergaben für den Ries-Einschlag etwa folgenden Hergang: Ein Meteorit, sehr wahrscheinlich vom Typ der Nickel-Eisen-Meteoriten, von über 500 m Durchmesser rast mit einer Geschwindigkeit von 20 bis 30 km/s unter etwa 30° Einfallwinkel wegen seiner großen Masse fast ungebremst durch die Atmosphäre und schlägt auf die Erdoberfläche auf. Die Druckentfaltung breitet sich in der Erde kugelförmig mit mehrfacher Schallgeschwindigkeit aus. Schon während des Eindringens in das Gestein beginnt ein seitlicher Auswurf, der vor allem die Sedimentdecke erfaßt und das weite Becken des Ries formt. In Millisekunden bohrt sich das außerirdische Geschoß etwa 700 m tief in den Untergrund. Die frei werdende Bremsenergie führt zu seiner Erhitzung auf einige zehntausend Grad. In wenigen Hundertstelsekunden verdampfen sowohl der Meteorit wie das getroffene Gestein. Die Gas- und Staubmasse steigt in weiteren Sekundenbruchteilen wie ein Atompilz hoch in die Atmosphäre und teilweise bis über diese hinaus. Inzwischen kehrt die in die Erde hineingelaufene Stoßwelle durch »Rückfederung« wieder in den Kraterbereich zurück und bringt dessen Boden in Bewegung. Rund um die Einschlagstelle wird aufgeschmolzenes Gestein hochgeschleudert. Vermutlich löscht die Hitzeentwicklung der riesigen Explosion im Umkreis von rund 500 km alles Leben aus. Die insgesamt freigesetzte Energie wird auf die Sprengkraft von 150 000 Megatonnen TNT – das entspricht der Sprengkraft von 7500 Wasserstoffbomben – geschätzt.

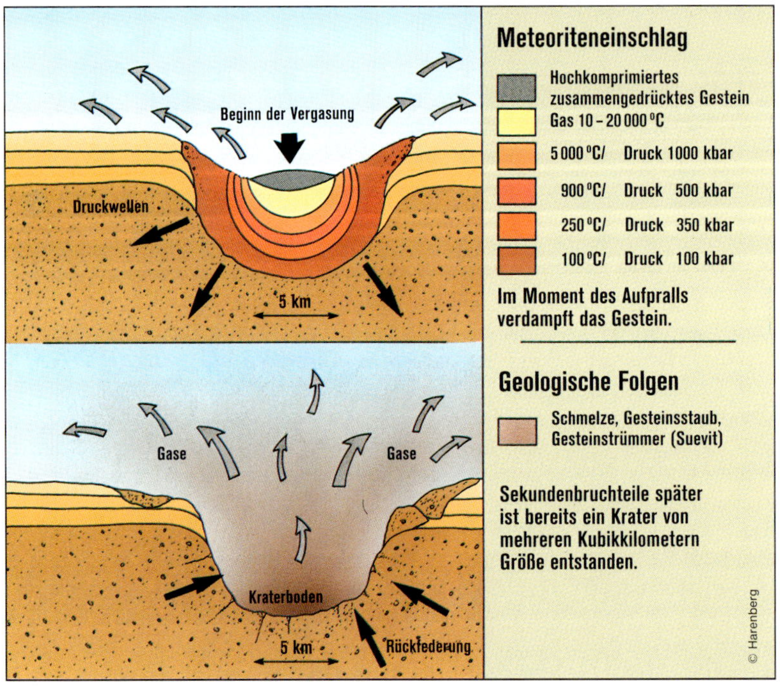

Krater-Querschnitt

Der Riesmeteorit traf triassische und jurassische Sedimente sowie ein Grundgebirge aus kristallinen Gesteinen (Gneisen und Graniten), das er bis in eine Tiefe von rund 3 km zertrümmerte. Die kristalline Trümmermasse besitzt heute in der Kratermitte eine Mächtigkeit von etwa 2000 m. An den Kraterrändern wird sie von bunten Trümmermassen abgelöst, die von ehemaligen Deckgebirgsschollen stammen und offenbar vom Rieskessel her nach außen transportiert wurden. Über diesen kristallinen Trümmermassen liegt eine bis zu 300 m mächtige Lage aus Suevit, feinem, teils glasigem Material, das hoch in die Atmosphäre geschleudert wurde und dann herabfiel. Darüber wiederum lagerten sich bis zur heutigen Riesoberfläche maximal 700 m mächtige Sedimente eines späteren Kratersees ab.

Umwandlungsgestein belegt außerirdische Geschosse

14,9 und 14,7 Mio. Die beiden Großeinschläge von Meteoriten, die das Ries und das Steinheimer Becken entstehen lassen (→ S. 398), zählen in der Erdneuzeit zu den Raritäten. Vor 4 Mrd. Jahren war die Einschlaghäufigkeit etwa 10 000mal so groß. Meteoritenkrater lassen sich nicht immer leicht als solche nachweisen, denn von den Meteoriten selbst sind nur in den seltensten Fällen Reste erhalten. Die »Geschosse« verdampfen regelmäßig beim Aufschlag. So ist man auf indirekte Belege angewiesen. Dazu gehören vor allem Umwandlungsgesteine, wie sie durch die hohe Aufschlagsenergie, besonders durch die immens hohe Temperatur, entstehen. Neben Gesteinsgläsern ist das im Rieskrater vor allem der Suevit, der sich bis in 600 m Tiefe findet. Das ist ein leichtes, von vielen Hohlräumen durchsetztes Gestein, das es sonst in entsprechender Struktur nicht auf der Erde gibt. In dieser grauen bis graubraunen feinkörnigen Grundmasse stecken manchmal noch Grundgebirgstrümmer. Der Hauptkörper ist kristallin aufgebaut und zeigt außen mitunter eine schwärzliche blasige Schmelzkruste.

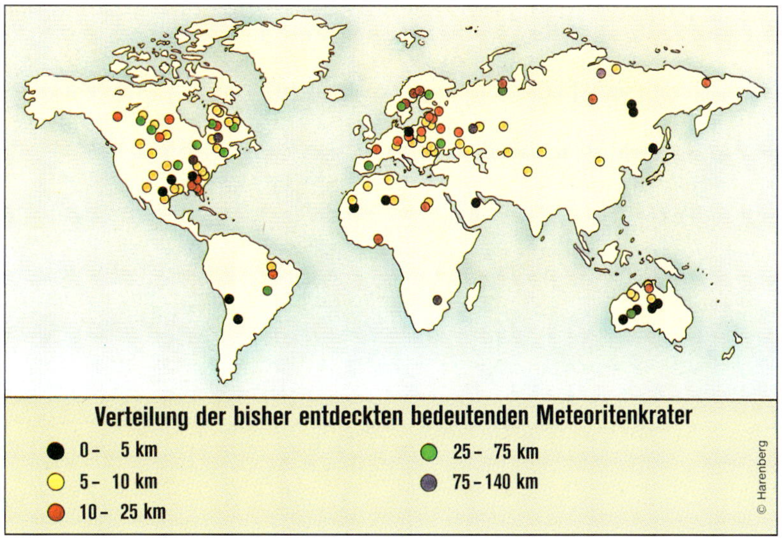

Einen weiteren Hinweis auf das verdampfte Meteoritengestein liefert die Tatsache, daß die Sedimente rund um das Ries ungewöhnlich reich an Nickel sind. Das Metall dürfte aus dem Nickeleisen des Meteoriten stammen.

In den letzten Jahren gelang es, mehrere Dutzend kreisrunder Vertiefungen in aller Welt zu entdecken. Die fünf größten haben Durchmesser zwischen 75 und 140 km. Zwei davon liegen in der europäischen und nordsibirischen Sowjetunion, zwei im Nordosten Nordamerikas und eine in Südafrika. Elf Krater sind zwischen 25 und 75 km weit. Sechs davon befinden sich in Nordamerika. Etwa 24 Krater messen zwischen 10 und 25 km, 56 zwischen 5 und 10 km. 20 weitere Krater haben Durchmesser unter 5 km. Wenn es sich in allen Fällen bei diesen kreisrunden Vertiefungen um Meteoritenkrater handelt (nur bei reichlich einem Dutzend gelang bisher der exakte Nachweis), dann sind derartige Geschosse aus dem Weltall häufiger, als viele Astronomen das noch heute annehmen. Sie rechnen damit, daß seit etwa 2,5 Mrd. Jahren, also seit Beginn des Unterproterozoikums, nur durchschnittlich alle zehn Jahrmillionen auf der Erde ein Einschlagkrater von mehr als 1 km Durchmesser entsteht.

Material aus dem Universum

14,9 und 14,7 Mio. Woher der Ries-Meteorit und jener von Steinheim stammen, ist eine offene Frage. Ein Herkunftsort könnte der Asteroidengürtel sein, dessen Sonnenorbit zwischen den Umlaufbahnen von Jupiter und Mars liegt. Der größte Teil dieses Gürtels ist von der Sonne doppelt so weit entfernt wie die Erde. Er besteht aus Abermillionen von Gesteinsbrocken und kleinen Planetoiden und ist ein Relikt aus der Zeit, als die Planeten entstanden (ca. 4,7 Mrd. Jahre). Eine zweite mögliche Quelle ist wesentlich weiter von der Erde entfernt. Das Material könnte auch von einem Kometen stammen, einem jener Milliarden »schmutziger Schneebälle«, die sich weit jenseits des Planeten Pluto um die Sonne bewegen.

Warum die Meteoriten auf die Erde stürzen, ist ebenfalls Gegenstand wissenschaftlicher Überlegungen. Viele Asteroiden besitzen einander überschneidende Bahnen, und so kommt es oft zu Zusammenstößen. Im Laufe Hunderter von Jahrmillionen ist deshalb eine große Menge Gesteinsschutt im Asteroidengürtel entstanden. Die gewaltige Anziehungskraft des sehr massereichen Jupiters wirkt beständig auf diesen Gürtel und lenkt fortwährend Gesteinstrümmer aus ihrer Bahn. Manche von ihnen gelangen auf ihrem neuen Kurs in die Nähe der Erde oder stürzen auf diese herab.

Manchmal geraten kosmische Brocken auf eine neue, stabile Umlaufbahn um die Sonne, die aber die Bahn der Erde kreuzt. Bei den verschiedenen Umlaufzeiten eines derartigen Kleinasteroiden und der Erde ist es so gut wie unausweichlich, daß beide irgendwann einmal aufeinanderprallen. Den ersten dieser sogenannten Erdbahnkreuzer entdeckte 1932 der Deutsche Karl Reinmuth in Heidelberg. Er nannte ihn Apollo. Seither heißen alle »Erdbahnkreuzer« so. Heute kennt man rund 40 derartige Apollos, und die Astronomen glauben, daß bis zu 1000 Apollos von mehr als 1 km Durchmesser existieren.

▷ *Riesgesteine: Suevit mit dunklen »Glasflädle« (o. l.); Granitbruch und darunter kristalliner Suevit (o. r.); bunter Gesteinsbruch von Kalk, Ton, Mergel (M. l.); Weißjura-Kalkbruch vom Riesrand (M. r.); grüne Gesteinsgläser (Moldavite; u. l.); fossile Vogelfedern aus dem Seesediment (u. M.); Impaktstruktur (u. r.)*

5–1,7 Mio.

Das Pliozän

5–3,5 Mio. Im Flußgebiet von Rhein, Main und Nahe lagern sich die sogenannten Dinotheriensande ab. Sie konservieren neben dem gleichnamigen Rüsseltier (Deinotherium) fossile Reste von Gomphotherien sowie verschiedener Paarhufer, Unpaarhufer, Raubtiere und Nagetiere. → S. 407

5–3,4 Mio. Die äußerst erfolgreichen pferdeartigen Hipparions verbreiten sich, ausgehend von Nordamerika, jetzt auch über Asien, Europa und Gebiete Afrikas. Weil sie mit großen Herden die Fauna prägen, spricht man sogar ausdrücklich von einer Hipparion-Fauna. → S. 404

5–1,7 Mio. Im Rahmen der späten alpidischen Gebirgsbildung vollziehen sich die attische, rhodanische und die wallachische Phase. Gleichzeitig hebt sich der Himalaja weiter. Ferner falten sich auf der Südhemisphäre Gebirge im Bereich der Anden, der Antarktis, Melanesiens und Hinterindiens auf. Hebungen lassen sich auch im australischen Raum beobachten. → S. 400

Es kommt im näheren und weiteren Umfeld des Rhein-Grabenbruchs durch die mit ihm verbundenen tektonischen Unruhen zu heftigem Vulkanismus. Er tritt z. B. im französischen Zentralmassiv, im Oberrheingraben, in der Hessischen Senke, im Odenwald, Westerwald und in der Eifel auf. → S. 400

Die Polarität der Erdmagnetpole wechselt mehrfach. → S. 400

Bedingt durch das kühler werdende Klima ziehen sich in Europa die Steppen nach Süden zurück. In Mitteleuropa gedeihen Wälder, in denen sich bereits zahlreiche der auch heute hier vertretenen Baumarten finden. Daneben kommen vor allem subtropische Gewächse vor. → S. 401

Generell verschieben sich auf der Nordhalbkugel die Florenprovinzen. Die bisher zirkumpolare Turgai-Flora dringt bis in die heutigen gemäßigten Breiten nach Süden vor. Die bisherige mittel- und z. T. nordeuropäische Poltawa-Flora, die auch in Nordamerika und Asien verbreitet war, verschwindet in Zentraleuropa völlig und wird in den anderen Räumen zonal begrenzt. → S. 401

Die grundsätzliche Entwicklung der Pflanzen ist – gemessen am heutigen Stand der Evolution – im großen und ganzen abgeschlossen. Weitere Entwicklungen betreffen in erster Linie geographische Veränderungen (→ S. 401). Neue Bedecktsamerfamilien, die in dieser Zeit erscheinen (z. B. die Primelgewächse, Kreuzblütler, Lippenblütler, Nelkengewächse, Orchideen), bringen keine grundsätzlich neuen Baupläne mehr mit sich. → S. 402

Zahlreiche Arten großer bis sehr großer Rüsseltiere leben in Amerika, Europa, Asien und Afrika. Zu ihren neuen Gattungen gehören Cuvieronius, Stegomastodon und Tetralophodon. Deinotherium (→ 24–5 Mio./S. 386) wandert in dieser Zeit aus Afrika nach Europa und Asien ein. → S. 406

In Argentinien lebt ein Beuteltier, Thylacosmilus, mit eigentümlichem Gebiß, u. a. mit mächtigen säbelförmigen Hauzähnen im Oberkiefer. → S. 407

Die Gürteltierfamilie Glyptodontidae bringt Riesenformen mit festem, halbkugeligem Rückenpanzer hervor. Diese Pflanzenfresser leben in Südamerika. → S. 407

In Europa, Asien, Afrika und Amerika leben mehrere Katzenarten (Feliden) mit mächtigen Säbelzähnen in den Oberkiefern. Zugleich treten erste kleinere Formen moderner Raubkatzen, z. B. Luchse und Pumas, in Erscheinung. → S. 408

In verschiedenen Gebieten der Erde setzt Vergletscherung ein. Die Antarktis ist bereits vergletschert. Eisdecken bilden sich u. a. in Alaska, auf Island, in Südargentinien. In den Anden und anderen hohen Faltengebirgen entstehen Gebirgsgletscher. → S. 414

4–3,5 Mio. Erste Vertreter der Menschenartigen (Hominiden) in der Gestalt von Australopithecus afarensis (→ S. 409) leben in Regionen Ostafrikas (Äthiopien/Tansania). Bis zum Ende des Pliozäns (um 1,7 Mio.) entstehen noch andere Australopithecus-Arten: A. africanus, A. robustus, A. palaeojavanicus, die in Ost- und Südafrika sowie auf Java leben. → S. 410

Um 3 Mio. Zwischen Nord- und Südamerika schließt sich eine Landbrücke. Sie entsteht aufgrund polarer Vereisungen, die ein Sinken des Meeresspiegels verursachen. → S. 416

Um 2,5 Mio. Die Familie der Schimpansen spaltet sich in zwei Arten auf: Zwergschimpansen oder Bonobos (Pan paniscus) und eigentliche Schimpansen (Pan troglodytes). → S. 408

2,4–2,1 Mio. In Zentraleuropa und im Alpenraum herrscht die sogenannte Biber-Kaltzeit. Deutschland ist in diesem Zeitraum von einem Meeresrückzug betroffen. → S. 414

2–1,7 Mio. Sehr wahrscheinlich aus den Australopithecinen entwickeln sich in Ostafrika erste Mitglieder der Gattung Homo, also erste Menschen. Sie haben den Artnamen Homo habilis (→ S. 412). Diese Frühmenschen leben in Familienverbänden und stellen erste Werkzeuge aus Stein, Knochen, Horn, Holz u. a. her. Sie beherrschen wahrscheinlich bereits eine – wenngleich auch noch sehr primitive – Lall-Sprache. → S. 413

1,75–1,4 Mio. Der Meeresspiegel liegt etwa 200 bis 100 m über seinem heutigen Niveau. → S. 416

Um 1,7 Mio. Infolge eines Kälteeinbruchs in Nordamerika, der Blancan-Kaltzeit, sterben zahlreiche Säugetiergattungen aus. Es handelt sich dabei größtenteils um Steppentiere. → S. 407

Gebirgsbildung auf der Süderde

5–1,7 Mio. Die bedeutendsten alpidischen Gebirgsauffaltungen auf der Nordhemisphäre setzen sich fort. In Europa vollziehen sich die sogenannte attische, die rhodanische und die wallachische Faltungsphase. In Asien hebt sich vor allem der Himalaja weiter.

Zu größeren Gebirgsbildungen kommt es auch auf der Südhalbkugel. Im Miozän (24–5 Mio.) war die Landbrücke zwischen Australien und Tasmanien durch den Einbruch der Bass-Straße verlorengegangen. Durch eine Hebung des Kontinents gibt das Meer diese Einbrüche jetzt zum großen Teil wieder frei. Bedeutendere Hebungen ereignen sich in der Antarktis im Bereich, der außerhalb des zentralen Polarplateaus der Westhemisphäre angehört. Sie sind eine Fortsetzung des ebenso jungen Faltengebirges der Anden über die Süd-Orkney-Inseln, die Süd-Shetland-Inseln und Grahamland. Auf der anderen Seite setzen sich die neuen antarktischen Gebirge über Neuseeland und Melanesien in die hinterindischen Faltengebirge fort.

Rheingraben sorgt für Vulkanismus

5–1,7 Mio. Der für das gesamte Tertiär charakteristische Vulkanismus in Mitteleuropa setzt sich auch in dieser Zeit weiter fort. Verbunden ist er mit den vom Rhône-Rheintal-Riftsystem ausgehenden Brüchen und Rissen in der mehr oder weniger benachbarten Erdkruste. Die hauptsächlichen Vulkanherde liegen im französischen Zentralmassiv, im Oberrheingraben, im Hegau und Kraichgau, in der Hessischen Senke, im Odenwald, Westerwald sowie in der Eifel. Zentren vulkanischer Aktivität befinden sich in der Rhön, im Vogelsberg, im Kaiserstuhl und im Plomb du Cantal. Bemerkenswerterweise fallen die Zeiten des intensivsten Vulkanismus in bruchtektonisch eher ruhige Etappen.

Der Oberrheingraben liegt über dem Meeresspiegel. So lagern sich etwa bei Darmstadt Fluß- und Binnenseesedimente ab. Demgegenüber existierte im vorausgehenden Miozän durch den Oberrheingraben eine Meeresverbindung zwischen dem Europäischen Nordmeer und dem Tethys-Restmeer.

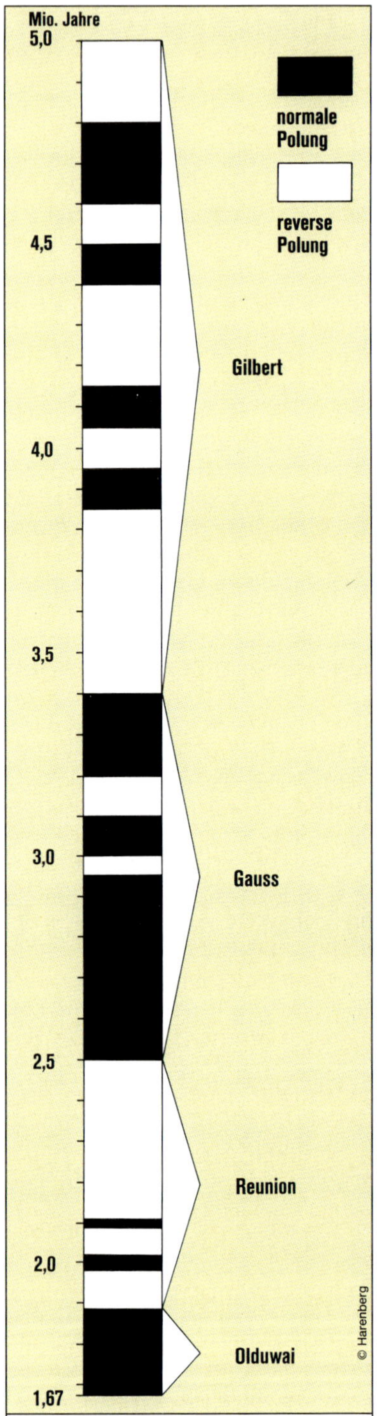

Magnetpol-Diagramm des Pleistozäns

Geomagnetpolung

5–1,7 Mio. *Das Pliozän beginnt mit der Gilbert-Periode, die durch eine vorwiegend reverse Polung des Erdfeldes bestimmt ist. Sie hält bis vor 3,4 Mio. Jahren an und wird von der Gauß-Periode mit vorwiegend normaler Polung abgelöst. Darauf folgt von 2,5 bis 1,88 Mio. Jahren die Reunion-Periode mit meist reverser und dann bis vor 1,67 Mio. Jahren die Periode Olduwai 2 mit normaler Polung.*

Üppige Vegetation trotz des deutlich kälteren Klimas

5–1,7 Mio. Die Pliozänflora steht am Ende einer üppigen Entwicklung zahlreicher neuer Formen vor allem der Bedecktsamer, die sich während des gesamten Tertiärs abspielte. Es wird generell kälter, in den höheren Breiten sogar lebensfeindlich kalt (→ S. 414). Viele Arten müssen sich deshalb aus ihrem angestammten Gebiet zurückziehen und in äquatornähere Regionen wandern. So ist insbesondere die mitteleuropäische Pliozänflora eine Mischung aus zahlreichen miozänen Arten und Pflanzen, die heute in diesem Raum heimisch sind.

Fossil besonders gut bekannt sind die Pliozän-Wälder im unteren Maintal (Frankfurt) und in der Wetterau. Hier sind neben den charakteristischen Bäumen des heutigen deutschen Waldes noch Bäume der Gattungen Carya, Magnolia, Liriodendron, Liquidamber, Eucommia, Stuartia, Engelhardtia, Meliosma, Nyssa usw. vertreten. Eine ganz ähnliche Flora ist in Reuver (Holland) belegt. Weit verbreitet sind auch noch Sumpfzypressen (Taxodien) und Sequoien.

Einen ungewöhnlichen Formenreichtum stellen mit fast 30 Arten die Koniferen. Heute sind in ganz Mitteleuropa nur neun Nadelholzarten heimisch. Im Pliozän finden sich in Deutschland u. a. noch die Goldtanne (Keteleeria), die Goldlärche (Pseudolarix kaempferi) und die Weymouthskiefer (Pinus strobus). Unter den Laubbäumen häufig sind Weiden, Birken, Hainbuchen, Haseln, Kastanien, Eichen, Ulmen, Ahorne, Linden, Eschen, Pflaumenartige usw. Eigentümlicherweise sind Erlen offenbar selten.

Bemerkenswert im Hinblick auf die Entwicklung der europäischen Waldfloren innerhalb des Pliozäns ist eine Statistik, die die Artenzahlen betrifft. So überleben von den aus dem Frankfurter Raum bekannten 114 unterpliozänen Arten bis heute in Mitteleuropa nur 17%. Demgegenüber finden sich derzeit noch 52% dieser Baumarten in Ostasien oder Nordamerika. Von den aus Willershausen am Harz bekannten 52 mittelpliozänen Arten überleben in Mitteleuropa bereits 44%, und 27% leben heute in Ostasien oder Nordamerika. Von den 135 im englischen Cromer im Oberen Pliozän bekannten Arten gedeihen heute in Europa noch 95%.

Fossiles Ahornblatt (Acer laetum) aus dem Oberen Pliozän

Versteinertes Blatt des Amberbaumes (Liquidamber orientale)

Heidelbeerblättchen (Vaccinium myrtillus) aus dem Pliozän

Ulmenblatt aus dem Pliozän; die Ulmen (Ulmaceae, Gattung Ulmus) sind bereits seit dem Oligozän überliefert.

Frucht einer Hainbuchenart (Gattung Carpinus) aus dem Oberen Pliozän von Willershausen

Vom Oligozän bis zum Pliozän in Europa verbreitet: Ulmenart Zelkowa ungeri

Florenprovinzen verändern sich mit sinkenden Temperaturen

Im Paläozän (66–55 Mio.) hatte sich im großen Gebiet Laurasiens eine relativ einheitliche gesamtarktische (holarktische) Flora entwickelt. Diese teilte sich im weiteren Verlauf des Tertiärs in die beiden Florenprovinzen der nördlicheren Turgai- und der südlicheren Poltawa-Flora auf. An der letzteren sind vor allem Palmen und Lorbeergewächse, Myrtaceen und Protaceen beteiligt. Die erstere umfaßt wenige tropisch-subtropische Arten. Während des Miozäns (24–5 Mio.) bildete sich die Poltawa-Flora mit den für sie typischen Schachtelhalm- und Schuppenbäumen. Sie nahm räumlich bereits in einer vorwiegend euramerischen zonalen Flora einen Gürtel vom südlichen Nordamerika über Mitteleuropa bis Südasien ein. Dieser Gürtel zerbricht im Pliozän und verschwindet in Zentraleuropa schließlich völlig. In Mitteleuropa breiten sich Turgai-Pflanzen und mehr und mehr Kräuter aus, die sich von Gebirgspflanzen des Alpenraumes und des Balkangebiets ableiten.

Pflanzenevolution ohne neue Baupläne

5–1,7 Mio. Alle wesentlichen evolutionären Schritte im Pflanzenreich sind – gemessen an der heute existierenden Flora – abgeschlossen. Als höchstentwickeltes Bauprinzip herrscht das der bedecktsamigen Pflanzen vor.

Im Laufe des Tertiärs entstanden für fast alle besiedelbaren Lebensräume der Erde entsprechend angepaßte Arten. Das bezieht sich sowohl auf die klimatischen Verhältnisse (feuchtheiß, trockenheiß, gemäßigt, arktisch usw.) wie auf die Höhenlage (UV-Belastung, Strahlungsklima usw.) oder auf den eigentlichen Standort (im Wasser, auf Sand, Lehm, Fels usw.).

Es entstehen zwar nach wie vor neue Arten, aber sie bringen im Prinzip keine neuen Lebensqualitäten mehr hervor. Die weitere Entwicklung der Flora bis in die Gegenwart ist nicht mehr evolutionär geprägt, sondern von geographischen Wanderbewegungen gekennzeichnet. Diese sind bedingt durch die im Pliozän einsetzenden großräumigen Vereisungen sowie den später häufigen Wechsel zwischen Kalt- und Warmzeiten.

Neue Familien bei den Bedecktsamern

5–1,7 Mio. Obwohl die Flora in dieser Zeit keine grundsätzlich neuen Baupläne entwickelt, bringt sie jedoch zahlreiche neue Bedecktsamerfamilien hervor, darunter:

- ▷ Reihe Primulales: Primelgewächse (Primulaceae)
- ▷ Reihe Sapindales: Pimpernußgewächse (Staphyleaceae)
- ▷ Reihe Rhoeadales: Kreuzblütler (Cruziferae oder Brassicaceae)
- ▷ Reihe Helobiae: Nixenkrautgewächse (Najadaceae)
- ▷ Reihe Contortae: Lippenblütler (Labiatae oder Lamiaceae)
- ▷ Reihe Centrospermae: Nelkengewächse (Caryophyllaceae)
- ▷ Reihe Microspermae: Orchideengewächse (Orchidaceae); unsichere Funde liegen schon aus dem Eozän (55–36 Mio.) vor.

Einige Familien, die bereits früher im Tertiär erschienen, haben jetzt ihre Hauptverbreitungszeit. Dazu gehören die Igelkolbengewächse (Sparganiaceae), die Blutweiderichgewächse (Lythraceae) und die Doldengewächse (Apiaceae oder Umbelliferae).

Zusammenleben von Pflanze und Tier

Mit dem am heutigen Entwicklungsstand gemessenen Abschluß der Florenentwicklung haben sich auch all die Wechselbeziehungen zwischen Pflanzen und Tieren etabliert, die gegenwärtig bekannt sind. Insekten und Vögel z. B. übernehmen vielfach die Befruchtung; Vögel, Ameisen und andere Insekten verbreiten die Samen zahlreicher Blütenpflanzen.

Die Wechselbeziehungen zwischen Tier und Pflanze gehen aber weit und äußerst vielfältig über diese bekannten, der Fortpflanzung dienenden Zusammenspiele hinaus. Beispielsweise wohnen in den hohlen Dornen tropischer Akazienarten oder auch in den hohlen Stengelgliedern amerikanischer Cecropia-Arten Ameisen. Sie werden zudem noch von beiden Pflanzen mit ölhaltigen und eiweißreichen Substanzen ernährt. Dafür verteidigen die Ameisen ihre »Vermieter« gegenüber Freßfeinden, z. B. gegen Blattschneiderameisen.

Außerordentlich interessante Symbiosen zwischen Pflanze und Tier haben einige tropische Bromelien-Arten entwickelt. Ihre rosettenförmig angeordneten, flachen breiten Blätter umschließen in deren Zentrum einen schüsselförmigen Raum, der weitgehend wasserdicht ist. In ihm sammelt sich Regenwasser und bildet bald zusammen mit allerlei vermoderndem Material aus der Luft (Blütenstaub, abfallende Blätter usw.) einen regelrechten kleinen Sumpf. Dieser wird zum idealen Kleinstbiotop für wasserliebende Tiere. Hier finden sich kleine Frösche, im Wasser lebende Insektenlarven, Schwimmkäfer, Wasserspinnen usw. ein. Durch ihren Stoffwechsel versorgen sie die Pflanzen mit äußerst hochwertigem Dünger.

Die bekannteste symbiotische Beziehung zwischen Pflanzen und Tieren ist vermutlich die Bestäubung bedecktsamiger Blütenpflanzen durch Insekten. Pflanze wie Tier stimmen oft die für die Bestäubung günstigsten Zeiten aufeinander ab.

Inzucht: Einmal erwünscht, einmal trickreich verhindert

Von Wissenschaftlern noch weitgehend ungeklärt ist die Frage, warum manche Blütenpflanzen Inzucht durch Eigenbefruchtung verhindern, während andere diese Methode zur Fortpflanzung nutzen.

Grundsätzlich gibt es männliche (Staubblätter oder Antheren) und weibliche Blütenorgane (Fruchtblätter oder Karpelle), wobei jede Blüte jeweils ein oder mehrere derartige Organe besitzen kann. Enthält eine Blüte sowohl Staub- wie Fruchtblätter, dann ist sie zwittrig oder vollständig. Es gibt aber auch eingeschlechtliche (unvollständige) Blüten, die entweder nur Staub- oder nur Fruchtblätter ausbilden. Finden sich Blüten beiderlei Geschlechts auf einer Pflanze, so nennt man diese einhäusig oder monözisch (z. B. die Haselnuß); sind beide auf zwei verschiedene Individuen verteilt, so spricht man von zweihäusigen oder diözischen Pflanzen (z. B. die Weiden).

Bei einhäusigen Pflanzen mit vollständigen Blüten müßte Selbstbefruchtung der Regelfall sein, würde die Natur das nicht bei vielen Arten unmöglich machen. Dazu gehören u. a. die Primelgewächse. Gelangt ein Pollenkorn bei der Bestäubung auf die Narbe am Ende des Griffels, dann wächst aus ihm ein Schlauch heraus, der durch den Griffel hindurch zu einer Eizelle strebt. Ein und dieselbe Primelart hat sowohl eine Blütenform mit langem Griffel und kurzen Staubfäden als auch eine mit kurzem Griffel und langen Staubfäden. Gerät nun Blütenstaub von einer Blüte auf ihren eigenen Griffel, dann ist der aus dem Pollen wachsende Schlauch entweder zu kurz oder zu dick, um durch den zugehörigen Griffel bis zum Fruchtknoten zu gelangen. Der Pollen kann also nur ein anderes Individuum befruchten. Andere Pflanzen mit vollständigen Blüten kennen ähnliche Mechanismen. Manche zerstören den Schlauch des eigenen Pollens chemisch. Andere vernichten den durch Selbstbefruchtung entstandenen Embryo hormonell: Er verkümmert.

Andererseits gibt es Blütenpflanzen, die offenbar die Selbstbefruchtung anstreben. Ihre Blüten sind z. T. sogar zygomorph, d. h. sie öffnen sich überhaupt nicht. Es scheint, daß Zygomorphie besonders dort verbreitet ist, wo extreme Lebensbedingungen hoch spezialisierte Pflanzenformen (z. B. Zygocactus) hervorbringen, für die genetische Experimente gefährlich sein könnten. Sie verlassen sich deshalb auf die sicherere Selbstbefruchtung, die eine konstante Erbmasse garantiert.

Inzuchtvermeidung durch unterschiedliche Blüten derselben Primelart (Primula kewensis), links mit kurzem, rechts mit langem Griffel

Orchideen (Rossioglossum williamsianum) sind fossil erstmals aus dem Oberen Pliozän überliefert.

Der Frauenschuh (Cypripedium calceolus) wächst heute in schattigen Wäldern Europas auf Kalkboden.

Orchideen wurden aufgrund fossiler Knollen und Blätter schon im Eozän Italiens vermutet.

Das Knabenkraut Dendrobium speciosum, eine heute in Australien wildwachsende Orchideenart

Von den kreuzungsfreudigen Wildprimeln leiten Gärtner rezent zahlreiche Zuchtformen (Abb.) ab.

Die bekannte Aurikel (Primula auricula) ist heute besonders in den Nördlichen Kalkalpen heimisch.

Die Primeln (im Bild Primula elatior) sind im sowjetischen Pliozän bekannt.

Weiderichgewächse (im Bild Lythrum salicaria) kommen im Pliozän häufig vor.

Aus den südlichen Alpen stammt Primula tyrolensis, eine Schlüsselblumenart.

Aus Europa (Höwenegg im Hegau) stammt dieses fossile Skelett eines Urpferdes der Gattung Hipparion. Es ist etwa 10–12 Mio. Jahre alt.

Im Pliozän ist Hipparion in weiten Teilen Mittel- und Südeuropas verbreitet. Fundort des abgebildeten Schädels ist die Insel Samos.

Hipparions wandern aus Nordamerika in Europa ein

5–3,4 Mio. Nordamerikanische Hipparions (→ 24–5 Mio./S. 382) wandern in großer Zahl nach Asien und von dort aus weiter nach Europa ein. Sie bilden hier derart große Herden, daß sie die Fauna besonders in den Steppengebieten Asiens und Europas prägen. Daher spricht man von einer Hipparion-Fauna. Fossil gut belegt ist sie u. a. im Fossilvorkommen von Öhningen (→ S. 389). Hier finden sich zahlreiche Skelettreste der europäischen Art Hipparion mediterraneum. Von Europa aus zieht Hipparion auch nach Süden und besiedelt Teile Afrikas.

Die Wanderung von Hipparion aus seiner nordamerikanischen Heimat läßt sich zeitlich rekonstruieren: War es in Amerika bereits im Mittleren Miozän verbreitet, so zeigten sich erste Spuren dieser Gattung in Indien in den Siwalik-Schichten des Oberen Miozäns. In Europa und Afrika erscheint die Gattung dagegen erst im Pliozän. Ihr Auftreten in Europa läßt sich durch etwa 30 verschiedene Fundplätze belegen.

Hipparion ist das am weitesten entwickelte Pferd (Familie Equidae) seiner Zeit und geht seinerseits auf Merychippus (→ S. 382) zurück. Hinsichtlich seines Gebisses ist es sogar noch weiter entwickelt als die heutigen Pferde der Gattung Equus. In bezug auf seine Extremitäten hält Hipparion dem Vergleich mit den heutigen Pferden jedoch nicht stand. So ist Hipparion schon im Pleistozän (1,7–0,01 Mio.) der sich dann herausbildenden Gattung Equus unterlegen und wird von dieser verdrängt. Die Extremitäten des Hipparions sind dreifingrig bzw. -zehig, doch wird das Körpergewicht jeweils nur vom mittleren Zeh (bzw. Finger) getragen. Die beiden anderen sind weitgehend zurückgebildet und berühren die Erde überhaupt nicht. Auf diese Weise entwickelt das Tier einen Abstoßmechanismus, der dem mit vier oder fünf Zehen überlegen ist und zu höheren Laufgeschwindigkeiten führt. Diese Umbildung setzt allerdings einen umfangreichen Umbau des Sehnenapparates voraus, was wiederum mit einer Veränderung der Gliedmaßenproportionen verbunden ist (→ S. 384). Die Backenzähne des Hipparions sind hochkronig und weisen eine komplizierte Struktur auf, die dem Zerreiben von harten Blättern und – vor allem – von Gras angepaßt ist (→ S. 385). Als europäischen Lebensraum bevorzugt das Tier die weiten grasreichen Steppen des trockener gewordenen Klimagebietes im Süden des Kontinents. Darin – und wohl auch in seiner Lebensweise – gleicht es weitgehend den heutigen Zebras, deren Körpergröße das Hipparion mediterraneum auch erreicht.

Riesige Tierherden strapazieren Weideland

5–1,7 Mio. Große Tierherden bewohnen vor allem das südliche Europa. Die Tiere beanspruchen den Boden so stark als Weideland, daß das langsam kühler werdende Klima eine Entwicklung der Steppenbiotope zu Wäldern im Süden Europas und Rußlands nicht begünstigen kann.

Neben dem Hipparion leben hier nur relativ wenige andere Pflanzenfresser in größeren Herden. Folge hiervon ist, daß sich diese Gattung nahezu explosiv ausbreiten kann. Ihre Herden umfassen wahrscheinlich Dutzende bis viele hundert Tiere. In der Gegenwart sind derart große Populationen von Weidetieren vor allem aus Ostafrika (Serengeti) und der Etoscha-Pfanne bekannt. Wie diese folgen vermutlich auch die pliozänen Hipparion-Herden dem Nahrungsangebot. Ist ein Grasgebiet abgeweidet, dann ziehen sie zum nächsten weiter.

Große Weidetierherden, wie sie in den Steppenlandschaften des jüngeren Tertiärs häufig vorkommen, finden sich heute z. B. in Afrika (Gnus).

Fernwanderer auf der ständigen Suche nach Nahrung

Ob Steppentiere wie jene der Hipparion-Fauna Europas, Asiens und Afrikas zur Zeit des Pliozäns (→ S. 404) ortstreu sind oder lange Wanderungen unternehmen, ist eine Frage der jeweiligen Nahrungskette. So leben im pliozänen Südeuropa und Afrika Termiten und Ameisenarten, die sich vom Gras der Steppe oder der Savanne ernähren. Diese wiederum sind die Nahrung spezialisierter Insektenfresser unter den Säugetieren wie der Erdferkel in Afrika. Sie und vor allem die Vögel sind weitgehend standorttreu, denn ihre Hauptnahrungsquelle, die Insekten, unternimmt natürlich keine großen Wanderungen.

Vergleichbar abhängig von dem Nahrungsangebot »vor Ort« sind viele kleine Pflanzenfresser unter den Säugetieren. Wird jahreszeitlich bedingt ihre Nahrung knapp, dann leben sie von Vorräten oder schränken ihre Aktivitäten ein (Winterschlaf, Trockenruhe).

Die größeren Pflanzenfresser können dagegen keine ausreichenden Vorräte anlegen und begeben sich deshalb in längeren Trockenperioden in kühlere und feuchtere Regionen, in denen sie genügend Futter finden; doch auch hier ist keine dauerhafte Bleibe. Ein Weiterziehen wird notwendig, wenn die Gebiete abgeweidet sind oder das anzutreffende Weideland in der kälteren Jahreszeit als Nahrungsquelle nicht ergiebig genug ist. So kehren die großen Herden dann wieder in die wärmeren Regionen zurück. Begleitet werden sie auf ihren jahreszeitlichen Wanderungen von jenen Großraubtieren und Aasfressern, deren Beute sie sind, etwa von Raubkatzen (→ 35–24 Mio./S. 362), Hundeartigen (→ 55–36 Mio./S. 336) oder auch von Geiern. Die kleineren Raubtiere bleiben dagegen – entsprechend dem Verhalten ihrer Beutetiere meist kleinere Nager – weitgehend ortstreu.

Die Gnuherden in der heutigen Serengeti-Steppe umfassen insgesamt rund 1,5 Mio. Tiere. In endlosen Zügen suchen sie neue Futtergründe.

Auf ihren jährlichen Fernwanderungen legen die Weidetierherden oft beachtliche Strecken zurück. In den Steppen und Savannen der heutigen Serengeti in Ostafrika bewältigen mehrere Millionen Tiere (vorwiegend Gnus) Jahr für Jahr bis zu 3000 km für den Hin- und Rückweg zwischen ihren verschiedenen Weidegebieten. Ähnlich weite Wege legen heute noch die Caribous vor allem im nördlichen Alaska zurück. Dabei finden sich Großherden von 50 000 und mehr Tieren zusammen. Im Frühjahr sind die Herden meist wesentlich kleiner, wenn es nicht allein um die Nahrungssuche geht, sondern auch darum, bestimmte Gebiete für die Geburt und die Aufzucht des Nachwuchses aufzusuchen.

Oft überwinden die großen Weidetiere beachtliche Hindernisse auf ihren Fernwanderungen. Sie überqueren Bergketten (in den Steppen Asiens heute sogar Schnee- und Eisfelder) und durchschwimmen breite, reißende Flüsse. Geleitet werden die gewaltigen Pulks im Prinzip durch die erste aufbrechende Kleinherde. Ihrer Geruchsmarkierung folgen die anderen Gruppen. Weil die Wanderungen selten in breiter Front, sondern im allgemeinen auf engen Trassen verlaufen, ist bald das Gras im Bereich dieser Routen weitgehend abgeweidet. Der Hunger treibt dann zur Eile, und manchmal (besonders bei den afrikanischen Gnus) ziehen die Herden dann mehrere Tage lang im Galopp weiter.

Es bleibt auch nicht generell bei dem regelmäßigen Wechsel zwischen jahreszeitlich festgelegten Weidegründen. Folgen von trockeneren oder feuchteren Jahren oder gar langzeitiger Klimawechsel zwingen zur Suche nach neuem geeignetem Lebensraum außerhalb der bekannten Gebiete. Beispielsweise kommt es bei lang anhaltenden Trockenzeiten gelegentlich zum Auswandern Hunderttausender von Tieren, so daß sich auch deren Verbreitung über Zehntausende von Kilometern erklärt. Zwänge dieser Art, gekoppelt mit der Futterverknappung durch Populationswachstum, bewegten wohl auch Hipparion-Herden im Miozän (24–5 Mio.), über die Landbrücke von Alaska nach Asien zu wandern. Sie breiteten sich von dort aus bis nach Europa und Afrika hin aus.

Viele Vögel (im Bild Zwergflamingos) ziehen sehr weit, um für sie ungünstigem Klima zu entgehen. Fast immer fliegen sie in Schwärmen.

Geschlechtsreife Lachse suchen zur Laichzeit wieder die Bergflüsse ihrer Geburt auf. Dafür wandern sie oft Tausende von Kilometern weit.

Große Rüsselträger in vier Kontinenten weit verbreitet

5–1,7 Mio. Seit dem vorausgehenden Miozän hat die Entwicklung der Rüsseltiere zu keinen grundlegenden Veränderungen geführt. Doch sie sind wesentlich artenreicher geworden und haben sich – mit Ausnahme von Australien und der Antarktis – über alle Kontinente der Erde verbreitet. Auch erscheinen neue Gattungen.

Die seit dem Unteren Miozän in Europa, Afrika, Asien und Nordamerika verbreiteten Gomphotherien sterben spätestens vor 3,5 Mio. Jahren aus. Von ihnen stammt die Gattung Tetralophodon ab, die nur in Europa zu Hause ist, aber selbst ebenfalls das Untere Pliozän nicht überlebt. Gegenüber Gomphotherium (→ 24–5 Mio./S. 386) hat diese Gattung einen zwar insgesamt längeren Schädel, aber bereits deutlich verkürzte Kiefer. Die oberen Stoßzähne sind viel länger als die jetzt reduzierten unteren und nur wenig gekrümmt. Generell sind die Backenzähne von Tetralophodon größer als die seiner Vorfahren. Auch die Zahl der Joche auf ihren Kronen wächst. In der weiteren Entwicklung führt diese zur Lamellierung der Zähne bei den echten Elefanten. Auch die Länge des Rüssels hat zugenommen, jedoch noch nicht die der echten Elefanten erreicht.

In Europa und Asien ist vom Oberen Miozän bis zum Unteren Pleistozän der 3 m hohe Rüsselträger Anancus weit verbreitet. Die Gattung fällt durch 3 bis 4 m lange, fast horizontal nach vorn gerichtete Unterkieferstoßzähne auf.

Weit verbreitet ist in Europa und Asien die seit dem Oberen Miozän existierende Gattung Anancus. Neu erscheinen deren Verwandte der Gattung Cuvieronius, allerdings in der Neuen Welt. Die 2,7 m hohen Tiere sind verhältnismäßig kleine Vertreter der Rüsseltierunterordnung Elephantoidea. Ihr auffälligstes Merkmal sind Stoßzähne, die in sich schraubenförmig verdreht sind wie jene des Narwals. Cuvieronius entwickelt sich zunächst in Nordamerika und wandert vor etwa 2 Mio. Jahren in die Grasländer Südamerikas ein. Hier breitet er sich von den Pampas im Osten bis in die Anden aus und wird erst um 400 n. Chr. ausgerottet.

Das ebenfalls in Amerika erscheinende Stegomastodon ist etwa gleich groß und hat die Gestalt eines »verkürzten« modernen Elefanten. Es besitzt einen kurzen Unterkiefer und deutlich aufwärts gekrümmte Stoßzähne im Oberkiefer. Als eines der wenigen je in Südamerika vertretenen Rüsseltiere wandert es vor etwa 3 Mio. Jahren dort ein, wo es (in Venezuela) noch bis in die Zeit der frühesten Menschen lebt.

Die Deinotherien (→ S. 386), die seit dem Miozän in Afrika leben, bevölkern im Pliozän auch Europa (→ S. 407) und Asien, ziehen sich aber bald wieder nach Afrika zurück.

Wissenschaftler des Staatlichen Museums für Naturkunde in Stuttgart haben aus fossilen Skeletteilen eines jungtertiären Hauerelefanten der Art Deinotherium bavaricum, die sich bei Langenau fanden, das vollständige Skelett rekonstruiert. Die Deinotherien, in Afrika schon seit dem Unteren Miozän bekannt, leben in Europa nur während des Pliozäns.

◁ Die Lebendrekonstruktion von Deinotherium zeigt einen 4 m hohen Giganten, der – mit Ausnahme seiner nach unten gekrümmten Unterkieferstoßzähne – in seinem Körperbau an rezente Elefanten erinnert. Die Gattung hielt sich fast unverändert über 20 Mio. Jahre, in Afrika bis ins Pleistozän.

Beutlerfamilie mit langen Säbelzähnen

5–1,7 Mio. Als einziges Mitglied vertritt Thylacosmilus atrox in Argentinien eine sehr ungewöhnliche Familie der Beuteltiere: Die Thylacosmilidae.
Seine stark verlängerte, riesige Schnauze trägt in den weit vorragenden Oberkiefern dolchartige, nach unten gekrümmte Eckzähne. Diese erinnern stark an jene der Säbelzahnkatzen (→ 35–24 Mio./S. 362), mit denen Thylacosmilus aber nicht verwandt ist. Seine unteren Eckzähne sind kurz und abgestumpft.
Schneidezähne hat das Tier überhaupt nicht; die übrigen Zähne sind weitgehend reduziert, aber vollständig vorhanden. Die Unterkiefer sind lefzenförmig auf beiden Seiten verlängert, wobei sich diese Hautlappen bei geschlossenem Maul an die Hauer des Oberkiefers anlegen. Die Lebensweise von Thylacosmilus gleicht der der Säbelzahnkatzen. Auch er ist in der Lage, mit seinen mächtigen Säbelzähnen selbst große Beutetiere zu reißen.

Die ersten Opfer der frühen Eiszeit

Um 1,7 Mio. Gegen Ende des Pliozäns herrscht in Nordamerika die Blancan-Eiszeit, in der 20 von 64 bekannten Großsäugetieren und 15 von 45 bekannten Kleinsäugetieren aussterben. Zu den aussterbenden Gruppen gehören die Paarhuferfamilie Oreodontidae, die Überfamilie Protoceratoidea (nordamerikanische Kamele) und die Raubbeutler-Unterordnung Borhyaenoidea, zu der auch die Familie Thylacosmilus (s. o.) zählt.
Besonders die innerkontinentalen Lebensräume sind durch die mit den langzeitigen Kälteeinbrüchen verbundenen Temperatur- und Feuchtigkeitsänderungen stark betroffen.
In den Küstengebieten gleicht das Meerwasser Extrembedingungen aus. Kaltzeiten wie diese bewirken Verschiebungen der Verbreitungsareale. Die Tiere fliehen vor dem Eis und dringen in bereits besiedelte Lebensräume ein. Es kommt zu einem verschärften Konkurrenzkampf. In Nordamerika ist dieser Effekt besonders ausgeprägt, weil während der Blancan- und späterer Kaltzeiten zusätzlich Tiere über die Beringstraße einwandern.

Gürteltiere mit »Schildkrötenpanzer«

5–1,7 Mio. Bereits im Unteren Miozän, vor etwa 20 Mio. Jahren, spalteten sich von den bis heute verbreiteten Gürteltieren (→ 60–55 Mio./S. 322) der Familie Dasypodidae die Glyptodontidae ab. Sie entwickelten bald etwa 50 Gattungen. Im Pliozän zeigt sich bei vielen Arten ausgeprägter Riesenwuchs. So erreicht die gegen Ende dieser Zeit und vor allem im folgenden Pleistozän in Patagonien verbreitete Gattung Doedicurus nicht weniger als 4 m Länge. Die Riesenglyptodons sind schwerfällige Tiere, die sich von Gras ernähren. Gegen Ende des Pliozäns, vor etwa 2 Mio. Jahren, entwickeln sich Formen, deren einzelne Panzergürtel miteinander verwachsen sind. Sie bilden eine starre knöcherne, halbkugelförmige Schale. Dieser schildkrötenähnliche Rückenpanzer setzt sich aus einem schachbrettartigen Mosaik einzelner Knochenplatten zusammen. Er bedeckt außer dem Schwanz den gesamten Rumpf des Tieres und reicht z. T. auch über den Kopf. Um die Schwanzbasis schließt sich bei manchen Arten eine Reihe knöcherner Ringe, bei anderen eine starre Knochenröhre. Dieser Panzer ist in Relation zum Gesamtgewicht des Tieres ungemein schwer: Er macht rund 20% aus. Speziell die Gattung Doedicurus zeichnet sich zusätzlich zu dieser imposanten Panzerung durch eine morgensternähnliche, stachelstarrende knöcherne Keule am Ende ihres langen Schwanzes aus.
Im Pleistozän erobern diese riesigen Pflanzenfresser auch Südamerika. Erst vor weniger als 10 000 Jahren sterben sie aus. Doch überleben kleinere Formen der Familie Glyptodontidae noch bis in historische Zeiten. Von ihnen berichten Legenden patagonischer Indianer.

Im Pleistozän Patagoniens lebt das 4 m lange Riesengürteltier Doedicurus. Seine stachelige Schwanzkeule dient der Verteidigung gegen Feinde.

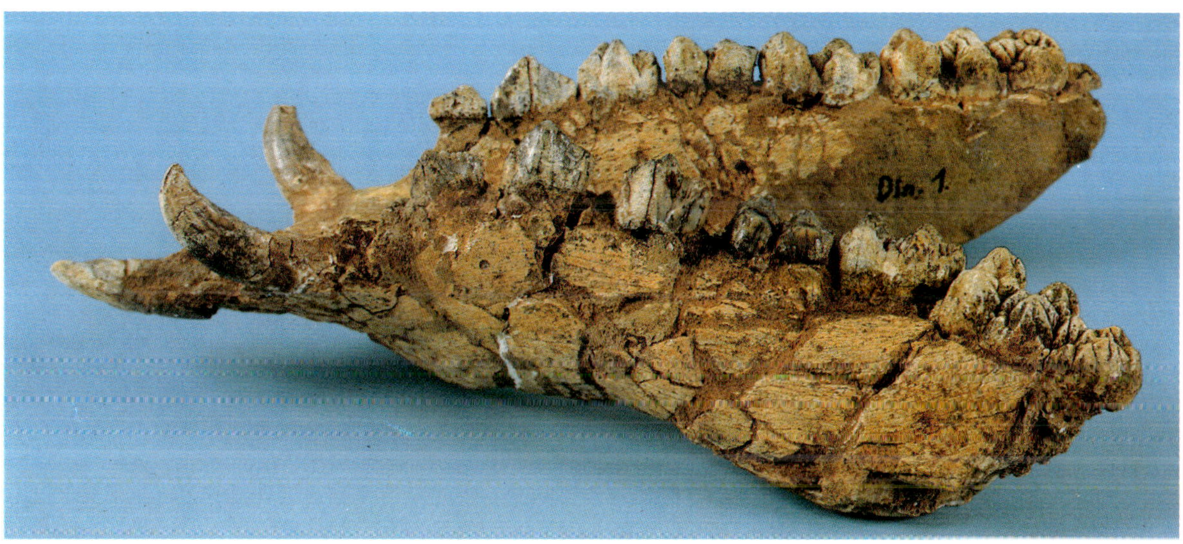

Fossiler Unterkiefer eines Steppenschweins (Microstonyx antiquus) aus den Dinotheriensanden in der Nähe von Eppelsheim in Rheinhessen; eine verwandte Art aus demselben Lebensraum ist das größere Microstonyx major.

Reste riesiger Rüsseltiere im Urrheintal

5–3,5 Mio. In Rheinhessen, im Flußgebiet des Ur-Rheins, Ur-Mains und der Ur-Nahe, lagern sich Kieselschotter mit Oolithen (→ S. 73) ab. Diese Schichten verdanken ihre Erhaltung dem Einbruch des Rheintalgrabens im jüngeren Pliozän.
Zahlreiche Säugetierarten der Hipparion-Fauna (→ S. 404) sind hier fossil überliefert. Bekannt sind sie als Dinotheriensande. Diese Namensgebung ist auf die Rüsseltiergattung Deinotherium (oder Dinotherium, → 24–5 Mio./S. 386) zurückzuführen, die hier ebenfalls verewigt ist.
Die Deinotherien entwickelten sich bereits im Miozän in Afrika und sind im Pliozän auch in Europa und Asien verbreitet. Neben diesen Riesen mit ihren abwärts gerichteten und leicht nach hinten gekrümmten Stoßzähnen im Unterkiefer werden die Skelettreste verschiedener Paarhufer (Artiodactyla, → 50–36 Mio./S. 334), Unpaarhufer (Perissodactyla, darunter Hipparion, → 24–5 Mio./S. 382), Gomphotherien, Raubtiere (Carnivora, → 55–36 Mio./S. 336) und Nagetiere (Rodentia, → 55–36 Mio./S. 340) überliefert.

Thylacosmilus aus dem Miozän/Pliozän ist ein argentinisches Beuteltier, das eine erstaunliche Parallelentwicklung zu den Säbelzahnkatzen zeigt.

Im Oberen Miozän und Unteren Pliozän ist die Säbelzahnkatzengattung Machairodus in Europa zu Hause. Sie lebt als Großraubtier in der Steppe.

Säbelzahnkatzen jagen Hipparions und andere Weidetiere

5–1,7 Mio. Mehrere Vertreter der Katzenfamilie (Felidae) mit mächtigen Säbelzähnen im Oberkiefer begleiten als Räuber die großen Weidetierherden. Hiervon betroffen sind vor allem die Hipparions (→ 24–5 Mio./S. 382) in den Steppen Europas, Asiens, Afrikas und Amerikas. Die verschiedenen Katzengattungen leiten sich nicht voneinander ab, sondern haben sich unabhängig voneinander in drei unterschiedlichen Linien entwickelt.

Erste Säbelzahnkatzen existierten bereits im Oligozän (→ 35–24 Mio./S. 362). Jetzt, im Pliozän, ist auf allen vier genannten Kontinenten Megantereon (seit Oberem Miozän) verbreitet. Neu erscheint außerdem – ebenfalls in diesen Regionen – die Gattung Homotherium, einer der wenigen Sohlengänger unter den Katzenartigen. Diese Gattung überlebt bis vor etwa 14 000 Jahren.

Nur in Amerika zu Hause ist die Gattung Smilodon, die in großer Individuenzahl auftritt. In den pleistozänen Asphaltgruben von Rancho La Brea bei Los Angeles (→ 720000–10000/S. 449) fand man mehr als 2000 Skelette dieses Tieres. Das größte Raubtier des Pliozäns ist der tigergroße Machairodus cultridens Europas, dessen Entwicklung bis in das Miozän (24–5 Mio.) zurückreicht. Wiederum auf allen vier Kontinenten lebt Dinofelis, eine pantherähnliche Säbelzahnkatze, deren Hauzähne deutlich kleiner sind als die anderer Arten.

Neben den Säbelzahnkatzen leben – seit Ende des Oberen Miozäns – die ersten kleineren modernen Raubkatzen, u. a. Luchse.

Mächtige Hauer sind gefährliche Waffen

Alle heute lebenden Katzen töten ihre Beutetiere durch einen kräftigen Biß ins Genick, der das Rückgrat bricht. Die Säbelzahnkatzen und andere Säbelzahnträger (→ S. 407) jagen anders. Sie stoßen ihre mächtigen Hauer von oben in den Leib des Opfers und reißen ihm durch eine anschließende ruckartige Kopfbewegung große Wunden. Diese Verletzungen sind an sich nicht tödlich, doch führen sie meist zum Verbluten des Tieres. Das restliche Gebiß der Säbelzahnkatzen ist gegenüber anderen Katzenartigen wesentlich kleiner und schwächer – aber vollständig – ausgebildet. Das weist darauf hin, daß die Säbelzahnkatzen nur die Weichteile fressen und das Blut ihrer Opfer trinken.

In Einklang mit der Art ihrer Jagd steht die äußerst kräftige Nacken- und Kiefermuskulatur der Säbelzahnträger. Dazu kommt eine Kiefergelenkung, die es gestattet, das Maul ungewöhnlich weit aufzureißen. Bei Smilodon wurde als maximaler Öffnungswinkel der Kiefer 120° festgestellt. Erst so können die Säbelzähne voll zum Einsatz gelangen. Diese ungemein verlängerten Eckzähne (Caninen) haben übrigens keine geschlossenen Zahnwurzeln. Sie wachsen deshalb zeitlebens nach.

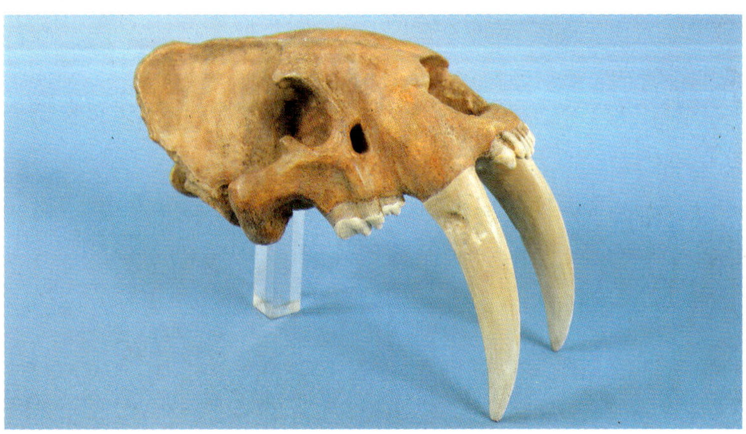

Die Schädelrekonstruktion einer europäischen Säbelzahnkatze zeigt, wie gut die kräftigen Hauer im Oberkieferknochen verankert sind.

Schimpansen bilden zwei Formengruppen

Um 2,5 Mio. Die Schimpansen, ein Ast der Menschenaffen, trennten sich vor 8 bis 5 Mio. Jahren von dem zum Menschen führenden Zweig der Primaten. Jetzt spalten sie sich in zwei Arten auf: Die Zwergschimpansen oder Bonobos (Pan paniscus) und die eigentlichen Schimpansen (Pan troglodytes).

Als jener Zweig der Affen, der die gemeinsame Entwicklung zu den Hominiden am längsten mitvollzogen hat, sind diese Tiere unter allen Menschenaffen (Pongiden) am menschenähnlichsten. Dies äußert sich in ihrer hohen Intelligenz, in ihren Verhaltensmustern und in ihrer Fähigkeit, Werkzeuge zu benutzen. Sie verwenden Stöcke nicht nur zum Angriff und zur Verteidigung. Es wurde z. B. auch beobachtet, daß sie Stöcke mit Waldpflanzen abreiben, sie in Termitennester stecken, wieder herausziehen und die anhaftenden Insekten fressen.

Die Familie der Menschenartigen entsteht in Afrika

4–3,5 Mio. Ein erster heute bekannter Menschenartiger (Hominide) lebt in Ostafrika im Gebiet von Äthiopien bis Tansania. Bekannt ist er als Australopithecus afarensis, der »Südmensch von Afar«. Afar ist der Fundort eines Skeletts, das als »Lucy« bekannt wurde.

Der erwachsene Australopithecus afarensis hat mit 120 cm Körperhöhe etwa die Größe eines heutigen sechsjährigen Kindes. Sein Schädel und sein Gesicht erinnern noch weitgehend an einen Schimpansen, doch ist sein Gehirn mit etwa 400 cm^3 Volumen bereits größer. Gemeinsam mit den Menschenaffen (Familie Pongidae) bilden die Menschenartigen (Familie Hominidae) die Primaten-Überfamilie der Menschenähnlichen (Hominoidea).

Die physischen Fortschritte der Hominiden gegenüber den Pongiden betreffen zunächst einmal Veränderungen in der Fortbewegung und in der Körperhaltung. Hierzu zählen vor allem die Verbesserung des aufrechten Gangs, die damit verbundene Verlängerung der Beine im Vergleich zu den Armen und die Verkleinerung der großen Zehe. Darüber hinaus werden das Becken und der Geburtskanal bei den weiblichen Individuen größer, um Raum für die Geburt von Babies mit größeren Köpfen (und Gehirnen) zu schaffen. Der Daumen wird länger und ermöglicht damit eine größere manuelle Geschicklichkeit.

Die kulturelle Entwicklung geht mit der organischen Hand in Hand. So bedingt eine verlängerte Schwangerschaft (die sich allerdings auch schon bei den Schimpansen und Gorillas zeigt) eine engere Mutter-Kind-Bindung. Diese Beziehung wird dann bei den Hominiden vor allem durch eine weitaus längere »Brutpflege«, nämlich eine Lehrzeit bis ins Erwachsenenalter hinein, noch wesentlich gefestigt. Gleichzeitig lassen sich hierdurch Erfahrungen von Generation zu Generation weitergeben.

In einem sehr engen Zusammenhang stehen auch die Entwicklung des Gehirns und die Koordination zwischen Augen und Händen. Diese Verknüpfung ist umso wichtiger, als die Hände durch den aufrechten Gang frei geworden sind und jetzt für die Handhabung und bald auch die Herstellung von Werkzeugen eingesetzt werden.

Museumsabguß eines Australopithecus-Schädels aus dem Gebiet des Turkana-Sees im Norden Kenias: Ansatzstellen für kräftige Kaumuskeln verraten den Vegetarier.

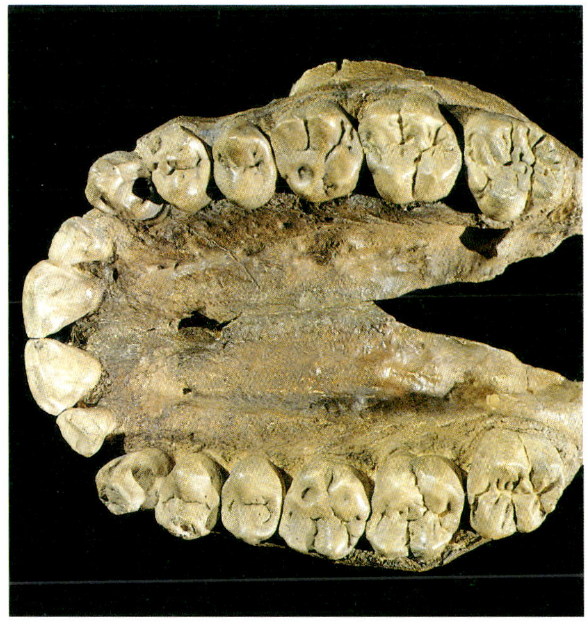

Im fossilen Oberkiefer eines Australopithecus afarensis aus Hadar sind die Zähne gut erhalten. Die breiten Kauflächen zeugen von pflanzlicher Ernährung.

Als »Lucy« wurde das erste »vollständige« Skelett von Australopithecus afarensis bekannt, das man 1974 in Äthiopien (bei Afar) fand. Heute geht man allerdings davon aus, daß »Lucy« ein Mann war.

Streitfrage:

Wo lebten die ersten Hominiden?

Lange Zeit betrachteten Wissenschaftler Ramapithecus, der heute zu Sivapithecus (→ 24–5 Mio./ S. 379) gezählt wird, als ersten Hominiden. Weil beide Formen in Asien gefunden wurden, ging man zunächst davon aus, die Wiege der Menschenartigen stünde in dieser Region. 1961 machte dann jedoch Louis S. B. Leakey einen aufsehenerregenden Fund in Kenia, den er Keniapithecus wickeri nannte, der sich später aber ebenfalls als Sivapithecus erwies. Er war etwa ebenso alt wie seine asiatischen Verwandten. Heute weiß man, daß Sivapithecus noch vor der Aufspaltung der Pongidae und Hominidae lebte. Der erste wirkliche Hominide ist Australopithecus. Erste Funde machte bereits 1924 der Südafrikaner Raymond Dart unweit von Taung (Südafrika). Aber dieser Australopithecus africanus erwies sich als jünger als sein erst 1974 entdeckter Verwandter aus dem äthiopischen Afar. Heute scheint es, daß der Ursprung der Menschenartigen in Ostafrika liegt.

Professor Raymond Dart aus Südafrika entdeckte 1924 bei Taung (Südafrika) fossile Reste von Australopithecinen. Bekannt wurde vor allem das »Taung-Baby«. Heute weiß man, daß die Taung-Fossilien weitaus jünger sind als jene aus Äthiopien.

Erste Hominiden leben in weiten Regionen Afrikas

4–1,7 Mio. Die ersten Menschenartigen, die Australopithecinen, entwickeln verschiedene Arten, die sich von Ostafrika über weite Teile des Kontinents ausbreiten.

Der älteste Hominide, Australopithecus afarensis, lebt im Raum Äthiopien, Kenia und im nördlichen Tansania. Anatomisch zeichnet er sich durch ein ziemlich enges Becken im Vergleich zu künftigen Hominiden aus. Zwar geht A. afarensis aufrecht, doch noch deutlich nach vorne gebeugt. Seine Füße entsprechen im wesentlichen denen des heutigen Menschen, allerdings fehlt an der großen Zehe der Ballen, und der Mittelfuß besitzt nicht die später erscheinende Wölbung. A. afarensis hat also Plattfüße. Vor etwa 2,5 Mio. Jahren stirbt diese Art vermutlich aus, nachdem aus ihr die späteren Australopithecinen hervorgegangen sind.

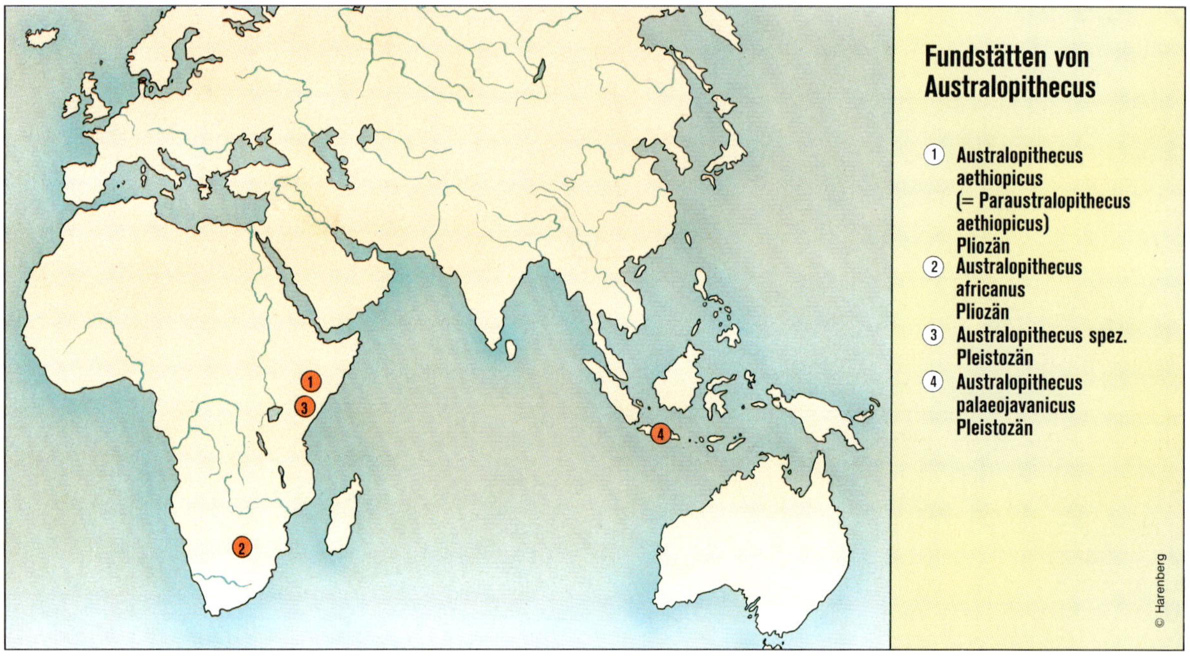

Vor etwa 3 bis 1 Mio. Jahren lebt in Äthiopien, Kenia, Tansania und Südafrika A. africanus, der mit 1,3 m etwa 10 cm größer ist als A. afarensis. Sein Gehirnvolumen liegt bei etwa 400 cm³, und sein Gesicht erinnert mit dem wuchtigen Unterkiefer noch stark an Menschenaffen. Sein Gebiß entspricht weitgehend dem der Menschen, nur sind die Eckzähne noch deutlich größer. A. africanus dürfte etwa 30 kg wiegen. Vermutlich verläßt er die Wälder und lebt in der Savanne. Er benutzt sehr wahrscheinlich Werkzeuge, auch wenn er sie zu dieser Zeit wohl nicht selbst herstellt.

Vor etwa 2,5 Mio. Jahren erscheint eine dritte Art, A. robustus, in Tansania und Südafrika. Sie stellt wahrscheinlich einen Nebenzweig auf dem Weg zur Gattung Homo dar, der etwa vor 1 Mio. Jahren ausstirbt. A. robustus ist 1,6 m groß, wiegt rund 50 kg und hat ein menschenaffenähnlicheres Gesicht als die verwandten Gattungen. Sein Gehirnvolumen liegt bei 500 cm³.

Fundorte fossiler Australopithecinen

Hinsichtlich der Systematik der Unterfamilie der Australopithecinen bestehen Meinungsverschiedenheiten (→ S. 411). Manche Autoren erkennen lediglich eine Gattung, nämlich Australopithecus, an. Andere Wissenschaftler nehmen dagegen eine Unterteilung in zwei Gattungen, Australopithecus und Paranthropus, vor. In der nachfolgenden Übersicht über bisher aufgefundene Fossilien ist die entsprechende Synonymik berücksichtigt:

Australopithecus afarensis:
▷ Afar, Äthiopien: Weibliches Skelett (»Lucy«)
▷ Laetoli, Tansania: Fußabdrücke in Vulkanasche

Australopithecus africanus:
▷ Taung, Südafrika: Vollständiger Kinderschädel
▷ Sterkfontein, Südafrika: Schädel und Schädelteile, Zähne, Teile von Röhrenknochen, Beckenknochen, Rippen, Wirbel und ein Schulterblatt
▷ Makapansgat, Südafrika: Zähne, Schädelteile, Teile von Röhrenknochen, Beckenknochen, Wirbel
▷ Garusi, beim Eyasi-See, Nordtansania: Kieferbruchstück mit Zähnen
▷ Omo, Äthiopien: Unterkiefer, Zähne

Australopithecus robustus:
Synonym: Paranthropus robustus boisei, Paranthropus boisei
▷ Olduwai-Schlucht, Nordtansania: Schädel mit Zähnen
▷ Peninj, Tansania: Unterkiefer mit Zähnen
▷ Koobi Fora am Lake Turkana, Nordkenia: Großteil eines Schädels mit Zähnen
Synonym: Paranthropus robustus
▷ Komdraai, Südafrika: Schädelteile, Zähne und Sprungbein (Talus)
▷ Swartkrans, Südafrika: Schädel und Schädelteile, Zehen, Bruchstücke von Röhrenknochen, Beckenbruchstücke, Wirbel, Mittelhandknochen

Australopithecus palaeojavanicus:
Synonym: Paranthropus palaeojavanicus
▷ Sangiran, Java: Teile eines Unterkiefers mit Zähnen

Australopithecus spez.:
Noch nicht genauer beschriebene Art, aber in den Formenkreis Paranthropus gestellt
▷ Omo, Äthiopien: Einzelne Zähne, Kieferteile.

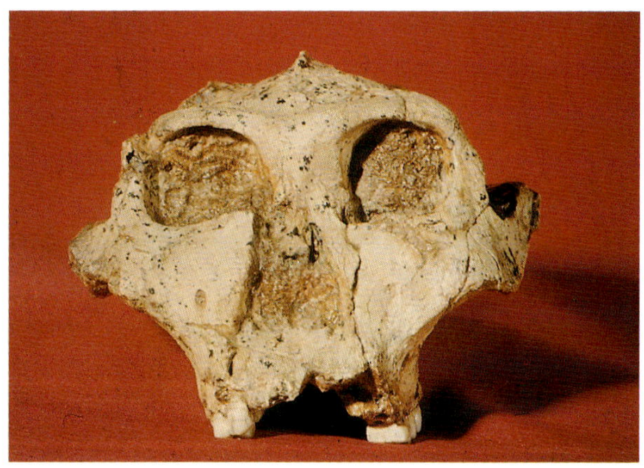

Aus Kromdraai bei Sterkfontein (Südafrika) stammt der hier abgebildete Schädel von Australopithecus robustus, der zunächst als Paranthropus robustus bezeichnet wurde. Er gilt als Vorläufer der Art Australopithecus boisei.

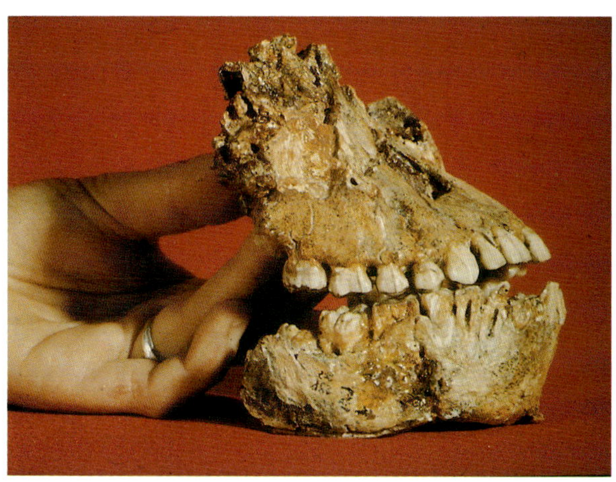

Wie alle Australopithecinen hat auch A. robustus noch eine weit vorgeschobene, schnauzenförmige Mundpartie, über der eine relativ kurze und sehr breite Nase ansetzt. Der Gesichtsschädel ist groß, der Hirnschädel-Bereich dagegen verhältnismäßig klein.

Zwei verschiedene Körperbauformen

4–1,7 Mio. Unter den Australopithecinen (→ S. 410) gibt es unterschiedliche Körperbauformen. Deshalb wurde ursprünglich eine Reihe verschiedener Gattungen definiert (s. u.). Heute sind sich die meisten Wissenschaftler soweit einig, daß allenfalls verschiedene Arten zu unterscheiden sind. Doch gibt es noch Kritiker dieser Synonymik. Sie sehen die Hominiden-Unterfamilie der Australopithecinen nicht durch nur eine, sondern durch zwei Gattungen repräsentiert: Australopithecus und Paranthropus. In der Tat gibt es zwischen beiden Gruppen Unterschiede, doch bleibt es umstritten, ob sie zum Ausweisen zweier Gattungen berechtigen. Paranthropus (bzw. die Art Australopithecus robustus) ist mit etwa 1,6 m Höhe wesentlich größer als die anderen Australopithecinen. Seine Großzehe ist kürzer, aber stärker, und von den übrigen Zehen weiter entfernt. Das Schädeldach vor allem des männlichen Individuums trägt einen kräftigen Knochenkamm, an dem die wesentlich stärkere Kaumuskulatur ansetzt.

In einer Höhle bei Sterkfontein (Südafrika) fand sich das oberpliozäne Schädelskelett von Australopithecus africanus (transvaalensis), bekannt als »Mrs. Ples«.

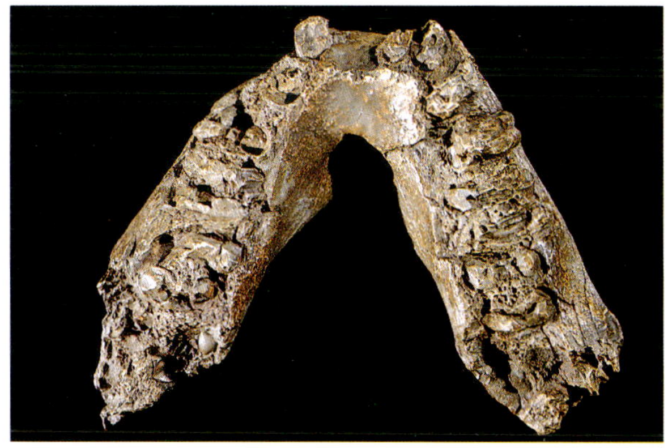

Fossiler Unterkiefer mit Zähnen des Australopithecus aethiopicus von der Fundstelle Omo (Äthiopien)

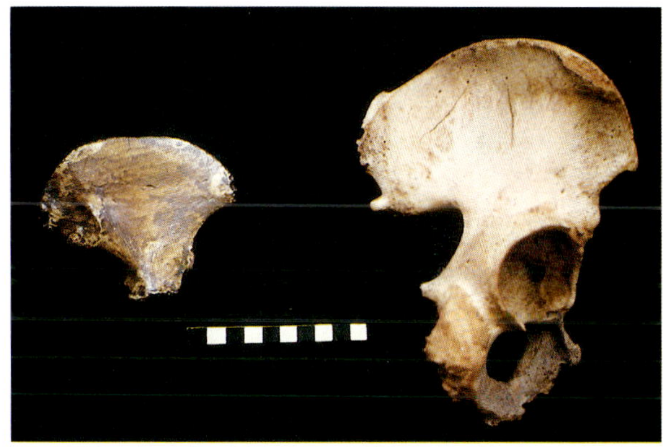

Der Vergleich des Beckenskeletts von Australopithecus africanus (Sterkfontein; l.) und einem modernen Homo sapiens zeigt u. a. Größenunterschiede.

Entwicklungslinie zur Gattung Homo

5–1,7 Mio. Die Frage, von welcher Entwicklungslinie der Australopithecinen die Gattung Mensch (Gattung Homo) abstammt, wird gegenwärtig von Wissenschaftlern noch heftig diskutiert.

Zündstoff für die anhaltende Debatte lieferten vor allem Funde aus Hadar in Äthiopien. Sie wurden 1978/79 als Australopithecus afarensis beschrieben und damit als bisher unbekannte Art ausgewiesen. Besonders aufgrund ihres hohen Alters (→ S. 410) war man der Ansicht, es handele sich um die Stammform aller weiteren Australopithecinen und der Gattung Homo. Genau das wird bezweifelt.

So subsumieren manche Paläoanthropologen die Funde unter die schon zuvor bekannte Art A. africanus. In dieser sehen sie die Basis für eine Verzweigung Australopithecus/Homo.

Einer dritten Ansicht nach fand diese Verzweigung schon vor den äthiopischen Australopithecinen statt, die nicht an der Basis der Linie Homo, sondern schon auf einem gesonderten Ast stehen.

Schließlich geht eine vierte Lehrmeinung davon aus, daß in den Resten von Hadar ein Prä-Australopithecus zu sehen ist. Dieser soll in seiner Entwicklungslinie einerseits zu Australopithecus africanus und A. robustus/boisei und andererseits zur Gattung Homo führen. Prä-Australopithecus selbst lebt danach ebenfalls weiter und stirbt erst später aus.

Hominidenart	Alter	Größe (cm)	Hirnvolumen (cm^3)
Australopithecus robustus (Paranthropus)	5–1 Mio.	150–160	530
Australopithecus africanus u. a.	4–1 Mio.	120–145	460
Homo habilis (Zinjanthropus)	3–1 Mio.	120–125	680
Homo erectus (Pithecanthropus)	1–0,1 Mio.	160–170	750–900
Homo neanderthalensis (früher Neandertaler)	150 000–80 000	um 160	1200–1450
Homo neanderthalensis (klassischer Typ)	80 000–35 000	155–165	1350–1700
Homo sapiens (Cro-Magnon-Typ)	40 000–?	170–180	1300–1450
Homo sapiens (moderner Typ)	ab ca. 10 000	160–190	1400–1450

Synonymik bei Australopithecus

In der folgenden Synonymen-Liste stehen A. für Australopithecus und P. für Paranthropus:

▷ Australopithecus prometheus – A. africanus
▷ Australopithecus transvaalensis – A. africanus
▷ Hemanthropus chinensis: Noch nicht im Detail ausgewerteter Fund aus China
▷ Meganthropus africanus – A. africanus
▷ Meganthropus palaeojavanicus – A. palaeojavanicus oder P. palaeojavanicus
▷ Paraustralopithecus aethiopicus – A. africanus
▷ Paranthropus crassidens – A. robustus oder P. robustus
▷ Paranthropus robustus boisei – A. robustus oder P. boisei
▷ Plesianthropus transvaalensis – A. africanus
▷ Prä-Australopithecus – hypothetische, in Äthiopien vermutete Stamm- oder Vorform der Australopithecinen
▷ Zinjanthropus boisei – A. robustus oder P. boisei.

Erste Menschen entwickeln sich auf afrikanischem Boden

2–1,7 Mio. In Ostafrika leben nebeneinander verschiedene Hominidenarten, von denen die meisten Australopithecinen (→ S. 410) sind. Jedoch gibt es dort auch eine Gruppe, die bereits ausgeprägte dem heutigen Menschen ähnelnde Merkmale besitzt. Die meisten Wissenschaftler sehen in dieser Gruppe erste Vertreter der Gattung Homo.

Demgegenüber halten manche Anthropologen diese frühen Ostafrikaner noch für Vertreter der Gattung Australopithecus. In der Tat sind die Übergänge gleitend, und auf jeden Fall stammt diese Art von Australopithecinen ab.

Australopithecus entwickelt zwei ausgeprägte Zweige. Einer davon, je nach Lehrmeinung als Gattung Paranthropus (→ S. 411) oder als Australopithecus robustus bezeichnet, entwickelt sich praktisch nicht weiter. Der andere Zweig führt zu der neuen Art Homo habilis. Neuere Funde deuten darauf hin, daß sich Homo habilis bereits vor rund 3 Mio. Jahren entwickelte, was die Abstammungsfrage schwieriger macht.

Homo habilis ist mit 120 bis 150 cm Körpergröße relativ klein, und er hat einen grazilen Körperbau. Gegenüber den Australopithecinen sind sein Unterkiefer und seine Überaugenwülste wesentlich reduziert. Sein Kopf ist deutlich größer, und sein Schädelinhalt hat mit rund 800 cm^3 das doppelte Volumen seiner Vorgänger. Zugleich ist die Struktur seines Gehirns wesentlich komplexer als bei den Australopithecinen. Manche Wissenschaftler vertreten sogar die Ansicht, daß Homo habilis bereits eine einfache Lall-Sprache (→ S. 413) beherrscht.

Einen weiteren wichtigen Unterschied gegenüber den Australopithecinen stellt der Bau der Hand dar. Noch besitzt die Hand von Homo habilis bei weitem keine so vollendete Gegenüberstellung von Daumen und Zeigefinger wie die des modernen Menschen, und sein Daumen ist auch noch wesentlich kürzer. Trotzdem ist diese Hand bereits geschickt genug, um einfache Werkzeuge nicht nur zu verwenden, sondern sie auch zu bearbeiten bzw. herzustellen. Der folgerichtige Bewegungsablauf der Homo-habilis-Hand beim Herstellen von Werkzeugen und auch einfachen Behausungen setzt ein folgerichtiges »Handeln« und damit kausales Denken voraus.

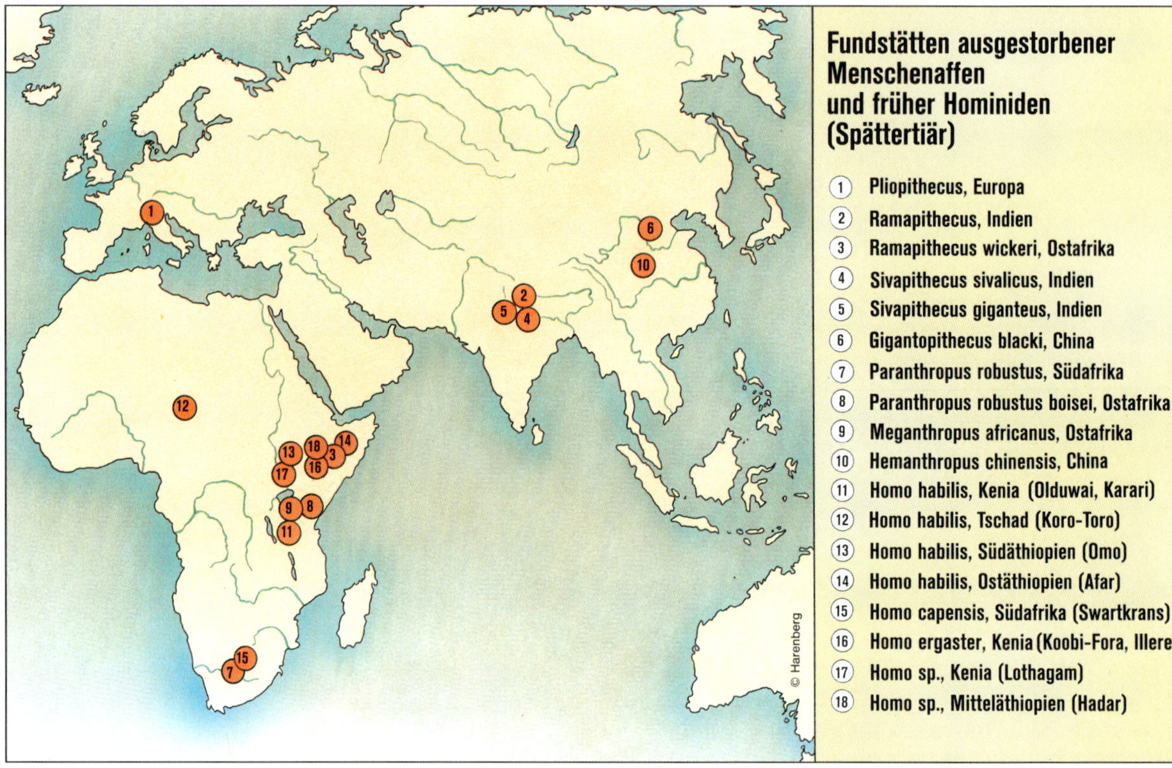

Die Weltkarte aus dem Miozän/Pliozän verzeichnet die Funde von frühen Hominoiden unter den Bezeichnungen der Fundbeschreibungen. Heute sind viele der ursprünglichen Namen eingezogen. Pliopithecus, Ramapithecus, Sivapithecus und Gigantopithecus sind hominidenähnliche Menschenaffen. Paranthropus, Meganthropus und Hemanthropus gehören zu Australopithecus. Homo capensis und Homo ergaster werden zu Homo habilis gestellt.

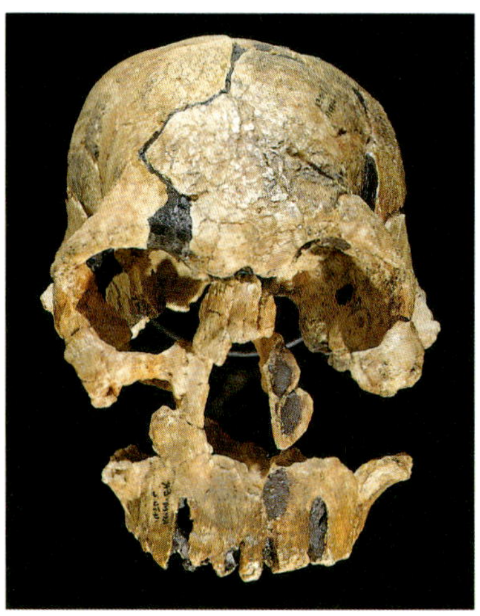

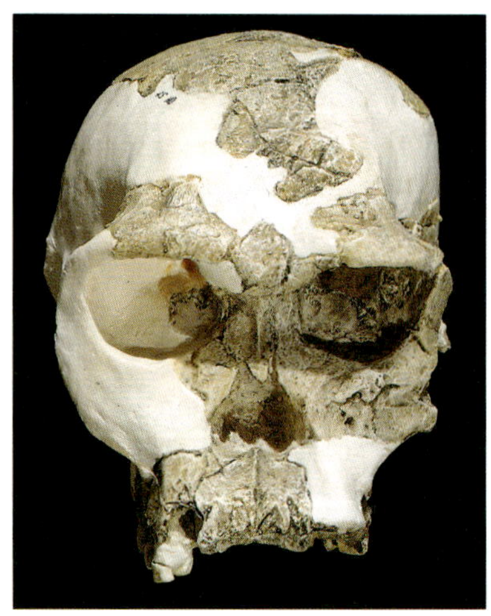

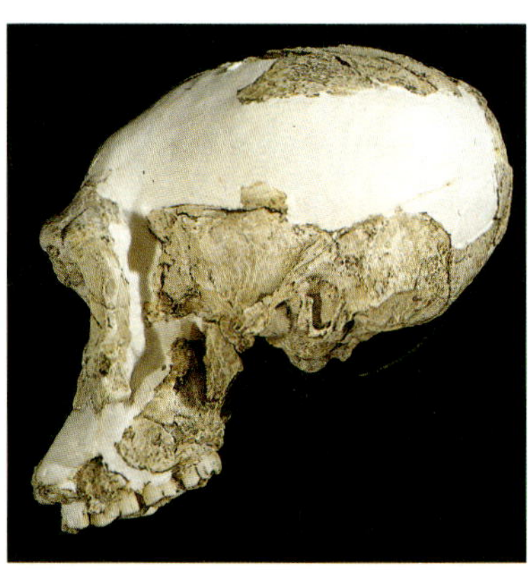

◁△ Schädelskelett eines Homo habilis aus dem Gebiet des Turkanasees in Nordkenia, wo er als Zeitgenosse von Australopithecinen lebte

△ Homo-habilis-Schädel (teilweise ergänzt) aus der Olduwai-Schlucht in Nordtansania, einem bevorzugten Lebensraum früher Hominiden

◁ Seitenansicht des Homo-habilis-Schädels aus der Olduwai-Schlucht; schon zu seinen Lebzeiten war das Gebiet wildreiches Steppenland.

Synonyme für Homo habilis

Für den Homo habilis wurden aufgrund verschiedener Fossilfunde und je nach Interpretation der Entwicklungsgeschichte unterschiedliche Bezeichnungen gewählt. Allerdings ist die Vielfalt der Namen nicht so ausgeprägt wie bei den Australopithecinen.

Im wesentlichen beschränken sich die Paläoanthropologen auf zwei Synonyme:

▷ Prä-Zinjanthropus: Vorläufige Bezeichnung des Australopithecus robustus, der von Richard Leakey entdeckt wurde und von ihm zunächst »Zinjanthropus« genannt wurde

▷ Australopithecus habilis: Bezeichnung bei jenen Paläoanthropologen gebräuchlich, die in der Art lediglich einen fortschrittlichen Australopithecinen sehen und noch keinen Repräsentanten der Gattung Homo.

Großfamilie bietet sichere Existenz

2–1,5 Mio. Homo habilis lebt in den offenen Baumgraslandschaften, den Savannen. Er stellt einfache Werkzeuge u. a. für die Jagd und zu seiner Verteidigung her. Als Material benutzt der frühe Mensch neben Stein auch Knochen, Hörner sowie Zähne und sehr wahrscheinlich Holz. Vermutlich baut er sich auch bereits einfache Unterkünfte. Homo habilis lebt gesellig in Großfamilien-Verbänden von rund 30 Mitgliedern, davon 5 bis 10 erwachsene Männer und 10 bis 15 Frauen und Kinder unterschiedlichen Alters. Durch diese Familienstruktur wird der Existenzkampf leichter. Gemeinsam sammeln Mitglieder dieser Gruppe eßbare Insekten und Pflanzen, gemeinsam gehen sie auf die Jagd nach Kleinwild. Diese Art des Zusammenlebens setzt Grundformen der Kommunikation voraus (s. u.).

Bei der Herstellung seiner Werkzeuge zeigt sich im Laufe der Entwicklung von Homo habilis (er lebt bis vor etwa 1,5 Mio. Jahren) eine erste Verfeinerung der Technik. Zuerst verwendet er nur ausgewählte glatte oder scharfe Steine, die sich gut schleudern lassen. Später schlägt er kleinere Steine mit größeren zurecht (Abschlagtechnik), bis sie an einer Seite eine scharfe Kante haben. Solche ersten Universalwerkzeuge, die sich als Handwerkszeug wie als Waffe eignen, stellt offenbar nicht jedes Mitglied der Familie her. Die Arbeit ist wahrscheinlich Aufgabe der erwachsenen Männer. Die Prähistoriker bezeichnen diese erste »Steinindustrie« in der Geschichte der Menschheit als Geröllgeräte- und Faustkeilkultur, die Kulturstufe selbst als Prä-Chelleen. Die Herstellung erster Werkzeuge und die Entwicklung des menschlichen Geistes befruchten sich wechselseitig. Damit beginnt die Altsteinzeit, das Paläolithikum.

Die Familiengruppen des Homo habilis haben, wie auch Tierherden, einen Führer. Wahrscheinlich ist das der stärkste und/oder erfahrenste Mann der Familie. In den Gruppen herrscht allem Anschein nach bereits eine gewisse Arbeitsteilung. Während die erwachsenen Männer Werkzeuge und Waffen fertigen und auf die Jagd gehen, üben Männer wie Frauen das Sammeln von Pflanzen und Kleintieren gemeinsam aus. Die Sorge um kleine Kinder, Alte und Kranke obliegt wahrscheinlich den Frauen. In kollektiver Jagd erbeuten die Männer auch Tiere wie Paviane, Antilopen und andere Säuger. Trotz dieser Bemühungen bleibt die Fleischnahrung selten. Die pflanzliche Kost überwiegt bei weitem. In Zeiten der Trockenheit müssen die Familienverbände deshalb wandern und neue Nahrungs- und auch Trinkwasserquellen suchen. Die frühen Menschen leben als Jäger und Sammler daher nomadisch. Dabei überwinden sie z. T. große Entfernungen. Homo habilis ist in Äthiopien ebenso verbreitet wie in Kenia und den weiten Savannen Tansanias. Sehr wahrscheinlich lebt er auch bereits in Südafrika. Neuere, noch nicht vollständig ausgewertete Funde lassen vermuten, daß diese erste Menschenart vor rund 2 Mio. Jahren vielleicht sogar in Südostasien vertreten ist.

Die Grabungsstätte Swartkrans (Südafrika) liegt bei Johannesburg in der Nähe anderer bedeutender Fundorte von frühen Hominiden wie Sterkfontein und Kromdraai (im Bild der Wissenschaftler Prof. Brzin).

◁ *Etwa so kann man sich einen Wohnplatz von Homo habilis im östlichen Afrika vor rund 1,8 Mio. Jahren vorstellen. Die Rundhütte wurde anhand von Steinkreisen und dazu passenden Baumethoden späterer Stammesvölker rekonstruiert.*

Beginn der Sprachentwicklung: Silbenlaute

Die Sprache ist nicht nur als Kommunikationsmittel bemerkenswert, sondern auch in bezug auf die ihr zugrunde liegende organische Motorik.

Der moderne Mensch kann in einer Minute mehrere hundert Silben aussprechen. Jede davon erfordert einen ganz besonderen Gebrauch der Stimmbänder, einen bestimmten Ausatmungsweg und eine exakte Stellung von Zunge und Mundhöhle. Das ganze komplexe Artikulationssystem kann sich in einem Sekundenbruchteil auf eine weitere Silbenfolge einstellen. Diese enorme Beweglichkeit der Sprachorgane ist das Ergebnis einer sehr langen Entwicklung, in deren Verlauf sich die steuernden Vorgänge im menschlichen Gehirn immer komplizierter gestalten. Diese Entwicklung läßt sich einerseits am Bau des Kiefers und anderer Skeletteile verfolgen, andererseits aber auch generell an den Fähigkeiten des Menschen, folgerichtige Arbeiten auszuführen. Die moderne Forschung ist der Ansicht, daß logisches Handeln untrennbar mit logischem Denken verbunden ist und dieses wiederum mit der Fähigkeit, Begriffe zu formulieren. Letzteres aber, so beweisen neurologische Experimente, ist an die Fähigkeit sprachlicher Äußerung geknüpft.

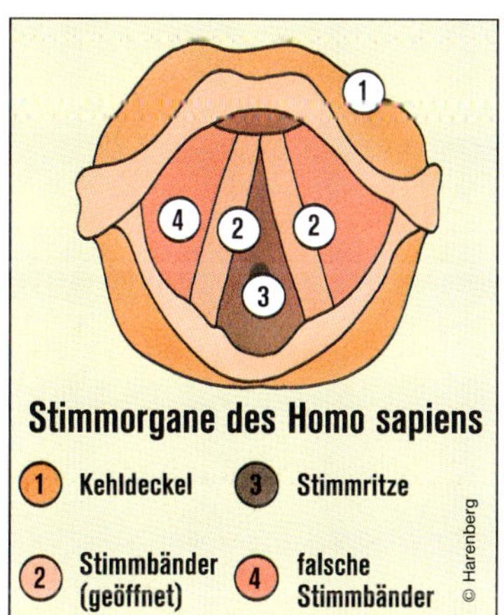

Natürlich kann man nicht davon ausgehen, daß Homo habilis Worte oder gar Sätze formulieren kann. Aber man glaubt heute, daß er zumindest eine Art einfacher Lall-Sprache beherrscht, wobei er zwischen vielleicht ein paar Dutzend silbenähnlicher Lautgebungen unterscheidet.

Einen Beweis dafür, wie eng die Entwicklung der Sprachorgane mit der geistigen Entwicklung zum folgerichtigen Denken hin verknüpft ist, lieferten jüngere Forschungsergebnisse bei der Untersuchung von Geburt an taubstummer Menschen. Selbst bei ihnen lassen sich in Abhängigkeit von Denkvorgängen variierende Nerven- und Muskelströme im Bereich der Sprachmuskulatur messen. Die neurale Projektion von Gehirnleistungen auf die Sprachorgane ist dabei durchaus kein einseitiger Prozeß. Die Artikulation selbst hat Rückwirkungen auf den Denkvorgang.

In weiten Gebieten der Erde bricht eine Kaltzeit an

5–1,7 Mio. Bereits vor etwa 5 Mio. Jahren ist der größte Teil der Antarktis vergletschert. Im Laufe des Pliozäns erfaßt die Abkühlung weite Teile der Erde. Aber es wird keineswegs weltweit gleichzeitig kälter. Die Temperatur sinkt regional über Jahrmillionen unterschiedlich.

Vor rund 5 Mio. Jahren entstehen erste größere Gletschergebiete in der Arktis, in Alaska, Grönland und auf Island. Weitgehend vereist ist die Arktis vor etwa 3 Mio. Jahren. Während desselben Zeitraums (5–3 Mio. Jahre) kühlt das Klima im südamerikanischen Andenraum stark ab. Hier bilden sich Hochgebirgsgletscher. Allerdings bleibt das außerandine Südamerika bis hinunter nach Patagonien zunächst noch gemäßigt. Hier existieren bei vorwiegend trockenem bis halbtrockenem Wetter weiterhin ausgedehnte Steppenlandschaften. Für den Raum von Neuseeland läßt sich vor rund 2,5 Mio. Jahren eine erste deutliche Meerwasserabkühlung nachweisen.

Das Satellitenbild vom heutigen Europa läßt die derzeitigen Hochgebirgsvergletscherungen in den Alpen und in Norwegen gut erkennen. Reste der letzten Eiszeit stellen lediglich die Inlandeisfelder des westlichen Skandinaviens dar. Die Ausdehnung der Biber-Vereisungen ist bis heute nicht exakt bekannt.

Kälteeinbruch in Mitteleuropa

Vor 2,4 Mio. Jahren wird es dann auch in Zentraleuropa und vor allem im Alpenraum kalt. Die Epoche vor 2,4 bis 2,1 Mio. Jahren wird in diesem Raum als Prätegelen- oder Biber-Kaltzeit bezeichnet. In dieser Zeit hat sich das Meer aus dem größten Teil Deutschlands zurückgezogen. Sogar das Ostseebecken ist trocken, und die Nordseeküste liegt wesentlich weiter nördlich als heute. Die Flußläufe in Deutschland nähern sich den heutigen. Etwa zu dieser Zeit ändert u. a. der Oberlauf des Mains (»Bamberger Main«), der bisher nach Süden zur Donau floß, seine Richtung. Er erreicht über den »Aschaffenburger Main« das Rheintal. In Holland und im Rhein-Main-Flußgebiet bestimmen vor 2,4 Mio. Jahren noch subtropische Pflanzen und z. T. Gewächse eines gemäßigten Klimas die Flora. Hierzu zählen Sumpfzypressen (Taxodien), Schirm- und Hemlock-Tannen, Walnuß, Hickory, Edelkastanien, Amber- und Tulpenbäume, Magnolien, wilder Wein und subtropische Seerosen. Die jetzt zu Ende gehende Epoche heißt Reuver-Warmzeit. Schon bald verschwinden zunächst die wärmebedürftigen Bäume wie die Taxodien und Sequoien. Ihr Rückzug läßt sich deutlich verfolgen. Er beginnt in Dänemark, greift dann nach Norddeutschland und zugleich nach Südengland über und setzt sich im Mainzer Becken fort. Dann sterben diese Arten im Rhônebecken und im Golf von Lyon aus.

Ausbreitung der Kältesteppe

Da bei der relativ schnellen Klimaveränderung die abwandernden bzw. regional aussterbenden Arten nicht rasch genug durch kälteresistentere Bäume (vom Taiga-Typus) ersetzt werden, dehnen sich in immer weiteren Räumen Europas Steppen aus. Bald umfaßt dieser Landschaftstypus ganz West- und Mitteleuropa. Es handelt sich aber nicht mehr um die subtropischen Trockensteppen, die schon zuvor besonders in Südeuropa existiert hatten, sondern um Kältesteppen. Das zeigt sich u. a. an der Zusammensetzung der Flora, aber auch am Auswandern wärmeliebender Tierarten, z. B. der Gomphotherien und der Deinotherien.

Der Kältevorstoß in Europa folgt aber durchaus nicht generell einer gleichmäßigen Nord-Südrichtung. Innerkontinentale Gebiete wie das Wiener Becken oder die Ukraine sind davon etwas eher betroffen als etwa Deutschland.

Vereisung im Alpenraum

Die pliozäne Kaltzeit wird regional verschieden bezeichnet. In den Niederlanden und Norddeutschland spricht man von der Prätegelen-Kaltzeit. In Süddeutschland und im Alpenraum ist von der Biber-Kaltzeit oder sogar Biber-Eiszeit die Rede, denn hier gibt es bereits Gletschervorstöße. So erwiesen sich bei Untersuchungen von 1956 Schotterablagerungen im Raum Augsburg als Gletschermoränen aus dieser Biber-Eiszeit. Nach den Moränenresten ist die Epoche auch benannt, denn sie liegen im Bereich des Biberbaches, eines Zuflusses der Schmutter nordwestlich von Augsburg.

Vorübergehende Warmzeit

Noch während des Pliozäns findet die nur kurze Prätegelen-Kaltzeit bzw. Biber-Eiszeit ein Ende. Vor etwa 2,1 Mio. Jahren wird das Klima in Mitteleuropa wieder deutlich wärmer, sogar gegenüber den heutigen Verhältnissen. Wälder verdrängen die Kältesteppen. Zahlreiche Überreste wärmeliebender Pflanzen und Tiere sind fossil in der Nähe von Tegelen, einem kleinen Ort im Süden der Niederlande, erhalten. Aufgrund von Fossilfunden in dieser Gegend wird die jetzt anbrechende Periode als Tegelen-Warmzeit bezeichnet.

Charakteristisch für die Tegelen-Flora ist der wärmeliebende Wasserfarn Azolla tegeliensis. Im Mainzer Becken sind ebenfalls wärmeliebende Pflanzen überliefert. Hier gedeihen neben sommergrünen Bäumen und Sträuchern Pfingstrosen (Paeonien) und Eucommien. Vergleichen läßt sich diese Flora in etwa mit der heutigen Pflanzenwelt südlich des Kaspischen Meeres. Aus südlicheren Regionen kehren sogar noch einmal die wärmeliebenden großen Gomphotherien und der Tapirus arvernensis nach Norden bis in die Niederlande zurück. Auf der Schwäbischen Alb leben in dieser Zeit, wie Funde aus der Gegend von Erpfingen belegen, frühe Biber (Gattung Trogontherium), Hirsche, Rhinozeros-Arten und der Südelefant Archidiskodon meridionalis.

Die Tegelen-Warmzeit, die in Süddeutschland und im Alpenraum auch Biber-Donau-Interglazial genannt wird, dauert nur rund 300 Jahrtausende. Danach bricht mit der Eburon-Kaltzeit bzw. der Donau-Eiszeit eine neue Kältewelle über Europa herein.

Die Kälte schafft neue Landschaften

5–2,1 Mio. Die Kältevorstöße im Pliozän (und später im Pleistozän) gehen von den arktischen Regionen aus und erfassen während der Prätegelen-/Biber-Kaltzeit (→ S. 414) u. a. ganz Europa. Bedingt durch Eiseinwirkungen zu dieser Zeit entsteht eine Reihe neuer Landschaftsformen, wie es sie bis dahin weder während des Erdmittelalters (Mesozoikum) noch im Verlauf der Erdneuzeit (Känozoikum) gab. In den höheren Breiten (Antarktis, Arktis, Island, Alaska usw.) kommt es zu Inlandvereisungen. Sie entsprechen den Eisdecken des heutigen Grönlands und der Polarregionen. Im Gegensatz zu Hochgebirgsgletschern sind das im allgemeinen keine Talgletscher, sondern Plateaugletscher. Sie überziehen als viele hundert oder tausend Meter mächtige Eisdecken weiträumig das Land und nivellieren Täler wie Berge. Nur die höchsten Gipfel ragen als sogenannte Nunatakkr aus den relativ flachen Eiswüsten heraus.

Wo die Kaltzeiten nicht zu Vereisungen führen, bilden sich Kältesteppen oder Tundren mit dürftigem, niedrigem Pflanzenwuchs und z. T. Dauerfrostböden, die nur im Sommer oberflächlich auftauen. Für solche Gebiete sind u. a. Frostaufbruchkegel (Pingos) von mehreren Dutzend Metern Höhe typisch. Oft sind die Böden durch wiederholtes Auftauen und Einfrieren von einer charakteristischen Polygonalstruktur gezeichnet.

△ Ähnlich wie die hier abgebildete Landschaft im südöstlichen Island (Südrand des Vatna-Jökull) kann man sich die flache Vereisungsgrenze beim Vorstoß der skandinavischen Eismassen nach Süden während der Biber-Eiszeit und auch während später folgender europäischer Eiszeiten vorstellen.

◁ In Alaska reichen noch heute die Gletscherzungen der Inlandeise vielfach bis in die Meeresfjorde (im Bild Arctic Bay) hinein. Ein sehr verwandtes Landschaftsbild bot sich während der pliozänen Prätegelen-/Biber-Eiszeit und der nachfolgenden pleistozänen Vereisungen sicherlich an der norwegischen Westküste.

Wo im südlichen Vorfeld der glazialen Eismassen der Boden im Sommer nur oberflächlich auftaut, im Untergrund aber dauerhaft gefroren ist, zeigen sich die typischen Polygonalstrukturen der Permafrostlandschaft.

So wie heute die Tundren Sibiriens sahen während der Biber-Kaltzeit die Tiefebenen Norddeutschlands aus. Baumlose Kältesteppe mit vielen flachen Seen, die auf dem gefrorenen Untergrund stehen, prägt die Landschaft.

Temperatur sinkt auch in Regionen nahe dem Äquator

3–1,7 Mio. Die im Oberen Pliozän verstärkte Abkühlungstendenz (→ S. 414) wirkt sich in den höheren Breiten wesentlich stärker aus als in den äquatornäheren Regionen. Das gleiche gilt auch für die Kalt- bzw. Eiszeiten des folgenden Pleistozäns. Weltweit liegen während dieser Kälteperiode die Temperaturen durchschnittlich um rund 4° unter den heutigen Werten. Das trifft auch für die äquatorialen Bereiche zu.

In den gegenwärtig gemäßigten und polaren Breiten ist es dagegen um 8 bis 12° kälter als heute. So herrscht während des gesamten Pleistozäns im südlichen Nordamerika, im Süden Asiens, in Afrika und dem überwiegenden Teil Südamerikas nach wie vor subtropisches bis tropisches Klima. In China z. B. ist während des gesamten Abschnitts von 2,4 bis 1,2 Mio. Jahren das Klima gleichförmig mild. Während dieser Zeit spielen sich in Europa zwei ausgeprägte Kaltzeiten und zwei ebenso deutliche Warmzeiten ab.

Generell ist die Klimaentwicklung während des Jungpliozäns sowie während des folgenden Pleistozäns (das eigentliche »Eiszeitalter«) noch nicht völlig erforscht. Als gesichert erscheint, daß sich an die vereisten Gebiete Skandinaviens im Osten das Inlandeis Westsibiriens anschließt und daß dieses bis über den Jenissei hinausreicht. Auch die ostsibirischen Gebirge tragen beachtliche Eiskappen, andere asiatische Gebirge typische Hochgebirgsgletscher. Im großen und ganzen bleibt die Mächtigkeit des Eises in Sibirien aber weit hinter jener in Alaska, Grönland, Island und Nordeuropa zurück, weil das Klima hier wesentlich niederschlagsärmer ist. In Afrika und Australien kommt es – mit Ausnahme von kleinen regionalen Eisdecken auf den höchsten Bergen – nicht zu Vereisungen. Doch folgen beide Kontinente in etwa den Klimaschwankungen in den höheren Breiten durch unterschiedliche Niederschlagsmengen. Trockenere und feuchtere Perioden beginnen einander bereits im Jungpliozän abzulösen, ein Wechselspiel, das sich auch im Pleistozän fortsetzt. Daß sich diese Wechsel zeitlich parallel zu den aus Europa bekannten Warm- und Kaltzeiten abspielen, gilt als wahrscheinlich. Dafür sprechen Beobachtungen aus Neuseeland. Dort lassen sich in 2000 m mächtigen Sedimenten des Pliozäns und Pleistozäns sechs Kalt- und fünf Warmzeiten nachweisen. Sie sind nicht exakt datiert, könnten aber vergleichbaren Perioden in den nördlichen Breiten entsprechen. Erste Vergletscherungen in Neuseeland fallen jedenfalls auch in das Obere Pliozän.

Im heutigen Patagonien finden sich Landschaften, wie sie während der oberpliozänen Kaltzeit in weiten Gebieten der heute gemäßigten Breiten erscheinen.

Diese Lößlandschaft in China verdankt ihre Entstehung den pliozänen und pleistozänen Vereisungen: Gletscherwinde trugen Staub aus den Kältesteppen zusammen.

Landbrücke verbindet Nord- und Südamerika

5–3 Mio. Durch das Sinken des Meeresspiegels infolge bedeutender polarer Vereisungen (→ S. 414) fällt die Landbrücke zwischen Nord- und Südamerika, der Isthmus von Panama, trocken. Das erste Mal seit 50 bis 60 Mio. Jahren ist Südamerika damit kein Inselkontinent mehr.

Durch das Aufbrechen des Großkontinents Pangaea hatte sich Südamerika zuerst von Nordamerika losgelöst. Durch den Zerfall Gondwanas trennte es sich auch von Afrika und Antarktika. Seit dem Alttertiär lebten auf dem isolierten Subkontinent drei Säugetiergruppen: Beuteltiere, primitive Zahnarme sowie einige frühe Huftierformen. Sie waren der Grundstock für ein weitestgehend eigenständiges evolutionäres Geschehen in Südamerika. Nur Nagetiere und Primaten gelangten - vermutlich auf Treibgut - während dieser Zeit nach Südamerika. Fleischfressende Plazentatiere fehlten hier bislang völlig.

Nach dem Trockenfallen des Isthmus von Panama können nordamerikanische Arten einwandern, die für die südamerikanischen Säuger entweder überlegene Futterkonkurrenten sind (vor allem Huftiere) oder sie als Raubtiere verfolgen. Zu den ersten Immigranten gehören die Rüsseltiergattungen Stegomastodon und Cuvieronius (→ S. 406), die Säbelzahnkatze Smilodon (→ S. 408) und Hundeartige.

Die Weltraum-Aufnahme zeigt Mittelamerika mit dem Isthmus von Panama. Erstmals seit 50 bis 60 Mio. Jahren fiel diese schmale Landverbindung zwischen Nord- und Südamerika im Unteren Pliozän trocken.

Wasserspiegel der Weltmeere sinkt

5–1,7 Mio. Während des gesamten Pliozäns zeigt der Meeresspiegel die Tendenz zu sinken. Zurückzuführen ist das in erster Linie auf die beachtlichen topologischen Veränderungen. Zahlreiche Gebirge falten sich auf, d. h. die Meeresbecken werden in Relation zur Festlandfläche größer und tiefer. Dieser Effekt wird z. T. dadurch kompensiert, daß sich das Meer aus bisherigen Flachmeeresgebieten (wie großen Teilen Europas) zurückzieht. Überlagert wird diese generelle Tendenz durch klimatisches Geschehen. Mit der Festlegung polaren Eises werden dem Meer große Wassermassen entzogen. Zusätzlich kommt es im Rhythmus der vor rund 2,4 Mio. Jahren einsetzenden Eisvorstöße in gemäßigte Breiten (→ S. 414) zu Meeresspiegelschwankungen. Generell liegt aber der Meeresspiegel vor etwa 1,7 Mio. Jahren noch etwa 150 bis 200 m höher als heute.

Der Mensch breitet sich auf der ganzen Erde aus

Die zeitliche Gliederung

Die Bezeichnung Quartär für den letzten Abschnitt der Erdgeschichte geht auf eine Gesamtgliederung der Erdgeschichte zurück, die der französische Geologe Jules-Pierre-François-Stanislas Desnoyers 1829 aufstellte. Seine Ordnung kannte vier große Abschnitte: Primär, Sekundär, Tertiär und Quartär.
Obgleich das Quartär der jüngste und dementsprechend besterforschte Abschnitt der Erdgeschichte ist, wird es zeitlich sehr unterschiedlich fixiert. Die Paläobotaniker gehen meist davon aus, daß das Quartär bereits vor 2,3 Jahrmillionen beginnt. Demgegenüber legen manche Paläontologen seinen Anfang auf 2 Jahrmillionen fest. Die Paläozoologen nehmen als zeitliche Untergrenze den Beginn der Eburon- oder Donau-Kaltzeit an, der bei 1,7 Jahrmillionen liegt. Dieses Buch folgt dem »Geological Time Table«, der 1987 von Wissenschaftlern verschiedener Nationen mittels zahlreicher unterschiedlicher Quellen erarbeitet wurde. Dieser sich vermutlich durchsetzenden Lehrmeinung zufolge setzt das Quartär vor 1,7 Jahrmillionen ein.
Neben der Fixierung des Beginns wird auch die zeitliche Aufteilung des Quartärs nicht einheitlich gehandhabt. Heute tendiert man international zur Verwendung der folgenden Gliederung:

Unteres Pleistozän	(1,7–0,72 Mio.)
Oberes Pleistozän	(720 000–10 000)
Holozän	(10 000–heute)

Eine andere Gliederung, die von Beobachtungen in Mitteleuropa ausgeht, folgt den Kalt- und Warmzeiten in Deutschland:

Ältestpleistozän	(2,3–0,9 Mio.)
Altpleistozän	(900 000–480 000)
Mittelpleistozän	(480 000–125 000)
Jungpleistozän	(125 000–10 300)
Holozän	(10 300–heute)

Letztere, besonders in Deutschland noch gebräuchliche Gliederung entspricht allerdings nicht mehr dem Forschungsstand: Mit zunehmender Kenntnis der Kalt-Warm-Zyklen entdecken die Wissenschaftler immer mehr dieser klimatischen Abfolgen. Zudem lassen sich die mitteleuropäischen Verhältnisse nicht ohne weiteres auf andere Gebiete der Welt übertragen.

Wechsel von Kalt- und Warmzeiten

Als beherrschendes Element bestimmt das wiederholte Anwachsen von Eismassen in vielen Gebieten der Welt das Klima des Quartärs. Während der einzelnen Kältephasen oder Glaziale liegen die Temperaturen in den gemäßigten Breiten um 5° bis 13° niedriger als heute. In den dazwischen eingeschalteten Warmzeiten (Interglaziale) sind sie dagegen z. T. geringfügig höher als heute. Innerhalb der Kaltzeiten finden sich kurzfristige Temperaturschwankungen. Perioden besonderer Kälte nennt man Stadiale, dazwischen liegende wärmere Phasen heißen Interstadiale. Bei den bedeutenden Eisvorstößen findet die eigentliche Vereisung nach dem Absinken der Temperatur mit einer gewissen zeitlichen Verzögerung statt. Zunächst herrscht ein schneereiches Klima, bis sich die Eismassen allmählich aufbauen. Zu Beginn der Vereisungen ist das Klima jeweils generell feuchter, später wird es deutlich trockener. Für den Alpenraum lassen sich im Quartär fünf Glaziale und entsprechende Interglaziale nachweisen:

▷ Donau-Glazial: 1,7 - 1,38 Mio.
▷ Donau-Günz-Interglazial: 1,38 - 1,20 Mio.
▷ Günz-Glazial: 1,20 - 0,82 Mio.
▷ Günz-Mindel-Interglazial: 1,20 - 0,44 Mio.
▷ Mindel-Glazial: 0,44 - 0,32 Mio.
▷ Mindel-Riss-Interglazial: 0,32 - 0,18 Mio.
▷ Riss-Glazial: 0,18 - 0,12 Mio.
▷ Riss-Würm-Interglazial: 0,12 - 0,07 Mio.
▷ Würm Glazial: 0,07 - 0,01 Mio.
▷ Nacheiszeit (Holozän): 0,01 Mio. bis heute.

Entsprechende Klimaphasen sind gleichzeitig in Norddeutschland, Südeuropa, Nordwesteuropa und Großbritannien belegt, haben dort aber andere Namen. In Osteuropa herrschen ähnliche, allerdings nicht identische Verhältnisse. Für Nordamerika sind von der Zeit vor 920 000 Jahren an vier Kaltphasen mit dazwischen liegenden Warmzeiten nachgewiesen.

Neue Kräfte gestalten die Erde

Eiszeiten gab es auch bereits im Karbon (360–290 Mio.) und Perm (290–250 Mio.), nicht aber während des gesamten Mesozoikums (250–66 Mio.) und nicht während des größten Teils des Tertiärs (66–1,7 Mio.). Sie setzten erstmals im Pliozän (5–1,7 Mio.) ein. Nach rund 250 Jahrmillionen treten jetzt Frost und Eis als neue modellierende Faktoren auf. Im zeitlichen Vorfeld der Eisvorstöße erscheinen Kältesteppen, in denen der vegetationsarm gewordene Boden weit stärker der klassischen Erosion durch Wasser und Wind unterliegt als zuvor. Dazu kommen Frostphänomene wie Bodenfließen (Solifluktion), mächtige Frostaufbrüche oder Dauerfrostböden, in die im Sommer die Schmelzwassermassen nicht eindringen können und daher zu weiträumigen Ausschwemmungen führen. Vor den vorrückenden Eisfronten verstärkt sich die Winderosion. Kalte Fallwinde blasen von den Hochdruckgebieten über dem Eis in das Vorland und häufen Staub- und Feinsanddünen an, die sich als Löß und Sandlöß verfestigen. Das Eis selbst schafft völlig andere Erosions- und Sedimentationsformen als Wasser und Wind. Es sortiert das mitgeführte Geschiebe nicht, sondern lagert es ungeschichtet ab: Moränenlandschaften entstehen.

Geographische Verhältnisse

Durch die kommende und gehende Eislast senkt und hebt sich das darunterliegende Land. Daneben wirkt das Klima des Quartärs stark auf die Ausdehnung der Meere ein, beeinflußt also generell die geographische Entwicklung.

Die einzelnen Eisvorstöße prägen das paläogeographische Geschehen entscheidend. Mitteleuropa liegt mehrfach weitgehend unter Eis, hat aber in den Warmzeiten teilweise eine größere Ausdehnung als heute, weil die Schelfgebiete z. T. über den Meeresspiegel hinausragen. Großbritannien besitzt neben kleineren Zonen im schottischen Hochland ein eigenes Vereisungszentrum. Von dort aus schieben sich die Eismassen in die Irische See und in die Nordsee. Während der Elster-Kaltzeit (sie entspricht der Mindel-Kaltzeit im Alpenraum) stößt das skandinavische Eis bis zu den Britischen Inseln vor. Der größte Teil Osteuropas liegt während der Kaltzeiten unter Eismassen, die von skandinavischen Hochgebirgen abfließen. Sibirien ist im Westen stark vereist, während sich im Osten nur eine geringe oder gar keine Eisdecke findet. Im Gegensatz zu Europa reicht das Eis hier auch nur bis etwa zum 60. Breitengrad nach Süden (was etwa der Höhe Stockholms entspricht).

In Nordamerika liegen Vereisungszentren sowohl in den Gebirgen des Westens wie des Ostens. Ihre Gletschermassen vereinen sich in der Mitte des Landes zum großen Laurentischen Eisschild. Hier reicht das Eis im Westen bis etwa 47 °, im Osten bis in den Bereich südlich der Großen Seen (40 °). Große Teile Alaskas bleiben allerdings aufgrund extrem trockenen Klimas eisfrei. Wegen des durch die Vereisungen niedrigen Meeresspiegels wird die Beringstraße als Verbindung zu Asien nach der pliozänen Überflutung wieder landfest. Während der Warmzeiten dient diese Landverbindung den quartären Säugern als Einwanderungsweg, nach den letzten Vereisungen wird sie auch für den Menschen zum Tor in die »Neue Welt«. In den niederen Breiten, besonders in den heutigen Subtropen und Tropengürteln, findet wiederholt ein Wechsel zwischen feuchten und trockenen Perioden statt. Der Eisschild in der Antarktis, der sich gegen Ende des Tertiärs aufbaute, erreicht während des Pleistozäns seine größte Ausdehnung.

Gegenüber den durch Vereisungen und Abschmelzprozesse sowie Meeresspiegelschwankungen bedingten weiträumigen geographischen und geomorphologischen Veränderungen haben Vorgänge der Kontinentaldrift während des Quartärs keinen merklichen Einfluß auf das Gesicht der Erde. Allenfalls tektonische Ereignisse (Grabenbrüche, fortschreitende Gebirgsauffaltung) haben noch eine untergeordnete oder regionale Bedeutung. Auch der Vulkanismus bringt keine größeren geographischen Veränderungen mit sich, wenn man von der Entstehung kleinerer Eilande o. ä. absieht.

Tier- und Pflanzenwelt

Bedeutende Weiterentwicklungen sind im erdgeschichtlich nur kurzen Quartär weder bei den Tieren noch bei den Pflanzen zu beobachten. Dafür läßt sich an den unterschiedlichen Faunen und Floren sehr gut die regionale klimatische Geschichte verfolgen. Unter den Wirbellosen weisen vor allem Foraminiferen, Schalenkrebse (Ostracoden), Schnecken (Gastropoden), Muscheln (Lamellibranchiaten) mit verschiedenen Formen, die jeweils andere Wassertemperaturen bevorzugen, auf Klimazonen hin. Auf dem Festland ist die Süßwasserschnecke Viviparus diluvianus für das Holstein-Interglazial (320 000–180 000) charakteristisch. Dagegen stellen die sogenannten Lößschnecken (Succinea oblonga u. a.) typische Tiere der kalten und trockenen Lößbildungszeiten in den eisfreien Gebieten dar. Auf dem Festland sind die Säuger von großer Bedeutung, darunter vor allem die Nagetiere (Rodentier), die Raubtiere (Carnivoren), die Huftiere (Ungulaten) und die Rüsseltiere (Probosciden), die z. T. noch eine rasche Artenzunahme zeigen. So entstehen die echten Pferde der Art Equus caballus sowie verschiedene Arten der echten Elefanten, so z. B. der Südelefant, der Wald- und der Steppenelefant und das Mammut Mammuthus primigenius, eine an die Tundra angepaße Kälteform. Mit den sinkenden Temperaturen wandern die meisten Säuger in niedrigere Breiten; in den Kältesteppen bleiben wenige Kaltzeitarten zurück: Verschiedene Lemminge, das Steppenmurmeltier und andere Nager, daneben Höhlenbewohner wie der Höhlenbär und der Höhlenlöwe, die beide an der Wende Pleistozän/Holozän aussterben. Unter den Huftieren spezialisieren sich das Wollnashorn, das Ren und der Moschusochse auf das Leben in der Tundra. Während der Warmzeiten wandern Waldelefanten, Nashörner und Braunbären in höhere Breiten. In Südamerika fallen schon seit dem Pliozän Riesenfaultiere und Riesengürteltiere auf, die im Pleistozän auch nach Nordamerika einwandern.

Die Flora folgt in ihrer Ausbreitung ebenfalls den drastischen Klimaschwankungen. Einige Arten, wie z. B. die wärmeliebende Seerose Brasenia purpurea, verschwinden endgültig aus Mitteleuropa. Andere weichen während der Eisvorstöße nach Süden aus, um jeweils während der Warmzeiten zurückzukehren. Das betrifft vor allem Gehölze wie die Birke, die Kiefer, die wärmeliebende Hasel, die Eichen, Ulmen und Linden. Sträucher und krautige Pflanzen verhalten sich ähnlich.

Entwicklung und Ausbreitung des Menschen

Das Quartär ist die große Zeit der Entwicklung des Menschen. Nach ersten Hominiden im Pliozän in Gestalt der Urmenschengattung Australopithecus, die auch noch im Pleistozän vertreten ist, und der Formen von Homo habilis in Afrika erscheint zunächst im Unteren Pliozän der Formenkreis um Homo erectus. Dieser erhält sich bis in die Holsteinzeit (320 000–180 000), lokal sogar bis in das Eem-Interglazial (120 000–70 000). Vor rund 1 Mio. Jahren ist Homo erectus schon über Asien, Afrika und Europa verbreitet. Er kennt vermutlich bereits den Gebrauch des Feuers. Vor spätestens 350 000 Jahren erscheint die Gruppe Homo sapiens, die ebenfalls Asien, Afrika und Europa bewohnt. Nach Funden aus Nordafrika und China geht sie bis in das Untere Pleistozän zurück, ist also möglicherweise schon wesentlich älter. Parallel zur Homo-sapiens-Gruppe entwickelt sich vor rund 200 000 Jahren die Linie der »klassischen« Neandertaler, die sich durch ein sehr großes Gehirnvolumen (1400 bis 1600 cm^3) auszeichnet und schon differenzierte kulturelle Leistungen (ornamentale Tierfiguren, Bestattungsrituale usw.) aufweist. Der Neandertaler ist eine Nebenlinie, die nicht zum modernen Menschen (Homo sapiens sapiens) führt. Dieser erscheint während der Weichsel- bzw. Würm-Kaltzeit (70 000–10 000).

Kulturgeschichtlich fallen in das Quartär folgende Epochen:

- ▷ Altsteinzeit: Paläolithikum, bis vor etwa 10 300 Jahren
- ▷ Mittelsteinzeit: Mesolithikum, in Europa etwa 10 300 bis 6000
- ▷ Jungsteinzeit: Neolithikum, in Europa etwa 6000 bis 3800
- ▷ Metallzeit: In Europa seit etwa 3800.

Die historische Zeit steht im Zeichen der rapiden individuenmäßigen Zunahme des Menschen sowie seiner ebenso explosiv fortschreitenden Beeinflussung und Veränderung nahezu aller Lebensräume der Erde.

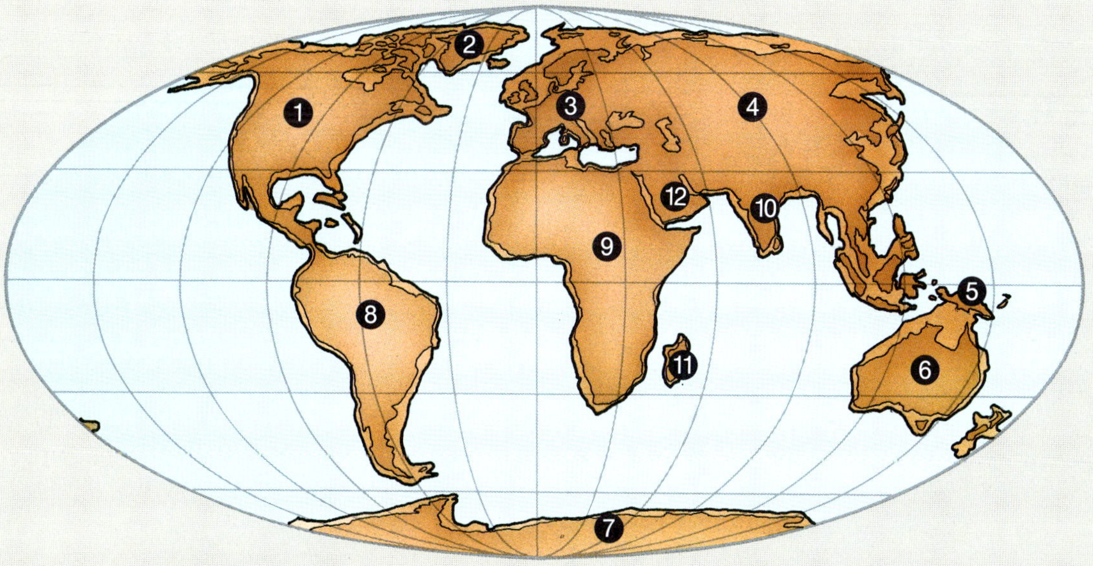

Gegenüber dem Miozän hat sich das Bild der Erde nicht mehr drastisch verändert. Viele Landmassen haben ihre Positionen im wesentlichen beibehalten: Nordamerika (1), das mit Südamerika (8) über eine Landbrücke verbunden ist, Grönland (2), Europa (3), Asien (4) und die Antarktis (7). Australien (6) und Neuguinea (5) sind geringfügig weiter nach Norden gewandert. Erdgeschichtlich bedeutender ist aber die weitere Norddrift von Afrika (9), Arabien (12) und Indien (10), in deren Gefolge auch Madagaskar (11) noch etwas weiter nach Norden gelangte. Diese Bewegungen nämlich führten zu einer Verschweißung von Arabien und Indien mit Asien und zur Auffaltung der jungen eurasischen Hochgebirgsketten.

1,7–0,72 Mio.

Das Untere Pleistozän

Um 1,7 Mio. Aus dieser Zeit datieren erste fossile Belege der Elaeagnaceen (Ölweidengewächse), einer Bedecktsamerfamilie, die Bäume und Sträucher hervorbringt. Ihre Stämme und Äste sind bei manchen Arten mit Dornen besetzt. Besonders bekannt sind die schmalblättrige Ölweide (Elaeagnus angustifolia) und der Sanddorn (Hippophae rhamnoides).

In der Bedecktsamerreihe Primulales läßt sich erstmals die Familie der Plumbaginaceen (Grasnelkengewächse) nachweisen. Sie umfaßt kleine krautige Stauden mit ganzrandigen Blättern, die meist in grundständigen Rosetten wachsen. Bekannte Arten sind die Strandnelke (Limonium vulgare) und die Gemeine Grasnelke (Armeria maritima).

1,7–1,38 Mio. In Europa herrscht eine Kaltzeit, die im Norden als Eburon-Kaltzeit, im Süden als Donau-Eiszeit bezeichnet wird. Während dieser Epoche lassen sich zumindest in Südeuropa drei kältere und zwei zwischengeschaltete wärmere Abschnitte feststellen. In den kälteren Perioden stößt das Eis aus dem Alpenraum kommend bis in die südliche Schwäbische Alb vor. Im Norden erreicht die Vergletscherung das Südufer der Ostsee. → S. 432

1,7–0,92 Mio. Die klimatischen Verhältnisse in den westlichen USA ähneln denen der Gegenwart. Allerdings sind die Winter im Durchschnitt etwas wärmer, die Jahresniederschlagsmengen etwas höher als heute.

1,7–0,72 Mio. In aller Welt verändern mehrfach Kältevorstöße mit z. T. weiträumigen Vereisungen die Lebensräume. Besonders in den heute gemäßigten nördlichen Breiten erstrecken sich zeitweilig baumlose Kältesteppen. → S. 430

Die mehrfachen Vorstöße und Rückzüge (bzw. Schmelzen) des Eises und die Gewalt der Schmelzwassermassen prägen auf unterschiedliche Weise das Bild der nord- und mitteleuropäischen Landschaft. → S. 436

Die Gletscher und das reichliche Schmelzwasser produzieren in den Eisregionen und in deren jeweiligem Vorfeld große Mengen mehr oder weniger feinkörnigen Erosionsschutt. Auf diese Weise entstehen Sand- und Kieslagerstätten, die heute z. T. große wirtschaftliche Bedeutung besitzen. → S. 438

In Mitteleuropa verursacht die Spätphase der alpidischen Gebirgsfaltungen regional Vukanismus, so z. B. im Rheinischen Schiefergebirge, im Egergraben und in Zentralfrankreich. Weit verbreitet sind auch Grabenbrüche, begleitet von Erdbeben. → S. 437

Klimatisch bedingte gleichmäßige Fallwinde verfrachten bedeutende Lößdekken aus den zentralasiatischen Wüstengebieten nach China. Die mächtigen äolischen Sedimentdecken aus verfestigtem feinem Staub bedecken hier eine Fläche von etwa 1 Mio. km² → S. 433

Der Meeresspiegel sinkt weltweit um mehr als 200 m. Das geschieht jedoch nicht gleichmäßig, sondern in einem mehrfachen Wechsel von Ansteigen und Abfallen, wobei die Tendenzen des Absinkens über rund 1 Mio. Jahre überwiegen. → S. 433

In dieser Zeit ändert sich die geomagnetische Polung nur noch viermal. Mit dem letzten Wechsel setzt die »normale« Polung ein, die mit einer Unterbrechung bis heute anhält. → S. 437

Wie schon im vorausgehenden Pliozän bevölkern weiterhin »Urmenschen« der Gattung Australopithecus die Savannen Ost- und Südafrikas. → S. 420

In Ostafrika leben erste Vertreter der Gattung Homo (Homo habilis und Homo erectus). Je nach wissenschaftlicher Auffassung gelten beide Arten als Vorfahren des modernen Menschen der Art Homo sapiens. Jedoch weist insbesondere Homo erectus zahlreiche anatomische Merkmale auf, die ihn deutlich vom Homo sapiens unterscheiden (z. B. Überaugenwülste und eine stark fliehende Stirn), während der ältere Homo habilis eben diese Merkmale nicht zeigt. → S. 423

Die Kultur der Hominiden dieser Zeit ist die Altsteinzeit (Paläolithikum). Ihre Vertreter sind Jäger und Sammler. Sie stellen einfache Steinwerkzeuge sowie Geräte aus Holz, Knochen, Horn oder Leder her und kennen – zumindest in Asien – den Gebrauch des Feuers. → S. 427

Während der verschiedenen Kältevorstöße gedeiht in Europa die sogenannte Dryas-Flora, eine subarktische bis arktische Steppe, benannt nach ihrer Charakterpflanze, der Silberwurz oder Dryas octopetala. In den wärmeren Intervallen verdrängen Birken- und Kiefernwälder, zeitweise auch Laubmischwald mit Eichen, Ahornen und Eschen die Kältesteppen. → S. 434

Aus dieser Zeit stammen erste sichere fossile Belege von Korbblütlern, der heute bei weitem artenreichsten Pflanzenfamilie. → S. 431

Die Tundrenlandschaften, die im Verlauf der Kaltzeiten bis weit nach Mittel-, teilweise auch Südeuropa vorstoßen und sich während der Warmzeiten nach Skandinavien zurückziehen, sind der Lebensraum zahlreicher Kälteformen unter den Tieren. Dazu zählen u. a. verschiedene Bären, kälteliebende Rüsseltiere, Moschusochsen, Wollnashörner und Lemminge. → S. 435

Die Nashörner passen sich den abnehmenden Temperaturen und dem Rückzug der Wälder durch die Entwicklung ausgesprochener Kälteformen mit dichtem Pelz und Grasfressergebiß an. → S. 428

Mit der Gattung Mammuthus treten in Europa erste echte Elefanten auf (Familie Elephantidae). Vertreten sind sie zunächst durch die Gattung Elephas (oder Archidiskodon), die sich in waldreichen Gebieten im Südwesten des Kontinents wahrscheinlich aus Stammformen entwickelt, die aus Afrika einwandern. Bald erobert die Art Elephas meridionalis auch Asien und Nordamerika. → S. 428

Auf Madagaskar und Neuseeland leben mehrere Familien riesiger flugunfähiger Laufvögel der Ordnung Struthiornithiformes, deren größte Exemplare (Aepyornis) bis zu 3 m hoch werden. → S. 429

1,38–um 1,18 Mio. Die Waal-Warmzeit (Nordeuropa) bzw. Donau-Günz-Warmzeit (Alpenraum) bringt vorübergehend warmes Klima mit sich. In Deutschland gedeihen Wälder, in denen u. a. der sogenannte Südelefant (Archidiskodon meridionalis) zu Hause ist. → S. 432

1,3–0,72 Mio. Auf der Insel Java leben verschiedene Formen vom Homo erectus, darunter auch ein riesenwüchsiger Typus. → S. 422

Um 1,18–0,9 Mio. Europa wird von der Menap- bzw. Günz-Kaltzeit erfaßt; in dieser Phase sind außer Skandinavien der Alpenraum, die Pyrenäen und die Karpaten vergletschert. → S. 432

920 000–600 000. In Nordamerika herrscht eine Kältephase, die als Nebrascan-Kaltzeit bekannt ist.

900 000–600 000. Erstmals erscheinen Mitglieder der Gattung Homo in Europas Steppen. Als erster bekannter Europäer überhaupt gilt der »Mensch von Heidelberg«. Weitere europäische Formen von H. erectus sind vermutlich um 0,72 Mio., vielleicht auch erst später, in der Nähe der griechischen Stadt Saloniki zu Hause. Dabei handelt es sich möglicherweise um die ersten Europäer, die sich das Feuer nutzbar machen. → S. 426

Um 830 000. Nach einem geringfügigen Temperaturanstieg schon gegen Ende der Menap-/Günz-Kaltzeit löst die Cromer-Warmzeit in Europa die kalte Klimaperiode ab. → S. 432

Um 800 000. In Europa entwickeln sich erste Rentiere (Rangifer tarandus). Ihre Entwicklungsgeschichte ist unbekannt. Evolutionäre Vorformen sind fossil nicht überliefert. → S. 429

800 000–720 000. In Zentralchina lebt der sogenannte Mensch von Lantian, ein Homo erectus. → S. 422

Ungleiche Zeitgenossen: »Urmenschen« und Hominiden

1,7–0,72 Mio. Die Australopithecinen, gelegentlich auch als »Urmenschen« bezeichnet, leben wie schon im vorausgehenden Pliozän weiterhin in den Savannen Ost- und Südafrikas. Regional teilen sie ihren Lebensraum mit Hominiden, die auf dem Weg zum modernen Menschen bereits weiter fortgeschritten sind (→ S. 422).

Wichtige fossile Überreste bleiben vor allem in Tansania und Kenia, in Südafrika bei Kromdraai und bei Taung erhalten. Die Gattung der Australopithecinen überlebt also seit ihrem ersten Auftreten vor 4 bis vielleicht sogar 5 Mio. Jahren relativ unverändert insgesamt 3,5 bis 4,5 Jahrmillionen. Zwar ergeben sich in dieser Zeit verschiedene anatomische Veränderungen, doch ist deren Breite kaum größer als die anatomische Streuung innerhalb moderner Homo-sapiens-Rassen. Kulturelle Fortschritte sind praktisch nicht zu verzeichnen.

Zu den bedeutendsten Fundorten von Australopithecinen-Fossilien gehört die Olduwai-Schlucht im nördlichen Tansania. Sie zerschneidet die Serengeti-Steppe nördlich des Eyasi-Sees und westlich des Ngorongoro-Kraters. Der Biotop dürfte hier vor 1,7 bis 0,72 Mio. Jahren, der Zeit der bedeutendsten Australopithecus-Relikte, im großen und ganzen bereits seinen heutigen Charakter besitzen. Das Gebiet ist insofern bemerkenswert, als hier auf eng umrissenem Raum Australopithecus robustus (Synonyme A. boisei, Paranthropus boisei, Zinjanthropus boisei) mit Homo habilis (→ 2–1,7 Mio./S. 412) und Homo erectus (→ S. 423) zusammenlebt, und das praktisch während des gesamten Unteren Pleistozäns. Die verschiedenen Ur- und Frühmenschen scheinen sich also gegenseitig nicht zu behelligen. Offenbar sind sie auch keine direkten Nahrungskonkurrenten. Verständlich wird das, wenn man davon ausgeht, daß die Australopithecinen Vegetarier sind, während Homo habilis bereits auch kleine Tiere sammelt und in beschränktem Umfang jagt, wohingegen Homo erectus als Jäger in Erscheinung tritt. Wie weit sich derartige Verhaltensweisen gegeneinander abgrenzen lassen, ist unsicher.

Im Norden Kenias befindet sich eine bedeutende Lagerstätte von fossilen Australopithecinen-Überresten, und zwar am Ostufer des Turkana-Sees. Hier sind neben 3 bis 4 Mio. Jahre alten Fossilien auch solche aus der Zeit vor 1,9 bis 1,4 Mio. Jahren, besonders in der Umgebung von Koobi Fora, in Tuffen erhalten. Australopithecus-Arten und Homo erectus leben auch hier Hunderttausende von Jahren nebeneinander.

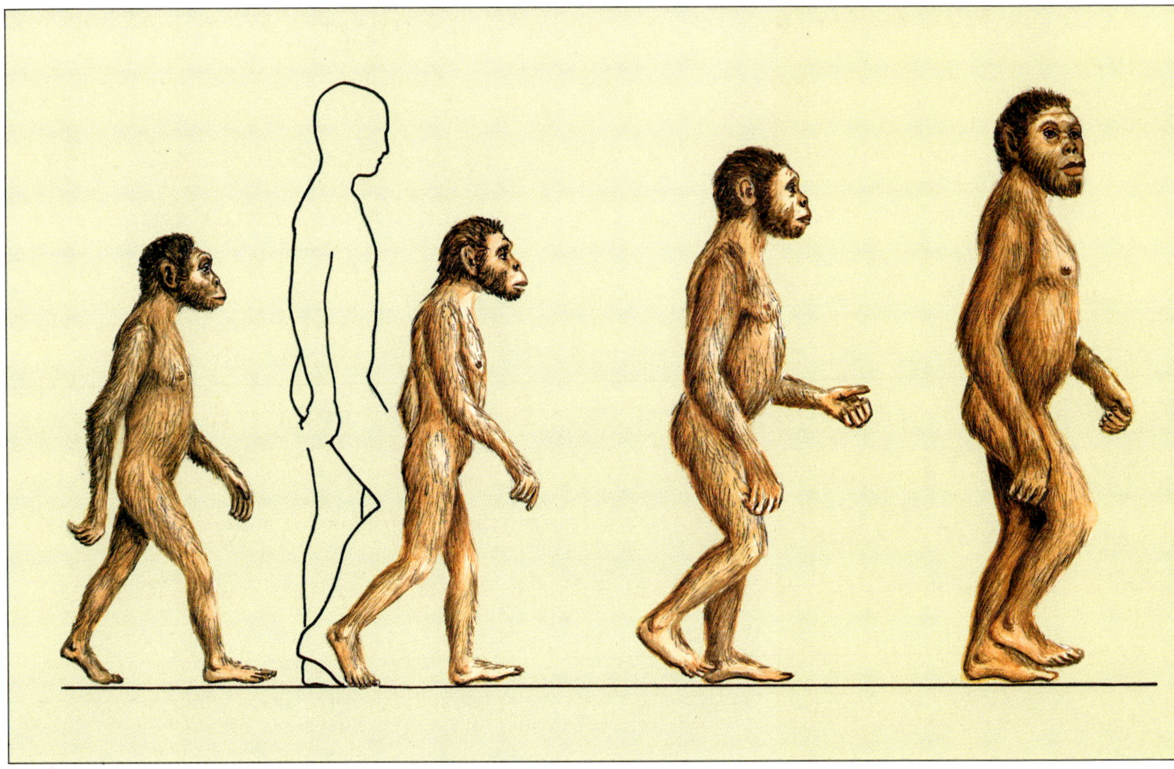

Die Hominidengattung der Australopithecinen ist nicht nur erdgeschichtlich ausgesprochen langlebig, sondern umfaßt auch unterschiedliche Arten. Diese unterscheiden sich im Körperbau, vor allem hinsichtlich der Größe, voneinander: Australopithecus afarensis, A. africanus, A. robustus, A. boisei (v. l.)

Der fossile Unterkiefer von Australopithecus robustus aus Kromdraai (Südafrika) läßt noch keinerlei Ausbildung eines Kinns erkennen.

Der hier abgebildete mittelpleistozäne Schädel von Australopithecus (Paranthropus) crassidens stammt aus Swartkrans bei Johannesburg (Südafrika).

Streitfrage:

Abstammung des modernen Menschen läßt Fragen offen

Generell ist heute die Ansicht weit verbreitet, die Entwicklung der Art Homo sapiens sapiens, also des modernen Menschen, verlaufe von den Australopithecinen des Pliozäns und Pleistozäns über Homo habilis (→ 2–1,7 Mio./S. 412) und den schon im Unteren Pleistozän weit verbreiteten Homo erectus (→ S. 423) mehr oder weniger geradlinig. Allerdings spalte sich irgendwann im Oberen Pleistozän von dieser Entwicklungslinie eine zweite ab, die zum Neandertaler (Homo neanderthalensis bzw. Homo sapiens neanderthalensis) führe und einen heute ausgestorbenen Ast darstelle.

Eine Reihe von Fragen bleibt aber beim derzeitigen Stand der Forschung offen. Homo habilis wird heute meist als Vorfahr des im Pliozän erscheinenden Homo erectus angesehen. Doch Homo erectus ist keinesfalls auf Afrika beschränkt wie dieser, sondern tritt von Anfang an sowohl in weiten Teilen Afrikas wie auf Java, in Europa (Deutschland und Griechenland) und sogar in China auf. Wann hat er sich so weit verbreitet? Verschiedene Hypothesen versuchen, eine Erklärung zu geben.

Weltweite Entwicklung

Die als »diffuser Monozentrismus« bezeichnete Lehrmeinung geht davon aus, der moderne Mensch entwickle sich nicht nur in einer Region der Erde, nämlich in Ost- und vielleicht auch in Südafrika, sondern in einem sehr weiten Gebiet, das auch Osteuropa, Westasien und möglicherweise Ostasien umfaßt. Das bedeutet zwar eine lineare Entwicklung von Homo habilis über den Homo erectus zum Homo sapiens, unterstellt den verschiedenen Stufen aber eine ungemein große Mobilität.

Die Mehrzahl der Paläoanthropologen vertritt die Hypothese der »polyzentrischen Evolution«. Danach entwickelt sich die Gattung Homo nicht nur in einer oder – mit dem Neandertaler – in zwei Linien, sondern an verschiedenen Stellen der Erde in mehreren Linien unabhängig voneinander weiter. Allerdings wird gleichzeitig die These, nach der all diese Linien direkt zur Evolution der heutigen Menschenform beitragen, allgemein nicht bestätigt.

Eine dritte Hypothese vertrat der verstorbene Paläoanthropologe Louis S. B. Leakey, auf den viele der bedeutendsten Hominidenfunde Ostafrikas zurückgehen. Die Wissenschaftlerfamilie (auch Leakeys Frau Mary und der Sohn Richard sind Paläoanthropologen) kann sich auf zeitlich weit gefächertes, reichhaltiges Material aus Ostafrika stützen. Die Auffassung der Leakeys geht dahin, daß sich bereits im Pliozän (vor 3 – 2 Mio. Jahren) eine Aufteilung zweier Entwicklungslinien abspielte. Die eine führt über den Australopithecus zum Homo erectus (den L. S. B. Leakey noch als Pithecanthropus bezeichnete) und möglicherweise weiter zum Neandertaler, die zweite führt über Homo habilis zum Homo sapiens. Diese Theorie erklärt in bestechender Weise die Tatsache, daß während zweieinhalb Jahrmillionen oder länger die Australopithecinen und Homo habilis nebeneinander in Afrika existierten. Ihr schließen sich heute zahlreiche Experten an.

Kontinuität in Ostafrika

Über die Hominidenfundplätze in Kenia und Tansania berichtete Louis S. B. Leakey selbst sinngemäß folgendermaßen: »Seite an Seite mit den ausgestorbenen Affen lebte in Ostafrika Keniapithecus africanus (heute zu den Dryopithecinen bzw. zu Sivapithecus gestellt, → 25–4 Mio./S. 379), der von mir und vielen meiner Kollegen als ein Prähominide angesehen wird ... Jedenfalls ist diese Art einem Vorfahren des Menschen sehr viel ähnlicher als die gleichzeitig mit ihm lebenden Menschenaffen.«

Leakey erwähnte aus derselben Zeit (vor etwa 12 Mio. Jahren) Funde von einer zweiten Art, die er Keniapithecus wickeri nannte, und die mittlerweile als Sivapithecus eingeordnet ist, weil sie mit dessen in Indien entdeckten Fossilien praktisch identisch ist. Der Keniapithecus wickeri, so berichtete Leakey weiter, »hat nicht nur typische physische Eigenschaften, wie kleine Eckzähne, schaufelförmige Schneidezähne, einen gerundeten Unterkieferbogen und ein kurzes Gesicht – alles hominide Züge –, sondern benutzte auch Steine zum Aufbrechen von Schädeln und Röhrenknochen von Antilopen, um Hirn und Mark auszusaugen. Mit anderen Worten: Ein im Miozän vor etwa 12 Mio. Jahren in Kenia lebender Vorfahre hatte seine Ernährung schon über die nur pflanzliche hinaus mit tierischem Eiweiß ergänzt ... Wenn man auch nicht behaupten kann, der Keniapithecus wickeri müsse der Vorfahre des Homo sapiens gewesen sein, so sieht es doch ganz so aus, als ob er der Stamm gewesen wäre, aus dem alle menschlichen Arten hervorgegangen sind.«

Als nächstes Glied seiner Beweiskette nannte Leakey dann einen Fund vom Victoriasee in Kenia, den er als Homo kanamensis bezeichnete und von dem er zahlreiche Ähnlichkeiten mit Homo sapiens nachwies. Er datierte den Fund korrekt auf rund 2 Mio. Jahre oder älter. Erst später entdeckte Leakey in der Olduwai-Schlucht in der Serengeti bedeutende Überreste von Australopithecinen etwa gleichen Alters. Im Gegensatz zu fast allen Kollegen vertrat er von Anfang an die Meinung, hier müßten zwei unterschiedliche Hominiden nebeneinander existiert haben. Er suchte weiter nach Beweisen, die dann sein Sohn Richard und seine Frau Mary in eindrucksvoller Weise erbrachten. Ihre Funde repräsentierten den gleichen Typ Homo wie der Fund vom Victoriasee.

Inzwischen wurde die Gattung zu Homo habilis gestellt. Zugleich zeigten aber gut erhaltene Überreste, daß Homo habilis und Australopithecinen über mindestens eine halbe Million Jahre nebeneinander existierten. Leakey senior kommentierte: »Die meisten heutigen Lehrbücher fügen die Gattung Australopithecus noch in die direkte Ahnenreihe der Gattung Homo und damit des Homo sapiens ein. Dieser Standpunkt ist wissenschaftlich nicht mehr haltbar. Natürlich müssen die Australopithecinen und der Homo zweifellos irgendwo im Zeitraum zwischen Miozän und spätem Pliozän einen gemeinsamen Ahnen gehabt haben, doch ist dieser bisher nicht gefunden worden. Die Tatsache aber, daß vor rund 2,5 bis 3 Mio. Jahren ein sehr kräftiger Australopithecine mit einer Anzahl ganz spezieller Eigenschaften und der Homo Zeitgenossen gewesen sind, macht die Theorie, nach welcher der Australopithecus unser direkter Ahne war, zunichte.«

Homo habilis als Vorfahre

In der Olduwai-Schlucht fanden sich noch weitere, weniger als 2 Mio. Jahre alte Nachweise in Zusammenhang mit der Gattung Homo, zugleich aber immer noch Australopithecinen. Auch Homo-Überreste, die Leakey selbst noch von seinem Homo kanamensis trennte und als H. habilis bezeichnete, sind aus dieser Zeit überliefert. Leakey verglich diesen Hominiden-Typ gewissenhaft mit dem inzwischen aus der Zeit vor rund 1,7 Mio. Jahren beschriebenen Homo erectus: »Homo habilis ist morphologisch (mindestens hinsichtlich der Schädelwölbung) dem Homo sapiens viel ähnlicher als die erloschene hominide Spezies Homo erectus, von der fossile Überreste in Ablagerungen zuerst in Java und China und später in Afrika entdeckt wurden. Es besteht kaum ein Zweifel darüber, daß Homo habilis der Reihe angehört, die direkt zum Homo sapiens führt. Sehr wahrscheinlich spaltet sich der Zweig, der im Homo erectus seinen Abschluß findet, vom Homo habilis spätestens zur Zeit des Unterpleistozäns (nach der Chronologie des vorliegenden Buches also im Pliozän, vor rund 2 Mio. Jahren) ab, wofür die Tatsache spricht, daß er vor rund 1,7 Mio. Jahren als eine voll ausgeprägte und überspezialisierte Art im fernen Osten auftritt.« Zusammenfassend präzisierte Leakey seine Gründe: »Die Form der Schädelwölbung aller Exemplare des Homo erectus ist der Schädelwölbung des Homo sapiens sehr unähnlich, während jene des Homo habilis... ihr sehr ähnlich ist.« Später stellte sich heraus, daß Homo sapiens mindestens ebenso alt ist wie der Neandertaler und als Zeitgenosse jüngerer Homo-erectus-Formen in Frage kommt.

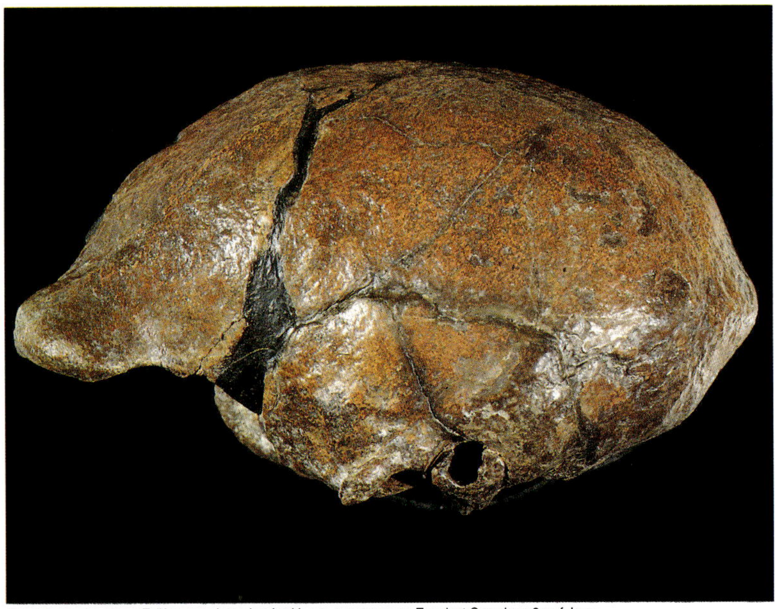

Schädeldecke eines Frühmenschen der Art Homo erectus vom Fundort Sangiran 2 auf Java

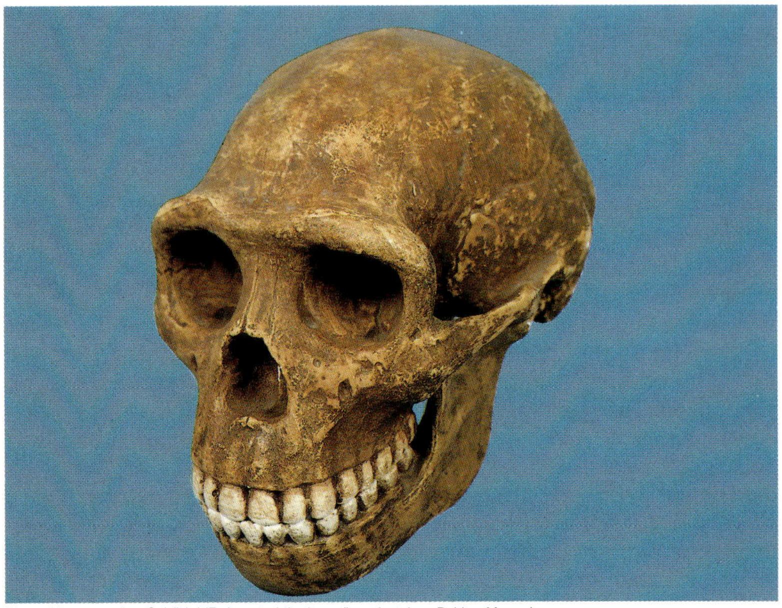

Dieser Homo-erectus-Schädel (Rekonstruktion) repräsentiert den »Peking-Menschen«.

Überreste von Frühmenschen auf Java

1,3–0,72 Mio. *Auf Java fossilisieren Überreste früher Menschenartiger. Bis heute sind fünf Fundorte bekannt: Trinil, Sangiran, Ngandong, Sambungmachan und Modjokerto. Die Datierungen reichen von etwa 1,3 bis 1 Mio. Jahre für die beiden ersten Fundplätze und 0,9 bis 0,8 Mio. Jahre für Sambungmachan. Jüngere hominide Fossilien von Trinil werden auf 0,75 bis 0,5 Mio. Jahre geschätzt.*
Die Vielzahl der Bezeichnungen, unter denen die Frühmenschen von Java beschrieben wurden, ist groß: Anthropopithecus erectus, Pithecanthropus erectus, Homo erectus javensis, Pithecanthropus modjokertensis, Homo soloensis, Homo palaeojavanicus usw. Es handelt sich sehr wahrscheinlich generell um Formen der Hominidenart Homo erectus. Zusammen mit den Funden von Skeletteilen konnten auf Java auch die Wohnstätten zahlreicher dieser Ureinwohner entdeckt werden.

Hominiden leben auch im Herzen Chinas

0,8–0,72 Mio. *In dieser Zeit lebt im Zentrum Chinas, am Oberlauf des Flusses Huang He bei Xi'an, der sogenannte Mensch von Lantian. Er ist nach dem gleichnamigen Fundplatz benannt. Bekannt sind ein Schädel und ein Unterkiefer. Die Art wurde zunächst als Sinanthropus lantianensis beschrieben, später aber einhellig als Homo erectus erkannt. Diese Zuordnung geschah im Rahmen der paläoanthropologischen Einsicht, daß Homo erectus als Menschenart generell eine gewisse – besonders von Region zu Region variierende – Streubreite in der Ausformung spezifischer Körpermerkmale aufweist.*
Der Lantian-Mensch lebt in einer Waldlandschaft gemeinsam mit roten Hunden der Art Cuon alpinus, Tigern (Felis tigris), Säbelzahnkatzen (Meganteros), Geparden (Acinonyx), Löwen (Felis leo), Tapiren (Tapir indicus) und einem Riesenmakaken (Macacus robustus).

Menschenrasse mit Riesenwuchs in Javas Urwald

Um 0,72 Mio. Bei Sangiran auf Java bleiben Überreste von einem Hominiden erhalten, die auf eine ungewöhnliche Körpergröße schließen lassen. Komplette Skelette liegen nicht vor, aber der Vergleich eines Unterkiefers mit dem moderner Menschen zeigt, daß dieser Menschentyp, der zuerst als Meganthropus palaeojavanicus beschrieben wurde, wesentlich größer sein muß als die heutigen Menschen. Nur die gewaltigsten lebenden Gorillas haben so mächtige Kiefer, und nur ein einziger bekannter fossiler Menschenaffe, Gigantopithecus (→ 24–5 Mio./S. 379), übertrifft Meganthropus an Größe. Diskussionen um die Funde führten erst zu einer Umbenennung in Paranthropus palaeojavanicus. Heute besteht weitgehend Einigkeit darüber, daß auch dieser Typ zum Formenkreis Homo erectus (→ S. 423) zu zählen ist. Gelegentlich wird er als ein Seitenast dieser Gruppe angesehen.

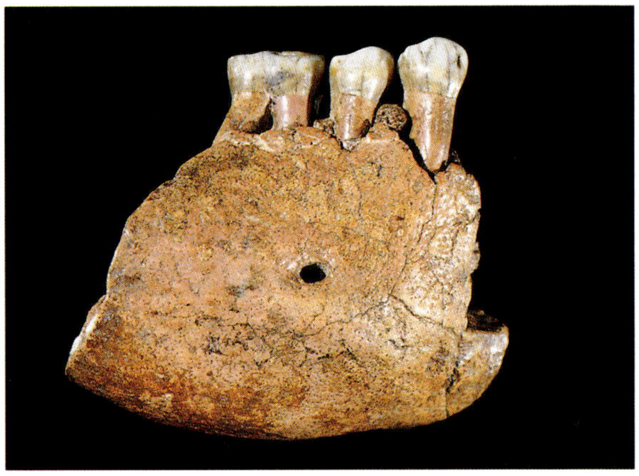

Das fossile Unterkieferfragment des Meganthropus zeigt eine ungewöhnlich große Knochenhöhe, obwohl diese Art noch ein ausgeprägt fliehendes Kinn besitzt. Ein fossiles Skelett, das zu diesem mächtigen Kiefer passen würde, wurde bisher noch nicht gefunden.

◁ *Gigantopithecus (auch Gigantanthropus) aus China ist mit über 2 m Körperhöhe der gewaltigste aller bisher bekannten fossilen Menschenaffen. Er allein übertrifft von allen Hominoiden den Frühmenschen Meganthropus mit seinen stattlichen Körpermaßen.*

Homo erectus, ein Vorfahre der modernen Menschen?

1,7–0,72 Mio. In verschiedenen Gegenden der Erde erscheint der Formenkreis der Art Homo erectus. Zur Gruppe des frühen Homo erectus gehören Frühmenschen aus Java, Lantian in China, aus Deutschland (→ S. 426) und Nordtansania. Spätformen (vor ca. 720–500 Jahrtausenden) sind aus Java, aus Choukou-tien in China, Ternifine in Nordalgerien, Nordtansania und Ungarn bekannt.

Viele Paläoanthropologen sehen in Homo erectus die unmittelbaren Vorfahren der Art Homo sapiens. Diese umstrittene Meinung (→ S. 421) stützt sich in erster Linie auf den Bau eines Oberschenkelknochens, der sich in den Trinil-Schichten von Sangiran auf Java fand und dem des heute lebenden Menschen entspricht. Allerdings wird die Zugehörigkeit des Fundes zu Homo erectus neuerdings bezweifelt. In Tansania fanden sich Oberschenkelknochen des Homo erectus, die keineswegs so fortschrittlich sind und auf einen eher gebückten Gang schließen lassen.

Ansonsten weisen selbst die jüngsten Homo-erectus-Formen Merkmale auf, die sie von Homo sapiens unterscheiden, die aber bei dem weitaus älteren Homo habilis (→ 2–1,7 Mio./S. 412) nicht bestanden. So ist der Schädel von Homo erectus robuster gebaut als jener der Australopithecinen. Er besitzt mächtige Überaugenwülste und eine stark fliehende Stirnpartie. Ihm gegenüber hat Homo habilis fast gar keine Überaugenwülste und eine hoch gewölbte Stirn. Der Unterkiefer von Homo erectus ist flacher, aber deutlich länger als der des heutigen Menschen, steht also den Menschenaffen noch näher. Wie bei diesen befindet sich zwischen den oberen Schneide- und Eckzähnen bei den meisten Homo-erectus-Funden eine 4 mm breite Lücke. Das Gehirn der Frühform – noch vor rund 1 Mio. Jahren – hat ein Volumen von etwa 750 cm^3, das der spätesten Formen liegt bei 1100 bis 1200 cm^3. Homo habilis besaß bereits rund 1 Mio. Jahre früher ein Hirnvolumen von 800 cm^3, und das bei einer um 40 bis 50 cm geringeren Körpergröße.

▷ *Anhand von bekannten Schädelskeletten rekonstruierte der Bonner Paläoanthropologe Dr. Wandel das Gesicht eines Homo erectus.*

Wo haben sich die Homo-erectus-Formen entwickelt?

1,7–0,72 Mio. Die ersten Homo-erectus-Formen stammen aus Afrika und reichen wahrscheinlich 1,7 Mio. Jahre zurück. Einige Versuche der absoluten Altersbestimmung ergeben sogar ein Alter von rund 2 Mio. Jahren. Demgegenüber sind alle anderen Homo-erectus-Überreste, also jene aus Europa, China und von Java, jüngeren Datums. Sie datieren von 1,3 bis 0,72 Mio. Jahre. Daraus ist – sofern keine älteren Funde aus anderen Regionen auftauchen – zu schließen, daß die Homo-erectus-Formen ihren Ursprung in Afrika haben. Außerdem liegt es nahe, daß sie aus den Australopithecinen hervorgegangen sind, an die sie sich zeitlich in etwa anschließen. Vielleicht aber spalteten sie sich auch im Pliozän (5–1,7 Mio.) von Homo habilis ab. Im Unteren Pleistozän sind sie jedenfalls bereits weit verbreitet. Weil die einzelnen Fossilfunde weitgehend gemeinsame anatomische Charakteristika aufweisen, geht man von der einheitlichen Art Homo erectus aus. Da jedoch räumlich wie zeitlich einige charakteristische Unterschiede zu verzeichnen sind, haben die Paläoanthropologen eine Reihe von Unterarten (Subspezies) ausgewiesen. Nach den nicht näher zugeordneten Homo-erectus-Funden aus der Olduwai-Schlucht in Tansania gehört zu den älteren Formen Homo erectus modjokertensis aus Java, dessen Alter zwischen etwa 1,3 und 1 Mio. Jahren liegt. Sein Gehirnvolumen beträgt nur 750 cm³, und er ist kaum weiter entwickelt als die ersten afrikanischen Formen dieser Art.

Etwa in die gleiche Zeit fällt der Lantian-Mensch aus China, heute bekannt als Homo erectus officinalis. Auch er hat einen sehr flachen Schädel, starke Überaugenwülste und besitzt rund 780 cm³ Gehirnvolumen. Eine dritte Unterart dieses Formenkreises ist möglicherweise der etwa 900 000 Jahre alte Mensch von Heidelberg (→ S. 426), der auch als Homo erectus heidelbergensis bezeichnet wird.

Zu den jüngeren Homo-erectus-Unterarten, die vor etwa 720 000 Jahren erscheinen, zählt wiederum ein Bewohner Javas, der Homo erectus erectus aus den Trinil-Schichten. Er ist es, der vor allem zu der Auffassung Anlaß gab, die Art Homo erectus stelle die direkten Vorfahren von Homo sapiens. Allerdings wird die Zugehörigkeit dieses Fundes zur Art Homo erectus heute angezweifelt. Ein sicherer Homo erectus ist dagegen Homo erectus pekinensis aus Chou-kou-tien in China. Sein Gehirnvolumen ist mit durchschnittlich 1050 cm³ aber schon wesentlich größer. Weitere junge Formen sind Homo erectus mauritanicus aus Ternifine in Nordalgerien, Homo erectus leakeyi aus der ostafrikanischen Olduwai-Schlucht und Homo erectus palaeohungaricus aus Vérteszöllös in Ungarn.

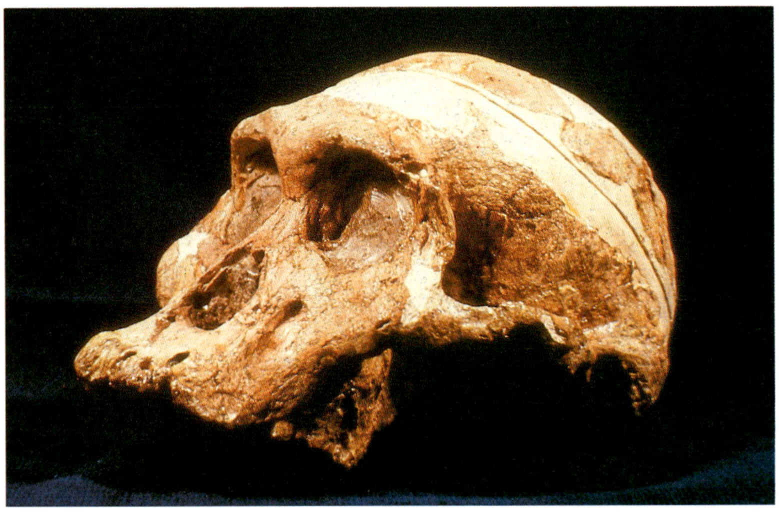

Als Paranthropus crassidens und Homo transvaalensis wurde dieser 2,57 bis 0,5 Mio. Jahre alte südafrikanische Homo-erectus-Schädel bekannt.

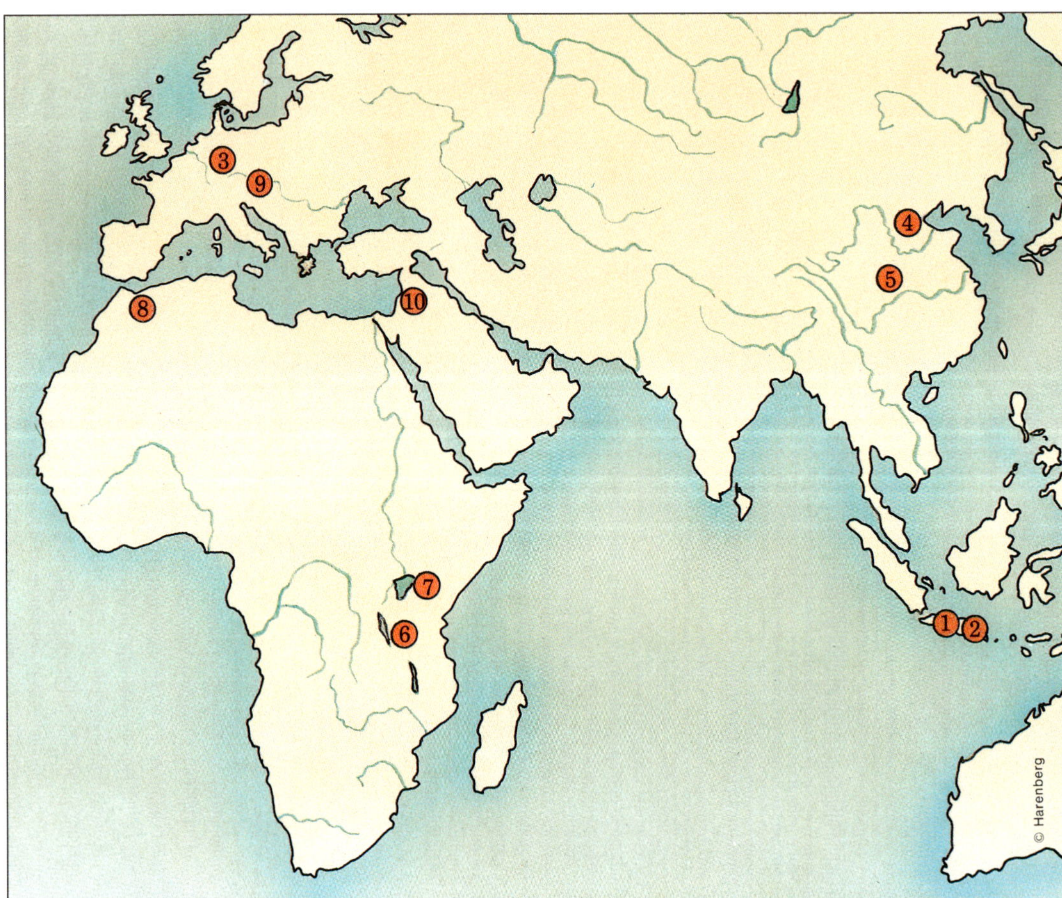

Fundstätten von Homo erectus

1. H.e. modjokertensis, Java
2. H.e. erectus, Java
3. H.e. heidelbergensis, Heidelberg
4. H.e. pekinensis, Chou-Kou-Tien
5. H.e. offizinalis, Lantian
6. H.e. leakeyi, Olduwai
7. H.e. njarasensis, Njarasee
8. H.e. mauritanicus, Ternifine
9. H.e. palaeohungaricus, Verteszöllös
10. H.e. spez., Jordan

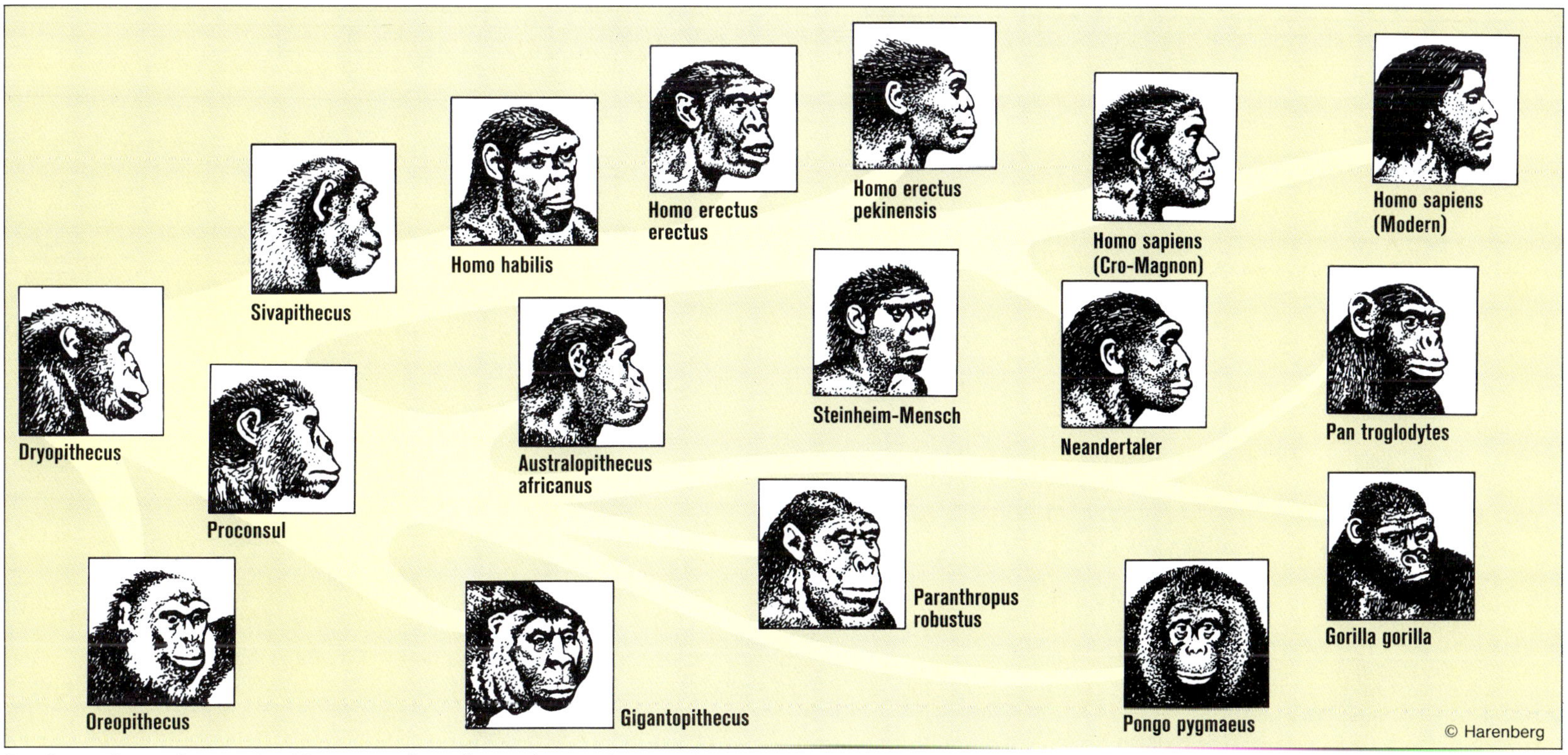

Der Stammbaum der Hominoiden (Menschenaffen und Menschen) wird derzeit generell noch heftig diskutiert. Allerdings verdichten sich viele Indizien zu dem hier vorgestellten Schema, das in die direkte Vorfahrenlinie des Homo sapiens sapiens (nach anderer Lehrmeinung, die den Neandertaler nicht als Sapiens-Form sieht, nur Homo sapiens) ausschließlich Homo habilis und weder die Australopithecinen noch Homo erectus stellt.

Große Familienverbände leben in lichten Waldgebieten

1,7–0,72 Mio. Als Lebensraum bevorzugt der Homo erectus, gleich ob in Afrika, Europa oder Asien, offene Waldsavannen.
Er lebt in Familiengruppen, die wahrscheinlich doppelt bis dreimal so groß sind wie jene von Homo habilis (→ 2–1,7 Mio./S. 412). Das ermöglicht ihm eine bessere Arbeitsteilung und bereits eine gewisse Spezialisierung. So zeigt sich eine deutliche Entwicklung in der Fähigkeit, Steinwerkzeuge herzustellen, die Homo erectus schon gezielter und präziser fertigt als Homo habilis. Auch bei der Jagd ist er offensichtlich effektiver. In größeren Gruppen jagt Homo erectus nicht nur kleinere Tiere wie Antilopen oder Paviane, sondern nimmt es auch erfolgreich mit größeren Raubtieren und riesigen Menschenaffen (Gigantopithecinen) auf. Allerdings sind die Familienbande innerhalb der größeren Gruppen wohl nicht mehr so ausgeprägt wie bei Homo habilis, denn bei Homo erectus läßt sich anhand von etwa 600 bis 500 Jahrtausende alten Funden aus China Kannibalismus nachweisen.

▷ Der Waldsavannenbewohner Homo erectus ist auch Sammler.

Homo-erectus-Stammbaum

Nach wie vor ist die Herkunft der Homo-erectus-Formen ungeklärt. Oft werden sie neuerdings als direkte Nachfahren von Homo habilis (→ 2–1,7 Mio./S. 412) angesehen, dessen Wurzeln nach neueren Funden aus Äthiopien vielleicht bis zu 5 Mio. Jahre zurückreichen. Damit könnten sie direkt an Sivapithecus (→ 24–5 Mio./S. 379) anknüpfen. Andererseits ist auch die Meinung verbreitet, Homo erectus stamme von den Australopithecinen ab, und Homo habilis sei eine rasch fortentwickelte Nebenlinie innerhalb der Australopithecinen.
Ebenso umstritten ist die Fortführung von Homo erectus. Es herrscht die Ansicht vor, seine evolutionären Nachfolger seien sowohl die Neandertaler wie die modernen Menschen, also der Formenkreis von Homo sapiens. Mehrere Anthropologen sehen in Homo erectus aber eine aussterbende Art und glauben, der moderne Homo sapiens sowie die Neandertaler (→ S. 458) knüpften unmittelbar an Homo habilis an. Schließlich gibt es die Lehrmeinung, Homo sapiens stamme von Homo habilis und der Neandertaler von Homo erectus ab.

Erste Menschenartige besiedeln Europas Steppen

0,9 bis 0,6 Mio. In der Gegend von Mauer, eines Vorortes von Heidelberg, lebt eine Frühmenschenart, die heute allgemein als Homo erectus heidelbergensis bezeichnet wird. Ob sich dieser Heidelberger Mensch, bekannt auch als Protanthropus heidelbergensis oder Maueranthropus (nach dem exakten Fundort Mauer bei Heidelberg), wirklich zur Art Homo erectus stellen läßt, ist indes fraglich. Bekannt ist von ihm nicht mehr als ein auffallend großer Unterkiefer. Es ist der mächtigste Unterkiefer eines Homo überhaupt. Während der heutige Mensch eine Kieferbreite von höchstens 15 cm besitzt, weist der Unterkiefer von Heidelberg eine solche von 23,5 cm auf. Der aufsteigende Ast (Ramus mandibulae), der den Gelenkfortsatz trägt, ist mit 66 mm zwar nur unwesentlich länger als beim modernen Menschen (58 – 60 mm), dafür aber mit 60 mm Breite knapp doppelt so stark. Das Kinn flieht deutlich. Die Zähne des alten Heidelbergers zeigen dagegen einen ausgeprägteren menschlichen Charakter als die anderer Homo-erectus-Formen. Insbesondere ragen die Eckzähne nicht über die anderen Zähne hinaus.

Die berühmte Hominiden-Fundstelle in der Kiesgrube Mauer bei Steinheim, einem Vorort von Heidelberg

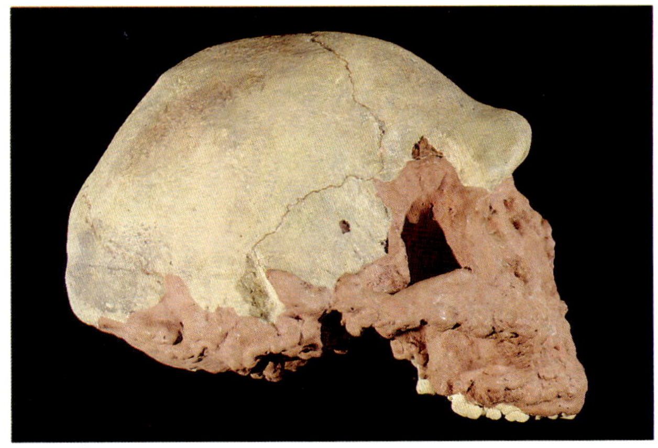

Diese Überreste eines weiteren frühen Europäers wurden in Petralona (Griechenland) gefunden.

Jahrelang stellte der Unterkiefer von Mauer ein umstrittenes Gesprächsthema unter Paläoanthropologen dar. Das Ungewöhnliche an ihm ist, daß manche seiner Charakteristika, nämlich das stark fliehende Kinn und der sehr breite Ramus mandibulae, entwicklungsgeschichtlich offenbar hinter Homo-erectus-Formen gleichen Alters zurückliegen, während die Zähne diesen bereits erheblich vorgreifen. Es ist deshalb keineswegs paläoanthropologisches Allgemeingut, daß der Fund von Heidelberg wirklich einen Homo erectus repräsentiert. Manche Wissenschaftler sehen in ihm das Mitglied einer Linie, die zu den frühen Neandertalern (→ S. 458) führt und für deren Existenz ein weiteres Indiz mit einem erst kürzlich bei Montmaurin in Frankreich entdeckten Unterkiefer vorliegt, der vermutlich ca. 450 000 Jahre alt ist.

Eine andere Hypothese versucht, den Formenkreis von Homo erectus von Java, China und Europa hinsichtlich seiner anatomischen Streubreite so viel weiter zu fassen, daß der Fund von Heidelberg und ein noch heftiger diskutierter (aus Marokko vor etwa 300 Jahrtausenden) mit einbezogen werden können.

Der Mensch von Heidelberg ist der früheste Europäer

0,9–0,6 Mio. Wie immer man den alten Heidelberger anhand seines Unterkiefers (s. o.) taxonomisch einordnen mag, eines steht fest: Er ist der erste bisher bekannte Mensch in Europa. Entdeckt wurde er im Jahr 1908 von O. Schoetensack in einer Sandgrube im Heidelberger Vorort Mauer. Der Finder gab dem Träger des Kiefers den Namen Homo heidelbergensis.

In denselben Schichten der Sandgrube, in denen der Kiefer konserviert blieb, fand sich auch eine Reihe von Steinwerkzeugen, die offenbar von dem entdeckten Menschentyp hergestellt sind. Diese Geräte sind sehr einfacher Natur. Ihre Bearbeitung ist noch primitiver als jene, die man mit frühen Vertretern von Homo erectus in China (Chou-kou-tien, vor ca. 0,72 – 0,6 Mio. Jahren) in Zusammenhang bringt. Prähistoriker reihen sie als primitivste Stufe in die sogenannte Abbevillien- oder Chelleen-Kultur ein. Das ist die früheste Kulturstufe überhaupt. Vergleichbare Artefakte finden sich durchaus schon bei Homo habilis in Ostafrika vor annähernd 2 Mio. Jahren. Bemerkenswerterweise ähneln sich diese frühen Steinwerkzeuge in Afrika und Europa sowohl hinsichtlich ihrer Formen wie Größe. Charakteristisch sind große Faustkeile, die nur durch grobe Schläge mit größeren Steinen roh bearbeitet sind und in ihrer Form eher scharfkantige Zufallsprodukte als gezielt hergestellte Gebrauchsgegenstände darstellen. Hier ist nichts von der in Asien und vor allem in Afrika schon fortgeschrittenen Abschlagkultur zu erkennen, die durch gezielte Schlagführung bewußt gestaltend auf das steinerne Material einwirkt. Auch Ansätze der in Afrika und Asien bereits vorhandenen Gerätekultur mit Werkzeugen aus Knochen, Zähnen u.a. finden sich in Heidelberg nicht.

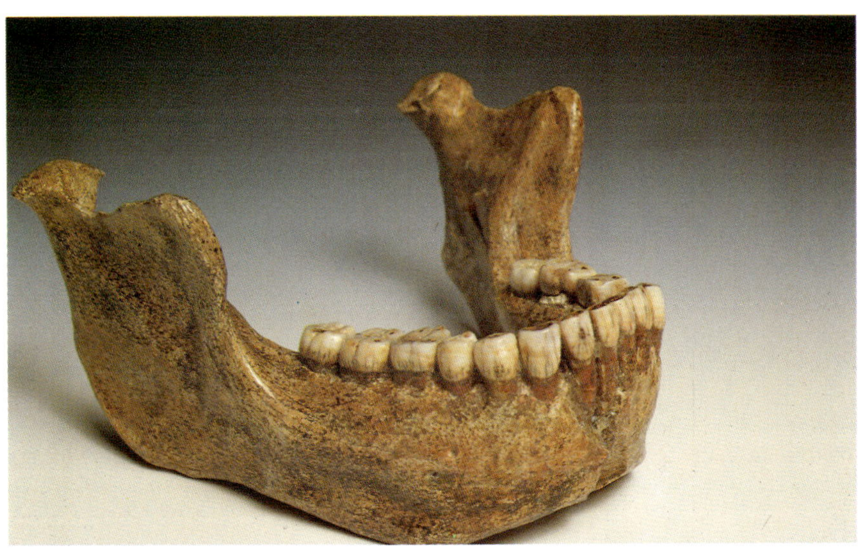

Der berühmte menschliche Unterkiefer von Mauer bei Heidelberg ist 900 000 bis 600 000 Jahre alt und stellt die Paläoanthropologen noch immer vor schwierige Fragen. Er besitzt anachronistisch anmutende Entwicklungsmerkmale: Einerseits sprechen das fliehende Kinn und der extrem breite aufsteigende Unterkieferast des alten Europäers für eine sehr primitive Homo-erectus-Form, andererseits erinnern die Zähne schon sehr deutlich an Homo sapiens.

Alltagsleben in der ältesten Steinzeit

1,7–0,72 Mio. Das Alltagsleben des Altsteinzeitmenschen wird nur allzuoft ausschließlich anhand seiner groben Steinwerkzeuge beurteilt. Das ergibt ein falsches oder zumindest sehr oberflächliches Bild. Wahrscheinlich ist der fortgeschrittene Homo erectus sogar ein recht guter Handwerker, der es versteht, Geräte aus Holz, Knochen, Geweih, Horn, Leder usw. herzustellen. Allerdings bleiben außer den Steinwerkzeugen die meisten dieser Geräte nicht erhalten. Allenfalls Utensilien aus Knochen oder Geweih überdauern viele Jahrhunderttausende. Je härter aber das Material, desto plumper fallen die Werkzeuge aus, denn um so schwerer lassen sie sich mit den Mitteln der Zeit bearbeiten.

Gerade der als Werkzeugmaterial beliebte spröde Feuerstein oder Flint läßt sich nur schwer bearbeiten. Daß der Altsteinzeitmensch ihn dennoch gern verwendet, liegt an seinen scharfkantigen Brüchen, die ihn als Schneide- und Schabwerkzeug geeignet machen. Feuerstein ist härter als Stahl, aber auch wesentlich spröder und bedarf deshalb sorgfältiger Bearbeitungstechniken. Solange diese nicht entwickelt sind, gehen Feuersteinwerkzeuge rasch zu Bruch, bzw. ihre Schneiden brechen aus. Perfekte Werkzeuge aus diesem Material gibt es so zunächst gar nicht. Statt dessen fertigt der Altsteinzeitmensch präzise Werkzeuge, die für den dauerhaften Gebrauch bestimmt sind, aus anderen Materialien, die scharfe Schnittflächen liefern, z. B. Obsidian (vulkanisches Glas), Quarzit oder dem sehr schwer zu bearbeitenden Quarz. Auch Werkzeuge aus Basalt oder dem ebenfalls feinkörnigen vulkanischen Ergußgestein Rhyolit werden verwendet.

Die Jagd in dieser Zeit verläuft noch sehr primitiv. Fallgruben, Lanzen oder Pfeil und Bogen sind unbekannt. Der Altsteinzeitmensch hetzt in Gruppen die Tiere so lange, bis sie erschöpft sind, und erschlägt sie sodann mit großen Steinbrocken oder Knüppeln, bevor er sie mit Faustkeilen zerteilt. Seine Beute dient ihm nicht nur als Nahrung, er verwendet Knochen und Zähne als Werkstoff und die Felle wahrscheinlich bereits als Kälteschutz. Da die Jagd mühsam ist, bleiben die Hauptnahrungsmittel vegetarischer Natur wie etwa Beeren, Samen und Wurzeln.

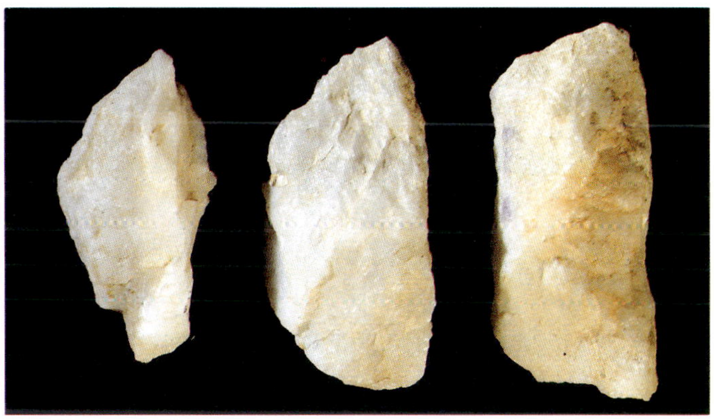

△ *Die Hominiden-Fundstätte von Sangiran auf Java (Aufnahme während der Grabungsarbeiten von 1976) enthielt in ihren jüngsten Schichten auch Überreste von Homo erectus. Diese Frühmenschen lebten hier in einem Waldgebiet zu Füßen eines großen Vulkans (Lawu).*

◁ *Der Peking Mensch, ein Vertreter der Gattung Homo erectus, produzierte wie andere Erecti in verschiedenen Teilen der Welt einfache Steinwerkzeuge, die er nur grob bearbeitete. Er benutzte sie u. a. zum Aufbrechen und Zerteilen von Jagdbeute, zum Ausschaben der Felle und zum Ausgraben von eßbaren Wurzeln.*

Homo erectus nutzt das Feuer als Schutz

Um 0,72 Mio. Homo erectus pekinensis, der »Peking-Mensch«, der in der chinesischen Fundstelle Chou-kou-tien überliefert ist, benutzt vielleicht erstmals in der Menschheitsgeschichte das Feuer. Ältere Nachweise sind bisher jedenfalls unbekannt. Möglicherweise ist auch etwa zeitgleich Homo-erectus-Vertretern auf Java der Umgang mit dem Feuer vertraut.

Die Feuerstelle von Chou-kou-tien ist nicht nur die erste, die sich im Zusammenhang mit Frühmenschen nachweisen läßt, sie ist zugleich auch die größte Feuerstelle von Frühmenschen, die überhaupt jemals entdeckt worden ist. Sie befindet sich in einer Höhle, die dem Peking-Menschen offenbar als Behausung dient. Ihre Überreste bestehen aus einer Ascheschicht von nicht weniger als 6 m Höhe. Offenbar ist der Peking-Mensch noch nicht in der Lage, selbst Feuer zu entfachen. Er ist also auf einen natürlichen Brandherd durch Blitzschlag angewiesen. Von dort trägt er das Feuer in seinen Schlupfwinkel und hütet es. Das erklärt auch, warum er die entstehende Ascheschicht nicht regelmäßig entfernt, denn dazu müßte er das Feuer ja ausgehen lassen. Er legt ständig neues Brennmaterial nach.

Wozu sich der Peking-Mensch des Feuers bedient, ist ungeklärt. Sehr wahrscheinlich hat es zunächst zwei Funktionen: Den Schutz vor der Kälte und den Schutz vor den reichlich vertretenen Großraubtieren, die das Feuer scheuen. Zum Garen der Speisen wird er das Feuer wohl noch nicht benutzen.

Die dunkle Färbung der Sedimente in einer Halbhöhle (Abri) bei Les Eyzies in der Dordogne (Frankreich) verrät, daß hier Frühmenschen eine Feuerstelle unterhalten haben (Oberes Pleistozän).

Nashörner passen sich dem Klima an

1,7–0,72 Mio. Während des Rückgangs der Wälder und der zunehmenden Kälte in Europa passen sich einige Nashorngattungen den neuen Lebensbedingungen sehr gut an. Verbreitet ist besonders in Mittel- und Nordwesteuropa (Deutschland und Frankreich) das hochbeinige Dicerorhinus. Es ist 2,5 m lang, und seine Schulterhöhe liegt bei 1,5 m. Dichter Wald und offene Steppe bilden gleichermaßen den Lebensraum dieses Tieres.

Eine charakteristische Anpassung an hartes Steppengras als zur Verfügung stehende Nahrung zeigt das gigantische Elasmotherium, ein 5 m langes Nashorn, das in Osteuropa (Südrußland) und Asien (Sibirien) lebt. Es besitzt keine Schneidezähne mehr, sondern reißt das Gras büschelweise mit den Lippen aus, um es dann mit seinen überdimensionalen Backenzähnen zu zerreiben. Beeindruckend ist das wuchtige, 2 m lange Horn, dessen Basis sich über den gesamten Vorderkopf erstreckt.

Eine ausgesprochene Kälteform stellt das von den Britischen Inseln bis Ostsibirien verbreitete Wollnashorn Coelodonta dar. Es wird 3,5 m lang und trägt – wie auch Dicerorhinus – zwei große Hörner, ein längeres (bis 1 m) auf der Nase und ein kürzeres zwischen Nase und Stirn. Sein zottiges Fell schützt dieses Tier ausgezeichnet vor den Kälteeinbrüchen der Eiszeit.

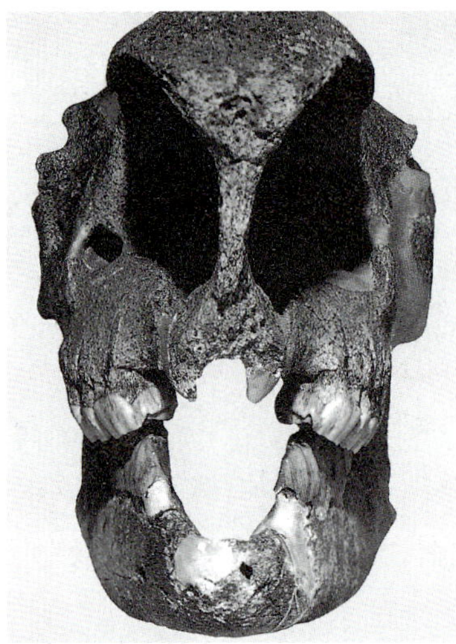

△ Ein Charaktertier des Unteren Pleistozäns Europas ist das relativ kleine (Körperlänge 2,5 m), aber hochbeinige Nashorn Dicerorhinus etruscus. Es lebt in den warmzeitlichen Wäldern, Flußauen und buschreichen Steppen Frankreichs und Deutschlands, wo es noch vor 450 000 Jahren vorkommt.

◁ In den Moosbacher Sanden, die sich während der Cromer-Warmzeit im Gebiet von Mainz ablagerten, fand sich dieser Schädel eines Etruskischen Nashorns. Weitere Skelettfunde liegen u. a. aus Sénèze in Frankreich und Voigtstedt im östlichen Deutschland vor.

»Hörner« aus Haarbüscheln

Die z. T. außerordentlich eindrucksvollen Gebilde auf dem Vorderkopf der Nashörner, denen diese Tiere ihren Namen verdanken, sind anatomisch gesehen nicht verwandt mit den Hörnern der Horntiere. Diese nämlich bestehen aus einer porösen Knochensubstanz, die lediglich von einer hornigen Scheide umgeben ist. Bei den »Hörnern« der Nashornarten handelt es sich hingegen tatsächlich um Horn, d. h. sie sind aus der gleichen Substanz wie Haare, Federn, Finger- und Fußnägel, Krallen oder Hufe aufgebaut. Diese zähe, harte und faserige Eiweißsubstanz wird von der Oberhaut (Epidermis) gebildet und besteht hauptsächlich aus Keratin, Gerüsteiweißen mit einem hohen Anteil der Aminosäure Cystein. Diese bildet Disulfidbrücken zwischen Peptidketten und bewirkt dadurch die große mechanische und chemische Widerstandsfähigkeit des Horns. Entwicklungsgeschichtlich stellen die Rhinozeros-Hörner nichts anderes als zu massiven Gebilden verschweißte Haarbüschel dar, die auf einer solide verstärkten knöchernen Basis des Schädelskeletts sitzen.

Erste echte Elefanten in den Wäldern Südwesteuropas

1,7–0,72 Mio. Mit der Gattung Elephas (auch: Archidiskodon) erscheinen in Spanien erste Mitglieder der Elefantenfamilie (Elephantidae), deren Vorfahren offenbar aus Afrika einwanderten. In Waldgebieten Südwesteuropas entwickelt sich zunächst Elephas meridionalis. Diese Art besiedelt von dort aus bald auch Nordamerika und Asien. Ihr folgt das Steppenmammut Mammuthus trogontherii, das unter erheblich strengeren klimatischen Bedingungen in England und Deutschland lebt und als erster Vertreter der Elephantidae das typische lange Fell der Eiszeitmammuts trägt.

Echte Elefanten unterscheiden sich von den älteren Rüsseltieren durch eine andere Kautechnik: Sie zerreiben ihre Nahrung nicht, sondern zerschneiden sie.

Lebendrekonstruktion des europäischen »Südelefanten« Elephas (Archidiskodon) meridionalis

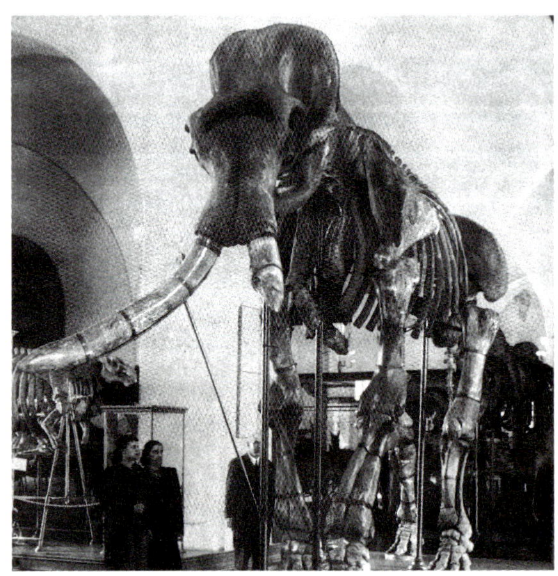

Elephas-meridionalis-Skelett aus dem Pleistozän vom Asowschen Meer (Zoologisches Museum Leningrad)

Auf Madagaskar und Neuseeland leben riesige Laufvögel

1,7–0,72 Mio. Nach frühen Formen in der Kreide (140–66 Mio.) und im Tertiär (66–1,7 Mio.) entwickeln die Laufvögel der Überordnung Palaeognathae Gattungen von gewaltiger Körpergröße. Die langbeinigen, flugunfähigen Vögel, die auch unter der Bezeichnung Ratiten bekannt sind, bewohnen ausschließlich die Südhalbkugel. Von ihnen stammen die heute noch lebenden Emus und Kasuare Australiens und Neuseelands, die Nandus Südamerikas und die Strauße Afrikas ab.

Auf Madagaskar lebt Aepyornis, eine Gattung riesiger Vögel, deren größte Art (Aepyornis titan) bis zu 3 m groß wird und vermutlich eine Körpermasse von 500 kg erreicht. Auch die Eier dieser Tiere sind von beeindruckender Größe: Bei über 30 cm Länge haben sie ein Volumen von etwa 9 l und wiegen mehr als 10 kg. Umgangssprachlich heißt der Aepyornis titan »Elefantenvogel«; dieser Name geht auf alte arabische Legenden zurück, in denen von einem Vogel Rock die Rede ist, der angeblich einen Elefanten in die Luft heben konnte. Die Legendenbildung um diesen Riesenvogel erklärt sich daraus, daß Aepyornis titan noch auf Madagaskar lebt, als der Mensch diese Insel vor weniger als 1500 Jahren besiedelt. Wahrscheinlich ist er erst im 17. Jh. ausgerottet worden.

Wie alle Ratiten verfügt Aepyornis titan nur über rudimentäre Flügelstummel; sein Brustbein hat außerdem jenen Kiel verloren, an dem bei flugfähigen Vögeln die Flugmuskulatur ansetzt. Im Gegensatz zu den Straußenvögeln, die eine Laufgeschwindigkeit von bis zu 80 km/h erreichen, ist der massige Aepyornis ein behäbiges Tier, wie u. a. seine überproportional langen kräftigen Oberschenkel nahelegen. Für eine Flucht vor Raubtieren ist der Vogel nicht gerüstet; zudem besitzt er weder Zähne noch Klauen, könnte sich Feinden gegenüber also auch nicht zur Wehr setzen. Da es jedoch auf Madagaskar keine Raubtiere gibt, wird erst der Mensch dem Elefantenvogel gefährlich.

Noch größer als Aepyornis titan ist mit 3,5 m Höhe der auf Neuseeland beheimatete Dinornis maximus, eine von ungefähr zehn bis zwölf Moa-Arten. Er hat sehr kräftige Beine sowie einen ungemein langen Hals und ist ebenso langsam wie sein malgassischer Verwandter.

Emeus crassus ist eine weitere Moa-Art, die im Pleistozän auf Neuseeland lebt. Obgleich mit »nur« 1,5 m Körperhöhe weniger als halb so groß wie Dinornis, ist auch dieser Vogel nicht beweglicher. Seine mächtigen Beine und unverhältnismäßig breiten Füße machen ihn vermutlich sogar ausgesprochen unbeholfen. Auch er fällt später dem Menschen zum Opfer. Nur drei sehr kleine Moa-Arten – die größte wird knapp 60 cm hoch – überleben bis heute auf der Nachbarinsel Australiens. Einer davon ist der Kiwi, der Wappenvogel Neuseelands.

Der flugunfähige Laufvogel Dinornis maximus aus dem Pleistozän und Holozän Neuseelands erreicht beachtliche 3,5 m Körperhöhe.

Noch im jüngeren Quartär (Holozän) von Neuseeland fand sich dieses vollständig erhaltene fossile Skelett einer Dinornis-Art.

Museale Gegenüberstellung dreier Moa-Skelette: (v. l.) Pachyornis, Dinornis und der rezente straußenähnliche Emu (Gattung Emeus)

Rentiere mit Hirschgeweih

Um 800 000. Gegen Ende der Günz-Eiszeit leben in Europa erste Rentiere (Rangifer tarandus). Besonders individuenreich wird diese Art allerdings erst während der Würm-Eiszeit, also der letzten großen Kaltzeit vor dem Holozän (10 300 – heute). Die Abstammung der Rene ist ungeklärt. Als sie in Europa auftauchen, sind sie bereits vollkommen an ihren arktischen Lebensraum angepaßt. Die Zoologen nennen das Tier »Trughirsch«, denn sein Geweih erinnert an das der Hirsche des älteren Pleistozäns. Darüber hinaus weist das Äußere des wuchtigen Tieres keine Übereinstimmung mit den Hirschen auf.

Aus der Stammform gehen im Laufe der Eiszeiten zahlreiche Unterarten und Rassen hervor.

Rentiere leben heute vorwiegend in Lappland und sind dort von der einheimischen Bevölkerung größtenteils domestiziert. Die Region entspricht klimatisch ihrem ersten bekannten Lebensraum im eiszeitlichen Europa.

Die pleistozänen Kälteeinbrüche in Nordamerika, Europa und Nordasien haben einen tiefgreifenden Wandel im Erscheinungsbild der betroffenen Landschaften zur Folge. Wo bisher dichte subtropische Urwälder wuchsen, verschwinden die kälteempfindlichen Arten und machen borealen Nadelwäldern Platz. Wo trockene Steppen gediehen, erobern mit sinkenden Temperaturen und zunehmenden Niederschlägen ebenfalls Nadelhölzer das Terrain. Im Vorfeld der Inlandvereisungen allerdings ist die arktische Baumgrenze erreicht. Dort entstehen ausgedehnte Kältesteppen mit Pflanzentypen, wie sie heute etwa aus Lappland oder aus den Hochlagen der Alpen bekannt sind. In der Fauna dominieren ausgeprägte Steppenformen.

Kaltzeiten verändern die Flora in aller Welt erheblich

1,7–0,72 Mio. Die Kältevorstöße des Eiszeitalters betreffen zwar in erster Linie die vereisten Gebiete und deren unmittelbare Nachbarschaft, haben aber auch z. T. erhebliche Auswirkungen auf die Lebensräume der niedereren Breiten. In das Untere Pleistozän fallen im Alpenraum zwei Kaltzeiten: Die Donau-Kaltzeit vor 1,7 bis 1,38 Jahrmillionen und die Günz-Kaltzeit vor 1,18 bis 0,83 Jahrmillionen. Zwischen beiden liegt das wärmere Donau-Günz-Interglazial. Auf die Günz-Eiszeit folgt das Günz-Mindel-Interglazial, das bis ins Obere Pleistozän (720 000–10 000) hineinreicht.

Während der Kaltzeiten bleibt in Mitteleuropa ein Streifen eisfrei, der in Deutschland etwa vom nördlichen Allgäu bis an die Ostseeküste reicht. Auch in England, der Schweiz, Polen und Rußland gibt es eisfreie Gebiete. Hier gedeiht während der Kälteperioden die sogenannte Dryas-Flora (→ S. 434), eine arktische Steppenflora mit zahlreichen Moosarten, Saxifragen, kriechenden Weiden und dezimetergroßen Polarbirken. Weiter vom Eisrand entfernt, z. B. im Herzen Mitteleuropas, existiert eine subarktische Steppe mit vereinzelten Bäumen (Kiefern, Fichten, Zitterpappeln und Birken). Geschlossene Wälder gibt es in diesen Bereichen nicht.

In äquatornahen Breiten der Erde ist die allgemeine Temperaturabsenkung je nach Höhenlage unterschiedlich stark wirksam. So wird es im Flachland im Durchschnitt nur etwa 4 ° kühler, was keine größeren Veränderungen der tropischen Vegetation verursacht. Dagegen kühlt es in den Gebirgen wesentlich stärker ab: Die Schneegrenze sinkt z. B. am Kilimandscharo auf 1300 m, in den Anden auf unter 1400 m und in der Bismarck-Kette Neu-Guineas auf 1000 m. Die Wälder unterhalb der Schneegrenze ändern ihre Zusammensetzung. Statt der warmzeitlichen Wälder, die in etwa den heute dort stockenden Beständen entsprechen, siedeln sich vor allem Eichenwälder an. Die Baumgrenze in den Tropen liegt rund 1000 bis 1100 m tiefer als heute. Zugleich breiten sich die montanen Floren in die umliegenden niederen Bereiche aus. Auf diese Weise erobern in den Tropen bisher regional begrenzte Arten größere Gebiete.

Intensives und extensives Wachstum

Für das Pleistozän ist ein mehrfacher grundlegender Wechsel der Vegetation typisch, auch in den heutigen Trockengürteln wie z. B. im Bereich der Sahara. Hier folgen auf Phasen der Trockenheit (in den Kälteperioden) solche hoher Feuchtigkeit (in den wesentlich niederschlagsreicheren Warmzeiten) und umgekehrt. Die Vegetation wechselt dabei zwischen Arten intensiven und extensiven Wachstums.

Zu den intensiv wachsenden Florengemeinschaften gehören z. B. die Regenwälder. Die Pflanzen wachsen hier sehr dicht und z. T. auf- oder übereinander. Sie besitzen keine Speicherorgane für Kälte- oder Trockenzeiten. Im Existenzkampf versuchen diese Gewächse, einander den engen Lebensraum streitig zu machen: Sie überwuchern sich gegenseitig, erwürgen andere Pflanzen regelrecht (Würgefeige u. a.) oder nehmen ihnen durch ein dichtes Laubdach das Licht.

Extensiv wachsende Pflanzen liefern lichte Biotope wie Steppen, Halbwüsten oder Wüsten. Jede einzelne von ihnen beansprucht einen möglichst großen Lebensraum, vor allem, um aus einem entsprechend großen Einzugsgebiet alles Wasser für sich zu sichern. Die Pflanzen entwickeln ein meist flach unter der Erdoberfläche verlaufendes, ungemein ausgedehntes Wurzelwerk und bilden oft Speicherorgane aus (Knollen, Zwiebeln, Rhizome, sukkulente Sproßteile).

Der Konkurrenzkampf der extensiv wachsenden Pflanzen besteht darin, die Abstände zu den Nachbarn möglichst groß zu halten. So gibt es zahlreiche Arten, deren Wurzeln chemische Substanzen abgeben. Auf diese Weise werden die meisten anderen Gewächse in Reichweite vergiftet.

Korbblütlerfamilie erstmals fossil belegt

1,7–0,72 Mio. Sichere fossile Belege von Korbblütlern (Familie Compositae) liegen erst aus quartären Tuffen vor, und zwar nur von Arten, die auch heute noch existieren. Dennoch ist es unwahrscheinlich, daß sich die Korbblütler erst so spät entwickeln. Der Mangel an fossilen Spuren liegt vermutlich eher darin begründet, daß diese Familie kaum verholzende Arten hervorbringt. Einige unsichere Funde aus dem französischen Oligozän (36–24 Mio.) sehen Blättern von Korbblütlern immerhin sehr ähnlich.

Da die meisten Mitglieder dieser Familie Flugsamen entwickeln, finden sie in den windreichen Steppen des Pleistozäns gute Ausbreitungsbedingungen. Heute stellen sie mit rund 20 000 Arten eine der größten Pflanzenfamilien dar.

△ Zur Unterfamilie Asteroideae der Korbblütler (Compositae oder Asteraceae) gehört das bekannte Gänseblümchen (Bellis perennis).

◁ Die Kornblume (Centaurea cyanus) vertritt ebenfalls die Asteroideae. Sie gedeiht heute vor allem an Feldrainen, auf Getreideäckern und Schuttplätzen.

◁▽ Die Silberdistel oder Stengellose Eberwurz (Carlina acaulis) wächst in Mitteleuropa.

▽ Auch die Sonnenblume (Helianthus tuberosus) gehört zur Korbblütlerunterfamilie Asteroideae.

Steigflugfähige Fallschirmchen

Die Früchte der meisten Korbblütler oder Compositen sind Nüßchen, bei denen die Fruchtwand und die Samenschale miteinander verwachsen sind. Viele dieser sogenannten Achänen sind mit Flugeinrichtungen ausgestattet (z. B. beim Löwenzahn oder Huflattich). Im Gegensatz zu den »Schraubenfliegern«, die sich häufig bei Bäumen finden (Nadelbäume, Ahorn usw., → S. 293), genügt es bei den Korbblütlern nicht, durch eine geeignete Technik den Fall des Samens zu verlangsamen. Da die Korbblütler sehr kleine Gewächse sind, müssen ihre Samen für die Verbreitung mit dem Wind Steigflugeigenschaften besitzen. Das wird durch eine leichte

Die Flugsamen des Löwenzahns (Gattung Taraxacum) sind kleine Nüßchen an »Fallschirmen«.

Konstruktion erreicht und durch sphärische Flugapparate (z. B. die strahlig aus einer Vielzahl feiner Ärmchen aufgebauten Flugapparate der Distelsamen). Gleich, von welcher Seite der Wind kommt, er findet immer eine Angriffsfläche. Sogar thermische Luftströmungen tragen die Samen empor.

Wichtig für die Verbreitung ist auch günstiges Flugwetter. Deshalb geben die meisten Compositen mit Flugsamen diese nicht bei feuchter Luft frei. Zum anderen steuert eine innere Uhr die Freigabe. Diese ist auf jene Tagesstunden »eingestellt«, in denen erfahrungsgemäß die günstigsten thermischen Bedingungen für Aufwind herrschen (Nachmittag).

Kaltzeiten im Norden, Eiszeiten im Süden Deutschlands

1,7–0,83 Mio. Mit dem Beginn des Unteren Pleistozäns setzt eine Klimaperiode ein, die für das nördliche Europa einschließlich Norddeutschland als Eburon-Kaltzeit, für den Alpenraum und Süddeutschland als Donau-Eiszeit bezeichnet wird. Diese Phase hält bis vor 1,38 Jahrmillionen an, wobei das Klima zumindest in Süddeutschland zu dieser Zeit wenigstens drei kältere und zwei wärmere Abschnitte aufweist.

Von den Alpen her dringt das Eis in Form langer Gletscher (Abb.) bis in das nördliche Vorland im Bereich Kaufbeuren, Memmingen sowie der Flüsse Mindel und Wertach vor. Norddeutschland ist während der Eburon-Kaltzeit nicht dauerhaft vereist. Die verschiedenen Gletschervorstöße aus dem fast vollständig vereisten Skandinavien reichen allenfalls bis zum Südrand der Ostsee. In den offenen Steppen Norddeutschlands wachsen vereinzelt oder in kleinen Gruppen noch Nadelbäume und Erlen. Der Kälteeinbruch ist hier wie in den Niederlanden u. a. durch eine einwandernde kaltzeitliche Steppenfauna belegt, die vor dem nach Süden rückenden Eis aus Skandinavien flieht. So stellen sich in den Niederlanden der Halsbandlemming (Dycrostonyx) und die Wühlmaus Allophaiomys ein; aus dem Gebiet bei Aalen ist ein Elch überliefert. In der Pfalz leben noch Säbelzahnkatzen der Gattung Homotherium, daneben Hasen, kleine Hirsche und Pferde sowie ebenfalls Lemminge und Wühlmäuse. Während der Warmphasen kommen hier auch Südelefanten (Archidiskodon meridionalis) und Makaken vor.

Der Eburon/Donau-Kaltzeit schließt sich eine wärmere Periode an, die man im Norden als Waal-Warmzeit, im Süden als Donau-Günz-Interglazial bezeichnet. Sie hält bis vor etwa 1,18 Jahrmillionen an. In dieser Zeit besiedeln vorübergehend wieder Wälder das Gebiet Deutschlands, und der Südelefant ist zahlreicher vertreten.

Danach wird es erneut kälter, allerdings so langsam, daß sehr unterschiedliche Daten für den Beginn der sich anschließenden Kaltzeit genannt werden (1,18–0,9 Mio. Jahre). Sie heißt in Norddeutschland und den Niederlanden Menap-Kaltzeit, im Alpenraum und Süddeutschland Günz-Eiszeit. Obwohl bereits kälter als die Eburon/Donau-Kaltzeit, bringt auch diese Klimaphase noch nicht so niedrige Temperaturen mit sich wie die späteren Eiszeiten des Oberen Pleistozäns (720 000–10 000). Das skandinavische Eis gelangt auch jetzt nicht über die Ostsee hinaus. Alpen, Pyrenäen und Karpaten tragen geschlossene Eisdecken. Von Süden stoßen Gletscher bis in das Iller-Lech-Gebiet vor und hinterlassen deutliche Spuren im Bereich des Flusses Günz. Während der Günz-Eiszeit verschwinden nördlich der Alpen die letzten wärmeliebenden Pflanzen.

Die Cromer-Warmzeit

Um 830 000. *Auf die Menap/Günz-Kaltzeit folgt die Cromer-Warmzeit, benannt nach dem Ort Cromer in Norfolk (England), wo sie besonders gute Florenüberreste hinterläßt. Diese Phase zeichnet sich keineswegs durch ein einheitlich warmes Klima aus. Vielmehr findet ein mehrfacher Wechsel zwischen wärmeren und kühleren sowie zwischen trockeneren und feuchteren Abschnitten statt. Dies schlägt sich auch in der Flora nieder: In den wärmeren Zeiten breiten sich in Mitteleuropa hauptsächlich Eichenmischwälder mit Eiben und Erlen aus; in den kälteren Zeiten herrschen Nadelwälder und vereinzelt Birken vor.*

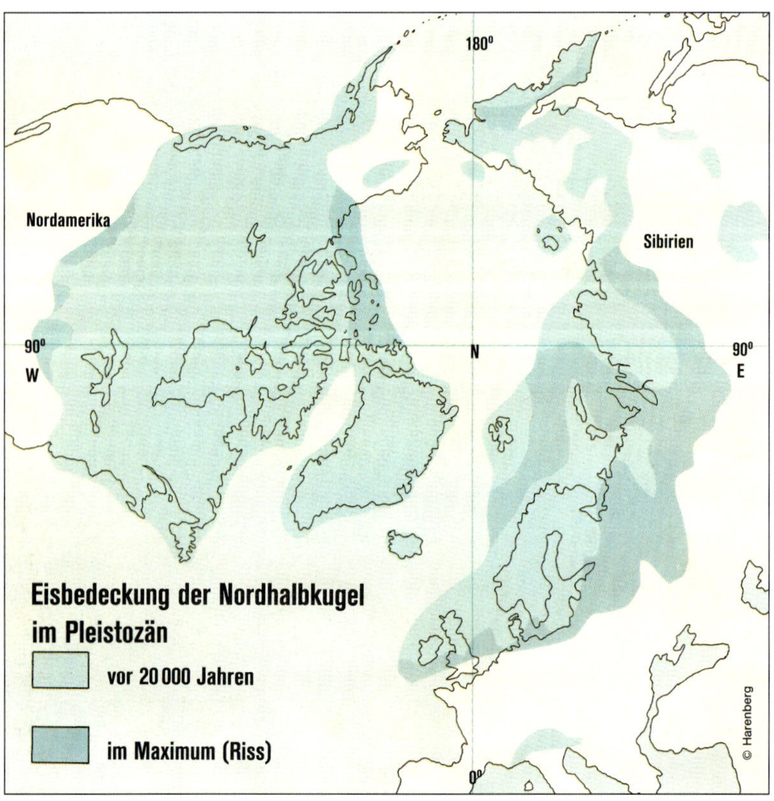

Eisbedeckung der Nordhalbkugel im Pleistozän

vor 20 000 Jahren

im Maximum (Riss)

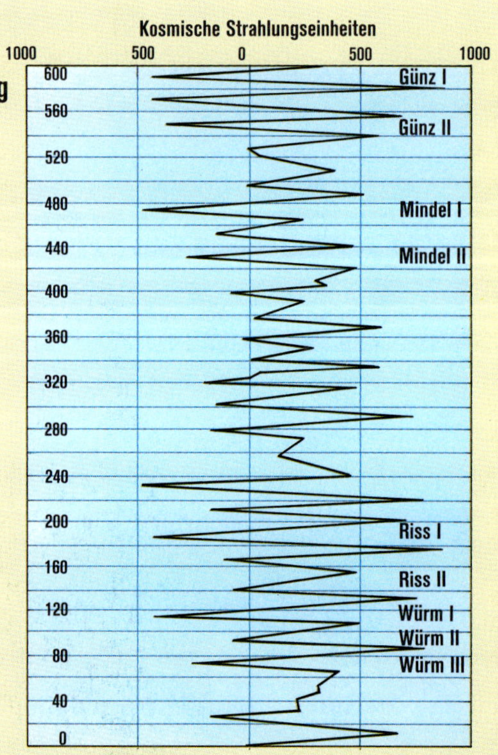

Kosmische Strahlung und Eiszeiten

Manche Wissenschaftler sehen Zusammenhänge zwischen der die Erde erreichenden kosmischen Gesamtstrahlung (gemessen in „Kosmischen Strahlungseinheiten") und den Kaltzeiten. Die Strahlungs-Kurve (nach Milankovitch), berechnet für die Sommer der letzten 600 Jahrtausende für 45° nördlicher Breite, zeigt in der Tat für die bekannten Kaltzeiten Strahlungsminima.

Unterschiedliche Klimaverhältnisse

1,7–0,72 Mio. Wie unterschiedlich sich die Kälteeinbrüche in verschiedenen geographischen Breiten auswirken, läßt sich anhand eines Vergleichs der jeweiligen Temperaturwerte nachweisen, die auf das Meeresniveau bezogen sind. In den nichtglazialen Perioden der Erdgeschichte, etwa im Mesozoikum (250–66 Mio.) und im älteren Tertiär, herrschten an den geographischen Breiten der Nordhalbkugel folgende Durchschnittstemperaturen:

▷ 0° (Äquator): 31 °C
▷ 20° Nord: 29 °C
▷ 40° Nord: 24 °C
▷ 60° Nord: 15 °C
▷ 80° Nord: 8 °C

Dagegen liegen die Werte während der Glazialzeiten sehr viel niedriger; das Ausmaß der Abkühlung ist jedoch unterschiedlich:

▷ 0° (Äquator): 26 °C
▷ 20° Nord: 20 °C
▷ 40° Nord: 6 °C
▷ 60° Nord: -25 °C

Während der interglazialen Warmzeiten sind die entsprechenden Temperaturen im Durchschnitt wieder wesentlich höher, liegen jedoch weiterhin unter den Werten der nichtglazialen Phasen:

▷ 0° (Äquator): 29 °C (heute 28 °C)
▷ 20° Nord: 28 °C (heute 25 °C)
▷ 40° Nord: 20 °C (heute 16 °C)
▷ 60° Nord: 9 °C (heute 2 °C)
▷ 80° Nord: - 1 °C (heute -17 °C)

Entsprechend diesen deutlichen Temperaturdifferenzen im Luftraum verschieben sich auch die Wassertemperaturen.

Die fruchtbare Lößlandschaft im Norden Chinas entsteht durch Einwehung von Staub aus asiatischen Wüsten.

Tundra (wie hier in Sibirien) und Taiga sind bereits im Unteren Pleistozän auf der Nordhalbkugel weit verbreitete Landschaftsformen.

Lößablagerungen im Herzen Chinas

1,7–0,72 Mio. In China setzt die Ablagerung mächtiger Lößschichten ein. Wo aus Hochdruckgebieten kommende kalte Fallwinde in die Kältesteppen strömen, entstehen Zonen äolischer Sedimentation. Diese Sedimente sind staubfein und werden in den Rasenflächen festgehalten. Während sich im eiszeitlichen Mitteleuropa vor den Vereisungsgebieten nur ein schmaler und lediglich wenige Meter mächtiger Lößgürtel absetzt, erreichen die pleistozänen Lößflächen in China ihre größte Ausdehnung mit rund 1 Mio. km². Der Löß stammt hier vor allem aus den Wüsten Hochasiens.

Meeresspiegelschwankungen bei genereller Absenkung

1,7–0,72 Mio. Generell sinkt der Meeresspiegel während des gesamten Quartärs kontinuierlich ab. Die Gründe dafür sind nicht näher bekannt, dürften aber im großen und ganzen topologischer Natur sein. Das heißt, daß entweder die Meeresböden absinken oder die Meeresbecken sich insgesamt ausweiten. Dieses Zusammenspiel ist jedoch keineswegs einfach zu überblicken, weil gleichzeitig weite Schelfgebiete trockenfallen. Darüber hinaus kommt es – bedingt durch den häufigen Wandel der klimatischen Verhältnisse – zu bedeutenden Meeresspiegelschwankungen.

Die generelle Absenkung beträgt während des Unteren Pleistozäns rund 150 m, verläuft jedoch nicht gleichmäßig. Durch den Wechsel von Eis- und Warmzeiten wird jeweils unterschiedlich viel Wasser als Eis gebunden. Daraus resultieren ganz erhebliche sogenannte glazialeustatische Meeresspiegelschwankungen. Während der Donau-Eiszeiten ergeben sich Niveauunterschiede von bis zu 50 m, wobei das generelle Absinken des Meeres nicht berücksichtigt ist. Gegenüber dem Donau Günz-Interglazial sinkt der Meeresspiegel während der Günz-Eiszeit dann sogar um rund 100 m, um zum Ende des Unteren Pleistozäns um rund 80 m anzusteigen.

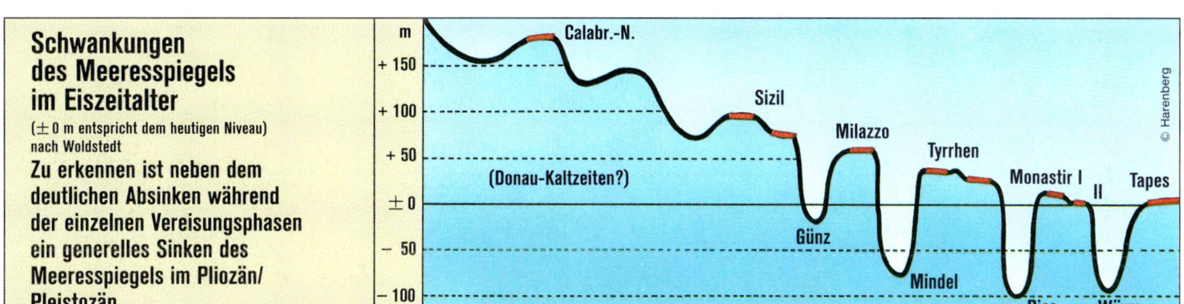

Dryas-Flora beherrscht kaltzeitliches Mitteleuropa

1,7–0,72 Mio. Subarktische bis arktische Steppe repräsentiert die mitteleuropäische Flora der Kaltzeiten. Man spricht auch von Dryas-Flora. Namengebend ist die Silberwurz Dryas octopetala, eine Charakterpflanze auch der heutigen Tundren. Die eigentliche Dryas-Flora folgt nach der letzten Eiszeit den sich zurückziehenden Gletschern und besiedelt als erste Pflanzendecke wieder das nackte Land. Allerdings hat man diesen Begriff auch auf die Vegetation der frühen Eiszeiten übertragen, da die Pflanzengesellschaften einander weitgehend gleichen. Ihre Überreste bleiben durchweg in tonigen Sedimenten fossil erhalten, die deshalb auch als Dryas-Tone bezeichnet werden.

Typische Mitglieder der Dryas-Flora sind kriechende Weidenarten: Salix polaris (die Polarweide), Salix herbacea, Salix reticulata und Salix myrsinites. Einige dieser Zwergbäumchen erreichen nur wenige Zentimeter Höhe, andere werden bis zu kniehoch. Weit vebreitet ist auch die Zwergbirke (Betula nana).

Die Dryas-Flora zeichnet sich durch eine Fülle niedrigwüchsiger ausdauernder Pflanzen aus.

Tundrenflora mit Schwarzer Krähenbeere (Empetrum nigrum) und einer Blaubeere (Vaccinium myrtillus)

Die Silberwurz, Dryas octopetala, ist ein Leitfossil für die Kaltzeiten im Pleistozän Europas.

Zu den Bewohnern extremer Standorte gehören in Europa fast immer auch Steinbrechgewächse. Auf den eisfreien Flächen der Kaltzeiten sind sie vor allem durch Saxifraga oppositifolia repräsentiert, ein kleines Pflänzchen mit Rosettenwuchs. Verbreitet sind außerdem die zwergwüchsige Azalea procumbens, die Alpenbeerentraube (Arctostaphylos alpina), die sich heute auf Höhen zwischen 1600 und 2500 m zurückgezogen hat, sowie die Wiesenrautenart Thalictrum alpinum. All diese Pflanzen wachsen inmitten dichter Polster aus verschiedenen arktischen Moosarten wie Distichium capillaceum, Tortula ruralis oder Hypnum-Formen. Während der ersten beiden Kaltzeiten, also im Unteren Pleistozän, sind auch noch relativ häufig Bäume anzutreffen; dabei dominieren Kiefern, Fichten, Zitterpappeln und Birken.

Wechselspiel der Flora zwischen Kalt- und Warmzeiten

Während des gesamten Quartärs wechselt in Mitteleuropa immer wieder Dryas-Flora (s. o.) mit warmzeitlicher Vegetation. Der Übergang findet niemals plötzlich, sondern immer im Verlauf längerer Zeiträume statt. Insbesondere die Wiedereroberung eisbedeckter Flächen nimmt jeweils Jahrhunderte bis Jahrtausende in Anspruch. Entsprechend liefert jeweils ein einzelnes Interglazial nacheinander sehr verschiedene fossile Floren, wobei die Reihenfolge der Entwicklung in allen Warmzeiten weitgehend übereinstimmt. Dagegen nimmt die Artenzahl von Mal zu Mal ab, weil vielen wärmeliebenden Pflanzen der Rückzug aus südlicheren Regionen durch die Alpen und die Pyrenäen abgeschnitten ist.

Wo während der Eiszeiten eine geschlossene Eisdecke lag, entwickelt sich unmittelbar nach deren Rückzug eine der Dryas-Flora (s. o.) artenmäßig nahestehende Pflanzengesellschaft. Dazu gehören kriechende Weiden, Zwergbirken und zahlreiche Moose, zusätzlich aber auch verschiedene Wasserpflanzen wie z. B. das fadenblättrige Laichkraut (Potamogeton filiformis) oder das Ährige Tausendblatt (Myriophyllum spicatum). In der nachdrängenden Baumvegetation dominieren zunächst die Waldkiefer (Pinus sylvestris), die Zitterpappel (Populus tremula) und die Weißbirke (Betula alba); wenig später tritt beherrschend die Fichtenart Picea excelsa hinzu.

Der Pionierbaumgesellschaft folgt regelmäßig eine artenreiche Mischung von Laubbäumen, wie sie für gemäßigte Klimazonen charakteristisch ist. Neben den dominanten Stieleichen (Quercus robur) und Steineichen (Quercus petraea) finden sich Linden, Ahorne und Eschen sowie meist auch Buchen. Charakteristisch ist ein wechselnder Anteil von typischen Baumarten warm-gemäßigter Zonen, wie sie heute für das Mittelmeergebiet kennzeichnend sind. Bei den Nadelbäumen erreicht in dieser Zeit die Verbreitung der Tanne ihren Höhepunkt.

Während im Postglazial, also im Holozän (10 000–heute), die Phase des Eichenmischwaldes (→ S. 432) überschritten wird, ist das in den frühen Interglazialzeiten im allgemeinen nicht der Fall. Fast regelmäßig kommt es in diesem Stadium der Florenentwicklung zu einem erneuten Kälteeinbruch. Dieser hat zur Folge, daß sich die Pflanzenzusammensetzung in etwa derselben Reihenfolge zurückverändert, in der sie sich nach dem Einsetzen der Warmzeiten entwickelt hat.

Die beschriebene Art der Florenveränderung ist nicht nur für Europa charakteristisch, sondern findet in ähnlicher Form auch in Nordamerika und Asien statt, wobei allerdings gewisse Unterschiede bestehen. Während Europa in Richtung südlicher, also wärmerer Regionen durch die westöstlich verlaufenden Gebirgsketten abgeriegelt ist, fehlen auf dem amerikanischen Kontinent derartige Hindernisse für die Pflanzenwanderung. Das hat einmal zur Folge, daß die einzelnen Arten hier nach dem Rückzug der Eismassen schneller aus dem Süden wieder nach Norden vorstoßen. Zum anderen sind die zwischeneiszeitlichen Floren jedesmal nahezu gleich artenstark. Beides trifft schließlich auch für die Nacheiszeit zu, in der sich in Nordamerika wieder zahlreiche Arten einfinden, die dort bereits im Tertiär (66–1,7 Mio.) heimisch waren (z. B. Sequoien).

Während ähnliches auch für Ostasien gilt, verschwinden in Mitteleuropa während der Eiszeit die entsprechenden Arten. Hier ereignet sich zudem mehrfach ein Wechsel, der sich in diesem Ausmaß in Amerika nicht beobachten läßt: Typische Kältepflanzen ziehen sich während der Warmzeiten nicht nur nach Norden, sondern auch nach Süden in den Alpenraum zurück. So lebt dort heute noch eine Reihe charakteristischer Dryas-Pflanzen, darunter in den höheren Lagen der nördlichen Kalkalpen die für die Dryas-Flora namengebende Silberwurzart Dryas octopetala.

Kälteeinbrüche zwingen auch die Tierwelt zur Anpassung

1,7–0,72 Mio. In den warmen Regionen wie dem südlichen Nordamerika, dem Mittelmeerraum, Afrika oder Südasien machen vor allem die Nagetiere (Rodentier), Raubtiere (Carnivoren) und Huftiere (Ungulaten) eine relativ rasche Weiterentwicklung zu modernen Formen durch. Demgegenüber treten in höheren Breiten zunehmend Arten auf, die sich der Kälte und der dadurch bedingten Flora anpassen.

Mit dem Wechsel der Kalt- und Warmzeiten kommt es vor allem in der Entwicklung der Rüsseltiere zu einer Spaltung: Während manche Arten nach Süden abwandern, entwickeln andere Zweige typische Tundrenformen. So bildet sich im Norden das Eiszeitmammut (Mammuthus primigenius, → S. 428) heraus; im Mittelmeerraum wird der Zwergelefant Palaeoloxodon zum Charaktertier. Bezeichnenderweise sind die Kälteformen der Elefanten wesentlich größer als die Warmformen, wodurch ein besserer Wärmehaushalt gewährleistet ist. Das Eiszeitmammut wird 4,5 m hoch.

Ein Unterhautfettpolster schützt die Kaiserpinguine (Aptenodytes forsteri) vor der Kälte.

Das im Sommer braune Hermelin (Mustela erminea) trägt in Schnee und Eis ein weißes Winterfell.

Der nur im Winter weiße Schneehase (Lepus timidus) lebt in offenen arktischen Landschaften.

Dagegen erreicht der kleine Südelefant nur eine Höhe von 1,4 m; eine ihm im Oberen Pleistozän folgende verwandte, auf Malta lebende Art (Palaeoloxodon falconieri) wird nur noch 90 cm hoch.

Charaktertiere des Pleistozäns sind u. a. die Bären (Fam. Ursidae). Wo noch Wälder gedeihen, ist der Braunbär (Ursus arctos) heimisch, in den Tundren lebt der Höhlenbär (Ursus spelaeus), in Amerika auch der Schwarzbär (Ursus americanus). Generell stammen die pleistozänen Bären von nordischen Vorformen (Cephalogalen) ab.

Auch das Wollnashorn (→ S. 428), das Ren (→ S. 429) und die zu den Wühlmäusen zählenden Lemminge (Lemmini) sind charakteristische Tundrentiere. Gegen Ende des Unteren Pleistozäns kommt als Charaktertier außerdem der Moschusochse (Ovibos moschatus) hinzu.

▷ Ein Bewohner arktischer Meeresgewässer ist die Sattelrobbe (Phoca groenlandica). Nach den Eiszeiten zog sie sich in den hohen Norden zurück, u. a. nach Grönland. Das weiße Fell der Jungtiere (Bild) dient der Tarnung.

▷ Der Eisbär, Ursus maritimus, ein bis zu 700 kg schwerer Riese, lebt heute in den nördlichen Polargebieten. Während der Eiszeiten lag seine Heimat weiter im Süden. Sein Pelz ist wasserdicht, und seine Fußsohlen sind behaart, um ein Ausgleiten auf dem Eis zu verhindern.

Wollige Pelze schützen vor Wärmeverlust

Die charakteristischen Bewohner der eiszeitlichen Tundren passen sich in unterschiedlicher Weise dem Leben in diesen kalten, im Verlauf der Kältevorstöße zunehmend trockeneren Biotopen an. Wichtig ist dabei zunächst natürlich der Schutz vor großem Wärmeverlust. Zahlreiche Säugetiergattungen entwickeln dichte Felle, die zugleich möglichst viel Luft einschließen, da Luft ein schlechter Wärmeleiter ist. So entstehen Tierarten mit ausgesprochen wolligen Pelzen wie Mammuthus trogontherii, das Nashorn Elasmotherium sibiricum oder das Wollnashorn Coelodonta antiquitatis. In Amerika entwickeln auch die Gomphotherien, die in Europa im Pleistozän bereits ausgestorben sind, Arten mit dichtem Fell (z. B. Gomphotherium americanus). All diese Tiere haben in warmen Zonen nahe Verwandte, die nahezu nackt sind.

Ein zweiter Weg, Wärmeverlusten vorzubeugen, führt über die Körpergröße. Bei vierfachem Körpervolumen erhöht sich die Körperoberfläche nur auf das Doppelte, d. h. die Wärmeabstrahlungsfläche pro Kilogramm Körpermasse wird mit zunehmender Größe wesentlich geringer. Entsprechend sind die arktischen Bären größer als tropische Bären, die arktischen Elefanten größer als die zur selben Zeit lebenden Elefanten wärmerer Regionen. Die Moschusochsen entwickeln sich zu den größten aller Ziegen. Ohne wesentliche Gewichtszunahme können große Tiere als Wärmeisolator auch eine dicke Speckschicht unter der Haut anlegen.

Kälteformen der Säugetiere verbringen die lebensfeindlichste Jahreszeit, den Winter, häufig unter der Erde: Während das Steppenmurmeltier und zahlreiche andere Nagetiere Zuflucht in selbstgegrabenen Burgen suchen, ziehen sich der Höhlenbär, der eiszeitliche Höhlenlöwe (Panthera leo spelaea) oder die ebenfalls im pleistozänen Eurasien lebende Höhlenhyäne (Crocuta spelaea) in natürliche unterirdische Hohlräume zurück.

Das Eis formt die Landschaft

1,7–0,72 Mio. Mit jedem warmzeitlichen Rückzug des Eises zeigen sich in den ehemals vereisten Gebieten landschaftliche Veränderungen. Das Spektrum reicht von Kleinformen wie Gletschertöpfen (→ S. 117) und Gekritze auf felsigem Untergrund bis zu Großformen. In Gletscherspalten mitgeführtes Geröll bleibt nach dem Abschmelzen des Eises in dammartigen, manchmal kilometerlangen Kies- und Sandrücken im Flachland liegen. Man bezeichnet sie mit dem schwedischen Wort Åser (auch: Wallberg) oder mit dem irischen Ausdruck Esker. Sind die Ablagerungen des Spaltenschutts eher kuppen- oder kegelförmig, spricht man von Kames.

Wo das Eis über bereits vorhandene Hügel fährt, hobelt es sie entweder völlig ab oder formt sie in stromlinienförmige Gebilde mit flacher Luv- und steiler Leeseite um. Derart gestaltete Hügel treten oft in Gruppen auf. Handelt es sich um Felsen, nennt man sie Rundhöcker. Solche von der Eiszeit geschaffene Gebilde finden sich heute u. a. als Schären vor der schwedischen Südküste. Handelt es sich bei dem geformten Material um Lockergestein, bezeichnet man es als Drumlins.

Auch die abschmelzenden Gletscher formen noch die Landschaft um. Die Geröllmassen der Endmoränen werden vom Schmelzwasser als flache fächer- oder deltaförmige Strukturen ausgebreitet. Diese weiten Sand- oder Kiesgürtel tragen den Namen Sander oder auch einfach Schmelzwassergürtel.

Die Endmoränenlandschaft bei Hiddensee/Dornbusch auf der Insel Rügen wurde von den Gletschern der Weichsel-Eiszeit geschaffen.

In der Lausitz bei Kamenz haben Eiszeitgletscher durch ihre Fließbewegung harte Granitdiorit-Felsen rund geschliffen.

Die Oberfläche dieses Granitblocks aus dem eiszeitlichen Gletschergeschiebe von Markkleeberg bei Leipzig zeigt tiefe Schrammen vom Transport.

Gletscherbewegungen führten zur Deformierung dieser saaleeiszeitlichen Bändertonsedimente aus dem Fläming bei Belzig.

Mit Sand und Kies gefüllter einstiger Eiskeil im Dauerfrostboden

Ein sogenannter Brodeltopf im periglazialen Auftauboden der Weichsel-Eiszeit

Fortsetzung des tertiären Vulkanismus in Europa

1,7–0,72 Mio. Der Vulkanismus des Unteren Pleistozäns beschränkt sich im wesentlichen auf die auch heute noch aktiven Vulkangebiete, die durch Bewegungen innerhalb der Erdkruste gekennzeichnet sind. Dabei handelt es sich um den sogenannten zirkumpazifischen Feuergürtel, den Bereich des Mittelatlantischen Rückens sowie um einzelne Regionen wie etwa Süditalien. Darüber hinaus reicht das vulkanische Geschehen des Tertiärs (66–1,7 Mio.), das im Zusammenhang mit der alpidischen Gebirgsfaltung (→ S. 285) stand, noch weit in diese Zeit hinein. Dies zeigt sich u. a. im Rheinischen Schiefergebirge, im Egergraben, in den Ostsudeten und in der Auvergne, wo die Eruptionen im anschließenden Oberen Pleistozän sogar noch an Heftigkeit zunehmen. Wesentlich häufiger sind Erdbeben im eurasischen Gebirgsgürtel und in den Randzonen des Pazifiks.

In Mitteleuropa ereignen sich im Niederrheingebiet Vertikalverschiebungen, die an einzelnen Bruchstellen zu einer Senkung bis zu 175 m, im Küstengebiet der Niederlande sogar bis zu 600 m führen. Auch der Oberrheingraben und der Elbtalgraben sinken relativ zu ihren Flankenschollen weiter ab. Dagegen heben sich die deutschen Mittelgebirgsschwellen wie z. B. der Harz und das Rheinische Schiefergebirge. Auch die Alpen falten sich weiter auf.

Der Vukanismus, der noch mit der alpidischen Gebirgsbildung in Verbindung steht, ist meist wenig explosiv (mit Ausnahme der spättertiären Ereignisse in der Eifel). Das ist charakteristisch für magmatische Vorgänge in der Endphase größerer Gebirgsbildungsprozesse, die sich gesetzmäßig in einer bestimmten Reihenfolge abspielen: In der Geosynklinalphase (→ S. 29) wird dünnflüssiges, basisches Magma gefördert, das ruhig ausfließt. Während der einsetzenden Faltung folgt sogenannter tektogener Plutonismus: Zähe, saure Magmen dringen durch Risse in tiefe Bereiche der Erdkruste ein und bilden dort z. T. große Magmaherde. Während der Hauptphase der Gebirgsbildung (Orogenese) gelangen die zähen, sauren Magmen bis zur Erdoberfläche. Die Vulkanausbrüche sind hochexplosiv. In der Spätphase der Gebirgsbildung wird erneut dünnflüssiges, basisches Material gefördert.

Die neovulkanische Basaltformation im nordböhmischen Vulkangebiet (ab Miozän) bei Kamenice zeigt Gruppen eindrucksvoller Basaltsäulen.

Das Schalkenmehrer Maar bei Daun in der Eifel ist ein kreisförmiger See von 500 m Durchmesser, der einen pleistozänen Vulkankrater ausfüllt. Solche Maare kommen in der Eifel häufig vor.

Der Roche Tuilière am Guéry-Paß in der französischen Auvergne ist ein basaltischer Bergstock, der sich zu einem großen Teil aus polygonalen Erstarrungssäulen aufbaut. Er entstand im Pleistozän als Inneres eines Vulkanschlotes. In diesem stieg Magma nach oben, ohne ausgeworfen zu werden. Wahrscheinlich bestand innerhalb des Schlotes vorübergehend ein glutflüssiger Kratersee. Beim Erstarren und langsamen weiteren Abkühlen der Basaltmasse bildeten sich Schrumpfrisse, die zur Säulenstruktur führten. Später wurden dann die den verstopften Vulkanschlot umgebenden Lockermassen durch Erosion abgetragen.

Bei einem rezenten Vulkanausbruch auf Hawaii treten lange Lavaströme zutage. Die dünnflüssigen Massen werden als Stricklava erstarren.

Geomagnetische Polung wechselt

1,7–0,72 Mio. Nur viermal spielt sich in dieser Zeit ein Wechsel der geomagnetischen Polung ab: Vor 1,67 Jahrmillionen, wird die normale, d. h. den heutigen Verhältnissen entsprechende Magnetpolung revers. Nach einem Wechsel in umgekehrter Richtung vor 990 000 Jahren stellt sich vor 910 000 Jahren erneut reverse Polung ein, die dann bis vor 720 000 Jahren anhält. Danach herrscht bis heute fast durchgehend die »normale« Polung. Da es sich bei der vierten Umkehrung bis heute um den letzten Polwechsel handelt, wird die Zeitmarke von 720 000 Jahren häufig als Abgrenzung zwischen Unterem und Oberem Pleistozän benutzt.

Eiszeiten bewirken die Anhäufung von Lockergesteinen

1,7–0,72 Mio. Mit dem Einsetzen der Eiszeiten beginnt eine intensive Bildung von Lockergesteins-Lagerstätten. Dabei handelt es sich um Anhäufungen von Kiesen und Sanden, Löß, Lößsand und Lößlehm, Lehmen und Tonen (→ S. 439).

Produzenten der Lockermassen sind zunächst einmal die Gletscher bzw. die mobilen Eisdecken. Im Grundmoränenbereich zerreiben und zerschleifen sie Blockwerk und Geröll zu mehr oder weniger feinem Schutt. Auf ihrer Oberfläche oder in ihrem Inneren, z. B. in Spalten, mitgeführten Erosionsabraum aus den Gebirgen zerkleinern sie nicht, sondern transportieren ihn bis zum Ende ihrer Zunge und häufen ihn dort an. Solche Endmoränenwälle werden Satzendmoränen genannt, wenn ein Gletscher über Jahrhunderte in etwa die gleiche Ausdehnung aufweist. Durch geringfügige Schwankungen der Gletscherlänge schiebt der Eisrand das Endmoränenmaterial etwas zusammen. Dann beginnt die Arbeit des Schmelzwassers. Es durchwäscht den Moränenschutt, bereitet ihn auf, lagert ihn um und schwemmt feinere Korngrößen fort, um sie anderenorts abzusetzen. Am Ort der Satzendmoränen verbleiben ungeordnete Gesteinstrümmer von überwiegend großen Dimensionen. Nicht weit davon entfernt finden sich gut sortierte und geschichtete Kies- und Sandlagen.

Wird die Endmoräne durch häufige Bewegungen des Eisrandes stärker gestaucht, spricht man von einer Stauchendmoräne. Oft hat sie die Form einer periodisch angeordneten Hügelkette. Manchmal werden die Endmoränen bei späteren Eisvorstößen auch überfahren, weiträumig eingeebnet und weiter zerrieben. Auf diese Weise entstehen mächtige Schotterlagen.

Im weiten Vorfeld der Gletscher lagert das Schmelzwasser formenreiche Gürtel von Sand und Kies sortiert ab. In diesen sogenannten Sandern bleiben während des Eisrückzugs oft noch größere Eismassen isoliert liegen. Später schmelzen sie ab und hinterlassen weite Mulden im Gelände, die sich als Toteisseen mit Wasser füllen. Hier einmündende Gletscherbäche und -flüsse kommen vorübergehend zur Ruhe, und auch das feinste mitgeführte Material, die »Gletschertrübe«, lagert sich in diesem Bereich ab.

Zu den verfestigten Lockermassen im Vorfeld des südalpinen Eises gehört Ocker (mit Eisenoxid vermischter Ton).

Nicht nur vor seiner Stirn hinterläßt ein Gletscher Moränenschutt. Einmal lagert er ihn ungeordnet auch an seinen Ufern (Seitenmoränen) ab; daneben bleibt nach dem kompletten Abschmelzen die Füllung von Gletscherspalten als sogenannte Wallberge liegen. Diese Anhäufungen von Lockermaterial sind meist keine Lagerstätten von wirtschaftlicher Bedeutung.

Zu den geologischen Wirkungen des Eiszeitklimas kommt es jedoch nicht allein durch die Eisdecken selbst. Der Wechsel von kalt und warm und vor allem der Frost sprengen das Gestein durch Temperaturspannungen oder durch den Druck des in Spalten und Ritzen gefrierenden Wassers. Dieser mechanische Gesteinszerfall verwandelt Felsen erst in sogenannte Felsenmeere (z. B. im Harz und im Odenwald), dann in Schuttmassen. Häufig entstehen auch regelrechte »Eiskeile«, breite Spalten im Untergrundgestein, die sich von Jahr zu Jahr mehr ausweiten und feinen, vom Wind eingetragenen Gesteinsstaub, den Löß, sammeln. Im Nahbereich der Gletscher bildet der Löß z. T. auch geschlossene Sedimentdecken.

Eine bedeutende Rolle für die Ansammlung von Lockergestein-Lagerstätten spielt nicht zuletzt der Dauerfrostboden. In diesen können die sommerlichen Schmelzwassermassen nicht eindringen. Sie fließen daher in reißenden Flutwellen mit großer Geschwindigkeit ab und transportieren den durch mechanische Verwitterung angefallenen Frostschutt fort. Wo sich die Schmelzwässer in weiten Flußtälern sammeln, lagern sie das Lockergestein wieder ab. Die Geologen nennen diesen Vorgang glazialklimatische Aufschotterung.

Mächtige saaleeiszeitliche Flußschotter (Sande und Kiese) liegen unter zwei Grundmoränen in der Nähe von Leipzig (Aufschluß durch Braunkohlentagebau).

Eine Sand- und Kieslagerstätte von großer wirtschaftlicher Bedeutung liegt bei Rochlitz in Sachsen. Hier wird saaleeiszeitlicher Flußschotter abgebaut.

Diese Kiesgrube bei Stemwarde schließt Sandschichten eines charakteristischen Sanders auf. Solche Sander oder Sandr entstehen als Ablagerungen im Schwemmland vor abtauenden Inlandeisfronten.

Tongrube bei Stoob im Burgenland; wiewohl aus Sedimenten entstanden, sind Tone keine Lockermassen, sondern sogenannte bindige Böden. Ihre staubfeinen Partikel sorgen für inneren Zusammenhalt.

Steine und Erden – wichtige Rohstoffe für die Wirtschaft

Die pleistozänen und andere Lockergesteine (→ S. 438) werden nur allzu oft in ihrer wirtschaftlichen Bedeutung unterschätzt. Nach Erdöl und Steinkohlen stehen die Hart- und Werksteine in dieser Beziehung weltweit an dritter, Sand und Kies an vierter, Zementrohstoffe an fünfter und die Tone an sechster Stelle. Zusammengefaßt werden die Lockergesteine mit den Festgesteinen im industriellen Sprachgebrauch meist als »Steine und Erden«. Speziell die Lockermassen unterteilt der Rohstofftechniker in nichtbindige, schwachbindige und bindige Materialien. Nichtbindige Lockersteine sind in erster Linie Sand und Kies, schwachbindige sind Löß und Lößlehm, bindige Bodenarten Lehme und Tone.

Nichtbindige Lockergesteine

Sand und Kies sind vor allem als Baustoffe wichtig, für den Wege- und Straßenbau, als Pflaster- und Mörtelsand und für Beton. In Deutschland finden sich geeignete Lagerstätten in großer Menge vor allem im Gebiet der norddeutschen Urstromtäler, den mächtigen Flußbettsystemen der Eiszeit, bis an den Rand der Mittelgebirge. Weil dieses Material glazialen Ursprungs ist, sind seine Einzelkörner oft relativ scharfkantig und nicht sehr gerundet, eine Eigenschaft, auf die man im Bauwesen großen Wert legt, weil das Bindemittel, etwa gelöschter Kalkbrei beim Mörtel, sich dann gut mit dem Sand verbindet. Besonders hohe Ansprüche werden an Sand und Kiese als Betonzuschlagsstoffe gestellt. Wichtig sind neben der Korngrößenverteilung Eigenschaften wie Frostbeständigkeit, möglichst gedrungene Formen mit kleinen Oberflächen und hohe Reinheit. Der Anteil an lehmig-tonigen Bestandteilen muß je nach Anforderungen an den fertigen Beton unter 0,6 bis 2,2% liegen. Organische Beimischungen (wie Torf oder Kohle) sind ebenso schädlich wie etwa Kalk-, Kreide- oder Schwefelverbindungen, die Wasser aufnehmen oder oxidieren und dadurch die Festigkeit herabsetzen. Geeignete Beton-Kiessande sind relativ selten. Oft müssen andere Lockergesteine erst industriell aufbereitet werden, und häufig muß dieser Betonzuschlag heute mit Brechern aus festem Gestein hergestellt werden. Die besten Beton-Kiessande finden sich im Bereich der großen pleistozänen Schmelzwasserflüsse.

Zu den Industriemineralien unter den nichtbindigen Lockergesteinen gehören u. a. Gießereisande oder Formsande. Sie dienen der Herstellung von Formen für den Metallguß und sollen beim Anmachen mit 10 bis 20% Wasser gut standfest sein. Am besten eignen sich dazu Quarzsande, deren Körner von einer dünnen Schicht Ton oder Eisenoxid umgeben sind. Andere, möglichst reine Quarzsande finden in Sand- oder Kiesstrahlgebläsen Verwendung oder als Filtersand im Brunnenbau. Sehr reiner Quarzsand (98 bis 99,8% SiO_2) ist ein wichtiger Rohstoff für die Glasindustrie. All diese Spezial-Quarzsande sind unter den pleistozänen Sedimenten relativ selten. Häufiger finden sie sich als tertiäre Ablagerungen, etwa in der Niederlausitz, bei Magdeburg, in der südlichen Niederrheinischen Bucht oder östlich von Lemgo.

Fast ausschließlich tertiären Ursprungs sind Quarzit-Sande, die sich zur Herstellung feuerfester Silika-Steine für die Auskleidung von Hüttenöfen eignen.

Schwachbindige Gesteine

Löß und Lößlehm haben eine große Bedeutung für die Herstellung von Mauer- und Hohllochziegeln, doch sind diese mineralischen Erden in der Baubranche im allgemeinen den bindigen Lockermassen unterlegen. Regional werden sie in lößreichen Gebieten aber durchaus genutzt. Eine größere Bedeutung kommt ihnen in der Landwirtschaft zu, denn Löß- und Lößlehmböden sind meist sehr fruchtbar.

Bindige Bodenarten

Die Lehme und Tone nehmen eine bedeutende Stellung in der wirtschaftlichen Nutzung von Gesteinen ein. Besonders wertvoll sind die feuerfesten Tone als Rohstoff für die keramische Industrie. Bedeutend für die Ziegelindustrie sind Lehme und magere Tone, insbesondere solche, die Feinsand und andere als Flußmittel geeignete Komponenten enthalten. Sie lassen noch im Fertigprodukt meist ihre geologische Herkunft erkennen: Quartäre Lehme brennen aufgrund ihres hohen Eisengehalts in der Regel rot. Die gelb- bis blaugrauen, eisenarmen Tone des vorausgehenden Tertiärs liefern dagegen beim Brennen gelbe Produkte (z. B. die bekannten gelben Mauersteine). Die qualitativ besten Lehme und Tone mit besonderen Eigenschaften verwendet man zur Produktion von Dachziegeln, Klinkern, Wand- und Bodenfliesen, Ofenkacheln, Steinzeug (z. B. Kanalrohre) und Fassadenverkleidungen.

Massive Gesteine

Auch unter den massiven Gesteinen liefert das Pleistozän solche von wirtschaftlicher Bedeutung. Im Vordergrund steht hier der Travertin (→ S. 442), ein poröser Kalkstein, der sich als Sinter aus kalkhaltigem Süßwasser, besonders in Quellen, abscheidet. Aus dem beliebten Werk- und Dekorationsstein wurden u. a. viele repräsentative Gebäude in Leipzig, Rom und Genf errichtet.

720 000–10 000

Das Obere Pleistozän

Um 720 000. Die geomagnetische Polung wechselt von revers zu normal. → S. 440

720 000–25 000. In Europa, Asien und Afrika sind mehrere verschiedene Nashornarten verbreitet. Besonders in Europa heimisch sind während der Kaltzeiten das Wollnashorn, ein Beutetier der Altsteinzeitmenschen, und während der Warmzeiten das sogenannte Merck-Nashorn (Dicerorhinus kirchbergensis). Weit verbreitet findet sich außerdem das mit 5 m Länge größte Nashorn aller Zeiten, das Elasmotherium. → S. 448

720 000–10 000. Der Meeresspiegel sinkt während dieser Zeit generell um 100 m. Diesen Vorgang überlagern jedoch eiszeitbedingte starke Schwankungen. → S. 440

Im Verlauf des Oberen Pleistozäns kommt es auf der Nordhalbkugel mehrfach zu weiträumigen Vereisungen. Während dieser Kaltzeiten kühlt sich auch in den meisten nicht vereisten Gebieten der Welt das Klima deutlich ab (→ S. 443). Die drei bedeutendsten Eisvorstöße (Mindel-, Riss- und Würm-Eiszeit) ereignen sich in Europa zwischen 480 000 und 10 000 Jahren und prägen durch Erosion in starkem Maße das Landschaftsbild. → S. 444

In den Kalkmassiven der jungen tertiären Faltengebirge setzt eine Phase verstärkter Höhlenbildung ein. Besonders während der Mindel-Riss-Warmzeit macht sich in diesen Höhlen eine ausgeprägte Versinterung bemerkbar (→ S. 450). Dem unterirdischen Lebensraum sind verschiedene Tierarten angepaßt. → S. 453

In Rancho La Brea bei Los Angeles in Kalifornien existieren große Asphaltsümpfe. Hier verenden zahlreiche Tiere, darunter auch viele große Säuger (in erster Linie Pflanzenfresser), die z. T. ausgezeichnet konserviert werden. → S. 449

In Anpassung an eiszeitliche Klimate entwickeln die bestehenden Säugetierordnungen zahlreiche neue Gattungen und Arten, vereinzelt sogar neue Familien (→ S. 446). Auch in wärmeren Zonen der Erde bilden sich neue Säugetierarten heraus. Das gilt insbesondere für die Gruppen der Rüsseltiere, der Wühlmäuse und Echten Mäuse sowie für die Großkatzen und die Hundeartigen. → S. 447

Bei den Wirbeltieren ist Riesenwuchs weltweit verbreitet und erfaßt sehr unterschiedliche Gruppen, z. B. die australischen Riesenschildkröten, flugunfähige und flugfähige Vögel, Paviane, Zahnarme, Beuteltiere, Mäuse und Nashörner. → S. 449

Aufgrund der klimabedingt mehrfach stark wechselnden Vegetation verlieren zahlreiche Biotopspezialisten unter den Säugetieren ihre Lebensgrundlage, darunter Gomphotherien, Riesennashörner, Säbelzahnkatzen und verschiedene andere Säuger. → S. 449

600 000–125 000. Spätformen des Homo erectus zeigen bereits deutliche Merkmale des späteren Homo sapiens. Besonders ausgeprägt trifft das u. a. auf den in China heimischen sogenannten Dali-Menschen zu. → S. 454

400 000–180 000. In Europa leben einige Frühmenschenformen, die als Vorfahren der Neandertaler in Frage kommen. → S. 458

320 000–10 000. Der Homo sapiens löst weltweit in einem langwierigen Entwicklungsprozeß den Homo erectus ab. Dabei ist paläoanthropologisch umstritten, ob er dessen entwicklungsgeschichtlicher Nachfahre ist oder ob er ihn lediglich in seinen Verbreitungsgebieten verdrängt. → S. 456

120 000–70 000. In Europa herrscht die Riss/Würm-Zwischeneiszeit. Während dieser ausgeprägten Warmphase ist der Kontinent bis hinauf nach Skandinavien bewaldet. → S. 441

Erstmals belegen sichere fossile Überreste die Existenz der Pflanzenklasse Gnetales, die entwicklungsgeschichtlich zwischen den Nackt- und Bedecktsamern angesiedelt ist. Sie umfaßt in drei Gattungen (Gnetum, Ephedra und Welwitschia) sehr unterschiedliche Formen. → S. 442

120 000–50 000. Während dieser Periode milden Klimas bildet sich in verschiedenen Gebieten Europas in großen Mengen sogenannter Süßwasser-Kalktuff oder Travertin. An seiner Entstehung sind pflanzliche Organismen beteiligt. → S. 442

100 000–35 000. In West- und Südeuropa sowie im Vorderen Orient leben Neandertaler (→ S. 459). Ein ähnlicher Formenkreis von Hominiden, sogenannte tropische Neandertaler, ist in Südafrika zu Hause. → S. 460

50 000–30 000. Ein Riesenmeteorit schlägt in der Nähe von Flagstaff (Arizona) einen Krater von 1,2 km Durchmesser und 250 m Tiefe. → S. 440

40 000–10 000. In Gestalt des Cro-Magnon-Menschen verdrängt der moderne Homo sapiens den Neandertaler (→ S. 464). In Europa ist er vorwiegend von Frankreich bis zur Tschechoslowakei verbreitet (→ S. 465). Cro-Magnon-Menschen leben jedoch auch in vielen anderen Gebieten der Welt. → S. 472

In Mitteleuropa durchläuft der Altsteinzeitmensch die Kulturstufen des Aurignacien (40 000–20 000), des Solutréen (20 000–16 000) und des Magdalénien (16 000–12 000). Danach setzt eine größere Spreizung verschiedener Kulturgruppen ein. → S. 468

20 000–11 000. Ausgehend vom südostasiatischen Raum besiedelt der Homo sapiens Nordostasien, Japan, Nordamerika und Grönland, Mittelamerika und Südamerika. Von diesen Einwanderern leiten sich u. a. die Eskimos sowie alle amerikanischen Indianer ab. → S. 467

Der 1,2 km weite Krater bei Flagstaff in der Wüste Arizonas verdankt seine Entstehung dem Einschlag eines Meteors von 300 000 t Masse.

Meteorit prallt auf die Erde

50 000–30 000. Ein Riesenmeteorit stürzt in der Nähe von Flagstaff in Arizona (USA) auf die Erde und schlägt einen Krater von 1,2 km Durchmesser und rund 250 m Tiefe, den sogenannten Cañon Diablo. Die Masse des Himmelskörpers beträgt rund 300 000 t, sein Durchmesser 45 m. Er prallt mit einer Geschwindigkeit von etwa 19 km/s auf. Welche Energie der Meteorit beim Aufschlag (Impakt) freisetzt, läßt sich schon daran erkennen, daß dabei 200 bis 300 Mio. t Gesteinsmassen ausgeworfen werden, die z. T. aufschmelzen oder verdampfen.
Anders als im Fall des Rieskraters oder des Steinheimer Beckens (→ 14,9 u. 14,7 Mio./S. 398) verdampft nicht der gesamte Arizona-Meteorit. Beim Durchgang durch die Atmosphäre erhitzt er sich derart, daß seine äußere Schale abschmilzt. Die Aufschlagsenergie, die der Sprengkraft von 15 Megatonnen TNT entspricht, reicht aber nur aus, um einen Teil des Meteoriten zu verdampfen. Der Rest wird durch den Aufprall zerschmettert, und die Bruchstücke werden fortgeschleudert. Tonnenschwere Brocken aus Nickeleisen fallen bis zu 10 km vom Krater entfernt nieder.
Meteoriten dieser Größe sind extrem selten. Den Hauptanteil der auf die Erde niedergehenden kosmischen Materie stellen kleine Partikel, die in der Atmosphäre verglühen. Rund 20 000 t solcher Teilchen von Staub- bis Sandkorngröße erreichen die Erde jährlich; nur etwa 100 t pro Jahr sind Meteoriten mit Massen zwischen einigen Gramm und über einer Tonne.

Erneuter Wechsel der Magnetpolung

Um 720 000. Die sogenannte Matuyama-Periode geht zu Ende. In dieser Phase, die vor 2,5 Jahrmillionen begann, war die erdmagnetische Polung, abgesehen von wenigen, 1000 bis 210 000 Jahre anhaltenden Wechseln, gegenüber den heutigen Verhältnissen umgekehrt (revers). Die jetzt einsetzende Brunhes-Periode dauert mit einer kurzen Unterbrechung bis heute an.

Der Meeresspiegel sinkt weiter ab

720 000–10 000. Die Senkung des Meeresspiegels setzt sich weiter fort; das Niveau fällt um rund 100 m. Dabei sind die Schwankungen durch die einzelnen Eis- und Warmzeiten wesentlich stärker als zuvor. So liegt der Meeresspiegel zu Beginn des Oberen Pleistozäns rund 100 m über, im Höhepunkt der Riss- und Würm-Eiszeiten rund 100 m unter seinem heutigen Niveau.

Wiederholt erobern Wälder das eisfreie Land zurück

120 000–50 000. Nach dem Ende der zweiten großen Eiszeit des Oberen Pleistozäns (Riss-Eiszeit, → S. 444) herrscht vor etwa 120 000 bis 70 000 Jahren mit dem Riss/Würm-Interglazial eine ausgeprägte Warmzeit in Europa. Für diese Epoche läßt sich der Wandel der Flora in einigen Gebieten Deutschlands gut verfolgen. Das gleiche gilt für eine kürzere Warmzeit (Interstadial) vor etwa 50 000 Jahren in der sich anschließenden Würm-Eiszeit. Die aus den Fossilfunden abzulesende Wiedereroberung bzw. wärmer werdenden Landes wiederholt sich nach dem Ende des Pleistozäns in Europa mit weitgehend übereinstimmender Zusammensetzung und Abfolge der Pflanzengesellschaften.

Noch während der Riss-Eiszeit besiedelt Tundrenflora die eisfreien Regionen Mitteleuropas. Charakterpflanzen sind kriechende Weiden, Zwergbirken, winzige Azaleen und Steinbrecharten sowie arktische (oder heute noch alpine) Laubmoose. Weiter vom Eis entfernt wandelt sich die Landschaft zu einer subarktischen Lößsteppe, in der kümmerliche Sträucher und nur wenige Bäume gedeihen. Im Sommer herrschen hier trockene Eisfallwinde aus Nordost. Die kalten und langen Winter sind niederschlagsreicher: Westwinde bringen ausgiebige Schneefälle. Im Süden geht die Lößsteppe zunächst in Birken-Kiefernwald über, in Spanien, Süditalien und Südgriechenland in heutigen mitteleuropäischen Laubwald.

Mit dem Rückzug des Eises kehren die Wälder auch nach Mittel- und Nordeuropa zurück. Dabei bleiben allerdings manche Arten aus, die hier noch während der Warmzeiten des Unteren Pleistozäns vertreten waren, so z. B. die Magnolien oder Rhododendrons. Zunächst stellt sich in Mitteleuropa eine Birken-Kiefernzeit ein (erneut vor etwa 10 000–7800 Jahren). Während die Birke dabei den Vorreiter bildet, erscheinen die Kiefern (Pinus silvestris und P. montana) etwas später. In den noch subarktischen Wäldern gedeihen außerdem Buschweiden, Pappeln, Farne und vielfältige Moose.

Auf diese Pflanzengemeinschaft folgt eine Haselzeit (ebenso im Postglazial vor 7800 bis 5500 Jahren). Buschwälder breiten sich aus, in die bald auch Eichen, Linden, Ulmen, Erlen und Fichten eindringen. Häufig finden sich Moore mit einer artenreichen Wasservegetation. Als nächstes schließt sich eine ausgeprägte Eichenzeit an (erneut vor 5500 bis 2000 Jahren). In dieser Phase dominiert Eichenmischwald mit Linden und Ulmen, Tannen und Fichten sowie vereinzelt auch Birken und Kiefern. Daneben sind Erlenbrüche verbreitet.

Ein gutes rezentes Beispiel für den Landschaftstyp der Taiga bieten die ausgedehnten Waldbiotope in weiten Teilen des mittleren und südlichen Sibiriens.

◁ Wo während der zwischeneiszeitlichen Warmzeiten das Eis den Boden freigibt, entstehen erst Kältesteppen, dann folgt der Nadelwald der Taiga (Bild).

Schließlich folgt eine Hainbuchen- und Buchenzeit (im Postglazial seit etwa 2000 Jahren): Der lichte Eichenmischwald weicht Schattenwäldern mit meist nur dürftigem Unterholz. Im hohen Norden geht dieser Wald in Fichtenbestände über. In der postglazialen Wiedereroberung des Landes durch die Pflanzen stellt der Hainbuchen- Buchenwald die bis heute andauernde Endphase dar. Demgegenüber wird er mit der Klimaverschlechterung gegen Ende des Riss/Würm-Interglazials bzw. des Interstadials in der Würm-Zeit zunächst von Tannen-, dann von Fichtenwäldern abgelöst. Letztere machen wieder der Birke und der Kiefer Platz, bevor eine neue Steppen- und Tundrenzeit anbricht.

Charakteristische Tundrenflora geht den Wäldern voraus

Noch bevor die Wälder der Taiga im eisfrei gewordenen Gebiet Fuß fassen können, siedelt sich auf dem im Sommer oberflächlich auftauenden Dauerfrostboden – den zurückweichenden Gletschern folgend – die charakteristische Pflanzengemeinschaft der Tundra an. Neben einer Fülle von Flechten und Moosen stellen sich zahlreiche kleine und kleinste kälteresistente Bedecktsamer ein, darunter Gräser, Moosbeeren, Bärentrauben, Heidekraut, verschiedene Arten der Steinbrechgewächse (Saxifraga) und die Charakterpflanze Dryas. Aber auch Hölzer sind bereits vertreten, allerdings noch nicht als große Bäume, sondern erst als dezimeterhohe Zwergformen: Die Polarbirke, die Polarweide oder winzige Lärchen. Erste Bäume leiten später zur Baumtundra über.

Pionierpflanzen der Interglaziale

120 000–70 000. Verschiedene Weidenarten (Salix), die Birkenart Betula verrucosa und die Waldkiefer (Pinus silvestris) prägen die Flora zu Beginn der Zwischeneiszeiten. Danach dominiert die Gemeine Hasel (Corylus avellana), und dieser folgt besonders die Steineiche (Quercus petraea oder sessiliflora). In den Wäldern der wärmsten Abschnitte, die milder sind als das heutige Klima, finden sich Winterlinden (Tilia cordata), Holzäpfel, der Gemeine Efeu (Hedera helix) und als besonders wärmeliebende Arten der Lebensbaum (Thuja occidentalis), der Immergrüne Buchsbaum (Buxus sempervirens), die Gewöhnliche Stechpalme (Ilex aquifolium) und der französische Ahorn (Acer monspessulanum). Charakteristisch für die Waldböden sind zahlreiche Laubmoose wie z. B. Cratoneurum glaucum.

Seltene Fossilien belegen eigentümliche Pflanzenklasse

120 000–70 000. Die spätglazialen Schichten aus der Gegend des Bodensees, der Schwäbischen Alb und Dänemarks enthalten erste sichere Belege der Pflanzenreihe Gnetales (auch Chlamydospermae). Entwicklungsgeschichtlich ist diese Klasse zwischen den Nackt- und den Bedecktsamern anzusiedeln und daher vermutlich wesentlich älter. Alle Berichte in der Literatur über Gnetales-Sproßreste und -Pollen bereits aus tertiären Schichten (66–1,7 Mio.) beruhen jedoch auf umstrittenen Funden.

Gnetales setzt sich aus äußerst unterschiedlichen Pflanzentypen zusammen. Gemeinsam ist ihnen allen, daß sie zwar nacktsamig sind, ihr Holz aber wie die (bedecktsamigen) Laubbäume Gefäße besitzt. Gewisse Reste von Kronblättern (Petalen) in ihren Blüten, die allerdings unsichere Funde darstellen, deuten ebenfalls auf eine Abweichung von den Nacktsamern hin. Bekannt sind nur drei Gattungen: Gnetum, Ephedra und Welwitschia. Während die beiden ersteren artenreich vorkommen, ist die letztere nur mit der Art Welwitschia mirabilis vertreten, die heute an einigen Standorten der Namib-Wüste Namibias wächst.

Die etwa 30 bekannten Gnetumarten sind überwiegend tropische Sträucher oder Lianen mit ledrigen Laubblättern. Die Blätter sind gegenständig und netzadrig, die kleinen Blüten stehen in ährenförmigen Blütenständen. Heute ist Gnetum in Afrika, auf den Pazifischen Inseln und ebenfalls im äquatorialen Amerika beheimatet.

In einem relativ begrenzten Areal der nördlichen Namib-Wüste gedeiht heute noch vereinzelt die eigentümliche Welwitschia mirabilis, einer der Vertreter der Pflanzenreihe Gnetales. Zeitlebens entwickelt Welwitschia nur zwei immer nachwachsende Laubblätter, und die Pflanze kann wahrscheinlich das Alter von einem Jahrhundert erreichen.

Die Gattung Ephedra, die während des Oberen Pleistozäns in Mitteleuropa vorkommt, ist heute mit etwa 40 Arten vor allem im Mittelmeerraum und in den Trockengebieten Asiens und Amerikas verbreitet. Sie umfaßt bis zu 2 m hohe Rutensträucher mit kleinen Blüten, die in zapfenförmigen Blütenständen erscheinen. Besonders bekannt ist das im Mittelmeergebiet, in der Südschweiz, am Schwarzen Meer und in Asien verbreitete Meerträubel (Ephedra distachya). Der 50 bis 100 cm hohe Strauch gedeiht an steinigen Hängen und auf trockenen Sandböden und erinnert in seiner Erscheinung an den Besenginster. Auffällig sind seine scharlachroten kugeligen, erbsengroßen Beerenzapfen.

Welwitschia gilt als Kuriosum in der Pflanzenwelt. Die ausgesprochene Wüstenpflanze entwickelt eine nur wenig aus dem Erdboden hervortretende verholzte Sproßachse bis zu 1 m Durchmesser. Aus dieser Achse treiben zwei bandförmig breite Laubblätter aus, die während des ganzen Lebens der Pflanze weiterwachsen und mehrere Meter lang werden. Die Blüten stehen in Zapfen beieinander und besitzen je zwei Blütenhüllblätter. Samen werden in großen Mengen produziert und sind als Flugsamen ausgebildet.

Pflanzen bilden Travertinvorkommen aus Quellenkalken

120 000–50 000. Im Verlauf des Riss/Würm-Interglazials sowie während eines oder mehrerer Interstadiale der Würm-Eiszeit entstehen in Europa z. T. bedeutende Travertin-Lagerstätten.

Travertin ist ein für die Bauwirtschaft wertvolles poröses Kalkgestein (→ S. 439), das sich als Sinter oder sogenannter Kalktuff im Süßwasser, vor allem in Quellen, absetzt. An dieser Ausfällung sind pflanzliche Organismen beteiligt. Zu den wichtigsten Travertin-Bildnern gehört im Stamm der Conjugatophyten die Desmidiaceen-Gattung Oocardium. Ihre rasenförmig wachsenden Zellen umgeben sich mit Kalkröhrchen. Neben diesen niederen Pflanzen wirken im Pleistozän vor allem Moose an der Travertin-Bildung mit, darunter z. B. Hymenostylium curvirostre.

Bedeutende Travertin-Vorkommen finden sich in der Tschechoslowakei, in Italien bei Rom und in der Toskana sowie in Deutschland bei Stuttgart-Bad Cannstadt und Weimar-Ehringsdorf. Für die Moostravertine von Ehringsdorf wurde ein jährlicher Zuwachs von 1 bis 2 cm ermittelt. Allerdings wachsen die Travertine über größere Flächen nie gleichmäßig empor, sondern breiten sich jeweils nur in kleineren Bereichen kissenförmig aus. Daher sind zur Bildung eines der maximal etwa 9 m mächtigen Travertinlager sehr wahrscheinlich mehrere Jahrtausende erforderlich.

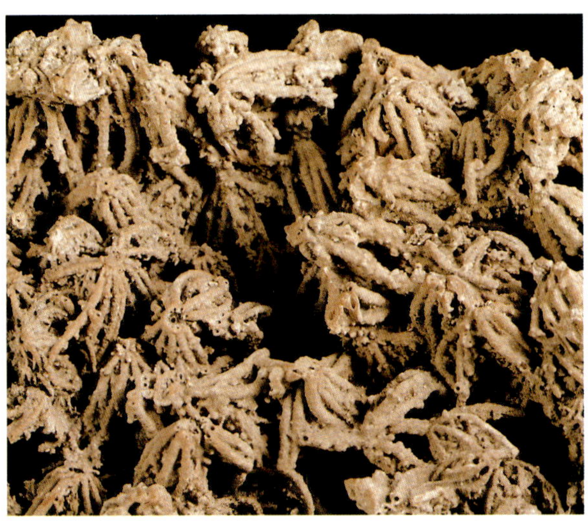

Aus dem Eem-Interglazial von Ehringsdorf stammt dieser locker strukturierte Moostravertin. Seine Formen lassen noch sehr deutlich die Gestalt der Moospflänzchen erkennen, die an der Ausfällung dieses sogenannten Kalktuffs aus dem Quellwasser beteiligt waren.

In älterer Literatur wird die Auffassung vertreten, Travertine wie etwa die heutigen Sinterterrassen im Yellowstone National Park (USA) oder jene von Pamukkale in der Türkei seien Ablagerungen heißer Quellen. Dieser Meinung widersprechen jedoch die regelmäßig in den Ablagerungen eingeschlossenen Überreste von Moosen und Süßwasserweichtieren.

Einer anderen Ansicht zufolge setzen sich die Travertine als eine Art Seekreide auf dem Grund größerer stehender Binnengewässer ab. Auch das ist leicht zu widerlegen: Bei den Moosen, die sich in diesen Sedimenten finden, handelt es sich durchgängig um Formen, wie sie noch heute in Quellen und in flachen, kalkabsetzenden Bächen vorkommen, niemals aber in Seen.

Während des Oberen Pleistozäns herrscht in weiten Gebieten außerhalb der Eisregionen regenreiches Klima. Trockenzonen wie das heutige Arizona (Bild) gibt es nur im Windschatten großer nordsüdlicher Gebirgsketten.

Diese Landschaft entspricht vielen nicht vereisten und außerhalb der Kältesteppen liegenden Kontinentalräumen im Pleistozän: Wasser und eine üppige gemäßigte bis subtropische Vegetation prägen das Bild.

Eisvorstöße und ausgeprägte Regenzeiten

720 000–10 000. Im Verlauf mehrfacher weiträumiger Vergletscherungen (→ S. 444) dringt das Eis auch weit in die außerarktischen Regionen vor. So übertrifft die nordamerikanische Inlandeisdecke in ihrer Dimension das heutige arktische Eis; das Inlandeis Nordeuropas erreicht die mehrfache Größe Grönlands. Insgesamt ist die Eisdecke in dieser Zeit ungefähr dreimal so ausgedehnt wie alle heutigen Gletschergebiete der Erde zusammengenommen: 15 km² Eis heute stehen maximal 44,4 Mio. km² im Oberen Pleistozän gegenüber.

In den eisfreien Gebieten wechseln trockene Abschnitte mit ausgeprägten Regenperioden (Pluviale), wobei letztere nur in manchen Gebieten zeitlich mit den Glazialen der höheren Breiten zusammenfallen. Dies trifft z. B. im Einzugsbereich des Westwindgürtels der Nordhalbkugel zu, der sich durch die großen Vereisungen in Richtung Äquator verlagert und die heutigen subtropischen Wüstengebiete erreicht. Auch die in diesen Breiten herrschende Abkühlung trägt zu höherer relativer Luftfeuchtigkeit bei.

Gegenläufige Tendenzen erscheinen vor allem in den tropischen Breiten und den nahen subtropischen Bereichen: Durch die mächtigen Eisreservoire verringern sich die verfügbaren flüssigen Wassermassen. So kommen in der späten Würm-Eiszeit, also in Phasen maximaler Eisbildung, die tropischen Regenfälle im Einzugsbereich des Oberen Nils nahezu zum Stillstand; die Sahara-Dünen reichen im Süden etwa 1000 km weiter als heute. Andererseits dringt während der verschiedenen Warmzeiten regenbringender SW-Monsun bis weit nach Nordafrika vor.

Ein sehr deutlich ausgeprägter Wechsel zwischen kalten und warmen Perioden im Verlauf des Pleistozäns läßt sich neuerdings auch für die Weltmeere, in erster Linie für den Atlantischen Ozean, rekonstruieren (s. u.). Erste Resultate ergeben für den Atlantik schon in der Zeit vor 900 000 bis 775 000 Jahren sowie vor 600 000 bis 425 000 Jahren lange Kälteperioden. Bis zum Ende des Oberen Pleistozäns vor rund 10 000 Jahren folgen mehrfach kürzere, aber gut definierbare, ebenfalls intensive Kaltphasen.

Klimazeugen aus den Ozeanen

In jüngster Zeit ziehen die Paläoklimatologen anstelle festländischer Klimazeugen mehr und mehr solche aus dem Meeresbereich für die Erforschung des Pleistozäns heran. Wichtig ist in diesem Zusammenhang z. B. der prozentuale Anteil wärme- und kälteliebender Tierarten in den Meeressedimenten (Bohrkernen). Daneben spielt auch der Anteil rechts- und linksgewundener Gehäuse einer Foraminiferenart, der Kalkgehalt der Sedimente sowie der Anteil der sogenannten Dropsteine (von abschmelzenden Eisbergen stammender Schutt) eine bedeutende Rolle.

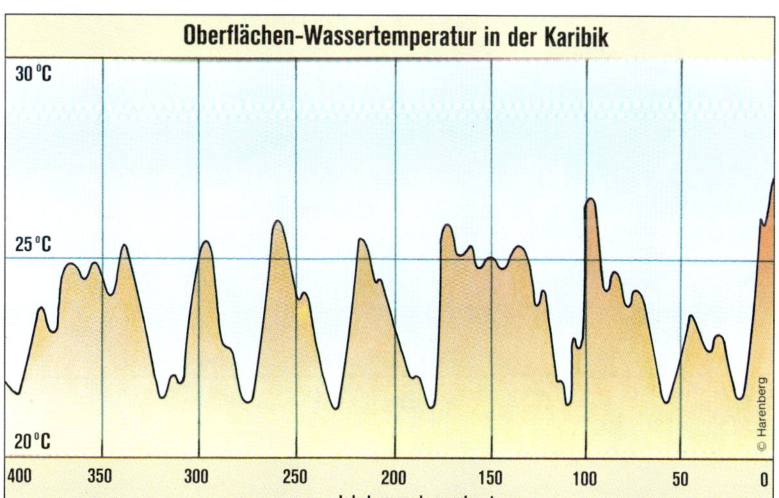

Streitfrage:

Was verursacht die Vereisungen?

Lange Zeit nahm man als Ursachen für die Glaziale ausschließlich kosmische Einwirkungen an. Dazu zählen u. a. variierende Intensität der Sonneneinstrahlung infolge von Erdbahnschwankungen, Abweichungen der primären Sonnenstrahlung oder auch Änderungen im interstellaren Raum. Demgegenüber wird heute erdgebundenen Faktoren eine größere Bedeutung beigemessen. Vermutlich bestehen z. B. Zusammenhänge zwischen der Lage der geomagnetischen Erdpole, der Intensität des Erdfeldes und den geomagnetischen Aktivitäten sowie dem Klima. Für diese Annahme spricht, daß die Warmzeiten in Europa mit Perioden verstärkter magnetischer Inklination zusammenfallen. Auch die Auswirkungen globaler Reliefänderungen durch Gebirgsbildung sowie die Veränderung von Landbrücken und Meerengen haben mit Sicherheit Einfluß auf das weltweite Klima: Sie beeinflussen sowohl die atmosphärische Zirkulation wie jene der Meeresgewässer.

Einmal eingeleitete Klimaverschiebungen können auch autozyklischen, sich selbst verstärkenden Tendenzen folgen.

Drei große Vereisungen erfassen weite Teile Europas

480 000–10 000. Die Cromer-Warmzeit, mit der das Untere Pleistozän vor 720 000 Jahren zu Ende ging, hält bis vor rund 480 000 Jahren an. Im weiteren Verlauf des Oberen Pleistozäns gehen noch drei große Vereisungen über Europa hinweg.

Ihre regional unterschiedlichen Bezeichnungen beziehen sich in etwa auf die Hauptzentren der Vereisung: Der Alpenraum, der Norden Europas bzw. Skandinavien und die Britischen Inseln. Hinzu kommen zahlreiche kleine Gletschergebiete in den europäischen Mittelgebirgen und den Pyrenäen. Das skandinavische und das britische Inlandeis schließen sich zeitweise zu einer einzigen riesigen Gletscherfläche zusammen. Während England südlich von London eisfrei bleibt, erstreckt sich das nordische Eis auf dem europäischen Festland bis in die deutschen Mittelgebirge und vor allem weit nach Osten hinein.

Der Eisschild erreicht in Skandinavien selbst etwa 3000 m Mächtigkeit. In den Alpen ragen nur die höchsten Gipfel aus der geschlossenen Eisdecke heraus, die alle Täler ausfüllt und nivelliert. Vor allem im Norden dringen Vorlandeisströme weit aus dem Gebirge heraus ins Flachland. Sie erreichen erhebliche Längen: Mit 340 km ist der Inngletscher 13mal und der Rheingletscher mit 200 km fast achtmal so lang wie der längste heutige Alpengletscher, der Aletsch-Gletscher.

Gegenüber der groben Unterteilung des Oberen Pleistozäns in drei bedeutende Eiszeiten weist eine etwas feinere Gliederung diesen Glazialen jeweils zwei deutlich voneinander getrennte Kaltphasen, I und II, zu. Man spricht also z. B. von Riss I und Riss II, im Würm auch von Früh- und Spätwürm. Zwischen diese Phasen schieben sich kürzere Warmzeiten, sogenannte Interstadiale.

Je genauer das Eiszeitalter erforscht wird, desto mehr verschiedene Eisvorstöße lassen sich erkennen. Manche Autoren unterteilen sowohl die Riss- wie die Würm-Eiszeit in jeweils drei zeitlich getrennte Eisvorstöße, und die glazialen Schotterterrassen im Ilm-Tal lassen vermuten, daß während des gesamten Pleistozäns nicht weniger als elf Eisvorstöße aus dem Alpenraum erfolgen. Diese Untergliederungen sind jedoch unsicher. Da in der Regel durchgehende Sedimentprofile fehlen, ist zudem eine exakte zeitliche Gleichsetzung der alpinen und der nordeuropäischen Vereisungen nicht ohne weiteres möglich. Am besten erforscht ist die letzte Eiszeit. Aus ihr kennt man auch das Ausmaß der Vereisungen in den kleineren Gebirgen, in denen es kaum zur Bildung von Inlandeisdecken, sondern vielmehr zur Entstehung von Talgletschern kommt. Diese erreichen z. B. in den Vogesen (Frankreich) eine Länge von maximal 40 km, werden jedoch weiter nach Osten hin zunehmend kürzer.

Abfolge und regionale Namen der oberpleistozänen Glaziale

Zeitspanne	Alpenraum	Norddeutschland	Britische Inseln
480 000–320 000	Mindel-Eiszeit	Elster-Eiszeit	Anglian-Eiszeit
320 000–180 000	Mindel/Riss-Interglazial	Holstein-Zeit	Hoxnian
180 000–120 000	Riss-Eiszeit	Saale-Eiszeit	Wolstonian
120 000–70 000	Riss/Würm-Interglazial	Eem-Warmzeit	Ipswichian
70 000–10 000	Würm-Eiszeit	Weichsel-Eiszeit	Devensian-Zeit

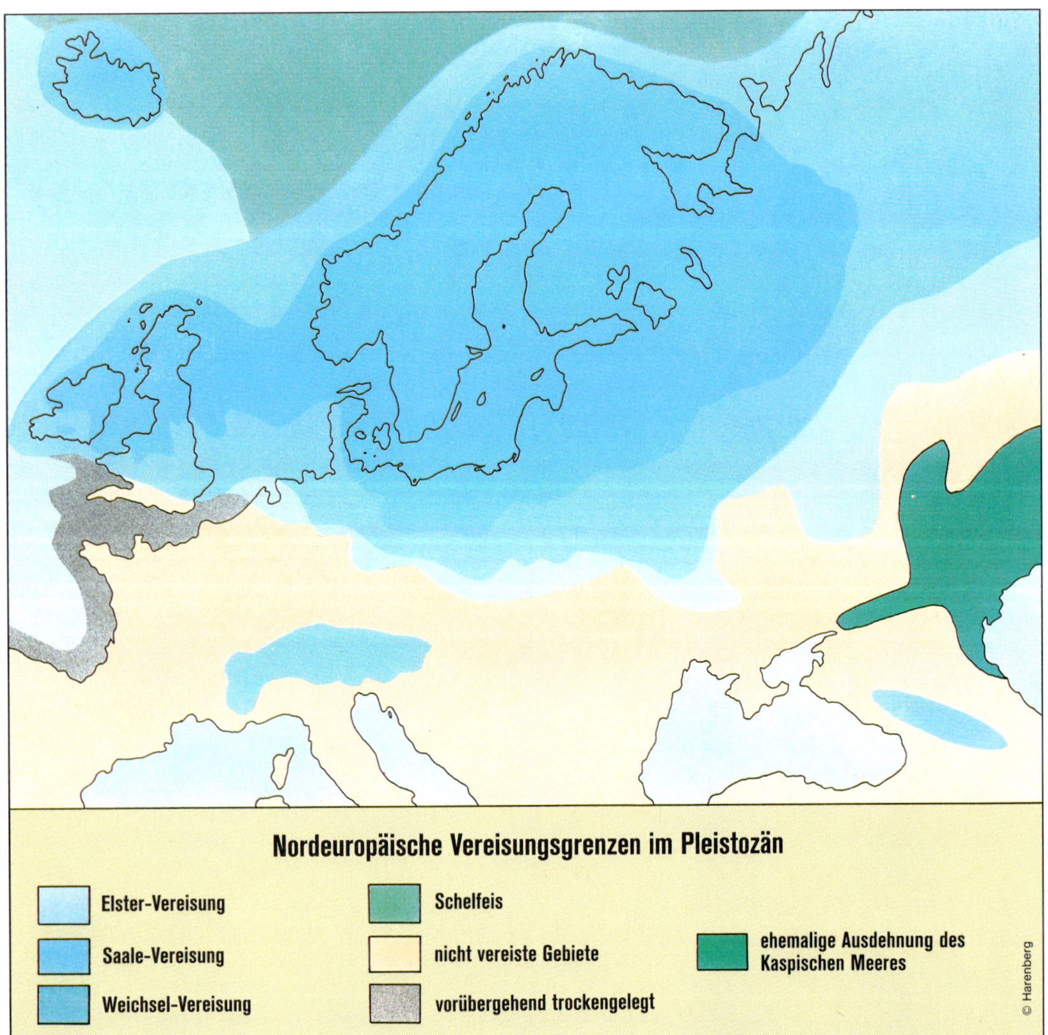

Nordeuropäische Vereisungsgrenzen im Pleistozän

Das quartäre Eiszeitalter

	Alpen	Nordeuropa	Nordamerika
Unteres Pleistozän	Biber-Kaltzeit	Prätegelen-Kaltzeit	?
	Biber-Donau-Warmzeit	Tegelen-Warmzeit	
	Donau-Kaltzeiten	Eburon-Kaltzeit	
	Donau-Günz-Warmzeit	Waal-Warmzeit	
	Günz-Kaltzeit	Menap-Kaltzeit	
	Günz-Mindel-Warmzeit	Cromer-Warmzeit	Nebraskan-Kaltzeit Aftonian-Warmzeit
Oberes Pleistozän	Mindel-Kaltzeit	Elster-Kaltzeit	Kansan-Kaltzeit
	Mindel-Riss-Warmzeit	Holstein-Warmzeit	Yarmouth-Warmzeit
	Riss-Kaltzeit	Saale-Kaltzeit	Illinoian-Kaltzeit
	Riss-Würm-Warmzeit	Eem-Warmzeit	Sangamon-Warmzeit
	Würm-Kaltzeit	Weichsel-Kaltzeit	Wisconsin-Kaltzeit

Eine weiche, sanft gerundete flache Hügellandschaft ist heute für weite Gebiete Schleswig-Holsteins charakteristisch. Sie ist ein Zeugnis der Eiszeiten, denn die Hügel sind ehemalige Gletscherendmoränen.

An der Steilküste der Halbinsel Jasmund auf Rügen finden sich Spuren der dynamischen Kräfte des Inlandeises: Sie haben die Schreibkreide herausgepreßt. Darüber lagern Grundmoränen und Schmelzwassersedimente.

Als Wallberge oder Åser bezeichnet man wallförmige Rücken aus Kies, der vom Schmelzwasser in größeren Gletscherspalten abgelagert wurde.

Findling bei Lindau; Findlinge sind Felsbrocken, die in und unter Eiszeitgletschern oft mehr als 100 km weit transportiert wurden.

Geologische Eiszeit-Zeugen

480 000–10 000. Bereits das Elster-Eis (480 000–320 000) und seine Schmelzwasser verändern die nordeuropäische Landschaft grundlegend. Das Eis stößt von Norden bis zum Thüringer Becken und zum Erzgebirge vor und legt dort Endmoränenwälle ab. Die von Süden kommenden Flüsse werden vor dem Eisrand nach Westen umgelenkt und in ihren Tälern zu weiten Seen aufgestaut, in denen sich Schotterterrassen und Bändertone ablagern. Bei Hamburg, in der Altmark und an der mittleren Elbe fräsen das Eis und z. T. auch die Schmelzwassererosion bis zu 100 m tiefe Rinnen und Wannen in den Untergrund, wobei in erster Linie tertiäre Lockergesteine ausgeräumt werden. Die Reeßelner Rinne in der Lüneburger Heide reicht rund 400 m tief in den Untergrund hinein, d. h. 430 m unter den heutigen Meeresspiegel. All diese Rinnen füllen sich mit spätelsterzeitlichen Flußschottern auf und zerstören teilweise auch die schützenden Sedimentdecken über mächtigen alten Salzlagern, die dadurch örtlich später der unterirdischen Lösung und Auswaschung zugänglich werden. Nach dem Zurückweichen des Elster-Eises ist das Flußnetz in Mittel- und Norddeutschland stark verändert.
Abgesehen von der sehr ausgeprägten Rinnenbildung (Exeration) während der Elsterzeit wiederholen sich die genannten geländeformenden Vorgänge in sehr ähnlicher Weise in der Saale-Eiszeit (180 000–120 000). Das Eis hinterläßt Grundmoränen im Raum Naumburg-Zeitz, die das Schmelzwasser beim Eisrückzug noch mit Flußsedimenten bedeckt. Regional bilden sich auch sogenannte Sander, von Schmelzwasserflüssen über weite Flächen umgelagerte und sortierte Moränenlockermassen. Ein ebenfalls verwaschener Moränenrücken des zweiten Saale-Eisvorstoßes umgibt die Stadt Leipzig im Norden in einem weiten Bogen. Nach einem weiträumigen Rückzug dringt das Saale-Eis im sogenannten Warthe-Stadial erneut vor. Seine Endmoränen bilden den Höhenrücken des Fläming.
Die Weichsel-Eiszeit (70 000–10 000) beginnt mit einer kurzen sehr kalten Periode mit geringer Eisansammlung, der eine wärmere Phase (Brörup-Interstadial) und einige kleinere Klimaschwankungen folgen. In der Zeit vor etwa 20 000 Jahren schließt sich dann mit den niedrigsten Temperaturen die Hauptvereisung an (Brandenburger Stadium). Sie hinterläßt eine reich gegliederte Moränenlandschaft mit zahlreichen Toteisbecken, die heute ausgedehnte Seenplatten bilden, z. B. im südöstlichen Schleswig-Holstein oder in Mecklenburg. Eingeschlossen werden diese Seenplatten von den Endmoränenzügen der sogenannten Frankfurter Stillstandslage (eine länger anhaltende Vereisung) und des Pommerschen Eisvorstoßes.

Viele Säugetierordnungen entwickeln Kälteformen

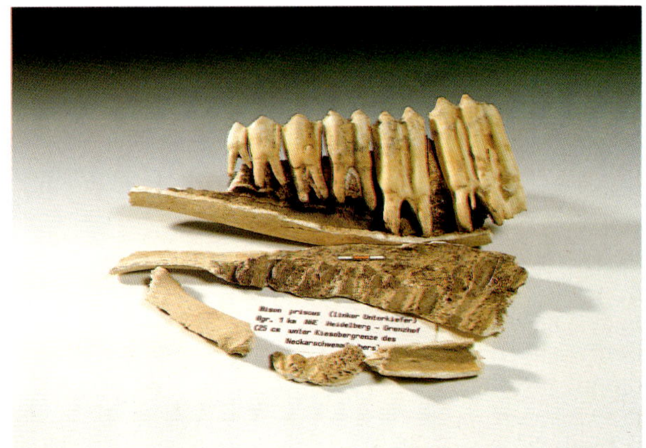

Der abgebildete Unterkieferteil mit hochkronigen Zähnen wurde etwa 1 km nordöstlich von Heidelberg-Grenzhof gefunden und stammt von einem unterpleistozänen Wisent (Bison priscus), einem Bewohner der Kältesteppe, der das Pleistozän nicht überlebt. Die Gattung Bison ist heute nur noch mit zwei Arten vertreten.

◁ Ein typisches Eiszeittier aus dem nördlichen Amerika ist das Mammut americanum. Das 3 m hohe Rüsseltier erschien erstmals bereits im Oberen Miozän und war dann bis einschließlich des Oberen Pleistozäns in Alaska, New York und Missouri verbreitet. Wie das Wollhaarmammut ist es ein Bewohner kalter Klimazonen und besitzt, ebenfalls wie jenes, ein langes, zottiges Fell.

720 000–10 000. Neue Säugetierordnungen entstehen während der Eiszeiten nicht. Aber in verschiedenen Ordnungen entwickelt sich erst jetzt eine große Fülle neuer Arten. Nicht wenige davon sind ausgeprägte Tundren- und Steppentiere.

Während unter den Rüsseltieren die älteren Deinotherien (→ 24–5 Mio./S. 386), Gomphotherien (→ S. 386) und Stegodonten (→ 5–1,7 Mio./S. 406) aussterben, entwickelt sich die Familie der Elefanten vielfältig weiter. Aus den Warmsteppenelefanten des Pliozäns (→ 5–1,7 Mio.) gehen verschiedene Steppenelefanten (Mammute, Gattung Mammuthus) hervor, nach dem unterpleistozänen Mammuthus trogontherii jetzt vor allem das Kältesteppen-Mammut M. primigenius.

In Kältegebieten besonders erfolgreich ist die erdgeschichtlich jüngste Gruppe unter den Nagetieren, die Wühlmäuse. Diese erscheinen erstmals im Oberen Tertiär, erreichen aber erst jetzt ihre größte Formenvielfalt. Waren ihre Backenzähne ursprünglich niedrigkronig mit geschlossenen Wurzeln, so werden sie jetzt hochkronig und wachsen zeitlebens nach. Sie bestehen aus einzelnen Prismen, deren Zahl mit fortschreitender Entwicklung steigt, und eignen sich hervorragend zum Zerreiben auch härtester pflanzlicher Nahrung. Solche Backenzähne haben z. B. die Echten Lemminge, die Steppenlemminge sowie die Scher- und die Feldmäuse.

Neben landbewohnenden Formen entwickeln die Wühlmäuse während der Eiszeit auch im Wasser lebende Arten wie die Bisamratte (Ondatra zibethica). Deutlich zu unterscheiden sind nordische und alpine Formen wie die Lemminge (Lemmus und Dicrostonyx), Zwiebelmäuse (Microtus gregalis) und Schneemäuse (Microtus nivalis) von ausgeprägten Steppenbewohnern wie den Steppenlemmingen (Lagurus), Zwerghamstern, Pferdespringern, Zieseln und Steppenmurmeltieren. Zu den charakteristischen Eiszeitnagetieren gehören nicht zuletzt die Riesenbiber mit Trogontherium in Eurasien und Castoroides in Nordamerika.

Auch die Großkatzen erreichen während der Eiszeiten ihre größte Formenvielfalt. Viele leben in wärmeren Gebieten, manche sind in den kalten Regionen Europas, Amerikas und Asiens zu Hause. Panthergroße Formen erscheinen bereits im vorausgehenden Unteren Pleistozän. Sie sind während aller Eiszeiten u. a. in Mittel- und Westeuropa mit dem Panthera gombaszögensis, mit dem Leoparden (Panthera pardus) und dem Löwen (Panthera leo) vertreten. In Asien leben Tiger (Panthera tigris) sowie, in besonders eisigen Regionen, der Schneeleopard (Uncia uncia). Bis weit in die nördlichen Kaltgebiete dringt in Nordamerika schon seit dem Unteren Pleistozän der Jaguar Panthera palaeonca vor. Ebenfalls in offener Steppe lebt die heute ausgestorbene Großform Panthera atrox. Einen oder mehrere Entwicklungsschübe (Radiationen) erleben während der Eiszeiten auch die Wildhunde (Caninae). Weit verbreitet sind u. a. die Marderhunde sowie Eis- und Steppenfüchse (Alopex lagopus und A. corsac). In den nördlichen Gebieten Eurasiens und Nordamerikas ist neben anderen kälteliebenden Marderarten auch der gigantische Järv oder Vielfraß (Gattung Plesiogulo) beheimatet. Unter den Bären erscheint im Verlauf der jüngsten Eiszeiten als spezialisierter Abkömmling der Braunbären die Untergattung der Eisbären (Thalarctos).

In den Kältesteppen Eurasiens sind während der pleistozänen Eiszeiten auch verschiedene Hyänenarten weit verbreitet. Die Wildrinder (Bovinae) und die Böcke (Caprini) erleben ebenfalls eine deutliche Formenvermehrung. Neben neuen wärmeliebenden Arten (→ S. 447) gibt es ausgeprägte Kälteformen wie die Bisons und die Yaks unter den Rindern sowie die Gemsen, Thare, Steinböcke, Mähnenschafe, Moschusochsen und verschiedene Hirsche und Elcharten unter den Böcken. Schließlich sind auch die Nashörner das gesamte Pleistozän hindurch mit typischen Eiszeitarten vertreten, darunter als ausgesprochene Kältesteppenformen die Wollnashörner (→ S. 448).

Im oberpleistozänen Schotter der pfälzischen Rheinebene (Würm-Eiszeit) fand sich dieser 75 cm lange fossile Schädel von Coelodonta antiquitatis, dem Wollhaarnashorn, das als Begleiter des Mammuts bekannt ist.

Neue Säugerarten auch in den wärmeren Klimazonen

720 000–10 000. Während sich im Verlauf der Eiszeiten zahlreiche auf die Kältesteppen der Nordhalbkugel spezialisierte neue Formen (→ S. 446) entwickeln, erscheinen auch in den wärmeren Regionen der Erde und im Verlauf der Warmzeiten zahlreiche neue Arten.

Parallel zu den Elefanten der Tundren bilden sich in gemäßigten und äquatorialen Klimazonen verschiedene neue Elefantenarten heraus, die den Platz der tertiären Gomphotherien einnehmen. Wie im Tertiär (66–1,7 Mio.) die Huftiere, die in dieser Zeit die Steppen eroberten, stellen sich jetzt auch die Rüsseltiere auf härtere pflanzliche Kost ein, auf die Gräser der Steppen und Savannen. Ihre hochkronigen Lamellenzähne beweisen das.

Parallel zu den neuen Wühlmäusen der kalten Zonen entwickeln sich in den südlicheren Breiten Eurasiens, Afrikas und Australiens die Echten Mäuse (Muridae) sehr formen- und artenreich. Es entstehen die heutigen Maus- und Rattenartigen (Pseudomys und Uromys), hörnchen- und kaninchenähnliche Formen (Mesembriomys und Leporillus) sowie wühlmaus- und springmausähnliche Tiere (Mastacomys und Notamys). Auf dem amerikanischen Doppelkontinent entwickelt sich die Formenvielfalt der Neuweltmäuse (Hesperomyini): Schon während des obersten Tertiärs wanderten erste Vertreter von Nord- nach Südamerika, wo sie jetzt eine immense Artenzahl erreichen. Dabei entstehen vielfach in Aussehen und Lebensweise ähnliche Formen wie bei den Echten Mäusen und Wühlmäusen der Altwelt-Kontinente. Neben Bewohnern offener Landschaften wie den Baumwollratten und ihren Verwandten entwickeln sich spezialisierte Sumpf- und Wasserbewohner (Scapteromys und Ichthyomys), unter denen sogar Fischfresser (Gattung Rheomys) auftreten.

Die Großkatzen, die relativ artenreich in den kalten Regionen leben (→ S. 446), sind in den wärmeren Gebieten der Erde ebenfalls mit Leoparden, Löwen, Tigern und Jaguaren vertreten. Als große Kleinkatze kommt in Nordamerika der moderne Puma (Puma concolor) vor, der von der älteren Art Puma studeria abstammt. Eine schon im älteren Pleistozän Europas erscheinende frühe Wildkatze ist Felis lunensis.

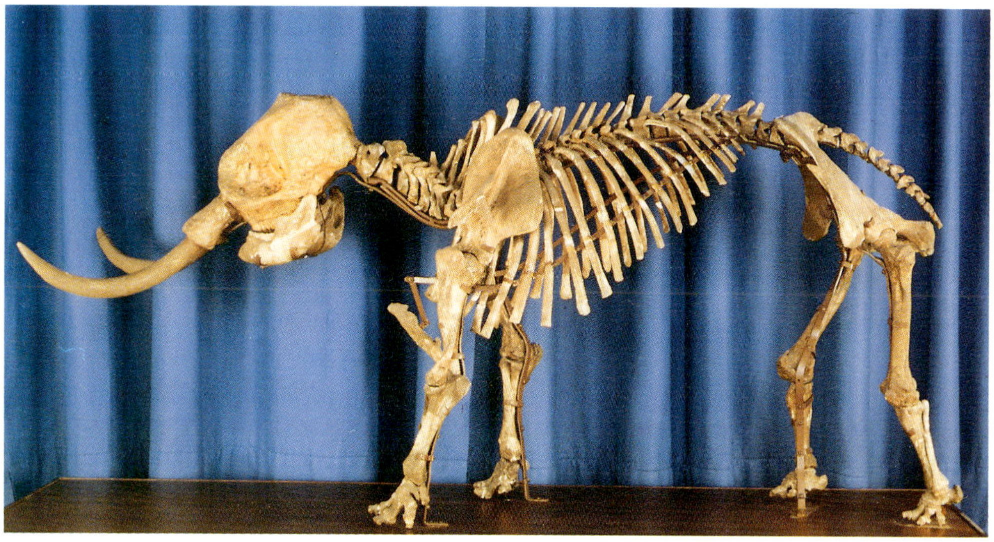

Vor etwa 200 000 bis 10 000 Jahren lebt auf den Mittelmeerinseln Malta, Zypern, Kreta, Sizilien und Sardinien der Zwergelefant Elephas (Palaeoloxodon) falconeri. Die Art mit nur etwa 90 cm Schulterhöhe scheint sich aus dem bis 4 m hohen Urwaldelefanten Elephas antiquus entwickelt zu haben.

Vermutlich gehen aus ihr im Oberen Pleistozän die eigentlichen Wildkatzen (Felis silvestris) hervor. Etwa gleichzeitig treten in Mitteleuropa die Rohrkatzen (Felis chaus) und der Manul (Otocolobus manul) auf. Auch Geparden sind – im gesamten Pleistozän – in den wärmeren Regionen Europas heimisch.

Fast weltweit breiten sich während des Pleistozäns die zu den Wildhunden zählenden Füchse und Wölfe aus. In Südamerika entsteht eine große Formenfülle von Kampffüchsen (Dusicyon) und Waldfüchsen (Cordocyon und Atelocynus).

Die Bären sind generell schon seit dem späten Tertiär bekannt. Sie entwickeln jetzt mehrere spezialisierte Formen. Neben dem Eisbären (→ S. 446) erscheinen auch wärmeliebende Arten, darunter neuweltliche Kleinbären (Procyonidae) und altweltliche Pandas (Ailuridae).

Zahlreiche neue wärmeliebende Arten finden sich auch bei den Wildrindern und den Böcken (Bovinae und Caprini). Nach noch antilopenhaften büffelartigen Formen des Pliozäns (5–1,7 Mio.) und Unteren Pleistozäns (1,7–0,72 Mio.) erscheinen jetzt u. a. die asiatischen Wasserbüffel (Bubalus, auch in Europa und Nordafrika), die Afrikanischen Büffel (Syncerus) sowie die eigentlichen Rinder mit den Untergattungen der Stirnrinder (Bibos) und Echten Rinder (Bos). Als Wald- und Steppenform bildet sich der Auerochse (Bos primigenius) heraus, der Stammvater der späteren Hausrinder. Die Urheimat der Ziegen und Schafe liegt in Asien; ihre Unterfamilie (Caprinae) leitet sich von primitiven Böcken des jüngsten Tertiärs ab. Von Asien aus besiedeln sie Europa sowie weite Teile Afrikas und Nordamerikas. Die Hirsche entwickeln neue Arten von z. T. riesiger Körpergröße (→ S. 449).

Einen bedeutenden Entwicklungsschub erleben die Schwielensohler (Tylopoda) mit den Großkamelen (Camelus) in Südeuropa, Nord- und Ostafrika sowie mit den Kleinkamelen (Lama) in Südamerika. Daneben bilden sich in Nordamerika einige besondere Kamelformen heraus, die dort – in ihrer Urheimat (→ 50–36 Mio./S. 334) – aber zum Ende der Eiszeit aussterben. Ebenfalls eine beachtliche Weiterentwicklung erfahren in der Neuen Welt die Nabelschweine (Tayassuidae) mit mehreren Gattungen, in der Alten Welt die Echten Schweine (Suidae).

In offenen Graslandschaften Afrikas entstehen schließlich moderne Pferdeartige wie Wildpferde, Zebras und Wildesel.

Der Urwaldelefant Elephas antiquus, aus dem als Seitenzweig vermutlich der Zwergelefant Elephas falconeri hervorging, wanderte während der Warmzeiten bis nach Mitteleuropa. Dieses fast vollständige Skelett fand sich 1984 in einer Kiesgrube bei Darmstadt. Elephas antiquus ist ein ausgesprochen wärmeliebendes Tier. Als solches hat es sich möglicherweise bereits im ältesten Pleistozän durch Klimaanpassung aus Elephas ridionalis entwickelt.

In den Steppen leben Nashörner

720 000–25 000. In Europa, Asien und Afrika leben verschiedene Nashornarten, darunter solche, die sich bereits im Pliozän (5–1,7 Mio.) oder im Unteren Pleistozän (1,7–0,72 Mio.) an die Kältegebiete angepaßt haben, aber auch neue Arten. So entstand z. B. die Gattung Coelodonta schon während des Pliozäns in Asien, vermutlich aus den Nihowan-Nashörnern Chinas. Die asiatischen Nashörner drangen dann in den Norden und Nordosten vor und paßten sich wahrscheinlich in Sibirien an das kalte Klima an, indem sie ein braunrotes Fell entwickelten, das an Nacken und Hals eine längere Mähne bildet. So entstand das bekannte Wollnashorn, das gegen Mitte des Pleistozäns nach Europa einwandert. Bis heute sind fellbedeckte Kadaver von Coelodonten im sibirischen Dauerfrostboden erhalten. In Europa lebt das Wollnashorn bis in das jüngste Glazial hinein, wie »Augenzeugenberichte« in Gestalt französischer Höhlen-Wandmalereien aus der Zeit vor 30 000 bis 20 000 Jahren beweisen.

Eine charakteristische oberpleistozäne Nashornart ist Dicerorhinus kirchbergensis, auch unter der Bezeichnung Merck-Nashorn bekannt. Dieses Tier ist typisch für die jüngeren Warmzeiten und nimmt in Mittel- und Südeuropa bis zum Kaukasus den Lebensraum ein, den während des Pliozäns und des älteren Pleistozäns das Etruskische Nashorn bewohnte. Möglicherweise ist es dessen biologischer Nachfolger. Das Merck-Nashorn ist ein Bewohner der Laubwälder, des Baumgraslandes und der Savannen. Es zählt zu den Beutetieren des Altsteinzeitmenschen und stirbt vor rund 70 000 Jahren aus.

Während des Oberen Pleistozäns ist auch das bis zu 5 m lange Elasmotherium verbreitet, wahrscheinlich das größte echte Nashorn aller Zeiten. Das Tier stammt ebenfalls von älteren (jungtertiären) Nashörnern Ostasiens ab. Es lebt in den weiten, ebenen Steppen Südrußlands und den Tundren Sibiriens. Nach Mittel- und Westeuropa dringt es nicht vor. Elasmotherium gilt als höchste Entwicklungsform eines besonderen Zweiges der Steppennashörner, der ohne nähere Verwandte oder Nachfahren während der Riss-Eiszeit (um 200 000) ausstirbt.

△ *Das afrikanische Breitmaulnashorn (Ceratotherium simum), mit 2 m Schulterhöhe und 4 m Länge das größte der heute lebenden Nashörner, gehört zu den relativ wenigen nacheiszeitlichen Arten. Während des Pleistozäns waren die Nashörner wesentlich arten- und individuenreicher und besiedelten auch einen größeren Lebensraum.*

◁ *Fossiles Schädelskelett eines kaltzeitlichen Wollnashorns der Gattung Coelodonta aus Mitteleuropa. Die Coelodonten entwickelten sich bereits während des Pliozäns in Ostasien und wanderten von dort aus im Pleistozän nach Europa und Nordamerika.*

◁ *Das pleistozäne Elasmotherium Südrußlands und Sibiriens ist mit 5 m Körperlänge das gigantischste Eiszeitnashorn und gilt zudem als typisches Beispiel für die Entwicklung von Steppenformen. Es entstand, nachdem die alttertiären Wälder in Europa und weiten Teilen Asiens den Steppen des Jungtertiärs wichen. Als pflanzenfressendes Steppentier besitzt Elasmotherium hochkronige, mit Zement verstärkte Backenzähne mit gefalteten Schmelzleisten. Es ist also in der Lage, harte Gräser zu zerkauen. Die enorme Körpergröße macht es in der wenig Schutz bietenden, offenen Landschaft sicher vor Raubtieren. Das mächtige Horn kann eine Länge von bis zu 2 m erreichen. Es sitzt auf einer Knochenwölbung des Vorkopfes.*

Weltweit verbreitet: Riesenwuchs bei den Wirbeltieren

720 000–10 000. Während des gesamten Pleistozäns, vor allem aber im Oberen Pleistozän, finden sich Wirbeltiere mit Riesenwuchs (→ S. 358). So kommen z. B. in Australien Riesenschildkröten (Meiolania oder Miolania) und Warane (Magalania priscus) mit fast 7 m Körperlänge vor, daneben Riesenbeuteltiere wie die Kurzschnauzen-Känguruhs (Sthenurus, Procoptodon), der Riesenwombat (Phascolonus gigas) und der fast löwengroße, vermutlich pflanzenfressende »Beutellöwe« (Thylacoleo carnifex). Die huftierähnlichen australischen Diprotodonten erreichen Nashorngröße. Auf Neuseeland entstehen neben den dort bereits lebenden 3,5 m großen Moas (Dinornis maximus, → S. 429) und einem Riesenemu (Emeus crassus) flugunfähige Riesenrallen (Aptornis) sowie die 1 m hohe Riesengans Cnemiornis. In Kalifornien ist der Kondor Teratornis merriami mit annähernd 5 m Flügelspannweite beheimatet. Riesenlemuren und 3 m hohe Riesenstrauße (Aepyornis titan, → S. 429) leben auf Madagaskar, Riesenpaviane in Afrika.

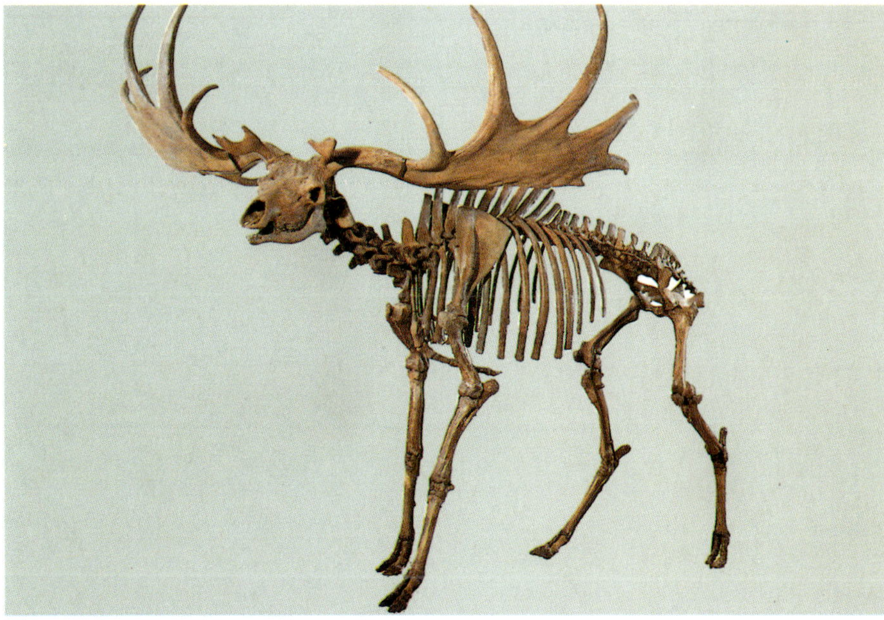

Dieses Skelett eines Riesensteppenhirsches (Megaloceros giganteus) ist aus dem Oberen Pleistozän Irlands überliefert. Das etwa elchgroße Tier mit einer Geweihspannweite bis zu 3,7 m gehört weder zu den Hirschen noch zu den Elchen, sondern bildet eine eigene Gattung. Megaloceros entwickelte sich vermutlich vor rund 500 000 Jahren aus kleineren Vorfahren, die aus Asien kamen und im Wald lebten. Das gewaltige Geweih machte ein Dasein im Wald unmöglich; die Tiere zogen in die Steppen und Tundren.

Großformen der Schuppentiere erscheinen auf Borneo, Riesenformen der Gürteltiere (→ 60–55 Mio./ S. 322) in Südamerika. In Nord- und Südamerika werden die Riesenfaultiere Megatherium, Eremotherium, Mylodon, Megalonyx und Nothrotherium artenreicher (→ 35 Mio./ S. 356). Einige erreichen eine Körpergröße von 7 m.

Unter den Nagetieren erscheinen Großformen der Mäuse auf den Kanaren und den Sundainseln Flores und Timor. In Amerika und Eurasien leben Riesenbiber (Castoroides und Trogontherium), auf den Mittelmeerinseln Riesenschläfer (Leithia). Großformen entwickeln auch die Hirsche, z. B. Praemegaceros und Megaloceros mit einer Geweihspannweite von über 3,5 m.

Säuger verenden in Asphaltsümpfen

720 000–10 000. In der Nähe von Los Angeles in Kalifornien erstrecken sich die Asphaltsümpfe von Rancho La Brea. Tiere, die in diese klebrig-zähe Masse hineingeraten, bleiben stecken, sinken ab und werden in großer Zahl fossil erhalten. Zu den häufigsten Opfern dieser Todesart gehören Weidetiere, die auf der Flucht vor Fleischfressern die Gefahr übersehen. So sind in den Asphaltsümpfen zahlreiche Pferde (Equus), Kamele (Camelops), Bisons (Bison), Mammute (Mammuthus imperator), Gomphotherien (Gomphotherium americanus) konserviert. Daneben fossilisieren hier aber auch Raubtiere wie die Säbelzahnkatze Smilodon californicus, verschiedene Großkatzen (Panthera), Hundeartige (Canis dirus) und viele andere.

Das Klima ist in Kalifornien zu dieser Zeit weniger trocken als heute und bietet daher u. a. auch einer reichen Vogelwelt günstige Lebensbedingungen. Fossil konserviert ist in Rancho La Brea z. B. der größte bisher bekannte Vogel, der Kondor Teratornis.

Die zähflüssigen Massen der Asphaltsümpfe bestehen neben Erdöl zu einem großen Teil aus Asphaltenen, kolloiden Erdölbestandteilen, die durch chemische Ausfällung entstehen. Diese harten Asphaltene sind in dickflüssigem Öl (Maltene) sehr fein verteilt.

Von Fleischfressern gejagt, sucht ein großes Weidetier (Mammuthus imperator) sein Heil in kopfloser Flucht und gerät dabei in die Asphaltsümpfe.

Vegetationswandel führt zu Artentod

720 000–10 000. Im Verlauf des Oberen Pleistozäns sterben zahlreiche Säugetierarten aus. Ursache dafür ist vor allem der Wandel der Vegetation aufgrund der oft stark wechselnden Temperaturen. Insbesondere in den Warmzeiten und gegen Ende der Eiszeiten verschwinden viele Spezialisten, die an das Leben in den Steppen angepaßt waren. Zu ihnen gehören u. a.:

- Gomphotherien und Elefanten (Palaeoloxodon)
- unter den Pferdeartigen die Hipparions
- unter den Nashörnern die Elasmotherien
- unter den Raubtieren die Säbelzahnkatzen, Gepardhyänen und Urbären (Agriotherium)
- unter den Nagern die Spitzmäuse Beremendia fissidens und Petenyia hungarica, der Biber Trogontherium cuvieri sowie die Wühlmäuse Allophaiomys pliocaenicus und Pliomys coronensis
- die Hasenartigen Hipolagus brachygnathus und Oryctolagus lacosti.

Weiträumige Höhlensysteme in den jungen Faltengebirgen

720 000–10 000. Etwa mit dem Eiszeitalter setzt in den jungen tertiären Faltengebirgen eine Phase verstärkter Höhlenbildung ein. Überall dort, wo Kalkstein oder – seltener – Gips aufgefaltet wurde, aber auch in älteren Gesteinen (etwa im Bereich des Juras) entstehen jetzt bedeutende Höhlen. Bis zum Ende der Würm-Eiszeit durchlaufen viele dieser unterirdischen Hohlräume verschiedene Altersstufen.

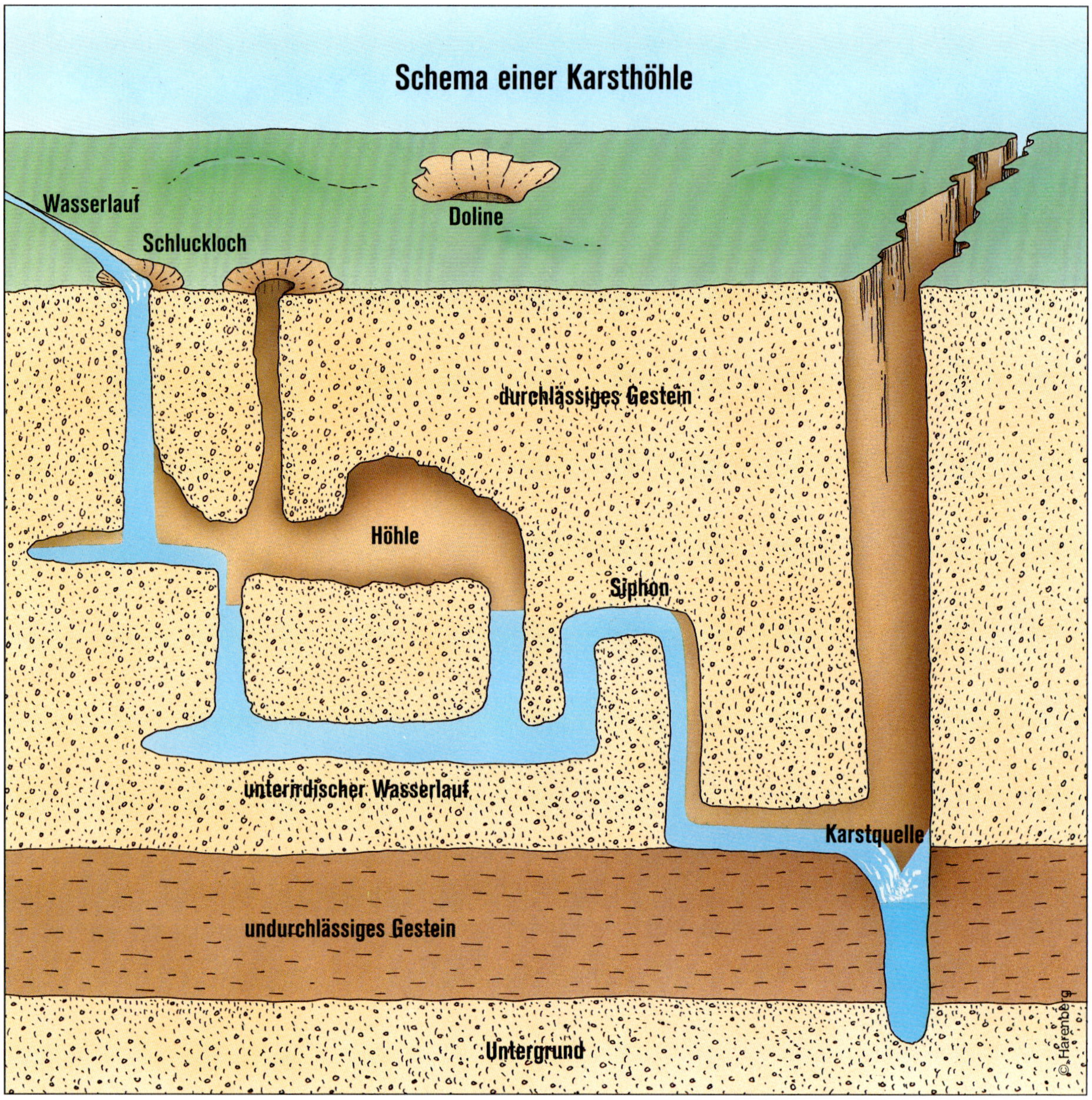

Altersstadien der Höhlen

▷ Frühe Eiszeiten und Warmzeiten (vor mehr als 320 000): Jugendstadium, Bildungsphase der Höhlen
▷ Mindel/Riss-Interglazial (320 000–180 000): Erwachsenenstadium, intensive Versinterung, besonders im Mittelmeerraum. Die Tropfsteine aus dieser Zeit sind heute in Zersetzung begriffen.
▷ Riss-Eiszeit (180 000–120 000): Starke Höhlensedimentbildung
▷ Riss/Würm-Interglazial (120 000–70 000): Verkittung von Gesteinskonglomeraten, Sinterbildung (weniger als im Mindel/Riss-Interglazial). Die Sinter aus dieser Zeit sind heute meist als »Altsinter« erhalten, etwa als zerstörte Sinterdecken.
▷ Würm-Eiszeit (70 000–12 000): Erneute Ablagerung von Sedimenten, z. T. mit Höhlenbärenresten und Kulturschichten
▷ Spätwürm (12 000–10 000): Versturzphase
▷ frühes Nachwürm (10 000–8000): Intensive Bergmilchbildung. Bergmilch ist ein weißliches, häufig sehr wasserreiches und pastöses Geflecht aus feinsten Calcitnadeln, das bei Wasserentzug zu trockenem Kalkstaub zerfällt. Ihr Formenschatz reicht an den von Sinterbildungen heran, schließt also Leisten, Decken, Tropfsteine usw. ein.
▷ Nacheiszeitliches Klimaoptimum (8000–5000): Erneute Sinterbildungsphase (»Jungsinter«)
▷ Jetztzeit: Bescheidene Sinterbildung (Tropfröhrchen), besonders im alpinen Raum

Im Jugend- bzw. Entstehungsstadium (→ S. 212) wird die Höhle durch chemische Kalklösung in CO_2 -reichem Sickerwasser angelegt. Das Erwachsenenstadium zeigt sie dann als unterirdisches Flußsystem mit überwiegend luftgefüllten Schächten, Gängen und Sälen. In diese Zeit fällt die intensivste Sinterbildung sowohl in Gestalt von Tropfsteinen wie von Wand- und Deckenversinterung. Es folgt das Greisenalter oder die Versturzphase: Die Höhlengewässer haben sich in tiefere Regionen zurückgezogen. Wände und besonders Decken stürzen ein und hinterlassen grobes Blockwerk auf dem Höhlenboden.

Die Lison-Quelle im französischen Jura ist eine eindrucksvolle Karstquelle. Interessant ist bereits der Oberlauf des Flusses, der »Lison-du-haut« heißt. Er verliert sich in einem sogenannten Schluckloch (Katavothre), fließt später wieder oberirdisch und verschwindet erneut unter der Erde, bevor er in der abgebildeten »Quelle« mit 600 l/s Schüttung zutage tritt.

Unterirdisches Labyrinth aus Schächten und Gängen

720 000–10 000. Viele europäische Höhlen durchlaufen in dieser Zeit alle Altersstufen bis zum Greisenalter. Dabei ändert sich jeweils die Gestalt der unterirdischen Hohlräume, während parallel dazu auch der Sinter für eine große Formenvielfalt sorgt (→ S. 450).
Grundsätzlich zu unterscheiden sind Schächte und Höhlengänge. Die vertikalen Schächte entstehen entweder von oben nach unten durch chemische Auflösung des Gesteins oder in umgekehrter Richtung durch Einstürzen der Decken sehr alter Höhlen. Die Höhlengänge verlaufen mehr oder weniger stark geneigt bis fast horizontal. Während die Schachthöhlen von Anfang an einen nahezu zylindrischen Querschnitt zeigen, bestehen die Höhlengänge in ihrer Jugendzeit meist aus schmalen Spalten und Klüften. Erst wenn sie so stark erweitert sind, daß in ihnen das Wasser frei fließen kann, ändert sich ihr Profil: Die Fließwassererosion setzt ein und kolkt die Wände der Spalten aus. Zugleich fräst sich der Wasserlauf tiefer in den Untergrund. Dadurch entstehen charakteristische Höhlenquerschnitte von Schlüsselloch- oder Linsenform, bei denen schmale Decken und Bodenpartien mit breiten Mittelbereichen kombiniert sind. In dieser Phase der Höhlenbildung setzt meist auch mehr oder weniger intensive Versinterung (→ S. 213) ein. Dringt Hoch- oder Schmelzwasser in die Höhlen ein, dann bringt es meist Sinkstoffe mit, die sich als Höhlenlehm absetzen.

Versinterte Höhlenwand mit Wasserstandsmarke; unter dem ehemaligen Wasserspiegel entstand Knollensinter.

Höhlendecke mit zahlreichen feinen Fistuleuses oder »Makkaroni«-Stalaktiten, dünnwandigen Kalkröhrchen

Mit zunehmendem Alter der Höhlen frißt sich der Höhlenfluß in tiefere Gesteinsschichten hinein, wobei er allerdings nicht tiefer als bis zum Grundwasserspiegel gelangen kann. Dieser liegt in etwa so hoch wie der Talgrund, in den sich der Höhlenfluß als Quelle ergießt. Das weitere Vordringen des Höhlenwassers in tiefere Gesteinsschichten hängt deshalb meist mit der Geländeerosion außerhalb der Höhle zusammen. Sinkt dort der Talboden, können sich auch die Höhlenquelle und damit das Grundwasser im Bereich unter der Höhle sowie der Höhlenbach tiefer verlagern. Für die Gestalt der Höhle bedeutet das eine weitgehende Zergliederung in untereinander verlaufende Gangsysteme, die oft durch mehrere Schächte verbunden sind. Dabei kommt es nicht selten auch zur Bildung von Siphons. Fließendes Wasser in Höhlen erreicht z. T. die vielfache Strömungsgeschwindigkeit oberirdischer Flüsse oder sogar freier Wasserfälle, wenn es z. B. von einer hohen Wassersäule durch enge Düsen gepreßt wird. Die Erosionskraft ist entsprechend groß. Oft weisen die Höhlenwände deshalb ausgeprägte Hohlformen auf. Die oberen, alten Höhlensysteme trocknen im Laufe der Zeit weitgehend aus und beginnen zu verstürzen. Greise Höhlen erkennt man in der Regel an grobem Blockwerk, das von Wänden und Decken herabgefallen ist.

Bezeichnend für eine noch junge Höhle ist der elliptische Querschnitt des Höhlenganges, in dem ein mächtiger Stalagmit steht.

Ein versinterter Wasserfall entstand an einer Geländestufe dieser Höhle.

An schrägen Höhlenwänden herablaufendes Wasser hinterläßt Sinterleisten.

Der Höhlenbär (Ursus spelaeus) lebte vor 270 000 bis 20 000 Jahren in Mittel- und Südeuropa sowie in Südwestasien (Kaukasus).

Im Gegensatz zu den rezenten Löwen ist der Höhlenlöwe (Panthera spelaea), vor 370 000 bis 10 000 Jahren in Europa heimisch, ein Einzelgänger.

Wind reguliert das Klima unter der Erde

720 000–10 000. Das Höhlenklima wird stark vom Höhlenwind bestimmt. Dessen Führung hängt wesentlich davon ab, ob eine Höhle nur eine einzige Öffnung oder zwei bzw. mehrere Verbindungen zur Außenwelt besitzt. Im ersten Fall verursachen Temperaturschwankungen zeitweise geringfügige Luftumschichtungen und Austauschvorgänge. Dagegen kann es im zweiten Fall zu unterirdischen Stürmen mit Geschwindigkeiten von über 50 km/h kommen. Liegt ein Höhleneingang z. B. an einem warmen Südhang, ein anderer in größerer Höhe etwa in einem schattigen Kar, dann wirkt das Gangsystem der Höhle wie ein Schornstein, in dem es heftig zieht. Auch tageszeitliche Temperaturwechsel verursachen Höhlenwind. Besonders ausgeprägt sind die Luftbewegungen in Eishöhlen, in denen sich von oben einfließende Luft stark abkühlt, bevor sie an einer tiefer gelegenen Stelle wieder entweicht. Daneben spielen auch äußere Luftdruckschwankungen eine wichtige Rolle. Liegt ein Höhleneingang in einer »Winddüse«, etwa in einer engen Schlucht, saugt außerdem der Wind über Tage Höhlenluft an.

Abhängig vom Höhlenwind ist zum einen die Luftfeuchtigkeit in der Höhle. Bei ruhender Luft liegt sie bei nahezu 100%, kann jedoch bei starker Bewetterung auf 60% oder darunter fallen. Ist die Luftfeuchtigkeit sehr hoch und kommt es außerdem zu Abkühlungen (etwa über Höhleneis), so bildet sich Tau bzw. Rauhreif; manchmal fällt dann in den Höhlen auch feiner Regen.

Die Höhlentemperatur ist ebenfalls von der Windführung abhängig, zusätzlich aber auch von der wärmespeichernden Wirkung des Gesteins. So sind die Jahreszeiten in größeren Höhlensystemen gegenüber jenen über Tage um mehrere Wochen, im Hochgebirge z. T. sogar um Monate verschoben. Die größte Kälte wird im Erdinneren im Frühjahr erreicht, und eindringendes Schmelzwasser gefriert hier noch bis in den Frühsommer.

In der Drachenhöhle bei Mixnitz in der Steiermark rekonstruierten Paläozoologen aus Knochenfunden das vollständige Skelett eines Höhlenbären. Es ist etwa so groß wie das eines Grizzly-Bären. Höhlenbärenknochen sind in vielen europäischen Höhlen des Oberen Pleistozäns zu finden, und zwar manchmal in so großer Zahl, daß sie regelrecht Schichten bilden.

Pilze, Algen und Höhlenpflanzen

Bis tief ins Innere von Höhlen dringen Bakterien vor. Meist sind das Arten, die ohne Licht organische Substanzen aus anorganischen aufbauen können. Daneben finden sich häufig Pilze, die von eingeschwemmten oder eingewehten organischen Substanzen leben. Auch verschiedene Algen kommen tief im Höhleninneren vor, wo manche von ihnen noch bei nur rund 0,05% des Tageslichtes Kohlenstoff assimilieren können. Von einigen Arten wie z. B. Chlorella vulgaris wird angenommen, daß sie die Chlorophyll-Synthese sogar bei völliger Dunkelheit beherrschen.

Sporenpflanzen kommen ebenfalls mit recht wenig Licht aus. Der Gemeine Streifenfarn (Asplenium trichomanes) gedeiht noch bei etwa 0,07% des durchschnittlichen Tageslichtes tief in Höhleneingängen. Blütenpflanzen dringen weniger weit vor, finden aber aufgrund der milden Wintertemperaturen und der hohen Luftfeuchtigkeit gute Voraussetzungen für eine längere jährliche Vegetationsperiode. Typisch für Höhleneingänge ist u. a. Geranium robertianum.

Höhlengäste und Dauerbewohner einer lichtlosen Welt

720 000–10 000. Im Zuge der pleistozänen Höhlenentwicklung besiedeln zunehmend auch Tiere die unterirdische Welt. Dabei ist grundsätzlich zwischen echten Höhlentieren (Troglobien), höhlenliebenden Tieren (Troglophilen) und Höhlengästen (Trogloxenen) zu unterscheiden. Troglobien oder Troglobionten sind in ihrem Vorkommen auf Höhlen beschränkt bzw. verlassen diese nur kurzfristig und zufällig. Unter Troglophilen versteht man Tiere, die meist an Höhleneingängen, seltener auch außerhalb der Höhlen leben. Trogloxenen gelangen nur durch Zufall in unterirdische Hohlräume, das allerdings relativ oft.

Viele dauerhaft in Höhlen lebende Arten wie dieser Höhlensalmler (Astyanax mexicanus) sind kaum pigmentiert und außerdem völlig blind.

Eines der unter Zoologen berühmtesten Höhlentiere ist der Querzahnmolch Axolotl (Ambystoma mexicanum), der aber auch in oberirdischen Seen Mexikos vorkommt.

Echte Höhlentiere (Troglobien) kommen selten vor und stellen nur einen geringen Anteil an der Gesamtzahl der in Höhlen anzutreffenden Tierarten. Oft zeigen sie besondere Anpassungsmerkmale wie flachen oder »kolbenförmigen« Körperbau, zurückgebildete Flügel (bei Insekten), eine Verlängerung der Beine sowie Pigmentarmut bis hin zu Pigmentlosigkeit. Der Lichtsinn ist nur schwach oder überhaupt nicht entwickelt. Dafür ist der Tastsinn überdurchschnittlich gut ausgeprägt. Auch die chemischen Sinne (Geruch und Geschmack) sowie das Hörvermögen sind oft besonders gut ausgebildet. So finden sich z. B. bei Höhleninsekten Riech- und Tastborsten vor allem an den Beinen. Manche Arten entwickeln neue Sinnesorgane. Beispielsweise besitzen bestimmte Höhlenschmetterlinge einen Sinn zur Erkennung von Luftströmungen. In Höhlen lebende Diplopoden (eine Unterklasse der Tausendfüßer) können Luftfeuchteveränderungen registrieren. Höhlenfische entwickeln besondere »Tastkämme« an Kopf und Rumpf. Derart ausgeprägte Merkmale fehlen den Troglophilen und Trogloxenen.

Höhlenbewohner gibt es in sehr unterschiedlichen Tierstämmen. Als Trogloxenen sind in seltenen Fällen Süßwasserpolypen bekannt. Unter den Strudelwürmern entwickeln ausgesprochen eiszeitliche Kaltwassertypen mit zunehmender Wassertemperatur gegen Ende der Eiszeiten in Höhlen überlebende Sonderformen. Bei den Nematoden finden sich mehrere echte Grundwassertiere, die in luftlosen, wasserführenden Höhlen vorkommen.

Die weitaus meisten Höhlentiere stellen die Gliederfüßer (Arthropoda). Darunter gibt es z. B. spezielle Höhlenkrebse, die im Grundwasser, und solche, die in offenen Höhlengewässern leben. Auch Hunderte von Spinnentier-Arten sind auf das ausschließliche oder zeitweilige Höhlenleben spezialisiert. Tausendfüßer stellen sowohl Troglobien wie Troglophile. Höhlenbewohnende Insekten sind vor allem Springschwänze (Collembola, → 410 Mio./S. 123), aber auch Heuschrecken, Kleinschmetterlinge, Diptera (Fliegen und Mücken) und zahlreiche Käfer. Unter den Wirbeltieren gibt es ausgeprägte Höhlenfische, Schwanzlurche (Urodela) wie den Grottenolm und den Höhlensalamander, Höhlenschlangen sowie seltener auch Höhlenvögel. Gern halten sich Fledermäuse in Höhlen auf. Speziell während des Oberen Pleistozäns besuchen auch Großsäuger als Troglophile regelmäßig die Höhlen, wobei sie diese vor allem als Überwinterungsquartiere nutzen. Zu ihnen zählen Höhlenlöwen, -bären, -hyänen und -wölfe sowie Füchse, Dachse und andere Kleinsäuger.

Tief in einem Höhleneingang wächst Leuchtmoos (Schistostega pinnata), das sich an diesen Lebensraum angepaßt hat. Kugelige, glasige Zellen reflektieren wie Hohlspiegel das schwache einfallende Licht gebündelt.

◁ Das Große Mausohr (Myotis myotis) verläßt wie viele andere Fledermausarten seine heimatliche Höhle erst bei einbrechender Dämmerung.

Homo-erectus-Formen an der Schwelle zum Homo sapiens

Homo erectus der sogenannten späterectoiden Form ging nicht mehr leicht vornübergeneigt wie die älteren Vertreter dieser Menschenart.

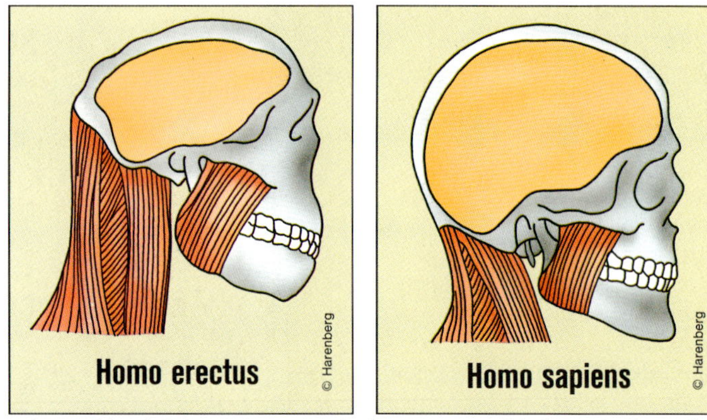

Die wohl wichtigsten anatomischen Unterschiede zwischen den Menschenarten Homo erectus und Homo sapiens betreffen das Schädelskelett. Homo erectus besitzt noch ein fliehendes Kinn und eine flache Stirn. Der Hinterkopf ist weniger gerundet und der Oberschädel insgesamt flacher.

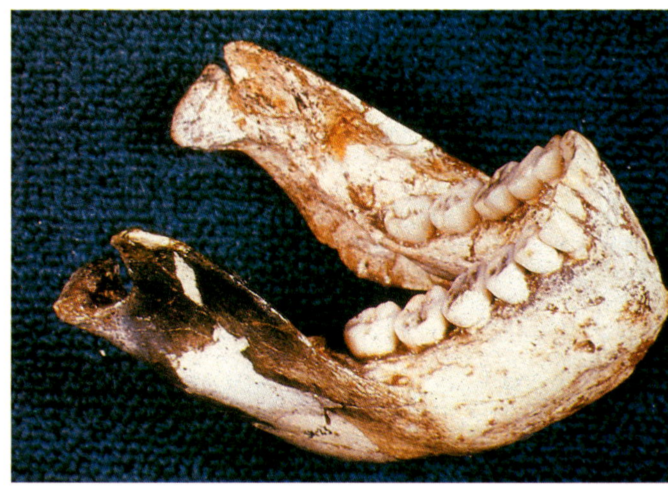

Australopithecus (Paranthropus) crassidens aus Transvaal (im Bild: Unterkiefer) lebte vor rund 1 Mio. Jahren und wird von manchen Paläoanthropologen als Homo-erectus-Vorfahr angesehen.

600 000–125 000. In verschiedenen Regionen der Alten Welt, in Europa, Afrika und Asien, leben Hominiden, die zwar heute im allgemeinen zur Gattung Homo erectus (→ 1,7–0,72 Mio./S. 423) gestellt werden, die sich aber von den frühen Formen dieser Gattung anatomisch in vielfacher Hinsicht unterscheiden. Deshalb sehen verschiedene Paläoanthropologen in diesen sogenannten späterectoiden Frühmenschen, vor allem in jenen, die jünger als 250 Jahrtausende sind, bereits Formen von Homo sapiens. Diese Auffassung vertreten insbesondere Wissenschaftler, die die früherectoiden Menschen überhaupt nicht als geradlinige Vorfahren der Gattung Homo sapiens, sondern als einen Seitenast der Hominiden-Entwicklung betrachten (→ S. 421).

Entgegen den Früherectoiden gehen die Späterectoiden wirklich aufrecht und nicht leicht gebückt, denn der Aufbau ihres Oberschenkelgelenks ist ein modernerer. Auch ihr Gehirnvolumen ist erheblich größer. Hatten die frühen Formen ein solches von durchschnittlich 850 cm^3, so verfügen die Späterectoiden über ein Gehirnvolumen von durchschnittlich 1050 cm^3. Auch sind bei ihnen jene Gehirnpartien deutlich besser entwickelt, die das Sprachvermögen steuern. Die späterectoiden Hominiden sind mit 155 bis 160 cm Körpergröße 10 bis 15 cm kleiner als die Früherectoiden.

Wie komplex das Problem wird, wenn man sich anatomischen Details zuwendet, sollen zwei Beispiele zeigen, die zeitlich in etwa jene Epoche fallen, in der die Spätformen die Frühformen (entwicklungsgeschichtlich oder rein chronologisch) ablösen. Vor etwa 600 Jahrtausenden lebt auf Java ein Frühmensch, der unter Namen wie Homo soloensis, Javanthropus soloensis, Solo-Mensch oder Ngandong-Mensch bekannt ist. Bezeichnenderweise wird er von einigen Wissenschaftlern auch als Homo erectus oder Homo erectus erectus, von anderen dagegen als Homo sapiens soloensis bezeichnet, während wieder andere sogar von einem Homo neanderthalensis soloensis sprechen. Das Schädelvolumen liegt bei 1035 (weiblich) bis 1255 cm^3 (männlich). Zunächst eröffnete man für die Funde aus Java eine neue Hominidengattung, nämlich Homo soloensis und sogar eine neue Untergattung: Javanthropus. Die Probleme der entwicklungsgeschichtlichen Zuordnung zeigten sich im Zuge der später generellen Vereinfachung des Entwicklungsschemas der Hominiden auf einige wenige Arten. In der Tat zeigt der Mensch von Solo typische Merkmale des Homo sapiens und auch etliche von Homo neanderthalensis (der nach Auffassung vieler Wissenschaftler ohnehin nur eine Unterart von Homo sapiens darstellt). Von den Frühformen des Homo erectus ist er hingegen weiter entfernt. Mit den Spätformen verbindet ihn eines: Er paßt am Rande in diese in ihrer anatomischen Beschreibung sehr weitgefaßte Gruppe.

Als noch prekärer erweisen sich Überreste fossiler Hominiden, die – nicht genau datierbar – irgendwann vor 500 bis 200 Jahrtausenden im Nordwesten Afrikas zu Hause sind. Funde stammen vom Jebel Ighoud, 60 km südöstlich von Safi in Marokko. Der Mensch von Ighoud ist durch gut erhaltene Schädel, Kiefer und Zähne belegt. Das Gehirnvolumen schwankt zwischen 1305 und 1480 cm^3, entspricht also schon fast dem des modernen Menschen. Aufgrund seines Alters wurde der Ighoud-Mensch u. a. als »genereller oberpleistozäner Hominide« bezeichnet. Aus demselben Grunde wollten zunächst einige Wissenschaftler in ihm einen sehr fortgeschrittenen Homo erectus sehen. Andere plädierten stark für einen Neandertaler, und zwar nicht für eine Frühform, sondern für einen Neandertaler im klassischen Sinne. Aber auch dafür erscheint dieser Mensch als zu modern. Heute tendiert die Wissenschaft sogar zu seiner Anerkennung als sehr frühem modernem Homo sapiens (→ S. 456).

Die beiden dargestellten Kontroversen sind zwar »Extremfälle«, doch gestaltet sich die Abgrenzung der späterectoiden Hominiden oft schwierig. Erwähnt seien nur der französische Tautavel-Mensch, der vor 400 Jahrtausenden lebt und sowohl als H. erectus wie als Neandertaler angesehen wird, der marokkanische Sal-Mensch aus derselben Zeit, der als H. erectus und H. sapiens betrachtet wird, der 230 Jahrtausende alte Mensch von Baringo in Kenia, bei dem sogar die Entscheidung zwischen H. erectus und H. habilis (→ 2–1,7 Mio./S. 412) umstritten ist, und der 125 Jahrtausende alte Mensch von Kabwe aus Sambia, der gleichermaßen als H. erectus wie als Neandertaler oder als H. sapiens angesehen wird.

Aufrechte Menschen in der Alten Welt

600 000–125 000. Gleich, ob man in den jüngeren Homo-erectus-Formen (→ S. 454) eine in sich geschlossene Art mit großer Streubreite ihrer anatomischen Merkmale, eine Formengruppe sich parallel entwickelnder Hominiden oder frühe Vertreter von Homo sapiens sieht, eines ist sicher: Während der Zeit ihres Vorkommens sind die schon in vielfacher Hinsicht dem Homo sapiens zumindest ähnlichen Frühmenschen bereits über weite Teile der Alten Welt verbreitet. Älteste Funde dieser späterectoiden Formen liegen aus China (s. u.) und Java vor und stammen aus der Zeit vor etwa 600 Jahrtausenden. In Java lebt um diese Zeit der »Mensch von Ngandong«. Besonders seine Unterschenkelknochen gleichen schon weitgehend denen des modernen Menschen. Sein Kopf mit 1035 bis 1255 cm³ Schädelvolumen zeigt noch eine fliehende Stirn und kräftige Überaugenwülste.

Vor etwa 400 Jahrtausenden lebt in Frankreich der Tautavel- oder Arago-Mensch. Überreste sind in einer Wohnhöhle im Verdouble-Tal in den östlichen Pyrenäen erhalten. Sein Schädelvolumen liegt zwischen 1100 und 1200 cm³. Gegenüber dem Ngandong-Menschen zeigt er einige fortschrittlichere Merkmale (etwa im Gebiß), die oft als Indiz für eine Zuordnung zu Homo sapiens oder einer Übergangsform erectus/sapiens gewertet werden.

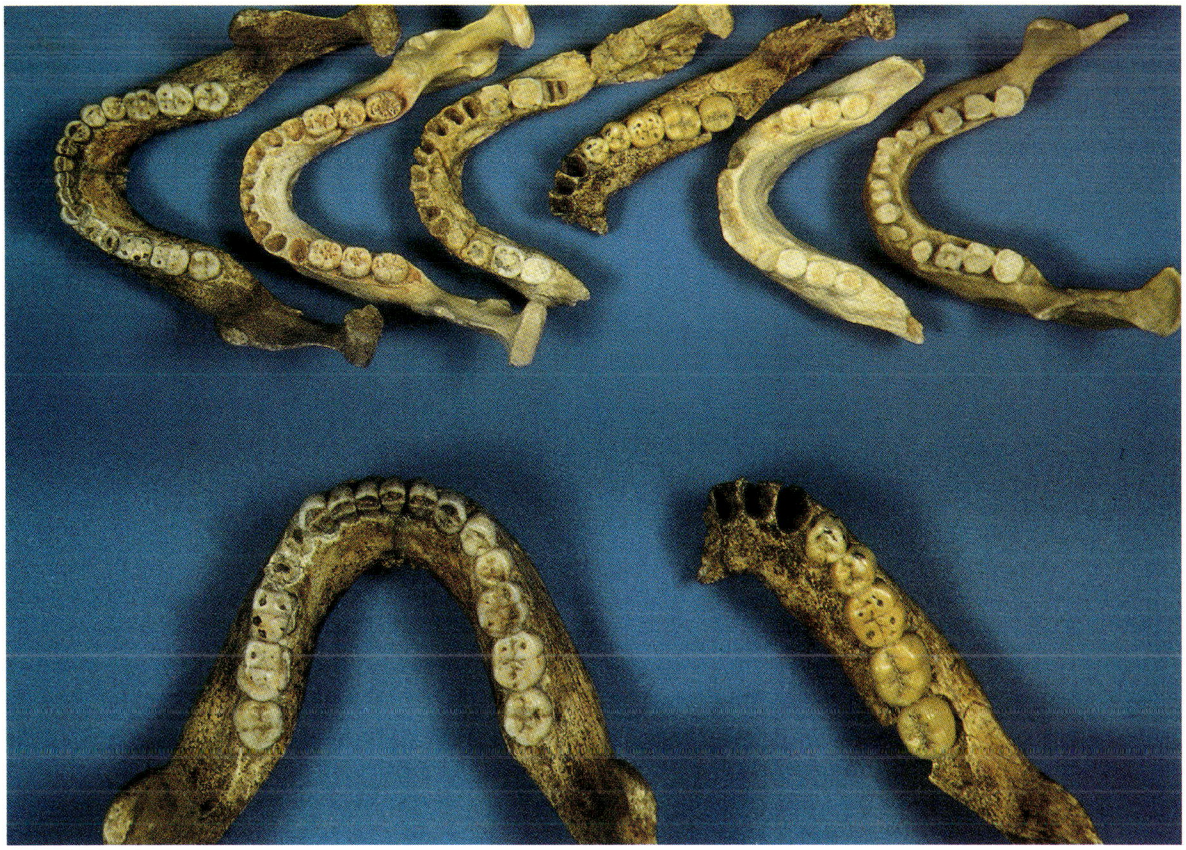

Erectus-Unterkiefer: (o. v. l.) Mauer, Montmaurin, Arago 2, Arago 13, Atapuerka, Bañolas; (u. v. l.) Mauer, Arago 13

Um dieselbe Zeit ist im Küstengebiet von Marokko der Mensch von Salé zu Hause. Sein Schädelvolumen liegt nur zwischen 860 und 960 cm³, und seine kräftigen Zähne sprechen deutlich für einen Homo erectus. Geht man von einem gleitenden Übergang zwischen Homo erectus und Homo sapiens aus, steht der Salé-Mensch wahrscheinlich noch relativ weit am Anfang dieses Spektrums. Dennoch wird er gelegentlich als Homo sapiens bezeichnet.

Vor 200 bis 185 Jahrtausenden leben Homo-erectus-Vertreter in Mitteleuropa, z. B. im östlichen Deutschland der sogenannte »Mensch von Bilzingsleben« im Thüringer Becken und der Mensch von Vérteszöllös in Ungarn. Sie zeigen beide deutliche Merkmale von Homo sapiens, in erster Linie das große Gehirnvolumen von 1115 bis 1437 cm³. Dennoch weisen sie auch primitive Merkmale wie eine fliehende Stirn und starke Überaugenwülste auf. Bemerkenswert ist, daß in Europa zeitgleich bereits wesentlich weiterentwickelte Hominiden leben, nämlich der britische Swanscombe-Mensch und der deutsche Steinheim-Mensch, die beide eindeutig Formen von Homo sapiens sind.

Kontinuierliche Besiedlung Chinas durch Frühmenschen

650 000–125 000. In China zeigt sich eine Kontinuität der Besiedlung durch späterectoide Frühmenschen (→ S. 454). Als erster hinterläßt vor rund 650 Jahrtausenden Sinanthropus lantianensis bei Lantian in der Provinz Shaauxi fossile Überreste. Er gehört eindeutig zu Homo erectus. Vor etwa 400 bis 370 Jahrtausenden lebt der Peking-Mensch (Homo erectus pekinensis) und vor 280 bis 240 Jahrtausenden der Hexian-Mensch, ebenfalls ein klarer Homo erectus. Vor 250 bis 125 Jahrtausenden ist in China der Dali-Mensch, eine Übergangsform von Homo erectus/sapiens, zu Hause, den vor 125 Jahrtausenden der Homo sapiens von Maba in der Provinz Guangdong ablöst (→ S. 457).

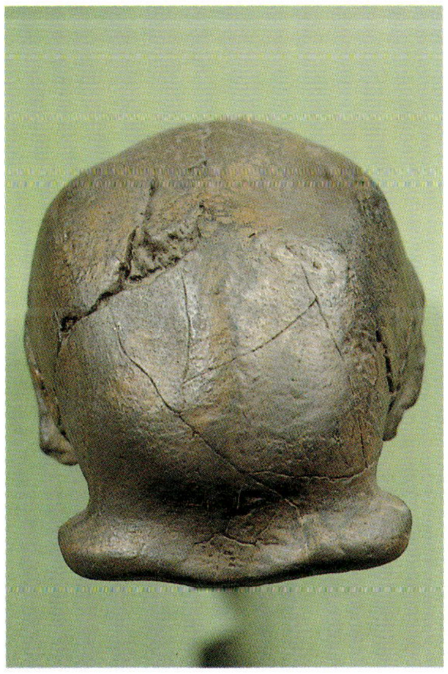

Die als »Dali Cranium« bekannt gewordene Schädeldecke von Wu Xinzhi in China gehört zu einem 250 000 bis 128 000 Jahre alten Homo erectus.

◁ Mittelpleistozäner Schädel von Homo erectus aus Chou-kou-tien

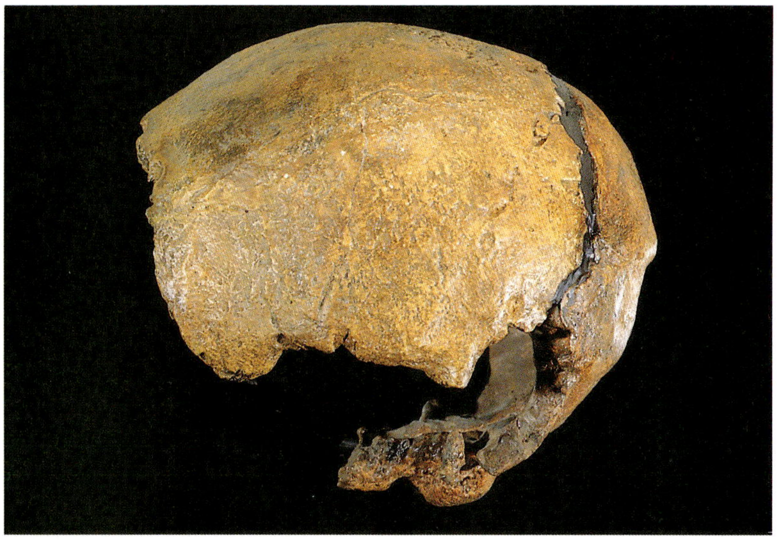

Der Homo sapiens von Swanscombe in der englischen Grafschaft Kent (im Bild: Schädelfragment) ist etwa 225 000 Jahre alt. Er ähnelt dem Menschen von Steinheim und wurde früher als Homo sapiens praesapiens bezeichnet.

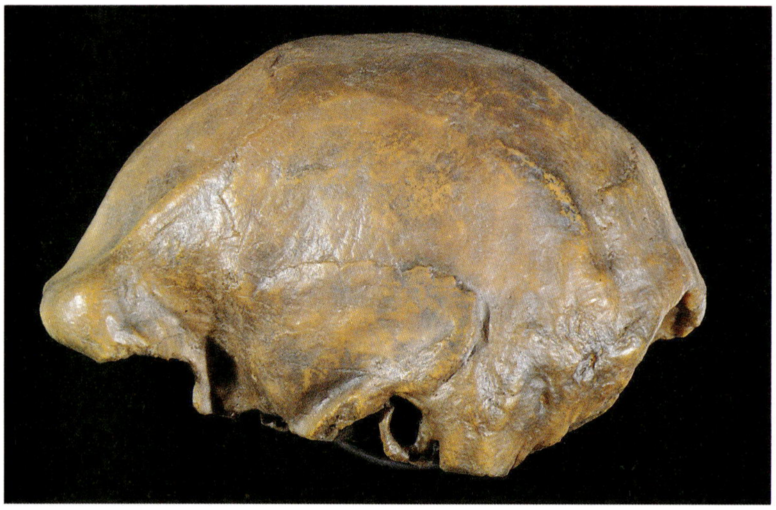

Dieser oberpleistozäne Schädel aus Ngandong (Java) gehört zu einem als Solo-Mensch bekannten Typ, der u. a. als Homo primigenius asiaticus, Homo neanderthalensis soloensis und Homo erectus erectus beschrieben wurde.

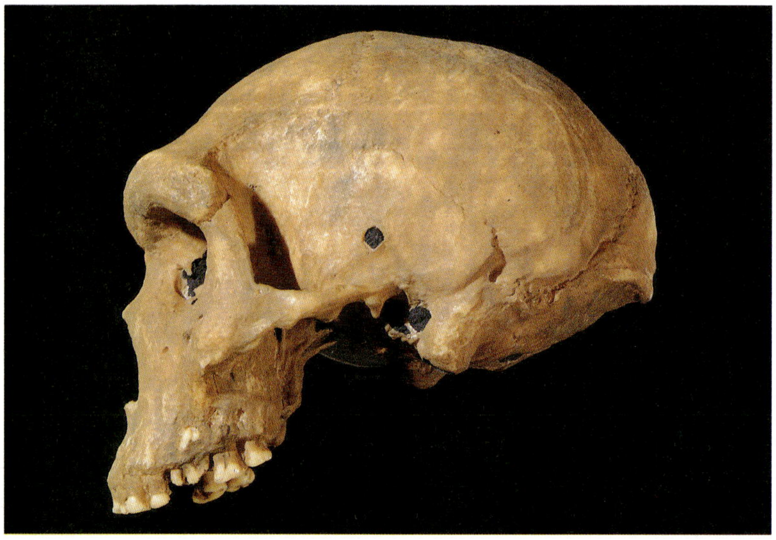

Mehr als 125 000 Jahre alt ist nach neueren Datierungen der Mensch von Kabwe (Sambia), der in der Fachliteratur als Homo rhodesiensis, Cyphanthropus rhodesiensis und Homo sapiens rhodesiensis erscheint.

Übergang zum Homo sapiens

320 000–10 000. Etwa zu Beginn des Mindel/Riss-Interglazials oder der Holstein-Warmzeit, also vor rund 320 Jahrtausenden, vielleicht auch schon einige Jahrzehntausende früher, bildet sich in Europa eine neue Menschenart heraus, der Homo sapiens. Das geschieht allerdings nicht plötzlich, sondern sehr wahrscheinlich in Form einer recht langen Entwicklungszeit, denn die Übergänge zwischen den jüngeren Homo-erectus-Formen (→ S. 454) und Homo sapiens sind gleitend. Aber der vor vielleicht 600 Jahrtausenden auf Java lebende Solo-Mensch, der in Fossilfunden von Ngandong belegt ist, wird schließlich von manchen Wissenschaftlern bereits als früher Homo sapiens betrachtet.

Die neuen, unumstrittenen Sapiens-Formen unterscheiden sich vom Homo erectus und den Erectus/sapiens-Übergängen vor allem durch das Schädelprofil: Die Stirn ist höher gewölbt, aber bei weitem noch nicht so hoch wie bei Homo sapiens sapiens, die Überaugenwülste sind schwächer ausgebildet, und der Unterkiefer zeigt deutliche Ansätze eines – wenngleich noch stark fliehenden – Kinns. Doch sind all diese Merkmale gegenüber fortschrittlicheren jüngeren Homo-erectus-Formen nicht scharf abzugrenzen. Oft werden deshalb zusätzlich auch kulturelle Unterschiede zur Klassifizierung bemüht.

Der Mensch von Steinheim

Von den unsicheren Homo-erectus/sapiens-Überresten (→ S. 454) abgesehen, finden sich die frühesten heute bekannten Homo-sapiens-Belege in Steinheim an der Murr (Deutschland). Die Datierung ist umstritten. Einerseits wird ein Alter von 370 bis 350 Jahrtausenden angegeben, zuverlässiger – weil mit verschiedenen Methoden ermittelt – scheinen 320 Jahrtausende oder weniger zu sein. Als jüngstes Datum wurden bis jetzt 180 Jahrtausende genannt. Erhalten ist ein beschädigter, etwas verformter Schädel einschließlich der Gesichtspartie eines jungen Erwachsenen. Vorhanden sind auch der zweite obere rechte Prämolar und die Molaren (Backenzähne). Auffällig sind die Überaugenwülste, die weiten Nasenöffnungen und die eingedrückte Nasenwurzel. Das Gehirnvolumen beträgt 1150 bis 1175 cm^3. Im ganzen erinnert der Schädel noch an Homo-erectus-Formen aus dem früheren Unteren Pleistozän (→ S. 458).

Der Pontnewydd-Mensch

Aus der Zeit vor 250 bis 225 Jahrtausenden stammen Homo-Fossilien aus der Pontnewydd-Höhle im Elwy-Tal im nördlichen Wales, die sehr wahrscheinlich ebenfalls zu Homo sapiens gehören. Der Mensch, von dem nur einige Knochenstücke und Backenzähne erhalten sind, sowie seine Stammesgenossen sind ganz offensichtlich recht aktive Werkzeugmacher. Vor der Höhle ist eine große Anzahl von Steingeräten überliefert, u. a. scheibenförmige Gegenstände, Schaber, Steinbeile und Handäxte, sogenannte Cleaver (→ S. 468), Hackmesser und auch bereits Pfeil- bzw. Speerspitzen.

Der Mensch von Swanscombe

Vor etwa 225 Jahrtausenden lebt in der englischen Grafschaft Kent, östlich von London am Südufer der ehemaligen Themse, der Mensch von Swanscombe, der weitgehend dem Steinheim-Menschen gleicht und u. a. auch als Homo sapiens steinheimensis beschrieben wurde. Überliefert sind gut erhaltene Schädelreste in interglazialen Flußschottern. In denselben Schichten finden sich zahlreiche Fossilien von Zeitgenossen des Swanscombe-Menschen: Wölfe, Löwen, der Elefant Palaeoloxodon antiquus, das Merck-Nashorn (→ S. 448), Pferde (Equus caballus), Damhirsche und Riesenhirsche (Megaceros giganteus), Rotwild (Cervus elephus), Auerochsen (Bos primigenius) und Hasen (Lepus sp.). Auch Feuersteinwerkzeuge und bearbeitete Säugetierknochen sind überliefert.

Der Omo-Mensch

Das Gebiet des unteren Omo-Flusses in Äthiopien ist ein Sedimentationsbecken, das Schichten aus rund 4 Mio. Jahren aufweist. In diesen liegen die fossilen Überreste zahlreicher älterer Menschenartiger, darunter viele Australopithecinen (→ 4–3,5 Mio./S. 409), Homo habilis (→ 2–1,7 Mio./S. 412) und Homo erectus (→ 1,7–0,72 Mio./S. 423). In den obersten Schichten aus einer Zeit vor rund 130 Jahrtausenden sind auch Knochen eines Homo sapiens, u. a. ein zwar zerstörter, aber gut zu einem Ganzen

Diese primitiven altsteinzeitlichen Werkzeuge fanden sich in der Nähe der Steinheimer Homo-Überreste. Es handelt sich um einen Bohrer (o.) und einen Schaber.

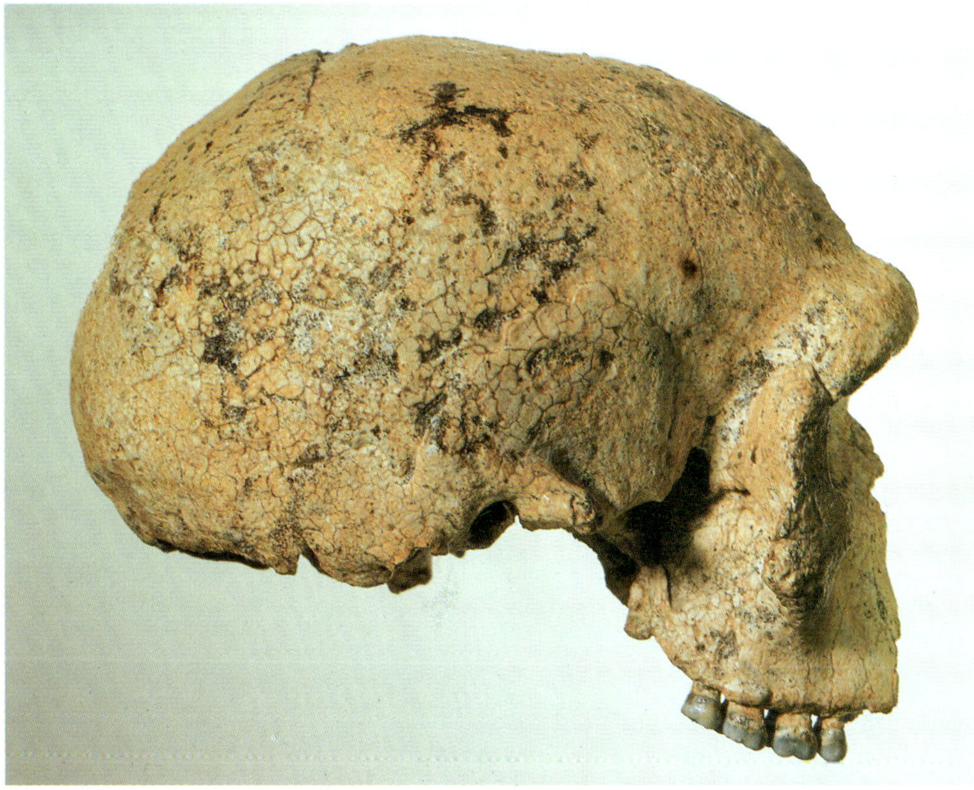

Das Alter des Schädels von Steinheim an der Murr ist noch nicht gesichert. Als Maximum werden 370 000, als Minimum 180 000 Jahre genannt; als am wahrscheinlichsten gelten etwa 320 000 Jahre. Vom modernen Homo sapiens unterscheidet den Steinheim-Menschen u. a. noch seine flache Stirn.

rekonstruierbarer Schädel (»Omo I«) erhalten. Vor allem der Hinterschädel und das markante, erstaunlich modern wirkende Kinn sind eindeutige Sapiens-Merkmale.

Der Homo sapiens von Maba

Reich an frühen Homoniden ist China. Aus der Zeit vor 125 Jahrtausenden oder früher ist aus einer Höhle in der Nähe des Dorfes Maba in der Guangdong-Provinz eine Schädelkalotte erhalten, die eindeutig von einem Homo sapiens stammt. Er teilt seinen Lebensraum mit einer reichhaltigen Fauna, der eine Reihe sehr großer Säugetiere angehören: Rüsseltiere (Stegodon und der Elefant Palaeoloxodon namadicus), Tapire, eine Rhinozeros-Art, Schweine, Hirsche und Rinder.

Homo sapiens in Ostafrika

Ebenfalls überaus reich an Prä- und Frühhominiden-Überresten ist Ostafrika. Hier ist die Art Homo sapiens u. a. in Tansania im Gebiet von Laetoli vertreten, in der schon vor ihr Australopithecinen und ältere Mitglieder der Gattung Homo lebten. Der Homo sapiens, bekannt aus einem Fund aus etwa 40 km Entfernung von der berühmten Olduwai-Schlucht (→ S. 420/421) in der südlichen Serengeti, lebt in den ostafrikanischen Savannen irgendwann während des Unterpleistozäns vor 125 bis 30 Jahrtausenden. Besonders der als »Laetoli Hominid 18« bekannt gewordene Schädel gibt Rätsel auf: Er gehört ohne jeden Zweifel einem Homo sapiens mit weitgehend modernen Merkmalen, weist aber dennoch zugleich archaische Züge auf. Diese aber entsprechen in keiner Weise denen der Homo-erectus-Formen und auch nicht jenen der Neandertaler, sondern einem anderen Typus, der sich auch in den frühen Homo-sapiens-Vertretern von Homo in Äthiopien, von Kabwe und dem Eyasi-See (beide ebenfalls in Ostafrika) erkennen läßt.

Der Mensch von Florisbad

Vor 39 bis 38 Jahrtausenden ist in Südafrika ein recht moderner Homo sapiens zu Hause. Seine Stirn ist höher gewölbt als die früherer Formen, und die Überaugenwülste sind reduziert. Er unterscheidet sich von anderen Homo-sapiens-Formen und wurde deshalb auch als Homo helmei oder Homo florisbadensis (nach dem Fundort Florisbad bei Bloemfontein) bezeichnet. Manches an ihm erinnert an den Neandertaler, manches an die rezente australoide Menschenrasse des Homo sapiens sapiens (Aborigines).

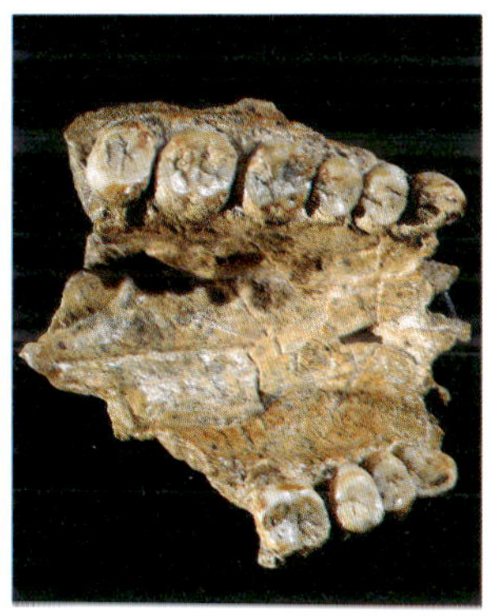

Spätes Homo-erectus-Gebiß (Pithecanthropus-Typus) von Santran auf Java

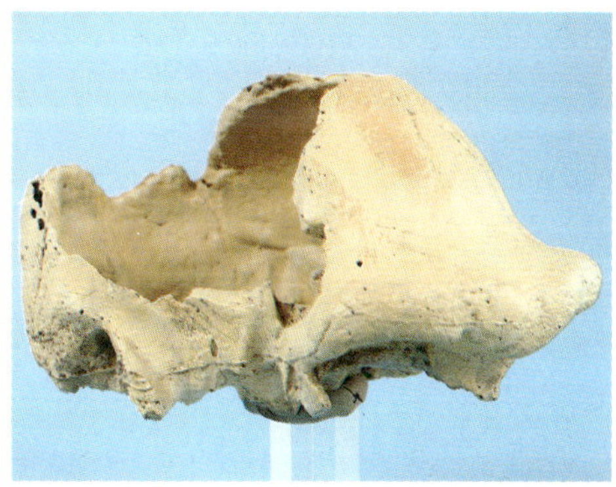

Ein fortgeschrittener Homo erectus aus der bekannten Olduwai-Schlucht (Tansania) hinterließ diese Schädelreste.

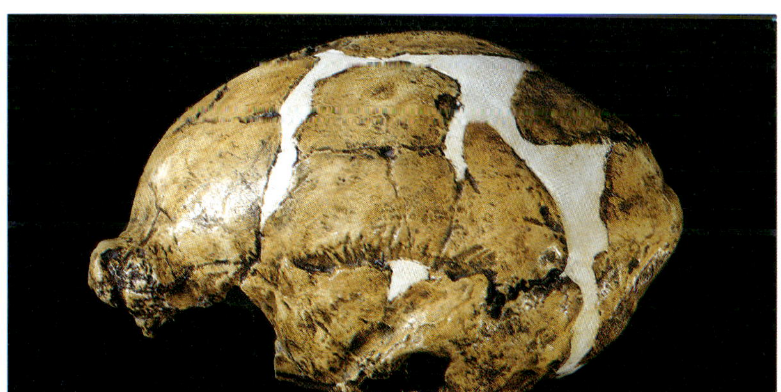

Als Peking-Mensch, Sinanthropus pekinensis oder Pithecanthropus pekinensis, wird ein Homo erectus bezeichnet, von dem u. a. etwa 400 000 bis 370 000 Jahre alte Schädelfragmente vorliegen.

Mutmaßliche Väter der Neandertaler leben in Europa

400 000–180 000. Die Einordnung der frühen Homo-habilis-Formen Europas (→ S. 456–457) in das weitere evolutionäre Geschehen ist Gegenstand heftiger Diskussionen. Ihr Hauptaugenmerk richten die Paläoanthropologen vor allem auf den Tautavel-Menschen von Arago bei Perpignan, der vor etwa 400 Jahrtausenden in Frankreich lebt (→ S. 454), den Steinheim-Menschen, der vor rund 320 Jahrtausenden in Deutschland zu Hause ist, und auf die frühen Bewohner der Britischen Inseln in Form des Swanscombe-Menschen (vor ca. 225 Jahrtausenden) sowie den Pontnewydd-Menschen (250–225 Jahrtausende).

Sie alle zeichnen sich durch Merkmalkombinationen aus, die einerseits gewisse Anklänge an den jüngeren Homo erectus (→ 1,7–0,72 Mio./S. 423), andererseits an den klassischen Neandertaler (→ S. 459–461) und schließlich auch an den anatomisch modernen Menschen aufweisen. Das hat zu der Hypothese geführt, daß von den frühen europäischen, afrikanischen und asiatischen Sapiens-Formen aus zwei getrennte Linien zum Neandertaler und zum modernen Menschen führen. Gestützt wird diese Behauptung durch die unbestrittene Tatsache, daß sich der Neandertaler ab der Zeit vor 35 Jahrtausenden in Europa nicht mehr nachweisen läßt, also zu einer Zeit, in der hier wenig später der moderne Mensch erscheint. Nach neueren Untersuchungen wird angenommen, daß von den frühen archaischen Sapiens-Formen aus Europa die Entwicklung ausschließlich zu den Neandertalern führt, wobei noch diskutiert wird, inwieweit die frühesten Vertreter dieser Gruppe (von Arago u. a.) noch zu Homo erectus oder schon zum archaischen Homo sapiens zu rechnen sind.

In konsequenter Fortführung dieses Gedankens entwickelt sich der Homo sapiens sapiens aus zeitgleich in Afrika und/oder Asien lebenden frühen Homo-sapiens-Formen. Da diese frühen afrikanischen Sapiens-Formen wenig mit Homo erectus gemein haben, ist fraglich, ob nicht doch die These, der Weg über Homo erectus führe generell zum Neandertaler, während der zum Homo sapiens sapiens seine Wurzeln im Homo habilis hat (→ 2–1,7 Mio./S. 412), zurecht besteht.

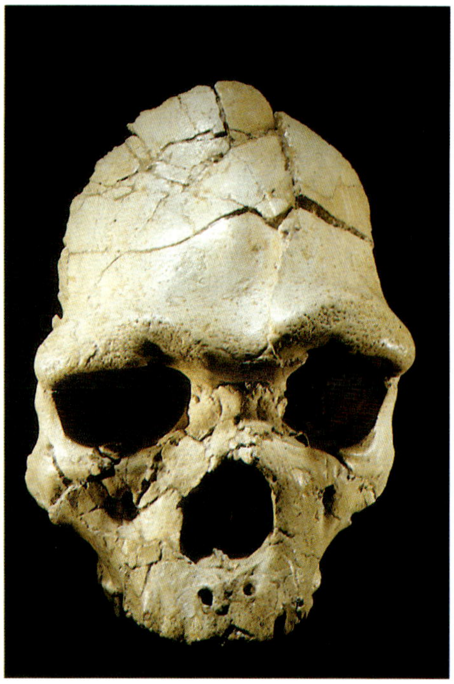

△ *In der Arago-Höhle bei Tautavel (l.) in den Pyrenäen lebte vor rund 200 000 Jahren ein Mensch, der an der Schwelle zwischen Homo erectus und dem Neandertaler bzw. Präsapiens-Formen stehen könnte. Sicher ist er – wie auch der Mensch von Steinheim – bereits weiter entwickelt als Homo erectus. Ein typischer Neandertaler ist er aber auch nicht. Die rechte Abbildung zeigt den Schädel des »Tautavel-Menschen«.*

Steinwerkzeuge aus der Altsteinzeit (Paläolithikum): Oben ein einfacher Faustkeil aus dem algerischen Abbevillien (älter als 350 000 Jahre), unten ein solcher aus dem Acheuléen (350 000 bis 100 000 Jahre)

Streitfrage:

Ahnenreihe des Neandertalers

Drei Grund-Hypothesen zur Herkunft des Neandertalers und des Homo sapiens sapiens:

Prä-Sapiens-Hypothese: Sie geht von einer parallelen Entwicklung in Europa seit über 300 Jahrtausenden aus. Die Funde von Steinheim, Swanscombe und Vérteszöllös wären danach in die Reihe des modernen Menschen zu stellen.

Prä-Neandertaler-Hypothese: Sie nimmt eine spätere Trennung der Entwicklungslinien vor rund 120 Jahrtausenden an. Die vor 400 bis 180 Jahrtausenden lebenden europäischen Hominiden sind ihr zufolge Vorläufer des klassischen Neandertalers, während sich Homo sapiens sapiens aus den fortschrittlichsten Neandertaloiden Südwest- und Vorderasiens, oder nach anderer Auffassung schon früher in Afrika entwickelt.

Phasen-/Stufen-Hypothese: Sie unterstellt, daß sich in Europa eine kontinuierliche Entwicklung von Homo erectus über Homo sapiens neanderthalensis (ältere und klassische Formen) zum Homo sapiens sapiens abgespielt hat.

Kräftige Menschen mit vergrößerter Gehirnkapazität

100 000–35 000. In West- und Südeuropa, aber auch im Vorderen Orient und bis hinein nach Zentralasien lebt eine Menschengruppe, die nach ihrem ersten Fundort, dem Neandertal bei Düsseldorf, benannt ist: Neandertaler.

Besonders die in der Zeit vor etwa 75 bis 40 Jahrtausenden lebenden Neandertaler, die sogenannten klassischen Neandertaler, zeigen anatomisch ein sehr einheitliches Erscheinungsbild. Die gelegentlich als Präneandertaler (→ S. 458) bezeichneten Vorformen und die frühen Neandertaler vor etwa 100 Jahrtausenden zeichnen sich durch eine größere Merkmalsvariabilität aus. Auch sind sie gegenüber dem klassischen Neandertaler meist graziler. Vor etwa 40 bis 35 Jahrtausenden erscheinen dann im Vorderen Orient gelegentlich Neandertaler, die möglicherweise anatomische Übergänge zum modernen Menschen erkennen lassen.

Das Fundmaterial ist nicht gering. Bisher sind für den frühen Neandertaler 19 Fundstellen mit fossilen Resten von rund 75 Individuen beschrieben. Vom klassischen und Spätneandertaler sind 52 Fundplätze mit zusammen mehr als 200 Individuen bekannt. Aus all diesen Belegen ergibt sich folgendes Bild: Die klassischen Neandertaler sind wuchtige, untersetzte Menschen mit durchschnittlich 155 bis 165 cm Körpergröße. Ihre Arme und Beine sind starkknochig, der Oberschenkel- wie der Oberarmknochen leicht gebogen. Markante Muskelansatzstellen deuten auf eine kräftige Muskulatur hin. Die Körperhaltung ist – entgegen älteren Vermutungen – vollkommen aufrecht, und die Beweglichkeit und manuelle Geschicklichkeit entsprechen den körperlichen Fähigkeiten des modernen Menschen.

Der das Gehirn einschließende Oberschädel hat eine längere Form als beim Homo sapiens sapiens. Die Stirn ist flach und setzt über ausgeprägten Überaugenwülsten an. Von hinten betrachtet hat der Schädel eine kreisrunde bis querovale Form. Das Schädelvolumen liegt mit durchschnittlich 1500 cm³ und maximal ca. 1700 cm³ deutlich über dem des modernen Menschen. Paläoanthropologen vermuten, daß dieses Faktum mit der wuchtigen Muskulatur im Zusammenhang steht.

Das Gesicht ist groß und »keilförmig« vorgewölbt, ein Eindruck, der dadurch entsteht, daß im Gegensatz zum modernen Menschen die Wangenbeine zurückweichen. Der Oberkiefer wirkt im Profil flach. Wangengruben fehlen meist. Besonders groß sind die Augenhöhlen, die durch eine fast runde Begrenzung auffallen. Die Nasenöffnung im Schädel ist gegenüber der des modernen Menschen sehr breit. Der Nasenrücken verläuft fast horizontal nach vorn gerichtet. Das gesamte Gesicht ist im Profil steiler als das der Homo-erectus-Formen.

Beachtlich ist, daß die Überaugenwülste, im allgemeinen ein Merkmal für eine frühe Evolutionsstufe, beim Neandertaler im Laufe der Entwicklung wesentlich kräftiger werden. Der klassische Typ besitzt viel ausgeprägtere Knochenwülste als die Frühformen vor etwa 150 bis 100 Jahrtausenden. Im Unterschied zum modernen Menschen, der Überaugenwülste in Form von Augenbrauenbögen nur noch ansatzweise besitzt, sind die Wülste beim Neandertaler über der Nasenwurzel durch einen massiven Knochenwulst miteinander verbunden.

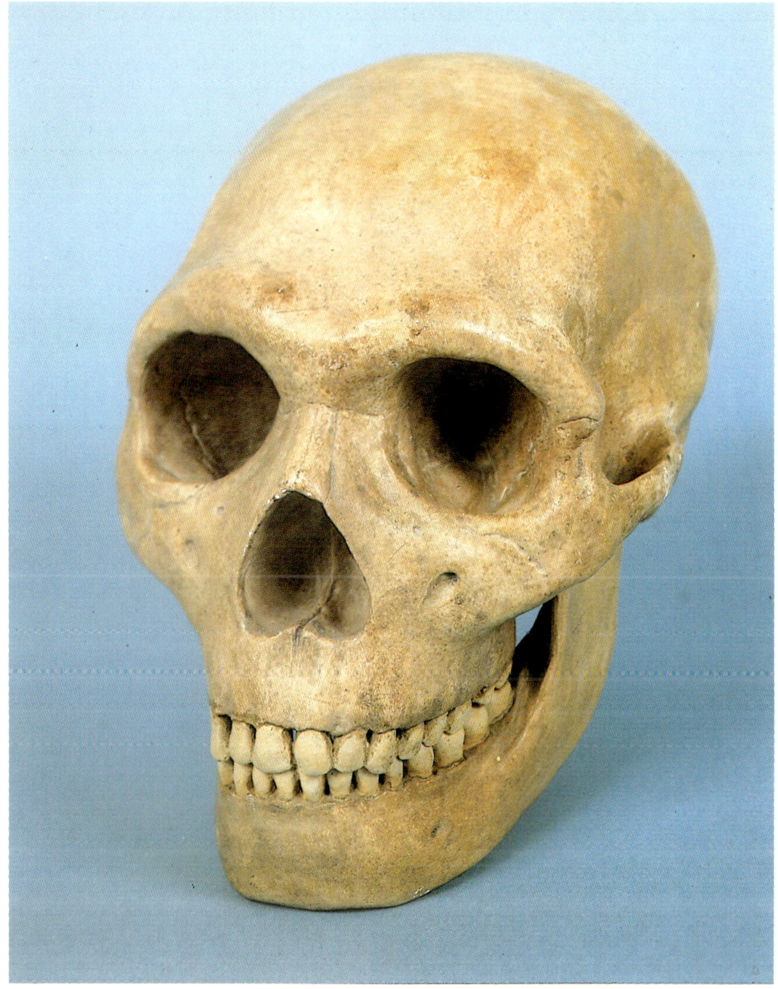

Aus Schädel-Teilskelettfunden ließen sich ein kompletter Schädel sowie der Unterkiefer des »klassischen« Neandertalers rekonstruieren.

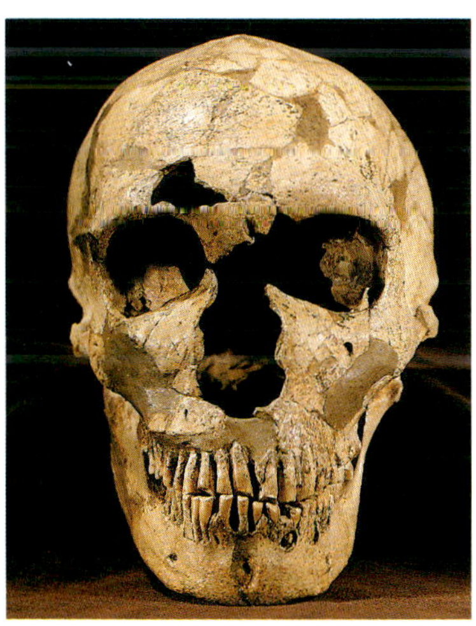

In La Ferrassie in der Dordogne fand sich dieser Neandertaler-Schädel aus dem Moustérien.

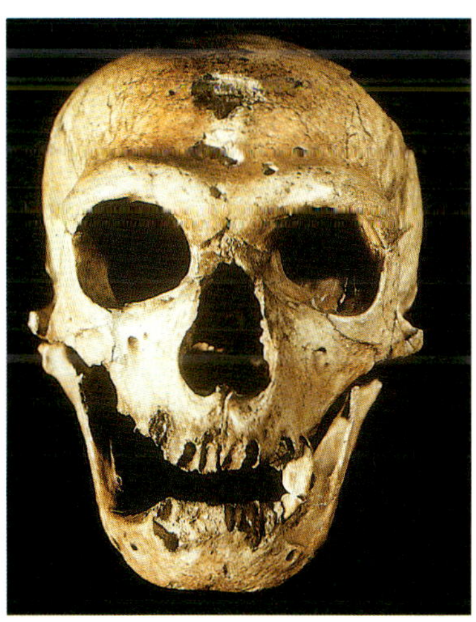

Dieser Schädel eines Neandertalers wurde im französischen La Chapelle-aux-Saints gefunden.

Diese Steinwerkzeuge des Neandertalers (v. l.: Messerklinge, Speerspitze und Schaber) stammen aus Le Moustier in der Dordogne. Der Fundort wurde namengebend für die gesamte Kulturepoche, das Moustérien.

Verbreitung der Neandertaler

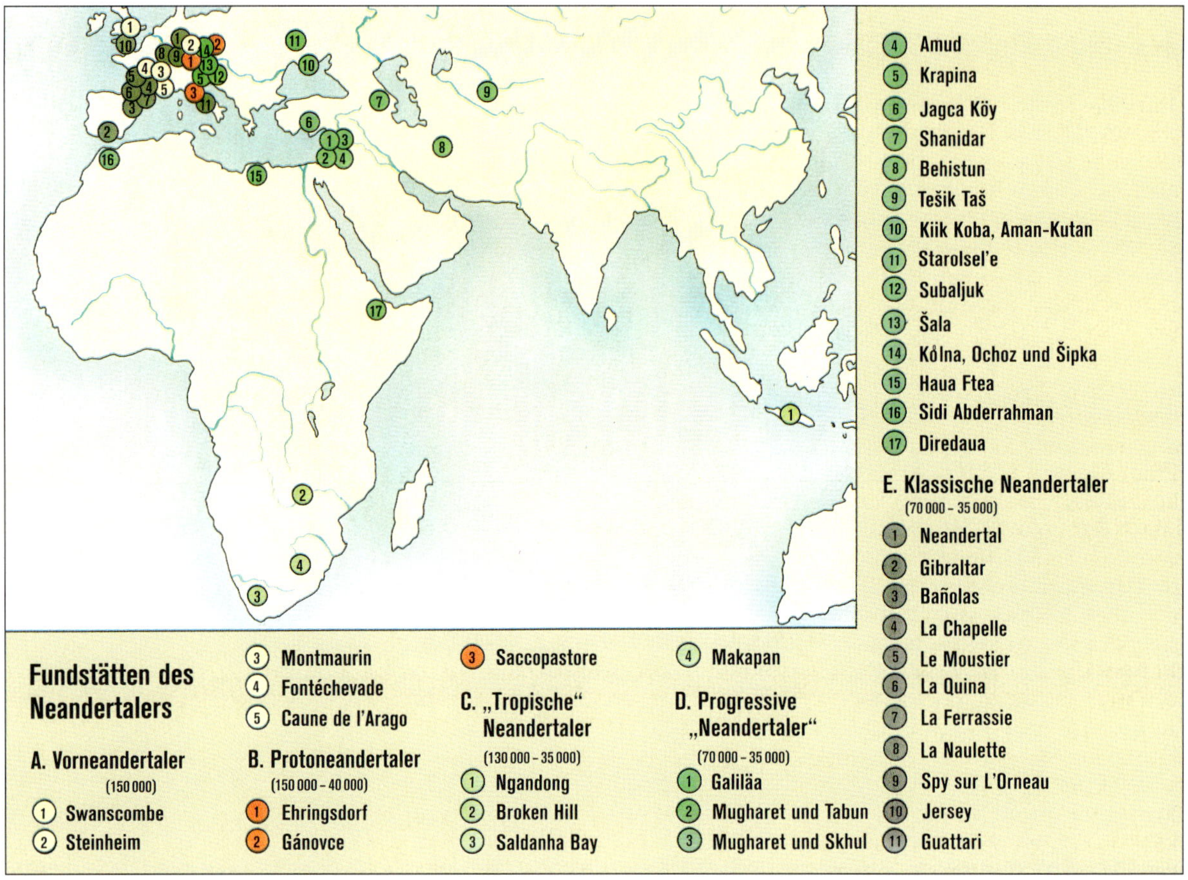

150 000–35 000. Der klassische Neandertaler, wie er als anatomisch recht einheitlich erscheinender Typus in der Zeit vor 70 bis 35 Jahrtausenden lebt, ist in erster Linie Europäer. Fossile Belege von ihm sind vor allem aus Frankreich, aber auch aus Deutschland, Belgien, Spanien, Italien und England bekannt. Die Schichten des namengebenden Fundortes, des Neandertals bei Düsseldorf (s. u.), lassen sich nur schwer datieren, weil in ihnen außer frühmenschlichen Überresten weder Werkzeuge noch irgendwelche fossilen Teile von Tieren aus dieser Zeit belegt sind. Bedeutende Fundorte in Frankreich sind vor allem La Chapelle-aux-Saints bei Brive im Departement Corrèze und La Ferrassie bei Bugue in der Dordogne. Zur gleichen Zeit (70 000–35 000) leben Neandertaler eines nichtklassischen, eher als Vorform des modernen Menschen zu bezeichnenden Typus' in Nord- und Ostafrika, im Mittleren Osten, im westlichen Asien und in Osteuropa.

Schwer einzuordnende, noch primitiv erscheinende Neandertaler sind aus der gesamten Zeit vor 150 bis 40 Jahrtausenden an wenigen Fundplätzen in Ostdeutschland (Ehringsdorf), in der Tschechoslowakei (Gánovce) und Italien (Saccopastore) belegt. Und ein weiterer Formenkreis (»tropischer Neandertaler«), der sich durch das weitgehende Fehlen von an Homo erectus erinnernden Körpermerkmalen auszeichnet, läßt sich vor 130 bis 35 Jahrtausenden in Südafrika (Saldanha und Makapan) und Sambia (Broken Hill) nachweisen.

Streitfrage:

Kosake oder rachitischer Idiot? Diskussion über Knochen

Der erste Fund eines fossilen Neandertalers geht auf das Jahr 1856 zurück, als Steinbrucharbeiter in der Kleinen Feldgrotte im Neandertal bei Düsseldorf Schädelskeletteile fanden, die sie für die eines Höhlenbären hielten. Der Realschullehrer Johann Carl Fuhlrott erkannte die menschliche Natur der Fossilien und diskutierte sie mit dem Bonner Anatomen Franz Joseph Carl Mayer, der aufgrund von Dendriten (→ S. 238) ein hohes Alter vermutete. Sein jüngerer Kollege, der Arzt und Anatom Hermann Schaaffhausen, hielt die Fossilien für Überreste eines »vorhistorischen« Menschentypus' und schloß deren diluviales (eiszeitliches) Alter nicht aus. Diese Auffassung führte zu heftigen Auseinandersetzungen. 1860 kam zwar der britische Geologe Charles Lyell zu dem Schluß, daß die Skelettreste aus dem Neandertal durchaus eiszeitlichen Alters sein könnten, und 1863 unterstützte auch der Brite Thomas Henry Huxley diese Auffassung, doch hielt der berühmte englische Anatom Charles Carter Blake den Neandertaler-Schädel für den eines schwachsinnigen Vertreters der menschlichen Spezies. Im selben Jahr sah der deutsche Zoologe Karl Vogt Ähnlichkeiten zwischen dem Fund und einem Australierschädel, während der deutsche Anatom Rudolf Wagner in den Skeletteilen einen alten Holländer von der Insel Marken erkennen wollte. Originell wie phantasievoll war die neue Interpretation F. J. C. Mayers: Er war ab 1864 davon überzeugt, die Knochen stammten von einem mongolischen Kosaken aus dem russischen Armeekorps des Generals Tschernitschew, der 1814 desertiert war und im Neandertal durch einen Bajonettstoß getötet wurde. Als vollkommen unglaubwürdig stellte 1872 der berühmte Berliner Pathologe Rudolf Virchow den Fund dar. Zwar beschrieb er ihn als erster anatomisch korrekt, doch ordnete er ihn aufgrund der gebogenen Oberschenkelknochen einem rachitischen Idioten zu.

Rudolf Virchow nach einem Gemälde aus dem Jahr 1896

Johann Carl Fuhlrott, der Entdecker der Neandertalers

Alltagsleben in der Welt der klassischen Neandertaler

100 000–30 000. Über das Alltagsleben des Neandertalers geben u. a. Werkzeugfunde aus dieser Zeit, aber auch Überreste von Feuerstellen und Beutetieren Auskunft. Besonders in Westeuropa ist reichhaltiges Material erhalten, vor allem im Bereich zwischen Westfrankreich und Österreich. Doch auch in Vorder- und Zentralasien sowie in Afrika finden sich Belege.

Grundsätzlich ist der Neandertaler Sammler und Jäger. Von welchen Pflanzen er sich ernährt, ist nicht bekannt. Weil aber Analysen über fossile Pollen aus seinem Lebensraum vorliegen, läßt sich zumindest sagen, was dem Neandertaler an vegetarischer Nahrung zur Verfügung steht. In Europa ist während der Warmzeiten der Haselstrauch weit verbreitet. Daneben gibt es bestimmte eßbare Eicheln, wilde Erdbeeren, Himbeeren und Schlehen, außerdem Waldheidelbeeren und Brombeeren. Eßbare Wassernüsse kommen ebenso vor wie zahlreiche genießbare Knollen und Zwiebeln, vor allem von Liliengewächsen.

Bei der Jagd beschränkt sich der Neandertaler keineswegs auf Kleintiere. Er erbeutet Bären, Rene, Büffel, Pferde usw. Weil er noch keine Schleudern kennt, wirft er seine Geschosse mit der Hand, und zwar große Steine oder auch Speere mit Steinspitzen. In Gruppen jagt man, indem Tiere von verschiedenen Jägern abwechselnd solange gehetzt werden, bis sie erschöpft niedersinken und sich mit Steinen oder Keulen erschlagen lassen. Oder die Jäger treiben ihre Beute über Felsklippen in Abgründe. Sehr wahrscheinlich benutzen sie zum Aufschrecken des Wildes auch das Feuer, mit dem sie gut umzugehen verstehen. Fallen sind ebenfalls bekannt. Es gibt verdeckte Fallgruben und Köder, die mit einer von Steinen beschwerten Überdachung oder einem senkrecht herabschnellenden Speer verbunden sind. Möglicherweise ist für Kleinwild wie Hasen auch die Schlingenjagd bekannt.

Um Feuer zu benutzen, ist der Neandertaler nicht mehr auf Blitzschlag angewiesen wie seine Vorfahren. Er kann es selbst entfachen. Ob er bereits das Prinzip des »Feuerbohrens« mit einem Holzstab kennt, der mit seiner Spitze schnell auf einem Stück Weichholz gedreht wird, ist ungewiß. Sicher ist, daß er Feuer mit Steinen schlägt. Dazu eignet sich allerdings nicht das Aneinanderschlagen zweier Feuersteine, weil dabei kalte Funken entstehen. Der Neandertaler verwendet einen Feuerstein und eine Schwefelkiesknolle. Manche Fundstücke zeigen deutliche, z. T. als tiefe Furchen erscheinende Schlagspuren, die auf einen ständigen Gebrauch derartiger Schlagfeuerzeuge schließen lassen.

Das Handwerkszeug ist bereits recht differenziert. Sicher verwendet der Neandertaler Geräte aus Knochen, Horn und Holz, doch sind die Steinwerkzeuge natürlich am besten überliefert. Es finden sich verschiedene Schlaggeräte, also Abschläge, die auf einer oder mehreren Seiten in eine regelmäßige Form gebracht sind. Solche Schaber eignen sich zur Holzbearbeitung oder zur Bearbeitung von Tierhäuten. Daneben gibt es gekerbte und gezahnte Steinwerkzeuge wie Sägen, Kratzer, Stichel und Bohrer, zugespitzte Klingenkratzer, aber auch noch Faustkeile. Deutlich durch Gebrauch abgenutzte Knochensplitter mögen vielleicht als Nadeln beim Nähen von Fellbekleidung dienen. Daß der Neandertaler zumindest im Winter Bekleidung und wahrscheinlich auch Schuhe aus Häuten trägt, gilt den meisten Prähistorikern inzwischen als gesichert.

Der Neandertaler lebt gern in der Nähe von Flüssen in Halbhöhlen oder – wo diese fehlen – in selbstgeschaffenen Zelthütten aus großen Lederstücken. Zur Jagd verwendet er Holzspeere mit feuergehärteten Spitzen.

Aus dem Raum Salzgitter-Lebenstedt stammt dieser aus Feuerstein angefertigte Neandertaler-Faustkeil der Moustérien-Epoche (Altsteinzeit).

Zwei Schaber aus dem französischen Moustérien vom Fundort Combe Capelle: Sie folgen noch der Neandertaler-Tradition, stammen aber wohl schon von frühen Cro-Magnon-Menschen.

Totenkult, Tieropfer und Glaube an eine jenseitige Welt

100 000–30 000. Eine große Zahl von Fundstellen beweist, daß die Neandertaler ihre Toten in Erdgräbern beisetzen und zuweilen mit Grabbeigaben ausstatten. Der Körper des Mannes von La Chapelle-aux-Saints in Frankreich ist in eine 30 bis 40 cm tiefen Grube gebettet. Sein Kopf ruht auf einem untergelegten Stein, das Gesicht weist nach Westen. Wie zum Schlaf ist der Kopf in seine rechte Hand geschmiegt. Die Beine sind dicht an den Leib gezogen. Über dem Toten liegen Knochen von Ren und Urrind, Steinbock, Höhlenhyäne, Nashorn und Murmeltier, also von Vertretern der Fauna der letzten Eiszeit. Neben ihm finden sich Werkzeuge aus Feuerstein und Quarz, vor allem Schaber und Handspitzen.

Ein anderes Neandertalergrab in Le Moustier bei Les Eyzies, einer höhlenreichen Gegend in der Dordogne, läßt ebenfalls eine planmäßige Bestattung erkennen: Wieder finden sich Werkzeuge als Grabbeigabe, wieder ruht der Kopf auf einem Steinkissen. Eine Fülle ähnlicher Funde aus Frankreich, Deutschland, Italien, Rußland, Palästina, Usbekistan und verschiedenen Gebieten Afrikas deutet darauf hin, daß Bestattungen nicht die Ausnahme sind, sondern die Regel. In späteren Gräbern finden sich neben Werkzeugen und Tierfleisch-Beigaben, von denen natürlich nur die Knochen erhalten sind, noch andere Hinweise auf sorgfältig vollzogene Bestattungen. Einige Tote sind mit Erdfarben, rotem und gelbem Ocker, bestreut. An anderen Gräbern sind mehrere kleine Feuerstellen zu erkennen.

Viele Gräber des Jungpaläolithikums sind reich geschmückt. Für eine irakische Fundstätte in Shanidar ergeben Pollenanalysen, daß man den Leichnam auf ein Lager aus Blumen bettet. Auch Hinweise auf Leichenfestmahle finden sich. Frauen, Männer und Kinder werden gleichermaßen festlich beigesetzt.

All das läßt darauf schließen, daß der Neandertaler von einem Leben nach dem Tod überzeugt ist; denn warum sonst sollte er seinen Verstorbenen Werkzeuge und Nahrungsvorräte mit ins Grab geben, wenn nicht für die Reise in ein anderes Leben?

Die Grabstätten der Neandertaler sind nicht seine einzigen Kultplätze. In zahlreichen Höhlen in Frankreich, Österreich und anderen Ländern hinterläßt er geweihte Orte, an denen er Opfer darbringt. Regelmäßig finden sich diese Kultstätten tief im Inneren von Höhlen, die aufgrund der Dunkelheit und Feuchtigkeit nicht als Wohnraum in Frage kommen, wohl aber ein geeigneter Ort für das Numinose sind. In der Drachenlochhöhle unweit von St. Gallen in der Schweiz steht eine Art Kasten aus Kalksteinplatten aus der Zeit der Neandertaler. In ihm sind Schädel von Höhlenbären, alle in gleiche Richtung blickend, deponiert. Unter den Schädeln liegen Langknochen, oft sind Röhrenknochen in die Schädel hineingesteckt. Derartige »Schädeltruhen« sind keinesfalls selten. Zahlreiche ähnliche Stätten sind besonders aus französischen und österreichischen Höhlen bekannt. Manchmal sind die Bärenschädel konzentrisch angeordnet, oft sind sie mit dem Blick nach Osten ausgerichtet. Überraschend ähnliche Kultstätten kennen noch heute zahlreiche Stammesvölker, die als Jäger und Sammler leben: Samojeden, Tungusen, Ainu, Korjaken, Zentrale Eskimos und andere. Von ihnen weiß man, daß es sich um Tieropfer zu Ehren einer höchsten Schöpfergottheit handelt. Es sind sogenannte Primizialopfer, d. h. Opfer des ersten Jagdtieres.

Zwei versinterte Bärenschädel, die in der Mendener Höhle auf einem Altarstein gefunden wurden (Bärenkult)

Auch in der Drachenlochhöhle bei St. Gallen legten Neandertaler eine kultische Bärenkopfsetzung an.

Die Neandertaler bestatten ihre Toten im Rahmen einer Kulthandlung. Der Leichnam wird mit angewinkelten Beinen beerdigt und bekommt Grabbeigaben, z. B. Nahrung für die Reise ins Jenseits und Werkzeuge. Oft wird der Körper mit Ocker oder anderen Farberden bestreut.

Streitfrage:

Der Untergang des Neandertalers

Um 30 000. Warum sich die Spuren des Neandertalers im europäischen Raum relativ rasch verlieren, läßt sich heute noch nicht sagen. Seit etwa 30 000 Jahren finden sich nur noch Hinweise auf einen neuen Menschentypus, den Cro-Magnon-Menschen, der kurz vor dieser Zeit Europa besiedelte. Verdrängt er den Neandertaler? Oder flieht der Neandertaler vor dem Höhepunkt der Würm-Vereisung nach Süden und geht dort unter? Daß in kürzester Zeit der Homo sapiens sapiens aus ihm in Europa hervorgeht, ist unglaubwürdig. Vielleicht hat sich dieser in Afrika oder Mittelost aus dort lebenden Neandertaler-Stämmen entwickelt; dafür sprechen Übergangsformen in Israel.

Entwicklung der Kulturstufen und Werkzeuge der Altsteinzeit

Das Entwicklungsschema der altsteinzeitlichen Kulturstufen ergibt anhand ihrer Werkzeuge und Artefakte bis zum Ende der Eiszeit folgende Einteilung:

Altpaläolithikum

Geröllgerätekulturen, vorwiegend Faustkeilkulturen, z. T. auch bereits Hausgerätekulturen. Kulturträger: Australopithecus, Homo habilis, Homo erectus.

1. Abbevillien (bis 350 000): Grobe großformatige Faustkeile. Verbreitung: Europa, Afrika, Südasien

2. Acheuléen (350 000–100 000): Behauene Faustkeile, sorgfältig bearbeitete Haushaltsgeräte. Verbreitung: Europa, Afrika, Südwest- und Südasien

3. Clactonien (600 000–300 000): Abschlaggeräte ohne Faustkeile. Verbreitung: Nordwesteuropa, England bis Deutschland

Mittelpaläolithikum

Frühe Klingen- und Blattspitzenkultur, Abschlagkulturen, kombinierte Knochen- und Holz- sowie Stein- und Holzgeräte, Bestattungsrituale, erste geschnitzte Kunstobjekte. Kulturträger: Neandertaler und seine direkten Vorfahren, früher Homo sapiens sapiens.

1. Prämoustérien und Moustérien (100 000–35 000): Abschlaggeräte mit feinen Retuschen (Schaber, Spitzen), kaum noch Faustkeile. Verbreitung: Frankreich, Deutschland, Tschechoslowakei

2. Micoquien (100 000–35 000): Beidflächig retuschierte kleine, gut bearbeitete Faustkeile, Faustkeilschaber. Verbreitung: Vor allem Südwesteuropa, östliches Deutschland

Jungpaläolithikum

Abschlag- und Klingenkulturen, in zunehmendem Maße Bearbeitung von Knochen, Elfenbein, Horn und Holz; erste Schmuck- und Kunstgegenstände, gegenständliche Höhlenmalerei; erste feste Behausungen; Bestattungskult. Kulturträger: Homo sapiens sapiens.

1. Aurignacien (40 000–20 000): Vor allem Schmalklingen. Verbreitung: Europa, Asien, Nordafrika

2. Solutréen (20 000–16 000): Blattspitzen mit hervorragender Retusche. Verbreitung: Frankreich, Ungarn

3. Magdalénien (16 000–12 000): Vielgestaltige Spezialwerkzeuge wie Rückenmesser, Bohrer, Harpunen; Höhlenmalerei. Verbreitung: Südwesteuropa, nicht in Norddeutschland.

4. Hamburgien: Spezialwerkzeuge wie Klingen, Zinken, Kernspitzen, Bohrer; Rundzelte. Verbreitung: Norddeutschland

5. Federmesser-Kultur: Charakteristische Kunstobjekte. Verbreitung: Europa, vor allem Norddeutschland

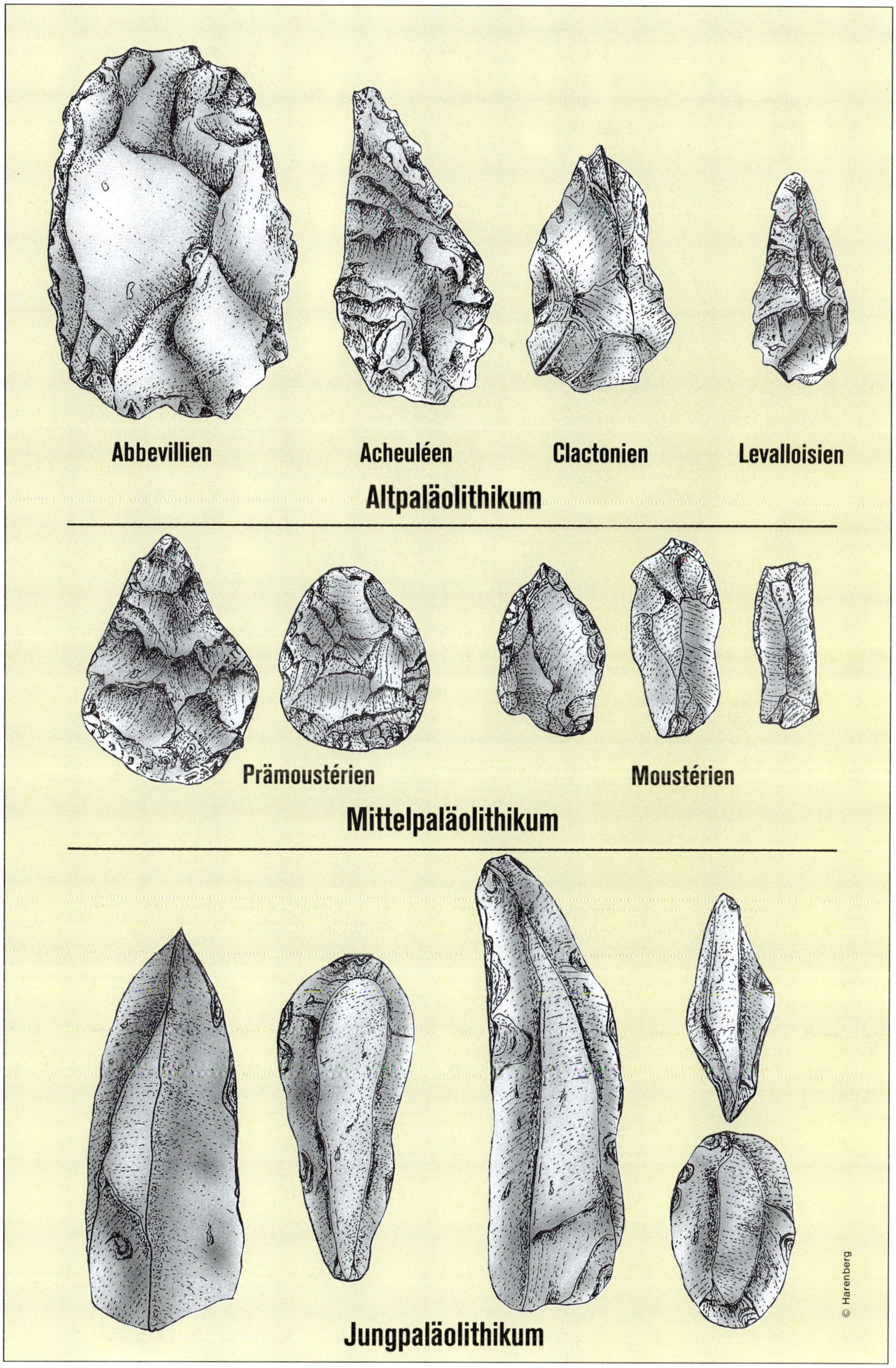

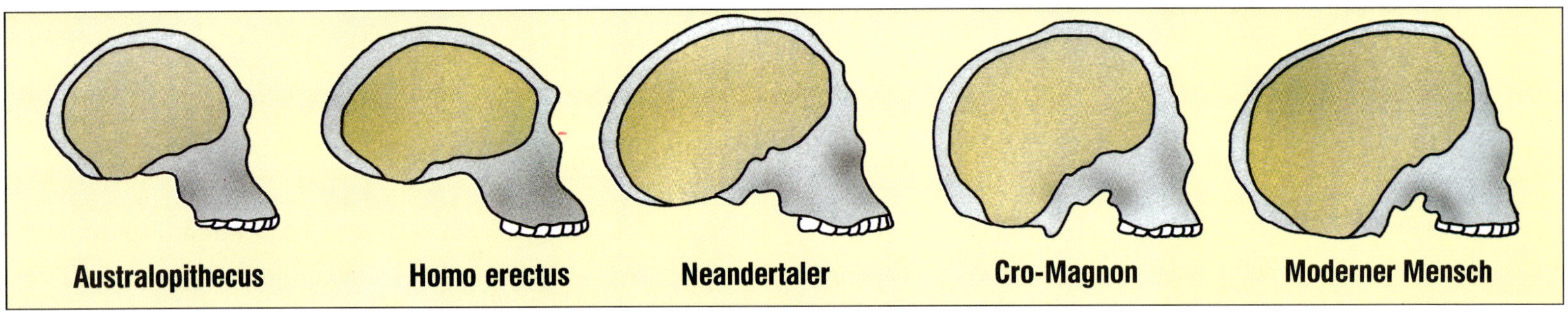

Am (bisherigen) Ende der über drei Jahrmillionen langen Entwicklung des Menschen steht der moderne Homo sapiens. Die hier abgebildeten Hominiden zeigen eine Gegenüberstellung, keineswegs aber eine geradlinige Entwicklungsreihe. Ob Australopithecus, Homo erectus und der Neandertaler überhaupt zu den Vorfahren von Homo sapiens gezählt werden dürfen oder Nebenlinien darstellen, ist umstritten. Manche Autoren sehen im Neandertaler andererseits bereits eine Sapiens-Unterart (Homo sapiens neanderthalensis) und bezeichnen den Cro-Magnon und den modernen Menschen als Homo sapiens sapiens.

Der Homo sapiens verdrängt den Neandertaler in Europa

40 000–10 000. Gegen Ende der ersten Vereisungsperiode der Würmzeit (Würm I), also vor 40 bis 30 Jahrtausenden, erscheint in Europa der moderne Mensch, Homo sapiens sapiens. Überreste von ihm finden sich z. T. in Frankreich (Cro-Magnon u. a., → S. 465), Deutschland und der Tschechoslowakei. Dieser Menschentyp unterscheidet sich in keinem wesentlichen Skelettmerkmal von seinem heutigen Vertreter. Auch die Schädelkapazität entspricht mit rund 1500 cm³ der des gegenwärtig lebenden Menschen. Ein einziger Unterschied läßt sich besonders bei den geologisch ältesten Funden in der Gestalt erkennen: Der frühe Homo sapiens sapiens ist kräftiger gebaut als der moderne Mensch.

Da ihn vom europäischen Neandertaler anatomisch so viele Details trennen, ist es kaum wahrscheinlich, daß er aus diesem hervorgegangen ist. Aber in Israel finden sich u. a. Schädel, die als Übergangsformen des dortigen Neandertaler-Typus zum modernen Menschen interpretiert werden. Die wichtigsten Funde stammen vom Berg Carmel südöstlich von Haifa und vom Jebel Qafzeh (oder Kafzeh), 2,5 km nördlich von Nazareth. In der Literatur werden die Menschen vom Berg Carmel meist als Palaeoanthropus palestinensis bezeichnet. Für den Fund von Jebel Qafzeh gibt es Beschreibungen sowohl als Homo neanderthalensis wie als Homo sapiens sapiens. Die Datierungen für diese israelischen Funde erweisen sich als schwierig. So reichen Angaben beim Berg Carmel von 80 000 bis 41 000 für einen und 55 000 bis 33 000 für einen anderen Fund, beim Jebel Qafzeh liegen sie sogar zwischen 100 000 und 32 000 Jahren.

Die Wahrscheinlichkeit verdichtet sich, daß alle Funde größenordnungsmäßig zwischen 75 und 50 Jahrtausenden liegen. Das würde bedeuten, daß sich die letzte Phase der Entwicklung zum Homo sapiens sapiens nicht in Europa und auch nicht in Afrika, sondern im Mittleren Osten abspielt. Die alten Palästinenser stehen in der Tat dem modernen Menschen anatomisch schon näher als dem Neandertaler, doch muß man berücksichtigen, daß auch der afrikanisch-asiatische Neandertalertyp, von dem sie abstammen, mehr Merkmale des modernen Menschen besaß als der europäische, sogenannte klassische Neandertaler. Immerhin ist anzunehmen, daß der fertig entwickelte Homo sapiens sapiens keine europäischen Vorfahren besitzt.

Typische Unterschiede zur Anatomie des Neandertalers

Der in Europa einwandernde moderne Mensch unterscheidet sich in zahlreichen Merkmalen vom europäischen Neandertaler: Auffällig ist einmal die veränderte Statur des Homo sapiens sapiens. Selbst die robusten Cromagniden (→ S. 465) sind schon wesentlich graziler und zugleich größer als die klassischen Neandertaler: Oberarm- und Oberschenkelknochen sind nicht mehr gekrümmt, sondern gestreckt.

Auch die Kopfform unterscheidet sich deutlich: Der moderne Mensch verfügt über einen langen, in der Aufsicht ovalen Schädel mit steil ansteigender Stirn und gerundetem Hinterhaupt. Die für die »klassischen« Neandertaler charakteristischen, miteinander verbundenen Überaugenbögen fehlen oder sind nur schwach ausgebildet. Seine Mundpartie springt nicht mehr oder nur noch wenig vor; typisch ist vielmehr ein ausgeprägtes Kinn und außerdem eine schlankere Nase.

Das Verhältnis zwischen Gesichts- und Gehirnschädel ist ein grundlegend anderes. Während bei den Neandertalern der Gesichtsschädel überwog, dominiert beim modernen Menschen der Hirnschädel.

Moderne Menschen der Eiszeit zwischen Atlantik und Ural

40 000–10 000. Der Homo sapiens sapiens der Eiszeit wird nach einer Höhle in der Nähe des französischen Ortes Les Eyzies de Tayac häufig als Cro-Magnon-Mensch bezeichnet. Tatsächlich dominieren die Cromagniformen in Europa das Spektrum der fossilen Vertreter des modernen Menschen, sie sind aber nicht deren älteste Repräsentanten. Zumindest in Westeuropa finden sich frühere Formen, die am besten durch einen Fund von Combe Capelle charakterisiert werden.

Beide Haupttypen unterscheiden sich am deutlichsten durch die Ausprägung ihrer Gesichtsschädel. Die Cromagniden verfügen über betont niedrige und breite Schädel mit kräftigen, vorstehenden Jochbeinen und niedrigen Augenhöhlen. Der »Alte Mann« von Cro-Magnon repräsentiert z. B. diesen Typus. Hingegen weisen das Skelett von Combe Capelle und ähnliche Formen aus Böhmen und Mähren sehr schmale und hohe Langschädel auf. Die ungleiche Verteilung beider Typen erlaubt allerdings keine definitive Aussage darüber, welcher Formentyp entwicklungsgeschichtlich der ältere ist. Weitere Cromagniformen stammen in Europa aus Spanien (Parpallo) und von der italienischen Riviera. In den Grimaldi-Höhlen bei Ventimiglia sind u. a. die Skelettreste eines jungen Mannes enthalten, dessen vorspringender Kiefer und Gliedmaßenproportionen lange Zeit fälschlicherweise als Hinweise auf negroide Vertreter des Cro-Magnon-Typs gewertet worden sind. Bemerkenswert sind auch Funde aus Deutschland, wie ein mindestens 50jähriger Mann aus Oberkassel bei Bonn, der einem extrem robusten und großwüchsigen cromagniden Typ zugeschrieben wird. Das neben ihm liegende Skelett einer kleinwüchsigen 20- bis 25jährigen Frau zeigt ähnliche Züge, allerdings in abgeschwächterer Form.

Im Typenspektrum böhmisch-mährischer Skelettüberreste von Brünn, Lautsch, Predmost und Dolní Vestonice, der bedeutendsten altsteinzeitlichen Fundstätte Südmährens, überwiegen die eher grazileren Formen. Skelette von Kostenki, einer Fundstätte bei Woronesch am mittleren Don in der Sowjetunion, zählen zu den robusteren Cromagniformen, weisen aber keine extremen Merkmalsausprägungen auf.

△ *Das berühmte Cro-Magnon ist eine Halbhöhle, ein sogenanntes Abri, bei Les Eyzies de Tayac in Südfrankreich. Es dient den Steinzeitmenschen, die keineswegs »Höhlenmenschen« sind, als Wohnstätte. Namengebend ist es für die frühe europäische Homo-sapiens-Rasse der Cro-Magnon-Menschen.*

◁ *Auch die Klippen des Roc St. Christophe von Le Moustier, ein anderer regensicherer südfranzösischer Wohnplatz der Cro-Magnons, besitzen Weltruhm. Hier hinterließen bereits vorher Neandertaler Steinwerkzeuge, nach denen die Kulturstufe Moustérien benannt wurde.*

Aufbruch des Cro-Magnon in alle Welt

70 000–10 000. Zwar ist der Cro-Magnon-Mensch in Europa durch zahlreiche Funde besonders gut nachgewiesen, doch stammt er wahrscheinlich aus dem Mittleren Osten. Zahlreiche Funde aus aller Welt belegen, daß er bis zum Ende der Eiszeit außer der Antarktis alle Kontinente erreicht.

Eine große Anzahl von Homo-sapiens-sapiens-Überresten birgt der afrikanische Kontinent. Wichtige Funde stammen aus Boskop im Südwesttransvaal, von Fish-Hoek südlich von Kapstadt und von Springbok Flats, 130 km nördlich von Pretoria.

Durch die eiszeitlichen Steppen erreicht der moderne Mensch auch Nordasien und die Beringstraße sowie von dort über wahrscheinlich eisfreie Korridore Amerika, das er in wenigen Jahrtausenden bis zur Südspitze besiedelt. So finden sich gegen Ende der letzten Eiszeit u. a. in New Mexico (Folsom), Minnesota (Pelican Rapids) und Mexiko (Tepexpan) Homo-sapiens-sapiens-Knochen.

In Australien reichen die ältesten Funde etwa 30 000 Jahre zurück. Sie stammen vom Lake Mungo im Südwesten von New South Wales, wo zahlreiche Wohnplätze mit Feuerstellen und Steingeräten gefunden werden.

Der »Alte Mann« von Cro-Magnon aus dem Vézèretal (Südfrankreich)

Cro-Magnon-Mädchenschädel aus Les Eyzies (Frankreich)

Die Jagd – wichtigste Beschäftigung des Eiszeitmenschen

40 000–10 000. Der Mensch von Cro-Magnon ist für seine Ernährung auf die Jagd angewiesen, denn aufgrund der allgemein niedrigen Temperaturen bietet die Flora allein kein ausreichendes Nahrungsangebot. Die Juli-Temperaturen während der letzten Eiszeit liegen in Mitteleuropa bei durchschnittlich 10 bis 11 °C, in der Nähe des Eises bei 5 °C. Im Januar hat Südfrankreich eine Durchschnittstemperatur von 10 °C, und in der Nähe der Gletscher ist es im Mittel -22 °C kalt. Dazu kommen im Sommer wie Winter schneidende Winde. Ein derartiges Klima erlaubt keinen schützenden Wald und keine nahrhafte Vegetation. Wohl aber gibt es reichlich Großwild in den baum- und strauchlosen Steppenlandschaften.

Bei Le Thot in der Nähe von Montignac (Frankreich) fanden sich zahlreiche Überreste eines Cro-Magnon-Lagers. Prähistoriker rekonstruierten daraus die Fundstelle. Im kalten Mitteleuropa lebten damals Rentiere, die der Cro-Magnon-Mensch jagte; hier wird ein Beutetier zerteilt. Im Hintergrund stehen fellbespannte Zelte.

Ebenfalls in der rekonstruierten Cro-Magnon-Zeltsiedlung von Le Thot ist diese Szene nachgestellt, die das Ausschaben eines Tierfelles zeigt. Der Jäger der Cro-Magnon-Zeit aß nicht nur das Fleisch der von ihm erbeuteten Tiere, er nutzte sie auch sonst vielfältig. Die Felle der Tiere wurden gereinigt, getrocknet und wahrscheinlich bereits mit gerbsäurehaltigen Pflanzensäften behandelt. Sie dienten als Zeltbespannung und für die Kleidung. Aus den Körperknochen und Geweihen schnitzten die Cro-Magnon-Menschen u. a. schlanke Pfeil- und Harpunenspitzen mit Widerhaken.

Jagdtiere der Kältesteppen

Die Jagdtiere des Cro-Magnon-Menschen sind nicht nur aus zahlreichen Knochenfunden in der Nähe von Herdstellen bekannt, der Jäger selbst malt seine Beutetiere auch an Höhlenwände (→ S. 470/471). Zu den seltenen Jagdtieren gehört das Eiszeitmammut Mammuthus primigenius. Daneben erbeutet der Steinzeitjäger gelegentlich auch den Altelefanten (Elephas antiquus), eigentlich ein Warmzeittier, das während der Eiszeit in Europa rar ist. Auch das gefährliche Wollnashorn (Rhinoceros trichorhinus) gehört zu den selteneren Beutetieren. Eines der am häufigsten gejagten Tiere ist das Wildpferd, von dem gleich vier Arten vertreten sind: Das Przewalski-Pferd (Equus przewalskii), der Tarpan (E. gmelini), das schwere Quartärpferd (E. abeli) und der Halbesel Hemion (E. hemionus). Die bei weitem wichtigste Beute stellt das Rentier (Rangifer tarandus) dar, das an manchen Wohnplätzen die Hälfte, an anderen bis zu drei Viertel allen erbeuteten Wildes ausmacht.

Gejagt wird auch der Höhlenbär (Ursus spelaeus), das einstige Hauptbeutetier des Neandertalers. Nur selten erbeutet der Cro-Magnon-Mensch Braunbären. Öfter fängt er Höhlenlöwen (Panthera leo spelaea) und Höhlenhyänen (Hyaena spelaea). Wichtige Jagdtiere sind auch der Riesenhirsch (Cervus megaceros), der Edelhirsch (Cervus elaphus) und das Reh (Cervus capreolus). Auf dem Speisezettel des Cro-Magnon-Menschen stehen außerdem zahlreiche Raritäten: Steinböcke und Gemsen, Saiga-Antilopen, Elche, Bisons und Urrinder, Wölfe und Füchse, Lemminge, Schneehasen, Murmeltiere, Hermeline und sogar der Vielfraß. Auch Vögel und Fische werden erbeutet.

Diese nachgestellte Szene in Le Thot zeigt einen Mann bei der Bearbeitung von Geweihstangen.

Einfache Jagd-Methoden

Meist betreibt der Cro-Magnon-Mensch die Jagd mit Speeren, die er schon seit seinem Erscheinen in Europa verwendet. Später erlernt er auch den Gebrauch von Pfeil und Bogen. An einem Fundplatz in Ahrensburg bei Hamburg haben sich unter besonders günstigen Bedingungen im Seeschlamm zwei Kiefernholzbögen und 100 Holzpfeile erhalten. Die häufigste Form der Jagd ist die Treibjagd. Wildpferde und andere Beutetiere werden auf Anhöhen gehetzt und in Abgründe getrieben, wo sie zu Tode stürzen.

Um großes Wild zur Strecke zu bringen, benutzen die Jäger auch Schleudersteine, die in Lederbeutel eingenäht und an lassoartigen Riemen befestigt sind. Die Lassos sind aus Fellstreifen geschnitten. Werden sie kräftig geschwungen, dann verwickeln sie sich um die Läufe des Wildes und bringen es zu Fall. Auch diese Art der Jagd wird in Horden durchgeführt. Fallen sind auf zahlreichen Höhlenmalereien dargestellt. Zu erkennen sind mit Reisig, Holz und Steinen bedeckte Erdgruben. Schwerkraftfallen, bei denen Holzstämme oder große Steine auf das Wild herabstürzen, sind ebenfalls bekannt.

Mit feinen Knochennadeln näht diese Frau in Le Thot aus bearbeiteten Fellen Kleidungsstücke.

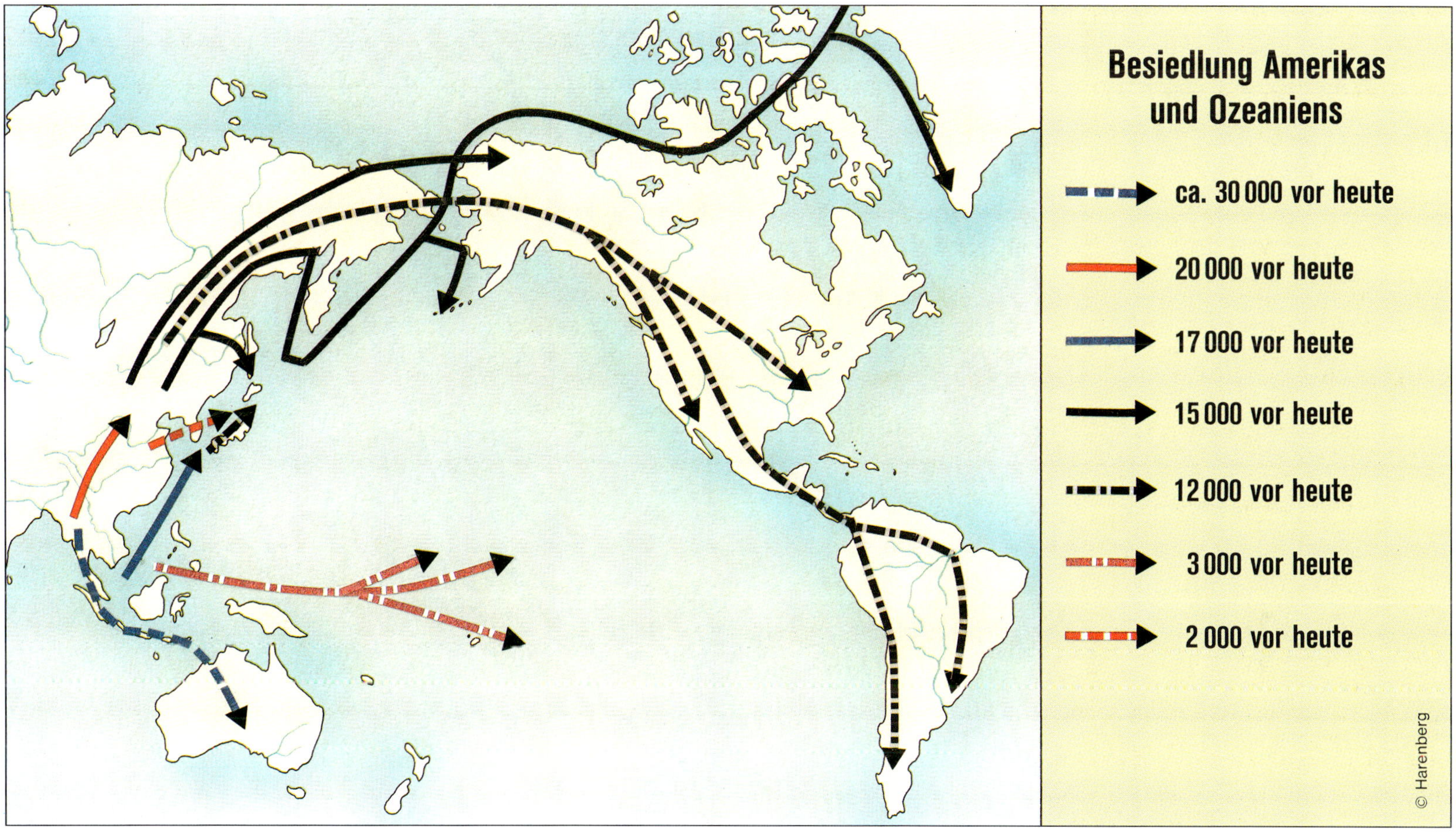

Zähne verraten weltweite Wanderzüge in der Eiszeit

20 000–11 000. Aus dem südostasiatischen Raum wandern Menschen des Homo-sapiens-sapiens-Typs einerseits in das Gebiet der Sundainseln, andererseits über Asiens Nordosten und die Bering-Landbrücke nach Amerika. Sie besiedeln Grönland und beide Teile Amerikas.

Weitaus besser als Kulturelemente belegen Zähne diese großräumigen Wanderbewegungen. In jüngster Vergangenheit entwickelte der US-amerikanische Dentalanthropologe Christy G. Turner II. aufgrund sogenannter sekundärer Merkmale der menschlichen Zähne einen Schlüssel, nach dem sich – zunächst im asiatischen Raum – zwei unterschiedliche Homo-sapiens-sapiens-Typen klar auseinanderhalten lassen. Er nennt sie Sundadonten und Sinodonten. Da sie sich gleich durch eine ganze Reihe genetisch festgelegter Eigenschaften des Gebisses voneinander unterscheiden, sind beide Typen bemerkenswert stabil.

Die ältesten Überreste des Homo sapiens sapiens im südöstlichen Asien sind aus der Niah-Höhle von Sarawak im nördlichen Borneo bekannt und datieren aus der Zeit vor 40 Jahrtausenden. Die nächstjüngeren sind nur 20 Jahrtausende alt und stammen von Tabon auf den Philippinen. Beide Funde zeigen noch Zahnmuster, wie sie allen frühen Homo sapiens sapiens in Afrika, Europa und Vorderasien eigen sind. Aus diesem Muster entwickelt sich vor 30 bis 20 Jahrtausenden zunächst der ihm noch nahestehende sundadonte Typ. Vor etwa 20 Jahrtausenden breiten sich diese Sundadonten über China und die Mongolei aus, und dort spaltet sich von ihnen der Typ der Sinodonten ab.

Schon vor etwa 20 Jahrtausenden oder früher besiedeln die Sundadonten den gesamten südostasiatischen und malayisch-indonesischen Raum, was ihnen insofern nicht schwerfällt, als zu dieser Zeit der Sundaschelf über dem Meeresspiegel liegt. Vor etwa 17 bis zwölf Jahrtausenden erreichen Sundadonten Japan und das nordöstliche Asien. Wesentlich spätere Bewegungen fallen ins Holozän: Vor etwa 3000 Jahren besiedeln die Sundadonten Polynesien, und erst vor etwa 2000 Jahren verdrängen Sinodonten, wiederum aus dem chinesischen Raum kommend, die alte sundadontische Bevölkerung Japans.

Aus Südostasien wandert der Zweig der Sinodonten vor etwa 15 Jahrtausenden über die Bering-Landbrücke nach Alaska und auf die Aleuten. Er besiedelt auch Grönland und den Norden Kanadas, wo die Eskimos aus ihm hervorgehen. Eine andere Gruppe der Sinodonten überquert vor rund zwölf Jahrtausenden ebenfalls die Bering-Landbrücke, gabelt sich dann in verschiedene Regionen Nordamerikas (von Kalifornien bis Florida) auf, und erreicht über die mittelamerikanische Landbrücke auch Südamerika. Im Osten dringen die Sinodonten in das Amazonasbecken ein, im Westen stoßen sie längs der Anden bis in den äußersten Süden des Kontinents vor, wo sie – 50 Generationen später – vor rund elf Jahrtausenden ankommen. Sie stellen also die Vorfahren der Eskimos und Indianer.

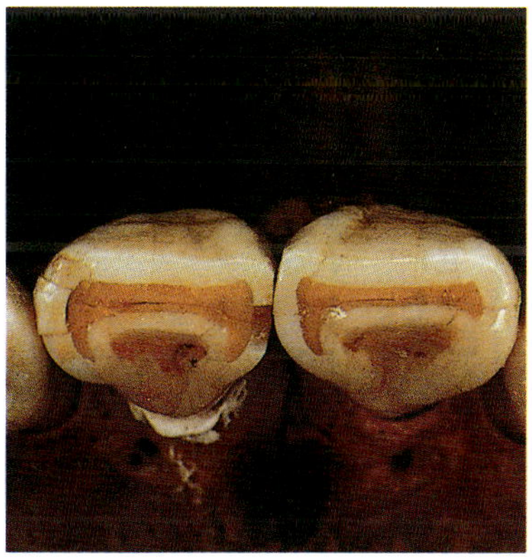
Die Homo-sapiens-Zahnformen bildeten sich vor über 20 000 Jahren (Backenzähne von Sinodonten).

Anhand der Zahnformen (hier: von Sundadonten) lassen sich Völkerwanderungen rekonstruieren.

Von der Klinge zur Öllampe: Kulturstufen der Steinzeit

40 000–10 000. Der kulturelle Abschnitt, der dem Cro-Magnon-Menschen entspricht, ist die jüngere Altsteinzeit, das Jungpaläolithikum. Es läßt sich in drei deutlich zu unterscheidende, einander ablösende Gruppen einteilen:

▷ Aurignacien vor etwa 40 000 bis 20 000 Jahren

▷ Solutréen vor etwa 20 000 bis 16 000 Jahren

▷ Magdalénien vor etwa 16 000 bis 12 000 Jahren.

In der Zeit vor 12 000 bis 10 000 Jahren treten dann – vor allem im nördlichen Europa – noch einige mehr oder weniger lokale Sonderformen der Kultur in Erscheinung.

Sorgfältige Analysen der handwerklichen Stilrichtungen gestatten, das Aurignacien und das Solutréen in jeweils drei und das Magdalénien sogar in sechs Perioden zu untergliedern. Während der Präneandertaler den ganzen Stein in der Form des Faustkeils beschlug und der Neandertaler Handspitzen und Schaber aus Stein anfertigte, entwickelt der Cro-Magnon-Mensch viel feinere und vielseitigere Werkzeugarten. Er schlägt zunächst von einem Feuerstein (oder Obsidian usw.) Klingen ab, die spitz und scharf sind, dünn wie Messer. Die Klingen bearbeitet er mit sogenannten Retuschen weiter und verwandelt sie in eine Fülle spezieller Werkzeuge für unterschiedliche Gebrauchszwecke. Im Aurignacien werden aus den Klingen nur lange Messer geschlagen. Kratzer, Stichel, Bohrer, feine Spitzen usw. fertigt man aus Knochen.

Das Solutréen zeigt recht eigenwillige Formen. Die Steinwerkzeuge sind - sofern perfekt bearbeitet - auf ihrer ganzen Oberfläche gemuschelt, so daß vollendete Formen entstehen. Neuartige Formen (z. B. »Lorbeerblatt-Spitzen«) tauchen relativ plötzlich auf, was zu der Annahme verleitet, daß um diese Zeit neue Cro-Magnon-Gruppen aus östlichen Gebieten einwandern.

Im Magdalénien erst werden neben verschiedenen Klingenformen auch Stichel, Spitzen und Bohrer aus Stein gefertigt. Ab der Periode IV des Magdalénien erscheint die Harpune als wichtiges Gerät. Ihre Weiterentwicklung charakterisiert auch die Perioden V und VI. Neben der Harpune ist im Magdalénien eine – ebenfalls aus Knochen gearbeitete – Speerschleuder belegt. Neu ist auch die Öllampe. Sie hat die Gestalt eines ausgehöhlten Steins und wird mit Tierfett gefüllt. Als Docht dient ein Tierdarm. Um die gleiche Zeit erscheinen die ersten Musikinstrumente: Pfeifen (möglicherweise als Jagdpfeife verwendet), Flöten und Schwirrhölzer.

Aufgrund der verschiedenen Werkzeugformen und des technischen und gestalterischen Stils bei ihrer Formgebung läßt sich das Alter eines jungpaläolithischen Fundes recht zuverlässig datieren. Die Geräte und Werkzeuge lassen sich in gleicher Weise einer bestimmten Gestaltungsperiode zuordnen, wie man sagen kann, ob etwa ein Löffel oder eine Gabel aus dem Barock, dem Empire oder dem Jugendstil stammen. Dabei ist ein sehr weiträumiger kultureller Austausch zu beobachten, denn beachtlicherweise findet sich die gleiche grobe Abfolge der verschiedenen Kulturstufen nicht nur im gesamten europäischen Raum, sondern auch weit über diesen hinaus.

Beliebtes Baumaterial für Zelte und Hütten sind bei den Cro-Magnon-Menschen Tierknochen und die Stoßzähne der pleistozänen Rüsseltiere.

20 000 bis 10 000 Jahre alte Knochengeräte aus Bayern: (v. l.) zwei Pfrieme (11,8 und 7,5 cm), eine Nähnadel mit Öhr (5,1 cm) und eine Harpunenspitze (7,4 cm)

Die Knochenharpunen besitzen bereits in der Altsteinzeit recht ausgeprägte Widerhaken.

Werkzeugherstellung des Cro-Magnon-Menschen (nachgestellte Szene, Le Thot)

Sogenannte »Lorbeerblatt-Speerspitzen« wie diese aus Longine in Frankreich werden etwa ab dem Solutréen (20 000–16 000 Jahre) gefertigt.

Ein Cleaver (Axt) und ein Faustkeil; die beiden Stücke stammen aus der Altsteinzeit Südafrikas.

Der Mensch der letzten Eiszeit entdeckt sich selbst

40 000–10 000. Der moderne Mensch der letzten Eiszeit entwickelt nicht nur außerordentlich differenzierte Werkzeugformen (→ S. 468), sondern hinterläßt auch eine ganze Reihe von Artefakten und Felsmalereien. Durch vergleichsweise günstige Umweltbedingungen und spezialisierte Jagdformen reduziert sich die Zeit, die zur Beschaffung der Nahrung aufgewandt werden muß. Das Kunstschaffen Einzelner, das sicherlich wesentlich vielgestaltiger war, als es heute das archäologische Material erahnen läßt, ist daher nicht zuletzt auch Resultat der neu gewonnenen Freizeit. Durch die überlieferten Abbildungen und Reliefs erschließt sich eine Vorstellungswelt, in der Tiere, insbesondere Jagdtiere, eine dominierende Stellung einnehmen. Dabei repräsentieren die Bildmotive nicht genau das Spektrum der vor Ort jagdbaren Tiere. So finden sich in der Bilderhöhle von Lascaux Abbildungen von Hirschen, Wildrindern und Wildpferden, unter den Tierknochenfunden ist jedoch mit 90% das Rentier vertreten. Außerdem beschränken sich die Darstellungen nicht allein auf jägerische Aspekte. Felsbilder von Tier-, Mensch- und Mischwesen oder Abbildungen von Geweihmasken, wie sie noch Tungusen-Schamanen zu Beginn des 18. Jahrhunderts nutzen, sind Indiz für eine symbiotische Beziehung zwischen den Jägern und ihrer Beute. Durch die Kombination charakteristischer Merkmale wichtiger Jagdtiere werden »übernatürliche« Wesen schöpferisch gestaltet.

Auch menschliche Eigenschaften sind Thema künstlerischer Gestaltung. Zahllose, meist aus Knochen gefertigte kleine Statuetten bezeugen eine ausgeprägte Fruchtbarkeitssymbolik. Gewaltige Beckenpartien und sehr große, hängende Brüste kennzeichnen diese weiblichen Figuren, wie überhaupt eine Überbetonung der mittleren Körperpartie im Verhältnis zum Kopf und zu den Extremitäten die Regel ist. Anzunehmen ist, daß derartige Artefakte wie die Felsmalereien weder bloßes Abbild der Realität noch allein Ausdruck eines ästhetischen Kunstwillens sind, sondern den Versuch darstellen, Mensch und Natur als magische Einheit zu begreifen – ein Prozeß, der ein hohes Maß an Selbstreflexion voraussetzt.

△◁ »Die Rote von Mauern« ist eine 30 000 bis 15 000 Jahre alte Kultstatuette aus Mauern (Bayern), die weibliche und phallische Formen vereint.

△ Die berühmte »Venus von Willendorf« aus dem Aurignacien Österreichs mit überbetont weiblichen Formen

◁ In der Höhle Trois Frères im Ariège (Frankreich) bildete ein Cro-Magnon-Wandmaler diese Tier-Menschfigur ab. Anhand von Kulturvergleichen mit rezenten Naturvölkern kann man erschließen, daß es sich um eine Schamanendarstellung handelt.

Dreidimensional aus Höhlenlehm modelliert sind diese 20 000 bis 15 000 Jahre alten Bisonskulpturen aus der Kulthöhle Tuc d'Audoubert im Süden Frankreichs.

Die »Venus von Laussel« wurde vor etwa 18 000 Jahren in der Dordogne von Künstlerhand als Flachrelief ohne Metallwerkzeug in einen Felsblock gemeißelt.

Zeitalter der Kunst beginnt in den eiszeitlichen Höhlen

40 000–10 000. Mit dem Cro-Magnon-Menschen beginnt das eigentliche Zeitalter der Kunst. Zwar kannte bereits der Neandertaler die Farbe, wie zahlreiche Ocker- und Manganfunde belegen, doch setzte der Cro-Magnon-Mensch sie erstmals nachweislich zur Gestaltung figurativer Bilder ein. Zu seinen frühen Kunstäußerungen gehören vor etwa 40 000 Jahren Felsritzungen, die im tiefen Inneren von Höhlen angebracht werden, also nicht seinen unmittelbaren Wohnbereich schmücken.

Wohl das erste überhaupt bekannte Kunstwerk des Eiszeitmenschen ist eine in den weichen Fels einer Höhlenwand (Bara-Bahau bei Les Eyzies) geritzte menschliche Hand. Schablonenhafte Umrißzeichnungen von Tieren folgen. Noch im Aurignacien (→ 40 000–20 000/S. 471) werden die Flächen der Tiere ein- und zweifarbig angelegt. Dem ersten Zyklus folgt im Solutréen (etwa 20 000–16 000) eine Art künstlerischer Schaffenspause, bis mit dem Magdalénien so etwas wie eine Renaissance der Höhlenmalerei beginnt. Wieder stehen am Anfang Strichzeichnungen, erst feinlinig, dann fast teigig ausgezogen und schließlich zart und gelöst. Die Fläche wird jetzt oft durch Ausmalen, Schraffieren, durch rote und schwarze Tupfer betont. Zum Schluß erreichen die Bilder als mehrfarbige Wandgemälde höchste Aussagekraft.

Auch die plastische Darstellung entdeckt der Künstler der Eiszeit. Er nutzt vorhandene Felsformen, aber er modelliert auch selbst: Halbreliefs in Fels und äußerst naturalistische Plastiken in Lehm.

Im Gegensatz zu den im wesentlichen auf Westeuropa beschränkten Höhlengravierungen, -malereien und Höhlenplastiken spezialisieren sich die östlichen Vertreter der Cromagniden auf die Herstellung von Skulpturen und Statuetten. So skulpturiert beispielsweise ein Eiszeitkünstler in Krems an der Donau vor 30 bis 25 Jahrtausenden aus Kalkstein die berühmte Venus von Willendorf, eine jener Fruchtbarkeitsstatuetten, wie sie die östlichen Eiszeitmenschen zu dieser Zeit in großer Zahl herstellen.

Dagegen konzentrieren sich die Zeitgenossen in Frankreich vornehmlich auf Knochengravierungen und Elfenbeinschnitzereien. Daneben sind im Osten auch kleine Tierplastiken verbreitet, z. B. in Gestalt von Mammuten.

30 000 Jahre alt ist diese Mensch-Tier-Figur aus Mammutelfenbein.

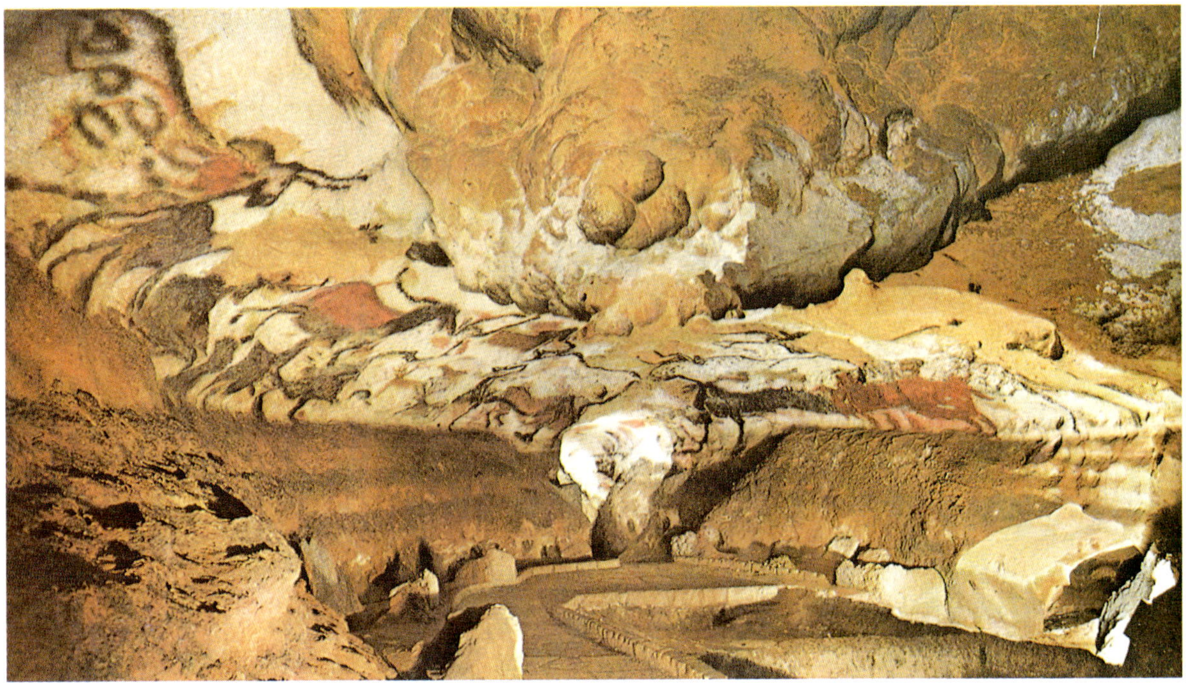

Eine der berühmtesten europäischen Höhlen mit Wandmalereien aus der Eiszeit ist Lascaux in der Dordogne. Die Wandmalereien (im Bild: Saal der Stiere) sind tief im lichtlosen Innern der Höhle mehrfarbig ausgeführt.

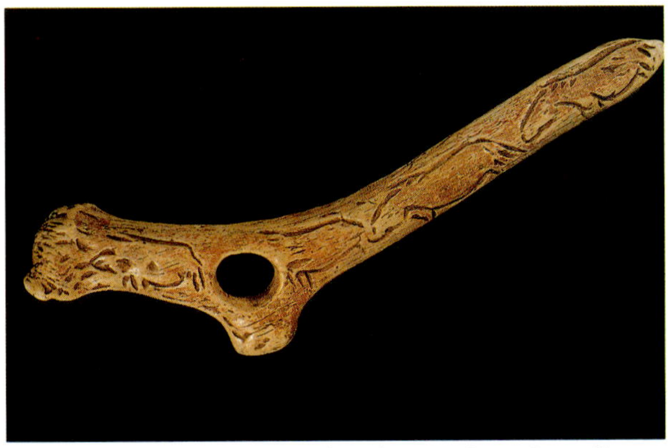

Die sogenannten Kommandostäbe, gravierte Geweihstangen (im Bild: Wildpferde auf Renstange) aus der Eiszeit, von manchen Forschern als Machtinsignien angesehen

Kleines, etwa 30 000 Jahre altes Elfenbein-Mammut aus der Vogelherdhöhle im Lonetal (Württemberg)

In der Vogelherdhöhle fand sich auch dieses ungefähr 5 cm lange Elfenbein-Wildpferdchen, eine Schnitzerei in stilisierender Darstellungsart.

Felsmalerei an Kultplätzen

40 000–20 000. Die ersten Kunstzeugnisse des Eiszeitmenschen, jene aus dem Aurignacien, finden sich in Südwestfrankreich. Zu nennen ist vor allem die Höhle Bara-Bahau bei Les Eyzies de Tayac in der Dordogne, deren früheste Wandritzungen heute etwa 40 Jahrtausende alt sind und damit zu den ältesten Dokumenten künstlerischen Schaffens gehören. Bara-Bahau wird viele Jahrhunderte hindurch als Kultplatz benutzt. In späteren Phasen entstehen auf ihren Wänden Ritzzeichnungen von Bisons, Löwen, Auerochsen und Wildpferden. Sowohl Ritzzeichnungen wie frühe Malereien enthält die Höhle Les Combarelles, nur wenige Kilometer von Bara-Bahau entfernt. Andere Höhlen mit geritzten Bildern von Tieren sind u. a. die Laugerie Basse bei Les Eyzies und die nordspanische Höhle Los Casares.

Die Werke aus dem späteren Magdalénien sind fast durchweg Wandmalereien, einfarbig, zweifarbig oder auch polychrom. Zur Kolorierung werden neben Blut und Pflanzensäften vor allem Farberden wie Ocker (gelb, rot, braun) und Manganoxid (dunkelbraun bis schwarz), aber auch Mineralien wie Hämatit und Limonit (orangefarben, rot und braun) sowie Holzkohle verwendet. Farbbehälter wie Muscheln (in Altamira) oder Knochen (Les Côttés) werden selten als Fund geborgen.

Höhlenkunst des Cro-Magnon
Zu den bedeutendsten Fundorten mit Kunstwerken des Cro-Magnon gehören folgende Höhlen:

- ▷ Escoural in der Nähe von Lissabon, Portugal
- ▷ Peña de Candamo bei San Roman de Candamo im Gebiet von Oviedo, Spanien
- ▷ Pindal bei Unquera im Gebiet von Llanes, Spanien
- ▷ La Pileta bei Banaojan im Gebiet von Ronda, Spanien
- ▷ Altamira bei Santillana del Mar, Spanien
- ▷ El Castillo und La Pasiega bei Puente Viesgo im Gebiet von Santander, Spanien
- ▷ Santimamiñe (auch Basondo genannt) im Gebiet von Bilbao, Spanien
- ▷ Pair-non-pair bei Marcamps im Gebiet von Bordeaux, Frankreich
- ▷ Bara-Bahau (auch Barabao) bei Les Eyzies de Tayac, Frankreich
- ▷ Cap Blanc bei Laussel im Gebiet von Perigueux, Frankreich
- ▷ Les Combarelles bei Les Eyzies de Tayac, Frankreich
- ▷ Laugerie Basse bei Les Eyzies de Tayac, Frankreich
- ▷ Rouffignac, nördlich von Les Eyzies de Tayac, Frankreich
- ▷ Cougnac bei Gourdon im Gebiet von Sarlat, Frankreich
- ▷ Lascaux bei Montignac im Gebiet von Brive, Frankreich
- ▷ Peche Merle (auch Cabrerets genannt) bei Cabrerets im Gebiet von Cahors, Frankreich
- ▷ Mas-d'Azil zwischen Pamiers und St. Girons, Frankreich
- ▷ Niaux bei Tarascon-en-Arriége, Frankreich
- ▷ Gargas bei Aventignan im Gebiet von Tarbes, Frankreich
- ▷ Levanzo auf dem Inselchen Levanzo westlich von Sizilien, Italien
- ▷ Addaura auf dem Monte Pellegrino bei Palermo, Italien.

Für Deutschland ist lediglich die unbedeutendere eiszeitliche Höhlenmalerei in der Schulterloch-Höhle bei Kehlheim zu nennen.
Bedeutende Bas-Reliefs bzw. Halbplastiken von Tieren befinden sich in den französischen Höhlen Tuc d'Audoubert, Le Roc de Sers und Bourdeilles in der Dordogne.

△ Vor 15 000 bis 13 000 Jahren entstanden in der Höhle von Altamira bei Santillana in Spanien Bilder wie dieses (Wisent).

◁ Diese in die Felswand gravierte menschliche Hand gilt als ältestes heute bekanntes Höhlenbild. Es befindet sich tief im Innern der Höhle Bara-Bahau (Dordogne) und ist ungefähr 40 000 Jahre alt

Kleines Nashorn aus der Höhle Rouffignac in Südfrankreich; die Höhle weist nicht nur eine große Fülle z. T. hervorragender Tierbilder auf, sie enthält auch viele muldenförmige Winterschlafplätze von Höhlenbären.

Diese Darstellung aus Lascaux löste Diskussionen unter Prähistorikern aus: Ist die menschliche Figur vor dem Bison ein Jagdzauberer oder ein Opfer des Tiers, oder hat sie am Ende gar nichts mit dem Bison zu tun?

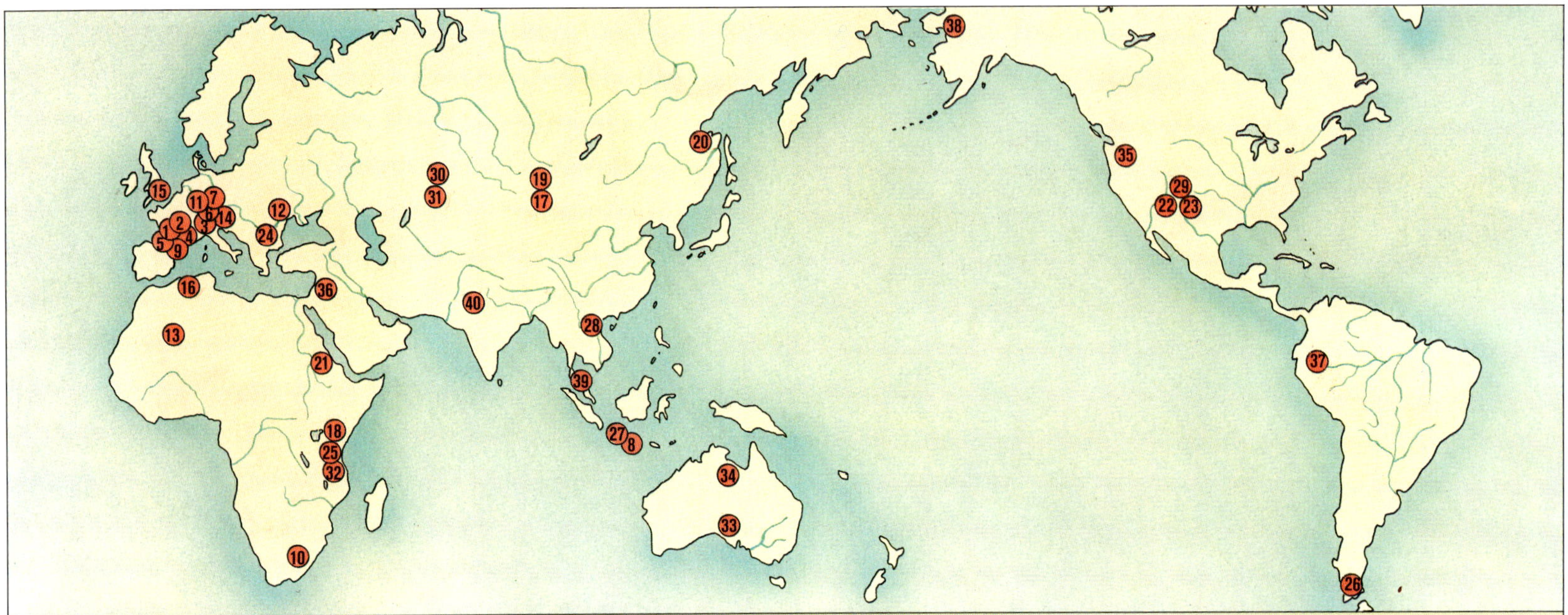

Fundstätten des jungsteinzeitlichen Homo sapiens

1 Cro-Magnon, Frankreich
2 Solutré, Frankreich
3 Býči skála, Tschechoslowakei
4 Grimaldi-Menton, Frankreich
5 Chancelade, Frankreich
6 Brünn I., II., Tschechoslowakei
7 Předmostí, Tschechoslowakei
8 Wadjak, Indonesien
9 Combe Capelle, Frankreich
10 Boskop, Südafrikanische Republik
11 Oberkassel, BRD
12 Podkumok, UdSSR
13 Asselar, Mali
14 Věstonice, Tschechoslowakei
15 Paviland, England
16 Afalou-bou-Rhummel, Algerien
17 Mal'ta, UdSSR
18 Elmenteita, Kenia
19 Afontova Gora, UdSSR
20 Chou-k'ou-tien, China
21 Chartum, Sudan
22 Folsom, USA
23 Sandia, USA
24 Kostenki, UdSSR
25 Niah, Sarawak
26 Fells' Cave, Chile
27 Patjitan-Ngandong, Indonesien
28 Hoa-Binh, Vietnam
29 Clovis, USA
30 Fatima Koba, UdSSR
31 Murzak Koba, UdSSR
32 Olduwai, Kenia
33 Mungo-See, Australien
34 Arnhemland, Australien
35 Lewisville, USA
36 Amud, Israel
37 Ellnga, Ecuador (Ekuador)
38 Yukon, Alaska, USA
39 Kota Tampan, Malaysia
40 Soan, Indien

Homo sapiens in aller Welt

40 000–10 000. Es wird angenommen, daß der Cro-Magnon-Mensch vor etwa 40 Jahrtausenden von Osten her nach Europa einwandert (→ S. 465). Zu dieser Zeit oder früher muß es also im Osten ihm sehr ähnliche Menschen gegeben haben. Tatsächlich finden sich in Israel, im Gebiet des Berges Carmel und des Jebel Qafzeh (→ S. 464), zahlreiche Überreste von Neandertalern sowie eine Übergangsform zwischen diesen und dem modernen Menschen. Die obersten Schichten bergen hier ebenfalls schon einen Menschen vom Cro-Magnon-Typ. In Schichten des Aurignacien ist im sibirischen Mal'ta bei Irkutsk eindeutig ein kindlicher Cro-Magnon-Mensch erhalten geblieben. Sein Skelett ist mit den gleichen Schmuckstücken und Statuetten ausgestattet und mit den gleichen Ornamenten verziert, wie sie in Europa in jener Zeit allgemein üblich sind.

In der Höhle Techik-Tach, nördlich von Baisun in Usbekistan, ist ebenfalls das Skelett eines Kindes beigesetzt. Es ist eine Übergangsform der späten Neandertaler zum Cro-Magnon-Typus. Ähnliche Funde stammen aus Iran und Turkestan. Die Kultur des Cro-Magnon-Menschen wird in Afrika als Epoche von Stillbay und Smithfield bezeichnet. Hier gibt es zwar gegenüber Europa einige Unterschiede in den Werkzeugen, aber die Abfolge von Faustkeilen über Handspitzen zu Klingen und Messern ist dieselbe wie in Europa. Cro-Magnon-Menschen leben sowohl in Nord- wie in Südafrika. Mehrere bedeutende Funde belegen ihre Existenz in Boskop in Südwesttransvaal, in Tzitzikama nahe der Südspitze Afrikas und bei Springbok Flats, 130 km nördlich von Pretoria.

Ganz offensichtlich erreichen Menschen dieses frühen Homo-sapiens-sapiens-Typs vor etwa 32 Jahrtausenden auch bereits Australien, also lange bevor die Sundadonten (→ S. 467) diesen Kontinent vor etwa 3 Jahrtausenden besiedeln. Entsprechende fossile Belege fanden sich u. a. am heute ausgetrockneten Lake Mungo im Westen von New South Wales. Die dort gemachten Homo-sapiens-Funde decken einen Zeitraum von etwa 7 Jahrtausenden (ca. 32 000 –25 000) ab.

Prähistorische Felskunst (nachgezeichnet) in Indien (Bhimbetka), bei der mehrere verschieden alte Malereien übereinander liegen. Zuunterst befindet sich eine Rinderdarstellung mit geometrischer Innenzeichnung.

10 000–heute

Das Holozän

10 000–6000. Die Kulturepoche des Mesolithikums (Mittelsteinzeit) prägt die Lebensweise in Europa. → S. 481

10 000–4000. In verschiedenen Regionen werden Menschengruppen seßhaft. Sie entwickeln sich von nomadisierenden Jägern und Sammlern zu Ackerbauern und Viehzüchtern (→ S. 484). Mit der Veränderung der Lebensweise ist ein gesellschaftlicher Strukturwandel verbunden. → S. 486

10 000–heute. Klimatisch herrschen die Verhältnisse der sogenannten Nacheiszeit. Im Vergleich zu vorquartären Erdzeitaltern ist es besonders in den höheren Breiten relativ kühl. Eine Ausnahme bildet eine Warmzeit vor 7000 bis 5000 Jahren. → S. 474

Die meisten vulkanisch aktiven Gebiete liegen in den westlichen Bergketten Nord- und Südamerikas, in Süditalien, im Bereich der afrikanischen Grabenbrüche, des Mittelatlantischen Rückens, im Gebiet der innerpazifischen Inseln und im Indischen Ozean. → S. 477

In postvulkanischen Gebieten bilden sich im Bereich kalkreicher heißer Quellen z. T. beträchtliche Sinterterrassen. Erdgeschichtlich ist das zwar kein Novum, doch stammen die heute gut erhaltenen Sinterterrassen aus dieser Zeit. Eine Phase besonders intensiver Versinterung (Tropfsteinbildung u. a.) erfaßt auch die Kalkhöhlensysteme. → S. 475

Ausgehend von den zentralozeanischen Riftsystemen dehnen sich die Böden der Weltmeere weiterhin aus. → S. 475

Nach der Eiszeit bilden sich im Laufe der Jahrtausende die heutigen Florenprovinzen der Erde heraus. Im wesentlichen lassen sich im Norden und Süden je eine Polarzone, eine sogenannte gemäßigte sowie eine subtropische Zone unterscheiden. Beiderseits der Äquators erstreckt sich die tropische Florenprovinz. → S. 478

Zum ersten Mal läßt sich die Pflanzenfamilie der Blumenbinsengewächse (Scheuchzeriaceae) in Mooren der gemäßigten Breiten mit Sicherheit fossil nachweisen. → S. 479

Menschliche Großrassen, z. B. Europide, Negride, Australide oder Mongolide, entwickeln sich. → S. 482

Der Mensch hält Haus- und Nutztiere. Diese Entwicklung beginnt mit dem Jagdhund, der sich ihm freiwillig anschließt, und führt bis zur heutigen Massentierhaltung. → S. 489

In dieser Zeit setzt die Bildung von ersten festen Dorfanlagen ein. Der Prozeß gipfelt in der heutigen modernen Weltstadt. → S. 491

Gezielte Rohstoffgewinnung und Tauschhandel entwickeln sich von bescheidenen Anfängen zu weltumspannenden Systemen. → S. 492

Mit dem Seßhaftwerden beginnt die arbeitsteilige Lebensweise des Menschen. Dadurch gelangt das Handwerk zur Perfektion. → S. 493

Für den Handel erschließt der Mensch Verkehrswege zur See, zu Lande und schließlich in der Luft. → S. 494

Nach und nach erlernt der Mensch den Umgang mit zahlreichen Energiequellen. → S. 495

Sowohl individuen- wie artenmäßig dezimiert der Mensch die Fauna durch Jagd und Lebensraumzerstörung. Kurzfristig vom Aussterben bedroht sind heute zwischen 70 000 und 2 Mio. Spezies (→ S. 508, 510). Zugleich verändern sich durch die Allgegenwart des Menschen zahlreiche tierische Verhaltensweisen. → S. 509

Infolge explosiver Vermehrung aufgrund weitgehender Beherrschung der Natur durch Technik und Medizin gefährdet sich die Spezies Mensch selbst. Kriege, Umweltvergiftung, nicht artgerechte Lebensweise in Großstädten, falsche Ernährung usw. forcieren diese Entwicklung (→ S. 513). In überproportionalem Maße ist die Existenz der Stammesvolker bedroht. → S. 515

9000–heute. Durch vielfältige Pflanzenneuzüchtungen, Veränderung der natürlichen Lebensräume und Verschleppung von Florenelementen in andere Florenprovinzen trägt der Mensch zu einer größeren Vielfalt der Pflanzenwelt bei. → S. 505

Um 8000. Im Vorderen Orient beginnt das Neolithikum (Jungsteinzeit), das in Europa 2000 bis 3000 Jahre später einsetzt. → S. 490

2300–heute. Durch Raubbau am Wald, landwirtschaftliche Nutzung, verstärkte Besiedlung und immer dichtere Verkehrsnetze usw. verändert der Mensch weltweit großräumig die Naturlandschaften. → S. 502

2000–heute. Wieviele Pflanzenarten der Mensch während der vergangenen zwei Jahrtausende bereits ausgerottet hat, läßt sich nicht ermitteln. Heute sind einige hunderttausend Arten akut vom Aussterben bedroht. → S. 504

1100–heute. Seit dem Beginn der Kohleverbrennung belastet der Mensch zunehmend die Atmosphäre mit gas- und staubförmigen Schadstoffen. → S. 499

1000–heute. In zunehmendem Maße verändert der Mensch lokal das Klima – vornehmlich durch Großsiedlungen, Industrie und Verkehr. → S. 497

200-heute. Eine Folge der Industrialisierung und der modernen Landwirtschaft besteht in einer bedrohlichen Belastung der Hydrosphäre (→ S. 500) und des Bodens. → S. 501

Heute. Durch die rapide Abholzung der tropischen Regenwälder vernichtet der Mensch diesen genetisch vielfältigsten Lebensraum der Erde. → S. 503

Rund 4,7 Mrd. Jahre nach ihrer Entstehung als Planet: Die Erde heute; die Weltraumaufnahme wurde von der Apollo-17-Besatzung gemacht.

Die Erde nach den Eiszeiten

10 000–heute. Die Verteilung der Kontinente auf der Erde hat sich seit dem Tertiär (66–1,7 Mio.) nicht mehr wesentlich geändert, wohl aber das Verhältnis der Meeres- zu den Kontinentalflächen.

Diese Entwicklung basiert einerseits auf dem während des Pleistozäns (1,7–0,01 Mio.) ganz erheblich gesunkenen Meeresspiegel. Zum anderen kam es zu starken Meeresspiegelschwankungen aufgrund der Wasserfestlegung im Eis während der Kaltzeiten. Gegenüber der Hauptvereisung in der Würm-Eiszeit bis vor rund zwölf Jahrtausenden liegt der Meeresspiegel im Holozän etwa 100 m höher. Das geht mit der Überflutung zahlreicher während der Eiszeit trockener Schelfgebiete und Flachmeere einher.

Heute sind 70,8% der 510,1 Mio. km^2 großen Erdoberfläche vom Meer bedeckt. Die drei großen Ozeane, der Atlantische, Pazifische und Indische Ozean, nehmen mit ihren Nebenmeeren 360,8 Mio. km^2 ein. Davon entfällt etwa die Hälfte auf den größten, den Pazifischen Ozean mit 179,68 Mio. km^2. Die mittlere Tiefe der Weltmeere beträgt 3793 m. Schelfgebiete, marine Kontinentalsäume von maximal 200 m Wassertiefe, ergeben 7,8% der gesamten Meeresoberfläche. Die mittlere Breite des Schelfs beträgt 68 km. Vor Flachlandgebieten ist sie jedoch meist erheblich größer: Vor Sibirien z. B. 1700 km und vor Nordaustralien 1200 km.

Gletschereis bedeckt heute eine Fläche von etwas mehr als 16 Mio. km^2 oder 11% des Festlandes. Dazu kommt die zwar oberirdisch eisfreie Region des Permafrostbodens in Nordamerika und Nordasien mit einer Fläche von 21 Mio. km^2. Hier ist der Boden ständig bis in z. T. mehr als 1000 m Tiefe gefroren. Gletscher- und Dauerfrostgebiete nehmen also fast ein Viertel des gesamten Festlandes ein. Die vom Meereseis bedeckte Fläche bewegt sich im Mittel um 26 Mio. km^2.

Die nichtarktischen Regionen der Erde lassen sich heute am sinnvollsten in Klimazonen untergliedern, wobei das Klima immer auch zugleich die Landschaftsform (boreale oder tropische Wälder, Steppe, Wüsten usw.) prägt. Wälder kühler und gemäßigter Regionen, subtropische und tropische Wälder bedecken heute zusammen rund 32% der Kontinentalflächen, also knapp 48 Mio. km^2. Geröll-, Fels-, Lehm- und Sandwüsten nehmen mit ebenfalls fast 48 Mio. km^2 einen genausogroßen Festlandanteil ein. Das verbleibende Viertel bedecken Steppen, Savannen, Hochgebirge, Agrar- und sonstiges Kulturland.

Klimaschwankungen nach dem Ende der Eiszeiten

Das computerverstärkte Satellitenbild zeigt eine typische Wetterkonfiguration der heutigen Zeit.

10 000–heute. Die Entwicklung des Klimas in der jüngsten erdgeschichtlichen Vergangenheit spielt sich mit größeren und kleineren Schwankungen ab.

Schon gegen Ende des Pleistozäns begann vor rund 12 750 Jahren der Rückzug des Würm-Eises im europäischen Raum. Bedingt wurde das durch einen ersten schwachen Wärmeeinbruch (Bölling-Interstadial), der etwa vier Jahrhunderte anhielt. Ihm folgte eine zweite, ausgeprägte Warmphase vor 12 000 bis 11 000 Jahren, die Alleröd-Zeit, mit einem Julimittel für Zentraleuropa, das 4° über dem heutigen lag. Eine nochmalige starke Abkühlung (die jüngere Dryas- oder Tundrenzeit) folgte und hielt bis vor 10 000 Jahren an. Dann beginnt endgültig (bis heute) die Nacheiszeit.

Schon vor etwa 9500 Jahren herrschen in Skandinavien etwa gleiche Eisverhältnisse wie heute. Eine sogenannte postglaziale Warmzeit stellt sich vor 7000 bis 5000 Jahren ein. In Europa ist es 2 bis 3° wärmer als heute, und die Baumgrenze liegt einige hundert Meter höher. Selbst in Nordeurasien verschwindet die baumlose Tundra fast völlig. Nach dieser Zeit geht die Temperatur bis heute leicht zurück.

Schwankungen gibt es während der letzten fünf Jahrtausende vor allem hinsichtlich der Niederschlagstätigkeit. Vor etwa 4300, 3200, 2600 und vor 1500 bis 1300 Jahren ist es in Europa besonders trocken. Vor 1200 bis 800 Jahren regnet es wesentlich mehr als heute, aber die Winter sind milder, und die Gletscher schrumpfen. Eine sogenannte »Kleine Eiszeit« herrscht vor 400 bis 100 Jahren (also 16. Jh. bis Ende 19. Jh.). Epochen besonders ausgeprägter Gletschervorstöße sind die erste Hälfte des 17. Jh. und die Zeiträume von 1810 bis 1820 sowie von 1850 bis 1860. Seit Ende des 19. Jh.s läßt sich dann Gletscherrückgang erkennen.

In Nordamerika folgt der Rückzug der letzten Eiszeit in etwa demselben Zeitplan wie in Europa. Auch das postglaziale Klimaoptimum vor 7000 bis 5000 Jahren läßt sich nachweisen, aber weniger ausgeprägt als in Europa. Am Vordringen des Waldes ist im nördlichen Nordamerika, etwa im Gebiet der heutigen Baumgrenze, die Klimaentwicklung der Nacheiszeit besonders gut zu verfolgen: Vor 11 600 bis 8500 Jahren verdrängt Waldtundra (Fichte) die baumlose Kältesteppe, vor 8500 bis 5500 Jahren herrscht geschlossener Fichtenwald vor. Zwischen 5500 und 4000 Jahren wandert die Erle ein. Die Polarfront liegt etwa 350 km nördlicher als heute. Danach zieht der Wald sich wieder zurück und ist heute erneut einer Zwergbirken-Tundra gewichen. In Afrika und Australien spielt sich im wesentlichen ein Übergang von feuchterem zu trocknerem Klima ab.

Mitte des 19. Jh. ließ sich in den Alpen ein Vorstoß der Gletscher beobachten, wie die Darstellung des Rhône-Gletschers von 1850 zeigt (Stahlstich).

Seit Ende des 19. Jh. zieht sich das Eis in den Alpen im allgemeinen wieder zurück, wie das heutige Bild des Rhône-Gletschers beweist.

Sinterterrassen aus heißen Quellen

10 000–heute. In verschiedenen Gebieten der Welt kommt es zur Bildung von Sinterterrassen. Sie entstehen in postvulkanischen Regionen, wo in geringer Tiefe noch hohe Temperaturen herrschen. Bedeutende Formationen dieser Art finden sich heute z. B. im Yellowstone National Park in den USA, bei Pamukkale in der Türkei und in Hamman Meskhoutine im Norden Algeriens.
Heißes, saures Wasser löst unterirdisch relativ viel Kalk aus dem Gestein. Gelangt es als Quelle an die Erdoberfläche, dann ändern sich die Druckverhältnisse, und aufgrund der hohen Temperatur verdampft ein großer Teil des Wassers. Beide Effekte bewirken, daß gelöster Kalk als festes Gestein, nämlich als sogenannter Kalksinter (Calciumcarbonat) ausfällt. Dieser scheidet sich vor allem am Gewässerrand ab, so daß natürliche Becken entstehen.

Die bedeutenden Kalksinterterrassen von Pamukkale (türkisch, eigentlich »Baumwollschloß«), die im westlichen Anatolien nahe Denizli liegen, erstrecken sich über einen ganzen Berghang.

Die Ozeane dehnen sich weiter aus

10 000–heute. Ausgehend von den Riftsystemen im Zentrum der Weltmeere mit ihrem jeweils zentralen Grabenbruch, dehnen sich die Ozeane weiter aus. Ihre ständig neu gebildeten Böden »zergleiten« dabei in Richtung der Ränder.
Die Spreizungsrate beträgt heute im Atlantik jährlich etwa 1 cm, im Pazifik rund 5 bis 8 cm. Dieser Raumgewinnung der Ozeane an ihren Rändern steht die Subduktion ozeanischer Platten, also deren Untertauchen unter kontinentale Krustenschollen, entgegen. Jedoch weitet sich zumindest der Atlantik auch heute noch kontinuierlich aus.
Die Länge aller ozeanischen Rifts beträgt heute weltweit 60 000 bis 70 000 km. Meist sind die mit ihnen verbundenen Schwellen zwischen 1200 und 1500 km breit.
Ein neues ozeanisches System, das in der zukünftigen erdgeschichtlichen Entwicklung eine Rolle spielen wird, zeichnet sich in heute noch vorwiegend kontinentalen Grabenbrüchen ab. Vor allem zeigt sich der Prozeß im Grabenbruch, der im Norden das Libanongebirge vom Antilibanon trennt, dann durch das Rote Meer verläuft und im Süden jene Senke liefert, in der u. a. der Tanganjikasee liegt.

Intensive Bildung von Bergmilch in Höhlen

10 000–heute. Unmittelbar nach Beendigung der letzten Eiszeit setzt in den meisten (europäischen) Höhlen eine Phase starker Bergmilchbildung ein. Bei Bergmilch handelt es sich chemisch um Konglomerate feinster Calcitnadeln, die zuweilen auch mit Calcium-Magnesium-Carbonaten vermengt sind.
Ihr Name ist ein Sammelbegriff für Bildungen sehr unterschiedlicher Entstehung, aber einheitlichen Erscheinungsbildes. Es sind lockere wasserreiche Überzüge, die durch physikalisch-chemische oder biochemische Veränderungen aus Sinter hervorgehen. Sie werden an der Oberfläche des Muttergesteins aus diesem herausgebildet oder bauen sich als plastische Ablagerungen aus Kalkteilchen auf, die von unterirdischem Wasser eingetragen werden.
Dieser Phase intensiver Bergmilchbildung folgt im nacheiszeitlichen Klimaoptimum (vor 7000 bis 5000 Jahren) eine Phase besonders starker Sinterbildung (»Jungsinter«).

◁◁ Neben starker Bergmilchentstehung läßt sich in den nacheiszeitlichen Höhlen häufig auch die Bildung feiner, langer Stalaktiten beobachten.

◁ Der »Jungsinter« überzieht nicht selten kaskadenartig ganze Höhlenwände mit dicken Calcitlagen. Im Bild ist er durch Eisenoxid (Fe_2O_3) eingefärbt.

Erdbeben und Sturmfluten gefährden die Menschenwelt

4000–heute. Naturkatastrophen wie Erdbeben, Sturmfluten, Überschwemmungen, Orkane oder Waldbrände werden zu einem bisher kaum bekannten Gefahrenpotential für den Menschen. Diese Entwicklung setzt mit der rapide fortschreitenden Besiedlung der Erde durch den Menschen, vor allem durch seine lebhafte Bautätigkeit ein. Der in Siedlungen und Städten seßhafte Mensch kann kaum fliehen. Während Tiere oder Nomaden durch Erdbeben selten zu Schaden kommen, begraben einstürzende feste Gebäude oft ihre Bewohner unter sich. Zugleich nehmen die sekundären Gefahren durch die Technisierung des modernen Menschen zu. Erdbeben zerreißen Wasser-, Öl- und Gasleitungen. Große Fluten zerstören u. a. Erdölbohrinseln oder verursachen Tankschiffkollisionen.

1946 erreichten von einem Seebeben in Alaska ausgelöste Wellen (Tsunamis) mit Höhen von 9 bis 17 m Hawaii.

Deichbruch bei Houtewael in Holland (nach einem Gemälde von 1651)

Im März 1964 suchte ein starkes Erdbeben das Gebiet von Anchorage (Alaska) heim. Das Bild zeigt die breiten Risse im Untergrund von Turnagain. Solche oft meterbreiten Versätze im Boden bringen nicht nur Gebäude zum Einsturz, sie zerstören auch Wasser- und Gasleitungen.

◁ Ein zeitgenössischer kolorierter Kupferstich von Sir William Hamilton illustriert, wie 1776 ein Lavastrom des Vesuvs die Phlegräischen Felder in Neapel begräbt. Noch heute gibt es dort Heißdampfquellen.

Am 31. Mai 1902 brach ein Vulkan auf Martinique aus und zerstörte u. a. Teile des Hafens der Insel, wie die zeitgenössische kolorierte Ansicht zeigt.

Vulkane weltweit immer noch aktiv

10 000–heute. Der Vulkanismus, wie er sich im Tertiär entwickelte (→ 66–1,7 Mio./S. 311), besteht in vielen Gebieten noch heute. Besonders vulkanreiche Zonen der Erde sind:

- ▷ Gebirgszüge der Anden und der nordamerikanischen Kordilleren mit hochexplosiven Vulkanen
- ▷ Süditalien mit Vulkanen mittlerer Explosivität
- ▷ Afrikanische Grabenbrüche mit sowohl mittelexplosiver wie ruhiger, effusiver Vulkantätigkeit
- ▷ Vulkaninseln längs des Mittelatlantischen Rückens, deren Ausbruchsmechanismen stark variieren (z. B. explosiver Vulkanismus auf den Azoren und effusiver Vulkanismus auf Island)
- ▷ Inseln des inneren Pazifischen Ozeans mit fast rein effusivem Vulkanismus
- ▷ Gebiet des Indischen Ozeans mit gemischtem Vulkanismus.

Die Vulkane der Erde fördern seit dem 16. Jahrhundert durchschnittlich 16 km³ Laven und 78 km³ Lockermassen pro Jahrhundert und setzen dabei riesige Energiemengen frei. Der Ausbruch des Krakatau, der im Jahr 1883 die Sunda-Landenge zerstört, setzt die Energie von 278 Mrd. kWh frei; 5 Mrd. m³ Material werden in die Luft geschleudert. Die doppelte Energieentfaltung begleitet 1956 die Eruption des Besimjannyi auf Kamtschatka. Die beim Ausbruch des Tambora 1815 in Indonesien freigesetzte Energie entspricht mit 200 Billionen kWh jener von 6 Mio. Wasserstoffbomben.

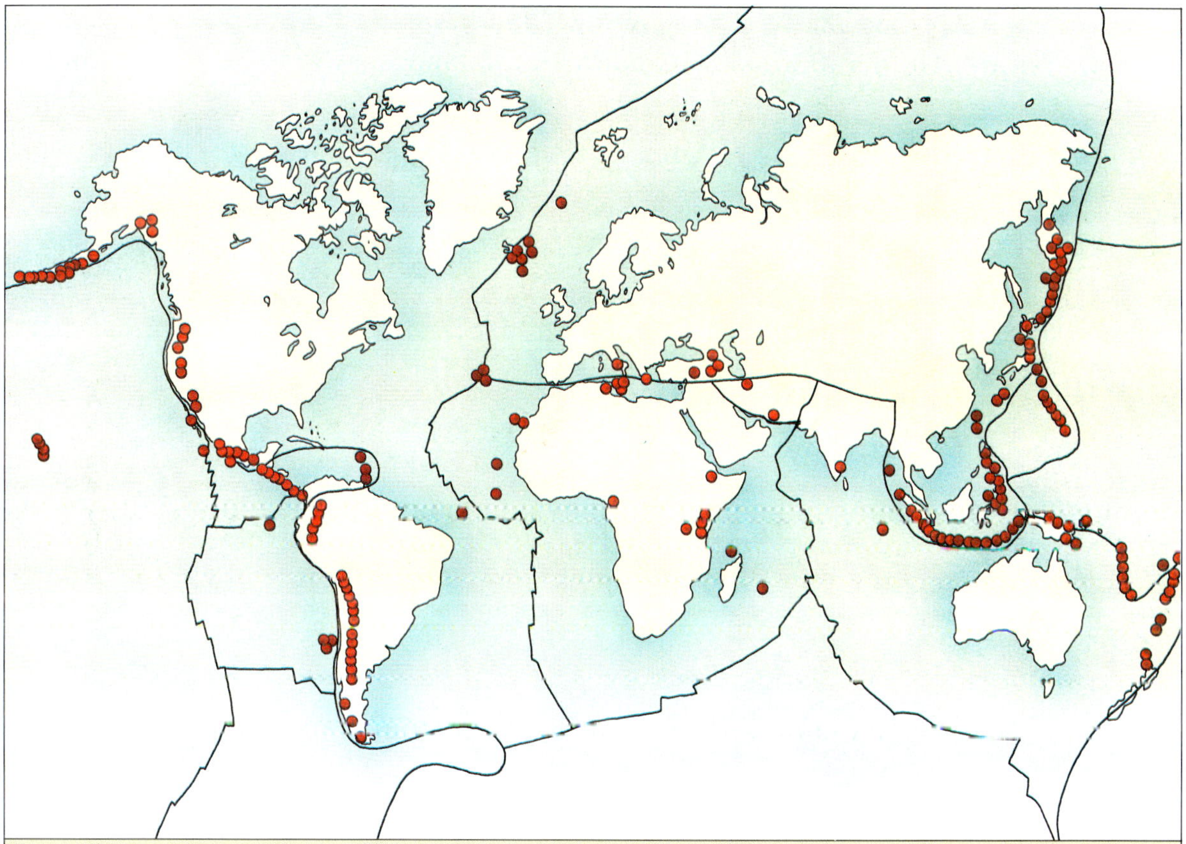

Die heutigen „Feuergürtel" der Erde

Über 70 000 km lang sind die tektonisch instabilen Riftzonen (Linienzüge), an denen sich die Kontinentalschollen gegeneinander bewegen. In diesen Gebieten ist Vulkanismus häufig. Sichtbar werden die Vulkanberge auf dem Festland, in Küstenzonen und auf Inselbögen; in den Tiefseebereichen der Rifte bleibt der Vulkanismus verborgen.

Florenprovinzen der nacheiszeitlichen Erde entstehen

10 000–heute. Analog zu dem klimatischen Geschehen der Nacheiszeiten (→ S. 474) stellen sich regional auf der Welt verschiedene Florenprovinzen und damit Lebensräume generell ein.

Der nordpolare kontinentale Bereich, in etwa also das Gebiet nördlich des Polarkreises (66,5°), wird meist mit 28 Mio. km² angegeben. Genauere Definitionen folgen der Baumgrenze, die regional in unterschiedlichen Breiten verläuft. Die Flora der Arktis ist die Tundra (Kältesteppe), eine Lebensgemeinschaft von Flechten, Farnen und Moosen mit rund 800 bekannten Blütenpflanzenarten (darunter zahlreiche Gräser). Sträucher sind selten. Bäume gedeihen fast ausschließlich als Zwergformen.

Die Landschaften der nördlichen gemäßigten Zonen ziehen sich als rund 5000 km breiter Streifen um die Erde und werden theoretisch vom nördlichen Polarkreis und vom nördlichen Wendekreis (23,5°) begrenzt. Sie umfassen mit rund 60 Mio. km² etwa 40 % der Landoberfläche der Erde. Hier leben heute nahezu 70 % der Weltbevölkerung. Ein durchschnittlich 1500 km breiter Gürtel von Nadelwäldern zieht sich durch die gemäßigten Zonen Nordamerikas und Eurasiens. Seine größte Breite erreicht er mit 2000 km auf der Höhe des Baikalsees in Sibirien. Die schmalste Stelle liegt im Gebiet von Neufundland. Ein Drittel aller Wälder der Erde sind, wie die hier wachsenden, borealer (griech. »boreas« = »Wind vom Berg« oder »Nordwind«) Natur, d. h. sie sind dem nördlichen Klima Europas, Asiens und Amerikas zugehörig. Das Klima in ihrem Bereich ist meist kontinental mit Januarmitteln von -10 °C bis 30 °C in Nordeuropa und Kanada sowie -30 °C bis -50 °C in Ostsibirien. Südlich schließt sich eine Zone sommergrünen Laubwaldes an die borealen Nadelwälder an, die im Bereich der Küsten besonders breit, im Inneren der Kontinente aber wesentlich schmaler ist. Ihre größte Nord-Süd-Ausdehnung hat sie in den westeuropäischen Küstenländern von Südskandinavien bis ins nördliche Portugal. Ungefähr in den gleichen Breiten wie die Laubwälder, aber in trockeneren kontinentalen Gebieten breiten sich Waldsteppen und Steppen aus. Sie schließen sich in den küstennahen Gebieten südlich z. T. an die Waldregionen an. Waldsteppen, Prärien und Kultursteppen erstrecken sich heute aber auch dort, wo der Mensch den Wald vernichtet hat.

Die Tropen liegen per Definition zwischen dem nördlichen und dem südlichen Wendekreis und umfassen etwa 65 Mio. km². In Wirklichkeit greift die tropische Landschaft regional aber oft weit in die etwas unbestimmt als Subtropen bezeichneten Gebiete der Nord- und Südhalbkugel hinein. Ihr charakteristisches Element liegt im ständig relativ hohen Luftdruck und in der Windarmut im Gebiet der »Roßbreiten« im Bereich der Wendekreise. Von hier aus wehen fast immer Passate in Richtung Äquator. Die Äquatorzone selbst ist relativ windfrei.

Diese Luftdruckverteilung führt zu unterschiedlichen Klima- und damit Vegetationszonen: Die Roßbreiten selbst sind extrem trockene und heiße Wüstengebiete. In den regenreichen Passatzonen und der Äquatorregion mit ihren starken Niederschlägen gedeiht tropischer Regenwald. Im Gegensatz zur nördlichen gemäßigten Zone lassen sich auf der Südhalbkugel in den entsprechenden Breiten wegen der Reliefverhältnisse der Erdoberfläche keine in west-östliche Richtung orientierten Vegetationsgürtel unterscheiden. Die Pflanzenwelt variiert hier regional stark. In Südamerika herrscht andine Gebirgsvegetation vor, in Südafrika dagegen Steppen- und Wüstenvegetation. Australiens Flora ist aufgrund der ständigen Hochdruck-Wetterlage in weiten Landesteilen ebenfalls steppen- und wüstenartig.

▷ *Die sibirische Taiga ist eine Florenprovinz, die sich mit den ersten Wäldern vergleichen läßt, die nach der Eiszeit weite Teile Europas eroberten.*

▽ *Weiter im Norden, etwa in Lappland, finden sich heute noch Biotope wie in den kalten, jedoch eisfreien Gebieten der Eiszeiten: Die Tundra.*

Pflanzenfunde in Moorgebieten

10 000–heute. Neue Pflanzenarten sind in der Nacheiszeit nicht zu erwarten. Die wenigen Jahrtausende sind entwicklungsgeschichtlich eine zu kurze Zeit. Dennoch gibt es Arten und sogar ganze Familien, die aus früheren Zeiten fossil nicht erhalten sind und sich jetzt erstmals nachweisen lassen.
Eine typische Familie dieser Kategorie sind die Blumenbinsengewächse oder Scheuchzeriaceae, Sumpfpflanzen der gemäßigten Breiten mit grasähnlichen, an Schnittlauch erinnernden Blättern und Blüten in lockeren Ähren oder Trauben. Sie fallen in der Nacheiszeit besonders dadurch auf, daß sie in Moorgebieten oft in großer Individuenzahl vertreten sind und im Torf erhalten bleiben. Die entsprechenden Böden werden sogar als Scheuchzeria-Torfe bezeichnet, weil sich ihre Substanz zum großen Teil aus Blumenbinsen aufbaut. Nicht zu verwechseln sind die Scheuchzeriaceae mit den ebenfalls als Blumenbinsen bezeichneten Butomaceae.

△ Zwischen den Wendekreisen breitet sich nach der Eiszeit weltweit tropischer Regenwald aus. Erst in allerjüngster Zeit gehen diese riesigen Urwälder erschreckend schnell zurück: Opfer des exzessiven menschlichen Weideland- und Holzbedarfs.

▷ Zwischen dem borealen Nadelwaldgürtel und den Subtropen erstreckt sich besonders auf der Nordhalbkugel heute ein breiter Laub- und Mischwaldgürtel, soweit er nicht dem Ackerbau, Städten und Straßennetzen weichen mußte.

▷▷ Wo Tropen und Subtropen aneinandergrenzen, dehnen sich – besonders im Inneren der Kontinente – weite Trockengebiete aus. Sie zeigen heute deutliche Wachstumstendenzen.

Neue Ausdrucksformen des Menschen nach der Eiszeit

10 000–6000. Mit dem Einsetzen der Nacheiszeit ändert sich die Welt. Weite Regionen werden eisfrei und bieten sich den Menschen bald als neue Lebensräume an. Auch der Mensch selbst und seine Kultur entwickeln sich in einem Maße, daß die Forschung hier eine neue Kulturstufe ansetzt. Man nennt diese Epoche Mittelsteinzeit oder Mesolithikum. Sie beginnt vor etwa 12 000 Jahren und endet im Vorderen Orient vor etwa 8000, in Europa vor 6000 bis 5000 Jahren.

Vor allem die Werkzeuge und Geräte werden vielseitiger und differenzierter. Die typischen Steinwerkzeuge dieser Zeit sind vorwiegend längliche Scheibenschaber und sogenannte Kernäxte, die aus dem Kern eines Feuersteins geschlagen sind. Daneben gibt es kleine dreieckige, scharf zugeschlagene Spitzen für Pfeile und Harpunen, die als Mikrolithen bekannt sind. Häufig sind Dolche, Messer und Meißel sowie Fischereigeräte (z. B. Angelhaken) aus Knochen und Geweihen.

Die Felsbilder des Mesolithikums finden sich in Nordeuropa (vor allem Norwegen) völlig im Freien, in Südeuropa (besonders Südostspanien) meist unter Felsüberhängen und im vorderen Teil offener Halbhöhlen. Hatte der Altsteinzeitmensch naturalistische Bilder von Tieren hinterlassen, so stellt der Mittelsteinzeitmensch jetzt auch Menschen dar, daneben aber bereits erste abstrakte Zeichen. Was im späten Magdalénien, der letzten großen Phase der Eiszeitkunst, schon angeklungen war, eine Vereinfachung der Formen, der Weg vom Malerischen zum Stilistischen, vom plastisch empfundenen Abbild eines Tieres zur flächenhaften Gestaltung einer Bewegung, setzt sich jetzt besonders in Spanien fort. Dynamik und Expressivität kennzeichnen diese Bilder. Die neue nordische Felskunst vereinfacht und abstrahiert, ohne dabei die naturhaften Proportionen zu zerstören, und kommt auf diese Weise zu einem ausdrucksstarken Gattungsbild. Der stilisierende spanische Felsmaler stellt abstrakte Begriffe dar: Erregung, Entspannung, Eile, Abwarten, Gelöstsein.

Der Alltag der Steinzeit wird in den Bildern wiedergegeben und zugleich interpretiert: Konzentriert zielende, beim Schuß vorstürmende Bogenschützen, die ganze Herden eleganten Rotwildes erlegen, sind ebenso Sujet wie – erstmals in der Menschheitsgeschichte – Krieger, die in Reih und Glied in den Kampf ziehen, wilde Kampfszenen und immer wieder elegante Tierfiguren in voller Bewegung, oft mitten im Sprung. Stets sind die Szenen flächig angelegt, nie in großen Umrissen gezeichnet, wie in Skandinavien oder in einer dritten, schwächer ausgeprägten mittelsteinzeitlichen Felsbildergruppe in Nordspanien. Generell sind die Bilder wenig naturalistisch: Die Taillen werden extrem lang und schlank, die Arme zu geschmeidigen Linien, die Hüften und Beine erscheinen dagegen oft ausgesprochen kräftig und betont.

Neben all diesen stilisierten Darstellungen findet sich bereits die vollkommene Abstraktion: Das Symbol. In Frankreich u. a. in der Höhle Mas d'Azil (nach ihr wird die gesamte mittelsteinzeitliche Kulturepoche Europas Azilien genannt) in Nordspanien, Nordengland und Ostbayern finden sich Flußkiesel mit rätselhaften, zehn Jahrtausende alten Zeichen in roter Farbe: Kreise, Kreuze, Punkte, Striche, Zickzacklinien, kammartige und pflanzenähnliche Gebilde. Die Kunst ist auf dem Weg vom Abbild zum Sinnbild. Der Mensch denkt in Kategorien.

Mesolithische Kultmaske aus dem Schädel eines Rothirsches aus der Gegend von Wismar

Im Mesolithikum wandelt sich die Felsmalerei zu stilisierter Darstellung: Gasulla-Schlucht in Castellon (6000 bis 4000 Jahre)

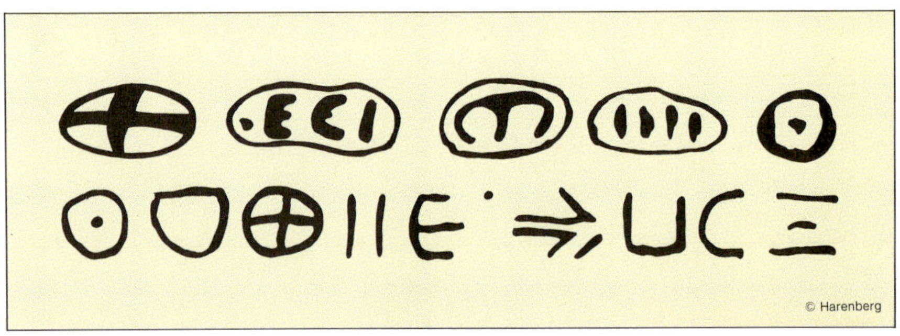

Große Flußkiesel aus dem Mas d'Azil in den französischen Pyrenäen bemalte der mesolithische Mensch vor rund 10 000 Jahren mit Symbolen (obere Reihe), die stark an die viele Jahrtausende jüngeren Schriftzeichen der kanarischen Urbevölkerung (untere Reihe) erinnern. Möglicherweise hatten sie eine ähnliche Bedeutung.

Diese fast 9000 Jahre alte Geweihhacke mit Holzschaft fand sich in mesolithischen Schichten bei Nauen.

11 000 Jahre alt ist diese Kleinplastik einer Gazelle aus Umm Ez-Zuweitineh bei der alten Stadt Jerusalem.

Kulturelle Vielfalt auf allen Kontinenten der Erde

10 000–4000. Schon zum Ende der Eiszeit ist der Mensch über alle Kontinente der Erde (die Antarktis ausgenommen) verbreitet (→ S. 465). Jetzt, während des Mesolithikums (→ S. 480), setzt eine beachtliche kulturelle Differenzierung ein.

Neu besiedelt wird das nördliche Polargebiet, in dem sich das Eis zurückzieht. Hier knüpft die Kultur noch am stärksten an jene der Altsteinzeit an, denn die Menschengruppen, die den Tundratieren nach Norden folgen, behalten ihre alte Lebensgrundlage. In Europa besiedeln sie Skandinavien bis hinauf zum Nordkap. In Nordamerika, Nordostsibirien und auf Grönland bilden sich die Eskimos heraus. Die Kultur dieser nordischen Völker unterscheidet sich merklich z. B. von jener Südostspaniens (→ S. 480).

Den spanischen und westfranzösischen Kulturelementen (Azilien) nahe verwandt ist das sogenannte Tardenoisien. Hiervon geprägt sind Belgien, England, Dänemark, Norddeutschland und das Baltikum. Es ist teilweise mit dem Azilien verzahnt oder löst dieses regional ab. Ausläufer dieser Kulturrichtung erreichen im Osten Polen und Rußland, im Süden Italien und Kleinasien, besonders Syrien. Seinen Ursprung hat das Tardenoisien in einer sehr lebhaften nordafrikanischen Kulturgruppe des Mesolithikums, im sogenannten Capsien (benannt nach Gafsa in Tunesien). Dem Capsien sind viele der berühmten Weltbilder der zentralen Sahara zuzurechnen. Die heutige Wüste ist um diese Zeit eine fruchtbare Savanne mit zahlreichen Tieren. Über sie hinweg breitet sich die mesolithische Kultur bis nach Südafrika aus. So sind die nordafrikanischen, die südafrikanischen und die spanischen Felsbilder dieser Epoche einander sehr ähnlich.

In Palästina bildet sich im Mesolithikum eine Jäger- und Fischerkultur heraus, das Natufien. Von ihr ist als erstes Haustier der Hund belegt. Der entsprechende Kulturhorizont heißt in Ägypten Sebilien. Die Werkzeuge gleichen weitgehend jenen des Capsien.

In Nordindien entwickelt sich eine besonders hochstehende mesolithische Kultur, die schon vor etwa 4500 Jahren zu einer ersten Stadt mit steinernen Häusern, Wasserleitungen, Bädern usw. führt: Mohenjo-Daro.

Knapp 5000 Jahre alt ist diese frühdynastische Ständerfigur aus Kupfer. Sie stammt aus Mesopotamien.

Bemalte neolithische Keramik aus China; Prähistoriker bezeichnen solche kürbisförmigen Flaschen als »Typ ping«.

Hier mündet das Mesolithikum unvermittelt in eine frühe Hochkultur. Schon gegen Ende der Mittelsteinzeit findet sich hier eine – noch nicht entzifferte – Schrift. In China und der Mongolei gibt es ebenfalls mesolithische Kulturschichten, die – nur in einem Fundort – erste Ansätze der Töpferei zeigen. Auch in Japan ist das Mesolithikum ausgeprägt.

Sehr früh setzen mittelsteinzeitliche Kulturen in Nord- und Südamerika ein: Vor rund 10 000 Jahren. In Chile fallen aus der Zeit vor zehn und vier Jahrtausenden rot bemalte Steinkugeln auf, vielleicht Belege für erste kultische Ballspiele. Australien wird mit dem Ende der Eiszeit durch das Steigen der Weltmeere ein Inselkontinent. Diese Region zeigt hinfort bis in die historische Zeit praktisch keine kulturellen Veränderungen. Ein Mesolithikum existiert hier nur ansatzweise.

Jungsteinzeitliche Felsgravierung bei Taghit in Nordwestalgerien

Die Bilder von Taghit zeigen u. a. Löwen als Bewohner der Nordsahara.

Im Süden des heutigen Nigeria bestand das alte Königreich Benin, das für sein besonders kunstvolles Bronze-Handwerk berühmt ist. Diese Reliefplatte (16. Jh.) stammt von einer Wand der Galerien aus dem königlichen Palast und zeigt einen Oba (Edlen) mit zwei Bediensteten zu seinen Seiten. Das Relief gibt damit Hinweise auf die hierarchische Struktur der afrikanischen Kultur. Als Hochkultur der protohistorischen Bronzezeit ähnelt sie den alten Hochkulturen vor über 4000 Jahren.

Menschliche Großrassen entwickeln sich in aller Welt

10 000–heute. Alle Menschen der Nacheiszeit repräsentieren eine einheitliche Art, innerhalb derer sich zahlreiche Großrassen wie die Europiden, Negriden, Australiden oder Mongoliden unterscheiden. Drei z. T. recht unterschiedliche wissenschaftliche Theorien versuchen, dieses Phänomen zu erklären.

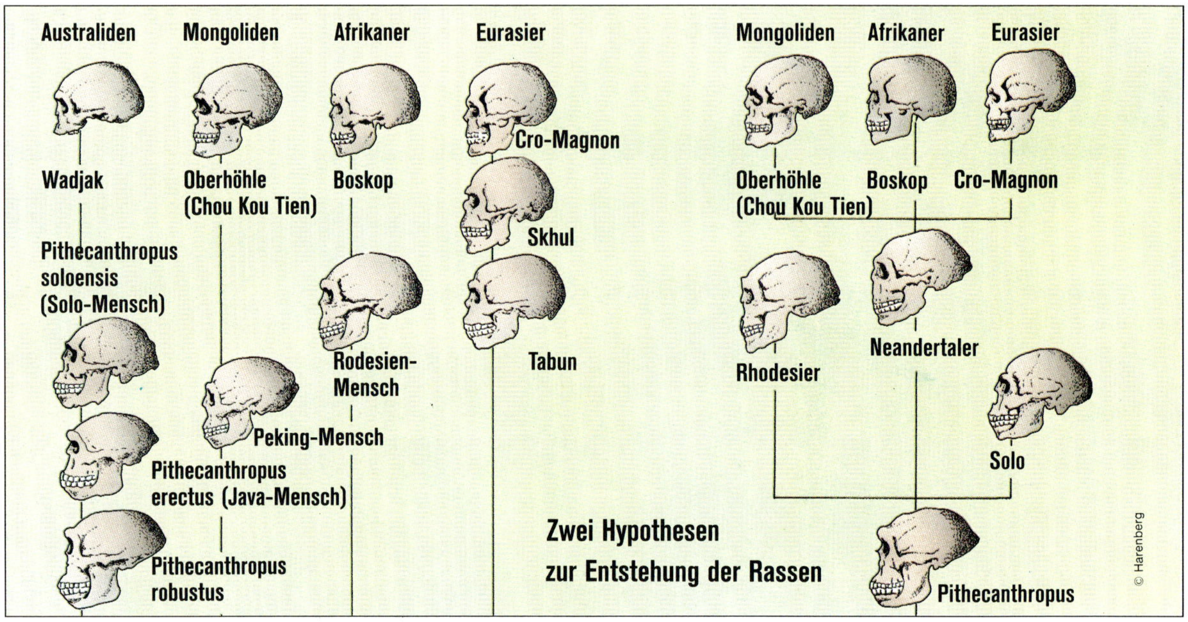

Polyzentrische Hypothese

Der US-amerikanische Anthropologe Heinz Weidenreich und die auf ihn zurückgehende sogenannte polyzentrische Schule vertreten die Ansicht, daß sich die Entwicklung zum modernen Menschen in verschiedenen Gebieten der Erde unabhängig voneinander und zu unterschiedlichen Zeiten vollzogen habe. Nach dieser Hypothese wären die heutigen Großrassen direkte Nachkommen der einst in den betreffenden geographischen Gebieten lebenden Früh- und Altmenschen. Die Verfechter dieser Theorie betonen, daß die Vertreter der heutigen Rassen charakteristische Merkmale zeigen, die sich auch an Fossilfunden in den jeweiligen Ursprungsräumen der betreffenden Rassen feststellen lassen.

Monozentrische Theorie

Dagegen ist die Mehrzahl der Anthropologen heute der Auffassung, der moderne Mensch habe sich nur an einer Stelle der Welt entwickelt. Die Region läge innerhalb eines großen Kernraumes in Westasien, Teilen Zentral- und Südasiens und Nordafrika. Durch Vermischung verschiedener in diesem Großraum lebender Frühmenschen (Paläanthropinen) wurde der Theorie zufolge das Erbgut dieser Bevölkerung bereichert. Hierdurch habe sich innerhalb eines relativ kurzen Entwicklungsprozesses der Homo sapiens herausgebildet. Die Unterartbezeichnung Homo sapiens sapiens ist im Rahmen dieser Auffassung nicht sinnvoll. Deren Grundgedanke ist nämlich, daß der klassische Homo neanderthalensis eine schon im frühmenschlichen Stadium abgezweigte Gruppe repräsentiert, die an der Entwicklung des Homo sapiens keinen Anteil hatte. Die asiatischen »Neandertaler«-Formen werden gar nicht als Neandertaler betrachtet, sondern als Paläanthropinen mit bereits deutlichen Homo-sapiens-Merkmalen.

Der frühe Homo sapiens Asiens und Nordostafrikas besaß nach Auffassung dieser Schule, die als monozentrisch bezeichnet wird, noch keine der typischen Charakterzüge der einzelnen Rassen. Es handelte sich zunächst um einen rassenmäßig »neutralen« Typus, der bestimmte Merkmale in den verschiedensten Kombinationen in sich vereinte. Erst nach dem Auswandern und dem Seßhaftwerden verschiedener Gruppen von sapiens-Menschen in unterschiedlichen geographischen Gebieten kristallisierten sich die einzelnen Rassen heraus. Das würde auch die auffallende Ähnlichkeit der heutigen Rassen erklären. Die Monozentristen gehen davon aus, daß der »neutrale« frühe sapiens-Mensch in seinem Ursprungsgebiet bereits vor etwa 50 bis 45 Jahrtausenden lebte. Mehrere Funde stehen im Einklang mit dieser Vermutung. Für die Hypothese der Monozentristen spricht eine weitere Überlegung: Schon bei seinem Auftreten unterscheidet sich der moderne Mensch von allen Paläanthropinen, auch vom Neandertaler, durch den plötzlich wesentlich höheren Stand seiner Kultur. Das läßt auf qualitative Modifikationen im Denken dieser neuen Menschen schließen. Im Zusammenhang mit der fortschreitenden Sozialordnung muß sich die Kommunikation und damit die moderne sprachliche Verständigung entwickelt haben. Vergleichende Studien an Schädelfragmenten verschiedener Paläanthropinen und dem Homo sapiens zeigen, daß nur beim letzteren jene Gehirnrindenbereiche, die mit den Funktionen der zweckgerichteten physischen Aktivitäten und der Regulierung des Sozialverhaltens zusammenhängen, ganz beträchtliche Umbildungen erfahren haben. Eine derartige Entwicklung setzt erhebliche genetische Veränderungen voraus, und es ist wenig wahrscheinlich, daß sich diese Prozesse mehrfach an verschiedenen Orten in genau derselben Weise abgespielt haben sollen. Parallel zu dieser geistigen Evolution ereignen sich bedeutende körperliche Mutationen, die auch anatomisch zu einem neuen Menschentypus führen, der sich in allen modernen Rassen erkennen läßt.

Das Produkt dieses Vorgangs, der Homo sapiens, ist insofern völlig einzigartig, als bei ihm erstmals in der gesamten Geschichte der Evolution soziale Tendenzen artbildende Selektionsmechanismen dominieren. Der Homo sapiens paßt sich nicht evolutionär den Umweltbedingungen an. Statt dessen versucht er die Umwelt so umzuformen, daß sie ihm gerecht wird. Diese Aufgabe löst er in kollektiver Zusammenarbeit. Aus diesem Grunde hat sich der Homo sapiens im Verlaufe von Zehntausenden von Jahren in seinem physischen Bau praktisch überhaupt nicht mehr verändert. Obwohl die sekundären Veränderungen, die zu den verschiedenen Rassen führen, z. T. auf Anpassungen an bestimmte Umweltbedingungen beruhen, wird durch diese Anpassungen kein einziger der spezifischen Wesenszüge des modernen Menschen modifiziert.

Noch ein anderer, bisher in der Evolutionsgeschichte unbekannter Mechanismus wird beim modernen Menschen wirksam: Neben der genetischen Weitergabe artspezifischer Merkmale und Eigenschaften hat der Homo sapiens mit seiner Fähigkeit zur sprachlichen Kommunikation einen zweiten, nicht genetischen Prozeß der Informationsübermittlung über Generationen in Gang gesetzt: Den Prozeß der geschichtlichen Überlieferung, der den menschlichen Fortschritt von einer Generation zur anderen ermöglicht. Auch diese Fähigkeit ist allen Rassen gleichermaßen zu eigen.

Vermittler im Lehrstreit

Zu der polyzentrischen und der monozentrischen Hypothese gesellt sich in jüngster Zeit eine dritte, möglicherweise zwischen beiden Lagern vermittelnde Theorie einiger sowjetischer Anthropologen: Danach liegt der Ursprung des Homo sapiens und seiner Rassen in zwei zentralen Gebieten, nämlich Nordostafrika und Südwestasien. Die Wissenschaftler stützen ihre Argumentation auf Unterschiede in den Gebißstrukturen der frühen und der heutigen Menschen. Beide Regionen liegen allerdings innerhalb des von den Monozentristen beschriebenen Kerngebietes der Homo-sapiens-Entwicklung.

Die Großrassen des modernen Homo sapiens (Bild: Europäerinnen) unterscheiden sich nicht nur äußerlich durch Haut- und Haarfarbe, Körpergröße, Gesichtsschnitt usw., sondern auch physiologisch. So haben 15 % der Europäer die Blutgruppe B, die in Polynesien fast gar nicht vorkommt.

Der Ursprung der Indianer (im Bild: südamerikanische Jibaros) läßt sich aufgrund von Zahnmerkmalen rund 20 000 Jahre weit nach Südostasien zurückverfolgen. Bei etwa 50 % derIndianer und Asiaten gibt es einen Blutfaktor (Diego), der in Europa und Polynesien extrem selten ist.

Die Chinesen umfassen eine Vielzahl von Kleinrassen, die zum größten Teil die gleichen altsteinzeitlichen Vorfahren besitzen wie die amerikanischen Indianer.

Die Eskimos (Eigenname: Inuit) stammen ebenfalls von südostasiatischen Vorfahren ab. Heute leben nur noch etwa 100 000 Eskimos in der gesamten Arktis.

Die Aborigines Australiens kamen wohl vor etwa 30 000 Jahren aus Asien. Vor der Kolonialisation waren es etwa 300 000, aufgesplittert in Hunderte von Stämmen.

Die Zulu in Südafrika sind ein Bantu-Volk, das ethnisch inhomogen ist, da es als kleiner Klan begann und im Laufe der Zeit zahlreiche Fremdstämme unterwarf.

Viele Kleinrassen (im Bild: Navajo-Indianer) blieben über Jahrtausende trotz weiträumig nomadisierender Lebensweise vor allem deshalb mehr oder weniger geschlossene Stammes- oder Volksgemeinschaften, weil sie eine eigene Sprache sprechen, die sie von verwandten Ethnien abgrenzt.

Die Buschmänner des südlichen Afrikas unterscheiden sich von anderen Rassen u. a. durch das Fehlen einer Bindegewebsschicht in der Haut, was erklärt, daß sie bereits im jungen Erwachsenenalter runzelige Körper haben. Buschmannfrauen speichern Fett im Gesäß (»Fettsteiß«).

Vom Jäger und Sammler zum Viehzüchter und Ackerbauern

10 000–4000. Die großen klimatischen Veränderungen wirken sich auf die Lebensweise der Menschen aus. Während diese zu Beginn des Mesolithikums noch stark mit der altsteinzeitlichen (→ S. 461) übereinstimmt, paßt sie sich in der Folgezeit vor allem im Bereich der Ernährung den neuen Gegebenheiten des natürlichen Umfelds an. Parallel dazu setzt der Übergang zur Seßhaftigkeit ein, der weitere Veränderungen des Alltags nach sich zieht.

Fischerei ergänzt die Jagd

Am Ende der Eiszeit sind die meisten Mammuts, Bisons, Rentiere und Riesenhirsche ausgestorben oder nach Norden gewandert. Während einige Menschengruppen ebenfalls in den Norden ziehen und Großwildjäger bleiben, paßt sich die Mehrheit in ihrer Lebensweise den veränderten Verhältnissen an. Gejagt werden jetzt Hirsche und Rehe, Braunbären, Wildschweine, Dachse, Biber und Wildkatzen sowie verschiedene Vogelarten. Daneben erlangt der Fischfang mit Angelhaken oder Harpune große Bedeutung. Vor allem Süßwasserfische wie z. B. Hechte und Forellen werden fester Bestandteil der Ernährung. In Meeresgegenden sammelt der Mensch des Mesolithikums große Mengen von Muscheln. Einen Beleg dafür liefert z. B. der mesolithische Wohnplatz Maglemose bei Mullerup in Dänemark. Hier hinterlassen die frühen Jäger und Sammler so große Berge von Muschelschalen gleichsam als »Küchenmüll«, daß die Archäologen die Maglemose-Kultur heute auch mit dem dänischen Wort »Kjökkenmöddinger«-Kultur bezeichnen. Solche Muschelschalenberge finden sich ebenfalls in Nordeuropa, Ägypten und am Persischen Golf.

Pflanzliche Ernährung

Die neue, waldreiche Vegetation läßt den Menschen auch der nördlichen Breiten zunehmend wieder Früchte und andere pflanzliche Nahrungsmittel sammeln. Der Europäer des Mesolithikums ernährt sich u. a. von Eicheln, Vogelkirschen, Haselnüssen, Walnüssen, Pflaumen und wildem Weizen. In Frankreich (Fundort Campigny bei Blagny-sur-Bresle) verwendet er nachgewiesenermaßen Mahlsteine, um das wilde Getreide zu zerreiben. Mörser, Stampfer und Stößel finden sich auch in Palästina; desgleichen Handgriffe von Erntemessern, mit denen die Halme geschnitten werden. Vielleicht baut der Mensch hier sogar schon Wildgetreide gezielt an. Das allerdings würde voraussetzen, daß er sich um diese Zeit vom Nomaden zum Halbnomaden entwickelt oder seßhaft wird.

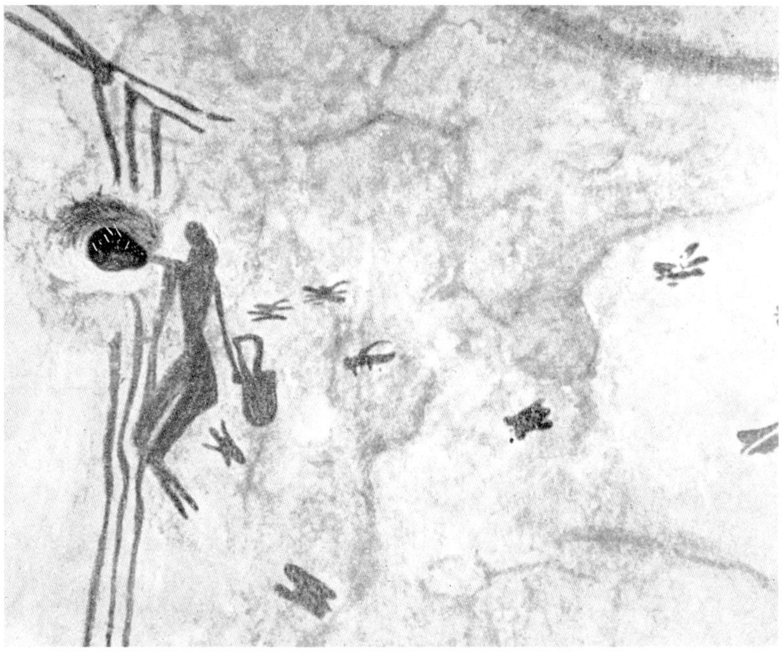

In der Arana-Halbhöhle bei Bicorp, Valencia, zeigt ein 6000 bis 4000 Jahre altes Felsbild, wie eine Frau den Honig wilder Bienen sammelt.

Seßhafte Lebensweise

Während Nomaden die Steppe bewohnen, legt der Wald als neues natürliches Umfeld eine seßhafte Lebensweise nahe: Er ernährt den Menschen ganzjährig und liefert Baumaterial für feste Behausungen. Um letztere zu errichten und sich mit Feuerholz zu versorgen, muß der mesolithische Europäer Bäume fällen. Zu diesem Zweck fertigt er als neue Werkzeuge schwere Steinäxte an. Das geschlagene Holz wird in vielfacher neuer Art und Weise verwendet. So baut der Mensch neben Hütten z. B. auch Boote (bekannt aus Schottland) und stellt dafür Paddel her, was ihm erlaubt, in Küstengewässern jetzt auch Meeresfische zu fangen. Die Harpune wird weiterentwickelt. Für die winterliche Jagd benutzt der Mensch

Die mesolithischen Höhlenmalereien von La Pileta in der Provinz Malaga zeigen neben stilisierten Tieren auch bereits rein abstrakte Formen.

5000 Jahre alte, mehrere Meter hohe Austernschalen-Berge, die bei Ertebölle (Bild) und vielen anderen Orten an den Küsten des heutigen Dänemark gefunden wurden: Nach ihrer Entdeckung hielten die Archäologen sie zunächst für Kulturschichten von eigentümlich Kultplätzen; später erkannte man in den Schalenhaufen nichts anderes als prähistorischen »Küchenmüll« einer Gesellschaft von Fischern und Muschelsammlern. Deshalb spricht man heute von einer »Kjökkenmöddinger«-Kultur, die auch als Maglemose-Kultur bekannt wurde.

Die Eskimos leben – soweit sie nicht akkulturiert sind – noch heute von der Jagd in Polargewässern. Hier zerlegen sie ein harpuniertes Walroß.

Ein Ureinwohner Australiens (Aborigine) bläst das Didgeridoo, eine alphornähnliche Holztrompete, deren Ton Schamanen zur Trance verhilft.

zur Fortbewegung erstmals hölzerne Schneeschuhe; aus Finnland und Schweden sind mittelsteinzeitliche Skier belegt. Das wachsende Arsenal an Hausrat und Jagdgerät verstärkt die Tendenz zur seßhaften Lebensweise, die den Menschen zudem erlaubt, auch größere Vorräte anzulegen. Für deren Aufbewahrung stellen sie Gefäße her. Die meisten bestehen vermutlich aus Holz, ganz vereinzelt finden sich jedoch bereits solche aus gebranntem Ton, so zuerst in Ägypten. Vermutlich geht die Verwendung von Ton generell auf eine ägyptische Erfindung zurück, denn Tongefäße aus Dänemark ähneln den ägyptischen spitzbödigen Krügen stark.

Felsbilder spiegeln den Alltag

Ein lebendiges Bild vom Alltag der mesolithischen Menschen liefern die Felsmalereien, besonders jene in Ostspanien, Nordafrika und Skandinavien (→ S. 481). Dabei bilden die Jagd- und Sammelmethoden ein wichtiges Motiv. So sind z. B. die Hetzjagd über Klippen, die Jagd mit Schneeschuhen, die Fallenstellerei und der Fischfang verewigt. In der spanischen Provinz von Valencia zeigt ein Felsbild in der Halbhöhle Cuevas de la Araña zwei Frauen, die mit Kletterseilen ein Nest wilder Bienen in einer Felswand erreichen, um Honig zu sammeln.

Die Felsbilder überliefern jedoch auch andere Seiten des Alltags: Tanz und Ausgelassenheit sowie – zum ersten Mal in der Menschheitsgeschichte – Kampf und Krieg. Mit dem Übergang zur Seßhaftigkeit beginnt die Verteidigung des Eigentums. Der Nomade der Altsteinzeit trug seine persönliche Habe, die sich auf Schmuck und wenige Werkzeuge beschränkte, immer bei sich. Demgegenüber ist der umfangreichere Besitz des mesolithischen Menschen, der in festen Hütten aufbewahrt wird, eher gefährdet. Streit und Kampf können auch um die günstigsten Wohnplätze ausbrechen. Die Folge davon ist nicht zuletzt offenbar eine reglementierte Sozialordnung. Einige Felsbilder beschreiben nahezu zweifelsfrei Gerichtsszenen: Da schwingt z. B. eine Gruppe von Menschen Pfeil und Bogen über ihren Köpfen, während zu ihren Füßen ein einzelner Mensch liegt, von Pfeilen durchbohrt.

Wo der Mensch seßhaft wird, können sich die Tiere auf ihn einstellen, ihn gleichsam näher kennenlernen. Als erster schließt sich – freiwillig – der Hund dem Menschen an. Felsbilder in Palästina zeigen ihn als Jagdbegleiter. Am selben Fundort (Oued Natuf) sind auch Ziegen und Schweine dargestellt, doch ist nicht sicher, ob es sich dabei noch um wilde oder schon gezähmte Tiere handelt. Bilder aus Südostspanien (u. a. in Albarracĩn, Villar del Humo, Canfopros, in der Gasulla-Schlucht) zeigen schließlich Tiere, die am Halfter geführt werden: Der seßhafte Mensch ist nicht mehr nur Jäger, sondern wird auch zum Viehzüchter. Und indem er Wildgetreide aussät, beginnt der Ackerbau.

Lager von nordamerikanischen Prärieindianern. Trotz starker Bevölkerungsverluste durch Kämpfe, eingeschleppte Krankheiten, Alkohol usw. sind heute noch über hundert indianische Sprachen und Kulturen erhalten.

◁ In der tradierten Lebensweise seiner Vorfahren jagt dieser Jibaro-Indianer im Urwald Südamerikas Affen und Vögel mit dem Blasrohr.

In der Sahara (Oase Dakhla, Ägypten) bearbeiten ackerbauende Beduinen den Boden noch immer mit dem jahrtausendealten Hakenpflug.

Auch in Indien verrichtet der Hakenpflug noch seinen Dienst. Hier wird er von Ochsen gezogen, wie schon vor 4000 Jahren in Europa.

Zur Landwirtschaft gehört in trockenen Gebieten wie hier in Ägypten die Bewässerung der Felder. Schöpfräder wurden im Orient erfunden.

Ackerbau verändert Leben

10 000–heute. Vorderasien und Mexiko sind die beiden ältesten Zentren des Pflanzenbaus. Vor 10 000 bis 8000 Jahren kultivieren mexikanische Indios Kürbisse und Chilis. Menschen in Vorderasien bauen um dieselbe Zeit zwei Weizen- und eine Gerstensorte an. Der eingeschlagene Weg zu einer entwickelten Landwirtschaft wirkt sich auf alle Bereiche menschlichen Lebens aus. Zunächst erfordert der Anbau von Pflanzen ein Zeitbewußtsein. Der Mensch muß lernen, den Lauf der Sonne und die Jahreszeiten zu beachten. Daneben besiegelt der Ackerbau die seßhafte Lebensweise. Während der Mensch zu Anfang noch weiterziehen muß, wenn der Boden ausgelaugt ist, lernt er schließlich, ihn zu düngen und damit dauerhaft fruchtbar zu machen. Dieser Fortschritt bildet zugleich eine der Wurzeln des Besitztums; der Acker »gehört« jetzt demjenigen, der ihn bebaut.

Die intensive Kultivierung von Boden und Pflanzen fördert den Prozeß der Arbeitsteilung und Spezialisierung, der u. a. die »Berufe« der Handwerker entstehen läßt. Zugleich wächst die Produktion über den Bedarf hinaus; der Bauer wird damit auch zum Händler. Die Verfeinerung der sozialen Strukturen läßt Rivalitäten entstehen. So versucht z. B. der seßhafte Ackerbauer, den Nomaden aus »seinem« Gebiet zu vertreiben; eine frühe Andeutung des Vordringens der modernen Land- und Forstwirtschaft, die Tausenden von Stammesvölkern den Lebensraum nimmt (→ S. 515).

Während die planmäßige Gewinnung von Feldfrüchten zunächst noch den größten Teil der verfügbaren Zeit beansprucht, wird sie schon bald mit Hilfe neuer Methoden und Werkzeuge rationalisiert. Aus dem Grabstock entstehen die Hacke und der Hakenpflug sowie erste Ernte- und Dreschgeräte. Zudem lernt der Mensch, neben seiner Körperkraft noch andere Energien zu nutzen: Tiere werden eingeschirrt, Wind- und Wasserkraft erleichtern den Betrieb einfacher Handmühlen. Daneben entstehen in Mexiko, Ägypten, China, Vorderasien und Indien Entwässerungssysteme und Speicherbauten. Die weitreichende Technisierung der Landwirtschaft findet hier schon ihren Anfang.

Schließlich ziehen die Entwicklungen im Zusammenhang mit dem Ackerbau neue Formen und weitere Differenzierungen des gesellschaftlichen Lebens nach sich. Im Rahmen der Vorratswirtschaft vermessen »Fachleute« die Felder, legen sie an und berechnen die Erträge. Andere Spezialisten werden zur Sicherung der Ernteerzeugnisse eingesetzt. Die Ausbreitung solcher nicht direkt produktiver Arbeit führt zur Einführung von Naturalsteuern; deren Verwaltung wiederum legt den Grundstein für ein Beamtentum.

Maschinenkraft hat die Muskelkraft von Mensch und Tier übernommen. Heute wird weit mehr Fossilenergie eingesetzt als Biobrennwert geerntet.

◁ Mit der Energieverschwendung kommt der Wohlstand. Die Energiebilanz dieses mit einer Steinwalze dreschenden Inders ist noch positiv.

Charakteristische Kulturpflanzen in vielen Teilen der Welt

Schon in der Steinzeit wurde Getreide angebaut und das Korn gemahlen; dazu dienten oft solche Reibschalen.

10 000–heute. Vor rund 10 000, vielleicht sogar schon vor 11 000 Jahren werden in Westasien Gerste und Weizen angebaut. Dabei haben die Gerstensorten ihren Ursprung in verschiedenen, heute noch im Vorderen Orient wachsenden Wildpflanzen. Auch beim Weizen unterscheidet man mehrere Ausgangsarten, darunter der Einhorn und der Emmer, die ebenfalls im Nahen Osten beheimatet sind.

Im Laufe der Jahrtausende entwickelt sich im westlichen Asien auch die Kultivierung von Erbsen, Linsen, Feigen, Aprikosen, Mandeln, Walnüssen, Pistazien, Oliven und Weintrauben.

In Ostasien beginnt vor etwa 6000 Jahren der Anbau verschiedener Hirsearten, der sich nach Westen ausbreitet und später vor allem in Afrika große Bedeutung erlangt. Um dieselbe Zeit, nach der Entwicklung von Terrassenanbau und Bewässerungsanlagen, wird in China Reis kultiviert. Daneben werden in Südostasien auch Sojabohnen und Rohrzucker erstmals landwirtschaftlich genutzt, wobei die Zuckergewinnung selbst indischen Ursprungs und heute erst etwa 1700 Jahre alt ist.

Aus Mittelamerika stammen vor allem die Kartoffeln und der Mais. Erstere werden in den Anden seit rund 4000 Jahren angebaut, während Maiskulturen vermutlich wesentlich älter sind. Ihr Ursprung ist allerdings ungeklärt. Man vermutet, daß die Gräser, von denen der Mais abstammt, ausgestorben sind. Der Kulturmais ist selbst nicht vermehrungsfähig. Um seinen Bestand zu erhalten, bedarf er des Menschen, der die Kolben aus ihren Blatthüllen schält, um die Maiskörner auszusäen. Möglicherweise entstand der für den Anbau geeignete Mais durch Kreuzungen einer heute nicht mehr existierenden Wildmaispflanze mit anderen Wildgräsern wie z. B. Teosinte oder den Gama-Gräsern. Die ersten Maiskulturen gedeihen vermutlich vor etwa 7000 Jahren in Mexiko. Überlieferte peruanische Maiskolben sind heute schätzungsweise 6300 bis 4800 Jahre alt, Maisfunde aus Ecuador maximal 5000 Jahre. Daneben stammen aus Mittelamerika auch Avocado, Bohne, Tomate, Gurke, Erdnuß sowie Kakao, Tabak und Kautschuk.

Baumwolle wird sowohl im Indus-Gebiet wie in Nordperu gepflanzt, in beiden Regionen erstmals vor etwa 5000 Jahren. Afrikanischen Ursprungs sind die Banane, der Kaffee sowie die Öl- und die Dattelpalme.

Neue Nutzpflanzen entstehen seit dem Mittelalter erst wieder im 19. und besonders 20. Jh. in Form von gezielten Neuzüchtungen und Arzneipflanzenkulturen sowie durch gentechnische Eingriffe (→ S. 505).

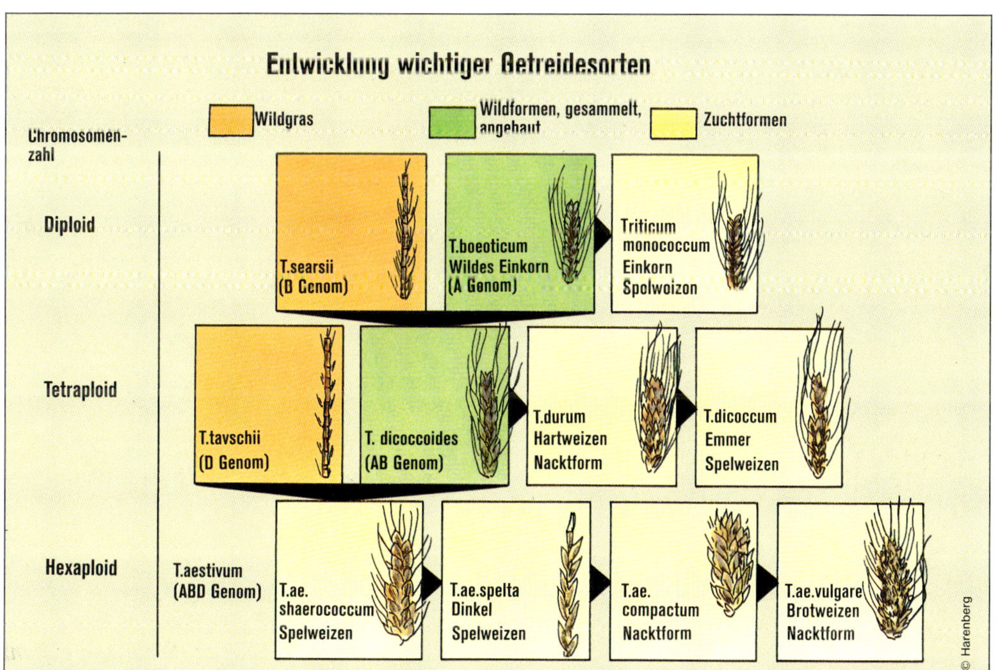

Die Wildpflanze Solanum oplocense (Bild) kreuzte sich mit Solanum tuberosum (Kartoffel). Die Naturhybride wird in Bolivien landwirtschaftlich genutzt.

◁ Die heutigen Getreidesorten gehen aus der Weiterzüchtung von Wildformen hervor, die ihrerseits natürliche Hybriden von Wildgräsern sind. Solche Hybriden wurden schon im Neolithikum kultiviert.

Vom Wanderhirten zur industriellen Massentierhaltung

10 000–heute. Die ersten Haustiere wie der Hund und der Affe sind freiwillige Gefährten des Menschen und schließen sich ihm schon vor rund 12 000 Jahren an. In Ägypten sind vor 4100 Jahren Katzen und Gänse beliebte Haustiere, daneben auch Geparden und Hyänen.

In Vorderasien und Südosteuropa (Griechenland) werden vor etwas mehr als 10 000 Jahren Ziegen und Schafe gehalten. Etwa genauso alt ist die Domestikation von Schweinen und Rindern, während die ersten gezähmten Pferde aus der Zeit vor 6350 Jahren aus der Ukraine bekannt sind.

Nur aus fünf der 17 Säugetierordnungen gehen Haustiere hervor. Die Paarhufer sind z. B. durch Schaf, Ziege, Lama und Ren vertreten, die Unpaarhufer durch Pferd und Esel. Domestizierte Raubtiere sind Hunde, Katzen und Frettchen. Von den Nagern wird das Meerschweinchen zum Haustier, von den Hasenartigen das Kaninchen. Hinzu kommen etliche Vogelarten.

Die Anzahl der Nutztiere wächst im 20. Jahrhundert sprunghaft an: Pelztierfarmen entstehen, Millionen von Ratten, Mäusen, Affen und anderen Säugern werden zu Versuchstieren und Sera-Lieferanten der Pharma- und Kosmetikindustrie. Zugleich industrialisiert der Mensch die Tierhaltung: Ehemals artgerecht lebende domestizierte Weidetiere pfercht er in maschinell überwachte Massenzuchtanlagen ein.

Die Hauskatze verkörperte im alten Ägypten die Schutzgöttin Bastet.

Zahlreiche neolithische Felsbilder aus den Südalpen (hier am Mont Bego in den Seealpen) zeigen symbolische Darstellungen von Ochsengespannen.

Über 2700 Jahre alt ist diese Darstellung eines neuassyrischen königlichen Wagens mit Pferdegespann auf einem Tor in Hadatu/Arslan Tash im Norden Syriens. Er sollte eine der Abteilungen der assyrischen Kriegsmacht illustrieren. Streitwagen waren in Mesopotamien wahrscheinlich die ersten Wagen überhaupt, vor die Pferde gespannt wurden. Die Hethiter nutzten sie vor über 4000 Jahren. Schwere Transportwagen wurden dagegen von Ochsengespannen gezogen.

Die ersten Haushunde waren domestizierte Wölfe. Das Schädelskelett eines solchen Tieres aus dem menschlichen Umfeld fand sich fossil im etwa 10 000 Jahre alten Senckenbergmoor im Gebiet von Frankfurt. Als »Senckenberg-Hund« galt der Fund lange als ältester bekannter Haushund. Heute scheinen ihm russische Fossilien diesen Rang streitig zu machen.

Das Frettchen war lange Zeit ein beliebtes und nützliches Haustier, vor allem in Europa. Besonders auf Bauernhöfen hielt man diese domestizierte weiße bis blaßgelbe Albinoform des Iltisses (Mustela putorius furo). Man verwendete das Tier zum »Frettieren«, d. h. zur Kaninchenjagd; aber auch zum Bekämpfen von Ratten und Mäusen wurde es eingesetzt.

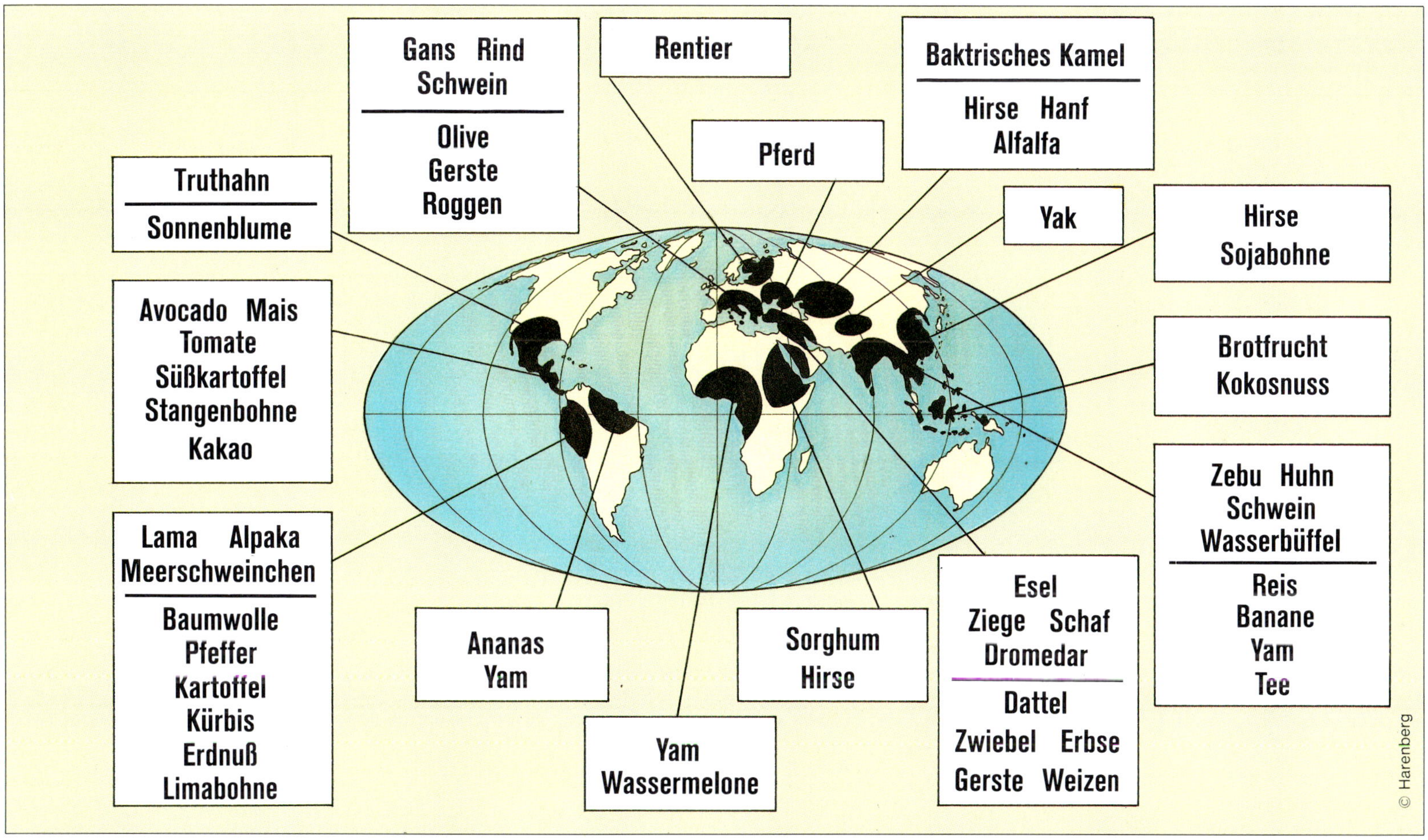

Die klassischen Verbreitungsgebiete von Nutzpflanzen und domestizierten Tieren decken sich noch heute vielfach mit den Stammländern dieser Arten.

Im 3. Buch von Vergils Georgica (heute 1500 Jahre alt) findet sich diese Illustration, die Hirten und ihre gemischte Herde darstellt.

◁ Moderne Massengeflügel-Zuchtanlage: Im Gegensatz zur noch wesentlich beengteren Käfighaltung haben die Hühner hier noch etwas Auslauf.

Kultur-Revolution prägt Neolithikum

Um 8000. Die Jungsteinzeit, das Neolithikum, beginnt im Vorderen Orient vor etwa 8000 Jahren, in Europa je nach Region vor 6000 bis 5000 Jahren. Diese Ära bringt eine geistige, gesellschaftliche und technische Revolution mit sich.

Ackerbau und Viehzucht prägen den neuen Lebensstil, Handwerke spezialisieren sich zu selbständigen Berufszweigen. Der Mensch wird seßhaft und baut jetzt große, dauerhafte, befestigte Siedlungen. Aus Dörfern entwickeln sich erste Städte mit Ansätzen technischer Infrastruktur und der erforderlichen sozialen Gliederung der Gesellschaft.

Zugleich setzt der Handel ein: Der Mensch erweitert sein Tätigkeitsfeld vom reinen Jäger und Sammler zum Produzenten. Neu sind auch die Formen gesellschaftlicher Auseinandersetzungen vom Erlassen und Überwachen von Gesetzen bis hin zum Krieg.

Das veränderte Weltbild des Menschen spiegelt sich in seiner Kunst. War sie in der Altsteinzeit naturalistisch, in der Mittelsteinzeit stilisiert und überwiegend gegenständlich, so wandelt sie sich jetzt zur völligen Abstraktion. Das Symbol ersetzt das Abbild. Geometrische Zeichen für Mensch, Hund, Pferd, Ochsengespann oder Schiff erscheinen auf den Felsbildern des Neolithikums. Gleichzeitig finden sich aber auch Symbole für weniger oder gar nicht gegenständliche Begriffe: Haus- und Grundbesitz, Wasser und Fruchtbarkeit, Zeit und Raum.

Immer einfachere Zeichen mit immer dichteren symbolischen Inhalten stehen schließlich am Anfang der Schriftsprache, wie sie etwa in den Felsbildern des Mont Bégo in den französischen Südalpen oder in den nordischen Runen vorliegt.

Mit der geistigen Diversifikation geht eine religiöse Hand in Hand: Bilder von Geistern und Dämonen erscheinen, und der eine Gott wird durch eine Vielzahl verschiedener Gottheiten ersetzt.

Feuersteindolch aus dem Neolithikum: Mit dem Eigentum des seßhaften Menschen begann der Krieg.

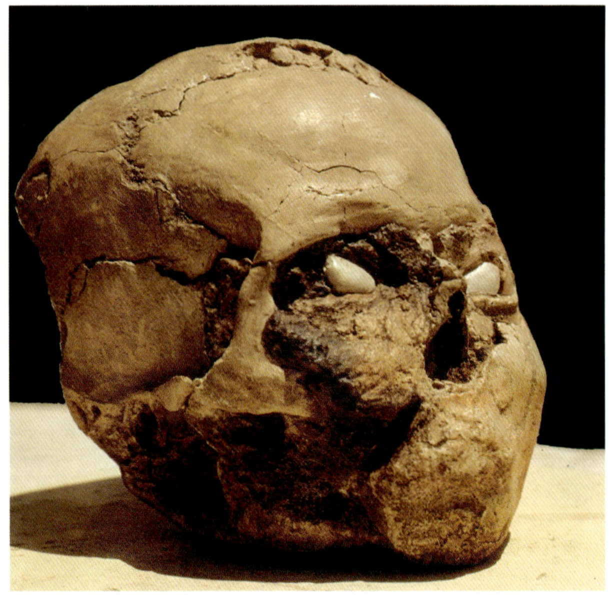

Mit Ton übermodellierter Ahnenschädel aus einem Haus in Jericho, der ersten Stadt (vor 8000–6000 Jahren)

▷ Auf der Orkney-Insel Mainland (Schottland) liegt die rekonstruierte neolithische Siedlung Skara Brae. Die Häuser besitzen bereits Betten, Schränke usw.

Von der Ackerbau-Siedlung zur modernen Weltstadt

10 000–heute. Rundzelte und andere mobile Behausungen kennt der Mensch seit der Altsteinzeit. Mit dem Rückzug des Eises der großen Kaltzeiten beginnt er, regional seßhaft zu werden. Das wiederum gestattet die Aufnahme der Landwirtschaft, und diese macht die seßhafte Lebensweise ihrerseits zwingend. Bald entwickeln sich Dorfgemeinschaften und erste Städte.

Zu den frühesten größeren Ansiedlungen gehören Jericho und die anatolische Ackerbausiedlung Çatal Hüyük. Zu seiner Blütezeit vor etwa 9000 Jahren hat Çatal Hüyük wenigstens 3000, vielleicht sogar 10 000 Einwohner und bedeckt eine Fläche von 12 bis 15 ha. Die Häuser haben relativ einheitliche Grundflächen von 50 bis 60 m² und eine durchschnittliche Höhe von 2,7 m. Stein und getrocknete Ziegel ersetzen oft das Holz als Baumaterial. Vor 2500 Jahren kommen in Mesopotamien erstmals gebrannte Ziegel vor.

Schwerpunkte des frühen Städtebaus liegen im Gebiet zwischen Marokko und Turkistan, im Süden reichen sie im asiatischen Raum bis Nordindien. Rasch entwickelt sich eine städtische Infrastruktur. Abwasserkanäle und Frischwasserversorgung, Bäder sowie Warmluftheizungen finden sich schon in den frühen Hochkulturen im nördlichen Indien (Harappa-Kultur), in Mesopotamien (vor fast 4000 Jahren) und Ägypten. In Mohenjo Daro am Indus existieren vor mehr als 4000 Jahren bereits Müllschlucker für Küchenabfälle.

Wohnhaus mit dem an Ort und Stelle gefundenen Hausrat (Vorratskrüge, Getreidemühlen) aus einer frühen Siedlung in Mesopotamien (Habuba Kabira)

◁ Das befestigte Jericho gilt nach dem heutigen Stand der Forschung als erste städtische Siedlung der Welt. Im Bild ein Turm aus der Stadtmauer

Zusammen mit der Städteplanung entwickelt sich das Bauhandwerk. Steinmetze werden beschäftigt, Maurer, Bauschreiner und Architekten. Immer neue, zweckmäßigere Formen entstehen: Säulen, Balkenkonstruktionen, Bögen und Gewölbe.

Im alten Theben entstehen im 8. bis 7. Jh. v. Chr., also vor 2700 bis 2800 Jahren, vier- bis fünfgeschossige Häuser, im spätantiken Konstantinopel erreichen manche Gebäude 30 m Höhe. Das Römische Reich kennt bereits Mietskasernen. So zählt man in der Stadt Rom im 3. Jh. n. Chr. 46 602 Wohnblocks, aber nur 1797 Bürgerhäuser im »domus-Stil« (Herrenhaus). Die Grundstückspreise steigen. Die »Verstädterung« beginnt.

Ab dem Altertum ist – zumindest im europäisch-asiatischen Raum – die Stadt der Träger der kulturellen Weiterentwicklung. Aus diesem Prozeß geht im Laufe der Jahrhunderte die heutige weltbeherrschende Kultur hervor, deren »Ideal« die Landflucht ist. Sie erfaßt mehr und mehr auch die sogenannte Dritte Welt. Hochtechnisierte Staaten sind bereits eine fast reine Gesellschaft von Stadtmenschen. In der Dritten Welt kann der technische Ausbau der Städte nicht mehr mit ihrer Expansion Schritt halten. Innerhalb weniger Jahrzehnte wachsen Mittelstädte mit einigen hunderttausend Einwohnern zu Ballungsgebieten mit fünf, zehn oder mehr Millionen Bewohnern heran. Demgegenüber nimmt die Bevölkerungsdichte in den Naturlandschaften der Erde auch heute noch – trotz Bevölkerungsexplosion – kontinuierlich ab.

Durch Bodenversiegelung, Straßenschluchten, unausgewogene Energiebilanz, Abgase und Lärm bilden moderne Großstädte einen lebensfeindlichen Biotop.

△ *Am Erzberg in der Eisenerz (Steiermark) wird das nach der Stadt benannte Mineral gewonnen.*

◁ *Bronzezeitliche Feuersteinmine bei Hou in Dänemark. Man baute hier Flint ab und benutzte ihn zur Werkzeugherstellung sowie zur Fertigung von Fliesen.*

Bergbau und Handel blühen

10 000–heute. Der Bau von Häusern und Booten sowie von zunehmend differenzierterem Werkzeug verlangt immer größere Mengen von Ausgangsmaterialien. Besonders bei Feuersteinen, einem häufig verwendeten Werkstoff, herrscht Mangel. So setzt bereits in der Jungsteinzeit der erste Bergbau ein. Überall in Europa entstehen Flintminen, Schächte bis 12 m Tiefe, von deren Sohle 50 bis 120 cm hohe Stollen strahlenförmig in den Berg getrieben werden. Sehr früh im Neolithikum arbeitet vor der Westküste Norwegens, auf der kleinen Insel Hespriholmen, auch bereits ein Bergwerk, in dem Jadeit im Tagebau gebrochen wird.

Vor etwa 5000 Jahren sind in Ägypten Gold-, Kupfer- und Türkisbergwerke in Betrieb, und vor etwa drei Jahrtausenden wird in den Salzburgisch-österreichischen Kalkalpen, u. a. in Bad Reichenhall und Hallein, unter Tage Steinsalz gewonnen.

Vor allem die Metallzeit (Bronze- und Eisenzeit), die zu jeweils unterschiedlichen Zeiten überall auf der Welt die Jungsteinzeit ablöst, bringt einen ersten Aufschwung des Bergbaus und der Erzverarbeitung.

Jede Überproduktion führt zu Tauschhandel. Doch während das Mehrangebot erster landwirtschaftlicher Erzeugnisse nur zu »Binnenhandel« (innerhalb des Stammes oder der städtischen Gemeinschaft) führt, beginnt der Fernhandel im wesentlichen mit dem Bergbau. Und nicht nur Bergwerksprodukte, sondern auch andere seltene Rohstoffe (Elfenbein, Farberden, Schmuckmuscheln usw.) werden getauscht und dazu oft über weite Strecken transportiert. Erst später, mit zunehmender Arbeitsteilung, handelt man auch mit Fertigwaren der Handwerksproduktion. Der Tauschhandel findet bereits in der Jungsteinzeit auf bestimmten, an zentralen Orten gelegenen Märkten statt.

Ein Hauptproblem des Tauschhandels ist die Bewertung der Ware. So entstehen in den frühen Hochkulturen Vergleichsmaßstäbe in Form einer Naturalienwährung: Muscheln oder Tabakrollen, Ochsen, Kakaobohnen oder Goldklumpen werden zur allgemein anerkannten Währungsgrundlage. Anleihen sowie Wechselgeschäfte und damit bargeldlose Kontenführung werden bereits vor 5000 Jahren praktiziert. Münzgeld führen wahrscheinlich nach 685 v. Chr. die Lyder in Kleinasien ein.

Der Handel erweitert auch das Weltbild der Menschen, denn Exportkaufleute sind Fernreisende. Die Völker der Welt lernen einander näher kennen und tauschen nicht nur Waren, sondern zugleich auch kulturelle Elemente aus.

◁◁ *Selbst heute spielt sich der »Fernhandel« in vielen Ländern der Dritten Welt noch ähnlich ab wie vor Jahrtausenden: Den Warentransport übernehmen Packtiere.*

◁ *Vor etwa 4500 Jahren verbreitete das Händlervolk der »beaker trader« sogenannte Glockenbecher in Europa. Wertvolle Stücke wurden oft als Grabbeigabe verwendet.*

Aus Niederbayern stammt dieses 5500 bis 6000 Jahre alte jungsteinzeitliche Tongefäß im Stil der Schnurbandkeramik.

Brennofen aus Lehm und Steinen zur Eisenerzverhüttung, der vor etwa 1800 Jahren im Gebiet von Essen benutzt wurde (Rekonstruktion)

Glasblasen ist eine ungefähr 2000 Jahre alte handwerkliche Kunst. Diese kolorierte Kreidelithografie datiert von 1841.

Detail eines vor etwa 3200 Jahren in Goldblech getriebenen bronzezeitlichen Kultkegels aus Ezelsdorf bei Nürnberg.

Handwerk – eine Folge der arbeitsteiligen Gesellschaft

10 000–heute. Handwerker gibt es an sich, solange es überhaupt Menschen gibt. Jeder Mensch »werkt mit der Hand« und ist deshalb ein Handwerker. Das war beim Neandertaler, der steinerne Faustkeile fertigte, nicht anders, als beim Kraftfahrzeugmechaniker des 20. Jhs. Der Beruf des Handwerkers im engeren Sinne erscheint jedoch mit der Arbeitsteilung infolge der einsetzenden Überproduktion durch den Ackerbauern im Mittel- und Jungsteinzeitalter. Überschußproduktionen lassen sich tauschen, auch gegen Dienstleistungen. Der Handwerker wird von der eigenen Lebensmittelproduktion unabhängig und kann sich ganz seinem Beruf widmen. Er wird zum Spezialisten. Handwerk (Kunsthandwerk ausgenommen) versucht, sich selbst überflüssig zu machen. Die ersten Handwerker, die ein Wasserrad anfertigen, tun das, um nicht mehr selbst Wasser schopfen zu mussen. Aber bis es soweit ist, sind zahlreiche handwerkliche Erfindungen auf vielfältigen Gebieten notwenig.

Zu den ersten Handwerkern gehören neben den Steinwerkzeugmachern die Kleidermacher (eher Kürschner als Schneider), dann die Zimmerleute einschließlich der Bootsbauer und die Töpfer. Auch die Bäcker und Bierbrauer sind sehr alte Handwerksberufe. Vor 5000 Jahren beginnt in Mesopotamien die handwerkliche Metallverarbeitung mit der Entdeckung der Bronze. Experimente mit Sand und Soda führen um die gleiche Zeit zum Beruf der Glasmacher. Ebenfalls vor etwa 5000 Jahren arbeiten in Ägypten Leineweber, in Mesopotamien erste Holzdrechsler. In West- und Nordeuropa erfordert um diese Zeit das Bauhandwerk spezielle Fähigkeiten: Tonnenschwere Steine werden u. a. als Megalithgräber oder Menhirkreise aufgestellt.

Nur ein oder zwei Jahrhunderte später arbeiten in Mesopotamien Müller, in China Seiler und Sattler und in Ägypten Goldschmiede. Wieder einige Jahrhunderte später, um 2630 v. Chr., beginnen in China die Seidenweberei und im Nahen Osten die Kupfererzverhüttung. Um 2400 v. Chr. sind nachweislich Tuchfärber tätig. Sie verwenden u. a. Indigo. Um 2290 v. Chr. kommt in Indien Eisen als Werkstoff in Gebrauch. In Sumer arbeiten um 2040 v. Chr. erste Ziegelbrennereien, und nur vier Jahrzehnte später entdecken ägyptische Metallhandwerker die Techniken des Lötens und Schweißens. Im 16. Jh. v. Chr. beginnt die Eisenerzverhüttung. Zur Zeit der griechischen und römischen Antike stellen Handwerker zahlreiche mechanische Gerätschaften her. Es dauert jedoch noch immer rund zwei Jahrtausende, bis sich im 19. bis 20. Jh. die Mechanik zur Automation mausert. Hierdurch wird das Handwerk aus vielen Berufszweigen verdrängt.

Textilherstellung und -verarbeitung gehört zu den ältesten Handwerken. Im Bild: »Der Weber« von Max Liebermann

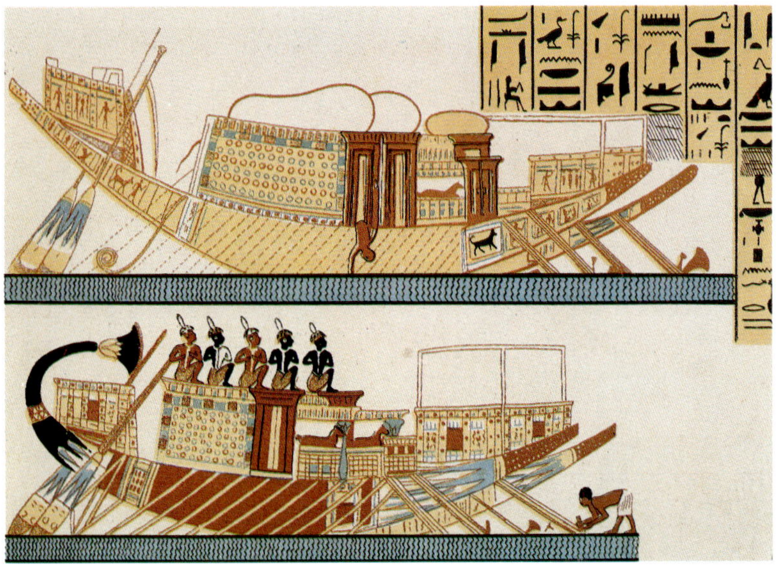

Transportschiffe auf dem Nil: Darstellung auf einem Wandgemälde in den Grabkammern des Neuen Reiches im westlichen Theben

Gepflasterte Karrenstraße aus der Eisenzeit bei Silkeberg in Dänemark: In den weichen Naturboden der Gegend wären Ochsenkarren eingesunken.

Vom Pferd zum Flugzeug

10 000–heute. Der Verkehr entwickelt sich aus dem Handel (→ S. 492). Am Anfang steht der Transport mit Hilfe von Tieren und Schiffen. Diese Beförderungsmittel werden seit der Steinzeit genutzt. Hauptsächlich dienen Karawanen auf dem Festland bis um das Jahr 1000 n. Chr. dem Transport von Waren.

Zwar sind Räderwagen seit 1600 v. Chr. bekannt, doch bilden sie die Ausnahme. Der Grund ist das Fehlen geeigneter Straßen und die noch unzulängliche Art des Anschirrens der Zugtiere. Fernstraßen, die den frühen Handelsrouten folgen, dienen nicht der Wirtschaft, sondern militärischen Zwecken, wie auch noch das 90 000 km lange römische Straßennetz. Pferdefuhrwerke für den Ferntransport gewinnen erst ab dem Mittelalter Bedeutung und bleiben bis Anfang des 20. Jh.s wichtig. Abgelöst werden sie dann von Eisenbahnen, Autos und schließlich Flugzeugen. Auch die Telekommunikation übernimmt heute einen guten Teil des Verkehrs.

Passagierjets vor der Abfertigung am Frankfurter Flughafen: Der moderne Luftverkehr verbindet alle Metropolen der Welt in einer Tagesetappe.

Die Kehrseite des heutigen Entwicklungsstands ist die Überlastung der Verkehrswege und damit der zeitweise Zusammenbruch des Verkehrs.

Der Mensch lernt den Umgang mit Energiequellen

10 000–heute. Der wohl bedeutendste Faktor für die Eroberung der menschlichen Vormachtstellung auf der Erde liegt darin, daß der Mensch es versteht, andere Energiequellen als seine eigene Muskelkraft zu nutzen.

Zuerst lernt er in der Steinzeit, seine Körperkraft zu multiplizieren. Er nutzt schon beim Einsatz seiner Steinwerkzeuge das physikalische Gesetz: Kraft = Masse x Beschleunigung. Dann, spätestens als er die mächtigen Megalith-Bauwerke (Stonehenge u. a.) und die Pyramiden errichtet, bedient er sich der schiefen Ebene und der Hebelgesetze als kraftmultiplizierende Mechanismen. Ebenfalls bereits in der Steinzeit nutzt er auch fremde Energiequellen, zuerst das Feuer als Wärmelieferanten, dann auch Arbeitstiere zum Tragen von Lasten. Der Jungsteinzeitmensch spannt Ochsen vor seinen Pflug, um den Acker zu bestellen, wie Felsbilder aus Südeuropa (z. B. Mont Bégo in den Seealpen) beweisen.

Um 120 v. Chr. ist das Wasserrad als Antriebsmaschine für Mühlen erfunden. Lange zuvor nutzt der Mensch die Windenergie: Um 2800 v. Chr. verkehren auf dem Nil bereits Segelschiffe. Im Jahre 107 v. Chr. erfindet der Grieche Heron das Windrad, doch bis zu seiner Anwendung in Windmühlen erstmals in China und Persien dauert es noch über neun Jahrhunderte. In Europa bürgert sich die Windmühle im 12. Jh. ein, etwa zeitgleich mit Versuchen, auch die Gezeitenkraft der Meere zum Antrieb von Mühlen zu nutzen. Sieht man vom Trocknen von Fleisch oder Früchten ab, dann profitiert der Mensch von der Sonnenenergie erst in der zweiten Hälfte des 19. Jh.s. Sie wird 1872 zum Betrieb einer Meerwasser-Entsalzungsanlage in Chile genutzt. Erdwärme setzt zuerst 1818 der französische Graf Francesco de Lardarel für chemische Prozesse ein.

Neben all diesen sich immer erneuernden Energiequellen greift der Mensch erst relativ spät auf fossile Energieträger zurück. Der erste ist die Kohle, die sich als Brennmaterial für das Jahr 852 n. Chr. in England nachweisen läßt. Bergmännisch abgebaut wird sie seit 1113 im Herzogtum Limburg. Erdöl wird erstmals 1857 in der Lüneburger Heide erbohrt, wenig später aber auch schon technisch genutzt. Erdgas wird - aus natürlichen Quellen - in Griechenland schon um 400 v. Chr. als Brennstoff verwendet, erbohrt aber erst seit 1884. Als vorläufig letzter Energielieferant steht seit 1942 die Kernenergie zur Verfügung.

Die bisher neben dem Brennholz weltweit bedeutendsten Energiequellen stellen Erdöl und Erdgas dar. Das Bild zeigt eine Großraffinerie in Curaçao.

Wichtig ist auch die Entwicklung energieumsetzender Maschinen: Erste Experimente mit Dampfmaschinen gehen auf das Jahr 1689 zurück. Der Siegeszug der Elektrizität setzt im 19. Jh. mit der Erfindung des Elektromotors (1821) und der Dynamomaschine (1866) ein. Erste Experimente mit Verbrennungskraftmaschinen (zunächst Gasmotoren) beginnen 1823 in England.

Weitreichende Auswirkungen hat vor allem die Elektrotechnik. Besonders sie gestattet die moderne Steuerung von Maschinen und die Automatisierung ganzer Fertigungsstraßen. Der Mensch der heutigen Industriegesellschaft versteht es schließlich, fremde Energiequellen für die weltweite Kommunikation und die Datenverarbeitung zu nutzen. Er hat die Welt seinen Bedürfnissen angepaßt, bis jetzt allerdings weitgehend ohne die Bedürfnisse der Welt zu berücksichtigen.

Die bei weitem am vielseitigsten einsetzbare Energie ist die Elektrizität. Sie erst erlaubte die Industrialisierung im großen Stil, z. B. auch in Gestalt vollautomatischer Fertigungsanlagen.

◁ *Lange Zeit blieb die Belastung aller Lebensräume durch die Industrie völlig unkontrolliert.*

Komponenten des natürlichen Energiehaushaltes

Heute. Weltweit verbrauchen die Menschen heute (Daten von 1987) jährlich rund $82x10^{12}$ kWh Energie, $10x10^{12}$ kWh davon in Form von elektrischer Arbeit. Die Art und Weise der Energieumwandlung ist in hohem Maße umweltbelastend. Dagegen stellt die Energiebilanz selbst keine bedeutenden Eingriffe in den natürlichen Energiehaushalt dar, der ganz andere Dimensionen hat. So beträgt die Sonnenenergieeinstrahlung an der Erdoberfläche jährlich $1{,}56x10^{18}$ kWh, die Windenergie liegt bei jährlich $13x10^{15}$ kWh, und die Verdunstungsenergie für Wasser beträgt weltweit jährlich $460x10^{12}$ kWh. Photosynthetisch tätige Pflanzen bewirken einen Energieumsatz von $350x10^{12}$ kWh. Selbst die vom Mond zur Erde gelangende Strahlungsenergie für infrarotes und sichtbares Licht liegt bei jährlich $30x10^{12}$ kWh. Die Energie der Meeresströmungen und Gezeiten macht $26x10^{12}$ kWh aus. Die Körperwärme der Weltbevölkerung (5 Mrd. Menschen) setzt jährlich 6,6 Mrd. kWh frei. Ein einziger großer Vulkanausbruch ist mit einem Energieumsatz von z. B. $200x10^{12}$ kWh (Tambora) verbunden.

Tschernobyl nach der Katastrophe: Der Energieumsatz des Menschen bleibt weit hinter dem der Natur zurück. Doch zeichnen sich die Anlagen oft durch hohe Leistungsdichten und daher ein großes lokales Gefahrenpotential aus.

Die Suche nach Energiequellen bzw. Rohstoffen als Energieträger wird mit dem wachsenden Energiekonsum immer aufwendiger. Heute wird Rohöl z. B. aus Lagerstätten unter dem Meeresboden (Bild) oder unter dem Eis der Arktis gewonnen.

Als Energiequelle der Zukunft werden oft Solarkraftwerke favorisiert. Naturfreundlich sind auch sie keineswegs; Großanlagen würden quadratkilometerweise Land verbauen und das Klima verändern.

Zu den hinsichtlich ihrer Naturbelastung bedenklichsten Energieanlagen gehören Wasserkraftwerke (Glen Cañon Dam). Riesige Stauseen überfluten über 1000 km² große Lebensräume, Flußbegradigungen verwandeln noch größere Flächen durch Grundwassersenkung in Steppen.

Klimatische Veränderung durch menschliche Tätigkeit

1000–heute. Inwieweit der Mensch durch seine vielfältigen Aktivitäten das globale Klima verändern kann, läßt sich heute noch in keiner Weise sagen. Wissenschaftliche Modelle hinsichtlich einer zukünftigen Entwicklung reichen von starker über mäßige bis hin zu gar keiner Erwärmung. Auch existieren Annahmen, die eine leichte bis starke Abkühlung des Klimas erwarten.
Es wird vermutet, daß der steigende Kohlendioxid (CO_2)-Gehalt der Luft (seit der vorindustriellen Zeit bis 1980 um rund 14,5 %) durch den sogenannten Treibhauseffekt zu einer stärkeren Erwärmung der Atmosphäre führen könnte. Bisher ist ein solcher Effekt nicht einmal annähernd zu erkennen. Zudem hat ein hoher CO_2-Gehalt der Luft auch energiebindende Folgen. Ansatzweise werden diese Auswirkungen erst in jüngster Zeit erkannt. Ihre Dimensionen, z. B. bei der ungemein verstärkten Produktion von Meeresplankton, lassen sich jedoch noch nicht abschätzen.
Die Zunahme fester Teilchen durch menschliche Aktivitäten fällt im Verhältnis zu den entsprechenden natürlichen Prozessen kaum ins Gewicht. 300 bis 500 Mio. t menschlich verursachten Staubes stehen 2 bis 3,4 Mrd. t natürlichen Staubes (Seesalz, Erdstaub, Sulfate und Nitrate) gegenüber.
Die Veränderung der Ozonschicht in der hohen Atmosphäre durch freigesetzte Fluorkohlenwasserstoffe hat rein klimatisch in Erdbodennähe praktisch keine Konsequenzen. Das trifft auch für landwirtschaftliche Stickstoffdüngung zu, die über die Erzeugung von Stickoxydul (NO_2) ebenfalls schädigend auf die Ozonschicht in der Stratosphäre wirkt.
Weitaus gravierendere Folgen hat eine Abnahme des Ozons in der Stratosphäre für das Strahlungsklima im UV-Bereich. Physiologen nehmen an, daß eine zehnprozentige Abnahme des Ozons zu einer 20- bis 30prozentigen Zunahme des Hautkrebses führen kann, wobei mit großen regionalen Schwankungen gerechnet werden muß. Geschädigt würde durch die Zunahme des UV-Lichts mit Sicherheit auch das Pflanzenwachstum. Insbesondere Meeresalgen sind in dieser Hinsicht extrem empfindlich.
Veränderungen der Landflächen führen zu veränderten Albedo-Werten (Rückstrahlung der eingestrahlten Sonnenenergie). Immergrüne Wälder haben eine Albedo von 7 bis 15 %, bestellte Wälder von 10 bis 15 %, Wüsten von 25 bis 30 %, Neuschnee von 85 bis 90 % und Asphalt von 8 %. Eine Reduzierung der Waldbestände der Erde um 20 % betrifft nur 1,7 % der Gesamtoberfläche der Erde. Ebenso könnte man die Anlage selbst gigantischer Stauseen vernachlässigen.
Läßt sich auch schwer überblicken, ob und inwieweit der Mensch das globale Klima verändert, die regionalen Klimaveränderungen sind schon heute drastisch. Der Mensch führt der Atmosphäre derzeit jährlich weltweit rund 80 Mrd. kW Wärmeenergie aus der Verbrennung von Fossilenergieträgern u. a. zu. Demgegenüber liefert die Sonne am Erdboden 178 000 Mrd. kW. Regional herrscht ein ganz anderes Verhältnis: So übertrifft im 60 km² großen Manhattan die menschliche Energieabgabe die in diesem Gebiet einfallende Sonnenenergie um das Vierfache!
Das Kleinklima in den Ballungsräumen verändert sich durch die enorme lokale Belastung stark: In Ballungsräumen liegen die Wintertiefsttemperaturen 1 bis 3° über den Durchschnittswerten, die relative Luftfeuchtigkeit ist im Jahresmittel 6 % niedriger, die Staubdichte verzehnfacht, und die Bewölkung nimmt um 5 bis 10 % zu. Nebelbildung ist im Sommer um 30 %, im Winter um 100 % häufiger, die gesamte Sonneneinstrahlung nimmt um 15 bis 20 % , und die UV-Einstrahlung sinkt im Sommer um 5 %, im Winter um 30 %. Die Windgeschwindigkeit fällt um durchschnittlich 20 bis 30 %, und die Niederschläge nehmen um 5 bis 10 % zu. Anders verhält es sich im vom Menschen geschaffenen Ödland. Hier steigt die Windgeschwindigkeit an, die Luftfeuchtigkeit nimmt drastisch ab, und die Verwüstung des Landes greift – auch großräumig – unaufhaltsam um sich.

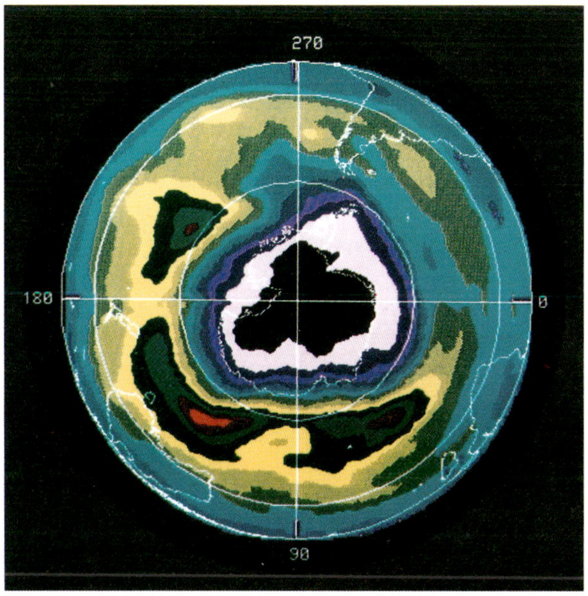

Ozonloch in der Stratosphäre über der Antarktis; Satellitenaufnahme vom 5. Oktober 1987

Verbrennungs- und Kernkraftwerke belasten Gewässer oder Atmosphäre mit »Wärmemüll« (im Bild: Kühlturm).

Die Erdöl- und Erdgasvorkommen der Erde drohen in einigen Jahrhunderten zu versiegen. Kohleverbrennung belastet die Umwelt oder erfordert sehr aufwendige Technologien, Kernkraft gilt als nicht sicher beherrschbar. Aber auch alternative Energiequellen bergen z. T. Risiken: Um nur 10 % des deutschen Energiebedarfs zu decken, müßten längs der Nordseeküste 40 000 derartige Windturbinen arbeiten, was großräumige Inversionswetterlagen zur Folge hätte.

Giftstoffe belasten die Atmosphäre

1100–heute. Schon unmittelbar nach dem ersten bergmännischen Abbau von Kohle im Jahr 1113 im Herzogtum Limburg wird über lokal erhebliche Luftverschlechterung geklagt. Die Luftbelastung durch Verbrennungsprozesse im weitesten Sinne nimmt seit dieser Zeit ständig zu. Mit der industriellen Revolution im 19. Jahrhundert, vor allem durch den Aufschwung der Stahl- und Eisenindustrie, steigt sie sprunghaft und wächst bis in die Mitte des 20. Jahrhunderts exponentiell an. In diesem Zeitraum erreicht die menschbedingte Staubbelastung der Luft ihr Maximum.

Der Anteil der Stickoxide wächst bisher weitgehend proportional zum Energieverbrauch, am stärksten im Verkehrssektor. Neue technische Ansätze zur Schadstoffreduktion liegen vor allem in Wirkungsgraderhöhungen bei der Energiefreisetzung.

Beunruhigend ist die Kohlenmonoxid- und Kohlendioxid-Produktion. Vor allem die letztere läßt sich bei der Verbrennung von fossilen Energieträgern nicht umgehen. So steigt der CO_2-Gehalt der Atmosphäre unaufhörlich. Ungeklärt ist die Auswirkung der CO_2-Zunahme auf das ökologische Gleichgewicht. Klimaerwärmungen durch den Treibhauseffekt sind ebenso denkbar wie etwa die rapide Zunahme der Meeresalgen und eine entsprechend hohe Kohlenstoffbindung durch diese Organismen.

Seit etwa 1970 nimmt in den technisch höchst entwickelten Staaten die Emission einiger für die Verbrennung von fossilen Energieträgern (Kohle, Erdöl, Erdgas) typischer Schadstoffe trotz steigenden Energieverbrauches wieder ab. Dazu zählen vor allem Ruß und Schwefeldioxid. Zurückzuführen ist das einerseits auf Techniken, die höhere Energieausbeute durch vollständigere Verbrennung bewirken, andererseits auf die Reinigung (Entschwefelung, Entstaubung usw.) der Rauchgase.

In den Ländern der Dritten Welt, insbesondere in solchen an der Schwelle zur Industrialisierung, steigt dagegen die Schadstoffemission unvermindert an. Dabei entfällt neuerdings die Beschränkung auf wenige industrielle Ballungsgebiete. Die sich daraus ergebende Zunahme der Schadstoffmenge in der Luft hat auch qualitative Folgen. So. oxidiert SO_2 beim Ferntransport in der Atmosphäre zum großen Teil zu anderen, teilweise aggressiven staubförmigen Schwefelverbindungen.

Kohlenwasserstoffe und andere meist aus der chemischen Industrie und mehr und mehr auch aus Müllverbrennungsanlagen stammende organische Verbindungen sowie Schwermetallverbindungen in der Luft sind z. T. in hohem Maße gesundheitsschädlich, nehmen jedoch in den hochindustrialisierten Ländern allmählich ab.

Dicht beieinander liegen wie hier in Rawmarsh (England) häufig noch Wohn- und Industriegebiete. Staub und Schwefel machen den Tag zur Nacht.

Erzverladebahnhof in Minnesota, USA. Besonders belastet ist die Atmosphäre in Ballungsräumen mit ausgeprägter Schwerindustrie. Dort lassen sich örtlich deutliche Verschiebungen des Klimas nachweisen: Wärmere Winter, geringere Sonneneinstrahlung, höhere Niederschläge, weniger Luftbewegung.

Luftschadstoffe in Industrieländern

Schwefeldioxid (SO_2)
Zu mehr als 90% stammt es aus Verbrennungsabgasen. Es reizt die Schleimhäute und greift in Verbindung mit Schwebstaub die Atemwege an. Die Vegetation schädigt es schon in geringer Konzentration.

Stickoxide (NO_x)
Auch sie werden hauptsächlich von Verbrennungsanlagen freigesetzt, besonders im Verkehrssektor. Sie reizen ebenfalls die Schleimhäute und führen zu Erkrankungen der Atemwege. Stickoxide sind mitverantwortlich für das Entstehen der in Ballungsgebieten gefürchteten Inversionswetterlagen.

Kohlenmonoxid (CO)
Neben dem Kohlendioxid ist es mengenmäßig der bedeutendste Luftverunreiniger. CO entsteht, wenn fossile Brennstoffe unvollständig verbrennen. Es ist ein ausgesprochenes Blutgift.

Kohlendioxid (CO_2)
CO_2 ist ebenfalls ein Verbrennungsabgas und kann möglicherweise weltweite Klimaveränderungen bewirken.

Kohlenwasserstoffe, Schwermetallverbindungen
Sie stammen hauptsächlich aus Fabrikationsprozessen in Industrie und Gewerbe und aus Müllverbrennungsanlagen. Die Zahl der verschiedenen Verbindungen läßt sich nicht überschauen. Viele sind außerordentlich gesundheitsschädlich.

Staubniederschlag
Hier sind Industrie, Kraftwerke und Hausbrand die Hauptquellen. Staub gefährdet Mensch und Tier – u. a. durch Schwermetallverbindungen – über die Nahrungskette.

Schwebstaub
Er stammt aus denselben Quellen wie Staubniederschlag, ist aber viel feiner. Deshalb dringt er leicht in die Lunge ein und verursacht zusammen mit Schwefeldioxid Erkrankungen der Atemwege. Je nach seiner Zusammensetzung kann er äußerst giftig und karzinogen sein.

Eine braune Smog-Wolke hüllt Denver ein. Der graue Himmel, die klaren Berge und die Dunstglocke sind typisch für Wetterlagen mit Temperaturinversionen.

Düsenflugzeuge starten und landen im großstädtischen Smog von Los Angeles. Ihre Abgase tragen erheblich zur Luftverschmutzung bei.

△ Störfälle bedeuten besonderes Umweltrisiko: Diese kommunale Sondermüll-Verbrennungsanlage in Hessen mußte nach einer Explosion für mehrere Wochen stillgelegt werden. Sie entsorgt industriellen Giftmüll. – Müllverbrennung in modernen Anlagen wird üblicherweise bei extrem hohen Temperaturen vorgenommen, bei denen besonders die gefährlichen organischen Verbindungen in weitgehend harmlose Abgase umgewandelt werden. Eine Belastung für die Atmosphäre stellen sie dennoch dar.

◁ Gespenstische Leere auf einer sonst stark befahrenen Bundesstraße in Essen als Folge von Smog-Alarm der Stufe II. Zusätzliche Abgase durch den Straßenverkehr würden während der herrschenden Inversionswetterlage besonders den Kohlenmonoxid-Gehalt der Luft gefährlich ansteigen lassen. Für die Bürger der Stadt bestünde damit ein erhöhtes Infarktrisiko.

Besonders bedrohlich: Die Belastung der Hydrosphäre

200–heute. Die weltweite Vergiftung sowohl der Binnengewässer wie der Rand- und Weltmeere macht sich vor allem seit der industriellen Revolution bemerkbar. Die schon zuvor regional oft in großen Mengen eingeleiteten organischen Schadstoffe können im Wasser lebende Mikroorganismen weitgehend abbauen. Mit der Industrialisierung geht jedoch eine Verschmutzung mit anorganischen Stoffen einher, die für diese Mikroorganismen nicht nur unverdaulich sind, sondern sie z. T. auch abtöten. Noch um 1970 führt z. B. der Rhein in seinem Unterlauf täglich 30 000 t Salze, 3000 t Arsen und 450 kg Quecksilber mit sich! Neuerdings zeichnet sich in bezug auf die Qualität der Binnengewässer in den hochtechnisierten Ländern eine erhebliche Besserung ab. Das gilt indes nicht für die sogenannten Schwellenländer und für die Dritte Welt.

Ein zentrales Problem stellt auch die zunehmende Überdüngung der Binnengewässer durch Phosphate dar. Große Mengen stammen noch immer aus Waschmitteln (mit deutlich sinkender Tendenz), der Großteil kommt heute aus der Landwirtschaft (mit steigender Tendenz). Mikroalgen und Bakterien, die die Phosphorverbindungen abbauen, benötigen für ihren Stoffwechsel Sauerstoff. Doch der Sauerstoff im Wasser ist rasch aufgebraucht, besonders in langsam fließenden oder stehenden Gewässern. Als Folge davon sterben Wasserpflanzen und -tiere. Die überschüssigen Phosphatmengen sinken ab und faulen. Viele Seeböden bedeckt heute eine mehrere Meter dicke Faulschlammschicht, in der sich fortwährend Giftstoffe bilden, dazu gehören vornehmlich stinkende Schwefelverbindungen und Grubengase.

Äußerst besorgniserregend ist die Situation in den Küstengebieten und den offenen Meeren. Mit den wachsenden Tankschifftonnagen nimmt die Ölpestgefahr zu. Schadstoffe und Gifte aus den Flüssen lagern sich in mächtigen Schlammbänken vor ihren Mündungen an. Ferner werden Hunderttausende Tonnen von oft giftigen Abfällen im freien Ozean versenkt (»verklappt«). Die Folge ist eine Beeinträchtigung der Meeresorganismen, besonders des empfindlichen Photosynthese betreibenden Phytoplanktons. Bei dessen Reduzierung droht eine Sauerstoffabnahme im Meerwasser, aus dem auch die Atmosphäre den weitaus größten Teil ihres Sauerstoffs bezieht. Nahrungsketten können zusammenbrechen. Im Mittelmeer z. B. ist heute (gegenüber 1950) rund die Hälfte allen Lebens abgestorben.

Industrieabwässer belasten ganz besonders die Binnengewässer und über diese auch die mündungsnahen Meeresgebiete. In den 60er Jahren führte der Rhein in seinem Unterlauf täglich bis zu 30 000 t Salz, 3000 t Arsen und 450 kg Quecksilber mit sich. Aus diesem Fluß wurde damals für über 20 Mio. Menschen Trinkwasser gewonnen.

◁ Auch die Ozeane sind Opfer von Vergiftung durch den Menschen: Gefahren sind u. a. vorsätzliche Müllverklappung, Gifteinleitung durch Flüsse und Ölunfälle auf offener See. Hier stranden tote Seeotter in Nordamerika.

Der Katalog der wasserbelastenden Substanzen ist unüberschaubar groß. Neben hochgiftigen Stoffen wie Schwermetallsalzen sind z. B. auch Phosphate aus der Landwirtschaft, die zu einer Überdüngung führen, gefährlich. Zusammen mit Abwärme führen sie zu tödlichem Sauerstoffmangel.

Erdöl, das auf offener See aus defekten Bohrinseln oder leckgeschlagenen Tankschiffen ausströmt (und oft genug auch beim Tankreinigen vorsätzlich abgelassen wird), verbindet sich mit dem Salz des Wassers zu zähem Teer. Hier bekämpft ein Spezialboot eine Öllache im Prince-William-Sund.

Der artenreichste aller Lebensräume ist der Erdboden. Ihn belastet der Mensch u. a. durch Monokulturen, Insekten- und Unkrautvernichtungsmittel.

Vielfache Gefahren für den bedeutendsten Lebensraum

200–heute. Der bedeutendste aller Lebensräume ist der Boden. Seine vielfältige Belastung wird meist unterschätzt. In ihn gelangen häufig über den Regen und das Grundwasser Luft- und Binnengewässergiftstoffe, die hier beträchtlichen Schaden anrichten. Zusätzlich werden die Böden durch Schädlings- und Unkrautvernichtungsmittel gezielt vergiftet, wobei Kategorien wie »Schädlinge« und »Unkraut« aus evolutionärer Sicht ohnehin bedenklich sind.

Im gesunden Erdboden ist grundsätzlich die größte Lebensvielfalt anzutreffen, die es auf der Erde überhaupt gibt: Bis zu 100 Mio. Kleinstlebewesen enthält ein einziges Gramm Humus. Bezogen auf ihre Trockenmasse stehen 10 bis 15 kg Säugetieren pro Hektar Waldland allein 100 bis 150 kg Regenwürmer und etwa 10 t Kleinstlebewesen im Boden gegenüber. Vermutlich leben hier einige hunderttausend Arten. Dieser ungemein reiche Biotop, der zudem an der Basis einer bedeutenden Nahrungskette steht, wird nicht nur durch Gifte zerstört. Monokulturen führen zur Verarmung der Böden, Abholzung zieht Erosion nach sich, Flußlaufbegradigungen und Drainagen senken den Grundwasserspiegel. Die Bodenversiegelung bewirkt ein übriges. In Deutschland sind bereits 10 % des gesamten Landes zubetoniert, asphaltiert oder überbaut. 53 % entfallen auf landwirtschaftlich genutzte Flächen, also auf Monokulturen mit phosphatüberdüngten, von Chemikalien beeinträchtigten Böden.

Überdüngung schädigt das Grundwasser und nahe Oberflächengewässer letztlich durch Sauerstoffverlust.

◁ Längst nicht alle Mülldeponien sind so abgedichtet, daß das Grundwasser vor Schadstoffen geschützt ist.

Dieses Warnschild ist leider selbst in reichen, hochtechnisierten Ländern kein Einzelfall. Sogenannte Altlasten im Boden reichen von Öl und Schwermetallsalzen bis hin zu Dioxin und Kampfgas.

Unbekannte Organismen

Weitgehend unwissend steht die systematische Biologie heute noch der Welt der Kleinstlebewesen im Humusboden und Grundwasser gegenüber. Die absolute Zahl dieser Organismen geht pro Quadratmeter in die Milliarden. Ihre Artenzahl läßt sich auch nicht annähernd schätzen.

Diese Mikroorganismen, Bakterien, Protozoen und mikroskopisch kleinen Pilze gehören zu den wichtigsten Zersetzern organischer Substanzen. Nur etwa 1 % aller lebenden Pflanzen und Tiere dienen irgendwelchen Tieren als Nahrung. Der weitaus größte Teil stirbt durch den normalen Alterungsprozeß oder fällt Erkrankungen durch Viren oder andere Mikroorganismen zum Opfer, die dann aber den absterbenden Organismus nicht für ihren Stoffwechsel benötigen. Das heißt, daß 99 % aller Mehrzeller nach ihrem Tod von mikroskopischen Zersetzern im Boden (bzw. im Wasser) abgebaut werden. Aus dieser Sicht bildet der Biotop Erdboden den bedeutendsten aller Lebensräume.

Bedrohlicher Ausverkauf der natürlichen Lebensräume

Landwirtschaftliche Monokulturen verdrängen natürliche Lebensräume. Diese Baumwollmonokulturen in Kasachstan sind zudem so mit Chemikalien verseucht, daß 90 % der Baumwollpflücker-Kinder mit Anämie zur Welt kommen.

2300–heute. Holzeinschlag zur Werkstoff- und Brennmaterialgewinnung ist seit eh und je einer der bedeutendsten Faktoren der Landzerstörung durch den Menschen. Im Mittelmeerraum ist um 700 v. Chr. die Attische Triere, bewegt von 170 Ruderern, das überlegene Kriegsschiff. Um Trieren zu bauen, werden schon um diese Zeit weite Landstriche des Libanons ihrer Zedern beraubt. Im 15. und 16. Jh. entwalden vor allem die Glashütten mit ihrem gewaltigen Brennholzbedarf große Gebiete der europäischen Mittelgebirge. Rund 1 Mrd. t Brennholz werden heute jährlich weltweit verbraucht.

Wo der Energiebedarf aus Öl, Kohle, Wasserkraft und Kernkraft gedeckt wird, haben andere Wege der Zerstörung von Naturräumen die Oberhand gewonnen. In landwirtschaftlichen Hochproduktionsländern sind es der extensive Ackerbau oder die Überweidung. In den Industriestaaten ist nicht allein die Versiegelung der Böden durch Überbauen tödlich für die Naturlandschaften. Auch die Zerstückelung der Biotope führt zu ihrer weitgehenden Zerstörung. In Deutschland sind heute weniger als ein Fünftel des Landes sogenannte »unzerschnittene, verkehrsarme Räume«. Kaum einer davon ist größer als etwa 100 km². Für zahlreiche Tierarten bedeutet das den totalen Verlust ihres Lebensraumes, weil sie sich in Jahrmillionen fest an eine Existenz in größeren Revieren gewöhnt haben (→ S. 510).

Noch drastischer sind die Schäden in den Ländern der Dritten Welt, wo Naturlandschaften oft der vollkommenen Verwüstung anheimfallen. Ursache ist einerseits, daß sich arme Länder mit Überbevölkerung keine nachhaltige Landbewirtschaftung (also Landbewirtschaftung ohne weitere Schädigung) leisten können. Dadurch leben sie permanent auf Kosten der biologischen Substanz. Andererseits greifen in jüngster Zeit z. T. auch ursprünglich von den Menschen eingeleitete Prozesse bedrohlich um sich. Hierzu zählt vor allem die Ausbreitung der Wüsten. Einmal ihrer Pflanzendecke beraubt, ist der totale Untergang solcher Biotope durch Erosion und Austrocknung nicht mehr aufzuhalten, und zugleich greifen die Wüsten meist auf angrenzende Naturlandschaften über. So schiebt sich z. B. die Sahara an ihrem Südrand stellenweise pro Jahr bis zu 3 km vor.

Die Überbauung des Landes mit Straßen, Industrie- und Wohnanlagen nennt man Bodenversiegelung. In Deutschland sind heute mehr als 10 % der Bodenfläche unter Beton und Asphalt begraben.

◁ Seit den 60er Jahren sind weite Teile des einst viertgrößten Sees der Welt, des Aralsees (UdSSR), verlandet. Der Grund für diese Entwicklung liegt in der künstlichen Bewässerung von 7,5 Mio. ha landwirtschaftlicher Monokulturen, überwiegend von Baumwollfeldern.

Mit dem Regenwald geht genetisches Potential zugrunde

Heute. Nur 7 % des Festlandes nehmen gegenwärtig Tropenwälder ein. Aber in diesen 7 % leben mehr als die Hälfte aller bekannten Tier- und Pflanzenarten, 80 % aller Insekten und rund 90 % der Primaten. Die Gesamtzahl der Tropenwaldbewohner ist noch unbekannt.

Alle drei Jahre verliert die Welt heute 35 bis 40 Mio. ha Tropenwald, ein Gebiet so groß wie Deutschland. Die Natur büßt damit einerseits ein gewaltiges genetisches Potential ein; andererseits verliert sie einen natürlichen Schutz gegen Versteppung und Verwüstung.

Die tropischen Wälder beschränken sich im wesentlichen auf einen Gürtel beiderseits des Äquators, den der nördliche und der südliche Wendekreis begrenzen. Hier liegen die ausgedehnten Urwälder Mittel- und Südamerikas, Zentralafrikas, Südasiens und der pazifischen Inselwelt. Auf diesem Areal leben aber auch rund 1,2 Mrd. Menschen, fast ein Viertel der gesamten Menschheit. Zugleich liegen hier viele der ärmsten Länder der Erde mit immens steigendem Energiebedarf, den sie heute zu 70 % mit Brennholz decken. Zugleich benötigen sie immer größere landwirtschaftlich nutzbare Flächen und nicht zuletzt – aufgrund ihrer hohen Verschuldung – Geld. Ein bedeutender Teil der Einnahmen fließt aus dem Verkauf tropischer Hölzer. Allein Europa importiert heute 40 % des gehandelten Tropenholzes.

Zwischen den Tropenwäldern und den Wäldern der gemäßigten Breiten besteht ein grundsätzlicher ökologischer Unterschied. Auf Brachland z. B. in Mitteleuropa siedeln sich im Laufe weniger Jahre ganz von selbst wieder junge Bäume an. Die Erde ist hier fruchtbar genug, um sie zu ernähren. Einmal abgeholzter tropischer Boden kann das nicht. Die meisten Böden der tropischen Regenwälder gehören zu den unfruchtbarsten der Erde. Sie enthalten weniger Nährstoffe als viele Wüstenböden. Das liegt daran, daß in diesen an Biomassenproduktion extrem reichen Regionen stets das fast gesamte Nährstoffpotential in der Vegetation selbst investiert ist und nicht im Boden. Hierin liegt die wohl größte Gefahr für die Tropenwälder: Einmal abgeholzt, begrünt sich die nackt geschlagene Fläche mit Gras und niedrigem Gebüsch.

△ Schätzungsweise 320 000 km² tropischen Regenwaldes fielen in den vergangenen Jahren im brasilianischen Amazonasgebiet der Brandrodung zum Opfer. Nach diesem Eingriff gedeiht allenfalls noch niedriges Buschwerk; meist versteppen die Gebiete vollkommen.

◁ Die Brandrodungen in Brasilien und anderen Regenwaldgebieten vernichten die reichhaltigsten Lebensräume der Erde und bringen den Ausbeutern dieser Naturlandschaften dabei nur sehr kurzfristigen Nutzen. Einige Jahre lang eignet sich das entstehende Steppenland als Weidefläche, dann ist der Boden endgültig ausgelaugt und meist auch durch Erosion zerstört.

Papierfabrik von Bratsk in Sibirien: Zwar liefert die Taiga genügend Holz, doch bedrohen Industrieabgase diese empfindlichen Wälder akut.

Papierindustrie verbraucht Holz

Heute. 20 bis 25 % des gesamten heute weltweit eingeschlagenen Nutzholzes (außer Brennholz) verbraucht allein die Papierindustrie. Der jährliche Verbrauch Deutschlands beläuft sich auf annähernd 15 Mio. t, wobei allerdings nur rund ein Viertel aus dem Inland kommt. Die Hälfte des Bedarfs wird als Halbfertigware – Zellstoff – oder fertiges Papier importiert.

Zum Vergleich: Allein für eine Auflage von 100 000 Exemplaren der vorliegenden »Chronik der Erde« sind rund 600 t Holz erforderlich. Das ist das Stammholz von 1,4 ha Wald eines Typs, wie er für Mitteleuropa charakteristisch ist.

Überweidung führt wie hier in der Sahelzone zu Erosion und schließlich zu Wüstenbildung. Die natürliche Florengemeinschaft geht zugrunde.

Die weltweit größtflächige Vernichtung der bodenständigen Flora ist eine Folge des Ackerbaus. Sogar Feldunkräuter werden chemisch bekämpft.

Zerstörung der Florenfülle

2000–heute. Zwei wesentliche Biotopklassen sind durch menschliche Aktivitäten besonders in ihrem Bestand bedroht: Feuchträume (Moore, Sümpfe, Wattgebiete usw.) und Wälder (→ S. 503). Gerade hier lebt die weitaus größte Zahl der Pflanzen- und Tierarten.

Erze und andere Bodenschätze gelten heute häufig als »nicht erneuerbare« Ressourcen, doch wirklich »nicht erneuerbar« ist ausschließlich das biologische Potential. Ausgestorbene Arten sind unwiderruflich verloren. Heute sind rund 0,36 Mio. Pflanzen- und 1,2 Mio. Tierarten bekannt. Die Schätzungen bezüglich der Gesamtzahl der Arten gehen weit auseinander. Biologen rechnen mit 0,7 bis 2,3 Mio. Pflanzen- und 2,3 bis 7,7 Mio. Tierarten. Wie u. a. schon durch die großflächige Abholzung mittelmeerischer Wälder für den Schiffsbau vor etwa 2000 Jahren, hat der Mensch durch Raubbau an der belebten Natur eine Vielzahl von Arten vernichtet. Heute verschwinden jährlich durchschnittlich 40 Mio. ha Tropenwald. Das entspricht einem totalen Tropenwaldverlust von knapp 40% in den kommenden zehn Jahren. Nach unterschiedlichen Schätzungen bedeutet das den Tod von mindestens 13%, maximal 68% aller tropischen Arten. Weil etwas mehr als die Hälfte aller Pflanzenarten der Erde in Tropenwäldern zu Hause sind, bedeutet das einen Gesamtverlust von über 20% aller Pflanzenarten innerhalb eines Jahrzehnts. Je nach Einschätzung dieses Gesamtbestandes sind das 140 000 bis 460 000 Arten! Dazu kommen weitere Verluste in den Biotopen außerhalb der Tropenwaldregionen.

Monokulturen reduzieren die Florenvielfalt auch in der Forstwirtschaft. Besonders in Fichtennutzwäldern fehlt der Bodenbewuchs fast völlig. Zugleich sind derartige Forsten empfindlich gegen Sturm und Schädlinge.

▷▷ In den 30er Jahren fegen Staubstürme in den landwirtschaftlich genutzten Gebieten Nordamerikas auf riesigen Flächen den Boden hinweg. Ausgedehntes Pflügen hatte die alte Grasnarbe zerstört, die den Boden festhielt.

▷ Staustufe im Saartal: Flußlaufbegradigungen vernichten die artenreichen Uferrandbiotope, und durch Grundwasserabsenkung auch die vielfältigen Lebensräume der benachbarten Auwiesen.

Menschliche Eingriffe in die Evolution der Pflanzen

9000–heute. Durch Umsiedlung von Wildpflanzen, Pflanzenzucht und neuerdings auch gentechnische Eingriffe verändert der Mensch die Flora unmittelbar.

Die ersten Eingriffe in die Pflanzenwelt unternimmt der Mensch, als er sich vom Jäger und Sammler zum Ackerbauern und Viehzüchter wandelt. Rodungen für Wohnflächen und als Weideland genutztes Gelände verändern in vielfacher Weise das Gesicht der Landschaft und damit die lokale Flora. Ein modernes Beispiel der Lebensraumveränderung ist das Vordringen von Halophyten (salzliebende Pflanzen wie der Queller) aus den norddeutschen Küstenregionen längs der Autobahnen bis weit ins Binnenland. Der Grund dafür ist die winterliche Salzstreuung. Andere Beispiele für vergleichbare Phänomene sind Schuttfloren, Bahndammfloren usw.

Gravierender sind die Maßnahmen des Ackerbaus. Sie haben nicht nur Monokulturen – und damit rein vom Menschen geprägte, selbst nicht dauerhaft existenzfähige Kulturfloren – zur Folge, sie zielen auch auf die Entwicklung neuer Unterarten und Arten. Durch künstliche Zuchtwahl entsteht im Laufe der Zeit eine große Fülle neuer Pflanzenarten. Manche bedürfen der permanenten Pflege (Bewässerung, Düngung, Schädlingsbekämpfung, Unkrautvernichtung), um auf Dauer zu überleben. Wieder andere verwildern und bereichern die natürliche Flora nachhaltig. Unter den Zierpflanzen finden sich Tausende von neu gezüchteten Arten und Unterarten.

In den Tresco Abbey Gardens auf der Insel Tresco (Scilly Islands, Cornwall) gedeiht eine überaus üppige, artenreiche subtropische Florengemeinschaft, die ohne das Eingreifen des Menschen dort undenkbar wäre. Der Mensch siedelt intensiv Pflanzen um.

◁ Tulpenbeet in Keukenhof, Holland: In Gartenbau und Landwirtschaft hat man seit Jahrhunderten Zehntausende neuer Pflanzenformen gezüchtet, die oft erbgenetisch stabil sind und als neue Unterarten angesehen werden können.

Bedeutende Veränderungen der Flora sind nicht selten die Folge von Pflanzenumsiedlungen. So sind die Feigenkakteen (Opuntien) und Agaven im Mittelmeerraum durch den Menschen aus Amerika eingeführt. Aufgrund idealer Lebensbedingungen vermehren sie sich in Südeuropa und Nordafrika stark. Um die Wende vom 19. zum 20. Jh. überflutet eine Kakteenschwemme (ebenfalls Opuntien) australisches Weideland. Die gleichfalls aus Amerika importierten Pflanzen haben in Australien keine natürlichen Feinde (die Kaktuslaus Cactoblastis).

Ein positives Beispiel für die Pflanzenumsiedlung ist die Insel Madeira. Nach der extensiven Brandrodung durch portugiesische Siedler im 15. Jh. wird diese Insel auf Beschluß des portugiesischen Königs wieder aufgeforstet. Handelsschiffe aus aller Welt, die hier vor Anker gehen, bringen junge Bäume und Sträucher aus allen Kontinenten mit, die auf Madeira infolge der optimalen klimatischen Bedingungen alle gut gedeihen. Heute bedeckt ein ungemein artenreicher Wald die größten Teile des Eilands. Reich an Exoten sind auch viele herrschaftliche Park- und Gartenanlagen aus den vergangenen Jahrhunderten.

Heute beheimatet in den Industrienationen fast jeder Hausgarten Nutz- und Zierpflanzen aus mehreren Kontinenten. Zahlreiche dieser Arten sind bereits verwildert.

Die Umsiedlung von Pflanzen ist nicht generell unproblematisch. So werden aus Nordamerika nach Europa importierte Weymouth-Kiefern oder Stroben hier von einem Rostpilz befallen, der als Zwischenwirt Johannis- oder Stachelbeersträucher braucht und in der Neuen Welt bis Mitte des 20. Jh.s unbekannt ist. Mit Rücklieferung in Europa herangezogener Weymouth-Bäumchen gelangt dieser Pilz auch in die USA. Dort fehlen ihm seine natürlichen Feinde. Er greift vehement um sich und bedroht die Riesenbestände der charakteristischen amerikanischen Kiefern. Als Notmaßnahme verfügen US-Forstbehörden die Ausrottung der Wildformen von Johannis- und Stachelbeeren und verbieten deren Anbau in Gärten.

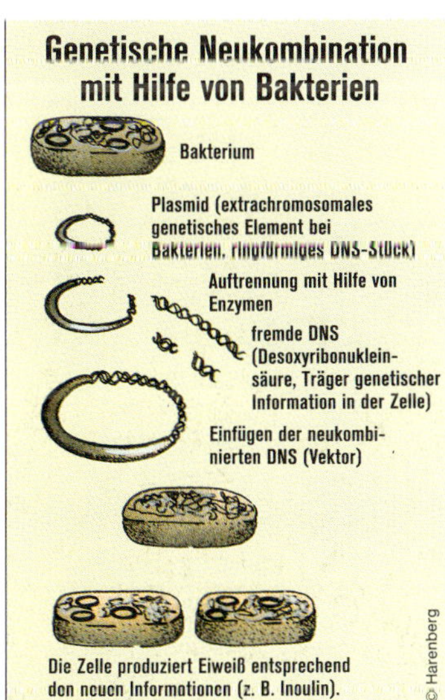

Neue Arten durch gezielte Gentechnik

Die Wissenschaft beginnt heute, neue Pflanzenarten durch direkte Veränderung des genetischen Codes zu erzeugen. Das ist in bezug auf die Pflanzenzucht (nicht auf die wissenschaftliche Erkenntnis) eher ein quantitatives als ein qualitatives Novum. Auch die bisherige Pflanzenzucht ist eine mehr oder weniger gezielte Veränderung des genetischen Codes. Nur erfolgt sie ohne direkte Eingriffe, sondern auf dem Umweg über die Zuchtwahl.

Bei der Gentechnik werden Teile des Codes aus dem genetischen Informationsträger – der DNS (Desoxyribonukleinsäure) – herausgetrennt und durch andere, im Labor erzeugte Teile ersetzt. Diese »Genchirurgie« geschieht chemisch mit auftrennenden und verbindenden Enzymen. Auf diese Weise gelingt es heute bereits, neue Mikroorganismenarten zu »programmieren«.

Versuche an Nutzpflanzen zur Veränderung bestimmter Eigenschaften (Schädlingsresistenz, Winterfestigkeit, Salzverträglichkeit usw.) werden auf breiter Front vorangetrieben. Ob und in welchem Ausmaß sich derartige Eingriffe in den genetischen Code eines Tages auf das Gesamtbild der Flora auswirken werden, bleibt abzuwarten.

Rote Listen verharmlosen das rasante Artensterben

Heute. Naturschutzverbände und andere Umweltschutzorganisationen veröffentlichen von Zeit zu Zeit sogenannte Rote Listen unmittelbar vor dem Aussterben stehender Pflanzen- und Tierarten. Solche Aufzählungen sind in der Regel nur für kleine, biologisch besonders gut erforschte Gebiete annähernd vollständig. In erster Linie sind das die ohnehin artenarmen Regionen der Erde, in denen der Mensch das Landschaftsbild gestaltet hat. So sind in Deutschland einige hundert Pflanzenarten unmittelbar vom »Aussterben« bedroht. Wie auch immer diese Zahlen zu bewerten sind, sie treffen nur in den seltensten Fällen zu, denn meist wird hier »Aussterben« mit »Verschwinden aus einer Region« verwechselt. Die Formulierung, eine bestimmte Art sei »in Deutschland ausgestorben«, ist genaugenommen unzulässig. Im eigentlichen Sinne ausgestorbene Arten sind nur solche, die weltweit nicht mehr existieren.

Während auf der einen Seite Rote Listen mit regionaler Gültigkeit generell nur auf die mögliche biologische Verarmung eines Gebietes hinweisen und damit die globale Bedrohung in bezug auf die genannte Art meist überbewerten, verharmlosen andererseits Rote Listen mit weltweiter Geltung das durch den Menschen bedingte rasante Artensterben. Sie nennen nämlich lediglich die den Wissenschaftlern bekannten bedrohten Arten. Eine Vielzahl von Pflanzen ist aber noch unerforscht. Diese Arten verteilen sich keineswegs gleichmäßig über die Erde, sondern häufen sich regional stark in extrem artenreichen Biotopen unterschiedlicher Größe. Man schätzt, daß etwa 10 % aller Arten der Erde in den Urwäldern des Amazonas, 10 % in den Tropenwäldern Süd- und Südostasiens und 5 % im tropischen Afrika zu Hause sind. Die restlichen 75 % verteilen sich auf alle anderen Lebensräume einschließlich der Meere.

Neuere Schätzungen gehen davon aus, daß der Mensch langfristig etwa 95 % der Arten in den besonders artenreichen natürlichen Refugien ausrotten wird, während ihm in den übrigen Lebensräumen der Erde 8 % der Arten zum Opfer fallen könnten. Weltweit betrachtet würde das den Untergang von rund 30 % aller Pflanzenarten bedeuten.

△ Im Eriskircher Ried, einem der wenigen noch existierenden natürlichen Feuchträume Deutschlands, gedeiht in größeren Beständen die Sibirische Schwertlilie (Iris sibirica). Sie steht wie viele in Mitteleuropa heimische Pflanzen unter Naturschutz. Doch ist es sicherlich wenig sinnvoll, das Sammeln oder auch nur das Ausreißen einzelner Wildpflanzen per Gesetz unter Strafe zu stellen, wenn diesen selten gewordenen Spezies gleichzeitig durch die legitime großräumige Vernichtung der artgemäßen Biotope die Lebensbasis entzogen wird.

◁ Natürlicher tropischer Regenwald auf Fraser Island (Australien): Während in den dichtbesiedelten Gebieten der nördlichen Halbkugel besorgte Naturschützer Rote Listen von einigen Hundert oder Tausend bedrohten Arten erarbeiten, stehen in tropischen Biotopen wie diesem vor allem in Südamerika, Zentralafrika und im südlichen Asien Millionen von Arten unmittelbar vor der Ausrottung. Zum allergrößten Teil handelt es sich dabei um Spezies, die den Botanikern noch nicht einmal näher – wenn überhaupt – bekannt sind. Viele von ihnen könnten sich beispielsweise als wertvolle Heilpflanzen erweisen, für die Menschheit also von großem Nutzen sein.

Die einheimischen Orchideen wie das Fleischfarbige Knabenkraut (Dactylorhiza incarnata) sind in Mitteleuropa fast alle in ihrer Existenz bedroht.

Wasserpflanzen wie die Wasserfeder (Hottonia palustris) sind in Kulturlandschaften besonders gefährdet.

Die Teichrose (Nuphar luteum) ist in den mitteleuropäischen Seen zu einer ausgesprochenen Rarität geworden. Früher war sie in den Teichen weit verbreitet.

Maiglöckchen (Convallaria majalis) lieben einen sehr hohen Grundwasserspiegel, der heute selten ist.

Das Edelweiß (Leontopodium alpinum) gedeiht in keinem gefährdeten Lebensraum, wurde aber in der Vergangenheit oft von Bergwanderern gesammelt. Heute ist diese geschützte Art wieder etwas häufiger.

Nur noch selten findet man den Sprossenden Bärlapp (Lycopodium annotinum) in Deutschland.

Die Schachblume (Fritillaria meleagris) verschwindet im gleichen Maße wie die Feuchtauen.

Zu den besonders rar gewordenen einheimischen Orchideenarten zählt in Mitteleuropa der Frauenschuh (Cypripedium calceolus): Er ist düngerempfindlich.

Die Silberdistel (Carlina acaulis) braucht zum Gedeihen saubere Luft. Sie wird auch an angestammten Plätzen seltener.

Der Blutende Stachelpilz (Hydnellum ferrugineum) war wohl stets eine Rarität und ist deshalb durch die Vernichtung von Naturräumen besonders gefährdet.

Kalb mit mißgebildetem Maul im Umfeld des Katastrophen-Kernreaktors von Tschernobyl

Wie hier in Uganda suchten in jüngster Zeit in vielen Gebieten der afrikanischen Sahelzone Dürrekatastrophen die Natur heim. Sie waren zumindest teilweise durch Überweidung verursacht.

Ölunfälle auf offener See führen nicht selten zur Vernichtung der Lebensräume an benachbarten Küsten. Hier reinigen Naturschützer von Hand Stein für Stein.

Jagd und Lebensraumvernichtung dezimieren die Fauna

10 000–heute. Bereits seit vorgeschichtlichen Zeiten beeinflußt der Mensch den Bestand der Tierwelt. Durch gezielte Dezimierung von Großraubtieren begünstigt er beispielsweise schon früh eine unnatürliche Vermehrung von Pflanzenfresserherden, was zur Versteppung mancher Lebensräume (z. B. Ostafrika) beiträgt. Besonders die spezialisierten Tierarten sind von der Veränderung der natürlichen Lebensräume negativ betroffen. Dagegen entwickeln die vom Menschen geprägten Ökosysteme zuweilen auch eine besondere Vielfalt an regionalen Kleinformen der Landschaft und fördern damit eine ausgesprochen artenreiche Fauna. Wie bei den Pflanzen bereichert der Mensch außerdem die Tierwelt durch Tausende von Neuzüchtungen (meist Unterarten).

Bedeutend trägt zur Dezimierung der Arten die Jagd nach Nahrung bei, z. B. die Überfischung bei zahlreichen Meerestieren. Auch andere Jagdmotive wie Pelz- und Elfenbeinhandel oder Großwildjagd als touristische Attraktion gefährden den Artenbestand.

Als akut vom Aussterben bedroht gelten heute mehr als tausend Tierarten und Unterarten, darunter über 400 Vögel, über 3000 Säugetiere, rund 200 Fische und 140 Amphibien und Reptilien. Aber diese Zahlen geben nur die Bedrohungen für bekannte Tierarten wieder. Insgesamt sind mittelfristig schätzungsweise zwischen 700 000 und 2 Mio. Arten dem Untergang geweiht.

◁ *Wo der wachsende Bevölkerungsdruck durch Hunger und steigenden Energiebedarf Eingriffe in die Natur erforderlich macht, ist das zwar bedauerlich, aber dennoch auch verständlich. Völlig unbegreiflich ist hingegen das groß angelegte Wildtierschlachten für die Pelzmode (Robbenmord in Kanada).*

◁▽ *Schutz der bedrohten Tierarten: Einem afrikanischen Nashorn wird das wertvolle und äußerst begehrte Horn abgesägt, um das Tier vor Wilderern zu schützen.*

▽ *Der kenianische Paläoanthropologe Richard Leakey verbrennt das Elfenbein von Elefantenbullen, die Wilderern zum Opfer fielen.*

Menschliche Nähe prägt tierische Verhaltensweisen

10 000–heute. Bereits gegen Ende des Eiszeitalters schließen sich Wölfe und andere Wildhunde freiwillig dem Menschen an. Neben dieser Autodomestikation, die z. T. bis zur völligen Abhängigkeit vom Menschen reicht, kommt es viel häufiger zu Teilanpassungserscheinungen bei Wildtieren, etwa bei Vögeln. Ein eklatantes Beispiel sind die Taubenscharen im Herzen vieler moderner Großstädte.

Diese Prozesse und natürlich die zwangsweise Domestikation haben tiefgreifende Auswirkungen nicht nur auf das Verhalten der Tiere, sondern auch auf ihren Organismus. Bei der Zucht von Langschweinen, Legehennen, Turnierpferden, Aquarienzierfischen usw. ist das evident. Aber selbst bei völlig oder nur teilweise domestizierten Tieren, die in ihrem äußeren Erscheinungsbild noch weitgehend den Wildformen gleichen, findet ein grundlegender Wandel statt. Besonders markant ist der deutliche Rückgang des Gehirnvolumens bereits in wenigen Generationen. In extremen Fällen, z. B. bei Hunden, lassen sich gegenüber Wildformen (bei gleicher Körpergröße) Verringerungen bis zu 30 % feststellen.

Die Fülle an Verhaltensänderungsmustern, die sich bei Tieren im Einflußbereich des Menschen – und der ist heute in fast allen Gebieten der Erde gegeben – zeigt, ist groß und läßt sich erst ansatzweise erkennen. Ein spektakuläres Beispiel bietet im dicht besiedelten Mitteleuropa der Verhaltenswandel von Rehen. Rehe sind ursprünglich keine Herdentiere, sondern Einzelgänger. Zu größeren Gruppen finden sie sich unter natürlichen Umständen nur während der Brunftzeit zusammen. Zwei einschneidende Veränderungen in ihrem Lebensraum führen zu Verhaltensabweichungen. Zum einen gibt es in Mitteleuropa kaum noch unzerschnittene Reviere von einer Größe, die dem angestammten Lebensraum eines einzelnen Rehbocks entsprechen. Die Wälder sind durch Straßen und ein dichtes Raster von Ortschaften zu stark parzelliert. Zum anderen führt die kommerzielle Wildhege der Jäger zu einer immensen Überpopulation. Dazu kommen zwei weitere Komponenten: Durch den fast überall gegenwärtigen Verkehrslärm können die Tiere zwischen wirklichen und scheinbaren Gefahren kaum noch unterscheiden, und durch die forstwirtschaftlich bedingte starke Zunahme von Dickungen auf Kosten von Stangengehölzen verändern sich die Revierstrukturen in für die Rehe ungewohnter Weise. Das Resultat: Der einstige typische Einzelgänger Reh tritt heute in Sprüngen von 10 oder 15 Tieren auf! Traten früher die Rehe nur in der Dämmerung aus den Wäldern, so entwickeln sie sich jetzt zunehmend zu Weidetieren, die neuerdings in ganzen Rudeln selbst am hellichten Tage auf Wiesen und Feldern äsen. Seit einigen Jahren bilden sich sogar regelrechte Wiesenrehe heraus, die den Wald auch bei Gefahr nicht mehr aufsuchen. Die Folgen solcher schnellen Entwicklungen für das natürliche Gleichgewicht lassen sich noch gar nicht absehen.

Als während der 70er Jahre am Cape Cross an Namibias Skelettküste die Robbenjagd freigegeben wurde, wuchs die Kolonie in wenigen Jahren von 15 000 auf über 50 000 Tiere an, da die Jäger vor allem die alten Bullen schossen. Das hierarchische Sozialgefüge kam ins Wanken, und auch die jüngeren, vitaleren Männchen bekamen ihre Chance. Die rapide Robbenzunahme hat lokal eine drastische Abnahme des Fischbestandes zur Folge.

Ähnliche Eingriffe, die über sich änderndes tierisches Verhalten weitreichende ökologische Auswirkungen haben, nimmt der Mensch – größtenteils unbewußt – fortwährend weltweit vor.

Amsel am Futterhaus: In Stadtnähe ändern viele Wildvögel ihr angestammtes Verhalten in vielfacher Hinsicht; vor allem die Fluchtdistanz geht zurück.

Nach dem Abschuß alter Bullen stieg die Kopfzahl dieser namibischen Robbenkolonie auf mehr als das Dreifache. Die jungen Männchen waren fruchtbarer.

Ein Bild wie dieses wäre vor einigen Jahrzehnten noch nicht denkbar gewesen, denn Rehe sind üblicherweise keine Herdentiere, sondern Einzelgänger, und sie weiden auch nicht am hellichten Tag auf Wiesen, sondern wagen sich allenfalls in der Dämmerung aus dem Wald hervor. Dieses »Wiesenreh« ist eine durch Anpassung an die vielfältig veränderten Lebensbedingungen entstandene Form.

Opfer des Menschen: Die Spezialisten unter den Tieren

10 000–heute. Die Spezialisten unter den Tieren, die nur ganz bestimmte ökologische Nischen bewohnen, sind von den Einflüssen menschlicher Aktivitäten auf ihre Lebensräume ganz besonders bedroht. Dagegen verstehen die Generalisten, also Tiere, die in vielen verschiedenen Lebensräumen zu Hause sind (wie z. B. Stadt- und Gartenvögel), sich den raschen menschenbedingten Veränderungen ihrer Umwelt innerhalb kurzer Zeit anzupassen.

Inwieweit der Mensch bereits Eiszeittiere (etwa Höhlenbär und Mammut) durch die Jagd ausrottete, läßt sich nicht nachweisen. Sicher ist aber, daß der naturnah lebende Steinzeitmensch durchaus Tierarten vernichtete. So wurden die meisten der unterpleistozänen Moa-Arten Neuseelands Opfer der neuseeländischen Ureinwohner, der Maori. Einzelne Arten rotteten die Maori erst vor wenigen Jahrhunderten aus.

Neben der Jagd und der Vernichtung der ökologischen Nischen bedrohen heute auch Exotensammler (biologische Museen, Zoos) besonders die seltenen Tierarten in ihrem Fortbestand. Der Affenadler (Pithecophaga jefferyi) beispielsweise kommt nur auf den Inseln Mindanao und Luzon auf den Philippinen vor. Sein Bestand von derzeit etwa 100 Vögeln vermindert sich weiterhin, weil das Tier als ausgestopfte Dekoration beliebt ist und auch für Zoos gefangen wird. In der Gefangenschaft pflanzt es sich nicht fort.

Der japanische Ibis (Nipponia nippon) war um die Wende vom 19. zum 20. Jh. in Japan noch weit verbreitet. Seit 1940 hat das Abholzen von Wäldern diese Art bis auf einige wenige Vögel dezimiert.

Völlig verschwunden ist die Meeresschildkröte (Eretmochelys imbricata) im Mittelmeer. In den Weltmeeren lebt sie heute nur noch dünn verstreut. Die Ausbeutung ihres Schildpatts bedroht ihre Existenz akut.

Der Chinesische Alligator (Alligator sinensis) ist vermutlich vor kurzem ausgestorben. Früher im Osten Chinas weit verbreitet, wurde er wegen seines Leders gejagt und als »Parasit« verfolgt.

Wie die wenigen genannten Arten sind heute Tausende von Wirbeltieren von der Ausrottung bedroht.

Der Fischadler (Pandion haliaetus) wurde wie andere fischfressende Großvögel lange Zeit vom Menschen als Konkurrent beim Fischfang betrachtet und gezielt verfolgt. Im Grunde hält er aber die Fischwässer gesund, denn er schlägt bevorzugt kranke, schwache Tiere.

Moore und Sumpfgebiete gelten in Mitteleuropa als Brachland und werden systematisch trockengelegt. In Deutschland machen sie nur noch etwa 0,5 % der Landesfläche aus. Damit verschwinden Röhricht- und andere Hochgrasgebiete, die ein wichtiger Brutraum für zahlreiche Vogelarten (Kranich, Grus grus) sind. Durch die Flußlaufbegradigungen verschwanden Röhrichtzonen auch an Flußufern und Totwasserarmen.

Zu den weltweit rar gewordenen Wasserbewohnern gehört der Fischotter (Lutra lutra). Die Ursachen der Dezimierung bzw. der regionalen Ausrottung sind Biotopzerstörung und Pelzjagd.

Der Biber (Castor fiber) findet in den meisten Kulturlandschaften keine ökologische Nische mehr. In wasserreichen Wildnisgebieten, wie etwa in Alaska, existiert er noch.

Freiwillig die Nähe des Menschen sucht in Parks, Obstgärten usw. der Siebenschläfer (Glis glis). Er läßt sich aber nicht domestizieren.

Das Alpenmurmeltier (Marmota marmota) gehört zu den wenigen größeren Wildtierarten, die in Europa noch nicht akut bedroht sind. Seine Lebensräume lassen sich größtenteils weder städtebaulich noch landwirtschaftlich nutzen.

Der Wald- oder Schwarzstorch (Ciconia nigra) ist in Mitteleuropa fast vollständig verschwunden. In Deutschland gibt es nur noch wenige Kolonien in Schleswig-Holstein und in Niedersachsen.

Der mit 8 cm Länge (Männchen) größte europäische Käfer, der Eurasische Hirschkäfer (Lucanus cervus), benötigt fünf bis acht Jahre bis zur Verpuppung. Er zählt zu den gefährdeten Insekten.

Die Äskulapnatter (Elaphe longissima), die wie alle Schlangen sinnlos verfolgt wird, ist in Deutschland selten geworden.

Die Elritze (Phoxinus phoxinus) ist ein in Europa und Asien heimischer 15 cm langer Karpfenfisch, der besonders empfindlich auf Wasserverschmutzungen reagiert; die Elritze gilt als ausgesprochen guter Indikator für gesunde Binnengewässer.

Zu den wenigen Schmetterlingen, die durch die Zivilisation nicht beeinträchtigt werden, gehört das Tagpfauenauge (Inachis io).

Die Europäische Sumpfschildkröte (Emys orbicularis) liebt vegetationsreiche stehende oder langsam fließende Süßgewässer. Ihre Bestände verschwinden mit dem Trockenlegen beinahe aller für sie geeigneter Feuchträume.

Amphibien wie die Frösche (hier der europäische Laubfrosch, Hyla arborea) leiden unter dem dichten Straßenverkehr, dem Millionen Tiere auf ihren jährlichen Wanderungen zum Opfer fallen.

Ein weltweit ungelöstes Problem ist das rapide Wachstum der Großstädte, verbunden mit Arbeitslosigkeit und Armut, Drogen- und Alkoholproblemen, Kriminalität, kultureller Entwurzelung, Identitätsverlust und Selbstmord.

Die Elendsviertel der Millionenstädte sind schon heute Endstation für viele hundert Millionen Menschen. Die Metropolen wachsen weiter, während die Bevölkerungsdichte auf dem Lande weltweit sinkt.

Einziger ernsthafter Feind des Menschen: Der Mensch

10 000–heute. Morde und kriegerische Stammesfehden lassen sich nachweisen, solange es seßhafte Menschen gibt. Heute ist die Bedrohung des Menschen durch den Menschen weitaus vielfältiger geworden. Lassen sich Stammesauseinandersetzungen unter Steinzeitmenschen noch als natürlicher Selektionsmechanismus verstehen, so kann bei den modernen Methoden gegenseitiger Ausrottung davon keine Rede mehr sein. Diese Selektion arbeitet jetzt fast immer zugunsten der Reicheren, nicht mehr zugunsten der biologisch Stärkeren oder Intelligenteren.

Die wohl massivste Bedrohung der modernen Menschen ist die Verarmung der Mehrheit von ihnen infolge des wachsenden Konkurrenzdrucks. Gleichzeitig steigt die Lebenserwartung aufgrund moderner medizinischer Maßnahmen. Letzteres wirkt sich in den reichen Nationen zunehmend als Überalterung der Bevölkerung aus, in den Ländern der Dritten Welt – durch Verminderung der Säuglingssterblichkeit – in einer materiell nicht mehr beherrschbaren Verjüngung. Länder mit einem Anteil von 60 % Kindern und Jugendlichen, die selbst noch kaum zur Versorgung der Bevölkerung beitragen, aber einen besonders hohen Nahrungsbedarf haben, sind ohne fremde Hilfe der Katastrophe preisgegeben. Jährlich verhungern heute trotz aller Hilfsmaßnahmen über 20 Mio. Menschen, rund 55 000 pro Tag. Diese Schreckensbilanz, die zum Alltag geworden ist, übertrifft bei weitem die Zahlen der Todesopfer durch Kriege, Umweltvergiftung, Naturkatastrophen, Drogenkonsum usw. Fast 150 Mio. behinderte Kinder und Jugendliche leben heute auf der Erde, die meisten ein Opfer von Fehlernährung.

Krieg wird oft nur bei konkreten militärischen Auseinandersetzungen als Bedrohung des Menschen empfunden. Bei weitem gravierender sind Kriegsvorbereitungen: Etwa ein Drittel der Staatseinnahmen aller Länder der Welt werden kontinuierlich in Rüstungsausgaben investiert. Diese Mittel gehen der Bekämpfung von Hunger, Seuchen und anderen Geißeln der Menschheit verloren. 50 Mio. Menschen arbeiten weltweit für Rüstung und Wehrdienst. Sie tragen nicht zur Sicherung der Existenzgrundlage der Menschheit bei. Im Gegenteil. 20 % aller Wissenschaftler und Techniker arbeiten für die Rüstung. 500 000 km² Bodenfläche werden in Friedenszeiten für militärische Zwecke verwendet. Und nicht zuletzt verbraucht die Rüstung mehr Bodenschätze als alle Entwicklungsländer zusammen.

Die Vergiftung natürlicher Lebensräume durch ungelöste Abfallprobleme und leichtfertigen Umgang mit Schadstoffen stellt eine permanente Bedrohung nicht nur des menschlichen Lebens dar. Die bewußte Aufnahme von Giften in Form von Drogen einschließlich Alkohol, Tabak und Medikamentenmißbrauch bleibt indes dem Menschen vorbehalten. In den USA z. B. sterben jährlich mehr Menschen an Raucherkrebs als an Alkohol, Rauschgiften, Mord, Selbstmord, Verkehrsunfällen, Feuer und AIDS zusammengenommen. Im selben Land geben die Bürger jährlich mehr Geld für verdauungsfördernde Medikamente als für Lebensmittel aus, die zum großen Teil biologisch wertlos sind.

Ein weiteres Menschheitsproblem liegt in der globalen Verstädterung westlicher Prägung mit einhergehender psychischer Degeneration und steigenden Selbstmordraten.

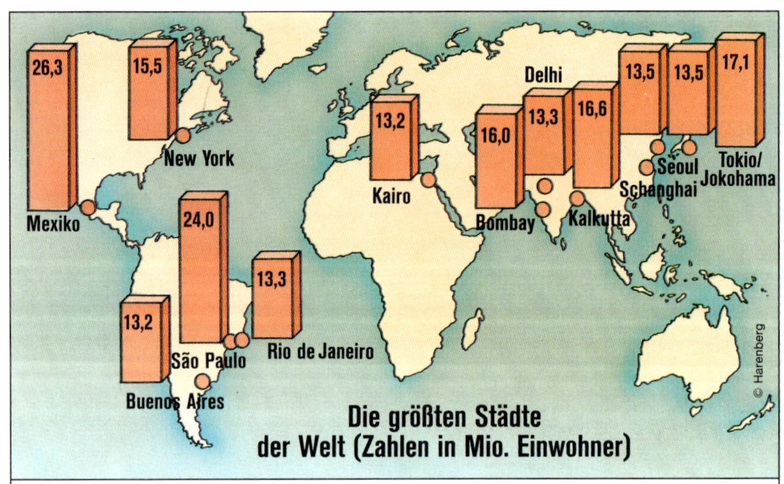

Niemand kennt die Einwohnerzahlen der Weltmetropolen genau. Die UNO hat sie geschätzt.

Stadtmenschen – Ende der Evolution?

Mit dem modernen Homo sapiens hat die Evolution gleichsam ihre Kinder entlassen. Bisher formte der natürliche Biotop durch Auslese und/oder Anpassung die Spezies. Der Mensch kehrt diese Entwicklung um: Er verändert die Lebensräume und schafft sich eine neue, synthetische Umwelt. Dieser Prozeß spielt sich – gemessen an erdgeschichtlichen Zeiträumen – derart schnell ab, daß es fraglich ist, ob der Mensch als biologisches Wesen selbst auf die Dauer mit diesen Veränderungen schritthalten kann. Manche Beobachtungen sprechen dagegen.

Australische Ureinwohner (Aborigines): Viele haben ihre kulturellen Wurzeln verloren, andere leben in gettoartigen Reservaten.

Krieg entmenschlicht: Gefangene Vietcong wurden in enge, mit Stacheldraht umwickelte Käfige gepfercht. Viele mußten unter Folterungen leiden.

Was den Menschen vom Tier unterscheidet ist u. a. die Freiheit seines Geistes. Nicht selten nutzt er sie zur Selbstzerstörung, etwa mit Heroin.

Testexplosion einer französischen Atombombe auf dem Mururoa-Atoll. Rund ein Drittel der Staatseinnahmen aller Länder der Erde fließen heute in Rüstungsprojekte, während jährlich 20 Mio. Menschen verhungern.

Szene aus dem Film »Das große Fressen«: Der italienische Regisseur Marco Ferreri karikiert mit dieser »schwarzen Satire« die ausschweifende Genußsucht der Wohlstands- und Überflußgesellschaft.

Lebensmittelhilfen aus Überschußländern erreichen sie nicht: Politische Intrigen behindern die Hilfsaktionen für Zehntausende äthiopischer Hungerflüchtlinge, die durch langanhaltende Dürrezeiten ihre Lebensgrundlage verloren haben.

Völkermord: Untergang ethnischer und kultureller Vielfalt

2600–heute. In seinem Bestreben, natürliche Lebensräume weltweit zu uniformieren, hat der Mensch zwar neuerdings erkannt, daß biologische Monokulturen hunderttausendfachen Artentod heraufbeschwören können, dennoch ist er auf dem Weg zu einer menschlichen Weltmonokultur.

Bereits das kulturell relativ niedrig, aber zivilisatorisch hochstehende Römische Reich kennt derartige Bestrebungen, bezeichnet alles Fremdartige als barbarisch und versucht es zu akkulturieren. Rom hat rund 50 Stammesvölker mit z. T. fünftausendjähriger unabhängiger Geschichte allein im Alpenraum unterworfen und ausgelöscht. Ein Denkmal in La Turbie in den französischen Seealpen, die »Trophée des Alpes«, errichtet zu Ehren von Kaiser Augustus, nennt allein 45 heute nicht mehr bekannte Völker dieser Region als »der Herrschaft des Römischen Volkes unterworfen«. Mit dem Beginn des europäischen Imperialismus durch Spanien und Portugal, England, Frankreich, Deutschland, Italien und die Sowjetunion setzt dann eine weltweite Zwangsakkulturierung und z. T. gezielte Vernichtung von ethnischen Einheiten ein.

Hunderte von Stammesvölkern sind heute bereits völlig ausgerottet. Die meisten leben derzeit ohne eigenes Staatsgebilde und werden gezwungen, ihre kulturelle Identität weitgehend oder völlig zu verleugnen. Mehr als 400 Stammesvölker sind auch gegenwärtig noch unmittelbar von der totalen Akkulturation, teilweise sogar vom Völkermord bis zum Aussterben bedroht.

Insgesamt umfassen die Mitglieder von Stammesvölkern heute in aller Welt nur noch rund 5 Mio. Menschen, also ein Promille der Weltbevölkerung. Nicht wenige Völker sind auf Kopfzahlen von einigen Hundert oder sogar nur einigen Dutzend zusammengeschrumpft. Wo sie geduldet werden, leben sie meist entweder in Reservaten oder in sozialer Diskriminierung. Aber auch größere, nicht mehr natürlich lebende Ethnien wie etwa die Tibeter, die Armenier oder die Kurden, werden von den in ihrer Zivilisation westlich orientierten Staaten, in denen sie leben, größtenteils unterdrückt und ihre kulturelle Identität bekämpft.

△ Die Yanoama- oder Yanomami-Indianer Venezuelas und Brasiliens sind mit nur etwa 16 000 Stammesangehörigen eines der größten Indianervölker der Region. Ihr Lebensraum wird durch Landraub immer mehr eingeengt, Missionare und Farmer werben sie als Hilfsarbeiter an. Das Volk ist vom Untergang bedroht.

◁ Nur noch etwa 2500 Mitglieder zählt heute das Indianervolk der Cachi oder Cayapo in Ecuador. Nur noch wenige Stammesmitglieder bekennen sich offiziell zum tradierten Medizinmannwesen, die meisten gelten als evangelikal missioniert und geben ihre alten Lebensformen mehr und mehr auf.

Pygmäen vom Stamm der Mouti: Die kleinwüchsigen Nomaden der zentralafrikanischen Urwälder werden schon seit 2000 Jahren von benachbarten Landbauern bekämpft.

Im Inneren Kalimantans leben noch etwa 600 000 Dajak, die sich wiederum in einige Dutzend verschiedene Völker mit insgesamt rund 300 Stämmen aufspalten.

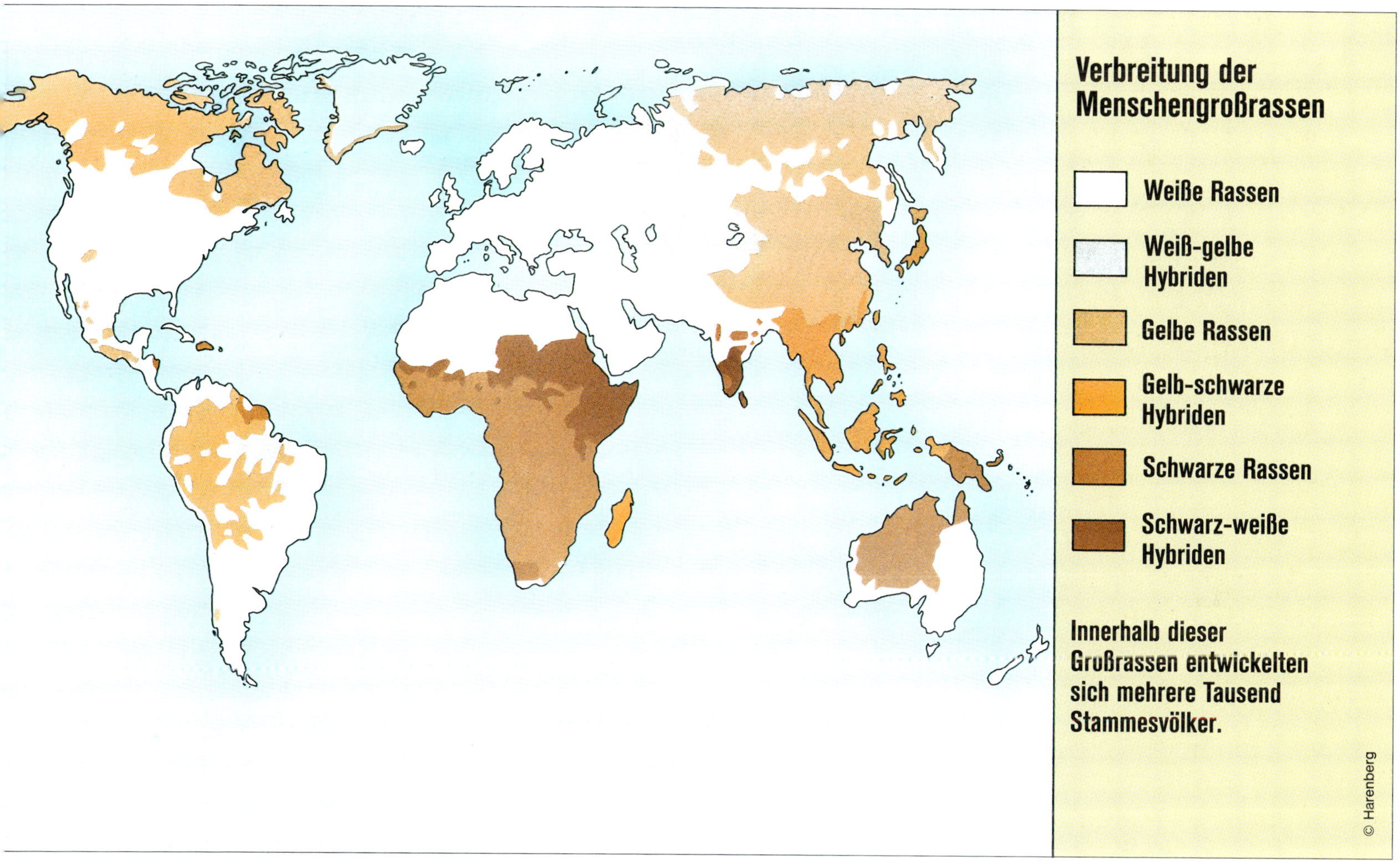

△ Im Rahmen der menschlichen Großrassen (obige Verbreitungskarte) gibt es heute mehrere Hundert Völker (Ethnien) – untergliedert in einige Tausend selbständige Stämme – mit eigener Kultur und Sprache, die kein eigenes Land besitzen. Die meisten von ihnen wurden von Kolonisatoren seit einigen Jahrhunderten systematisch dezimiert, viele völlig ausgerottet, andere mehr oder weniger vollständig akkulturiert. Die Bewahrung ihrer Sprache und ihrer Kultur ist diesen Völkern heute meist nur noch innerhalb von Reservaten möglich, wobei sie auch dort oft erheblichem politischem und wirtschaftlichem Druck von außen ausgesetzt sind.

◁ In der Grassavanne Ostafrikas nomadisieren heute noch rund 250 000 Massai. Sie halten Schafe, Ziegen und Esel, leben also als Hirtenvolk. In ihrer Erscheinung unterscheiden sie sich deutlich von den benachbarten negriden Bodenbauern. Mit ihrer straffen militärischen Stammesorganisation waren sie in früherer Zeit der Schrecken der europäischen Kolonialisatoren.

Wie kann die Zukunft der Erde aussehen?

Über die zukünftige Entwicklung unseres Planeten lassen sich aus astrophysikalischer Sicht fundierte Vermutungen äußern. Die Prognosen, die die weitere biologische Entwicklung betreffen, zeichnen sich dagegen durch eine wesentlich spekulativere Natur aus.

Die Zukunft des Planeten

Das künftige Schicksal der Erde ist aufs engste mit dem des Sonnensystems verknüpft und dieses wiederum mit jenem des ganzen Universums. Vor allem sind zwei Faktoren wirksam: Zum einen dehnt sich das Universum seit dem Urknall aus. Dem wirken andererseits die Anziehungskräfte unter den kosmischen Massen entgegen. Allerdings nehmen diese Kräfte mit wachsender Entfernung der einzelnen Himmelskörper voneinander ab. Die für die Zukunft unseres Sonnensystems entscheidende Frage ist, welcher Prozeß langfristig die Oberhand behält. Ist die im All vorhandene Gesamtmasse groß genug, dann wird sie aufgrund der Gravitation den Prozeß der Ausdehnung eines Tages stoppen können, so daß es zu einer Kontraktion kommt. Immer schneller werden dann unter gewaltigem Anstieg von Temperatur und Druck alle Galaxien, Sterne und Atome auf einen zentralen Punkt zustürzen. Die gesamte Materie wird sich in Atomkerne und Strahlungsenergie auflösen. Wenig später zerfallen dann auch die Kerne in Protonen und Neutronen, die ihrerseits so stark zusammengepreßt werden, daß sie die Quarks freigeben, aus denen sie sich aufbauen. Eine sehr dichte und heiße kosmische »Suppe« entsteht, in der freie Quarks und Leptonen (Elektronen, Positronen, Neutrinos usw.) miteinander in Wechselwirkung treten können. Dabei wird es zunächst wesentlich mehr Materie als Antimaterie in dieser Mischung geben. Doch bei weiterer Komprimierung erscheinen X-Teilchen, die diese Asymmetrien durch ihren Aufbau völlig ausgleichen. Hat die Dichte den unvorstellbaren Wert der 10^{96}fachen Dichte des Wassers erreicht, dann geht daraus eine Ära hervor, die die Elementarteilchenphysiker gravitative Quantenära nennen, aber nicht näher beschreiben können. Schon 10^{-43} Sekunden später kommt es zu einer sogenannten Singularität, die sich physikalisch ebensowenig begreifen läßt wie jener Augenblick des Urknalls (→ S. 10). Vielleicht wird diese Singularität zugleich ein neuer Urknall sein, der zur Geburt eines neuen Universums führt. Je nachdem, wie groß die gesamte kosmische Materie ist, könnte sich diese skizzierte Katastrophe in frühestens 10 Mrd. Jahren, vielleicht aber auch erst wesentlich später ereignen.

Aber das beschriebene Untergangsszenario muß nicht eintreten. Reicht nämlich die Materie im Universum nicht aus, die Ausdehnung völlig zum Stillstand zu bringen und damit einen künftigen Kollaps einzuleiten, wird der Kosmos für alle Zeiten weiter expandieren. Der Erde droht in diesem Fall ein anderes Ende. Nach etwa 10 Mrd. Jahren, so schätzt man, müßte der nukleare Brennstoff der Sonne weitestgehend erschöpft sein. Die Sonne beginnt dann sich auszudehnen, und zwar in einem solchen Maße, daß sie die Umlaufbahn der Erde einschließen wird. Sollte die Erde aus irgendeinem Grunde diesen Prozeß als eigenständiger Himmelskörper überleben, so droht ihr, nach etwa 10^{15} Jahren von einem vorbeiziehenden Nachbarstern eingefangen und aus dem Sonnensystem herausgerissen zu werden. Auf ähnliche Weise wird auch die Sonne selbst – nebst noch verbleibenden Trabanten – in ungefähr 10^{19} Jahren aus der Milchstraße hinausbefördert werden. Unsere Galaxie besitzt im Zentrum ein schwarzes Loch, auf das etwa zur gleichen Zeit alle in ihr verbleibenden Himmelskörper zuwandern werden, bis sie – nach etwa 10^{24} Jahren – sämtlich in diesem Loch verschwunden sind. Gestirne, die irgendwo im Universum weiterhin überleben, ereilt ein andersartiges Geschick. Nach etwa 10^{32} Jahren, so deuten Berechnungen an, müßten alle Atomkerne, auch Protonen und Neutronen, zerfallen sein. Um diese Zeit gäbe es nur noch Leptonen und Licht (Photonen) sowie langsam verdampfende schwarze Löcher. Nach 10^{100} Jahren müßten dann alle schwarzen Löcher, die früher einmal Galaxien waren, verschwunden sein. Übrig bliebe nur ein kosmisches Gas aus trägen Teilchen und Licht. Dieses Universum ohne jegliche Himmelskörper wäre aber noch keineswegs statisch, sondern voller Unregelmäßigkeiten, die genug Energie liefern, um kaum vorhersagbare Prozesse zu nähren. Erst in Äonen wäre das All bis in die Nähe des absoluten Temperaturnullpunkts abgekühlt, ohne diesen freilich jemals zu erreichen. Diesen Dauerzustand nennen manche Astrophysiker Wärmetod, andere Kältetod. Beide Gruppen meinen aber dasselbe.

Die Zukunft der Natur

Häufig wird die Behauptung aufgestellt, der Mensch könnte das Leben auf der Erde vernichten. Als Grund für diese Befürchtung werden u. a. Atomkriege genannt, die mit der Freisetzung großer Mengen radioaktiver Strahlung und einem folgenden »nuklearen Winter« einhergingen. Auch Phänomene wie das Ozonloch in der Stratosphäre, das lebensfeindlicher UV-Strahlung Zutritt zur Erdoberfläche gewährt, könnten vergleichbare globale Klimakatastrophen auslösen. Doch selbst wenn sich das zerstörerische Potential des Homo sapiens in diesen wenigen Möglichkeiten keineswegs erschöpft, wird es ihm nicht gelingen, das Leben generell zu vernichten. Er vermag es allenfalls so drastisch zu reduzieren und in seinem Artengleichgewicht so stark zu verändern, daß er sich selbst und mit sich einer ganzen Reihe höherer Organismen die Existenzgrundlage entzieht. Die Folge wäre ein – vielleicht Jahrmillionen dauernder – »Rückschlag« im evolutionären Prozeß.

Selbst wenn der Mensch es darauf anlegen würde, gezielt alles Leben auf der Erde auszurotten, gelänge dies nicht. Ihm stehen nicht die Mittel dafür zur Verfügung, und besäße er sie, dann kämen sie nicht voll zum Einsatz, denn die Menschheit wäre selbst längst vernichtet, bevor resistentere Lebensformen auch nur bedroht wären. Es sei nur daran erinnert, daß z. B. die tödliche Dosis radioaktiver Strahlung für den Menschen bei etwa 500 Röntgen liegt, bei den maximal 1 mm großen Tardigrada oder Bärtierchen aber erst bei 570 000 Röntgen. Zudem gibt es Abertausende einfacher Organismen, die im kochenden

Schlamm schwefelhaltiger Thermalquellen, in heißer vulkanischer Asche, im sauerstofflosen Faulschlamm von Seeböden, in 10000 m Tiefe am Grund der Ozeane ihr Lebensoptimum finden, während andere jahrzehntelang tiefgefroren, ohne Licht und ohne Nahrung überdauern. Manche Pflanzensamen verlieren ihre Keimkraft in Jahrtausenden nicht. Wir gehen in unserer homozentrischen Betrachtung oft davon aus, Leben sei menschenähnliches oder doch zumindest wirbeltierähnliches Leben. Unter den Tieren repräsentieren die Wirbeltiere aber nur einen verschwindenden Prozentsatz.
Was immer der Mensch der Natur antut, seine fatalen Eingriffe werden das Leben selbst nicht ernstlich bedrohen können. Andererseits aber kann der Mensch Weichen stellen, die künftige Evolution des Lebens in andere Bahnen zu lenken.

Die Zukunft des Homo sapiens

Sinngemäß äußerte der Zoologe Bernhard Grzimek einmal die Auffassung, wir seien die Übergangsform zwischen Affen und Menschen. Er drückte damit aus, was auch viele andere Wissenschaftler erwarten: Die Weiterentwicklung des heutigen Homo sapiens zu einer Art Hypermenschen. Damit verbunden ist zumeist auch die Hoffnung auf eine nicht unbedingt intelligentere, wohl aber klügere Spezies, die in der Lage sein wird, ihren Lebensraum nicht durch Überpopulation und Ausbeutung zu zerstören, sondern sich eine dauerhafte, ökologisch verträgliche Lebensgrundlage zu schaffen.
Nicht wenige ebenso ernst zu nehmende Wissenschaftler bewerten diesen optimistischen Ausblick als unrealistisches Wunschdenken. Ausgangspunkt ihrer Überlegungen ist meist ein Vergleich mit anderen Spezies, die in einer ausgeprägten Prosperitätssituation ein rapides Anwachsen ihrer Population zeigten und dann sehr rasch ausstarben. Allerdings sind die zum Aussterben führenden Populationswachstumsprozesse bei höheren Organismen nicht immer leicht verständlich. Es kommt nämlich oft schon vor dem Zusammenbruch der existenziellen Grundlage zum Untergang ganzer Arten oder gar höherer systematischer Einheiten. Eine entscheidende Rolle spielen dabei zahlreiche verschiedene, offenbar durch den Populationsdruck ausgelöste Veränderungen im Verhalten der Populationsmitglieder. Man hat versucht, sie als Streßfaktoren zu beschreiben, doch ist das eher eine Benennung des Phänomens als eine Erklärung. Diese Faktoren können sehr unterschiedlicher Natur sein: Bei zu dichter Besiedlung eines Lebensraums werden manche Arten rasch impotent oder zumindest zeugungsunwillig. In diesem Sinne werden gelegentlich die sinkenden Geburtenraten in dicht besiedelten Industriestaaten interpretiert. Spektakulär ist der berühmte »Todeszug« der Lemminge nach explosionsartiger Vermehrung infolge einer Prosperitätssituation. Ein weiteres Phänomen bilden drastische Änderungen im Sozialverhalten, die auf bürgerkriegsähnliche Selbstvernichtung der Population hinauslaufen können (im Experiment z. B. bei Ratten). Auch rasch eintretende physiologische Degenerationserscheinungen innerhalb einer gesamten Spezies, die zur Überlebensunfähigkeit führten, ließen sich beobachten. Ein weiterer Grund für das Aussterben unmittelbar nach explosionsartigem Populationswachstum kann in der hohen Spezialisierung einer Art auf einen bestimmten Lebensraum liegen. Tritt für sie eine Prosperitätssituation ein, dann wird sie sich rasch vermehren und die optimalen Lebensumstände dadurch verändern. Der veränderten Situation sind Spezialisten aber nicht mehr gewachsen. Sie gehen zugrunde.
Trotz dieser zahlreichen Untergangsperspektiven führt nicht jede Bevölkerungsexplosion pauschal zum Exitus. Das ist nur der Fall, wenn das Populationswachstum nicht rechtzeitig auf Grenzen stößt. Gibt es solche natürlichen Grenzen, dann flacht die Vermehrungskurve früher oder später ab und schwenkt in eine Horizontale ein: Die Vermehrung kommt zum Stillstand. Solche natürlichen Grenzen können z. B. darin bestehen, daß die wachsende Population eine noch schnellere Vermehrung biologischer Feinde nach sich zieht, oder etwa darin, daß sich das Gruppenverhalten verändert, bevor eine letale Grenzsituation erreicht wird. Auch Naturkatastrophen wie Seuchen, Dürrezeiten, Kälteperioden u. a. können eine populationsdämpfende Rolle spielen. Offenbar will der Mensch derartigen regulativen Mechanismen der Natur keine Chance geben: Mit den Mitteln moderner Medizin reduziert er z. B. die Säuglingssterblichkeit; er rottet Seuchenerreger global aus und versucht, Hungerkatastrophen durch Lagerhaltung oder die Einführung technischer, chemischer und biotechnischer Methoden in die Landwirtschaft vorzubeugen. Mit allen ihm verfügbaren Mitteln verhindert der intelligenzbegabte Homo sapiens das Abflachen seiner Populationswachstumskurve. Freilich wird das nicht unbegrenzt möglich sein.
Die entscheidende Frage ist, ob der Mensch den nicht ewig hinausschiebbaren Populationskollaps als Art überleben wird oder nicht. In der Erdgeschichte führten zwei Hauptfaktoren zum Aussterben: Überpopulation in geschlossenen Systemen, also Systemen mit begrenzten Ressourcen, und die starke Spezialisierung der zur Diskussion stehenden Art. Genau in diesem Punkt gehen die Prognosen für den Fortbestand der Art Homo sapiens weit auseinander. In seinem Buch »Die Entwicklung der Lebewesen – Spielregeln der Evolution« betont der Paläobiologe Heinrich K. Erben z. B. ausdrücklich, der Mensch sei das höchstspezialisierte Lebewesen, das die Evolution jemals hervorgebracht habe. Und er hebt zugleich hervor, daß die Erde ein geschlossenes System mit einem begrenzten Vorrat an Rohstoffen sei, aus denen der Mensch seine – für ihn lebensnotwendig gewordene – technische Umwelt ausbaue. Hat Erben recht, dann ist der Weg bis zum Aussterben des Homo sapiens erdgeschichtlich gesehen nicht mehr sehr weit. Es gibt aber auch andere Überlegungen. Erstens bestätigen viele Paläobiologen, daß der Mensch nur deshalb entwicklungsgeschichtlich so außerordentlich erfolgreich sein konnte, weil er das am wenigsten spezialisierte aller höheren Tiere sei und deshalb so rasch wie kein anderes auf veränderte Lebensbedingungen reagieren könne. Und auch das zweite Argument bezüglich des geschlossenen Systems Erde verdient einen Einwand: Die für den Menschen wichtigen Rohstoffe können sich (mit Ausnahme der Fossilbrennstoffe) gar nicht erschöpfen, denn auf dem Planeten geht nichts verloren. Kein anderes Lebewesen ist freilich in der Lage, allein auf sich gestellt aus den eigenen Abfällen wieder Wertstoffe zu produzieren. Der nicht angepaßte Mensch hat offenbar – der Not gehorchend – soeben begonnen, geeignete Techniken zu entwickeln.
Die Frage nach seinem Überleben als Art läßt sich sicher nicht einfach durch Vergleiche mit der Erdgeschichte beantworten; das menschliche Verhalten selbst wird die Antwort geben. Doch die geistig-psychische Weiterentwicklung läßt sich von uns nicht voraussehen, nutzen wir doch derzeit nur etwa 15 % der uns verfügbaren Gehirnsubstanz.

Die Erdzeitalter: Gliederung und Charakteristika

Zeitalter	System	Serie	Wichtige Ereignisse
Erdurzeit oder Azoikum (ca. 4600–4000 Mio.)			Entstehung der Erde als selbständiger Planet Bildung einer dünnen, nicht geschlossenen Erdkruste, aber noch keiner eigentlichen Kontinentalschollen sauerstofffreie reduzierende Uratmosphäre Urzeugung
Erdfrühzeit oder Präkambrium (ca. 4000–590 Mio.)	Archaikum (ca. 4000–2500 Mio.)		Erdkrustenbildung starker Vulkanismus und Plutonismus erste strukturierte Lebensspuren (Einzeller) weitgehend anaerobe Lebensbedingungen im »Urmeer«
	Proterozoikum (ca. 2500–590 Mio.)	Unterproterozoikum (ca. 2500–1700 Mio.)	Bildung großer Meeresbecken mehrere Gebirgsbildungsphasen erste Eiszeiten Entstehung gebänderter Eisenerze photosynthetisch aktive Mikroorganismen in den Randmeeren der Urkontinente
		Mittelproterozoikum (1700–900 Mio.)	Fortsetzung der Kontinentalbildungen Entstehung pegmatitischer Lagerstätten Bildung zahlreicher Faltengebirge erste Sauerstoffanreicherung in der Atmosphäre erste Lebewesen mit Zellkern (Eukaryoten)
		Oberproterozoikum (Riphäikum) (900–590 Mio.)	Herausbildung des Mechanismus der Plattentektonik Entstehung größerer organogener Kalklager bei warmem Klima weiträumige Vereisungen erste thallophyte aquatische Pflanzen erste mehrzellige Tierstämme
Erdaltertum oder Paläozoikum (590–250 Mio.)	Kambrium (590–500 Mio.)	Unterkambrium (590–545 Mio.)	weite Verbreitung von Flachmeeren heftiger Geosynklinalvulkanismus Landmassen bilden fünf Kontinentalschollen. erste Skelettbildung bei Tieren, Entstehung der wichtigsten Stämme
		Mittelkambrium (545–520 Mio.)	Bildung vulkanischer Inselbögen an Plattengrenzen Klima vielfach warm und trocken zahlreiche neue Tierordnungen, darunter verschiedene Gliederfüßer
		Oberkambrium (520–500 Mio.)	intensive Plattentektonik Einsetzen größerer Meeresbodenspreizung weiterhin Vorherrschaft des Meeres Beginn der kaledonischen Gebirgsbildung erste Kopffüßer
	Ordovizium (500–440 Mio.)	Unterordovizium (500–480 Mio.)	kaledonische Gebirgsbildungsphasen submariner Geosynklinalvulkanismus verbreitet Klima weiträumig feuchtwarm Formenreichtum bei den Algen und Stachelhäutern erste Wirbeltiere (Kieferlose)
		Mittelordovizium (480–460 Mio.)	weltweit Gebirgsbildung und starke Sedimentation weiterhin submariner Vulkanismus starke Zunahme der Muscheln
		Oberordovizium (460–440 Mio.)	weiterhin starker Meeresvulkanismus und ausgeprägte Sedimentbildung Entstehung von Evaporitlagerstätten aufgrund trockenwarmen Klimas vielfach Granitisation großer Formenreichtum bei den Brachiopoden
	Silur (440–410 Mio.)	Untersilur (440–420 Mio.)	takonische Gebirgsbildung als Phase der kaledonischen Orogenese heftiger Vulkanismus und Plutonismus Klima meist trockenwarm, in Nordafrika Vereisungen erste makroskopische Algenformen erste Fische
		Obersilur (420–410 Mio.)	ardennische Gebirgsbildung Bildung hydrothermaler Lagerstätten durch starken submarinen Vulkanismus erste Landpflanzen (Nacktpflanzen: Psilophytales)
	Devon (410–360 Mio.)	Unterdevon (410–390 Mio.)	Ausklingen der kaledonischen Gebirgsbildung und Beginn einer Geosynklinalphase Vorherrschaft des Meeres Klima weitgehend trocken und warm Höchste Gefäßpflanzen (Kormophyten) sind die Psilophyten unter den Sporenpflanzen.
		Mitteldevon (390–375 Mio.)	Einsetzen der variszischen Faltungsära verbreitet Geosynklinalvulkanismus bei trockenheißem Klima Ablagerung von Old Red-Sedimenten Riffbildung im Meer große Formenvielfalt bei den Sporenpflanzen (Vorläufer der Bärlappe, Schachtelhalme und Farne bilden sich heraus)

Zeitalter	System	Serie	Wichtige Ereignisse
Erdaltertum oder Paläozoikum (590–250 Mio.)		Oberdevon (375–360 Mio.)	Gebirgsbildungen von Svalbard, Antler, Acad Klima gleichmäßig feuchtwarm Eroberung des Festlandes durch Wirbeltiere erster Landgang von Amphibien (Ichthyostega) erste Fluginsekten Entwicklung großer Blätter bei den Landpflanzen erste Samenpflanzen (Spermatophyten)
	Karbon (360–290 Mio.)	Unterkarbon (Mississippian) (360–325 Mio.)	verschiedene variszische Gebirgsbildungsphasen weltweit starker Vulkanismus Geosynklinalsediment Kulm bei feuchtwarmem Klima verbreitet Kohlenbildung erste Reptilien verschiedene ausgeprägte Florenprovinzen
		Mittel-/Oberkarbon (Pennsylvanian) (325–290 Mio.)	mehrere Phasen der variszischen Gebirgsbildung Verlandung weiter Geosynklinalmeere, Vorherrschaft des Festlandes auf der Norderde feuchtwarmes Klima mit Kohlenmooren, auf der Süderde Vereisungen erste säugetierähnliche Reptilien erste Nadelbäume (Koniferen) und Ginkgogewächse
	Perm (290–250 Mio.)	Rotliegendes (290–270 Mio.)	Spätphase der variszischen Gebirgsbildung weltweit starker Vulkanismus und Plutonismus bei trockenwarmem Klima Entstehung mächtiger Salzlager Kohlenbildung z. B. noch in Sibirien Wüstenbildung massenhaftes Auftreten von Nadelbäumen erste Cycadeen
		Zechstein (270–250 Mio.)	Ende der variszischen Gebirgsbildung weiträumig Entstehung von Flachmeeren mit starker Sedimentbildung Ausweitung des »Urmittelmeers« Tethys bei trockenheißem Klima Bildung bedeutender Kalilager im Süden Vereisungen charakteristische Kupferschiefer-Flora
Erdmittelalter oder Mesozoikum (250–66 Mio.)	Trias (250–210 Mio.)	Untertrias (Buntsandstein) (250–243 Mio.)	beginnender Zerfall des Südkontinents Gondwana mit weiträumigem Erguß von Plateaubasalten Meeresrückzug global warmes Klima, Wüstenbildung nach einem Artensterben Ende des Perms zahlreiche neue Tierformen (Makroevolution), darunter viele Amphibien und Großreptilien (Dinosaurier)
		Mitteltrias (Muschelkalk) (243–230 Mio.)	weltweite Bildung von Geosynklinalen, verbunden mit häufigem Vulkanismus in den Randgebieten global warmes und meist trockenes Klima, dadurch starke Riffbildung in den Meeren frühe Fischsaurier in Europa
		Obertrias (Keuper) (230–210 Mio.)	Die kimmerische Orogenese (erste Phase der alpidischen O.) faltet Gebirgszüge im Osten der großen Landmassen auf. global warmes, aber regional feuchteres Klima, Kohlenbildung erste Flugsaurier Artenrückgang bei den Amphibien erste primitive Säugetiere zahlreiche neue Nacktsamer (meist Bäume)
	Jura (210–140 Mio.)	Unterjura (Lias, Schwarzer Jura) (210–184 Mio.)	Nach vorheriger Riftbildung setzt das Auseinanderdriften der Festlandblöcke ein. heftiger submariner Vulkanismus mit Bildung hydrothermaler Erzlager weites Epikontinentalmeer (Jurameer) in Europa zahlreiche neue Tierformen (Reptilien, Kopffüßer etc.) Entwicklung der artenreichen Juraflora (Cycadeen u. a.)
		Mitteljura (Dogger, Brauner Jura) (184–160 Mio.)	weltweite Verbreitung ausgedehnter epikontinentaler Flachmeere, oft mit Carbonatplattformen globale Verbreitung von Geosynklinalmeeren mit schwachem Vulkanismus Klima generell mild frühe Säugetiere als Vorläufer der modernen Formen Pollen geben Hinweise auf erste Bedecktsamer (Angiospermen).
		Oberjura (Malm, Weißer Jura) (160–140 Mio.)	weltweit starke Sedimentation (Riffkalke, aber auch Plateaubasalte) zunehmend trockeneres Klima, Wüstenbildung Blütezeit der riesigen Dinosaurier setzt ein. schnell voranschreitende Säugetierentwicklung erste moderne Fische erste Vögel (Urvögel)
	Kreide (140–66 Mio.)	Unterkreide (140–97 Mio.)	beschleunigter Zerfall des Südkontinents Gondwana weltweite Auffaltung von Geosynklinaltrögen zu Gebirgsketten erste Beuteltiere Riesenwuchs bei zahlreichen Tiergruppen Artenvermehrung bei den Bedecktsamern
		Oberkreide (97–66 Mio.)	weltweit bedeutende Faltengebirgsbildung (alpidische Orogenese) verbreitet Granitbildung durch Gesteinsumwandlung Blütezeit und anschließend rascher Untergang der Dinosaurier bedeutendes Artensterben gegen Ende der Oberkreide neue Pflanzen (Gräser, zahlreiche Laubbäume)

Zeitalter	System	Serie	Wichtige Ereignisse
Erdneuzeit (Neozoikum) oder Känozoikum (66 Mio.– heute)	Tertiär (66–1,7 Mio.)	Paläozän (66–55 Mio.)	durch Kontinentaldrift veränderte globale Meeresströmungen Südamerika isoliert bedeutende alpidische Gebirgsbildung Klima weitgehend trocken (Salzlager) Entwicklung zahlreicher neuer Säugetierformen (Carnivoren, Huftiere, Primaten usw.) Pflanzenentwicklung weitgehend abgeschlossen
		Eozän (55–36 Mio.)	weiterhin Gebirgsbildung Indien und Arabien rücken in Richtung Eurasien. Klima weiterhin warm, aber feuchter erste Meeressäugetiere erste flugfähige Säugetiere erste Rüsseltiere zahlreiche neue Bedecktsamerarten tropische Urwälder weit verbreitet
		Oligozän (36–24 Mio.)	starke Einengung des »Urmittelmeers« Tethys zunehmend kühleres Klima zahlreiche neue Säugetierordnungen Riesenwuchs bei Säugern weit verbreitet ausgedehnte Wälder, zunehmend auch Savannen
		Miozän (24–5 Mio.)	Spätphase der Alpenauffaltung weiträumige Karstbildung Austrocknen des Mittelmeeres mit »salinity crisis« global weitere Abkühlung, antarktische Vereisung Ausbreitung der Steppengebiete Braunkohlenbildung in Europa verschiedene Primaten mit Hominidenmerkmalen
		Pliozän (5–1,7 Mio.)	spätalpidische Gebirgsbildungsphasen (u. a. Auffaltung des Himalaja) Biber-Kaltzeit in Zentraleuropa Auftreten von Säbelzahnkatzen und sehr großen Rüsseltieren durch generell kühleres Klima Verschiebung der Florenprovinzen
	Quartär (1,7 Mio. – heute)	Unteres Pleistozän (1,7–0,72 Mio.)	mehrfache drastische Kältevorstöße (Kalt- oder Eiszeiten in vielen Gebieten der Erde) Veränderung des Erdreliefs durch Gletscher Kälteformen der Tiere und Pflanzen (Dryas-Flora) in Steppen und Tundren Entwicklung von verschiedenen Hominiden
		Oberes Pleistozän (720 000–10 000)	wiederholte weiträumige Vereisungen, unterbrochen von ausgeprägten Warmzeiten Zunahme der Kälteformen bei Tieren und Pflanzen verbreitet Riesenwuchs bei Wirbeltieren durch Eiszeiten bedingter Artentod Neandertaler, Homo-erectus- und Homo-sapiens-Formen
		Holozän (10 000 – heute)	Vulkanismus in vielen Gebieten der Erde Fortgang der Ozeanbodenspreizung zunehmende Erwärmung, Entwicklung der heutigen Florenprovinzen weltweite Verbreitung und rapide Vermehrung des Homo sapiens weitreichende Veränderungen der Natur durch den Menschen

Methoden der erdgeschichtlichen Zeitbestimmung

Bis vor kurzem waren die Paläowissenschaften überwiegend auf relative Zeitbestimmungen aufgrund der Lebensdauer der Arten im Evolutionsgeschehen angewiesen.
Demgegenüber stehen heute auch begrenzt brauchbare chronographische, astronomische und physikalische Verfahren zur absoluten Zeitbestimung zur Verfügung. Dennoch arbeiten die Paläowissenschaftler auch jetzt noch weitestgehend mit den Methoden der Biochronologie, da sie nach wie vor die exaktesten Möglichkeiten zur wichtigen relativen Zeitbestimmung (Schicht A ist älter als Schicht B) liefert.

Chronographische Methoden

Ein chronographisches Verfahren ist die Warvenchronologie. Dabei werden Bändertone und kohlige Ablagerungen mit abwechselnden helleren, sandigen Sommer- und dunklen, tonigen Winterlagen untersucht. Je eine Sommer- und eine Winterschicht bilden zusammen eine Warve. Durch Auszählen lassen sich absolute Altersangaben machen. Das Verfahren ist nur regional begrenzt einsetzbar und liefert Alterswerte, die größenordnungsmäßig bis zu 25000 Jahre zurückreichen.
Die Dendrochronologie befaßt sich mit der Zählung von Jahresringen jahrtausendealter lebender oder auch fossiler Bäume. Sie deckt heute durch lückenloses Aneinanderreihen geeigneter Fossilfunde regional die letzten 11000 Jahre ab.
Auch die Zuwachszonen an den Hartteilen bestimmter Tiere (Muscheln, Brachiopoden, Korallen, Fischschuppen, Oolithe) wurden chronologisch ausgewertet. Dabei ergaben sich u. a. für die verschiedenen Perioden der Erdgeschichte jeweils unterschiedliche Jahreslängen. So zeigen z. B. devonische Tetrakorallen 396, silurische dagegen etwa 402 Tagesringe pro Jahr, während das Jahr im Kambrium 424 Tage lang war.
Eine weitere chronographische Methode nutzt Pollenanalysen (palynologische Untersuchungen). Zusammen mit anderen Verfahren gestattet sie Datierungen bis vor etwa 12000 bis 15000 Jahren.

Astronomische Methoden

Die astronomische Zeitmessung geht davon aus, daß sich langperiodische Schwankungen der Sonneneinstrahlung auf der Erde, bedingt durch periodische Schwankungen der Erdachsenneigung, der Erdbahn-Exzentrizität und der Tag- und Nachtgleiche, auf das klimatische Geschehen ausgewirkt haben müssen. Darauf aufbauend, wurde eine absolute zeitliche Gliederung des Pleistozäns versucht, doch weichen die Resultate von denen anderer Zeitbestimmungsmethoden ab.

Physikalische Methoden

Alle Gesteine (in besonderem Maße helle, saure Magmatite und Metamorphite) enthalten Spuren radioaktiver Isotope, von denen in einem jeweils konstanten Zeitraum (Halbwertszeit) die Hälfte zerfällt. Diese Halbwertszeiten unterscheiden sich je nach Isotop erheblich: Sie reichen von Sekundenbruchteilen bis zu mehr als 10 Mrd. Jahren. Aus dem Gehalt an Zerfallsprodukten, die sich in den Gesteinen vorfinden, läßt sich die Zeit seit der Entstehung der Gesteine nach folgender Gleichung ermitteln: Geologisches Alter = (Gesamtmenge des Zerfallsproduktes)/(Zerfallsanteile pro Zeiteinheit).
Drei Zerfallsreihen gehen von den Isotopen Uran 238, Uran 235 und Thorium 232 aus. Da sie alle zum Endprodukt Blei führen, nennt man die auf ihnen aufbauenden Zeitbestimmungsverfahren »Bleimethoden«. Sie ergeben relativ gute Datierungen bis zurück zum Präkambrium. Beim Zerfall von Uran und Thorium entsteht auch Helium. Die darauf basierende »Heliummethode« deckt ebenfalls die Zeit bis zum Präkambrium ab.
Chronologisch ausgewertet werden neben Blei und Helium auch noch andere Zerfallsprodukte von Uran- und Thorium-Isotopen, nämlich Ionium (5000 – etwa 400000 Jahre) oder Proactinium (5000 – etwa 120000 Jahre).
Der Zerfall von Rubidium zu Strontium erlaubt Zeitbestimmungen vom Jungtertiär bis ins Präkambrium, der Zerfall von Kalium zu Argon solche vom Pleistozän bis ins Präkambrium. Der Zerfall von Kohlenstoff 14 (^{14}C-Methode) liefert Alterswerte bis zu maximal 70000 Jahren. Grundwässer lassen sich durch den prozentualen Tritiumzerfall bis maximal 9100 Jahre datieren.
Die radioaktive Umwandlung von Kalium zu Calcium gestattet Messungen vom Pleistozän bis ins Präkambrium, jene von Rhenium zu Osmium Datierungen vom Tertiär bis ins Präkambrium. Die jüngste Vergangenheit macht schließlich mit lediglich nur 500 Jahren Halbwertszeit das Siliciumisotop Si 32 zugänglich.
Zur Datierung speziell von Glimmern, Zirkonen, Feldspäten und Tektiten bietet sich die sogenannte fission-track-Methode an. Sie wertet die Zerfallsspuren (fission tracks) schwerer Atomkerne (wie Uran 238) im Gestein durch einfaches Auszählen aus und erlaubt erstaunlich präzise Datierungen besonders in der jüngeren Erdgeschichte (Ungenauigkeiten von nur wenigen Monaten).
Neben den radioaktiven Verfahren gehört zu den physikalischen Datierungsmethoden schließlich auch noch die paläomagnetische Zeitmessung, die sich besonders zur Altersbestimmung vulkanischer Gesteine eignet. Bei dieser Methode werden die Gefügeeigenschaften ausgewertet, die von der jeweiligen Erdpolung zur Zeit der Gesteinsbildung abhängig sind.

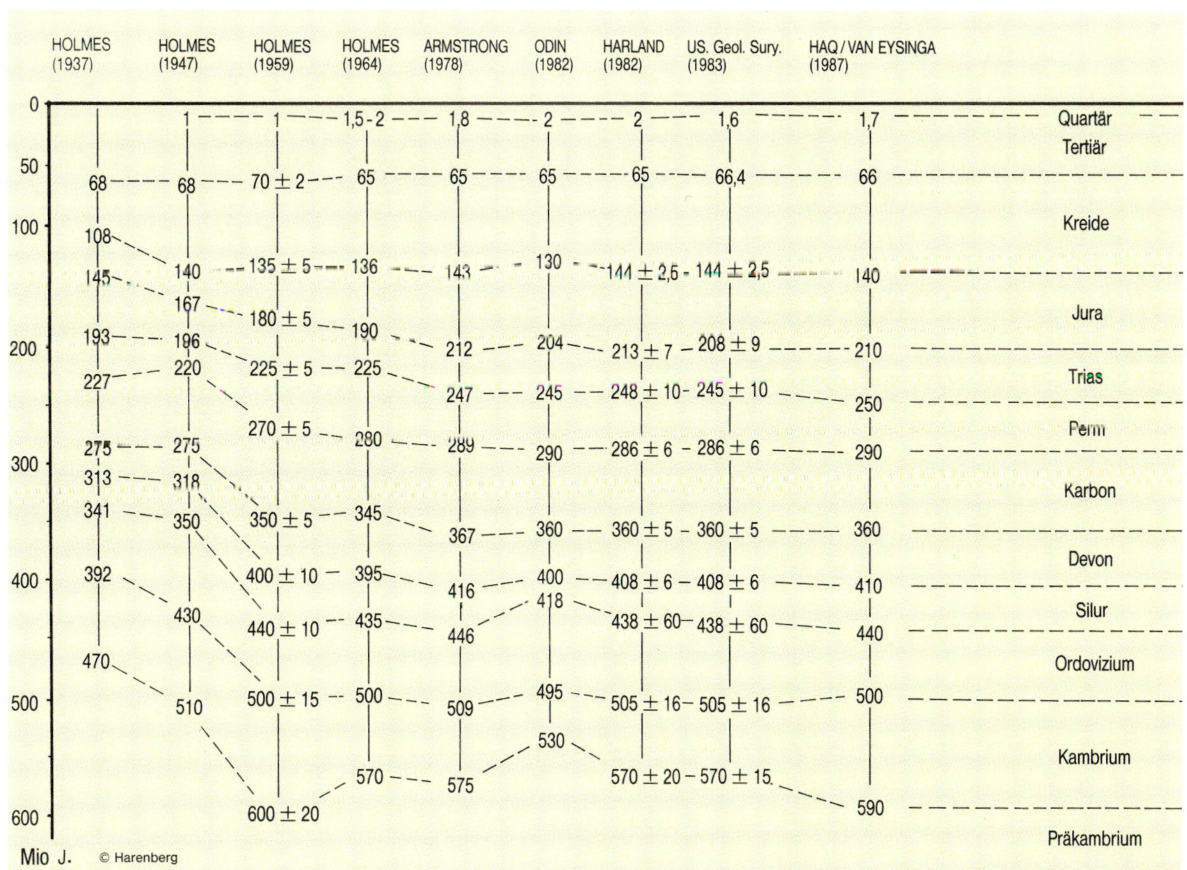

Die fünf Organismenreiche

Erstmals teilte wahrscheinlich Aristoteles alle Organismen in zwei große Reiche ein, in Pflanzen und Tiere; diese Zweigliederung hatte bis gegen Mitte des 20. Jahrhunderts Bestand.

Die Grundlage für die heute gültige Einteilung bildet die Entdeckung, daß es Zellen mit und ohne Zellkern gibt. Auf dieser Basis führte schon gegen Ende des 19. Jahrhunderts der Deutsche Ernst Haeckel für die zellkernlosen Einzeller das eigene Organismenreich Monera ein, innerhalb dessen er Bakterien und Blaualgen unterschied. Die systematisch entscheidende Arbeit lieferte jedoch erst 1937 der französische Meeresbiologe Edouard Chatton. In seinem Traktat schlug er vor, die Bakterien und Blaualgen gemeinsam als »procariotique« (griech. pro = vor; karyon = Kern) und Pflanzen und Tiere als »eucariotique« (griech. eu = echt) zu bezeichnen. Heute ist man sich generell darüber einig, daß dieser grundlegende Unterschied in der Zellstruktur wahrscheinlich den größten evolutionären Sprung in der Entwicklungsgeschichte des Lebens überhaupt darstellt. Und die evolutionäre Verwandtschaft, nicht äußere Ähnlichkeit, ist die Basis der modernen biologischen Systematik. Chattons Arbeit weiterführend, nahm schließlich der US-Amerikaner Herbert F. Copeland eine Einteilung aller Einzeller vor. Er beließ bei den Monera Haeckels, die er Prokaryotae nannte, die zellkernlosen Einzeller. Alle Einzeller mit Zellkern und die unmittelbar aus ihnen abgeleiteten Vielzeller faßte er (gemäß einem Vorschlag von Hogg 1861) 1956 zum Organismenreich Protoctista (griech. protos = erster, frühester; ktistes = Gründer) zusammen. Das Organismenreich Prokaryotae wird in die beiden Unterreiche Archaebacteria und Eubacteria aufgeteilt.

Ein anderer US-Amerikaner, Robert H. Whittaker, spaltete schließlich noch das Organismenreich Fungi (Pilze) von den Pflanzen ab, da sich die Pilze in ihrem Zellenaufbau und ihrer heterotrophen Lebensweise deutlich von den Pflanzen unterscheiden. Mit diesem letzten Schritt vollendete Whittaker das heute allgemein akzeptierte Fünf-Reiche-Konzept.

Die Basis für die Fünfteilung der Organismen ist jedoch nicht nur im jeweiligen Zellaufbau, sondern auch im Lebenszyklus zu suchen. Charakteristisch für alle Eukaryoten ist die sexuelle Fortpflanzung, die Bildung neuer Individuen durch Zusammenfügen von Genen aus zwei getrennten Elternorganismen. Dabei verschmelzen die zwei Zellkerne (Gametenkerne) der Eltern zu einem neuen Kern (Zygotenkern), der je einen väterlichen und einen mütterlichen Chromosomensatz enthält und deshalb diploid genannt wird. Zellen oder Zellkerne, die wie die Gametenzellen jeweils nur einen Chromosomensatz enthalten, heißen haploid. Diese Bezeichnung gilt auch für Organismen, die sich aus derartigen Zellen aufbauen.

Im Gegensatz zu den fast immer diploiden Tieren wechseln bei den Pflanzen haploide und diploide Generationen regelmäßig miteinander ab. Die haploiden Stadien nennt man Gametophyten, die diploiden Sporophyten. Bei den Blütenpflanzen hat der Gametophyt seine Eigenständigkeit zwar verloren, aber im Prinzip existiert er noch in Form einer selbständigen Zellgruppe im Samen auf dem Sporophyten. Im Gegensatz zu Pflanzen und Tieren sind die Pilze generell haploid oder dikaryotisch, d. h. ihre Zellen enthalten zwei getrennte Kerne, die von verschiedenen Eltern stammen.

Die Protoctista schließlich unterscheiden sich von Pilzen, Pflanzen und Tieren durch wiederum andere Lebenszyklen. Sie entwickeln sich weder aus Sporen, noch leiten sie sich von einem Embryo ab (wie alle Pflanzen), noch gehen sie aus einer Blastula (bestimmtes Stadium der Embryonalentwicklung bei den Tieren) hervor.

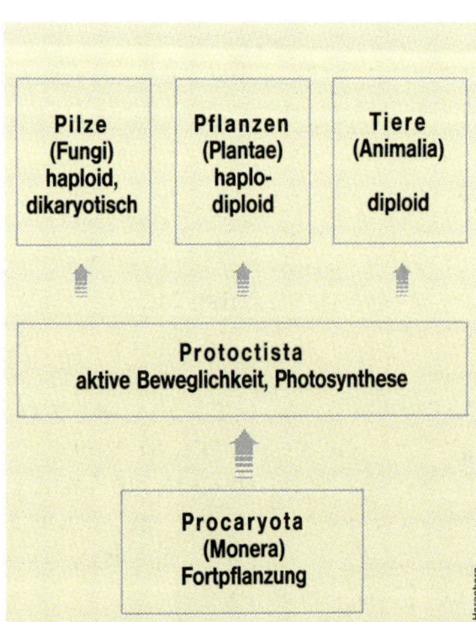

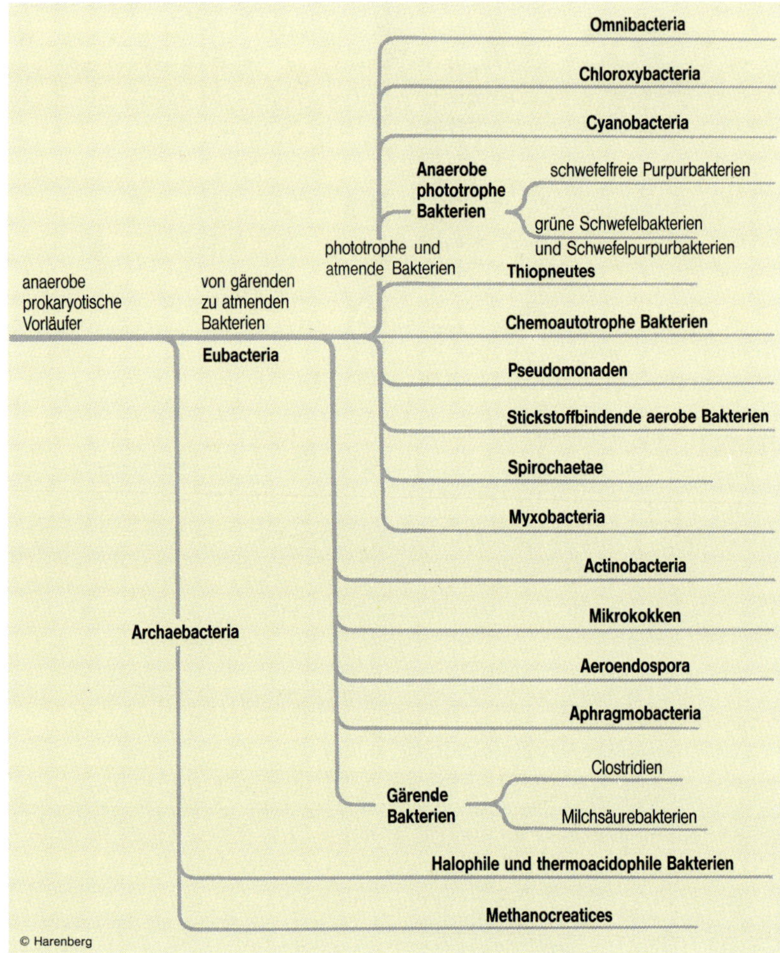

1. Organismenreich: Prokaryota

Das Reich der Prokaryota umfaßt alle Bakterien einschließlich der Cyanobakterien (sog. Blaualgen). Bekannt und beschrieben sind heute über 10 000 Arten; die tatsächliche Anzahl liegt aber mit ziemlicher Sicherheit um ein Vielfaches höher. Generell sind die Prokaryoten sehr einfach aufgebaut. Die komplexeren Bakterien können bestimmte funktionelle Strukturen ausbilden, etwa gestielte Formen, lange, verzweigte Fadengeflechte oder vertikal aufragende »Fruchtkörper«, die sporenähnliche Microcysten freisetzen können. Manche Arten finden sich auch zu – sehr mobilen – Kolonien zusammen.

Trotz des vergleichsweise einfachen Aufbaus verfügen die Bakterien über ein weitaus größeres Repertoire chemischer Stoffwechselprozesse als alle Eukaryoten. Das befähigt sie zur Besiedlung von Lebensräumen, die für die Eukaryoten unzugänglich sind, etwa sauerstofflose, methanhaltige Biotope, nackte Felswände, das Innere mancher Carbonatgesteine oder die kochendheißen Schlammlöcher postvulkanischer Gebiete. Manche Arten ertragen sogar heiße Säuren; andere sind in der Lage, jahrelang tiefgefroren zu überleben.

Die Vielfalt ihrer chemischen Leistungen ist zugleich das Hauptkriterium für die taxonomische Einteilung der Bakterien, denn die strukturellen Unterschiede im Zellaufbau sind oft nicht sehr groß. Eine der wichtigsten Diagnosemethoden bedient sich der nach ihrem dänischen Entdecker H. C. Gram benannten Gram-Färbung, die auf chemische Unterschiede in den Zellwänden anspricht.

Grundsätzlich vermehren sich alle Bakterien ungeschlechtlich durch Teilung. Allerdings ließ sich beobachten, daß manche Arten Eigenschaften verschiedener (zweier oder mehrerer) »Eltern« in sich vereinen, d. h. daß es zu einem Austausch von Genen kommt. Dieser ist aber im einzelnen nicht erforscht. Bekannt ist, daß einige Bakterien Desoxyribonukleinsäure-Moleküle (DNA) aus der Zelle ausstoßen, die von anderen Individuen aufgenommen werden können.

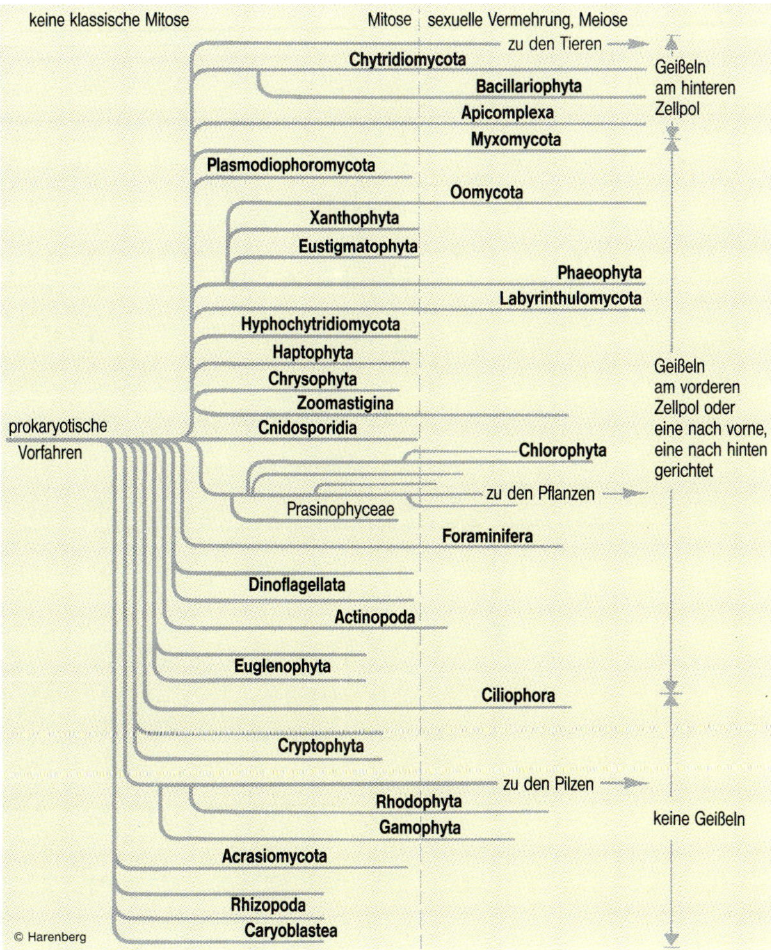

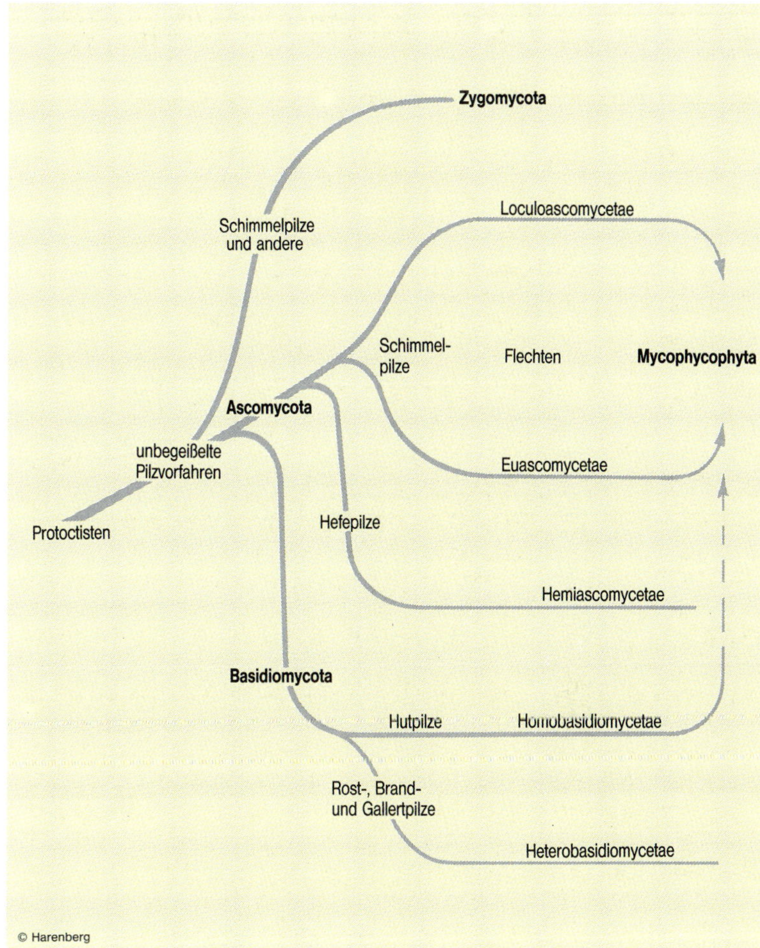

2. Organismenreich: Protoctista

Die Protoctisten stehen entwicklungsgeschichtlich zwischen den Prokaryoten und den höheren Eukaryoten, also den Pilzen, Pflanzen und Tieren. Während die Abgrenzung zu den Prokaryoten nicht schwierig ist, lassen sich besonders zu den Pilzen und Pflanzen oft keine klaren Grenzen ziehen. So werden manche Stämme (Chytridien, Hyphlochytridien und Oomyceten) von einigen Biologen zu den Protoctisten, von anderen zu den Pilzen gezählt. Umstritten ist auch die Zuordnung der vielzelligen Grünalgen zu den Protoctisten. Viele Biologen betrachten sie als Pflanzen.

Der Begriff Protoctista ist noch nicht allgemein akzeptiert. Vielfach wird statt dessen mit dem Organismenreich Protista operiert. Dieses umfaßt alle zellkernbesitzenden Einzeller. Die rapide Entwicklung der phylogenetischen Forschung in den beiden letzten Jahrzehnten macht diese Definition aber fragwürdig. Die Grenze zwischen Einzellern und Vielzellern ist phylogenetisch nicht mehr streng vertretbar, denn ganz offensichtlich haben sich wiederholt unabhängig voneinander mehrzellige Organismen aus einzelligen Vorfahren entwickelt. Und andererseits ist der Übergang von Einzellerkolonien zu vielzelligen Zellverbänden gleitend. Die Abgrenzung zwischen einzelligen Protista und mehrzelligen höheren Eukaryoten würde schließlich sogar klar definierte Gruppen wie z. B. die Grünalgen auseinanderreißen. Als phylogenetisch sinnvoll erweist sich eine Ausschlußdefinition. Danach gehören zum Reich der Protoctista alle Eukaryoten, die weder Pilze noch Pflanzen oder Tiere sind, sich also nicht aus Sporen, einem Embryo oder einer Blastula entwickeln und im Gegensatz zu den Pilzen Undulipodien (Geißeln für die Fortbewegung und/oder Nahrungsaufnahme) besitzen können.

Generell leben die Protoctisten im Wasser – im Meer, im Süßwasser – oder in den Körpersäften höherer Organismen. Die Gesamtzahl der Protoctistenarten wird auf 65 000 bis 200 000 geschätzt. Davon sind jedoch nur einige tausend Arten beschrieben.

3. Organismenreich: Fungi (Pilze)

Der Grund für die Abtrennung der Fungi (Pilze) von den Pflanzen liegt in den unterschiedlichen Entwicklungszyklen. Während alle Pflanzen aus besonderen Embryonen hervorgehen, die vom Körpergewebe der Mutterpflanze geschützt oder völlig umgeben sind, ist das bei den Pilzen nicht der Fall. Ihre Sporen entwickeln sich direkt zu sogenannten Hyphen oder in Einzelfällen zu wachsenden Einzelzellen. Von den pilzähnlichen Mikroorganismen, die im Verlauf ihrer Lebenszyklen grundsätzlich Zellen mit Geißeln ausbilden, unterscheiden sich die Pilze durch das generelle Fehlen begeißelter Zellen.

Im Lebenszyklus der Pilze wachsen aus den keimenden Sporen zunächst röhrenförmige lange Fäden, die Hyphen, die meistens – aber nicht immer – durch Querwände (Septen) unterteilt sind. Jeder zellähnliche Abschnitt enthält mehrere Zellkerne, wobei die genaue Anzahl arttypisch ist. Die Hyphen bilden bald ausgedehnte Geflechte, die man Mycelien nennt.

Von Zeit zur Zeit entwickeln die Pilze aufgrund bestimmter klimatischer Voraussetzungen (Wärme, Feuchtigkeit) besondere Vermehrungseinrichtungen, die »Fruchtkörper«. Vor allem von Laien werden diese als die eigentlichen Pilze angesehen, denn durch ihre Hut- oder Konsolenformen usw. fallen sie stärker ins Auge. Diese »Fruchtkörper« sind aber nichts anderes als besonders kompakte Mycelien. Bei zahlreichen Formen – etwa bei den Schimmelpilzen – bleiben diese Fortpflanzungsstrukturen mikroskopisch klein. Die »Fruchtkörper« entwickeln besondere Sporenanlagen, in denen sich die Sporen in sehr großer Zahl bilden. Die sexuelle Vermehrung der Pilze erfolgt auf der Ebene der Hyphen, wobei verschiedene zur Paarung geeignete Typen miteinander verschmelzen (sog. Konjugation).

Die weitaus meisten Pilze nehmen ihre organische Nahrung in Form gelöster Stoffe durch Osmose auf. Bis heute ungeklärt ist die Frage, von welchen Vorfahren sich die Pilze ableiten. Die Anzahl ihrer Arten wird auf etwa 100 000 geschätzt.

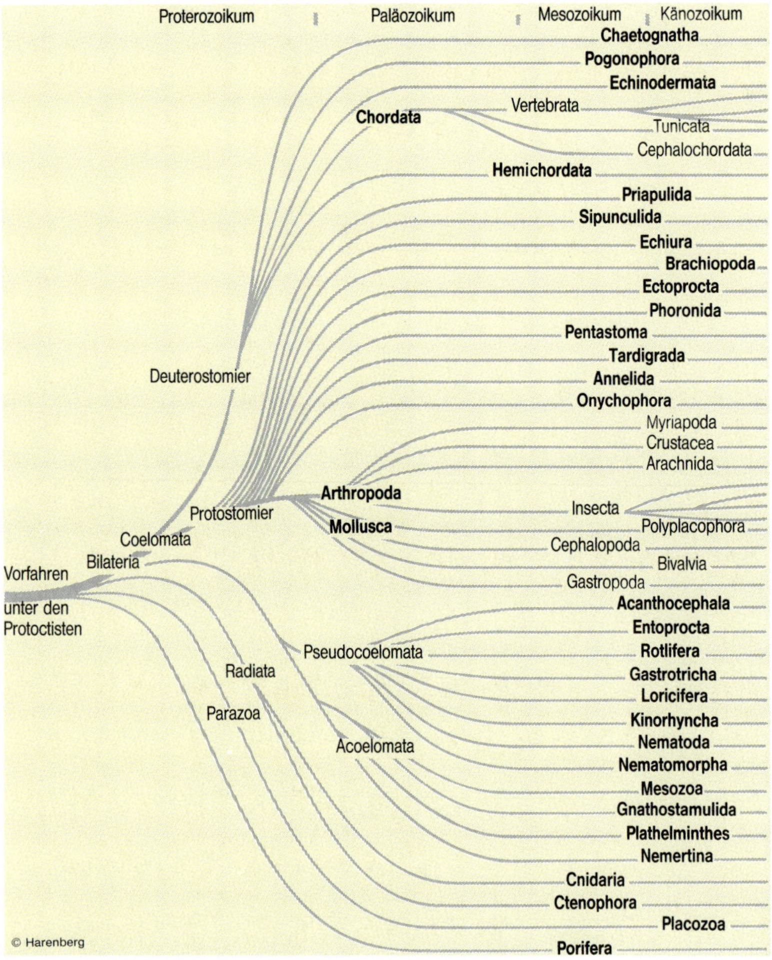

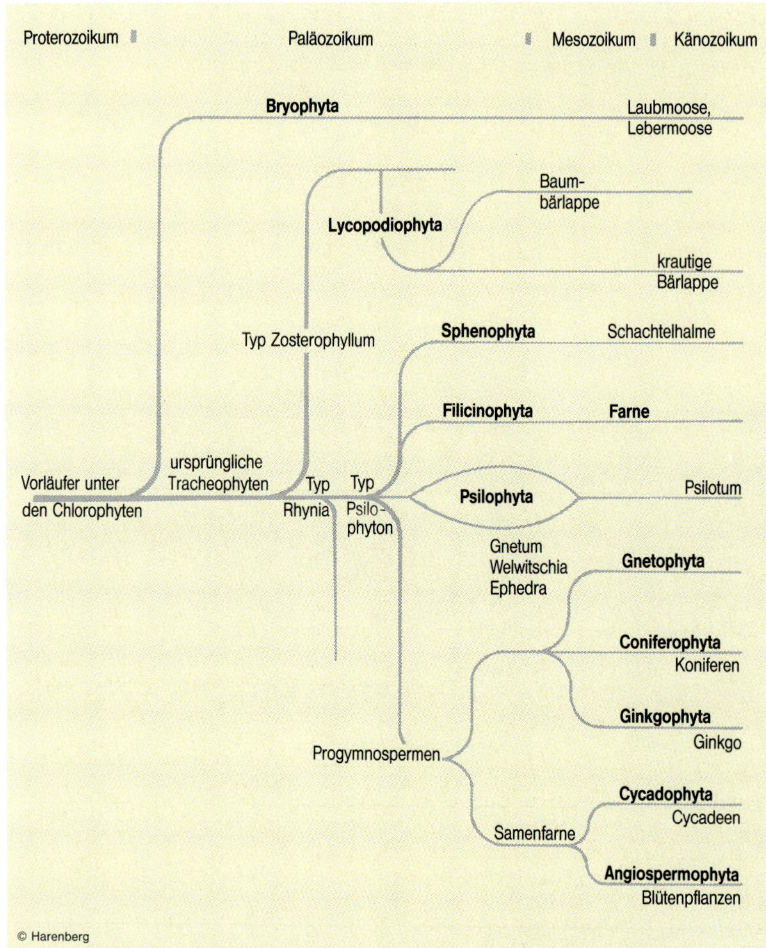

4. Organismenreich: Animalia (Tiere)

Die alte Klassifikation der Organismen in nur zwei Reiche (Tier- und Pflanzenreich) unterschied zwischen einzelligen Tieren (Protozoa) und mehrzelligen Tieren (Metazoa). Das Fünf-Reiche-System stellt die Protozoa zu den Protoctisten und betrachtet nur die Metazoa als Tiere (Animalia). Der Unterschied der Tiere gegenüber anderen vielzelligen Lebewesen liegt in ihrem Lebenszyklus. Tiere gehen aus der Verschmelzung einer großen haploiden Eizelle mit einem kleinen haploiden Spermium (Androgamet) hervor. Die dabei entstehende diploide Zyste wächst durch wiederholte Zell- bzw. Kernteilung (Mitose), wobei zunächst ein kompakter Ball aus mehreren Zellen (Morula) entsteht, aus dem sich dann eine vielzellige Hohlkugel (Blastula) entwickelt. Dieses Blastula-Stadium stellt das entscheidende Charakteristikum für das Reich der Tiere dar.
Bei den weitaus meisten Arten stülpt sich im Laufe der weiteren individuellen Entwicklung die Blastula ein und wird zu einer einseitig offenen, zweizellschichtigen Hohlkugel, der Gastrula. Durch Wachstum und Streckung geht daraus ein schlauchförmiges Verdauungssystem (Enteron) hervor, um das herum durch Zelldifferenzierung der gesamte Organismus angelegt wird. Die Einzelheiten dieser weiteren Entwicklung variieren von Stamm zu Stamm stark, sind aber innerhalb der Stämme relativ einheitlich. Deshalb liefern Details der Keimentwicklung gute Anhaltspunkte bei der Beurteilung verwandtschaftlicher Beziehungen.
Von allen fünf Organismenreichen ist bei den Tieren die Zelldifferenzierung am stärksten ausgeprägt. Eine Vielzahl sehr unterschiedlicher Gewebearten läßt sich beschreiben, die am Aufbau jeweils stark spezialisierter Organe beteiligt sind. Dieser großen Vielfalt verschiedener Körpergewebe entspricht – rein äußerlich – eine ebenso große Vielfalt im äußeren Erscheinungsbild der Tiere. Kein anderes Organismenreich bringt eine derartige Fülle unterschiedlicher Formen hervor. Die weitaus meisten haben Wurmgestalt.

5. Organismenreich: Plantae (Pflanzen)

Von den Vertretern anderer eukaryotischer Organismenreiche unterscheiden sich die Pflanzen (Plantae) in erster Linie durch ihre Lebenszyklen. Im Gegensatz zu den fast immer diploiden Tieren und den haploiden oder dikaryotischen Pilzen wechseln sich bei den Pflanzen haploide und diploide Generationen regelmäßig ab. Die haploide Generation nennt man Gametophyten, die diploide Sporophyten.
Innerhalb des Pflanzenreichs sind zwei große Gruppen zu unterscheiden, die Bryophyten (Moose) und die Tracheophyten (Gefäßpflanzen). Bei den ersteren ist die bekannte grüne Moospflanze der Gametophyt, während der oft braune Sporophyt stark reduziert ist. Bei den Tracheophyten dagegen ist die Sporophyten-Generation viel ausgeprägter und wird von der grünen Pflanze repräsentiert, während der Gametophyt bei ihnen extrem zurückgebildet ist.
Die Tracheophyten oder Gefäßpflanzen unterscheiden sich von den Moosen auch durch die Ausbildung besonderer Leitgewebe, des Xylems (Gefäßteil) und des Phloems (Siebteil). Das Xylem transportiert Wasser und gelöste Mineralstoffe von der Wurzel in alle Sproßteile. Das Phloem verteilt die Photosyntheseprodukte im ganzen Pflanzenkörper.
Generell entwickeln sich die Pflanzen aus Embryonen, vielzelligen, vom mütterlichen Gewebe umgebenen Strukturen. Das setzt stets eine sexuelle Vermehrung voraus. Daneben ist allerdings auch eine ungeschlechtliche (vegetative) Fortpflanzung verbreitet. Die Zellen der Pflanzen sind immer eukaryotisch. In den allermeisten Fällen enthalten sie Chloroplasten, kugelige Einschlüsse mit den als Photosynthesepigmenten fungierenden grünen Farbstoffen Chlorophyll a und b sowie verschiedenen Karotinoiden.
Im Gegensatz zu den Pilzen, deren entwicklungsgeschichtliche Ableitung noch unbekannt ist, und zu den Tieren, deren direkte Vorfahren unsicher sind, läßt sich die phylogenetische Herkunft der Pflanzen angeben: Sie stammen von den Grünalgen ab.

Glossar

Im Glossar finden Sie kurze Erläuterungen zu wichtigen Fachbegriffen, die in der »Chronik der Erde« verwendet werden.

A

Abdruck, negative Abformung pflanzlicher oder tierischer Organismen im Gestein.

aberrant, abweichend, nicht der Norm entsprechend.

Abfolge (= Sequenz), eine Folge sedimentärer Ablagerungen.

Abietites, Form-Gattung der Koniferen in der Kreide ohne Beziehung zu anderen fossilen oder zu heute lebenden Koniferen.

Abrasion (= Meereserosion), abtragende Wirkung der Brandung des Meeres oder größerer Seen. Der A. geht immer eine Verwitterung des Gesteins im Küstenbereich voraus. Die Brandung schafft dann an Steilküsten meistens eine Hohlkehle auf der Höhe des Meeresspiegels. Diese führt zum Nachbrechen höher gelegener Gesteine. Der Schutt wird von der Brandung aufgearbeitet und durch den Abstrom des Wassers forttransportiert.

Abstammungslehre (= Evolutionstheorie). Sie geht davon aus, daß jedes Lebewesen in einer natürlichen Entwicklungsfolge aus einer Stammform (monophyletisch) oder aus mehreren Stammformen (polyphyletisch) hervorgegangen ist. Erste Gedanken dieser Art äußerten bereits die griechischen Philosophen Anaximander von Milet (um 610 – 546 v. Chr.) und Empedokles (um 483 – 424 v. Chr.). Wissenschaftlich formulierten diese Lehre Erasmus Darwin (1731 – 1802), Jean Baptiste de Lamarck (1744 – 1829) und besonders Charles Darwin (1809 – 1882). Heute wird die A. von den Biowissenschaften – in z. T. voneinander abweichenden theoretischen Versionen – akzeptiert. → Darwinismus

Abteilung → (= Serie), der Unterabschnitt eines stratigraphischen → Systems. Anhand konkreter Gesteinsdaten kann ein System in zwei oder drei A. untergliedert werden, z. B. das Devon in Unter-, Mittel- und Oberdevon. Manche Abteilungen haben eigene Namen, z. B. Rotliegendes für Unterperm. Die Bildungszeit, während der eine A. entstand, nennt man → Epoche.

Abtragung (= Denudation), Massenverlagerung von verwittertem Gestein durch Schwerkraft, Wind (→ Deflation), Wasser (→ Erosion) oder Eis (Gletschertransport).

abyssal, die Tiefsee betreffend.

Acanthodii, »Stachelhaie« (keine echten Haie), eine Unterklasse primitiver Fische, älteste bekannte → Gnathostomata. Silur bis Perm, Blütezeit im Unterdevon.

Acanthopterygii, »Stachelflosser«, die höchstentwickelten → Teleostei. Ab Oberkreide.

Acephala, »Kopflose«, → Lamellibranchia.

Achat, Ausbildungsform von feinstkristallinem → Quarz.

Acheuléen, eine Kulturstufe der Altsteinzeit (→ Paläolithikum), benannt nach dem Fundort St. Acheul bei Amiens in Frankreich.

Acrania, Schädellose, Lanzettfischchen; nur → rezent bekannte kleine → Chordatiere ohne Kopf.

Acreodi, bis bärengroße Säugetiere des Eozäns (→ Tertiär), heute den → Condylarthra zugeordnet.

Acrothoracica, Ordnung der »Rankenfüßer« (→ Cirripedia), seßhafte, die Schalen von Muscheln und Schnecken anbohrende Krebstiere mit weniger als sechs Beinpaaren. Seit Oberkarbon.

Acrotretida, Ordnung der Meerestiere Armfüßer (→ Brachiopoda) mit phosphatigen oder kalkigen Schalen. Seit Unterkambrium.

Actinistia, Ordnung oder Infraklasse der → Crossopterygii bzw. → Sarcopterygii. Fische mit oft kurzen verknöcherten Rippen und Wirbelkörpern im Schwanzbereich, dreilappiger Schwanzflosse und dünnen, oft kräftig skulpturierten Schuppen auf der Körperoberfläche. Ab Oberkarbon in Nordamerika, ab Oberperm in Europa. Die A. sind heute noch durch Latimeria chalumnae vertreten, der den ursprünglichen Formen stark ähnelt.

Actinoceratoidea, Unterklasse der Kopffüßer (→ Cephalopoda). Meist große Formen mit langkonischem Gehäuse. Ordovizium bis Karbon.

Actinopoda, Klasse der Wurzelfüßer (→ Rhizopoda) mit den Unterklassen → Heliozoa und → Radiolaria. Die meisten besitzen ein fein strukturiertes Skelett aus Kieselsäure, Strontiumsulfat oder chitinhaltiger Substanz. Seit Kambrium.

Actinopterygii, »Strahlenflosser«, eine Unterklasse der Knochenfische (→ Osteichthyes). Sie umfaßt den größten Teil der heute lebenden Fische. Unterteilt wird die große Formenvielfalt der A. meist durch Gliederung in drei Infraklassen: → Chondrostei, → Holostei und → Teleostei. Diese Infraklassen haben fließende Grenzen und entsprechen in etwa aufeinanderfolgenden Entwicklungsstufen. Die A. erschienen erstmals vereinzelt im Devon, ab dem Karbon dominieren sie unter den Fischen.

Adaptation → Anpassung.

adaptive Zone (= ökologische Zone), der Lebensraum eines Organismus innerhalb der Umwelt, in dem er einen Teil des ökologischen Gleichgewichts ausmacht. Der Begriff spielt eine Rolle in der → Abstammungslehre. Da die a. Z. n sich im Laufe der Zeit verändern (meist werden sie »schmaler«), geht damit im allgemeinen auch eine Veränderung bzw. Spezialisierung der einzelnen Organismen einher. Evolutionäre Auswirkungen hat natürlich auch der Übergang eines Organismus in eine neue a. Z., wobei eine ausreichende Voranpassung (Präadaption) gegeben sein muß.

Adductores, Schließmuskeln, besonders bei den Muscheln (→ Lamellibranchia) und Armfüßern (→ Brachiopoda), die dem Schließen der Schalen dienen.

Adjustores, Stielmuskeln der Armfüßer (→ Brachiopoda).

Adnetener Marmor, roter fossilienreicher → Ammoniten- bzw. Kopffüßerkalk der Ostalpen (Salzkammergut) des Unterjuras.

adult, erwachsen im Sinne der Wachstumsstadien.

Aegyptopithecus, Gattung von → Primaten, die den Brüllaffen ähneln. Belegt im Oberen Oligozän Ägyptens (Fundort → Fayum).

Aepyornithiformes, sogenannte Madagaskar- oder Elefantenstrauße, bis zu 3 m hohe flugunfähige Laufvogel des Unteren Oligozäns (Ägypten) bis Holozäns (17. Jh., Madagaskar). Das Gewicht der Eier liegt vermutlich bei 12,5 kg.

aerob, Bezeichnung für die Lebensweise von Organismen, die für ihre Existenz Luftsauerstoff benötigen.

Aetosaurus, »Adlerechse«, zierlicher, bis 0,86 m langer, völlig mit Knochenplatten gepanzerter → Archosaurier des schwäbischen → Keupers.

Affenhaar, fossiler Kautschuk in Form von Fäden, die den vulkanisierten Inhalt von Milchsaftschläuchen (besonders von Ficus-Arten) darstellen. A. ist eine Bezeichnung der Bergleute aus der Gegend von Halle, die diese hellbräunlichen Fäden in z. T. großer Zahl in tertiären Braunkohlelagern fanden.

Agglomerat, lockere Anhäufung verschiedengestaltiger Gesteinsstücke.

agglutiniert, Bezeichnung für das Beteiligtsein von Fremdkörpern (Sandkörner, Glimmerplättchen, Schwammnadeln etc.) am Aufbau der Gehäuse mancher → Foraminiferen.

Agnatha, Kieferlose, eine Klasse der Wirbeltiere (→ Vertebrata). Fischartige ohne Kiefer, ohne oder mit paarigen Flossen höchstens vorne und mit nur zwei Bogengängen im Ohr. Oberkambrium bis Devon und ab Oberkarbon.

Agnostida, Ordnung kleinwüchsiger → Trilobiten mit zwei bis drei Rumpfsegmenten. Kambrium bis Ordovizium.

Aistopoda, »Schlangenamphibien«, Ordnung von → Amphibien des Karbons bis Unterperms mit bis zu 1 m langem, schlangenähnlichem Körper. A. besitzen bis zu 200 Wirbel.

Akkordanz, zufällige → Konkordanz bei der Lagerung von Gesteinsschichten.

Akkumulation, Anreicherung, Ansammlung, z. B. bei vulkanischen Lockermassen, Flußschotter, → Moränen, Erdöl in der → Erdkruste oder bei Schwermetallen in Granit.

Akropodium, Skelett der Finger und Zehen.

Aktualismus, Hypothese, nach der sich das erdgeschichtliche Geschehen in der Vergangenheit in derselben Weise und aufgrund derselben Kräfte abspielt wie das heutige erdgeschichtliche Geschehen. Nach dem A. läßt sich durch Beobachtungen heutiger Prozesse ein zutreffendes Bild vergangener Vorgänge gewinnen. Bedeutendste Exponenten des A. waren K. E. A. von Hoff und später Charles Lyell (Principles of Geology, 1830).

akzessorisch, Bezeichnung für zwar verbreitete, aber nur in geringen Mengen (<1%) in Gesteinen vorkommende Mineralien.

Alb, Albien, Stufe der Unterkreide (→ Kreide), benannt nach dem französischen Fluß Aube.

Alemannisch-Böhmische Insel, Festlandgebiet im Kambrium, das zeitlich wechselnde Teile Böhmens, Süddeutschlands, der Nordalpen und Mittel- bis Westfrankreichs umfaßt.

Algen, niedrigste Klasse der Pflanzen, ohne Gliederung in Wurzeln, Stengel bzw. Stiel und Blätter. Fossil erhalten sind meist nur solche Formenarten, die für ihr Körpergerüst mineralische Substanzen (Kalk, Kieselsäure u. a.) verwenden. Ab Präkambrium.

algomische Gebirgsbildung → kenorische Gebirgsbildung.

Algomycetes, kleine Gruppe fossiler Lagerpflanzen (→ Thallophyta) mit pilzähnlichem Gewebe und algenähnlichen Sporenanlagen (→ Sporangium). Devon.

Algophytikum (= Eophytikum), Zeitalter der Algen. Das A. beginnt mit der Fossilüberlieferung im → Präkambrium und endet mit dem Obersilur.

Allerödzeit, späteiszeitliche Wärmeperiode der → Weichselkaltzeit vor etwa 10 000 bis 9000 Jahren. Zu dieser Zeit spielten sich u. a. heftige Vulkanausbrüche in der Eifel ab. Benannt nach dem Ort Alleröd auf Seeland.

Allocaudata, Ordnung der → Amphibien. Äußerlich Salamandern ähnlich, jedoch bestehen anatomisch mehrere Unterschiede. Bekannt ist nur eine einzige Gattung (Albanerpeton) vom Mitteljura bis Miozän. Das Tier ist ca. 15 bis 20 cm lang. Seine Abstammung ist ungewiß.

allochthon, nicht am Fundort entstanden oder beheimatet. A.e Fossilien sind z. B. Versteinerungen von Organismen, die nach ihrem Ableben durch Meeresströmungen oder Flüsse verschleppt wurden.

allogen, Bezeichnung für Fremdbestandteile, die einem Gestein nach dessen Entstehung zugeführt wurden.

allopatrisch, Begriff für nahe verwandte Arten oder Unterarten mit unterschiedlichen, regional getrennten Lebensräumen.

Allosaurus, Gattung der → Theropoda.

Allostose, sogenannte Hautverknöcherung, aus dem Hautgewebe hervorgehende Verknöcherungen, etwa in der Form von Deck-Knochen oder Knochenpanzern.

Allotheria, ausgestorbene Säugetiergruppe mit nur einer einzigen Ordnung: → Multituberculata. Jura bis Eozän.

alluvial, Bezeichnung für erdgeschichtlich junge Sedimente (→ Sedimentation).

Alluvium, 1. früher gebräuchliche Bezeichnung für das → Holozän; 2. angeschwemmtes feinkörniges Erosionsmaterial in Flußauen, Marschen u. ä.

alpidische Gebirgsbildung, alpidische Faltungsära, Auffaltung der meisten heutigen Hochgebirge (junge Faltengebirge) etwa vom → Keuper bis zum → Pleistozän. Alpen, Apennin, Karpaten, Dinariden, Helleniden, Kaukasus, Pamir, Himalaja, Rocky Mountains u. a. werden gemeinsam als Alpiden bezeichnet.

Altaiden, Gebirgssystem Asiens, umfaßt u. a. Altai, Tarbagatei, Tienschan, Kunlun. Entstanden sind sie während der → kaledonischen und der → variszischen Gebirgsbildung.

Alter, Datierung in der Erdgeschichte. Zu unterscheiden ist zwischen 1. absolutem A. (Angabe in Jahren vor heute); 2. relativem A. (Angabe nach nicht umkehrbaren Entwicklungsstufen der Organismen o. ä.).

Altern der Stämme, hypothetische Annahme, daß Stämme von Organismen im Laufe ihrer Entwicklung bestimmte Phasen erreichen, z. B. fortschreitende Spezialisierung, zunehmendes Größenwachstum, Exzessivformen u. ä., die einem Untergang der jeweiligen Stämme vorausgehen. Diese Annahme läßt sich nicht generell belegen.

Altersbestimmung, wird zur Ermittlung z. B. des Alters paläontologischer und geologischer Fundstücke eingesetzt. Zur Methodik: → Radiogeochronologie, → Biostratigraphie, → Zeitskala.

Altsteinzeit → (= Paläolithikum).

Ambulakralsystem, Wassergefäßsystem speziell der Stachelhäuter (→ Echinodermata), das durch Poren der sogenannten Siebplatte oder → osmotisch durch die Wände von Ambulakral-Tentakeln (»Füßchen«) mit der Außenwelt kommuniziert. Es dient der Fortbewegung, Atmung oder Ernährung. Aufgrund seiner langen Entwicklungsgeschichte für die systematische Zuordnung innerhalb der Stachelhäuter von großer Bedeutung.

Amethyst, Spielart des → Quarz.

Ammonit (= Ammonshorn), allgemeine Bezeichnung für Kopffüßer (→ Cephalopoda), deren spiralig aufgerollte Gehäuse z. T. einem Widderhorn ähneln (Amon oder Ammon, ägyptischer Hauptgott, symbolisiert durch Widderkopf). Im engeren Sinn: Neoammonoidea (»Jungammoniten«) aus Jura und Kreide. Im weiteren Sinn: Ammonoidea, eine Kopffüßer-Unterklasse, die mit etwa 2000 Gattungen vom Unterdevon bis zur Oberkreide verbreitet war. Die Ammonoidea besitzen eingerollte, meist bilateral symmetrische äußere Gehäuse, die im Inneren durch Zwischenwände in einzelne Kammern unterteilt sind. Diese Zwischenwände bilden zusammen mit der Gehäusewand mehr oder weniger kompliziert verlaufende Verwachsungslinien (siehe hierzu Abb.; → Lobenlinie).

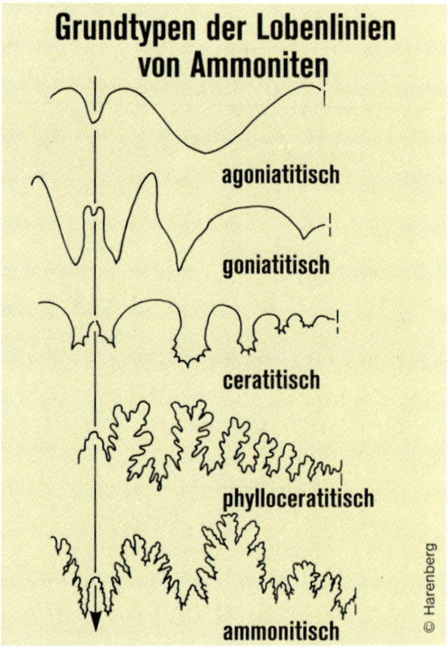

Von der vordersten Kammer, der Wohnkammer, verläuft ein häutiger, von einer kalkigen Hülle umgebener Strang (→ Sipho) durch alle Kammern. Mit seiner Hilfe kann der Ammonit die Anteile von Gas und Flüssigkeit in den hinteren Kammern und damit seinen Auftrieb im Wasser regulieren. Wichtigste diagnostische Merkmale sind die Art der Einrollung, die Ausbildung der Lobenlinie, der Windungsquerschnitt und die Lage des Siphos. Die Ammoniten, die sich in zahlreiche Ordnungen untergliedern, sind zum großen Teil wichtige → Leitfossilien.

Ammonoidea → Ammonit.

Ammonshorn → (= Ammonit).

Amnion, innerste Embryonalhülle der höheren Wirbeltiere (→ Amniota), in der der Embryo völlig von der Umwelt abgeschlossen heranreift.

Amniota, Wirbeltiere, deren Embryonen in einer Embryonalhülle (→ Amnion) heranwachsen. Zu den A. zählen die Reptilien, Vögel und Säugetiere.

amorph, bei Festkörpern soviel wie nichtkristallin.

Amphibia, Amphibien, Lurche; älteste und entwicklungsgeschichtlich primitivste Tetrapodenklasse. Die Tiere sind wechselwarm, 1 cm bis über 1,5 m lang, besitzen langgestreckte bis plumpe Körper mit nackter, drüsenreicher und oft bunt gefärbter, bei frühen fossilen Formen auch schuppiger Haut mit nur dünner Hornschicht. Sie haben meist vier Gliedmaßen, der Schwanz ist lang bis vollkommen rückgebildet. Das Herz besitzt keine Trennwand, der Verlauf der Aortenbögen ist bei den Larven noch fischähnlich, bei erwachsenen Tieren existiert ein Lungenkreislauf. A. leben vorwiegend in Feuchträumen. Ei- und Larvenentwicklung spielen sich fast immer im Wasser ab. Einige Arten verlassen das Wasser zeitlebens nicht, wenige sind durch direkte Entwicklung völlig vom Wasser unabhängig. Zu den A. zählen – im Devon – die ersten Landwirbeltiere. Die Klasse unterteilt sich in die Ordnungen der Blindwühlen, Schwanzlurche und Froschlurche.

Amphineura, »Wurmmollusken«, »Käferschnecken«; ausschließlich meeresbewohnende, manchmal wurmähnliche primitive Weichtiere (→ Mollusken); gehäuselos oder Gehäuse zusammengesetzt aus acht sich dachziegelartig überlappenden Platten. Ab Kambrium.

amphoter, Bezeichnung für im Wasser abgesetzte, durch Vulkanismus hervorgebrachte Ablagerungen.

anaerob, Lebensweise von Organismen, die für ihre Existenz keinen Luftsauerstoff benötigen.

Anagalida, Ordnung eigenartiger kleiner asiatischer Säugetiere, die den Rüsselspringern (→ Macroscelidea) nahestehen. Kreide (?) bis Oligozän.

Anagenese, summarisch für: Progressive Entwicklung, sowohl im Sinn einer Spezialisierung oder Anpassung wie auch als allgemeine Höherentwicklung.

anapsid, Begriff für Reptilien-Schädeldach ohne → Schläfenfenster.

Anapsida, Unterklasse von Reptilien mit Schädeln ohne → Schläfenfenster. Sie umfaßt die → Cotylosauria und die Schildkröten (→ Testudinata).

Anarcestida, Ordnung der Ammonoidea (→ Ammonit). Sie umfaßt die meisten primitiven Ammonoideen des Devons. Typisch ist der extern gelegene → Sipho.

Anaspida, Ordnung der → Agnatha (Zahnlosen). Der typisch spindelförmige Körper ist mit Panzerplatten aus → Aspidin bedeckt, die bei erdgeschichtlich jüngeren Formen mehr und mehr zurückgehen. Länge bis 20 cm. Die A. sind mögliche Vorfahren der heutigen Neunaugen. Silur bis Oberdevon.

Anatexis, Aufschmelzen fester Gesteine innerhalb der → Erdkruste durch Druck- und/oder Temperaturänderungen.

Ancyloceratida, Ordnung der Ammonoidea (→ Ammonit) mit nicht in einer normalen Spirale aufgerolltem (heteromorphem) Gehäuse. Kreide.

Ancylosauria, eine Unterordnung der → Ornithischia (»Vogelbecken-Dinosaurier«) mit starkem Knochenpanzer auf Rücken und Flanken. Kreide.

Andesit, dichtes bis feinkörniges vulkanisches Ergußgestein. A. ist weit verbreitet und ist ein typischer Vulkanit (→ Magma) der kontinentalen Krusten in orogenen (→ Orogene) Zonen sowie auf vulkanogenen Inselbögen.

Andrias scheuchzeri, Riesensalamander aus Öhningen, Baden (Miozän). Bekannt aufgrund der Fehldiagnose seines Entdeckers, J. J. Scheuchzer, der das Fossil 1726 als »... betrübtes Beingerüst eines in der Sündflut ertrunkenen Menschen« verkannte.

Androstrobus, Sammelbezeichnung für fossile männliche Zapfen von → Cycadeen.

Aneurophytales, eine Ordnung der → Progymnospermen (frühe Vorfahren der → Nacktsamer). Sie umfaßt baumförmige Arten mit nadelbaumähnlicher Holzanatomie. Die Zweige (»Raumwedel«) verästeln sich bei manchen Arten erst räumlich und dann fiedrig in einer Ebene. Mitteldevon bis Unterkarbon.

Angara-Flora, nach dem ostsibirischen Fluß Angara benannte permokarbonische Flora des → Angara-Landes. Enthält viele Elemente der → Gondwana-Flora (Phyllotheca, Noeggerathiopsis u. a.), sowie endemische Formen (z. B. Psygmophyllum). Die Hauptverbreitungszeit der A. sind Karbon und Perm.

Angara-Land, Kontinent des Karbons und Perms, der etwa mit Sibirien (nördliches Asien bis zur Petschora westlich des Urals) identisch ist und weder eine Landverbindung nach Europa noch eine solche nach China besitzt.

Angiospermen (= Bedecktsamer), Pflanzen, deren Samenanlagen in einem durch Verwachsung der Fruchtblätter entstandenen Fruchtknoten eingeschlossen sind. Entstanden sind die A. wohl bereits während des Perms oder der Trias in tropischen Gebirgsregionen. Nachweisen lassen sie sich ab der Obertrias. Ab dem Jura erleben sie eine arten- wie individuenmäßig größere Verbreitung. Sie werden unterteilt in → Monocotylen (Einkeimblättrige) und → Dicotylen (Zweikeimblättrige), die entwicklungsgeschichtlich etwa gleich alt sind.

Anguilliformes, Aalartige, Ordnung der → Teleostei. Umfaßt neben den echten Aalen auch Gattungen wie die Muränen. A. sind Wanderfische. Ab Oberkreide.

Anhydrit, Mineral und Gestein (CaSO4, rhombisch). Häufiges Vorkommen in Salzlagern; gesteinsbildend verbreitet besonders im → Zechstein.

Annelida, Ringelwürmer, Würmer mit gleichwertiger (homonomer) Segmentierung, bauchseitig gelegener Mundöffnung und oft besonderem Kieferapparat. Fossil sind die A. seit dem Kambrium (Präkambrium ?) besonders durch Kriechspuren und Bauten belegt.

Anomalodesmata, Unterklasse der Muscheln (→ Lamellibranchia), größtenteils grabende Formen mit verdecktem Schloßrand. Ab Ordovizium.

anorganogene Gesteine, aus Mineralien ohne Beteiligung von Organismen entstanden.

Anpassung (= Adaption); 1. als Vorgang: Auslese in Richtung optimalen Angepaßtseins an einen bestimmten Lebensraum durch Mutationen, Modifikationen und Auslese; 2. als Zustand: Ein Organismus ist den Anforderungen, die sein Lebensraum an ihn stellt, gewachsen.

Anseriformes, Gänsevögel, Ordnung der → Ornithurae. Stammform der Enten, flamingoähnliche Stelzvögel mit 38 fossilen Gattungen. Ab Unterem Eozän. Wahrscheinlich aus Vögeln (Charadriiformes) der Oberkreide hervorgegangen.

antarktokarbonische Flora, → Gondwana-Flora.

Anthozoa, Korallen, Klasse der Nesseltiere (→ Cnidaria). Als solche sind sie → Polypen ohne ein Medusenstadium. A. sind ausschließlich Meerestiere. Ihre oft kalkigen Stützskelette (Corallum) können bedeutende Kalkriffe aufbauen, die durch ihre Verbreitung paläoklimatologisch Hinweise auf warmes Meerwasser geben. Differenziert in fünf Unterklassen. Ab Ordovizium.

Anthracosauria, Ordnung der → Labyrinthodontia, Stammgruppe der Reptilien. Unter- bis Oberkarbon.

Anthrazit, kohlenstoffreichste, → amorphe Kohle. Meist im Paläozoikum entstanden.

anthropogener Boden, durch menschliche Tätigkeit neu geschaffener Boden, z. B. Gartenboden, Kippboden.

Anthropogenie, Entwicklungsgeschichte bzw. Abstammungslehre des Menschen.

Antiklinale → Sattel.

Antimonit (= Antimonglanz, Stibnit), Mineral (Sb_2S_3) mit langgestreckt prismatischen, nadeligen, faserigen Kristallen. Oft auch in strahligen Aggregraten, kugeligen Gebilden oder dichten Massen. Haupterzmineral in tiefthermalen Quarzgängen, Nebenkomponente u. a. in subvulkanischen Gold-Silberlagerstätten. Bedeutende Vorkommen in Transvaal (Südafrika).

Anucleobionta, Schizophyta oder Spaltorganismen; Organismen, die aus Zellen ohne echte Kerne aufgebaut sind. Ab Präkambrium. Dazu gehören die → Bacteriophyta (Bakterien) ohne Chlorophyll und die → Cyanobacteria (»Blaualgen«) mit Chlorophyll, von denen manche Formen Kalkkrusten abscheiden (→ Stromatolithen).

Anura, Salientia, Frösche und Kröten; eine Ordnung der → Amphibien mit verknöchertem Schädel und stark verändertem Skelett. Auffällig ist besonders das Fehlen des Schwanzes. Ab Jura.

äolisch, vom Wind geschaffen. Ä.e Formen können durch Abtragung und Aufschüttung entstehen (z. B. Dünen).

Apatit → Mineral, Calciumphosphat. $Ca_5[(F,O,OH)/(PO_4)_3]$. Die Kristalle sind hexagonale (sechseckige) langsäulige Prismen, oft tafelig und flächenreich mit gerundeten Kanten. Vorkommen meist in magmatischen Gesteinen.

Apatosaurus (veralt. Atlanto- oder Brontosaurus), Gattung der → Sauropoda. Mächtiger pflanzenfressender Dinosaurier des Oberen Juras von ca. 20 m Länge. Skelettfunde besonders in der → Morrison-Formation.

Aphytikum, pflanzenlose Zeit der Erdgeschichte (→ Archaikum).

Aplacophora, Wurmschnecken, fossil nicht bekannte Weichtiere (→ Mollusca) von 0,5 bis 30 cm Länge, die mit 150 Arten im Meer leben.

Apoda, Gymnophiona, »Beinlose«, Blindwühlen; kleine, weitgehend blinde Amphibien tropischer Gebiete ohne oder mit stark reduzierten Gliedmaßen und ringelwurmähnlich segmentiertem Körper. Wirbelfund im Paläozän Südamerikas.

Apt, Abschnitt (Alter) der Unterkreide (vor ca. 114 bis 108 Mio. Jahren). → Kreide.

Apterygota, Unterklasse der Insekten (→ Insecta), die flügellosen ältesten Insekten (z. B. Springschwänze, Zottenschwänze) umfassend. Fossil nur selten (z. B. → Rhynie Hornstein) überliefert. Ab Mitteldevon.

aquatisch, Begriff für: Im Wasser entstanden oder im Wasser lebend.

Aquitan, nach der historischen Landschaft Aquitanien im Südwesten Frankreichs benannte ältere der beiden Stufen (A. und Burdigal) des Unteren Miozäns.

Ära, 1. erdgeschichtlich: Bildungszeit einer sogenannten stratigraphischen Gruppe (z. B. Paläozoikum, Mesozoikum), → System; 2. tektonisch: Zeitraum einer aus mehreren Phasen bestehenden Gebirgsbildung (→ Orogenese). → Geochronologie.

Arachnida, Skorpione und Spinnen, Klasse der Gliederfüßer (→ Arthropoda). Blütezeit im Paläozoikum.

Aragonit, Mineral, Calciumkarbonat $CaCO_3$. Kristalle rhombisch. Vorkommen auf Erzlagerstätten, in Klüften und Hohlräumen.

Araliaceae, Familie der Bedecktsamerreihe Rosales. Zweikeimblättrige Bäume und Sträucher. Ab Unterkreide, zahlreiche Fossilien aus dem Tertiär.

Araucariaceae, Nadelbaumfamilie, ab Jura nachgewiesen. Bäume mit quirlig stehenden Ästen und spiralig um die Äste angeordneten nadelförmigen Blättern. → Rezent zwei Gattungen auf der Südhalbkugel.

Archaeocalamitaceae, Familie der Schachtelhalmgewächse (→ Equisetales). Oberdevon bis Oberkarbon.

Archaeocyatha, Stamm des Tierreiches mit mehreren Klassen.
Im Unter- und Mittelkambrium im Flachwasser tropischer Meere in 20 bis 50 m Tiefe verbreitet. 80 bis 150 mm lange spitzkonische Kelche von 10 bis 15 mm Durchmesser mit z. T. korallenähnlichem Kalkskelett. Dieses ist doppelwandig und gekammert. Die Wände sind perforiert. Vorkommen vor allem in Sibirien, Nordamerika, Australien.

Archaeopteridales (= Altfarne), Ordnung der → Progymnospermen, der Vorgänger der heutigen nacktsamigen Pflanzen. Farnlaubige Gewächse, darunter Bäume bis 20 m Höhe, mit ausgesprochener Fächeraderung. Mitteldevon bis Unterkarbon.

Archaeopteryx lithographica, Urvogel, Unterklasse Archaeornithes der Vögel. A. besitzt zahlreiche Reptilienmerkmale (Zähne, lange Fingerkrallen usw.) und zugleich zahlreiche Vogelattribute (Federn, luftgefüllte Knochen usw.). Er gilt als Bindeglied zwischen Reptilien und Vögeln und ist ein wichtiges Studienobjekt für die Erforschung der Entwicklung des Vogelfluges (aus Gleitflug oder zweifüßigem Rennen). Die Abstammung des A. wird noch diskutiert. In Frage kommen → Thecodontia, → Crocodilia oder → Theropoda. Am wahrscheinlichsten ist die Abstammung von den Theropoda; zu ihnen gehören die Compsognathus, die eine große Ähnlichkeit zum Urvogel zeigen. A. lebte im offenen Buschland an den Lagunen der → Tethys im Oberjura Süddeutschlands. Gute Fossilien fanden sich in den Plattenkalken von → Solnhofen.

Archaeornithes (= Urvogel) → Sauriurae.

Archaeosphaeroiditen, älteste bekannte Zellenform aus den Onverwacht- und → Fig-Tree-Schichten Südafrikas. Die 4 bis 60 μm großen Zellen sind über 3200 Mio. Jahre alt.

Archäiden, Gesamtheit aller im → Archaikum entstandenen Gebirge.

Archaikum, Hauptabschnitt der Erdgeschichte von der Zeit der Entstehung der Erde vor über 4600 Mio. Jahren bis vor etwa 2500 Mio. Jahren; im engeren Sinne auch die früheste Ära des → Präkambriums, also die Zeit vor 4000 bis 2500 Mio. Jahren.

Archäolithikum → Paläolithikum.

Archäozoikum → Proterozoikum.

Archegoniata, zusammenfassende Bezeichnung für Moose (→ Bryophyta) und Farne (→ Pteridophyta). Sie besitzen einen ähnlichen Aufbau ihrer Archegonien, kleine weibliche Organe, in denen sich die Eizellen entwickeln.

Archosauria, Unterklasse oder Oberordnung der Reptilien, → Diapsida. Zu den A. zählen alle größten und bekanntesten Saurier wie die → Thecodontia, die → Dinosaurier, Krokodile (→ Crocodilia) und → Pterosaurier. Ab Oberperm.

ardennische Phase → Faltungsphasen.

Ardennisch-Rheinische Insel, westeuropäisches Festlandgebiet im Jurameer, umfassend die Ardennen, das Rheinische Schiefergebirge und Südostengland.

Arietitidae, Familie der → Ammoniten. Im Unterjura weltweit verbreitete → Leitfossilien.

Aristogen, vollkommen neu erscheinendes, genetisch festgelegtes Merkmal eines Organismus, das sich in der Folge langsam weiterentwickelt.

arkto-karbonische Flora, Karbonflora der Nordhalbkugel. Sie gliedert sich in die → euramerische, die → Cathaysia- und die → Angara-Flora. Im Gegensatz zu ihr steht die antarktokarbonische oder auch → Gondwana-Flora.

Armfüßer → Brachiopoda.

Art (= Spezies), unter einer Art versteht man in der Biologie eine Gruppe von untereinander kreuzbaren Organismen mit fruchtbaren Nachkommen. Sie ist von anderen derartigen Gruppen in bezug auf die Fortpflanzung isoliert. Die A. ist damit die grundlegende biologische Einheit. In der Paläontologie ist diese Definition der A. nicht immer anwendbar. Hier erfolgt die A.-Abgrenzung deshalb ohne festgelegte Normen nach morphologischen (die Gestalt betreffenden) Kriterien. Man spricht im Gegensatz zur Biospezies dann von einer Morphospezies. Der wissenschaftliche A.-Name besteht aus zwei Teilen, dem groß geschriebenen Gattungsnamen und dem klein geschriebenen eigentlichen A.-Namen (z. B. Gentiana amarella, Bitterer Enzian). Gelegentlich werden A.n in Unterarten (Subspezies) unterteilt, wobei der Name der Unterart an den eigentlichen Artnamen angefügt wird (z. B. Gentiana amarella ssp. axillaris). Zur vollständigen Angabe des A.-Namens gehört in der zoologischen Literatur zwingend, in der botanischen fakultativ die Nennung des Autors der Veröffentlichung, in der die A. bzw. Unter-A. aufgestellt wird. In der zoologischen Literatur wird zusätzlich auch das Jahr der Erstbeschreibung angefügt, z. B. Urvogel: Archaeopteryx lithographica MEYER, 1861.

Artefakt, Bezeichnung für ein von prähistorischen Menschen angefertigtes Werkstück oder einen Kunstgegenstand aus Stein, Knochen o. ä.

Arthrodira, Ordnung der Panzerfische (→ Placodermi). Kopf und Vorderkörper sind mit einem Außenskelett aus großen Knochenplatten bedeckt. Die A. wurden bis zu 8 m lang und besaßen z. T. sehr kräftige Kiefer mit zahnähnlichen Vorsprüngen. Obersilur bis Devon.

Arthropoda, Gliederfüßer; in ungleichartige Körperabschnitte gegliederte Tiere mit paarigen, meist ebenfalls gegliederten Extremitäten und einem → chitinigen Außenskelett, das Einlagerungen von Kalksalzen enthalten kann. Aufgrund dieses Festskeletts sind die A. fossil gut überliefert. Zu den A. zählen beispielsweise die → Trilobiten, Pfeilschwanzkrebse (→ Xiphosura), Spinnentiere, Asselspinnen, Krebstiere, Tausendfüßer, Hundertfüßer und Insekten. Fossil sind sie seit dem Kambrium nachgewiesen. Heute stellen sie mit über 850 000 bekannten Arten rund drei Viertel aller Tierarten.

Arthropodenfährten, fossile Laufspuren (Cursichnia) von Gliederfüßern (→ Arthropoda). Oft lassen sie sich eindeutig einem bestimmten Tier (Spurenerzeuger) zuordnen.

Articulata, 1. Klasse der Armfüßer (Brachiopoda). A. sind → schloßtragende, meist kalkschalige Armfüßer von variabler Form und Größe. Ab Kambrium; 2. Unterklasse der Seelilien (→ Crinoidea), die neben verschiedenen fossilen Ordnungen alle in heutiger Zeit vorkommenden Seelilien umfaßt; 3. Schachtelhalmartige (→ Equisetales). Ab Untertrias.

Artiodactyla, Paarhufer, Säugetierordnung. 0,4 bis 4 m große, meist in Herden lebende, zu Lauftieren spezialisierte Pflanzenfresser, bei denen (mit Ausnahme der Flußpferde) die dritte und vierte Zehe der Vorder- und Hinterextremitäten verstärkt sind. Die Endglieder dieser Zehen sind mit einer hufartigen Hornmasse (Klaue) umgeben, mit der das Tier auftritt (Zehenspitzengänger). Zu unterscheiden sind die Unterordnungen der Nichtwiederkäuer, der Schwielensohler und der Wiederkäuer. Ab Unterem Eozän.

Asche, staubförmige bis feinkörnige Massen aus zerspratztem → Magma oder zerriebenem Gesteinsmaterial, die bei vulkanischen Ausbrüchen in die Luft geschleudert werden. Durch Wind in der Nähe eines Vulkans verbreitet, gehen sie dort als »Ascheregen« nieder. In Form von → Sedimenten verfestigen sich diese Lockermassen zu → Tuffstein.

Ascocerida, Ordnung der Kopffüßer (→ Cephalopoda) mit schlankem, schwach gekrümmtem Gehäuse in der Jugend und kurzem, aufgeblähtem Gehäuse im Alter. Ordovizium bis Silur.

Ascomycetes, Schlauchpilze, höhere Pilze (z. B. Trüffeln, Morcheln) mit schlauchförmigen Sporenanlagen. Ab Karbon.

Ashgill, Abschnitt des Oberordoviziums vor ca. 450 bis 440 Mio. Jahren.

Aspidin, dentinartige (dem Zahnbein verwandte) Skelettsubstanz mancher Kieferloser (→ Agnatha), auch bei Haien (→ Selachii). Knochenzellen fehlen, der Aufbau des A.s ist faserig.

Asselspinnen → Pycnogonida.

Assimilation (= Angleichung), 1. in der → Petrologie: Aufnahme von Nebengesteinsmaterialien durch Aufschmelzen in ein → Magma; 2. in der Botanik: Aufbau von körpereigenen Substanzen (Assimilaten) bei Organismen aus körperfremden Nahrungsstoffen unter Energieverbrauch. Man unterscheidet die A. von Kohlenstoff, Stickstoff und Schwefel sowie Phosphor.

Assoziation, Einheit bei der Beschreibung von Pflanzengesellschaften. Bestand von Arten mit weitgehend ähnlichen Lebensbedingungen.

assyntische Gebirgsbildung, nach dem Assynt-Distrikt in Nordschottland benannter Faltungsvorgang. Er ereignete sich vor etwa 1000 bis 600 Mio. Jahren in Sibirien sowie in West- und Mitteleuropa.

Astenosphäre, Zone des obersten → Erdmantels in 100 bis 300 km Tiefe, die sich dadurch auszeichnet, daß sich in ihr die Erdbebenwellen besonders langsam fortbewegen; 1. physikalisch erklärt sich dieses Phänomen möglicherweise durch die lokale Verflüssigung von Gesteinen durch hohen Druck und hohe Temperatur; 2. → tektonisch hat die A. für die Verschiebung der Platten der → Lithosphäre auf dem Erdmantel eine große Bedeutung; 3. magmatisch betrachtet ist sie die Quelle basaltischer Gesteinsschmelzen, die den → Plutonismus und Vulkanismus (→ Vulkan) speisen.

Asteroidea, Seesterne, Stachelhäuter (→ Echinodermata) mit flachem, fünfstrahligem Körper. Von ihm ausgehende breite Arme mit einem mehr oder weniger ausgeprägten Übergang münden in einen scheibenförmigen Körper. Ab Ordovizium.

Asteroxylon, Nacktpflanze (→ Psilophyten) mit sternförmigem Querschnitt des Zentralstranges und moosähnlicher Beblätterung. Mitteldevon. Vorläufer der Farnartigen (siehe Abb.).

Astrapotheria, Ordnung der Säugetiere. Bis 3 m große pflanzenfressende Huftiere (→ Ungulata) Südamerikas mit möglicherweise amphibischer Lebensweise. Sie besitzen spezialisierte Gebisse mit hauerartigen Eckzähnen. Manche Arten tragen einen kurzen Rüssel. Paläozän bis Miozän.

Astrorhizidea, Superfamilie der → Foraminiferen, umfassend die primitivsten fossil belegten Formen. A. besitzen kugelige bis röhrenförmige Kammern und zeigen erste Anzeichen eines periodischen Wachstums. Z. T. besitzen sie bereits kalkschalige Gehäuse. Ab Kambrium.

asturische Phase → Faltungsphasen.

Aszendenten, in aufsteigender Linie miteinander verwandte Organismen.

Atavismus (= Rückschlag), Wiederauftreten von Merkmalen, die den unmittelbaren Vorfahren nicht eigen sind, die aber bei den Ahnen existierten. Als mögliche Ursachen gelten Störungen während der Embryonalentwicklung oder neue → Mutationen.

atektonisch, Deformation eines Gesteinsverbandes, die nicht → tektonisch bedingt ist. Sie wird z. B. hervorgerufen durch Einstürzen in Lösungshohlräume, Auslaugung, → Karsterscheinungen, Eisstauchung, Gleitung.

Atelostomata, irreguläre, d. h. nicht fünfstrahlig symmetrische, sondern bilateral symmetrische (über eine Achse in zwei spiegelbildliche Hälften teilbare) Seeigel (→ Echinoidea). Ab Jura.

Atlantik (= Atlantischer Ozean), Entstehung ab Jura durch Auseinanderrücken Südamerikas und Afrikas einerseits sowie Nordamerikas, Grönlands und Europas andererseits. Durch → Ozeanbodenspreizung auch heute noch in Ausweitung begriffen.

Atrophie, Verkümmerung eines Organismus oder von Teilen eines Organismus, unabhängig von der Ursache.

attische Phase → Faltungsphasen.

Aufschluß, Stelle im Gelände, an der das anstehende Gestein unverhüllt durch die Vegetation oder aufliegende Erdschichten usw. sichtbar wird (z. B. Felswände, Steilufer, aber auch künstliche A.e wie Steinbrüche oder Gruben).

Augensteine, anorganische Kieselbildungen in der Form von Augen, z. B. in den Kalkschiefern des Unterkarbons von Wildungen. A. wurden mit Fossilien verwechselt (→ Pseudofossilien).

Aurignacien, Kulturstufe der jüngeren Altsteinzeit (→ Paläolithikum), benannt nach dem Fundort Aurignac in Südfrankreich.

Ausfällung, Ausscheiden fester Substanzen aus einer Lösung aufgrund abnehmender Lösungskraft (bei Abkühlung, Verdunstung, Bewegungsminderung u. a.). Durch A. entstehen Ausfällungsgesteine → chemischen oder → organogenen Ursprungs.

Auslese → Selektion.

Ausscheidungslagerstätten, durch → Ausfällung in Gewässern entstandene → Lagerstätten, z. B. von Salz oder Erz.

Aussterben, Verschwinden von Arten und höheren → taxonomischen Einheiten in geologischen Zeiten. Das A. ist ein Phänomen der → Evolution und steht im wechselseitigen Zusammenhang mit der → Radiation, dem Auftreten neuer Arten und höherer Taxa. Neben »normalem« A. mit einer mehr oder weniger konstanten A.s-Rate kennt man das → Massen-A., dessen Ursachen sehr unterschiedlich sein können und noch weitgehend ungeklärt sind. Massen-A. gab es im Oberordovizium, Oberdevon, an der Wende Perm/Trias, in der Obertrias und an der Wende Kreide/Tertiär, in geringerem Umfang auch an der Grenze Devon/Karbon und an der Wende Eozän/Oligozän. Die zeitliche Folge dieser Ereignisse führte u. a. zur Annahme periodischen Massen-A.s alle 26 bis 30 Mio. Jahre. Bei zunehmend exakter Zeitmessung wird diese Hypothese aber sehr fragwürdig. Bekannt sind die Zusammenhänge des A.s mit den Aktivitäten des Menschen in der jüngsten Vergangenheit und Gegenwart.

Aussterberate, definiert als Zahl der aussterbenden → Familien pro eine Mio. Jahre. Die A. betrug im Kambrium 4,2 und beträgt in der Gegenwart 2,0, wobei die menschlichen Eingriffe in die Natur nicht berücksichtigt sind. Diese vervierfachen die A. auf etwa 8,0. Diese Ermittlungsart bringt Tendenzen mit sich, die A. etwas zu hoch anzusetzen.

Australite, in Australien in einem Meteoritenschauer niedergegangene Glasmeteorite (→ Tektite).

Australopithecus, Gattung der → Hominiden (Menschenartigen) im Plio- und Pleistozän. Die ersten Australopithecinen lebten vor ca. 4 Mio. Jahren in Ostafrika (Kenia und Tansania). Der A. ging aufrecht, stellte aber noch keine Werkzeuge her (allenfalls benutzte er einfache natürliche Geröllwerkzeuge). Er besaß noch kein gegenüber anderen Primaten merklich vergrößertes Schädelvolumen. Je nach Art lag das Körpergewicht des A. zwischen 30 und 80 kg.

austrische Phase → Faltungsphasen.

authigen, bei Organismen: Durch den eigenen Organismus entstanden bei Gesteinen: An Ort und Stelle entstandene Bestandteile.

autochthon, einheimisch, bodenständig.

Autogenese, hypothetische Auffassung der → Evolution, nach der die Organismen selbst die treibenden Faktoren des Entwicklungsgeschehens sind.

Autolyse (= Selbstauflösung), Zerfall abgestorbener Organismen durch eigene Fermente, also ohne Mitwirkung von Mikroorganismen.

autotroph, Bezeichnung für Organismen, die für ihren Stoffwechsel primäre Energieformen nutzen, z. B. das Licht bei der → Photosynthese. A.e Ernährung ist auch bei der Oxidation anorganischer Verbindungen (Chemosynthese) gegeben.

Aves, Wirbeltierklasse der Vögel; sie stammen von den → Thecodontia ab. Ihr ganzer Körper, speziell ihr Skelett, ist den Erfordernissen des Fliegens angepaßt. Insbesondere sind die Knochen marklos und dünnwandig und vielfach luftgefüllt (→ pneumatische Knochen). Die A. gliedern sich in die Unterklassen → Sauriurae, → Odontoholcae und → Ornithurae. Ab Oberjura.

Azoikum → (= Archaikum), Erdzeitalter ohne fossile Belege von Tieren.

B

Bacteriophyta, Bakterien, Spaltpilze. Einzeln oder in einfachen Verbänden (Fäden, Klumpen u. a.) lebende sehr kleine Zellen (um 1 μm) ohne Zellkern (→ Prokaryota). B gehören zu den ältesten Organismen.

Bactriten, Unterklasse der Kopffüßer (→ Cephalopoda) mit schlanken, langgestreckten oder auch ansatzweise eingerollten Gehäusen und randständigem → Sipho. B. sind Zwischenformen zwischen den → Nautiloidea und den → Ammonoidea und sind die Stammgruppe der letzteren sowie der → Belemniten. Ordovizium (?) oder Devon bis Perm.

Badlands, sedimentäre Ablagerungen des Oligozäns und Miozäns in South Dakota (USA). Heute typische Landschaftsform durch trockenes Klima und → Erosion in vegetationslosem Hügelland. Die B. sind reich an Fossilien, u. a. von Säugetieren.

Baersches Gesetz, durch den baltischen Naturforscher Karl E. von Baer 1828 begründete Theorie der Entwicklungsgeschichte. Hauptthese: »Jede ontogenetische (→ Ontogenese) Entwicklung schreitet in zunehmender Differenzierung vom Allgemeinen zum Besonderen fort, bringt also nacheinander die Typenmerkmale des Stammes, der Klasse, Ordnung usw. des betreffenden Individuums zur Ausbildung.«

baikalische Faltung → Faltungsphasen.

Baltischer Schild, der aus präkambrischem Grundgebirge aufgebaute nördliche Festlandkern Europas. Zu ihm zählen Teile Norwegens, Schweden, Finnland, Ostkarelien und die Halbinsel Kola.

Baltische Straße, Meeresarm wechselnder Lage, der zeitweise während des Oberjuras und der Kreide die mittel- und osteuropäischen Meere miteinander verband.

Baluchitherium, *Riesennashorn, Gattung der Paarhufer (→ Perissodactyla). Schulterhöhe ca. 5 m, Halslänge ca. 1,2 m. Vorfahren sind die Rhinocerotoidea des Eozäns. Vorkommen: Oligozän bis Miozän.

Bändereisenerz, feinlagige Bildungen von Hämatit und Magnetit (Magneteisenstein), entwickelt sich unter Beteiligung von Eisenbakterien durch Ausfällprozesse (→ Ausfällung). Hauptentstehungszeiten vor 3,4 und 2,5 sowie 0,6 Mrd. Jahren.

Bänderton (= Warventon), sehr regelmäßig in feinen Schichten aufgebautes Sediment aus hellen Feinsand- und dünneren dunklen Tonlagen. Es lagert sich am Boden von Schmelzwasserseen vor der Stirn von Gletschern ab. Je eine helle und eine dunkle Schicht zusammen werden als → Warve bezeichnet und entstehen während eines Jahres.

Bankung, großplattige Ablagerung von Gesteinen.

Bärlappe → Lycophyta.

Barrandium, Sedimentfolge in der sogenannten Prager Mulde südwestlich von Prag. Berühmt wegen seiner zahlreichen fossilen → Trilobiten in Schiefern und Kalken. Mittelkambrium bis Mitteldevon.

Barrentheorie, Hypothese von Karl Ochsenius (1877), nach der sich mächtige Salzlagerstätten durch Eindampfung in Lagunen mit schmalem Zugang zum Meer bilden. Von diesem sind sie durch eine Barre, also eine Sand- oder Schlammbank im Tiefenwasserbereich abgetrennt. Oberflächlich gleicht immer neu vom offenen Meer einströmendes Wasser die Verdunstungsverluste in der Lagune aus. In der Tiefe der Wasserbecken sammelt sich das schwere, salzreiche (eingedampfte) Wasser, aus dem sich schließlich Salz ausscheidet.

Baryt (= Schwerspat), Mineral, Bariumsulfat, Ba (SO_4). Kristalle rhombisch und dünntafelig, säulig oder rosenartig-blättrig, daneben auch körnig oder dicht. Spezifisches Gewicht 4,3 bis 4,7. Vorkommen auf Erzgängen.

Basalt, Sammelbezeichnung für dunkle, dichte bis feinkörnige SiO_2-arme Vulkanite (→ Magma).

Basidiomycetes, »Schwammpilze«, »Ständerpilze«; höhere Pilze mit sogenannten Basidien, d. h. ständerförmigen Sporenbehältern. Zu den B. gehören u. a. die Hutpilze wie Pfifferling, Reizker, Steinpilz und Knollenblätterpilz. Reste fossiler B. kommen in Braunkohle vor. Ab Karbon.

Basommatophora, Ordnung der Lungenschnecken (→ Pulmonata). Sie umfaßt deren im Süßwasser lebende Formen. Im Gegensatz zu den Landlungenschnecken liegen ihre Augen ohne Stiel im Kopf. Ab Karbon.

bathybiont, beschreibend für Tiere, die nur in der Tiefsee leben.

Batoidea, Rochen, Ordnung der → Elasmobranchii, meist stark abgeflachte Fische mit riesigen Brustflossen. Ab Oberjura.

Bauxit, Sedimentgestein, das sich größtenteils aus verschiedenen Aluminiumhydroxiden zusammensetzt. Alle enthaltenen Mineralien sind sehr feinkörnig und schuppig oder plattig ausgebildet. Oft sind sie zu eiförmigen schaligen oder erbsenförmigen Klümpchen verbacken, die in einer dichten Grundmasse eingebettet sind. Weitere Bestandteile des B.s sind u. a. Tonminerale.

Beaufort-Gruppe, kontinentale Rotsedimente im südafrikanischen Karroo-Becken (→ Karroo-System) von Oberperm bis Mitteltrias. Die Sedimente enthalten zahlreiche Fossilien, besonders von → Therapsida.

Bedecktsamer → Angiospermen.

Begleitfauna bzw. -flora, Arten, Gattungen usw., die zusammen mit → Leitfossilien in einer geologischen Ablagerung vorkommen.

Belemniten, Ordnung der Kopffüßer (→ Cephalopoda) mit zehn Armen, von denen jeder zwei Reihen Häkchen trägt. Sie besitzen ein inneres kalkiges Skelett, dessen massiver Teil (Rostrum) meist allein fossil überliefert ist und ebenfalls als B. bezeichnet wird. Dieses Rostrum ist langgestreckt spitzkegelig sowie gerade und baut sich aus radialstrahligem → Calcit auf. Wahrscheinlich besitzen die B. zwei Kiemen (dibranchiat). Wie die → Ammoniten stammen sie wohl von den → Bactriten ab. Hauptentwicklung in Jura und Kreide. Fragwürdige Belege aus dem Unterkarbon, gänzliches Fehlen im Perm und in der Trias.

Belomorriden, ca. 3,5 Mrd. Jahre alter Faltengebirgskomplex des → Baltischen Schildes.

Benioff-Zone, von dem US-amerikanischen Seismologen H. Benioff entdeckte Zone des → Erdmantels bis in 700 km Tiefe im Bereich absinkender Platten der → Lithosphäre (→ Subduktionszone). In der B. konzentrieren sich Erdbebenherde.

Bennettitales, Bennettiteen, baumartige, den → Cycadeen ähnelnde Samenpflanzen mit meist unverzweigten Stämmen. Die sehr großen Blätter sind gefiedert, die Blüten entspringen direkt dem Stamm (sie sind stammbürtig) und besitzen eine bereits an Bedecktsamerblüten erinnernde Blütenhülle. Keuper bis Oberkreide.

benthisch, das → Benthos betreffend.

Benthos, Organismenwelt der Gewässerböden, unterteilt in am Lebensort verbleibendes (sessiles) und freibewegliches (vagiles) B.

Beresovka-Mammut, einer der bedeutendsten Mammutfunde (→ Mammuthus primigenius). Das Tier wurde 1900 am linken Ufer des sibirischen Flusses Beresovka im Permafrostboden vollständig konserviert (»tiefgefroren«) entdeckt.

Bernstein (= Succinit), fossiles Harz von Nadel- und Laubhölzern (am häufigsten von Kiefern). Besonders bekannt ist der baltische Bernstein aus dem Oberen Eozän des Samlandes an der südlichen Ostseeküste. Die ältesten B.-Funde stammen aus dem Devon und Karbon. Im B. finden sich häufig → Inklusen (Einschlüsse) kleinerer Organismen (oft Insekten). Die ältesten bekannten Inklusen stammen aus der Unterkreide des Libanons.

Beutelstrahler → Cystoidea.

Beuteltiere → Marsupialia.

Bims (= Bimsstein), sehr leichtes, vulkanisches Schaumglas. Entsteht aus SiO_2-reichem → Magma durch Expansion von Gasen unter Druckentlastung bei Erreichen der Erdoberfläche.

Biochronologie, Methodik zur Bestimmung des relativen Alters von Gesteinskörpern anhand von biostratigraphischen (→ Biostratigraphie) Beobachtungen. Ziel dieses Verfahrens ist es, Zeitgrenzen für Großräume – vorzugsweise erdweit – zu fixieren. Durch überregionale Vergleiche von Faunenfolgen werden Skalen erstellt, nach denen sich Gesteinsfolgen durch die in ihnen enthaltenen → Leitfossilien gliedern lassen.

Biofazies, durch seinen charakteristischen Fossilieninhalt gekennzeichneter geologischer Körper (→ Fazies).

biogene Gesteine → Biolithe.

Biolithe, Sedimente, bei deren Entstehung Organismen wesentlich mitgewirkt haben. Man unterscheidet phytogene (durch pflanzliche Organismen erzeugte) und zoogene (durch tierische Organismen erzeugte) B. Beispiele für B. sind Humusstein (Humolithe) und verfestigte Faulschlamm-Sedimente (Saprolithe).

Biomineralisation, Bildung von Hartteilen durch Organismen. Die B. erfolgt durch physikalisch-chemische und biologische Prozesse. In deren Verlauf werden mineralische Kristalle wie → Apatit (in Knochen und Zähnen) oder → Calcit und → Aragonit (in den Skeletten vieler Wirbelloser) in gesetzmäßiger Weise zusammengefügt.

Biosphäre, Bereich der obersten → Erdkruste und Erdoberfläche sowie der → Hydrosphäre, in dem Lebewesen existieren und diesen durch ihre Existenz erdgeschichtlich mitgeprägt haben. Die Evolution der B. ist die Grundlage der → Paläobiologie.

Biostratigraphie, relative zeitliche Gliederung der Sedimentgesteine aufgrund der in ihnen enthaltenen → Leitfossilien. Nach einer Gliederung lassen sich gleichaltrige Gesteine vergleichen und einstufen. Grundeinheit der B. ist die durch die Lebensdauer einer Leitart (→ Leitfossil) definierte → Zone. Von ihr leiten sich in steigender Rangfolge höhere Einheiten ab.
Beispiel:
1. Äonothem (Phanerozoikum)
2. Ärathem (Mesozoikum)
3. System (Jura)
4. Serie (Unterjura, Lias)
5. Stufe (Toarc)
6. Zone (Dörntener Schiefer).

Biotop, Lebensraum, der von einer Organismengemeinschaft (→ Biozönose) bewohnt wird.

Bioturbation, Durchmischung eines noch nicht verfestigten Sedimentes durch die Aktivitäten lebender Organismen. Das Ergebnis dieses Vorgangs heißt Bioturbidit.

Biozönose, Lebensgemeinschaft von Organismen, die im Gleichgewicht miteinander und mit ihrer anorganischen Umwelt stehen.

Bitumen, vorwiegend aus Kohlenwasserstoffen bestehende, in der Natur vorkommende Verbindungen, die ihrer Herkunft nach mit Erdöl und Erdgas in Beziehung stehen. B. sind entstanden aus Eiweißen, Lipiden, Kohlenhydraten und Pigmenten abgestorbener Organismen. B. ist entweder gasförmig (Kohlenwasserstoffe der Erdgase), flüssig (Erdöl) oder fest (Erdwachs, Asphalt). Diese natürlichen B. sind nicht zu verwechseln mit den gleichbenannten technischen B., d. h. festen Rückständen der Erdöldestillation. Gesteine mit einem größeren Anteil an natürlichen B. werden als bituminös bezeichnet.

Bivalvia → Lamellibranchia.

Blastoidea, Knospenstrahler, Crinozoa. Meist gestielte, im Meere lebende Stachelhäuter (→ Echinodermata) mit melonen- bis knospenförmigem Kelch, an dem zahlreiche dünne Fangarme sitzen. Silur bis Perm.

Blastozoa, den → Blastoidea zugeordnete Stachelhäuter.

Blattoidea (= Schaben), Ordnung der → Insecta. B. sind die häufigsten überlieferten Insekten (→ Leitfossilien) des Oberkarbons und Perms. Sie lebten vorwiegend in Feuchtbiotopen.

Blaualgen → Cyanobacteria.

Blindwühlen → Gymnophiona, → Apoda.

Blocklava, kompakte bis porenarme, zu vieleckigen Blöcken erstarrte ursprünglich zähflüssige → Lava.

Bölling-Interstadial (= Bölling-Zwischeneiszeit); nach dem ehemaligen Bölling-See in Jütland benannte kurzzeitige Wärmeperiode der späten Eiszeit, erstmals mit lichten Birken-Kiefernwäldern. → Tundrenzeit, → Interstadial.

Blumentiere → Anthozoa, Korallen.

Blütezeit, Virenzzeit, Zeit explosiver Entwicklung in der Stammesgeschichte von Organismen. Sie ist charakterisiert durch großen Formen- und Individuenreichtum.

Boghead-Kohle, nach dem schottischen Ort Boghead benannte Algenkohle aus → bitumenreichen Algenkörpern.

Böhmisches Becken, im Inneren eines Gebirgssystems liegendes (intramontanes) Becken zwischen Prag und Pilsen. Die Sedimente des B. B.s enthalten zahlreiche wichtige Pflanzenfossilien des Oberkarbons bis Unterperms.

Bokkeveld-Flora (= Hyenia-Flora), Pflanzenreich des Unterdevons in Südafrika und Südamerika, artenärmer als die gleichzeitig anzutreffenden tropischen Floren Europas, Nordamerikas, Sibiriens, Chinas und Australiens.

Boreal, Abschnitt des → Holozäns vor etwa 6800 bis 5500 Jahren mit zunehmend wärmerem Klima. In Europa: Vorherrschen von Kiefernwald mit Haseln. Erstes Auftreten von Eichenmischwald.

Brachialapparat, Armgerüst der Armfüßer (→ Brachiopoda).

Brachiopoda, Armfüßer, Klasse des Stammes der → Tentaculata. Meist an Felsen oder am Boden festsitzende Meerestiere. Im Unterschied zu den äußerlich ähnlichen Muscheln besitzen sie je eine → chitinige, von Kalksalzen durchsetzte Rücken- und Bauchschale und lange, gerade bis spiralig eingerollte Mundarme. Letztere sind zum Herbeistrudeln der Nahrung dicht bewimpert. Ab Kambrium.

Brachydontie, Niedrigkronigkeit der Zähne bei Säugetieren. Das Abkauen brachydonter Zähne bewirkt eine dauerhafte Veränderung der Kauflächen.

Brachyura, Krabben, Kurzschwanzkrebse; Krebse, deren Hinterleib nach vorne unter den Körper eingeschlagen ist.

brackisch, beschreibend für den Grenzbereich von Salz- und Süßwasser, etwa an Flußmündungen oder in Lagunen, gekennzeichnet durch Vermischung der unterschiedlichen Wassermassen. Biologisch bedeutend als besonderer → Biotop, der sich meist durch Artenarmut, aber Individuenreichtum auszeichnet. Geologisch bedeutend als Abscheidungsraum von Tonmineralien durch elektrolytische Prozesse, die zur → Ausfällung führen.

Branchiopoda, Kiemenfüßer, primitive kleine → Crustacea mit gestrecktem, deutlich gegliedertem Körper und blattförmigen Körperanhängen. Heute sind sie vertreten durch die Wasserflöhe. Ab Unterdevon.

Branchiosauria, kleine, im europäischen Perm lebende → Labyrinthodontia mit schwach verknöchertem Skelett, z. T. mit äußeren Kiemen.

Branchiotremata (= Hemichordata), Kragentiere. Typisch sind innere Kiemenkörbe, dies sind Ausbuchtungen an den Vorderarmen der Tiere.

Braunalgen → Phaeophyta.

Braunkohlen, erdig-lockere bis feste Kohlen von mittelbrauner bis – seltener – schwarzer Farbe, die fast stets Lignin (Holzsubstanz) enthalten.

Brechschere, Gebißmerkmal der Raubtiere (→ Carnivora). Bei der B. wirken je ein besonders kräftig entwickelter Zahn des Ober- und des Unterkiefers scherenartig zusammen. Meist handelt es sich um den hinteren oberen Vorderbackenzahn (Prämolar 4) und den vorderen unteren Hinterbackenzahn (Molar 1). Bei den frühen Raubtieren (→ Creodonta) des Alttertiärs lag die B. weiter hinten im Bereich der → Molaren 1 – 3. Die einzelnen Zähne der B. nennt man Brechzahn.

Brekzie (= Breccie), verfestigtes Trümmergestein, unabhängig von der Entstehung, deren miteinander verkittete Gesteins- und Mineraltrümmer meist ungerundet sind.

bretonische Phase → Faltungsphasen.

Brockenlava (= Aa-Lava), zähflüssige → Lava, die zu eckigen bis rundlichen, aufgeblähten Schlackenblöcken erstarrt ist.

Brontotherium, Gattung der Unpaarhufer (→ Perissodactyla). Bis 4 m große, massige Tiere Nordamerikas, die an Nashörner erinnern. Unteres Eozän bis Oligozän.

Bruchtektonik, Deformation der Erdkruste durch Fugen, Klüfte, Spalten u. a. bei vertikalem und/oder horizontalem Versatz von Schollen.

Bryophyta (= Moose), Abstammung wahrscheinlich von den Grünalgen (→ Chlorophyta); sie besitzen keine entwicklungsgeschichtliche Verbindung zu den höheren Pflanzen. B. besitzen weder echte Leitgefäße noch ein Leitgewebe und haben keine echten Wurzeln. Unterteilt werden sie in die Klassen Lebermoose (→ Hepaticae) und Laubmoose (Musci). Wahrscheinlich ab Karbon. Die meisten fossilen Moose sind tertiären Alters.

Bryozoa, Moostierchen, kleine, meist im Meer lebende kolonienbildende Tiere mit überwiegend kalkigem, seltener chitinigem Außenskelett. Klasse der → Tentaculata. Die B.-Kolonien (→ Zoarium) entstehen durch Knospung und werden bis zu 90 cm hoch. Die Einzeltiere (Zoide) sind etwa 0,2 bis 4,5 mm groß. Aus ihrem Außenskelett (Kutikula) ragt vorne ein Kranz von Fangarmen heraus. In früheren erdgeschichtlichen Epochen waren B. am Aufbau von Kalkriffen (Bryozoenkalk) beteiligt. Kambrium (?), sicher seit Ordovizium (siehe Abb.).

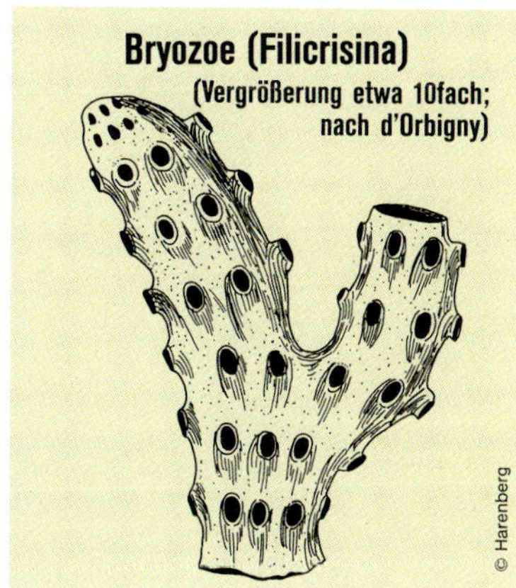

bunodont, Bezeichnung für Säugetierzähne mit vier isolierten stumpfen Höckern.

Buntsandstein, unterste → Serie der Trias (250–243 Mio.), benannt nach den gleichnamigen kontinentalen Rotsedimenten dieser Zeit im → Germanischen Becken.

Burgess-Schiefer, feinkörniger, mittelkambrischer Schiefer vom Burgess-Paß im südlichen British Columbia (Kanada). Der B. führt viele Fossilien, darunter etwa 35% → Arthropoda, 25% Schwämme (→ Porifera) und 13% verschiedenartige Würmer. B. ist die wichtigste Quelle für die Kenntnis von Weichteilen altpaläozoischer Tiere.

C

cadomische Faltungsphase, Gebirgsbildungsphase an der Grenze von Jungproterozoikum und Kambrium. Weitgehend identisch mit der sogenannten jungassynthischen Faltungsphase.

Calamitales, Calamitaceae, Calamiten, fossile Schachtelhalmbäume bis zu 20 m Höhe mit sekundärem Dickenwachstum der Stämme. Die fossilen Ausfüllungen der Markhohlräume der Stämme heißen Calamites.

Calcispongea, Kalkschwämme, Klasse der Schwämme (→ Porifera). Das Skelett der C. besteht aus Kalknadeln. Ab Kambrium.

Calcit (= Kalkspat), Mineral, $CaCO_3$, Kristalle hexagonal bis triagonal. Vorkommen im Kalkgestein, als Bindemittel im Sandstein, auf Erzgängen, in Drusen oder als → Sinter. Nach dem → Quarz an der Erdoberfläche am weitesten verbreitet.

Caldera, Einsturzkrater oft gewaltiger Dimensionen bei Vulkanen. Eine C. entsteht durch Verbruch des Beckenmaterials einer leergeschossenen Magmakammer.

Callipteris conferta, Farnsamer mit bis zu 80 cm langen doppelt gefiederten Wedeln. Wichtigstes Leitfossil des → Rotliegenden.

Camerata, Unterklasse der Seelilien (→ Crinoidea), bei der alle Kalkplättchen starr miteinander verbunden sind. Unterordovizium bis Oberperm.

Caninus, Reißzahn, Eckzahn der Säugetiere. Besonders großer, kegelförmiger Zahn. → Zähne.

Canis (= Hunde), Gattung der Fleischfresser (→ Carnivora). Ab dem Unteren Pliozän, in Europa vielleicht schon ab Oberem Miozän. Ahne ist Hesperocyon im Miozän. Der Haushund, Art C. familiaris, existiert seit dem → Mesolithikum und war bereits im → Neolithikum mit zahlreichen Rassen vertreten.

Carbonate, Mineralgruppe der Salze der Kohlensäure. Oft Bestandteile der Skelette oder Überkrustungen von Organismen (Algen, → Crinoidea, Muscheln, Korallen usw.). Treten diese Lebewesen in gesteinsbildenden Mengen auf, dann entstehen carbonatische Sedimentgesteine (Gesteine mit mehr als 50% C.n). C.-Gesteine können auch direkt aus wäßriger Lösung durch → Ausfällung hervorgehen. Dies geschieht etwa bei Abkühlung heißer Quellen oder Abnahme des CO_2-Gehalts der umgebenden Luft, so daß z. B. Sinterterrassen, Tropfsteine u. a. entstehen.

Carinatae, Vögel mit einem gut entwickelten Kiel (Carina) am Brustbein. An diesem Kiel setzen die Flugmuskeln an, daher sind die C. gute Flieger. → Ratitae.

carnivor, fleischfressend.

Carnivora (= Raubtiere), Ordnung der Säugetiere, charakterisiert durch die Reißzähne (→ Caninus) und eine → Brechschere aus vierten Vorderbackenzähnen (→ Prämolaren) und erstem Hinterbackenzahn (→ Molaren). Die »Urraubtiere« (→ Creodonta) sind in diesem Sinne keine »echten« Raubtiere. Unterteilt werden die C. in Landraubtiere oder → Fissipedia und Robben oder → Pinnipedia.

Carnosauria, Infraordnung der → Saurischia.

Cathaysia-Flora (= Gigantopteris-Flora), Flora des Permokarbons Ostasiens (Cathay; Bez. für nördl. China) von Korea bis Sumatra, sowie der südwestlichen USA. Sie ist geprägt von zahlreichen Formen der → euramerischen Flora, besitzt aber auch einheimische (endemische) Formen. Hierzu gehört vor allem Gigantopteris, eine Gattung farnlaubiger Pflanzen (→ Pteridophyllen).

Caudata, Schwanzlurche, Salamander, eine Amphibienüberordnung, umfassend die → Apoda und → Urodela.

Cavicornier, »Hohlhörner«, hörnertragende Paarhufer wie Rinder, Ziegen, Schafe.

Caytoniales, nach der Cayton-Bay in Yorkshire benannte Ordnung eigenartiger, zu den → Cycadeen gehörender Pflanzen aus dem → Rät und Jura. Ihre Samenanlage ähnelt dem Fruchtknoten der Bedecktsamer (→ Angiospermen).

Cenoman, unterste Abteilung der Oberkreide (ca. 97–91 Mio).

Cephalopoda, Kopffüßer, eine Klasse der Weichtiere (→ Mollusca), neben den rezenten Tintenfischen und dem Nautilus (→ Nautiloidea) zahlreiche ausgestorbene Formen umfassend. Charakteristisch ist der Besitz eines gekammerten inneren oder äußeren Gehäuses. C. sind die höchstentwickelten Weichtiere. Unter ihnen finden sich die größten bekannten Wirbellosen. Die heutige Tenthidengattung Architeuthis erreicht 6,5 m Körperlänge und besitzt bis zu 20 m lange Arme. Unter den ausgestorbenen C. befinden sich zahlreiche hervorragende → Leitfossilien, u. a. die → Ammoniten und → Belemniten.

Ceratitida, formenreiche Ordnung der → Ammoniten.

Ceratopsia, Unterordnung der Vogelbeckensaurier (→ Ornithischia), gehörnte Arten (Triceratops u. ä.) umfassend. Oberkreide.

Cerin, Plattenkalke des südlichen Jura-Gebirges westlich von Lyon (Frankreich), entstanden im Oberjura. C. enthält zahlreiche Fossilien, außer Wirbellosen besonders Fische verschiedener Gattungen, daneben auch viele Florenelemente wie → Koniferen, → Cycadeen, → Bennettiteen.

Cervidae, Hirsche, Familie der Paarhufer (→ Artiodactyla); geweihlose Formen ab Oligozän/Eozän.

Cetacea (= griech. Wale), Ordnung an das Leben im Wasser angepaßter Säugetiere. Ab Eozän.

Chalzedon, Mineral, SiO_2. Sehr feinkristalline Form des → Quarzes, aufgebaut aus feinen Fasern.

Chelicerata, Fühlerlose, Unterstamm der Gliederfüßer (→ Arthropoda) ohne Antennen (Fühler) und mit besonderer Ausbildung des ersten und zweiten Gliedmaßenpaares als Scheren und Kiefertaster. Zu den C. gehören die Pfeilschwanzkrebse, die Spinnentiere und die Asselspinnen. Ab Kambrium.

chemische Sedimente, feste Niederschläge aus Lösungen und Dämpfen.

Chert → Flint, Feuerstein.

Chimären, Seekatzen, einzige Unterklasse der Holocephali; seltene, Weichtiere fressende Haiartige. Ab Trias (?) oder Jura.

Chiroptera, Fledertiere, den Insektenfressern (→ Insectivora) nahestehende Säugetiere. Ihre Anatomie ermöglicht ihnen als einzigen Säugern aktives Fliegen (Fledermäuse, Flughunde). Ab Unterem Eozän.

Chirotherium, »Handtier«, praktisch nur aus handförmigen fossilen Fährten der Trias bekanntes Tier von Hunde- bis Bärengröße. Wahrscheinlich ein Vertreter der → Thecodontia.

Chitin, bei vielen Wirbellosen vorkommende Stützsubstanz von ähnlicher Molekularstruktur wie die Zellulose. Chemisch ist C. ein Polyacetyl-Glucosamin. C. ist generell flexibel, kann aber durch Calciumcarbonat- oder Calciumphosphat-Einlagerungen gehärtet werden.

Chlorophyta, Grünalgen, sehr vielgestaltige Pflanzengruppe. Sie umfaßt u. a. kalkabscheidende und auf diese Weise gesteinsbildende Arten (z. B. → die Dasycladaceen des Trias). Ab Präkambrium (?) oder Kambrium.

Chondrichthyes, Knorpelfische, heutige Haie und Rochen und ihre ausgestorbenen Verwandten. Ab Mitteldevon.

Chondrostei, Knorpelganoidfische, Überordnung der Strahlenflosser (→ Actinopterygii). Wirbelkörper nicht verknöchert; charakteristisch sind die rhombenförmigen sogenannten → Ganoid-Schuppen. Diese besitzen eine sehr harte obere Schicht aus dem dentinähnlichen Ganoin.

Chordata (= Chordatiere), Lebewesen mit einer sogenannten Chorda dorsalis, einem stabförmigen, im Rückenbereich längs eines Nervenstranges (Neuralrohr) verlaufenden Stützelement. Dieses ist von einer festen Hülle aus blasigen Zellen mit hohem Turgor (Flüssigkeitsdruck) umgeben. Bei höheren C. entwickelt sich die Chorda dorsalis zur bekannten Wirbelsäule. Zu den C. gehören die Manteltiere (→ Tunicata), die Schädellosen (→ Acrania) und die Wirbeltiere (→ Vertebrata).

Ciconiiformes, Storchen- und Schreitvögel, Ordnung der Vögel (→ Aves). Etwa 30 fossile Gattungen ab Eozän.

Cirripedia, »Rankenfüßer«, seßhafte, mit dem Kopfende festgewachsene Krebstiere (z. B. die »Seepocken« und »Entenmuscheln«). Ab Kambrium.

Clactonien, nach dem Fundort Clacton-on-Sea (England) benannte altsteinzeitliche Kultur; verbreitet in Nordwesteuropa. Faustkeile sind im C. unbekannt.

$_{14}$ C-Methode (= Kohlenstoffmethode, Radiokarbonmethode); Altersbestimmung kohlenstoffhaltiger Objekte (Holz, Torf, Skelette, Kalksinter usw.) durch Ermittlung des Mengenverhältnisses der Kohlenstoffisotope $^{12}C/^{14}C$ und Vergleich mit dem heutigen atmosphärischen Wert von 10:1. Im organisch oder chemisch aus der Atmosphäre gebundenen Kohlenstoff zerfällt das ^{14}C mit einer Halbwertszeit von 5700 Jahren. Damit verschiebt sich im Laufe der Zeit das $^{12}C/^{14}C$-Verhältnis zugunsten von ^{12}C. Aus dem Grad der Abweichung läßt sich das absolute Alter des C-haltigen Objektes errechnen. Sichere Datierungen nach dieser Untersuchungsmethode C. reichen etwa 50 000 Jahre vor heute zurück.

Cnidaria, Nesseltiere (= Medusen, Korallen usw.). Stamm der Hohltiere (→ Coelenterata), mit Nesselkapseln (Cniden) ausgestattete Tiere. Sie leben zum größten Teil im Meer, meist radial-symmetrische Lebewesen mit einem Tentakelkranz um den Mund. Freischwimmend (→ Meduse) oder festsitzend (→ Polyp), oft beide Formen im → Generationswechsel. Ab Präkambrium.

Coccolithen, 0,002 bis 0,01 mm große, meist linsen- oder scheibchenförmige Kalkkörperchen der Coccolithophorida. Diese sind überwiegend planktisch im Meer lebende, mehr oder weniger kugelige → Flagellaten, auf deren Körper die kalkigen C. sitzen. Ab Obertrias.

Codiaceae, Familie kalkabscheidender Grünalgen (→ Chlorophyta) mit drei Gattungen. Ab Kambrium.

Coelenterata, »Hohltiere«, mehrzellige Meerestiere mit einfachem, zentralem Hohlraum (Coelenteron). C. besitzen weder Atmungs- noch Ausscheidungsorgane und kein zentrales Nervensystem. Sie umfassen die → Cnidaria und die Ctenophora (Rippenquallen). Ab Präkambrium.

Coelurosauria, »Hohlschwänzler«, eine Infraordnung der → Saurischia.

Coleoptera, »Scheidenflügler«, Käfer, die bei weitem artenreichste Ordnung der → Insecta. Ab Perm.

Coleoidea, Gruppe der »Tintenfische«, Unterklasse der Kopffüßer (→ Cephalopoda). Die kalkige Schale ist entweder ins Innere verlagert oder fehlt völlig. C. besitzen ein Paar Kiemen und die charakteristische Tintendrüse. Ab Devon.

Collembola, Springschwänze, eine primitive Ordnung flügelloser → Insecta mit paarigen Fortsätzen am dritten und vierten Hinterleibssegment. Zu den C. gehört das älteste bekannte Insekt, Rhyniella praecursor, aus dem schottischen Mitteldevon.

Columbiformes, Taubenvögel, Ordnung der Vögel (→ Aves). Sieben fossile Gattungen ab Unterem Eozän, darunter die flugunfähige, im 17. Jh. ausgerottete Dronte.

Condylarthra, Ordnung primitiver Huftiere des Alttertiärs (→ Paläogen) mit z. T. noch raubtierartigen Merkmalen. Die Füße tragen bei manchen frühen Arten Krallen. C. stehen der Wurzel der späteren Huftiere (→ Ungulata) nahe. Oberkreide bis Oligozän, in Südamerika bis Miozän.

Coniferen → (= Koniferen).

Coniferophytina, Unterstamm der Samenpflanzen (→ Spermatophyta), umfassend die Ginkgoarten (→ Ginkgoales), die → Cordaiten und die → Koniferen.

Conodonten, 0,2 bis 0,3 mm lange zahnähnliche, bräunlich gefärbte, durchsichtige bis durchscheinende Fossilien mit einem hohen spezifischen Gewicht von ca. 3. C. bestehen aus Carbonat-Apatit. Sie gehören als Teile zu den weitgehend unbekannten C.-Tieren und haben möglicherweise etwas mit der Nahrungsaufnahme zu tun. Je nach der Form werden drei Gruppen unterschieden, die z. T. den Charakter von → Leitfossilien besitzen (siehe Abb.). Oberkambrium bis Ordovizium.
Die C.-Tiere oder Conodontophorida werden als Stamm (?) den → Chordata zugeordnet.

Corallinaceae, Nulliporen, Korallenalgen, eine Familie der → Rhodophyta (»Rotalgen«). Manche Arten haben mit Kalk inkrustierte Zellwände und wirken riffbildend. Ab Karbon.

Corallit, Skelett einer freilebenden oder in einer Kolonie integrierten Einzelkoralle.

Corallum, gemeinsames Skelett einer Korallenkolonie.

Cordaiten, Unterklasse der → Coniferophytina. Dies sind hohe, verzweigte Bäume mit ungeteilten, großen, schmalen, parallelnervigen Blättern. Karbon und Perm.

Corium, Lederhaut, Hautschicht der Wirbeltiere, seltener auch der Wirbellosen. Aus ihr gehen Hautverknöcherungen (z. B. die Panzerung bei manchen Reptilien) oder auch Haare, Nägel, Hufe usw. hervor.

Cotylosauria, sogenannte »Stammreptilien«, Gruppe ursprünglicher Reptilien von Oberkarbon bis Trias, aus der die höher entwickelten Reptilien hervorgingen.

Creodonta, Urraubtiere, Ordnung der Säugetiere mit den Familien Oxyaenidae (Paläozän bis Eozän) und Hyaenodontidae (Eozän bis Miozän). Aufgrund des Gebisses nicht zu den echten Raubtieren (→ Carnivora) zu zählen. Die → Brechschere liegt im Bereich der hinteren Backenzähne (je nach Art erste bis dritte Molaren). Größtes Exemplar war mit ca. 880 kg Masse das Megistotherium aus dem Miozän Nordafrikas.

Crinoidea, Seelilien, Haarsterne, meist mit einem gegliederten Stiel am Meeresboden festgewachsene, seltener freischwimmende Stachelhäuter (→ Echinodermata) mit regelmäßig angeordneten Kelchplatten und beweglichen Armen. Lebensraum von C. sind Küstengewässer oder auch Meeresregionen bis 1000 m Tiefe. C. leben in großen Rasen. Ab Ordovizium.

Crinozoa, Unterstamm der Stachelhäuter (→ Echinodermata) mit meist fünfstrahliger Symmetrie und vorwiegend seßhafter (→ sessil) Lebensweise. Becherförmiger Körper mit einem Kranz beweglicher Arme. Ab Kambrium.

Crocodilia, Krokodile und Alligatoren. Einzige überlebende Ordnung der → Archosauria. C. entwickelten erdgeschichtlich einige mehr oder weniger kurzlebige Seitenlinien, z. B. die im Jura lebenden Teliosauridae. Ab Obertrias.

Cromer-Warmzeit, nach dem Ort Cromer in Norfolk (Großbritannien) benannte Warmzeit des Unteren Pleistozäns vor der → Elster-Kaltzeit mit reicher Flora und Säugetierfauna.

Crossopterygii, Quastenflosser, Knochenfische mit paarigen Flossen an der Basis eines fleischigen »Stiels« (Lobus). Die C. gelten als Vorfahren der → Amphibien und damit der Landwirbeltiere. Ab Unterdevon.

Crustacea (= Crustaceen), Krebse, überwiegend im Wasser lebende Gliederfüßer (→ Arthropoda) mit zwei Antennenpaaren (Fühler) und speziellen Kauwerkzeugen. Kopf und Rumpf sind meist zu einem gepanzerten sogenannten Cephalothorax miteinander verschmolzen. Ab Kambrium.

Cryptogamen, alle blütenlosen Pflanzen (Algen, Moose und Farne).

Cuticula, von der Oberhaut der Gliederfüßer (→ Arthropoda) ausgeschiedene feste Hülle aus → Chitin.

Cyanobacteria (= Cyanophyta), Schizophyceae, sogenannte Blaugrün-Algen; zellkernlose einzellige oder fadenförmige Organismen, die in Gewässern und feuchten Böden leben. Sie gehören zu den ersten Lebewesen. Ab Präkambrium.

Cycadeen, »Palmfarne«, palmen- und zugleich farnähnliche Samenpflanzen mit zylindrischem oder knolligem Stamm. Sie besitzen zapfenförmige eingeschlechtliche Blüten. Ab Keuper.

Cynodontia, entwicklungsgeschichtlich letzte Unterordnung der säugetierähnlichen Reptilien (→ Therapsida). Sie waren vom Ende des Oberperms bis in den Jura weltweit verbreitet. Aus ihnen gingen in der Trias die Säugetiere (→ Mammalia) hervor, und zwar wahrscheinlich aus der Verwandtschaft der Gattung Thrinaxodon (siehe Abb.).

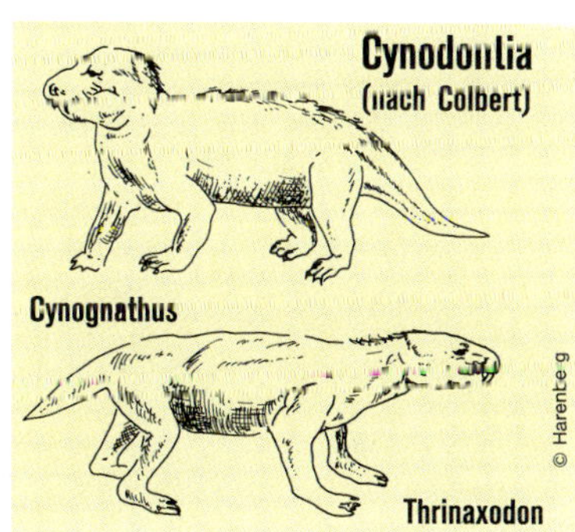

Cystoidea, »Beutelstrahler«, Klasse der Stachelhäuter (→ Echinodermata) mit mehr oder minder rundlichem Korpus, der von zahlreichen meist unregelmäßig angeordneten Platten umgeben ist. Aus den C. könnten die Knospenstrahler (→ Blastoidea) hervorgegangen sein. Kambrium (?) oder Ordovizium bis Oberdevon.

D

Darwin, Maßeinheit für die Entwicklungsgeschwindigkeit, z. B. Größenzunahme oder -abnahme, um den Faktor e (= 2,71828...) in 1 Mio. Jahren. Das entspricht ziemlich genau einer Zu- oder Abnahme um 1/1000 in 1000 Jahren. Danach beträgt die Entwicklungsgeschwindigkeit (Größenzunahme) der Pferdeartigen 40 Millidarwin, d. h. die Pferdeartigen wurden pro 1 Mio. Jahre um rund 4%, pro 10 Mio. Jahre um rund 49% größer. Geschwindigkeiten unter 1 Millidarwin sind praktisch nicht feststellbar. Geschwindigkeiten von 1 Darwin sind in der freien Natur selten. Domestizierte Tiere hingegen kennen Entwicklungsgeschwindigkeiten in der Größenordnung von vielen Kilodarwin, nicht aber von Megadarwin. 1 Kilodarwin entspricht einer Größenverdopplung (bzw. Halbierung) pro 1000 Jahre.

Darwinismus, nach ihrem Begründer, dem britischen Naturforscher Charles Darwin (1809–1882), benannte Form der → Abstammungslehre. Darwin hielt die natürliche Variabilität der Organismen und die Auslese durch den Konkurrenzkampf bzw. den »Kampf ums Dasein« für die Grundlage, die ganze Entwicklungsvielfalt der Organismen zu erklären.

Dasycladaceen, Wirtelalgen, vorwiegend fossil vertretene Ordnung kalkabscheidender, quirlig verzweigter Grünalgen. Ab Kambrium.

Datierung → Zeitskala.

Decapoda, 1. zehnfüßige Krebse, eine Ordnung der → Malacostraca. Ab Oberdevon; 2. veraltete Bezeichnung für zehnarmige Tintenfische.

Decke, von seiner ursprünglichen Unterlage losgelöster, regional weit ausgedehnter Gesteinskörper. Dieser ist auf einer horizontalen oder schwach geneigten Fläche verschoben und dadurch auf eine neue Unterlage verfrachtet worden (siehe Abb.). Hierbei entstanden meist durch Erosion sogenannte »Fenster«, Öffnungen im Deckensystem, durch welche die Unterlage der D. sichtbar wird. D.n sind charakteristisch für Faltengebirge vom Typ der Alpen.

Deflation, Abblasung, Abtransport von Lockermaterial durch den Wind, meist in vegetationsarmen oder freien Gebieten.

Deltatheridia, Ordnung primitiver Säugetiere, deren Formen den Insektenfressern (→ Insectivora) und den Urraubtieren (→ Creodonta) nahestehen. Oberkreide bis Miozän.

Demospongea, »Gemeinschwämme«, Klasse der Schwämme, meist mit Skeletten aus → Spongin und kieseligen Nadeln. Fossil bedeutend ist die D.-Ordnung Lithistida. Ab Kambrium.

Dendriten (= Dendrolithen), moosähnliche mineralische Absätze anorganischen Ursprungs auf den Schichtflächen zahlreicher Gesteine. Bei D. handelt es sich um sogenannte → Pseudofossilien, da sie aufgrund ihres täuschend ähnlichen Aussehens von Laien häufig mit Fossilien verwechselt werden.

Dendro-Chronologie, Zeitbestimmung aufgrund der Jahresringe lebender, abgestorbener oder auch fossiler Bäume.

Dentale, zahntragender Unterkiefer der Wirbeltiere, bei den Säugern – im Gegensatz zu den Reptilien – der einzige Unterkieferknochen.

Denudation, flächenhafte Abtragung von Material der Erdoberfläche, z. B. durch Bergsturz, Abrieseln, Bodenfließen.

Depression, in der → Tektonik ein durch Krustenabsenkung entstandenes Becken.

Dermaptera, Ohrwürmer, Ordnung der → Insecta. Fossil selten. Ab Lias.

Dermoptera, Riesengleiter, formenreiche Säugetierordnung mit einer den ganzen Körper umhüllenden Flughaut. Sie können nicht aktiv fliegen, beherrschen aber den Gleitflug. Ab Oberem Paläozän.

Deszendenten, Nachkommen bzw. Verwandte in absteigender Reihenfolge.

Detritus, zerriebenes → Gestein.

Devon, erdgeschichtliches → System des → Paläozoikums, vor 410 bis 360 Mio. Jahren, benannt nach der britischen Grafschaft Devonshire. Bedeutend ist in dieser Zeit die Besiedlung des Landes durch Pflanzen und Tiere.

Diagenese, Umbildung lockerer Sedimente in feste Gesteine durch die Einwirkung von hohem Druck, hohen Temperaturen und/oder chemischen Einflüssen.

Diapir, geologischer Körper, der aufgrund seiner gegenüber der Umgebung geringeren Dichte im Erdmantel Auftrieb besitzt. Deshalb neigt er zur Dombildung (z. B. Salz-D.).

Diapsida, Reptilien mit zwei → Schläfenfenstern. → Sauromorpha.

Diatomeen, »Kieselalgen«, Bacillariophyceae, Stamm im Wasser lebender einzelliger Organismen ohne Geißeln mit einem Gehäuse aus → Pektin, das von einem Panzer aus Kieselsäure umgeben ist. In manchen erdgeschichtlichen Epochen teilweise gesteinsbildend (→ Kieselgur). Ab Jura. In den heutigen Ozeanen besteht der Tiefseeboden (1000–4000 m Tiefe) besonders in polnahen Regionen zu etwa 8% aus D.-Schlamm.

Dibranchiata, »Tintenfische«, Kopffüßer (→ Cephalopoda) mit zwei Kiemen.

dichotom, gabelig verzweigt infolge von Längsteilung des Vegetationspunktes bei Pflanzen.

Dicotylen (= Dicotyledonae), Zweikeimblättrige, Klasse der Bedecktsamer (→ Angiospermen). Embryo meist mit zwei gegenständigen Keimblättern (Cotylen). Ab Unterkreide.

Diluvium, veraltete Bezeichnung für das → Pleistozän.

Dinariden, Faltengebirge, die sich über Bereiche Jugoslawiens, Albaniens und Griechenlands bis in die südliche Ägäis erstrecken. → Alpidische Gebirgsbildung.

Dinocerata, Ordnung primitiver, massiger, kurzbeiniger Säugetiere. Bedeutendster Vertreter ist das nashorngroße Uintatherium. Charakteristisch für D. sind mächtige paarige Knochenauswüchse oberhalb der Nase sowie gewaltige Eckzähne bei den Männchen. Paläozän bis Eozän.

Dinoflagellaten, meist marine, planktisch lebende → Flagellaten, d. h. Einzeller mit Geißeln. D. haben meist zwei Geißeln und sind zwischen 5 und 2000 μm groß. Man hält die D. für sehr alt, nachgewiesen sind sie aber erst ab dem Silur, häufig und als → Leitfossilien bedeutend ab der Trias.

Dinornithiformes, Moas, Ordnung der Vögel (→ Aves). Riesenlaufvögel bis 3,6 m Höhe. Ihre letzte Art wurde im 18. Jh. in Neuseeland ausgerottet. Ab Miozän/Pliozän nachgewiesen.

Dinosaurier, Bezeichnung für die großen, teilweise riesigen Reptilien des → Mesozoikums mit zwei → Schläfenfenstern (→ Diapsida). Sie werden in zwei Gruppen, die »Echsenbeckensaurier« (→ Saurischia) und die »Vogelbeckensaurier« (→ Ornithischia) unterteilt, die beide von den → Thecodontia der Trias abstammen. Wahrscheinlich waren einige D. bereits warmblütig.

Dinotheriensande, Ablagerungen des Unteren Pliozäns im Mainzer Becken (Rheinhessen) mit zahlreichen Fossilien, nach der → Proboscidea-Gattung → Dinotherium benannt. Belegt sind viele Arten von z. T. großen Waldtieren (→ Hipparion-Fauna).

Dinotherium (= Deinotherium), einzige Gattung der Unterordnung Dinotherioidea der Rüsseltiere (→ Proboscidea). Das D. fällt durch ein Paar mächtiger, hakenförmig nach unten gebogener Zähne auf. Miozän bis Pleistozän.

Diplodocus, bekannte – da in vielen Museen vertretene – Gattung der → Sauropoda.

Dipnoi, Lungenfische (sie besitzen Kiemen und Lungen), Ordnung der Fleischflosser (→ Sarcopterygii); im Devon artenreich und weit verbreitet, heute nur noch durch den afrikanischen Molchfisch und den südamerikanischen Schuppenmolch vertreten. Ab Unterdevon.

Diptera, Zweiflügler, Ordnung der → Insecta, deren hinteres Flügelpaar zu Schwingkölbchen (kurzes kolbenähnliches Organ) reduziert ist (Mücken und Fliegen). Ab Obertrias.

Diskordanz, ungleichsinnige Lagerung von Gesteinsschichten, also winkeliger Versatz der Schichten gegeneinander.

Docodonta, Ordnung mesozoischer Säugetiere mit doppeltem Kiefergelenk. → Lias bis Oberjura.

Dogger (= Brauner Jura), mittlere Abteilung des Juras zwischen → Malm und → Lias, vor 184–160 Mio. Jahren.

Doline, Einsturztrichter der Erdoberfläche in → Karstgebieten, entstanden durch den Zusammenbruch einer Höhle.

Dolomit, 1. gesteinsbildendes Mineral. $CaMg(CO_3)_2$; 2. hauptsächlich aus dem Mineral D. bestehendes körniges bis dichtes Gestein, durch Umwandlung, infolge chemischer Verdrängungsprozesse, aus → Kalkstein entstanden.

Donbass (= Donez-Becken), bedeutendstes Steinkohlenbecken der UdSSR mit Ablagerungen von rund 12000 m Mächtigkeit vom Unterkarbon bis Unterperm.

Donnerkeil (ugs.), Bezeichnung für das Innenskelett (Rostrum) der → Belemniten.

Dreilapper → Trilobiten.

Dronte → Columbiformes.

Dryas-Flora, eine Tundrenflora mit Silberwurz (Dryas octopetala), Zwergbirke (Betula nana), Polarweide und anderen, meist zwergwüchsigen Formen. Sie folgte dem zurückweichenden Inlandeis am Ende der Eiszeit (→ Pleistozän).

Dryaszeit, Bezeichnung für die eiszeitliche → Tundrenzeit.

Düne, durch Wind aufgeschütteter Sandhügel. Fossile D.n deuten auf Vegetationslosigkeit hin und sind Klimazeugen (Trockengebiete). Sie geben je nach ihrer Form (siehe Abb.) auch Hinweise auf die vorherrschende Windrichtung in erdgeschichtlichen Zeiten.

Dünentypen (nach Schwarzbach)

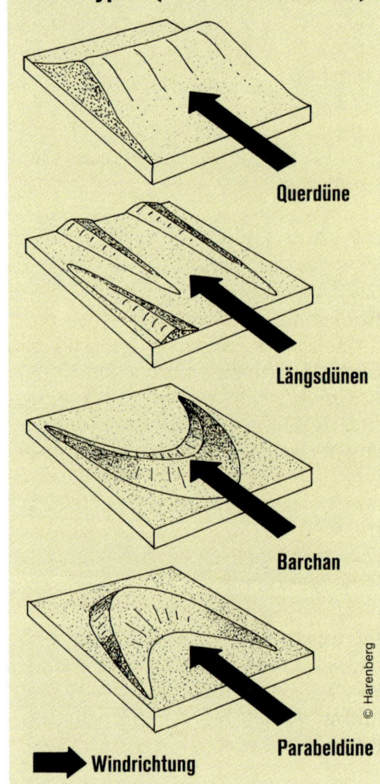

Dyas, alte Bezeichnung für → Perm.

E

Eburon-Kaltzeit, nach dem einst zwischen Rhein und Maas lebenden Stamm der Eburonen benannte zweite Kaltzeit des → Pleistozäns.

Echinodermata, Stachelhäuter, Stamm ausschließlich im Meer lebender Wirbelloser von wenigen Millimetern bis über 1 m Größe. Meist freilebende Bodenbewohner mit im Erwachsenenstadium mehr oder weniger ausgeprägter fünfstrahliger Symmetrie. Fortbewegung durch schlauchförmige Füßchen (Ambulakralfüßchen), die pneumatisch bewegt werden (→ Ambulakralsystem).

E. besitzen Kalkskelette aus einzelnen Plättchen oder einem festen Panzer. Die Skelette sind häufig mit Stacheln besetzt. Neben rein fossilen Klassen sind rezent die folgenden Klassen vertreten: Haarsterne, Seegurken, Seeigel, Seesterne (→ Asteroidea) und Schlangensterne. Ab Kambrium.

Echinoidea, Seeigel, scheiben- bis kugelförmige → Echinodermata ohne Arme oder Stiele. Skelett aus fest miteinander verwachsenen Kalkplatten bestehend. Auf dem Skelett stehen meist auf gelenkförmigen Höckern durch Muskeln bewegbare Stacheln. Die Entwicklung erfolgt über eine planktisch lebende Larve. Je nach Körperbau unterscheidet man reguläre und irreguläre Seeigel. Die ersteren sind radial-symmetrisch aufgebaut, die letzteren scheibenförmig abgeplattet und bilateralsymmetrisch. Ab Ordovizium.

Ectocochlia, Kopffüßer (→ Cephalopoda) mit äußerem Skelett (z. B. die → Ammoniten).

Edaphon, Gesamtheit der im Boden lebenden Organismen.

Ediacara, präkambrischer Fossilienfundplatz in Südaustralien in den Ediacara-Hügeln. Vorwiegend als → Abdruck erhalten, fanden sich bis jetzt rund 1400 Exemplare von 25 verschiedenen Arten, von denen viele als frühe Hohltiere (→ Coelenterata) und Würmer (→ Vermes) angesehen werden. Ihr Alter liegt bei etwa 650 Mio. Jahren. E.-Typen finden sich auch an vielen anderen Stellen der Erde.

Edrioasteroidea, primitive Stachelhäuter (→ Echinodermata) des Unterkambriums bis Oberkarbons; 6 bis 60 mm groß, mit biegsamem, scheibenförmigem Körper.

Eem-Warmzeit, nach dem Flüßchen Eem in den Niederlanden benannte → Warmzeit zwischen Warthe- und Weichsel-Kaltzeit im → Pleistozän. Dieser Zeitraum ist verbunden mit kräftigem Ansteigen des Meeresspiegels und entsprechenden Festlandüberflutungen. In der E. dringen Wälder bis nach Mittel- und Nordeuropa vor.

Effusivgestein, vulkanisches Erguß- oder Eruptivgestein.

Eidechsen → Lacertilia.

Eindampfungsgestein → Evaporite.

Einkeimblättrige → Monocotylen.

Einrollung, bei planspiralen Gehäusen, z. B. von → Ammoniten, unterscheidet man verschiedene Formen der E., wobei der Grad der Umfassung und die Intensität der E. maßgebend sind:
1. evolut: Windungen umfassen einander nicht oder wenig; 2. involut: Windungen umfassen einander stark; 3. convolut: Letzte Windung umhüllt alle älteren Windungen; 4. ellipticon: Letzte ganze oder halbe Windung ist elliptisch eingerollt; 5. gyrocon: Lose eingerollt, nur aus einer Windung bestehend; 6. devolut: Umgänge berühren einander nicht.

Einsturztrichter → Doline.

Einzeller → Protozoa.

Eisenzeit, Zeitabschnitt, in dem das Eisen zum wichtigsten Werkstoff des Menschen (Waffen, Geräte) wurde. Zeitlicher Beginn regional verschieden; in Mitteleuropa vor ca. 3500 Jahren.

Eiszeitalter → Pleistozän.

Eiszeithypothesen (= Glazialtheorien); Erklärungsversuche für das Zustandekommen der Eiszeiten, darunter Annahmen über Änderungen der geographischen Breitenlage eines Gebietes durch → Kontinentaldrift, wechselnde Neigung der Erdachse, Änderung des Oberflächenreliefs, Veränderung der Durchlässigkeit der Atmosphäre oder des interstellaren Raumes für Sonnenlicht, Schwankungen der Sonneneinstrahlung, Abkühlung der Erde, Veränderung der Ozeane und der Meeresströme.

Ektoderm, äußere Schicht eines tierischen Weichkörpers.

Ektogenese, Entwicklungsprozeß (→ Evolution), der durch Vorgänge in der Außenwelt in einem Organismus ausgelöst wird.

Elasmobranchii, Haiartige, Unterklasse der Knorpelfische (→ Chondrichthyes) mit knorpeligem, manchmal auch verkalktem Skelett. Ab Mitteldevon.

Elephantoidea, Überfamilie der Rüsseltiere (→ Proboscidea), umfassend → Mastodonten, Stegodonten und Elefanten. Ab Oligozän/Miozän.

Elgin, fossilienführende Schichten in Nordostschottland aus Perm und Trias. Zahlreiche Reptilien sind hier erhalten.

Elster-Kaltzeit, nach dem Fluß Weiße Elster benannte erste norddeutsche Vereisung im → Pleistozän.

Eluvium, Verwitterungsprodukte eines Gesteins, die noch am Ort ihrer Entstehung liegen.

Embrithopoda, kleine meist zu den → Subungulata gestellte Säugetierordnung aus dem Unteren Oligozän Ägyptens (→ Fayum); wuchtige Tiere mit einem Paar mächtiger Hornzapfen auf dem Nasenrücken und einem weitaus kleineren Hornzapfenpaar auf der Stirn. Vertreten auch in Anatolien und Osteuropa.

Emersion, Auftauchen eines zuvor vom Meer überfluteten Landbereichs. → Submersion.

Ems, höchste Stufe des Unterdevons vor ca. 395–390 Mio. Jahren.

endemisch, einheimisch, ortsgebunden, auf begrenztem Raum vorkommend.

Endobionten, in Sedimenten lebende Organismen.

Endocochlia, Kopffüßer (→ Cephalopoda) mit innerem Gehäuse (z. B. die Tintenfische, → Decapoda).

endogen, im Inneren oder an Ort und Stelle entstanden.

endotherm, bei Wirbeltieren Bezeichnung für den Besitz von Eigenwärme bzw. »Warmblütigkeit«. Sie können ihre Körpertemperatur unabhängig von der Außentemperatur durch Selbstregulation nahezu konstant halten.

Entwicklung, Werdegang der Organismen. Bezogen auf das Individuum: → Ontogenese; bezogen auf die Stämme: → Phylogenese.

Eobacterium, Gattung der Bacteria, stäbchenförmige, bakterienartige Zellen des → Präkambriums.

Eocrinoidea, Klasse der → Crinozoa. Den Beutelstrahlern (→ Cystoidea) sehr ähnlich, doch von diesen u. a. durch das Fehlen von Poren in den Skelettwandungen unterschieden. Unterkambrium bis Mittelordovizium.

Eosuchia, älteste Ordnung der Reptilien mit doppeltem → Schläfenfenster (→ Diapsida, → Sauromorpha). Kleine eidechsenähnliche Reptilien mit primitivem Bau. Vorkommen nur in Amerika. Oberkreide bis Eozän.

Eozän, zweitälteste Abteilung des → Tertiärs vor 55–36 Mio. Jahren.

Eozoikum, Erdzeitalter, in dem sich die ersten Anfänge des Lebens nachweisen lassen, entsprechend etwa dem → Proterozoikum.

Epibionten, auf dem Meeresboden lebende Tiere. → Endobionten.

Epidermis, 1. Bei Pflanzen die einzellschichtige Oberhaut; 2. Bei vielzelligen Tieren die oberste Schicht der Haut, bei Wirbellosen meist ein-, bei Weichtieren mehrschichtig aufgebaut.

epigenetisch, Bezeichnung für geologische Bildungen, die jünger sind als ihre Umgebung (z. B. Erzlagerstätten, Täler).

epikontinental, Bezeichnung für ein Flachmeer, das Festlandbereiche überflutet.

Epirogenese, langsame und zugleich lang andauernde Hebung oder Senkung größerer Erdkrustenteile. Die E. erzeugt u. a. Meeresüberflutungen und Meeresrückzüge, Festlandschwellen und Becken.

Epoche, Bildungszeit einer stratigraphischen → Abteilung.

Equisetales, Schachtelhalmartige. Fossil artenreiche Klasse der → Sporenpflanzen (heute nur noch die Gattung Equisetum) mit zahlreichen baumförmigen Arten. Ältere Stämme hohl, an den Knoten durch Zwischenwände (Diaphragmen) unterteilt. An den Knoten tragen die Stämme Quirle von einfachen, selten auch gebündelten Blättern. E. mit sekundärem Dickenwachstum heißen → Calamitales. Ab Oberdevon.

Erdaltertum → Paläozoikum.

Erdgas → Bitumen.

Erdkern, Barysphäre, zwischen 2900 km Tiefe und dem Erdmittelpunkt. Der E. besteht vermutlich aus einer Mischung von 90% Eisen und 10% Nickel. Der äußere Bereich des E.s ist ein ionisiertes Fluidum. Er verursacht das erdmagnetische Feld (→ Erdmagnetismus). In 5100 km Tiefe beginnt der innere E. von wahrscheinlich ähnlicher Zusammensetzung. Er ist vermutlich fest.

Erdkruste, äußerer Bereich der Erde in 30 bis 40 km Tiefe. Hier spielen sich die meisten geologischen Prozesse ab. Zu unterscheiden sind eine Oberkruste, die Sialzone (→ Sial), über der in der Regel eine dünne Sedimentdecke liegt, und eine untere E., die Simazone (→ Sima).

Erdmagnetismus, physikalische Eigenschaft der Erde, ein eigenes elektromagnetisches Feld aufzubauen. Die Erde verhält sich wie ein großer Elektromagnet, dessen Pole ständig langsam wandern. Gelegentlich ereignen sich sogenannte Polsprünge, d. h. Wechsel zwischen magnetischem Nord- und Südpol.

Erdmantel, Region zwischen → Erdkruste und → Erdkern, die in ihrem oberen Teil (bis 900 oder 1000 km Tiefe) wohl glutflüssig bis zähfließend ist, in ihrem unteren dagegen wahrscheinlich fest. Die Meinungen der Wissenschaftler über ihre chemische Zusammensetzung und ihre physikalischen Eigenschaften gehen stark auseinander. Erdkruste und E. werden gemeinsam als → Lithosphäre bezeichnet.

Erdöl → Bitumen.

Erdwachs → Bitumen.

Erosion, Abtragung von Gesteins- und Lockermaterial an der Oberfläche der → Erdkruste durch Wasser-, Eis- oder Windkraft. Den durch diese Medien mitgeführten Feststoffen (Staub, Sand, Kies usw.) kommt eine erosionsverstärkende Wirkung (→ Abrasion) zu. Der vorwiegend tiefengerichteten E. wird die oft flächenhafte Abtragung (→ Denudation) gegenübergestellt.

Eruption, Prozeß des Emporsteigens glutflüssigen → Magmas aus der Tiefe des → Erdmantels oder aus einem sogenannten Magmaherd, der als isolierte Kammer in der → Erdkruste eingeschlossen ist. Je nach Art des Emporsteigens unterscheidet man Intrusion, Extrusion und Effusion des Magmas. Intrusion: Magma dringt in Erdkrustengesteine ein, ohne an die Erdoberfläche zu gelangen; Extrusion: Magma tritt an der Erdoberfläche ruhig oder explosiv aus; Effusion: Ruhige Extrusion, also ein Ausströmen in Form von Laven (→ Lava). Intrusiv-, Extrusiv- und Effusivgesteine (erstarrte Magmen) werden unterschieden.

Erze, Gesteine und Mineralansammlungen, die sich zur bergmännischen Metallgewinnung eignen.

erzgebirgische Phase → Faltungsphasen.
esterelische Phase → Faltungsphasen.

Eukaryota, Organismen, deren Zellen echte Kerne (mit eigener Wandung) und membrangebundene Zell-Organellen besitzen. Die E. zeichnen sich durch Sexualität mit Äquationsteilung (Mitose) und Reduktionsteilung (Meiose) der Zellen aus. Ab Oberem Präkambrium. → Prokaryota.

Eulenvögel → Strigiformes.

euphotische Region, obere, lichtreiche Region des Meeres (bis etwa 80 m), in der → photosynthetisch tätige Pflanzen gedeihen können. An sie schließen sich (bis etwa 200 m) die dysphotische und darunter die aphotische (lichtlose) Region an.

euramerische Flora, weitgehend einheitliche Permokarbonflora von Europa, Nordamerika, Nordafrika und Vorderasien. Typisch sind zahlreiche → Calamitales und Schuppenbaumgewächse (→ Lepidodendrales).

euryhalin, im Wasser lebende Organismen, deren Verbreitung nicht von der Salzkonzentration abhängig ist.

Eurypterida, Unterordnung der Molukkenkrebse (→ Merostomata) mit langem schmalem Panzer und wenig gegliedertem Kopfschild. Die über 1,8 m langen sind die größten bekannten Gliederfüßer (→ Arthropoda). Ordovizium bis Perm.

Eusporangiatae, Unterklasse der Farne (→ Filicales) mit Sporenanlagen (→ Sporangium), die im Reifezustand eine Wand aus mehreren Zellagen besitzen. Hauptgruppe der paläozoischen Farne. Ab Ordovizium.

Eustasie, Schwankungen des Meeresspiegels. Sie können u. a. durch die unterschiedliche Bindung von Eis in den Polargebieten entstehen.

Eutheria → Placentalia, höchstentwickelte Gruppe der Säugetiere, die ausnahmslos eine Plazenta besitzen und somit ausgereifte lebende Junge gebären. Ab Oberkreide.

Evaporite (= Eindampfungsgesteine, → Salzgesteine); durch Evaporation (Verdampfung) des Lösungsmittels (meist Meerwasser) in Trockenklimaten ausgefallene Salze, wie Kochsalz, → Anhydrit (bzw. Gips), → Kalisalze und → Carbonate.

evolut → Einrollung.

Evolution, Entwicklung bzw. Umformung von Organismen von einfachen zu komplexeren Formen. → Abstammungslehre.

Exaration, Gletschererosion, Abtragung durch Gletscher.

Exhalation, Fumarole, Gas- oder Dampfaushauchung aus Vulkanen, Lavaströmen oder Erdspalten.

exotherm, bei Wirbeltieren Bezeichnung für »wechselwarm« bzw. »kaltblütig«. Die Körpertemperatur dieser Tiere gleicht weitestgehend der Umgebungstemperatur.

Extremitäten, Gliedmaßen.

Exuvie, bei der Häutung von Gliedertieren (→ Arthropoda) oder Reptilien abgeworfene Haut bzw. Panzer.

F

Falconiformes, Greifvögel, Ordnung der → Neornithes mit 46 fossilen Gattungen. Ab Unterem Eozän.

Falte, durch Deformation oder Stoffzufuhr erzeugte Krümmung in einem zuvor geraden oder ebenen geologischen Körper.

Faltengebirge → Gebirge.

Faltungsphasen, Bezeichnung für einzelne, zeitlich abzugrenzende Faltungsvorgänge (Gebirgsbildung, → Orogenese) in einem → Tektogen. Übersicht über die wichtigsten Faltungsphasen Europas siehe Tabelle.

Familie → taxonomische Kategorie. Die Familie umfaßt eine oder mehrere zusammengehörige → Gattungen.

Farne → Pteridophyta.

Farnsamer, Samenfarne. → Pteridospermen.

Fäulnis, Zersetzung organischer Substanzen unter Wasser und ohne Gegenwart von Sauerstoff. Bei diesem Vorgang spalten → anaerobe Bakterien die Substanz auf. → Verwesung.

Faulschlamm → Sapropel.

Fauna (= Tierwelt), besonders die Tierwelt eines bestimmten Gebietes.

Faunenschnitte, zeitliche Grenzen der Erdgeschichte, an denen weltweit mehr oder weniger plötzlich die Gesamtzahl der tierischen Formen merklich ab- oder zunimmt, bzw. in erheblichem Umfang neue Formen ältere Formen ablösen. F. und auch Florenschnitte sind die wichtigsten Anhaltspunkte für die Einteilung der Erdgeschichte in Hauptetappen. Die bedeutendsten F. ereigneten sich zwischen Präkambrium und Kambrium, Perm und Trias sowie Kreide und Tertiär. Die Ursachen der F. können sehr vielfältig und unterschiedlich sein.

Fayum, Senke in Ägypten südwestlich von Kairo. Fundort zahlreicher eozäner bis pleistozäner Fossilien.

Die wichtigsten Faltungsphasen in Europa

Faltungsphasen		Zeitabschnitt
saamidische		Wende Archaikum/Proterozoikum
belomorische		Unteres Proterozoikum
karelidisch/svekofinnische		Wende Unteres/Mittleres Proterozoikum
gotidische		Mittleres Proterozoikum
dalslandidische		Mittleres Proterozoikum
Assyntische Ära		
baikalische		Wende Mittleres/Oberes Proterozoikum
eisengebirgische		Oberes Proterozoikum
assyntische		Wende Oberes Proterozoikum/Kambrium
Kaledonische Ära		
sardische		Wende Kambrium/Ordovizium
takonische		Wende Ordovizium/Silur
jungkaledonische (ardennische/erische)		Wende Silur/Devon
Variszische Ära		
reussische		Unteres Oberdevon
bretonische		Wende Oberdevon/Unterkarbon
sudetische		Wende Unterkarbon/Oberkarbon
erzgebirgische		Oberkarbon, Namur B bis Wende Namur/Westfal
asturische		Oberkarbon, Oberes Westfal
esterelische		unterstes Perm
saalische		Mittelperm, Wende Unteres/Oberes Rotliegendes
pfälzische		Ende Perm
labinische		Mittlere Trias, Ladin bis Karn
Alpidische Ära		
altkimmerische		Obere Trias, Nor bis Rhät
Deisterphase		Jura, Wende Kimmeridge/Portland
Osterwaldphase	jungkimmerische	Jura, Oberes Portland
Hilsphase		Wende Jura/Kreide
austrische		Ende Unterkreide, Gault bis Cenoman
Ilseder	subherzynische	Oberkreide, Unteres Emscher
Wernigeröder		Oberkreide bis Oberes Senon
laramische		Wende Kreide/Tertiär
pyrenäische		Alttertiär, Wende Eozän/Oligozän
savische		Alttertiär, Wende Oligozän/Miozän
steirische		Jungtertiär, Mittleres bis Oberes Miozän
attische		Jungtertiär, Wende Miozän/Pliozän
rhodanische/wallachische		Jungtertiär, Mittleres Pliozän
pasadenische		Pleistozän

Fazies, Gesamtheit aller charakteristischen lithologischen und paläontologischen Merkmale eines Sedimentgesteins.

Faziesfossilien, → Leitfossilien.

Feldspat, Mineralienfamilie mit zahlreichen Arten und Varietäten. Im gesamten Mineralreich am stärksten vertreten. Die F.e sind eine Mischkristallgruppe von Gerüstsilikaten und im wesentlichen ein Dreistufensystem aus Kali-F. $[K(AlSi_3O_8)]$, Natron-F. $[Na(AlSi_3O_8)]$ und Kalk-F. $[Ca(Al_2Si_3O_8)]$.

Fennosarmatia, Kontinentalscholle (→ Kraton) zu Beginn des Mittelproterozoikums im östlichen und nördlichen Europa. Das geologische Kerngebiet Europas.

Fennoskandia, nach der → kaledonischen Gebirgsbildung vorwiegend in Hebung begriffener Teil Nordeuropas. F. setzt sich zusammen aus dem → Baltischen Schild und dem norwegisch-schwedischen Anteil des Kaledonischen Gebirges.

Ferungulata, veraltete zusammenfassende Bezeichnung für Fleischfresser (→ Carnivora) und Huftiere (→ Ungulata), die aus gemeinsamen Stammformen entstanden sind.

Feuerstein → Flint.

Fig Tree Serie, Sediment-Abfolge des Präkambriums (vor über 3,2 Mrd. Jahren) in Südafrika bei Barberton mit bakterienähnlichen Mikrofossilien.

Filicales, sogenannte echte Farne, Ordnung der → Pteridophyta. Ab Unterkarbon.

Filicophyta, Farnartige. Stamm (Abteilung) der → Sporenpflanzen mit großen, reich innervierten Blättern (Wedeln). Die blattartigen Sporophylle tragen auf der Unterseite zahlreiche Sporenanlagen (→ Sporangien). Über die Samenfarne (→ Pteridospermen) entwickelten sich aus den F. die Samenpflanzen. Ab Unterdevon.

Fische → Pisces.

Fischsaurier → Ichthyosauria.

Fission-Track-Methode, kernphysikalische Methode zur Altersbestimmung mancher Gesteine. Mikroskopisch werden »Geschoßspuren« des radioaktiven Zerfalls in spontanen Kernspaltungen schwerer Atomkerne sichtbar gemacht und ausgezählt. Die hierdurch ermittelte Anzahl der Spuren ergibt den Wert für die in geologischen Zeiten erfolgten Kernspaltungsprozesse.

Fissipedia, Landraubtiere, Raubtiere (→ Carnivora), die im Gegensatz zu den Robben (→ Pinnipedia) auf dem Festland leben.

Flagellaten, einzellige Organismen mit echtem Zellkern und einer oder mehreren der Fortbewegung dienenden Geißeln. Sie ernähren sich durch → Photosynthese (→ autotroph) oder durch Aufnahme organischer Nahrung (→ heterotroph). Aus den F. gehen sowohl die Pflanzen wie die Tiere hervor. Entsprechende F.-Formen heißen Phyto- bzw. Zoo-F. Vermutlich ab Präkambrium, belegt ab Silur.

Flamingos → Phoenicopteriformes.

Flechten → Lichenes.

Fledermäuse, Fledertiere, → Chiroptera.

Fleischfresser → Carnivora.

Flint (= Feuerstein), knollenförmige Kieselzusammenballungen (→ Konkretionen) der Oberkreide, entstanden aus der freigesetzten Kieselsäure ehemaliger Kieselschwämme. Sehr ähnlicher Natur und Entstehung ist der Hornstein bzw. Chert anderer geologischer Systeme. F. ist oft Trägermaterial von Fossilien in Kalksteinen (z. B. in der → Kreide).

Flora (= Pflanzenwelt), besonders die Pflanzenwelt eines bestimmten Gebietes (z. B. → Angara-F.) oder einer bestimmten geologischen Formation (z. B. → Karbon-F.).

Florensprung, sehr rascher Wandel in der Zusammensetzung der Flora an der Grenze zwischen Unter- und Oberkarbon (genauer gesagt zwischen → Namur A und Namur B), vor ca. 325 Mio. Jahren. Besonders ausgeprägt in England, Schlesien, den Appalachen und in der Türkei (Eregli).

Florissant Fossil Beds National Monument, Vorkommen fossilienführender Schiefer bei Florissant, Colorado, USA. Versteinert sind hier zahlreiche Pflanzen und Tiere verschiedener Ordnungen eines verlandenden Sees (Lake Florissant) des Oligozäns.

Flügelkiemer → Pterobranchia.

Flugsaurier → Pterosauria.

fluvial (= fluviatil), durch einen Fluß verursacht oder mit einem Fluß in Zusammenhang stehend (z. B. → Sedimentation, → Erosion, → Biotop).

Flysch, marine Sandsteine, Mergel, Schiefertone, Kalke und ähnliche Sedimente mit rhythmischer Gliederung, die sich beim Absinken einer → Geosynklinale in den verbleibenden Beckenräumen ansammeln. Das Material stammt von angrenzenden Schwellenzonen.

Foraminiferen, »Kammerlinge«, eine Klasse der Wurzelfüßer (→ Rhizopoda); überwiegend im Meer lebende Einzeller mit ein- oder mehrkammerigem Gehäuse aus → Tektin, Kalk oder miteinander verbackenen (→ agglutinierten) Fremdkörpern. Größe zwischen 0,05 und 150 mm. Fortpflanzung meist mit → Generationswechsel von geschlechtlichen und ungeschlechtlichen Generationen. Die letzteren sind meist größer. F. leben meist → benthisch, einige Formen auch → planktisch. Die sehr große Formenfülle führte zur Ausweisung verschiedener Ordnungen mit rund 50 Familien. Zahlreiche Gattungen liefern gute → Leitfossilien. Ab Kambrium.

Formation, Grundeinheit der Gesteinsstratigraphie (→ Lithostratigraphie). Als Definition einer F. wird jeweils ein konkret vorhandener, in sich einheitlicher Gesteinskörper zugrundegelegt. Die F. umfaßt Gesteine, die in einem in etwa unverändertem Milieu innerhalb eines zusammenhängenden Zeitraumes in einem fest umrissenen räumlichen Gebiet gebildet wurden. Ferner weisen sie eine mehr oder weniger einheitliche → Fazies auf. Letzteres ist aber nicht immer gegeben, z. B. kann die sogenannte → Molasse-F. sowohl vulkanische wie sedimentäre Gesteine enthalten. Früher wurden die F.en auf → biostratigraphische Einheiten bezogen, was der Gleichsetzung einer F. mit einem → System gleichkam.

Formgattung, Gattung fossiler Pflanzen, die zwar gemeinsame Charakteristika aufweisen, aber keiner bestimmten Familie zugeordnet werden können.

Fossil (= Versteinerung), Überreste von Organismen einschließlich Lebensspuren (→ Ichnofossilien). Es gibt verschiedene Arten von Fossilien. Im Gegensatz zur Lebensspur, etwa einer Kriech- oder Freßspur, besteht das Körper-F. aus den erhaltungsfähigen → Hartteilen eines Organismus. Wird die ursprüngliche Substanz des Organismus später aufgelöst, dann bleibt manchmal eine Hohlform zurück, die als Abdruck bezeichnet wird. Besitzt das Fossil selbst einen Hohlraum, in den ein Sediment eindringt und dann verhärtet, so nennt man das einen Steinkern, dessen Außenseite die Innenwand des betreffenden Hohlraums abbildet. Wird die Substanz des Körper-F.s aufgelöst, solange das Gestein noch plastisch ist, dann können Abdruck und Steinkern-Oberfläche zu einem sogenannten Skulptursteinkern zusammenfallen. Die ältesten F.ien liegen von Bakterien und möglicherweise von Hefepilzen vor. Sie sind mindestens 3,5 Mrd. Jahre alt.

Fossil Butte National Monument, eozäne Schichten bei Kemmerer, Wyoming, USA, aufgebaut aus Sedimenten der → Green-River-Formation. Diese enthält zahlreiche hervorragend konservierte Fossilien, insbesondere von Süßwasserfischen.

fossiles Grundwasser, Grundwasser, das nicht am Wasserkreislauf teilnimmt und deshalb eine → Lagerstätte einnimmt.

Fossilfalle, Fossillagerstätte, in der sich zahlreiche Organismenreste mehr oder weniger ungeordnet in einer Vertiefung des Untergrundes zusammenfinden. Meist sind sie erst nach dem Ableben der Organismen durch Wasserströmung o. a. zusammengetragen worden. → Spaltenfüllung.

Fossilgesellschaft, Gesamtheit der Arten einer Fossillagerstätte. Die Grundlage bildet ein → Biotop als Lebensgemeinschaft der versteinerten Organismen. Doch spiegelt die F. den Biotop nur unvollständig wider. Einerseits hinterlassen nämlich durchschnittlich 40% aller bekannten Stämme überhaupt keine Fossilien, und andererseits werden in F.en auch Organismenreste eingetragen, z. B. durch fließendes Wasser, die nicht zum örtlichen Biotop gehören. Man spricht dann bei fossilen Gemeinschaften auch von einer »Grabgemeinschaft«.

Fossillagerstätten, Gesteinskörper, die besonders zahlreiche und qualitativ gut erhaltene Überreste erdgeschichtlicher Organismen enthalten. Fossillagerstätten (siehe Abb.) werden in nichtmarine und marine Grundtypen differenziert:

Nichtmarine Fossillagerstätten
(Beispiele)
▷ → Spaltenfüllung (1)
▷ Höhlensedimente (2)
▷ → Bernstein (3)
▷ → fluviatile »Bonebeds« (»Knochenbetten«) (4)
▷ fluviatile Verschüttungen (5)
▷ → Torf (6)
▷ → Lignite (7)
▷ → limnische Kalke (8)

Marine Fossillagerstätten
(Beispiele)
▷ marine »Bonebeds« (1)
▷ → Poseidonschiefer und Plattenkalke (Bodensedimente) (2)
▷ »Bonebeds« in Muschelkalk (3)
▷ Kondensat-Lagen (4)
▷ submarine (untermeerische) → Spaltenfüllung (5)
▷ submarine Höhlenfüllung (6)
▷ → Schill (7)
▷ → Sandstein (8)
▷ → Schiefer (9)

Froschlurche → Anura.

Fumarole → Exhalation.

Fungi, Mycophyta, Pilze; der bei weitem artenreichste Stamm der Pilzähnlichen (Fungimorpha). F. besitzen kein Chlorophyll; sie leben von toten oder lebendigen Organismen (→ heterotroph). Fossil belegt seit dem Devon.

Fusulinen, Ordnung der → Foraminiferen von besonderer Größe. Das vielkammerige Gehäuse der F. ist mehr oder weniger spindelförmig. Die F. lebten → benthisch in flachen, aber uferfernen klaren Meeresgewässern. Sie stellen z. T. wichtige → Leitfossilien. Karbon und Perm.

G

Gabbro, mittel- bis grobkörniges basaltisches Tiefengestein (→ Plutonit) von grauschwarzer bis grünlich schwarzer Farbe.

Gang, plattenförmiger Gesteins- oder Mineralkörper, der durch die Ausfüllung einer Spalte in altem Gestein entstanden ist. Gänge finden sich besonders häufig in vulkanischen Bergen (siehe Abb. → Stratovulkan). Sie werden dort je nach ihrer räumlichen Lage z. B. in Mantelgänge (konische Gänge, parallel zum »Mantel« des Vulkankegels), Radialgänge (in radialer Richtung vom Vulkanschlot weg verlaufende, senkrecht stehende Gänge), Tagentialgänge (den äußeren Bereich des Vulkankegels tangential schneidende, senkrecht stehende Gänge) usw. unterteilt.

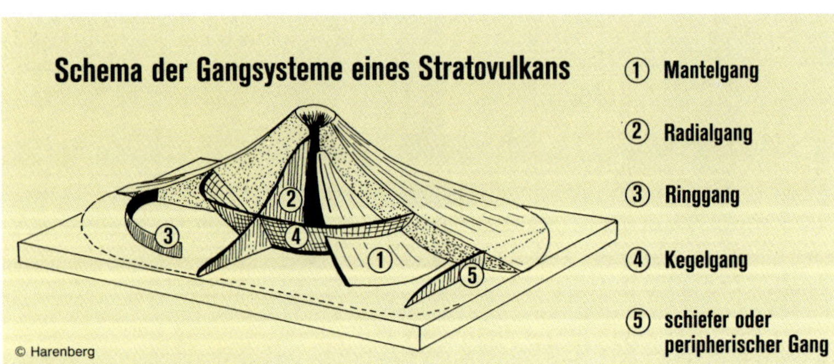

Ganoiden (= Ganoidfische), Schmelzschupper; Sammelbegriff für Fische mit → Ganoid-Schuppen.

Ganoid-Schuppen, rhombenförmige Schuppen zahlreicher paläo- und mesozoischer Fische (→ Actinopterygii) mit einer dicken Deckschicht aus Ganoin. Das ist eine stark glänzende, sehr harte Substanz.

Gänsevögel → Anseriformes.

Gastropoda, »Bauchfüßer«, Schnecken; Weichtiere (→ Mollusca) mit Kopf, Fuß, Eingeweidesack und einem ungeteilten → Mantel. Der Mantel sondert bei vielen Arten ein spiralig gedrehtes, seltener napfförmiges kalkiges Gehäuse ab. Zu den G. zählen die einzigen an Land lebenden Weichtiere. Die Systematik der → rezenten G. erfolgt aufgrund der Nervenbahnen und der Zähnchen der zur Nahrungszerkleinerung dienenden Reibeplatte. Diese sogenannte → Radula ist allerdings bei fossilen Arten unbekannt. Die paläozoologische Gliederung der G. stützt sich deshalb ausschließlich auf die Form der kalkigen Gehäuse. Diese bestehen zum größten Teil aus → Aragonit. Ab Kambrium.

Gattung (= Genus), systematische Einheit, eine oder mehrere → Arten umfassend, von denen eine gemeinsame entwicklungsgeschichtliche Abstammung angenommen wird.

Gebirge, 1. im bergmännischen Kontext: Sammelbezeichnung für ein Gesteinsvorkommen schlechthin, oft unterschieden nach der Gesteinsart (Salzgebirge, Dolomitgebirge usw.) oder nach dem Aufbau (Deckgebirge, Grundgebirge usw.);
2. im geographisch-orographischen Kontext: Landschaft mit stark ausgeprägtem Oberflächenrelief, klassifiziert nach der Höhe (Mittelgebirge, Hochgebirge), nach der Gestalt der Gipfelregion (Kammgebirge, Gratgebirge, Kuppengebirge) oder nach der Gesamterscheinung (geschlossenes Gebirge, Kettengebirge);
3. im ingenieurgeologischen Kontext: Natürlicher Verband fester Gesteine;
4. im geologischen Kontext: Auf bestimmte Weise deformierter Grundbereich, unterschieden nach Decken-G. (bei der Bildung tektonischer → Decken), Falten-G. (entstanden durch Einengung von → Geosynklinalen mit Heraushebung der in ihnen enthaltenen Sedimente; ein Prozeß, den man als → Orogenese bezeichnet);
5. im vulkanologischen Kontext: Aus Vulkaniten verschiedener Natur (→ Lava, → Asche usw.) aufgebaute Bergmassive;
6. im geomorphologischen Kontext: Neben Gebirgen der Kategorien 4 und 5 werden hier auch sogenannte Abtragungs-G. erfaßt, die durch teilweise → Abtragung tektonisch gehobener Tafelländer entstehen.

Gebirgsbildung → Orogenese.

Gebiß (= Dentition), Gesamtheit aller gleichzeitig im Munde eines Tieres vorhandenen Zähne. Das Gebiß läßt oft wichtige entwicklungsgeschichtliche und verwandtschaftliche Schlüsse zu. Ein G. heißt monophyodont, wenn sich bei einem Tier während seines gesamten Lebens nur ein einziges G. entwickelt (z. B. bei den Delphinen). Bei einmaligem Gebißwechsel im Laufe des Lebens (bei den meisten Säugetieren) spricht man von einem diphyodonten G. Bei kontinuierlicher Erneuerung abgenutzter bzw. verlorener Zähne oder bei ständigem Nachwachsen der Zähne wird das G. als polyphyodont bezeichnet.
G.e mit gleichförmigen (nicht unbedingt auch gleich großen) Zähnen nennt man iso- oder homodont, solche mit verschiedenartigen Zähnen aniso- oder heterodont. Stehen obere und untere Zahnreihen gleich weit vor, handelt es sich um ein isognathes G. Greift die obere Zahnreihe über die untere, heißt es anisognath. Beim labidodonten G. treffen die Schneidezähne wie bei einer Beißzange zusammen, beim psalidonten G. liegt ein Scherenbiß mit gegenseitigem Übergreifen der Schneidezähne vor. Stehen obere und untere Schneidezähne parallel, spricht man von Orthodontie, sind sie schräg zueinander angeordnet, lautet der Fachterminus Klinodontie oder Proklivie. → Zähne.

Geiseltal, bedeutendes Braunkohlen- und Fossilienvorkommen (Pflanzen und Tiere) des Mittleren Eozäns bei Halle. Fossil erhalten sind hier ca. 100 Wirbeltierarten, darunter etwa 45 Säuger verschiedener Ordnungen. Hervorragend konserviert sind auch Weichteile der Organismen.

Geißeltierchen → Flagellaten.

Generationswechsel (= Metagenese), Wechsel zwischen geschlechtlicher und ungeschlechtlicher Fortpflanzung von Organismen. Dieser ist meist verbunden mit einem deutlichen Gestaltwechsel (Generations-Dimorphismus) zwischen beiden Generationsformen. G. kommt u. a. vor bei → Sporenpflanzen und bei manchen Hohltieren (→ Coelenterata), bei denen Medusen- und Polypengenerationen einander abwechseln.

Genus → Gattung.

Geobios, Tier- und Pflanzengesellschaften des Festlandes.

Geochronologie, Einstufung von Gesteinen nach relativen oder absoluten chronologischen Einheiten. → Zeitskala.

Geokratie, Vorherrschen des Landes gegenüber dem Meer. Dies tritt in geologischen Zeiten auf, in denen die Meere besonders eingeengt, dafür aber außergewöhnlich tief sind.

geologischer Körper, erdgeschichtlich überlieferter, in sich konsistenter fester Teil der → Lithosphäre. Er ist von ausreichender Größe, um Aussagen zu seiner Entstehung und seiner Raumposition in Relation zu anderen g.n K.n zu erlauben. Der Begriff umfaßt z. B. alle Gesteine, Mineralien und Fossilien im Gesteinsverband.

Geomorphologie, Wissenschaft von den Formen der Erdoberfläche.

Geosynklinale (= Geosynkline), über 100 m breiter und oft weit über 1000 km langer Bereich der Erdkruste, der kontinuierlich absinkt und damit zum Sedimentationsraum wird. In einer G. können sich innerhalb langer Zeiträume (einige Perioden der Erdgeschichte) mehrere Kilometer mächtige Sedimente unterschiedlichster Natur ansammeln, z. B. Flach- oder Tiefmeeressedimente und Vulkanite. Die G. kann durch → Schwellen (Geantiklinalen) in verschiedene Becken unterteilt sein. Dem Geosynklinal-Stadium folgt abschließend eine → Orogenese, bei der sich - meist unter Einengung der G. - deren sedimentärer Inhalt hoch heraushebt und ein Faltengebirge aufbaut. Nach den Hypothesen der → Neuen Globaltektonik gehen G.n aus → Subduktionszonen hervor, d. h. aus Zonen, in denen sich Ränder von Kontinentalschollen untereinanderschieben und dabei tief in den → Erdmantel absinken.

Geotektonik, Bereich der Erdwissenschaften, der die Gesetzmäßigkeiten im Bau der → Lithosphäre und deren Entwicklung erforscht.

Germanisches Becken, Sedimentationsgebiet Mitteleuropas, zusammengesetzt aus zwei Teiltrögen in Ostwestrichtung (Baltische Zone) und Nordsüdrichtung (Rheinische Zone). Von Perm bis Trias.

Geschiebe, vom Gletschereis transportiertes Gesteinsmaterial.

Gestein, im wesentlichen aus kristallinen Bestandteilen aufgebauter → geologischer Körper. Neben den kristallinen Bestandteilen können aber auch glasige, gelartige, kolloidale, flüssige u. a. Komponenten vorkommen.

Geweih, paarige Knochenauswüchse (Hautknochenbildungen) auf den Stirnbeinen männlicher (beim Ren auch weiblicher) Hirsche (→ Cervidae). Besonders formenreich und z. T. gewaltig groß waren die G.e mancher Hirsche an der Wende vom Plio- zum Pleistozän. → Hörner.

Gigantopterides, farnlaubige fossile Samenpflanzen aus der Verwandtschaft der Gattung Gigantopteris mit großen gegabelten oder gelappten Blättern, deren Adern ein charakteristisches Netz bilden. Wichtige Vertreter der → Cathaysia-Flora.

Gigantopteris-Flora → Cathaysia-Flora.

Ginkgoales, Ginkgo-Gewächse, eine Nacktsamer-Ordnung (→ Gymnospermen) mit flachen, breiten, z. T. gelappten geradrandigen Laubblättern von farnähnlicher Aderung. Weit verbreitet und sehr artenreich im Mesozoikum und im Tertiär. Heute nur noch durch die Art Ginkgo biloba vertreten. Ab → Rotliegendem.

Gips, Mineral, $CaSO_4 \cdot 2H_2O$ von monoklin-prismatischer Kristallstruktur. Als Sediment bildet sich G. oft in großen Mengen durch direkte → Ausfällung im Rahmen ozeanischer Salzlagerstätten (→ Evaporite). G. entsteht aber u. a. auch aus vulkanischen Aushauchungen (Fumarolen oder → Exhalationen) durch Einwirkung von Schwefeldioxiddampf auf Lava.

Glas (= Gesteinsglas), durch rasche Abkühlung einer Gesteinsschmelze nicht kristallin erstarrte Masse, meist als vulkanisch entstandener → Obsidian (Erstarrungsprodukt von Laven).

Glasmeteorite → Meteorite.

glazial, einen Gletscher betreffend, durch die Tätigkeit des Gletschereises entstanden.

Glazialtheorie → Eiszeithypothesen.

Glazialzeit → Kaltzeit.

Gliederfüßer → Arthropoda.

Gliederwürmer → (= Annelida).

Globigerinen, Gruppe planktisch lebender → Foraminiferen mit bei den erwachsenen Individuen meist kugelig aufgeblasener Wohnkammer. Sie besitzen spiralige Gehäuse mit meist dünnen und grob perforierten Wänden. Ab Tertiär.

Glossopterides, »Zungenfarne«, mit der Hauptgattung Glossopteris. Farnlaubige Gewächse (→ Pteridophyllen) mit einfachen, langen, zungenförmigen an der Basis kurz gestielten Wedeln; charakteristisch für die frühe → Gondwana-Flora (Permokarbon). Wahrscheinlich handelt es sich bei den G. nicht um echte Farne, sondern um Nacktsamer (→ Gymnospermen).

Glossopteris-Flora → Gondwana-Flora.

Glutwolke, Suspension von feinsten glühenden Festkörpern (Aschen) und geschmolzenen Gesteinsfetzen (Magmatröpfchen) in ausgesprochen heißen vulkanischen Gasen. Dieses Schwebstoffgemenge wird bei einem explosiven Ausbruch unter immenser Energiefreisetzung in meist gigantischen Mengen (viele Kubikkilometer) gefördert. Aufgrund ihrer hohen Anfangsbeschleunigung und wegen ihrer hohen Dichte in Zusammenwirkung mit der Gravitation breiten sich G.n rasend schnell (bis zu 200 km/h) aus und richten großräumige Verwüstungen an. Die nichtgasigen Bestandteile der G.n erstarren zu sogenanntem → Ignimbrit.

Gnathostomata, 1. → Chordata, Chordatiere mit Kiefern, d. h. alle Wirbeltiere außer den → Agnatha; 2. irreguläre Seeigel (→ Echinoidea) mit Kiefergebiß. Ab Jura.

Gneis, schieferige, feldspatführende Metamorphite (→ Metamorphose). Ausgangsmaterial können sowohl Sedimente wie Vulkanite (→ Magma) sein.

Gnetales, Ordnung der Nacktsamer (→ Gymnospermen), mit bereits einigen Merkmalen von Bedecktsamern (→ Angiospermen), z. B. Markstrahlen im Sekundärholz und deutlicher Blütenhülle (Perianth). Ab Perm (?). Zahlreiche fossile Pollen aus dem Tertiär bekannt.

Gomphotherium, Gattung der Rüsseltiere (→ Proboscidea) aus dem Miozän. Charakteristisch sind die Stoßzähne sowohl im Ober- wie im Unterkiefer. Stammform der Stegodonten, → Mammute und Elefanten.

Gondwana, »Land der Gonden«, benannt nach einem vorderindischen Volksstamm; im Paläozoikum und frühen Mesozoikum geschlossener Kontinent der Südhemisphäre. Er umfaßte den größten Teil Südamerikas, Afrika, Arabien, Vorderindien, Madagaskar, Australien und Antarktika.

Gondwana-Flora (= Glossopteris-Flora, antarktokarbonische Flora); die Flora des Permokarbons von → Gondwana, also der Antarktis, Südafrikas, Südamerikas, Vorderindiens und Australiens. Charakteristisch sind zahlreiche der mit den → Cordaiten verwandten Noeggerathiopsis-Arten. Daneben sind die Schachtelhalmgewächse (→ Equisetales), Schizoneura und Phyllotheca häufig.

Goniatiten, 1. im weiteren Sinne: Bestimmte eingerollte → Ammonitenformen des Paläozoikums (Devon bis Perm); 2. im engeren Sinne: Arten der Ammonitengattung Goniatites, die wichtige → Leitfossilien im Unterkarbon stellt. Die G. haben eine »goniatitische«, d. h. nicht gezähnte, ganzrandige → Lobenlinie.

Gotiden, proterozoischer Faltengebirgskomplex des → Baltischen Schildes.

Graben, relativ zur Umgebung abgesunkene, langgestreckte, keilförmige Scholle. Auslösend für das Absinken ist im allgemeinen eine → Verwerfung.

Grabgemeinschaft → Fossilgesellschaft.

Grande Coupure, »Großer Schnitt«, → Faunenschnitt zwischen Oberem Eozän und Unterem Oligozän in der Säugetierfauna Westeuropas. Zahlreiche → Primaten, Unpaarhufer (→ Perissodactyla) und Urraubtiere (→ Creodonta) gingen unter. Neu erschienen 13 Familien und 20 Gattungen, vorwiegend Unpaarhufer, Paarhufer (→ Artiodactyla), Fleischfresser (→ Carnivora), Insektenfresser (→ Insectivora) und Nagetiere (→ Rodentia).

Granit, Tiefengestein (→ Plutonit) oder Metamorphgestein (→ Metamorphose) von mittel- bis grobkristalliner Struktur und unterschiedlicher Zusammensetzung.

Granitisation, Umwandlungsvorgang, bei dem verschiedenartige Gesteine (Sedimente, Vulkanite) in Mineralbestand und Gefüge durch Einwirkung von hohem Druck und/oder hoher Temperatur granitähnlich werden.

Graptolithen, fossile meeresbewohnende, Kolonien bildende Tiere mit Außenskelett (Rhabdosom) aus → chitinartigem Protein (Graptin). Neben seßhaften Formen (Dendroidea) gab es auch planktische (Graptoloidea). Besonders die letzteren waren weltweit verbreitet und sehr formenreich. Sie stellen für das Unterordovizium bis zum Unterdevon sehr gute → Leitfossilien. Die ersteren (Dendroidea) lebten vom Mittelkambrium bis ins Karbon. Nächste Verwandte der Graptolithina sind in den noch heute vertretenen → Branchiotremata zu sehen.

Gräser, Spelzenblütler; Gruppe einkeimblättriger (→ Monocotyledonen) Pflanzen, unterteilt in die Familien der Ried- oder Sauergräser (Cyperaceae) und der »echten« Gräser oder Süßgräser (Poaceae oder Gramineae). Während die Halme der Gramineae meist in Knoten (Nodien) und glatte Zwischenknotenstücke (Internodien) unterteilt sind, ist das bei den Cyperaceae nur selten der Fall. Die einfachen Blüten stehen bei den Gramineae in Ähren oder Ährchen. Bei den Cyperaceae sind es ährchenartige Teilblütenstände, traubige, ährige, rispige oder kopfige Blütenstände. Ab Oberkreide, Hauptblütezeit ab Miozän bis heute.

Green-River-Formation, Sedimente des Oberen Paläozäns bis Unterem Eozäns in Wyoming, Utah und Colorado, gebildet in einem Seensystem bei subtropischem Klima. Sie enthalten zahlreiche Fossilien, u. a. eine reiche eozäne Fischfauna. → Fossil Butte National Monument.

Greifvögel → Falconiformes.

Grünalgen → Chlorophyta.

Guimarota, oberjurassisches Kohlevorkommen bei Leiria, Portugal, mit zahlreichen Fossilien, besonders von Amphibien, Reptilien sowie Säugetieren.

Gürteltiere → Xenarthra.

Gymnophiona → Apoda.

Gymnospermen, Nacktsamer, zusammenfassende Bezeichnung für die → Coniferophytina und die → Cycadeen, also jene Samenpflanzen, deren Samenanlagen und Samen offen auf den Fruchtblättern liegen und nicht wie bei den Bedecktsamern (→ Angiospermen) in einem Fruchtknoten eingeschlossen sind. Ab Oberdevon, Hauptblütezeit im Mesozoikum.

Gyttja, Halbfaulschlamm; Bodensedimente sauerstoffarmer Seen, vorwiegend bestehend aus feinsten organischen Resten. → Fäulnis.

H

Haarsterne → Crinoidea.

Haiartige → Elasmobranchii.

Haie → Selachii.

Halite, Salzgesteine, besonders das Steinsalz. → Evaporite.

Hallstätter Kalk → epikontinentale Ablagerungen der Trias im Bereich der → Tethys in den nördlichen Kalkalpen (Salzkammergut, Berchtesgaden) mit häufigen fossilen → Ammoniten, die die Grundlage der → Stratigraphie der Obertrias bilden.

Halobios, Organismengemeinschaft des Meeres, gegliedert in → Plankton, → Benthos und → Nekton.

Halophyten, Pflanzen, die auf Salzböden oder in Salzwasser gedeihen.

Hamamelididae, Kätzchenblütler, Unterklasse der Zweikeimblättrigen (→ Dicotylen). Meist holzige Sträucher und Bäume mit vereinfachten (kätzchenförmigen) Blüten, Windbestäuber. Ab Unterkreide.

Handtier → Chirotherium.

Hangendes, bergmännischer Ausdruck für das Gestein über dem zur Diskussion stehenden Gestein. → Liegendes.

Hartteile, relativ verwitterungsresistente Gehäuse, Skelette, Zähne, Flügeldecken (der Käfer) usw. von Tieren, die gute Voraussetzungen für fossile Überlieferungen besitzen. H. sind meist aus → Calcit, Calciumphosphat, → Aragonit, Kieselsäure, → Chitin, Zellulose, Gerüsteiweißen (→ Spongin u. a.) oder → Keratin aufgebaut.

Hasenartige → Lagomorpha.

Hautflügler → Hymenoptera.

Heliozoa, Unterklasse der Wurzelfüßer (→ Rhizopoda), mehr oder weniger kugelig, meist Süßwasserbewohner. Ab Pleistozän.

Hell-Creek-Formation, Sedimente der Oberkreide in Montana (USA), verwandt mit der → Lance-Formation. Die H. enthält zahlreiche gut erhaltene Fossilien, darunter die letzten zwölf → Dinosaurierarten und zahlreiche Säugetiere.

Hemichordata → Branchiotremata.

Hemiptera, Schnabelkerfe mit den Ordnungen der Wanzen (Heteroptera) und Gleichflügler (Homoptera); Insekten mit charakteristischen stechend-saugenden Mundwerkzeugen. Ab Karbon.

Hepaticae, Leber- und Hornmoose, Klasse der Moose (→ Bryophyta); flache, in kurze Stämmchen und rippenlose Blättchen gegliederte Pflanzen, die in einem Teil ihrer Zellen meist charakteristische Hohlkörper besitzen. Ab Unterdevon.

herbivor, pflanzenfressend.

Herrentiere → Primaten.

Herzyniden → variszische Gebirgsbildung.

Hesperornithiformes, nordamerikanische Ordnung flugunfähiger Zahnvögel (→ Odontoholcae). Unterkreide bis Eozän.

Heterocorallia, artenarme Ordnung der Korallen (→ Anthozoa), die ausschließlich auf das Oberkarbon beschränkt ist.

heterodont → Gebiß.

Heteroptera, Wanzen, Ordnung der Schnabelkerfe (→ Hemiptera). Ab Perm.

heterospor, »verschiedensporig«, Bezeichnung für farnartige Pflanzen (→ Pteridophyta), die zweierlei Sporen entwickeln: Reservestoffreiche, große »Megasporen«, aus denen weibliche Geschlechtspflanzen (Prothallien) hervorgehen; 2. Kleine »Mikrosporen«, die kleinere männliche Geschlechtspflanzen liefern.

Heterostraci, Ordnung der Kieferlosen (→ Agnatha), deren Kopf und Vorderkörper in einem Panzer aus → Aspidin-Platten zusammengefaßt sind. Oberkambrium bis Oberdevon.

heterotroph, Bezeichnung für Organismen, die sich von bereits vorhandenen organischen Stoffen ernähren.

Heuschrecken → Orthopteren.

Hexacorallia → Scleractinia.

Hexapoda → Insecta.

Hiatus, durch Sedimentationsunterbrechung bedingte Schichtenlücke und damit zugleich eine Lücke in der geologischen Überlieferung.

Hinterkiemer → Opisthobranchiata.

Hipparion-Fauna, durch die Gattung Hipparion der Pferdeartigen (Equidae) charakterisierte Fauna Eurasiens und Afrikas im Oberen Miozän.

Holocephali → Chimären.

Holostei, Infraklasse der Strahlenflosser (→ Actinopterygii), heute vertreten durch den Knochenhecht (Kaimanfisch) und Schlammfisch. Die H. waren charakteristische Fische des Mesozoikums. Ab Oberperm bis Unterkreide, in der Obertrias dominierende Meeresfische.

Holothuroidea, Holothurien, »Seegurken«, längliche, meist gurkenförmige, an den Enden spitz zulaufende Stachelhäuter (→ Echinodermata) mit einem Kranz von Tentakeln um den Mund.

Holozän (= Alluvium), Postglazial, Nacheiszeit. Jüngste Stufe der Erdgeschichte, seit etwa 10000 Jahren bis heute. Als Beginn gilt das Zurückweichen des Inlandeises in Mittelschweden.

Holstein-Warmzeit (= Holstein-Interglazial), nach den Ablagerungen in Schleswig-Holstein benannte Warmzeit zwischen → Elster- und Saale-Kaltzeit.

Holzmaden, bedeutendes Fossilienvorkommen im → Posidonien-Schiefer des Unterjuras in Baden-Württemberg. Hervorragend ist die Weichteilerhaltung vieler Arten. Vertreten sind neben Fischen, Kopffüßern und anderen Meerestieren in besonders beeindruckender Konservierung zahlreiche → Ichthyosaurier verschiedener Gattungen.

Homalozoa, Unterstamm der Stachelhäuter (→ Echinodermata), umfassend primitive, noch nicht radialsymmetrische Formen aus dem Kambrium bis Devon.

Hominidae, Hominiden, Familie der → Primaten, die die fossilen und heutigen Menschen umfaßt. Zu den H. gehören folgende Gruppen: 1. → Australopithecinen, mit aufrechtem Gang, 120 cm durchschnittlicher Größe und noch geringem Gehirnvolumen (450 bis 550 cm=). Zu Australopithecus zählt im weiteren Sinne auch die Paranthropus-Gruppe, die nachweislich bereits einfache Steinwerkzeuge benutzte; 2. Homo-habilis-Formen, umfassend die Frühmenschen (Pithecanthropus- und Homo-erectus-Formen), die Altmenschen (Neandertaler, Palaeanthropini) und die modernen Menschen oder Homo-sapiens-Formen (Cro-Magnon-Mensch, Praesapiens, Homo sapiens sapiens).

Hominoidea, Superfamilie der Altweltaffen (→ Simiae). Zu ihnen gehören die Menschenaffen und die Menschen.

Homo, die Menschen umfassende Gattung der Säuger. → Hominidae.

homodont → Gebiß.

Homologie, Bezeichnung für die Gleichartigkeit anatomischer Merkmale bei unterschiedlichen Organismen, die auf entsprechende Merkmale bei gemeinsamen Vorfahren zurückzuführen sind.

Horizont, in der Geologie eine örtlich begrenzte Gesteinszone.

Hörner, aus einem »Hornzapfen« (Knochenkern) und einer diesen umhüllenden »Hornscheide« aus Horn oder hornartiger Substanz aufgebaute Fortsätze auf der Stirn der → Cavicornier. Im Gegensatz zu den → Geweihen werden die Hörner nicht jährlich abgeworfen.

Hornstein → Flint.

Horst, gegenüber seiner Umgebung herausgehobener Teil der Erdkruste.

Huftiere → Ungulata.

Humus, bei der Zersetzung (→ Verwesung, → Fäulnis) von Sumpf- und Landpflanzen zurückbleibende, stark kohlenstoffhaltige Bestandteile. Sie sind z. T. gemischt mit tierischen Produkten wie Schleim oder Kot.

Hyalospongea, Klasse der Schwämme (→ Porifera) mit charakteristischen kieseligen Schwammnadeln. Ab Unterkambrium.

Hydrosphäre, Wasserhülle der Erde, bestehend aus Binnengewässern, Schnee und Eis (die zusammen 0,3% der H. ausmachen) sowie den Meeren.

hydrothermale Phase, Bereich der Mineralbildung aus gas- und salzhaltigen wäßrigen Lösungen zwischen etwa 400 °C (kritischer Punkt) und etwa 30 °C.

Hydrozoa, Klasse der Nesseltiere (→ Cnidaria) mit vorwiegend im Meer lebenden Arten von etwa 1 mm bis über 2 m Länge, meist mit → Generationswechsel zwischen einer ungeschlechtlichen → Polypengeneration und einer geschlechtlichen → Medusengeneration (Quallen). Die Polypen bilden häufig am Meeresboden festsitzende Kolonien, doch gibt es auch freilebende, schwimmende Formen. Ab Unterkambrium.

Hyenia-Flora → (= Bokkeveld-Flora).

Hymenoptera, Hautflügler, Ordnung der → Insecta. Sie umfaßt außer den Termiten alle staatenbildenden Insekten (Wespen, Ameisen, Bienen usw.). Ab Jura fossil bekannt.

Hyracoidea, Klippschliefer, Ordnung der → Subungulata; den Kaninchen ähnliche kleine Pflanzenfresser Afrikas und Vorderasiens. Teils Fels-, teils Baumbewohner. Ab Mittlerem Eozän.

Hyracotherium, Stammform der Pferdeartigen von der Größe eines Foxterriers, vorne vier-, hinten dreizehig. Eozän.

Hystrichosphären, »Stacheleier«, 0,03 bis 0,25 mm große, kugelige, mit sich verzweigenden dorn- oder flügelartigen Fortsätzen versehene Zysten von → Dinoflagellaten. Sie bestehen aus chemisch sehr widerstandsfähigem Material.

Hystricomorpha, Stachelschweine, Unterordnung der Nagetiere (→ Rodentia). Ab Miozän.

I

Iapetus (= Ur- oder Protoatlantik), im Unteren Paläozoikum, besonders im → Ordovizium existierender Ozean zwischen Nordamerika und Schottland einerseits und England und Wales andererseits. Der I. trennte marine Faunenprovinzen der Küstengewässer beider Seiten voneinander. Erst gegen Ende des Oberordoviziums (→ Ashgill) schrumpfte der I. auf 1000 bis 2000 km Breite, und seine Fauna wurde einheitlich.

Ichnia, Lebensspuren, im fossilen Zustand. → Ichnofossilien.

Ichnofossilien, Ichnolithes, fossile Lebensspuren, z. B. Bauten, Fährten, Freßspuren.

Ichthyopterygia, Unterklasse der Reptilien mit der einzigen Ordnung → Ichthyosauria.

Ichthyornithiformes, meist flugunfähige »Fischvögel«, eine Ordnung der Kielbrustvögel (→ Carinatae). Oberkreide.

Ichthyosauria, Fischsaurier, eine Ordnung fischähnlicher Reptilien von bis zu 15 m Länge. I. waren außerordentlich gut an das Leben im Meer angepaßt. Wahrscheinlich brachten sie lebendige Junge zur Welt. Hinsichtlich der Abstammung der I. gibt es bisher nur Vermutungen. Als mögliche Vorfahren kommen die → Cotylosauria oder die → Pelycosauria in Frage. Untertrias bis Oberkreide.

Ichthyostegalia, Ordnung der → Labyrinthodontia, die eine Übergangsform zwischen den Quastenflossern (→ Crossopterygia) und den Vierfüßern (→ Tetrapoden) darstellt. Den → Temnospondyli nahestehend. Devon Grönlands.

Ignimbrit → Glutwolke.

Iguanodon, Gattung der → Dinosaurier von weltweiter Verbreitung in Oberjura und Unterkreide. Bis 8 m lange und etwa 5 m hohe → Ornithopoda.

Imago, das in der Entwicklung dem Larvenstadium folgende »fertige«, geschlechtsfähige Insekt. → Metamorphose.

Immersion, Höchststand einer Meeresüberflutung (→ Transgression).

Inarticulata, Armfüßer (→ Brachiopoda) ohne Schalenschloß (Articulation). Ihre Klappen werden nur durch Muskeln zusammengehalten. Ab Kambrium.

Incluse (= Inkluse), Einschluß (z. B. eines Insekts oder Pflanzenteils) in → Bernstein oder einem ähnlichen fossilen Harz.

Inkohlung, allmähliche Umwandlung organischen Materials (meist pflanzliche Substanz) in Kohle, gekennzeichnet durch eine Anreicherung von Kohlenstoff (C) gegenüber Wasserstoff (H), Sauerstoff (O) und Stickstoff (N). Die fortschreitende I. läßt sich etwa mit folgenden prozentualen Anteilen dokumentieren:

Inkohlungsgrad in %

	C	H	O+N
Holz	50	6	44
Torf	60	5	35
Braunkohle	65-78	5-6	17-29
Steinkohle	79-92	4-5	4-16
Anthrazit	93-98	1-4	1-3
Graphit	100	—	—

Bis zum Braunkohlenstadium überwiegen biochemische Vorgänge, danach geochemische (Druck, Temperatur).

Inkrustation, Krustenbildung, wobei ein Mineral (meist → Calcit) um Fossilien herum ausfällt und sie einbettet.

Insecta, Insekten, Hexapoda, Gliederfüßer (→ Arthropoda) mit deutlich dreigeteiltem Körper (Kopf, Rumpf, Hinterleib). Der Rumpf (Thorax) trägt drei Beinpaare, die jeweils an einem von drei Thorax-Segmenten ansetzen. Die Segmente des Kopfes (Caput) sind miteinander zu einer Kapsel verschmolzen. Der beinlose Hinterleib (Abdomen) besteht aus elf Segmenten, von denen einzelne oder mehrere miteinander verschmolzen sein können. Die Flügel der I. sind doppelwandige Hautausstülpungen. Die Abstammung der I. ist ungeklärt, denn die ältesten flügellosen Formen (→ Collembola) waren bereits ebenso hoch spezialisiert wie heutige Formen. Auch sind von den im Oberkarbon weit verzweigten geflügelten Formen (→ Pterygota) keine Vorläufer bekannt. Die I. dürften aber gemeinsame Wurzeln mit den Tausendfüßern (→ Myriapoda) besitzen.

Insectivora, Insektenfresser, älteste und primitivste Ordnung der höheren Säugetiere (→ Eutheria), umfassend Formen wie die Spitzmäuse, Maulwürfe, Igel. Ab Oberjura (?) oder Oberkreide.

Inselbogen, bogenförmig angeordnete Inselgruppe vulkanischen Ursprungs. Sekundär können sich an die I. auch Korallenriffe angliedern. Vor der konvexen Seite eines I.s liegt meist eine Tiefseerinne. Beispiele: Antillen, Sundainseln, Aleuten.

Interglazial, »Zwischeneiszeit«, zwischen zwei → Kaltzeiten (Glazialen) gelegener Zeitraum mit milderem Klima und starkem Eisrückgang, Meeresspiegelanstieg sowie einem Vorstoßen der Pflanzenwelt. → Pleistozän.

Interstadial, dem → Interglazial vergleichbare Warmzeit, jedoch von kürzerer Dauer (einige Jahrtausende) und nicht zwischen zwei Kaltzeiten, sondern innerhalb einer Kaltzeit liegend.

intramontan, Bezeichnung für Sedimentationsräume oder Sedimente innerhalb eines Gebirgssystems (→ Orogen).

Intrusion, Eindringen von glutflüssigem → Magma in und zwischen andere Gesteine der → Erdkruste.

Invertebrata, wirbellose Tiere.

involut → Einrollung.

Inzisiven, Schneidezähne (der Säugetiere), meist meißelförmig und einwurzelig. Das vollständige Säugetiergebiß besitzt in jeder Kieferhälfte drei I. → Zähne.

isodont → Gebiß.

Isoëtales, Brachsenkrautgewächse, Ordnung der Barlappe (→ Lycophyta), entwicklungsgeschichtlich interessant als letzter Teil einer sogenannten Reduktionsreihe (Entwicklungsreihe mit Verkleinerung/Vereinfachung der Formen). Ab Trias.

isognath → Gebiß.

Isoptera, Termiten, Unterordnung hochentwickelter, staatenbildender Insekten, die sich vorwiegend von Holz ernähren. Ab Mittelkreide.

isospor, Bezeichnung für Sporenpflanzen, die nur einen → Sporentyp ausbilden.

Isua-Serie, Gesteinsfolge im südwestlichen Grönland mit 3,76 Mrd. Jahre alten → Intrusionen, die das wahre Alter der ursprünglichen Gesteine durch → Metamorphose z. T. überdecken. Vermutlich sind die Sedimente 3,8 Mrd. Jahre alt oder älter. Sie enthalten ein- und mehrzellige → Mikrofossilien.

J

Joggins, Fossilvorkommen des Oberkarbons in Nova Scotia (Kanada). Kohleführende Schichten mit etwa 60 Flözen enthalten hier zahlreiche fossile Sumpf- und Landtiere sowie Florenelemente. Berühmt sind die bis zu 9 m hohen aufrecht stehenden Stümpfe von Schuppenbäumen (→ Lepidodendrales). Diese Stümpfe bildeten zugleich → Fossilfallen, in denen verschiedene Amphibien und Reptilien, darunter die ersten → Pelycosaurier, ums Leben kamen und fossil erhalten blieben. Vertreten sind auch Fische und Wirbellose.

John Day Fossil Beds National Monument, Fossilvorkommen bei John Day in Oregon, USA. In meist vulkanischen Sedimenten vor allem des Tertiärs sind hier viele Floren- und Faunenelemente konserviert. Die vier wichtigsten Formationen überdecken die Zeit vom Mittleren Eozän bis zum Oberen Miozän und liefern einen wohl einmaligen Gesamtüberblick über das Zeitalter der Säugetiere.

Judith-River-Formation, Abschnitt der Oberkreide (Campan, 76–73 Mio.) in Nordamerika, speziell in Alberta. Die Sedimente der J. enthalten mit 30 fossilen Gattungen die bisher vielfältigste bekannte → Dinosaurier-Fauna.

Jura, geologisches System des → Mesozoikums vor 210–140 Mio. Jahren. Wichtigste → Leitfossilien sind die → Ammoniten, anhand derer sich der J. in ca. 70 Hauptzonen aufgliedern läßt. Leitwert haben außerdem → Belemniten, Armfüßer (→ Brachiopoda), → Foraminiferen und → Ostracoden. Paläogeographisch ist der J. besonders eine Zeit ausgedehnter Festlandüberflutungen (→ Transgressionen).

jungkaledonische Phase → Faltungsphasen.

jungkimmerische Phase → Faltungsphasen.

Jungsteinzeit → Neolithikum.

K

Käfer → Coleoptera.

Kalamiten → Calamitales.

kaledonisch, zusammenfassende Bezeichnung für die in Zusammenhang mit der Gebirgsbildung (→ Tektogen, → Orogenese) im Oberordovizium bis Unterdevon stehenden Prozesse. Sie reichen von der Herausbildung der → Geosynklinalen bis zur Gebirgsauffaltung und der Bildung der k.en → Molassen. K.en Ursprungs sind Teile Spitzbergens, der skandinavischen Hochgebirge, verschiedene Berglander Westeuropas sowie Faltengebirge in Grönland, Neufundland und im Bereich der nördlichen Appalachen. K.e Gebirge finden sich auch im Süden Ostsibiriens, in Alaska und in Australien.

Kalisalze, natürliche Salze, die Kalium enthalten, z. B. Chlorcarnallit (KCl). Wichtige mitteleuropäische K.-Lagerstätten beschränken sich auf den → Zechstein. Sie entstanden durch Eindampfung (→ Evaporite).

Kalium-Argon-Methode, Methode der physikalischen Altersbestimmung (→ Geochronologie).

Kalkalgen, kalkabscheidende → Algen. Die Kalkablagerung kann organisch im Inneren der Zellwände oder durch Übersättigung auf der Oberfläche der Pflanzen erfolgen. Algen mit Kalkabscheidung in den Zellwänden sind seit dem Kambrium (Grünalgen, → Dasycladaceae) und seit der Unterkreide (Rotalgen, → Rhodophyta) bekannt. Übersättigungskalk entsteht im Süßwasser und ist meist ein Produkt der sogenannten Mikroalgen, also keiner echten Algen, sondern → Cyanobacteria (→ Stromatolith).

Kalkflagellaten → Coccolithen.

Kalkschwämme → Calcispongea.

Kalkstein, das häufigste carbonatische Sedimentgestein (→ Carbonate). Gesteinsbildende Mineralien sind neben dem → Calcit auch → Aragonit, → Dolomit u. a. Verfestigungen von K. führen durch Umkristallisation zu → Marmor.

Kaltzeit (= Eiszeit, Glazialzeit), jeder erdgeschichtliche Abschnitt, während dessen größere außerpolare Gebiete von mächtigen Gletschern oder ausgedehnten Inlandeismassen bedeckt waren (→ Pleistozän).

Kambrium, ältestes geologisches System des → Paläozoikums vor 590–500 Jahrmillionen. Fossilien treten deutlich häufiger auf als in älteren Schichten. → Leitfossilien im ältesten K. sind die → Archaeocyatha, später (vor allem im Oberkambrium) die → Trilobiten. In das K. reichen die Anfänge der meisten noch heute existierenden Hauptgruppen des Tierreiches mit Stützskelett zurück, etwa die Armfüßer (→ Brachiopoda), Gliederfüßer (→ Arthropoda), Weichtiere (→ Mollusca), Stachelhäuter (→ Echinodermata) und sogar erste → Chordata. An der Grenze vom K. zum Ordovizium liegt ein → Faunenschnitt. Alle bekannten kambrischen Organismen sind Meeresbewohner.

Kammerlinge → Foraminiferen.

Kanadischer Schild, der zentrale Teil der Nordamerikanisch-Grönländischen Scholle. Hier steht das präkambrische Grundgebirge an der Erdoberfläche an.

Kännelkohle (= Kennelkohle), sporen- und pollenreiche Faulschlammkohle (→ Sapropel) der Karbonzeit.

Känophytikum, die Neuzeit der pflanzlichen Entwicklung, ab Oberer Unterkreide (Apt) (→ Pteridophytikum).

Känozoikum (= Neozoikum), die Neuzeit der Entwicklung des tierischen Lebens, beginnend mit dem → Tertiär.

Karbon, geologisches System des → Paläozoikums, vor 360–290 Jahrmillionen. Die ebenfalls gebräuchliche Bezeichnung »Steinkohlenzeit« rührt daher, daß während des K.s die größten Steinkohlenlager der Erde entstehen. Begründet ist das in erster Linie durch das global feuchtwarme Klima, aber auch durch biologische und geologische Faktoren. Im K. kündigt sich bereits ein Wandel der Fauna vom Paläozoikum zum → Mesozoikum an. Besonders die Knochen- und Knorpelfische sowie die Amphibien entfalten sich. Zu Beginn des Oberkarbons erscheinen die → Reptilien. Die Insekten und die Pflanzenwelt erreichen im K. einen Entwicklungshöhepunkt.

Karbonate → Calcit, → Carbonate.

Kareliden, Faltengebirgskomplex des Unterproterozoikums auf dem → Baltischen Schild.

Karroo-System, mehrere tausend Meter mächtige Abfolge kontinentaler Sedimente vom Oberkarbon bis Unterjura in Südafrika, vor allem im Karroo-Becken. Viele der Schichten führen Fossilien; die Beaufort-Gruppe (Oberperm bis Untertrias) ist mit zahlreichen Reptilien besonders bekannt.

Karst, Bereich mit charakteristischen Verwitterungs- und Abtragungsformen als Folge oberflächennaher leichtlöslicher Gesteine, insbesondere Kalk. Typische K.-Formen sind tiefreichende Klüfte und Schichtfugen, tief zerschnittene Oberflächen (sogenannte Karrenfelder), → Dolinen sowie unterirdische Wasserläufe, die in stark wasserführenden K.-Quellen zutage treten. Zu unterscheiden ist grüner K. mit Pflanzenbedeckung vom vegetationslosen grauen K.

Kaustobiolithe, brennbare Gesteine wie Harze, Wachse, Faulschlammgestein (→ Sapropel), Torf, Braun- und Steinkohle.

Keilblattgewächse → Sphenophyllales.

kenorische Gebirgsbildung, nach dem Ort Kenora in Ontario (Kanada) benannter Gebirgsbildungsvorgang in Nordamerika an der Wende zwischen Archaikum und Unterproterozoikum (vor ca. 2600–2500 Mio. Jahren). Die k. G. wird in den USA auch algomische Gebirgsbildung genannt.

Keniapithecus, Hominidengattung, heute meist zu → Ramapithecus gestellt.

Keratin, Hornsubstanz der Nägel, Krallen, Hörner usw., gebildet aus den verhornenden Zellen der → Epidermis.

Keuper, Ausbildung der → Trias vor allem im → Germanischen Becken mit überwiegend festländischen, vereinzelt auch marinen Sedimenten. Bezeichnung für den letzten Abschnitt der Trias.

Kieferlose → Agnatha.

Kiefermäuler → Gnathostomata.

Kies, 1. Lockergestein mit Korngrößen zwischen 2 und 63 mm Durchmesser; 2. Bezeichnung für sulfidische Erze (z. B. Kupferkies, Schwefelkies).

Kieselalgen → Diatomeen.

Kieselgur (= Diatomeenerde), ein größtenteils aus den Gehäusen von → Diatomeen bestehendes weißes, leichtes und poröses Gestein.

Kieselhölzer, durch Polykondensation von Kieselsäuremolekülen (H_4SiO_4) versteinerte Hölzer. K. sind die häufigsten Pflanzenfossilien. Mit Hilfe von Dünnschliffen lassen sich die Arten der Hölzer oft eindeutig bestimmen.

Kieselschwämme → Silicispongiae.

kimmerische Phase → Faltungsphasen.

Kissenlava (= Pillowlava), kissen- bis wurstförmige, besonders am Meeresboden blasig erstarrte, zuvor dünnflüssige → Lava mit glatter Oberfläche.

klastisch, Bezeichnung für Gesteins- oder Mineralbruchstücke, die aus verwitterten älteren Gesteinen stammen, durch ein Medium (z. B. Wasser, Eis) befördert und sodann abgelagert wurden (Klastite).

Klinodontie → Gebiß.

Klippschliefer → Hyracoidea.

Kluft, Gesteine und Sedimentschichten durchsetzender, nicht oder nur wenig geöffneter Riß mit in der Regel ebenen Begrenzungsflächen.

Knochen, Hartteile des Wirbeltierskeletts aus K.-Gewebe. Dieses Bindegewebe besteht aus faserartigen Zellen (Fibrillen) und reich verzweigten Knochenzellen (Osteozyten) sowie verkalkten Substanzen zwischen den Zellen (interzellulare Substanz). Die K. bauen sich aus Weichteilen (Knochenmark, Blut- und Lymphgefäße, Nerven usw.) sowie der eigentlichen Knochensubstanz (Calciumphosphat und Kalksalzen) auf. Ihre Gestalt und Struktur ist z. T. für bestimmte Wirbeltiergruppen charakteristisch (z. B. die Röhrenknochen der Säuger oder die Luftknochen der Vögel).

Knochenfische → Osteichthyes.

Knochenganoidfische → Holostei.

Knochenzahnvögel → Odontopterygiformes.

Knorpel, festes, elastisches Stützgewebe, häufig bei Wirbeltieren, nur selten bei Wirbellosen. Die transparente Grundsubstanz des K.s baut sich aus Faserzellen (Fibrillen) und besonderen eingelagerten K.-Zellen auf.

Knorpelganoidfische → Chondrostei.

Knospenstrahler → Blastoidea.

Kohle, brennbares Sedimentgestein, überwiegend aus Resten fossiler Pflanzen zusammengesetzt (→ Inkohlung, → Bitumen).

Koniferen, »Zapfenträger«, Nadelhölzer, nacktsamige Bäume und Sträucher mit meist nadel- oder schuppenförmigen Blättern ohne Blütenhüllen. Holz mit → sekundärem Dickenwachstum und meistens mit Harzkanälen. Fossil mit zahlreichen Familien vertreten, z. B. Lebachiaceae, Voltziaceae, Cheirolepidaceae, Podocarpaceae, Pinaceae, Taxodiaceae, Cupressineae. Ab → Westfal.

Konkordanz, Bezeichnung für die bezüglich ihres Gefüges gleichförmige Lagerung jüngerer und älterer Gesteinskomplexe.

Konkretionen, knollen- bis linsenförmige unregelmäßige Mineralausscheidungen in Sedimenten, meist mit schaligem Aufbau. K. schließen nicht selten besonders gut erhaltene Fossilien ein.

Kontaktlagerstätte, in der Nähe einer magmatischen → Intrusion entstandene → Lagerstätte, bei der die Stoffzufuhr aus der magmatischen Schmelze in das benachbarte Gestein (Kontaktgestein) erfolgte.

Kontinentaldrift (= Kontinentalverschiebung), heute allgemein akzeptierte Hypothese, nach der sich die leichteren Kontinentalmassen auf einer schwereren, zähflüssigen Unterschicht (oberer Bereich des Erdmantels) schwimmend seitlich verschieben.

Konvexionsströmungen, Ausgleichsströmungen im glutflüssigen Material des → Erdmantels (Asthenosphäre), die die Bewegungen der Erdkruste hervorrufen.

Kopffüßer → Cephalopoda.

Koprolithen, »Kotsteine«, fossile Exkremente.

Korallen → Anthozoa.

Kormophyta, zweites Unterreich der Pflanzen. K. besitzt einen in Wurzel, Sproß und Blätter gegliederten Körper (Kormus). Ab Obersilur.

Körperfossil → Fossilien.

Korrasion, schleifende (abrasive) Abtragung oberflächlicher Gesteinsschichten durch das von Wind oder Meerwasser mitgeführte feste Material (Staube, Sande, Kies usw.).

Korrosion, durch Wasser oder Lösungen hervorgerufene, von der Oberfläche ausgehende Zerstörung eines Gesteins, z. B. beim → Karst. Die K. ist ein chemischer Prozeß (→ Erosion).

Kragentiere → Branchiotremata.

Kraton (= Urkontinent), stabiler Bereich der → Erdkruste, der bei → tektonischer Beanspruchung mit Bruchbildung reagiert.

Krebse → Crustacea, → Malacostraca.

Kreide, 1. Geologisches System des Mesozoikums, vor 140–66 Jahrmillionen. Nach typischen Sedimenten wird das System zweigeteilt: Tonig-sandig in der Unterkreide, kalkig in der Oberkreide. Wichtigste → Leitfossilien sind → Ammoniten, → Belemniten und Inoceramen, daneben auch → Foraminiferen, Stachelhäuter (→ Echinodermata), → Rudisten, → Coccolithen und → Ostracoden. Charakteristisch für die Ablagerungen der K. auf dem Festland sind Überreste von → Dinosauriern. Die Entfaltung der Bedecktsamer (→ Angiospermen), die in dieser Zeit das → Känophytikum einleiten, kennzeichnet die K.-Flora. Paläobiographisch erfolgt eine weltweite Umgestaltung der Meeresräume; 2. → Schreibkreide.

Kristallsysteme

Kristallachsen	Name	Kristallformen	Beispiele
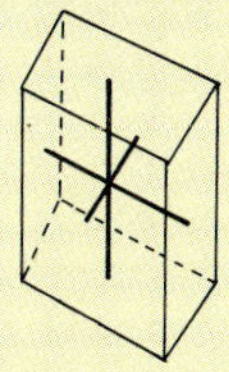	triklin	Flächenpaare	Albit Anorthit Disthen
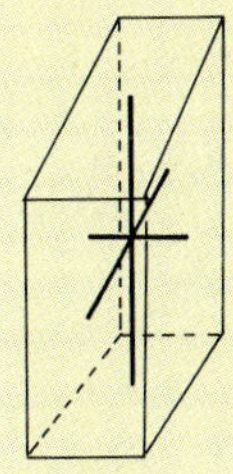	monoklin	Prismen mit geneigten Endflächen	Gips Muskovit Augit
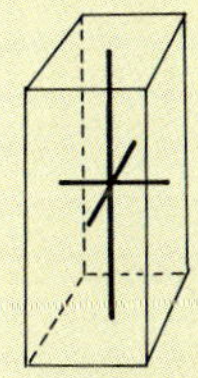	rhombisch	Rhombische Prismen und Pyramiden	Baryt Schwefel Topas
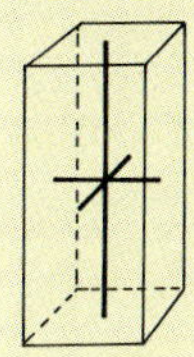	tetragonal	Vierseitige Prismen und Pyramiden	Kupferkies Rutil Zirkon
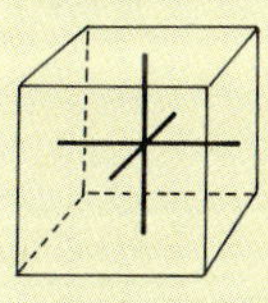	kubisch	Würfel Oktaeder Rhombendodekaeder Ikositetraeder	Diamant Pyrit Steinsalz
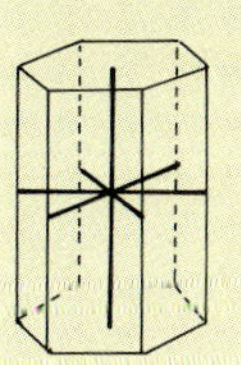	hexagonal: a) rhomboedrisch	Sechsseitige Prismen und Pyramiden	Apatit Beryll Korund
	b) trigonal	Dreiseitige Prismen, Pyramiden und Rhomboeder	Calcit Quarz Turmalin

Kristall, ein von ebenen Flächen begrenzter, homogener Körper mit charakteristischen Symmetrieeigenschaften, der im allgemeinen eine räumlich periodische Anordnung von Atomen, Ionen oder Molekülen darstellt. Die physikalischen Eigenschaften eines K.s sind – bedingt durch den Aufbau des K.-Gitters – richtungsabhängig (anisotroper Körper). Eingeteilt werden die K.e in 32 Klassen, die sich in sechs K.-Systeme (siehe Abbildung) einordnen lassen, wobei die Klassen eines Systems grundsätzlich gleiche kristalligraphische Achsenkreuze aufweisen. Folgende K.-Systeme lassen sich unterscheiden:

▷ triklin (1)
▷ monoklin (2)
▷ rhombisch (3)
▷ tetragonal (4)
▷ kubisch (5)
▷ hexagonal (6)

Bezeichnet man die Achsen mit a, b und c und die sie einschließenden Winkel mit α, ß und j, so gilt für die kristallographischen Achsenkreuze:

1. triklin: $a \neq b \neq c \neq a$, $\alpha \neq ß \neq j \neq \alpha$
2. monoklin: $a \neq b \neq c \neq a$, $\alpha = j = 90°$, $ß \neq 90°$
3. rhombisch: $a \neq b \neq c \neq a$, $ß \neq 90°$
4. tetragonal: $a = b$, $a \neq c \neq b$, $\alpha = ß = j = 90°$
5. kubisch: $a = b = c$, $\alpha = ß = j = 90°$
6. hexagonal, unterteilt in:

6.1. rhomboedrisch: $a = b = c$, $\alpha = ß = j \neq 90°$

6.2. trigonal: vierachsig mit $a_1 = a_2 = a_3 \neq c$, $\sphericalangle(a_1,a_2) = \sphericalangle(a_2,a_3) = \sphericalangle(a_3,a_1) = 120°$ $\sphericalangle(a_1,c) = \sphericalangle(a_2,c) = \sphericalangle(a_3,c) = 90°$

Krokodile → Crocodilia.

Kryptofossil, Kleinstfossil im ultramikroskopischen Bereich (kleiner als das Auflösungsvermögen des normalen Lichtmikroskops), → Mikrofossilien, → Nannofossilien.

Kryptogamen → Sporenpflanzen.

kryptogen, »im Geheimen entstanden«, Bezeichnung für Organismenformen, die ohne bekannte Vorfahren plötzlich auftreten.

Kryptozoikum, »Zeit des verborgenen Lebens«, ältere Bezeichnung für das → Präkambrium.

Kupferschiefer, schwärzlicher, bitumenreicher Mergelschiefer, als älteste Verfestigung von Faulschlamm (→ Sapropel) am Boden des → Zechstein-Meeres entstanden. Er enthält bis zu 3% Kupfer. Die Mächtigkeit des K.s beträgt allgemein 30 bis 50 cm. Die wichtigsten K.-Lagerstätten befinden sich in Deutschland und Polen.

L

Lacertilia, Eidechsen, Unterordnung der Reptilienordnung → Squamata (Eidechsen und Schlangen). Sie umfaßt die Leguane (Iguania), Gekkos (Gekkota), Skinks (Scincomorpha), Schleichen (Anguimorpha) und Waranverwandte (Platynota). Ab Oberjura.

labiodont → Gebiß.

labyrinthodont, Bezeichnung für Zähne mit kompliziert gefalteter Schmelzschicht und entsprechend geriefter Zahnoberfläche. L.e Zähne besitzen die Quastenflosser (→ Crossopterygii) und viele primitive Vierfüßer (→ Tetrapoden).

Labyrinthodontia, Unterklasse der Amphibien mit → labyrinthodonten Zähnen, untergliedert in die Ordnungen → Ichthyostegalia, → Temnospondyli und → Anthracosauria. Die L. stellen eine primitive Vierfüßergruppe (→ Tetrapoden) dar, zu der die Stammformen der Reptilien gehören. Ab Oberdevon.

Lagerstätte, räumlich begrenzter Bereich der → Erdkruste, in dem sich natürliche Konzentrationen von → Mineralen oder Gesteine befinden, deren Gewinnung wirtschaftlich von Bedeutung ist oder sein kann. Nur wissenschaftlich interessante L.n nennt man Mineralvorkommen. Nach ihrer Mineralführung unterteilt man Erz-L.n (Metalle und Metallverbindungen), zu denen auch die Spat-L.n (Flußspat, Schwerspat) gehören, L.n von Steinen und Erden (Sand, Kies, Ton, Kaolin, Graphit, Diamant, Granat, Bernstein usw.), L.n der Salze (Steinsalz, Kalisalze, Borate, Salpeter), L.n der Kohlen (Torf, Braun- und Steinkohle) sowie Erdgas- und Erdöl-L.n (Erdgas, Erdöl, Asphalt u. a.). Zu den L.n rechnet man ferner das → fossile Grundwasser. L.n besonderer Art sind die → Fossilien L.n.

Lagomorpha, Hasenartige, Ordnung der Säugetiere, früher zu den Nagetieren gestellt, was sich aber nicht aufrechterhalten läßt. Die Verwandtschaft mit anderen Ordnungen gilt heute als nicht geklärt. Ab Paläozän.

Lakkolith, innerhalb der → Erdkruste erstarrte → Magmamasse mit gewölbter oberer und ebener unterer Fläche.

lakustrisch → (= limnisch).

Lamellibranchia, Muscheln, bilateral symmetrisch aufgebaute, im Wasser lebende Weichtiere (→ Mollusca). Sie besitzen keinen deutlich abgesetzten Kopf und sind ohne Kiefer und → Radula. Sie haben einen zweilappigen Mantel und ein von diesem ausgeschiedenes festes zweiklappiges Gehäuse. Unter dem Mantel befinden sich paarige Kiemenblätter, deren Gestalt die Grundlage für die Klassifikation der rezenten Formen darstellt. Die fossilen Formen werden nach der Ausbildung des Schlosses, das die Klappen gegenseitig fixiert, klassifiziert. Ab Unterkambrium.

Lance-Formation (= Lancian), jüngster Abschnitt der Oberkreide in Nordamerika, verbreitet in Wyoming, Montana, North und South Dakota, Colorado, New Mexico. Vorwiegend kontinentale Sandsteinsedimente, die viele fossile Wirbeltiere führen, u. a. Fische, Amphibien, Reptilien und Säuger. Wichtig sind vor allem die Dinosaurier.

Lapilli, aus einem Vulkan ausgeworfene erbsen- bis walnußgroße schlackige → Lavabrocken.

laramische Phase → Faltungsphasen.

Laterne des Aristoteles, Kiefergerüst der Seeigel (→ Echinoidea), das für die Klassifikation wichtig ist.

Latimeria, rezente Gattung der Quastenflosser (→ Crossopterygii), die im Gebiet der Komoren in der Tiefsee lebt. Gilt als → »lebendes Fossil«.

Laubmoose, Musci, → Bryophyta.

Laurasien → Angara-Land.

laurentische Gebirgsbildung, archaische Gebirgsbildung in Nordamerika vor etwa 2,9 Mrd. Jahren.

Lava, glutflüssiges oder bereits erstarrtes, an die Erdoberfläche gelangtes → Magma. Die Eigenschaften der L. können je nach stofflicher Zusammensetzung und Temperatur des Magmas zur Zeit des Austritts stark variieren. Auch die Austrittsbedingungen (z. B. in freier Atmosphäre oder unter Wasser) spielen eine Rolle. Basische L. mit weniger als 52% SiO_2-Gehalt (Siliciumdioxid) ist beim Austritt über 1000 °C heiß und dünnflüssig. Saure L. mit mehr als 65% SiO_2-Anteil ist demgegenüber unter 900° heiß und zäher. Während basische L. meist ruhig ausfließt, gibt die zähere saure L. ihren Gasgehalt bei Druckentlastung unter atmosphärischen Bedingungen meist explosiv ab. Je nach der Art der Entgasung, der Fließgeschwindigkeit eines L.-Stromes und der Dauer der Abkühlung entstehen erstarrte L.-Ströme mit verschiedenen Oberflächentypen. Hierbei unterscheidet man u. a. Strick- bzw. Seil-L., Aa-L. oder Block-L.

»lebende Fossilien«, rezente Arten, die sich über lange erdgeschichtliche Zeiträume mehr oder weniger unverändert erhalten haben. Als l. F. werden u. a. angesehen: Das »Perlboot« (→ Nautiloidea), der Quastenflosser → Latimeria, die Pfeilschwanzkrebse (→ Xiphosura), die Brückenechse Spenodon, der Ginkgo und die Metasequoia.

Lebensdauer, Dauer der Existenz systematischer Kategorien in der Erdgeschichte. Sie hängt ab von der Evolutionsgeschwindigkeit. Langlebige Gruppen (z. B. manche → Foraminiferen, → Brachiopoda, → Nautiloidea) haben eine L. von 150 bis über 500 Mio. Jahren, kurzlebige Gruppen (z. B. Ammonitengattungen) eine solche von einigen wenigen Mio. Jahren.

Lehm, durch chemische Gesteinsverwitterung erzeugter gelblicher bis bräunlicher, kalkarmer bis kalkfreier → Ton.

Leitfossilien, für bestimmte Sedimenthorizonte oder größere zeitliche Einheiten charakteristische Fossilien (siehe Abb.). Sie ermöglichen durch ihr Vorhandensein, das relative geologische Alter eines → Horizontes zu bestimmen. L. sind im Idealfall erdgeschichtlich kurzlebig, weit verbreitet und unabhängig von der → Fazies. Als zuverlässigste L. gelten die aufeinander folgenden Glieder einer sich rasch verändernden Entwicklungsreihe.

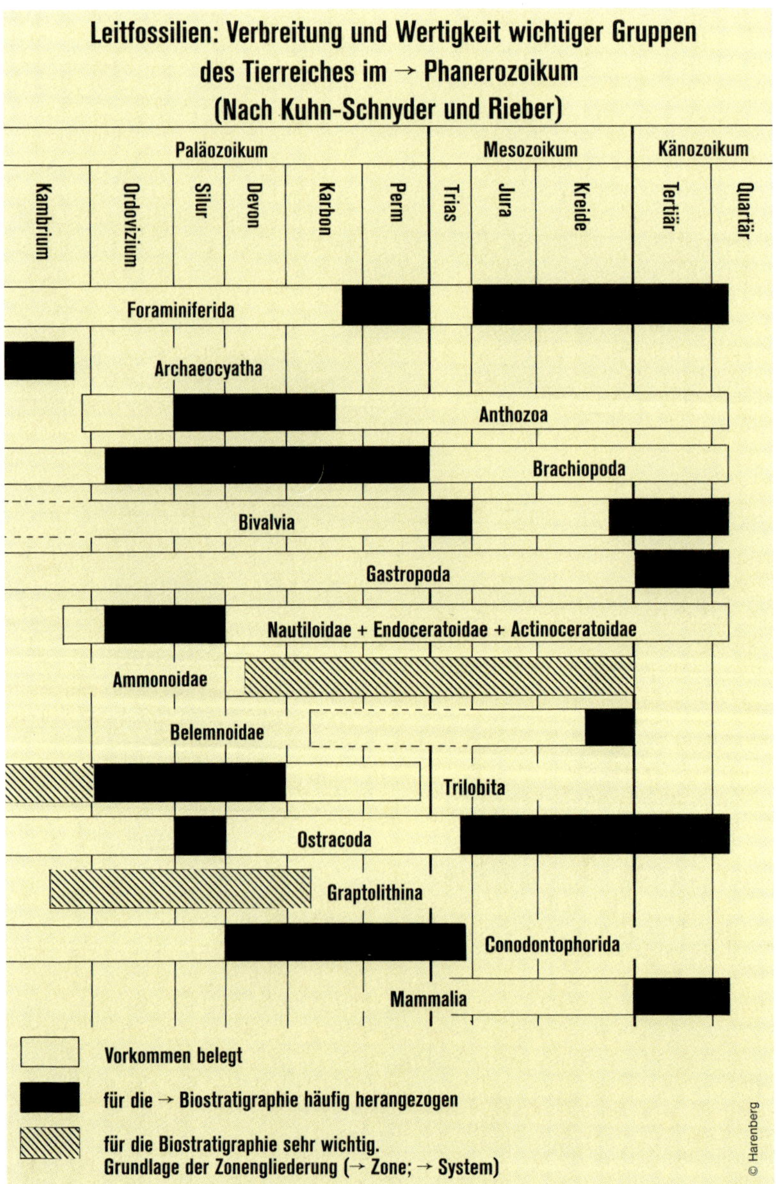

Lepidodendrales, Lepidophyten, Schuppenbaumgewächse, bis 30 m hohe baumförmige Vertreter des Unterstammes der Bärlappgewächse (→ Lycophyta). Zusammen mit den → Calamitales sind sie Charakterpflanzen des → Karbons und als solche Hauptlieferanten für das Material der Steinkohle. Typisch sind die in Diagonalzeilen angeordneten Narben und Blattpolster am Stamm, die von abgefallenen nadelförmigen Blättern stammen. Oberdevon bis Perm.

Lepidoptera, Schmetterlinge, Ordnung der → Insecta. Nachgewiesen ab Obertrias.

Lepidosauria, Unterklasse der Reptilien, umfassend die primitiveren → Diapsida, die → Eosuchia, die → Rhynchocephalia und die → Squamata.

Lepospondyli, primitive Vierfüßer (→ Tetrapoden) mit charakteristischen (lepospondylen) Wirbeln aus einheitlichen, sanduhrförmigen Knochenhülsen. Die systematische Abgrenzung der L. wird nicht einheitlich gehandhabt. Aber die meist kleinen Amphibien sind ein wesentlicher Bestandteil der Wirbeltierfauna karbonischer Kohlensümpfe.

Leposporangiatae, Unterklasse der Farne (→ Filicales), zu der die meisten mesozoischen und rezenten Farne gehören. Ihre Sporenanlagen (→ Sporangium) besitzen im Reifezustand eine nur aus einer Zellage aufgebaute Wand.

Lias, untere Abteilung des → Juras, vor 210–184 Mio. Jahren.

Libanon, bedeutendes Fossilvorkommen der Oberkreide am Westhang des Mount L., nördlich von Beirut. Belegt ist eine → marine Fauna vor allem mit zahlreichen Fischen verschiedener Gattungen.

Libellen → Odonata.

Lichenes, Flechten, symbiotische Doppelorganismen aus Pilzen mit → Cyanobacteria. Der Pilzkörper (Thallus) ist durch die Aufnahme der chlorophyllführenden Mikroorganismen zu einer unabhängigen (→ autotrophen) »Pflanze« geworden. Eine systematische Beziehung zum Pflanzenreich besteht indes nicht. Nachgewiesen seit etwa 2,5 Mrd. Jahren aus Südafrika.

Liegendes, die Schicht, die unter der zur Diskussion stehenden Gesteinsschicht liegt. Die Grenzschicht zwischen der betrachteten Schicht und dem Liegenden nennt man Sohle. → Hangendes.

Lignin, Hauptbestandteil der Trockensubstanz des Holzes. Er setzt sich aus zahlreichen untereinander verbundenen gleichartigen Molekülen verschiedener Phenylpropanderivate zusammen.

Lignit, ältere Bezeichnung für Braunkohlenhölzer (Stammstücke, Stubben usw.)

Liliales, Liliengewächse, Ordnung der Einkeimblättrigen (→ Monocotyledonen), meist Kräuter, seltener Sträucher und Bäume mit parallel- oder bogennervigen Blättern und meist zwittrigen Blüten. Ab Unterkreide.

limnisch (= lakustrisch), in Seen lebend oder entstanden.

Limnobios, Organismengemeinschaft des Süßwassers.

Limnologie, die Wissenschaft von den Binnengewässern.

Linton, Vorkommen fossiler Fische und → Tetrapoden des Oberkarbons in Ohio, USA. Die Wirbeltierreste sind in eine 30 cm mächtige Schicht von → Kännelkohle eingebettet.

Lissamphibia, zusammenfassender Begriff für die heute lebenden → Amphibien. Der Begriff ist im Hinblick auf die Systematik umstritten.

Lithistida, Steinschwämme, ausschließlich fossile Ordnung der → Demospongea, zum Stamm der Schwämme (→ Porifera) gehörend. Oberkreide bis Tertiär, während des Juras wichtige Riffbildner (→ Riff).

Lithosphäre, veralt. Ausdruck für die Gesteinshülle der Erde, umfassend die → Erdkruste und den oberen Bereich des → Erdmantels bis ca. 100 km Tiefe. Eine starre, verhältnismäßig dünne Schale, die an ihrer Unterseite von der → Asthenosphäre begrenzt wird.

Lithostratigraphie, stratigraphische Ordnung der Gesteine anhand aller ihrer Merkmale und Inhalte einschließlich der → Fossilien. Die L. beschreibt lokale und regionale Gesteinseinheiten und grenzt sie gegeneinander ab. Sie bedient sich dazu folgender Hierarchie:
Hauptgruppe (z. B. Buntsandstein)
Gruppe (z. B. Mittlerer Buntsandstein)
Formation (z. B. Hardegsen-Folge)
Formationsglied (z. B. H1-member)
Bank, Schicht, Horizont (z. B. basale Grobschüttung).

Litopterna, Ordnung südamerikanischer Huftiere (→ Ungulata) des Alttertiärs. Die L. besitzen teilweise noch keine Hufe, sondern Krallen, wobei die Fußachse durch die dritte Zehe verläuft wie bei den Unpaarhufern (→ Perissodactyla). Im Miozän traten bereits Formen mit Hufen auf. Im Gegensatz zu anderen Huftieren besaßen die L. generell noch flachkronige Zähne. Einige Arten erreichten Kamelgröße. Die L. stammen von den → Condylarthra ab. Paläozän bis Pleistozän.

litoral, zur Küste bzw. zum Gezeitenbereich gehörend.

Lobenlinie (= Sutus), Verwachsungslinie der Kammerscheidewand (→ Septum) mit der Außenwand beim Gehäuse der Kopffüßer (→ Cephalopoda) mit Außengehäuse. Sie ist am Steinkern (→ Fossilien) unmittelbar sichtbar, beim Tier selbst befindet sie sich auf der Innenseite der Schale. Die von Art zu Art verschiedenen und äußerst vielgestaltigen L.n sind wichtige Anhaltspunkte für die Klassifikation, besonders bei den → Ammoniten.

Löß, durch Windsortierung entstandenes Sediment. Es ist feinkörnig, gelblich, homogen und ungeschichtet, wenig verfestigt und kalkhaltig in seiner Substanz. Die Ablagerung von L. erfolgte im Umfeld von Gletschern während des → Pleistozäns.

Lothringen-Saar-Nahe-Trog, Senkungsraum im westlichen Mitteleuropa zwischen Rheinischem Schiefergebirge, Vogesen, Odenwald und der Marne in der Zeit zwischen → Westfal und Oberem Rotliegenden (ca. 310–270 Mio.). Landschaftlich ist diese Region geprägt durch weite Schwemmflächen, Flußbetten und -deltas sowie Seen. Erhalten blieben hier Fossilien von über 300 Pflanzen- und Tierarten. Vor allem zu Beginn (im Westfal) entstanden mächtige Steinkohlenflöze.

Lungenfische → Dipnoi.

Lungenschnecken → Pulmonata.

Lurche → Amphibia.

Lycophyta, Bärlappgewächse, eine Abteilung kleinblättriger Sporen- und Samenpflanzen (→ Pteridophyta). Rezente Formen sind die echten Bärlappe (Lycopodiales), die Moosfarne (→ Selaginellales) und die Brachsenkräuter (→ Isoëtales). Fossil bedeutend sind die Schuppenbaumgewächse (→ Lepidodendrales). Ab Devon.

Lycopodiales, die »eigentlichen« Bärlappe, d. h. die Bärlappgewächse (→ Lycophyta) ohne Ligula. Dies ist ein häutiges Blättchen an der Basis der Blattoberseite mancher Bärlappe, das dem raschen Aufsaugen von Regentropfen dient. Fossil selten im Oberkarbon.

M

Macroscelidea, Rüsselspringer, eine Ordnung kleiner spitzmausähnlicher Säugetiere arider Gebiete Afrikas. Oft zu den Insektenfressern (→ Insectivora) gestellt, sicher aber mit sehr langer eigenständiger Entwicklung. Ab Unterem Oligozän.

Magdalénien, jüngere Kulturstufe der Altsteinzeit (→ Paläolithikum).

Magma, im Erdinneren bzw. → Erdmantel (oder durch Wiederaufschmelzung in der → Erdkruste) entstandene → silikatische Gesteinsschmelze komplexer und sehr unterschiedlicher Zusammensetzung. Bei der Abkühlung des M.s wandert je nach Umgebung ein Teil der leichtflüchtigen Bestandteile in Nebengesteine, in die Hydrosphäre oder die Atmosphäre ab. Der größte Teil der schwerflüchtigen Bestandteile bleibt in meist kristalliner, manchmal auch glasiger Form im entstehenden Magmatit (magmatisches Gestein) zurück. Entsteht der Magmatit im Inneren der Erdkruste, wird er als Plutonit (Tiefengestein) bezeichnet. Untermeerisch oder an der Erdoberfläche austretendes Magma bezeichnet man als → Lava, und zwar sowohl im flüssigen wie im erstarrten Zustand. Erstarrte Laven nennt man auch Vulkanite (Ergußgesteine). Gelegentlich wird zwischen Vulkaniten und Plutoniten eine Zwischenform als Mesomagmatite (Übergangsmagmatite) ausgewiesen, die erdoberflächennah erstarren.

Magnetostratigraphie, wissenschaftliche Methode, die die erdgeschichtlich wiederholt vorgekommenen Umpolungen des erdmagnetischen Feldes, bzw. deren permanentmagnetische Auswirkungen (in Form des sogenannten remanenten – übrigbleibenden – Magnetismus) in Eisenoxid-Mineralien für die geologische Zeitbestimmung nutzt.

Magnoliales, eine der ältesten Bedecktsamer-Ordnungen. Ab Jura (?) oder Unterkreide.

Makroevolution, Prozeß der → Evolution, bei dem sich nicht nur einzelne Merkmale eines Organismus ändern, sondern dessen grundsätzlicher Bauplan umgestaltet wird. Hierdurch entstehen neue Formen höherer → taxonomischer Einheiten.

Makrofossil, mit bloßem Auge erkenn- und bestimmbares Fossil.

makrophyll, großblättrig (bei Farnen und höheren Pflanzen).

Malacostraca, höhere Krebse, mittelgroße und große → Crustacea mit 21 Körpersegmenten und einem in Kopf (sechs Segmente), Brust (acht Segmente) und Hinterleib (sieben Segmente) gegliederten Körper. Alle Brust- und sechs Hinterleibsegmente tragen je ein Extremitätenpaar. Der Kopf verfügt über eine Reihe verschiedenartiger Anhänge. Ab Unterkambrium.

Malm, nach dem englischen Wort für einen kalk- und phosphorsäurereichen Lehmboden benannte obere Abteilung des → Juras, vor 160 bis 140 Mio. Jahren.

Mammalia, Säugetiere, warmblütige, meist behaarte Vierfüßer (→ Tetrapoden), die mit Ausnahme der Kloakentiere (→ Monotremata) lebende Junge gebären. Ihre Unterkiefer bestehen aus nur einem Knochen (Dentale). Die M. gingen um die Wende Trias/Jura aus den zu den Reptilien gehörenden → Cynodontia hervor. Die Übergänge zwischen den Reptilien und den M. sind gleitend. Von den bekannten Familien sind bis heute 54% ausgestorben, von den Gattungen 67%.

Mammut, Gattung der Rüsseltiere (→ Proboscidea; mit Abb.) mit nur oberen Stoßzähnen. Charakteristisch sind ihre lophodonten (= zygodonten) Zähne, deren Kronenhöcker miteinander zu Leisten verbunden sind. Das unterscheidet die M.e insbesondere von den → Mastodonten mit bunodonten, also vierkronigen Zähnen. Das M. gehört zur Rüsseltierfamilie Mammutidae und ist nicht zu verwechseln mit dem → Mammuthus, das zur Familie Elephantidae gehört. Pliozän bis frühes Holozän.

Mammuthus, Gattung der Rüsseltiere (→ Proboscidea), mit den Arten Mammuthus imperator, Mammuthus trogontherii und Mammuthus primigenius. Letztere werden zu den »echten Mammuten« gerechnet. Die M. waren Tiere der Kältesteppen Eurasiens und Nordamerikas mit dichtem Wollhaarkleid, sehr langen (bis zu 5 m) Stoßzähnen im Oberkiefer und hoch spezialisierten hinteren Backenzahnen (→ Molaren) mit bis zu 27 Lamellen. Die im sibirischen Eis erhaltenen Mammute gehören in diese Gattung. Oberes Pliozän bis frühes Holozän.

Manebach, Fossilienfundort bei Ilmenau, Thüringen. Versteinert sind wenige, meist marine Faunen-, aber zahlreiche Florenreste (über 60 Arten) des Unteren → Rotliegenden.

Mantel, Pallium, bei den Weichtieren (→ Mollusca) eine vom Rücken ausgehende Hautfalte, die einen großen Teil des Körpers einhüllt. Bei den Muscheln ist der M. zweigeteilt, bei Schnecken und Kopffüßern einfach ausgebildet. Nach außen scheidet der M. bei vielen Arten eine harte Schale aus einer reichlich mit Kalk (Calcit oder Aragonit) durchsetzten organischen Substanz (Conchiolin) ab. Nach innen begrenzt die Hautfalte die Atemhöhle. → Lamellibranchia, → Gastropoda, → Cephalopoda.

Marattiales, Ordnung großer Farne (→ Filicales) mit mehrfach gegliederten Wedeln. Oberkarbon bis Mesozoikum.

marin, Begriff für dem Meer angehörend oder durch das Meer gebildet.

Marmor, mittel- bis grobkörniges Gestein mit über 80% Carbonatgehalt, das durch → Metamorphose aus Kalkstein entstanden ist. Berühmte Vorkommen in Italien (Carrara), Griechenland (Paros) und Nordportugal.

Marsupialia, Beuteltiere, Didelphia; eine Ordnung der Säugetiere (→ Mammalia), die keine Plazenta entwickelt. Die M. bringen ihre Jungen in einer spätembryonalen Entwicklungsphase auf die Welt. Diese wachsen sodann im Beutel des Weibchens zur Selbständigkeit heran. Die M. wechseln im Gebiß nur den hintersten Vorderbackenzahn (→ Prämolar). M. waren in der Oberkreide häufiger als Säugetiere mit Plazenta (→ Placentalier).

Massensterben, Tod zahlreicher Individuen, der durch periodische oder aperiodische, systematische oder zufällige Ereignisse (Katastrophen, Jahreszeiten usw.) ausgelöst wird. Da es jedoch nicht zur Auslöschung höherer → taxonomischer Ordnungen kommt, ist M. nicht mit → Aussterben zu verwechseln; es verschwinden allenfalls einige Arten. Die Folge sind oft bedeutende Fossilienkonzentrationen.

Mastodonten, allgemeine Bezeichnung für die Vorfahren der Elefanten ab dem Tertiär. Die M. wurden z. T. größer als die Elefanten und besaßen meist je zwei Stoßzähne im Ober- und im Unterkiefer. Die M. starben in Südamerika erst im späten Oberen Pleistozän aus.

Mäuseartige → Myomorpha.

Mazon Creek, bedeutendes Fossilvorkommen des Oberkarbons im Becken von Illinois, USA. Überliefert sind ca. 200 Pflanzen- und über 250 Tierarten, in z. T. hervorragender dreidimensionaler Erhaltung. Dies trifft auch für die Überlieferung der Weichteile zu. Das Vorkommen umfaßt sowohl marine bis brackische wie Süßwasser- und terrestrische Areale.

Meduse, Qualle, die freischwimmende Form der Nesseltiere (→ Cnidaria).

Meganeura, zur Ordnung Meganisoptera gehörende Insektengattung, die den Libellen (→ Odonata) nahesteht. Sie brachte Riesenformen mit bis zu 75 cm Flügelspannweite hervor. Karbon bis Jura.

Megatherium, ein bis zu 2 m hohes und 4 m langes amerikanisches Riesenfaultier des Pliozäns bis Pleistozäns.

Menap-Kaltzeit → Weybourne-Kaltzeit.

Mergel, Sedimentgestein, zusammengesetzt aus tonigen und carbonatischen Bestandteilen.

Merostomata, Klasse der Gliederfüßer (→ Arthropoda), innerhalb dieser zum Unterstamm der Fühlerlosen (→ Chelicerata) gehörend. Die M. sind im Wasser lebende kiementragende Tiere mit langem hinterem Körperabschnitt (Opisthosoma) und einem über das Schwanzende hinausreichenden Stachel (Telson). Zu ihnen gehören die Schwertschwänze (→ Xiphosura) und die ausgestorbenen Seeskorpione (Eurypterida). Ab Kambrium.

Mesolithikum (= Mittelsteinzeit), Kulturepoche des frühen → Holozäns.

Mesophytikum, die »Mittelzeit« der pflanzlichen Entwicklung (Oberperm bis Unterkreide), in der es bereits Samenpflanzen, aber keine Bedecktsamer gab. Ihm voraus ging das → Pteridophytikum, ihm folgt das → Känophytikum.

Mesosauria, formenarme Ordnung von Reptilien mit zwei → Schläfenfenstern (→ Synapsida). Die M. waren kleine, schlanke Bewohner von Süßwasserseen. Sie ernährten sich von Fischen. Vorkommen: Nur im Westen Südafrikas und im Südosten Südamerikas. An der Wende Karbon/Perm.

Mesozoikum, Mittelzeit der tierischen Entwicklung, Ära der Erdgeschichte vor 250 bis 66 Mio. Jahren, umfassend die Systeme → Trias, → Jura und → Kreide. Das M. wird auch als Zeitalter der Reptilien bzw. der → Dinosaurier bezeichnet, wegen deren Vorherrschaft von der Obertrias bis zur Kreide.

Messel, bedeutendes Fossilienvorkommen bei Darmstadt. Eingebettet in → Ölschiefer finden sich in hervorragender Erhaltung meist auch die Weichteil-Überreste der Fauna und Flora eines subtropischen bis tropischen Sumpfwald-Biotops des tiefen Mittleren Eozäns.

Metamorphose, 1. zoologisch: Verwandlung, Entwicklung vom Ei zum ausgereiften Tier (→ Imago) über mehrere Zwischenformen (Larvenstadien), z. B. bei den Insekten (→ Insecta) und bei den Froschlurchen (→ Anura); 2. petrologisch: Die Umwandlung des Mineralbestandes von Gesteinen in der → Erdkruste durch Druck und/oder Temperaturänderungen. Dabei bleiben der kristalline Zustand und die grundsätzliche chemische Zusammensetzung bestehen. Durch M. entstehen metamorphe Gesteine (Metamorphite), die sich vom Ausgangsgestein nicht nur im Mineralbestand, sondern auch durch ein verändertes (metamorphes) Gefüge unterscheiden. Aus Magmatiten (→ Magma) entstehen durch M. sogenannte Orthometamorphite, aus Sedimentgesteinen sogenannte Parametamorphite.

Metasequoia, eine Gattung der Zypressengewächse, die als → »lebendes Fossil« gilt. Sie wurde 1941 fossil im Tertiär Japans und 1944 lebend in China entdeckt.

Metazoa, die vielzelligen Tiere.

Meteorite, auf die Erde gelangte Gesteinsstücke aus dem planetaren Raum. Sie stammen zum überwiegenden Teil aus dem um die Sonne verlaufenden Asteroidengürtel zwischen Mars- und Jupiterbahn. Zu unterscheiden sind vier Arten: Stein-M., Eisen-M., Stein-Eisen-M. und Glas-M. oder Tektite. Die meisten Stein-M. sind sogenannte Chondrite, kugelförmige Gebilde aus → Silikaten. Die Eisen-M. enthalten neben Eisen 4 bis 40% Nickel und unterscheiden sich von vergleichbarem irdischem Material durch ein charakteristisches Gefüge. Die Herkunft der Glas-M. ist umstritten. Manche Autoren sehen in ihnen überhaupt kein extraterrestrisches Material. Vielmehr sind sie davon überzeugt, daß es sich um durch Meteoreinschläge aufgeschmolzenes, hochgeschleudertes und wieder zur Erde herabgefallenes terrestrisches Gestein handelt. Heute werden M. in erster Linie mit dem frühen Mondvulkanismus in Zusammenhang gebracht.

Micoquien, eine Kultur der mittleren Altsteinzeit (→ Paläolithikum), vor allem in Südwesteuropa.

Microsauria, Ordnung äußerlich den Salamandern (siehe Abb.) ähnelnder Vierfüßer (→ Tetrapoden) des Karbons bis Unterperms, die sich schwer systematisch zuordnen läßt. Die M. wurden sowohl zu den Amphibien (und zwar zu den → Lepospondyli) wie zu den Reptilien (als Abkömmlinge der → Anthracosauria) gestellt.

Mikroevolution, im Gegensatz zur → Makroevolution die Entwicklung neuer Merkmale von Organismen. Die M. führt lediglich zur Herausbildung von neuen Rassen, Unterarten und höchstens zur Entwicklung neuer → Arten.

Mikrofossilien, Fossilien, die zu ihrer Untersuchung mikroskopische Vergrößerung erforderlich machen (z. B. → Radiolaria, → Foraminiferen, → Diatomeen). Ist eine mehrhundertfache Vergrößerung notwendig, spricht man von → Nannofossilien. Mit bloßem Auge zu untersuchende Fossilien heißen → Makrofossilien. Die Übergänge der genannten Fossilienformen sind gleitend.

Microsauria (nach Caroll und Gaskill)

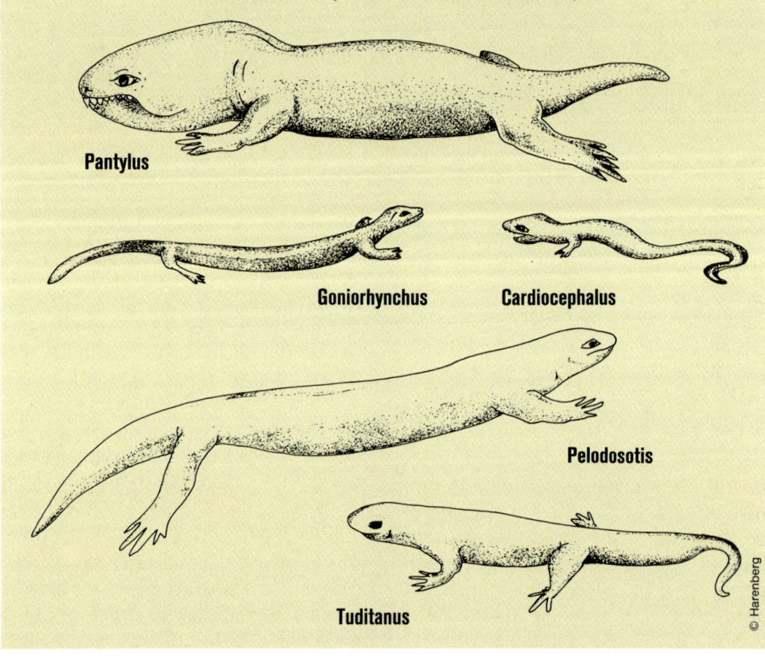

Milleporiden, Ordnung der → Hydrozoa und damit der Nesseltiere, die massive Kalkstöcke bildet. Das Skelett besitzt zahllose kleine Öffnungen (»tausend Poren«). Ab Oberkreide.

Mindel-Kaltzeit, nach der Mindel, einem rechten Nebenfluß der Donau in Bayern, benannte Eiszeit der Alpen im Mittleren → Pleistozän.

Minerale, chemisch und physikalisch einheitliche natürliche Bestandteile der festen → Erdkruste (auch der → Meteorite, des Mondes und anderer Himmelskörper). Fast alle M. sind feste und kristallisierte (→ Kristalle) anorganisch-chemische Verbindungen. Daneben gibt es auch amorphe M., wie die wasserhaltigen Mineralgele und ihre Abkömmlinge (z. B. Opal) sowie flüssige M., nämlich Quecksilber und Wasser. Insgesamt sind heute etwa 2200 M.-Arten bekannt, eine Zahl, die sich ständig erhöht. Die M. lassen sich anhand ihrer jeweiligen chemischen Zusammensetzung in neun Klassen einteilen.

Mineralklassen mit Beispielen

Elemente: Kupfer, Silber, Gold, Platin, Quecksilber, Schwefel, Arsen, Antimon, Wismut, Diamant und Graphit

Sulfide, Arsenide, Antimonide: Schwefelkies und Markasit, Magnetkies, Rotnickelkies, Kupferglanz, Kupferkies, Buntkupferkies, Silberglanz, Bleiglanz, Molybdänglanz, Zinnober, Zinkblende, Proustit, Pyrargyrit, Antimonglanz

Halogenide: Steinsalz, Sylvin, Carnallit, Flußspat, Kryolith

Oxide und Hydroxide: Quarz und Chalcedon, Korund, Hämatit, Magnetit, Chromit, Spinell, Chrysoberyll, Ilmenit, Rutil, Zinnstein, Uranpecherz, Cuprit, Diaspor, Nadeleisenerz und Rubinglimmer, Manganit, Opal

Carbonate, Nitrate, Borate: Kalkspat und Aragonit, Eisenspat, Bitterspat, Dolomit, Malachit, Kupferlasur, Chilesalpeter, Boracit

Sulfate, Chromate, Molybdate, Wolframate: Anglesit, Schwerspat, Anhydrit, Gips, Kieserit, Kainit, Rotbleierz, Scheelit, Wolframit, Wulfenit

Phosphate, Arsenate, Vanadate: Monazit, Apatit, Pyromorphit, Vanadinit, Türkis

Silikate: Olivin, Phenakit, Granate, Zirkon, Andalusit, Disthen und Sillimanit, Topas, Staurolith, Epidot, Titanit, Axinit, Kieselzinkerz, Wollastonit, Dioptas, Cordierit, Turmalin, Vesuvian, Enstatit, Bronzit, Diopsid, Pyroxene, Amphibole, Glimmer, Serpentin, Talk, Kaolinit, Feldspäte, Leucit, Nephelin, Lasurstein, Zeolithe

Organische Verbindungen: Mellit

Miozän, die zweitjüngste Abteilung des → Tertiärs, vor 24 bis 5 Mio. Jahren.

Mitteldeutsche Schwelle, von Nordosten nach Südwesten verlaufende Schwellenzone des → Variszischen Gebirges zwischen Harz und Thüringer Wald, Kellerwald und Frankenwald sowie Taunus und oberrheinischen Gebirgen.

mittelozeanische Schwellen, tektonisches Großelement der Ozeanböden in Form langgestreckter meist beidseitig steil abfallender Erhebungen von rund 2000 bis 4000 m Höhe in der Mitte der Ozeane. Die Oberfläche der m. S. liegt meist etwa 1000 m unter dem Meeresspiegel. Im Zentrum besitzen Sie statt eines Kammes einen Graben (→ Rift) von meist 25 bis 60 km Breite und 1000 bis 3000 m Tiefe. Dieser wird beidseitig von parallellaufenden Furchen begleitet und zeichnet sich durch zahlreiche Erdbebenherde sowie vulkanische Zonen aus. Heute gibt es ca. 70 000 km m. S. von jeweils etwa 1250 bis 4000 km Breite.

Mittelsteinzeit → Mesolithikum.

Moas → Dinornithiformes.

Modifikation, umweltbedingte Gestaltänderung von Organismen, die sich innerhalb der Grenze des Erbgutes bewegt, also ihrerseits nicht vererblich ist.

Moeritherioidea, eine als solche nicht generell anerkannte Unterordnung der Rüsseltiere (→ Proboscidea), gefunden im Eozän Ägyptens (→ Fayum).

Mohssche Härteskala, mehr oder weniger willkürlich definierte, aber in der Praxis bewährte Skala zur Bestimmung der relativen Härte von → Mineralien. Die M. H. geht von zehn Standardmineralien mit zunehmender Ritzhärte aus: 1. Talk, 2. Gips, 3. Calcit, 4. Fluorit, 5. Apatit, 6. Feldspat, 7. Quarz, 8. Topas, 9. Korund, 10. Diamant.

Molaren, »Mahlzähne«, bei den Säugetieren die mehrwurzeligen »echten«, hinteren Backenzähne, die entweder zeitlebens dem Milchgebiß angehören oder – unwahrscheinlicher – keine Vorgänger im Milchgebiß haben. → Zähne.

Molasse, Bezeichnung für Abtragungs- und Sedimentationsprodukte der Faltengebirge (→ Orogene), die oft mehrere 1000 m Mächtigkeit erreichen. In M.n können auch vulkanische Gesteine eingeschaltet sein, da es in der unmittelbaren Nachbarschaft von Orogenen nicht selten zu tektonischen Unruhen und damit zu Vulkanismus kommt.

Mollusca, Mollusken, Stamm der Weichtiere. Er umfaßt folgende Organismen: Urmollusken (→ Amphineura), Wurmschnecken (→ Aplacophora), Käferschnecken (→ Polyplacophora), Einplatter (→ Monoplacophora), Schnecken (→ Gastropoda), Kahn- oder Grabfüßer (→ Scaphopoda), Muscheln (→ Lamellibranchia), Kopffüßer (→ Cephalopoda), → Tentakuliten und die Calyptoptomatida. Der Körper der M. umfaßt in der Regel vier Regionen: Den abgesetzten Kopf (nicht bei den Muscheln), den muskulösen, bauchseitig gelegenen Fuß, den auf der Rückseite gelegenen Eingeweidesack und den → Mantel. Ab Kambrium.

Monocotylen, Monocotyledonae, Liliatae, Einkeimblättrige; Klasse der Bedecktsamer (→ Angiospermen). Sicher ab Unterkreide.

Monograptiden, chitinige Außenskelette (Rhabdosome) gewisser → Graptolithen-Kolonien, wichtigste Leitfossilien des → Silurs und Unterdevons.

Monoplacophora, eine Klasse der Weichtiere (→ Mollusca) mit mehr oder weniger bilateral symmetrischem Aufbau, einem einschaligen mützenförmigen Gehäuse und innerer Segmentierung. Ihre Vertreter galten bis 1957 als primitive Schnecken (→ Gastropoda), bis sie ein Fund der rezenten Art Neopilina galathea eindeutig den Weichtieren zuordnen ließ. Ab Unterkambrium.

Monotremata, »Kloakentiere«, eierlegende Säugetiere mit zahlreichen Reptilienmerkmalen, in Australien rezent durch zwei Familien (Ameisenigel, Schnabeltiere) vertreten. Fossil ab Mittlerem-Miozän.

Moustérien, nach dem Fundort Le Moustier in Südfrankreich benannte Kulturstufe der Altsteinzeit (→ Paläolithikum).

Monte Bolca, wichtiges Fossilvorkommen des Eozäns (→ Tertiär) bei Verona (Italien). Überliefert sind neben Krokodilen, Insekten und einer reichen Flora in der Hauptsache tropische Fische in über 200 Arten. Die Erhaltung ist ausgezeichnet, oft sind die Fossilien sogar farbig konserviert.

Monte San Giorgio, Fossilvorkommen in den Kalkalpen des Tessins, Schweiz, aus der Mitteltrias. Neben Fischen, Weichtieren, Protozoen und eingeschwemmten Pflanzenresten sind vor allem festländische und im Wasser lebende Reptilien erhalten.

Montsech, Fossilvorkommen in der spanischen Provinz Lerida in Plattenkalken der Unterkreide. Erhalten sind vor allem Pflanzen und Fische.

Moor (= Bruch), geologisch bedeutsamer → Biotop, in dem → Torf gebildet wird und es oft zur Fossilisation der abgestorbenen Organismen kommt.

Moostierchen → Bryozoa.

Moräne, von einem Gletscher mitgeführter oder von diesem abgesetzter Gesteinsschutt. Unterschieden werden je nach Lage auf, im, neben oder vor dem Gletscher verschiedene M.n-Typen (siehe Abbildung).

Morphologie, die Lehre von den Gestalten (sowohl der Organismen wie von geologischen Einheiten).

Morrison-Formation, Ablagerungen des Oberjuras im Westen der USA von Montana bis New Mexico. Die meist ca. 100 m mächtigen Ton-, Silt- und Sandsteinsedimente enthalten Tausende von Knochen fossiler → Sauropoda, → Theropoda, → Ornithischia sowie seltene Krokodile, Schildkröten, Saurier und Gattungen aller wichtigsten Säugetierordnungen des → Mesozoikums.

Mosasaurier, bis 12 m lange Meeresechsen der Oberkreide. Diese den Waranen ähnelnden Lebewesen gehören zur Unterordnung → Lacertilia.

Multituberculata, ausgestorbener Nebenast der Säugetiere. Diese Ordnung der → Allotheria ist besonders gekennzeichnet durch vielhöckrige (multituberculäre) hintere Backenzähne (→ Molaren), nagetierartige Schneidezähne und besitzt meist in jeder Unterkieferhälfte einen sehr großen vorderen Backenzahn (→ Prämolar). Die M. waren Pflanzenfresser und hatten eine gewisse Ähnlichkeit mit den Beuteltieren. Jura bis Eozän.

Muschelkalk, mittlere Abteilung der germanischen → Trias, vor 243 bis 230 Mio. Jahren.

Muscheln → Lamellibranchia.

Musci → Bryophyta.

Mutation, sprunghafte Veränderung der Erbsubstanz durch Änderung des genetischen Codes. Die M. kann durch verschiedene Ursachen ausgelöst werden, z. B. radioaktive Strahlung, Viruskrankheiten, u. a., die noch weitgehend unerforscht sind.

Mykorhiza, symbiotische Verbindung der Wurzeln höherer Pflanzen (vieler Bäume) mit Pilzen (Mykorhizen). Diese Form der Lebensgemeinschaft zum gegenseitigen Nutzen ist bereits von den → Cordaiten-Wurzeln des Karbons bekannt.

Myomorpha, Mäuseartige, eine Unterordnung der Nagetiere (→ Rodentia). Ab Eozän.

Myriapoda, Tausendfüßer, mit Tracheen atmende Gliederfüßer (→ Arthropoda) mit bis zu 175 Körpersegmenten, einer ebensolchen Zahl von Extremitätenpaaren und einem deutlich abgesetzten Kopf. Die M. stehen den Insekten (→ Insecta) nahe. Ab Oberkarbon.

N

Nacktpflanzen → Psilophyten.

Nacktsamer → Gymnospermen.

Nadelbäume → (= Koniferen).

Nagelfluh, Gesteinskonglomerat (besonders der alpinen → Molasse), das sich aus miteinander verbackenen Geröllen aufbaut. Neben sedimentären Geröllen (Carbonat und Kalksandstein) enthält die N. bis zu 50% Granit- und Gneisgerölle.

Namur, nach der gleichnamigen belgischen Stadt benannte Stufe des Karbons vor 336 bis 314 Mio. Jahren.

Nannoconus, winzige, 10 bis 18 μm lange kalkige, aus zahlreichen keilförmigen Elementen aufgebaute Gebilde mit einem zentralen Kanal. Sie lassen sich bisher weder systematisch noch anatomisch einordnen. Die Körperchen erscheinen ausschließlich an der Grenze Jura/Kreide im Bereich der → Tethys, dort aber in gewaltigen Mengen.

Nannofossilien, sehr kleine Fossilien, deren Untersuchungen mehrhundertfache Vergrößerung erfordert. Zu ihnen gehören z. B. die → Coccolithen oder → Nannoconus. → Mikrofossilien.

Nashörner, Rhinoceridae, Familie der Unpaarhufer (→ Perissodactyla) mit kräftigen → Hörnern auf Nasen- und Stirnbein. Ab Tertiär.

Nautiloidea, Kopffüßer (→ Cephalopoda) mit geradegestrecktem, langkonischem bis spiralig eingerolltem äußeren Gehäuse und einfacher → Lobenlinie. Gehäuse im Inneren meist gekammert. Im Ordovizium bis Silur überwiegend sehr große, geradegestreckte (orthocone) Formen, ab Ende des Paläozoikums nur noch eingerollte Formen. Rezent vertreten durch die Gattung Nautilus (»Perlboot«).

Neandertaler, ein Vertreter der → Hominidae.

Nectridia, zu den Amphibien gestellte Ordnung meist kleiner → Lepospondyli von aalförmiger bis etwas breiterer Gestalt. Die Deckknochen ihres Hinterschädels sind z. T. zu seitlich herausragenden hornartigen Gebilden geformt. Oberkarbon und Perm.

nekrotisch, den Tod betreffend.

Nekrozönose, Grabgemeinschaft (→ Fossilgesellschaft).

Nekton, Welt der schwimmenden, d. h. sich selbständig durch das Wasser bewegenden, Organismen. Zu den nektisch lebenden Tieren gehören u. a. Wirbeltierarten (besonders die Fische), langschwänzige Zehnfüßerkrebse (→ Decapoda) und zweikiemige (dibranchiate) Kopffüßer, also die Tintenfische (→ Dibranchiata).

Nemathelminthes, Schlauchwürmer ohne Hartteile und deshalb fossil außerordentlich selten. Fossil bekannt aus der Braunkohle des Eozäns im → Geiseltal bei Halle.

Neoammonoidea, »Jungammoniten« mit mehrfach zerschlitzter → Lobenlinie. Charakteristisch für Jura und Kreide. → Ammonit.

Neogen, Jungtertiär, mit den Abteilungen → Miozän und → Pliozän.

Neognathae, Flugvögel, Überordnung der Vögel (→ Aves) mit gut entwickeltem Kiel am Brustbein (→ Carinatae). Zu den N. gehören die meisten der heute lebenden flugfähigen Vögel.

Neolithikum (= Jungsteinzeit), vorgeschichtliche Kulturstufe vor etwa 6000 bis 3500 Jahren.

Neontologie, Wissenschaft von den heute lebenden (rezenten) Organismen.

Neopterygii, Sammelbegriff für die → Holostei und die → Teleostei.

Neornithes, »Neue Vögel«. → Ornithurae.

Neozoikum → Känozoikum.

neritisch, Bezeichnung für den Flachmeeresbereich bis etwa 200 m Tiefe, in dem genügend Licht für Pflanzenwachstum vorhanden ist.

Nesseltiere → Cnidaria.

Neue Globaltektonik, Hypothese, nach der die Erdkruste bzw. die → Lithosphäre in Platten gegliedert ist, die durch → ozeanische Schwellen, → Subduktionszonen und sogenannte Transformstörungen begrenzt sind. An den ozeanischen Schwellen erhalten die Platten durch Zustrom von → Magma aus der → Asthenosphäre einen Zuwachs. In den Subduktionszonen tauchen die Platten an den Rändern unter, werden wieder aufgeschmolzen und so abgebaut. Die Hypothese der Plattentektonik besagt, daß sich die Platten schwimmend auf der Asthenosphäre verschieben. Die N. G. geht nicht nur von einer Verschiebung oder »Drift« der Platten und damit deren Verteilungsänderung auf der Erdoberfläche, sondern auch von Veränderungen der Plattengrenzen durch Zubau und Abbau und von Veränderungen der Plattengrößen aus.

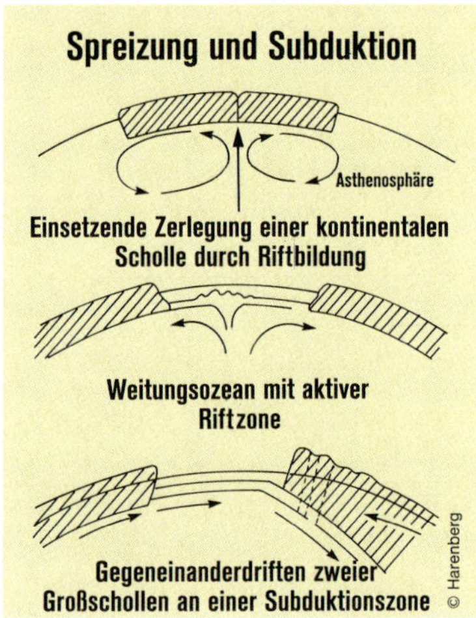

Neuropteriden, Farnsamer (→ Pteridospermen) mit zungenförmigen bis rundlichen, an der Basis eingeschnürten Fiederblättchen. Karbon und → Rotliegendes.

Neuropteroidea, Netzflügler, kleine Insekten (→ Insecta) mit flächenhaften, netzförmig geäderten Flügeln und mit meist vergrößertem vorderem Flügelpaar. Zu den N. gehören u. a. die Schlammfliegen, Kamelhalsfliegen, Florfliegen und Ameisenjungfern. Ab Perm.

nevadische Phase, Zeitabschnitt tektonischer Bewegungen an der Wende Jura/Kreide im Küsten- und Rocky-Mountain-Bereich Nordamerikas.

Nilssoniales, mit den → Cycadeen verwandte Nacktsamer (→ Gymnospermen) mit Blättern, deren Spreite die Oberseite der Mittelachse vollkommen verdecken. → Keuper bis Oberkreide.

Niobrara-Formation, marine kalkige und tonige Ablagerungen der Oberkreide in Kansas, Nebraska, Dakota und Wyoming, USA. Die Sedimente sind z. T. sehr reich an Fossilien, neben Wirbellosen vor allem Wirbeltiere. Wichtig sind besonders die zahlreichen Fische und Reptilien.

Nor, nach den Norischen Alpen benannte Stufe der Trias, vor 225 bis 218 Mio. Jahren.

Nordamerikanisch-Grönländische Plattform (= Laurentia), seit Beginn des Oberproterozoikums bestehender → Kraton, umfassend das zentrale Kanada, die zentralen USA, Teile des arktischen Archipels und Westgrönlands. Abgetrennte Teile der N. P. befinden sich heute im Nordwesten Schottlands. Die N. P. bildet das Kernstück Nordamerikas.

Nördlinger Ries, fast kreisrunde Kratersenke von etwa 23 km Durchmesser in Süddeutschland. Sie ist entstanden durch den Einschlag eines Riesenmeteors vor etwa 15 Mio. Jahren im Oberen Miozän.

Nothosauria, Unterordnung der → Sauropterygia; mittelgroße, im Wasser lebende Reptilien der Trias.

Notoungulata, Ordnung überwiegend südamerikanischer primitiver Huftiere (→ Ungulata) von großer Formenvielfalt. Charakteristisch sind bestimmte Merkmale des Gehörorgans sowie der unteren hinteren Backenzähne (→ Molaren). Die N. gehören zu den ältesten plazentalen Säugetieren (→ Placentalia, → Eutheria). Paläozän bis Pleistozän, Blütezeit im Oligo- und Miozän.

Nulliporen, Korallenalgen, → Corallinaceae.

Nummuliten, Familie der Großforaminiferen (→ Foraminiferen) mit linsen- oder scheibenförmigem, vielfach gekammertem kalkigem Gehäuse. Die N. sind → benthische Bewohner subtropischer und tropischer Meere. Ab Oberster Kreide, im Alttertiär mit zahlreichen → Leitfossilien.

Nyrany, Gaskohlenvorkommen bei Pilsen, Tschechoslowakei, aus dem Oberkarbon. In einer ca. 30 cm mächtigen Schicht sind hier fossil Überreste von mehr als 450 Tetrapoden erhalten. Belegt sind vor allem Amphibien und einzelne Reptilien.

O

Obsidian, schwarzes bis graues, seltener auch braunrotes vulkanisches → Glas, entstanden durch so rasche Erstarrung von gasarmer oder gasfreier

→ Lava, daß es nicht zu einer Auskristallisation kam. In seltenen Fällen können auch gasreiche Laven zu Obsidian erstarren, wenn dies unter einem so hohen Druck geschieht, daß es nicht zu einer Ausgasung kommt.

oceanfloor-spreading → Ozeanbodenspreizung.

Octobrachia → Octopoda.

Octocorallia, Unterklasse der Korallen (→ Anthozoa), deren → Polypen acht Fangarme (Tentakel) und acht weiche Scheidewände (→ Septum) besitzen. Das Skelett besteht meist aus z. T. zu Stäben verwachsenen Kalknadeln. Ab Silur (?) oder Perm.

Octopoda, »Achtfüßer«, »Kraken«, zweikiemige Kopffüßer (→ Dibranchiata, → Cephalopoda) mit acht Armen, die mit Saugnäpfen besetzt sind. Sie besitzen ein stark oder völlig reduziertes inneres Skelett. Fossil belegt ist nur die Gattung Palaeoctopus aus der Oberkreide des Libanons.

Odonata, Libellen, Schönjungfern und Verwandte. Ordnung großer, schlanker Insekten mit vier fast gleichgroßen Flügeln. Ab Karbon.

Odontoholcae, Zahnvögel, Unterklasse der Vögel (→ Aves), umfassend die Zähne besitzenden Vögel der Kreide. Sie hatten einen kurzen gefiederten Schwanz und ein gut entwickeltes Brustbein. Wichtige fossile Funde in der → Niobrara-Formation der Oberkreide von Kansas, USA. Dort ist besonders die O.-Ordnung → Hesperornithiformes (flugunfähige, pinguinähnliche Vögel) belegt.

Odontopterygiformes, Ordnung der → Neornithes, angesiedelt zwischen den Pelikanen (→ Pelicaniformes) und den Sturmvogelarten (Procellariiformes); mit bis zu 6 m Flügelspannweite. Unteres Eozän bis Pliozän.

Öhningen, Fossilvorkommen des Mittleren Miozäns vor ca. 14,5 Mio. Jahren in küstennahen → Mergeln, Tonen, Süßwasserkalken usw. im Bereich des Bodensees. Fossil erhalten sind über 1000 Tier- und Pflanzenarten, u. a. Fische, Riesensalamander, Reptilien, Vögel und verschiedene Säugetiere.

Ohrwürmer → Dermaptera.

Ökologie, Biowissenschaft, die sich mit den Wechselwirkungen zwischen den Organismen und ihren Lebensräumen befaßt.

ökologische Zone → (= adaptive Zone).

Ökosystem, zusammenfassender Begriff für → Biotop und → Biozönose.

Old Red (= Old Red-Sandstein), rotgefärbter Abtragungsschutt des → Kaledonischen Gebirges aus der Zeit des Devons. Verbreitet auf der Nordhalbkugel (Britische Inseln, Grönland, Nordamerika, Spitzbergen, Russische Plattform). Die sogenannten Red-beds sind teilweise mehrere tausend Meter mächtig und führen z. T. zahlreiche tierische Fossilien aus Flüssen, Seen und Sümpfen sowie von primitiven Landpflanzen. → Leitfossilien des O. R. sind Kieferlose (→ Agnatha) sowie frühe Kiefermäuler (→ Gnathostomata).

Oligozän, mittlere → Abteilung des → Tertiärs, vor 36 bis 24 Mio. Jahren.

Ölsande, mit schwerem, entgastem Erdöl getränkte, wenig verfestigte Sandsteine. Sie bilden die größten bekannten Erdöllagerstätten der Erde, sind aber – bis jetzt – kommerziell schwer zu nutzen.

Ölschiefer, aus Faulschlamm (→ Sapropel) entstandenes feinkörniges, geschichtetes Gestein, das mit Erdöl imprägniert ist. Berühmtes deutsches Vorkommen in → Messel.

omnivor, allesfressend, im Gegensatz zu herbivor (pflanzenfressend) und carnivor (fleischfressend).

Ontogenese, Entwicklungsablauf eines individuellen Organismus von der befruchteten Eizelle bis zum Tod.

Oolith, Gestein, das aus konzentrisch-schalig oder radial-faserig aufgebauten, bis erbsengroßen kugelförmigen Körpern (Ooide) aufgebaut ist. Diese Ooide sind durch ein Bindemittel miteinander verkittet. Es entsteht durch Kalk- oder Eisenabscheidung aus übersättigter Lösung an winzigen Kristallisationskeimen.

Ophidia, Schlangen, Ordnung der → Squamata mit extrem beweglichem Schädel und sehr vielen (über 150, max. 565) Wirbeln. Von den Extremitäten sind nur Reste im Beckenbereich vorhanden. Ab Oberkreide.

Ophiocistioidea, sehr formenarme Klasse der Stachelhäuter (→ Echinodermata) mit mehr oder weniger scheibenförmigem Körper ohne Arme, aber mit besonders langen »Füßchen« auf der Unterseite. Ordovizium bis Unterkarbon.

Ophistobranchia, Hinterkiemer, Gruppe der Schnecken (→ Gastropoda) mit hinter dem Herzen gelegenen Kammkiemen (Ctenidien). Ab Devon (?) oder Unterkarbon.

Ophiuroidea, Schlangensterne, eine Unterklasse der Stachelhäuter (→ Echinodermata). Sie besitzen zahlreiche schlanke, zylindrische, von der Zentralscheibe des Körpers deutlich abgesetzte und sehr bewegliche Arme. Ab Ordovizium bekannt.

Ordnung → taxonomische (hierarchische) Gruppe, die eine oder mehrere miteinander verwandte → Familien umfaßt.

Ordovizium, auf das Kambrium folgendes System des → Paläozoikums. Benannt nach dem in Nordwales beheimateten keltischen Volksstamm der Ordovices.

Organismen, Sammelbezeichnung für alle Lebewesen. Diese lassen sich in zwei Überreiche (Großgruppen) unterteilen: O. ohne Zellkern (→ Prokaryota) und solche mit echtem Zellkern (→ Eukaryota). Die weitere Unterteilung weist fünf O.-Reiche aus: 1. die mit dem Überreich der zellkernlosen Organismen zusammenfallenden Prokaryota oder Monera; 2. die Protoctista, Eukaryoten, die nicht zu den Reichen 3–5 gehören; 3. Fungi oder Pilze; 4. Animalia oder Tiere; 5. Plantae oder Pflanzen.

organogene Gesteine, unter Beteiligung von Organismen entstandene Gesteine.

Ornithischia → Dinosaurier mit einem sogenannten »Vogelbecken«, d. h. einem vierstrahlig aufgebauten Beckenskelett, bei dem das Schambein (Pubis) zurückgebogen ist und parallel zum Sitzbein (Ischium) liegt. Die O. stammen wie die → Saurischia (Dinosaurier mit »Echsenbecken«) von den → Thecodontia ab. Sie sind Pflanzenfresser. Ausgewiesen werden vier Unterordnungen: → Ornithopoda, → Stegosauria, → Ancylosauria und → Ceratopsia. Obertrias bis Oberkreide.

Ornithopoda, Unterordnung der → Ornithischia, zweifüßig laufende, ungepanzerte Dinosaurier (z. B. das Iguanodon). Obertrias bis Oberkreide.

Ornithurae, Neornithes, Unterklasse der Vögel (→ Aves), umfassend alle Vögel außer den Urvögeln (→ Sauriurae) und den Zahnvögeln (→ Odontoholcae).

Orogene, Teile bzw. »Bauelemente« der Erdkruste, die sich im Bereich → tektonisch mobiler Zonen entwickeln. Sie werden vom → Geosynklinal- über das Faltengebirgsbis zum → Molasse-Stadium schließlich zu Teilen von → Kratonen.

Orogenese, Entstehung von Faltengebirgen durch Verengung einer → Geosynklinalen unter Heraushebung der in dieser enthaltenen Sedimente. → Tektogen.

Orthopteroidea, Orthopteren, Geradflügler, Überordnung mittelgroßer bis sehr großer Landinsekten (→ Insecta) mit häufig kräftigen Sprungbeinen (Heuschrecken, Gespenstheuschrecken, Ohrwürmer und ausgestorbene Ordnungen). Die O. stammen von den paläozoischen Protorthoptera, Insekten mit zurücklegbaren Flügeln, ab.

Osmundidae, Königsfarne, eine primitive Unterklasse der Farne (→ Filicales), büschelförmig wachsende große, den Leptosporangiatae nahestehende Pflanzen. Ab Perm.

Osteichthyes, sogenannte Höhere »Knochenfische«, gekennzeichnet durch ein besonders geformtes Kopfskelett. Die O. umfassen die meisten modernen Fische, nicht aber die älteren Fische mit Knochenstrukturen im Skelett (→ Placodermi). Die O. werden meist in zwei Unterklassen unterteilt, die Strahlenflosser (→ Actinopterygii) und die Fleischflosser (→ Sarcopterygii oder Choanichthyes). Ihre wahrscheinliche Stammform sind die Stachelflosser (→ Acanthodii), die gelegentlich auch zu den O. gerechnet werden. Ab oberstem Silur.

Osteostraci, Ordnung der Kieferlosen (→ Agnatha), bei der Kopf und Vorderkörper in einen gemeinsamen dichten Knochenpanzer gehüllt sind. Der hintere Körperteil ist mit großen Schuppen bedeckt. Silur und Devon.

Osteuropäische Plattform, das bis zum Mittelproterozoikum zusammenhängende Kernstück des Osteuropäischen Kontinents. Es besteht aus → Baltischem Schild, → Ukrainischem Schild und der Russischen Platte. Die O. P. entspricht in etwa → Fennosarmatia.

Ostracoda, Ostrakoden, Schalen oder Muschelkrebse, kleine Krebse mit zweiklappigem kalkigem Gehäuse, dessen Klappen gelenkig miteinander verbunden sind und durch Muskeln bewegt werden können. O. sind 0,5 bis 5 mm (fossile Ausnahmen auch bis 30 mm) groß und leben im Süß-, Brack- und Salzwasser. Die nach dem Aufbau des Klappenschlosses vielfältig differenzierten O. liefern zahlreiche → Leitfossilien. Ab Unterkambrium.

Oxford Clay, meist tonige, z. T. bituminöse Sedimente des Mittel- und Oberjuras im Südwesten Englands. Der O. C. enthält zahlreiche fossile Meeresreptilien (→ Sauropterygier, → Ichthyosaurier und Meereskrokodile) sowie Fische.

Ozeanbodenspreizung (= Ozeanbodenzergleitung,) Teiltheorie der → Neuen Globaltektonik. Sie besagt, daß im Bereich der → mittelozeanischen Schwellen ein Zuwachs ozeanischer Erdkruste erfolgte. Dieser neue Meeresboden wird in Richtung von den Schwellen weg abgedrängt, was zur Vergrößerung der ozeanischen Kruste und damit zur Ausweitung (Spreizung) der Ozeanböden führt. Die Spreizungsraten liegen bei einigen Zentimetern pro Jahr.

P

Paarhufer → Artiodactyla.

Palaeodictyoptera, auf das Karbon und Perm beschränkte und für diese Zeit charakteristische Gruppe primitiver großer Insekten. Sie konnten ihre Flügel nur in vertikaler Richtung bewegen und nicht zusammenklappen.

Palaeognathae, Überordnung der Vögel, gleichbedeutend mit → Ratitae.

Paläoammonoidea, »Altammoniten«, → Ammoniten des Devons und Karbons, gekennzeichnet durch vorwiegend glatte Gehäuse und charakteristische (goniatitische) → Lobenlinien.

Paläobiologie, Forschungsrichtung innerhalb der → Paläontologie, die besonders die Anpassung der fossilen Organismen an ihre Umwelt und deren Lebensweise untersucht.

Paläobotanik, Wissenschaft von den → fossilen Pflanzen.

Paläogen, Bezeichnung für das Alttertiär, umfassend die Abteilungen Paläozän, Eozän und Oligozän.

Paläogeographie, Wissenschaft von den geographischen und geomorphologischen (→ Morphologie) Verhältnissen der geologischen Vergangenheit.

Paläolithikum (= Altsteinzeit), der älteste Zeitabschnitt der Vorgeschichte des Menschen vom Pliozän bis in die späte Eiszeit, u. a. charakterisiert durch den Gebrauch behauener, noch nicht geschliffener Steinwerkzeuge.

Paläontologie, Wissenschaft von den → fossilen Organismen. Die P. gliedert sich in allgemeine, spezielle und angewandte P. Die allgemeine P. behandelt grundlegende Fragen der fossilen Überlieferung. Die spezielle P. beschreibt, erfaßt und ordnet die fossilen Organismen und wird in → Paläobotanik und → Paläozoologie unterteilt. Ferner zählt zu dieser Disziplin die Mikropaläontologie, die sich kleinsten fossilen Organismen, seien es Tiere, Pflanzen oder Vertreter der drei anderen Organismenreiche, widmet. Die angewandte P. ist als Lehre von den → Leitfossilien eine Hilfswissenschaft der Geologie im Sinne der → Biostratigraphie. Zur angewandten P. wird heute auch die Paläoökologie gerechnet.

Paläophytikum, Altertum in der erdgeschichtlichen Entwicklung der Pflanzenwelt, beginnend mit dem Obersilur und endend im Mittelperm. Kennzeichnend für das P. ist die Vorherrschaft der farnartigen Pflanzen (→ Pteridophyten), die zum Ende des P.s durch die Nacktsamer (→ Gymnospermen) verdrängt wurden. Gelegentlich wird zum P. auch das Eophytikum, das Zeitalter der Algen, hinzugerechnet, das über 3 Mrd. Jahre zurückreicht.

Paläowissenschaften, neben der → Paläontologie spezielle Forschungsgebiete bezüglich fossiler Organismen und deren Lebensräume. U. a. werden folgende Disziplinen zu den P. gerechnet: Paläoklimatologie, Paläoökologie, Paläopathologie, Paläophysiologie, Paläophytologie, Paläopsychologie, Paläotaxologie, Paläothanatologie.

Paläozän, älteste Abteilung des Tertiärs von 66 bis 55 Mio. Jahren.

Paläozoikum, das Erdaltertum, Altzeit der Entwicklung des Lebens vor 590 bis 250 Mio. Jahren.

Paläozoologie, Wissenschaft von den → fossilen Tieren.

Palmae, Palmen, Arecaceae, Familie der Palmales. Meist baumartige und unverzweigte einkeimblättrige Pflanzen (→ Monocotyledonen). Sie besitzen einen schlanken Stamm und meist sehr große fächer- oder wedelförmige Blätter. Ab Kreide sicher nachgewiesen.

Palmfarne → Cycadeen.

Palmoxylon, Sammelbezeichnung für das fossile Holz von Palmen.

Palynologie, Wissenschaft von den (fossilen) Pollenkörnern und Sporen. U. a. werden mit Hilfe der sogenannten »Pollenanalyse« fossile Florenprovinzen rekonstruiert.

Pangaea, alle Landmassen in sich vereinender Riesenkontinent des Jungpaläozoikums, umgeben vom »Urpazifik« Panthalassa. Die größte Ausdehnung besaß P. während des Perms. Mit der beginnenden Entwicklung der → Tethys, besonders ab der Trias, begann der Zerfall von P.

Panthalassa (= »Urpazifik«), → Pangaea.

Pantodonta, Ordnung archaischer, schwer gebauter Huftiere (→ Ungulata), die größtenteils noch Krallen besaßen. Diese Tiere des Alttertiärs lebten auf der nördlichen Halbkugel. Paläo- bis Oligozän.

Pantotheria → (= Trituberculata).

Panzerfische → Placodermi.

Panzerlurche → Stegocephalia.

paralisch, Bezeichnung für Steinkohlenbecken am Rande der → variszischen Gebirge, die während ihrer Entstehung zeitweise vom Meer überflutet wurden, z. B. in Oberschlesien, im Ruhrgebiet und in Wales.

Parazoa, Begriff für die Gruppe der Schwämme (→ Porifera) und der Schwammartigen im Gegensatz zu den Einzellern (→ Protozoa) einerseits und den mehrzelligen Tieren (→ Metazoa) andererseits. Der Terminus P. geht davon aus, daß diese Organismengruppe zwar mehrzellige Tiere umfaßt, die aber keine spezialisierten Zellen für den Aufbau echter Organe oder echter Gewebe besitzen.

Pareiasauria, Ordnung bzw. Unterordnung der Reptilien. Im Wasser – vermutlich im Sumpf – lebende schwerfällige Pflanzenfresser bis 3 m Länge. Schädel mit Knochenauswüchsen und nach vorne verlängertem Kiefergelenk. Oberperm.

Parenchym, 1. in der Botanik: Grundgewebe der Pflanzen; 2. in der Zoologie: Füllgewebe zwischen Darm und Körperwand, z. B. bei den Plattwürmern.

pasadenische Phase → Faltungsphasen.

Passeriformes, Sperlingsvögel, Ordnung der → Neornithes. Die P. stellen die umfangreichste Ordnung der Vögel dar (→ Aves). Ab Unterem Eozän.

Patagium, Flughaut, z. B. bei den Flugsauriern (→ Pterosauria) oder den Fledermäusen.

Pecora, eine formenreiche Unterordnung der Paarhufer (→ Artiodactyla), umfassend die Zwerghirsche (Traguliden), Hirsche (Cerviden) und Horntiere (Boviden). Ab Eozän.

Pektin, der Zellulose ähnelndes Kohlehydrat mit Neigung zur Gallertbildung. Material der Hüllen mancher Algen (→ Diatomeen). Auch Naturgummi ist Pektin.

pelagisch, zur Hochsee oder zur freien Wassermasse eines größeren Binnensees gehörend, und zwar sowohl aktiv schwimmend (→ nektisch) wie passiv treibend (→ planktisch). P.e Sedimente sind Sedimente im freien Ozean, also Tiefseesedimente.

Pelecypoda → (= Lamellibranchia).

Pelmatozoa → (= Crinozoa).

Pelycosauria, formenreiche Ordnung der → Synapsida, vorwiegend kleine, langschwänzige, oft eidechsenähnliche Reptilien Nordamerikas, Europas und Südafrikas. Aus ihnen gingen die säugetierähnlichen Reptilien (→ Therapsida) hervor. Oberkarbon bis unterste Trias.

Pennsylvanian, Systembegriff für das Oberkarbon Nordamerikas.

Peridiniina → (= Dinoflagellaten).

Periode, Bildungszeit eines stratigraphischen → Systems.

Perissodactyla, Unpaarhufer (griech. perissodactyl bedeutet: ungerade bei Zahlen), eine formenreiche, von den primitiven alttertiären Huftieren (→ Condylarthra) abstammende Ordnung der Säugetiere. Charakteristisch ist, daß die Achse der Füße durch die dritte Zehe verläuft (Mesaxonie). Typisch ist für diese Tiere auch ein spezieller, komplizierter Aufbau der Zähne. Die P. werden unterteilt in die Unterordnungen Hippomorpha (Pferde, Brontotherien und Chalicotherien), Ceratomorpha (Tapire und Nashörner) und Ancylopoda. Alle drei Unterordnungen erscheinen im Eozän und hatten ihre Hauptblütezeit im Alttertiär.

Perm, jüngstes System des Paläozoikums, vor 290 bis 250 Mio. Jahren, unterteilt in → Rotliegendes und → Zechstein.

Permokarbon, zusammenfassende Bezeichnung für die Systeme Karbon und Perm, vor allem für die Südkontinente, auf denen sich beide Systeme nicht scharf voneinander trennen lassen. So spricht man von einer permokarbonischen Flora oder einer permokarbonischen Eiszeit. Erstere überdeckte beide Systeme, letztere spielte sich etwa an der Wende vom Karbon zum Perm ab.

Petrefakt, eine veraltete Bezeichnung für → Fossil.

Petrogenese, die Entstehung der Gesteine, sowie die Lehre davon.

Petrographie, Wissenschaft von den Gesteinen. Die P. untersucht und beschreibt Gesteine nach ihrem Mineralbestand, ihrem chemischen Aufbau und ihrem Gefüge.

Petrologie, Gesteinskunde, zusammenfassende Bezeichnung für die Wissenschaften → Petrographie und → Petrogenese.

pfälzische Phase → Faltungsphasen.

Pferde, Familie der Unpaarhufer (→ Perissodactyla).

Phacops, Gruppe der → Trilobiten mit nach vorne verbreitertem Kopfbuckel und großen Facettenaugen. Silur bis Devon.

Phaeophyta, Braunalgen, fast ausschließlich im Meer lebende → Thallophyten, bei denen der braune Farbstoff Fucoxanthin das Chlorophyll überdeckt. P. erreichen z. T. erhebliche Größen, sind aber dennoch fossil selten. Belegt im Silur und Devon.

Phalangen, Knochen der Finger- und Zehenglieder der Vierfüßer (→ Tetrapoden). Da ihre Zahl je Finger von systematischem Interesse ist, drückt man diese Zahlen abgekürzt durch die P.-Formel aus, z. B. 2.3.4.5.3 bei primitiven Reptilien, 2.3.3.3.3 bei primitiven Säugetieren, aber auch beim Menschen.

Phanerogamen, Blütenpflanzen, zusammenfassende Bezeichnung für die Nacktsamer (→ Gymnospermen) und die Bedecktsamer (→ Angiospermen).

Phanerozoikum, Zeitalter des durch makroskopische Hartteile nachweisbaren Lebens, d. h. die Zeit vom Unterkambrium bis in die Gegenwart.

Phoenicopteriformes, Flamingos, Ordnung der Vögel (→ Aves) mit etwa zwölf fossilen Gattungen. Ab Unterkreide.

Pholidota, Schuppentiere, eine formenarme Ordnung schuppentragender, zahnloser Säugetiere, die sich hauptsächlich oder ausschließlich von Ameisen ernähren. Fossil spärlich belegt ab Oligozän.

Phoronidea, Hufeisenwürmer, formenarmer Stamm wurmförmiger Tiere, die in Sekretröhren im Meer wohnen, ausgestattet mit einem Tentakelkranz. Fossil nachgewiesen durch überlieferte Sekretröhren in der Kreide-Zeit.

Photosynthese, Bildung körpereigener Kohlenhydrate aus Kohlendioxid und Wasser unter Ausnutzung der Energie des Sonnenlichts. Diese chemische Reaktion findet in den chlorophyllhaltigen Organen grüner Pflanzen und Mikroorganismen statt.

Phylogenese, Stammesentwicklung, die Stammesgeschichte der Organismen in Form von Entwicklungsreihen.

Phylogenetik → Abstammungslehre, Evolutionslehre.

phylogenetisches System, eine auch als Kladismus bezeichnete Systematik der Organismen. Hierbei werden die Taxa (→ Taxon) ausschließlich aufgrund der jeweils letzten gemeinsamen Vorfahren aufgestellt.

physikalische Altersbestimmung → Geochronologie.

Phytolithogenese, Gesteinsbildung unter Beteiligung von Pflanzen.

phytophag → (= herbivor).

Phytosauria, Unterordnung der Thecodontia, amphibisch lebende Großechsen mit sehr langer, krokodilähnlicher Schnauze. Unter-(?) bis Obertrias.

Phytozönose, Lebensgemeinschaft von Pflanzen. → Ökosystem.

Pikermi, Fossilienlagerstätte des Oberen Miozäns bei Athen, Griechenland. Die Sedimente enthalten vorwiegend Reste von Steppentieren sowie Urpferden (Hipparion), → Dinotherium, → Mastodonten.

Pilze → Fungi.

Pinaceae → Koniferen (= Coniferen) im engeren Sinne, umfassend Tannen- und Kieferngewächse. Heute die erfolgreichste Familie der Coniferales. Ab Trias.

Pinguine → Sphenisciformes.

Pinnipedia, Robben, eine Unterordnung der Raubtiere (→ Carnivora), umfassend die an das Leben im Meer angepaßten Formen.

Pisces, Fische, an das Leben im Wasser angepaßte, mit Kiemen atmende Wirbeltiere, eine der beiden Reihen der Kiefermäuler (→ Gnathostomata). P. werden üblicherweise unterteilt in die Klassen Panzerfische (→ Placodermi), Knorpelfische (→ Chondrichthyes) und Knochenfische (→ Osteichthyes).

Pithecanthropus, Gattung der → Hominidae.

Placentalia, Plazentatiere, Bezeichnung für die → Eutheria, weil deren Embryonen im Uterus mit der Mutter durch eine → Plazenta verbunden sind. Allerdings existiert auch bei einigen Beuteltieren (→ Marsupialia) eine Plazenta.

Placodermi, Panzerfische, eine formenreiche Klasse der Fische (→ Pisces), deren Außenskelett echtes Knochengewebe enthält. Ab Obersilur, Blütezeit im Devon. Ursprünglich wohl im Süßwasser lebend, eroberten die P. im Devon die Meere.

Placodontia, Ordnung der Reptilien mit nur einem → Schläfenfenster (euryapsid) von schildkrötenähnlichem Aussehen. Sie sind aber vielplattig gepanzert und mit einem Pflastergebiß ausgestattet. Fossil nachgewiesen nur in marinen Sedimenten der Trias im Bereich des Germanischen Beckens und der Alpen.

Placophora → Polyplacophora.

planktisch, passiv im Wasser (oder in der Luft) treibend oder schwebend.

Plankton, Summe aller im Wasser (oder in der Luft) treibenden Organismen. Meist baut sich das P. aus kleinen Formen auf wie z. B. → Diatomeen, → Radiolaria und → Foraminiferen.

Plantae, Pflanzen, eines der fünf Organismenreiche, unterteilt in die Unterreiche → Thallophyta und → Kormophyta.

Plateaubasalt (= Flutbasalt), aus zahlreichen → Lava-Decken und → Tufflagen aufgebaute, sehr großflächige und zugleich sehr mächtige Decke vulkanischer Gesteine, z. T. mit Zwischenlagen von → klastischen Sedimenten. Sie stammen aus vulkanischen Spalten, die gewaltige Massen dünnflüssigen Materials fördern. P.e sind in ihrer Entstehung an → Rift-Systeme gebunden. Eines der bedeutendsten P.- Vorkommen ist jenes des triadischen Paraná-Beckens in Südamerika mit einer 1500 m mächtigen, 800 000 km^2 großen P.-Decke. Noch größer sind die aus Kreide und Tertiär stammenden Decken-Basalte Asiens. Sie sind 3000 m mächtig und besitzen eine Ausdehnung von einer Mio. km^2.

Plathelminthes, Platyhelminthes, Plattwürmer, fossil nachgewiesen nur durch Vertreter der Klasse Saugwürmer (Trematoda). Sie leben als Parasiten an Insekten im Karbon und Tertiär

Plattentektonik, Teilhypothese der → Neuen Globaltektonik.

Platyrrhini (= Breitnasen, Neuweltaffen); → Simiae.

Plazenta, Mutterkuchen, ein blutgefäßreiches, schwammiges Organ der höheren Säugetiere (→ Placentalia), das sich ausschließlich während der Schwangerschaft bildet. Es dient dem Stoffaustausch zwischen Mutter und Embryo.

Plazentatiere → Placentalia.

Pleistozän (= Diluvium), untere Abteilung des Quartärs, vor 1,7 Mio. bis 10 000 Jahren. Das P. ist eine Zeit großer Vereisungen und wird deshalb auch Eiszeitalter genannt. Gegliedert wird es nach den Hauptvereisungen vom Älteren zum Jüngeren P. in Nordeuropa in präglaziale Komplexe, Elster-, Saale- und Weichsel-Kaltzeit; im Alpenraum in Günz-, Mindel-, Riß- und Würm-Kaltzeit; auf den Britischen Inseln in Anglian, Wolstonian und Devensian; in Nordamerika in Nebraskan, Kansan, Illinoian und Wisconsin. Die dazwischenliegenden Warmzeiten heißen in Nordeuropa → Cromer, Holstein und Eem; auf den Britischen Inseln Aftonian, Yarmouth und Ipswichian oder Sangamon. Die genannten Kalt- und Warmzeiten geben freilich nur einen groben Überblick. Nach neueren Forschungsergebnissen fand ein 23maliger Wechsel zwischen Warm- und Kaltzeiten statt. – Die Prähistorie gliedert das P. nach Kulturstufen des Menschen in Alt-, Mittel- und Jungsteinzeit (→ Paläo-, → Meso- und → Neolithikum).

Plesiosauria, große Meeresreptilien mit flossenförmigen Gliedmaßen und meist sehr langem Hals. Verbreitet im Mesozoikum. → Sauropterygia.

Pleuston, zusammenfassende Bezeichnung für die auf der Oberfläche eines Gewässers treibenden Organismen.

Pliozän, oberste Abteilung des Tertiärs vor 5 bis 1,7 Mio. Jahren.

Plutonismus, Sammelbezeichnung für magmatische Prozesse innerhalb der → Lithosphäre, besonders innerhalb der → Erdkruste. Sie sind oft verbunden mit → Metamorphosen und/oder der Bildung von magmatischen (plutonischen) Lagerstätten.

Plutonit, magmatisches Tiefengestein, d. h. im Inneren der Erdkruste erstarrtes → Magma. Einen größeren P.-Gesteinskörper nennt man Pluton.

Pluvialzeiten, »Regenzeiten«, den → Kaltzeiten der nördlichen Breiten des → Pleistozäns entsprechende Klimaverschlechterungen in den nicht vereisten Subtropen und Tropen.

pneumatische Knochen (= Luftknochen), sie enthalten in ihrem Inneren kein Mark oder Knochengewebe, sondern Luftsäcke, die mit der Lunge verbunden sind. Solche leichten Knochen besitzen die Vögel (→ Aves) und manche fossile Reptilien.

Poales, Süßgräser, Gramineae. → Gräser.

Pollen, Blütenstaub der Samenpflanzen. Er wird im Rahmen der P.-Analyse, der wissenschaftlichen Auswertung fossilen P.s untersucht, um fossile Florenprovinzen zu rekonstruieren.

Polyp, die auf dem Untergrund festsitzende (sessile) Form der Nesseltiere (→ Cnidaria). Die bewegliche (vagile) Form ist die → Meduse.

Polyplacophora, Käferschnecke, eine Klasse der »Wurmmollusken« (→ Amphineura); längliche bis ovale, einfach gebaute Weichtiere (→ Mollusca) mit hintereinander angeordneten Kiemen und meist achtplattigem Gehäuse. Die Platten überlappen sich dachziegelartig und sind gegeneinander beweglich. Ab Oberkambrium.

Population, die Summe aller in einem bestimmten Raum lebenden Vertreter einer → Art.

Porifera (= Schwämme), Spongia; fast ausschließlich im Meer lebende seßhafte und stockbildende Tiere, die zwar aus zahlreichen Zellen aufgebaut sind, aber über keine Sinnes- oder sonstigen Organe und keine echten Knorpelgewebe verfügen. Viele Schwämme besitzen Skelettelemente (Skleren) aus → Spongin, → Calcit oder Kieselsäure sowie → agglutinierte Fremdsubstanzen. Je nach Skelettsubstanz unterscheidet man Horn-, Kalk- und Kieselschwämme. Das Skelett ist aus Skelettnadeln (Megaskleren) von 0,1 bis 1 mm Länge und 3 bis 3 μm Durchmesser aufgebaut. Zusätzlich finden sich in der weichen Körpermasse die sogenannten Fleischnadeln (Mikroskleren) von 10 bis 100 μm Länge und bis zu 1 μm Durchmesser. Für die Paläontologie sind nur die besser fossil erhaltungsfähigen Megaskleren von Interesse. Sie können sehr vielgestaltig sein. Ab Ordovizium.

Posidonienschiefer → bitumenreiches → Mergelgestein des → Lias, Erdölmuttergestein. → Ölschiefer. Der P. enthält berühmte Wirbeltierlagerstätten, etwa jene von → Messel sowie fossile Insekten- und Ammoniten-Faunen.

Präboreal, der erste Abschnitt des → Holozäns vor 10 300 bis 8800 Jahren, Vorwarmzeit (Zeit vor dem → Boreal); das P. ist gekennzeichnet durch eine weite Verbreitung der Kiefer.

Präkambrium, Erdurzeit, der gesamte Abschnitt der Erdgeschichte vor dem → Kambrium (vor ca. 4600 bis 590 Mio. Jahren). Nach anderer Auffassung nur der Zeitraum vor ca. 4000 bis 590 Mio. Jahren, in dem bereits eine (frühe) Erdkruste bestand. Bei dieser Auffassung wird das P. als Erdfrühzeit bezeichnet und als Erdurzeit der davor liegende Abschnitt der Erdgeschichte (4,6 bis 4,0 Mrd. Jahre).

Prämolaren, Vorderbackenzähne, also jene Backenzähne, die Vorgänger im Milchgebiß haben (→ Gebiß).

Primaten, Primates, sogenannte Herrentiere, eine Ordnung meist baumbewohnender Säugetiere von geringer Spezialisierung. P. stammen von den Insektenfressern (→ Insectivora) ab und waren diesen anfänglich noch recht ähnlich. Sie gliedern sich in die Unterordnungen der Halbaffen (→ Prosimiae) und der Affen oder Anthropoidea (→ Simiae). Die noch primitiveren Halbaffen sind fossil seit dem Paläozän, die Affen seit dem Unteren Oligozän bekannt. Aus den letzteren gingen die Menschenartigen (→ Hominidae) hervor.

Proanura → Triadobatrachus massinotii.

Proavis, hypothetisches Bindeglied zwischen Reptilien und Vögeln, noch vor → Archaeopteryx vermutet, aber bisher nicht gefunden.

Proboscidea, Rüsseltiere, Ordnung primitiver Huftiere, umfassend die Elefanten und ihre Vorfahren, also die Mastodonten. Die Elefanten (einschließlich der Mammute und Waldelefanten) sowie die vor ihnen im Mio- und Pliozän lebenden Mastodonten stellen wichtige Leitfossilien. Untergliedert werden die P. in vier Überfamilien: 1. → Moeritherioidea, eine frühe nordafrikanische Seitenlinie im Oberen Eozän bis Unteren Oligozän; 2. → Elephantoidea, umfassend die Gomphotherien, Stegodonten und Elefanten, seit dem Unteren Oligozän; 3. Deinotherioidea mit der einzigen Gattung → Deinotherium im Mio- und Pliozän; 4. Barytherioidea mit der einzigen Gattung Barytherium im Oberen Eozän Ägyptens.

Procaryonta → Prokaryota.

Progymnospermen, Abteilung des Pflanzenreichs, frühe Vorfahren der → Gymnospermen mit nadelbaumartigem Holz und farnartiger Belaubung sowie Vermehrung. Die Stellung im → System wird noch diskutiert. Mitteldevon bis Unterkarbon.

Prokaryota, Prokaryonta, Monera; Zellorganismen ohne Zellkern, umfassend u. a. die Bakterien (→ Bacteriophyta) und die sogenannten Blaualgen oder Cyanophyten (→ Cyanobacteria).

Prosimiae, Halbaffen, eine Unterordnung der → Primaten, heute u. a. vertreten durch die Lemuren. Ab Paläozän.

Prosobranchia, »Vorderkiemer«, Streptoneura; eine Unterklasse der Schnecken (→ Gastropoda) mit nach vorne gerichteten Kammkiemen (Ctenidien) und gekreuzten Nervenbahnen. Ab Kambrium. → Ophistobranchia.

Protarthropoda, wurmförmige, nicht in Segmente gegliederte Wirbellose mit einer dünnen chitinigen Körperhülle. Diese erinnert bereits an die Schale der Gliederfüßer (→ Arthropoda).

Proterophytikum, erdgeschichtliches Zeitalter ohne höhere Pflanzen, vom ersten Erscheinen pflanzlicher Organismen bis etwa ins Obersilur reichend.

Proterozoikum, letzter Abschnitt des → Präkambriums mit allerersten, z. T. fraglichen Überresten tierischer Organismen. → Ediacara.

Prototheria → (= Monotremata).

Protozoa, Urtiere, Einzeller, deren Zellkörper einen oder mehrere echte Zellkerne enthält. Mit den zellkernlosen Einzellern (Protophyten) werden die P. oft als Protisten zusammengefaßt. Fossil wichtig ist vor allem der Stamm der Wurzelfüßer (→ Rhizopoda) mit den → Foraminiferen und den → Radiolaria.

Protungulata, Überordnung der Säugetiere, umfassend mehrere primitive Huftierordnungen (→ Ungulata).

Psammite → klastische Sedimente mit einer Körnung von 0,02 bis 2 mm.

Psammon, Lebensraum in sandigen Meeresböden.

Psephite → klastische Sedimente mit einer Körnung über 2 mm.

Pseudofossil (= Scheinfossil), anorganische Bildung in Gesteinen, die gestaltlich an fossile Organismen erinnert, z. B. die → Dendriten.

Psilophyten, Psilophytales, »Nacktfarne«, primitive → Kormophyta des Paläozoikums. Die P. besitzen keine assimilierenden Blattorgane (→ Assimilation), ihre Sporenanlagen sitzen endständig an vegetativen Sprossen. Nach der Entwicklung ihrer Blätter unterscheidet man blattlose P., kleinblättrige (microphylle) P. und großblättrige (macrophylle) P. Weltweit vom Obersilur bis Mitteldevon, vereinzelt bis Oberdevon.

Pteraspidida, Ordnung der → Heterostraci, fischähnliche kieferlose Wirbeltiere (→ Agnatha). Sie besitzen einen stark gepanzerten Kopfabschnitt und einen schuppenbedeckten Rumpf- und Schwanzabschnitt. Obersilur bis Mitteldevon.

Pteridophyllen, farnlaubige fossile Pflanzen, geordnet nach Formengattungen. Zu den P. gehören sowohl Farne wie Farnsamer (→ Pteridospermen). Klassifizierungskriterium ist neben den Blattformen vor allem die Art der Blattnervatur (Fächeraderung, Fiederaderung, Netzaderung).

Pteridophyta, farnlaubige Pflanzen, zusammenfassend für die heute in mehrere Abteilungen (Stämme) differenzierten sogenannten Gefäßkryptogamen. Es handelt sich um die höchstentwickelten Sporenpflanzen. Wahrscheinlich stammen sie von den Grünalgen (→ Chlorophyta) ab. Ab Devon, größte Verbreitungszeit im Karbon und Perm.

Pteridophytikum, Zeitalter der → Pteridophyta, vom Devon bis zum → Rotliegenden. Dem P. ging das »Algenzeitalter«, das → Algophytikum voraus. Ihm folgte das → Mesophytikum.

Pteridospermen, Farnsamer oder Samenfarne, eine Ordnung samentragender Gewächse mit farnartigen Wedeln. Aus den P. gingen möglicherweise die Bedecktsamer (→ Angiospermen) hervor. Karbon.

Pterobranchia, Federkiemer, Flügelkiemer; eine Klasse des Stammes der Kragentiere (→ Branchiotremata), kleine seßhafte, koloniebildende Meeresbewohner. Sie scheiden ein → chitiniges Außenskelett ab und besitzen Tentakel. Wahrscheinlich mit den → Graptolithen verwandt. Fossil im Ordovizium nachgewiesen.

Pterosauria, Flugsaurier, Ordnung der → Arcosauria, die zwischen ihrem Körper und dem enorm verlängerten vierten Finger eine Flughaut aufspannen können. Unterschieden werden zwei Unterordnungen: 1. langschwänzige Rhamphorhynchoidea; 2. stummelschwänzige Pterodactyloidea. Die P. stammen von den → Thecodontia der Trias ab. Ab Jura.

Pterygota, alle geflügelten Insekten (→ Insecta).

Pulmonata, Lungenschnecken, Schnekken (→ Gastropoda), deren Mantelhülle an die Luftatmung angepaßt ist, also die Funktion einer Lunge übernimmt. Zu unterscheiden sind Süßwasserschnecken (→ Basommatophora) und Landschnecken (Stylommatophora). Ab Karbon.

Pycnogonida, Asselspinnen, Unterstamm der Gliederfüßer (→ Arthropoda). Wenige Millimeter bis ca. 40 cm

da). Wenige Millimeter bis ca. 40 cm lange im Meere lebende Tiere mit einem zu einem winzigen Knötchen reduzierten Hinterleib und einem rüsselförmigen Vorderkörper. Die P. sind fossil bekannt aus dem Unterdevon des Hunsrücks.

pyrenäische Phase → Faltungsphasen.

Pyroklastika, Bezeichnung für durch explosiven Gasaustritt bei vulkanischen Eruptionen zerfetzte Laven (→ Lava) und mitausgeworfene Nebengesteine. P. sind oft über Tausende von Kilometern weit im Umfeld des Auswurfzentrums durch atmosphärische Strömungen verteilt. → Glutwolke.

Pyrrhophyta, sogenannte Rotalgen, meist einzellige Organismen mit zwei ungleichen Geißeln. Zu den P. gehören u. a. die → Dinoflagellaten. Sie treten in großen Massen als marines → Plankton auf. Fossil ab dem Silur nachgewiesen.

Q

Quartär, das jüngste geologische System, umfassend das → Pleistozän und das → Holozän, vor 1,7 Mio. Jahren bis heute.

Quarz, SiO_2, Gruppe gesteinsbildender Mineralien, die in zahlreichen verschiedenen Modifikationen mit Dichten von etwa 2,59 bis 2,65 und unterschiedlichen → Kristallsystemen auftritt. Verbreitete Formen sind u. a. Bergkristall, Rauchquarz, Citrin, → Amethyst, Rosenquarz, Tigerauge (mit Einschlüssen von Krokydolith), Katzenauge (mit Einschlüssen von Asbest), Chalzedon (einschließlich → Achat).

Quastenflosser → Crossopterygii.

Quellkuppe, Staukuppe, vulkanischer Dom. Bereits im Schlot eines Vulkans erstarrte, langsam, weil sehr zähflüssig emporgestiegene saure Lava. Bei der Entstehung von Q.n kommt es weder zu Lavaergüssen noch zu explosiven Vulkanausbrüchen. Die Q.n können Dimensionen von über 100 m Durchmesser und mehreren hundert Metern Höhe erreichen.

Quercy, Fossilvorkommen des Oberen Eozäns bis Unteren Oligozäns in Südfrankreich bei Montauban. Es handelt sich um → Spaltenfüllungen im → Karst. Von Bedeutung sind vor allem die Nagetiere (→ Rodentia) mit 30 Gattungen und 56 Arten. Vertreten sind u. a. auch Paarhufer (→ Artiodactyla), Raubtiere (→ Carnivora) und Urraubtiere (→ Creodonta), Insektenfresser (→ Insectivora) und → Primaten.

Quetzalcoatlus, Flugsaurier (→ Pterosauria) der obersten Kreide. Überliefert in Texas. Größtes bekanntes Flugtier aller Zeiten mit rund 14 m Flügelspannweite und einem Gewicht von ca. 86 kg.

R

Radiation, Entfaltungsphase, beschleunigte Evolution von Organismen (→ Virenzperiode), während der nicht nur zahlreiche neue Arten, sondern auch höhere → taxonomische Einheiten entstehen. Dies tritt z. B. in Form einer Aufspaltung in Stammeslinien auf; meist verbunden mit der Neubesiedlung von Lebensräumen.

Radiokarbon-Methode → (= ^{14}C-Methode).

Radiogeochronologie, Bestimmung des absoluten Alters von Gesteinen auf der Grundlage radioaktiver Zerfallsreihen von Isotopen von Uran, Helium, Kalium, Argon, Rubidium-Strontium und Kohlenstoff-14 (→ ^{14}C-Methode).

Radiolaria, einzellige, nur selten koloniebildende Meerestiere, deren Zellplasma (Protoplasma) durch eine mit Poren versehene Zentralkapselmembran in Endo- und Ektoplasma unterteilt wird. Die meisten R. besitzen ein festes Skelett aus Kieselsäure, selten aus Strontiumsulfat. Die R. sind etwa 0,1 bis 0,5, in seltenen Fällen bis zu 5 mm groß und leben weltweit in allen Tiefenzonen der Meere. Ab Mittelkambrium nachgewiesen, wahrscheinlich aber noch älter.

Radula, der Nahrungszerkleinerung dienende Reibplatte aus → chitinartiger Substanz. Sie befindet sich im Boden der Mundhöhle der Weichtiere (→ Mollusca) mit Ausnahme der Muscheln und einzelner anderer Arten.

Ramapithecus, Gattung der → Hominidae im Miozän (vor 14–7 Mio. Jahren) in Eurasien und Afrika. Charakteristisch sind kurze Kiefer und relativ kleine Eckzähne (Caninen). Die Gattung wird heute zu → Sivapithecus gestellt.

Rancho La Brea, Asphaltsümpfe des Oberen Pleistozäns bei Los Angeles, USA. Bedeutendes Fossilienvorkommen mit zahlreichen Säugern wie Huftieren, Rüsseltieren und Raubtieren jeweils verschiedener Arten.

Randsenke → Vortiefe.

Rankenfüßer → Cirripedia.

Rät (= Rhät), nach dem Rätikon, einer Region der Schweizer Alpen, benannte oberste Stufe der → Trias vor 218 bis 210 Mio. Jahren.

Ratitae (= Palaeognathae), flugunfähige Vögel mit daher zurückgebildetem Kiel des Brustbeins, eine Überordnung der → Ornithurae.

Raubtiere → Carnivora.

Receptaculiten, kugelige schwammähnliche Organismen von mehreren Zentimetern Durchmesser. Ihre Skelette bestehen aus eng zusammengefügten hexagonalen Kalkplättchen mit inneren schaft- und gekreuzt balkenförmigen Fortsätzen. Systematisch werden sie heute in die Nähe der Kalkalgen (→ Chlorophyta) gebracht. Lebewesen des älteren Paläozoikums vom Ordovizium bis Devon oder Karbon (?).

Red-beds, durch das Eisenerz Hämatit (Fe_2O_3) rot gefärbte Sedimente, die meist festländisch bei trockenem Klima entstanden. Für das Präkambrium belegen sie ab etwa 2 Mrd. Jahren das Vorhandensein von Luftsauerstoff. Ab dem Devon kommen sie häufig als Abtragungsschutt von → Orogenen vor. Vielfach enthalten R. Fossilien aus festländischen Lebensräumen. → Old Red, → Rotliegendes.

Redlichia, für das Unterkambrium Ostasiens typische → Trilobitengattung.

Regression, Zurückweichen des Meeres aus überfluteten kontinentalen Gebieten.

Reißzahn, der besonders kräftig ausgebildete Eckzahn (Caninus, → Zähne) der Raubtiere (→ Carnivora).

Reptilien, Kriechtiere, im allgemeinen wechselwarme, meist mit Schuppen oder Knochenplatten gepanzerte, auf dem Festland oder im Wasser lebende Vierfüßer (→ Tetrapoden). Ihre Embryonen entwickeln sich ohne → Metamorphose aus nährstoffreichen Eiern. Erdgeschichtlich traten die R. in sehr vielfältigen Formen (terrestrische, fischgestaltige, fliegende) und in sehr unterschiedlichen Größen auf. Die Blütezeit fiel ins Mesozoikum (»Reptilienzeitalter«). Eine systematische Klassifikation existiert noch nicht in allgemein anerkannter Form. Üblich ist eine Unterteilung in die Unterklassen → Anapsida, → Lepidosauria, → Archosauria und → Synapsida. Von den R. stammen sowohl die Vögel als auch die Säugetiere ab, wobei der Übergang gleitend ist. Ab Karbon.

Resorptionszone → Subduktionszone.

rezent, in der Gegenwart lebend bzw. existierend.

Rhamphorhynchoidea, Unterordnung der Flugsaurier (→ Pterosauria).

Rhät → (= Rät).

Rhizom, unterirdisch horizontal wachsende Sproßachse bei → Kormophyten.

Rhizopoda, Wurzelfüßer, ein Stamm der »Urtiere« oder Einzeller (→ Protozoa), deren Zellplasma (Protoplasma) Fortsätze (Pseudopodien) besitzt. Diese dienen der Bewegung, der Nahrungsaufnahme und der Ausscheidung von Stoffwechselprodukten. Viele R. besitzen mehr oder weniger feste Gehäuse oder Stützgerüste. Wahrscheinlich ab dem Proterozoikum, fossil nachgewiesen ab Kambrium.

rhodanische Phase → Faltungsphasen.

Rhodophyta, Rotalgen, formenreicher Stamm seßhafter Meeresalgen. Das Chlorophyll ist bei den R. durch den roten Farbstoff Phykoerythrin überdeckt. R. sind noch bis in 250 m Meerestiefe → photosynthetisch tätig. Fossil erhalten sind nur Formen, die in ihren Zellwänden Kalk einlagern. Ab Kambrium.

Rhynchocephalia, Schnabelsaurier, → diapside Formen der → Dinosaurier der Trias, hervorgegangen aus äußerlich den Eidechsen ähnlichen Formen; heute noch durch die Brückenechse Sphenodon vertreten.

Rhynchosauria → Rhynchocephalia.

Rhynie-Hornstein (= Rhynie chert), verkieselter Torf in einem Vorkommen bei Aberdeen, Schottland. Er enthält → Verkieselungen von Organismen einer → Psilophyten-Moorgesellschaft.

Riesensaurier → Dinosauria.

Riff, Ablagerung koloniebildender Meeresorganismen vorwiegend der warmen Meere, die über oder nahe an die Meeresoberfläche reicht. Zuweilen wird der Begriff R. auch für nicht biogene sogenannte Felsenriffe benutzt. Die biogenen R.e gehen auf die Tätigkeit von Korallen (→ Anthozoa), → Kalkalgen, Moostierchen (→ Bryozoa), Schwämme (→ Porifera) oder → Stromatoporen zurück. → Biolithe.

Rift, tiefe Bruchzone im zentralen Bereich der → mittelozeanischen Schwellen oder in ihrer geologischen Entstehung mit diesen gleichzustellenden kontinentalen → Schwellen.

Ringelwürmer → Annelida.

Riphäikum, geologischer Begriff für den jüngeren Abschnitt des → Kryptozoikums bzw. → Präkambriums vor etwa 1700 bis 800 (nach anderen Definitionen bis ca. 670) Mio. Jahren.

riphäische Gebirgsbildung → assyntische Gebirgsbildung.

Riss-Kaltzeit, nach der Riss, einem Nebenfluß der Donau in Bayern, benannte Vereisungsphase des Pleistozäns im Alpenraum. Die R. ist durch ein Interstadial in zwei Haupteisvorstöße (Riss I und II) untergliedert.

Rochen → Batoidea.

Rodentia, Nagetiere, erfolgreichste (auch die formenreichste) Ordnung der Säugetiere. Die R. sind etwa 5 bis 100 cm lange Säuger mit meist walzenförmigem Körper, relativ kurzen Beinen und stummelförmigem bis über körperlangem Schwanz. Charakteristisch ist ihr Gebiß mit je zwei sogenannten Nagezähnen im Ober- und Unterkiefer. Es sind Schneidezähne (→ Zähne), die zeitlebens nachwachsen, also niemals eine geschlossene Wurzel ausbilden. Die Eckzähne (Caninen, → Caninus) fehlen stets, die Vorderbackenzähne (→ Prämolaren) manchmal. Die Hinterbackenzähne (→ Molaren) sind entweder wie die Nagezähne wurzellos (z. B. bei den Wühlmäusen) oder besitzen ein begrenztes Wachstum (z. B. bei den Hausmäusen und Hausratten). Unterschieden werden vier Unterordnungen: Hörnchenartige, Mäuseartige, Stachelschweinartige und Meerschweinchenartige. Entgegen früherer Annahmen sind die Hasenartigen (→ Lagomorpha) nicht mit den R. verwandt. Ab Paläozän.

Rotalgen → Rhodophyta.

Rotliegendes, ältere Abteilung des → Perms vor 290 bis 270 Mio. Jahren.

Rudisten, Hippuriten, ungleichklappige Muscheln (→ Lamellibranchia) mit einer festsitzenden und einer freien Klappe, wobei letztere oftmals zu einem Deckel reduziert ist. Die R. entwickelten teilweise riesige Formen mit bis zu 2 m Höhe; sie verfügten über einen hochdifferenzierten Innenausbau und eine ebensolche Schalenstruktur. Sie bewohnten subtropische und tropische Meere und fanden sich in der Oberkreide teilweise zu riffartigen, ausgedehnten Rasen zusammen. Kreide.

Rugosa, Unterklasse der Korallen (→ Anthozoa), einzeln lebende oder koloniebildende bilateral-symmetrische Korallen. Sie besitzen eine charakteristische bilaterale Anordnung der Scheidewände (→ Septum). Außerdem sind R. gekennzeichnet durch eine Horizontalgliederung der Skelette. Ordovizium bis Perm.

Rüsseltiere → Proboscidea.

S

Saale-Kaltzeit, nach dem Fluß Saale benannte norddeutsche Vereisungsphase des → Pleistozäns mit zwei Haupteisvorstößen.

saalische Phase → Faltungsphasen.

saamidische Phase → Faltungsphasen.

Saar-Nahe-Becken → Lothringen-Saar-Nahe-Trog.

Salamander → Caudata.

Salientia, Frösche, Froschlurche; Ordnung der Amphibien. Zu unterscheiden sind die S. von dem »Urfrosch« → Triadobatrachus massinotii der Ordnung Proanura. Im Gegensatz zu diesem umfaßt sie 14 fossil belegte Familien »echter« Frösche, von denen nur eine (Palaeobatrachidae) im Pleistozän ausgestorben ist. Ab Jura.

Salinar, vorwiegend aus Salzgesteinen bestehender Gesteinskörper.

salisch, Bezeichnung für silicium- und aluminiumhaltige Minerale.

Salviniales, Schwimm-Wasserfarn, Ordnung oder Unterklasse der → Pteridophyta. Ab Unterkreide.

Salzgesteine → (= Evaporite), aus Lösungen ausgefällte, leicht lösliche Salze, die unter dem Einfluß trockenheißen Klimas entstanden. Sie bilden mächtige Sedimentlagen. Wichtigste S.-Komponenten: Steinsalz (NaCl), Kalisalz (KCl). → Halite.

Samenfarne → Pteridospermen.

Sandstein, psammitisches Sedimentgestein (→ Psammite) aus verfestigten (vorwiegend Quarz-)Sanden mit kieseligem, tonigem, karbonatischem oder anderem Bindemittel.

Sapropel, Faulschlamm, Ablagerung abgestorbener Wasserorganismen in sauerstoffarmen oder sauerstofffreien Gewässern (→ Fäulnis). Ein Gestein mit hohem S.-Gehalt heißt Sapropelit.

Saprophyten, auf oder von sich zersetzenden organischen Substanzen lebende Pflanzen.

Saprozoen, tierische Organismen, die sich von zersetzenden organischen Substanzen ernähren oder diese bevölkern.

Sarcopterygii, fleischflossige Fische, zusammenfassender Begriff für die nicht verwandten → Dipnoi und → Crossopterygii.

sardische Phase → Faltungsphasen.

Sattel (= Antiklinale), der nach oben gerichtete Teil einer Falte, also eine durch Faltung entstandene Verbiegung von geschichtetem Gestein. Räumlich sehr kurze Falten nennt man Kuppeln oder Dome.

säugetierähnliche Reptilien → Therapsida.

Säugetiere → Mammalia.

Saurier, Sauria, allgemeine Bezeichnung für größere fossile Amphibien und Reptilien. Im engeren Sinne versteht man unter S.n die größeren und sehr großen Reptilien des Mesozoikums, also die landlebenden → Dinosaurier, die im Meer lebenden → Sauropterygia und → Ichthyosauria sowie die fliegenden → Pterosauria.

Saurischia, Echsenbeckensaurier, → Dinosaurier mit normalem, dreistrahlig aufgebautem Reptilienbecken. Dessen Schambein (Pubis) ist im Gegensatz zu dem des Vogelbeckensauriers (→ Ornithischia) schräg nach vorne und unten gerichtet. Die S. gliedern sich in zwei Unterordnungen: → Theropoda (ab Obertrias); Sauropoda (Jura und Kreide). Aus den Theropoda gingen die fleischfressenden → Carnosauria und die wohl allesfressenden Prosauropoda hervor. Aus diesen wiederum entwickelten sich die → Sauropoda. Die Vertreter der ersten drei Gruppen liefen mehr oder weniger zweifüßig. Die Sauropoda sind vierfüßige Großformen mit kleinem Kopf und langem Hals. Unter ihnen finden sich die größten bekannten Landwirbeltiere aller Zeiten und möglicherweise bereits warmblütige Formen.

Sauriurae, Archaeornithes, Urvögel, eine Unterklasse der Vögel (→ Aves) mit der einzigen Gattung → Archaeopteryx.

Sauromorpha, Reptilien mit zwei → Schläfenfenstern. Diese Gruppe umfaßt die → »Saurier« im engeren Sinne. S. werden in folgende Ordnungen unterteilt: 1. → Eosuchia; 2. → Thecodontia; 3. → Saurischia; 4. → Ornithischia; 5. → Crocodilia; 6. → Pterosauria; 7. → Rhynchocephalia; 8. → Squamata.

Sauropoda, Unterordnung der → Dinosaurier. Die S. sind pflanzenfressende Sohlengänger. Zu ihnen gehören die größten vierbeinigen Landtiere aller Zeiten (z. B. → Apatosaurus, → Diplodocus). Jura bis Kreide.

Sauropsida, Bezeichnung für jenen Zweig der Reptilien, der zu den Vögeln führt. → Theropsida.

Sauropterygia, Ordnung im Wasser lebender Reptilien mit unbeweglichem (monimostylem) Schädel und paddelförmigen Extremitäten. Die Ordnung wird untergliedert in die → Nothosauria der Trias und die → Plesiosauria vom → Rät bis zur Oberkreide. Möglicherweise haben sich die S. als eigenständiger Reptilienzweig unabhängig von anderen Reptilien aus amphibischen Formen entwickelt.

Scaphopoda, »Kahnfüßer«, Rohrschnecken, Meeresweichtiere (→ Mollusca) mit röhrenförmigem, an beiden Enden offenem kalkigem Gehäuse. Sie besitzen keine Kiemen und Augen, sind aber mit einer → Radula ausgestattet. Ab Ordovizium (?) oder Devon.

Schachtelhalmartige → Equisetales.

Schalenkrebse → Ostracoden.

Scheinfossil → (= Pseudofossil).

Schelf, 1. Flachwasserzone der heutigen Meere bis 200 m (gelegentlich bis 300 m) Tiefe, die zum Geokontinentalbereich gehört; 2. in der Geotektonik faßt man als S. kontinentale Krustenteile mit deformiertem und/oder metamorph (→ Metamorphose) verändertem Unterbau auf. Sie haben einen tektonisch wenig belastbaren Oberbau und sind während der Erdgeschichte zeitweise überflutet.

Schichtlücke, Ausfall einer oder mehrerer Schichten in einer Schichtenfolge durch fehlende → Sedimentation oder auch durch spätere Abtragung. → Hiatus.

Schiefer, tektonisch geprägtes Gestein (z. B. Ton-S., Glimmer-S.) unterschiedlicher Zusammensetzung, das durch zueinander parallele Flächen von geringerer Festigkeit gegliedert ist.

Schild, Kontinentalkern, kontinentaler Krustenbereich mit erdgeschichtlich lang andauernder Hebungstendenz. Hierbei kommt es zu entsprechend starker oberflächlicher Abtragung, so daß meist plutonische (→ Plutonismus) oder hochmetamorphe (→ Metamorphose) Gesteine an der Oberfläche liegen.

Schildkröten → Testudinata.

Schill, Ansammlung von ganzen oder zerbrochenen Skelettelementen (Schalen, Gehäuse) besonders von Invertebraten.

Schizomycetes, Bakterien oder Spaltpilze, fossil nur äußerst selten nachweisbar, etwa in den eozänen Kohlen des → Geiseltales.

Schizophyta → Cyanobacteria.

Schläfenfenster (= Schläfenöffnungen), Apsiden; Durchbrüche im hinteren Teil des Schädeldaches vieler Reptilien sowie der Säugetiere. Die Zahl und Lage der S. ist von großer → taxonomischer Bedeutung. Man unterscheidet im Hinblick auf die S. folgende Schädelformen: 1. → anapsid (ohne S.); 2. synapsid (mit einem »unteren« S., das oben durch einen Jochbogen begrenzt wird); 3. euryapsid (mit einem »oberen« S., das unten durch einen Jochbogen aus Postorbitale und Squamatum begrenzt wird; 4. parapsid (mit einem »oberen« S., das unten durch einen Jochbogen aus Postfrontale und Squamatum begrenzt wird); 5. diapsid (mit zwei S.n, die durch einen Jochbogen voneinander getrennt werden).

Schlangen, Serpentes → Ophidia.

Schlangenhalssaurier → Plesiosauria.

Schlangensterne → Ophiuroidea.

Schloß, zweiteiliges, ineinandergreifendes geometrisches Gebilde an den beiden Schalen zweiklappiger Gehäuse bei Muscheln (→ Lamellibranchia) und Armfüßern (→ Brachiopoda). Dem Aufbau des S.es kommt bei den Muscheln → taxonomische Bedeutung zu.

Schmelzschupper → Ganoiden.

Schmetterlinge → Lepidoptera.

Schnabelsaurier → Rhynchosauria.

Schnecken → Gastropoda.

Schreibkreide, feinkörnige weiße Sedimente vorwiegend der Oberkreide. Sie sind von geringer Festigkeit und bestehen zu rund 98% aus den kalkigen Skeletten von → Foraminiferen, Moostierchen (→ Bryozoa) sowie aus → Coccolithen. Vielfach sind Knollen von → Flint in die S. eingebettet. S. ist besonders häufig in West- und Nordeuropa und Kansas (USA). Oft führt die S. Fossilien der Flachmeeresbiotope (Armfüßer, Muscheln, Kopffüßer, Stachelhäuter usw.).

Schuppenbaumgewächse → Lepidodendrales.

Schuppensaurier → Lepidosauria.

Schuppentiere → Pholidota.

Schwämme → Porifera.

Schwelle, Bereich der Erdkruste, der über die benachbarten Bereiche höhenmäßig hinausragt. S.n können z. B. durch Hebung der S. selbst oder durch Senkung benachbarter Räume entstehen. Ferner entwickeln sich S.n durch → magmatische Prozesse, aufgrund ihres geringen spezifischen Gewichtes in der Erdkruste emporsteigende Salzstöcke oder durch Sedimenttransport.

Schwertschwänze → Xiphosura.

Sciuromorpha, Hörnchenartige, eine Unterordnung der Nagetiere (→ Rodentia). Fossil nachgewiesen ab Paläozän.

Scleractinia, Steinkorallen, Riffkorallen; sehr formenreiche Unterklasse der Korallen (→ Anthozoa). Die S. sind Riffbildner in den Küstenbereichen tropischer Meere, bei optimal 20 m Wassertiefe, 25 bis 29 °C Wassertemperatur und 34 bis 36 Promille Salzgehalt. Einige Formen leben in der Tiefsee (bis 6000 m Wassertiefe). Ab Mitteltrias.

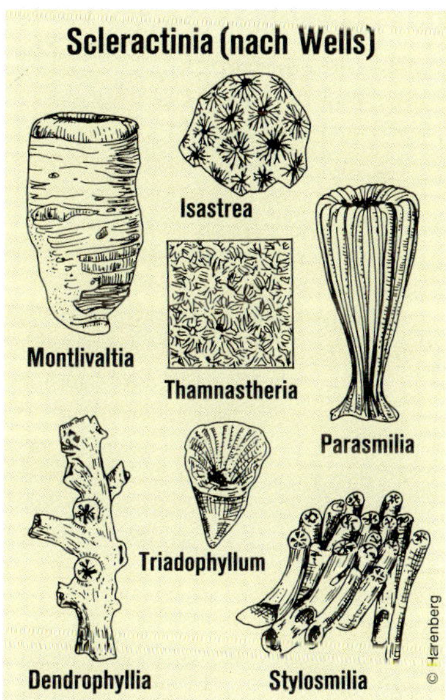

Sclerospongea, Klasse der Schwämme (→ Porifera) mit kalkigem Basisskelett und z. T. kieseligen Schwammnadeln. Ab Ordovizium.

Scorpionida, Skorpione, Ordnung der → Arachnida, die die Spinnen und Skorpione umfaßt. Ab Silur, Blütezeit im Karbon. Die S. des Silurs und Devons lebten im Wasser. Landbewohnende S. sind erst seit dem Karbon nachgewiesen.

Scyphomedusae, Unterklasse der → Scyphozoa, meist freischwimmende Nesseltiere (→ Cnidaria) mit – falls vorhanden – winzigen → Polypen (1 bis 7 mm) und bis zu 2 m großen → Medusen. Fossil sehr selten ab Präkambrium (?) oder Oberjura.

Scyphozoa, vierstrahlig symmetrische Nesseltiere (→ Cnidaria). Zu den S. zählen die rezenten Scyphomedusen (Quallen). Ab Präkambrium.

seafloor-spreading → (= Ozeanbodenspreizung).

sedentär, Bezeichnung für Sedimente, die durch »Aufwachsen« von Organismen entstehen, z. B. → Torf oder Korallenkalke.

Sedentaria, Ordnung im Meer lebender Ringelwürmer (→ Annelida). Durch ihre Röhrchenbauten oder Gänge stellen sie die am besten belegte Ordnung der Würmer dar. Fossil häufig sind besonders die »Serpeln«, deren kalkige Röhren gut erhalten bleiben und gesteinsbildend sein können. Seit Kambrium.

Sedimentation, Vorgang der Ablagerung oder Abscheidung anorganischer Schichten oder des Aufwachsens organischen Materials. Dies geschieht unter atmosphärischen Bedingungen, unter Wasser (→ fluvial) oder unter Eis. Die S. kann durch mechanische Kräfte (Verfrachtung von Erosionsmaterial) und physikochemische Prozesse (Ausfällung, Eindampfung) erfolgen. Organische Prozesse wie das Aufwachsen oder Absterben von Organismen mit schwer verwitterbaren bzw. chemisch resistenten Substanzen oberhalb der Sedimentationsebene bewirken ebenfalls S. Die durch S. entstehenden Schichten heißen Sedimente. Verfestigte Sedimente nennt man Sedimentgesteine. Sie werden nach ihrer Korngröße differenziert.

Seegurken → Holothuroidea.

Seeigel → Echinoidea.

Seekatzen → Chimären.

Seelilien → Crinoidea.

Seesterne → Asteroidea.

Seifen, Ansammlung von Mineralien höherer Dichte oder größerer Widerstandsfähigkeit in → klastischen Sedimenten oder Gesteinsresten bei Verwitterung und Erosion. Die Anreicherung erfolgt meist durch die Wirkung der Schwerkraft, z. B. bei Ausschwemmungen oder Wirksamwerden der Auftriebskraft des Wassers.

sekundäres Dickenwachstum, Zunahme des Umfangs von Wurzeln oder Sprossen durch Zellvermehrung in einem besonderen Gewebering (Kambium). Dieser verläuft als Hohlzylinder parallel zur Oberfläche und liegt meist nur unwesentlich unter dieser. Bei den Nacktsamern (→ Gymnospermen) und zweikeimblättrigen Bedecktsamern (→ Dicotylen) heißt das vom Kambium nach innen erzeugte sekundäre Gewebe Holz, das nach außen erzeugte Gewebe Bast oder Rinde.

Selachii, Haie, Ordnung der → Elasmobranchii. Ab Karbon. Die modernen räuberischen Haie erschienen allerdings erst im Oberjura.

Selaginellales, Moosfarne, eine Ordnung der Bärlappgewächse (→ Lycophyta); die heutigen S. sind Kräuter und wachsen vorzugsweise in den Tropen. Ab Karbon.

Selektion, Auslese aus einer → Population durch Umweltfaktoren vor der individuellen Vermehrung. Einflüsse, die S. bewirken, sind u. a.: Klima, Licht- und Bodenverhältnisse, Feinde und Konkurrenten.

Silikatische klastische Sedimentgesteine

Festgesteine		Lockergesteine			Korngröße in mm
Tonstein	Pelitstein	Pelit	Schluff	Ton	0,002
				Feinschluff	0,006
				Mittelschluff	0,02
Siltstein				Grobschluff	0,063
Feinsandstein	Sandstein	Sand		Feinsand	0,2
Mittelsandstein				Mittelsand	0,63
Grobsandstein				Grobsand	2,0
Feinkonglomerat Feinbrekzie	Konglomerat[1]	Kies[1]		Feinkies[1] Feinschutt[2]	6,3
Mittelkonglomerat Mittelbrekzie	Brekzie[2]	Schutt[2]		Mittelkies Mittelschutt	20,0
Grobkonglomerat Grobbrekzie				Grobkies Grobschutt	63,0
Brockenkonglomerat Brockenbrekzie		Steinwerk		Brockenwerk	2000,0
Blockkonglomerat Blockbrekzie				Blockwerk	

[1] die gerundeten Komponenten; [2] die ungerundeten Komponenten

Sendenhorst, Fossilvorkommen der Oberkreide in Westfalen, Deutschland.

Septum, dünne häutige, verkalkte, knorpelige oder knöcherne Scheidewand. U. a. eine Bezeichnung für die Scheidewände zwischen den Kammern des Kopffüßergehäuses oder die radial und vertikal angeordneten Kalkblätter der Korallenskelette.

Sequenz → (= Abfolge).

Serie → Abteilung; übergeordnete stratigraphische Einheit, hierarchisch zwischen → System und → Stufe angesiedelt (→ Stratigraphie). In der → Lithostratigraphie wird die S. oft mit der → Formation gleichgesetzt.

Serpentes → Ophidia.

sessil, bei aquatischen Tieren Bezeichnung für festsitzend (z. B. am Ozeanboden).

Sial, der 10 bis 25 km tief reichende obere Bereich der → Erdkruste, der sich hauptsächlich aus Verbindungen der chemischen Elemente Silicium und Aluminium aufbaut.

Sigillariaceae, Siegelbäume, kaum oder überhaupt nicht verzweigte baumförmige Schuppenbaumgewächse (→ Lepidodendrales). Ihr Stamm ist mit Längsreihen von Blattnarben bedeckt. S. besitzen lange, bandförmige fleischige Blätter. Nach Anordnung und Form der Blattnarben unterscheidet man verschiedene Gruppen (siehe Abb.). Unterkarbon bis Perm.

Schematische Darstellung verschiedener Stamm-Oberflächen von Sigillarien

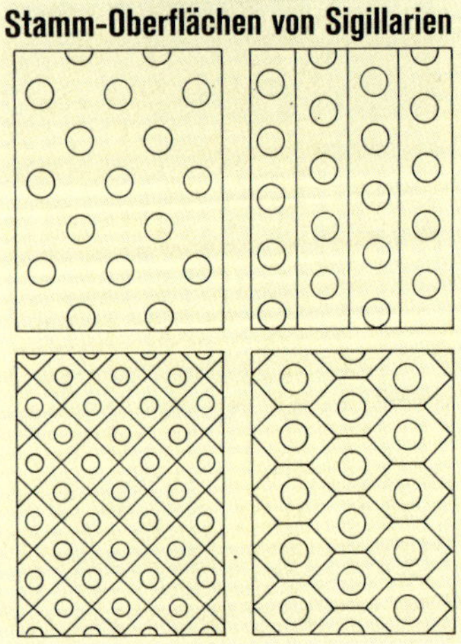

Silicispongiae, Kieselschwämme, Bezeichnung für Schwämme (→ Porifera), deren Skelett aus → amorpher Kieselsäure aufgebaut ist.

Silifikation → Verkieselung.

Silikate, anorganische Verbindungen mit SiO_2 (Siliciumdioxid), vorherrschendes Material der → Erdkruste. Diese besteht zu etwa 95% aus S.n. Ein Viertel aller bekannten → Minerale sind S., z. B. Quarz (SiO_2), Feldspat [$K(AlSiO_8)$] und Olivin [$(Mg,Fe)_2(SiO_4)$].

Silt (= Schluff), ein → klastisches Lockergestein, feiner als Sand, mit Korndurchmessern von 0,002 bis 0,063 mm. Verfestigter S. heißt Schluffstein oder, bei schiefriger Struktur, Schieferton.

Silur, nach dem keltischen Volksstamm der Silurer in Wales benanntes System des Paläozoikums vor 440 bis 410 Mio. Jahren.

Sima, unterer Krustenbereich der Erde. Benannt nach seinen Hauptkomponenten Silicium und Magnesium. → Erdkruste.

Simiae, »Höhere Affen«, Anthropoidea, eine Unterordnung der → Primaten. Die S. werden in die Infraordnungen Breitnasen oder Neuweltaffen (Platyrrhini) und Schmalnasen oder Altweltaffen (Catarrhini) aufgeteilt. Diese trennten sich entwicklungsgeschichtlich bereits im Paläozän/Eozän voneinander. Die ersteren besitzen drei, die letzteren zwei vordere Backenzähne (→ Prämolaren) in jeder Kieferhälfte. Die Catarrhini spalteten sich in Afrika wohl im Unteren Oligozän in die Cerco pithecoidea und die → Hominoidea auf, aus denen die → Hominiden hervorgingen.

Sinemur, Stufe des → Lias, vor 202 bis 196 Mio. Jahren.

Sinter, kristalliner oder amorpher aus Gewässern ausfallender mineralischer Absatz, meist mehr oder weniger verunreinigtes → Calcit. Zur Sinterbildung kommt es immer dann, wenn das Lösungsgleichgewicht in Richtung Übersättigung verschoben wird. Das tritt z. B. bei Druckabfall, sinkender Temperatur und Nachlassen der Bewegung auf. In der Praxis ereignet sich das in natürlichen Quellen und Bächen, vor allem aber bei Gewässern, die in Karsthöhlen eindringen, und bei abkühlenden Thermalquellen. In diesen Fällen entstehen in Höhlen → Tropfsteine, Wandversinterungen usw., bei Quellen stark kalkhaltiges Wasser und bei Thermalquellen sogenannte Sinterterrassen (→ Carbonate), Sinterbecken oder auch die porösen »Kalktuffe«, die korrekt als Travertine zu bezeichnen sind.

Siperosphäre, Eisen-Nickel-Kern der Erde, dessen Zusammensetzung wahrscheinlich in etwa der von Eisenmeteoriten entspricht.

Sipho, 1. bei den Kopffüßern (→ Cephalopoda) eine sich durch den gekammerten Teil des Gehäuses (sofern ein solches vorhanden ist) ziehende strangförmige Röhre; 2. bei den Muscheln (→ Lamellibranchia) die röhrenförmig verlängerte Einfuhr- und Ausfuhröffnung.

Sirenia (= Sirenen, Seekühe), im Wasser lebende, pflanzenfressende → Subungulata. Ab Eozän.

Siwalik-Schichten, bis zu 6000 m mächtige Süßwasserablagerungen des Mittleren Miozäns oder Pleistozäns in Indien und Pakistan am Südrand des Himalajas. Die S. führen zahlreiche Wirbeltierfossilien, u. a. wichtige → Primaten wie Sivapithecus.

Skleren, Skelettelemente der Schwämme. → Porifera.

solitär, einzeln lebend, z. B. bei Korallen.

Solnhofen, bedeutende Fossilienlagerstätte des frühen Oberjuras in Bayern, Deutschland. Sie besteht aus bis zu 90 m mächtigen Schichten aus sehr feinkörnigem plattigem Kalk mit über 90% kristallinem → Calcit. In S. ist eine große Vielzahl von Arten der jurassischen Flora und Fauna tropischer Lagunen überliefert. Neben zahlreichen → Ammoniten, → Belemniten, Fischen, Schildkröten, → Ichthyosauria, Eidechsen (→ Lacertilia), Krokodilen, → Pterosauria usw. sind vor allem die Überreste und vollständigen Skelette des Urvogels → Archaeopteryx von großer paläontologischer Bedeutung.

Solutréen, Kulturstufe der Altsteinzeit (→ Paläolithikum), benannt nach dem Fundort Solutré in Frankreich.

Somasteroidea, Unterklasse der → Stelleroidea, altertümliche, zu den Schlangensternen (→ Ophiuroidea) überleitende Formen. Ab Unterordovizium.

Spaltenfüllung, eine → Fossilienfalle im Sinne einer → Grabgemeinschaft mit oft großer Konzentration an Knochen von Landwirbeltieren. Die Tiere suchten während ungünstiger klimatischer Perioden (Trockenzeiten, Winter) Spalten auf, in denen sie bei entsprechender Struktur der Spalten verendeten. Sodann wurden sie in eingetragenen Sedimenten (Rotlehme, Bohnerze, → Brekzien u. a.) eingebettet.

Spaltöffnung → Stoma.

Speichergestein, zur Aufnahme von Erdöl geeignetes, durchlässiges Gestein wie Sandstein, → Kalkstein, → Dolomit oder → Tuff.

Sperlingsvögel → Passeriformes.

Spermatophyta, Samenpflanzen, Phanerogamen; mit den Unterstämmen Cycadophytina (→ Cycadeen), → Coniferophytina und Magnoliophytina. Die beiden ersteren bilden zusammen die Nacktsamer (→ Gymnospermen), der letztere die Bedecktsamer (→ Angiospermen).

Spezies, species → (= Art).

Sphenisciformes, Pinguine, eine Ordnung der Vögel (→ Aves). Von erdgeschichtlich 34 Gattungen sind 28 ausgestorben. Die größten dieser hochspezialisierten, flugunfähigen Seevögel wurden fast 2 m hoch. Ab Eozän.

Sphenophyllales, Keilblattgewächse, Ordnung der schachtelhalmartigen Pflanzen (→ Equisetales) mit meist sechszähligen Quirlen und umgekehrt keilförmigen Blättern. Ein weiteres Merkmal sind die charakteristisch dreieckigen Zentralbündel. Oberdevon bis Perm.

Sphenopteridien, »Keilfarne«, farnlaubige Pflanzen (z. T. echte Farne, z. T. → Pteridospermen), mit am Grunde keilförmigen Blattfiederchen. Wichtige → Leitfossilien des Karbons.

Spinnen → Arachnida.

Spongia (= Schwämme), → Porifera.

Spongin, chemisch sehr widerstandsfähiges, elastisches, der Seide ähnelndes Protein, das am Skelettaufbau mancher Schwämme (→ Porifera) beteiligt ist.

Sporangium, Sporenanlage, Organ der → Sporenpflanzen, das die Sporen erzeugt.

Sporenpflanzen, Kryptogamen, eine der beiden Hauptgruppen des Pflanzenreichs, umfassend alle blütenlosen Pflanzen, d. h. alle Pflanzen außer den Samenpflanzen.

Sporomorphae, Sammelbegriff für Sporen und Pollen.

Spurenfossilien → Ichnofossilien.

Squamata, Ordnung der Reptilien mit nur einem (dem »oberen«) → Schläfenfenster, abstammend von den → Eosuchia. S. werden unterteilt in die Eidechsen (→ Lacertilia, ab Obertrias) und die Schlangen (Serpentes → Ophidia, ab Kreide). Im Rahmen der Lacertilia erscheinen in der Oberkreide die besonders großen Meeresechsen → Mosasauria.

Stacheleier → Hystrichosphären.

Stachelhaie → Acanthodii.

Stachelhäuter → Echinodermata.

Stadium, Zeitabschnitt einer → Kaltzeit mit vorübergehendem Eisvorstoß.

Stammesgeschichte, Phylogenie, Phylogenese; die Wissenschaft von der Entstehung und Entwicklung der Organismen.

Stefan (= Stephanien), oberste Stufe des Oberkarbons vor 306 bis 290 Mio. Jahren.

Stegocephalia, »Dachschädler«, Sammelbezeichnung für die meist großen und wohl überwiegend ständig im Wasser lebenden Amphibien des jüngeren Paläozoikums und der Trias. Der Schädel der S. besitzt keine → Schläfenfenster. Nach dem Bau ihrer Zähne werden die S. auch → Labyrinthodontia genannt, doch decken sich diese beiden Gruppen nicht vollständig.

Stegosauria, »Stacheldinosaurier«, Unterordnung der → Ornithischia. Große, mit leichten Knochenplatten gepanzerte vierfüßige Pflanzenfresser (z. B. Stegosaurus) des Mitteljuras bis zur Unterkreide.

Steinkohle → Kohle.

Steinkorallen → Zoantharia.

Steinsalz (= Halit), das gesteinsbildende Mineral NaCl (Natriumchlorid). S.-Lagerstätten können bis zu 1000 m und in sogenannten Salzstöcken bis zu 2000 m mächtig sein. Sie entstanden besonders während des → Zechsteins, des Oberen Buntsandsteins und des Mittleren Muschelkalks. → Evaporite.

Steinzeit, eine Zeitstufe der menschlichen Vorgeschichte, gekennzeichnet durch den Gebrauch von Steinwerkzeugen. Sie wird untergliedert in Alt-, Mittel- und Jungsteinzeit (→ Paläo-, → Meso- und → Neolithikum).

steirische Phase → Faltungsphasen.

Stelleroidea, Sammelbezeichnung für alle sternförmigen Stachelhäuter (→ Echinodermata), also für Seesterne (→ Asteroidea), Schlangensterne (→ Ophiuroidea) und → Somasteroidea.

stenobath, Bezeichnung für Organismen, die an eine bestimmte Wassertiefe gebunden sind.

stenohalin, Bezeichnung für im Wasser lebende Organismen, die an eine bestimmte Salzkonzentration gebunden sind. Diese ist für sie lebensnotwendig, da ihr Organismus den der Salzkonzentration entsprechenden osmotischen Druck benötigt.

Stoma (Plural Stomata), Spaltöffnungen der höheren Pflanzen, die dem Gasstoffwechsel (Gasaustausch mit der Atmosphäre) dienen. Die S.ta werden von einem Paar mehr oder weniger gekrümmter Zellen der → Epidermis (meist der Blätter) umgeben, die die Spaltöffnungen durch Turgoränderungen öffnen und schließen können.

Storchenvögel → Ciconiiformes.

Strahlenflosser → Actinopterygii.

Strahlentierchen → Radiolaria.

Stratigraphie, Wissenschaft von der relativen zeitlichen Ordnung der Gesteine. → Geochronologie, → Biostratigraphie, → Lithostratigraphie.

Stratovulkan, Schichtvulkan, größerer → Vulkan, aufgebaut aus verschiedenartigen Vulkaniten (→ Magma) durch zeitlich wechselnde Förderung von → Laven und Tuffen. Zu den S.en gehören die typischen kegelförmigen Großvulkane wie der Ätna, der Vesuv, der Popocatépetl, der Kilimandscharo oder der Fudschijama. (Siehe Abb. Stratovulkan → Gang).

Straußenvögel, Struthioniformes.

Streichen und Fallen, Bezeichnung für die Ortung einer ebenen, aber nicht horizontal verlaufenden geologischen Fläche (Schicht, → Kluft, Spalt usw.) im Raum (siehe Abb.). Das Streichen (a) ist die Schnittlinie dieser Fläche mit einer horizontalen Ebene. Die Streichrichtung ist die Richtung dieser Schnittlinie im Raum, gemessen mit dem Geologenkompaß. Das Fallen bzw. Einfallen (b) gibt den Neigungswinkel der betrachteten Fläche gegenüber der Horizontalen an. Die Linie größter Neigung (Fallinie) steht immer senkrecht zur Streichrichtung. Ihre Richtung ist die Fallrichtung.
Abweichend von diesen Definitionen versteht man unter »Generalstreichen« die Hauptrichtung der Großfalten eines Gebirges. »Umlaufendes Streichen« (c) ist der Fachterminus für das Streichen eines → Sattels (aber auch einer → Mulde), d. h. dessen z. B. parabelförmige Schnittlinie mit einer horizontalen Ebene.

Streptoneura, Vorderkiemer → Prosobranchia.

Strigiformes, Eulenvögel, eine Ordnung der Vögel (→ Aves) mit elf fossilen Gattungen. Ab Oberkreide.

Stromatolith, knollige oder schalige Kalkniederschläge. Sie scheiden sich unter Mitwirkung von Organismen (→ Cyanobacteria) in sauerstofffreiem bzw. sehr sauerstoffarmem Flachwasser der Meere ab. Wichtig in präkambrischen und altpaläozoischen Gesteinen, teilweise auch in der Trias (Buntsandstein und Muschelkalk) verbreitet. Rezent in nicht voll salinaren Meeresbuchten der Westküste Australiens beobachtet.

Stromatoporen, Meeresorganismen mit kalkigem Skelett, die kleine von 1 cm und große Kolonien bis 2 m bilden. Die S. wurden früher zu den → Hydrozoa gestellt; heute ordnet man sie den Schwämmen (→ Sclerospongea) zu. Kambrium bis Kreide, Blütezeit vom Silur bis Devon.

Stubbenhorizont, in Kohlenlagern gelegentlich zu beobachtender Horizont mit noch senkrecht stehenden fossilen Baumstümpfen (Stubben), entstanden durch schnelles Absinken von Mooren.

Stufe, gegenüber der → Zone die nächsthöhere → biostratigraphische Einheit. Sie ist definiert als Sediment, das zwischen dem ersten Auftreten einer Art und dem ersten Auftreten einer jüngeren Art eingeschlossen ist. → System.

Stylommatophora, Landlungenschnecken. → Pulmonata.

Streichen und Fallen

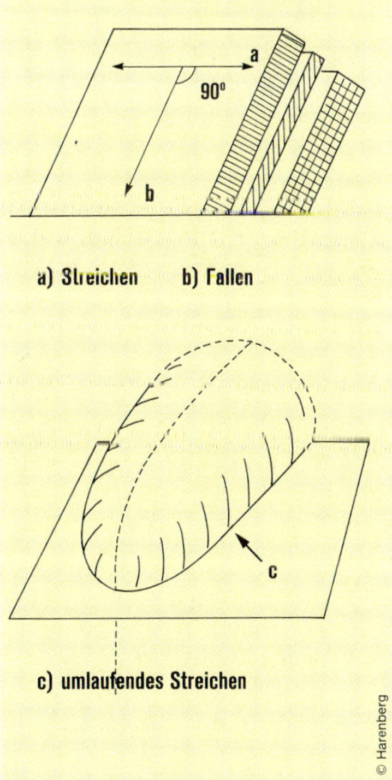

subaquatisch, Bezeichnung für Vorgänge, die sich unter Wasser abspielen.

Subduktionszone (= Resorptionszone, Verschluckungszone); in der → Neuen Globaltektonik ein Begriff für eine Plattengrenze, an der sich ozeanische Kruste unter kontinentale oder ebenfalls ozeanische Kruste schiebt. Hierbei taucht sie bis in den Erdmantel hinab und wird dort wieder aufgeschmolzen. Die S.n sind weltweit verteilt und meist außerordentlich lang. So messen heute die S.n im Pazifik ca. 37 000 km, im Indischen Ozean ca. 7000 km und im ehemaligen Raum der → Tethys ca. 10 000 km.

subfossil, nicht näher definierte Bezeichnung für in historischer Zeit ausgestorbene Organismen, vermittelnd zwischen → fossil und → rezent.

subherzynische Faltung → Faltungsphasen.

submarin, untermeerisch.

Submersion, das Untertauchen festen Landes unter den Meeresspiegel. → Transgression.

Subungulata, Sammelbegriff für eine Reihe von Säugetierordnungen wahrscheinlich gemeinsamen afrikanischen Ursprungs. Zu den S. rechnet man die Rüsseltiere (→ Proboscidea), Klippschliefer (→ Hyracoidea), Seekühe (→ Sirenia) und → Embrithopoda.

Südamerikanische Plattform, ein zu Beginn des Kambriums bestehender → Kraton, der zu → Gondwana gehörte. Er bildet heute den größten Teil des nördlichen Südamerikas.

sudetische Phase → Faltungsphasen.

Suina, Unterordnung der Paarhufer (→ Artiodactyla), umfaßt die Schweineartigen und die Flußpferde. Ab Unterem Eozän.

Sutur, 1. → (= Lobenlinie); 2. bei Schnecken die Berührungslinien der Umgänge.

Svekofenniden, Faltengebirgssystem des → Baltischen Schildes im Unterproterozoikum.

Symmetrodonta, Ordnung kleiner Säugetiere mit dreispitzigen Backenzähnen mit symmetrisch angeordneten Spitzen. Obertrias bis Unterkreide mit Blütezeit im Jura.

sympatrisch, Bezeichnung für nahe verwandte Arten oder Unterarten, die denselben Lebensraum bewohnen.

synapsid → Schläfenfenster.

Synapsida → Theromorpha, einer der beiden Hauptstämme der Reptilien, umfassend die → Pelycosauria und die → Therapsida, charakterisiert durch synapside → Schläfenfenster. Von ihnen stammen die Säugetiere (→ Mammalia) ab. → Saurier, → Reptilien.

System, während eines längeren Zeitraums (Periode) der Erdgeschichte entstandene sedimentäre Schichtenfolge. Sie umfaßt auch die in diesem Zeitraum gebildeten magmatischen Gesteine (→ Magma), z. B. das Karbon, die Trias oder die Kreide. Im deutschen Sprachgebrauch wird im Gegensatz zu internationalen Gepflogenheiten das System oft noch fälschlich als »Formation« bezeichnet. Charakterisiert ist ein S. durch darin enthaltene → Leitfossilien. Mehrere stratigraphische S.e bilden zusammen eine Gruppe (z. B. das Paläo- oder das Mesozoikum), deren Bildungszeit als Ära bezeichnet wird. Die S.e werden ihrerseits in Serien bzw. im deutschen Sprachraum in → Abteilungen untergliedert, deren zeitliches Äquivalent die Epochen sind. Die Serien wiederum untergliedert man in → Stufen (zeitlich Alter) und weiter in Unterstufen (→ Zonen). → Stratigraphie.

Systematik, Eingliederung der Organismen in ein bestimmtes System. → Taxonomie.

T

Tabulata, Gruppe meist koloniebildender Meeresorganismen, von denen fossil nur die Skelette (Kalkröhrchen) erhalten bleiben. Ihre systematische Zugehörigkeit ist unsicher. Sie werden meist als Unterklasse der Korallen (→ Anthozoa) betrachtet, doch weisen einige Formen eher eine Zugehörigkeit zu den Schwämmen (→ Porifera) auf. Ab Kambrium (?), sicher nachgewiesen im Mittelordovizium bis Perm.

Taeniodonta, Bandzähner, eine fossile Ordnung primitiver Abkömmlinge der Insektenfresser (→ Insectivora). Sie ernährten sich wahrscheinlich von Laub, wurden bis etwa 2 m lang und trugen an den Zehen mächtige Krallen. Paläo- bis Eozän, besonders im nördlichen Nordamerika verbreitet.

Tafel, Plattform, regional begrenzter Teil der kontinentalen → Erdkruste von besonderem Aufbau. Die T.n sind charakterisiert durch einen Unterbau aus kristallinem Gestein und eine Auflage aus Sedimenten, die jedoch örtlich fehlen kann. Bekannte Beispiele sind u. a. die Osteuropäische T., die West- und die Ostsibirische T.

takonische Phase → Faltungsphasen.

Taphonomie, die Lehre vom Aufbau (Bildung und Eigenschaften) der → Fossillagerstätten.

Taubenvögel → Columbiformes.

Tausendfüßer → Myriapoda.

Taxon (Plural Taxa), Gruppe innerhalb der systematischen Gliederung der Organismen. 1. in der botanischen Nomenklatur sind das in absteigender Hierarchie: Abteilung (Phylum, Stamm), Unterabteilung (Subphylum, Unterstamm), Klasse (Classis), Unterklasse (Subclassis), Ordnung (Ordo), Familiengruppe (Superfamilia), Familie (Familia), Unterfamilie (Subfamilia), Tribus, Subtribus, Gattung (Genus), Untergattung (Subgenus), Sektion (Sectio), Serie (Series), Art (Species), Unterart (Subspecies), Varietät (Varietas, Variatio), Form (Form); 2. in der zoologischen Nomenklatur sind Taxa: Stamm (Phylum), Klasse (Classis), Ordnung (Ordo). Danach folgen – ab Superfamilie bis zur Unterart – dieselben Taxa wie in der Botanik. Die Unterarten werden meist in Rassen gegliedert.

Taxonomie, Wissenschaft von der Gliederung und den Verwandtschaftsverhältnissen der Organismen.

taxonomisch, die Taxonomie oder die Taxa (→ Taxon) betreffend.

Tektin, eine fossil gut überlieferbare, der Hornsubstanz ähnliche, stickstoffhaltige Materie. Aus ihr bestehen die Gehäuse mancher → Radiolaria.

Tektite, Glasmeteorite; rundliche, knopf-, scheiben-, birnen- oder sanduhrförmige Gebilde aus hochschmelzendem Gesteinsglas von schwarzgrüner bis lichtgrüner, seltener auch brauner Farbe. Sie finden sich in geologisch sehr jungen Schichten. Zeitweilig wurden die T. für Aufschmelzungen terrestrischer Gesteine durch den Aufschlag großer Meteorite gehalten. Neuere Berechnungen lassen diese Theorie unglaubwürdig erscheinen. Wesentlich wahrscheinlicher stammen die T. vom Mond, und zwar in Form ausgeworfenen magmatischen Materials des früheren Mondvulkanismus. Je nach ihrem Fundgebiet unterscheidet man z. B. Moldavite, Indochinite oder → Australite. → Meteorite.

Tektogen → (= Tektonogen).

Tektonik, 1. Lehre vom Aufbau und von den Bauelementen der → Lithosphäre, insbesondere der → Erdkruste; 2. Lagerungsverhältnisse von Gesteinen im Bereich der Erdkruste.

tektonisch, Prozesse in der → Lithosphäre, besonders die → Erdkruste betreffend.

tektonischer Zyklus, Abfolge vom → Geosynklinal-Zyklus über den Zustand des → Tektonogens zum Zustand der → Orogenese und schließlich jenem der → Molasse.

Tektonogen (= Tektogen), ein Bereich der Erdkruste, der sich im Stadium einer tiefgreifenden Strukturveränderung (Faltung, → Deckenbildung, → Metamorphose, → Granitisation) befindet. Das T. geht – meist durch seitliche Einengung – aus einer → Geosynklinalen hervor. Durch Hebungsprozesse im weiteren Verlauf der sogenannten Tektogenese entsteht aus dem T. ein → Orogen. Nicht selten wird auch das Orogen als T. bezeichnet.

Teleostei, die modernen Knochenfische mit verknöchertem Innenskelett. Ihre Schwanzflossen sind homocerk, d. h. äußerlich symmetrisch, aber im Skelett durch eine in Rückenrichtung gebogene Wirbelsäule gekennzeichnet. Der Körper der T. ist mit dünnen, überlappenden Schuppen ohne eine harte äußere Schicht (→ Ganoid-Schuppen) bedeckt. Ab Jura, dominierend ab Oberkreide.

Temnospondyli, »Schnittwirbler«, eine ältere Bezeichnung für → Stegocephalia, deren Wirbelkörper aus mehreren getrennten Knochenstücken bestehen.

Tendaguru-Schichten, Fossillagerstätte des Oberjuras in Tansania. Überliefert sind vorwiegend Pflanzen und fleischfressende → Dinosaurier.

Tentaculata, Lophophora, eine Stammgruppe der Wirbellosen mit einem Kranz von Tentakeln (Fühler, Taster) am Vorderende. Zu den T. zählen die Stämme Hufeisenwürmer (→ Phoronidea), Moostierchen (→ Bryozoa), Armfüßer (→ Brachiopoda) und nach Meinung einzelner Wissenschaftler auch die → Conodonten.

Tentakuliten, marine spitzkonische, außen dicht geringelte kalkige Gehäuse von 15 bis 30 mm Länge mit gekammertem Anfangsteil. Die systematische Zugehörigkeit ist ungewiß, möglicherweise gehören sie zu fossilen Weichtieren (→ Mollusca) einer unbekannten Klasse. Ordovizium bis Oberdevon.

Tephra, Sammelbegriff für alle festen und flüssigen, durch vulkanische Gase mitgerissenen und ausgeworfenen Lockermaterialien, u. a. → Asche oder → Lapilli.

terrigen, auf dem Festland entstanden.

Tertiär, geologisches System, vor 66 bis 1,7 Mio. Jahren; Hauptzeit der Entfaltung der Säugetiere (→ Mammalia) und der Vögel (→ Aves). Die Herausbildung der modernen Tierordnungen begann im Eozän, also vor 55 bis 36 Mio. Jahren. An der Grenze Eozän/Oligozän (vor 36 Mio. Jahren) fand ein tiefgreifender Faunenwechsel statt (→ Grande Coupure). Nach dem → Karbon ist das T. die bedeutendste Epoche der Kohlenbildung. Auch wichtige Erdöllagerstätten entstanden im T. Das T. wird in folgende → Abteilungen untergliedert: → Paläozän, → Eozän, → Oligozän, → Miozän und → Pleistozän.

Tertiär-Flora, Flora des europäischen → Tertiärs. Pflanzengemeinschaft eines klimatisch warmen Gebietes, die aber durch jährlichen Laubfall und meist gezähnte Blattränder gekennzeichnet ist. Ab dem Unteren Oligozän geht die T. allmählich in eine arktotertiäre Flora über.

Testudinata, Schildkröten, zu den → Anapsida gehörende Reptilienordnung. Sie tragen einen Panzer aus Knochen- und darüberliegenden Hornschilden. Ab Trias.

Tethys, »Urmittelmeer« der nachvariszischen (→ variszische Phase) Zeit. Abzweig des Weltmeers (→ Panthalassa) ab jüngstem Karbon bis ins Känozoikum. Die T. teilte als → Geosynklinalmeer die Superkontinente → Gondwana und → Angara-Land voneinander. Ihre Ausbreitung war mit dem Zerfall der »Großerde« → Pangaea verbunden. Aus dem Geosynklinalsystem der T. ging ab der Unterkreide zum größten Teil die → alpidische Gebirgsbildung hervor. Als Restbecken der T. sind das heutige Mittelmeer, das Schwarze Meer, das Kaspische Meer und der Aralsee zu betrachten.

Tetrabranchiata, Kopffüßer (→ Cephalopoda) mit vier Kiemen, einem äußeren, gekammerten Gehäuse und zahlreichen Armen (Tentakeln) ohne Saugnäpfe. Die einzige heute lebende T.-Gattung ist Nautilus. Zu den fossilen T. zählt man meist die → Ammonoidea, obwohl deren Weichkörperaufbau unbekannt ist.

Tetrapoden, Vierfüßer, Wirbeltiere mit vier Extremitäten, also die → Amphibien, → Reptilien, Vögel (→ Aves) und Säugetiere (→ Mammalia).

Thalattokratie, erdgeschichtliche Zeit, in der das Meer weite Teile der Kontinente (als Epikontinentalmeer) bedeckt, eine Folge von → Transgressionen. T. herrschte z. B. im Silur und in der Oberkreide. Gegensatz: → Geokratie.

Thallophyta, all jene Pflanzen, die nicht in Wurzeln, Sproß und Blätter gegliedert sind, d. h. die Algen. Vor der Abspaltung der Pilze und Flechten vom Organismenreich der Pflanzen zählte man auch diese zu den T.

Thanatozönose → Grabgemeinschaft.

Thecodontia, eine formenreiche Ordnung der → Archosauria, auf die Trias beschränkt.

therapsid, Bezeichnung für einen Schädeltyp mit einem → Schläfenfenster und einem aus Jochbein (Jugale) und Schuppenbein (Squamosum) gebildeten Jochbogen. T.e Schädel sind charakteristisch für die → Synapsida (= Theromorpha), einen der beiden Hauptstämme der Reptilien, und für die Säugetiere.

Therapsida, säugetierähnliche Reptilien, eine sehr formenreiche Ordnung der → Synapsida mit zahlreichen Reptilien- und bereits einigen Säugetiermerkmalen. Der Übergang zwischen den T. und den Säugetieren (→ Mammalia) erfolgte gleitend. Beide sind nur schwer voneinander abzugrenzen. Wahrscheinlich waren zumindest einige T. bereits Warmblüter. Mittleres Perm bis Mitteltrias.

Theria, zusammenfassender Begriff für die modernen Säugetiere, also die Beuteltiere (→ Marsupialia) und die Plazentatiere (→ Eutheria oder → Placentalia). Ab Unterkreide. Die Beutel- und Plazentatiere lassen sich aber erst ab der Oberkreide unterscheiden.

Theromorpha → Synapsida.

Theropoda, Unterordnung der Echsenbeckensaurier (→ Saurischia), zu der u. a. die großen fleischfressenden → Dinosaurier gehören.

Theropsida, im Gegensatz zu den → Sauropsida, aus denen sich die Vögel entwickelten, jener Zweig der Reptilien, der zur Entwicklung der Säugetiere führte.

Thorax, Rumpfpanzer gewisser Gliederfüßer (→ Arthropoda), vor allem der → Trilobiten und → Insecta.

Tiefengestein → Plutonit.

Tiefsee, Bereich der Meere unterhalb 800 m Tiefe.

Tiefseegräben (= Tiefseegesenke), langgestreckte, seismisch aktive, etwa 100 km breite und unterschiedlich lange Gräben im Tiefseeboden. Sie haben einen asymmetrischen Querschnitt. Meist in den Randzonen der Ozeane.

Tillodontia, eine kleine und kurzlebige Ordnung primitiver pflanzenfressender Säugetiere mit bis zu bärengroßen Vertretern. Oberes Paläozän bis Mittleres Eozän.

Tintenfische → Coleoidea.

Ton, nicht verfestigtes, sehr feinkörniges silikatisches → klastisches Sediment. Zunehmende Anteile von → Carbonaten leiten zu → Mergel über.

Tonstein, 1. unter dem Einfluß von hohem Druck und/oder hoher Temperatur verfestigter Ton; 2. vulkanisches Gestein aus verfestigter sehr feiner Asche.

Torf, nach Trocknung brennfähige, stark kohlenstoffhaltige Ablagerung. Sie entsteht aus abgestorbenen Moorpflanzen durch organische und chemische Prozesse.

Totengesellschaft → (= Grabgemeinschaft).

Transgression, Ingression, das Vordringen eines Meeres in bislang festländische Bereiche, insbesondere der Meereseinbruch in niveaumäßig niedrig liegende → Tafeln. → Thalattokratie.

Trapp, mächtiger, meist weit ausgedehnter → Plateaubasalt. Infolge mehrerer Ergüsse ist dieser treppenförmig (daher der Name) gestuft.

Triadobatrachus massinoti, einzige Art der Amphibienordnung Proanura. In der Untertrias auf Madagaskar lebender »Urfrosch«, der indes entwicklungsgeschichtlich von den späteren echten Fröschen (→ Salientia) isoliert ist.

Trias, das älteste System des → Mesozoikums. Auf deutschem Gebiet deutlich in die unterschiedlichen Sedimente des → Buntsandsteins, → Muschelkalks und → Keupers gegliedert, vor 250 bis 210 Mio. Jahren.

Tribus → taxonomische Gruppe zwischen → Familie (bzw. Unterfamilie) und → Gattung.

Trichoptera, Köcherfliegen, kleine Insekten (→ Insecta), deren Larven in selbst gebauten »Köchern« aus → agglutinierten Sandkörnchen, Holzstückchen u. a. leben. Ab Lias nachgewiesen.

Triconodonta, eine Säugertierordnung mit triconodonten Zähnen, d. h. Zähnen, die aus einem Hauptkegel sowie vor und hinter diesem je einem Nebenkegel von geringerer Höhe bestehen. Charakteristisch ist ebenfalls der Aufbau des Kiefergelenks. Die T. wurden etwa katzengroß und hatten wohl auch eine der Katze ähnliche Lebensweise. Mitteljura bis Unterkreide.

Trilobiten, Dreilapper, eine Gruppe ausschließlich im Meer lebender Gliederfüßer (→ Arthropoda) mit kräftigem Rückenpanzer. Dieser Panzer gliedert sich in ein Kopfschild (Cephalon), den Rumpf (Thorax), der aus einer wechselnden Zahl von Rumpfgliedern besteht, und den Schwanzschild (Pygidium). T. bewohnten vorwiegend das küstennahe Flachmeer und lebten meist mikrophag (d. h. von aus Kleinteilchen bestehender Nahrung, also von anorganischem → Detritus oder Sedimenten). Manche Formen ernährten sich wohl auch räuberisch. Vor allem die jüngeren T. waren in der Lage, sich einzurollen. Kambrium bis Perm mit Blütezeit im Kambrium und Ordovizium. Zahlreiche Formen sind hervorragende → Leitfossilien.

Trilobitoidea, die → Trilobitomorpha mit Ausnahme der → Trilobiten.

Trilobitomorpha, eine systematisch wahrscheinlich wenig begründete (heterogene) Gruppe primitiver, im Meer lebender Gliederfüßer (→ Arthropoda). Alle Formen besitzen den gleichen Bau der Extremitäten, die sich in einen Kiemenast und einen Geh-Ast aufspalten. Die T. umfassen die → Trilobiten und die → Trilobitoidea. Unterkambrium bis Perm.

Trituberculata, Pantotheria, eine frühe Ordnung der Säugetiere mit trituberkulaten (dreihöckerigen) Zähnen, aus der wahrscheinlich sowohl die Beuteltiere (→ Marsupialia) wie die → Placentalia hervorgegangen sind. Mittel- bis Oberjura.

Trituberkulartheorie, Hypothese zur stammesgeschichtlichen Entstehung der vielhöckrigen Säugetierzähne. Sie beschäftigt sich mit der phylogenetischen Entwicklung vom einfachen Reptilzahn mit einfacher Wurzel, konischer Spitze und einem Wulst (Cingulum) an der Basis der Krone bis hin zu den zahlreichen komplexen Zahnformen verschiedener Säugetiergebisse.

Trochiten, die Stielglieder der Seelilien (→ Crinoidea), besonders jene der Art Encrinus liliiformis. Sie sind im Germanischen Muschelkalk häufig fossil erhalten.

Tropfsteine, Sinterzapfen, die von Höhlendecken, Felsüberhängen u. ä. herabhängen (Stalaktit) oder vom Höhlenboden aufwärts wachsen (Stalagmit). Verbreitet in → karstigen Kalksteingebieten.

Tubulidentata, Röhrenzähner, eine Ordnung der Säugetiere mit sehr speziellen, aus einzelnen Röhren zusammengesetzten, schmelzlosen Backenzähnen. Heute nur durch das Erdferkel Afrikas vertreten. Fossil im Pliozän Europas und im Miozän Ostafrikas. Formenreich besonders im Tertiär. Möglicherweise stellen die T. einen nicht weiterführenden Entwicklungsast altertümlicher Huftiere dar.

Tuff, Bezeichnung für verfestigte (manchmal auch für nicht verfestigte) aschige bis körnige vulkanische Auswurfmassen. In der älteren Literatur auch als Synonym für → Sinter gebraucht.

Tundrenzeit (= Dryaszeit), Abschnitt des → Pleistozäns. Die T. wird untergliedert in: 1. Älteste T. mit baumloser Tundra (vor mehr als 13800 Jahren); 2. Ältere T. mit Parktundra (vor etwa 13800 bis 12300 Jahren); 3. → Allerödzeit (vor etwa 12000 bis 11000 Jahren) und 4. Jüngere T. mit einem Kälterückschlag (subarktische Parktundra) bis vor etwa 10300 Jahren, also in etwa bis zum Ende des Pleistozäns.

Tunicata, Manteltiere, → Chordatiere mit auf den Schwanz beschränkter → Chorda und ohne sekundäre Leibeshöhle. T. neigen zu Knospung und Koloniebildung. Fossil außerordentlich selten ab Mittelkambrium.

Tyrannosaurus, sehr bekannte Gattung der → Theropoda, fleischfressender Dinosaurier der Oberkreide Nordamerikas von ca. 12 m Länge und über 5 m Höhe.

U

Ubiquisten, Organismen, die unter sehr verschiedenen Bedingungen, also in sehr unterschiedlichen Biotopen gedeihen. Sie sind nicht zu verwechseln mit Kosmopoliten, die zwar weltweit verbreitet, aber an die ihnen zusagenden Biotope gebunden sind.

Ukrainischer Schild, der südwestliche Teil der → Osteuropäischen Plattform, charakterisiert durch Zutagetreten des präkambrischen Grundgebirges.

Ungulata, Huftiere, meist als Oberbegriff für Unpaarhufer (→ Perissodactyla) und Paarhufer (Artiodactyla) gebraucht; doch werden zu den U. gelegentlich auch andere, ausgestorbene Ordnungen gezählt.

Unpaarhufer → Perissodactyla.

Urhuftiere → Condylarthra.

Urkontinent → Kraton.

Urmensch → Hominidae.

Urodela, Schwanzlurche, Salamander. → Caudata. Seit der Unterkreide.

Urozeane, bereits am Ende des → Proterozoikums bestehende Ozeane wie Urpazifik, Uratlantik, Urskandik. Die Existenz derartiger Meere ist zu bezweifeln. Nach der → Neuen Globaltektonik bestand lediglich ein Urpazifik, während alle anderen Ozeane sich erst seit dem → Mesozoikum entwickelt haben.

Urraubtiere → Creodonta.

Urstromtäler, große flache Täler, die im nördlichen Mitteleuropa in ostwestlicher Hauptrichtung verlaufen. Sie entstanden durch Schmelzwasser beim Abschmelzen des pleistozänen Inlandeises vor dem zurückweichenden Eisrand. Von Norden nach Süden unterscheidet man: 1. Breslau-Magdeburger U., 2. Glogau-Baruther U., 3. Warschau-Berliner U., 4. Thorn-Eberswalder U. und – andeutungsweise – 5. Danzig-Stettin-Strahlsunder U. Meist folgen den U. auch heute noch Flußläufe.

Urtiere → Protozoa.

V

Vaches Noires, französische Atlantikküste zwischen Villes-sur-Mer und Houlgate. Sie ist bekannt für ihre Jura- und Kreidefossilien. Vertreten sind neben → Ammoniten, → Belemniten und → Brachiopoda auch verschiedene Wirbeltiere (Fische, Meereskrokodile und noch unbestimmte → Dinosaurier).

vagil, freibeweglich, Gegensatz zu → sessil.

variszische Gebirgsbildung, → Orogenese der variszischen Ära, die den Zeitraum vom → Ordovizium bis zum Ende des → Paläozoikums umfaßt. Die variszischen (= herzynischen) Gebirgszüge gingen aus dem gleichnamigen → Geosynklinalsystem hervor. Sie erstrecken sich über ganz Eurasien und das östliche Nordamerika.

Verkarstung, der kontinuierlich oder in Schüben verlaufende Prozeß der Entstehung von → Karst.

Verkieselung (= Silifizierung), die Durchtränkung von porösen Gesteinen oder Organismenresten mit stark wasserhaltigem Kieselsäuregel. Dieses erhärtet bei späterer Abnahme des Wassergehalts als Chalzedon oder Quarz. Die V. kann als besondere Form der Fossilisation die Struktur gestorbener Organismen hervorragend konservieren.

Vermes, Würmer, bilateral-symmetrische langgestreckte Tiere mit oder ohne Segmentierung des Körpers. Meist ohne feste Körperhülle und deshalb fossil nur selten als Ganzes erhalten. Überliefert sind hingegen Hartteile wie Zähnchen, Häkchen, Kiefer und Lebensspuren wie Wohnröhren, Kriech- und Freßspuren. Systematisch bilden die V. keine natürliche Einheit. → Annelida, → Nemathelminthes, → Plathelminthes.

Vermoderung, Zersetzung organischer Substanz bei nur geringer (zur vollkommenen Oxidation nicht ausreichender) Sauerstoffzufuhr. Das Produkt ist ein kohlenstoffhaltiger, fester Moder.

Vertebrata, Wirbeltiere, Unterstamm der → Chordata; Tiere mit einem Schädel und einem Innenskelett aus → Knorpel- und → Knochengewebe. Seit Oberkambrium (Anatolepis).

Verwerfung, Verschiebung zweier Gesteinsschollen gegeneinander längs eines Bruches. Je nach der Form der V. wird diese unterschiedlich benannt (siehe Abb.)

Verwesung, Zersetzung organischer Substanz unter Luftzufuhr. Mit Hilfe von Bakterien und Pilzen werden die Substanzen oxidiert und in gasförmige oder flüssige Verbindungen umgewandelt. Ist nicht genug Sauerstoff verfügbar, tritt → Vermoderung ein. Fehlt der Sauerstoff völlig, kommt es zu → Fäulnis.

Verwitterung, Zerstörung von Gesteinen oder Mineralien an der oder in der Nähe der Erdoberfläche durch mechanische, chemische oder biologische Kräfte bzw. Prozesse wie Temperatur-V., Frostsprengung, Salzsprengung, Auslaugung, Auflösung, aber auch durch Wachstumsdruck von Wurzeln, oder die Tätigkeit wühlender und kriechender Tiere.

Vindelizische Schwelle, in Trias und Jura existierende → Schwelle, die das → Germanische Becken im Norden Europas von der → Tethys trennte.

Virenzperiode → (= Blütezeit).

Vögel → Aves.

Voltziales, Ordnung der Nadelbäume (→ Koniferen), vom Oberkarbon bis zur Kreide weltweit verbreitet. Über den Umfang der Ordnung besteht keine Einigkeit. Die bekannteste – namengebende – Gattung ist Voltzia mit ca. zehn Arten in der Trias.

Voltzien-Sandstein (= Grès à Voltzia), Ablagerung eines Flußdeltas und Flachmeeresgebietes im obersten → Buntsandstein bis zum Unteren → Muschelkalk in den Vogesen (Frankreich). Der V. führt zahlreiche Fossilien, darunter Farne, Schachtelhalme, Nacktsamer, Amphibien und eine artenreiche Binnengewässer- und Flachmeeresfauna (besonders Gliederfüßer und Fische, Foraminiferen und Weichtiere).

Vorderkiemer → Prosobranchia.

Vortiefe (= Randsenke), eine bewegliche trogförmige Senke entlang der Außenseite eines Faltengebirges. Sie entsteht durch Ausgleichsbewegungen in der Erdkruste und füllt sich mit Abtragungsprodukten (→ Molasse) des Gebirges.

Vulkan, Ausgang einer Förderzone von → Magma zur Erdoberfläche. V.e können – hauptsächlich je nach Temperatur und Zusammensetzung des Magmas – sehr verschiedenartig aufgebaut sein. U. a. gibt es Spaltenvulkane in Form ausgedehnter Ausflußspalten, Schildvulkane aus weiträumig zerfließender dünnflüssiger → Lava, kegelförmige Domvulkane und komplex aufgebaute → Stratovulkane (siehe Abb. → Gänge).

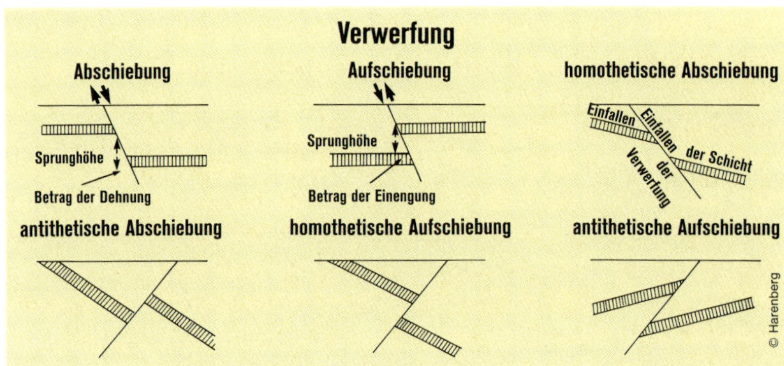

Vulkanite → Magma.

W

Waal-Warmzeit, Warmzeit (→ Interglazial) des älteren → Pleistozäns im nördlichen Mitteleuropa zwischen → Eburon-Kaltzeit und Menap-Kaltzeit.

Wahnbachtal, Fossilvorkommen im Bergischen Land ostnordöstlich von Bonn, mit Belegen aus dem Unterdevon. Die über 2000 m mächtigen Sand-, Silt- und Tonsedimente enthalten vor allem zahlreiche gut erhaltene Überreste der Devonflora. Tierische Reste (von Flachmeeresbewohnern) sind seltener.

Walbeck, Fossillagerstätte im → Muschelkalk bei Magdeburg. Es handelt sich um eine → Spaltenfüllung mit zahlreichen Säugetierresten, u. a. von Urhuftieren (→ Condylarthra), Raubtieren (→ Carnivora) und → Primaten sowie von Amphibien, Reptilien und Vögeln.

Walchia, älteste Gattung der Nadelhölzer (→ Koniferen), von araukarienhafter Gestalt (→ Araucariaceae). Oberkarbon bis Perm, im → Rotliegenden als → Leitfossil von Bedeutung.

Wale → Cetacea.

wallachische Phase → Faltungsphasen.

Wanzen → Heteroptera.

Warmzeiten → Interglazial, → Interstadial.

Warve, innerhalb eines Jahres abgelagerte Doppelschicht aus hellen, feinsandigen Sommersedimenten und dunklen, tonigen Wintersedimenten in Gletscherseen. Fossil sind W.n besonders ausgeprägt im sogenannten → Bänderton. Das Auszählen von W.n stellt eine Möglichkeit der → Geochronologie dar.

Wealden, nach der südostenglischen Landschaft The Weald benannte Ausbildung der Unterkreide in Südengland und Norddeutschland. Die Sedimente bestehen aus Wealden-Sandstein, Deister-Sandstein mit Kohlenflözen und Tonen.

Weichsel-Kaltzeit, dritte und letzte bedeutende Vereisung des → Pleistozäns in Mitteleuropa.

Weichtiere → Mollusca.

Weißelster-Becken, tertiäre Braunkohlenlagerstätte bei Bitterfeld in Sachsen aus dem Mittleren Eozän bis Unteren Miozän mit guter Fossilienführung. Belegt sind neben Meeres- und Süßwassertieren sowie deren Lebensspuren vor allem zahlreiche Pflanzen (über 300 Arten). → Geiseltal.

Weissenstein, bedeutende Lagerstätte sehr gut erhaltener Stachelhäuter (→ Echinodermata) des Oberjuras im Schweizer Kanton Solothurn. Die versteinerten Organismen wurden von einem untermeerischen Erdrutsch überdeckt und blieben deshalb komplett erhalten.

Wend (= Wendium, Vendium), Bezeichnung für den obersten Abschnitt des → Proterozoikums vor etwa 640 bis 590 Mio. Jahren.

Westfal, mittlere Stufe des mittel- und westeuropäischen Oberkarbons vor 313 bis 306 Mio. Jahren.

Weybourne-Kaltzeit (= Menap-Kaltzeit), jüngste Kaltzeit des älteren → Pleistozäns vor der → Cromer-Warmzeit.

Wirbellose → Invertebrata.

Wirbeltiere → Vertebrata.

Wirtelalgen → Dasycladaceen.

Würm-Kaltzeit, nach dem oberbayerischen Fluß Würm benannte letzte Vereisungsphase des → Pleistozäns im Alpenraum.

Würmer → Vermes.

Wurzelfüßer → Rhizopoda.

X

Xenarthra, Zahnarme, Ordnung südamerikanischer Säugetiere mit stark bis völlig reduziertem Gebiß. Sie umfaßt die Gürteltiere (Cingulata), die Faultiere (Tardigrada, → Megatherium) und die Ameisenfresser (Vermilingua). Ab Oberem Paläozän.

Xenolith, Fremdgesteinseinschluß in magmatischen Gesteinen.

Xiphosura, Schwertschwänze, Überordnung der → Merostomata. Die rezente Gattung Limulus gilt als sogenanntes → Lebendes Fossil. Ab Kambrium.

Xylith, die holzigen Bestandteile der → Braunkohle, entsprechend dem → Lignin in frischem Holz.

Y

Ypern (= Yprésien), nach dem Ort Ypern in Belgien benannte Stufe des Eozäns, meist gleichgesetzt mit dem Unteren Eozän vor 55 bis 50 Mio. Jahren. → Tertiär.

Z

Zahnarme → Xenarthra.

Zähne, Dentinzähne, Hartgebilde in der Mundhöhle von Wirbeltieren. Die Z. werden vom Ekto- oder Mesoderm (die beiden oberen Hautschichten) gebildet und sind damit im Prinzip an keine bestimmte Stelle der Mundhöhle gebunden. Mit der weiteren Entwicklung der Wirbeltiere nimmt die Zahl der Z. ab; zugleich lassen sich eine zunehmende Differenzierung und eine Beschränkung auf die Kieferränder beobachten. Die Anzahl, Ausformung und Befestigung der Z. im Kiefer sind vielfach familien-, oft sogar arttypisch. Speziell bei Säugetieren wird der Zahnbestand in einer sogenannten Zahnformel angegeben. Diese gilt für jeweils eine Kieferhälfte des Ober- bzw. Unterkiefers. Zu unterscheiden sind die Schneidezähne oder Inzisiven (Formelzeichen I), die Eckzähne oder → Caninen (Formelzeichen C), die Vorderbackenzähne oder → Prämolaren (Formelzeichen P) und die Hinterbackenzähne bzw. → Molaren (Formelzeichen M). Milchzähne werden mit entsprechenden Kleinbuchstaben und einem nachgestellten d gekennzeichnet. Die Zahnformel $I\,\frac{123}{123}\;C\,\frac{1}{1}\;P\,\frac{1234}{1234}\;M\,\frac{123}{123}$ für das vollständige vollständige Säugetiergebiß besagt, daß das Tier die Inzisiven 1, 2 und 3 im Oberkiefer (oberhalb des Striches) und im Unterkiefer (unterhalb des Striches) besitzt, daneben im Ober- und Unterkiefer jeweils einen Caninus, die Prämolaren 1, 2, 3 und 4 sowie die Molaren 1, 2, 3. Kommt es nur auf die jeweilige Anzahl der Z. an, kann man vereinfacht für das ausgewachsene Gebiß schreiben: $I\frac{3}{3}C\frac{1}{1}P\frac{4}{4}M\frac{3}{3}$ oder abgekürzt. $\frac{3143}{3143}$. Fehlende Z. einer Kategorie werden durch 0 gekennzeichnet. So ist die Zahnformel für Rinder $\frac{0033}{3133}$ und für gewisse Nagetiere $\frac{1002}{1002}$.

Zechstein, etwa dem Oberperm (270 – 250 Mio. Jahren) entsprechende Abteilung des → Perms.

Zehnfüßer → Decapoda.

Zeitalter → Ära.

Zeitskala, Z. der Erdgeschichte, absolute Altersbestimmung der Gesteine, basierend auf Verfahren der → Geochronologie. Zu berücksichtigen sind die möglichen Fehlerspielräume bei den ermittelten Daten, die seit einigen Jahrzehnten allerdings ständig kleiner werden. Dennoch ist auch heute zumindest in älteren Abschnitten der Erdgeschichte mit Ungenauigkeiten von etwa ± 15 Mio. Jahren zu rechnen.

Zoantharia, Steinkorallen, wichtigste Unterklasse der Korallen (→ Anthozoa) mit paarigen weichen Scheidewänden (Sarkosepten). Ein kalkiges Stützskelett kann ausgebildet sein.

Zoarium, das gemeinsame Skelett einer Moostierchenkolonie bzw. die Kolonie selbst (→ Bryozoa).

Zooecium, Skelett eines einzelnen Moostierchens (→ Bryozoa). Die Zooecien bilden sich durch Knospung aus dem hinteren Weichkörper (Cystid).

Zone, in der → Biostratigraphie die Grundeinheit der geologischen Zeitgliederung, im allgemeinen charakterisiert durch die Lebensdauer einer Art, ein Leitfossil. → System.

Zweiflügler → Diptera.

Zweikeimblättrige → Dicotylen.

Register

Das Register enthält die in diesem Buch genannten Personen sowie Suchwörter zu den Themen, die in den einzelnen Artikeln und Kalendarien behandelt sind. Eintragungen im Anhang wurden nicht berücksichtigt.

A

B

C

D

E

F

G

H

I

J

K

L

M

P

Q

R

S

T

U

V

W

X

Y

Z

Literaturverzeichnis

*Dieses Verzeichnis enthält eine Auswahl der Grundlagenliteratur zu den verschiedenen Themenbereichen, die in der »Chronik der Erde« behandelt werden. Im Buchhandel nicht erhältliche Schriften sind mit einem * gekennzeichnet.*

Ahrens, C.: Jahrtausende im Zeitraffer. Neumünster 1981.

Barnett, L.: Die Welt, in der wir leben.Die Naturgeschichte unserer Erde. München 1981.

Baumann, L./Nikolskij, I./Wolf, M.: Einführung in die Geologie und die Erkundung von Lagerstätten. Essen 1980.

Bender, F. (Hrsg.): Angewandte Geowissenschaften. 4 Bde. Stuttgart 1981, 1984-1986.

Benes, J./Burian, Z.: Tiere der Urzeit. 3. Aufl. Hanau 1990.

Betechtin, A. G.*: Lehrbuch der speziellen Mineralogie. 3. Aufl. Leipzig 1964.

Bornkamm, R.: Die Pflanze. Eine Einführung in die Botanik. 3. Aufl. Stuttgart 1990.

Brauns, R./Chudoba, K. F.: Spezielle Mineralogie. 11. Aufl. Berlin 1979 (1964).

Brinkmann, R.: Abriß der Geologie. 2 Bde. 14. Aufl. Stuttgart 1990/91.

Brinkmann, R.: Historische Geologie, Erd- und Lebensgeschichte. 14. Aufl. Stuttgart 1991.

Brinkmann, R. (Hrsg.): Lehrbuch der Allgemeinen Geologie. 3 Bde. Stuttgart 1964-1974.

Brown, B./Morgan, L.:Wunderbarer Planet. Köln 1989.

Bruhns, W.: Petrographie (Gesteinskunde). 7. Aufl. Berlin 1972.

Campbell, B. J.: Ökologie des Menschen. Unsere Stellung in der Natur von der Vorzeit bis heute. Berlin 1987.

Cox, B./Dixon, D./Gardiner, B./Savage, R. J.: Dinosaurier und andere Tiere der Vorzeit. Die große Enzyklopädie der prähistorischen Tierwelt. München 1989.

Ditfurth, H. v.: Im Anfang war der Wasserstoff. München 1981.

Drujanow, W. A.: Rätselhafte Biographie der Erde. 2. Aufl. Frankfurt/M. 1985.

Erben, H. K.: Evolution. Stuttgart 1990.

Facchini, F.: Der Mensch. Ursprung und Entwicklung. Augsburg 1991.

Fachlexikon ABC Biologie. Ein alphabetisches Nachschlagewerk. 6. Aufl. Frankfurt/M. 1986.

Fischer, A. F.: Die Klimageschichte der Erde. 17 000 Jahre Klimageschichte, Meeres-, Gletscher-, Natur- und Völkergeschichte in den Klimaschwankungen der Spät- und Nacheiszeit bis heute. Kassel 1987.

Friday, A./Ingram, D. (Hrsg.): Cambridge-Enzyklopädie Biologie. Organismen, Lebensräume, Evolution. Weinheim/Bergstr. 1986.

Gothan, W./Weyland, H.*: Lehrbuch der Paläobotanik. Berlin 1954.

Gould, S. J.: Zufall Mensch. Das Wunder des Lebens als Spiel der Natur. München 1991.

Grünert, H. u. a.: Geschichte der Urgesellschaft. 2. Aufl. Berlin 1989.

Gwinner, M. P.: Einführung in die Geologie. Darmstadt 1979.

Haubold, H./Daber, R. (Hrsg.): Fachlexikon ABC. Fossilien, Minerale und geologische Begriffe. Frankfurt/M. 1989.

Hentschel, E./Wagner, G.: Zoologisches Wörterbuch. Tiernamen, allgemeinbiologische, anatomische, physiologische Termini und biographische Daten. 4. Aufl. Stuttgart 1990.

Herder Lexikon Geologie und Mineralogie. Bearb. v. Klein, J. 6. Aufl. Freiburg 1990.

Heyer, E.:Witterung und Klima. Eine allgemeine Klimatologie. 8. Aufl. Leipzig 1988.

Hohl, R. (Hrsg.): Die Entwicklungsgeschichte der Erde. 7. Aufl. Hanau 1989.

Hohl, R.: Unsere Erde. Eine moderne Geologie. 3. Aufl. Frankfurt/M. 1984.

Klaus, W.: Einführung in die Paläobotanik. Fossile Pflanzenwelt und Rohstoffbildung. 2 Bde. Wien 1986.

Klockmann, F.*: Lehrbuch der Mineralogie. 16. Aufl. Stuttgart 1978.

Krumbiegel, G./Krumbiegel, B.: Fossilien der Erdgeschichte. Stuttgart 1981.

Kuhn-Schnyder, E./Rieber, H.: Paläozoologie. Morphologie und Systematik der ausgestorbenen Tiere. Stuttgart 1984.

Leakey, R. E./Lewin, R.: Wie der Mensch zum Menschen wurde. Neue Erkenntnisse über den Ursprung und die Zukunft des Menschen. München 1985.

Lehmann, U.: Paläontologisches Wörterbuch. 3. Aufl. Stuttgart 1986.

Lehmann, U./Hillmer, G.: Wirbellose Tiere der Vorzeit. Leitfaden der systematischen Paläontologie der Invertebraten. 2. Aufl. Stuttgart 1988.

Lexikon der Biologie. Allgemeine Biologie – Pflanzen – Tiere. 9 Bde. Freiburg 1983-1987.

Lovelock, J.: Das Gaia-Prinzip. Die Biographie unseres Planeten. München 1991.

Lüttge, U./Kluge/Bauer, G.: Botanik. Ein grundlegendes Lehrbuch. Weinheim/Bergstr. 1989 (1987).

Mägdefrau, K.*: Paläobiologie der Pflanzen. 4. Aufl. Jena 1968.

Malberg, H.: Meteorologie und Klimatologie. Eine Einführung. Berlin 1985.

Margulis, L./Schwartz, K. V.: Die fünf Reiche der Organismen. Heidelberg 1989.

Matthes, S.: Mineralogie. Eine Einführung in die spezielle Mineralogie, Petrologie und Lagerstättenkunde. 3. Aufl. Berlin 1990.

Mehlhorn, H. (Hrsg.): Grundriß der Zoologie. Stuttgart 1989.

Melgarejo, A. S./Ayora, C.: Die faszinierende Welt der Mineralogie. Niedernhausen/Taunus 1991.

Müller, A. H.: Lehrbuch der Paläontologie. Bd. I. Allgemeine Grundlagen. 4. Aufl. Jena 1983.
Bd. II. Invertebraten. 3 Teilb. 3. Aufl. Jena 1980/81, 1988.
Bd. III. Vertebraten. 3 Teilb. 2. Aufl. Jena 1985, 1988.

Nickel, E.: Grundwissen in Mineralogie. 3 Bde. Thun/Schweiz 1980, 1983/84.

Nikl, A.: Entwicklungsgeschichte der Erde und der Lebewesen. Wien o. J.

Nougier, L.-R.: Die Welt der Höhlenmenschen. Zürich u. München 1989.

Pellant, C.: Kosmos-Atlas Gesteine, Mineralien und Fossilien. Stuttgart 1991.

Petraschek, W. E./Pohl, W.: Lagerstättenlehre. Eine Einführung in die Wissenschaft von den mineralischen Bodenschätzen. 3. Aufl. Stuttgart 1982.

Pflug, H. D.: Die Spur des Lebens. Paläontologie – chemisch betrachtet. Evolution, Katastrophen, Neubeginn. Berlin 1984.

Remane, A./Storch, V./Welsch,U.: Systematische Zoologie. Stämme des Tierreichs. 4. Aufl. Stuttgart 1991.

Remy, W./Remy,R.: Die Floren des Erdaltertums. Einführung in Morpholgie, Anatomie, Geobotanik und Biostratigraphie der Pflanzen des Paläophytikums. Essen 1977.

Richter, D.: Allgemeine Geologie. 3. Aufl. Berlin 1986.

Rösler, H. J.: Lehrbuch der Mineralogie. 5. Aufl. Leipzig 1990.

Scherhag, R./Lauer, W.: Klimatologie. Braunschweig 1985.

Schermerhorn, J.: Einführung in die Petrologie. Berlin 1989.

Schindler, C./Nievergelt, P.: Einführung in Geologie und Petrographie. 2. Aufl. Zürich 1990.

Schönenberg, R.: Geographie der Lagerstätten. Darmstadt 1979.

Schreiber, H.: Auf den Spuren des frühen Menschen. Rastatt 1988.

Schröcke, H.: Grundlagen der magmatogenen Lagerstättenbildung. Stuttgart 1973.

Schröcke, H./Weiner, K. L.: Mineralogie. Ein Lehrbuch auf systematischer Grundlage. Berlin 1981.

Schubert, R./Wagner, G.: Botanisches Wörterbuch. Pflanzennamen und botanische Fachwörter mit einer »Einführung in die Terminologie und Nomenklatur«, einem Verzeichnis der »Autornamen« und einem Überblick über das »System der Pflanzen«. 9. Aufl. Stuttgart 1988.

Schumann, H.: Einführung in die Gesteinswelt. Für Freunde und Studierende der Geographie, Geologie, Mineralogie, Baukunde und Landwirtschaft. 5. Aufl. Göttingen 1975.

Schwarzbach, M.: Berühmte Stätten geologischer Forschung. 2. Aufl. Stuttgart 1981.

Schwarzbach, M.: Das Klima der Vorzeit. Eine Einführung in die Paläoklimatologie. 4. Aufl. Stuttgart 1988.

Siewing, R. (Hrsg.): Lehrbuch der Zoologie. 2 Bde. 3. Aufl. Stuttgart 1980, 1985.

Strasburger, E.: Lehrbuch der Botanik – für Hochschulen. 33. Aufl. Stuttgart 1991.

Strübel, G.: Einführungen in die Mineralogie. Darmstadt 1986.

Strübel, G./Zimmer, S. H.: Lexikon der Minerale. 2. Aufl. Stuttgart 1991.

Symes, R. F.: Gesteine und Mineralien. Die verborgenen Schätze unserer Erde. Entstehung, Aussehen, Fundorte. 3. Aufl. Hildesheim 1991.

Thenius, E.: Grundzüge der Faunen und Verbreitungsgeschichte der Säugetiere. 2. Aufl. Stuttgart 1980.

Thenius, E.: Stammesgeschichte der Säugetiere. Handbuch der Zoologie. Bd. 8. Berlin 1969.

Vangerow, E. F.: Grundriß der Paläontologie. Stuttgart 1973.

Vogel, G./Angermann, H.: dtv-Atlas zur Biologie. 3 Bde. München 1984.

Vogellehner, D.: Paläontologie. Grundlagen – Erkenntnisse – Geschichte der Organismen. 6. Aufl. Freiburg 1981.

Wehner, R./Gehring, W. J.: Zoologie. 22. Aufl. Stuttgart 1990.

Weischet, W.: Einführung in die Allgemeine Klimatologie. Physikalische und meteorologische Grundlagen. 4. Aufl. Stuttgart 1988

Wilhelm, F. (Hrsg.): Der Gang der Evolution. Die Geschichte des Kosmos, der Erde und des Menschen. München 1987.

Wilson, T./Dewey, J. F./Closs, H. u. a.: Ozeane und Kontinente. Ihre Herkunft, ihre Geschichte und Struktur. 5. Aufl. Heidelberg 1987.

Wimmenauer, W.: Petrographie der magmatischen und metamorphen Gesteine. Stuttgart 1985.

Ziegler, B.: Einführung in die Paläobiologie. 2 Teilb. Stuttgart 1983, 1986 (1972).

Bildquellenverzeichnis

Administrative Bureau of Museums and Archaeological Data, Beijing/VR China (1)
agrar press, Bergisch-Gladbach (2)
Anthony Verlag, Starnberg (10)
Archäologisches Landesmuseum Mecklenburg-Vorpommern, Schwerin (1)
Archiv für Kunst und Geschichte, Berlin (9)
Australian Tourist Commission, Frankfurt (4)
Australia's Northern Territories Tourist Commission, Frankfurt (1)
Hjalmar R. Bardarson, Reykjavik/Island (1)
Bavaria Bildagentur, Gauting (63)
Bayerische Staatssammlung für Paläontologie und historische Geologie, München / Foto Franz Höck (2)
Frank Beckedahl, Essen (1)
Bertram Luftbild, München-Riem (1)
Bettmann Archive, New York/USA (9)
Wolfgang Bitterle, Berlin (1)
British Museum (Natural History), London/GB (1)
Institut für Paläontologie der Universität Bonn, Foto G. Oleschinski (6)
Ginalberto Cigolini (3)
Deutsche Presse-Agentur, Frankfurt (35)
L. Eißmann, W.B. Geophysik der Karl-Marx-Universität, Leipzig (8)
e.t. archive, London/GB (1)
Joachim Feist, Pliezheim / Institut für Urgeschichte der Universität Tübingen (2)
Fuhlrott-Museum, Wuppertal / Foto Lutz Koch (1)
Geiseltalmuseum, Sektion Geographie der Martin-Luther-Universität, Halle-Wittenberg / Detlef Brandt, Universitäts-Film- und Bildstelle (6)
Geologisches Landesamt Nordrhein-Westfalen, Krefeld, aus: Marlies Teichmüller »Rekonstruktion verschiedener Moortypen des Hauptflözes der niederrheinischen Braunkohle«, 1958 (1)
Claus und Liselotte Hansmann Kulturgeschichtliches Bildarchiv, München (11)
Harenberg Kommunikation, Dortmund (19)
Harenberg Kommunikation / Karde Frieg (3)
Harenberg Kommunikation / Studio Brenne, Menden (1)
Heidelberger Zement / Kiefer-Reul-Teich Naturstein, Heidelberg (9)
Michael Herholz, Münster (21)
Hessisches Landesmuseum Darmstadt, Geologisch-Paläontologische & Mineralogische Abteilung, Darmstadt (4)
Hessisches Landesmuseum Darmstadt / Foto Werner Kumpf (25)
Isländisches Fremdenverkehrsamt, Frankfurt (4)
Japanische Fremdenverkehrszentrale, Frankfurt (2)
E.A. Jarzembowski / The Booth Museum of Natural History, Brighton/GB (1)
Sammlung G. Jores, Darmstadt / Foto Thorsten Jores (1)
Jürgens Ost-Europa-Photo, Köln (8)
Jura-Museum Eichstätt (4)
Archiv Dr. Karkosch, Gilching (1)
Keystone Pressedienst, Hamburg (1)
Klaus zu Klampen, Dülmen (16)
Reinhard Kraatz, Dossenheim / Foto K. Schacherl (25)
Ekkehard Kroll, Dortmund (1)
Rolf Kummer, Rodenbach (1)
Harenberg Kommunikation / Norbert Kustos, Karlsruhe (2)
Laenderpress Bildarchiv für Presse und Werbung, Düsseldorf (2)
Klaus Michael Lehmann, Castrop-Rauxel (1)
Volker Liebig, Eppelheim (2)
Hans-Jürgen Lierl, Linau (203)
Hans-Jürgen Lierl / Sammlung G. Jores, Darmstadt (1)
Erlend Martini / Geologisch-Paläontologisches Institut der Universität Frankfurt (1)
Max-Planck-Institut für Züchtungsforschung, Köln (1)
Motiv-Bildagentur, Kassel (5)
Klaus J. Müller / Institut für Paläontologie der Universität Bonn (1)
Musee d'Histoire Naturelle, Paris/F (1)
Musee de l'Homme, Paris/F (4)
Museum für Naturkunde, Dortmund / Karde Frieg (40)
Museum Silkeborg / DK (1)
Museum für Ur- und Frühgeschichte, Potsdam (1)
NASA, Houston/USA (2)
Naturhistorisches Museum Mainz (1)
Bildarchiv Okapia, Frankfurt (28)
Paläontologisches Heimatmuseum Nierstein (1)
Bildarchiv Paturi, Rodenbach (173)
Bildarchiv Paturi / Bayer Forschung (1)
Bildarchiv Paturi / Bergakademie Freiberg (2)
Bildarchiv Paturi / Birmingham City Museum (1)
Bildarchiv Paturi / Bürgermeister-Müller-Museum, Solnhofen (23)
Bildarchiv Paturi / Denver Museum of Natural History (4)
Bildarchiv Paturi / Fossil Butte National Monument (1)
Bildarchiv Paturi / Fuhlrott-Museum, Wuppertal / Foto Lutz Koch (2)
Bildarchiv Paturi / Institute of Vertebrate Paleontology and Paleoanthropology, Beijing (1)
Bildarchiv Paturi / John Day Fossil Beds National Monument (1)
Bildarchiv Paturi / Sammlung Rolf Kummer (8)
Bildarchiv Paturi / MPG-Pressestelle, München (1)
Bildarchiv Paturi / Manchester Museum (1)
Bildarchiv Paturi / Moravske Muzeum, Brno (7)
Bildarchiv Paturi / Museo Geologico, Palermo (1)
Bildarchiv Paturi / Museum Hauff, Holzmaden (15)
Bildarchiv Paturi / Natur-Museum Coburg (5)
Bildarchiv Paturi / Naturmuseum Münster (1)
Bildarchiv Paturi / Naturmuseum Solothurn (3)
Bildarchiv Paturi / Paläontologisches Heimatmuseum, Nierstein (1)
Bildarchiv Paturi / Reserve Geologique AHP (3)
Bildarchiv Paturi / J. Schauer (2)
Bildarchiv Paturi / South African Museum, Kapstadt (3)
Bildarchiv Paturi / Staatliches Museum für Naturkunde, Stuttgart (10)
Bildarchiv Paturi / Transvaal Museum, Pretoria (1)
Bildarchiv Paturi / Tyrell Museum of Palaeontology, Alberta (3)
Bildarchiv Paturi / University of Queensland (5)
Bildarchiv Paturi / Utah Field House (1)
Bildarchiv Paysan, Stuttgart (69)
Pfalzmuseum für Naturkunde / Pollichia-Museum, Bad Dürkheim (3)
Gerhard Plodowski / Tyrell Museum of Palaeontology, Alberta/CAN (2)
Paul Popper Ltd., London/GB (4)
Rheinisches Landesmuseum, Bonn (1)
Rieskrater-Museum, Nördlingen (4)
Rieskrater-Museum / W. Grau (1)
Rieskrater-Museum / Rüdel (1)
Rieskrater-Museum / M. Schieber (2)
Friedemann Scharschmidt, Frankfurt (2)
Friedemann Schrenk, Darmstadt (4)
Scottish Tourist Board, Edinburgh/GB (1)
Forschungsinstitut und Naturmuseum Senckenberg der Senckenbergischen Naturforschenden Gesellschaft in Frankfurt am Main (50)
Forschungsinstitut und Naturmuseum Senckenberg / Foto Friedemann Scharschmidt (55)
Forschungsinstitut und Naturmuseum Senckenberg / Foto E. Haupt (14)
Forschungsinstitut und Naturmuseum Senckenberg / Foto Habersetzer (4)
Forschungsinstitut und Naturmuseum Senckenberg / Foto von Königswald (1)
Forschungsinstitut und Naturmuseum Senckenberg / Foto W. Kräusel (1)
South African Tourist Board, Frankfurt (1)
Staatliches Museum für Naturkunde Karlsruhe / Foto Volker Griener (11)
Staatliches Museum für Naturkunde Karlsruhe / Foto Lázló Trunkó (7)
Staatliches Museum für Naturkunde in Stuttgart (5)
Staatliches Museum für Naturkunde in Stuttgart / Foto H. Haehl (1)
Staatliches Museum für Naturkunde in Stuttgart / Foto Lock (1)
Staatliches Museum für Naturkunde in Stuttgart / Foto H. Lumpe (24)
Stadtbildstelle Köln (1)
Gerhard Storch, Forschungsinstitut und Naturmuseum Senckenberg, Frankfurt (1)
Friedrich Strauch, Havixbeck (10)
Transglobe Agency, Hamburg (21)
Christy G. Turner, Flagstaff/USA (2)
Ulmer Museum, Ulm (1)
US Information Service, Bonn (13)
University of Manchester, Department of Geology, Manchester/GB (2)
Erhard Voigt, Universität Hamburg, Geologisch-Paläontologisches Institut und Museum (1)
Stefan Wellershaus, Alfred Wegener-Institut für Polar- und Meeresforschung, Bremerhaven (7)
Westfälisches Museum für Naturkunde, Münster (2)
Hans W. Wolf, Leinfelden (1)
World Wildlife Fund Bildarchiv / Panda Fördergesellschaft für Umwelt, Hamburg (105)

Trotz größter Sorgfalt konnten die Urheber des Bildmaterials nicht in allen Fällen ermittelt werden. Es wird gegebenenfalls um Mitteilung gebeten.